THE OFFICIAL TRACTOR BLUE BOOK™

2006 EDITION

Edited by Mike Hall

PRIMEDIA
Information Data Products
P.O. Box 12901, Overland Park, KS 66282-2901
Phone: 800-654-6776 • Fax: 800-633-6219
primediabooks.com

CONTENTS

PRIMEDIA Information Data Products

Administrative/Editorial Offices
9800 Metcalf Avenue • Overland Park, KS 66212
Phone: 800-654-6776 Fax: 800-633-6219

ADMINISTRATIVE

Publisher
Shawn Etheridge

EDITORIAL

John Cascone
Frank Craven
Tom Fournier
Mike Hall
Craig Hover
Carl Janssens
Mary Ritchey
Steve Stockton
Terry Williams
Paul Wyatt

DIGITAL PRODUCTS

Nick Good
Patrick Hansen
Joe Nixon
Scott Reynolds
Aaron Ward

ADVERTISING & PROMOTIONS

Marketing Director
Rod Cain

Trade Show & Retention Marketing Manager
Elda Starke

Sales Channel & Brand Marketing Coordinator
Melissa Abbott Mudd

New Business Marketing Manager
Gabriele Udell

SALES

Inside Sales Representatives
David Starr   (800) 964-4617
Brian Wingerd   (800) 964-4618

Retention Specialists
Susan Kay   (913) 967-1720
Susan Kohlmeyer (913) 967-1714

Director
Joelle Stephens
jstephens@primediabusiness.com
9800 Metcalf Avenue
Overland Park, KS 66212
913-967-1927

New England
Jim English
jenglish@primediabusiness.com
P.O. Box 7068
Gilford, NH 03246
603-527-2525

Atlantic
Tom Brown
tbrown@primediabusiness.com
9545 Angelina Circle
Columbia, MD 21045
410-381-5558

Central & West
Daniel Smith
dcsmith@primediabusiness.com
13025 Eby St.
Overland Park, KS 66213
913-897-9660

Account Coordinator
Marcia Jungles

CUSTOMER SERVICE

Circulation Director
Terry Distin

Director, Database Business Development
AnnMarie Wills

Customer Service Manager
Terri Cannon

Customer Service Representatives
Shawna Davis
Courtney Hollars
Jennifer Lassiter
April LeBlond

Warehouse & Inventory Manager
Leah Hicks

PRODUCTION

Editorial Production Manager
Dylan Goodwin

Production Editor
Darin Watson

Valuation Print Products

ABOS Marine Blue Book	Older Truck Blue Book	Truck Body Blue Book
Aircraft Bluebook Price Digest	Clymer Powersport Vehicle Blue Book	Truck Identification Book
The Automobile Red Book	Commercial Trailer Blue Book	Recreational Vehicle Blue Book
The Older Automobile Red Book	The Official Tractor Blue Book	Grounds Maintenance Equipment Blue Book
The Truck Blue Book	Horse Trailer Blue Book	

Valuation Digital Products

Electronic Auto Red Book	Electronic Aircraft Bluebook Historical Value Reference	PRIMEDIA Basic Values
Electronic Truck Blue Book		
Electronic Aircraft Bluebook- Price Digest	Electronic ABOS Marine Blue Book	

HOW TO USE THIS GUIDE

The Approx. Retail Price New column is the manufacturer's suggested retail price new for tractors with standard equipment, excluding shipping charges or options.

The "Avg. Used Trade-In" value is the estimated wholesale or loan value of tractors in average condition. The "High Used Trade-In" value is the estimated trade-in value of tractors in very good condition, with low hours and requiring minimal or no repairs. The "Avg. Used Retail" value is the averaged selling price of tractors in saleable condition, less repairs. The "High Used Retail" value is the averaged advertised price of the tractors.

Cost of any needed repairs should be considered when making appraisal. Prices quoted are approximate and represent an average. Local conditions can alter these estimates. When using this guide take into consideration two important variables: (1) The condition of the tractor; (2) The popularity of certain sizes and brands in your area.

Certain regions of the country support higher prices on certain brands than do other regions. The used values contained in this book were compiled from auction selling prices, tractor dealer asking and selling prices, as well as from classified advertisings in newspapers and magazines. The prices are to be considered averages, and as noted above, your own experience may be different.

Tractor Serial Numbers are listed in this book as they are supplied by the manufacturers. Where to locate the serial number on the tractor is also listed for most models.

A beginning serial number is given for each year that a tractor is produced. The actual year that the tractor was manufactured can be determined by comparing the tractor's serial number to the serial numbers given for your particular model number.

For Example: An International Harvester Model 1086 with a serial number of 35821. The tractor's serial number falls between the 1979 beginning serial number 34731 and the 1980 beginning serial number 42186, thus the tractor was manufactured during the year of 1979.

This publication is issued for guidance purposes only and should be used accordingly since the local demand for certain equipment, prices, costs and other conditions which affect the resale value vary in different regions of the country.

The publisher has used reasonable care in compiling this price guide. However, neither the publisher nor any of its representatives shall be liable for damages of any description whether incidental or consequential or otherwise, including loss of profits or other business damages occasioned by the use of this price guide, and in no event shall the liability of the publisher exceed the price paid for this guide.

EXPLANATION OF COLUMN HEADINGS, DEFINITIONS AND ABBREVIATIONS

Model ·Most commonly used model designation, name or number

Approx. Retail Price New ·Manufacturer's suggested retail price of tractor

Estimated Value ·Averaged used trade-in and selling prices of tractors, less repairs

Engine Make   AC-Allis Chalmers, CD-Consolidated Diesel, Cat-Caterpillar, DD-Detroit Diesel, IH-International Harvester, JD-John Deere, MM-Mineapolis Moline

Engine No. Cyls ·Number of cylinders, T-Turbocharged, I-Intercooled, A-Aftercooled

Displ. Cu.-In · · · · · · · · · · · · ·Piston displacement in cubic inches, D-Diesel, G-Gasoline, LP-Liquid Petroleum Gas

No. Speeds· ·Number of transmission speeds, F-Forward, R-Reverse

PTO H.P. ·Horsepower from test or manufacturer's rating

Approx. Shipping Wt.-Lbs. ·Weight as shipped from factory

Cab · · · · · · · · · · No-None, C-Cab included in price, CH-Cab with heater, CHA-Cab with heater and air conditioner

Contents

AGCO

Model	Approx. Retail Price New	Used Trade-In Avg.	Used Trade-In High	Used Retail Avg.	Used Retail High	Make	Engine No. Cyls.	Engine Displ. Cu.-in.	No. Speeds	P.T.O. H.P.	Approx. Shipping Wt.-Lbs.	Cab
2005												
ST22A 4WD	$10167	$7320	$7730	$8740	$9150	Iseki	3	68D	Variable	18.7		No
ST24A 4WD	$11039	$7950	$8390	$9490	$9940	Iseki	3	68D	6F-2R	19.0		No
ST24A Hydro 4WD	$12488	$8990	$9490	$10740	$11240	Iseki	3	68D	Variable	18.5		No
ST28A 4WD	$13312	$9590	$10120	$11450	$11980	Iseki	3	89D	9F-3R	24.5		No
ST28A Hydro 4WD	$14870	$10710	$11300	$12790	$13380	Iseki	3	89D	Variable	22.3		No
ST33A Hydro 4WD	$16104	$11600	$12240	$13850	$14490	Iseki	3	91D	Variable	25.9		No
ST34A 4WD	$17078	$12300	$12980	$14690	$15370	Iseki	3	91D	8F-8R	26.0		No
ST34A 4WD	$18247	$13140	$13870	$15690	$16420	Iseki	3	91D	12F-12R	26.0		No
ST34A 4WD Cab	$25325	$18230	$19250	$21780	$22790	Iseki	3	91D	12F-12R	26.0		CHA
ST34A Hydro 4WD	$19026	$13700	$14460	$16360	$17120	Iseki	3	91D	Variable	24.5		No
ST34A Hydro 4WD Cab	$28322	$20390	$21530	$24360	$25490	Iseki	3	91D	Variable	24.5		CHA
ST41A 4WD	$19416	$13980	$14760	$16700	$17470	Iseki	3T	91D	8F-8R	31.0		No
ST41A 4WD	$20585	$14820	$15650	$17700	$18530	Iseki	3T	91D	12F-12R	31.0		No
ST41A Hydro 4WD Cab	$21364	$15380	$16240	$18370	$19230	Iseki	3T	91D	Variable	29.5		No
ST47A 4WD	$22922	$16500	$17420	$19710	$20630	Iseki	4	134D	8F-8R	38.0		No
ST47A 4WD	$24091	$17350	$18310	$20720	$21680	Iseki	4	134D	12F-12R	38.0		No
ST47A 4WD Cab	$32791	$23610	$24920	$28200	$29510	Iseki	4	134D	12F-12R	38.0		CHA
ST47A Hydro 4WD	$24780	$17840	$18830	$21310	$22300	Iseki	4	134D	Variable	36.5		No
GT45A	$24272	$17480	$18450	$20870	$21850	SDF	3	183D	16F-8R	44.0	4806	No
GT45A 4WD	$27480	$19790	$20890	$23630	$24730	SDF	3	183D	16F-8R	44.0	5291	No
GT45A 4WD Cab	$34793	$25050	$26440	$29920	$31310	SDF	3	183D	16F-8R	44.0	5820	CHA
GT45A Cab	$31585	$22740	$24010	$27160	$28430	SDF	3	183D	16F-8R	44.0	5335	CHA
ST47A Hydro 4WD Cab	$32792	$23610	$24920	$28200	$29510	Iseki	4	134D	Variable	36.5		CHA
ST52A 4WD	$23831	$17160	$18110	$20500	$21450	Iseki	4	180D	8F-8R	41.0		No
ST52A 4WD	$25000	$18000	$19000	$21500	$22500	Iseki	4	180D	12F-12R	41.0		No
ST52A 4WD Cab	$34026	$24500	$25860	$29260	$30620	Iseki	4	180D	12F-12R	41.0		CHA
GT55A	$25279	$18200	$19210	$21740	$22750	SDF	3T	183D	16F-8R	56.0	4982	No
GT55A 4WD	$28593	$20590	$21730	$24590	$25730	SDF	3T	183D	16F-8R	56.0	5457	No
GT55A 4WD Cab	$35906	$25850	$27290	$30880	$32320	SDF	3T	183D	16F-8R	56.0	5996	CHA
GT55A Cab	$32592	$23470	$24770	$28030	$29330	SDF	3T	183D	16F-8R	56.0	5511	CHA
GT65A	$27145	$19540	$20630	$23350	$24430	SDF	4	244D	16F-8R	62.0	5335	No
GT65A 4WD	$30379	$21870	$23090	$26130	$27340	SDF	4	244D	16F-8R	62.0	5820	No
GT65A 4WD Cab	$37589	$27060	$28570	$32330	$33830	SDF	4	244D	16F-8R	62.0	6350	CHA
GT65A Cab	$34458	$24810	$26190	$29630	$31010	SDF	4	244D	16F-8R	62.0	5864	CHA
GT75A	$30286	$21810	$23020	$26050	$27260	SDF	4T	244D	16F-8R	74.0	5511	No
GT75A 4WD	$33520	$24130	$25480	$28830	$30170	SDF	4T	244D	16F-8R	74.0	5996	No
GT75A 4WD Cab	$40833	$29400	$31030	$35120	$36750	SDF	4T	244D	16F-8R	74.0	6525	CHA
GT75A Cab	$37599	$27070	$28580	$32340	$33840	SDF	4T	244D	16F-8R	74.0	6040	CHA
LT75	$37200	$26040	$27530	$31250	$32740	Cummins	4T	274D	16F-16R	75.0		No
LT75 4WD	$43350	$30350	$32080	$36410	$38150	Cummins	4T	274D	16F-16R	75.0		No
LT75 Cab	$45920	$32140	$33980	$38570	$40410	Cummins	4T	274D	16F-16R	75.0		CHA
LT75 4WD Cab	$52070	$36450	$38530	$43740	$45820	Cummins	4T	274D	16F-16R	75.0		CHA
LT90	$41125	$28790	$30430	$34550	$36190	Cummins	4T	274D	16F-16R	85.0		No
LT90 4WD	$47275	$33090	$34980	$39710	$41600	Cummins	4T	274D	16F-16R	85.0		No
LT90 4WD Cab	$55995	$39200	$41440	$47040	$49280	Cummins	4T	274D	16F-16R	85.0		CHA
LT90 Cab	$49845	$34890	$36890	$41870	$43860	Cummins	4T	274D	16F-16R	85.0		CHA
RT100	$63335	$44340	$46870	$53200	$55740	Cummins	6TA	408D	32F-32R	100.0		CHA
RT100 4WD	$72210	$50550	$53440	$60660	$63550	Cummins	6TA	408D	32F-32R	100.0		CHA
RT100 4WD CVT	$82665	$57870	$61170	$69440	$72750	Cummins	6TA	408D	Variable	100.0		CHA
RT120	$73945	$51760	$54720	$62110	$65070	Cummins	6TA	408D	32F-32R	120.0		CHA
RT120 4WD	$83380	$58370	$61700	$70040	$73370	Cummins	6TA	408D	32F-32R	120.0		CHA
RT120 4WD CVT	$93635	$65550	$69290	$78650	$82400	Cummins	6TA	408D	Variable	120.0		CHA
RT135	$86205	$60340	$63790	$72410	$75860	Cummins	6TA	408D	32F-32R	135.0		CHA
RT135 4WD	$95380	$66770	$70580	$80120	$83930	Cummins	6TA	408D	32F-32R	135.0		CHA
RT135 4WD CVT	$106750	$74730	$79000	$89670	$93940	Cummins	6TA	408D	Variable	135.0		CHA
RT150	$92780	$64950	$68660	$77940	$81650	Cummins	6TA	408D	32F-32R	150.0		CHA
RT150 4WD	$108305	$75810	$80150	$90980	$95310	Cummins	6TA	408D	32F-32R	150.0		CHA
RT150 4WD CVT	$114150	$79910	$84470	$95890	$100450	Cummins	6TA	408D	Variable	150.0		CHA
DT180A	$123990	$86790	$91750	$104150	$109110	AGCO	6TA	452D	Variable	180.0	16100	CHA
DT200A	$135250	$94680	$100090	$113610	$119020	AGCO	6TA	452D	Variable	200.0	16100	CHA
DT220A	$144105	$100870	$106640	$121050	$126810	AGCO	6TA	513D	Variable	220.0	16100	CHA
DT240A	$152320	$106620	$112720	$127950	$134040	AGCO	6TA	513D	Variable	240.0	16100	CHA
2004												
ST25-4	$12155	$7540	$8270	$9480	$10210	Iseki	3	68D	6F-2R	19.5	1500	No
ST25-4 Hydro	$13690	$8490	$9310	$10680	$11500	Iseki	3	68D	Variable	19.0	1500	No
ST30X-4	$13000	$8060	$8840	$10140	$10920	Iseki	3	89D	9F-3R	24.5	2381	No
ST30X-4 Hydro	$14560	$9030	$9900	$11360	$12230	Iseki	3	89D	Variable	22.3	2381	No
ST30-4 Hydro	$16320	$10120	$11100	$12730	$13710	Iseki	3	91D	Variable	24.3	2447	No
ST32-4 Hydro	$16580	$10280	$11270	$12930	$13930	Iseki	3	91D	Variable	25.4	2447	No
ST35X-4	$15675	$9720	$10660	$12230	$13170	Iseki	3	91D	8F-8R	27.0	3053	No
ST35-4 Shuttle	$17380	$10780	$11820	$13560	$14600	Iseki	3	91D	16F-16R	27.0	3097	No
ST35-4 Hydro	$18290	$11340	$12440	$14270	$15360	Iseki	3	91D	Variable	26.3	3097	No
ST40X-4	$17795	$11030	$12100	$13880	$14950	Iseki	3	91D	8F-8R	32.4	3053	No
ST40-4 Shuttle	$19520	$12100	$13270	$15230	$16400	Iseki	3T	91D	16F-16R	32.4	3097	No
ST40-4 Hydro	$20580	$12760	$13990	$16050	$17290	Iseki	3T	91D	Variable	31.7	3097	No
ST55-4	$22610	$14020	$15380	$17640	$18990	Iseki	4	173D	12F-12R	45.6	4276	No
ST45-4 Shuttle	$24075	$14930	$16370	$18780	$20220	Iseki	4	134D	16F-16R	37.0	4276	No
ST45-4 Hydro	$25385	$15740	$17260	$19800	$21320	Iseki	4	134D	Variable	36.0	4276	No
GT45	$22075	$13690	$15010	$17220	$18540	SDF	3	183D	16F-8R	45.0	4806	No
GT45 4WD	$25175	$15610	$17120	$19640	$21150	SDF	3	183D	16F-8R	45.0	5291	No

AGCO (Cont.)

Model	Approx. Retail Price New	Estimated Value Less Repairs				Make	Engine No. Cyls.	Displ. Cu.-in.	No. Speeds	P.T.O. H.P.	Approx. Shipping Wt.-Lbs.	Cab
		Used Trade-In Avg.	Used Trade-In High	Used Retail Avg.	Used Retail High							
2004 (Cont.)												
GT45 4WD Cab	$32275	$20010	$21950	$25180	$27110	SDF	3	183D	16F-8R	45.0	5820	CHA
GT45 Cab	$29175	$18090	$19840	$22760	$24510	SDF	3	183D	16F-8R	45.0	5335	CHA
GT45A	$23565	$14610	$16020	$18380	$19800	SDF	3	183D	16F-8R	44.0	4806	No
GT45A 4WD	$26680	$16540	$18140	$20810	$22410	SDF	3	183D	16F-8R	44.0	5291	No
GT45A 4WD Cab	$33780	$20940	$22970	$26350	$28380	SDF	3	183D	16F-8R	44.0	5820	CHA
GT45A Cab	$30665	$19010	$20850	$23920	$25760	SDF	3	183D	16F-8R	44.0	5335	CHA
GT55	$23050	$14290	$15670	$17980	$19360	SDF	3T	183D	16F-8R	53.0	4982	No
GT55 4WD	$26250	$16280	$17850	$20480	$22050	SDF	3T	183D	16F-8R	53.0	5467	No
GT55 Cab	$30150	$18690	$20500	$23520	$25330	SDF	3T	183D	16F-8R	53.0	5511	CHA
GT55 4WD Cab	$33350	$20680	$22680	$26010	$28010	SDF	3T	183D	16F-8R	53.0	5995	CHA
GT55A	$24547	$15220	$16690	$19150	$20620	SDF	3T	183D	16F-8R	56.0	4982	No
GT55A 4WD	$27761	$17210	$18880	$21650	$23320	SDF	3T	183D	16F-8R	56.0	5457	No
GT55A 4WD Cab	$34861	$21610	$23710	$27190	$29280	SDF	3T	183D	16F-8R	56.0	5996	CHA
GT55A Cab	$31643	$19620	$21520	$24680	$26580	SDF	3T	183D	16F-8R	56.0	5511	CHA
GT65	$24850	$15410	$16900	$19380	$20870	SDF	4	244D	16F-8R	62.0	5335	No
GT65 4WD	$27975	$17350	$19020	$21820	$23500	SDF	4	244D	16F-8R	62.0	5820	No
GT65 Cab	$31950	$19810	$21730	$24920	$26840	SDF	4	244D	16F-8R	62.0	5864	CHA
GT65 4WD Cab	$34975	$21690	$23780	$27280	$29380	SDF	4	244D	16F-8R	62.0	6350	CHA
GT65A	$26508	$16440	$18030	$20680	$22270	SDF	4	244D	16F-8R	62.0	5335	No
GT65A 4WD	$29555	$18320	$20100	$23050	$24830	SDF	4	244D	16F-8R	62.0	5820	No
GT65A 4WD Cab	$36484	$22620	$24810	$28460	$30650	SDF	4	244D	16F-8R	62.0	6350	CHA
GT65A Cab	$33508	$20780	$22790	$26140	$28150	SDF	4	244D	16F-8R	62.0	5864	CHA
GT75	$28050	$17390	$19070	$21880	$23560	SDF	4T	244D	16F-8R	73.0	5511	No
GT75 4WD	$31025	$19240	$21100	$24200	$26060	SDF	4T	244D	16F-8R	73.0	5995	No
GT75 4WD Cab	$38125	$23640	$25930	$29740	$32030	SDF	4T	244D	16F-8R	73.0	6525	CHA
GT75 Cab	$35150	$21790	$23900	$27420	$29530	SDF	4T	244D	16F-8R	73.0	6040	CHA
GT75A	$29558	$18330	$20100	$23060	$24830	SDF	4T	244D	16F-8R	74.0	5511	No
GT75A 4WD	$32544	$20180	$22130	$25380	$27340	SDF	4T	244D	16F-8R	74.0	5996	No
GT75A 4WD Cab	$39634	$24570	$26950	$30920	$33290	SDF	4T	244D	16F-8R	74.0	6525	CHA
GT75A Cab	$36658	$22730	$24930	$28590	$30790	SDF	4T	244D	16F-8R	74.0	6040	CHA
LT70	$35735	$22160	$24300	$27870	$30020	Cummins	4T	239D	24F-24R	70.0	5970	No
LT70 4WD	$42695	$26470	$29030	$33330	$35860	Cummins	4T	239D	24F-24R	70.0	6224	No
LT70 Cab	$44915	$27850	$30540	$35030	$37730	Cummins	4T	239D	24F-24R	70.0	6790	CHA
LT70 4WD Cab	$51190	$31740	$34810	$39930	$43000	Cummins	4T	239D	24F-24R	70.0	7045	CHA
LT75	$36115	$22390	$23840	$27810	$29610	Cummins	4T	274D	16F-16R	75.0		No
LT75 4WD	$42085	$26090	$27780	$32410	$34510	Cummins	4T	274D	16F-16R	75.0		No
LT75 Cab	$44905	$27840	$29640	$34580	$36820	Cummins	4T	274D	16F-16R	75.0		CHA
LT75 4WD Cab	$50550	$31340	$33360	$38920	$41450	Cummins	4T	274D	16F-16R	75.0		CHA
LT85	$42875	$26580	$29160	$33440	$36020	Cummins	4T	239D	24F-24R	85.0	6035	No
LT85 Cab	$51780	$32100	$35210	$40390	$43500	Cummins	4T	239D	24F-24R	85.0	6855	CHA
LT85 4WD	$50235	$31150	$34160	$39180	$42200	Cummins	4T	239D	24F-24R	85.0	6289	CHA
LT85 4WD Cab	$59140	$36670	$40220	$46130	$49680	Cummins	4T	239D	24F-24R	85.0	7109	CHA
LT90	$39850	$24710	$26300	$30690	$32680	Cummins	4T	274D	16F-16R	85.0		No
LT90 4WD	$46710	$28960	$30830	$35970	$38300	Cummins	4T	274D	16F-16R	85.0		No
LT90 4WD Cab	$55175	$34210	$36420	$42490	$45240	Cummins	4T	274D	16F-16R	85.0		CHA
LT90 Cab	$48315	$29960	$31890	$37200	$39620	Cummins	4T	274D	16F-16R	85.0		CHA
RT95	$50255	$31160	$33170	$38700	$41210	Cummins	6T	359D	32F-32R	95.0	9990	No
RT95 Cab	$59425	$36840	$39220	$45760	$48730	Cummins	6T	359D	32F-32R	95.0	10190	CHA
RT95 4WD	$58650	$36360	$38710	$45160	$48090	Cummins	6T	359D	32F-32R	95.0	9990	No
RT95 4WD Cab	$67820	$42050	$44760	$52220	$55610	Cummins	6T	359D	32F-32R	95.0	10190	CHA
RT100	$62885	$38990	$41500	$48420	$51570	Cummins	6TA	408D	32F-32R	100.0		CHA
RT100 4WD	$72170	$44750	$47630	$55570	$59180	Cummins	6TA	408D	32F-32R	100.0		CHA
RT100 4WD CVT	$82490	$51140	$54440	$63520	$67640	Cummins	6TA	408D	Variable	100.0		CHA
RT115	$58880	$36510	$38860	$45340	$48280	Cummins	6T	359D	32F-32R	115.0	9990	No
RT115 Cab	$68050	$42190	$44910	$52400	$55800	Cummins	6T	359D	32F-32R	115.0	10190	CHA
RT115 4WD	$68145	$42250	$44980	$52470	$55880	Cummins	6T	359D	32F-32R	115.0	9990	No
RT115 4WD Cab	$77315	$47940	$51030	$59530	$63400	Cummins	6T	359D	32F-32R	115.0	10190	CHA
RT120	$73655	$45670	$48610	$56710	$60400	Cummins	6TA	408D	32F-32R	120.0		CHA
RT120 4WD	$82040	$50870	$54150	$63170	$67270	Cummins	6TA	408D	32F-32R	120.0		CHA
RT120 4WD CVT	$92945	$57630	$61340	$71570	$76220	Cummins	6TA	408D	Variable	120.0		CHA
RT130 Cab	$80555	$49940	$53170	$62030	$66060	Cummins	6T	359D	18F-6R	130.0	15000	CHA
RT130 4WD Cab	$94555	$58620	$62410	$72810	$77540	Cummins	6T	359D	18F-6R	130.0	16000	CHA
RT135	$85965	$53300	$56740	$66190	$70490	Cummins	6TA	408D	32F-32R	135.0		CHA
RT135 4WD	$94250	$58440	$62210	$72570	$77290	Cummins	6TA	408D	32F-32R	135.0		CHA
RT135 4WD CVT	$105800	$65600	$69830	$81470	$86760	Cummins	6TA	408D	Variable	135.0		CHA
RT145 Cab	$90650	$56200	$59830	$69800	$74330	Cummins	6TA	359D	16F-6R	145.0	16100	CHA
RT145 4WD Cab	$99410	$61630	$65610	$76550	$81520	Cummins	6TA	359D	18F-6R	145.0	16100	CHA
RT150	$92350	$57260	$60950	$71110	$75730	Cummins	6TA	408D	32F-32R	150.0		CHA
RT150 4WD	$108305	$67150	$71480	$83400	$88810	Cummins	6TA	408D	32F-32R	150.0		CHA
RT150 4WD CVT	$112320	$69640	$74130	$86490	$92100	Cummins	6TA	408D	Variable	150.0		CHA
DT160	$111395	$66840	$71290	$84660	$90230	Cummins	6T	505D	18F-6R	160.0	16100	CHA
DT180	$123015	$73810	$78730	$93490	$99640	Cummins	6TA	505D	18F-6R	180.0	16100	CHA
DT200	$132500	$79500	$84800	$100700	$107330	Cummins	6TA	505D	18F-6R	200.0	16100	CHA
DT225	$144335	$86600	$92370	$109700	$116910	Cummins	6TA	505D	18F-6R	225.0	16100	CHA
2003												
ST25-4	$12180	$6700	$7430	$8770	$9620	Iseki	3	68D	6F-2R	19.0	1500	No
ST25-4 Hydro	$13700	$7540	$8360	$9860	$10820	Iseki	3	68D	Variable	18.4	1500	No
ST30X-4	$12990	$7150	$7920	$9350	$10260	Iseki	3	89D	9F-3R	25.0	2381	No
ST30-4 Hydro	$16430	$9040	$10020	$11830	$12980	Iseki	3	91D	Variable	25.0	2447	No
ST35X-4	$15520	$8540	$9470	$11170	$12260	Iseki	3	91D	8F-8R	26.8	3053	No
ST35-4 Shuttle	$17205	$9460	$10500	$12390	$13590	Iseki	3	91D	16F-16R	26.8	3097	No
ST35-4 Hydro	$18105	$9960	$11040	$13040	$14300	Iseki	3	91D	Variable	26.8	3097	No
ST40X-4	$17600	$9680	$10740	$12670	$13900	Iseki	3	91D	8F-8R	31.0	3053	No

AGCO (Cont.)

Model	Approx. Retail Price New	Used Trade-In Avg.	Used Trade-In High	Used Retail Avg.	Used Retail High	Engine Make	Engine No. Cyls.	Displ. Cu.-in.	No. Speeds	P.T.O. H.P.	Approx. Shipping Wt.-Lbs.	Cab
2003 (Cont.)												
ST40-4 Shuttle	$19325	$10630	$11790	$13910	$15270	Iseki	3T	91D	16F-16R	31.0	3097	No
ST40-4 Hydro	$20355	$11200	$12420	$14660	$16080	Iseki	3T	91D	Variable	31.0	3097	No
ST45-4 Shuttle	$23835	$13110	$14540	$17160	$18830	Iseki	4	134D	16F-16R	37.0	4276	No
ST45-4 Hydro	$25135	$13820	$15330	$18100	$19860	Iseki	4	134D	Variable	37.0	4276	No
ST55-4	$22385	$12310	$13660	$16120	$17680	Iseki	4	173D	12F-12R	45.6	4276	No
LT70	$35180	$19350	$21460	$25330	$27790	Cummins	4T	239D	24F-24R	70.0	5970	No
LT70 4WD	$42060	$23130	$25660	$30280	$33230	Cummins	4T	239D	24F-24R	70.0	6224	No
LT70 Cab	$43675	$24020	$26640	$31450	$34500	Cummins	4T	239D	24F-24R	70.0	6790	CHA
LT70 4WD Cab	$50555	$27810	$30840	$36400	$39940	Cummins	4T	239D	24F-24R	70.0	7045	CHA
LT85	$43000	$23650	$26230	$30960	$33970	Cummins	4T	239D	24F-24R	85.0	6035	No
LT85 Cab	$51905	$28550	$31660	$37370	$41010	Cummins	4T	239D	24F-24R	85.0	6855	CHA
LT85 4WD	$50760	$27920	$30960	$36550	$40100	Cummins	4T	239D	24F-24R	85.0	6289	CHA
LT85 4WD Cab	$59665	$32820	$36400	$42960	$47140	Cummins	4T	239D	24F-24R	85.0	7109	CHA
RT95	$49660	$26320	$29800	$35760	$38240	Cummins	6T	359D	32F-32R	95.0	9990	No
RT95 Cab	$58830	$31180	$35300	$42360	$45300	Cummins	6T	359D	32F-32R	95.0	10190	CHA
RT95 4WD	$58925	$31230	$35360	$42430	$45370	Cummins	6T	359D	32F-32R	95.0	9990	No
RT95 4WD Cab	$68095	$36090	$40860	$49030	$52430	Cummins	6T	359D	32F-32R	95.0	10190	CHA
RT115	$59550	$31560	$35730	$42880	$45850	Cummins	6T	359D	32F-32R	115.0	9990	No
RT115 Cab	$68720	$36420	$41230	$49480	$52910	Cummins	6T	359D	32F-32R	115.0	10190	CHA
RT115 4WD	$68805	$36470	$41280	$49540	$52980	Cummins	6T	359D	32F-32R	115.0	9990	No
RT115 4WD Cab	$77975	$41330	$46790	$56140	$60040	Cummins	6T	359D	32F-32R	115.0	10190	CHA
RT130 Cab	$82075	$43500	$49250	$59090	$63200	Cummins	6T	359D	18F-6R	130.0	15000	CHA
RT130 4WD Cab	$95865	$50810	$57520	$69020	$73820	Cummins	6T	359D	18F-6R	130.0	16000	CHA
RT145 Cab	$92175	$48850	$55310	$66370	$70980	Cummins	6TA	359D	16F-6R	145.0	16100	CHA
RT145 4WD Cab	$105965	$56160	$63580	$76300	$81590	Cummins	6TA	359D	18F-6R	145.0	16100	CHA
DT160	$111920	$58200	$64910	$79460	$85060	Cummins	6T	505D	18F-6R	160.0	16100	CHA
DT180	$122420	$63660	$71000	$86920	$93040	Cummins	6TA	505D	18F-6R	180.0	16100	CHA
DT200	$131450	$68350	$76240	$93330	$99900	Cummins	6TA	505D	18F-6R	200.0	16100	CHA
DT225	$142550	$74130	$82680	$101210	$108340	Cummins	6TA	505D	18F-6R	225.0	16100	CHA
2002												
ST25-4	$11867	$5820	$6530	$8070	$8900	Iseki	3	68D	6F-2R	19.0	1500	No
ST25-4 Hydro	$13387	$6560	$7360	$9100	$10040	Iseki	3	68D	Variable	18.4	1500	No
ST30X-4	$12752	$6250	$7010	$8670	$9560	Iseki	3	89D	9F-3R	25.0	2381	No
ST30-4 Hydro	$16312	$7990	$8970	$11090	$12230	Iseki	3	89D	Variable	25.0	2447	No
ST35X-4	$15519	$7600	$8540	$10550	$11640	Iseki	3	91D	8F-8R	26.8	3053	No
ST35-4	$17204	$8430	$9460	$11700	$12900	Iseki	3	91D	16F-16R	26.8	3097	No
ST35-4 Hydro	$18104	$8870	$9960	$12310	$13580	Iseki	3	91D	Variable	26.8	3097	No
ST40X-4	$17599	$8620	$9680	$11970	$13200	Iseki	3	91D	8F-8R	31.0	3053	No
ST40-4	$19324	$9470	$10630	$13140	$14490	Iseki	3T	91D	16F-16R	31.0	3097	No
ST40-4 Hydro	$20354	$9970	$11200	$13840	$15270	Iseki	3T	91D	Variable	31.0	3097	No
ST45-4	$23836	$11680	$13110	$16210	$17880	Iseki	4	134D	16F-16R	37.0	4276	No
ST45-4 Hydro	$25136	$12320	$13830	$17090	$18850	Iseki	4	134D	Variable	37.0	4276	No
LT70	$35655	$17240	$19350	$23920	$26390	Cummins	4T	239D	24F-24R	70.0		No
LT70 4WD	$44150	$20610	$23130	$28600	$31550	Cummins	4T	239D	24F-24R	70.0		No
LT70 Cab	$42535	$21400	$24020	$29700	$32760	Cummins	4T	239D	24F-24R	70.0		CHA
LT70 4WD Cab	$51030	$24770	$27810	$34380	$37920	Cummins	4T	239D	24F-24R	70.0		CHA
LT85	$44235	$21070	$23650	$29240	$32250	Cummins	4T	239D	24F-24R	85.0		No
LT85 Cab	$53140	$25430	$28550	$35300	$38930	Cummins	4T	239D	24F-24R	85.0		CHA
LT85 4WD	$51920	$24870	$27920	$34520	$38070	Cummins	4T	239D	24F-24R	85.0		CHA
LT85 4WD Cab	$60825	$29240	$32820	$40570	$44750	Cummins	4T	239D	24F-24R	85.0		CHA
RT95	$50435	$23340	$26820	$33770	$36750	Cummins	6T	359D	32F-32R	95.0		No
RT95 Cab	$59235	$27650	$31770	$40000	$43530	Cummins	6T	359D	32F-32R	95.0		CHA
RT95 4WD	$58830	$27700	$31820	$40040	$43610	Cummins	6T	359D	32F-32R	95.0		No
RT95 4WD Cab	$67630	$32010	$36770	$46310	$50390	Cummins	6T	359D	32F-32R	95.0		CHA
RT115	$63480	$27990	$32160	$40490	$44070	Cummins	6T	359D	32F-32R	115.0		No
RT115 Cab	$72280	$32300	$37110	$46730	$50850	Cummins	6T	359D	32F-32R	115.0		CHA
RT115 4WD	$68815	$32340	$37160	$46790	$50920	Cummins	6T	359D	32F-32R	115.0		No
RT115 4WD Cab	$77615	$36650	$42110	$53020	$57700	Cummins	6T	359D	32F-32R	115.0		CHA
RT130 Cab	$86780	$38580	$44320	$55810	$60740	Cummins	6T	359D	18F-6R	130.0		CHA
RT130 4WD Cab	$100575	$45060	$51770	$65190	$70940	Cummins	6T	359D	18F-6R	130.0		CHA
RT145 Cab	$93025	$43320	$49780	$62680	$68210	Cummins	6TA	359D	16F-6R	145.0		CHA
RT145 4WD Cab	$105360	$48410	$55620	$70040	$76220	Cummins	6TA	359D	18F-6R	145.0		CHA
DT160	$110995	$51060	$58830	$73260	$79920	Cummins	6T	505D	18F-6R	160.0		CHA
DT180	$121325	$55810	$64300	$80080	$87350	Cummins	6TA	505D	18F-6R	180.0		CHA
DT200	$134035	$60470	$69670	$86760	$94640	Cummins	6TA	505D	18F-6R	200.0		CHA
DT225	$145960	$65570	$75550	$94080	$102640	Cummins	6TA	505D	18F-6R	225.0		CHA
2001												
ST25-4	$11647	$5240	$5940	$7570	$8270	Iseki	3	68D	6F-2R	19.0	1500	No
ST25-4 Hydro	$13012	$5860	$6640	$8460	$9240	Iseki	3	68D	Variable	18.4	1500	No
ST30X-4	$12402	$5580	$6330	$8060	$8810	Iseki	3	89D	9F-3R	25.0	2381	No
ST30-4 Hydro	$16274	$7320	$8300	$10580	$11560	Iseki	3	89D	Variable	25.0	2447	No
ST35-4	$16419	$7390	$8370	$10670	$11660	Iseki	3	91D	16F-16R	26.8	3097	No
ST35-4 Hydro	$17909	$8060	$9130	$11640	$12720	Iseki	3	91D	16F-16R	26.8	3097	No
ST40-4	$18724	$8430	$9550	$12170	$13290	Iseki	3T	91D	16F-16R	31.0	3097	No
ST40-4	$20354	$9160	$10380	$13230	$14450	Iseki	3T	91D	16F-16R	31.0	3097	No
ST45-4	$23236	$10460	$11850	$15100	$16500	Iseki	4	134D	16F-16R	37.0	4276	No
ST45-4	$25136	$11310	$12820	$16340	$17850	Iseki	4	134D	16F-16R	37.0	4276	No
5650	$21950	$9860	$11170	$14240	$15560	SLH	3	183D	12F-12R	47.8	4080	No
5650 4WD	$28310	$12740	$14440	$18400	$20100	SLH	3	183D	12F-12R	47.8	4500	No
5660	$25625	$10760	$12560	$16400	$18190	SLH	3	183D	12F-12R	56.9	4500	No
5660 4WD	$31440	$13210	$15410	$20120	$22320	SLH	3	183D	12F-12R	56.9	4940	Cab
5670	$29195	$12260	$14310	$18690	$20730	SLH	4	244D	24F-12R	63.13	5379	No

Model	Approx. Retail Price New	Used Trade-In Avg.	Used Trade-In High	Used Retail Avg.	Used Retail High	Make	Engine No. Cyls.	Displ. Cu.-in.	No. Speeds	P.T.O. H.P.	Approx. Shipping Wt.-Lbs.	Cab

AGCO (Cont.)

2001 (Cont.)

Model	Approx. Retail Price New	Used Trade-In Avg.	Used Trade-In High	Used Retail Avg.	Used Retail High	Make	Engine No. Cyls.	Displ. Cu.-in.	No. Speeds	P.T.O. H.P.	Approx. Shipping Wt.-Lbs.	Cab
5670 4WD	$35710	$15000	$17500	$22850	$25350	SLH	4	244D	24F-12R	63.13	6096	No
6670	$40125	$16450	$19260	$24880	$27290	SLH	4	244D	24F-12R	63.13	5997	CHA
6670 4WD	$45695	$18740	$21930	$28330	$31070	SLH	4	244D	24F-12R	63.13	6658	CHA
8360 AGCOSTAR	$134411	$52250	$62200	$74640	$82100	Cummins	6TA	855D	18F-2R	360*		CHA
8425 AGCOSTAR	$155910	$60900	$72500	$87000	$95700	Cummins	6TA	855D	18F-2R	425*		CHA
8745	$34765	$14600	$17040	$22250	$24680	Cummins	4T	239D	12F-12R	70.0		No
8745 4WD	$41385	$17380	$20280	$26490	$29380	Cummins	4T	239D	12F-12R	70.0		No
8745 4WD w/Cab	$49880	$20950	$24440	$31920	$35420	Cummins	4T	239D	12F-12R	70.0		CHA
8745 w/Cab	$43260	$18170	$21200	$27690	$30720	Cummins	4T	239D	12F-12R	70.0		CHA
8765	$38025	$15970	$18630	$24340	$27000	Cummins	4T	239D	12F-12R	85.0		No
8765 4WD	$46535	$19550	$22800	$29780	$33040	Cummins	4T	239D	12F-12R	85.0		No
8765 4WD w/Cab	$55440	$23290	$27170	$35480	$39360	Cummins	4T	239D	12F-12R	85.0		CHA
8765 w/Cab	$47835	$20090	$23440	$30610	$33960	Cummins	4T	239D	12F-12R	85.0		CHA
8775	$47475	$19940	$23260	$30380	$33710	Cummins	6T	359D	32F-32R	95.0		No
8775 4WD	$55880	$23470	$27380	$35760	$39680	Cummins	6T	359D	32F-32R	95.0		No
8775 4WD w/Cab	$65050	$27320	$31880	$41630	$46190	Cummins	6T	359D	32F-32R	95.0		CHA
8775 w/Cab	$56645	$23790	$27760	$36250	$40220	Cummins	6T	359D	32F-32R	95.0		CHA
8785	$54515	$22900	$26710	$34890	$38710	Cummins	6T	359D	32F-32R	110.0		No
8785 4WD	$62625	$26300	$30690	$40080	$44460	Cummins	6T	359D	32F-32R	110.0		No
8785 4WD w/Cab	$71795	$30150	$35180	$45950	$50970	Cummins	6T	359D	32F-32R	110.0		CHA
8785 w/Cab	$63405	$26650	$31070	$40580	$45020	Cummins	6T	359D	32F-32R	110.0		CHA
9735	$77860	$31920	$37370	$48270	$52950	(1)	6T	402D	32F-32R	125.0	15000	CHA
9735	$83305	$34160	$39990	$51650	$56650	(1)	6T	402D	18F-6R	125.0	15000	CHA
9735 4WD	$89745	$36800	$43080	$55640	$61030	(1)	6T	402D	32F-32R	125.0	16000	CHA
9735 4WD	$96815	$39690	$46470	$60030	$65830	(1)	6T	402D	18F-6R	125.0	16000	CHA
9745	$83390	$34190	$40030	$51700	$56710	(1)	6T	402D	32F-32R	145.0	15100	CHA
9745	$90020	$36910	$43210	$55810	$61210	(1)	6T	402D	18F-6R	145.0	15100	CHA
9745 4WD	$97225	$39860	$46670	$60280	$66110	(1)	6T	402D	32F-32R	145.0	16100	CHA
9745 4WD	$104615	$42890	$50220	$64860	$71140	(1)	6T	402D	18F-6R	145.0	16100	CHA
9755 4WD	$111920	$47010	$55960	$67150	$73870	Navistar	6T	530D	18F-6R	160.0		CHA
9765 4WD	$120516	$50620	$60260	$72310	$79540	Navistar	6T	530D	18F-6R	180.0		CHA
9775 4WD	$132060	$55470	$66030	$79240	$87160	Navistar	6TI	530D	18F-6R	200.0		CHA
9785 4WD	$146445	$60060	$71500	$85800	$94380	Navistar	6TI	530D	18F-6R	225.0		CHA

* Engine horsepower
(1) Sisu-Valmet

2000

Model	Approx. Retail Price New	Used Trade-In Avg.	Used Trade-In High	Used Retail Avg.	Used Retail High	Make	Engine No. Cyls.	Displ. Cu.-in.	No. Speeds	P.T.O. H.P.	Approx. Shipping Wt.-Lbs.	Cab
5650	$21910	$8330	$9860	$13150	$14900	SLH	3	183D	12F-12R	47.8	4080	No
5650 4WD	$28310	$10370	$12290	$16380	$18560	SLH	3	183D	12F-12R	47.8	4500	No
5660	$25625	$9480	$11280	$14860	$16400	SLH	3	183D	12F-12R	56.9	4500	No
5660 4WD	$31440	$11250	$13380	$17630	$19460	SLH	3	183D	12F-12R	56.9	4940	No
5670	$29195	$10580	$12580	$16590	$18300	SLH	4	244D	24F-12R	63.13	5379	No
5670 4WD	$35710	$12840	$15270	$20130	$22210	SLH	4	244D	24F-12R	63.13	6096	No
6670	$40125	$14100	$16760	$22100	$24380	SLH	4	244D	24F-12R	63.13	5997	CHA
6670 4WD	$45695	$16170	$19230	$25350	$27970	SLH	4	244D	24F-12R	63.13	6658	CHA
8360 AGCOSTAR	$134411	$48520	$57220	$68420	$74640	Cummins	6TA	855D	18F-2R	360*		CHA
8425 AGCOSTAR	$155910	$56550	$66700	$79750	$87000	Cummins	6TA	855D	18F-2R	425*		CHA
8745	$35605	$13530	$16020	$21360	$24210	Cummins	4T	239D	12F-12R	70.0		No
8745 4WD	$42830	$16280	$19270	$25700	$29120	Cummins	4T	239D	12F-12R	70.0		No
8745 4WD w/Cab	$51325	$19500	$23100	$30800	$34900	Cummins	4T	239D	12F-12R	70.0		CHA
8745 w/Cab	$44100	$16760	$19850	$26460	$29990	Cummins	4T	239D	12F-12R	70.0		CHA
8765	$38025	$14450	$17110	$22820	$25860	Cummins	4T	239D	12F-12R	85.0		No
8765 4WD	$47220	$17940	$21250	$28330	$32110	Cummins	4T	239D	12F-12R	85.0		No
8765 4WD w/Cab	$56125	$21330	$25260	$33680	$38170	Cummins	4T	239D	12F-12R	85.0		CHA
8765 w/Cab	$47330	$17990	$21300	$28400	$32180	Cummins	4T	239D	12F-12R	85.0		CHA
8775	$47535	$18060	$21390	$28520	$32320	Cummins	6T	359D	32F-32R	95.0		No
8775 4WD	$57455	$21830	$25860	$34470	$39070	Cummins	6T	359D	32F-32R	95.0		No
8775 4WD w/Cab	$66625	$25320	$29980	$39980	$45310	Cummins	6T	359D	32F-32R	95.0		CHA
8775 w/Cab	$56705	$21550	$25520	$34020	$38560	Cummins	6T	359D	32F-32R	95.0		CHA
8785	$55125	$20950	$24810	$33080	$37490	Cummins	6T	359D	32F-32R	110.0		No
8785 4WD	$64280	$24430	$28930	$38570	$43710	Cummins	6T	359D	32F-32R	110.0		No
8785 4WD w/Cab	$73450	$27910	$33050	$44070	$49950	Cummins	6T	359D	32F-32R	110.0		CHA
8785 w/Cab	$64295	$24430	$28930	$38580	$43720	Cummins	6T	359D	32F-32R	110.0		CHA
9675	$97016	$35900	$42690	$56270	$62090	DD	6T	530D	18F-9R	176.44	16300	CHA
9675 4WD	$109756	$40610	$48290	$63660	$70240	DD	6T	530D	18F-9R	176.44	17850	CHA
9695 4WD	$116114	$42960	$51090	$67350	$74310	DD	6T	530D	18F-9R	196.57	17950	CHA
9735	$77860	$28810	$34260	$45160	$49830	(1)	6T	402D	32F-32R	125.0	15000	CHA
9735	$83305	$30820	$36650	$48320	$53320	(1)	6T	402D	18F-6R	125.0	15000	CHA
9735 4WD	$90000	$33300	$39600	$52200	$57600	(1)	6T	402D	32F-32R	125.0	16000	CHA
9735 4WD	$97070	$35920	$42710	$56300	$62130	(1)	6T	402D	18F-6R	125.0	16000	CHA
9745	$82615	$30570	$36350	$47920	$52870	(1)	6T	402D	32F-32R	145.0	15100	CHA
9745	$89245	$33020	$39270	$51760	$57120	(1)	6T	402D	18F-6R	145.0	15100	CHA
9745 4WD	$95435	$35310	$41990	$55350	$61080	(1)	6T	402D	32F-32R	145.0	16100	CHA
9745 4WD	$102825	$37000	$44000	$58000	$64000	(1)	6T	402D	18F-6R	145.0	16100	CHA
9755 4WD	$106440	$38850	$46200	$60900	$67200	Navistar	6T	530D	18F-6R	160.0		CHA
9765 4WD	$117675	$44850	$52900	$63250	$69000	Navistar	6T	530D	18F-6R	180.0		CHA
9775 4WD	$127450	$47970	$56580	$67650	$73800	Navistar	6TI	530D	18F-6R	200.0		CHA
9785 4WD	$142465	$53820	$63480	$75900	$82800	Navistar	6TI	530D	18F-6R	225.0		CHA
9815 4WD	$125692	$49020	$57820	$69130	$75420	DD	6TI	530D	18F-9R	215.0	19100	CHA

* Engine horsepower
(1) Sisu-Valmet

AGCO (Cont.)

Model	Approx. Retail Price New	Used Trade-In Avg.	Used Trade-In High	Used Retail Avg.	Used Retail High	Make	No. Cyls.	Displ. Cu.-in.	No. Speeds	P.T.O. H.P.	Approx. Shipping Wt.-Lbs.	Cab
1999												
5650	$22615	$8360	$9680	$13420	$14740	SLH	3	183D	12F-12R	47.8		No
5650 4WD	$29015	$9360	$10920	$14820	$16900	SLH	3	183D	12F-12R	47.8		No
5660	$26330	$7920	$9840	$12960	$14400	SLH	3	183D	12F-12R	56.9		No
5660 4WD	$32145	$9900	$12300	$16200	$18000	SLH	3	183D	12F-12R	56.9		No
5670	$30055	$9240	$11480	$15120	$16800	SLH	4	244D	24F-12R	63.13	5379	No
5670 4WD	$36585	$11220	$13940	$18360	$20400	SLH	4	244D	24F-12R	63.13	6096	No
6670	$42170	$13230	$16440	$21650	$24060	SLH	4	244D	24F-12R	63.13	5997	CHA
6670 4WD	$47740	$15020	$18660	$24570	$27300	SLH	4	244D	24F-12R	63.13	6658	CHA
8360 AGCOSTAR	$134411	$38900	$49190	$58340	$64060	Cummins	6TA	855D	18F-2R	360*		CHA
8425 AGCOSTAR	$155910	$45900	$58050	$68850	$75600	Cummins	6TA	855D	18F-2R	425*		CHA
8745	$38820	$12600	$14700	$19950	$22750	(1)	4T	268D	12F-12R	70.0		No
8745 4WD	$45500	$15120	$17640	$23940	$27300	(1)	4T	268D	12F-12R	70.0		No
8745 4WD w/Cab	$52850	$18360	$21420	$29070	$33150	(1)	4T	268D	12F-12R	70.0		CHA
8745 w/Cab	$46170	$15840	$18480	$25080	$28600	(1)	4T	268D	12F-12R	70.0		CHA
8765	$41560	$13680	$15960	$21660	$24700	(1)	4T	268D	12F-12R	85.0		No
8765 4WD	$49730	$16920	$19740	$26790	$30550	(1)	4T	268D	12F-12R	85.0		No
8765 4WD w/Cab	$57490	$20160	$23520	$31920	$36400	(1)	4T	268D	12F-12R	85.0		CHA
8765 w/Cab	$49315	$16920	$19740	$26790	$30550	(1)	4T	268D	12F-12R	85.0		CHA
8775	$46870	$16380	$19110	$25940	$29580	(1)	6	402D	32F-32R	95.0		No
8775 4WD	$54115	$19080	$22260	$30210	$34450	(1)	6	402D	32F-32R	95.0		No
8775 4WD w/Cab	$67025	$23400	$27300	$37050	$42250	(1)	6	402D	32F-32R	95.0		CHA
8775 w/Cab	$58965	$20160	$23520	$31920	$36400	(1)	6	402D	32F-32R	95.0		CHA
8785	$53367	$18900	$22050	$29930	$34130	(1)	6T	402D	32F-32R	110.0		No
8785 4WD	$65552	$22680	$26460	$35910	$40950	(1)	6T	402D	32F-32R	110.0		No
8785 4WD w/Cab	$78462	$26280	$30660	$41610	$47450	(1)	6T	402D	32F-32R	110.0		CHA
8785 w/Cab	$67977	$23040	$26880	$36480	$41600	(1)	6T	402D	32F-32R	110.0		CHA
9435	$74235	$23760	$29520	$38880	$43200	DD	6T	466D	18F-9R	135.69	16550	CHA
9435 4WD	$84615	$27060	$33620	$44280	$49200	DD	6T	466D	18F-9R	135.69	16550	CHA
9455	$78650	$25080	$31160	$41040	$45600	DD	6T	466D	18F-9R	155.56	16550	CHA
9455 4WD	$88160	$28380	$35260	$46440	$51600	DD	6T	466D	18F-9R	155.56	16550	CHA
9635 4WD	$91420	$30260	$38270	$45390	$49840	DD	6T	466D	18F-9R	135.50	16550	CHA
9655	$84936	$28050	$35480	$42080	$46200	DD	6T	466D	18F-9R	155.66	16550	CHA
9655 4WD	$96500	$31960	$40420	$47940	$52640	DD	6T	466D	18F-9R	155.66	16550	CHA
9675	$98095	$32470	$41070	$48710	$53480	DD	6T	530D	18F-9R	176.44	16300	CHA
9675 4WD	$108406	$35700	$45150	$53550	$58800	DD	6T	530D	18F-9R	176.44	17850	CHA
9695 4WD	$116346	$38420	$48590	$57630	$63280	DD	6T	530D	18F-9R	196.57	17950	CHA
9735	$78225	$25920	$32780	$38870	$42680	(1)	6T	402D	32F-32R	125.0		CHA
9735	$83670	$27760	$35110	$41640	$45720	(1)	6T	402D	18F-6R	125.0		CHA
9735 4WD	$90110	$29580	$37410	$44370	$48720	(1)	6T	402D	32F-32R	125.0		CHA
9735 4WD	$97180	$32130	$40640	$48200	$52920	(1)	6T	402D	18F-6R	125.0		CHA
9745	$82960	$27540	$34830	$41310	$45360	(1)	6T	402D	32F-32R	145.0		CHA
9745	$89590	$29580	$37410	$44370	$48720	(1)	6T	402D	18F-6R	145.0		CHA
9745 4WD	$95480	$31620	$39990	$47430	$52080	(1)	6T	402D	32F-32R	145.0		CHA
9745 4WD	$102870	$3400	$4300	$5100	$5600	(1)	6T	402D	18F-6R	145.0		CHA
9755 4WD	$107300	$35360	$44720	$53040	$58240	Navistar	6T	530D	18F-6R	160.0		CHA
9765 4WD	$115950	$38250	$48380	$57380	$63000	Navistar	6T	530D	18F-6R	180.0		CHA
9775 4WD	$127305	$42160	$53320	$63240	$69440	Navistar	6TI	530D	18F-6R	200.0		CHA
9785 4WD	$142375	$46580	$58910	$69870	$76720	Navistar	6TI	530D	18F-6R	225.0		CHA
9815 4WD	$126660	$42160	$53320	$63240	$69440	Navistar	6TI	530D	18F-9R	215.0	17600	CHA

* Engine horsepower
(1) Sisu-Valmet

Model	Approx. Retail Price New	Used Trade-In Avg.	Used Trade-In High	Used Retail Avg.	Used Retail High	Make	No. Cyls.	Displ. Cu.-in.	No. Speeds	P.T.O. H.P.	Approx. Shipping Wt.-Lbs.	Cab
1998												
4650	$18730	$6370	$7490	$10300	$11800	SLH	3	190D	12F-3R	40.37	4475	No
4650 4WD	$24890	$8460	$9960	$13690	$15680	SLH	3	190D	12F-3R	40.37	5070	No
4660	$22170	$7140	$8400	$11550	$13230	SLH	3	190D	12F-3R	52.17	4762	No
4660 4WD	$28945	$9180	$10800	$14850	$17010	SLH	3	190D	12F-3R	52.17	5203	No
5650	$21270	$7230	$8510	$11700	$13400	SLH	3	183D	12F-12R	47.8		No
5650 4WD	$27485	$9010	$10600	$14580	$16700	SLH	3	183D	12F-12R	47.8		No
5660	$24880	$7650	$9000	$12380	$14180	SLH	3	183D	12F-12R	56.9		No
5660 4WD	$30525	$9520	$11200	$15400	$17640	SLH	3	183D	12F-12R	56.9		No
5670	$28495	$8840	$10400	$14300	$16380	SLH	4	244D	24F-12R	63.13	5379	No
5670 4WD	$34835	$10880	$12800	$17600	$20160	SLH	4	244D	24F-12R	63.13	6096	No
5680	$31995	$9860	$11600	$15950	$18270	SLH	4	244D	24F-12R	72.70	5997	No
5680 4WD	$38955	$12240	$14400	$19800	$22680	SLH	4	244D	24F-12R	72.70	6658	No
6670	$40295	$11780	$14820	$19380	$21660	SLH	4	244D	24F-12R	63.13	5997	CHA
6670 4WD	$45705	$13640	$17160	$22440	$25080	SLH	4	244D	24F-12R	63.13	6658	CHA
6680	$40850	$12090	$15210	$19890	$22230	SLH	4	244D	24F-12R	72.70	6724	CHA
6680 4WD	$47320	$13950	$17550	$22950	$25650	SLH	4	244D	24F-12R	72.70	7385	CHA
6690	$35755	$10540	$13260	$17340	$19380	SLH	4T	244D	24F-12R	80.85	6173	No
6690 4WD	$43155	$12740	$16030	$20960	$23430	SLH	4T	244D	24F-12R	80.85	6779	No
6690 4WD w/Cab	$50755	$14940	$18800	$24580	$27470	SLH	4T	244D	24F-12R	80.85	7385	CHA
6690 w/Cab	$43600	$12870	$16190	$21170	$23660	SLH	4T	244D	24F-12R	80.85	6724	CHA
7600	$35975	$10970	$13810	$18050	$20180	SLH	5	317D	24F-12R	89.23	8179	No
7600 4WD	$43280	$13080	$16460	$21520	$24050	SLH	5	317D	24F-12R	89.23	9502	No
7600 4WD w/Cab	$51230	$14880	$18720	$24480	$27360	SLH	5	317D	24F-12R	89.23	9833	CHA
7600 w/Cab	$43540	$13330	$16770	$21930	$24510	SLH	5	317D	24F-12R	89.23	8686	CHA
8360 AGCOSTAR	$135040	$36800	$46000	$55200	$59800	Cummins	6TA	855D	18F-2R	360*		CHA
8425 AGCOSTAR	$155710	$40220	$50280	$60340	$65360	Cummins	6TA	855D	18F-2R	425*		CHA
8745	$36170	$11930	$14040	$19310	$22110	(1)	4T	268D	12F-12R	70.0		No
8745 4WD	$42565	$14110	$16600	$22830	$26150	(1)	4T	268D	12F-12R	70.0		No
8745 4WD w/Cab	$50070	$16660	$19600	$26950	$30870	(1)	4T	268D	12F-12R	70.0		CHA
8745 w/Cab	$43675	$14510	$17070	$23470	$26890	(1)	4T	268D	12F-12R	70.0		CHA
8765	$38675	$12810	$15070	$20720	$23740	(1)	4T	268D	12F-12R	85.0		No

Model	Approx. Retail Price New	Estimated Value Less Repairs				Make	Engine No. Cyls.	Displ. Cu.-in.	No. Speeds	P.T.O. H.P.	Approx. Shipping Wt.-Lbs.	Cab
		Used Trade-In Avg.	High	Used Retail Avg.	High							

AGCO (Cont.)

1998 (Cont.)

Model	Approx. Retail Price New	Used Trade-In Avg.	High	Used Retail Avg.	High	Make	No. Cyls.	Displ. Cu.-in.	No. Speeds	P.T.O. H.P.	Approx. Shipping Wt.-Lbs.	Cab
8765 4WD	$46405	$15440	$18160	$24970	$28600	(1)	4T	268D	12F-12R	85.0		No
8765 4WD w/Cab	$54305	$18120	$21320	$29320	$33580	(1)	4T	268D	12F-12R	85.0		CHA
8765 w/Cab	$46575	$15490	$18220	$25060	$28700	(1)	4T	268D	12F-12R	85.0		CHA
8775	$43850	$14550	$17120	$23540	$26960	(1)	6	402D	32F-32R	95.0		No
8775 4WD	$51280	$17070	$20080	$27610	$31630	(1)	6	402D	32F-32R	95.0		No
8775 4WD w/Cab	$63635	$21080	$24800	$34100	$39060	(1)	6	402D	32F-32R	95.0		CHA
8775 w/Cab	$55917	$18700	$22000	$30250	$34650	(1)	6	402D	32F-32R	95.0		CHA
8785	$52478	$17510	$20600	$28330	$32450	(1)	6T	402D	32F-32R	110.0		No
8785 4WD	$62332	$20840	$24520	$33720	$38620	(1)	6T	402D	32F-32R	110.0		No
8785 4WD w/Cab	$74686	$25020	$29440	$40480	$46370	(1)	6T	402D	32F-32R	110.0		CHA
8785 w/Cab	$64550	$21590	$25400	$34930	$40010	(1)	6T	402D	32F-32R	110.0		CHA
9435	$73555	$22010	$27690	$36210	$40470	DD	6T	466D	32F-32R	135.69	14600	CHA
9435 4WD	$83930	$24800	$31200	$40800	$45600	DD	6T	466D	32F-32R	135.69	15700	CHA
9455	$78142	$23100	$29060	$38000	$42470	DD	6T	466D	32F-32R	155.56	14600	CHA
9455 4WD	$89155	$26510	$33350	$43610	$48740	DD	6T	466D	32F-32R	155.56	15700	CHA
9635	$79065	$24510	$30840	$40320	$45070	DD	6T	466D	18F-9R	135.5	15350	CHA
9635 4WD	$90575	$28980	$36230	$43480	$47100	DD	6T	466D	18F-9R	135.5	16550	CHA
9655	$83765	$26810	$33510	$40210	$43560	DD	6T	466D	18F-9R	155.66	15350	CHA
9655 4WD	$95227	$30080	$37600	$45120	$48880	DD	6T	466D	18F-9R	155.66	16550	CHA
9675	$94192	$29760	$37200	$44640	$48360	DD	6T	530D	18F-9R	176.44	16300	CHA
9675 4WD	$105780	$32960	$41200	$49440	$53560	DD	6T	530D	18F-9R	176.44	17850	CHA
9695 4WD	$115730	$35840	$44800	$53760	$58240	DD	6T	530D	18F-9R	196.57	17950	CHA
9735	$78886	$24480	$30600	$36720	$39780	(1)	6T	402D	32F-32R	125.0		CHA
9735 4WD	$91270	$28480	$35600	$42720	$46280	(1)	6T	402D	32F-32R	125.0		CHA
9745	$85090	$26560	$33200	$39840	$43160	(1)	6T	402D	32F-32R	145.0		CHA
9745 4WD	$97000	$30240	$37800	$45360	$49140	(1)	6T	402D	32F-32R	145.0		CHA
9815 4WD	$126025	$39040	$48800	$58560	$63440	DD	6TI	530D	18F-9R	215.0	17600	CHA

* Engine horsepower
(1) Sisu-Valmet

1997

Model	Approx. Retail Price New	Used Trade-In Avg.	High	Used Retail Avg.	High	Make	No. Cyls.	Displ. Cu.-in.	No. Speeds	P.T.O. H.P.	Approx. Shipping Wt.-Lbs.	Cab
4650	$18730	$5990	$7120	$10110	$11430	SLH	3	190D	12F-3R	40.37	4475	No
4650 4WD	$24890	$7970	$9460	$13440	$15180	SLH	3	190D	12F-3R	40.37	5070	No
4660	$22170	$7090	$8430	$11970	$13520	SLH	3	190D	12F-3R	52.17	4762	No
4660 4WD	$28945	$9260	$11000	$15630	$17660	SLH	3	190D	12F-3R	52.17	5203	No
5650	$20650	$6610	$7850	$11150	$12600	SLH	3	183D	12F-12R	47.8		No
5650 4WD	$26685	$8540	$10140	$14410	$16280	SLH	3	183D	12F-12R	47.8		No
5660	$24155	$7070	$8400	$11930	$13480	SLH	3	183D	12F-12R	56.9		No
5660 4WD	$29635	$8700	$10340	$14690	$16590	SLH	3	183D	12F-12R	56.9		No
5670	$27665	$8000	$9500	$13500	$15250	SLH	4	244D	24F-12R	63.13	5379	No
5670 4WD	$33820	$10180	$12080	$17170	$19400	SLH	4	244D	24F-12R	63.13	6096	No
5680	$31995	$9440	$11210	$15930	$18000	SLH	4	244D	24F-12R	72.70	5997	No
5680 4WD	$38955	$11680	$13870	$19710	$22270	SLH	4	244D	24F-12R	72.70	6658	No
6670	$37820	$10300	$13140	$17040	$19170	SLH	4	244D	24F-12R	63.13	5997	CHA
6670 4WD	$43075	$11890	$15170	$19680	$22140	SLH	4	244D	24F-12R	63.13	6658	CHA
6680	$39510	$10880	$13880	$18000	$20250	SLH	4	244D	24F-12R	72.70	6724	CHA
6680 4WD	$45980	$12620	$16100	$20880	$23490	SLH	4	244D	24F-12R	72.70	7385	CHA
6690	$34415	$9690	$12360	$16030	$18040	SLH	4T	244D	24F-12R	80.85	6173	No
6690 4WD	$41815	$11310	$14430	$18720	$21060	SLH	4T	244D	24F-12R	80.85	6779	No
6690 4WD w/Cab	$49415	$13630	$17390	$22560	$25380	SLH	4T	244D	24F-12R	80.85	7385	CHA
6690 w/Cab	$42260	$11660	$14870	$19300	$21710	SLH	4T	244D	24F-12R	80.85	6724	CHA
7600	$35975	$10850	$12880	$18310	$20680	SLH	5	317D	24F-12R	89.23	8179	No
7600 4WD	$43280	$13180	$15660	$22250	$25130	SLH	5	317D	24F-12R	89.23	9502	No
7600 4WD w/Cab	$51230	$13720	$17500	$22700	$25540	SLH	5	317D	24F-12R	89.23	9833	CHA
7600 w/Cab	$43540	$12470	$15910	$20640	$23220	SLH	5	317D	24F-12R	89.23	8686	CHA
8360 AGCOSTAR	$119590	$29850	$37810	$44780	$48760	Cummins	6TA	855D	18F-2R	360*		CHA
8425 AGCOSTAR	$145296	$34590	$43810	$51890	$56500	Cummins	6TA	855D	18F-2R	425*		CHA
8425 AGCOSTAR	$147726	$35130	$44500	$52700	$57380	DD	6TA	774D	18F-2R	425*		CHA
8610	$57125	$17920	$21280	$30240	$34160	SLH	6	366D	36F-36R	103.12	9670	CHA
8610 4WD	$64815	$20160	$23940	$34020	$38430	SLH	6	366D	36F-36R	103.12	10870	CHA
8630	$65155	$20510	$24360	$34610	$39100	SLH	6T	366D	36F-36R	119.6	10159	CHA
8630 4WD	$73325	$22820	$27090	$38500	$43490	SLH	6T	366D	36F-36R	119.6	11100	CHA
8745	$35750	$10980	$13030	$18520	$20920	Own	4T	268D	12F-12R	70.0		No
8745 4WD	$41665	$12800	$15200	$21600	$24400	Own	4T	268D	12F-12R	70.0		No
8745 4WD w/Cab	$49200	$15070	$17900	$25430	$28730	Own	4T	268D	12F-12R	70.0		CHA
8745 w/Cab	$42445	$13120	$15580	$22140	$25010	Own	4T	268D	12F-12R	70.0		CHA
8765	$37775	$11380	$13520	$19210	$21700	Own	4T	268D	12F-12R	85.0		No
8765 4WD	$45325	$13700	$16260	$23110	$26110	Own	4T	268D	12F-12R	85.0		No
8765 4WD w/Cab	$53625	$16160	$19190	$27270	$30810	Own	4T	268D	12F-12R	85.0		CHA
8765 w/Cab	$45165	$13760	$16340	$23220	$26230	Own	4T	268D	12F-12R	85.0		CHA
8775	$43100	$13180	$15660	$22250	$25130	Own	6	402D	32F-32R	95.0		No
8775 4WD	$50330	$15370	$18250	$25940	$29300	Own	6	402D	32F-32R	95.0		No
8775 4WD w/Cab	$62415	$19200	$22800	$32400	$36600	Own	6	402D	32F-32R	95.0		CHA
8775 w/Cab	$54235	$16800	$19950	$28350	$32030	Own	6	402D	32F-32R	95.0		CHA
8785	$51380	$16160	$19190	$27270	$30810	Own	6T	402D	32F-32R	110.0		No
8785 4WD	$61445	$18980	$22530	$32020	$36170	Own	6T	402D	32F-32R	110.0		No
8785 4WD w/Cab	$73236	$22530	$26750	$38020	$42940	Own	6T	402D	32F-32R	110.0		CHA
8785 w/Cab	$63250	$19620	$23290	$33100	$37390	Own	6T	402D	32F-32R	110.0		CHA
9435	$71533	$20010	$25530	$33120	$37260	DD	6T	466D	32F-32R	135.69	14600	CHA
9435 4WD	$82090	$22910	$29230	$37920	$42660	DD	6T	466D	32F-32R	135.69	15700	CHA
9455	$76121	$21460	$27380	$35520	$39960	DD	6T	466D	32F-32R	155.56	14600	CHA
9455 4WD	$87314	$24510	$31270	$40560	$45630	DD	6T	466D	32F-32R	155.56	15700	CHA
9635	$75405	$22200	$28120	$33300	$36260	DD	6T	466D	18F-9R	135.5	15350	CHA
9635 4WD	$88737	$26100	$33060	$39150	$42630	DD	6T	466D	18F-9R	135.5	16550	CHA

AGCO (Cont.)

Model	Approx. Retail Price New	Used Trade-In Avg.	Used Trade-In High	Used Retail Avg.	Used Retail High	Make	Engine No. Cyls.	Displ. Cu.-in.	No. Speeds	P.T.O. H.P.	Approx. Shipping Wt.-Lbs.	Cab
1997 (Cont.)												
9655	$83542	$24750	$31350	$37130	$40430	DD	6T	466D	18F-9R	155.66	15350	CHA
9655 4WD	$93993	$27750	$35150	$41630	$45330	DD	6T	466D	18F-9R	155.66	16550	CHA
9675	$93363	$27600	$34960	$41400	$45080	DD	6T	530D	18F-9R	176.44	16300	CHA
9675 4WD	$105960	$30600	$38760	$45900	$49980	DD	6T	530D	18F-9R	176.44	17850	CHA
9695 4WD	$115730	$33000	$41800	$49500	$53900	DD	6T	530D	18F-9R	196.57	17950	CHA
9815 4WD	$126025	$36300	$45980	$54450	$59290	DD	6TI	530D	18F-9R	215.0	17600	CHA
*Engine horsepower												
1996												
4650	$18290	$5490	$6580	$9690	$10970	SLH	3	190D	16F-4R	40.37	4475	No
4650 4WD	$24225	$7270	$8720	$12840	$14540	SLH	3	190D	16F-4R	40.37	5070	No
4660	$21585	$5830	$7560	$9710	$11010	SLH	3	190D	16F-4R	52.17	4762	No
4660 4WD	$28160	$7600	$9860	$12670	$14360	SLH	3	190D	16F-4R	52.17	5203	No
5650	$19410	$5820	$6990	$10290	$11650	SLH	3	183D	12F-12R	47.8		No
5650 4WD	$25245	$7570	$9090	$13380	$15150	SLH	3	183D	12F-12R	47.8		No
5660	$22800	$6160	$7980	$10260	$11630	SLH	3	183D	12F-12R	56.9		No
5660 4WD	$28095	$7590	$9830	$12640	$14330	SLH	3	183D	12F-12R	56.9		No
5670	$26140	$7060	$9150	$11760	$13330	SLH	4	244D	24F-12R	63.13	5379	No
5670 4WD	$32085	$8660	$11230	$14440	$16360	SLH	4	244D	24F-12R	63.13	6096	No
5680	$30325	$8190	$10610	$13650	$15470	SLH	4	244D	24F-12R	72.70	5997	No
5680 4WD	$37050	$10000	$12970	$16670	$18900	SLH	4	244D	24F-12R	72.70	6658	No
6670	$36540	$9330	$12090	$15540	$17620	SLH	4	244D	24F-12R	63.13	5997	CHA
6670 4WD	$41620	$10530	$13650	$17550	$19890	SLH	4	244D	24F-12R	63.13	6658	CHA
6680	$38175	$9770	$12660	$16280	$18450	SLH	4	244D	24F-12R	72.70	6724	CHA
6680 4WD	$44425	$11340	$14700	$18900	$21420	SLH	4	244D	24F-12R	72.70	7385	CHA
6690	$33250	$8470	$10970	$14110	$15990	SLH	4T	244D	24F-12R	80.85	6173	No
6690 4WD	$40400	$10370	$13440	$17280	$19580	SLH	4T	244D	24F-12R	80.85	6779	No
6690 4WD w/Cab	$47745	$12350	$16010	$20590	$23330	SLH	4T	244D	24F-12R	80.85	7385	CHA
6690 w/Cab	$40830	$10480	$13580	$17460	$19790	SLH	4T	244D	24F-12R	80.85	6724	CHA
7600	$35975	$10470	$12560	$18500	$20940	SLH	5	317D	24F-12R	89.23	8179	No
7600 4WD	$43280	$12660	$15190	$22370	$25320	SLH	5	317D	24F-12R	89.23	9502	No
7600 4WD w/Cab	$51230	$13150	$17050	$21920	$24840	SLH	5	317D	24F-12R	89.23	9833	CHA
7600 w/Cab	$43540	$13060	$15670	$23080	$26120	SLH	5	317D	24F-12R	89.23	8686	CHA
8360 AGCOSTAR	$118410	$27440	$35280	$42140	$46060	Cummins	6TA	855D	18F-2R	360*		CHA
8425 AGCOSTAR	$144575	$32060	$41220	$49240	$53820	Cummins	6TA	855D	18F-2R	425*		CHA
8425 AGCOSTAR	$146935	$32730	$42080	$50270	$54940	DD	6TA	774D	18F-2R	425*		CHA
8610	$55195	$16200	$19440	$28620	$32400	SLH	6	366D	36F-36R	103.12	9670	CHA
8610 4WD	$63985	$18570	$22280	$32810	$37140	SLH	6	366D	36F-36R	103.12	10870	CHA
8630	$62950	$18210	$21850	$32170	$36420	SLH	6T	366D	36F-36R	119.6	10159	CHA
8630 4WD	$72705	$20820	$24980	$36780	$41640	SLH	6T	366D	36F-36R	119.6	11100	CHA
9435	$69235	$18230	$23630	$30380	$34430	DD	6T	466D	32F-32R	135.69	14600	CHA
9435 4WD	$79290	$20520	$26600	$34200	$38760	DD	6T	466D	32F-32R	135.69	15700	CHA
9455	$73670	$19040	$24680	$31730	$35960	DD	6T	466D	32F-32R	155.56	14600	CHA
9455 4WD	$84360	$21740	$28180	$36230	$41060	DD	6T	466D	32F-32R	155.56	15700	CHA
9635	$74565	$20880	$26840	$32060	$35050	DD	6T	466D	18F-9R	135.5	15350	CHA
9635 4WD	$87080	$24080	$30960	$36980	$40420	DD	6T	466D	18F-9R	135.5	16550	CHA
9655	$80235	$22120	$28440	$33970	$37130	DD	6T	466D	18F-9R	155.66	15350	CHA
9655 4WD	$90275	$24920	$32040	$38270	$41830	DD	6T	466D	18F-9R	155.66	16550	CHA
9675	$88165	$24360	$31320	$37410	$40890	DD	6T	530D	18F-9R	176.44	16300	CHA
9675 4WD	$101765	$27720	$35640	$42570	$46530	DD	6T	530D	18F-9R	176.44	17850	CHA
9695 4WD	$108975	$29400	$37800	$45150	$49350	DD	6T	530D	18F-9R	196.57	17950	CHA
9815 4WD	$118505	$32200	$41400	$49450	$54050	DD	6TI	530D	18F-9R	215.0	17600	CHA
*Engine horsepower												
1995												
4650	$17503	$4900	$5950	$9100	$10330	SLH	3	190D	16F-4R	40.37	4475	No
4650 4WD	$23183	$6490	$7880	$12060	$13680	SLH	3	190D	16F-4R	40.37	5070	No
4660	$20654	$5780	$7020	$10740	$12190	SLH	3	190D	16F-4R	52.17	4762	No
4660 4WD	$26945	$7550	$9160	$14010	$15900	SLH	3	190D	16F-4R	52.17	5203	No
5650	$18572	$6130	$7430	$10400	$11700	SLH	3	183D	12F-12R	47.8		No
5650 4WD	$24156	$7970	$9660	$13530	$15220	SLH	3	183D	12F-12R	47.8		No
5660	$21818	$5460	$7200	$9600	$10690	SLH	3	183D	12F-12R	56.9		No
5660 4WD	$26884	$6720	$8870	$11830	$13170	SLH	3	183D	12F-12R	56.9		No
5670	$25014	$6250	$8260	$11010	$12260	SLH	4	244D	24F-12R	63.13	5379	No
5670 4WD	$30703	$7680	$10130	$13510	$15040	SLH	4	244D	24F-12R	63.13	6096	No
5680	$29017	$7250	$9580	$12770	$14220	SLH	4	244D	24F-12R	72.70	5997	No
5680 4WD	$35455	$8860	$11700	$15600	$17370	SLH	4	244D	24F-12R	72.70	6658	No
6670	$34965	$8250	$10890	$14520	$16170	SLH	4	244D	24F-12R	63.13	5997	CHA
6670 4WD	$39829	$9450	$12470	$16630	$18520	SLH	4	244D	24F-12R	63.13	6658	CHA
6680	$36533	$8630	$11390	$15180	$16910	SLH	4	244D	24F-12R	72.70	6724	CHA
6680 4WD	$42512	$10130	$13370	$17820	$19850	SLH	4	244D	24F-12R	72.70	7385	CHA
6690	$31820	$7450	$9830	$13110	$14600	SLH	4T	244D	24F-12R	80.85	6173	No
6690 4WD	$38662	$9150	$12080	$16100	$17930	SLH	4T	244D	24F-12R	80.85	6779	No
6690 4WD w/Cab	$45690	$10880	$14360	$19140	$21320	SLH	4T	244D	24F-12R	80.85	7385	CHA
6690 w/Cab	$39073	$9250	$12210	$16280	$18130	SLH	4T	244D	24F-12R	80.85	6724	CHA
7600	$34424	$9070	$11020	$16850	$19120	SLH	5	317D	24F-12R	89.23	8179	No
7600 4WD	$41417	$11030	$13400	$20490	$23250	SLH	5	317D	24F-12R	89.23	9502	No
7600 4WD w/Cab	$49024	$13160	$15980	$24440	$27730	SLH	5	317D	24F-12R	89.23	9833	CHA
7600 w/Cab	$41664	$11480	$13940	$21320	$24190	SLH	5	317D	24F-12R	89.23	8686	CHA
7630 4WD	$58385	$15680	$19040	$29120	$33040	SLH	6	380D	24F-12R	115.02	11398	CHA
7650 4WD	$62651	$17080	$20740	$31720	$35990	SLH	6T	380D	24F-12R	128.38	12566	CHA
8610	$52816	$14280	$17340	$26520	$30090	SLH	6	366D	36F-36R	103.12	9670	CHA
8610 4WD	$61231	$16800	$20400	$31200	$35400	SLH	6	366D	36F-36R	103.12	10870	CHA
8630	$60237	$16240	$19720	$30160	$34220	SLH	6T	366D	36F-36R	119.6	10159	CHA

AGCO (Cont.)

Model	Approx. Retail Price New	Used Trade-In Avg.	Used Trade-In High	Estimated Value Less Repairs Used Retail Avg.	Used Retail High	Make	Engine No. Cyls.	Displ. Cu.-in.	No. Speeds	P.T.O. H.P.	Approx. Shipping Wt.-Lbs.	Cab
1995 (Cont.)												
8630 4WD	$67793	$18060	$21930	$33540	$38060	SLH	6T	366D	36F-36R	119.6	11100	CHA
9435	$68545	$16500	$21780	$29040	$32340	DD	6T	466D	32F-32R	135.0	14600	CHA
9435 4WD	$77290	$18500	$24420	$32560	$36260	DD	6T	466D	32F-32R	135.0	15700	CHA
9455	$71848	$17250	$22770	$30360	$33810	DD	6T	466D	32F-32R	155.0	14600	CHA
9455 4WD	$82315	$19580	$25840	$34450	$38370	DD	6T	466D	32F-32R	155.0	15700	CHA
9630	$73765	$18460	$24140	$29190	$31950	Deutz	6TI	374D	18F-9R	135.0	15200	CHA
9630 4WD	$84876	$20800	$27200	$32800	$36000	Deutz	6TI	374D	18F-9R	135.0	16500	CHA
9635	$73435	$18330	$23970	$28910	$31730	DD	6T	466D	18F-9R	135.0	15350	CHA
9635 4WD	$84506	$21060	$27540	$33210	$36450	DD	6T	466D	18F-9R	135.0	16550	CHA
9650	$78215	$19030	$24890	$30010	$32940	Deutz	6TI	374D	18F-9R	155.0	15200	CHA
9650 4WD	$90016	$22100	$28900	$34850	$38250	Deutz	6TI	374D	18F-9R	155.0	16500	CHA
9655	$77865	$18930	$24750	$29850	$32760	DD	6T	466D	18F-9R	155.0	15350	CHA
9655 4WD	$88836	$21790	$28490	$34360	$37710	DD	6T	466D	18F-9R	155.0	16550	CHA
9670	$87015	$21320	$27880	$33620	$36900	Deutz	6T	584D	18F-9R	175.0	16770	CHA
9670 4WD	$99206	$24490	$32030	$38620	$42390	Deutz	6T	584D	18F-9R	175.0	18400	CHA
9675	$85845	$21010	$27470	$33130	$36360	DD	6T	530D	18F-9R	175.0	16300	CHA
9675 4WD	$97886	$24150	$31590	$38090	$41810	DD	6T	530D	18F-9R	175.0	17850	CHA
9690 4WD	$107406	$26520	$34680	$41820	$45900	Deutz	6T	584D	18F-9R	195.0	18500	CHA
9695 4WD	$105966	$26230	$34310	$41370	$45410	DD	6T	530D	18F-9R	195.0	17950	CHA
9815 4WD	$115244	$28730	$37570	$45310	$49730	DD	6TI	530D	18F-9R	215.0	17600	CHA
1994												
4650	$17399	$4520	$5740	$8870	$10090	SLH	3	190D	16F-4R	40.37	4475	No
4650 4WD	$22885	$5950	$7550	$11670	$13270	SLH	3	190D	16F-4R	40.37	5070	No
4660	$20429	$5310	$6740	$10420	$11850	SLH	3	190D	16F-4R	52.17	4762	No
4660 4WD	$26482	$6890	$8740	$13510	$15360	SLH	3	190D	16F-4R	52.17	5203	No
5670	$24168	$5930	$7660	$10370	$11610	SLH	4	244D	24F-12R	63.13	5379	No
5670 4WD	$29665	$7120	$9200	$12460	$13940	SLH	4	244D	24F-12R	63.13	6096	No
5680	$28036	$6730	$8690	$11780	$13180	SLH	4	244D	24F-12R	72.70	5997	No
5680 4WD	$34101	$8180	$10570	$14320	$16030	SLH	4	244D	16F-16R	72.70	6658	No
6670	$33783	$7630	$9860	$13360	$14950	SLH	4	244D	24F-12R	63.13	5997	CHA
6670 4WD	$38482	$8760	$11320	$15330	$17160	SLH	4	244D	24F-12R	63.13	6658	CHA
6680	$35298	$7990	$10320	$13990	$15650	SLH	4	244D	24F-12R	72.70	6724	CHA
6680 4WD	$41074	$9360	$12090	$16380	$18330	SLH	4	244D	24F-12R	72.70	7385	CHA
6690	$30744	$6910	$8930	$12100	$13540	SLH	4T	244D	24F-12R	80.85	6173	No
6690 4WD	$37355	$8470	$10940	$14830	$16590	SLH	4T	244D	24F-12R	80.85	6779	No
6690 4WD w/Cab	$44145	$10080	$13020	$17640	$19740	SLH	4T	244D	24F-12R	80.85	7385	CHA
6690 w/Cab	$37752	$8570	$11070	$14990	$16780	SLH	4T	244D	24F-12R	80.85	6724	CHA
7600 4WD	$40016	$10140	$12870	$19890	$22620	SLH	5	317D	24F-12R	89.23	9502	No
7600 4WD w/Cab	$47366	$12040	$15280	$23610	$26850	SLH	5	317D	24F-12R	89.23	9833	CHA
7600 w/Cab	$40255	$10230	$12990	$20070	$22820	SLH	5	317D	24F-12R	89.23	8686	CHA
7630 4WD	$56411	$14040	$17820	$27540	$31320	SLH	6	380D	24F-12R	115.02	11398	CHA
7650 4WD	$60532	$15600	$19800	$30600	$34800	SLH	6T	380D	24F-12R	128.38	12566	CHA
8610	$51030	$13000	$16500	$25500	$29000	SLH	6	366D	36F-36R	103.12	9670	CHA
8610 4WD	$57900	$14720	$18680	$28870	$32830	SLH	6	366D	36F-36R	103.12	10870	CHA
8630	$58200	$14820	$18810	$29070	$33060	SLH	6T	366D	36F-36R	119.6	10159	CHA
8630 4WD	$65500	$16640	$21120	$32640	$37120	SLH	6T	366D	36F-36R	119.6	11100	CHA
9435	$64845	$15240	$19690	$26670	$29850	DD	6T	466D	32F-32R	135.0	14600	CHA
9435 4WD	$75480	$17760	$22940	$31080	$34780	DD	6T	466D	32F-32R	135.0	15700	CHA
9455	$69105	$16590	$21420	$29020	$32480	DD	6T	466D	32F-32R	155.0	14600	CHA
9455 4WD	$80390	$19290	$24920	$33760	$37780	DD	6T	466D	32F-32R	155.0	15700	CHA
9630	$69550	$16320	$21760	$26520	$29240	Deutz	6TI	374D	18F-9R	135.0	15200	CHA
9630 4WD	$80185	$18480	$24640	$30030	$33110	Deutz	6TI	374D	18F-9R	135.0	16500	CHA
9635	$69550	$15960	$21280	$25940	$28600	DD	6T	466D	18F-9R	135.0	15350	CHA
9635 4WD	$80185	$18000	$24000	$29250	$32250	DD	6T	466D	18F-9R	135.0	16550	CHA
9650	$73810	$16800	$22400	$27300	$30100	Deutz	6TI	374D	18F-9R	155.0	15200	CHA
9650 4WD	$85120	$19200	$25600	$31200	$34400	Deutz	6TI	374D	18F-9R	155.0	16500	CHA
9655	$73810	$17040	$22720	$27690	$30530	DD	6T	466D	18F-9R	155.0	15350	CHA
9655 4WD	$85120	$19440	$25920	$31590	$34830	DD	6T	466D	18F-9R	155.0	16550	CHA
9670	$80925	$18360	$24480	$29840	$32900	SLH	6T	584D	18F-9R	175.0	16770	CHA
9670 4WD	$94335	$21600	$28800	$35100	$38700	SLH	6T	584D	18F-9R	175.0	18400	CHA
9675	$80925	$18240	$24320	$29640	$32680	DD	6T	530D	18F-9R	175.0	16300	CHA
9675 4WD	$94335	$21670	$28900	$35220	$38830	DD	6T	530D	18F-9R	175.0	17850	CHA
9690 4WD	$102220	$23520	$31360	$38220	$42140	Deutz	6T	584D	18F-9R	195.0	18500	CHA
9695 4WD	$102220	$23570	$31420	$38300	$42230	DD	6T	530D	18F-9R	195.0	17950	CHA
9815 4WD	$115095	$26400	$35200	$42900	$47300	DD	6TI	530D	18F-9R	215.0	17600	CHA
1993												
4650	$16845	$4210	$5390	$8420	$9600	SLH	3	190D	16F-4R	40.37	4475	No
4650 4WD	$22157	$5540	$7090	$11080	$12630	SLH	3	190D	16F-4R	40.37	5070	No
4660	$19779	$4950	$6330	$9890	$11270	SLH	3	190D	16F-4R	52.17	4762	No
4660 4WD	$25912	$6480	$8290	$12960	$14770	SLH	3	190D	16F-4R	52.17	5203	No
5670	$23399	$5380	$7020	$9360	$10760	SLH	4	244D	24F-12R	63.13	5379	No
5670 4WD	$28721	$6610	$8620	$11490	$13210	SLH	4	244D	24F-12R	63.13	6096	No
5680	$27144	$6240	$8140	$10860	$12490	SLH	4	244D	24F-12R	72.70	5997	No
5680 4WD	$33166	$7630	$9950	$13270	$15260	SLH	4	244D	24F-12R	72.70	6658	No
6670	$32708	$7520	$9810	$13080	$15050	SLH	4	244D	24F-12R	63.13	5997	CHA
6670 4WD	$37258	$8120	$10590	$14120	$16240	SLH	4	244D	24F-12R	63.13	6658	CHA
6680	$34175	$7410	$9660	$12880	$14810	SLH	4	244D	24F-12R	72.70	6724	CHA
6680 4WD	$39768	$8670	$11310	$15080	$17340	SLH	4	244D	24F-12R	72.70	7385	CHA
6690	$29767	$6370	$8310	$11080	$12740	SLH	4T	244D	24F-12R	80.85	6173	No
6690 4WD	$36167	$7820	$10200	$13600	$15640	SLH	4T	244D	24F-12R	80.85	6779	No
6690 4WD w/Cab	$42740	$9320	$12150	$16200	$18630	SLH	4T	244D	24F-12R	80.85	7385	CHA
6690 w/Cab	$36551	$7940	$10350	$13800	$15870	SLH	4T	244D	24F-12R	80.85	6724	CHA

AGCO (Cont.)

Model	Approx. Retail Price New	Used Trade-In Avg.	Used Trade-In High	Used Retail Avg.	Used Retail High	Make	Engine No. Cyls.	Engine Displ. Cu.-in.	No. Speeds	P.T.O. H.P.	Approx. Shipping Wt.-Lbs.	Cab
1993 (Cont.)												
7600	$32202	$7800	$9980	$15600	$17780	SLH	5	317D	24F-12R	89.23	8179	No
7600 4WD	$38743	$9250	$11840	$18500	$21090	SLH	5	317D	24F-12R	89.23	9502	No
7600 4WD w/Cab	$45859	$10950	$14020	$21900	$24970	SLH	5	317D	24F-12R	89.23	9833	CHA
7600 w/Cab	$38975	$9350	$11970	$18700	$21320	SLH	5	317D	24F-12R	89.23	8686	CHA
7630 4WD	$54718	$13250	$16960	$26500	$30210	SLH	6	380D	24F-12R	115.02	11398	CHA
7650 4WD	$58716	$14250	$18240	$28500	$32490	SLH	6T	380D	24F-12R	128.38	12566	CHA
8610	$49407	$12000	$15360	$24000	$27360	SLH	6	366D	36F-36R	103.12	9670	CHA
8610 4WD	$56058	$13760	$17620	$27530	$31380	SLH	6	366D	36F-36R	103.12	10870	CHA
8630	$56349	$13880	$17760	$27750	$31640	SLH	6T	366D	36F-36R	119.6	10159	CHA
8630 4WD	$63417	$15600	$19970	$31200	$35570	SLH	6T	366D	36F-36R	119.6	11100	CHA
9130	$60386	$12760	$17400	$21460	$23780	Deutz	6TI	374D	18F-6R	135.0	12300	CHA
9130 4WD	$70422	$14960	$20400	$25160	$27880	Deutz	6TI	374D	18F-6R	135.0	13600	CHA
9150	$63009	$13310	$18150	$22390	$24810	Deutz	6TI	374D	18F-6R	150.0	13520	CHA
9150 4WD	$74103	$15620	$21300	$26270	$29110	Deutz	6TI	374D	18F-6R	150.0	14880	CHA
9170	$66660	$14150	$19290	$23790	$26360	Deutz	6T	584D	18F-6R	172.0	15640	CHA
9170 4WD	$81581	$16940	$23100	$28490	$31570	Deutz	6T	584D	18F-6R	172.0	16040	CHA
9190 4WD	$87298	$18590	$25350	$31270	$34650	Deutz	6T	584D	18F-6R	193.0	16600	CHA
9630	$67463	$14950	$19500	$26000	$29900	Deutz	6TI	374D	18F-9R	135.0	15200	CHA
9630 4WD	$77779	$17020	$22200	$29600	$34040	Deutz	6TI	374D	18F-9R	135.0	16500	CHA
9650	$71595	$15180	$20700	$25530	$28290	Deutz	6TI	374D	18F-9R	155.0	15200	CHA
9650 4WD	$82566	$17470	$23820	$29380	$32550	Deutz	6TI	374D	18F-9R	155.0	16500	CHA
9670	$78497	$16590	$22620	$27900	$30910	Deutz	6T	584D	18F-9R	175.0	16770	CHA
9670 4WD	$91504	$19250	$26250	$32380	$35880	Deutz	6T	584D	18F-9R	175.0	18400	CHA
9690 4WD	$99153	$21030	$28680	$35370	$39200	Deutz	6T	584D	18F-9R	195.0	18500	CHA
1992												
4650	$16355	$3930	$5070	$8010	$9160	SLH	3	190D	16F-4R	40.37	4475	No
4650 4WD	$21512	$5160	$6670	$10540	$12050	SLH	3	190D	16F-4R	40.37	5070	No
4660	$19203	$4610	$5950	$9410	$10750	SLH	3	190D	16F-4R	52.17	4762	No
4660 4WD	$25158	$6040	$7800	$12330	$14090	SLH	3	190D	16F-4R	52.17	5203	No
5670	$22718	$5000	$6590	$8630	$10220	SLH	4	244D	24F-12R	63.13	5379	No
5670 4WD	$27885	$6140	$8090	$10600	$12550	SLH	4	244D	24F-12R	63.13	6096	No
5680	$26354	$5800	$7640	$10020	$11860	SLH	4	244D	24F-12R	72.70	5997	No
5680 4WD	$32200	$7080	$9340	$12240	$14490	SLH	4	244D	24F-12R	72.70	6658	No
6670	$31756	$6530	$8610	$11290	$13370	SLH	4	244D	24F-12R	63.13	5997	CHA
6670 4WD	$36173	$7500	$9890	$12960	$15350	SLH	4	244D	24F-12R	63.13	6658	CHA
6680	$33180	$6860	$9050	$11860	$14040	SLH	4	244D	24F-12R	72.70	6724	CHA
6680 4WD	$38610	$8050	$10610	$13910	$16470	SLH	4	244D	24F-12R	72.70	7385	CHA
6690	$28900	$5920	$7800	$10220	$12110	SLH	4T	244D	24F-12R	80.85	6173	No
6690 4WD	$35114	$7280	$9600	$12580	$14900	SLH	4T	244D	24F-12R	80.85	6779	No
6690 4WD w/Cab	$41496	$8800	$11600	$15200	$18000	SLH	4T	244D	24F-12R	80.85	7385	CHA
6690 w/Cab	$35487	$7370	$9720	$12730	$15080	SLH	4T	244D	24F-12R	80.85	6724	CHA
7600	$31265	$7200	$9300	$14700	$16800	SLH	5	317D	24F-12R	89.23	8179	No
7600 4WD	$37615	$8640	$11160	$17640	$20160	SLH	5	317D	24F-12R	89.23	9502	No
7600 4WD w/Cab	$44524	$10200	$13180	$20830	$23800	SLH	5	317D	24F-12R	89.23	9833	CHA
7600 w/Cab	$37840	$8840	$11420	$18050	$20630	SLH	5	317D	24F-12R	89.23	8686	CHA
8610	$47968	$10920	$14110	$22300	$25480	SLH	6	366D	36F-36R	103.12	9670	CHA
8610 4WD	$54426	$12830	$16570	$26190	$29930	SLH	6	366D	36F-36R	103.12	10870	CHA
8630	$54708	$12790	$16520	$26120	$29850	SLH	6T	366D	36F-36R	119.6	10159	CHA
8630 4WD	$61570	$14470	$18690	$29550	$33770	SLH	6T	366D	36F-36R	119.6	11100	CHA
9130	$58628	$11240	$15740	$19670	$21920	Deutz	6TI	374D	18F-6R	135.0	12300	CHA
9130 4WD	$68371	$13220	$18510	$23140	$25780	Deutz	6TI	374D	18F-6R	135.0	13600	CHA
9150	$61174	$11800	$16520	$20650	$23010	Deutz	6TI	374D	18F-6R	150.0	13520	CHA
9150 4WD	$71945	$13600	$19040	$23800	$26520	Deutz	6TI	374D	18F-6R	150.0	14880	CHA
9170	$64719	$12300	$17220	$21530	$23990	Deutz	6T	584D	18F-6R	172.0	15640	CHA
9170 4WD	$79205	$15500	$21700	$27130	$30230	Deutz	6T	584D	18F-6R	172.0	16040	CHA
9190 4WD	$84756	$16300	$22820	$28530	$31790	Deutz	6T	584D	18F-6R	193.0	16600	CHA
1991												
4650	$16355	$3760	$4910	$7850	$9000	SLH	3	190D	16F-4R	40.37	4475	No
4650 4WD	$21512	$4950	$6450	$10330	$11830	SLH	3	190D	16F-4R	40.37	5070	No
4660	$19203	$4420	$5760	$9220	$10560	SLH	3	190D	16F-4R	52.17	4762	No
4660 4WD	$25158	$5790	$7550	$12080	$13840	SLH	3	190D	16F-4R	52.17	5203	No
5670	$22718	$4770	$6360	$8180	$10000	SLH	4	244D	24F-12R	63.13	5379	No
5670 4WD	$27885	$5860	$7810	$10040	$12270	SLH	4	244D	24F-12R	63.13	6096	No
5680	$26354	$5530	$7380	$9490	$11600	SLH	4	244D	24F-12R	72.70	5997	No
5680 4WD	$32200	$6760	$9020	$11590	$14170	SLH	4	244D	24F-12R	72.70	6658	No
6670	$31756	$6240	$8320	$10690	$13070	SLH	4	244D	24F-12R	63.13	5997	CHA
6670 4WD	$36173	$7170	$9560	$12290	$15030	SLH	4	244D	24F-12R	63.13	6658	CHA
6680	$33180	$6550	$8740	$11230	$13730	SLH	4	244D	24F-12R	72.70	6724	CHA
6680 4WD	$38610	$7690	$10250	$13180	$16100	SLH	4	244D	24F-12R	72.70	7385	CHA
6690	$28900	$7750	$10330	$13280	$16240	SLH	4T	244D	24F-12R	80.85	6173	No
6690 4WD	$35114	$6950	$9270	$11920	$14560	SLH	4T	244D	24F-12R	80.85	6779	No
6690 4WD w/Cab	$41496	$8300	$11060	$14220	$17380	SLH	4T	244D	24F-12R	80.85	7385	CHA
6690 w/Cab	$35487	$7040	$9380	$12060	$14740	SLH	4T	244D	24F-12R	80.85	6724	CHA
7600	$31265	$6900	$9000	$14400	$16500	SLH	5	317D	24F-12R	89.23	8179	No
7600 4WD	$37615	$8050	$10500	$16800	$19250	SLH	5	317D	24F-12R	89.23	9502	No
7600 4WD w/Cab	$44524	$9320	$12150	$19440	$22280	SLH	5	317D	24F-12R	89.23	9833	CHA
7600 w/Cab	$37840	$8240	$10750	$17200	$19710	SLH	5	317D	24F-12R	89.23	8686	CHA
8610	$47968	$10470	$13650	$21840	$25030	SLH	6	366D	36F-36R	103.12	9670	CHA
8610 4WD	$54426	$12060	$15730	$25170	$28840	SLH	6	366D	36F-36R	103.12	10870	CHA
8630	$54708	$12260	$15990	$25580	$29320	SLH	6T	366D	36F-36R	119.6	10159	CHA
8630 4WD	$61570	$13870	$18090	$28940	$33170	SLH	6T	366D	36F-36R	119.6	11100	CHA
9130	$58628	$10490	$14350	$18770	$20980	Deutz	6TI	374D	18F-6R	135.0	12300	CHA

Model	Approx. Retail Price New	Used Trade-In Avg.	Used Trade-In High	Used Retail Avg.	Used Retail High	Engine Make	No. Cyls.	Displ. Cu.-in.	No. Speeds	P.T.O. H.P.	Approx. Shipping Wt.-Lbs.	Cab
AGCO (Cont.)												
				1991 (Cont.)								
9130 4WD	$68371	$12370	$16930	$22130	$24740	Deutz	6TI	374D	18F-6R	135.0	13600	CHA
9150	$61174	$11020	$15080	$19720	$22040	Deutz	6TI	374D	18F-6R	150.0	13520	CHA
9150 4WD	$71945	$12540	$17160	$22440	$25080	Deutz	6TI	374D	18F-6R	150.0	14880	CHA
9170	$64719	$11590	$15860	$20740	$23180	Deutz	6T	584D	18F-6R	172.0	15640	CHA
9170 4WD	$79205	$14250	$19500	$25500	$28500	Deutz	6T	584D	18F-6R	172.0	16040	CHA
9190 4WD	$84756	$15200	$20800	$27200	$30400	Deutz	6T	584D	18F-6R	193.0	16600	CHA
Allis-Chalmers												
				1985								
5015	$6550	$1510	$2230	$3600	$4060	Toyosha	3	61D	9F-3R	15.00	1278	No
5015 4WD	$7150	$1650	$2430	$3930	$4430	Toyosha	3	61D	9F-3R	15.00	1448	No
5020	$8280	$1900	$2820	$4550	$5130	Toyosha	2	77D	12F-3R	21.79	1850	No
5020 4WD	$9200	$2120	$3130	$5060	$5700	Toyosha	2	77D	12F-3R	21.00	1960	No
5030	$9230	$2120	$3140	$5080	$5720	Toyosha	2	90D	12F-3R	26.42	2280	No
6070	$24225	$4430	$6070	$9800	$11430	AC	4T	200D	12F-3R	70.78	5900	No
6070 4WD	$29225	$5320	$7280	$11760	$13720	AC	4T	200D	12F-3R	70.00	6700	No
6070 4WD w/Cab	$34665	$6380	$8740	$14110	$16460	AC	4T	200D	12F-3R	70.00	7800	CHA
6070 w/Cab	$29665	$5430	$7440	$12010	$14010	AC	4T	200D	12F-3R	70.78	7050	CHA
6080	$28625	$5140	$7030	$11350	$13240	AC	4TI	200D	12F-3R	83.66	7170	No
6080 4WD	$34100	$6180	$8450	$13650	$15930	AC	4TI	200D	12F-3R	83.00	7600	No
6080 4WD w/Cab	$38975	$6970	$9540	$15410	$17980	AC	4TI	200D	12F-3R	83.00	8750	CHA
6080 w/Cab	$33500	$6080	$8320	$13440	$15680	AC	4TI	200D	12F-3R	83.66	8070	CHA
6140	$15895	$3020	$4130	$6680	$7790	Toyosha	3	142D	10F-2R	41.08	4228	No
6140 4WD	$19545	$3710	$5080	$8210	$9580	Toyosha	3	142D	10F-2R	41.00	4628	No
8010 PD	$44835	$6230	$9960	$14530	$17020	AC	6T	301D	20F-4R	109.00	11850	CHA
8010 PD 4WD	$52485	$7260	$11620	$16940	$19840	AC	6T	301D	20F-4R	109.00	13450	CHA
8010 PS	$46320	$6350	$10150	$14810	$17340	AC	6T	301D	12F-2R	109.55	12000	CHA
8010 PS 4WD	$53970	$7050	$11280	$16450	$19270	AC	6T	301D	12F-2R	109.00	13600	CHA
8030 PD	$50875	$6750	$10800	$15750	$18450	AC	6T	426D	20F-4R	134.00	12457	CHA
8030 PD 4WD	$58225	$7830	$12530	$18270	$21400	AC	6T	426D	20F-4R	134.00	14057	CHA
8030 PS	$52410	$7410	$11860	$17290	$20250	AC	6T	426D	12F-2R	134.42	12600	CHA
8030 PS 4WD	$60060	$8250	$13200	$19250	$22550	AC	6T	426D	12F-2R	134.00	14200	CHA
8050 PD	$56710	$7910	$12650	$18450	$21610	AC	6TI	426D	20F-4R	155.00	12750	CHA
8050 PD 4WD	$64360	$8600	$13750	$20060	$23490	AC	6TI	426D	20F-4R	155.00	14350	CHA
8050 PS	$58360	$8000	$12790	$18660	$21850	AC	6TI	426D	12F-3R	155.15	12900	CHA
8050 PS 4WD	$66010	$9150	$14640	$21350	$25010	AC	6TI	426D	12F-3R	155.00	14500	CHA
8070 PD	$58580	$8040	$12860	$18750	$21970	AC	6TI	426D	20F-4R	171.00	13750	CHA
8070 PD 4WD	$66230	$9030	$14450	$21070	$24680	AC	6TI	426D	20F-4R	171.00	15350	CHA
8070 PS	$60230	$8280	$13250	$19320	$22630	AC	6TI	426D	12F-2R	171.44	13900	CHA
8070 PS 4WD	$67880	$9420	$15070	$21980	$25750	AC	6TI	426D	12F-2R	171.00	15500	CHA
4W-220 4WD	$74490	$7020	$9720	$15120	$17280	AC	6TI	426D	20F-4R	180.00	18064	CHA
4W-220 4WD w/3 Pt.	$78781	$7540	$10440	$16240	$18560	AC	6TI	426D	20F-4R	180.00	22475	CHA
4W-305 4WD	$93685	$8190	$11340	$17640	$20160	AC	6T	731D	20F-4R	250.00	27100	CHA
4W-305 4WD w/3 Pt.	$98526	$8840	$12240	$19040	$21760	AC	6T	731D	20F-4R	250.00	28100	CHA

HC—High Clearance   PD—Power Director   PS—Power Shift   For later models see DEUTZ-ALLIS and AGCO.

Model	Approx. Retail Price New	Used Trade-In Avg.	Used Trade-In High	Used Retail Avg.	Used Retail High	Engine Make	No. Cyls.	Displ. Cu.-in.	No. Speeds	P.T.O. H.P.	Approx. Shipping Wt.-Lbs.	Cab
				1984								
5015	$6424	$1410	$2120	$3530	$3980	Toyosha	3	61D	9F-3R	15.00	1278	No
5015 4WD	$7024	$1550	$2320	$3860	$4360	Toyosha	3	61D	9F-3R	15.00	1448	No
5020	$8075	$1780	$2670	$4440	$5010	Toyosha	2	77D	12F-3R	21.79	1850	No
5020 4WD	$8895	$1960	$2940	$4890	$5520	Toyosha	2	77D	12F-3R	21.00	1960	No
5030	$8910	$1960	$2940	$4900	$5520	Toyosha	2	90D	12F-3R	26.42	2280	No
5050	$16675	$3170	$4340	$7000	$8000	Fiat	3	168D	8F-2R	51.00	4280	No
5050 4WD	$19667	$3740	$5110	$8260	$9440	Fiat	3	168D	8F-2R	51.46	4780	No
5050 4WD	$20275	$3850	$5270	$8520	$9730	Fiat	3	168D	12F-3R	51.00	4820	No
6060	$21460	$3890	$5320	$8590	$9820	AC	4T	200D	8F-2R	63.83	5700	No
6060 4WD	$25842	$4720	$6460	$10430	$11920	AC	4T	200D	8F-2R	63.00	6500	No
6060 4WD w/Cab	$30822	$5660	$7750	$12520	$14300	AC	4T	200D	8F-2R	63.00	7650	CHA
6060 w/Cab	$26019	$4750	$6500	$10500	$12000	AC	4T	200D	8F-2R	63.83	6850	CHA
6080	$27520	$5040	$6890	$11130	$12720	AC	4TI	200D	12F-3R	83.66	7170	No
6080 4WD	$33000	$6080	$8320	$13440	$15360	AC	4TI	200D	12F-3R	83.00	7600	No
6080 4WD w/Cab	$38410	$7030	$9620	$15540	$17760	AC	4TI	200D	12F-3R	83.00	8750	CHA
6080 w/Cab	$32920	$6060	$8290	$13400	$15310	AC	4TI	200D	12F-3R	83.66	8070	CHA
6140	$14460	$2750	$3760	$6070	$6940	Toyosha	3	142D	10F-2R	41.08	4228	No
6140 4WD	$17440	$3310	$4530	$7330	$8370	Toyosha	3	142D	10F-2R	41.00	4628	No
8010 PD	$42626	$5660	$8970	$13650	$15990	AC	6T	301D	20F-4R	109.00	11857	CHA
8010 PD 4WD	$49526	$6530	$10350	$15750	$18450	AC	6T	301D	20F-4R	109.00	13457	CHA
8010 PS	$44130	$5830	$9250	$14070	$16480	AC	6T	301D	12F-2R	109.55	12000	CHA
8010 PS 4WD	$51030	$6670	$10580	$16100	$18860	AC	6T	301D	12F-2R	109.00	13600	CHA
8030 PD	$47846	$6370	$10100	$15370	$18000	AC	6T	426D	20F-4R	134.00	12457	CHA
8030 PD 4WD	$54746	$7210	$11440	$17410	$20400	AC	6T	426D	20F-4R	134.00	14057	CHA
8030 PS	$49400	$6600	$10470	$15930	$18660	AC	6T	426D	12F-2R	134.42	12600	CHA
8030 PS 4WD	$56300	$7400	$11730	$17850	$20910	AC	6T	426D	12F-2R	134.00	14200	CHA
8050 PD	$52925	$6990	$11090	$16870	$19760	AC	6TI	426D	20F-4R	155.00	12750	CHA
8050 PD 4WD	$59825	$7660	$12140	$18480	$21650	AC	6TI	426D	20F-4R	155.00	14350	CHA
8050 PS	$54525	$7180	$11390	$17330	$20300	AC	6TI	426D	12F-2R	155.15	12900	CHA
8050 PS 4WD	$61475	$8030	$12740	$19390	$22710	AC	6TI	426D	12F-2R	155.00	14500	CHA
8070 PD	$54675	$7340	$11640	$17710	$20750	AC	6TI	426D	20F-4R	171.00	13750	CHA
8070 PD 4WD	$61575	$7840	$12440	$18930	$22170	AC	6TI	426D	20F-4R	171.00	15350	CHA
8070 PS	$56325	$7440	$11800	$17960	$21030	AC	6TI	426D	12F-2R	171.44	13900	CHA
8070 PS 4WD	$63225	$8120	$12880	$19600	$22960	AC	6TI	426D	12F-2R	171.00	15500	CHA
4W-220 4WD	$71625	$6120	$8670	$13770	$15810	AC	6TI	426D	20F-4R	180.00	21475	CHA

Allis-Chalmers (Cont.)

Model	Approx. Retail Price New	Used Trade-In Avg.	Used Trade-In High	Used Retail Avg.	Used Retail High	Engine Make	No. Cyls.	Displ. Cu.-in.	No. Speeds	P.T.O. H.P.	Approx. Shipping Wt.-Lbs.	Cab
1984 (Cont.)												
4W-220 4WD w/3 Pt.	$75916	$6600	$9350	$14850	$17050	AC	6TI	426D	20F-4R	180.00	22475	CHA
4W-305 4WD	$90080	$7200	$10200	$16200	$18600	AC	6T	731D	20F-4R	250.00	27100	CHA
4W-305 4WD w/3 Pt.	$95877	$7800	$11050	$17550	$20150	AC	6T	731D	20F-4R	250.00	28100	CHA

HC—High Clearance PD—Power Director PS—Power Shift

Model	Approx. Retail Price New	Used Trade-In Avg.	Used Trade-In High	Used Retail Avg.	Used Retail High	Engine Make	No. Cyls.	Displ. Cu.-in.	No. Speeds	P.T.O. H.P.	Approx. Shipping Wt.-Lbs.	Cab
1983												
5015	$6424	$1380	$2120	$3530	$3980	Toyosha	3	61D	9F-3R	15.00	1278	No
5015 4WD	$7024	$1510	$2320	$3860	$4360	Toyosha	3	61D	9F-3R	15.00	1448	No
5020	$8075	$1740	$2670	$4440	$5010	Toyosha	2	77D	12F-3R	21.79	1850	No
5020 4WD	$8895	$1910	$2940	$4890	$5520	Toyosha	2	77D	12F-3R	21.00	1960	No
5030	$8910	$1920	$2940	$4900	$5520	Toyosha	2	90D	12F-3R	26.42	2280	No
5050	$16358	$3110	$4250	$6870	$7850	Fiat	3	168D	12F-3R	51.46	4300	No
5050 4WD	$20275	$3850	$5270	$8520	$9730	Fiat	3	168D	12F-3R	51.00	4820	No
6060	$21039	$4000	$5470	$8840	$10100	AC	4T	200D	8F-2R	63.83	5700	No
6060 4WD	$25842	$4910	$6720	$10850	$12400	AC	4T	200D	8F-2R	63.00	6500	No
6060 4WD w/Cab	$30822	$5860	$8010	$12950	$14800	AC	4T	200D	8F-2R	63.00	7650	CHA
6060 w/Cab	$26019	$4940	$6770	$10930	$12490	AC	4T	200D	8F-2R	63.83	6850	CHA
6080	$26980	$5130	$7020	$11330	$12950	AC	4TI	200D	12F-3R	83.66	6920	No
6080 4WD	$32457	$6170	$8440	$13630	$15580	AC	4TI	200D	12F-3R	83.00	7600	No
6080 4WD w/Cab	$37857	$7190	$9840	$15900	$18170	AC	4TI	200D	12F-3R	83.00	8750	CHA
6080 w/Cab	$32380	$6150	$8420	$13600	$15540	AC	4TI	200D	12F-3R	83.66	8070	CHA
6140	$13570	$2580	$3530	$5700	$6510	Toyosha	3	142D	10F-2R	41.08	4000	No
6140 4WD	$16820	$3200	$4370	$7060	$8070	Toyosha	3	142D	10F-2R	41.00	4400	No
8010 PD	$41788	$5700	$9360	$14250	$16690	AC	6T	301D	20F-4R	109.00	10820	CHA
8010 PD 4WD	$49465	$6640	$10900	$16590	$19430	AC	6T	301D	20F-4R	109.00	12820	CHA
8010 PS	$43300	$5920	$9730	$14810	$17340	AC	6T	301D	12F-2R	109.55	10950	CHA
8010 PS 4WD	$50977	$6720	$11040	$16800	$19660	AC	6T	301D	12F-2R	109.00	12950	CHA
8030 PD	$46908	$6020	$9890	$15050	$17630	AC	6T	426D	20F-4R	134.00	11450	CHA
8030 PD 4WD	$53818	$7000	$11500	$17500	$20500	AC	6T	426D	20F-4R	134.00	13450	CHA
8030 PS	$48470	$6300	$10350	$15750	$18450	AC	6T	426D	12F-2R	134.42	11700	CHA
8030 PS 4WD	$55370	$7180	$11800	$17960	$21030	AC	6T	426D	12F-2R	134.00	13700	CHA
8050 PD	$51885	$5260	$7650	$12430	$14340	AC	6TI	426D	20F-4R	155.00	11530	CHA
8050 PD 4WD	$58785	$6020	$8750	$14220	$16410	AC	6TI	426D	20F-4R	155.00	13530	CHA
8050 PS	$53535	$5390	$7840	$12740	$14700	AC	6TI	426D	12F-2R	155.15	11600	CHA
8050 PS 4WD	$60435	$6200	$9020	$14660	$16920	AC	6TI	426D	12F-2R	155.00	13600	CHA
8070 PD	$53600	$5460	$7940	$12900	$14880	AC	6TI	426D	20F-4R	171.00	12220	CHA
8070 PS	$55250	$5640	$8200	$13330	$15380	AC	6TI	426D	12F-2R	171.44	12400	CHA
4W-220 4WD	$70220	$5520	$8040	$13060	$15070	AC	6TI	426D	20F-4R	180.00	21475	CHA
4W-220 4WD w/3 Pt.	$74427	$5880	$8550	$13890	$16030	AC	6TI	426D	20F-4R	180.00	22475	CHA
4W-305 4WD	$88195	$6180	$8990	$14610	$16860	AC	6T	731D	20F-4R	250.00	27100	CHA
4W-305 4WD w/3 Pt.	$93240	$6630	$9640	$15660	$18070	AC	6T	731D	20F-4R	250.00	28100	CHA

PD—Power Director PS—Power Shift

Model	Approx. Retail Price New	Used Trade-In Avg.	Used Trade-In High	Used Retail Avg.	Used Retail High	Engine Make	No. Cyls.	Displ. Cu.-in.	No. Speeds	P.T.O. H.P.	Approx. Shipping Wt.-Lbs.	Cab
1982												
5015	$6149	$1290	$2030	$3380	$3810	Toyosha	3	61D	9F-3R	15.00	1278	No
5015 4WD	$6799	$1430	$2240	$3740	$4220	Toyosha	3	61D	9F-3R	15.00	1448	No
5020	$7560	$1590	$2500	$4160	$4690	Toyosha	2	77D	12F-3R	21.79	1850	No
5020 4WD	$8380	$1760	$2770	$4610	$5200	Toyosha	2	77D	12F-3R	21.00	1960	No
5030	$8395	$1760	$2770	$4620	$5210	Toyosha	2	90D	12F-3R	26.42	2280	No
5045	$12558	$2640	$3770	$6910	$8040	Fiat	3	158D	8F-2R	44.00	4000	No
5050	$16358	$3440	$4910	$9000	$10470	Fiat	3	168D	12F-3R	51.46	4300	No
5050 4WD	$20275	$4260	$6080	$11150	$12980	Fiat	3	168D	12F-3R	51.00	4820	No
6060	$20037	$3710	$5210	$8420	$9620	AC	4T	200D	8F-2R	63.83	5700	No
6060 4WD	$24840	$4600	$6460	$10430	$11920	AC	4T	200D	8F-2R	63.00	6500	No
6080	$30338	$5610	$7890	$12740	$14560	AC	4TI	200D	12F-3R	83.66	6920	CH
6080 4WD	$35815	$6630	$9310	$15040	$17190	AC	4TI	200D	12F-3R	83.00	7600	CH
6140	$12925	$2390	$3360	$5430	$6200	Toyosha	3	142D	10F-2R	41.08	4000	No
6140 4WD	$16275	$3010	$4230	$6840	$7810	Toyosha	3	142D	10F-2R	40.00	4400	No
8010 PD	$40096	$5320	$8740	$13300	$15580	AC	6T	301D	20F-4R	109.00	10820	CHA
8010 PD 4WD	$46696	$6240	$10260	$15610	$18290	AC	6T	301D	20F-4R	109.00	12820	CHA
8010 PS	$41326	$5460	$8970	$13650	$15990	AC	6T	301D	12F-2R	109.55	10950	CHA
8010 PS 4WD	$48226	$6330	$10400	$15820	$18530	AC	6T	301D	12F-2R	109.00	12950	CHA
8030 PD	$44676	$4360	$6540	$10900	$12640	AC	6T	426D	20F-4R	134.00	11450	CHA
8030 PD 4WD	$51576	$4850	$7280	$12130	$14070	AC	6T	426D	20F-4R	134.00	13450	CHA
8030 PS	$46256	$4320	$6480	$10800	$12530	AC	6T	426D	12F-2R	134.42	11700	CHA
8030 PS 4WD	$53156	$4910	$7370	$12280	$14240	AC	6T	426D	12F-2R	134.00	13700	CHA
8050 PD	$49415	$4640	$6960	$11600	$13460	AC	6TI	426D	20F-4R	155.00	11530	CHA
8050 PD 4WD	$56315	$5230	$7850	$13080	$15170	AC	6TI	426D	20F-4R	155.00	13530	CHA
8050 PS	$51065	$4620	$6930	$11550	$13400	AC	6TI	426D	12F-2R	155.15	11600	CHA
8050 PS 4WD	$57965	$5330	$8000	$13330	$15460	AC	6TI	426D	12F-2R	155.00	13600	CHA
8070 PD	$51890	$4790	$7180	$11970	$13890	AC	6TI	426D	20F-4R	171.00	12220	CHA
8070 PS	$53540	$4930	$7400	$12340	$14310	AC	6TI	426D	12F-2R	171.44	12400	CHA
4W-220 4WD	$70220	$4920	$7380	$12300	$14270	AC	6TI	426D	20F-4R	180.00	21475	CHA
4W-220 4WD w/3 Pt.	$74427	$5200	$7800	$13000	$15080	AC	6TI	426D	20F-4R	180.00	22475	CHA
4W-305 4WD	$87455	$5450	$8170	$13610	$15790	AC	6T	731D	20F-4R	250.00	27100	CHA
4W-305 4WD w/3 Pt.	$92500	$5800	$8700	$14500	$16820	AC	6T	731D	20F-4R	250.00	28100	CHA

PD—Power Director PS—Power Shift

Model	Approx. Retail Price New	Used Trade-In Avg.	Used Trade-In High	Used Retail Avg.	Used Retail High	Engine Make	No. Cyls.	Displ. Cu.-in.	No. Speeds	P.T.O. H.P.	Approx. Shipping Wt.-Lbs.	Cab
1981												
185	$18891	$3870	$6330	$10390	$11710	AC	6	301D	8F-2R	78.87	6535	No
5020	$6855	$1410	$2300	$3770	$4250	Toyosha	2	77D	12F-3R	21.79	1850	No
5020 4WD	$7599	$1500	$2450	$4020	$4530	Toyosha	2	77D	12F-3R	21.00	1960	No
5030	$7669	$1540	$2510	$4130	$4650	Toyosha	2	90D	12F-3R	26.42	2280	No
5045	$12560	$2260	$3270	$5280	$6030	Fiat	3	158D	12F-3R	44.00	4080	No

Allis-Chalmers (Cont.)

Model	Approx. Retail Price New	Used Trade-In Avg.	Used Trade-In High	Used Retail Avg.	Used Retail High	Make	Engine No. Cyls.	Displ. Cu.-in.	No. Speeds	P.T.O. H.P.	Approx. Shipping Wt.-Lbs.	Cab
1981 (Cont.)												
5050	$16131	$2900	$4190	$6780	$7740	Fiat	3	168D	12F-3R	51.46	4300	No
5050 4WD	$20027	$3610	$5210	$8410	$9610	Fiat	3	168D	12F-3R	51.00	4820	No
6060	$18362	$3310	$4770	$7710	$8810	AC	4T	200D	8F-2R	63.83	5700	No
6060 4WD	$22936	$4130	$5960	$9630	$11010	AC	4T	200D	8F-2R	63.00	6500	No
6080	$23059	$4150	$6000	$9690	$11070	AC	4TI	200D	12F-3R	83.66	6920	No
6080 4WD	$27851	$5010	$7240	$11700	$13370	AC	4TI	200D	12F-3R	83.00	7600	No
7010 HC PD	$41632	$3860	$5410	$9270	$10820	AC	6T	301D	20F-4R	106.00	11264	CH
7010 HC PS	$43507	$4050	$5670	$9720	$11340	AC	6T	301D	12F-2R	106.00	11375	CH
7010 PD	$35311	$3430	$4800	$8230	$9600	AC	6T	301D	20F-4R	106.53	10264	CH
7010 PS	$37186	$3620	$5070	$8690	$10140	AC	6T	301D	12F-2R	106.72	10375	CH
7020 HC PD	$45564	$3860	$5400	$9260	$10800	AC	6TI	301D	20F-4R	123.00	12570	CH
7020 HC PS	$47438	$3940	$5520	$9470	$11040	AC	6TI	301D	12F-2R	123.00	12770	CH
7020 PD	$39378	$3540	$4950	$8490	$9900	AC	6TI	301D	20F-4R	123.85	11570	CH
7020 PS	$41252	$3770	$5280	$9050	$10560	AC	6TI	301D	12F-2R	123.79	11770	CH
7045 HC PD	$49736	$3470	$4860	$8340	$9730	AC	6T	426D	20F-4R	146.00	12700	CH
7045 HC PS	$51343	$3630	$5090	$8720	$10180	AC	6T	426D	12F-2R	146.00	13065	CH
7045 PD	$43328	$3930	$5500	$9430	$11000	AC	6T	426D	20F-4R	146.18	11700	CH
7045 PS	$44935	$4190	$5870	$10060	$11730	AC	6T	426D	12F-2R	146.88	12065	CH
7060 HC PD	$54092	$4510	$6310	$10820	$12630	AC	6TI	426D	20F-4R	161.00	13229	CHA
7060 HC PS	$55696	$4670	$6540	$11210	$13080	AC	6TI	426D	12F-2R	161.00	13299	CHA
7060 PD	$47092	$4100	$5740	$9840	$11480	AC	6TI	426D	20F-4R	161.51	12229	CHA
7060 PS	$48696	$4360	$6100	$10460	$12210	AC	6TI	426D	12F-2R	161.42	12299	CHA
7080	$54561	$4650	$6510	$11160	$13020	AC	6TI	426D	20F-4R	181.51	13484	CHA
7580 4WD	$63084	$4200	$5880	$10080	$11760	AC	6TI	426D	20F-4R	186.35	20775	CHA
7580 4WD w/3 Pt.	$67179	$4520	$6330	$10850	$12660	AC	6TI	426D	20F-4R	186.35	21775	CHA
8550 4WD	$79659	$5100	$7140	$12240	$14280	AC	6T	731D	20F-4R	253.88	26400	CHA
8550 4WD w/3 Pt.	$84552	$5500	$7700	$13200	$15400	AC	6T	731D	20F-4R	253.88	27400	CHA

PD—Power Director PS—Power Shift HC—High Clearance

Model	Approx. Retail Price New	Used Trade-In Avg.	Used Trade-In High	Used Retail Avg.	Used Retail High	Make	Engine No. Cyls.	Displ. Cu.-in.	No. Speeds	P.T.O. H.P.	Approx. Shipping Wt.-Lbs.	Cab
1980												
175	$15894	$3820	$5400	$9220	$10650	Perkins	4	248D	8F-2R	62.47	5800	No
185	$18341	$3670	$6240	$10090	$11370	AC	6	301D	8F-2R	74.87	6535	No
5020	$6655	$1300	$2210	$3580	$4030	Toyosha	2	77D	12F-3R	21.79	1850	No
5020 4WD	$6895	$1340	$2280	$3690	$4150	Toyosha	2	77D	12F-3R	21.00	1960	No
5030	$7446	$1460	$2480	$4020	$4530	Toyosha	2	90D	12F-3R	26.42	2280	No
5040	$8450	$1580	$2490	$4570	$5350	UTB	3	143D	12F-3R	40.00	4060	No
5050	$14087	$2470	$3900	$7150	$8390	Fiat	3	168D	12F-3R	51.46	4300	No
5050 4WD	$17983	$3040	$4800	$8800	$10320	Fiat	3	168D	12F-3R	51.00	4820	No
6060	$16200	$2840	$4290	$6800	$7780	AC	4T	200D	8F-2R	63.83	5700	No
6060 4WD	$20400	$3570	$5410	$8570	$9790	AC	4T	200D	8F-2R	63.00	6500	No
6080	$20750	$3630	$5500	$8720	$9960	AC	4TI	200D	12F-3R	83.66	6920	No
7010 PD	$29230	$2620	$3670	$6030	$7340	AC	6T	301D	16F-4R	106.00	10260	CH
7010 PD	$31234	$2820	$3950	$6490	$7900	AC	6T	301D	20F-4R	106.53	10264	CH
7010 PS	$32908	$2990	$4190	$6880	$8370	AC	6T	301D	12F-2R	106.72	10375	CH
7020 PD	$34832	$3180	$4450	$7310	$8900	AC	6TI	301D	20F-4R	123.85	11570	CH
7020 PS	$36559	$3350	$4690	$7710	$9380	AC	6TI	301D	12F-2R	123.79	11770	CH
7045 PD	$38317	$3530	$4940	$8120	$9880	AC	6T	426D	20F-4R	146.18	11700	CH
7045 PS	$39768	$3640	$5100	$8370	$10190	AC	6T	426D	12F-2R	146.88	12065	CH
7060 PD	$41122	$3810	$5330	$8760	$10670	AC	6TI	426D	20F-4R	161.51	12229	CHA
7060 PS	$42554	$3950	$5530	$9090	$11060	AC	6TI	426D	12F-2R	161.42	12299	CHA
7080	$47523	$4150	$5810	$9550	$11620	AC	6TI	426D	20F-4R	181.51	13489	CHA
7580 4WD	$56605	$4260	$5960	$9800	$11930	AC	6TI	426D	20F-4R	186.35	20775	CHA
8550 4WD	$79659	$5200	$7280	$11960	$14560	AC	6T	731D	20F-4R	253.88	26400	CHA

PD—Power Director PS—Power Shift

Model	Approx. Retail Price New	Used Trade-In Avg.	Used Trade-In High	Used Retail Avg.	Used Retail High	Make	Engine No. Cyls.	Displ. Cu.-in.	No. Speeds	P.T.O. H.P.	Approx. Shipping Wt.-Lbs.	Cab
1979												
175	$14700	$3360	$4760	$8260	$9520	Perkins	4	248D	8F-2R	62.00	5800	No
185	$17132	$3180	$5350	$8530	$9610	AC	6	301D	8F-2R	74.87	6535	No
5020	$5760	$1180	$1990	$3170	$3570	Toyosha	2	77D	12F-3R	21.79	1850	No
5020 4WD	$6395	$1310	$2210	$3520	$3970	Toyosha	2	77D	12F-3R	21.00	1960	No
5030	$6395	$1350	$2280	$3630	$4090	Toyosha	2	90D	12F-3R	26.42	2280	No
5040	$8450	$1440	$2400	$4400	$5160	UTB	3	143D	12F-3R	40.00	4060	No
5050	$13290	$2160	$3600	$6600	$7740	Fiat	3	168D	12F-3R	51.46	4300	No
5050 4WD	$16965	$2700	$4500	$8250	$9680	Fiat	3	168D	12F-3R	51.00	4820	No
7000 PS	$24860	$3360	$5280	$8400	$9960	AC	6T	301D	12F-3R	106.44	9550	CH
7020 PD	$31186	$2710	$3790	$5960	$7590	AC	6TI	301D	20F-4R	123.85	11570	CH
7020 PS	$32732	$2870	$4020	$6310	$8040	AC	6TI	301D	12F-2R	123.79	11770	CH
7045 PD	$33810	$2950	$4130	$6490	$8260	AC	6T	426D	20F-4R	146.18	11700	CH
7045 PS	$35090	$3100	$4340	$6820	$8680	AC	6T	426D	12F-2R	146.88	12065	CH
7060 PD	$36460	$3200	$4480	$7040	$8960	AC	6TI	426D	20F-4R	161.51	12229	CHA
7060 PS	$37730	$3300	$4620	$7260	$9240	AC	6TI	426D	12F-2R	161.42	12299	CHA
7080 PD	$41690	$3550	$4970	$7810	$9940	AC	6TI	426D	20F-4R	181.51	13489	CHA
7580 4WD	$50680	$3710	$5190	$8160	$10380	AC	6TI	426D	20F-4R	186.35	20775	CHA
8550 4WD	$65275	$4510	$6310	$9920	$12620	AC	6T	731D	20F-4R	253.88	26400	CHA

PD—Power Director PS—Power Shift

Model	Approx. Retail Price New	Used Trade-In Avg.	Used Trade-In High	Used Retail Avg.	Used Retail High	Make	Engine No. Cyls.	Displ. Cu.-in.	No. Speeds	P.T.O. H.P.	Approx. Shipping Wt.-Lbs.	Cab
1978												
175	$13164	$3160	$4480	$7900	$9080	Perkins	4	248D	8F-2R	62.00	5800	No
185	$15362	$3230	$5380	$8450	$9600	AC	6	301D	8F-2R	74.87	6535	No
5020	$4850	$1020	$1700	$2670	$3030	Toyosha	2	77D	8F-2R	21.79	1850	No
5040	$6900	$1170	$1950	$3580	$4190	UTB	3	143D	9F-3R	40.05	4060	No
5050	$11784	$2120	$3540	$6480	$7600	Fiat	3	168D	12F-3R	51.46	4300	No
5050 4WD	$15044	$2710	$4510	$8270	$9700	Fiat	3	168D	12F-3R	51.00	4820	No
7000 PS	$24404	$2940	$4620	$7350	$8720	AC	6T	301D	12F-3R	106.44	9550	CH

Allis-Chalmers (Cont.)

Model	Approx. Retail Price New	Used Trade-In Avg.	Used Trade-In High	Used Retail Avg.	Used Retail High	Make	No. Cyls.	Displ. Cu.-in.	No. Speeds	P.T.O. H.P.	Approx. Shipping Wt.-Lbs.	Cab
1978 (Cont.)												
7020 PD	$27325	$2400	$3360	$5290	$6730	AC	6TI	301D	20F-4R	123.85	11570	CH
7020 PS	$28708	$2500	$3500	$5500	$7000	AC	6TI	301D	12F-2R	123.79	11770	CH
7045 PD	$30213	$2620	$3670	$5770	$7340	AC	6T	426D	20F-4R	146.18	11700	CH
7045 PS	$31359	$2710	$3790	$5950	$7580	AC	6T	426D	12F-2R	146.88	12065	CH
7060 PD	$33118	$2800	$3920	$6160	$7840	AC	6TI	426D	20F-4R	161.51	12229	CHA
7060 PS	$34270	$2920	$4090	$6420	$8180	AC	6TI	426D	12F-2R	161.42	12299	CHA
7080	$38010	$3040	$4260	$6690	$8510	AC	6TI	426D	20F-4R	181.51	13489	CHA
7580 4WD	$45622	$3250	$4550	$7150	$9100	AC	6TI	426D	20F-4R	186.35	20775	CHA
8550 4WD	$58650	$4110	$5750	$9030	$11490	AC	6T	731D	20F-4R	253.88	26400	CHA

PD—Power Director PS—Power Shift

Model	Approx. Retail Price New	Used Trade-In Avg.	Used Trade-In High	Used Retail Avg.	Used Retail High	Make	No. Cyls.	Displ. Cu.-in.	No. Speeds	P.T.O. H.P.	Approx. Shipping Wt.-Lbs.	Cab
1977												
175	$12157	$2920	$4130	$7420	$8510	Perkins	4	248D	8F-2R	62.00	5800	No
185	$14370	$3090	$5100	$7900	$9050	AC	6	301D	8F-2R	74.87	6535	No
5020	$4520	$1020	$1690	$2610	$2990	Toyosha	2	77D	8F-2R	21.79	1850	No
5040	$6344	$1140	$1900	$3490	$4090	UTB	3	143D	6F-2R	40.00	3980	No
5040	$6632	$1190	$1990	$3650	$4280	UTB	3	143D	9F-3R	40.05	4060	No
5050	$9778	$1760	$2930	$5380	$6310	Fiat	3	168D	8F-2R	51.00	4150	No
5050	$10378	$1870	$3110	$5710	$6690	Fiat	3	168D	12F-3R	51.46	4300	No
5050 4WD	$12073	$2170	$3620	$6640	$7790	Fiat	3	168D	8F-2R	51.00	4740	No
5050 4WD	$12673	$2280	$3800	$6970	$8170	Fiat	3	168D	12F-3R	51.00	4820	No
7000 PS	$20684	$2660	$4180	$6650	$7980	AC	6T	301D	12F-3R	106.44	9550	No
7040 PD	$24550	$2200	$3080	$4840	$6160	AC	6T	426D	20F-4R	136.49	11620	CH
7040 PS	$25880	$2300	$3220	$5060	$6440	AC	6T	426D	12F-2R	136.30	11595	CH
7060 PD	$27506	$2450	$3430	$5390	$6860	AC	6TI	426D	20F-4R	161.51	12229	CHA
7060 PS	$28536	$2550	$3570	$5610	$7140	AC	6TI	426D	12F-2R	161.42	12299	CHA
7080	$33261	$2700	$3780	$5940	$7560	AC	6TI	426D	20F-4R	181.51	13489	CHA
7580 4WD	$40143	$2900	$4060	$6380	$8120	AC	6TI	426D	20F-4R	186.35	20775	CHA

PD—Power Director PS—Power Shift

Model	Approx. Retail Price New	Used Trade-In Avg.	Used Trade-In High	Used Retail Avg.	Used Retail High	Make	No. Cyls.	Displ. Cu.-in.	No. Speeds	P.T.O. H.P.	Approx. Shipping Wt.-Lbs.	Cab
1976												
175	$10280	$2570	$3600	$6370	$7300	AC	4	226G	8F-2R	60.88	5550	No
175	$10865	$2720	$3800	$6740	$7710	Perkins	4	248D	8F-2R	62.00	5800	No
185	$12715	$3180	$4450	$7880	$9030	AC	6	301D	8F-2R	74.87	6535	No
5040	$5810	$1050	$1740	$3200	$3750	UTB	3	143D	6F-2R	40.00	3980	No
5040	$6098	$1100	$1830	$3350	$3930	UTB	3	143D	9F-3R	40.05	4060	No
7000 PS	$19460	$2440	$4000	$6090	$7400	AC	6T	301D	12F-3R	106.44	9550	No
7040 PD	$23140	$2100	$2940	$4620	$5880	AC	6T	426D	20F-4R	136.49	11620	CH
7040 PS	$25500	$2300	$3220	$5060	$6440	AC	6T	426D	12F-2R	136.30	11595	CH
7060 PD	$25920	$2390	$3350	$5260	$6690	AC	6TI	426D	20F-4R	161.51	12229	CHA
7060 PS	$26920	$2500	$3500	$5500	$7000	AC	6TI	426D	12F-2R	161.42	12299	CHA
7080 PD	$31200	$2650	$3710	$5830	$7420	AC	6TI	426D	20F-4R	181.51	13489	CHA
7580 4WD	$38599	$2860	$4000	$6290	$8010	AC	6TI	426D	20F-4R	186.35	20775	CHA

PD—Power Director PS—Power Shift

Model	Approx. Retail Price New	Used Trade-In Avg.	Used Trade-In High	Used Retail Avg.	Used Retail High	Make	No. Cyls.	Displ. Cu.-in.	No. Speeds	P.T.O. H.P.	Approx. Shipping Wt.-Lbs.	Cab
1975												
175	$9530	$2480	$3430	$6000	$6860	AC	4	226G	8F-2R	60.88	5550	No
175	$10140	$2640	$3650	$6390	$7300	Perkins	4	248D	8F-2R	62.00	5800	No
185	$11925	$3100	$4290	$7510	$8590	AC	6	301D	8F-2R	74.87	6535	No
200	$14125	$3180	$5160	$7910	$9180	AC	6T	301D	8F-2R	93.00	10000	C
6040	$6934	$1250	$2080	$3810	$4470	Perkins	3	153D	10F-2R	40.00	4505	No
7000 PS	$17402	$2440	$4000	$6090	$7570	AC	6T	301D	12F-3R	106.44	9550	No
7040 PD	$21565	$2050	$2870	$4510	$5740	AC	6T	426D	20F-4R	136.49	11620	CH
7040 PS	$23925	$2200	$3080	$4840	$6160	AC	6T	426D	12F-2R	136.30	11595	CH
7060 PD	$24416	$2300	$3220	$5060	$6440	AC	6TI	426D	20F-4R	161.51	12229	CHA
7060 PS	$25111	$2400	$3360	$5280	$6720	AC	6TI	426D	12F-2R	161.42	12299	CHA
7080 PD	$28846	$2600	$3640	$5720	$7280	AC	6TI	426D	20F-4R	181.51	13489	CHA

PD—Power Director PS—Power Shift

Model	Approx. Retail Price New	Used Trade-In Avg.	Used Trade-In High	Used Retail Avg.	Used Retail High	Make	No. Cyls.	Displ. Cu.-in.	No. Speeds	P.T.O. H.P.	Approx. Shipping Wt.-Lbs.	Cab
1974												
160	$6018	$2260	$3110	$5450	$6220	Perkins	3	153D	10F-2R	40.36	4505	No
175	$9250	$2520	$3470	$6080	$6940	AC	4	226G	8F-2R	60.88	5550	No
175	$9845	$2780	$3830	$6720	$7670	Perkins	4	248D	8F-2R	62.00	5800	No
185	$11465	$3040	$4190	$7340	$8370	AC	6	301D	8F-2R	74.84	6535	No
200	$13583	$3060	$5030	$7740	$8970	AC	6T	301D	8F-2R	93.00	10000	No
7030	$17035	$2170	$3570	$5430	$6740	AC	6T	426D	20F-4R	130.98	12430	CHA
7050	$19550	$2380	$3910	$5950	$7400	AC	6TI	426D	20F-4R	156.49	14525	CHA

Model	Approx. Retail Price New	Used Trade-In Avg.	Used Trade-In High	Used Retail Avg.	Used Retail High	Make	No. Cyls.	Displ. Cu.-in.	No. Speeds	P.T.O. H.P.	Approx. Shipping Wt.-Lbs.	Cab
1973												
160	$6018	$2290	$3200	$5620	$6400	Perkins	3	153D	10F-2R	40.36	4505	No
170	$6540	$2370	$3310	$5820	$6620	AC	4	226G	8F-2R	54.12	5545	No
170	$7387	$2540	$3550	$6230	$7090	Perkins	4	236D	8F-2R	54.04	5775	No
175	$7950	$2570	$3590	$6310	$7180	AC	4	226G	8F-2R	60.88	5550	No
175	$8065	$2810	$3920	$6890	$7840	Perkins	4	248D	8F-2R	62.00	5800	No
180	$7600	$2690	$3760	$6600	$7510	AC	6	265G	8F-2R	65.16	6245	No
180	$8875	$2760	$3850	$6760	$7700	AC	6	301D	8F-2R	64.01	6335	No
185	$9219	$2810	$3920	$6890	$7840	AC	6	301D	8F-2R	74.87	6535	No
190	$9310	$3000	$4180	$7350	$8360	AC	6	301D	8F-2R	77.20	7279	No
200	$10586	$2810	$4580	$7080	$8110	AC	6T	301D	8F-2R	93.00	10000	No
210	$11642	$2910	$4740	$7330	$8410	AC	6T	426D	8F-2R	122.74	11650	C
220	$13000	$2990	$4880	$7540	$8650	AC	6T	426D	8F-2R	135.95	11985	C
7030	$13164	$1320	$1840	$2900	$3690	AC	6T	426D	20F-4R	130.98	12430	C
7050	$15543	$1500	$2100	$3300	$4200	AC	6TI	426D	20F-4R	156.49	14525	C

Allis-Chalmers (Cont.)

Model	Approx. Retail Price New	Used Trade-In Avg.	Used Trade-In High	Used Retail Avg.	Used Retail High	Make	No. Cyls.	Displ. Cu.-in.	No. Speeds	P.T.O. H.P.	Approx. Shipping Wt.-Lbs.	Cab
1972												
160	$4807	$2150	$3040	$5350	$6080	Perkins	3	153D	10F-2R	40.36	4505	No
170	$6409	$2280	$3230	$5680	$6450	AC	4	226G	8F-2R	54.12	5545	No
170	$6904	$2390	$3380	$5940	$6750	Perkins	4	236D	8F-2R	54.04	5775	No
175	$7455	$2530	$3580	$6310	$7170	Perkins	4	248D	8F-2R	62.00	5800	No
180	$7500	$2560	$3620	$6380	$7250	AC	6	265G	8F-2R	65.16	6245	No
180	$7608	$2620	$3710	$6520	$7410	AC	6	301D	8F-2R	64.01	6335	No
185	$8115	$2680	$3790	$6670	$7580	AC	6	301D	8F-2R	74.87	6535	No
190	$8500	$2920	$4130	$7260	$8250	AC	6	301D	8F-2R	77.20	7279	No
200	$9455	$2130	$3510	$6330	$7420	AC	6T	301D	8F-2R	93.00	10000	No
210	$10200	$2220	$3660	$6600	$7740	AC	6T	426D	8F-2R	122.74	11650	C
220	$12950	$2350	$3870	$6990	$8190	AC	6T	426D	8F-2R	135.95	11985	C
1971												
160	$4645	$2010	$2850	$5090	$5780	Perkins	3	153D	10F-2R	40.36	4505	No
170	$6167	$2220	$3140	$5610	$6360	AC	4	226G	8F-2R	54.12	5545	No
170	$6719	$2330	$3300	$5890	$6680	Perkins	4	236D	8F-2R	54.00	5775	No
175	$7455	$2370	$3360	$6000	$6810	Perkins	4	236D	8F-2R	62.47	5800	No
180	$7300	$2390	$3390	$6050	$6860	AC	6	265G	8F-2R	65.16	6245	No
180	$7422	$2450	$3470	$6190	$7020	AC	6	301D	8F-2R	64.01	6335	No
185	$7928	$2650	$3740	$6690	$7590	AC	6	301D	8F-2R	74.87	6535	No
190	$8255	$2600	$3680	$6570	$7450	AC	6	301D	8F-2R	77.20	7279	No
190XT	$8050	$2390	$3380	$6030	$6840	AC	6	301G	8F-2R	89.53	7545	No
190XT	$8700	$2490	$3530	$6300	$7140	AC	6T	301D	8F-2R	93.63	7738	No
210	$9950	$2130	$3510	$6330	$7420	AC	6T	426D	8F-2R	122.74	11650	C
220	$12500	$2310	$3810	$6880	$8060	AC	6T	426D	8F-2R	135.95	11985	C
1970												
160	$4645	$1960	$2810	$5030	$5700	Perkins	3	153D	10F-2R	40.36	4505	No
170	$5513	$2120	$3040	$5440	$6160	AC	4	226G	8F-2R	54.12	5545	No
170	$6719	$2200	$3150	$5640	$6390	Perkins	4	236D	8F-2R	54.04	5775	No
175	$7169	$2280	$3270	$5850	$6620	Perkins	4	236D	8F-2R	62.47	5800	No
180	$7002	$2330	$3340	$5980	$6780	AC	6	301D	8F-2R	64.01	6335	No
180	$7200	$2430	$3480	$6220	$7050	AC	6	265G	8F-2R	65.16	6245	No
185	$7842	$2450	$3520	$6300	$7130	AC	6	301D	8F-2R	74.87	6535	No
190	$7787	$2480	$3560	$6370	$7220	AC	6	301D	8F-2R	77.20	7279	No
190XT	$7577	$2140	$3070	$5490	$6220	AC	6	301G	8F-2R	89.53	7545	No
190XT	$8437	$2250	$3220	$5770	$6530	AC	6T	301D	8F-2R	93.63	7738	No
210	$9600	$1990	$3200	$5770	$6770	AC	6T	426D	8F-2R	122.74	11650	C
220	$11880	$2260	$3620	$6530	$7660	AC	6T	426D	8F-2R	135.95	11985	C
1969												
D-21 II	$10385	$1670	$2650	$4710	$5520	AC	6	426D	8F-2R	156	9610	No
170	$5390	$2110	$3110	$5500	$6220	AC	4	226G	8F-2R	54.1	5545	No
170	$5942	$2220	$3270	$5780	$6530	Perkins	4	236D	8F-2R	54.0	5775	No
180	$6300	$2310	$3390	$6000	$6790	AC	6	265G	8F-2R	65.1	6245	No
180	$6891	$2370	$3490	$6180	$6980	Perkins	6	301D	8F-2R	64.0	6330	No
190	$6941	$2200	$3240	$5730	$6470	AC	6	265G	8F-2R	75.3	7040	No
190	$7740	$2330	$3430	$6070	$6860	AC	6	301D	8F-2R	77.2	7840	No
190XT	$7530	$2100	$3090	$5470	$6190	AC	6	301G	8F-2R	90.0	7800	No
190XT	$8390	$1920	$3420	$5000	$5880	AC	6T	301D	8F-2R	93.6	9100	No
1968												
D-21 II	$9785	$1980	$3610	$5240	$6140	AC	6	426D	8F-2R	127.7	9610	No
170	$5130	$2060	$3110	$5440	$6140	AC	4	226G	8F-2R	54.1	5545	No
170	$5655	$2170	$3280	$5740	$6480	Perkins	4	236D	8F-2R	54.0	5775	No
180	$6200	$2250	$3390	$5930	$6690	Perkins	6	301D	8F-2R	64.0	6330	No
190	$6356	$2110	$3180	$5570	$6280	AC	6	265G	8F-2R	75.3	7040	No
190	$7154	$2190	$3310	$5790	$6540	AC	6	301D	8F-2R	77.2	7840	No
190XT	$6960	$1990	$3000	$5250	$5930	AC	6	301G	8F-2R	90.0	7800	No
190XT	$7757	$2110	$3180	$5570	$6290	AC	6T	301D	8F-2R	93.6	9100	No
1967												
D-10	$3165	$1110	$2030	$3000	$3510	AC	4	139G	4F-1R	29	3370	No
D-12	$3260	$1010	$1600	$2890	$3350	AC	4	149G	4F-1R	29	3420	No
D-15 II	$4432	$1080	$1720	$3110	$3600	AC	4	149G	8F-2R	46	4270	No
D-15 II	$5035	$1180	$1870	$3380	$3920	AC	4	175D	8F-2R	44	4270	No
D-17 IV	$5193	$1250	$1980	$3580	$4160	AC	4	226G	8F-2R	54	5240	No
D-17 IV	$5975	$1360	$2160	$3910	$4530	AC	6	262D	8F-2R	53	5570	No
D-21 II	$9348	$1610	$2550	$4610	$5360	AC	6	426D	8F-2R	127.7	9610	No
190	$6051	$2070	$3210	$5510	$6260	AC	6	265G	8F-2R	75.3	7040	No
190	$6841	$2140	$3310	$5690	$6460	AC	6	301D	8F-2R	77.2	7840	No
190XT	$6624	$2010	$3110	$5350	$6080	AC	6	301G	8F-2R	90.0	7800	No
190XT	$7414	$1780	$3260	$4810	$5620	AC	6T	301D	8F-2R	93.6	9100	No
1966												
D-10	$2980	$1250	$1970	$3340	$3810	AC	4	139G	4F-1R	29	3370	No
D-12	$3070	$980	$1550	$2850	$3300	AC	4	139G	4F-1R	29	3420	No
D-15 II	$4050	$1060	$1690	$3110	$3600	AC	4	149G	8F-2R	46	4270	No
D-15 II	$4635	$1150	$1830	$3360	$3890	AC	4	175D	8F-2R	44	4270	No
D-17 IV	$4772	$1220	$1940	$3570	$4130	AC	4	226G	8F-2R	54	5240	No
D-17 IV	$5667	$1330	$2110	$3880	$4490	AC	6	262D	8F-2R	53	5570	No
D-21 II	$8766	$1530	$2440	$4480	$5190	AC	6T	426D	8F-2R	127.7	9610	No
190	$5881	$1970	$3120	$5270	$6010	AC	6	265G	8F-2R	75.3	7040	No
190	$6671	$2060	$3260	$5510	$6290	AC	6	301D	8F-2R	77.2	7840	No

Model	Approx. Retail Price New	Used Trade-In Avg.	Used Trade-In High	Used Retail Avg.	Used Retail High	Make	No. Cyls.	Displ. Cu.-in.	No. Speeds	P.T.O. H.P.	Approx. Shipping Wt.-Lbs.	Cab
Allis-Chalmers (Cont.)												
1966 (Cont.)												
190XT	$6331	$1950	$3090	$5220	$5950	AC	6	301G	8F-2R	90.0	7800	No
190XT	$7121	$2030	$3210	$5430	$6200	AC	6T	301D	8F-2R	93.6	9100	No
1965												
D-10	$2630	$1060	$1930	$2900	$3430	AC	4	139G	4F-1R	29	3370	No
D-12	$2720	$960	$1520	$2840	$3280	AC	4	139G	4F-1R	29	3420	No
D-15 II	$3750	$1030	$1650	$3080	$3550	AC	4	149G	8F-2R	46	4270	No
D-15 II	$4350	$1130	$1800	$3360	$3890	AC	4	175D	8F-2R	44	4270	No
D-17 IV	$4772	$1200	$1910	$3580	$4140	AC	4	226G	8F-2R	54	5240	No
D-17 IV	$5667	$1300	$2070	$3870	$4470	AC	6	262D	8F-2R	53	5570	No
D-21 II	$8766	$1520	$2420	$4520	$5230	AC	6T	426D	8F-2R	127.7	9610	No
190	$5000	$2000	$3300	$5490	$6290	AC	6	265G	8F-2R	75.3	7040	No
190	$5700	$2090	$3450	$5730	$6580	AC	6	301D	8F-2R	77.2	7840	No
190XT	$5455	$1900	$3140	$5230	$5990	AC	6	301G	8F-2R	90.0	7800	No
190XT	$6150	$1990	$3290	$5470	$6270	AC	6T	301D	8F-2R	93.6	9100	No
1964												
D-10	$2630	$1050	$1910	$2870	$3410	AC	4	139G	4F-1R	29	3370	No
D-12	$2720	$940	$1500	$2850	$3280	AC	4	139G	4F-1R	29	3420	No
D-15 II	$3600	$1010	$1610	$3070	$3540	AC	4	149G	8F-2R	46	4270	No
D-15 II	$4200	$1110	$1770	$3360	$3880	AC	4	149G	8F-2R	44	4270	No
D-17 III	$4772	$1170	$1860	$3540	$4080	AC	4	226G	8F-2R	54	5240	No
D-17 III	$5667	$1290	$2050	$3890	$4490	AC	6	262D	8F-2R	53	5570	No
D-21	$7995	$1500	$2390	$4540	$5240	AC	6	426D	8F-2R	103	9610	No
190	$4905	$1930	$3320	$5400	$6270	AC	6	265G	8F-2R	75.3	7040	No
190	$5600	$2010	$3460	$5630	$6530	AC	6	301D	8F-2R	77.2	7840	No
1963												
D-10	$2075	$1020	$1820	$2820	$3380	AC	4	149G	4F-1R	30	2800	No
D-12	$2276	$920	$1470	$2840	$3270	AC	4	149G	4F-1R	30	2850	No
D-15 II	$3485	$1000	$1590	$3070	$3530	AC	4	149G	8F-2R	46	4270	No
D-15 II	$4245	$1100	$1740	$3370	$3880	AC	4	175D	8F-2R	44	4270	No
D-17 III	$4414	$1160	$1840	$3560	$4090	AC	4	226G	8F-2R	54	5240	No
D-17 III	$5309	$1270	$2020	$3910	$4500	AC	6	262D	8F-2R	53	5570	No
D-19	$5303	$1370	$2180	$4210	$4850	AC	6	262G	8F-2R	72	6475	No
D-19	$6078	$1460	$2320	$4480	$5150	AC	6	262D	8F-2R	67	6570	No
D-21	$7995	$1480	$2350	$4550	$5230	AC	6	426D	8F-2R	103	9610	No
1962												
D-10	....	$1000	$1780	$2780	$3350	AC	4	139G	4F-1R	29	3370	No
D-12	....	$910	$1440	$2810	$3260	AC	4	139G	4F-1R	29	3420	No
D-15	....	$990	$1570	$3060	$3540	AC	4	149G	8F-2R	40	4270	No
D-17	....	$1080	$1720	$3350	$3870	AC	4	226G	8F-2R	54	5240	No
D-17	....	$1140	$1810	$3530	$4080	AC	6	262D	8F-2R	53	5570	No
D-17 III	....	$1190	$1900	$3710	$4290	AC	4	226G	8F-2R	54	5500	No
D-17 III	....	$1270	$2020	$3930	$4550	AC	6	262D	8F-2R	53	5785	No
D-19	....	$1340	$2130	$4150	$4800	AC	6	262G	8F-2R	72	6475	No
D-19	....	$1420	$2260	$4420	$5110	AC	6	262D	8F-2R	67	6570	No
1961												
D-10	....	$980	$1750	$2770	$3320	AC	4	139G	4F-1R	29	3370	No
D-12	....	$1050	$1870	$2960	$3550	AC	4	139G	4F-1R	29	3420	No
D-15	....	$1130	$2010	$3190	$3820	AC	4	149G	8F-2R	40	4270	No
D-17	....	$1260	$2240	$3550	$4260	AC	4	226G	8F-2R	54	5240	No
D-17	....	$1320	$2360	$3740	$4490	AC	6	262D	8F-2R	53	5570	No
D-19	....	$1500	$2670	$4230	$5070	AC	6	262G	8F-2R	72	6475	No
D-19	....	$1660	$2950	$4680	$5620	AC	6	262D	8F-2R	67	6570	No
1960												
D-10	....	$960	$1700	$2740	$3240	AC	4	139G	4F-1R	29	3370	No
D-12	....	$1020	$1830	$2940	$3470	AC	4	139G	4F-1R	29	3420	No
D-14	....	$1090	$1950	$3140	$3710	AC	4	149G	8F-2R	36	4140	No
D-15	....	$1120	$1990	$3200	$3780	AC	4	149G	8F-2R	40	4270	No
D-17	....	$1200	$2140	$3450	$4080	AC	4	226G	8F-2R	54	5240	No
D-17	....	$1280	$2290	$3680	$4350	AC	6	262D	8F-2R	53	5570	No
1959												
D-10	....	$930	$1620	$2710	$3160	AC	4	139G	4F-1R	29	3370	No
D-12	....	$1000	$1740	$2920	$3390	AC	4	139G	4F-1R	29	3420	No
D-14	....	$1070	$1860	$3120	$3630	AC	4	149G	8F-2R	36	4140	No
D-17	....	$1190	$2060	$3450	$4020	AC	4	226G	8F-2R	54	5240	No
D-17	....	$1250	$2170	$3640	$4230	AC	6	262D	8F-2R	53	5570	No
1958												
D-14	....	$1050	$1820	$3050	$3550	AC	4	149G	8F-2R	36	4140	No
D-17	....	$1160	$2020	$3380	$3940	AC	4	226G	8F-2R	54	5240	No
D-17	....	$1220	$2120	$3550	$4130	AC	6	262D	8F-2R	53	5570	No
1957												
B	....	$770	$1340	$2250	$2630	AC	4	125G	3F-1R	22	2130	No
CA	....	$840	$1470	$2460	$2880	AC	4	125G	4F-1R	24.8	2850	No
D-14	....	$1020	$1770	$2970	$3470	AC	4	149G	8F-2R	36	4140	No
D-17	....	$1140	$1990	$3330	$3910	AC	4	226G	8F-2R	54	5240	Cab
D-17	....	$1200	$2080	$3480	$4080	AC	4	262D	8F-2R	53	5570	No

Allis-Chalmers (Cont.)

Model	Approx. Retail Price New	Used Trade-In Avg.	Used Trade-In High	Used Retail Avg.	Used Retail High	Make	Engine No. Cyls.	Displ. Cu.-in.	No. Speeds	P.T.O. H.P.	Approx. Shipping Wt.-Lbs.	Cab
1957 (Cont.)												
WD-45	......	$740	$1180	$2200	$2850	AC	4	226G	4F-1R	45	4470	No
WD-45	......	$760	$1210	$2260	$2930	AC	6	230D	4F-1R	45	4730	No
1956												
B	......	$750	$1260	$2170	$2560	AC	4	125G	3F-1R	22	2130	No
CA	......	$840	$1750	$2500	$3120	AC	4	125G	4F-1R	24.8	2850	No
WD-45	......	$700	$1120	$2050	$2740	AC	4	226G	4F-1R	45	4470	No
WD-45	......	$740	$1180	$2160	$2880	AC	6	230D	4F-1R	45	4730	No
1955												
B	......	$740	$1570	$2240	$2820	AC	4	125G	3F-1R	22	2130	No
CA	......	$790	$1680	$2400	$3020	AC	4	125G	4F-1R	24.8	2850	No
G	......	$740	$1580	$2260	$2840	Continental	4	62G	3F-1R	10	1550	No
WD-45	......	$800	$1350	$2330	$2780	AC	4	226G	4F-1R	45	4470	No
WD-45	......	$830	$1400	$2410	$2880	AC	6	230D	4F-1R	45	4730	No
1954												
B	......	$710	$1520	$2190	$2770	AC	4	125G	3F-1R	22	2130	No
CA	......	$750	$1600	$2300	$2910	AC	4	125G	4F-1R	24.8	2850	No
G	......	$690	$1470	$2120	$2680	Continental	4	62G	3F-1R	10	1550	No
WD-45	......	$760	$1290	$2220	$2680	AC	4	226G	4F-1R	45	4470	No
WD-45	......	$790	$1330	$2290	$2770	AC	6	230D	4F-1R	45	4730	No
1953												
B	......	$680	$1460	$2120	$2650	AC	4	125G	3F-1R	22	2130	No
CA	......	$720	$1530	$2240	$2790	AC	4	125G	4F-1R	24.8	2850	No
G	......	$660	$1400	$2040	$2550	Continental	4	62G	3F-1R	10	1550	No
WD	......	$730	$1210	$2120	$2600	AC	4	201G	4F-1R	36	4050	No
WD-45	......	$740	$1220	$2160	$2640	AC	4	226G	4F-1R	45	4470	No
WD-45	......	$760	$1260	$2220	$2720	AC	6	230D	4F-1R	45	4730	No
1952												
B	......	$650	$1410	$2060	$2590	AC	4	125G	3F-1R	22	2130	No
CA	......	$680	$1490	$2170	$2720	AC	4	125G	4F-1R	24.8	2850	No
G	......	$630	$1360	$1990	$2490	Continental	4	62G	3F-1R	10	1550	No
WD	......	$690	$1170	$2060	$2550	AC	4	201G	4F-1R	36	4050	No
1951												
B	......	$610	$1360	$1990	$2500	AC	4	125G	3F-1R	22	2130	No
CA	......	$660	$1460	$2130	$2680	AC	4	125G	4F-1R	24.8	2850	No
G	......	$600	$1340	$1950	$2460	Continental	4	62G	3F-1R	10	1550	No
U	......	$530	$910	$1610	$2020	AC	6	301D	4F-1R	22	5130	No
WD	......	$580	$1010	$1780	$2230	AC	4	201G	4F-1R	36	4050	No
WF	......	$540	$930	$1640	$2060	AC	4	201G	4F-1R	22	3270	No
1950												
B	......	$590	$1300	$1900	$2410	AC	4	125G	3F-1R	22	2130	No
C	......	$600	$1340	$1960	$2480	AC	4	125G	3F-1R	23.3	3025	No
CA	......	$630	$1400	$2040	$2590	AC	4	125G	4F-1R	27	2850	No
G	......	$580	$1290	$1880	$2380	Continental	4	62G	3F-1R	10	1550	No
U	......	$480	$810	$1470	$1870	AC	6	301D	4F-1R	22	5130	No
WD	......	$580	$980	$1770	$2240	AC	4	201G	4F-1R	36	4050	No
WF	......	$520	$880	$1590	$2020	AC	4	201G	4F-1R	22	3270	No
1949												
B	......	$580	$1280	$1890	$2380	AC	4	119G	3F-1R	15.6	2130	No
C	......	$590	$1300	$1920	$2420	AC	4	125G	3F-1R	23	3025	No
G	......	$540	$1200	$1780	$2230	Continental	4	62G	3F-1R	10	1550	No
U	......	$460	$780	$1410	$1810	AC	6	301D	4F-1R	22	5130	No
WD	......	$560	$940	$1700	$2180	AC	4	201G	4F-1R	36	4050	No
WF	......	$510	$850	$1540	$1980	AC	4	201G	4F-1R	22	3270	No
1948												
B	......	$560	$1250	$1850	$2340	AC	4	119G	3F-1R	15.6	2130	No
C	......	$570	$1280	$1890	$2380	AC	4	125G	3F-1R	23	3025	No
G	......	$520	$1150	$1700	$2150	Continental	4	62G	3F-1R	10	1550	No
U	......	$440	$740	$1340	$1740	AC	6	301D	4F-1R	22	5130	No
WC	......	$450	$760	$1380	$1790	AC	4	201D	4F-1R	22	3325	No
WD	......	$530	$890	$1610	$2090	AC	4	201G	4F-1R	36	4050	No
WF	......	$490	$820	$1490	$1930	AC	4	201G	4F-1R	22	3270	No
1947												
B	......	$540	$1200	$1780	$2260	AC	4	119G	3F-1R	15.6	2130	No
C	......	$550	$1230	$1810	$2300	AC	4	125G	3F-1R	23	3025	No
U	......	$420	$680	$1270	$1670	AC	6	301D	4F-1R	22	5130	No
WC	......	$430	$700	$1310	$1720	AC	4	201D	4F-1R	22	3325	No
WF	......	$470	$770	$1440	$1890	AC	4	201G	4F-1R	22	3270	No
1946												
B	......	$510	$1160	$1720	$2200	AC	4	119G	3F-1R	15.6	2130	No
C	......	$520	$1180	$1740	$2220	AC	4	125G	3F-1R	23	3025	No
U	......	$390	$650	$1210	$1600	AC	6	301D	4F-1R	22	5130	No
WC	......	$410	$680	$1270	$1690	AC	4	201D	4F-1R	22	3325	No
WF	......	$450	$760	$1410	$1870	AC	4	201G	4F-1R	22	3270	No

| Model | Approx. Retail Price New | Estimated Value Less Repairs | | | | Engine | | | | P.T.O. H.P. | Approx. Shipping Wt.-Lbs. | Cab |
| | | Used Trade-In | | Used Retail | | | | | | | | |
		Avg.	High	Avg.	High	Make	No. Cyls.	Displ. Cu.-in.	No. Speeds			
Allis-Chalmers (Cont.)												
1945												
B	......	$480	$1130	$1670	$2140	AC	4	119G	3F-1R	15.6	2130	No
C	......	$480	$1110	$1650	$2110	AC	4	125G	3F-1R	23	3025	No
U	......	$360	$610	$1150	$1530	AC	6	301D	4F-1R	22	5130	No
WC	......	$380	$650	$1220	$1620	AC	4	201D	4F-1R	22	3325	No
WF	......	$420	$720	$1350	$1800	AC	4	201G	4F-1R	22	3270	No
1944												
B	......	$460	$1080	$1600	$2060	AC	4	119G	3F-1R	15.6	2130	No
C	......	$450	$1050	$1550	$2010	AC	4	125G	3F-1R	23	3025	No
U	......	$350	$580	$1120	$1490	AC	6	301D	4F-1R	22	5130	No
WC	......	$370	$610	$1190	$1580	AC	4	201D	4F-1R	22	3325	No
WF	......	$400	$670	$1290	$1710	AC	4	201G	4F-1R	22	3270	No
1943												
B	......	$450	$1050	$1550	$2020	AC	4	119G	3F-1R	15.6	2130	No
C	......	$430	$1000	$1480	$1920	AC	4	125G	3F-1R	23	3025	No
U	......	$340	$560	$1100	$1440	AC	6	301D	4F-1R	22	5130	No
WC	......	$360	$600	$1170	$1530	AC	4	201D	4F-1R	22	3325	No
WF	......	$390	$640	$1260	$1660	AC	4	201G	4F-1R	22	3270	No
1942												
A	......	$400	$670	$1310	$1710	AC	4	510G	3F-1R	27	4275	No
B	......	$440	$1030	$1520	$1970	AC	4	119G	3F-1R	15.6	2130	No
C	......	$420	$980	$1450	$1880	AC	4	125G	3F-1R	23	3025	No
U	......	$330	$540	$1070	$1400	AC	6	301D	4F-1R	22	5130	No
WC	......	$350	$580	$1140	$1490	AC	4	201D	4F-1R	22	3325	No
WF	......	$380	$630	$1240	$1620	AC	4	201G	4F-1R	22	3270	No
1941												
A	......	$380	$630	$1240	$1620	AC	4	510G	3F-1R	27	4275	No
B	......	$430	$1000	$1480	$1920	AC	4	119G	3F-1R	15.6	2130	No
C	......	$400	$940	$1390	$1800	AC	4	125G	3F-1R	23	3025	No
RC	......	$410	$680	$1340	$1750	AC	4	125G	4F-1R	18	2595	No
U	......	$320	$530	$1040	$1350	AC	6	301D	4F-1R	22	5130	No
UC	......	$360	$600	$1170	$1530	AC	4	301D	4F-1R	30	5710	No
WC	......	$340	$560	$1100	$1440	AC	4	201D	4F-1R	22	3325	No
WF	......	$370	$610	$1210	$1580	AC	4	201G	4F-1R	22	3270	No
1940												
A	......	$370	$610	$1210	$1580	AC	4	510G	3F-1R	27	4275	No
B	......	$420	$980	$1450	$1880	AC	4	116G	3F-1R	15.6	2130	No
C	......	$390	$910	$1350	$1750	AC	4	125G	3F-1R	23	3025	No
RC	......	$400	$670	$1310	$1710	AC	4	125G	4F-1R	18	2595	No
U	......	$310	$510	$1000	$1310	AC	6	301D	4F-1R	22	5130	No
UC	......	$340	$560	$1100	$1440	AC	4	301D	4F-1R	30	5710	No
WC	......	$320	$530	$1040	$1350	AC	4	201D	4F-1R	22	3325	No
WF	......	$350	$580	$1140	$1490	AC	4	201G	4F-1R	22	3270	No
1939												
A	......	$360	$600	$1170	$1530	AC	4	510G	3F-1R	27	4275	No
B	......	$410	$950	$1410	$1820	AC	4	116G	3F-1R	15.6	2130	No
RC	......	$390	$650	$1280	$1670	AC	4	125G	4F-1R	18	2595	No
U	......	$300	$490	$970	$1270	AC	6	301D	4F-1R	22	5130	No
UC	......	$330	$540	$1070	$1400	AC	4	301D	4F-1R	30	5710	No
WC	......	$310	$510	$1000	$1310	AC	4	201D	4F-1R	22	3325	No
WF	......	$340	$560	$1100	$1440	AC	4	201G	4F-1R	22	3270	No
Avery												
1964												
Big MO 400	......	$1030	$1870	$2810	$3340				4F-1R		1622	No
1963												
Big MO 400	......	$990	$1760	$2730	$3270				4F-1R		1622	No
1962												
Big MO 400	......	$970	$1720	$2690	$3230				4F-1R		1622	No
1961												
Big MO 400	......	$940	$1680	$2660	$3190				4F-1R		1622	No
1960												
Big MO 400	......	$920	$1640	$2640	$3120				4F-1R		1622	No
1959												
Big MO 400	......	$900	$1570	$2630	$3060				4F-1R		1622	No
1958												
BF	......	$840	$1460	$2450	$2850	Hercules	4	133G	4F-1R		2798	No
1957												
BF	......	$810	$1400	$2350	$2750	Hercules	4	133G	4F-1R		2798	No
BFS	......	$850	$1480	$2480	$2900	Hercules	4	133G	4F-1R		2798	No

Model	Approx. Retail Price New	Used Trade-In Avg.	Used Trade-In High	Used Retail Avg.	Used Retail High	Make	No. Cyls.	Displ. Cu.-in.	No. Speeds	P.T.O. H.P.	Approx. Shipping Wt.-Lbs.	Cab

Avery (Cont.)

1957 (Cont.)

Model	Approx. Retail Price New	Used Trade-In Avg.	Used Trade-In High	Used Retail Avg.	Used Retail High	Make	No. Cyls.	Displ. Cu.-in.	No. Speeds	P.T.O. H.P.	Approx. Shipping Wt.-Lbs.	Cab
BG	......	$860	$1500	$2520	$2950	Hercules	4	133G	4F-1R		2805	No

1956

Model	Approx. Retail Price New	Used Trade-In Avg.	Used Trade-In High	Used Retail Avg.	Used Retail High	Make	No. Cyls.	Displ. Cu.-in.	No. Speeds	P.T.O. H.P.	Approx. Shipping Wt.-Lbs.	Cab
BF	......	$790	$1330	$2290	$2700	Hercules	4	133G	4F-1R		2798	No
BFS	......	$830	$1400	$2410	$2840	Hercules	4	133G	4F-1R		2798	No
BG	......	$840	$1420	$2440	$2880	Hercules	4	133G	4F-1R		2805	No

1955

Model	Approx. Retail Price New	Used Trade-In Avg.	Used Trade-In High	Used Retail Avg.	Used Retail High	Make	No. Cyls.	Displ. Cu.-in.	No. Speeds	P.T.O. H.P.	Approx. Shipping Wt.-Lbs.	Cab
BF	......	$760	$1300	$2220	$2660	Hercules	4	133G	4F-1R		2798	No
BFS	......	$780	$1330	$2280	$2720	Hercules	4	133G	4F-1R		2798	No
BG	......	$830	$1400	$2400	$2870	Hercules	4	133G	4F-1R		2805	No
V	......	$780	$1320	$2260	$2700	Hercules	4	65G	3F-1R		1802	No

1954

Model	Approx. Retail Price New	Used Trade-In Avg.	Used Trade-In High	Used Retail Avg.	Used Retail High	Make	No. Cyls.	Displ. Cu.-in.	No. Speeds	P.T.O. H.P.	Approx. Shipping Wt.-Lbs.	Cab
BF	......	$750	$1270	$2180	$2630	Hercules	4	133G	4F-1R		2798	No
BFD	......	$760	$1290	$2210	$2680	Hercules	4	133G	4F-1R		2895	No
BFS	......	$740	$1250	$2140	$2590	Hercules	4	133G	4F-1R		2798	No
BG	......	$800	$1360	$2340	$2830	Hercules	4	133G	4F-1R		2805	No
R	......	$780	$1330	$2280	$2750	Hercules	4	165G	4F-1R		2805	No
V	......	$760	$1290	$2210	$2670	Hercules	4	65G	3F-1R		1802	No

1953

Model	Approx. Retail Price New	Used Trade-In Avg.	Used Trade-In High	Used Retail Avg.	Used Retail High	Make	No. Cyls.	Displ. Cu.-in.	No. Speeds	P.T.O. H.P.	Approx. Shipping Wt.-Lbs.	Cab
BF	......	$730	$1210	$2120	$2600	Hercules	4	133G	4F-1R		2798	No
BFD	......	$710	$1180	$2080	$2550	Hercules	4	133G	4F-1R		2895	No
BFH	......	$780	$1290	$2280	$2780	Hercules	4	133G	4F-1R		2895	No
BFS	......	$750	$1250	$2200	$2690	Hercules	4	133G	4F-1R		2798	No
BG	......	$780	$1290	$2280	$2790	Hercules	4	133G	4F-1R		2805	No
R	......	$770	$1270	$2230	$2730	Hercules	4	165G	4F-1R		2805	No
V	......	$740	$1230	$2160	$2650	Hercules	4	65G	3F-1R		1802	No

1952

Model	Approx. Retail Price New	Used Trade-In Avg.	Used Trade-In High	Used Retail Avg.	Used Retail High	Make	No. Cyls.	Displ. Cu.-in.	No. Speeds	P.T.O. H.P.	Approx. Shipping Wt.-Lbs.	Cab
A	......	$670	$1130	$1990	$2470	Hercules	4	133G	3F-1R		2300	No
BF	......	$690	$1170	$2050	$2540	Hercules	4	133G	4F-1R		2798	No
R	......	$730	$1240	$2180	$2700	Hercules	4	165G	4F-1R		2805	No
V	......	$720	$1210	$2140	$2650	Hercules	4	65G	3F-1R		1802	No

1951

Model	Approx. Retail Price New	Used Trade-In Avg.	Used Trade-In High	Used Retail Avg.	Used Retail High	Make	No. Cyls.	Displ. Cu.-in.	No. Speeds	P.T.O. H.P.	Approx. Shipping Wt.-Lbs.	Cab
A	......	$640	$1100	$1940	$2440	Hercules	4	133G	3F-1R		2300	No
BF	......	$660	$1140	$2000	$2510	Hercules	4	133G	4F-1R		2798	No
R	......	$700	$1210	$2120	$2660	Hercules	4	165G	4F-1R		2805	No
V	......	$680	$1170	$2070	$2590	Hercules	4	65G	3F-1R		1802	No

1950

Model	Approx. Retail Price New	Used Trade-In Avg.	Used Trade-In High	Used Retail Avg.	Used Retail High	Make	No. Cyls.	Displ. Cu.-in.	No. Speeds	P.T.O. H.P.	Approx. Shipping Wt.-Lbs.	Cab
A	......	$620	$1050	$1900	$2410	Hercules	4	133G	3F-1R		2300	No
BF	......	$640	$1080	$1960	$2480	Hercules	4	133G	4F-1R		2798	No
R	......	$680	$1150	$2080	$2640	Hercules	4	165G	4F-1R		2805	No
V	......	$660	$1110	$2010	$2550	Hercules	4	65G	3F-1R		1802	No

1949

Model	Approx. Retail Price New	Used Trade-In Avg.	Used Trade-In High	Used Retail Avg.	Used Retail High	Make	No. Cyls.	Displ. Cu.-in.	No. Speeds	P.T.O. H.P.	Approx. Shipping Wt.-Lbs.	Cab
A	......	$610	$1030	$1860	$2390	Hercules	4	123G	3F-1R		2300	No
R	......	$670	$1120	$2030	$2610	Hercules	4	165G	4F-1R		2805	No
V	......	$650	$1090	$1970	$2530	Hercules	4	65G	3F-1R		1802	No

1948

Model	Approx. Retail Price New	Used Trade-In Avg.	Used Trade-In High	Used Retail Avg.	Used Retail High	Make	No. Cyls.	Displ. Cu.-in.	No. Speeds	P.T.O. H.P.	Approx. Shipping Wt.-Lbs.	Cab
A	......	$600	$1010	$1820	$2370	Hercules	4	123G	3F-1R		2300	No
R	......	$650	$1100	$1990	$2580	Hercules	4	165G	4F-1R		2805	No
V	......	$630	$1060	$1920	$2490	Hercules	4	65G	3F-1R		1802	No

1947

Model	Approx. Retail Price New	Used Trade-In Avg.	Used Trade-In High	Used Retail Avg.	Used Retail High	Make	No. Cyls.	Displ. Cu.-in.	No. Speeds	P.T.O. H.P.	Approx. Shipping Wt.-Lbs.	Cab
A	......	$590	$960	$1790	$2350	Hercules	4	113G	3F-1R		2300	No
R	......	$630	$1030	$1910	$2510	Hercules	4	165G	4F-1R		2805	No
V	......	$610	$1000	$1860	$2440	Hercules	4	65G	3F-1R		1802	No

1946

Model	Approx. Retail Price New	Used Trade-In Avg.	Used Trade-In High	Used Retail Avg.	Used Retail High	Make	No. Cyls.	Displ. Cu.-in.	No. Speeds	P.T.O. H.P.	Approx. Shipping Wt.-Lbs.	Cab
A	......	$560	$930	$1740	$2310	Hercules	4	113G	3F-1R		2300	No
R	......	$590	$990	$1850	$2450	Hercules	4	165G	4F-1R		2805	No
V	......	$580	$970	$1810	$2400	Hercules	4	65G	3F-1R		1802	No

1945

Model	Approx. Retail Price New	Used Trade-In Avg.	Used Trade-In High	Used Retail Avg.	Used Retail High	Make	No. Cyls.	Displ. Cu.-in.	No. Speeds	P.T.O. H.P.	Approx. Shipping Wt.-Lbs.	Cab
R	......	$560	$950	$1790	$2390	Hercules	4	165G	4F-1R		2805	No

1944

Model	Approx. Retail Price New	Used Trade-In Avg.	Used Trade-In High	Used Retail Avg.	Used Retail High	Make	No. Cyls.	Displ. Cu.-in.	No. Speeds	P.T.O. H.P.	Approx. Shipping Wt.-Lbs.	Cab
R	......	$540	$910	$1760	$2330	Hercules	4	165G	4F-1R		2805	No

1943

Model	Approx. Retail Price New	Used Trade-In Avg.	Used Trade-In High	Used Retail Avg.	Used Retail High	Make	No. Cyls.	Displ. Cu.-in.	No. Speeds	P.T.O. H.P.	Approx. Shipping Wt.-Lbs.	Cab
R	......	$530	$880	$1730	$2270	Hercules	4	165G	4F-1R		2805	No

1942

Model	Approx. Retail Price New	Used Trade-In Avg.	Used Trade-In High	Used Retail Avg.	Used Retail High	Make	No. Cyls.	Displ. Cu.-in.	No. Speeds	P.T.O. H.P.	Approx. Shipping Wt.-Lbs.	Cab
R	......	$520	$860	$1690	$2210	Hercules	4	165G	4F-1R		2805	No

1941

Model	Approx. Retail Price New	Used Trade-In Avg.	Used Trade-In High	Used Retail Avg.	Used Retail High	Make	No. Cyls.	Displ. Cu.-in.	No. Speeds	P.T.O. H.P.	Approx. Shipping Wt.-Lbs.	Cab
R	......	$500	$830	$1640	$2140	Hercules	4	165G	4F-1R		2805	No

Avery (Cont.)

Model	Approx. Retail Price New	Used Trade-In Avg.	Used Trade-In High	Used Retail Avg.	Used Retail High	Make	No. Cyls.	Displ. Cu.-in.	No. Speeds	P.T.O. H.P.	Approx. Shipping Wt.-Lbs.	Cab
1940												
R	......	$480	$810	$1590	$2070	Hercules	4	165G	4F-1R		2805	No
1939												
R	......	$470	$790	$1560	$2030	Hercules	4	165G	4F-1R		2805	No
RO-TRAK	......	$550	$910	$1790	$2340	Hercules	6	165G	4F-1R		2805	No

Belarus

Model	Approx. Retail Price New	Used Trade-In Avg.	Used Trade-In High	Used Retail Avg.	Used Retail High	Make	No. Cyls.	Displ. Cu.-in.	No. Speeds	P.T.O. H.P.	Approx. Shipping Wt.-Lbs.	Cab
2002												
2011 2WD	$8595	$4040	$4640	$5850	$6360	Slavia	2	70D	16F-8R	19.0		No
3011 2WD	$9395	$4420	$5070	$6390	$6950	Belarus	2	127D	8F-6R	29.0		No
3045 4WD	$11135	$5230	$6010	$7570	$8240	Belarus	2	127D	6F-6R	30.0		No
5111 2WD	$15595	$7170	$8270	$10290	$11230	Minsk	4	289D	18F-4R	53.0	5908	No
5145 4WD	$17895	$8230	$9480	$11810	$12880	Minsk	4	289D	18F-4R	53.0	6490	No
8011 2WD	$19195	$8830	$10170	$12670	$13820	Belarus	4	289D	9F-2R	75.0	5950	No
2000												
Eicher 364	$9840	$3740	$4430	$5900	$6690	Eicher	2	119D	8F-2R	34.5		No
510 2WD	$10660	$4050	$4800	$6400	$7250	Minsk	4	289D	9F-2R	53.0		No
2011 2WD	$7280	$2770	$3280	$4370	$4950	Slavia	2	70D	16F-8R	19.0		No
3011 2WD	$8850	$3360	$3980	$5310	$6020	Belarus	2	127D	8F-6R	29.0		No
3021 2WD	$9560	$3630	$4300	$5740	$6500	Belarus	2	127D	8F-6R	29.0		No
3055 4WD	$9500	$3610	$4280	$5700	$6460	Belarus	2	127D	6F-6R	30.0		No
4055 4WD	$10500	$3990	$4730	$6300	$7140	Belarus	3	190D	6F-6R	44.0		No
5011 2WD	$13530	$5010	$5950	$7850	$8660	Minsk	4	289D	11F-8R	55.0		No
5045 4WD	$15780	$5840	$6940	$9150	$10100	Minsk	4	289D	11F-8R	55.0	7850	No
5111M 2WD	$15535	$5750	$6840	$9010	$9940	Minsk	4	289D	9F-2R	53.0	5908	No
5145M 4WD	$18465	$6830	$8130	$10710	$11820	Minsk	4	289D	11F-10R	53.0	6490	No
6311M 2WD	$18480	$6840	$8130	$10720	$11830	Belarus	4	289D	18F-4R	59.0	8100	CHA
6345M 4WD	$21280	$7870	$9360	$12340	$13620	Belarus	4	289D	18F-4R	59.0	8500	CHA
8011 2WD	$11950	$4540	$5380	$7170	$8130	Belarus	4	289D	9F-2R	72.0	5950	No
8011L 2WD	$10530	$4000	$4740	$6320	$7160	Belarus	4	289D	9F-2R	72.0	5950	No
8311S 2WD	$20535	$7600	$9040	$11910	$13140	Belarus	4	289D	14F-4R	75.0	8150	CHA
8345S 4WD	$24155	$8940	$10630	$14010	$15460	Belarus	4	289D	14F-4R	75.0	8600	CHA
9311S 2WD	$22440	$8300	$9870	$13020	$14360	Belarus	4T	289D	14F-4R	92.0	8200	CHA
9345S 4WD	$28065	$10380	$12350	$16280	$17960	Belarus	4T	289D	14F-4R	92.0	8650	CHA
1999												
VST-180D	$8830	$3180	$3710	$5030	$5740	Belarus	3	55D	6F-2R	18.5		No
FS254	$8480	$3050	$3560	$4830	$5510	Belarus	3	87D	8F-2R	25.0		No
510 2WD	$12250	$3820	$4450	$6040	$6890	Minsk	4	289D	9F-2R	53.0	7628	No
2011 2WD	$9815	$2610	$3050	$4130	$4710	Slavia	2	70D	16F-8R	19.0	2602	No
2045 4WD	$9060	$3260	$3810	$5160	$5890	Slavia	2	70D	16F-8R	19.0	2712	No
2145 4WD	$9360	$3370	$3930	$5340	$6080	Slavia	2	70D	16F-8R	19.0	2750	No
3011 2WD	$9385	$3190	$3720	$5050	$5750	Belarus	2	127D	8F-6R	29.0	4425	No
3021 2WD	$10585	$3440	$4020	$5450	$6210	Belarus	2	127D	8F-6R	29.0	4500	No
3045 4WD	$11750	$3420	$3990	$5420	$6180	Belarus	2	127D	8F-6R	29.0	4750	No
5011 2WD	$15535	$4470	$5560	$7320	$8130	Minsk	4	289D	11F-8R	55.0	6060	No
5045 4WD	$17135	$5200	$6460	$8510	$9450	Minsk	4	289D	11F-8R	55.0	7850	No
5111 2WD	$15535	$5130	$6370	$8390	$9320	Minsk	4	289D	9F-2R	53.0	5908	No
5145 4WD	$18465	$6090	$7570	$9970	$11080	Minsk	4	289D	11F-10R	53.0	6490	No
5145 4WD	$19465	$6420	$7980	$10510	$11680	Minsk	4	289D	14F-4R	53.0	6490	No
6311 2WD	$18480	$6100	$7580	$9980	$11090	Belarus	4	289D	18F-4R	59.0	8100	CHA
6345 4WD	$21280	$7020	$8730	$11490	$12770	Belarus	4	289D	18F-4R	59.0	8500	CHA
6345 4WD	$22280	$7350	$9140	$12030	$13370	Belarus	4	289D	14F-4R	59.0	8500	CHA
8011L 2WD	$18600	$3780	$4410	$5990	$6830	Belarus	4	289D	9F-2R	72.0	5950	No
8021 2WD	$17465	$5760	$7160	$9430	$10480	Belarus	4	289D	9F-2R	72.0	5950	No
8311 2WD	$20535	$6780	$8420	$11090	$12320	Belarus	4	289D	14F-4R	75.0	8150	CHA
8345 4WD	$24155	$7970	$9900	$13040	$14490	Belarus	4	289D	14F-4R	75.0	8600	CHA
9011L 2WD	$21775	$7190	$8930	$11760	$13070	Belarus	4	289D	9F-2R	90.0	5975	No
9021 2WD	$20640	$6810	$8460	$11150	$12380	Belarus	4T	289D	9F-2R	90.0	5975	No
9311 2WD	$22440	$7410	$9200	$12120	$13460	Belarus	4T	289D	14F-4R	92.0	8200	CHA
9345 4WD	$28065	$8910	$11070	$14580	$16200	Belarus	4T	289D	14F-4R	92.0	8650	CHA
1998												
VST-180D	$8830	$3000	$3530	$4860	$5560	Belarus	3	55D	6F-2R	18.5		No
FS254	$8480	$2880	$3390	$4660	$5340	Belarus	3	87D	8F-2R	25.0		No
510 2WD	$12250	$3600	$4240	$5830	$6680	Minsk	4T	289D	9F-2R	53.0	7628	No
2011 2WD	$9815	$2480	$2910	$4000	$4590	Slavia	2	70D	16F-8R	19.0	2602	No
2045 4WD	$9060	$2740	$3220	$4430	$5080	Slavia	2	70D	16F-8R	19.0	2712	No
2145 4WD	$9360	$2840	$3340	$4600	$5270	Slavia	2	70D	16F-8R	19.0	2750	No
3011 2WD	$9385	$3010	$3540	$4870	$5580	Belarus	2	127D	8F-6R	29.0	4425	No
3021 2WD	$10585	$3250	$3820	$5260	$6020	Belarus	2	127D	8F-6R	29.0	4500	No
3045 4WD	$11750	$3230	$3800	$5230	$5990	Belarus	2	127D	8F-6R	29.0	4750	No
5011 2WD	$16125	$4200	$5290	$6910	$7720	Minsk	4	289D	11F-8R	55.0	6060	No
5045 4WD	$18259	$4960	$6240	$8160	$9120	Minsk	4	289D	11F-8R	55.0	7850	No
5111 2WD	$16870	$4820	$6060	$7920	$8860	Minsk	4	289D	9F-2R	53.0	5908	No
5145 4WD	$18560	$5430	$6830	$8930	$9980	Minsk	4	289D	11F-10R	53.0	6490	No
5145 4WD	$19690	$5770	$7250	$9490	$10600	Minsk	4	289D	14F-4R	53.0	6490	No
6311 2WD	$18890	$5520	$6940	$9080	$10150	Belarus	4	289D	18F-4R	59.0	8100	CHA
6345 4WD	$21510	$6070	$7640	$9990	$11160	Belarus	4	289D	18F-4R	59.0	8500	CHA
6345 4WD	$22640	$6410	$8070	$10550	$11790	Belarus	4	289D	14F-4R	59.0	8500	CHA
8011L 2WD	$18685	$3570	$4200	$5780	$6620	Belarus	4	289D	9F-2R	72.0	5950	No

Model	Approx. Retail Price New	Used Trade-In Avg.	Used Trade-In High	Used Retail Avg.	Used Retail High	Make	Engine No. Cyls.	Displ. Cu.-in.	No. Speeds	P.T.O. H.P.	Approx. Shipping Wt.-Lbs.	Cab

Belarus (Cont.)

1998 (Cont.)

Model	Approx. Retail Price New	Used Trade-In Avg.	Used Trade-In High	Used Retail Avg.	Used Retail High	Make	Engine No. Cyls.	Displ. Cu.-in.	No. Speeds	P.T.O. H.P.	Approx. Shipping Wt.-Lbs.	Cab
8011L 2WD	$26810	$5210	$6550	$8570	$9580	Belarus	4	289D	9F-2R	72.0	5950	CHA
8021 2WD	$18800	$4920	$6190	$8090	$9040	Belarus	4	289D	9F-2R	72.0	5950	No
8311 2WD	$23200	$6370	$8010	$10470	$11710	Belarus	4	289D	14F-4R	75.0	8150	CHA
8345 4WD	$26820	$7490	$9420	$12320	$13770	Belarus	4	289D	14F-4R	75.0	8600	CHA
9011L 2WD	$21660	$6720	$8450	$11050	$12350	Belarus	4	289D	9F-2R	90.0	5975	No
9011L 2WD	$29785	$8370	$10530	$13770	$15390	Belarus	4	289D	9F-2R	90.0	5975	CHA
9021 2WD	$23510	$6400	$8050	$10530	$11770	Belarus	4T	289D	9F-2R	90.0	5975	No
9311 2WD	$25110	$6960	$8750	$11440	$12790	Belarus	4T	289D	14F-4R	92.0	8200	CHA
9345 4WD	$29730	$8390	$10560	$13800	$15430	Belarus	4T	289D	14F-4R	92.0	8650	CHA

1997

Model	Approx. Retail Price New	Used Trade-In Avg.	Used Trade-In High	Used Retail Avg.	Used Retail High	Make	Engine No. Cyls.	Displ. Cu.-in.	No. Speeds	P.T.O. H.P.	Approx. Shipping Wt.-Lbs.	Cab
200	$7260	$2320	$2760	$3920	$4430	Belarus	2	70D	16F-8R	19.0	2600	No
220 4WD	$8245	$2640	$3130	$4450	$5030	Belarus	2	70D	16F-8R	19.0	2700	No
250AS	$7885	$2520	$3000	$4260	$4810	Belarus	4	126D	8F-6R	25.0	4300	No
300	$9645	$2800	$3570	$4630	$5210	Belarus	2	127D	6F-6R	28.5	4500	No
310 4WD	$10905	$3160	$4040	$5230	$5890	Belarus	2	127D	6F-6R	28.5	4750	No
400A	$12405	$3600	$4590	$5950	$6700	Belarus	4	253D	10F-8R	51.0	6535	No
400AN	$12755	$3700	$4720	$6120	$6890	Belarus	4	253D	10F-8R	51.0	6535	No
405A w/Cab	$14185	$4110	$5250	$6810	$7660	Belarus	4	253D	10F-8R	51.0	7630	CH
405AN w/Cab	$14730	$4270	$5450	$7070	$7950	Belarus	4	253D	10F-8R	51.0	7630	CH
420A 4WD	$13780	$4000	$5100	$6610	$7440	Belarus	4	253D	10F-8R	51.0	7225	No
420AN 4WD	$14325	$4150	$5300	$6880	$7740	Belarus	4	253D	10F-8R	51.0	7225	No
425A 4WD w/Cab	$16645	$4830	$6160	$7990	$8990	Belarus	4	253D	10F-8R	51.0	8630	CH
425AN 4WD w/Cab	$17245	$5000	$6380	$8280	$9310	Belarus	4	253D	10F-8R	51.0	8630	CH
505	$16080	$4660	$5950	$7720	$8680	Belarus	4	290D	9F-2R	59.0	7980	No
525 4WD	$17540	$5090	$6490	$8420	$9470	Belarus	4	290D	9F-2R	59.0	8540	No
530	$13816	$4010	$5110	$6630	$7460	Belarus	4	290D	9F-2R	52.0	5908	No
532 4WD	$15650	$4540	$5790	$7510	$8450	Belarus	4	290D	9F-2R	52.0	6490	No
570 w/Cab	$16875	$4890	$6240	$8100	$9110	Belarus	4	290D	18F-4R	61.24	8460	CH
572 4WD w/Cab	$18940	$5490	$7010	$9090	$10230	Belarus	4	290D	18F-4R	61.24	8950	CH
615	$13410	$3890	$4960	$6440	$7240	Belarus	4	301D	10F-2R	61.0	8500	CH
800	$17540	$5090	$6490	$8420	$9470	Belarus	4	290D	18F-4R	75.15	7960	No
805 w/Cab	$18935	$5490	$7010	$9090	$10230	Belarus	4	290D	18F-4R	75.15	8560	CH
820 4WD	$20010	$5800	$7400	$9610	$10810	Belarus	4	290D	18F-4R	75.15	8520	No
825 4WD w/Cab	$21140	$6130	$7820	$10150	$11420	Belarus	4	290D	18F-4R	75.15	9100	CH
900	$20820	$6040	$7700	$9990	$11240	Belarus	4T	290D	18F-4R	92.0	7960	No
905 w/Cab	$22125	$6420	$8190	$10620	$11950	Belarus	4T	290D	18F-4R	92.0	7960	CH
920 4WD	$23100	$6700	$8550	$11090	$12470	Belarus	4T	290D	18F-4R	92.0	8520	No
925 4WD w/Cab	$24650	$7150	$9120	$11830	$13310	Belarus	4T	290D	18F-4R	92.0	9100	CH
1025 4WD w/Cab	$25380	$7360	$9390	$12180	$13710	Belarus	4T	290D	18F-4R	92.0	9144	CH
1770 w/Cab	$43400	$13020	$16490	$19530	$21270	Belarus	6T	558D	12F-4R	167.7	19585	CH
2011	$9625	$2790	$3560	$4620	$5200	Slavia	2	70D	16F-8R	19.0	2602	No
2045 4WD	$10125	$2630	$3350	$4350	$4890	Slavia	2	70D	16F-8R	19.0	2712	No
6311	$19245	$5580	$7120	$9240	$10390	Belarus	4	290D	18F-4R	59.0	8100	CH
6345 4WD	$22210	$6440	$8220	$10660	$11990	Belarus	4	290D	18F-4R	59.0	8800	CH
8011L	$22875	$6630	$8460	$10980	$12350	Belarus	4	290D	9F-2R	72.0	5950	No
8311	$22540	$6540	$8340	$10820	$12170	Belarus	4	290D	14F-4R	75.0	8150	CH
8345 4WD	$26330	$7010	$8940	$11590	$13040	Belarus	4	290D	14F-4R	75.0	8600	CH
9011L	$24200	$7020	$8950	$11620	$13070	Belarus	4T	290D	9F-2R	90.0	5975	No
9311	$24525	$7110	$9070	$11770	$13240	Belarus	4T	290D	14F-4R	92.0	8200	CH
9345 4WD	$29390	$8140	$10380	$13470	$15160	Belarus	4T	290D	14F-4R	92.0	8650	CH

1996

Model	Approx. Retail Price New	Used Trade-In Avg.	Used Trade-In High	Used Retail Avg.	Used Retail High	Make	Engine No. Cyls.	Displ. Cu.-in.	No. Speeds	P.T.O. H.P.	Approx. Shipping Wt.-Lbs.	Cab
300	$9645	$2890	$3470	$5110	$5790	Belarus	2	127D	6F-6R	28.5	4500	No
310 4WD	$10905	$3270	$3930	$5780	$6540	Belarus	2	127D	6F-6R	28.5	4750	No
400A	$12105	$3270	$4240	$5450	$6170	Belarus	4	253D	10F-8R	51.0	6535	No
400AN	$12455	$3360	$4360	$5610	$6350	Belarus	4	253D	10F-8R	51.0	6535	No
405A w/Cab	$14185	$3830	$4970	$6380	$7230	Belarus	4	253D	10F-8R	51.0	7630	CH
405AN w/Cab	$14730	$3980	$5160	$6630	$7510	Belarus	4	253D	10F-8R	51.0	7630	CH
420A 4WD	$13780	$3720	$4820	$6200	$7030	Belarus	4	253D	10F-8R	51.0	7225	No
420AN 4WD	$14325	$3870	$5010	$6450	$7310	Belarus	4	253D	10F-8R	51.0	7225	No
425A 4WD w/Cab	$16050	$4330	$5620	$7220	$8190	Belarus	4	253D	10F-8R	51.0	8630	CH
425AN 4WD w/Cab	$16645	$4490	$5830	$7490	$8490	Belarus	4	253D	10F-8R	51.0	8630	CH
505	$16060	$4340	$5620	$7230	$8190	Belarus	4	289D	9F-2R	59.0	7980	No
525 4WD	$17540	$4740	$6140	$7890	$8950	Belarus	4	289D	9F-2R	59.0	8540	No
530	$13615	$3680	$4770	$6130	$6940	Belarus	4	289D	9F-2R	52.0	5908	No
532 4WD	$15650	$4230	$5480	$7040	$7980	Belarus	4	289D	9F-2R	52.0	6490	No
570 w/Cab	$16875	$4560	$5910	$7590	$8610	Belarus	4	289D	18F-4R	61.24	8460	CH
572 4WD w/Cab	$18940	$5110	$6630	$8520	$9660	Belarus	4	289D	18F-4R	61.24	8950	CH
800	$17540	$4740	$6140	$7890	$8950	Belarus	4	289D	18F-4R	75.15	7960	No
805 w/Cab	$18935	$5110	$6630	$8520	$9660	Belarus	4	289D	18F-4R	75.15	8560	CH
820 4WD	$20010	$5400	$7000	$9010	$10210	Belarus	4	289D	18F-4R	75.15	8520	No
825 4WD w/Cab	$21140	$5710	$7400	$9510	$10780	Belarus	4	289D	18F-4R	75.15	9100	CH
900	$20820	$5620	$7290	$9370	$10620	Belarus	4T	289D	18F-4R	92.0	7960	No
905 w/Cab	$22125	$5970	$7740	$9960	$11280	Belarus	4T	289D	18F-4R	92.0	7960	CH
920 4WD	$23100	$6240	$8090	$10400	$11780	Belarus	4T	289D	18F-4R	92.0	8520	No
925 4WD w/Cab	$24405	$6590	$8540	$10980	$12450	Belarus	4T	289D	18F-4R	92.0	9100	CH
1025 4WD w/Cab	$25380	$6850	$8880	$11420	$12940	Belarus	4T	289D	18F-4R	92.0	9144	CH
1770 w/Cab	$43400	$10920	$14040	$16770	$18330	Belarus	6T	558D	12F-4R	167.7	19585	CH

1995

Model	Approx. Retail Price New	Used Trade-In Avg.	Used Trade-In High	Used Retail Avg.	Used Retail High	Make	Engine No. Cyls.	Displ. Cu.-in.	No. Speeds	P.T.O. H.P.	Approx. Shipping Wt.-Lbs.	Cab
250AS	$7495	$2100	$2550	$3900	$4420	Belarus	2	127D	8F-6R	24.95	4300	No
300	$9165	$2290	$3020	$4030	$4490	Belarus	2	127D	8F-6R	28.5	4300	No
310 4WD	$10360	$2590	$3420	$4560	$5080	Belarus	2	127D	8F-6R	28.5	4750	No

Belarus (Cont.)

Model	Approx. Retail Price New	Estimated Value Less Repairs Used Trade-In Avg.	Estimated Value Less Repairs Used Trade-In High	Estimated Value Less Repairs Used Retail Avg.	Estimated Value Less Repairs Used Retail High	Make	Engine No. Cyls.	Engine Displ. Cu.-in.	No. Speeds	P.T.O. H.P.	Approx. Shipping Wt.-Lbs.	Cab
					1995 (Cont.)							
400A	$11495	$2870	$3790	$5060	$5630	Belarus	4	253D	10F-8R	50.68	6535	No
400AN	$11730	$2930	$3870	$5160	$5750	Belarus	4	253D	10F-8R	50.68	6535	No
405A w/Cab	$12075	$3020	$3990	$5310	$5920	Belarus	4	253D	10F-8R	50.68	7630	CH
405AN w/Cab	$13990	$3500	$4620	$6160	$6860	Belarus	4	253D	10F-8R	50.68	7630	CH
420A 4WD	$13090	$3270	$4320	$5760	$6410	Belarus	4	253D	10F-8R	50.68	7225	No
420AN 4WD	$13660	$3420	$4510	$6010	$6690	Belarus	4	253D	10F-8R	50.68	7225	No
425A 4WD w/Cab	$15250	$3810	$5030	$6710	$7470	Belarus	4	253D	10F-8R	50.68	8630	CH
425AN 4WD w/Cab	$15820	$3960	$5220	$6960	$7750	Belarus	4	253D	10F-8R	50.68	8630	CH
505	$15260	$3820	$5040	$6710	$7480	Belarus	4	289D	9F-2R	58.0	7980	No
525 4WD	$16660	$4170	$5500	$7330	$8160	Belarus	4	289D	9F-2R	58.0	8540	No
530	$12935	$3230	$4270	$5690	$6340	Belarus	4	289D	9F-2R	55.0	5908	No
532 4WD	$14868	$3720	$4910	$6540	$7290	Belarus	4	289D	9F-2R	55.0	6200	No
570 w/Cab	$16030	$4010	$5290	$7050	$7860	Belarus	4	289D	18F-4R	61.24	8460	CH
572 4WD w/Cab	$17990	$4500	$5940	$7920	$8820	Belarus	4	289D	18F-4R	61.24	9210	CH
800	$16660	$4170	$5500	$7330	$8160	Belarus	4	290D	18F-4R	75.15	7960	No
805 w/Cab	$17990	$4500	$5940	$7920	$8820	Belarus	4	290D	18F-4R	75.15	8560	CH
820 4WD	$18995	$4750	$6270	$8360	$9310	Belarus	4	290D	18F-4R	75.15	8520	CH
825 4WD	$20090	$5020	$6630	$8840	$9840	Belarus	4	290D	18F-4R	75.15	9100	CH
902	$20960	$5240	$6920	$9220	$10270	Belarus	4T	290D	18F-4R	92.0	7960	CH
925 4WD w/Cab	$24115	$6030	$7960	$10610	$11820	Belarus	4T	290D	18F-4R	92.0	9100	CH
1770 w/Cab	$39230	$9930	$12990	$15660	$17190	Belarus	6T	558D	12F-4R	167.6	19585	CH
					1994							
250AS	$7345	$1910	$2420	$3750	$4260	Belarus	2	127D	8F-6R	24.95	4300	No
305	$9015	$2160	$2800	$3790	$4240	Belarus	2	127D	8F-6R	28.5	4700	No
310 4WD	$10225	$2450	$3170	$4300	$4810	Belarus	2	127D	8F-6R	28.5	4750	No
400A	$12070	$2760	$3560	$4830	$5400	Belarus	4	253D	11F-6R	50.68	6535	No
400AN	$12410	$2820	$3640	$4930	$5510	Belarus	4	253D	11F-6R	50.68	6535	No
405A w/Cab	$12705	$2900	$3740	$5070	$5680	Belarus	4	253D	11F-6R	50.68	7630	CH
405AN w/Cab	$13070	$3140	$4050	$5490	$6140	Belarus	4	253D	11F-6R	50.68	7630	CH
420A 4WD	$13740	$3140	$4060	$5500	$6150	Belarus	4	253D	18F-4R	50.68	7225	No
420AN 4WD	$14310	$3280	$4240	$5740	$6420	Belarus	4	253D	11F-6R	50.68	7225	No
425A 4WD w/Cab	$14465	$3470	$4480	$6080	$6800	Belarus	4	253D	11F-6R	50.68	8630	CH
425AN 4WD w/Cab	$15040	$3610	$4660	$6320	$7070	Belarus	4	253D	11F-6R	50.68	8630	CH
505	$14900	$3580	$4620	$6260	$7000	Belarus	4	289D	9F-2R	58.0	7980	No
525	$16770	$4000	$5170	$7000	$7830	Belarus	4	289D	9F-2R	58.0	8540	No
530	$12860	$3090	$3990	$5400	$6040	Belarus	4	289D	9F-2R	55.0	5908	No
570 w/Cab	$15820	$3800	$4900	$6640	$7440	Belarus	4	289D	18F-4R	61.24	8460	CH
572 4WD w/Cab	$17750	$4260	$5500	$7460	$8340	Belarus	4	289D	18F-4R	61.24	9210	CH
615 w/Cab	$13585	$3260	$4210	$5710	$6390	Belarus	4	301D	10F-2R	67.0	8600	CH
800	$16250	$3900	$5040	$6830	$7640	Belarus	4	290D	18F-4R	75.15	7960	No
805 w/Cab	$17660	$4240	$5480	$7420	$8300	Belarus	4	290D	18F-4R	75.15	8560	CH
820 4WD	$18540	$4450	$5750	$7790	$8710	Belarus	4	290D	18F-4R	75.15	8520	No
825 4WD	$19820	$4760	$6140	$8320	$9320	Belarus	4	290D	18F-4R	75.15	9100	CH
900	$20165	$4840	$6250	$8470	$9480	Belarus	4T	290D	18F-4R	92.0	7960	No
905 w/Cab	$21575	$5180	$6690	$9060	$10140	Belarus	4T	290D	18F-4R	92.0	8560	CH
920 4WD	$22450	$5390	$6960	$9430	$10550	Belarus	4T	290D	18F-4R	92.0	8520	No
925 4WD w/Cab	$23730	$5700	$7360	$9970	$11150	Belarus	4T	290D	18F-4R	92.0	9100	CH
1770 w/Cab	$38730	$8880	$11840	$14430	$15910	Belarus	6T	558D	12F-4R	167.6	19585	CH
1770 w/Cab	$41655	$9120	$12160	$14820	$16340	Belarus	6T	558D	12F-4R	167.6	19600	CHA
					1993							
250AS	$6395	$1600	$2050	$3200	$3650	Belarus	2	127D	8F-6R	24.95	4300	No
400A	$10250	$2360	$3080	$4100	$4720	Belarus	4	254D	11F-6R	50.68	6535	No
420A 4WD	$10895	$2510	$3270	$4360	$5010	Belarus	4	254D	18F-4R	50.68	7225	No
570	$10250	$2360	$3080	$4100	$4720	Belarus	4	289D	18F-2R	61.24	10426	No
572	$14650	$3370	$4400	$5860	$6740	Belarus	4	289D	18F-2R	61.24	10426	CH
820	$15550	$3580	$4670	$6220	$7150	Belarus	4	290D	18F-4R	75.15	11075	CH
822 4WD	$17995	$4140	$5400	$7200	$8280	Belarus	4	290D	18F-4R	75.15	11075	CH
925	$19880	$4570	$5960	$7950	$9150	Belarus	6T	290D	18F-4R		9050	CH
1770	$36880	$8110	$11060	$13650	$15120	Belarus	6T	558D	12F-4R	167.6	20490	CH
					1992							
250AS	$5595	$1340	$1730	$2740	$3130	Belarus	2	127D	8F-6R	24.95	4300	No
400A	$9300	$2050	$2700	$3530	$4190	Belarus	4	254D	11F-6R	50.68	6535	No
420A 4WD	$9900	$2180	$2870	$3760	$4460	Belarus	4	254D	18F-4R	50.68	7225	No
570	$9300	$2050	$2700	$3530	$4190	Belarus	4	289D	18F-2R	61.24	10426	No
572	$13950	$3070	$4050	$5300	$6280	Belarus	4	289D	18F-2R	61.24	10426	CH
820	$14550	$3200	$4220	$5530	$6550	Belarus	4	290D	18F-4R	75.15	11075	CH
822 4WD	$16750	$3690	$4860	$6370	$7540	Belarus	4	290D	18F-4R	75.15	11075	CH
925	$18100	$3980	$5250	$6880	$8150	Belarus	6T	290D	18F-4R		9050	CH
1770	$36880	$7380	$10330	$12910	$14380	Belarus	6T	558D	12F-4R	167.6	20490	CH
					1991							
250AS	$4995	$1150	$1500	$2400	$2750	Belarus	2	127D	8F-6R	24.95	4300	No
400A	$8495	$1780	$2380	$3060	$3740	Belarus	4	254D	11F-6R	50.68	6535	No
420A 4WD	$9995	$2100	$2800	$3600	$4400	Belarus	4	254D	18F-4R	50.68	7225	No
570	$8495	$1780	$2380	$3060	$3740	Belarus	4	289D	18F-2R	61.24	10426	No
572	$11295	$2370	$3160	$4070	$4970	Belarus	4	289D	18F-2R	61.24	10426	CH
820	$13995	$2940	$3920	$5040	$6160	Belarus	4	290D	18F-4R	75.15	11075	CH
822 4WD	$14895	$3130	$4170	$5360	$6550	Belarus	4	290D	18F-4R	75.15	11075	CH
925	$16950	$3560	$4750	$6100	$7460	Belarus	6T	290D	18F-4R		9050	CH
1770	$45695	$6950	$9520	$12440	$13910	Belarus	6T	558D	12F-4R	167.6	20490	CH

Belarus (Cont.)

Model	Approx. Retail Price New	Used Trade-In Avg.	Used Trade-In High	Used Retail Avg.	Used Retail High	Engine Make	No. Cyls.	Displ. Cu.-in.	No. Speeds	P.T.O. H.P.	Approx. Shipping Wt.-Lbs.	Cab
1990												
250AS	$4615	$1020	$1340	$2170	$2490	Belarus	2	127D	8F-6R	24.95	4300	No
400AN	$7415	$1480	$2000	$2520	$3190	Belarus	4	253D	11F-6R	53.0	5060	No
420AN 4WD	$8450	$1690	$2280	$2870	$3630	Belarus	4	253D	11F-6R	53.00	5530	No
505	$8475	$1700	$2290	$2880	$3640	Belarus	4	289D	9F-2R	63.0	6060	No
525	$9445	$1890	$2550	$3210	$4060	Belarus	4	289D	9F-2R	63.0	6500	No
562 4WD	$11000	$2190	$2960	$3720	$4710	Belarus	4	289D	9F-2R	63.0	7145	CH
800	$10495	$2100	$2830	$3570	$4510	Belarus	4	289D	18F-4R	74.80	6700	CH
802	$11020	$2200	$2980	$3750	$4740	Belarus	4	289D	18F-4R	74.80	7450	CH
820 4WD	$11545	$2310	$3120	$3930	$4960	Belarus	4	289D	18F-4R	74.80	7150	CH
822 4WD	$11955	$2390	$3230	$4070	$5140	Belarus	4	289D	18F-4R	74.80	7870	CH
1770 4WD	$43900	$6460	$8620	$11850	$13280	Belarus	6T	558D	12F-4R	167.6	20490	CH
1989												
250AS	$4395	$920	$1230	$2020	$2330	Belarus	2	127D	8F-6R	24.95	4300	No
400AN	$6995	$1330	$1820	$2450	$2940	Belarus	4	253D	11F-6R	53.0	5060	No
420AN 4WD	$7995	$1520	$2080	$2800	$3360	Belarus	4	253D	11F-6R	53.0	5530	No
505	$7995	$1520	$2080	$2800	$3360	Belarus	4	289D	9F-2R	63.0	6060	No
525	$8995	$1710	$2340	$3150	$3780	Belarus	4	289D	9F-2R	63.0	6500	No
562 4WD	$10495	$1990	$2730	$3670	$4410	Belarus	4	289D	9F-2R	63.0	7145	CH
800	$9995	$1900	$2600	$3500	$4200	Belarus	4	289D	18F-4R	74.80	6700	No
802	$10495	$1990	$2730	$3670	$4410	Belarus	4	289D	18F-4R	74.80	7450	CH
820 4WD	$10995	$2090	$2860	$3850	$4620	Belarus	4	289D	18F-4R	74.80	7150	CH
822 4WD	$11495	$2180	$2990	$4020	$4830	Belarus	4	289D	18F-4R	74.80	7870	CH
1770 4WD	$43900	$6120	$7920	$11520	$12960	Belarus	6T	558D	12F-4R	167.6	20490	CH
1988												
250	$6500	$850	$1120	$1870	$2160	Belarus	2	127D	8F-6R	24.95	3750	No
400	$10600	$1190	$1650	$2310	$2710	Belarus	4	253D	11F-6R	53.0	5027	No
420 4WD	$12830	$1370	$1900	$2660	$3120	Belarus	4	253D	11F-6R	53.0	5530	No
500	$12000	$1280	$1780	$2490	$2910	Belarus	4	290D	9F-2R	63.0	6060	No
502	$14600	$1580	$2200	$3080	$3610	Belarus	4	290D	9F-2R	63.0	7826	CH
520 4WD	$14550	$1530	$2130	$2980	$3490	Belarus	4	290D	9F-2R	63.0	6500	CH
522 4WD	$17100	$1690	$2350	$3290	$3850	Belarus	4	290D	9F-2R	63.0	8377	CH
560	$15100	$1620	$2250	$3150	$3690	Belarus	4	290D	9F-2R	63.0	6700	CH
562 4WD	$17800	$1780	$2480	$3470	$4060	Belarus	4	290D	9F-2R	63.0	7145	CH
611	$12800	$1780	$2480	$3470	$4060	Belarus	4	302D	10F-2R	60.0	7048	No
800	$15300	$1710	$2380	$3330	$3900	Belarus	4	290D	18F-4R	74.00	6700	No
802	$17300	$1800	$2500	$3500	$4100	Belarus	4	290D	18F-4R	74.00	8531	CH
820 4WD	$18550	$1890	$2630	$3680	$4310	Belarus	4	290D	18F-4R	74.00	7150	No
822 4WD	$20600	$1980	$2750	$3850	$4510	Belarus	4	290D	18F-4R	74.00	9082	CH
1770 4WD	$47000	$5760	$7560	$11160	$12600	Belarus	6T	558D	16F-8R	165.	17768	CH

Big Bud

Model	Approx. Retail Price New	Used Trade-In Avg.	Used Trade-In High	Used Retail Avg.	Used Retail High	Engine Make	No. Cyls.	Displ. Cu.-in.	No. Speeds	P.T.O. H.P.	Approx. Shipping Wt.-Lbs.	Cab
1990												
370 HP	$140000	$22500	$30000	$41250	$46250	Komatsu	6TA	674D	12F-2R	370	43000	CHA
400 HP	$150000	$24300	$32400	$44550	$49950	Cat.	6TA	893D	12F-2R	400	46000	CHA
440 HP	$155000	$25200	$33600	$46200	$51800	Komatsu	6TA	930D	12F-2R	440	46000	CHA
450 HP	$150000	$27000	$36000	$49500	$55500	Cummins	6TA	855D	12F-2R	450	46000	CHA
450 HP	$155000	$27900	$37200	$51150	$57350	Detroit	8TA	736D	12F-2R	450	46000	CHA
650 HP	$300000	$39600	$52800	$72600	$81400	Detroit	12TA	1104D	9F-2R	650	55000	CHA
740 HP	$300000	$46800	$62400	$85800	$96200	Komatsu	6TA	1413D	12F-2R	740	75000	CHA
1989												
HN-320	$90000	$13600	$17600	$25600	$28800	Cummins	6	855D	12F-2R	320	33000	CHA
HN-360	$105000	$16150	$20900	$30400	$34200	Cummins	6	855D	12F-2R	360	34000	CHA
370	$129000	$18700	$24200	$35200	$39600	Cummins	6	855D	12F-2R	370	45000	CHA
400/20	$135000	$19550	$25300	$36800	$41400	Cummins	6	1150D	12F-2R	400	44000	CHA
450/50	$150000	$22100	$28600	$41600	$46800	Cummins	6	1150D	9F-2R	450	46000	CHA
500	$159000	$23630	$30580	$44480	$50040	Komatsu	6	1168D	12F-2R	500	46000	CHA
525/50	$175000	$26350	$34100	$49600	$55800	Cummins	6	1150D	9F-2R	525	47000	CHA
740	$289000	$40800	$52800	$76800	$86400	Detroit	12	1104D	12F-2R	740	75000	CHA
1988												
370 4WD	$139000	$19040	$24990	$36890	$41650	Komatsu	6TA	674D	12F-2R	370		CHA
440 4WD	$159000	$20640	$27090	$39990	$45150	Komatsu	6TA	930D	12F-2R	440		CHA
500	$155000	$20000	$26250	$38750	$43750	Komatsu	6	1168D	12F-2R	500	46000	CHA
740 4WD	$289000	$36800	$48300	$71300	$80500	Komatsu	6TA	1413D	12F-2R	740		CHA
1987												
370 4WD	$107500	$13500	$18000	$27000	$30600	Komatsu	6TA	674D	12F-2R	370	37500	CHA
440 4WD	$122500	$15450	$20600	$30900	$35020	Komatsu	6TA	930D	12F-2R	440	39800	CHA
500	$153000	$18750	$25000	$37500	$42500	Komatsu	6	1168D	12F-2R	500	46000	CHA
739 4WD	$225000	$30000	$40000	$60000	$68000	Komatsu	6TA	1413D	9F-2R	740		CHA
1986												
360/30 4WD	$162000	$17500	$23750	$36250	$41250	Cummins	6T	855D	6F-1R	360	32000	CHA
400/30 4WD	$174000	$18760	$25460	$38860	$44220	Detroit	V8T	736D	6F-1R	400	42000	CHA
500	$150000	$18200	$24700	$37700	$42900	Komatsu	6	1168D	12F-2R	500	46000	CHA
525/50 4WD	$214000	$22400	$30400	$46400	$52800	Cummins	6TI	1150D	9F-2R	525	48000	CHA
650/50 4WD	$298000	$26600	$36100	$55100	$62700	Detroit	V12T	1104D	9F-2R	650	60000	CHA

Big Bud (Cont.)

Model	Approx. Retail Price New	Used Trade-In Avg.	Used Trade-In High	Used Retail Avg.	Used Retail High	Make	No. Cyls.	Displ. Cu.-in.	No. Speeds	P.T.O. H.P.	Approx. Shipping Wt.-Lbs.	Cab
1985												
360/30 4WD	$162000	$16250	$22500	$35000	$40000	Cummins	6T	855D	6F-1R	306	32000	CHA
400/30 4WD	$174000	$17550	$24300	$37800	$43200	Detroit	V8T	736D	6F-1R	340	42000	CHA
525/50 4WD	$214000	$20800	$28800	$44800	$51200	Cummins	6TI	1150D	9F-2R	421	48000	CHA
650/50 4WD	$298000	$24700	$34200	$53200	$60800	Detroit	V12T	1104D	9F-2R	552	60000	CHA
1984												
360/30 4WD	$162000	$15000	$21250	$33750	$38750	Cummins	6T	855D	6F-1R	306	32000	CHA
400/30 4WD	$174000	$16200	$22950	$36450	$41850	Detroit	V8T	736D	6F-1R	340	42000	CHA
525/50 4WD	$214000	$19200	$27200	$43200	$49600	Cummins	6TI	1150D	9F-2R	421	48000	CHA
650/50 4WD	$298000	$22200	$31450	$49950	$57350	Detroit	V12T	1104D	9F-2R	552	60000	CHA
1983												
360/30 4WD	$162000	$13750	$20000	$32500	$37500	Cummins	6T	855D	6F-1R	306	32000	CHA
400/30 4WD	$174000	$14630	$21280	$34580	$39900	Detroit	V8T	736D	6F-1R	340	42000	CHA
525/50 4WD	$214000	$17930	$26080	$42380	$48900	Cummins	6TI	1150D	9F-2R	421	48000	CHA
650/50 4WD	$298000	$20350	$29600	$48100	$55500	Detroit	V12T	1104D	9F-2R	552	60000	CHA
1982												
360/30 4WD	$162000	$12500	$18750	$31250	$36250	Cummins	6T	855D	6F-1R	306	32000	CHA
400/30 4WD	$174000	$13300	$19950	$33250	$38570	Detroit	V8T	736D	6F-1R	340	42000	CHA
525/50 4WD	$214000	$15500	$23250	$38750	$44950	Cummins	6TI	1150D	9F-2R	421	48000	CHA
650/50 4WD	$298000	$18000	$27000	$45000	$52200	Detroit	V12T	1104D	9F-2R	552	60000	CHA
1981												
360/30 4WD	$162000	$12000	$16800	$28800	$33600	Cummins	6T	855D	6F-1R	360	32000	CHA
400/30 4WD	$174000	$13000	$18200	$31200	$36400	Detroit	V-8T	736D	6F-1R	400	42000	CHA
525/50 4WD	$214000	$15000	$21000	$36000	$42000	Cummins	6TI	1150D	9F-2R	421	48000	CHA
600/50 4WD	$275000	$17500	$24500	$42000	$49000	Detroit	V12T	1104D	9F-2R	600	60000	CHA
650/50 4WD	$298000	$18000	$25200	$43200	$50400	Detroit	V12T	1104D	9F-2R	650	60000	CHA
1980												
360 4WD	$90000	$8500	$11900	$19550	$23800	Cummins	6T	855D	12F-2R	360	32000	CHA
360/20 4WD	$105000	$9500	$13300	$21850	$26600	Cummins	6T	855D	12F-2R	360	32000	CHA
360/30 4WD	$160000	$12500	$17500	$28750	$35000	Cummins	6T	855D	6F-1R	360	32000	CHA
400/30 4WD	$150000	$13500	$18900	$31800	$37800	Detroit	V-8T	736D	6F-1R	400	42000	CHA
450/50 4WD	$132000	$15500	$21700	$35650	$43400	Cummins	6T	1150D	6F-1R	450	42000	CHA
525/50 4WD	$200000	$16500	$23100	$37950	$46200	Cummins	6TI	1150D	9F-2R	421	48000	CHA
600/50 4WD	$255000	$17500	$24500	$40250	$49000	Detroit	V12T	1104D	9F-2R	600	60000	CHA
650/50 4WD	$280000	$18000	$25200	$41400	$50400	Detroit	V12T	1104D	9F-2R	650	60000	CHA
1979												
360/30 4WD	$155000	$12000	$16800	$26400	$33600	Cummins	6T	855D	6F-1R	360	32000	CHA
400/30 4WD	$130000	$12500	$17500	$27500	$35000	Detroit	V-8T	736D	6F-1R	400	42000	CHA
450/50 4WD	$125000	$13500	$18900	$29700	$37800	Cummins	6T	1150D	6F-1R	450	42000	CHA
525/50 4WD	$190000	$16500	$23100	$36300	$46200	Cummins	6TI	1150D	9F-2R	421	48000	CHA
600/50 4WD	$240000	$17000	$23800	$37400	$47600	Detroit	V12T	1104D	9F-2R	600	60000	CHA

Bolens-Iseki

Model	Approx. Retail Price New	Used Trade-In Avg.	Used Trade-In High	Used Retail Avg.	Used Retail High	Make	No. Cyls.	Displ. Cu.-in.	No. Speeds	P.T.O. H.P.	Approx. Shipping Wt.-Lbs.	Cab
1988												
1502	$7370	$1440	$1890	$3150	$3640	Mitsubishi	3	47D	6F-2R		1080	No
1502H	$7820	$1500	$1980	$3290	$3810	Mitsubishi	3	47D	Variable			No
1704 4WD	$9240	$1690	$2230	$3710	$4290	Mitsubishi	3	52D	6F-2R		1268	No
1704H 4WD	$9590	$1760	$2320	$3870	$4470	Mitsubishi	3	52D	Variable			No
2102	$9631	$1670	$2330	$3260	$3810	Isuzu	3	71D	12F-4R		1580	No
2104 4WD	$10450	$1800	$2500	$3500	$4100	Isuzu	3	71D	12F-4R		1657	No
2702	$11110	$1910	$2650	$3710	$4350	Isuzu	3	79D	18F-6R		2250	No
2704 4WD	$13700	$2290	$3180	$4450	$5210	Isuzu	3	79D	18F-6R		2401	No
1987												
1502	$6100	$1220	$1620	$2680	$3110	Mitsubishi	3	47D	6F-2R	13.00	1080	No
1502H	$6350	$1270	$1680	$2790	$3240	Mitsubishi	3	47D	Variable	13.00	1080	No
1704 4WD	$7550	$1510	$2000	$3320	$3850	Mitsubishi	3	52D	6F-2R	14.00	1080	No
1704H 4WD	$7750	$1550	$2050	$3410	$3950	Mitsubishi	3	52D	Variable		1268	No
2102	$7850	$1340	$1960	$2750	$3220	Isuzu	3	71D	12F-4R		1580	No
2104 4WD	$8675	$1480	$2170	$3040	$3560	Isuzu	3	71D	12F-4R		1657	No
2702	$9175	$1560	$2290	$3210	$3760	Isuzu	3	79D	18F-6R		2250	No
2704 4WD	$11125	$1890	$2780	$3890	$4560	Isuzu	3	79D	18F-6R		2440	No
1986												
G1502	$5700	$1080	$1480	$2450	$2850	Mitsubishi	3	47D	6F-2R	13.00		No
G1504 4WD	$6210	$1180	$1620	$2670	$3110	Mitsubishi	3	47D	6F-2R	13.00		No
G1704 4WD	$6610	$1260	$1720	$2840	$3310	Mitsubishi	3	52D	6F-2R	14.00		No
G2102	$6795	$1290	$1770	$2920	$3400	Isuzu	3	71D	12F-4R			No
G2104 4WD	$7595	$1220	$1820	$2660	$3110	Isuzu	3	71D	12F-4R			No
G2702	$8195	$1310	$1970	$2870	$3360	Isuzu	3	79D	18F-6R			No
G2704 4WD	$9895	$1580	$2380	$3460	$4060	Isuzu	3	79D	18F-6R			No
1985												
G1502	$5500	$1050	$1430	$2310	$2700	Mitsubishi	3	47D	6F-2R	13.00		No
G1504 4WD	$6010	$1140	$1560	$2520	$2950	Mitsubishi	3	47D	6F-2R	13.00		No
G1704 4WD	$6410	$1220	$1670	$2690	$3140	Mitsubishi	3	52-D	6F-2R	14.00		No
G2102	$6595	$1250	$1720	$2770	$3230	Isuzu	3	71D	12F-4R			No

Bolens-Iseki (Cont.)

Model	Approx. Retail Price New	Used Trade-In Avg.	Used Trade-In High	Used Retail Avg.	Used Retail High	Engine Make	No. Cyls.	Displ. Cu.-in.	No. Speeds	P.T.O. H.P.	Approx. Shipping Wt.-Lbs.	Cab
1985 (Cont.)												
G2104 4WD	$7395	$1110	$1780	$2590	$3030	Isuzu	3	71D	12F-4R			No
G2702	$7895	$1180	$1900	$2760	$3240	Isuzu	3	79D	18F-6R			No
G2704 4WD	$9695	$1450	$2330	$3390	$3980	Isuzu	3	79D	18F-6R			No
1984												
G1502	$5500	$1050	$1430	$2310	$2640	Mitsubishi	3	47D	6F-2R	13.00		No
G1504 4WD	$6010	$1140	$1560	$2520	$2890	Mitsubishi	3	47D	6F-2R	13.00		No
G1704 4WD	$6410	$1220	$1670	$2690	$3080	Mitsubishi	3	52D	6F-2R	14.00		No
G2102	$6595	$1250	$1720	$2770	$3170	Isuzu	3	71D	12F-4R			No
G2104 4WD	$7395	$1070	$1700	$2590	$3030	Isuzu	3	71D	12F-4R			No
G2702	$7895	$1150	$1820	$2760	$3240	Isuzu	3	79D	18F-6R			No
G2704 4WD	$9695	$1410	$2230	$3390	$3980	Isuzu	3	79D	18F-6R			No
1983												
G152	$5335	$1010	$1390	$2240	$2560	Mitsubishi	3	47D	6F-2R	13.00	1078	No
G154 4WD	$5816	$1110	$1510	$2440	$2790	Mitsubishi	3	47D	6F-2R	13.00	1177	No
G174 4WD	$6226	$1180	$1620	$2620	$2990	Mitsubishi	3	52D	6F-2R	14.80	1177	No
G192	$6126	$1160	$1590	$2570	$2940	Isuzu	2	60D	9F-3R	18.20	1672	No
G194 4WD	$6808	$1290	$1770	$2860	$3270	Isuzu	2	60D	9F-3R	18.20	1903	No
G242	$7500	$1430	$1950	$3150	$3600	Isuzu	2	72D	9F-3R		1672	No
G244 4WD	$9150	$1280	$2110	$3200	$3750	Isuzu	2	72D	9F-3R		1903	No
G292	$8200	$1150	$1890	$2870	$3360	Isuzu	3	89D	8F-2R		2631	No
G294 4WD	$10300	$1440	$2370	$3610	$4220	Isuzu	3	89D	8F-2R		2948	No
1982												
G152	$5228	$970	$1360	$2200	$2510	Mitsubishi	3	47D	6F-2R	13.00	1078	No
G154 4WD	$5700	$1060	$1480	$2390	$2740	Mitsubishi	3	47D	6F-2R	13.00	1177	No
G174 4WD	$6101	$1130	$1590	$2560	$2930	Mitsubishi	3	52D	6F-2R	14.80	1177	No
G192	$6003	$1110	$1560	$2520	$2880	Isuzu	2	60D	9F-3R	18.20	1672	No
G194 4WD	$6672	$1230	$1740	$2800	$3200	Isuzu	2	60D	9F-3R	18.20	1903	No
G242	$7350	$1360	$1910	$3090	$3530	Isuzu	2	72D	9F-3R		1672	No
G244 4WD	$8967	$1260	$2060	$3140	$3680	Isuzu	2	72D	9F-3R		1903	No
G292	$8036	$1130	$1850	$2810	$3300	Isuzu	3	89D	8F-2R		2631	No
G294 4WD	$10094	$1410	$2320	$3530	$4140	Isuzu	3	89D	8F-2R		2948	No

Case

Model	Approx. Retail Price New	Used Trade-In Avg.	Used Trade-In High	Used Retail Avg.	Used Retail High	Engine Make	No. Cyls.	Displ. Cu.-in.	No. Speeds	P.T.O. H.P.	Approx. Shipping Wt.-Lbs.	Cab
1985												
1194	$17960	$2490	$3980	$5810	$6810	David Brown	3	164D	12F-4R	43.00	4620	No
1294	$21885	$2910	$4650	$6790	$7950	David Brown	4	219D	12F-4R	55.00	5390	No
1294 4WD	$26750	$3680	$5890	$8590	$10070	David Brown	4	219D	12F-4R	55.00	6100	No
1394	$23690	$3250	$5210	$7590	$8890	David Brown	4T	219D	12F-4R	65.00	5500	No
1394 4WD	$29030	$3830	$6120	$8930	$10460	David Brown	4T	219D	12F-4R	65.00	6400	No
1394 PS 4WD w/Cab	$36875	$4930	$7890	$11510	$13480	David Brown	4T	219D	12F-4R	65.00	7250	CHA
1394 PS w/Cab	$32020	$4200	$6720	$9800	$11480	David Brown	4T	219D	12F-4R	65.00	6350	CHA
1494	$26975	$3450	$5510	$8040	$9420	David Brown	4T	219D	12F-4R	75.00	7240	No
1494 4WD	$36015	$4800	$7680	$11200	$13120	David Brown	4T	219D	12F-4R	75.00	7705	No
1494 PS 4WD w/Cab	$40870	$5530	$8850	$12910	$15120	David Brown	4T	219D	12F-4R	75.00	8555	CHA
1494 PS w/Cab	$35109	$4670	$7460	$10890	$12750	David Brown	4T	219D	12F-4R	75.00	8150	CHA
1594	$30725	$4010	$6410	$9350	$10960	Case	6	329D	12F-4R	85.90	8660	No
1594 4WD PS w/Cab	$43700	$5810	$9290	$13550	$15870	Case	6	329D	12F-4R	85.00	9900	CHA
1594 PS w/Cab	$37920	$4940	$7900	$11520	$13490	Case	6	329D	12F-4R	85.54	8710	CHA
1896	$45075	$5860	$9380	$13680	$16020	CD	6T	359D	12F-4R	95.92	13320	CHA
1896 4WD	$54865	$7180	$11490	$16750	$19630	CD	6T	359D	12F-4R	95.92	14437	CHA
2094	$49115	$5340	$7400	$11510	$13150	Case	6	504D	12F-4R	110.50	15490	CHA
2094 4WD	$57980	$5850	$8100	$12600	$14400	Case	6	504D	12F-4R	110.50	16500	CHA
2096	$50160	$5610	$7770	$12090	$13810	CD	6T	359D	12F-4R	115.67	14005	CHA
2096 4WD	$58947	$5980	$8280	$12880	$14720	CD	6T	359D	12F-4R	115.67	15125	CHA
2294	$54700	$5850	$8100	$12600	$14400	Case	6	504D	12F-4R	131.97	16600	CHA
2294 4WD	$63555	$6770	$9370	$14580	$16660	Case	6	504D	12F-3R	131.97	17000	CHA
2394	$65485	$7160	$9920	$15420	$17630	Case	6T	504D	12F-3R	162.15	16720	CHA
2594	$73380	$7550	$10450	$16260	$18590	Case	6T	504D	12F-3R	182.07	16800	CHA
3294 4WD	$70465	$7680	$10630	$16540	$18900	Case	6T	504D	12F-3R	162.63	17000	CHA
4494 4WD w/3 Pt.	$78000	$8060	$11160	$17360	$19840	Case	6T	504D	12F-4R	175.20	17920	CHA
4694 4WD w/3 Pt.	$93000	$8970	$12420	$19320	$22080	Case	6TI	504D	12F-4R	219.62	18275	CHA
4894 4WD w/3 Pt.	$106000	$9490	$13140	$20440	$23360	Scania	6T	673D	12F-4R	253.41	21750	CHA
4994 4WD	$132050	$10150	$14050	$21850	$24980	Case	8	866D	12F-2R	344.04	28000	CHA

PS - Power Shift CD - Consolidated Diesel Corp.

Model	Approx. Retail Price New	Used Trade-In Avg.	Used Trade-In High	Used Retail Avg.	Used Retail High	Engine Make	No. Cyls.	Displ. Cu.-in.	No. Speeds	P.T.O. H.P.	Approx. Shipping Wt.-Lbs.	Cab
1984												
1194	$17960	$2390	$3800	$5780	$6770	David Brown	3	164D	12F-4R	43.00	4620	No
1294	$21885	$2880	$4570	$6960	$8150	David Brown	4	219D	12F-4R	55.00	5390	No
1294 4WD	$26750	$3440	$5460	$8310	$9740	David Brown	4	219D	12F-4R	55.00	6100	No
1394	$23690	$3000	$4760	$7240	$8480	David Brown	4T	219D	12F-4R	65.00	5500	No
1394 4WD	$29030	$3630	$5750	$8750	$10250	David Brown	4T	219D	12F-4R	65.00	6400	No
1394 PS	$25385	$3100	$4920	$7490	$8770	David Brown	4T	219D	12F-4R	65.00	5560	No
1394 PS 4WD	$30725	$3880	$6150	$9350	$10960	David Brown	4T	219D	12F-4R	65.00	6460	No
1494	$26975	$3330	$5280	$8040	$9420	David Brown	4T	219D	12F-4R	75.00	7240	No
1494 4WD	$36015	$4350	$6900	$10500	$12300	David Brown	4T	219D	12F-4R	75.00	7705	No
1494 High Platform	$33615	$3920	$6210	$9450	$11070	David Brown	4T	219D	12F-4R	75.00	8375	CHA
1494 High Platform 4WD	$42655	$3780	$5990	$9120	$10680	David Brown	4T	219D	12F-4R	75.00	8900	CHA
1494 PS	$28670	$3430	$5440	$8290	$9710	David Brown	4T	219D	12F-4R	75.00	7300	No
1494 PS 4WD	$37710	$4210	$6670	$10150	$11890	David Brown	4T	219D	12F-4R	75.00	7765	No

Case (Cont.)

Model	Approx. Retail Price New	Estimated Value Less Repairs Used Trade-In Avg.	High	Used Retail Avg.	High	Make	Engine No. Cyls.	Displ. Cu.-in.	No. Speeds	P.T.O. H.P.	Approx. Shipping Wt.-Lbs.	Cab
1984 (Cont.)												
1594	$29820	$3450	$5470	$8330	$9760	Case	6	329D	12F-4R	85.90	8660	No
1594 4WD	$39345	$4360	$6910	$10520	$12320	Case	6	329D	12F-4R	85.00	9090	No
1594 High Platform	$38215	$4520	$7180	$10920	$12790	Case	6	329D	12F-4R	85.00	8950	CHA
1594 High Platform 4WD	$46020	$4930	$7820	$11900	$13940	Case	6	329D	12F-4R	85.00	10160	CHA
1594 PS	$31515	$3700	$5870	$8930	$10460	Case	6	329D	12F-4R	85.54	8710	No
1594 PS 4WD	$41040	$4350	$6900	$10500	$12300	Case	6	329D	12F-4R	85.00	9150	No
2094	$49115	$4330	$6140	$9750	$11190	Case	6	504D	12F-3R	110.50	15490	CHA
2094 4WD	$57980	$4910	$6950	$11040	$12680	Case	6	504D	12F-3R	110.00	16500	CHA
2294	$54700	$5560	$7600	$12070	$13860	Case	6T	504D	12F-3R	131.97	16600	CHA
2294 4WD	$63555	$5700	$8080	$12830	$14730	Case	6T	504D	12F-3R	131.97	17000	CHA
2394	$61610	$6120	$8670	$13770	$15810	Case	6T	504D	12F-3R	162.15	16720	CHA
2594	$67230	$6360	$9010	$14310	$16430	Case	6T	504D	12F-3R	182.07	16800	CHA
3294 4WD	$70465	$6960	$9860	$15660	$17980	Case	6T	504D	12F-3R	162.63	17000	CHA
4494 4WD	$74000	$7250	10270	$16310	$18720	Case	6T	504D	12F-4R	175.20	17420	CHA
4494 4WD w/3 Pt.	$78200	$7460	10570	$16790	$19280	Case	6T	504D	12F-4R	175.20	17920	CHA
4694 4WD	$89000	$7800	11050	$17550	$20150	Case	6TI	504D	12F-4R	219.62	17775	CHA
4694 4WD w/3 Pt.	$93000	$8120	11510	$18280	$20990	Case	6TI	504D	12F-4R	219.62	18275	CHA
4894 4WD	$102000	$8760	12410	$19710	$22630	Saab	6T	673D	12F-4R	253.41	21250	CHA
4894 4WD w/3 Pt.	$108000	$8880	12580	$19980	$22940	Saab	6T	673D	12F-4R	253.41	21750	CHA
4994 4WD	$132050	$9130	12930	$20530	$23580	Case	8	866D	12F-2R	344.04	28000	CHA
PS - Power Shift												
1983												
1190	$17104	$2030	$3340	$5080	$5950	David Brown	3	164D	12F-4R	43.09	4620	No
1194	$17120	$2310	$3800	$5780	$6770	David Brown	3	164D	12F-4R	43.00	4620	No
1290	$20842	$2320	$3820	$5810	$6810	David Brown	4	195D	12F-4R	53.73	5390	No
1290 4WD	$25470	$3010	$4940	$7520	$8800	David Brown	4	195D	12F-4R	53.73	6100	No
1294	$20665	$2780	$4570	$6960	$8150	David Brown	4	219D	12F-4R	55.00	5390	No
1294 4WD	$25550	$3330	$5460	$8310	$9740	David Brown	4	219D	12F-4R	55.00	6100	No
1390	$22562	$2740	$4500	$6850	$8020	David Brown	4	219D	12F-4R	60.59	5500	No
1390 4WD	$27644	$3310	$5440	$8270	$9690	David Brown	4	219D	12F-4R	60.59	6400	No
1394	$23130	$2900	$4760	$7240	$8480	David Brown	4T	219D	12F-4R	65.00	5500	No
1394 4WD	$28330	$3500	$5750	$8750	$10250	David Brown	4T	219D	12F-4R	65.00	6400	No
1394 PS	$24765	$2990	$4920	$7490	$8770	David Brown	4T	219D	12F-4R	65.00	5560	No
1394 PS 4WD	$29885	$3740	$6150	$9350	$10960	David Brown	4T	219D	12F-4R	65.00	6460	No
1490	$25687	$3040	$4990	$7590	$8890	David Brown	4T	219D	12F-4R	70.51	7240	No
1490 4WD	$34299	$3960	$6510	$9910	$11600	David Brown	4T	219D	12F-4R	70.51	7705	No
1490 High Platform	$32015	$3780	$6210	$9450	$11070	David Brown	4T	219D	12F-4R	70.00	8375	CHA
1490 High Platform 4WD	$40623	$4980	$8190	$12460	$14600	David Brown	4T	219D	12F-4R	70.00	8900	CHA
1490 PS	$27378	$3270	$5380	$8180	$9580	David Brown	4T	219D	12F-4R	70.00	7300	No
1494	$26225	$3220	$5280	$8040	$9420	David Brown	4T	219D	12F-4R	75.00	7240	No
1494 4WD	$35445	$4200	$6900	$10500	$12300	David Brown	4T	219D	12F-4R	75.00	7705	No
1494 PS	$28150	$3310	$5440	$8290	$9710	David Brown	4T	219D	12F-4R	75.00	7300	No
1494 PS 4WD	$36250	$4060	$6670	$10150	$11890	David Brown	4T	219D	12F-4R	75.00	7765	No
1594	$28540	$3330	$5470	$8330	$9760	Case	6	329D	12F-4R	85.90	8660	No
1594 4WD	$38322	$4210	$6910	$10520	$12320	Case	6	329D	12F-4R	85.00	9090	No
1594 PS	$30438	$3570	$5870	$8930	$10460	Case	6	329D	12F-4R	85.54	8710	No
1594 PS 4WD	$39440	$4200	$6900	$10500	$12300	Case	6	329D	12F-4R	85.00	9150	No
1690	$29813	$3470	$5700	$8680	$10170	Case	6	329D	12F-4R	90.39	8660	No
1690 4WD	$39345	$4670	$7670	$11670	$13670	Case	6	329D	12F-4R	90.39	9087	No
1690 High Platform	$38215	$4370	$7180	$10920	$12790	Case	6	329D	12F-4R	90.00	8950	CHA
1690 High Platform 4WD	$46016	$5320	$8740	$13300	$15580	Case	6	329D	12F-4R	90.00	10157	CHA
1690 PS	$31680	$3590	$5900	$8980	$10520	Case	6	329D	12F-4R	90.00	8710	No
2090	$44927	$3910	$5680	$9230	$10650	Case	6	504D	8F-4R	108.74	15490	CHA
2090 PS	$46777	$4030	$5870	$9540	$11000	Case	6	504D	12F-3R	108.29	15600	CHA
2090 PS 4WD	$55218	$4420	$6430	$10450	$12060	Case	6	504D	12F-3R	108.00	16500	CHA
2094	$48425	$3970	$5780	$9390	$10830	Case	6	504D	12F-3R	110.50	15490	CHA
2094 4WD	$56660	$4500	$6540	$10630	$12270	Case	6	504D	12F-3R	110.00	16500	CHA
2290	$50238	$4420	$6430	$10450	$12060	Case	6T	504D	8F-4R	128.80	16000	CHA
2290 PS	$52088	$4510	$6560	$10660	$12300	Case	6T	504D	12F-3R	129.08	16600	CHA
2290 PS 4WD	$60529	$4900	$7120	$11570	$13350	Case	6T	504D	12F-3R	129.00	17000	CHA
2294	$53540	$4920	$7150	$11620	$13410	Case	6T	504D	12F-3R	131.97	16600	CHA
2294 4WD	$62245	$5230	$7600	$12350	$14250	Case	6T	504D	12F-3R	131.97	17000	CHA
2390 PS	$58676	$5130	$7470	$12140	$14000	Case	6T	504D	12F-3R	160.72	16720	CHA
2394	$60220	$5610	$8160	$13260	$15300	Case	6T	504D	12F-3R	162.15	16720	CHA
2590 PS	$64029	$5390	$7840	$12740	$14700	Case	6T	504D	12F-3R	180.38	16800	CHA
2594	$66120	$5830	$8480	$13780	$15900	Case	6T	504D	12F-3R	182.07	16800	CHA
3294 4WD	$69235	$6380	$9280	$15080	$17400	Case	6T	504D	12F-3R	162.63	17000	CHA
4490 4WD	$73495	$5840	$8500	$13810	$15930	Case	6T	504D	12F-4R	175.20	17420	CHA
4490 4WD w/3 Pt.	$78000	$6220	$9040	$14690	$16950	Case	6T	504D	12F-4R	175.20	17920	CHA
4690 4WD	$89000	$7040	$10240	$16640	$19200	Case	6TI	504D	12F-4R	219.62	17775	CHA
4690 4WD w/3 Pt.	$93000	$7480	$10880	$17680	$20400	Case	6TI	504D	12F-4R	219.62	18275	CHA
4890 4WD	$102022	$7980	$11600	$18850	$21750	Saab	6T	673D	12F-4R	253.41	21250	CHA
4890 4WD w/3 Pt.	$108292	$8150	$11860	$19260	$22230	Saab	6T	673D	12F-4R	253.41	21750	CHA
PS - Power Shift												
1982												
1190	$16475	$1890	$3110	$4730	$5540	David Brown	3	164D	12F-4R	43.09	4620	No
1290	$18222	$2140	$3520	$5360	$6270	David Brown	4	195D	12F-4R	53.73	5390	No
1390	$21440	$2660	$4370	$6650	$7790	David Brown	4	219D	12F-4R	60.59	5500	No
1390 4WD	$26375	$3130	$5150	$7830	$9170	David Brown	4	219D	12F-4R	60.59	6400	No
1490	$25208	$2970	$4880	$7420	$8690	David Brown	4T	219D	12F-4R	70.51	7240	No
1490 4WD	$33820	$4030	$6620	$10080	$11810	David Brown	4T	219D	12F-4R	70.51	7705	No
1490 High Platform 4WD	$40144	$4780	$7850	$11950	$14000	David Brown	4T	219D	12F-4R	70.00	8900	CHA

Case (Cont.)

Model	Approx. Retail Price New	Used Trade-In Avg.	Used Trade-In High	Used Retail Avg.	Used Retail High	Make	No. Cyls.	Displ. Cu.-in.	No. Speeds	P.T.O. H.P.	Approx. Shipping Wt.-Lbs.	Cab
1982 (Cont.)												
1490 High Platform PS	$33131	$3800	$6240	**$9500**	**$11130**	David Brown	4T	219D	12F-4R	70.00	8900	CHA
1690	$29813	$3330	$5470	**$8330**	**$9760**	Case	6	329D	12F-4R	90.39	8660	No
1690 4WD	$39345	$4530	$7440	**$11320**	**$13260**	Case	6	329D	12F-4R	90.39	8755	No
1690 High Platform 4WD	$46016	$5180	$8510	**$12950**	**$15170**	Case	6	329D	12F-4R	90.00	9115	CHA
1690 High Platform PS	$39810	$4590	$7540	**$11480**	**$13450**	Case	6	329D	12F-4R	90.00	9115	CHA
2090	$42084	$3410	$5110	**$8520**	**$9880**	Case	6	504D	8F-4R	108.74	15490	CHA
2090 PS	$44263	$3500	$5250	**$8750**	**$10150**	Case	6	504D	12F-3R	108.29	15600	CHA
2090 PS 4WD	$52579	$3860	$5790	**$9650**	**$11190**	Case	6	504D	12F-3R	108.00	16500	CHA
2290	$47316	$3930	$5900	**$9830**	**$11400**	Case	6T	504D	8F-4R	128.80	16000	CHA
2290 PS	$49495	$4020	$6030	**$10050**	**$11660**	Case	6T	504D	12F-3R	129.08	16600	CHA
2290 PS 4WD	$57811	$4200	$6300	**$10500**	**$12180**	Case	6T	504D	12F-3R	129.00	17000	CHA
2390 PS	$57809	$4650	$6980	**$11630**	**$13490**	Case	6T	504D	12F-3R	160.72	16720	CHA
2590	$64029	$4900	$7350	**$12250**	**$14210**	Case	6T	504D	12F-3R	180.38	16800	CHA
4490 4WD	$70231	$5420	$8140	**$13560**	**$15730**	Case	6T	504D	12F-4R	175.20	17420	CHA
4490 4WD w/3 Pt.	$76276	$5830	$8740	**$14570**	**$16900**	Case	6T	504D	12F-4R	175.20	17920	CHA
4690 4WD	$89460	$6350	$9520	**$15870**	**$18400**	Case	6TI	504D	12F-4R	219.62	17775	CHA
4690 4WD w/3 Pt.	$95505	$6800	$10200	**$17000**	**$19720**	Case	6TI	504D	12F-4R	219.62	18725	CHA
4890 4WD	$102922	$7300	$10950	**$18260**	**$21180**	Saab	6T	673D	12F-4R	253.41	21250	CHA
4890 4WD w/3 Pt.	$109047	$7510	$11260	**$18760**	**$21760**	Saab	6T	673D	12F-4R	253.41	21750	CHA
PS - Power Shift												
1981												
1190	$12908	$1760	$2900	**$4410**	**$5170**	David Brown	3	164D	12F-4R	43.09	4620	No
1290	$14306	$1860	$3060	**$4660**	**$5450**	David Brown	4	195D	12F-4R	53.73	5390	No
1390	$17670	$2310	$3800	**$5780**	**$6770**	David Brown	4	219D	12F-4R	60.59	5500	No
1490	$22335	$2710	$4450	**$6770**	**$7930**	David Brown	4T	219D	12F-4R	70.51	7240	No
1690	$25236	$3110	$5110	**$7780**	**$9110**	Case	6	329D	12F-4R	90.39	8660	No
2090	$35992	$3780	$6210	**$9450**	**$11070**	Case	6	504D	12F-3R	108.29	10950	CHA
2290	$40177	$4200	$6900	**$10500**	**$12300**	Case	6T	504D	12F-3R	129.08	11070	CHA
2390	$47148	$4900	$8050	**$12250**	**$14350**	Case	6T	504D	12F-3R	160.72	14270	CHA
2590	$52342	$5600	$9200	**$14000**	**$16400**	Case	6T	504D	12F-3R	180.38	14875	CHA
4490 4WD	$59636	$4900	$6870	**$11770**	**$13730**	Case	6T	504D	12F-4R	175.20	17420	CHA
4690 4WD	$75019	$5800	$8120	**$13930**	**$16250**	Case	6TI	504D	12F-4R	219.62	17775	CHA
4890 4WD	$88518	$6450	$9030	**$15480**	**$18070**	Saab	6T	673D	12F-4R	253.41	21250	CHA
1980												
1190	$11315	$1650	$2600	**$4130**	**$4900**	David Brown	3	164D	12F-4R	43.00	4620	No
1290	$12615	$1890	$2970	**$4730**	**$5600**	David Brown	4	195D	12F-4R	53.00	5390	No
1390	$16282	$2200	$3450	**$5500**	**$6520**	David Brown	4	219D	12F-4R	60.00	5500	No
1490	$20186	$2590	$4070	**$6480**	**$7680**	David Brown	4T	219D	12F-4R	70.00	7240	No
1690	$23192	$2810	$4420	**$7040**	**$8340**	Case	6	329D	12F-3R	90.00	8660	No
2090	$32786	$3780	$5940	**$9450**	**$11210**	Case	6	504D	12F-3R	108.29	10950	CHA
2290	$36082	$4020	$6310	**$10040**	**$11900**	Case	6T	504D	12F-3R	129.08	11070	CHA
2390	$43231	$4650	$7300	**$11620**	**$13780**	Case	6T	504D	12F-3R	160.72	14270	CHA
2590	$47182	$5210	$8180	**$13010**	**$15430**	Case	6T	504D	12F-3R	180.38	14875	CHA
4490 4WD	$53416	$4440	$6220	**$10220**	**$12440**	Case	6T	504D	12F-4R	175.20	17420	CHA
4690 4WD	$68238	$5160	$7230	**$11880**	**$14460**	Case	6TI	504D	12F-4R	219.62	17775	CHA
4890 4WD	$79941	$5750	$8060	**$13230**	**$16110**	Saab	6T	673D	12F-4R	253.41	21250	CHA
1979												
1070	$26132	$3400	$5350	**$8510**	**$10090**	Case	6	451D	8F-2R	107.36	9320	CHA
1070 PS	$27300	$3500	$5500	**$8750**	**$10380**	Case	6	451D	12F-3R	108.10	9460	CHA
1175	$26131	$3260	$5130	**$8160**	**$9670**	Case	6T	451D	8F-2R	121.93	10700	CHA
1270	$31015	$3600	$5650	**$9000**	**$10670**	Case	6T	451D	12F-3R	135.39	12800	CHA
1370	$32715	$3710	$5830	**$9280**	**$11000**	Case	6T	504D	12F-3R	155.56	13170	CHA
2090	$29468	$3290	$5170	**$8230**	**$9750**	Case	6	504D	8F-4R	108.09	10950	CHA
2290	$33167	$3650	$5740	**$9140**	**$10830**	Case	6T	504D	8F-4R	129.08	11070	CHA
2390	$40107	$4200	$6600	**$10500**	**$12450**	Case	6T	504D	12F-3R	160.72	14270	CHA
2590	$43371	$4620	$7260	**$11550**	**$13700**	Case	6T	504D	12F-3R	180.38	14875	CHA
2670 4WD	$44818	$3490	$4890	**$7680**	**$9770**	Case	6TI	504D	12F-4R	219.44	16370	CHA
2870 4WD	$51216	$4150	$5810	**$9130**	**$11620**	Saab	6	673D	12F-4R	252.10	18500	CHA
4490 4WD	$49618	$4160	$5830	**$9160**	**$11650**	Case	6T	504D	12F-4R	175.20	17420	CHA
4690 4WD	$61381	$4840	$6770	**$10640**	**$13550**	Case	6TI	504D	12F-4R	219.62	17775	CHA
4890 4WD	$72381	$5340	$7470	**$11740**	**$14950**	Saab	6T	673D	12F-4R	253.41	21250	CHA
PS - Power Shift												
1978												
970	$22754	$2940	$4620	**$7350**	**$8720**	Case	6	401D	8F-2R	93.87	9240	CHA
970 PS	$23922	$3150	$4950	**$7880**	**$9340**	Case	6	401D	12F-3R	93.41	9380	CHA
1070	$24259	$3220	$5060	**$8050**	**$9550**	Case	6	451D	8F-2R	107.36	9320	CHA
1070 PS	$25427	$3360	$5280	**$8400**	**$9960**	Case	6	451D	12F-3R	108.10	9460	CHA
1175	$24882	$3150	$4950	**$7880**	**$9340**	Case	6T	451D	8F-2R	121.93	10700	CHA
1270	$29582	$3570	$5610	**$8930**	**$10580**	Case	6T	451D	12F-3R	135.39	12800	CHA
1370	$30663	$3850	$6050	**$9630**	**$11410**	Case	6T	504D	12F-3R	155.56	13170	CHA
1570	$36174	$4340	$6820	**$10850**	**$12870**	Case	6T	504D	12F-3R	180.41	13330	CHA
2090	$27384	$3150	$4950	**$7880**	**$9340**	Case	6	504D	8F-4R	108.29	10950	CHA
2290	$30657	$3430	$5390	**$8580**	**$10170**	Case	6T	504D	8F-4R	129.08	11070	CHA
2390	$36156	$4200	$6600	**$10500**	**$12450**	Case	6T	504D	12F-3R	160.72	14270	CHA
2470 4WD	$38819	$3400	$4760	**$7480**	**$9520**	Case	6T	504D	12F-4R	174.20	15800	CHA
2590	$40060	$4970	$7810	**$12430**	**$14730**	Case	6T	504D	12F-3R	180.38	14875	CHA
2670 4WD	$43413	$3880	$5430	**$8540**	**$10860**	Case	6TI	504D	12F-4R	219.44	16370	CHA
2870 4WD	$49302	$4230	$5920	**$9310**	**$11840**	Saab	6T	673D	12F-4R	252.10	18500	CHA
PS - Power Shift												

USED TRACTOR PRICE GUIDE, 2006 EDITION 33

Case (Cont.)

Model	Approx. Retail Price New	Used Trade-In Avg.	Used Trade-In High	Used Retail Avg.	Used Retail High	Make	No. Cyls.	Displ. Cu.-in.	No. Speeds	P.T.O. H.P.	Approx. Shipping Wt.-Lbs.	Cab
1977												
970	$20186	$2660	$4180	$6650	$7980	Case	6	401D	8F-2R	93.87	9240	CHA
970 PS	$21374	$2860	$4490	$7140	$8570	Case	6	401D	12F-3R	93.41	9380	CHA
1070	$21892	$2940	$4620	$7350	$8820	Case	6	451D	8F-2R	107.36	9320	CHA
1070 PS	$23060	$3080	$4840	$7700	$9240	Case	6	451D	12F-3R	108.10	9460	CHA
1175	$22974	$3010	$4730	$7530	$9030	Case	6T	451D	8F-2R	121.93	10700	CHA
1270	$25850	$3230	$5070	$8070	$9680	Case	6T	451D	12F-3R	135.39	12800	CHA
1370	$28461	$3370	$5290	$8420	$10110	Case	6T	504D	12F-3R	155.56	13170	CHA
1570	$32478	$3510	$5520	$8780	$10530	Case	6T	504D	12F-3R	180.41	13330	CHA
2470 4WD	$36874	$3140	$4400	$6910	$8790	Case	6T	504D	12F-4R	174.20	15800	CHA
2670 4WD	$42173	$3260	$4560	$7170	$9130	Case	6TI	504D	12F-4R	219.44	16370	CHA
2870 4WD	$47383	$3740	$5230	$8220	$10470	Saab	6T	673D	12F-4R	252.10	18500	CHA
PS - Power Shift												
1976												
970	$18365	$2440	$4000	$6090	$7400	Case	6	401D	8F-2R	93.87	9240	CHA
970 PS	$19533	$2520	$4140	$6300	$7650	Case	6	401D	12F-3R	93.41	9380	CHA
1070	$19502	$2590	$4260	$6480	$7860	Case	6	451D	8F-2R	107.36	9320	CHA
1070 PS	$20670	$2730	$4490	$6830	$8290	Case	6	451D	12F-3R	108.10	9460	CHA
1175	$21323	$2840	$4670	$7110	$8630	Case	6T	451D	8F-2R	121.93	10700	CHA
1270	$23210	$3080	$5060	$7700	$9350	Case	6T	451D	12F-3R	135.39	12800	CHA
1370	$26158	$3230	$5300	$8070	$9800	Case	6T	504D	12F-3R	155.56	13170	CHA
1570	$29646	$3440	$5650	$8590	$10430	Case	6T	504D	12F-3R	180.00	13330	CHA
2470 4WD	$35558	$3030	$4240	$6670	$8480	Case	6T	504D	12F-4R	174.20	15800	CHA
2670 4WD	$41152	$3700	$5180	$8140	$10360	Case	6TI	504D	12F-4R	219.44	16370	CHA
PS - Power Shift												
1975												
970	$16658	$2240	$3680	$5600	$6960	Case	6	401D	8F-2R	93.87	9240	CHA
970 PS	$17826	$2350	$3860	$5880	$7310	Case	6	401D	12F-3R	93.41	9380	CHA
1070	$17689	$2380	$3910	$5950	$7400	Case	6	451D	8F-2R	107.36	9320	CHA
1070 PS	$18857	$2520	$4140	$6300	$7830	Case	6	451D	12F-3R	108.10	9460	CHA
1175	$19407	$2600	$4280	$6510	$8090	Case	6T	451D	8F-2R	121.93	10700	CHA
1270	$20175	$2660	$4370	$6650	$8270	Case	6T	451D	12F-3R	135.39	12200	CHA
1370	$23954	$2880	$4730	$7190	$8940	Case	6T	504D	12F-3R	155.56	12300	CHA
1570	$28181	$3090	$5080	$7730	$9610	Case	6T	504D	12F-3R	180.00	13330	CHA
2470 4WD	$33869	$2900	$4060	$6380	$8120	Case	6T	504D	12F-4R	174.20	15800	CHA
2670 4WD	$39035	$3300	$4620	$7260	$9240	Case	6TI	504D	12F-4R	219.44	16370	CHA
PS - Power Shift												
1974												
970	$16658	$2330	$3830	$5830	$7250	Case	6	401D	8F-2R	93.87	9240	CHA
970 PS	$17826	$2500	$4100	$6240	$7750	Case	6	401D	12F-3R	93.41	9380	CHA
1070	$17689	$2480	$4070	$6190	$7700	Case	6	451D	8F-2R	107.36	9320	CHA
1070 PS	$18857	$2640	$4340	$6600	$8200	Case	6	451D	12F-3R	108.10	9460	CHA
1175	$19407	$2720	$4460	$6790	$8440	Case	6T	451D	8F-2R	121.93	10700	CHA
1270	$18315	$2560	$4210	$6410	$7970	Case	6T	451D	12F-3R	126.70	12200	CHA
1370	$22670	$2890	$4750	$7240	$8990	Case	6T	504D	12F-3R	142.51	12300	CHA
2470 4WD	$32256	$2800	$3920	$6160	$7840	Case	6T	504D	12F-4R	174.20	15800	CHA
2670 4WD	$37176	$3000	$4200	$6600	$8400	Case	6TI	504D	12F-4R	216.00	16370	CHA
PS - Power Shift												
1973												
970	$13806	$1930	$3180	$4830	$6010	Case	6	377G	8F-2R	85.02	9660	CHA
970	$14876	$2080	$3420	$5210	$6470	Case	6	401D	8F-2R	93.87	9800	CHA
970 PS	$14974	$2100	$3440	$5240	$6510	Case	6	377G	12F-4R	85.23	9730	CHA
970 PS	$16044	$2250	$3690	$5620	$6980	Case	6	401D	12F-4R	93.41	9870	CHA
1070	$14598	$2040	$3360	$5110	$6350	Case	6	451D	8F-2R	107.36	10600	CHA
1070 PS	$15766	$2210	$3630	$5520	$6860	Case	6	451D	12F-4R	108.10	10700	CHA
1175	$18316	$2560	$4210	$6410	$7970	Case	6T	451D	8F-2R	121.93	10700	CHA
1270	$16152	$2260	$3720	$5650	$7030	Case	6T	451D	12F-3R	126.70	12200	CHA
1370	$21471	$2660	$4370	$6650	$8270	Case	6T	504D	12F-3R	142.51	12300	CHA
2470 4WD	$31182	$2750	$3850	$6050	$7700	Case	6T	504D	12F-4R	174.20	15800	CHA
PS - Power Shift												
1972												
470	$4685	$1100	$1800	$2760	$3160	Case	4	148G	8F-2R	33.11	3490	No
470	$5165	$1210	$1990	$3050	$3490	Case	4	188D	8F-2R	34.38	3565	No
570	$5615	$1320	$2160	$3310	$3790	Case	4	159G	8F-2R	39.50	3530	No
570	$6205	$1460	$2390	$3660	$4190	Case	4	188D	8F-2R	41.27	3675	No
770	$10858	$1850	$3200	$4620	$5210	Case	4	251G	8F-2R	56.32	7760	CH
770	$11488	$1950	$3390	$4880	$5510	Case	4	267D	8F-2R	63.90	7900	CH
770 PS	$11508	$1610	$2650	$4030	$5010	Case	4	251G	12F-4R	53.53	7830	CH
770 PS	$12138	$1700	$2790	$4250	$5280	Case	4	267D	12F-4R	64.56	7970	CH
870	$11540	$1620	$2650	$4040	$5020	Case	4	301G	8F-2R	71.06	7960	CH
870	$12340	$1730	$2840	$4320	$5370	Case	4	336D	8F-2R	70.67	8100	CH
870 PS	$12249	$1720	$2820	$4290	$5330	Case	4	301G	12F-4R	70.65	8030	CH
870 PS	$13049	$1830	$3000	$4570	$5680	Case	4	336D	12F-4R	70.53	8170	CHA
970	$12550	$1760	$2890	$4390	$5460	Case	6	377G	8F-2R	85.02	9660	CHA
970	$13470	$1890	$3100	$4720	$5860	Case	6	401D	8F-2R	93.87	9800	CHA
970 PS	$13718	$1920	$3160	$4800	$5970	Case	6	377G	12F-4R	85.23	9730	CHA
970 PS	$14638	$2050	$3370	$5120	$6370	Case	6	401D	12F-4R	93.41	9870	CHA
1070	$14022	$1960	$3230	$4910	$6100	Case	6	451D	8F-2R	107.36	10600	CHA
1070 PS	$15190	$2130	$3490	$5320	$6610	Case	6	451D	12F-4R	108.10	10700	CHA
1090	$15320	$2150	$3520	$5360	$6660	Case	6	451D	8F-2R	107.36	12200	CHA

Model	Approx. Retail Price New	Used Trade-In Avg.	Used Trade-In High	Used Retail Avg.	Used Retail High	Make	No. Cyls.	Displ. Cu.-in.	No. Speeds	P.T.O. H.P.	Approx. Shipping Wt.-Lbs.	Cab

Case (Cont.)

1972 (Cont.)

Model	New	Avg.	High	Avg.	High	Make	Cyls.	Displ.	Speeds	H.P.	Wt.	Cab
1090 PS	$16488	$2310	$3790	$5770	$7170	Case	6	451D	12F-4R	108.10	12300	CHA
1175	$17481	$2450	$4020	$6120	$7600	Case	6T	451D	8F-2R	121.93	10700	CHA
1270	$15387	$2150	$3540	$5390	$6690	Case	6T	451D	12F-3R	126.70	12200	CHA
1370	$20018	$2380	$3910	$5950	$7400	Case	6T	504D	12F-3R	142.51	12300	CHA
1470 4WD	$22014	$2660	$4370	$6650	$8270	Case	6T	504D	8F-4R	144.89	15550	CHA
2470 4WD	$30056	$2650	$3710	$5830	$7420	Case	6T	504D	12F-4R	165.00	15800	CHA

PS - Power Shift

1971

Model	New	Avg.	High	Avg.	High	Make	Cyls.	Displ.	Speeds	H.P.	Wt.	Cab
470	$4465	$1050	$1740	$2700	$3060	Case	4	148G	12F-3R	33.11	3490	No
470	$4920	$1160	$1920	$2980	$3370	Case	4	188D	12F-3R	34.38	3565	No
570	$5320	$1250	$2080	$3220	$3640	Case	4	159G	12F-3R	39.50	3530	No
570	$5890	$1380	$2300	$3560	$4040	Case	4	188D	12F-3R	41.27	3675	No
770	$10183	$1830	$3060	$4380	$4940	Case	4	251G	8F-2R	56.32	7760	CH
770	$10813	$1950	$3240	$4650	$5240	Case	4	267D	8F-2R	56.36	7900	CH
770 PS	$10833	$1950	$3250	$4660	$5250	Case	4	251G	12F-4R	53.53	7830	CH
770 PS	$11463	$2060	$3440	$4930	$5560	Case	4	267D	12F-4R	56.77	7970	CH
870	$10946	$1970	$3280	$4710	$5310	Case	4	301G	8F-2R	71.06	7960	CH
870	$11736	$2110	$3520	$5050	$5690	Case	4	336D	8F-2R	70.67	8100	CH
870 PS	$11655	$2100	$3500	$5010	$5650	Case	4	301G	12F-4R	70.65	8030	CH
870 PS	$12445	$2240	$3730	$5350	$6040	Case	4	336D	12F-4R	70.53	8170	CH
970	$11689	$2100	$3510	$5030	$5670	Case	6	377G	8F-2R	85.02	9660	CH
970	$12609	$2270	$3780	$5420	$6120	Case	6	401D	8F-2R	85.70	9800	CH
970 PS	$12857	$2310	$3860	$5530	$6240	Case	6	377G	12F-4R	85.23	9730	CH
970 PS	$13777	$2480	$4130	$5920	$6680	Case	6	401D	12F-4R	85.31	9870	CH
1070	$13243	$2380	$3970	$5690	$6420	Case	6	451D	8F-2R	100.73	10600	CH
1070 PS	$14411	$2590	$4320	$6200	$6990	Case	6	451D	12F-4R	100.21	10700	CH
1090	$14595	$2630	$4380	$6280	$7080	Case	6	451D	8F-2R	100.73	12200	CH
1090 PS	$15763	$2840	$4730	$6780	$7650	Case	6	451D	12F-4R	100.21	12300	CH
1170	$14567	$2620	$4370	$6260	$7070	Case	6T	451D	8F-2R	121.93	13800	CH
1175	$15592	$2810	$4680	$6710	$7560	Case	6T	451D	8F-2R	121.93	10700	CH
1470	$21125	$2520	$4140	$6300	$7830	Case	6T	504D	8F-4R	144.89	15550	CH
2470	$29186	$2500	$3500	$5500	$7000	Case	6T	504D	12F-4R	165.00	15800	CHA

PS - Power Shift

1970

Model	New	Avg.	High	Avg.	High	Make	Cyls.	Displ.	Speeds	H.P.	Wt.	Cab
470	$4240	$1000	$1700	$2540	$2950	Case	4	148G	12F-3R	33.11	3490	No
470	$4683	$1100	$1870	$2810	$3260	Case	4	188D	12F-3R	34.38	3565	No
570	$5102	$1200	$2040	$3060	$3550	Case	4	159G	12F-3R	39.50	3530	No
570	$5652	$1330	$2260	$3390	$3930	Case	4	188D	12F-3R	41.27	3675	No
770	$9508	$1710	$2850	$4090	$4660	Case	4	251G	8F-2R	56.32	7760	CH
770	$10138	$1830	$3040	$4360	$4970	Case	4	267D	8F-2R	56.36	7900	CH
770 PS	$10158	$1830	$3050	$4370	$4980	Case	4	251G	12F-4R	53.53	7830	CH
770 PS	$10788	$1940	$3240	$4640	$5290	Case	4	267D	12F-4R	56.77	7970	CH
870	$10322	$1860	$3100	$4440	$5060	Case	4	301G	8F-2R	71.06	7960	CH
870	$11062	$1990	$3320	$4760	$5420	Case	4	336D	8F-2R	70.67	8100	CH
870 PS	$11031	$1990	$3310	$4740	$5410	Case	4	301G	12F-4R	70.65	8030	CH
870 PS	$11771	$2120	$3530	$5060	$5770	Case	4	336D	12F-4R	70.53	8170	CH
970	$11019	$1980	$3310	$4740	$5400	Case	6	377G	8F-2R	85.02	9660	CH
970	$11869	$2140	$3560	$5100	$5820	Case	6	401D	8F-2R	85.70	9800	CH
970 PS	$12187	$2190	$3660	$5240	$5970	Case	6	377G	12F-4R	85.23	9730	CH
970 PS	$13037	$2350	$3910	$5610	$6390	Case	6	401D	12F-4R	85.31	9870	CH
1070	$12613	$2270	$3780	$5420	$6180	Case	6	451D	8F-2R	100.73	10600	CH
1070 PS	$13781	$2480	$4130	$5930	$6750	Case	6	451D	12F-4R	100.21	10700	CH
1090	$13870	$2500	$4160	$5960	$6800	Case	6	451D	8F-2R	100.73	12200	CH
1090 PS	$15038	$2710	$4510	$6470	$7370	Case	6	451D	12F-4R	100.21	12300	CH
1170	$13842	$2490	$4150	$5950	$6780	Case	6T	451D	8F-2R	121.93	13800	CH
1470 4WD	$20950	$2470	$3910	$5950	$7400	Case	6T	504D	8F-4R	144.89	15550	CH

PS - Power Shift

1969

Model	New	Avg.	High	Avg.	High	Make	Cyls.	Displ.	Speeds	H.P.	Wt.	Cab
430	$4486	$1030	$1840	$2690	$3160	Case	4	188D	8F-2R	34	3800	No
440	$4018	$920	$1650	$2410	$2830	Case	4	148G	8F-2R	33	3530	No
530	$5283	$1030	$1640	$2910	$3410	Case	4	188D	12F-3R	41.2	3600	No
540	$4784	$930	$1480	$2630	$3090	Case	4	159G	12F-3R	39.5	3455	No
540	$5640	$1100	$1750	$3100	$3640	Case	4	188D	12F-3R	41.2	3600	No
730	$6842	$1330	$2120	$3760	$4410	Case	4	267D	8F-2R	57	7610	No
730 C-O-M	$7183	$1400	$2230	$3950	$4630	Case	4	267D	Variable	57	7735	No
740	$6060	$1180	$1880	$3330	$3910	Case	4	251G	8F-2R	58	7415	No
740 C-O-M	$6369	$1240	$1970	$3500	$4110	Case	4	251G	Variable	57	6505	No
830	$7384	$1440	$2290	$4060	$4760	Case	4	301D	8F-2R	64	7620	No
830 C-O-M	$7725	$1510	$2400	$4250	$4980	Case	4	301D	Variable	64	7745	No
840	$6586	$1280	$2040	$3620	$4250	Case	4	284G	8F-2R	66	7425	No
840 C-O-M	$6927	$1350	$2150	$3810	$4470	Case	4	284G	Variable	65	7550	No
930	$8268	$1610	$2560	$4550	$5330	Case	6	401D	6F-1R	85	8385	No
940	$7768	$1520	$2410	$4270	$5010	Case	6	377G	6F-1R	85	8190	No
1030	$9678	$1890	$3000	$5320	$6240	Case	6	451D	8F-2R	101	9500	No
1200	$18500	$2180	$3450	$5250	$6530	Case	6	451D	8F-2R	120	16585	C
1470	$20638	$2340	$3700	$5640	$7000	Case	6T	504D	8F-2R	144.9	15500	CHA

1968

Model	New	Avg.	High	Avg.	High	Make	Cyls.	Displ.	Speeds	H.P.	Wt.	Cab
430	$4364	$1000	$1830	$2660	$3120	Case	4	188D	8F-2R	34	3590	No
440	$3944	$910	$1660	$2410	$2820	Case	4	148G	8F-2R	33	3530	No
530	$5162	$1010	$1600	$2840	$3330	Case	4	188D	12F-3R	41.2	3600	No

Model	Approx. Retail Price New	Estimated Value Less Repairs Used Trade-In Avg.	Used Trade-In High	Used Retail Avg.	Used Retail High	Make	Engine No. Cyls.	Displ. Cu.-in.	No. Speeds	P.T.O. H.P.	Approx. Shipping Wt.-Lbs.	Cab
Case (Cont.)												
1968 (Cont.)												
540	$4637	$900	$1440	$2550	$2990	Case	4	159G	12F-3R	39.5	3455	No
730	$6711	$1310	$2080	$3690	$4330	Case	4	267D	8F-2R	57	7610	No
730 C-O-M	$7052	$1380	$2190	$3880	$4550	Case	4	267D	Variable	57	7610	No
740	$5924	$1160	$1840	$3260	$3820	Case	4	251G	8F-2R	58	7415	No
740 C-O-M	$6275	$1220	$1950	$3450	$4050	Case	4	267D	Variable	57	7540	No
830	$7290	$1420	$2260	$4010	$4700	Case	4	301D	8F-2R	64	7620	No
830 C-O-M	$7631	$1490	$2370	$4200	$4920	Case	4	301D	Variable	64	7745	No
840	$6461	$1260	$2000	$3550	$4170	Case	4	284G	8F-2R	65	7425	No
840 C-O-M	$6800	$1330	$2110	$3740	$4390	Case	4	284G	Variable	65	7425	No
930	$8123	$1580	$2520	$4470	$5240	Case	6	401D	6F-1R	85	8385	No
940	$7641	$1490	$2370	$4200	$4930	Case	6	377G	6F-1R	71	8360	No
1030	$9263	$1810	$2870	$5100	$5980	Case	6	451D	8F-2R	101	9500	No
1200	$18400	$2070	$3290	$5010	$6220	Case	6	451D	8F-2R	120	16585	C
1967												
430	$4150	$960	$1740	$2570	$3010	Case	4	188D	4F-1R	34	3710	No
440	$3750	$860	$1580	$2330	$2720	Case	4	148D	8F-2R	33	3530	No
530	$4910	$960	$1520	$2750	$3190	Case	4	188D	12F-3R	41	3600	No
530 C-O-M	$5117	$1000	$1590	$2870	$3330	Case	4	188D	12F-3R	41	3600	No
540	$4410	$860	$1370	$2470	$2870	Case	4	159G	12F-3R	39.5	3455	No
540 C-O-M	$4617	$900	$1430	$2590	$3000	Case	4	188D	Variable	41.2	3600	No
730	$6380	$1240	$1980	$3570	$4150	Case	4	267D	8F-2R	57	7610	No
730	$6721	$1310	$2080	$3760	$4370	Case	4	267D	Variable	57	7735	No
740	$5630	$1100	$1750	$3150	$3660	Case	4	251G	8F-2R	58	7415	No
740 C-O-M	$5971	$1160	$1850	$3340	$3880	Case	4	251G	Variable	57	7540	No
830	$6910	$1350	$2140	$3870	$4490	Case	4	301D	8F-2R	64	7620	No
830 C-O-M	$7215	$1410	$2240	$4040	$4690	Case	4	301D	Variable	64	7745	No
840	$6140	$1200	$1900	$3440	$3990	Case	4	284G	8F-2R	65	7425	No
840 C-O-M	$6481	$1260	$2010	$3630	$4210	Case	4	284G	Variable	64	7550	No
930	$7720	$1510	$2390	$4320	$5020	Case	6	401D	6F-1R	85	8385	No
940	$7290	$1420	$2260	$4080	$4740	Case	6	371G	6F-1R	71	8360	No
1030	$8847	$1730	$2740	$4950	$5750	Case	6	451D	8F-2R	101	9500	No
1200	$18300	$2020	$3200	$4870	$6050	Case	6	451D	8F-2R	120	16585	C
1966												
430	$3938	$910	$1650	$2460	$2890	Case	4	188D	8F-2R	34	3565	No
440	$3563	$820	$1500	$2230	$2620	Case	4	148G	8F-2R	33	3490	No
530	$4681	$910	$1450	$2670	$3090	Case	4	188D	12F-3R	41.2	3600	No
530 C-O-M	$4888	$950	$1520	$2790	$3230	Case	4	188D	Variable	40	3925	No
540	$4156	$810	$1290	$2370	$2740	Case	4	159G	12F-3R	39	3455	No
540 C-O-M	$4363	$850	$1350	$2490	$2880	Case	4	188D	Variable	41.2	3780	No
730	$6064	$1180	$1880	$3460	$4000	Case	4	267D	8F-2R	57	7610	No
730 C-O-M	$6405	$1250	$1990	$3650	$4230	Case	4	267D	Variable	56	7735	No
740	$5324	$1040	$1650	$3040	$3510	Case	4	251G	8F-2R	58	7415	No
740 C-O-M	$5480	$1070	$1700	$3120	$3620	Case	4	251G	Variable	57	7540	No
830	$6623	$1290	$2050	$3780	$4370	Case	4	301D	8F-2R	64	7620	No
830 C-O-M	$6964	$1360	$2160	$3970	$4600	Case	4	301D	Variable	64	7745	No
840	$5863	$1140	$1820	$3340	$3870	Case	4	284G	8F-2R	66	6090	No
840 C-O-M	$6204	$1210	$1920	$3540	$4100	Case	4	284G	Variable	65	7550	No
930	$7365	$1440	$2280	$4200	$4860	Case	6	401D	6F-1R	85	8845	No
940	$7005	$1370	$2170	$3990	$4620	Case	6	377G	6F-1R	71	8190	No
1200	$18200	$1960	$3110	$4730	$5870	Case	6	451D	8F-2R	120	16585	C
1965												
430	$3786	$870	$1590	$2390	$2820	Case	4	188D	8F-2R	34	3565	No
440	$3356	$770	$1410	$2110	$2500	Case	4	148G	8F-2R	33	3530	No
530	$4472	$870	$1390	$2590	$3000	Case	4	188D	12F-3R	41.2	3600	No
530 C-O-M	$4679	$910	$1450	$2710	$3140	Case	4	188D	Variable	40	3925	No
540	$3953	$770	$1230	$2290	$2650	Case	4	159G	12F-3R	39.5	3455	No
540 C-O-M	$4160	$810	$1290	$2410	$2790	Case	4	188D	Variable	41.2	3780	No
730	$5856	$1140	$1820	$3400	$3920	Case	4	267D	8F-2R	57	6565	No
730 C-O-M	$6199	$1210	$1920	$3600	$4150	Case	4	267D	Variable	56	6680	No
740	$5095	$990	$1580	$2960	$3410	Case	4	251G	8F-2R	58	6425	No
740 C-O-M	$5435	$1060	$1690	$3150	$3640	Case	4	251G	8F-2R	57	6540	No
830	$6314	$1230	$1960	$3660	$4230	Case	4	301D	8F-2R	64	6680	No
830 C-O-M	$6655	$1300	$2060	$3860	$4460	Case	4	301D	Variable	64	6875	No
840 C-O-M	$5912	$1150	$1830	$3430	$3960	Case	4	284G	Variable	65	6750	No
840	$5571	$1090	$1730	$3230	$3730	Case	4	284G	8F-2R	65	6680	No
930	$7246	$1410	$2250	$4200	$4860	Case	6	401D	6F-1R	85	8385	No
940	$6892	$1340	$2140	$4000	$4620	Case	6	377G	6F-1R	85	8360	No
1964												
430	$3615	$830	$1520	$2280	$2710	Case	4	188D	8F-2R	34	3565	No
440	$3162	$730	$1330	$1990	$2370	Case	4	148G	8F-2R	33	3530	No
530	$4249	$830	$1320	$2510	$2890	Case	4	188D	12F-3R	41.2	3600	No
530	$4750	$930	$1470	$2800	$3230	Case	4	159G	12F-3R	39.5	3455	No
530 C-O-M	$4456	$870	$1380	$2630	$3030	Case	4	188D	Variable	40	3925	No
540	$3750	$730	$1160	$2210	$2550	Case	4	159G	12F-3R	39.5	3455	No
540 C-O-M	$3956	$770	$1230	$2330	$2690	Case	4	159G	Variable	41.2	3780	No
730	$5647	$1100	$1750	$3330	$3840	Case	4	267D	8F-2R	56	6160	No
730 C-O-M	$5855	$1140	$1820	$3450	$3980	Case	4	267D	Variable	56	6680	No
740	$4892	$950	$1520	$2890	$3330	Case	4	251G	8F-2R	58	6425	No
740 C-O-M	$5390	$1050	$1670	$3180	$3670	Case	4	251G	Variable	57	6540	No
830	$6087	$1190	$1890	$3590	$4140	Case	4	301D	8F-2R	64	6090	No

Case (Cont.)

Model	Approx. Retail Price New	Used Trade-In Avg.	Used Trade-In High	Used Retail Avg.	Used Retail High	Make	No. Cyls.	Displ. Cu.-in.	No. Speeds	P.T.O. H.P.	Approx. Shipping Wt.-Lbs.	Cab
1964 (Cont.)												
830 C-O-M	$6294	$1230	$1950	$3710	$4280	Case	4	301D	Variable	63	6875	No
840	$5362	$1050	$1660	$3160	$3650	Case	4	284G	8F-2R	63	6680	No
840 C-O-M	$5569	$1090	$1730	$3290	$3790	Case	4	284G	Variable	63	6750	No
930	$7110	$1370	$2170	$4140	$4770	Case	6	401D	6F-1R	81	8905	No
940	$6696	$1290	$2050	$3890	$4490	Case	6	377G	6F-1R	71	8850	No
1963												
430	$3427	$810	$1450	$2240	$2680	Case	4	188D	8F-2R	34	3530	No
440	$2974	$710	$1260	$1950	$2340	Case	4	148G	8F-1R	33	3455	No
530	$4037	$810	$1280	$2480	$2860	Case	4	188D	12F-3R	41.2	3600	No
530 C-O-M	$4244	$850	$1350	$2610	$3000	Case	4	188D	Variable	40	4225	No
540	$3538	$710	$1130	$2180	$2510	Case	4	159G	12F-3R	39.5	3455	No
540 C-O-M	$3745	$750	$1190	$2310	$2650	Case	4	159G	Variable	41.2	4150	No
630	$4675	$930	$1480	$2870	$3300	Case	4	188D	12F-3R	48	4465	No
630 C-O-M	$4880	$970	$1540	$2990	$3440	Case	4	188D	Variable	49	4675	No
640	$4047	$810	$1290	$2490	$2860	Case	4	188G	12F-3R	50	4315	No
640 C-O-M	$4254	$850	$1350	$2610	$3000	Case	4	188G	Variable	49	4590	No
730	$5431	$1080	$1720	$3320	$3820	Case	4	267D	8F-2R	56	6240	No
730 C-O-M	$5638	$1120	$1780	$3440	$3960	Case	4	267D	Variable	56	6320	No
740	$4686	$930	$1480	$2870	$3300	Case	4	251G	8F-2R	58	6100	No
740 C-O-M	$5330	$1060	$1680	$3260	$3750	Case	4	251G	Variable	57	6180	No
830	$5862	$1160	$1850	$3580	$4110	Case	4	301D	8F-2R	64	6465	No
830 C-O-M	$6069	$1200	$1910	$3700	$4260	Case	4	301D	Variable	63	6545	No
840	$5157	$1030	$1630	$3150	$3630	Case	4	284G	8F-2R	64	6340	No
840 C-O-M	$5364	$1070	$1690	$3280	$3770	Case	4	284G	Variable	65	6420	No
930	$6905	$1290	$2050	$3960	$4550	Case	6	401D	6F-1R	81	8400	No
940	$6515	$1190	$1900	$3670	$4220	Case	6	371G	6F-1R	80	8345	No
1962												
430	$3400	$780	$1390	$2180	$2620	Case	4	188D	8F-2R	34	3800	No
440	$2940	$680	$1210	$1880	$2260	Case	4	148G	8F-1R	33	3530	No
530	$3975	$780	$1230	$2410	$2780	Case	4	188D	12F-3R	41.2	3600	No
530 C-O-M	$4195	$820	$1300	$2540	$2940	Case	4	188D	Variable	41.2	4225	No
540	$3495	$680	$1080	$2110	$2450	Case	4	159G	12F-3R	39.5	3455	No
540 C-O-M	$3700	$720	$1150	$2240	$2590	Case	4	188D	Variable	41.2	4150	No
630	$4600	$900	$1430	$2780	$3220	Case	4	188D	12F-3R	48	4465	No
630 C-O-M	$4810	$940	$1490	$2910	$3370	Case	4	188D	Variable	49	4680	No
640	$4000	$780	$1240	$2420	$2800	Case	4	188G	12F-3R	50	4315	No
640 C-O-M	$4200	$820	$1300	$2540	$2940	Case	4	188G	Variable	49	4590	No
730	$5400	$1050	$1670	$3270	$3780	Case	4	267D	8F-2R	56	6240	No
730 C-O-M	$5600	$1090	$1740	$3390	$3920	Case	4	267D	Variable	56	6320	No
740	$4635	$900	$1440	$2800	$3250	Case	4	251G	8F-2R	58	6100	No
740 C-O-M	$4855	$950	$1510	$2940	$3400	Case	4	251G	Variable	57	6180	No
830	$5850	$1140	$1810	$3540	$4100	Case	4	301D	8F-2R	64	6465	No
830 C-O-M	$6035	$1180	$1870	$3650	$4230	Case	4	301D	Variable	64	6545	No
840	$5100	$1000	$1580	$3090	$3570	Case	4	284G	8F-2R	64	6340	No
840 C-O-M	$5315	$1040	$1650	$3220	$3720	Case	4	284G	Variable	65	6420	No
930	$6875	$1220	$1950	$3800	$4390	Case	6	401D	6F-1R	81	8400	No
940	$6150	$1140	$1810	$3540	$4100	Case	6	377G	6F-1R	80	8345	No
1961												
430	$3400	$760	$1350	$2150	$2570	Case	4	188D	8F-2R	34	3800	No
440	$2940	$660	$1170	$1850	$2220	Case	4	148G	8F-1R	33	3530	No
530	$3975	$760	$1200	$2360	$2750	Case	4	188D	12F-3R	41.2	3600	No
530 C-O-M	$4195	$800	$1270	$2500	$2910	Case	4	188D	Variable	41.2	4225	No
540	$3495	$660	$1050	$2070	$2410	Case	4	159G	12F-3R	39.5	3455	No
540 C-O-M	$3700	$700	$1120	$2200	$2560	Case	4	188D	Variable	41.2	4150	No
630	$4600	$880	$1400	$2750	$3200	Case	4	188D	12F-3R	48	4465	No
630 C-O-M	$4810	$920	$1460	$2870	$3340	Case	4	188D	Variable	49	4680	No
640	$4000	$760	$1210	$2380	$2770	Case	4	188G	12F-3R	50	4315	No
640 C-O-M	$4200	$800	$1270	$2500	$2910	Case	4	188G	Variable	49	4590	No
730	$5400	$1030	$1640	$3230	$3760	Case	4	267D	8F-2R	56	6240	No
730 C-O-M	$5600	$1070	$1710	$3360	$3910	Case	4	267D	Variable	56	6320	No
740	$4635	$880	$1410	$2770	$3220	Case	4	251G	8F-2R	58	6100	No
740 C-O-M	$4855	$930	$1470	$2900	$3380	Case	4	251G	Variable	57	6180	No
830	$5850	$1120	$1780	$3510	$4080	Case	4	301D	8F-2R	64	6465	No
830 C-O-M	$6035	$1160	$1840	$3620	$4210	Case	4	301D	Variable	64	6545	No
840	$5100	$980	$1550	$3050	$3550	Case	4	284G	8F-2R	64	6340	No
840 C-O-M	$5315	$1020	$1620	$3180	$3700	Case	4	284G	Variable	65	6420	No
930	$6875	$1190	$1880	$3710	$4310	Case	6	401D	6F-1R	81	8400	No
940	$6150	$1100	$1750	$3450	$4010	Case	6	377G	6F-1R	80	8345	No
1960												
430	......	$730	$1300	$2100	$2480	Case	4	188D	8F-2R	34	3800	No
440	......	$640	$1150	$1850	$2180	Case	4	148G	8F-1R	33	3590	No
530	......	$710	$1130	$2230	$2630	Case	4	188D	12F-3R	41.2	3600	No
540	......	$630	$1010	$1980	$2340	Case	4	159G	12F-3R	39.5	3455	No
630	......	$850	$1350	$2650	$3130	Case	4	188D	12F-3R	49	4020	No
640	......	$730	$1160	$2290	$2700	Case	4	188G	12F-3R	50	4315	No
730	......	$1000	$1600	$3140	$3710	Case	4	267D	8F-2R	57	6160	No
740	......	$860	$1360	$2680	$3170	Case	4	251G	8F-2R	56	6060	No
830	......	$1090	$1740	$3420	$4030	Case	4	301D	8F-2R	64	6240	No
840	......	$950	$1500	$2960	$3490	Case	4	284G	8F-2R	66	6090	No
930	......	$1130	$1800	$3540	$4180	Case	6	401D	6F-1R	81	8845	No

USED TRACTOR PRICE GUIDE, 2006 EDITION 37

Case (Cont.)

Model	Approx. Retail Price New	Used Trade-In Avg.	Used Trade-In High	Used Retail Avg.	Used Retail High	Make	No. Cyls.	Displ. Cu.-in.	No. Speeds	P.T.O. H.P.	Approx. Shipping Wt.-Lbs.	Cab
1960 (Cont.)												
940	......	$1030	$1640	$3230	$3820	Case	6	371G	6F-1R	71	8190	No
1959												
200B	......	$780	$1360	$2270	$2640	Case	4	126G	4F-1R	31	3090	No
210B	......	$800	$1400	$2340	$2720	Case	4	126G	4F-1R	31	3090	No
300B	......	$870	$1520	$2550	$2960	Continental	4	157D	12F-3R		3235	No
310B	......	$850	$1480	$2480	$2890	Case	4	148G	12F-3R		3235	No
400B	......	$990	$1720	$2880	$3350	Case	4	148G	8F-2R	37	3900	No
500 STD	......	$1190	$2060	$3450	$4020	Case	6	377D	4F-1R	65	8128	No
500B	......	$970	$1680	$2810	$3280	Case	4	165G	12F-3R	47	4240	No
600B	......	$1080	$1880	$3150	$3670	Case	4	165G	8F-2R	44.56	4420	No
700	......	$1220	$2120	$3550	$4130	Case	4	251G	8F-2R	54	5800	No
800	......	$1320	$2300	$3850	$4490	Case	4	251G	8F-1R	54	5940	No
900	......	$1380	$2400	$4020	$4680	Case	6	377D	6F-1R	70	7040	No
900 LP	......	$1090	$1730	$3360	$4080	Case	6	377LP	6F-1R	71	7040	No
1958												
200B	......	$740	$1280	$2140	$2500	Case	4	126G	4F-1R	31	3090	No
210B	......	$780	$1360	$2280	$2650	Case	4	126G	4F-1R	31	3090	No
300B	......	$850	$1480	$2480	$2890	Continental	4	157D	12F-3R	32.	3235	No
310B	......	$830	$1440	$2410	$2810	Case	4	148G	12F-3R	29.	3235	No
400B	......	$980	$1710	$2860	$3330	Case	4	148G	8F-2R	37	3900	No
500B	......	$960	$1660	$2780	$3240	Case	4	165G	12F-3R	47	4240	No
600B	......	$1060	$1840	$3080	$3590	Case	4	165G	8F-2R	44.56	4420	No
700	......	$1200	$2080	$3480	$4060	Case	4	251G	8F-2R	54	5800	No
800	......	$1310	$2280	$3820	$4450	Case	4	251G	8F-1R	54	5940	No
900	......	$1360	$2360	$3950	$4600	Case	6	377D	6F-1R	70	7040	No
900 LP	......	$1070	$1700	$3230	$4050	Case	6	377LP	6F-1R	71	7040	No
1957												
300	......	$840	$1460	$2450	$2870	Case	4	148G	12F-3R	29	4300	No
300B	......	$820	$1420	$2380	$2790	Continental	4	157D	12F-3R	32.	3235	No
310	......	$780	$1360	$2280	$2670	Case	4	148G	12F-3R		4300	No
400	......	$1050	$1820	$3060	$3580	Case	4	251D	8F-2R	50	6722	No
400B	......	$970	$1690	$2830	$3310	Case	4	148G	8F-2R	37	3900	No
500 STD	......	$1120	$1940	$3250	$3810	Case	6	377D	4F-1R	65	8128	No
500B	......	$910	$1590	$2660	$3120	Case	4	164G	12F-3R	47	4240	No
600 Diesel	......	$1260	$2200	$3680	$4310	Case	6	377D	4F-1R	65	8128	No
600 LP	......	$1030	$1640	$3070	$3970	Case	6	377LP	4F-1R	68	8128	No
600B	......	$1040	$1800	$3020	$3530	Case	4	165G	8F-2R	44.56	4420	No
700	......	$1200	$2080	$3480	$4080	Case	4	251G	8F-2R	54	5800	No
800	......	$1240	$2160	$3620	$4240	Case	4	251G	8F-1R	54	5940	No
900 Diesel	......	$1290	$2240	$3750	$4400	Case	6	377D	6F-1R	70	7040	No
900 LP	......	$1040	$1660	$3100	$4010	Case	6	377LP	6F-1R	71	7040	No
1956												
300	......	$830	$1400	$2410	$2840	Case	4	148G	12F-3R	34	4300	No
400	......	$990	$1680	$2880	$3400	Case	4	251D	8F-2R	50	6722	No
500 STD	......	$1060	$1790	$3080	$3630	Case	6	377D	4F-1R	65	8128	No
600 Diesel	......	$1240	$2100	$3620	$4260	Case	6	377D	4F-1R	65	8128	No
600 LP	......	$1010	$1610	$2950	$3940	Case	6	377LP	4F-1R	68	8128	No
1955												
VA	......	$770	$1220	$2250	$3040	Case	4	124G	4F-1R	19	4290	No
400	......	$880	$1390	$2560	$3460	Case	4	251D	8F-2R	50	6722	No
500 STD	......	$990	$1570	$2880	$3890	Case	6	377D	4F-1R	63	8128	No
600 Diesel	......	$1220	$2070	$3550	$4240	Case	6	377D	4F-1R	65	8128	No
600 LP	......	$1010	$1610	$2960	$4000	Case	6	377LP	4F-1R	68	8128	No
1954												
SC	......	$640	$1020	$1860	$2570	Case	4	153D	4F-1R	30	4200	No
VA	......	$770	$1230	$2230	$3080	Case	4	124G	4F-1R	19	4290	No
500 STD	......	$930	$1470	$2680	$3710	Case	6	377D	4F-1R	65	8128	No
1953												
D	......	$630	$1010	$1840	$2550	Case	4	259G	4F-1R	38	4600	No
DC	......	$640	$1020	$1870	$2590	Case	4	259G	4F-1R	38	4600	No
LA	......	$840	$1330	$2430	$3380	Case	4	403G	4F-1R	62	7621	No
SC	......	$590	$930	$1700	$2360	Case	4	153D	4F-1R	30	4200	No
VA	......	$690	$1100	$2010	$2790	Case	4	124G	4F-1R	19	4290	No
500 STD	......	$880	$1400	$2540	$3530	Case	6	377D	4F-1R	65	8128	No
1952												
D	......	$620	$980	$1780	$2490	Case	4	259G	4F-1R	38	4600	No
DC	......	$630	$1000	$1820	$2540	Case	4	259G	4F-1R	38	4600	No
LA	......	$820	$1310	$2380	$3330	Case	4	403G	4F-1R	62	7621	No
SC	......	$590	$930	$1700	$2370	Case	4	153D	4F-1R	30	4200	No
VA	......	$650	$1030	$1870	$2620	Case	4	124G	4F-1R	19	4290	No
1951												
D	......	$630	$950	$1730	$2430	Case	4	259G	4F-1R	38	4600	No
DC	......	$640	$960	$1750	$2470	Case	4	259G	4F-1R	38	4600	No
LA	......	$840	$1270	$2320	$3260	Case	4	403G	4F-1R	62	7621	No
SC	......	$590	$900	$1630	$2300	Case	4	153D	4F-1R	30	4200	No

Case (Cont.)

Model	Approx. Retail Price New	Used Trade-In Avg.	Used Trade-In High	Used Retail Avg.	Used Retail High	Make	Engine No. Cyls.	Engine Displ. Cu.-in.	No. Speeds	P.T.O. H.P.	Approx. Shipping Wt.-Lbs.	Cab
1951 (Cont.)												
VA.	......	$660	$990	$1810	$2540	Case	4	124G	4F-1R	19	4290	No
1950												
D.	......	$610	$920	$1700	$2360	Case	4	259G	4F-1R	38	4600	No
DC.	......	$620	$940	$1730	$2410	Case	4	259G	4F-1R	38	4600	No
LA.	......	$810	$1230	$2280	$3170	Case	4	403G	4F-1R	62	7621	No
SC.	......	$570	$860	$1600	$2220	Case	4	153D	4F-1R	30	4200	No
VA.	......	$630	$950	$1760	$2440	Case	4	124G	4F-1R	19	4290	No
1949												
D.	......	$590	$890	$1670	$2280	Case	4	259G	4F-1R	38	4600	No
DC.	......	$600	$900	$1700	$2330	Case	4	259G	4F-1R	38	4600	No
LA.	......	$790	$1200	$2260	$3090	Case	4	403G	4F-1R	62	7621	No
SC.	......	$570	$850	$1610	$2200	Case	4	153D	4F-1R	30	4200	No
VA.	......	$600	$910	$1720	$2360	Case	4	124G	4F-1R	19	4290	No
1948												
D.	......	$580	$870	$1670	$2250	Case	4	259G	4F-1R	38	4600	No
LA.	......	$770	$1160	$2230	$3000	Case	4	403G	4F-1R	62	7621	No
S.	......	$550	$830	$1600	$2150	Case	4	153D	4F-1R	30	4200	No
VA.	......	$590	$900	$1720	$2310	Case	4	124G	4F-1R	19	4290	No
1947												
D.	......	$570	$850	$1670	$2200	Case	4	259G	4F-1R	38	4600	No
LA.	......	$760	$1140	$2230	$2950	Case	4	403G	4F-1R	62	7621	No
SC.	......	$540	$820	$1600	$2120	Case	4	153D	4F-1R	30	4200	No
VA.	......	$570	$870	$1690	$2240	Case	4	124G	4F-1R	19	4290	No
1946												
D.	......	$550	$830	$1630	$2150	Case	4	259G	4F-1R	38	4600	No
LA.	......	$750	$1130	$2200	$2910	Case	4	403G	4F-1R	62	7621	No
SC.	......	$530	$800	$1570	$2070	Case	4	153D	4F-1R	30	4200	No
VA.	......	$560	$840	$1640	$2170	Case	4	124G	4F-1R	19	4290	No
1945												
D.	......	$540	$820	$1630	$2120	Case	4	259G	4F-1R	38	4600	No
LA.	......	$740	$1110	$2210	$2870	Case	4	403G	4F-1R	62	7621	No
SC.	......	$510	$780	$1540	$2000	Case	4	153D	4F-1R	30	4200	No
VA.	......	$530	$800	$1580	$2060	Case	4	124G	4F-1R	19	4290	No
1944												
D.	......	$520	$780	$1580	$2020	Case	4	259G	4F-1R	38	4600	No
LA.	......	$720	$1090	$2190	$2800	Case	4	403G	4F-1R	62	7621	No
SC.	......	$500	$760	$1530	$1960	Case	4	153D	4F-1R	30	4200	No
VA.	......	$520	$790	$1590	$2040	Case	4	124G	4F-1R	19	4290	No
1943												
D.	......	$500	$750	$1510	$1940	Case	4	259G	4F-1R	38	4600	No
LA.	......	$710	$1070	$2160	$2760	Case	4	403G	4F-1R	62	7621	No
SC.	......	$490	$740	$1480	$1900	Case	4	153D	4F-1R	30	4200	No
VA.	......	$510	$780	$1560	$2000	Case	4	124G	4F-1R	19	4290	No
1942												
D.	......	$490	$760	$1490	$1900	Case	4	259G	4F-1R	38	4600	No
LA.	......	$700	$1090	$2130	$2720	Case	4	403G	4F-1R	62	7621	No
SC.	......	$470	$740	$1440	$1840	Case	4	153D	4F-1R	30	4200	No
VA.	......	$500	$780	$1520	$1940	Case	4	124G	4F-1R	19	4290	No
1941												
D.	......	$470	$750	$1450	$1820	Case	4	259G	4F-1R	38	4600	No
LA.	......	$690	$1110	$2130	$2680	Case	4	403G	4F-1R	62	7621	No
SC.	......	$480	$770	$1470	$1860	Case	4	153D	4F-1R	30	4200	No
V.	......	$500	$800	$1540	$1940	Continental	4	127G	4F-1R	15	4290	No
1940												
D.	......	$460	$730	$1410	$1780	Case	4	259G	4F-1R	38	4600	No
V.	......	$480	$770	$1480	$1870	Continental	4	127G	4F-1R	15	4290	No
1939												
D.	......	$450	$730	$1420	$1760	Case	4	259G	4F-1R	38	4600	No
V.	......	$470	$760	$1480	$1840	Continental	4	127G	4F-1R	15	4290	No

Case-International

Model	Approx. Retail Price New	Used Trade-In Avg.	Used Trade-In High	Used Retail Avg.	Used Retail High	Make	Engine No. Cyls.	Engine Displ. Cu.-in.	No. Speeds	P.T.O. H.P.	Approx. Shipping Wt.-Lbs.	Cab
2005												
DX18E 4WD Farmall	$9820	$7070	$7460	$8450	$8840	Shibaura	3	58D	Variable	13.7	1314	No
DX21 4WD Farmall	$12750	$9180	$9690	$10970	$11480	Shibaura	3	91D	9F-3R	17.0	3262	No
DX21 4WD Farmall	$14100	$10150	$10720	$12130	$12690	Shibaura	3	91D	Variable	16.0	3633	No
DX24 4WD Farmall	$13238	$9530	$10060	$11390	$11910	Shibaura	3	69D	Variable	18.5	1600	No
DX24E 4WD Farmall	$10290	$7410	$7820	$8850	$9260	Shibaura	3	61D	Variable	18.3	1323	No
DX29 4WD Farmall	$15540	$11190	$11810	$13360	$13990	Shibaura	3	81D	Variable	23.6	2474	No
DX33 4WD Farmall	$16200	$11660	$12310	$13930	$14580	Shibaura	3	91D	Variable	26.9	2474	No
D35 Farmall	$14040	$10110	$10670	$12070	$12640	Shibaura	3	101D	12F-12R	29.6	2947	No

Case-International (Cont.)

Model	Approx. Retail Price New	Used Trade-In Avg.	Used Trade-In High	Used Retail Avg.	Used Retail High	Make	No. Cyls.	Displ. Cu.-in.	No. Speeds	P.T.O. H.P.	Approx. Shipping Wt.-Lbs.	Cab
2005 (Cont.)												
D35 4WD Farmall	$16065	$11570	$12210	$13820	$14460	Shibaura	3	101D	12F-12R	29.6	3096	No
DX35 4WD Farmall	$18365	$13220	$13960	$15790	$16530	Shibaura	3	101D	Variable	29.1	3052	No
D40 Farmall	$15695	$11300	$11930	$13500	$14130	Shibaura	4	121D	12F-12R	35.0	2998	No
D40 4WD Farmall	$18390	$13240	$13980	$15820	$16550	Shibaura	4	121D	12F-12R	35.0	3147	No
DX40 4WD Farmall	$19845	$14290	$15080	$17070	$17860	Shibaura	4	121D	Variable	33.2	3328	No
D45 Farmall	$17810	$12820	$13540	$15320	$16030	Shibaura	4	135D	12F-12R	39.6	3200	No
D45 4WD Farmall	$19760	$14230	$15020	$16990	$17780	Shibaura	4	135D	12F-12R	39.6	3349	No
DX45 4WD Farmall	$22288	$16050	$16940	$19170	$20060	Shibaura	4	135D	Variable	37.8	3417	No
DX48 4WD Farmall	$17882	$12880	$13590	$15380	$16090	Shibaura	4	135D	12F-12R	40.0	3465	No
DX55 4WD Farmall	$19160	$13800	$14560	$16480	$17240	Shibaura	4T	135D	12F-12R	47.0	3465	No
JX55	$19988	$14390	$15190	$17190	$17990	Case	3	179D	12F-12R	45	5152	No
JX55 4WD	$24698	$17780	$18770	$21240	$22230	Case	3	179D	12F-12R	45	5704	No
JX55 w/Cab	$27841	$20050	$21160	$23940	$25060	Case	3	179D	12F-12R	45	5813	CHA
JX55 4WD w/Cab	$32553	$23440	$24740	$28000	$29300	Case	3	179D	12F-12R	45	6367	CHA
JX1060C	$21395	$15400	$16260	$18400	$19260	Case	3	179D	12F-12R	45	5148	No
JX1060C 4WD	$26120	$18810	$19850	$22460	$23510	Case	3	179D	12F-12R	45	5632	No
JX1060C 4WD Cab	$32976	$23740	$25060	$28360	$29680	Case	3	179D	12F-12R	45	6063	CHA
JX1060C Cab	$28252	$20340	$21470	$24300	$25430	Case	3	179D	12F-12R	45	5588	CHA
JX65	$21638	$15580	$16450	$18610	$19470	Case	3T	179D	12F-12R	52	5152	No
JX65 4WD	$26061	$18760	$19810	$22410	$23460	Case	3T	179D	12F-12R	52	5704	No
JX65 w/Cab	$29419	$21180	$22360	$25300	$26480	Case	3T	179D	12F-12R	52	5813	CHA
JX65 4WD w/Cab	$33842	$24370	$25720	$29100	$30460	Case	3T	179D	12F-12R	52	6365	CHA
JX1070C	$23734	$17090	$18040	$20410	$21360	Case	3T	179D	12F-12R	57	5148	No
JX1070C 4WD	$28458	$20490	$21630	$24470	$25610	Case	3T	179D	12F-12R	57	5632	No
JX1070C 4WD Cab	$35315	$25430	$26840	$30370	$31780	Case	3T	179D	12F-12R	57	6063	CHA
JX1070C Cab	$30675	$22090	$23310	$26380	$27610	Case	3T	179D	12F-12R	57	5588	CHA
JX1075C	$25365	$18260	$19280	$21810	$22830	Case	3T	179D	12F-12R	62	5148	No
JX1075C 4WD	$30090	$21670	$22870	$25880	$27080	Case	3T	179D	12F-12R	62	5632	No
JX1075C 4WD Cab	$36948	$26600	$28080	$31780	$33250	Case	3T	179D	12F-12R	62	6063	CHA
JX1075C Cab	$32225	$23200	$24490	$27710	$29000	Case	3T	179D	12F-12R	62	5588	CHA
JX75	$23482	$16910	$17850	$20200	$21130	Case	4	238D	12F-12R	62	5702	No
JX75 4WD	$28078	$20220	$21340	$24150	$25270	Case	4	238D	12F-12R	62	6254	No
JX75 w/Cab	$31263	$22510	$23760	$26890	$28140	Case	4	238D	12F-12R	62	6363	CHA
JX75 4WD w/Cab	$35859	$25820	$27250	$30840	$32270	Case	4	238D	12F-12R	62	6915	CHA
JX1080U	$28500	$20520	$21660	$24510	$25560	Case	4	273D	12F-12R	69	6393	No
JX1080U 4WD	$34786	$25050	$26440	$29920	$31310	Case	4	273D	12F-12R	69	7055	No
JX1080U w/Cab	$36315	$26150	$27600	$31230	$32680	Case	4	273D	12F-12R	69	6834	CHA
JX1080U 4WD w/Cab	$42600	$30670	$32380	$36640	$38340	Case	4	273D	12F-12R	69	7496	CHA
JX85	$28142	$20260	$21390	$24200	$25330	Case	4T	238D	12F-12R	72	5702	No
JX85 4WD	$30575	$22010	$23240	$26300	$27520	Case	4T	238D	12F-12R	72	6254	No
JX85 w/Cab	$33730	$24290	$25640	$29010	$30360	Case	4T	238D	12F-12R	72	6363	CHA
JX85 4WD w/Cab	$38283	$27560	$29100	$32920	$34460	Case	4T	238D	12F-12R	72	6915	CHA
JX1090U	$30579	$22020	$23240	$26300	$27520	Case	4T	273D	12F-12R	77	6834	No
JX1090U 4WD	$36865	$26540	$28020	$31700	$33180	Case	4T	273D	12F-12R	77	6691	No
JX1090U w/Cab	$38395	$27640	$29180	$33020	$34560	Case	4T	273D	12F-12R	77	7275	CHA
JX1090U 4WD w/Cab	$44680	$32170	$33960	$38430	$40210	Case	4T	273D	12F-12R	77	7936	CHA
JX95	$27812	$20030	$21140	$23920	$25030	Case	4T	238D	12F-12R	80	6107	No
JX95 4WD	$31565	$22730	$23990	$27150	$28410	Case	4T	238D	12F-12R	80	6659	No
JX95 w/Cab	$34720	$25000	$26390	$29860	$31250	Case	4T	238D	12F-12R	80	6768	CHA
JX95 4WD w/Cab	$39273	$28280	$29850	$33780	$35350	Case	4T	238D	12F-12R	80	7320	CHA
MXU100	$39070	$28130	$29690	$33600	$35160	Case	4TI	273D	24F-24R	80	9060	No
MXU100 4WD	$47417	$34140	$36040	$40780	$42680	Case	4TI	273D	24F-24R	80	9435	No
MXU100 4WD Cab	$57304	$41260	$43550	$49280	$51570	Case	4TI	273D	24F-24R	80	10383	CHA
MXU100 Cab	$48973	$35260	$37220	$42120	$44080	Case	4TI	273D	24F-24R	80	10008	CHA
JX1100U	$32438	$23360	$24650	$27900	$29190	Case	4T	273D	12F-12R	85	6834	No
JX1100U 4WD	$38726	$27880	$29430	$33300	$34850	Case	4T	273D	12F-12R	85	7496	No
JX1100U w/Cab	$40254	$28980	$30590	$34620	$36230	Case	4T	273D	12F-12R	85	7275	CHA
JX1100U 4WD w/Cab	$46542	$33510	$35370	$40030	$41890	Case	4T	273D	12F-12R	85	7936	CHA
MXU110	$43114	$31040	$32770	$37080	$38800	Case	4TI	273D	24F-24R	95	9568	No
MXU110 4WD	$51612	$37160	$39230	$44390	$46450	Case	4TI	273D	24F-24R	95	9942	No
MXU110 4WD Cab	$57303	$41260	$43550	$49280	$51570	Case	4TI	273D	24F-24R	95	10890	CHA
MXU110 Cab	$53579	$38580	$40720	$46080	$48220	Case	4TI	273D	24F-24R	95	10516	CHA
MXM120	$56032	$40340	$42580	$48190	$50430	Case	6TI	456D	18F-6R	95	11111	CHA
MXM120 4WD	$64628	$46530	$49120	$55580	$58170	Case	6TI	456D	18F-6R	95	11111	CHA
MXU125	$52368	$37710	$39800	$45040	$47130	Case	6TI	410D	24F-24R	105	10053	No
MXU125 4WD	$62129	$44730	$47220	$53430	$55920	Case	6TI	410D	24F-24R	105	10427	No
MXU125 4WD Cab	$72229	$52010	$54890	$62120	$65010	Case	6TI	410D	24F-24R	105	11331	CHA
MXU125 Cab	$62839	$45240	$47760	$54040	$56560	Case	6TI	410D	24F-24R	105	10979	CHA
MXM130	$60307	$43420	$45830	$51860	$54280	Case	6TI	456D	18F-6R	105	11133	CHA
MXM130 4WD	$68904	$49610	$52370	$59260	$62010	Case	6TI	456D	18F-6R	105	11133	CHA
MXM140	$63404	$45650	$48190	$54530	$57060	Case	6TI	456D	18F-6R	115	11354	CHA
MXM140 4WD	$74276	$53480	$56450	$63880	$66850	Case	6TI	456D	18F-6R	115	11354	CHA
MXM155	$69926	$50350	$53140	$60140	$62930	Case	6TI	359D	18F-6R	125	11574	CHA
MXM155 4WD	$81538	$58710	$61970	$70120	$73380	Case	6TI	359D	18F-6R	125	11574	CHA
MXM175	$82349	$59290	$62590	$70820	$74110	Case	6TI	456D	18F-6R	145	12125	CHA
MXM175 4WD	$93969	$67660	$71420	$80810	$84570	Case	6TI	456D	18F-6R	145	12125	CHA
MXM190	$87486	$62990	$66490	$75240	$78740	Case	6TI	456D	18F-6R	160	12125	CHA
MXM190 4WD	$99105	$71360	$75320	$85230	$89200	Case	6TI	456D	18F-6R	160	12125	CHA
MX210	$110432	$79510	$83930	$94970	$99390	Case	6TI	505D	18F-4R	170	18700	CHA
MX210 4WD	$122320	$88070	$92960	$105200	$110090	Case	6TI	505D	18F-4R	170	19700	CHA
MX230	$122114	$87920	$92810	$105020	$109900	Case	6TI	505D	18F-4R	190	18700	CHA
MX230 4WD	$134196	$96620	$101990	$115410	$120780	Case	6TI	505D	18F-4R	190	19700	CHA
MX255 4WD	$145323	$101730	$107540	$122070	$127880	Case	6TI	505D	18F-4R	215	20200	CHA
MX285 4WD	$159436	$111610	$117980	$133930	$140300	Case	6TI	505D	18F-4R	240	20200	CHA

Model	New	Used Trade-In Avg.	High	Used Retail Avg.	High	Make	No. Cyls.	Displ. Cu.-in.	No. Speeds	P.T.O. H.P.	Shipping Wt.-Lbs.	Cab
Case-International (Cont.)												
			2005 (Cont.)									
STX275	$142075	$99450	$105140	**$119340**	**$125030**	CDC	6TA	505D	16F-2R	225	33000	CHA
STX325	$162004	$113400	$119880	**$136080**	**$142560**	CDC	6TA	543D	16F-2R	270	39000	CHA
STX375	$180780	$126550	$133780	**$151860**	**$159090**	Cummins	6TA	915D	16F-2R	330	45000	CHA
STX375 Quadtrac	$230466	$163630	$172850	**$193590**	**$202810**	Cummins	6TA	915D	16F-2R	330	53264	CHA
STX425	$202004	$141400	$149480	**$169680**	**$177760**	Cummins	6TA	915D	16F-2R	370	51000	CHA
STX425 Quadtrac	$243925	$173190	$182940	**$204900**	**$214650**	Cummins	6TA	915D	16F-2R	370	53264	CHA
STX450	$216722	$153870	$162540	**$182050**	**$190720**	Cummins	6TA	915D	16F-2R	395	53800	CHA
STX450 Quadtrac	$249544	$177180	$187160	**$209620**	**$219600**	Cummins	6TA	915D	16F-2R	395	53264	CHA
			2004									
DX18E 4WD Farmall	$9266	$5750	$6300	**$7230**	**$7780**	Shibaura	3	58D	Variable	13.7	1314	No
D24E 4WD Farmall	$9989	$6190	$6790	**$7790**	**$8390**	Shibaura	3	61D	Variable	18.3	1323	No
DX24 4WD Farmall	$12852	$7970	$8740	**$10030**	**$10800**	Shibaura	3	69D	Variable	18.5	1600	No
DX29 4WD Farmall	$15085	$9350	$10260	**$11770**	**$12670**	Shibaura	3	81D	Variable	23.6	2474	No
DX33 4WD Farmall	$15728	$9750	$10700	**$12270**	**$13210**	Shibaura	3	91D	Variable	26.9	2474	No
D35 Farmall	$13630	$8450	$9270	**$10630**	**$11450**	Shibaura	3	101D	12F-12R	29.6	2947	No
D35 4WD Farmall	$15598	$9670	$10610	**$12170**	**$13100**	Shibaura	3	101D	12F-12R	29.6	3096	No
DX35 4WD Farmall	$17830	$11060	$12120	**$13910**	**$14980**	Shibaura	3	101D	Variable	29.1	3052	No
D40 Farmall	$15236	$9450	$10360	**$11880**	**$12800**	Shibaura	4	121D	12F-12R	35.0	2998	No
D40 4WD Farmall	$17855	$11070	$12140	**$13930**	**$15000**	Shibaura	4	121D	12F-12R	35.0	3147	No
DX40 4WD Farmall	$19265	$11940	$13100	**$15030**	**$16180**	Shibaura	4	121D	Variable	33.2	3328	No
D45 Farmall	$17291	$10720	$11760	**$13490**	**$14520**	Shibaura	4	135D	12F-12R	39.6	3200	No
D45 4WD Farmall	$19185	$11900	$13050	**$14960**	**$16120**	Shibaura	4	135D	12F-12R	39.6	3349	No
DX45 4WD Farmall	$21639	$13420	$14720	**$16880**	**$18180**	Shibaura	4	135D	Variable	37.8	3417	No
DX48 4WD Farmall	$17362	$10760	$11810	**$13540**	**$14580**	Shibaura	4	135D	12F-12R	40.0	3465	No
DX55 4WD Farmall	$18603	$11530	$12650	**$14510**	**$15630**	Shibaura	4T	135D	12F-12R	47.0	3465	No
JX55	$18507	$11470	$12590	**$14440**	**$15550**	Case	3	165D	12F-12R	42	5335	No
JX55 4WD	$22869	$14180	$15550	**$17840**	**$19210**	Case	3	165D	12F-12R	42	5335	No
JX55 w/Cab	$25779	$15980	$17530	**$20110**	**$21650**	Case	3	165D	12F-12R	42	5335	CHA
JX55 4WD w/Cab	$30141	$18690	$20500	**$23510**	**$25320**	Case	3	165D	12F-12R	42	5335	CHA
JX1060C	$20772	$12880	$14130	**$16200**	**$17450**	Case	3	179D	12F-12R	45	5148	No
JX1060C 4WD	$25358	$15720	$17240	**$19780**	**$21300**	Case	3	179D	12F-12R	45	5632	No
JX1060C 4WD Cab	$32016	$19850	$21770	**$24970**	**$26890**	Case	3	179D	12F-12R	45	6063	CHA
JX1060C Cab	$27429	$17010	$18650	**$21400**	**$23040**	Case	3	179D	12F-12R	45	5588	CHA
JX65	$20222	$12540	$13750	**$15770**	**$16990**	Case	3	179D	12F-12R	50	6063	No
JX65 4WD	$24356	$15100	$16560	**$19000**	**$20460**	Case	3	179D	12F-12R	50	6063	No
JX65 w/Cab	$27494	$17050	$18700	**$21450**	**$23100**	Case	3	179D	12F-12R	50	6063	CHA
JX65 4WD w/Cab	$31628	$19610	$21510	**$24670**	**$26570**	Case	3	179D	12F-12R	50	6063	CHA
JX1070C	$23042	$14290	$15670	**$17970**	**$19360**	Case	3T	179D	12F-12R	57	5148	No
JX1070C 4WD	$27629	$17130	$18790	**$21550**	**$23210**	Case	3T	179D	12F-12R	57	5632	No
JX1070C 4WD Cab	$34287	$21260	$23320	**$26740**	**$28800**	Case	3T	179D	12F-12R	57	6063	CHA
JX1070C Cab	$29780	$18460	$20250	**$23230**	**$25020**	Case	3T	179D	12F-12R	57	5588	CHA
JX1075C	$24627	$15270	$16750	**$19210**	**$20690**	Case	3T	179D	12F-12R	62	5148	No
JX1075C 4WD	$29214	$18110	$19870	**$22790**	**$24540**	Case	3T	179D	12F-12R	62	5632	No
JX1075C 4WD Cab	$35872	$22240	$24390	**$27980**	**$30130**	Case	3T	179D	12F-12R	62	6063	CHA
JX1075C Cab	$31285	$19400	$21270	**$24400**	**$26280**	Case	3T	179D	12F-12R	62	5588	CHA
JX75	$21946	$13610	$14920	**$17120**	**$18440**	Case	4	220D	12F-12R	60	5941	No
JX75 4WD	$26241	$16270	$17840	**$20470**	**$22040**	Case	4	220D	12F-12R	60	5941	No
JX75 w/Cab	$29218	$18120	$19870	**$22790**	**$24540**	Case	4	220D	12F-12R	60	5941	CHA
JX75 4WD w/Cab	$33513	$20780	$22790	**$26140**	**$28150**	Case	4	220D	12F-12R	60	5941	CHA
JX1080U	$27669	$17160	$18820	**$21580**	**$23240**	Case	4	273D	12F-12R	69	6393	No
JX1080U 4WD	$33773	$20940	$22970	**$26340**	**$28370**	Case	4	273D	12F-12R	69	7055	No
JX1080U w/Cab	$35257	$21860	$23980	**$27500**	**$29620**	Case	4	273D	12F-12R	69	6834	CHA
JX1080U 4WD w/Cab	$41361	$25640	$28130	**$32260**	**$34740**	Case	4	273D	12F-12R	69	7496	CHA
JX85	$26549	$16460	$18050	**$20710**	**$22300**	Case	4T	238D	12F-12R	70	5941	No
JX85 4WD	$28844	$17880	$19610	**$22500**	**$24230**	Case	4T	238D	12F-12R	70	5941	No
JX85 w/Cab	$31821	$19730	$21640	**$24820**	**$26730**	Case	4T	238D	12F-12R	70	5941	CHA
JX85 4WD w/Cab	$36116	$22390	$24560	**$28170**	**$30340**	Case	4T	238D	12F-12R	70	5941	CHA
JX1090U	$29688	$18410	$20190	**$23160**	**$24940**	Case	4T	273D	12F-12R	77	6834	No
JX1090U 4WD	$35792	$22190	$24340	**$27920**	**$30070**	Case	4T	273D	12F-12R	77	6691	No
JX1090U w/Cab	$37276	$23110	$25350	**$29080**	**$31310**	Case	4T	273D	12F-12R	77	7275	CHA
JX1090U 4WD w/Cab	$43380	$26900	$29500	**$33840**	**$36440**	Case	4T	273D	12F-12R	77	7936	CHA
JX95	$25483	$15800	$17330	**$19880**	**$21410**	Case	4T	238D	12F-12R	80	5963	No
JX95 4WD	$29778	$18460	$20250	**$23230**	**$25010**	Case	4T	238D	12F-12R	80	5963	No
JX95 w/Cab	$32755	$20310	$22270	**$25550**	**$27510**	Case	4T	238D	12F-12R	80	5963	CHA
JX95 4WD w/Cab	$37050	$22970	$25190	**$28900**	**$31120**	Case	4T	238D	12F-12R	80	5963	CHA
MXU100	$37931	$23520	$25790	**$29590**	**$31860**	Case	4TI	273D	24F-24R	80	9060	No
MXU100 4WD	$46036	$28540	$31300	**$35910**	**$38670**	Case	4TI	273D	24F-24R	80	9435	No
MXU100 4WD Cab	$55634	$34490	$37830	**$43400**	**$46730**	Case	4TI	273D	24F-24R	80	10383	CHA
MXU100 Cab	$47547	$29480	$32330	**$37090**	**$39940**	Case	4TI	273D	24F-24R	80	10008	CHA
JX1100U	$31493	$19530	$21420	**$24570**	**$26450**	Case	4T	273D	12F-12R	85	6834	No
JX1100U 4WD	$37598	$23310	$25570	**$29330**	**$31580**	Case	4T	273D	12F-12R	85	7496	No
JX1100U w/Cab	$39081	$24230	$26580	**$30480**	**$32830**	Case	4T	273D	12F-12R	85	7275	CHA
JX1100U 4WD w/Cab	$45186	$28020	$30730	**$35250**	**$37960**	Case	4T	273D	12F-12R	85	7936	CHA
MXU110	$41858	$25950	$28460	**$32650**	**$35160**	Case	4TI	273D	24F-24R	95	9568	No
MXU110 4WD	$50108	$31070	$34070	**$39080**	**$42090**	Case	4TI	273D	24F-24R	95	9942	No
MXU110 4WD Cab	$55634	$34490	$37830	**$43400**	**$46730**	Case	4TI	273D	24F-24R	95	10890	CHA
MXU110 Cab	$52018	$32250	$35370	**$40570**	**$43700**	Case	4TI	273D	24F-24R	95	10516	CHA
MXM120	$54400	$33730	$36990	**$42430**	**$45700**	Case	6TI	456D	18F-6R	95	11111	CHA
MXM120 4WD	$62746	$38900	$42670	**$48940**	**$52710**	Case	6TI	456D	18F-6R	95	11111	CHA
MXU125	$50843	$31520	$34570	**$39660**	**$42710**	Case	6TI	410D	24F-24R	105	10053	No
MXU125 4WD	$60319	$37400	$41020	**$47050**	**$50670**	Case	6TI	410D	24F-24R	105	10427	No
MXU125 4WD Cab	$70125	$43480	$47690	**$54700**	**$58910**	Case	6TI	410D	24F-24R	105	11331	CHA
MXU125 Cab	$61008	$37830	$41490	**$47590**	**$51250**	Case	6TI	410D	24F-24R	105	10979	CHA

Model	Approx. Retail Price New	Estimated Value Less Repairs Used Trade-In Avg.	High	Used Retail Avg.	High	Make	Engine No. Cyls.	Displ. Cu.-in.	No. Speeds	P.T.O. H.P.	Approx. Shipping Wt.-Lbs.	Cab
2004 (Cont.)												
MXM130	$58550	$36300	$39810	$45670	$49180	Case	6TI	456D	18F-6R	105	11133	CHA
MXM130 4WD	$66897	$41480	$45490	$52180	$56190	Case	6TI	456D	18F-6R	105	11133	CHA
MXU135 4WD Cab	$73557	$45610	$50020	$57370	$61790	Case	6TI	410D	24F-24R	115	11353	CHA
MXU135 Cab	$64369	$39910	$43770	$50210	$54070	Case	6TI	410D	24F-24R	115	11023	CHA
MXM140	$61557	$38170	$41860	$48010	$51710	Case	6TI	456D	18F-6R	115	11354	CHA
MXM140 4WD	$72113	$44710	$49040	$56250	$60580	Case	6TI	456D	18F-6R	115	11354	CHA
MXM155	$67887	$42090	$46160	$52950	$57030	Case	6TI	359D	18F-6R	125	11574	CHA
MXM155 4WD	$79163	$49080	$53830	$61750	$66500	Case	6TI	359D	18F-6R	125	11574	CHA
MXM175	$79950	$49570	$54370	$62360	$67160	Case	6TI	456D	18F-6R	145	12125	CHA
MXM175 4WD	$91232	$56560	$62040	$71160	$76640	Case	6TI	456D	18F-6R	145	12125	CHA
MXM190	$84936	$52660	$57760	$66250	$71350	Case	6TI	456D	18F-6R	160	12125	CHA
MXM190 4WD	$96218	$59660	$65430	$75050	$80820	Case	6TI	456D	18F-6R	160	12125	CHA
MX210	$107215	$66470	$72910	$83630	$90060	Case	6TI	505D	18F-4R	170	18700	CHA
MX210 4WD	$118758	$73630	$80760	$92630	$99760	Case	6TI	505D	18F-4R	170	19700	CHA
MX230	$118557	$73510	$80620	$92470	$99590	Case	6TI	505D	18F-4R	190	18700	CHA
MX230 4WD	$130287	$80780	$88600	$101620	$109440	Case	6TI	505D	18F-4R	190	19700	CHA
MX255 4WD	$141090	$87480	$93120	$108640	$115690	Case	6TI	505D	18F-4R	215	20200	CHA
MX285 4WD	$154850	$96010	$102200	$119240	$126980	Case	6TI	505D	18F-4R	240	20200	CHA
STX275	$137937	$82760	$88280	$104830	$111730	CDC	6TA	505D	16F-2R	225	33000	CHA
STX325	$157285	$94370	$100660	$119540	$127400	CDC	6TA	543D	16F-2R	270	39000	CHA
STX375	$175515	$105310	$112330	$133390	$142170	Cummins	6TA	915D	16F-2R	330	45000	CHA
STX375 Quadtrac	$223705	$131990	$145410	$172250	$183440	Cummins	6TA	915D	16F-2R	330	53264	CHA
STX425	$196120	$117670	$125520	$149050	$158860	Cummins	6TA	915D	16F-2R	370	51000	CHA
STX425 Quadtrac	$236820	$139720	$153930	$182350	$194190	Cummins	6TA	915D	16F-2R	370	53264	CHA
STX450	$210410	$124140	$136770	$162020	$172540	Cummins	6TA	915D	16F-2R	395	53800	CHA
STX450 Quadtrac	$242275	$142940	$157480	$186550	$198670	Cummins	6TA	915D	16F-2R	395	53264	CHA
2003												
D25	$12000	$6600	$7320	$8640	$9480	Shibaura	3	81D	9F-3R	21.7	2334	No
D25 4WD	$12089	$6650	$7370	$8700	$9550	Shibaura	3	81D	9F-3R	21.7	2474	No
DX25 4WD	$15550	$8250	$9150	$10800	$11850	Shibaura	3	81D	Variable	20.3	2474	No
D29	$13050	$6880	$7630	$9000	$9880	Shibaura	3	81D	9F-3R	25.1	2334	No
D29 4WD	$13859	$7370	$8170	$9650	$10590	Shibaura	3	81D	9F-3R	25.1	2474	No
DX29 4WD	$16320	$8690	$9640	$11380	$12480	Shibaura	3	81D	Variable	23.6	2474	No
D33	$13825	$7340	$8140	$9610	$10550	Shibaura	3	91D	9F-3R	28.6	2334	No
D33 4WD	$14628	$7780	$8630	$10190	$11180	Shibaura	3	91D	9F-3R	28.6	2474	No
DX33 4WD	$17089	$9130	$10130	$11950	$13110	Shibaura	3	91D	Variable	26.9	2474	No
D35	$15194	$8090	$8970	$10580	$11610	Shibaura	3	101D	12F-12R	29.6	2947	No
D35 4WD	$16894	$9020	$10000	$11810	$12960	Shibaura	3	101D	12F-12R	29.6	3096	No
DX35 4WD	$19156	$10290	$11410	$13460	$14770	Shibaura	3	101D	Variable	29.1	3052	No
D40	$16798	$8970	$9940	$11740	$12880	Shibaura	4	121D	12F-12R	35.0	2998	No
D40 4WD	$18497	$9900	$10980	$12960	$14220	Shibaura	4	121D	12F-12R	35.0	3147	No
DX40 4WD	$20758	$11140	$12350	$14580	$16000	Shibaura	4	121D	Variable	33.2	3328	No
D45	$18850	$10090	$11190	$13210	$14500	Shibaura	4	135D	12F-12R	39.6	3200	No
D45 4WD	$20548	$11060	$12260	$14470	$15880	Shibaura	4	135D	12F-12R	39.6	3349	No
DX45 4WD	$22938	$12350	$13700	$16160	$17740	Shibaura	4	135D	Variable	37.8	3417	No
JX55	$17759	$9770	$10830	$12790	$14030	Case	3	165D	12F-12R	42	5335	No
JX55 4WD	$21200	$12130	$13450	$15880	$17420	Case	3	165D	12F-12R	42	5335	No
JX55 w/Cab	$23900	$13690	$15190	$17920	$19670	Case	3	165D	12F-12R	42	5335	CHA
JX55 4WD w/Cab	$27560	$15790	$17510	$20670	$22680	Case	3	165D	12F-12R	42	5335	CHA
JX65	$19193	$10560	$11710	$13820	$15160	Case	3	179D	12F-12R	50	6063	No
JX65 4WD	$22694	$13000	$14420	$17020	$18680	Case	3	179D	12F-12R	50	6063	No
JX65 w/Cab	$27150	$15550	$17250	$20360	$22340	Case	3	179D	12F-12R	50	6063	CHA
JX65 4WD w/Cab	$29993	$17180	$19060	$22500	$24680	Case	3	179D	12F-12R	50	6063	CHA
JX75	$21077	$11590	$12860	$15180	$16650	Case	4	220D	12F-12R	60	5941	No
JX75 4WD	$24980	$14160	$15710	$18540	$20350	Case	4	220D	12F-12R	60	5941	No
JX75 w/Cab	$27500	$15590	$17290	$20410	$22400	Case	4	220D	12F-12R	60	5941	CHA
JX75 4WD w/Cab	$30975	$17560	$19480	$22990	$25230	Case	4	220D	12F-12R	60	5941	CHA
JX80U	$31053	$17080	$18940	$22360	$24530	Case	4T	238D	24F-12R	66	7396	No
JX80U 4WD	$34950	$19820	$21980	$25940	$28460	Case	4T	238D	24F-12R	66	7396	No
JX80U w/Cab	$37955	$21520	$23870	$28170	$30910	Case	4T	238D	24F-12R	66	7396	CHA
JX80U 4WD w/Cab	$41950	$23790	$26380	$31140	$34170	Case	4T	238D	24F-12R	66	7396	CHA
JX85	$23942	$13170	$14610	$17240	$18910	Case	4T	238D	12F-12R	70	5941	No
JX85 4WD	$27740	$15820	$17540	$20710	$22720	Case	4T	238D	12F-12R	70	5941	No
JX85 w/Cab	$30150	$17270	$19160	$22610	$24810	Case	4T	238D	12F-12R	70	5941	CHA
JX85 4WD w/Cab	$34600	$19820	$21980	$25950	$28470	Case	4T	238D	12F-12R	70	5941	CHA
JX90U	$33157	$18240	$20230	$23870	$26190	Case	4T	238D	24F-12R	76	6691	No
JX90U 4WD	$37450	$21680	$24050	$28380	$31140	Case	4T	238D	24F-12R	76	6691	No
JX90U w/Cab	$39995	$23130	$25660	$30280	$33230	Case	4T	238D	24F-12R	76	6691	CHA
JX90U 4WD w/Cab	$43850	$25930	$28760	$33950	$37250	Case	4T	238D	24F-12R	76	6691	CHA
JX95	$25253	$13890	$15400	$18180	$19950	Case	4T	238D	12F-12R	80	5963	No
JX95 4WD	$29160	$16880	$18720	$22100	$24250	Case	4T	238D	12F-12R	80	5963	No
JX95 w/Cab	$30900	$18820	$20880	$24640	$27040	Case	4T	238D	12F-12R	80	5963	CHA
JX95 4WD w/Cab	$34350	$21080	$23380	$27600	$30290	Case	4T	238D	12F-12R	80	5963	CHA
JX100U	$34388	$18910	$20980	$24760	$27170	Case	4T	238D	24F-12R	82	7396	No
JX100U 4WD	$38780	$22930	$25440	$30020	$32940	Case	4T	238D	24F-12R	82	7396	No
JX100U w/Cab	$40990	$24240	$26890	$31730	$34820	Case	4T	238D	24F-12R	82	7396	CHA
JX100U 4WD w/Cab	$44890	$27100	$30060	$35480	$38930	Case	4T	238D	24F-12R	82	7396	CHA
MXM120 4WD	$68355	$34510	$38280	$45180	$49570	Case	6TA	456D	18F-6R	95	11111	CHA
MXM130 4WD	$73459	$36790	$40810	$48170	$52850	Case	6TA	456D	18F-6R	105	11133	CHA
MXM140 4WD	$79675	$39660	$43990	$51920	$56970	Case	6TA	456D	18F-6R	115	11354	CHA
MXM155 4WD	$80740	$43540	$48290	$57000	$62540	Case	6TA	359D	18F-6R	125	11574	CHA
MXM175 4WD	$101460	$50180	$55650	$65690	$72070	Case	6TA	456D	18F-6R	145	12125	CHA
MXM190 4WD	$106498	$52920	$58690	$69280	$76010	Case	6T	456D	18F-6R	160	12125	CHA

Case-International (Cont.)

Model	Approx. Retail Price New	Estimated Value Less Repairs				Engine				P.T.O. H.P.	Approx. Shipping Wt.-Lbs.	Cab
		Used Trade-In		Used Retail		Make	No. Cyls.	Displ. Cu.-in.	No. Speeds			
		Avg.	High	Avg.	High							
2003 (Cont.)												
MX210	$107215	$58970	$65400	$77200	$84700	Case	6TA	505D	18F-4R	170	18700	CHA
MX210 4WD	$122680	$65320	$72440	$85510	$93820	Case	6TA	505D	18F-4R	170	19700	CHA
MX230	$118557	$63800	$70760	$83520	$91640	Case	6TA	505D	18F-4R	190	18700	CHA
MX230 4WD	$134020	$71500	$79300	$93600	$102700	Case	6TA	505D	18F-4R	190	19700	CHA
MX255 4WD	$145360	$74730	$84600	$101520	$108570	Case	6TA	505D	18F-4R	215	20200	CHA
MX285 4WD	$160825	$82150	$93000	$111600	$119350	Case	6TA	505D	18F-4R	240	20200	CHA
STX275	$137937	$71730	$80000	$97940	$104830	CDC	6TA	505D	16F-2R	225	33000	CHA
STX325	$157285	$81790	$91230	$111670	$119540	CDC	6TA	543D	16F-2R	270	39000	CHA
STX375	$175515	$91270	$101800	$124620	$133390	Cummins	6TA	915D	16F-2R	330	45000	CHA
STX375 Quadtrac	$223705	$118560	$134220	$158830	$172250	Cummins	6TA	915D	16F-2R	330	53264	CHA
STX425	$196120	$101980	$113750	$139250	$149050	Cummins	6TA	915D	16F-2R	370	51000	CHA
STX425 Quadtrac	$236820	$125520	$142090	$168140	$182350	Cummins	6TA	915D	16F-2R	370	53264	CHA
STX450	$210410	$111520	$126250	$149390	$162020	Cummins	6TA	915D	16F-2R	395	53800	CHA
STX450 Quadtrac	$242275	$128410	$145370	$172020	$186550	Cummins	6TA	915D	16F-2R	395	53264	CHA
2002												
D25	$12000	$5880	$6600	$8160	$9000	Shibaura	3	81D	9F-3R	21.7	2334	No
D25 4WD	$13089	$6410	$7200	$8900	$9820	Shibaura	3	81D	9F-3R	21.7	2474	No
DX25 4WD	$15551	$7620	$8550	$10580	$11660	Shibaura	3	81D	Variable	20.3	2474	No
D29	$13050	$6400	$7180	$8870	$9790	Shibaura	3	81D	9F-3R	25.1	2334	No
D29 4WD	$13859	$6790	$7620	$9420	$10390	Shibaura	3	81D	9F-3R	25.1	2474	No
DX29 4WD	$16320	$8000	$8980	$11100	$12240	Shibaura	3	81D	Variable	23.6	2474	No
D33	$13825	$6770	$7600	$9400	$10370	Shibaura	3	91D	9F-3R	28.6	2334	No
D33 4WD	$14628	$7170	$8050	$9950	$10970	Shibaura	3	91D	9F-3R	28.6	2474	No
DX33 4WD	$17089	$8370	$9400	$11620	$12820	Shibaura	3	91D	Variable	26.9	2474	No
D35	$15194	$7450	$8360	$10330	$11400	Shibaura	3	101D	12F-12R	29.6	2947	No
D35 4WD	$16894	$8280	$9290	$11490	$12670	Shibaura	3	101D	12F-12R	29.6	3096	No
DX35 4WD	$19156	$9390	$10540	$13030	$14370	Shibaura	3	101D	Variable	29.1	3052	No
D40	$16798	$8230	$9240	$11420	$12600	Shibaura	4	121D	12F-12R	35.0	2998	No
D40 4WD	$18497	$9060	$10170	$12580	$13870	Shibaura	4	121D	12F-12R	35.0	3147	No
DX40 4WD	$20758	$10170	$11420	$14120	$15570	Shibaura	4	121D	Variable	33.2	3328	No
D45	$18850	$9240	$10370	$12820	$14140	Shibaura	4	135D	12F-12R	39.6	3200	No
D45 4WD	$20548	$10070	$11300	$13970	$15410	Shibaura	4	135D	12F-12R	39.6	3349	No
DX45 4WD	$22938	$11240	$12620	$15600	$17200	Shibaura	4	135D	Variable	37.8	3417	No
C50	......	$9510	$10670	$13190	$14550	Case	3	165D	8F-8R	40	5335	No
C50 4WD	......	$12500	$14030	$17340	$19130	Case	3	165D	8F-8R	40	6063	No
CX50	......	$11030	$12380	$15300	$16880	Case	3	165D	8F-8R	40	7286	CHA
CX50 4WD	......	$15680	$17600	$21760	$24000	Case	3	165D	8F-8R	40	7970	CHA
JX55	$17759	$8700	$9770	$12080	$13320	Case	3	165D	12F-12R	42	5335	No
JX55 4WD	......	$10390	$11660	$14420	$15900	Case	3	165D	12F-12R	42	5335	No
JX55 w/Cab	......	$11710	$13150	$16250	$17930	Case	3	165D	12F-12R	42	5335	CHA
JX55 4WD w/Cab	......	$13500	$15160	$18740	$20670	Case	3	165D	12F-12R	42	5335	CHA
C60	......	$10630	$11940	$14760	$16280	Case	3T	165D	8F-8R	50	5357	No
C60 4WD	......	$11760	$13200	$16320	$18000	Case	3T	165D	8F-8R	50	6096	No
CX60	......	$12990	$14580	$18020	$19880	Case	3T	165D	8F-8R	50	7286	CHA
CX60 4WD	......	$14700	$16500	$20400	$22500	Case	3T	165D	8F-8R	50	7970	CHA
JX65	$19193	$9410	$10560	$13050	$14400	Case	3	179D	12F-12R	50	6063	No
JX65 4WD	......	$11120	$12480	$15430	$17020	Case	3	179D	12F-12R	50	6063	No
JX65 w/Cab	......	$13300	$14930	$18460	$20360	Case	3	179D	12F-12R	50	6063	CHA
JX65 4WD w/Cab	......	$14700	$16500	$20400	$22500	Case	3	179D	12F-12R	50	6063	CHA
C70	......	$11270	$12650	$15640	$17250	Case	4	258D	8F-8R	60	5941	No
C70 4WD	......	$12740	$14300	$17680	$19500	Case	4	258D	8F-8R	60	6658	No
CX70	......	$13720	$15400	$19040	$21000	Case	4	258D	8F-8R	60	7396	CHA
CX70 4WD	......	$15440	$17330	$21420	$23630	Case	4	258D	8F-8R	60	8466	CHA
JX75	$21077	$10330	$11590	$14330	$15810	Case	4	220D	12F-12R	60	5941	No
JX75 4WD	......	$12240	$13740	$16990	$18740	Case	4	220D	12F-12R	60	5941	No
JX75 w/Cab	......	$13480	$15130	$18700	$20630	Case	4	220D	12F-12R	60	5941	CHA
JX75 4WD w/Cab	......	$15180	$17040	$21060	$23230	Case	4	220D	12F-12R	60	5941	CHA
C80	......	$12080	$13560	$16760	$18490	Case	4T	244D	8F-8R	67	5941	No
C80 4WD	......	$13970	$15680	$19380	$21380	Case	4T	244D	8F-8R	67	6658	No
CX80	......	$14560	$16350	$20210	$22290	Case	4T	244D	8F-8R	67	7396	CHA
CX80 4WD	......	$16830	$18890	$23360	$25760	Case	4T	244D	8F-8R	67	8466	CHA
JX80U	$31053	$15220	$17080	$21120	$23290	Case	4T	238D	24F-12R	66	7396	No
JX80U 4WD	......	$17130	$19220	$23770	$26210	Case	4T	238D	24F-12R	66	7396	No
JX80U w/Cab	......	$18600	$20880	$25810	$28470	Case	4T	238D	24F-12R	66	7396	CHA
JX80U 4WD w/Cab	......	$20560	$23070	$28530	$31460	Case	4T	238D	24F-12R	66	7396	CHA
JX85	$23942	$11730	$13170	$16280	$17960	Case	4T	238D	12F-12R	70	5941	No
JX85 4WD	......	$13590	$15260	$18860	$20810	Case	4T	238D	12F-12R	70	5941	No
JX85 w/Cab	......	$14770	$16580	$20500	$22610	Case	4T	238D	12F-12R	70	5941	CHA
JX85 4WD w/Cab	......	$16950	$19030	$23530	$25950	Case	4T	238D	12F-12R	70	5941	CHA
C90	......	$13380	$15020	$18560	$20480	Case	4T	244D	8F-8R	74	5963	No
C90 4WD	......	$15630	$17550	$21690	$23930	Case	4T	244D	8F-8R	74	6691	No
CX90	......	$15930	$17880	$22100	$24380	Case	4T	244D	8F-8R	74	7396	CHA
CX90 4WD	......	$18060	$20270	$25060	$27640	Case	4T	244D	8F-8R	74	8466	CHA
JX90U	$33157	$16250	$18240	$22550	$24870	Case	4T	238D	24F-12R	76	6691	No
JX90U 4WD	......	$18350	$20600	$25470	$28090	Case	4T	238D	24F-12R	76	6691	No
JX90U w/Cab	......	$19580	$21980	$27170	$29970	Case	4T	238D	24F-12R	76	6691	CHA
JX90U 4WD w/Cab	......	$21490	$24120	$29820	$32890	Case	4T	238D	24F-12R	76	6691	CHA
JX95	$25253	$12370	$13890	$17170	$18940	Case	4T	238D	12F-12R	80	5963	No
JX95 4WD	......	$14290	$16040	$19830	$21870	Case	4T	238D	12F-12R	80	5963	No
JX95 w/Cab	......	$15140	$17000	$21010	$23180	Case	4T	238D	12F-12R	80	5963	CHA
JX95 4WD w/Cab	......	$16830	$18890	$23360	$25760	Case	4T	238D	12F-12R	80	5963	CHA
C100	......	$14460	$16230	$20060	$22130	Case	4T	244D	8F-8R	83	5963	No
C100 4WD	......	$17430	$19570	$24190	$26680	Case	4T	244D	8F-8R	83	6691	No

Case-International (Cont.)

Model	Approx. Retail Price New	Used Trade-In Avg.	Used Trade-In High	Used Retail Avg.	Used Retail High	Make	Engine No. Cyls.	Displ. Cu.-in.	No. Speeds	P.T.O. H.P.	Approx. Shipping Wt.-Lbs.	Cab
2002 (Cont.)												
CX100	......	$18350	$20600	$25470	$28090	Case	4T	244D	8F-8R	83	7396	CHA
CX100 4WD	......	$21220	$23820	$29440	$32480	Case	4T	244D	8F-8R	83	8466	CHA
JX100U	$34388	$16850	$18910	$23380	$25790	Case	4T	238D	24F-12R	82	7396	No
JX100U 4WD	......	$19000	$21330	$26370	$29090	Case	4T	238D	24F-12R	82	7396	No
JX100U w/Cab	......	$20090	$22550	$27870	$30740	Case	4T	238D	24F-12R	82	7396	CHA
JX100U 4WD w/Cab	......	$22000	$24690	$30530	$33670	Case	4T	238D	24F-12R	82	7396	CHA
MXM120 4WD	$66479	$32580	$36560	$45210	$49860	Case	6TD	456D	18F-6R	95	11111	CHA
MX120 MAXXUM	......	$27590	$30970	$38280	$42230	Case	6T	359D	16F-12R	105	11300	CHA
MX120 MAXXUM 4WD	......	$31850	$35750	$44200	$48750	Case	6T	359D	16F-12R	105	12460	CHA
MX100 MAXXUM	......	$24890	$27940	$34540	$38100	Case	6T	359D	16F-12R	85	11300	CHA
MX100 MAXXUM 4WD	......	$28910	$32450	$40120	$44250	Case	6T	359D	16F-12R	85	12460	CHA
MX110 MAXXUM	......	$25700	$28850	$35670	$39340	Case	6T	359D	16F-12R	95	11300	CHA
MX110 MAXXUM 4WD	......	$29890	$33550	$41480	$45750	Case	6T	359D	16F-12R	95	12460	CHA
MX135 MAXXUM	......	$32540	$36520	$45150	$49800	Case	6T	359D	16F-12R	115	11300	CHA
MXM130 4WD	$71255	$34920	$39190	$48450	$53440	Case	6TA	456D	18F-6R	105	11133	CHA
MX135 MAXXUM 4WD	......	$38220	$42900	$53040	$58500	Case	6T	359D	16F-12R	115	12460	CHA
MXM140 4WD	$77282	$37870	$42510	$52550	$57960	Case	6TA	456D	18F-6R	115	11354	CHA
MXM155 4WD	$88018	$43130	$48410	$59850	$66010	Case	6TA	359D	18F-6R	125	11574	CHA
MXM175 4WD	$98416	$48220	$54130	$66920	$73810	Case	6TA	456D	18F-6R	145	12125	CHA
MX180	......	$42140	$47300	$58480	$64500	Case	6T	505D	18F-4R	145	17700	CHA
MX180 4WD	......	$47040	$52800	$65280	$72000	Case	6T	505D	18F-4R	145	18600	CHA
MXM190 4WD	$103302	$50620	$56820	$70250	$77480	Case	6T	456D	18F-6R	160	12125	CHA
MX200	......	$45570	$51150	$63240	$69750	Case	6TA	505D	18F-4R	165	18700	CHA
MX200 4WD	......	$49980	$56100	$69360	$76500	Case	6TA	505D	18F-4R	165	19700	CHA
MX210	$104000	$50960	$57200	$70720	$78000	Case	6TA	505D	18F-4R	170	18700	CHA
MX210 4WD	$119000	$58310	$65450	$80920	$89250	Case	6TA	505D	18F-4R	170	19700	CHA
MX220	......	$50860	$57090	$70580	$77850	Case	6TA	505D	18F-4R	185	18700	CHA
MX220 4WD	......	$53900	$60500	$74800	$82500	Case	6TA	505D	18F-4R	185	19700	CHA
MX230	$115000	$55860	$62700	$77520	$85500	Case	6TA	505D	18F-4R	190	18700	CHA
MX230 4WD	$130000	$62230	$69850	$86360	$95250	Case	6TA	505D	18F-4R	190	19700	CHA
MX240 4WD	......	$56400	$64800	$81600	$88800	Case	6TA	505D	18F-4R	205	20200	CHA
MX255 4WD	$141000	$66270	$76140	$95880	$104340	Case	6TA	505D	18F-4R	215	20200	CHA
MX270 4WD	......	$61100	$70200	$88400	$96200	Case	6TA	505D	18F-4R	235	20200	CHA
MX285 4WD	$156000	$73320	$84240	$106080	$115440	Case	6TA	505D	18F-4R	240	20200	CHA
STX275	$133799	$61550	$70910	$88310	$96340	CDC	6TA	505D	16F-2R	225	33000	CHA
STX325	$152565	$70180	$80860	$100690	$109850	CDC	6TA	543D	16F-2R	270	39000	CHA
STX375	$170249	$78320	$90230	$112360	$122580	Cummins	6TA	915D	16F-2R	330	45000	CHA
STX375 Quadtrac	$216993	$101990	$119350	$141050	$156240	Cummins	6TA	915D	16F-2R	330	53264	CHA
STX425	$190335	$87550	$100880	$125620	$137040	Cummins	6TA	915D	16F-2R	370	51000	CHA
STX425 Quadtrac	$229715	$107970	$126340	$149320	$165400	Cummins	6TA	915D	16F-2R	370	53264	CHA
STX450	$204089	$95920	$112250	$132660	$146940	Cummins	6TA	915D	16F-2R	395	53800	CHA
STX450 Quadtrac	$235010	$110460	$129260	$152760	$169210	Cummins	6TA	915D	16F-2R	395	53264	CHA
2001												
DX21 4WD Farmall	......	$5660	$6410	$8170	$8930	Shibaura	3	61D	9F-3R	17.0	1405	No
D25	......	$5360	$6070	$7740	$8450	Shibaura	3	81D	9F-3R	21.7	2334	No
D25 4WD	......	$5850	$6630	$8450	$9230	Shibaura	3	81D	9F-3R	21.7	2474	No
DX25 4WD	......	$6980	$7910	$10080	$11010	Shibaura	3	81D	Variable	20.3	2474	No
D29	......	$5870	$6660	$8480	$9270	Shibaura	3	81D	9F-3R	25.1	2334	No
D29 4WD	......	$6260	$7090	$9040	$9870	Shibaura	3	81D	9F-3R	25.1	2474	No
DX29 4WD	......	$7360	$8340	$10630	$11610	Shibaura	3	81D	Variable	23.6	2474	No
D33	......	$6210	$7040	$8970	$9800	Shibaura	3	91D	9F-3R	28.6	2334	No
D33 4WD	......	$6570	$7450	$9490	$10370	Shibaura	3	91D	9F-3R	28.6	2474	No
DX33 4WD	......	$7700	$8720	$11120	$12140	Shibaura	3	91D	Variable	26.9	2474	No
D35	......	$6410	$7270	$9260	$10120	Shibaura	3	101D	12F-12R	29.6	2947	No
D35 4WD	......	$7540	$8540	$10890	$11890	Shibaura	3	101D	12F-12R	29.6	3096	No
DX35 4WD	......	$8530	$9670	$12320	$13460	Shibaura	3	101D	Variable	29.1	3052	No
D40	......	$7180	$8140	$10370	$11330	Shibaura	4	121D	12F-12R	35.0	2998	No
D40 4WD	......	$8440	$9560	$12190	$13310	Shibaura	4	121D	12F-12R	35.0	3147	No
DX40 4WD	......	$9270	$10510	$13390	$14630	Shibaura	4	121D	Variable	33.2	3328	No
D45	......	$8080	$9160	$11670	$12750	Shibaura	4	135D	12F-12R	39.6	3200	No
D45 4WD	......	$9250	$10480	$13360	$14590	Shibaura	4	135D	12F-12R	39.6	3349	No
DX45 4WD	......	$10350	$11730	$14950	$16330	Shibaura	4	135D	Variable	37.8	3417	No
C50	......	$9000	$10200	$13000	$14200	Case	3	165D	8F-8R	40	5335	No
C50 4WD	......	$11480	$13010	$16580	$18110	Case	3	165D	8F-8R	40	6063	No
CX50	......	$10800	$12240	$15600	$17040	Case	3	165D	8F-8R	40	7286	CHA
CX50 4WD	......	$14400	$16320	$20800	$22720	Case	3	165D	8F-8R	40	7970	CHA
C60	......	$10580	$11990	$15280	$16690	Case	3T	165D	8F-8R	50	5357	No
C60 4WD	......	$12870	$14590	$18590	$20310	Case	3T	165D	8F-8R	50	6096	No
CX60	......	$13500	$15300	$19500	$21300	Case	3T	165D	8F-8R	50	7286	CHA
CX60 4WD	......	$16490	$18690	$23820	$26020	Case	3T	165D	8F-8R	50	7970	CHA
C70	......	$11050	$12520	$15960	$17430	Case	4	258D	8F-8R	60	5941	No
C70 4WD	......	$13950	$15810	$20150	$22010	Case	4	258D	8F-8R	60	6658	No
CX70	......	$15300	$17340	$22100	$24140	Case	4	258D	8F-8R	60	7396	CHA
CX70 4WD	......	$18000	$20400	$26000	$28400	Case	4	258D	8F-8R	60	8466	CHA
C80	......	$12110	$13720	$17490	$19100	Case	4T	244D	8F-8R	67	5941	No
C80 4WD	......	$14540	$16470	$21000	$22930	Case	4T	244D	8F-8R	67	6658	No
CX80	......	$16750	$18980	$24190	$26430	Case	4T	244D	8F-8R	67	7396	CHA
CX80 4WD	......	$19510	$22110	$28180	$30780	Case	4T	244D	8F-8R	67	8466	CHA
C90	......	$13100	$14840	$18920	$20660	Case	4T	244D	8F-8R	74	5963	No
C90 4WD	......	$15530	$17600	$22430	$24500	Case	4T	244D	8F-8R	74	6691	No
CX90	......	$17730	$20090	$25610	$27970	Case	4T	244D	8F-8R	74	7396	CHA
CX90 4WD	......	$20540	$23280	$29670	$32410	Case	4T	244D	8F-8R	74	8466	CHA
C100	......	$13730	$15560	$19830	$21660	Case	4T	244D	8F-8R	83	5963	No

Case-International (Cont.)

Model	Approx. Retail Price New	Estimated Value Less Repairs — Used Trade-In Avg.	Used Trade-In High	Used Retail Avg.	Used Retail High	Make	Engine No. Cyls.	Displ. Cu.-in.	No. Speeds	P.T.O. H.P.	Approx. Shipping Wt.-Lbs.	Cab
2001 (Cont.)												
C100 4WD	......	$16640	$18860	$24030	$26250	Case	4T	244D	8F-8R	83	6691	No
CX100	......	$18660	$21140	$26950	$29430	Case	4T	244D	8F-8R	83	7396	CHA
CX100 4WD	......	$21740	$24630	$31400	$34290	Case	4T	244D	8F-8R	83	8466	CHA
MX80C	......	$23470	$26600	$33900	$37030	Case	4T	244D	16F-12R	67	9921	CHA
MX90C	......	$24710	$28000	$35690	$38980	Case	4T	244D	16F-12R	74	10472	CHA
MX100C	......	$26150	$29630	$37770	$41250	Case	4T	244D	16F-12R	83	10472	CHA
MX150	......	$34110	$38650	$49260	$53810	Case	6TA	359D	16F-12R	130	13911	CHA
MX150 4WD	......	$37800	$42840	$54600	$59640	Case	6TA	359D	16F-12R	130	14616	CHA
MX170	......	$36950	$41870	$53370	$58290	Case	6TA	359D	16F-12R	145	14076	CHA
MX170 4WD	......	$40950	$46410	$59150	$64610	Case	6TA	359D	16F-12R	145	14782	CHA
MX180	......	$38250	$43350	$55250	$60350	Case	6T	505D	18F-4R	145	17700	CHA
MX180 4WD	......	$42750	$48450	$61750	$67450	Case	6T	505D	18F-4R	145	18600	CHA
MX200	......	$40500	$45900	$58500	$63900	Case	6TA	505D	18F-4R	165	18700	CHA
MX200 4WD	......	$45000	$51000	$65000	$71000	Case	6TA	505D	18F-4R	165	19700	CHA
MX220	......	$46130	$52280	$66630	$72780	Case	6TA	505D	18F-4R	185	18700	CHA
MX220 4WD	......	$49500	$56100	$71500	$78100	Case	6TA	505D	18F-4R	185	19700	CHA
MX240 4WD	......	$50400	$58800	$76800	$85200	Case	6TA	505D	18F-4R	205	20200	CHA
MX270 4WD	......	$54600	$63700	$83200	$92300	Case	6TA	505D	18F-4R	235	20200	CHA
MX100 MAXXUM	......	$22860	$25910	$33020	$36070	Case	6T	359D	16F-12R	85	11300	CHA
MX100 MAXXUM 4WD	......	$26550	$30090	$38350	$41890	Case	6T	359D	16F-12R	85	12460	CHA
MX110 MAXXUM	......	$23600	$26750	$34090	$37240	Case	6T	359D	16F-12R	95	11300	CHA
MX110 MAXXUM 4WD	......	$27450	$31110	$39650	$43310	Case	6T	359D	16F-12R	95	12460	CHA
MX120 MAXXUM	......	$25340	$28710	$36600	$39970	Case	6T	359D	16F-12R	105	11300	CHA
MX120 MAXXUM 4WD	......	$29250	$33150	$42250	$46150	Case	6T	359D	16F-12R	105	12460	CHA
MX135 MAXXUM	......	$29880	$33860	$43160	$47140	Case	6T	359D	16F-12R	115	11300	CHA
MX135 MAXXUM 4WD	......	$35100	$39780	$50700	$55380	Case	6T	359D	16F-12R	115	12460	CHA
8910	......	$32290	$37800	$48820	$53550	Case	6T	505D	18F-4R	135	15215	CHA
8910 4WD	......	$35670	$41760	$53940	$59160	Case	6T	505D	18F-4R	135	16230	CHA
8920	......	$35260	$41280	$53320	$58480	Case	6T	505D	18F-4R	155	15630	CHA
8920 4WD	......	$38950	$45600	$58900	$64600	Case	6T	505D	18F-4R	155	16575	CHA
8930	......	$38540	$45120	$58280	$63920	Case	6TA	505D	18F-4R	180	15750	CHA
8930 4WD	......	$41620	$48720	$62930	$69020	Case	6TA	505D	18F-4R	180	16750	CHA
8940	......	$42640	$49920	$64480	$70720	Case	6TA	505D	18F-4R	205	15825	CHA
8940 4WD	......	$45450	$53210	$68730	$75380	Case	6TA	505D	18F-4R	205	16845	CHA
8950 4WD	......	$48750	$57070	$73720	$80850	Case	6TA	505D	18F-4R	225	17445	CHA
9330	......	$44100	$52500	$63000	$69300	Case	6TA	505D	12F-3R	240*	21026	CHA
9330 Row Crop	......	$47460	$56500	$67800	$74580	Case	6TA	505D	12F-3R	240*	21026	CHA
9350	......	$51660	$61500	$73800	$81180	Cummins	6TA	661D	12F-3R	310*	26533	CHA
9350 Row Crop	......	$53340	$63500	$76200	$83820	Cummins	6TA	661D	12F-3R	310*	29600	CHA
9370	......	$56700	$67500	$81000	$89100	Cummins	6TA	855D	12F-3R	360*	30416	CHA
9370 Q.T.	......	$69720	$83000	$99600	$109560	Cummins	6TA	855D	12F-3R	360*	43750	CHA
9380	......	$63000	$75000	$90000	$99000	Cummins	6TA	855D	12F-3R	400*	32500	CHA
9390	......	$65100	$77500	$93000	$102300	Cummins	6TA	855D	12F-3R	425*	32500	CHA

* Engine Horsepower

Model	Approx. Retail Price New	Used Trade-In Avg.	Used Trade-In High	Used Retail Avg.	Used Retail High	Make	No. Cyls.	Displ. Cu.-in.	No. Speeds	P.T.O. H.P.	Approx. Shipping Wt.-Lbs.	Cab
2000												
C50	$20000	$8200	$9400	$12600	$13800	Case	3	165D	8F-8R	40	5335	No
C50 4WD	$25550	$10480	$12010	$16100	$17630	Case	3	165D	8F-8R	40	6063	No
CX50	$24000	$9840	$11280	$15120	$16560	Case	3	165D	8F-8R	40	7286	CHA
CX50 4WD	$32000	$13120	$15040	$20160	$22080	Case	3	165D	8F-8R	40	7970	CHA
C60	$23500	$9640	$11050	$14810	$16220	Case	3T	165D	8F-8R	50	5357	No
C60 4WD	$28600	$11730	$13440	$18020	$19730	Case	3T	165D	8F-8R	50	6096	No
CX60	$30000	$12300	$14100	$18900	$20700	Case	3T	165D	8F-8R	50	7286	CHA
CX60 4WD	$36650	$15030	$17230	$23090	$25290	Case	3T	165D	8F-8R	50	7970	CHA
C70	$24550	$10070	$11540	$15470	$16940	Case	4	258D	8F-8R	60	5941	No
C70 4WD	$31000	$12710	$14570	$19530	$21390	Case	4	258D	8F-8R	60	6658	No
CX70	$34000	$13940	$15980	$21420	$23460	Case	4	258D	8F-8R	60	7396	CHA
CX70 4WD	$40000	$16400	$18800	$25200	$27600	Case	4	258D	8F-8R	60	8466	CHA
C80	$26900	$11030	$12640	$16950	$18560	Case	4T	244D	8F-8R	67	5941	No
C80 4WD	$32300	$13240	$15180	$20350	$22290	Case	4T	244D	8F-8R	67	6658	No
CX80	$37220	$15260	$17490	$23450	$25680	Case	4T	244D	8F-8R	67	7396	CHA
CX80 4WD	$43350	$17770	$20380	$27310	$29910	Case	4T	244D	8F-8R	67	8466	CHA
C90	$29005	$11890	$13630	$18270	$20010	Case	4T	244D	8F-8R	74	5963	No
C90 4WD	$34550	$14170	$16240	$21770	$23840	Case	4T	244D	8F-8R	74	6691	No
CX90	$39400	$16150	$18520	$24820	$27190	Case	4T	244D	8F-8R	74	7396	CHA
CX90 4WD	$45650	$18720	$21460	$28760	$31500	Case	4T	244D	8F-8R	74	8466	CHA
C100	$30500	$12510	$14340	$19220	$21050	Case	4T	244D	8F-8R	83	5963	No
C100 4WD	$36975	$15160	$17380	$23290	$25510	Case	4T	244D	8F-8R	83	6691	No
CX100	$41455	$17000	$19480	$26120	$28600	Case	4T	244D	8F-8R	83	7396	CHA
CX100 4WD	$48300	$19800	$22700	$30430	$33330	Case	4T	244D	8F-8R	83	8466	CHA
MX100C	$58100	$23820	$27310	$36600	$40090	Case	4T	244D	16F-12R	83	10472	CHA
MX150	$75790	$31070	$35620	$47750	$52300	Case	6TA	359D	16F-12R	130	13911	CHA
MX150 4WD	$88000	$34440	$39480	$52920	$57960	Case	6TA	359D	16F-12R	130	14616	CHA
MX170	$82100	$33660	$38590	$51720	$56650	Case	6TA	359D	16F-12R	145	14076	CHA
MX170 4WD	$93800	$37310	$42770	$57330	$62790	Case	6TA	359D	16F-12R	145	14782	CHA
MX180	$86175	$34850	$39950	$53550	$58650	Case	6T	505D	18F-4R	145	17700	CHA
MX180 4WD	$98175	$38950	$44650	$59850	$65550	Case	6T	505D	18F-4R	145	18600	CHA
MX200	$92250	$36900	$42300	$56700	$62100	Case	6TA	505D	18F-4R	165	18700	CHA
MX200 4WD	$106000	$41000	$47000	$63000	$69000	Case	6TA	505D	18F-4R	165	19700	CHA
MX220	$102600	$42070	$48220	$64640	$70790	Case	6TA	505D	18F-4R	185	18700	CHA
MX220 4WD	$117400	$45100	$51700	$69300	$75900	Case	6TA	505D	18F-4R	185	19700	CHA
MX240 4WD	$128000	$45600	$54000	$72000	$81600	Case	6TA	505D	18F-4R	205	20200	CHA
MX270 4WD	$136150	$49400	$58500	$78000	$88400	Case	6TA	505D	18F-4R	235	20200	CHA
MX80C	$52150	$21380	$24510	$32860	$35980	Case	4T	244D	16F-12R	67	9921	CHA

Model	Approx. Retail Price New	Used Trade-In Avg.	Used Trade-In High	Used Retail Avg.	Used Retail High	Make	No. Cyls.	Displ. Cu.-in.	No. Speeds	P.T.O. H.P.	Approx. Shipping Wt.-Lbs.	Cab

Case-International (Cont.)

2000 (Cont.)

Model	Approx. Retail Price New	Used Trade-In Avg.	Used Trade-In High	Used Retail Avg.	Used Retail High	Make	No. Cyls.	Displ. Cu.-in.	No. Speeds	P.T.O. H.P.	Approx. Shipping Wt.-Lbs.	Cab
MX90C	$54900	$22510	$25800	$34590	$37880	Case	4T	244D	16F-12R	74	10472	CHA
MX100 MAXXUM	$50800	$20830	$23880	$32000	$35050	Case	6T	359D	16F-12R	85	11300	CHA
MX100 MAXXUM 4WD	$59000	$24190	$27730	$37170	$40710	Case	6T	359D	16F-12R	85	12460	CHA
MX110 MAXXUM	$52450	$21510	$24650	$33040	$36190	Case	6T	359D	16F-12R	95	11300	CHA
MX110 MAXXUM 4WD	$61000	$25010	$28670	$38430	$42090	Case	6T	359D	16F-12R	95	12460	CHA
MX120 MAXXUM	$56300	$23080	$26460	$35470	$38850	Case	6T	359D	16F-12R	105	11300	CHA
MX120 MAXXUM 4WD	$65000	$26650	$30550	$40950	$44850	Case	6T	359D	16F-12R	105	12460	CHA
MX135 MAXXUM	$66400	$27220	$31210	$41830	$45820	Case	6T	359D	16F-12R	115	11300	CHA
MX135 MAXXUM 4WD	$78000	$31980	$36660	$49140	$53820	Case	6T	359D	16F-12R	115	12460	CHA
8910	$78745	$29140	$34650	$45670	$50400	Case	6T	505D	18F-4R	135	15215	CHA
8910 4WD	$87000	$32190	$38280	$50460	$55680	Case	6T	505D	18F-4R	135	16230	CHA
8920	$86000	$31820	$37840	$49880	$55040	Case	6T	505D	18F-4R	155	15630	CHA
8920 4WD	$95840	$35090	$41730	$55010	$60700	Case	6T	505D	18F-4R	155	16575	CHA
8930	$94325	$34900	$41500	$54710	$60370	Case	6TA	505D	18F-4R	180	15750	CHA
8930 4WD	$110925	$37560	$44660	$58870	$64960	Case	6TA	505D	18F-4R	180	16750	CHA
8940	$109740	$38480	$45760	$60320	$66560	Case	6TA	505D	18F-4R	205	15825	CHA
8940 4WD	$118850	$41020	$48770	$64290	$70940	Case	6TA	505D	18F-4R	205	16845	CHA
8950 4WD	$128955	$43990	$52320	$68960	$76100	Case	6TA	505D	18F-4R	225	17445	CHA
9330	$106080	$41370	$48800	$58340	$63650	Case	6TA	505D	12F-3R	240*	21026	CHA
9330 Row Crop	$114000	$43680	$51520	$61600	$67200	Case	6TA	505D	12F-3R	240*	21026	CHA
9350	$123620	$47190	$55660	$66550	$72600	Cummins	6TA	661D	12F-3R	310*	26533	CHA
9350 Row Crop	$133500	$50700	$59800	$71500	$78000	Cummins	6TA	661D	12F-3R	310*	29600	CHA
9370	$138810	$52650	$62100	$74250	$81000	Cummins	6TA	855D	12F-3R	360*	30416	CHA
9370 Q.T.	$186000	$64740	$76360	$91300	$99600	Cummins	6TA	855D	12F-3R	360*	43750	CHA
9380	$155355	$58500	$69000	$82500	$90000	Cummins	6TA	855D	12F-3R	400*	32500	CHA
9390	$159075	$60450	$71300	$85250	$93000	Cummins	6TA	855D	12F-3R	425*	32500	CHA

* Engine Horsepower

1999

Model	Approx. Retail Price New	Used Trade-In Avg.	Used Trade-In High	Used Retail Avg.	Used Retail High	Make	No. Cyls.	Displ. Cu.-in.	No. Speeds	P.T.O. H.P.	Approx. Shipping Wt.-Lbs.	Cab
C50	$19600	$7450	$8620	$11960	$13130	Case	3	165D	8F-8R	40	5335	No
C50 4WD	$24750	$9410	$10890	$15100	$16580	Case	3	165D	8F-8R	40	6063	No
CX50	$23220	$8820	$10220	$14160	$15560	Case	3	165D	8F-8R	40	7286	CHA
CX50 4WD	$28300	$10750	$12450	$17260	$18960	Case	3	165D	8F-8R	40	7970	CHA
C60	$22225	$8450	$9780	$13560	$14890	Case	3T	165D	8F-8R	50	5357	No
C60 4WD	$27600	$10490	$12140	$16840	$18490	Case	3T	165D	8F-8R	50	6096	No
CX60	$25300	$9610	$11130	$15430	$16950	Case	3T	165D	8F-8R	50	7286	CHA
CX60 4WD	$30450	$11570	$13400	$18580	$20400	Case	3T	165D	8F-8R	50	7970	CHA
C70	$23750	$9030	$10450	$14490	$15910	Case	4	258D	8F-8R	60	5941	No
C70 4WD	$28900	$10980	$12720	$17630	$19360	Case	4	258D	8F-8R	60	6658	No
CX70	$27000	$10260	$11880	$16470	$18090	Case	4	258D	8F-8R	60	7396	CHA
CX70 4WD	$32500	$12350	$14300	$19830	$21780	Case	4	258D	8F-8R	60	8466	CHA
C80	$25900	$9840	$11400	$15800	$17350	Case	4T	244D	8F-8R	67	5941	No
C80 4WD	$31000	$11780	$13640	$18910	$20770	Case	4T	244D	8F-8R	67	6658	No
CX80	$29730	$11300	$13080	$18140	$19920	Case	4T	244D	8F-8R	67	7396	CHA
CX80 4WD	$34950	$13280	$15380	$21320	$23420	Case	4T	244D	8F-8R	67	8466	CHA
MX80C	$52150	$19820	$22950	$31810	$34940	Case	4T	244D	16F-12R	67	9921	CHA
C90	$28255	$10740	$12430	$17240	$18930	Case	4T	244D	8F-8R	74	5963	No
C90 4WD	$33550	$12750	$14760	$20470	$22480	Case	4T	244D	8F-8R	74	6691	No
CX90	$32140	$12210	$14140	$19610	$21530	Case	4T	244D	8F-8R	74	7396	CHA
CX90 4WD	$37650	$14310	$16570	$22970	$25230	Case	4T	244D	8F-8R	74	8466	CHA
MX90C	$54825	$20830	$24120	$33440	$36730	Case	4T	244D	16F-12R	74	10472	CHA
C100	$30465	$11580	$13410	$18580	$20410	Case	4T	244D	8F-8R	83	5963	No
C100 4WD	$35975	$13670	$15830	$21950	$24100	Case	4T	244D	8F-8R	83	6691	No
CX100	$34390	$13070	$15130	$20980	$23040	Case	4T	244D	8F-8R	83	7396	CHA
CX100 4WD	$39880	$15150	$17550	$24330	$26720	Case	4T	244D	8F-8R	83	8466	CHA
MX100 W/Cab	$42300	$16070	$18610	$25800	$28340	Case	6T	359D	16F-12R	85	11300	CHA
MX100 W/Cab 4WD	$50825	$19310	$22360	$31000	$34050	Case	6T	359D	16F-12R	85	12460	CHA
MX100C	$58100	$22080	$25560	$35440	$38930	Case	4T	244D	16F-12R	83	10472	CHA
MX110 W/Cab	$44050	$16740	$19380	$26870	$29510	Case	6T	359D	16F-12R	95	11300	CHA
MX110 W/Cab 4WD	$52350	$19890	$23030	$31930	$35080	Case	6T	359D	16F-12R	95	12460	CHA
MX120 W/Cab	$48100	$18280	$21160	$29340	$32230	Case	6T	359D	16F-12R	105	11300	CHA
MX120 W/Cab 4WD	$56250	$21380	$24750	$34310	$37690	Case	6T	359D	16F-12R	105	12460	CHA
MX135 W/Cab	$58255	$22140	$25630	$35540	$39030	Case	6T	359D	16F-12R	115	11300	CHA
MX135 W/Cab 4WD	$66450	$25250	$29240	$40540	$44520	Case	6T	359D	16F-12R	115	12460	CHA
MX150	$75790	$28800	$33350	$46230	$50780	Case	6TA	359D	16F-12R	130	13911	CHA
MX150 4WD	$83950	$31900	$36940	$51210	$56250	Case	6TA	359D	16F-12R	130	14616	CHA
MX170	$82100	$31200	$36120	$50080	$55010	Case	6TA	359D	16F-12R	145	14076	CHA
MX170 4WD	$90720	$34470	$39920	$55340	$60780	Case	6TA	359D	16F-12R	145	14782	CHA
MX180	$86175	$32750	$37920	$52570	$57740	Case	6T	505D	18F-4R	145	17700	CHA
MX180 4WD	$94875	$36050	$41750	$57870	$63570	Case	6T	505D	18F-4R	145	18600	CHA
MX200	$92280	$35070	$40600	$56290	$61830	Case	6TA	505D	18F-4R	165	18700	CHA
MX200 4WD	$101350	$38510	$44590	$61820	$67910	Case	6TA	505D	18F-4R	165	19700	CHA
MX220	$102640	$39000	$45160	$62640	$68770	Case	6TA	505D	18F-4R	185	18700	CHA
MX220 4WD	$110455	$41040	$47520	$65880	$72360	Case	6TA	505D	18F-4R	185	19700	CHA
MX240 4WD	$128000	$43200	$50400	$68400	$78000	Case	6TA	505D	18F-4R	205	20200	CHA
MX270 4WD	$140150	$46800	$54600	$74100	$84500	Case	6TA	505D	18F-4R	235	20200	CHA
8910	$77745	$27990	$32650	$44320	$50530	Case	6T	505D	18F-4R	135	15215	CHA
8910 4WD	$85950	$30940	$36100	$48990	$55870	Case	6T	505D	18F-4R	135	16230	CHA
8920	$85000	$30600	$35700	$48450	$55250	Case	6T	505D	18F-4R	155	15630	CHA
8920 4WD	$93840	$33420	$38990	$52920	$60350	Case	6T	505D	18F-4R	155	16575	CHA
8930	$94325	$31130	$38670	$50940	$56600	Case	6T	505D	18F-4R	180	15750	CHA
8930 4WD	$102925	$33500	$41620	$54810	$60900	Case	6T	505D	18F-4R	180	16750	CHA
8940	$104740	$34320	$42640	$56160	$62400	Case	6T	505D	18F-4R	205	15825	CHA
8940 4WD	$113850	$36580	$45450	$59860	$66510	Case	6T	505D	18F-4R	205	16845	CHA

Case-International (Cont.)

Model	Approx. Retail Price New	Used Trade-In Avg.	Used Trade-In High	Used Retail Avg.	Used Retail High	Make	No. Cyls.	Displ. Cu.-in.	No. Speeds	P.T.O. H.P.	Approx. Shipping Wt.-Lbs.	Cab
1999 (Cont.)												
8950 4WD	$132955	$38940	$48380	$63720	$70800	Case	6T	505D	18F-4R	225	17445	CHA
9330	$106080	$34340	$43430	$51510	$56560	Case	6TA	505D	12F-3R	240*	21026	CHA
9330 Row Crop	$114000	$37060	$46870	$55590	$61040	Case	6TA	505D	12F-3R	240*	21026	CHA
9350	$123620	$40320	$51000	$60490	$66420	Cummins	6TA	661D	12F-3R	310*	26533	CHA
9350 Row Crop	$133500	$43690	$55260	$65540	$71960	Cummins	6TA	661D	12F-3R	310*	29600	CHA
9370	$138810	$44810	$56670	$67220	$73810	Cummins	6TA	855D	12F-3R	360*	30416	CHA
9370 Q.T.	$179000	$54060	$68370	$81090	$89040	Cummins	6TA	855D	12F-3R	360*	43750	CHA
9380	$155355	$50320	$63640	$75480	$82880	Cummins	6TA	855D	12F-3R	400*	32500	CHA
9380 Q.T.	$194000	$57120	$72240	$85680	$94080	Cummins	6TA	855D	12F-3R	400*	43750	CHA
9390	$159075	$51340	$64930	$77010	$84560	Cummins	6TA	855D	12F-3R	425*	32500	CHA
* Engine Horsepower												
1998												
C50	$19900	$7160	$8560	$11740	$12940	Case	3	165D	8F-8R	40	5335	No
C50 4WD	$25000	$9000	$10750	$14750	$16250	Case	3	165D	8F-8R	40	6063	No
CX50	$24200	$8710	$10410	$14280	$15730	Case	3	165D	8F-8R	40	7286	CHA
CX50 4WD	$29250	$10530	$12580	$17260	$19010	Case	3	165D	8F-8R	40	7970	CHA
C60	$22500	$8100	$9680	$13280	$14630	Case	3T	165D	8F-8R	50	5357	No
C60 4WD	$27800	$10010	$11950	$16400	$18070	Case	3T	165D	8F-8R	50	6096	No
CX60	$25200	$9070	$10840	$14870	$16380	Case	3T	165D	8F-8R	50	7286	CHA
CX60 4WD	$30300	$10910	$13030	$17880	$19700	Case	3T	165D	8F-8R	50	7970	CHA
C70	$23750	$8550	$10210	$14010	$15440	Case	4	258D	8F-8R	60	5941	No
C70 4WD	$29000	$10440	$12470	$17110	$18850	Case	4	258D	8F-8R	60	6658	No
CX70	$27000	$9720	$11610	$15930	$17550	Case	4	258D	8F-8R	60	7396	CHA
CX70 4WD	$33500	$12060	$14410	$19770	$21780	Case	4	258D	8F-8R	60	8466	CHA
C80	$25800	$9290	$11090	$15220	$16770	Case	4T	244D	8F-8R	67	5941	No
C80 4WD	$30000	$10800	$12900	$17700	$19500	Case	4T	244D	8F-8R	67	6658	No
CX80	$29200	$10510	$12560	$17230	$18980	Case	4T	244D	8F-8R	67	7396	CHA
CX80 4WD	$35300	$12710	$15180	$20830	$22950	Case	4T	244D	8F-8R	67	8466	CHA
MX80C	$53000	$19080	$22790	$31270	$34450	Case	4T	244D	16F-12R	67	9921	CHA
C90	$28256	$10170	$12150	$16670	$18370	Case	4T	244D	8F-8R	74	5963	No
C90 4WD	$34500	$12420	$14840	$20360	$22430	Case	4T	244D	8F-8R	74	6691	No
CX90	$31500	$11340	$13550	$18590	$20480	Case	4T	244D	8F-8R	74	7396	CHA
CX90 4WD	$37800	$13610	$16250	$22300	$24570	Case	4T	244D	8F-8R	74	8466	CHA
MX90C	$56000	$20160	$24080	$33040	$36400	Case	4T	244D	16F-12R	74	10472	CHA
C100	$30500	$10980	$13120	$18000	$19830	Case	4T	244D	8F-8R	83	5963	No
C100 4WD	$36900	$13280	$15870	$21770	$23990	Case	4T	244D	8F-8R	83	6691	No
CX100	$33800	$12170	$14530	$19940	$21970	Case	4T	244D	8F-8R	83	7396	CHA
CX100 4WD	$40300	$14510	$17330	$23780	$26200	Case	4T	244D	8F-8R	83	8466	CHA
MX100	$47700	$17170	$20510	$28140	$31010	Case	6T	359D	16F-12R	85	11300	CHA
MX100 4WD	$52750	$18990	$22680	$31120	$34290	Case	6T	359D	16F-12R	85	12460	CHA
MX100C	$51350	$18490	$22080	$30300	$33380	Case	4T	244D	16F-12R	83	10472	CHA
MX110	$47800	$17210	$20550	$28200	$31070	Case	6T	359D	16F-12R	95	11300	CHA
MX110 4WD	$55520	$19990	$23870	$32760	$36090	Case	6T	359D	16F-12R	95	12460	CHA
MX120	$50570	$18210	$21750	$29840	$32870	Case	6T	359D	16F-12R	105	11300	CHA
MX120 4WD	$58800	$21170	$25280	$34690	$38220	Case	6T	359D	16F-12R	105	12460	CHA
MX135	$59200	$21310	$25460	$34930	$38480	Case	6T	359D	16F-12R	115	11300	CHA
MX135 4WD	$67200	$24190	$28900	$39650	$43680	Case	6T	359D	16F-12R	115	12460	CHA
MX150	$68250	$24570	$29350	$40270	$44360	Case	6TA	359D	16F-12R	130	13911	CHA
MX150 4WD	$77330	$27840	$33250	$45630	$50270	Case	6TA	359D	16F-12R	130	14616	CHA
MX170	$73650	$26510	$31670	$43450	$47870	Case	6TA	359D	16F-12R	145	14076	CHA
MX170 4WD	$82440	$29680	$35450	$48640	$53590	Case	6TA	359D	16F-12R	145	14782	CHA
MX180	$85500	$30780	$36770	$50450	$55580	Case	6T	505D	18F-4R	145	17700	CHA
MX180 4WD	$93685	$33730	$40290	$55270	$60900	Case	6T	505D	18F-4R	145	18600	CHA
MX200	$91754	$33030	$39450	$54140	$59640	Case	6TA	505D	18F-4R	165	18700	CHA
MX200 4WD	$100755	$35640	$42570	$58410	$64350	Case	6TA	505D	18F-4R	165	19700	CHA
MX220	$101880	$36000	$43000	$59000	$65000	Case	6TA	505D	18F-4R	185	18700	CHA
MX220 4WD	$109315	$37800	$45150	$61950	$68250	Case	6TA	505D	18F-4R	185	19700	CHA
MX240 4WD	$126244	$40800	$48000	$66000	$75600	Case	6TA	505D	18F-4R	205	20200	CHA
MX270 4WD	$138340	$43520	$51200	$70400	$80640	Case	6TA	505D	18F-4R	235	20200	CHA
8910	$79000	$26180	$30800	$42350	$48510	Case	6T	505D	18F-4R	135	15215	CHA
8910 4WD	$89000	$29240	$34400	$47300	$54180	Case	6T	505D	18F-4R	135	16575	CHA
8920	$86000	$28560	$33600	$46200	$52920	Case	6T	505D	18F-4R	155	15630	CHA
8920 4WD	$99000	$32300	$38000	$52250	$59850	Case	6T	505D	18F-4R	155	16750	CHA
8930	$96000	$28830	$36270	$47430	$53010	Case	6T	505D	18F-4R	180	15750	CHA
8930 4WD	$110000	$31000	$39000	$51000	$57000	Case	6T	505D	18F-4R	180	16750	CHA
8940	$106000	$31620	$39780	$52020	$58140	Case	6T	505D	18F-4R	205	15825	CHA
8940 4WD	$120000	$34720	$43680	$57120	$63840	Case	6T	505D	18F-4R	205	16845	CHA
8950 4WD	$135000	$37200	$46800	$61200	$68400	Case	6T	505D	18F-4R	225	17445	CHA
9330	$108000	$32960	$41200	$49440	$53560	Case	6TA	505D	12F-3R	240*	21026	CHA
9330 Row Crop	$116000	$35200	$44000	$52800	$57200	Case	6TA	505D	12F-3R	240*	21026	CHA
9350	$128000	$39040	$48800	$58560	$63440	Cummins	6TA	661D	12F-3R	310*	26533	CHA
9350 Row Crop	$138000	$41600	$52000	$62400	$67600	Cummins	6TA	661D	12F-3R	310*	29600	CHA
9370	$145000	$43200	$54000	$64800	$70200	Cummins	6TA	855D	12F-3R	360*	30416	CHA
9370 Q.T.	$168000	$50560	$63200	$75840	$82160	Cummins	6TA	855D	12F-3R	360*	43750	CHA
9380	$158000	$47360	$59200	$71040	$76960	Cummins	6TA	855D	12F-3R	400*	32500	CHA
9390	$165000	$49600	$62000	$74400	$80600	Cummins	6TA	855D	12F-3R	425*	32500	CHA
* Engine Horsepower												
1997												
MX100	$45680	$15990	$19190	$26490	$29240	Case	6T	359D	16F-12R	85	11300	CHA
MX100 4WD	$51485	$18020	$21620	$29860	$32950	Case	6T	359D	16F-12R	85	12460	CHA
MX110	$45535	$15940	$19130	$26410	$29140	Case	6T	359D	16F-12R	95	11300	CHA
MX110 4WD	$52775	$18470	$22170	$30610	$33780	Case	6T	359D	16F-12R	95	12460	CHA

Case-International (Cont.)

Model	Approx. Retail Price New	Used Trade-In Avg.	Used Trade-In High	Used Retail Avg.	Used Retail High	Make	No. Cyls.	Displ. Cu.-in.	No. Speeds	P.T.O. H.P.	Approx. Shipping Wt.-Lbs.	Cab
1997 (Cont.)												
MX120	$49445	$17310	$20770	$28680	$31650	Case	6T	359D	16F-12R	105	11300	CHA
MX120 4WD	$57175	$20010	$24010	$33160	$36590	Case	6T	359D	16F-12R	105	12460	CHA
MX135	$57875	$20260	$24310	$33570	$37040	Case	6T	359D	16F-12R	115	11300	CHA
MX135 4WD	$65990	$23100	$27720	$38270	$42230	Case	6T	359D	16F-12R	115	12460	CHA
3220	$19447	$6220	$7390	$10500	$11860	Case	3	179D	8F-4R	42	4960	CHA
3220 MFD	$24775	$7930	$9420	$13380	$15110	Case	3	179D	8F-4R	42	5570	No
3230	$22447	$7180	$8530	$12120	$13690	Case	4	206D	8F-4R	52	5540	No
3230 MFD	$28209	$9030	$10720	$15230	$17210	Case	4	206D	8F-4R	52	6150	No
3230 MFD w/Cab	$35210	$11270	$13380	$19010	$21480	Case	4	206D	8F-4R	52	6950	CHA
3230 w/Cab	$29448	$9420	$11190	$15900	$17960	Case	4	206D	8F-4R	52	6340	CHA
4210	$25630	$8200	$9740	$13840	$15630	Case	4	239D	8F-4R	62	5720	No
4210 MFD	$31392	$10050	$11930	$16950	$19150	Case	4	239D	8F-4R	62	6330	No
4210 MFD w/Cab	$38394	$12290	$14590	$20730	$23420	Case	4	239D	8F-4R	62	7130	CHA
4210 w/Cab	$32631	$10440	$12400	$17620	$19910	Case	4	239D	8F-4R	62	6520	CHA
4230	$29535	$9450	$11220	$15950	$18020	Case	4	268D	16F-8R	72	6030	No
4230 MFD	$35836	$11470	$13620	$19350	$21860	Case	4	268D	16F-8R	72	6640	No
4230 MFD w/Cab	$43551	$13940	$16550	$23520	$26570	Case	4	268D	16F-8R	72	7440	CHA
4230 w/Cab	$37250	$11920	$14160	$20120	$22720	Case	4	268D	16F-8R	72	6830	CHA
4240	$31697	$10140	$12050	$17120	$19340	Case	4	268D	16F-8R	85	6030	No
4240 MFD	$37997	$12160	$14440	$20520	$23180	Case	4	268D	16F-8R	85	6640	No
4240 MFD w/Cab	$45650	$14610	$17350	$24650	$27850	Case	4	268D	16F-8R	85		CHA
4240 w/Cab	$39350	$12590	$14950	$21250	$24000	Case	4	268D	16F-8R	85		CHA
5220	$35442	$12410	$14890	$20560	$22680	Case	4TA	239D	16F-12R	80	8818	No
5220 MFD	$43573	$15250	$18300	$25270	$27890	Case	4TA	239D	16F-12R	80	9590	No
5220 MFD w/Cab	$51370	$17980	$21580	$29800	$32880	Case	4TA	239D	16F-12R	80	9921	CHA
5220 w/Cab	$43240	$15130	$18160	$25080	$27670	Case	4TA	239D	16F-12R	80	9149	CHA
5230	$38640	$13520	$16230	$22410	$24730	Case	6	359D	16F-12R	90	9810	No
5230 MFD	$46469	$16260	$19520	$26950	$29740	Case	6	359D	16F-12R	90	10582	No
5230 MFD w/Cab	$54265	$18990	$22790	$31470	$34730	Case	6	359D	16F-12R	90	10913	CHA
5230 w/Cab	$46435	$16250	$19500	$26930	$29720	Case	6	359D	16F-12R	90	10141	CHA
5240	$42286	$14800	$17760	$24530	$27060	Case	6T	359D	16F-12R	100	9810	No
5240 MFD	$50122	$17540	$21050	$29070	$32080	Case	6T	359D	16F-12R	100	10582	No
5240 MFD w/Cab	$57917	$20270	$24330	$33590	$37070	Case	6T	359D	16F-12R	100	10913	CHA
5240 w/Cab	$50100	$17540	$21040	$29060	$32060	Case	6T	359D	16F-12R	100	10141	CHA
5250	$51520	$18030	$21640	$29880	$32970	Case	6T	359D	16F-8R	112		No
5250 MFD	$60025	$21010	$25210	$34820	$38420	Case	6T	359D	16F-8R	112		No
5250 MFD w/Cab	$67817	$23740	$28480	$39330	$43400	Case	6T	359D	16F-12R	112	10913	CHA
5250 w/Cab	$59315	$20760	$24910	$34400	$37960	Case	6T	359D	16F-12R	112	10141	CHA
8910	$75478	$24150	$28680	$40760	$46040	Case	6T	505D	18F-4R	130	15610	CHA
8910 MFD	$87095	$27200	$32300	$45900	$51850	Case	6T	505D	18F-4R	130	16403	CHA
8920	$82610	$26440	$31390	$44610	$50390	Case	6T	505D	18F-4R	155	15621	CHA
8920 MFD	$96100	$29440	$34960	$49680	$56120	Case	6T	505D	18F-4R	155	17319	CHA
8930	$90695	$25810	$32930	$42720	$48060	Case	6T	505D	18F-4R	170	15965	CHA
8930 MFD	$104750	$28710	$36630	$47520	$53460	Case	6T	505D	18F-4R	170	18404	CHA
8940	$101687	$28130	$35890	$46560	$52380	Case	6TA	505D	18F-4R	195	16808	CHA
8940 MFD	$115800	$31900	$40700	$52800	$59400	Case	6TA	505D	18F-4R	195	18578	CHA
8950 MFD	$129080	$34510	$44030	$57120	$64260	Case	6TA	505D	18F-4R	215	18745	CHA
9310 w/3pt, PTO	$106425	$30420	$38530	$45630	$49690	Case	6TA	505D	12F-3R	205*		CHA
9330 w/3pt, PTO	$115495	$33120	$41950	$49680	$54100	Case	6TA	505D	12F-3R	240*		CHA
9350 w/3pto, PTO	$133577	$36900	$46740	$55350	$60270	Case	6TA	661D	12F-3R	310*		CHA
9370	$133431	$37200	$47120	$55800	$60760	Case	6TA	855D	12F-3R	360*		CHA
9370 w/3pt, PTO	$151051	$42300	$53580	$63450	$69090	Case	6TA	855D	12F-3R	360*		CHA
9380	$149335	$41700	$52820	$62550	$68110	Case	6TA	855D	12F-3R	400*		CHA
9380 w/pto	$156095	$43800	$55480	$65700	$71540	Case	6TA	855D	12F-3R	400*		CHA
9390	$154411	$43320	$54870	$64980	$70760	Case	6TA	855D	12F-3R	425*		CHA
9390 w/pto	$161170	$45300	$57380	$67950	$73990	Case	6TA	855D	12F-3R	425*		CHA

MFD - Mechanical Front Drive
* Gross engine horsepower.

Model	Approx. Retail Price New	Used Trade-In Avg.	Used Trade-In High	Used Retail Avg.	Used Retail High	Make	No. Cyls.	Displ. Cu.-in.	No. Speeds	P.T.O. H.P.	Approx. Shipping Wt.-Lbs.	Cab
1996												
3220	$19447	$5830	$7000	$10310	$11670	Case	3	179D	8F-4R	42	4960	No
3220 MFD	$24775	$7430	$8920	$13130	$14870	Case	3	179D	8F-4R	42	5570	No
3230	$22447	$6730	$8080	$11900	$13470	Case	4	206D	8F-4R	52	5540	No
3230 MFD	$28209	$8460	$10160	$14950	$16930	Case	4	206D	8F-4R	52	6150	No
3230 MFD w/Cab	$35210	$10560	$12680	$18660	$21130	Case	4	206D	8F-4R	52	6950	CHA
3230 w/Cab	$29448	$8830	$10600	$15610	$17670	Case	4	206D	8F-4R	52	6340	CHA
4210	$25630	$7690	$9230	$13580	$15380	Case	4	239D	8F-4R	62	5720	No
4210 MFD	$31392	$9420	$11300	$16640	$18840	Case	4	239D	8F-4R	62	6330	No
4210 MFD w/Cab	$38394	$11520	$13820	$20350	$23040	Case	4	239D	8F-4R	62	7130	CHA
4210 w/Cab	$32631	$9790	$11750	$17290	$19580	Case	4	239D	8F-4R	62	6520	CHA
4230	$29535	$8860	$10630	$15650	$17720	Case	4	268D	16F-8R	72	6030	No
4230 MFD	$35836	$10750	$12900	$18990	$21500	Case	4	268D	16F-8R	72	6640	No
4230 MFD w/Cab	$43551	$13070	$15680	$23080	$26130	Case	4	268D	16F-8R	72	7440	CHA
4230 w/Cab	$37250	$11180	$13410	$19740	$22350	Case	4	268D	16F-8R	72	6830	CHA
4240	$31697	$9510	$11410	$16800	$19020	Case	4	268D	16F-8R	85	6030	No
4240 MFD	$37997	$11400	$13680	$20140	$22800	Case	4	268D	16F-8R	85	6640	No
5220	$35442	$12050	$14530	$20200	$22510	Case	4TA	239D	16F-12R	80	8818	No
5220 MFD	$43573	$14820	$17870	$24840	$27670	Case	4TA	239D	16F-12R	80	9590	No
5220 MFD w/Cab	$51370	$17470	$21060	$29280	$32620	Case	4TA	239D	16F-12R	80	9921	CHA
5220 w/Cab	$43240	$14700	$17730	$24650	$27460	Case	4TA	239D	16F-12R	80	9149	CHA
5230	$38640	$13140	$15840	$22030	$24540	Case	6	359D	16F-12R	90	9810	No
5230 MFD	$46469	$15800	$19050	$26490	$29510	Case	6	359D	16F-12R	90	10582	No
5230 MFD w/Cab	$54265	$18450	$22250	$30930	$34460	Case	6	359D	16F-12R	90	10913	CHA
5230 w/Cab	$46435	$15790	$19040	$26470	$29490	Case	6	359D	16F-12R	90	10141	CHA

Case-International (Cont.)

Model	Approx. Retail Price New	Used Trade-In Avg.	Used Trade-In High	Used Retail Avg.	Used Retail High	Make	Engine No. Cyls.	Displ. Cu.-in.	No. Speeds	P.T.O. H.P.	Approx. Shipping Wt.-Lbs.	Cab
1996 (Cont.)												
5240	$42286	$14380	$17340	$24100	$26850	Case	6T	359D	16F-12R	100	9810	No
5240 MFD	$50122	$17040	$20550	$28570	$31830	Case	6T	359D	16F-12R	100	10582	No
5240 MFD w/Cab	$57917	$19690	$23750	$33010	$36780	Case	6T	359D	16F-12R	100	10913	CHA
5240 w/Cab	$50080	$17030	$20530	$28550	$31800	Case	6T	359D	16F-12R	100	10141	CHA
5250 MFD w/Cab	$67817	$23060	$27810	$38660	$43060	Case	6T	359D	16F-12R	112	10913	CHA
5250 w/Cab	$59315	$20170	$24320	$33810	$37670	Case	6T	359D	16F-12R	112	10141	CHA
7210	$76510	$20660	$26780	$34430	$39020	Case	6T	505D	18F-4R	130	15610	CHA
7210 MFD	$88215	$23820	$30880	$39700	$44990	Case	6T	505D	18F-4R	130	16403	CHA
7220	$81925	$22120	$28670	$36870	$41780	Case	6T	505D	18F-4R	155	15621	CHA
7220 MFD	$96760	$26130	$33870	$43540	$49350	Case	6T	505D	18F-4R	155	17319	CHA
7230	$95265	$25720	$33340	$42870	$48590	Case	6T	505D	18F-4R	170	15965	CHA
7230 MFD	$110050	$28080	$36400	$46800	$53040	Case	6T	505D	18F-4R	170	18404	CHA
7240	$100245	$27070	$35090	$45110	$51130	Case	6TA	505D	18F-4R	195	16808	CHA
7240 MFD	$117410	$28890	$37450	$48150	$54570	Case	6TA	505D	18F-4R	195	18578	CHA
7250 MFD	$127110	$29970	$38850	$49950	$56610	Case	6TA	505D	18F-4R	215	18745	CHA
9330	$99470	$27440	$35280	$42140	$46060	Case	6TA	505D	12F-3R	235*	22000	CHA
9350	$124635	$33600	$43200	$51600	$56400	Cummins	6TA	611D	12F-3R	310*	27446	CHA
9370	$138800	$36620	$47090	$56240	$61480	Cummins	6TA	855D	12F-3R	360*	33110	CHA
9380	$155390	$41270	$53060	$63380	$69280	Cummins	6TA	855D	12F-3R	400*	34500	CHA

MFD - Mechanical Front Drive
* Gross engine horsepower.

Model	Approx. Retail Price New	Used Trade-In Avg.	Used Trade-In High	Used Retail Avg.	Used Retail High	Make	Engine No. Cyls.	Displ. Cu.-in.	No. Speeds	P.T.O. H.P.	Approx. Shipping Wt.-Lbs.	Cab
1995												
3220	$19153	$5360	$6510	$9960	$11300	Case	3	179D	8F-4R	42	4960	No
3220 MFD	$24277	$6800	$8250	$12620	$14320	Case	3	179D	8F-4R	42	5570	No
3230	$22511	$6300	$7650	$11710	$13280	Case	4	206D	8F-4R	52	5540	No
3230 MFD	$28249	$7910	$9610	$14690	$16670	Case	4	206D	8F-4R	52	6150	No
3230 MFD w/Cab	$35251	$9870	$11990	$18330	$20800	Case	4	206D	8F-4R	52	6950	CHA
3230 w/Cab	$29513	$8260	$10030	$15350	$17410	Case	4	206D	8F-4R	52	6340	CHA
4210	$26412	$7400	$8980	$13730	$15580	Case	4	239D	8F-4R	62	5720	No
4210 MFD	$32237	$9030	$10960	$16760	$19020	Case	4	239D	8F-4R	62	6330	No
4210 MFD w/Cab	$39239	$10990	$13340	$20400	$23150	Case	4	239D	8F-4R	62	7130	CHA
4210 w/Cab	$33414	$9360	$11360	$17380	$19710	Case	4	239D	8F-4R	62	6520	CHA
4230	$29856	$8360	$10150	$15530	$17620	Case	4	268D	16F-8R	72	6030	No
4230 MFD	$35744	$10010	$12150	$18590	$21090	Case	4	268D	16F-8R	72	6640	No
4230 MFD w/Cab	$42886	$12010	$14580	$22300	$25300	Case	4	268D	16F-8R	72	7440	CHA
4230 w/Cab	$36998	$10360	$12580	$19240	$21830	Case	4	268D	16F-8R	72	6830	CHA
4240	$32144	$9000	$10930	$16720	$18970	Case	4	268D	16F-8R	85	6030	No
4240 MFD	$37911	$10620	$12890	$19710	$22370	Case	4	268D	16F-8R	85	6640	No
5220	$33638	$11100	$13460	$18840	$21190	Case	4TA	239D	16F-12R	80	8818	No
5220 MFD	$43017	$14200	$17210	$24090	$27100	Case	4TA	239D	16F-12R	80	9590	No
5220 MFD w/Cab	$50406	$16630	$20160	$28230	$31760	Case	4TA	239D	16F-12R	80	9921	CHA
5220 w/Cab	$41027	$13540	$16410	$22980	$25850	Case	4TA	239D	16F-12R	80	9149	CHA
5230	$39233	$12950	$15690	$21970	$24720	Case	6	359D	16F-12R	90	9810	No
5230 MFD	$46700	$15410	$18680	$26150	$29420	Case	6	359D	16F-12R	90	10582	No
5230 MFD w/Cab	$54094	$17850	$21640	$30290	$34080	Case	6	359D	16F-12R	90	10913	CHA
5230 w/Cab	$46622	$15390	$18650	$26110	$29370	Case	6	359D	16F-12R	90	10141	CHA
5240	$42968	$14180	$17190	$24060	$27070	Case	6T	359D	16F-12R	100	9810	No
5240 MFD	$50215	$16570	$20090	$28120	$31640	Case	6T	359D	16F-12R	100	10582	No
5240 MFD w/Cab	$57604	$19010	$23040	$32260	$36290	Case	6T	359D	16F-12R	100	10913	CHA
5240 w/Cab	$50357	$16620	$20140	$28200	$31730	Case	6T	359D	16F-12R	100	10141	CHA
5250 MFD w/Cab	$65739	$21690	$26300	$36810	$41420	Case	6T	359D	16F-12R	112	10913	CHA
5250 w/Cab	$57714	$19050	$23090	$32320	$36360	Case	6T	359D	16F-12R	112	10141	CHA
7210	$72181	$18050	$23820	$31760	$35370	Case	6T	505D	18F-4R	130	15610	CHA
7210 MFD	$83221	$20810	$27460	$36620	$40780	Case	6T	505D	18F-4R	130	16403	CHA
7220	$77286	$19320	$25500	$34010	$37870	Case	6T	505D	18F-4R	155	15621	CHA
7220 MFD	$91285	$22820	$30120	$40170	$44730	Case	6T	505D	18F-4R	155	17319	CHA
7230	$87328	$21830	$28820	$38420	$42790	Case	6T	505D	18F-4R	170	15965	CHA
7230 MFD	$103823	$25000	$33000	$44000	$49000	Case	6T	505D	18F-4R	170	18404	CHA
7240	$94572	$23640	$31210	$41610	$46340	Case	6TA	505D	18F-4R	195	16808	CHA
7240 MFD	$110765	$25750	$33990	$45320	$50470	Case	6TA	505D	18F-4R	195	18578	CHA
7250 MFD	$119913	$27250	$35970	$47960	$53410	Case	6TA	505D	18F-4R	215	18745	CHA
9210	$85491	$22230	$29070	$35050	$38470	Case	6T	505D	12F-3R	168	17000	CHA
9230	$93841	$23920	$31280	$37720	$41400	Case	6TA	505D	12F-3R	207	22000	CHA
9250	$117580	$30570	$39980	$48210	$52910	Cummins	6TA	611D	12F-3R	266	27446	CHA
9260	$121120	$31490	$41180	$49660	$54500	Cummins	6TA	611D	12F-2R	265.84	30300	CHA
9270	$130943	$34050	$44520	$53690	$58920	Cummins	6TA	855D	12F-3R	308	33110	CHA
9280	$146593	$38110	$49840	$60100	$65970	Cummins	6TA	855D	12F-3R	344	34500	CHA

MFD - Mechanical Front Drive

Model	Approx. Retail Price New	Used Trade-In Avg.	Used Trade-In High	Used Retail Avg.	Used Retail High	Make	Engine No. Cyls.	Displ. Cu.-in.	No. Speeds	P.T.O. H.P.	Approx. Shipping Wt.-Lbs.	Cab
1994												
495	$19875	$5170	$6560	$10140	$11530	Case	3	179D	8F-4R	42	4960	No
495 MFD	$25550	$6640	$8430	$13030	$14820	Case	3	179D	8F-4R	42	5720	No
595	$23400	$5620	$7250	$9830	$11000	Case	4	206D	8F-4R	52	5540	No
595 MFD	$28890	$6930	$8960	$12130	$13580	Case	4	206D	8F-4R	52	6240	No
595 MFD w/Cab	$35950	$8630	$11150	$15100	$16900	Case	4	206D	8F-4R	52		CHA
595 w/Cab	$30285	$7270	$9390	$12720	$14230	Case	4	206D	8F-4R	52		CHA
695	$27250	$6540	$8450	$11450	$12810	Case	4	239D	8F-4R	62	5720	No
695 MFD	$34150	$8200	$10590	$14340	$16050	Case	4	239D	8F-4R	62	6340	No
695 MFD w/Cab	$39990	$9600	$12400	$16800	$18800	Case	4	239D	8F-4R	62		CHA
695 w/Cab	$33220	$7970	$10300	$13950	$15610	Case	4	239D	8F-4R	62		CHA
895	$29750	$7140	$9220	$12500	$13980	Case	4	268D	16F-8R	72	6030	No
895 MFD	$37120	$8910	$11510	$15590	$17450	Case	4	268D	16F-8R	72	6440	No
895 MFD w/Cab	$42950	$10310	$13320	$18040	$20190	Case	4	268D	16F-8R	72		CHA

Case-International (Cont.)

Model	Approx. Retail Price New	Used Trade-In Avg.	Used Trade-In High	Used Retail Avg.	Used Retail High	Make	No. Cyls.	Displ. Cu.-in.	No. Speeds	P.T.O. H.P.	Approx. Shipping Wt.-Lbs.	Cab
1994 (Cont.)												
895 w/Cab	$35770	$8590	$11090	$15020	$16810	Case	4	268D	16F-8R	72		CHA
995	$31990	$7680	$9920	$13440	$15040	Case	4	268D	16F-8R	85		No
995 MFD	$37875	$9090	$11740	$15910	$17800	Case	4	268D	16F-8R	85		No
3220	$19153	$4980	$6320	$9770	$11110	Case	3	179D	8F-4R	42.00	4960	No
3220 MFD	$24277	$6310	$8010	$12380	$14080	Case	3	179D	8F-4R	42.00	5570	No
3230	$22511	$5850	$7430	$11480	$13060	Case	4	206D	8F-4R	52.00	5540	No
3230 MFD	$28249	$7350	$9320	$14410	$16380	Case	4	206D	8F-4R	52.00	6150	No
3230 MFD w/Cab	$35251	$9170	$11630	$17980	$20450	Case	4	206D	8F-4R	52.00	6950	CHA
3230 w/Cab	$29513	$7670	$9740	$15050	$17120	Case	4	206D	8F-4R	52.00	6340	CHA
4210	$26412	$6870	$8720	$13470	$15320	Case	4	239D	8F-4R	62.00	5720	No
4210 MFD	$32237	$8380	$10640	$16440	$18700	Case	4	239D	8F-4R	62.00	6330	No
4210 MFD w/Cab	$39239	$10200	$12950	$20010	$22760	Case	4	239D	8F-4R	62.00	7130	CHA
4210 w/Cab	$33414	$8690	$11030	$17040	$19380	Case	4	239D	8F-4R	62.00	6520	CHA
4230	$29350	$7630	$9690	$14970	$17020	Case	4	268D	16F-8R	72.00	6030	No
4230 MFD	$35132	$9130	$11590	$17920	$20380	Case	4	268D	16F-8R	72.00	6640	No
4230 MFD w/Cab	$42134	$10960	$13900	$21490	$24440	Case	4	268D	16F-8R	72.00	7440	CHA
4230 w/Cab	$36351	$9450	$12000	$18540	$21080	Case	4	268D	16F-8R	72.00	6830	CHA
4240	$31599	$8220	$10430	$16120	$18330	Case	4	268D	16F-8R	85.00	6030	No
4240 MFD	$37260	$9690	$12300	$19000	$21610	Case	4	268D	16F-8R	85.00	6640	No
5220	$33141	$10610	$12930	$18230	$20550	Case	4TA	239D	16F-12R	80.00	8818	No
5220 MFD	$42381	$13560	$16530	$23310	$26280	Case	4TA	239D	16F-12R	80.00	9590	No
5220 MFD w/Cab	$49661	$15890	$19370	$27310	$30790	Case	4TA	239D	16F-12R	80.00	9921	CHA
5220 w/Cab	$40421	$12940	$15760	$22230	$25060	Case	4TA	239D	16F-12R	80.00	9149	CHA
5230	$38653	$12370	$15080	$21260	$23970	Case	6	359D	16F-12R	90.00	9810	No
5230 MFD	$46014	$14720	$17950	$25310	$28530	Case	6	359D	16F-12R	90.00	10582	No
5230 MFD w/Cab	$53294	$17050	$20790	$29310	$33040	Case	6	359D	16F-12R	90.00	10913	CHA
5230 w/Cab	$45933	$14700	$17910	$25260	$28480	Case	6	359D	16F-12R	90.00	10141	CHA
5240	$42332	$13550	$16510	$23280	$26250	Case	6T	359D	16F-12R	100.00	9810	No
5240 MFD	$49472	$15830	$19290	$27210	$30670	Case	6T	359D	16F-12R	100.00	10582	No
5240 MFD w/Cab	$56752	$18160	$22130	$31210	$35190	Case	6T	359D	16F-12R	100.00	10913	CHA
5240 w/Cab	$49612	$15880	$19350	$27290	$30760	Case	6T	359D	16F-12R	100.00	10141	CHA
5250 MFD w/Cab	$64768	$20730	$25260	$35620	$40160	Case	6T	359D	16F-12R	112.00	10913	CHA
5250 w/Cab	$56862	$18200	$22180	$31270	$35250	Case	6T	359D	16F-12R	112.00	10141	CHA
7210	$70876	$17010	$21970	$29770	$33310	Case	6T	505D	18F-4R	130.00	15610	CHA
7210 MFD	$81711	$19200	$24800	$33600	$37600	Case	6T	505D	18F-4R	130.00	16403	CHA
7220	$75900	$18220	$23530	$31880	$35670	Case	6T	505D	18F-4R	155.00	15621	CHA
7220 MFD	$88887	$20830	$26910	$36460	$40800	Case	6T	505D	18F-4R	155.00	17319	CHA
7230	$85752	$20330	$26260	$35570	$39810	Case	6T	505D	18F-4R	170.00	15965	CHA
7230 MFD	$102004	$23280	$30070	$40740	$45590	Case	6T	505D	18F-4R	170.00	18404	CHA
7240	$93705	$22080	$28520	$38640	$43240	Case	6TA	505D	18F-4R	195.00	16808	CHA
7240 MFD	$109776	$24670	$31860	$43160	$48300	Case	6TA	505D	18F-4R	195.00	18578	CHA
7250 MFD	$116515	$25560	$33020	$44730	$50060	Case	6TA	505D	18F-4R	215.00	18745	CHA
9210	$85491	$20520	$27360	$33340	$36760	Case	6T	505D	12F-3R	168.00	17000	CHA
9230	$93841	$22080	$29440	$35880	$39560	Case	6TA	505D	12F-3R	207.00	22000	CHA
9250	$117580	$28220	$37630	$45860	$50560	Cummins	6TA	611D	12F-3R	266.00	27446	CHA
9260	$118680	$28480	$37980	$46290	$51030	Cummins	6TA	611D	12F-2R	265.84	30300	CHA
9270	$130943	$31430	$41900	$51070	$56310	Cummins	6TA	855D	12F-3R	308.00	33110	CHA
9280	$146593	$35180	$46910	$57170	$63040	Cummins	6TA	855D	12F-3R	344.00	34500	CHA

MFD - Mechanical Front Drive

Model	Approx. Retail Price New	Used Trade-In Avg.	Used Trade-In High	Used Retail Avg.	Used Retail High	Make	No. Cyls.	Displ. Cu.-in.	No. Speeds	P.T.O. H.P.	Approx. Shipping Wt.-Lbs.	Cab
1993												
395	$16995	$4250	$5440	$8500	$9690	Case	3	155D	8F-4R	35	4920	No
395 MFD	$21315	$5330	$6820	$10660	$12150	Case	3	155D	8F-4R	35	5680	No
495	$19150	$4790	$6130	$9580	$10920	Case	3	179D	8F-4R	42	4960	No
495 MFD	$24840	$6210	$7950	$12420	$14160	Case	3	179D	8F-4R	42	5720	No
595	$22900	$5270	$6870	$9160	$10530	Case	4	206D	8F-4R	52	5540	No
595 MFD	$28490	$6550	$8550	$11400	$13110	Case	4	206D	8F-4R	52	6240	No
595 MFD w/Cab	$35500	$8170	$10650	$14200	$16330	Case	4	206D	8F-4R	52		CHA
595 w/Cab	$29995	$6900	$9000	$12000	$13800	Case	4	206D	8F-4R	52		CHA
695	$26550	$6110	$7970	$10620	$12210	Case	4	239D	8F-4R	62	5720	No
695 MFD	$33600	$7730	$10080	$13440	$15460	Case	4	239D	8F-4R	62	6340	No
695 MFD w/Cab	$39440	$9070	$11830	$15780	$18140	Case	4	239D	8F-4R	62		CHA
695 w/Cab	$32370	$7450	$9710	$12950	$14890	Case	4	239D	8F-4R	62		CHA
895	$29450	$6770	$8840	$11780	$13550	Case	4	268D	16F-8R	72	6030	No
895 MFD	$36520	$8400	$10960	$14610	$16800	Case	4	268D	16F-8R	72	6440	No
895 MFD w/Cab	$42740	$9830	$12820	$17100	$19660	Case	4	268D	16F-8R	72		CHA
895 w/Cab	$35640	$8200	$10690	$14260	$16390	Case	4	268D	16F-8R	72		CHA
995	$31650	$7280	$9500	$12660	$14560	Case	4	268D	16F-8R	85		No
995 MFD	$37380	$8600	$11210	$14950	$17200	Case	4	268D	16F-8R	85		No
5220	$28775	$8920	$10940	$15540	$17840	Case	4TA	239D	16F-12R	77	8620	No
5220 MFD	$35850	$11110	$13620	$19360	$22230	Case	4TA	239D	16F-12R	77.00		No
5220 MFD w/Cab	$42950	$13320	$16320	$23190	$26630	Case	4TA	239D	16F-12R	77.00	10362	CHA
5220 w/Cab	$35800	$11100	$13600	$19330	$22200	Case	4TA	239D	16F-12R	77.00		CHA
5230	$31200	$9670	$11860	$16850	$19340	Case	6	359D	16F-12R	89.80	9458	No
5230 MFD	$38260	$11860	$14540	$20660	$23720	Case	6	359D	16F-12R	89.80		No
5230 MFD w/Cab	$45360	$14060	$17240	$24490	$28120	Case	6	359D	16F-12R	89.80	10582	CHA
5230 w/Cab	$38290	$11870	$14550	$20680	$23740	Case	6	359D	16F-12R	89.80		CHA
5240	$34649	$10740	$13170	$18710	$21480	Case	6T	359D	24F-12R	97.00	9810	No
5240 MFD	$41715	$12930	$15850	$22530	$25860	Case	6T	359D	24F-12R	97.00		No
5240 MFD w/Cab	$48770	$15120	$18530	$26340	$30240	Case	6T	359D	24F-12R	97.00	10825	CHA
5240 w/Cab	$41715	$12930	$15850	$22530	$25860	Case	6T	359D	24F-12R	97.00		CHA
5250 MFD w/Cab	$62368	$19330	$23700	$33680	$38670	Case	6T	359D	16F-12R	112.00	10913	CHA
5250 w/Cab	$54462	$16880	$20700	$29410	$33770	Case	6T	359D	16F-12R	112.00	10141	CHA
7110 Magnum	$62725	$15680	$20070	$31360	$35750	Case	6T	505D	18F-4R	131.97	15280	CHA

Case-International (Cont.)

1993 (Cont.)

Model	Approx. Retail Price New	Used Trade-In Avg.	Used Trade-In High	Used Retail Avg.	Used Retail High	Make	No. Cyls.	Displ. Cu.-in.	No. Speeds	P.T.O. H.P.	Approx. Shipping Wt.-Lbs.	Cab
7110 Magnum MFD	$71995	$18000	$23040	$36000	$41040	Case	6T	505	18F-4R	131.97		CHA
7120 Magnum	$66330	$16580	$21230	$33170	$37810	Case	6T	505D	18F-4R	151.62	15920	CHA
7120 Magnum MFD	$75900	$18980	$24290	$37950	$43260	Case	6T	505D	18F-4R	151.62		CHA
7130 Magnum	$74365	$18590	$23800	$37180	$42390	Case	6T	505D	18F-4R	172.57	16280	CHA
7130 Magnum MFD	$85175	$21000	$26880	$42000	$47880	Case	6T	505D	18F-4R	172.57		CHA
7140 Magnum	$82800	$20700	$26500	$41400	$47200	Case	6TA	505D	18F-4R	197.53	16480	CHA
7140 Magnum MFD	$93595	$22880	$29280	$45750	$52160	Case	6TA	505D	18F-4R	197.53		CHA
7150 MFD	$115125	$24170	$31530	$42040	$48350	Case	6TA	505D	18F-4R	215.00	18745	CHA
9210	$78270	$17220	$23480	$28960	$32090	Case	6T	505D	12F-2R	168.40	17000	CHA
9230	$86475	$19030	$25940	$32000	$35460	Case	6TA	505D	12F-2R	192.2	17750	CHA
9240	$96800	$21300	$29040	$35820	$39690	Case	6TA	505D	12F-2R	200.53	28380	CHA
9250	$105980	$23320	$31790	$39210	$43450	Cummins	6TA	611D	12F-2R	246.1	23000	CHA
9260	$116380	$25060	$34910	$43060	$47720	Cummins	6TA	611D	12F-2R	265.84	30300	CHA
9270	$130295	$28670	$39090	$48210	$53420	Cummins	6TA	855D	12F-2R	308.1	29000	CHA
9280	$140900	$31000	$42270	$52130	$57770	Cummins	6TA	855D	12F-2R	344.5	29000	CHA

MFD - Mechanical Front Drive

1992

Model	Approx. Retail Price New	Used Trade-In Avg.	Used Trade-In High	Used Retail Avg.	Used Retail High	Make	No. Cyls.	Displ. Cu.-in.	No. Speeds	P.T.O. H.P.	Approx. Shipping Wt.-Lbs.	Cab
395	$16500	$3960	$5120	$8090	$9240	Case	3	155D	8F-4R	35	4920	No
395 MFD	$20695	$4970	$6420	$10140	$11590	Case	3	155D	8F-4R	35	5680	No
495	$18600	$4460	$5770	$9110	$10420	Case	3	179D	8F-4R	42	4960	No
495 MFD	$24120	$5790	$7480	$11820	$13510	Case	3	179D	8F-4R	42	5720	No
595	$22250	$4900	$6450	$8460	$10010	Case	4	206D	8F-4R	52	5540	No
595 MFD	$27660	$6090	$8020	$10510	$12450	Case	4	206D	8F-4R	52	6240	No
595 MFD w/Cab	$34500	$7590	$10010	$13110	$15530	Case	4	206D	8F-4R	52		CHA
595 w/Cab	$29120	$6410	$8450	$11070	$13100	Case	4	206D	8F-4R	52		CHA
695	$25795	$5680	$7480	$9800	$11610	Case	4	239D	8F-4R	62	5720	No
695 MFD	$32650	$7180	$9470	$12410	$14690	Case	4	239D	8F-4R	62	6340	No
695 MFD w/Cab	$38290	$8420	$11100	$14550	$17230	Case	4	239D	8F-4R	62		CHA
695 w/Cab	$31430	$6920	$9120	$11940	$14140	Case	4	239D	8F-4R	62		CHA
895	$28600	$6290	$8290	$10870	$12870	Case	4	268D	16F-8R	72	6030	No
895 MFD	$35460	$7800	$10280	$13480	$15960	Case	4	268D	16F-8R	72	6440	No
895 MFD w/Cab	$41495	$9130	$12030	$15770	$18670	Case	4	268D	16F-8R	72		CHA
895 w/Cab	$34600	$7610	$10030	$13510	$15570	Case	4	268D	16F-8R	72		CHA
995	$30732	$6760	$8910	$11680	$13830	Case	4	268D	16F-8R	85		No
995 MFD	$36295	$7990	$10530	$13790	$16330	Case	4	268D	16F-8R	85		No
5120	$27935	$8520	$10340	$14950	$17040	Case	4TA	239D	16F-12R	77	8620	No
5120 MFD	$34820	$10620	$12880	$18630	$21240	Case	4TA	239D	16F-12R	77.00		No
5120 MFD w/Cab	$41715	$12720	$15440	$22320	$25450	Case	4TA	239D	16F-12R	77.00	10362	CHA
5120 w/Cab	$34800	$10610	$12880	$18620	$21230	Case	4TA	239D	16F-12R	77.00		CHA
5130	$30315	$9250	$11220	$16220	$18490	Case	6	359D	16F-12R	89.80	9458	No
5130 MFD	$37150	$11330	$13750	$19880	$22660	Case	6	359D	16F-12R	89.80		No
5130 MFD w/Cab	$44040	$13430	$16300	$23560	$26860	Case	6	359D	16F-12R	89.80	10582	CHA
5130 w/Cab	$37175	$11340	$13760	$19890	$22680	Case	6	359D	16F-12R	89.80		CHA
5140	$33640	$10260	$12450	$18000	$20520	Case	6T	359D	24F-12R	97.00	9810	No
5140 MFD	$40500	$12350	$14990	$21670	$24710	Case	6T	359D	24F-12R	97.00		No
5140 MFD w/Cab	$47350	$14440	$17520	$25330	$28880	Case	6T	359D	24F-12R	97.00	10825	CHA
5140 w/Cab	$40500	$12350	$14990	$21670	$24710	Case	6T	359D	24F-12R	97.00		CHA
5220	$27935	$8520	$10340	$14950	$17040	Case	4TA	239D	16F-12R	77.00	8620	No
5220 MFD	$34820	$10620	$12880	$18630	$21240	Case	4TA	239D	16F-12R	77.00		No
5220 MFD w/Cab	$41715	$12720	$15440	$22320	$25450	Case	4TA	239D	16F-12R	77.00	10362	CHA
5220 w/Cab	$34800	$10610	$12880	$18620	$21230	Case	4TA	239D	16F-12R	77.00		CHA
5230	$30315	$9250	$11220	$16220	$18490	Case	6	359D	16F-12R	89.80	9458	No
5230 MFD	$37150	$11330	$13750	$19880	$22660	Case	6	359D	16F-12R	89.8		No
5230 MFD w/Cab	$44040	$13430	$16300	$23560	$26860	Case	6	359D	16F-12R	89.8	10582	CHA
5230 w/Cab	$37175	$11340	$13760	$19890	$22680	Case	6	359D	16F-12R	89.8		CHA
5240	$33640	$10260	$12450	$18000	$20520	Case	6T	359D	24F-12R	97	9810	No
5240 MFD	$40500	$12350	$14990	$21670	$24710	Case	6T	359D	24F-12R	97		No
5240 MFD w/Cab	$47350	$14440	$17520	$25330	$28880	Case	6T	359D	24F-12R	97	10825	CHA
5240 w/Cab	$40500	$12350	$14990	$21670	$24710	Case	6T	359D	24F-12R	97		CHA
5250 MFD w/Cab	$60568	$18470	$22410	$32400	$36950	Case	6T	359D	16F-12R	112.00	10913	CHA
5250 w/Cab	$53252	$16240	$19700	$28840	$32480	Case	6T	359D	16F-12R	112.00	10141	CHA
7110 Magnum	$60900	$14620	$18880	$29840	$34100	Case	6T	505D	18F-4R	131.97	15280	CHA
7110 Magnum MFD	$69900	$16780	$21670	$34250	$39140	Case	6T	505D	18F-4R	131.97		CHA
7120 Magnum	$64400	$15460	$19960	$31560	$36060	Case	6T	505D	18F-4R	151.62	15920	CHA
7120 Magnum MFD	$73700	$17690	$22850	$36110	$41270	Case	6T	505D	18F-4R	151.62		CHA
7130 Magnum	$72200	$17330	$22380	$35380	$40430	Case	6T	505D	18F-4R	172.57	16280	CHA
7130 Magnum MFD	$82695	$19850	$25640	$40520	$46310	Case	6T	505D	18F-4R	172.57		CHA
7140 Magnum	$80400	$19300	$24920	$39400	$45020	Case	6TA	505D	18F-4R	197.53	16480	CHA
7140 Magnum MFD	$90870	$21810	$28170	$44530	$50890	Case	6TA	505D	18F-4R	197.53		CHA
7150 MFD	$114355	$25160	$33160	$43460	$51460	Case	6TA	505D	18F-4R	215.00	18745	CHA
9210	$75990	$15200	$21280	$26600	$29640	Case	6T	505D	12F-2R	168.40	17000	CHA
9230	$83960	$16790	$23510	$29390	$32740	Case	6TA	505D	12F-2R	192.2	17750	CHA
9240	$93995	$18800	$26320	$32900	$36660	Case	6TA	505D	12F-2R	200.53	28380	CHA
9250	$102900	$20580	$28810	$36020	$40130	Cummins	6TA	611D	12F-2R	246.1	23000	CHA
9260	$112995	$22600	$31640	$39550	$44070	Cummins	6TA	611D	12F-2R	265.84	30300	CHA
9270	$126500	$25300	$35420	$44280	$49340	Cummins	6TA	855D	12F-2R	308.1	29000	CHA
9280	$136800	$27360	$38300	$47880	$53350	Cummins	6TA	855D	12F-2R	344.5	29000	CHA

MFD - Mechanical Front Drive

1991

Model	Approx. Retail Price New	Used Trade-In Avg.	Used Trade-In High	Used Retail Avg.	Used Retail High	Make	No. Cyls.	Displ. Cu.-in.	No. Speeds	P.T.O. H.P.	Approx. Shipping Wt.-Lbs.	Cab
275	$12921	$3750	$4650	$6850	$7880	Mitsubishi	3	91D	9F-3R	27	2512	No
275 4WD	$16134	$4680	$5810	$8550	$9840	Mitsubishi	3	91D	9F-3R	27	2751	No
395	$15900	$3660	$4770	$7630	$8750	Case	3	155D	8F-4R	35	4920	No

Case-International (Cont.)

1991 (Cont.)

Model	Approx. Retail Price New	Estimated Value Less Repairs: Used Trade-In Avg.	Used Trade-In High	Used Retail Avg.	Used Retail High	Make	Engine No. Cyls.	Engine Displ. Cu.-in.	No. Speeds	P.T.O. H.P.	Approx. Shipping Wt.-Lbs.	Cab
395 MFD	$19900	$4580	$5970	**$9550**	**$10950**	Case	3	155D	8F-4R	35	5680	No
495	$17900	$4120	$5370	**$8590**	**$9850**	Case	3	179D	8F-4R	42	4960	No
495 MFD	$23200	$5340	$6060	**$11140**	**$12760**	Case	3	179D	8F-4R	42	5720	No
595	$21400	$4490	$5990	**$7700**	**$9420**	Case	4	206D	8F-4R	52	5540	No
595 MFD	$26600	$5590	$7450	**$9580**	**$11700**	Case	4	206D	8F-4R	52	6240	No
595 MFD w/Cab	$33200	$6970	$9300	**$11950**	**$14610**	Case	4	206D	8F-4R	52		CHA
595 w/Cab	$28000	$5880	$7840	**$10080**	**$12320**	Case	4	206D	8F-4R	52		CHA
695	$24800	$5210	$6940	**$8930**	**$10910**	Case	4	239D	8F-4R	62	5720	No
695 MFD	$31400	$6590	$8790	**$11300**	**$13820**	Case	4	239D	8F-4R	62	6340	No
695 MFD w/Cab	$36820	$7730	$10310	**$13260**	**$16200**	Case	4	239D	8F-4R	62		CHA
695 w/Cab	$30223	$6350	$8460	**$10880**	**$13300**	Case	4	239D	8F-4R	62		CHA
895	$27500	$5780	$7700	**$9900**	**$12100**	Case	4	268D	16F-8R	72	6030	No
895 MFD	$34100	$7160	$9550	**$12280**	**$15000**	Case	4	268D	16F-8R	72	6440	No
895 MFD w/Cab	$39900	$8380	$11170	**$14360**	**$17560**	Case	4	268D	16F-8R	72		CHA
895 w/Cab	$33300	$6990	$9320	**$11990**	**$14650**	Case	4	268D	16F-8R	72		CHA
995	$29550	$6210	$8270	**$10640**	**$13000**	Case	4	268D	16F-8R	85		No
995 MFD	$34900	$7330	$9770	**$12560**	**$15360**	Case	4	268D	16F-8R	85		No
1120	$10500	$3050	$3780	**$5570**	**$6410**	Mitsubishi	3	65D	6F-2R	16.50	1380	No
1120 MFD	$11500	$3340	$4140	**$6100**	**$7020**	Mitsubishi	3	65D	6F-2R	16.50	1480	No
1130	$11500	$3340	$4140	**$6100**	**$7020**	Mitsubishi	3	75D	9F-3R	20.00	1900	No
1130 MFD	$12620	$3660	$4540	**$6690**	**$7700**	Mitsubishi	3	75D	9F-3R	20.00	2062	No
1140	$12000	$3480	$4320	**$6360**	**$7320**	Mitsubishi	3	91D	9F-3R	23.00	1914	No
1140 MFD	$13350	$3870	$4810	**$7080**	**$8140**	Mitsubishi	3	91D	9F-3R	23.00	2062	No
5120	$26860	$7790	$9670	**$14240**	**$16390**	Case	4TA	239D	16F-12R	77.00	8620	No
5120 MFD	$33480	$9480	$11770	**$17330**	**$19950**	Case	4TA	239D	16F-12R	77.00		No
5120 MFD w/Cab	$40110	$11110	$13790	**$20300**	**$23360**	Case	4TA	239D	16F-12R	77.00	10362	CHA
5120 w/Cab	$33490	$9710	$12060	**$17750**	**$20430**	Case	4TA	239D	16F-12R	77.00		CHA
5130	$29290	$8490	$10540	**$15520**	**$17870**	Case	6	359D	16F-12R	89.80	9458	No
5130 MFD	$35900	$10410	$12920	**$19030**	**$21900**	Case	6	359D	16F-12R	89.80		No
5130 MFD w/Cab	$42548	$12340	$15320	**$22550**	**$25950**	Case	6	359D	16F-12R	89.80	10582	CHA
5130 w/Cab	$35920	$10420	$12930	**$19040**	**$21910**	Case	6	359D	16F-12R	89.80		CHA
5140	$32500	$9430	$11700	**$17230**	**$19830**	Case	6T	359D	24F-12R	97.00	9810	No
5140 MFD	$39130	$11350	$14090	**$20740**	**$23870**	Case	6T	359D	24F-12R	97.00		No
5140 MFD w/Cab	$45759	$13270	$16470	**$24250**	**$27910**	Case	6T	359D	24F-12R	97.00	10825	CHA
5140 w/Cab	$39140	$11350	$14090	**$20740**	**$23880**	Case	6T	359D	24F-12R	97.00		CHA
7110 Magnum	$58860	$13540	$17660	**$28250**	**$32370**	Case	6T	505D	18F-4R	131.97	15280	CHA
7110 Magnum MFD	$67550	$15540	$20270	**$32420**	**$37150**	Case	6T	505D	18F-4R	131.97		CHA
7120 Magnum	$62250	$14320	$18680	**$29880**	**$34240**	Case	6T	505D	18F-4R	151.62	15920	CHA
7120 Magnum MFD	$71272	$16390	$21380	**$34210**	**$39200**	Case	6T	505D	18F-4R	151.62		CHA
7130 Magnum	$69800	$16050	$20940	**$33500**	**$38390**	Case	6T	505D	18F-4R	172.57	16280	CHA
7130 Magnum MFD	$79900	$17940	$23400	**$37440**	**$42900**	Case	6T	505D	18F-4R	172.57		CHA
7140 Magnum	$77700	$17870	$23310	**$37300**	**$42740**	Case	6TA	505D	18F-4R	197.53	16480	CHA
7140 Magnum MFD	$86500	$19900	$25950	**$41520**	**$47580**	Case	6TA	505D	18F-4R	197.53		CHA
7150 MFD	$112895	$21000	$28000	**$36000**	**$44000**	Case	6TA	505D	18F-4R	215.00	18745	CHA
9210	$73422	$13950	$19090	**$24960**	**$27900**	Case	6T	505D	12F-2R	168.40	17000	CHA
9230	$81125	$15410	$21090	**$27580**	**$30830**	Case	6TA	505D	12F-2R	198.63	24272	CHA
9240	$89995	$17100	$23400	**$30600**	**$34200**	Case	6TA	505D	12F-2R	200.53	28380	CHA
9250	$99437	$18890	$25850	**$33810**	**$37790**	Cummins	6TA	611D	12F-2R	266.1	30225	CHA
9260	$109995	$20900	$28600	**$37400**	**$41800**	Cummins	6TA	611D	12F-2R	265.84	30300	CHA
9270	$122240	$23230	$31780	**$41560**	**$46450**	Cummins	6TA	855D	12F-2R	308.1	37510	CHA
9280	$132194	$25120	$34370	**$44950**	**$50230**	Cummins	6TA	855D	12F-2R	344.5	39890	CHA

MFD - Mechanical Front Drive

1990

Model	Approx. Retail Price New	Estimated Value Less Repairs: Used Trade-In Avg.	Used Trade-In High	Used Retail Avg.	Used Retail High	Make	Engine No. Cyls.	Engine Displ. Cu.-in.	No. Speeds	P.T.O. H.P.	Approx. Shipping Wt.-Lbs.	Cab
235	$9410	$2680	$3290	**$4990**	**$5740**	Mitsubishi	3	52D	6F-2R	15.2	1323	No
235 MFD	$10671	$3040	$3740	**$5660**	**$6510**	Mitsubishi	3	52D	6F-2R	15.2	1452	No
245	$10295	$2930	$3600	**$5460**	**$6280**	Mitsubishi	3	60D	9F-3R	18.00	1914	No
245 MFD	$11752	$3350	$4110	**$6230**	**$7170**	Mitsubishi	3	60D	9F-3R	18.00	2062	No
255	$10841	$3090	$3790	**$5750**	**$6610**	Mitsubishi	3	65D	9F-3R	21.00	1914	No
255 MFD	$12556	$3580	$4400	**$6660**	**$7660**	Mitsubishi	3	65D	9F-3R	21.00	2062	No
265	$12341	$3520	$4320	**$6540**	**$7530**	Mitsubishi	3	79D	9F-3R	24.00	2523	No
275	$12921	$3680	$4520	**$6850**	**$7880**	Mitsubishi	3	91D	9F-3R	27.00	2512	No
275 MFD	$16134	$4600	$5650	**$8550**	**$9840**	Mitsubishi	3	91D	9F-3R	27.00	2751	No
385	$13831	$3940	$4840	**$7330**	**$8440**	Case	3	155D	8F-4R	36.2	4920	No
385 MFD	$17140	$4890	$6000	**$9080**	**$10460**	Case	3	155D	8F-4R	36.2	5680	No
485	$15794	$4500	$5530	**$8370**	**$9630**	Case	3	179D	8F-4R	43.00	4960	No
485 MFD	$20991	$5980	$7350	**$11130**	**$12810**	Case	3	179D	8F-4R	43.00	5720	No
585	$19312	$4250	$5600	**$9080**	**$10430**	Case	4	206D	8F-4R	52.7	5540	No
585 MFD	$24200	$5320	$7020	**$11370**	**$13070**	Case	4	206D	8F-4R	52.7	6240	No
685	$22246	$4890	$6450	**$10460**	**$12010**	Case	4	239D	8F-4R	61.02	5720	No
685 MFD	$27420	$6030	$7950	**$12890**	**$14810**	Case	4	239D	8F-4R	61.02	6340	No
685 MFD w/Cab	$33843	$7450	$9810	**$15910**	**$18280**	Case	4	239D	8F-4R	61.02		CHA
685 w/Cab	$28669	$6310	$8310	**$13470**	**$15480**	Case	4	239D	8F-4R	61.02		CHA
885	$25676	$5650	$7450	**$12070**	**$13870**	Case	4	268D	16F-8R	73.00	6030	No
885 MFD	$31146	$6850	$9030	**$14640**	**$16820**	Case	4	268D	16F-8R	73.00	6440	No
885 MFD w/Cab	$37281	$8200	$10810	**$17520**	**$20130**	Case	4	268D	16F-8R	73.00		CHA
885 w/Cab	$31811	$7000	$9230	**$14950**	**$17180**	Case	4	268D	16F-8R	73.00		CHA
1896	$36023	$7000	$9450	**$11900**	**$15050**	Case	6T	359D	12F-3R	95.92	11135	No
1896	$42867	$8300	$11210	**$14110**	**$17850**	Case	6T	359D	12F-3R	95.92		CHA
2096	$41029	$8210	$11080	**$13950**	**$17640**	Case	6TA	359D	12F-3R	115.67	11191	No
2096	$47873	$9580	$12930	**$16280**	**$20590**	Case	6TA	359D	12F-3R	115.67		CHA
5120	$25930	$7390	$9080	**$13740**	**$15820**	Case	4TA	239D	16F-12R	77.00	8620	No
5120 MFD	$32320	$9210	$11310	**$17130**	**$19720**	Case	4TA	239D	16F-12R	77.00		No
5120 MFD w/Cab	$38720	$11040	$13550	**$20520**	**$23620**	Case	4TA	239D	16F-12R	77.00	10362	CHA

Case-International (Cont.)

Model	Approx. Retail Price New	Used Trade-In Avg.	Used Trade-In High	Used Retail Avg.	Used Retail High	Engine Make	Engine No. Cyls.	Engine Displ. Cu.-in.	No. Speeds	P.T.O. H.P.	Approx. Shipping Wt.-Lbs.	Cab
1990 (Cont.)												
5120 w/Cab	$32330	$9210	$11320	**$17140**	**$19720**	Case	4TA	239D	16F-12R	77.00		CHA
5130	$28280	$8060	$9900	**$14990**	**$17250**	Case	6	359D	16F-12R	86.00	9458	No
5130 MFD	$34670	$9880	$12140	**$18380**	**$21150**	Case	6	359D	16F-12R	89.80	10670	No
5130 MFD w/Cab	$41070	$11710	$14380	**$21770**	**$25050**	Case	6	359D	16F-12R	89.8	10670	CHA
5130 w/Cab	$34680	$9880	$12140	**$18380**	**$21160**	Case	6	359D	16F-12R	89.80	10670	CHA
5140	$31380	$8940	$10980	**$16630**	**$19140**	Case	6T	359D	16F-12R	94.00	9810	No
5140 MFD	$37770	$10760	$13220	**$20020**	**$23040**	Case	6T	359D	16F-12R	94.00		No
5140 MFD w/Cab	$44170	$12590	$15460	**$23410**	**$26940**	Case	6T	359D	16F-12R	94.00	10825	CHA
5140 w/Cab	$37780	$10770	$13220	**$20020**	**$23050**	Case	6T	359D	16F-12R	94.00		CHA
7110 Magnum	$56817	$12500	$16480	**$26700**	**$30680**	Case	6T	505D	18F-4R	131.97	19015	CHA
7110 Magnum MFD	$65208	$14350	$18910	**$30650**	**$35210**	Case	6T	505D	18F-4R	131.97	19015	CHA
7120 Magnum	$60090	$13220	$17430	**$28240**	**$32450**	Case	6T	505D	18F-4R	151.62	15920	CHA
7120 Magnum MFD	$68796	$15140	$19950	**$32330**	**$37150**	Case	6T	505D	18F-4R	151.62		CHA
7130 Magnum	$67393	$14830	$19540	**$31680**	**$36390**	Case	6T	505D	18F-4R	172.57	16280	CHA
7130 Magnum MFD	$77140	$16970	$22370	**$36260**	**$41660**	Case	6T	505D	18F-4R	172.57		CHA
7140 Magnum	$75072	$16520	$21770	**$35280**	**$40540**	Case	6TA	505D	18F-4R	197.53	23780	CHA
7140 Magnum MFD	$84860	$18670	$24610	**$39880**	**$45820**	Case	6TA	505D	18F-4R	197.53	23780	CHA
7150 MFD	$111345	$20200	$27270	**$34340**	**$43430**	Case	6TA	505D	18F-4R	215.00	18745	CHA
9110	$70422	$12680	$16900	**$23240**	**$26060**	Case	6T	505D	12F-2R	168.40	17000	CHA
9130	$75687	$13620	$18170	**$24980**	**$28000**	Case	6TA	505D	12F-2R	192.2	17750	CHA
9150	$94278	$16970	$22630	**$31110**	**$34880**	Cummins	6TA	611D	12F-2R	246.1	23000	CHA
9170	$118636	$21350	$28470	**$39150**	**$43900**	Cummins	6TA	855D	12F-2R	308.1	29000	CHA
9180	$127601	$22970	$30620	**$42110**	**$47210**	Cummins	6TA	855D	12F-2R	344.5	29000	CHA
9210	$72622	$14520	$19610	**$24690**	**$31230**	Case	6T	505D	12F-2R	168.40	17000	CHA
9230	$81000	$16200	$21870	**$27540**	**$34830**	Case	6TA	505D	12F-2R	198.63	24272	CHA
9240	$88595	$17720	$23920	**$30120**	**$38100**	Case	6TA	505D	12F-2R	200.53	28380	CHA
9250	$98122	$17660	$23550	**$32380**	**$36310**	Cummins	6TA	611D	12F-2R	266.1	30225	CHA
9260	$107995	$19440	$25920	**$35640**	**$39960**	Cummins	6TA	611D	12F-2R	265.84	30300	CHA
9270	$120120	$21620	$28830	**$39640**	**$44440**	Cummins	6TA	855D	12F-2R	308.1	37510	CHA
9280	$130255	$23450	$31260	**$42980**	**$48190**	Cummins	6TA	855D	12F-2R	344.5	39890	CHA
MFD - Mechanical Front Drive												
1989												
235	$8105	$2270	$2760	**$4300**	**$4990**	Mitsubishi	3	52D	6F-2R	15.20	1157	No
235 4WD	$9152	$2560	$3110	**$4850**	**$5630**	Mitsubishi	3	52D	6F-2R	15.20	1268	No
235 Hydro	$9086	$2540	$3090	**$4820**	**$5590**	Mitsubishi	3	52D	Variable	15.20	1235	No
235 Hydro 4WD	$10134	$2840	$3450	**$5370**	**$6230**	Mitsubishi	3	52D	Variable	15.20	1345	No
245	$8604	$2410	$2930	**$4560**	**$5290**	Mitsubishi	3	60D	9F-3R	18.00	1620	No
245 4WD	$9889	$2770	$3360	**$5240**	**$6080**	Mitsubishi	3	60D	9F-3R	18.00	1742	No
255	$9100	$2550	$3090	**$4820**	**$5600**	Mitsubishi	3	65D	9F-3R	21.00	1620	No
255 4WD	$10620	$2970	$3610	**$5630**	**$6530**	Mitsubishi	3	65D	9F-3R	21.00	1742	No
265 Offset	$10121	$2830	$3440	**$5360**	**$6220**	Mitsubishi	3	79D	9F-3R	24.00	2105	No
275	$10708	$3000	$3640	**$5680**	**$6590**	Nissan	3	91D	9F-3R	27.00	2094	No
275 4WD	$13581	$3800	$4620	**$7200**	**$8350**	Nissan	3	91D	9F-3R	27.00	2315	No
385	$12997	$2730	$3640	**$5980**	**$6890**	Case-IH	3	155D	8F-4R	36.20	4920	No
385 4WD	$16112	$3380	$4510	**$7410**	**$8540**	Case-IH	3	155D	8F-4R	35.00	5680	No
485	$15538	$3260	$4350	**$7150**	**$8240**	Case-IH	3	179D	8F-4R	42.00	4960	No
485 4WD	$20170	$4240	$5650	**$9280**	**$10690**	Case-IH	3	179D	8F-4R	43.00	5720	No
585	$18658	$3920	$5220	**$8580**	**$9890**	Case-IH	4	206D	8F-4R	49.90	5540	No
585 4WD	$23273	$4890	$6520	**$10710**	**$12340**	Case-IH	4	206D	8F-4R	52.00	6240	No
585 4WD w/Cab	$29351	$6160	$8220	**$13500**	**$15560**	Case-IH	4	206D	8F-4R	52.00	7485	CHA
585 w/Cab	$24736	$5200	$6930	**$11380**	**$13110**	Case-IH	4	206D	8F-4R	49.90	6440	CHA
685	$20968	$4400	$5870	**$9650**	**$11110**	Case-IH	4	239D	8F-4R	62.00	5720	No
685 4WD	$26348	$5530	$7380	**$12120**	**$13960**	Case-IH	4	239D	8F-4R	62.00	6340	No
685 4WD w/Cab	$32426	$6810	$9080	**$14920**	**$17190**	Case-IH	4	239D	8F-4R	62.00	7585	CHA
685 w/Cab	$27046	$5680	$7570	**$12440**	**$14330**	Case-IH	4	239D	8F-4R	62.00	6520	CHA
885	$25418	$5340	$7120	**$11690**	**$13470**	Case-IH	4	268D	16F-8R	72.00	6030	No
885 4WD	$30228	$6350	$8460	**$13910**	**$16020**	Case-IH	4	268D	16F-8R	73.00	6440	No
885 4WD w/Cab	$36306	$7620	$10170	**$16700**	**$19240**	Case-IH	4	268D	16F-8R	73.00	8023	CHA
885 w/Cab	$31496	$6610	$8820	**$14490**	**$16690**	Case-IH	4	268D	16F-8R	72.00	6865	CHA
1394	$21781	$3990	$5460	**$7350**	**$8820**	David Brown	4T	219D	12F-4R	65.00	5658	No
1394 4WD	$27245	$4940	$6760	**$9100**	**$10920**	David Brown	4T	219D	12F-4R	65.00	7159	No
1494	$24612	$4370	$5980	**$8050**	**$9660**	David Brown	4T	219D	12F-4R	75.00	6764	No
1494 PS 4WD	$32000	$5700	$7800	**$10500**	**$12600**	David Brown	4T	219D	12F-4R	75.00	8347	No
1494 PS 4WD w/Cab	$38078	$6840	$9360	**$12600**	**$15120**	David Brown	4T	219D	12F-4R	75.00	9197	CHA
1494 PS w/Cab	$32714	$5800	$7930	**$10680**	**$12810**	David Brown	4T	219D	12F-4R	75.00	8001	CHA
1594	$26092	$4750	$6500	**$8750**	**$10500**	Case-IH	6	329D	12F-4R	85.90	7544	No
1594 PS 4WD	$33480	$5970	$8160	**$10990**	**$13190**	Case-IH	6	329D	12F-4R	85.54	8760	No
1594 PS 4WD w/Cab	$39558	$7130	$9750	**$13130**	**$15750**	Case-IH	6	329D	12F-4R	85.54	10105	CHA
1594 PS w/Cab	$34293	$6140	$8400	**$11310**	**$13570**	Case-IH	6	329D	12F-4R	85.54	8889	CHA
1896 4WD	$43691	$7920	$10840	**$14590**	**$17510**	CD	6T	360D	12F-3R	95.92	12453	No
1896 4WD w/Cab	$50535	$9410	$12880	**$17340**	**$20810**	CD	6T	360D	12F-3R	95.92	12868	CHA
1896 PS	$34985	$6360	$8710	**$11720**	**$14060**	CD	6T	360D	12F-3R	95.92	11119	No
1896 w/Cab	$41829	$7790	$10660	**$14350**	**$17220**	CD	6T	360D	12F-3R	95.92	12179	CHA
2096	$40457	$7690	$10520	**$14160**	**$16990**	CD	6TA	360D	12F-3R	115.67	11138	No
2096 4WD	$49163	$9340	$12780	**$17210**	**$20650**	CD	6TA	360D	12F-3R	115.00	12494	No
2096 4WD w/Cab	$56007	$10640	$14560	**$19600**	**$23520**	CD	6TA	360D	12F-3R	115.00	12909	CHA
2096 w/Cab	$47301	$8990	$12300	**$16560**	**$19870**	CD	6TA	360D	12F-3R	115.67	11553	CHA
4494 Wheatland 4WD	$71282	$10930	$14150	**$20580**	**$23150**	Case-IH	6T	504D	12F-4R	175.20	16414	CHA
4694 Wheatland 4WD	$87449	$12830	$16600	**$24140**	**$27160**	Case-IH	6TI	504D	12F-4R	219.62	17309	CHA
4894 Wheatland 4WD	$100888	$14090	$18240	**$26520**	**$29840**	Case-IH	6T	674D	12F-4R	253.41	20492	CHA
4994 RC/Wheatland 4WD	$135024	$17000	$22010	**$32010**	**$36010**	Case-IH	V8	866D	12F-2R	344.00		CHA
7110 Wheatland	$51024	$10720	$14290	**$23470**	**$27040**	Case-IH	6T	504D	18F-2R	131.97	14503	CHA
7110 Wheatland 4WD	$59432	$12480	$16640	**$27340**	**$31500**	Case-IH	6T	504D	18F-2R	131.97	19015	CHA

Case-International (Cont.)

Model	Approx. Retail Price New	Used Trade-In Avg.	High	Used Retail Avg.	High	Make	No. Cyls.	Displ. Cu.-in.	No. Speeds	P.T.O. H.P.	Approx. Shipping Wt.-Lbs.	Cab
1989 (Cont.)												
7120 Wheatland	$56020	$11760	$15690	$25770	$29690	Case-IH	6T	504D	18F-2R	151.62	14743	CHA
7120 Wheatland 4WD	$64376	$13520	$18030	$29610	$34120	Case-IH	6T	504D	18F-2R	151.62	15758	CHA
7130 Wheatland	$60885	$12790	$17050	$28010	$32270	Case-IH	6T	504D	18F-2R	172.57	15327	CHA
7130 Wheatland 4WD	$69946	$14690	$19590	$32180	$37070	Case-IH	6T	504D	18F-2R	172.57	16342	CHA
7140 Wheatland	$69617	$14620	$19490	$32020	$36900	Case-IH	6TA	504D	18F-2R	197.53	15617	CHA
7140 Wheatland 4WD	$78485	$16480	$21980	$36100	$41600	Case-IH	6TA	504D	18F-2R	197.53	16728	CHA
9110 Wheatland	$79997	$13360	$17290	$25150	$28300	Case-IH	6T	504D	12F-2R	168.40		CHA
9130 Wheatland	$85262	$14500	$18760	$27280	$30690	Case-IH	6TA	504D	12F-2R	191.20		CHA
9150 Wheatland	$107171	$18220	$23580	$34300	$38580	Cummins	6TI	611D	12F-2R	246.10		CHA
9170 Wheatland	$121353	$20630	$26700	$38830	$43690	Cummins	6TA	855D	12F-2R	308.10		CHA
9180 Wheatland	$128956	$21920	$28370	$41270	$46420	Cummins	6TA	855D	12F-2R	344.50		CHA

PS - Power Shift RC - Row Crop

Model	Approx. Retail Price New	Used Trade-In Avg.	High	Used Retail Avg.	High	Make	No. Cyls.	Displ. Cu.-in.	No. Speeds	P.T.O. H.P.	Approx. Shipping Wt.-Lbs.	Cab
1988												
235	$7646	$2060	$2520	$4090	$4740	Mitsubishi	3	52D	6F-2R	15.20	1157	No
235 4WD	$8634	$2330	$2850	$4620	$5350	Mitsubishi	3	52D	6F-2R	15.20	1268	No
235 Hydro	$8572	$2310	$2830	$4590	$5320	Mitsubishi	3	52D	Variable	15.20	1235	No
235 Hydro 4WD	$9560	$2580	$3160	$5120	$5930	Mitsubishi	3	52D	Variable	15.20	1345	No
245	$8117	$2190	$2680	$4340	$5030	Mitsubishi	3	60D	9F-3R	18.00	1620	No
245 4WD	$9329	$2520	$3080	$4990	$5780	Mitsubishi	3	60D	9F-3R	18.00	1742	No
255	$8585	$2320	$2830	$4590	$5320	Mitsubishi	3	65D	9F-3R	21.00	1620	No
255 4WD	$10019	$2710	$3310	$5360	$6210	Mitsubishi	3	65D	9F-3R	21.00	1742	No
265 Offset	$9201	$2480	$3040	$4920	$5710	Mitsubishi	3	79D	9F-3R	24.00	2105	No
275	$10296	$2780	$3400	$5510	$6380	Nissan	3	91D	9F-3R	27.00	2094	No
275 4WD	$13059	$3530	$4310	$6990	$8100	Nissan	3	91D	9F-3R	27.00	2315	No
385	$12997	$2660	$3510	$5850	$6760	Case-IH	3	155D	8F-4R	36.20	4920	No
385 4WD	$16112	$3300	$4350	$7250	$8380	Case-IH	3	155D	8F-4R	35.00	5680	No
485	$15538	$3190	$4200	$6990	$8080	Case-IH	3	179D	8F-4R	42.00	4960	No
485 4WD	$20170	$4140	$5450	$9080	$10490	Case-IH	3	179D	8F-4R	43.00	5720	No
585	$18658	$3830	$5040	$8400	$9700	Case-IH	4	206D	8F-4R	49.90	5540	No
585 4WD	$23273	$4770	$6280	$10470	$12100	Case-IH	4	206D	8F-4R	52.00	6240	No
585 4WD w/Cab	$29351	$5740	$7560	$12600	$14560	Case-IH	4	206D	8F-4R	52.00	7485	CHA
585 w/Cab	$24736	$5070	$6680	$11130	$12860	Case-IH	4	206D	8F-4R	49.90	6440	CHA
685	$20968	$4300	$5660	$9440	$10900	Case-IH	4	239D	8F-4R	62.00	5720	No
685 4WD	$26348	$5130	$6750	$11250	$13000	Case-IH	4	239D	8F-4R	62.00	6340	No
685 4WD w/Cab	$32426	$6360	$8370	$13950	$16120	Case-IH	4	239D	8F-4R	62.00	7585	CHA
685 w/Cab	$27046	$5330	$7020	$11700	$13520	Case-IH	4	239D	8F-4R	62.00	6520	CHA
885	$25418	$5020	$6620	$11030	$12740	Case-IH	4	268D	16F-8R	72.00	6030	No
885 4WD	$30228	$5950	$7830	$13050	$15080	Case-IH	4	268D	16F-8R	73.00	6440	No
885 4WD w/Cab	$36306	$7050	$9290	$15480	$17890	Case-IH	4	268D	16F-8R	73.00	8023	CHA
885 w/Cab	$31496	$6260	$8250	$13750	$15890	Case-IH	4	268D	16F-8R	72.00	6865	CHA
1394	$21781	$3780	$5250	$7350	$8610	David Brown	4T	219D	12F-4R	65.00	5658	No
1394 4WD	$27245	$4540	$6300	$8820	$10330	David Brown	4T	219D	12F-4R	65.00	7159	No
1494	$24612	$4230	$5880	$8230	$9640	David Brown	4T	219D	12F-4R	75.00	6764	No
1494 PS 4WD	$32000	$5040	$7000	$9800	$11480	David Brown	4T	219D	12F-4R	75.00	8347	No
1494 PS 4WD w/Cab	$38078	$5940	$8250	$11550	$13530	David Brown	4T	219D	12F-4R	75.00	9197	CHA
1494 PS w/Cab	$32714	$5040	$7000	$9800	$11480	David Brown	4T	219D	12F-4R	75.00	8001	CHA
1594	$26092	$4140	$5750	$8050	$9430	Case-IH	6	329D	12F-4R	85.90	7544	No
1594 4WD	$33480	$5220	$7250	$10150	$11890	Case-IH	6	329D	12F-4R	85.54	8760	No
1594 PS 4WD w/Cab	$39558	$6120	$8500	$11900	$13940	Case-IH	6	329D	12F-4R	85.54	10105	CHA
1594 PS w/Cab	$34293	$5440	$7550	$10570	$12380	Case-IH	6	329D	12F-4R	85.54	8889	CHA
1896 4WD	$43691	$7240	$10050	$14070	$16480	CD	6T	360D	12F-3R	95.92	12453	No
1896 4WD w/Cab	$50535	$7920	$11000	$15400	$18040	CD	6T	360D	12F-3R	95.92	12868	CHA
1896 PS	$34985	$5670	$7880	$11030	$12920	CD	6T	360D	12F-3R	95.92	11119	No
1896 w/Cab	$41829	$6700	$9300	$13020	$15250	CD	6T	360D	12F-3R	95.92	12179	CHA
2096	$40457	$7280	$10110	$14160	$16590	CD	6TA	360D	12F-3R	115.67	11138	No
2096 4WD	$49163	$8850	$12290	$17210	$20160	CD	6TA	360D	12F-3R	115.00	12494	No
2096 4WD w/Cab	$56007	$10080	$14000	$19600	$22960	CD	6TA	360D	12F-3R	115.00	12909	CHA
2096 w/Cab	$47301	$8510	$11830	$16560	$19390	CD	6TA	360D	12F-3R	115.00	11553	CHA
4494 Wheatland 4WD	$71282	$9970	$13080	$19310	$21800	Case-IH	6T	504D	12F-4R	175.20	16414	CHA
4694 Wheatland 4WD	$87449	$11430	$15000	$22150	$25010	Case-IH	6TI	504D	12F-4R	219.62	17309	CHA
4894 Wheatland 4WD	$100888	$13130	$17240	$25450	$28730	Case-IH	6T	674D	12F-4R	253.41	20492	CHA
4994 RC/Wheatland 4WD	$135024	$14400	$18910	$27910	$31510	Case-IH	V8	866D	12F-2R	344.00		CHA
7110 Wheatland	$51024	$10460	$13780	$22960	$26530	Case-IH	6T	504D	18F-2R	131.97	19015	CHA
7110 Wheatland 4WD	$59432	$12180	$16050	$26740	$30910	Case-IH	6T	504D	18F-2R	131.97	19015	CHA
7120 Wheatland	$56020	$11480	$15130	$25210	$29130	Case-IH	6T	504D	18F-2R	151.62	19565	CHA
7120 Wheatland 4WD	$64376	$13200	$17380	$28970	$33480	Case-IH	6T	504D	18F-2R	151.62	19565	CHA
7130 Wheatland	$60885	$12480	$16440	$27400	$31660	Case-IH	6T	504D	18F-2R	172.57		CHA
7130 Wheatland 4WD	$69946	$14340	$18890	$31480	$36370	Case-IH	6T	504D	18F-2R	172.57		CHA
7140 Wheatland	$68729	$14090	$18560	$30930	$35740	Case-IH	6TA	504D	18F-2R	197.53		CHA
7140 Wheatland 4WD	$77597	$15910	$20950	$34920	$40350	Case-IH	6TA	504D	18F-2R	197.53		CHA
9110 Wheatland	$79997	$12320	$16170	$23870	$26950	Case-IH	6T	504D	12F-2R	168.40		CHA
9130 Wheatland	$85262	$13640	$17910	$26430	$29840	Case-IH	6TA	504D	12F-2R	191.20		CHA
9150 Wheatland	$107171	$16800	$22050	$32550	$36750	Cummins	6TI	611D	12F-2R	246.10		CHA
9170 Wheatland	$121353	$19040	$24990	$36890	$41650	Cummins	6TI	855D	12F-2R	308.10		CHA
9180 Wheatland	$128956	$20000	$26250	$38750	$43750	Cummins	6TI	855D	12F-2R	344.50		CHA

PS - Power Shift RC - Row Crop

Model	Approx. Retail Price New	Used Trade-In Avg.	High	Used Retail Avg.	High	Make	No. Cyls.	Displ. Cu.-in.	No. Speeds	P.T.O. H.P.	Approx. Shipping Wt.-Lbs.	Cab
1987												
235	$6916	$1800	$2210	$3700	$4320	Mitsubishi	3	52D	6F-2R	15.20	1157	No
235 4WD	$7651	$1990	$2450	$4090	$4780	Mitsubishi	3	52D	6F-2R	15.20	1268	No
235 4WD Hydro	$8800	$2290	$2820	$4710	$5500	Mitsubishi	3	52D	Variable	15.20	1345	No
235 Hydro	$8065	$2100	$2580	$4320	$5040	Mitsubishi	3	52D	Variable	15.20	1235	No
245	$7148	$1860	$2290	$3820	$4470	Mitsubishi	3	60D	9F-3R	18.00	1620	No

Case-International (Cont.)

Model	Approx. Retail Price New	Used Trade-In Avg.	Used Trade-In High	Used Retail Avg.	Used Retail High	Make	No. Cyls.	Displ. Cu.-in.	No. Speeds	P.T.O. H.P.	Approx. Shipping Wt.-Lbs.	Cab
1987 (Cont.)												
245 4WD	$8172	$2130	$2620	$4370	$5110	Mitsubishi	3	60D	9F-3R	18.00	1742	No
255	$7784	$2020	$2490	$4160	$4870	Mitsubishi	3	65D	9F-3R	21.00	1620	No
255 4WD	$8993	$2340	$2880	$4810	$5620	Mitsubishi	3	65D	9F-3R	21.00	1742	No
265 Offset Tractor	$8847	$2300	$2830	$4730	$5530	Mitsubishi	3	79D	9F-3R	24.00	2105	No
275	$9686	$2520	$3100	$5180	$6050	Nissan	3	91D	9F-3R	27.00	2094	No
275 4WD	$12165	$3160	$3890	$6510	$7600	Nissan	3	91D	9F-3R	27.00	2315	No
385	$12997	$3380	$4160	$6950	$8120	IH	3	155D	8F-4R	36.2	5050	No
385 4WD	$16112	$4190	$5160	$8620	$10070	IH	3	155D	8F-4R	35.00	5050	No
485	$15538	$3110	$4120	$6640	$7920	IH	3	179D	8F-4R	42.00	5200	No
485 4WD	$20170	$4030	$5350	$8880	$10290	IH	3	179D	8F-4R	43.00	6090	No
585	$18658	$3730	$4940	$8210	$9520	IH	4	206D	8F-4R	49.9	5640	No
585	$24736	$4950	$6560	$10880	$12620	IH	4	206D	8F-4R	49.9	6440	CHA
585 4WD	$23273	$4660	$6170	$10240	$11870	IH	4	206D	8F-4R	52.00	6685	No
585 4WD	$29351	$5600	$7420	$12320	$14280	IH	4	206D	8F-4R	52.00	7485	CHA
585 RC	$19053	$3810	$5050	$8380	$9720	IH	4	206D	8F-4R	52.00	5890	No
585 RC	$25131	$4800	$6360	$10560	$12240	IH	4	206D	8F-4R	52.00	6690	CHA
585 RC 4WD	$23668	$4730	$6270	$10410	$12070	IH	4	206D	8F-4R	52.00	6935	No
585 RC 4WD	$29746	$5600	$7420	$12320	$14280	IH	4	206D	8F-4R	52.00	7735	CHA
685	$20968	$4190	$5560	$9230	$10690	IH	4	239D	8F-4R	61.02	5720	No
685	$27046	$5000	$6630	$11000	$12750	IH	4	239D	8F-4R	61.02	6520	CHA
685 4WD	$26348	$5270	$6980	$11590	$13440	IH	4	239D	8F-4R	61.02	6785	No
685 4WD	$32426	$6080	$8060	$13380	$15500	IH	4	239D	8F-4R	61.02	7585	CHA
685 RC	$21378	$4280	$5670	$9410	$10900	IH	4	239D	8F-4R	61.02	5970	No
685 RC	$27456	$5060	$6710	$11130	$12900	IH	4	239D	8F-4R	61.02	6770	CHA
685 RC 4WD	$26758	$5350	$7090	$11770	$13650	IH	4	239D	8F-4R	61.02	7015	No
685 RC 4WD	$32836	$6160	$8160	$13550	$15710	IH	4	239D	8F-4R	61.02	7815	CHA
885	$25418	$5080	$6740	$11180	$12960	IH	4	268D	16F-8R	72.00	6065	No
885	$31496	$6000	$7950	$13200	$15300	IH	4	268D	16F-8R	72.00	6865	CHA
885 4WD	$30228	$6050	$8010	$13300	$15420	IH	4	268D	16F-8R	73.00	7223	No
885 4WD	$36306	$7000	$9280	$15400	$17850	IH	4	268D	16F-8R	73.00	8023	CHA
885 RC	$26048	$5210	$6900	$11460	$13280	IH	4	268D	16F-8R	72.00	6315	No
885 RC	$32126	$6200	$8220	$13640	$15810	IH	4	268D	16F-8R	72.00	7115	CHA
885 RC 4WD	$30858	$6170	$8180	$13580	$15740	IH	4	268D	16F-8R	72.00	7473	No
885 RC 4WD	$36936	$7100	$9410	$15620	$18110	IH	4	268D	16F-8R	72.00	8273	CHA
1394	$21781	$3570	$5250	$7350	$8610	David Brown	4T	219D	12F-4R	65.00	4890	No
1394 4WD	$27245	$4250	$6250	$8750	$10250	David Brown	4T	219D	12F-4R	65.00	6090	No
1394 PS	$29998	$4590	$6750	$9450	$11070	David Brown	4T	219D	12F-4R	65.00	6758	CHA
1494	$24612	$3740	$5500	$7700	$9020	David Brown	4T	219D	12F-4R	75.00	6764	No
1494 PS	$32714	$4590	$6750	$9450	$11070	David Brown	4T	219D	12F-4R	75.00	8001	CHA
1494 PS 4WD	$32000	$4830	$7100	$9940	$11640	David Brown	4T	219D	12F-4R	75.00	8347	No
1594	$26092	$3910	$5750	$8050	$9430	Case	6	329D	12F-4R	85.90	7544	No
1594 PS	$34293	$5100	$7500	$10500	$12300	Case	6	329D	12F-4R	85.54	8889	CHA
1594 PS 4WD	$39558	$5950	$8750	$12250	$14350	Case	6	329D	12F-4R	85.00	10105	CHA
1896	$32799	$5000	$7350	$10290	$12050	CD	6T	360D	12F-3R	95.92	9361	No
1896 4WD	$40599	$6210	$9130	$12780	$14970	CD	6T	360D	12F-3R	95.00	10421	No
1896 4WD w/Cab	$47443	$6970	$10250	$14350	$16810	CD	6T	360D	12F-3R	95.00	10836	CHA
1896 w/Cab	$39643	$6020	$8850	$12390	$14510	CD	6T	360D	12F-3R	95.00	9776	CHA
2096	$37752	$6420	$9440	$13210	$15480	CD	6TA	360D	12F-3R	115.67	9386	No
2096 4WD	$45552	$7740	$11390	$15940	$18680	CD	6TA	360D	12F-3R	115.00	10446	No
2096 4WD w/Cab	$52396	$8720	$12830	$17960	$21030	CD	6TA	360D	12F-3R	115.00	10861	CHA
2096 w/Cab	$44596	$7580	$11150	$15610	$18280	CD	6TA	360D	12F-3R	115.00	9801	CHA
2294 RC	$52857	$7930	$10570	$15860	$17970	Case	6T	504D	12F-3R	131.97	11937	CHA
2294 RC 4WD	$61365	$8910	$11870	$17810	$20180	Case	6T	504D	12F-3R	131.00	13565	CHA
2394 RC	$63759	$9080	$12110	$18170	$20590	Case	6T	504D	24F-3R	162.00	13663	CHA
2594 RC	$68718	$9450	$12600	$18910	$21430	Case	6T	504D	24F-3R	182.07	14026	CHA
3394 RC 4WD	$70671	$9900	$13200	$19800	$22440	Case	6T	504D	24F-3R	162.86	14527	CHA
3594 RC 4WD	$74592	$10210	$13620	$20430	$23150	Case	6T	504D	24F-3R	182.27	14647	CHA
4494 RC 4WD	$78520	$10350	$13800	$20710	$23470	Case	6T	504D	12F-4R	175.20	18051	CHA
4694 RC 4WD	$94513	$10880	$14500	$21750	$24650	Case	6T	504D	12F-4R	219.62	18504	CHA
4894 RC 4WD	$102162	$12320	$16430	$24650	$27940	Scania	6T	674D	12F-4R	253.41	21809	CHA
4994 RC/Wheat 4WD	$130024	$13500	$18010	$27010	$30610	Case	8	866D	12F-2R	344.04		CHA
7110 Wheatland	$50210	$10040	$13310	$22090	$25610	Case-IH	6T	504D	18F-2R	131.97	19015	CHA
7110 Wheatland 4WD	$58540	$11710	$15510	$25760	$29860	Case-IH	6T	504D	18F-2R	131.97	19015	CHA
7120 Wheatland	$55750	$11150	$14770	$24530	$28430	Case-IH	6T	504D	18F-2R	151.62	19565	CHA
7120 Wheatland 4WD	$63888	$12780	$16930	$28110	$32580	Case-IH	6T	504D	18F-2R	151.62	19565	CHA
7130 Wheatland	$59455	$11890	$15760	$26160	$30320	Case-IH	6T	504D	18F-2R	172.57		CHA
7130 Wheatland 4WD	$68560	$13710	$18170	$30170	$34970	Case-IH	6T	504D	18F-2R	172.57		CHA
7140 Wheatland	$67855	$13570	$17980	$29860	$34610	Case-IH	6TA	504D	18F-2R	197.53		CHA
7140 Wheatland 4WD	$76700	$15340	$20330	$33750	$39120	Case-IH	6TA	504D	18F-2R	197.53		CHA
9110 Wheatland	$76178	$11430	$15240	$22850	$25900	Case	6T	504D	12F-2R	168.40		CHA
9130 Wheatland	$81241	$12190	$16250	$24370	$27620	Case	6T	504D	12F-2R	191.20		CHA
9150 Wheatland	$103050	$15460	$20610	$30920	$35040	Cummins	6TI	611D	12F-2R	246.10		CHA
9170 Wheatland	$116201	$17430	$23240	$34860	$39510	Cummins	6T	855D	12F-2R	308.10		CHA
9180 Wheatland	$123997	$18600	$24800	$37200	$42160	Cummins	6T	855D	12F-2R	344.50		CHA
9190 Wheatland	$169710	$23960	$31940	$47910	$54300	Cummins	6T	1150D	24F-4R			CHA

PS - Power Shift RC - Row Crop

1986												
234	$6500	$1560	$2280	$3580	$4030	Mitsubishi	3	52D	6F-2R	15.20	1164	No
234 4WD	$6900	$1660	$2420	$3800	$4280	Mitsubishi	3	52D	6F-2R	15.20	1270	No
Hydro 234	$7375	$1770	$2580	$4060	$4570	Mitsubishi	3	52D	Variable	15.20	1204	No
Hydro 234 4WD	$7825	$1880	$2740	$4300	$4850	Mitsublshi	3	52D	Variable	15.20	1310	No
244	$6780	$1630	$2370	$3730	$4200	Mitsubishi	3	60D	9F-3R	18.00	1498	No
244 4WD	$7665	$1840	$2680	$4220	$4750	Mitsubishi	3	60D	9F-3R	18.00	1642	No

Case-International (Cont.)

Model	Approx. Retail Price New	Used Trade-In Avg.	Used Trade-In High	Used Retail Avg.	Used Retail High	Make	No. Cyls.	Displ. Cu-in.	No. Speeds	P.T.O. H.P.	Approx. Shipping Wt.-Lbs.	Cab
1986 (Cont.)												
254	$7350	$1760	$2570	$4040	$4560	Mitsubishi	3	65D	9F-3R	21.00	1493	No
254 4WD	$8360	$2010	$2930	$4600	$5180	Mitsubishi	3	65D	9F-3R	21.00	1622	No
274 Offset	$10295	$2470	$3600	$5660	$6380	Nissan	3	99D	8F-2R	27.00	3151	No
284D	$9360	$2250	$3280	$5150	$5800	Nissan	3	99D	8F-2R	27.47	2456	No
284D 4WD	$11185	$2680	$3920	$6150	$6940	Nissan	3	99D	8F-2R	25.00	2811	No
385	$12270	$2330	$3190	$5280	$6140	IH	3	155D	8F-4R	35.00	5050	No
485	$15725	$2990	$4090	$6760	$7860	IH	3	179D	8F-2R	42.42	5200	No
584 4WD	$23273	$4420	$6050	$10010	$11640	IH	4	206D	8F-4R	52.5	6685	No
584 4WD w/Cab	$29254	$3470	$4750	$7850	$9130	IH	4	206D	8F-4R	52.5	7890	CHA
585	$18845	$3580	$4900	$8100	$9420	IH	4	206D	8F-4R	52.54	5640	No
585 4WD	$23460	$4460	$6100	$10090	$11730	IH	4	206D	8F-4R	52.00	6685	No
585 RC	$19240	$3660	$5000	$8270	$9620	IH	4	206D	8F-4R	52.54	5890	No
684 4WD	$26348	$5010	$6850	$11330	$13170	IH	4	239D	8F-4R	62.5	6765	No
684 4WD w/Cab	$32329	$5890	$8060	$13330	$15500	IH	4	239D	8F-4R	62.5	7970	CHA
685	$21155	$3990	$5460	$9030	$10500	IH	4	239D	8F-4R	62.52	5720	No
685 4WD	$26535	$4750	$6500	$10750	$12500	IH	4	239D	8F-4R	62.00	6765	No
685 RC	$21565	$4100	$5610	$9270	$10780	IH	4	239D	8F-4R	62.52	5970	No
884	$30228	$5740	$7860	$13000	$15110	IH	4	268D	16F-8R		7223	No
884 4WD	$36209	$6460	$8840	$14620	$17000	IH	4	268D	16F-8R		8428	No
885	$25605	$4870	$6660	$11010	$12800	IH	4	268D	16F-8R	72.91	6065	No
885 4WD	$30415	$5510	$7540	$12470	$14500	IH	4	268D	16F-8R	72.00	7223	No
885 RC	$26235	$4990	$6820	$11280	$13120	IH	4	268D	16F-8R	72.91	6315	No
1394	$21781	$3200	$4800	$7000	$8200	David Brown	4T	219D	12F-4R	65.00	5658	No
1394 4WD	$25245	$3760	$5640	$8230	$9640	David Brown	4T	219D	12F-4R	65.00	5990	No
1394 PS w/Cab	$29998	$4320	$6480	$9450	$11070	David Brown	4T	219D	12F-4R	65.00	6758	CHA
1494	$24612	$3620	$5420	$7910	$9270	David Brown	4T	219D	12F-4R	75.00	7240	No
1494 4WD	$31827	$4640	$6960	$10150	$11890	David Brown	4T	219D	12F-4R	75.00	8327	No
1494 PS 4WD w/Cab	$39800	$5840	$8760	$12780	$14970	David Brown	4T	219D	12F-4R	75.00	8555	CHA
1494 PS w/Cab	$32714	$4800	$7200	$10500	$12300	David Brown	4T	219D	12F-4R	75.00	8001	CHA
1594	$26482	$3900	$5860	$8540	$10000	Case	6	329D	12F-4R	85.90	7544	No
1594 4WD PS w/Cab	$39948	$5980	$8980	$13090	$15330	Case	6	329D	12F-4R	85.00	10105	CHA
1594 PS w/Cab	$34683	$5170	$7750	$11310	$13240	Case	6	329D	12F-4R	85.54	8889	CHA
1896	$36023	$5180	$7780	$11340	$13280	CD	6T	359D	12F-4R	95.92	11383	CHA
1896 4WD	$40956	$6550	$9830	$14340	$16790	CD	6T	359D	12F-4R	95.92	13475	CHA
2096	$43771	$7000	$10510	$15320	$17950	CD	6T	359D	12F-4R	115.67	11966	CHA
2096 4WD	$51500	$8240	$12360	$18030	$21120	CD	6T	359D	12F-4R	115.67	13489	CHA
2294	$52928	$7410	$10060	$15350	$17470	Case	6	504D	12F-4R	131.97	11586	CHA
2294 4WD	$61884	$8120	$11020	$16820	$19140	Case	6	504D	12F-3R	131.97	13892	CHA
2394	$64752	$8400	$11400	$17400	$19800	Case	6T	504D	24F-3R	162.92	14080	CHA
2594	$69711	$8960	$12160	$18560	$21120	Case	6T	504D	24F-3R	182.07	14443	CHA
3294	$61943	$8110	$11010	$16800	$19120	Case	6T	504D	12F-3R	162.00	14515	CHA
3394	$70671	$9180	$12460	$19020	$21650	Case	6T	504D	24F-3R	162.86	14820	CHA
3594	$71900	$9450	$12830	$19580	$22280	Case	6T	504D	24F-3R	182.27	14860	CHA
4494 4WD w/3 Pt.	$78010	$9520	$12920	$19720	$22440	Case	6T	504D	12F-4R	175.20	17920	CHA
4694 4WD w/3 Pt.	$93388	$10270	$13940	$21280	$24220	Case	6TI	504D	12F-4R	219.62	18275	CHA
4894 4WD w/3 Pt.	$106758	$12050	$16350	$24960	$28400	Scania	6T	673D	12F-4R	253.41	21750	CHA
4994 4WD	$135024	$12880	$17490	$26690	$30370	Case	8	866D	12F-2R	344.04	28000	CHA
5088	$54340	$6930	$10400	$15170	$17770	IH	6T	436D	18F-6R	136.12	13581	CHA
5088 4WD	$66260	$7590	$11390	$16610	$19460	IH	6T	436D	18F-6R	136.00	16749	CHA
5288	$62335	$8000	$12000	$17500	$20500	IH	6T	466D	18F-6R	162.60	14624	CHA
5288 4WD	$74160	$8720	$13080	$19080	$22350	IH	6T	466D	18F-6R	162.00	17862	CHA
5488	$66515	$8400	$12600	$18380	$21530	IH	6TI	466D	18F-6R	187.22	14061	CHA
5488 4WD	$78340	$8890	$13330	$19450	$22780	IH	6TI	466D	18F-6R	187.00	17299	CHA

PS - Power Shift CD - Consolidated Diesel Corp. RC - Row Crop

Caterpillar

Model	Approx. Retail Price New	Used Trade-In Avg.	Used Trade-In High	Used Retail Avg.	Used Retail High	Make	No. Cyls.	Displ. Cu-in.	No. Speeds	P.T.O. H.P.	Approx. Shipping Wt.-Lbs.	Cab
2001												
Challenger 35	$140000	$52500	$62500	$75000	$82500	Cat	6	403D	16F-9R	175	23350	CHA
Challenger 45	$149770	$56700	$67500	$81000	$89100	Cat	6T	403D	16F-9R	200	23430	CHA
Challenger 55	$160000	$60900	$72500	$87000	$95700	Cat	6	442D	16F-9R	225	23430	CHA
Challenger 65E	$185500	$71400	$85000	$102000	$112200	Cat	6	629D	10F-2R	310	31950	CHA
Challenger 75E	$205500	$79800	$95000	$114000	$125400	Cat	6	629D	10F-2R	340	34122	CHA
Challenger 85E	$223500	$83160	$99000	$118800	$130680	Cat	6	732D	10F-2R	340	34987	CHA
Challenger 95E	$236000	$86520	$103000	$123600	$135960	Cat	6	732D	10F-2R	410	36171	CHA
2000												
Challenger 35	$139850	$48750	$57500	$68750	$75000	Cat	6	403D	16F-9R	175	23350	CHA
Challenger 45	$149770	$52650	$62100	$74250	$81000	Cat	6T	403D	16F-9R	200	23430	CHA
Challenger 55	$158685	$55770	$65750	$78650	$85800	Cat	6	442D	16F-9R	225	23430	CHA
Challenger 65E	$175110	$64350	$75900	$90750	$99000	Cat	6	629D	10F-2R	310	31950	CHA
Challenger 75E	$189200	$68250	$80500	$96250	$105000	Cat	6	629D	10F-2R	340	34122	CHA
Challenger 85E	$198640	$71370	$84180	$100650	$109800	Cat	6	732D	10F-2R	375	34987	CHA
Challenger 95E	$207920	$75270	$88780	$106150	$115800	Cat	6	732D	10F-2R	410	36171	CHA
1999												
Challenger 35	$139850	$42500	$53750	$63750	$70000	Cat	6	403D	16F-9R	175	23350	CHA
Challenger 45	$148870	$45900	$58050	$68850	$75600	Cat	6T	403D	16F-9R	200	23430	CHA
Challenger 55	$156290	$49300	$62350	$73950	$81200	Cat	6	442D	16F-9R	225	23430	CHA
Challenger 65E	$158710	$50320	$63640	$75480	$82880	Cat	6	629D	10F-2R	310	31950	CHA
Challenger 75E	$177500	$56100	$70950	$84150	$92400	Cat	6	629D	10F-2R	340	34122	CHA
Challenger 85E	$192750	$60180	$76110	$90270	$99120	Cat	6	732D	10F-2R	375	34987	CHA
Challenger 95E	$206600	$62900	$79550	$94350	$103600	Cat	6	732D	10F-2R	410	36171	CHA

Caterpillar (Cont.)

Model	Approx. Retail Price New	Used Trade-In Avg.	Used Trade-In High	Used Retail Avg.	Used Retail High	Make	No. Cyls.	Displ. Cu.-in.	No. Speeds	P.T.O. H.P.	Approx. Shipping Wt.-Lbs.	Cab
1998												
Challenger 35	$138088	$39360	$49200	$59040	$63960	Cat	6	403D	16F-9R	175	23350	CHA
Challenger 45	$147813	$42560	$53200	$63840	$69160	Cat	6T	403D	16F-9R	200	23430	CHA
Challenger 55	$154205	$46080	$57600	$69120	$74880	Cat	6	442D	16F-9R	225	23430	CHA
Challenger 65E	$156558	$46720	$58400	$70080	$75920	Cat	6	629D	10F-2R	310	31950	CHA
Challenger 75E	$176960	$52800	$66000	$79200	$85800	Cat	6	629D	10F-2R	340	34122	CHA
Challenger 85E	$191911	$56640	$70800	$84960	$92040	Cat	6	732D	10F-2R	375	34987	CHA
Challenger 95E	$205803	$60160	$75200	$90240	$97760	Cat	6	732D	10F-2R	410	36171	CHA
1997												
Challenger 35	$135830	$36600	$46360	$54900	$59780	Cat	6	403D	16F-9R	175	22450	CHA
Challenger 45	$142215	$39600	$50160	$59400	$64680	Cat	6T	403D	16F-9R	200	22750	CHA
Challenger 55	$151110	$42300	$53580	$63450	$69090	Cat	6	442D	16F-9R	225	25550	CHA
Challenger 65D	$157500	$44100	$55860	$66150	$72030	Cat	6T	638D	10F-2R	300	32880	CHA
Challenger 75D	$165000	$46500	$58900	$69750	$75950	Cat	6	629D	10F-2R	330	33500	CHA
Challenger 85D	$187750	$53100	$67260	$79650	$86730	Cat	6	732D	10F-2R	370	33650	CHA
1996												
Challenger 35	$133166	$33600	$43200	$51600	$56400	Cat	6	403D	16F-9R	175	22450	CHA
Challenger 45	$138950	$36400	$46800	$55900	$61100	Cat	6T	403D	16F-9R	200	22750	CHA
Challenger 55	$147750	$39200	$50400	$60200	$65800	Cat	6	442D	16F-9R	225	25550	CHA
Challenger 65D	$161700	$43400	$55800	$66650	$72850	Cat	6T	638D	10F-2R	300	32880	CHA
Challenger 75C	$171000	$46200	$59400	$70950	$77550	Cat	6	629D	10F-2R	325	32000	CHA
Challenger 85C	$189500	$50400	$64800	$77400	$84600	Cat	6	629D	10F-2R	355	33250	CHA
1995												
Challenger 35	......	$29120	$38080	$45920	$50400	Cat	6	403D	16F-9R	175	22450	CHA
Challenger 45	......	$31200	$40800	$49200	$54000	Cat	6T	403D	16F-9R	200	22750	CHA
Challenger 65C	......	$33800	$44200	$53300	$58500	Cat	6T	638D	10F-2R	285	32880	CHA
Challenger 70C	......	$36400	$47600	$57400	$63000	Cat	6	638D	10F-2R	285	35270	CHA
Challenger 75C	......	$39030	$51030	$61540	$67550	Cat	6	629D	10F-2R	325	32000	CHA
Challenger 85C	......	$44200	$57800	$69700	$76500	Cat	6	629D	10F-2R	355	33250	CHA
1994												
Challenger 35	......	$26400	$35200	$42900	$47300	Cat	6	403D	16F-9R	175	22450	CHA
Challenger 45	......	$28800	$38400	$46800	$51600	Cat	6T	403D	16F-9R	200	22750	CHA
Challenger 65C	......	$31200	$41600	$50700	$55900	Cat	6T	638D	10F-2R	285	32880	CHA
Challenger 75C	......	$35300	$47070	$57370	$63250	Cat	6	629D	10F-2R	325	32000	CHA
Challenger 85C	......	$38880	$51840	$63180	$69660	Cat	6	629D	10F-2R	355	33250	CHA
1993												
Challenger 65B	......	$27500	$37500	$46250	$51250	Cat	6T	638D	10F-2R	285	31100	CHA
Challenger 65C	......	$28710	$39150	$48290	$53510	Cat	6T	638D	10F-2R	285	32880	CHA
Challenger 75C	......	$32360	$44130	$54430	$60310	Cat	6	629D	10F-2R	325	32000	CHA
Challenger 85C	......	$36080	$49200	$60680	$67240	Cat	6	629D	10F-2R	355	33250	CHA
1992												
Challenger 65B	......	$24000	$33600	$42000	$46800	Cat	6T	638D	10F-2R	285	31100	CHA
Challenger 65C	......	$25000	$35000	$43750	$48750	Cat	6T	638D	10F-2R	285	32880	CHA
Challenger 75	......	$27140	$38000	$47500	$52920	Cat	6	629D	10F-2R	325	32000	CHA
Challenger 75C	......	$28020	$39230	$49040	$54640	Cat	6	629D	10F-2R	325	32000	CHA
1991												
Challenger 65B	......	$23260	$31820	$41620	$46510	Cat	6T	638D	10F-2R	285	31100	CHA
Challenger 75	......	$24640	$33720	$44100	$49290	Cat	6	629D	10F-2R	325	32000	CHA
1990												
Challenger 65	......	$21600	$28800	$39600	$44400	Cat	6T	638D	10F-2R	270	31100	CHA
Challenger 75	......	$23040	$30720	$42240	$47360	Cat	6	629D	10F-2R	325	32000	CHA
1989												
Challenger 65	......	$20400	$26400	$38400	$43200	Cat	6T	638D	10F-2R	270	31100	CHA
1988												
Challenger 65	......	$19360	$25410	$37510	$42350	Cat	6T	638D	10F-2R	270	31100	CHA
1987												
Challenger 65	......	$18000	$24000	$36000	$40800	Cat	6T	638D	10F-2R	270	31100	CHA
1986												
Challenger 65	......	$16520	$22420	$34220	$38940	Cat	6T	638D	10F-2R	270	31100	CHA

Century

Model	Approx. Retail Price New	Used Trade-In Avg.	Used Trade-In High	Used Retail Avg.	Used Retail High	Make	No. Cyls.	Displ. Cu.-in.	No. Speeds	P.T.O. H.P.	Approx. Shipping Wt.-Lbs.	Cab
2004												
2028 w/Ag Tires	$13295	$8240	$8780	$10240	$10900	Kukje	3	95D	12F-12R	25	3640	No
2535 w/Ag Tires	$13775	$8540	$9090	$10610	$11300	Kukje	3	110D	12F-12R	31	3640	No
3035 w/Ag Tires	$14585	$9040	$9630	$11230	$11960	Kukje	3	110D	12F-12R	31	3770	No
3040 w/Ag Tires	$15195	$9420	$10030	$11700	$12460	Kukje	3T	110D	12F-12R	36	3770	No
3045 w/Ag Tires	$16785	$10410	$11080	$12920	$13760	Kukje	3	134D	12F-12R	40	3890	No
2003												
2028	$12395	$6570	$7440	$8920	$9540	Kukje	3	95D	12F-12R	25	3640	No
2535	$12875	$6820	$7730	$9270	$9910	Kukje	3	110D	12F-12R	31	3640	No

Model	Approx. Retail Price New	Used Trade-In Avg.	Used Trade-In High	Used Retail Avg.	Used Retail High	Make	No. Cyls.	Displ. Cu.-in.	No. Speeds	P.T.O. H.P.	Approx. Shipping Wt.-Lbs.	Cab
Century (Cont.)												
2003 (Cont.)												
3035	$13685	$7250	$8210	$9850	$10540	Kukje	3	110D	12F-12R	31	3770	No
3040	$14295	$7580	$8580	$10290	$11010	Kukje	3T	110D	12F-12R	36	3770	No
3045	$15885	$8420	$9530	$11440	$12230	Kukje	3	134D	12F 12R	40	3890	No
2002												
2028	$12395	$5830	$6690	$8430	$9170	Kukje	3	95D	12F-12R	25	3640	No
2535	$12875	$6050	$6950	$8760	$9530	Kukje	3	110D	12F-12R	31	3640	No
3035	$13685	$6430	$7390	$9310	$10130	Kukje	3	110D	12F-12R	31	3770	No
3040	$14295	$6720	$7720	$9720	$10580	Kukje	3T	110D	12F-12R	36	3770	No
3045	$15885	$7470	$8580	$10800	$11760	Kukje	3	134D	12F-12R	40	3890	No
Challenger												
2005												
MT225B	$13536	$9750	$10290	$11640	$12180	Iseki	3	68D	Variable	17.6	1753	No
MT255B	$14822	$10670	$11270	$12750	$13340	Iseki	3	89D	9F-3R	24.1	2109	No
MT255B w/Loader	$19137	$13780	$14540	$16460	$17220	Iseki	3	89D	9F-3R	24.1		No
MT265B SyncShuttle	$18036	$12990	$13710	$15510	$16230	Iseki	3	91D	8F-8R	26.0	2981	No
MT265B SyncShuttle w/Loader	$22285	$16050	$16940	$19170	$20060	Iseki	3	91D	8F-8R	26.0		No
MT265B PowerShuttle	$19750	$14220	$15010	$16990	$17780	Iseki	3	91D	12F-12R	26.0	2981	No
MT265B PowerShuttle w/Loader	$24862	$17890	$18880	$21360	$22360	Iseki	3	91D	12F-12R	26.0		No
MT265B Hydro	$19708	$14190	$14980	$16950	$17740	Iseki	3	91D	Variable	24.5	2946	No
MT265B Hydro w/Loader	$24238	$17450	$18420	$20850	$21810	Iseki	3	91D	Variable	24.5		No
MT275B SyncShuttle	$20322	$14630	$15450	$17480	$18290	Iseki	3T	91D	8F-8R	31.0	2915	No
MT275B SyncShutle w/Loader	$24607	$17720	$18700	$21160	$22150	Iseki	3T	91D	8F-8R	31.0		No
MT275B PowerShuttle	$22035	$15870	$16750	$18950	$19830	Iseki	3T	91D	12F-12R	31.0	2915	No
MT275B PowerShutle w/Loader	$27127	$19530	$20620	$23330	$24410	Iseki	3T	91D	12F-12R	31.0		No
MT275B Hydro	$22750	$16380	$17290	$19570	$20480	Iseki	3T	91D	Variable	29.5	2915	No
MT275B Hydro w/Loader	$27842	$20050	$21160	$23940	$25060	Iseki	3T	91D	Variable	29.5		No
MT285B SyncShuttle	$25243	$18180	$19190	$21710	$22720	Iseki	4	134D	8F-8R	38.0	3660	No
MT285B SyncShuttle w/Loader	$30524	$21980	$23200	$26250	$27470	Iseki	4	134D	8F-8R	38.0		No
MT285B PowerShuttle	$26528	$19100	$20160	$22810	$23880	Iseki	4	134D	12F-12R	38.0	3660	No
MT285B PowerShuttle w/Loader	$32842	$23650	$24960	$28240	$29560	Iseki	4	134D	12F-12R	38.0		No
MT285B Hydro	$27243	$19620	$20710	$23430	$24520	Iseki	4	134D	Variable	36.5		No
MT285B Hydro w/Loader	$33557	$24160	$25500	$28860	$30200	Iseki	4	134D	Variable	36.5		No
MT285B Hydro w/Cab	$35100	$25270	$26680	$30190	$31590	Iseki	4	134D	Variable	36.5		CHA
MT295B SyncShuttle	$26386	$19000	$20050	$22690	$23750	Iseki	4	180D	8F-8R	41.0	3726	No
MT295B SyncShuttle w/Loader	$32357	$23300	$24590	$27830	$29120	Iseki	4	180D	8F-8R	41.0		No
MT295B PowerShuttle	$27671	$19920	$21030	$23800	$24900	Iseki	4	180D	12F-12R	41.0	3726	No
MT295B PowerShuttle w/Loader	$33985	$24470	$25830	$29230	$30590	Iseki	4	180D	12F-12R	41.0		No
MT295B AutoPower w/Cab	$35814	$25790	$27220	$30800	$32230	Iseki	4	180D	12F-12R	41.0		CHA
MT425B	$35191	$24630	$26040	$29560	$30970	Cat	4	268D	16F-16R	60.0	5287	No
MT425B 4WD	$41980	$29390	$31070	$35260	$36940	Cat	4	268D	16F-16R	60.0	5610	No
MT425B 4WD Cab	$51470	$36030	$38090	$43240	$45290	Cat	4	268D	16F-16R	60.0	7056	CHA
MT425B Cab	$44681	$31280	$33060	$37530	$39320	Cat	4	268D	16F-16R	60.0	6724	CHA
MT445B	$38191	$26730	$28260	$32080	$33610	Cat	4T	268D	16F-16R	70.0	5316	No
MT445B 4WD	$45789	$32050	$33880	$38460	$40290	Cat	4T	268D	16F-16R	70.0	5648	No
MT445B 4WD Cab	$55279	$38700	$40910	$46430	$48650	Cat	4T	268D	16F-16R	70.0	7085	CHA
MT445B Cab	$47680	$33380	$35280	$40050	$41960	Cat	4T	268D	16F-16R	70.0	6758	CHA
MT455B	$42466	$29730	$31430	$35670	$37370	Cat	4T	268D	16F-16R	80.0	5316	No
MT455B 4WD	$49494	$34650	$36630	$41580	$43560	Cat	4T	268D	16F-16R	80.0	5648	No
MT455B 4WD Cab	$58984	$41290	$43650	$49550	$51910	Cat	4T	268D	16F-16R	80.0	6758	CHA
MT455B Cab	$51956	$36370	$38450	$43640	$45720	Cat	4T	268D	16F-16R	80.0	6758	CHA
MT465B	$47791	$33450	$35370	$40140	$42060	Cat	4TI	268D	16F-16R	90.0	5466	No
MT465B 4WD	$54819	$38370	$40570	$46050	$48240	Cat	4TI	268D	16F-16R	90.0	5798	No
MT465B 4WD Cab	$64309	$45020	$47590	$54020	$56590	Cat	4TI	268D	16F-16R	90.0	7235	CHA
MT465B Cab	$57281	$40100	$42390	$48120	$50410	Cat	4TI	268D	16F-16R	90.0	6903	CHA
MT525B 4WD Cab	$74751	$52330	$55320	$62790	$65780	Cat	6T	365D	32F-32R	95.0		CHA
MT525B 4WD Cab CVT	$85478	$59840	$63250	$71800	$75220	Cat	6T	365D	Variable	95.0		CHA
MT525B Cab	$65446	$45810	$48430	$54980	$57590	Cat	6T	365D	32F-32R	95.0		CHA
MT535B 4WD Cab	$81829	$57280	$60550	$68740	$72010	Cat	6T	365D	32F-32R	105.0		CHA
MT535B 4WD Cab CVT	$93748	$65620	$69370	$78750	$82500	Cat	6T	365D	Variable	105.0		CHA
MT535B Cab	$81881	$57320	$60590	$68780	$72060	Cat	6T	365D	32F-32R	105.0		CHA
MT 545B 4WD Cab	$87941	$61560	$65080	$73870	$77390	Cat	6T	365D	32F-32R	115.0		CHA
MT 545B 4WD Cab CVT	$98529	$68970	$72910	$82760	$86710	Cat	6T	365D	Variable	115.0		CHA
MT 545B Cab	$78117	$54680	$57810	$65620	$68740	Cat	6T	365D	32F-32R	115.0	10487	CHA
MT 555B 4WD Cab	$100920	$70640	$74680	$84770	$88810	Cat	6T	365D	32F-32R	130.0		CHA
MT 555B 4WD Cab CVT	$112431	$78700	$83200	$94440	$98940	Cat	6T	365D	Variable	130.0		CHA
MT 555B Cab	$87545	$61280	$64740	$73540	$77040	Cat	6T	365D	32F-32R	130.0		CHA
MT 565B 4WD Cab	$113720	$79600	$84150	$95530	$100070	Cat	6T	365D	32F-32R	145.0		CHA
MT 565B 4WD Cab CVT	$122205	$85540	$90430	$102650	$107540	Cat	6T	365D	Variable	145.0		CHA
MT 565B Cab	$99498	$69650	$73630	$83580	$87560	Cat	6T	365D	32F-32R	145.0		CHA
MT 635B 4WD CVT	$135169	$94620	$100030	$113540	$118950	SISU	6TA	451D	Variable	160.0	16100	CHA
MT 645B 4WD CVT	$147894	$103530	$109440	$124230	$130150	SISU	6TA	451D	Variable	180.0	16100	CHA
MT 655B 4WD CVT	$157079	$109960	$116240	$131950	$138230	SISU	6TA	513D	Variable	200.0	16100	CHA
MT 665B 4WD CVT	$165988	$116190	$122830	$139430	$146070	SISU	6TA	513D	Variable	225.0	16100	CHA
MT 745B	$181294	$126910	$134160	$152290	$159540	Cat	6TA	538D	16F-4R	225.0	25350	CHA
MT 755B	$189223	$132460	$140030	$158950	$166520	Cat	6TA	538D	16F-4R	245.0	25350	CHA
MT 765B	$201110	$140780	$148820	$168930	$176980	Cat	6TA	538D	16F-4R	265.0	24850	CHA
MT 835B	$226148	$158300	$167350	$189960	$199010	Cat	6TA	732D	16F-4R	350.0	39500	CHA
MT 845B	$256288	$179400	$189650	$215280	$225530	Cat	6TA	732D	16F-4R	400.0	39500	CHA
MT 855B	$262209	$183550	$194040	$220260	$230740	Cat	6TA	853D	16F-4R	460	41000	CHA
MT 865B	$287230	$201060	$212550	$241270	$252760	Cat	6TA	964D	16F-4R	510	41000	CHA

Challenger (Cont.)

Model	Approx. Retail Price New	Used Trade-In Avg.	Used Trade-In High	Used Retail Avg.	Used Retail High	Make	Engine No. Cyls.	Displ. Cu.-in.	No. Speeds	P.T.O. H.P.	Approx. Shipping Wt.-Lbs.	Cab
2005 (Cont.)												
MT 875B	$317350	$222150	$234840	$266570	$279270	Cat	6TA	964D	16F-4R	570	41000	CHA
2004												
MT225	$13535	$8390	$9200	$10560	$11370	Iseki	3	68D	Variable	19.0	1520	No
MT255	$14474	$8970	$9840	$11290	$12160	Iseki	3	89D	9F-3R	24.1	2109	No
MT255MA1 w/Loader	$18904	$11720	$12860	$14750	$15880	Iseki	3	89D	9F-3R	24.1	2109	No
MT265	$19494	$12090	$13260	$15210	$16380	Iseki	3	91D	16F-16R	27.0	2981	No
MT265MA1 w/Loader	$24017	$14890	$16330	$18730	$20170	Iseki	3	91D	16F-16R	27.0	2981	No
MT265 Hydro	$20499	$12710	$13940	$15990	$17220	Iseki	3	91D	Variable	26.3	2946	No
MT26MA2 Hydro w/Loader	$25193	$15620	$17130	$19650	$21160	Iseki	3	91D	Variable	26.3	2946	No
MT275	$19939	$12360	$13560	$15550	$16750	Iseki	3T	91D	8F-8R	32.4	2915	No
MT275MA1 w/Loader	$24487	$15180	$16650	$19100	$20570	Iseki	3T	91D	8F-8R	32.4	2915	No
MT285	$21859	$13550	$14860	$17050	$18360	Iseki	3T	91D	16F-16R	32.4	3016	No
MT285MA1 w/Loader	$26572	$16480	$18070	$20730	$22320	Iseki	3T	91D	16F-16R	32.4	3016	No
MT285 Hydro	$22999	$14260	$15640	$17940	$19320	Iseki	3T	91D	Variable	31.7	2981	No
MT285MA2 Hydro w/Loader	$27893	$17290	$18970	$21760	$23430	Iseki	3T	91D	Variable	31.7	2981	No
MT295	$26444	$16400	$17980	$20630	$22210	Iseki	4	134D	16F-16R	37.0	3864	No
MT295MA1 w/Loader	$32198	$19960	$21900	$25110	$27050	Iseki	4	134D	16F-16R	37.0	3864	No
MT295 Hydro	$28289	$17540	$19240	$22070	$23760	Iseki	4	134D	Variable	36.0	3918	No
MT295MA Hydro w/Loader	$33047	$20490	$22470	$25780	$27760	Iseki	4	134D	Variable	36.0	3918	No
MT297 SynchroShuttle	$25224	$15640	$17150	$19680	$21190	Iseki	4	173D	12F-12R	45.6	3833	No
MT297MA1 Syn-Shuttle Loader	$30578	$18960	$20790	$23850	$25690	Iseki	4	173D	12F-12R	45.6	3833	No
MT297 PowerShuttle	$28024	$17380	$19060	$21860	$23540	Iseki	4	173D	16F-16R	45.6	3877	No
MT297MA2 Pwr-Shuttle Loader	$33290	$20640	$22640	$25970	$27960	Iseki	4	173D	16F-16R	45.6	3877	No
MT425	$30262	$18760	$19970	$23300	$24820	Cat	4	244D	24F-24R	55.0	5287	No
MT425 4WD	$35500	$22010	$23430	$27340	$29110	Cat	4	244D	24F-24R	55.0	5619	No
MT425 Cab	$38441	$23830	$25370	$29600	$31520	Cat	4	244D	24F-24R	55.0	5287	CHA
MT425 4WD Cab	$44580	$27640	$29420	$34330	$36560	Cat	4	244D	24F-24R	55.0	5619	CHA
MT425B	$33093	$20520	$21840	$25480	$27140	Cat	4	268D	16F-16R	60.0	5287	No
MT425B 4WD	$39575	$24540	$26120	$30470	$32450	Cat	4	268D	16F-16R	60.0	5610	No
MT425B 4WD Cab	$48519	$30080	$32020	$37360	$39790	Cat	4	268D	16F-16R	60.0	7056	CHA
MT425B Cab	$42038	$26060	$27750	$32370	$34470	Cat	4	268D	16F-16R	60.0	6724	CHA
MT445	$35543	$22040	$23460	$27370	$29150	Cat	4	256D	24F-24R	65.0	5716	No
MT445 4WD	$41439	$25690	$27350	$31910	$33980	Cat	4	256D	24F-24R	65.0	5645	No
MT445 Cab	$44573	$27640	$29420	$34320	$36550	Cat	4	256D	24F-24R	65.0	6724	CHA
MT445 4WD Cab	$50469	$31290	$33310	$38860	$41390	Cat	4	256D	24F-24R	65.0	7269	CHA
MT445B	$35997	$22320	$23760	$27720	$29520	Cat	4T	258D	16F-16R	70.0	5316	No
MT445B 4WD	$42299	$26230	$27920	$32570	$34690	Cat	4T	258D	16F-16R	70.0	5648	No
MT445B 4WD Cab	$51244	$31770	$33820	$39460	$42020	Cat	4T	258D	16F-16R	70.0	7085	CHA
MT445B Cab	$44942	$27860	$29660	$34610	$36850	Cat	4T	258D	16F-16R	70.0	6758	CHA
MT455	$36569	$22670	$24140	$28160	$29990	Cat	4T	244D	24F-24R	75.0	5316	No
MT455 4WD	$43507	$26970	$28720	$33500	$35680	Cat	4T	244D	24F-24R	75.0	5645	No
MT455 Cab	$44868	$27820	$29610	$34550	$36790	Cat	4T	244D	24F-24R	75.0	6724	CHA
MT455 4WD Cab	$51320	$31820	$33870	$39520	$42080	Cat	4T	244D	24F-24R	75.0	7269	CHA
MT455B	$39492	$24490	$26070	$30410	$32380	Cat	4T	268D	16F-16R	80.0	5316	No
MT455B 4WD	$45794	$28390	$30220	$35260	$37550	Cat	4T	268D	16F-16R	80.0	5648	No
MT455B 4WD Cab	$54739	$33940	$36130	$42150	$44890	Cat	4T	268D	16F-16R	80.0	6758	CHA
MT455B Cab	$48437	$30030	$31970	$37300	$39720	Cat	4T	268D	16F-16R	80.0	6758	CHA
MT465	$40732	$25250	$26880	$31360	$33400	Cat	4T	244D	24F-24R	85.0	5466	No
MT465 4WD	$47003	$29140	$31020	$36190	$38540	Cat	4T	244D	24F-24R	85.0	5795	No
MT465 Cab	$49031	$30400	$32360	$37750	$40210	Cat	4T	244D	24F-24R	85.0	6874	CHA
MT465 4WD Cab	$56055	$34750	$37000	$43160	$45970	Cat	4T	244D	24F-24R	85.0	7419	CHA
MT465B	$44512	$27600	$29380	$34270	$36500	Cat	4TI	268D	16F-16R	90.0	5466	No
MT465B 4WD	$50814	$31510	$33540	$39130	$41670	Cat	4TI	268D	16F-16R	90.0	5798	No
MT465B 4WD Cab	$59759	$37050	$39440	$46010	$49000	Cat	4TI	268D	16F-16R	90.0	7235	CHA
MT465B Cab	$53457	$33140	$35280	$41160	$43840	Cat	4TI	268D	16F-16R	90.0	6903	CHA
MT525B 4WD Cab	$69593	$43150	$45930	$53590	$57070	Cat	6T	365D	32F-32R	95.0		CHA
MT525B 4WD Cab CVT	$81392	$50460	$53720	$62670	$66740	Cat	6T	365D	Variable	95.0		CHA
MT525B Cab	$60658	$37610	$40030	$46710	$49740	Cat	6T	365D	32F-32R	95.0		CHA
MT535	$54820	$33990	$36180	$42210	$44950	Cat	6T	365D	32F-32R	100.0	9457	No
MT535	$54820	$33990	$36180	$42210	$44950	Cat	6T	365D	32F-32R	100.0	9457	No
MT535 4WD	$63820	$39570	$42120	$49140	$52330	Cat	6T	365D	32F-32R	100.0	9776	No
MT535 Cab	$62280	$38610	$41110	$47960	$51070	Cat	6T	365D	32F-32R	100.0	9730	CHA
MT535 4WD Cab	$72890	$45190	$48110	$56130	$59770	Cat	6T	365D	32F-32R	100.0	10321	CHA
MT535B 4WD Cab	$76173	$47230	$50270	$58650	$62460	Cat	6T	365D	32F-32R	105.0		CHA
MT535B 4WD Cab CVT	$86719	$53770	$57240	$66770	$71110	Cat	6T	365D	Variable	105.0		CHA
MT535B Cab	$66784	$41410	$44080	$51420	$54760	Cat	6T	365D	32F-32R	105.0		CHA
MT 545	$63880	$39610	$42160	$49190	$52380	Cat	6T	365D	32F-32R	120.0	10055	No
MT 545 4WD	$73200	$45380	$48310	$56360	$60020	Cat	6T	365D	32F-32R	120.0	10487	No
MT 545 Cab	$77220	$47880	$50970	$59460	$63320	Cat	6T	365D	32F-32R	120.0	10606	CHA
MT 545 4WD Cab	$82080	$50890	$54170	$63200	$67310	Cat	6T	365D	32F-32R	120.0	11038	CHA
MT 545B 4WD Cab	$83797	$51950	$55310	$64520	$68710	Cat	6T	365D	32F-32R	115.0		CHA
MT 545B 4WD Cab CVT	$93197	$57780	$61510	$71760	$76420	Cat	6T	365D	Variable	115.0		CHA
MT 545B Cab	$77652	$48140	$51250	$59790	$63680	Cat	6T	365D	32F-32R	115.0	10487	CHA
MT 545B Cab	$77652	$48140	$51250	$59790	$63680	Cat	6T	365D	32F-32R	115.0		CHA
MT 555B 4WD Cab	$96529	$59850	$63710	$74330	$79150	Cat	6T	365D	32F-32R	130.0		CHA
MT 555B 4WD Cab CVT	$106412	$65980	$70230	$81940	$87260	Cat	6T	365D	Variable	130.0		CHA
MT 555B Cab	$87176	$54050	$57540	$67130	$71480	Cat	6T	365D	32F-32R	130.0		CHA
MT 565 Cab	$99130	$61460	$65430	$76330	$81290	SISU	6TA	402D	18F-6R	145.0	11808	CHA
MT 565 4WD Cab	$100435	$62270	$66290	$77340	$82360	SISU	6TA	402D	18F-6R	145.0	12216	CHA
MT 565B 4WD Cab	$104964	$65080	$69280	$80820	$86070	Cat	6T	365D	32F-32R	145.0		CHA
MT 565B 4WD Cab CVT	$114848	$71210	$75800	$88430	$94180	Cat	6T	365D	Variable	145.0		CHA
MT 565B Cab	$94852	$58810	$62600	$73040	$77780	Cat	6T	365D	32F-32R	145.0		CHA
MT 635 4WD	$99910	$61940	$65940	$76930	$81930	SISU	6TA	451D	18F-6R	160.0	14132	CHA

Challenger (Cont.)

Model	Approx. Retail Price New	Used Trade-In Avg.	Used Trade-In High	Used Retail Avg.	Used Retail High	Make	Engine No. Cyls.	Engine Displ. Cu.-in.	No. Speeds	P.T.O. H.P.	Approx. Shipping Wt.-Lbs.	Cab
2004 (Cont.)												
MT 645 4WD	$107865	$66880	$71190	$83060	$88450	SISU	6TA	451D	18F-6R	180.0	16634	CHA
MT 655 4WD	$111905	$69380	$73860	$86170	$91760	SISU	6TA	513D	18F-6R	200.0	17467	CHA
MT 665 4WD	$125280	$77670	$82090	$96470	$102730	SISU	6TA	513D	18F-6R	225.0	17469	CHA
MT 745	$162105	$100510	$106990	$124820	$132930	Cat	6TA	538D	16F-4R	205.0	25350	CHA
MT 755	$175890	$109050	$116090	$135440	$144230	Cat	6TA	538D	16F-4R	235.0	25350	CHA
MT 765	$191530	$118750	$126410	$147480	$157060	Cat	6TA	538D	16F-4R	255.0	24850	CHA
MT 835	$205535	$123320	$131540	$156210	$166480	Cat	6TA	732D	16F-4R	340.0	39500	CHA
MT 845	$231175	$138710	$147950	$175690	$187250	Cat	6TA	732D	16F-4R	380.0	39500	CHA
MT 855	$248379	$149030	$158960	$188770	$201190	Cat	6TA	853D	16F-4R	450	41000	CHA
MT 865	$269281	$161570	$172340	$204650	$218120	Cat	6TA	964D	16F-4R	500	41000	CHA
2003												
MT225	$15220	$7700	$8540	$10080	$11060	Iseki	3	68D	Variable	19.0	1520	No
MT255	$14295	$7860	$8720	$10290	$11290	Iseki	3	89D	9F-3R	24.1	2109	No
MT265	$20300	$11170	$12380	$14620	$16040	Iseki	3	91D	16F-16R	27.0	2981	No
MT265 Hydro	$21300	$11720	$12990	$15340	$16830	Iseki	3	91D	Variable	26.3	2946	No
MT275	$20660	$11360	$12600	$14880	$16320	Iseki	3T	91D	8F-8R	32.4	2915	No
MT285	$22575	$12420	$13770	$16250	$17830	Iseki	3T	91D	16F-16R	32.4	3016	No
MT285 Hydro	$23720	$13050	$14470	$17080	$18740	Iseki	3T	91D	Variable	31.7	2981	No
MT295	$27480	$15110	$16760	$19790	$21710	Iseki	4	134D	16F-16R	37.0	3864	No
MT295 Hydro	$28925	$15910	$17640	$20830	$22850	Iseki	4	134D	Variable	36.0	3918	No
MT297 SynchroShuttle	$25860	$14220	$15780	$18620	$20430	Iseki	4	173D	12F-12R	45.6	3833	No
MT297 PowerShuttle	$28660	$15760	$17480	$20640	$22640	Iseki	4	173D	16F-16R	45.6	3877	No
MT425	$30231	$16020	$18140	$21770	$23280	Cat	4	244D	24F-24R	55.0	5287	No
MT425 4WD	$35920	$19040	$21550	$25860	$27660	Cat	4	244D	24F-24R	55.0	5619	No
MT425 Cab	$39221	$20790	$23530	$28240	$30200	Cat	4	244D	24F-24R	55.0	5287	CHA
MT425 4WD Cab	$44950	$23820	$26970	$32360	$34610	Cat	4	244D	24F-24R	55.0	5619	CHA
MT445	$34880	$18490	$20930	$25110	$26860	Cat	4	256D	24F-24R	65.0	5716	No
MT445 4WD	$41185	$21830	$24710	$29650	$31710	Cat	4	256D	24F-24R	65.0	5645	No
MT445 Cab	$43910	$23270	$26350	$31620	$33810	Cat	4	256D	24F-24R	65.0	6724	CHA
MT445 4WD Cab	$49745	$26370	$29850	$35820	$38300	Cat	4	256D	24F-24R	65.0	7269	CHA
MT455	$36376	$19280	$21830	$26190	$28010	Cat	4T	244D	24F-24R	75.0	5316	No
MT455 4WD	$43253	$22920	$25950	$31140	$33310	Cat	4T	244D	24F-24R	75.0	5645	No
MT455 Cab	$44675	$23680	$26810	$32170	$34400	Cat	4T	244D	24F-24R	75.0	6724	CHA
MT455 4WD Cab	$51066	$27070	$30640	$36770	$39320	Cat	4T	244D	24F-24R	75.0	7269	CHA
MT465	$41709	$22110	$25030	$30030	$32120	Cat	4T	244D	24F-24R	85.0	5466	No
MT465 4WD	$46749	$24780	$28050	$33660	$36000	Cat	4T	244D	24F-24R	85.0	5795	No
MT465 Cab	$50008	$26500	$30010	$36010	$38510	Cat	4T	244D	24F-24R	85.0	6874	CHA
MT465 4WD Cab	$55800	$29570	$33480	$40180	$42970	Cat	4T	244D	24F-24R	85.0	7419	CHA
MT535	$55575	$29460	$33350	$40010	$42790	Cat	6T	365D	32F-32R	100.0	9457	No
MT535 4WD	$64280	$34070	$38570	$46280	$49500	Cat	6T	365D	32F-32R	100.0	9776	No
MT535 Cab	$63805	$33820	$38280	$45940	$49130	Cat	6T	365D	32F-32R	100.0	9730	CHA
MT535 4WD Cab	$72510	$38430	$43510	$52210	$55830	Cat	6T	365D	32F-32R	100.0	10321	CHA
MT 545	$68825	$36480	$41300	$49550	$53000	Cat	6T	365D	32F-32R	120.0	10055	No
MT 545 4WD	$78140	$41410	$46880	$56260	$60170	Cat	6T	365D	32F-32R	120.0	10487	No
MT 545 Cab	$77885	$41280	$46730	$56080	$59970	Cat	6T	365D	32F-32R	120.0	10606	CHA
MT 545 4WD Cab	$87200	$46220	$52320	$62780	$67140	Cat	6T	365D	32F-32R	120.0	11038	CHA
MT 565 Cab	$95225	$50470	$57140	$68560	$73320	Valmet	6TA	402D	18F-6R	145.0	11808	CHA
MT 565 4WD Cab	$108365	$57430	$65020	$78000	$83440	Valmet	6TA	402D	18F-6R	145.0	12216	CHA
MT 635 4WD	$101920	$54020	$61150	$73380	$78480	Valmet	6TA	451D	18F-6R	160.0	14132	CHA
MT 645 4WD	$106831	$56620	$64100	$76920	$82260	Valmet	6TA	451D	18F-6R	180.0	16634	CHA
MT 655 4WD	$112800	$59780	$67680	$81220	$86860	Valmet	6TA	513D	18F-6R	200.0	17467	CHA
MT 665 4WD	$126906	$67260	$76140	$91370	$97720	Valmet	6TA	513D	18F-6R	225.0	17469	CHA
MT 735	$149670	$79330	$89800	$107760	$115250	Cat	6TA	538D	16F-4R	185.0	24850	CHA
MT 745	$154635	$81960	$92780	$111340	$119070	Cat	6TA	538D	16F-4R	205.0	25350	CHA
MT 755	$176755	$93680	$106050	$127260	$136100	Cat	6TA	538D	16F-4R	235.0	25350	CHA
MT 765	$187210	$99220	$112330	$134790	$144150	Cat	6TA	538D	16F-4R	255.0	24850	CHA
MT 835	$223731	$116340	$129760	$158850	$170040	Cat	6TA	732D	16F-4R	340.0	39500	CHA
MT 835 w/PTO	$232186	$120740	$134670	$164850	$176460	Cat	6TA	732D	16F-4R	340.0	39500	CHA
MT 845	$246086	$127970	$142730	$174720	$187030	Cat	6TA	732D	16F-4R	380.0	39500	CHA
MT 845 w/PTO	$254541	$132360	$147630	$180720	$193450	Cat	6TA	732D	16F-4R	380.0	39500	CHA
MT 855	$247051	$128470	$143290	$175410	$187760	Cat	6TA	853D	16F-4R	450	41000	CHA
MT 865	$269281	$140030	$156180	$191190	$204650	Cat	6TA	964D	16F-4R	500	41000	CHA
2002												
MT225	$14875	$6860	$7700	$9520	$10500	Iseki	3	68D	Variable	19.0	1672	No
MT255	$14165	$6940	$7790	$9630	$10620	Iseki	3	89D	9F-3R	24.1	2248	No
MT265	$20145	$9870	$11080	$13700	$15110	Iseki	3	91D	16F-16R	27.0	3085	No
MT265 Hydro	$21045	$10310	$11580	$14310	$15780	Iseki	3	91D	Variable	25.0	3085	No
MT275	$20585	$10090	$11320	$14000	$15440	Iseki	3T	91D	8F-8R	32.4	3107	No
MT285	$22500	$11030	$12380	$15300	$16880	Iseki	3T	91D	16F-16R	32.4	3174	No
MT285 Hydro	$23645	$11590	$13010	$16080	$17730	Iseki	3T	91D	Variable	30.3	3114	No
MT295	$27425	$13440	$15080	$18650	$20570	Iseki	4	134D	16F-16R	37.0	4277	No
MT295 Hydro	$28870	$14150	$15880	$19630	$21650	Iseki	4	134D	Variable	36.0	4331	No
MT425	$30165	$14180	$16290	$20510	$22320	Cat	4	244D	24F-24R	55.0	5287	No
MT425 4WD	$35920	$16880	$19400	$24430	$26580	Cat	4	244D	24F-24R	55.0	5619	No
MT445	$34880	$16390	$18840	$23720	$25810	Cat	4	256D	24F-24R	65.0	5716	No
MT445 4WD	$40625	$19090	$21940	$27630	$30060	Cat	4	256D	24F-24R	65.0	5645	No
MT445 Cab	$43910	$20640	$23710	$29860	$32490	Cat	4	256D	24F-24R	65.0	6724	CHA
MT445 4WD Cab	$49655	$23340	$26810	$33770	$36750	Cat	4	256D	24F-24R	65.0	7269	CHA
MT455	$41104	$17110	$19660	$24750	$26940	Cat	4T	244D	24F-24R	75.0	5316	No
MT455 4WD	$48429	$20350	$23380	$29440	$32040	Cat	4T	244D	24F-24R	75.0	5645	No
MT455 Cab	$50064	$21010	$24140	$30400	$33080	Cat	4T	244D	24F-24R	75.0	6724	CHA
MT455 4WD Cab	$57859	$24020	$27590	$34750	$37810	Cat	4T	244D	24F-24R	75.0	7269	CHA

Challenger (Cont.)

Model	Approx. Retail Price New	Used Trade-In Avg.	Used Trade-In High	Used Retail Avg.	Used Retail High	Make	No. Cyls.	Displ. Cu.-in.	No. Speeds	P.T.O. H.P.	Approx. Shipping Wt.-Lbs.	Cab
2002 (Cont.)												
MT465	$45369	$19600	$22520	$28360	$30860	Cat	4T	244D	24F-24R	85.0	5466	No
MT465 4WD	$53159	$22000	$25270	$31820	$34630	Cat	4T	244D	24F-24R	85.0	5795	No
MT465 Cab	$54794	$23500	$27000	$34000	$37000	Cat	4T	244D	24F-24R	85.0	6874	CHA
MT465 4WD Cab	$62589	$26230	$30130	$37940	$41290	Cat	4T	244D	24F-24R	85.0	7419	CHA
MT535	$55575	$26120	$30010	$37790	$41130	Cat	6T	365D	32F-32R	100.0	9457	No
MT535 4WD	$64280	$30210	$34710	$43710	$47570	Cat	6T	365D	32F-32R	100.0	9776	No
MT535 Cab	$63805	$29990	$34460	$43390	$47220	Cat	6T	365D	32F-32R	100.0	9730	CHA
MT535 4WD Cab	$72510	$34080	$39160	$49310	$53660	Cat	6T	365D	32F-32R	100.0	10321	CHA
MT 545	$68825	$32350	$37170	$46800	$50930	Cat	6T	365D	32F-32R	120.0	10055	No
MT 545 4WD	$78150	$36730	$42200	$53140	$57830	Cat	6T	365D	32F-32R	120.0	10487	No
MT 545 Cab	$77885	$36610	$42060	$52960	$57640	Cat	6T	365D	32F-32R	120.0	10606	CHA
MT 545 4WD Cab	$87210	$40990	$47090	$59300	$64540	Cat	6T	365D	32F-32R	120.0	11038	CHA
MT 565 Cab	$95245	$44770	$51430	$64770	$70480	Valmet	6TA	402D	18F-6R	145.0		CHA
MT 565 4WD Cab	$108365	$50930	$58520	$73690	$80190	Valmet	6TA	402D	18F-6R	145.0		CHA
MT 635 4WD	$109650	$47940	$55080	$69360	$75480	Valmet	6TA	451D	18F-6R	160.0		CHA
MT 645 4WD	$122830	$50290	$57780	$72760	$79180	Valmet	6TA	451D	18F-6R	180.0		CHA
MT 655 4WD	$131120	$53110	$61020	$76840	$83620	Valmet	6TA	513D	18F-6R	205.0		CHA
MT 665 4WD	$143900	$59690	$68580	$86360	$93980	Valmet	6TA	513D	18F-6R	225.0		CHA
MT 735	$142000	$66740	$76680	$96560	$105080	Cat	6TA	538D	16F-4R	185.0	24850	CHA
MT 745	$146755	$68980	$79250	$99790	$108600	Cat	6TA	538D	16F-4R	205.0	25350	CHA
MT 755	$158675	$74580	$85690	$107900	$117420	Cat	6TA	538D	16F-4R	235.0	25350	CHA
MT 765	$169350	$79060	$91450	$115160	$125320	Cat	6TA	538D	16F-4R	255.0	24850	CHA
MT 835	$190590	$87670	$101010	$125790	$137230	Cat	6TA	732D	16F-4R	340.0	39500	CHA
MT 845	$212290	$97650	$112510	$140110	$152850	Cat	6TA	732D	16F-4R	380.0	39500	CHA
MT 855	$224465	$103250	$118970	$148150	$161620	Cat	6TA	853D	16F-4R	450	41000	CHA
MT 865	$245915	$113120	$130340	$162300	$177060	Cat	6TA	964D	16F-4R	500	41000	CHA

Cockshutt

Model	Approx. Retail Price New	Used Trade-In Avg.	Used Trade-In High	Used Retail Avg.	Used Retail High	Make	No. Cyls.	Displ. Cu.-in.	No. Speeds	P.T.O. H.P.	Approx. Shipping Wt.-Lbs.	Cab
1962												
Golden Arrow	....	$1030	$1830	$2860	$3440	Hercules	6	198G	6F-2R	40.1	4665	No
540 Wide Adj.	....	$830	$1480	$2300	$2770	Continental	4	162G	6F-2R		4415	No
550 STD	....	$940	$1680	$2620	$3160	Hercules	6	198G	6F-2R	40.1	4769	No
550 STD	....	$1030	$1830	$2850	$3430	Hercules	6	198D	6F-2R	40.1	4865	No
560 STD	....	$1130	$2010	$3140	$3770	Perkins	4	269D	6F-2R	50	6150	No
570 Super	....	$1260	$2250	$3510	$4230	Hercules	6	339D	6F-2R	65	6728	No
1961												
Golden Arrow	....	$990	$1760	$2800	$3350	Hercules	6	198G	6F-2R	40.1	4665	No
540 Wide Adj.	....	$810	$1440	$2280	$2730	Continental	4	162G	6F-2R		4415	No
550 STD	....	$890	$1590	$2530	$3030	Hercules	6	198G	6F-2R	40.1	4769	No
550 STD	....	$1000	$1780	$2830	$3390	Hercules	6	198D	6F-2R	40.1	4865	No
560 STD	....	$1100	$1970	$3120	$3740	Perkins	4	269D	6F-2R	50	6150	No
570 Super	....	$1230	$2190	$3480	$4170	Hercules	6	339D	6F-2R	65	6728	No
1960												
Golden Arrow	....	$960	$1700	$2740	$3240	Hercules	6	198G	6F-2R	40.1	4665	No
540 Wide Adj.	....	$780	$1390	$2240	$2650	Continental	4	162G	6F-2R		4415	No
550 STD	....	$850	$1510	$2430	$2870	Hercules	6	198G	6F-2R	40.1	4769	No
550 STD	....	$980	$1740	$2810	$3320	Hercules	6	198D	6F-2R	40.1	4865	No
560 STD	....	$1070	$1910	$3070	$3630	Perkins	4	269D	6F-2R	50	6150	No
570 STD	....	$1080	$1930	$3100	$3670	Hercules	6	298D	6F-2R	64	6628	No
570 STD	....	$1210	$2150	$3470	$4100	Hercules	6	298G	6F-2R	60	6728	No
1959												
Golden Arrow	....	$930	$1620	$2710	$3160	Hercules	6	198G	6F-2R	40.1	4665	No
540 Wide Adj.	....	$760	$1320	$2210	$2570	Continental	4	162G	6F-2R		4415	No
550 STD	....	$820	$1430	$2390	$2780	Hercules	6	198G	6F-2R	40.1	4769	No
550 STD	....	$940	$1640	$2750	$3200	Hercules	6	198D	6F-2R	40.1	4865	No
560 STD	....	$1050	$1820	$3050	$3550	Perkins	4	269D	6F-2R	50	6150	No
570 STD	....	$1060	$1840	$3080	$3590	Hercules	6	298G	6F-2R	60	6728	No
570 STD	....	$1190	$2060	$3450	$4020	Hercules	6	298D	6F-2R	64	6628	No
1958												
Golden Arrow	....	$910	$1580	$2650	$3080	Hercules	6	198G	6F-2R	40.1	4665	No
20	....	$880	$1530	$2560	$2980	Continental	4	124G	4F-1R	26.7	2813	No
40	....	$920	$1600	$2690	$3130	Buda	6	229G	6F-2R	43	5305	No
40 D	....	$960	$1660	$2780	$3240	Perkins	4	269D	6F-2R	45.5	4943	No
50 RC	....	$910	$1580	$2650	$3080	Buda	6	273G	6F-2R	58	5856	No
50 RC	....	$970	$1680	$2810	$3280	Buda	6	273G	6F-2R	58	6040	No
540 Wide Adj.	....	$740	$1280	$2140	$2500	Continental	4	162G	6F-2R		4415	No
550 STD	....	$800	$1380	$2320	$2700	Hercules	6	198G	6F-2R	40.1	4769	No
550 STD	....	$920	$1600	$2680	$3120	Hercules	6	198D	6F-2R	40.1	4865	No
560 STD	....	$1020	$1780	$2980	$3470	Perkins	4	269D	6F-2R	50	6150	No
570 STD	....	$1040	$1800	$3020	$3510	Hercules	6	298G	6F-2R	60	6728	No
570 STD	....	$1150	$2000	$3360	$3910	Hercules	6	298D	6F-2R	64	6628	No
1957												
Golden Eagle	....	$890	$1540	$2580	$3030	Perkins	4	270D	6F-1R	39	3758	No
20	....	$850	$1480	$2480	$2910	Continental	4	124G	4F-1R	26.7	2813	No
30 D	....	$870	$1510	$2530	$2960	Buda	4	153D	4F-1R	28.1	3703	No
30 RC	....	$840	$1460	$2450	$2870	Buda	4	153G	4F-1R	32.9	3609	No
35 Deluxe	....	$890	$1550	$2590	$3030	Hercules	4	198G	6F-1R	39	4183	No

Cockshutt (Cont.)

Model	Approx. Retail Price New	Used Trade-In Avg.	High	Used Retail Avg.	High	Make	Engine No. Cyls.	Displ. Cu.-in.	No. Speeds	P.T.O. H.P.	Approx. Shipping Wt.-Lbs.	Cab
1957 (Cont.)												
40	......	$900	$1560	$2610	$3060	Buda	6	229G	6F-2R	43	5305	No
40 D	......	$930	$1620	$2720	$3180	Perkins	4	269D	6F-2R	45.5	4943	No
50 RC	......	$890	$1540	$2580	$3020	Buda	6	273G	6F-2R	58	5856	No
50 RC	......	$940	$1640	$2750	$3220	Buda	6	273D	6F-2R	58	6040	No
50 STD	......	$990	$1720	$2880	$3380	Buda	6	273G	6F-2R	58	5856	No
50 STD	......	$1050	$1830	$3070	$3590	Buda	6	273D	6F-2R	51	5400	No
1956												
Golden Eagle	......	$860	$1460	$2510	$2960	Perkins	4	270D	6F-1R	39	3758	No
20	......	$830	$1400	$2410	$2840	Continental	4	124G	4F-1R	26.7	2813	No
30 D	......	$840	$1430	$2450	$2890	Buda	4	153D	4F-1R	28.1	3703	No
30 RC	......	$820	$1390	$2380	$2810	Buda	4	153G	4F-1R	32.9	3609	No
35 Deluxe	......	$860	$1460	$2520	$2970	Hercules	4	198G	6F-2R	39	4183	No
40	......	$870	$1480	$2550	$3000	Buda	6	229G	6F-2R	43	5305	No
40 D	......	$900	$1530	$2630	$3100	Perkins	4	269D	6F-2R	45.5	4943	No
50 RC	......	$850	$1440	$2480	$2920	Buda	6	273G	6F-2R	58	5856	No
50 RC	......	$920	$1560	$2680	$3160	Buda	6	273D	6F-2R	58	6040	No
50 STD	......	$970	$1640	$2810	$3320	Buda	6	273G	6F-2R	58	5856	No
50 STD	......	$1020	$1740	$2980	$3520	Buda	6	273D	6F-2R	51	5400	No
1955												
Golden Eagle	......	$840	$1420	$2450	$2920	Perkins	4	270D	6F-1R	39	3758	No
20	......	$810	$1370	$2350	$2800	Continental	4	124G	4F-1R	26.7	2813	No
30	......	$820	$1390	$2380	$2840	Buda	4	153D	4F-1R	28.1	3703	No
30 RC	......	$790	$1340	$2300	$2740	Buda	4	153G	4F-1R	32.9	3609	No
40	......	$850	$1440	$2480	$2960	Buda	6	229G	6F-2R	43	5305	No
40 D	......	$880	$1490	$2560	$3060	Perkins	4	269D	6F-2R	45.5	4943	No
50 RC	......	$830	$1400	$2410	$2880	Buda	6	273G	6F-2R	58	5856	No
50 RC	......	$890	$1500	$2580	$3080	Buda	6	273D	6F-2R	58	6040	No
50 STD	......	$950	$1610	$2760	$3290	Buda	6	273G	6F-2R	58	5856	No
50 STD	......	$990	$1690	$2890	$3460	Buda	6	273D	6F-2R	51	5400	No
1954												
Golden Eagle	......	$820	$1390	$2380	$2880	Perkins	4	270D	6F-1R	39	3758	No
20	......	$780	$1330	$2280	$2750	Continental	4	124G	4F-1R	26.7	2813	No
30 D	......	$790	$1350	$2310	$2800	Buda	4	153D	4F-1R	28.1	3703	No
30 RC	......	$770	$1310	$2250	$2710	Buda	4	153G	4F-1R	32.9	3609	No
40	......	$830	$1400	$2410	$2920	Buda	6	229G	6F-2R	43	5305	No
40 D	......	$850	$1440	$2480	$3000	Perkins	4	269D	6F-2R	45.5	4943	No
50 RC	......	$810	$1370	$2350	$2840	Buda	6	273G	6F-2R	58	5856	No
50 RC	......	$860	$1460	$2510	$3040	Buda	6	273D	6F-2R	58	6040	No
50 STD	......	$920	$1560	$2680	$3240	Buda	6	273G	6F-2R	58	5856	No
50 STD	......	$960	$1620	$2780	$3360	Buda	6	273D	6F-2R	51	5400	No
1953												
20	......	$760	$1250	$2210	$2710	Continental	4	124G	4F-1R	26.7	2813	No
30 D	......	$770	$1280	$2250	$2750	Buda	4	153D	4F-1R	28.1	3703	No
30 RC	......	$750	$1240	$2180	$2670	Buda	4	153G	4F-1R	32.9	3609	No
40	......	$810	$1330	$2350	$2870	Buda	6	229G	6F-2R	43	5305	No
50 RC	......	$780	$1290	$2280	$2790	Buda	6	273G	6F-2R	58	5856	No
50 RC	......	$840	$1390	$2450	$2990	Buda	6	273D	6F-2R	58	6040	No
50 STD	......	$900	$1480	$2610	$3200	Buda	6	273G	6F-2R	58	5856	No
50 STD	......	$930	$1540	$2720	$3320	Buda	6	273D	6F-2R	51	5400	No
1952												
20	......	$720	$1220	$2140	$2660	Continental	4	124G	4F-1R	26.7	2813	No
30 D	......	$730	$1230	$2170	$2690	Buda	4	153D	4F-1R	28.1	3703	No
30 RC	......	$710	$1200	$2110	$2620	Buda	4	153G	4F-1R	32.9	3609	No
40	......	$770	$1290	$2280	$2820	Buda	6	229G	6F-2R	43	5305	No
1951												
30 D	......	$690	$1200	$2110	$2650	Buda	4	153D	4F-1R	28.1	3703	No
30 RC	......	$670	$1160	$2040	$2560	Buda	4	153G	4F-1R	32.9	3609	No
40	......	$730	$1250	$2210	$2770	Buda	6	229G	6F-2R	43	5305	No
1950												
30 D	......	$670	$1130	$2050	$2600	Buda	4	153D	4F-1R	28.1	3703	No
30 RC	......	$650	$1090	$1980	$2510	Buda	4	153G	4F-1R	32.9	3609	No
40	......	$700	$1180	$2140	$2720	Buda	4	229G	6F-2R	43	5305	No
1949												
30 D	......	$650	$1090	$1970	$2520	Buda	4	153D	4F-1R	28.1	3703	No
30 RC	......	$630	$1060	$1910	$2460	Buda	4	153G	4F-1R	32.9	3609	No
1948												
30 RC	......	$610	$1030	$1860	$2410	Buda	4	153G	4F-1R	32.9	3609	No
1947												
30 RC	......	$590	$970	$1810	$2380	Buda	4	153G	4F-1R	32.9	3609	No
1946												
30 RC	......	$570	$960	$1780	$2360	Buda	4	153G	4F-1R	32.9	3609	No

Cub Cadet by MTD

Model	Approx. Retail Price New	Used Trade-In Avg.	Used Trade-In High	Used Retail Avg.	Used Retail High	Make	Engine No. Cyls.	Displ. Cu.-in.	No. Speeds	P.T.O. H.P.	Approx. Shipping Wt.-Lbs.	Cab
2005												
5234D 4WD	$9999	$7200	$7600	$8600	$9000	Daihatsu	3	51D	Variable	23.0	1350	No
5252 2WD	$7999	$5760	$6080	$6880	$7200	Kohler	2	G	Variable	25.0	1350	No
5254 4WD	$9399	$6770	$7140	$8080	$8460	Kawasaki	2	G	Variable	25.0	1267	No
6284D 4WD	$13999	$10080	$10640	$12040	$12600	Cat		D		28.0		No
7530H 4WD	$13799	$9940	$10490	$11870	$12420	Mitsubishi	3	91D	8F-8R	30.0	2121	No
7530F 4WD	$13999	$10080	$10640	$12040	$12600	Mitsubishi	3	91D	8F-8R	30.0	2121	No
7530N 4WD	$13999	$10080	$10640	$12040	$12600	Mitsubishi	3	91D	8F-8R	30.0	2121	No
7532F 4WD	$14899	$10730	$11320	$12810	$13410	Mitsubishi	3	91D	Variable	30.0	2275	No
7532H 4WD	$14899	$10730	$11320	$12810	$13410	Mitsubishi	3	91D	Variable	30.0	2275	No
7532N 4WD	$15499	$11160	$11780	$13330	$13950	Mitsubishi	3	91D	Variable	30.0	2275	No
8354O 4WD	$16999	$12240	$12920	$14620	$15300	Mitsubishi	3	100D	8F-8R	35.0	3872	No
8354Y 4WD	$17499	$12600	$13300	$15050	$15750	Mitsubishi	3	100D	8F-8R	35.0	3872	No
8354Z 4WD	$16999	$12240	$12920	$14620	$15300	Mitsubishi	3	100D	8F-8R	35.0	4182	No
8454J 4WD	$19499	$14040	$14820	$16770	$17550	Mitsubishi	3	134D	12F-12R	45.0	4468	No
8454V 4WD	$20399	$14690	$15500	$17540	$18360	Mitsubishi	3	134D	12F-12R	45.0	4468	No
8454X 4WD	$19499	$14040	$14820	$16770	$17550	Mitsubishi	3	134D	12F-12R	45.0	4468	No
2004												
5234D 4WD	$9699	$6010	$6600	$7570	$8150	Daihatsu	3	51D	Variable	23.0	1350	No
5252 2WD	$8399	$5210	$5710	$6550	$7060	Kohler	2	G	Variable	25.0	1350	No
5254 4WD	$8999	$5580	$6120	$7020	$7560	Kawasaki	2	G	Variable	25.0	1267	No
7264D 4WD	$13199	$8180	$8980	$10300	$11090	Daihatsu	2	58D	Variable	26.0	1728	No
7530 4WD	$13699	$8490	$9320	$10690	$11510	Mitsubishi	3	91D	8F-8R	30.0	2121	No
7532 4WD	$14695	$9110	$9990	$11460	$12340	Mitsubishi	3	91D	Variable	30.0	2275	No
8354 4WD	$16999	$10540	$11560	$13260	$14280	Mitsubishi	3	100D	8F-8R	35.0	3872	No
8404 4WD	$19999	$12400	$13600	$15600	$16800	Mitsubishi	3	121D	8F-8R	41.0	4182	No
8454 4WD	$20999	$13020	$14280	$16380	$17640	Mitsubishi	3	134D	12F-12R	45.0	4468	No
2003												
7000 2WD	$11390	$6270	$6950	$8200	$9000	Mitsubishi	3	68D	6F-2R	20.0		No
7200 4WD	$12504	$6880	$7630	$9000	$9880	Mitsubishi	3	68D	6F-2R	20.0		No
7205 4WD	$14204	$7810	$8660	$10230	$11220	Mitsubishi	3	68D	Variable	20.0		No
7252 2WD	$9999	$5500	$6100	$7200	$7900	Kawasaki	2	G	Variable	25.0		No
7254 4WD	$11649	$6410	$7110	$8390	$9200	Kawasaki	2	G	Variable	25.0		No
7260 4WD	$14559	$8010	$8880	$10480	$11500	Mitsubishi	3	80D	9F-3R	26.0		No
7264 4WD	$13199	$7260	$8050	$9500	$10430	Daihatsu	2	D	Variable	26.0		No
7265 4WD	$16459	$9050	$10040	$11850	$13000	Mitsubishi	3	80D	Variable	26.0		No
7300 4WD	$16059	$8830	$9800	$11560	$12690	Mitsubishi	3	91D	9F-3R	30.0		No
7305 4WD	$17659	$9710	$10770	$12710	$13950	Mitsubishi	3	91D	Variable	30.0		No
7360 SS 4WD	$18904	$10400	$11530	$13610	$14930	Mitsubishi	4	127D	8F-8R	36.0		No
2002												
7000	$11390	$5580	$6270	$7750	$8540	Mitsubishi	3	68D	6F-2R	20.0		No
7200 4WD	$12504	$6130	$6880	$8500	$9380	Mitsubishi	3	68D	6F-2R	20.0		No
7205 4WD	$14204	$6960	$7810	$9660	$10650	Mitsubishi	3	68D	Variable	20.0		No
7260 4WD	$14559	$7130	$8010	$9900	$10920	Mitsubishi	3	80D	9F-3R	26.0		No
7265 4WD	$16459	$8070	$9050	$11190	$12340	Mitsubishi	3	80D	Variable	26.0		No
7300 4WD	$16059	$7870	$8830	$10920	$12040	Mitsubishi	3	91D	9F-3R	30.0		No
7305 4WD	$17659	$8650	$9710	$12010	$13240	Mitsubishi	3	91D	Variable	30.0		No
7360 SS 4WD	$18904	$9260	$10400	$12860	$14180	Mitsubishi	4	127D	8F-8R	36.0		No
2001												
7000	$11380	$5120	$5800	$7400	$8080	Mitsubishi	3	68D	6F-2R	20.0		No
7200 4WD	$12490	$5620	$6370	$8120	$8870	Mitsubishi	3	68D	6F-2R	20.0		No
7205 4WD	$13980	$6290	$7130	$9090	$9930	Mitsubishi	3	68D	Variable	20.0		No
7260 4WD	$14355	$6460	$7320	$9330	$10190	Mitsubishi	3	80D	9F-3R	26.0		No
7265 4WD	$16175	$7280	$8250	$10510	$11480	Mitsubishi	3	80D	Variable	26.0		No
7300 4WD	$15900	$7160	$8110	$10340	$11290	Mitsubishi	3	91D	9F-3R	30.0		No
7305 4WD	$17200	$7740	$8770	$11180	$12210	Mitsubishi	3	91D	Variable	30.0		No
7360 SS 4WD	$18780	$8450	$9580	$12210	$13330	Mitsubishi	4	127D	8F-8R	36.0		No
2000												
7000	$11280	$4630	$5300	$7110	$7780	Mitsubishi	3	68D	6F-2R	20.0		No
7200 4WD	$12290	$5040	$5780	$7740	$8480	Mitsubishi	3	68D	6F-2R	20.0		No
7205 4WD	$13865	$5690	$6520	$8740	$9570	Mitsubishi	3	68D	Variable	20.0		No
7260 4WD	$14175	$5810	$6660	$8930	$9780	Mitsubishi	3	80D	9F-3R	26.0		No
7265 4WD	$16075	$6590	$7560	$10130	$11090	Mitsubishi	3	80D	Variable	26.0		No
7300 4WD	$15700	$6440	$7380	$9890	$10830	Mitsubishi	3	91D	9F-3R	30.0		No
7305 4WD	$17100	$7010	$8040	$10770	$11800	Mitsubishi	3	91D	Variable	30.0		No
7360 SS 4WD	$18670	$7660	$8780	$11760	$12880	Mitsubishi	4	127D	8F-8R	36.0		No
1999												
7000	$11719	$4450	$5160	$7150	$7850	Mitsubishi	3	68D	6F-2R	20.0		No
7200 4WD	$12809	$4870	$5640	$7810	$8580	Mitsubishi	3	68D	6F-2R	20.0		No
7205 4WD	$14069	$5350	$6190	$8580	$9430	Mitsubishi	3	68D	Variable	20.0		No
7260 4WD	$14410	$5480	$6340	$8790	$9660	Mitsubishi	3	80D	9F-3R	26.0		No
7265 4WD	$15970	$6070	$7030	$9740	$10700	Mitsubishi	3	80D	Variable	26.0		No
7300 4WD	$16489	$6270	$7260	$10060	$11050	Mitsubishi	3	91D	9F-3R	30.0		No
7305 4WD	$17789	$6760	$7830	$10850	$11920	Mitsubishi	3	91D	Variable	30.0		No

Cub Cadet by MTD (Cont.)

Model	Approx. Retail Price New	Used Trade-In Avg.	Used Trade-In High	Used Retail Avg.	Used Retail High	Make	No. Cyls.	Displ. Cu.-in.	No. Speeds	P.T.O. H.P.	Approx. Shipping Wt.-Lbs.	Cab
1998												
7000	$11719	$4220	$5040	$6910	$7620	Mitsubishi	3	68D	6F-2R	20.0		No
7200 4WD	$12809	$4610	$5510	$7560	$8330	Mitsubishi	3	68D	6F-2R	20.0		No
7205 4WD	$14069	$5070	$6050	$8300	$9150	Mitsubishi	3	68D	Variable	20.0		No
7260 4WD	$14410	$5190	$6200	$8500	$9370	Mitsubishi	3	80D	9F-3R	26.0		No
7265 4WD	$15970	$5750	$6870	$9420	$10380	Mitsubishi	3	80D	Variable	26.0		No
7300 4WD	$16489	$5940	$7090	$9730	$10720	Mitsubishi	3	91D	9F-3R	30.0		No
7305 4WD	$17789	$6400	$7650	$10500	$11560	Mitsubishi	3	91D	Variable	30.0		No
1997												
7192 2WD	$11969	$4190	$5030	$6940	$7660	Mitsubishi	3	64D	6F-2R	19.0		No
7193H 2WD	$13599	$4760	$5710	$7890	$8700	Mitsubishi	3	64D	Variable	19.0		No
7194 4WD	$12999	$4550	$5460	$7540	$8320	Mitsubishi	3	64D	6F-2R	19.0		No
7195H 4WD	$14699	$5150	$6170	$8530	$9410	Mitsubishi	3	64D	Variable	19.0		No
7232 2WD	$12999	$4550	$5460	$7540	$8320	Mitsubishi	3	75D	9F-3R	23.0		No
7233H 2WD	$14929	$5230	$6270	$8660	$9560	Mitsubishi	3	75D	Variable	23.0		No
7234 4WD	$14159	$4960	$5950	$8210	$9060	Mitsubishi	3	75D	9F-3R	23.0		No
7235H 4WD	$15999	$5600	$6720	$9280	$10240	Mitsubishi	3	75D	Variable	23.0		No
7272 2WD	$14599	$5110	$6130	$8470	$9340	Mitsubishi	3	91D	9F-3R	27.0		No
7273H 2WD	$15999	$5600	$6720	$9280	$10240	Mitsubishi	3	91D	Variable	27.0		No
7274 4WD	$16189	$5670	$6800	$9390	$10360	Mitsubishi	3	91D	9F-3R	27.0		No
7275H 4WD	$17599	$6160	$7390	$10210	$11260	Mitsubishi	3	91D	Variable	27.0		No
1996												
7192 2WD	$12809	$4050	$4880	$6780	$7560	Mitsubishi	3	64D	6F-2R	19.0		No
7193H 2WD	$14439	$4590	$5540	$7700	$8570	Mitsubishi	3	64D	Variable	19.0		No
7194 4WD	$13979	$4390	$5290	$7350	$8190	Mitsubishi	3	64D	6F-2R	19.0		No
7195H 4WD	$15679	$4960	$5990	$8320	$9270	Mitsubishi	3	64D	Variable	19.0		No
7232 2WD	$14089	$4420	$5330	$7410	$8250	Mitsubishi	3	75D	9F-3R	23.0		No
7233H 2WD	$16019	$5070	$6110	$8490	$9460	Mitsubishi	3	75D	Variable	23.0		No
7234 4WD	$15309	$4810	$5800	$8070	$8990	Mitsubishi	3	75D	9F-3R	23.0		No
7235H 4WD	$17149	$5410	$6520	$9060	$10100	Mitsubishi	3	75D	Variable	23.0		No
7272 2WD	$15849	$4960	$5990	$8320	$9270	Mitsubishi	3	91D	9F-3R	27.0		No
7273H 2WD	$17299	$5440	$6560	$9120	$10160	Mitsubishi	3	91D	Variable	27.0		No
7274 4WD	$17539	$5510	$6640	$9230	$10290	Mitsubishi	3	91D	9F-3R	27.0		No
7275H 4WD	$18949	$5950	$7180	$9980	$11110	Mitsubishi	3	91D	Variable	27.0		No
1995												
7192 2WD	$11449	$3780	$4580	$6410	$7210	Mitsubishi	3	64D	6F-2R	19.0		No
7194 4WD	$12449	$4110	$4980	$6970	$7840	Mitsubishi	3	64D	6F-2R	19.0		No
7195H 4WD	$14069	$4640	$5630	$7880	$8860	Mitsubishi	3	64D	Variable	19.0		No
7232 2WD	$12499	$4130	$5000	$7000	$7870	Mitsubishi	3	75D	9F-3R	23.0		No
7234 4WD	$13549	$4470	$5420	$7590	$8540	Mitsubishi	3	75D	9F-3R	23.0		No
7235H 4WD	$15329	$5060	$6130	$8580	$9660	Mitsubishi	3	75D	Variable	23.0		No
7272 2WD	$13969	$4610	$5590	$7820	$8800	Mitsubishi	3	91D	9F-3R	27.0		No
7274 4WD	$15489	$5110	$6200	$8670	$9760	Mitsubishi	3	91D	9F-3R	27.0		No
7275H 4WD	$16849	$5560	$6740	$9440	$10620	Mitsubishi	3	91D	Variable	27.0		No
1994												
7192 2WD	$10899	$3490	$4250	$5990	$6760	Mitsubishi	3	64D	6F-2R	19.0		No
7194 4WD	$11849	$3790	$4620	$6520	$7350	Mitsubishi	3	64D	6F-2R	19.0		No
7195 4WD	$13389	$4280	$5220	$7360	$8300	Mitsubishi	3	64D	Variable	19.0		No
7232 2WD	$11899	$3810	$4640	$6540	$7380	Mitsubishi	3	75D	9F-3R	23.0		No
7234 4WD	$12889	$4120	$5030	$7090	$7990	Mitsubishi	3	75D	9F-3R	23.0		No
7235 4WD	$14569	$4660	$5680	$8010	$9030	Mitsubishi	3	75D	Variable	23.0		No
7272 2WD	$13299	$4260	$5190	$7310	$8250	Mitsubishi	3	91D	9F-3R	27.0		No
7274 4WD	$14749	$4720	$5750	$8110	$9140	Mitsubishi	3	91D	9F-3R	27.0		No
7275 4WD	$16069	$5140	$6270	$8840	$9960	Mitsubishi	3	91D	Variable	27.0		No

David Brown

Model	Approx. Retail Price New	Used Trade-In Avg.	Used Trade-In High	Used Retail Avg.	Used Retail High	Make	No. Cyls.	Displ. Cu.-in.	No. Speeds	P.T.O. H.P.	Approx. Shipping Wt.-Lbs.	Cab
1979												
885	$8840	$1810	$3050	$4860	$5480	David Brown	3	164D	12F-4R	43.20	4290	No
990	$10874	$2230	$3750	$5980	$6740	David Brown	4	195D	12F-4R	53.77	4600	No
1210	$13986	$1870	$2970	$4610	$5270	David Brown	4	219D	12F-4R	65.98	5900	No
1410	$16617	$2320	$3680	$5720	$6540	David Brown	4T	219D	12F-4R	80.80	7150	No
1978												
885	$8561	$1800	$3000	$4710	$5350	David Brown	3	164D	12F-4R	43.20	4290	No
990	$10432	$2190	$3650	$5740	$6520	David Brown	4	195D	12F-4R	53.77	4600	No
995	$12068	$2170	$3620	$6640	$7780	David Brown	4	219D	12F-4R	58.77	4780	No
1210	$13455	$1780	$2880	$4390	$5020	David Brown	4	219D	12F-4R	65.98	5900	No
1410	$15910	$2200	$3550	$5420	$6200	David Brown	4T	219D	12F-4R	80.80	7150	No
1977												
885	$7345	$1580	$2610	$4040	$4630	David Brown	3	146G	12F-4R	39.26	4100	No
885	$8072	$1740	$2870	$4440	$5090	David Brown	3	164D	12F-4R	43.20	4290	No
990	$9824	$2110	$3490	$5400	$6190	David Brown	4	195D	12F-4R	53.77	4600	No
995	$11272	$2030	$3380	$6200	$7270	David Brown	4	219D	12F-4R	58.77	4780	No
1210	$12528	$1640	$2700	$4040	$4620	David Brown	4	219D	12F-4R	65.98	5900	No
1410	$14559	$1970	$3240	$4860	$5550	David Brown	4T	219D	12F-4R	80.80	7150	Cab
1412	$15812	$2180	$3590	$5380	$6150	David Brown	4T	219D	12F-4R	80.60	7310	No

David Brown (Cont.)

Model	Approx. Retail Price New	Used Trade-In Avg.	Used Trade-In High	Used Retail Avg.	Used Retail High	Make	Engine No. Cyls.	Displ. Cu.-in.	No. Speeds	P.T.O. H.P.	Approx. Shipping Wt.-Lbs.	Cab
1976												
885	$7099	$1560	$2560	$3940	$4540	David Brown	3	146G	12F-4R	39.26	4100	No
885	$7689	$1650	$2700	$4160	$4800	David Brown	3	164D	12F-4R	43.20	4290	No
990	$9216	$2030	$3320	$5120	$5900	David Brown	4	195D	12F-4R	53.77	4600	No
995	$10520	$1890	$3160	$5790	$6790	David Brown	4	219D	12F-4R	58.77	4780	No
1210	$11623	$1620	$2670	$4000	$4570	David Brown	4	219D	12F-4R	65.98	5900	No
1410	$13209	$1740	$2860	$4290	$4900	David Brown	4T	219D	12F-4R	80.00	7150	No
1412	$14615	$1980	$3250	$4880	$5580	David Brown	4T	219D	12F-4R	80.00	7310	No
1975												
885	$6832	$1540	$2490	$3830	$4440	David Brown	3	146G	12F-4R	39.26	4100	No
885	$7399	$1640	$2670	$4090	$4750	David Brown	3	164D	12F-4R	43.20	4290	No
990	$8792	$1980	$3210	$4920	$5720	David Brown	4	195D	12F-4R	53.77	4600	No
995	$9951	$1790	$2990	$5470	$6420	David Brown	4	219D	12F-4R	58.77	4780	No
1210	$10604	$1530	$2520	$3780	$4320	David Brown	4	219D	12F-4R	65.98	5900	No
1212	$12216	$1700	$2800	$4200	$4800	David Brown	4	219D	12F-4R	65.38	6100	No
1412	$13944	$1860	$3060	$4600	$5250	David Brown	4T	219D	12F-4R	80.00	7310	No
1974												
885	$6506	$1460	$2410	$3710	$4290	David Brown	3	146G	12F-4R	39.26	3600	No
885	$6946	$1560	$2570	$3960	$4580	David Brown	3	164D	12F-4R	43.20	3740	No
990	$8191	$1840	$3030	$4670	$5410	David Brown	4	195D	12F-4R	53.77	4230	No
995	$9531	$1720	$2860	$5240	$6150	David Brown	4	219D	12F-4R	58.77	4600	No
1210	$9943	$1520	$2550	$3760	$4290	David Brown	4	219D	12F-4R	65.98	5530	No
1212	$11194	$1560	$2620	$3860	$4410	David Brown	4	219D	12F-4R	65.38	5660	No
1973												
885	$6235	$1430	$2340	$3620	$4150	David Brown	3	146G	12F-4R	41.00	3600	No
885	$6543	$1510	$2450	$3800	$4350	David Brown	3	164D	12F-4R	43.00	3740	No
990	$7615	$1750	$2860	$4420	$5060	David Brown	4	195D	12F-4R	53.00	4230	No
995	$9417	$1740	$2830	$5180	$6070	David Brown	4	219D	12F-4R	58.00	4600	No
1210	$9517	$1530	$2620	$3790	$4330	David Brown	4	219D	12F-4R	65.00	5530	No
1212	$10856	$1680	$2860	$4140	$4730	David Brown	4	219D	12F-4R	65.00	5660	No
1972												
885	$5910	$1390	$2280	$3490	$3990	David Brown	3	146G	12F-4R	41.00	3600	No
885	$6312	$1480	$2430	$3720	$4260	David Brown	3	164D	12F-4R	43.00	3740	No
990	$7234	$1700	$2790	$4270	$4880	David Brown	4	195D	12F-4R	53.00	4230	No
995	$8946	$1660	$2730	$4920	$5770	David Brown	4	219D	12F-4R	58.00	4600	No
1210	$9123	$1520	$2630	$3790	$4280	David Brown	4	219D	12F-4R	65.00	5530	No
1212	$10543	$1620	$2820	$4060	$4580	David Brown	4	219D	12F-4R	65.00	5660	No
1971												
780	$4903	$1150	$1910	$2970	$3360	David Brown	3	164D	12F-4R	36	3370	No
880	$5421	$1350	$2240	$3480	$3940	David Brown	3	164D	12F-4R	42.29	3850	No
885	$5637	$1330	$2200	$3410	$3860	David Brown	3	146G	12F-4R	41.00	3600	No
885	$5940	$1400	$2320	$3590	$4070	David Brown	3	164D	12F-4R	43.00	3740	No
990	$6674	$1570	$2600	$4040	$4570	David Brown	4	195D	12F-4R	52.07	4230	No
1200	$8416	$1560	$2570	$4630	$5430	David Brown	4	219D	12F-4R	65.23	5530	No
1210	$8736	$1620	$2660	$4810	$5640	David Brown	4	219D	12F-4R	65.00	5530	No
1212	$10187	$1890	$3110	$5600	$6570	David Brown	4	219D	12F-4R	65.00	5660	No
3800	$4592	$1080	$1790	$2780	$3150	David Brown	3	146G	12F-4R	39.16	3370	No
4600	$5386	$1270	$2100	$3260	$3690	David Brown	3	164G	12F-4R	46.05	3850	No
1970												
780	$4650	$1130	$1920	$2880	$3340	David Brown	3	164D	12F-4R	36	3370	No
880	$5166	$1330	$2260	$3390	$3930	David Brown	3	164D	12F-4R	42.29	3850	No
990	$6112	$1540	$2620	$3930	$4550	David Brown	4	195D	12F-4R	52.07	4230	No
1200	$8095	$1540	$2470	$4450	$5220	David Brown	4	219D	12F-4R	65.23	5530	No
3800	$4371	$1030	$1750	$2620	$3040	David Brown	3	146G	12F-4R	39.16	3370	No
4600	$5062	$1190	$2030	$3040	$3520	David Brown	3	164G	12F-4R	46.05	3850	No
1969												
770	$4170	$1030	$1840	$2690	$3160	David Brown	3	146D	12F-4R	32.12	4470	No
780	$4424	$1080	$1930	$2820	$3310	David Brown	3	146D	12F-4R	36	3710	No
880	$4922	$1280	$2280	$3330	$3910	David Brown	3	154D	12F-4R	40.42	4470	No
990	$5616	$1480	$2650	$3870	$4550	David Brown	4	185D	12F-4R	51.6	4770	No
1200	$7763	$1570	$2500	$4430	$5190	David Brown	4	219D	12F-4R	65.2	6585	No
3800	$4041	$970	$1720	$2520	$2960	David Brown	3	146G	12F-4R	39.16	3370	No
4600	$4843	$1110	$1990	$2910	$3410	David Brown	3	164G	12F-4R	46.05	3850	No
1968												
770	$4120	$1000	$1820	$2640	$3100	David Brown	3	146D	12F-4R	32.12	3710	No
780	$4371	$1040	$1890	$2750	$3220	David Brown	3	146D	12F-4R	36	3710	No
880	$4736	$1250	$2290	$3330	$3900	David Brown	3	154D	12F-4R	40.42	4470	No
990	$5292	$1460	$2670	$3870	$4540	David Brown	4	185D	12F-4R	51.6	4770	No
1200	$7375	$1560	$2480	$4400	$5160	David Brown	4	219D	12F-4R	65.2	6585	No
1967												
770	$3840	$970	$1770	$2620	$3060	David Brown	3	146D	12F-4R	32.12	3710	No
780	$3937	$1020	$1870	$2760	$3230	David Brown	3	146D	12F-4R	36	3710	No
880	$4524	$1230	$2250	$3320	$3880	David Brown	3	154D	12F-4R	40.42	4470	No
990	$5014	$1440	$2630	$3880	$4530	David Brown	4	185D	12F-4R	51.6	4770	No
1200	$7046	$1550	$2470	$4450	$5170	David Brown	4	219D	12F-4R	65.2	6585	No

Model	Approx. Retail Price New	Estimated Value Less Repairs				Make	Engine			P.T.O. H.P.	Approx. Shipping Wt.-Lbs.	Cab
		Used Trade-In Avg.	High	Used Retail Avg.	High		No. Cyls.	Displ. Cu.-in.	No. Speeds			

David Brown (Cont.)

1966

Model	Price	Avg.	High	Avg.	High	Make	Cyls.	Displ.	Speeds	H.P.	Wt.	Cab
770	$3790	$960	$1750	$2600	$3050	David Brown	3	146D	12F-4R	32.12	4470	No
880	$4310	$1200	$2180	$3250	$3820	David Brown	3	154D	12F-4R	40.42	4470	No
990	$4871	$1420	$2580	$3840	$4520	David Brown	4	185D	12F-4H	51.6	4770	No

1965

770	$3610	$930	$1700	$2550	$3020	David Brown	3	146D	12F-4R	32.12	4470	No
880	$4310	$1190	$2160	$3250	$3840	David Brown	3	154D	12F-4R	40.42	4470	No
990	$4619	$1390	$2540	$3810	$4510	David Brown	4	185D	12F-4R	51.6	4770	No

1964

880	$3985	$1160	$2120	$3180	$3790	David Brown	3	154D	12F-4R	40.42	4470	No
990	$4473	$1370	$2500	$3750	$4460	David Brown	4	185D	12F-4R	51.6	4770	No

1963

880	$3861	$1140	$2030	$3140	$3760	David Brown	3	154D	12F-4R	40.42	4470	No
990	$4260	$1350	$2400	$3720	$4450	David Brown	4	185D	12F-4R	51.6	4770	No

1962

880	$3750	$1120	$1990	$3100	$3740	David Brown	3	154D	12F-4R	40.42	4470	No
990	$4130	$1320	$2360	$3680	$4430	David Brown	4	185D	12F-4R	51.6	4770	No

1961

880	$3699	$1090	$1950	$3090	$3710	David Brown	3	154D	12F-4R	40.42	4470	No
990	$4095	$1300	$2320	$3670	$4410	David Brown	4	185D	12F-4R	51.6	4770	No

Deutz-Allis

1991

Model	Price	Avg.	High	Avg.	High	Make	Cyls.	Displ.	Speeds	H.P.	Wt.	Cab
5230 Synchro.	$13300	$3860	$4790	$7050	$8110	Toyosha	3	92D	12F-4R	26.00	2892	No
5230 Synchro 4WD	$14995	$4350	$5400	$7950	$9150	Toyosha	3	92D	12F-4R	26.00	3050	No
6150	$17909	$4120	$5370	$8600	$9850	Deutz	3	187D	8F-4R	54.00	4935	No
6240	$18114	$4170	$5430	$8700	$9960	Deutz	3	172D	8F-4R	44.00	5776	No
6240 4WD	$22338	$5140	$6700	$10720	$12290	Deutz	3	172D	8F-4R	44.00	6173	No
6250	$19538	$4100	$5470	$7030	$8600	Deutz	3	172D	8F-4R	50.70	6018	No
6250 4WD	$24514	$5150	$6860	$8830	$10790	Deutz	3	172D	8F-4R	50.70	6459	No
6260	$22614	$4750	$6330	$8140	$9950	Deutz	3	187D	8F-4R	57.09	6018	No
6260 4WD	$28679	$6020	$8030	$10320	$12620	Deutz	3	187D	8F-4R	57.09	6459	No
6260 4WD w/Cab	$36097	$7580	$10110	$13000	$15880	Deutz	3	187D	8F-4R	57.09	7319	CHA
6260 w/Cab	$30032	$6310	$8410	$10810	$13210	Deutz	3	187D	8F-4R	57.09	6878	CHA
6265	$23319	$4900	$6530	$8400	$10260	Deutz	4	230D	12F-4R	65.80	6922	No
6265 4WD	$28784	$6050	$8060	$10360	$12670	Deutz	4	230D	12F-4R	65.80	7429	No
6265 4WD w/Cab	$35777	$7510	$10020	$12880	$15740	Deutz	4	230D	12F-4R	65.80	8333	CHA
6265 w/Cab	$30311	$6370	$8490	$10910	$13340	Deutz	4	230D	12F-4R	65.80	7826	CHA
6275	$26240	$5510	$7350	$9450	$11550	Deutz	4	249D	12F-4R	70.90	6922	No
6275 4WD	$32116	$6740	$8990	$11560	$14130	Deutz	4	249D	12F-4R	70.90	7429	No
6275 4WD w/Cab	$39108	$8210	$10950	$14080	$17210	Deutz	4	249D	12F-4R	70.90		CHA
6275 w/Cab	$33232	$6980	$9310	$11960	$14620	Deutz	4	249D	12F-4R	70.90		CHA
7085	$34386	$6530	$8940	$11690	$13070	Deutz	4T	249D	20F-5R	85.18	9900	No
7085 4WD	$39608	$7530	$10300	$13470	$15050	Deutz	4T	249D	20F-5R	85.18		No
7085 4WD w/Cab	$45350	$8620	$11790	$15420	$17230	Deutz	4T	249D	20F-5R	85.18		CHA
7085 w/Cab	$40128	$7620	$10430	$13640	$15250	Deutz	4T	249D	20F-5R	85.18		CHA
7110	$49163	$9340	$12780	$16720	$18680	Deutz	6	374D	20F-5R	110.00	9702	CHA
7110 4WD	$58548	$11120	$15220	$19910	$22250	Deutz	6	374D	20F-5R	110.00	10672	CHA
7120	$52650	$10000	$13690	$17900	$20010	Deutz	6T	374D	24F-8R	122.06	11246	CHA
7120 4WD	$62339	$11840	$16210	$21200	$23690	Deutz	6T	374D	24F-8R	122.06	12083	CHA
9130	$56973	$10830	$14810	$19370	$21650	Deutz	6TI	374D	18F-6R	135.00	14285	CHA
9130 4WD	$66622	$12660	$17320	$22650	$25320	Deutz	6TI	374D	18F-6R	135.00	14285	CHA
9150	$58983	$11210	$15340	$20050	$22410	Deutz	6TI	374D	18F-6R	158.67	13520	CHA
9150 4WD	$69671	$13240	$18110	$23690	$26480	Deutz	6TI	374D	18F-6R	158.67	14880	CHA
9170	$62501	$11880	$16250	$21250	$23750	Deutz	6T	584D	18F-6R	173.37	15837	CHA
9170 4WD	$76670	$14380	$19670	$25730	$28760	Deutz	6T	584D	18F-6R	173.37		CHA
9190 4WD	$83847	$15390	$21060	$27540	$30780	Deutz	6T	584D	18F-6R	193.55		CHA

1990

Model	Price	Avg.	High	Avg.	High	Make	Cyls.	Displ.	Speeds	H.P.	Wt.	Cab
5215 Hydro	$10025	$2860	$3510	$5310	$6120	Toyosha	3	61D	Variable	14.00	1668	No
5215 Hydro 4WD	$11285	$3220	$3950	$5980	$6880	Toyosha	3	61D	Variable	14.00	1877	No
5215 Synchro.	$8850	$2520	$3100	$4690	$5400	Toyosha	3	61D	9F-3R	15.00	1384	No
5215 Synchro 4WD	$9900	$2820	$3470	$5250	$6040	Toyosha	3	61D	9F-3R	15.00	1597	No
5220 Hydro	$11495	$3280	$4020	$6090	$7010	Toyosha	3	83D	Variable	17.00	1985	No
5220 Hydro 4WD	$12760	$3640	$4470	$6760	$7780	Toyosha	3	83D	Variable	17.00	2194	No
5220 Synchro.	$10920	$3110	$3820	$5790	$6660	Toyosha	3	87D	12F-4R	21.00	2433	No
5220 Synchro 4WD	$12700	$3620	$4450	$6730	$7750	Toyosha	3	87D	12F-4R	21.00	2605	No
5230 Synchro.	$12700	$3620	$4450	$6730	$7750	Toyosha	3	92D	12F-4R	26.00	2892	No
5230 Synchro 4WD	$14280	$4070	$5000	$7570	$8710	Toyosha	3	92D	12F-4R	26.00	3050	No
6150	$17909	$3580	$4840	$6090	$7700	Deutz	3	187D	8F-4R	54.00	4935	No
6240	$17156	$3430	$4630	$5830	$7380	Deutz	3	172D	8F-4R	43.00	5776	No
6240 4WD	$21274	$4260	$5740	$7230	$9150	Deutz	3	172D	8F-4R	43.00	6173	No
6250	$18608	$3720	$5020	$6330	$8000	Deutz	3	172D	8F-4R	51.00	6018	No
6250 4WD	$23347	$4670	$6300	$7940	$10040	Deutz	3	172D	8F-4R	51.00	6459	No
6250V	$21663	$4330	$5850	$7370	$9320	Deutz	3	172D	8F-4R	51.00		No
6250V 4WD	$24605	$4920	$6640	$8370	$10580	Deutz	3	172D	8F-4R	51.00		No
6260	$21537	$4310	$5820	$7320	$9260	Deutz	3	187D	8F-4R	57.09	6018	Cab
6260 4WD	$27313	$5460	$7380	$9290	$11750	Deutz	3	187D	8F-4R	57.09	6459	No

Deutz-Allis (Cont.)

Model	Approx. Retail Price New	Used Trade-In Avg.	Used Trade-In High	Used Retail Avg.	Used Retail High	Make	Engine No. Cyls.	Displ. Cu.-in.	No. Speeds	P.T.O. H.P.	Approx. Shipping Wt.-Lbs.	Cab
1990 (Cont.)												
6260 4WD w/Cab	$34670	$6930	$9360	$11790	$14910	Deutz	3	187D	8F-4R	57.09	7319	CHA
6260 w/Cab	$28602	$5720	$7720	$9730	$12300	Deutz	3	187D	8F-4R	57.09	6878	CHA
6260F	$22473	$4500	$6070	$7640	$9660	Deutz	3	187D	8F-4R	57.00		No
6260F 4WD	$25517	$5100	$6890	$8680	$10970	Deutz	3	187D	8F-4R	57.00		No
6260F 4WD w/Cab	$29756	$5950	$8030	$10120	$12800	Deutz	3	187D	8F-4R	57.00		CHA
6260F w/Cab	$26655	$5330	$7200	$9060	$11460	Deutz	3	187D	8F-4R	57.00		CHA
6260L	$22750	$4550	$6140	$7740	$9780	Deutz	3	187D	8F-4R	57.00		No
6260L 4WD	$25656	$5130	$6930	$8720	$11030	Deutz	3	187D	8F-4R	57.00		No
6260L 4WD w/Cab	$29894	$5980	$8070	$10160	$12850	Deutz	3	187D	8F-4R	57.00		CHA
6260L w/Cab	$26932	$5390	$7270	$9160	$11580	Deutz	3	187D	8F-4R	57.00		CHA
6265	$23319	$4660	$6300	$7930	$10030	Deutz	4	230D	12F-4R	65.80	6922	No
6265 4WD	$28784	$5760	$7770	$9790	$12380	Deutz	4	230D	12F-4R	65.80	7429	No
6265 4WD w/Cab	$35777	$7160	$9660	$12160	$15380	Deutz	4	230D	12F-4R	65.80	8333	CHA
6265 w/Cab	$30311	$6060	$8180	$10310	$13030	Deutz	4	230D	12F-4R	65.80	7826	CHA
6275	$26240	$5250	$7090	$8920	$11280	Deutz	4	249D	12F-4R	70.90	6922	No
6275 4WD	$32116	$6420	$8670	$10920	$13810	Deutz	4	249D	12F-4R	70.90	7429	No
6275 4WD w/Cab	$39108	$7820	$10560	$13300	$16820	Deutz	4	249D	12F-4R	70.90		CHA
6275 w/Cab	$33232	$6650	$8970	$11300	$14290	Deutz	4	249D	12F-4R	70.90		CHA
6275F	$26814	$5360	$7240	$9120	$11530	Deutz	4	249D	8F-4R	71.00		No
6275F 4WD	$29976	$6000	$8090	$10190	$12890	Deutz	4	249D	8F-4R	71.00		No
6275F 4WD w/Cab	$34363	$6870	$9280	$11680	$14780	Deutz	4	249D	8F-4R	71.00		CHA
6275F w/Cab	$31134	$6230	$8410	$10590	$13390	Deutz	4	249D	8F-4R	71.00		CHA
6275L	$26958	$5390	$7280	$9170	$11590	Deutz	4	249D	8F-4R	71.00		No
6275L 4WD	$30120	$6020	$8130	$10240	$12950	Deutz	4	249D	8F-4R	71.00		No
6275L 4WD w/Cab	$34507	$6900	$9320	$11730	$14840	Deutz	4	249D	8F-4R	71.00		CHA
6275L w/Cab	$31278	$6260	$8450	$10640	$13450	Deutz	4	249D	8F-4R	71.00		CHA
7085	$32749	$5900	$7860	$10810	$12120	Deutz	4T	249D	20F-5R	85.18		No
7085 4WD	$37722	$6790	$9050	$12450	$13960	Deutz	4T	249D	20F-5R	85.18		No
7085 4WD w/Cab	$42829	$7710	$10280	$14130	$15850	Deutz	4T	249D	20F-5R	85.18		CHA
7085 w/Cab	$38217	$6880	$9170	$12610	$14140	Deutz	4T	249D	20F-5R	85.18		CHA
7110	$46882	$8440	$11250	$15470	$17350	Deutz	6	374D	15F-5R	122.00	9702	CHA
7110 4WD	$55760	$10040	$13380	$18400	$20630	Deutz	6	374D	15F-5R	122.00	10672	CHA
7120	$50143	$9030	$12030	$16550	$18550	Deutz	6T	374D	24F-8R	122.06	11246	CHA
7120 4WD	$59370	$10690	$14250	$19590	$21970	Deutz	6T	374D	24F-8R	122.06	12083	CHA
7145	$59057	$10630	$14170	$19490	$21850	Deutz	6T	374D	36F-12R	144.60	11905	CHA
7145 4WD	$63010	$11340	$15120	$20790	$23310	Deutz	6T	374D	36F-12R	144.60	12897	CHA
9130	$55755	$10040	$13380	$18400	$20630	Deutz	6TI	374D	18F-6R	135.00	14285	CHA
9130 4WD	$66115	$11900	$15870	$21820	$24460	Deutz	6TI	374D	18F-6R	135.00	14285	CHA
9150	$56174	$10110	$13480	$18540	$20780	Deutz	6TA	374D	18F-6R	158.67	13520	CHA
9150 4WD	$66353	$11940	$15930	$21900	$24550	Deutz	6T	374D	18F-6R	158.67	14880	CHA
9170	$61885	$11140	$14850	$20420	$22900	Deutz	6T	584D	18F-6R	173.37	15837	CHA
9170 4WD	$75880	$13500	$18000	$24750	$27750	Deutz	6T	584D	18F-6R	173.37		CHA
9190 4WD	$82777	$14720	$19630	$26990	$30260	Deutz	6T	584D	18F-6R	193.55		CHA
1989												
5215	$8739	$2450	$2970	$4630	$5370	Toyosha	3	61D	9F-3R	15.00	1384	No
5215 4WD	$9719	$2720	$3300	$5150	$5980	Toyosha	3	61D	9F-3R	15.00	1597	No
5215 Hydro	$9899	$2770	$3370	$5250	$6090	Toyosha	3	61D	Variable	14.00	1668	No
5215 Hydro 4WD	$10899	$3050	$3710	$5780	$6700	Toyosha	3	61D	Variable	14.00	1877	No
5220	$10899	$3050	$3710	$5780	$6700	Toyosha	3	87D	12F-4R	21.00	2433	No
5220 4WD	$11499	$3220	$3910	$6090	$7070	Toyosha	3	87D	12F-4R	21.00	2605	No
5220 w/Cab	$12199	$3420	$4150	$6470	$7500	Toyosha	3	87D	12F-4R	21.00	3043	CH
5230	$11499	$3220	$3910	$6090	$7070	Toyosha	3	92D	12F-4R	26.00	2892	No
5230 4WD	$12899	$3610	$4390	$6840	$7930	Toyosha	3	92D	12F-4R	26.00	3050	No
6240	$17156	$3260	$4460	$6010	$7210	Deutz	3	172D	8F-4R	43.00	6173	No
6250	$18608	$3540	$4840	$6510	$7820	Deutz	3	172D	8F-4R	50.70	6459	No
6260	$21537	$4090	$5600	$7540	$9050	Deutz	3	187D	8F-4R	57.09	6459	No
6260 w/Cab	$28537	$5420	$7420	$9990	$11990	Deutz	3	187D	8F-4R	57.09		CHA
6265	$23319	$4430	$6060	$8160	$9790	Deutz	4	230D	12F-4R	65.08	7429	No
6265 w/Cab	$30319	$5760	$7880	$10610	$12730	Deutz	4	230D	12F-4R	65.08		CHA
6275	$26240	$4990	$6820	$9180	$11020	Deutz	4	249D	12F-4R	70.90	7429	No
6275 w/Cab	$33240	$6320	$8640	$11630	$13960	Deutz	4	249D	12F-4R	70.90		CHA
7085	$32749	$5570	$7210	$10480	$11790	Deutz	4T	249D	20F-5R	85.18	9193	No
7085 w/Cab	$38249	$6500	$8420	$12240	$13770	Deutz	4T	249D	20F-5R	85.18		CHA
7110	$46882	$7970	$10310	$15000	$16880	Deutz	6	374D	15F-5R	110.00	10670	CHA
7120	$50143	$8520	$11030	$16050	$18050	Deutz	6T	374D	24F-8R	122.06	12081	CHA
7145	$59057	$10040	$12990	$18900	$21260	Deutz	6T	374D	36F-12R	144.60	12987	CHA
9130	$55688	$9470	$12250	$17820	$20050	Deutz	6TI	374D	18F-6R	135.00	14285	CHA
9130 4WD	$65675	$11170	$14450	$21020	$23640	Deutz	6TI	374D	18F-6R	135.00	14285	CHA
9150	$56174	$9550	$12360	$17980	$20220	Deutz	6TA	374D	18F-6R	151.07	14880	CHA
9150	$57245	$9730	$12590	$18320	$20610	Deutz	6TI	374D	18F-6R	158.67	13520	CHA
9150 4WD	$68270	$11610	$15020	$21850	$24580	Deutz	6TI	374D	18F-6R	158.67	14880	CHA
9170	$59525	$10120	$13100	$19050	$21430	Deutz	6T	584D	18F-6R	173.37	16040	CHA
9170	$60345	$10260	$13280	$19310	$21720	Deutz	6T	584D	18F-6R	173.37	15837	CHA
9170 4WD	$75220	$12610	$16320	$23740	$26710	Deutz	6T	584D	18F-6R	173.37		CHA
9190 4WD	$82155	$13600	$17600	$25600	$28800	Deutz	6T	584D	18F-6R	193.55		CHA
1988												
5215	$7739	$2090	$2550	$4140	$4800	Toyosha	3	61D	9F-3R	15.00	1384	No
5215 4WD	$8719	$2350	$2880	$4670	$5410	Toyosha	3	61D	9F-3R	15.00	1597	No
5215 Hydro	$8899	$2400	$2940	$4760	$5520	Toyosha	3	61D	Variable	14.00	1668	No
5215 Hydro 4WD	$9899	$2670	$3270	$5300	$6140	Toyosha	3	61D	Variable	14.00	1877	No
5220	$9899	$2670	$3270	$5300	$6140	Toyosha	3	87D	12F-4R	21.00	2433	No
5220 4WD	$11499	$3110	$3800	$6150	$7130	Toyosha	3	87D	12F-4R	21.00	2605	No

Deutz-Allis (Cont.)

Model	Approx. Retail Price New	Estimated Value Less Repairs Used Trade-In Avg.	High	Used Retail Avg.	High	Make	Engine No. Cyls.	Displ. Cu.-in.	No. Speeds	P.T.O. H.P.	Approx. Shipping Wt.-Lbs.	Cab
1988 (Cont.)												
5230	$11499	$3110	$3800	$6150	$7130	Toyosha	3	92D	12F-4R	26.00	2892	No
5230 4WD	$12899	$3480	$4260	$6900	$8000	Toyosha	3	92D	12F-4R	26.00	3050	No
6240	$16738	$3010	$4190	$5860	$6860	Deutz	3	172D	8F-4R	44.00	5776	No
6240 4WD	$20755	$3740	$5190	$7260	$8510	Deutz	3	172D	8F-4R	44.00	6173	No
6250	$18154	$3270	$4540	$6350	$7440	Deutz	3	172D	8F-4R	50.70	6018	No
6250 4WD	$22778	$4100	$5700	$7970	$9340	Deutz	3	172D	8F-4R	50.70	6459	No
6260	$21012	$3780	$5250	$7350	$8620	Deutz	3	187D	8F-4R	57.00	6018	No
6260 4WD	$26647	$4800	$6660	$9330	$10930	Deutz	3	187D	8F-4R	57.00	6459	No
6260 4WD w/Cab	$33830	$6090	$8460	$11840	$13870	Deutz	3	187D	8F-4R	57.00	7319	CHA
6260 w/Cab	$27904	$5020	$6980	$9770	$11440	Deutz	3	187D	8F-4R	57.00	6878	CHA
6265	$22750	$4100	$5690	$7960	$9330	Deutz	4	230D	12F-4R	65.80	6922	No
6265 4WD	$28082	$5060	$7020	$9830	$11510	Deutz	4	230D	12F-4R	65.80	7429	No
6265 4WD w/Cab	$34904	$6280	$8730	$12220	$14310	Deutz	4	230D	12F-4R	65.80	8333	CHA
6265 w/Cab	$29572	$5320	$7390	$10350	$12130	Deutz	4	230D	12F-4R	65.80	7826	CHA
6275	$25600	$4610	$6400	$8960	$10500	Deutz	4	249D	12F-4R	70.90	6922	No
6275 4WD	$31333	$5640	$7830	$10970	$12850	Deutz	4	249D	12F-4R	70.90	7429	No
6275 4WD w/Cab	$38154	$6870	$9540	$13350	$15640	Deutz	4	249D	12F-4R	70.90	8100	CHA
6275 w/Cab	$32421	$5840	$8110	$11350	$13290	Deutz	4	249D	12F-4R	70.90	7700	CHA
7085	$31552	$5050	$6630	$9780	$11040	Deutz	4T	249D	20F-5R	85.00	8466	No
7085 4WD	$36802	$5890	$7730	$11410	$12880	Deutz	4T	249D	20F-5R	85.00	9193	No
7085 4WD w/Cab	$41784	$6690	$8780	$12950	$14620	Deutz	4T	249D	20F-5R	85.00		CHA
7085 w/Cab	$36887	$5900	$7750	$11440	$12910	Deutz	4T	249D	20F-5R	85.00		CHA
7110	$45680	$7310	$9590	$14160	$15950	Deutz	6	374D	15F-5R	110.00	9702	CHA
7110 4WD	$54400	$8700	$11420	$16860	$19040	Deutz	6	374D	15F-5R	110.00	10672	CHA
7120	$48920	$7830	$10270	$15170	$17120	Deutz	6	374D	24F-8R	122.00	11246	CHA
7120 4WD	$57920	$9270	$12160	$17960	$20270	Deutz	6	374D	24F-8R	122.00	12083	CHA
7145	$57617	$9220	$12100	$17860	$20170	Deutz	6T	374D	36F-12R	144.60	11905	CHA
7145 4WD	$61473	$9840	$12910	$19060	$21520	Deutz	6T	374D	36F-12R	144.60	12897	CHA
8010 PD	$46176	$7070	$9280	$13700	$15460	AC	6T	301D	20F-4R	109.00	11850	CHA
8010 PD 4WD	$54055	$8330	$10930	$16140	$18220	AC	6T	301D	20F-4R	109.00	13450	CHA
8030 PD	$52398	$8060	$10580	$15620	$17640	AC	6T	426D	20F-4R	134.00	12450	CHA
8030 PD 4WD	$60278	$9320	$12240	$18070	$20400	AC	6T	426D	20F-4R	134.00	12600	CHA
8050 PD	$58411	$9030	$11850	$17490	$19740	AC	6TI	426D	20F-4R	155.00	12750	CHA
8050 PD 4WD	$66291	$10290	$13500	$19930	$22500	AC	6TI	426D	20F-4R	155.00	14350	CHA
8070 PD	$60337	$9330	$12250	$18080	$20420	AC	6TI	426D	20F-4R	171.00	13750	CHA
8070 PD 4WD	$68217	$10600	$13910	$20530	$23180	AC	6TI	426D	20F-4R	171.00	15350	CHA
4W-305 4WD	$93685	$12910	$16940	$25010	$28240	AC	6TI	731D	20F-4R	250.00	21826	CHA
PD - Power Director												
1987												
5215 HST	$7990	$2080	$2560	$4280	$4990	Toyosha	3	61D	Variable	14.00		No
5215 HST 4WD	$8799	$2290	$2820	$4710	$5500	Toyosha	3	61D	Variable	14.00		No
5220	$8999	$2340	$2880	$4810	$5620	Toyosha	3	87D	12F-4R	21.00	2433	No
5220 4WD	$10299	$2680	$3300	$5510	$6440	Toyosha	3	87D	12F-4R	21.00	2605	No
5230	$10299	$2680	$3300	$5510	$6440	Toyosha	3	87D	12F-4R	26.00	2892	No
5230 4WD	$11799	$3070	$3780	$6310	$7370	Toyosha	3	87D	12F-4R	26.00	3050	No
6035	$11705	$2340	$3100	$5150	$5970	Deutz	2	115D	8F-2R	33.00	4255	No
6070	$24225	$4120	$6060	$8480	$9930	AC	4T	433D	12F-3R	70.00		No
6070 w/Cab	$29100	$4950	$7280	$10190	$11930	AC	4T	433D	12F-3R	70.00		CH
6080 4WD	$34098	$5800	$8530	$11930	$13980	AC	4TI	433D	12F-3R	83.66		No
6080 w/Cab	$33496	$5690	$8370	$11720	$13730	AC	4TI	433D	12F-3R	83.66		CH
6140	$15891	$3180	$4210	$6990	$8100	Toyosha	3	142D	10F-2R	41.08	4228	No
6140 4WD	$19760	$3960	$5240	$8710	$10090	Toyosha	3	142D	10F-2R	41.08	4628	No
6240	$16738	$2850	$4190	$5860	$6860	Deutz	3	172D	8F-4R	43.00	5776	No
6240 4WD	$20755	$3530	$5190	$7260	$8510	Deutz	3	172D	8F-4R	43.00	6173	No
6250	$18154	$3090	$4540	$6350	$7440	Deutz	3	172D	8F-4R	51.00	6018	No
6250 4WD	$22676	$3860	$5670	$7940	$9300	Deutz	3	172D	8F-4R	51.00	6459	No
6260	$21012	$3570	$5250	$7350	$8620	Deutz	3	187D	8F-4R	57.09	6018	No
6260 4WD	$25647	$4360	$6410	$8980	$10520	Deutz	3	187D	8F-4R	57.09	6459	No
6260 4WD w/Cab	$32560	$5540	$8140	$11400	$13350	Deutz	3	187D	8F-4R	57.09	7319	CHA
6260 w/Cab	$27904	$4740	$6980	$9770	$11440	Deutz	3	187D	8F-4R	57.09	6878	CHA
6265	$22750	$3870	$5690	$7960	$9330	Deutz	3	230D	12F-4R	65.80	6922	No
6265 4WD	$28082	$4770	$7020	$9830	$11510	Deutz	3	230D	12F-4R	65.80	7429	No
6265 4WD w/Cab	$34904	$5930	$8730	$12220	$14310	Deutz	3	230D	12F-4R	65.80	8333	CHA
6265 w/Cab	$29572	$5030	$7390	$10350	$12130	Deutz	3	230D	12F-4R	65.80	7826	CHA
6275	$25600	$4350	$6400	$8960	$10500	Deutz	4	249D	12F-4R	70.90	6922	No
6275 4WD	$31333	$5330	$7830	$10970	$12850	Deutz	4	249D	12F-4R	70.90	7429	No
6275 4WD w/Cab	$38154	$6490	$9540	$13350	$15640	Deutz	4	249D	12F-4R	70.90	8429	CHA
6275 w/Cab	$32421	$5510	$8110	$11350	$13290	Deutz	4	249D	12F-4R	70.90	7920	CHA
7085	$31552	$4730	$6310	$9470	$10730	Deutz	4T	249D	15F-5R	85.18	8466	No
7085 4WD	$39318	$5900	$7860	$11800	$13370	Deutz	4T	249D	15F-5R	85.18	9193	No
7085 4WD w/Cab	$44653	$6700	$8930	$13400	$15180	Deutz	4T	249D	15F-5R	85.18	9193	CHA
7085 w/Cab	$36887	$5530	$7380	$11070	$12540	Deutz	4T	249D	15F-5R	85.18	8466	CHA
7110	$44800	$6720	$8960	$13440	$15230	Deutz	6	374D	15F-5R	110.00	9702	CHA
7110 4WD	$54320	$8160	$10880	$16320	$18500	Deutz	6	374D	15F-5R	110.00	10672	CHA
7120	$47700	$7160	$9540	$14310	$16220	Deutz	6T	374D	24F-8R	123.15	11246	CHA
7120 4WD	$57920	$8690	$11580	$17380	$19690	Deutz	6T	374D	24F-8R	123.15	12083	CHA
7145	$57617	$8640	$11520	$17290	$19590	Deutz	6T	374D	36F-12R	144.60	11905	CHA
7145 4WD	$68143	$10220	$13630	$20440	$23170	Deutz	6T	374D	36F-12R	144.60	12897	CHA
8010 PD	$46176	$6630	$8840	$13250	$15020	AC	6T	301D	20F-4R	109.00	11850	CHA
8010 PD 4WD	$54055	$7810	$10410	$15620	$17700	AC	6T	301D	20F-4R	109.00	13450	CHA
8010 PS	$47710	$6860	$9140	$13710	$15540	AC	6T	301D	12F-2R	109.55	12000	CHA
8010 PS 4WD	$55589	$8040	$10720	$16080	$18220	AC	6T	301D	12F-2R	109.00	13600	CHA
8030 PD	$52398	$7560	$10080	$15120	$17140	AC	6T	426D	20F-4R	134.00	12450	CHA

Deutz-Allis (Cont.)

Model	Approx. Retail Price New	Used Trade-In Avg.	Used Trade-In High	Used Retail Avg.	Used Retail High	Make	Engine No. Cyls.	Displ. Cu.-in.	No. Speeds	P.T.O. H.P.	Approx. Shipping Wt.-Lbs.	Cab
1987 (Cont.)												
8030 PD 4WD	$60278	$8740	$11660	$17480	$19820	AC	6T	426D	20F-4R	134.00	14050	CHA
8030 PS	$53982	$7800	$10400	$15600	$17670	AC	6T	426D	12F-2R	134.42	12600	CHA
8030 PS 4WD	$61862	$8980	$11970	$17960	$20350	AC	6T	426D	12F-2R	134.42	14200	CHA
8050 PD	$58411	$8460	$11280	$16920	$19180	AC	6TI	426D	20F-4R	155.00	12750	CHA
8050 PD 4WD	$66291	$9640	$12860	$19290	$21860	AC	6TI	426D	20F-4R	155.00	14350	CHA
8050 PS	$60111	$8720	$11620	$17430	$19760	AC	6TI	426D	12F-3R	155.15	12900	CHA
8050 PS 4WD	$67990	$9900	$13200	$19800	$22440	AC	6TI	426D	12F-3R	155.15	14500	CHA
8070 PD	$60337	$8750	$11670	$17500	$19840	AC	6TI	426D	20F-4R	171.00	13750	CHA
8070 PD 4WD	$68217	$9930	$13240	$19870	$22510	AC	6TI	426D	20F-4R	171.00	15350	CHA
8070 PS	$62037	$9010	$12010	$18010	$20410	AC	6TI	426D	12F-2R	171.44	13900	CHA
8070 PS 4WD	$69916	$10190	$13580	$20380	$23090	AC	6TI	426D	12F-2R	171.44	15500	CHA
4W-305 4WD	$93685	$11800	$15740	$23610	$26750	AC	6T	731D	20F-4R	250.00	21876	CHA

HST - Hydrostatic Transmission PD - Power Director PS - Power Shift

Model	Approx. Retail Price New	Used Trade-In Avg.	Used Trade-In High	Used Retail Avg.	Used Retail High	Make	Engine No. Cyls.	Displ. Cu.-in.	No. Speeds	P.T.O. H.P.	Approx. Shipping Wt.-Lbs.	Cab
1986												
5015	$6550	$1640	$2030	$3500	$4130	Toyosha	3	61D	9F-3R	15.00	1387	No
5015 4WD	$7150	$1790	$2220	$3830	$4510	Toyosha	3	61D	9F-3R	15.00	1557	No
5220	$8499	$2130	$2640	$4550	$5350	Toyosha	3	87D	14F-4R	21.00	2433	No
5220 4WD	$9699	$2430	$3010	$5190	$6110	Toyosha	3	87D	14F-4R	21.00	2604	No
5230	$9699	$2430	$3010	$5190	$6110	Toyosha	3	92D	14F-4R	26.00	2892	No
5230 4WD	$10799	$2700	$3350	$5780	$6800	Toyosha	3	92D	14F-4R	26.00	3050	No
6060	$21460	$3430	$5150	$7510	$8800	AC	4T	433D	8F-2R	64.90	5869	No
6060	$26335	$4210	$6320	$9220	$10800	AC	4T	433D	8F-2R	64.90	6200	CH
6060 4WD	$26263	$4200	$6300	$9190	$10770	AC	4T	433D	8F-2R	64.90	6669	No
6060 4WD	$31138	$4980	$7470	$10900	$12770	AC	4T	433D	8F-2R	64.90	7000	CH
6070	$24225	$3880	$5810	$8480	$9930	AC	4T	200D	12F-3R	70.00	5900	No
6070 4WD	$29225	$4680	$7010	$10230	$11980	AC	4T	200D	12F-3R	70.00	6700	No
6070 4WD w/Cab	$34100	$5460	$8180	$11940	$13980	AC	4T	200D	12F-3R	70.00	7800	CHA
6070 w/Cab	$29100	$4660	$6980	$10190	$11930	AC	4T	200D	12F-3R	70.00	7050	CHA
6080	$28625	$4580	$6870	$10020	$11740	AC	4TI	200D	12F-3R	83.66	7170	No
6080 4WD	$34100	$5460	$8180	$11940	$13980	AC	4TI	200D	12F-3R	83.66	7600	No
6080 4WD w/Cab	$38975	$6240	$9350	$13640	$15980	AC	4TI	200D	12F-3R	83.66	8750	CHA
6080 w/Cab	$33500	$5360	$8040	$11730	$13740	AC	4TI	200D	12F-3R	83.66	8070	CHA
6140	$15895	$3020	$4130	$6840	$7950	Toyosha	3	142D	10F-2R	41.08	4228	No
6140 4WD	$19790	$3760	$5150	$8510	$9900	Toyosha	3	142D	10F-2R	41.08	4628	No
6240	$16250	$2600	$3900	$5690	$6660	Deutz	3	173D	8F-4R	44.00	5776	No
6240 4WD	$20150	$3220	$4840	$7050	$8260	Deutz	3	173D	8F-4R	44.00	6173	No
6250	$17625	$2820	$4230	$6170	$7230	Deutz	3	173D	8F-4R	50.70	6020	No
6250 4WD	$22020	$3520	$5290	$7710	$9030	Deutz	3	173D	8F-4R	50.70	6459	No
6260	$20400	$3260	$4900	$7140	$8360	Deutz	3	187D	8F-4R	57.09	6020	No
6260 4WD	$25000	$4000	$6000	$8750	$10250	Deutz	3	187D	8F-4R	57.09	6878	No
6260 4WD w/Cab	$31612	$5060	$7590	$11060	$12960	Deutz	3	187D	8F-4R	57.09	7319	CHA
6260 w/Cab	$27091	$4340	$6500	$9480	$11110	Deutz	3	187D	8F-4R	57.09	6459	CHA
6265	$22100	$3540	$5300	$7740	$9060	Deutz	4	230D	12F-4R	65.80	6222	No
6265 4WD	$27265	$4360	$6540	$9540	$11180	Deutz	4	230D	12F-4R	65.80	7429	No
6265 4WD w/Cab	$33890	$5420	$8130	$11860	$13900	Deutz	4	230D	12F-4R	65.80	8204	CHA
6265 w/Cab	$28715	$4590	$6890	$10050	$11770	Deutz	4	230D	12F-4R	65.80	6997	CHA
6275	$24855	$3980	$5970	$8700	$10190	Deutz	4	249D	12F-4R	70.90	6922	No
6275 4WD	$30420	$4870	$7300	$10650	$12470	Deutz	4	249D	12F-4R	70.90	7429	No
6275 4WD w/Cab	$37050	$5600	$8400	$12250	$14350	Deutz	4	249D	12F-4R	70.90	8204	CHA
6275 w/Cab	$31500	$5040	$7560	$11030	$12920	Deutz	4	249D	12F-4R	70.90	7697	CHA
8010 PD	$46175	$6190	$8390	$12810	$14580	AC	6T	301D	20F-4R	109.00	11850	CHA
8010 PD 4WD	$54055	$7290	$9890	$15100	$17180	AC	6T	301D	20F-4R	109.00	13450	CHA
8010 PS	$47710	$6400	$8690	$13260	$15080	AC	6T	301D	12F-2R	109.55	12000	CHA
8010 PS 4WD	$55590	$7500	$10180	$15540	$17690	AC	6T	301D	12F-2R	109.00	13600	CHA
8010 PS HC	$55335	$7450	$10110	$15440	$17560	AC	6T	301D	12F-2R	109.00	12500	CHA
8030 PD	$52398	$7060	$9580	$14620	$16630	AC	6T	426D	20F-4R	134.00	12450	CHA
8030 PD 4WD	$60278	$8160	$11070	$16900	$19230	AC	6T	426D	20F-4R	134.00	14050	CHA
8030 PS	$53982	$7280	$9880	$15080	$17150	AC	6T	426D	12F-2R	134.42	12600	CHA
8030 PS 4WD	$61862	$8380	$11370	$17360	$19750	AC	6T	426D	12F-2R	134.00	14200	CHA
8030 PS HC	$61604	$8350	$11330	$17290	$19670	AC	6T	426D	12F-2R	134.00	13000	CHA
8050 PD	$58411	$7900	$10720	$16360	$18620	AC	6TI	426D	20F-4R	155.00	12750	CHA
8050 PD 4WD	$66291	$9000	$12220	$18640	$21220	AC	6TI	426D	20F-4R	155.00	14350	CHA
8050 PS	$60111	$8140	$11040	$16850	$19180	AC	6TI	426D	12F-3R	155.15	12900	CHA
8050 PS 4WD	$67990	$9240	$12540	$19140	$21780	AC	6TI	426D	12F-3R	155.00	14500	CHA
8050 PS HC	$67773	$9210	$12500	$19070	$21710	AC	6TI	426D	12F-3R	155.00	13600	CHA
8070 PD	$60337	$8030	$10890	$16630	$18920	AC	6TI	426D	20F-4R	171.00	13750	CHA
8070 PD 4WD	$68217	$9130	$12390	$18910	$21520	AC	6TI	426D	20F-4R	171.00	15350	CHA
8070 PS	$62037	$8270	$11220	$17120	$19480	AC	6TI	426D	12F-2R	171.44	13900	CHA
8070 PS 4WD	$69916	$9370	$12710	$19410	$22080	AC	6TI	426D	12F-2R	171.00	15500	CHA
4W-305 4WD	$93685	$10740	$14570	$22240	$25310	AC	6T	731D	20F-4R	250.00	21826	CHA

HC - High Clearance PD - Power Director PS - Power Shift

Deutz-Fahr

Model	Approx. Retail Price New	Used Trade-In Avg.	Used Trade-In High	Used Retail Avg.	Used Retail High	Make	Engine No. Cyls.	Displ. Cu.-in.	No. Speeds	P.T.O. H.P.	Approx. Shipping Wt.-Lbs.	Cab
1985												
DX3.10	$16890	$1810	$2500	$3890	$4450	Deutz	3	173D	8F-4R	44.00	5776	No
DX3.10A 4WD	$21100	$2210	$3060	$4760	$5440	Deutz	3	173D	8F-4R	44.00	6173	No
DX3.30	$17625	$1900	$2630	$4090	$4670	Deutz	3	173D	8F-4R	50.70	6020	No
DX3.30A 4WD	$22020	$2410	$3330	$5180	$5920	Deutz	3	173D	8F-4R	50.70	6060	No
DX3.50	$20500	$2150	$2970	$4620	$5280	Deutz	3	173D	8F-4R	57.09	6020	No
DX3.50 w/Cab	$27095	$2860	$3960	$6160	$7040	Deutz	3	187D	8F-4R	57.09	6795	CHA
DX3.50A 4WD	$25000	$2600	$3600	$5600	$6400	Deutz	3	187D	8F-4R	57.09	6060	No

Deutz-Fahr (Cont.)

Model	Approx. Retail Price New	Estimated Value Less Repairs Used Trade-In Avg.	Used Trade-In High	Used Retail Avg.	Used Retail High	Make	Engine No. Cyls.	Displ. Cu.-in.	No. Speeds	P.T.O. H.P.	Approx. Shipping Wt.-Lbs.	Cab
1985 (Cont.)												
DX3.50A 4WD w/Cab	$31615	$3460	$4790	$7450	$8510	Deutz	3	187D	8F-4R	57.09	6835	CHA
DX3.70	$22100	$2340	$3240	$5040	$5760	Deutz	4	230D	12F-4R	65.80	6222	No
DX3.70 w/Cab	$28715	$3060	$4230	$6580	$7520	Deutz	4	230D	12F-4R	65.80	6997	CHA
DX3.70A 4WD	$27265	$2890	$4000	$6220	$7100	Deutz	4	230D	12F-4R	65.80	7429	No
DX3.70A 4WD w/Cab	$33890	$3580	$4950	$7700	$8800	Deutz	4	230D	12F-4R	65.80	8204	CHA
DX3.90	$24855	$2570	$3560	$5540	$6340	Deutz	4	249D	12F-4R	70.90	6922	No
DX3.90 w/Cab	$31500	$3450	$4770	$7420	$8480	Deutz	4	249D	12F-4R	70.90	7697	CHA
DX3.90A 4WD	$30420	$3300	$4570	$7110	$8130	Deutz	4	249D	12F-4R	70.90	7429	No
DX3.90A 4WD w/Cab	$37050	$4100	$5670	$8820	$10080	Deutz	4	249D	12F-4R	70.90	8204	CHA
DX4.70	$30005	$3250	$4500	$7000	$8000	Deutz	4T	249D	15F-5R	85.18	8466	No
DX4.70 4WD	$37545	$4230	$5850	$9100	$10400	Deutz	4T	249D	15F-5R	85.18	9193	No
DX4.70 4WD w/Cab	$42930	$4880	$6750	$10500	$12000	Deutz	4T	249D	15F-5R	85.18	9968	CHA
DX4.70 w/Cab	$35395	$3940	$5450	$8480	$9700	Deutz	4T	249D	15F-5R	85.18	9241	CHA
DX6.30	$42275	$4810	$6660	$10360	$11840	Deutz	6	374D	15F-5R	110.00	12787	CHA
DX6.30 4WD	$51740	$5980	$8280	$12880	$14720	Deutz	6	374D	15F-5R	110.00	14991	CHA
DX6.50	$45885	$5270	$7290	$11340	$12960	Deutz	6T	374D	24F-8R	123.15	16975	CHA
DX6.50 4WD	$55975	$6500	$9000	$14000	$16000	Deutz	6T	374D	24F-8R	123.15	17637	CHA
DX7.10	$51095	$5980	$8280	$12880	$14720	Deutz	6T	374D	24F-8R	144.60	11905	CHA
DX7.10 4WD	$60920	$7020	$9720	$15120	$17280	Deutz	6T	374D	32F-8R	144.60	12897	CHA
DX8.30A 4WD	$82200	$8450	$11700	$18200	$20800	Deutz	6T	584D		190.00		CHA
D3607	$11375	$1710	$2730	$3980	$4660	Deutz	3	115D		33.00		No
D4507	$16100	$2420	$3860	$5640	$6600	Deutz	3	173D	8F-2R	43.00	4420	No
1984												
DX4.70	$30005	$3000	$4250	$6750	$7750	Deutz	4T	249D	15F-5R	85.18	8466	No
DX4.70 4WD	$37542	$3840	$5440	$8640	$9920	Deutz	4T	249D	15F-5R	85.18	9193	No
DX4.70 4WD w/Cab	$42930	$4510	$6390	$10150	$11660	Deutz	4T	249D	15F-5R	85.18	9968	CHA
DX4.70 w/Cab	$35393	$3640	$5150	$8180	$9390	Deutz	4T	249D	15F-5R	85.18	9241	CHA
DX6.30	$42272	$4440	$6290	$9990	$11470	Deutz	6	374D	15F-5R	110.00	12787	CHA
DX6.30 4WD	$51739	$5460	$7740	$12290	$14110	Deutz	6	374D	15F-5R	110.00	14991	CHA
DX6.50	$45884	$4740	$6720	$10670	$12250	Deutz	6T	374D	24F-8R	123.15	16975	CHA
DX6.50 4WD	$55972	$5880	$8330	$13230	$15190	Deutz	6T	374D	24F-8R	123.15	17637	CHA
DX7.10	$51091	$5400	$7650	$12150	$13950	Deutz	6T	374D	36F-12R	144.60	11905	CHA
DX7.10 4WD	$60916	$6240	$8840	$14040	$16120	Deutz	6T	374D	36F-12R	144.60	12897	CHA
DX90	$28851	$2800	$3960	$6290	$7220	Deutz	5	287D	15F-5R	84.47	8780	No
DX90 w/Cab	$34031	$3480	$4930	$7830	$8990	Deutz	5	287D	15F-5R	84.47	9880	CHA
DX90A 4WD	$35504	$3640	$5150	$8180	$9390	Deutz	5	287D	15F-5R	84.00	9600	No
DX90A 4WD w/Cab	$40684	$4150	$5880	$9340	$10730	Deutz	5	287D	15F-5R	84.00	10700	CHA
DX120	$40646	$4270	$6050	$9610	$11040	Deutz	6	374D	15F-5R	111.29	10030	CHA
DX120A 4WD	$49156	$5160	$7310	$11610	$13330	Deutz	6	374D	15F-5R	111.00	10850	CHA
DX130	$44119	$4570	$6480	$10290	$11810	Deutz	6T	374D	24F-8R	121.27	11490	CHA
DX130A 4WD	$53087	$5460	$7740	$12290	$14110	Deutz	6T	374D	24F-8R	121.00	12680	CHA
DX160	$49126	$5040	$7140	$11340	$13020	Deutz	6T	374D	24F-8R	145.41	12440	CHA
DX160A 4WD	$58573	$6060	$8590	$13640	$15660	Deutz	6T	374D	24F-8R	145.00	13450	CHA
D4507	$16064	$1930	$2730	$4340	$4980	Deutz	3	173D	8F-2R	43.00	4420	No
D4507 4WD	$21077	$2400	$3400	$5400	$6200	Deutz	3	173D	8F-2R	43.00	5080	No
D5207	$18229	$2040	$2890	$4590	$5270	Deutz	3	173D	8F-2R	51.00	4595	No
D5207A 4WD	$23067	$2640	$3740	$5940	$6820	Deutz	3	173D	8F-2R	51.00	5260	No
D6507	$21060	$2400	$3400	$5400	$6200	Deutz	4	230D	8F-2R	60.00	4550	No
D6507 w/Cab	$27812	$3120	$4420	$7020	$8060	Deutz	4	230D	8F-2R	60.00	5650	CHA
D6507A 4WD	$26250	$3000	$4250	$6750	$7750	Deutz	4	230D	8F-2R	60.00	5250	No
D6507A 4WD w/Cab	$33002	$3600	$5100	$8100	$9300	Deutz	4	230D	8F-2R	60.00	6350	CHA
D7007	$23993	$2640	$3740	$5940	$6820	Deutz	4	230D	12F-4R	68.00	5920	No
D7007 w/Cab	$30747	$3380	$4790	$7610	$8740	Deutz	4	230D	12F-4R	68.00	7080	CHA
D7007A 4WD	$30698	$3320	$4710	$7480	$8590	Deutz	4	230D	12F-4R	68.00	6680	No
D7007A 4WD w/Cab	$37450	$4130	$5850	$9290	$10660	Deutz	4	230D	12F-4R	68.00	7782	CHA
D7807	$25919	$2690	$3810	$6050	$6940	Deutz	4	249D	12F-4R	73.00	6460	No
D7807 w/Cab	$32671	$3430	$4860	$7720	$8870	Deutz	4	249D	12F-4R	73.00	7560	CHA
D7807A 4WD	$32434	$3410	$4830	$7670	$8800	Deutz	4	249D	12F-4R	73.00	7276	No
D7807A 4WD w/Cab	$39186	$4090	$5800	$9210	$10570	Deutz	4	249D	12F-4R	73.00	8376	CHA
1983												
DX90	$26741	$2500	$3630	$5900	$6810	Deutz	5	287D	15F-5R	84.47	10045	No
DX90A 4WD	$34163	$3420	$4980	$8090	$9330	Deutz	5	287D	15F-5R	84.00	10835	No
DX120	$39893	$3890	$5660	$9200	$10620	Deutz	6	374D	15F-5R	111.29	10030	CHA
DX120A 4WD	$48246	$4620	$6720	$10920	$12600	Deutz	6	374D	15F-5R	111.00	10850	CHA
DX130	$41635	$3920	$5700	$9260	$10680	Deutz	6T	374D	24F-8R	121.27	11490	CHA
DX130 4WD	$50099	$4840	$7040	$11440	$13200	Deutz	6T	374D	24F-8R	121.00	12680	CHA
DX160	$46361	$4620	$6720	$10920	$12600	Deutz	6T	374D	24F-8R	145.41	12440	CHA
DX160A 4WD	$55278	$5280	$7680	$12480	$14400	Deutz	6T	374D	24F-8R	145.00	13450	CHA
D4507	$14438	$1540	$2240	$3640	$4200	Deutz	3	173D	8F-2R	43.00	4420	No
D4507A 4WD	$19167	$1980	$2880	$4680	$5400	Deutz	3	173D	8F-2R	43.00	5080	No
D5207	$16383	$1800	$2620	$4260	$4920	Deutz	3	173D	8F-4R	51.00	4595	No
D5207A 4WD	$20786	$2110	$3070	$4990	$5760	Deutz	3	173D	8F-4R	51.00	5260	No
D6206	$16572	$1710	$2480	$4030	$4650	Deutz	4	231D	8F-4R	60.23	4660	No
D6206A 4WD	$21511	$2200	$3200	$5200	$6000	Deutz	4	231D	8F-4R	60.00	5355	No
D6207	$18030	$1870	$2720	$4420	$5100	Deutz	4	231D	8F-4R	60.00	4660	No
D6207A 4WD	$22871	$2310	$3360	$5460	$6300	Deutz	4	231D	8F-4R	60.00	5355	No
D6806	$17642	$1820	$2640	$4290	$4950	Deutz	4	231D	12F-4R	68.18	5700	No
D6806A 4WD	$24268	$2420	$3520	$5720	$6600	Deutz	4	231D	12F-4R	68.00	6700	No
D6807	$20326	$2000	$2910	$4730	$5460	Deutz	4	231D	12F-4R	68.00	5700	No
D6807A 4WD	$27389	$2560	$3730	$6060	$6990	Deutz	4	231D	12F-4R	68.00	6700	No
D7807	$23500	$2260	$3280	$5330	$6150	Deutz	4	249D	12F-4R	73.00	6460	No
D7807A 4WD	$25550	$2370	$3440	$5590	$6450	Deutz	4	249D	12F-4R	73.00	7276	No

Deutz-Fahr (Cont.)

Model	Approx. Retail Price New	Used Trade-In Avg.	Used Trade-In High	Used Retail Avg.	Used Retail High	Make	Engine No. Cyls.	Engine Displ. Cu.-in.	No. Speeds	P.T.O. H.P.	Approx. Shipping Wt.-Lbs.	Cab
1982												
DX90	$26217	$2220	$3330	$5550	$6440	Deutz	5	287D	15F-5R	84.47	10045	No
DX90 4WD	$33493	$2900	$4350	$7250	$8410	Deutz	5	287D	15F-5R	84.47	10835	No
DX120	$39111	$3400	$5100	$8500	$9860	Deutz	6	374D	15F-5R	111.29	9790	CHA
DX120A 4WD	$47300	$4100	$6150	$10250	$11890	Deutz	6	374D	15F-5R	111.00	10850	CHA
DX130	$40819	$3550	$5330	$8880	$10300	Deutz	6T	374D	24F-8R	121.27	11490	CHA
DX130A 4WD	$49117	$4110	$6170	$10280	$11920	Deutz	6T	374D	24F-8R	121.00	12680	CHA
DX160	$45452	$3940	$5910	$9850	$11430	Deutz	6T	374D	24F-8R	145.41	12440	CHA
DX160 4WD	$54194	$4610	$6920	$11530	$13370	Deutz	6T	374D	24F-8R	145.41	13450	CHA
D4507	$14155	$1400	$2100	$3500	$4060	Deutz	3	173D	8F-2R	43.00	4420	No
D4507A 4WD	$18791	$1800	$2700	$4500	$5220	Deutz	3	173D	8F-2R	43.00	5080	No
D5207	$16062	$1610	$2410	$4020	$4660	Deutz	3	173D	8F-4R	51.00	4595	No
D5207A 4WD	$20379	$1930	$2900	$4830	$5600	Deutz	3	173D	8F-4R	51.00	5260	No
D6206	$16247	$1630	$2440	$4060	$4710	Deutz	4	231D	8F-4R	60.23	4660	No
D6206A 4WD	$21089	$2000	$3000	$5000	$5800	Deutz	4	231D	8F-4R	60.23	5355	No
D6207	$17676	$1770	$2650	$4420	$5130	Deutz	4	231D	8F-4R	60.00	4660	No
D6207A 4WD	$22423	$2110	$3170	$5280	$6120	Deutz	4	231D	8F-4R	60.00	5355	No
D6806	$17296	$1730	$2590	$4320	$5020	Deutz	4	231D	12F-4R	68.18	5700	No
D6806A 4WD	$23792	$2220	$3330	$5550	$6440	Deutz	4	231D	12F-4R	68.18	6700	No
D6807	$19927	$1880	$2820	$4700	$5450	Deutz	4	231D	12F-4R	68.00	5700	No
D6807A 4WD	$26852	$2500	$3750	$6250	$7250	Deutz	4	231D	12F-4R	68.00	6700	No
1981												
DX90	$26683	$2430	$3400	$5830	$6800	Deutz	5	287D	15F-5R	84.47	10045	No
DX90A 4WD	$32836	$2800	$3930	$6730	$7850	Deutz	5	287D	15F-5R	84.47	10835	No
DX120	$38344	$3230	$4530	$7760	$9060	Deutz	6	374D	15F-5R	111.29	9790	CHA
DX120A 4WD	$46373	$4040	$5650	$9690	$11300	Deutz	6	374D	15F-5R	111.00	10850	CHA
DX130	$40019	$3400	$4760	$8170	$9530	Deutz	6T	374D	24F-8R	121.27	11490	CHA
DX130A 4WD	$48154	$4220	$5900	$10120	$11800	Deutz	6T	374D	24F-8R	121.00	12680	CHA
DX160	$44561	$3860	$5400	$9260	$10800	Deutz	6T	374D	24F-8R	145.41	12440	CHA
DX160A 4WD	$53131	$4510	$6320	$10830	$12640	Deutz	6T	374D	24F-8R	145.41	13450	CHA
D4507	$13877	$1350	$1890	$3240	$3780	Deutz	3	173D	8F-2R	43.00	4420	No
D4507A 4WD	$18423	$1800	$2520	$4320	$5040	Deutz	3	173D	8F-2R	43.00	5080	No
D5207	$15747	$1580	$2210	$3780	$4410	Deutz	3	173D	8F-4R	51.00	4595	No
D5207A 4WD	$19979	$1840	$2580	$4420	$5150	Deutz	3	173D	8F-4R	51.00	5260	No
D6206	$15928	$1590	$2230	$3820	$4460	Deutz	4	231D	8F-4R	60.23	4660	No
D6206A 4WD	$20675	$1900	$2660	$4560	$5320	Deutz	4	231D	8F-4R	60.23	5355	No
D6207	$17329	$1730	$2430	$4160	$4850	Deutz	4	231D	8F-4R	60.00	4660	No
D6207A 4WD	$21983	$2000	$2800	$4800	$5600	Deutz	4	231D	8F-4R	60.00	5355	No
D6806	$16957	$1700	$2370	$4070	$4750	Deutz	4	231D	12F-4R	68.18	5700	No
D6806A 4WD	$23326	$2200	$3080	$5280	$6160	Deutz	4	231D	12F-4R	68.18	6700	No
D6807	$19927	$1820	$2550	$4370	$5100	Deutz	4	231D	12F-4R	68.00	5700	No
D6807A 4WD	$26325	$2400	$3360	$5760	$6720	Deutz	4	231D	12F-4R	68.00	6700	No
1980												
DX90	$23722	$2100	$2940	$4830	$5880	Deutz	5	287D	15F-5R	84.47	10045	No
DX90A 4WD	$30895	$2600	$3640	$5980	$7280	Deutz	5	287D	15F-5R	84.47	10835	No
DX110	$30138	$2540	$3560	$5840	$7110	Deutz	6	345D	15F-5R	100.29	10485	CHA
DX110A 4WD	$37474	$3120	$4370	$7180	$8740	Deutz	6	345D	15F-5R	100.29	11050	CHA
DX120	$32197	$2650	$3710	$6100	$7420	Deutz	6	374D	15F-5R	111.29	9790	CHA
DX120A 4WD	$39871	$3230	$4520	$7430	$9040	Deutz	6	374D	15F-5R	111.00	10850	CHA
DX130	$35243	$2900	$4060	$6670	$8120	Deutz	6T	374D	24F-8R	121.27	11490	CHA
DX130A 4WD	$43507	$3700	$5180	$8510	$10360	Deutz	6T	374D	24F-8R	121.00	12680	CHA
DX140	$36370	$3120	$4370	$7180	$8740	Deutz	6T	374D	24F-8R	131.00	12380	CHA
DX140A 4WD	$46402	$4000	$5600	$9200	$11200	Deutz	6T	374D	24F-8R	131.00	13395	CHA
DX160	$39998	$3330	$4660	$7660	$9320	Deutz	6T	374D	24F-8R	145.41	12440	CHA
DX160A 4WD	$49290	$4320	$6050	$9940	$12100	Deutz	6T	374D	24F-8R	145.41	13450	CHA
D4506	$11312	$1980	$3000	$4750	$5430	Deutz	3	173D	8F-2R	43.15	4180	No
D4506A 4WD	$15538	$2720	$4120	$6530	$7460	Deutz	3	173D	8F-2R	43.15	5070	No
D6206	$14886	$1490	$2080	$3420	$4170	Deutz	4	231D	8F-4R	60.23	4660	No
D6206A 4WD	$19322	$1930	$2710	$4440	$5410	Deutz	4	231D	8F-4R	60.23	5355	No
D6806	$16957	$1700	$2370	$3900	$4750	Deutz	4	231D	12F-4R	68.18	5700	No
D6806A 4WD	$23326	$2330	$3270	$5370	$6530	Deutz	4	231D	12F-4R	68.18	6700	No
1979												
DX90	$21847	$1920	$2690	$4220	$5380	Deutz	5	287D	15F-5R	84.47	10045	No
DX90A 4WD	$28458	$2350	$3290	$5170	$6580	Deutz	5	287D	15F-5R	84.47	10835	No
DX110	$28282	$2300	$3220	$5060	$6440	Deutz	6	345D	15F-5R	100.29	10485	CHA
DX110A 4WD	$35193	$3000	$4200	$6600	$8400	Deutz	6	345D	15F-5R	100.29	11050	CHA
DX140	$34121	$2910	$4070	$6400	$8150	Deutz	6T	374D	24F-8R	131.00	12380	CHA
DX140A 4WD	$42310	$3600	$5040	$7920	$10080	Deutz	6T	374D	24F-8R	131.00	13395	CHA
DX160	$36445	$3030	$4240	$6670	$8480	Deutz	6T	374D	24F-8R	145.41	12440	CHA
DX160A 4WD	$44952	$3930	$5500	$8650	$11000	Deutz	6T	374D	24F-8R	145.41	13450	CHA
D3006	$7465	$1160	$1820	$2890	$3430	Deutz	2	115D	8F-2R	32.00	3980	No
D4506	$10535	$1340	$2100	$3340	$3960	Deutz	3	173D	8F-2R	43.15	4180	No
D4506A 4WD	$14468	$1890	$2960	$4710	$5590	Deutz	3	173D	8F-2R	43.15	5070	No
D6206	$14002	$1400	$1960	$3080	$3920	Deutz	4	231D	8F-4R	60.23	4660	No
D6206A 4WD	$18143	$1810	$2540	$3990	$5080	Deutz	4	231D	8F-4R	60.23	5355	No
D6806	$16105	$1610	$2260	$3540	$4510	Deutz	4	231D	12F-4R	68.18	5700	No
D6806A 4WD	$22152	$2220	$3100	$4870	$6200	Deutz	4	231D	12F-4R	68.18	6700	No
D8006	$16658	$1670	$2330	$3670	$4660	Deutz	6	345D	16F-7R	85.51	6835	No
D8006A 4WD	$21429	$1940	$2720	$4270	$5430	Deutz	6	345D	16F-7R	85.51	7590	No
10006A 4WD	$23990	$2150	$3010	$4730	$6020	Deutz	6	345D	16F-7R	105.04	8790	No
D10006	$18729	$1770	$2480	$3890	$4960	Deutz	6	345D	16F-7R	105.04	8060	No
D13006	$21046	$2000	$2800	$4400	$5600	Deutz	6T	345D	16F-7R	125.77	9020	No

Deutz-Fahr (Cont.)

Model	Approx. Retail Price New	Used Trade-In Avg.	Used Trade-In High	Used Retail Avg.	Used Retail High	Make	No. Cyls.	Displ. Cu.-in.	No. Speeds	P.T.O. H.P.	Approx. Shipping Wt.-Lbs.	Cab
1979 (Cont.)												
D13006A 4WD	$28008	$2330	$3260	$5130	$6520	Deutz	6T	345D	16F-7R	125.77	10185	No
1978												
D3006	$7465	$1370	$2220	$3390	$3870	Deutz	2	115D	8F-2R	32.00	3980	No
D4506	$9035	$1540	$2490	$3800	$4340	Deutz	3	173D	8F-2R	43.15	4180	No
D4506A 4WD	$12520	$1870	$3030	$4620	$5280	Deutz	3	173D	8F-2R	43.15	5070	No
D6206	$12580	$1260	$1760	$2770	$3520	Deutz	4	231D	8F-4R	60.23	4660	No
D6206A 4WD	$16300	$1630	$2280	$3590	$4560	Deutz	4	231D	8F-4R	60.23	5355	No
D6806	$14199	$1420	$1990	$3120	$3980	Deutz	4	231D	12F-4R	68.18	5700	No
D6806A 4WD	$19530	$1850	$2590	$4070	$5180	Deutz	4	231D	12F-4R	68.18	6700	No
D8006	$16658	$1600	$2240	$3520	$4480	Deutz	6	345D	16F-7R	85.51	6835	No
D8006A 4WD	$21429	$2000	$2800	$4400	$5600	Deutz	6	345D	16F-7R	85.51	7590	No
D10006	$18729	$1800	$2520	$3960	$5040	Deutz	6	345D	16F-7R	105.04	8060	No
D10006A 4WD	$23990	$2010	$2810	$4420	$5630	Deutz	6	345D	16F-7R	105.04	8790	No
D13006	$21046	$1900	$2660	$4180	$5320	Deutz	6T	345D	16F-7R	125.77	9020	No
D13006A 4WD	$28008	$2300	$3220	$5060	$6440	Deutz	6T	345D	16F-7R	125.77	10185	No
1977												
D3006	$6787	$1320	$2180	$3270	$3740	Deutz	2	115D	8F-2R	32.00	3980	No
D4006	$7101	$1380	$2270	$3400	$3890	Deutz	3	173D	8F-2R	36.95	4180	No
D4006A 4WD	$9719	$1650	$2720	$4080	$4670	Deutz	3	173D	8F-2R	36.95	5005	No
D4506	$8601	$1500	$2460	$3700	$4220	Deutz	3	173D	8F-4R	43.15	4180	No
D4506A 4WD	$11166	$1560	$2460	$3910	$4690	Deutz	3	173D	8F-4R	43.15	5070	No
D5206	$9727	$1360	$2140	$3400	$4090	Deutz	3	173D	8F-4R	52.00	4345	No
D5206A 4WD	$12678	$1780	$2790	$4440	$5330	Deutz	3	173D	8F-4R	52.00	5225	No
D6206	$10986	$1100	$1540	$2420	$3080	Deutz	4	231D	8F-4R	60.23	4660	No
D6206A 4WD	$14178	$1420	$1990	$3120	$3970	Deutz	4	231D	8F-4R	60.23	5355	No
D6806	$12455	$1250	$1740	$2740	$3490	Deutz	4	231D	12F-4R	68.18	5700	No
D6806A 4WD	$16747	$1680	$2350	$3680	$4690	Deutz	4	231D	12F-4R	68.18	6700	No
D7206	$13112	$1310	$1840	$2890	$3670	Deutz	4	231D	12F-4R	71.00	5890	No
D8006	$16330	$1550	$2170	$3410	$4340	Deutz	6	345D	16F-7R	85.51	6835	No
D8006A 4WD	$21429	$2000	$2800	$4400	$5600	Deutz	6	345D	16F-7R	85.51	7590	No
D10006	$18361	$1730	$2420	$3810	$4840	Deutz	6	345D	16F-7R	105.04	8060	No
D10006A 4WD	$23117	$2020	$2830	$4450	$5660	Deutz	6	345D	16F-7R	105.04	8790	No
D13006	$20632	$1830	$2560	$4030	$5120	Deutz	6T	345D	16F-7R	125.77	9020	No
D13006A 4WD	$26856	$2160	$3020	$4740	$6040	Deutz	6T	345D	16F-7R	125.77	10185	No
1976												
D3006	$6289	$1240	$2040	$3060	$3500	Deutz	2	115D	8F-2R	32.00	3980	No
D4006	$6944	$1350	$2220	$3340	$3810	Deutz	3	173D	8F-2R	36.95	4180	No
D4006A 4WD	$9979	$1650	$2720	$4070	$4660	Deutz	3	173D	8F-2R	36.95	5005	No
D4506	$7691	$1480	$2430	$3650	$4170	Deutz	3	173D	8F-4R	43.15	4180	No
D4506A 4WD	$11068	$1550	$2550	$3870	$4700	Deutz	3	173D	8F-4R	43.15	5070	No
D5206	$9358	$1320	$2180	$3310	$4020	Deutz	3	173D	8F-4R	52.00	4345	No
D5206A 4WD	$12637	$1260	$1770	$2780	$3540	Deutz	3	173D	8F-4R	52.00	5225	No
D6206	$10741	$1070	$1500	$2360	$3010	Deutz	4	231D	8F-4R	60.00	4660	No
D6206A 4WD	$14556	$1350	$1890	$2970	$3780	Deutz	4	231D	8F-4R	60.00	5355	No
D6806	$11824	$1180	$1660	$2600	$3310	Deutz	4	231D	12F-4R	68.00	5700	No
D6806A 4WD	$16212	$1500	$2100	$3300	$4200	Deutz	4	231D	12F-4R	68.00	6700	No
D7206	$13069	$1250	$1750	$2750	$3500	Deutz	4	231D	12F-4R	71.00	5890	No
D8006	$15343	$1430	$2000	$3150	$4000	Deutz	6	345D	16F-7R	85.51	6665	No
D8006A 4WD	$20215	$1800	$2520	$3960	$5040	Deutz	6	345D	16F-7R	85.51	7590	No
D10006	$16940	$1550	$2170	$3410	$4340	Deutz	6	345D	16F-7R	105.04	8390	No
D10006A 4WD	$22309	$1830	$2560	$4030	$5130	Deutz	6	345D	16F-7R	105.04	8790	No
D13006	$19378	$1730	$2420	$3810	$4840	Deutz	6T	345D	16F-7R	125.77	9020	No
D13006A 4WD	$25316	$2030	$2840	$4470	$5690	Deutz	6T	345D	16F-7R	125.77	10120	No
1975												
D3006	$5757	$1150	$1890	$2840	$3240	Deutz	2	115D	8F-2R	32.00	3980	No
D4006	$6576	$1290	$2120	$3180	$3640	Deutz	3	173D	8F-2R	36.95	4180	No
D4006A 4WD	$9449	$1620	$2660	$3990	$4560	Deutz	3	173D	8F-2R	36.95	5005	No
D4506	$7394	$1430	$2350	$3530	$4030	Deutz	3	173D	8F-4R	43.15	4180	No
D4506A 4WD	$10902	$1530	$2510	$3820	$4740	Deutz	3	173D	8F-4R	43.15	5070	No
D5206	$8822	$1290	$2120	$3230	$4010	Deutz	3	173D	8F-4R	52.00	4345	No
D5206A 4WD	$11909	$1540	$2530	$3850	$4790	Deutz	3	173D	8F-4R	52.00	5225	No
D6206	$9834	$980	$1380	$2160	$2750	Deutz	4	231D	8F-4R	60.00	4660	No
D6206A 4WD	$13096	$1230	$1720	$2710	$3440	Deutz	4	231D	8F-4R	60.00	5355	No
D6806	$10902	$1090	$1530	$2400	$3050	Deutz	4	231D	12F-4R	68.00	5700	No
D6806A 4WD	$15279	$1420	$1990	$3120	$3980	Deutz	4	231D	12F-4R	68.00	6700	No
D7206	$12083	$1210	$1690	$2660	$3380	Deutz	4	231D	12F-4R	71.00	5890	No
D8006	$13293	$1260	$1760	$2770	$3530	Deutz	6	345D	16F-7R	85.51	6665	No
D8006A 4WD	$18328	$1750	$2450	$3850	$4900	Deutz	6	345D	16F-7R	85.51	7590	No
D10006	$15270	$1470	$2060	$3230	$4120	Deutz	6	345D	16F-7R	105.04	8395	No
D10006A 4WD	$20620	$1750	$2450	$3850	$4900	Deutz	6	345D	16F-7R	105.04	8790	No
D13006	$18351	$1670	$2340	$3670	$4680	Deutz	6T	345D	16F-7R	125.77	9020	No
D13006A 4WD	$24059	$2010	$2810	$4410	$5620	Deutz	6T	345D	16F-7R	125.77	10120	No
1974												
D3006	$4927	$920	$1550	$2280	$2610	Deutz	2	115D	8F-2R	32.00	3980	No
D4006	$5847	$1080	$1810	$2670	$3050	Deutz	3	173D	8F-2R	36.95	4180	No
D4006A 4WD	$8400	$1180	$1930	$2940	$3650	Deutz	3	173D	8F-2R	36.95	5005	No
D4506	$6387	$1170	$1960	$2890	$3310	Deutz	3	173D	8F-4R	43.15	4180	No
D4506A 4WD	$6763	$1050	$1720	$2610	$3250	Deutz	3	173D	12F-4R	43.15	5070	No
D5506	$8334	$1430	$2400	$3540	$4050	Deutz	4	231D	8F-4R	56.08	4630	No

Deutz-Fahr (Cont.)

Model	Approx. Retail Price New	Used Trade-In Avg.	Used Trade-In High	Used Retail Avg.	Used Retail High	Make	No. Cyls.	Displ. Cu.-in.	No. Speeds	P.T.O. H.P.	Approx. Shipping Wt.-Lbs.	Cab
1974 (Cont.)												
D6006	$9427	$1600	$2690	$3960	$4530	Deutz	4	231D	12F-4R	65.30	5700	No
D6006A 4WD	$12920	$1810	$2970	$4520	$5620	Deutz	4	231D	12F-4R	65.30	6700	No
D8006	$11707	$1640	$2690	$4100	$5090	Deutz	6	345D	16F-7R	85.51	6665	No
D8006A 4WD	$15987	$1450	$2030	$3190	$4060	Deutz	6	345D	16F-7R	85.51	7590	No
D10006	$12820	$1200	$1680	$2640	$3360	Deutz	6	345D	16F-7R	105.04	8395	No
D10006A 4WD	$17314	$1550	$2170	$3410	$4340	Deutz	6	345D	16F-7R	105.04	8790	No
D13006	$16160	$1500	$2100	$3300	$4200	Deutz	6T	345D	16F-7R	125.77	9020	No
D13006A 4WD	$20987	$1800	$2520	$3960	$5040	Deutz	6T	345D	16F-7R	125.77	10120	No
1973												
D3006	$4578	$860	$1470	$2130	$2440	Deutz	2	115D	8F-2R	32.00	3980	No
D4006	$5197	$970	$1650	$2390	$2740	Deutz	3	173D	8F-2R	36.95	4180	No
D4006A 4WD	$7806	$1410	$2410	$3490	$3990	Deutz	3	173D	8F-2R	36.95	5005	No
D4506	$5878	$1080	$1850	$2680	$3060	Deutz	3	173D	12F-4R	43.15	4180	No
D4506A 4WD	$6763	$1240	$2110	$3050	$3490	Deutz	3	173D	12F-4R	43.15	5070	No
D5506	$7606	$1380	$2350	$3410	$3890	Deutz	4	231D	12F-4R	56.08	4630	No
D6006	$8368	$1510	$2570	$3730	$4260	Deutz	4	231D	9F-3R	65.30	5700	No
D6006A 4WD	$11790	$1440	$2370	$3600	$4480	Deutz	4	231D	9F-3R	65.30	6700	No
D8006	$9990	$1400	$2300	$3500	$4350	Deutz	6	345D	16F-7R	85.51	6665	No
D8006A 4WD	$10951	$1530	$2520	$3830	$4760	Deutz	6	345D	16F-7R	85.51	7590	No
D10006	$11772	$1180	$1650	$2590	$3300	Deutz	6	345D	16F-7R	105.04	8395	No
D10006A 4WD	$15780	$1330	$1860	$2920	$3720	Deutz	6	345D	16F-7R	105.04	8790	No
D13006	$12977	$1300	$1820	$2860	$3630	Deutz	6T	345D	16F-7R	125.71	9020	No
D13006A 4WD	$19084	$1510	$2110	$3320	$4220	Deutz	6T	345D	16F-7R	125.71	10120	No
1972												
D2506	$3048	$710	$1220	$1760	$1990	Deutz	2	115D	8F-2R	23.00	3820	No
D3006	$3572	$790	$1380	$1990	$2240	Deutz	2	115D	8F-2R	32.00	3980	No
D4006	$4312	$920	$1600	$2300	$2600	Deutz	3	173D	8F-2R	36.95	4180	No
D4006A 4WD	$6066	$1220	$2110	$3050	$3440	Deutz	3	173D	8F-2R	36.95	5005	No
D5506	$5989	$1220	$2120	$3060	$3450	Deutz	4	231D	8F-4R	55.00	4630	No
D6006	$6776	$1310	$2260	$3260	$3680	Deutz	4	231D	9F-3R	66.00	5700	No
D6006A 4WD	$8871	$1680	$2910	$4200	$4740	Deutz	4	231D	9F-3R	66.00	6700	No
D8006	$8364	$1590	$2760	$3980	$4500	Deutz	6	345D	16F-7R	85.51	6665	No
D8006A 4WD	$10951	$1530	$2520	$3830	$4760	Deutz	6	345D	16F-7R	85.51	7590	No
D9006	$8944	$1340	$2190	$3340	$4150	Deutz	6	345D	16F-7R	96.00	8060	No
D9006A 4WD	$11531	$1610	$2650	$4040	$5020	Deutz	6	345D	16F-7R	96.00	8650	No
D10006	$9922	$990	$1390	$2180	$2780	Deutz	6	345D	16F-7R	105.00	8395	No
D10006A 4WD	$12742	$1200	$1680	$2640	$3360	Deutz	6	345D	16F-7R	105.00	8790	No
D13006	$12500	$1160	$1620	$2550	$3250	Deutz	6T	345D	16F-7R	125.00	9020	No
D13006A 4WD	$15448	$1400	$1960	$3080	$3920	Deutz	6T	345D	16F-7R	125.00	10120	No
1971												
D2506	$2917	$720	$1200	$1720	$1940	Deutz	2	115D	8F-2R	23.00	3820	No
D3006	$3418	$810	$1350	$1940	$2180	Deutz	2	115D	8F-2R	32.00	3980	No
D4006	$4068	$930	$1550	$2220	$2510	Deutz	3	173D	8F-2R	38.00	4180	No
D4006A 4WD	$5445	$1200	$1990	$2860	$3220	Deutz	3	173D	8F-2R	38.00	5005	No
D5506	$5692	$1220	$2040	$2920	$3300	Deutz	4	231D	8F-4R	55.00	4630	No
D6006	$6247	$1340	$2230	$3200	$3610	Deutz	4	231D	9F-3R	66.00	5700	No
D6006A 4WD	$8269	$1720	$2870	$4120	$4640	Deutz	4	231D	9F-3R	66.00	6700	No
D9006	$8282	$1670	$2790	$3990	$4500	Deutz	6	345D	12F-6R	96.00	8060	No
D9006A 4WD	$10718	$1500	$2470	$3750	$4660	Deutz	6	345D	12F-6R	96.00	8650	No
1970												
D2506	$2917	$700	$1160	$1670	$1900	Deutz	2	115D	8F-2R	23.00	3545	No
D3006	$3418	$790	$1310	$1880	$2140	Deutz	2	115D	8F-2R	32.00	3785	No
D4006	$4068	$900	$1500	$2150	$2450	Deutz	3	173D	8F-2R	38.00	3950	No
D6006	$6247	$1300	$2160	$3100	$3530	Deutz	4	231D	9F-3R	66.00	5450	No
D9006	$8282	$1660	$2760	$3960	$4510	Deutz	6	345D	12F-6R	96.00	7910	No

Fendt

Model	Approx. Retail Price New	Used Trade-In Avg.	Used Trade-In High	Used Retail Avg.	Used Retail High	Make	No. Cyls.	Displ. Cu.-in.	No. Speeds	P.T.O. H.P.	Approx. Shipping Wt.-Lbs.	Cab
2005												
206V 4WD Cab Shuttle	$58662	$41060	$43410	$49280	$51620	Deutz	3T	198D	20F-19R	50.0		CHA
206V 4WD Cab Synchro	$57535	$40280	$42580	$48330	$50630	Deutz	3T	198D	20F-6R	50.0		CHA
206V 4WD Shuttle	$50272	$35190	$37200	$42230	$44240	Deutz	3T	198D	20F-19R	50.0		No
206V 4WD Synchro	$49145	$34400	$36370	$41280	$43250	Deutz	3T	198D	20F-6R	50.0		No
207V 4WD Cab Shuttle	$60234	$42160	$44570	$50600	$53010	Deutz	3T	198D	20F-19R	60.0		CHA
207V 4WD Cab Synchro	$59107	$41380	$43740	$49650	$52010	Deutz	3T	198D	20F-6R	60.0		CHA
207V 4WD Shuttle	$51753	$36230	$38300	$43470	$45540	Deutz	3T	198D	20F-19R	60.0		No
207V 4WD Synchro	$50626	$35440	$37460	$42530	$44550	Deutz	3T	198D	20F-6R	60.0		No
208V 4WD Cab Shuttle	$62845	$43990	$46510	$52790	$55300	Deutz	4T	263D	20F-19R	70.0		CHA
208V 4WD Cab Synchro	$61718	$43200	$45670	$51840	$54310	Deutz	4T	263D	20F-6R	70.0		CHA
208V 4WD Shuttle	$54454	$38120	$40300	$45740	$47920	Deutz	4T	263D	20F-19R	70.0		No
208V 4WD Synchro	$53327	$37330	$39460	$44800	$46930	Deutz	4T	263D	20F-6R	70.0		No
209V 4WD Cab Shuttle	$64337	$45040	$47610	$54040	$56620	Deutz	4T	263D	20F-19R	80.0		CHA
209V 4WD Cab Synchro	$63210	$44250	$46780	$53100	$55630	Deutz	4T	263D	20F-6R	80.0		CHA
209V 4WD Shuttle	$55945	$39160	$41400	$46990	$49230	Deutz	4T	263D	20F-19R	80.0		No
209V 4WD Synchro	$54818	$38370	$40570	$46050	$48240	Deutz	4T	263D	20F-6R	80.0		No
208P 4WD Cab Shuttle	$61027	$42720	$45160	$51260	$53700	Deutz	4T	263D	21F-21R	70.0		CHA
208P 4WD Cab Synchro	$59900	$41930	$44330	$50320	$52710	Deutz	4T	263D	21F-6R	70.0		CHA
208P 4WD Shuttle	$52240	$36570	$38660	$43880	$45970	Deutz	4T	263D	21F-21R	70.0		No
208P 4WD Synchro	$51113	$35780	$37820	$42940	$44980	Deutz	4T	263D	21F-6R	70.0		No

Fendt (Cont.)

Model	Approx. Retail Price New	Used Trade-In Avg.	Used Trade-In High	Used Retail Avg.	Used Retail High	Make	No. Cyls.	Displ. Cu.-in.	No. Speeds	P.T.O. H.P.	Approx. Shipping Wt.-Lbs.	Cab
2005 (Cont.)												
209P 4WD Cab Shuttle	$62520	$43760	$46270	$52520	$55020	Deutz	4T	263D	21F-21R	80.0		CHA
209P 4WD Cab Synchro	$61393	$42980	$45430	$51570	$54030	Deutz	4T	263D	21F-6R	80.0		CHA
209P 4WD Shuttle	$53735	$37620	$39760	$45140	$47290	Deutz	4T	263D	21F-21R	80.0		No
209P 4WD Synchro	$52608	$36830	$38930	$44190	$46300	Deutz	4T	263D	21F-6R	80.0		No
409	$75091	$52560	$55570	$63080	$66080	Deutz	4T	247D	Variable	72	10700	CHA
409 w/Front PTO & Lift	$81214	$56850	$60100	$68220	$71470	Deutz	4T	247D	Variable	72	10700	CHA
410	$82643	$57850	$61160	$69420	$72730	Deutz	4T	247D	Variable	85	10900	CHA
410 w/Front PTO & Lift	$89766	$62840	$66430	$75400	$78990	Deutz	4T	247D	Variable	85	10900	CHA
411	$86849	$60790	$64270	$72950	$76430	Deutz	4T	247D	Variable	95	11000	CHA
411 w/Front PTO & Lift	$93972	$65780	$69540	$78940	$82700	Deutz	4T	247D	Variable	95	11000	CHA
412	$90534	$63370	$67000	$76050	$79670	Deutz	4TA	247D	Variable	105	11000	CHA
412 w/Front PTO & Lift	$97661	$68360	$72270	$82040	$85940	Deutz	4TA	247D	Variable	105	11000	CHA
712	$105852	$74100	$78330	$88920	$93150	Deutz	6T	348D	Variable	110	12600	CHA
712 w/Front PTO & Lift	$112328	$78630	$83120	$94360	$98850	Deutz	6T	348D	Variable	110	12600	CHA
714	$116579	$81610	$86270	$97930	$102590	Deutz	6TA	348D	Variable	125	12500	CHA
714 w/Front PTO & Lift	$123055	$86140	$91060	$103370	$108290	Deutz	6TA	348D	Variable	125	12500	CHA
716	$125878	$88120	$93150	$105740	$110770	Deutz	6TA	348D	Variable	140	12600	CHA
716 w/Front PTO & Lift	$132354	$92650	$97940	$111180	$116470	Deutz	6TA	348D	Variable	140	12600	CHA
815	$127920	$89540	$94660	$107450	$112570	Deutz	6TA	348D	Variable	130	10900	CHA
815 w/Front PTO & Lift	$134396	$94080	$99450	$112890	$118270	Deutz	6TA	348D	Variable	130	10900	CHA
817	$132924	$93050	$98360	$111660	$116970	Deutz	6TA	348D	Variable	145	10900	CHA
817 w/Front PTO & Lift	$139401	$97580	$103160	$117100	$122670	Deutz	6TA	348D	Variable	145	10900	CHA
818	$139751	$97830	$103420	$117390	$122980	Deutz	6TA	348D	Variable	160	15000	CHA
818 w/Front PTO & Lift	$146227	$102360	$108210	$122830	$128680	Deutz	6TA	348D	Variable	160	15000	CHA
918	$145248	$101670	$107480	$122010	$127820	MAN	6TA	420D	Variable	160	17950	CHA
918 w/Front PTO & Lift	$153279	$107300	$113430	$128750	$134890	MAN	6TA	420D	Variable	160	17950	CHA
918 Rev. Station	$148704	$104090	$110040	$124910	$130860	MAN	6TA	420D	Variable	160	17950	CHA
918 Rev.Station PTO, Lift	$156735	$109720	$115980	$131660	$137930	MAN	6TA	420D	Variable	160	17950	CHA
920	$153030	$107120	$113240	$128550	$134670	MAN	6TA	420D	Variable	180	17950	CHA
920 w/Front PTO & Lift	$161061	$112740	$119190	$135290	$141730	MAN	6TA	420D	Variable	180	17950	CHA
920 Rev. Station	$156421	$109500	$115750	$131390	$137650	MAN	6TA	420D	Variable	180	17950	CHA
920 Rev. Station PTO, Lift	$164452	$115120	$121690	$138140	$144720	MAN	6TA	420D	Variable	180	17950	CHA
924	$168038	$117630	$124350	$141150	$147870	MAN	6TA	420D	Variable	205	18232	CHA
924 w/Front PTO & Lift	$176069	$123250	$130290	$147900	$154940	MAN	6TA	420D	Variable	205	18232	CHA
924 Rev. Station	$171429	$120000	$126860	$144000	$150860	MAN	6TA	420D	Variable	205	18232	CHA
924 Rev. Station PTO, Lift	$179460	$125620	$132800	$150750	$157930	MAN	6TA	420D	Variable	205	18232	CHA
926	$182422	$127700	$134990	$153230	$160530	MAN	6TA	420D	Variable	240	18364	CHA
926 w/Front PTO & Lift	$190453	$133320	$140940	$159980	$167600	MAN	6TA	420D	Variable	240	18364	CHA
926 Rev. Station	$185814	$130070	$137500	$156080	$163520	MAN	6TA	420D	Variable	240	18364	CHA
926 Rev. Station PTO, Lift	$193845	$135690	$143450	$162830	$170580	MAN	6TA	420D	Variable	240	18364	CHA
2004												
206V	$40667	$25210	$26840	$31310	$33350	Deutz	3T	198D	20F-6R	50.0		No
206V 4WD	$46667	$28930	$30800	$35930	$38270	Deutz	3T	198D	20F-6R	50.0		No
206V 4WD Cab	$54620	$33860	$36050	$42060	$44790	Deutz	3T	198D	20F-6R	50.0		CHA
206V Cab	$48621	$30150	$32090	$37440	$39870	Deutz	3T	198D	20F-6R	50.0		CHA
207V	$42319	$26240	$27930	$32590	$34700	Deutz	3T	198D	20F-6R	60.0		No
207V 4WD	$48156	$29860	$31780	$37080	$39490	Deutz	3T	198D	20F-6R	60.0		No
207V 4WD Cab	$56110	$34790	$37030	$43210	$46010	Deutz	3T	198D	20F-6R	60.0		CHA
207V Cab	$50273	$31170	$33180	$38710	$41220	Deutz	3T	198D	20F-6R	60.0		CHA
208V 4WD	$50652	$31400	$33430	$39000	$41540	Deutz	4T	263D	20F-6R	70.0		No
208V 4WD Cab	$58606	$36340	$38680	$45130	$48060	Deutz	4T	263D	20F-6R	70.0		CHA
209V 4WD	$52066	$32280	$34360	$40090	$42690	Deutz	4T	263D	20F-6R	80.0		No
209V 4WD Cab	$60020	$37210	$39610	$46220	$49220	Deutz	4T	263D	20F-6R	80.0		CHA
208P 4WD	$47142	$29230	$31110	$36300	$38660	Deutz	4T	263D	21F-6R	70.0		No
208P 4WD Cab	$55278	$34270	$36480	$42560	$45330	Deutz	4T	263D	21F-6R	70.0		CHA
209P 4WD	$48758	$30230	$32180	$37540	$39980	Deutz	4T	263D	21F-6R	80.0		No
209P 4WD Cab	$56893	$35270	$37550	$43810	$46650	Deutz	4T	263D	21F-6R	80.0		CHA
409	$71437	$44290	$47150	$55010	$58580	Deutz	4T	247D	Variable	72	10700	CHA
409 w/Front PTO & Lift	$78560	$48710	$51850	$60490	$64420	Deutz	4T	247D	Variable	72	10700	CHA
410	$79916	$49550	$52750	$61540	$65530	Deutz	4T	247D	Variable	85	10900	CHA
410 w/Front PTO & Lift	$87039	$53960	$57450	$67020	$71370	Deutz	4T	247D	Variable	85	10900	CHA
411	$86179	$53430	$56880	$66360	$70670	Deutz	4T	247D	Variable	95	11000	CHA
411 w/Front PTO & Lift	$93302	$57850	$61580	$71840	$76510	Deutz	4T	247D	Variable	95	11000	CHA
412	$87820	$54450	$57960	$67620	$72010	Deutz	4TA	247D	Variable	105	11000	CHA
412 w/Front PTO & Lift	$96832	$60040	$63910	$74540	$79400	Deutz	4TA	247D	Variable	105	11000	CHA
712	$102798	$63740	$67850	$79150	$84290	Deutz	6T	348D	Variable	110	12600	CHA
712 w/Front PTO & Lift	$108969	$67560	$71920	$83910	$89360	Deutz	6T	348D	Variable	110	12600	CHA
714	$114423	$70940	$75520	$88110	$93830	Deutz	6TA	348D	Variable	125	12500	CHA
714 w/Front PTO & Lift	$120599	$74770	$79060	$92860	$98890	Deutz	6TA	348D	Variable	125	12500	CHA
716	$122831	$76160	$81070	$94580	$100720	Deutz	6TA	348D	Variable	140	12600	CHA
716 w/Front PTO & Lift	$129007	$79980	$85150	$99340	$105790	Deutz	6TA	348D	Variable	140	12600	CHA
815	$126299	$78310	$83360	$97250	$103570	Deutz	6TA	348D	Variable	130	10900	CHA
815 w/Front PTO & Lift	$132707	$82280	$87590	$102180	$108820	Deutz	6TA	348D	Variable	130	10900	CHA
817	$129896	$80540	$85730	$100020	$106520	Deutz	6TA	348D	Variable	145	10900	CHA
817 w/Front PTO & Lift	$136304	$84510	$89960	$104950	$111770	Deutz	6TA	348D	Variable	145	10900	CHA
818	$132694	$82270	$87580	$102170	$108810	Deutz	6TA	348D	Variable	160	15000	CHA
818 w/Front PTO & Lift	$138870	$86100	$91650	$106930	$113870	Deutz	6TA	348D	Variable	160	15000	CHA
918	$136613	$84700	$90170	$105190	$112020	MAN	6TA	420D	Variable	160	17950	CHA
918 w/Front PTO & Lift	$143218	$88800	$94520	$110280	$117440	MAN	6TA	420D	Variable	160	17950	CHA
918 Rev. Station	$140586	$87160	$92790	$108250	$115280	MAN	6TA	420D	Variable	160	17950	CHA
918 Rev.Station PTO, Lift	$147191	$91260	$97150	$113340	$120700	MAN	6TA	420D	Variable	160	17950	CHA
920	$147000	$91140	$97020	$113190	$120540	MAN	6TA	420-D	Variable	180	17950	CHA
920 w/Front PTO & Lift	$153605	$95240	$101380	$118280	$125960	MAN	6TA	420D	Variable	180	17950	CHA

Fendt (Cont.)

Model	Approx. Retail Price New	Used Trade-In Avg.	Used Trade-In High	Used Retail Avg.	Used Retail High	Make	Engine No. Cyls.	Displ. Cu.-in.	No. Speeds	P.T.O. H.P.	Approx. Shipping Wt.-Lbs.	Cab
2004 (Cont.)												
920 Rev. Station	$150373	$93230	$99250	$115790	$123310	MAN	6TA	420D	Variable	180	17950	CHA
920 Rev. Station PTO, Lift	$156978	$97330	$103610	$120870	$128720	MAN	6TA	420D	Variable	180	17950	CHA
924	$160615	$99580	$106010	$123670	$131700	MAN	6TA	420D	Variable	205	18232	CHA
924 w/Front PTO & Lift	$167220	$103680	$110370	$128760	$137120	MAN	6TA	420D	Variable	205	18232	CHA
924 Rev. Station	$164589	$102050	$108630	$126730	$134960	MAN	6TA	420D	Variable	205	18232	CHA
924 Rev. Station PTO, Lift	$171194	$106140	$112990	$131820	$140380	MAN	6TA	420D	Variable	205	18232	CHA
926	$174240	$108030	$115000	$134170	$142880	MAN	6TA	420D	Variable	240	18364	CHA
926 w/Front PTO & Lift	$180845	$112120	$119360	$139250	$148290	MAN	6TA	420D	Variable	240	18364	CHA
926 Rev. Station	$178114	$110430	$117560	$137150	$146050	MAN	6TA	420D	Variable	240	18364	CHA
926 Rev. Station PTO, Lift	$184719	$114530	$121920	$142230	$151470	MAN	6TA	420D	Variable	240	18364	CHA
2003												
409	$69235	$36700	$41540	$49850	$53310	Deutz	4T	232D	Variable	72	10700	CHA
409 w/Front PTO & Lift	$76760	$40680	$46060	$55270	$59110	Deutz	4T	232D	Variable	72	10700	CHA
410	$78570	$41640	$47140	$56570	$60500	Deutz	4T	232D	Variable	85	10900	CHA
410 w/Front PTO & Lift	$86095	$45630	$51660	$61990	$66290	Deutz	4T	232D	Variable	85	10900	CHA
411	$82425	$43690	$49460	$59350	$63470	Deutz	4T	232D	Variable	95	11000	CHA
411 w/Front PTO & Lift	$89950	$47670	$53970	$64760	$69260	Deutz	4T	232D	Variable	95	11000	CHA
412	$85855	$45500	$51510	$61820	$66110	Deutz	4TA	232D	Variable	105	11000	CHA
412 w/Front PTO & Lift	$93380	$49490	$56030	$67230	$71900	Deutz	4TA	232D	Variable	105	11000	CHA
712	$96650	$51230	$57990	$69590	$74420	Deutz	6T	348D	Variable	110	12600	CHA
712 w/Front PTO & Lift	$102830	$54500	$61700	$74040	$79180	Deutz	6T	348D	Variable	110	12600	CHA
714	$107665	$57060	$64600	$77520	$82900	Deutz	6TA	348D	Variable	125	12500	CHA
714 w/Front PTO & Lift	$113845	$60340	$68310	$81970	$87660	Deutz	6TA	348D	Variable	125	12500	CHA
716	$117775	$62420	$70670	$84800	$90690	Deutz	6TA	348D	Variable	140	12600	CHA
716 w/Front PTO & Lift	$123955	$65700	$74370	$89250	$95450	Deutz	6TA	348D	Variable	140	12600	CHA
818	$121015	$64140	$72610	$87130	$93180	Deutz	6TA	348D	Variable	160	15000	CHA
818 w/Front PTO & Lift	$127195	$67410	$76320	$91580	$97940	Deutz	6TA	348D	Variable	160	15000	CHA
918	$130220	$69020	$78130	$93760	$100270	MAN	6TA	420D	Variable	160	17950	CHA
918 w/Front PTO & Lift	$136400	$72290	$81840	$98210	$105030	MAN	6TA	420D	Variable	160	17950	CHA
918 Rev. Station	$133340	$70670	$80000	$96010	$102670	MAN	6TA	420D	Variable	160	17950	CHA
918 Rev.Station PTO, Lift	$139940	$74170	$83960	$100760	$107750	MAN	6TA	420D	Variable	160	17950	CHA
920	$139625	$74000	$83780	$100530	$107510	MAN	6TA	420D	Variable	180	17950	CHA
920 w/Front PTO & Lift	$145805	$77280	$87480	$104980	$112270	MAN	6TA	420D	Variable	180	17950	CHA
920 Rev. Station	$144385	$76520	$86630	$103960	$111180	MAN	6TA	420D	Variable	180	17950	CHA
920 Rev. Station PTO, Lift	$150985	$80020	$90590	$108710	$116260	MAN	6TA	420D	Variable	180	17950	CHA
924	$154930	$82110	$92960	$111550	$119300	MAN	6TA	420D	Variable	205	18232	CHA
924 w/Front PTO & Lift	$161710	$85710	$97030	$116430	$124520	MAN	6TA	420D	Variable	205	18232	CHA
924 Rev. Station	$158050	$83770	$94830	$113800	$121700	MAN	6TA	420D	Variable	205	18232	CHA
924 Rev. Station PTO, Lift	$164650	$87270	$98790	$118550	$126780	MAN	6TA	420D	Variable	205	18232	CHA
926	$168925	$89530	$101360	$121630	$130070	MAN	6TA	420D	Variable	240	18364	CHA
926 w/Front PTO & Lift	$174205	$92330	$104520	$125430	$134140	MAN	6TA	420D	Variable	240	18364	CHA
926 Rev. Station	$171145	$90710	$102690	$123220	$131780	MAN	6TA	420D	Variable	240	18364	CHA
926 Rev. Station PTO, Lift	$177745	$94210	$106650	$127980	$136860	MAN	6TA	420D	Variable	240	18364	CHA
2002												
409	$68900	$32380	$37210	$46850	$50990	Deutz	4T	232D	Variable	72	10700	CHA
410	$77920	$36620	$42080	$52990	$57660	Deutz	4T	232D	Variable	85	10900	CHA
411	$81785	$38440	$44160	$55610	$60520	Deutz	4T	232D	Variable	95	11000	CHA
412	$84995	$39950	$45900	$57800	$62900	Deutz	4TA	232D	Variable	105	11000	CHA
712	$94045	$44200	$50780	$63950	$69590	Deutz	6T	348D	Variable	110	12600	CHA
714	$107580	$50560	$58090	$73150	$79610	Deutz	6TA	348D	Variable	125	12500	CHA
716	$118840	$55860	$64170	$80810	$87940	Deutz	6TA	348D	Variable	140	12600	CHA
918	$127350	$59860	$68770	$86600	$94240	MAN	6TA	420D	Variable	160	17950	CHA
918 Reverse Station	$129835	$61020	$70110	$88290	$96080	MAN	6TA	420D	Variable	160	17950	CHA
920	$137935	$64830	$74490	$93800	$102070	MAN	6TA	420D	Variable	180	17950	CHA
920 Reverse Station	$140750	$66150	$76010	$95710	$104160	MAN	6TA	420D	Variable	180	17950	CHA
924	$152205	$71540	$82190	$103500	$112630	MAN	6TA	420D	Variable	205	18232	CHA
924 Reverse Station	$155250	$72970	$83840	$105570	$114890	MAN	6TA	420D	Variable	205	18232	CHA
926	$165045	$77570	$89120	$112230	$122130	MAN	6TA	420D	Variable	240	18364	CHA
926 Reverse Station	$168090	$79000	$90770	$114300	$124390	MAN	6TA	420D	Variable	240	18364	CHA
2001												
409	$65195	$27380	$31950	$41730	$46290	Deutz	4T	232D	Variable	72	10700	CHA
410	$75370	$31660	$36930	$48240	$53510	Deutz	4T	232D	Variable	85	10900	CHA
411	$80470	$33800	$39430	$51500	$57130	Deutz	4T	232D	Variable	95	11000	CHA
712	$90116	$37850	$44160	$57670	$63980	Deutz	6T	348D	Variable	110	12600	CHA
714	$106145	$44580	$52010	$67930	$75360	Deutz	6TA	348D	Variable	125	12500	CHA
716	$117235	$49240	$57450	$75030	$83240	Deutz	6TA	348D	Variable	140	12600	CHA
920	$136065	$57150	$66670	$87080	$96610	MAN	6TA	420D	Variable	180	17950	CHA
920 Reverse Station	$139065	$58410	$68140	$89000	$98740	MAN	6TA	420D	Variable	180	17950	CHA
924	$149260	$62690	$73140	$95530	$105980	MAN	6TA	420D	Variable	205	18232	CHA
924 Reverse Station	$152260	$63950	$74610	$97450	$108110	MAN	6TA	420D	Variable	205	18232	CHA
926	$161910	$68000	$79340	$103620	$114960	MAN	6TA	420D	Variable	240	18364	CHA
926 Reverse Station	$164910	$69260	$80810	$105540	$117090	MAN	6TA	420D	Variable	240	18364	CHA
2000												
409	$65245	$24790	$29360	$39150	$44370	Deutz	4T	232D	Variable	72	10700	CHA
410	$74850	$28430	$33660	$44880	$50870	Deutz	4T	232D	Variable	85	10900	CHA
411	$81255	$30880	$36570	$48750	$55250	Deutz	4T	232D	Variable	95	11000	CHA
712	$88785	$33740	$39950	$53270	$60370	Deutz	6T	348D	Variable	110	12600	CHA
714	$104520	$39720	$47030	$62710	$71070	Deutz	6TA	348D	Variable	125	12500	CHA
716	$115635	$43940	$52040	$69380	$78630	Deutz	6TA	348D	Variable	140	12600	CHA
920	$133865	$50870	$60240	$80320	$91030	MAN	6TA	420D	Variable	180	17950	CHA

Fendt (Cont.)

Model	Approx. Retail Price New	Used Trade-In Avg.	Used Trade-In High	Used Retail Avg.	Used Retail High	Make	No. Cyls.	Displ. Cu.-in.	No. Speeds	P.T.O. H.P.	Approx. Shipping Wt.-Lbs.	Cab
2000 (Cont.)												
924	$147380	$56000	$66320	$88430	$100220	MAN	6TA	420D	Variable	205	18232	CHA
926	$159325	$60540	$71700	$95600	$108340	MAN	6TA	420D	Variable	240	18364	CHA

Ferguson

Model	Approx. Retail Price New	Used Trade-In Avg.	Used Trade-In High	Used Retail Avg.	Used Retail High	Make	No. Cyls.	Displ. Cu.-in.	No. Speeds	P.T.O. H.P.	Approx. Shipping Wt.-Lbs.	Cab
1957												
TO35 STD	......	$1080	$1870	$3130	$3670	Continental	4	134G	6F-1R	33	2980	No
TO35 Deluxe	......	$1120	$1950	$3270	$3830	Standard	4	137D	6F-1R	37	3211	No
F40	......	$980	$1710	$2860	$3360	Continental	4	134G	6F-1R	34	3100	No
1956												
TO35 STD	......	$1040	$1760	$3030	$3570	Continental	4	134G	6F-1R	33	2980	No
TO35 Deluxe	......	$1100	$1860	$3190	$3760	Standard	4	137D	6F-1R	37	3211	No
F40	......	$950	$1610	$2760	$3260	Continental	4	134G	6F-1R	34	3100	No
1955												
TO35 STD	......	$1020	$1720	$2960	$3530	Continental	4	134G	6F-1R	33	2980	No
TO35 Deluxe	......	$1060	$1800	$3100	$3700	Standard	4	137D	6F-1R	37	3211	No
1954												
TO30	......	$980	$1670	$2870	$3460	Continental	4	129G	4F-1R	30.2	2843	No
TO35 STD	......	$1000	$1690	$2900	$3500	Continental	4	134G	6F-1R	33	2980	No
TO35 Deluxe	......	$1050	$1770	$3050	$3680	Standard	4	137D	6F-1R	37	3211	No
1953												
TO30	......	$950	$1570	$2770	$3400	Continental	4	129G	4F-1R	30.2	2843	No
1952												
TO30	......	$910	$1540	$2720	$3370	Continental	4	129G	4F-1R	30.2	2843	No
1951												
TE20	......	$850	$1470	$2590	$3240	Continental	4	120G	4F-1R	27	2600	No
TO20 STD	......	$830	$1440	$2530	$3170	Continental	4	120G	4F-1R	26.5	2497	No
TO30	......	$880	$1520	$2680	$3360	Continental	4	129G	4F-1R	30.2	2843	No
1950												
TE20	......	$840	$1400	$2540	$3230	Continental	4	120G	4F-1R	27	2600	No
TO20 STD	......	$810	$1350	$2450	$3110	Continental	4	120G	4F-1R	26.5	2497	No
1949												
TE20		$810	$1370	$2480	$3180	Continental	4	120G	4F-1R	27	2600	No
TO20 STD		$780	$1320	$2390	$3070	Continental	4	120G	4F-1R	26.5	2497	No
1948												
TE20		$790	$1330	$2410	$3130	Continental	4	120G	4F-1R	27	2600	No
TO20 STD	......	$760	$1280	$2320	$3020	Continental	4	120G	4F-1R	26.5	2497	No

Ford

Model	Approx. Retail Price New	Used Trade-In Avg.	Used Trade-In High	Used Retail Avg.	Used Retail High	Make	No. Cyls.	Displ. Cu.-in.	No. Speeds	P.T.O. H.P.	Approx. Shipping Wt.-Lbs.	Cab
1986												
1110	$5960	$1670	$2440	$3830	$4320	Shibaura	2	43D	10F-2R	11.50	1223	No
1110 4WD	$6475	$1790	$2620	$4110	$4640	Shibaura	2	43D	10F-2R	11.50	1395	No
1110 H	$6805	$1870	$2730	$4290	$4840	Shibaura	2	43D	Variable	11.50	1231	No
1110 H 4WD	$6990	$1920	$2800	$4400	$4950	Shibaura	2	43D	Variable	11.50	1403	No
1210	$6765	$1860	$2720	$4270	$4810	Shibaura	3	54D	10F-2R	13.50	1323	No
1210 4WD	$7560	$1840	$2680	$4210	$4750	Shibaura	3	54D	10F-2R	13.50	1439	No
1210 H	$7884	$2130	$3110	$4890	$5510	Shibaura	3	54D	Variable	13.50	1342	No
1210 H 4WD	$8679	$2320	$3390	$5320	$6000	Shibaura	3	54D	Variable	13.50	1447	No
1310	$7428	$2020	$2950	$4640	$5230	Shibaura	3	58D	12F-4R	16.50	2063	No
1310 4WD	$8249	$2220	$3240	$5090	$5730	Shibaura	3	58D	12F-4R	16.50	2262	No
1510	$7500	$2040	$2980	$4680	$5270	Shibaura	3	68D	12F-4R	20.45	2230	No
1510 4WD	$8432	$2240	$3270	$5130	$5790	Shibaura	3	68D	12F-4R	19.50	2440	No
1710	$8430	$2270	$3310	$5200	$5860	Shibaura	3	85D	12F-4R	23.88	2470	No
1710 4WD	$9636	$2460	$3580	$5630	$6350	Shibaura	3	85D	12F-4R	23.50	2640	No
1910	$9369	$2400	$3500	$5500	$6200	Shibaura	3	104D	12F-4R	28.60	2980	No
1910 4WD	$11515	$2760	$4030	$6330	$7140	Shibaura	3	104D	12F-4R	28.60	3245	No
2110	$11917	$2860	$4170	$6550	$7390	Shibaura	4	139D	12F-4R	34.91	3635	No
2110 4WD	$13722	$3290	$4800	$7550	$8510	Shibaura	4	139D	12F-4R	34.91	3946	No
2810	$12845	$3210	$3980	$6870	$8090	Ford	3	158D	8F-2R	32.83	4333	No
2810 4WD	$16969	$4240	$5260	$9080	$10690	Ford	3	158D	8F-2R	32.00	4868	No
2910	$14585	$3650	$4520	$7800	$9190	Ford	3	175D	8F-4R	36.40	4485	No
2910 4WD	$19050	$4760	$5910	$10190	$12000	Ford	3	175D	8F-4R	36.66	5020	No
3910	$16350	$4090	$5070	$8750	$10300	Ford	3	192D	8F-4R	42.67	4547	No
3910 4WD	$20800	$5200	$6450	$11130	$13100	Ford	3	192D	8F-4R	43.25	5182	No
4610	$18737	$4680	$5810	$10020	$11800	Ford	3	201D	8F-4R	52.32	4914	No
4610 4WD	$23205	$5800	$7190	$12420	$14620	Ford	3	201D	8F-4R	52.32	5449	No
5610	$22040	$4190	$5730	$9480	$11020	Ford	4	256D	8F-4R	62.00	6041	No
5610 4WD	$27363	$5200	$7110	$11770	$13680	Ford	4	256D	8F-4R	62.00	6593	No
5610 4WD w/Cab	$34733	$6600	$9030	$14940	$17370	Ford	4	256D	16F-8R	62.00	8016	CHA
5610 w/Cab	$29908	$5680	$7780	$12860	$14950	Ford	4	256D	16F-8R	62.57	7479	CHA
6610	$25300	$4810	$6580	$10880	$12650	Ford	4	268D	16F-8R	72.30	6146	No
6610 4WD	$30975	$5890	$8050	$13320	$15490	Ford	4	268D	16F-8R	72.00	6683	No

Ford (Cont.)

Model	Approx. Retail Price New	Used Trade-In Avg.	Used Trade-In High	Used Retail Avg.	Used Retail High	Make	Engine No. Cyls.	Displ. Cu.-in.	No. Speeds	P.T.O. H.P.	Approx. Shipping Wt.-Lbs.	Cab
1986 (Cont.)												
6610 4WD w/Cab	$37200	$7070	$9670	$16000	$18600	Ford	4	268D	16F-8R	72.13	8013	CHA
6610 w/Cab	$31515	$5990	$8190	$13550	$15760	Ford	4	268D	16F-8R	72.30	7476	CHA
7610	$26925	$5120	$7000	$11580	$13460	Ford	4T	268D	16F-8R	86.00	6356	No
7610 4WD	$32600	$6190	$8480	$14020	$16300	Ford	4T	268D	16F-8R	86.00	6967	No
7710	$28028	$5330	$7290	$12050	$14010	Ford	4T	268D	16F-8R	86.62	7234	No
7710 4WD	$33861	$6430	$8800	$14560	$16930	Ford	4T	268D	16F-8R	86.62	7835	No
7710 4WD w/Cab	$40276	$7650	$10470	$17320	$20140	Ford	4T	268D	16F-8R	86.62	8865	CHA
7710 w/Cab	$34443	$6540	$8960	$14810	$17220	Ford	4T	268D	16F-8R	86.62	8264	CHA
8210 4WD	$36623	$5860	$8790	$12820	$15020	Ford	6	401D	16F-8R	95.00	8395	No
8210 4WD w/Cab	$42356	$6780	$10170	$14830	$17370	Ford	6	401D	16F-8R	95.00	9425	CHA
TW-5	$36529	$5850	$8770	$12790	$14980	Ford	6	401D	16F-4R	105.74	11722	No
TW-5 w/Cab	$42465	$6560	$9840	$14350	$16810	Ford	6	401D	16F-4R	105.74	12510	CHA
TW-5 4WD w/Cab	$51324	$7520	$11280	$16450	$19270	Ford	6	401D	16F-4R	105.74	13609	CHA
TW-15	$40719	$6080	$9120	$13300	$15580	Ford	6T	401D	16F-4R	121.40	11754	No
TW-15 w/Cab	$46655	$7090	$10630	$15510	$18160	Ford	6T	401D	16F-4R	121.40	12542	CHA
TW-15 4WD	$50325	$7410	$11110	$16210	$18980	Ford	6T	401D	16F-4R	121.25	12813	No
TW-15 4WD w/Cab	$56475	$8380	$12580	$18340	$21480	Ford	6T	401D	16F-4R	121.25	13661	CHA
TW-25	$44573	$6800	$10200	$14880	$17430	Ford	6T	401D	16F-4R	140.68	13649	No
TW-25 w/Cab	$50509	$7600	$11400	$16630	$19480	Ford	6T	401D	16F-4R	140.68	14437	CHA
TW-25 4WD	$53605	$7840	$11760	$17150	$20090	Ford	6T	401D	16F-4R	140.00	14300	No
TW-25 4WD w/Cab	$59750	$8760	$13140	$19160	$22450	Ford	6T	401D	16F-4R	140.00	14746	CHA
TW-35	$56620	$8260	$12390	$18070	$21160	Ford	6T	401D	16F-4R	170.30	14383	CHA
TW-35 4WD	$66491	$9140	$13700	$19980	$23410	Ford	6T	401D	16F-4R	171.12	15652	CHA
See New Holland/Ford for later models.												
1985												
1110	$5960	$1600	$2370	$3830	$4320	Shibaura	2	43D	10F-2R	11.50	1282	No
1110 4WD	$6475	$1720	$2540	$4110	$4640	Shibaura	2	43D	10F-2R	11.50	1395	No
1110 H	$6805	$1800	$2650	$4290	$4840	Shibaura	2	43D	Variable	11.50	1290	No
1110 H 4WD	$6990	$1840	$2720	$4400	$4950	Shibaura	2	43D	Variable	11.50	1403	No
1210	$6480	$1720	$2540	$4110	$4640	Shibaura	3	54D	10F-2R	13.50	1334	No
1210 4WD	$7050	$1850	$2740	$4430	$4990	Shibaura	3	54D	10F-2R	13.50	1439	No
1210 H	$7480	$1950	$2880	$4660	$5260	Shibaura	3	54D	Variable	13.50	1342	No
1210 H 4WD	$7620	$1980	$2930	$4740	$5340	Shibaura	3	54D	Variable	13.50	1447	No
1310	$6990	$1840	$2720	$4400	$4950	Shibaura	3	58D	12F-4R	16.50	2064	No
1310 4WD	$7760	$1850	$2740	$4430	$5000	Shibaura	3	58D	12F-4R	16.50	2262	No
1510	$7370	$1930	$2850	$4600	$5190	Shibaura	3	68D	12F-4R	20.45	2218	No
1510 4WD	$8305	$2140	$3160	$5120	$5770	Shibaura	3	68D	12F-4R	19.50	2428	No
1710	$7865	$2040	$3010	$4880	$5500	Shibaura	3	85D	12F-4R	23.88	2340	No
1710 4WD	$9015	$2260	$3340	$5400	$6090	Shibaura	3	85D	12F-4R	23.50	2560	No
1910	$9145	$2300	$3400	$5500	$6200	Shibaura	3	104D	12F-4R	28.60	2600	No
1910 4WD	$10995	$2530	$3740	$6050	$6820	Shibaura	3	104D	12F-4R	28.60	2830	No
2110	$11685	$2690	$3970	$6430	$7250	Shibaura	4	139D	12F-4R	34.91	3460	No
2110 4WD	$13455	$3100	$4580	$7400	$8340	Shibaura	4	139D	12F-4R	34.91	3590	No
2810	$12315	$2960	$3700	$6650	$7820	Ford	3	158D	8F-2R	32.83	4363	No
2810 4WD	$16725	$4010	$5020	$9030	$10620	Ford	3	158D	6F-4R	32.00	4570	No
2910	$14555	$3490	$4370	$7860	$9240	Ford	3	175D	8F-4R	36.40	4400	No
2910 4WD	$18670	$4480	$5600	$10080	$11860	Ford	3	175D	8F-2R	36.83	4545	No
3910	$16390	$3930	$4920	$8850	$10410	Ford	3	192D	8F-4R	42.67	4510	No
3910 4WD	$20860	$5010	$6260	$11260	$13250	Ford	3	192D	8F-4R	43.25	4660	No
4610	$18685	$4480	$5610	$10090	$11870	Ford	3	201D	8F-4R	52.32	4760	No
4610 4WD	$23155	$5560	$6950	$12500	$14700	Ford	3	201D	8F-4R	52.32	4910	No
5610	$22490	$4270	$5850	$9450	$11020	Ford	4	256D	16F-4R	62.54	6075	No
5610 4WD	$27715	$5270	$7210	$11640	$13580	Ford	4	256D	16F-4R	62.54	6100	No
5610 4WD w/Cab	$34330	$6520	$8930	$14420	$16820	Ford	4	256D	16F-4R	62.54	7100	CHA
5610 w/Cab	$29375	$5580	$7640	$12340	$14390	Ford	4	256D	16F-8R	62.57	7225	CHA
6610	$24635	$4680	$6410	$10350	$12070	Ford	4	268D	16F-4R	72.13	6075	No
6610 4WD	$30310	$5760	$7880	$12730	$14850	Ford	4	268D	16F-4R	72.13	6600	No
6610 4WD w/Cab	$37265	$7080	$9690	$15650	$18260	Ford	4	268D	16F-4R	72.13	6600	CHA
6610 w/Cab	$30950	$5880	$8050	$13000	$15170	Ford	4	268D	16F-4R	72.13	6075	CHA
6710	$26715	$5080	$6950	$11220	$13090	Ford	4	268D	16F-4R	72.00	6800	No
6710 4WD	$32390	$6150	$8420	$13600	$15870	Ford	4	268D	16F-4R	72.00	7325	No
6710 w/Cab	$33275	$6320	$8650	$13980	$16310	Ford	4	268D	16F-4R	72.00	7900	CHA
7610	$26180	$4970	$6810	$11000	$12830	Ford	4T	268D	16F-4R	86.95	6180	No
7610 4WD	$31855	$6050	$8280	$13380	$15610	Ford	4T	268D	16F-4R	86.95	6705	No
7610 4WD w/Cab	$36380	$6910	$9460	$15280	$17830	Ford	4T	268D	16F-4R	86.95	6705	CH
7610 w/Cab	$30705	$5830	$7980	$12900	$15050	Ford	4T	268D	16F-4R	86.95	7280	CH
7710	$27500	$5230	$7150	$11550	$13480	Ford	4T	268D	16F-4R	86.00	7600	No
7710 4WD	$33900	$6440	$8810	$14240	$16610	Ford	4T	268D	16F-4R	86.00	8150	No
7710 4WD w/Cab	$39160	$7440	$10180	$16450	$19190	Ford	4T	268D	16F-4R	86.00	8150	CHA
7710 w/Cab	$33800	$6420	$8790	$14200	$16560	Ford	4T	268D	16F-4R	86.00	8700	CHA
TW-5	$36255	$5250	$8400	$12250	$14350	Ford	6	401D	16F-4R	105.74	10400	No
TW-5 w/Cab	$42400	$6150	$9840	$14350	$16810	Ford	6	401D	16F-4R	105.74	11500	CHA
TW-5 4WD	$46125	$6600	$10560	$15400	$18040	Ford	6	401D	16F-4R	105.74	11850	No
TW-5 4WD w/Cab	$51300	$7200	$11520	$16800	$19680	Ford	6	401D	16F-4R	105.74	12950	CHA
TW-15	$40455	$5550	$8880	$12950	$15170	Ford	6T	401D	16F-4R	121.40	11250	No
TW-15 w/Cab	$46605	$6450	$10320	$15050	$17630	Ford	6T	401D	16F-4R	121.40	12350	CHA
TW-15 4WD	$50325	$7050	$11280	$16450	$19270	Ford	6T	401D	16F-4R	121.25	12700	No
TW-15 4WD w/Cab	$56475	$7870	$12590	$18370	$21520	Ford	6T	401D	16F-4R	121.25	13800	CHA
TW-25	$43735	$6000	$9600	$14000	$16400	Ford	6T	401D	16F-4R	140.68	12500	No
TW-25 w/Cab	$49880	$6870	$10990	$16030	$18780	Ford	6T	401D	16F-4R	140.68	13350	CHA
TW-25 4WD	$53605	$7290	$11660	$17010	$19930	Ford	6T	401D	16F-4R	140.00	13700	No
TW-25 4WD w/Cab	$59750	$8210	$13140	$19160	$22450	Ford	6T	401D	16F-4R	140.00	14800	CHA
TW-35	$56100	$7670	$12260	$17890	$20950	Ford	6T	401D	16F-4R	170.30	13800	CHA

Ford (Cont.)

Model	Approx. Retail Price New	Used Trade-In Avg.	Used Trade-In High	Used Retail Avg.	Used Retail High	Make	No. Cyls.	Displ. Cu.-in.	No. Speeds	P.T.O. H.P.	Approx. Shipping Wt.-Lbs.	Cab
1985 (Cont.)												
TW-35 4WD	$65970	$8550	$13670	$19940	$23360	Ford	6T	401D	16F-4R	171.12	14900	CHA
1984												
1110	$5889	$1490	$2240	$3730	$4210	Shibaura	2	43D	10F-2R	11.50	1282	No
1110 4WD	$6432	$1610	$2420	$4030	$4550	Shibaura	2	43D	10F-2R	11.50	1395	No
1110 H	$6239	$1570	$2360	$3930	$4430	Shibaura	2	43D	Variable	11.50	1290	No
1110 H 4WD	$6782	$1690	$2540	$4230	$4760	Shibaura	2	43D	Variable	11.50	1403	No
1210	$6478	$1620	$2440	$4060	$4570	Shibaura	3	54D	10F-2R	13.50	1334	No
1210 4WD	$7075	$1760	$2630	$4390	$4950	Shibaura	3	54D	10F-2R	13.50	1439	No
1210 H	$6828	$1700	$2550	$4250	$4790	Shibaura	3	54D	Variable	13.50	1342	No
1210 H 4WD	$7425	$1830	$2750	$4580	$5160	Shibaura	3	54D	Variable	13.50	1447	No
1310	$6817	$1700	$2550	$4240	$4790	Shibaura	3	58D	12F-4R	16.50	2064	No
1310 4WD	$7567	$1860	$2790	$4660	$5250	Shibaura	3	58D	12F-4R	16.50	2262	No
1510	$7360	$1820	$2730	$4540	$5120	Shibaura	3	68D	12F-4R	20.45	2218	No
1510 4WD	$8242	$1990	$2980	$4970	$5610	Shibaura	3	68D	12F-4R	19.50	2428	No
1710	$7865	$1930	$2890	$4820	$5430	Shibaura	3	85D	12F-4R	23.88	2340	No
1710 4WD	$9012	$2120	$3170	$5290	$5960	Shibaura	3	85D	12F-4R	23.50	2560	No
1910	$9145	$2170	$3250	$5420	$6100	Shibaura	3	104D	12F-4R	28.60	2600	No
1910 4WD	$10994	$2420	$3630	$6050	$6820	Shibaura	3	104D	12F-4R	28.60	2830	No
2110	$11684	$2570	$3860	$6430	$7240	Shibaura	4	139D	12F-4R	34.91	3460	No
2110 4WD	$13454	$2960	$4440	$7400	$8340	Shibaura	4	139D	12F-4R	34.91	3590	No
2810	$12315	$2830	$3700	$6710	$7880	Ford	3	158D	8F-2R	32.83	4363	No
2910	$14128	$3250	$4240	$7700	$9040	Ford	3	175D	8F-2R	36.62	4395	No
3910	$16031	$3690	$4810	$8740	$10260	Ford	3	192D	8F-2R	42.62	4505	No
4610	$18326	$4220	$5500	$9990	$11730	Ford	3	201D	8F-2R	52.52	4710	No
5610	$22490	$4270	$5850	$9450	$10800	Ford	4	256D	16F-4R	62.54	6075	No
5610 4WD	$28015	$5320	$7280	$11770	$13450	Ford	4	256D	16F-4R	62.54	6100	No
5610 4WD w/Cab	$34328	$6520	$8930	$14420	$16480	Ford	4	256D	16F-4R	62.54	7100	CHA
5610 w/Cab	$28803	$5470	$7490	$12100	$13830	Ford	4	256D	16F-4R	62.54	7175	CHA
6610	$24177	$4590	$6290	$10150	$11610	Ford	4	268D	8F-4R	72.00	5525	No
6610 4WD	$30306	$5760	$7880	$12730	$14550	Ford	4	268D	16F-4R	72.13	6600	No
6610 4WD w/Cab	$36619	$6960	$9520	$15380	$17580	Ford	4	268D	16F-4R	72.13	6600	CHA
6610 w/Cab	$30944	$5880	$8050	$13000	$14850	Ford	4	268D	16F-4R	72.13	6075	CHA
6710	$26711	$5080	$6950	$11220	$12820	Ford	4	268D	16F-4R	72.00	6800	No
6710 4WD	$32385	$6150	$8420	$13600	$15550	Ford	4	268D	16F-4R	72.00	7325	No
6710 w/Cab	$33271	$6320	$8650	$13970	$15970	Ford	4	268D	16F-4R	72.00	7900	CHA
7610	$26176	$4970	$6810	$10990	$12560	Ford	4T	268D	16F-4R	86.95	6180	No
7610 4WD	$31851	$6050	$8280	$13380	$15290	Ford	4T	268D	16F-4R	86.95	6705	No
7610 4WD w/Cab	$36373	$6910	$9460	$15280	$17460	Ford	4T	268D	16F-4R	86.95	6705	CH
7610 w/Cab	$31264	$5940	$8130	$13130	$15010	Ford	4T	268D	16F-8R	86.00	7330	CH
7710	$27500	$5230	$7150	$11550	$13200	Ford	4T	268D	16F-4R	86.00	7600	No
7710 4WD	$33900	$6440	$8810	$14240	$16270	Ford	4T	268D	16F-4R	86.00	8150	No
7710 4WD w/Cab	$39100	$7430	$10170	$16420	$18770	Ford	4T	268D	16F-4R	86.00	8150	CHA
7710 w/Cab	$33800	$6420	$8790	$14200	$16220	Ford	4T	268D	16F-4R	86.00	8700	CHA
TW-5	$36254	$4930	$7820	$11900	$13940	Ford	6	401D	16F-4R	105.74	10400	No
TW-5 w/Cab	$42400	$5710	$9060	$13790	$16150	Ford	6	401D	16F-4R	105.74	11500	CHA
TW-5 4WD	$46124	$6090	$9660	$14700	$17220	Ford	6	401D	16F-4R	105.00	11850	No
TW-5 4WD w/Cab	$51300	$6820	$10810	$16450	$19270	Ford	6	401D	16F-4R	105.00	12950	CHA
TW-15	$40453	$5220	$8280	$12600	$14760	Ford	6T	401D	16F-4R	121.40	11250	No
TW-15 w/Cab	$46600	$6030	$9570	$14560	$17060	Ford	6T	401D	16F-4R	121.40	12350	CHA
TW-15 4WD	$50323	$6530	$10350	$15750	$18450	Ford	6T	401D	16F-4R	121.25	12700	No
TW-15 4WD w/Cab	$56475	$7250	$11500	$17500	$20500	Ford	6T	401D	16F-4R	121.25	13800	CHA
TW-25	$43731	$5320	$8440	$12850	$15050	Ford	6T	401D	16F-4R	140.68	12250	No
TW-25 w/Cab	$49877	$6510	$10320	$15710	$18400	Ford	6T	401D	16F-4R	140.68	13350	CHA
TW-25 4WD	$53601	$6870	$10900	$16590	$19430	Ford	6T	401D	16F-4R	140.00	13700	No
TW-25 4WD w/Cab	$59747	$7430	$11780	$17920	$21000	Ford	6T	401D	16F-4R	140.00	14800	CHA
TW-35	$56097	$7120	$11290	$17180	$20130	Ford	6TI	401D	16F-4R	170.30	13800	CHA
TW-35 4WD	$65967	$7700	$12210	$18570	$21760	Ford	6TI	401D	16F-4R	171.12	14900	CHA
1983												
1110	$5889	$1420	$2170	$3620	$4090	Shibaura	2	43D	10F-2R	11.50	1282	No
1110 4WD	$6432	$1530	$2350	$3920	$4420	Shibaura	2	43D	10F-2R	11.50	1395	No
1110 H	$6239	$1490	$2290	$3820	$4300	Shibaura	2	43D	Variable	11.50	1290	No
1110 H 4WD	$6782	$1610	$2470	$4120	$4640	Shibaura	2	43D	Variable	11.50	1403	No
1210	$6478	$1540	$2370	$3950	$4450	Shibaura	3	54D	10F-2R	13.50	1334	No
1210 4WD	$7075	$1670	$2570	$4280	$4820	Shibaura	3	54D	10F-2R	13.50	1439	No
1210 H	$6828	$1620	$2480	$4140	$4670	Shibaura	3	54D	Variable	13.50	1342	No
1210 H 4WD	$7425	$1750	$2680	$4470	$5040	Shibaura	3	54D	Variable	13.50	1447	No
1310	$6589	$1570	$2410	$4010	$4520	Shibaura	3	58D	12F-4R	16.50	2064	No
1310 4WD	$7203	$1700	$2610	$4350	$4900	Shibaura	3	58D	12F-4R	16.50	2262	No
1510	$7082	$1670	$2570	$4280	$4830	Shibaura	3	68D	12F-4R	20.45	2218	No
1510 4WD	$7897	$1850	$2840	$4730	$5330	Shibaura	3	68D	12F-4R	19.50	2428	No
1710	$7726	$1810	$2780	$4630	$5220	Shibaura	3	85D	12F-4R	23.88	2340	No
1710 4WD	$8765	$1970	$3020	$5040	$5680	Shibaura	3	85D	12F-4R	23.50	2560	No
1910	$8774	$2040	$3130	$5210	$5870	Shibaura	3	104D	12F-4R	28.60	2600	No
1910 4WD	$10506	$2260	$3470	$5780	$6510	Shibaura	3	104D	12F-4R	28.60	2830	No
2310	$12467	$2740	$3740	$6860	$7980	Ford	3	158D	8F-2R	32.00	3300	No
2610	$13767	$3030	$4130	$7570	$8810	Ford	3	175D	8F-2R	36.69	3545	No
3610	$15446	$3400	$4630	$8500	$9890	Ford	3	192D	8F-2R	42.26	3845	No
4110	$17124	$3770	$5140	$9420	$10960	Ford	3	201D	8F-2R	48.33	4340	No
4610	$17807	$3920	$5340	$9790	$11400	Ford	3	201D	8F-2R	52.52	4710	No
5610	$22565	$4290	$5870	$9480	$10830	Ford	4	256D	16F-8R	62.57	6125	No
5610 4WD	$27378	$5200	$7120	$11500	$13140	Ford	4	256D	8F-2R	62.54	6000	No
5610 4WD	$28368	$5390	$7380	$11920	$13620	Ford	4	256D	16F-4R	62.54	6000	No

Model	Approx. Retail Price New	Estimated Value Less Repairs Used Trade-In Avg.	High	Used Retail Avg.	High	Make	Engine No. Cyls.	Displ. Cu.-in.	No. Speeds	P.T.O. H.P.	Approx. Shipping Wt.-Lbs.	Cab

Ford (Cont.)

1983 (Cont.)

Model	New	Avg.	High	Avg.	High	Make	Cyls.	Cu.-in.	Speeds	H.P.	Wt.-Lbs.	Cab
5610 4WD w/Cab	$34492	$6550	$8970	$14490	$16560	Ford	4	256D	16F-4R	62.54	7100	CHA
5610 w/Cab	$28694	$5450	$7460	$12050	$13770	Ford	4	256D	16F-8R	62.57	7225	CHA
6610	$23914	$4540	$6220	$10040	$11480	Ford	4	268D	16F-4R	72.13	6075	No
6610 4WD	$30267	$5750	$7870	$12710	$14530	Ford	4	268D	16F-4R	72.13	6600	No
6610 4WD w/Cab	$36396	$6920	$9460	$15290	$17470	Ford	4	268D	16F-4R	72.13	6600	CHA
6610 w/Cab	$30043	$5710	$7810	$12620	$14420	Ford	4	268D	16F-4R	72.13	6075	CHA
6710	$25383	$4820	$6600	$10660	$12180	Ford	4	268D	16F-4R	72.00	6800	No
6710 4WD	$31839	$6050	$8280	$13370	$15280	Ford	4	268D	16F-4R	72.00	7325	No
6710 w/Cab	$31403	$5970	$8170	$13190	$15070	Ford	4	268D	16F-4R	72.00	7900	CHA
7610	$24423	$4640	$6350	$10260	$11720	Ford	4T	268D	8F-2R	86.00	5880	No
7610 4WD	$31767	$6040	$8260	$13340	$15250	Ford	4T	268D	16F-4R	86.95	6705	No
7610 4WD w/Cab	$36158	$6870	$9400	$15190	$17360	Ford	4T	268D	16F-4R	86.95	6705	CH
7610 w/Cab	$29805	$5660	$7750	$12520	$14310	Ford	4T	268D	16F-4R	86.95	7280	CH
7710	$27638	$5250	$7190	$11610	$13270	Ford	4T	268D	16F-4R	86.00	7600	No
7710 4WD	$34094	$6480	$8860	$14320	$16370	Ford	4T	268D	16F-4R	86.00	8150	No
7710 4WD w/Cab	$40114	$7620	$10430	$16850	$19260	Ford	4T	268D	16F-4R	86.00	8150	CHA
7710 w/Cab	$33658	$6400	$8750	$14140	$16160	Ford	4T	268D	16F-4R	86.00	8700	CHA
TW-5	$34125	$4480	$7360	$11200	$13120	Ford	6	401D	16F-4R	105.74	10400	No
TW-5 w/Cab	$40600	$5320	$8740	$13300	$15580	Ford	6	401D	16F-4R	105.74	11500	CHA
TW-5 4WD	$44444	$5600	$9200	$14000	$16400	Ford	6	401D	16F-4R	105.00	11850	No
TW-5 4WD w/Cab	$50100	$6340	$10420	$15860	$18570	Ford	6	401D	16F-4R	105.00	12950	CHA
TW-10	$36160	$4900	$8050	$12250	$14350	Ford	6	401D	16F-4R	110.24	10800	No
TW-10 4WD	$45560	$5950	$9780	$14880	$17430	Ford	6	401D	16F-4R	110.00	12250	No
TW-10 4WD w/Cab	$51413	$6580	$10810	$16450	$19270	Ford	6	401D	16F-4R	110.00	13350	CHA
TW-10 w/Cab	$42013	$5460	$8970	$13650	$15990	Ford	6	401D	16F-4R	110.00	11900	CHA
TW-15	$38553	$4970	$8170	$12430	$14560	Ford	6T	401D	16F-4R	121.40	11250	No
TW-15 w/Cab	$44300	$5600	$9200	$14000	$16400	Ford	6T	401D	16F-4R	121.40	12350	CHA
TW-15 4WD	$48565	$6050	$9940	$15120	$17710	Ford	6T	401D	16F-4R	121.25	12700	No
TW-15 4WD w/Cab	$54125	$6650	$10920	$16620	$19470	Ford	6T	401D	16F-4R	121.25	13800	CHA
TW-20	$40648	$5400	$8880	$13510	$15830	Ford	6T	401D	16F-4R	135.60	11900	No
TW-20 4WD	$50048	$6170	$10130	$15420	$18060	Ford	6T	401D	16F-4R	135.00	13500	No
TW-20 4WD w/Cab	$55901	$6580	$10810	$16450	$19270	Ford	6T	401D	16F-4R	135.00	14600	CHA
TW-20 w/Cab	$46501	$5880	$9660	$14700	$17220	Ford	6T	401D	16F-4R	135.60	13000	CHA
TW-25	$41441	$5420	$8910	$13560	$15880	Ford	6T	401D	16F-4R	140.68	12250	No
TW-25 w/Cab	$47167	$6140	$10090	$15360	$17990	Ford	6T	401D	16F-4R	140.68	13350	CHA
TW-25 4WD	$51200	$6380	$10490	$15960	$18700	Ford	6T	401D	16F-4R	140.00	13700	No
TW-25 4WD w/Cab	$57457	$7110	$11670	$17760	$20810	Ford	6T	401D	16F-4R	140.00	14800	CHA
TW-30	$52277	$6200	$10180	$15500	$18150	Ford	6TI	401D	16F-4R	163.28	14050	CHA
TW-30 4WD	$61677	$6770	$11130	$16930	$19840	Ford	6TI	401D	16F-4R	163.00	14800	CHA
TW-35	$54335	$6310	$10370	$15780	$18490	Ford	6TI	401D	16F-4R	170.30	13800	CHA
TW-35 4WD	$63455	$7150	$11750	$17870	$20940	Ford	6TI	401D	16F-4R	171.12	14900	CHA

1982

Model	New	Avg.	High	Avg.	High	Make	Cyls.	Cu.-in.	Speeds	H.P.	Wt.-Lbs.	Cab
1100	$5609	$1300	$2050	$3420	$3850	Shibaura	2	43D	10F-2R	11.00	1131	No
1100 4WD	$6126	$1410	$2220	$3700	$4170	Shibaura	2	43D	10F-2R	11.00	1244	No
1200 4WD	$6513	$1490	$2350	$3910	$4410	Shibaura	2	43D	20F-2R	13.00	1294	No
1300	$6257	$1420	$2230	$3720	$4190	Shibaura	2	49D	12F-4R	13.00	1723	No
1300 4WD	$6860	$1550	$2430	$4050	$4560	Shibaura	2	49D	12F-4R	13.00	1984	No
1500	$6745	$1520	$2390	$3990	$4490	Shibaura	2	69D	12F-4R	17.00	1958	No
1500 4WD	$7521	$1620	$2550	$4250	$4790	Shibaura	2	69D	12F-4R	17.00	2205	No
1700	$7353	$1590	$2490	$4150	$4680	Shibaura	2	78D	12F-4R	23.26	2276	No
1700 4WD	$8348	$1750	$2760	$4590	$5180	Shibaura	2	78D	12F-4R	23.00	2513	No
1900	$8356	$1800	$2820	$4710	$5310	Shibaura	3	87D	12F-4R	26.88	2518	No
1900 4WD	$10006	$2100	$3300	$5500	$6200	Shibaura	3	87D	12F-4R	26.00	2750	No
2310	$11391	$2390	$3420	$6270	$7290	Ford	3	158D	8F-2R	32.00	3300	No
2610	$13000	$2730	$3900	$7150	$8320	Ford	3	158G	8F-4R	34.00	3507	No
2610	$13900	$2920	$4170	$7650	$8900	Ford	3	175D	8F-2R	36.69	3545	No
3610	$15300	$3210	$4590	$8420	$9790	Ford	3	175G	8F-4R	40.00	3715	No
3610	$15613	$3280	$4680	$8590	$9990	Ford	3	192D	8F-4R	42.47	3895	No
4110	$16949	$3560	$5090	$9320	$10850	Ford	3	201D	8F-4R	49.26	4390	No
4610	$17400	$3650	$5220	$9570	$11140	Ford	3	201G	8F-4R	52.00	4530	No
4610	$17640	$3700	$5290	$9700	$11290	Ford	3	201D	8F-4R	52.32	4760	No
5610	$20653	$3820	$5370	$8670	$9910	Ford	4	256D	16F-4R	62.54	6075	No
5610 4WD	$26704	$4940	$6940	$11220	$12820	Ford	4	256D	16F-4R	62.54	6600	No
6610	$22632	$4190	$5880	$9510	$10860	Ford	4	268D	16F-4R	72.13	6075	No
6610 4WD	$28683	$5310	$7460	$12050	$13770	Ford	4	268D	16F-4R	72.13	6600	No
6710	$30962	$5730	$8050	$13000	$14860	Ford	4	268D	16F-8R	72.00	7950	CHA
6710 4WD	$36196	$6700	$9410	$15200	$17370	Ford	4	268D	16F-4R	72.00	8425	CHA
7610	$24165	$4470	$6280	$10150	$11600	Ford	4T	268D	16F-4R	86.95	6180	No
7610 4WD	$30216	$5590	$7860	$12690	$14500	Ford	4T	268D	16F-4R	86.95	6705	No
7710	$32432	$6000	$8430	$13620	$15570	Ford	4T	268D	16F-4R	86.00	8700	CHA
7710 4WD	$38580	$7140	$10030	$16200	$18520	Ford	4T	268D	16F-4R	86.00	9250	CHA
TW10	$39915	$5040	$8280	$12600	$14760	Ford	6	401D	16F-4R	110.24	11900	CHA
TW10 4WD	$48867	$6020	$9890	$15050	$17630	Ford	6	401D	16F-4R	110.00	13350	CHA
TW20	$44187	$5600	$9200	$14000	$16400	Ford	6T	401D	16F-4R	135.60	13000	CHA
TW20 4WD	$53139	$6320	$10380	$15850	$18510	Ford	6T	401D	16F-4R	135.00	14600	CHA
TW30	$49720	$6120	$10060	$15300	$17930	Ford	6TI	401D	16F-4R	163.28	14050	CHA
TW30 4WD	$54775	$6660	$10940	$16650	$19510	Ford	6TI	401D	16F-4R	163.00	14800	CHA
FW-20 4WD	$71688	$6610	$9910	$16520	$19170	Cummins	V8	555D	20F-4R	150.0	24775	CHA
FW-30 4WD	$86165	$7600	$11400	$19000	$22040	Cummins	V8	903D	20F-4R	205.0	25320	CHA
FW-60 4WD	$100313	$8230	$12350	$20580	$23870	Cummins	V8T	903D	20F-4R	270.0	26171	CHA

Ford (Cont.)

Model	Approx. Retail Price New	Estimated Value Less Repairs — Used Trade-In Avg.	Used Trade-In High	Used Retail Avg.	Used Retail High	Make	Engine No. Cyls.	Displ. Cu.-in.	No. Speeds	P.T.O. H.P.	Approx. Shipping Wt.-Lbs.	Cab
1981												
1100	$5145	$1200	$1960	$3220	$3620	Shibaura	2	43D	10F-2R	11.00	1131	No
1100 4WD	$5669	$1310	$2130	$3500	$3950	Shibaura	2	43D	10F-2R	11.00	1244	No
1200 4WD	$6080	$1370	$2240	$3670	$4140	Shibaura	2	43D	20F-2R	13.00	1294	No
1300	$5941	$1340	$2190	$3600	$4060	Shibaura	2	49D	12F-4R	13.00	1723	No
1300 4WD	$6528	$1460	$2390	$3920	$4420	Shibaura	2	49D	12F-4R	13.00	1984	No
1500	$6409	$1420	$2320	$3800	$4280	Shibaura	2	69D	12F-4R	17.00	1958	No
1500 4WD	$7137	$1570	$2560	$4200	$4740	Shibaura	2	69D	12F-4R	17.00	2205	No
1700	$6996	$1540	$2510	$4120	$4650	Shibaura	2	78D	12F-4R	23.26	2276	No
1700 4WD	$7953	$1630	$2660	$4370	$4930	Shibaura	2	78D	12F-4R	23.00	2513	No
1900	$7587	$1560	$2540	$4170	$4700	Shibaura	3	87D	12F-4R	26.88	2518	No
1900 4WD	$9232	$1890	$3090	$5080	$5720	Shibaura	3	87D	12F-4R	26.00	2750	No
2600	$11673	$2460	$4020	$6600	$7440	Ford	3	158D	8F-2R	32.47	3546	No
2600	$11673	$2390	$3910	$6420	$7240	Ford	3	158G	8F-2R	34.18	3507	No
3600	$14267	$2930	$4780	$7850	$8850	Ford	3	175G	8F-2R	40.62	4400	No
3600	$14289	$2930	$4790	$7860	$8860	Ford	3	175D	8F-2R	40.55	4590	No
4100	$15680	$3140	$4700	$8620	$10040	Ford	3	183D	8F-2R	45.46	4910	No
4600	$16085	$3220	$4830	$8850	$10290	Ford	3	201G	8F-2R	52.18	4480	No
4600	$16108	$3220	$4830	$8860	$10310	Ford	3	201D	8F-2R	52.44	4710	No
5600	$19172	$3830	$5750	$10550	$12270	Ford	4	233D	16F-4R	58.46	5500	No
5600 4WD	$24880	$4980	$7460	$13680	$15920	Ford	4	233D	16F-4R	58.00	6175	No
6600	$20824	$4170	$6250	$11450	$13330	Ford	4	256D	16F-4R	68.10	5780	No
6600 4WD	$26301	$5260	$7890	$14470	$16830	Ford	4	256D	16F-4R	68.00	6280	No
6700	$28668	$5730	$8600	$15770	$18350	Ford	4	256D	16F-4R	68.94	6900	CHA
6700 4WD	$34387	$6880	$10320	$18910	$22010	Ford	4	256D	16F-4R	68.00	7400	CHA
7600	$22576	$4520	$6770	$12420	$14450	Ford	4T	256D	16F-4R	84.79	5800	No
7600 4WD	$28284	$5240	$7860	$14410	$16770	Ford	4T	256D	16F-4R	84.79	6400	No
7700	$29883	$5380	$7770	$12550	$14340	Ford	4T	256D	16F-4R	84.38	7000	CHA
7700 4WD	$35602	$6120	$8840	$14280	$16320	Ford	4T	256D	16F-4R	84.38	7600	CHA
TW10	$36890	$4760	$7820	$11900	$13940	Ford	6	401D	16F-4R	110.24	11900	CHA
TW10 4WD	$45439	$6020	$9890	$15050	$17630	Ford	6	401D	16F-4R	110.00	13350	CHA
TW20	$41344	$5460	$8970	$13650	$15990	Ford	6T	401D	16F-4R	135.60	13000	CHA
TW20 4WD	$49789	$6300	$10350	$15750	$18450	Ford	6T	401D	16F-4R	135.00	14600	CHA
TW30	$46300	$5880	$9660	$14700	$17220	Ford	6TI	401D	16F-4R	163.28	14050	CHA
TW30 4WD	$54775	$6550	$10760	$16370	$19180	Ford	6TI	401D	16F-4R	163.00	14800	CHA
FW-20 4WD	$66385	$5740	$8030	$13770	$16070	Cummins	V8	555D	20F-4R	150.0	24775	CHA
FW-30 4WD	$80497	$6750	$9450	$16200	$18900	Cummins	V8	903D	20F-4R	205.0	25320	CHA
FW-60 4WD	$95680	$7770	$10880	$18640	$21750	Cummins	V8T	903D	20F-4R	270.0	26171	CHA
1980												
1100	$4563	$1030	$1760	$2840	$3200	Shibaura	2	43D	10F-2R	11.00	1131	No
1100 4WD	$5033	$1130	$1920	$3100	$3490	Shibaura	2	43D	10F-2R	11.00	1244	No
1200 4WD	$5556	$1230	$2090	$3390	$3820	Shibaura	2	43D	20F-2R	13.00	1294	No
1300	$5388	$1200	$2040	$3290	$3710	Shibaura	2	49D	12F-4R	13.50	1723	No
1300 4WD	$5898	$1300	$2210	$3570	$4030	Shibaura	2	49D	12F-4R	13.50	1984	No
1500	$5865	$1270	$2160	$3500	$3950	Shibaura	2	62D	12F-4R	17.00	1958	No
1500 4WD	$6543	$1410	$2400	$3870	$4370	Shibaura	2	62D	12F-4R	17.00	2205	No
1700	$6460	$1390	$2370	$3830	$4320	Shibaura	2	78D	12F-4R	23.26	2276	No
1700 4WD	$7347	$1570	$2670	$4320	$4870	Shibaura	2	78D	12F-4R	23.00	2513	No
1900	$7523	$1590	$2690	$4360	$4910	Shibaura	3	87D	12F-4R	26.88	2518	No
1900 4WD	$9069	$1810	$3080	$4990	$5620	Shibaura	3	87D	12F-4R	26.00	2750	No
2600	$8479	$1900	$3220	$5210	$5880	Ford	3	158G	8F-2R	34.18	3507	No
2600	$8802	$1960	$3330	$5390	$6080	Ford	3	158D	8F-2R	32.47	3546	No
3600	$10307	$2260	$3840	$6220	$7010	Ford	3	175G	8F-2R	40.62	4400	No
3600	$10853	$2370	$4030	$6520	$7350	Ford	3	175D	8F-2R	40.55	4590	No
4100	$12536	$2570	$4060	$7450	$8730	Ford	3	183D	8F-2R	45.46	4910	No
4600	$13059	$2670	$4220	$7730	$9070	Ford	3	201G	8F-2R	52.18	4480	No
4600	$13402	$2740	$4320	$7920	$9290	Ford	3	201D	8F-2R	52.44	4710	No
5600	$16755	$3180	$5030	$9220	$10810	Ford	4	233D	16F-4R	58.46	5500	No
5600 4WD	$22122	$4200	$6640	$12170	$14270	Ford	4	233D	16F-4R	60.00	6175	No
6600	$18265	$3200	$4840	$7670	$8770	Ford	4	256D	16F-4R	68.10	5780	No
6600 4WD	$23632	$4140	$6260	$9930	$11340	Ford	4	256D	16F-4R	68.00	6280	No
6700	$24688	$4320	$6540	$10370	$11850	Ford	4	256D	16F-4R	68.94	6900	CHA
6700 4WD	$29903	$5230	$7920	$12560	$14350	Ford	4	256D	16F-4R	68.00	7400	CHA
7600	$19897	$3480	$5270	$8360	$9550	Ford	4T	256D	16F-4R	84.79	5800	No
7600 4WD	$25264	$4380	$6630	$10500	$12000	Ford	4T	256D	16F-4R	84.00	6400	No
7700	$25857	$4530	$6850	$10860	$12410	Ford	4T	256D	16F-4R	84.38	7000	CHA
7700 4WD	$31072	$5080	$7690	$12180	$13920	Ford	4T	256D	16F-4R	84.38	7600	CHA
TW10	$32777	$4340	$6820	$10850	$12870	Ford	6	401D	16F-4R	110.24	10900	CHA
TW10 4WD	$40389	$5110	$8030	$12780	$15150	Ford	6	401D	16F-4R	110.00	13350	CHA
TW20	$36738	$4620	$7260	$11550	$13700	Ford	6T	401D	16F-4R	135.60	12000	CHA
TW20 4WD	$44257	$5490	$8620	$13720	$16270	Ford	6T	401D	16F-4R	135.00	14600	CHA
TW30	$41108	$5210	$8190	$13030	$15450	Ford	6TI	401D	16F-4R	163.28	14050	CHA
TW30 4WD	$48627	$6230	$9790	$15580	$18470	Ford	6TI	401D	16F-4R	163.00	14800	CHA
FW-20 4WD	$60453	$5250	$7340	$12060	$14690	Cummins	V8	555D	20F-4R	150.0	24775	CHA
FW-30 4WD	$73017	$6250	$8750	$14380	$17510	Cummins	V8	903D	20F-4R	205.0	25320	CHA
FW-60 4WD	$86502	$6850	$9590	$15760	$19180	Cummins	V8T	903D	20F-4R	270.0	26171	CHA
1979												
1100	$4495	$1060	$1780	$2840	$3200	Shibaura	2	43D	10F-2R	11.00	1131	No
1100 4WD	$4990	$1160	$1940	$3100	$3490	Shibaura	2	43D	10F-2R	11.00	1244	No
1300	$5312	$1230	$2070	$3290	$3710	Shibaura	2	49D	12F-4R	13.50	1723	No
1300 4WD	$5825	$1330	$2240	$3570	$4030	Shibaura	2	49D.	12F-4R	13.50	1984	No
1500	$5815	$1310	$2200	$3500	$3950	Shibaura	2	62-D	12F-4R	17.00	1958	No
1500 4WD	$6488	$1440	$2430	$3870	$4370	Shibaura	2	62D	12F-4R	17.00	2205	No

Ford (Cont.)

Model	Approx. Retail Price New	Used Trade-In Avg.	Used Trade-In High	Used Retail Avg.	Used Retail High	Engine Make	No. Cyls.	Displ. Cu.-in.	No. Speeds	P.T.O. H.P.	Approx. Shipping Wt.-Lbs.	Cab
1979 (Cont.)												
1600	$5084	$1230	$2070	$3300	$3720	Shibaura	2	78D	9F-3R	22.02	2260	No
1700	$6385	$1670	$2370	$4110	$4730	Shibaura	2	78D	12F-4R	23.26	2276	No
1700 4WD	$7315	$1880	$2670	$4630	$5340	Shibaura	2	78D	12F-4R	23.00	2513	No
1900	$7455	$1900	$2690	$4680	$5390	Shibaura	3	87D	12F-4R	26.88	2518	No
1900 4WD	$8988	$2160	$3060	$5300	$6110	Shibaura	3	87D	12F-4R	26.00	2750	No
2600	$8225	$1890	$3180	$5070	$5720	Ford	3	158G	8F-2R	34.18	3507	No
2600	$8549	$1960	$3290	$5250	$5920	Ford	3	158D	8F-2R	32.47	3546	No
3600	$9393	$2090	$3520	$5610	$6320	Ford	3	175G	8F-2R	40.62	4400	No
3600	$9716	$2160	$3630	$5780	$6520	Ford	3	175D	8F-2R	40.55	4590	No
4100	$11628	$2360	$3980	$6340	$7150	Ford	3	183D	8F-2R	45.46	4910	No
4600	$11981	$2440	$4100	$6540	$7370	Ford	3	201G	8F-2R	52.18	4480	No
4600	$12297	$2500	$4210	$6710	$7560	Ford	3	201D	8F-2R	52.44	4710	No
5600	$14729	$3000	$5050	$8050	$9070	Ford	4	233D	16F-4R	58.46	5500	No
6600	$16020	$2860	$4770	$8750	$10260	Ford	4	256D	16F-4R	68.10	5780	No
6700	$21712	$3890	$6480	$11890	$13940	Ford	4	256D	16F-4R	68.94	6900	CHA
7600	$17527	$3140	$5230	$9590	$11240	Ford	4T	256D	16F-4R	84.79	5800	No
7700	$22688	$3740	$5940	$9240	$10560	Ford	4T	256D	16F-4R	84.38	7000	CHA
TW10	$27982	$3920	$6160	$9790	$11610	Ford	6	401D	16F-4R	110.24	10900	CHA
TW20	$30918	$4330	$6800	$10820	$12830	Ford	6T	401D	16F-4R	135.60	12000	CHA
TW30	$35327	$4950	$7770	$12360	$14660	Ford	6TI	401D	16F-4R	163.28	13050	CHA
FW-20 4WD	$52374	$4840	$6770	$10640	$13550	Cummins	V8	555D	20F-4R	150.0	24775	CHA
FW-30 4WD	$63458	$5450	$7620	$11980	$15250	Cummins	V8	903D	20F-4R	205.0	25320	CHA
FW-40 4WD	$68550	$5960	$8340	$13100	$16670	Cummins	V8	903D	20F-4R	227.0	26132	CHA
FW-60 4WD	$75103	$6600	$9240	$14520	$18480	Cummins	V8T	903D	20F-4R	270.0	26171	CHA
1978												
1600	$4830	$1040	$1740	$3190	$3740	Shibaura	2	78D	9F-3R	22.02	2260	No
2600	$7689	$1830	$3040	$4780	$5430	Ford	3	158G	8F-2R	34.18	3507	No
2600	$8012	$1890	$3150	$4960	$5630	Ford	3	158D	8F-2R	32.47	3546	No
3600	$8908	$2080	$3470	$5450	$6190	Ford	3	175G	8F-2R	40.62	4400	No
3600	$9216	$2150	$3580	$5620	$6390	Ford	3	175D	8F-2R	40.55	4590	No
4100	$10726	$2250	$3750	$5900	$6700	Ford	3	183D	8F-2R	45.46	4910	No
4600	$10574	$2220	$3700	$5820	$6610	Ford	3	201G	8F-2R	52.18	4480	No
4600	$11017	$2310	$3860	$6060	$6890	Ford	3	201D	8F-2R	52.44	4710	No
5600	$13997	$2940	$4900	$7700	$8750	Ford	4	233D	16F-4R	58.46	5500	No
6600	$14800	$3110	$5180	$8140	$9250	Ford	4	256D	16F-4R	68.00	5580	No
6600	$15181	$3190	$5310	$8350	$9490	Ford	4	256D	16F-4R	68.10	5780	No
6700	$20499	$3690	$6150	$11270	$13220	Ford	4	256G	16F-4R	68.00	5780	CHA
6700	$20899	$3760	$6270	$11490	$13480	Ford	4	256D	16F-4R	68.94	5980	CHA
7600	$16457	$2960	$4940	$9050	$10620	Ford	4T	256D	16F-4R	84.79	5800	No
7700	$21785	$3600	$6000	$11000	$12900	Ford	4T	256D	16F-4R	84.38	6000	CHA
8700	$22967	$3220	$5050	$8040	$9530	Ford	6	401D	16F-4R	110.58	10900	CHA
9700	$26806	$3750	$5900	$9380	$11120	Ford	6T	401D	16F-4R	135.64	11000	CHA
County Super 4	$22000	$3080	$4840	$7700	$9130	Ford	4	256D	8F-2R	67.00	8930	No
County Super 6	$27700	$3880	$6090	$9700	$11500	Ford	6	401D	8F-2R	96.00	9990	No
FW-20 4WD	$49755	$4570	$6400	$10050	$12800	Cummins	V8	555D	20F-4R	150.0	24775	CHA
FW-30 4WD	$60283	$5100	$7140	$11220	$14280	Cummins	V8	903D	20F-4R	205.0	25320	CHA
FW-40 4WD	$65123	$5600	$7840	$12320	$15680	Cummins	V8	903D	20F-4R	227.0	26132	CHA
FW-60 4WD	$71348	$6200	$8680	$13640	$17360	Cummins	V8T	903D	20F-4R	270.0	26171	CHA
1977												
1600	$4550	$1000	$1670	$3050	$3580	Shibaura	2	78D	9F-3R	22.02	2260	No
2600	$7305	$1790	$2950	$4570	$5230	Ford	3	158G	8F-2R	34.18	3507	No
2600	$7611	$1850	$3060	$4740	$5430	Ford	3	158D	8F-2R	32.47	3546	No
3600	$8484	$2040	$3370	$5220	$5980	Ford	3	175G	8F-2R	40.62	4400	No
3600	$8777	$2100	$3470	$5380	$6160	Ford	3	175D	8F-2R	40.55	4590	No
4100	$10190	$2190	$3620	$5610	$6420	Ford	3	183D	8F-2R	45.46	4910	No
4600	$10045	$2160	$3570	$5530	$6330	Ford	3	201G	8F-2R	52.18	4480	No
4600	$10466	$2250	$3720	$5760	$6590	Ford	3	201D	8F-2R	52.44	4710	No
5600	$13297	$2860	$4720	$7310	$8380	Ford	4	233D	16F-4R	58.46	5500	No
6600	$14060	$3020	$4990	$7730	$8860	Ford	4	256G	16F-4R	68.00	5580	No
6600	$14422	$3100	$5120	$7930	$9090	Ford	4	256D	16F-4R	68.10	5780	No
6700	$19474	$3510	$5840	$10710	$12560	Ford	4	256G	16F-4R	68.00	5780	CHA
6700	$19854	$3570	$5960	$10920	$12810	Ford	4	256D	16F-4R	68.94	5980	CHA
7600	$15634	$2810	$4690	$8600	$10080	Ford	4T	256D	16F-4R	84.79	5800	No
7700	$20696	$3420	$5700	$10450	$12260	Ford	4T	256D	16F-4R	84.38	6000	No
8700	$21819	$3060	$4800	$7640	$9160	Ford	6	401D	16F-4R	110.58	10900	CHA
9700	$25466	$3570	$5600	$8910	$10700	Ford	6T	401D	16F-4R	135.64	11000	CHA
County Super 4	$20900	$2930	$4600	$7320	$8780	Ford	4	256D	8F-2R	67.00	8930	No
County Super 6	$26315	$3680	$5790	$9210	$11050	Ford	6	401D	8F-2R	96.00	9990	No
FW-20 4WD	$47267	$4330	$6060	$9520	$12120	Cummins	V8	555D	20F-4R	150.0	24775	CHA
FW-30 4WD	$57269	$4830	$6760	$10620	$13520	Cummins	V8	903D	20F-4R	205.0	25320	CHA
FW-40 4WD	$61867	$5290	$7400	$11630	$14800	Cummins	V8	903D	20F-4R	227.0	26132	CHA
FW-60 4WD	$67781	$5780	$8090	$12710	$16180	Cummins	V8T	903D	20F-4R	270.0	26171	CHA
1976												
1000	$4445	$800	$1330	$2450	$2870	Shibaura	2	78D	9F-3R	23.00	2300	No
2600	$6209	$1580	$2590	$4000	$4610	Ford	3	158G	8F-2R	34.18	3507	No
2600	$6469	$1640	$2690	$4150	$4780	Ford	3	158D	8F-2R	32.47	3546	No
3600	$6960	$1750	$2870	$4420	$5090	Ford	3	175G	8F-2R	40.62	4400	No
3600	$7200	$1800	$2950	$4550	$5250	Ford	3	175D	8F-2R	40.55	4590	No
4100	$8662	$2130	$3480	$5360	$6180	Ford	3	183D	8F-2R	45.46	4910	No
4600	$8740	$2140	$3510	$5410	$6230	Ford	3	201G	10F-2R	50.16	4439	No
4600	$9100	$2000	$3280	$5050	$5820	Ford	3	201D	10F-2R	51.00	4710	No

Ford (Cont.)

Model	Approx. Retail Price New	Estimated Value Less Repairs				Make	Engine			P.T.O. H.P.	Approx. Shipping Wt.-Lbs.	Cab
		Used Trade-In		Used Retail			No. Cyls.	Displ. Cu.-in.	No. Speeds			
		Avg.	High	Avg.	High							
1976 (Cont.)												
5600	$11967	$2630	$4310	$6640	$7660	Ford	4	233D	16F-4R	58.46	5500	No
6600	$12654	$2780	$4560	$7020	$8100	Ford	4	256G	16F-4R	68.00	5580	No
6600	$12980	$2860	$4670	$7200	$8310	Ford	4	256D	16F-4R	68.10	5780	No
7600	$14071	$3100	$5070	$7810	$9010	Ford	4T	256D	16F-4R	84.79	5800	No
8600	$18934	$2650	$4360	$6630	$8050	Ford	6	401D	16F-4R	110.69	10800	CH
9600	$21541	$3020	$4950	$7540	$9160	Ford	6T	401D	16F-4R	135.36	10900	CH
County Super 4	$19855	$2780	$4570	$6950	$8440	Ford	4	256D	8F-2R	67.00	8930	No
County Super 6	$24999	$3500	$5750	$8750	$10630	Ford	6	401D	8F-2R	96.00	9990	No
1975												
1000	$4233	$780	$1300	$2380	$2800	Shibaura	2	78D	9F-3R	23.00	2300	No
2000	$5695	$2000	$2770	$4850	$5540	Ford	3	158G	8F-2R	30.85	3507	No
2000	$5935	$2080	$2880	$5040	$5760	Ford	3	158D	8F-2R	31.19	3546	No
3000	$6509	$2210	$3060	$5360	$6120	Ford	3	158G	8F-2R	37.84	3664	No
3000	$7008	$2340	$3240	$5670	$6480	Ford	3	175D	8F-2R	39.30	3801	No
4000	$9395	$2480	$3440	$6020	$6880	Ford	3	201G	10F-2R	50.16	4504	No
4000	$9635	$2560	$3540	$6200	$7080	Ford	3	201D	10F-2R	51.00	4754	No
5000	$11389	$2700	$3740	$6550	$7480	Ford	4	256G	10F-2R	65.64	5218	No
5000	$11689	$2780	$3850	$6730	$7700	Ford	4	256D	10F-2R	66.49	5468	No
7000	$12100	$2520	$4090	$6270	$7280	Ford	4T	256D	8F-2R	83.49	5806	No
8600	$17987	$2520	$4140	$6300	$7820	Ford	6	401D	16F-4R	110.69	10800	CH
9600	$20464	$2870	$4710	$7160	$8900	Ford	6T	401D	16F-4R	135.46	10900	CH
County Super 4	$18862	$2640	$4340	$6600	$8210	Ford	4	256D	8F-2R	67.00	8930	No
County Super 6	$23749	$3190	$5230	$7960	$9900	Ford	6	401D	8F-2R	96.00	9990	No
1974												
1000	$3215	$1130	$1850	$2850	$3300	Shibaura	2	78D	9F-3R	23.00	2300	No
2000	$4841	$1990	$2740	$4800	$5480	Ford	3	158G	8F-2R	30.85	3507	No
2000	$5045	$2090	$2880	$5060	$5770	Ford	3	158D	8F-2R	31.19	3546	No
3000	$5424	$2200	$3030	$5310	$6060	Ford	3	158G	8F-2R	37.84	3664	No
3000	$5840	$2330	$3210	$5630	$6420	Ford	3	175D	8F-2R	39.30	3801	No
4000	$8456	$2510	$3450	$6050	$6900	Ford	3	201G	10F-2R	50.16	4504	No
4000	$8672	$2560	$3530	$6190	$7060	Ford	3	201D	10F-2R	51.00	4754	No
5000	$9274	$2650	$3650	$6400	$7300	Ford	4	256G	10F-2R	65.64	6280	No
5000	$9529	$2760	$3800	$6660	$7590	Ford	4	256D	10F-2R	66.49	6580	No
7000	$11495	$2480	$4070	$6270	$7260	Ford	4T	256D	8F-2R	83.49	5806	No
8600	$17088	$2390	$3930	$5980	$7430	Ford	6	401D	16F-4R	110.69	10800	CH
9600	$19441	$2720	$4470	$6800	$8460	Ford	6T	401D	16F-4R	135.46	10900	CH
County Super 4	$17919	$2510	$4120	$6270	$7800	Ford	4	256D	8F-2R	67.00	8930	No
County Super 6	$22562	$3020	$4960	$7550	$9380	Ford	6	401D	8F-2R	96.00	9990	No
1973												
1000	$3054	$1080	$1760	$2730	$3130	Shibaura	2	78D	9F-3R	23.00	2300	No
2000	$3873	$1920	$2680	$4710	$5370	Ford	3	158G	8F-2R	30.85	3507	No
2000	$4036	$2030	$2830	$4970	$5660	Ford	3	158D	8F-2R	31.19	3546	No
3000	$4520	$2120	$2960	$5200	$5920	Ford	3	158G	8F-2R	37.84	3664	No
3000	$4867	$2250	$3150	$5530	$6290	Ford	3	175D	8F-2R	39.30	3801	No
4000	$6862	$2350	$3280	$5760	$6560	Ford	3	201G	10F-2R	50.16	4898	No
4000	$7224	$2450	$3410	$6000	$6830	Ford	3	201D	10F-2R	51.00	5118	No
5000	$7819	$2600	$3630	$6380	$7270	Ford	4	256G	10F-2R	65.64	6280	No
5000	$8023	$2660	$3710	$6520	$7420	Ford	4	256D	10F-2R	66.49	6580	No
7000	$9771	$2480	$4040	$6250	$7160	Ford	4T	256D	8F-2R	83.49	5806	No
8000	$10836	$2490	$4060	$6290	$7210	Ford	6	401D	16F-4R	105.73	10845	CH
8600	$11808	$2720	$4430	$6850	$7850	Ford	6	401D	16F-4R	105.73	10845	CH
9000	$13568	$3120	$5090	$7870	$9020	Ford	6T	401D	16F-4R	131.22	10995	CH
9600	$18500	$2590	$4260	$6480	$8050	Ford	6T	401D	16F-4R	135.46	10900	CH
County Super 4	$14335	$2440	$4160	$6020	$6880	Ford	4	256D	8F-2R	67.00	8930	No
County Super 6	$18049	$3070	$5230	$7580	$8660	Ford	6	401D	8F-2R	96.00	9990	No
1972												
2000	$3796	$1860	$2630	$4620	$5250	Ford	3	158G	8F-2R	30.83	3507	No
2000	$3955	$1960	$2780	$4880	$5550	Ford	3	158D	8F-2R	31.19	3546	No
3000	$4305	$2040	$2890	$5080	$5780	Ford	3	158G	8F-2R	37.84	3664	No
3000	$4636	$2170	$3080	$5410	$6150	Ford	3	175D	8F-2R	39.30	3801	No
4000	$6519	$2310	$3270	$5760	$6540	Ford	3	201G	10F-2R	50.16	4898	No
4000	$6863	$2370	$3360	$5910	$6710	Ford	3	201D	10F-2R	51.00	5118	No
5000	$7454	$2510	$3550	$6240	$7090	Ford	4	256G	10F-2R	65.64	6280	No
5000	$7650	$2620	$3710	$6530	$7430	Ford	4	256D	10F-2R	66.49	6580	No
7000	$9282	$2420	$3960	$6070	$6940	Ford	4T	256D	8F-2R	83.49	5806	No
8000	$11218	$2540	$4160	$6370	$7290	Ford	6	401D	16F-4R	105.73	10845	CH
9000	$12887	$3030	$4960	$7600	$8700	Ford	6T	401D	16F-4R	131.22	10995	CH
County Super 4	$13618	$2320	$4020	$5790	$6540	Ford	4	256D	8F-2R	67.00	8930	No
County Super 6	$17147	$2920	$5060	$7290	$8230	Ford	6	363D	8F-2R	113.00	9990	No
1971												
2000	$3720	$1800	$2550	$4560	$5170	Ford	3	158G	8F-2R	30.83	3507	No
2000	$3876	$1910	$2700	$4820	$5470	Ford	3	158D	8F-2R	31.19	3546	No
3000	$4003	$1970	$2790	$4990	$5660	Ford	3	158G	8F-2R	37.84	3664	No
3000	$4415	$2110	$2980	$5330	$6040	Ford	3	175D	8F-2R	39.30	3801	No
4000	$6193	$2300	$3260	$5820	$6600	Ford	3	201G	10F-2R	50.16	4898	No
4000	$6520	$2360	$3340	$5960	$6760	Ford	3	201D	10F-2R	51.00	5118	No
5000	$7081	$2570	$3640	$6500	$7370	Ford	4	256G	10F-2R	65.64	6280	No
5000	$7267	$2640	$3730	$6670	$7560	Ford	4	256D	10F-2R	66.49	6580	No
8000	$9422	$2350	$3900	$6050	$6850	Ford	6	401D	16F-4R	105.73	10845	No

Model	Approx. Retail Price New	Estimated Value Less Repairs — Used Trade-In Avg.	Used Trade-In High	Used Retail Avg.	Used Retail High	Make	Engine No. Cyls.	Displ. Cu.-in.	No. Speeds	P.T.O. H.P.	Approx. Shipping Wt.-Lbs.	Cab
Ford (Cont.)												
			1971 (Cont.)									
9000	$10755	$2530	$4190	$6510	$7370	Ford	6T	401D	16F-4R	131.22	11515	No
County Super 4	$12937	$2330	$3880	$5560	$6270	Ford	4	256D	8F-2R	67.00	8930	No
County Super 6	$16289	$2930	$4890	$7000	$7900	Ford	6	363D	8F-2R	113.00	9990	No
			1970									
2000	$3600	$1760	$2530	$4520	$5120	Ford	3	158G	6F-2R	30.58	3296	No
2000	$3700	$1840	$2640	$4730	$5350	Ford	3	158G	6F-2R	31.97	3562	No
3000	$3812	$1910	$2740	$4900	$5540	Ford	3	158G	8F-2R	37.87	3480	No
3000	$4205	$2040	$2930	$5240	$5930	Ford	3	175D	8F-2R	39.20	3805	No
4000	$5883	$2170	$3110	$5560	$6300	Ford	3	201G	10F-2R	50.16	5118	No
4000	$6194	$2230	$3190	$5710	$6470	Ford	3	201D	10F-2R	51.00	5368	No
5000	$6727	$2490	$3570	$6390	$7240	Ford	4	256G	10F-2R	65.64	6280	No
5000	$6904	$2600	$3720	$6660	$7550	Ford	4	256D	10F-2R	66.49	6580	No
8000	$8951	$2340	$3980	$5970	$6920	Ford	6	401D	16F-4R	105.73	10845	No
9000	$10458	$2460	$4180	$6280	$7270	Ford	6T	401D	16F-4R	131.22	10995	No
County Super 4	$12290	$2210	$3690	$5290	$6020	Ford	4	256D	8F-2R	67.00	8930	No
County Super 6	$15475	$2790	$4640	$6650	$7580	Ford	6	363D	8F-2R	113.00	9990	No
			1969									
2000	$3573	$1720	$2540	$4490	$5070	Ford	3	158G	8F-2R	30.57	3300	No
2000	$3642	$1790	$2630	$4660	$5270	Ford	3	158G	8F-2R	36.0	3560	No
3000	$3630	$1830	$2690	$4760	$5380	Ford	3	158G	8F-2R	37.8	3100	No
3000	$4005	$1940	$2850	$5040	$5700	Ford	3	158D	8F-2R	39.2	3805	No
4000	$5589	$2010	$2960	$5240	$5920	Ford	3	201G	10F-2R	50.1	5118	No
4000	$5883	$2090	$3070	$5440	$6150	Ford	3	201D	10F-2R	51.0	5368	No
5000	$6391	$2250	$3310	$5860	$6620	Ford	4	256G	10F-2R	65.6	6280	No
5000	$6569	$2320	$3420	$6050	$6840	Ford	4	256D	10F-2R	66.5	6580	No
6000	$5960	$1900	$3390	$4960	$5830	Ford	6	223G	10F-2R	66.1	6200	No
6000	$6648	$2030	$3620	$5300	$6230	Ford	6	242D	10F-2R	66	6585	No
8000	$8861	$2190	$3900	$5700	$6700	Ford	6	401D	16F-4R	105	10845	No
County Super 4	$11676	$2100	$3500	$5080	$5840	Ford	4	256D	8F-2R	67	8930	No
County Super 6	$14700	$2650	$4410	$6400	$7350	Ford	6	401D	8F-2R	113	9990	No
			1968									
2000	$3240	$1700	$2570	$4490	$5070	Ford	3	158G	4F-R	30	3380	No
2000	$3642	$1750	$2640	$4630	$5220	Ford	3	158D	8F-2R	36.0	3560	No
3000	$3457	$1710	$2580	$4520	$5100	Ford	3	158G	8F-2R	37.8	3480	No
3000	$3814	$1810	$2730	$4770	$5380	Ford	3	158D	8F-2R	39.2	3805	No
4000	$4908	$1840	$2780	$4870	$5490	Ford	3	192G	10F-2R	39.9	4210	No
4000	$5188	$1910	$2880	$5030	$5680	Ford	3	201D	10F-2R	45.6	4450	No
5000	$5713	$2100	$3170	$5540	$6250	Ford	4	256G	10F-2R	65.69	5410	No
5000	$6024	$2180	$3290	$5760	$6500	Ford	4	256D	10F-2R	66.5	5810	No
6000	$5738	$1920	$3500	$5090	$5960	Ford	6	223G	10F-2R	66.1	6920	No
6000	$6396	$2020	$3690	$5370	$6290	Ford	6	242D	10F-2R	66.26	7100	No
8000	$8051	$2050	$3740	$5430	$6360	Ford	6	401D	8F-2R	105	9070	No
			1967									
2000	$2900	$1640	$2540	$4370	$4960	Ford	3	158G	4F-1R	30.51	3280	No
2000	$3642	$1700	$2620	$4510	$5120	Ford	3	158D	8F-2R	36.0	3560	No
3000	$3292	$1700	$2630	$4520	$5130	Ford	3	158G	8F-2R	37.8	3480	No
3000	$3633	$1800	$2790	$4790	$5440	Ford	3	175D	8F-2R	36.1	3805	No
4000	$4417	$1830	$2840	$4880	$5530	Ford	3	192G	10F-2R	45.4	4210	No
4000	$4669	$1880	$2920	$5010	$5690	Ford	3	201D	10F-2R	45.6	4450	No
5000	$5142	$2020	$3120	$5560	$6080	Ford	4	233G	10F-2R	58.5	5410	No
5000	$5422	$2100	$3250	$5590	$6340	Ford	4	233D	10F-2R	54.1	5810	No
6000	$5565	$1810	$3300	$4880	$5700	Ford	6	223G	10F-2R	66	6498	No
6000	$6208	$1970	$3590	$5300	$6200	Ford	6	242D	10F-2R	66	6875	No
			1966									
2000	$2842	$1590	$2520	$4260	$4860	Ford	3	157G	4F-1R	30	3280	No
2000	$3642	$1670	$2650	$4470	$5100	Ford	3	158D	8F-2R	36.0	3560	No
3000	$3135	$1650	$2620	$4430	$5050	Ford	3	158G	8F-2R	39	3480	No
3000	$3600	$1770	$2800	$4730	$5400	Ford	3	175G	8F-2R	38	3920	No
4000	$4196	$1800	$2860	$4830	$5510	Ford	3	192G	10F-2R	45.6	4210	No
4000	$4436	$1860	$2950	$4980	$5680	Ford	3	201D	10F-2R	45.6	4450	No
5000	$4893	$1990	$3150	$5330	$6080	Ford	4	233G	10F-2R	58	5218	No
5000	$5151	$2070	$3280	$5550	$6330	Ford	4	233D	10F-2R	54	5318	No
5000 Super Major	$4500	$1460	$2330	$4280	$4950	Ford	4	220D	6F-2R	47.5	4469	No
6000	$5456	$1780	$3260	$4850	$5700	Ford	6	223G	10F-2R	66	6498	No
6000	$6086	$1950	$3560	$5300	$6240	Ford	6	242D	10F-2R	66	6589	No
			1965									
2000	$2750	$1510	$2490	$4150	$4760	Ford	3	158G	4F-1R	30	3280	No
2000	$3442	$1590	$2620	$4360	$5000	Ford	3	158D	8F-2R	36.0	3560	No
3000	$2986	$1600	$2650	$4400	$5040	Ford	3	158G	8F-2R	38	3480	No
3000	$3595	$1690	$2800	$4650	$5330	Ford	3	175D	8F-2R	38	3920	No
4000	$4200	$1750	$2890	$4800	$5500	Ford	3	192G	10F-2R	45.4	4210	No
4000	$4214	$1790	$2970	$4930	$5660	Ford	3	201D	10F-2R	45.6	4450	No
5000	$5150	$1890	$3120	$5180	$5950	Ford	4	233G	8F-2R	53.1	5218	No
5000	$4893	$1980	$3270	$5450	$6240	Ford	4	233D	10F-2R	54.1	5260	No
5000 Super Major	$4325	$1660	$3040	$4550	$5380	Ford	4	220D	6F-2R	47.5	4469	Cab
6000	$5349	$1770	$3230	$4850	$5740	Ford	6	223G	10F-2R	62	6498	No
6000	$5967	$1890	$3440	$5170	$6110	Ford	6	242D	10F-2R	62	6589	No

Ford (Cont.)

Model	Approx. Retail Price New	Used Trade-In Avg.	Used Trade-In High	Used Retail Avg.	Used Retail High	Make	No. Cyls.	Displ. Cu.-in.	No. Speeds	P.T.O. H.P.	Approx. Shipping Wt.-Lbs.	Cab
1964												
Fordson Dexta	$2950	$1020	$1630	$3100	$3570	Perkins	3	144D	6F-2R	31.4	3030	No
2000	$2913	$1450	$2510	$4080	$4730	Ford	3	158G	4F-1R	30.51	2712	No
2000	$3481	$1520	$2620	$4250	$4940	Ford	3	158D	4F-1R	38.8	3089	No
4000	$4000	$1700	$2930	$4760	$5520	Ford	4	172G	5F-1R	46	3104	No
4000	$4000	$1740	$2990	$4870	$5650	Ford	4	172D	5F-1R	44	3280	No
5000	$4893	$1840	$3170	$5150	$5980	Ford	4	233D	10F-2R	54.1	5260	No
5000	$5150	$1800	$3100	$5040	$5850	Ford	4	233G	8F-2R	53.09	5218	No
5000 Super Major	$4239	$1640	$3000	$4500	$5350	Ford	4	220D	6F-2R	47.5	4469	No
6000	$5243	$1740	$3170	$4750	$5660	Ford	6	223G	10F-2R	62	6498	No
6000	$5850	$1850	$3380	$5070	$6040	Ford	6	242D	10F-2R	62	6589	No
1963												
Fordson Dexta	$2950	$1010	$1610	$3120	$3590	Perkins	3	144D	6F-2R	31.4	3030	No
Fordson Super Dexta	$3250	$1180	$1880	$3630	$4180	Perkins	4	152D	6F-2R	32	3150	No
Fordson Super Major	$3780	$1280	$2030	$3940	$4530	Ford	4	220D	6F-2R	49	4609	No
2000	$2856	$1430	$2520	$4000	$4700	Ford	3	158G	4F-1R	38.8	3026	No
2000	$3413	$1490	$2630	$4180	$4910	Ford	3	158D	4F-1R	38.8	3557	No
4000	$3815	$1660	$2930	$4660	$5470	Ford	4	172G	10F-2R	46	2987	No
4000	$3900	$1720	$3040	$4830	$5680	Ford	4	172D	10F-2R	41	3182	No
5000	$4893	$1840	$3240	$5150	$6050	Ford	4	233D	10F-2R	54.1	5260	No
5000	$5150	$1750	$3080	$4900	$5750	Ford	4	233G	8F-2R	53.09	5218	No
5000 Super Major	$4154	$1610	$2880	$4460	$5330	Ford	4	220D	6F-2R	47.5	5565	No
6000	$5140	$1640	$2930	$4530	$5430	Ford	6	223G	10F-2R	62	6498	No
6000	$5735	$1780	$3170	$4910	$5880	Ford	6	242D	10F-2R	62	6589	No
1962												
Fordson Dexta	......	$1000	$1580	$3090	$3570	Perkins	3	144D	6F-2R	31.4	3030	No
Fordson Super Dexta	......	$1030	$1630	$3180	$3680	Perkins	4	144D	6F-2R	32	3150	No
Fordson Super Major	......	$1130	$1790	$3500	$4040	Ford	4	220D	6F-2R	49	4609	No
501 Series	......	$1210	$2160	$3370	$4060	Ford	4	134G	4F-1R	33	3530	No
501 Series	......	$1290	$2300	$3580	$4310	Ford	4	144D	4F-1R	32	3710	No
601 Series	......	$1280	$2280	$3560	$4280	Ford	4	131G	10F-2R	34	2820	No
601 Series	......	$1300	$2320	$3620	$4360	Ford	4	141D	10F-2R	32	2996	No
701 Series	......	$1260	$2240	$3490	$4200	Ford	4	134G	4F-1R	35	3175	No
701 Series	......	$1310	$2340	$3650	$4390	Ford	4	144D	4F-4R	32	3350	No
801 Series	......	$1300	$2320	$3620	$4350	Ford	4	172G	4F-1R	46	3487	No
801 Series	......	$1350	$2400	$3740	$4510	Ford	4	172D	4F-1R	41	3657	No
901 Series	......	$1320	$2360	$3680	$4430	Ford	4	172G	4F-1R	47	3270	No
901 Series	......	$1370	$2440	$3810	$4580	Ford	4	172D	4F-1R	45	3450	No
2000	......	$1400	$2530	$3930	$4680	Ford	3	158G	4F-1R	30.52	3358	No
2000	......	$1450	$2620	$4080	$4850	Ford	3	158D	4F-1R	38.8	3853	No
4000	......	$1610	$2900	$4510	$5360	Ford	4	172G	5F-1R	46.3	3279	No
4000	......	$1690	$3040	$4730	$5620	Ford	4	172D	5F-1R	46.7	3474	No
5000 Super Major	......	$1590	$2830	$4420	$5320	Ford	4	220D	6F-2R	47.5	5565	No
6000	......	$1580	$2810	$4390	$5280	Ford	6	223G	10F-2R	66.1	6893	No
6000	......	$1750	$3120	$4860	$5850	Ford	6	241D	10F-2R	66.26	6875	No
1961												
Fordson Dexta	......	$980	$1550	$3050	$3550	Perkins	3	144D	6F-2R	31.4	3030	No
Fordson Power Major	......	$1160	$1850	$3630	$4230	Ford	4	220D	6F-2R	48	5515	No
Fordson Super Major	......	$1110	$1770	$3480	$4050	Ford	4	220D	6F-2R	49	4609	No
501 Series	......	$1170	$2090	$3320	$3980	Ford	4	134G	4F-1R	33	3530	No
501 Series	......	$1270	$2260	$3580	$4290	Ford	4	144D	4F-1R	32	3710	No
601 Series	......	$1210	$2150	$3410	$4100	Ford	4	131G	4F-1R	34	2623	No
601 Series	......	$1260	$2240	$3550	$4260	Ford	4	141D	4F-1R	32	2799	No
701 Series	......	$1230	$2200	$3480	$4180	Ford	4	134G	4F-1R	35	3175	No
701 Series	......	$1290	$2300	$3640	$4370	Ford	4	144D	4F-4R	32	3350	No
801 Series	......	$1280	$2280	$3610	$4330	Ford	4	172G	4F-1R	44	3487	No
801 Series	......	$1320	$2360	$3740	$4490	Ford	4	172D	4F-1R	41	3657	No
901 Series	......	$1300	$2320	$3670	$4410	Ford	4	172G	4F-1R	47	3270	No
901 Series	......	$1350	$2400	$3800	$4560	Ford	4	172D	4F-1R	45	3450	No
6000	......	$1310	$2080	$4090	$4760	Ford	6	223G	10F-2R	66.1	6893	No
6000	......	$1460	$2330	$4580	$5330	Ford	6	241D	10F-2R	66.26	6875	No
1960												
Fordson Dexta	......	$960	$1520	$2990	$3530	Perkins	3	144D	6F-2R	31.4	3030	No
Fordson Power Major	......	$1150	$1830	$3600	$4250	Ford	4	220D	6F-2R	48	5515	No
501 Series	......	$1140	$2030	$3270	$3860	Ford	4	134G	4F-1R	33	3530	No
501 Series	......	$1220	$2170	$3500	$4130	Ford	4	144D	4F-1R	32	3710	No
601 Series	......	$1170	$2090	$3370	$3980	Ford	4	131G	4F-1R	34	2623	No
601 Series	......	$1240	$2200	$3550	$4190	Ford	4	141D	4F-1R	32	2799	No
701 Series	......	$1200	$2130	$3440	$4060	Ford	4	134G	4F-1R	35	3175	No
701 Series	......	$1270	$2260	$3630	$4290	Ford	4	144D	4F-4R	32	3350	No
801 Series	......	$1230	$2190	$3530	$4170	Ford	4	172G	10F-2R	46	2836	No
801 Series	......	$1300	$2320	$3730	$4410	Ford	4	172D	10F-2R	41	3010	No
901 Series	......	$1250	$2240	$3600	$4250	Ford	4	172G	4F-1R	47	3165	No
901 Series	......	$1320	$2360	$3800	$4490	Ford	4	172D	4F-1R	45	3450	No
1959												
Fordson Dexta	......	$940	$1490	$2880	$3500	Perkins	3	144D	6F-2R	31.4	3030	No
Fordson Power Major	......	$1130	$1800	$3480	$4230	Ford	4	220D	6F-2R	48	5515	No
501 Series	......	$1110	$1930	$3230	$3760	Ford	4	134G	4F-1R	33	3530	No
601 Series	......	$1150	$2000	$3350	$3900	Ford	4	131G	10F-2R	34	2820	No
601 Series	......	$1200	$2080	$3490	$4060	Ford	4	141D	10F-2R	32	2996	No

Ford (Cont.)

Model	Approx. Retail Price New	Estimated Value Less Repairs Used Trade-In Avg.	High	Used Retail Avg.	High	Make	Engine No. Cyls.	Displ. Cu.-in.	No. Speeds	P.T.O. H.P.	Approx. Shipping Wt.-Lbs.	Cab
1959 (Cont.)												
701 Series	......	$1180	$2040	$3420	$3990	Ford	4	134G	4F-1R	35	3175	No
701 Series	......	$1240	$2160	$3620	$4210	Ford	4	144D	4F-4R	32	3350	No
801 Series	......	$1200	$2080	$3480	$4060	Ford	4	172G	10F-2R	44	2836	No
801 Series	......	$1280	$2220	$3720	$4330	Ford	4	172D	10F-2R	41	3010	No
901 Series	......	$1240	$2150	$3600	$4190	Ford	4	172G	4F-1R	47	3270	No
901 Series	......	$1280	$2220	$3720	$4330	Ford	4	172D	4F-1R	45	3450	No
1958												
Fordson Dexta	......	$930	$1470	$2800	$3520	Perkins	3	144D	6F-2R	31.4	3030	No
Fordson Major	......	$900	$1430	$2710	$3400	Ford	4	220D	6F-2R	41	5425	No
Fordson Power Major	......	$1110	$1770	$3360	$4220	Ford	4	220D	6F-2R	48	5515	No
601 Series	......	$1100	$1920	$3220	$3740	Ford	4	134G	10F-2R	37	2820	No
601 Series	......	$1150	$2000	$3350	$3900	Ford	4	144D	10F-2R	37	2996	No
701 Series	......	$1130	$1960	$3290	$3830	Ford	4	134G	4F-1R	35	3175	No
701 Series	......	$1200	$2080	$3480	$4060	Ford	4	144D	4F-4R	32	3350	No
801 Series	......	$1140	$1980	$3320	$3860	Ford	4	172G	10F-2R	50	2836	No
801 Series	......	$1230	$2140	$3590	$4170	Ford	4	172D	10F-2R	44	3010	No
901 Series	......	$1190	$2070	$3470	$4040	Ford	4	172G	4F-1R	47	3270	No
901 Series	......	$1250	$2180	$3650	$4250	Ford	4	172D	4F-1R	45	3450	No
1957												
Fordson Dexta	......	$910	$1440	$2700	$3490	Perkins	3	144D	6F-2R	31.4	3030	No
Fordson Major	......	$890	$1410	$2640	$3410	Ford	4	220D	6F-2R	48	5515	No
601 Series	......	$1080	$1880	$3150	$3690	Ford	4	131G	10F-2R	37	2820	No
601 Series	......	$1120	$1950	$3270	$3830	Ford	4	141D	10F-2R	37	2996	No
701 Series	......	$1090	$1900	$3190	$3730	Ford	4	134G	4F-1R	35	3175	No
701 Series	......	$1160	$2010	$3370	$3940	Ford	4	144D	4F-1R	32	3350	No
801 Series	......	$1120	$1950	$3270	$3830	Ford	4	172G	5F-1R	46	2985	No
801 Series	......	$1200	$2080	$3490	$4090	Ford	4	172D	10F-2R	44	3010	No
901 Series	......	$1170	$2040	$3420	$4000	Ford	4	172G	4F-1R	47	3270	No
901 Series	......	$1230	$2140	$3590	$4200	Ford	4	172D	4F-1R	45	3450	No
1956												
Fordson Major	......	$880	$1400	$2570	$3420	Ford	4	220D	6F-2R	41	5425	No
600 Series	......	$1130	$1910	$3280	$3870	Ford	4	134G	4F-1R	32	2462	No
700 Series	......	$1140	$1930	$3320	$3910	Ford	4	134G	4F-1R	35	3175	No
800 Series	......	$1160	$1970	$3390	$3990	Ford	4	172G	5F-1R	46	2985	No
800 Series	......	$1210	$2060	$3530	$4170	Ford	4	172D	5F-1R	47	2995	No
900 Series	......	$1200	$2030	$3480	$4110	Ford	4	172G	5F-1R	47	3355	No
1955												
Fordson Major	......	$860	$1360	$2510	$3390	Ford	4	220D	6F-2R	48	5515	No
600 Series	......	$1120	$1890	$3250	$3880	Ford	4	134G	4F-1R	34	2462	No
700 Series	......	$1130	$1910	$3280	$3920	Ford	4	134G	4F-1R	35	3175	No
800 Series	......	$1150	$1950	$3350	$4000	Ford	4	172G	5F-1R	46	2985	No
800 Series	......	$1200	$2030	$3480	$4160	Ford	4	172D	4F-1R	46	2960	No
900 Series	......	$1190	$2010	$3450	$4120	Ford	4	172G	5F-1R	47	3355	No
1954												
Fordson Major	......	$830	$1320	$2400	$3320	Ford	4	220D	6F-2R	48	5515	No
NAA	......	$1130	$2400	$3450	$4360	Ford	4	134G	4F-1R	30	2841	No
600 Series	......	$1090	$1850	$3180	$3850	Ford	4	134G	4F-1R	32	2462	No
700 Series	......	$1100	$1870	$3220	$3890	Ford	4	134G	4F-1R	28	3390	No
800 Series	......	$1130	$1910	$3280	$3970	Ford	4	172G	5F-1R	45	2640	No
800 Series	......	$1170	$1990	$3420	$4130	Ford	4	172D	4F-1R	46	2960	No
900 Series	......	$1150	$1950	$3350	$4050	Ford	4	172G	5F-1R	47	3355	No
1953												
Fordson Major	......	$800	$1270	$2320	$3220	Ford	4	220D	6F-2R	48	5515	No
NAA	......	$1110	$2350	$3430	$4280	Ford	4	134G	4F-1R	30	2841	No
1952												
8N	......	$1050	$1780	$3130	$3880	Ford	4	119G	4F-1R	27.3	2714	No
1951												
8N	......	$1010	$1750	$3080	$3860	Ford	4	119G	4F-1R	27.3	2714	No
1950												
8N	......	$1000	$1680	$3050	$3870	Ford	4	119G	4F-1R	27.3	2714	No
1949												
8N	......	$980	$1650	$2980	$3830	Ford	4	119G	4F-1R	27.3	2714	No
1948												
8N	......	$960	$1620	$2930	$3810	Ford	4	119G	4F-1R	27.3	2714	No
1947												
2N	......	$930	$1520	$2830	$3720	Ford	4	119G	3F-1R	24	3070	No
8N	......	$950	$1550	$2880	$3780	Ford	4	119G	4F-1R	27.3	2714	No
1946												
2N	......	$890	$1490	$2780	$3690	Ford	4	119G	3F-1R	24	3070	No

Model	Approx. Retail Price New	Used Trade-In Avg.	Used Trade-In High	Used Retail Avg.	Used Retail High	Make	No. Cyls.	Displ. Cu.-in.	No. Speeds	P.T.O. H.P.	Approx. Shipping Wt.-Lbs.	Cab
Ford (Cont.)												
			1945									
2N	......	$860	$1470	$2750	$3670	Ford	4	119G	3F-1R	24	3070	No
			1944									
2N	......	$830	$1380	$2690	$3560	Ford		120G	3F-1R	24	3070	No
			1943									
2N	......	$810	$1360	$2650	$3490	Ford	4	120G	3F-1R	24	3070	No
9N	......	$800	$1340	$2620	$3440	Ford	4	119G	3F-1R	23.07	3375	No
			1942									
9N	......	$800	$1330	$2620	$3420	Ford	4	119G	3F-1R	23.07	3375	No
			1941									
9N	......	$790	$1310	$2590	$3380	Ford	4	119G	3F-1R	23.07	3375	No
			1940									
9N	......	$790	$1310	$2590	$3380	Ford	4	119G	3F-1R	23.07	3375	No
			1939									
9N	......	$770	$1290	$2540	$3310	Ford	4	119G	3F-1R	23.07	3375	No
Hesston-Fiat												
			1991									
45-66	$15810	$3000	$4110	$5380	$6010	Fiat	3	165D	12F-4R	39.00	3674	No
45-66DT 4WD	$20196	$3840	$5250	$6870	$7670	Fiat	3	165D	12F-4R	39.49	4114	No
55-56	$15860	$3010	$4120	$5390	$6030	Fiat	3	165D	8F-2R	45.00	4420	No
55-56 DT 4WD	$20803	$3950	$5410	$7070	$7910	Fiat	3	165D	8F-2R	45.00	5000	No
55-76F Orchard	$19085	$3630	$4960	$6490	$7250	Fiat	3	165D	12F-4R	45.00		No
55-76FDT Orchard 4WD	$23552	$4480	$6120	$8010	$8950	Fiat	3	165D	12F-4R	45.00		No
60-66	$20600	$3910	$5360	$7000	$7830	Fiat	3	179D	12F-4R	51.00	4900	No
60-66DT 4WD	$25597	$4860	$6660	$8700	$9730	Fiat	3	179D	12F-4R	51.49	5450	No
60-76DTF Orchard 4WD	$25875	$4920	$6730	$8800	$9830	Fiat	3	179D	12F-4R	51.00		No
60-76F Orchard	$20775	$3950	$5400	$7060	$7900	Fiat	3	179D	12F-4R	51.00		No
65-56	$20897	$3970	$5430	$7110	$7940	Fiat	4	220D	8F-2R	60.00	4860	No
65-56DT 4WD	$25493	$4840	$6630	$8670	$9690	Fiat	4	220D	8F-2R	60.00	5400	No
70-66	$23200	$4410	$6030	$7890	$8820	Fiat	4	220D	12F-12R	62.72	5689	No
70-66 High Clearance	$25476	$4840	$6620	$8660	$9680	Fiat	4	220D	12F-12R	62.00	5689	No
70-66DT 4WD	$28323	$5380	$7360	$9630	$10760	Fiat	4	220D	12F-12R	62.00	6350	No
70-66DT 4WD	$31926	$6070	$8300	$10860	$12130	Fiat	4	220D	12F-12R	62.72	7290	No
70-76 Orchard	$23052	$4380	$5990	$7840	$8760	Fiat	4	220D	12F-4R	62.00		No
70-76DTF Orchard 4WD	$28119	$5340	$7310	$9560	$10690	Fiat	4	220D	12F-4R	62.00		No
70-76F Orchard	$23121	$4390	$6010	$7860	$8790	Fiat	4	220D	12F-4R	62.00		No
80-66	$26471	$5030	$6880	$9000	$10060	Fiat	4	238D	12F-12R	70.43	5800	No
80-66 High Clearance	$27815	$5290	$7230	$9460	$10570	Fiat	4	238D	12F-12R	70.00	5800	No
80-66DT 4WD	$33253	$6320	$8650	$11310	$12640	Fiat	4	238D	12F-4R	70.43	6450	No
80-66DT H.C. 4WD	$34620	$6580	$9000	$11770	$13160	Fiat	4	238D	12F-12R	70.43	7290	No
80-76DTF Orchard 4WD	$30453	$5790	$7920	$10350	$11570	Fiat	4	238D	12F-4R	70.00		No
80-90	$34849	$6620	$9060	$11850	$13240	Fiat	4	238D	12F-12R	70.86	6930	CHA
80-90DT 4WD	$41122	$7810	$10690	$13980	$15630	Fiat	4	238D	12F-12R	70.00	7634	CHA
100-90	$33338	$6140	$8400	$10980	$12270	Fiat	6	331D	15F-3R	91.52	7420	No
100-90	$39493	$7130	$9750	$12750	$14250	Fiat	6	331D	15F-3R	91.52	8240	CHA
100-90 DT 4WD	$39304	$7030	$9620	$12580	$14060	Fiat	6	331D	15F-3R	91.52	8264	No
100-90 DT 4WD	$45458	$8170	$11180	$14620	$16340	Fiat	6	331D	15F-3R	91.52	9080	CHA
100-90 DT	$42959	$7790	$10660	$13940	$15580	Fiat	6	331D	20F-4R	91.00	8710	No
F110	$40200	$7260	$9930	$12990	$14520	Fiat	6	358D	16F-16R	98.00	9570	CHA
F110DT 4WD	$46500	$8360	$11440	$14960	$16720	Fiat	6	358D	16F-16R	98.00	10230	CHA
F130	$48500	$8740	$11960	$15640	$17480	Fiat	6T	358D	32F-16R	115.00	11120	CHA
F130DT 4WD	$56300	$10070	$13780	$18020	$20140	Fiat	6T	358D	32F-16R	115.00	12000	CHA
140-90 Turbo PS 4WD	$62244	$11210	$15340	$20060	$22420	Fiat	6T	358D	16F-16R	123.00	13338	CHA
160-90 Turbo PS	$56524	$10070	$13780	$18020	$20140	Fiat	6T	494D	16F-16R	142.64	13350	CHA
160-90 Turbo PS 4WD	$65884	$11780	$16120	$21080	$23560	Fiat	6T	494D	16F-16R	142.00	14220	CHA
180-90DT Turbo 4WD	$74393	$12920	$17680	$23120	$25840	Fiat	6T	494D	16F-16R	162.87	14318	CHA
PS—Power Shift												
			1990									
45-66	$15500	$2790	$3720	$5120	$5740	Fiat	3	165D	12F-4R	39.00	3674	No
45-66DT 4WD	$19800	$3560	$4750	$6530	$7330	Fiat	3	165D	12F-4R	39.49	4114	No
55-56	$15549	$2800	$3730	$5130	$5750	Fiat	3	165D	8F-2R	45.00	4420	No
55-56 DT 4WD	$20382	$3670	$4890	$6730	$7540	Fiat	3	165D	8F-2R	45.00	5000	No
60-66 Orchard	$19481	$3510	$4680	$6430	$7210	Fiat	3	179D	12F-4R	51.00		No
60-66 Orchard 4WD	$24074	$4330	$5780	$7940	$8910	Fiat	3	179D	12F-4R	51.00		No
60-66DT 4WD	$25082	$4520	$6020	$8280	$9280	Fiat	3	179D	12F-4R	51.49	5450	No
60-76DTF Orchard 4WD	$25300	$4550	$6070	$8350	$9360	Fiat	3	179D	12F-4R	51.00		No
60-76F Orchard	$20300	$3650	$4870	$6700	$7510	Fiat	3	179D	12F-4R	51.00		No
65-56	$20487	$3690	$4920	$6760	$7580	Fiat	4	220D	8F-2R	60.00	4860	No
65-56 DT 4WD	$24980	$4500	$6000	$8240	$9240	Fiat	4	220D	8F-2R	60.00	5400	No
70-66 4WD	$28315	$5100	$6800	$9340	$10480	Fiat	4	220D	12F-12R	62.00	6350	No
70-66 High Clearance	$24976	$4500	$5990	$8240	$9240	Fiat	4	220D	12F-12R	62.00	5689	No
70-66 Orchard	$21847	$3930	$5240	$7210	$8080	Fiat	4	220D	12F-4R	62.00		No
70-66DT 4WD	$31300	$5630	$7510	$10330	$11580	Fiat	4	220D	12F-12R	62.72	7290	No
70-66DT Orchard 4WD	$26718	$4810	$6410	$8820	$9890	Fiat	4	220D	12F-4R	62.00		No
70-76DTF Orchard 4WD	$28000	$5040	$6720	$9240	$10360	Fiat	4	220D	12F-4R	62.00		No

Hesston-Fiat (Cont.)

Model	Approx. Retail Price New	Used Trade-In Avg.	Used Trade-In High	Used Retail Avg.	Used Retail High	Make	Engine No. Cyls.	Displ. Cu.-in.	No. Speeds	P.T.O. H.P.	Approx. Shipping Wt.-Lbs.	Cab
1990 (Cont.)												
70-76F Orchard	$22600	$4070	$5420	$7460	$8360	Fiat	4	220D	12F-4R	62.00		No
80-66	$25952	$4670	$6230	$8560	$9600	Fiat	4	238D	12F-12R	70.43	5800	No
80-66 High Clearance	$27270	$4910	$6550	$9000	$10090	Fiat	4	238D	12F-12R	70.00	5800	No
80-66 Orchard	$25180	$4530	$6040	$8310	$9320	Fiat	4	238D	12F-4R	70.00		No
80-66 Orchard 4WD	$29788	$5220	$6960	$9570	$10730	Fiat	4	238D	12F-4R	70.00		No
80-66DT 4WD	$32542	$5580	$7440	$10230	$11470	Fiat	4	238D	12F-4R	70.43	6450	No
80-66DT H.C. 4WD	$33941	$5760	$7680	$10560	$11840	Fiat	4	238D	12F-12R	70.43	7290	No
80-76DTF Orchard 4WD	$29788	$5040	$6720	$9240	$10360	Fiat	4	238D	12F-4R	70.00		No
80-76F Orchard	$25180	$4530	$6040	$8310	$9320	Fiat	4	238D	12F-4R	70.00		No
80-90	$34166	$5760	$7680	$10560	$11840	Fiat	4	238D	12F-12R	70.86	6930	CHA
80-90DT 4WD	$40257	$6840	$9120	$12540	$14060	Fiat	4	238D	12F-12R	70.00	7634	CHA
100-90	$32684	$5400	$7200	$9900	$11100	Fiat	6	331D	15F-3R	91.52	7420	No
100-90	$38719	$6550	$8740	$12010	$13470	Fiat	6	331D	15F-3R	91.52	8240	CHA
100-90 DT 4WD	$38405	$6480	$8640	$11880	$13320	Fiat	6	331D	15F-3R	91.52	8264	No
100-90 DT 4WD	$44439	$7560	$10080	$13860	$15540	Fiat	6	331D	15F-3R	91.52	9080	CHA
100-90 DT	$42117	$7200	$9600	$13200	$14800	Fiat	6	331D	20F-4R	91.00	8710	No
130-90 Turbo PS	$50669	$8460	$11280	$15510	$17390	Fiat	6T	358D	16F-16R	107.48	11800	CHA
130-90DT Turbo 4WD	$57010	$9720	$12960	$17820	$19980	Fiat	6T	358D	16F-16R	107.48	13100	CHA
140-90 Turbo PS	$55302	$9360	$12480	$17160	$19240	Fiat	6T	358D	16F-16R	123.00	12015	CHA
140-90 Turbo PS 4WD	$62244	$10440	$13920	$19140	$21460	Fiat	6T	358D	16F-16R	123.00	13338	CHA
160-90 Turbo PS	$56524	$9540	$12720	$17490	$19610	Fiat	6T	494D	16F-16R	142.64	13350	CHA
180-90DT Turbo PS	$63893	$10490	$13990	$19240	$21570	Fiat	6T	494D	16F-16R	162.15	13448	CHA
180-90DT Turbo 4WD	$74393	$11880	$15840	$21780	$24420	Fiat	6T	494D	16F-16R	162.87	14318	CHA
PS—Power Shift												
1989												
45-66	$14950	$2540	$3290	$4780	$5380	Fiat	3	165D	12F-4R	37.00	3674	No
45-66DT 4WD	$19400	$3300	$4270	$6210	$6980	Fiat	3	165D	12F-4R	39.49	4114	No
55-46	$15010	$2550	$3300	$4800	$5400	Fiat	3	165D	8F-2R	45.00	4080	No
55-46 DT 4WD	$19788	$3360	$4350	$6330	$7120	Fiat	3	165D	8F-2R	45.00		No
55-66	$17394	$2960	$3830	$5570	$6260	Fiat	3	165D	12F-4R	45.78	4851	No
55-66DT 4WD	$22077	$3750	$4860	$7070	$7950	Fiat	3	165D	12F-4R	45.00	5402	No
60-66 Orchard	$18800	$3200	$4140	$6020	$6770	Fiat	3	179D	12F-4R	51.00		No
60-66 Orchard 4WD	$23400	$3980	$5150	$7490	$8420	Fiat	3	179D	12F-4R	51.00		No
60-66DT 4WD	$24351	$4140	$5360	$7790	$8770	Fiat	3	179D	12F-4R	51.49	5450	No
65-46	$19890	$3380	$4380	$6370	$7160	Fiat	4	220D	8F-2R	58.00		No
70-66 4WD	$27487	$4420	$5720	$8320	$9360	Fiat	4	220D	12F-4R	62.00	6350	No
70-66 High Clearance	$24000	$3910	$5060	$7360	$8280	Fiat	4	220D	12F-4R	62.00	5689	No
70-66 Orchard	$21000	$3400	$4400	$6400	$7200	Fiat	4	220D	12F-4R	62.00		No
70-66DT 4WD	$30500	$4760	$6160	$8960	$10080	Fiat	4	220D	12F-4R	62.72	7290	No
70-66DT Orchard 4WD	$26000	$4080	$5280	$7680	$8640	Fiat	4	220D	12F-4R	62.00		No
70-90	$31034	$4930	$6380	$9280	$10440	Fiat	4	220D	12F-12R	62.25	6798	CHA
70-90DT 4WD	$36074	$5610	$7260	$10560	$11880	Fiat	4	220D	12F-12R	62.00	7436	CHA
80-66	$25000	$3740	$4840	$7040	$7920	Fiat	4	238D	12F-4R	70.43	5800	No
80-66 High Clearance	$26000	$3910	$5060	$7360	$8280	Fiat	4	238D	12F-4R	70.00	5800	No
80-66 Orchard	$24500	$4000	$5170	$7520	$8460	Fiat	4	238D	12F-4R	70.00		No
80-66 Orchard 4WD	$29000	$4420	$5720	$8320	$9360	Fiat	4	238D	12F-4R	70.00		No
80-66DT 4WD	$31800	$4790	$6200	$9020	$10150	Fiat	4	238D	12F-4R	70.43	6450	No
80-66DT H.C. 4WD	$32800	$5020	$6490	$9440	$10620	Fiat	4	238D	12F-4R	70.43	7290	No
80-90	$33000	$5100	$6600	$9600	$10800	Fiat	4	238D	12F-4R	70.86	6930	CHA
80-90DT 4WD	$39000	$5780	$7480	$10880	$12240	Fiat	4	238D	12F-4R	70.00	7634	CHA
100-90	$31500	$4590	$5940	$8640	$9720	Fiat	6	331D	15F-3R	91.52		No
100-90	$37200	$5440	$7040	$10240	$11520	Fiat	6	331D	15F-3R	91.52	7595	CHA
100-90 DT 4WD	$37300	$6210	$8030	$11680	$13140	Fiat	6	331D	15F-3R	91.52		No
100-90 DT 4WD	$43100	$6460	$8360	$12160	$13680	Fiat	6	331D	15F-3R	91.52	8439	CHA
130-90 Turbo	$48278	$7310	$9460	$13760	$15480	Fiat	6T	358D	16F-16R	107.48	11800	CHA
130-90DT Turbo 4WD	$54590	$8330	$10780	$15680	$17640	Fiat	6T	358D	16F-16R	107.48	13100	CHA
140-90 Turbo	$52881	$7990	$10340	$15040	$16920	Fiat	6T	358D	16F-16R	123.35	12015	CHA
140-90 Turbo PS	$55302	$8500	$11000	$16000	$18000	Fiat	6T	358D	16F-16R	123.00	12015	CHA
140-90 Turbo PS 4WD	$62244	$9350	$12100	$17600	$19800	Fiat	6T	358D	16F-16R	123.00	13338	CHA
140-90DT Turbo 4WD	$59800	$9010	$11660	$16960	$19080	Fiat	6T	358D	16F-16R	123.35	13338	CHA
160-90 Turbo	$54080	$8420	$10890	$15840	$17820	Fiat	6T	494D	16F-16R	141.71	13350	CHA
160-90 Turbo PS	$56524	$8700	$11260	$16380	$18430	Fiat	6T	494D	16F-16R	142.64	13350	CHA
160-90DT Turbo 4WD	$63440	$9520	$12320	$17920	$20160	Fiat	6T	494D	16F-16R	141.71	14220	CHA
160-90DT PS 4WD	$65884	$10030	$12980	$18880	$21240	Fiat	6T	494D	16F-16R	142.64	14220	CHA
180-90 Turbo	$61425	$9380	$12140	$17660	$19870	Fiat	6T	494D	16F-16R	162.87	13448	CHA
180-90DT Turbo 4WD	$71925	$10880	$14080	$20480	$23040	Fiat	6T	494D	16F-16R	162.87	14318	CHA
180-90DT Turbo PS	$63893	$9910	$12830	$18660	$20990	Fiat	6T	494D	16F-16R	162.15	13448	CHA
PS—Power Shift												
1988												
45-66	$14500	$2320	$3050	$4500	$5080	Fiat	3	165D	12F-4R	37.00	3674	No
45-66DT 4WD	$18800	$3010	$3950	$5830	$6580	Fiat	3	165D	12F-4R	39.49	4114	No
55-46	$14800	$2370	$3110	$4590	$5180	Fiat	3	165D	8F-2R	45.00	4080	No
55-46 DT 4WD	$19400	$3100	$4070	$6010	$6790	Fiat	3	165D	8F-2R	45.00		No
55-66	$17394	$2780	$3650	$5390	$6090	Fiat	3	165D	12F-4R	45.78	4851	No
55-66DT 4WD	$22077	$3530	$4640	$6840	$7730	Fiat	3	165D	12F-4R	45.00	5402	No
60-66	$18978	$3040	$3990	$5880	$6640	Fiat	3	179D	12F-4R	51.49	4900	No
60-66 Orchard	$18363	$2940	$3860	$5690	$6430	Fiat	3	179D	12F-4R	51.00		No
60-66 Orchard 4WD	$22692	$3460	$4540	$6700	$7560	Fiat	3	179D	12F-4R	51.00		No
60-66DT 4WD	$23642	$3570	$4680	$6910	$7810	Fiat	3	179D	12F-4R	51.49	5450	No
65-46	$19500	$2960	$3890	$5740	$6480	Fiat	3	220D	8F-2R	58.00		No
70-66	$21139	$3200	$4200	$6200	$7000	Fiat	4	220D	12F-4R	62.72	5689	No
70-66 4WD	$26686	$3940	$5170	$7630	$8610	Fiat	4	220D	12F-4R	62.00	6350	No

Hesston-Fiat (Cont.)

Model	Approx. Retail Price New	Used Trade-In Avg.	Used Trade-In High	Used Retail Avg.	Used Retail High	Make	No. Cyls.	Displ. Cu.-in.	No. Speeds	P.T.O. H.P.	Approx. Shipping Wt.-Lbs.	Cab
1988 (Cont.)												
70-66 High Clearance	$23094	$3360	$4410	$6510	$7350	Fiat	4	220D	12F-4R	62.00	5689	No
70-66 Orchard	$20593	$2910	$3820	$5640	$6370	Fiat	4	220D	12F-4R	62.00		No
70-66DT 4WD	$29783	$4320	$5670	$8370	$9450	Fiat	4	220D	12F-4R	62.72	7290	No
70-66DT Orchard 4WD	$25184	$3680	$4830	$7130	$8050	Fiat	4	220D	12F-4R	62.00		No
70-90	$30130	$4480	$5880	$8680	$9800	Fiat	4	220D	12F-4R	62.25	6798	CHA
70-90DT 4WD	$35023	$4960	$6510	$9610	$10850	Fiat	4	220D	12F-4R	62.00	7436	CHA
80-66	$24462	$3260	$4280	$6320	$7140	Fiat	4	238D	12F-4R	70.43	5800	No
80-66 High Clearance	$25214	$3390	$4450	$6570	$7420	Fiat	4	238D	12F-4R	70.00	5800	No
80-66 Orchard	$23735	$3120	$4100	$6050	$6830	Fiat	4	238D	12F-4R	70.00		No
80-66 Orchard 4WD	$28078	$3680	$4830	$7130	$8050	Fiat	4	238D	12F-4R	70.00		No
80-66DT 4WD	$30674	$4060	$5330	$7870	$8890	Fiat	4	238D	12F-4R	70.43	6450	No
80-66DT H.C. 4WD	$32225	$4320	$5670	$8370	$9450	Fiat	4	238D	12F-4R	70.43	7290	No
80-90	$32521	$4370	$5730	$8460	$9560	Fiat	4	238D	12F-4R	70.86	6930	CHA
80-90DT 4WD	$38318	$5280	$6930	$10230	$11550	Fiat	4	238D	12F-4R	70.00	7634	CHA
100-90	$30808	$4030	$5290	$7810	$8820	Fiat	6	331D	15F-3R	91.52		No
100-90	$36496	$5000	$6560	$9690	$10940	Fiat	6	331D	15F-3R	91.52	7595	CHA
100-90 DT 4WD	$36200	$4960	$6510	$9610	$10850	Fiat	6	331D	15F-3R	91.52		No
100-90 DT 4WD	$41888	$5760	$7560	$11160	$12600	Fiat	6	331D	15F-3R	91.52	8439	CHA
130-90 Turbo	$48278	$6400	$8400	$12400	$14000	Fiat	6T	358D	16F-16R	107.48	11800	CHA
130-90 Turbo PS	$50699	$7040	$9240	$13640	$15400	Fiat	6T	358D	16F-16R	107.00	11800	CHA
130-90DT Turbo 4WD	$54590	$7740	$10160	$15000	$16940	Fiat	6T	358D	16F-16R	107.48	13100	CHA
130-90DT PS 4WD	$57010	$8000	$10500	$15500	$17500	Fiat	6T	358D	16F-16R	107.00	13100	CHA
140-90 Turbo	$52881	$7520	$9870	$14570	$16450	Fiat	6T	358D	16F-16R	123.35	12015	CHA
140-90 Turbo PS	$55302	$8000	$10500	$15500	$17500	Fiat	6T	358D	16F-16R	123.00	12015	CHA
140-90 Turbo PS 4WD	$62244	$8960	$11760	$17360	$19600	Fiat	6T	358D	16F-16R	123.00	13338	CHA
140-90DT Turbo 4WD	$59800	$8530	$11190	$16520	$18660	Fiat	6T	358D	16F-16R	123.35	13338	CHA
160-90 Turbo	$54080	$7840	$10290	$15190	$17150	Fiat	6T	494D	16F-16R	141.71	13350	CHA
160-90 Turbo PS	$56524	$8190	$10750	$15870	$17920	Fiat	6T	494D	16F-16R	142.64	13350	CHA
160-90DT Turbo 4WD	$63440	$9020	$11840	$17480	$19740	Fiat	6T	494D	16F-16R	141.71	14220	CHA
160-90DT PS 4WD	$65884	$9490	$12450	$18380	$20760	Fiat	6T	494D	16F-16R	142.64	14220	CHA
180-90 Turbo	$61425	$8320	$10920	$16120	$18200	Fiat	6T	494D	16F-16R	162.87	13448	CHA
180-90DT Turbo 4WD	$71925	$9760	$12810	$18910	$21350	Fiat	6T	494D	16F-16R	162.87	14318	CHA
180-90DT Turbo PS	$63893	$9120	$11970	$17670	$19950	Fiat	6T	494D	16F-16R	162.15	13448	CHA
PS—Power Shift												
1987												
45-66	$14500	$2180	$2900	$4350	$4930	Fiat	3	165D	12F-4R	39.49	3674	No
45-66 DT 4WD	$18800	$2820	$3760	$5640	$6390	Fiat	3	165D	12F-4R	39.49	4114	No
55-66	$17395	$2610	$3480	$5220	$5910	Fiat	3	165D	12F-4R	45.78	4850	No
55-66 DT 4WD	$22080	$3310	$4420	$6620	$7510	Fiat	3	165D	12F-4R	45.00	5450	No
60-66	$18980	$2850	$3800	$5690	$6450	Fiat	3	179D	12F-4R	51.49	4900	No
60-66 DT 4WD	$23310	$3300	$4400	$6600	$7480	Fiat	3	179D	12F-4R	51.49	5455	No
60-90	$27300	$3800	$5060	$7590	$8600	Fiat	3	179D	12F-4R	51.00	6295	CHA
60-90 DT 4WD	$31440	$4380	$5840	$8760	$9930	Fiat	3	179D	12F-4R	51.00	6755	CHA
70-66	$21140	$3000	$4000	$6000	$6800	Fiat	4	220D	12F-4R	62.72	5690	No
70-66 DT 4WD	$25910	$3600	$4800	$7200	$8160	Fiat	4	220D	12F-4R	62.72	6350	No
70-66 DT 4WD	$26450	$3750	$5000	$7500	$8500	Fiat	4	220D	20F-8R	62.00	6400	No
70-90	$29835	$4050	$5400	$8100	$9180	Fiat	4	220D	12F-4R	62.25	6800	CHA
70-90 DT 4WD	$34680	$4680	$6240	$9360	$10610	Fiat	4	220D	12F-4R	62.00	7440	CHA
80-66	$24220	$3330	$4440	$6660	$7550	Fiat	4	238D	12F-4R	70.43	5800	No
80-66 DT 4WD	$30075	$4140	$5520	$8280	$9380	Fiat	4	238D	12F-4R	70.43	6450	No
80-90	$32200	$4460	$5940	$8910	$10100	Fiat	4	238D	12F-4R	70.86	6800	CHA
80-90 DT 4WD	$37940	$4910	$6540	$9810	$11120	Fiat	4	238D	12F-4R	70.00	7640	CHA
90-90	$35322	$4550	$6060	$9090	$10300	Fiat	5	298D	15F-3R	81.00	7410	CHA
90-90 DT 4WD	$41003	$5400	$7200	$10800	$12240	Fiat	5	298D	15F-3R	81.00	8125	CHA
100-90	$37298	$4830	$6440	$9660	$10950	Fiat	6	331D	15F-3R	91.52	7780	CHA
100-90 DT 4WD	$43061	$5700	$7600	$11400	$12920	Fiat	6	331D	15F-3R	91.52	8625	CHA
130-90	$46875	$6000	$8000	$12000	$13600	Fiat	6	358D	16F-16R	107.48	11800	CHA
130-90 DT 4WD	$57040	$7500	$10000	$15000	$17000	Fiat	6	358D	16F-16R	107.48	13100	CHA
140-90	$51345	$6750	$9000	$13500	$15300	Fiat	6T	358D	16F-16R	123.35	12015	CHA
140-90 DT 4WD	$61800	$8250	$11000	$16500	$18700	Fiat	6T	358D	16F-16R	123.35	13340	CHA
160-90	$54050	$7350	$9800	$14700	$16660	Fiat	6T	494D	16F-16R	143.91	13350	CHA
160-90 PS	$56400	$7580	$10100	$15150	$17170	Fiat	6T	494D	16F-16R	142.64	13500	CHA
160-90 PS 4WD	$66783	$8850	$11800	$17700	$20060	Fiat	6T	494D	16F-16R	142.64	13500	CHA
180-90 4WD	$72915	$9300	$12400	$18600	$21080	Fiat	6T	494D	24F-8R	162.00	13500	CHA
180-90 PS	$63507	$8600	$11460	$17190	$19480	Fiat	6T	494D	16F-16R	162.15	13500	CHA
PS—Power Shift												
1986												
45-66	$14500	$2030	$2760	$4210	$4790	Fiat	3	165D	12F-4R	39.49	3674	No
45-66 DT 4WD	$18800	$2630	$3570	$5450	$6200	Fiat	3	165D	12F-4R	39.49	4114	No
55-66	$17395	$2440	$3310	$5050	$5740	Fiat	3	165D	12F-4R	45.78	4850	No
55-66 DT 4WD	$22080	$3090	$4200	$6400	$7290	Fiat	3	165D	12F-4R	45.00	5450	No
60-66	$18980	$2660	$3610	$5500	$6260	Fiat	3	179D	12F-4R	51.49	4900	No
60-66 DT 4WD	$23310	$2970	$4030	$6150	$7000	Fiat	3	179D	12F-4R	51.49	5455	No
60-90	$27300	$3500	$4750	$7250	$8250	Fiat	3	179D	12F-4R	51.00	6295	CHA
60-90 DT 4WD	$31440	$3920	$5320	$8120	$9240	Fiat	3	179D	12F-4R	51.00	6755	CHA
70-66	$21140	$2800	$3800	$5800	$6600	Fiat	4	220D	12F-4R	62.72	5690	No
70-66 DT 4WD	$25910	$3290	$4470	$6820	$7760	Fiat	4	220D	12F-4R	62.72	6350	No
70-66 DT 4WD	$26450	$3430	$4660	$7110	$8090	Fiat	4	220D	20F-8R	62.00	6400	No
70-90	$29835	$3780	$5130	$7830	$8910	Fiat	4	220D	12F-4R	62.25	6800	CHA
70-90 DT 4WD	$34680	$4340	$5890	$8990	$10230	Fiat	4	220D	12F-4R	62.00	7440	CHA
80-66	$24220	$3110	$4220	$6440	$7330	Fiat	4	238D	12F-4R	70.43	5800	No
80-66 DT 4WD	$30075	$3780	$5130	$7830	$8910	Fiat	4	238D	12F-4R	70.43	6450	No

Hesston-Fiat (Cont.)

Model	Approx. Retail Price New	Used Trade-In Avg.	Used Trade-In High	Used Retail Avg.	Used Retail High	Make	No. Cyls.	Displ. Cu.-in.	No. Speeds	P.T.O. H.P.	Approx. Shipping Wt.-Lbs.	Cab
1986 (Cont.)												
80-90	$32200	$3920	$5320	$8120	$9240	Fiat	4	238D	12F-4R	70.86	6800	CHA
80-90 DT 4WD	$37940	$4520	$6140	$9370	$10660	Fiat	4	238D	12F-4R	70.00	7640	CHA
90-90	$35322	$4230	$5740	$8760	$9970	Fiat	5	298D	15F-3R	81.00	7410	CHA
90-90 DT 4WD	$41003	$5180	$7030	$10730	$12210	Fiat	5	298D	15F-3R	81.00	8125	CHA
100-90	$37298	$4620	$6270	$9570	$10890	Fiat	6	331D	15F-3R	91.52	7780	CHA
100-90 DT 4WD	$43061	$5460	$7410	$11310	$12870	Fiat	6	331D	15F-3R	91.52	8625	CHA
130-90	$46875	$5740	$7790	$11890	$13530	Fiat	6	358D	16F-16R	107.48	11800	CHA
130-90 DT 4WD	$57040	$7140	$9690	$14790	$16830	Fiat	6	358D	16F-16R	107.48	13100	CHA
140-90	$51345	$6440	$8740	$13340	$15180	Fiat	6T	358D	16F-16R	123.35	12015	CHA
140-90 DT 4WD	$61800	$7950	$10790	$16470	$18740	Fiat	6T	358D	16F-16R	123.35	13340	CHA
160-90	$54050	$6860	$9310	$14210	$16170	Fiat	6T	494D	16F-16R	143.91	13350	CHA
160-90 PS	$56400	$7200	$9770	$14910	$16960	Fiat	6T	494D	16F-16R	142.64	13500	CHA
160-90 PS 4WD	$66783	$8360	$11340	$17310	$19700	Fiat	6T	494D	16F-16R	142.64	13500	CHA
180-90 4WD	$72915	$8680	$11780	$17980	$20460	Fiat	6T	494D	24F-8R	162.00	13500	CHA
180-90 PS	$63507	$7490	$10170	$15520	$17660	Fiat	6T	494D	16F-16R	162.15	13500	CHA
PS—Power Shift												
1985												
45-66	$14500	$1890	$2610	$4060	$4640	Fiat	3	158D	12F-4R	39.00	4850	No
45-66 DT 4WD	$18800	$2440	$3380	$5260	$6020	Fiat	3	158D	12F-4R	39.00	5450	No
55-66	$17395	$2260	$3130	$4870	$5570	Fiat	3	165D	12F-4R	45.78	4850	No
55-66 DT 4WD	$22080	$2730	$3780	$5880	$6720	Fiat	3	165D	12F-4R	45.00	5450	No
60-66	$18980	$2470	$3420	$5310	$6070	Fiat	3	179D	12F-4R	51.49	4900	No
60-66 DT 4WD	$23310	$2860	$3960	$6160	$7040	Fiat	3	179D	12F-4R	51.49	5455	No
60-90	$27300	$3290	$4550	$7080	$8100	Fiat	3	179D	12F-4R	51.00	6295	CHA
60-90 DT 4WD	$31440	$3820	$5290	$8230	$9410	Fiat	3	179D	12F-4R	51.00	6755	CHA
70-66	$21140	$2630	$3640	$5660	$6460	Fiat	4	220D	12F-4R	62.72	5690	No
70-66 DT 4WD	$25910	$3040	$4210	$6550	$7490	Fiat	4	220D	12F-4R	62.72	6350	No
70-90	$29835	$3510	$4860	$7560	$8640	Fiat	4	220D	12F-4R	62.25	6800	CHA
70-90 DT 4WD	$34680	$4030	$5580	$8680	$9920	Fiat	4	220D	12F-4R	62.00	7440	CHA
80-66	$24220	$2890	$4000	$6220	$7100	Fiat	4	238D	12F-4R	70.43	5800	No
80-66 DT 4WD	$30075	$3550	$4910	$7640	$8740	Fiat	4	238D	12F-4R	70.43	6450	No
80-90	$32200	$3820	$5290	$8230	$9410	Fiat	4	238D	12F-4R	70.86	6800	CHA
80-90 DT 4WD	$37940	$4340	$6010	$9350	$10690	Fiat	4	238D	12F-4R	70.00	7640	CHA
90-90	$28945	$3380	$4680	$7280	$8320	Fiat	5	298D	15F-3R	81.00	7410	CHA
90-90 DT 4WD	$34630	$4030	$5580	$8680	$9920	Fiat	5	298D	15F-3R	81.00	8125	CHA
100-90	$31310	$3550	$4910	$7640	$8740	Fiat	6	331D	15F-3R	91.52	7780	CHA
100-90 DT 4WD	$37075	$4290	$5940	$9240	$10560	Fiat	6	331D	15F-3R	91.52	8625	CHA
130-90	$46875	$5380	$7450	$11590	$13250	Fiat	6	358D	16F-16R	107.48	11800	CHA
130-90 DT 4WD	$57040	$6760	$9360	$14560	$16640	Fiat	6	358D	16F-16R	107.48	13100	CHA
140-90	$51345	$5980	$8280	$12880	$14720	Fiat	6T	358D	16F-16R	123.35	12015	CHA
140-90 DT 4WD	$61800	$7150	$9900	$15400	$17600	Fiat	6T	358D	16F-16R	123.35	13340	CHA
160-90	$54050	$6290	$8710	$13550	$15490	Fiat	6T	494D	16F-16R	143.91	13350	CHA
160-90	$54790	$6370	$8820	$13720	$15680	Fiat	6T	494D	24F-8R	143.91	13400	CHA
160-90 DT 4WD	$64435	$7070	$9790	$15230	$17410	Fiat	6T	494D	16F-8R	143.91	14220	CHA
160-90 DT 4WD PS	$66785	$7280	$10080	$15680	$17920	Fiat	6T	494D	16F-16R	143.91	14370	CHA
160-90 PS	$56400	$6110	$8460	$13160	$15040	Fiat	6T	494D	16F-16R	142.64	13500	CHA
180-90	$61160	$6640	$9200	$14310	$16350	Fiat	6T	494D	16F-16R	162.15	13450	CHA
180-90 DT 4WD	$72180	$8060	$11160	$17360	$19840	Fiat	6T	494D	16F-16R	162.87	14320	CHA
180-90 DT 4WD PS	$74530	$8320	$11520	$17920	$20480	Fiat	6T	494D	16F-16R	162.15	14470	CHA
180-90 PS	$63510	$6890	$9540	$14840	$16960	Fiat	6T	494D	16F-16R	162.87	13600	CHA
PS—Power Shift												
1984												
466	$14870	$1780	$2530	$4020	$4610	Fiat	3	158D	12F-4R	45.13	4851	No
466 DT 4WD	$19240	$2310	$3270	$5200	$5960	Fiat	3	158D	12F-4R	45.13	5402	No
566	$16065	$1930	$2730	$4340	$4980	Fiat	3	168D	12F-4R	51.00	4901	No
566 DT 4WD	$20400	$2450	$3470	$5510	$6320	Fiat	3	168D	12F-4R	51.00	5452	No
580	$17300	$2080	$2940	$4670	$5360	Fiat	3	168D	8F-2R	51.61	5110	No
580 DT 4WD	$21800	$2620	$3710	$5890	$6760	Fiat	3	168D	8F-2R	51.61	5670	No
580 DT 4WD w/Cab	$27550	$3060	$4340	$6890	$7910	Fiat	3	168D	8F-2R	51.61	6770	CHA
580 w/Cab	$23050	$2640	$3740	$5940	$6820	Fiat	3	168D	8F-2R	51.61	6210	CHA
666	$18065	$2170	$3070	$4880	$5600	Fiat	4	211D	12F-4R	62.40	5689	No
666 DT 4WD	$22800	$2570	$3640	$5780	$6630	Fiat	4	211D	12F-4R	62.40	6350	No
680	$19900	$2260	$3200	$5080	$5830	Fiat	4	211D	8F-2R	62.47	5405	No
680 DT 4WD	$24600	$2830	$4010	$6370	$7320	Fiat	4	211D	8F-2R	62.47	5965	No
680 DT 4WD w/Cab	$30350	$3380	$4790	$7610	$8740	Fiat	4	211D	8F-2R	62.47	7065	CHA
680 w/Cab	$25650	$2940	$4170	$6620	$7600	Fiat	4	211D	8F-2R	62.47	6505	CHA
766	$21500	$2420	$3430	$5450	$6260	Fiat	4	224D	12F-4R	70.00	5800	No
766 DT 4WD	$26235	$3000	$4250	$6750	$7750	Fiat	4	224D	12F-4R	70.00	6200	No
780	$21900	$2420	$3430	$5450	$6260	Fiat	4	224D	8F-2R	70.57	5495	No
780 DT 4WD	$27500	$3000	$4250	$6750	$7750	Fiat	4	224D	8F-2R	70.57	6055	No
780 DT 4WD w/Cab	$33250	$3600	$5100	$8100	$9300	Fiat	4	224D	8F-2R	70.57	7155	CHA
780 w/Cab	$27650	$2930	$4150	$6590	$7560	Fiat	4	224D	8F-2R	70.57	6595	CHA
880-5	$30900	$3240	$4590	$7290	$8370	Fiat	5	280D	12F-3R	81.32	6935	CHA
880-5 DT 4WD	$35900	$3840	$5440	$8640	$9920	Fiat	5	280D	12F-3R	81.32	7910	CHA
980	$34795	$3720	$5270	$8370	$9610	Fiat	6	316D	12F-3R	91.12	7310	CHA
980 DT 4WD	$40200	$4320	$6120	$9720	$11160	Fiat	6	316D	12F-3R	91.12	8440	CHA
1180 DT Turbo 4WD	$48270	$5280	$7480	$11880	$13640	Fiat	6T	335D	12F-4R	107.48	13030	CHA
1180 Turbo	$39670	$4200	$5950	$9450	$10850	Fiat	6T	335D	12F-4R	107.48	11730	CHA
1180 Turbo	$40395	$4320	$6120	$9720	$11160	Fiat	6T	335D	12F-12R	107.00	11980	CHA
1380	$42625	$4510	$6390	$10150	$11660	Fiat	6T	335D	12F-4R	123.16	12015	CHA
1380 DT 4WD	$52300	$5520	$7820	$12420	$14260	Fiat	6T	335D	12F-4R	123.16	13890	CHA
1580 DT Turbo 4WD	$53000	$5640	$7990	$12690	$14570	Fiat	6	494D	12F-4R	141.44	14220	CHA

Hesston-Fiat (Cont.)

Model	Approx. Retail Price New	Used Trade-In Avg.	Used Trade-In High	Used Retail Avg.	Used Retail High	Make	Engine No. Cyls.	Displ. Cu.-in.	No. Speeds	P.T.O. H.P.	Approx. Shipping Wt.-Lbs.	Cab
1984 (Cont.)												
1580 DT Turbo 4WD	$53725	$5710	$8090	$12850	$14750	Fiat	6	494D	12F-4R	141.00	14470	CHA
1580 Turbo	$43000	$4460	$6320	$10040	$11530	Fiat	6	494D	12F-4R	141.44	13225	CHA
1880	$53820	$5280	$7480	$11880	$13640	Fiat	6T	494D	12F-4R	162.48	13445	CHA
1880 DT 4WD	$62900	$6240	$8840	$14040	$16120	Fiat	6T	494D	12F-4R	162.48	14440	CHA
1983												
466	$14870	$1640	$2380	$3870	$4460	Fiat	3	158D	12F-4R	45.13	4851	No
466	$15320	$1690	$2450	$3980	$4600	Fiat	3	158D	20F-8R	45.00	5101	No
466	$15535	$1710	$2490	$4040	$4660	Fiat	3	158D	12F-12R	45.00	5101	No
466 DT 4WD	$19240	$2120	$3080	$5000	$5770	Fiat	3	158D	12F-4R	45.13	5402	No
480-8	$13900	$1530	$2220	$3610	$4170	Fiat	3	158D	8F-2R	42.58	4215	No
480-8 DT 4WD	$18100	$1990	$2900	$4710	$5430	Fiat	3	158D	8F-2R	42.58	4835	No
566	$16065	$1770	$2570	$4180	$4820	Fiat	3	168D	12F-4R	51.00	4901	No
566 DT 4WD	$20400	$2240	$3260	$5300	$6120	Fiat	3	168D	12F-4R	51.00	5452	No
580	$17300	$1900	$2770	$4500	$5190	Fiat	3	168D	8F-2R	51.61	5110	No
580 DT 4WD	$21800	$2290	$3330	$5410	$6240	Fiat	3	168D	8F-2R	51.61	5670	No
580 DT 4WD w/Cab	$27550	$2810	$4080	$6630	$7650	Fiat	3	168D	8F-2R	51.61	6770	CHA
580 w/Cab	$23050	$2420	$3520	$5720	$6600	Fiat	3	168D	8F-2R	51.61	6210	CHA
640	$16685	$1840	$2670	$4340	$5010	Fiat	4	211D	8F-2R	62.00	4790	No
640 DT 4WD	$21650	$2220	$3230	$5250	$6060	Fiat	4	211D	8F-2R	62.00	5410	No
666	$18065	$1990	$2890	$4700	$5420	Fiat	4	211D	12F-4R	62.40	5689	No
666 DT 4WD	$22800	$2340	$3410	$5540	$6390	Fiat	4	211D	12F-4R	62.40	6350	No
680	$19900	$2090	$3040	$4940	$5700	Fiat	4	211D	8F-2R	62.47	5405	No
680 DT 4WD	$24600	$2560	$3730	$6060	$6990	Fiat	4	211D	8F-2R	62.47	5965	No
680 DT 4WD w/Cab	$30350	$2970	$4320	$7020	$8100	Fiat	4	211D	8F-2R	62.47	7065	CHA
680 w/Cab	$25650	$2640	$3840	$6240	$7200	Fiat	4	211D	8F-2R	62.47	6505	CHA
780	$21900	$2220	$3230	$5250	$6060	Fiat	4	224D	8F-2R	70.57	5495	No
780 DT 4WD	$27500	$2770	$4030	$6550	$7560	Fiat	4	224D	8F-2R	70.57	6055	No
780 DT 4WD w/Cab	$33250	$3220	$4690	$7620	$8790	Fiat	4	224D	8F-2R	70.57	7155	CHA
780 w/Cab	$27650	$2640	$3840	$6240	$7200	Fiat	4	224D	8F-2R	70.57	6595	CHA
880-5	$30900	$2790	$4060	$6600	$7620	Fiat	5	280D	12F-3R	81.32	6935	CHA
880-5 DT 4WD	$35900	$3300	$4800	$7800	$9000	Fiat	5	280D	12F-3R	81.32	7910	CHA
980	$34795	$3190	$4640	$7540	$8700	Fiat	6	316D	12F-3R	91.12	7310	CHA
980 DT 4WD	$40200	$3740	$5440	$8840	$10200	Fiat	6	316D	12F-3R	91.12	8440	CHA
1180	$39670	$3430	$4990	$8110	$9360	Fiat	6T	335D	12F-4R	107.48	11730	CHA
1180 DT 4WD	$48270	$4400	$6400	$10400	$12000	Fiat	6T	335D	12F-4R	107.48	13030	CHA
1380	$42625	$3540	$5150	$8370	$9660	Fiat	6T	335D	12F-4R	123.16	12015	CHA
1380 DT 4WD	$52300	$4950	$7200	$11700	$13500	Fiat	6T	335D	12F-4R	123.16	13890	CHA
1580	$43000	$3960	$5760	$9360	$10800	Fiat	6	494D	12F-4R	141.44	13225	CHA
1580 DT 4WD	$53000	$4840	$7040	$11440	$13200	Fiat	6	494D	12F-4R	141.44	14220	CHA
1880	$53820	$4900	$7120	$11570	$13350	Fiat	6T	494D	12F-4R	162.48	13445	CHA
1880 DT 4WD	$62900	$5740	$8350	$13570	$15660	Fiat	6T	494D	12F-4R	162.48	14440	CHA
1982												
480-8	$13900	$1390	$2090	$3480	$4030	Fiat	3	158D	8F-2R	42.58	4215	No
480-8 DT	$18100	$1810	$2720	$4530	$5250	Fiat	3	158D	8F-2R	42.58	4835	No
580	$16320	$1630	$2450	$4080	$4730	Fiat	3	168D	8F-2R	51.61	5110	No
580 DT	$21000	$2100	$3150	$5250	$6090	Fiat	3	168D	8F-2R	51.61	5670	No
640	$16685	$1670	$2500	$4170	$4840	Fiat	4	211D	8F-2R	62.00	4790	No
640 DT	$21650	$2170	$3250	$5410	$6280	Fiat	4	211D	8F-2R	62.00	5410	No
680	$19100	$1910	$2870	$4780	$5540	Fiat	4	211D	8F-2R	62.47	5405	No
680 DT	$24600	$2340	$3510	$5850	$6790	Fiat	4	211D	8F-2R	62.47	5965	No
780	$20990	$2100	$3150	$5250	$6090	Fiat	4	224D	8F-2R	70.57	5495	No
780 DT	$24500	$2300	$3450	$5750	$6670	Fiat	4	224D	8F-2R	70.57	6055	No
880-5	$29400	$2700	$4050	$6750	$7830	Fiat	5	280D	12F-3R	81.32	6935	CHA
880-5 DT	$35900	$3120	$4680	$7800	$9050	Fiat	5	280D	12F-3R	81.32	7910	CHA
980	$32980	$2900	$4350	$7250	$8410	Fiat	6	316D	12F-3R	91.12	7310	CHA
980 DT	$40200	$3420	$5130	$8550	$9920	Fiat	6	316D	12F-3R	91.12	8440	CHA
1180	$33250	$2720	$4080	$6800	$7890	Fiat	6	335D	12F-4R	102.00	11730	CHA
1180 DT	$41250	$3520	$5280	$8800	$10210	Fiat	6	335D	12F-4R	102.00	13030	CHA
1180 Turbo	$36900	$3040	$4560	$7600	$8820	Fiat	6T	335D	12F-4R		11880	CHA
1180 DT Turbo	$44900	$3900	$5850	$9750	$11310	Fiat	6T	335D	12F-4R		13180	CHA
1380	$39650	$3400	$5100	$8500	$9860	Fiat	6T	335D	12F-4R	123.16	12015	CHA
1380 DT	$48650	$4200	$6300	$10500	$12180	Fiat	6T	335D	12F-4R	123.16	13890	CHA
1580	$41900	$3540	$5310	$8850	$10270	Fiat	6	494D	12F-4R	138.00	13225	CHA
1580 DT	$49900	$4330	$6500	$10830	$12560	Fiat	6	494D	12F-4R	138.00	14220	CHA
1880	$51500	$4550	$6830	$11380	$13200	Fiat	6T	494D	12F-4R	162.48	13445	CHA
1880 DT	$59500	$5050	$7580	$12630	$14650	Fiat	6T	494D	12F-4R	162.48	14440	CHA
1981												
480-8	$13050	$1310	$1830	$3130	$3650	Fiat	3	158D	8F-2R	42.58	4215	No
480-8 DT	$17205	$1720	$2410	$4130	$4820	Fiat	3	158D	8F-2R	42.58	4835	No
580	$16320	$1630	$2290	$3920	$4570	Fiat	3	168D	8F-2R	51.61	5110	No
580 DT	$21000	$2100	$2940	$5040	$5880	Fiat	3	168D	8F-2R	51.61	5670	No
640	$16685	$1670	$2340	$4000	$4670	Fiat	4	211D	8F-2R	62.00	4790	No
640 DT	$21650	$2100	$2940	$5040	$5880	Fiat	4	211D	8F-2R	62.00	5410	No
680	$18200	$1820	$2550	$4370	$5100	Fiat	4	211D	8F-2R	62.47	5405	No
680 DT	$23395	$2200	$3080	$5280	$6160	Fiat	4	211D	8F-2R	62.47	5965	No
780	$20245	$1920	$2690	$4610	$5380	Fiat	4	224D	8F-2R	70.57	5495	No
780 DT	$26075	$2500	$3500	$6000	$7000	Fiat	4	224D	8F-2R	70.57	6055	No
880-5	$28065	$2600	$3640	$6240	$7280	Fiat	5	280D	12F-3R	81.32	6935	CHA
880-5 DT	$33970	$2900	$4060	$6960	$8120	Fiat	5	280D	12F-3R	81.32	7910	CHA
980	$29940	$2700	$3780	$6480	$7560	Fiat	6	316D	12F-3R	91.12	7310	CHA
980 DT	$37645	$3400	$4760	$8160	$9520	Fiat	6	316D	12F-3R	91.12	8440	CHA

Model	Approx. Retail Price New	Estimated Value Less Repairs Used Trade-In Avg.	High	Used Retail Avg.	High	Make	Engine No. Cyls.	Displ. Cu.-in.	No. Speeds	P.T.O. H.P.	Approx. Shipping Wt.-Lbs.	Cab

Hesston-Fiat (Cont.)

1981 (Cont.)

Model	New	Avg.	High	Avg.	High	Make	Cyls.	Cu.-in.	Speeds	H.P.	Wt.	Cab
1180	$33250	$2920	$4090	**$7010**	**$8180**	Fiat	6	335D	12F-4R	102.00	11730	CHA
1180 DT	$41250	$3600	$5040	**$8640**	**$10080**	Fiat	6	335D	12F-4R	102.00	13030	CHA
1380	$36800	$3020	$4230	**$7250**	**$8460**	Fiat	6T	335D	12F-4R	123.16	12015	CHA
1380 DT	$44950	$3900	$5460	**$9360**	**$10920**	Fiat	6T	335D	12F-4R	123.16	13890	CHA
1880	$47200	$4220	$5910	**$10130**	**$11820**	Fiat	6T	494D	12F-4R	162.48	13445	CHA
1880 DT	$55600	$4830	$6760	**$11590**	**$13520**	Fiat	6T	494D	12F-4R	162.48	14440	CHA

Huber

1942

Model	New	Avg.	High	Avg.	High	Make	Cyls.	Cu.-in.	Speeds	H.P.	Wt.	Cab
L Modern Farmer STD	$1675	$630	$1040	**$2050**	**$2680**		4	338	3F-1R		4050	No
LC Modern Farmer	$1380	$560	$940	**$1850**	**$2410**		4	338	3F-1R		4200	No

1941

| L Modern Farmer STD | $1645 | $610 | $1020 | **$2000** | **$2610** | | 4 | 338 | 3F-1R | | 4050 | No |
| LC Modern Farmer | $1365 | $550 | $910 | **$1790** | **$2340** | | 4 | 338 | 3F-1R | | 4200 | No |

1940

| L Modern Farmer STD | $1620 | $590 | $990 | **$1950** | **$2540** | | 4 | 338 | 3F-1R | | 4050 | No |
| LC Modern Farmer | $1350 | $530 | $890 | **$1750** | **$2280** | | 4 | 338 | 3F-1R | | 4200 | No |

1939

| L Modern Farmer STD | $1600 | $580 | $960 | **$1890** | **$2470** | | 4 | 338 | 3F-1R | | 4050 | No |
| LC Modern Farmer | $1330 | $510 | $850 | **$1680** | **$2190** | | 4 | 338 | 3F-1R | | 4200 | No |

Hurlimann

1999

Model	New	Avg.	High	Avg.	High	Make	Cyls.	Cu.-in.	Speeds	H.P.	Wt.	Cab
H-305 XE 2WD	$23995	$8640	$10080	**$13680**	**$15600**	Hurlimann	3	183D	12F-12R	45	4277	No
H-305 XE 4WD	$27995	$10080	$11760	**$15960**	**$18200**	Hurlimann	3	183D	12F-12R	45	4740	No
H-306 XE 4WD	$30660	$11040	$12880	**$17480**	**$19930**	Hurlimann	3	183D	12F-12R	54	5071	No
Prince 325 DT 4WD	$15995	$5760	$6720	**$9120**	**$10400**	Mitsubishi	3	68D	12F-12R	23	2138	No
Prince 435 DT 4WD	$18660	$6720	$7840	**$10640**	**$12130**	Mitsubishi	4	90D	12F-12R	32	2271	No
Prince 445 DT 4WD	$21325	$7680	$8960	**$12160**	**$13860**	Mitsubishi	4	90D	12F-12R	37	2535	No
Prince 445 DT 4WD	$26260	$9450	$11030	**$14970**	**$17070**	Mitsubishi	4	90D	12F-12R	37	2535	CH
XA-607 DT 4WD	$46225	$15250	$18950	**$24960**	**$27740**	Hurlimann	4	244D	45F-45R	63	6415	CH
909 XT DT 4WD	$50660	$16720	$20770	**$27360**	**$30400**	Hurlimann	4T	244D	45F-45R	85	4598	CH
910.6 XT DT 4WD	$58995	$19470	$24190	**$31860**	**$35400**	Hurlimann	6	366D	45F-45R	94	9370	CH
6135 XB DT 4WD	$74745	$24670	$30650	**$40360**	**$44850**	Hurlimann	6T	366D	54F-54R	119	10803	CHA
H-6165 Master DT 4WD	$95445	$29700	$36900	**$48600**	**$54000**	Hurlimann	6TA	366D	26F-25R	149	12787	CHA

1998

H-305 XE 2WD	$23479	$7980	$9390	**$12910**	**$14790**	Hurlimann	3	183D	12F-12R	45	4277	No
H-305 XE 4WD	$26773	$9100	$10710	**$14730**	**$16870**	Hurlimann	3	183D	12F-12R	45	4740	No
H-306 XE 4WD	$30320	$10310	$12130	**$16680**	**$19100**	Hurlimann	3	183D	12F-12R	54	5071	No
Prince 325 DT 4WD	$16623	$5440	$6400	**$8800**	**$10080**	Mitsubishi	3	68D	12F-12R	23	2138	No
Prince 435 DT 4WD	$19789	$6340	$7460	**$10260**	**$11760**	Mitsubishi	4	90D	12F-12R	32	2271	No
Prince 445 DT 4WD	$21989	$7250	$8530	**$11730**	**$13440**	Mitsubishi	4	90D	12F-12R	37	2535	No
Prince 445 DT 4WD	$26449	$8930	$10500	**$14440**	**$16540**	Mitsubishi	4	90D	12F-12R	37	2535	CH
XA-606 DT 4WD	$34872	$10810	$13600	**$17790**	**$19880**	Hurlimann	3	183D	45F-45R	54	5622	No
XA-606 DT 4WD	$39063	$12110	$15240	**$19920**	**$22270**	Hurlimann	3	183D	45F-45R	54	5997	CH
XA-607 DT 4WD	$37582	$11650	$14660	**$19170**	**$21420**	Hurlimann	4	244D	45F-45R	63	6041	No
XA-607 DT 4WD	$40942	$12690	$15970	**$20880**	**$23340**	Hurlimann	4	244D	45F-45R	63	6415	CH
909 XT DT 4WD	$44273	$13730	$17270	**$22580**	**$25240**	Hurlimann	4T	244D	45F-45R	85	8047	No
909 XT DT 4WD	$47688	$14780	$18600	**$24320**	**$27180**	Hurlimann	4T	244D	45F-45R	85	4598	CH
910.6 XT DT 4WD	$51713	$16030	$20170	**$26370**	**$29480**	Hurlimann	6	366D	45F-45R	94	9370	CH
6135 XB DT 4WD	$75075	$23170	$29150	**$38120**	**$42610**	Hurlimann	6T	366D	54F-54R	119	10803	CHA
H-6165 Master DT 4WD	$89414	$26350	$33150	**$43350**	**$48450**	Hurlimann	6TA	366D	26F-25R	149	12787	CHA

IMT

1992

Model	New	Avg.	High	Avg.	High	Make	Cyls.	Cu.-in.	Speeds	H.P.	Wt.	Cab
539 P/S	$9300	$1860	$2600	**$3260**	**$3630**	IMR	3	152D	6F-2R	35.00	3200	No
539 ST	$8500	$1700	$2380	**$2980**	**$3320**	IMR	3	152D	6F-2R	35.00	3200	No
542	$9900	$1980	$2770	**$3470**	**$3860**	IMR	3	152D	6F-2R	38.00	4000	No
542 HY	$10600	$2120	$2970	**$3710**	**$4130**	IMR	3	152D	6F-2R	38.00	4000	No
549 DV 4WD	$12900	$2380	$3330	**$4170**	**$4640**	IMR	3	152D	10F-2R	40.00	4800	No
560	$12500	$2300	$3220	**$4030**	**$4490**	IMR	4	203D	6F-2R	54.00	6150	No
565 DV 4WD	$15700	$2800	$3920	**$4900**	**$5460**	IMR	4	203D	6F-2R	55.00	6850	No
577	$14750	$2660	$3720	**$4660**	**$5190**	IMR	4	248D	10F-2R	64.00	7000	No
577 DV 4WD	$17900	$3200	$4480	**$5600**	**$6240**	IMR	4	248D	10F-2R	64.00	7800	No

1991

IMT 539	$8000	$1520	$2080	**$2720**	**$3040**	IMR	3	152D	6F-2R	34.00	3400	No
IMT 542	$9100	$1730	$2370	**$3090**	**$3460**	IMR	3	152D	6F-2R	36.00	4000	No
IMT 549 DV 4WD	$11900	$2090	$2860	**$3740**	**$4180**	IMR	3	152D	10F-2R	39.00	4600	No
IMT 560	$11200	$2000	$2730	**$3570**	**$3990**	IMR	4	203D	6F-2R	50.00	5600	No
IMT 565 DV 4WD	$14500	$2470	$3380	**$4420**	**$4940**	IMR	4	203D	6F-2R	55.00	6640	No
IMT 577	$13800	$2320	$3170	**$4150**	**$4640**	IMR	4	248D	10F-2R	64.00	8000	No
IMT 577 DV 4WD	$17200	$2700	$3690	**$4830**	**$5400**	IMR	4	248D	10F-2R	64.00	8900	No

Int. Harvester-Farmall

| | | Estimated Value Less Repairs | | | | Engine | | | | | | |
Model	Approx. Retail Price New	Used Trade-In Avg.	Used Trade-In High	Used Retail Avg.	Used Retail High	Make	No. Cyls.	Displ. Cu.-in.	No. Speeds	P.T.O. H.P.	Approx. Shipping Wt.-Lbs.	Cab
1985												
Hydro 84	$22585	$3230	$5160	$7530	$8820	IH	4	246D	Variable	58.73	5720	No
Hydro 84 4WD	$27690	$3750	$6000	$8750	$10250	IH	4	246D	Variable	58.00	6620	No
234	$6560	$1690	$2120	$3810	$4480	Mitsubishi	3	52D	6F-2R	15.20	1260	No
234 4WD	$7125	$1830	$2290	$4120	$4840	Mitsubishi	3	52D	6F-2R	15.20	1370	No
Hydro 234	$7450	$1910	$2390	$4290	$5050	Mitsubishi	3	52D	Variable	15.20	1375	No
Hydro 234 4WD	$8015	$2030	$2540	$4580	$5380	Mitsubishi	3	52D	Variable	15.20	1445	No
244	$7395	$1900	$2370	$4260	$5010	Mitsubishi	3	60D	9F-3R	18.00	1665	No
244 4WD	$8275	$2050	$2570	$4620	$5430	Mitsubishi	3	60D	9F-3R	18.00	1870	No
254	$8100	$1970	$2460	$4430	$5210	Mitsubishi	3	65D	9F-3R	21.00	1705	No
254 4WD	$9130	$2220	$2780	$5000	$5870	Mitsubishi	3	65D	9F-3R	21.00	1865	No
274 Offset	$9985	$2490	$3110	$5600	$6590	Nissan	3	99D	8F-2R	27.00	2270	No
284D	$8695	$2180	$2730	$4910	$5780	Nissan	3	99D	8F-2R	27.47	2270	No
284D 4WD	$10930	$2700	$3370	$6060	$7130	Nissan	3	99D	8F-2R	25.00	2657	No
484	$15490	$3720	$4650	$8370	$9840	IH	3	179D	8F-2R	42.42	3540	No
584	$18490	$3510	$4810	$7770	$9060	IH	4	206D	8F-4R	52.54	5640	No
584 4WD	$22640	$4300	$5890	$9510	$11090	IH	4	206D	8F-4R	52.00	6540	No
584 RC	$18870	$3590	$4910	$7930	$9250	IH	4	206D	8F-4R	52.54	5890	No
684	$20765	$3950	$5400	$8720	$10180	IH	4	239D	8F-4R	62.52	5720	No
684 4WD	$25990	$4750	$6500	$10500	$12250	IH	4	239D	8F-4R	62.00	6620	No
684 RC	$21265	$4040	$5530	$8930	$10420	IH	4	239D	8F-4R	62.52	5970	No
784	$21870	$4160	$5690	$9190	$10720	IH	4	246D	8F-4R	65.47	5950	No
784 4WD	$27500	$4940	$6760	$10920	$12740	IH	4	246D	8F-4R	65.00	6950	No
784 RC	$22900	$4350	$5950	$9620	$11220	IH	4	246D	8F-4R	65.47	6200	No
884	$26085	$4750	$6500	$10500	$12250	IH	4	268D	16F-8R	72.91	6065	No
884 4WD	$30875	$5400	$7380	$11930	$13920	IH	4	268D	16F-8R	72.00	6965	No
884 RC	$26670	$5070	$6930	$11200	$13070	IH	4	268D	16F-8R	72.91	6315	No
3088	$30700	$4200	$6720	$9800	$11480	IH	6	358D	16F-8R	81.35	10600	CHA
3088 4WD	$42125	$5270	$8430	$12290	$14400	IH	6	358D	16F-8R	81.35	11500	CHA
3288	$40190	$5400	$8640	$12600	$14760	IH	6	358D	16F-8R	90.46	11100	CHA
3288 4WD	$50940	$6380	$10210	$14890	$17440	IH	6	358D	16F-8R	90.00	12000	CHA
3488 Hydro	$49370	$6150	$9840	$14350	$16810	IH	6	466D	Variable	112.56	11225	CHA
3488 Hydro 4WD	$60120	$6750	$10800	$15750	$18450	IH	6	466D	Variable	112.00	12200	CHA
3688	$44975	$5780	$9240	$13480	$15790	IH	6	436D	16F-8R	113.72	11300	CHA
3688 4WD	$55725	$6900	$11040	$16100	$18860	IH	6	436D	16F-8R	113.00	12200	CHA
3688 High Clear	$51440	$7120	$11390	$16600	$19450	IH	6	436D	16F-8R	113.00	11500	CHA
5088	$53720	$6710	$10730	$15650	$18340	IH	6T	436D	18F-6R	136.12	13765	CHA
5088 4WD	$64110	$7530	$12050	$17570	$20580	IH	6T	436D	18F-6R	136.00	14700	CHA
5288	$59935	$7050	$11280	$16450	$19270	IH	6T	466D	18F-6R	162.60	14610	CHA
5288 4WD	$70235	$8030	$12850	$18740	$21950	IH	6T	466D	18F-6R	162.00	15500	CHA
5488	$66160	$7430	$11890	$17350	$20320	IH	6TI	466D	18F-6R	187.22	14710	CHA
5488 4WD	$76460	$8470	$13550	$19760	$23150	IH	6TI	466D	18F-6R	187.00	15700	CHA

RC—Row Crop

1984												
Hydro 84	$22585	$3130	$4970	$7560	$8850	IH	4	246D	Variable	58.73	5720	No
Hydro 84 4WD	$27690	$3580	$5680	$8640	$10120	IH	4	246D	Variable	58.00	6620	No
234	$6560	$1620	$2120	$3850	$4520	Mitsubishi	3	52D	6F-2R	15.20	1260	No
234 4WD	$7125	$1750	$2290	$4160	$4880	Mitsubishi	3	52D	6F-2R	15.20	1370	No
Hydro 234	$7450	$1830	$2390	$4330	$5090	Mitsubishi	3	52D	Variable	15.20	1375	No
Hydro 234 4WD	$8015	$1960	$2560	$4640	$5450	Mitsubishi	3	52D	Variable	15.20	1445	No
244	$7395	$1820	$2370	$4300	$5050	Mitsubishi	3	60D	9F-3R	18.00	1665	No
244 4WD	$8275	$2020	$2630	$4780	$5620	Mitsubishi	3	60D	9F-3R	18.00	1870	No
254	$8100	$1980	$2580	$4690	$5500	Mitsubishi	3	65D	9F-3R	21.00	1705	No
254 4WD	$9130	$2220	$2890	$5250	$6160	Mitsubishi	3	65D	9F-3R	21.00	1865	No
274 Offset	$9985	$2410	$3150	$5710	$6710	Nissan	3	99D	8F-2R	27.00	2270	No
284D	$8695	$2120	$2760	$5010	$5890	Nissan	3	99D	8F-2R	27.47	2270	No
284D 4WD	$10930	$2630	$3430	$6230	$7320	Nissan	3	99D	8F-2R	25.00	2657	No
284G	$7635	$1870	$2440	$4430	$5210	Toyo-Kogyo	4	71G	8F-2R	25.75	2050	No
484	$15490	$3560	$4650	$8440	$9910	IH	3	179D	8F-2R	42.42	3540	No
584	$18490	$3510	$4810	$7770	$8880	IH	4	206D	8F-4R	52.54	5640	No
584 4WD	$22640	$4300	$5890	$9510	$10870	IH	4	206D	8F-4R	52.00	6540	No
584 RC	$18870	$3590	$4910	$7930	$9060	IH	4	206D	8F-4R	52.54	5890	No
684	$20765	$3950	$5400	$8720	$9970	IH	4	239D	8F-4R	62.52	5720	No
684 4WD	$25990	$4940	$6760	$10920	$12480	IH	4	239D	8F-4R	62.00	6620	No
684 RC	$21265	$4040	$5530	$8930	$10210	IH	4	239D	8F-4R	62.52	5970	No
784	$21870	$4160	$5690	$9190	$10500	IH	4	246D	8F-4R	65.47	5950	No
784 4WD	$27500	$5040	$6890	$11130	$12720	IH	4	246D	8F-4R	65.00	6950	No
784 RC	$22900	$4350	$5950	$9620	$10990	IH	4	246D	8F-4R	65.47	6200	No
884	$25085	$4770	$6520	$10540	$12040	IH	4	268D	16F-8R	72.91	6065	No
884 4WD	$29755	$5420	$7410	$11970	$13680	IH	4	268D	16F-8R	72.00	6965	No
884 RC	$25670	$4880	$6670	$10780	$12320	IH	4	268D	16F-8R	72.91	6315	No
3088	$30700	$4060	$6440	$9800	$11480	IH	6	358D	16F-8R	81.35	10600	CHA
3088 4WD	$42125	$4930	$7820	$11900	$13940	IH	6	358D	16F-8R	81.35	11500	CHA
3288	$40190	$5220	$8280	$12600	$14760	IH	6	358D	16F-8R	90.46	11100	CHA
3288 4WD	$50940	$6240	$9890	$15050	$17630	IH	6	358D	16F-8R	90.00	12000	CHA
3488 Hydro	$49370	$5800	$9200	$14000	$16400	IH	6	466D	Variable	112.56	11225	CHA
3488 Hydro 4WD	$60120	$6400	$10150	$15440	$18090	IH	6	466D	Variable	112.00	12200	CHA
3688	$44975	$6090	$9660	$14700	$17220	IH	6	436D	16F-8R	113.72	11300	CHA
3688 4WD	$55725	$6730	$10680	$16250	$19030	IH	6	436D	16F-8R	113.00	12200	CHA
3688 High Clear	$51440	$6580	$10440	$15890	$18610	IH	6	436D	16F-8R	113.00	11500	CHA
5088	$53720	$6340	$10060	$15300	$17930	IH	6T	436D	18F-6R	136.12	13765	CHA

Int. Harvester-Farmall (Cont.)

Model	Approx. Retail Price New	Used Trade-In Avg.	Used Trade-In High	Used Retail Avg.	Used Retail High	Make	No. Cyls.	Displ. Cu.-in.	No. Speeds	P.T.O. H.P.	Approx. Shipping Wt.-Lbs.	Cab
1984 (Cont.)												
5088 4WD	$64110	$7270	$11520	$17540	$20540	IH	6T	436D	18F-6R	136.00	14700	CHA
5288	$59935	$6810	$10800	$16430	$19240	IH	6T	466D	18F-6R	162.60	14610	CHA
5288 4WD	$70235	$7610	$12080	$18380	$21530	IH	6T	466D	18F-6R	162.00	15500	CHA
5488	$66160	$6980	$11080	$16860	$19750	IH	6TI	466D	18F-6R	187.22	14710	CHA
5488 4WD	$76460	$7930	$12570	$19130	$22410	IH	6TI	466D	18F-6R	187.00	15700	CHA
6388 4WD	$62180	$6380	$9040	$14360	$16490	IH	6T	436D	16F-8R	130.61	15960	CHA
6588 4WD	$67855	$6820	$9670	$15350	$17630	IH	6T	466D	16F-8R	150.41	16320	CHA
6788 4WD	$73265	$7110	$10080	$16000	$18370	IH	6T	466D	12F-6R	170.00	16920	CHA

RC—Row Crop

Model	Approx. Retail Price New	Used Trade-In Avg.	Used Trade-In High	Used Retail Avg.	Used Retail High	Make	No. Cyls.	Displ. Cu.-in.	No. Speeds	P.T.O. H.P.	Approx. Shipping Wt.-Lbs.	Cab
1983												
Hydro 84	$22581	$2880	$4730	$7200	$8440	IH	4	246D	Variable	58.73	5720	No
Hydro 84 4WD	$27686	$3320	$5450	$8290	$9710	IH	4	246D	Variable	58.00	6620	No
234	$6559	$1550	$2120	$3880	$4520	Mitsubishi	3	52D	6F-2R	15.20	1260	No
234 4WD	$7124	$1680	$2290	$4190	$4880	Mitsubishi	3	52D	6F-2R	15.20	1370	No
Hydro 234	$7449	$1750	$2390	$4370	$5090	Mitsubishi	3	52D	Variable	15.20	1375	No
Hydro 234 4WD	$8014	$1870	$2550	$4680	$5450	Mitsubishi	3	52D	Variable	15.20	1445	No
244	$7394	$1740	$2370	$4340	$5050	Mitsubishi	3	60D	9F-3R	18.00	1665	No
244 4WD	$8274	$1930	$2630	$4830	$5620	Mitsubishi	3	60D	9F-3R	18.00	1870	No
254	$8099	$1890	$2580	$4730	$5500	Mitsubishi	3	65D	9F-3R	21.00	1705	No
254 4WD	$9129	$2120	$2890	$5300	$6160	Mitsubishi	3	65D	9F-3R	21.00	1865	No
274 Offset	$9981	$2310	$3140	$5770	$6710	Nissan	3	99D	8F-2R	27.00	2270	No
284D	$8695	$2020	$2760	$5060	$5890	Nissan	3	99D	8F-2R	27.47	2270	No
284D 4WD	$10930	$2520	$3430	$6290	$7320	Nissan	3	99D	8F-2R	25.00	2657	No
284G	$7635	$1790	$2440	$4470	$5210	Toyo-Kogyo	4	71G	8F-2R	25.75	2050	No
484	$15488	$3410	$4650	$8520	$9910	IH	3	179D	8F-2R	42.42	3540	No
584	$18487	$3510	$4810	$7770	$8870	IH	4	206D	8F-4R	52.54	5640	No
584 4WD	$22640	$4300	$5890	$9510	$10870	IH	4	206D	8F-4R	52.00	6540	No
584 RC	$18866	$3590	$4910	$7920	$9060	IH	4	206D	8F-4R	52.54	5890	No
684	$20761	$3950	$5400	$8720	$9970	IH	4	239D	8F-4R	62.52	5720	No
684 4WD	$25986	$4940	$6760	$10910	$12470	IH	4	239D	8F-4R	62.00	6620	No
684 RC	$21261	$4040	$5530	$8930	$10210	IH	4	239D	8F-4R	62.52	5970	No
784	$21869	$4160	$5690	$9190	$10500	IH	4	246D	8F-4R	65.47	5950	No
784 4WD	$27496	$5220	$7150	$11550	$13200	IH	4	246D	8F-4R	65.00	6950	No
784 RC	$22897	$4350	$5950	$9620	$10990	IH	4	246D	8F-4R	65.47	6200	No
884	$25082	$4770	$6520	$10530	$12040	IH	4	268D	16F-8R	72.91	6065	No
884 4WD	$29751	$5650	$7740	$12500	$14280	IH	4	268D	16F-8R	72.00	6965	No
884 RC	$25696	$4880	$6680	$10790	$12330	IH	4	268D	16F-8R	72.91	6315	No
3088	$30700	$3780	$6210	$9450	$11070	IH	6	358D	16F-8R	81.35	10600	CHA
3088 4WD	$42123	$4640	$7620	$11590	$13580	IH	6	358D	16F-8R	81.35	11500	CHA
3288	$40190	$4760	$7820	$11900	$13940	IH	6	358D	16F-8R	90.46	11100	CHA
3288 4WD	$50940	$5740	$9430	$14350	$16810	IH	6	358D	16F-8R	90.00	12000	CHA
3488 Hydro	$49370	$5460	$8970	$13650	$15990	IH	6	466D	Variable	112.56	11225	CHA
3488 Hydro 4WD	$60120	$6160	$10130	$15410	$18050	IH	6	466D	Variable	112.00	12200	CHA
3688	$44975	$5400	$8870	$13500	$15820	IH	6	436D	16F-8R	113.72	11300	CHA
3688 4WD	$55725	$6160	$10120	$15400	$18040	IH	6	436D	16F-8R	113.00	12200	CHA
3688 High Clear	$51440	$6300	$10350	$15750	$18450	IH	6	436D	16F-8R	113.00	11500	CHA
5088	$53720	$6120	$10060	$15300	$17930	IH	6T	436D	18F-6R	136.12	13765	CHA
5088 4WD	$64110	$6900	$11340	$17260	$20210	IH	6T	436D	18F-6R	136.00	14700	CHA
5288	$59935	$6290	$10340	$15730	$18420	IH	6T	466D	18F-6R	162.60	14610	CHA
5288 4WD	$70235	$7030	$11550	$17580	$20600	IH	6T	466D	18F-6R	162.00	15500	CHA
5488	$66156	$6690	$10990	$16730	$19600	IH	6TI	466D	18F-6R	187.22	14710	CHA
5488 4WD	$76456	$7410	$12180	$18540	$21710	IH	6TI	466D	18F-6R	187.00	15700	CHA
6388 4WD	$62180	$4860	$7070	$11490	$13250	IH	6T	436D	16F-8R	130.61	15960	CHA
6588 4WD	$67855	$5340	$7770	$12620	$14570	IH	6T	466D	16F-8R	150.41	16320	CHA
6788 4WD	$73265	$5970	$8680	$14110	$16280	IH	6T	466D	12F-6R	170.00	16920	CHA

RC—Row Crop

Model	Approx. Retail Price New	Used Trade-In Avg.	Used Trade-In High	Used Retail Avg.	Used Retail High	Make	No. Cyls.	Displ. Cu.-in.	No. Speeds	P.T.O. H.P.	Approx. Shipping Wt.-Lbs.	Cab
1982												
Hydro 84	$20385	$2710	$4460	$6790	$7950	IH	4	246D	Variable	58.73	5720	No
Hydro 84 4WD	$26665	$3170	$5210	$7930	$9290	IH	4	246D	Variable	58.00	6620	No
234	$6235	$1410	$2020	$3700	$4310	Mitsubishi	3	52D	6F-2R	15.20	1260	No
234 4WD	$6775	$1530	$2180	$4000	$4660	Mitsubishi	3	52D	6F-2R	15.20	1370	No
Hydro 234	$7090	$1590	$2280	$4180	$4860	Mitsubishi	3	52D	Variable	15.20	1375	No
Hydro 234 4WD	$7630	$1710	$2440	$4470	$5200	Mitsubishi	3	52D	Variable	15.20	1445	No
244	$6755	$1520	$2180	$3990	$4640	Mitsubishi	3	60D	9F-3R	18.00	1665	No
244 4WD	$7605	$1700	$2430	$4460	$5190	Mitsubishi	3	60D	9F-3R	18.00	1870	No
254	$7435	$1670	$2380	$4360	$5080	Mitsubishi	3	65D	9F-3R	21.00	1705	No
254 4WD	$8425	$1870	$2680	$4910	$5710	Mitsubishi	3	65D	9F-3R	21.00	1865	No
274	$9105	$2020	$2880	$5280	$6150	Nissan	3	99D	8F-2R	27.47	2270	No
284 4WD	$9265	$2050	$2930	$5370	$6250	Nissan	3	99D	8F-2R	27.00	2950	No
284D	$8100	$1810	$2580	$4730	$5500	Nissan	3	99D	8F-2R	27.47	2270	No
284G	$7635	$1710	$2440	$4470	$5210	Toyo-Kogyo	4	71G	8F-2R	25.75	2050	No
383	$11432	$2400	$3430	$6290	$7320	IH	4	132D	8F-2R	37.00	3480	No
383 4WD	$13102	$2750	$3930	$7210	$8390	IH	4	132D	8F-2R	37.00	4380	No
484	$13932	$2930	$4180	$7660	$8920	IH	4	179D	8F-2R	42.42	3540	No
484 4WD	$17892	$3760	$5370	$9840	$11450	IH	4	179D	8F-2R	42.00	4440	No
584	$17080	$3160	$4440	$7170	$8200	IH	4	206D	8F-4R	52.54	5640	No
584 4WD	$22195	$4110	$5770	$9320	$10650	IH	4	206D	8F-4R	52.00	6540	No
584 RC	$17415	$3220	$4530	$7310	$8360	IH	4	206D	8F-4R	52.54	5890	No
684	$18720	$3460	$4870	$7860	$8990	IH	4	239D	8F-4R	62.52	5720	No
684 4WD	$25120	$4650	$6530	$10550	$12060	IH	4	239D	8F-4R	62.00	66620	No
684 RC	$19080	$3530	$4960	$8010	$9160	IH	4	239D	8F-4R	62.52	5970	No
784	$20200	$3740	$5250	$8480	$9700	IH	4	246D	8F-4R	65.47	5950	No

Int. Harvester-Farmall (Cont.)

Model	Approx. Retail Price New	Used Trade-In Avg.	Used Trade-In High	Used Retail Avg.	Used Retail High	Make	No. Cyls.	Displ. Cu.-in.	No. Speeds	P.T.O. H.P.	Approx. Shipping Wt.-Lbs.	Cab
1982 (Cont.)												
784 4WD	$26600	$4920	$6920	$11170	$12770	IH	4	246D	8F-4R	65.00	6950	No
784 RC	$21150	$3910	$5500	$8880	$10150	IH	4	246D	8F-4R	65.47	6200	No
884	$22530	$4170	$5860	$9460	$10810	IH	4	268D	16F-8R	72.91	6065	No
884 4WD	$28810	$5330	$7490	$12100	$13830	IH	4	268D	16F-8R	72.00	6965	No
884 RC	$23090	$4270	$6000	$9700	$11080	IH	4	268D	16F-8R	72.91	6315	No
3088	$25609	$3430	$5640	$8580	$10050	IH	6	358D	16F-8R	81.35	10600	CHA
3288	$35355	$4480	$7360	$11200	$13120	IH	6	358D	16F-8R	90.46	11100	CHA
3488 Hydro	$38500	$3400	$5100	$8500	$9860	IH	6	466D	Variable	112.56	11225	CHA
3688	$39160	$4900	$8050	$12250	$14350	IH	6	436D	16F-8R	113.72	11300	CHA
5088	$44755	$5840	$9590	$14600	$17100	IH	6T	436D	18F-6R	136.12	13765	CHA
5288	$51945	$6300	$10350	$15750	$18450	IH	6T	466D	18F-6R	162.60	1461	CHA
5488	$56175	$6510	$10700	$16280	$19070	IH	6TI	466D	18F-6R	187.22	14710	CHA
6388 4WD	$53805	$4980	$7470	$12450	$14440	IH	6T	436D	16F-8R	130.61	15960	CHA
6588 4WD	$60905	$5150	$7730	$12880	$14940	IH	6T	466D	16F-8R	150.41	16320	CHA
6788 4WD	$68925	$5350	$8030	$13380	$15520	IH	6T	466D	12F-6R	170.00	16920	CHA
7388 4WD	$65505	$5600	$8400	$14000	$16240	IH	6TI	466D	10F-2R	181.0	19875	CHA
7588 4WD	$84260	$5950	$8930	$14880	$17260	IH	V8	798D	18F-4R	265.0	22600	CHA
7788 4WD	$93320	$6330	$9500	$15830	$18360	IH	V8	798D	20F-4R	265.0	23800	CHA
RC—Row Crop												
1981												
Hydro 84	$18310	$2560	$4210	$6410	$7510	IH	4	246D	Variable	58.73	5160	No
Hydro 84 4WD	$24590	$2880	$4740	$7210	$8440	IH	4	246D	Variable	58.00	6060	No
Hydro 86	$23812	$3330	$5480	$8330	$9760	IH	6	310D	Variable	70.89	7710	No
140	$8240	$1690	$2760	$4530	$5110	IH	4	123G	4F-1R	24.30	2720	No
Hydro 186	$36745	$5140	$8450	$12860	$15070	IH	6	436D	Variable	105.02	11160	CHA
Hydro 186 4WD	$44160	$5620	$9240	$14060	$16470	IH	6	436D	Variable	105.00	12060	CHA
274	$8145	$1670	$2500	$4590	$5340	Nissan	3	99D	8F-2R	27.47	2270	No
284	$7335	$1510	$2260	$4140	$4820	Toyo-Kogyo	4	71G	8F-2R	25.75	2050	No
284	$7990	$1640	$2460	$4510	$5240	Nissan	3	99D	8F-2R	27.47	2270	No
384	$10590	$2120	$3180	$5830	$6780	IH	4	154D	8F-2R	39.00	3770	No
484	$12720	$2290	$3310	$5340	$6110	IH	3	179D	8F-4R	42.42	4660	No
584	$15490	$2790	$4030	$6510	$7440	IH	4	206D	8F-4R	52.54	4850	No
584 4WD	$20605	$3710	$5360	$8650	$9890	IH	4	206D	8F-4R	52.00	5880	No
584 RC	$15795	$2840	$4110	$6630	$7580	IH	4	206D	8F-4R	52.54	5380	No
684	$16815	$3030	$4370	$7060	$8070	IH	4	239D	8F-4R	62.52	5220	No
684 4WD	$23215	$4180	$6040	$9750	$11140	IH	4	239D	8F-4R	62.00	6170	No
684 RC	$17140	$3090	$4460	$7200	$8230	IH	4	239D	8F-4R	62.52	5670	No
686	$19650	$3540	$5110	$8250	$9430	IH	6	310D	10F-2R	66.36	7500	No
784	$18145	$3270	$4720	$7620	$8710	IH	4	246D	8F-4R	65.47	5410	No
784 4WD	$24545	$4420	$6380	$10310	$11780	IH	4	246D	8F-4R	65.00	6310	No
784 RC	$18660	$3360	$4850	$7840	$8960	IH	4	246D	8F-4R	65.47	5950	No
786	$19000	$3420	$4940	$7980	$9120	IH	6	358D	16F-8R	80.20	10200	No
884	$20240	$3640	$5260	$8500	$9720	IH	4	268D	16F-8R	72.91	5650	No
884 4WD	$26520	$4770	$6900	$11140	$12730	IH	4	268D	16F-8R	72.00	6550	No
884 RC	$20360	$3670	$5290	$8550	$9770	IH	4	268D	16F-8R	72.91	6065	No
886	$30360	$4250	$6980	$10630	$12450	IH	6	358D	16F-8R	90.56	10475	CHA
886 4WD	$37910	$5040	$8280	$12600	$14760	IH	6	358D	16F-8R	90.00	11500	CHA
986	$33860	$4740	$7790	$11850	$13880	IH	6	436D	16F-8R	105.68	10900	CHA
986 4WD	$41275	$5180	$8510	$12950	$15170	IH	6	436D	16F-8R	105.00	11800	CHA
1086	$38610	$4980	$8190	$12460	$14600	IH	6T	414D	16F-8R	131.41	11700	CHA
1086 4WD	$45910	$5730	$9410	$14320	$16770	IH	6T	414D	16F-8R	131.00	12600	CHA
1486	$42580	$5680	$9330	$14200	$16640	IH	6T	436D	16F-8R	145.77	11800	CHA
1486 4WD	$49660	$6160	$10120	$15400	$18040	IH	6T	436D	16F-8R	145.00	12700	CHA
1586	$47425	$5740	$9430	$14350	$16810	IH	6T	436D	12F-6R	161.55	12750	CHA
1586 4WD	$54385	$6070	$9980	$15190	$17790	IH	6T	436D	12F-6R	161.00	13650	CHA
3388 4WD	$47960	$4300	$6010	$10310	$12030	IH	6T	436D	16F-8R	130.61	15960	CHA
3588 4WD	$53825	$4580	$6420	$11000	$12830	IH	6T	466D	16F-8R	150.41	16315	CHA
3788 4WD	$59840	$4780	$6690	$11470	$13380	IH	6T	466D	12F-6R	170.57	16920	CHA
4386 4WD	$57845	$4500	$6300	$10800	$12600	IH	6TI	466D	10F-2R	175.3	20000	CHA
4586 4WD	$72005	$5000	$7000	$12000	$14000	IH	V8	798D	10F-2R	235.7	22400	CHA
4786 4WD	$82660	$5900	$8260	$14160	$16520	IH	V8	798D	10F-2R	265.5	23600	CHA
5088	$43555	$5610	$9210	$14020	$16420	IH	6T	436D	18F-6R	136.12	13765	CHA
5288	$50355	$6020	$9890	$15050	$17630	IH	6T	466D	18F-6R	162.60	1461	CHA
5488	$55575	$6300	$10350	$15750	$18450	IH	6TI	466D	18F-6R	187.22	14710	CHA
RC—Row Crop												
1980												
Hydro 84	$17060	$2990	$4520	$7170	$8190	IH	4	246D	Variable	58.73	5160	No
Hydro 86	$22620	$3960	$5990	$9500	$10860	IH	6	310D	Variable	70.89	7710	No
140	$7840	$1570	$2670	$4310	$4860	IH	4	123G	4F-1R	24.30	2720	No
Hydro 186	$32670	$4570	$7190	$11440	$13560	IH	6	436D	Variable	105.02	11160	CHA
Hydro 186 4WD	$39270	$5500	$8640	$13560	$16300	IH	6	436D	Variable	105.00	12060	CHA
284	$6910	$1310	$2070	$3800	$4460	Toyo-Kogyo	4	71G	8F-2R	25.75	2050	No
384	$9515	$1810	$2860	$5230	$6140	IH	4	154D	8F-2R	39.00	3770	No
484	$11700	$2050	$3100	$4910	$5620	IH	3	179D	8F-4R	42.42	4660	No
584	$14190	$2480	$3760	$5960	$6810	IH	4	206D	8F-4R	52.54	4850	No
584 RC	$14660	$2570	$3890	$6160	$7040	IH	4	206D	8F-4R	52.54	5380	No
684	$15735	$2750	$4170	$6610	$7550	IH	4	239D	8F-4R	62.52	5220	No
684 RC	$15915	$2790	$4220	$6680	$7640	IH	4	239D	8F-4R	62.52	5670	No
686	$18500	$3240	$4900	$7770	$8880	IH	6	310D	10F-2R	66.36	7500	No
784	$16410	$2870	$4350	$6890	$7880	IH	4	246D	8F-4R	65.47	5410	No
784 RC	$16575	$2900	$4390	$6960	$7960	IH	4	246D	8F-4R	65.47	5950	No
786	$17000	$2980	$4510	$7140	$8160	IH	6	258D	16F-8R	80.20	10200	No

Int. Harvester-Farmall (Cont.)

Model	Approx. Retail Price New	Estimated Value Less Repairs				Engine			No. Speeds	P.T.O. H.P.	Approx. Shipping Wt.-Lbs.	Cab
		Used Trade-In Avg.	High	Used Retail Avg.	High	Make	No. Cyls.	Displ. Cu-in.				
1980 (Cont.)												
884	$20240	$3540	$5360	$8500	$9720	IH	4	268D	16F-8R	72.91	5650	No
884 RC	$20360	$3560	$5400	$8550	$9770	IH	4	268D	16F-8R	72.91	6065	No
886	$26540	$3720	$5840	$9290	$11010	IH	6	358D	16F-8R	90.56	10475	CHA
886 4WD	$33340	$4670	$7340	$11670	$13840	IH	6	358D	16F-8R	90.00	11500	CHA
986	$29990	$4200	$6600	$10500	$12450	IH	6	436D	16F-8R	105.68	10900	CHA
986 4WD	$36590	$4980	$7830	$12460	$14770	IH	6	436D	16F-8R	105.00	11800	CHA
1086	$34470	$4550	$7140	$11370	$13480	IH	6T	414D	16F-8R	131.41	11700	CHA
1086 4WD	$41070	$5190	$8160	$12990	$15400	IH	6T	414D	16F-8R	131.00	12600	CHA
1486	$37070	$5050	$7940	$12640	$14980	IH	6T	436D	16F-8R	145.77	11800	CHA
1486 4WD	$43470	$5670	$8910	$14180	$16810	IH	6T	436D	16F-8R	145.00	12700	CHA
1586	$41770	$5320	$8360	$13300	$15770	IH	6T	436D	12F-6R	161.55	12750	CHA
1586 4WD	$48070	$5880	$9240	$14700	$17430	IH	6T	436D	12F-6R	161.00	13650	CHA
3388 4WD	$43500	$3750	$5250	$8630	$10500	IH	6T	436D	16F-8R	130.61	15960	CHA
3588 4WD	$48815	$3880	$5430	$8930	$10870	IH	6T	466D	16F-8R	150.41	16315	CHA
3788 4WD	$56990	$4100	$5740	$9430	$11480	IH	6T	466D	12F-6R	170.57	16920	CHA
4386 4WD	$57485	$4250	$5950	$9780	$11900	IH	6TI	466D	10F-2R	175.3	20000	CHA
4586 4WD	$72005	$4800	$6720	$11040	$13440	IH	V8	798D	10F-2R	235.7	22400	CHA
4786 4WD	$82660	$5800	$8120	$13340	$16240	IH	V8	798D	10F-2R	265.5	23600	CHA
RC—Row Crop												
1979												
Cub	$5350	$960	$1610	$2940	$3450	IH	4	60G	3F-1R	10.75	1620	No
Hydro 84	$14965	$2540	$4040	$6290	$7180	IH	4	246D	Variable	58.73	5160	No
Hydro 86	$20240	$3440	$5470	$8500	$9720	IH	6	310D	Variable	70.89	7710	No
140	$7370	$1510	$2540	$4050	$4570	IH	4	123G	4F-1R	24.30	2720	No
Hydro 186	$29235	$4090	$6430	$10230	$12130	IH	6	436D	Variable	105.02	11160	CHA
Hydro 186 4WD	$35795	$5010	$7880	$12530	$14860	IH	6	436D	Variable	105.00	12060	CHA
284	$6460	$1160	$1940	$3550	$4170	Toyo-Kogyo	4	71G	8F-2R	25.75	2050	No
384	$8495	$1530	$2550	$4670	$5480	IH	4	154D	8F-2R	39.00	3770	No
484	$10265	$1750	$2770	$4310	$4930	IH	3	179D	8F-4R	42.42	4660	No
584	$12445	$2120	$3360	$5230	$5970	IH	4	206D	8F-4R	52.54	4850	No
584 RC	$12855	$2190	$3470	$5400	$6170	IH	4	206D	8F-4R	52.54	5380	No
684	$13800	$2350	$3730	$5800	$6620	IH	4	239D	8F-4R	62.52	5220	No
684 RC	$13955	$2370	$3770	$5860	$6700	IH	4	239D	8F-4R	62.52	5670	No
686	$17450	$2970	$4710	$7330	$8380	IH	6	310D	10F-2R	66.36	7500	No
784	$14390	$2450	$3890	$6040	$6910	IH	4	246D	8F-4R	65.47	5410	No
784 RC	$14540	$2470	$3930	$6110	$6980	IH	4	246D	8F-4R	65.47	5950	No
886	$24420	$3420	$5370	$8550	$10130	IH	6	358D	16F-8R	90.56	10475	CHA
886 4WD	$31200	$4370	$6860	$10920	$12950	IH	6	358D	16F-8R	90.00	11500	CHA
986	$26835	$3760	$5900	$9390	$11140	IH	6	436D	16F-8R	105.68	10900	CHA
986 4WD	$33395	$4340	$6820	$10850	$12870	IH	6	436D	16F-8R	105.00	11800	CHA
1086	$30845	$4320	$6790	$10800	$12800	IH	6T	414D	16F-8R	131.41	11700	CHA
1086 4WD	$37405	$4970	$7810	$12430	$14730	IH	6T	414D	16F-8R	131.00	12600	CHA
1486	$33175	$4650	$7300	$11610	$13770	IH	6T	436D	16F-8R	145.77	11800	CHA
1486 4WD	$39540	$5050	$7930	$12610	$14960	IH	6T	436D	16F-8R	145.00	12700	CHA
1586	$38080	$4910	$7720	$12290	$14570	IH	6T	436D	12F-6R	161.55	12750	CHA
1586 4WD	$44305	$5500	$8650	$13760	$16310	IH	6T	436D	12F-6R	161.00	13650	CHA
3388 4WD	$38930	$3490	$4890	$7680	$9770	IH	6T	436D	16F-8R	130.61	15960	CHA
3588 4WD	$43685	$3870	$5420	$8510	$10830	IH	6T	466D	16F-8R	150.41	16315	CHA
4386 4WD	$52920	$4200	$5880	$9240	$11760	IH	6TI	466D	10F-2R	175.3	20000	CHA
4586 4WD	$66410	$4750	$6650	$10450	$13300	IH	V8	798D	10F-2R	235.7	22400	CHA
4786 4WD	$76310	$5700	$7980	$12540	$15960	IH	V8	798D	10F-2R	265.5	23600	CHA
RC—Row Crop												
1978												
Cub	$5066	$920	$1540	$2820	$3310	IH	4	60G	3F-1R	10.75	1620	No
Hydro 84	$13830	$2350	$3800	$5810	$6640	IH	4	246D	Variable	58.73	5160	No
Hydro 86	$17185	$2920	$4730	$7220	$8250	IH	6	291D	Variable	69.61	7330	No
Hydro 86	$17830	$3030	$4900	$7490	$8560	IH	6	312D	Variable	69.51	7770	No
140	$7010	$1470	$2450	$3860	$4380	IH	4	123G	4F-1R	24.30	2720	No
Hydro 186	$26275	$3680	$5780	$9200	$10900	IH	6	436D	Variable	105.02	11160	CHA
284	$5910	$1060	$1770	$3250	$3810	Toyo-Kogyo	4	71G	8F-2R	25.75	2050	No
384	$7775	$1400	$2330	$4280	$5020	IH	4	154D	8F-2R	39.00	3770	No
484	$9580	$1630	$2640	$4020	$4600	IH	3	179D	8F-4R	42.42	4660	No
584	$11730	$1990	$3230	$4930	$5630	IH	4	206D	8F-4R	52.54	4850	No
584 RC	$12115	$2060	$3330	$5090	$5820	IH	4	206D	8F-4R	52.54	5380	No
684	$13020	$2210	$3580	$5470	$6250	IH	4	239D	8F-4R	62.52	5220	No
684 RC	$13165	$2240	$3620	$5530	$6320	IH	4	239D	8F-4R	62.52	5670	No
686	$14710	$2650	$4410	$8090	$9490	IH	6	291D	10F-2R	66.31	7055	No
686	$15375	$2770	$4610	$8460	$9920	IH	6	312D	10F-2R	66.29	7570	No
784	$13970	$2520	$4190	$7680	$9010	IH	4	246D	8F-4R	65.47	5410	No
784 RC	$14115	$2540	$4240	$7760	$9100	IH	4	246D	8F-4R	65.47	5950	No
886	$22360	$3660	$5910	$9030	$10320	IH	6	360D	16F-8R	86.14	10600	CHA
886 4WD	$27860	$4590	$7430	$11340	$12960	IH	6	360D	16F-8R	86.00	11500	CHA
986	$24575	$3440	$5410	$8600	$10200	IH	6	436D	16F-8R	105.68	10900	CHA
986 4WD	$30075	$4060	$6380	$10150	$12040	IH	6	436D	16F-8R	105.00	11800	CHA
1086	$27725	$3880	$6100	$9700	$11510	IH	6T	414D	16F-8R	131.41	11700	CHA
1086 4WD	$33225	$4510	$7090	$11280	$13370	IH	6T	414D	16F-8R	131.00	12600	CHA
1486	$29815	$4170	$6560	$10440	$12370	IH	6T	436D	16F-8R	145.77	11800	CHA
1486 4WD	$35315	$4520	$7110	$11310	$13410	IH	6T	436D	16F-8R	145.00	12700	CHA
1586	$33510	$4200	$6600	$10500	$12450	IH	6T	436D	12F-6R	161.55	12750	CHA
1586 4WD	$39010	$4680	$7350	$11690	$13860	IH	6T	436D	12F-6R	161.00	13650	CHA
3388 4WD	$38930	$3390	$4750	$7460	$9490	IH	6T	436D	16F-8R	130.61	15960	CHA
3588 4WD	$43685	$3770	$5280	$8290	$10550	IH	6T	466D	16F-8R	150.41	16315	CHA

Int. Harvester-Farmall (Cont.)

Model	Approx. Retail Price New	Used Trade-In Avg.	Used Trade-In High	Used Retail Avg.	Used Retail High	Make	Engine No. Cyls.	Displ. Cu.-in.	No. Speeds	P.T.O. H.P.	Approx. Shipping Wt.-Lbs.	Cab
1978 (Cont.)												
4186 4WD.................	$32535	$3100	$4340	$6820	$8680	IH	6T	436D	8F-4R	150.63	15300	CHA
4386 4WD.................	$42273	$4100	$5740	$9020	$11480	IH	6TI	466D	10F-2R	175.3	20000	CHA
4586 4WD.................	$50950	$4500	$6300	$9900	$12600	IH	V8	798D	10F-2R	235.7	22400	CHA
4786 4WD.................	$70655	$5600	$7840	$12320	$15680	IH	V8	798D	10F-2R	265.5	23600	CHA
RC—Row Crop												
1977												
Cub	$4755	$920	$1530	$2810	$3290	IH	4	60G	3F-1R	10.75	1620	No
Hydro 86	$15425	$2620	$4320	$6480	$7400	IH	6	291G	Variable	69.61	7330	No
Hydro 86	$16005	$2720	$4480	$6720	$7680	IH	6	312G	Variable	69.51	7770	No
140	$6003	$1440	$2040	$3660	$4200	IH		123G	4F-1R	24.30	2640	No
Hydro 186	$23515	$3290	$5170	$8230	$9880	IH	6	436D	Variable	105.02	11160	CHA
Hydro 186 4WD	$28520	$3990	$6270	$9980	$11980	IH	6	436D	Variable	105.00	12060	CHA
284	$5414	$980	$1620	$2980	$3490	Toyo-Kogyo	4	71G	8F-2R	25.75	2050	No
364	$7105	$1280	$2130	$3910	$4580	IH	4	154D	8F-2R	39.00	3840	No
464	$8455	$1520	$2540	$4650	$5450	IH	4	175G	8F-2R	45.74	4200	No
464	$9270	$1670	$2780	$5100	$5980	IH	3	179D	8F-2R	44.42	4520	No
574	$10005	$1800	$3000	$5500	$6450	IH	4	200G	8F-2R	52.97	4700	No
574	$10910	$1960	$3270	$6000	$7040	IH	4	239D	8F-2R	52.55	4800	No
574 RC	$10410	$1870	$3120	$5730	$6710	IH	4	200G	8F-2R	52.97	5170	No
574 RC	$11315	$2040	$3400	$6220	$7300	IH	4	239D	8F-2R	52.55	5270	No
674	$11255	$2030	$3380	$6190	$7260	IH	4	200G	8F-2R	58.53	5210	No
674	$12335	$2220	$3700	$6780	$7960	IH	4	239D	8F-2R	61.56	5320	No
674 RC	$11665	$2100	$3500	$6420	$7520	IH	4	200G	8F-2R	58.53	5075	No
674 RC	$12735	$2290	$3820	$7000	$8210	IH	4	239D	8F-2R	61.56	5460	No
686	$12825	$2180	$3590	$5390	$6160	IH	6	291G	10F-2R	66.31	7055	No
686	$13405	$2280	$3750	$5630	$6430	IH	6	312D	10F-2R	66.29	7570	No
886	$20045	$2810	$4410	$7020	$8420	IH	6	360D	16F-8R	86.14	10600	CHA
886 4WD	$25050	$3430	$5390	$8580	$10290	IH	6	360D	16F-8R	86.00	11500	CHA
986	$22030	$3080	$4850	$7710	$9250	IH	6	436D	16F-8R	105.68	10900	CHA
986 4WD	$27035	$3710	$5830	$9280	$11130	IH	6	436D	16F-8R	105.00	11800	CHA
1086	$24645	$3450	$5420	$8630	$10350	IH	6T	414D	16F-8R	131.41	11700	CHA
1086 4WD	$29650	$3860	$6070	$9660	$11590	IH	6T	414D	16F-8R	131.00	12600	CHA
1486	$26525	$3640	$5720	$9100	$10920	IH	6T	436D	16F-8R	145.77	11800	CHA
1486 4WD	$31530	$4130	$6500	$10340	$12400	IH	6T	436D	16F-8R	145.00	12700	CHA
1586	$29835	$3750	$5900	$9380	$11260	IH	6T	436D	12F-6R	161.55	12750	CHA
1586 4WD	$31840	$4040	$6350	$10090	$12110	IH	6T	436D	12F-6R	161.00	13650	CHA
4186 4WD	$32535	$2900	$4060	$6380	$8120	IH	6T	436D	8F-4R	150.63	15300	CHA
4386 4WD	$42273	$3850	$5390	$8470	$10780	IH	6TI	466D	10F-2R	175.3	20000	CHA
4586 4WD	$50950	$4250	$5950	$9350	$11900	IH	V8	798D	10F-2R	235.7	22400	CHA
RC—Row Crop												
1976												
Cub	$3799	$880	$1440	$2220	$2560	IH	4	60G	3F-1R	10.75	1620	No
Cub 185 Lo Boy	$3820	$840	$1380	$2120	$2450	IH	4	60G	6F-2R	13.5	1480	No
Hydro 70	$14160	$2410	$3970	$5950	$6800	IH	6	291G	Variable	69.61	7330	No
Hydro 70	$14820	$2520	$4150	$6220	$7110	IH	6	312D	Variable	69.51	7770	No
Hydro 86	$13665	$2320	$3830	$5740	$6560	IH	6	291G	Variable	69.61	7330	No
Hydro 86	$14180	$2410	$3970	$5960	$6810	IH	6	312D	Variable	69.51	7770	No
Hydro 100	$21722	$3040	$5000	$7600	$9230	IH	6	436D	Variable	104.17	10170	CHA
140	$4999	$1480	$2070	$3660	$4190	IH	4	123G	4F-1R	24.30	2640	No
Hydro 186	$20755	$3530	$5810	$8720	$9960	IH	6	436D	Variable	105.02	11160	CHA
284	$4920	$1080	$1770	$2730	$3150	Toyo-Kogyo	4	71G	8F-2R	25.75	2050	No
364	$6700	$1470	$2410	$3720	$4290	IH	4	154G	8F-2R	39.00	3840	No
464	$7235	$1590	$2610	$4020	$4630	IH	4	175G	8F-2R	45.74	4200	No
464	$8005	$1760	$2880	$4440	$5120	IH	3	179D	8F-2R	44.42	4520	No
574	$8525	$1880	$3070	$4730	$5460	IH	4	200G	8F-2R	52.97	4700	No
574	$9335	$2050	$3360	$5180	$5970	IH	4	239D	8F-2R	52.55	4800	No
574 RC	$8875	$1950	$3200	$4930	$5680	IH	4	200G	8F-2R	52.97	5170	No
574 RC	$9685	$2130	$3490	$5380	$6200	IH	4	239D	8F-2R	52.55	5270	No
666	$10545	$1900	$3160	$5800	$6800	IH	6	291G	10F-2R	66.30	7000	No
666	$11765	$2120	$3530	$6470	$7590	IH	6	312D	10F-2R	66.29	7220	No
674	$9945	$2190	$3580	$5520	$6370	IH	4	200G	8F-4R	58.53	5210	No
674	$10855	$2390	$3910	$6030	$6950	IH	4	239D	8F-4R	61.56	5320	No
674 RC	$10295	$2270	$3710	$5710	$6590	IH	4	200G	8F-4R	58.53	5075	No
674 RC	$11195	$2460	$4030	$6210	$7170	IH	4	239D	8F-4R	61.56	5460	No
686	$10940	$1970	$3280	$6020	$7060	IH	6	291G	10F-2R	66.31	7055	No
686	$11435	$2060	$3430	$6290	$7380	IH	6	312D	10F-2R	66.29	7570	No
766	$13825	$2350	$3870	$5810	$6640	IH	6	291G	16F-8R	79.73	9000	No
766	$14981	$2550	$4200	$6290	$7190	IH	6	360D	16F-8R	85.45	9500	No
886	$17730	$3010	$4960	$7450	$8510	IH	6	360D	16F-8R	86.14	10600	CHA
966	$17331	$2950	$4850	$7280	$8320	IH	6	414D	16F-8R	96.00	10130	CHA
966 4WD	$20331	$3460	$5690	$8540	$9760	IH	6	414D	16F-8R	96.00	11030	CH
986	$19525	$2730	$4490	$6830	$8300	IH	6	436D	16F-8R	105.68	10900	CHA
1066	$17939	$3050	$5020	$7530	$8610	IH	6T	414D	16F-8R	125.68	10550	CHA
1066 4WD	$21939	$3730	$6140	$9210	$10530	IH	6T	414D	16F-8R	125.00	11450	CHA
1086	$21595	$3670	$6050	$9070	$10370	IH	6T	414D	16F-8R	131.41	11700	CHA
1466	$23027	$3920	$6450	$9670	$11050	IH	6T	436D	16F-8R	145.77	10700	CHA
1466 4WD	$26027	$4250	$7000	$10500	$12000	IH	6T	436D	16F-8R	145.00	12600	CHA
1486	$24235	$4120	$6790	$10180	$11630	IH	6T	436D	16F-8R	145.77	11800	CHA
1566	$24677	$3740	$6160	$9240	$10560	IH	6T	436D	12F-6R	161.01	12750	CHA
1568	$25408	$2860	$4690	$7140	$8670	IH	V8	550D	12F-6R	150.70	13200	CHA
1568	$27515	$3080	$5060	$7700	$9350	IH	V8	550D	12F-6R	150.70	13200	CHA
1586	$27160	$4120	$6790	$10190	$11640	IH	6T	436D	12F-6R	161.55	12750	CHA

Model	Approx. Retail Price New	Estimated Value Less Repairs Used Trade-In Avg.	High	Used Retail Avg.	High	Make	Engine No. Cyls.	Displ. Cu.-in.	No. Speeds	P.T.O. H.P.	Approx. Shipping Wt.-Lbs.	Cab

Int. Harvester-Farmall (Cont.)

1976 (Cont.)

Model	Approx. Retail Price New	Used Trade-In Avg.	High	Used Retail Avg.	High	Make	No. Cyls.	Displ. Cu.-in.	No. Speeds	P.T.O. H.P.	Approx. Shipping Wt.-Lbs.	Cab
4166 4WD	$28582	$2700	$3780	$5940	$7560	IH	6T	436D	8F-4R	150.63	15300	CHA
4186 4WD	$32210	$2900	$4060	$6380	$8120	IH	6T	436D	8F-4R	150.63	15300	CHA
4366 4WD	$34007	$3200	$4480	$7040	$8960	IH	6T	466D	10F-2R	163.9	19500	CHA
4386 4WD	$41850	$3650	$5110	$8030	$10220	IH	6TI	466D	10F-2R	175.3	20000	CHA
4586 4WD	$48090	$4100	$5740	$9020	$11480	IH	V8	798D	10F-2R	235.7	21900	CHA

RC—Row Crop

1975

Model	Approx. Retail Price New	Used Trade-In Avg.	High	Used Retail Avg.	High	Make	No. Cyls.	Displ. Cu.-in.	No. Speeds	P.T.O. H.P.	Approx. Shipping Wt.-Lbs.	Cab
Cub	$3529	$880	$1430	$2200	$2550	IH	4	60G	3F-1R	10.75	1620	No
Cub 185 Lo Boy	$3648	$830	$1350	$2070	$2410	IH	4	60G	6F-2R	13.5	1480	No
Hydro 70	$11375	$1930	$3190	$4780	$5460	IH	6	291G	Variable	69.61	6980	No
Hydro 70	$12510	$2130	$3500	$5250	$6010	IH	6	312D	Variable	69.51	7420	No
Hydro 100	$17025	$2380	$3920	$5960	$7410	IH	6	436D	Variable	104.17	10170	CHA
140	$4285	$1500	$2080	$3650	$4170	IH	4	123G	4F-1R	24.30	2640	No
354	$4419	$1110	$1800	$2760	$3200	IH	4	144G	8F-2R	32.58	3600	No
354	$4695	$1170	$1900	$2910	$3380	IH	4	144D	8F-2R	32.00	3700	No
464	$5450	$1340	$2170	$3330	$3870	IH	4	175G	8F-2R	45.74	4200	No
464	$6225	$1510	$2460	$3770	$4370	IH	3	179D	8F-2R	44.42	4520	No
574	$7532	$1700	$2750	$4220	$4900	IH	4	200G	8F-2R	52.97	4700	No
574	$8599	$1940	$3140	$4820	$5590	IH	4	239D	8F-2R	52.55	4800	No
666	$9545	$1620	$2670	$4010	$4580	IH	6	291G	10F-2R	66.30	7000	No
666	$10765	$1830	$3010	$4520	$5170	IH	6	312D	10F-2R	66.29	7220	No
674	$7865	$1880	$3050	$4680	$5440	IH	4	200G	8F-4R	58.53	4430	No
674	$8925	$2120	$3440	$5280	$6130	IH	4	239D	8F-4R	61.56	4680	No
766	$11825	$2010	$3310	$4970	$5680	IH	6	291G	16F-8R	79.73	9000	No
766	$12981	$2210	$3640	$5450	$6230	IH	6	360D	16F-8R	85.45	9500	No
966	$15331	$2610	$4290	$6440	$7360	IH	6	414D	16F-8R	96.00	10130	CHA
966 4WD	$19331	$3290	$5410	$8120	$9280	IH	6	414D	16F-8R	96.00	11030	CH
966H	$16396	$2790	$4590	$6890	$7870	IH	6	414D	Variable	91.38	10300	CH
966H 4WD	$20396	$3470	$5710	$8570	$9790	IH	6	414D	Variable	91.38	11200	CH
1066	$16939	$2880	$4740	$7110	$8130	IH	6T	414D	16F-8R	125.68	10550	CHA
1066 4WD	$20939	$3560	$5860	$8790	$10050	IH	6T	414D	16F-8R	125.00	11450	CHA
1066H	$18019	$2520	$4140	$6310	$7840	IH	6T	414D	Variable	113.58	10720	CHA
1066H 4WD	$22019	$2940	$4830	$7350	$9140	IH	6T	414D	Variable	113.00	11620	CHA
1466	$20027	$3410	$5610	$8410	$9610	IH	6T	436D	16F-8R	145.77	10700	CHA
1466 4WD	$24027	$3910	$6440	$9660	$11040	IH	6T	436D	16F-8R	145.00	12600	CHA
1566	$22677	$3670	$6050	$9070	$10370	IH	6T	436D	12F-6R	161.01	12750	CHA
1568	$23408	$2800	$4600	$7000	$8700	IH	V8	550D	12F-6R	150.70	13200	CHA
4166 4WD	$26582	$2500	$3500	$5500	$7000	IH	6T	436D	8F-4R	150.63	15300	CHA
4366 4WD	$32007	$2800	$3920	$6160	$7840	IH	6T	466D	10F-2R	163.9	19500	CHA
4568 4WD	$43528	$3650	$5110	$8030	$10220	IH	V8	798D	10F-2R	235.7	21900	CHA

H—Hydrostatic Transmission RC—Row Crop

1974

Model	Approx. Retail Price New	Used Trade-In Avg.	High	Used Retail Avg.	High	Make	No. Cyls.	Displ. Cu.-in.	No. Speeds	P.T.O. H.P.	Approx. Shipping Wt.-Lbs.	Cab
Cub	$2775	$790	$1300	$2010	$2330	IH	4	60G	3F-1R	10.75	1620	No
Cub 154 Lo Boy	$2485	$870	$1440	$2210	$2560	IH	4	60G	3F-1R	13.50	1480	No
Cub 185 Lo Boy	$2990	$820	$1340	$2070	$2390	IH	4	60G	6F-2R	13.5	1480	No
Hydro 70	$10105	$1720	$2880	$4240	$4850	IH	6	291G	Variable	69.61	6980	No
Hydro 70	$11105	$1890	$3170	$4660	$5330	IH	6	312D	Variable	69.51	7420	No
Hydro 100	$14120	$2400	$4020	$5930	$6780	IH	6	436D	Variable	104.17	10170	CHA
140	$3587	$1480	$2040	$3580	$4080	IH	4	123G	4F-1R	24.30	2640	No
354	$4218	$1060	$1750	$2690	$3110	IH	4	144G	8F-2R	32.58	3600	No
354	$4535	$1130	$1860	$2870	$3320	IH	4	144D	8F-2R	32.00	3700	No
464	$5273	$1300	$2140	$3290	$3810	IH	4	175G	8F-2R	45.74	4200	No
464	$5859	$1430	$2350	$3630	$4200	IH	3	179D	8F-2R	44.42	4520	No
574	$6498	$1580	$2590	$3990	$4620	IH	4	200G	8F-2R	52.97	4700	No
574	$7350	$1770	$2910	$4480	$5180	IH	4	239D	8F-2R	52.55	4800	No
666	$8585	$1550	$2580	$4720	$5540	IH	6	291G	10F-2R	66.30	7000	No
666	$9605	$1730	$2880	$5280	$6200	IH	6	312D	10F-2R	66.29	7220	No
674	$6840	$1650	$2720	$4180	$4840	IH	4	200G	8F-4R	58.53	4430	No
674	$7655	$1840	$3020	$4650	$5380	IH	4	239D	8F-4R	61.56	4680	No
766	$9910	$1690	$2820	$4160	$4760	IH	6	291G	16F-8R	79.73	9000	No
766	$10895	$1850	$3110	$4580	$5230	IH	6	360D	16F-8R	85.45	9500	No
966	$13965	$2370	$3980	$5870	$6700	IH	6	414D	16F-8R	96.00	10130	CHA
966 4WD	$17765	$2490	$4090	$6220	$7730	IH	6	414D	16F-8R	96.00	11030	CHA
966H	$14525	$2470	$4140	$6100	$6970	IH	6	414D	Variable	91.38	10300	CHA
966H 4WD	$18325	$2570	$4220	$6410	$7970	IH	6	414D	Variable	91.38	11200	CHA
1066	$14890	$2530	$4240	$6250	$7150	IH	6T	414D	16F-8R	125.68	10550	CHA
1066 4WD	$18690	$3180	$5330	$7850	$8970	IH	6T	414D	16F-8R	125.00	11450	CHA
1066H	$15970	$2240	$3670	$5590	$6950	IH	6T	414D	Variable	113.58	10720	CHA
1066H 4WD	$19770	$2770	$4550	$6920	$8600	IH	6T	414D	Variable	113.00	11620	CHA
1466	$17410	$2960	$4960	$7310	$8360	IH	6T	436D	16F-8R	145.77	10700	CHA
1466 4WD	$21210	$3430	$5760	$8480	$9700	IH	6T	436D	16F-8R	145.00	12600	CHA
1468	$18425	$2420	$3980	$6060	$7530	IH	V8	550D	16F-8R	145.49	11800	CHA
1566	$18570	$2980	$4990	$7350	$8400	IH	6T	436D	12F-6R	161.01	12750	CHA
1568	$19301	$2280	$3750	$5710	$7090	IH	V8	550D	12F-6R	150.70	13200	CHA
4166 4WD	$20050	$2010	$2810	$4410	$5610	IH	6T	436D	8F-4R	150.63	15300	CH
4366 4WD	$26947	$2550	$3570	$5610	$7140	IH	6T	466D	10F-2R	163.9	19500	CHA

H—Hydrostatic Transmission RC—Row Crop

1973

Model	Approx. Retail Price New	Used Trade-In Avg.	High	Used Retail Avg.	High	Make	No. Cyls.	Displ. Cu.-in.	No. Speeds	P.T.O. H.P.	Approx. Shipping Wt.-Lbs.	Cab
Cub	$2645	$860	$1400	$2170	$2490	IH	4	60G	3F-1R	10.75	1620	No
Cub 154 Lo Boy	$2405	$670	$1090	$1690	$1930	IH	4	60G	3F-1R	13.50	1480	No
Hydro 70	$8855	$1590	$2710	$3930	$4490	IH	6	291G	Variable	69.61	6980	No

Int. Harvester-Farmall (Cont.)

Model	Approx. Retail Price New	Estimated Value Less Repairs — Used Trade-In Avg.	High	Used Retail Avg.	High	Make	Engine No. Cyls.	Displ. Cu.-in.	No. Speeds	P.T.O. H.P.	Approx. Shipping Wt.-Lbs.	Cab
1973 (Cont.)												
Hydro 70	$9720	$1740	$2960	$4290	$4910	IH	6	312D	Variable	69.51	7420	No
Hydro 100	$11215	$1990	$3400	$4920	$5620	IH	6	436D	Variable	104.17	10170	CHA
140	$3460	$1450	$2020	$3550	$4040	IH	4	123G	4F-1R	24.30	2640	No
354	$4018	$1040	$1690	$2620	$3000	IH	4	144G	8F-2R	32.58	3600	No
354	$4378	$1120	$1830	$2830	$3240	IH	4	144D	8F-2R	32.00	3700	No
454	$4650	$1190	$1930	$2990	$3430	IH	4	157G	8F-2R	40.86	4240	No
454	$5065	$1280	$2090	$3230	$3700	IH	3	179D	8F-2R	40.47	4560	No
464	$4896	$1240	$2020	$3130	$3590	IH	4	175G	8F-2R	45.74	4200	No
464	$5293	$1330	$2170	$3360	$3850	IH	3	179D	8F-2R	44.42	4520	No
544	$6595	$1750	$2850	$4410	$5050	IH	4	200G	10F-2R	52.84	6300	No
544	$7185	$1880	$3070	$4750	$5440	IH	4	239D	10F-2R	52.95	6500	No
544H	$7350	$1550	$2510	$4590	$5390	IH	4	200G	Variable	53.87	6400	No
544H	$7945	$1660	$2680	$4920	$5770	IH	4	239D	Variable	55.52	6600	No
574	$6250	$1550	$2530	$3920	$4490	IH	4	200G	8F-4R	52.97	4700	No
574	$7090	$1750	$2850	$4400	$5050	IH	4	239D	8F-4R	52.55	4800	No
664	$7305	$1440	$2340	$4290	$5030	IH	4	239D	10F-2R	61.56	5950	No
666	$7625	$1500	$2440	$4470	$5240	IH	6	291G	10F-2R	66.30	7000	No
666	$8445	$1660	$2680	$4920	$5770	IH	6	312D	10F-2R	66.29	7220	No
674	$5844	$1460	$2380	$3680	$4220	IH	4	200G	8F-4R	58.53	4430	No
674	$6636	$1640	$2680	$4140	$4750	IH	4	239D	8F-4R	61.56	4680	No
766	$8815	$1720	$2800	$5120	$6010	IH	6	291G	16F-8R	79.73	9000	No
766	$9665	$1880	$3050	$5590	$6560	IH	6	360D	16F-8R	85.45	9500	No
966	$11595	$2150	$3480	$6380	$7480	IH	6	414D	16F-8R	96.00	9130	CH
966 4WD	$14795	$2740	$4440	$8140	$9540	IH	6	414D	16F-8R	96.00	10030	CH
966H	$12660	$2340	$3800	$6960	$8170	IH	6	414D	Variable	91.38	9300	CH
966H 4WD	$15860	$2930	$4760	$8720	$10230	IH	6	414D	Variable	91.38	10200	CH
1066	$12840	$2380	$3850	$7060	$8280	IH	6T	414D	16F-8R	116.23	10550	CHA
1066 4WD	$16040	$2970	$4810	$8820	$10350	IH	6T	414D	16F-8R	166.00	11450	CHA
1066H	$13920	$1950	$3200	$4870	$6060	IH	6T	414D	Variable	113.58	10720	CHA
1066H 4WD	$17120	$2400	$3940	$5990	$7450	IH	6T	414D	Variable	113.00	11620	CHA
1466	$14795	$2380	$4060	$5880	$6720	IH	6T	436D	16F-8R	133.40	10700	CHA
1466 4WD	$17995	$2870	$4900	$7100	$8110	IH	6T	436D	16F-8R	133.00	12600	CHA
1468	$15845	$2010	$3300	$5020	$6240	IH	V8	550D	16F-8R	145.49	11200	CHA
4166 4WD	$18350	$1840	$2570	$4040	$5140	IH	6T	436D	8F-4R	150.63	15300	CH
4366 4WD	$25057	$2510	$3510	$5510	$7020	IH	6T	466D	10F-2R	163.9	19500	CHA

H—Hydrostatic Transmission RC—Row Crop

Model	Approx. Retail Price New	Used Trade-In Avg.	High	Used Retail Avg.	High	Make	No. Cyls.	Displ. Cu.-in.	No. Speeds	P.T.O. H.P.	Approx. Shipping Wt.-Lbs.	Cab
1972												
Cub	$2545	$940	$1330	$2340	$2660	IH	4	60G	3F-1R	10.75	1620	No
Cub 154 Lo Boy	$2335	$660	$930	$1630	$1860	IH	4	60G	3F-1R	13.50	1480	No
140	$3530	$1470	$2070	$3650	$4150	IH	4	123G	4F-1R	24.30	2750	No
354	$3815	$1060	$1740	$2660	$3050	IH	4	144G	8F-2R	32.58	3600	No
354	$4221	$1270	$2090	$3200	$3660	IH	4	144D	8F-2R	32.00	3700	No
454	$4445	$1210	$1980	$3040	$3470	IH	4	157G	8F-2R	40.86	4240	No
454	$4863	$1310	$2140	$3280	$3760	IH	3	179D	8F-2R	40.47	4560	No
544	$6340	$1730	$2830	$4330	$4960	IH	4	200G	10F-2R	52.84	6300	No
544	$6930	$1860	$3050	$4680	$5350	IH	4	239G	10F-2R	52.95	6500	No
544H	$7100	$1500	$2470	$4460	$5230	IH	4	200G	Variable	53.87	6400	No
544H	$7690	$1610	$2650	$4780	$5610	IH	4	239D	Variable	55.52	6600	No
574	$6005	$1650	$2700	$4130	$4730	IH	4	200G	8F-4R	52.97	4700	No
574	$6830	$1840	$3020	$4620	$5290	IH	4	239D	8F-4R	52.55	4800	No
656	$7140	$1800	$2940	$4510	$5160	IH	6	263G	10F-2R	63.85	6350	No
656	$7990	$1960	$3210	$4920	$5630	IH	6	282D	10F-2R	61.42	6800	No
656H	$7895	$1550	$2560	$4620	$5420	IH	6	263G	Variable	65.80	6900	No
656H	$8745	$1670	$2750	$4950	$5810	IH	6	282D	Variable	66.06	7170	No
664	$6795	$1440	$2380	$4290	$5030	IH	4	239D	10F-2R	61.56	5950	No
666	$7020	$1480	$2450	$4410	$5170	IH	6	291G	10F-2R	66.30	7000	No
666	$7765	$1530	$2520	$4550	$5330	IH	6	312D	10F-2R	66.29	7220	No
766	$8360	$1640	$2700	$4870	$5720	IH	6	291G	16F-8R	79.73	9000	No
766	$8985	$1660	$2740	$4940	$5800	IH	6	360D	16F-8R	85.45	9500	No
966	$10489	$1940	$3200	$5770	$6770	IH	6	414D	16F-8R	96.00	9130	CH
966 4WD	$13679	$2530	$4170	$7520	$8820	IH	6	414D	16F-8R	96.00	10030	CH
966H	$11079	$2050	$3380	$6090	$7150	IH	6	414D	Variable	91.38	9300	CH
966H 4WD	$14269	$2640	$4350	$7850	$9200	IH	6	414D	Variable	91.38	10200	CH
1066	$11555	$2140	$3520	$6360	$7450	IH	6T	414D	16F-8R	116.23	10550	CHA
1066 4WD	$14745	$2730	$4500	$8110	$9510	IH	6T	414D	16F-8R	116.00	11450	CHA
1066H	$12150	$2070	$3580	$5160	$5830	IH	6T	414D	Variable	113.58	10720	CHA
1066H 4WD	$15340	$2610	$4530	$6520	$7360	IH	6T	414D	Variable	113.00	11620	CHA
1466	$13455	$2290	$3970	$5720	$6460	IH	6T	436D	16F-8R	133.40	11700	CHA
1466 4WD	$16645	$2660	$4620	$6650	$7510	IH	6T	436D	16F-8R	133.00	12600	CHA
1468	$14435	$1820	$2990	$4550	$5660	IH	V8	550D	16F-8R	145.49	11200	CHA
4166 4WD	$16995	$1700	$2380	$3740	$4760	IH	6T	436D	8F-4R	150.63	15300	CH

H—Hydrostatic Transmission

Model	Approx. Retail Price New	Used Trade-In Avg.	High	Used Retail Avg.	High	Make	No. Cyls.	Displ. Cu.-in.	No. Speeds	P.T.O. H.P.	Approx. Shipping Wt.-Lbs.	Cab
1971												
Cub	$2400	$900	$1280	$2280	$2580	IH	4	60G	3F-1R	10.75	1620	No
Cub 154 Lo Boy	$2260	$620	$870	$1560	$1770	IH	4	60G	3F-1R	13.50	1480	No
140	$3410	$1430	$2030	$3630	$4110	IH	4	123G	4F-1R	24.30	2750	No
444	$4470	$1450	$2050	$3670	$4160	IH	4	153G	8F-2R	38.09	3700	No
444	$4880	$1560	$2210	$3940	$4470	IH	4	154D	8F-2R	36.91	3820	No
454	$4265	$1240	$2050	$3190	$3610	IH	4	157G	8F-4R	40.86	4240	No
454	$4705	$1340	$2230	$3450	$3910	IH	3	179D	8F-4R	40.47	4560	No
544	$6090	$1880	$2660	$4750	$5390	IH	4	200G	10F-2R	52.84	6300	No
544	$6680	$2040	$2880	$5150	$5840	IH	4	239D	10F-2R	52.95	6500	No

Int. Harvester-Farmall (Cont.)

Model	Approx. Retail Price New	Used Trade-In Avg.	Used Trade-In High	Used Retail Avg.	Used Retail High	Make	Engine No. Cyls.	Engine Displ. Cu.-in.	No. Speeds	P.T.O. H.P.	Approx. Shipping Wt.-Lbs.	Cab
1971 (Cont.)												
544H	$6850	$1850	$3060	$4750	$5380	IH	4	200G	Variable	53.87	6400	No
544H	$7440	$1980	$3290	$5110	$5780	IH	4	239D	Variable	55.52	6600	No
574	$5760	$1590	$2640	$4090	$4630	IH	4	200G	8F-4R	52.97	4700	No
574	$6570	$1780	$2950	$4580	$5190	IH	4	239D	8F-4R	52.55	4800	No
656	$6905	$1860	$3080	$4780	$5420	IH	6	263G	10F-2R	63.85	6530	No
656	$7745	$2060	$3410	$5290	$5990	IH	6	282D	10F-2R	61.42	6800	No
656H	$7695	$1610	$2650	$4780	$5610	IH	6	263G	Variable	65.80	6900	No
656H	$8545	$1670	$2760	$4980	$5830	IH	6	282D	Variable	66.06	7170	No
756	$8130	$2150	$3560	$5520	$6250	IH	6	291G	16F-8R	76.56	8070	No
756	$8960	$2220	$3690	$5720	$6480	IH	6	310D	16F-8R	76.09	8350	No
756 4WD	$10930	$2690	$4460	$6920	$7830	IH	6	291G	16F-8R	76.00	8970	No
756 4WD	$11760	$2880	$4780	$7420	$8400	IH	6	310D	16F-8R	76.00	9250	No
766	$8210	$1610	$2660	$4790	$5620	IH	6	291G	16F-8R	79.73	9000	No
766	$8760	$1710	$2820	$5090	$5970	IH	6	360D	16F-8R	85.45	9500	No
826	$9650	$2390	$3960	$6140	$6950	IH	6	358D	16F-8R	92.19	8830	No
826 4WD	$12840	$3020	$5010	$7770	$8800	IH	6	358D	16F-8R	92.00	9730	No
826H	$9860	$1920	$3160	$5700	$6680	IH	6	301G	Variable	84.15	8900	No
826H	$10400	$2020	$3330	$6000	$7030	IH	6	358D	Variable	84.66	9000	No
826H 4WD	$13050	$2410	$3980	$7180	$8420	IH	6	301G	Variable	84.00	9800	No
826H 4WD	$13590	$2510	$4150	$7480	$8770	IH	6	358D	Variable	84.00	9900	No
856	$9640	$2380	$3960	$6140	$6950	IH	6	301G	16F-8R	93.27	8510	No
856	$10640	$2620	$4350	$6740	$7630	IH	6	407D	16F-8R	100.49	9270	No
856 4WD	$13480	$3170	$5260	$8160	$9230	IH	6	301G	16F-8R	93.00	9410	No
856 4WD	$14480	$3400	$5650	$8760	$9920	IH	6	407D	16F-8R	100.49	10170	No
966	$10038	$1860	$3060	$5520	$6480	IH	6	414D	16F-8R	96.00	9130	No
966 4WD	$13538	$2510	$4130	$7450	$8730	IH	6	414D	16F-8R	96.00	10030	No
966H	$10628	$1970	$3240	$5850	$6860	IH	6	414D	Variable	91.38	9300	No
966H 4WD	$14128	$2610	$4310	$7770	$9110	IH	6	414D	Variable	91.38	10200	No
1026H	$11780	$2180	$3590	$6480	$7600	IH	6T	407D	Variable	112.45	9500	No
1026H	$12170	$2250	$3710	$6690	$7850	IH	6T	407D	Variable	112.45	9600	No
1026H 4WD	$14970	$2770	$4570	$8230	$9660	IH	6T	407D	Variable	112.00	10400	No
1026H 4WD	$15360	$2840	$4690	$8450	$9910	IH	6T	407D	Variable	112.00	10500	No
1066	$10899	$2020	$3320	$5990	$7030	IH	6T	414D	16F-8R	116.23	9550	No
1066 4WD	$14089	$2610	$4300	$7750	$9090	IH	6T	414D	16F-8R	116.00	10450	No
1066H	$11494	$2070	$3450	$4940	$5580	IH	6T	414D	Variable	113.58	9720	No
1066H 4WD	$14684	$2640	$4410	$6310	$7120	IH	6T	414D	Variable	113.00	10620	No
1456	$12390	$2290	$3780	$6820	$7990	IH	6T	407D	16F-8R	131.80	10600	No
1456 4WD	$15580	$2680	$4420	$7980	$9350	IH	6T	407D	16F-8R	131.00	11500	No
1466	$12705	$2350	$3880	$6990	$8200	IH	6T	436D	16F-8R	133.40	10700	No
1466 4WD	$15895	$2780	$4580	$8250	$9680	IH	6T	436D	16F-8R	133.00	11600	No
1468	$13675	$1820	$2990	$4550	$5660	IH	V-8	550D	16F-8R	145.49	11200	No
H—Hydrostatic Transmission												
1970												
Cub	$2230	$860	$1230	$2200	$2490	IH	4	60G	3F-1R	10.75	1620	No
Cub 154 Lo Boy	$2110	$600	$860	$1530	$1740	IH	4	60G	3F-1R	13.50	1480	No
140	$3300	$1410	$2010	$3600	$4080	IH	4	123G	4F-1R	24.30	2750	No
444	$4215	$1380	$1980	$3550	$4020	IH	4	153G	8F-2R	38.09	3700	No
444	$4615	$1490	$2130	$3820	$4320	IH	4	154D	8F-2R	36.91	3820	No
544	$5840	$1810	$2600	$4650	$5270	IH	4	200G	10F-2R	52.84	6300	No
544	$6430	$1970	$2820	$5050	$5720	IH	4	239D	10F-2R	52.95	6500	No
544H	$6600	$1790	$3040	$4560	$5280	IH	4	200G	Variable	53.87	6400	No
544H	$7190	$1930	$3280	$4910	$5690	IH	4	239D	Variable	55.52	6600	No
574	$5515	$1530	$2610	$3910	$4530	IH	4	200G	8F-4R	52.97	4700	No
574	$6310	$1720	$2920	$4390	$5080	IH	4	239D	8F-4R	52.55	4800	No
656	$6670	$1800	$3070	$4600	$5330	IH	6	263G	10F-2R	63.85	6530	No
656	$7545	$2010	$3420	$5130	$5940	IH	6	282D	10F-2R	61.42	6800	No
656H	$7505	$1520	$2440	$4400	$5160	IH	6	263G	Variable	65.80	6900	No
656H	$8340	$1660	$2670	$4810	$5640	IH	6	282D	Variable	66.06	7170	No
756	$7880	$2090	$3550	$5330	$6170	IH	6	291G	16F-8R	76.56	8070	No
756	$8710	$2280	$3880	$5830	$6750	IH	6	310D	16F-8R	76.09	8350	No
756 4WD	$10680	$2630	$4470	$6710	$7770	IH	6	291G	16F-8R	76.00	8970	No
756 4WD	$11510	$2820	$4800	$7210	$8350	IH	6	310D	16F-8R	76.00	9250	No
826	$9430	$2450	$4170	$6260	$7250	IH	6	358D	16F-8R	92.19	8830	No
826 4WD	$12080	$2840	$4830	$7250	$8400	IH	6	358D	16F-8R	92.00	9730	No
826H	$9640	$1930	$3090	$5580	$6540	IH	6	301G	Variable	84.15	8900	No
826H	$10310	$2050	$3300	$5950	$6970	IH	6	358D	Variable	84.66	9000	No
856	$9090	$2370	$4040	$6050	$7010	IH	6	301G	16F-8R	93.27	8510	No
856	$10190	$2630	$4480	$6710	$7780	IH	6	407D	16F-8R	100.49	9270	No
856 4WD	$11890	$2790	$4760	$7130	$8260	IH	6	301G	16F-8R	93.00	9410	No
856 4WD	$12990	$3050	$5200	$7790	$9030	IH	6	407D	16F-8R	100.49	10170	No
1026H	$11080	$2200	$3530	$6370	$7470	IH	6T	407D	Variable	112.45	9500	No
1026H 4WD	$13730	$2610	$4190	$7550	$8860	IH	6T	407D	Variable	112.00	10950	No
1456	$12220	$2320	$3730	$6720	$7880	IH	6T	407D	16F-8R	131.80	10600	No
1456 4WD	$15320	$2800	$4500	$8110	$9510	IH	6T	407D	16F-8R	131.00	12050	No
4156 4WD	$19300	$2610	$4140	$6300	$7830	IH	6T	429D	8F-4R	116.1	13940	No
4300 4WD	$25300	$2530	$3540	$5570	$7080	IH	6T	817D	8F-4R	214.2	27620	No
H—Hydrostatic Transmission												
1969												
Cub	$2140	$830	$1230	$2170	$2450	IH	4	60G	3F-1R	10.8	1620	No
Cub 154 Low-Boy	$2060	$580	$860	$1520	$1720	IH	4	60G	3F-1R	13.5	1480	No
140	$3180	$1370	$2020	$3570	$4040	IH	4	122G	4F-1R	20.8	2640	No
444	$3970	$1320	$1940	$3430	$3880	IH	4	144G	8F-2R	36.5	3700	No

Model	Approx. Retail Price New	Used Trade-In Avg.	Used Trade-In High	Used Retail Avg.	Used Retail High	Make	No. Cyls.	Displ. Cu.-in.	No. Speeds	P.T.O. H.P.	Approx. Shipping Wt.-Lbs.	Cab

Int. Harvester-Farmall (Cont.)

1969 (Cont.)

Model	Approx. Retail Price New	Used Trade-In Avg.	Used Trade-In High	Used Retail Avg.	Used Retail High	Make	No. Cyls.	Displ. Cu.-in.	No. Speeds	P.T.O. H.P.	Approx. Shipping Wt.-Lbs.	Cab
444	$4360	$1420	$2090	$3700	$4180	IH	4	154D	8F-2R	36.5	3888	No
544	$5690	$1680	$2470	$4380	$4950	IH	4	200G	10F-2R	53	6342	No
544	$6180	$1880	$2770	$4900	$5540	IH	4	239D	10F-2R	53.0	6342	No
656	$6435	$1700	$3030	$4440	$5220	IH	6	263G	10F-2R	63.5	6550	No
656	$7260	$1900	$3390	$4960	$5820	IH	6	282D	10F-2R	61.5	6800	No
656H	$7310	$1520	$2420	$4300	$5040	IH	6	263G	Variable	65.5	6200	No
656H	$8055	$1670	$2650	$4710	$5520	IH	6	282D	Variable	66	6500	No
756	$7630	$1990	$3540	$5180	$6080	IH	6	291G	8F-4R	76.5	8070	No
756	$8460	$2180	$3880	$5680	$6670	IH	6	310D	8F-4R	76	8350	No
756 4WD	$10430	$2400	$4280	$6260	$7350	IH	6	291G	8F-4R	76.5	8970	No
756 4WD	$11260	$2590	$4620	$6760	$7940	IH	6	310D	16F-8R	76	9250	No
826	$9210	$2350	$4190	$6130	$7200	IH	6	358D	16F-8R	92.0	8930	No
826 4WD	$11810	$2720	$4840	$7090	$8330	IH	6	358D	16F-8R	92.0	8930	No
826H	$9420	$1930	$3080	$5460	$6400	IH	6	301G	Variable	84.1	9000	No
826H	$10220	$2130	$3390	$6010	$7040	IH	6	358D	Variable	84.1	9000	No
856	$8650	$2110	$3750	$5490	$6450	IH	6	301G	8F-4R	93.0	8620	No
856	$10080	$2430	$4340	$6350	$7460	IH	6	407D	8F-4R	100.5	9260	No
856 4WD	$11380	$2620	$4670	$6830	$8020	IH	6	301G	8F-4R	93.0	9420	No
856 4WD	$12470	$2980	$5320	$7780	$9140	IH	6	407D	8F-4R	100.5	10000	No
1256	$10925	$2230	$3540	$6280	$7370	IH	6T	407D	8F-4R	116.0	9925	No
1456	$12050	$2550	$4050	$7180	$8420	IH	6T	407D	16F-8R	131.5	10700	No
1456 4WD	$14900	$2910	$4620	$8200	$9610	IH	6	407D	16F-8R	131.5	14649	No
4156 4WD	$19000	$2610	$4140	$6300	$7830	IH	6T	429D	8F-4R	140	13940	No
4300 4WD	$25000	$2500	$3500	$5500	$7000	IH	6T	817D	8F-2R	203.0	27620	No

H—Hydrostatic Transmission

1968

Model	Approx. Retail Price New	Used Trade-In Avg.	Used Trade-In High	Used Retail Avg.	Used Retail High	Make	No. Cyls.	Displ. Cu.-in.	No. Speeds	P.T.O. H.P.	Approx. Shipping Wt.-Lbs.	Cab
Cub	$2070	$810	$1230	$2150	$2430	IH	4	60G	3F-1R	10.8	1620	No
Cub Low-Boy	$2100	$840	$1270	$2220	$2510	IH	4	60G	3F-1R	10.8	1655	No
Cub 154 Low-Boy	$1980	$550	$830	$1460	$1640	IH	4	60G	3F-1R	13.5	1480	No
140	$2950	$1310	$1980	$3470	$3910	IH	4	122G	4F-1R	20.8	2750	No
404	$3440	$1180	$1780	$3110	$3510	IH	4	135G	4F-1R	36.7	3460	No
444	$3725	$1250	$1890	$3310	$3730	IH	4	144G	8F-2R	36.5	3738	No
444	$4105	$1350	$2040	$3570	$4030	IH	4	154D	8F-2R	36.5	3888	No
504	$4270	$1400	$2110	$3690	$4160	IH	4	153G	10F-2R	46.0	4808	No
504	$4835	$1550	$2330	$4090	$4610	IH	4	188D	10F-2R	46.2	4553	No
544	$5340	$1680	$2540	$4440	$5010	IH	4	200G	10F-2R	53	6342	No
544	$5595	$1720	$2600	$4550	$5140	IH	4	239D	10F-2R	53	6442	No
656	$6200	$1660	$3020	$4390	$5150	IH	6	263G	10F-2R	63.5	6350	No
656	$7020	$1850	$3370	$4890	$5730	IH	6	282D	10F-2R	61.5	6800	No
656H	$7020	$1560	$2490	$4410	$5170	IH	6	282D	Variable	66	6500	No
656H	$7120	$1580	$2520	$4470	$5240	IH	6	263G	Variable	63.5	6900	No
756	$7380	$1630	$2600	$4610	$5410	IH	6	291G	16F-8R	76.5	9619	No
756	$8210	$2120	$3860	$5610	$6580	IH	6	310D	8F-4R	76	9561	No
756 4WD	$10180	$2080	$3310	$5870	$6890	IH	6	291G	16F-8R	76.5	8970	No
756 4WD	$11000	$2650	$4830	$7020	$8220	IH	6	310D	16F-8R	76	9500	No
856	$8210	$1700	$2700	$4790	$5620	IH	6	301G	16F-8R	93	8890	No
856	$9290	$2370	$4320	$6280	$7360	IH	6	407D	16F-8R	100.5	9760	No
856 4WD	$9290	$2250	$4110	$5970	$7000	IH	6	407D	16F-8R	100.5	10170	No
856 4WD	$10940	$2130	$3390	$6020	$7060	IH	6	301G	16F-8R	93	9410	No
1256	$10720	$2190	$3480	$6170	$7240	IH	6T	407D	8F-4R	116.0	9525	No
4100 4WD	$18500	$2680	$4260	$6480	$8050	IH	6T	429D	8F-4R	110.0	13940	No
4300 4WD	$24500	$2450	$3430	$5390	$6860	IH	6T	817D	8F-4R	203.0	27620	No

H—Hydrostatic Transmission

1967

Model	Approx. Retail Price New	Used Trade-In Avg.	Used Trade-In High	Used Retail Avg.	Used Retail High	Make	No. Cyls.	Displ. Cu.-in.	No. Speeds	P.T.O. H.P.	Approx. Shipping Wt.-Lbs.	Cab
Cub	$1980	$790	$1220	$2100	$2380	IH	4	60G	3F-1R	10.8	1620	No
Cub Low-Boy	$2020	$830	$1280	$2200	$2500	IH	4	60G	3F-1R	10.8	1655	No
140	$2790	$1300	$2010	$3450	$3910	IH	4	122G	4F-1R	20.8	2750	No
404	$3340	$1150	$1780	$3060	$3470	IH	4	135G	4F-1R	36.7	3470	No
B414	$2950	$1050	$1620	$2790	$3160	IH	4	144G	8F-2R	36	3710	No
B414	$3250	$1100	$1700	$2930	$3320	IH	4	154D	8F-2R	36	3770	No
424	$3270	$1000	$1830	$2700	$3150	IH	4	146G	8F-2R	37	3700	No
424	$3600	$1060	$1930	$2850	$3340	IH	4	154D	8F-2R	37	3820	No
444	$3480	$1190	$1840	$3160	$3580	IH	4	144G	8F-2R	38	3700	No
444	$3850	$1290	$1990	$3420	$3880	IH	4	154D	8F-2R	37	3820	No
504	$4200	$1380	$2130	$3670	$4160	IH	4	153G	10F-2R	46	4880	No
504	$4765	$1530	$2360	$4060	$4610	IH	4	188D	10F-2R	46	5080	No
606	$4975	$1370	$2510	$3710	$4330	IH	6	221G	10F-2R	54	4880	No
606	$5700	$1540	$2810	$4150	$4860	IH	6	236D	10F-2R	54	5123	No
656	$5900	$1590	$2900	$4280	$5000	IH	6	263G	10F-2R	63	6550	No
656	$6680	$1770	$3230	$4760	$5570	IH	6	282D	10F-2R	61	6800	No
706	$6460	$1720	$3130	$4630	$5410	IH	6	291G	8F-4R	76	8070	No
706	$7330	$1920	$3500	$5170	$6040	IH	6	310D	8F-4R	76	8390	No
756	$7130	$1870	$3420	$5040	$5890	IH	6	291G	8F-4R	76	8070	No
756	$7960	$2060	$3760	$5560	$6500	IH	6	310D	8F-4R	76	8350	No
806	$7260	$1610	$2560	$4630	$5370	IH	6	301G	16F-8R	93	7930	No
806	$8125	$2100	$3830	$5660	$6620	IH	6	361D	16F-8R	94	8690	No
856	$7870	$1730	$2750	$4970	$5770	IH	6	301G	8F-4R	93	8510	No
856	$9040	$2310	$4220	$6230	$7280	IH	6	407D	8F-4R	100.4	9270	No
1206	$9825	$2490	$4550	$6710	$7850	IH	6	361D	8F-4R	112.6	9500	No
1256	$10500	$2650	$4830	$7130	$8340	IH	6	407D	16F-8R	116.1	11030	No
4100	$18250	$2650	$4200	$6390	$7940	IH	6T	429-D	8F-2R	110.0	13940	No
4300	$24200	$2420	$3390	$5320	$6780	IH	6T	817D	8F-2R	203.0	27620	No

Int. Harvester-Farmall (Cont.)

1966

Model	Approx. Retail Price New	Used Trade-In Avg.	Used Trade-In High	Used Retail Avg.	Used Retail High	Make	No. Cyls.	Displ. Cu.-in.	No. Speeds	P.T.O. H.P.	Approx. Shipping Wt.-Lbs.	Cab
Cub	$1790	$770	$1220	$2070	$2360	IH	4	60G	3F-1R	10.8	1620	No
Cub Low-Boy	$1830	$810	$1280	$2170	$2480	IH	4	60G	3F-1R	10.8	1655	No
140	$2700	$1250	$1970	$3340	$3810	IH	4	123G	4F-1R	23.7	2640	No
404	$3320	$990	$1810	$2700	$3180	IH	4	135G	4F-1R	36.7	3460	No
B414	$2930	$900	$1640	$2440	$2870	IH	4	143G	8F-2R	36.9	3700	No
B414	$3230	$970	$1780	$2640	$3110	IH	4	154D	8F-2R	35.9	3750	No
424	$3180	$960	$1760	$2610	$3070	IH	4	146G	8F-2R	36	3730	No
424	$3500	$1040	$1890	$2810	$3310	IH	4	154D	8F-2R	36.5	3820	No
504	$4120	$1360	$2150	$3640	$4150	IH	4	153G	10F-2R	46.2	4880	No
504	$4650	$1500	$2370	$4010	$4580	IH	4	188D	10F-2R	46.2	5080	No
606	$4940	$1370	$2500	$3710	$4370	IH	6	221G	10F-2R	53.8	4880	No
606	$5670	$1530	$2800	$4170	$4900	IH	6	236D	10F-2R	54.3	5123	No
656	$5650	$1550	$2840	$4220	$4960	IH	6	263G	10F-2R	63.5	6550	No
656	$6410	$1700	$3110	$4630	$5440	IH	6	282D	10F-2R	61.5	6800	No
706	$6310	$1680	$3070	$4560	$5370	IH	6	291G	8F-4R	76	7620	No
706	$7105	$1860	$3400	$5060	$5950	IH	6	310D	8F-4R	76.5	7900	No
806	$7180	$1560	$2470	$4550	$5270	IH	6	301G	16F-8R	90	7930	No
806	$8040	$2080	$3800	$5650	$6640	IH	6	361D	16F-8R	90	8690	No
1206	$9450	$2400	$4390	$6530	$7680	IH	6T	361D	16F-8R	112.5	10500	No
4100	$18000	$2610	$4140	$6300	$7830	IH	6T	429D	8F-2R	110.0	13940	No
4300	$24000	$2400	$3360	$5280	$6720	IH	6T	817D	8F-2R	203.0	27620	No

1965

Model	Approx. Retail Price New	Used Trade-In Avg.	Used Trade-In High	Used Retail Avg.	Used Retail High	Make	No. Cyls.	Displ. Cu.-in.	No. Speeds	P.T.O. H.P.	Approx. Shipping Wt.-Lbs.	Cab
Cub	$1750	$740	$1230	$2040	$2340	IH	4	60G	3F-1R	10.8	1620	No
Cub Low-Boy	$1770	$780	$1290	$2150	$2460	IH	4	60G	3F-1R	10.8	1655	No
140	$2610	$1200	$1980	$3300	$3780	IH	4	122G	4F-1R	24	2750	No
404	$3210	$970	$1760	$2650	$3130	IH	4	135G	4F-1R	36.7	3760	No
B414	$2910	$900	$1640	$2460	$2910	IH	4	143G	8F-2R	36.9	3700	No
B414	$3210	$970	$1770	$2650	$3140	IH	4	154D	8F-2R	36	3770	No
424	$3095	$940	$1720	$2580	$3050	IH	4	146G	8F-2R	36.5	3730	No
424	$3410	$1010	$1850	$2770	$3280	IH	4	154D	8F-2R	36.5	3880	No
504	$4030	$1310	$2160	$3600	$4130	IH	4	153G	10F-2R	46.0	4880	No
504	$4595	$1460	$2410	$4000	$4590	IH	4	188D	10F-2R	46.2	5080	No
606	$4860	$1350	$2460	$3690	$4370	IH	6	221G	10F-2R	53.8	4880	No
606	$5595	$1520	$2770	$4160	$4910	IH	6	236D	10F-2R	54.3	5120	No
656	$5400	$1470	$2690	$4030	$4770	IH	6	263G	10F-2R	63.5	6530	No
656	$6130	$1640	$3000	$4490	$5310	IH	6	282D	10F-2R	61.5	6800	No
706	$6160	$1620	$2970	$4450	$5260	IH	6	263G	8F-4R	73	8100	No
706	$6955	$1830	$3340	$5010	$5930	IH	6	282D	8F-4R	72	8360	No
806	$7055	$1570	$2500	$4670	$5400	IH	6	301G	16F-8R	93	7930	No
806	$7880	$2040	$3730	$5590	$6620	IH	6	361D	16F-8R	94.9	8690	No
1206	$9100	$2320	$4240	$6360	$7530	IH	6T	361D	16F-8R	112.5	9500	No

1964

Model	Approx. Retail Price New	Used Trade-In Avg.	Used Trade-In High	Used Retail Avg.	Used Retail High	Make	No. Cyls.	Displ. Cu.-in.	No. Speeds	P.T.O. H.P.	Approx. Shipping Wt.-Lbs.	Cab
Cub	$1680	$710	$1230	$2000	$2320	IH	4	60G	3F-1R	10.8	1620	No
Cub Low-Boy	$1710	$750	$1290	$2100	$2430	IH	4	60G	3F-1R	10.8	1655	No
140	$2520	$1150	$1990	$3230	$3750	IH	4	122G	4F-1R	20.8	2520	No
404	$3110	$940	$1720	$2580	$3080	IH	4	135G	4F-1R	36.7	3750	No
B414	$2800	$870	$1600	$2390	$2850	IH	4	143G	8F-2R	36.9	3700	No
B414	$3100	$960	$1740	$2620	$3110	IH	4	154D	8F-2R	35.9	3770	No
424	$3000	$920	$1680	$2520	$3000	IH	4	146G	8F-2R	35	3700	No
424	$3320	$1000	$1830	$2740	$3260	IH	4	154D	8F-2R	36.5	3820	No
504	$3920	$1260	$2170	$3520	$4080	IH	4	188G	10F-2R	46.2	4310	No
504	$4485	$1400	$2410	$3920	$4550	IH	4	153D	10F-2R	46.0	4510	No
606	$4775	$1330	$2430	$3640	$4330	IH	6	221G	10F-2R	53.8	4880	No
606	$5500	$1500	$2730	$4100	$4880	IH	6	236D	10F-2R	54.3	5123	No
706	$6010	$1680	$3070	$4610	$5480	IH	6	263G	8F-4R	70	7620	No
706	$6800	$1790	$3280	$4910	$5850	IH	6	282D	8F-4R	70	8360	No
806	$6930	$1550	$2460	$4680	$5390	IH	6	301G	16F-8R	90	7930	No
806	$7730	$2010	$3670	$5500	$6550	IH	6	361D	16F-8R	90	8690	No

1963

Model	Approx. Retail Price New	Used Trade-In Avg.	Used Trade-In High	Used Retail Avg.	Used Retail High	Make	No. Cyls.	Displ. Cu.-in.	No. Speeds	P.T.O. H.P.	Approx. Shipping Wt.-Lbs.	Cab
Cub	$1675	$700	$1240	$1960	$2310	IH	4	60G	3F-1R	10.8	1620	No
Cub Low-Boy	$1700	$740	$1300	$2070	$2430	IH	4	60G	3F-1R	10.8	1655	No
140	$2450	$1140	$2000	$3180	$3740	IH	4	122G	4F-1R	20.8	2750	No
340	$3605	$1170	$2070	$3290	$3860	IH	4	135G	5F-1R	36	4400	No
340	$4355	$1350	$2390	$3790	$4450	IH	4	166D	5F-1R	38.9	4515	No
404	$2970	$1010	$1790	$2840	$3340	IH	4	135G	4F-1R	36.7	3750	No
B414	$2770	$870	$1550	$2390	$2870	IH	4	144G	8F-2R	36	3700	No
B414	$3065	$940	$1670	$2580	$3090	IH	4	154D	8F-2R	36	3770	No
460	$4780	$1330	$2370	$3670	$4390	IH	6	236G	5F-1R	50	5255	No
460	$5500	$1500	$2670	$4130	$4940	IH	6	236D	5F-1R	50	5420	No
504	$3865	$1240	$2190	$3480	$4090	IH	4	153G	10F-2R	46.0	4880	No
504	$4430	$1390	$2440	$3880	$4560	IH	4	188D	10F-2R	46.2	4430	No
560	$5470	$1330	$2370	$3660	$4390	IH	6	263G	5F-1R	62	5900	No
560	$6260	$1510	$2690	$4170	$4990	IH	6	281D	5F-1R	62	6175	No
606	$4600	$980	$1550	$3000	$3450	IH	6	221G	10F-2R	53.8	4880	No
606	$5320	$940	$1490	$2880	$3310	IH	6	236D	10F-2R	54.3	5123	No
660	$5980	$1110	$1770	$3420	$3930	IH	6	263G	5F-1R	82	7925	No
660	$6700	$1270	$2020	$3900	$4490	IH	6	281D	5F-1R	80	8190	No
706	$5940	$1600	$2850	$4410	$5270	IH	6	263G	8F-4R	70	7620	No
706	$6720	$1780	$3170	$4900	$5870	IH	6	282D	8F-4R	70	7900	Cab
806	$6690	$1500	$2380	$4610	$5310	IH	6	301G	16F-8R	90	7930	No
806	$7480	$1950	$3480	$5390	$6450	IH	6	361D	16F-8R	90	8690	No

Model	Approx. Retail Price New	Estimated Value Less Repairs				Engine			No. Speeds	P.T.O. H.P.	Approx. Shipping Wt.-Lbs.	Cab
		Used Trade-In		Used Retail		Make	No. Cyls.	Displ. Cu.-in.				
		Avg.	High	Avg.	High							
1962												
Cub	$1650	$690	$1240	$1930	$2300	IH	4	60G	3F-1R	10.8	1620	No
Cub Low-Boy	$1675	$720	$1300	$2020	$2400	IH	4	60G	3F-1R	10.8	1655	No
140	$2400	$1120	$2020	$3150	$3740	IH	4	123G	4F-1R	20.8	3031	No
240	$2670	$940	$1690	$2620	$3120	IH	4	123G	4F-1R	32	3360	No
340	$3600	$1170	$2120	$3290	$3910	IH	4	135G	5F-1R	36	4405	No
340	$4300	$1350	$2440	$3790	$4510	IH	4	166D	5F-1R	38.9	4510	No
404	$2960	$1010	$1820	$2830	$3370	IH	4	135G	4F-1R	36.7	3560	No
B414	$2720	$860	$1530	$2380	$2860	IH	4	143G	8F-2R	36.9	3600	No
B414	$3020	$930	$1650	$2570	$3100	IH	4	154D	8F-2R	35.9	3650	No
460	$4725	$1200	$2140	$3340	$4020	IH	6	236G	5F-1R	50	5265	No
460	$5400	$1360	$2420	$3780	$4540	IH	6	236D	5F-1R	50	5485	No
504	$3820	$1230	$2220	$3450	$4100	IH	4	153G	10F-2R	46.0	4608	No
504	$4400	$1380	$2480	$3860	$4590	IH	4	188D	10F-2R	46.2	4453	No
560	$5430	$1320	$2350	$3670	$4410	IH	6	263G	5F-1R	62	5898	No
560	$6220	$1500	$2670	$4170	$5020	IH	6	281D	5F-1R	62	6172	No
606	$4500	$990	$1570	$3060	$3540	IH	6	221G	10F-2R	53.8	4880	No
606	$5300	$1140	$1810	$3540	$4100	IH	6	236D	10F-2R	54.3	5123	No
660	$5950	$1250	$1980	$3870	$4480	IH	6	263G	5F-1R	82	7925	No
660	$6650	$1390	$2200	$4300	$4970	IH	6	281D	5F-1R	80	8190	No
1961												
Cub	......	$670	$1240	$1890	$2280	IH	4	60G	3F-1R	10.8	1620	No
Cub Low-Boy	......	$710	$1300	$1980	$2380	IH	4	60G	3F-1R	10.8	1655	No
140	......	$1090	$2000	$3040	$3660	IH	4	123G	4F-1R	23.7	3107	No
240	......	$980	$1810	$2750	$3310	IH	4	123G	4F-1R	31.0	3360	No
B-275	......	$1050	$1870	$2960	$3550	IH	4	144D	8F-2R	32.8	3520	No
340D	......	$1220	$2260	$3430	$4130	IH	4	135D	5F-1R	36	4510	No
340G	......	$1080	$2000	$3040	$3660	IH	4	135G	5F-1R	36	4405	No
404	......	$1010	$1860	$2820	$3400	IH	4	135G	4F-1R	36.7	3560	No
460	......	$1150	$2050	$3250	$3900	IH	6	221D	5F-1R	50	4835	No
460	......	$1330	$2380	$3770	$4520	IH	6	221G	5F-1R	50	5265	No
504	......	$1160	$2140	$3250	$3910	IH	4	153G	10F-2R	46.0	4453	No
504	......	$1350	$2480	$3770	$4540	IH	4	188D	10F-2R	46.2	4608	No
560	......	$1280	$2280	$3610	$4330	IH	6	263G	5F-1R	62	5898	No
560	......	$1460	$2610	$4130	$4960	IH	6	281D	5F-1R	62	6172	No
660	......	$1030	$1640	$3230	$3760	IH	6	263G	5F-1R	80	7925	No
660	......	$1170	$1860	$3660	$4260	IH	6	281D	5F-1R	80	8190	No
1960												
Cub	......	$650	$1250	$1860	$2250	IH	4	60G	3F-1R	10.8	1620	No
Cub Low-Boy	......	$680	$1310	$1950	$2350	IH	4	60G	3F-1R	10.8	1655	No
140	......	$1030	$1970	$2930	$3550	IH	4	123G	4F-1R	23.7	3107	No
240	......	$930	$1780	$2650	$3200	IH	4	123G	4F-1R	31.	3360	No
B-275	......	$900	$1600	$2570	$3040	IH	4	144D	8F-2R	32.8	3520	No
340D	......	$1160	$2230	$3330	$4020	IH	4	135D	5F-1R	36	4510	No
340G	......	$1030	$1970	$2930	$3550	IH	4	135G	5F-1R	36	4405	No
404	......	$940	$1800	$2680	$3240	IH	4	135G	4F-1R	36.7	3427	No
460	......	$990	$1760	$2840	$3350	IH	6	221G	5F-1R	50	5265	No
460	......	$1300	$2500	$3720	$4500	IH	6	236D	5F-1R	50	5485	No
560	......	$1180	$2100	$3380	$4000	IH	6	263G	5F-1R	62	5898	No
560	......	$1430	$2550	$4110	$4850	IH	6	281D	5F-1R	62	6172	No
660	......	$1000	$1580	$3110	$3670	IH	6	263G	5F-1R	80	7925	No
660	......	$1130	$1800	$3540	$4180	IH	6	281D	5F-1R	80	8190	No
1959												
Cub	......	$630	$1250	$1830	$2220	IH	4	60G	3F-1R	10.8	1620	No
Cub Low-Boy	......	$660	$1310	$1910	$2330	IH	4	60G	3F-1R	10.8	1655	No
140	......	$990	$1990	$2900	$3520	IH	4	123G	4F-1R	23.7	3107	No
240	......	$960	$1910	$2790	$3390	IH	4	123G	4F-1R	31	3360	No
B-275	......	$870	$1520	$2550	$2960	IH	4	144D	8F-2R	32.8	3520	No
340	......	$970	$1940	$2820	$3440	IH	4	135G	5F-1R	36	4405	No
340	......	$1100	$2210	$3220	$3920	IH	4	135D	5F-1R	36	4510	No
450	......	$1070	$1860	$3110	$3620	IH	4	281G	10F-2R	51.1	5912	No
460	......	$950	$1640	$2750	$3210	IH	6	221G	5F-1R	52	5265	No
460	......	$1150	$2000	$3350	$3900	IH	6	236D	5F-1R	52	5485	No
560	......	$1140	$1980	$3320	$3860	IH	6	263G	5F-1R	42	5961	No
560	......	$1380	$2400	$4020	$4680	IH	6	282D	5F-1R	62	6172	No
660	......	$960	$1520	$2940	$3580	IH	6	263G	5F-1R	80	7925	No
660	......	$1090	$1740	$3360	$4090	IH	6	281D	5F-1R	80	8190	No
1958												
Cub	......	$610	$1250	$1790	$2190	IH	4	60G	3F-1R	10.8	1620	No
Cub Low-Boy	......	$640	$1310	$1870	$2290	IH	4	60G	3F-1R	10.8	1655	No
130	......	$890	$1540	$2580	$3000	IH	4	123G	4F-1R	20.8	2680	No
140	......	$980	$2000	$2860	$3500	IH	4	123G	4F-1R	23.7	3107	No
230	......	$750	$1520	$2170	$2660	IH	4	123G	4F-1R	27.0	3200	No
240	......	$820	$1680	$2400	$2930	IH	4	123G	4F-1R	31	3360	No
330 U	......	$920	$1880	$2690	$3290	IH	4	135G	10F-2R	37.9	3920	No
340	......	$930	$1900	$2720	$3330	IH	4	135G	5F-1R	36	4405	No
340	......	$1080	$2200	$3150	$3850	IH	4	135D	5F-1R	36	4510	No
350	......	$1000	$1730	$2900	$3380	IH	4	175G	10F-2R	42.6	4785	No
350	......	$1020	$1780	$2980	$3460	IH	4	193D	10F-2R	37.9	4187	No
450	......	$1040	$1820	$3040	$3540	IH	6	281-G	5F-1R	51.1	5800	No
450	......	$1070	$1860	$3120	$3630	IH	6	281D	5F-1R	47.4	6180	No

Int. Harvester-Farmall (Cont.)

Model	Approx. Retail Price New	Used Trade-In Avg.	Used Trade-In High	Used Retail Avg.	Used Retail High	Make	No. Cyls.	Displ. Cu.-in.	No. Speeds	P.T.O. H.P.	Approx. Shipping Wt.-Lbs.	Cab
1958 (Cont.)												
460	......	$990	$1720	$2880	$3350	IH	6	221G	5F-1R	50	5265	No
460	......	$1100	$1920	$3220	$3740	IH	6	236D	5F-1R	50	5485	No
560	......	$1080	$1880	$3150	$3670	IH	6	263G	5F-1R	62	5898	No
560	......	$1330	$2300	$3860	$4490	IH	6	282D	5F-1R	62	6172	No
650	......	$1070	$1700	$3230	$4050	IH	6	350G		60.6	6700	No
650	......	$1210	$1920	$3660	$4590	IH	6	350D		61.6	6700	No
1957												
Cub	......	$600	$1230	$1760	$2170	IH	4	60G	3F-1R	10.8	1620	No
Cub Low-Boy	......	$630	$1280	$1840	$2260	IH	4	60G	3F-1R	10.8	1655	No
130	......	$920	$1880	$2680	$3300	IH	4	123G	4F-1R	20.8	2680	No
230	......	$850	$1730	$2470	$3040	IH	4	123G	4F-1R	27.0	3200	No
330 U	......	$900	$1830	$2620	$3220	IH	4	135G	10F-2R	37.9	3920	No
350	......	$950	$1650	$2760	$3240	IH	4	175G	10F-2R	38.8	4100	No
350	......	$1000	$1740	$2920	$3420	IH	4	193D	10F-2R	37.9	4187	No
450	......	$940	$1640	$2750	$3220	IH	6	281G	5F-1R	51.1	5800	No
450	......	$990	$1720	$2880	$3380	IH	6	281G	5F-1R	47.4	6180	No
650	......	$1030	$1640	$3060	$3960	IH	6	350G		60.6	6700	No
650	......	$1190	$1890	$3540	$4580	IH	6	350D		61.6	6700	No
1956												
Cub	......	$580	$1220	$1740	$2170	IH	4	60G	3F-1R	10.8	1620	No
Cub Low-Boy	......	$600	$1250	$1790	$2230	IH	4	60G	3F-1R	10.8	1655	No
Super WD9, WDR9	......	$1130	$1910	$3280	$3860	IH	4	350D	5F-1R	65.2	6651	No
100	......	$550	$940	$1610	$1900	IH	4	123G	4F-1R	20.8	2600	No
130	......	$610	$1280	$1820	$2270	IH	4	123G	4F-1R	21.8	2680	No
200	......	$610	$1030	$1780	$2090	IH	4	123G	4F-1R	24.2	3160	No
230	......	$660	$1110	$1910	$2250	IH	4	123G	4F-1R	27.0	3200	No
300	......	$770	$1310	$2250	$2650	IH	4	169G	5F-1R	37.9	4143	No
300 U	......	$850	$1770	$2540	$3160	IH	4	169G	5F-1R	37.9	3511	No
350	......	$860	$1460	$2520	$2970	IH	4	175G	10F-2R	38.8	4100	No
350	......	$930	$1570	$2700	$3180	IH	4	193D	10F-2R	37.9	4187	No
400	......	$900	$1530	$2630	$3100	IH	4	264G	5F-1R	48.3	5240	No
400	......	$970	$1650	$2830	$3330	IH	4	264D	5F-1R	43.6	5650	No
450	......	$920	$1560	$2680	$3160	IH	6	281G	5F-1R	51.1	5800	No
450	......	$960	$1620	$2780	$3280	IH	6	281D	5F-1R	47.4	6180	No
600	......	$950	$1500	$2770	$3690	IH	6	350G	5F-1R	60.6	6700	No
600	......	$1080	$1720	$3160	$4220	IH	6	350D	5F-1R	61.6	6700	No
650	......	$1010	$1600	$2950	$3930	IH	6	350G	5F-1R	60.6	6700	No
650	......	$1130	$1800	$3310	$4410	IH	6	350D	5F-1R	61.6	6700	No
1955												
Cub	......	$550	$1180	$1680	$2120	IH	4	60G	3F-1R	10.8	1620	No
Cub Low-Boy	......	$570	$1220	$1750	$2200	IH	4	60G	3F-1R	10.8	1655	No
Super WD6TA	......	$1060	$1800	$3100	$3700	IH	4	264D	5F-1R	44.2	4838	No
Super WD9, WDR9	......	$1100	$1860	$3200	$3820	IH	4	350D	5F-1R	65.2	6651	No
100	......	$550	$940	$1610	$1920	IH	6	123G	4F-1R	20.8	2600	No
200	......	$610	$1030	$1780	$2120	IH	4	123G	4F-1R	24.2	3160	No
300	......	$750	$1270	$2180	$2610	IH	4	169G	5F-1R	37.9	4143	No
300 U	......	$740	$1580	$2250	$2840	IH	4	169G	5F-1R	37.9	3511	No
400	......	$840	$1420	$2430	$2910	IH	4	264G	5F-1R	48.3	5240	No
400	......	$890	$1500	$2580	$3080	IH	4	264D	5F-1R	43.6	5650	No
1954												
Cub	......	$550	$1160	$1670	$2110	IH	4	60G	3F-1R	10.8	1620	No
Super A	......	$700	$1180	$2030	$2460	IH	4	113G	4F-1R	18.0	2360	No
Super C	......	$730	$1240	$2140	$2580	IH	4	123G	4F-1R	23.7	2890	No
Super H	......	$770	$1310	$2250	$2710	IH	4	164G	5F-1R	30.2	3875	No
Super M	......	$910	$1530	$2640	$3190	IH	4	264G	5F-1R	44.0	5140	No
Super MD	......	$960	$1620	$2780	$3360	IH	4	264D	5F-1R	46.7	5470	No
Super MTA	......	$1030	$1750	$3000	$3630	IH	4	264G	10F-2R	44.0	5898	No
Super MTA	......	$1080	$1840	$3160	$3820	IH	4	264D	10F-2R	46.7	5898	No
Super W4	......	$880	$1490	$2550	$3090	IH	4	164G	5F-1R	31.5	3814	No
Super W6	......	$930	$1580	$2710	$3280	IH	4	248G	5F-1R	44.2	4858	No
Super W6TA	......	$1000	$1690	$2900	$3510	IH	4	264G	5F-1R	44.2	4838	No
Super WD6	......	$990	$1670	$2870	$3480	IH	4	264G	5F-1R	44.2	4838	No
Super WD6TA	......	$1050	$1780	$3060	$3700	IH	4	264D	5F-1R	44.2	4838	No
Super WD9, WDR9	......	$1080	$1830	$3150	$3810	IH	4	350D	5F-1R	65.2	6722	No
100	......	$510	$860	$1470	$1780	IH	6	123G	4F-1R	20.8	2600	No
200	......	$560	$960	$1640	$1990	IH	4	123G	4F-1R	24.2	3160	No
300	......	$680	$1150	$1980	$2390	IH	4	169G	5F-1R	37.9	4143	No
400	......	$820	$1390	$2380	$2880	IH	4	264G	5F-1R	48.3	5240	No
400	......	$860	$1460	$2520	$3040	IH	4	264D	5F-1R	43.6	5650	No
1953												
Cub	......	$540	$1140	$1660	$2070	IH	4	60G	3F-1R	10.8	1620	No
H	......	$700	$1150	$2020	$2480	IH	4	152G	5F-1R	24.0	3875	No
Super A	......	$680	$1120	$1980	$2420	IH	4	113G	4F-1R	18.0	2360	No
Super C	......	$710	$1180	$2080	$2540	IH	4	123G	4F-1R	23.7	2890	No
Super H	......	$760	$1250	$2210	$2710	IH	4	164G	5F-1R	30.2	3875	No
Super M	......	$890	$1480	$2610	$3190	IH	4	264G	5F-1R	44.0	5140	No
Super MD	......	$930	$1540	$2720	$3330	IH	4	264D	5F-1R	46.7	5470	No
Super MTA	......	$990	$1630	$2880	$3530	IH	4	264G	10F-2R	44.0	5898	No
Super MTA	......	$1060	$1750	$3090	$3780	IH	4	264D	10F-2R	46.7	5898	No

Int. Harvester-Farmall (Cont.)

Model	Approx. Retail Price New	Used Trade-In Avg.	Used Trade-In High	Used Retail Avg.	Used Retail High	Make	No. Cyls.	Displ. Cu.-in.	No. Speeds	P.T.O. H.P.	Approx. Shipping Wt.-Lbs.	Cab
1953 (Cont.)												
O4, OS4	....	$800	$1310	$2320	$2830	IH	4	152G	5F-1R	24.0	3816	No
Super W4	....	$850	$1410	$2480	$3030	IH	4	164G	5F-1R	31.5	3814	No
W4	....	$830	$1380	$2430	$2970	IH	4	152G	5F-1R	24.0	3816	No
O6, OS6	....	$880	$1450	$2560	$3130	IH	4	248G	5F-1R	36.0	4858	No
Super W6	....	$910	$1500	$2650	$3240	IH	4	248G	5F-1R	44.2	4858	No
Super W6TA	....	$970	$1600	$2810	$3440	IH	4	264G	5F-1R	44.2	4838	No
Super WD6	....	$980	$1620	$2850	$3490	IH	4	264G	5F-1R	46.8	4838	No
Super WD6TA	....	$1030	$1690	$2990	$3650	IH	4	264D	5F-1R	46.8	4838	No
W6	....	$920	$1520	$2680	$3280	IH	4	248G	5F-1R	36.0	4858	No
WD6	....	$950	$1570	$2770	$3390	IH	4	264G	5F-1R	35.0	4838	No
Super WD9	....	$1070	$1770	$3110	$3810	IH	4	350D	5F-1R	65.2	6722	No
W9	....	$1010	$1670	$2940	$3600	IH	4	335G	5F-1R	44.6	6425	No
WD9	....	$1040	$1710	$3020	$3690	IH	4	335D	5F-1R	46.5	6650	No
1952												
Cub	....	$510	$1110	$1620	$2030	IH	4	60G	3F-1R	10.8	1620	No
H	....	$650	$1100	$1940	$2410	IH	4	152G	5F-1R	24.0	3875	No
M	....	$810	$1370	$2410	$2990	IH	4	248G	5F-1R	36.0	4964	No
MD	....	$880	$1480	$2610	$3240	IH	4	248D	5F-1R	35.0	4964	No
Super A	....	$650	$1100	$1940	$2400	IH	4	113G	4F-1R	18.0	2360	No
Super C	....	$660	$1120	$1980	$2450	IH	4	123G	4F-1R	23.7	2890	No
Super M	....	$830	$1410	$2480	$3070	IH	4	264G	5F-1R	44.0	5140	No
Super MD	....	$890	$1510	$2650	$3290	IH	4	264D	5F-1R	46.7	5470	No
Super MTA	....	$960	$1620	$2850	$3530	IH	4	264G	10F-2R	44.0	5898	No
Super MTA	....	$1020	$1720	$3030	$3750	IH	4	264D	10F-2R	46.7	5898	No
O4, OS4	....	$760	$1280	$2250	$2790	IH	4	152G	5F-1R	24.0	3816	No
W4	....	$790	$1330	$2350	$2910	IH	4	152G	5F-1R	24.0	3816	No
O6, OS6	....	$850	$1430	$2520	$3120	IH	4	248G	5F-1R	36.0	4858	No
W6	....	$870	$1470	$2580	$3200	IH	4	264G	5F-1R	36.0	4838	No
W6TA	....	$900	$1510	$2670	$3300	IH	4	264G	5F-1R	36.0	4838	No
WD6	....	$910	$1530	$2700	$3350	IH	4	264D	5F-1R	35.0	4838	No
WD6TA	....	$960	$1630	$2870	$3550	IH	4	264D	5F-1R	35.0	4838	No
W9	....	$970	$1630	$2880	$3570	IH	4	335G	5F-1R	44.6	6425	No
WD9	....	$990	$1670	$2950	$3650	IH	4	335D	5F-1R	46.5	6650	No
1951												
C	....	$620	$1070	$1890	$2370	IH	4	113G	4F-1R	20.9	2761	No
Cub	....	$490	$1080	$1580	$1990	IH	4	60G	3F-1R	10.8	1620	No
H	....	$620	$1070	$1880	$2360	IH	4	152G	5F-1R	24.0	3875	No
M	....	$770	$1340	$2360	$2960	IH	4	248G	5F-1R	36.0	4964	No
MD	....	$850	$1460	$2580	$3230	IH	4	248D	5F-1R	35.0	4964	No
Super A	....	$610	$1060	$1870	$2340	IH	4	113G	4F-1R	18.0	2360	No
Super C	....	$640	$1100	$1940	$2440	IH	4	123G	4F-1R	23.7	2890	No
O4, OS4	....	$710	$1230	$2170	$2720	IH	4	152G	5F-1R	24.0	3816	No
W4	....	$740	$1280	$2260	$2830	IH	4	152G	5F-1R	24.0	3816	No
O6, OS6	....	$790	$1370	$2420	$3030	IH	4	248G	5F-1R	36.0	4858	No
W6	....	$830	$1430	$2510	$3150	IH	4	248G	5F-1R	36.0	4858	No
WD6	....	$860	$1480	$2610	$3280	IH	4	248D	5F-1R	35.0		No
W9	....	$940	$1620	$2850	$3570	IH	4	335G	5F-1R	44.6	6425	No
WD9	....	$950	$1630	$2880	$3610	IH	4	335D	5F-1R	46.5	6650	No
1950												
C	....	$600	$1000	$1820	$2300	IH	4	113G	4F-1R	20.9	2761	No
Cub	....	$480	$1060	$1540	$1950	IH	4	60G	3F-1R	10.8	1620	No
H	....	$610	$1020	$1850	$2340	IH	4	152G	5F-1R	24.0	3875	No
M	....	$750	$1260	$2290	$2900	IH	4	248G	5F-1R	36.0	4964	No
MD	....	$810	$1370	$2480	$3140	IH	4	248G	5F-1R	35.0	4964	No
Super A	....	$590	$1000	$1810	$2300	IH	4	113G	4F-1R	18.0	2360	No
O4, OS4	....	$700	$1170	$2120	$2690	IH	4	152G	5F-1R	24.0	3816	No
W4	....	$720	$1200	$2180	$2770	IH	4	152G	5F-1R	24.0	3816	No
O6, OS6	....	$780	$1310	$2380	$3020	IH	4	248G	5F-1R	36.0	4858	No
W6	....	$800	$1350	$2450	$3100	IH	4	248G	5F-1R	36.0	4858	No
WD6	....	$830	$1400	$2530	$3210	IH	4	248D	5F-1R	35.0		No
W9	....	$910	$1540	$2780	$3530	IH	4	335G	5F-1R	44.6	6425	No
WD9	....	$940	$1570	$2850	$3610	IH	4	335D	5F-1R	46.5	6650	No
1949												
C	....	$580	$970	$1760	$2250	IH	4	113G	4F-1R	20.9	2761	No
Cub	....	$470	$1030	$1530	$1920	IH	4	60G	3F-1R	10.8	1620	No
H	....	$580	$980	$1780	$2280	IH	4	152G	5F-1R	24.0	3875	No
M	....	$740	$1240	$2250	$2880	IH	4	248G	5F-1R	36.0	4964	No
MD	....	$790	$1330	$2420	$3100	IH	4	248D	5F-1R	35.0	4964	No
Super A	....	$580	$970	$1760	$2260	IH	4	113G	4F-1R	18.0	2360	No
O4, OS4	....	$680	$1150	$2080	$2670	IH	4	152G	5F-1R	25.6	3816	No
W4	....	$700	$1180	$2140	$2750	IH	4	152G	5F-1R	30.8	3816	No
O6, OS6	....	$750	$1260	$2290	$2930	IH	4	248G	5F-1R	36.0	4858	No
W6	....	$780	$1310	$2380	$3050	IH	4	248G	5F-1R	36.0	4858	No
WD6	....	$810	$1360	$2460	$3160	IH	4	248D	5F-1R	32.0		No
W9	....	$880	$1480	$2680	$3440	IH	4	335G	5F-1R	49.3	6425	No
WD9	....	$900	$1520	$2750	$3530	IH	4	335D	5F-1R	52.6	6650	No
1948												
C	....	$560	$940	$1710	$2220	IH	4	113G	4F-1R	20.9	2761	Cab
Cub	....	$450	$1010	$1490	$1880	IH	4	60G	3F-1R	10.8	1620	No

Int. Harvester-Farmall (Cont.)

Model	Approx. Retail Price New	Used Trade-In Avg.	Used Trade-In High	Used Retail Avg.	Used Retail High	Make	No. Cyls.	Displ. Cu.-in.	No. Speeds	P.T.O. H.P.	Approx. Shipping Wt.-Lbs.	Cab
1948 (Cont.)												
H.	......	$570	$950	$1730	$2240	IH	4	152G	5F-1R	24.0	3875	No
M	......	$710	$1200	$2170	$2820	IH	4	248G	5F-1R	36.0	4964	No
MD	......	$780	$1320	$2380	$3090	IH	4	248D	5F-1R	35.0	4964	No
Super A	......	$570	$950	$1720	$2230	IH	4	113G	4F-1R	18.0	2360	No
O4, OS4	......	$660	$1110	$2010	$2610	IH	4	152G	5F-1R	24.0	3816	No
W4	......	$680	$1150	$2080	$2700	IH	4	152G	5F-1R	24.0	3816	No
O6, OS6	......	$720	$1210	$2200	$2850	IH	4	248G	5F-1R	36.0	4858	No
W6	......	$760	$1280	$2310	$3000	IH	4	248G	5F-1R	36.0	4858	No
WD6	......	$790	$1330	$2410	$3130	IH	4	248D	5F-1R	35.0		No
W9	......	$860	$1450	$2630	$3410	IH	4	335G	5F-1R	44.6	6425	No
WD9	......	$880	$1480	$2680	$3480	IH	4	335D	5F-1R	46.5	6650	No
1947												
A.	......	$530	$870	$1620	$2130	IH	4	113G	4F-1R	16.1	2014	No
B.	......	$540	$880	$1650	$2160	IH	4	113G	4F-1R	16.1	2014	No
Cub	......	$440	$990	$1460	$1860	IH	4	60G	3F-1R	10.8	1620	No
H.	......	$550	$900	$1680	$2200	IH	4	152G	5F-1R	24.0	3875	No
M	......	$690	$1140	$2110	$2780	IH	4	248G	5F-1R	36.0	4964	No
MD	......	$740	$1210	$2250	$2950	IH	4	248D	5F-1R	35.0	4964	No
Super A	......	$550	$900	$1670	$2190	IH	4	113G	4F-1R	18.0	2360	No
O4, OS4	......	$640	$1050	$1950	$2560	IH	4	152G	5F-1R	24.0	3816	No
W4	......	$670	$1100	$2050	$2690	IH	4	152G	5F-1R	24.0	3816	No
O6, OS6	......	$690	$1120	$2090	$2750	IH	4	248G	5F-1R	36.0	4858	No
W6	......	$730	$1200	$2230	$2930	IH	4	248G	5F-1R	36.0	4858	No
WD6	......	$770	$1260	$2350	$3080	IH	4	248D	5F-1R	35.0		No
W9	......	$830	$1350	$2510	$3300	IH	4	335G	5F-1R	44.6	6425	No
WD9	......	$850	$1400	$2600	$3410	IH	4	335D	5F-1R	46.5	6650	No
1946												
A.	......	$510	$850	$1580	$2100	IH	4	113G	4F-1R	16.1	2014	No
B.	......	$520	$870	$1620	$2150	IH	4	113G	4F-1R	16.1	2014	No
H.	......	$530	$880	$1650	$2190	IH	4	164G	5F-1R	24.0	3875	No
M	......	$660	$1100	$2040	$2720	IH	4	248G	5F-1R	36.0	4964	No
MD	......	$710	$1190	$2210	$2940	IH	4	248D	5F-1R	35.0	4964	No
O4, OS4	......	$610	$1020	$1890	$2510	IH	4	152G	5F-1R	24.0	3816	No
W4	......	$640	$1070	$2000	$2650	IH	4	152G	5F-1R	24.0	3816	No
O6, OS6	......	$650	$1080	$2020	$2680	IH	4	248G	5F-1R	36.0	4858	No
W6	......	$650	$1090	$2030	$2690	IH	4	247G	5F-1R	36.0	4858	No
WD6	......	$710	$1190	$2210	$2940	IH	4	248D	5F-1R	35.0		No
W9	......	$800	$1330	$2480	$3290	IH	4	335G	5F-1R	44.6	6425	No
WD9	......	$820	$1370	$2550	$3380	IH	4	335D	5F-1R	46.5	6650	No
1945												
A.	......	$480	$830	$1550	$2070	IH	4	113G	4F-1R	16.1	2014	No
B.	......	$500	$850	$1590	$2120	IH	4	113G	4F-1R	16.1	2014	No
H.	......	$510	$870	$1640	$2180	IH	4	152G	5F-1R	24.0	3875	No
M	......	$630	$1070	$2010	$2680	IH	4	248G	5F-1R	36.0	4964	No
MD	......	$680	$1170	$2190	$2930	IH	4	248D	5F-1R	35.0	4964	No
O4	......	$570	$980	$1850	$2460	IH	4	152G	5F-1R	24.0	3816	No
W4	......	$610	$1040	$1950	$2600	IH	4	152G	5F-1R	24.0	3816	No
O6	......	$590	$1010	$1890	$2520	IH	4	248G	5F-1R	36.0	4858	No
W6	......	$670	$1140	$2140	$2860	IH	4	248G	5F-1R	36.0	4858	No
WD6	......	$710	$1210	$2270	$3020	IH	4	248D	5F-1R	35.0		No
W9	......	$750	$1280	$2400	$3200	IH	4	335G	5F-1R	44.6	6425	No
WD9	......	$780	$1340	$2510	$3340	IH	4	335D	5F-1R	46.5	6650	No
1944												
A.	......	$470	$790	$1530	$2030	IH	4	113G	4F-1R	16.1	2014	No
B.	......	$480	$810	$1560	$2070	IH	4	113G	4F-1R	16.1	2014	No
H.	......	$500	$820	$1600	$2120	IH	4	164G	5F-1R	24.0	3875	No
M	......	$610	$1020	$1970	$2610	IH	4	248M	5F-1R	36.0	4964	No
MD	......	$670	$1120	$2180	$2880	IH	4	248D	5F-1R	35.0	4964	No
O-4	......	$560	$930	$1810	$2390	IH	4	152G	5F-1R	24.0	3816	No
W4	......	$580	$970	$1880	$2490	IH	4	152G	5F-1R	24.0	3816	No
I-6	......	$710	$1190	$2310	$3060	IH	4	264D	5F-1R	48.0	5510	No
O-6	......	$570	$950	$1850	$2450	IH	4	248G	5F-1R	36.0	4858	No
W6	......	$630	$1060	$2050	$2720	IH	4	248G	5F-1R	36.0	4858	No
WD6	......	$670	$1120	$2180	$2880	IH	4	248D	5F-1R	35.0		No
I-9	......	$910	$1520	$2960	$3910	IH	4	350D	5F-1R	52.6	7200	No
W-9	......	$730	$1210	$2350	$3110	IH	4	335G	5F-1R	44.6	6425	No
WD9	......	$770	$1280	$2490	$3290	IH	4	335D	5F-1R	46.5	6650	No
1943												
A.	......	$460	$770	$1510	$1990	IH	4	113G	4F-1R	16.1	2014	No
B.	......	$470	$790	$1550	$2030	IH	4	113G	4F-1R	16.1	2014	No
H.	......	$480	$810	$1580	$2080	IH	4	164G	5F-1R	24.0	3875	No
M	......	$600	$1000	$1950	$2570	IH	4	248G	5F-1R	36.0	4964	No
MD	......	$660	$1100	$2160	$2840	IH	4	248G	5F-1R	35.0	4964	No
O-4	......	$540	$900	$1750	$2300	IH	4	152G	5F-1R	24.0	3816	No
W4	......	$560	$930	$1820	$2390	IH	4	152G	5F-1R	24.0	3816	No
I-6	......	$730	$1220	$2390	$3150	IH	4	264D	5F-1R	48.0	5510	No
O-6	......	$550	$920	$1800	$2360	IH	4	248G	5F-1R	36.0	4858	No
W6	......	$590	$990	$1930	$2540	IH	4	248-G	5F-1R	36.0	4858	No
WD6	......	$610	$1020	$2000	$2630	IH	4	248D	5F-1R	35.0	4858	No

Int. Harvester-Farmall (Cont.)

Model	Approx. Retail Price New	Used Trade-In Avg.	Used Trade-In High	Used Retail Avg.	Used Retail High	Engine Make	Engine No. Cyls.	Engine Displ. Cu.-in.	Engine No. Speeds	P.T.O. H.P.	Approx. Shipping Wt.-Lbs.	Cab
1943 (Cont.)												
I-9	......	$890	$1490	$2910	$3820	IH	4	350D	5F-1R	52.6	7200	No
W-9	......	$710	$1190	$2320	$3050	IH	4	335G	5F-1R	44.6	6425	No
WD-9	......	$760	$1260	$2460	$3240	IH	4	335D	5F-1R	46.5	6650	No
1942												
A	......	$450	$750	$1480	$1940	IH	4	113G	4F-1R	16.1	2014	No
B	......	$460	$770	$1520	$1980	IH	4	113G	4F-1R	16.1	2014	No
H	......	$470	$790	$1550	$2030	IH	4	164G	5F-1R	24.0	3875	No
M	......	$570	$960	$1890	$2460	IH	4	248M	5F-1R	36.0	4964	No
MD	......	$650	$1090	$2140	$2790	IH	4	248D	5F-1R	35.0	4964	No
O-4	......	$520	$870	$1710	$2230	IH	4	152G	5F-1R	24.0	3816	No
W4	......	$540	$900	$1770	$2300	IH	4	152G	5F-1R	24.0	3816	No
I-6	......	$710	$1190	$2340	$3060	IH	4	264G	5F-1R	48.0	5510	No
O-6	......	$520	$870	$1700	$2220	IH	4	248G	5F-1R	36.0	4858	No
W6	......	$570	$950	$1860	$2430	IH	4	248G	5F-1R	36.0	4858	No
WD6	......	$590	$990	$1950	$2540	IH	4	248D	5F-1R	35.0	4858	No
I-9	......	$870	$1450	$2860	$3730	IH	4	350D	5F-1R	52.6	7200	No
W-9	......	$690	$1160	$2280	$2980	IH	4	335G	5F-1R	44.6	6425	No
WD-9	......	$730	$1210	$2380	$3110	IH	4	335D	5F-1R	46.5	6650	No
1941												
A	......	$440	$740	$1450	$1890	IH	4	113G	4F-1R	16.1	2014	No
B	......	$450	$750	$1480	$1940	IH	4	113G	4F-1R	16.1	2014	No
H	......	$460	$770	$1520	$1980	IH	4	164G	5F-1R	24.0	3875	No
M	......	$550	$920	$1810	$2360	IH	4	248M	5F-1R	36.0	4964	No
MD	......	$640	$1060	$2090	$2730	IH	4	248D	5F-1R	35.0	4964	No
O-4	......	$500	$830	$1630	$2120	IH	4	152G	5F-1R	24.0	3816	No
W4	......	$520	$860	$1700	$2210	IH	4	152G	5F-1R	24.0	3816	No
I-6	......	$690	$1150	$2270	$2970	IH	4	264D	5F-1R	48.0	5510	No
O-6	......	$510	$850	$1670	$2180	IH	4	248G	5F-1R	36.0	4858	No
W6	......	$530	$880	$1740	$2270	IH	4	248G	5F-1R	36.0	4858	No
WD6	......	$570	$950	$1880	$2450	IH	4	248D	5F-1R	35.0	4858	No
I-9	......	$850	$1420	$2790	$3640	IH	4	350D	5F-1R	52.6	7200	No
W-9	......	$680	$1130	$2220	$2900	IH	4	335G	5F-1R	44.6	6425	No
WD-9	......	$710	$1190	$2340	$3060	IH	4	335D	5F-1R	46.5	6650	No
1940												
A	......	$430	$720	$1420	$1850	IH	4	113G	4F-1R	16.1	2014	No
B	......	$440	$740	$1450	$1890	IH	4	113G	4F-1R	16.1	2014	No
H	......	$450	$750	$1480	$1940	IH	4	164G	5F-1R	24.0	3875	No
M	......	$540	$890	$1760	$2300	IH	4	248G	5F-1R	36.0	4964	No
O-4	......	$480	$790	$1560	$2030	IH	4	152G	5F-1R	24.0	3816	No
I-6	......	$670	$1120	$2210	$2880	IH	4	264D	5F-1R	48.0	5510	No
O-6	......	$490	$810	$1600	$2090	IH	4	248G	5F-1R	36.0	4858	No
W-6	......	$510	$850	$1670	$2180	IH	4	248G	5F-1R	36.0	4858	No
WD6	......	$550	$920	$1810	$2360	IH	4	248D	5F-1R	35.0	4858	No
I-9	......	$830	$1380	$2720	$3550	IH	4	350D	5F-1R	52.6	7200	No
W-9	......	$670	$1110	$2180	$2850	IH	4	335G	5F-1R	44.6	6425	No
WD-9	......	$690	$1150	$2270	$2970	IH	4	335D	5F-1R	46.4	6650	No
1939												
A	......	$420	$700	$1380	$1800	IH	4	113G	4F-1R	16.1	2014	No
B	......	$430	$720	$1420	$1850	IH	4	113G	4F-1R	16.1	2014	No
H	......	$440	$740	$1450	$1890	IH	4	164G	5F-1R	24.0	3875	No
M	......	$520	$870	$1720	$2250	IH	4	248G	5F-1R	36.0	4964	No

John Deere

Model	Approx. Retail Price New	Used Trade-In Avg.	Used Trade-In High	Used Retail Avg.	Used Retail High	Engine Make	Engine No. Cyls.	Engine Displ. Cu.-in.	Engine No. Speeds	P.T.O. H.P.	Approx. Shipping Wt.-Lbs.	Cab
2005												
790	$9979	$7190	$7580	$8680	$9080	Yanmar	3	91D	8F-2R	25.0	1930	No
790 Power Steering	$10649	$7670	$8090	$9270	$9690	Yanmar	3	91D	8F-2R	25.0	1967	No
790 4WD	$12448	$8960	$9460	$10830	$11330	Yanmar	3	91D	8F-2R	25.0	2142	No
990	$14079	$10140	$10700	$12250	$12810	Yanmar	4	121D	9F-3R	35.0	2954	No
990 4WD	$16879	$12150	$12830	$14690	$15360	Yanmar	4	121D	9F-3R	35.0	3220	No
2210 4WD	$11216	$8080	$8520	$9760	$10210	Yanmar	3	61D	Variable	17.7	1400	No
3120	$20120	$14490	$15290	$17500	$18310	Yanmar	3	91D	Variable	22.0		No
3320	$21124	$15210	$16050	$18380	$19220	Yanmar	3	100D	Variable	25.5		No
3520	$23164	$16680	$17610	$20150	$21080	Yanmar	3T	91D	Variable	30.5		No
3720	$24788	$17850	$18840	$21570	$22560	Yanmar	3T	91D	Variable	35.0		No
4010 4WD	$12476	$8980	$9480	$10850	$11350	Yanmar	3	47D	Variable	14.0	1420	No
4110 4WD	$13542	$9750	$10290	$11780	$12320	Yanmar	3	61D	8F-4R	17.0	1517	No
4110 4WD Hydro	$15242	$10970	$11580	$13260	$13870	Yanmar	3	61D	Variable	17.0	1617	No
4115 4WD Hydro	$17691	$12740	$13450	$15390	$16100	Yanmar	3	73D	Variable	20.0	1671	No
4120 4WD	$23899	$17210	$18160	$20790	$21750	JD	4T	148D	12F-12R	35.5	3700	No
4120 4WD Hydro	$25279	$18200	$19210	$21990	$23000	JD	4T	148D	Variable	35.0	3700	No
4210 4WD	$16846	$12130	$12800	$14660	$15330	Yanmar	3	81D	9F-3R	22.0	2675	No
4210 4WD Hydro	$19461	$14010	$14790	$16930	$17710	Yanmar	3	81D	Variable	22.0	2675	No
4310 4WD	$17383	$12520	$13210	$15120	$15820	Yanmar	3	91D	9F-3R	27.0	2725	No
4310 4WD	$18992	$13670	$14430	$16520	$17280	Yanmar	3	91D	12F-12R	27.0	2725	No
4310 4WD Hydro	$20640	$14860	$15690	$17960	$18780	Yanmar	3	91D	Variable	25.0	2725	No
4320 4WD	$26179	$18850	$19900	$22780	$23820	JD	4T	149D	12F-12R	40.5	3700	No
4320 4WD Hydro	$27179	$19570	$20660	$23650	$24730	JD	4T	149-D	Variable	40.0	3700	Cab
4410 4WD	$20689	$14900	$15720	$18000	$18830	Yanmar	3	100D	12F-12R	29.0	2830	No

John Deere (Cont.)

2005 (Cont.)

Model	Approx. Retail Price New	Used Trade-In Avg.	Used Trade-In High	Used Retail Avg.	Used Retail High	Make	No. Cyls.	Displ. Cu.-in.	No. Speeds	P.T.O. H.P.	Approx. Shipping Wt.-Lbs.	Cab
4410 4WD Hydro	$22497	$16200	$17100	$19570	$20470	Yanmar	3	100D	Variable	28.0	2830	No
4520 4WD	$27979	$20150	$21260	$24340	$25460	JD	4T	149D	12F-12R	45.5	3700	No
4520 4WD Hydro	$28979	$20870	$22020	$25210	$26370	JD	4T	149D	Variable	45.0	3700	No
4720 4WD Hydro	$31049	$22360	$23600	$27010	$28260	JD	4T	149D	Variable	50.0	3700	No
5103	$14985	$10790	$11390	$13040	$13640	JD	3	179D	9F-3R	42.0		No
5105	$19735	$14210	$15000	$17170	$17960	JD	3	179D	8F-4R	44.0		No
5105 4WD	$24509	$17650	$18630	$21320	$22300	JD	3	179D	8F-4R	44.0		No
5203	$16743	$12060	$12730	$14570	$15240	JD	3	179D	9F-3R	47.0		No
5205	$21296	$15330	$16190	$18530	$19380	JD	3	179D	8F-4R	50.0		No
5205 4WD	$26070	$18770	$19810	$22680	$23720	JD	3	179D	8F-4R	50.0		No
5225	$24085	$17340	$18310	$20950	$21920	JD	3	179D	9F-3R	45.0		No
5225	$26717	$19240	$20310	$23240	$24310	JD	3	179D	12F-12R	45.0		No
5225 w/Cab	$32325	$23270	$24570	$28120	$29420	JD	3	179D	9F-3R	45.0		CHA
5225 w/Cab	$34957	$25170	$26570	$30410	$31810	JD	3	179D	12F-12R	45.0		CHA
5225 4WD	$29521	$21260	$22440	$25680	$26860	JD	3	179D	9F-3R	45.0		No
5225 4WD	$32153	$23150	$24440	$27970	$29260	JD	3	179D	12F-12R	45.0		No
5225 4WD w/Cab	$37761	$27190	$28700	$32850	$34360	JD	3	179D	9F-3R	45.0		CHA
5225 4WD w/Cab	$40393	$29080	$30700	$35140	$36760	JD	3	179D	12F-12R	45.0		CHA
5303	$18291	$13170	$13900	$15910	$16650	JD	3	179D	9F-3R	55.0		No
5325	$27409	$19730	$20830	$23850	$24940	JD	3T	179D	9F-3R	55.0		No
5325	$30041	$21630	$22830	$26140	$27340	JD	3T	179D	12F-12R	55.0		No
5325 w/Cab	$35127	$25290	$26700	$30560	$31970	JD	3T	179D	9F-3R	55.0		CHA
5325 w/Cab	$37759	$27190	$28700	$32850	$34360	JD	3T	179D	12F-12R	55.0		CHA
5325 4WD	$32948	$23720	$25040	$28670	$29980	JD	3T	179D	9F-3R	55.0		No
5325 4WD	$35580	$25620	$27040	$30960	$32380	JD	3T	179D	12F-12R	55.0		No
5325 4WD w/Cab	$40666	$29280	$30910	$35380	$37010	JD	3T	179D	9F-3R	55.0		CHA
5325 4WD w/Cab	$43298	$31180	$32910	$37670	$39400	JD	3T	179D	12F-12R	55.0		CHA
5425	$30589	$22020	$23250	$26610	$27840	JD	4	276D	9F-3R	65.0		No
5425	$33221	$23920	$25250	$28900	$30230	JD	4	276D	12F-12R	65.0		No
5425 w/Cab	$38307	$27580	$29110	$33330	$34860	JD	4	276D	9F-3R	65.0		CHA
5425 w/Cab	$40939	$29480	$31110	$35620	$37250	JD	4	276D	12F-12R	65.0		CHA
5425 4WD	$36249	$26100	$27550	$31540	$32990	JD	4	276D	9F-3R	65.0		No
5425 4WD	$38881	$27990	$29550	$33830	$35380	JD	4	276D	12F-12R	65.0		No
5425 4WD w/Cab	$43967	$31660	$33420	$38250	$40010	JD	4	276D	9F-3R	65.0		CHA
5425 4WD w/Cab	$46599	$33550	$35420	$40540	$42410	JD	4	276D	12F-12R	65.0		CHA
5525	$33833	$24360	$25710	$29440	$30790	JD	4T	276D	9F-3R	75.0		No
5525	$36108	$26000	$27440	$31410	$32860	JD	4T	276D	12F-12R	75.0		No
5525 w/Cab	$41194	$29660	$31310	$35840	$37490	JD	4T	276D	9F-3R	75.0		CHA
5525 w/Cab	$43826	$31560	$33310	$38130	$39880	JD	4T	276D	12F-12R	75.0		CHA
5525 4WD	$39497	$28440	$30020	$34360	$35940	JD	4T	276D	9F-3R	75.0		No
5525 4WD	$41768	$30070	$31740	$36340	$38010	JD	4T	276D	12F-12R	75.0		No
5525 4WD w/Cab	$46854	$33740	$35610	$40760	$42640	JD	4T	276D	9F-3R	75.0		CHA
5525 4WD w/Cab	$49486	$35630	$37610	$43050	$45030	JD	4T	276D	12F-12R	75.0		CHA
6120	$35222	$25360	$26770	$30640	$32050	JD	4T	276D	12F-4R	65.0		No
6120	$38430	$27670	$29210	$33430	$34970	JD	4T	276D	16F-16R	65.0		No
6120 w/Cab	$44541	$32070	$33850	$38750	$40530	JD	4T	276D	12F-4R	65.0		CHA
6120 w/Cab	$48019	$34570	$36490	$41780	$43700	JD	4T	276D	16F-16R	65.0		CHA
6120 4WD	$43107	$31040	$32760	$37500	$39230	JD	4T	276D	12F-4R	65.0		No
6120 4WD	$46315	$33350	$35200	$40290	$42150	JD	4T	276D	16F-16R	65.0		No
6120 4WD w/Cab	$52426	$37750	$39840	$45610	$47710	JD	4T	276D	12F-4R	65.0		CHA
6120 4WD w/Cab	$55904	$40250	$42490	$48640	$50870	JD	4T	276D	16F-16R	65.0		CHA
6120L	$35556	$25600	$27020	$30930	$32360	JD	4T	276D	12F-4R	65.0		No
6120L	$38764	$27910	$29460	$33730	$35280	JD	4T	276D	16F-16R	65.0		No
6120L 4WD	$43441	$31280	$33020	$37790	$39530	JD	4T	276D	12F-4R	65.0		No
6120L 4WD	$46649	$33590	$35450	$40590	$42450	JD	4T	276D	16F-16R	65.0		No
6215	$33430	$24070	$25410	$28750	$30090	JD	4T	276D	12F-4R	72.0		No
6215	$36638	$26380	$27850	$31510	$32970	JD	4T	276D	16F-16R	72.0		No
6215 4WD	$41456	$29850	$31510	$35650	$37310	JD	4T	276D	12F-4R	72.0		No
6215 4WD	$44664	$32160	$33950	$38410	$40200	JD	4T	276D	16F-16R	72.0		No
6215 4WD w/Cab	$50231	$36170	$38180	$43200	$45210	JD	4T	276D	12F-4R	72.0		CHA
6215 4WD w/Cab	$53439	$38480	$40610	$45960	$48100	JD	4T	276D	16F-16R	72.0		CHA
6215 w/Cab	$42205	$30390	$32080	$36300	$37990	JD	4T	276D	12F-4R	72.0		CHA
6215 w/Cab	$45413	$32700	$34510	$39060	$40870	JD	4T	276D	16F-16R	72.0		CHA
6220	$37467	$26980	$28480	$32600	$34100	JD	4T	276D	12F-4R	72.0		No
6220	$40675	$29290	$30910	$35390	$37010	JD	4T	276D	16F-16R	72.0		No
6220 4WD	$45352	$32650	$34470	$39460	$41270	JD	4T	276D	12F-4R	72.0		No
6220 4WD	$48560	$34960	$36910	$42250	$44190	JD	4T	276D	16F-16R	72.0		No
6220 4WD w/Cab	$54856	$39500	$41690	$47730	$49920	JD	4T	276D	12F-4R	72.0		CHA
6220 4WD w/Cab	$58334	$42000	$44330	$50750	$53080	JD	4T	276D	16F-16R	72.0		CHA
6220 Hi-Clear	$40694	$29300	$30930	$35400	$37030	JD	4T	276D	12F-4R	72.0		No
6220 Hi-Clear	$44230	$31850	$33620	$38480	$40250	JD	4T	276D	16F-16R	72.0		No
6220 Hi-Clear 4WD	$48579	$34980	$36920	$42260	$44210	JD	4T	276D	12F-4R	72.0		No
6220 Hi-Clear 4WD	$52115	$37520	$39610	$45340	$47430	JD	4T	276D	16F-16R	72.0		No
6220 Hi-Clear 4WD Cab	$58033	$41780	$44110	$49910	$52230	JD	4T	276D	12F-4R	72.0		CHA
6220 Hi-Clear 4WD Cab	$61759	$44470	$46940	$53110	$55580	JD	4T	276D	16F-16R	72.0		CHA
6220 Hi-Clear Cab	$50148	$36110	$38110	$43130	$45130	JD	4T	276D	12F-4R	72.0		CHA
6220 Hi-Clear Cab	$53874	$38790	$40940	$46330	$48490	JD	4T	276D	16F-16R	72.0		CHA
6220 w/Cab	$46971	$33820	$35700	$40870	$42740	JD	4T	276D	12F-4R	72.0		CHA
6220 w/Cab	$50449	$36320	$38340	$43890	$45910	JD	4T	276D	16F-16R	72.0		CHA
6220L	$37815	$27230	$28740	$32900	$34410	JD	4T	276D	12F-4R	72.0		No
6220L	$40576	$29220	$30840	$35300	$36920	JD	4T	276D	16F-16R	72.0		No
6220L 4WD	$45700	$32900	$34730	$39760	$41590	JD	4T	276D	12F-4R	72.0		No
6220L 4WD	$48461	$34890	$36830	$42160	$44100	JD	4T	276D	16F-16R	72.0		No
6320	$40451	$29130	$30740	$35190	$36810	JD	4T	276D	12F-4R	80.0		No

Model	Approx. Retail Price New	Used Trade-In Avg.	Used Trade-In High	Used Retail Avg.	Used Retail High	Make	No. Cyls.	Displ. Cu.-in.	No. Speeds	P.T.O. H.P.	Approx. Shipping Wt.-Lbs.	Cab
John Deere (Cont.)												
2005 (Cont.)												
6320	$43659	$31430	$33180	$37980	$39730	JD	4T	276D	16F-16R	80.0		No
6320 IVT w/Cab	$60437	$43520	$45930	$52580	$55000	JD	4T	276D	Variable	80.0		CHA
6320 w/Cab	$50558	$36400	$38420	$43990	$46010	JD	4T	276D	12F-4R	80.0		CHA
6320 w/Cab	$54036	$38910	$41070	$47010	$49170	JD	4T	276D	16F-16R	80.0		CHA
6320 4WD	$48665	$35040	$36990	$42340	$44290	JD	4T	276D	12F-4R	80.0		No
6320 4WD	$51873	$37350	$39420	$45130	$47200	JD	4T	276D	16F-16R	80.0		No
6320 4WD w/Cab	$58772	$42320	$44670	$51130	$53480	JD	4T	276D	12F-4R	80.0		CHA
6320 4WD w/Cab	$62250	$44820	$47310	$54160	$56650	JD	4T	276D	16F-16R	80.0		CHA
6320 IVT 4WD w/Cab	$68651	$49430	$52180	$59730	$62470	JD	4T	276D	Variable	80.0		CHA
6320L	$40028	$28820	$30420	$34820	$36430	JD	4T	276D	12F-4R	80.0		No
6320L	$43236	$31130	$32860	$37620	$39350	JD	4T	276D	16F-16R	80.0		No
6320L 4WD	$48785	$35130	$37080	$42440	$44390	JD	4T	276D	12F-4R	80.0		No
6320L 4WD	$51593	$37150	$39210	$44890	$46950	JD	4T	276D	16F-16R	80.0		No
6320 Hi-Clear	$43081	$31020	$32740	$37050	$38770	JD	4T	276D	12F-4R	80.0		No
6320 Hi-Clear	$46617	$33560	$35430	$40090	$41960	JD	4T	276D	16F-16R	80.0		No
6320 Hi-Clear 4WD	$54831	$39480	$41670	$47160	$49350	JD	4T	276D	16F-16R	80.0		No
6320L w/Cab	$58417	$42060	$44400	$50820	$53160	JD	4T	276D	12F-4R	80.0		CHA
6320L w/Cab	$61895	$44560	$47040	$53850	$56320	JD	4T	276D	16F-16R	80.0		CHA
6320L 4WD w/Cab	$66631	$47970	$50640	$57970	$60630	JD	4T	276D	12F-4R	80.0		CHA
6320L 4WD w/Cab	$70109	$50480	$53280	$61000	$63800	JD	4T	276D	16F-16R	80.0		CHA
6320 Hi-Clear 4WD	$51295	$36930	$38980	$44110	$46170	JD	4T	276D	12F-4R	80.0		No
6320 Hi-Clear 4WD Cab	$61489	$44270	$46730	$53500	$55960	JD	4T	276D	12F-4R	80.0		CHA
6320 Hi-Clear Cab	$53275	$38360	$40490	$46350	$48480	JD	4T	276D	12F-4R	80.0		CHA
6320 IVT Hi-Clear 4WD Cab	$69863	$50300	$53100	$60780	$63580	JD	4T	276D	Variable	80.0		CHA
6320 IVT Hi-Clear Cab	$61649	$44390	$46850	$53640	$56100	JD	4T	276D	Variable	80.0		CHA
6320 Hi-Clear 4WD Cab	$65215	$46960	$49560	$56740	$59350	JD	4T	276D	16F-16R	80.0		CHA
6320 Hi-Clear Cab	$57000	$41040	$43320	$49590	$51870	JD	4T	276D	16F-16R	80.0		CHA
6403	$32293	$23250	$24540	$28100	$29390	JD	4T	276D	9F-3R	85.0		No
6403 4WD	$39730	$28610	$30200	$34570	$36150	JD	4T	276D	9F-3R	85.0		No
6403 4WD Cab	$48362	$34820	$36760	$42080	$44010	JD	4T	276D	9F-3R	85.0		CHA
6403 Cab	$40193	$28940	$30550	$34970	$36580	JD	4T	276D	9F-3R	85.0		CHA
6415	$37095	$26710	$28190	$32270	$33760	JD	4T	276D	12F-4R	85.0		No
6415	$40303	$29020	$30630	$35060	$36680	JD	4T	276D	16F-16R	85.0		No
6415 4WD	$45121	$32490	$34290	$39260	$41060	JD	4T	276D	12F-4R	85.0		No
6415 4WD	$48329	$34800	$36730	$42050	$43980	JD	4T	276D	16F-16R	85.0		No
6415 4WD w/Cab	$53897	$38810	$40960	$46890	$49050	JD	4T	276D	12F-4R	85.0		CHA
6415 4WD w/Cab	$57105	$41120	$43400	$49680	$51970	JD	4T	276D	16F-16R	85.0		CHA
6415 w/Cab	$45871	$33030	$34860	$39910	$41740	JD	4T	276D	12F-4R	85.0		CHA
6415 w/Cab	$49079	$35340	$37300	$42700	$44660	JD	4T	276D	16F-16R	85.0		CHA
6415 Hi-Clear	$39457	$28410	$29990	$34330	$35910	JD	4T	276D	12F-4R	85.0		No
6415 Hi-Clear	$42993	$30960	$32680	$37400	$39120	JD	4T	276D	16F-16R	85.0		No
6415 Hi-Clear 4WD	$47483	$34190	$36090	$41310	$43210	JD	4T	276D	12F-4R	85.0		No
6415 Hi-Clear 4WD	$51019	$36730	$38770	$44390	$46430	JD	4T	276D	16F-16R	85.0		No
6415 Hi-Clear 4WD Cab	$56362	$40580	$42840	$49040	$51290	JD	4T	276D	12F-4R	85.0		CHA
6415 Hi-Clear 4WD Cab	$59898	$43130	$45520	$52110	$54510	JD	4T	276D	16F-16R	85.0		CHA
6415 Hi-Clear Cab	$48336	$34800	$36740	$42050	$43990	JD	4T	276D	12F-4R	85.0		CHA
6415 Hi-Clear Cab	$51872	$37350	$39420	$45130	$47200	JD	4T	276D	16F-16R	85.0		CHA
6420	$43430	$31210	$33010	$37780	$39520	JD	4T	276D	12F-4R	90.0		No
6420	$46638	$33580	$35450	$40580	$42440	JD	4T	276D	16F-16R	90.0		No
6420 4WD	$51966	$37420	$39490	$45210	$47290	JD	4T	276D	12F-4R	90.0		No
6420 4WD	$55175	$39730	$41930	$48000	$50210	JD	4T	276D	16F-16R	90.0		No
6420 4WD w/Cab	$61449	$44240	$46700	$53460	$55920	JD	4T	276D	12F-4R	90.0		CHA
6420 4WD w/Cab	$66016	$47530	$50170	$57430	$60080	JD	4T	276D	16F-16R	90.0		CHA
6420 Hi-Clear	$46030	$33140	$34980	$39590	$41430	JD	4T	276D	12F-4R	90.0		No
6420 Hi-Clear	$49573	$35690	$37680	$42630	$44620	JD	4T	276D	16F-16R	90.0		No
6420 Hi-Clear 4WD	$54394	$39160	$41340	$46780	$48960	JD	4T	276D	12F-4R	90.0		No
6420 Hi-Clear 4WD	$57930	$41710	$44030	$49820	$52140	JD	4T	276D	16F-16R	90.0		No
6420 Hi-Clear 4WD Cab	$61449	$44240	$46700	$52850	$55300	JD	4T	276D	12F-4R	90.0		CHA
6420 Hi-Clear 4WD Cab	$65175	$46930	$49530	$56050	$58660	JD	4T	276D	16F-16R	90.0		CHA
6420 Hi-Clear IVT 4WD Cab	$69823	$50270	$53070	$60050	$62840	JD	4T	276D	Variable	90.0		CHA
6420 Hi-Clear w/Cab	$55554	$40000	$42220	$47780	$50000	JD	4T	276D	12F-4R	90.0		CHA
6420 Hi-Clear w/Cab	$59280	$42680	$45050	$50980	$53350	JD	4T	276D	16F-16R	90.0		CHA
6420 IVT 4WD w/Cab	$71328	$51360	$54210	$62060	$64910	JD	4T	276D	Variable	90.0		CHA
6420 IVT w/Cab	$62971	$45340	$47860	$54790	$57300	JD	4T	276D	Variable	90.0		CHA
6420 w/Cab	$53092	$38230	$40350	$46190	$48310	JD	4T	276D	12F-4R	90.0		CHA
6420 w/Cab	$56750	$40730	$42990	$49220	$51480	JD	4T	276D	16F-16R	90.0		CHA
6420L	$43384	$31240	$32970	$37740	$39480	JD	4T	276D	12F-4R	90.0		No
6420L	$46592	$33550	$35410	$40540	$42400	JD	4T	276D	16F-16R	90.0		No
6420L 4WD	$51741	$37250	$39320	$45020	$47080	JD	4T	276D	12F-4R	90.0		No
6420L 4WD	$54949	$39560	$41760	$47810	$50000	JD	4T	276D	16F-16R	90.0		No
6420L 4WD w/Cab	$70115	$50480	$53290	$61000	$63810	JD	4T	276D	12F-4R	90.0		CHA
6420L 4WD w/Cab	$73593	$52990	$55930	$64030	$66970	JD	4T	276D	16F-16R	90.0		CHA
6420L w/Cab	$61758	$44470	$46940	$53730	$56200	JD	4T	276D	12F-4R	90.0		CHA
6420L w/Cab	$65236	$46970	$49580	$56760	$59370	JD	4T	276D	16F-16R	90.0		CHA
6520L	$49147	$35390	$37350	$42760	$44720	JD	4T	276D	16F-16R	95.0		No
6520L 4WD	$57504	$41400	$43700	$50030	$52330	JD	4T	276D	16F-16R	95.0		No
6520L 4WD w/Cab	$72569	$52250	$55150	$63140	$66040	JD	4T	276D	12F-4R	95.0		CHA
6520L 4WD w/Cab	$76047	$54750	$57800	$66160	$69200	JD	4T	276D	16F-16R	95.0		CHA
6520L w/Cab	$63874	$45990	$48540	$55570	$58130	JD	4T	276D	12F-4R	95.0		CHA
6520L w/Cab	$67352	$48490	$51190	$58600	$61290	JD	4T	276D	16F-16R	95.0		CHA
6603	$37007	$26650	$28130	$31830	$33310	JD	6T	414D	9F-3R	95.0		No
6603 4WD	$45267	$32590	$34400	$38930	$40740	JD	6T	414D	9F-3R	95.0		No
6603 4WD Cab	$53167	$38280	$40410	$45720	$47850	JD	6T	414D	9F-3R	95.0		CHA
6603 Cab	$44907	$32330	$34130	$38620	$40420	JD	6T	414D	9F-3R	95.0		CHA

John Deere (Cont.)

2005 (Cont.)

Model	Approx. Retail Price New	Used Trade-In Avg.	Used Trade-In High	Used Retail Avg.	Used Retail High	Make	No. Cyls.	Displ. Cu.-in.	No. Speeds	P.T.O. H.P.	Approx. Shipping Wt.-Lbs.	Cab
6615	$42018	$30250	$31930	$36140	$37820	JD	6T	414D	12F-4R	95.0		No
6615	$45226	$32560	$34370	$38890	$40700	JD	6T	414D	16F-16R	95.0		No
6615 4WD	$50375	$36270	$38290	$43320	$45340	JD	6T	414D	12F-4R	95.0		No
6615 4WD	$53583	$38580	$40720	$46080	$48230	JD	6T	414D	16F-16R	95.0		No
6615 4WD w/Cab	$59326	$42720	$45090	$51020	$53390	JD	6T	414D	12F-4R	95.0		CHA
6615 4WD w/Cab	$62534	$45020	$47530	$53780	$56280	JD	6T	414D	16F-16R	95.0		CHA
6615 Hi-Clear 4WD	$56809	$40900	$43180	$48860	$51130	JD	6T	414D	12F-4R	95.0		No
6615 Hi-Clear 4WD	$60345	$43450	$45860	$51900	$54310	JD	6T	414D	16F-16R	95.0		No
6615 Hi-Clear 4WD Cab	$65775	$47360	$49990	$56570	$59200	JD	6T	414D	12F-4R	95.0		CHA
6615 Hi-Clear 4WD Cab	$69311	$49900	$52680	$59610	$62380	JD	6T	414D	16F-16R	95.0		CHA
6615 w/Cab	$50969	$36700	$38740	$43830	$45870	JD	6T	414D	12F-4R	95.0		CHA
6615 w/Cab	$54177	$39010	$41180	$46590	$48760	JD	6T	414D	16F-16R	95.0		CHA
6715	$47071	$33890	$35750	$40480	$42360	JD	6T	414D	12F-4R	105.0		No
6715	$50279	$36200	$38210	$43240	$45250	JD	6T	414D	16F-16R	105.0		No
6715 4WD	$55428	$39910	$42130	$47670	$49890	JD	6T	414D	12F-4R	105.0		No
6715 4WD	$58636	$42220	$44560	$50430	$52770	JD	6T	414D	16F-16R	105.0		No
6715 4WD w/Cab	$64380	$46350	$48930	$55370	$57940	JD	6T	414D	12F-4R	105.0		CHA
6715 4WD w/Cab	$67588	$48660	$51370	$58130	$60830	JD	6T	414D	16F-16R	105.0		CHA
6715 Hi-Clear	$61043	$43950	$46390	$52500	$54940	JD	6T	414D	12F-4R	105.0		No
6715 Hi-Clear	$64579	$46500	$49080	$55540	$58120	JD	6T	414D	16F-16R	105.0		No
6715 Hi-Clear w/Cab	$70010	$50410	$53210	$60210	$63010	JD	6T	414D	12F-4R	105.0		CHA
6715 Hi-Clear w/Cab	$73546	$52950	$55900	$63250	$66190	JD	6T	414D	16F-16R	105.0		CHA
6715 w/Cab	$56023	$40340	$42580	$48180	$50420	JD	6T	414D	12F-4R	105.0		CHA
6715 w/Cab	$59231	$42650	$45020	$50940	$53310	JD	6T	414D	16F-16R	105.0		CHA
7220	$55051	$39640	$41840	$47890	$50100	JD	6T	414D	16F-16R	95.0		No
7220	$56495	$40680	$42940	$49150	$51410	JD	6T	414D	24F-24R	95.0		No
7220 4WD	$63887	$46000	$48550	$55580	$58140	JD	6T	414D	16F-16R	95.0		No
7220 4WD	$65331	$47040	$49650	$56840	$59450	JD	6T	414D	24F-24R	95.0		No
7220 4WD w/Cab	$74094	$53350	$56310	$64460	$67430	JD	6T	414D	16F-16R	95.0		CHA
7220 4WD w/Cab	$75538	$54390	$57410	$65720	$68740	JD	6T	414D	24F-24R	95.0		CHA
7220 4WD w/Cab IVT	$80577	$58020	$61240	$70100	$73330	JD	6T	414D	Variable	95.0		CHA
7220 w/Cab	$65258	$46990	$49600	$56770	$59390	JD	6T	414D	16F-16R	95.0		CHA
7220 w/Cab	$66702	$48030	$50690	$58030	$60700	JD	6T	414D	24F-24R	95.0		CHA
7220 w/Cab IVT	$71740	$51650	$54520	$62410	$65280	JD	6T	414D	Variable	95.0		CHA
7320	$58295	$41970	$44300	$50130	$52470	JD	6T	414D	16F-16R	105.0		No
7320	$59739	$43010	$45400	$51380	$53770	JD	6T	414D	24F-24R	105.0		No
7320 4WD	$67131	$48330	$51020	$58400	$61090	JD	6T	414D	16F-16R	105.0		No
7320 4WD	$68575	$49370	$52120	$59660	$62400	JD	6T	414D	24F-24R	105.0		No
7320 4WD Cab	$78073	$56210	$59340	$67140	$70270	JD	6T	414D	16F-16R	105.0		CHA
7320 4WD Cab	$79517	$57250	$60430	$68390	$71570	JD	6T	414D	24F-24R	105.0		CHA
7320 4WD Cab IVT	$84556	$60880	$64260	$72720	$76100	JD	6T	414D	Variable	105.0		CHA
7320 Cab	$69237	$49850	$52620	$59540	$62310	JD	6T	414D	16F-16R	105.0		CHA
7320 Cab	$70681	$50890	$53720	$60790	$63610	JD	6T	414D	24F-24R	105.0		CHA
7320 Cab IVT	$75720	$54520	$57550	$65120	$68150	JD	6T	414D	Variable	105.0		No
7420 4WD Cab	$84021	$60500	$63860	$73100	$76460	JD	6T	414D	16F-16R	115.0		CHA
7420 4WD Cab	$85464	$61530	$64950	$74350	$77770	JD	6T	414D	24F-24R	115.0		CHA
7420 4WD Cab IVT	$90505	$65160	$68780	$78740	$82360	JD	6T	414D	Variable	115.0		CHA
7420 Cab	$74785	$53850	$56840	$65060	$68050	JD	6T	414D	16F-16R	115.0		CHA
7420 Cab	$76229	$54890	$57930	$66320	$69370	JD	6T	414D	24F-24R	115.0		CHA
7420 Cab IVT	$81268	$58510	$61760	$70700	$73950	JD	6T	414D	Variable	115.0		CHA
7420HC 4WD w/Cab	$97860	$70460	$74370	$84160	$88070	JD	6T	414D	16F-16R	115.0		CHA
7520 4WD	$80050	$57640	$60840	$68840	$72050	JD	6T	414D	16F-16R	125.0		No
7520 4WD	$81494	$58680	$61940	$70090	$73350	JD	6T	414D	20F-20R	125.0		No
7520 4WD Cab	$90335	$65040	$68660	$78590	$82210	JD	6T	414D	16F-16R	125.0		CHA
7520 4WD Cab	$91779	$66080	$69750	$79850	$83520	JD	6T	414D	20F-20R	125.0		CHA
7520 4WD Cab IVT	$96818	$69710	$73580	$84230	$88100	JD	6T	414D	Variable	125.0		CHA
7720 4WD Cab	$104543	$75270	$79450	$90950	$95130	JD	6TI	414D	20F-20R	140.0		CHA
7720 Cab	$90206	$64950	$68560	$78480	$82090	JD	6TI	414D	16F-16R	140.0		CHA
7720 Cab	$91656	$65990	$69660	$79740	$83410	JD	6TI	414D	20F-20R	140.0		CHA
7720 IVT 4WD Cab	$114435	$82390	$86970	$99560	$104140	JD	6TI	414D	Variable	140.0		CHA
7720 IVT Cab	$98548	$70960	$74900	$85740	$89680	JD	6TI	414D	Variable	140.0		CHA
7720 4WD Cab	$103093	$74230	$78350	$89690	$93820	JD	6TI	414D	16F-16R	140.0		CHA
7820 Cab	$97019	$69850	$73730	$84410	$88290	JD	6TI	496D	16F-16R	155.0		CHA
7820 Cab	$98469	$70900	$74840	$85670	$89610	JD	6TI	496D	20F-20R	155.0		CHA
7820 IVT Cab	$105361	$75860	$80070	$91660	$95880	JD	6TI	496D	Variable	155.0		CHA
7820 4WD Cab	$109906	$79130	$83530	$95620	$100010	JD	6TI	496D	16F-16R	155.0		CHA
7820 4WD Cab	$111356	$80180	$84630	$96880	$101330	JD	6TI	496D	20F-20R	155.0		CHA
7820 IVT 4WD Cab	$118248	$85140	$89870	$102880	$107610	JD	6TI	496D	Variable	155.0		CHA
7920 4WD Cab IVT	$131973	$95020	$100300	$113500	$118780	JD	6TI	496D	Variable	170.0		CHA
7920 Cab IVT	$123511	$88930	$93870	$106220	$111160	JD	6TI	496D	Variable	170.0		CHA
8120	$113141	$79200	$83720	$95040	$99560	JD	6TI	496D	16F-4R	170.0		CHA
8120 4WD	$127420	$89190	$94290	$107030	$112130	JD	6TI	496D	16F-4R	170.0		CHA
8120T	$145276	$101690	$107500	$122030	$127840	JD	6TA	496D	16F-4R	170.0		CHA
8220	$123803	$86660	$91610	$104000	$108950	JD	6TA	496D	16F-4R	190.0		CHA
8220 4WD	$139538	$97680	$103260	$117210	$122790	JD	6TA	496D	16F-4R	190.0		CHA
8220T	$156575	$109600	$115870	$131520	$137790	JD	6TA	496D	16F-4R	190.0		CHA
8320 4WD	$151259	$105880	$111930	$127060	$133110	JD	6TA	496D	16F-4R	215.0		CHA
8320T	$168233	$117760	$124490	$141320	$148050	JD	6TA	496D	16F-4R	215.0		CHA
8420 4WD	$165222	$115660	$122260	$138790	$145400	JD	6TA	496D	16F-4R	235.0		CHA
8420T	$177695	$124390	$131490	$149260	$156370	JD	6TA	496D	16F-4R	235.0		CHA
8520 4WD	$189586	$132710	$140290	$159250	$166840	JD	6TA	496D	16F-4R	255.0		CHA
8520T	$189147	$132400	$139970	$158880	$166450	JD	6TA	496D	16F-4R	255.0		CHA
9120	$153530	$107470	$113610	$128970	$135110	JD	6TA	496D	24F-6R	280*		CHA
9120 PS	$162628	$113840	$120350	$136610	$143110	JD	6TA	496D	18F-6R	280*		CHA

John Deere (Cont.)

Model	Approx. Retail Price New	Estimated Value Less Repairs				Engine				P.T.O. H.P.	Approx. Shipping Wt.-Lbs.	Cab
		Used Trade-In		Used Retail		Make	No. Cyls.	Displ. Cu-in.	No. Speeds			
		Avg.	High	Avg.	High							

2005 (Cont.)

Model	Approx. Retail Price New	Avg.	High	Avg.	High	Make	No. Cyls.	Displ. Cu-in.	No. Speeds	P.T.O. H.P.	Approx. Shipping Wt.-Lbs.	Cab
9220	$177704	$124390	$131500	$149270	$156380	JD	6TA	765D	24F-6R	325*		CHA
9220 PS	$186802	$130760	$138230	$156910	$164390	JD	6TA	765D	18F-6R	325*		CHA
9320	$198059	$138640	$146560	$166370	$174290	JD	6TA	765D	24F-6R	375*		CHA
9320 PS	$207157	$145010	$153300	$174010	$182300	JD	6TA	765D	18F-6R	375*		CHA
9320T	$236122	$165290	$174730	$198340	$207790	JD	6TA	765D	24F-6R	375*		CHA
9420	$214181	$149930	$158490	$179910	$188480	JD	6TA	765D	24F-6R	425*		CHA
9420 PS	$232279	$162600	$171890	$195110	$204410	JD	6TA	765D	18F-6R	425*		CHA
9420T PS	$248374	$173860	$183800	$208630	$218570	JD	6TA	765D	18F-6R	425*		CHA
9520 PS	$238082	$166660	$176180	$199890	$209510	JD	6TA	765D	18F-6R	450*		CHA
9520T PS	$252954	$177070	$187190	$212480	$222600	JD	6TA	765D	18F-6R	450*		CHA
9620 PS	$251503	$176050	$186110	$211260	$221320	JD	6TA	765D	18F-6R	500*		CHA
9620T PS	$276182	$193330	$204380	$231990	$243040	JD	6TA	765D	18F-6R	500*		CHA

L—Low Profile PS—Power Shift IVT—Infinitely Variable Transmission T—Tracks

*Engine Horsepower

2004

Model	Approx. Retail Price New	Avg.	High	Avg.	High	Make	No. Cyls.	Displ. Cu-in.	No. Speeds	P.T.O. H.P.	Approx. Shipping Wt.-Lbs.	Cab
790	$9689	$6100	$6590	$7850	$8330	Yanmar	3	91D	8F-2R	25.0	1930	No
790 Power Steering	$10339	$6510	$7030	$8380	$8890	Yanmar	3	91D	8F-2R	25.0	1967	No
790 4WD	$11919	$7510	$8110	$9650	$10250	Yanmar	3	91D	8F-2R	25.0	2142	No
990	$13669	$8610	$9300	$11070	$11760	Yanmar	4	121D	9F-3R	35.0	2954	No
990 4WD	$16369	$10310	$11130	$13260	$14080	Yanmar	4	121D	9F-3R	35.0	3220	No
2210 4WD	$10399	$6550	$7070	$8420	$8940	Yanmar	3	61D	Variable	17.0	1400	No
4010 4WD	$11852	$7470	$8060	$9600	$10190	Yanmar	3	47D	Variable	14.0	1420	No
4110 4WD	$13152	$8290	$8940	$10650	$11310	Yanmar	3	61D	8F-4R	17.0	1517	No
4110 4WD Hydro	$14611	$9210	$9940	$11840	$12570	Yanmar	3	61D	Variable	17.0	1617	No
4115 4WD Hydro	$16982	$10700	$11550	$13760	$14610	Yanmar	3	73D	Variable	20.0	1671	No
4120	$23372	$14720	$15890	$18930	$20100	JD	4T	148D	12F-12R	35.5		No
4120 Hydro	$24572	$15480	$16710	$19900	$21130	JD	4T	148D	Variable	35.0		No
4210 4WD	$15877	$10000	$10800	$12860	$13650	Yanmar	3	81D	9F-3R	22.0	2675	No
4210 4WD Hydro	$19461	$11970	$12920	$15390	$16340	Yanmar	3	81D	Variable	22.0	2675	No
4310 4WD	$17638	$11110	$11990	$14290	$15170	Yanmar	3	91D	9F-3R	27.0	2725	No
4310 4WD	$18992	$11970	$12920	$15380	$16330	Yanmar	3	91D	12F-12R	27.0	2725	No
4310 4WD Hydro	$20640	$13000	$14040	$16720	$17750	Yanmar	3	91D	Variable	25.0	2725	No
4410 4WD	$20689	$13030	$14070	$16760	$17790	Yanmar	3	100D	12F-12R	29.0	2830	No
4410 4WD Hydro	$22490	$14170	$15290	$18220	$19340	Yanmar	3	100D	Variable	28.0	2830	No
4510 4WD	$21979	$13850	$14950	$17800	$18900	Yanmar	4	121D	12F-12R	33.0	3420	No
4610 4WD	$23639	$14890	$16080	$19150	$20330	Yanmar	4	121D	12F-12R	37.0	3425	No
4610 4WD Hydro	$24839	$15650	$16890	$20120	$21360	Yanmar	4	121D	Variable	35.0	3425	No
4710 4WD	$25409	$16010	$17280	$20580	$21850	Yanmar	4	121D	12F-12R	41.0	3467	No
4710 4WD Hydro	$26774	$16870	$18210	$21690	$23030	Yanmar	4	121D	Variable	40.0	3467	No
5103	$14263	$8990	$9700	$11550	$12270	JD	3	179D	9F-3R	42.0		No
5105	$19086	$12020	$12980	$15460	$16410	JD	3	179D	8F-4R	44.0		No
5105 4WD	$23813	$15000	$16190	$19290	$20480	JD	3	179D	8F-4R	44.0		No
5203	$15936	$10040	$10840	$12910	$13710	JD	3	179D	9F-3R	47.0		No
5205	$20631	$13000	$14030	$16710	$17740	JD	3	179D	8F-4R	50.0		No
5205 4WD	$25358	$15980	$17240	$20540	$21810	JD	3	179D	8F-4R	50.0		No
5220	$22248	$14020	$15130	$18020	$19130	JD	3	179D	9F-3R	45.0		No
5220	$24803	$15630	$16870	$20090	$21330	JD	3	179D	12F-12R	45.0		No
5220 w/Cab	$30877	$19450	$21000	$25010	$26550	JD	3	179D	9F-3R	45.0		CHA
5220 4WD	$27526	$17340	$18720	$22300	$23670	JD	3	179D	9F-3R	45.0		No
5220 4WD	$30081	$18950	$20460	$24370	$25870	JD	3	179D	12F-12R	45.0		No
5220 4WD w/Cab	$33432	$21060	$22730	$27080	$28750	JD	3	179D	12F-12R	45.0		CHA
5220 4WD w/Cab	$36155	$22780	$24590	$29290	$31090	JD	3	179D	9F-3R	45.0		CHA
5220 4WD w/Cab	$38710	$24390	$26320	$31360	$33290	JD	3	179D	12F-12R	45.0		CHA
5303	$17409	$10970	$11840	$14100	$14970	JD	3	179D	9F-3R	55.0		No
5320	$24968	$15730	$16980	$20220	$21470	JD	3T	179D	9F-3R	55.0		No
5320	$27528	$17340	$18720	$22300	$23670	JD	3T	179D	12F-12R	55.0		No
5320 w/Cab	$30346	$19120	$20640	$24580	$26100	JD	3T	179D	9F-3R	55.0		CHA
5320 w/Cab	$32906	$20730	$22380	$26650	$28300	JD	3T	179D	12F-12R	55.0		CHA
5320 4WD	$30346	$19120	$20640	$24580	$26100	JD	3T	179D	9F-3R	55.0		No
5320 4WD	$32906	$20730	$22380	$26650	$28300	JD	3T	179D	12F-12R	55.0		No
5320 4WD w/Cab	$38975	$24550	$26500	$31570	$33520	JD	3T	179D	9F-3R	55.0		CHA
5320 4WD w/Cab	$41530	$26160	$28240	$33640	$35720	JD	3T	179D	12F-12R	55.0		CHA
5420	$27920	$17590	$18990	$22620	$24010	JD	4	276D	9F-3R	65.0		No
5420	$30475	$19200	$20720	$24690	$26210	JD	4	276D	12F-12R	65.0		No
5420 w/Cab	$36549	$23030	$24850	$29610	$31430	JD	4	276D	9F-3R	65.0		CHA
5420 w/Cab	$39104	$24640	$26590	$31670	$33630	JD	4	276D	12F-12R	65.0		CHA
5420 4WD	$33389	$21040	$22710	$27050	$28720	JD	4	276D	9F-3R	65.0		No
5420 4WD	$35944	$22650	$24440	$29120	$30910	JD	4	276D	12F-12R	65.0		No
5420 4WD w/Cab	$42018	$26470	$28570	$34040	$36140	JD	4	276D	9F-3R	65.0		CHA
5420 4WD w/Cab	$44573	$28080	$30310	$36100	$38330	JD	4	276D	12F-12R	65.0		CHA
5520	$30707	$19350	$20880	$24870	$26410	JD	4T	276D	9F-3R	75.0		No
5520	$33262	$20960	$22620	$26940	$28610	JD	4T	276D	12F-12R	75.0		No
5520 w/Cab	$39336	$24780	$26750	$31860	$33830	JD	4T	276D	9F-3R	75.0		CHA
5520 w/Cab	$41891	$26390	$28490	$33930	$36030	JD	4T	276D	12F-12R	75.0		CHA
5520 4WD	$36176	$22790	$24600	$29300	$31110	JD	4T	276D	9F-3R	75.0		No
5520 4WD	$38731	$24400	$26340	$31370	$33310	JD	4T	276D	12F-12R	75.0		No
5520 4WD w/Cab	$44805	$28230	$30470	$36290	$38530	JD	4T	276D	9F-3R	75.0		CHA
5520 4WD w/Cab	$47360	$29840	$32210	$38360	$40730	JD	4T	276D	12F-12R	75.0		CHA
6120	$33214	$20930	$22590	$26900	$28560	JD	4T	276D	12F-4R	65.0		No
6120	$36299	$22870	$24680	$29400	$31220	JD	4T	276D	16F-16R	65.0		No
6120 w/Cab	$41999	$26460	$28560	$34020	$36120	JD	4T	276D	12F-4R	65.0		CHA
6120 w/Cab	$45343	$28570	$30830	$36730	$39000	JD	4T	276D	16F-16R	65.0		CHA
6120 4WD	$40796	$25700	$27740	$33050	$35090	JD	4T	276D	12F-4R	65.0		No

John Deere (Cont.)

2004 (Cont.)

Model	Approx. Retail Price New	Estimated Value Less Repairs Used Trade-In Avg.	High	Used Retail Avg.	High	Make	Engine No. Cyls.	Displ. Cu.-in.	No. Speeds	P.T.O. H.P.	Approx. Shipping Wt.-Lbs.	Cab
6120 4WD	$43881	$27650	$29840	$35540	$37740	JD	4T	276	16F-16R	65.0		No
6120 4WD w/Cab	$49581	$31240	$33720	$40160	$42640	JD	4T	276D	12F-4R	65.0		CHA
6120 4WD w/Cab	$52925	$33340	$35990	$42870	$45520	JD	4T	276D	16F-16R	65.0		CHA
6120L	$32869	$20710	$22350	$26620	$28270	JD	4T	276D	12F-4R	65.0		No
6120L	$34471	$21720	$23440	$27920	$29650	JD	4T	276D	16F-16R	65.0		No
6120L 4WD	$40451	$25480	$27510	$32770	$34790	JD	4T	276D	12F-4R	65.0		No
6120L 4WD	$43106	$27160	$29310	$34920	$37070	JD	4T	276D	16F-16R	65.0		No
6215	$32607	$20220	$22170	$25430	$27390	JD	4T	276D	12F-4R	72.0		No
6215	$35692	$22130	$24270	$27840	$29980	JD	4T	276D	16F-16R	72.0		No
6215 4WD	$40324	$25000	$27420	$31450	$33870	JD	4T	276D	12F-4R	72.0		No
6215 4WD	$43409	$26910	$29520	$33860	$36460	JD	4T	276D	16F-16R	72.0		No
6215 4WD w/Cab	$48792	$30250	$33180	$38060	$40990	JD	4T	276D	12F-4R	72.0		CHA
6215 4WD w/Cab	$51877	$32160	$35280	$40460	$43580	JD	4T	276D	16F-16R	72.0		CHA
6215 w/Cab	$41075	$25470	$27930	$32040	$34500	JD	4T	276D	12F-4R	72.0		CHA
6215 w/Cab	$44160	$27380	$30030	$34450	$37090	JD	4T	276D	16F-16R	72.0		CHA
6220	$34670	$21840	$23580	$28080	$29820	JD	4T	276D	12F-4R	72.0		No
6220	$37755	$23790	$25670	$30580	$32470	JD	4T	276D	16F-16R	72.0		No
6220 4WD	$42252	$26620	$28730	$34220	$36340	JD	4T	276D	12F-4R	72.0		No
6220 4WD	$45337	$28560	$30830	$36720	$38990	JD	4T	276D	16F-16R	72.0		No
6220 4WD w/Cab	$55216	$34790	$37550	$44730	$47490	JD	4T	276D	16F-16R	72.0		CHA
6220 Hi-Clear	$38385	$24180	$26100	$31090	$33010	JD	4T	276D	12F-4R	72.0		No
6220 Hi-Clear	$41785	$26330	$28410	$33850	$35940	JD	4T	276D	16F-16R	72.0		No
6220 Hi-Clear 4WD	$45967	$28960	$31260	$37230	$39530	JD	4T	276D	12F-4R	72.0		No
6220 Hi-Clear 4WD	$49367	$31100	$33570	$39990	$42460	JD	4T	276D	16F-16R	72.0		No
6220 Hi-Clear 4WD Cab	$54319	$33680	$36940	$42370	$45630	JD	4T	276D	12F-4R	72.0		CHA
6220 Hi-Clear 4WD Cab	$57902	$35900	$39370	$45160	$48640	JD	4T	276D	16F-16R	72.0		CHA
6220 Hi-Clear Cab	$46737	$28980	$31780	$36460	$39260	JD	4T	276D	12F-4R	72.0		CHA
6220 Hi-Clear Cab	$50320	$31200	$34220	$39250	$42270	JD	4T	276D	16F-16R	72.0		CHA
6220 w/Cab	$44290	$27900	$30120	$35880	$38090	JD	4T	276D	12F-4R	72.0		CHA
6220 w/Cab	$47634	$30010	$32390	$38580	$40970	JD	4T	276D	16F-16R	72.0		CHA
6220L	$34818	$21940	$23680	$28200	$29940	JD	4T	276D	12F-4R	72.0		No
6220L	$36420	$22950	$24770	$29500	$31320	JD	4T	276D	16F-16R	72.0		No
6220L 4WD	$42400	$26710	$28830	$34340	$36460	JD	4T	276D	12F-4R	72.0		No
6220L 4WD	$44002	$27720	$29920	$35640	$37840	JD	4T	276D	16F-16R	72.0		No
6320	$38228	$24080	$26000	$30970	$32880	JD	4T	276D	12F-4R	80.0		No
6320	$41313	$26030	$28090	$33460	$35530	JD	4T	276D	16F-16R	80.0		No
6320 w/Cab	$47948	$30210	$32610	$38840	$41240	JD	4T	276D	12F-4R	80.0		CHA
6320 w/Cab	$50392	$31750	$34270	$40820	$43340	JD	4T	276D	16F-16R	80.0		CHA
6320 4WD	$46126	$29060	$31370	$37360	$39670	JD	4T	276D	12F-4R	80.0		No
6320 4WD	$49211	$31000	$33460	$39860	$42320	JD	4T	276D	16F-16R	80.0		No
6320 4WD w/Cab	$54946	$34620	$37360	$44510	$47250	JD	4T	276D	12F-4R	80.0		CHA
6320 4WD w/Cab	$58290	$36720	$39640	$47220	$50130	JD	4T	276D	16F-16R	80.0		CHA
6320L	$37758	$23790	$25680	$30580	$32470	JD	4T	276D	12F-4R	80.0		No
6320L	$40843	$25730	$27770	$33080	$35130	JD	4T	276D	16F-16R	80.0		No
6320L 4WD	$45794	$28850	$31140	$37090	$39380	JD	4T	276D	12F-4R	80.0		No
6320L 4WD	$48879	$30790	$33240	$39590	$42040	JD	4T	276D	16F-16R	80.0		No
6320 Hi-Clear	$40635	$25190	$27630	$31700	$34130	JD	4T	276D	12F-4R	80.0		No
6320 Hi-Clear	$44035	$27300	$29940	$34350	$36990	JD	4T	276D	16F-16R	80.0		No
6320 Hi-Clear 4WD	$51933	$32200	$35310	$40510	$43620	JD	4T	276D	16F-16R	80.0		No
6320L w/Cab	$55080	$34700	$37450	$44620	$47370	JD	4T	276D	12F-4R	80.0		CHA
6320L w/Cab	$58424	$36810	$39730	$47320	$50250	JD	4T	276D	16F-16R	80.0		CHA
6320L 4WD w/Cab	$62978	$39680	$42830	$51010	$54160	JD	4T	276D	12F-4R	80.0		CHA
6320L 4WD w/Cab	$66322	$41780	$45100	$53720	$57040	JD	4T	276D	16F-16R	80.0		CHA
6320 Hi-Clear 4WD	$48533	$30090	$33000	$37860	$40770	JD	4T	276D	12F-4R	80.0		No
6320 Hi-Clear 4WD Cab	$57553	$36260	$39140	$46620	$49500	JD	4T	276D	12F-4R	80.0		CHA
6320 Hi-Clear Cab	$49655	$31280	$33770	$40220	$42700	JD	4T	276D	12F-4R	80.0		CHA
6320 Hi-Clear 4WD Cab	$61136	$38520	$41570	$49520	$52580	JD	4T	276D	16F-16R	80.0		CHA
6320 Hi-Clear Cab	$53238	$33540	$36200	$43120	$45790	JD	4T	276D	16F-16R	80.0		CHA
6403	$30942	$19490	$21040	$25060	$26610	JD	4T	276D	9F-3R	85.0		No
6403 4WD	$38433	$24210	$26130	$31130	$33050	JD	4T	276D	9F-3R	85.0		No
6403 4WD Cab	$46333	$29190	$31510	$37530	$39850	JD	4T	276D	9F-3R	85.0		CHA
6403 Cab	$38842	$24470	$26410	$31460	$33400	JD	4T	276D	9F-3R	85.0		CHA
6415	$35574	$22410	$24190	$28820	$30590	JD	4T	276D	12F-4R	85.0		No
6415	$38659	$24360	$26290	$31310	$33250	JD	4T	276D	16F-16R	85.0		No
6415 4WD	$43291	$27270	$29440	$35070	$37230	JD	4T	276D	12F-4R	85.0		No
6415 4WD	$46376	$29220	$31540	$37570	$39880	JD	4T	276D	16F-16R	85.0		No
6415 4WD w/Cab	$49759	$31350	$33840	$40310	$42790	JD	4T	276D	12F-4R	85.0		CHA
6415 4WD w/Cab	$54844	$34550	$37290	$44420	$47170	JD	4T	276D	16F-16R	85.0		CHA
6415 w/Cab	$44042	$27750	$29950	$35670	$37880	JD	4T	276D	12F-4R	85.0		CHA
6415 w/Cab	$47127	$29690	$32050	$38170	$40530	JD	4T	276D	16F-16R	85.0		CHA
6415 Hi-Clear	$37835	$23840	$25730	$30650	$32540	JD	4T	276D	12F-4R	85.0		No
6415 Hi-Clear 4WD	$61783	$38920	$42010	$50040	$53130	JD	4T	276D	12F-4R	85.0		No
6415 Hi-Clear 4WD Cab	$54866	$34570	$37310	$44440	$47190	JD	4T	276D	12F-4R	85.0		CHA
6415 Hi-Clear Cab	$46349	$29200	$31520	$37540	$39860	JD	4T	276D	12F-4R	85.0		CHA
6420	$41117	$25900	$27960	$33310	$35360	JD	4T	276D	12F-4R	90.0		No
6420	$44202	$27850	$30060	$35800	$38010	JD	4T	276D	16F-16R	90.0		No
6420 4WD	$49153	$30970	$33420	$39810	$42270	JD	4T	276D	12F-4R	90.0		No
6420 4WD	$52238	$32910	$35520	$42310	$44930	JD	4T	276D	16F-16R	90.0		No
6420 4WD w/Cab	$62672	$39480	$42620	$50760	$53900	JD	4T	276D	12F-4R	90.0		CHA
6420 4WD w/Cab	$66016	$41590	$44890	$53470	$56770	JD	4T	276D	16F-16R	90.0		CHA
6420 Hi-Clear	$42559	$26390	$28940	$33200	$35750	JD	4T	276D	12F-4R	90.0		No
6420 Hi-Clear	$45959	$28500	$31250	$35850	$38610	JD	4T	276D	16F-16R	90.0		No
6420 Hi-Clear 4WD	$50595	$31370	$34410	$39460	$42500	JD	4T	276D	12F-4R	90.0		No
6420 Hi-Clear 4WD	$53995	$33480	$36720	$42120	$45360	JD	4T	276D	16F-16R	90.0		No

John Deere (Cont.)

2004 (Cont.)

Model	Approx. Retail Price New	Used Trade-In Avg.	Used Trade-In High	Used Retail Avg.	Used Retail High	Make	No. Cyls.	Displ. Cu.-in.	No. Speeds	P.T.O. H.P.	Approx. Shipping Wt.-Lbs.	Cab
6420 Hi-Clear 4WD Cab	$60225	$37340	$40950	$46980	$50590	JD	4T	276D	12F-4R	90.0		C.H.A.
6420 Hi-Clear 4WD Cab	$63808	$39560	$43390	$49770	$53600	JD	4T	276D	16F-16R	90.0		CHA
6420 Hi-Clear w/Cab	$52189	$32360	$35490	$40710	$43840	JD	4T	276D	12F-4R	90.0		CHA
6420 Hi-Clear w/Cab	$55772	$34580	$37930	$43580	$46850	JD	4T	276D	16F-16R	90.0		CHA
6420 w/Cab	$49567	$31230	$33710	$40150	$42630	JD	4T	276D	12F-4R	90.0		CHA
6420 w/Cab	$52911	$33330	$35980	$42860	$45500	JD	4T	276D	16F-16R	90.0		CHA
6420L	$40731	$25660	$27700	$32990	$35030	JD	4T	276D	12F-4R	90.0		No
6420L	$43816	$27600	$29800	$35490	$37680	JD	4T	276D	16F-16R	90.0		No
6420L 4WD	$48767	$30720	$33160	$39550	$41940	JD	4T	276D	12F-4R	90.0		No
6420L 4WD	$51852	$32670	$35260	$42000	$44590	JD	4T	276D	16F-16R	90.0		No
6420L 4WD w/Cab	$66074	$41630	$44930	$53520	$56820	JD	4T	276D	12F-4R	90.0		CHA
6420L 4WD w/Cab	$69418	$43730	$47200	$56230	$59700	JD	4T	276D	16F-16R	90.0		CHA
6420L w/Cab	$58038	$36560	$39470	$47010	$49910	JD	4T	276D	12F-4R	90.0		CHA
6420L w/Cab	$61382	$38670	$41740	$49720	$52790	JD	4T	276D	16F-16R	90.0		CHA
6520L	$46163	$29080	$31390	$37390	$39700	JD	4T	276D	16F-16R	95.0		No
6520L 4WD	$54199	$34150	$36860	$43900	$46610	JD	4T	276D	16F-16R	95.0		No
6520L 4WD w/Cab	$68069	$42880	$46290	$55140	$58540	JD	4T	276D	12F-4R	95.0		CHA
6520L 4WD w/Cab	$71413	$44990	$48560	$57850	$61420	JD	4T	276D	16F-16R	95.0		CHA
6520L w/Cab	$60033	$37820	$40820	$48630	$51630	JD	4T	276D	12F-4R	95.0		CHA
6520L w/Cab	$63377	$39930	$43100	$51340	$54500	JD	4T	276D	16F-16R	95.0		CHA
6603	$35574	$22060	$24190	$27750	$29880	JD	6T	414D	9F-3R	95.0		No
6603 4WD	$43593	$27030	$29640	$34000	$36620	JD	6T	414D	9F-3R	95.0		No
6603 4WD Cab	$51493	$31930	$35020	$40170	$43250	JD	6T	414D	9F-3R	95.0		CHA
6603 Cab	$43474	$26950	$29560	$33910	$36520	JD	6T	414D	9F-3R	95.0		CHA
6615	$40096	$24860	$27270	$31280	$33680	JD	6T	414D	12F-4R	95.0		No
6615	$43181	$26770	$29360	$33680	$36270	JD	6T	414D	16F-16R	95.0		No
6615 4WD	$48132	$29840	$32730	$37540	$40430	JD	6T	414D	12F-4R	95.0		No
6615 4WD	$51217	$31760	$34830	$39950	$43020	JD	6T	414D	16F-16R	95.0		No
6615 4WD w/Cab	$56688	$35150	$38550	$44220	$47620	JD	6T	414D	12F-4R	95.0		CHA
6615 4WD w/Cab	$59773	$37060	$40650	$46620	$50210	JD	6T	414D	16F-16R	95.0		CHA
6615 Hi-Clear 4WD	$53429	$33130	$36330	$41680	$44880	JD	6T	414D	12F-4R	95.0		No
6615 Hi-Clear 4WD	$56780	$35200	$38610	$44290	$47700	JD	6T	414D	16F-16R	95.0		No
6615 Hi-Clear 4WD Cab	$61985	$38430	$42150	$48350	$52070	JD	6T	414D	12F-4R	95.0		CHA
6615 Hi-Clear 4WD Cab	$65336	$40510	$44430	$50960	$54880	JD	6T	414D	16F-16R	95.0		CHA
6615 w/Cab	$48652	$30160	$33080	$37950	$40870	JD	6T	414D	12F-4R	95.0		CHA
6615 w/Cab	$51737	$32080	$35180	$40360	$43460	JD	6T	414D	16F-16R	95.0		CHA
6715	$44137	$27370	$30010	$34430	$37080	JD	6T	414D	12F-4R	105.0		No
6715	$47222	$29280	$32110	$36830	$39670	JD	6T	414D	16F-16R	105.0		No
6715 4WD	$52173	$32350	$35480	$40700	$43830	JD	6T	414D	12F-4R	105.0		No
6715 4WD	$55258	$34260	$37580	$43100	$46420	JD	6T	414D	16F-16R	105.0		No
6715 4WD w/Cab	$60729	$37650	$41300	$47370	$51010	JD	6T	414D	12F-4R	105.0		CHA
6715 4WD w/Cab	$63814	$39570	$43390	$49780	$53600	JD	6T	414D	16F-16R	105.0		CHA
6715 Hi-Clear	$57469	$35630	$39080	$44830	$48270	JD	6T	414D	12F-4R	105.0		No
6715 Hi-Clear	$60820	$37710	$41360	$47440	$51090	JD	6T	414D	16F-16R	105.0		No
6715 Hi-Clear w/Cab	$66026	$40940	$44900	$51500	$55460	JD	6T	414D	12F-4R	105.0		CHA
6715 Hi-Clear w/Cab	$69377	$43010	$47180	$54110	$58280	JD	6T	414D	16F-16R	105.0		CHA
6715 w/Cab	$52693	$32670	$35830	$41100	$44260	JD	6T	414D	12F-4R	105.0		CHA
6715 w/Cab	$55778	$34580	$37930	$43510	$46850	JD	6T	414D	16F-16R	105.0		CHA
7220	$50816	$32010	$34560	$41160	$43700	JD	6T	414D	16F-16R	95.0		No
7220	$52204	$32890	$35500	$42290	$44900	JD	6T	414D	24F-24R	95.0		No
7220 4WD	$60296	$37990	$41000	$48840	$51860	JD	6T	414D	16F-16R	95.0		No
7220 4WD	$61684	$38860	$41950	$49960	$53050	JD	6T	414D	24F-24R	95.0		No
7220 4WD w/Cab	$73312	$46190	$49850	$59380	$63050	JD	6T	414D	16F-16R	95.0		CHA
7220 4WD w/Cab	$74702	$47060	$50800	$60510	$64240	JD	6T	414D	16F-16R	95.0		CHA
7220 4WD w/Cab IVT	$78948	$49740	$53690	$63950	$67900	JD	6T	414D	Variable	95.0		CHA
7220 w/Cab	$63832	$40210	$43410	$51700	$54900	JD	6T	414D	16F-16R	95.0		CHA
7220 w/Cab	$65222	$41090	$44350	$52830	$56090	JD	6T	414D	24F-24R	95.0		CHA
7220 w/Cab IVT	$69460	$43760	$47230	$56260	$59740	JD	6T	414D	Variable	95.0		CHA
7320	$55156	$34200	$37510	$43020	$46330	JD	6T	414D	16F-16R	105.0		No
7320	$56544	$35060	$38450	$44100	$47500	JD	6T	414D	24F-24R	105.0		No
7320 4WD	$64803	$40830	$44070	$52490	$55730	JD	6T	414D	16F-16R	105.0		No
7320 4WD	$66191	$41700	$45010	$53620	$56920	JD	6T	414D	24F-24R	105.0		No
7320 4WD Cab	$74298	$46070	$50520	$57950	$62410	JD	6T	414D	24F-24R	105.0		CHA
7320 4WD Cab	$75975	$47110	$51660	$59260	$63820	JD	6T	414D	16F-16R	105.0		No
7320 4WD Cab IVT	$81958	$50810	$55730	$63930	$68850	JD	6T	414D	Variable	105.0		No
7320 Cab	$68315	$42360	$46450	$53290	$57390	JD	6T	414D	16F-16R	105.0		CHA
7320 Cab	$69570	$43130	$47310	$54270	$58440	JD	6T	414D	24F-24R	105.0		CHA
7320 Cab IVT	$74121	$45960	$50400	$57810	$62260	JD	6T	414D	Variable	105.0		No
7420 4WD Cab	$86356	$54400	$58720	$69950	$74270	JD	6T	414D	16F-16R	115.0		CHA
7420 4WD Cab IVT	$92822	$58480	$63120	$75190	$79830	JD	6T	414D	Variable	115.0		CHA
7420 Cab	$75469	$47550	$51320	$61130	$64900	JD	6T	414D	16F-16R	115.0		CHA
7420 Cab IVT	$80087	$50460	$54460	$64870	$68880	JD	6T	414D	Variable	115.0		CHA
7420HC 4WD w/Cab	$92575	$57400	$62950	$72210	$77760	JD	6T	414D	16F-16R	115.0		CHA
7520 4WD	$76419	$47380	$51970	$59610	$64190	JD	6T	414D	16F-16R	125.0		No
7520 4WD Cab	$88103	$55510	$59910	$71360	$75770	JD	6T	414D	16F-16R	125.0		CHA
7520 4WD Cab IVT	$95050	$59880	$64630	$76990	$81740	JD	6T	414D	Variable	125.0		CHA
7720 Cab	$92160	$58060	$62670	$74650	$79260	JD	6TI	414D	16F-16R	140.0		CHA
7720 4WD Cab	$109952	$69270	$74770	$89060	$94560	JD	6TI	414D	16F-16R	140.0		CHA
7820 Cab	$97309	$61310	$66170	$78820	$83690	JD	6TI	496D	16F-16R	155.0		CHA
7820 4WD Cab	$113974	$71800	$77500	$92320	$98020	JD	6TI	496D	16F-16R	155.0		CHA
7920 4WD Cab IVT	$129625	$80370	$88150	$101110	$108890	JD	6TI	496D	Variable	170.0		CHA
7920 Cab IVT	$121805	$75520	$82830	$95010	$102320	JD	6TI	496D	Variable	170.0		CHA
8120	$104054	$64510	$68680	$80120	$85320	JD	6TA	496D	16F-4R	170.0		CHA
8120 4WD	$120706	$74840	$79670	$92940	$98980	JD	6TA	496D	16F-4R	170.0		CHA

John Deere (Cont.)

Model	Approx. Retail Price New	Used Trade-In Avg.	Used Trade-In High	Used Retail Avg.	Used Retail High	Make	No. Cyls.	Displ. Cu-in.	No. Speeds	P.T.O. H.P.	Approx. Shipping Wt.-Lbs.	Cab
2004 (Cont.)												
8120T	$141938	$88000	$93680	$109290	$116390	JD	6TA	496D	16F-4R	170.0		CHA
8220	$118504	$73470	$78210	$91250	$97170	JD	6TA	496D	16F-4R	190.0		CHA
8220 4WD	$134699	$83510	$88900	$103720	$110450	JD	6TA	496D	16F-4R	190.0		CHA
8220T	$153219	$95000	$101130	$117980	$125640	JD	6TA	496D	16F-4R	190.0		CHA
8320 4WD	$146190	$90640	$96490	$112570	$119880	JD	6TA	496D	16F-4R	215.0		CHA
8320T	$164264	$101840	$108410	$126480	$134700	JD	6TA	496D	16F-4R	215.0		CHA
8420 4WD	$160071	$99240	$105650	$123260	$131260	JD	6TA	496D	16F-4R	235.0		CHA
8420T	$173981	$107870	$114830	$133970	$142660	JD	6TA	496D	16F-4R	235.0		CHA
8520 4WD	$183074	$113510	$120830	$140970	$150120	JD	6TA	496D	16F-4R	255.0		CHA
8520T	$184830	$114600	$121990	$142320	$151560	JD	6TA	496D	16F-4R	255.0		CHA
9120	$139254	$86340	$91910	$107230	$114190	JD	6TA	496D	24F-6R	280*		CHA
9120 PS	$147960	$91740	$97650	$113930	$121330	JD	6TA	496D	18F-6R	280*		CHA
9220	$164453	$101960	$108540	$126630	$134850	JD	6TA	765D	24F-6R	325*		CHA
9220 PS	$173159	$107360	$114290	$133330	$141990	JD	6TA	765D	18F-6R	325*		CHA
9320	$190982	$114590	$122230	$145150	$154700	JD	6TA	765D	24F-6R	375*		CHA
9320 PS	$199688	$119810	$127800	$151760	$161750	JD	6TA	765D	18F-6R	375*		CHA
9320T	$225559	$135340	$144360	$171430	$182700	JD	6TA	765D	24F-6R	375*		CHA
9420	$204474	$122680	$130860	$155400	$165620	JD	6TA	765D	24F-6R	425*		CHA
9420 PS	$213180	$127910	$136440	$162020	$172680	JD	6TA	765D	18F-6R	425*		CHA
9420T PS	$236545	$141930	$151390	$179770	$191600	JD	6TA	765D	18F-6R	425*		CHA
9520 PS	$223768	$134260	$143210	$170060	$181250	JD	6TA	765D	18F-6R	450*		CHA
9520T PS	$246643	$147990	$157850	$187450	$199780	JD	6TA	765D	18F-6R	450*		CHA
9620T PS	$267175	$160310	$170990	$203050	$216410	JD	6TA	765D	18F-6R	500*		CHA
6220 4WD w/Cab	$51872	$32680	$35270	$42020	$44610	JD	4T	276D	12F-4R	72.0		CHA

L—Low Profile N—Narrow PS—Power Shift IVT—Infinitely Variable Transmission T—Tracks

*Engine Horsepower

Model	Approx. Retail Price New	Used Trade-In Avg.	Used Trade-In High	Used Retail Avg.	Used Retail High	Make	No. Cyls.	Displ. Cu-in.	No. Speeds	P.T.O. H.P.	Approx. Shipping Wt.-Lbs.	Cab
2003												
790 Manual Steer	$9499	$5130	$5890	$7220	$7690	Yanmar	3	91D	8F-2R	25.0	1967	No
790 Power Steer	$10829	$5850	$6710	$8230	$8770	Yanmar	3	91D	8F-2R	25.0	1967	No
790 4WD Power Steer	$11999	$6480	$7440	$9120	$9720	Yanmar	3	91D	8F-2R	25.0	2142	No
990	$13399	$7240	$8310	$10180	$10850	Yanmar	4	121D	9F-3R	35.0	2954	No
990 4WD	$16069	$8680	$9960	$12210	$13020	Yanmar	4	121D	9F-3R	35.0	2954	No
2210 4WD	$10199	$5510	$6320	$7750	$8260	Yanmar	3	61D	Variable	17.0		No
4010 4WD	$11719	$6330	$7270	$8910	$9490	Yanmar	3	47D	Variable	14.0		No
4100 4WD	$13350	$7210	$8280	$10150	$10810	Yanmar	3	61D	8F-4R	17.0	1708	No
4100 4WD Hydro	$15050	$8130	$9330	$11440	$12190	Yanmar	3	61D	Variable	16.0	1808	No
4110 4WD	$12239	$6610	$7590	$9300	$9910	Yanmar	3	61D	8F-4R	17.0		No
4110 4WD Hydro	$13669	$7380	$8480	$10390	$11070	Yanmar	3	61D	Variable	17.0		No
4115 4WD Hydro	$16649	$8990	$10320	$12650	$13490	Yanmar	3	73D	Variable	20.0		No
4200	$14575	$7870	$9040	$11080	$11810	Yanmar	3	73D	9F-3R	21.5	2375	No
4200 Hydro	$16415	$8860	$10180	$12480	$13300	Yanmar	3	73D	Variable	20.0	2600	No
4200 4WD	$15685	$8470	$9730	$11920	$12710	Yanmar	3	73D	9F-3R	21.5	2675	No
4200 4WD Hydro	$17725	$9570	$10990	$13470	$14360	Yanmar	3	73D	Variable	20.0	2903	No
4210 4WD	$15869	$8570	$9840	$12060	$12850	Yanmar	3	81D	9F-3R	22.0		No
4210 4WD Hydro	$18269	$9870	$11330	$13880	$14800	Yanmar	3	81D	Variable	22.0		No
4300	$16050	$8670	$9950	$12200	$13000	Yanmar	3	91D	9F-3R	27.0	2600	No
4300 Hydro	$18055	$9750	$11190	$13720	$14630	Yanmar	3	91D	Variable	25.5	2800	No
4300 4WD	$17160	$9270	$10640	$13040	$13900	Yanmar	3	91D	9F-3R	27.0	2900	No
4300 4WD	$18085	$9770	$11210	$13750	$14650	Yanmar	3	91D	12F-12R	27.0	2846	No
4300 4WD Hydro	$19165	$10350	$11880	$14570	$15520	Yanmar	3	91D	Variable	25.5	2921	No
4310 4WD	$17039	$9200	$10560	$12950	$13800	Yanmar	3	91D	9F-3R	27.0		No
4310 4WD	$18239	$9850	$11310	$13860	$14770	Yanmar	3	91D	12F-12R	27.0		No
4310 4WD Hydro	$19439	$10500	$12050	$14770	$15750	Yanmar	3	91D	Variable	25.0		No
4400 4WD	$19840	$10710	$12300	$15080	$16070	Yanmar	3	100D	12F-12R	29.5	2900	No
4400 4WD Hydro	$20555	$11100	$12740	$15620	$16650	Yanmar	3	100D	Variable	28.5	2922	No
4410 4WD	$20059	$10830	$12440	$15250	$16250	Yanmar	3	100D	12F-12R	29.0		No
4410 4WD Hydro	$21259	$11480	$13180	$16160	$17220	Yanmar	3	100D	Variable	28.0		No
4500	$18075	$9760	$11210	$13740	$14640	Yanmar	4	121D	9F-3R	33.0	3150	No
4500 4WD	$21480	$11600	$13320	$16330	$17400	Yanmar	4	121D	12F-12R	33.0	3345	No
4510 4WD	$21979	$11870	$13630	$16700	$17800	Yanmar	4	121D	12F-12R	33.0		No
4600	$19475	$10520	$12080	$14800	$15780	Yanmar	4	121D	9F-3R	36.0	3150	No
4600 4WD	$23455	$12670	$14540	$17830	$19000	Yanmar	4	121D	12F-12R	36.0	3340	No
4600 4WD Hydro	$25070	$13540	$15540	$19050	$20310	Yanmar	4	121D	Variable	34.5	3348	No
4610 4WD	$23639	$12770	$14660	$17970	$19150	Yanmar	4	121D	12F-12R	37.0		No
4610 4WD Hydro	$24839	$13410	$15400	$18880	$20120	Yanmar	4	121D	Variable	35.0		No
4700 4WD	$24720	$13350	$15330	$18790	$20020	Yanmar	4	134D	12F-12R	41.5	3360	No
4700 4WD Hydro	$26475	$14300	$16420	$20120	$21450	Yanmar	4	134D	Variable	40.0	3348	No
4710 4WD	$25409	$13720	$15750	$19310	$20580	Yanmar	4	121D	12F-12R	41.0		No
4710 4WD Hydro	$26609	$14370	$16500	$20220	$21550	Yanmar	4	121D	Variable	40.0		No
5103	$13983	$7550	$8670	$10630	$11330	JD	3	179D	9F-3R	38.0		No
5105	$19256	$10400	$11940	$14640	$15600	JD	3	179D	8F-4R	40.0		No
5105 4WD	$23987	$12950	$14870	$18230	$19430	JD	3	179D	8F-4R	40.0		No
5203	$16096	$8690	$9980	$12230	$13040	JD	3	179D	9F-3R	44.0		No
5205	$20800	$11230	$12900	$15810	$16850	JD	3	179D	8F-4R	48.0		No
5205 4WD	$25528	$13790	$15830	$19400	$20680	JD	3	179D	8F-4R	48.0		No
5220	$22681	$12250	$14060	$17240	$18370	JD	3	179D	9F-3R	45.0		No
5220	$25913	$13990	$16070	$19690	$20990	JD	3	179D	12F-12R	45.0		No
5220 w/Cab	$30535	$16490	$18930	$23210	$24730	JD	3	179D	9F-3R	45.0		CHA
5220 4WD	$29251	$15800	$18140	$22230	$23690	JD	3	179D	9F-3R	45.0		No
5220 4WD	$31191	$16840	$19340	$23710	$25270	JD	3	179D	12F-12R	45.0		No
5220 w/Cab	$33767	$18230	$20940	$25660	$27350	JD	3	179D	12F-12R	45.0		CHA
5220 4WD w/Cab	$38062	$20550	$23600	$28930	$30830	JD	3	179D	9F-3R	45.0		CHA
5220 4WD w/Cab	$40000	$21600	$24800	$30400	$32400	JD	3	179D	12F-12R	45.0		CHA

Model	Approx. Retail Price New	Estimated Value Less Repairs				Make	Engine				P.T.O. H.P.	Approx. Shipping Wt.-Lbs.	Cab
		Used Trade-In		Used Retail			No. Cyls.	Displ. Cu.-in.	No. Speeds				
		Avg.	High	Avg.	High								

John Deere (Cont.)

2003 (Cont.)

Model	Approx. Retail Price New	Avg.	High	Avg.	High	Make	No. Cyls.	Displ. Cu.-in.	No. Speeds	P.T.O. H.P.	Cab
5303	$18722	$10110	$11610	$14230	$15170	JD	3	179D	9F-3R	55.0	No
5320	$25400	$13720	$15750	$19300	$20570	JD	3T	179D	9F-3R	55.0	No
5320	$28632	$15460	$17750	$21760	$23190	JD	3T	179D	12F-12R	55.0	No
5320N	$25041	$13520	$15530	$19030	$20280	JD	3T	179D	12F-12R	55.0	No
5320 w/Cab	$34211	$18470	$21210	$26000	$27710	JD	3T	179D	9F-3R	55.0	CHA
5320 w/Cab	$37443	$20220	$23220	$28460	$30330	JD	3T	179D	12F-12R	55.0	CHA
5320N w/Cab	$33870	$18290	$21000	$25740	$27440	JD	3T	179D	12F-12R	55.0	CHA
5320 4WD	$30779	$16620	$19080	$23390	$24930	JD	3T	179D	9F-3R	55.0	No
5320 4WD	$34010	$18370	$21090	$25860	$27550	JD	3T	179D	12F-12R	55.0	No
5320N 4WD	$31264	$16880	$19380	$23760	$25320	JD	3T	179D	12F-12R	55.0	No
5320 4WD w/Cab	$39590	$21380	$24550	$30090	$32070	JD	3T	179D	9F-3R	55.0	CHA
5320 4WD w/Cab	$42821	$23120	$26550	$32540	$34690	JD	3T	179D	12F-12R	55.0	CHA
5320N 4WD w/Cab	$40093	$21650	$24860	$30470	$32480	JD	3T	179D	12F-12R	55.0	CHA
5420	$28494	$15390	$17670	$21660	$23080	JD	4	276D	9F-3R	65.0	No
5420	$31726	$17130	$19670	$24110	$25700	JD	4	276D	12F-12R	65.0	No
5420N	$27838	$15030	$17260	$21160	$22550	JD	4	276D	12F-12R	65.0	No
5420 w/Cab	$37305	$20150	$23130	$28350	$30220	JD	4	276D	9F-3R	65.0	CHA
5420 w/Cab	$40537	$21890	$25130	$30810	$32840	JD	4	276D	12F-12R	65.0	CHA
5420N w/Cab	$36667	$19800	$22730	$27870	$29700	JD	4	276D	12F-12R	65.0	CHA
5420 4WD	$33963	$18340	$21060	$25810	$27510	JD	4	276D	9F-3R	65.0	No
5420 4WD	$37195	$20090	$23060	$28270	$30130	JD	4	276D	12F-12R	65.0	No
5420N 4WD	$34061	$18390	$21120	$25890	$27590	JD	4	276D	12F-12R	65.0	No
5420 4WD w/Cab	$42774	$23100	$26520	$32510	$34650	JD	4	276D	9F-3R	65.0	CHA
5420 4WD w/Cab	$46006	$24840	$28520	$34970	$37270	JD	4	276D	12F-12R	65.0	CHA
5420N 4WD w/Cab	$42890	$23160	$26590	$32600	$34740	JD	4	276D	12F-12R	65.0	CHA
5520	$31222	$16860	$19360	$23730	$25290	JD	4T	276D	9F-3R	75.0	No
5520	$34454	$18610	$21360	$26190	$27910	JD	4T	276D	12F-12R	75.0	No
5520 w/Cab	$40033	$21620	$24820	$30430	$32430	JD	4T	276D	9F-3R	75.0	CHA
5520 w/Cab	$43265	$23360	$26820	$32880	$35050	JD	4T	276D	12F-12R	75.0	CHA
5520 4WD	$36691	$19810	$22750	$27890	$29720	JD	4T	276D	9F-3R	75.0	No
5520 4WD	$39923	$21560	$24750	$30340	$32340	JD	4T	276D	12F-12R	75.0	No
5520 4WD w/Cab	$45502	$24570	$28210	$34580	$36860	JD	4T	276D	9F-3R	75.0	CHA
5520 4WD w/Cab	$48734	$26320	$30220	$37040	$39480	JD	4T	276D	12F-12R	75.0	CHA
5520N	$30153	$16280	$18700	$22920	$24420	JD	4T	276D	12F-12R	75.0	No
5520N w/Cab	$38982	$21050	$24170	$29630	$31580	JD	4T	276D	12F-12R	75.0	CHA
5520N 4WD	$36376	$19640	$22550	$27650	$29470	JD	4T	276D	12F-12R	75.0	No
5520N 4WD w/Cab	$45205	$24410	$28030	$34360	$36620	JD	4T	276D	12F-12R	75.0	CHA
5520 Hi-Clear 4WD	$42330	$22860	$26250	$32170	$34290	JD	4T	276D	12F-4R	75.0	No
5520 Hi-Clear 4WD	$44538	$24050	$27610	$33850	$36080	JD	4T	276D	16F-16R	75.0	No
6120	$33401	$18040	$20710	$25390	$27060	JD	4T	276D	12F-4R	65.0	No
6120	$38440	$20760	$23830	$29210	$31140	JD	4T	276D	16F-16R	65.0	No
6120 w/Cab	$44058	$23790	$27320	$33480	$35690	JD	4T	276D	12F-4R	65.0	CHA
6120 w/Cab	$47353	$25570	$29360	$35990	$38360	JD	4T	276D	16F-16R	65.0	CHA
6120 4WD	$42871	$23150	$26580	$32580	$34730	JD	4T	276D	12F-4R	65.0	No
6120 4WD	$45910	$24790	$28460	$34890	$37190	JD	4T	276D	16F-16R	65.0	No
6120 4WD w/Cab	$51528	$27830	$31950	$39160	$41740	JD	4T	276D	12F-4R	65.0	CHA
6120 4WD w/Cab	$54823	$29600	$33990	$41670	$44410	JD	4T	276D	16F-16R	65.0	CHA
6120L	$33046	$17850	$20490	$25120	$26770	JD	4T	276D	12F-4R	65.0	No
6120L	$34624	$18700	$21470	$26310	$28050	JD	4T	276D	16F-16R	65.0	No
6120L 4WD	$40516	$21880	$25120	$30790	$32820	JD	4T	276D	12F-4R	65.0	No
6120L 4WD	$42094	$22730	$26100	$31990	$34100	JD	4T	276D	16F-16R	65.0	No
6220	$36836	$19890	$22840	$28000	$29840	JD	4T	276D	12F-4R	72.0	No
6220	$38414	$20740	$23820	$29200	$31120	JD	4T	276D	16F-16R	72.0	No
6220 Hi-Clear 4WD	$45288	$24460	$28080	$34420	$36680	JD	4T	276D	12F-4R	72.0	No
6220 Hi-Clear 4WD	$48638	$26270	$30160	$36970	$39400	JD	4T	276D	16F-16R	72.0	No
6220 w/Cab	$46842	$25300	$29040	$35600	$37940	JD	4T	276D	12F-4R	72.0	CHA
6220 w/Cab	$50137	$27070	$31090	$38100	$40610	JD	4T	276D	16F-16R	72.0	CHA
6220 4WD	$44306	$23930	$27470	$33670	$35890	JD	4T	276D	12F-4R	72.0	No
6220 4WD	$45884	$24780	$28450	$34870	$37170	JD	4T	276D	16F-16R	72.0	No
6220 4WD w/Cab	$54312	$29330	$33670	$41280	$43990	JD	4T	276D	12F-4R	72.0	CHA
6220 4WD w/Cab	$57607	$31110	$35720	$43780	$46660	JD	4T	276D	16F-16R	72.0	CHA
6215	$34964	$19320	$21330	$25170	$27620	JD	4T	276D	12F-4R	72.0	No
6215	$36542	$20100	$22290	$26310	$28870	JD	4T	276D	16F-16R	72.0	No
6215 4WD	$42567	$23410	$25970	$30650	$33630	JD	4T	276D	12F-4R	72.0	No
6215 4WD	$44145	$24280	$26930	$31780	$34880	JD	4T	276D	16F-16R	72.0	No
6215 4WD w/Cab	$50997	$28050	$31110	$36720	$40290	JD	4T	276D	12F-4R	72.0	CHA
6215 4WD w/Cab	$52575	$28920	$32070	$37850	$41530	JD	4T	276D	16F-16R	72.0	CHA
6215 w/Cab	$43394	$23870	$26470	$31240	$34280	JD	4T	276D	12F-4R	72.0	CHA
6215 w/Cab	$44972	$24740	$27430	$32380	$35530	JD	4T	276D	16F-16R	72.0	CHA
6220L	$36982	$19970	$22930	$28110	$29960	JD	4T	276D	12F-4R	72.0	No
6220L	$38560	$20820	$23910	$29310	$31230	JD	4T	276D	16F-16R	72.0	No
6220L 4WD	$44452	$24000	$27560	$33780	$36010	JD	4T	276D	12F-4R	72.0	No
6220L 4WD	$46030	$24860	$28540	$34980	$37280	JD	4T	276D	16F-16R	72.0	No
6220 Hi-Clear	$37818	$20420	$23450	$28740	$30630	JD	4T	276D	12F-4R	72.0	No
6220 Hi-Clear	$41168	$22230	$25520	$31290	$33350	JD	4T	276D	16F-16R	72.0	No
6220 Hi-Clear	$46428	$25540	$28320	$33430	$36680	JD	4T	276D	12F-4R	72.0	CHA
6220 Hi-Clear	$49958	$27480	$30470	$35970	$39470	JD	4T	276D	16F-16R	72.0	CHA
6220 Hi-Clear 4WD	$53898	$29640	$32880	$38810	$42580	JD	4T	276D	12F-4R	72.0	CHA
6220 Hi-Clear 4WD	$57428	$31590	$35030	$41350	$45370	JD	4T	276D	16F-16R	72.0	CHA
6320	$40224	$21720	$24940	$30570	$32580	JD	4T	276D	12F-4R	80.0	No
6320	$41802	$22570	$25920	$31770	$33860	JD	4T	276D	16F-16R	80.0	No
6320 w/Cab	$49573	$26770	$30740	$37680	$40150	JD	4T	276D	12F-4R	80.0	CHA
6320 w/Cab	$52868	$28550	$32780	$40180	$42820	JD	4T	276D	16F-16R	80.0	CHA
6320 4WD	$48005	$25920	$29760	$36480	$38880	JD	4T	276D	12F-4R	80.0	No

John Deere (Cont.)

2003 (Cont.)

Model	Approx. Retail Price New	Used Trade-In Avg.	Used Trade-In High	Used Retail Avg.	Used Retail High	Make	Engine No. Cyls.	Displ. Cu.-in.	No. Speeds	P.T.O. H.P.	Approx. Shipping Wt.-Lbs.	Cab
6320 4WD	$49583	$26780	$30740	$37680	$40160	JD	4T	276D	16F-16R	80.0		No
6320 4WD w/Cab	$57354	$30970	$35560	$43590	$46460	JD	4T	276D	12F-4R	80.0		CHA
6320 4WD w/Cab	$60649	$32750	$37600	$46090	$49130	JD	4T	276D	16F-16R	80.0		CHA
6320L	$39755	$21470	$24650	$30210	$32200	JD	4T	276D	12F-4R	80.0		No
6320L	$42794	$23110	$26530	$32520	$34660	JD	4T	276D	16F-16R	80.0		No
6320L 4WD	$47672	$25740	$29560	$36230	$38610	JD	4T	276D	12F-4R	80.0		No
6320L 4WD	$50711	$27380	$31440	$38540	$41080	JD	4T	276D	16F-16R	80.0		No
6320 Hi-Clear	$40035	$22020	$24420	$28830	$31630	JD	4T	276D	12F-4R	80.0		No
6320 Hi-Clear	$43385	$23860	$26470	$31240	$34270	JD	4T	276D	16F-16R	80.0		No
6320 Hi-Clear 4WD	$51166	$28140	$31210	$36840	$40420	JD	4T	276D	16F-16R	80.0		No
6320L w/Cab	$57484	$31040	$35640	$43690	$46560	JD	4T	276D	12F-4R	80.0		CHA
6320L w/Cab	$60779	$32820	$37680	$46190	$49230	JD	4T	276D	16F-16R	80.0		CHA
6320L 4WD w/Cab	$65265	$35240	$40460	$49600	$52870	JD	4T	276D	12F-4R	80.0		CHA
6320L 4WD w/Cab	$68560	$37020	$42510	$52110	$55530	JD	4T	276D	16F-16R	80.0		CHA
6320 Hi-Clear 4WD	$47816	$26300	$29170	$34430	$37780	JD	4T	276D	12F-4R	80.0		No
6320 Hi-Clear	$48900	$26410	$30320	$37160	$39610	JD	4T	276D	12F-4R	80.0		CHA
6320 Hi-Clear 4WD	$56682	$30610	$35140	$43080	$45910	JD	4T	276D	12F-4R	80.0		CHA
6320 Hi-Clear	$52431	$28310	$32510	$39850	$42470	JD	4T	276D	16F-16R	80.0		CHA
6320 Hi-Clear 4WD	$60212	$32510	$37330	$45760	$48770	JD	4T	276D	16F-16R	80.0		CHA
6403	$30942	$16710	$19180	$23520	$25060	JD	4T	276D	9F-3R	85.0		No
6403 4WD	$38433	$20750	$23830	$29210	$31130	JD	4T	276D	9F-3R	85.0		No
6420 Hi-Clear w/Cab	$51418	$28280	$31370	$37020	$40260	JD	4T	276D	12F-4R	90.0		CHA
6420	$42785	$23100	$26530	$32520	$34660	JD	4T	276D	12F-4R	90.0		No
6420	$45824	$24750	$28410	$34830	$37120	JD	4T	276D	16F-16R	90.0		No
6420 w/Cab	$52050	$28110	$32270	$39560	$42160	JD	4T	276D	12F-4R	90.0		CHA
6420 w/Cab	$55345	$29890	$34310	$42060	$44830	JD	4T	276D	16F-16R	90.0		CHA
6420 4WD	$50702	$27380	$31440	$38530	$41070	JD	4T	276D	12F-4R	90.0		No
6420 4WD	$53741	$29020	$33320	$40840	$43530	JD	4T	276D	16F-16R	90.0		No
6420 4WD w/Cab	$59967	$32380	$37180	$45580	$48570	JD	4T	276D	12F-4R	90.0		CHA
6420 4WD w/Cab	$63262	$34160	$39220	$48080	$51240	JD	4T	276D	16F-16R	90.0		CHA
6415	$38444	$20760	$23840	$29220	$31140	JD	4T	276D	12F-4R	85.0		No
6415	$40022	$21610	$24810	$30420	$32420	JD	4T	276D	16F-16R	85.0		No
6415 4WD	$46047	$24870	$28550	$35000	$37300	JD	4T	276D	12F-4R	85.0		No
6415 4WD	$47625	$25720	$29530	$36200	$38580	JD	4T	276D	16F-16R	85.0		No
6415 4WD w/Cab	$54477	$29420	$33780	$41100	$44130	JD	4T	276D	12F-4R	85.0		CHA
6415 4WD w/Cab	$56055	$30270	$34750	$42600	$45410	JD	4T	276D	16F-16R	85.0		CHA
6415 w/Cab	$46874	$25310	$29060	$35620	$37970	JD	4T	276D	12F-4R	85.0		CHA
6415 w/Cab	$48452	$26160	$30040	$36820	$39250	JD	4T	276D	16F-16R	85.0		CHA
6415 Hi-Clear	$38239	$20650	$23710	$29060	$30970	JD	4T	276D	12F-4R	85.0		No
6415 Hi-Clear 4WD	$45842	$24760	$28420	$34840	$37130	JD	4T	276D	12F-4R	85.0		No
6415 Hi-Clear 4WD Cab	$54272	$29310	$33650	$41250	$43960	JD	4T	276D	12F-4R	85.0		CHA
6415 Hi-Clear Cab	$46669	$25200	$28940	$35470	$37800	JD	4T	276D	12F-4R	85.0		CHA
6420 Hi-Clear	$42593	$23430	$25980	$30670	$33650	JD	4T	276D	12F-4R	90.0		No
6420 Hi-Clear	$45943	$25270	$28030	$33080	$36300	JD	4T	276D	16F-16R	90.0		No
6420 Hi-Clear 4WD	$50510	$27780	$30810	$36370	$39900	JD	4T	276D	12F-4R	90.0		No
6420 Hi-Clear 4WD	$53860	$29620	$32860	$38780	$42550	JD	4T	276D	16F-16R	90.0		No
6420 Hi-Clear 4WD Cab	$59335	$32630	$36190	$42720	$46880	JD	4T	276D	12F-4R	90.0		C.H.A.
6420 Hi-Clear 4WD Cab	$62865	$34580	$38350	$45260	$49660	JD	4T	276D	16F-16R	90.0		CHA
6420 Hi-Clear w/Cab	$54948	$30220	$33520	$39560	$43410	JD	4T	276D	16F-16R	90.0		CHA
6420L	$42684	$23050	$26460	$32440	$34570	JD	4T	276D	12F-4R	90.0		No
6420L	$45723	$24690	$28350	$34750	$37040	JD	4T	276D	16F-16R	90.0		No
6420L 4WD	$50600	$27320	$31370	$38460	$40990	JD	4T	276D	12F-4R	90.0		No
6420L 4WD	$53640	$28970	$33260	$40770	$43450	JD	4T	276D	16F-16R	90.0		No
6420L 4WD w/Cab	$68315	$36890	$42360	$51920	$55340	JD	4T	276D	12F-4R	90.0		CHA
6420L 4WD w/Cab	$71610	$38670	$44400	$54420	$58000	JD	4T	276D	16F-16R	90.0		CHA
6420L w/Cab	$60398	$32620	$37450	$45900	$48920	JD	4T	276D	12F-4R	90.0		CHA
6420L w/Cab	$63693	$34390	$39490	$48410	$51590	JD	4T	276D	16F-16R	90.0		CHA
6520L	$48036	$25940	$29780	$36510	$38910	JD	4T	276D	16F-16R	95.0		No
6520L 4WD	$55953	$30220	$34690	$42520	$45320	JD	4T	276D	16F-16R	95.0		No
6520L 4WD w/Cab	$69281	$37410	$42950	$52650	$56120	JD	4T	276D	12F-4R	95.0		CHA
6520L 4WD w/Cab	$72576	$39190	$45000	$55160	$58790	JD	4T	276D	16F-16R	95.0		CHA
6520L w/Cab	$61364	$33140	$38050	$46640	$49710	JD	4T	276D	12F-4R	95.0		CHA
6520L w/Cab	$64659	$34920	$40090	$49140	$52370	JD	4T	276D	16F-16R	95.0		CHA
6615	$42722	$23500	$26060	$30760	$33750	JD	6T	414D	12F-4R	95.0		No
6615	$44300	$24370	$27020	$31900	$35000	JD	6T	414D	16F-16R	95.0		No
6615 4WD	$50639	$27850	$30890	$36460	$40010	JD	6T	414D	12F-4R	95.0		No
6615 4WD	$52217	$28720	$31850	$37600	$41250	JD	6T	414D	16F-16R	95.0		No
6615 4WD w/Cab	$59069	$32490	$36030	$42530	$46670	JD	6T	414D	12F-4R	95.0		CHA
6615 4WD w/Cab	$60647	$33360	$37000	$43670	$47910	JD	6T	414D	16F-16R	95.0		CHA
6615 Hi-Clear	$53418	$29360	$32590	$38460	$42200	JD	6T	414D	12F-4R	95.0		No
6615 Hi-Clear	$56719	$31200	$34600	$40840	$44810	JD	6T	414D	16F-16R	95.0		No
6615 Hi-Clear 4WD Cab	$61848	$34020	$37730	$44530	$48860	JD	6T	414D	12F-4R	95.0		CHA
6615 Hi-Clear 4WD Cab	$65149	$35830	$39740	$46910	$51470	JD	6T	414D	16F-16R	95.0		CHA
6615 w/Cab	$51152	$28130	$31200	$36830	$40410	JD	6T	414D	12F-4R	95.0		CHA
6615 w/Cab	$52730	$29000	$32170	$37970	$41660	JD	6T	414D	16F-16R	95.0		CHA
6715	$46703	$25690	$28490	$33630	$36900	JD	6T	414D	12F-4R	105.0		No
6715	$48281	$26560	$29450	$34760	$38140	JD	6T	414D	16F-16R	105.0		No
6715 4WD	$54620	$30040	$33320	$39330	$43150	JD	6T	414D	12F-4R	105.0		No
6715 4WD	$56198	$30910	$34280	$40460	$44400	JD	6T	414D	16F-16R	105.0		No
6715 4WD w/Cab	$63050	$34680	$38460	$45400	$49810	JD	6T	414D	12F-4R	105.0		CHA
6715 4WD w/Cab	$64628	$35550	$39420	$46530	$51060	JD	6T	414D	16F-16R	105.0		CHA
6715 Hi-Clear	$57399	$31570	$35010	$41330	$45350	JD	6T	414D	12F-4R	105.0		No
6715 Hi-Clear	$60700	$33390	$37030	$43700	$47950	JD	6T	414D	16F-16R	105.0		No
6715 Hi-Clear w/Cab	$65829	$36210	$40160	$47400	$52010	JD	6T	414D	12F-4R	105.0		CHA

John Deere (Cont.)

Model	Approx. Retail Price New	Used Trade-In Avg.	Used Trade-In High	Used Retail Avg.	Used Retail High	Make	Engine No. Cyls.	Engine Displ. Cu.-in.	Engine No. Speeds	P.T.O. H.P.	Approx. Shipping Wt.-Lbs.	Cab
2003 (Cont.)												
6715 Hi-Clear w/Cab	$69130	$38020	$42170	$49770	$54610	JD	6T	414D	16F-16R	105.0		CHA
6715 w/Cab	$55133	$30320	$33630	$39700	$43560	JD	6T	414D	12F-4R	105.0		CHA
6715 w/Cab	$56711	$31190	$34590	$40830	$44800	JD	6T	414D	16F-16R	105.0		CHA
7220	$50065	$27040	$31040	$38050	$40550	JD	6T	414D	16F-16R	95.0		No
7220 4WD	$58435	$31560	$36230	$44410	$47330	JD	6T	414D	16F-16R	95.0		No
7220 4WD w/Cab	$67341	$36360	$41750	$51180	$54550	JD	6T	414D	16F-16R	95.0		CHA
7220 w/Cab	$58971	$31840	$36560	$44820	$47770	JD	6T	414D	16F-16R	95.0		CHA
7320	$54341	$29890	$33150	$39130	$42930	JD	6T	414D	16F-16R	105.0		No
7320 4WD	$62711	$34490	$38250	$45150	$49540	JD	6T	414D	16F-16R	100.0		No
7320 4WD Cab	$74842	$40420	$46400	$56880	$60620	JD	6T	414D	16F-16R	105.0		CHA
7320 PS	$63946	$34530	$39650	$48600	$51800	JD	6T	414D	16F-16R	105.0		CHA
7420	$68793	$37150	$42650	$52280	$55720	JD	6T	414D	16F-16R	115.0		CHA
7420 4WD	$77542	$41870	$48080	$58930	$62810	JD	6T	414D	16F-16R	115.0		CHA
7420HC 4WD w/Cab	$88610	$48740	$54050	$63800	$70000	JD	6T	414D	16F-16R	115.0		CHA
7520 4WD	$74040	$40720	$45160	$53310	$58490	JD	6T	414D	16F-16R	125.0		No
7520 4WD Cab	$86808	$46880	$53820	$65970	$70310	JD	6T	414D	16F-16R	125.0		CHA
7710	$79109	$42720	$49050	$60120	$64080	JD	6T	496D	16F-16R	135.0		CHA
7710 4WD	$90716	$48990	$56240	$68940	$73480	JD	6T	496D	16F-16R	135.0		CHA
7810	$83434	$45050	$51730	$63410	$67580	JD	6T	496D	16F-16R	150.0		CHA
7810 4WD	$95041	$51320	$58930	$72230	$76980	JD	6T	496D	16F-16R	150.0		CHA
8120	$104026	$55130	$62420	$74900	$80100	JD	6TA	496D	16F-4R	170.0		CHA
8120 4WD	$117242	$62220	$70450	$84540	$90420	JD	6TA	496D	16F-4R	170.0		CHA
8120T	$135933	$70690	$78840	$96510	$103310	JD	6TA	496D	16F-4R	170.0		CHA
8220	$113802	$60320	$68280	$81940	$87630	JD	6TA	496D	16F-4R	190.0		CHA
8220 4WD	$127198	$67420	$76320	$91580	$97940	JD	6TA	496D	16F-4R	190.0		CHA
8220T	$147656	$76780	$85640	$104840	$112220	JD	6TA	496D	16F-4R	190.0		CHA
8320 4WD	$141133	$74800	$84680	$101620	$108670	JD	6TA	496D	16F-4R	215.0		CHA
8320T	$157746	$82030	$91490	$112000	$119890	JD	6TA	496D	16F-4R	215.0		CHA
8420 4WD	$154866	$82080	$92920	$111500	$119250	JD	6TA	496D	16F-4R	235.0		CHA
8420T	$166592	$86630	$96620	$118280	$126610	JD	6TA	496D	16F-4R	235.0		CHA
8520	$177418	$94030	$106450	$127740	$136610	JD	6TA	496D	16F-4R	255.0		CHA
8520T	$177333	$92210	$102850	$125910	$134770	JD	6TA	496D	16F-4R	255.0		CHA
9120	$136504	$71550	$81000	$97200	$103950	JD	6TA	496D	24F-6R	280*		CHA
9120 PS	$144998	$75790	$85800	$102960	$110110	JD	6TA	496D	18F-6R	280*		CHA
9120 PS w/3-Pt.	$157045	$82150	$93000	$111600	$119350	JD	6TA	496D	18F-6R	280*		CHA
9120 w/3-Pt.	$148551	$776450	$879000	$1054890	$1128050	JD	6TA	496D	24F-6R	280*		CHA
9220	$158091	$82680	$93600	$112320	$120120	JD	6TA	643D	24F-6R	325*		CHA
9220 w/3-Pt.	$170138	$89040	$100800	$120960	$129360	JD	6TA	643D	24F-6R	325*		CHA
9220 PS	$166585	$87450	$99000	$118800	$127050	JD	6TA	643D	18F-6R	325*		CHA
9220 PS w/3-Pt.	$178632	$93280	$105600	$126720	$135520	JD	6TA	643D	18F-6R	325*		CHA
9320	$180253	$92560	$103240	$126380	$135280	JD	6TA	765D	24F-6R	375*		CHA
9320 w/3-Pt.	$190668	$97500	$108750	$133130	$142500	JD	6TA	765D	24F-6R	375*		CHA
9320 PS	$188737	$96200	$107300	$131350	$140600	JD	6TA	765D	18F-6R	375*		CHA
9320 PS w/3-Pt.	$199162	$102440	$114260	$139870	$149720	JD	6TA	765D	18F-6R	375*		CHA
9320T	$232746	$118860	$132530	$162240	$173660	JD	6TA	765D	24F-6R	375*		CHA
9320T PS	$219961	$112320	$125280	$153360	$164160	JD	6TA	765D	18F-6R	375*		CHA
9420	$198121	$101400	$113100	$138450	$148200	JD	6TA	765D	24F-6R	425*		CHA
9420 w/3-Pt.	$207829	$106340	$118610	$145200	$155420	JD	6TA	765D	24F-6R	425*		CHA
9420 PS w/3-Pt.	$216332	$110500	$123250	$150880	$161500	JD	6TA	765D	18F-6R	425*		CHA
9420 PS	$206615	$105040	$117160	$143420	$153520	JD	6TA	765D	18F-6R	425*		CHA
9420T PS	$230803	$117520	$131080	$160460	$171760	JD	6TA	765D	18F-6R	425*		CHA
9420T PS w/3-Pt.	$243588	$124800	$139200	$170400	$182400	JD	6TA	765D	18F-6R	425*		CHA
9520 PS	$214990	$104260	$116290	$142360	$152380	JD	6TA	765D	18F-6R	450*		CHA
9520 PS w/3-Pt.	$225572	$114660	$127890	$156560	$167580	JD	6TA	765D	18F-6R	450*		CHA
9520T PS	$235036	$119600	$133400	$163300	$174800	JD	6TA	765D	18F-6R	450*		CHA
9520T PS w/3-Pt.	$247821	$125840	$140360	$171820	$183920	JD	6TA	765D	18F-6R	450*		CHA

HC—High Clearance L—Low Profile N—Narrow PS—Power Shift T—Tracks

*Engine Horsepower

Model	Approx. Retail Price New	Used Trade-In Avg.	Used Trade-In High	Used Retail Avg.	Used Retail High	Make	Engine No. Cyls.	Engine Displ. Cu.-in.	Engine No. Speeds	P.T.O. H.P.	Approx. Shipping Wt.-Lbs.	Cab
2002												
790 Manual Steer	$9499	$4750	$5510	$6840	$7410	Yanmar	3	91D	8F-2R	25.0	1967	No
790 Power Steer	$10829	$5420	$6280	$7800	$8450	Yanmar	3	91D	8F-2R	25.0	1967	No
790 4WD	$11679	$5840	$6770	$8410	$9110	Yanmar	3	91D	8F-2R	25.0	2142	No
990	$13399	$6700	$7770	$9650	$10450	Yanmar	4	121D	9F-3R	35.0	2954	No
990 4WD	$16069	$8040	$9320	$11570	$12530	Yanmar	4	121D	9F-3R	35.0	2954	No
4100 4WD	$13150	$6580	$7630	$9470	$10260	Yanmar	3	61D	8F-4R	17.0	1708	No
4100 4WD Hydro	$14850	$7430	$8610	$10690	$11580	Yanmar	3	61D	Variable	16.0	1808	No
4100 Narrow	$13850	$6930	$8030	$9970	$10800	Yanmar	3	61D	8F-2R	16.0	1699	No
4200	$14575	$7290	$8450	$10490	$11370	Yanmar	3	73D	9F-3R	21.5	2375	No
4200 Hydro	$16415	$8210	$9520	$11820	$12800	Yanmar	3	73D	Variable	20.0	2600	No
4200 4WD	$15685	$7840	$9100	$11290	$12230	Yanmar	3	73D	9F-3R	21.5	2675	No
4200 4WD Hydro	$17725	$8860	$10280	$12760	$13830	Yanmar	3	73D	Variable	20.0	2903	No
4300	$16179	$8090	$9380	$11650	$12620	Yanmar	3	91D	9F-3R	27.0	2600	No
4300 Hydro	$18184	$9090	$10550	$13090	$14180	Yanmar	3	91D	Variable	25.5	2800	No
4300 4WD	$17289	$8650	$10030	$12450	$13490	Yanmar	3	91D	9F-3R	27.0	2900	No
4300 4WD	$18450	$9230	$10700	$13280	$14390	Yanmar	3	91D	12F-12R	27.0	2846	No
4300 4WD Hydro	$19530	$9770	$11330	$14060	$15230	Yanmar	3	91D	Variable	25.5	2921	No
4400 4WD	$19645	$9820	$11390	$14140	$15320	Yanmar	3	100D	12F-12R	29.5	2900	No
4400 4WD Hydro	$20945	$10470	$12150	$15080	$16340	Yanmar	3	100D	Variable	28.5	2922	No
4500	$18245	$9120	$10580	$13140	$14230	Yanmar	4	121D	9F-3R	33.0	3150	No
4500 4WD	$21810	$10910	$12650	$15700	$17010	Yanmar	4	121D	12F-12R	33.0	3345	No
4600	$19790	$9900	$11480	$14250	$15440	Yanmar	4	121D	9F-3R	36.0	3150	No
4600 4WD	$23266	$11630	$13490	$16750	$18150	Yanmar	4	121D	12F-12R	36.0	3340	No
4600 4WD Hydro	$25300	$12650	$14670	$18220	$19730	Yanmar	4	121D	Variable	34.5	3348	No

John Deere (Cont.)

2002 (Cont.)

Model	Approx. Retail Price New	Used Trade-In Avg.	Used Trade-In High	Used Retail Avg.	Used Retail High	Make	No. Cyls.	Displ. Cu.-in.	No. Speeds	P.T.O. H.P.	Approx. Shipping Wt.-Lbs.	Cab
4700 4WD	$24848	$12420	$14410	$17890	$19380	Yanmar	4	134D	12F-12R	41.5	3360	No
4700 4WD Hydro	$26433	$13220	$15330	$19030	$20620	Yanmar	4	134D	Variable	40.0	3348	No
5105	$18633	$9320	$10810	$13420	$14530	JD	3	179D	8F-4R	40.0		No
5105 4WD	$23875	$11940	$13850	$17190	$18620	JD	3	179D	8F-4R	40.0		No
5205	$20047	$10020	$11630	$14430	$15640	JD	3	179D	8F-4R	48.0		No
5205 4WD	$26293	$13150	$15250	$18930	$20510	JD	3	179D	8F-4R	48.0		No
5220	$22066	$11030	$12800	$15890	$17210	JD	3	179D	9F-3R	45.0		No
5220	$24456	$12230	$14180	$17610	$19080	JD	3	179D	12F-12R	45.0		No
5220 w/Cab	$30877	$15440	$17910	$22230	$24080	JD	3	179D	9F-3R	45.0		CHA
5220 w/Cab	$27344	$13670	$15860	$19690	$21330	JD	3	179D	9F-3R	45.0		No
5220 4WD	$29734	$14870	$17250	$21410	$23190	JD	3	179D	12F-12R	45.0		No
5220 w/Cab	$33267	$16630	$19300	$23950	$25950	JD	3	179D	12F-12R	45.0		CHA
5220 4WD w/Cab	$36155	$18080	$20970	$26030	$28200	JD	3	179D	9F-3R	45.0		CHA
5220 4WD w/Cab	$38545	$19270	$22360	$27750	$30070	JD	3	179D	12F-12R	45.0		CHA
5320	$24968	$12480	$14480	$17980	$19480	JD	3T	179D	9F-3R	55.0		No
5320	$27176	$13590	$15760	$19570	$21200	JD	3T	179D	12F-12R	55.0		No
5320 w/Cab	$33587	$16790	$19480	$24180	$26200	JD	3T	179D	9F-3R	55.0		CHA
5320 w/Cab	$35805	$17900	$20770	$25780	$27930	JD	3T	179D	12F-12R	55.0		CHA
5320 4WD	$30346	$15170	$17600	$21850	$23670	JD	3T	179D	9F-3R	55.0		No
5320 4WD	$32554	$16280	$18880	$23440	$25390	JD	3T	179D	12F-12R	55.0		No
5320 4WD w/Cab	$38975	$19490	$22610	$28060	$30400	JD	3T	179D	9F-3R	55.0		CHA
5320 4WD w/Cab	$41183	$20590	$23890	$29650	$32120	JD	3T	179D	12F-12R	55.0		CHA
5320N	$25041	$12520	$14520	$18030	$19530	JD	3T	179D	9F-3R	55.0		No
5320N w/Cab	$33870	$16940	$19650	$24390	$26420	JD	3T	179D	9F-3R	55.0		CHA
5320N 4WD	$31264	$15630	$18130	$22510	$24390	JD	3T	179D	9F-3R	55.0		No
5320N 4WD w/Cab	$40093	$20050	$23250	$28870	$31270	JD	3T	179D	9F-3R	55.0		CHA
5420	$27738	$13870	$16090	$19970	$21640	JD	4	276D	9F-3R	65.0		No
5420	$29946	$14970	$17370	$21560	$23360	JD	4	276D	12F-12R	65.0		No
5420 w/Cab	$36549	$18280	$21200	$26320	$28510	JD	4	276D	9F-3R	65.0		CHA
5420 w/Cab	$38757	$19380	$22480	$27910	$30230	JD	4	276D	12F-12R	65.0		CHA
5420 4WD	$33207	$16600	$19260	$23910	$25900	JD	4	276D	9F-3R	65.0		No
5420 4WD	$35415	$17710	$20540	$25500	$27620	JD	4	276D	12F-12R	65.0		No
5420 4WD w/Cab	$42018	$21010	$24370	$30250	$32770	JD	4	276D	9F-3R	65.0		CHA
5420 4WD w/Cab	$44226	$22110	$25650	$31840	$34500	JD	4	276D	12F-12R	65.0		CHA
5420N 4WD	$34061	$17030	$19760	$24520	$26570	JD	4	276D	9F-3R	65.0		No
5420N 4WD w/Cab	$42890	$21450	$24880	$30880	$33450	JD	4	276D	9F-3R	65.0		CHA
5420N	$27839	$13920	$16150	$20040	$21710	JD	4	276D	9F-3R	65.0		No
5420N w/Cab	$36667	$18330	$21270	$26400	$28600	JD	4	276D	9F-3R	65.0		CHA
5520	$30648	$15320	$17780	$22070	$23910	JD	4T	276D	9F-3R	75.0		No
5520	$32856	$16430	$19060	$23660	$25630	JD	4T	276D	12F-12R	75.0		No
5520 w/Cab	$39277	$19640	$22780	$28280	$30640	JD	4T	276D	9F-3R	75.0		CHA
5520 w/Cab	$41485	$20740	$24060	$29870	$32360	JD	4T	276D	12F-12R	75.0		CHA
5520 4WD	$36117	$18060	$20950	$26000	$28170	JD	4T	276D	9F-3R	75.0		No
5520 4WD	$38325	$19160	$22230	$27590	$29890	JD	4T	276D	12F-12R	75.0		No
5520 4WD w/Cab	$44746	$22370	$25950	$32220	$34900	JD	4T	276D	9F-3R	75.0		CHA
5520 4WD w/Cab	$46954	$23480	$27230	$33810	$36620	JD	4T	276D	12F-12R	75.0		CHA
5520N	$30153	$15080	$17490	$21710	$23520	JD	4T	276D	12F-12R	75.0		No
5520N w/Cab	$38982	$19490	$22610	$28070	$30410	JD	4T	276D	12F-12R	75.0		CHA
5520N 4WD	$36376	$18190	$21100	$26190	$28370	JD	4T	276D	12F-12R	75.0		No
5520N 4WD w/Cab	$45205	$22600	$26220	$32550	$35260	JD	4T	276D	12F-12R	75.0		CHA
5520 Hi-Clear	$41507	$20750	$24070	$29890	$32380	JD	4T	276D	9F-3R	75.0		No
5520 Hi-Clear 4WD	$43715	$21860	$25360	$31480	$34100	JD	4T	276D	9F-3R	75.0		No
6120	$31707	$15850	$18390	$22830	$24730	JD	4T	276D	12F-4R	65.0		No
6120	$34702	$17350	$20130	$24990	$27070	JD	4T	276D	16F-16R	65.0		No
6120 w/Cab	$40488	$20240	$23480	$29150	$31580	JD	4T	276D	12F-4R	65.0		CHA
6120 w/Cab	$43483	$21740	$25220	$31310	$33920	JD	4T	276D	16F-16R	65.0		CHA
6120 4WD	$39067	$19530	$22660	$28130	$30470	JD	4T	276D	12F-4R	65.0		No
6120 4WD	$42062	$21030	$24400	$30290	$32810	JD	4T	276D	16F-16R	65.0		No
6120 4WD w/Cab	$47848	$23920	$27750	$34450	$37320	JD	4T	276D	12F-4R	65.0		CHA
6120 4WD w/Cab	$50843	$25420	$29490	$36610	$39660	JD	4T	276D	16F-16R	65.0		CHA
6120L	$32025	$16010	$18580	$23060	$24980	JD	4T	276D	12F-4R	65.0		No
6120L	$35020	$17510	$20310	$25210	$27320	JD	4T	276D	16F-16R	65.0		No
6120L 4WD	$39385	$19690	$22840	$28360	$30720	JD	4T	276D	12F-4R	65.0		No
6120L 4WD	$42380	$21190	$24580	$30510	$33060	JD	4T	276D	16F-16R	65.0		No
6220	$33774	$16890	$19590	$24320	$26340	JD	4T	276D	12F-4R	72.0		No
6220	$36767	$18380	$21330	$26470	$28680	JD	4T	276D	16F-16R	72.0		No
6220 Hi-Clear 4WD	$44087	$22040	$25570	$31740	$34390	JD	4T	276D	12F-4R	72.0		No
6220 Hi-Clear 4WD	$47339	$23670	$27460	$34080	$36920	JD	4T	276D	16F-16R	72.0		No
6220 w/Cab	$43087	$21540	$24990	$31020	$33610	JD	4T	276D	12F-4R	72.0		CHA
6220 w/Cab	$46082	$23040	$26730	$33180	$35940	JD	4T	276D	16F-16R	72.0		CHA
6220 4WD	$41134	$20570	$23860	$29620	$32090	JD	4T	276D	12F-4R	72.0		No
6220 4WD	$44129	$22070	$25600	$31770	$34420	JD	4T	276D	16F-16R	72.0		No
6220 4WD w/Cab	$50447	$25220	$29260	$36320	$39350	JD	4T	276D	12F-4R	72.0		CHA
6220 4WD w/Cab	$53442	$26720	$31000	$38480	$41690	JD	4T	276D	16F-16R	72.0		CHA
6220L	$33918	$16960	$19670	$24420	$26460	JD	4T	276D	12F-4R	72.0		No
6220L	$36913	$18460	$21410	$26580	$28790	JD	4T	276D	16F-16R	72.0		No
6220L 4WD	$41278	$20640	$23940	$29720	$32200	JD	4T	276D	12F-4R	72.0		No
6220L 4WD	$44273	$22140	$25680	$31880	$34530	JD	4T	276D	16F-16R	72.0		No
6220 Hi-Clear	$36727	$18360	$21300	$26440	$28650	JD	4T	276D	12F-4R	72.0		No
6220 Hi-Clear	$39979	$19990	$23190	$28790	$31180	JD	4T	276D	16F-16R	72.0		No
6220 Hi-Clear	$38911	$19070	$21400	$26460	$29180	JD	4T	276D	12F-16R	72.0		No
6220 Hi-Clear	$42163	$20660	$23190	$28670	$31620	JD	4T	276D	16F-16R	72.0		No
6220 Hi-Clear	$45742	$22410	$25160	$31110	$34310	JD	4T	276D	12F-4R	72.0		CHA
6220 Hi-Clear	$48990	$24010	$26950	$33310	$36740	JD	4T	276D	16F-16R	72.0		CHA

John Deere (Cont.)

2002 (Cont.)

Model	Approx. Retail Price New	Estimated Value Less Repairs — Used Trade-In Avg.	High	Used Retail Avg.	High	Make	Engine No. Cyls.	Displ. Cu.-in.	No. Speeds	P.T.O. H.P.	Approx. Shipping Wt.-Lbs.	Cab
6220 Hi-Clear 4WD	$46577	$22820	$25620	$31670	$34930	JD	4T	276D	12F-4R	72.0		No
6220 Hi-Clear 4WD	$49829	$24420	$27410	$33880	$37370	JD	4T	276D	16F-16R	72.0		No
6220 Hi-Clear 4WD	$53102	$26020	$29210	$36110	$39830	JD	4T	276D	12F-4R	72.0		CHA
6220 Hi-Clear 4WD	$56350	$27610	$30990	$38320	$42260	JD	4T	276D	16F-16R	72.0		CHA
6320	$36586	$18290	$21220	$26340	$28540	JD	4T	276D	12F-4R	80.0		No
6320	$39581	$19790	$22960	$28500	$30870	JD	4T	276D	16F-16R	80.0		No
6320 w/Cab	$45766	$22880	$26540	$32950	$35700	JD	4T	276D	12F-4R	80.0		CHA
6320 w/Cab	$48761	$24380	$28280	$35110	$38030	JD	4T	276D	16F-16R	80.0		CHA
6320 4WD	$44252	$22130	$25670	$31860	$34520	JD	4T	276D	12F-4R	80.0		No
6320 4WD	$47247	$23620	$27400	$34020	$36850	JD	4T	276D	16F-16R	80.0		No
6320 4WD w/Cab	$53432	$26720	$30990	$38470	$41680	JD	4T	276D	12F-4R	80.0		CHA
6320 4WD w/Cab	$56427	$28210	$32730	$40630	$44010	JD	4T	276D	16F-16R	80.0		CHA
6320L	$36118	$18060	$20950	$26010	$28170	JD	4T	276D	12F-4R	80.0		No
6320L	$39153	$19560	$22690	$28160	$30510	JD	4T	276D	16F-16R	80.0		No
6320L 4WD	$43918	$21960	$25470	$31620	$34260	JD	4T	276D	12F-4R	80.0		No
6320L 4WD	$46913	$23460	$27210	$33780	$36590	JD	4T	276D	16F-16R	80.0		No
6320L w/Cab	$53308	$26650	$30920	$38380	$41580	JD	4T	276D	12F-4R	80.0		CHA
6320L w/Cab	$56303	$28150	$32660	$40540	$43920	JD	4T	276D	16F-16R	80.0		CHA
6320L 4WD w/Cab	$60974	$30490	$35370	$43900	$47560	JD	4T	276D	12F-4R	80.0		CHA
6320L 4WD w/Cab	$63969	$31990	$37100	$46060	$49900	JD	4T	276D	16F-16R	80.0		CHA
6320 Hi-Clear	$48042	$24020	$27860	$34590	$37470	JD	4T	276D	12F-4R	80.0		CHA
6320 Hi-Clear 4WD	$55708	$27850	$32310	$40110	$43450	JD	4T	276D	12F-4R	80.0		CHA
6320 Hi-Clear	$51290	$25650	$29750	$36930	$40010	JD	4T	276D	16F-16R	80.0		CHA
6320 Hi-Clear 4WD	$58956	$29480	$34190	$42450	$45990	JD	4T	276D	16F-16R	80.0		CHA
6403	$30942	$15470	$17950	$22280	$24140	JD	4T	276D	9F-3R	85.0		No
6403 4WD	$38433	$19220	$22290	$27670	$29980	JD	4T	276D	9F-3R	85.0		No
6405	$34070	$16690	$18740	$23170	$25550	JD	4T	276D	12F-4R	85.0		No
6405	$35625	$17460	$19590	$24230	$26720	JD	4T	276D	16F-16R	85.0		No
6405 4WD	$41561	$20370	$22860	$28260	$31170	JD	4T	276D	12F-4R	85.0		No
6405 4WD	$43116	$21130	$23710	$29320	$32340	JD	4T	276D	16F-16R	85.0		No
6405 4WD w/Cab	$49866	$24430	$27430	$33910	$37400	JD	4T	276D	12F-4R	85.0		CHA
6405 4WD w/Cab	$51421	$25200	$28280	$34970	$38570	JD	4T	276D	16F-16R	85.0		CHA
6405 w/Cab	$42375	$20760	$23310	$28820	$31780	JD	4T	276D	12F-4R	85.0		C.H.A.
6405 w/Cab	$43910	$21520	$24150	$29860	$32930	JD	4T	276D	16F-16R	85.0		CHA
6420	$38984	$19490	$22610	$28070	$30410	JD	4T	276D	16F-16R	90.0		No
6420 w/Cab	$48358	$24180	$28050	$34480	$37720	JD	4T	276D	12F-4R	90.0		CHA
6420 w/Cab	$51353	$25680	$29790	$36970	$40060	JD	4T	276D	16F-16R	90.0		CHA
6420 4WD	$46784	$23390	$27140	$33680	$36490	JD	4T	276D	12F-4R	90.0		No
6420 4WD	$49779	$24890	$28870	$35840	$38830	JD	4T	276D	16F-16R	90.0		No
6420 4WD w/Cab	$56158	$28080	$32570	$40430	$43800	JD	4T	276D	12F-4R	90.0		CHA
6420 4WD w/Cab	$59153	$29580	$34310	$42590	$46140	JD	4T	276D	16F-16R	90.0		CHA
6420L	$39536	$19770	$22930	$28470	$30840	JD	4T	276D	12F-4R	90.0		No
6420L	$42531	$21270	$24670	$30620	$33170	JD	4T	276D	16F-16R	90.0		No
6420L 4WD	$47336	$23670	$27460	$34080	$36920	JD	4T	276D	12F-4R	90.0		No
6420L 4WD	$50331	$25170	$29190	$36240	$39260	JD	4T	276D	16F-16R	90.0		No
6420L w/Cab	$56335	$28170	$32670	$40560	$43940	JD	4T	276D	12F-4R	90.0		CHA
6420L w/Cab	$59330	$29670	$34410	$42720	$46280	JD	4T	276D	16F-16R	90.0		CHA
6420L 4WD w/Cab	$64135	$32070	$37200	$46180	$50030	JD	4T	276D	12F-4R	90.0		CHA
6420L 4WD w/Cab	$67130	$33570	$38940	$48330	$52360	JD	4T	276D	16F-16R	90.0		CHA
6520L	$44809	$22410	$25990	$32260	$34950	JD	4T	276D	16F-16R	95.0		No
6520L 4WD	$52609	$26310	$30510	$37880	$41040	JD	4T	276D	16F-16R	95.0		No
6520L w/Cab	$58272	$29140	$33800	$41960	$45450	JD	4T	276D	12F-4R	95.0		CHA
6520L w/Cab	$61267	$30630	$35540	$44110	$47790	JD	4T	276D	16F-16R	95.0		CHA
6520L 4WD w/Cab	$66072	$33040	$38320	$47570	$51540	JD	4T	276D	12F-4R	95.0		CHA
6520L 4WD w/Cab	$69067	$34530	$40060	$49730	$53870	JD	4T	276D	16F-16R	95.0		CHA
6603	$34870	$17440	$20230	$25110	$27200	JD	6T	414D	9F-3R	95.0		No
6603 4WD	$45924	$22960	$26640	$33070	$35820	JD	6T	414D	9F-3R	95.0		No
6605	$38020	$18630	$20910	$25850	$28250	JD	6T	414D	12F-4R	95.0		No
6605	$39575	$19390	$21770	$26910	$29680	JD	6T	414D	16F-16R	95.0		No
6605 w/Cab	$46326	$22700	$25480	$31500	$34750	JD	6T	414D	12F-4R	95.0		C.H,A
6605 w/Cab	$47881	$23460	$26340	$32560	$35910	JD	6T	414D	16F-16R	95.0		C.H,A
6605 4WD	$45511	$22300	$25030	$30950	$34130	JD	6T	414D	12F-4R	95.0		No
6605 4WD	$47066	$23060	$25890	$32010	$35300	JD	6T	414D	16F-16R	95.0		No
6605 4WD w/Cab	$53817	$26370	$29600	$36600	$40360	JD	6T	414D	12F-4R	95.0		CHA
6605 4WD w/Cab	$55372	$27130	$30460	$37650	$41530	JD	6T	414D	16F-16R	95.0		CHA
7210	$56123	$28060	$32550	$40410	$43780	JD	6T	414D	16F-16R	95.0		CHA
7210 4WD	$64369	$32190	$37330	$46350	$50210	JD	6T	414D	16F-16R	95.0		CHA
7210HC	$55896	$27950	$32420	$40250	$43600	JD	6T	414D	16F-16R	95.0		No
7210HC w/Cab	$64412	$32210	$37360	$46380	$50240	JD	6T	414D	16F-16R	95.0		CHA
7210HC 4WD	$64142	$32070	$37200	$46180	$50030	JD	6T	414D	16F-16R	95.0		No
7210HC 4WD w/Cab	$72657	$36330	$42140	$52310	$56670	JD	6T	414D	16F-16R	95.0		CHA
7405	$44877	$21990	$24680	$30520	$33660	JD	6T	414D	16F-16R	105.0		No
7405 4WD	$52900	$25920	$29100	$35970	$39680	JD	6T	414D	16F-16R	105.0		No
7405HC 4WD	$56979	$27920	$31340	$38750	$42730	JD	6T	414D	16F-16R	105.0		No
7410	$60315	$30160	$34980	$43430	$47050	JD	6T	414D	16F-16R	105.0		CHA
7410 4WD	$68561	$34280	$39770	$49360	$53480	JD	6T	414D	16F-16R	105.0		CHA
7410HC	$60158	$30080	$34890	$43310	$46920	JD	6T	414D	16F-16R	105.0		No
7410HC w/Cab	$68674	$34340	$39830	$49450	$53570	JD	6T	414D	16F-16R	105.0		CHA
7410HC 4WD	$68404	$34200	$39670	$49250	$53360	JD	6T	414D	16F-16R	105.0		No
7410HC 4WD w/Cab	$76920	$38460	$44610	$55380	$60000	JD	6T	414D	16F-16R	105.0		CHA
7510 4WD	$73993	$37000	$42920	$53280	$57720	JD	6T	414D	16F-16R	115.0		CHA
7510 HC 4WD	$77842	$38920	$45150	$56050	$60720	JD	6T	414D	16F-16R	115.0		No
7510 HC 4WD	$86358	$43180	$50090	$62180	$67360	JD	6T	414D	16F-16R	115.0		CHA
7610	$68329	$34170	$39630	$49200	$53300	JD	6T	414D	16F-16R	120.0		CHA

Model	Approx. Retail Price New	Used Trade-In Avg.	Used Trade-In High	Used Retail Avg.	Used Retail High	Make	No. Cyls.	Displ. Cu.-in.	No. Speeds	P.T.O. H.P.	Approx. Shipping Wt.-Lbs.	Cab

John Deere (Cont.)

2002 (Cont.)

Model	Approx. Retail Price New	Used Trade-In Avg.	Used Trade-In High	Used Retail Avg.	Used Retail High	Make	No. Cyls.	Displ. Cu.-in.	No. Speeds	P.T.O. H.P.	Approx. Shipping Wt.-Lbs.	Cab
7610 4WD	$79764	$39880	$46260	$57430	$62220	JD	6T	414D	16F-16R	120.0		CHA
7610 PS	$71987	$35990	$41750	$51830	$56150	JD	6T	414D	19F-7R	120.0		CHA
7610 PS 4WD	$83422	$41710	$48390	$60060	$65070	JD	6T	414D	19F-7R	120.0		CHA
7710	$76146	$38070	$44170	$54830	$59390	JD	6T	496D	16F-16R	135.0		CHA
7710 4WD	$87581	$43790	$50800	$63060	$68310	JD	6T	496D	16F-16R	135.0		CHA
7710 PS	$79804	$39900	$46290	$57460	$62250	JD	6T	496D	19F-7R	135.0		CHA
7710 PS 4WD	$91239	$45620	$52920	$65690	$71170	JD	6T	496D	19F-7R	135.0		CHA
7810	$80613	$40310	$46760	$58040	$62880	JD	6T	496D	16F-16R	150.0		CHA
7810 4WD	$92048	$46020	$53390	$66280	$71800	JD	6T	496D	16F-16R	150.0		CHA
7810 PS	$84271	$42140	$48880	$60680	$65730	JD	6T	496D	19F-7R	150.0		CHA
7810 PS WD	$95706	$47850	$55510	$68910	$74650	JD	6T	496D	19F-7R	150.0		CHA
8120	$99118	$46590	$53520	$67400	$73350	JD	6TA	496D	16F-4R	170.0		CHA
8120 4WD	$113346	$53270	$61210	$77080	$83880	JD	6TA	496D	16F-4R	170.0		CHA
8120T	$132898	$61130	$70440	$87710	$95690	JD	6TA	496D	16F-4R	170.0		CHA
8220	$109315	$51380	$59030	$74330	$80890	JD	6TA	496D	16F-4R	190.0		CHA
8220 4WD	$126544	$59480	$68330	$86050	$93640	JD	6TA	496D	16F-4R	190.0		CHA
8220T	$143246	$65890	$75920	$94540	$103140	JD	6TA	496D	16F-4R	190.0		CHA
8320 4WD	$134637	$63280	$72700	$91550	$99630	JD	6TA	496D	16F-4R	215.0		CHA
8320T	$153904	$70800	$81570	$101580	$110810	JD	6TA	496D	16F-4R	215.0		CHA
8420 4WD	$148168	$68160	$78530	$97790	$106680	JD	6TA	496D	16F-4R	235.0		CHA
8420T	$162547	$74770	$86150	$107280	$117030	JD	6TA	496D	16F-4R	235.0		CHA
8520	$170308	$78340	$90260	$112400	$122620	JD	6TA	496D	16F-4R	255.0		CHA
8520T	$173026	$79590	$91700	$114200	$124580	JD	6TA	496D	16F-4R	255.0		CHA
9120	$123166	$56660	$65280	$81290	$88680	JD	6TA	496D	12F-3R	280*		CHA
9120 w/3-Pt.	$134368	$61810	$71220	$88680	$96750	JD	6TA	496D	12F-3R	280*		CHA
9120	$130074	$59830	$68940	$85850	$93650	JD	6TA	496D	24F-6R	280*		CHA
9120 PS	$137724	$63350	$72990	$90900	$99160	JD	6TA	496D	18F-6R	280*		CHA
9120 PS w/3-Pt.	$148926	$68510	$78930	$98290	$107230	JD	6TA	496D	18F-6R	280*		CHA
9120 w/3-Pt.	$141276	$64990	$74880	$93240	$101720	JD	6TA	496D	24F-6R	280*		CHA
9220	$150420	$69190	$79720	$99280	$108300	JD	6TA	643D	12F-3R	325*		CHA
9220 w/3-Pt.	$162065	$74550	$85890	$106960	$116690	JD	6TA	643D	12F-3R	325*		CHA
9220	$155720	$71630	$82530	$102780	$112120	JD	6TA	643D	24F-6R	325*		CHA
9220 w/3-Pt.	$167365	$75900	$87450	$108900	$118800	JD	6TA	643D	24F-6R	325*		CHA
9220 PS	$163370	$74060	$85330	$106260	$115920	JD	6TA	643D	18F-6R	325*		CHA
9220 PS w/3-Pt.	$175015	$79580	$91690	$114180	$124560	JD	6TA	643D	18F-6R	325*		CHA
9320	$172293	$78200	$90100	$112200	$122400	JD	6TA	765D	12F-3R	375*		CHA
9320 w/3-Pt.	$183938	$82800	$95400	$118800	$129600	JD	6TA	765D	12F-3R	375*		CHA
9320	$177593	$80040	$92220	$114840	$125280	JD	6TA	765D	24F-6R	375*		CHA
9320 w/3-Pt.	$189238	$85560	$98580	$122760	$133920	JD	6TA	765D	24F-6R	375*		CHA
9320 PS	$185353	$83720	$96460	$120120	$131040	JD	6TA	765D	18F-6R	375*		CHA
9320 PS w/3-Pt.	$196998	$88780	$102290	$127380	$138960	JD	6TA	765D	18F-6R	375*		CHA
9320T	$194105	$87860	$101230	$126060	$137520	JD	6TA	765D	24F-6R	375*		CHA
9320T PS	$201755	$91080	$104940	$130680	$142560	JD	6TA	765D	18F-6R	375*		CHA
9420	$188108	$85100	$98050	$122100	$133200	JD	6TA	765D	12F-3R	425*		CHA
9420 w/3-Pt.	$200665	$90620	$104410	$130020	$141840	JD	6TA	765D	12F-3R	425*		CHA
9420	$193408	$87400	$100700	$125400	$136800	JD	6TA	765D	24F-6R	425*		CHA
9420 w/3-Pt.	$205965	$92460	$106530	$132660	$144720	JD	6TA	765D	24F-6R	425*		CHA
9420 PS w/3-Pt.	$213615	$91540	$105470	$131340	$143280	JD	6TA	765D	18F-6R	425*		CHA
9420 PS	$201058	$90620	$104410	$130020	$141840	JD	6TA	765D	18F-6R	425*		CHA
9420T	$213090	$92000	$106000	$132000	$144000	JD	6TA	765D	24F-6R	425*		CHA
9420T PS	$220740	$99360	$114480	$142560	$155520	JD	6TA	765D	18F-6R	425*		CHA
9420T w/3-Pt.	$224292	$101200	$116600	$145200	$158400	JD	6TA	765D	24F-6R	425*		CHA
9420T PS w/3-Pt.	$231942	$104420	$120310	$149820	$163440	JD	6TA	765D	18F-6R	425*		CHA
9520 PS	$208946	$93840	$108120	$134640	$146880	JD	6TA	765D	18F-6R	450*		CHA
9520T PS	$226059	$102120	$117660	$146520	$159840	JD	6TA	765D	18F-6R	450*		CHA

HC—High Clearance L—Low Profile N—Narrow PS—Power Shift T—Tracks
*Engine Horsepower

2001

Model	Approx. Retail Price New	Used Trade-In Avg.	Used Trade-In High	Used Retail Avg.	Used Retail High	Make	No. Cyls.	Displ. Cu.-in.	No. Speeds	P.T.O. H.P.	Approx. Shipping Wt.-Lbs.	Cab
790	$10829	$5090	$5960	$7360	$8120	Yanmar	3	91D	8F-2R	25.0	1967	No
790 4WD	$11579	$5440	$6370	$7870	$8680	Yanmar	3	91D	8F-2R	25.0	2142	No
990	$13399	$6300	$7370	$9110	$10050	Yanmar	4	121D	9F-3R	35.0	2954	No
990 4WD	$16069	$7550	$8840	$10930	$12050	Yanmar	4	121D	9F-3R	35.0	2954	No
4100 4WD	$13150	$6180	$7230	$8940	$9860	Yanmar	3	61D	8F-4R	17.0	1708	No
4100 4WD Hydro	$14850	$6980	$8170	$10100	$11140	Yanmar	3	61D	Variable	16.0	1808	No
4100 Narrow	$13850	$6510	$7620	$9420	$10390	Yanmar	3	61D	8F-2R	16.0	1699	No
4200	$14575	$6850	$8020	$9910	$10930	Yanmar	3	73D	9F-3R	21.5	2375	No
4200 Hydro	$16415	$7720	$9030	$11160	$12310	Yanmar	3	73D	Variable	20.0	2600	No
4200 4WD	$15685	$7370	$8630	$10670	$11760	Yanmar	3	73D	9F-3R	21.5	2675	No
4200 4WD Hydro	$17725	$8330	$9750	$12050	$13290	Yanmar	3	73D	Variable	20.0	2903	No
4300	$16050	$7540	$8830	$10910	$12040	Yanmar	3	91D	9F-3R	27.0	2600	No
4300 Hydro	$18055	$8490	$9930	$12280	$13540	Yanmar	3	91D	Variable	25.5	2800	No
4300 4WD	$17358	$8160	$9550	$11800	$13020	Yanmar	3	91D	9F-3R	27.0	2900	No
4300 4WD	$18450	$8670	$10150	$12550	$13840	Yanmar	3	91D	12F-12R	27.0	2846	No
4300 4WD Hydro	$19360	$9100	$10650	$13170	$14520	Yanmar	3	91D	Variable	25.5	2921	No
4400 4WD	$19475	$9150	$10710	$13240	$14610	Yanmar	3	100D	12F-12R	29.5	2900	No
4400 4WD Hydro	$21220	$9970	$11670	$14430	$15920	Yanmar	3	100D	Variable	28.5	2922	No
4500	$17325	$8140	$9530	$11780	$12990	Yanmar	4	121D	9F-3R	33.0	3150	No
4500 4WD	$21640	$10170	$11900	$14720	$16230	Yanmar	4	121D	12F-12R	33.0	3345	No
4600	$18725	$8800	$10300	$12730	$14040	Yanmar	4	121D	9F-3R	36.0	3150	No
4600 4WD	$23455	$11020	$12900	$15950	$17590	Yanmar	4	121D	12F-12R	36.0	3340	No
4600 4WD Hydro	$25070	$11780	$13790	$17050	$18800	Yanmar	4	121D	Variable	34.5	3348	No
4700 4WD	$24890	$11700	$13690	$16930	$18670	Yanmar	4	134D	12F-12R	41.5	3360	No
4700 4WD Hydro	$26475	$12440	$14560	$18000	$19860	Yanmar	4	134D	Variable	40.0	3348	No

John Deere (Cont.)

Model	Approx. Retail Price New	Used Trade-In Avg.	Used Trade-In High	Used Retail Avg.	Used Retail High	Make	No. Cyls.	Displ. Cu.-in.	No. Speeds	P.T.O. H.P.	Approx. Shipping Wt.-Lbs	Cab
2001 (Cont.)												
5105	$18657	$8770	$10260	$12690	$13990	JD	3	179D	8F-4R	40.0		No
5105 4WD	$23205	$10910	$12760	$15780	$17400	JD	3	179D	8F-4R	40.0		No
5205	$20187	$9490	$11100	$13730	$15140	JD	3	179D	8F-4R	48.0		No
5205 4WD	$24732	$11620	$13600	$16820	$18550	JD	3	179D	8F-4R	48.0		No
5210	$21795	$10240	$11990	$14820	$16350	JD	3	179D	9F-3R	45.0		No
5210	$24637	$11580	$13550	$16750	$18480	JD	3	179D	12F-12R	45.0		No
5210 w/Cab	$30346	$14260	$16690	$20640	$22760	JD	3	179D	9F-3R	45.0		CHA
5210 4WD	$26916	$12650	$14800	$18300	$20190	JD	3	179D	9F-3R	45.0		No
5210 4WD	$29758	$13990	$16370	$20240	$22320	JD	3	179D	12F-12R	45.0		No
5210 w/Cab	$33188	$15600	$18250	$22570	$24890	JD	3	179D	12F-12R	45.0		CHA
5210 4WD w/Cab	$35467	$16670	$19510	$24120	$26600	JD	3	179D	9F-3R	45.0		CHA
5210 4WD w/Cab	$38303	$18000	$21070	$26050	$28730	JD	3	179D	12F-12R	45.0		CHA
5310	$24750	$11630	$13610	$16830	$18560	JD	3T	179D	9F-3R	55.0		No
5310	$27592	$12970	$15180	$18760	$20690	JD	3T	179D	12F-12R	55.0		No
5310 w/Cab	$33300	$15650	$18320	$22640	$24980	JD	3T	179D	9F-3R	55.0		CHA
5310 w/Cab	$36142	$16990	$19880	$24580	$27110	JD	3T	179D	12F-12R	55.0		CHA
5310 4WD	$30059	$14130	$16530	$20440	$22540	JD	3T	179D	9F-3R	55.0		No
5310 4WD	$32900	$15460	$18100	$22370	$24680	JD	3T	179D	12F-12R	55.0		No
5310 4WD w/Cab	$38610	$18150	$21240	$26260	$28960	JD	3T	179D	9F-3R	55.0		CHA
5310 4WD w/Cab	$41452	$19480	$22800	$28190	$31090	JD	3T	179D	12F-12R	55.0		CHA
5320N	$24794	$11650	$13640	$16860	$18600	JD	3T	179D	9F-3R	55.0		No
5320N w/Cab	$33493	$15740	$18420	$22780	$25120	JD	3T	179D	9F-3R	55.0		CHA
5320N 4WD	$30807	$14480	$16940	$20950	$23110	JD	3T	179D	9F-3R	55.0		No
5320N 4WD w/Cab	$39506	$18570	$21730	$26860	$29630	JD	3T	179D	9F-3R	55.0		CHA
5410	$27532	$12940	$15140	$18720	$20650	JD	4	276D	9F-3R	65.0		No
5410	$30374	$14280	$16710	$20650	$22780	JD	4	276D	12F-12R	65.0		No
5410 w/Cab	$36083	$16960	$19850	$24540	$27060	JD	4	276D	9F-3R	65.0		CHA
5410 w/Cab	$38925	$18300	$21410	$26470	$29190	JD	4	276D	12F-12R	65.0		CHA
5410 4WD	$32895	$15460	$18090	$22370	$24670	JD	4	276D	9F-3R	65.0		No
5410 4WD	$35737	$16800	$19660	$24300	$26800	JD	4	276D	12F-12R	65.0		No
5410 4WD w/Cab	$41446	$19480	$22800	$28180	$31090	JD	4	276D	9F-3R	65.0		CHA
5410 4WD w/Cab	$44288	$20820	$24360	$30120	$33220	JD	4	276D	12F-12R	65.0		CHA
5510	$30214	$14200	$16620	$20550	$22660	JD	4T	276D	9F-3R	75.0		No
5510	$33050	$15530	$18180	$22470	$24790	JD	4T	276D	12F-12R	75.0		No
5510 w/Cab	$38765	$18220	$21320	$26360	$29070	JD	4T	276D	9F-3R	75.0		CHA
5510 w/Cab	$41607	$19560	$22880	$28290	$31210	JD	4T	276D	12F-12R	75.0		CHA
5510 4WD	$35508	$16690	$19530	$24150	$26630	JD	4T	276D	9F-3R	75.0		No
5510 4WD	$38430	$18060	$21140	$26130	$28820	JD	4T	276D	12F-12R	75.0		No
5510 4WD w/Cab	$44139	$20750	$24280	$30020	$33100	JD	4T	276D	9F-3R	75.0		CHA
5510 4WD w/Cab	$46981	$22080	$25840	$31950	$35240	JD	4T	276D	12F-12R	75.0		CHA
5520N	$29708	$13960	$16340	$20200	$22280	JD	4T	276D	12F-12R	75.0		No
5520N w/Cab	$38407	$18050	$21120	$26120	$28810	JD	4T	276D	12F-12R	75.0		CHA
5520N 4WD	$35839	$16840	$19710	$24370	$26880	JD	4T	276D	12F-12R	75.0		No
5520N 4WD w/Cab	$44538	$20930	$24500	$30290	$33400	JD	4T	276D	12F-12R	75.0		CHA
6110	$31881	$14980	$17540	$21680	$23910	JD	4T	276D	12F-4R	65.0		No
6110	$35084	$16490	$19300	$23860	$26310	JD	4T	276D	16F-16R	65.0		No
6110 w/Cab	$40533	$19050	$22290	$27560	$30400	JD	4T	276D	12F-4R	65.0		No
6110 w/Cab	$43736	$20560	$24060	$29740	$32800	JD	4T	276D	16F-16R	65.0		CHA
6110 4WD	$39132	$18390	$21520	$26610	$29350	JD	4T	276D	12F-4R	65.0		No
6110 4WD	$42335	$19900	$23280	$28790	$31750	JD	4T	276D	16F-16R	65.0		No
6110 4WD w/Cab	$47784	$22460	$26280	$32490	$35840	JD	4T	276D	12F-4R	65.0		No
6110 4WD w/Cab	$50987	$23960	$28040	$34670	$38240	JD	4T	276D	16F-16R	65.0		No
6110L	$32678	$15360	$17970	$22220	$24510	JD	4T	276D	12F-4R	65.0		No
6110L	$36909	$17350	$20300	$25100	$27680	JD	4T	276D	16F-16R	65.0		No
6110L 4WD	$39929	$18770	$21960	$27150	$29950	JD	4T	276D	12F-4R	65.0		No
6110L 4WD	$44160	$20760	$24290	$30030	$33120	JD	4T	276D	16F-16R	65.0		No
6210	$33799	$15890	$18590	$22980	$25350	JD	4T	276D	12F-4R	72.0		No
6210	$37000	$17390	$20350	$25160	$27750	JD	4T	276D	16F-16R	72.0		No
6210 w/Cab	$43247	$20330	$23790	$29410	$32440	JD	4T	276D	12F-4R	72.0		CHA
6210 w/Cab	$46450	$21830	$25550	$31590	$34840	JD	4T	276D	16F-16R	72.0		CHA
6210 4WD	$41050	$19290	$22580	$27910	$30790	JD	4T	276D	12F-4R	72.0		No
6210 4WD	$44253	$20800	$24340	$30090	$33190	JD	4T	276D	16F-16R	72.0		No
6210 4WD w/Cab	$50498	$23730	$27770	$34340	$37870	JD	4T	276D	12F-4R	72.0		CHA
6210 4WD w/Cab	$53200	$25000	$29260	$36180	$39900	JD	4T	276D	16F-16R	72.0		CHA
6210L	$34543	$16240	$19000	$23490	$25910	JD	4T	276D	12F-4R	72.0		No
6210L	$38774	$18220	$21330	$26370	$29080	JD	4T	276D	16F-16R	72.0		No
6210L 4WD	$41794	$19640	$22990	$28420	$31350	JD	4T	276D	12F-4R	72.0		No
6210L 4WD	$46025	$21630	$25310	$31300	$34520	JD	4T	276D	16F-16R	72.0		No
6310	$36438	$17130	$20040	$24780	$27330	JD	4T	276D	12F-4R	80.0		No
6310	$39641	$18630	$21800	$26960	$29730	JD	4T	276D	16F-16R	80.0		No
6310 w/Cab	$45886	$21570	$25240	$31200	$34420	JD	4T	276D	12F-4R	80.0		CHA
6310 w/Cab	$49089	$23070	$27000	$33380	$36820	JD	4T	276D	16F-16R	80.0		CHA
6310 4WD	$43991	$20680	$24200	$29910	$32990	JD	4T	276D	12F-4R	80.0		No
6310 4WD	$47194	$22180	$25960	$32090	$35400	JD	4T	276D	16F-16R	80.0		No
6310 4WD w/Cab	$53439	$25120	$29390	$36340	$40080	JD	4T	276D	12F-4R	80.0		CHA
6310 4WD w/Cab	$56642	$26620	$31150	$38520	$42480	JD	4T	276D	16F-16R	80.0		CHA
6310L	$36710	$17250	$20190	$24960	$27530	JD	4T	276D	12F-4R	80.0		No
6310L	$39913	$18760	$21950	$27140	$29940	JD	4T	276D	16F-16R	80.0		No
6310L 4WD	$44395	$20870	$24420	$30190	$33300	JD	4T	276D	12F-4R	80.0		No
6310L 4WD	$47598	$22370	$26180	$32370	$35700	JD	4T	276D	16F-16R	80.0		No
6310S	$53045	$24930	$29180	$36070	$39780	JD	4T	276D	12F-4R	80.0		CHA
6310S	$56248	$26440	$30940	$38250	$42190	JD	4T	276D	16F-16R	80.0		CHA
6310S 4WD	$60598	$28480	$33330	$41210	$45450	JD	4T	276D	12F-4R	80.0		CHA
6310S 4WD	$63801	$29990	$35090	$43390	$47850	JD	4T	276D	16F-16R	80.0		CHA

John Deere (Cont.)

Model	Approx. Retail Price New	Estimated Value Less Repairs				Make	No. Cyls.	Displ. Cu.-in.	No. Speeds	P.T.O. H.P.	Approx. Shipping Wt.-Lbs.	Cab
		Used Trade-In Avg.	High	Used Retail Avg.	High							

2001 (Cont.)

Model	Approx. Retail Price New	Used Trade-In Avg.	High	Used Retail Avg.	High	Make	No. Cyls.	Displ. Cu.-in.	No. Speeds	P.T.O. H.P.	Cab
6405	$33567	$15110	$17120	$21820	$23830	JD	4T	276D	12F-4R	85.0	No
6405 4WD	$41749	$18790	$21290	$27140	$29640	JD	4T	276D	12F-4R	85.0	No
6405 4WD	$41749	$18790	$21290	$27140	$29640	JD	4T	276D	12F-4R	85.0	CHA
6405 4WD w/Cab	$49129	$22110	$25060	$31930	$34880	JD	4T	276D	12F-4R	85.0	CHA
6410	$38291	$18000	$21060	$26040	$28720	JD	4T	276D	12F-4R	90.0	No
6410	$41494	$19500	$22820	$28220	$31120	JD	4T	276D	16F-16R	90.0	No
6410 w/Cab	$48286	$22690	$26560	$32830	$36220	JD	4T	276D	12F-4R	90.0	CHA
6410 w/Cab	$51489	$24200	$28320	$35010	$38620	JD	4T	276D	16F-16R	90.0	CHA
6410 4WD	$45976	$21610	$25290	$31260	$34480	JD	4T	276D	12F-4R	90.0	No
6410 4WD	$49179	$23110	$27050	$33440	$36880	JD	4T	276D	16F-16R	90.0	No
6410 4WD w/Cab	$55971	$26310	$30780	$38060	$41980	JD	4T	276D	12F-4R	90.0	CHA
6410 4WD w/Cab	$59174	$27810	$32550	$40240	$44380	JD	4T	276D	16F-16R	90.0	CHA
6410L	$39554	$18590	$21760	$26900	$29670	JD	4T	276D	12F-4R	90.0	No
6410L	$43785	$20580	$24080	$29770	$32840	JD	4T	276D	16F-16R	90.0	No
6410L 4WD	$47239	$22200	$25980	$32120	$35430	JD	4T	276D	12F-4R	90.0	No
6410L 4WD	$51470	$24190	$28310	$35000	$38600	JD	4T	276D	16F-16R	90.0	No
6410S	$55500	$26090	$30530	$37740	$41630	JD	4T	276D	12F-4R	90.0	CHA
6410S	$58705	$27590	$32290	$39920	$44030	JD	4T	276D	16F-16R	90.0	CHA
6410S 4WD	$63187	$29700	$34750	$42970	$47390	JD	4T	276D	12F-4R	90.0	CHA
6410S 4WD	$66390	$31200	$36520	$45150	$49790	JD	4T	276D	16F-16R	90.0	CHA
6510L	$44147	$20750	$24280	$30020	$33110	JD	4T	276D	16F-16R	95.0	No
6510L 4WD	$51832	$24360	$28510	$35250	$38870	JD	4T	276D	16F-16R	95.0	No
6510S	$57411	$26980	$31580	$39040	$43060	JD	4T	276D	12F-4R	95.0	CHA
6510S	$60614	$28490	$33340	$41220	$45460	JD	4T	276D	16F-16R	95.0	CHA
6510S 4WD	$65096	$30600	$35800	$44270	$48820	JD	4T	276D	12F-4R	95.0	CHA
6510S 4WD	$68299	$32100	$37560	$46440	$51220	JD	4T	276D	16F-16R	95.0	CHA
6605	$38215	$17200	$19490	$24840	$27130	JD	6T	414D	12F-4R	95.0	No
6605 w/Cab	$46397	$20880	$23660	$30160	$32940	JD	6T	414D	12F-4R	95.0	C.H,A
6605 4WD	$45595	$20520	$23250	$29640	$32370	JD	6T	414D	12F-4R	95.0	No
6605 4WD w/Cab	$53777	$24200	$27430	$34960	$38180	JD	6T	414D	12F-4R	95.0	CHA
7210	$56604	$26600	$31130	$38490	$42450	JD	6T	414D	12F-4R	95.0	CHA
7210 4WD	$64850	$30480	$35670	$44100	$48640	JD	6T	414D	12F-4R	95.0	CHA
7210HC	$55070	$25880	$30290	$37450	$41300	JD	6T	414D	12F-4R	95.0	No
7210HC w/Cab	$63460	$29830	$34900	$43150	$47600	JD	6T	414D	12F-4R	95.0	CHA
7210HC 4WD	$63316	$29760	$34820	$43060	$47490	JD	6T	414D	12F-4R	95.0	No
7210HC 4WD w/Cab	$71706	$33700	$39440	$48760	$53780	JD	6T	414D	12F-4R	95.0	CHA
7405	$44214	$19900	$22550	$28740	$31390	JD	6T	414D	16F-16R	105.0	No
7405 4WD	$52128	$23460	$26590	$33880	$37010	JD	6T	414D	16F-16R	105.0	No
7405HC 4WD	$56137	$25260	$28630	$36490	$39860	JD	6T	414D	16F-16R	105.0	No
7410	$60971	$28660	$33530	$41460	$45730	JD	6T	414D	16F-16R	105.0	CHA
7410 4WD	$69217	$32530	$38070	$47070	$51910	JD	6T	414D	16F-16R	105.0	CHA
7410HC	$60337	$28360	$33190	$41030	$45250	JD	6T	414D	16F-16R	105.0	No
7410HC w/Cab	$68727	$32300	$37800	$46730	$51550	JD	6T	414D	16F-16R	105.0	CHA
7410HC 4WD	$68583	$32230	$37720	$46640	$51440	JD	6T	414D	16F-16R	105.0	No
7410HC 4WD w/Cab	$76973	$36180	$42340	$52340	$57730	JD	6T	414D	16F-16R	105.0	CHA
7510 4WD	$74208	$34880	$40810	$50460	$55660	JD	6T	414D	16F-16R	115.0	CHA
7510 HC 4WD	$77523	$36440	$42640	$52720	$58140	JD	6T	414D	16F-16R	115.0	No
7510 HC 4WD	$85913	$40380	$47250	$58420	$64440	JD	6T	414D	16F-16R	115.0	CHA
7610	$68629	$32260	$37750	$46670	$51470	JD	6T	414D	16F-16R	120.0	CHA
7610 4WD	$79895	$37550	$43940	$54330	$59920	JD	6T	414D	16F-16R	120.0	CHA
7610 PS	$72180	$33930	$39700	$49080	$54140	JD	6T	414D	19F-7R	120.0	CHA
7610 PS 4WD	$83446	$39220	$45900	$56740	$62590	JD	6T	414D	19F-7R	120.0	CHA
7710	$76330	$35880	$41980	$51900	$57250	JD	6T	496D	16F-12R	135.0	CHA
7710 4WD	$87596	$41170	$48180	$59570	$65700	JD	6T	496D	16F-12R	135.0	CHA
7710 PS	$79881	$37540	$43940	$54320	$59910	JD	6T	496D	19F-7R	135.0	CHA
7710 PS 4WD	$91147	$42840	$50130	$61980	$68360	JD	6T	496D	19F-7R	135.0	CHA
7810	$80731	$37940	$44400	$54900	$60550	JD	6T	496D	16F-12R	135.0	CHA
7810 4WD	$91997	$43240	$50600	$62560	$69000	JD	6T	496D	16F-12R	150.0	CHA
7810 PS	$84281	$39610	$46360	$57310	$63210	JD	6T	496D	19F-7R	150.0	CHA
7810 PS 4WD	$95548	$44910	$52550	$64970	$71660	JD	6T	496D	19F-7R	150.0	CHA
8110	$90710	$38100	$44450	$58050	$64400	JD	6TA	496D	16F-4R	165.0	CHA
8110 4WD	$105086	$44140	$51490	$67260	$74610	JD	6TA	496D	16F-4R	165.0	CHA
8110T	$127195	$52150	$61050	$78860	$86490	JD	6TA	496D	16F-4R	165.0	CHA
8210	$107136	$45000	$52500	$68570	$76070	JD	6TA	496D	16F-4R	185.0	CHA
8210 4WD	$124118	$50890	$59580	$76950	$84400	JD	6TA	496D	16F-4R	185.0	CHA
8210T	$137330	$56310	$65920	$85150	$93380	JD	6TA	496D	16F-4R	185.0	CHA
8310 4WD	$132905	$54490	$63790	$82400	$90380	JD	6TA	496D	16F-4R	205.0	CHA
8310T	$147074	$60300	$70600	$91190	$100010	JD	6TA	496D	16F-4R	205.0	CHA
8410 4WD	$146362	$60010	$70250	$90740	$99530	JD	6TA	496D	16F-4R	235.0	CHA
8410T	$154588	$63380	$74200	$95850	$105120	JD	6TA	496D	16F-4R	235.0	CHA
9100	$113083	$47500	$55410	$72370	$80290	JD	6TA	496D	12F-3R	260*	CHA
9100 w/3-Pt.	$122612	$51500	$60080	$78470	$87060	JD	6TA	496D	12F-3R	260*	CHA
9100	$118180	$49640	$57910	$75640	$83910	JD	6TA	496D	24F-6R	260*	CHA
9100 w/3-Pt.	$127209	$53430	$62330	$81410	$90320	JD	6TA	496D	24F-6R	260*	CHA
9200	$135959	$57100	$66620	$87010	$96530	JD	6TA	643D	12F-3R	310*	CHA
9200 w/3-Pt.	$144934	$60870	$71020	$92760	$102900	JD	6TA	643D	12F-3R	310*	CHA
9200	$141056	$59240	$69120	$90280	$100150	JD	6TA	643D	24F-6R	310*	CHA
9200 w/3-Pt.	$150031	$63010	$73520	$96020	$106520	JD	6TA	643D	24F-6R	310*	CHA
9200 PS	$153797	$64600	$75360	$98430	$109200	JD	6TA	643D	12F-2R	310*	CHA
9200 PS w/3-Pt.	$162772	$67200	$78400	$102400	$113600	JD	6TA	643D	12F-2R	310*	CHA
9300	$158296	$64900	$75980	$98140	$107640	JD	6TA	765D	12F-3R	360*	CHA
9300 w/3-Pt.	$167183	$68550	$80250	$103650	$113680	JD	6TA	765D	12F-3R	360*	CHA
9300	$163393	$66990	$78430	$101300	$111110	JD	6TA	765D	24F-6R	360*	CHA
9300 w/3-Pt.	$172280	$70640	$82690	$106810	$117150	JD	6TA	765D	24F-6R	360*	CHA

Model	Approx. Retail Price New	Estimated Value Less Repairs				Engine				P.T.O. H.P.	Approx. Shipping Wt.-Lbs.	Cab
		Used Trade-In		Used Retail		Make	No. Cyls.	Displ. Cu.-in.	No. Speeds			
		Avg.	High	Avg.	High							

John Deere (Cont.)

2001 (Cont.)

Model	Approx. Retail Price New	Avg.	High	Avg.	High	Make	No. Cyls.	Displ. Cu.-in.	No. Speeds	P.T.O. H.P.	Approx. Shipping Wt.-Lbs.	Cab
9300 PS	$176134	$72220	$84540	$109200	$119770	JD	6TA	765D	12F-2R	360*		CHA
9300 PS w/3-Pt.	$185021	$73800	$86400	$111600	$122400	JD	6TA	765D	12F-2R	360*		CHA
9400	$176208	$71750	$84000	$108500	$119000	JD	6TA	765D	12F-3R	425*		CHA
9400 w/3-Pt.	$191517	$75850	$88800	$114700	$125800	JD	6TA	765D	12F-3R	425*		CHA
9400	$181305	$72980	$85440	$110360	$121040	JD	6TA	765D	24F-6R	425*		CHA
9400 w/3-Pt.	$196614	$77900	$91200	$117800	$129200	JD	6TA	765D	24F-24R	425*		CHA
9400 PS	$194046	$77080	$90240	$116560	$127840	JD	6TA	765D	12F-2R	425*		CHA
9400 PS w/3-Pt.	$209355	$82410	$96480	$124620	$136680	JD	6TA	765D	12F-2R	425*		CHA
9400T	$207141	$83640	$97920	$126480	$138720	JD	6TA	765D	24F-6R	425*		CHA
9400T w/3-Pt.	$219573	$86510	$101280	$130820	$143480	JD	6TA	765D	24F-6R	425*		CHA

HC—High Clearance L—Low Profile S—Low Clearance PS—Power Shift

*Engine Horsepower

2000

Model	Approx. Retail Price New	Avg.	High	Avg.	High	Make	No. Cyls.	Displ. Cu.-in.	No. Speeds	P.T.O. H.P.	Approx. Shipping Wt.-Lbs.	Cab
790	$10830	$4770	$5740	$7150	$7910	Yanmar	3	91D	8F-2R	25.0		No
790 4WD	$11575	$5090	$6140	$7640	$8450	Yanmar	3	91D	8F-2R	25.0		No
4100 4WD	$13350	$5870	$7080	$8810	$9750	Yanmar	3	61D	8F-4R	17.0		No
4100 4WD Hydro	$15000	$6600	$7950	$9900	$10950	Yanmar	3	61D	8F-2R	16.0		No
4200	$14470	$6370	$7670	$9550	$10560	Yanmar	3	73D	9F-3R	21.5		No
4200 Hydro	$16245	$7150	$8610	$10720	$11860	Yanmar	3	73D	Variable	20.0		No
4200 4WD	$15670	$6900	$8310	$10340	$11440	Yanmar	3	73D	9F-3R	21.5		No
4200 4WD Hydro	$17445	$7680	$9250	$11510	$12740	Yanmar	3	73D	Variable	20.0		No
4300	$15930	$7010	$8440	$10510	$11630	Yanmar	3	91D	9F-3R	27.0		No
4300 Hydro	$17700	$7790	$9380	$11680	$12920	Yanmar	3	91D	Variable	25.5		No
4300 4WD	$17130	$7540	$9080	$11310	$12510	Yanmar	3	91D	9F-3R	27.0		No
4300 4WD	$17815	$7840	$9440	$11760	$13010	Yanmar	3	91D	12F-12R	27.0		No
4300 4WD Hydro	$18900	$8320	$10020	$12470	$13800	Yanmar	3	91D	Variable	25.5		No
4400 4WD	$19395	$8530	$10280	$12800	$14160	Yanmar	3	100D	12F-12R	30.0		No
4400 4WD Hydro	$20430	$8990	$10830	$13480	$14910	Yanmar	3	100D	Variable	28.5		No
4500 4WD	$21450	$9440	$11370	$14160	$15660	Yanmar	4	121D	9F-3R	33.0		No
4600 4WD	$23675	$10420	$12550	$15630	$17280	Yanmar	4	121D	9F-3R	36.0		No
4600 4WD Hydro	$25120	$11050	$13310	$16580	$18340	Yanmar	4	121D	Variable	34.5		No
4700 4WD	$24710	$10870	$13100	$16310	$18040	Yanmar	4	134D	12F-12R	41.5		No
4700 4WD Hydro	$26535	$11680	$14060	$17510	$19370	Yanmar	4	134D	Variable	41.5		No
5105	$18527	$8150	$9820	$12230	$13530	JD	3	179D	8F-4R	40.0		No
5105 4WD	$23075	$10150	$12230	$15230	$16850	JD	3	179D	8F-4R	40.0		No
5205	$20057	$8830	$10630	$13240	$14640	JD	3	179D	8F-4R	48.0		No
5205 4WD	$24600	$10820	$13040	$16240	$17960	JD	3	179D	8F-4R	48.0		No
5210	$21285	$9370	$11280	$14050	$15540	JD	3	179D	9F-3R	45.0		No
5210 w/Cab	$29500	$12980	$15640	$19470	$21540	JD	3	179D	9F-3R	45.0		CHA
5210 4WD	$27275	$12000	$14460	$18000	$19910	JD	3	179D	9F-3R	45.0		No
5210 4WD w/Cab	$34620	$15230	$18350	$22850	$25270	JD	3	179D	9F-3R	45.0		CHA
5310	$24697	$10870	$13090	$16300	$18030	JD	3T	179D	9F-3R	55.0		No
5310 w/Cab	$32185	$14160	$17060	$21240	$23500	JD	3T	179D	9F-3R	55.0		CHA
5310 4WD	$30075	$13230	$15940	$19850	$21960	JD	3T	179D	9F-3R	55.0		No
5310 4WD w/Cab	$37495	$16500	$19870	$24750	$27370	JD	3T	179D	9F-3R	55.0		CHA
5310N	$24794	$10910	$13140	$16360	$18100	JD	3T	179D	9F-3R	55.0		No
5310N w/Cab	$33360	$14680	$17680	$22020	$24350	JD	3T	179D	9F-3R	55.0		CHA
5310N 4WD	$30807	$13560	$16330	$20330	$22490	JD	3T	179D	9F-3R	55.0		No
5310N 4WD w/Cab	$39374	$17330	$20870	$25990	$28740	JD	3T	179D	9F-3R	55.0		CHA
5410	$27366	$12040	$14500	$18060	$19980	JD	4	276D	9F-3R	65.0		No
5410 w/Cab	$35636	$15680	$18890	$23520	$26010	JD	4	276D	9F-3R	65.0		CHA
5410 4WD	$33000	$14520	$17490	$21780	$24090	JD	4	276D	9F-3R	65.0		No
5410 4WD w/Cab	$41370	$18200	$21930	$27300	$30200	JD	4	276D	9F-3R	65.0		CHA
5510	$30810	$13560	$16330	$20340	$22490	JD	4T	276D	9F-3R	75.0		No
5510 w/Cab	$38605	$16990	$20460	$25480	$28180	JD	4T	276D	9F-3R	75.0		CHA
5510 4WD	$36265	$15960	$19220	$23940	$26470	JD	4T	276D	9F-3R	75.0		No
5510 4WD w/Cab	$44635	$19640	$23660	$29460	$32580	JD	4T	276D	9F-3R	75.0		CHA
5510N	$29816	$13120	$15800	$19680	$21770	JD	4T	276D	12F-12R	75.0		No
5510N w/Cab	$38385	$16890	$20340	$25330	$28020	JD	4T	276D	12F-12R	75.0		CHA
5510N 4WD	$35945	$15820	$19050	$23720	$26240	JD	4T	276D	12F-12R	75.0		No
5510N 4WD w/Cab	$44515	$19590	$23590	$29380	$32500	JD	4T	276D	12F-12R	75.0		CHA
6110	$31410	$13820	$16650	$20730	$22930	JD	4T	276D	12F-4R	65.0		No
6110 w/Cab	$40038	$17620	$21220	$26430	$29230	JD	4T	276D	12F-4R	65.0		CHA
6110 4WD	$38552	$16960	$20430	$25440	$28140	JD	4T	276D	12F-4R	65.0		No
6110 4WD w/Cab	$45695	$20110	$24220	$30160	$33360	JD	4T	276D	12F-4R	65.0		CHA
6110L	$31600	$13900	$16750	$20860	$23070	JD	4T	276D	12F-4R	65.0		No
6110L 4WD	$38744	$17050	$20530	$25570	$28280	JD	4T	276D	12F-4R	65.0		No
6210	$33298	$14650	$17650	$21980	$24310	JD	4T	276D	12F-4R	72.0		No
6210 w/Cab	$42779	$18820	$22670	$28230	$31230	JD	4T	276D	12F-4R	72.0		CHA
6210 4WD	$40441	$17790	$21430	$26690	$29520	JD	4T	276D	12F-4R	72.0		No
6210 4WD w/Cab	$49922	$21970	$26460	$32950	$36440	JD	4T	276D	12F-4R	72.0		CHA
6210L	$33439	$14710	$17720	$22070	$24410	JD	4T	276D	12F-4R	72.0		No
6210L 4WD	$40582	$17860	$21510	$26780	$29630	JD	4T	276D	12F-4R	72.0		No
6310	$35897	$15800	$19030	$23690	$26210	JD	4T	276D	12F-4R	80.0		No
6310 w/Cab	$45342	$19950	$24030	$29930	$33100	JD	4T	276D	12F-4R	80.0		CHA
6310 4WD	$43338	$19070	$22970	$28600	$31640	JD	4T	276D	12F-4R	80.0		No
6310 4WD w/Cab	$52783	$23230	$27980	$34840	$38530	JD	4T	276D	12F-4R	80.0		CHA
6310L	$35572	$15650	$18850	$23480	$25970	JD	4T	276D	12F-4R	80.0		No
6310L 4WD	$43143	$18980	$22870	$28470	$31490	JD	4T	276D	12F-4R	80.0		No
6310S	$52148	$22950	$27640	$34420	$38070	JD	4T	276D	16F-16R	80.0		CHA
6310S 4WD	$59589	$26220	$31580	$39330	$43500	JD	4T	276D	16F-16R	80.0		CHA
6405	$33167	$13600	$15590	$20900	$22890	JD	4T	276D	12F-4R	85.0		No
6405 4WD	$40536	$16620	$19050	$25540	$27970	JD	4T	276D	12F-4R	85.0		No

John Deere (Cont.)

Model	Approx. Retail Price New	Used Trade-In Avg.	Used Trade-In High	Used Retail Avg.	Used Retail High	Make	No. Cyls.	Displ. Cu.-in.	No. Speeds	P.T.O. H.P.	Approx. Shipping Wt.-Lbs.	Cab
2000 (Cont.)												
6410	$38344	$16870	$20320	$25310	$27990	JD	4T	276D	12F-4R	90.0		No
6410 w/Cab	$47029	$20690	$24930	$31040	$34330	JD	4T	276D	12F-4R	90.0		CHA
6410 4WD	$45915	$20200	$24340	$30300	$33520	JD	4T	276D	12F-4R	90.0		No
6410 4WD w/Cab	$54600	$24020	$28940	$36040	$39860	JD	4T	276D	12F-4R	90.0		CHA
6410L	$38375	$16890	$20340	$25330	$28010	JD	4T	276D	12F-4R	90.0		No
6410L 4WD	$45945	$20220	$24350	$30320	$33540	JD	4T	276D	12F-4R	90.0		No
6410S	$54951	$24180	$29120	$36270	$40110	JD	4T	276D	16F-16R	90.0		CHA
6410S 4WD	$62522	$27510	$33140	$41270	$45640	JD	4T	276D	16F-16R	90.0		CHA
6510L	$43492	$19140	$23050	$28710	$31750	JD	4T	276D	16F-16R	95.0		No
6510L 4WD	$51063	$22470	$27060	$33700	$37280	JD	4T	276D	16F-16R	95.0		No
6510S	$56841	$25010	$30130	$37520	$41490	JD	4T	276D	12F-4R	95.0		CHA
6510S 4WD	$64412	$28340	$34140	$42510	$47020	JD	4T	276D	12F-4R	95.0		CHA
6605	$36902	$15130	$17340	$23250	$25460	JD	6T	414D	12F-4R	95.0		No
6605 4WD	$44199	$18120	$20770	$27850	$30500	JD	6T	414D	12F-4R	95.0		No
7210	$52350	$23030	$27750	$34550	$38220	JD	6T	414D	12F-4R	95.0		CHA
7210 4WD	$60433	$26590	$32030	$39890	$44120	JD	6T	414D	12F-4R	95.0		CHA
7210HC	$51507	$22660	$27300	$34000	$37600	JD	6T	414D	12F-4R	95.0		No
7210HC w/Cab	$60459	$26600	$32040	$39900	$44140	JD	6T	414D	12F-4R	95.0		CHA
7210HC 4WD	$59590	$26220	$31580	$39330	$43500	JD	6T	414D	12F-4R	95.0		No
7210HC 4WD w/Cab	$68542	$30160	$36330	$45240	$50040	JD	6T	414D	12F-4R	95.0		CHA
7405	$43558	$17860	$20470	$27440	$30060	JD	6T	414D	16F-16R	105.0		No
7405 4WD	$51355	$21060	$24140	$32350	$35440	JD	6T	414D	16F-16R	105.0		No
7405HC 4WD	$55305	$22680	$25990	$34840	$38160	JD	6T	414D	16F-16R	105.0		No
7410	$56506	$24860	$29950	$37290	$41250	JD	6T	414D	12F-4R	105.0		CHA
7410 4WD	$64589	$28420	$34230	$42630	$47150	JD	6T	414D	12F-4R	105.0		CHA
7410HC	$55616	$24470	$29480	$36710	$40600	JD	6T	414D	12F-4R	105.0		No
7410HC w/Cab	$63841	$28090	$33840	$42140	$46600	JD	6T	414D	12F-4R	105.0		CHA
7410HC 4WD	$63699	$28030	$33760	$42040	$46500	JD	6T	414D	12F-4R	105.0		No
7410HC 4WD w/Cab	$71924	$31650	$38120	$47470	$52510	JD	6T	414D	12F-4R	105.0		CHA
7510 4WD	$72546	$31920	$38450	$47880	$52960	JD	6T	414D	16F-16R	115.0		CHA
7510 HC 4WD	$76285	$33570	$40430	$50350	$55690	JD	6T	414D	16F-16R	115.0		No
7510 HC 4WD	$84551	$37200	$44810	$55800	$61720	JD	6T	414D	16F-16R	115.0		CHA
7610	$65682	$28900	$34810	$43350	$47950	JD	6T	414D	16F-16R	115.0		CHA
7610 4WD	$76671	$33740	$40640	$50600	$55970	JD	6T	414D	16F-16R	115.0		CHA
7610 PS	$67604	$29750	$35830	$44620	$49350	JD	6T	414D	19F-7R	115.0		CHA
7610 PS 4WD	$80055	$35220	$42430	$52840	$58440	JD	6T	414D	19F-7R	115.0		CHA
7710	$73497	$32340	$38950	$48510	$53650	JD	6T	496D	16F-12R	130.0		CHA
7710 4WD	$84486	$37170	$44780	$55760	$61680	JD	6T	496D	16F-12R	130.0		CHA
7710 PS	$74700	$32870	$39590	$49300	$54530	JD	6T	496D	19F-7R	130.0		CHA
7710 PS 4WD	$86408	$38020	$45800	$57030	$63080	JD	6T	496D	19F-7R	130.0		CHA
7810	$78899	$34720	$41820	$52070	$57600	JD	6T	496D	16F-12R	150.0		CHA
7810 4WD	$89888	$39550	$47640	$59330	$65620	JD	6T	496D	16F-12R	150.0		CHA
7810 PS	$80821	$35560	$42840	$53340	$59000	JD	6T	496D	19F-7R	150.0		CHA
7810 PS WD	$91810	$40400	$48660	$60600	$67020	JD	6T	496D	19F-7R	150.0		CHA
8110	$90805	$34510	$40860	$54480	$61750	JD	6TA	496D	16F-4R	160.0		CHA
8110 4WD	$104422	$39680	$46990	$62650	$71010	JD	6TA	496D	16F-4R	160.0		CHA
8110T	$121573	$44980	$53490	$70510	$77810	JD	6TA	496D	16F-4R	160.0		CHA
8210	$106428	$40440	$47890	$63860	$72370	JD	6TA	496D	16F-4R	180.0		CHA
8210 4WD	$114415	$43480	$51490	$68650	$77800	JD	6TA	496D	16F-4R	180.0		CHA
8210T	$131459	$48640	$57840	$76250	$84130	JD	6TA	496D	16F-4R	180.0		CHA
8310 4WD	$130573	$49620	$58760	$78340	$88790	JD	6TA	496D	16F-4R	200.0		CHA
8310T	$141411	$52320	$62220	$82020	$90500	JD	6TA	496D	16F-4R	200.0		CHA
8410 4WD	$141644	$53830	$63740	$84990	$96320	JD	6TA	496D	16F-4R	225.0		CHA
8410T	$148742	$55040	$65450	$86270	$95200	JD	6TA	496D	16F-4R	225.0		CHA
9100	$112233	$42650	$50510	$67340	$76320	JD	6TA	496D	12F-3R	260*		CHA
9100 w/3-Pt.	$133630	$50780	$60130	$80180	$90870	JD	6TA	496D	12F-3R	260*		CHA
9100	$117229	$44550	$52750	$70340	$79720	JD	6TA	496D	24F-6R	260*		CHA
9100 w/3-Pt.	$129077	$49050	$58090	$77450	$87770	JD	6TA	496D	24F-6R	260*		CHA
9200	$130008	$49400	$58500	$78010	$88410	JD	6TA	643D	12F-3R	310*		CHA
9200 w/3-Pt.	$140690	$53460	$63310	$84410	$95670	JD	6TA	643D	12F-3R	310*		CHA
9200	$140690	$53460	$63310	$84410	$95670	JD	6TA	643D	24F-6R	310*		CHA
9200 w/3-Pt.	$158176	$60110	$71180	$94910	$107560	JD	6TA	643D	24F-6R	310*		CHA
9200 PS	$147494	$56050	$66370	$88500	$100300	JD	6TA	643D	12F-2R	310*		CHA
9200 PS w/3-Pt.	$159330	$60550	$71700	$95600	$108340	JD	6TA	643D	12F-2R	310*		CHA
9300	$148648	$55000	$65410	$86220	$95140	JD	6TA	765D	12F-3R	360*		CHA
9300 w/3-Pt.	$159330	$57720	$68640	$90480	$99840	JD	6TA	765D	12F-3R	360*		CHA
9300	$153644	$55500	$66000	$87000	$96000	JD	6TA	765D	24F-6R	360*		CHA
9300 w/3-Pt.	$164326	$59200	$70400	$92800	$102400	JD	6TA	765D	24F-6R	360*		CHA
9300 PS	$166134	$60680	$72160	$95120	$104960	JD	6TA	765D	12F-2R	360*		CHA
9300 PS w/3-Pt.	$176816	$63270	$75240	$99180	$109440	JD	6TA	765D	12F-2R	360*		CHA
9300T	$191498	$69560	$82720	$109040	$120320	JD	6TA	765D	24F-6R	360*		CHA
9400	$169703	$61420	$73040	$96280	$106240	JD	6TA	765D	12F-3R	425*		CHA
9400 w/3-Pt.	$180385	$65120	$77440	$102080	$112640	JD	6TA	765D	12F-3R	425*		CHA
9400	$174699	$63270	$75240	$99180	$109440	JD	6TA	765D	24F-6R	425*		CHA
9400 w/3-Pt.	$185381	$67340	$80080	$105560	$116480	JD	6TA	765D	24F-24R	425*		CHA
9400 PS	$187171	$68450	$81400	$107300	$118400	JD	6TA	765D	12F-2R	425*		CHA
9400 PS w/3-Pt.	$197853	$71410	$84920	$111940	$123520	JD	6TA	765D	12F-2R	425*		CHA
9400T	$204200	$74000	$88000	$116000	$128000	JD	6TA	765D	24F-6R	425*		CHA

HC—High Clearance L—Low Profile S—Low Clearance PS—Power Shift
*Engine Horsepower

Model	Approx. Retail Price New	Used Trade-In Avg.	Used Trade-In High	Used Retail Avg.	Used Retail High	Make	No. Cyls.	Displ. Cu.-in.	No. Speeds	P.T.O. H.P.	Approx. Shipping Wt.-Lbs.	Cab
1999												
790	$10290	$4220	$5250	$6690	$7410	Yanmar	3	91D	8F-2R	25.0		No
790 4WD	$12060	$4950	$6150	$7840	$8680	Yanmar	3	91D	8F-2R	25.0		No

John Deere (Cont.)

Model	Approx. Retail Price New	Used Trade-In Avg.	Used Trade-In High	Used Retail Avg.	Used Retail High	Make	Engine No. Cyls.	Displ. Cu.-in.	No. Speeds	P.T.O. H.P.	Cab
4100 4WD	$13150	$5390	$6710	$8550	$9470	Yanmar	3	61D	8F-4R	17.0	No
4100 4WD Hydro	$14850	$6090	$7570	$9650	$10690	Yanmar	3	61D	8F-2R	16.0	No
4200	$14170	$5810	$7230	$9210	$10200	Yanmar	3	73D	9F-3R	21.5	No
4200 Hydro	$15945	$6540	$8130	$10360	$11480	Yanmar	3	73D	Variable	20.0	No
4200 4WD	$15580	$6390	$7950	$10130	$11220	Yanmar	3	73D	9F-3R	21.5	No
4200 4WD Hydro	$17145	$7030	$8740	$11140	$12340	Yanmar	3	73D	Variable	20.0	No
4300	$14930	$6120	$7610	$9710	$10750	Yanmar	3	91D	9F-3R	27.0	No
4300 Hydro	$16700	$6850	$8520	$10860	$12020	Yanmar	3	91D	Variable	25.5	No
4300 4WD	$16130	$6610	$8230	$10490	$11610	Yanmar	3	91D	9F-3R	27.0	No
4300 4WD Hydro	$17900	$7340	$9130	$11640	$12890	Yanmar	3	91D	Variable	25.5	No
4400 4WD	$18395	$7540	$9380	$11960	$13240	Yanmar	3	100D	12F-12R	30.0	No
4400 4WD Hydro	$19430	$7970	$9910	$12630	$13990	Yanmar	3	100D	Variable	28.5	No
4500 4WD	$20115	$8250	$10260	$13080	$14480	Yanmar	4	121D	9F-3R	33.0	No
4600 4WD	$21915	$8990	$11180	$14250	$15780	Yanmar	4	121D	9F-3R	36.0	No
4600 4WD Hydro	$23500	$9640	$11990	$15280	$16920	Yanmar	4	121D	Variable	34.5	No
5210	$22115	$8820	$10970	$13980	$15480	JD	3	179D	9F-3R	45.0	No
5210 w/Cab	$30165	$12370	$15380	$19610	$21720	JD	3	179D	9F-3R	45.0	CHA
5210 4WD	$27275	$11180	$13910	$17730	$19640	JD	3	179D	9F-3R	45.0	No
5210 4WD w/Cab	$35285	$13940	$17340	$22100	$24480	JD	3	179D	9F-3R	45.0	CHA
5310	$24697	$10130	$12600	$16050	$17780	JD	3T	179D	9F-3R	55.0	No
5310 w/Cab	$32855	$13470	$16760	$21360	$23660	JD	3T	179D	9F-3R	55.0	CHA
5310 4WD	$30342	$12440	$15470	$19850	$21850	JD	3T	179D	9F-3R	55.0	No
5310 4WD w/Cab	$38162	$15650	$19460	$24810	$27480	JD	3T	179D	9F-3R	55.0	CHA
5310N	$24795	$10170	$12650	$16120	$17850	JD	3T	179D	9F-3R	55.0	No
5310N w/Cab	$33360	$13680	$17010	$21680	$24020	JD	3T	179D	9F-3R	55.0	CHA
5310N 4WD	$30810	$12630	$15710	$20030	$22180	JD	3T	179D	9F-3R	55.0	No
5310N 4WD w/Cab	$39375	$16140	$20080	$25590	$28350	JD	3T	179D	9F-3R	55.0	CHA
5410	$27366	$11220	$13960	$17790	$19700	JD	4	276D	9F-3R	65.0	No
5410 w/Cab	$35742	$14650	$18230	$23230	$25730	JD	4	276D	9F-3R	65.0	CHA
5410 4WD	$32736	$13420	$16700	$21280	$23570	JD	4	276D	9F-3R	65.0	No
5410 4WD w/Cab	$41106	$16850	$20960	$26720	$29600	JD	4	276D	9F-3R	65.0	CHA
5510	$30810	$12630	$15710	$20030	$22180	JD	4T	276D	9F-3R	75.0	No
5510 w/Cab	$38605	$15830	$19690	$25090	$27800	JD	4T	276D	9F-3R	75.0	CHA
5510 4WD	$36265	$14870	$18500	$23570	$26110	JD	4T	276D	9F-3R	75.0	No
5510 4WD w/Cab	$44635	$18300	$22760	$29010	$32140	JD	4T	276D	9F-3R	75.0	CHA
5510N	$29816	$12230	$15210	$19380	$21470	JD	4T	276D	12F-12R	75.0	No
5510N w/Cab	$38385	$15740	$19580	$24950	$27640	JD	4T	276D	12F-12R	75.0	CHA
5510N 4WD	$35945	$14740	$18330	$23360	$25880	JD	4T	276D	12F-12R	75.0	No
5510N 4WD w/Cab	$44515	$18250	$22700	$28940	$32050	JD	4T	276D	12F-12R	75.0	CHA
6110	$31241	$12880	$16020	$20420	$22620	JD	4T	276D	12F-4R	65.0	No
6110 w/Cab	$39405	$16160	$20100	$25610	$28370	JD	4T	276D	12F-4R	65.0	CHA
6110 4WD	$38550	$15810	$19660	$25060	$27760	JD	4T	276D	12F-4R	65.0	No
6110 4WD w/Cab	$46550	$19090	$23740	$30260	$33520	JD	4T	276D	12F-4R	65.0	CHA
6110L	$31085	$12750	$15850	$20210	$22380	JD	4T	276D	12F-4R	65.0	No
6110L 4WD	$38230	$15670	$19500	$24850	$27530	JD	4T	276D	12F-4R	65.0	No
6210	$32785	$13440	$16720	$21310	$23610	JD	4T	276D	12F-4R	72.0	No
6210 w/Cab	$41630	$17070	$21230	$27060	$29970	JD	4T	276D	12F-4R	72.0	CHA
6210 4WD	$39925	$16370	$20360	$25950	$28750	JD	4T	276D	12F-4R	72.0	No
6210 4WD w/Cab	$48775	$20000	$24880	$31700	$35120	JD	4T	276D	12F-4R	72.0	CHA
6210L	$32925	$13440	$16790	$21400	$23710	JD	4T	276D	12F-4R	72.0	No
6210L 4WD	$40066	$16430	$20430	$26040	$28850	JD	4T	276D	12F-4R	72.0	No
6310	$35897	$14720	$18310	$23330	$25850	JD	4T	276D	12F-4R	80.0	No
6310 w/Cab	$44710	$18330	$22800	$29060	$32190	JD	4T	276D	12F-4R	80.0	CHA
6310 4WD	$43338	$17770	$22100	$28170	$31200	JD	4T	276D	12F-4R	80.0	No
6310 4WD w/Cab	$52150	$21380	$26600	$33900	$37550	JD	4T	276D	12F-4R	80.0	CHA
6310L	$35572	$14590	$18140	$23120	$25610	JD	4T	276D	12F-4R	80.0	No
6310L 4WD	$43145	$17690	$22000	$28040	$31060	JD	4T	276D	12F-4R	80.0	No
6310S	$52150	$21380	$26600	$33900	$37550	JD	4T	276D	16F-16R	80.0	CHA
6310S 4WD	$59590	$24430	$30390	$38730	$42910	JD	4T	276D	16F-16R	80.0	CHA
6405	$33170	$12610	$14600	$20230	$22220	JD	4T	276D	12F-4R	85.0	No
6405 4WD	$40536	$15400	$17840	$24730	$27160	JD	4T	276D	12F-4R	85.0	No
6410	$38345	$15720	$19560	$24920	$27610	JD	4T	276D	12F-4R	90.0	No
6410 w/Cab	$47030	$19280	$23990	$30570	$33860	JD	4T	276D	12F-4R	90.0	CHA
6410 4WD	$45915	$18830	$23420	$29850	$33060	JD	4T	276D	12F-4R	90.0	No
6410 4WD w/Cab	$54600	$22390	$27850	$35490	$39310	JD	4T	276D	12F-4R	90.0	CHA
6410L	$38375	$15730	$19570	$24940	$27630	JD	4T	276D	12F-4R	90.0	No
6410L 4WD	$45945	$18840	$23430	$29860	$33080	JD	4T	276D	12F-4R	90.0	No
6410S	$54950	$22530	$28030	$35720	$39560	JD	4T	276D	16F-16R	90.0	CHA
6410S 4WD	$62525	$25640	$31890	$40640	$45020	JD	4T	276D	16F-16R	90.0	CHA
6510L	$43495	$17830	$22180	$28270	$31320	JD	4T	276D	16F-16R	95.0	No
6510L 4WD	$51065	$20940	$26040	$33190	$36770	JD	4T	276D	16F-16R	95.0	No
6510S	$56840	$23300	$28990	$36950	$40930	JD	4T	276D	12F-4R	95.0	CHA
6510S 4WD	$64415	$26410	$32850	$41870	$46380	JD	4T	276D	12F-4R	95.0	CHA
6605	$36900	$14020	$16240	$22510	$24720	JD	6T	414D	12F-4R	95.0	No
6605 4WD	$44200	$16800	$19450	$26960	$29610	JD	6T	414D	12F-4R	95.0	No
7210	$51740	$21210	$26390	$33630	$37250	JD	6T	414D	12F-4R	95.0	CHA
7210 4WD	$60340	$24740	$30770	$39220	$43450	JD	6T	414D	12F-4R	95.0	CHA
7210HC	$51510	$21120	$26270	$33480	$37090	JD	6T	414D	12F-4R	95.0	No
7210HC w/Cab	$59735	$24490	$30470	$38830	$43010	JD	6T	414D	12F-4R	95.0	CHA
7210HC 4WD	$62000	$25010	$31110	$39650	$43920	JD	6T	414D	12F-4R	95.0	No
7210HC 4WD w/Cab	$70100	$28290	$35190	$44850	$49680	JD	6T	414D	12F-4R	95.0	CHA
7405	$43560	$16550	$19170	$26570	$29190	JD	6T	414D	16F-16R	105.0	No
7405 4WD	$51355	$19520	$22600	$31330	$34410	JD	6T	414D	16F-16R	105.0	No
7405HC 4WD	$55305	$21020	$24330	$33740	$37050	JD	6T	414D	16F-16R	105.0	No

John Deere (Cont.)

1999 (Cont.)

Model	Approx. Retail Price New	Used Trade-In Avg.	Used Trade-In High	Used Retail Avg.	Used Retail High	Make	Engine No. Cyls.	Displ. Cu.-in.	No. Speeds	P.T.O. H.P.	Approx. Shipping Wt.-Lbs.	Cab
7410	$55787	$22870	$28450	$36260	$40170	JD	6T	414D	12F-4R	105.0		CHA
7410 4WD	$64980	$26640	$33140	$42240	$46790	JD	6T	414D	12F-4R	105.0		CHA
7410HC	$55616	$22800	$28360	$36150	$40040	JD	6T	414D	12F-4R	105.0		No
7410HC	$63840	$26170	$32560	$41500	$45970	JD	6T	414D	12F-4R	105.0		CHA
7410HC 4WD	$65975	$26450	$32900	$41930	$46440	JD	6T	414D	12F-4R	105.0		No
7410HC 4WD w/Cab	$74200	$29930	$37230	$47450	$52560	JD	6T	414D	12F-4R	105.0		CHA
7610	$65565	$26880	$33440	$42620	$47210	JD	6T	414D	16F-16R	115.0		CHA
7610 4WD	$77665	$31570	$39270	$50050	$55440	JD	6T	414D	16F-16R	115.0		CHA
7610 PS	$68950	$27680	$34680	$44200	$48960	JD	6T	414D	19F-7R	115.0		CHA
7610 PS 4WD	$81050	$32800	$40800	$52000	$57600	JD	6T	414D	19F-7R	115.0		CHA
7710	$73380	$30090	$37420	$47700	$52830	JD	6T	496D	16F-12R	130.0		CHA
7710 4WD	$85480	$34850	$43350	$55250	$61200	JD	6T	496D	16F-12R	130.0		CHA
7710 PS	$76765	$30750	$38250	$48750	$54000	JD	6T	496D	19F-7R	130.0		CHA
7710 PS 4WD	$88865	$35670	$44370	$56550	$62640	JD	6T	496D	19F-7R	130.0		CHA
7810	$82945	$32800	$40800	$52000	$57600	JD	6T	496D	16F-12R	150.0		CHA
7810 4WD	$94995	$37310	$46410	$59150	$65520	JD	6T	496D	16F-12R	150.0		CHA
7810 PS	$86330	$34030	$42330	$53950	$59760	JD	6T	496D	19F-7R	150.0		CHA
7810 PS WD	$98430	$38130	$47430	$60450	$66960	JD	6T	496D	19F-7R	150.0		CHA
8100	$95600	$33300	$38850	$52730	$60130	JD	6TA	496D	16F-4R	160.0		CHA
8100 4WD	$104000	$36720	$42840	$58140	$66300	JD	6TA	496D	16F-4R	160.0		CHA
8100T	$118775	$35640	$44280	$58320	$64800	JD	6TA	496D	16F-4R	160.0		CHA
8200	$106567	$38360	$44760	$60740	$69270	JD	6TA	496D	16F-4R	180.0		CHA
8200 4WD	$112155	$39600	$46200	$62700	$71500	JD	6TA	496D	16F-4R	180.0		CHA
8200T	$128245	$38940	$48380	$63720	$70800	JD	6TA	496D	16F-4R	180.0		CHA
8300	$114350	$40320	$47040	$63840	$72800	JD	6TA	496D	16F-4R	200.0		CHA
8300 4WD	$129200	$43920	$51240	$69540	$79300	JD	6TA	496D	16F-4R	200.0		CHA
8300T	$138300	$42240	$52480	$69120	$76800	JD	6TA	496D	16F-4R	200.0		CHA
8400 4WD	$139220	$47880	$55860	$75810	$86450	JD	6TA	496D	16F-4R	225.0		CHA
8400T	$145375	$44550	$55350	$72900	$81000	JD	6TA	496D	16F-4R	225.0		CHA
9100	$111745	$40230	$46930	$63700	$72630	JD	6TA	496D	12F-3R	260*		CHA
9200	$129840	$46740	$54530	$74010	$84400	JD	6TA	643D	12F-3R	310*		CHA
9200	$134835	$48540	$56630	$76860	$87640	JD	6TA	643D	24F-24R	310*		CHA
9200 PS	$147325	$53040	$61880	$83980	$95760	JD	6TA	643D	12F-2R	310*		CHA
9300	$148945	$49150	$61070	$80430	$89370	JD	6TA	765D	12F-3R	360*		CHA
9300	$153945	$50800	$63120	$83130	$92370	JD	6TA	765D	24F-24R	360*		CHA
9300 PS	$166430	$54920	$68240	$89870	$99860	JD	6TA	765D	12F-2R	360*		CHA
9400	$168325	$55550	$69010	$90900	$101000	JD	6TA	765D	12F-3R	425*		CHA
9400	$173320	$57200	$71060	$93590	$103990	JD	6TA	765D	24F-24R	425*		CHA
9400 PS	$185810	$59400	$73800	$97200	$108000	JD	6TA	765D	12F-2R	425*		CHA

HC—High Clearance L—Low Profile S—Low Clearance PS—Power Shift

*Engine Horsepower

1998

Model	Approx. Retail Price New	Used Trade-In Avg.	Used Trade-In High	Used Retail Avg.	Used Retail High	Make	Engine No. Cyls.	Displ. Cu.-in.	No. Speeds	P.T.O. H.P.	Approx. Shipping Wt.-Lbs.	Cab
770	$13927	$5430	$6820	$8910	$9890	Yanmar	3	83D	8F-2R	20.0		No
770 4WD	$15191	$5920	$7440	$9720	$10790	Yanmar	3	83D	8F-2R	20.0		No
855	$15886	$6200	$7780	$10170	$11280	Yanmar	3	61D	Variable	19.0		No
855 4WD	$17269	$6740	$8460	$11050	$12260	Yanmar	3	61D	Variable	19.0		No
870	$14952	$5830	$7330	$9570	$10620	Yanmar	3	87D	9F-3R	25.0		No
870 4WD	$17320	$6760	$8490	$11090	$12300	Yanmar	3	87D	9F-3R	25.0		No
955 4WD	$19324	$7540	$9470	$12370	$13720	Yanmar	3	87D	Variable	27.0		No
970	$17562	$6850	$8610	$11240	$12470	Yanmar	3	111D	9F-3R	30.0		No
970 4WD	$20289	$7910	$9940	$12990	$14410	Yanmar	3	111D	9F-3R	30.0		No
1070	$18937	$7390	$9280	$12120	$13450	Yanmar	3	116D	9F-3R	35.0		No
1070 4WD	$22048	$8600	$10800	$14110	$15650	Yanmar	3	116D	9F-3R	35.0		No
5210	$21072	$8220	$10330	$13490	$14960	JD	3	179D	9F-3R	45.0		No
5210 w/Cab	$29210	$11390	$14310	$18690	$20740	JD	3	179D	9F-3R	45.0		CHA
5210 4WD	$27000	$10530	$13230	$17280	$19170	JD	3	179D	9F-3R	45.0		No
5210 4WD w/Cab	$34278	$13370	$16800	$21940	$24340	JD	3	179D	9F-3R	45.0		CHA
5310	$23795	$9280	$11660	$15230	$16890	JD	3T	179D	9F-3R	55.0		No
5310 w/Cab	$32527	$12690	$15940	$20820	$23090	JD	3T	179D	9F-3R	55.0		CHA
5310 4WD	$29775	$11610	$14590	$19060	$21140	JD	3T	179D	9F-3R	55.0		No
5310 4WD w/Cab	$37785	$14740	$18520	$24180	$26830	JD	3T	179D	9F-3R	55.0		CHA
5310N	$24550	$9580	$12030	$15710	$17430	JD	3T	179D	9F-3R	55.0		No
5310N w/Cab	$33030	$12880	$16190	$21140	$23450	JD	3T	179D	9F-3R	55.0		CHA
5310N 4WD	$30500	$11900	$14950	$19520	$21660	JD	3T	179D	9F-3R	55.0		No
5310N 4WD w/Cab	$38985	$15200	$19100	$24950	$27680	JD	3T	179D	9F-3R	55.0		CHA
5410	$26435	$10310	$12950	$16920	$18770	JD	4	276D	9F-3R	65.0		No
5410 w/Cab	$34730	$13550	$17020	$22230	$24660	JD	4	276D	9F-3R	65.0		CHA
5410 4WD	$31752	$12380	$15560	$20320	$22540	JD	4	276D	9F-3R	65.0		No
5410 4WD w/Cab	$40040	$15620	$19620	$25630	$28430	JD	4	276D	9F-3R	65.0		CHA
5510	$30504	$11900	$14950	$19520	$21660	JD	4T	276D	9F-3R	75.0		No
5510 w/Cab	$37565	$14650	$18410	$24040	$26670	JD	4T	276D	9F-3R	75.0		CHA
5510 4WD	$35905	$14000	$17590	$22980	$25490	JD	4T	276D	9F-3R	75.0		No
5510 4WD w/Cab	$44190	$17230	$21650	$28280	$31380	JD	4T	276D	9F-3R	75.0		CHA
5510N	$29522	$11510	$14470	$18890	$20960	JD	4T	276D	12F-12R	75.0		No
5510N w/Cab	$38000	$14820	$18620	$24320	$26980	JD	4T	276D	12F-12R	75.0		CHA
5510N 4WD	$35592	$13880	$17440	$22780	$25270	JD	4T	276D	12F-12R	75.0		No
5510N 4WD w/Cab	$44075	$17190	$21600	$28210	$31290	JD	4T	276D	12F-12R	75.0		CHA
6110	$30290	$11810	$14840	$19390	$21510	JD	4T	276D	12F-4R	65.0		No
6110 w/Cab	$38783	$15130	$19000	$24820	$27540	JD	4T	276D	12F-4R	65.0		CH
6110 4WD	$37435	$14600	$18340	$23960	$26580	JD	4T	276D	12F-4R	65.0		No
6110 4WD w/Cab	$45926	$17910	$22500	$29390	$32610	JD	4T	276D	12F-4R	65.0		CHA
6110L	$29975	$11690	$14690	$19180	$21280	JD	4T	276D	12F-4R	65.0		No
6110L 4WD	$37115	$14480	$18190	$23750	$26350	JD	4T	276D	12F-4R	65.0		No

John Deere (Cont.)

Model	Approx. Retail Price New	Used Trade-In Avg.	Used Trade-In High	Used Retail Avg.	Used Retail High	Make	Engine No. Cyls.	Displ. Cu.-in.	No. Speeds	P.T.O. H.P.	Approx. Shipping Wt.-Lbs.	Cab
1998 (Cont.)												
6210	$31642	$12340	$15510	$20250	$22470	JD	4T	276D	12F-4R	72.0		No
6210 w/Cab	$40975	$15980	$20080	$26220	$29090	JD	4T	276D	12F-4R	72.0		CHA
6210 4WD	$38785	$15130	$19010	$24820	$27540	JD	4T	276D	12F-4R	72.0		No
6210 4WD w/Cab	$48120	$18770	$23580	$30800	$34170	JD	4T	276D	12F-4R	72.0		CHA
6210L	$31780	$12390	$15570	$20340	$22560	JD	4T	276D	12F-4R	72.0		No
6210L 4WD	$38925	$15180	$19070	$24910	$27640	JD	4T	276D	12F-4R	72.0		No
6310	$34200	$13340	$16760	$21890	$24280	JD	4T	276D	12F-4R	80.0		No
6310 w/Cab	$43496	$16960	$21310	$27840	$30880	JD	4T	276D	12F-4R	80.0		CHA
6310 4WD	$41640	$16240	$20400	$26650	$29560	JD	4T	276D	12F-4R	80.0		No
6310 4WD w/Cab	$50940	$19870	$24960	$32600	$36170	JD	4T	276D	12F-4R	80.0		CHA
6310L	$33880	$13210	$16600	$21680	$24060	JD	4T	276D	12F-4R	80.0		No
6310L 4WD	$41450	$16170	$20310	$26530	$29430	JD	4T	276D	12F-4R	80.0		No
6310S	$50820	$19820	$24900	$32530	$36080	JD	4T	276D	16F-16R	80.0		CHA
6310S 4WD	$58260	$22720	$28550	$37290	$41370	JD	4T	276D	16F-16R	80.0		CHA
6405	$33170	$11940	$14260	$19570	$21560	JD	4T	276D	12F-4R	85.0		No
6405 4WD	$40536	$14590	$17430	$23920	$26350	JD	4T	276D	12F-4R	85.0		No
6410	$37116	$14480	$18190	$23750	$26350	JD	4T	276D	12F-4R	90.0		No
6410 w/Cab	$46290	$18050	$22680	$29630	$32870	JD	4T	276D	12F-4R	90.0		CHA
6410 4WD	$44690	$17430	$21900	$28600	$31730	JD	4T	276D	12F-4R	90.0		No
6410 4WD w/Cab	$53860	$21010	$26390	$34470	$38240	JD	4T	276D	12F-4R	90.0		CHA
6410L	$37146	$14490	$18200	$23770	$26370	JD	4T	276D	12F-4R	90.0		No
6410L 4WD	$44720	$17440	$21910	$28620	$31750	JD	4T	276D	12F-4R	90.0		No
6410S	$54086	$21090	$26500	$34620	$38400	JD	4T	276D	16F-16R	90.0		CHA
6410S 4WD	$61660	$24050	$30210	$39460	$43780	JD	4T	276D	16F-16R	90.0		CHA
6510L	$42185	$16450	$20670	$27000	$29950	JD	4T	276D	16F-16R	95.0		No
6510L 4WD	$49755	$19400	$24380	$31840	$35330	JD	4T	276D	16F-16R	95.0		No
6510S	$55946	$21820	$27410	$35810	$39720	JD	4T	276D	12F-4R	95.0		CHA
6510S 4WD	$63520	$24770	$31130	$40650	$45100	JD	4T	276D	12F-4R	95.0		CHA
6605	$36900	$13280	$15870	$21770	$23990	JD	6T	414D	12F-4R	95.0		No
6605 4WD	$44200	$15910	$19010	$26080	$28730	JD	6T	414D	12F-4R	95.0		No
7210	$51630	$20140	$25300	$33040	$36660	JD	6T	414D	12F-4R	95.0		CHA
7210 4WD	$59975	$23390	$29390	$38380	$42580	JD	6T	414D	12F-4R	95.0		CHA
7210HC	$51400	$20050	$25190	$32900	$36490	JD	6T	414D	12F-4R	95.0		No
7210HC w/Cab	$59500	$23210	$29160	$38080	$42250	JD	6T	414D	12F-4R	95.0		CHA
7210HC 4WD	$60890	$23750	$29840	$38970	$43230	JD	6T	414D	12F-4R	95.0		No
7210HC 4WD w/Cab	$68990	$26910	$33810	$44150	$48980	JD	6T	414D	12F-4R	95.0		CHA
7405	$43560	$15680	$18730	$25700	$28310	JD	6T	414D	16F-16R	105.0		No
7405 4WD	$51355	$18490	$22080	$30300	$33380	JD	6T	414D	16F-16R	105.0		No
7405HC 4WD	$55305	$19910	$23780	$32630	$35950	JD	6T	414D	16F-16R	105.0		No
7410	$55620	$21690	$27250	$35600	$39490	JD	6T	414D	12F-4R	105.0		CHA
7410 4WD	$64665	$25220	$31690	$41390	$45910	JD	6T	414D	12F-4R	105.0		CHA
7410HC	$55450	$21630	$27170	$35490	$39370	JD	6T	414D	12F-4R	105.0		No
7410HC w/Cab	$63545	$24780	$31140	$40670	$45120	JD	6T	414D	12F-4R	105.0		CHA
7410HC 4WD	$65645	$25600	$32170	$42010	$46610	JD	6T	414D	12F-4R	105.0		No
7410HC 4WD w/Cab	$73740	$28760	$36130	$47190	$52360	JD	6T	414D	12F-4R	105.0		CHA
7610	$64650	$25210	$31680	$41380	$45900	JD	6T	414D	16F-16R	115.0		CHA
7610 4WD	$76560	$29860	$37510	$49000	$54360	JD	6T	414D	16F-16R	115.0		CHA
7610 PS	$67980	$26510	$33310	$43510	$48270	JD	6T	414D	19F-7R	115.0		CHA
7610 PS 4WD	$78090	$30460	$38260	$49980	$55440	JD	6T	414D	19F-7R	115.0		CHA
7710	$72475	$28270	$35510	$46380	$51460	JD	6T	496D	16F-12R	130.0		CHA
7710 4WD	$84385	$32910	$41350	$54010	$59910	JD	6T	496D	16F-12R	130.0		CHA
7710 PS	$75805	$29560	$37140	$48520	$53820	JD	6T	496D	19F-7R	130.0		CHA
7710 PS 4WD	$85780	$33450	$42030	$54900	$60900	JD	6T	496D	19F-7R	130.0		CHA
7810	$77520	$30230	$37990	$49610	$55040	JD	6T	496D	16F-12R	150.0		CHA
7810 4WD	$89375	$34860	$43790	$57200	$63460	JD	6T	496D	16F-12R	150.0		CHA
7810 PS	$80900	$31550	$39640	$51780	$57440	JD	6T	496D	19F-7R	150.0		CHA
7810 PS 4WD	$92400	$36040	$45280	$59140	$65600	JD	6T	496D	19F-7R	150.0		CHA
8100	$88475	$29720	$34960	$48070	$55060	JD	6TA	496D	16F-4R	160.0		CHA
8100 4WD	$101955	$33320	$39200	$53900	$61740	JD	6TA	496D	16F-4R	160.0		CHA
8100T	$116360	$32860	$41340	$54060	$60420	JD	6TA	496D	16F-4R	160.0		CHA
8200	$99315	$32740	$38520	$52970	$60670	JD	6TA	496D	16F-4R	180.0		CHA
8200 4WD	$111560	$36720	$43200	$59400	$68040	JD	6TA	496D	16F-4R	180.0		CHA
8200T	$125830	$35650	$44850	$58650	$65550	JD	6TA	496D	16F-4R	180.0		CHA
8300	$107477	$35700	$42000	$57750	$66150	JD	6TA	496D	16F-4R	200.0		CHA
8300 4WD	$122250	$39170	$46080	$63360	$72580	JD	6TA	496D	16F-4R	200.0		CHA
8300T	$133765	$37200	$46800	$61200	$68400	JD	6TA	496D	16F-4R	200.0		CHA
8400 4WD	$131050	$42160	$49600	$68200	$78120	JD	6TA	496D	16F-4R	225.0		CHA
8400T	$141655	$39370	$49530	$64770	$72390	JD	6TA	496D	16F-4R	225.0		CHA
9100	$108520	$36900	$43410	$59690	$68370	JD	6TA	496D	12F-3R	260*		CHA
9100 PS	$113415	$38560	$45370	$62380	$71450	JD	6TA	496D	24F-24R	260*		CHA
9200	$128560	$43710	$51420	$70710	$80990	JD	6TA	643D	12F-3R	310*		CHA
9200	$133455	$45380	$53380	$73400	$84080	JD	6TA	643D	24F-24R	310*		CHA
9200 PS	$148686	$49840	$58640	$80630	$92360	JD	6TA	643D	12F-2R	310*		CHA
9300	$147380	$44950	$56550	$73950	$82650	JD	6TA	765D	12F-3R	360*		CHA
9300	$152270	$46500	$58500	$76500	$85500	JD	6TA	765D	24F-24R	360*		CHA
9300 PS	$168135	$51460	$64740	$84660	$94620	JD	6TA	765D	12F-2R	360*		CHA
9400	$166135	$50840	$63960	$83640	$93480	JD	6TA	765D	12F-3R	425*		CHA
9400	$171026	$52390	$65910	$86190	$96330	JD	6TA	765D	24F-24R	425*		CHA
9400 PS	$184735	$55490	$69810	$91290	$102030	JD	6TA	765D	12F-2R	425*		CHA

HC—High Clearance L—Low Profile S—Low Clearance PS—Power Shift
*Engine Horsepower

Model	Approx. Retail Price New	Used Trade-In Avg.	Used Trade-In High	Used Retail Avg.	Used Retail High	Make	No. Cyls.	Displ. Cu.-in.	No. Speeds	P.T.O. H.P.	Approx. Shipping Wt.-Lbs.	Cab
John Deere (Cont.)												
1997												
670	$11796	$4070	$5170	$6930	$7700	Yanmar	3	54D	8F-2R	18.5	1980	No
670 4WD	$13554	$4810	$6110	$8190	$9100	Yanmar	3	54D	8F-2R	18.5	2120	No
755	$14836	$5180	$6580	$8820	$9800	Yanmar	3	54D	Variable	20.0	1817	No
755 4WD	$16105	$5960	$7570	$10150	$11270	Yanmar	3	54D	Variable	20.0	1921	No
770	$12739	$4440	$5640	$7560	$8400	Yanmar	3	83D	8F-2R	24.0	2180	No
770 4WD	$15191	$5550	$7050	$9450	$10500	Yanmar	3	83D	8F-2R	24.0	2355	No
855	$15790	$5840	$7420	$9950	$11050	Yanmar	3	61D	Variable	24.0	1876	No
855 4WD	$17269	$6290	$7990	$10710	$11900	Yanmar	3	61D	Variable	24.0	1876	No
870	$14952	$5180	$6580	$8820	$9800	Yanmar	3	87D	9F-3R	28.0	1876	No
870 4WD	$17320	$6410	$8140	$10910	$12120	Yanmar	3	87D	9F-3R	28.0	1876	No
955 4WD	$19324	$7030	$8930	$11970	$13300	Yanmar	3	87D	Variable	33.0	1876	No
970	$16750	$6200	$7870	$10550	$11730	Yanmar	3	111D	9F-3R	30.0	1876	No
970 4WD	$20289	$7400	$9400	$12600	$14000	Yanmar	3	111D	9F-3R	33.0	1876	No
1070	$18937	$6770	$8600	$11530	$12810	Yanmar	3	116D	9F-3R	38.5	1876	No
1070 4WD	$22048	$7840	$9960	$13360	$14840	Yanmar	3	116D	9F-3R	38.5	1876	No
5200	$21048	$8420	$9890	$13470	$14940	JD	3	179D	9F-3R	40.0	4250	No
5200 4WD	$26989	$10800	$12690	$17270	$19160	JD	3	179D	9F-3R	40.0	4650	No
5200 4WD w/Cab	$34789	$13920	$16350	$22270	$24700	JD	3	179D	9F-3R	40.0		CHA
5200 w/Cab	$29661	$11860	$13940	$18980	$21060	JD	3	179D	9F-3R	40.0		CHA
5300	$23212	$9290	$10910	$14860	$16480	JD	3	179D	9F-3R	50.0	4350	No
5300 4WD	$28269	$11310	$13290	$18090	$20070	JD	3	179D	9F-3R	50.0	4750	No
5300 4WD w/Cab	$36915	$14770	$17350	$23630	$26210	JD	3	179D	9F-3R	50.0		CHA
5300 w/Cab	$31773	$12710	$14930	$20340	$22560	JD	3	179D	9F-3R	50.0		CHA
5400	$26313	$10530	$12370	$16840	$18680	JD	3	179D	9F-3R	60.0	4600	No
5400 4WD	$31471	$12590	$14790	$20140	$22340	JD	3	179D	9F-3R	60.0	5000	No
5400 4WD w/Cab	$39591	$15840	$18610	$25340	$28110	JD	3T	179D	9F-3R	60.0		CHA
5400 w/Cab	$34429	$13770	$16180	$22040	$24450	JD	3T	179D	9F-3R	60.0		CHA
5400N	$26015	$10410	$12230	$16650	$18470	JD	3	179D	12F-12R	60.0	4763	No
5400N 4WD	$32017	$12810	$15050	$20490	$22730	JD	3	179D	12F-12R	60.0	5072	No
5400N 4WD w/Cab	$40115	$16050	$18850	$25670	$28480	JD	3T	179D	12F-12R	60.0		CHA
5400N w/Cab	$34113	$13650	$16030	$21830	$24220	JD	3T	179D	12F-12R	60.0		CHA
5500	$29068	$10760	$13660	$18310	$20350	JD	4T	239D	9F-3R	73.0		No
5500 4WD	$34233	$12670	$16090	$21570	$23960	JD	4T	239D	9F-3R	73.0		No
5500 4WD w/Cab	$42353	$15670	$19910	$26680	$29650	JD	4T	239D	9F-3R	73.0		CHA
5500 w/Cab	$37188	$13760	$17480	$23430	$26030	JD	4T	239D	9F-3R	73.0		CHA
5500N	$28663	$10610	$13470	$18060	$20060	JD	4T	239D	12F-12R	73.0		No
5500N 4WD	$34658	$12820	$16290	$21840	$24260	JD	4T	239D	12F-12R	73.0		No
5500N 4WD w/Cab	$42756	$15820	$20100	$26940	$29930	JD	4T	239D	12F-12R	73.0		CHA
5500N w/Cab	$36761	$13600	$17280	$23160	$25730	JD	4T	239D	12F-12R	73.0		CHA
6200	$30643	$10730	$12870	$17770	$19610	JD	4T	239D	12F-4R	66.0	7420	No
6200	$33033	$11560	$13870	$19160	$21140	JD	4T	239D	16F-16R	66.0		No
6200 4WD	$37578	$13150	$15780	$21800	$24050	JD	4T	239D	12F-4R	66.0	7916	No
6200 4WD	$39968	$13990	$16790	$23180	$25580	JD	4T	239D	16F-16R	66.0		No
6200 4WD w/Cab	$46376	$15750	$18900	$26100	$28800	JD	4T	239D	12F-4R	66.0	8423	CHA
6200 w/Cab	$39441	$13800	$16570	$22880	$25240	JD	4T	239D	12F-4R	66.0	7927	CHA
6200L	$30623	$10720	$12860	$17760	$19600	JD	4T	239D	12F-4R	66.0	7420	No
6200L	$33013	$11560	$13870	$19150	$21130	JD	4T	239D	16F-16R	66.0		No
6200L 4WD	$37558	$13150	$15770	$21780	$24040	JD	4T	239D	12F-4R	66.0	7916	No
6300	$33061	$12230	$15540	$20830	$23140	JD	4T	239D	12F-4R	75.0	7497	No
6300	$35451	$13120	$16660	$22330	$24820	JD	4T	239D	16F-16R	75.0		No
6300 4WD	$40285	$15120	$19200	$25740	$28600	JD	4T	239D	16F-16R	75.0		No
6300 4WD	$42675	$15790	$20060	$26890	$29870	JD	4T	239D	12F-4R	75.0	8004	No
6300 4WD w/Cab	$49079	$18160	$23070	$30920	$34360	JD	4T	239D	12F-4R	75.0	8511	CHA
6300 LC	$49446	$18300	$23240	$31150	$34610	JD	4T	239D	16F-16R	75.0		CHA
6300 w/Cab	$41855	$15490	$19670	$26370	$29300	JD	4T	239D	12F-4R	75.0	8004	CHA
6300L	$33039	$12220	$15530	$20820	$23130	JD	4T	239D	12F-4R	75.0	7497	No
6300L	$35429	$13110	$16650	$22320	$24800	JD	4T	239D	16F-16R	75.0		No
6300L 4WD	$40389	$14940	$18980	$25450	$28270	JD	4T	239D	12F-4R	75.0	8004	No
6300LC 4WD	$56670	$20970	$26640	$35700	$39670	JD	4T	239D	16F-16R	75.0		CHA
6400	$36809	$13620	$17300	$23190	$25770	JD	4T	276D	12F-4R	85.0	7607	No
6400	$39199	$14500	$18420	$24700	$27440	JD	4T	276D	16F-16R	85.0		No
6400 4WD	$44159	$16340	$20760	$27820	$30910	JD	4T	276D	12F-4R	85.0	8246	No
6400 4WD	$46549	$17220	$21880	$29330	$32580	JD	4T	276D	16F-16R	85.0		No
6400 4WD w/Cab	$52359	$19370	$24610	$32990	$36650	JD	4T	276D	12F-4R	85.0	8754	CHA
6400 w/Cab	$45009	$16650	$21150	$28360	$31510	JD	4T	276D	12F-4R	85.0	8114	CHA
6400L	$30584	$13650	$17340	$23240	$25820	JD	4T	276D	16F-16R	85.0		No
6400L	$36194	$13390	$17010	$22800	$25340	JD	4T	276D	12F-4R	85.0	7607	No
6400L 4WD	$43544	$16110	$20470	$27430	$30480	JD	4T	276D	12F-4R	85.0	8246	No
6400LC	$52603	$19460	$24720	$33140	$36820	JD	4T	276D	16F-16R	85.0		CHA
6400LC 4WD	$59953	$22180	$28180	$37770	$41790	JD	4T	276D	16F-16R	85.0		CHA
6500L	$41547	$15370	$19530	$26180	$29080	JD	4T	276D	16F-12R	95.0	7740	No
6500L 4WD	$48897	$18090	$22980	$30810	$34230	JD	4T	276D	16F-12R	95.0	8379	No
6500LC	$54931	$20320	$25820	$34610	$38450	JD	4T	276D	16F-16R	95.0		CHA
6500LC 4WD	$62281	$23040	$29270	$39240	$43600	JD	4T	276D	16F-16R	95.0		CHA
7210	$49440	$18290	$23240	$31150	$34610	JD	6T	359D	12F-4R	92.0	10662	CHA
7210	$51830	$19180	$24360	$32650	$36280	JD	6T	359D	16F-16R	92.0		CHA
7210 4WD	$57161	$21150	$26870	$36010	$40010	JD	6T	359D	12F-4R	92.0	11522	CHA
7210 4WD	$59551	$22030	$27990	$37520	$41690	JD	6T	359D	16F-16R	92.0		CHA
7210HC	$49217	$18210	$23130	$31010	$34450	JD	6T	359D	12F-4R	92.0		No
7210HC	$51607	$19100	$24260	$32510	$36130	JD	6T	359D	16F-16R	92.0		CHA
7210HC 4WD	$56938	$21070	$26760	$35870	$39860	JD	6T	359D	12F-4R	92.0		No
7210HC 4WD w/Cab	$64797	$24060	$30570	$40970	$45520	JD	6T	359D	12F-4R	92.0		CHA
7210HC w/Cab	$57076	$21120	$26830	$35960	$39950	JD	6T	359D	12F-4R	92.0		CHA
7410	$53310	$19730	$25060	$33590	$37320	JD	6T	414D	12F-4R	100.0	10827	CHA

Model	Approx. Retail Price New	Used Trade-In Avg.	Used Trade-In High	Used Retail Avg.	Used Retail High	Make	Engine No. Cyls.	Displ. Cu.-in.	No. Speeds	P.T.O. H.P.	Approx. Shipping Wt.-Lbs.	Cab

John Deere (Cont.)

1997 (Cont.)

Model	Approx. Retail Price New	Used Trade-In Avg.	Used Trade-In High	Used Retail Avg.	Used Retail High	Make	Engine No. Cyls.	Displ. Cu.-in.	No. Speeds	P.T.O. H.P.	Approx. Shipping Wt.-Lbs.	Cab
7410	$55700	$20610	$26180	$35090	$38990	JD	6T	414D	16F-16R	100.0		CHA
7410 4WD	$61031	$22580	$28690	$38450	$42720	JD	6T	414D	12F-4R	100.0	11687	CHA
7410 4WD	$63421	$23470	$29810	$39960	$44400	JD	6T	414D	16F-16R	100.0		CHA
7410HC	$53145	$19660	$24980	$33480	$37200	JD	6T	414D	12F-4R	100.0		No
7410HC	$55535	$20550	$26100	$34990	$38880	JD	6T	414D	16F-16R	100.0		CHA
7410HC 4WD	$60866	$22520	$28610	$38350	$42610	JD	6T	414D	12F-4R	100.0		No
7410HC 4WD w/Cab	$68725	$25430	$32300	$43300	$48110	JD	6T	414D	12F-4R	100.0		CHA
7410HC w/Cab	$61004	$22570	$28670	$38430	$42700	JD	6T	414D	12F-4R	100.0		CHA
7610	$62076	$22970	$29180	$39110	$43450	JD	6T	414D	16F-16R	110.0	13160	CHA
7610 4WD	$72574	$26850	$34110	$45720	$50800	JD	6T	414D	16F-16R	110.0	15200	CHA
7610 PS	$65310	$24170	$30700	$41150	$45720	JD	6T	414D	19F-7R	110.0		CHA
7710	$69540	$25730	$32680	$43810	$48680	JD	6T	496D	16F-12R	125.0	13870	CHA
7710 4WD	$80038	$29610	$37620	$50420	$56030	JD	6T	496D	16F-12R	125.0	15400	CHA
7710 PS	$72774	$26930	$34200	$45850	$50940	JD	6T	496D	19F-7R	125.0		CHA
7810	$74573	$27590	$35050	$46980	$52200	JD	6T	496D	16F-12R	145.0	13910	CHA
7810 4WD	$85071	$31480	$39980	$53600	$59550	JD	6T	496D	16F-12R	145.0	15480	CHA
7810 PS	$77807	$28790	$36570	$49020	$54470	JD	6T	496D	19F-7R	145.0		CHA
8100	$84084	$26910	$31950	$45410	$51290	JD	6TA	496D	16F-4R	160.0	16435	CHA
8100 4WD	$96084	$30750	$36510	$51890	$58610	JD	6TA	496D	16F-4R	160.0	17876	CHA
8100T	$114260	$30160	$38480	$49920	$56160	JD	6TA	496D	16F-4R	160.0		CHA
8200N	$93335	$29870	$35470	$50400	$56930	JD	6TA	496D	16F-4R	180.0	16457	CHA
8200 4WD	$105335	$33710	$40030	$56880	$64250	JD	6TA	496D	16F-4R	180.0	17898	CHA
8200T	$123430	$32770	$41810	$54240	$61020	JD	6TA	496D	16F-4R	180.0		CHA
8300	$102510	$32800	$38950	$55360	$62530	JD	6TA	496D	16F-4R	200.0	17030	CHA
8300 4WD	$114510	$36640	$43510	$61840	$69850	JD	6TA	496D	16F-4R	200.0	18523	CHA
8300T	$132565	$34800	$44400	$57600	$64800	JD	6TA	496D	16F-4R	200.0		CHA
8400 4WD	$124626	$38080	$45220	$64260	$72590	JD	6TA	496D	16F-4R	225.0		CHA
8400T	$140000	$36540	$46620	$60480	$68040	JD	6TA	496D	16F-4R	225.0		CHA
9100	$102738	$32880	$39040	$55480	$62670	JD	6TA	496D	12F-3R	260*		CHA
9100	$107488	$34400	$40850	$58040	$65570	JD	6TA	496D	24F-24R	260*		CHA
9200	$122195	$39100	$46430	$65990	$74540	JD	6TA	643D	12F-3R	310*		CHA
9200	$126945	$40620	$48240	$68550	$77440	JD	6TA	643D	24F-24R	310*		CHA
9200 PS	$138822	$44420	$52750	$74960	$84680	JD	6TA	643D	12F-2R	310*		CHA
9200 w/PTO, 3-Pt.	$138948	$44460	$52800	$75030	$84760	JD	6TA	643D	12F-3R	310*		CHA
9300	$134077	$38880	$49610	$64360	$72040	JD	6TA	765D	12F-3R	360*		CHA
9300	$138827	$40260	$51370	$66640	$74970	JD	6TA	765D	24F-24R	360*		CHA
9300 PS	$150704	$42920	$54760	$71040	$79920	JD	6TA	765D	12F-2R	360*		CHA
9300 w/PTO, 3-Pt.	$150830	$43740	$55810	$72400	$81450	JD	6TA	765D	12F-3R	360*		CHA
9400	$158158	$45870	$58520	$75920	$85410	JD	6TA	765D	12F-3R	425*		CHA
9400	$162908	$46980	$59940	$77760	$87480	JD	6TA	765D	24F-24R	425*		CHA
9400 PS	$174785	$49590	$63270	$82080	$92340	JD	6TA	765D	12F-2R	425*		CHA
9400 w/PTO, 3-Pt.	$174911	$50170	$64010	$83040	$93420	JD	6TA	765D	12F-3R	425*		CHA

HC—High Clearance   L—Low Profile   PS—Power Shift

*Engine Horsepower

1996

Model	Approx. Retail Price New	Used Trade-In Avg.	Used Trade-In High	Used Retail Avg.	Used Retail High	Make	Engine No. Cyls.	Displ. Cu.-in.	No. Speeds	P.T.O. H.P.	Approx. Shipping Wt.-Lbs.	Cab
670	$11796	$3850	$4950	$6820	$7590	Yanmar	3	54D	8F-2R	16.0	1980	No
670 4WD	$13554	$4550	$5850	$8060	$8970	Yanmar	3	54D	8F-2R	16.0	2120	No
755	$14378	$4900	$6300	$8680	$9660	Yanmar	3	54D	Variable	20.0	1817	No
755 4WD	$15568	$5250	$6750	$9300	$10350	Yanmar	3	54D	Variable	20.0	1921	No
770	$12739	$4320	$5550	$7650	$8510	Yanmar	3	83D	8F-2R	20.0	2180	No
770 4WD	$14670	$4900	$6300	$8680	$9660	Yanmar	3	83D	8F-2R	24.0	2355	No
855	$15332	$5250	$6750	$9300	$10350	Yanmar	3	61D	Variable	19.0	1876	No
855 4WD	$16732	$5670	$7290	$10040	$11180	Yanmar	3	61D	Variable	19.0	1876	No
870	$13994	$4690	$6030	$8310	$9250	Yanmar	3	87D	9F-3R	25.0	1876	No
870 4WD	$16764	$5600	$7200	$9920	$11040	Yanmar	3	87D	9F-3R	25.0	1876	No
955 4WD	$18663	$6300	$8100	$11160	$12420	Yanmar	3	87D	Variable	27.3	1876	No
970	$16193	$5670	$7290	$10040	$11170	Yanmar	3	111D	9F-3R	30.0	1876	No
970 4WD	$19651	$6650	$8550	$11780	$13110	Yanmar	3	111D	9F-3R	30.0	1876	No
1070	$18794	$6410	$8240	$11350	$12630	Yanmar	3	116D	9F-3R	35.0	1876	No
1070 4WD	$21492	$7350	$9450	$13020	$14490	Yanmar	3	116D	9F-3R	35.0	1876	No
5200	$19691	$7220	$8740	$11970	$13300	JD	3	179D	9F-3R	40.0	4250	No
5200 4WD	$24755	$9410	$11390	$15600	$17330	JD	3	179D	9F-3R	40.0	4650	No
5200 4WD w/Cab	$32677	$12420	$15030	$20590	$22870	JD	3	179D	9F-3R	40.0		CHA
5200 w/Cab	$27613	$10490	$12700	$17400	$19330	JD	3	179D	9F-3R	40.0		CHA
5300	$21610	$8210	$9940	$13610	$15130	JD	3	179D	9F-3R	50.0	4350	No
5300 4WD	$26629	$10120	$12250	$16780	$18640	JD	3	179D	9F-3R	50.0	4750	No
5300 4WD w/Cab	$34551	$13130	$15890	$21770	$24190	JD	3	179D	9F-3R	50.0		CHA
5300 w/Cab	$29532	$11220	$13590	$18610	$20670	JD	3	179D	9F-3R	50.0		CHA
5400	$24028	$9190	$11120	$15240	$16930	JD	3	179D	9F-3R	60.0	4600	No
5400 4WD	$29040	$11040	$13360	$18300	$20330	JD	3	179D	9F-3R	60.0	5000	No
5400 4WD w/Cab	$36962	$14050	$17000	$23290	$25870	JD	3T	179D	9F-3R	60.0		CHA
5400 w/Cab	$31950	$12140	$14700	$20130	$22370	JD	3T	179D	9F-3R	60.0		CHA
5400N	$25381	$9650	$11680	$15990	$17770	JD	3	179D	12F-12R	60.0	4763	No
5400N 4WD	$31237	$11870	$14370	$19680	$21870	JD	3	179D	12F-12R	60.0	5072	No
6200	$29177	$9920	$11960	$16630	$18530	JD	4T	239D	12F-4R	66.0	7420	No
6200	$31497	$10710	$12910	$17950	$20000	JD	4T	239D	16F-16R	66.0		No
6200 4WD	$35910	$12210	$14720	$20470	$22800	JD	4T	239D	12F-4R	66.0	7916	No
6200 4WD	$38230	$13000	$15670	$21790	$24280	JD	4T	239D	16F-16R	66.0		No
6200 4WD w/Cab	$44451	$14790	$17840	$24800	$27620	JD	4T	239D	12F-4R	66.0	8423	CHA
6200 w/Cab	$37718	$12820	$15460	$21500	$23950	JD	4T	239D	12F-4R	66.0	7927	CHA
6200L	$29158	$9910	$11960	$16620	$18520	JD	4T	239D	12F-4R	66.0	7420	No
6200L	$31478	$10700	$12910	$17940	$19990	JD	4T	239D	16F-16R	66.0		No
6200L 4WD	$35891	$12200	$14720	$20460	$22790	JD	4T	239D	12F-4R	66.0	7916	No

John Deere (Cont.)

1996 (Cont.)

Model	Approx. Retail Price New	Used Trade-In Avg.	Used Trade-In High	Used Retail Avg.	Used Retail High	Make	No. Cyls.	Displ. Cu.-in.	No. Speeds	P.T.O. H.P.	Approx. Shipping Wt.-Lbs.	Cab
6300	$31524	$11030	$14190	$19550	$21750	JD	4T	239D	12F-4R	75.0	7497	No
6300	$33844	$11850	$15230	$20980	$23350	JD	4T	239D	16F-16R	75.0		No
6300 4WD	$38538	$13490	$17340	$23890	$26590	JD	4T	239D	12F-4R	75.0	8004	No
6300 4WD	$40858	$14300	$18390	$25330	$28190	JD	4T	239D	16F-16R	75.0		No
6300 4WD w/Cab	$47074	$16480	$21180	$29190	$32480	JD	4T	239D	12F-4R	75.0	8511	CHA
6300 w/Cab	$40060	$14020	$18030	$24840	$27640	JD	4T	239D	12F-4R	75.0	8004	CHA
6300L	$31504	$11030	$14180	$19530	$21740	JD	4T	239D	12F-4R	75.0	7497	No
6300L	$33824	$11840	$15220	$20970	$23340	JD	4T	239D	16F-16R	75.0		No
6300L 4WD	$38640	$13520	$17390	$23960	$26660	JD	4T	239D	12F-4R	75.0	8004	No
6400	$34575	$12100	$15560	$21440	$23860	JD	4T	276D	12F-4R	85.0	7607	No
6400	$36895	$12910	$16600	$22880	$25460	JD	4T	276D	16F-16R	85.0		No
6400 4WD	$41711	$14600	$18770	$25860	$28780	JD	4T	276D	12F-4R	85.0	8246	No
6400 4WD	$44031	$15410	$19810	$27300	$30380	JD	4T	276D	16F-16R	85.0		No
6400 4WD w/Cab	$50261	$17590	$22620	$31160	$34680	JD	4T	276D	12F-4R	85.0	8754	CHA
6400 w/Cab	$43125	$15090	$19410	$26740	$29760	JD	4T	276D	12F-4R	85.0	8114	CHA
6400L	$34567	$12100	$15560	$21430	$23850	JD	4T	276D	12F-4R	85.0	7607	No
6400L	$36887	$12910	$16600	$22870	$25450	JD	4T	276D	16F-16R	85.0		No
6400L 4WD	$41703	$14600	$18770	$25860	$28780	JD	4T	276D	12F-4R	85.0	8246	No
6500L	$39763	$13920	$17890	$24650	$27440	JD	4T	276D	16F-12R	95.0	7740	No
6500L 4WD	$46899	$16420	$21110	$29080	$32360	JD	4T	276D	16F-12R	95.0	8379	No
7200	$47939	$16780	$21570	$29720	$33080	JD	6T	359D	12F-4R	92.0	10662	CHA
7200	$50260	$17590	$22620	$31160	$34680	JD	6T	359D	16F-16R	92.0		CHA
7200 4WD	$56318	$19710	$25340	$34920	$38860	JD	6T	359D	12F-4R	92.0	11522	CHA
7200 4WD	$58638	$20520	$26390	$36360	$40460	JD	6T	359D	16F-16R	92.0		CHA
7200HC	$47796	$16730	$21510	$29630	$32980	JD	6T	359D	12F-4R	92.0		No
7200HC	$50116	$17540	$22550	$31070	$34580	JD	6T	359D	16F-16R	92.0		CHA
7200HC 4WD	$57403	$20090	$25830	$35590	$39610	JD	6T	359D	12F-4R	92.0		No
7200HC 4WD w/Cab	$65033	$22760	$29270	$40320	$44870	JD	6T	359D	12F-4R	92.0		CHA
7200HC w/Cab	$55426	$19400	$24940	$34360	$38240	JD	6T	359D	12F-4R	92.0		CHA
7400	$51697	$18090	$23260	$32050	$35670	JD	6T	414D	12F-4R	100.0	10827	CHA
7400	$54017	$18910	$24310	$33490	$37270	JD	6T	414D	16F-16R	100.0		CHA
7400 4WD	$60076	$21030	$27030	$37250	$41450	JD	6T	414D	12F-4R	100.0	11687	CHA
7400 4WD	$62396	$21840	$28080	$38690	$43050	JD	6T	414D	16F-16R	100.0		CHA
7400HC	$50116	$17540	$22550	$31070	$34580	JD	6T	414D	16F-16R	100.0		CHA
7400HC	$51608	$18060	$23220	$32000	$35610	JD	6T	414D	12F-4R	100.0		No
7400HC 4WD	$61215	$21430	$27550	$37950	$42240	JD	6T	414D	12F-4R	100.0		No
7400HC 4WD w/Cab	$68845	$24100	$30980	$42680	$47500	JD	6T	414D	12F-4R	100.0		CHA
7400HC w/Cab	$59238	$20730	$26660	$36730	$40870	JD	6T	414D	12F-4R	100.0		CHA
7600	$60210	$21070	$27100	$37330	$41550	JD	6T	414D	16F-16R	110.0	13160	CHA
7600 4WD	$71400	$24990	$32130	$44270	$49270	JD	6T	414D	16F-16R	110.0	15200	CHA
7600 PS	$63350	$22170	$28510	$39280	$43710	JD	6T	414D	19F-7R	110.0		CHA
7700	$67447	$23610	$30350	$41820	$46540	JD	6T	466D	16F-12R	125.0	13870	CHA
7700 4WD	$78637	$27520	$35390	$48760	$54260	JD	6T	466D	16F-12R	125.0	15400	CHA
7700 PS	$70587	$24710	$31760	$43760	$48710	JD	6T	466D	19F-7R	125.0		CHA
7800	$72226	$25280	$32500	$44780	$49840	JD	6T	466D	16F-12R	145.0	13910	CHA
7800 4WD	$83416	$29200	$37540	$51720	$57560	JD	6T	466D	16F-12R	145.0	15480	CHA
7800 PS	$75366	$26380	$33920	$46730	$52000	JD	6T	466D	19F-7R	145.0		CHA
8100	$81185	$24360	$29230	$43030	$48710	JD	6TA	466D	16F-4R	160.0	16435	CHA
8100 4WD	$94009	$28200	$33840	$49830	$56410	JD	6TA	466D	16F-4R	160.0	17876	CHA
8200	$90655	$27200	$32640	$48050	$54390	JD	6TA	466D	16F-4R	180.0	16457	CHA
8200 4WD	$103479	$30300	$36360	$53530	$60600	JD	6TA	466D	16F-4R	180.0	17898	CHA
8300	$99563	$29870	$35840	$52770	$59740	JD	6TA	466D	16F-4R	200.0	17030	CHA
8300 4WD	$112387	$32700	$39240	$57770	$65400	JD	6TA	466D	16F-4R	200.0	18523	CHA
8400 4WD	$121661	$35100	$42120	$62010	$70200	JD	6TA	496D	16F-4R	225.0		CHA
8570 4WD	$95117	$32340	$39000	$54220	$60400	JD	6TA	466D	12F-3R	206.0	29564	CHA
8570 4WD	$99729	$33910	$40890	$56850	$63330	JD	6TA	466D	24F-6R	206.0		CHA
8570 4WD PTO, 3-Pt.	$111238	$37820	$45610	$63410	$70640	JD	6TA	466D	12F-3R	206.0		CHA
8770 4WD	$114945	$34480	$41380	$60920	$68970	JD	6TA	619D	12F-3R	256.0	31438	CHA
8770 4WD	$119557	$35870	$43040	$63370	$71730	JD	6TA	619D	24F-6R	256.0		CHA
8770 4WD PS	$131088	$39330	$47190	$69480	$78650	JD	6TA	619D	12F-2R	256.0		CHA
8870 4WD	$126538	$37960	$45550	$67070	$75920	JD	6TA	619D	12F-3R	300.0	31438	CHA
8870 4WD	$131150	$39350	$47210	$69510	$78690	JD	6TA	619D	24F-6R	300.0		CHA
8870 4WD PS	$142681	$42000	$50400	$74200	$84000	JD	6TA	619D	12F-2R	300.0		CHA
8970 4WD	$144175	$42600	$51120	$75260	$85200	JD	6TA	855D	12F-3R	339.0		CHA
8970 4WD	$148787	$43500	$52200	$76850	$87000	JD	6TA	855D	24F-6R	339.0	31879	CHA
8970 4WD PS	$160318	$45000	$54000	$79500	$90000	JD	6TA	855D	12F-2R	339.0		CHA
8970 4WD PS PTO	$167603	$45600	$54720	$80560	$91200	JD	6TA	855D	12F-2R	339.0		CHA
8970 4WD PTO	$151460	$43200	$51840	$76320	$86400	JD	6TA	855D	12F-3R	339.0		CHA
8970 4WD PTO	$156072	$45300	$54360	$80030	$90600	JD	6TA	855D	24F-6R	339.0		CHA

H, HC, HU—High Clearance PS—Power Shift QR—Quad Range

1995

Model	Approx. Retail Price New	Used Trade-In Avg.	Used Trade-In High	Used Retail Avg.	Used Retail High	Make	No. Cyls.	Displ. Cu.-in.	No. Speeds	P.T.O. H.P.	Approx. Shipping Wt.-Lbs.	Cab
670	$11342	$3630	$4840	$6710	$7480	Yanmar	3	54D	8F-2R	16.0	1980	No
670 4WD	$13534	$4290	$5720	$7930	$8840	Yanmar	3	54D	8F-2R	16.0	2120	No
755	$13825	$4560	$6080	$8430	$9400	Yanmar	3	54D	Variable	20.0	1817	No
755 4WD	$15485	$4950	$6600	$9150	$10200	Yanmar	3	54D	Variable	20.0	1921	No
770	$12249	$3960	$5280	$7320	$8160	Yanmar	3	83D	8F-2R	20.0	2180	No
770 4WD	$14106	$4660	$6210	$8610	$9590	Yanmar	3	83D	8F-2R	24.0	2355	No
855	$14742	$4870	$6490	$8990	$10030	Yanmar	3	61D	Variable	19.0	1876	No
855 4WD	$16604	$5280	$7040	$9760	$10880	Yanmar	3	61D	Variable	19.0	1876	No
870	$13378	$4420	$5890	$8160	$9100	Yanmar	3	87D	9F-3R	25.0	1876	No
870 4WD	$16080	$5310	$7080	$9810	$10930	Yanmar	3	87D	9F-3R	25.0	1876	No
955 4WD	$18580	$6000	$8000	$11090	$12360	Yanmar	3	87D	Variable	27.3	1876	No
970	$15570	$5140	$6850	$9500	$10590	Yanmar	3	111D	9F-3R	30.0	1876	No

John Deere (Cont.)

Model	Approx. Retail Price New	Used Trade-In Avg.	Used Trade-In High	Used Retail Avg.	Used Retail High	Engine Make	No. Cyls.	Displ. Cu.-in.	No. Speeds	P.T.O. H.P.	Approx. Shipping Wt.-Lbs.	Cab
1995 (Cont.)												
970 4WD	$19508	$6270	$8360	$11590	$12920	Yanmar	3	111D	9F-3R	30.0	1876	No
1070	$18178	$6000	$8000	$11090	$12360	Yanmar	3	116D	9F-3R	35.0	1876	No
1070 4WD	$21200	$6770	$9020	$12510	$13940	Yanmar	3	116D	9F-3R	35.0	1876	No
5200	$20182	$7470	$9080	$12510	$13930	JD	3	179D	9F-3R	40.0	4250	No
5200 4WD	$24164	$8940	$10870	$14980	$16670	JD	3	179D	9F-3R	40.0	4650	No
5300	$21091	$7800	$9490	$13080	$14550	JD	3	179D	9F-3R	50.0	4350	No
5300 4WD	$26792	$9910	$12060	$16610	$18490	JD	3	179D	9F-3R	50.0	4750	No
5400	$24183	$8950	$10880	$14990	$16690	JD	3	179D	9F-3R	60.0	4600	No
5400 4WD	$29030	$10740	$13060	$18000	$20030	JD	3	179D	9F-3R	60.0	5000	No
5400N	$24644	$9120	$11090	$15280	$17000	JD	3	179D	12F-12R	60.0	4763	No
5400N 4WD	$30144	$11150	$13570	$18690	$20800	JD	3	179D	12F-12R	60.0	5072	No
6200	$28410	$9380	$11360	$15910	$17900	JD	4T	239D	12F-4R	66.0	7420	No
6200 4WD	$34966	$11540	$13990	$19580	$22030	JD	4T	239D	12F-4R	66.0	7916	No
6200 4WD w/Cab	$43302	$14290	$17320	$24250	$27280	JD	4T	239D	12F-4R	66.0	8423	CHA
6200 w/Cab	$36746	$12130	$14700	$20580	$23150	JD	4T	239D	12F-4R	66.0	7927	CHA
6200L	$28410	$9380	$11360	$15910	$17900	JD	4T	239D	12F-4R	66.0	7420	No
6200L 4WD	$34966	$11540	$13990	$19580	$22030	JD	4T	239D	12F-4R	66.0	7916	No
6300	$30695	$10130	$13510	$18720	$20870	JD	4T	239D	12F-4R	75.0	7497	No
6300 4WD	$37525	$12380	$16510	$22890	$25520	JD	4T	239D	12F-4R	75.0	8004	No
6300 4WD w/Cab	$45861	$15130	$20180	$27980	$31190	JD	4T	239D	12F-4R	75.0	8511	CHA
6300 w/Cab	$39031	$12880	$17170	$23810	$26540	JD	4T	239D	12F-4R	75.0	8004	CHA
6300L	$30695	$10130	$13510	$18720	$20870	JD	4T	239D	12F-4R	75.0	7497	No
6300L 4WD	$37143	$12260	$16340	$22660	$25260	JD	4T	239D	12F-4R	75.0	8004	No
6400	$33677	$11110	$14820	$20540	$22900	JD	4T	239D	12F-4R	85.0	7607	No
6400 4WD	$40625	$13410	$17880	$24780	$27630	JD	4T	239D	12F-4R	85.0	8246	No
6400 4WD w/Cab	$48961	$16160	$21540	$29870	$33290	JD	4T	239D	12F-4R	85.0	8754	CHA
6400 w/Cab	$42013	$13860	$18490	$25630	$28570	JD	4T	239D	12F-4R	85.0	8114	CHA
6400L	$33677	$11110	$14820	$20540	$22900	JD	4T	239D	12F-4R	85.0	7607	No
6400L 4WD	$40625	$13410	$17880	$24780	$27630	JD	4T	239D	12F-4R	85.0	8246	No
6500L	$38729	$12780	$17040	$23630	$26340	JD	4T	239D	16F-12R	95.0	7740	No
6500L 4WD	$45677	$15070	$20100	$27860	$31060	JD	4T	239D	16F-12R	95.0	8379	No
7200	$46781	$15440	$20580	$28540	$31810	JD	6T	359D	12F-4R	92.0	10662	CHA
7200 4WD	$54094	$17850	$23800	$33000	$36780	JD	6T	359D	12F-4R	92.0	11522	CHA
7200HC	$46092	$15210	$20280	$28120	$31340	JD	6T	359D	12F-4R	92.0		No
7200HC 4WD	$53405	$17620	$23500	$32580	$36320	JD	6T	359D	12F-4R	92.0		No
7200HC 4WD w/Cab	$61035	$20140	$26860	$37230	$41500	JD	6T	359D	12F-4R	92.0		CHA
7200HC w/Cab	$53722	$17730	$23640	$32770	$36530	JD	6T	359D	12F-4R	92.0		CHA
7400	$50444	$16650	$22200	$30770	$34300	JD	6T	414D	12F-4R	100.0	10827	CHA
7400 4WD	$57757	$19060	$25410	$35230	$39280	JD	6T	414D	12F-4R	100.0	11687	CHA
7400HC	$49767	$16420	$21900	$30360	$33840	JD	6T	414D	12F-4R	100.0		No
7400HC 4WD	$57080	$18840	$25120	$34820	$38810	JD	6T	414D	12F-4R	100.0		No
7400HC 4WD w/Cab	$64710	$21350	$28470	$39470	$44000	JD	6T	414D	12F-4R	100.0		CHA
7400HC w/Cab	$57397	$18940	$25260	$35010	$39030	JD	6T	414D	12F-4R	100.0		CHA
7600	$58734	$19380	$25840	$35830	$39940	JD	6T	414D	16F-12R	110.0	13160	CHA
7600 4WD	$68677	$22660	$30220	$41890	$46700	JD	6T	414D	16F-12R	110.0	15200	CHA
7700	$65795	$21710	$28950	$40140	$44740	JD	6T	466D	16F-12R	125.0	13870	CHA
7700 4WD	$75738	$24990	$33330	$46200	$51500	JD	6T	466D	16F-12R	125.0	15400	CHA
7800	$70433	$23240	$30990	$42960	$47890	JD	6T	466D	16F-12R	145.0	13910	CHA
7800 4WD	$80376	$26520	$35370	$49030	$54660	JD	6T	466D	16F-12R	145.0	15480	CHA
8100	$80010	$20000	$26400	$35200	$39210	JD	6TA	466D	16F-4R	160.0	16435	CHA
8100 4WD	$91489	$22500	$29700	$39600	$44100	JD	6TA	466D	16F-4R	160.0	17876	CHA
8200	$89334	$22000	$29040	$38720	$43120	JD	6TA	466D	16F-4R	180.0	16457	CHA
8200 4WD	$100813	$24000	$31680	$42240	$47040	JD	6TA	466D	16F-4R	180.0	17898	CHA
8300	$98110	$24250	$32010	$42680	$47530	JD	6TA	466D	16F-4R	200.0	17030	CHA
8300 4WD	$109589	$25750	$33990	$45320	$50470	JD	6TA	466D	16F-4R	200.0	18523	CHA
8400 4WD	$119744	$27500	$36300	$48400	$53900	JD	6TA	496D	16F-4R	225.0		CHA
8570 4WD	$95117	$23780	$31390	$41850	$46610	JD	6TA	466D	12F-3R	206.0	29564	CHA
8570 4WD	$99729	$24930	$32910	$43880	$48870	JD	6TA	466D	24F-6R	202.65		CHA
8770 4WD	$114945	$28740	$37930	$50580	$56320	JD	6TA	619D	12F-3R	256.0	31438	CHA
8770 4WD	$119557	$29890	$39450	$52610	$58580	JD	6TA	619D	24F-6R	256.0		CHA
8770 4WD PS	$132474	$32500	$42900	$57200	$63700	JD	6TA	619D	12F-2R	256.0		CHA
8870 4WD	$126538	$31640	$41760	$55680	$62000	JD	6TA	619D	12F-3R	300.0	31438	CHA
8870 4WD	$131150	$32790	$43280	$57710	$64260	JD	6TA	619D	24F-6R	300.0		CHA
8870 4WD PS	$142681	$35000	$46200	$61600	$68600	JD	6TA	619D	12F-2R	300.0		CHA
8970 4WD	$144175	$35500	$46860	$62480	$69580	JD	6TA	855D	12F-3R	339.0		CHA
8970 4WD	$148787	$36000	$47520	$63360	$70560	JD	6TA	855D	24F-6R	339.0	31879	CHA
8970 4WD PS	$161704	$37500	$49500	$66000	$73500	JD	6TA	855D	12F-2R	339.0		CHA
8970 4WD PS PTO	$168989	$38750	$51150	$68200	$75950	JD	6TA	855D	12F-2R	339.0		CHA
8970 4WD PTO	$151460	$36250	$47850	$63800	$71050	JD	6TA	855D	12F-3R	339.0		CHA
8970 4WD PTO	$156072	$37000	$48840	$65120	$72520	JD	6TA	855D	24F-6R	339.0		CHA

H, HC, HU—High Clearance PS—Power Shift QR—Quad Range

Model	Approx. Retail Price New	Used Trade-In Avg.	Used Trade-In High	Used Retail Avg.	Used Retail High	Engine Make	No. Cyls.	Displ. Cu.-in.	No. Speeds	P.T.O. H.P.	Approx. Shipping Wt.-Lbs.	Cab
1994												
670	$10720	$3200	$4300	$6000	$6700	Yanmar	3	54D	8F-2R	16.0	1980	No
670 4WD	$12440	$3840	$5160	$7200	$8040	Yanmar	3	54D	8F-2R	16.0	2120	No
755	$13570	$4160	$5590	$7800	$8710	Yanmar	3	54D	Variable	20.0	1817	No
755 4WD	$14790	$4540	$6110	$8520	$9510	Yanmar	3	54D	Variable	20.0	1921	No
770	$11575	$3520	$4730	$6600	$7370	Yanmar	3	83D	8F-2R	20.0	2180	No
770 4WD	$13460	$4160	$5590	$7800	$8710	Yanmar	3	83D	8F-2R	24.0	2355	No
855	$14440	$4480	$6020	$8400	$9380	Yanmar	3	61D	Variable	19.0	1876	No
855 4WD	$15858	$4900	$6580	$9180	$10250	Yanmar	3	61D	Variable	19.0	1876	No
870	$12715	$3840	$5160	$7200	$8040	Yanmar	3	87D	9F-3R	25.0	1876	No
870 4WD	$15380	$4600	$6180	$8630	$9640	Yanmar	3	87D	9F-3R	25.0	1876	No
955 4WD	$17120	$5310	$7140	$9960	$11120	Yanmar	3	87D	Variable	27.3	1876	No

John Deere (Cont.)

Model	Approx. Retail Price New	Used Trade-In Avg.	Used Trade-In High	Used Retail Avg.	Used Retail High	Make	No. Cyls.	Displ. Cu.-in.	No. Speeds	P.T.O. H.P.	Approx. Shipping Wt.-Lbs.	Cab
1994 (Cont.)												
970	$14715	$4550	$6110	$8530	$9520	Yanmar	3	111D	9F-3R	30.0	1876	No
970 4WD	$18021	$5440	$7310	$10200	$11390	Yanmar	3	111D	9F-3R	30.0	1876	No
1070	$17075	$5120	$6880	$9600	$10720	Yanmar	3	116D	9F-3R	35.0	1876	No
1070 4WD	$19700	$5920	$7960	$11100	$12400	Yanmar	3	116D	9F-3R	35.0	1876	No
2355N	$22616	$7240	$9730	$13570	$15150	JD	4	239D	8F-4R	55.90	6261	No
2355N 4WD	$29893	$9570	$12850	$17940	$20030	JD	4	239D	8F-4R	55.90	6878	No
2555 Low Profile	$26246	$8400	$11290	$15750	$17590	JD	4	239D	8F-4R	66.00	6515	No
2555 Low Profile 4WD	$32135	$10280	$13820	$19280	$21530	JD	4	239D	8F-4R	65.00	7286	No
2755	$37432	$11980	$16100	$22460	$25080	JD	4T	239D	8F-4R	75.00		No
2755 Low Profile	$29652	$9490	$12750	$17790	$19870	JD	4T	239D	8F-4R	75.00		No
2855N Narrow	$30754	$9840	$13220	$18450	$20610	JD	4T	239D	8F-4R	80.00		No
2855N Narrow 4WD	$38664	$12370	$16630	$23200	$25910	JD	4T	239D	8F-4R	80.00		No
4560 4WD w/Cab	$83375	$21680	$27510	$42520	$48360	JD	6T	466D	16F-6R	155.00		CHA
4560 PS 4WD w/Cab	$88499	$23010	$29210	$45130	$51330	JD	6T	466D	15F-4R	155.00		CHA
4560 PS w/Cab	$77300	$20100	$25510	$39420	$44830	JD	6T	466D	15F-4R	155.00		CHA
4560 w/Cab	$72176	$18770	$23820	$36810	$41860	JD	6T	466D	16F-6R	155.00		CHA
4760	$80915	$21040	$26700	$41270	$46930	JD	6TA	466D	16F-6R	175		CHA
4760 4WD	$92114	$23950	$30400	$46980	$53430	JD	6TA	466D	16F-6R	175		CHA
4760 PS	$86039	$22370	$28390	$43880	$49900	JD	6TA	466D	15F-4R	175		CHA
4760 PS 4WD	$97238	$24960	$31680	$48960	$55680	JD	6TA	466D	15F-4R	175		CHA
4960	$94265	$24510	$31110	$48080	$54670	JD	6TA	466D	15F-4R	200		CHA
4960 4WD	$105464	$26000	$33000	$51000	$58000	JD	6TA	466D	15F-4R	200		CHA
5200	$18638	$6710	$8200	$11370	$12670	JD	3	179D	9F-3R	40		No
5200 4WD	$24455	$8800	$10760	$14920	$16630	JD	3	179D	9F-3R	40		No
5300	$20524	$7390	$9030	$12520	$13960	JD	3	179D	9F-3R	50		No
5300 4WD	$26071	$9390	$11470	$15900	$17730	JD	3	179D	9F-3R	50		No
5400	$23472	$8450	$10330	$14320	$15960	JD	3	179D	9F-3R	60		No
5400 4WD	$28208	$10160	$12410	$17210	$19180	JD	3	179D	9F-3R	60		No
6200	$27717	$8870	$10810	$15240	$17190	JD	4T	239D	12F-4R	66.00		No
6200 4WD	$34113	$10920	$13300	$18760	$21150	JD	4T	239D	12F-4R	66.00		No
6200 w/Cab	$35859	$11480	$13990	$19720	$22230	JD	4T	239D	12F-4R	66.00		CHA
6300	$29989	$9600	$12900	$17990	$20090	JD	4T	239D	12F-4R	75.00		No
6300 4WD	$36385	$11640	$15650	$21830	$24380	JD	4T	239D	12F-4R	75.00		No
6300 4WD W/Cab	$43020	$13770	$18500	$25810	$28820	JD	4T	239D	12F-4R	75.00		CHA
6300 w/Cab	$38131	$12200	$16400	$22880	$25550	JD	4T	239D	12F-4R	75.00		CHA
6400	$32630	$10440	$14030	$19580	$21860	JD	4T	239D	12F-4R	85.00		No
6400 4WD	$39026	$12490	$16780	$23420	$26150	JD	4T	239D	12F-4R	85.00		No
6400 4WD w/Cab	$47588	$15230	$20460	$28550	$31880	JD	4T	239D	12F-4R	85.00		CHA
6400 w/Cab	$40772	$13050	$17530	$24460	$27320	JD	4T	239D	12F-4R	85.00		CHA
7200	$46034	$14730	$19800	$27620	$30840	JD	6T	359D	16F-8R	92		CHA
7200 4WD	$53347	$17070	$22940	$32010	$35740	JD	6T	359D	16F-8R	92		CHA
7400	$49656	$15890	$21350	$29790	$33270	JD	6T	414D	12F-4R	100.		CHA
7400 4WD	$56969	$18230	$24500	$34180	$38170	JD	6T	414D	12F-4R	100.		CHA
7600	$57802	$18500	$24860	$34680	$38730	JD	6T	414D	16F-12R	110.00		CHA
7600 4WD	$67745	$21680	$29130	$40650	$45390	JD	6T	414D	16F-12R	110.00		CHA
7700	$64762	$20720	$27850	$38860	$43390	JD	6T	466D	16F-12R	125.00		CHA
7700 4WD	$74705	$23910	$32120	$44820	$50050	JD	6T	466D	16F-12R	125.00		CHA
7800	$69352	$22190	$29820	$41610	$46470	JD	6T	466D	16F-12R	145.00		CHA
7800 4WD	$79295	$25370	$34100	$47580	$53130	JD	6T	466D	16F-12R	145.00		CHA
8570 4WD	$89214	$23200	$29440	$45500	$51740	JD	6TA	466D	12F-3R	200.00		CHA
8570 4WD	$94837	$24660	$31300	$48370	$55010	JD	6TA	466D	24F-6R	202.65		CHA
8570 4WD PTO, 3-Pt.	$101671	$25480	$32340	$49980	$56840	JD	6TA	466D	12F-3R	200.00		CHA
8770 4WD	$107814	$25880	$33420	$45280	$50670	JD	6TA	619D	12F-3R	260.94		CHA
8870 4WD	$122214	$29330	$37890	$51330	$57440	JD	6TA	619D	12F-3R			CHA
8870 4WD 3-Pt.	$131188	$31490	$40670	$55100	$61660	JD	6TA	619D	12F-3R			CHA
8970 4WD	$137214	$32400	$41850	$56700	$63450	JD	6TA	855D	12F-3R	322.00		CHA
8970 4WD	$142837	$33120	$42780	$57960	$64860	JD	6TA	855D	24F-6R	333.40		CHA

H, HC, HU—High Clearance PS—Power Shift QR—Quad Range

Model	Approx. Retail Price New	Used Trade-In Avg.	Used Trade-In High	Used Retail Avg.	Used Retail High	Make	No. Cyls.	Displ. Cu.-in.	No. Speeds	P.T.O. H.P.	Approx. Shipping Wt.-Lbs.	Cab
1993												
670	$10457	$3100	$4200	$5900	$6600	Yanmar	3	54D	8F-2R	16.0	1980	No
670 4WD	$12133	$3630	$4910	$6900	$7720	Yanmar	3	54D	8F-2R	16.0	2120	No
755	$13240	$3970	$5380	$7550	$8450	Yanmar	3	54D	Variable	20.0	1817	No
755 4WD	$14429	$4340	$5880	$8260	$9240	Yanmar	3	54D	Variable	20.0	1921	No
770	$11293	$3380	$4580	$6430	$7190	Yanmar	3	83D	8F-2R	20.0	2180	No
770 4WD	$13132	$3970	$5380	$7550	$8450	Yanmar	3	83D	8F-2R	24.0	2355	No
855	$14085	$4220	$5710	$8020	$8980	Yanmar	3	61D	Variable	19.0	1876	No
855 4WD	$15472	$4650	$6300	$8850	$9900	Yanmar	3	61D	Variable	19.0	1876	No
870	$12406	$3720	$5040	$7080	$7920	Yanmar	3	87D	9F-3R	25.0	1876	No
870 4WD	$15006	$4340	$5880	$8260	$9240	Yanmar	3	87D	9F-3R	25.0	1876	No
955 4WD	$16706	$4960	$6720	$9440	$10560	Yanmar	3	87D	Variable	27.3	1876	No
970	$14355	$4340	$5880	$8260	$9240	Yanmar	3	111D	9F-3R	30.0	1876	No
970 4WD	$17590	$5270	$7140	$10030	$11220	Yanmar	3	111D	9F-3R	30.0	1876	No
1070	$16660	$4960	$6720	$9440	$10560	Yanmar	3	116D	9F-3R	35.0	1876	No
1070 4WD	$19239	$5650	$7660	$10760	$12040	Yanmar	3	116D	9F-3R	35.0	1876	No
2355 4WD w/Cab	$37041	$11480	$15560	$21850	$24450	JD	4	239D	8F-4R	55.90	7793	CHA
2355 w/Cab	$31529	$9770	$13240	$18600	$20810	JD	4	239D	8F-4R	55.90	7187	CHA
2355N	$21672	$6720	$9100	$12790	$14300	JD	4	239D	8F-4R	55.90	6261	No
2355N 4WD	$28636	$8880	$12030	$16900	$18900	JD	4	239D	8F-4R	55.90	6878	No
2555	$24750	$7670	$10400	$14600	$16340	JD	4	239D	8F-4R	66.00	6515	No
2555 4WD	$30316	$9400	$12730	$17890	$20010	JD	4	239D	8F-4R	65.00	7286	No
2755	$27974	$8670	$11750	$16510	$18460	JD	4T	239D	8F-4R	75.00		No
2755 4WD	$35302	$10940	$14830	$20830	$23300	JD	4T	239D	8F-4R	75.00		No
2855N Narrow	$29463	$9130	$12370	$17380	$19450	JD	4T	239D	8F-4R	80.00		No

John Deere (Cont.)

Model	Approx. Retail Price New	Used Trade-In Avg.	Used Trade-In High	Used Retail Avg.	Used Retail High	Make	No. Cyls.	Displ. Cu.-in.	No. Speeds	P.T.O. H.P.	Approx. Shipping Wt.-Lbs.	Cab
1993 (Cont.)												
2855N Narrow 4WD	$36990	$11470	$15540	$21820	$24410	JD	4T	239D	8F-4R	80.00		No
3055	$36787	$11400	$15450	$21700	$24280	JD	6	359D	16F-8R	94.40	14770	No
3055 w/Cab	$42658	$13220	$17920	$25170	$28150	JD	6	359D	16F-8R	94.40	14770	CHA
3255 4WD	$46217	$14330	$19410	$27270	$30500	JD	6T	359D	16F-8R	102.60	18300	No
3255 4WD w/Cab	$52088	$16150	$21880	$30730	$34380	JD	6T	359D	16F-8R	102.60	18300	CHA
4560 PS 4WD w/Cab	$85488	$21370	$27360	$42740	$48730	JD	6T	466D	15F-4R	155.00		CHA
4560 PS w/Cab	$74690	$18670	$23900	$37350	$42570	JD	6T	466D	15F-4R	155.00		CHA
4560 w/Cab	$69741	$17440	$22320	$34870	$39750	JD	6T	466D	16F-6R	155.00		CHA
4560 w/Cab 4WD	$80539	$20140	$25770	$40270	$45910	JD	6T	466D	16F-6R	155.00		CHA
4760	$78187	$19550	$25020	$39090	$44570	JD	6TA	466D	16F-6R	175		CHA
4760 4WD	$88985	$21750	$27840	$43500	$49590	JD	6TA	466D	16F-6R	175		CHA
4760 PS	$83136	$20780	$26600	$41570	$47390	JD	6TA	466D	15F-4R	175		CHA
4760 PS 4WD	$93934	$22750	$29120	$45500	$51870	JD	6TA	466D	15F-4R	175		CHA
4960 PS	$91086	$22000	$28160	$44000	$50160	JD	6TA	466D	15F-4R	200		CHA
4960 PS 4WD	$101884	$23750	$30400	$47500	$54150	JD	6TA	466D	15F-4R	200		CHA
5200	$18183	$5640	$7640	$10730	$12000	JD	3	179D	9F-3R	40		No
5200 4WD	$22683	$7030	$9530	$13380	$14970	JD	3	179D	9F-3R	40		No
5300	$19640	$6870	$8450	$11780	$13160	JD	3	179D	9F-3R	50		No
5300 4WD	$24948	$8730	$10730	$14970	$16720	JD	3	179D	9F-3R	50		No
5400	$21945	$7680	$9440	$13170	$14700	JD	3	179D	9F-3R	60		No
5400 4WD	$27254	$9540	$11720	$16350	$18260	JD	3	179D	9F-3R	60		No
6200	$26780	$8300	$10180	$14460	$16600	JD	4T	239D	12F-4R	66.00		No
6200 w/Cab	$34646	$10740	$13170	$18710	$21480	JD	4T	239D	12F-4R	66.00		CHA
6300	$28974	$8980	$12170	$17100	$19120	JD	4T	239D	12F-4R	75.00		No
6300 4WD	$36840	$11420	$15470	$21740	$24310	JD	4T	239D	12F-4R	75.00		No
6300 4WD w/Cab	$42840	$13280	$17990	$25280	$28270	JD	4T	239D	12F-4R	75.00		CHA
6300 w/Cab	$36820	$11410	$15460	$21720	$24300	JD	4T	239D	12F-4R	75.00		CHA
6400	$31206	$9670	$13110	$18410	$20600	JD	4T	239D	12F-8R	85.00		No
6400 4WD	$38455	$11920	$16150	$22690	$25380	JD	4T	239D	12F-4R	85.00		No
6400 4WD w/Cab	$46848	$14520	$19680	$27640	$30920	JD	4T	239D	12F-4R	85.00		CHA
6400 w/Cab	$39072	$12110	$16410	$23050	$25790	JD	4T	239D	12F-4R	85.00		CHA
7600	$56392	$17480	$23690	$33270	$37220	JD	6T	414D	16F-12R	110.00		CHA
7600 4WD	$65975	$20450	$27710	$38930	$43540	JD	6T	466D	16F-12R	110.00		No
7700	$62572	$19400	$26280	$36920	$41300	JD	6T	466D	16F-12R	125.00		CHA
7800	$67007	$20770	$28140	$39530	$44230	JD	6T	466D	16F-12R	145.00		CHA
7800 4WD	$76590	$23740	$32170	$45590	$50550	JD	6T	466D	16F-12R	145.00		CHA
8570 4WD	$89214	$22300	$28550	$44610	$50850	JD	6TA	466D	12F-3R	200.00		CHA
8570 4WD	$94837	$23710	$30350	$47420	$54060	JD	6TA	466D	24F-6R	202.65		CHA
8770 4WD	$107814	$24800	$32340	$43130	$49590	JD	6TA	619D	12F-3R	260.94		CHA
8770 4WD PS	$124683	$28060	$36600	$48800	$56120	JD	6TA	619D	12F-2R	260.94		CHA
8870 4WD	$122214	$27600	$36000	$48000	$55200	JD	6TA	619D	12F-3R			CHA
8870 4WD 3-Pt.	$131188	$28520	$37200	$49600	$57040	JD	6TA	619D	12F-3R			CHA
8970 4WD	$137214	$29210	$38100	$50800	$58420	JD	6TA	855D	12F-3R	322.00		CHA
8970 4WD	$142837	$29900	$39000	$52000	$59800	JD	6TA	855D	24F-6R	333.40		CHA

H, HC, HU—High Clearance PS—Power Shift QR—Quad Range

Model	Approx. Retail Price New	Used Trade-In Avg.	Used Trade-In High	Used Retail Avg.	Used Retail High	Make	No. Cyls.	Displ. Cu.-in.	No. Speeds	P.T.O. H.P.	Approx. Shipping Wt.-Lbs.	Cab
1992												
670	$10250	$3000	$4100	$5800	$6500	Yanmar	3	54D	8F-2R	16.0	1980	No
670 4WD	$11954	$3420	$4670	$6610	$7410	Yanmar	3	54D	8F-2R	16.0	2120	No
755	$12169	$3540	$4840	$6840	$7670	Yanmar	3	54D	Variable	20.0	1817	No
755 4WD	$13346	$3900	$5330	$7540	$8450	Yanmar	3	54D	Variable	20.0	1921	No
770	$11021	$3210	$4390	$6210	$6960	Yanmar	3	83D	8F-2R	20.0	2180	No
770 4WD	$12938	$3720	$5080	$7190	$8060	Yanmar	3	83D	8F-2R	24.0	2355	No
855	$13327	$3840	$5250	$7420	$8320	Yanmar	3	61D	Variable	19.0	1876	No
855 4WD	$14686	$4200	$5740	$8120	$9100	Yanmar	3	61D	Variable	19.0	1876	No
870	$12107	$3600	$4920	$6960	$7800	Yanmar	3	87D	9F-3R	25.0	1876	No
870 4WD	$14785	$4200	$5740	$8120	$9100	Yanmar	3	87D	9F-3R	25.0	1876	No
955 4WD	$16383	$4680	$6400	$9050	$10140	Yanmar	3	87D	Variable	27.3	1876	No
970	$14009	$4050	$5540	$7830	$8780	Yanmar	3	111D	9F-3R	30.0	1876	No
970 4WD	$17331	$5010	$6850	$9690	$10860	Yanmar	3	111D	9F-3R	30.0	1876	No
1070	$16254	$4800	$6560	$9280	$10400	Yanmar	3	116D	9F-3R	35.0	1876	No
1070 4WD	$18955	$5400	$7380	$10440	$11700	Yanmar	3	116D	9F-3R	35.0	1876	No
2155	$17840	$5350	$7310	$10350	$11600	JD	3	179D	8F-4R	45.60	5269	No
2155 4WD	$24763	$7430	$10150	$14360	$16100	JD	3	179D	8F-4R	45.60	5986	No
2355	$20766	$6230	$8510	$12040	$13500	JD	4	239D	8F-4R	55.90	6261	No
2355 4WD	$27839	$8350	$11410	$16150	$18100	JD	4	239D	8F-4R	55.90	6878	No
2355 4WD w/Cab	$34944	$10480	$14330	$20270	$22710	JD	4	239D	8F-4R	55.90	7793	CHA
2355 w/Cab	$29744	$8920	$12200	$17250	$19330	JD	4	239D	8F-4R	55.90	7187	CHA
2355N Narrow	$21061	$6320	$8640	$12220	$13690	JD	3T	179D	8F-4R	55.00		No
2355N Narrow 4WD	$27829	$8350	$11410	$16140	$18090	JD	3T	179D	8F-4R	55.00		No
2555	$24789	$7440	$10160	$14380	$16110	JD	4	239D	8F-4R	66.00	6515	No
2555 4WD	$31550	$9470	$12940	$18300	$20510	JD	4	239D	8F-4R	65.00	7286	No
2555 4WD w/Cab	$38833	$11650	$15920	$22520	$25240	JD	4	239D	8F-4R	65.00	7959	CHA
2555 w/Cab	$33341	$10000	$13670	$19340	$21670	JD	4	239D	8F-4R	66.00	7441	CHA
2755	$27882	$8370	$11430	$16170	$18120	JD	4T	239D	8F-4R	75.00	6558	No
2755 4WD	$36417	$10930	$14930	$21120	$23670	JD	4T	239D	8F-4R	75.00	7374	No
2755 4WD w/Cab	$43692	$13110	$17910	$25340	$28400	JD	4T	239D	8F-4R	75.00	8433	CHA
2755 w/Cab	$36805	$11040	$15090	$21350	$23920	JD	4T	239D	8F-4R	75.00	7441	CHA
2755HC 4WD	$38652	$11600	$15850	$22420	$25120	JD	4T	239D	12F-8R	75.00	7750	No
2855N	$28646	$8590	$11750	$16620	$18620	JD	4T	239D	8F-4R	80.00		No
2855N 4WD	$35965	$10790	$14750	$20860	$23380	JD	4T	239D	8F-4R	80.00		No
2955	$32654	$9800	$13390	$18940	$21230	JD	6	359D	8F-4R	85.00	8444	No
2955 4WD	$39763	$11930	$16300	$23060	$25850	JD	6	359D	8F-4R	85.00	8973	No
2955 4WD w/Cab	$47749	$13800	$18860	$26680	$29900	JD	6	359D	16F-8R	85.00	9590	CHA

John Deere (Cont.)

1992 (Cont.)

Model	Approx. Retail Price New	Used Trade-In Avg.	Used Trade-In High	Used Retail Avg.	Used Retail High	Make	No. Cyls.	Displ. Cu.-in.	No. Speeds	P.T.O. H.P.	Approx. Shipping Wt.-Lbs.	Cab
2955 w/Cab	$41513	$12450	$17020	$24080	$26980	JD	6	359D	16F-8R	85.00	9083	CHA
2955HC 4WD	$41308	$12390	$16940	$23960	$26850	JD	6	359D	12F-8R	85.00	9140	No
2955HC 4WD w/Cab.	$48160	$14450	$19750	$27930	$31300	JD	6	359D	12F-8R	85.00	9835	CHA
3055	$37265	$11370	$13790	$19940	$22730	JD	6	359D	16F-8R	94.40	14770	No
3055 w/Cab	$42965	$13100	$15900	$22990	$26210	JD	6	359D	16F-8R	94.40	14770	CHA
3155 4WD	$42910	$13090	$15880	$22960	$26180	JD	6	359D	16F-8R	96.06	10207	No
3155 4WD w/Cab	$48610	$14830	$17990	$26010	$29650	JD	6	359D	16F-8R	96.06	10571	CHA
3255 4WD	$45915	$14000	$16990	$24510	$28010	JD	6T	359D	16F-8R	102.60	18300	No
3255 4WD w/Cab	$51615	$15740	$19100	$27610	$31490	JD	6T	359D	16F-8R	102.60	18300	CHA
4055 PS	$50299	$15340	$18610	$26910	$30680	JD	6T	466D	15F-4R	109.18		No
4055 PS 4WD	$59357	$18100	$21960	$31760	$36210	JD	6T	466D	15F-4R	109.18	11350	No
4055 PS 4WD w/Cab	$66947	$20110	$24400	$35280	$40230	JD	6T	466D	15F-4R	109.18	12489	CHA
4055 PS w/Cab.	$57889	$17660	$21420	$30970	$35310	JD	6T	466D	15F-4R	109.18	13955	CHA
4055 QR	$45615	$13910	$16880	$24400	$27830	JD	6T	466D	16F-6R	108.70		No
4055 QR w/Cab	$53205	$16230	$19690	$28470	$32460	JD	6T	466D	16F-6R	108.70	12130	CHA
4255 PS	$55253	$16850	$20440	$29560	$33700	JD	6T	466D	15F-4R	120.00	12050	No
4255 PS 4WD	$64859	$19480	$23630	$34170	$38950	JD	6T	466D	15F-4R	123.36	13550	No
4255 PS 4WD w/Cab	$72449	$21790	$26440	$38230	$43580	JD	6T	466D	15F-4R	123.36	14685	CHA
4255 PS w/Cab.	$62843	$19170	$23250	$33620	$38330	JD	6T	466D	15F-5R	120.00	13155	CHA
4255 QR	$50569	$15420	$18710	$27050	$30850	JD	6T	466D	16F-6R	123.69	11140	No
4255 QR w/Cab	$58159	$17740	$21520	$31120	$35480	JD	6T	466D	16F-6R	123.69		CHA
4455 PS	$59308	$18090	$21940	$31730	$36180	JD	6T	466D	15F-4R	140.00	13050	No
4455 PS 4WD	$69007	$21050	$25530	$36920	$42090	JD	6T	466D	15F-4R	140.00	13050	No
4455 PS 4WD w/Cab	$76597	$23060	$27970	$40440	$46110	JD	6T	466D	15F-4R	140.00	14145	CHA
4455 PS w/Cab.	$66898	$20400	$24750	$35790	$40810	JD	6T	466D	15F-4R	140.00	14145	CHA
4455 QR	$54503	$16620	$20170	$29160	$33250	JD	6T	466D	16F-6R	142.69	11326	No
4455 QR w/Cab	$62093	$18940	$22970	$33220	$37880	JD	6T	466D	16F-6R	142.69		CHA
4555 PS 4WD	$71446	$21790	$26440	$38220	$43580	JD	6T	466D	15F-4R	155.00		No
4555 PS 4WD w/Cab	$78887	$23730	$28790	$41620	$47460	JD	6T	466D	15F-4R	155.00		CHA
4555 PS w/Cab.	$68619	$20930	$25390	$36710	$41860	JD	6T	466D	15F-4R	155.00		CHA
4555 QR	$56467	$17220	$20890	$30210	$34450	JD	6T	466D	16F-6R	156.83	14310	No
4555 QR w/Cab	$63908	$19490	$23650	$34190	$38980	JD	6T	466D	16F-6R	156.83	18703	CHA
4560	$60203	$14450	$18660	$29500	$33710	JD	6T	466D	16F-6R	155.00		No
4560 PS	$65008	$15600	$20150	$31850	$36400	JD	6T	466D	15F-4R	155.00		No
4560 PS 4WD	$75481	$18120	$23400	$36990	$42270	JD	6T	466D	15F-4R	155.00		No
4560 PS 4WD w/Cab	$83071	$19940	$25750	$40710	$46520	JD	6T	466D	15F-4R	155.00		CHA
4560 PS w/Cab.	$72598	$17420	$22510	$35570	$40660	JD	6T	466D	15F-4R	155.00		CHA
4560 w/Cab	$67793	$16270	$21020	$33220	$37960	JD	6T	466D	16F-6R	155.00		CHA
4760 PS	$80789	$19390	$25050	$39590	$45240	JD	6TA	466D	15F-4R	175		CHA
4760 PS 4WD	$91262	$21650	$27960	$44200	$50510	JD	6TA	466D	15F-4R	175		CHA
4760 QR	$75984	$18240	$23560	$37230	$42550	JD	6TA	466D	16F-6R	175		CHA
4960 PS	$88506	$20640	$26660	$42140	$48160	JD	6TA	466D	15F-4R	200		CHA
4960 PS 4WD	$98979	$22560	$29140	$46060	$52640	JD	6TA	466D	15F-4R	200		CHA
5200	$18318	$5500	$7510	$10620	$11910	JD	3	179D	9F-3R	40		No
5200 4WD.	$22732	$6820	$9320	$13190	$14780	JD	3	179D	9F-3R	40		No
5300	$19612	$6670	$8240	$11570	$12940	JD	3	179D	9F-3R	50		No
5300 4WD.	$23874	$8120	$10030	$14090	$15760	JD	3	179D	9F-3R	50		No
5400	$21756	$7400	$9140	$12840	$14360	JD	3	179D	9F-3R	60		No
5400 4WD.	$26080	$8870	$10950	$15390	$17210	JD	3	179D	9F-3R	60		No
8560 4WD.	$88277	$20640	$26660	$42140	$48160	JD	6TA	466D	12F-3R	200.00		CHA
8560 4WD.	$93900	$21600	$27900	$44100	$50400	JD	6TA	466D	24F-6R	202.65		CHA
8760 4WD.	$106270	$22220	$29290	$38380	$45450	JD	6TA	619D	12F-3R	260.94		CHA
8760 4WD PS	$123139	$24860	$32770	$42940	$50850	JD	6TA	619D	12F-2R	260.94		CHA
8960 4WD.	$126542	$25520	$33640	$44080	$52200	JD	6TA	855D	12F-3R	322.00		CHA
8960 4WD.	$132165	$26840	$35380	$46360	$54900	JD	6TA	855D	24F-6R	333.40		CHA
8960 4WD PS	$143411	$29260	$38570	$50540	$59850	JD	6TA	855D	12F-2R	332.25		CHA

H, HC, HU—High Clearance   PS—Power Shift   QR—Quad Range

1991

Model	Approx. Retail Price New	Used Trade-In Avg.	Used Trade-In High	Used Retail Avg.	Used Retail High	Make	No. Cyls.	Displ. Cu.-in.	No. Speeds	P.T.O. H.P.	Approx. Shipping Wt.-Lbs.	Cab
670	$9860	$2860	$3940	$5620	$6310	Yanmar	3	54D	8F-2R	16.0	1980	No
670 4WD.	$10948	$3050	$4200	$5990	$6720	Yanmar	3	54D	8F-2R	16.0	2120	No
755	$11757	$3190	$4400	$6270	$7040	Yanmar	3	54D	Variable	20.0	1817	No
755 4WD.	$12893	$3570	$4920	$7010	$7870	Yanmar	3	54D	Variable	20.0	1921	No
770	$10648	$3090	$4260	$6070	$6820	Yanmar	3	83D	8F-2R	20.0	2180	No
770 4WD.	$11898	$3510	$4840	$6900	$7740	Yanmar	3	83D	8F-2R	24.0	2355	No
855	$12875	$3730	$5150	$7340	$8240	Yanmar	3	61D	Variable	19.0	1876	No
855 4WD.	$14166	$4110	$5670	$8080	$9070	Yanmar	3	61D	Variable	19.0	1876	No
870	$11698	$3190	$4400	$6270	$7040	Yanmar	3	87D	9F-3R	25.0	1876	No
870 4WD	$13472	$3770	$5200	$7410	$8320	Yanmar	3	87D	9F-3R	25.0	1876	No
955 4WD.	$15828	$4350	$6000	$8550	$9600	Yanmar	3	87D	Variable	27.3	1876	No
970	$13535	$3930	$5410	$7720	$8660	Yanmar	3	111D	9F-3R	30.0	1876	No
970 4WD.	$15932	$4620	$6370	$9080	$10200	Yanmar	3	111D	9F-3R	30.0	1876	No
1070	$15704	$4410	$6080	$8660	$9730	Yanmar	3	116D	9F-3R	35.0	1876	No
1070 4WD.	$18314	$5020	$6930	$9870	$11080	Yanmar	3	116D	9F-3R	35.0	1876	No
2155	$17840	$5170	$7140	$10170	$11420	JD	3	179D	8F-4R	45.60	5269	No
2155 4WD.	$24763	$7180	$9910	$14120	$15850	JD	3	179D	8F-4R	45.60	5986	No
2355	$20766	$6020	$8310	$11840	$13290	JD	4	239D	8F-4R	55.90	6261	No
2355 4WD.	$27839	$8070	$11140	$15870	$17820	JD	4	239D	8F-4R	55.90	6878	No
2355 4WD w/Cab.	$34944	$10130	$13980	$19920	$22360	JD	4	239D	8F-4R	55.90	7793	CHA
2355 w/Cab.	$29744	$8630	$11900	$16950	$19040	JD	4	239D	8F-4R	55.90	7187	CHA
2355N	$21061	$6110	$8420	$12010	$13480	JD	3T	179D	8F-4R	55.00		No
2355N 4WD	$27829	$8070	$11130	$15860	$17810	JD	3T	179D	8F-4R	55.00		No
2555	$24179	$7010	$9670	$13780	$15480	JD	4	239D	8F-4R	66.00	6515	No
2555 4WD.	$30780	$8930	$12310	$17550	$19700	JD	4	239D	8F-4R	65.00	7286	No

John Deere (Cont.)

Model	Approx. Retail Price New	Estimated Value Less Repairs				Make	Engine No. Cyls.	Displ. Cu.-in.	No. Speeds	P.T.O. H.P.	Approx. Shipping Wt.-Lbs.	Cab
		Used Trade-In Avg.	High	Used Retail Avg.	High							

1991 (Cont.)

Model	Approx. Retail Price New	Used Trade-In Avg.	High	Used Retail Avg.	High	Make	No. Cyls.	Displ. Cu.-in.	No. Speeds	P.T.O. H.P.	Approx. Shipping Wt.-Lbs.	Cab
2555 4WD w/Cab	$37886	$10990	$15150	$21600	$24250	JD	4	239D	8F-4R	65.00	7959	CHA
2555 w/Cab	$32528	$9430	$13010	$18540	$20820	JD	4	239D	8F-4R	66.00	7441	CHA
2755	$27202	$7890	$10880	$15510	$17410	JD	4T	239D	8F-4R	75.00	6558	No
2755	$35529	$10300	$14210	$20250	$22740	JD	4T	239D	8F-4R	75.00	7374	No
2755 4WD w/Cab	$42634	$12360	$17050	$24300	$27290	JD	4T	239D	8F-4R	75.00	8433	CHA
2755 HC 4WD	$37709	$10940	$15080	$21490	$24130	JD	4T	239D	12F-8R	75.00	7750	No
2755 w/Cab	$35907	$10410	$14360	$20470	$22980	JD	4T	239D	8F-4R	75.00	7441	CHA
2855N	$27947	$8110	$11180	$15930	$17890	JD	4T	239D	8F-4R	80.00		No
2855N 4WD	$35088	$10180	$14040	$20000	$22460	JD	4T	239D	8F-4R	80.00		No
2955	$31858	$9240	$12740	$18160	$20390	JD	6	359D	8F-4R	85.00	8444	No
2955 4WD	$38793	$11250	$15520	$22110	$24830	JD	6	359D	8F-4R	85.00	8973	No
2955 4WD w/Cab	$46584	$13510	$18630	$26550	$29810	JD	6	359D	16F-8R	85.00	9590	CHA
2955 w/Cab	$40500	$11750	$16200	$23090	$25920	JD	6	359D	16F-8R	85.00	9083	CHA
2955HC 4WD	$34300	$9950	$13720	$19550	$21950	JD	6	359D	12F-8R	85.00	9140	No
2955HC 4WD w/Cab	$46985	$13630	$18790	$26780	$30070	JD	6	359D	12F-8R	85.00	9835	CHA
3155 4WD	$42910	$12440	$15450	$22740	$26180	JD	6	359D	16F-8R	96.06	10207	No
3155 4WD w/Cab	$48610	$13800	$17140	$25230	$29040	JD	6	359D	16F-8R	96.06	10571	CHA
4055 PS	$48036	$13930	$17290	$25460	$29300	JD	6T	466D	15F-4R	109.18		No
4055 PS 4WD	$56924	$16510	$20490	$30170	$34720	JD	6T	466D	15F-4R	109.18	11350	No
4055 PS 4WD w/Cab	$64357	$18370	$22810	$33580	$38640	JD	6T	466D	15F-4R	109.18	12489	CHA
4055 PS w/Cab	$55477	$16090	$19970	$29400	$33840	JD	6T	466D	15F-4R	109.18	13955	CHA
4055 QR	$43444	$12600	$15640	$23030	$26500	JD	6T	466D	16F-6R	108.70		No
4055 QR w/Cab	$50885	$14760	$18320	$26970	$31040	JD	6T	466D	16F-6R	108.70	12130	CHA
4255 PS	$52974	$15360	$19070	$28080	$32310	JD	6T	466D	15F-4R	120.00	12050	No
4255 PS 4WD	$62392	$18090	$22460	$33070	$38060	JD	6T	466D	15F-4R	123.36	13550	No
4255 PS 4WD w/Cab	$69638	$20020	$25070	$36410	$42480	JD	6T	466D	15F-4R	123.36	14685	CHA
4255 PS w/Cab	$60220	$17460	$21680	$31920	$36730	JD	6T	466D	15F-4R	120.00	13155	CHA
4255 QR	$48380	$14030	$17420	$25640	$29510	JD	6T	466D	16F-6R	123.69	11140	No
4255 QR w/Cab	$55628	$16130	$20030	$29480	$33930	JD	6T	466D	16F-6R	123.69		CHA
4455 PS	$56660	$16430	$20400	$30030	$34560	JD	6T	466D	15F-4R	140.00	13050	No
4455 PS w/Cab	$64101	$18590	$23080	$33970	$39100	JD	6T	466D	15F-4R	140.00	14145	CHA
4455 QR	$51949	$15070	$18700	$27530	$31690	JD	6T	466D	16F-6R	142.69	11326	No
4455 QR w/Cab	$59390	$17220	$21380	$31480	$36230	JD	6T	466D	16F-6R	142.69		CHA
4555 PS 4WD	$71446	$20720	$25720	$37870	$43580	JD	6T	466D	15F-4R	155.00		No
4555 PS 4WD w/Cab	$78887	$22880	$28400	$41810	$48120	JD	6T	466D	15F-4R	155.00		CHA
4555 PS w/Cab	$68619	$19900	$24700	$36370	$41860	JD	6T	466D	15F-4R	155.00		CHA
4555 QR	$56467	$16380	$20330	$29930	$34450	JD	6T	466D	16F-6R	156.83	14310	No
4555 QR w/Cab	$63908	$18530	$23010	$33870	$38980	JD	6T	466D	16F-6R	156.83	18703	CHA
4755 PS	$77388	$17800	$23220	$37150	$42560	JD	6TA	466D	15F-4R	177.06		CHA
4755 PS 4WD	$87656	$20160	$26300	$42080	$48210	JD	6TA	466D	15F-4R	177.06		CHA
4755 QR	$72677	$16720	$21800	$34890	$39970	JD	6TA	466D	16F-6R	177.11		CHA
4955 PS	$83434	$18630	$24300	$38880	$44550	JD	6TA	466D	15F-4R	202.73		CHA
4955 PS 4WD	$93702	$20700	$27000	$43200	$49500	JD	6TA	466D	15F-4R	202.73		CHA
8560 4WD w/PTO, 3-Pt.	$95340	$21160	$27600	$44160	$50600	JD	6TA	466D	12F-3R	256.00		CHA
8560 4WD w/PTO, 3-Pt.	$100590	$21970	$28650	$45840	$52530	JD	6TA	466D	24F-6R	256.00		CHA
8760	$99225	$20840	$27780	$35720	$43660	JD	6TA	619D	12F-3R	260.94		CHA
8760 PS	$114975	$23100	$30800	$39600	$48400	JD	6TA	619D	12F-2R	260.94		CHA
8960 4WD	$118310	$24360	$32480	$41760	$51040	JD	6TA	855D	12F-3R	322.00		CHA
8960 4WD	$123560	$25410	$33880	$43560	$53240	JD	6TA	855D	24F-6R	333.40		CHA
8960 4WD PS	$134060	$27090	$36120	$46440	$56760	JD	6TA	855D	12F-2R	332.25		CHA

H, HC, HU—High Clearance   PS—Power Shift   QR—Quad Range

1990

Model	Approx. Retail Price New	Used Trade-In Avg.	High	Used Retail Avg.	High	Make	No. Cyls.	Displ. Cu.-in.	No. Speeds	P.T.O. H.P.	Approx. Shipping Wt.-Lbs.	Cab
655	$9624	$2700	$3750	$5390	$6060	Yanmar	3	40D	Variable	10.6	1757	No
655 4WD	$10568	$2960	$4120	$5920	$6660	Yanmar	3	40D	Variable	10.6	1700	No
670	$9620	$2660	$3710	$5320	$5990	Yanmar	3	54D	8F-2R	16.0	1980	No
670 4WD	$10681	$2940	$4100	$5880	$6620	Yanmar	3	54D	8F-2R	16.0	2120	No
755	$11470	$3210	$4470	$6420	$7230	Yanmar	3	54D	Variable	20.0	1817	No
755 4WD	$12578	$3520	$4910	$7040	$7920	Yanmar	3	54D	Variable	20.0	1921	No
770	$10388	$2910	$4050	$5820	$6540	Yanmar	3	83D	8F-2R	20.0	2180	No
770 4WD	$11608	$3250	$4530	$6500	$7310	Yanmar	3	83D	8F-2R	24.0	2355	No
855	$12561	$3520	$4900	$7030	$7910	Yanmar	3	61D	Variable	19.0	1876	No
855 4WD	$13820	$3870	$5390	$7740	$8710	Yanmar	3	61D	Variable	19.0	1876	No
870	$11412	$3200	$4450	$6390	$7190	Yanmar	3	87D	9F-3R	25.0	1876	No
870 4WD	$13143	$3640	$5070	$7280	$8190	Yanmar	3	87D	9F-3R	25.0	1876	No
900HC	$12301	$3510	$4310	$6520	$7500	Yanmar	3	78D	8F-2R	22.0	1876	No
955 4WD	$15442	$4320	$6020	$8650	$9730	Yanmar	3	87D	Variable	27.3	1876	No
970	$13205	$3700	$5150	$7400	$8320	Yanmar	3	111D	9F-3R	30.0	1876	No
970 4WD	$15543	$4200	$5850	$8400	$9450	Yanmar	3	111D	9F-3R	30.0	1876	No
1070	$15321	$4120	$5730	$8230	$9260	Yanmar	3	116D	9F-3R	35.0	1876	No
1070 4WD	$17867	$4680	$6510	$9350	$10520	Yanmar	3	116D	9F-3R	35.0	1876	No
2155	$17177	$4810	$6700	$9620	$10820	JD	3	179D	8F-4R	45.60	5269	No
2155 4WD	$23834	$6670	$9300	$13350	$15020	JD	3	179D	8F-4R	45.60	5986	No
2355	$19994	$5600	$7800	$11200	$12600	JD	4	239D	8F-4R	55.90	6261	No
2355 4WD	$26795	$7500	$10450	$15010	$16880	JD	4	239D	8F-4R	55.90	6878	No
2355 4WD w/Cab	$33627	$9420	$13120	$18830	$21190	JD	4	239D	8F-4R	55.90	7793	CHA
2355 w/Cab	$28627	$8020	$11170	$16030	$18040	JD	4	239D	8F-4R	55.90	7187	CHA
2355N	$20278	$5680	$7910	$11360	$12780	JD	3T	179D	8F-4R	55.00		No
2355N 4WD	$26786	$7500	$10450	$15000	$16880	JD	3T	179D	8F-4R	55.00		No
2555	$23280	$6520	$9080	$13040	$14670	JD	4	239D	8F-4R	66.00	6515	No
2555 4WD	$29627	$8300	$11560	$16590	$18670	JD	4	239D	8F-4R	65.00	7286	No
2555 4WD w/Cab	$36460	$10210	$14220	$20420	$22970	JD	4	239D	8F-4R	65.00	7959	CHA
2555 w/Cab	$31308	$8770	$12210	$17530	$19720	JD	4	239D	8F-4R	66.00	7441	CHA
2755	$26190	$7330	$10210	$14670	$16500	JD	4T	239D	8F-4R	75.00	6558	No

John Deere (Cont.)

1990 (Cont.)

Model	Approx. Retail Price New	Used Trade-In Avg.	Used Trade-In High	Used Retail Avg.	Used Retail High	Make	No. Cyls.	Displ. Cu.-in.	No. Speeds	P.T.O. H.P.	Approx. Shipping Wt.-Lbs.	Cab
2755 4WD	$34197	$9580	$13340	$19150	$21540	JD	4T	239D	8F-4R	75.00	7374	No
2755 4WD w/Cab	$41029	$11490	$16000	$22980	$25850	JD	4T	239D	8F-4R	75.00	8433	CHA
2755 HC 4WD	$36297	$10160	$14160	$20330	$22870	JD	4T	239D	12F-8R	75.00	7750	No
2755 w/Cab	$34561	$9680	$13480	$19350	$21770	JD	4T	239D	8F-4R	75.00	7441	CHA
2855N	$26907	$7530	$10490	$15070	$16950	JD	4T	239D	8F-4R	80.00		No
2855N 4WD	$33773	$9460	$13170	$18910	$21280	JD	4T	239D	8F-4R	80.00		No
2955	$30671	$8590	$11960	$17180	$19320	JD	6	359D	8F-4R	85.00	8444	No
2955 4WD	$37339	$10460	$14560	$20910	$23520	JD	6	359D	8F-4R	85.00	8973	No
2955 4WD w/Cab	$44831	$12320	$17160	$24640	$27720	JD	6	359D	8F-4R	85.00	9590	CHA
2955 HC 4WD	$38788	$10860	$15130	$21720	$24440	JD	6	359D	12F-8R	85.00	9140	No
2955 HC 4WD w/Cab	$45216	$12040	$16770	$24080	$27090	JD	6	359D	12F-8R	85.00	9835	CHA
2955 w/Cab	$38981	$10640	$14820	$21280	$23940	JD	6	359D	8F-4R	85.00	9083	CHA
3155	$41047	$11700	$14370	$21760	$25040	JD	6	359D	16F-8R	96.06	10207	No
3155 4WD w/Cab	$46975	$13390	$16440	$24900	$28660	JD	6	359D	16F-8R	96.06	10571	CHA
4055 PS	$46188	$13160	$16170	$24480	$28180	JD	6T	466D	15F-4R	109.18		No
4055 PS 4WD	$54727	$15600	$19150	$29010	$33380	JD	6T	466D	15F-4R	109.18	11350	No
4055 PS 4WD w/Cab	$61882	$17640	$21660	$32800	$37750	JD	6T	466D	15F-4R	109.18	12489	CHA
4055 PS w/Cab	$53343	$15200	$18670	$28270	$32540	JD	6T	466D	15F-4R	109.18	13955	CHA
4055 QR	$41773	$11910	$14620	$22140	$25480	JD	6T	466D	16F-6R	108.70		No
4055 QR 4WD	$50312	$14340	$17610	$26670	$30690	JD	6T	466D	16F-6R	105.00		No
4055 QR 4WD w/Cab	$57467	$16380	$20110	$30460	$35060	JD	6T	466D	16F-6R	105.00		CHA
4055 QR w/Cab	$48928	$13940	$17130	$25930	$29850	JD	6T	466D	16F-6R	108.70	12130	CHA
4255 PS	$50748	$14460	$17760	$26900	$30960	JD	6T	466D	15F-4R	120.00	12050	No
4255 PS 4WD	$59804	$17040	$20930	$31700	$36480	JD	6T	466D	15F-4R	123.36	13550	No
4255 PS 4WD w/Cab	$66959	$19080	$23440	$35490	$40850	JD	6T	466D	15F-4R	123.36	14685	CHA
4255 PS w/Cab	$57903	$16500	$20270	$30690	$35320	JD	6T	466D	15F-4R	120.00	13155	CHA
4255 QR	$46333	$13210	$16220	$24560	$28260	JD	6T	466D	16F-6R	123.69	11140	No
4255 QR 4WD	$55389	$15790	$19390	$29360	$33790	JD	6T	466D	16F-6R	120.00		No
4255 QR 4WD w/Cab	$62544	$17830	$21890	$33150	$38150	JD	6T	466D	16F-6R	120.00		CHA
4255 QR w/Cab	$53488	$15240	$18720	$28350	$32630	JD	6T	466D	16F-6R	123.69		CHA
4455 PS	$54481	$15530	$19070	$28880	$33230	JD	6T	466D	15F-4R	140.00	13050	No
4455 PS w/Cab	$61636	$17570	$21570	$32670	$37600	JD	6T	466D	15F-4R	140.00	14145	CHA
4455 QR	$49951	$14240	$17480	$26470	$30470	JD	6T	466D	16F-6R	142.69	11326	No
4455 QR 4WD	$59095	$16840	$20680	$31320	$36050	JD	6T	466D	16F-6R	140.00		No
4455 QR 4WD w/Cab	$66249	$18880	$23190	$35110	$40410	JD	6T	466D	16F-4R	140.00		CHA
4455 QR w/Cab	$57106	$16280	$19990	$30270	$34840	JD	6T	466D	16F-6R	142.69		CHA
4555 PS 4WD	$68698	$19580	$24040	$36410	$41910	JD	6T	466D	15F-4R	155.00		No
4555 PS 4WD w/Cab	$75853	$21620	$26550	$40200	$46270	JD	6T	466D	15F-4R	155.00		CHA
4555 PS w/Cab	$65980	$18800	$23090	$34970	$40250	JD	6T	466D	15F-4R	155.00		CHA
4555 QR	$54295	$15470	$19000	$28780	$33120	JD	6T	466D	16F-6R	156.83	14310	No
4555 QR w/Cab	$61450	$17510	$21510	$32570	$37490	JD	6T	466D	16F-6R	156.83	18703	CHA
4755 PS	$74412	$16370	$21580	$34970	$40180	JD	6TA	466D	15F-4R	177.06		CHA
4755 PS 4WD	$84285	$18040	$23780	$38540	$44280	JD	6TA	466D	15F-4R	177.06		CHA
4755 QR	$69882	$15370	$20270	$32850	$37740	JD	6TA	466D	16F-6R	177.11		CHA
4955 PS	$80225	$16940	$22330	$36190	$41580	JD	6TA	466D	15F-4R	202.73		CHA
4955 PS 4WD	$90098	$18700	$24650	$39950	$45900	JD	6TA	466D	15F-4R	202.73		CHA
8560 4WD	$82425	$18130	$23900	$38740	$44510	JD	6TA	466D	12F-3R	198.00		CHA
8560 4WD	$87675	$19290	$25430	$41210	$47350	JD	6TA	466D	24F-6R	202.65		CHA
8560 4WD w/PTO, 3-Pt.	$95340	$20460	$26970	$43710	$50220	JD	6TA	466D	12F-3R	256.00		CHA
8760	$99225	$19850	$26790	$33740	$42670	JD	6TA	619D	12F-3R	260.94		CHA
8760 PS	$114975	$21800	$29430	$37060	$46870	JD	6TA	619D	12F-2R	260.94		CHA
8960 4WD	$118310	$23200	$31320	$39440	$49880	JD	6TA	855D	12F-3R	322.00		CHA
8960 4WD	$123560	$24200	$32670	$41140	$52030	JD	6TA	855D	24F-6R	333.40		CHA
8960 4WD PS	$134060	$25800	$34830	$43860	$55470	JD	6TA	855D	12F-2R	332.25		CHA

H, HC, HU—High Clearance PS—Power Shift QR—Quad Range

1989

Model	Approx. Retail Price New	Used Trade-In Avg.	Used Trade-In High	Used Retail Avg.	Used Retail High	Make	No. Cyls.	Displ. Cu.-in.	No. Speeds	P.T.O. H.P.	Approx. Shipping Wt.-Lbs.	Cab
650	$8408	$2320	$3270	$4730	$5340	Yanmar	2	52D	8F-2R	14.5	1968	No
650 4WD	$9334	$2520	$3550	$5130	$5790	Yanmar	2	52D	8F-2R	14.5	1968	No
655	$9344	$2520	$3550	$5140	$5790	Yanmar	3	40D	Variable	10.6	1757	No
655 4WD	$10260	$2770	$3900	$5640	$6360	Yanmar	3	40D	Variable	10.6	1700	No
750	$9424	$2540	$3580	$5180	$5840	Yanmar	3	78D	8F-2R	18.5	2455	No
750 4WD	$10605	$2860	$4030	$5830	$6580	Yanmar	3	78D	8F-2R	18.0	2455	No
755	$10811	$2920	$4110	$5950	$6700	Yanmar	3	54D	Variable	20.0	1817	No
755 4WD	$11856	$3200	$4510	$6520	$7350	Yanmar	3	54D	Variable	20.0	1921	No
850	$10157	$2740	$3860	$5590	$6300	Yanmar	3	78D	8F-2R	22.3	3225	No
850 4WD	$11820	$3110	$4370	$6330	$7130	Yanmar	3	78D	8F-2R	22.3	3232	No
855	$11840	$3200	$4500	$6510	$7340	Yanmar	3	61D	Variable	19.0	1876	No
855 4WD	$13026	$3520	$4950	$7160	$8080	Yanmar	3	61D	Variable	19.0	1876	No
900HC	$11943	$3340	$4060	$6330	$7350	Yanmar	3	78D	8F-2R	22.0	1876	No
950	$11598	$3130	$4410	$6380	$7190	Yanmar	3	104D	8F-2R	27.3	3169	No
950 4WD	$13995	$3650	$5130	$7430	$8370	Yanmar	3	104D	8F-2R	27.3	3405	No
1050	$13390	$3510	$4940	$7150	$8060	Yanmar	3T	105D	8F-2R	33.4	3592	No
1050 4WD	$15702	$4050	$5700	$8250	$9300	Yanmar	3T	105D	8F-2R	33.4	3814	No
1250	$14220	$3980	$4840	$7540	$8750	Yanmar	3	143D	9F-2R	40.7	4125	No
1250 4WD	$18720	$5240	$6370	$9920	$11510	Yanmar	3	143D	9F-2R	40.7	4875	No
1450	$16234	$4550	$5520	$8600	$9980	Yanmar	4	190D	9F-2R	51.4	4410	No
1450 4WD	$20534	$5750	$6980	$10880	$12630	Yanmar	4	190D	9F-2R	51.4	5070	No
1650	$18382	$4960	$6990	$10110	$11400	Yanmar	4T	190D	9F-2R	62.2	4630	No
1650 4WD	$22734	$6140	$8640	$12500	$14100	Yanmar	4T	190D	9F-2R	62.2	5290	No
2155	$16539	$4470	$6290	$9100	$10250	JD	3	179D	8F-4R	45.60	5269	No
2155 4WD	$22940	$6190	$8720	$12620	$14220	JD	3	179D	8F-4R	45.60	5986	No
2355	$19252	$5200	$7320	$10590	$11940	JD	4	239D	8F-4R	55.90	6261	No
2355 4WD	$25791	$6960	$9800	$14190	$15990	JD	4	239D	8F-4R	55.90	6878	No

John Deere (Cont.)

Model	Approx. Retail Price New	Used Trade-In Avg.	Used Trade-In High	Used Retail Avg.	Used Retail High	Make	No. Cyls.	Displ. Cu.-in.	No. Speeds	P.T.O. H.P.	Approx. Shipping Wt.-Lbs.	Cab
1989 (Cont.)												
2355 4WD w/Cab	$32361	$8740	$12300	$17800	$20060	JD	4	239D	8F-4R	55.90	7793	CHA
2355 w/Cab	$27553	$7440	$10470	$15150	$17080	JD	4	239D	8F-4R	55.90	7187	CHA
2355N	$19525	$5270	$7420	$10740	$12110	JD	3T	179D	8F-4R	55.00		No
2355N 4WD	$25783	$6960	$9800	$14180	$15990	JD	3T	179D	8F-4R	55.00		No
2555	$22415	$6050	$8520	$12330	$13900	JD	4	239D	8F-4R	66.00	6515	No
2555 4WD	$28518	$7700	$10840	$15690	$17680	JD	4	239D	8F-4R	65.00	7286	No
2555 4WD w/Cab	$35088	$9470	$13330	$19300	$21760	JD	4	239D	8F-4R	65.00	7959	CHA
2555 w/Cab	$30135	$8140	$11450	$16750	$18680	JD	4	239D	8F-4R	66.00	7441	CHA
2755	$25217	$6810	$9580	$13870	$15640	JD	4T	239D	8F-4R	75.00	6558	No
2755 4WD	$32916	$8890	$12510	$18100	$20410	JD	4T	239D	8F-4R	75.00	7374	No
2755 4WD w/Cab	$39486	$10660	$15010	$21720	$24480	JD	4T	239D	8F-4R	75.00	8433	CHA
2755 w/Cab	$33266	$8980	$12640	$18300	$20630	JD	4T	239D	8F-4R	75.00	7441	CHA
2755HC 4WD	$34936	$9430	$13280	$19220	$21660	JD	4T	239D	12F-8R	75.00	7750	No
2855N	$25907	$7000	$9850	$14250	$16060	JD	4T	239D	8F-4R	80.00		No
2855N 4WD	$32509	$8780	$12350	$17880	$20160	JD	4T	239D	8F-4R	80.00		No
2955	$29530	$7970	$11220	$16240	$18310	JD	6	359D	8F-4R	85.00	8444	No
2955 4WD	$35941	$9450	$13300	$19250	$21700	JD	6	359D	8F-4R	85.00	8973	No
2955 4WD w/Cab	$43145	$11340	$15960	$23100	$26040	JD	6	359D	8F-4R	85.00	9590	CHA
2955 w/Cab	$37520	$10130	$14260	$20640	$23260	JD	6	359D	8F-4R	85.00	9083	CHA
2955HC 4WD	$37335	$10080	$14190	$20530	$23150	JD	6	359D	12F-8R	85.00	9140	No
2955HC 4WD w/Cab.	$43515	$11340	$15960	$23100	$26040	JD	6	359D	12F-8R	85.00	9835	CHA
3155 4WD	$39511	$11060	$13430	$20940	$24300	JD	6	359D	16F-8R	96.06	10207	No
3155 4WD w/Cab	$45211	$12660	$15370	$23960	$27810	JD	6	359D	16F-8R	96.06	10571	CHA
4055 PS	$44511	$12460	$15130	$23590	$27370	JD	6T	466D	15F-4R	105.00		No
4055 PS 4WD	$52722	$14760	$17930	$27940	$32420	JD	6T	466D	15F-4R	105.00	11350	No
4055 PS 4WD w/Cab	$59502	$16830	$19890	$31010	$35980	JD	6T	466D	15F-4R	105.00	12489	CHA
4055 PS w/Cab.	$51291	$14360	$17440	$27180	$31540	JD	6T	466D	15F-4R	105.00		CHA
4055 QR	$40266	$11270	$13690	$21340	$24760	JD	6T	466D	16F-6R	105.00		No
4055 QR 4WD.	$48477	$13570	$16480	$25690	$29810	JD	6T	466D	16F-6R	105.00		No
4055 QR 4WD w/Cab	$55257	$15470	$18790	$29290	$33980	JD	6T	466D	16F-6R	105.00		CHA
4055 QR w/Cab	$47046	$13170	$16000	$24930	$28930	JD	6T	466D	16F-6R	105.00		CHA
4255 PS	$48796	$13660	$16590	$25860	$30010	JD	6T	466D	15F-4R	120.00	12050	No
4255 PS 4WD	$57504	$16100	$19550	$30480	$35370	JD	6T	466D	15F-4R	120.00	13550	No
4255 PS 4WD w/Cab	$64384	$17750	$21560	$33600	$38990	JD	6T	466D	15F-4R	120.00	14685	CHA
4255 PS w/Cab.	$55676	$15590	$18930	$29510	$34240	JD	6T	466D	15F-4R	120.00	13155	CHA
4255 QR	$45551	$12750	$15490	$24140	$28010	JD	6T	466D	16F-6R	120.00	11140	No
4255 QR 4WD.	$53259	$14910	$18110	$28230	$32750	JD	6T	466D	16F-6R	120.00		No
4255 QR 4WD w/Cab	$60139	$16840	$20450	$31870	$36990	JD	6T	466D	16F-6R	120.00		CHA
4255 QR w/Cab	$51431	$14400	$17490	$27260	$31630	JD	6T	466D	16F-6R	120.00		CHA
4455 4WD w/Cab	$63701	$17840	$21660	$33760	$39180	JD	6T	466D	16F-4R	140.00		CHA
4455 PS	$52385	$14670	$17810	$27760	$32220	JD	6T	466D	15F-4R	140.00	13050	No
4455 PS w/Cab.	$59265	$16590	$20150	$31410	$36450	JD	6T	466D	15F-4R	140.00	14145	CHA
4455 QR	$48030	$13450	$16330	$25460	$29540	JD	6T	466D	16F-6R	140.00	11326	No
4455 QR 4WD.	$56821	$15910	$19320	$30120	$34950	JD	6T	466D	16F-4R	140.00		No
4455 QR 4WD w/Cab	$54910	$15380	$18670	$29100	$33770	JD	6T	466D	16F-6R	140.00		CHA
4555 PS 4WD	$65772	$18420	$22360	$34860	$40450	JD	6T	466D	15F-4R	155.00		No
4555 PS 4WD w/Cab	$72652	$20340	$24700	$38510	$44680	JD	6T	466D	15F-4R	155.00		CHA
4555 PS w/Cab.	$63159	$17690	$21470	$33470	$38840	JD	6T	466D	15F-4R	155.00		CHA
4555 QR	$51924	$14540	$17650	$27520	$31930	JD	6T	466D	16F-6R	155.00	14310	No
4555 QR w/Cab	$58804	$16470	$19990	$31170	$36160	JD	6T	466D	16F-6R	155.00	18703	CHA
4755 PS	$71228	$14960	$19940	$32770	$37750	JD	6TA	466D	15F-4R	175.00		CHA
4755 PS 4WD	$80721	$16950	$22600	$37130	$42780	JD	6TA	466D	15F-4R	175.00		CHA
4755 QR	$66873	$14040	$18720	$30760	$35440	JD	6TA	466D	16F-6R	175.00		CHA
4955 PS	$76770	$16120	$21500	$35310	$40690	JD	6TA	466D	15F-4R	200.00		CHA
4955 PS 4WD	$86263	$17850	$23800	$39100	$45050	JD	6TA	466D	15F-4R	200.00		CHA
8560	$87500	$18380	$24500	$40250	$46380	JD	6TA	466D	12F-3R	256.00		CHA
8560 4WD, PTO, 3-Pt	$99500	$19950	$26600	$43700	$50350	JD	6TA	466D	12F-3R	256.00		CHA
8760	$96625	$18360	$25120	$33820	$40580	JD	6TA	619D	12F-3R	260.94		CHA
8760 PS	$112255	$20900	$28600	$38500	$46200	JD	6TA	619D	12F-2R	260.94		CHA
8960 4WD, PTO, 3-Pt	$125476	$22900	$31330	$42180	$50610	JD	6TA	855D	12F-3R	322.00		CHA
8960 PS 4WD.	$127676	$23290	$31880	$42910	$51490	JD	6TA	855D	12F-2R	322.00		CHA
8960 PS 4WD, PTO, 3-Pt.	$140476	$24700	$33800	$45500	$54600	JD	6TA	855D	12F-2R	322.00		CHA
H, HC, HU—High Clearance LU—Low Profile PS—Power Shift QR—Quad Range												
1988												
650	$7485	$2000	$2840	$4230	$4770	Yanmar	2	52D	8F-2R	14.5	1968	No
650 4WD	$8385	$2180	$3100	$4610	$5200	Yanmar	2	52D	8F-2R	14.5	1968	No
655	$8559	$2230	$3170	$4710	$5310	Yanmar	3	40D	Variable	10.6	1757	No
655 4WD	$9379	$2440	$3470	$5160	$5820	Yanmar	3	40D	Variable	10.6	1700	No
750	$8466	$2200	$3130	$4660	$5250	Yanmar	3	78D	8F-2R	18.5	2455	No
750 4WD	$9619	$2500	$3560	$5290	$5960	Yanmar	3	78D	8F-2R	18.0	2455	No
755	$9805	$2550	$3630	$5390	$6080	Yanmar	3	54D	Variable	20.0	1817	No
755 4WD	$10742	$2790	$3980	$5910	$6660	Yanmar	3	54D	Variable	20.0	1921	No
850	$9036	$2350	$3340	$4970	$5600	Yanmar	3	78D	8F-2R	22.0	3225	No
850 4WD	$10617	$2760	$3930	$5840	$6580	Yanmar	3	78D	8F-2R	22.3	3232	No
855	$10742	$2790	$3980	$5910	$6660	Yanmar	3	61D	Variable	19.0	1876	No
900HC	$10939	$2950	$3610	$5850	$6780	Yanmar	3	78D	8F-2R	22.0	1876	No
950	$10319	$2680	$3820	$5680	$6400	Yanmar	3	104D	8F-2R	27.3	3169	No
950 4WD.	$12599	$3280	$4660	$6930	$7810	Yanmar	3	104D	8F-2R	27.3	3405	No
1050	$12266	$3190	$4540	$6750	$7610	Yanmar	3T	105D	8F-2R	33.4	3592	No
1050 4WD	$14250	$3710	$5270	$7840	$8840	Yanmar	3T	105D	8F-2R	33.4	3814	No
1250	$14220	$3840	$4690	$7610	$8820	Yanmar	3	143D	9F-2R	40.7	4125	No
1250 4WD	$18720	$4780	$5850	$9480	$10990	Yanmar	3	143D	9F-2R	40.7	4875	No
1450	$16234	$4320	$5280	$8560	$9920	Yanmar	4	190D	9F-2R	51.4	4410	No

John Deere (Cont.)

1988 (Cont.)

Model	Approx. Retail Price New	Estimated Value Less Repairs				Make	Engine No. Cyls.	Displ. Cu.-in.	No. Speeds	P.T.O. H.P.	Approx. Shipping Wt.-Lbs.	Cab
		Used Trade-In Avg.	Used Trade-In High	Used Retail Avg.	Used Retail High							
1450 4WD	$20534	$5270	$6450	$10450	$12110	Yanmar	4	190D	9F-2R	51.4	5070	No
1650	$18382	$4780	$6800	$10110	$11400	Yanmar	4T	190D	9F-2R	62.2	4630	No
1650 4WD	$22734	$5600	$6840	$11090	$12860	Yanmar	4T	190D	9F-2R	62.2	5290	No
2155	$15939	$4140	$5900	$8770	$9880	JD	3	179D	8F-4R	45.60	5269	No
2155 4WD	$22340	$5810	$8270	$12290	$13850	JD	3	179D	8F-4R	45.60	5986	No
2355	$18312	$4760	$6780	$10070	$11350	JD	4	239D	8F-4R	55.90	6261	No
2355 4WD	$25370	$6600	$9390	$13950	$15730	JD	4	239D	8F-4R	55.90	6878	No
2355 w/Cab	$32052	$8330	$11860	$17630	$19870	JD	4	239D	8F-4R	55.90	7793	CHA
2355 w/Cab	$27244	$7080	$10080	$14980	$16890	JD	4	239D	8F-4R	55.90	7187	CHA
2355N	$18825	$4900	$6970	$10350	$11670	JD	3	179D	8F-4R	55.00		No
2355N 4WD	$24783	$6440	$9170	$13630	$15370	JD	3	179D	8F-4R	55.00		No
2555	$21375	$5560	$7910	$11760	$13250	JD	4	239D	8F-4R	66.00	6515	No
2555 4WD	$27697	$7200	$10250	$15230	$17170	JD	4	239D	8F-4R	65.00	7286	No
2555 4WD Cab	$34379	$8940	$12720	$18910	$21320	JD	4	239D	8F-4R	65.00	7959	CHA
2555 Cab	$29726	$7730	$11000	$16350	$18430	JD	4	239D	8F-4R	66.00	7441	CHA
2755	$24170	$6280	$8940	$13290	$14990	JD	4T	239D	8F-4R	75.00	6558	No
2755 4WD	$32213	$8380	$11920	$17720	$19970	JD	4T	239D	8F-4R	75.00	7374	No
2755 4WD Cab	$38895	$10110	$14390	$21390	$24120	JD	4T	239D	8F-4R	75.00	8433	CHA
2755 Cab	$32675	$8500	$12090	$17970	$20260	JD	4T	239D	8F-4R	75.00	7441	CHA
2755HC 4WD	$33824	$8790	$12520	$18600	$20970	JD	4T	239D	12F-8R	75.00	7750	No
2855N	$24925	$6480	$9220	$13710	$15450	JD	4T	239D	8F-4R	80.00		No
2855N 4WD	$31527	$8200	$11670	$17340	$19550	JD	4T	239D	8F-4R	80.00		No
2955	$27602	$7180	$10210	$15180	$17110	JD	6	359D	8F-4R	85.00	8444	No
2955 4WD	$34357	$8930	$12710	$18900	$21300	JD	6	359D	8F-4R	85.00	8973	No
2955 4WD Cab	$42063	$10400	$14800	$22000	$24800	JD	6	359D	8F-4R	85.00	9590	CHA
2955 Cab	$36438	$9470	$13480	$20040	$22590	JD	6	359D	8F-4R	85.00	9083	CHA
2955HC 4WD	$35732	$9290	$13220	$19650	$22150	JD	6	359D	12F-8R	85.00	9140	No
2955HC 4WD Cab	$42433	$10920	$15540	$23100	$26040	JD	6	359D	12F-8R	85.00	9835	CHA
3155 4WD	$38329	$10350	$12650	$20510	$23760	JD	6	359D	16F-8R	96.06	10207	No
3155 4WD Cab	$44029	$11890	$14530	$23560	$27300	JD	6	359D	16F-8R	96.06	10571	CHA
4050 PS	$42331	$11430	$13970	$22650	$26250	JD	6T	359D	15F-4R	105.69	11350	No
4050 PS 4WD	$49331	$13040	$15940	$25840	$29950	JD	6T	359D	15F-4R	105.69	11350	No
4050 PS 4WD Cab	$57120	$15150	$18510	$30010	$34780	JD	6T	359D	15F-4R	105.69	12489	CHA
4050 PS Cab	$48916	$12930	$15810	$25630	$29700	JD	6T	359D	15F-4R	105.69	12489	CHA
4050 QR	$38086	$10170	$12430	$20150	$23350	JD	6T	359D	16F-6R	105.89	10811	No
4050 QR 4WD	$46297	$12020	$14690	$23810	$27590	JD	6T	359D	15F-4R	105.00		No
4050 QR 4WD Cab	$52881	$14040	$17160	$27820	$32240	JD	6T	359D	16F-6R	105.00		CHA
4050 QR Cab	$44670	$12060	$14740	$23900	$27700	JD	6T	359D	16F-6R	105.89		CHA
4250 PS	$46741	$12340	$15080	$24450	$28330	JD	6T	466D	15F-4R	120.86	12050	No
4250 PS 4WD	$55449	$14530	$17750	$28780	$33360	JD	6T	466D	15F-4R	123.00	13550	No
4250 PS 4WD Cab	$62033	$16200	$19800	$32100	$37200	JD	6T	466D	15F-4R	123.00	14685	CHA
4250 PS Cab	$53321	$14240	$17410	$28220	$32710	JD	6T	466D	15F-4R	120.86	13155	CHA
4250 QR	$42496	$11210	$13700	$22200	$25730	JD	6T	466D	16F-6R	120.21	11140	No
4250 QR 4WD	$51204	$13500	$16500	$26750	$31000	JD	6T	466D	16F-6R	120.86		No
4250 QR 4WD Cab	$57788	$15340	$18740	$30390	$35220	JD	6T	466D	16F-6R	120.86		CHA
4250 QR Cab	$49080	$12960	$15840	$25680	$29760	JD	6T	466D	16F-6R	120.21		CHA
4450 4WD	$54616	$14450	$17660	$28620	$33170	JD	6T	466D	15F-4R	140.00		No
4450 4WD Cab	$61200	$16250	$19870	$32210	$37320	JD	6T	466D	15F-4R	140.00		CHA
4450 PS	$50280	$13280	$16240	$26320	$30500	JD	6T	466D	15F-4R	140.43	13050	No
4450 PS	$56864	$15350	$18770	$30420	$35260	JD	6T	466D	15F-4R	140.43	14145	CHA
4450 QR	$45825	$12100	$14780	$23970	$27780	JD	6T	466D	16F-6R	140.33	11326	No
4450 QR w/Cab	$52409	$14150	$17300	$28040	$32490	JD	6T	466D	16F-6R	140.33		CHA
4650	$54763	$14120	$17260	$27980	$32430	JD	6T	466D	16F-6R	165.70	14310	No
4650 4WD	$64256	$15710	$19210	$31140	$36080	JD	6T	466D	16F-6R	165.70		No
4650 4WD Cab	$70757	$18550	$22670	$36760	$42590	JD	6T	466D	16F-6R	165.70		CHA
4650 Cab	$61264	$16010	$19570	$31730	$36770	JD	6T	466D	16F-6R	165.70		CHA
4650 PS	$65619	$12830	$16900	$28170	$32550	JD	6T	466D	15F-4R	165.52		CHA
4850	$70800	$14040	$18500	$30830	$35620	JD	6TI	466D	15F-4R	192.99	15371	CHA
4850 4WD	$80293	$15680	$20660	$34430	$39780	JD	6TI	466D	15F-4R	190.00		CHA
8450 4WD	$74296	$14450	$19040	$31730	$36660	JD	6TI	466D	16F-6R	186.98	23522	CHA
8450 4WD w/3-Pt.	$81596	$15890	$20930	$34880	$40300	JD	6TI	466D	16F-6R	186.98	25003	CHA
8650 4WD	$93151	$16200	$22500	$31500	$36900	JD	6TI	619D	16F-6R	238.56	26425	CHA
8650 4WD 3-Pt	$100451	$17460	$24250	$33950	$39770	JD	6TI	619D	16F-6R	238.56	27906	CHA
8850 4WD	$118609	$18720	$24570	$36270	$40950	JD	6TI	955D	16F-6R	303.99	32125	CHA
8850 4WD 3-Pt	$127859	$20000	$26250	$38750	$43750	JD	8TI	955D	16F-6R	303.99	34250	CHA

H, HC, HU—High Clearance LU—Low Profile PS—Power Shift QR—Quad Range

1987

Model	Approx. Retail Price New	Estimated Value Less Repairs				Make	Engine No. Cyls.	Displ. Cu.-in.	No. Speeds	P.T.O. H.P.	Approx. Shipping Wt.-Lbs.	Cab
		Used Trade-In Avg.	Used Trade-In High	Used Retail Avg.	Used Retail High							
650	$7050	$1810	$2610	$3990	$4500	Yanmar	2	52D	8F-2R	14.5	1968	No
650 4WD	$7855	$1960	$2830	$4320	$4870	Yanmar	2	52D	8F-2R	14.5	1968	No
655	$8384	$2100	$3020	$4610	$5200	Yanmar	3	40D	Variable	10.6	1757	No
655 4WD	$9196	$2300	$3310	$5060	$5700	Yanmar	3	40D	Variable	10.6	1700	No
750	$7900	$1980	$2840	$4350	$4900	Yanmar	3	78D	8F-2R	18.5	2455	No
750 4WD	$8980	$2250	$3230	$4940	$5570	Yanmar	3	78D	8F-2R	18.0	2455	No
755	$9324	$2330	$3360	$5130	$5780	Yanmar	3	54D	Variable	20.0	1817	No
755	$9324	$2330	$3360	$5130	$5780	Yanmar	3	54D	Variable	20.0	1817	No
755 4WD	$10218	$2560	$3680	$5620	$6340	Yanmar	3	54D	Variable	20.0	1921	No
850	$8595	$2150	$3090	$4730	$5330	Yanmar	3	78D	8F-2R	22.3	3225	No
850 4WD	$10100	$2530	$3640	$5560	$6260	Yanmar	3	78D	8F-2R	22.3	3232	No
855	$10220	$2560	$3680	$5620	$6340	Yanmar	3	61D	Variable	19.0	1876	No
950	$10015	$2500	$3610	$5510	$6210	Yanmar	3	104D	8F-2R	27.3	3169	No
950 4WD	$12030	$3010	$4330	$6620	$7460	Yanmar	3	104D	8F-2R	27.3	3405	No
1050	$11670	$2920	$4200	$6420	$7240	Yanmar	3T	105D	8F-2R	33.4	3592	No
1050 4WD	$13550	$3390	$4880	$7450	$8400	Yanmar	3T	105D	8F-2R	33.4	3814	No

John Deere (Cont.)

1987 (Cont.)

Model	Approx. Retail Price New	Used Trade-In Avg.	Used Trade-In High	Used Retail Avg.	Used Retail High	Make	No. Cyls.	Displ. Cu.-in.	No. Speeds	P.T.O. H.P.	Approx. Shipping Wt.-Lbs.	Cab
1250	$14220	$3700	$4550	$7610	$8890	Yanmar	3	143D	9F-2R	40.7	4125	No
1250 4WD	$18720	$4600	$5660	$9470	$11060	Yanmar	3	143D	9F-2R	40.7	4875	No
1450	$16234	$4220	$5200	$8690	$10150	Yanmar	4	190D	9F-2R	51.4	4410	No
1450 4WD	$20534	$5080	$6250	$10450	$12210	Yanmar	4	190D	9F-2R	51.4	5070	No
1650	$18382	$4600	$6620	$10110	$11400	Yanmar	4T	190D	9F-2R	62.2	4630	No
1650 4WD	$22734	$5430	$7820	$11950	$13480	Yanmar	4T	190D	9F-2R	62.2	5290	No
2150	$16731	$4550	$6550	$10010	$11280	JD	3	179D	8F-4R	45.00	4970	No
2150 4WD	$21912	$5630	$8100	$12380	$13950	JD	3	179D	8F-4R	45.00	5670	No
2255	$17142	$4440	$6390	$9760	$11010	JD	3	179D	8F-4R	50.00	5115	No
2350	$19543	$5250	$7560	$11550	$13020	JD	4	239D	8F-4R	55.00	6490	No
2350 4WD	$24296	$6500	$9360	$14300	$16120	JD	4	239D	8F-4R	55.00	7620	No
2350 4WD w/Cab	$30978	$8250	$11880	$18150	$20460	JD	4	239D	8F-4R	55.00	8220	CHA
2350 w/Cab	$26225	$7000	$10080	$15400	$17360	JD	4	239D	8F-4R	55.00	7520	CHA
2550	$21813	$5880	$8460	$12930	$14570	JD	4	239D	8F-4R	65.00	7500	No
2550 4WD	$26411	$7000	$10080	$15400	$17360	JD	4	239D	8F-4R	65.00	8100	No
2550 4WD w/Cab	$33985	$8880	$12780	$19530	$22010	JD	4	239D	8F-4R	65.00	8230	CHA
2550 w/Cab	$28495	$7500	$10800	$16500	$18600	JD	4	239D	8F-4R	65.00	7630	CHA
2750	$24410	$6500	$9360	$14300	$16120	JD	4T	239D	8F-4R	75.00	7700	No
2750 4WD	$30575	$8000	$11520	$17600	$19840	JD	4T	239D	8F-4R	75.00	8910	No
2750 4WD w/Cab	$37256	$9700	$13970	$21340	$24060	JD	4T	239D	8F-4R	75.00	9410	CHA
2750 w/Cab	$31091	$8250	$11880	$18150	$20460	JD	4T	239D	8F-4R	75.00	8200	CHA
2750HC 4WD	$32400	$8100	$11660	$17820	$20090	JD	4T	239D	12F-8R	75.00	10000	No
2950	$28519	$7250	$10440	$15950	$17980	JD	6	359D	16F-8R	85.37	9100	No
2950 4WD	$34089	$8750	$12600	$19250	$21700	JD	6	359D	16F-8R	85.00	10410	No
2950 4WD w/Cab	$40269	$10250	$14760	$22550	$25420	JD	6	359D	16F-8R	85.00	10900	CHA
2950 w/Cab	$34699	$9000	$12960	$19800	$22320	JD	6	359D	16F-8R	85.37	10800	CHA
3150 4WD	$37300	$9500	$13680	$20900	$23560	JD	6	359D	16F-8R	96.06	11039	No
3150 4WD	$43000	$10750	$15480	$23650	$26660	JD	6	359D	16F-8R	96.06	11382	CHA
4050 PS	$42331	$10740	$13220	$22100	$25810	JD	6T	359D	15F-4R	105.69	11350	No
4050 PS	$48916	$12220	$15040	$25150	$29380	JD	6T	359D	15F-4R	105.69	12489	CHA
4050 PS 4WD	$50542	$12870	$15840	$26480	$30940	JD	6T	359D	15F-4R	105.69	12250	No
4050 PS 4WD	$57126	$14560	$17920	$29960	$35000	JD	6T	359D	15F-4R	105.69	13389	CHA
4050 QR	$38086	$9620	$11840	$19800	$23130	JD	6T	359D	16F-6R	105.89	11850	No
4050 QR	$44670	$11610	$14290	$23900	$27920	JD	6T	359D	16F-6R	105.89	12919	CHA
4250 PS	$46741	$11880	$14620	$24450	$28560	JD	6T	466D	15F-4R	120.86	12050	No
4250 PS	$53325	$13600	$16740	$27980	$32690	JD	6T	466D	15F-4R	120.20	13155	CHA
4250 PS 4WD	$55449	$13910	$17120	$28620	$33440	JD	6T	466D	15F-4R	123.00	13550	No
4250 PS 4WD	$62033	$15600	$19200	$32100	$37500	JD	6T	466D	15F-4R	123.00	14685	CHA
4250 QR	$42496	$10710	$13180	$22040	$25750	JD	6T	466D	16F-6R	120.20	12450	No
4250 QR	$49080	$12480	$15360	$25680	$30000	JD	6T	466D	16F-6R	120.20	13585	CHA
4450 PS	$50280	$12480	$15360	$25680	$30000	JD	6T	466D	15F-4R	140.43	13050	No
4450 PS	$56864	$14510	$17860	$29850	$34880	JD	6T	466D	15F-4R	140.43	14145	CHA
4450 QR	$52409	$13390	$16480	$27550	$32190	JD	6T	466D	16F-6R	140.33	13475	CHA
4650 PS	$65619	$12720	$16850	$27980	$32440	JD	6T	466D	15F-5R	165.52	18703	CHA
4650 QR	$61264	$11760	$15580	$25870	$29990	JD	6T	466D	16F-6R	165.70	18803	CHA
4850	$70800	$13400	$17760	$29480	$34170	JD	6T	466D	15F-4R	192.99	18978	CHA
4850 4WD	$80293	$15000	$19880	$33000	$38250	JD	6T	466D	15F-4R	192.99	19500	CHA
8450 4WD	$74296	$13800	$18290	$30360	$35190	JD	6TI	466D	16F-4R	186.98	22300	CHA
8450 4WD w/3-Pt.	$81596	$15200	$20140	$33440	$38760	JD	6TI	466D	16F-4R	186.98	22700	CHA
8650 4WD	$93151	$15300	$22500	$31500	$36900	JD	6TI	619D	16F-4R	238.56	24750	CHA
8650 4WD w/3-Pt.	$100451	$16320	$24000	$33600	$39360	JD	6TI	619D	16F-4R	238.56	25250	CHA
8850 4WD	$118609	$17550	$23400	$35100	$39780	JD	V8TI	955D	16F-4R	303.99	36074	CHA
8850 4WD w/3-Pt.	$127859	$18750	$25000	$37500	$42500	JD	V8TI	955D	16F-4R	303.99	36574	CHA

H, HC, HU—High Clearance LU—Low Profile PS—Power Shift QR—Quad Range

1986

Model	Approx. Retail Price New	Used Trade-In Avg.	Used Trade-In High	Used Retail Avg.	Used Retail High	Make	No. Cyls.	Displ. Cu.-in.	No. Speeds	P.T.O. H.P.	Approx. Shipping Wt.-Lbs.	Cab
650	$6315	$1640	$2400	$3770	$4250	Yanmar	2	52D	8F-2R	14.5	1968	No
650 4WD	$6910	$1780	$2590	$4070	$4590	Yanmar	2	52D	8F-2R	14.5	1968	No
655	$7800	$1870	$2730	$4290	$4840	Yanmar	3	40D	Variable	10.6	1757	No
655 4WD	$8600	$2060	$3010	$4730	$5330	Yanmar	3	40D	Variable	10.6	1700	No
750	$7070	$1700	$2480	$3890	$4380	Yanmar	3	78D	8F-2R	18.5	2455	No
750 4WD	$7820	$1880	$2740	$4300	$4850	Yanmar	3	78D	8F-2R	18.0	2455	No
755	$8800	$2110	$3080	$4840	$5460	Yanmar	3	54D	Variable	20.0	1817	No
755 4WD	$9700	$2330	$3400	$5340	$6010	Yanmar	3	54D	Variable	20.0	1921	No
850	$7870	$1890	$2760	$4330	$4880	Yanmar	3	78D	8F-2R	22.3	3225	No
855	$9800	$2350	$3430	$5390	$6080	Yanmar	3	61D	Variable	19.0	1876	No
950	$9445	$2270	$3310	$5200	$5860	Yanmar	3	104D	8F-2R	27.3	3169	No
950 4WD	$11730	$2820	$4110	$6450	$7270	Yanmar	3	104D	8F-2R	27.3	3405	No
1050	$10660	$2560	$3730	$5860	$6610	Yanmar	3T	105D	8F-2R	33.4	3592	No
1050 4WD	$12310	$2950	$4310	$6770	$7630	Yanmar	3T	105D	8F-2R	33.4	3814	No
1250	$14220	$3560	$4410	$7610	$8960	Yanmar	3	143D	9F-2R	40.7	4125	No
1250 4WD	$18720	$4680	$5800	$10020	$11790	Yanmar	3	143D	9F-2R	40.7	4875	No
1450	$16234	$4060	$5030	$8690	$10230	Yanmar	4	190D	9F-2R	51.4	4410	No
1450 4WD	$20534	$4880	$6050	$10430	$12290	Yanmar	4	190D	9F-2R	51.4	5070	No
1650	$18382	$4410	$6430	$10110	$11400	Yanmar	4T	190D	9F-2R	62.2	4630	No
1650 4WD	$22734	$5210	$7600	$11940	$13450	Yanmar	4T	190D	9F-2R	62.2	5290	No
2150	$18135	$4350	$6350	$9970	$11240	JD	3	179D	16F-8R	46.47	4950	No
2150 4WD	$22935	$5500	$8030	$12610	$14220	JD	3	179D	16F-8R	46.00	5670	No
2255	$17866	$4290	$6250	$9830	$11080	JD	3	179D	16F-8R	50.00	5150	No
2350	$20565	$4940	$7200	$11310	$12750	JD	4	239D	16F-8R	56.18	7120	No
2350 4WD	$25320	$6080	$8860	$13930	$15700	JD	4	239D	16F-8R	56.00	8250	No
2350 4WD w/Cab	$32002	$7440	$10850	$17050	$19220	JD	4	239D	16F-8R	56.00	8850	CHA
2350 w/Cab	$27249	$6540	$9540	$14990	$16890	JD	4	239D	16F-8R	56.18	7620	CHA
2550	$22840	$5480	$7990	$12560	$14160	JD	4	239D	16F-8R	65.94	7230	No

Model	Approx. Retail Price New	Used Trade-In Avg.	Used Trade-In High	Used Retail Avg.	Used Retail High	Make	Engine No. Cyls.	Displ. Cu.-in.	No. Speeds	P.T.O. H.P.	Approx. Shipping Wt.-Lbs.	Cab

John Deere (Cont.)

1986 (Cont.)

Model	Approx. Retail Price New	Used Trade-In Avg.	Used Trade-In High	Used Retail Avg.	Used Retail High	Make	Engine No. Cyls.	Displ. Cu.-in.	No. Speeds	P.T.O. H.P.	Approx. Shipping Wt.-Lbs.	Cab
2550 4WD	$27435	$6480	$9450	$14850	$16740	JD	4	239D	16F-8R	65.00	8360	No
2550 4WD w/Cab	$34826	$8110	$11830	$18590	$20960	JD	4	239D	16F-8R	65.00	8950	CHA
2550 w/Cab	$29519	$6960	$10150	$15950	$17980	JD	4	239D	16F-8R	65.94	7730	CHA
2750	$25433	$6000	$8750	$13750	$15500	JD	4T	239D	16F-8R	75.35	7810	No
2750 4WD	$31598	$7320	$10680	$16780	$18910	JD	4T	239D	16F-8R	75.00	9020	No
2750 4WD w/Cab	$38280	$8640	$12600	$19800	$22320	JD	4T	239D	12F-8R	75.00	9520	CHA
2750 w/Cab	$32115	$7560	$11030	$17330	$19530	JD	4T	239D	16F-8R	75.35	8310	CHA
2750HC 4WD	$32400	$7440	$10850	$17050	$19220	JD	4T	239D	12F-8R	75.00	10000	No
2950	$28519	$6850	$9980	$15690	$17680	JD	6	359D	16F-8R	85.37	10300	No
2950 4WD	$34089	$7920	$11550	$18150	$20460	JD	6	359D	16F-8R	85.00	10410	No
2950 4WD w/Cab	$40269	$9120	$13300	$20900	$23560	JD	6	359D	16F-8R	85.00	10910	CHA
2950 w/Cab	$34699	$8160	$11900	$18700	$21080	JD	6	359D	16F-8R	85.37	10800	CHA
3150 4WD	$37300	$8710	$12710	$19970	$22510	JD	6	359D	16F-8R	96.06	11039	No
3150 4WD	$43000	$10080	$14700	$23100	$26040	JD	6	359D	16F-8R	96.06	11382	CHA
4050 PS	$42331	$10330	$12800	$22100	$26020	JD	6	466D	15F-4R	100.95	11350	No
4050 PS	$48916	$11980	$14850	$25630	$30180	JD	6	466D	15F-4R	100.95	12489	CHA
4050 PS 4WD	$50542	$12380	$15350	$26480	$31190	JD	6	466D	15F-4R	105.69	12250	No
4050 PS 4WD	$57126	$14130	$17520	$30230	$35600	JD	6	466D	15F-4R	105.69	13389	CHA
4050 QR	$38086	$9520	$11810	$20380	$23990	JD	6	466D	16F-6R	101.50	11850	No
4050 QR	$44670	$10880	$13490	$23270	$27410	JD	6	466D	16F-6R	101.50	12919	CHA
4250 PS	$46741	$11380	$14110	$24340	$28670	JD	6T	466D	15F-4R	120.86	12050	No
4250 PS	$53325	$13080	$16220	$27990	$32970	JD	6T	466D	15F-4R	120.20	13155	CHA
4250 PS 4WD	$55449	$13380	$16590	$28620	$33710	JD	6T	466D	15F-4R	123.00	13550	No
4250 PS 4WD	$62033	$15130	$18760	$32370	$38120	JD	6T	466D	15F-4R	123.00	14685	CHA
4250 QR	$42496	$10380	$12870	$22200	$26150	JD	6T	466D	16F-6R	120.20	12450	No
4250 QR	$49080	$12000	$14880	$25680	$30240	JD	6T	466D	16F-6R	120.20	13585	CHA
4450 PS	$50280	$12070	$14970	$25830	$30420	JD	6T	466D	15F-4R	140.43	13050	No
4450 PS	$56864	$13640	$16910	$29190	$34370	JD	6T	466D	15F-4R	140.43	14145	CHA
4450 QR	$52409	$12850	$15930	$27500	$32380	JD	6T	466D	16F-6R	140.33	13475	CHA
4650 PS	$65619	$11700	$16020	$26490	$30800	JD	6T	466D	15F-5R	165.52	18703	CHA
4650 QR	$61264	$11130	$15240	$25200	$29300	JD	6T	466D	16F-6R	165.70	18803	CHA
4850	$70800	$12260	$16770	$27740	$32250	JD	6T	466D	15F-4R	192.99	18978	CHA
4850 4WD	$80293	$13680	$18720	$30960	$36000	JD	6T	466D	15F-4R	192.99	19500	CHA
8450 4WD	$74296	$13300	$18200	$30100	$35000	JD	6TI	466D	16F-4R	186.98	22300	CHA
8450 4WD w/3-Pt.	$81596	$14440	$19760	$32680	$38000	JD	6TI	466D	16F-4R	186.98	22700	CHA
8650 4WD	$93151	$14240	$21360	$31150	$36490	JD	6TI	619D	16F-4R	238.56	24750	CHA
8650 4WD w/3-Pt.	$100451	$15360	$23040	$33600	$39360	JD	6TI	619D	16F-4R	238.56	25250	CHA
8850 4WD w/3-Pt.	$127859	$17500	$23750	$36250	$41250	JD	V8TI	955D	16F-4R	303.99	36574	CHA

H, HC, HU—High Clearance LU—Low Profile PS—Power Shift QR—Quad Range

1985

Model	Approx. Retail Price New	Used Trade-In Avg.	Used Trade-In High	Used Retail Avg.	Used Retail High	Make	Engine No. Cyls.	Displ. Cu.-in.	No. Speeds	P.T.O. H.P.	Approx. Shipping Wt.-Lbs.	Cab
650	$6315	$1530	$2260	$3660	$4120	Yanmar	2	52D	8F-2R	14.5	1968	No
650 4WD	$6910	$1660	$2450	$3960	$4460	Yanmar	2	52D	8F-2R	14.5	1968	No
750	$7070	$1630	$2400	$3890	$4380	Yanmar	3	78D	8F-2R	18.5	2455	No
750 4WD	$7820	$1800	$2660	$4300	$4850	Yanmar	3	78D	8F-2R	18.0	2455	No
850	$7870	$1810	$2680	$4330	$4880	Yanmar	3	78D	8F-2R	22.3	3225	No
950	$9245	$2130	$3140	$5090	$5730	Yanmar	3	104D	8F-2R	27.3	3169	No
950 4WD	$12310	$2600	$3850	$6220	$7010	Yanmar	3	104D	8F-2R	27.3	3405	No
1050	$10660	$2450	$3620	$5860	$6610	Yanmar	3T	105D	8F-2R	33.4	3592	No
1050 4WD	$12310	$2760	$4080	$6600	$7440	Yanmar	3T	105D	8F-2R	33.4	3814	No
1250	$14735	$3480	$4350	$7830	$9210	Yanmar	3	143D	9F-2R	40.7	4125	No
1250 4WD	$19235	$4380	$5470	$9850	$11580	Yanmar	3	143D	9F-2R	40.7	4875	No
1450	$16309	$3670	$4590	$8260	$9720	Yanmar	4	190D	9F-2R	51.4	4410	No
1450 4WD	$20609	$4700	$5880	$10580	$12450	Yanmar	4	190D	9F-2R	51.4	5070	No
1650	$18457	$4140	$6120	$9900	$11160	Yanmar	4T	190D	9F-2R	62.2	4630	No
1650 4WD	$22809	$5470	$6840	$12320	$14480	Yanmar	4T	190D	9F-2R	62.2	5290	No
2150	$17942	$4130	$6100	$9870	$11120	JD	3	179D	16F-8R	46.47	4950	No
2150 4WD	$23132	$5190	$7670	$12410	$13980	JD	3	179D	16F-8R	46.00	5670	No
2255	$17866	$3960	$5850	$9460	$10660	JD	3	179D	16F-8R	50.00	5150	No
2350	$20754	$4770	$7060	$11420	$12870	JD	4	239D	16F-8R	56.18	7120	No
2350 4WD	$25254	$5640	$8330	$13480	$15190	JD	4	239D	16F-8R	56.00	8250	No
2350 4WD w/Cab	$31687	$7130	$10540	$17050	$19220	JD	4	239D	16F-8R	56.00	8850	CHA
2350 w/Cab	$26934	$6030	$8910	$14410	$16240	JD	4	239D	16F-8R	56.18	7620	CHA
2550	$23024	$5300	$7830	$12660	$14280	JD	4	239D	16F-8R	65.94	7230	No
2550 4WD	$26952	$6200	$9160	$14820	$16710	JD	4	239D	16F-8R	65.00	8360	No
2550 4WD w/Cab	$32955	$7480	$11050	$17880	$20150	JD	4	239D	16F-8R	65.00	8950	CHA
2550 w/Cab	$29204	$6670	$9860	$15950	$17980	JD	4	239D	16F-8R	65.94	7730	CHA
2750	$25220	$5750	$8500	$13750	$15500	JD	4T	239D	16F-8R	75.35	7810	No
2750 4WD	$30859	$7100	$10490	$16970	$19130	JD	4T	239D	16F-8R	75.00	9020	No
2750 4WD w/Cab	$36809	$8280	$12240	$19800	$22320	JD	4T	239D	12F-8R	75.00	9520	CHA
2750 w/Cab	$31874	$7130	$10540	$17050	$19220	JD	4T	239D	16F-8R	75.35	8310	CHA
2750HC 4WD	$32400	$7020	$10370	$16780	$18910	JD	4T	239D	12F-8R	75.00	10000	No
2950	$28706	$6440	$9520	$15400	$17360	JD	6	359D	16F-8R	85.37	10300	No
2950 4WD	$34276	$7590	$11220	$18150	$20460	JD	6	359D	16F-8R	85.00	10410	No
2950 4WD w/Cab	$40456	$8860	$13090	$21180	$23870	JD	6	359D	16F-8R	85.00	10910	CHA
2950 w/Cab	$34886	$7820	$11560	$18700	$21080	JD	6	359D	16F-8R	85.37	10800	CHA
4050 PS	$43176	$10080	$12600	$22680	$26670	JD	6	466D	15F-4R	100.95	11350	No
4050 PS	$49319	$11590	$14490	$26080	$30670	JD	6	466D	15F-4R	100.95	12489	CHA
4050 PS 4WD	$56792	$12410	$15510	$27920	$32830	JD	6	466D	15F-4R	105.69	12250	No
4050 PS 4WD	$62935	$14380	$17970	$32350	$38040	JD	6	466D	15F-4R	105.69	13389	CHA
4050 QR	$38931	$9120	$11400	$20520	$24130	JD	6	466D	16F-6R	101.09	11850	No
4050 QR	$45074	$10560	$13200	$23760	$27940	JD	6	466D	16F-6R	101.09	12919	CHA
4250 PS	$47586	$10940	$13680	$24620	$28960	JD	6T	466D	15F-4R	123.32	12050	No
4250 PS	$53729	$12410	$15510	$27920	$32830	JD	6T	466D	15F-4R	123.32	13155	CHA

John Deere (Cont.)

Model	Approx. Retail Price New	Used Trade-In Avg.	Used Trade-In High	Used Retail Avg.	Used Retail High	Make	No. Cyls.	Displ. Cu.-in.	No. Speeds	P.T.O. H.P.	Approx. Shipping Wt.-Lbs.	Cab
1985 (Cont.)												
4250 PS 4WD	$57454	$13320	$16650	$29970	$35240	JD	6T	466D	15F-4R	123.00	13550	No
4250 PS 4WD	$63597	$14760	$18450	$33210	$39050	JD	6T	466D	15F-4R	123.00	14685	CHA
4250 QR	$43341	$9910	$12390	$22300	$26230	JD	6T	466D	16F-6R	123.06	12450	No
4250 QR	$49484	$11400	$14250	$25650	$30160	JD	6T	466D	16F-6R	123.06	13585	CHA
4450 PS	$51025	$11760	$14700	$26460	$31120	JD	6T	466D	15F-4R	140.43	13050	No
4450 PS	$57168	$13250	$16560	$29810	$35050	JD	6T	466D	15F-4R	140.43	14145	CHA
4450 QR	$52895	$12220	$15270	$27490	$32320	JD	6T	466D	16F-6R	140.33	13475	CHA
4650 PS	$65496	$11880	$16250	$26250	$30630	JD	6TI	466D	15F-4R	165.52	18703	CHA
4650 PS 4WD	$80676	$13030	$17840	$28810	$33610	JD	6TI	466D	15F-4R	165.00	19803	CHA
4650 QR	$61146	$11500	$15730	$25410	$29650	JD	6TI	466D	16F-6R	165.70	19133	CHA
4850 PS	$70840	$12690	$17370	$28060	$32730	JD	6TI	466D	15F-4R	192.99	18978	CHA
4850 PS 4WD	$80293	$13910	$19030	$30740	$35870	JD	6TI	466D	15F-4R	192.00	20078	CHA
8450 4WD	$74296	$13340	$18250	$29480	$34400	JD	6TI	466D	16F-4R	186.98	22300	CHA
8450 4WD w/3-Pt.	$81596	$14730	$20150	$32550	$37980	JD	6TI	466D	16F-4R	186.98	22700	CHA
8650 4WD	$93151	$13350	$21360	$31150	$36490	JD	6TI	619D	16F-4R	238.56	24750	CHA
8650 4WD w/3-Pt.	$100451	$14400	$23040	$33060	$39360	JD	6TI	619D	16F-4R	238.56	25250	CHA
8850 4WD	$118609	$15080	$20880	$32480	$37120	JD	V8TI	955D	16F-4R	303.99	36074	CHA
8850 4WD w/3-Pt.	$127859	$16250	$22500	$35000	$40000	JD	V8TI	955D	16F-4R	303.99	36574	CHA

H, HC, HU—High Clearance   LU—Low Profile   PS—Power Shift   QR—Quad Range

Model	Approx. Retail Price New	Used Trade-In Avg.	Used Trade-In High	Used Retail Avg.	Used Retail High	Make	No. Cyls.	Displ. Cu.-in.	No. Speeds	P.T.O. H.P.	Approx. Shipping Wt.-Lbs.	Cab
1984												
650	$6315	$1430	$2150	$3580	$4030	Yanmar	2	52D	8F-2R	14.5	1968	No
650 4WD	$6910	$1520	$2280	$3800	$4280	Yanmar	2	52D	8F-2R	14.5	1968	No
750	$7070	$1560	$2330	$3890	$4380	Yanmar	3	78D	8F-2R	18.5	2455	No
750 4WD	$7820	$1720	$2580	$4300	$4850	Yanmar	3	78D	8F-2R	18.0	2455	No
850	$7870	$1730	$2600	$4330	$4880	Yanmar	3	78D	8F-2R	22.3	3225	No
950	$9245	$2030	$3050	$5090	$5730	Yanmar	3	104D	8F-2R	27.3	3169	No
950 4WD	$12310	$2420	$3630	$6050	$6820	Yanmar	3	104D	8F-2R	27.3	3405	No
1050	$10660	$2200	$3300	$5500	$6200	Yanmar	3T	105D	8F-2R	33.4	3592	No
1050 4WD	$12310	$2490	$3730	$6220	$7010	Yanmar	3T	105D	8F-2R	33.4	3814	No
1250	$14735	$3220	$4200	$7630	$8960	Yanmar	3	143D	9F-2R	40.7	4125	No
1250 4WD	$19235	$4140	$5400	$9810	$11520	Yanmar	3	143D	9F-2R	40.7	4875	No
1450	$16309	$3450	$4500	$8180	$9600	Yanmar	4	190D	9F-2R	51.4	4410	No
1450 4WD	$20609	$4370	$5700	$10360	$12160	Yanmar	4	190D	9F-2R	51.4	5070	No
1650	$18457	$4140	$5400	$9810	$11520	Yanmar	4T	190D	9F-2R	62.2	4630	No
1650 4WD	$22809	$4600	$6000	$10900	$12800	Yanmar	4T	190D	9F-2R	62.2	5290	No
2150	$17942	$3850	$5780	$9630	$10850	JD	3	179D	16F-8R	46.47	4950	No
2150 4WD	$23132	$4970	$7460	$12430	$14010	JD	3	179D	16F-8R	46.00	5670	No
2255	$17866	$3780	$5680	$9460	$10660	JD	3	179D	16F-8R	50.00	5150	No
2350	$20754	$4400	$6600	$11000	$12400	JD	4	239D	16F-8R	56.18	7120	No
2350 4WD	$25254	$5410	$8120	$13530	$15250	JD	4	239D	16F-8R	56.00	8250	No
2350 4WD w/Cab	$31687	$6820	$10230	$17050	$19220	JD	4	239D	16F-8R	56.00	8850	CHA
2350 w/Cab	$26934	$5760	$8650	$14410	$16240	JD	4	239D	16F-8R	56.18	7620	CHA
2550	$22454	$4940	$7410	$12350	$13920	JD	4	239D	16F-8R	65.94	7230	No
2550 4WD	$27122	$5940	$8910	$14850	$16740	JD	4	239D	16F-8R	65.00	8360	No
2550 4WD w/Cab	$32826	$7040	$10560	$17600	$19840	JD	4	239D	16F-8R	65.00	8950	CHA
2550 w/Cab	$28654	$6050	$9080	$15130	$17050	JD	4	239D	16F-8R	65.94	7730	CHA
2750	$25620	$5500	$8250	$13750	$15500	JD	4T	239D	16F-8R	75.35	7810	No
2750 4WD	$31805	$6820	$10230	$17050	$19220	JD	4T	239D	16F-8R	75.00	9020	No
2750 4WD w/Cab	$36889	$7920	$11880	$19800	$22320	JD	4T	239D	16F-8R	75.00	9520	CHA
2750 w/Cab	$30875	$6790	$10190	$16980	$19140	JD	4T	239D	16F-8R	75.35	8310	CHA
2950	$28706	$6050	$9080	$15130	$17050	JD	6	359D	16F-8R	85.37	10300	No
2950 4WD	$34276	$7040	$10560	$17600	$19840	JD	6	359D	16F-8R	85.00	10410	No
2950 4WD w/Cab	$40456	$8140	$12210	$20350	$22940	JD	6	359D	16F-8R	85.00	10910	CHA
2950 w/Cab	$34886	$7370	$11060	$18430	$20770	JD	6	359D	16F-8R	85.37	10800	CHA
4050 PS	$43176	$9430	$12300	$22350	$26240	JD	6	466D	15F-4R	100.95	11350	No
4050 PS 4WD	$54792	$11660	$15210	$27630	$32450	JD	6	466D	15F-4R	105.69	12250	No
4050 PS 4WD Cab	$62935	$13800	$18000	$32700	$38400	JD	6	466D	15F-4R	105.69	13389	CHA
4050 PS Cab.	$49319	$11110	$14490	$26320	$30910	JD	6	466D	15F-4R	100.95	12489	CHA
4050 QR	$38931	$8630	$11250	$20440	$24000	JD	6	466D	16F-6R	101.09	11850	No
4050 QR Cab	$45074	$10120	$13200	$23980	$28160	JD	6	466D	16F-6R	101.09	12919	CHA
4250 PS	$47586	$10470	$13650	$24800	$29120	JD	6T	466D	15F-4R	123.32	12050	No
4250 PS 4WD	$57454	$12740	$16620	$30190	$35460	JD	6T	466D	15F-4R	123.00	13550	No
4250 PS 4WD Cab	$63597	$14170	$18480	$33570	$39420	JD	6T	466D	15F-4R	123.00	14685	CHA
4250 PS Cab.	$53729	$12120	$15810	$28720	$33730	JD	6T	466D	15F-4R	123.32	13155	CHA
4250 QR	$43341	$9730	$12690	$23050	$27070	JD	6T	466D	16F-6R	123.06	12450	No
4250 QR Cab	$49484	$11160	$14550	$26430	$31040	JD	6T	466D	16F-6R	123.06	13585	CHA
4450 PS	$51025	$11480	$14970	$27200	$31940	JD	6T	466D	15F-4R	140.43	13050	No
4450 PS 4WD	$65221	$13570	$17700	$32160	$37760	JD	6T	466D	15F-4R	140.00	14150	No
4450 PS 4WD Cab	$71364	$15070	$19650	$35700	$41920	JD	6T	466D	15F-4R	140.00	15245	CHA
4450 PS Cab.	$57168	$12700	$16560	$30080	$35330	JD	6T	466D	15F-4R	140.43	14145	CHA
4450 QR	$46670	$10350	$13500	$24530	$28800	JD	6T	466D	16F-6R	140.33	13475	No
4450 QR Cab	$52813	$11680	$15240	$27690	$32510	JD	6T	466D	16F-6R	140.33	14575	CHA
4650 PS	$59118	$10930	$14950	$24150	$27600	JD	6TI	466D	15F-4R	165.52	17600	No
4650 PS 4WD	$74278	$12260	$16770	$27090	$30960	JD	6TI	466D	15F-4R	165.00	18700	No
4650 PS 4WD Cab	$80421	$13400	$18330	$29610	$33840	JD	6TI	466D	15F-4R	165.00	19803	CHA
4650 PS Cab.	$65261	$11410	$15620	$25230	$28830	JD	6TI	466D	15F-4R	165.52	18703	CHA
4650 QR	$54763	$9600	$13130	$21210	$24240	JD	6TI	466D	16F-6R	165.70	18000	No
4650 QR Cab	$60906	$11000	$15050	$24320	$27790	JD	6TI	466D	16F-6R	165.70	19133	CHA
4850 PS	$69800	$12500	$17110	$27640	$31580	JD	6TI	466D	15F-4R	192.99	18978	CHA
4850 PS 4WD Cab	$79605	$13780	$18850	$30450	$34800	JD	6TI	466D	15F-4R	192.00	20078	CHA
8450 4WD	$74296	$13020	$17810	$28770	$32880	JD	6TI	466D	16F-4R	186.98	22300	CHA
8450 4WD w/3-Pt.	$81596	$13970	$19110	$30870	$35280	JD	6TI	466D	16F-4R	186.98	22700	CHA
8650 4WD	$93151	$12760	$20240	$30800	$36080	JD	6TI	619D	16F-4R	238.56	24750	CHA

John Deere (Cont.)

Model	Approx. Retail Price New	Used Trade-In Avg.	Used Trade-In High	Used Retail Avg.	Used Retail High	Make	Engine No. Cyls.	Engine Displ. Cu.-in.	No. Speeds	P.T.O. H.P.	Approx. Shipping Wt.-Lbs.	Cab
1984 (Cont.)												
8650 4WD w/3-Pt.	$100451	$13780	$21850	$33250	$38950	JD	6TI	619D	16F-4R	238.56	25250	CHA
8850 4WD	$118609	$13920	$19720	$31320	$35960	JD	V8TI	955D	16F-4R	303.99	36074	CHA
8850 4WD w/3-Pt.	$127859	$14880	$21080	$33480	$38440	JD	V8TI	955D	16F-4R	303.99	36574	CHA

H, HC, HU—High Clearance LU—Low Profile PS—Power Shift QR—Quad Range

Model	Approx. Retail Price New	Used Trade-In Avg.	Used Trade-In High	Used Retail Avg.	Used Retail High	Make	Engine No. Cyls.	Engine Displ. Cu.-in.	No. Speeds	P.T.O. H.P.	Approx. Shipping Wt.-Lbs.	Cab
1983												
650	$6030	$1380	$2120	$3540	$3990	Yanmar	2	52D	8F-2R	14.5	1968	No
650 4WD	$6610	$1480	$2280	$3800	$4280	Yanmar	2	52D	8F-2R	14.5	1968	No
750	$7070	$1570	$2410	$4020	$4530	Yanmar	3	78D	8F-2R	18.5	2455	No
750 4WD	$7820	$1680	$2580	$4300	$4850	Yanmar	3	78D	8F-2R	18.0	2455	No
850	$7670	$1670	$2560	$4270	$4820	Yanmar	3	78D	8F-2R	22.3	3225	No
950	$8670	$1860	$2860	$4770	$5380	Yanmar	3	104D	8F-2R	27.3	3169	No
950 4WD	$12125	$2370	$3630	$6050	$6820	Yanmar	3	104D	8F-2R	27.3	3405	No
1050	$10415	$2150	$3300	$5500	$6200	Yanmar	3T	105D	8F-2R	33.4	3592	No
1050 4WD	$12125	$2580	$3960	$6600	$7440	Yanmar	3T	105D	8F-2R	33.4	3814	No
1250	$14735	$3080	$4200	$7700	$8960	Yanmar	3	143D	9F-2R	40.7	4125	No
1250 4WD	$19235	$4010	$5470	$10030	$11670	Yanmar	3	143D	9F-2R	40.7	4875	No
2150	$17419	$3660	$5610	$9350	$10540	JD	3	179D	16F-8R	46.47	4950	No
2150 4WD	$22449	$4730	$7260	$12100	$13640	JD	3	179D	16F-8R	46.00	5670	No
2350	$20149	$4190	$6440	$10730	$12090	JD	4	239D	16F-8R	56.18	7120	No
2350 4WD	$24764	$5160	$7920	$13200	$14880	JD	4	239D	16F-8R	56.00	8250	No
2350 4WD w/Cab	$30764	$6450	$9900	$16500	$18600	JD	4	239D	16F-8R	56.00	8850	CHA
2350 w/Cab	$26149	$5480	$8420	$14030	$15810	JD	4	239D	16F-8R	56.18	7620	CHA
2550	$22354	$4670	$7160	$11940	$13450	JD	4	239D	16F-8R	65.94	7230	No
2550 4WD	$26817	$5550	$8510	$14190	$16000	JD	4	239D	16F-8R	65.00	8360	No
2550 4WD w/Cab	$32817	$6670	$10230	$17050	$19220	JD	4	239D	16F-8R	65.00	8950	CHA
2550 w/Cab	$28354	$5890	$9040	$15070	$16990	JD	4	239D	16F-8R	65.94	7730	CHA
2750	$24874	$5050	$7760	$12930	$14570	JD	4T	239D	16F-8R	75.35	7810	No
2750 4WD	$30859	$6340	$9740	$16230	$18290	JD	4T	239D	16F-8R	75.00	9020	No
2750 4WD w/Cab	$36859	$7630	$11720	$19530	$22010	JD	4T	239D	16F-8R	75.00	9520	CHA
2750 w/Cab	$30874	$6410	$9830	$16390	$18480	JD	4T	239D	16F-8R	75.35	8310	CHA
2950	$27870	$5760	$8840	$14740	$16620	JD	6	359D	16F-8R	85.37	10300	No
2950 4WD	$33278	$6770	$10400	$17330	$19530	JD	6	359D	16F-8R	85.00	10410	No
2950 4WD w/Cab	$39278	$8020	$12310	$20520	$23130	JD	6	359D	16F-8R	85.00	10910	CHA
2950 w/Cab	$33780	$7050	$10820	$18040	$20340	JD	6	359D	16F-8R	85.37	10800	CHA
4050 4WD PS Cab	$55895	$11840	$16140	$29590	$34430	JD	6	466D	15F-4R	105.69	13389	CHA
4050 HC PS	$50779	$10740	$14640	$26840	$31230	JD	6	466D	15F-4R	101.00	12703	CHA
4050 HC QR Cab	$46735	$9830	$13410	$24590	$28610	JD	6	466D	16F-6R	101.00	13133	CHA
4050 PS Cab	$46970	$9900	$13500	$24750	$28800	JD	6	466D	15F-4R	100.95	12489	CHA
4050 QR Cab	$42927	$9220	$12570	$23050	$26820	JD	6	466D	16F-6R	101.09	12919	CHA
4250 4WD PS Cab	$60568	$12670	$17280	$31680	$36860	JD	6T	466D	15F-4R	123.00	14685	CHA
4250 PS Cab	$51170	$10890	$14850	$27230	$31680	JD	6T	466D	15F-4R	123.32	13155	CHA
4250 QR Cab	$47127	$10010	$13650	$25030	$29120	JD	6T	466D	16F-6R	123.06	13585	CHA
4250HC PS Cab	$55176	$11770	$16050	$29430	$34240	JD	6T	466D	15F-4R	123.00	13369	CHA
4250HC QR Cab	$51136	$10800	$14730	$27010	$31420	JD	6T	466D	16F-6R	123.00	13799	CHA
4450 4WD PS Cab	$58078	$12320	$16800	$30800	$35840	JD	6T	466D	15F-4R	140.00	15245	CHA
4450 PS Cab	$54530	$11550	$15750	$28880	$33600	JD	6T	466D	15F-4R	140.43	14145	CHA
4450 QR Cab	$50382	$10650	$14520	$26620	$30980	JD	6T	466D	16F-6R	140.33	14575	CHA
4650 4WD PS Cab	$72443	$15050	$20520	$37620	$43780	JD	6TI	466D	15F-4R	165.00	19803	CHA
4650 PS Cab	$62153	$13020	$17760	$32560	$37890	JD	6TI	466D	15F-4R	165.52	18703	CHA
4650 QR Cab	$58005	$12430	$16950	$31080	$36160	JD	6TI	466D	16F-6R	165.70	19133	CHA
4850 4WD PS Cab	$77719	$13210	$18070	$29190	$33360	JD	6TI	466D	15F-4R	192.00	20078	CHA
4850 PS Cab	$67429	$12260	$16770	$27090	$30960	JD	6TI	466D	15F-4R	192.99	18978	CHA
8450 4WD	$74296	$12450	$17030	$27510	$31440	JD	6TI	466D	16F-4R	186.98	22300	CHA
8450 4WD w/3-Pt.	$81596	$13490	$18460	$29820	$34080	JD	6TI	466D	16F-4R	186.98	22700	CHA
8650 4WD	$93151	$12460	$20470	$31150	$36490	JD	6TI	619D	16F-4R	238.56	24750	CHA
8650 4WD w/3-Pt.	$100451	$13160	$21620	$32900	$38540	JD	6TI	619D	16F-4R	238.56	25250	CHA
8850 4WD	$118609	$12870	$18720	$30420	$35100	JD	V8TI	955D	16F-4R	303.99	36074	CHA
8850 4WD w/3-Pt.	$127859	$13750	$20000	$32500	$37500	JD	V8TI	955D	16F-4R	303.99	36574	CHA

H, HC, HU—High Clearance LU—Low Profile PS—Power Shift QR—Quad Range

Model	Approx. Retail Price New	Used Trade-In Avg.	Used Trade-In High	Used Retail Avg.	Used Retail High	Make	Engine No. Cyls.	Engine Displ. Cu.-in.	No. Speeds	P.T.O. H.P.	Approx. Shipping Wt.-Lbs.	Cab
1982												
650	$6030	$1310	$2060	$3430	$3860	Yanmar	2	52D	8F-2R	14.5	1968	No
650 4WD	$6610	$1390	$2180	$3640	$4100	Yanmar	2	52D	8F-2R	14.5	1968	No
750	$7070	$1490	$2330	$3890	$4380	Yanmar	3	78D	8F-2R	18.5	2455	No
750 4WD	$7820	$1640	$2580	$4300	$4850	Yanmar	3	78D	8F-2R	18.0	2455	No
850	$7670	$1610	$2530	$4220	$4760	Yanmar	3	78D	8F-2R	22.3	3225	No
950	$8670	$1820	$2860	$4770	$5380	Yanmar	3	104D	8F-2R	27.3	3169	No
950 4WD	$10335	$2170	$3410	$5680	$6410	Yanmar	3	104D	8F-2R	27.3	3405	No
1050	$10415	$2190	$3440	$5730	$6460	Yanmar	3T	105D	8F-2R	33.4	3592	No
1050 4WD	$12125	$2520	$3960	$6600	$7440	Yanmar	3T	105D	8F-2R	33.4	3814	No
1250	$14735	$2880	$4120	$7550	$8790	Yanmar	3	143D	9F-2R	40.7	4125	No
1250 4WD	$18735	$3720	$5320	$9750	$11350	Yanmar	3	143D	9F-2R	40.7	4875	No
2040	$13970	$2930	$4610	$7680	$8660	JD	3	179D	8F-4R	41.25	4376	No
2040 4WD	$19000	$3990	$6270	$10450	$11780	JD	3	179D	8F-4R	40.44	4580	No
2240	$16423	$3450	$5420	$9030	$10180	JD	3	179D	16F-8R	50.37	4740	No
2240 4WD	$21038	$4420	$6940	$11570	$13040	JD	3	179D	16F-8R	50.00	5677	No
2440	$19647	$4130	$6480	$10810	$12180	JD	4	219D	16F-8R	60.00	4855	No
2640	$22214	$4670	$7330	$12220	$13770	JD	4	276D	16F-8R	70.00	5400	No
2940 4WD	$30226	$6350	$9980	$16620	$18740	JD	6	359D	16F-8R	81.17	9931	No
4040 4WD	$41930	$8810	$12580	$23060	$26840	JD	6	404D	8F-2R	90.00	11944	CHA
4040 4WD PS	$44306	$9300	$13290	$24870	$28360	JD	6	404D	8F-4R	90.00	11961	CHA
4040 4WD QR	$42986	$9030	$12900	$23640	$27510	JD	6	404D	16F-6R	90.00	12391	CHA
4040 PS	$36549	$7680	$10970	$20100	$23390	JD	6	404D	8F-4R	90.79	9960	CHA

Model	Approx. Retail Price New	Estimated Value Less Repairs Used Trade-In Avg.	Used Trade-In High	Used Retail Avg.	Used Retail High	Engine Make	No. Cyls.	Displ. Cu.-in.	No. Speeds	P.T.O. H.P.	Approx. Shipping Wt.-Lbs.	Cab
John Deere (Cont.)												
1982 (Cont.)												
4040 QR	$35229	$7400	$10570	$19380	$22550	JD	6	404D	16F-6R	90.80	11393	CHA
4240 4WD	$46216	$9710	$13870	$25420	$29580	JD	6	466D	8F-2R	110.00	11572	CHA
4240 4WD PS	$48592	$10200	$14580	$26730	$31100	JD	6	466D	8F-4R	111.00	11585	CHA
4240 4WD QR	$47272	$9930	$14180	$26000	$30250	JD	6	466D	16F-6R	110.00	11157	CHA
4240 PS	$40926	$8590	$12280	$22510	$26190	JD	6	466D	8F-4R	111.06	10581	CHA
4240 QR	$39606	$8320	$11880	$21780	$25350	JD	6	466D	16F-6R	110.94	11156	CHA
4240HC	$36208	$7600	$10860	$19910	$23170	JD	6	466D	8F-2R	110.00	10333	No
4240HC PS	$38584	$8100	$11580	$21220	$24690	JD	6	466D	8F-4R	111.00	10343	No
4240HC QR	$37264	$7830	$11180	$20500	$23850	JD	6	466D	16F-6R	110.00	10918	No
4440 4WD PS	$52701	$9750	$13700	$22130	$25300	JD	6T	466D	8F-4R	130.00	11889	CHA
4440 4WD QR	$51212	$9470	$13320	$21510	$24580	JD	6T	466D	16F-6R	130.00	12474	CHA
4440 PS	$45123	$8350	$11730	$18950	$21660	JD	6T	466D	8F-4R	130.41	10901	CHA
4440 QR	$43634	$8070	$11350	$18330	$20940	JD	6T	466D	16F-6R	130.58	11473	CHA
4440HC PS	$42826	$7920	$11140	$17990	$20560	JD	6T	466D	8F-4R	130.00	10500	No
4440HC QR	$41319	$7640	$10740	$17350	$19830	JD	6T	466D	16F-6R	130.00	11072	No
4640 4WD PS	$60755	$11010	$15470	$24990	$28560	JD	6TI	466D	8F-4R	155.00	13715	CHA
4640 4WD QR	$59185	$10750	$15110	$24400	$27890	JD	6TI	466D	16F-6R	155.00	14300	CHA
4640 PS	$53123	$9620	$13520	$21840	$24960	JD	6TI	466D	8F-4R	155.96	12614	CHA
4640 QR	$51553	$9340	$13130	$21210	$24240	JD	6TI	466D	16F-6R	155.00	13199	CHA
4840 PS	$57648	$7700	$12650	$19250	$22550	JD	6TI	466D	8F-4R	180.63	14317	CHA
8440 4WD	$66158	$8400	$13800	$21000	$24600	JD	6TI	466D	16F-4R	179.83	22210	CHA
8440 4WD w/3-Pt.	$70846	$9240	$15180	$23100	$27060	JD	6TI	466D	16F-4R	179.83	22710	CHA
8450 4WD	$74368	$9840	$16170	$24610	$28820	JD	6TI	466D	16F-4R	186.98	22300	CHA
8450 4WD w/3-Pt.	$80012	$10220	$16790	$25550	$29930	JD	6TI	466D	16F-4R	186.98	22700	CHA
8640 4WD	$80268	$10360	$17020	$25900	$30340	JD	6TI	619D	16F-4R	228.75	24750	CHA
8640 4WD w/3-Pt.	$84956	$10780	$17710	$26950	$31570	JD	6TI	619D	16F-4R	228.75	25250	CHA
8650 4WD	$90673	$11900	$19550	$29750	$34850	JD	6TI	619D	16F-4R	238.56	25000	CHA
8650 4WD w/3-Pt.	$96317	$12740	$20930	$31850	$37310	JD	6TI	619D	16F-4R	238.56	26000	CHA
8850 4WD	$115830	$11200	$16800	$28000	$32480	JD	V8TI	955D	16F-4R	303.99	36074	CHA
8850 4WD w/3-Pt.	$123250	$12100	$18150	$30250	$35090	JD	V8TI	955D	16F-4R	303.99	36574	CHA

H, HC, HU—High Clearance LU—Low Profile PS—Power Shift QR—Quad Range

Model	Approx. Retail Price New	Used Trade-In Avg.	Used Trade-In High	Used Retail Avg.	Used Retail High	Make	No. Cyls.	Displ. Cu.-in.	No. Speeds	P.T.O. H.P.	Approx. Shipping Wt.-Lbs.	Cab
1981												
650	$5345	$1240	$2030	$3330	$3750	Yanmar	2	52D	8F-2R	14.5	1968	No
650 4WD	$5840	$1320	$2160	$3540	$3990	Yanmar	2	52D	8F-2R	14.5	1968	No
750	$6265	$1280	$2100	$3450	$3880	Yanmar	3	78D	8F-2R	18.5	2455	No
750 4WD	$6915	$1420	$2320	$3800	$4290	Yanmar	3	78D	8F-2R	18.0	2455	No
850	$6751	$1380	$2260	$3710	$4190	Yanmar	3	78D	8F-2R	22.3	3225	No
950	$7826	$1600	$2620	$4300	$4850	Yanmar	3	104D	8F-2R	27.3	3169	No
950 4WD	$9266	$1900	$3100	$5100	$5750	Yanmar	3	104D	8F-2R	27.3	3405	No
1050	$9409	$1930	$3150	$5180	$5830	Yanmar	3T	105D	8F-2R	33.4	3592	No
1050 4WD	$10904	$2050	$3350	$5500	$6200	Yanmar	3T	105D	8F-2R	33.4	3814	No
2040	$13638	$2800	$4570	$7500	$8460	JD	3	179D	8F-4R	41.25	4376	No
2040 4WD	$19459	$3990	$6520	$10700	$12070	JD	3	179D	8F-4R	40.44	4580	No
2240	$15657	$3210	$5250	$8610	$9710	JD	3	179D	16F-8R	50.37	4740	No
2240 4WD	$20502	$4200	$6870	$11280	$12710	JD	3	179D	8F-4R	50.90	5422	No
2440	$18828	$3860	$6310	$10360	$11670	JD	4	219D	16F-8R	60.00	4855	No
2640	$20194	$4140	$6770	$11110	$12520	JD	4	276D	8F-4R	70.00	5145	No
2940	$23695	$4860	$7940	$13030	$14690	JD	6	359D	16F-8R	81.00	9347	No
2940 4WD	$28515	$5850	$9550	$15680	$17680	JD	6	359D	16F-8R	81.17	9931	Cab
4040 4WD	$38852	$7770	$11660	$21370	$24870	JD	6	404D	8F-2R	90.00	11944	CHA
4040 4WD PS	$41019	$8200	$12310	$22560	$26250	JD	6	404D	8F-4R	90.00	11961	CHA
4040 4WD QR	$39774	$7960	$11930	$21880	$25460	JD	6	404D	16F-6R	90.00	12391	CHA
4040 PS	$34177	$6840	$10250	$18800	$21870	JD	6	404D	8F-4R	90.79	9960	CHA
4040 QR	$32932	$6590	$9880	$18110	$21080	JD	6	404D	16F-6R	90.80	11393	CHA
4240 4WD	$42467	$8490	$12740	$23360	$27180	JD	6	466D	8F-2R	110.00	11572	CHA
4240 4WD PS	$44542	$8910	$13360	$24500	$28510	JD	6	466D	8F-4R	111.00	11585	CHA
4240 4WD QR	$43385	$8680	$13020	$23860	$27770	JD	6	466D	16F-6R	110.00	11157	CHA
4240 PS	$37700	$7540	$11310	$20740	$24130	JD	6	466D	8F-4R	111.06	10581	CHA
4240 QR	$36547	$7310	$10960	$20100	$23390	JD	6	466D	16F-6R	110.94	11156	CHA
4240HC	$38249	$7650	$11480	$21040	$24480	JD	6	466D	8F-2R	110.00	10333	CHA
4240HC PS	$40324	$8070	$12100	$22180	$25810	JD	6	466D	8F-4R	111.00	10343	CHA
4240HC QR	$39171	$7830	$11750	$21540	$25070	JD	6	466D	16F-6R	110.00	10918	CHA
4440 4WD PS	$49039	$8830	$12750	$20600	$23540	JD	6T	466D	8F-4R	130.00	11889	CHA
4440 4WD QR	$47617	$8570	$12380	$20000	$22860	JD	6T	466D	16F-6R	130.00	12474	CHA
4440 PS	$42197	$7600	$10970	$17720	$20260	JD	6T	466D	8F-4R	130.41	10901	CHA
4440 QR	$40775	$7340	$10600	$17130	$19570	JD	6T	466D	16F-6R	130.58	11473	CHA
4440HC PS	$44911	$8080	$11680	$18860	$21560	JD	6T	466D	8F-4R	130.00	10500	CHA
4440HC QR	$43489	$7830	$11310	$18270	$20880	JD	6T	466D	16F-6R	130.00	11072	CHA
4640 4WD	$56451	$9900	$14300	$23100	$26400	JD	6TI	466D	8F-4R	155.00	13715	CHA
4640 4WD QR	$55080	$9720	$14040	$22680	$25920	JD	6TI	466D	16F-6R	155.00	14300	CHA
4640 PS	$49609	$8730	$12610	$20370	$23280	JD	6TI	466D	8F-4R	155.96	12614	CHA
4640 QR	$48238	$8500	$12270	$19820	$22660	JD	6TI	466D	16F-6R	155.00	13199	CHA
4840 PS	$53880	$7140	$11730	$17850	$20910	JD	6TI	466D	8F-4R	180.63	14317	CHA
8440 4WD	$66158	$8960	$14720	$22440	$26240	JD	6TI	466D	16F-4R	179.83	22210	CHA
8640 4WD	$80268	$10500	$17250	$26250	$30750	JD	6TI	619D	16F-4R	228.75	24750	CHA

H, HC, HU—High Clearance LU—Low Profile PS—Power Shift QR—Quad Range

Model	Approx. Retail Price New	Used Trade-In Avg.	Used Trade-In High	Used Retail Avg.	Used Retail High	Make	No. Cyls.	Displ. Cu.-in.	No. Speeds	P.T.O. H.P.	Approx. Shipping Wt.-Lbs.	Cab
1980												
850	$5885	$1260	$2140	$3470	$3910	Yanmar	3	78D	8F-2R	22.3	3225	No
950	$6495	$1320	$2240	$3630	$4090	Yanmar	3	104D	8F-2R	27.3	3169	No
1050	$8355	$1670	$2840	$4600	$5180	Yanmar	3T	105D	8F-2R	33.4	3592	No
1050 4WD	$9730	$1950	$3310	$5350	$6030	Yanmar	3T	105D	8F-2R	33.4	3814	No
2040	$12091	$2420	$4110	$6650	$7500	JD	3	179D	8F-4R	41.25	4376	No

John Deere (Cont.)

Model	Approx. Retail Price New	Used Trade-In Avg.	Used Trade-In High	Used Retail Avg.	Used Retail High	Make	No. Cyls.	Displ. Cu.-in.	No. Speeds	P.T.O. H.P.	Approx. Shipping Wt.-Lbs.	Cab
1980 (Cont.)												
2040 4WD	$17431	$3490	$5930	$9590	$10810	JD	3	179D	8F-4R	40.44	4580	No
2240	$14153	$2830	$4810	$7780	$8780	JD	3	179D	16F-8R	50.37	4740	No
2240 4WD	$18425	$3690	$6270	$10130	$11420	JD	3	179D	8F-4R	50.90	5422	No
2240 4WD	$19191	$3840	$6530	$10560	$11900	JD	3	179D	16F-8R	50.00	5677	No
2440	$16609	$3320	$5650	$9140	$10300	JD	4	219D	16F-8R	60.00	4855	No
2640	$19004	$3800	$6460	$10450	$11780	JD	4	276D	16F-8R	70.00	5400	No
2940	$21466	$4290	$7300	$11810	$13310	JD	6	359D	16F-8R	81.00	9347	No
2940 4WD	$25949	$5190	$8820	$14270	$16090	JD	6	359D	16F-8R	81.17	9799	No
4040 4WD	$35741	$6790	$10720	$19660	$23050	JD	6	404D	8F-2R	90.00	11944	CHA
4040 4WD PS	$38816	$7380	$11650	$21350	$25040	JD	6	404D	8F-4R	90.00	11961	CHA
4040 4WD QR	$36663	$6970	$11000	$20170	$23650	JD	6	404D	16F-6R	90.00	12391	CHA
4040 PS	$31481	$5980	$9440	$17320	$20310	JD	6	404D	8F-4R	90.79	9960	CHA
4040 QR	$30328	$5760	$9100	$16680	$19560	JD	6	404D	16F-6R	90.80	11393	CHA
4240 4WD	$39091	$7430	$11730	$21500	$25210	JD	6	466D	8F-2R	110.00	11572	CHA
4240 4WD PS	$41166	$7820	$12350	$22640	$26550	JD	6	466D	8F-4R	111.00	11585	CHA
4240 4WD QR	$40013	$7600	$12000	$22010	$25810	JD	6	466D	16F-6R	110.00	11157	CHA
4240 PS	$34831	$6620	$10450	$19160	$22470	JD	6	466D	8F-4R	111.06	10581	CHA
4240 QR	$33678	$6400	$10100	$18520	$21720	JD	6	466D	16F-6R	110.94	11156	CHA
4240HC	$35186	$6160	$9320	$14780	$16890	JD	6	466D	8F-2R	110.00	10333	CHA
4240HC PS	$37261	$6520	$9870	$15650	$17890	JD	6	466D	8F-4R	111.00	10343	CHA
4240HC QR	$36108	$6320	$9570	$15170	$17330	JD	6	466D	16F-6R	110.00	10918	CHA
4440 4WD PS	$46936	$8210	$12440	$19710	$22530	JD	6T	466D	8F-4R	130.00	11889	CHA
4440 4WD QR	$45619	$7980	$12090	$19160	$21900	JD	6T	466D	16F-6R	130.00	12474	CHA
4440 PS	$38909	$6810	$10310	$16340	$18680	JD	6T	466D	8F-4R	130.41	10901	CHA
4440 QR	$37592	$6580	$9960	$15790	$18040	JD	6T	466D	16F-6R	130.58	11473	CHA
4440HC PS	$41422	$7250	$10980	$17400	$19880	JD	6T	466D	8F-4R	130.00	10500	CHA
4440HC QR	$40105	$7020	$10630	$16840	$19250	JD	6T	466D	16F-6R	130.00	11072	CHA
4640 4WD PS	$52213	$9140	$13840	$21930	$25060	JD	6TI	466D	8F-4R	155.00	13715	CHA
4640 4WD QR	$50841	$8900	$13470	$21350	$24400	JD	6TI	466D	16F-6R	155.00	14300	CHA
4640 PS	$45877	$8030	$12160	$19270	$22020	JD	6TI	466D	8F-4R	155.96	12614	CHA
4640 QR	$44506	$7790	$11790	$18690	$21360	JD	6TI	466D	16F-6R	155.00	13199	CHA
4840 PS	$49890	$6990	$10980	$17460	$20700	JD	6TI	466D	8F-4R	180.63	14317	CHA
8440 4WD	$61268	$8580	$13480	$21440	$25430	JD	6TI	466D	16F-4R	179.83	22210	CHA
8640 4WD	$74323	$9240	$14520	$23100	$27390	JD	6TI	619D	16F-4R	228.75	24750	CHA

H, HC, HU—High Clearance LU—Low Profile PS—Power Shift QR—Quad Range

Model	Approx. Retail Price New	Used Trade-In Avg.	Used Trade-In High	Used Retail Avg.	Used Retail High	Make	No. Cyls.	Displ. Cu.-in.	No. Speeds	P.T.O. H.P.	Approx. Shipping Wt.-Lbs.	Cab
1979												
850	$5002	$1270	$2140	$3410	$3850	Yanmar	3	78D	8F-2R	22.3	3225	No
950	$5606	$1310	$2210	$3520	$3970	Yanmar	3	104D	8F-2R	27.3	3169	No
2040	$10020	$2410	$3410	$5910	$6810	JD	3	164D	8F-4R	40.86	4060	No
2040 4WD	$15246	$3660	$5180	$9000	$10370	JD	3	164D	8F-4R	40.00	4260	No
2240	$12222	$2930	$4160	$7210	$8310	JD	3	179D	16F-8R	50.37	4255	No
2240 4WD	$16864	$4050	$5730	$9950	$11470	JD	3	179D	8F-4R	50.90	5422	No
2440	$13486	$3240	$4590	$7960	$9170	JD	4	219D	8F-4R	60.00	4600	No
2640	$15206	$3650	$5170	$8970	$10340	JD	4	276D	8F-4R	70.00	5045	No
2840 RCU	$17565	$4220	$5970	$10360	$11940	JD	6	329D	12F-6R	80.65	8500	No
2940	$18994	$4560	$6460	$11210	$12920	JD	6	329D	16F-8R	81.00	9347	No
2940 4WD	$22944	$5510	$7800	$13540	$15600	JD	6	329D	16F-8R	81.17	9799	No
4040 4WD	$28961	$5210	$8690	$15930	$18680	JD	6	404D	8F-2R	90.00	11944	CHA
4040 4WD PS	$30656	$5520	$9200	$16860	$19770	JD	6	404D	8F-4R	90.00	11961	CHA
4040 4WD QR	$29710	$5350	$8910	$16340	$19160	JD	6	404D	16F-6R	90.00	12391	CHA
4040 PS	$25508	$4590	$7650	$14030	$16450	JD	6	404D	8F-4R	90.79	9960	CHA
4040 QR	$24572	$4420	$7370	$13520	$15850	JD	6	404D	16F-6R	90.80	11393	CHA
4240 4WD	$31703	$5710	$9510	$17440	$20450	JD	6	466D	8F-2R	110.00	11572	CHA
4240 4WD PS	$33392	$6010	$10020	$18370	$21540	JD	6	466D	8F-4R	111.00	11585	CHA
4240 4WD QR	$32456	$5840	$9740	$17850	$20930	JD	6	466D	16F-6R	110.00	11157	CHA
4240 PS	$28254	$5090	$8480	$15540	$18220	JD	6	466D	8F-4R	111.06	10581	CHA
4240 QR	$27318	$4920	$8200	$15030	$17620	JD	6	466D	16F-6R	110.94	11156	CHA
4240HC	$24625	$4430	$7390	$13540	$15880	JD	6	466D	8F-2R	110.00	10333	No
4240HC PS	$26310	$4740	$7890	$14470	$16970	JD	6	466D	8F-4R	111.00	10343	No
4240HC QR	$25374	$4570	$7610	$13960	$16370	JD	6	466D	16F-6R	110.00	10918	No
4440 4WD PS	$36758	$6620	$11030	$20220	$23710	JD	6T	466D	8F-4R	130.00	11889	CHA
4440 4WD QR	$35691	$6420	$10710	$19630	$23020	JD	6T	466D	16F-6R	130.00	12474	CHA
4440 PS	$31620	$5690	$9490	$17390	$20400	JD	6T	466D	8F-4R	130.41	10901	CHA
4440 QR	$30553	$5500	$9170	$16800	$19710	JD	6T	466D	16F-6R	130.58	11473	CHA
4440HC PS	$29743	$5350	$8920	$16360	$19180	JD	6T	466D	8F-4R	130.00	10500	No
4440HC QR	$28676	$5160	$8600	$15770	$18500	JD	6T	466D	16F-6R	130.00	11072	No
4640 4WD PS	$41844	$7110	$11300	$17570	$20090	JD	6TI	466D	8F-4R	155.00	13715	CHA
4640 4WD QR	$40732	$6920	$11000	$17110	$19550	JD	6TI	466D	16F-6R	155.00	14300	CHA
4640 PS	$36706	$6240	$9910	$15420	$17620	JD	6TI	466D	8F-4R	155.96	12614	CHA
4640 QR	$35594	$6050	$9610	$14950	$17090	JD	6TI	466D	16F-6R	155.00	13199	CHA
4840 PS	$39629	$5320	$8360	$13300	$15770	JD	6TI	466D	8F-4R	180.63	14317	CHA
8440 4WD	$53920	$7550	$11860	$18870	$22380	JD	6TI	466D	16F-4R	179.83	22210	CHA
8640 4WD	$65424	$8960	$14080	$22400	$26560	JD	6TI	619D	16F-4R	228.75	24750	CHA

H, HC, HU—High Clearance LU—Low Profile PS—Power Shift QR—Quad Range

Model	Approx. Retail Price New	Used Trade-In Avg.	Used Trade-In High	Used Retail Avg.	Used Retail High	Make	No. Cyls.	Displ. Cu.-in.	No. Speeds	P.T.O. H.P.	Approx. Shipping Wt.-Lbs.	Cab
1978												
850	$4852	$1270	$2120	$3330	$3780	Yanmar	3	78D	8F-2R	22.3	3225	No
950	$5438	$1290	$2150	$3380	$3840	Yanmar	3	104D	8F-2R	27.3	3169	No
2040	$9702	$2380	$3370	$5940	$6830	JD	3	164D	8F-4R	40.86	4060	No
2240	$11652	$2800	$3960	$6990	$8040	JD	3	179D	16F-8R	50.37	4255	No
2440	$13621	$3270	$4630	$8170	$9400	JD	4	219D	16F-8R	60.00	4855	No
2640	$14102	$3380	$4800	$8460	$9730	JD	4	276D	8F-4R	70.00	5045	No
2840 RCU	$16971	$4070	$5770	$10180	$11710	JD	6	329D	12F-6R	80.65	8500	No

John Deere (Cont.)

Model	Approx. Retail Price New	Used Trade-In Avg.	Used Trade-In High	Used Retail Avg.	Used Retail High	Make	No. Cyls.	Displ. Cu.-in.	No. Speeds	P.T.O. H.P.	Approx. Shipping Wt.-Lbs.	Cab
1978 (Cont.)												
4040 4WD	$27513	$5780	$9630	$15130	$17200	JD	6	404D	8F-2R	90.00	10944	CHA
4040 4WD PS	$29133	$6120	$10200	$16020	$18210	JD	6	404D	8F-4R	90.00	10961	CHA
4040 4WD QR	$28233	$5930	$9880	$15530	$17650	JD	6	404D	16F-6R	90.00	11394	CHA
4040 PS	$24193	$5080	$8470	$13310	$15120	JD	6	404D	8F-4R	90.79	9960	CHA
4040 QR	$23293	$4890	$8150	$12810	$14560	JD	6	404D	16F-6R	90.80	10393	CHA
4240 4WD	$28727	$6030	$10050	$15800	$17950	JD	6	466D	8F-2R	110.00	11572	CHA
4240 4WD PS	$30347	$6370	$10620	$16690	$18970	JD	6	466D	8F-4R	111.00	11585	CHA
4240 4WD QR	$29447	$6180	$10310	$16200	$18400	JD	6	466D	16F-6R	110.00	11157	CHA
4240 PS	$26846	$5640	$9400	$14770	$16780	JD	6	466D	8F-4R	111.06	10581	CHA
4240 QR	$25946	$5450	$9080	$14270	$16220	JD	6	466D	16F-6R	110.94	11156	CHA
4240HC	$23787	$5000	$8330	$13080	$14870	JD	6	466D	8F-2R	110.00	10333	No
4240HC PS	$25407	$5340	$8890	$13970	$15880	JD	6	466D	8F-4R	111.00	10343	No
4240HC QR	$24507	$5150	$8580	$13480	$15320	JD	6	466D	16F-6R	110.00	10918	No
4440 4WD PS	$35271	$6350	$10580	$19400	$22750	JD	6T	446D	8F-4R	130.00	11889	CHA
4440 4WD QR	$34245	$6160	$10270	$18840	$22090	JD	6T	466D	16F-6R	130.00	12474	CHA
4440 PS	$30331	$5460	$9100	$16680	$19560	JD	6T	466D	8F-4R	130.41	10901	CHA
4440 QR	$29305	$6150	$10260	$16120	$18320	JD	6T	466D	16F-6R	130.58	11473	CHA
4440HC PS	$28737	$5170	$8620	$15810	$18540	JD	6T	466D	8F-4R	130.00	10500	No
4440HC QR	$27697	$4990	$8310	$15230	$17870	JD	6T	466D	16F-6R	130.00	11072	No
4640 4WD PS	$40185	$7230	$12060	$22100	$25920	JD	6TI	466D	8F-4R	155.00	13715	CHA
4640 4WD QR	$39116	$7040	$11740	$21510	$25230	JD	6TI	466D	16F-6R	155.00	14300	CHA
4640 PS	$35245	$6340	$10570	$19390	$22730	JD	6TI	466D	8F-4R	155.96	12614	CHA
4640 QR	$34176	$6150	$10250	$18800	$22040	JD	6TI	466D	16F-6R	155.00	13199	CHA
4840 PS	$38289	$6660	$11100	$20350	$23870	JD	6TI	466D	8F-4R	180.63	14317	CHA
8430 4WD	$44746	$7140	$11550	$17640	$20160	JD	6TI	466D	16F-4R	178.16	22010	CHA
8630 4WD	$54077	$7480	$12100	$18480	$21120	JD	6TI	619D	16F-4R	225.59	24150	CHA

H, HC, HU—High Clearance LU—Low Profile PS—Power Shift QR—Quad Range

Model	Approx. Retail Price New	Used Trade-In Avg.	Used Trade-In High	Used Retail Avg.	Used Retail High	Make	No. Cyls.	Displ. Cu.-in.	No. Speeds	P.T.O. H.P.	Approx. Shipping Wt.-Lbs.	Cab
1977												
2040	$8392	$2130	$3020	$5420	$6220	JD	3	164D	8F-4R	40.86	4060	No
2240	$10387	$2490	$3530	$6340	$7270	JD	3	179D	16F-8R	50.37	4255	No
2440	$11244	$2700	$3820	$6860	$7870	JD	4	219D	16F-8R	60.00	4855	No
2640	$12426	$2980	$4230	$7580	$8700	JD	4	276D	8F-4R	70.00	5045	No
2840 RCU	$15570	$3740	$5290	$9500	$10900	JD	6	329D	12F-6R	80.65	8500	No
4030	$17481	$4660	$6600	$11830	$13580	JD	6	329D	8F-2R	80.00	8805	CHA
4030 QR	$18154	$4800	$6800	$12200	$14000	JD	6	329D	16F-6R	80.33	9265	CHA
4230 4WD	$24187	$5810	$8220	$14750	$16930	JD	6	404D	8F-2R	100.32	11550	CHA
4230 4WD PS	$25523	$6130	$8680	$15570	$17870	JD	6	404D	8F-4R	100.32	11800	CHA
4230 4WD QR	$24860	$5970	$8450	$15170	$17400	JD	6	404D	16F-6R	100.32	11950	CHA
4230 PS	$21242	$5470	$7750	$13910	$15960	JD	6	404D	8F-4R	100.32	10400	CHA
4230 QR	$20579	$5640	$7990	$14340	$16450	JD	6	404D	16F-6R	100.32	10650	CHA
4230HC	$21122	$4730	$7810	$12100	$13860	JD	6	404D	8F-2R	100.32	10530	No
4230HC PS	$22503	$4840	$7990	$12380	$14180	JD	6	404D	8F-4R	100.32	10700	No
4230HC QR	$21795	$4690	$7740	$11990	$13730	JD	6	404D	16F-6R	100.32	10930	No
4430 4WD	$26857	$6450	$9130	$16380	$18800	JD	6T	404D	8F-2R	125.00	12300	CHA
4430 4WD PS	$28422	$6820	$9660	$17340	$19900	JD	6T	404D	8F-4R	125.00	12500	CHA
4430 4WD QR	$27530	$6610	$9360	$16790	$19270	JD	6T	404D	16F-6R	125.00	12720	CHA
4430 PS	$24141	$6000	$8500	$15250	$17500	JD	6T	404D	8F-4R	125.00	10900	CHA
4430 QR	$23249	$5820	$8250	$14790	$16980	JD	6T	404D	16F-6R	125.88	11155	CHA
4430HC	$20549	$4420	$7300	$11300	$12950	JD	6T	404D	8F-2R	125.00	10815	No
4430HC PS	$22114	$4760	$7850	$12160	$13930	JD	6T	404D	8F-4R	125.00	11000	No
4430HC QR	$21222	$4560	$7530	$11670	$13370	JD	6T	404D	16F-6R	125.00	11235	No
4630 4WD	$32041	$5770	$9610	$17620	$20670	JD	6TI	404D	8F-2R	150.00	15300	CHA
4630 4WD PS	$33643	$6060	$10090	$18500	$21700	JD	6TI	404D	8F-4R	150.00	15450	CHA
4630 4WD QR	$32714	$5890	$9810	$17990	$21100	JD	6TI	404D	16F-6R	150.00	15600	CHA
4630 PS	$29239	$5260	$8770	$16080	$18860	JD	6TI	404D	8F-4R	150.00	14250	CHA
4630 QR	$28310	$5100	$8490	$15570	$18260	JD	6TI	404D	16F-6R	150.00	14100	CHA
6030	$32913	$5470	$9120	$16730	$19620	JD	6TI	531D	8F-2R	175.99	17300	CHA
8430 4WD	$41442	$6800	$11200	$16800	$19200	JD	6TI	466D	16F-4R	178.16	22010	CHA
8630 4WD	$50016	$7480	$12320	$18480	$21120	JD	6TI	619D	16F-4R	225.59	24150	CHA

H, HC, HU—High Clearance LU—Low Profile PS—Power Shift QR—Quad Range

Model	Approx. Retail Price New	Used Trade-In Avg.	Used Trade-In High	Used Retail Avg.	Used Retail High	Make	No. Cyls.	Displ. Cu.-in.	No. Speeds	P.T.O. H.P.	Approx. Shipping Wt.-Lbs.	Cab
1976												
2040	$7705	$2180	$3050	$5400	$6180	JD	3	164D	8F-4R	40.86	4060	No
2240	$9529	$2630	$3690	$6530	$7480	JD	3	179D	16F-8R	50.37	4255	No
2440	$10435	$2860	$4000	$7090	$8120	JD	4	219D	8F-4R	60.00	4600	No
2640	$11439	$3110	$4350	$7710	$8830	JD	4	276D	8F-4R	70.00	5045	No
4030	$16343	$4590	$6420	$11370	$13020	JD	6	329D	8F-2R	80.00	8805	CHA
4030 QR	$16962	$5120	$7160	$12690	$14530	JD	6	329D	16F-6R	80.33	9265	CHA
4230 4WD PS	$23819	$5960	$8340	$14770	$16910	JD	6	404D	8F-4R	100.32	11800	CHA
4230 4WD QR	$23101	$5780	$8090	$14320	$16400	JD	6	404D	16F-6R	100.32	11950	CHA
4230 HC	$16426	$4360	$6100	$10800	$12370	JD	6	404D	8F-2R	100.32	10530	No
4230 HC PS	$17762	$4690	$6570	$11630	$13320	JD	6	404D	8F-4R	100.32	10700	No
4230 HC QR	$17044	$4510	$6320	$11190	$12810	JD	6	404D	16F-6R	100.32	10930	No
4230 PS	$19888	$5220	$7310	$12950	$14830	JD	6	404D	8F-4R	100.32	10400	CHA
4230 QR	$19170	$5290	$7410	$13130	$15030	JD	6	404D	16F-6R	100.32	10650	CHA
4430 4WD PS	$26366	$6590	$9230	$16350	$18720	JD	6T	404D	8F-4R	125.00	12500	CHA
4430 4WD QR	$25547	$6390	$8940	$15840	$18140	JD	6T	404D	16F-6R	125.00	12720	CHA
4430 HC	$18892	$4720	$6610	$11710	$13410	JD	6T	404D	8F-2R	125.00	10815	No
4430 HC PS	$20309	$5080	$7110	$12590	$14420	JD	6T	404D	8F-4R	125.00	11000	No
4430 HC QR	$19490	$4870	$6820	$12080	$13840	JD	6T	404D	16F-6R	125.00	11235	No
4430 PS	$22435	$5750	$8050	$14260	$16330	JD	6T	404D	8F-4R	125.00	10900	CHA
4430 QR	$21616	$5650	$7910	$14010	$16050	JD	6T	404D	16F-6R	125.88	11155	CHA
4630 4WD	$29023	$5220	$8710	$15960	$18720	JD	6TI	404D	8F-2R	150.00	15300	CHA

John Deere (Cont.)

1976 (Cont.)

Model	Approx. Retail Price New	Used Trade-In Avg.	Used Trade-In High	Used Retail Avg.	Used Retail High	Make	Engine No. Cyls.	Displ. Cu.-in.	No. Speeds	P.T.O. H.P.	Approx. Shipping Wt.-Lbs.	Cab
4630 4WD PS	$30494	$5490	$9150	$16770	$19670	JD	6TI	404D	8F-4R	150.00	15450	CHA
4630 4WD QR	$29641	$5340	$8890	$16300	$19120	JD	6TI	404D	16F-6R	150.00	15600	CHA
4630 PS	$26450	$4760	$7940	$14550	$17060	JD	6TI	404D	8F-4R	150.00	14250	CHA
4630 QR	$25597	$4610	$7680	$14080	$16510	JD	6TI	404D	16F-6R	150.00	14100	CHA
6030	$30243	$5350	$8920	$16360	$19180	JD	6TI	531D	8F-2R	175.99	17300	CHA
8430 4WD	$41175	$7000	$11530	$17290	$19760	JD	6TI	466D	16F-4R	178.16	22010	CHA
8630 4WD	$46150	$7170	$11820	$17720	$20260	JD	6TI	619D	16F-4R	225.59	24150	CHA

H, HC, HU—High Clearance LU—Low Profile PS—Power Shift QR—Quad Range

1975

Model	Approx. Retail Price New	Used Trade-In Avg.	Used Trade-In High	Used Retail Avg.	Used Retail High	Make	Engine No. Cyls.	Displ. Cu.-in.	No. Speeds	P.T.O. H.P.	Approx. Shipping Wt.-Lbs.	Cab
830	$5711	$2010	$2780	$4860	$5550	JD	3	152D	8F-4R	35.30	4060	No
1530	$7260	$2540	$3520	$6150	$7030	JD	3	164D	16F-8R	45.38	4605	No
2030	$9151	$3030	$4190	$7340	$8390	JD	4	219D	16F-8R	60.65	4845	No
2630	$9991	$3250	$4500	$7870	$9000	JD	4	276D	16F-8R	70.37	5300	No
4030	$10863	$4380	$6070	$10620	$12140	JD	6	329D	8F-2R	80.00	7805	No
4030 QR	$11377	$4520	$6260	$10950	$12510	JD	6	329D	16F-6R	80.33	8265	No
4230 4WD PS	$17049	$5340	$7400	$12950	$14800	JD	6	404D	8F-4R	100.32	10800	No
4230 4WD QR	$16543	$5200	$7200	$12600	$14400	JD	6	404D	16F-6R	100.32	10950	No
4230 HC	$14020	$4430	$6130	$10720	$12250	JD	6	404D	8F-2R	100.32	10530	No
4230 HC PS	$15040	$4690	$6490	$11370	$12990	JD	6	404D	8F-4R	100.32	10700	No
4230 HC QR	$14534	$4560	$6310	$11050	$12620	JD	6	404D	16F-6R	100.32	10930	No
4230 PS	$14111	$5230	$7240	$12670	$14480	JD	6	404D	8F-4R	100.32	9400	No
4230 QR	$13605	$5100	$7060	$12350	$14120	JD	6	404D	16F-6R	100.32	9650	No
4430 4WD PS	$18818	$5930	$8210	$14380	$16430	JD	6T	404D	8F-4R	125.00	11500	No
4430 4WD QR	$18312	$5800	$8030	$14060	$16070	JD	6T	404D	16F-6R	125.00	11720	No
4430 HC PS	$16809	$5410	$7490	$13110	$14980	JD	6T	404D	8F-4R	125.00	11000	No
4430 HC QR	$16303	$5280	$7310	$12790	$14620	JD	6T	404D	16F-6R	125.00	11235	No
4430 PS	$15880	$5690	$7880	$13780	$15750	JD	6T	404D	8F-4R	125.00	9900	No
4430 QR	$15374	$5300	$7340	$12840	$14670	JD	6T	404D	16F-6R	125.88	10155	No
4630 4WD PS	$21812	$5360	$8690	$13340	$15480	JD	6TI	404D	8F-4R	150.00	14450	No
4630 4WD QR	$21306	$5130	$8320	$12770	$14820	JD	6TI	404D	16F-6R	150.00	14600	No
4630 PS	$18797	$4900	$7960	$12210	$14170	JD	6TI	404D	8F-4R	150.00	13250	No
4630 QR	$18219	$4550	$7380	$11320	$13140	JD	6TI	404D	16F-6R	150.00	13100	No
6030	$21750	$4050	$6570	$10080	$11700	JD	6TI	531D	8F-2R	175.99	15800	No
6030	$24934	$4510	$7310	$11220	$13020	JD	6TI	531D	8F-2R	175.99	17300	CHA
7020 4WD	$22907	$4480	$7270	$11150	$12940	JD	6TI	404D	8F-2R	146.00	14725	CHA
7520 4WD	$26372	$4810	$7800	$11970	$13890	JD	6TI	531D	8F-2R	175.00	16935	CHA
8430 4WD	$37290	$6510	$10720	$16080	$18380	JD	6TI	466D	16F-4R	178.16	22010	CHA
8630 4WD	$44570	$7140	$11760	$17640	$20160	JD	6TI	619D	16F-4R	225.59	24150	CHA

H, HC, HU—High Clearance LU—Low Profile PS—Power Shift QR—Quad Range

1974

Model	Approx. Retail Price New	Used Trade-In Avg.	Used Trade-In High	Used Retail Avg.	Used Retail High	Make	Engine No. Cyls.	Displ. Cu.-in.	No. Speeds	P.T.O. H.P.	Approx. Shipping Wt.-Lbs.	Cab
830	$5288	$1930	$2660	$4660	$5320	JD	3	152D	8F-4R	35.30	4060	No
1530	$6765	$2320	$3200	$5610	$6400	JD	3	164D	16F-8R	45.38	4605	No
2030	$8498	$2780	$3830	$6720	$7660	JD	4	219D	16F-8R	60.65	4845	No
2630	$9259	$2980	$4110	$7210	$8220	JD	4	276D	16F-8R	70.00	5300	No
4030	$10004	$4240	$5840	$10240	$11680	JD	6	329D	8F-2R	80.00	7805	No
4030 QR	$10480	$4390	$6050	$10610	$12100	JD	6	329D	16F-6R	80.33	8265	No
4230 4WD	$15005	$5040	$6940	$12160	$13870	JD	6	404D	8F-2R	100.32	10550	No
4230 4WD PS	$15949	$5290	$7280	$12770	$14560	JD	6	404D	8F-4R	100.32	10800	No
4230 4WD QR	$15519	$5170	$7120	$12490	$14250	JD	6	404D	16F-6R	100.32	10950	No
4230 HC	$12996	$4500	$6200	$10880	$12410	JD	6	404D	8F-2R	100.32	10530	No
4230 HC PS	$13940	$4750	$6550	$11480	$13100	JD	6	404D	8F-4R	100.32	10700	No
4230 HC QR	$13510	$4640	$6390	$11210	$12780	JD	6	404D	16F-6R	100.32	10930	No
4230 PS	$13011	$4770	$6570	$11520	$13140	JD	6	404D	8F-4R	100.32	9400	No
4230 QR	$12581	$4660	$6420	$11250	$12830	JD	6	404D	16F-6R	100.32	9650	No
4430 4WD	$16643	$5470	$7540	$13210	$15070	JD	6T	404D	8F-2R	125.00	11300	No
4430 4WD PS	$17663	$5740	$7910	$13860	$15810	JD	6T	404D	8F-4R	125.00	11500	No
4430 4WD QR	$17157	$5610	$7720	$13540	$15450	JD	6T	404D	16F-6R	125.00	11720	No
4430 HC	$14635	$4940	$6800	$11930	$13600	JD	6T	404D	8F-2R	125.00	10815	No
4430 HC PS	$15654	$5210	$7170	$12580	$14350	JD	6T	404D	8F-4R	125.00	11000	No
4430 HC QR	$15148	$5070	$6990	$12260	$13980	JD	6T	404D	16F-6R	125.00	11235	No
4430 PS	$14725	$5230	$7200	$12620	$14400	JD	6T	404D	8F-4R	125.00	9900	No
4430 QR	$14219	$5090	$7020	$12300	$14030	JD	6T	404D	16F-6R	125.88	10155	No
4630 4WD	$19903	$4930	$8100	$12490	$14460	JD	6TI	404D	8F-2R	150.00	14300	No
4630 4WD PS	$20923	$5160	$8480	$13070	$15130	JD	6TI	404D	8F-4R	150.00	14450	No
4630 4WD QR	$20714	$5110	$8400	$12950	$14990	JD	6TI	404D	16F-6R	150.00	14600	No
4630 PS	$17908	$4700	$7740	$11920	$13800	JD	6TI	404D	8F-4R	150.00	13250	No
4630 QR	$17402	$4590	$7550	$11630	$13460	JD	6TI	404D	16F-6R	150.00	13100	No
6030	$20663	$3750	$6170	$9500	$11000	JD	6TI	531D	8F-2R	175.99	15800	No
6030	$23847	$4290	$7050	$10860	$12570	JD	6TI	531D	8F-2R	175.99	17300	CHA
7020 4WD	$22907	$3920	$6440	$9920	$11490	JD	6TI	404D	8F-2R	146.00	14725	CHA
7520 4WD	$26372	$4360	$7170	$11040	$12790	JD	6TI	531D	8F-2R	175.00	16935	CHA

H, HC, HU—High Clearance LU—Low Profile PS—Power Shift QR—Quad Range

1973

Model	Approx. Retail Price New	Used Trade-In Avg.	Used Trade-In High	Used Retail Avg.	Used Retail High	Make	Engine No. Cyls.	Displ. Cu.-in.	No. Speeds	P.T.O. H.P.	Approx. Shipping Wt.-Lbs.	Cab
820	$3957	$1760	$2460	$4330	$4930	JD	3	152D	8F-4R	31.00	4060	No
1020	$4551	$2000	$2800	$4910	$5590	JD	3	135G	8F-4R	38.82	4100	No
1020	$4964	$2110	$2950	$5180	$5890	JD	3	152D	8F-4R	38.92	4150	No
1520	$5044	$2130	$2980	$5230	$5950	JD	3	165G	8F-4R	47.86	4100	No
1520	$5530	$2260	$3160	$5550	$6310	JD	3	165D	8F-4R	46.52	4150	No
2030	$6361	$2610	$3650	$6410	$7300	JD	4	219G	16F-8R	60.34	4405	No
2030	$6896	$2760	$3850	$6760	$7690	JD	4	219D	16F-8R	60.65	4845	No
2520	$7003	$2780	$3890	$6830	$7770	JD	4	203G	8F-2R	60.16	6500	No

John Deere (Cont.)

Model	Approx. Retail Price New	Estimated Value Less Repairs — Used Trade-In Avg.	High	Used Retail Avg.	High	Make	Engine No. Cyls.	Displ. Cu.-in.	No. Speeds	P.T.O. H.P.	Approx. Shipping Wt.-Lbs.	Cab
1973 (Cont.)												
2520	$7656	$2960	$4130	$7250	$8260	JD	4	219D	8F-2R	61.29	6600	No
2520 HC	$8511	$3050	$4260	$7480	$8520	JD	4	203G	8F-2R	60.00	7125	No
2520 HC	$9164	$3220	$4500	$7910	$9000	JD	4	219D	8F-2R	61.00	7225	No
4030	$7726	$3580	$5010	$8790	$10010	JD	6	303G	8F-2R	80.00	7542	No
4030	$8588	$3870	$5400	$9480	$10800	JD	6	329D	8F-2R	80.33	7805	No
4030 4WD	$9860	$4040	$5650	$9920	$11290	JD	6	303G	8F-2R	80.00	8042	No
4030 4WD	$10722	$4170	$5820	$10220	$11630	JD	6	329D	8F-2R	80.33	8305	No
4030 4WD QR	$10255	$4150	$5790	$10180	$11590	JD	6	303G	16F-6R	80.00	8502	No
4030 4WD QR	$11117	$4270	$5960	$10470	$11920	JD	6	329D	16F-6R	80.33	8765	No
4030 QR	$8121	$3580	$5000	$8790	$10010	JD	6	303G	16F-6R	80.00	8002	No
4030 QR	$8983	$3970	$5540	$9740	$11090	JD	6	329D	16F-6R	80.33	8265	No
4230	$9340	$3910	$5450	$9580	$10910	JD	6	303G	8F-2R	100.00	8318	No
4230	$10307	$4320	$6030	$10600	$12070	JD	6	404D	8F-2R	100.32	9242	No
4230 4WD	$11598	$4530	$6330	$11110	$12650	JD	6	303G	8F-2R	100.00	9600	No
4230 4WD	$12565	$4920	$6870	$12070	$13740	JD	6	404D	8F-2R	100.32	10550	No
4230 4WD PS	$13348	$5130	$7160	$12580	$14320	JD	6	404D	8F-4R	100.32	10700	No
4230 4WD QR	$11993	$4640	$6480	$11370	$12950	JD	6	303G	16F-6R	100.00	10200	No
4230 4WD QR	$12960	$5020	$7020	$12320	$14030	JD	6	404D	16F-6R	100.32	10950	No
4230 HC	$10054	$4110	$5740	$10080	$11470	JD	6	303G	8F-2R	100.00	9600	No
4230 HC	$11021	$4250	$5930	$10410	$11860	JD	6	404D	8F-2R	100.32	10530	No
4230 HC PS	$11804	$4450	$6220	$10920	$12440	JD	6	404D	8F-4R	100.32	10700	No
4230 HC QR	$10445	$4070	$5680	$9970	$11360	JD	6	303G	16F-6R	100.00	10000	No
4230 HC QR	$11416	$4350	$6070	$10670	$12150	JD	6	404D	16F-6R	100.32	10930	No
4230 PS	$11090	$4530	$6320	$11110	$12650	JD	6	404D	8F-4R	100.32	9400	No
4230 QR	$9735	$4200	$5860	$10290	$11720	JD	6	303G	16F-6R	100.00	8718	No
4230 QR	$10702	$4430	$6180	$10860	$12360	JD	6	404D	16F-6R	100.32	9650	No
4430 4WD	$13570	$4920	$6870	$12070	$13740	JD	6T	404D	8F-2R	125.00	11300	No
4430 4WD PS	$14353	$5130	$7160	$12580	$14320	JD	6T	404D	8F-4R	125.00	11500	No
4430 4WD QR	$13965	$5030	$7020	$12330	$14030	JD	6T	404D	16F-6R	125.00	11720	No
4430 HC	$12026	$4780	$6670	$11720	$13340	JD	6T	404D	8F-2R	125.00	10815	No
4430 HC PS	$12809	$4980	$6960	$12230	$13920	JD	6T	404D	8F-4R	125.00	11000	No
4430 HC QR	$12421	$4620	$6450	$11320	$12890	JD	6T	404D	16F-6R	125.00	11235	No
4430 PS	$12095	$4800	$6700	$11760	$13390	JD	6T	404D	8F-4R	125.00	9900	No
4430 QR	$11707	$4690	$6550	$11510	$13100	JD	6T	404D	16F-6R	125.88	10155	No
4630	$13578	$4270	$6970	$10780	$12350	JD	6TI	404D	8F-2R	150.00	12800	No
4630 4WD	$15896	$4810	$7840	$12120	$13900	JD	6TI	404D	8F-2R	150.00	14300	No
4630 4WD PS	$16679	$4990	$8130	$12570	$14420	JD	6TI	404D	8F-4R	150.00	14600	No
4630 PS	$14361	$4450	$7260	$11230	$12870	JD	6TI	404D	8F-4R	150.66	13100	No
6030	$16650	$3690	$6020	$9310	$10670	JD	6TI	531D	8F-2R	175.99	15800	No
6030	$19075	$4160	$6780	$10480	$12020	JD	6TI	531D	8F-2R	175.99	17300	CHA
7020 4WD	$17613	$3820	$6230	$9640	$11050	JD	6TI	404D	8F-2R	146.00	14725	CHA
7520 4WD	$20284	$4210	$6860	$10610	$12160	JD	6TI	531D	8F-2R	175.00	16935	CHA

H, HC, HU—High Clearance LU—Low Profile PS—Power Shift QR—Quad Range

Model	Approx. Retail Price New	Used Trade-In Avg.	High	Used Retail Avg.	High	Make	No. Cyls.	Displ. Cu.-in.	No. Speeds	P.T.O. H.P.	Approx. Shipping Wt.-Lbs.	Cab
1972												
820	$3937	$1730	$2450	$4310	$4900	JD	3	152D	8F-4R		4060	No
1020	$4378	$1960	$2770	$4870	$5530	JD	3	135G	8F-4R	38.82	4100	No
1020	$4791	$2070	$2920	$5140	$5840	JD	3	152D	8F-4R	38.92	4150	No
1520	$5044	$2110	$2980	$5240	$5960	JD	3	165G	8F-4R	47.86	4100	No
1520	$5530	$2230	$3160	$5560	$6320	JD	3	165D	8F-4R	46.52	4150	No
2030	$6281	$2460	$3480	$6130	$6960	JD	4	219G	16F-8R	60.34	4405	No
2030	$6815	$2600	$3680	$6480	$7360	JD	4	219D	16F-8R	60.65	4845	No
2520 HC	$8034	$2660	$3760	$6620	$7530	JD	4	203G	8F-2R	60.00	7125	No
2520 HC	$8687	$2830	$4010	$7050	$8020	JD	4	219D	8F-2R	61.00	7225	No
2520 RC	$7003	$2620	$3710	$6530	$7430	JD	4	203G	8F-2R	60.16	6500	No
2520 RC	$7656	$2770	$3920	$6900	$7840	JD	4	219D	8F-2R	61.29	6600	No
3020	$7608	$2550	$3600	$6340	$7210	JD	4	241G	8F-2R	71.00	7420	No
3020	$8475	$2780	$3930	$6910	$7860	JD	4	270D	8F-2R	71.26	7610	No
3020 4WD	$9871	$3150	$4450	$7840	$8900	JD	4	241G	8F-2R	71.00	8640	No
3020 4WD	$10733	$3370	$4780	$8400	$9550	JD	4	270D	8F-2R	71.00	8830	No
3020 HC	$8450	$2770	$3920	$6900	$7840	JD	4	241G	8F-2R	71.00	8020	No
3020 HC	$9452	$3040	$4300	$7560	$8590	JD	4	270D	8F-2R	71.00	8210	No
4000	$8422	$2710	$3830	$6750	$7670	JD	6	360G	8F-2R	95.5	7560	No
4000	$9389	$3150	$4460	$7850	$8920	JD	6	404D	8F-2R	96.89	7900	No
4020	$9378	$2960	$4190	$7380	$8380	JD	6	360G	8F-2R	96.66	8445	No
4020	$10345	$3460	$4890	$8610	$9780	JD	6	404D	8F-2R	94.88	8630	No
4020 4WD	$11636	$3560	$5040	$8870	$10080	JD	6	360G	8F-2R	96.00	9510	No
4020 4WD	$12603	$3980	$5630	$9900	$11250	JD	6	404D	8F-2R	94.00	9695	No
4020 HC	$9996	$3150	$4460	$7850	$8920	JD	6	360G	8F-2R	96.00	8625	No
4020 HC	$10963	$3440	$4860	$8560	$9720	JD	6	404D	8F-2R	94.00	9335	No
4320	$11312	$3370	$4770	$8390	$9530	JD	6T	404D	8F-2R	116.55	10500	No
4320 4WD	$13570	$3600	$5090	$8960	$10180	JD	6T	404D	8F-2R	116.00	10675	No
4620	$13286	$3520	$4980	$8770	$9970	JD	6TI	404D	8F-2R	135.76	12680	No
4620 4WD	$15604	$4140	$5850	$10300	$11700	JD	6TI	404D	8F-2R	135.00	13010	No
5020	$14550	$3420	$5600	$8590	$9820	JD	6	531D	8F-2R	141.34	15600	No
6030	$16649	$3650	$5990	$9170	$10500	JD	6TI	531D	8F-2R	175.00	15800	No
6030	$19074	$4130	$6770	$10370	$11860	JD	6TI	531D	8F-2R	175.00	17300	CHA
7020 4WD	$16703	$3570	$5850	$8970	$10260	JD	6TI	404D	8F-2R	146.00	14325	C
7520 4WD	$19374	$4200	$6880	$10550	$12070	JD	6TI	531D	8F-2R	175.00	16535	C

H, HC, HU—High Clearance LU—Low Profile PS—Power Shift RC—Row Crop

Model	Approx. Retail Price New	Used Trade-In Avg.	High	Used Retail Avg.	High	Make	No. Cyls.	Displ. Cu.-in.	No. Speeds	P.T.O. H.P.	Approx. Shipping Wt.-Lbs.	Cab
1971												
820	$3775	$1690	$2390	$4270	$4850	JD	3	152D	8F-4R		4060	No
1020	$4111	$1910	$2700	$4830	$5480	JD	3	135G	8F-4R	38.82	4100	No

John Deere (Cont.)

Model	Approx. Retail Price New	Used Trade-In Avg.	Used Trade-In High	Used Retail Avg.	Used Retail High	Make	No. Cyls.	Displ. Cu.-in.	No. Speeds	P.T.O. H.P.	Approx. Shipping Wt.-Lbs.	Cab
1971 (Cont.)												
1020	$4491	$2010	$2850	$5090	$5770	JD	3	152D	8F-4R	38.92	4150	No
1520	$4654	$2030	$2870	$5120	$5810	JD	3	165G	8F-4R	47.86	4100	No
1520	$5119	$2150	$3040	$5430	$6160	JD	3	165D	8F-4R	46.52	4150	No
2020	$5290	$2060	$2920	$5220	$5920	JD	4	180D	8F-4R	53.91	4495	No
2020	$5790	$2200	$3110	$5550	$6300	JD	4	202D	8F-4R	54.09	4575	No
2520 HC	$7788	$2590	$3670	$6560	$7440	JD	4	203G	8F-2R	60.00	7125	No
2520 HC	$8314	$2730	$3870	$6910	$7840	JD	4	219D	8F-2R	61.00	7225	No
2520 RC	$6714	$2520	$3570	$6380	$7230	JD	4	203G	8F-2R	60.16	6500	No
2520 RC	$7344	$2640	$3730	$6660	$7560	JD	4	219D	8F-2R	61.29	6600	No
3020	$7405	$2390	$3380	$6030	$6840	JD	4	241G	8F-2R	71.37	7930	No
3020	$8230	$2500	$3540	$6320	$7170	JD	4	270D	8F-2R	71.26	8120	No
3020 4WD	$9720	$2840	$4020	$7180	$8150	JD	4	241G	8F-2R	71.00	8640	No
3020 4WD	$10599	$3070	$4350	$7770	$8820	JD	4	270D	8F-2R	71.00	8830	No
3020 HC	$8239	$2500	$3540	$6320	$7170	JD	4	241G	8F-2R	71.00	8020	No
3020 HC	$9079	$2670	$3780	$6750	$7660	JD	4	270D	8F-2R	71.00	8210	No
4000	$8210	$2520	$3570	$6370	$7230	JD	6	360G	8F-2R	95.5	7560	No
4000	$9385	$2890	$4080	$7290	$8270	JD	6	404D	8F-2R	96.89	7900	No
4020	$9148	$2810	$3970	$7100	$8050	JD	6	360G	8F-2R	96.66	8400	No
4020	$10092	$3230	$4570	$8170	$9270	JD	6	404D	8F-2R	94.88	8585	No
4020 4WD	$11061	$3300	$4670	$8350	$9470	JD	6	360G	8F-2R	96.00	9510	No
4020 4WD	$12016	$3740	$5290	$9460	$10730	JD	6	404D	8F-2R	94.00	9695	No
4020 HC	$9632	$3000	$4250	$7590	$8610	JD	6	360G	8F-2R	96.00	8625	No
4020 HC	$10585	$3360	$4760	$8500	$9640	JD	6	404D	8F-2R	94.00	9335	No
4320	$11086	$3200	$4530	$8100	$9190	JD	6T	404D	8F-2R	116.55	10500	No
4320 4WD	$13299	$3520	$4990	$8910	$10110	JD	6T	404D	8F-2R	116.00	10675	No
4620	$13020	$3450	$4880	$8720	$9900	JD	6TI	404D	8F-2R	135.76	12680	No
4620 4WD	$15292	$4050	$5740	$10250	$11620	JD	6TI	404D	8F-2R	135.00	13010	No
5020	$13900	$3270	$5420	$8410	$9520	JD	6	531D	8F-2R	141.34	15600	No
7020 4WD	$15975	$3520	$5840	$9060	$10260	JD	6TI	404D	8F-2R	146.00	14325	C

H, HC, HU—High Clearance LU—Low Profile PS—Power Shift RC—Row Crop

Model	Approx. Retail Price New	Used Trade-In Avg.	Used Trade-In High	Used Retail Avg.	Used Retail High	Make	No. Cyls.	Displ. Cu.-in.	No. Speeds	P.T.O. H.P.	Approx. Shipping Wt.-Lbs.	Cab
1970												
820	$3580	$1660	$2380	$4250	$4810	JD	3	152D	8F-4R	38.82	4060	No
1020	$3861	$1790	$3050	$4580	$5300	JD	3	135G	8F-4R	38.82	4100	No
1020	$4245	$1880	$3200	$4800	$5560	JD	3	152D	8F-4R	38.92	4150	No
1520	$4343	$1900	$3240	$4860	$5630	JD	3	165G	8F-4R	47.86	4100	No
1520	$4808	$1950	$3320	$4990	$5770	JD	3	165D	8F-4R	46.52	4150	No
2020	$4995	$1950	$3310	$4970	$5760	JD	4	180G	8F-4R	53.91	4495	No
2020	$5495	$2060	$3500	$5250	$6080	JD	4	202D	8F-4R	54.09	4575	No
2520 HC	$7491	$2520	$3610	$6450	$7310	JD	4	203G	8F-2R	60.00	7125	No
2520 HC	$7997	$2610	$3750	$6700	$7590	JD	4	219D	8F-2R	61.00	7225	No
2520 RC	$6458	$2380	$3420	$6110	$6920	JD	4	203G	8F-2R	60.16	6500	No
2520 RC	$7064	$2550	$3660	$6540	$7410	JD	4	219D	8F-2R	61.29	6600	No
3020	$7281	$2060	$3510	$5270	$6100	JD	4	241G	8F-2R	71.37	7930	No
3020	$8106	$2470	$3540	$6330	$7170	JD	4	270D	8F-2R	71.26	8120	No
3020 HC	$8115	$2520	$3610	$6470	$7320	JD	4	241G	8F-2R	71.00	8020	No
3020 HC	$8955	$2640	$3780	$6770	$7670	JD	4	270D	8F-2R	71.00	8210	No
4000	$8205	$2390	$3420	$6120	$6930	JD	6	360G	8F-2R	95.5	7560	No
4000	$9045	$2660	$3820	$6830	$7740	JD	6	404D	8F-2R	96.89	7900	No
4020	$8969	$2720	$3900	$6980	$7910	JD	6	360G	8F-2R	96.66	8400	No
4020	$9894	$3150	$4520	$8090	$9160	JD	6	404D	8F-2R	94.88	8585	No
4020 4WD	$10844	$3220	$4620	$8260	$9350	JD	6	360G	8F-2R	96.00	9510	No
4020 4WD	$11780	$3650	$5240	$9370	$10610	JD	6	404D	8F-2R	94.00	9695	No
4020 HC	$9443	$2950	$4240	$7580	$8580	JD	6	360G	8F-2R	96.00	8625	No
4020 HC	$10377	$3280	$4700	$8420	$9530	JD	6	404D	8F-2R	94.00	9335	No
4520	$11723	$3180	$4560	$8160	$9240	JD	6T	404D	8F-2R	123.39	12285	No
5020	$13550	$3180	$5420	$8130	$9420	JD	6	531D	8F-2R	141.34	13400	No

H, HC, HU—High Clearance LU—Low Profile PS—Power Shift RC—Row Crop

Model	Approx. Retail Price New	Used Trade-In Avg.	Used Trade-In High	Used Retail Avg.	Used Retail High	Make	No. Cyls.	Displ. Cu.-in.	No. Speeds	P.T.O. H.P.	Approx. Shipping Wt.-Lbs.	Cab
1969												
820 (3 Cyl)	$3545	$1570	$2320	$4100	$4630	JD	3	152D	8F-4R	34	4060	No
1020 Utility	$3823	$1730	$3080	$4500	$5290	JD	3	135G	8F-4R	38.8	4100	No
1020 Utility	$4203	$1800	$3210	$4690	$5520	JD	3	152D	8F-4R	39	4150	No
1520	$4226	$1820	$3240	$4740	$5570	JD	3	164G	8F-4R	47.8	4100	No
1520	$4750	$1860	$3310	$4850	$5700	JD	3	164D	8F-4R	46.5	4150	No
2020 Utility	$4946	$1880	$3350	$4900	$5750	JD	4	180G	16F-8R	53.9	4495	No
2020 Utility	$5441	$1970	$3520	$5150	$6050	JD	4	202D	16F-8R	54	4575	No
2520	$6394	$2290	$3360	$5950	$6730	JD	4	203G	8F-2R	60	6500	No
2520	$6995	$2510	$3690	$6530	$7390	JD	4	219D	8F-2R	61	6600	No
2520 HC	$7417	$2470	$3640	$6440	$7280	JD	4	203G	8F-2R	60.1	7125	No
2520 HC	$7918	$2560	$3770	$6670	$7540	JD	4	219D	8F-2R	61.2	7225	No
3020	$6909	$2250	$3320	$5870	$6640	JD	4	227G	8F-2R	70.5	7420	No
3020	$7709	$2440	$3590	$6350	$7180	JD	4	270D	8F-2R	71.5	7610	No
3020 HC	$7729	$2450	$3600	$6370	$7200	JD	4	241G	8F-2R	70.5	8020	No
3020 HC	$8529	$2610	$3830	$6780	$7670	JD	4	270D	8F-2R	71.2	8210	No
4000	$7815	$2280	$3360	$5940	$6720	JD	6	360G	8F-2R	97.2	7560	No
4000	$8615	$2550	$3750	$6630	$7500	JD	6	404D	8F-2R	96.8	7900	No
4020	$7760	$2670	$3920	$6940	$7850	JD	6	360G	8F-2R	95.5	8400	No
4020	$8649	$3090	$4540	$8040	$9090	JD	6	404D	8F-2R	94.8	8585	No
4020 HC	$8425	$2920	$4300	$7610	$8600	JD	6	360G	8F-2R	96.6	8625	No
4020 HC	$9315	$3260	$4800	$8500	$9610	JD	6	404D	8F-2R	94.8	9335	No
4520	$11200	$3180	$4680	$8280	$9360	JD	6	404D	8F-2R	123.3	12285	No
5020	$12780	$2940	$5240	$7670	$9010	JD	6	531D	8F-2R	133.2	13400	No

H, HC, HU—High Clearance LU—Low Profile PS—Power Shift RC—Row Crop

John Deere (Cont.)

Model	Approx. Retail Price New	Used Trade-In Avg.	Used Trade-In High	Used Retail Avg.	Used Retail High	Make	No. Cyls.	Displ. Cu.-in.	No. Speeds	P.T.O. H.P.	Approx. Shipping Wt.-Lbs.	Cab
1968												
820 (3 Cyl)	$3580	$1550	$2340	$4100	$4620	JD	3	152D	8F-4R	34	4060	No
1020 Utility	$3418	$1690	$3090	$4480	$5260	JD	3	135G	8F-4R	38.8	4100	No
1020 Utility	$3783	$1760	$3210	$4670	$5470	JD	3	152D	8F-4R	39	4150	No
1520	$4073	$1780	$3240	$4710	$5520	JD	3	164G	8F-4R	47.8	4100	No
1520	$4455	$1830	$3340	$4850	$5690	JD	3	164D	8F-4R	46.5	4150	No
2020 Utility	$4865	$1840	$3360	$4880	$5720	JD	4	180G	8F-4R	53.9	4495	No
2020 Utility	$5359	$1920	$3510	$5100	$5970	JD	4	202D	8F-4R	54	4575	No
2510	$5723	$2010	$3660	$5320	$6240	JD	4	180G	8F-2R	53.7	6015	No
2510	$6295	$2140	$3900	$5670	$6650	JD	4	202D	8F-2R	54.9	6095	No
2510 HC	$6671	$2220	$4060	$5900	$6920	JD	4	180G	8F-2R	53.7	6945	No
2510 HC	$7245	$2360	$4300	$6250	$7330	JD	4	202D	8F-2R	54.9	7250	No
3020	$5985	$2040	$3070	$5380	$6070	JD	4	227G	8F-2R	70.5	7420	No
3020	$6785	$2200	$3310	$5800	$6550	JD	4	270D	8F-2R	71.5	7610	No
3020 HC	$7156	$2290	$3460	$6060	$6840	JD	4	241G	8F-2R	70.5	8020	No
3020 HC	$7956	$2510	$3780	$6620	$7470	JD	4	270D	8F-2R	71.2	8210	No
4020	$7500	$2570	$3880	$6800	$7670	JD	6	360G	8F-2R	95.5	8400	No
4020	$8500	$2940	$4440	$7770	$8770	JD	6	404D	8F-2R	94.8	8630	No
4020 HC	$8050	$2850	$4300	$7530	$8490	JD	6	360G	8F-2R	96.6	8625	No
4020 HC	$8940	$3160	$4780	$8360	$9430	JD	6	404D	8F-2R	94.8	9335	No
5020	$11503	$2650	$4830	$7020	$8230	JD	6	531D	8F-2R	133.2	13430	No

H, HC, HU—High Clearance LU—Low Profile PS—Power Shift RC—Row Crop

Model	Approx. Retail Price New	Used Trade-In Avg.	Used Trade-In High	Used Retail Avg.	Used Retail High	Make	No. Cyls.	Displ. Cu.-in.	No. Speeds	P.T.O. H.P.	Approx. Shipping Wt.-Lbs.	Cab
1967												
1020 Utility	$3358	$1680	$3070	$4540	$5310	JD	3	135G	8F-4R	38.8	4100	No
1020 Utility	$3657	$1740	$3170	$4680	$5470	JD	3	152D	8F-4R	39	4150	No
2020 Utility	$4517	$1850	$3370	$4980	$5820	JD	4	180G	16F-8R	53.9	4565	No
2020 Utility	$4951	$1930	$3530	$5210	$6090	JD	4	202D	16F-8R	54	4645	No
2510	$5166	$1990	$3630	$5360	$6270	JD	4	180G	8F-2R	53.7	6015	No
2510	$5721	$2100	$3830	$5660	$6610	JD	4	202D	8F-2R	54.9	6095	No
2510 HC	$6470	$2110	$3850	$5690	$6650	JD	4	180G	8F-2R	53.7	6945	No
2510 HC	$7026	$2190	$4000	$5910	$6910	JD	4	202D	8F-2R	54.9	7250	No
3020	$5777	$2060	$3190	$5480	$6220	JD	4	227G	8F-2R	70.5	7420	No
3020	$6559	$2240	$3470	$5960	$6770	JD	4	270D	8F-2R	71.5	8120	No
3020 HC	$6932	$2340	$3620	$6230	$7070	JD	4	241G	8F-2R	70.5	8020	No
3020 HC	$7714	$2520	$3900	$6710	$7610	JD	4	270D	8F-2R	71.2	8210	No
4020	$7084	$2490	$3850	$6630	$7520	JD	6	360G	8F-2R	95.5	8400	No
4020	$8000	$2860	$4430	$7610	$8640	JD	6	404D	8F-2R	94.8	8585	No
4020 HC	$7720	$2760	$4270	$7350	$8340	JD	6	360G	8F-2R	95	8625	No
4020 HC	$8638	$3080	$4770	$8210	$9310	JD	6	404D	8F-2R	94	9335	No
5020	$11113	$2560	$4670	$6890	$8060	JD	6	531D	8F-2R	133.2	13430	No

H, HC, HU—High Clearance LU—Low Profile PS—Power Shift RC—Row Crop

Model	Approx. Retail Price New	Used Trade-In Avg.	Used Trade-In High	Used Retail Avg.	Used Retail High	Make	No. Cyls.	Displ. Cu.-in.	No. Speeds	P.T.O. H.P.	Approx. Shipping Wt.-Lbs.	Cab
1966												
1020 Utility	$3325	$1690	$3080	$4580	$5380	JD	3	135G	8F-4R	38.8	4100	No
1020 Utility	$3621	$1750	$3200	$4760	$5600	JD	3	152D	8F-4R	39	4150	No
2020 Utility	$4472	$1780	$3250	$4830	$5680	JD	4	180G	16F-8R	53	4565	No
2020 Utility	$4902	$1870	$3420	$5090	$5980	JD	4	202D	16F-8R	54	4645	No
2510	$4783	$1940	$3550	$5280	$6210	JD	4	180G	8F-2R	53.7	6015	No
2510	$5297	$2020	$3690	$5490	$6460	JD	4	202D	8F-2R	54	6095	No
2510 HC	$5991	$2080	$3790	$5640	$6630	JD	4	180G	8F-2R	53.7	6945	No
2510 HC	$6506	$2190	$3990	$5940	$6990	JD	4	202D	8F-2R	54.9	7250	No
3020	$5766	$1950	$3090	$5230	$5970	JD	4	227G	8F-2R	70.5	7930	No
3020	$6300	$2100	$3340	$5640	$6430	JD	4	270D	8F-2R	71.5	8120	No
3020 HC	$6602	$2170	$3440	$5820	$6640	JD	4	241G	8F-2R	70.5	8020	No
3020 HC	$7347	$2370	$3760	$6350	$7250	JD	4	270D	8F-2R	71.2	8210	No
4020	$6747	$2450	$3880	$6570	$7490	JD	6	360G	8F-2R	95	8400	No
4020	$7620	$2810	$4460	$7540	$8600	JD	6	404D	8F-2R	95	8585	No
4020 HC	$7354	$2660	$4220	$7140	$8140	JD	6	360G	8F-2R	95	8625	No
4020 HC	$8227	$2980	$4720	$7970	$9090	JD	6	404D	8F-2R	94.8	9335	No
5020	$10585	$2440	$4450	$6620	$7780	JD	6	531D	8F-2R	133.2	13430	No

H, HC, HU—High Clearance LU—Low Profile PS—Power Shift RC—Row Crop

Model	Approx. Retail Price New	Used Trade-In Avg.	Used Trade-In High	Used Retail Avg.	Used Retail High	Make	No. Cyls.	Displ. Cu.-in.	No. Speeds	P.T.O. H.P.	Approx. Shipping Wt.-Lbs.	Cab
1965												
1010	$2993	$1790	$2960	$4930	$5650	JD	3	115G	5F-1R	36	3750	No
1010	$3418	$1900	$3150	$5230	$6000	JD	3	145D	5F-1R	36	3700	No
1020 Utility	$3292	$1670	$3040	$4560	$5400	JD	3	135G	8F-4R	38.8	4355	No
1020 Utility	$3585	$1730	$3170	$4750	$5610	JD	3	152D	8F-4R	39	4405	No
2010 Utility	$3649	$1750	$3190	$4790	$5660	JD	4	145G	8F-3R	46	4600	No
2010 Utility	$4239	$1870	$3420	$5130	$6060	JD	4	165D	8F-3R	46.8	4700	No
2020 Utility	$4248	$1830	$3340	$5010	$5920	JD	4	180G	16F-8R	53.9	4565	No
2020 Utility	$4657	$1910	$3490	$5240	$6200	JD	4	202D	16F-8R	54	4645	No
3020	$5577	$2000	$3300	$5490	$6300	JD	4	227G	8F-2R	70	7930	No
3020	$6297	$2170	$3580	$5950	$6830	JD	4	270D	8F-2R	71	8120	No
3020 HC	$6348	$2090	$3460	$5750	$6600	JD	4	241G	8F-2R	70	8020	No
3020 HC	$7069	$2280	$3770	$6270	$7190	JD	4	270D	8F-2R	71	8210	No
4020	$6516	$2340	$3880	$6450	$7390	JD	6	360G	8F-2R	95.5	8400	No
4020	$7360	$2690	$4460	$7410	$8500	JD	6	404D	8F-2R	94.8	8585	No
4020 HC	$7076	$2540	$4200	$6990	$8020	JD	6	360G	8F-2R	95	8625	No
4020 HC	$7920	$2840	$4700	$7810	$8950	JD	6	404D	8F-2R	95	9335	No
5010	$10045	$2860	$4730	$7870	$9020	JD	6	531D	8F-3R	121.1	13200	Cab

H, HC, HU—High Clearance LU—Low Profile PS—Power Shift RC—Row Crop

John Deere (Cont.)

Model	Approx. Retail Price New	Estimated Value Less Repairs				Make	Engine No. Cyls.	Displ. Cu.-in.	No. Speeds	P.T.O. H.P.	Approx. Shipping Wt.-Lbs.	Cab
		Used Trade-In Avg.	High	Used Retail Avg.	High							

1964

Model	Approx. Retail Price New	Avg.	High	Avg.	High	Make	No. Cyls.	Displ. Cu.-in.	No. Speeds	P.T.O. H.P.	Approx. Shipping Wt.-Lbs.	Cab
1010	$2638	$1630	$2810	$4570	$5310	JD	4	115G	5F-1R	36	3615	No
1010	$3061	$1690	$2910	$4730	$5500	JD	4	145D	5F-1R	36	3700	No
2010 Utility	$3596	$1730	$3170	$4750	$5650	JD	4	145G	8F-3R	46	4600	No
2010 Utility	$4197	$1870	$3410	$5110	$6080	JD	4	165D	8F-3R	46.8	4700	No
3020	$5259	$1850	$3190	$5190	$6030	JD	4	227G	8F-2R	70	7930	No
3020	$5959	$2020	$3480	$5660	$6570	JD	4	270D	8F-2R	71	8120	No
3020 HC	$6035	$2050	$3540	$5750	$6670	JD	4	241G	8F-2R	70	8020	No
3020 HC	$6735	$2130	$3670	$5960	$6920	JD	4	270D	8F-2R	71.2	8210	No
4020	$6100	$2400	$4140	$6720	$7800	JD	6	360G	8F-2R	95	8400	No
4020	$6922	$2530	$4370	$7090	$8240	JD	6	404D	8F-2R	95	8585	No
4020 HC	$5630	$2230	$3840	$6240	$7250	JD	6	360G	8F-2R	95	8625	No
4020 HC	$6450	$2410	$4160	$6760	$7840	JD	6	404D	8F-2R	95	9335	No
5010	$9670	$2550	$4400	$7150	$8300	JD	6	531D	8F-3R	121.1	13200	No

H, HC, HU—High Clearance LU—Low Profile PS—Power Shift RC—Row Crop

1963

Model	Approx. Retail Price New	Avg.	High	Avg.	High	Make	No. Cyls.	Displ. Cu.-in.	No. Speeds	P.T.O. H.P.	Approx. Shipping Wt.-Lbs.	Cab
1010	$2506	$1510	$2660	$4220	$4960	JD	4	115G	5F-1R	36	3750	No
1010	$2908	$1610	$2840	$4510	$5290	JD	4	145D	5F-1R	36	3830	No
2010	$3432	$1720	$3030	$4820	$5660	JD	4	145G	8F-3R	46	4400	No
2010	$3987	$1850	$3260	$5180	$6090	JD	4	165D	8F-3R	46.8	4700	No
3010	$4134	$1970	$3470	$5520	$6480	JD	4	201G	8F-3R	55	6340	No
3010	$4843	$2130	$3760	$5980	$7030	JD	4	254D	8F-3R	59	6550	No
4010	$5042	$2380	$4200	$6680	$7850	JD	6	302G	8F-3R	80	8090	No
4010	$5856	$2720	$4800	$7630	$8960	JD	6	380D	8F-3R	84	8450	No
5010	$9186	$2550	$4500	$7150	$8400	JD	6	531D	8F-3R	121.1	13200	No

1962

Model	Approx. Retail Price New	Avg.	High	Avg.	High	Make	No. Cyls.	Displ. Cu.-in.	No. Speeds	P.T.O. H.P.	Approx. Shipping Wt.-Lbs.	Cab
1010	$2480	$1410	$2540	$3950	$4700	JD	4	115G	5F-1R	36	3615	No
1010	$2880	$1530	$2760	$4290	$5100	JD	4	145D	5F-1R	36	3700	No
2010	$3400	$1610	$2900	$4500	$5350	JD	4	145G	8F-3R	46	4600	No
2010	$3950	$1750	$3160	$4920	$5840	JD	4	165D	8F-3R	46.8	4700	No
3010	$4100	$1880	$3390	$5270	$6270	JD	4	201G	8F-3R	55	6220	No
3010	$4800	$2060	$3720	$5770	$6860	JD	4	254D	8F-3R	59	6340	No
4010	$5000	$2170	$3910	$6080	$7230	JD	6	302G	8F-3R	81	6800	No
4010	$5820	$2560	$4610	$7160	$8520	JD	6	380D	8F-3R	84	7130	No

1961

Model	Approx. Retail Price New	Avg.	High	Avg.	High	Make	No. Cyls.	Displ. Cu.-in.	No. Speeds	P.T.O. H.P.	Approx. Shipping Wt.-Lbs.	Cab
1010	......	$1390	$2560	$3890	$4680	JD	4	115G	5F-1R	36	3615	No
1010	......	$1510	$2790	$4240	$5100	JD	4	145D	5F-1R	36	3700	No
2010	......	$1590	$2920	$4450	$5350	JD	4	145G	8F-3R	46	4600	No
2010	......	$1730	$3180	$4840	$5820	JD	4	165D	8F-3R	46.8	4700	No
3010	......	$1780	$3290	$5000	$6010	JD	4	201G	8F-3R	55	6220	No
3010	......	$1950	$3600	$5480	$6590	JD	4	254D	8F-3R	59	6340	No
4010	......	$2110	$3900	$5930	$7130	JD	6	302G	8F-3R	81	6800	No
4010	......	$2360	$4360	$6630	$7970	JD	6	380D	8F-3R	84	7130	No

1960

Model	Approx. Retail Price New	Avg.	High	Avg.	High	Make	No. Cyls.	Displ. Cu.-in.	No. Speeds	P.T.O. H.P.	Approx. Shipping Wt.-Lbs.	Cab
330	......	$1170	$2250	$3350	$4050	JD	2	100G	4F-1R		2722	No
430	......	$1240	$2380	$3550	$4290	JD	2	113G	5F-1R	30	3210	No
435D	......	$1400	$2680	$4000	$4840	JD	2	106D	5F-1R	33	3560	No
530	......	$1410	$2710	$4030	$4880	JD	2	190G	6F-1R	41	5440	No
630	......	$1470	$2820	$4190	$5070	JD	2	302G	6F-1R	49	6670	No
730	......	$1510	$2900	$4330	$5230	JD	2	361G	6F-1R	59	7270	No
730	......	$1630	$3130	$4660	$5640	JD	2	376D	6F-1R	59	7830	No
830	......	$1810	$3480	$5180	$6270	JD	2	472D	6F-1R	81	8140	No
1010	......	$1330	$2550	$3800	$4600	JD	4	115G	5F-1R	36	3615	No
1010	......	$1450	$2780	$4140	$5010	JD	4	145D	5F-1R	36	3700	No
2010	......	$1530	$2930	$4360	$5280	JD	4	202D	8F-3R	46.8	4700	No
2010	......	$1640	$3150	$4690	$5670	JD	4	180G	8F-3R	46	4600	No

1959

Model	Approx. Retail Price New	Avg.	High	Avg.	High	Make	No. Cyls.	Displ. Cu.-in.	No. Speeds	P.T.O. H.P.	Approx. Shipping Wt.-Lbs.	Cab
330	......	$1120	$2250	$3280	$3990	JD	2	100G	4F-1R		2722	No
430	......	$1170	$2330	$3400	$4140	JD	2	113G	5F-1R	30	3210	No
435D	......	$1300	$2600	$3790	$4610	JD	2	106D	5F-1R	33	3560	No
530	......	$1360	$2720	$3980	$4840	JD	2	190G	6F-1R	41	5440	No
630	......	$1390	$2790	$4070	$4950	JD	2	302G	6F-1R	49	6670	No
730	......	$1450	$2900	$4230	$5150	JD	2	361G	6F-1R	59	7270	No
730	......	$1580	$3160	$4620	$5620	JD	2	376D	6F-1R	59	7830	No
830	......	$1730	$3460	$5040	$6140	JD	2	472D	6F-1R	81	8140	No

1958

Model	Approx. Retail Price New	Avg.	High	Avg.	High	Make	No. Cyls.	Displ. Cu.-in.	No. Speeds	P.T.O. H.P.	Approx. Shipping Wt.-Lbs.	Cab
320	......	$1050	$2150	$3080	$3760	JD	2	100G	4F-1R	27	2670	No
330	......	$1100	$2240	$3210	$3920	JD	2	100G	4F-1R		2722	No
420	......	$1240	$2530	$3610	$4420	JD	2	113G	4F-1R	29	2793	No
430	......	$1120	$2280	$3260	$3990	JD	2	113G	5F-1R	30	3210	No
520	......	$1300	$2640	$3780	$4620	JD	2	190G	6F-1R	39	5325	No
530	......	$1340	$2730	$3900	$4770	JD	2	190G	6F-1R	41	5440	No
620	......	$1310	$2670	$3820	$4670	JD	2	302G	6F-1R	49	6460	No
630	......	$1370	$2790	$3990	$4880	JD	2	302G	6F-1R	49	6670	No
720	......	$1350	$2760	$3950	$4830	JD	2	361G	6F-1R	59	7220	No
720	......	$1470	$3000	$4290	$5250	JD	2	376D	6F-1R	59	7700	No
730	......	$1410	$2870	$4100	$5020	JD	2	361G	6F-1R	59	7270	No
730	......	$1490	$3040	$4340	$5320	JD	2	376D	6F-1R	59	7830	No
820	......	$1560	$3180	$4540	$5560	JD	2	472D	6F-1R	76	8300	No

Model	Approx. Retail Price New	Used Trade-In Avg.	Used Trade-In High	Used Retail Avg.	Used Retail High	Make	No. Cyls.	Displ. Cu.-in.	No. Speeds	P.T.O. H.P.	Approx. Shipping Wt.-Lbs.	Cab
John Deere (Cont.)												

1958 (Cont.)

Model	New	Avg.	High	Avg.	High	Make	Cyls.	Displ.	Speeds	H.P.	Wt.	Cab
830	......	$1680	$3440	$4920	$6020	JD	2	472D	6F-1R	81	8140	No

1957

Model		Avg.	High	Avg.	High	Make	Cyls.	Displ.	Speeds	H.P.	Wt.	Cab
320	......	$1040	$2130	$3040	$3740	JD	2	100G	4F-1R	27	2670	No
420	......	$1210	$2460	$3520	$4330	JD	2	113G	4F-1R	29	2793	No
520	......	$1230	$2500	$3580	$4400	JD	2	190G	6F-1R	39	5325	No
620	......	$1250	$2550	$3650	$4490	JD	2	302G	6F-1R	49	6460	No
720	......	$1300	$2650	$3790	$4660	JD	2	361G	6F-1R	59	7220	No
720	......	$1410	$2880	$4110	$5060	JD	2	376D	6F-1R	59	7700	No
820	......	$1510	$3080	$4400	$5410	JD	2	472D	6F-1R	76	8300	No

1956

Model		Avg.	High	Avg.	High	Make	Cyls.	Displ.	Speeds	H.P.	Wt.	Cab
50	......	$930	$1930	$2760	$3430	JD	2	190G	6F-1R	31	4200	No
60	......	$970	$2010	$2880	$3580	JD	2	321G	6F-1R	42	5357	No
70	......	$1000	$2080	$2970	$3690	JD	2	379G	6F-1R	50	7352	No
70	......	$1290	$2690	$3850	$4790	JD	2	376D	6F-1R	51	7352	No
80	......	$1340	$2790	$3990	$4960	JD	2	471D	6F-1R	68	7900	No
320	......	$990	$2070	$2960	$3680	JD	2	100G	4F-1R	27	2670	No
420	......	$1130	$2340	$3350	$4170	JD	2	113G	4F-1R	29	2793	No
520	......	$1170	$2430	$3480	$4330	JD	2	190G	6F-1R	39	5325	No
620	......	$1210	$2510	$3590	$4470	JD	2	302G	6F-1R	49	6460	No
720	......	$1260	$2630	$3770	$4690	JD	2	361G	6F-1R	59	7220	No
720	......	$1330	$2770	$3960	$4930	JD	2	376D	6F-1R	59	7700	No
820	......	$1410	$2930	$4190	$5210	JD	2	472D	6F-1R	76	8300	No

1955

Model		Avg.	High	Avg.	High	Make	Cyls.	Displ.	Speeds	H.P.	Wt.	Cab
40	......	$830	$1760	$2510	$3160	JD	2	101G	4F-1R	22.8	2970	No
50	......	$860	$1840	$2620	$3300	JD	2	190G	6F-1R	31	4200	No
60	......	$900	$1910	$2740	$3440	JD	2	321G	6F-1R	42	5357	No
70	......	$930	$1970	$2820	$3550	JD	2	379G	6F-1R	50	7352	No
70	......	$1200	$2550	$3650	$4590	JD	2	376D	6F-1R	51	7352	No
80	......	$1260	$2680	$3830	$4820	JD	2	471D	6F-1R	68	7900	No

1954

Model		Avg.	High	Avg.	High	Make	Cyls.	Displ.	Speeds	H.P.	Wt.	Cab
R	......	$780	$1660	$2390	$3030	JD	2	415D	5F-1R	51	7100	No
40	......	$790	$1680	$2420	$3060	JD	2	101G	4F-1R	19	2636	No
50	......	$850	$1800	$2590	$3280	JD	2	190G	6F-1R	31	4200	No
60	......	$880	$1870	$2700	$3410	JD	2	321G	6F-1R	42	5357	No
70	......	$900	$1910	$2750	$3480	JD	2	379G	6F-1R	50	7352	No
70	......	$1150	$2450	$3520	$4450	JD	2	376D	6F-1R	51	7352	No

1953

Model		Avg.	High	Avg.	High	Make	Cyls.	Displ.	Speeds	H.P.	Wt.	Cab
D	......	$910	$1940	$2840	$3540	JD	2	501D	2F-1R	38	8125	No
G	......	$1130	$2410	$3520	$4390	JD	2	413G	6F-1R	36	5800	No
R	......	$770	$1650	$2410	$3000	JD	2	415D	5F-1R	51	7100	No
40	......	$770	$1630	$2380	$2960	JD	2	101G	4F-1R	19	2636	No
50	......	$840	$1780	$2600	$3240	JD	2	190G	6F-1R	31	4200	No
60	......	$860	$1830	$2670	$3330	JD	2	321G	6F-1R	42	5357	No
70	......	$870	$1850	$2700	$3370	JD	2	379G	6F-1R	50	7352	No
70	......	$1120	$2380	$3470	$4330	JD	2	376D	6F-1R	51	7352	No

1952

Model		Avg.	High	Avg.	High	Make	Cyls.	Displ.	Speeds	H.P.	Wt.	Cab
A	......	$870	$1900	$2770	$3480	JD	2	321G	6F-1R	35.3	5100	No
AN	......	$940	$2050	$2990	$3750	JD	2	321G	6F-1R	35.3	5100	No
AR	......	$910	$1990	$2900	$3630	JD	2	321G	6F-1R	35.3	4800	No
B	......	$880	$1920	$2800	$3510	JD	2	190G	6F-1R	26	4130	No
D	......	$870	$1880	$2750	$3440	JD	2	501D	2F-1R	38	8125	No
G	......	$1090	$2370	$3460	$4340	JD	2	413G	6F-1R	36	5800	No
M	......	$950	$2060	$3000	$3770	JD	2	100G	4F-1R	19.5	2700	No
MT	......	$1000	$2170	$3170	$3970	JD	2	100G	4F-1R	20	2800	No
R	......	$750	$1620	$2370	$2970	JD	2	415D	5F-1R	51	7100	No
50	......	$780	$1690	$2460	$3090	JD	2	190G	6F-1R	31	4200	No
60	......	$810	$1760	$2570	$3220	JD	2	321G	6F-1R	42	5357	No

1951

Model		Avg.	High	Avg.	High	Make	Cyls.	Displ.	Speeds	H.P.	Wt.	Cab
A	......	$840	$1880	$2740	$3450	JD	2	321G	6F-1R	35.3	5100	No
AN	......	$910	$2020	$2960	$3720	JD	2	321G	6F-1R	35.3	5100	No
AR	......	$900	$1990	$2900	$3660	JD	2	321D	6F-1R	35.3	4800	No
B	......	$840	$1870	$2730	$3440	JD	2	190G	6F-1R	26	4130	No
D	......	$830	$1840	$2680	$3380	JD	2	501D	2F-1R	38	8125	No
G	......	$1040	$2310	$3370	$4250	JD	2	413G	6F-1R	36	5800	No
M	......	$880	$1970	$2870	$3620	JD	2	100G	4F-1R	19.5	2700	No
MT	......	$940	$2090	$3050	$3850	JD	2	100G	4F-1R	20	2800	No
R	......	$700	$1560	$2270	$2870	JD	2	415D	5F-1R	51	7100	No

1950

Model		Avg.	High	Avg.	High	Make	Cyls.	Displ.	Speeds	H.P.	Wt.	Cab
A	......	$840	$1860	$2710	$3430	JD	2	321G	6F-1R	35.3	5100	No
AN	......	$900	$1990	$2910	$3680	JD	2	321G	6F-1R	35.3	5100	No
AR	......	$870	$1940	$2840	$3590	JD	2	321D	6F-1R	35.3	4800	No
B	......	$830	$1840	$2690	$3410	JD	2	190G	6F-1R	26	4130	No
D	......	$810	$1810	$2640	$3340	JD	2	501D	2F-1R	38	8125	No
G	......	$1020	$2260	$3300	$4180	JD	2	413G	6F-1R	36	5800	No
M	......	$870	$1930	$2810	$3560	JD	2	100G	4F-1R	19.5	2700	Cab
MT	......	$920	$2040	$2970	$3770	JD	2	100G	4F-1R	20	2800	No

John Deere (Cont.)

Model	Approx. Retail Price New	Used Trade-In Avg.	Used Trade-In High	Used Retail Avg.	Used Retail High	Make	Engine No. Cyls.	Displ. Cu.-in.	No. Speeds	P.T.O. H.P.	Approx. Shipping Wt.-Lbs.	Cab
1950 (Cont.)												
R.	......	$690	$1530	$2230	$2820	JD	2	415D	5F-1R	51	7100	No
1949												
A.	......	$820	$1820	$2690	$3380	JD	2	321G	6F-1R	35.3	5100	No
AN	......	$880	$1950	$2890	$3630	JD	2	321G	6F-1R	35.3	5100	No
AR	......	$860	$1910	$2820	$3540	JD	2	321D	6F-1R	35.3	4800	No
B.	......	$800	$1790	$2640	$3320	JD	2	190G	6F-1R	26	4130	No
D.	......	$790	$1750	$2590	$3260	JD	2	501D	2F-1R	38	8125	No
G	......	$990	$2200	$3250	$4090	JD	2	413G	6F-1R	36	5800	No
M	......	$840	$1860	$2760	$3460	JD	2	100G	4F-1R	19.5	2700	No
MT	......	$890	$1980	$2930	$3680	JD	2	100G	4F-1R	20	2800	No
R.	......	$670	$1480	$2190	$2750	JD	2	415D	5F-1R	51	7100	No
1948												
A.	......	$810	$1800	$2660	$3370	JD	2	321G	6F-1R	35.3	5100	No
AN	......	$870	$1930	$2850	$3600	JD	2	321G	6F-1R	35.3	5100	No
AR	......	$850	$1890	$2790	$3530	JD	2	321D	4F-1R	35.3	4800	No
B.	......	$800	$1770	$2620	$3310	JD	2	190G	6F-1R	26	4130	No
D.	......	$780	$1720	$2550	$3220	JD	2	501D	2F-1R	38	8125	No
G	......	$970	$2160	$3200	$4040	JD	2	413G	6F-1R	36	5800	No
M	......	$820	$1830	$2710	$3420	JD	2	100G	4F-1R	19.5	2700	No
1947												
A.	......	$800	$1790	$2640	$3360	JD	2	321G	6F-1R	35.3	5100	No
AN	......	$860	$1910	$2830	$3600	JD	2	321G	6F-1R	35.3	5100	No
AR	......	$840	$1870	$2760	$3510	JD	2	321D	6F-1R	35.3	4800	No
B.	......	$790	$1750	$2590	$3290	JD	2	175G	6F-1R	26	4130	No
BO	......	$870	$1920	$2850	$3610	JD	2	175G	4F-1R	26	4130	No
BR	......	$900	$2000	$2950	$3750	JD	2	175G	4F-1R	26	4130	No
D.	......	$760	$1700	$2510	$3190	JD	2	501D	2F-1R	38	8125	No
G	......	$960	$2130	$3150	$4000	JD	2	413G	6F-1R	36	5800	No
H.	......	$680	$1510	$2240	$2840	JD	2	99G	3F-1R	14	3035	No
M	......	$810	$1800	$2660	$3380	JD	2	100G	4F-1R	19.5	2700	No
1946												
A.	......	$780	$1760	$2610	$3330	JD	2	321G	6F-1R	35.3	5100	No
AN	......	$840	$1900	$2810	$3590	JD	2	321G	6F-1R	35.3	5100	No
AR	......	$810	$1850	$2730	$3490	JD	2	321D	4F-1R	35.3	4800	No
B.	......	$760	$1730	$2560	$3270	JD	2	175G	6F-1R	20	4130	No
BO	......	$840	$1900	$2810	$3590	JD	2	175G	4F-1R	20	4030	No
BR	......	$870	$1970	$2920	$3730	JD	2	175G	4F-1R	20	4030	No
D.	......	$730	$1670	$2460	$3150	JD	2	501D	2F-1R	38	8125	No
G	......	$920	$2090	$3090	$3940	JD	2	413G	6F-1R	36	5800	No
H.	......	$650	$1480	$2190	$2790	JD	2	99G	3F-1R	14	3035	No
LA.	......	$620	$1410	$2090	$2670		2	66G	3F-1R	14.3	2180	No
1945												
A.	......	$750	$1750	$2590	$3330	JD	2	321G	6F-1R	35.3	5100	No
AN	......	$810	$1880	$2790	$3580	JD	2	321G	6F-1R	35.3	5100	No
AR	......	$780	$1820	$2690	$3450	JD	2	321D	4F-1R	35.3	4800	No
B.	......	$810	$1880	$2780	$3560	JD	2	175G	6F-1R	20.0	4130	No
BO	......	$810	$1890	$2790	$3590	JD	2	175G	4F-1R	20	4030	No
BR	......	$840	$1950	$2880	$3700	JD	2	175G	4F-1R	20	4030	No
D.	......	$700	$1630	$2420	$3100	JD	2	501D	2F-1R	38	8125	No
G	......	$890	$2060	$3050	$3910	JD	2	413G	6F-1R	36	5800	No
H.	......	$620	$1440	$2140	$2740	JD	2	99G	3F-1R	14	3035	No
LA.	......	$590	$1380	$2040	$2610		2	66G	3F-1R	14.3	2180	No
1944												
A.	......	$740	$1730	$2560	$3300	JD	2	321G	6F-1R	35.3	5100	No
AN	......	$800	$1850	$2740	$3540	JD	2	321G	6F-1R	35.3	5100	No
AO	......	$780	$1810	$2670	$3450	JD	2	321D	4F-1R	35.3	4800	No
AR	......	$790	$1830	$2710	$3490	JD	2	321D	4F-1R	35.3	4800	No
B.	......	$720	$1680	$2480	$3200	JD	2	175G	6F-1R	20	4130	No
BO	......	$800	$1860	$2750	$3550	JD	2	175G	4F-1R	20	4030	No
BR	......	$820	$1910	$2830	$3650	JD	2	175G	4F-1R	20	4030	No
D.	......	$690	$1610	$2380	$3070	JD	2	501D	2F-1R	38	8125	No
G	......	$880	$2040	$3020	$3900	JD	2	413G	6F-1R	36	5800	No
H.	......	$610	$1410	$2090	$2700	JD	2	99G	3F-1R	14	3035	No
L.	......	$570	$1330	$1970	$2540	JD	2	66G	3F-1R	10.4	2180	No
1943												
A.	......	$730	$1700	$2520	$3260	JD	2	321G	6F-1R	35.3	5100	No
AN	......	$790	$1830	$2700	$3500	JD	2	321G	6F-1R	35.3	5100	No
AO	......	$760	$1780	$2630	$3410	JD	2	321D	4F-1R	35.3	4800	No
AR	......	$770	$1800	$2660	$3460	JD	2	321D	4F-1R	35.3	4800	No
B.	......	$710	$1640	$2430	$3150	JD	2	175G	6F-1R	20	4130	No
BO	......	$780	$1820	$2700	$3500	JD	2	175G	6F-1R	20	4030	No
BR	......	$810	$1890	$2790	$3620	JD	2	175G	6F-1R	20	4030	No
D.	......	$680	$1580	$2340	$3030	JD	2	501D	2F-1R	38	8125	No
G	......	$870	$2010	$2980	$3860	JD	2	413G	6F-1R	36	5800	No
H.	......	$590	$1380	$2040	$2640	JD	2	99G	3F-1R	14	3035	Cab
L.	......	$560	$1300	$1920	$2500	JD	2	66G	3F-1R	10.4	2180	No

John Deere (Cont.)

Model	Approx. Retail Price New	Used Trade-In Avg.	Used Trade-In High	Used Retail Avg.	Used Retail High	Make	Engine No. Cyls.	Displ. Cu.-in.	No. Speeds	P.T.O. H.P.	Approx. Shipping Wt.-Lbs.	Cab
1942												
A	......	$710	$1660	$2460	$3190	JD	2	321G	6F-1R	38.0	5100	No
AN	......	$760	$1770	$2620	$3400	JD	2	321G	6F-1R	38.0	5100	No
AO	......	$780	$1820	$2690	$3490	JD	2	321D	4F-1R	38.0	4800	No
AR	......	$710	$1650	$2440	$3170	JD	2	321D	4F-1R	38.0	4800	No
B	......	$700	$1620	$2390	$3110	JD	2	175G	6F-1R	20	4130	No
BO	......	$770	$1800	$2660	$3450	JD	2	175G	4F-1R	20	4030	No
BR	......	$800	$1860	$2750	$3570	JD	2	175G	4F-1R	20	4030	No
D	......	$670	$1560	$2310	$2990	JD	2	501D	2F-1R	38	8125	No
G	......	$840	$1950	$2880	$3730	JD	2	413G	4F-1R	36	5800	No
H	......	$580	$1340	$1980	$2570	JD	2	99G	3F-1R	14	3035	No
L	......	$550	$1280	$1890	$2450	JD	2	66G	3F-1R	10.4	2180	No
1941												
A	......	$710	$1650	$2440	$3170	JD	2	321G	6F-1R	38.0	5100	No
AO	......	$760	$1760	$2600	$3370	JD	2	321D	4F-1R	38.0	4800	No
AR	......	$780	$1820	$2690	$3490	JD	2	321D	4F-1R	38.0	4800	No
B	......	$680	$1590	$2350	$3050	JD	2	175G	6F-1R	20	4130	No
BO	......	$760	$1770	$2620	$3400	JD	2	175G	4F-1R	20	4030	No
BR	......	$790	$1830	$2710	$3510	JD	2	175G	4F-1R	20	4030	No
D	......	$660	$1530	$2270	$2940	JD	2	501D	2F-1R	38	8125	No
G	......	$820	$1920	$2830	$3680	JD	2	413G	4F-1R	36	5800	No
H	......	$560	$1300	$1920	$2500	JD	2	99G	3F-1R	14	3035	No
L	......	$540	$1250	$1850	$2400	JD	2	66G	3F-1R	10.4	2180	No
1940												
A	......	$700	$1630	$2420	$3130	JD	2	309G	4F-1R	24.7	5100	No
AO	......	$750	$1740	$2570	$3340	JD	2	309D	4F-1R	24.7	4800	No
AR	......	$760	$1780	$2630	$3410	JD	2	309D	4F-1R	24.7	4800	No
B	......	$670	$1570	$2320	$3010	JD	2	175G	4F-1R	20	4130	No
BO	......	$750	$1740	$2570	$3340	JD	2	175G	4F-1R	20	4030	No
BR	......	$780	$1810	$2680	$3470	JD	2	175G	4F-1R	20	4030	No
D	......	$650	$1510	$2230	$2890	JD	2	501D	2F-1R	38	8125	No
G	......	$810	$1880	$2780	$3610	JD	2	413G	4F-1R	36	5800	No
H	......	$550	$1270	$1870	$2430	JD	2	99G	3F-1R	14	3035	No
L	......	$530	$1230	$1820	$2360	JD	2	66G	3F-1R	10.4	2180	No
1939												
A	......	$690	$1600	$2370	$3070	JD	2	309G	4F-1R	24.7	5100	No
AO	......	$740	$1710	$2540	$3290	JD	2	309D	4F-1R	24.7	4800	No
AR	......	$750	$1750	$2590	$3360	JD	2	309D	4F-1R	24.7	4800	No
BO	......	$750	$1740	$2570	$3340	JD	2	175G	4F-1R	20	4030	No
BR	......	$780	$1810	$2680	$3470	JD	2	175G	4F-1R	20	4030	No
D	......	$650	$1510	$2230	$2890	JD	2	501D	2F-1R	38	8125	No
G	......	$810	$1880	$2780	$3610	JD	2	413G	4F-1R	36	5800	No
H	......	$550	$1270	$1870	$2430	JD	2	99G	3F-1R	14	3035	No
L	......	$530	$1230	$1820	$2360	JD	2	66G	3F-1R	10.4	2180	No

Kioti

Model	Approx. Retail Price New	Used Trade-In Avg.	Used Trade-In High	Used Retail Avg.	Used Retail High	Make	Engine No. Cyls.	Displ. Cu.-in.	No. Speeds	P.T.O. H.P.	Approx. Shipping Wt.-Lbs.	Cab
2004												
CK20	$10990	$6810	$7470	$8570	$9230	Daedong	3	56D	8F-2R	16.5	1962	No
CK20HST	$11277	$6990	$7670	$8800	$9470	Daedong	3	56D	Variable	15.5	1993	No
DK35	$16850	$10450	$11460	$13140	$14150	Daedong	3	100D	8F-8R	28.3	3355	No
DK40	$18700	$11590	$12720	$14590	$15710	Daedong	4	122D	8F-8R	33.4	3598	No
DK45	$20365	$12630	$13850	$15890	$17110	Daedong	4	134D	8F-8R	38.0	3792	No
DK50	$21500	$13330	$14620	$16770	$18060	Daedong	4T	122D	8F-8R	41.5	3813	No
DK50 w/Cab	$27400	$16990	$18630	$21370	$23020	Daedong	4T	122D	8F-8R	41.5	4107	C
DK55	$23794	$14750	$16180	$18560	$19990	Daedong	4T	134D	12F-12R	45.2	4795	No
DK55 w/Cab	$29134	$18060	$19810	$22730	$24470	Daedong	4T	134D	12F-12R	45.2	4795	C
DK65	$25990	$16110	$17670	$20270	$21830	Daedong	3T	164D	12F-12R	55.0	6161	No
DK65 w/Cab	$32990	$20450	$22430	$25730	$27710	Daedong	3T	164D	12F-12R	55.0	6482	C
LB1914 4WD	$10300	$6390	$7000	$8030	$8650	Daedong	3	57D	8F-8R	17.5	2132	No
LK2554 4WD	$11920	$7390	$8110	$9300	$10010	Daedong	3	79D	8F-2R	20.0	2648	No
LK3054 4WD	$13360	$8280	$9090	$10420	$11220	Daedong	3	85D	8F-8R	23.5	2974	No
2003												
CK20	$10990	$6050	$6700	$7910	$8680	Daedong	3	56D	8F-2R	16.5	1962	No
CK20HST	$11277	$6200	$6880	$8120	$8910	Daedong	3	56D	Variable	15.5	1993	No
DK35	$16850	$9270	$10280	$12130	$13310	Daedong	3	100D	8F-8R	28.3	3355	No
DK40	$18700	$10290	$11410	$13460	$14770	Daedong	4	122D	8F-8R	33.4	3598	No
DK45	$20365	$11200	$12420	$14660	$16090	Daedong	4	134D	8F-8R	38.0	3792	No
DK50	$21500	$11830	$13120	$15480	$16990	Daedong	4T	122D	8F-8R	41.5	3813	No
DK50 w/Cab	$27400	$15070	$16710	$19730	$21650	Daedong	4T	122D	8F-8R	41.5	4107	C
DK55	$23794	$13090	$14510	$17130	$18800	Daedong	4T	134D	12F-12R	45.2	4795	No
DK55 w/Cab	$29134	$16020	$17770	$20980	$23020	Daedong	4T	134D	12F-12R	45.2	4795	C
DK65	$25990	$14300	$15850	$18710	$20530	Daedong	3T	164D	12F-12R	55.0	6161	No
DK65 w/Cab	$32990	$18150	$20120	$23750	$26060	Daedong	3T	164D	12F-12R	55.0	6482	C
LB1914 4WD	$10300	$5670	$6280	$7420	$8140	Daedong	3	57D	8F-8R	17.5	2132	No
LK2554 4WD	$11920	$6560	$7270	$8580	$9420	Daedong	3	79D	8F-2R	20.0	2648	No
LK3054 4WD	$13360	$7350	$8150	$9620	$10550	Daedong	3	85D	8F-8R	23.5	2974	No

Kioti (Cont.)

Model	Approx. Retail Price New	Used Trade-In Avg.	Used Trade-In High	Used Retail Avg.	Used Retail High	Make	Engine No. Cyls.	Displ. Cu.-in.	No. Speeds	P.T.O. H.P.	Approx. Shipping Wt.-Lbs.	Cab
2002												
DK35	$16000	$7840	$8800	$10880	$12000	Daedong	3	100D	8F-8R	28.3	3355	No
DK40	$17900	$8770	$9850	$12170	$13430	Daedong	4	122D	8F-8R	33.4	3598	No
DK45	$19200	$9410	$10560	$13060	$14400	Daedong	4	134D	8F-8R	38.0	3792	No
DK50	$21500	$10540	$11830	$14620	$16130	Daedong	4T	122D	8F-8R	41.5	3813	No
DK50 w/Cab	$27500	$13480	$15130	$18700	$20630	Daedong	4T	122D	8F-8R	41.5	4107	C
LB1914 4WD	$10500	$5150	$5780	$7140	$7880	Daedong	3	57D	8F-8R	17.5	2132	No
LK2552	$11200	$5490	$6160	$7620	$8400	Daedong	3	79D	8F-2R	20.0	2648	No
LK2554 4WD	$11700	$5730	$6440	$7960	$8780	Daedong	3	79D	8F-2R	20.0	2648	No
LK3052	$12400	$6080	$6820	$8430	$9300	Daedong	3	85D	8F-8R	23.5	2974	No
LK3054 4WD	$13400	$6570	$7370	$9110	$10050	Daedong	3	85D	8F-8R	23.5	2974	No
LK3504 4WD	$14900	$7300	$8200	$10130	$11180	Daedong	3	100D	8F-8R	29.0	3170	No
2001												
DK35	$16000	$7200	$8160	$10400	$11360	Daedong	3	100D	8F-8R	28.3	3355	No
DK40	$17900	$8060	$9130	$11640	$12710	Daedong	4	122D	8F-8R	33.4	3598	No
DK45	$19200	$8640	$9790	$12480	$13630	Daedong	4	134D	8F-8R	38.0	3792	No
DK50	$21500	$9680	$10970	$13980	$15270	Daedong	4T	122D	8F-8R	41.5	3813	No
DK50 w/Cab	$27500	$12380	$14030	$17880	$19530	Daedong	4T	122D	8F-8R	41.5	4107	C
LB1914 4WD	$10500	$4730	$5360	$6830	$7460	Daedong	3	57D	8F-8R	17.5	2132	No
LK2554 4WD	$11700	$5270	$5970	$7610	$8310	Daedong	3	79D	8F-2R	20.0	2648	No
LK3054 4WD	$13400	$6030	$6830	$8710	$9510	Daedong	3	85D	8F-8R	23.5	2974	No
LK3504 4WD	$14900	$6710	$7600	$9690	$10580	Daedong	3	100D	8F-8R	29.0	3170	No
2000												
LB1914 4WD	$10250	$4200	$4820	$6460	$7070	Daedong	3	57D	8F-8R	17.5	2132	No
LK2552 2WD	$11335	$4650	$5330	$7140	$7820	Daedong	3	79D	8F-2R	22.0	2395	No
LK2554 2WD	$11465	$4700	$5390	$7220	$7910	Daedong	3	79D	8F-2R	22.0	2648	No
LK3052 2WD	$12140	$4980	$5710	$7650	$8380	Daedong	3	85D	8F-8R	23.5	2580	No
LK3054 4WD	$13215	$5420	$6210	$8330	$9120	Daedong	3	85D	8F-8R	23.5	2974	No
LK3504 4WD	$14680	$6020	$6900	$9250	$10130	Daedong	3	100D	8F-8R	29.0	3170	No
1999												
LB1914 4WD	$10575	$4020	$4650	$6450	$7090	Daedong	3	57D	8F-8R	17.5	1900	No
LK2552 2WD	$11100	$4220	$4880	$6770	$7440	Daedong	3	79D	8F-2R	22.0	2395	No
LK2554 4WD	$11100	$4220	$4880	$6770	$7440	Daedong	3	79D	8F-2R	22.0	2480	No
LK3052 2WD	$12540	$4770	$5520	$7650	$8400	Daedong	3	85D	8F-8R	24.0	2580	No
LK3054 4WD	$13450	$5110	$5920	$8210	$9010	Daedong	3	85D	8F-8R	24.0	2675	No
LK3504 4WD	$15275	$5810	$6720	$9320	$10230	Daedong	3	100D	8F-8R	29.0	2795	No
1998												
LB1914	$10575	$3810	$4550	$6240	$6870	Daedong	3	57D	8F-8R	16.0	1900	No
LK2554	$11780	$4240	$5070	$6950	$7660	Daedong	3	79D	8F-2R	22.0	2480	No
LK3054	$13450	$4840	$5780	$7940	$8740	Daedong	3	85D	8F-8R	24.0	2580	No
1997												
LB1914	$10145	$3550	$4260	$5880	$6490	Daedong	3	57D	8F-8R	16.0	1900	No
LK2552	$10455	$3660	$4390	$6060	$6690	Daedong	3	79D	8F-2R	22.0	2400	No
LK2554	$11480	$4020	$4820	$6660	$7350	Daedong	3	79D	8F-2R	22.0	2480	No
LK3054	$12990	$4550	$5460	$7530	$8310	Daedong	3	85D	8F-8R	24.0	2580	No
1996												
LB1914	$9955	$3390	$4080	$5670	$6320	Daedong	3	57D	8F-8R	16.0	1900	No
LK2554	$10790	$3670	$4420	$6150	$6850	Daedong	3	79D	8F-2R	22.0	2480	No
LK3054	$12695	$4320	$5210	$7240	$8060	Daedong	3	85D	8F-8R	24.0	2580	No
1995												
LB1914	$9690	$3200	$3880	$5430	$6110	Daedong	3	57D	8F-8R	16.0	1900	No
LK2554	$10694	$3530	$4280	$5990	$6740	Daedong	3	79D	8F-2R	22.0	2480	No
LK3054	$12430	$4100	$4970	$6960	$7830	Daedong	3	85D	8F-8R	24.0	2580	No
1994												
LB1914	$9550	$3060	$3730	$5250	$5920	Daedong	3	57D	8F-8R	19.0	1800	No
LK2554	$10550	$3380	$4120	$5800	$6540	Daedong	3	79D	8F-2R	22.0	2480	No
LK3054	$12000	$3840	$4680	$6600	$7440	Daedong	3	85D	8F-8R	24.0	2580	No
1993												
LB1914	$9450	$2930	$3590	$5100	$5860	Daedong	3	57D	8F-8R	19.0	1800	No
LK2554	$10450	$3240	$3970	$5640	$6480	Daedong	3	79D	8F-2R	22.0	2480	No
LK3054	$11750	$3640	$4470	$6350	$7290	Daedong	3	85D	8F-8R	24.0	2580	No
1992												
LB1914	$9350	$2850	$3460	$5000	$5700	Daedong	3	57D	8F-8R	19.0	1800	No
LB2214	$10350	$3160	$3830	$5540	$6310	Daedong	3	68D	8F-8R	19.0	2286	No
LB2614	$11350	$3460	$4200	$6070	$6920	Daedong	3	80D	8F-8R	22.0	2314	No
1991												
LB1914 4WD	$9250	$2680	$3330	$4900	$5640	Daedong	3	57D	8F-8R	16.0	1800	No
LB2214 4WD	$10250	$2970	$3690	$5430	$6250	Daedong	3	68D	8F-8R	19.0	2286	No
LB2614 4WD	$11250	$3260	$4050	$5960	$6860	Daedong	3	80D	8F-8R	22.0	2314	No
1990												
LB1714 4WD	$7495	$2140	$2620	$3970	$4570	Daedong	3	57D	8F-8R	14.5	1800	No
LB2202	$7695	$2190	$2690	$4080	$4690	Daedong	3	68D	8F-2R	19.0	1940	No
LB2204 4WD	$8995	$2560	$3150	$4770	$5490	Daedong	3	68D	8F-2R	19.0	2160	No

Model	Approx. Retail Price New	Used Trade-In Avg.	Used Trade-In High	Used Retail Avg.	Used Retail High	Make	Engine No. Cyls.	Engine Displ. Cu.-in.	Engine No. Speeds	P.T.O. H.P.	Approx. Shipping Wt.-Lbs.	Cab
Kioti (Cont.)												
1989												
LB1714 4WD	$7250	$2030	$2470	$3840	$4460	Daedong	3	57D	8F-8R	14.5	1800	No
LB2202	$7450	$2090	$2530	$3950	$4580	Daedong	3	68D	8F-2R	19.0	1940	No
LB2204 4WD	$8495	$2380	$2890	$4500	$5220	Daedong	3	68D	8F-2R	19.0	2160	No
1988												
LB1714 4WD	$6925	$1870	$2290	$3710	$4290	Daedong	3	57D	8F-7R	14.0	1900	No
LB2202	$7250	$1960	$2390	$3880	$4500	Daedong	3	68D	8F-2R	19.0	2070	No
LB2204 4WD	$8300	$2240	$2740	$4440	$5150	Daedong	3	68D	8F-2R	19.0	2290	No
Kubota												
2005												
BX1500	$8085	$5820	$6150	$6950	$7280	Kubota	2	36D	Variable	10.5	1213	No
BX23 LB	$17566	$12650	$13350	$15110	$15810	Kubota	3	54D	Variable	16.7	1520	No
BX1830D	$9666	$6960	$7350	$8310	$8700	Kubota	3	44D	Variable	13.7	1467	No
BX2230D	$10180	$7330	$7740	$8760	$9160	Kubota	3	54D	Variable	16.7	1540	No
B21TL	$21250	$15300	$16150	$18280	$19130	Kubota	3	61D	Variable	21.0		No
B21TLB 4WD	$28947	$20840	$22000	$24890	$26050	Kubota	3	61D	Variable	21.0	3811	No
L39TL 4WD	$28885	$20800	$21950	$24840	$26000	Kubota	3	111D	12F-8R	39.0	4605	No
L39TLB 4WD	$38475	$27700	$29240	$33090	$34630	Kubota	3	111D	12F-8R	39.0	5705	No
L48TL 4WD	$32675	$23530	$24830	$28100	$29410	Kubota	4	148D	Variable	48.0	5790	No
L48TLB 4WD	$43450	$31280	$33020	$37370	$39110	Kubota	4	148D	Variable	48.0	7260	No
B2410HSE	$12680	$9130	$9640	$10910	$11410	Kubota	3	68D	Variable	18.0	1170	No
B2410HSD 4WD	$14280	$10280	$10850	$12280	$12850	Kubota	3	68D	Variable	18.0	1170	No
B2410HSDB 4WD	$14680	$10570	$11160	$12630	$13210	Kubota	3	68D	Variable	18.0	1325	No
B2710HSD	$15500	$11160	$11780	$13330	$13950	Kubota	4	81D	Variable	20.0	1620	No
B2910HSD	$16580	$11940	$12600	$14260	$14920	Kubota	4	91D	Variable	22.0	1770	No
B7410HSD	$10600	$7630	$8060	$9120	$9540	Kubota	3	44D	Variable	12.5	1270	No
B7510DT 4WD	$10434	$7510	$7930	$8970	$9390	Kubota	3	61D	Variable	17.0	1350	No
B7510HSD	$12080	$8700	$9180	$10390	$10870	Kubota	3	61D	Variable	16.0	1250	No
B7610HSD	$12148	$8750	$9230	$10450	$10930	Kubota	3	68D	Variable	18.0	1250	No
B7510DTN 4WD	$10950	$7880	$8320	$9420	$9860	Kubota	3	61D	Variable	16.0	1350	No
B7800HSD	$13999	$10080	$10640	$12040	$12600	Kubota	4	91D	Variable	22.0	1741	No
L2800F	$11070	$7970	$8410	$9520	$9960	Kubota	3	85D	8F-4R	24.0	2249	No
L2800DT 4WD	$13110	$9440	$9960	$11280	$11800	Kubota	3	85D	8F-4R	24.0	2492	No
L3130F	$12900	$9290	$9800	$11090	$11610	Kubota	3	91D	8F-8R	25.5	3120	No
L3130DT 4WD	$14720	$10600	$11190	$12660	$13250	Kubota	3	91D	8F-8R	25.5	3220	No
L3130GST 4WD	$15870	$11430	$12060	$13650	$14280	Kubota	3	91D	12F-8R	25.5	3260	No
L3130HST 4WD	$16370	$11790	$12440	$14080	$14730	Kubota	4	91D	Variable	24.0	3305	No
L3400F	$12600	$9070	$9580	$10840	$11340	Kubota	3	101D	8F-4R	29.5	2210	No
L3400DT 4WD	$14130	$10170	$10740	$12150	$12720	Kubota	3	101D	8F-4R	29.0	2110	No
L3430DT 4WD	$15135	$10900	$11500	$13020	$13620	Kubota	3	100D	8F-8R	28.5	2210	No
L3430GST 4WD	$16275	$11720	$12370	$14000	$14650	Kubota	3	100D	12F-8R	28.5	2210	No
L3430HST 4WD	$16825	$12110	$12790	$14470	$15140	Kubota	3	100D	Variable	27.0	3305	No
L3430HSTC 4WD Cab	$21400	$15410	$16260	$18400	$19260	Kubota	3	100D	Variable	27.0	3305	CHA
L3830F	$15020	$10810	$11420	$12920	$13520	Kubota	3	111D	8F-8R	32.0	3220	No
L3830DT 4WD	$16770	$12070	$12750	$14420	$15090	Kubota	3	111D	8F-8R	32.0	3220	No
L3830GST 4WD	$17450	$12560	$13260	$15010	$15710	Kubota	3	111D	12F-8R	32.0	3260	No
L3830HST 4WD	$17990	$12950	$13670	$15470	$16190	Kubota	3	111D	Variable	30.5	3305	No
L4330DT 4WD	$18335	$13200	$13940	$15770	$16500	Kubota	4	134D	8F-8R	36.0	3220	No
L4330GST 4WD	$19175	$13810	$14570	$16490	$17260	Kubota	4	134D	12F-8R	36.0	3220	No
L4330HST 4WD	$19625	$14130	$14920	$16880	$17660	Kubota	4	134D	Variable	34.5	3220	No
L4330HSTC 4WD Cab	$24125	$17370	$18340	$20750	$21710	Kubota	4	134D	Variable	34.5	3220	CHA
L4630DT 4WD	$19380	$13950	$14730	$16670	$17440	Kubota	4	134D	8F-8R	39.5	3220	No
L4630GST 4WD	$20230	$14570	$15380	$17400	$18210	Kubota	4	134D	12F-8R	39.5	3220	No
L4630GSTC 4WD Cab	$24950	$17960	$18960	$21460	$22460	Kubota	4	134D	12F-8R	39.5	3220	CHA
L4630HST 4WD	$20570	$14810	$15630	$17690	$18510	Kubota	4	134D	Variable	38.0	3220	No
M4800SUF	$17400	$12530	$13220	$14960	$15660	Kubota	4	43D	8F-8R	43.0	2610	No
L5030GST 4WD	$21650	$15590	$16450	$18620	$19490	Kubota	4	148D	12F-8R	44.0	3220	No
L5030HST 4WD	$22150	$15950	$16830	$19050	$19940	Kubota	4	148D	Variable	42.5	3220	No
L5030HSTC 4WD Cab	$26650	$19190	$20250	$22920	$23990	Kubota	4	148D	Variable	42.5	3220	CHA
M4900SU	$18390	$12870	$13610	$15450	$16180	Kubota	5	167D	8F-8R	45.0	3749	No
M4900SUD 4WD	$22990	$16090	$17010	$19310	$20230	Kubota	5	167D	8F-4R	45.0	3968	No
M4900SF	$19490	$13640	$14420	$16370	$17150	Kubota	5	167D	8F-8R	45.00	3748	No
M4900SDF 4WD	$24090	$16860	$17830	$20240	$21200	Kubota	5	167D	8F-8R	45.00	3968	No
M4900SC Cab	$26990	$18890	$19970	$22670	$23750	Kubota	5	167D	8F-8R	45.00	4277	CHA
M4900SCSF 4WD Cab	$19890	$13920	$14720	$16710	$17500	Kubota	5	167D	8F-8R	45.00	3750	CHA
M4900SDC 4WD Cab	$31790	$22250	$23530	$26700	$27980	Kubota	5	167D	8F-8R	45.00	4500	CHA
MX5000F	$17400	$12180	$12880	$14620	$15310	Kubota	4	148D	8F-4R	44.0	3285	No
MX5000DT 4WD	$21400	$14980	$15840	$17980	$18830	Kubota	4	148D	8F-4R	44.0	3580	No
M5700SF	$21490	$15040	$15900	$18050	$18910	Kubota	5	167D	8F-8R	52.00	3859	No
M5700HD-F 4WD	$27650	$19360	$20460	$23230	$24330	Kubota	5	167D	8F-8R	52.00	4078	No
M5700SDF 4WD	$26290	$18400	$19460	$22080	$23140	Kubota	5	167D	8F-8R	52.00	4078	No
M5700SC Cab	$28990	$20290	$21450	$24350	$25510	Kubota	5	167D	8F-8R	52.00	4453	CHA
M5700SDC 4WD Cab	$33890	$23720	$25080	$28470	$29820	Kubota	5	167D	8F-8R	52.00	4608	CHA
M5700SDN 4WD	$27150	$19010	$20090	$22810	$23890	Kubota	5	167D	8F-8R	52.00	3792	No
M6800SF	$23200	$16240	$17170	$19490	$20420	Kubota	4	202D	8F-8R	62.0	4475	No
M6800HD-F 4WD	$28960	$20270	$21430	$24330	$25490	Kubota	4	202D	8F-8R	62.0	4610	No
M6800SDF 4WD	$27500	$19250	$20350	$23100	$24200	Kubota	4	202D	8F-8R	62.0	4610	No
M6800SC Cab	$30700	$21490	$22720	$25790	$27020	Kubota	4	202D	8F-8R	62.0	5004	CHA
M6800SDC 4WD Cab	$35100	$24570	$25970	$29480	$30890	Kubota	4	202D	8F-8R	62.0	5137	CHA
M8200SF	$26300	$18410	$19460	$22090	$23140	Kubota	4T	202D	8F-8R	73.0	5010	No
M8200DT-F 4WD	$30300	$21210	$22420	$25450	$26660	Kubota	4T	202D	8F-8R	73.0	5450	No

Kubota (Cont.)

Model	Approx. Retail Price New	Estimated Value Less Repairs — Used Trade-In Avg.	Used Trade-In High	Used Retail Avg.	Used Retail High	Make	Engine No. Cyls.	Displ. Cu.-in.	No. Speeds	P.T.O. H.P.	Approx. Shipping Wt.-Lbs.	Cab
2005 (Cont.)												
M8200C Cab	$33800	$23660	$25010	**$28390**	**$29740**	Kubota	4T	202D	8F-8R	73.0	5600	CHA
M8200CCS Cab	$35100	$24570	$25970	**$29480**	**$30890**	Kubota	4T	202D	8F-8R	73.0	5600	CHA
M8200DTC 4WD Cab	$37900	$26530	$28050	**$31840**	**$33350**	Kubota	4T	202D	8F-8R	73.0	6040	CHA
M8200SDNB-F	$31350	$21950	$23200	**$26330**	**$27590**	Kubota	4T	202D	8F-8R	73.0	4080	No
M8200SDNBC Cab	$39350	$27550	$29120	**$33050**	**$34630**	Kubota	4T	202D	8F-8R	73.0	4740	CHA
M9000F	$28000	$19600	$20720	**$23520**	**$24640**	Kubota	4TI	202D	8F-8R	80.0	5100	No
M9000DTF 4WD	$32200	$22540	$23830	**$27050**	**$28340**	Kubota	4TI	202D	8F-8R	80.0	5685	No
M9000C Cab	$35600	$24920	$26340	**$29900**	**$31330**	Kubota	4TI	202D	8F-8R	80.0	5890	CHA
M9000DTC 4WD Cab	$39800	$27860	$29450	**$33430**	**$35020**	Kubota	4TI	202D	8F-8R	80.0	6175	CHA
M9000DTCCS 4WD	$41500	$29050	$30710	**$34860**	**$36520**	Kubota	4TI	202D	8F-8R	80.0	6250	CHA
M9000DTL-F	$31600	$22120	$23380	**$26540**	**$27810**	Kubota	4TI	202D	8F-8R	80.0	5200	No
M9000DTM	$38990	$27290	$28850	**$32750**	**$34310**	Kubota	4TI	202D	8F-8R	80.0	7140	No
M9000DTMC Cab	$46590	$32610	$34480	**$39140**	**$41000**	Kubota	4TI	202D	8F-8R	80.0	7740	CHA
M105DTC 4WD Cab	$55350	$38750	$40960	**$46490**	**$48710**	Kubota	4T	230D	16F-16R	90.0	8907	CHA
M125DTC 4WD Cab	$61500	$43050	$45510	**$51660**	**$54120**	Kubota	5T	356D	16F-16R	103.0	9680	CHA
2004												
BX1500	$8085	$5010	$5500	**$6310**	**$6790**	Kubota	2	36D	Variable	10.5	1213	No
BX23 LB	$17566	$10890	$11950	**$13700**	**$14760**	Kubota	3	54D	Variable	16.7		No
BX1830D	$9666	$5990	$6570	**$7540**	**$8120**	Kubota	3	44D	Variable	13.7	1467	No
BX2230D	$10180	$6310	$6920	**$7940**	**$8550**	Kubota	3	54D	Variable	16.7	1540	No
B21TL	$21250	$13180	$14450	**$16580**	**$17850**	Kubota	3	61D	Variable	21.0		No
B21TLB 4WD	$28947	$17950	$19680	**$22580**	**$24320**	Kubota	3	61D	Variable	21.0	3811	No
L35TL 4WD	$27585	$17100	$18760	**$21520**	**$23170**	Kubota	3	100D	8F-4R	35.0	4605	No
L35TLB 4WD	$37269	$23110	$25340	**$29070**	**$31310**	Kubota	3	100D	8F-4R	35.0	5705	No
L48TL 4WD	$32675	$20260	$22220	**$25490**	**$27450**	Kubota	4	148D	Variable	48.0	5790	No
L48TLB 4WD	$43450	$26940	$29550	**$33890**	**$36500**	Kubota	4	148D	Variable	48.0	7260	No
B2410HSE	$12680	$7860	$8620	**$9890**	**$10650**	Kubota	3	68D	Variable	18.0	1170	No
B2410HSD 4WD	$14280	$8850	$9710	**$11140**	**$12000**	Kubota	3	68D	Variable	18.0	1170	No
B2410HSDB 4WD	$14680	$9100	$9980	**$11450**	**$12330**	Kubota	3	68D	Variable	18.0	1325	No
B2710HSD	$15500	$9610	$10540	**$12090**	**$13020**	Kubota	4	81D	Variable	20.0	1620	No
B2910HSD	$16580	$10280	$11270	**$12930**	**$13930**	Kubota	4	91D	Variable	22.0	1770	No
B7410HSD	$10600	$6570	$7210	**$8270**	**$8900**	Kubota	3	44D	Variable	12.5	1270	No
B7510DT 4WD	$10434	$6470	$7100	**$8140**	**$8770**	Kubota	3	61D	Variable	17.0	1350	No
B7510HSD	$12080	$7490	$8210	**$9420**	**$10150**	Kubota	3	61D	Variable	16.0	1250	No
B7510DTN 4WD	$10950	$6790	$7450	**$8540**	**$9200**	Kubota	3	61D	Variable	16.0	1350	No
B7800	$13999	$8680	$9520	**$10920**	**$11760**	Kubota	4	91D	Variable	22.0	1741	No
L2800F	$11070	$6860	$7530	**$8640**	**$9300**	Kubota	3	85D	8F-4R	24.0	2249	No
L2800DT 4WD	$13110	$8130	$8920	**$10230**	**$11010**	Kubota	3	85D	8F-4R	24.0	2492	No
L3130F	$12900	$8000	$8770	**$10060**	**$10840**	Kubota	3	91D	8F-8R	25.5	3120	No
L3130DT 4WD	$14720	$9130	$10010	**$11480**	**$12370**	Kubota	3	91D	8F-8R	25.5	3220	No
L3130GST 4WD	$15870	$9840	$10790	**$12380**	**$13330**	Kubota	3	91D	12F-8R	25.5	3260	No
L3130HST 4WD	$16370	$10150	$11130	**$12770**	**$13750**	Kubota	4	91D	Variable	24.0	3305	No
L3400F	$12600	$7810	$8570	**$9830**	**$10580**	Kubota	3	101D	8F-4R	29.5	2210	No
L3400DT 4WD	$14130	$8760	$9610	**$11020**	**$11870**	Kubota	3	101D	8F-4R	29.0	2110	No
L3430DT 4WD	$15135	$9380	$10290	**$11810**	**$12710**	Kubota	3	100D	8F-8R	28.5	2210	No
L3430GST 4WD	$16275	$10090	$11070	**$12700**	**$13670**	Kubota	3	100D	12F-8R	28.5	2210	No
L3430HST 4WD	$16825	$10430	$11440	**$13120**	**$14130**	Kubota	3	100D	Variable	27.0	3305	No
L3430HSTC 4WD	$21400	$13270	$14550	**$16690**	**$17980**	Kubota	3	100D	Variable	27.0	3305	CHA
L3830F	$15020	$9310	$10210	**$11720**	**$12620**	Kubota	3	111D	8F-8R	32.0	3220	No
L3830DT 4WD	$16770	$10400	$11400	**$13080**	**$14090**	Kubota	3	111D	8F-8R	32.0	3220	No
L3830GST 4WD	$17450	$10820	$11870	**$13610**	**$14660**	Kubota	3	111D	12F-8R	32.0	3260	No
L3830HST 4WD	$17990	$11150	$12230	**$14030**	**$15110**	Kubota	3	111D	Variable	30.5	3305	No
L4300F	$15490	$9600	$10530	**$12080**	**$13010**	Kubota	4	134D	8F-2R	37.5	2844	No
L4300DT 4WD	$18000	$11160	$12240	**$14040**	**$15120**	Kubota	4	134D	8F-2R	37.5	2976	No
L4330DT 4WD	$18335	$11370	$12470	**$14300**	**$15400**	Kubota	4	134D	8F-8R	36.0	3220	No
L4330GST 4WD	$19175	$11890	$13040	**$14960**	**$16110**	Kubota	4	134D	12F-8R	36.0	3220	No
L4330HST 4WD	$19625	$12170	$13350	**$15310**	**$16490**	Kubota	4	134D	Variable	34.5	3220	No
L4330HSTC 4WD	$24125	$14960	$16410	**$18820**	**$20270**	Kubota	4	134D	Variable	34.5	3220	CHA
L4630DT 4WD	$19380	$12020	$13180	**$15120**	**$16280**	Kubota	4	134D	8F-8R	39.5	3220	No
L4630GST 4WD	$20230	$12540	$13760	**$15780**	**$16990**	Kubota	4	134D	12F-8R	39.5	3220	No
L4630GSTC 4WD	$24950	$15470	$16970	**$19460**	**$20960**	Kubota	4	134D	12F-8R	39.5	3220	CHA
L4630HST 4WD	$20570	$12750	$13990	**$16050**	**$17280**	Kubota	4	134D	Variable	38.0	3220	No
M4800SUD	$17400	$10790	$11830	**$13570**	**$14620**	Kubota	4	43D	8F-8R	43.0	2610	No
L5030GST 4WD	$21650	$13420	$14720	**$16890**	**$18190**	Kubota	4	148D	12F-8R	44.0	3220	No
L5030HST 4WD	$22150	$13730	$15060	**$17280**	**$18610**	Kubota	4	148D	Variable	42.5	3220	No
L5030HSTC 4WD	$26650	$16520	$18120	**$20790**	**$22390**	Kubota	4	148D	Variable	42.5	3220	CHA
M4900SU	$18390	$11400	$12140	**$14160**	**$15080**	Kubota	5	167D	8F-8R	45.0	3749	No
M4900SUD 4WD	$22990	$14250	$15170	**$17700**	**$18850**	Kubota	5	167D	8F-4R	45.0	3968	No
M4900SF	$19490	$12080	$12860	**$15010**	**$15980**	Kubota	5	167D	8F-8R	45.00	3748	No
M4900SDF 4WD	$24090	$14940	$15900	**$18550**	**$19750**	Kubota	5	167D	8F-8R	45.00	3968	No
M4900SC	$26990	$16730	$17810	**$20780**	**$22130**	Kubota	5	167D	8F-8R	45.00	4277	CHA
M4900SCSF 4WD	$19890	$12330	$13130	**$15320**	**$16310**	Kubota	5	167D	8F-8R	45.00	3750	CHA
M4900SDC 4WD	$31790	$19710	$20980	**$24480**	**$26070**	Kubota	5	167D	8F-8R	45.00	4500	CHA
MX5000F	$17400	$10790	$11480	**$13400**	**$14270**	Kubota	4	148D	8F-4R	44.0	3285	No
MX5000DT 4WD	$21400	$13270	$14120	**$16480**	**$17550**	Kubota	4	148D	8F-4R	44.0	3580	No
M5700SF	$21490	$13320	$14180	**$16550**	**$17620**	Kubota	5	167D	8F-8R	52.00	3859	No
M5700HD-F 4WD	$27650	$17140	$18250	**$21290**	**$22670**	Kubota	5	167D	8F-8R	52.00	4078	No
M5700SDF 4WD	$26290	$16300	$17350	**$21560**	**$21560**	Kubota	5	167D	8F-8R	52.00	4078	No
M5700SC	$28990	$17970	$19130	**$22320**	**$23770**	Kubota	5	167D	8F-8R	52.00	4453	CHA
M5700SDC 4WD	$33890	$21010	$22370	**$26100**	**$27790**	Kubota	5	167D	8F-8R	52.00	4608	CHA
M5700SDN 4WD	$27150	$16830	$17920	**$20910**	**$22260**	Kubota	5	167D	8F-8R	52.00	3792	No
M6800SF	$23200	$14380	$15310	**$17860**	**$19020**	Kubota	4	202D	8F-8R	62.0	4475	No
M6800HD-F 4WD	$28960	$17960	$19110	**$22300**	**$23750**	Kubota	4	202D	8F-8R	62.0	4610	No

Kubota (Cont.)

Model	Approx. Retail Price New	Used Trade-In Avg.	Used Trade-In High	Used Retail Avg.	Used Retail High	Make	No. Cyls.	Displ. Cu.-in.	No. Speeds	P.T.O. H.P.	Approx. Shipping Wt.-Lbs.	Cab
2004 (Cont.)												
M6800SDF 4WD	$27500	$17050	$18150	$21180	$22550	Kubota	4	202D	8F-8R	62.0	4610	No
M6800SC	$30700	$19030	$20260	$23640	$25170	Kubota	4	202D	8F-8R	62.0	5004	CHA
M6800SDC 4WD	$35100	$21760	$23170	$27030	$28780	Kubota	4	202D	8F-8R	62.0	5137	CHA
M8200SF	$26300	$16310	$17360	$20250	$21570	Kubota	4T	202D	8F-8R	73.0	5010	No
M8200DT-F 4WD	$30300	$18790	$20000	$23330	$24850	Kubota	4T	202D	8F-8R	73.0	5450	No
M8200C	$33800	$20960	$22310	$26030	$27720	Kubota	4T	202D	8F-8R	73.0	5600	CHA
M8200CCS	$35100	$21760	$23170	$27030	$28780	Kubota	4T	202D	8F-8R	73.0	5650	CHA
M8200DTC 4WD	$37900	$23500	$25010	$29180	$31080	Kubota	4T	202D	8F-8R	73.0	6040	CHA
M8200SDNB-F	$31350	$19440	$20690	$24140	$25710	Kubota	4T	202D	8F-8R	73.0	4080	No
M8200SDNBC	$39350	$24400	$25970	$30300	$32270	Kubota	4T	202D	8F-8R	73.0	4740	CHA
M9000F	$28000	$17360	$18480	$21560	$22960	Kubota	4TI	202D	8F-8R	80.0	5100	No
M9000DTF 4WD	$32200	$19960	$21250	$24790	$26400	Kubota	4TI	202D	8F-8R	80.0	5685	No
M9000C	$35600	$22070	$23500	$27410	$29190	Kubota	4TI	202D	8F-8R	80.0	5890	CHA
M9000DTC 4WD	$39800	$24680	$26270	$30650	$32640	Kubota	4TI	202D	8F-8R	80.0	6175	CHA
M9000DTCCS 4WD	$41500	$25730	$27390	$31960	$34030	Kubota	4TI	202D	8F-8R	80.0	6250	CHA
M9000DTL-F	$31600	$19590	$20860	$24330	$25910	Kubota	4TI	202D	8F-8R	80.0	5200	No
M9000DTM	$38990	$24170	$25730	$30020	$31970	Kubota	4TI	202D	8F-8R	80.0	7140	No
M9000DTMC	$46590	$28890	$30750	$35870	$38200	Kubota	4TI	202D	8F-8R	80.0	7740	CHA
M110FC	$48000	$29760	$31680	$36960	$39360	Kubota	5T	356D	16F-16R	88.0	8598	CHA
M110DTC 4WD	$54700	$33910	$36100	$42120	$44850	Kubota	5T	356D	16F-16R	88.0	9259	CHA
M120FC	$53000	$32860	$34980	$40810	$43460	Kubota	5T	356D	16F-16R	98.0	9039	CHA
M120DTC 4WD	$60300	$37390	$39800	$46430	$49450	Kubota	5T	356D	16F-16R	98.0	9700	CHA
2003												
BX1500	$8085	$4450	$4930	$5820	$6390	Kubota	2	36D	Variable	10.5	1213	No
BX22 LB	$17055	$9380	$10400	$12280	$13470	Kubota	3	54D	Variable	16.7	1520	No
BX1800D	$9385	$5160	$5730	$6760	$7410	Kubota	3	44D	Variable	13.7	1467	No
BX2200D	$9885	$5440	$6030	$7120	$7810	Kubota	3	54D	Variable	16.7	1540	No
B21TL	$21250	$11690	$12960	$15300	$16790	Kubota	3	61D	Variable	21.0		No
B21TLB 4WD	$28947	$15920	$17660	$20840	$22870	Kubota	3	61D	Variable	21.0	3811	No
L35TL 4WD	$27585	$15170	$16830	$19860	$21790	Kubota	3	100D	8F-4R	35.0	4605	No
L35TLB 4WD	$37269	$20500	$22730	$26830	$29440	Kubota	3	100D	8F-4R	35.0	5705	No
L48TL 4WD	$32675	$17970	$19930	$23530	$25810	Kubota	4	148D	Variable	48.0	5790	No
L48TLB 4WD	$43450	$23900	$26510	$31280	$34330	Kubota	4	148D	Variable	48.0	7260	No
B2410HSE	$12680	$6970	$7740	$9130	$10020	Kubota	3	68D	Variable	18.0	1170	No
B2410HSD 4WD	$14280	$7850	$8710	$10280	$11280	Kubota	3	68D	Variable	18.0	1170	No
B2410HSDB 4WD	$14680	$8070	$8960	$10570	$11600	Kubota	3	68D	Variable	18.0	1325	No
B2710HSD	$15500	$8530	$9460	$11160	$12250	Kubota	4	81D	Variable	20.0	1620	No
B2910HSD	$16580	$9120	$10110	$11940	$13100	Kubota	4	91D	Variable	22.0	1770	No
B7400HSD	$10300	$5670	$6280	$7420	$8140	Kubota	3	44D	Variable	12.5	1270	No
B7500DT 4WD	$10130	$5570	$6180	$7290	$8000	Kubota	3	61D	Variable	17.0	1350	No
B7500HSD	$11730	$6450	$7160	$8450	$9270	Kubota	3	61D	Variable	16.0	1250	No
B7500DTN 4WD	$10630	$5850	$6480	$7650	$8400	Kubota	3	61D	Variable	16.0	1350	No
B7800	$13999	$7700	$8540	$10080	$11060	Kubota	4	91D	Variable	22.0	1741	No
L2600F	$11070	$6090	$6750	$7970	$8750	Kubota	3	85D	8F-2R	22.5	1975	No
L2600DT 4WD	$13110	$7210	$8000	$9440	$10360	Kubota	3	85D	8F-2R	22.5	2210	No
L3000F	$12600	$6930	$7690	$9070	$9950	Kubota	3	91D	8F-2R	27.5	2210	No
L3000DT 4WD	$14130	$7770	$8620	$10170	$11160	Kubota	3	91D	8F-2R	27.5	2210	No
L3130F	$12900	$7100	$7870	$9290	$10190	Kubota	4	91D	8F-8R	25.5	2610	No
L3130DT 4WD	$14720	$8100	$8980	$10600	$11630	Kubota	4	91D	8F-8R	25.5	2890	No
L3130GST 4WD	$15870	$8730	$9680	$11430	$12540	Kubota	4	91D	12F-8R	25.5	2910	No
L3130HST 4WD	$16370	$9000	$9990	$11790	$12930	Kubota	4	91D	Variable	24.0	2960	No
L3430DT 4WD	$15135	$8320	$9230	$10900	$11960	Kubota	3	100D	8F-8R	28.5	2210	No
L3430GST 4WD	$16275	$8950	$9930	$11720	$12860	Kubota	3	100D	12F-8R	28.5	2210	No
L3430HST 4WD	$16825	$9250	$10260	$12110	$13290	Kubota	3	100D	Variable	27.0	3305	No
L3430HSTC 4WD	$21400	$11770	$13050	$15410	$16910	Kubota	3	100D	Variable	27.0	3305	CHA
L3830F	$15020	$8260	$9160	$10810	$11870	Kubota	3	111D	8F-8R	32.0	3220	No
L3830DT 4WD	$16770	$9220	$10230	$12070	$13250	Kubota	3	111D	8F-8R	32.0	3220	No
L3830GST 4WD	$17450	$9600	$10650	$12560	$13790	Kubota	3	111D	12F-8R	32.0	3260	No
L3830HST 4WD	$17990	$9900	$10970	$12950	$14210	Kubota	3	111D	Variable	30.5	3305	No
L4300F	$15490	$8520	$9450	$11150	$12240	Kubota	4	134D	8F-2R	37.5	2853	No
L4300DT 4WD	$18000	$9900	$10980	$12960	$14220	Kubota	4	134D	8F-2R	37.5	2930	No
L4330DT 4WD	$18335	$10080	$11180	$13200	$14490	Kubota	4	134D	8F-8R	36.0	3220	No
L4330GST 4WD	$19175	$10550	$11700	$13810	$15150	Kubota	4	134D	12F-8R	36.0	3220	No
L4330HST 4WD	$19625	$10790	$11970	$14130	$15500	Kubota	4	134D	Variable	34.5	3220	No
L4330HSTC 4WD	$24125	$13270	$14720	$17370	$19060	Kubota	4	134D	Variable	34.5	3220	CHA
L4630DT 4WD	$19380	$10660	$11820	$13950	$15310	Kubota	4	134D	8F-8R	39.5	3220	No
L4630GST 4WD	$20230	$11130	$12340	$14570	$15980	Kubota	4	134D	12F-8R	39.5	3220	No
L4630GSTC 4WD	$24950	$13720	$15220	$17960	$19710	Kubota	4	134D	12F-8R	39.5	3220	CHA
L4630HST 4WD	$20570	$11310	$12550	$14810	$16250	Kubota	4	134D	Variable	38.0	3220	No
M4800SUD	$17400	$9570	$10610	$12530	$13750	Kubota	4	43D	8F-8R	43.0	2610	No
L5030GST 4WD	$21650	$11910	$13210	$15590	$17100	Kubota	4	148D	12F-8R	44.0	3220	No
L5030HST 4WD	$22150	$12180	$13510	$15950	$17500	Kubota	4	148D	Variable	42.5	3220	No
L5030HSTC 4WD	$26650	$14660	$16260	$19190	$21050	Kubota	4	148D	Variable	42.5	3220	CHA
M4900SU	$18390	$9750	$11030	$13240	$14160	Kubota	5	167D	8F-8R	45.0	3749	No
M4900SUD 4WD	$22990	$12190	$13790	$16550	$17700	Kubota	5	167D	8F-4R	45.0	3968	No
M4900SF	$19490	$10330	$11690	$14030	$15010	Kubota	5	167D	8F-8R	45.00	3748	No
M4900SDF 4WD	$24090	$12770	$14450	$17350	$18550	Kubota	5	167D	8F-8R	45.00	3968	No
M4900SC	$26990	$14310	$16190	$19430	$20780	Kubota	5	167D	8F-8R	45.00	4277	CHA
M4900SCSF 4WD	$19890	$10540	$11930	$14320	$15320	Kubota	5	167D	8F-8R	45.00	3750	CHA
M4900SDC 4WD	$31790	$16850	$19070	$22890	$24480	Kubota	5	167D	8F-8R	45.00	4500	CHA
MX5000F	$17400	$9220	$10440	$12530	$13400	Kubota	4	148D	8F-4R	44.0	3285	No
MX5000DT 4WD	$21400	$11340	$12840	$15410	$16480	Kubota	4	148D	8F-4R	44.0	3580	No
M5700SF	$21490	$11390	$12890	$15470	$16550	Kubota	5	167D	8F-8R	52.00	3859	No

Kubota (Cont.)

Model	Approx. Retail Price New	Used Trade-In Avg.	Used Trade-In High	Used Retail Avg.	Used Retail High	Make	Engine No. Cyls.	Displ. Cu.-in.	No. Speeds	P.T.O. H.P.	Approx. Shipping Wt.-Lbs.	Cab
2003 (Cont.)												
M5700HD-F 4WD	$27650	$14660	$16590	$19910	$21290	Kubota	5	167D	8F-8R	52.00	4078	No
M5700SDF 4WD	$26290	$13930	$15770	$18930	$20240	Kubota	5	167D	8F-8R	52.00	4078	No
M5700SC	$28990	$15370	$17390	$20870	$22320	Kubota	5	167D	8F-8R	52.00	4453	CHA
M5700SDC 4WD	$33890	$17960	$20330	$24400	$26100	Kubota	5	167D	8F-8R	52.00	4608	CHA
M5700SDN 4WD	$27150	$14390	$16290	$19550	$20910	Kubota	5	167D	8F-8R	52.00	3792	No
M6800SF	$23200	$12300	$13920	$16700	$17860	Kubota	4	202D	8F-8R	62.0	4475	No
M6800HD-F 4WD	$28960	$15350	$17380	$20850	$22300	Kubota	4	202D	8F-8R	62.0	4610	No
M6800SDF 4WD	$27500	$14580	$16500	$19800	$21180	Kubota	4	202D	8F-8R	62.0	4610	No
M6800SC	$30700	$16270	$18420	$22100	$23640	Kubota	4	202D	8F-8R	62.0	5004	CHA
M6800SDC 4WD	$35100	$18600	$21060	$25270	$27030	Kubota	4	202D	8F-8R	62.0	5137	CHA
M8200SF	$26300	$13940	$15780	$18940	$20250	Kubota	4T	202D	8F-8R	73.0	5010	No
M8200DT-F 4WD	$30300	$16060	$18180	$21820	$23330	Kubota	4T	202D	8F-8R	73.0	5450	No
M8200C	$33800	$17910	$20280	$24340	$26030	Kubota	4T	202D	8F-8R	73.0	5600	CHA
M8200CCS	$35100	$18600	$21060	$25270	$27030	Kubota	4T	202D	8F-8R	73.0	5650	CHA
M8200DTC 4WD	$37900	$20090	$22740	$27290	$29180	Kubota	4T	202D	8F-8R	73.0	6040	CHA
M8200SDNB-F	$31350	$16620	$18810	$22570	$24140	Kubota	4T	202D	8F-8R	73.0	4080	No
M8200SDNBC	$39350	$20860	$23610	$28330	$30300	Kubota	4T	202D	8F-8R	73.0	4740	CHA
M9000F	$28000	$14840	$16800	$20160	$21560	Kubota	4TI	202D	8F-8R	80.0	5100	No
M9000DTF 4WD	$32200	$17070	$19320	$23180	$24790	Kubota	4TI	202D	8F-8R	80.0	5685	No
M9000C	$35600	$18870	$21360	$25630	$27410	Kubota	4TI	202D	8F-8R	80.0	5890	CHA
M9000DTC 4WD	$39800	$21090	$23880	$28660	$30650	Kubota	4TI	202D	8F-8R	80.0	6175	CHA
M9000DTCCS 4WD	$41500	$22000	$24900	$29880	$31960	Kubota	4TI	202D	8F-8R	80.0	6250	CHA
M9000DTL-F	$31600	$16750	$18960	$22750	$24330	Kubota	4TI	202D	8F-8R	80.0	5200	No
M9000DTM	$38990	$20670	$23390	$28070	$30020	Kubota	4TI	202D	8F-8R	80.0	7140	No
M9000DTMC	$46590	$24690	$27950	$33550	$35870	Kubota	4TI	202D	8F-8R	80.0	7740	CHA
M110FC	$48000	$25440	$28800	$34560	$36960	Kubota	5T	356D	16F-16R	88.0	8598	CHA
M110DTC 4WD	$54700	$28990	$32820	$39380	$42120	Kubota	5T	356D	16F-16R	88.0	9259	CHA
M120FC	$53000	$28090	$31800	$38160	$40810	Kubota	5T	356D	16F-16R	98.0	9039	CHA
M120DTC 4WD	$60300	$31960	$36180	$43420	$46430	Kubota	5T	356D	16F-16R	98.0	9700	CHA
2002												
BX22 LB	$17055	$8360	$9380	$11600	$12790	Kubota	3	54D	Variable	16.7		No
BX1800D	$9385	$4600	$5160	$6380	$7040	Kubota	3	44D	Variable	13.7	1467	No
BX2200D	$9885	$4840	$5440	$6720	$7410	Kubota	3	54D	Variable	16.7	1540	No
B21TL	$21250	$10410	$11690	$14450	$15940	Kubota	3	61D	Variable	21.0		No
B21TLB 4WD	$28947	$14180	$15920	$19680	$21710	Kubota	3	61D	Variable	21.0	3811	No
L35TL 4WD	$27585	$13520	$15170	$18760	$20690	Kubota	3	100D	8F-4R	35.0	4605	No
L35TLB 4WD	$37269	$18260	$20500	$25340	$27950	Kubota	3	100D	8F-4R	35.0	5705	No
L48TL 4WD	$32675	$16010	$17970	$22220	$24510	Kubota	4	148D	Variable	48.0	5790	No
L48TLB 4WD	$43450	$21290	$23900	$29550	$32590	Kubota	4	148D	Variable	48.0	7260	No
B2410HSE	$12680	$6210	$6970	$8620	$9510	Kubota	3	68D	Variable	18.0	1170	No
B2410HSD 4WD	$14280	$7000	$7850	$9710	$10710	Kubota	3	68D	Variable	18.0	1170	No
B2410HSDB 4WD	$14680	$7190	$8070	$9980	$11010	Kubota	3	68D	Variable	18.0	1325	No
B2710HSD	$15500	$7600	$8530	$10540	$11630	Kubota	4	81D	Variable	20.0	1620	No
B2910HSD	$16580	$8120	$9120	$11270	$12440	Kubota	4	91D	Variable	22.0	1770	No
B7400HSD	$10300	$5050	$5670	$7000	$7730	Kubota	3	44D	Variable	12.5	1270	No
B7500DT 4WD	$10130	$4960	$5570	$6890	$7600	Kubota	3	61D	Variable	17.0	1350	No
B7500HSD	$11730	$5750	$6450	$7980	$8800	Kubota	3	61D	Variable	16.0	1250	No
B7500DTN 4WD	$10630	$5210	$5850	$7230	$7970	Kubota	3	61D	Variable	16.0	1350	No
L2600F	$11070	$5420	$6090	$7530	$8300	Kubota	3	85D	8F-2R	22.5	1975	No
L2600DT 4WD	$13110	$6420	$7210	$8920	$9830	Kubota	3	85D	8F-2R	22.5	2210	No
L3000F	$12600	$6170	$6930	$8570	$9450	Kubota	3	91D	8F-2R	27.5	2210	No
L3000DT 4WD	$14130	$6920	$7770	$9610	$10600	Kubota	3	91D	8F-2R	27.5	2210	No
L3010F	$14144	$6930	$7780	$9620	$10610	Kubota	3	91D	8F-8R	25.5	2610	No
L3010DT 4WD	$16266	$7970	$8950	$11060	$12200	Kubota	3	91D	8F-8R	25.5	2610	No
L3010GST	$16816	$8240	$9250	$11440	$12610	Kubota	3	91D	8F-8R	25.5	2610	No
L3010HST	$17316	$8490	$9520	$11780	$12990	Kubota	3	91D	Variable	24.0	2610	No
L3410DT 4WD	$17766	$8710	$9770	$12080	$13330	Kubota	3	100D	8F-8R	28.5	2690	No
L3410GST	$18316	$8980	$10070	$12460	$13740	Kubota	3	100D	8F-8R	28.5	2690	No
L3410HST	$18816	$9220	$10350	$12800	$14110	Kubota	3	100D	Variable	26.0	2610	No
L3710DT 4WD	$18900	$9260	$10400	$12850	$14180	Kubota	4	113D	8F-8R	31.5	2890	No
L3710GST	$19450	$9530	$10700	$13230	$14590	Kubota	4	113D	8F-8R	31.5	2910	No
L3710HST	$20150	$9870	$11080	$13700	$15110	Kubota	4	113D	Variable	30.0	2960	No
L3710HSTC	$26550	$13010	$14600	$18050	$19910	Kubota	4	113D	Variable	30.0	2960	CHA
L4300F	$15490	$7590	$8520	$10530	$11620	Kubota	4	134D	8F-2R	37.5	2853	No
L4300DT 4WD	$18000	$8820	$9900	$12240	$13500	Kubota	4	134D	8F-2R	37.5	2930	No
L4310F	$17250	$8450	$9490	$11730	$12940	Kubota	4	134D	8F-8R	37.5	2853	No
L4310DT 4WD	$21600	$10580	$11880	$14690	$16200	Kubota	4	134D	8F-8R	37.5	2930	No
L4310GST	$22750	$11150	$12510	$15470	$17060	Kubota	4	134D	8F-8R	37.5	2853	No
L4310GSTC	$29450	$14430	$16200	$20030	$22090	Kubota	4	134D	8F-8R	37.5	3494	CH
L4310HST	$22650	$11100	$12460	$15400	$16990	Kubota	4	134D	Variable	36.0	2930	No
L4310HSTC	$29050	$14240	$15980	$19750	$21790	Kubota	4	134D	Variable	36.0	3377	CHA
L4610GST	$24090	$11800	$13250	$16380	$18070	Kubota	4	134D	8F-8R	40.5	3190	No
L4610HST	$23990	$11760	$13200	$16310	$17990	Kubota	4	134D	Variable	39.0	3190	No
L4610HSTC	$30490	$14940	$16770	$20730	$22870	Kubota	4	134D	Variable	39.0	3400	CHA
M4900SU	$18390	$8640	$9930	$12510	$13610	Kubota	5	167D	8F-8R	45.0	3749	No
M4900SUD 4WD	$22990	$10810	$12420	$15630	$17010	Kubota	5	167D	8F-4R	45.0	3968	No
M4900SF	$19490	$9160	$10530	$13250	$14420	Kubota	5	167D	8F-8R	45.00	3748	No
M4900SDF 4WD	$24090	$11320	$13010	$16380	$17830	Kubota	5	167D	8F-8R	45.00	3968	No
M4900SC	$26990	$12690	$14580	$18350	$19970	Kubota	5	167D	8F-8R	45.00	4277	CHA
M4900SCSF 4WD	$19890	$9350	$10740	$13530	$14720	Kubota	5	167D	8F-8R	45.00	3750	CHA
M4900SDC 4WD	$31790	$14940	$17170	$21620	$23530	Kubota	5	167D	8F-8R	45.00	4500	CHA
MX5000F	$17400	$8180	$9400	$11830	$12880	Kubota	4	148D	8F-4R	44.0	3285	No
MX5000DT 4WD	$21400	$10060	$11560	$14550	$15840	Kubota	4	148D	8F-4R	44.0	3580	No

Kubota (Cont.)

2002 (Cont.)

Model	Approx. Retail Price New	Used Trade-In Avg.	Used Trade-In High	Used Retail Avg.	Used Retail High	Make	No. Cyls.	Displ. Cu.-in.	No. Speeds	P.T.O. H.P.	Approx. Shipping Wt.-Lbs.	Cab
M5700SF	$21490	$10100	$11610	$14610	$15900	Kubota	5	167D	8F-8R	52.00	3859	No
M5700HD-F 4WD	$27650	$13000	$14930	$18800	$20460	Kubota	5	167D	8F-8R	52.00	4078	No
M5700SDF 4WD	$26290	$12360	$14200	$17880	$19460	Kubota	5	167D	8F-8R	52.00	4078	No
M5700SC	$28990	$13630	$15660	$19710	$21450	Kubota	5	167D	8F-8R	52.00	4453	CHA
M5700SDC 4WD	$33890	$15930	$18300	$23050	$25080	Kubota	5	167D	8F-8R	52.00	4608	CHA
M5700SDN 4WD	$27150	$12760	$14660	$18460	$20090	Kubota	5	167D	8F-8R	52.00	3792	No
M6800SF	$23200	$10900	$12530	$15780	$17170	Kubota	4	202D	8F-8R	62.0	4475	No
M6800HD-F 4WD	$28960	$13610	$15640	$19690	$21430	Kubota	4	202D	8F-8R	62.0	4610	No
M6800SDF 4WD	$27500	$12930	$14850	$18700	$20350	Kubota	4	202D	8F-8R	62.0	4610	No
M6800SC	$30700	$14430	$16580	$20880	$22720	Kubota	4	202D	8F-8R	62.0	5004	CHA
M6800SDC 4WD	$35100	$16500	$18950	$23870	$25970	Kubota	4	202D	8F-8R	62.0	5137	CHA
M8200SF	$26300	$12360	$14200	$17880	$19460	Kubota	4T	202D	8F-8R	73.0	5010	No
M8200DT-F 4WD	$30300	$14240	$16360	$20600	$22420	Kubota	4T	202D	8F-8R	73.0	5450	No
M8200C	$33890	$15890	$18250	$22980	$25010	Kubota	4T	202D	8F-8R	73.0	5600	CHA
M8200CCS	$35100	$16500	$18950	$23870	$25970	Kubota	4T	202D	8F-8R	73.0	5650	CHA
M8200DTC 4WD	$37900	$17810	$20470	$25770	$28050	Kubota	4T	202D	8F-8R	73.0	6040	CHA
M8200SDNB-F	$31350	$14740	$16930	$21320	$23200	Kubota	4T	202D	8F-8R	73.0	4080	No
M8200SDNBC	$39350	$18500	$21250	$26760	$29120	Kubota	4T	202D	8F-8R	73.0	4740	CHA
M9000F	$28000	$13160	$15120	$19040	$20720	Kubota	4TI	202D	8F-8R	80.0	5100	No
M9000DTF 4WD	$32200	$15130	$17390	$21900	$23830	Kubota	4TI	202D	8F-8R	80.0	5685	No
M9000C	$35600	$16730	$19220	$24210	$26340	Kubota	4TI	202D	8F-8R	80.0	5890	CHA
M9000DTC 4WD	$39800	$18710	$21490	$27060	$29450	Kubota	4TI	202D	8F-8R	80.0	6175	CHA
M9000DTCCS 4WD	$41550	$19510	$22410	$28220	$30710	Kubota	4TI	202D	8F-8R	80.0	6250	CHA
M9000DTL-F	$31600	$14850	$17060	$21490	$23380	Kubota	4TI	202D	8F-8R	80.0	5200	No
M9000DTM	$38990	$18330	$21060	$26510	$28850	Kubota	4TI	202D	8F-8R	80.0	7140	No
M9000DTMC	$46590	$21900	$25160	$31680	$34480	Kubota	4TI	202D	8F-8R	80.0	7740	CHA
M110FC	$48000	$22560	$25920	$32640	$35520	Kubota	5T	356D	16F-16R	88.0	8598	CHA
M110DTC 4WD	$54700	$25710	$29540	$37200	$40480	Kubota	5T	356D	16F-16R	88.0	9259	CHA
M120FC	$53000	$24910	$28620	$36040	$39220	Kubota	5T	356D	16F-16R	98.0	9039	CHA
M120DTC 4WD	$60300	$28340	$32560	$41000	$44620	Kubota	5T	356D	16F-16R	98.0	9700	CHA

2001

Model	Approx. Retail Price New	Used Trade-In Avg.	Used Trade-In High	Used Retail Avg.	Used Retail High	Make	No. Cyls.	Displ. Cu.-in.	No. Speeds	P.T.O. H.P.	Approx. Shipping Wt.-Lbs.	Cab
BX1800D	$9385	$4220	$4790	$6100	$6660	Kubota	3	44D	Variable	13.7		No
BX2200D	$9885	$4450	$5040	$6430	$7020	Kubota	3	54D	Variable	16.7		No
B21TL	$21250	$9560	$10840	$13810	$15090	Kubota	3	61D	Variable	21.0		No
B21TLB 4WD	$28947	$13030	$14760	$18820	$20550	Kubota	3	61D	Variable	21.0		No
L35TL 4WD	$27585	$12410	$14070	$17930	$19590	Kubota	3	100D	8F-4R	35.0		No
L35TLB 4WD	$37269	$16770	$19010	$24230	$26460	Kubota	3	100D	8F-4R	35.0		No
L48TL 4WD	$32675	$14700	$16660	$21240	$23200	Kubota	4	148D	Variable	48.0		No
L48TLB 4WD	$43450	$19550	$22160	$28240	$30850	Kubota	4	148D	Variable	48.0		No
B2410HSE	$12680	$5710	$6470	$8240	$9000	Kubota	3	68D	Variable	18.0		No
B2410HSD 4WD	$14280	$6430	$7280	$9280	$10140	Kubota	3	68D	Variable	18.0		No
B2410HSDB 4WD	$14680	$6610	$7490	$9540	$10420	Kubota	3	68D	Variable	18.0		No
B2710HSD	$15500	$6980	$7910	$10080	$11010	Kubota	4	81D	Variable	20.0		No
B2910HSD	$16580	$7460	$8460	$10780	$11770	Kubota	4	91D	Variable	22.0		No
B7400HSD	$10300	$4640	$5250	$6700	$7310	Kubota	3	44D	Variable	12.5		No
B7500DT 4WD	$10130	$4560	$5170	$6590	$7190	Kubota	3	61D	Variable	17.0		No
B7500HSD	$11730	$5280	$5980	$7630	$8330	Kubota	3	61D	Variable	16.0		No
B7500DTN 4WD	$10630	$4780	$5420	$6910	$7550	Kubota	3	61D	Variable	16.0		No
L2600F	$11070	$4980	$5650	$7200	$7860	Kubota	3	85D	8F-2R	22.5		No
L2600DT 4WD	$13110	$5900	$6690	$8520	$9310	Kubota	3	85D	8F-2R	22.5		No
L3000F	$12600	$5670	$6430	$8190	$8950	Kubota	3	91D	8F-2R	27.5		No
L3000DT 4WD	$14130	$6360	$7210	$9190	$10030	Kubota	3	91D	8F-2R	27.5		No
L3010F	$14044	$6320	$7160	$9130	$9970	Kubota	3	91D	8F-8R	25.5		No
L3010DT 4WD	$16166	$7280	$8250	$10510	$11480	Kubota	3	91D	8F-8R	25.5		No
L3010GST	$16716	$7520	$8530	$10870	$11870	Kubota	3	91D	8F-8R	25.5		No
L3010HST	$17216	$7750	$8780	$11190	$12220	Kubota	3	91D	Variable	24.0		No
L3410DT 4WD	$17666	$7950	$9010	$11480	$12540	Kubota	3	100D	8F-8R	28.5		No
L3410GST	$18216	$8200	$9290	$11840	$12930	Kubota	3	100D	8F-8R	28.5		No
L3410HST	$18716	$8420	$9550	$12170	$13290	Kubota	3	100D	Variable	26.0		No
L3710DT 4WD	$18800	$8460	$9590	$12220	$13350	Kubota	4	113D	8F-8R	31.5		No
L3710GST	$19350	$8710	$9870	$12580	$13740	Kubota	4	113D	8F-8R	31.5		No
L3710HST	$20050	$9020	$10230	$13030	$14240	Kubota	4	113D	Variable	30.0		No
L3710HSTC	$26450	$11900	$13490	$17190	$18780	Kubota	4	113D	Variable	30.0		CHA
L4300F	$15490	$6970	$7900	$10070	$11000	Kubota	4	134D	8F-2R	37.5		No
L4300DT 4WD	$18000	$8100	$9180	$11700	$12780	Kubota	4	134D	8F-2R	37.5		No
L4310F	$16500	$7430	$8420	$10730	$11720	Kubota	4	134D	8F-8R	37.5		No
L4310DT 4WD	$21500	$9680	$10970	$13980	$15270	Kubota	4	134D	8F-8R	37.5		No
L4310GST	$22650	$10190	$11550	$14720	$16080	Kubota	4	134D	8F-8R	37.5		No
L4310GSTC	$29350	$13210	$14970	$19080	$20840	Kubota	4	134D	8F-8R	37.5		CH
L4310HST	$22550	$10150	$11500	$14660	$16010	Kubota	4	134D	Variable	36.0		No
L4310HSTC	$28950	$13030	$14770	$18820	$20560	Kubota	4	134D	Variable	36.0		CHA
L4610GST	$23990	$10800	$12240	$15590	$17030	Kubota	4	134D	8F-8R	40.5		No
L4610HST	$23890	$10750	$12180	$15530	$16960	Kubota	4	134D	Variable	39.0		No
L4610HSTC	$30990	$13680	$15500	$19750	$21580	Kubota	4	134D	Variable	39.0		CHA
M4900SU	$18390	$7720	$9010	$11770	$13060	Kubota	5	167D	8F-8R	45.0		No
M4900SUD 4WD	$22990	$9660	$11270	$14710	$16320	Kubota	5	167D	8F-4R	45.0		No
M4900SF	$19490	$8190	$9550	$12470	$13840	Kubota	5	167D	8F-8R	45.00		No
M4900SDF 4WD	$24090	$10120	$11800	$15420	$17100	Kubota	5	167D	8F-8R	45.00		No
M4900SC	$26990	$11340	$13230	$17270	$19160	Kubota	5	167D	8F-8R	45.00		CHA
M4900SCSF 4WD	$19890	$8350	$9750	$12730	$14120	Kubota	5	167D	8F-8R	45.00		CHA
M4900SDC 4WD	$31590	$13270	$15480	$20220	$22430	Kubota	5	167D	8F-8R	45.00		CHA
M5700SF	$21490	$9030	$10530	$13750	$15260	Kubota	5	167D	8F-8R	52.00		No
M5700HD-F 4WD	$27650	$11610	$13550	$17700	$19630	Kubota	5	167D	8F-8R	52.00		No

Kubota (Cont.)

Model	Approx. Retail Price New	Used Trade-In Avg.	Used Trade-In High	Used Retail Avg.	Used Retail High	Make	Engine No. Cyls.	Displ. Cu.-in.	No. Speeds	P.T.O. H.P.	Approx. Shipping Wt.-Lbs.	Cab
2001 (Cont.)												
M5700SDF 4WD	$26190	$11000	$12830	$16760	$18600	Kubota	5	167D	8F-8R	52.00		No
M5700SC	$28990	$12180	$14210	$18550	$20580	Kubota	5	167D	8F-8R	52.00		CHA
M5700SDC 4WD	$33690	$14150	$16510	$21560	$23920	Kubota	5	167D	8F-8R	52.00		CHA
M5700SDN 4WD	$27150	$11400	$13300	$17380	$19280	Kubota	5	167D	8F-8R	52.00		No
M6800SF	$23200	$9740	$11370	$14850	$16470	Kubota	4	202D	8F-8R	62.0		No
M6800HD-F 4WD	$28960	$12160	$14190	$18530	$20560	Kubota	4	202D	8F-8R	62.0		No
M6800SFD 4WD	$27500	$11550	$13480	$17600	$19530	Kubota	4	202D	8F-8R	62.0		No
M6800SC	$30700	$12890	$15040	$19650	$21800	Kubota	4	202D	8F-8R	62.0		CHA
M6800SDC 4WD	$35000	$14700	$17150	$22400	$24850	Kubota	4	202D	8F-8R	62.0		CHA
M8200SF	$26300	$11050	$12890	$16830	$18670	Kubota	4T	202D	8F-8R	73.0		No
M8200DT-F 4WD	$30300	$12730	$14850	$19390	$21510	Kubota	4T	202D	8F-8R	73.0		No
M8200C	$33800	$14200	$16560	$21630	$24000	Kubota	4T	202D	8F-8R	73.0		CHA
M8200CCS	$35000	$14700	$17150	$22400	$24850	Kubota	4T	202D	8F-8R	73.0		CHA
M8200DTC 4WD	$37800	$15880	$18520	$24190	$26840	Kubota	4T	202D	8F-8R	73.0		CHA
M8200SDNB-F	$31350	$13170	$15360	$20060	$22260	Kubota	4T	202D	8F-8R	73.0		No
M8200SDNBC	$39350	$16530	$19280	$25180	$27940	Kubota	4T	202D	8F-8R	73.0		CHA
M9000F	$28000	$11760	$13720	$17920	$19880	Kubota	4TI	202D	8F-8R	80.0		No
M9000DTF 4WD	$32200	$13520	$15780	$20610	$22860	Kubota	4TI	202D	8F-8R	80.0		No
M9000C	$35500	$14910	$17400	$22720	$25210	Kubota	4TI	202D	8F-8R	80.0		CHA
M9000DTC 4WD	$39700	$16670	$19450	$25410	$28190	Kubota	4TI	202D	8F-8R	80.0		CHA
M9000DTCCS 4WD	$41400	$17390	$20290	$26500	$29390	Kubota	4TI	202D	8F-8R	80.0		CHA
M9000DTL-F	$31600	$13270	$15480	$20220	$22440	Kubota	4TI	202D	8F-8R	80.0		No
M9000DTM	$38990	$16380	$19110	$24950	$27680	Kubota	4TI	202D	8F-8R	80.0		No
M9000DTMW	$39990	$16800	$19600	$25590	$28390	Kubota	4TI	202D	8F-8R	80.0		No
M110FC	$48000	$20160	$23520	$30720	$34080	Kubota	5T	356D	16F-16R	88.0		CHA
M110DTC 4WD	$54700	$22970	$26800	$35010	$38840	Kubota	5T	356D	16F-16R	88.0		CHA
M120FC	$53000	$22260	$25970	$33920	$37630	Kubota	5T	356D	16F-16R	98.0		CHA
M120DTC 4WD	$60300	$25330	$29550	$38590	$42810	Kubota	5T	356D	16F-16R	98.0		CHA
2000												
B7300HSD	$10300	$4220	$4840	$6490	$7110	Kubota	3	44D	Variable	12.5	1312	No
B1700DT 4WD	$11690	$4790	$5490	$7370	$8070	Kubota	3	59D	6F-2R	14.00	1265	No
B1700E 2WD	$10490	$4300	$4930	$6610	$7240	Kubota	3	59D	6F-2R	14.00	1265	No
B1700HSD 4WD	$13190	$5410	$6200	$8310	$9100	Kubota	3	59D	Variable	13.00	1265	No
B2100DT 4WD	$12890	$5290	$6060	$8120	$8890	Kubota	3	61D	6F-2R	17.0	1310	No
B2100HSD 4WD	$14490	$5940	$6810	$9130	$10000	Kubota	3	61D	Variable	16.0	1310	No
B2400HSD 4WD	$14990	$6150	$7050	$9440	$10340	Kubota	3	68D	Variable	18.00	1325	No
B2400HSE 2WD	$13690	$5610	$6430	$8630	$9450	Kubota	3	68D	Variable	18.0	1325	No
L2500F	$11400	$4670	$5360	$7180	$7870	Kubota	3	85D	8F-2R	22.5	1962	No
L2500DT 4WD	$13400	$5490	$6300	$8440	$9250	Kubota	3	85D	8F-2R	22.5	2205	No
B2710HSD	$15500	$6360	$7290	$9770	$10700	Kubota	4	81D	Variable	20.0	1620	No
L3010F	$14000	$5740	$6580	$8820	$9660	Kubota	3	91D	8F-8R	25.5	2610	No
L3010DT 4WD	$16100	$6600	$7570	$10140	$11110	Kubota	3	91D	8F-8R	25.5	2610	No
L3010GST	$16650	$6830	$7830	$10490	$11490	Kubota	3	91D	8F-8R	25.5	2610	No
L3010HST	$17150	$7030	$8060	$10810	$11830	Kubota	3	91D	Variable	24.0	2610	No
L3410DT 4WD	$17600	$7220	$8270	$11090	$12140	Kubota	3	100D	8F-8R	28.5	2690	No
L3410GST	$18150	$7440	$8530	$11440	$12520	Kubota	3	100D	8F-8R	28.5	2690	No
L3410HST	$18650	$7650	$8770	$11750	$12870	Kubota	3	100D	Variable	26.0	2690	No
L3710DT	$18850	$7730	$8860	$11880	$13010	Kubota	4	113D	8F-8R	31.5	2890	No
L3710GST	$19350	$7930	$9100	$12190	$13350	Kubota	4	113D	8F-8R	31.5	2890	No
L3710HST	$20050	$8220	$9420	$12630	$13840	Kubota	4	113D	Variable	30.0	2910	No
L3710HSTC	$26450	$10850	$12430	$16660	$18250	Kubota	4	113D	Variable	30.0	2910	CHA
L4310F	$16500	$6770	$7760	$10400	$11390	Kubota	4	134D	8F-8R	37.5	2853	No
L4310DT 4WD	$21500	$8820	$10110	$13550	$14840	Kubota	4	134D	8F-8R	37.5	2930	No
L4310GST	$22650	$9290	$10650	$14270	$15630	Kubota	4	134D	8F-8R	37.5	2853	No
L4310HST	$22550	$9250	$10600	$14210	$15560	Kubota	4	134D	Variable	36.0	2930	No
L4310HSTC	$28950	$11870	$13610	$18240	$19980	Kubota	4	134D	Variable	36.0	2930	CHA
M4700	$19490	$7410	$8770	$11690	$13250	Kubota	5	167D	8F-4R	42.0	3255	No
M4700D 4WD	$24100	$9160	$10850	$14460	$16390	Kubota	5	167D	8F-4R	42.0	3322	No
M4700 CS	$19890	$7560	$8950	$11930	$13530	Kubota	5	167D	8F-4R	42.00	3256	No
M5400	$21490	$8170	$9670	$12890	$14610	Kubota	5	167D	8F-4R	50.00	3256	No
M5400D 4WD	$26190	$9950	$11790	$15710	$17810	Kubota	5	167D	8F-4R	50.00	3322	No
M5400D-N 4WD	$27100	$10300	$12200	$16260	$18430	Kubota	5	167D	8F-4R	50.00	3322	No
M6800	$23200	$8820	$10440	$13920	$15780	Kubota	4	202D	8F-4R	62.0	4480	No
M6800DT 4WD	$27500	$10450	$12380	$16500	$18700	Kubota	4	202D	8F-4R	62.0	4480	No
B7100HSD	$10090	$4140	$4740	$6360	$6960	Kubota	3	46D	Variable	13.0		No
M8200	$26300	$9990	$11840	$15780	$17880	Kubota	4T	202D	8F-8R	73.0	5010	No
M8200DT 4WD	$30300	$11510	$13640	$18180	$20600	Kubota	4T	202D	8F-8R	73.0	5010	No
M8200C	$33800	$12840	$15210	$20280	$22980	Kubota	4T	202D	8F-8R	73.0	5010	CHA
M8200DTC 4WD	$37800	$14360	$17010	$22680	$25700	Kubota	4T	202D	8F-8R	73.0	5010	CHA
M8200DTN-B	$31100	$11820	$14000	$18660	$21150	Kubota	4T	202D	8F-8R	73.0	5108	No
M9000	$28000	$10640	$12600	$16800	$19040	Kubota	4TI	202D	8F-8R	80.0	5100	No
M9000DT 4WD	$32200	$12240	$14490	$19320	$21900	Kubota	4TI	202D	8F-8R	80.0	5100	No
M9000C	$35500	$13490	$15980	$21300	$24140	Kubota	4TI	202D	8F-8R	80.0	5100	CHA
M9000DTC 4WD	$39700	$15090	$17870	$23820	$27000	Kubota	4TI	202D	8F-8R	80.0	5585	CHA
M9000DTL	$31600	$12010	$14220	$18960	$21490	Kubota	4TI	202D	8F-8R	80.0	5200	CHA
M-110FC	$48000	$18240	$21600	$28800	$32640	Kubota	5T	356D	16F-16R	88.0	8598	CHA
M-110DTC 4WD	$54700	$20790	$24620	$32820	$37200	Kubota	5T	356D	16F-16R	88.0	8598	CHA
M-120FC	$53000	$20140	$23850	$31800	$36040	Kubota	5T	356D	16F-16R	98.0	8598	CHA
M-120DTC 4WD	$60300	$22910	$27140	$36180	$41000	Kubota	5T	356D	16F-16R	98.0	9259	CHA
1999												
B7300HSD	$10300	$3910	$4530	$6280	$6900	Kubota	3	44D	Variable	12.5	1312	No
B1700DT 4WD	$11690	$4440	$5140	$7130	$7830	Kubota	3	59D	6F-2R	14.00	1265	No

Model	Approx. Retail Price New	Estimated Value Less Repairs Used Trade-In Avg.	High	Used Retail Avg.	High	Make	Engine No. Cyls.	Displ. Cu.-in.	No. Speeds	P.T.O. H.P.	Approx. Shipping Wt.-Lbs.	Cab

Kubota (Cont.)

1999 (Cont.)

Model	Approx. Retail Price New	Used Trade-In Avg.	Used Trade-In High	Used Retail Avg.	Used Retail High	Make	No. Cyls.	Displ. Cu.-in.	No. Speeds	P.T.O. H.P.	Approx. Shipping Wt.-Lbs.	Cab
B1700E 2WD	$10490	$3990	$4620	$6400	$7030	Kubota	3	59D	6F-2R	14.00	1265	No
B1700HSD 4WD	$13190	$5010	$5800	$8050	$8840	Kubota	3	59D	Variable	13.00	1265	No
B1700HSDB 4WD	$13590	$5160	$5980	$8290	$9110	Kubota	3	59D	Variable	13.00	1265	No
B2100DT 4WD	$12890	$4900	$5670	$7860	$8640	Kubota	3	61D	6F-2R	17.0	1310	No
B2100HSD 4WD	$14490	$5510	$6380	$8840	$9710	Kubota	3	61D	Variable	16.0	1310	No
B2100HSDB 4WD	$14890	$5660	$6550	$9080	$9980	Kubota	3	61D	Variable	16.0	1310	No
B2150HSD 4WD	$15490	$5890	$6820	$9450	$10380	Kubota	4	75D	Variable	18.00	1760	No
B2400HSD 4WD	$14990	$5700	$6600	$9140	$10040	Kubota	3	68D	Variable	18.00	1325	No
B2400HSDB 4WD	$15390	$5850	$6770	$9390	$10310	Kubota	3	68D	Variable	18.00	1325	No
B2400HSE 2WD	$13690	$5200	$6020	$8350	$9170	Kubota	3	68D	Variable	18.0	1325	No
L2500F	$11400	$4330	$5020	$6950	$7640	Kubota	3	85D	8F-2R	22.5	1962	No
L2500DT 4WD	$13400	$5090	$5900	$8170	$8980	Kubota	3	85D	8F-2R	22.5	2205	No
B2710HSD	$15500	$5890	$6820	$9460	$10390	Kubota	4	81D	Variable	20.0	1620	No
L3010F	$14000	$5320	$6160	$8540	$9380	Kubota	3	91D	8F-8R	25.5	2610	No
L3010DT 4WD	$16100	$6120	$7080	$9820	$10790	Kubota	3	91D	8F-8R	25.5	2610	No
L3010GST	$16650	$6330	$7330	$10160	$11160	Kubota	3	91D	8F-8R	25.5	2610	No
L3010HST	$17150	$6520	$7550	$10460	$11490	Kubota	3	91D	Variable	24.0	2610	No
L3410DT 4WD	$17600	$6690	$7740	$10740	$11790	Kubota	3	100D	8F-8R	28.5	2690	No
L3410GST	$18150	$6900	$7990	$11070	$12160	Kubota	3	100D	8F-8R	28.5	2690	No
L3410HST	$18650	$7090	$8210	$11380	$12500	Kubota	3	100D	Variable	26.0	2690	No
L3710DT	$18850	$7160	$8290	$11500	$12630	Kubota	4	113D	8F-8R	31.5	2890	No
L3710GST	$19350	$7350	$8510	$11800	$12970	Kubota	4	113D	8F-8R	31.5	2890	No
L3710HST	$20050	$7620	$8820	$12230	$13430	Kubota	4	113D	Variable	30.0	2910	No
L3710HSTC	$26450	$10050	$11640	$16140	$17720	Kubota	4	113D	Variable	30.0	2910	CHA
L4310F	$16500	$6270	$7260	$10070	$11060	Kubota	4	134D	8F-8R	37.5	2853	No
L4310DT 4WD	$21500	$8170	$9460	$13120	$14410	Kubota	4	134D	8F-8R	37.5	2930	No
L4310GST	$22650	$8610	$9970	$13820	$15180	Kubota	4	134D	8F-8R	37.5	2853	No
L4310HST	$22550	$8570	$9920	$13760	$15110	Kubota	4	134D	Variable	36.0	2930	No
L4310HSTC	$28950	$11000	$12740	$17660	$19400	Kubota	4	134D	Variable	36.0	2930	CHA
M4700	$19490	$7020	$8190	$11110	$12670	Kubota	5	167D	8F-4R	42.0	3255	No
M4700D 4WD	$24100	$8680	$10120	$13740	$15670	Kubota	5	167D	8F-4R	42.0	3322	No
M4700 CS	$19890	$7160	$8350	$11340	$12930	Kubota	5	167D	8F-4R	42.00	3256	No
M5400	$21490	$7740	$9030	$12250	$13970	Kubota	5	167D	8F-4R	50.00	3256	No
M5400D 4WD	$26190	$9430	$11000	$14930	$17020	Kubota	5	167D	8F-4R	50.00	3322	No
M5400D-N 4WD	$27100	$9760	$11380	$15450	$17620	Kubota	5	167D	8F-4R	50.00	3322	No
M6800	$23200	$8350	$9740	$13220	$15080	Kubota	4	202D	8F-4R	62.0	4480	No
M6800DT 4WD	$27500	$9900	$11550	$15680	$17880	Kubota	4	202D	8F-4R	62.0	4480	No
M7580DT-1 4WD	$41790	$15040	$17550	$23820	$27160	Kubota	4	264D	12F-12R	70.00	6890	No
M7580DTC 4WD	$50090	$18030	$21040	$28550	$32560	Kubota	4	264D	12F-12R	70.00	7485	CHA
M8200	$26300	$9470	$11050	$14990	$17100	Kubota	4T	202D	8F-8R	73.0	5010	No
M8200DT 4WD	$30300	$10910	$12730	$17270	$19700	Kubota	4T	202D	8F-8R	73.0	5010	No
M8200C	$33800	$12170	$14200	$19270	$21970	Kubota	4T	202D	8F-8R	73.0	5010	CHA
M8200DTC 4WD	$37800	$13610	$15880	$21550	$24570	Kubota	4T	202D	8F-8R	73.0	5010	CHA
M8200DTN-B	$31100	$11200	$13060	$17730	$20220	Kubota	4T	202D	8F-8R	73.0	5108	No
M8580DT 4WD	$43590	$15690	$18310	$24850	$28330	Kubota	4	285D	12F-12R	80.00	8440	No
M8580DTC 4WD	$52490	$18900	$22050	$29920	$34120	Kubota	4	285D	12F-12R	80.00	9210	CHA
M9000	$28000	$10080	$11760	$15960	$18200	Kubota	4TI	202D	8F-8R	80.0	5100	No
M9000DT 4WD	$32200	$11590	$13520	$18350	$20930	Kubota	4TI	202D	8F-8R	80.0	5100	No
M9000C	$35500	$12780	$14910	$20240	$23080	Kubota	4TI	202D	8F-8R	80.0	5100	CHA
M9000DTC 4WD	$39700	$14290	$16670	$22630	$25810	Kubota	4TI	202D	8F-8R	80.0	5585	CHA
M9000DTL	$31600	$11380	$13270	$18010	$20540	Kubota	4TI	202D	8F-8R	80.0	5200	CHA
M-110FC	$48000	$17280	$20160	$27360	$31200	Kubota	5T	356D	16F-16R	88.0	8598	CHA
M-110DTC 4WD	$54700	$19690	$22970	$31180	$35560	Kubota	5T	356D	16F-16R	88.0	8598	CHA
M-120FC	$53000	$19080	$22260	$30210	$34450	Kubota	5T	356D	16F-16R	98.0	8598	CHA
M-120DTC 4WD	$60300	$21710	$25330	$34370	$39200	Kubota	5T	356D	16F-16R	98.0	9259	CHA

1998

Model	Approx. Retail Price New	Used Trade-In Avg.	Used Trade-In High	Used Retail Avg.	Used Retail High	Make	No. Cyls.	Displ. Cu.-in.	No. Speeds	P.T.O. H.P.	Approx. Shipping Wt.-Lbs.	Cab
B1700DT 4WD	$11690	$4210	$5030	$6900	$7600	Kubota	3	59D	6F-2R	14.00	1265	No
B1700E 2WD	$10490	$3780	$4510	$6190	$6820	Kubota	3	59D	6F-2R	14.00	1265	No
B1700HSD 4WD	$13190	$4750	$5670	$7780	$8570	Kubota	3	59D	Variable	13.00	1265	No
B1700HSDB 4WD	$13590	$4890	$5840	$8020	$8830	Kubota	3	59D	Variable	13.00	1265	No
B2100DT 4WD	$12890	$4640	$5540	$7610	$8380	Kubota	3	61D	6F-2R	17.0	1310	No
B2100HSD 4WD	$14490	$5220	$6230	$8550	$9420	Kubota	3	61D	Variable	16.0	1310	No
B2100HSDB 4WD	$14890	$5360	$6400	$8790	$9680	Kubota	3	61D	Variable	16.0	1310	No
B2150HSD 4WD	$15490	$5580	$6660	$9140	$10070	Kubota	4	75D	Variable	18.00	1760	No
L2350DT 4WD	$13010	$4680	$5590	$7680	$8460	Kubota	3	68D	8F-2R	20.50	2149	No
L2350F 2WD	$11070	$3990	$4760	$6530	$7200	Kubota	3	68D	8F-2R	20.50	1740	No
B2400HSD 4WD	$14990	$5400	$6450	$8840	$9740	Kubota	3	68D	Variable	18.00	1325	No
B2400HSDB 4WD	$15390	$5540	$6620	$9080	$10000	Kubota	3	68D	Variable	18.00	1325	No
B2400HSE 2WD	$13690	$4930	$5890	$8080	$8900	Kubota	3	68D	Variable	18.0	1325	No
L2900DT 4WD	$17180	$6190	$7390	$10140	$11170	Kubota	3	91D	8F-2R	25.00	2610	No
L2900F 2WD	$15080	$5430	$6480	$8900	$9800	Kubota	3	91D	8F-2R	25.00	2610	No
L2900GST 4WD	$17580	$6330	$7560	$10370	$11430	Kubota	3	91D	8F-2R	25.00	2610	No
L3300DT 4WD	$18830	$6780	$8100	$11110	$12240	Kubota	3	100D	8F-2R	28.00	2690	No
L3300F 2WD	$15880	$5720	$6830	$9370	$10320	Kubota	3	100D	8F-2R	28.00	2690	No
L3300GST 4WD	$19130	$6890	$8230	$11290	$12440	Kubota	3	100D	8F-2R	28.00	2690	No
L3600DT 4WD	$19980	$7190	$8590	$11790	$12990	Kubota	4	113D	8F-8R	31.0	2890	No
L3600GST 4WD	$20230	$7280	$8700	$11940	$13150	Kubota	4	113D	8F-8R	31.00	2910	No
L3600GSTCA 4WD	$28680	$10330	$12330	$16920	$18640	Kubota	4	113D	16F-16R	31.00	2910	CHA
M4030SU 2WD	$18340	$6240	$7340	$10090	$11550	Kubota	5	148D	8F-2R	42.00	4246	No
M4030SU-TF 2WD	$19600	$6660	$7840	$10780	$12350	Kubota	5	148D	16F-4R	42.00	4450	No
L4200DT 4WD	$21680	$7810	$9320	$12790	$14090	Kubota	4	134D	8F-8R	37.00	2930	No
L4200F 2WD	$18780	$6760	$8080	$11080	$12210	Kubota	4	134D	8F-8R	37.00	2853	Cab
L4200FGST 2WD	$19080	$6870	$8200	$11260	$12400	Kubota	4	134D	8F-8R	37.00	2853	No

Kubota (Cont.)

Model	Approx. Retail Price New	Used Trade-In Avg.	Used Trade-In High	Used Retail Avg.	Used Retail High	Make	No. Cyls.	Displ. Cu.-in.	No. Speeds	P.T.O. H.P.	Approx. Shipping Wt.-Lbs.	Cab
1998 (Cont.)												
L4200GST 4WD	$22580	$8130	$9710	$13320	$14680	Kubota	4	134D	8F-8R	37.00	2853	No
L4200GSTCA 4WD	$30180	$10870	$12980	$17810	$19620	Kubota	4	134D	16F-16R	37.00	3377	CHA
L4350HDT 4WD	$25780	$9280	$11090	$15210	$16760	Kubota	4	134D	8F-8R	38.00	3762	No
L4350HDT-W 4WD	$26480	$9000	$10590	$14560	$16680	Kubota	4	134D	8F-8R	38.00	3762	No
L4350MDT 4WD	$24580	$8850	$10570	$14500	$15980	Kubota	4	134D	8F-8R	38.00	3762	No
M4700DT 4WD	$23390	$7950	$9360	$12870	$14740	Kubota	5	167D	8F-4R	42.00	3322	No
M4700F 2WD	$18790	$6390	$7520	$10340	$11840	Kubota	5	167D	8F-4R	42.00	3256	No
M4700F-CS 2WD	$19490	$6630	$7800	$10720	$12280	Kubota	5	167D	12F-4R	42.00	3256	No
M4700S 2WD	$19090	$6490	$7640	$10500	$12030	Kubota	5	167D	8F-4R	42.00	3255	No
M4700SCS 2WD	$19190	$6530	$7680	$10560	$12090	Kubota	5	167D	12F-4R	42.00	3256	No
M4700SD 4WD	$23690	$8060	$9480	$13030	$14930	Kubota	5	167D	8F-4R	42.00	3322	No
L4850HDT-W 4WD	$27980	$9510	$11190	$15390	$17630	Kubota	5	152D	8F-8R	43.00	3762	No
M5030SU 2WD	$21190	$7210	$8480	$11660	$13350	Kubota	6	170D	16F-4R	49.00	4350	No
M5030SU-MDT 4WD	$26490	$9010	$10600	$14570	$16690	Kubota	6	170D	8F-8R	49.00	5556	No
M5400Dt 4WD	$25490	$8670	$10200	$14020	$16060	Kubota	5	167D	8F-4R	50.00	3322	No
M5400F 2WD	$20790	$7070	$8320	$11440	$13100	Kubota	5	167D	8F-4R	50.00	3256	No
M5400S 2WD	$21090	$7170	$8440	$11600	$13290	Kubota	5	167D	8F-4R	50.00	3256	No
M5400SD 4WD	$25790	$8770	$10320	$14190	$16250	Kubota	5	167D	8F-4R	50.00	3322	No
L5450HDT-W 4WD	$30230	$10280	$12090	$16630	$19050	Kubota	5	167D	8F-8R	49.00	4246	No
M6030 DTN-B 4WD	$32790	$11150	$13120	$18040	$20660	Kubota	3	196D	16F-4R	57.00	4999	No
M7030DTN-B 4WD	$36590	$12440	$14640	$20130	$23050	Kubota	4	243D	16F-4R	68.00	5108	No
M7030N 2WD	$28490	$9690	$11400	$15670	$17950	Kubota	4	243D	16F-4R	68.00	4680	No
M7030SU 2WD	$27790	$9450	$11120	$15290	$17510	Kubota	4	243D	16F-4R	68.00	4932	No
M7030SUDT 4WD	$33290	$11320	$13320	$18310	$20970	Kubota	4	243D	16F-4R	68.00	5884	No
B7100HSD 4WD	$10040	$3610	$4320	$5920	$6530	Kubota	3	46D	Variable	13.00	1265	No
M7580DT-1 4WD	$41790	$14210	$16720	$22990	$26330	Kubota	4	264D	12F-12R	70.00	6890	No
M7580DTC 4WD	$50090	$17030	$20040	$27550	$31560	Kubota	4	264D	12F-12R	70.00	7485	CHA
M8030DT 4WD	$37990	$12920	$15200	$20900	$23930	Kubota	4	262D	16F-4R	76.90	6095	No
M8030DTL 4WD	$37690	$12820	$15080	$20730	$23750	Kubota	4	262D	16F-4R	76.90	6600	No
M8030DTM 4WD	$38490	$13090	$15400	$21170	$24250	Kubota	4	262D	16F-4R	76.90	6654	No
M8030F-1	$30240	$10280	$12100	$16630	$19050	Kubota	4	262D	16F-4R	76.90	5138	No
M8580DT 4WD	$43590	$14820	$17440	$23980	$27460	Kubota	4	285D	12F-12R	80.00	8440	No
M8580DTC 4WD	$52490	$17850	$21000	$28870	$33070	Kubota	4	285D	12F-12R	80.00	9210	CHA
M9580DT-1 4WD	$49590	$16860	$19840	$27280	$31240	Kubota	4T	285D	24F-24R	91.00	8488	No
M9580DT-1M 4WD	$52570	$17870	$21030	$28910	$33120	Kubota	4T	285D	36F-36R	91.00	8440	No
M9580DTC 4WD	$58090	$19750	$23240	$31950	$36600	Kubota	4T	285D	24F-24R	91.00	9083	No
M9580DTC-M 4WD	$60990	$20740	$24400	$33550	$38420	Kubota	4T	285D	36F-36R	91.00	9210	CHA

C, D, DT—Front Wheel Assist DTSS—Front Wheel Assist, Shuttle Shift E—Two Wheel Drive F—Farm Standard W—Two Row Offset
H, HC—High Clearance HSE—Hydrostatic Transmission, Two Wheel Drive HSD—Hydrostatic Transmission, Four Wheel Drive OC—Orchard L—Low Profile

Model	Approx. Retail Price New	Used Trade-In Avg.	Used Trade-In High	Used Retail Avg.	Used Retail High	Make	No. Cyls.	Displ. Cu.-in.	No. Speeds	P.T.O. H.P.	Approx. Shipping Wt.-Lbs.	Cab
1997												
B1700 HSD 4WD	$13190	$4620	$5540	$7650	$8440	Kubota	3	59D	Variable	13.00	1265	No
B1700DT 4WD	$11690	$4090	$4910	$6780	$7480	Kubota	3	59D	6F-2R	14.00	1265	No
B1700E 2WD	$10490	$3670	$4410	$6080	$6710	Kubota	3	59D	6F-2R	14.00	1265	No
B1700HSDB 4WD	$13590	$4760	$5710	$7880	$8700	Kubota	3	59D	Variable	13.00	1265	No
B2100DT 4WD	$12890	$4510	$5410	$7480	$8250	Kubota	3	61D	6F-2R	17.0	1310	No
B2100HSD 4WD	$14490	$5070	$6090	$8400	$9270	Kubota	3	61D	Variable	16.0	1310	No
B2100HSDB 4WD	$14890	$5210	$6250	$8640	$9530	Kubota	3	61D	Variable	16.0	1310	No
B2150HSD 4WD	$15490	$5420	$6510	$8980	$9910	Kubota	4	75D	Variable	18.00	1760	No
L2350DT 4WD	$13010	$4550	$5460	$7550	$8330	Kubota	3	68D	8F-2R	20.50	2149	No
L2350F 2WD	$11070	$3880	$4650	$6420	$7090	Kubota	3	68D	8F-2R	20.50	1740	No
B2400DT 4WD	$14990	$5250	$6300	$8690	$9590	Kubota	3	68D	Variable	18.00	1325	No
B2400HSDB 4WD	$15390	$5390	$6460	$8930	$9850	Kubota	3	68D	Variable	18.00	1325	No
B2400HSE 2WD	$13690	$4790	$5750	$7940	$8760	Kubota	3	68D	Variable	18.0	1325	No
L2900DT 4WD	$17180	$6010	$7220	$9960	$11000	Kubota	3	91D	8F-2R	25.00	2610	No
L2900F 2WD	$15080	$5280	$6330	$8750	$9650	Kubota	3	91D	8F-2R	25.00	2610	No
L2900GST 4WD	$17580	$6150	$7380	$10200	$11250	Kubota	3	91D	8F-2R	25.00	2610	No
L3300DT 4WD	$18830	$6590	$7910	$10920	$12050	Kubota	3	100D	8F-2R	28.00	2690	No
L3300F 2WD	$15880	$5560	$6670	$9210	$10160	Kubota	3	100D	8F-2R	28.00	2690	No
L3300GST 4WD	$19130	$6700	$8040	$11100	$12240	Kubota	3	100D	8F-2R	28.00	2690	No
L3600DT 4WD	$19980	$6990	$8390	$11590	$12790	Kubota	4	113D	8F-8R	31.0	2890	No
L3600GST 4WD	$20230	$7080	$8500	$11730	$12950	Kubota	4	113D	8F-8R	31.00	2910	No
L3600GSTCA 4WD	$28680	$10040	$12050	$16630	$18360	Kubota	4	113D	16F-16R	31.00	2910	CHA
M4030SU 2WD	$18340	$5870	$6970	$9900	$11190	Kubota	5	148D	8F-2R	42.00	4246	No
M4030SU-TF 2WD	$19600	$6270	$7450	$10580	$11960	Kubota	5	148D	16F-4R	42.00	4450	No
L4200DT 4WD	$21680	$7590	$9110	$12570	$13880	Kubota	4	134D	8F-8R	37.00	2930	No
L4200F 2WD	$18780	$6570	$7890	$10890	$12020	Kubota	4	134D	8F-8R	37.00	2853	No
L4200FGST 2WD	$19080	$6680	$8010	$11070	$12210	Kubota	4	134D	8F-8R	37.00	2853	No
L4200GST 4WD	$22580	$7900	$9480	$13100	$14450	Kubota	4	134D	8F-8R	37.00	2853	No
L4200GSTCA 4WD	$30180	$10560	$12680	$17500	$19320	Kubota	4	134D	16F-16R	37.00	3377	CHA
L4350HDT 4WD	$25780	$8250	$9800	$13920	$15730	Kubota	4	134D	8F-8R	38.00	3762	No
L4350HDT-W 4WD	$26480	$8470	$10060	$14300	$16150	Kubota	4	134D	8F-8R	38.00	3762	No
L4350MDT 4WD	$24580	$8600	$10320	$14260	$15730	Kubota	4	134D	8F-8R	38.00	3762	No
M4700DT 4WD	$23390	$7490	$8890	$12630	$14270	Kubota	5	167D	8F-4R	42.00	3322	No
M4700F 2WD	$18790	$6010	$7140	$10150	$11460	Kubota	5	167D	8F-4R	42.00	3256	No
M4700F-CS 2WD	$19490	$6240	$7410	$10530	$11890	Kubota	5	167D	12F-4R	42.00	3256	No
M4700S 2WD	$19090	$6110	$7250	$10310	$11650	Kubota	5	167D	8F-4R	42.00	3255	No
M4700SCS 2WD	$19190	$6140	$7290	$10360	$11710	Kubota	5	167D	12F-4R	42.00	3256	No
M4700SD 4WD	$23690	$7580	$9000	$12790	$14450	Kubota	5	167D	8F-4R	42.00	3322	No
L4850HDT-W 4WD	$27980	$8950	$10630	$15110	$17070	Kubota	5	152D	8F-8R	43.00	3762	No
M5030SU 2WD	$21190	$6780	$8050	$11440	$12930	Kubota	6	170D	16F-4R	49.00	4350	No
M5030SU-MDT 4WD	$26490	$8480	$10070	$14310	$16160	Kubota	6	170D	8F-8R	49.00	5556	No
M5400Dt 4WD	$25490	$8160	$9690	$13770	$15550	Kubota	5	167D	8F-4R	50.00	3322	No
M5400F 2WD	$20790	$6650	$7900	$11230	$12680	Kubota	5	167D	8F-4R	50.00	3256	No

Model	Approx. Retail Price New	Used Trade-In Avg.	Used Trade-In High	Used Retail Avg.	Used Retail High	Make	Engine No. Cyls.	Displ. Cu.-in.	No. Speeds	P.T.O. H.P.	Approx. Shipping Wt.-Lbs.	Cab
Kubota (Cont.)												
			1997 (Cont.)									
M5400S 2WD	$21090	$6750	$8010	$11390	$12870	Kubota	5	167D	8F-4R	50.00	3256	No
M5400SD 4WD	$25790	$8250	$9800	$13930	$15730	Kubota	5	167D	8F-4R	50.00	3322	No
L5450HDT-W 4WD	$30230	$9670	$11490	$16320	$18440	Kubota	5	167D	8F-8R	49.00	4246	No
M6030 DTN-B 4WD	$32790	$10490	$12460	$17710	$20000	Kubota	3	196D	16F-4R	57.00	4999	No
M7030DTN-B 4WD	$36590	$11710	$13900	$19760	$22320	Kubota	4	243D	16F-4R	68.00	5108	No
M7030N 2WD	$28490	$9120	$10830	$15390	$17380	Kubota	4	243D	16F-4R	68.00	4680	No
M7030SU 2WD	$27790	$8890	$10560	$15010	$16950	Kubota	4	243D	16F-4R	68.00	4932	No
M7030SUDT 4WD	$33290	$10650	$12650	$17980	$20310	Kubota	4	243D	16F-4R	68.00	5884	No
B7100HSD 4WD	$10040	$3510	$4220	$5820	$6430	Kubota	3	46D	Variable	13.00	1265	No
M7580DT-1 4WD	$41790	$13370	$15880	$22570	$25490	Kubota	4	264D	12F-12R	70.00	6890	No
M7580DTC 4WD	$50090	$16030	$19030	$27050	$30560	Kubota	4	264D	12F-12R	70.00	7485	CHA
M8030DT 4WD	$37990	$12160	$14440	$20520	$23170	Kubota	4	262D	16F-4R	76.90	6095	No
M8030DTL 4WD	$37690	$12060	$14320	$20350	$22990	Kubota	4	262D	16F-4R	76.90	6600	No
M8030DTM 4WD	$38490	$12320	$14630	$20790	$23480	Kubota	4	262D	16F-4R	76.90	6654	No
M8030F-1	$30240	$9680	$11490	$16330	$18450	Kubota	4	262D	16F-4R	76.90	5138	No
M8580DT 4WD	$43590	$13950	$16560	$23540	$26590	Kubota	4	285D	12F-12R	80.00	8440	No
M8580DTC 4WD	$52490	$16800	$19950	$28350	$32020	Kubota	4	285D	12F-12R	80.00	9210	CHA
M9580DT-1 4WD	$49590	$15870	$18840	$26780	$30250	Kubota	4T	285D	24F-24R	91.00	8488	No
M9580DT-1M 4WD	$52570	$16820	$19980	$28390	$32070	Kubota	4T	285D	36F-36R	91.00	8440	No
M9580DTC 4WD	$58090	$18590	$22070	$31370	$35440	Kubota	4T	285D	24F-24R	91.00	9083	No
M9580DTC-M 4WD	$60990	$19520	$23180	$32940	$37200	Kubota	4T	285D	36F-36R	91.00	9210	CHA

C, D, DT—Front Wheel Assist DTSS—Front Wheel Assist, Shuttle Shift E—Two Wheel Drive F—Farm Standard W—Two Row Offset
H, HC—High Clearance HSE—Hydrostatic Transmission, Two Wheel Drive HSD—Hydrostatic Transmission, Four Wheel Drive OC—Orchard L—Low Profile

Model	Approx. Retail Price New	Used Trade-In Avg.	Used Trade-In High	Used Retail Avg.	Used Retail High	Make	Engine No. Cyls.	Displ. Cu.-in.	No. Speeds	P.T.O. H.P.	Approx. Shipping Wt.-Lbs.	Cab
			1996									
B1550 DT 4WD	$11500	$3910	$4720	$6560	$7300	Kubota	3	52D	6F-2R	14.00	1279	No
B1550 E	$10000	$3400	$4100	$5700	$6350	Kubota	3	52D	6F-2R	14.00	1146	No
B1550 HSD 4WD	$13000	$4420	$5330	$7410	$8260	Kubota	3	52D	Variable	13.00	1356	No
B1550 HSE	$11500	$3910	$4720	$6560	$7300	Kubota	3	52D	Variable	13.00	1190	No
B1750 DT 4WD	$12600	$4280	$5170	$7180	$8000	Kubota	3	57D	6F-2R	16.50	1323	No
B1750 E	$11100	$3770	$4550	$6330	$7050	Kubota	3	57D	6F-2R	16.50	1201	No
B1750 HSD 4WD	$14200	$4830	$5820	$8090	$9020	Kubota	3	57D	Variable	15.50	1400	No
B1750 HSE	$12700	$4320	$5210	$7240	$8070	Kubota	3	57D	Variable	15.50	1257	No
B2150 DT 4WD	$13600	$4620	$5580	$7750	$8640	Kubota	4	75D	9F-3R	20.00	1764	No
B2150 E	$12000	$4080	$4920	$6840	$7620	Kubota	4	75D	9F-3R	20.00	1609	No
B2150 HSD 4WD	$15300	$5200	$6270	$8720	$9720	Kubota	4	75D	Variable	18.00	1775	No
B2150 HSE	$13700	$4660	$5620	$7810	$8700	Kubota	4	75D	Variable	18.00	1620	No
L2350 DT 4WD	$11400	$3880	$4670	$6500	$7240	Kubota	3	68D	8F-2R	20.5	2093	No
L2350 F-1	$9999	$3400	$4100	$5690	$6340	Kubota	3	68D	8F-2R	20.5	1781	No
L2650 DT-W 4WD	$15240	$5180	$6250	$8690	$9680	Kubota	3	85D	8F-8R	23.50	2602	No
L2900 DT	$16240	$5520	$6660	$9260	$10310	Kubota	3	91D	8F-8R	25.00	2800	No
L2900 F	$14200	$4830	$5820	$8090	$9020	Kubota	3	91D	8F-8R	25.00	2645	No
L2900 GST	$16550	$5630	$6790	$9430	$10510	Kubota	3	91D	8F-8R	25.00	2810	No
L3300 DT	$17750	$6040	$7280	$10120	$11270	Kubota	3	100D	8F-8R	28.00	2800	No
L3300 F	$15000	$5100	$6150	$8550	$9530	Kubota	3	100D	8F-8R	28.00	2645	No
L3300 GST	$18060	$6140	$7410	$10290	$11470	Kubota	3	100D	8F-8R	28.00	2810	No
L3600 DT	$18870	$6420	$7740	$10760	$11980	Kubota	4	113D	8F-8R	31.00	3030	No
L3600 GST	$19180	$6520	$7860	$10930	$12180	Kubota	4	113D	8F-8R	31.00	3075	No
M4030 SU	$18050	$5420	$6500	$9570	$10830	Kubota	5	149D	8F-2R	42.00	3946	No
B4200 DT 4WD	$8100	$2750	$3320	$4620	$5140	Kubota	2	35D	6F-2R	10	926	No
L4200 DT	$20475	$6960	$8400	$11670	$13000	Kubota	4	134D	8F-8R	37.00	3030	No
L4200 F	$17800	$6050	$7300	$10150	$11300	Kubota	4	134D	8F-8R	37.00	2875	No
L4200 F GST	$18110	$6160	$7430	$10320	$11500	Kubota	4	134D	8F-8R	37.00	2890	No
L4200 GST	$21385	$7270	$8770	$12190	$13580	Kubota	4	134D	8F-8R	37.00	3055	No
L4350 HDT 4WD	$24500	$8330	$10050	$13970	$15560	Kubota	4	134D	8F-8R	38.00	3860	No
L4350 HDT-W 4WD	$25200	$8570	$10330	$14360	$16000	Kubota	4	134D	8F-8R	38.00	3860	No
L4350 MDT 4WD	$23400	$7960	$9590	$13340	$14860	Kubota	4	134D	8F-8R	38.00	3860	No
L4850 HDT-W 4WD	$26600	$9040	$10910	$15160	$16890	Kubota	5	152D	8F-8R	43.00	4080	No
M4950 DT 4WD	$27000	$8100	$9720	$14310	$16200	Kubota	6	170D	12F-4R	49.00	5357	No
M4950 F	$21750	$6530	$7830	$11530	$13050	Kubota	6	170D	12F-4R	49.00	4762	No
M5030 SU	$20900	$6270	$7520	$11080	$12540	Kubota	6	170D	16F-4R	49.00	4409	No
M5030 SU MDT 4WD	$26200	$7860	$9430	$13890	$15720	Kubota	6	170D	8F-8R	49.00	4978	No
B5200 DT 4WD	$8900	$3030	$3650	$5070	$5650	Kubota	3	47D	6F-2R	11.50	1180	No
B5200 E	$8200	$2790	$3360	$4670	$5210	Kubota	3	47D	6F-2R	11.50	1058	No
L5450 HDT-W 4WD	$28800	$8640	$10370	$15260	$17280	Kubota	5	168D	8F-8R	49.00	4410	No
M5950 DT 4WD	$30300	$9090	$10910	$16060	$18180	Kubota	3	196D	12F-4R	58.00	5673	No
M5950 F	$24750	$7430	$8910	$13120	$14850	Kubota	3	196D	12F-4R	58.00	4989	No
M6030 DTN-B 4WD	$31200	$9360	$11230	$16540	$18720	Kubota	3	196D	16F-4R	57.00	5010	No
B6200 DT 4WD	$9300	$3160	$3810	$5300	$5910	Kubota	3	52D	6F-2R	12.50	1179	No
B6200 E	$8300	$2820	$3400	$4730	$5270	Kubota	3	52D	6F-2R	12.50	1058	No
B6200 HSD 4WD	$10600	$3600	$4350	$6040	$6730	Kubota	3	52D	Variable	12.50	1279	No
B6200 HSE	$9600	$3260	$3940	$5470	$6100	Kubota	3	52D	Variable	12.50	1158	No
M6950 DT 4WD	$31800	$9540	$11450	$16850	$19080	Kubota	4	243D	12F-4R	66.00	6504	No
M6950 F	$26250	$7880	$9450	$13910	$15750	Kubota	4	243D	12F-4R	66.00	5776	No
M7030 DTNB	$34900	$10470	$12560	$18500	$20940	Kubota	4	243D	16F-4R	68.00	5004	No
M7030 N	$27100	$8130	$9760	$14360	$16260	Kubota	4	243D	16F-4R	68.00	4410	No
M7030 SU	$26400	$7920	$9500	$13990	$15840	Kubota	4	243D	16F-4R	68.00	5181	No
M7030 SUDT 4WD	$31700	$9510	$11410	$16800	$19020	Kubota	4	243D	16F-4R	68.00	5710	No
B7100 HSD 4WD	$9495	$3230	$3890	$5410	$6030	Kubota	3	47D	Variable	13.00	1257	No
M7580 DT	$39900	$11970	$14360	$21150	$23940	Kubota	4	264D	12F-12R	70.00	6834	No
M7580 DTC	$47900	$14370	$17240	$25390	$28740	Kubota	4	264D	12F-12R	70.00	7429	CHA
M7950 DT 4WD	$35000	$10500	$12600	$18550	$21000	Kubota	4	262D	12F-4R	75.00	6810	No
M7950 DT 4WD w/Cab	$42500	$12750	$15300	$22530	$25500	Kubota	4	262D	12F-4R	75.00	7297	CHA
M7950 F	$29000	$8700	$10440	$15370	$17400	Kubota	4	262D	12F-4R	75.00	5960	No

Kubota (Cont.)

Model	Approx. Retail Price New	Used Trade-In Avg.	Used Trade-In High	Used Retail Avg.	Used Retail High	Make	Engine No. Cyls.	Displ. Cu.-in.	No. Speeds	P.T.O. H.P.	Approx. Shipping Wt.-Lbs.	Cab
1996 (Cont.)												
M7950 F w/Cab	$36900	$11070	$13280	$19560	$22140	Kubota	4	262D	12F-4R	75.00	6460	CHA
M8030 DTM 4WD	$37000	$11100	$13320	$19610	$22200	Kubota	4	262D	16F-4R	76.00	6342	No
M8030 F	$29300	$8790	$10550	$15530	$17580	Kubota	4	262D	16F-4R	76.00	5417	No
M8580 DT	$41600	$12480	$14980	$22050	$24960	Kubota	4	284D	12F-12R	80.00	8377	No
M8580 DTC	$50200	$15060	$18070	$26610	$30120	Kubota	4	284D	12F-12R	80.00	8973	CHA
M8950 DT 4WD	$40000	$12000	$14400	$21200	$24000	Kubota	4	262D	24F-8R	86.00	7226	No
M8950 DT 4WD w/Cab	$47500	$14250	$17100	$25180	$28500	Kubota	4	262D	24F-8R	86.00	8223	CHA
M8950 F	$34000	$10200	$12240	$18020	$20400	Kubota	4	262D	24F-8R	86.00	6953	No
M8950 F w/Cab	$41700	$12510	$15010	$22100	$25020	Kubota	4	262D	24F-8R	86.00	7452	CHA
M9580 DT	$47400	$14220	$17060	$25120	$28440	Kubota	4T	284D	24F-24R	100.0	8488	No
M9580 DTC	$55500	$16650	$19980	$29420	$33300	Kubota	4T	284D	24F-24R	100.0	9083	No

C, D, DT—Front Wheel Assist DTSS—Front Wheel Assist, Shuttle Shift E—Two Wheel Drive F—Farm Standard W—Two Row Offset
H, HC—High Clearance HSE—Hydrostatic Transmission, Two Wheel Drive HSD—Hydrostatic Transmission, Four Wheel Drive OC—Orchard L—Low Profile

Model	Approx. Retail Price New	Used Trade-In Avg.	Used Trade-In High	Used Retail Avg.	Used Retail High	Make	Engine No. Cyls.	Displ. Cu.-in.	No. Speeds	P.T.O. H.P.	Approx. Shipping Wt.-Lbs.	Cab
1995												
B1550 DT 4WD	$11500	$3800	$4600	$6440	$7250	Kubota	3	52D	6F-2R	14.00	1279	No
B1550 E	$10000	$3300	$4000	$5600	$6300	Kubota	3	52D	6F-2R	14.00	1146	No
B1550 HSD 4WD	$13000	$4290	$5200	$7280	$8190	Kubota	3	52D	Variable	13.00	1356	No
B1550 HSE	$11500	$3800	$4600	$6440	$7250	Kubota	3	52D	Variable	13.00	1190	No
B1750 DT 4WD	$12600	$4160	$5040	$7060	$7940	Kubota	3	57D	6F-2R	16.50	1323	No
B1750 E	$11100	$3660	$4440	$6220	$6990	Kubota	3	57D	6F-2R	16.50	1201	No
B1750 HSD 4WD	$14200	$4690	$5680	$7950	$8950	Kubota	3	57D	Variable	15.50	1400	No
B1750 HSE	$12700	$4190	$5080	$7110	$8000	Kubota	3	57D	Variable	15.50	1257	No
B2150 DT 4WD	$13600	$4490	$5440	$7620	$8570	Kubota	4	75D	9F-3R	20.00	1764	No
B2150 E	$12000	$3960	$4800	$6720	$7560	Kubota	4	75D	9F-3R	20.00	1609	No
B2150 HSD 4WD	$15300	$5050	$6120	$8570	$9640	Kubota	4	75D	Variable	18.00	1775	No
B2150 HSE	$13700	$4520	$5480	$7670	$8630	Kubota	4	75D	Variable	18.00	1620	No
L2350 DT 4WD	$11400	$3760	$4560	$6380	$7180	Kubota	3	68D	8F-2R	20.5	2093	No
L2350 F-1	$9990	$3300	$4000	$5590	$6290	Kubota	3	68D	8F-2R	20.5	1781	No
L2650 DT-W 4WD	$15240	$5030	$6100	$8530	$9600	Kubota	3	85D	8F-8R	23.50	2602	No
L2900 DT	$16240	$5360	$6500	$9090	$10230	Kubota	3	91D	8F-8R	25.00	2800	No
L2900 F	$14200	$4690	$5680	$7950	$8950	Kubota	3	91D	8F-8R	25.00	2645	No
L2900 GST	$16550	$5460	$6620	$9270	$10430	Kubota	3	91D	8F-8R	25.00	2810	No
L3300 DT	$17750	$5860	$7100	$9940	$11180	Kubota	3	100D	8F-8R	28.00	2800	No
L3300 F	$15000	$4950	$6000	$8400	$9450	Kubota	3	100D	8F-8R	28.00	2645	No
L3300 GST	$18060	$5960	$7220	$10110	$11380	Kubota	3	100D	8F-8R	28.00	2810	No
L3600 DT	$18870	$6230	$7550	$10570	$11890	Kubota	4	113D	8F-8R	31.00	3030	No
L3600 GST	$19180	$6330	$7670	$10740	$12080	Kubota	4	113D	8F-8R	31.00	3075	No
M4030 SU	$18050	$5050	$6140	$9390	$10650	Kubota	5	149D	8F-2R	42.00	3946	No
B4200 DT 4WD	$8100	$2670	$3240	$4540	$5100	Kubota	2	35D	6F-2R	10	926	No
L4200 DT	$20475	$6760	$8190	$11470	$12900	Kubota	4	134D	8F-8R	37.00	3030	No
L4200 F	$17800	$5870	$7120	$9970	$11210	Kubota	4	134D	8F-8R	37.00	2875	No
L4200 F GST	$18110	$5980	$7240	$10140	$11410	Kubota	4	134D	8F-8R	37.00	2890	No
L4200 GST	$21385	$7060	$8550	$11980	$13470	Kubota	4	134D	8F-8R	37.00	3055	No
L4350 HDT 4WD	$24500	$8090	$9800	$13720	$15440	Kubota	4	134D	8F-8R	38.00	3860	No
L4350 HDT-W 4WD	$25200	$8320	$10080	$14110	$15880	Kubota	4	134D	8F-8R	38.00	3860	No
L4350 MDT 4WD	$23400	$7720	$9360	$13100	$14740	Kubota	4	134D	8F-8R	38.00	3860	No
L4850 HDT 4WD	$26600	$8780	$10640	$14900	$16760	Kubota	5	152D	8F-8R	43.00	4080	No
M4950 DT 4WD	$27000	$7560	$9180	$14040	$15930	Kubota	6	170D	12F-4R	49.00	5357	No
M4950 F	$21750	$6090	$7400	$11310	$12830	Kubota	6	170D	12F-4R	49.00	4762	No
M5030 SU	$20900	$5850	$7110	$10870	$12330	Kubota	6	170D	16F-4R	49.00	4409	No
M5030 SU MDT 4WD	$26200	$7340	$8910	$13620	$15460	Kubota	6	170D	8F-8R	49.00	4978	No
B5200 DT 4WD	$8900	$2940	$3560	$4980	$5610	Kubota	3	47D	6F-2R	11.50	1180	No
B5200 E	$8200	$2710	$3280	$4590	$5170	Kubota	3	47D	6F-2R	11.50	1058	No
L5450 HDT-W 4WD	$28800	$9500	$11520	$16130	$18140	Kubota	5	168D	8F-8R	49.00	4410	No
M5950 DT 4WD	$30300	$8480	$10300	$15760	$17880	Kubota	3	196D	12F-4R	58.00	5673	No
M5950 F	$24750	$6930	$8420	$12870	$14600	Kubota	3	196D	12F-4R	58.00	4989	No
M6030 DTN-B 4WD	$31200	$8740	$10610	$16220	$18410	Kubota	3	196D	16F-4R	57.00	5010	No
B6200 DT 4WD	$9300	$3070	$3720	$5210	$5860	Kubota	3	52D	6F-2R	12.50	1179	No
B6200 E	$8300	$2740	$3320	$4650	$5230	Kubota	3	52D	6F-2R	12.50	1058	No
B6200 HSD 4WD	$10600	$3500	$4240	$5940	$6680	Kubota	3	52D	Variable	12.50	1279	No
B6200 HSE	$9600	$3170	$3840	$5380	$6050	Kubota	3	52D	Variable	12.50	1158	No
M6950 DT 4WD	$31800	$8900	$10810	$16540	$18760	Kubota	4	243D	12F-4R	66.00	6504	No
M6950 F	$26250	$7350	$8930	$13650	$15490	Kubota	4	243D	12F-4R	66.00	5776	No
M7030 DTNB	$34900	$9770	$11870	$18150	$20590	Kubota	4	243D	16F-4R	68.00	5004	No
M7030 N	$27100	$7590	$9210	$14090	$15990	Kubota	4	243D	16F-4R	68.00	4410	No
M7030 SU	$26400	$7390	$8980	$13730	$15580	Kubota	4	243D	16F-4R	68.00	5181	No
M7030 SUDT 4WD	$31700	$8880	$10780	$16480	$18700	Kubota	4	243D	16F-4R	68.00	5710	No
B7100 HSD 4WD	$9495	$3130	$3800	$5320	$5980	Kubota	3	47D	Variable	13.00	1257	No
M7580 DT	$39900	$11170	$13570	$20750	$23540	Kubota	4	264D	12F-12R	70.00	6834	No
M7580 DTC	$47900	$13410	$16290	$24740	$28260	Kubota	4	264D	12F-12R	70.00	7429	CHA
M7950 DT 4WD	$35000	$9800	$11900	$18200	$20650	Kubota	4	262D	12F-4R	75.00	6810	No
M7950 DT 4WD w/Cab	$42500	$11900	$14450	$22100	$25080	Kubota	4	262D	12F-4R	75.00	7297	CHA
M7950 F	$29000	$8120	$9860	$15080	$17110	Kubota	4	262D	12F-4R	75.00	5960	No
M7950 F w/Cab	$36900	$10330	$12550	$19190	$21770	Kubota	4	262D	12F-4R	75.00	6460	CHA
M8030 DTM 4WD	$37000	$10360	$12580	$19240	$21830	Kubota	4	262D	16F-4R	76.00	6342	No
M8030 F	$29300	$8200	$9960	$15240	$17290	Kubota	4	262D	16F-4R	76.00	5417	No
M8580 DT	$41600	$11650	$14140	$21630	$24540	Kubota	4	284D	12F-12R	80.00	8377	No
M8580 DTC	$50200	$14060	$17070	$26100	$29620	Kubota	4	284D	12F-12R	80.00	8973	CHA
M8950 DT 4WD	$40000	$11200	$13600	$20800	$23600	Kubota	4	262D	24F-8R	86.00	7226	No
M8950 DT 4WD w/Cab	$47500	$13300	$16150	$24700	$28030	Kubota	4	262D	24F-8R	86.00	8223	CHA
M8950 F	$34000	$9520	$11560	$17680	$20060	Kubota	4	262D	24F-8R	86.00	6953	No
M8950 F w/Cab	$41700	$11680	$14180	$21680	$24600	Kubota	4	262D	24F-8R	86.00	7452	CHA
M9580 DT	$47400	$13270	$16120	$24650	$27970	Kubota	4T	284D	24F-24R	100.0	8488	No

Kubota (Cont.)

Model	Approx. Retail Price New	Used Trade-In Avg.	Used Trade-In High	Used Retail Avg.	Used Retail High	Make	No. Cyls.	Displ. Cu.-in.	No. Speeds	P.T.O. H.P.	Approx. Shipping Wt.-Lbs.	Cab
1995 (Cont.)												
M9580 DTC	$55500	$15540	$18870	$28860	$32750	Kubota	4T	284D	24F-24R	100.0	9083	No

C, D, DT—Front Wheel Assist DTSS—Front Wheel Assist, Shuttle Shift E—Two Wheel Drive F—Farm Standard W—Two Row Offset
H, HC—High Clearance HSE—Hydrostatic Transmission, Two Wheel Drive HSD—Hydrostatic Transmission, Four Wheel Drive OC—Orchard L—Low Profile

Model	Approx. Retail Price New	Used Trade-In Avg.	Used Trade-In High	Used Retail Avg.	Used Retail High	Make	No. Cyls.	Displ. Cu.-in.	No. Speeds	P.T.O. H.P.	Approx. Shipping Wt.-Lbs.	Cab
1994												
B1550 DT 4WD	$11500	$3680	$4490	$6330	$7130	Kubota	3	52D	6F-2R	14.00	1279	No
B1550 E	$10000	$3200	$3900	$5500	$6200	Kubota	3	52D	6F-2R	14.00	1146	No
B1550 HSD 4WD	$13000	$4160	$5070	$7150	$8060	Kubota	3	52D	Variable	13.00	1356	No
B1550 HSE	$11500	$3680	$4490	$6330	$7130	Kubota	3	52D	Variable	13.00	1190	No
B1750 DT 4WD	$12600	$4030	$4910	$6930	$7810	Kubota	3	57D	6F-2R	16.50	1323	No
B1750 E	$11100	$3550	$4330	$6110	$6880	Kubota	3	57D	6F-2R	16.50	1201	No
B1750 HSD 4WD	$14200	$4540	$5540	$7810	$8800	Kubota	3	57D	Variable	15.50	1400	No
B1750 HSE	$12700	$4060	$4950	$6990	$7870	Kubota	3	57D	Variable	15.50	1257	No
B2150 DT 4WD	$13600	$4350	$5300	$7480	$8430	Kubota	4	75D	9F-3R	20.00	1764	No
B2150 E	$12000	$3840	$4680	$6600	$7440	Kubota	4	75D	9F-3R	20.00	1609	No
B2150 HSD 4WD	$15300	$4900	$5970	$8420	$9490	Kubota	4	75D	Variable	18.00	1775	No
B2150 HSE	$13700	$4380	$5340	$7540	$8490	Kubota	4	75D	Variable	18.00	1620	No
L2350 DT 4WD	$11400	$3650	$4450	$6270	$7070	Kubota	3	68D	8F-2R	20.5	2093	No
L2350 F-1	$9990	$3200	$3900	$5500	$6190	Kubota	3	68D	8F-2R	20.5	1781	No
L2650 DT-W 4WD	$15240	$4880	$5940	$8380	$9450	Kubota	3	85D	8F-8R	23.50	2602	No
L2900 DT	$16240	$5200	$6330	$8930	$10070	Kubota	3	91D	8F-8R	25.00	2800	No
L2900 F	$14200	$4540	$5540	$7810	$8800	Kubota	3	91D	8F-8R	25.00	2645	No
L2900 GST	$16550	$5300	$6460	$9100	$10260	Kubota	3	91D	8F-8R	25.00	2810	No
L3300 DT	$17750	$5680	$6920	$9760	$11010	Kubota	3	100D	8F-8R	28.00	2800	No
L3300 F	$15000	$4800	$5850	$8250	$9300	Kubota	3	100D	8F-8R	28.00	2645	No
L3300 GST	$18060	$5780	$7040	$9930	$11200	Kubota	3	100D	8F-8R	28.00	2810	No
L3600 DT	$18870	$6040	$7360	$10380	$11700	Kubota	4	113D	8F-8R	31.00	3030	No
L3600 GST	$19180	$6140	$7480	$10550	$11890	Kubota	4	113D	8F-8R	31.00	3075	No
M4030 SU	$18050	$5780	$7040	$9930	$11190	Kubota	5	149D	8F-2R	42.00	3946	No
B4200 DT 4WD	$8100	$2590	$3160	$4460	$5020	Kubota	2	35D	6F-2R	10	926	No
L4200 DT	$20475	$6550	$7990	$11260	$12700	Kubota	4	134D	8F-8R	37.00	3030	No
L4200 F	$17800	$5700	$6940	$9790	$11040	Kubota	4	134D	8F-8R	37.00	2875	No
L4200 F GST	$18110	$5800	$7060	$9960	$11230	Kubota	4	134D	8F-8R	37.00	2890	No
L4200 GST	$21385	$6840	$8340	$11760	$13260	Kubota	4	134D	8F-8R	37.00	3055	No
L4350 HDT 4WD	$24500	$7840	$9560	$13480	$15190	Kubota	4	134D	8F-8R	38.00	3860	No
L4350 HDT-W 4WD	$25200	$8060	$9830	$13860	$15620	Kubota	4	134D	8F-8R	38.00	3860	No
L4350 MDT 4WD	$23400	$7490	$9130	$12870	$14510	Kubota	4	134D	8F-8R	38.00	3860	No
L4850 HDT-W 4WD	$26600	$8510	$10370	$14630	$16490	Kubota	5	152D	8F-8R	43.00	4080	No
M4950 DT 4WD	$27000	$8640	$10530	$14850	$16740	Kubota	6	170D	12F-4R	49.00	5357	No
M4950 F	$21750	$6960	$8480	$11960	$13490	Kubota	6	170D	12F-4R	49.00	4762	No
M5030 SU	$20900	$6690	$8150	$11500	$12960	Kubota	6	170D	16F-4R	49.00	4409	No
M5030 SU MDT 4WD	$26200	$8380	$10220	$14410	$16240	Kubota	6	170D	8F-8R	49.00	4978	No
B5200 DT 4WD	$8900	$2850	$3470	$4900	$5520	Kubota	3	47D	6F-2R	11.50	1180	No
B5200 E	$8200	$2620	$3200	$4510	$5080	Kubota	3	47D	6F-2R	11.50	1058	No
L5450 HDT-W 4WD	$28800	$9220	$11230	$15840	$17860	Kubota	5	168D	8F-8R	49.00	4410	No
M5950 DT 4WD	$30300	$7880	$10000	$15450	$17570	Kubota	3	196D	12F-4R	58.00	5673	No
M5950 F	$24750	$6440	$8170	$12620	$14360	Kubota	3	196D	12F-4R	58.00	4989	No
M6030 DTN-B 4WD	$31200	$8110	$10300	$15910	$18100	Kubota	3	196D	16F-4R	57.00	5010	No
B6200 DT 4WD	$9300	$2980	$3630	$5120	$5770	Kubota	3	52D	6F-2R	12.50	1179	No
B6200 E	$8300	$2660	$3240	$4570	$5150	Kubota	3	52D	6F-2R	12.50	1058	No
B6200 HSD 4WD	$10600	$3390	$4130	$5830	$6570	Kubota	3	52D	Variable	12.50	1279	No
B6200 HSE	$9600	$3070	$3740	$5280	$5950	Kubota	3	52D	Variable	12.50	1158	No
M6950 DT 4WD	$31800	$8270	$10490	$16220	$18440	Kubota	4	243D	12F-4R	66.00	6504	No
M6950 F	$26250	$6830	$8660	$13390	$15230	Kubota	4	243D	12F-4R	66.00	5776	No
M7030 DTNB	$34900	$9070	$11520	$17800	$20240	Kubota	4	243D	16F-4R	68.00	5004	No
M7030 N	$27100	$7050	$8940	$13820	$15720	Kubota	4	243D	16F-4R	68.00	4410	No
M7030 SU	$26400	$6860	$8710	$13460	$15310	Kubota	4	243D	16F-4R	68.00	5181	No
M7030 SUDT 4WD	$31700	$8240	$10460	$16170	$18390	Kubota	4	243D	16F-4R	68.00	5710	No
B7100 HSD 4WD	$9495	$3040	$3700	$5220	$5890	Kubota	3	47D	Variable	13.00	1257	No
M7580 DT	$39900	$10370	$13170	$20350	$23140	Kubota	4	264D	12F-12R	70.00	6834	No
M7580 DTC	$47900	$12450	$15810	$24430	$27780	Kubota	4	264D	12F-12R	70.00	7429	CHA
M7950 DT 4WD	$35000	$9100	$11550	$17850	$20300	Kubota	4	262D	12F-4R	75.00	6810	No
M7950 DT 4WD w/Cab	$42500	$11050	$14030	$21680	$24650	Kubota	4	262D	12F-4R	75.00	7297	CHA
M7950 F	$29000	$7540	$9570	$14790	$16820	Kubota	4	262D	12F-4R	75.00	5960	No
M7950 F w/Cab	$36900	$9590	$12180	$18820	$21400	Kubota	4	262D	12F-4R	75.00	6460	CHA
M8030 DTM 4WD	$37000	$9620	$12210	$18870	$21460	Kubota	4	262D	16F-4R	76.00	6342	No
M8030 F	$29300	$7620	$9670	$14940	$16990	Kubota	4	262D	16F-4R	76.00	5417	No
M8580 DT	$41600	$10820	$13730	$21220	$24130	Kubota	4	284D	12F-12R	80.00	8377	No
M8580 DTC	$50200	$13050	$16570	$25600	$29120	Kubota	4	284D	12F-12R	80.00	8973	CHA
M8950 DT 4WD	$40000	$10400	$13200	$20400	$23200	Kubota	4	262D	24F-8R	86.00	7226	No
M8950 DT 4WD w/Cab	$47500	$12350	$15680	$24230	$27550	Kubota	4	262D	24F-8R	86.00	8223	CHA
M8950 F	$34000	$8840	$11220	$17340	$19720	Kubota	4	262D	24F-8R	86.00	6953	No
M8950 F w/Cab	$41700	$10840	$13760	$21270	$24190	Kubota	4	262D	24F-8R	86.00	7452	CHA
M9580 DT	$47400	$12320	$15640	$24170	$27490	Kubota	4T	284D	24F-24R	100.0	8488	No
M9580 DTC	$55500	$14430	$18320	$28310	$32190	Kubota	4T	284D	24F-24R	100.0	9083	No

C, D, DT—Front Wheel Assist DTSS—Front Wheel Assist, Shuttle Shift E—Two Wheel Drive F—Farm Standard W—Two Row Offset
H, HC—High Clearance HSE—Hydrostatic Transmission, Two Wheel Drive HSD—Hydrostatic Transmission, Four Wheel Drive OC—Orchard L—Low Profile

Model	Approx. Retail Price New	Used Trade-In Avg.	Used Trade-In High	Used Retail Avg.	Used Retail High	Make	No. Cyls.	Displ. Cu.-in.	No. Speeds	P.T.O. H.P.	Approx. Shipping Wt.-Lbs.	Cab
1993												
B1550 DT	$10900	$3380	$4140	$5890	$6760	Kubota	3	52D	6F-2R	14.00	1280	No
B1550 E	$9600	$2980	$3650	$5180	$5950	Kubota	3	52D	6F-2R	14.00	1150	No
B1550 HSD	$12400	$3840	$4710	$6700	$7690	Kubota	3	52D	Variable	13.00	1325	No
B1550 HSE	$11000	$3410	$4180	$5940	$6820	Kubota	3	52D	Variable	13.00	1190	Cab
B1750 DT	$12000	$3720	$4560	$6480	$7440	Kubota	3	57D	6F-2R	16.5	1290	No

Kubota (Cont.)

Model	Approx. Retail Price New	Used Trade-In Avg.	Used Trade-In High	Used Retail Avg.	Used Retail High	Make	Engine No. Cyls.	Displ. Cu.-in.	No. Speeds	P.T.O. H.P.	Approx. Shipping Wt.-Lbs.	Cab
1993 (Cont.)												
B1750 E	$10700	$3320	$4070	$5780	$6630	Kubota	3	57D	6F-2R	16.5	1170	No
B1750 HSD	$13500	$4190	$5130	$7290	$8370	Kubota	3	57D	Variable	16.5	1365	No
B1750 HSE	$12100	$3750	$4600	$6530	$7500	Kubota	3	57D	Variable	16.5	1225	No
B2150 DT	$13000	$4030	$4940	$7020	$8060	Kubota	4	75D	9F-3R	20.1	1675	No
B2150 E	$11600	$3600	$4410	$6260	$7190	Kubota	4	75D	9F-3R	20.1	1570	No
B2150 HSD	$14550	$4510	$5530	$7860	$9020	Kubota	4	75D	Variable	20.1	1720	No
B2150 HSE	$13100	$4060	$4980	$7070	$8120	Kubota	4	75D	Variable	20.1	1605	No
L2350 DT	$11400	$3530	$4330	$6160	$7070	Kubota	3	68D	8F-2R	20.5	2095	No
L2350 F	$9990	$3100	$3800	$5400	$6190	Kubota	3	68D	8F-2R	20.5	1780	No
L2650 DT	$14900	$4620	$5660	$8050	$9240	Kubota	3	85D	8F-8R	23.5	2600	No
L2650 F-3	$12300	$3810	$4670	$6640	$7630	Kubota	3	85D	8F-8R	23.5	2380	No
L2650 F-8	$13315	$4130	$5060	$7190	$8260	Kubota	3	85D	8F-8R	23.5	2380	No
L2650 GST	$16055	$4980	$6100	$8670	$9950	Kubota	3	85D	8F-8R	23.5	2655	No
L2950 DT	$15900	$4930	$6040	$8590	$9860	Kubota	3	89D	8F-8R	26.0	2720	No
L2950 F-3	$13000	$4030	$4940	$7020	$8060	Kubota	3	89D	8F-8R	26.0	2445	No
L2950 F-8	$14075	$4360	$5350	$7600	$8730	Kubota	3	89D	8F-8R	26.0	2445	No
L2950 GST	$16955	$5260	$6440	$9160	$10510	Kubota	3	89D	8F-8R	26.0	2780	No
L3450 DT	$17300	$5360	$6570	$9340	$10730	Kubota	4	113D	8F-8R	30.0	2845	No
L3450 F	$15100	$4680	$5740	$8150	$9360	Kubota	4	113D	8F-8R	30.0	2610	No
L3450 GST	$18355	$5690	$6980	$9910	$11380	Kubota	4	113D	8F-8R	30.0	2900	No
L3650 DT	$18090	$5610	$6870	$9770	$11220	Kubota	4	113D	8F-8R	33.0	2910	No
L3650 F	$15890	$4930	$6040	$8580	$9850	Kubota	4	113D	8F-8R	30.0	2700	No
L3650 GST	$18910	$5860	$7190	$10210	$11720	Kubota	4	113D	8F-8R	33.0	2965	No
M4030 SU	$17190	$4300	$5500	$8600	$9800	Kubota	6	158D	8F-8R	44.05	3950	No
B4200 DT	$7800	$2420	$2960	$4210	$4840	Kubota	2	35D	6F-2R	10	926	No
L4350 HDT-W	$24000	$7440	$9120	$12960	$14880	Kubota	4	134D	8F-8R	38.0	3860	No
L4350 MDT	$22300	$6910	$8470	$12040	$13830	Kubota	4	134D	8F-8R	38.0	3860	No
L4850 HDT-W	$25300	$6330	$8100	$12650	$14420	Kubota	5	152D	8F-8R	43.0	4080	No
M4950 DT	$27000	$6750	$8640	$13500	$15390	Kubota	6	170D	12F-4R	49.57	5450	No
M4950 F	$21750	$5440	$6960	$10880	$12400	Kubota	6	170D	12F-4R	49.57	4770	No
M5030 SU	$19900	$4980	$6370	$9950	$11340	Kubota	6	170D	8F-8R	49.77	4185	No
M5030 SU MDT	$25000	$6250	$8000	$12500	$14250	Kubota	6	170D	8F-8R	49.77	4980	No
B5200 DT	$8900	$2760	$3380	$4810	$5520	Kubota	3	47D	6F-2R	11.5	1180	No
B5200 E	$7900	$2450	$3000	$4270	$4900	Kubota	3	47D	6F-2R	11.5	1060	No
L5450 HDT-W	$27400	$8490	$10410	$14800	$16990	Kubota	5	168D	8F-8R	49.0	4410	No
M5950 DT	$30000	$7500	$9600	$15000	$17100	Kubota	3	196D	12F-4R	58.00	5675	No
M5950 F	$24500	$6130	$7840	$12250	$13970	Kubota	3	196D	12F-4R	58.00	4990	No
M6030 DTN	$29800	$7450	$9540	$14900	$16990	Kubota	3	196D	16F-4R	57.74	5010	No
B6200 DT	$9300	$2880	$3530	$5020	$5770	Kubota	3	52D	6F-2R	12.5	1180	No
B6200 E	$8300	$2570	$3150	$4480	$5150	Kubota	3	52D	6F-2R	12.5	1060	No
B6200 HSD	$10600	$3290	$4030	$5720	$6570	Kubota	3	52D	Variable	12.5	1280	No
B6200 HSE	$9600	$2980	$3650	$5180	$5950	Kubota	3	52D	Variable	12.5	1160	No
M6950 DT	$31800	$7950	$10180	$15900	$18130	Kubota	4	243D	12F-4R	66.44	6625	No
M6950 F	$26250	$6560	$8400	$13130	$14960	Kubota	4	243D	12F-4R	66.44	5795	No
M7030 DTN	$33300	$8330	$10660	$16650	$18980	Kubota	4	243D	16F-4R	68.86	5710	No
M7030 N	$26000	$6500	$8320	$13000	$14820	Kubota	3	243D	16F-4R	68.86	4586	No
M7030 SU	$25200	$6300	$8060	$12600	$14360	Kubota	4	243D	16F-4R	68.86	4586	No
M7030 SU DT	$30200	$7550	$9660	$15100	$17210	Kubota	4	243D	16F-4R	68.86	5710	No
B7100 HSD	$8995	$2790	$3420	$4860	$5580	Kubota	3	47D	Variable	13.0	1257	No
M7580 DT	$38000	$9500	$12160	$19000	$21660	Kubota	4	264D	12F-12R	70.00	7430	No
M7580 DTC	$45600	$11400	$14590	$22800	$25990	Kubota	4	264D	12F-12R	70.00		CHA
M7950 DT	$35000	$8750	$11200	$17500	$19950	Kubota	4	262D	12F-4R	75.44	6810	No
M7950 DTC	$42500	$10630	$13600	$21250	$24230	Kubota	4	262D	12F-4R	75.44		CHA
M7950 F	$29000	$7250	$9280	$14500	$16530	Kubota	4	262D	12F-4R	75.44	5960	No
M7950 FC	$36900	$9230	$11810	$18450	$21030	Kubota	4	262D	12F-4R	75.44		CHA
M8030 DT	$35000	$8750	$11200	$17500	$19950	Kubota	4	262D	16F-8R	76.91	6340	No
M8030 DTL	$34600	$8650	$11070	$17300	$19720	Kubota	4	262D	16F-8R	76.91	6340	No
M8030 DTM	$35500	$8880	$11360	$17750	$20240	Kubota	4	262D	16F-8R	76.91	6340	No
M8030 F	$28000	$7000	$8960	$14000	$15960	Kubota	4	262D	16F-8R	76.91	5420	No
M8580 DT	$39700	$9930	$12700	$19850	$22630	Kubota	4	285D	12F-12R	80.00	8975	No
M8580 DTC	$47800	$11950	$15300	$23900	$27250	Kubota	4	285D	12F-12R	80.00		CHA
M8950 DT	$40000	$10000	$12800	$20000	$22800	Kubota	4T	262D	24F-8R	85.63	7715	No
M8950 DTC	$47500	$11880	$15200	$23750	$27080	Kubota	4T	262D	24F-8R	85.63		CHA
M8950 F	$34000	$8500	$10880	$17000	$19380	Kubota	4T	262D	24F-8R	85.63	6955	No
M8950 FC	$41700	$10430	$13340	$20850	$23770	Kubota	4T	262D	24F-8R	85.63		CHA
M9580 DT	$45200	$11300	$14460	$22600	$25760	Kubota	4T	285D	24F-24R	91.00	9085	No
M9580 DTC	$52800	$13200	$16900	$26400	$30100	Kubota	4T	285D	24F-24R	91.00		CHA

C, D, DT—Front Wheel Assist DTSS—Front Wheel Assist, Shuttle Shift E—Two Wheel Drive F—Farm Standard W—Two Row Offset
H, HC—High Clearance HSE—Hydrostatic Transmission, Two Wheel Drive HSD—Hydrostatic Transmission, Four Wheel Drive OC—Orchard L—Low Profile

Model	Approx. Retail Price New	Used Trade-In Avg.	Used Trade-In High	Used Retail Avg.	Used Retail High	Make	Engine No. Cyls.	Displ. Cu.-in.	No. Speeds	P.T.O. H.P.	Approx. Shipping Wt.-Lbs.	Cab
1992												
B1550 DT 4WD	$10270	$3130	$3800	$5490	$6270	Kubota	3	52D	6F-2R	14.00	1246	No
B1550 E	$8945	$2730	$3310	$4790	$5460	Kubota	3	52D	6F-2R	14.00	1113	No
B1550 HSD 4WD	$11700	$3570	$4330	$6260	$7140	Kubota	3	52D	Variable	13.00	1323	No
B1550 HSE	$10750	$3160	$3840	$5550	$6330	Kubota	3	52D	Variable	13.00	1190	No
B1750 DT 4WD	$11310	$3450	$4190	$6050	$6900	Kubota	3	57D	6F-2R	16.50	1290	No
B1750 E	$9985	$3050	$3690	$5340	$6090	Kubota	3	57D	6F-2R	16.50	1168	No
B1750 HSD 4WD	$12740	$3890	$4710	$6820	$7770	Kubota	3	57D	Variable	15.50	1367	No
B1750 HSE	$11400	$3480	$4220	$6100	$6950	Kubota	3	57D	Variable	15.50	1224	No
B2150 DT 4WD	$12340	$3760	$4570	$6600	$7530	Kubota	4	75D	9F-3R	20.00	1731	No
B2150 E	$10900	$3330	$4030	$5830	$6650	Kubota	4	75D	9F-3R	20.00	1576	No
B2150 HSD 4WD	$13770	$4200	$5100	$7370	$8400	Kubota	4	75D	Variable	18.00	1742	No
B2150 HSE	$12400	$3780	$4590	$6630	$7560	Kubota	4	75D	Variable	18.00	1587	No
L2350 DT-7 4WD	$12770	$3900	$4730	$6830	$7790	Kubota	3	68D	8F-2R	20.5	2380	No

Model	Approx. Retail Price New	Used Trade-In Avg.	Used Trade-In High	Used Retail Avg.	Used Retail High	Make	No. Cyls.	Displ. Cu.-in.	No. Speeds	P.T.O. H.P.	Approx. Shipping Wt.-Lbs.	Cab
Kubota (Cont.)												
				1992 (Cont.)								
L2350 F-1	$10115	$3090	$3740	$5410	$6170	Kubota	3	68D	8F-2R	20.5	2170	No
L2650 DT-W 4WD	$13660	$4170	$5050	$7310	$8330	Kubota	3	85D	8F-8R	23.50	2602	No
L2950 DT-W 4WD	$14484	$4420	$5360	$7750	$8840	Kubota	3	89D	8F-8R	26.00	2734	No
L3450 DT-W 4WD	$15700	$4790	$5810	$8400	$9580	Kubota	4	114D	8F-8R	30.00	2866	No
L3650 DT-W 4WD	$16524	$5040	$6110	$8840	$10080	Kubota	4	114D	8F-8R	33.00	2911	No
L3650 GST 4WD	$17440	$5320	$6450	$9330	$10640	Kubota	4	114D	8F-8R	33.00	2833	No
M4030 SU	$16300	$3910	$5050	$7990	$9130	Kubota	5	149D	8F-2R	42.00	3946	No
B4200 DT 4WD	$7550	$2300	$2790	$4040	$4610	Kubota	2	35D	6F-2R	10	926	No
L4350 HDT 4WD	$22330	$6810	$8260	$11950	$13620	Kubota	4	134D	8F-8R	38.00	3860	No
L4350 HDT-W 4WD	$23050	$7030	$8530	$12330	$14060	Kubota	4	134D	8F-8R	38.00	3860	No
L4350 MDT 4WD	$21300	$6500	$7880	$11400	$12990	Kubota	4	134D	8F-8R	38.00	3860	No
L4850 HDT-W 4WD	$24275	$7400	$8980	$12990	$14810	Kubota	5	152D	8F-8R	43.00	4080	No
M4950 DT 4WD	$27230	$6480	$8370	$13230	$15120	Kubota	6	170D	12F-4R	49.00	5357	No
M4950 F	$21930	$5220	$6740	$10660	$12180	Kubota	6	170D	12F-4R	49.00	4762	No
M5030 SU	$18970	$4550	$5880	$9300	$10620	Kubota	6	170D	16F-4R	49.00	4185	No
M5030 SU MDT 4WD	$23860	$5730	$7400	$11690	$13360	Kubota	6	170D	8F-8R	49.00	4974	No
B5200 DT 4WD	$8690	$2650	$3220	$4650	$5300	Kubota	3	47D	6F-2R	11.50	1254	No
B5200 E	$7670	$2340	$2840	$4100	$4680	Kubota	3	47D	6F-2R	11.50	1122	No
L5450 HDT-W 4WD	$26360	$8040	$9750	$14100	$16080	Kubota	5	168D	8F-8R	49.00	4410	No
M5950 DT 4WD	$30600	$7270	$9390	$14850	$16970	Kubota	3	196D	12F-4R	58.00	5673	No
M5950 F	$24990	$5940	$7670	$12130	$13860	Kubota	3	196D	12F-4R	58.00	4989	No
M6030 DTN-B 4WD	$26520	$6370	$8220	$13000	$14850	Kubota	3	196D	16F-4R	58.00	5010	No
B6200 DT 4WD	$9100	$2780	$3370	$4870	$5550	Kubota	3	52D	6F-2R	12.50	1232	No
B6200 E	$8080	$2460	$2990	$4320	$4930	Kubota	3	52D	6F-2R	12.50	1333	No
B6200 HSD 4WD	$10430	$3180	$3860	$5580	$6360	Kubota	3	52D	Variable	12.50	1150	No
B6200 HSE	$9400	$2870	$3480	$5030	$5730	Kubota	3	52D	Variable	12.50	1100	No
M6950 DT 4WD	$32130	$7630	$9860	$15580	$17810	Kubota	4	243D	12F-4R	66.00	6504	No
M6950 F	$26520	$6300	$8140	$12860	$14700	Kubota	4	243D	12F-4R	66.00	5776	No
M7030 SU	$23970	$5750	$7430	$11750	$13420	Kubota	4	243D	16F-4R	68.00	4586	No
M7030 SUDT 4WD	$28800	$6910	$8930	$14110	$16130	Kubota	4	243D	16F-4R	68.00	5710	No
B7100 DT 4WD	$9200	$2810	$3400	$4920	$5610	Kubota	3	47D	6F-2R	13.00	1320	No
B7100 E	$8200	$2500	$3030	$4390	$5000	Kubota	3	47D	6F-2R	13.00	1215	No
B7100 HSD 4WD	$10500	$3200	$3890	$5620	$6410	Kubota	3	47D	Variable	13.00	1275	No
B7100 HSE	$9450	$2880	$3500	$5060	$5770	Kubota	3	47D	Variable	13.00	1225	No
M7950 DT 4WD	$35290	$8400	$10850	$17150	$19600	Kubota	4	262D	12F-4R	75.00	6810	No
M7950 DT 4WD w/Cab	$42840	$10200	$13180	$20830	$23800	Kubota	4	262D	12F-4R	75.00	6810	CHA
M7950 F	$28600	$6860	$8870	$14010	$16020	Kubota	4	262D	12F-4R	75.00	5960	No
M7950 F w/Cab	$36200	$8690	$11220	$17740	$20270	Kubota	4	262D	12F-4R	75.00	5960	CHA
M8030 F	$26724	$6410	$8280	$13100	$14970	Kubota	4	262D	16F-4R	76.00	5247	No
M8030 MDT 4WD	$33450	$8030	$10370	$16390	$18730	Kubota	4	262D	16F-4R	76.00	6342	No
M8950 DT 4WD	$40390	$9600	$12400	$19600	$22400	Kubota	4	262D	24F-8R	86.00	7726	No
M8950 DT 4WD w/Cab	$47940	$11400	$14730	$23280	$26600	Kubota	4	262D	24F-8R	86.00	7726	CHA
M8950 F	$33450	$8030	$10370	$16390	$18730	Kubota	4	262D	24F-8R	86.00	6953	No
M8950 F w/Cab	$41000	$9840	$12710	$20090	$22960	Kubota	4	262D	24F-8R	86.00	6953	CHA

C, D, DT—Front Wheel Assist DTSS—Front Wheel Assist, Shuttle Shift E—Two Wheel Drive F—Farm Standard W—Two Row Offset
H, HC—High Clearance HSE—Hydrostatic Transmission, Two Wheel Drive HSD—Hydrostatic Transmission, Four Wheel Drive OC—Orchard L—Low Profile

Model	Approx. Retail Price New	Used Trade-In Avg.	Used Trade-In High	Used Retail Avg.	Used Retail High	Make	No. Cyls.	Displ. Cu.-in.	No. Speeds	P.T.O. H.P.	Approx. Shipping Wt.-Lbs.	Cab
				1991								
B1550 DT 4WD	$10070	$2920	$3630	$5340	$6140	Kubota	3	52D	6F-2R	14.00	1246	No
B1550 E	$8770	$2540	$3160	$4650	$5350	Kubota	3	52D	6F-2R	14.00	1113	No
B1550 HSD 4WD	$11470	$3330	$4130	$6080	$7000	Kubota	3	52D	Variable	13.00	1323	No
B1550 HSE	$10170	$2950	$3660	$5390	$6200	Kubota	3	52D	Variable	13.00	1190	No
B1750 DT 4WD	$11090	$3220	$3990	$5880	$6770	Kubota	3	57D	6F-2R	16.50	1290	No
B1750 E	$9790	$2840	$3520	$5190	$5970	Kubota	3	57D	6F-2R	16.50	1168	No
B1750 HSD 4WD	$12490	$3620	$4500	$6620	$7620	Kubota	3	57D	Variable	15.50	1367	No
B1750 HSE	$11190	$3250	$4030	$5930	$6830	Kubota	3	57D	Variable	15.50	1224	No
L2050 DT 4WD	$10190	$2960	$3670	$5400	$6220	Kubota	3	68D	8F-2R	20.00	2093	No
L2050 F	$8990	$2610	$3240	$4770	$5480	Kubota	3	68D	8F-2R	20.00	1781	No
B2150 DT 4WD	$12100	$3510	$4360	$6410	$7380	Kubota	4	75D	9F-3R	20.00	1731	No
B2150 E	$10700	$3100	$3850	$5670	$6530	Kubota	4	75D	9F-3R	20.00	1576	No
B2150 HSD 4WD	$13500	$3920	$4860	$7160	$8240	Kubota	4	75D	Variable	18.00	1742	No
B2150 HSE	$12200	$3540	$4390	$6470	$7440	Kubota	4	75D	Variable	18.00	1587	No
L2250 DT-7 4WD	$12520	$3630	$4510	$6640	$7640	Kubota	3	79D	8F-7R	21.00	2380	No
L2250 F-1	$9920	$2880	$3570	$5260	$6050	Kubota	3	79D	8F-7R	21.00	2170	No
L2550 DT-7 4WD	$13540	$3930	$4870	$7180	$8260	Kubota	3	85D	8F-7R	23.50	2485	No
L2550 F-7	$12040	$3490	$4330	$6380	$7340	Kubota	3	85D	8F-7R	23.50	2305	No
L2550 GST 4WD	$15000	$4350	$5400	$7950	$9150	Kubota	3	85D	8F-8R	23.50	2490	No
L2650 DT-W 4WD	$13400	$3890	$4820	$7100	$8170	Kubota	3	85D	8F-8R	23.50	2602	No
L2850 DT-7 4WD	$15470	$4490	$5570	$8200	$9440	Kubota	4	106D	8F-7R	27.00	2680	No
L2850 F-7	$13740	$3990	$4950	$7280	$8380	Kubota	4	106D	8F-7R	27.00	2480	No
L2850 GST 4WD	$16900	$4900	$6080	$8960	$10310	Kubota	4	106D	8F-8R	27.00	2680	No
L2950 DT-W 4WD	$14200	$4120	$5110	$7530	$8660	Kubota	3	89D	8F-8R	26.00	2734	No
L3250 DT 4WD	$16590	$4810	$5970	$8790	$10120	Kubota	4	114D	8F-7R	32.00	2740	No
L3250 F	$14590	$4230	$5250	$7730	$8900	Kubota	4	114D	8F-7R	32.00	2530	No
L3350 DT 4WD	$18500	$5370	$6660	$9810	$11290	Kubota	4	114D	8F-8R	33.00	3770	No
L3450 DT-W 4WD	$15400	$4470	$5540	$8160	$9390	Kubota	4	114D	8F-8R	30.00	2866	No
L3650 DT-W 4WD	$16200	$4700	$5830	$8590	$9880	Kubota	4	114D	8F-8R	33.00	2911	No
L3650 GST 4WD	$17100	$4960	$6160	$9060	$10430	Kubota	4	114D	8F-8R	33.00	2833	No
L3750 DT 4WD	$20500	$5950	$7380	$10870	$12510	Kubota	4	142D	8F-8R	37.00	3860	No
L3750 F	$16000	$4640	$5760	$8480	$9760	Kubota	4	142D	8F-8R	37.00	3640	No
M4030 SU	$15990	$3680	$4800	$7680	$8800	Kubota	5	149D	8F-2R	42.00	3946	No
L4150 DT 4WD	$22000	$6380	$7920	$11660	$13420	Kubota	5	142D	8F-8R	40.00	4080	No
L4150 F	$17200	$4990	$6190	$9120	$10490	Kubota	5	142D	8F-8R	40.00	3750	Cab
B4200 DT 4WD	$7420	$2150	$2670	$3930	$4530	Kubota	2	35D	6F-2R	10	926	No

Kubota (Cont.)

Model	Approx. Retail Price New	Used Trade-In Avg.	Used Trade-In High	Used Retail Avg.	Used Retail High	Make	Engine No. Cyls.	Displ. Cu.-in.	No. Speeds	P.T.O. H.P.	Approx. Shipping Wt.-Lbs.	Cab
1991 (Cont.)												
L4350 HDT 4WD	$21900	$6350	$7880	$11610	$13360	Kubota	4	134D	8F-8R	38.00	3860	No
L4350 HDT-W 4WD	$22600	$6550	$8140	$11980	$13790	Kubota	4	134D	8F-8R	38.00	3860	No
L4350 MDT 4WD	$20900	$6060	$7520	$11080	$12750	Kubota	4	134D	8F-8R	38.00	3860	No
L4850 HDT-W 4WD	$23700	$6900	$8570	$12610	$14520	Kubota	5	152D	8F-8R	43.00	4080	No
M4950 DT 4WD	$26700	$6140	$8010	$12820	$14690	Kubota	6	170D	12F-4R	49.00	5357	No
M4950 F	$21500	$4950	$6450	$10320	$11830	Kubota	6	170D	12F-4R	49.00	4762	No
M5030 SU	$18600	$4280	$5580	$8930	$10230	Kubota	6	170D	16F-4R	49.00	4185	No
M5030 SU MDT 4WD	$23400	$5380	$7020	$11230	$12870	Kubota	6	170D	8F-8R	49.00	4974	No
B5200 DT 4WD	$8520	$2470	$3070	$4520	$5200	Kubota	3	47D	6F-2R	11.50	1254	No
B5200 E	$7520	$2180	$2710	$3990	$4590	Kubota	3	47D	6F-2R	11.50	1122	No
L5450 HDT-W 4WD	$25850	$7500	$9310	$13700	$15770	Kubota	5	168D	8F-8R	49.00	4410	No
M5950 DT 4WD	$30000	$6900	$9000	$14400	$16500	Kubota	3	196D	12F-4R	58.00	5673	No
M5950 F	$24500	$5640	$7350	$11760	$13480	Kubota	3	196D	12F-4R	58.00	4989	No
M6030 DTN-B 4WD	$26000	$5980	$7800	$12480	$14300	Kubota	3	196D	16F-4R	58.00	5010	No
B6200 DT 4WD	$8930	$2590	$3220	$4730	$5450	Kubota	3	52D	6F-2R	12.50	1232	No
B6200 E	$7930	$2300	$2860	$4200	$4840	Kubota	3	52D	6F-2R	12.50	1333	No
B6200 HSD 4WD	$10230	$2970	$3680	$5420	$6240	Kubota	3	52D	Variable	12.50	1150	No
B6200 HSE	$9230	$2680	$3320	$4890	$5630	Kubota	3	52D	Variable	12.50	1100	No
M6950 DT 4WD	$31500	$7250	$9450	$15120	$17330	Kubota	4	243D	12F-4R	66.00	6504	No
M6950 F	$26000	$5980	$7800	$12480	$14300	Kubota	4	243D	12F-4R	66.00	5776	No
M7030 SU	$23500	$5410	$7050	$11280	$12930	Kubota	4	243D	16F-4R	68.00	4586	No
M7030 SUDT 4WD	$28300	$6510	$8490	$13580	$15570	Kubota	4	243D	16F-4R	68.00	5710	No
B7200 DT 4WD	$9200	$2670	$3310	$4880	$5610	Kubota	3	57D	6F-2R	14.00	1320	No
B7200 E	$8200	$2380	$2950	$4350	$5000	Kubota	3	57D	6F-2R	14.00	1215	No
B7200 HSD 4WD	$10500	$3050	$3780	$5570	$6410	Kubota	3	57D	Variable	14.00	1275	No
B7200 HSE	$9450	$2740	$3400	$5010	$5770	Kubota	3	57D	Variable	14.00	1225	No
M7950 DT 4WD	$34600	$7960	$10380	$16610	$19030	Kubota	4	262D	12F-4R	75.00	6810	No
M7950 DT 4WD w/Cab	$42000	$9660	$12600	$20160	$23100	Kubota	4	262D	12F-4R	75.00	6810	CHA
M7950 F	$28100	$6460	$8430	$13490	$15460	Kubota	4	262D	12F-4R	75.00	5960	No
M7950 F w/Cab	$35500	$8170	$10650	$17040	$19530	Kubota	4	262D	12F-4R	75.00	5960	CHA
M8030 F	$26200	$6030	$7860	$12580	$14410	Kubota	4	262D	16F-4R	76.00	5247	No
M8030 MDT 4WD	$32800	$7540	$9840	$15740	$18040	Kubota	4	262D	16F-4R	76.00	6342	No
B8200 DT 4WD	$10100	$2930	$3640	$5350	$6160	Kubota	3	57D	9F-3R	16.00	1525	No
B8200 F	$9000	$2610	$3240	$4770	$5490	Kubota	3	57D	9F-3R	16.00	1408	No
B8200 HSD 4WD	$11400	$3310	$4100	$6040	$6950	Kubota	3	57D	Variable	14.50	1525	No
B8200 HSE	$10350	$3000	$3730	$5490	$6310	Kubota	3	57D	Variable	14.50	1408	No
M8950 DT 4WD	$39600	$9110	$11880	$19010	$21780	Kubota	4	262D	24F-8R	86.00	7726	No
M8950 DT 4WD w/Cab	$47000	$10810	$14100	$22560	$25850	Kubota	4	262D	24F-8R	86.00	7726	CHA
M8950 F	$32800	$7540	$9840	$15740	$18040	Kubota	4	262D	24F-8R	86.00	6953	No
M8950 F w/Cab	$40200	$9250	$12060	$19300	$22110	Kubota	4	262D	24F-8R	86.00	6953	CHA
B9200 DT 4WD	$11000	$3190	$3960	$5830	$6710	Kubota	3	75D	9F-3R	18.50	1709	No
B9200 F	$9900	$2870	$3560	$5250	$6040	Kubota	3	75D	9F-3R	18.50	1555	No
B9200 HSD 4WD	$12300	$3570	$4430	$6520	$7500	Kubota	4	75D	Variable	16.00	1720	No
B9200 HSE	$11250	$3260	$4050	$5960	$6860	Kubota	4	75D	Variable	16.00	1603	No

C, D, DT—Front Wheel Assist DTSS—Front Wheel Assist, Shuttle Shift E—Two Wheel Drive F—Farm Standard W—Two Row Offset
H, HC—High Clearance HSE—Hydrostatic Transmission, Two Wheel Drive HSD—Hydrostatic Transmission, Four Wheel Drive OC—Orchard L—Low Profile

Model	Approx. Retail Price New	Used Trade-In Avg.	Used Trade-In High	Used Retail Avg.	Used Retail High	Make	Engine No. Cyls.	Displ. Cu.-in.	No. Speeds	P.T.O. H.P.	Approx. Shipping Wt.-Lbs.	Cab
1990												
B1550 DT 4WD	$10070	$2870	$3530	$5340	$6140	Kubota	3	52D	6F-2R	14.00	1246	No
B1550 E	$8770	$2500	$3070	$4650	$5350	Kubota	3	52D	6F-2R	14.00	1113	No
B1550 HSD 4WD	$11470	$3270	$4020	$6080	$7000	Kubota	3	52D	Variable	13.00	1323	No
B1550 HSE	$10170	$2900	$3560	$5390	$6200	Kubota	3	52D	Variable	13.00	1190	No
B1750 DT 4WD	$11090	$3160	$3880	$5880	$6770	Kubota	3	57D	6F-2R	16.50	1290	No
B1750 E	$9790	$2790	$3430	$5190	$5970	Kubota	3	57D	6F-2R	16.50	1168	No
B1750 HSD 4WD	$12490	$3560	$4370	$6620	$7620	Kubota	3	57D	Variable	15.50	1367	No
B1750 HSE	$11190	$3190	$3920	$5930	$6830	Kubota	3	57D	Variable	15.50	1224	No
L2050 DT 4WD	$10190	$2900	$3570	$5400	$6220	Kubota	3	68D	8F-2R	20.00	2093	No
L2050 F	$8990	$2560	$3150	$4770	$5480	Kubota	3	68D	8F-2R	20.00	1781	No
B2150 DT 4WD	$12100	$3450	$4240	$6410	$7380	Kubota	4	75D	9F-3R	20.00	1731	No
B2150 E	$10700	$3050	$3750	$5670	$6530	Kubota	4	75D	9F-3R	20.00	1576	No
B2150 HSD 4WD	$13500	$3850	$4730	$7160	$8240	Kubota	4	75D	Variable	18.00	1742	No
B2150 HSE	$12200	$3480	$4270	$6470	$7440	Kubota	4	75D	Variable	18.00	1587	No
L2250 DT-7 4WD	$12520	$3570	$4380	$6640	$7640	Kubota	3	79D	8F-7R	21.00	2380	No
L2250 F-1	$9920	$2830	$3470	$5260	$6050	Kubota	3	79D	8F-7R	21.00	2170	No
L2550 DT-7 4WD	$13540	$3860	$4740	$7180	$8260	Kubota	3	85D	8F-7R	23.50	2485	No
L2550 F-7	$12040	$3430	$4210	$6380	$7340	Kubota	3	85D	8F-7R	23.50	2305	No
L2550 GST 4WD	$15000	$4280	$5250	$7950	$9150	Kubota	3	85D	8F-8R	23.50	2490	No
L2650 DT-W 4WD	$13400	$3820	$4690	$7100	$8170	Kubota	3	85D	8F-8R	23.50	2602	No
L2850 DT-7 4WD	$15470	$4410	$5420	$8200	$9440	Kubota	4	106D	8F-7R	27.00	2680	No
L2850 F-7	$13740	$3920	$4810	$7280	$8380	Kubota	4	106D	8F-7R	27.00	2480	No
L2850 GST 4WD	$16900	$4820	$5920	$8960	$10310	Kubota	4	106D	8F-8R	27.00	2680	No
L2950 DT-W 4WD	$14200	$4050	$4970	$7530	$8660	Kubota	3	89D	8F-8R	26.00	2734	No
L3250 DT 4WD	$16590	$4730	$5810	$8790	$10120	Kubota	4	114D	8F-7R	32.00	2740	No
L3250 F	$14590	$4160	$5110	$7730	$8900	Kubota	4	114D	8F-7R	32.00	2530	No
L3350 DT 4WD	$18500	$5270	$6480	$9810	$11290	Kubota	4	114D	8F-8R	33.00	3770	No
L3450 DT-W 4WD	$15400	$4390	$5390	$8160	$9390	Kubota	4	114D	8F-8R	30.00	2866	No
L3650 DT-W 4WD	$16200	$4620	$5670	$8590	$9880	Kubota	4	114D	8F-8R	33.00	2911	No
L3650 GST 4WD	$17100	$4870	$5990	$9060	$10430	Kubota	4	114D	8F-8R	33.00	2833	No
L3750 DT 4WD	$20500	$5840	$7180	$10870	$12510	Kubota	4	142D	8F-8R	37.00	3860	No
L3750 F	$16000	$4560	$5600	$8480	$9760	Kubota	4	142D	8F-8R	37.00	3640	No
M4030 SU	$15990	$3520	$4640	$7520	$8640	Kubota	5	149D	8F-2R	42.00	3946	No
L4150 DT 4WD	$22000	$6270	$7700	$11660	$13420	Kubota	5	142D	8F-8R	40.00	4080	No
L4150 F	$17200	$4900	$6020	$9120	$10490	Kubota	5	142D	8F-8R	40.00	3750	No
B4200 DT 4WD	$7420	$2120	$2600	$3930	$4530	Kubota	2	35D	6F-2R	10	926	No

Model	Approx. Retail Price New	Used Trade-In Avg.	Used Trade-In High	Used Retail Avg.	Used Retail High	Make	No. Cyls.	Displ. Cu.-in.	No. Speeds	P.T.O. H.P.	Approx. Shipping Wt.-Lbs.	Cab
Kubota (Cont.)												
				1990 (Cont.)								
L4350 HDT 4WD	$21900	$6240	$7670	$11610	$13360	Kubota	4	134D	8F-8R	38.00	3860	No
L4350 HDT-W 4WD	$22600	$6440	$7910	$11980	$13790	Kubota	4	134D	8F-8R	38.00	3860	No
L4350 MDT 4WD	$20900	$5960	$7320	$11080	$12750	Kubota	4	134D	8F-8R	38.00	3860	No
L4850 HDT-W 4WD	$23800	$6780	$8330	$12610	$14520	Kubota	5	152D	8F-8R	43.00	4080	No
M4950 DT 4WD	$26700	$5870	$7740	$12550	$14420	Kubota	6	170D	12F-4R	49.00	5357	No
M4950 F	$21500	$4730	$6240	$10110	$11610	Kubota	6	170D	12F-4R	49.00	4762	No
M5030 SU	$18600	$4090	$5390	$8740	$10040	Kubota	6	170D	16F-4R	49.00	4185	No
M5030 SU MDT 4WD	$23400	$5150	$6790	$11000	$12640	Kubota	6	170D	8F-8R	49.00	4974	No
B5200 DT 4WD	$8520	$2430	$2980	$4520	$5200	Kubota	3	47D	6F-2R	11.50	1254	No
B5200 E	$7520	$2140	$2630	$3990	$4590	Kubota	3	47D	6F-2R	11.50	1122	No
L5450 HDT-W 4WD	$25850	$7370	$9050	$13700	$15770	Kubota	5	168D	8F-8R	49.00	4410	No
M5950 DT 4WD	$30000	$6600	$8700	$14100	$16200	Kubota	3	196D	12F-4R	58.00	5673	No
M5950 F	$24500	$5390	$7110	$11520	$13230	Kubota	3	196D	12F-4R	58.00	4989	No
M6030 DTN-B 4WD	$26000	$5720	$7540	$12220	$14040	Kubota	3	196D	16F-4R	58.00	5010	No
B6200 DT 4WD	$8930	$2550	$3130	$4730	$5450	Kubota	3	52D	6F-2R	12.50	1232	No
B6200 E	$7930	$2260	$2780	$4200	$4840	Kubota	3	52D	6F-2R	12.50	1333	No
B6200 HSD 4WD	$10230	$2920	$3580	$5420	$6240	Kubota	3	52D	Variable	12.50	1150	No
B6200 HSE	$9230	$2630	$3230	$4890	$5630	Kubota	3	52D	Variable	12.50	1100	No
M6950 DT 4WD	$31500	$6930	$9140	$14810	$17010	Kubota	4	243D	12F-4R	66.00	6504	No
M6950 F	$26000	$5720	$7540	$12220	$14040	Kubota	4	243D	12F-4R	66.00	5776	No
M7030 SU	$23500	$5170	$6820	$11050	$12690	Kubota	4	243D	16F-4R	68.00	4586	No
M7030 SUDT 4WD	$28300	$6230	$8210	$13300	$15280	Kubota	4	243D	16F-4R	68.00	5710	No
B7200 DT 4WD	$9200	$2620	$3220	$4880	$5610	Kubota	3	57D	6F-2R	14.00	1320	No
B7200 E	$8200	$2340	$2870	$4350	$5000	Kubota	3	57D	6F-2R	14.00	1215	No
B7200 HSD 4WD	$10500	$2990	$3680	$5570	$6410	Kubota	3	57D	Variable	14.00	1275	No
B7200 HSE	$9450	$2690	$3310	$5010	$5770	Kubota	3	57D	Variable	14.00	1225	No
M7950 DT 4WD	$34600	$7610	$10030	$16260	$18680	Kubota	4	262D	12F-4R	75.00	6810	No
M7950 DT 4WD w/Cab	$42000	$9240	$12180	$19740	$22680	Kubota	4	262D	12F-4R	75.00	6810	CHA
M7950 F	$28100	$6180	$8150	$13210	$15170	Kubota	4	262D	12F-4R	75.00	5960	No
M7950 F w/Cab	$35500	$7810	$10300	$16690	$19170	Kubota	4	262D	12F-4R	75.00	5960	CHA
M8030 F	$26200	$5760	$7600	$12310	$14150	Kubota	4	262D	16F-4R	76.00	5247	No
M8030 MDT 4WD	$32800	$7220	$9510	$15420	$17710	Kubota	4	262D	16F-4R	76.00	6342	No
B8200 DT 4WD	$10100	$2880	$3540	$5350	$6160	Kubota	3	57D	9F-3R	16.00	1525	No
B8200 F	$9000	$2570	$3150	$4770	$5490	Kubota	3	57D	9F-3R	16.00	1408	No
B8200 HSD 4WD	$11400	$3250	$3990	$6040	$6950	Kubota	3	57D	Variable	14.50	1525	No
B8200 HSE	$10350	$2950	$3620	$5490	$6310	Kubota	3	57D	Variable	14.50	1408	No
M8950 DT 4WD	$39600	$8710	$11480	$18610	$21380	Kubota	4	262D	24F-8R	86.00	7726	No
M8950 DT 4WD w/Cab	$47000	$10340	$13630	$22090	$25380	Kubota	4	262D	24F-8R	86.00	7726	CHA
M8950 F	$32800	$7220	$9510	$15420	$17710	Kubota	4	262D	24F-8R	86.00	6953	No
M8950 F w/Cab	$40200	$8840	$11660	$18890	$21710	Kubota	4	262D	24F-8R	86.00	6953	CHA
B9200 DT 4WD	$11000	$3140	$3850	$5830	$6710	Kubota	3	75D	9F-3R	18.50	1709	No
B9200 F	$9900	$2820	$3470	$5250	$6040	Kubota	3	75D	9F-3R	18.50	1555	No
B9200 HSD 4WD	$12300	$3510	$4310	$6520	$7500	Kubota	4	75D	Variable	16.00	1720	No
B9200 HSE	$11250	$3210	$3940	$5960	$6860	Kubota	4	75D	Variable	16.00	1603	No

C, D, DT—Front Wheel Assist DTSS—Front Wheel Assist, Shuttle Shift E—Two Wheel Drive F-Farm Standard W—Two Row Offset
H, HC—High Clearance HSE—Hydrostatic Transmission, Two Wheel Drive HSD—Hydrostatic Transmission, Four Wheel Drive OC—Orchard L—Low Profile

Model	Approx. Retail Price New	Used Trade-In Avg.	Used Trade-In High	Used Retail Avg.	Used Retail High	Make	No. Cyls.	Displ. Cu.-in.	No. Speeds	P.T.O. H.P.	Approx. Shipping Wt.-Lbs.	Cab
				1989								
L245 HC	$9980	$2790	$3390	$5290	$6140	Kubota	3	68D	8F-2R	22.00	2345	No
L355 SS	$14360	$4020	$4880	$7610	$8830	Kubota	4	105D	8F-8R	29.00	2684	No
L2250 DT-1 4WD	$9880	$2770	$3360	$5240	$6080	Kubota	3	79D	8F-7R	21.15	2321	No
L2250 F-1	$8550	$2390	$2910	$4530	$5260	Kubota	3	79D	8F-7R	21.15	2068	No
L2550 DT-1 4WD	$10700	$3000	$3640	$5670	$6580	Kubota	3	85D	8F-7R	23.98	2464	No
L2550 F-1	$9275	$2600	$3150	$4920	$5700	Kubota	3	85D	8F-7R	23.98	2220	No
L2850 DT-1 4WD	$12150	$3400	$4130	$6440	$7470	Kubota	4	106D	8F-7R	27.51	2705	No
L2850 F-1	$10250	$2870	$3490	$5430	$6300	Kubota	4	106D	8F-7R	27.51	2464	No
L3350 HDT	$17500	$4900	$5950	$9280	$10760	Kubota	4	113D	8F-8R	32.86	3770	No
L3750 HDT 4WD	$19570	$5480	$6650	$10370	$12040	Kubota	5	142D	8F-8R	36.96	3860	No
L3750 HF	$15450	$4330	$5250	$8190	$9500	Kubota	5	142D	8F-8R	36.96	3640	No
M4030 DT 4WD	$20900	$4390	$5850	$9610	$11080	Kubota	6	159D	8F-2R	44.05	4784	No
M4030 F/L	$16790	$3530	$4700	$7720	$8900	Kubota	6	159D	8F-2R	44.05	4232	No
L4150 DTN	$20700	$5800	$7040	$10970	$12730	Kubota	5	142D	8F-8R	40.00	4145	No
L4150 HDT 4WD	$21100	$5910	$7170	$11180	$12980	Kubota	5	142D	8F-8R	40.64	4080	No
L4150 HF	$16450	$4610	$5590	$8720	$10120	Kubota	5	142D	8F-8R	40.64	3750	No
B4200 DT	$6180	$1730	$2100	$3280	$3800	Kubota	2	35D	6F-2R	10	926	No
M4950 DT 4WD	$23600	$4960	$6610	$10860	$12510	Kubota	6	170D	12F-4R	49.57	5452	No
M4950 F	$19150	$4020	$5360	$8810	$10150	Kubota	6	170D	12F-4R	49.57	4760	No
M5030 DT 4WD	$22450	$6290	$7630	$11900	$13810	Kubota	6	170D	16F-4R	49.77	4788	CH
M5030 F	$18300	$3840	$5120	$8420	$9700	Kubota	6	170D	16F-4R	49.77	4232	CH
B5200 DT 4WD	$7250	$2030	$2470	$3840	$4460	Kubota	3	47D	6F-2R	11.50	1254	No
B5200 E	$6375	$1790	$2170	$3380	$3920	Kubota	3	47D	6F-2R	11.50	1122	No
M5950 DT	$27600	$5800	$7730	$12700	$14630	Kubota	3	196D	12F-4R	58.00	5673	No
M5950 DT 4WD w/Cab	$34700	$7290	$9720	$15960	$18390	Kubota	3	196D	12F-4R	58.00	6563	CHA
M5950 F	$22600	$4750	$6330	$10400	$11980	Kubota	3	196D	12F-4R	58.00	4989	No
M5950 F w/Cab	$29700	$6240	$8320	$13660	$15740	Kubota	3	196D	12F-4R	58.00	5879	CHA
M6030 DT 4WD	$24600	$5170	$6890	$11320	$13040	Kubota	3	196D	16F-4R	57.74	6300	No
M6030 DTN	$24500	$5150	$6860	$11270	$12990	Kubota	3	196D	16F-4R	57.00	4740	No
M6030 F/L	$19800	$4160	$5540	$9110	$10490	Kubota	3	196D	16F-4R	57.74	4630	No
B6200 DT 4WD	$7890	$2210	$2680	$4180	$4850	Kubota	3	52D	6F-2R	12.50	1232	No
B6200 E	$6960	$1950	$2370	$3690	$4280	Kubota	3	52D	6F-2R	12.50	1333	No
B6200 HSD 4WD	$9050	$2530	$3080	$4800	$5570	Kubota	3	52D	Variable	12.50	1150	No
B6200 HSE	$8050	$2250	$2740	$4270	$4950	Kubota	3	52D	Variable	12.50	1100	No
M6950 DT 4WD	$29300	$6150	$8200	$13480	$15530	Kubota	4	243D	12F-4R	66.44	6622	No
M6950 DT 4WD w/Cab	$36400	$7640	$10190	$16740	$19290	Kubota	4	243D	12F-4R	66.44	7512	CHA

Model	Approx. Retail Price New	Used Trade-In Avg.	Used Trade-In High	Used Retail Avg.	Used Retail High	Make	Engine No. Cyls.	Displ. Cu.-in.	No. Speeds	P.T.O. H.P.	Approx. Shipping Wt.-Lbs.	Cab
Kubota (Cont.)												
				1989 (Cont.)								
M6950 F	$24200	$5080	$6780	$11130	$12830	Kubota	4	243D	12F-4R	66.44	5770	No
M6950 F w/Cab	$31300	$6570	$8760	$14400	$16590	Kubota	4	243D	12F-4R	66.44	5780	CHA
M7030 DT 4WD	$28100	$5900	$7870	$12930	$14890	Kubota	4	243D	16F-4R	68.87	5159	No
M7030 F/L	$22400	$4700	$6270	$10300	$11870	Kubota	4	243D	16F-4R	68.87	4607	No
B7200 DT 4WD	$8350	$2340	$2840	$4430	$5140	Kubota	3	57D	6F-2R	14.00	1320	No
B7200 E	$7360	$2060	$2500	$3900	$4530	Kubota	3	57D	6F-2R	14.00	1215	No
B7200 HSD 4WD	$9580	$2680	$3260	$5080	$5890	Kubota	3	57D	Variable	14.00	1275	No
B7200 HSE	$8590	$2410	$2920	$4550	$5280	Kubota	3	57D	Variable	14.00	1225	No
M7950 DT 4WD	$33400	$7010	$9350	$15360	$17700	Kubota	4	262D	12F-4R	75.44	6100	No
M7950 DT 4WD w/Cab	$40500	$8510	$11340	$18630	$21470	Kubota	4	262D	12F-4R	75.44	6970	CHA
M7950 DTM 4WD	$34300	$7200	$9600	$15780	$18180	Kubota	4	262D	16F-4R	75.44	6100	No
M7950 F	$26700	$5610	$7480	$12280	$14150	Kubota	4	262D	12F-4R	75.44	5950	No
M7950 F w/Cab	$33800	$7100	$9460	$15550	$17910	Kubota	4	262D	12F-4R	75.44		CHA
M7950 HC	$28100	$5900	$7870	$12930	$14890	Kubota	4	262D	16F-4R	75.44	5600	No
M7950 W	$27000	$5670	$7560	$12420	$14310	Kubota	4	262D	16F-4R	75.44	5600	No
M8030 DT 4WD	$30180	$6340	$8450	$13880	$16000	Kubota	4	262D	16F-4R	76.91	5710	No
M8030 F/L	$24000	$5040	$6720	$11040	$12720	Kubota	4	262D	16F-4R	76.91	5109	No
B8200 DT-2 4WD	$9060	$2540	$3080	$4800	$5570	Kubota	3	57D	9F-3R	16.00	1525	No
B8200 F	$8030	$2250	$2730	$4260	$4940	Kubota	3	57D	9F-3R	16.00	1408	No
B8200 HSD 4WD	$10400	$2910	$3540	$5510	$6400	Kubota	3	57D	Variable	14.50	1525	No
B8200 HSE	$9250	$2590	$3150	$4900	$5690	Kubota	3	57D	Variable	14.50	1408	No
M8950 DT	$37600	$7900	$10530	$17300	$19930	Kubota	4T	262D	24F-8R	85.63	6853	No
M8950 DT 4WD w/Cab	$44700	$9390	$12520	$20560	$23690	Kubota	4	262D	24F-8R	85.63	7713	CHA
M8950 F w/Cab	$38000	$7980	$10640	$17480	$20140	Kubota	4T	262D	24F-8R	85.63	6953	CHA
M8950 F/L	$30900	$6490	$8650	$14210	$16380	Kubota	4T	262D	24F-8R	85.63	6093	No
B9200 DT	$9580	$2680	$3260	$5080	$5890	Kubota	3	57D	9F-3R	18.50	1676	No
B9200 F	$8550	$2390	$2910	$4530	$5260	Kubota	3	57D	9F-3R	18.50	1570	No
B9200 HSD 4WD	$10900	$3050	$3710	$5780	$6700	Kubota	4	75D	Variable	16.00	4916	No
B9200 HSE	$9780	$2740	$3330	$5180	$6020	Kubota	4	75D	Variable	16.00	4299	No

C, D, DT—Front Wheel Assist DTSS—Front Wheel Assist, Shuttle Shift E—Two Wheel Drive W—Two Row Offset F—Farm Standard
HC—High Clearance HSE—Hydrostatic Transmission, Two Wheel Drive HSD—Hydrostatic Transmission, Four Wheel Drive OC—Orchard L—Low Profile

Model				**1988**								
L245 HC	$9980	$2700	$3290	$5340	$6190	Kubota	3	68D	8F-2R	22.00	2345	No
L355 SS	$14360	$3880	$4740	$7680	$8900	Kubota	4	105D	8F-8R	29.00	2684	No
L2250 DT-1 4WD	$9880	$2670	$3260	$5290	$6130	Kubota	3	79D	8F-7R	21.15	2321	No
L2250 F-1	$8550	$2310	$2820	$4570	$5300	Kubota	3	79D	8F-7R	21.15	2068	No
L2550 DT-1 4WD	$10700	$2890	$3530	$5730	$6630	Kubota	3	85D	8F-7R	23.98	2464	No
L2550 F-1	$9275	$2500	$3060	$4960	$5750	Kubota	3	85D	8F-7R	23.98	2220	No
L2850 DT-1 4WD	$12150	$3280	$4010	$6500	$7530	Kubota	4	106D	8F-7R	27.51	2705	No
L2850 F-1	$10250	$2770	$3380	$5480	$6360	Kubota	4	106D	8F-7R	27.51	2464	No
L3350 HDT	$17500	$4730	$5780	$9360	$10850	Kubota	4	113D	8F-8R	32.86	3770	No
L3750 HDT 4WD	$19570	$5280	$6460	$10470	$12130	Kubota	5	142D	8F-8R	36.96	3860	No
L3750 HF	$15450	$4170	$5100	$8270	$9580	Kubota	5	142D	8F-8R	36.96	3640	No
M4030 DT 4WD	$20900	$4290	$5640	$9410	$10870	Kubota	6	159D	8F-2R	44.05	4784	No
M4030 F/L	$16790	$3440	$4530	$7560	$8730	Kubota	6	159D	8F-2R	44.05	4232	No
L4150 DTN	$20700	$5590	$6830	$11080	$12830	Kubota	5	142D	8F-8R	40.00	4145	No
L4150 HDT 4WD	$21100	$5700	$6960	$11290	$13080	Kubota	5	142D	8F-8R	40.64	4080	No
L4150 HF	$16450	$4440	$5430	$8800	$10200	Kubota	5	142D	8F-8R	40.64	3750	No
B4200 DT	$6180	$1670	$2040	$3310	$3830	Kubota	2	35D	6F-2R	10	926	No
M4950 DT 4WD	$23600	$4840	$6370	$10620	$12270	Kubota	6	170D	12F-4R	49.57	5452	No
M4950 F	$19150	$3930	$5170	$8620	$9960	Kubota	6	170D	12F-4R	49.57	4760	No
M5030 DT 4WD	$22450	$4600	$6060	$10100	$11670	Kubota	6	170D	16F-4R	49.77	4788	CH
M5030 F	$18300	$3750	$4940	$8240	$9520	Kubota	6	170D	16F-4R	49.77	4232	CH
B5200 DT 4WD	$7250	$1960	$2390	$3880	$4500	Kubota	3	47D	6F-2R	11.50	1254	No
B5200 E	$6375	$1720	$2100	$3410	$3950	Kubota	3	47D	6F-2R	11.50	1122	No
M5950 DT	$27600	$5660	$7450	$12420	$14350	Kubota	3	196D	12F-4R	58.00	5673	No
M5950 DT 4WD w/Cab	$34700	$7110	$9370	$15620	$18040	Kubota	3	196D	12F-4R	58.00	6563	CHA
M5950 F	$22600	$4630	$6100	$10170	$11750	Kubota	3	196D	12F-4R	58.00	4989	No
M5950 F w/Cab	$29700	$6090	$8020	$13370	$15440	Kubota	3	196D	12F-4R	58.00	5879	CHA
M6030 DT 4WD	$24600	$5040	$6640	$11070	$12790	Kubota	3	196D	16F-4R	57.74	6300	No
M6030 DTN	$24500	$5020	$6620	$11030	$12740	Kubota	3	196D	16F-4R	57.00	4740	No
M6030 F/L	$19800	$4060	$5350	$8910	$10300	Kubota	3	196D	16F-4R	57.74	4630	No
B6200 DT 4WD	$7890	$2130	$2600	$4220	$4890	Kubota	3	52D	6F-2R	12.50	1232	No
B6200 E	$6960	$1880	$2300	$3720	$4320	Kubota	3	52D	6F-2R	12.50	1333	No
B6200 HSD 4WD	$9050	$2440	$2990	$4840	$5610	Kubota	3	52D	Variable	12.50	1150	No
B6200 HSE	$8050	$2170	$2660	$4310	$4990	Kubota	3	52D	Variable	12.50	1100	No
M6950 DT 4WD	$29300	$6010	$7910	$13190	$15240	Kubota	4	243D	12F-4R	66.44	6622	No
M6950 DT 4WD w/Cab	$36400	$7460	$9830	$16380	$18930	Kubota	4	243D	12F-4R	66.44	7512	CHA
M6950 F	$24200	$4960	$6530	$10890	$12580	Kubota	4	243D	12F-4R	66.44	5770	No
M6950 F w/Cab	$31300	$6420	$8450	$14090	$16280	Kubota	4	243D	12F-4R	66.44	5780	CHA
M7030 DT 4WD	$28100	$5760	$7590	$12650	$14610	Kubota	4	243D	16F-4R	68.87	5159	No
M7030 F/L	$22400	$4590	$6050	$10080	$11650	Kubota	4	243D	16F-4R	68.87	4607	No
B7200 DT 4WD	$8350	$2260	$2760	$4470	$5180	Kubota	3	57D	6F-2R	14.00	1320	No
B7200 E	$7360	$1990	$2430	$3940	$4560	Kubota	3	57D	6F-2R	14.00	1215	No
B7200 HSD 4WD	$9580	$2590	$3160	$5130	$5940	Kubota	3	57D	Variable	14.00	1275	No
B7200 HSE	$8590	$2320	$2840	$4600	$5330	Kubota	3	57D	Variable	14.00	1225	No
M7950 DT 4WD	$33400	$6850	$9020	$15030	$17370	Kubota	4	262D	12F-4R	75.44	6100	No
M7950 DT 4WD w/Cab	$40500	$8300	$10940	$18230	$21060	Kubota	4	262D	12F-4R	75.44	6970	CHA
M7950 DTM 4WD	$34300	$7030	$9260	$15440	$17840	Kubota	4	262D	16F-4R	75.44	6100	No
M7950 F	$26700	$5470	$7210	$12020	$13880	Kubota	4	262D	12F-4R	75.44	5950	No
M7950 F w/Cab	$33800	$6930	$9130	$15210	$17580	Kubota	4	262D	12F-4R	75.44		CHA
M7950 HC	$28100	$5760	$7590	$12650	$14610	Kubota	4	262D	16F-4R	75.44	5600	No
M7950 W	$27000	$5540	$7290	$12150	$14040	Kubota	4	262D	16F-4R	75.44	5600	No

Model	Approx. Retail Price New	Used Trade-In Avg.	Used Trade-In High	Used Retail Avg.	Used Retail High	Make	No. Cyls.	Displ. Cu.-in.	No. Speeds	P.T.O. H.P.	Approx. Shipping Wt.-Lbs.	Cab
Kubota (Cont.)												
1988 (Cont.)												
M8030 DT 4WD	$30180	$6190	$8150	$13580	$15690	Kubota	4	262D	16F-4R	76.91	5710	No
M8030 F/L	$24000	$4920	$6480	$10800	$12480	Kubota	4	262D	16F-4R	76.91	5109	No
B8200 DT-2 4WD	$9060	$2450	$2990	$4850	$5620	Kubota	3	57D	9F-3R	16.00	1525	No
B8200 F	$8030	$2170	$2650	$4300	$4980	Kubota	3	57D	9F-3R	16.00	1408	No
B8200 HSD 4WD	$10400	$2810	$3430	$5560	$6450	Kubota	3	57D	Variable	14.50	1525	No
B8200 HSE	$9250	$2500	$3050	$4950	$5740	Kubota	3	57D	Variable	14.50	1408	No
M8950 DT	$37600	$7710	$10150	$16920	$19550	Kubota	4T	262D	24F-8R	85.63	6853	CHA
M8950 DT 4WD w/Cab	$44700	$9160	$12070	$20120	$23240	Kubota	4	262D	24F-8R	85.63	7713	CHA
M8950 F w/Cab	$38000	$7790	$10260	$17100	$19760	Kubota	4T	262D	24F-8R	85.63	6953	CHA
M8950 F/L	$30900	$6340	$8340	$13910	$16070	Kubota	4T	262D	24F-8R	85.63	6093	No
B9200 DT	$9580	$2590	$3160	$5130	$5940	Kubota	3	57D	9F-3R	18.50	1676	No
B9200 F	$8550	$2310	$2820	$4570	$5300	Kubota	3	57D	9F-3R	18.50	1570	No
B9200 HSD 4WD	$10900	$2940	$3600	$5830	$6760	Kubota	4	75D	Variable	16.00	4916	No
B9200 HSE	$9780	$2640	$3230	$5230	$6060	Kubota	4	75D	Variable	16.00	4299	No

C, D, DT—Front Wheel Assist DTSS—Front Wheel Assist, Shuttle Shift E—Two Wheel Drive F—Farm Standard W—Two Row Offset

HC—High Clearance HSE—Hydrostatic Transmission, Two Wheel Drive HSD—Hydrostatic Transmission, Four Wheel Drive OC—Orchard L—Low Profile

Model	Approx. Retail Price New	Used Trade-In Avg.	Used Trade-In High	Used Retail Avg.	Used Retail High	Make	No. Cyls.	Displ. Cu.-in.	No. Speeds	P.T.O. H.P.	Approx. Shipping Wt.-Lbs.	Cab
1987												
L245 HC	$9690	$2520	$3100	$5180	$6060	Kubota	3	68D	8F-2R	22.00	2345	No
L355 SS	$13950	$3630	$4460	$7460	$8720	Kubota	4	105D	8F-8R	29.00	2684	No
L2250 DT-1 4WD	$9600	$2500	$3070	$5140	$6000	Kubota	3	79D	8F-7R	21.15	2321	No
L2250 F-1	$8300	$2160	$2660	$4440	$5190	Kubota	3	79D	8F-7R	21.15	2068	No
L2550 DT-1 4WD	$10400	$2700	$3330	$5560	$6500	Kubota	3	85D	8F-7R	23.98	2464	No
L2550 F-1	$9000	$2340	$2880	$4820	$5630	Kubota	3	85D	8F-7R	23.98	2220	No
L2850 DT-1 4WD	$11800	$3070	$3780	$6310	$7380	Kubota	4	106D	8F-7R	27.51	2705	No
L2850 F-1	$9950	$2590	$3180	$5320	$6220	Kubota	4	106D	8F-7R	27.51	2464	No
L3350 HDT	$17000	$4420	$5440	$9100	$10630	Kubota	4	113D	8F-8R	32.86	3770	No
L3750 HDT 4WD	$19000	$4940	$6080	$10170	$11880	Kubota	5	142D	8F-8R	36.96	3860	No
L3750 HF	$15000	$3900	$4800	$8030	$9380	Kubota	5	142D	8F-8R	36.96	3640	No
M4030 DT 4WD	$20300	$4060	$5380	$8930	$10350	Kubota	6	159D	8F-2R	44.05	4784	No
M4030 F/L	$16300	$3260	$4320	$7170	$8310	Kubota	6	159D	8F-2R	44.05	4232	No
L4150 DTN	$20100	$5230	$6430	$10750	$12560	Kubota	5	142D	8F-8R	40.00	4145	No
L4150 HDT 4WD	$20500	$5330	$6560	$10970	$12810	Kubota	5	142D	8F-8R	40.64	4080	No
L4150 HF	$15985	$4160	$5120	$8550	$9990	Kubota	5	142D	8F-8R	40.64	3750	No
B4200 DT	$6000	$1560	$1920	$3210	$3750	Kubota	2	35D	6F-2R	10	926	No
M4950 DT 4WD	$23000	$4600	$6100	$10120	$11730	Kubota	6	170D	12F-4R	49.57	5452	No
M4950 F	$18600	$3720	$4930	$8180	$9490	Kubota	6	170D	12F-4R	49.57	4760	No
M5030 DT 4WD	$21800	$4360	$5780	$9590	$11120	Kubota	6	170D	16F-4R	49.77	4788	CH
M5030 F	$17800	$3560	$4720	$7830	$9080	Kubota	6	170D	16F-4R	49.77	4232	CH
B5200 DT 4WD	$7040	$1830	$2250	$3770	$4400	Kubota	3	47D	6F-2R	11.50	1254	No
B5200 E	$6190	$1610	$1980	$3310	$3870	Kubota	3	47D	6F-2R	11.50	1122	No
M5950 DT	$26800	$5360	$7100	$11790	$13670	Kubota	3	196D	12F-4R	58.00	5673	No
M5950 DT 4WD w/Cab	$33700	$6740	$8930	$14830	$17190	Kubota	3	196D	12F-4R	58.00	6563	CHA
M5950 F	$22000	$4400	$5830	$9680	$11220	Kubota	3	196D	12F-4R	58.00	4989	No
M5950 F w/Cab	$28900	$5780	$7660	$12720	$14740	Kubota	3	196D	12F-4R	58.00	5879	CHA
M6030 DT 4WD	$23900	$4780	$6330	$10520	$12190	Kubota	3	196D	16F-4R	57.74	6300	No
M6030 DTN	$23810	$4760	$6310	$10480	$12140	Kubota	3	196D	16F-4R	57.00	4740	No
M6030 F/L	$19300	$3860	$5120	$8490	$9840	Kubota	3	196D	16F-4R	57.74	4630	No
B6200 DT 4WD	$7660	$1990	$2450	$4100	$4790	Kubota	3	52D	6F-2R	12.50	1232	No
B6200 E	$6760	$1760	$2160	$3620	$4230	Kubota	3	52D	6F-2R	12.50	1333	No
B6200 HSD 4WD	$8790	$2290	$2810	$4700	$5490	Kubota	3	52D	Variable	12.50	1150	No
B6200 HSE	$7810	$2030	$2500	$4180	$4880	Kubota	3	52D	Variable	12.50	1100	No
M6950 DT 4WD	$28500	$5700	$7550	$12540	$14540	Kubota	4	243D	12F-4R	66.44	6622	No
M6950 DT 4WD w/Cab	$35400	$7080	$9380	$15580	$18050	Kubota	4	243D	12F-4R	66.44	7512	CHA
M6950 F	$23500	$4700	$6230	$10340	$11990	Kubota	4	243D	12F-4R	66.44	5770	No
M6950 F w/Cab	$30400	$6080	$8060	$13380	$15500	Kubota	4	243D	12F-4R	66.44	5780	CHA
M7030 DT 4WD	$27300	$5460	$7240	$12010	$13920	Kubota	4	243D	16F-4R	68.87	5159	No
M7030 F/L	$21800	$4360	$5780	$9590	$11110	Kubota	4	243D	16F-4R	68.87	4607	No
B7200 DT 4WD	$8100	$2110	$2590	$4330	$5060	Kubota	3	57D	6F-2R	14.00	1320	No
B7200 E	$7150	$1860	$2290	$3830	$4470	Kubota	3	57D	6F-2R	14.00	1215	No
B7200 HSD 4WD	$9300	$2420	$2980	$4980	$5810	Kubota	3	57D	Variable	14.00	1275	No
B7200 HSE	$8340	$2170	$2670	$4460	$5210	Kubota	3	57D	Variable	14.00	1225	No
M7950 DT 4WD	$32500	$6500	$8610	$14300	$16580	Kubota	4	262D	12F-4R	75.44	6100	No
M7950 DT 4WD w/Cab	$39400	$7880	$10440	$17340	$20090	Kubota	4	262D	12F-4R	75.44	6970	CHA
M7950 DTM 4WD	$33300	$6660	$8830	$14650	$16980	Kubota	4	262D	16F-4R	75.44	6100	No
M7950 F	$26000	$5200	$6890	$11440	$13260	Kubota	4	262D	12F-4R	75.44	5950	No
M7950 F w/Cab	$32900	$6580	$8720	$14480	$16780	Kubota	4	262D	12F-4R	75.44		CHA
M7950 HC	$27300	$5460	$7240	$12010	$13920	Kubota	4	262D	16F-4R	75.44	5600	No
M7950 W	$26300	$5260	$6970	$11570	$13410	Kubota	4	262D	16F-4R	75.44	5600	No
M8030 DT 4WD	$29300	$5860	$7770	$12890	$14940	Kubota	4	262D	16F-4R	76.91	5710	No
M8030 F/L	$23300	$4660	$6180	$10250	$11880	Kubota	4	262D	16F-4R	76.91	5109	No
B8200 DT-2 4WD	$8800	$2290	$2820	$4710	$5500	Kubota	3	57D	9F-3R	16.00	1525	No
B8200 F	$7800	$2030	$2500	$4170	$4880	Kubota	3	57D	9F-3R	16.00	1408	No
B8200 HSD 4WD	$10100	$2630	$3230	$5400	$6310	Kubota	3	57D	Variable	14.50	1525	No
B8200 HSE	$9000	$2340	$2880	$4820	$5630	Kubota	3	57D	Variable	14.50	1408	No
M8950 DT	$36500	$7300	$9670	$16060	$18620	Kubota	4T	262D	24F-8R	85.63	6853	No
M8950 DT 4WD w/Cab	$43400	$8680	$11500	$19100	$22130	Kubota	4	262D	24F-8R	85.63	7713	CHA
M8950 F w/Cab	$36900	$7380	$9780	$16240	$18820	Kubota	4T	262D	24F-8R	85.63	6953	CHA
M8950 F/L	$30000	$6000	$7950	$13200	$15300	Kubota	4T	262D	24F-8R	85.63	6093	No
B9200 DT	$9300	$2420	$2980	$4980	$5810	Kubota	3	57D	9F-3R	18.50	1676	No
B9200 F	$8300	$2160	$2660	$4440	$5190	Kubota	3	57D	9F-3R	18.50	1570	No
B9200 HSD 4WD	$10600	$2760	$3390	$5670	$6630	Kubota	4	75D	Variable	16.00	4916	No
B9200 HSE	$9500	$2470	$3040	$5080	$5940	Kubota	4	75D	Variable	16.00	4299	No

C, D, DT—Front Wheel Assist DTSS—Front Wheel Assist, Shuttle Shift E—Two Wheel Drive F—Farm Standard W—Two Row Offset

HC—High Clearance HSE—Hydrostatic Transmission, Two Wheel Drive HSD—Hydrostatic Transmission, Four Wheel Drive OC—Orchard L—Low Profile

Kubota (Cont.)

Model	Approx. Retail Price New	Used Trade-In Avg.	Used Trade-In High	Used Retail Avg.	Used Retail High	Make	No. Cyls.	Displ. Cu.-in.	No. Speeds	P.T.O. H.P.	Approx. Shipping Wt.-Lbs.	Cab
1986												
L245 HC	$9280	$2320	$2880	$4970	$5850	Kubota	3	68D	8F-2R	22.00	2345	No
L345 F	$10330	$2580	$3200	$5530	$6510	Kubota	4	90D	8F-2R	29.30	2530	No
L355 SS	$13950	$3490	$4330	$7460	$8790	Kubota	4	105D	8F-8R	29.00	2684	No
L2250 DT-1 4WD	$8780	$2200	$2720	$4700	$5530	Kubota	3	79D	8F-7R	21.15	2321	No
L2250 F-1	$7680	$1920	$2380	$4110	$4840	Kubota	3	79D	8F-7R	21.15	2068	No
L2550 DT-1 4WD	$9610	$2400	$2980	$5140	$6050	Kubota	3	85D	8F-7R	23.98	2464	No
L2550 F-1	$8410	$2100	$2610	$4500	$5300	Kubota	3	85D	8F-7R	23.98	2220	No
L2850 DT-1 4WD	$10850	$2710	$3360	$5810	$6840	Kubota	4	106D	8F-7R	27.51	2705	No
L2850 F-1	$9250	$2310	$2870	$4950	$5830	Kubota	4	106D	8F-7R	27.51	2464	No
L3350 HDT	$15500	$3880	$4810	$8290	$9770	Kubota	4	113D	8F-8R	32.86	3770	No
L3750 HDT 4WD	$17500	$4380	$5430	$9360	$11030	Kubota	5	142D	8F-8R	36.96	3860	No
L3750 HF	$15000	$3750	$4650	$8030	$9450	Kubota	5	142D	8F-8R	36.96	3640	No
M4030 DT 4WD	$19000	$3610	$4940	$8170	$9500	Kubota	6	159D	8F-2R	44.05	4784	No
M4030 F/L	$15600	$2960	$4060	$6710	$7800	Kubota	6	159D	8F-2R	44.05	4232	No
L4150 HDT 4WD	$19200	$4800	$5950	$10270	$12100	Kubota	5	142D	8F-8R	40.64	4080	No
L4150 HF	$15985	$4000	$4960	$8550	$10070	Kubota	5	142D	8F-8R	40.64	3750	No
M4500 OC	$15725	$2990	$4090	$6760	$7860	Kubota	6	159D	8F-2R	49.70	4004	No
M4950 DT 4WD	$21880	$4160	$5690	$9410	$10940	Kubota	6	170D	12F-4R	49.57	5452	No
M4950 F	$17680	$3360	$4600	$7600	$8840	Kubota	6	170D	12F-4R	49.57	4760	No
M5030 DT 4WD	$20100	$3820	$5230	$8640	$10050	Kubota	6	170D	16F-4R	49.77	4788	CH
M5030 F	$16600	$3150	$4320	$7140	$8300	Kubota	6	170D	16F-4R	49.77	4232	CH
B5200 DT 4WD	$6450	$1610	$2000	$3450	$4060	Kubota	3	47D	6F-2R	11.50	1254	No
B5200 E	$5800	$1450	$1800	$3100	$3650	Kubota	3	47D	6F-2R	11.50	1122	No
M5950 DT	$24600	$4670	$6400	$10580	$12300	Kubota	3	196D	12F-4R	58.00	5673	No
M5950 DT 4WD w/Cab	$30950	$5880	$8050	$13310	$15480	Kubota	3	196D	12F-4R	58.00	6563	CHA
M5950 F	$20500	$3900	$5330	$8820	$10250	Kubota	3	196D	12F-4R	58.00	4989	No
M5950 F w/Cab	$26850	$5100	$6980	$11550	$13430	Kubota	3	196D	12F-4R	58.00	5879	CHA
M6030 DT 4WD	$22000	$4180	$5720	$9460	$11000	Kubota	3	196D	16F-4R	57.75	6300	No
M6030 F/L	$18000	$3420	$4680	$7740	$9000	Kubota	3	196D	16F-4R	57.75	4630	No
B6200 DT 4WD	$6950	$1740	$2160	$3720	$4380	Kubota	3	52D	6F-2R	12.50	1232	No
B6200 E	$6300	$1580	$1950	$3370	$3970	Kubota	3	52D	6F-2R	12.50	1333	No
B6200 HSD 4WD	$7950	$1990	$2470	$4250	$5010	Kubota	3	52D	Variable	12.50	1150	No
B6200 HSE	$7200	$1800	$2230	$3850	$4540	Kubota	3	52D	Variable	12.50	1100	No
M6950 DT 4WD	$26400	$5020	$6860	$11350	$13200	Kubota	4	243D	12F-4R	66.44	6622	No
M6950 DT 4WD w/Cab	$32750	$6220	$8520	$14080	$16380	Kubota	4	243D	12F-4R	66.44	7512	CHA
M6950 F	$21800	$4140	$5670	$9370	$10900	Kubota	4	243D	12F-4R	66.44	5770	No
M6950 F w/Cab	$28150	$5350	$7320	$12110	$14080	Kubota	4	243D	12F-4R	66.44	5780	CHA
M7030 DT 4WD	$24900	$4730	$6470	$10710	$12450	Kubota	4	243D	16F-4R	68.87	5159	No
M7030 F/L	$20300	$3860	$5280	$8730	$10150	Kubota	4	243D	16F-4R	68.87	4607	No
B7200 DT 4WD	$7400	$1850	$2290	$3960	$4660	Kubota	3	57D	6F-2R	14.00	1320	No
B7200 E	$6700	$1680	$2080	$3590	$4220	Kubota	3	57D	6F-2R	14.00	1215	No
B7200 HSD 4WD	$8500	$2130	$2640	$4550	$5360	Kubota	3	57D	Variable	14.00	1275	No
B7200 HSE	$7700	$1930	$2390	$4120	$4850	Kubota	3	57D	Variable	14.00	1225	No
M7500 L	$20060	$3810	$5220	$8630	$10030	Kubota	4	243D	16F-4R	72.00	4607	No
M7950 DT 4WD	$30000	$5700	$7800	$12900	$15000	Kubota	4	262D	12F-4R	75.44	6100	No
M7950 DT 4WD w/Cab	$36350	$6910	$9450	$15630	$18180	Kubota	4	262D	12F-4R	75.44	6970	CHA
M7950 DTM 4WD	$32300	$6140	$8400	$13890	$16150	Kubota	4	262D	16F-4R	75.44	6100	No
M7950 F	$24400	$4640	$6340	$10490	$12200	Kubota	4	262D	12F-4R	75.44	5950	No
M7950 F w/Cab	$30750	$5840	$8000	$13220	$15380	Kubota	4	262D	12F-4R	75.44		CHA
M7950 HC	$26600	$5050	$6920	$11440	$13300	Kubota	4	262D	16F-4R	75.44	5600	No
M7950 W	$25600	$4860	$6660	$11010	$12800	Kubota	4	262D	16F-4R	75.44	5600	No
M8030 DT 4WD	$26900	$5110	$6990	$11570	$13450	Kubota	4	262D	16F-4R	76.91	5710	No
M8030 F/L	$21700	$4120	$5640	$9330	$10850	Kubota	4	262D	16F-4R	76.91	5109	No
B8200 DT-2 4WD	$8050	$2010	$2500	$4310	$5070	Kubota	3	57D	9F-3R	16.00	1525	No
B8200 F	$7200	$1800	$2230	$3850	$4540	Kubota	3	57D	9F-3R	16.00	1408	No
B8200 HSD 4WD	$9150	$2290	$2840	$4900	$5770	Kubota	3	57D	Variable	14.50	1525	No
B8200 HSE	$8300	$2080	$2570	$4440	$5230	Kubota	3	57D	Variable	14.50	1408	No
M8950 DT	$33600	$6380	$8740	$14450	$16800	Kubota	4T	262D	24F-8R	85.63	6853	No
M8950 DT 4WD w/Cab	$39950	$7590	$10390	$17180	$19980	Kubota	4T	262D	24F-8R	85.63	7713	CHA
M8950 F w/Cab	$31750	$6030	$8260	$13650	$15880	Kubota	4T	262D	24F-8R	85.63	6953	CHA
M8950 F/L	$28000	$5320	$7280	$12040	$14000	Kubota	4T	262D	24F-8R	85.63	6093	No
B9200 HSD 4WD	$9650	$2410	$2990	$5160	$6080	Kubota	4	75D	Variable	16.00	4916	No
B9200 HSE	$8800	$2200	$2730	$4710	$5540	Kubota	4	75D	Variable	16.00	4299	No

C, D, DT—Front Wheel Assist DTSS—Front Wheel Assist, Shuttle Shift E—Two Wheel Drive F—Farm Standard W—Two Row Offset
HC—High Clearance HSE—Hydrostatic Transmission, Two Wheel Drive HSD—Hydrostatic Transmission, Four Wheel Drive OC—Orchard L—Low Profile

Model	Approx. Retail Price New	Used Trade-In Avg.	Used Trade-In High	Used Retail Avg.	Used Retail High	Make	No. Cyls.	Displ. Cu.-in.	No. Speeds	P.T.O. H.P.	Approx. Shipping Wt.-Lbs.	Cab
1985												
L235 DT 4WD	$8180	$1960	$2450	$4420	$5190	Kubota	3	68D	8F-2R	19.59	2115	No
L235 F	$7300	$1750	$2190	$3940	$4640	Kubota	3	68D	8F-2R	19.59	1950	No
L245 HC	$8610	$2070	$2580	$4650	$5470	Kubota	3	68D	8F-2R	22.00	2345	No
L275 DT 4WD	$9330	$2240	$2800	$5040	$5930	Kubota	3	79D	8F-2R	23.42	2350	No
L275 F	$8150	$1960	$2450	$4400	$5180	Kubota	3	79D	8F-2R	23.42	2150	No
L305 DT 4WD	$10810	$2590	$3240	$5840	$6860	Kubota	3	79D	8F-2R	26.21	2855	No
L305 F	$8805	$2110	$2640	$4760	$5590	Kubota	3	79D	8F-2R	26.21	2555	No
L345 DT 4WD	$11810	$2830	$3540	$6380	$7500	Kubota	4	91D	8F-2R	29.35	3155	No
L345 F	$10100	$2420	$3030	$5450	$6410	Kubota	4	91D	8F-2R	29.35	2770	No
L345 W	$10190	$2450	$3060	$5500	$6470	Kubota	4	91D	8F-2R	29.35	2530	No
L355 SS	$13610	$3270	$4080	$7350	$8640	Kubota	4	105D	8F-8R	29.00	2684	No
L2250	$8375	$2010	$2510	$4520	$5320	Kubota	3	79D	8F-7R	21.15	2068	No
L2250 4WD	$9275	$2230	$2780	$5010	$5890	Kubota	3	79D	8F-7R	21.15	2321	No
L2550	$9075	$2180	$2720	$4900	$5760	Kubota	3	85D	8F-7R	23.98	2220	No
L2550 4WD	$10175	$2440	$3050	$5500	$6460	Kubota	3	85D	8F-7R	23.98	2464	No
L2850	$10075	$2420	$3020	$5440	$6400	Kubota	4	106D	8F-7R	27.51	2464	No
L2850 4WD	$11575	$2780	$3470	$6250	$7350	Kubota	4	106D	8F-7R	27.51	2705	No

Kubota (Cont.)

Model	Approx. Retail Price New	Used Trade-In Avg.	Used Trade-In High	Used Retail Avg.	Used Retail High	Make	No. Cyls.	Displ. Cu.-in.	No. Speeds	P.T.O. H.P.	Approx. Shipping Wt.-Lbs.	Cab
1985 (Cont.)											
L3750	$14550	$3490	$4370	$7860	$9240	Kubota	5	142D	8F-8R	36.96	3640	No
L3750 4WD	$16550	$3970	$4970	$8940	$10510	Kubota	5	142D	8F-8R	36.96	3860	No
M4050 DT 4WD	$18400	$3500	$4780	$7730	$9020	Kubota	6	159D	8F-2R	45.74	4356	No
M4050 F	$14700	$2790	$3820	$6170	$7200	Kubota	6	159D	8F-2R	45.74	3740	No
L4150	$15650	$3760	$4700	$8450	$9940	Kubota	5	142D	8F-8R	40.64	3750	No
L4150 4WD	$18150	$4360	$5450	$9800	$11530	Kubota	5	142D	8F-8R	40.64	4080	No
M4500	$15200	$2890	$3950	$6380	$7450	Kubota	6	159D	16F-4R	49.72	4220	No
M4500 DT 4WD	$18900	$3590	$4910	$7940	$9260	Kubota	6	159D	16F-4R	49.72	4220	No
M4500 OC	$15275	$2900	$3970	$6420	$7490	Kubota	6	159D	16F-4R	49.00	4400	No
M4950 DT 4WD	$21245	$4040	$5520	$8920	$10410	Kubota	6	170D	12F-4R	49.57	5452	No
M4950 DT 4WD w/Cab	$24415	$4640	$6350	$10250	$11960	Kubota	6	170D	12F-4R	49.57	6252	CH
M4950 F	$17245	$3280	$4480	$7240	$8450	Kubota	6	170D	12F-4R	49.57	4746	No
M4950 F w/Cab	$20715	$3940	$5390	$8700	$10150	Kubota	6	170D	12F-4R	49.57	5546	CH
B5200 DT 4WD	$5825	$1400	$1750	$3150	$3700	Kubota	3	46D	6F-2R	11.50	1254	No
B5200 E	$5375	$1290	$1610	$2900	$3410	Kubota	3	46D	6F-2R	11.50	1122	No
M5500 DT 4WD	$20480	$3890	$5330	$8600	$10040	Kubota	3	182D	16F-4R	53.99	5070	No
M5950 DT	$24065	$4570	$6260	$10110	$11790	Kubota	3	196D	12F-4R	58.00	5673	No
M5950 DT 4WD w/Cab	$28715	$5460	$7470	$12060	$14070	Kubota	3	196D	12F-4R	58.00	6563	CHA
M5950 F	$20065	$3810	$5220	$8430	$9830	Kubota	3	196D	12F-4R	58.00	4989	No
M5950 F w/Cab	$24715	$4700	$6430	$10380	$12110	Kubota	3	196D	12F-4R	58.00	5879	CHA
B6200 DT 4WD	$6405	$1540	$1920	$3460	$4070	Kubota	3	52D	6F-2R	12.50	1232	No
B6200 E	$5885	$1410	$1770	$3180	$3740	Kubota	3	52D	6F-2R	12.50	1333	No
B6200 HSD 4WD	$7325	$1760	$2200	$3960	$4650	Kubota	3	52D	Variable	12.50	1150	No
B6200 HSE	$6725	$1610	$2020	$3630	$4270	Kubota	3	52D	Variable	12.50	1100	No
M6950 DT 4WD	$25865	$4910	$6730	$10860	$12670	Kubota	4	243D	12F-4R	66.44	6622	No
M6950 DT 4WD w/Cab	$30515	$5800	$7930	$12820	$14950	Kubota	4	243D	12F-4R	66.44	7512	CHA
M6950 F	$21365	$4060	$5560	$8970	$10470	Kubota	4	243D	12F-4R	66.44	5770	No
M6950 F w/Cab	$26015	$4940	$6760	$10930	$12750	Kubota	4	243D	12F-4R	66.44	6590	CHA
B7200 DT 4WD	$6895	$1660	$2070	$3720	$4380	Kubota	3	57D	6F-2R	14.00	1320	No
B7200 E	$6295	$1510	$1890	$3400	$4000	Kubota	3	57D	6F-2R	14.00	1215	No
B7200 HSD 4WD	$7772	$1870	$2330	$4200	$4940	Kubota	3	57D	Variable	14.00	1275	No
B7200 HSE	$7175	$1720	$2150	$3880	$4560	Kubota	3	57D	Variable	14.00	1225	No
M7500 DT 4WD	$25270	$4800	$6570	$10610	$12380	Kubota	4	243D	16F-4R	72.34	5610	No
M7500 F	$19270	$3660	$5010	$8090	$9440	Kubota	4	243D	16F-4R	72.34	5085	No
M7950 DT 4WD	$29055	$5520	$7550	$12200	$14240	Kubota	4	262D	12F-4R	75.44	6610	No
M7950 DT 4WD w/Cab	$33705	$6400	$8760	$14160	$16520	Kubota	4	262D	12F-4R	75.44	7500	CHA
M7950 F	$23665	$4500	$6150	$9940	$11600	Kubota	4	262D	12F-4R	75.44	5840	No
M7950 F w/Cab	$28315	$5380	$7360	$11890	$13870	Kubota	4	262D	12F-4R	75.44	6730	CHA
B8200 DT-2 4WD	$7695	$1850	$2310	$4160	$4890	Kubota	3	57D	9F-3R	16.00	1525	No
B8200 F	$6895	$1660	$2070	$3720	$4380	Kubota	3	57D	9F-3R	16.00	1408	No
B8200 HSD 4WD	$8595	$2060	$2580	$4640	$5460	Kubota	3	57D	Variable	14.50	1525	No
B8200 HSE	$7795	$1870	$2340	$4210	$4950	Kubota	3	57D	Variable	14.50	1408	No
M8950 DT	$32600	$6190	$8480	$13690	$15970	Kubota	4T	262D	24F-8R	85.63	6853	No
M8950 DT 4WD w/Cab	$37250	$7080	$9690	$15650	$18250	Kubota	4	262D	24F-8R	85.63	7713	CHA
M8950 F	$27100	$5150	$7050	$11380	$13280	Kubota	4T	262D	24F-8R	85.63	6093	No
M8950 F w/Cab	$31750	$6030	$8260	$13340	$15560	Kubota	4T	262D	24F-8R	85.63	6953	CHA

C, D, DT—Front Wheel Assist DTSS—Front Wheel Assist, Shuttle Shift E—Two Wheel Drive F—Farm Standard W—Two Row Offset

HC—High Clearance HSE—Hydrostatic Transmission, Two Wheel Drive HSD—Hydrostatic Transmission, Four Wheel Drive OC—Orchard L—Low Profile

Model	Approx. Retail Price New	Used Trade-In Avg.	Used Trade-In High	Used Retail Avg.	Used Retail High	Make	No. Cyls.	Displ. Cu.-in.	No. Speeds	P.T.O. H.P.	Approx. Shipping Wt.-Lbs.	Cab
1984											
L235 DT 4WD	$7445	$1710	$2230	$4060	$4770	Kubota	3	68D	8F-2R	19.59	2115	No
L235 F	$6580	$1510	$1970	$3590	$4210	Kubota	3	68D	8F-2R	19.59	1950	No
L245 HC	$7865	$1810	$2360	$4290	$5030	Kubota	3	68D	8F-2R	22.00	2345	No
L275 DT 4WD	$8705	$2000	$2610	$4740	$5570	Kubota	3	79D	8F-2R	23.42	2350	No
L275 F	$7530	$1730	$2260	$4100	$4820	Kubota	3	79D	8F-2R	23.42	2150	No
L305	$8805	$2030	$2640	$4800	$5640	Kubota	3	79D	8F-2R	26.21	2555	No
L305 DT 4WD	$10475	$2410	$3140	$5710	$6700	Kubota	3	79D	8F-2R	26.21	2855	No
L345	$9425	$2170	$2830	$5140	$6030	Kubota	4	91D	8F-2R	29.35	2770	No
L345 DT 4WD	$11353	$2610	$3410	$6190	$7270	Kubota	4	91D	8F-2R	29.35	3155	No
L355 DTSS 4WD	$12373	$2850	$3710	$6740	$7920	Kubota	4	105D	8F-8R	29.00	2684	No
M4050 DT 4WD	$16500	$3140	$4290	$6930	$7920	Kubota	6	159D	8F-2R	45.74	4356	No
M4050 F	$12500	$2380	$3250	$5250	$6000	Kubota	6	159D	8F-2R	45.74	3740	No
M4500	$13930	$2650	$3620	$5850	$6690	Kubota	6	159D	16F-4R	49.72	4220	No
M4500 DT 4WD	$18280	$3470	$4750	$7680	$8770	Kubota	6	159D	16F-4R	49.72	4730	No
M4500 OC	$14490	$2750	$3770	$6090	$6960	Kubota	6	159D	16F-4R	49.00	4400	No
M4950 DT 4WD	$20265	$3850	$5270	$8510	$9730	Kubota	6	170D	12F-4R	49.57	5452	No
M4950 DT 4WD w/Cab	$24612	$4680	$6400	$10340	$11810	Kubota	6	170D	12F-4R	49.57	6252	CH
M4950 F	$16465	$3130	$4280	$6920	$7900	Kubota	6	170D	12F-4R	49.57	4746	No
M4950 F w/Cab	$19847	$3770	$5160	$8340	$9530	Kubota	6	170D	12F-4R	49.57	5546	CH
B5100 D 4WD	$4785	$1170	$1530	$2770	$3250	Kubota	2	31D	6F-2R	10	895	No
B5100 E	$4410	$1080	$1410	$2560	$3010	Kubota	2	31D	6F-2R	10	805	No
M5500 DT 4WD	$19840	$3770	$5160	$8330	$9520	Kubota	3	182D	16F-4R	53.99	5070	No
M5500 F	$15330	$2910	$3990	$6440	$7360	Kubota	3	182D	16F-4R	53.99	4560	No
M5950 DT 4WD	$23065	$4380	$6000	$9690	$11070	Kubota	3	196D	12F-4R	58.00	5673	No
M5950 DT 4WD w/Cab	$27556	$5240	$7170	$11570	$13230	Kubota	3	196D	12F-4R	58.00	6563	CHA
M5950 F	$19165	$3640	$4980	$8050	$9200	Kubota	3	196D	12F-4R	58.00	4989	No
M5950 F w/Cab	$23656	$4500	$6150	$9940	$11360	Kubota	3	196D	12F-4R	58.00	5879	CHA
B6100 D 4WD	$5725	$1390	$1810	$3280	$3860	Kubota	3	41D	6F-2R	12.00	1035	No
B6100 E	$5185	$1260	$1650	$2990	$3510	Kubota	3	41D	6F-2R	12.00	970	No
B6100 HSD 4WD	$6450	$1530	$2000	$3620	$4260	Kubota	3	41D	Variable	12.00	1230	No
B6100 HSE	$5885	$1400	$1830	$3320	$3890	Kubota	3	41D	Variable	12.00	1140	No
B6200 D 4WD	$6300	$1500	$1950	$3540	$4160	Kubota	3	52D	6F-2R	12.50	1180	No
B6200 E	$5705	$1380	$1800	$3270	$3840	Kubota	3	52D	6F-2R	12.50	1060	No
M6950 DT 4WD	$25165	$4780	$6540	$10570	$12080	Kubota	4	243D	12F-4R	66.44	6622	No

Kubota (Cont.)

Model	Approx. Retail Price New	Used Trade-In Avg.	Used Trade-In High	Used Retail Avg.	Used Retail High	Make	No. Cyls.	Displ. Cu.-in.	No. Speeds	P.T.O. H.P.	Approx. Shipping Wt.-Lbs.	Cab
1984 (Cont.)												
M6950 DT 4WD w/Cab	$29656	$5640	$7710	$12460	$14240	Kubota	4	243D	12F-4R	66.44	7512	CHA
M6950 F	$20765	$3950	$5400	$8720	$9970	Kubota	4	243D	12F-4R	66.44	5770	No
M6950 F w/Cab	$26225	$4980	$6820	$11020	$12590	Kubota	4	243D	12F-4R	66.44	6590	CHA
B7100 DT 4WD	$6195	$1470	$1920	$3490	$4090	Kubota	3	47D	6F-2R	13.60	1085	No
B7100 HSD 4WD	$7050	$1670	$2180	$3950	$4640	Kubota	3	47D	Variable	13.60	1300	No
B7100 HSE	$6420	$1520	$1990	$3610	$4240	Kubota	3	47D	Variable	13.60	1205	No
B7200 D 4WD	$6930	$1650	$2150	$3900	$4580	Kubota	3	57D	6F-2R	14.00	1235	No
B7200 E	$6275	$1490	$1940	$3530	$4140	Kubota	3	57D	6F-2R	14.00	1080	No
M7500 DT 4WD	$23650	$4490	$6150	$9930	$11350	Kubota	4	243D	16F-4R	72.34	5610	No
M7500 F	$17800	$3380	$4630	$7480	$8540	Kubota	4	243D	16F-4R	72.34	5085	No
M7950 DT 4WD	$27865	$5290	$7250	$11700	$13380	Kubota	4	262D	12F-4R	75.44	6610	No
M7950 DT 4WD w/Cab	$33321	$6330	$8660	$14000	$15990	Kubota	4	262D	12F-4R	75.44	7500	CHA
M7950 F	$22915	$4350	$5960	$9620	$11000	Kubota	4	262D	12F-4R	75.44	5840	No
M7950 F w/Cab	$27406	$5210	$7130	$11510	$13160	Kubota	4	262D	12F-4R	75.44	6730	CHA
B8200 DT 4WD	$6895	$1630	$2130	$3870	$4540	Kubota	3	57D	9F-3R	16.00	1565	No
B8200 E	$6155	$1460	$1910	$3460	$4070	Kubota	3	57D	9F-3R	16.00	1420	No
B8200 HSD 4WD	$7595	$1790	$2340	$4250	$4990	Kubota	3	57D	Variable	14.50	1700	No
B8200 HSE	$6855	$1620	$2120	$3850	$4520	Kubota	3	57D	Variable	14.50	1545	No

C, D, DT—Front Wheel Assist DTSS—Front Wheel Assist, Shuttle Shift E—Two Wheel Drive F—Farm Standard W—Two Row Offset
HC—High Clearance HSE—Hydrostatic Transmission, Two Wheel Drive HSD—Hydrostatic Transmission, Four Wheel Drive OC—Orchard L—Low Profile

Model	Approx. Retail Price New	Used Trade-In Avg.	Used Trade-In High	Used Retail Avg.	Used Retail High	Make	No. Cyls.	Displ. Cu.-in.	No. Speeds	P.T.O. H.P.	Approx. Shipping Wt.-Lbs.	Cab
1983												
L235 DT 4WD	$7441	$1640	$2230	$4090	$4760	Kubota	3	68D	8F-2R	19.59	2115	No
L235 F	$6579	$1450	$1970	$3620	$4210	Kubota	3	68D	8F-2R	19.59	1950	No
L245 HC	$7864	$1730	$2360	$4330	$5030	Kubota	3	68D	8F-2R	22.00	2345	No
L275 DT 4WD	$8701	$1910	$2610	$4790	$5570	Kubota	3	79D	8F-2R	23.42	2350	No
L275 F	$7528	$1660	$2260	$4140	$4820	Kubota	3	79D	8F-2R	23.42	2150	No
L305	$8803	$1940	$2640	$4840	$5630	Kubota	3	79D	8F-2R	26.21	2555	No
L305 DT 4WD	$10475	$2310	$3140	$5760	$6700	Kubota	3	79D	8F-2R	26.21	2855	No
L345	$9425	$2070	$2830	$5180	$6030	Kubota	4	91D	8F-2R	29.35	2770	No
L345 DT	$11353	$2500	$3410	$6240	$7270	Kubota	4	91D	8F-2R	29.35	3155	No
L355 DTSS 4WD	$12373	$2720	$3710	$6810	$7920	Kubota	4	105D	8F-8R	29.00	2684	No
M4050 DT 4WD	$16500	$3140	$4290	$6930	$7920	Kubota	6	159D	8F-2R	45.74	4356	No
M4050 F	$12500	$2380	$3250	$5250	$6000	Kubota	6	159D	8F-2R	45.74	3740	No
M4500 DT 4WD	$18280	$3470	$4750	$7680	$8770	Kubota	6	159D	16F-4R	49.72	4730	No
M4500 F	$13930	$2650	$3620	$5850	$6690	Kubota	6	159D	16F-4R	49.72	4220	No
M4500 OC	$14490	$2750	$3770	$6090	$6960	Kubota	6	159D	16F-4R	49.00	4400	No
M4950 DT 4WD	$20265	$3850	$5270	$8510	$9730	Kubota	6	170D	12F-4R	49.57	5452	No
M4950 DT 4WD w/Cab	$24612	$4680	$6400	$10340	$11810	Kubota	6	170D	12F-4R	49.57	6252	CH
M4950 F	$16465	$3130	$4280	$6920	$7900	Kubota	6	170D	12F-4R	49.57	4746	No
M4950 F w/Cab	$19847	$3770	$5160	$8340	$9530	Kubota	6	170D	12F-4R	49.57	5546	CH
B5100 D 4WD	$4784	$1120	$1530	$2810	$3260	Kubota	2	31D	6F-2R	10	895	No
B5100 E	$4406	$1030	$1410	$2590	$3010	Kubota	2	31D	6F-2R	10	805	No
M5500 DT 4WD	$19840	$3770	$5160	$8330	$9520	Kubota	3	182D	16F-4R	53.99	5070	No
M5500 F	$15330	$2910	$3990	$6440	$7360	Kubota	3	182D	16F-4R	53.99	4560	No
M5950 DT 4WD	$23065	$4380	$6000	$9690	$11070	Kubota	3	196D	12F-4R	58.00	5673	No
M5950 DT 4WD w/Cab	$27556	$5240	$7170	$11570	$13230	Kubota	3	196D	12F-4R	58.00	6563	CHA
M5950 F	$19165	$3640	$4980	$8050	$9200	Kubota	3	196D	12F-4R	58.00	4989	No
M5950 F w/Cab	$23656	$4500	$6150	$9940	$11360	Kubota	3	196D	12F-4R	58.00	5879	CHA
B6100 D 4WD	$5722	$1330	$1820	$3330	$3870	Kubota	3	41D	6F-2R	12.00	1035	No
B6100 E	$5182	$1210	$1640	$3010	$3510	Kubota	3	41D	6F-2R	12.00	970	No
B6100 HSD 4WD	$6446	$1510	$2060	$3770	$4380	Kubota	3	41D	Variable	12.00	1230	No
B6100 HSE	$5885	$1380	$1890	$3460	$4020	Kubota	3	41D	Variable	12.00	1140	No
M6950 DT 4WD	$25165	$4780	$6540	$10570	$12080	Kubota	4	243D	12F-4R	66.00	6622	No
M6950 DT 4WD w/Cab	$29656	$5640	$7710	$12460	$14240	Kubota	4	243D	12F-4R	66.00	7512	CHA
M6950 F	$20765	$3950	$5400	$8720	$9970	Kubota	4	243D	12F-4R	66.00	5770	No
M6950 F w/Cab	$26221	$4980	$6820	$11010	$12590	Kubota	4	243D	12F-4R	66.00	6590	CHA
B7100 DT 4WD	$6191	$1430	$1950	$3570	$4150	Kubota	3	47D	6F-2R	13.60	1085	No
B7100 HSD 4WD	$7048	$1620	$2210	$4040	$4700	Kubota	3	47D	Variable	13.60	1300	No
B7100 HSE	$6416	$1500	$2050	$3750	$4370	Kubota	3	47D	Variable	13.60	1205	No
M7500 DT 4WD	$23650	$4490	$6150	$9930	$11350	Kubota	4	243D	16F-4R	72.34	5610	No
M7500 F	$17800	$3380	$4630	$7480	$8540	Kubota	4	243D	16F-4R	72.34	5085	No
M7950 DT 4WD	$27865	$5290	$7250	$11700	$13380	Kubota	4	262D	12F-4R	76.00	6610	No
M7950 DT 4WD w/Cab	$33321	$6330	$8660	$14000	$15990	Kubota	4	262D	12F-4R	76.00	7500	CHA
M7950 F	$22915	$4350	$5960	$9620	$11000	Kubota	4	262D	12F-4R	76.00	5840	No
M7950 F w/Cab	$27406	$5210	$7130	$11510	$13160	Kubota	4	262D	12F-4R	76.00	6730	CHA
B8200 DT 4WD	$6895	$1580	$2160	$3960	$4610	Kubota	3	57D	9F-3R	16.00	1565	No
B8200 E	$6151	$1420	$1940	$3550	$4130	Kubota	3	57D	9F-3R	16.00	1420	No

C, D, DT—Front Wheel Assist DTSS—Front Wheel Assist, Shuttle Shift E—Two Wheel Drive F—Farm Standard W—Two Row Offset
HC—High Clearance HSE—Hydrostatic Transmission, Two Wheel Drive HSD—Hydrostatic Transmission, Four Wheel Drive OC—Orchard L—Low Profile

Model	Approx. Retail Price New	Used Trade-In Avg.	Used Trade-In High	Used Retail Avg.	Used Retail High	Make	No. Cyls.	Displ. Cu.-in.	No. Speeds	P.T.O. H.P.	Approx. Shipping Wt.-Lbs.	Cab
1982												
L185 DT	$6290	$1320	$1890	$3460	$4030	Kubota	2	45D	8F-2R	15.45	1785	No
L185 F	$5730	$1200	$1720	$3150	$3670	Kubota	2	45D	8F-2R	15.33	1595	No
L235 DT	$7280	$1530	$2180	$4000	$4660	Kubota	3	68D	8F-2R	19.59	2115	No
L235 F	$6450	$1360	$1940	$3550	$4130	Kubota	3	68D	8F-2R	19.59	1950	No
L245 DT	$7680	$1610	$2300	$4220	$4920	Kubota	3	68D	8F-2R	22.35	2345	No
L245 F	$6750	$1420	$2030	$3710	$4320	Kubota	3	68D	8F-2R	22.06	2000	No
L245 HC	$7710	$1620	$2310	$4240	$4930	Kubota	3	68D	8F-2R	22.00	2345	No
L275 DT	$8530	$1790	$2560	$4690	$5460	Kubota	3	79D	8F-2R	23.42	2315	No
L275 F	$7380	$1550	$2210	$4060	$4720	Kubota	3	79D	8F-2R	23.42	2150	No
L295 DT	$8995	$1890	$2700	$4950	$5760	Kubota	3	79D	8F-2R	26.46	2600	No
L295 F	$7495	$1570	$2250	$4120	$4800	Kubota	3	79D	8F-2R	26.46	2305	No
L305 DT	$10270	$2160	$3080	$5650	$6570	Kubota	3	79D	8F-2R	26.21	2855	No

Kubota (Cont.)

1982 (Cont.)

Model	Approx. Retail Price New	Estimated Value Less Repairs — Used Trade-In Avg.	High	Used Retail Avg.	High	Make	Engine No. Cyls.	Displ. Cu.-in.	No. Speeds	P.T.O. H.P.	Approx. Shipping Wt.-Lbs.	Cab
L305 F	$8630	$1810	$2590	$4750	$5520	Kubota	3	79D	8F-2R	26.21	2555	No
L345 DT	$11130	$2130	$3040	$5570	$6480	Kubota	4	91D	8F-2R	29.35	3155	No
L345 F	$9240	$2010	$2870	$5250	$6110	Kubota	4	91D	8F-2R	29.35	2770	No
L355 DTSS	$12130	$2340	$3340	$6120	$7120	Kubota	4	106D	8F-8R	29.00	2684	No
M4050 DT	$16500	$3050	$4290	$6930	$7920	Kubota	6	159D	8F-2R	42.00	4356	No
M4050 F	$12500	$2310	$3250	$5250	$6000	Kubota	6	159D	8F-2R	42.00	3740	No
M4500 DT	$18280	$3380	$4750	$7680	$8770	Kubota	6	159D	16F-4R	49.72	4730	No
M4500 F	$13930	$2580	$3620	$5850	$6690	Kubota	6	159D	16F-4R	49.72	4220	No
M4500 QC	$14490	$2680	$3770	$6090	$6960	Kubota	6	159D	16F-4R	49.00	4400	No
B5100 DT	$4690	$1070	$1530	$2800	$3260	Kubota	2	31D	6F-2R	10	895	No
B5100 E	$4320	$1000	$1430	$2610	$3040	Kubota	2	31D	6F-2R	10	805	No
M5500 DT	$19840	$3670	$5160	$8330	$9520	Kubota	3	182D	16F-4R	53.99	5070	No
M5500 F	$15330	$2840	$3990	$6440	$7360	Kubota	3	182D	16F-4R	53.99	4560	No
B6100 DT	$5610	$1260	$1800	$3300	$3840	Kubota	3	41D	6F-2R	12.00	1035	No
B6100 E	$5080	$1150	$1640	$3010	$3510	Kubota	3	41D	6F-2R	12.00	970	No
B6100 HSD 4WD	$6320	$1420	$2030	$3710	$4320	Kubota	3	41D	Variable	12.00	1230	No
B6100 HSE	$5770	$1300	$1850	$3400	$3950	Kubota	3	41D	Variable	12.00	1140	No
B7100 DT	$6070	$1360	$1940	$3560	$4140	Kubota	3	47D	6F-2R	13.60	1085	No
B7100 HSD 4WD	$6910	$1520	$2180	$3990	$4640	Kubota	3	47D	Variable	13.60	1300	No
B7100 HSE	$6290	$1380	$1980	$3630	$4220	Kubota	3	47D	Variable	13.60	1205	No
M7500 DT	$23650	$4380	$6150	$9930	$11350	Kubota	4	243D	16F-4R	72.34	5610	No
M7500 F	$17800	$3290	$4630	$7480	$8540	Kubota	4	243D	16F-4R	72.34	5085	No
B8200 DT	$6760	$1490	$2120	$3890	$4530	Kubota	3	57D	9F-3R	16.00	1565	No
B8200 E	$6030	$1330	$1910	$3490	$4060	Kubota	3	57D	9F-3R	16.00	1420	No

C, D, DT—Front Wheel Assist DTSS—Front Wheel Assist, Shuttle Shift E—Two Wheel Drive F—Farm Standard W—Two Row Offset
HC—High Clearance HSE—Hydrostatic Transmission, Two Wheel Drive HSD—Hydrostatic Transmission, Four Wheel Drive OC—Orchard L—Low Profile

1981

Model	Approx. Retail Price New	Used Trade-In Avg.	High	Used Retail Avg.	High	Make	No. Cyls.	Displ. Cu.-in.	No. Speeds	P.T.O. H.P.	Approx. Shipping Wt.-Lbs.	Cab
L185 DT	$5990	$1200	$1800	$3300	$3830	Kubota	2	45D	8F-2R	15.45	1785	No
L185 F	$5450	$1090	$1640	$3000	$3490	Kubota	2	45D	8F-2R	15.33	1595	No
L245 DT	$7450	$1490	$2240	$4100	$4770	Kubota	3	68D	8F-2R	22.35	2000	No
L245 F	$6550	$1310	$1970	$3600	$4190	Kubota	3	68D	8F-2R	22.06	1850	No
L245 HC	$7490	$1500	$2250	$4120	$4790	Kubota	3	68D	8F-2R	22.00	2345	No
L285	$6675	$1340	$2000	$3670	$4270	Kubota	4	91D	8F-2R	26.45	2230	No
L295	$7495	$1500	$2250	$4120	$4800	Kubota	3	79D	8F-2R	26.46	2305	No
L295 DT	$8995	$1800	$2700	$4950	$5760	Kubota	3	79D	8F-2R	26.46	2600	No
L305 DT	$9680	$1940	$2900	$5320	$6200	Kubota	3	79D	8F-2R	26.21	2855	No
L305 F	$8130	$1630	$2440	$4470	$5200	Kubota	3	79D	8F-2R	26.21	2555	No
L345 DT	$10495	$1900	$2850	$5220	$6080	Kubota	4	91D	8F-2R	29.35	3155	No
M4000 F	$9785	$1760	$2540	$4110	$4700	Kubota	6	136D	16F-4R	41.00	4125	No
M4500 DT	$16270	$2930	$4230	$6830	$7810	Kubota	6	159D	16F-4R	49.72	4730	No
M4500 F	$12400	$2230	$3220	$5210	$5950	Kubota	6	159D	16F-4R	49.72	4220	No
M4500 OC	$12900	$2320	$3350	$5420	$6190	Kubota	6	159D	16F-4R	49.00	4400	No
B5100 DT	$4430	$970	$1460	$2670	$3100	Kubota	2	31D	6F-2R	10	895	No
B5100 E	$3990	$880	$1320	$2420	$2810	Kubota	2	31D	6F-2R	10	805	No
M5500 DT	$18000	$3240	$4680	$7560	$8640	Kubota	3	182D	16F-4R	53.99	5070	No
M5500 F	$13900	$2500	$3610	$5840	$6670	Kubota	3	182D	16F-4R	53.99	4560	No
B6100 DT	$5180	$1100	$1640	$3010	$3510	Kubota	3	41D	6F-2R	12.00	1035	No
B6100 E	$4690	$1020	$1530	$2800	$3260	Kubota	3	41D	6F-2R	12.00	970	No
B6100 HSD 4WD	$5840	$1230	$1850	$3380	$3940	Kubota	3	41D	Variable	12.00	1230	No
B6100 HSE	$5330	$1130	$1700	$3110	$3620	Kubota	3	41D	Variable	12.00	1140	No
B7100 DT	$5670	$1200	$1790	$3290	$3820	Kubota	3	47D	6F-2R	13.60	1085	No
B7100 HSD 4WD	$6320	$1330	$1990	$3640	$4240	Kubota	3	47D	Variable	13.60	1300	No
B7100 HSE	$5870	$1260	$1880	$3450	$4020	Kubota	3	47D	Variable	13.60	1205	No
M7500 DT	$20860	$3760	$5420	$8760	$10010	Kubota	4	243D	16F-4R	72.34	5610	No
M7500 F	$15700	$2830	$4080	$6590	$7540	Kubota	4	243D	16F-4R	72.34	5085	No

C, D, DT—Front Wheel Assist DTSS—Front Wheel Assist, Shuttle Shift E—Two Wheel Drive F—Farm Standard W—Two Row Offset
HC—High Clearance HSE—Hydrostatic Transmission, Two Wheel Drive HSD—Hydrostatic Transmission, Four Wheel Drive OC—Orchard L—Low Profile

1980

Model	Approx. Retail Price New	Used Trade-In Avg.	High	Used Retail Avg.	High	Make	No. Cyls.	Displ. Cu.-in.	No. Speeds	P.T.O. H.P.	Approx. Shipping Wt.-Lbs.	Cab
L185 DT	$5690	$1080	$1710	$3130	$3670	Kubota	2	45D	8F-2R	15.45	1785	No
L185 F	$5195	$990	$1560	$2860	$3350	Kubota	2	45D	8F-2R	15.33	1595	No
L245 DT	$7095	$1350	$2130	$3900	$4580	Kubota	3	68D	8F-2R	22.35	2000	No
L245 F	$6235	$1190	$1870	$3430	$4020	Kubota	3	68D	8F-2R	22.06	1850	No
L245 HC	$7490	$1420	$2250	$4120	$4830	Kubota	3	68D	8F-2R	22.00	2345	No
L285	$6675	$1270	$2000	$3670	$4310	Kubota	4	91D	8F-2R	26.45	2230	No
L295	$7495	$1420	$2250	$4120	$4830	Kubota	3	79D	8F-2R	25.00	2305	No
L295 DT	$8995	$1710	$2700	$4950	$5800	Kubota	3	79D	8F-2R	25.00	2600	No
L305 DT	$9395	$1790	$2820	$5170	$6060	Kubota	3	79D	8F-2R	25.00	2855	No
L305 F	$7595	$1440	$2280	$4180	$4900	Kubota	3	79D	8F-2R	25.00	2555	No
L345 DT	$9995	$1900	$3000	$5500	$6450	Kubota	4	91D	8F-2R	28.00	3155	No
L345 F	$8710	$1660	$2610	$4790	$5620	Kubota	4	91D	8F-2R	28.00	2770	No
M4000 F	$9785	$1710	$2590	$4110	$4700	Kubota	6	136D	16F-4R	41.00	4125	No
M4500 DT	$15795	$2760	$4190	$6630	$7580	Kubota	6	159D	16F-4R	47.00	4730	No
M4500 F	$12000	$2100	$3180	$5040	$5760	Kubota	6	159D	16F-4R	47.00	4220	No
M4500 OC	$11990	$2100	$3180	$5040	$5760	Kubota	6	159D	16F-4R	47.00	4400	No
B5100 DT	$4195	$870	$1380	$2530	$2960	Kubota	2	31D	6F-2R	10	895	No
B5100 E	$3795	$800	$1260	$2310	$2710	Kubota	2	31D	6F-2R	10	805	No
M5500 DT	$17500	$3060	$4640	$7350	$8400	Kubota	3	182D	16F-4R	53.00	5070	No
M5500 F	$13500	$2360	$3580	$5670	$6480	Kubota	3	182D	16F-4R	53.00	4560	No
B6100 DT	$4750	$980	$1550	$2830	$3320	Kubota	3	41D	6F-2R	12.00	1035	No
B6100 E	$4295	$890	$1410	$2580	$3030	Kubota	3	41D	6F-2R	12.00	970	No
B7100 DT	$5195	$1040	$1650	$3020	$3540	Kubota	3	47D	6F-2R	13.60	1085	No
B7100 HSD	$5795	$1160	$1830	$3350	$3930	Kubota	3	47D	Variable	13.60	1300	No

Kubota (Cont.)

Model	Approx. Retail Price New	Used Trade-In Avg.	Used Trade-In High	Used Retail Avg.	Used Retail High	Make	Engine No. Cyls.	Displ. Cu.-in.	No. Speeds	P.T.O. H.P.	Approx. Shipping Wt.-Lbs.	Cab
1980 (Cont.)												
B7100 HSE	$5375	$1100	$1730	$3180	$3730	Kubota	3	47D	Variable	13.60	1205	No
M7500 DT	$20250	$3540	$5370	$8510	$9720	Kubota	4	243D	16F-4R	72.00	5610	No
M7500 F	$15200	$2660	$4030	$6380	$7300	Kubota	4	243D	16F-4R	72.00	5085	No

C, D, DT—Front Wheel Assist DTSS—Front Wheel Assist, Shuttle Shift E—Two Wheel Drive F—Farm Standard W—Two Row Offset
HC—High Clearance HSE—Hydrostatic Transmission, Two Wheel Drive HSD—Hydrostatic Transmission, Four Wheel Drive OC—Orchard L—Low Profile

Model	Approx. Retail Price New	Used Trade-In Avg.	Used Trade-In High	Used Retail Avg.	Used Retail High	Make	Engine No. Cyls.	Displ. Cu.-in.	No. Speeds	P.T.O. H.P.	Approx. Shipping Wt.-Lbs.	Cab
1979												
L185 DT	$5490	$990	$1650	$3020	$3540	Kubota	2	45D	8F-2R	15.45	1785	No
L185 F	$4885	$920	$1530	$2800	$3280	Kubota	2	45D	8F-2R	15.33	1595	No
L245 DT	$6650	$1230	$2060	$3770	$4420	Kubota	3	68D	8F-2R	22.35	2000	No
L245 F	$5830	$1090	$1820	$3330	$3900	Kubota	3	68D	8F-2R	22.06	1850	No
L245 HC	$7135	$1310	$2180	$3990	$4680	Kubota	3	68D	8F-2R	22.00	2345	No
L285	$6675	$1200	$2000	$3670	$4310	Kubota	4	91D	8F-2R	26.45	2230	No
L295	$7200	$1300	$2160	$3960	$4640	Kubota	3	79D	8F-2R	25.00	2305	No
L295 DT	$8875	$1600	$2660	$4880	$5720	Kubota	3	79D	8F-2R	25.00	2600	No
L345 DT	$9595	$1730	$2880	$5280	$6190	Kubota	4	91D	8F-2R	28.00	3155	No
M4000 F	$9785	$1660	$2640	$4110	$4700	Kubota	6	136D	16F-4R	41.00	4125	No
M4500 DT	$15795	$2690	$4270	$6630	$7580	Kubota	6	159D	16F-4R	47.00	4730	No
M4500 F	$11500	$1960	$3110	$4830	$5520	Kubota	6	159D	16F-4R	47.00	4220	No
B5100 DT	$4165	$800	$1340	$2450	$2870	Kubota	2	31D	6F-2R	10	895	No
B5100 E	$3745	$770	$1280	$2340	$2740	Kubota	2	31D	6F-2R	10	805	No
B6100 DT	$4415	$740	$1230	$2260	$2650	Kubota	3	41D	6F-2R	12.00	1035	No
B6100 E	$4050	$780	$1310	$2390	$2810	Kubota	3	41D	6F-2R	12.00	970	No
B7100 DT	$4855	$950	$1580	$2890	$3390	Kubota	3	47D	6F-2R	13.60	1085	No
M7500 DT	$18900	$3210	$5100	$7940	$9070	Kubota	4	243D	16F-4R	70.00	5610	No

C, D, DT—Front Wheel Assist DTSS—Front Wheel Assist, Shuttle Shift E—Two Wheel Drive F—Farm Standard W—Two Row Offset
H, HC—High Clearance HSE—Hydrostatic Transmission, Two Wheel Drive HSD—Hydrostatic Transmission, Four Wheel Drive OC—Orchard L—Low Profile

Model	Approx. Retail Price New	Used Trade-In Avg.	Used Trade-In High	Used Retail Avg.	Used Retail High	Make	Engine No. Cyls.	Displ. Cu.-in.	No. Speeds	P.T.O. H.P.	Approx. Shipping Wt.-Lbs.	Cab
1978												
L185 DT	$4940	$890	$1480	$2720	$3190	Kubota	2	45D	8F-2R	15.00	1740	No
L185 F	$4350	$820	$1370	$2500	$2940	Kubota	2	45D	8F-2R	15.00	1595	No
L245 DT	$5865	$1090	$1820	$3330	$3900	Kubota	3	68D	8F-2R	22.00	2000	No
L245 F	$5120	$980	$1640	$3000	$3520	Kubota	3	68D	8F-2R	22.00	1850	No
L245 HC	$6290	$1200	$2010	$3680	$4320	Kubota	3	68D	8F-2R	22.00	2345	No
L285	$6275	$1170	$1940	$3560	$4180	Kubota	4	91D	8F-2R	26.45	2230	No
L295 DT	$7825	$1460	$2440	$4470	$5240	Kubota	3	79D	8F-2R	25.00	2600	No
M4000 F	$9450	$1610	$2600	$3970	$4540	Kubota	6	136D	16F-4R		4125	No
M4500 DT	$14695	$2500	$4040	$6170	$7050	Kubota	6	159D	16F-4R		4730	No
B5100 DT	$3765	$750	$1250	$2280	$2680	Kubota	2	31D	6F-2R	10.00	895	No
B5100 E	$3395	$650	$1080	$1980	$2320	Kubota	2	31D	6F-2R	10.00	805	No
B6100 DT	$3950	$750	$1250	$2280	$2680	Kubota	3	41D	6F-2R	12.00	1035	No
B6100 E	$3625	$710	$1190	$2170	$2550	Kubota	3	41D	6F-2R	12.00	970	No
B7100 DT	$4290	$830	$1380	$2530	$2960	Kubota	3	47D	6F-2R	13.60	1085	No

C, D, DT—Front Wheel Assist DTSS—Front Wheel Assist, Shuttle Shift E—Two Wheel Drive F—Farm Standard W—Two Row Offset
H, HC—High Clearance HSE—Hydrostatic Transmission, Two Wheel Drive HSD—Hydrostatic Transmission, Four Wheel Drive OC—Orchard L—Low Profile

Model	Approx. Retail Price New	Used Trade-In Avg.	Used Trade-In High	Used Retail Avg.	Used Retail High	Make	Engine No. Cyls.	Displ. Cu.-in.	No. Speeds	P.T.O. H.P.	Approx. Shipping Wt.-Lbs.	Cab
1977												
L175 C	$3295	$650	$1080	$1980	$2320	Kubota	2	45D	8F-2R	15.00	1520	No
L185 DT	$4140	$780	$1300	$2390	$2800	Kubota	2	45D	8F-2R	15.00	1740	No
L185 F	$3595	$700	$1170	$2140	$2510	Kubota	2	45D	8F-2R	15.00	1595	No
L225	$3890	$740	$1230	$2250	$2640	Kubota	3	68D	8F-2R	20.86	1620	No
L245 DT	$4875	$900	$1490	$2740	$3210	Kubota	3	68D	8F-2R	22.00	2000	No
L245 F	$4445	$860	$1430	$2610	$3060	Kubota	3	68D	8F-2R	22.00	1850	No
L285	$4995	$950	$1590	$2910	$3420	Kubota	4	91D	8F-2R	26.45	2230	No
B6000 C	$3175	$640	$1070	$1970	$2310	Kubota	2	35D	6F-2R	11.00	860	No
B6000 E	$2795	$590	$990	$1810	$2130	Kubota	2	35D	6F-2R	11.00	770	No
B7100 DT	$3550	$730	$1220	$2230	$2610	Kubota	3	47D	6F-2R	13.60	1085	No

C, D, DT—Front Wheel Assist DTSS—Front Wheel Assist, Shuttle Shift E—Two Wheel Drive F—Farm Standard W—Two Row Offset
H, HC—High Clearance HSE—Hydrostatic Transmission, Two Wheel Drive HSD—Hydrostatic Transmission, Four Wheel Drive OC—Orchard L—Low Profile

Model	Approx. Retail Price New	Used Trade-In Avg.	Used Trade-In High	Used Retail Avg.	Used Retail High	Make	Engine No. Cyls.	Displ. Cu.-in.	No. Speeds	P.T.O. H.P.	Approx. Shipping Wt.-Lbs.	Cab
1976												
L175 C	$3295	$590	$990	$1810	$2130	Kubota	2	45D	8F-2R	15.00	1520	No
L175 F	$3150	$570	$950	$1730	$2030	Kubota	2	45D	8F-2R	15.00	1430	No
L185 F	$3595	$650	$1080	$1980	$2320	Kubota	2	45D	8F-2R	15.00	1595	No
L225	$3890	$700	$1170	$2140	$2510	Kubota	3	68D	8F-2R	20.86	1620	No
L225 DT	$4495	$810	$1350	$2470	$2900	Kubota	3	68D	8F-2R	20.86	1770	No
L260	$4365	$790	$1310	$2400	$2820	Kubota	2	78D	8F-2R	24.11	2340	No
L285	$4713	$850	$1410	$2590	$3040	Kubota	4	91D	8F-2R	26.45	2230	No
L285 W	$4837	$870	$1450	$2660	$3120	Kubota	4	91D	8F-2R	26.45	2250	No
B6000 C	$2995	$610	$1020	$1870	$2190	Kubota	2	35D	6F-2R	11.00	860	No
B6000 E	$2730	$540	$900	$1650	$1940	Kubota	2	35D	6F-2R	11.00	770	No

C, D, DT—Front Wheel Assist DTSS—Front Wheel Assist, Shuttle Shift E—Two Wheel Drive F—Farm Standard W—Two Row Offset
H, HC—High Clearance HSE—Hydrostatic Transmission, Two Wheel Drive HSD—Hydrostatic Transmission, Four Wheel Drive OC—Orchard L—Low Profile

Landini

Model	Approx. Retail Price New	Used Trade-In Avg.	Used Trade-In High	Used Retail Avg.	Used Retail High	Make	Engine No. Cyls.	Displ. Cu.-in.	No. Speeds	P.T.O. H.P.	Approx. Shipping Wt.-Lbs.	Cab
2000												
R60FP Rex F	$23765	$8790	$10460	$13780	$15210	Perkins	4	236D	12F-12R	49.0		No
R60F Rex F	$31550	$11670	$13880	$18300	$20190	Perkins	4	236D	12F-12R	49.0		CHA
R70FP Rex F	$28590	$10580	$12580	$16580	$18300	Perkins	4	248D	12F-12R	61.0		No
R70F Rex F	$36440	$13480	$16030	$21140	$23320	Perkins	4	248D	12F-12R	61.0		CHA
R80FP Rex F	$30650	$11340	$13490	$17780	$19620	Perkins	4	248D	12F-12R	71.0		No
R80F Rex F	$38510	$14250	$16940	$22340	$24650	Perkins	4	248D	12F-12R	71.0		CHA

Landini (Cont.)

2000 (Cont.)

Model	Approx. Retail Price New	Used Trade-In Avg.	Used Trade-In High	Used Retail Avg.	Used Retail High	Make	No. Cyls.	Displ. Cu.-in.	No. Speeds	P.T.O. H.P.	Approx. Shipping Wt.-Lbs.	Cab
R90FP Rex F	$39135	$14480	$17220	$22700	$25050	Perkins	4T	236D	12F-12R	80.0		No
DT60FP Rex F	$30235	$11190	$13300	$17540	$19350	Perkins	4	236D	12F-12R	49.0		No
DT60F Rex F	$37540	$13890	$16520	$21770	$24030	Perkins	4	236D	24F-12R	49.0		CHA
DT70F Rex F	$34495	$12760	$15180	$20010	$22080	Perkins	4	248D	24F-12R	61.0		No
DT70F Rex F	$42465	$15710	$18690	$24630	$27180	Perkins	4	248D	24F-12R	61.0		CHA
DT80FP Rex F	$36710	$13580	$16150	$21290	$23490	Perkins	4	248D	24F-12R	71.0		No
DT80F Rex F	$44675	$16530	$19660	$25910	$28590	Perkins	4	248D	24F-12R	71.0		CHA
DT90FP Rex F	$40825	$15110	$17960	$23680	$26130	Perkins	4T	236D	12F-12R	80.0		No
DT90F Rex F	$48791	$18050	$21470	$28300	$31230	Perkins	4T	236D	12F-12R	80.0		CHA
R70GE Rex	$28645	$10600	$12600	$16610	$18330	Perkins	4	248D	24F-12R	61.0		No
DT60GE Rex	$28760	$10640	$12650	$16680	$18410	Perkins	4	236D	24F-12R	49.0		No
DT70GE Rex	$33320	$12330	$14660	$19330	$21330	Perkins	4	248D	24F-12R	61.0		No
DT80GE Rex	$35520	$13140	$15630	$20600	$22730	Perkins	4	248D	24F-12R	71.0		No
R60VP Rex V	$23130	$8560	$10180	$13420	$14800	Perkins	4	236D	12F-12R	49.0		No
R60V Rex V	$31550	$11670	$13880	$18300	$20190	Perkins	4	236D	12F-12R	49.0		CHA
R70VP Rex V	$27815	$10290	$12240	$16130	$17800	Perkins	4	248D	12F-12R	61.0		No
R70V Rex V	$37695	$13950	$16590	$21860	$24110	Perkins	4	248D	12F-12R	61.0		CHA
R80VP Rex V	$29170	$10790	$12840	$16920	$18670	Perkins	4	248D	12F-12R	71.0		No
R80V Rex V	$37425	$13850	$16470	$21710	$23950	Perkins	4	248D	12F-12R	71.0		CHA
DT60VP Rex V	$28070	$10390	$12350	$16280	$17970	Perkins	4	236D	12F-12R	49.0		No
DT60V Rex V	$36500	$13510	$16060	$21170	$23360	Perkins	4	236D	24F-12R	49.0		CHA
DT70VP Rex V	$33055	$12230	$14540	$19170	$21160	Perkins	4	248D	12F-12R	61.0		No
DT70V Rex V	$41485	$15350	$18250	$24060	$26550	Perkins	4	248D	12F-12R	61.0		CHA
DT80VP Rex V	$33680	$12460	$14820	$19530	$21560	Perkins	4	248D	12F-12R	71.0		No
DT80V Rex V	$42100	$15580	$18520	$24420	$26940	Perkins	4	248D	12F-12R	71.0		CHA
DT80GT Rex	$44670	$16530	$19660	$25910	$28590	Perkins	4	248D	24F-12R	71.0		CHA
DT90GT Rex	$40925	$15140	$18010	$23740	$26190	Perkins	4	248D	24F-12R	80.0		No
DT90GT Rex	$48775	$18050	$21460	$28290	$31220	Perkins	4	248D	24F-12R	80.0		CHA
DT100GT Rex	$43550	$16110	$19160	$25260	$27870	Perkins	4	248D	24F-12R	84.4		No
DT100GT Rex	$51395	$19020	$22610	$29810	$32890	Perkins	4	248D	24F-12R	84.4		CHA
DT55 Globus	$32645	$12080	$14360	$18930	$20890	Perkins	3	152D	15F-15R	49.0		No
DT55 Globus	$37150	$13750	$16350	$21550	$23780	Perkins	3	152D	15F-15R	49.0		CHA
DT65 Globus	$35540	$13150	$15640	$20610	$22750	Perkins	4	236D	15F-15R	60.5		No
DT65 Globus	$39555	$14640	$17400	$22940	$25320	Perkins	4	236D	15F-15R	60.5		CHA
DT75 Globus	$39555	$14640	$17400	$22940	$25320	Perkins	4	236D	15F-15R	66.3		No
DT75 Globus	$43856	$16230	$19300	$25440	$28070	Perkins	4	236D	15F-15R	66.3		CHA
R70 Atlas	$27635	$10230	$12160	$16030	$17690	Perkins	4	236D	24F-12R	61.0		No
R80 Atlas	$29495	$10910	$12980	$17110	$18880	Perkins	4	248D	24F-12R	70.0		No
R90 Atlas	$32545	$12040	$14320	$18880	$20830	Perkins	4	248D	24F-12R	79.2		No
DT80 Ghibli	$46650	$17260	$20530	$27060	$29860	Perkins	4	248D	24F-12R	70.8		CHA
DT90 Ghibli	$47595	$17610	$20940	$27610	$30460	Perkins	4	248D	24F-12R	80.0		CHA
DT100 Ghibli	$49090	$18160	$21600	$28470	$31420	Perkins	4	248D	24F-12R	84.4		CHA
DT105 Legend	$50585	$18720	$22260	$29340	$32370	Perkins	6	366D	18F-18R	95.0		No
DT105 Legend Techno	$53310	$19730	$23460	$30920	$34120	Perkins	6	366D	18F-18R	95.0		CHA
DT105 Legend Top	$59685	$22080	$26260	$34620	$38200	Perkins	6	366D	36F-36R	95.0		CHA
DT115 Legend	$55760	$20630	$24530	$32340	$35690	Perkins	6	366D	18F-18R	101.0		No
DT115 Legend Techno	$58625	$21690	$25800	$34000	$37520	Perkins	6	366D	18F-18R	101.0		CHA
DT115 Legend Top	$65265	$24150	$28720	$37850	$41770	Perkins	6	366D	36F-36R	101.0		CHA
DT130 Legend	$58875	$21780	$25910	$34150	$37680	Perkins	6T	366D	18F-18R	117.0		No
DT130 Legend Techno	$61740	$22840	$27170	$35810	$39510	Perkins	6T	366D	18F-18R	117.0		CHA
DT130 Legend Top	$69000	$25530	$30360	$40020	$44160	Perkins	6T	366D	36F-36R	117.0		CHA
DT145 Legend	$72560	$26850	$31930	$42090	$46440	Perkins	6T	366D	18F-18R	128.0		No
DT145 Legend Techno	$75495	$27930	$33220	$43790	$48320	Perkins	6T	366D	18F-18R	128.0		CHA
DT145 Legend Top	$82665	$30590	$36370	$47950	$52910	Perkins	6T	366D	36F-36R	128.0		CHA
DT165 Legend Top	$91210	$33750	$40130	$52900	$58370	Perkins	6T	366D	36F-36R	148.0		CHA
C65 w/Blade	$52828	$19550	$23240	$30640	$33810	Perkins	4	236D	16F-8R	61.0		No
C65F w/Blade	$46550	$17220	$20480	$27000	$29790	Perkins	4	236D	16F-8R	61.0		No
C85 w/Blade	$59130	$21880	$26020	$34300	$37840	Perkins	4	248D	16F-8R	71.25		No
C85F w/Blade	$52835	$19550	$23250	$30640	$33810	Perkins	4	248D	16F-8R	71.25		No
C95 w/Blade	$62295	$23050	$27410	$36130	$39870	Perkins	4T	236D	16F-8R	84.0		No

1999

Model	Approx. Retail Price New	Used Trade-In Avg.	Used Trade-In High	Used Retail Avg.	Used Retail High	Make	No. Cyls.	Displ. Cu.-in.	No. Speeds	P.T.O. H.P.	Approx. Shipping Wt.-Lbs.	Cab
C65 w/Blade	$52570	$17350	$21550	$28390	$31540	Perkins	4	236D	16F-8R	61.0		No
C65F w/Blade	$45110	$14890	$18500	$24360	$27070	Perkins	4	236D	16F-8R	61.0		No
C85 w/Blade	$60860	$20080	$24950	$32860	$36520	Perkins	4	248D	16F-8R	71.25		No
C85F w/Blade	$51555	$17010	$21140	$27840	$30930	Perkins	4	248D	16F-8R	71.25		No
C95 w/Blade	$63920	$21090	$26210	$34520	$38350	Perkins	4T	236D	16F-8R	84.0		No
DT105 TECHNO	$50410	$16640	$20670	$27220	$30250	Perkins	6	366D	18F-18R	95.0		No
DT105 TECHNO w/Cab	$53310	$17590	$21860	$28790	$31990	Perkins	6	366D	18F-18R	95.0		CHA
DT105 TOP w/Cab	$59685	$19700	$24470	$32230	$35810	Perkins	6	366D	36F-36R	95.0		CHA
DT115 TECHNO	$55760	$18400	$22860	$30110	$33460	Perkins	6	366D	18F-18R	101.0		No
DT115 TECHNO w/Cab	$58625	$19350	$24040	$31660	$35180	Perkins	6	366D	18F-18R	101.0		CHA
DT115 TOP w/Cab	$65265	$21540	$26760	$35240	$39160	Perkins	6	366D	36F-36R	101.0		CHA
DT130 TECHNO	$58875	$19430	$24140	$31790	$35330	Perkins	6T	366D	18F-18R	117.0		No
DT130 TECHNO w/Cab	$61740	$20370	$25310	$33340	$37040	Perkins	6T	366D	18F-18R	117.0		CHA
DT130 TOP w/Cab	$69000	$22770	$28290	$37260	$41400	Perkins	6T	366D	36F-36R	117.0		CHA
DT145 TECHNO	$72560	$23950	$29750	$39180	$43540	Perkins	6T	366D	18F-18R	128.0		No
DT145 TECHNO w/Cab	$75495	$24910	$30950	$40770	$45300	Perkins	6T	366D	18F-18R	128.0		CHA
DT145 TOP w/Cab	$82665	$27280	$33890	$44640	$49600	Perkins	6T	366D	36F-36R	128.0		CHA
DT165 TOP w/Cab	$91210	$30100	$37400	$49250	$54730	Perkins	6T	366D	36F-36R	148.0		CHA
DT6860	$33085	$10920	$13570	$17870	$19850	Perkins	4	236D	12F-12R	61.0	6122	No
R6860	$28155	$9290	$11540	$15200	$16890	Perkins	4	236D	12F-12R	61.0	5546	No
DT8860	$36690	$12110	$15040	$19810	$22010	Perkins	4	248D	12F-12R	72.1	6962	No
DT8860HC	$37886	$12500	$15530	$20460	$22730	Perkins	4	248D	12F-12R	72.1	7102	No

Landini (Cont.)

Model	Approx. Retail Price New	Estimated Value Less Repairs				Make	Engine				Approx. Shipping Wt.-Lbs.	Cab
		Used Trade-In		Used Retail			No. Cyls.	Displ. Cu.-in.	No. Speeds	P.T.O. H.P.		
		Avg.	High	Avg.	High							
1999 (Cont.)												
R8860	$31955	$10550	$13100	$17260	$19170	Perkins	4	248D	12F-12R	72.1	6476	No
R8860HC	$31690	$10230	$12710	$16740	$18600	Perkins	4	248D	12F-12R	72.1	6531	No
DT8880	$46290	$15280	$18980	$25000	$27770	Perkins	4	248D	12F-12R	72.1	8451	CHA
DT8880HC	$46540	$15360	$19080	$25130	$27920	Perkins	4	248D	12F-12R	72.1	8418	CHA
R8880	$39875	$13160	$16350	$21530	$23930	Perkins	4	248D	12F-12R	72.1	7633	CHA
R9060	$34615	$11420	$14190	$18690	$20770	Perkins	4T	236D	12F-12R	82.6		CHA
DT9060	$40185	$13260	$16480	$21700	$24110	Perkins	4T	236D	12F-12R	82.6		CHA
R9060HC	$34350	$11340	$14080	$18550	$20610	Perkins	4T	236D	12F-12R	82.6		CHA
DT9060HC	$42185	$13920	$17300	$22780	$25310	Perkins	4T	236D	12F-12R	82.6		CHA
DT9880	$50915	$16800	$20880	$27490	$30550	Perkins	4T	236D	12F-12R	86.3	8850	CHA
DT9880HC	$50556	$16680	$20730	$27300	$30330	Perkins	4T	236D	12F-12R	86.3	8529	CHA
R9880	$44450	$14670	$18230	$24000	$26670	Perkins	4T	236D	12F-12R	86.3	8407	CHA
1998												
DT50 TECHNO	$28990	$8990	$11310	$14790	$16520	Perkins	3	152D	12F-12R	43.0		No
DT55FP	$31495	$9760	$12280	$16060	$17950	Perkins	3	152D	24F-12R	42.9		No
DT55GE	$31995	$9920	$12480	$16320	$18240	Perkins	3	152D	24F-12R	42.9		No
DT55LP	$31605	$9800	$12330	$16120	$18020	Perkins	3	152D	24F-12R	42.9		No
DT55V	$38885	$12050	$15170	$19830	$22160	Perkins	3	152D	24F-12R	42.9		CH
DT55VP	$31195	$9670	$12170	$15910	$17780	Perkins	3	152D	24F-12R	42.9		No
R55FP	$25535	$7920	$9960	$13020	$14560	Perkins	3	152D	24F-12R	42.9		No
R55V	$32455	$10060	$12660	$16550	$18500	Perkins	3	152D	24F-12R	42.9		CH
R55VP	$26410	$8190	$10300	$13470	$15050	Perkins	3	152D	24F-12R	42.9		No
DT60 TECHNO	$32440	$10060	$12650	$16540	$18490	Perkins	3T	152D	12F-12R	51.3		No
DT60 TECHNO w/Cab	$37085	$11500	$14460	$18910	$21140	Perkins	3T	152D	12F-12R	51.3		CHA
DT60 TOP	$33417	$10360	$13030	$17040	$19050	Perkins	3T	152D	12F-12R	51.3		No
DT60 TOP w/Cab	$37796	$11720	$14740	$19280	$21540	Perkins	3T	152D	12F-12R	51.3		CHA
DT60FP	$31878	$9880	$12430	$16260	$18170	Perkins	3T	152D	24F-12R	54.3		No
DT60GE	$33060	$10250	$12890	$16860	$18840	Perkins	3T	152D	24F-12R	54.3		No
DT60LP	$32410	$10050	$12640	$16530	$18470	Perkins	3T	152D	24F-12R	54.3		No
DT60V	$40410	$12530	$15760	$20610	$23030	Perkins	3T	152D	24F-12R	54.3		CH
DT60VP	$31630	$9810	$12340	$16130	$18030	Perkins	3T	152D	24F-12R	54.3		No
R60FP	$26315	$8160	$10260	$13420	$15000	Perkins	3T	152D	24F-12R	54.3		No
R60V	$33675	$10440	$13130	$17170	$19200	Perkins	3T	152D	24F-12R	54.3		CHA
R60VP	$27720	$8590	$10810	$14140	$15800	Perkins	3T	152D	24F-12R	54.3		No
DT65	$39020	$12100	$15220	$19900	$22240	Perkins	4	236D	24F-12R	61.0		CHA
DT65F	$43200	$13390	$16850	$22030	$24620	Perkins	4	236D	24F-12R	61.0		CHA
DT65FP	$32769	$10160	$12780	$16710	$18680	Perkins	4	236D	24F-12R	61.0		No
DT65GE	$33445	$10370	$13040	$17060	$19060	Perkins	4	236D	24F-12R	61.0		No
DT65L	$42985	$13330	$16760	$21920	$24500	Perkins	4	236D	24F-12R	61.0		CHA
DT65LP	$32830	$10180	$12800	$16740	$18710	Perkins	4	236D	24F-12R	61.0		No
DT65V	$42282	$13110	$16490	$21560	$24100	Perkins	4	236D	24F-12R	61.0		CHA
DT65VP	$32815	$10170	$12800	$16740	$18710	Perkins	4	236D	24F-12R	61.0		No
R65	$33915	$10510	$13230	$17300	$19330	Perkins	4	236D	24F-12R	61.0		CHA
R65F	$36535	$11330	$14250	$18630	$20830	Perkins	4	236D	24F-12R	61.0		CHA
R65FP	$26872	$8330	$10480	$13710	$15320	Perkins	4	236D	24F-12R	61.0		No
R65GE	$27720	$8590	$10810	$14140	$15800	Perkins	4	236D	24F-12R	61.0		No
R65LP	$27205	$8430	$10610	$13880	$15510	Perkins	4	236D	24F-12R	61.0		No
R65LP HC	$26980	$8360	$10520	$13760	$15380	Deutz	4T	166D	12F-12R	61.0		No
R65V	$35525	$11010	$13860	$18120	$20250	Perkins	4	236D	24F-12R	61.0		CHA
R65VP	$28040	$8690	$10940	$14300	$15980	Perkins	4	236D	24F-12R	61.0		No
DT70 TECHNO	$34727	$10770	$13540	$17710	$19790	Perkins	4	236D	12F-12R	57.8		No
DT70 TECHNO w/Cab	$39670	$12300	$15470	$20230	$22610	Perkins	4	236D	12F-12R	57.8		CHA
DT70 TOP	$35767	$11090	$13950	$18240	$20390	Perkins	4	236D	12F-12R	57.2		No
DT70 TOP w/Cab	$40432	$12530	$15770	$20620	$23050	Perkins	4	236D	12F-12R	57.8		CHA
C75 W/Blade	$50885	$15770	$19850	$25950	$29000	Perkins	4	236D	16F-8R	61.25		No
C75F	$36700	$11380	$14310	$18720	$20920	Perkins	4	236D	16F-8R	61.25		No
DT75	$40870	$12670	$15940	$20840	$23300	Perkins	4	236D	24F-12R	64.37		CHA
DT75F	$43835	$13590	$17100	$22360	$24990	Perkins	4	236D	24F-12R	64.37		CHA
DT75FP	$33651	$10430	$13120	$17160	$19180	Perkins	4	236D	24F-12R	64.37		No
DT75GE	$34960	$10850	$13650	$17850	$19940	Perkins	4	236D	24F-12R	64.37		No
DT75L	$43620	$13520	$17010	$22250	$24860	Perkins	4	236D	24F-12R	64.37		CHA
DT75LP	$33335	$10330	$13000	$17000	$19000	Perkins	4	236D	24F-12R	64.37		No
DT75V	$43680	$13540	$17040	$22280	$24900	Perkins	4	236D	24F-12R	64.37		CHA
DT75VP	$36245	$11240	$14140	$18490	$20660	Perkins	4	236D	24F-12R	64.37		No
R75F	$37452	$11610	$14610	$19100	$21350	Perkins	4	236D	24F-12R	64.37		CHA
R75FP	$28065	$8700	$10950	$14310	$16000	Perkins	4	236D	24F-12R	64.37		No
R75V	$36470	$11310	$14220	$18600	$20790	Perkins	4	236D	24F-12R	64.37		CHA
R75VP	$30535	$9470	$11910	$15570	$17410	Perkins	4	236D	24F-12R	64.37		No
C85 w/Blade	$56371	$17480	$21990	$28750	$32130	Perkins	4	248D	16F-8R	71.25		No
C85F	$41240	$12780	$16080	$21030	$23510	Perkins	4	248D	16F-8R	71.25		No
DT85	$43105	$13360	$16810	$21980	$24570	Perkins	4	248D	24F-12R	72.1	8075	CHA
DT85F	$45065	$13970	$17580	$22980	$25690	Perkins	4	248D	24F-12R	72.1		CHA
DT85FP	$34856	$10810	$13590	$17780	$19870	Perkins	4	248D	24F-12R	72.1		No
DT85GE	$36520	$11320	$14240	$18630	$20820	Perkins	4	248D	24F-12R	72.1		No
DT85L	$44845	$13900	$17490	$22870	$25560	Perkins	4	248D	24F-12R	72.1		CHA
DT85LP	$34537	$10710	$13470	$17610	$19690	Perkins	4	248D	24F-12R	72.1		No
R85	$36765	$11400	$14340	$18750	$20960	Perkins	4	248D	24F-12R	72.1	7412	CHA
R85F	$38585	$11960	$15050	$19680	$21990	Perkins	4	248D	24F-12R	72.1		CHA
R85FP	$29115	$9030	$11360	$14850	$16600	Perkins	4	248D	24F-12R	72.1		No
RP85LP HC	$29116	$9030	$11360	$14850	$16600	Deutz	4T	166D	12F-12R	72.1		No
C95 w/Blade	$60045	$18610	$23420	$30620	$34230	Perkins	4T	236D	16F-8R	84.0		No
DT95	$44930	$13930	$17520	$22910	$25610	Perkins	4T	236D	24F-12R	82.6		CHA
DT95 GT	$50610	$15690	$19740	$25810	$28850	Perkins	4T	236D	12F-12R	82.6		CHA

Model	Approx. Retail Price New	Used Trade-In Avg.	Used Trade-In High	Used Retail Avg.	Used Retail High	Make	No. Cyls.	Displ. Cu.-in.	No. Speeds	P.T.O. H.P.	Approx. Shipping Wt.-Lbs.	Cab
1998 (Cont.)												
DT105 TECHNO	$50050	$15520	$19520	$25530	$28530	Perkins	6	366D	18F-18R	95.0		No
DT105 TECHNO w/Cab	$52195	$16180	$20360	$26620	$29750	Perkins	6	366D	18F-18R	95.0		CHA
DT105 TOP w/Cab	$58610	$18170	$22860	$29890	$33410	Perkins	6	366D	36F-36R	95.0		CHA
DT115 TECHNO	$53646	$16630	$20920	$27360	$30580	Perkins	6	366D	18F-18R	101.0		No
DT115 TECHNO w/Cab	$56420	$17490	$22000	$28770	$32160	Perkins	6	366D	18F-18R	101.0		CHA
DT115 TOP w/Cab	$62915	$19500	$24540	$32090	$35860	Perkins	6	366D	36F-36R	101.0		CHA
DT130 TECHNO	$56660	$17570	$22100	$28900	$32300	Perkins	6T	366D	18F-18R	117.0		No
DT130 TECHNO w/Cab	$59435	$18430	$23180	$30310	$33880	Perkins	6T	366D	18F-18R	117.0		CHA
DT130 TOP	$65885	$20420	$25700	$33600	$37550	Perkins	6T	366D	36F-36R	117.0		No
DT145 TECHNO	$71840	$22270	$28020	$36640	$40950	Perkins	6T	366D	18F-18R	128.0		No
DT145 TECHNO w/Cab	$74025	$22950	$28870	$37750	$42190	Perkins	6T	366D	18F-18R	128.0		CHA
DT145 TOP w/Cab	$81205	$25170	$31670	$41420	$46290	Perkins	6T	366D	36F-36R	128.0		CHA
DT165 TOP w/Cab	$89475	$27740	$34900	$45630	$51000	Perkins	6T	366D	36F-36R	148.0		CHA
DT5860	$27865	$8640	$10870	$14210	$15880	Perkins	3	152D	12F-4R	42.9		No
R5860	$22420	$6950	$8740	$11430	$12780	Perkins	3	152D	12F-4R	42.9	4971	No
DT6060	$28755	$8910	$11210	$14670	$16390	Perkins	3T	152D	12F-4R	54.3	5856	No
R6060	$23760	$7370	$9270	$12120	$13540	Perkins	3T	152D	12F-4R	54.3	5237	No
DT6860	$30245	$9380	$11800	$15430	$17240	Perkins	4	236D	12F-12R	57.26	6122	No
R6860	$24915	$7720	$9720	$12710	$14200	Perkins	4	236D	12F-12R	57.26	5546	No
DT6880	$44510	$13800	$17360	$22700	$25370	Perkins	4	236D	12F-12R	57.26	7611	CHA
R6880	$35715	$11070	$13930	$18220	$20360	Perkins	4	236D	12F-12R	57.26	6947	CHA
DT7860	$32395	$10040	$12630	$16520	$18470	Perkins	4	236D	12F-12R	64.37	6874	No
DT7860HC	$33175	$10280	$12940	$16920	$18910	Perkins	4	236D	12F-12R	64.37	6891	No
R7860	$27140	$8410	$10590	$13840	$15470	Perkins	4	236D	12F-12R	64.37	6387	No
R7860HC	$27870	$8640	$10870	$14210	$15890	Perkins	4	236D	12F-12R	64.37	6188	No
DT7880	$46050	$14280	$17960	$23490	$26250	Perkins	4	236D	12F-12R	64.37	8075	CHA
R7880	$39645	$12290	$15460	$20220	$22600	Perkins	4	236D	12F-12R	64.37	7611	CHA
DT8860	$36305	$11260	$14160	$18520	$20690	Perkins	4	248D	12F-12R	74.83	6962	No
DT8860HC	$35446	$10990	$13820	$18080	$20200	Perkins	4	248D	12F-12R	74.83	7102	No
R8860	$28990	$8990	$11310	$14790	$16520	Perkins	4	248D	12F-12R	74.83	6476	No
R8860HC	$28820	$8930	$11240	$14700	$16430	Perkins	4	248D	12F-12R	74.83	6531	No
DT8880	$47326	$14670	$18460	$24140	$26980	Perkins	4	248D	12F-12R	74.83	8451	CHA
DT8880HC	$46650	$14460	$18190	$23790	$26590	Perkins	4	248D	12F-12R	74.83	8418	CHA
R8880	$40737	$12630	$15890	$20780	$23220	Perkins	4	248D	12F-12R	74.83	7633	CHA
RS 9065	$32690	$10130	$12750	$16670	$18630	Deutz	4T	166D	12F-12R	57.0		No
RV 9065	$34444	$10680	$13430	$17560	$19630	Deutz	4T	166D	12F-12R	57.0		No
DT9880	$50790	$15750	$19810	$25900	$28950	Perkins	4T	236D	12F-12R	88.0	8850	CHA
DT9880HC	$50056	$15520	$19520	$25530	$28530	Perkins	4T	236D	12F-12R	88.0	8529	CHA
R9880	$45545	$14120	$17760	$23230	$25960	Perkins	4T	236D	12F-12R	88.0	8407	CHA
1997												
DT55FP	$29860	$8660	$11050	$14330	$16120	Perkins	3	152D	12F-12R	42.9		No
DT55GE	$31060	$9010	$11490	$14910	$16770	Perkins	3	152D	12F-12R	42.9		No
DT55LP	$30063	$8720	$11120	$14430	$16230	Perkins	3	152D	12F-12R	42.9		No
DT55V	$36036	$10450	$13330	$17300	$19460	Perkins	3	152D	12F-12R	42.9		CH
DT55VP	$30705	$8900	$11360	$14740	$16580	Perkins	3	152D	12F-12R	42.9		No
R55FP	$24138	$7000	$8930	$11590	$13040	Perkins	3	152D	12F-12R	42.9		No
R55V	$30630	$8880	$11330	$14700	$16540	Perkins	3	152D	12F-12R	42.9		CH
R55VP	$25725	$7460	$9520	$12350	$13890	Perkins	3	152D	12F-12R	42.9		No
DT60FP	$31030	$9000	$11480	$14890	$16760	Perkins	3T	152D	12F-12R	54.3		No
DT60GE	$32337	$9380	$11970	$15520	$17460	Perkins	3T	152D	12F-12R	54.3		No
DT60LP	$31095	$9020	$11510	$14930	$16790	Perkins	3T	152D	12F-12R	54.3		No
DT60V	$36425	$10560	$13480	$17480	$19670	Perkins	3T	152D	12F-12R	54.3		CHA
DT60VP	$31095	$9020	$11510	$14930	$16790	Perkins	3T	152D	12F-12R	54.3		No
R60FP	$24897	$7220	$9210	$11950	$13440	Perkins	3T	152D	12F-12R	54.3		No
R60V	$31875	$9240	$11790	$15300	$17210	Perkins	3T	152D	12F-12R	54.3		CHA
R60VP	$27233	$7900	$10080	$13070	$14710	Perkins	3T	152D	12F-12R	54.3		No
DT65	$37395	$10850	$13840	$17950	$20190	Perkins	4	236D	12F-12R	57.26	7124	CHA
DT65F	$40782	$11830	$15090	$19580	$22020	Perkins	4	236D	12F-12R	57.26		CHA
DT65FP	$31110	$9020	$11510	$14930	$16800	Perkins	4	236D	12F-12R	57.26		No
DT65GE	$32886	$9540	$12170	$15790	$17760	Perkins	4	236D	12F-12R	57.26		No
DT65L	$40285	$11680	$14910	$19340	$21750	Perkins	4	236D	12F-12R	57.26		CHA
DT65LP	$31175	$9040	$11540	$14960	$16840	Perkins	4	236D	12F-12R	57.26		No
DT65V	$39340	$11410	$14560	$18880	$21240	Perkins	4	236D	12F-12R	57.26		CHA
DT65VP	$32415	$9400	$11990	$15560	$17500	Perkins	4	236D	12F-12R	54.26		No
R65	$32155	$9330	$11900	$15430	$17360	Perkins	4	236D	12F-12R	57.26	6571	CHA
R65F	$34550	$10020	$12780	$16580	$18660	Perkins	4	236D	12F-12R	57.26		CHA
R65FP	$25197	$7310	$9320	$12100	$13610	Perkins	4	236D	12F-12R	57.26		No
R65GE	$26670	$7730	$9870	$12800	$14400	Perkins	4	236D	12F-12R	57.26		No
R65LP	$25371	$7360	$9390	$12180	$13700	Perkins	4	236D	12F-12R	57.26		No
R65V	$33817	$9810	$12510	$16230	$18260	Perkins	4	236D	12F-12R	57.26		CHA
R65VP	$27498	$7970	$10170	$13200	$14850	Perkins	4	236D	12F-12R	57.26		No
C75	$36321	$10530	$13440	$17430	$19610	Perkins	4	236D	16F-8R	61.25		No
C75F	$35370	$10260	$13090	$16980	$19100	Perkins	4	236D	16F-8R	61.25		No
C75FL	$35730	$10360	$13220	$17150	$19290	Perkins	4	236D	16F-8R	61.25		No
DT75	$38481	$11160	$14240	$18470	$20780	Perkins	4	236D	12F-12R	64.37	7677	CHA
DT75F	$41422	$12010	$15330	$19880	$22370	Perkins	4	236D	12F-12R	64.37		CHA
DT75FP	$31640	$9180	$11710	$15190	$17090	Perkins	4	236D	12F-12R	64.37		No
DT75GE	$33855	$9820	$12530	$16280	$18280	Perkins	4	236D	12F-12R	64.37		No
DT75L	$40925	$11870	$15140	$19640	$22100	Perkins	4	236D	12F-12R	64.37		CHA
DT75LP	$31700	$9190	$11730	$15220	$17120	Perkins	4	236D	12F-12R	64.37		No
DT75V	$40648	$11790	$15040	$19510	$21950	Perkins	4	236D	12F-12R	64.37		CHA
DT75VP	$33532	$9720	$12410	$16100	$18110	Perkins	4	236D	12F-12R	64.37		No
R75	$35475	$10290	$13130	$17030	$19160	Perkins	4	236D	12F-12R	64.37	7013	CHA

Model	Approx. Retail Price New	Estimated Value Less Repairs Used Trade-In Avg.	Used Trade-In High	Used Retail Avg.	Used Retail High	Make	Engine No. Cyls.	Displ. Cu.-in.	No. Speeds	P.T.O. H.P.	Approx. Shipping Wt.-Lbs.	Cab
Landini (Cont.)												
1997 (Cont.)												
R75F.	$35915	$10420	$13290	**$17240**	**$19390**	Perkins	4	236D	12F-12R	64.37		CHA
R75FP	$26190	$7600	$9690	**$12570**	**$14140**	Perkins	4	236D	12F-12R	64.39		No
R75V	$34530	$10010	$12780	**$16570**	**$18650**	Perkins	4	236D	12F-12R	64.37		CHA
R75VP	$28286	$8200	$10470	**$13580**	**$15270**	Perkins	4	236D	12F-12R	64.37		No
C85.	$41322	$11980	$15290	**$19840**	**$22310**	Perkins	4	248D	16F-8R	71.25		No
C85F.	$39963	$11590	$14790	**$19180**	**$21580**	Perkins	4	248D	16F-8R	71.25		No
C85FL	$40387	$11710	$14940	**$19390**	**$21810**	Perkins	4	248D	16F-8R	71.25		No
DT85.	$39736	$11520	$14700	**$19070**	**$21460**	Perkins	4	248D	12F-12R	74.83	8075	CHA
DT85F	$42664	$12370	$15790	**$20480**	**$23040**	Perkins	4	248D	12F-12R	74.83		CHA
DT85FP	$33765	$9790	$12490	**$16210**	**$18230**	Perkins	4	248D	12F-12R	74.83		No
DT85GE	$36010	$10440	$13320	**$17290**	**$19450**	Perkins	4	248D	12F-12R	74.83		No
DT85L	$42167	$12230	$15600	**$20240**	**$22770**	Perkins	4	248D	12F-12R	74.83		CHA
DT85LP	$33442	$9700	$12370	**$16050**	**$18060**	Perkins	4	248D	12F-12R	74.83		No
R85.	$34971	$10140	$12940	**$16790**	**$18880**	Perkins	4	248D	12F-12R	74.83	7412	CHA
R85F.	$36580	$10610	$13540	**$17560**	**$19750**	Perkins	4	248D	12F-12R	74.83		CHA
R85FP	$27905	$8090	$10330	**$13390**	**$15070**	Perkins	4	248D	12F-12R	74.83		No
C95.	$44183	$12810	$16350	**$21210**	**$23860**	Perkins	4T	236D	16F-8R	84.0		No
DT95.	$42177	$12230	$15610	**$20250**	**$22780**	Perkins	4T	236D	12F-12R	88.0	8186	CHA
DT5860.	$26737	$7750	$9890	**$12830**	**$14440**	Perkins	3	152D	12F-4R	42.9		No
R5860.	$21360	$6190	$7900	**$10250**	**$11530**	Perkins	3	152D	12F-4R	42.9	4971	No
DT6060.	$28175	$8170	$10430	**$13520**	**$15220**	Perkins	3T	152D	12F-4R	54.3	5856	No
R6060.	$23370	$6780	$8650	**$11220**	**$12620**	Perkins	3T	152D	12F-4R	54.3	5237	No
DT6860.	$30065	$8720	$11120	**$14430**	**$16240**	Perkins	4	236D	12F-12R	57.26	6122	No
R6860.	$24670	$7150	$9130	**$11840**	**$13320**	Perkins	4	236D	12F-12R	57.26	5546	No
DT6880.	$40943	$11870	$15150	**$19650**	**$22110**	Perkins	4	236D	12F-12R	57.26	7611	CHA
R6880.	$34253	$9930	$12670	**$16440**	**$18500**	Perkins	4	236D	12F-12R	57.26	6947	CHA
DT7860.	$31360	$9090	$11600	**$15050**	**$16930**	Perkins	4	236D	12F-12R	64.37	6874	No
DT7860HC	$32302	$9370	$11950	**$15510**	**$17440**	Perkins	4	236D	12F-12R	64.37	6891	No
R7860.	$25677	$7450	$9500	**$12330**	**$13870**	Perkins	4	236D	12F-12R	64.37	6387	No
R7860HC	$26675	$7740	$9870	**$12800**	**$14410**	Perkins	4	236D	12F-12R	64.37	6188	No
DT7880.	$42761	$12400	$15820	**$20530**	**$23090**	Perkins	4	236D	12F-12R	64.37	8075	CHA
R7880.	$34421	$9980	$12740	**$16520**	**$18590**	Perkins	4	236D	12F-12R	64.37	7611	CHA
DT8860.	$35416	$10270	$13100	**$17000**	**$19130**	Perkins	4	248D	12F-12R	74.83	6962	No
DT8860HC	$35225	$10220	$13030	**$16910**	**$19020**	Perkins	4	248D	12F-12R	74.83	7102	No
R8860.	$27200	$7890	$10060	**$13060**	**$14690**	Perkins	4	248D	12F-12R	74.83	6476	No
R8860HC	$28787	$8350	$10650	**$13820**	**$15550**	Perkins	4	248D	12F-12R	74.83	6531	No
DT8880.	$44096	$12790	$16320	**$21170**	**$23810**	Perkins	4	248D	12F-12R	74.83	8451	CHA
DT8880HC	$42538	$12340	$15740	**$20420**	**$22970**	Perkins	4	248D	12F-12R	74.83	8418	CHA
R8880.	$35863	$10400	$13270	**$17210**	**$19370**	Perkins	4	248D	12F-12R	74.83	7633	CHA
DT9880.	$46887	$13600	$17350	**$22510**	**$25320**	Perkins	4T	236D	12F-12R	88.0	8850	CHA
DT9880HC	$45988	$13340	$17020	**$22070**	**$24830**	Perkins	4T	236D	12F-12R	88.0	8529	CHA
R9880.	$40264	$11680	$14900	**$19330**	**$21740**	Perkins	4T	236D	12F-12R	88.0	8407	CHA
1996												
DT50.	$44187	$9310	$12060	**$15510**	**$17580**	Perkins	3	152D	12F-12R	42.9	6770	CH
R50.	$37630	$7720	$10010	**$12870**	**$14590**	Perkins	3	152D	12F-12R	42.9	6106	CH
DT55F.	$47943	$9840	$12750	**$16400**	**$18580**	Perkins	3	152D	12F-12R	42.9		CH
DT55FP	$39833	$8060	$10450	**$13440**	**$15230**	Perkins	3	152D	12F-12R	42.9		No
DT55GE	$40300	$8390	$10870	**$13980**	**$15840**	Perkins	3	152D	12F-12R	42.9		No
DT55L	$48139	$9880	$12810	**$16460**	**$18660**	Perkins	3	152D	12F-12R	42.9		CH
DT55LP	$39910	$8120	$10520	**$13530**	**$15330**	Perkins	3	152D	12F-12R	42.9		No
DT55V	$49288	$9730	$12610	**$16220**	**$18380**	Perkins	3	152D	12F-12R	42.9		CH
R55F.	$40275	$8270	$10710	**$13780**	**$15610**	Perkins	3	152D	12F-12R	42.9		CH
R55FP	$31636	$6520	$8450	**$10860**	**$12310**	Perkins	3	152D	12F-12R	42.9		No
R55GE	$32541	$6680	$8660	**$11130**	**$12620**	Perkins	3	152D	12F-12R	42.9		No
R55L.	$40276	$8270	$10710	**$13780**	**$15610**	Perkins	3	152D	12F-12R	42.9		CH
R55LP	$31663	$6500	$8420	**$10830**	**$12270**	Perkins	3	152D	12F-12R	42.9		No
R55V	$40300	$8270	$10720	**$13780**	**$15620**	Perkins	3	152D	12F-12R	42.9		CH
DT60.	$46466	$9540	$12360	**$15890**	**$18010**	Perkins	3T	152D	12F-12R	54.3	7013	CH
DT60F	$49560	$10170	$13180	**$16950**	**$19210**	Perkins	3T	152D	12F-12R	54.3		CH
DT60FP	$41535	$8380	$10860	**$13960**	**$15830**	Perkins	3T	152D	12F-12R	54.3		No
DT60GE	$42060	$8730	$11320	**$14550**	**$16490**	Perkins	3T	152D	12F-12R	54.3		No
DT60L	$49558	$10170	$13180	**$16950**	**$19210**	Perkins	3T	152D	12F-12R	54.3		CHA
DT60LP	$41329	$8400	$10880	**$13990**	**$15860**	Perkins	3T	152D	12F-12R	54.3		No
DT60V	$50962	$9840	$12750	**$16390**	**$18580**	Perkins	3T	152D	12F-12R	54.3		CHA
R60.	$39678	$8140	$10550	**$13570**	**$15380**	Perkins	3T	152D	12F-12R	54.3	6239	CH
R60F.	$41322	$8480	$10990	**$14130**	**$16020**	Perkins	3T	152D	12F-12R	54.3		CH
R60FP	$32682	$6720	$8710	**$11200**	**$12700**	Perkins	3T	152D	12F-12R	54.3		No
R60GE	$33528	$6880	$8920	**$11470**	**$13000**	Perkins	3T	152D	12F-12R	54.3		No
R60L.	$41545	$8530	$11050	**$14210**	**$16100**	Perkins	3T	152D	12F-12R	54.3		CHA
R60LP	$32682	$6710	$8690	**$11180**	**$12670**	Perkins	3T	152D	12F-12R	54.3		No
R60V	$42017	$8610	$11160	**$14340**	**$16260**	Perkins	3T	152D	12F-12R	54.3		CHA
DT65.	$51563	$10100	$13090	**$16830**	**$19070**	Perkins	4	236D	12F-12R	57.26	7124	CHA
DT65F	$56000	$11010	$14270	**$18350**	**$20800**	Perkins	4	236D	12F-12R	57.26		CHA
DT65FP	$42225	$8400	$10890	**$14000**	**$15870**	Perkins	4	236D	12F-12R	57.26		No
DT65GE	$44513	$8880	$11510	**$14800**	**$16770**	Perkins	4	236D	12F-12R	57.26		No
DT65L	$56000	$10880	$14100	**$18130**	**$20550**	Perkins	4	236D	12F-12R	57.26		CHA
DT65LP	$43136	$8420	$10910	**$14030**	**$15900**	Perkins	4	236D	12F-12R	57.26		No
DT65V	$53952	$10620	$13770	**$17700**	**$20060**	Perkins	4	236D	12F-12R	57.26		CHA
R65.	$44355	$8680	$11250	**$14470**	**$16400**	Perkins	4	236D	12F-12R	57.26	6571	CHA
R65F.	$45686	$9330	$12090	**$15550**	**$17620**	Perkins	4	236D	12F-12R	57.26		CHA
R65FP	$35010	$6800	$8820	**$11340**	**$12850**	Perkins	4	236D	12F-12R	57.26		No
R65GE	$35660	$7200	$9340	**$12000**	**$13600**	Perkins	4	236D	12F-12R	57.26		No
R65L.	$47575	$9760	$12660	**$16270**	**$18440**	Perkins	4	236D	12F-12R	57.26		CHA

Landini (Cont.)

Model	Approx. Retail Price New	Used Trade-In Avg.	Used Trade-In High	Used Retail Avg.	Used Retail High	Make	Engine No. Cyls.	Displ. Cu.-in.	No. Speeds	P.T.O. H.P.	Approx. Shipping Wt.-Lbs.	Cab
1996 (Cont.)												
R65LP	$34820	$6850	$8880	$11420	$12940	Perkins	4	236D	12F-12R	57.26		No
R65V	$45795	$9130	$11840	$15220	$17250	Perkins	4	236D	12F-12R	57.26		CHA
C75	$49360	$10130	$13130	$16880	$19130	Perkins	4	236D	16F-8R	61.25	9381	No
CF75	$48065	$9860	$12790	$16440	$18630	Perkins	4	236D	16F-8R	61.25	8230	No
CFL75	$48560	$9960	$12920	$16610	$18820	Perkins	4	236D	16F-8R	61.25		No
DT75	$52970	$10390	$13470	$17320	$19630	Perkins	4	236D	12F-12R	64.37	7677	CHA
DT75F	$56880	$11180	$14500	$18640	$21130	Perkins	4	236D	12F-12R	64.37		CHA
DT75FP	$42954	$8540	$11070	$14240	$16140	Perkins	4	236D	12F-12R	64.37		No
DT75GE	$46039	$9140	$11850	$15240	$17270	Perkins	4	236D	12F-12R	64.37		No
DT75L	$56880	$11050	$14320	$18420	$20870	Perkins	4	236D	12F-12R	64.37		CHA
DT75LP	$43865	$8560	$11100	$14270	$16170	Perkins	4	236D	12F-12R	64.37		No
DT75V	$55886	$10980	$14230	$18290	$20730	Perkins	4	236D	12F-12R	64.37		CHA
R75	$45333	$9580	$12420	$15960	$18090	Perkins	4	236D	12F-12R	64.37	7013	CHA
R75F	$48989	$9700	$12570	$16160	$18320	Perkins	4	236D	12F-12R	64.37		CHA
R75FP	$36380	$7070	$9170	$11790	$13360	Perkins	4	236D	12F-12R	64.39		No
R75GE	$37175	$7630	$9890	$12720	$14410	Perkins	4	236D	12F-12R	64.37		No
R75L	$48989	$10050	$13030	$16760	$18990	Perkins	4	236D	12F-12R	64.37		CHA
R75LP	$36187	$7430	$9630	$12380	$14030	Perkins	4	236D	12F-12R	64.37		No
R75V	$47150	$9320	$12090	$15540	$17610	Perkins	4	236D	12F-12R	64.37		CHA
C85	$56250	$11540	$14960	$19240	$21800	Perkins	4	248D	16F-8R	71.25	9602	No
CF85	$54390	$11160	$14470	$18600	$21080	Perkins	4	248D	16F-8R	71.25	8230	No
CFL85	$54975	$11280	$14630	$18800	$21310	Perkins	4	248D	16F-8R	71.25		No
DT85	$54698	$10730	$13910	$17880	$20270	Perkins	4	248D	12F-12R	74.83	8075	CHA
DT85F	$58593	$11520	$14930	$19200	$21760	Perkins	4	248D	12F-12R	74.83		CHA
DT85FP	$45353	$9120	$11820	$15190	$17220	Perkins	4	248D	12F-12R	74.83		No
DT85GE	$49009	$9720	$12600	$16210	$18370	Perkins	4	248D	12F-12R	74.83		No
DT85L	$58593	$11390	$14760	$18980	$21510	Perkins	4	248D	12F-12R	74.83		CHA
DT85LP	$46455	$9030	$11710	$15050	$17060	Perkins	4	248D	12F-12R	74.83		No
R85	$46816	$9440	$12240	$15740	$17840	Perkins	4	248D	12F-12R	74.83	7412	CHA
R85F	$50510	$9880	$12800	$16460	$18660	Perkins	4	248D	12F-12R	74.83		CHA
R85FP	$38505	$7530	$9770	$12560	$14230	Perkins	4	248D	12F-12R	74.83		No
R85GE	$39465	$8100	$10500	$13500	$15300	Perkins	4	248D	12F-12R	74.83		No
R85L	$50510	$10370	$13440	$17280	$19580	Perkins	4	248D	12F-12R	74.83		CHA
R85LP	$38785	$7960	$10320	$13270	$15040	Perkins	4	248D	12F-12R	74.83		No
C95	$60190	$12350	$16010	$20590	$23330	Perkins	4T	236D	16F-8R	84.0		No
DT95	$57350	$11390	$14760	$18980	$21510	Perkins	4T	236D	12F-12R	88.0	8186	CHA
R95	$49352	$10130	$13130	$16880	$19130	Perkins	4T	236D	12F-12R	88.0	7522	CHA
DT5860	$36055	$7220	$9360	$12030	$13640	Perkins	3	152D	12F-4R	42.9	5591	No
R5860	$28750	$5770	$7480	$9610	$10890	Perkins	3	152D	12F-4R	42.9	4971	No
DT6060	$38035	$7610	$9860	$12680	$14370	Perkins	3T	152D	12F-4R	54.3	5856	No
R6060	$31700	$6310	$8180	$10520	$11920	Perkins	3T	152D	12F-4R	54.3	5237	No
DT6860	$39826	$8120	$10520	$13530	$15330	Perkins	4	236D	12F-12R	57.26	6122	No
R6860	$33760	$6660	$8640	$11100	$12580	Perkins	4	236D	12F-12R	57.26	5546	No
DT6880	$54555	$11060	$14330	$18420	$20880	Perkins	4	236D	12F-12R	57.26	7611	CHA
R6880	$46985	$9250	$11990	$15410	$17470	Perkins	4	236D	12F-12R	57.26	6947	CHA
DT7860	$41755	$8470	$10980	$14110	$15990	Perkins	4	236D	12F-12R	64.37	6874	No
DT7860HC	$43186	$8720	$11310	$14540	$16470	Perkins	4	236D	12F-12R	64.37	6891	No
R7860	$35927	$6930	$8990	$11560	$13100	Perkins	4	236D	12F-12R	64.37	6387	No
R7860HC	$35433	$7200	$9340	$12010	$13610	Perkins	4	236D	12F-12R	64.37	6188	No
DT7880	$56057	$11550	$14970	$19240	$21810	Perkins	4	236D	12F-12R	64.37	8075	CHA
R7880	$47215	$9290	$12050	$15490	$17560	Perkins	4	236D	12F-12R	64.37	7611	CHA
DT8860	$45565	$9210	$11940	$15360	$17400	Perkins	4	248D	12F-12R	74.83	6962	No
DT8860HC	$46295	$9510	$12330	$15850	$17970	Perkins	4	248D	12F-12R	74.83	7102	No
R8860	$38025	$7340	$9520	$12240	$13870	Perkins	4	248D	12F-12R	74.83	6476	No
R8860HC	$37915	$7720	$10010	$12870	$14590	Perkins	4	248D	12F-12R	74.83	6531	No
DT8880	$58905	$11910	$15430	$19840	$22490	Perkins	4	248D	12F-12R	74.83	8451	CHA
DT8880HC	$57405	$11490	$14890	$19140	$21690	Perkins	4	248D	12F-12R	74.83	8418	CHA
R8880	$49620	$9680	$12550	$16140	$18290	Perkins	4	248D	12F-12R	74.83	7633	CHA
DT9880	$63569	$12660	$16410	$21100	$23910	Perkins	4T	236D	12F-12R	88.0	8850	CHA
DT9880HC	$62160	$12420	$16100	$20700	$23450	Perkins	4T	236D	12F-12R	88.0	8529	CHA
R9880	$55478	$10870	$14090	$18120	$20540	Perkins	4T	236D	12F-12R	88.0	8407	CHA
DT10000	$74307	$15810	$20330	$24280	$26540	Perkins	6	354D	12F-4R	88.5	9779	CHA
R10000	$62455	$13290	$17090	$20410	$22310	Perkins	6	354D	12F-4R	88.5	9381	CHA
DT13000	$78220	$16650	$21400	$25560	$27940	Perkins	6	354D	12F-4R	94.0	9912	CHA
R13000	$66785	$14210	$18270	$21830	$23860	Perkins	6	354D	12F-4R	94.0	9513	CHA
DT14500	$88538	$18840	$24220	$28940	$31630	Perkins	6T	354D	12F-4R	124.75	12035	CHA
R14500	$74896	$15940	$20490	$24480	$26760	Perkins	6T	354D	12F-4R	124.75	11062	CHA
1995												
DT50	$40875	$7870	$10390	$13850	$15420	Perkins	3	152D	12F-12R	39.0	6770	CH
R50	$35020	$6740	$8900	$11870	$13210	Perkins	3	152D	12F-12R	39.0	6106	CH
DT55F	$45071	$8680	$11450	$15270	$17010	Perkins	3	152D	12F-12R	39.0		CH
R55F	$37975	$7310	$9650	$12870	$14330	Perkins	3	152D	12F-12R	39.0		CH
DT60	$43442	$8360	$11040	$14720	$16390	Perkins	3T	152D	12F-12R	49.5	7013	CH
DT60F	$46625	$8980	$11850	$15800	$17590	Perkins	3T	152D	12F-12R	49.5		CH
R60	$37224	$7170	$9460	$12610	$14050	Perkins	3T	152D	12F-12R	49.5	6239	CH
R60F	$39403	$7590	$10010	$13350	$14870	Perkins	3T	152D	12F-12R	49.5		CH
DT65	$48030	$9250	$12210	$16270	$18120	Perkins	4	236D	12F-12R	57.0	7124	CHA
DT65F	$51084	$9830	$12980	$17310	$19270	Perkins	4	236D	12F-12R	57.0		CHA
R65	$41438	$7980	$10530	$14040	$15640	Perkins	4	236D	12F-12R	57.0	6571	CHA
R65F	$43311	$8340	$11010	$14680	$16350	Perkins	4	236D	12F-12R	57.0		CHA
C75	$46152	$8890	$11730	$15640	$17420	Perkins	4	236D	16F-8R	61.25	9381	No
CF75	$45823	$8820	$11640	$15530	$17290	Perkins	4	236D	16F-8R	61.25	8230	No
CFL75	$46297	$8910	$11770	$15690	$17470	Perkins	4	236D	16F-8R	61.25		No

Model	Approx. Retail Price New	Estimated Value Less Repairs				Engine				P.T.O. H.P.	Approx. Shipping Wt.-Lbs.	Cab
		Used Trade-In Avg.	High	Used Retail Avg.	High	Make	No. Cyls.	Displ. Cu.-in.	No. Speeds			

Landini (Cont.)

1995 (Cont.)

Model	Approx. Retail Price New	Used Trade-In Avg.	High	Used Retail Avg.	High	Make	No. Cyls.	Displ. Cu.-in.	No. Speeds	P.T.O. H.P.	Approx. Shipping Wt.-Lbs.	Cab
DT75	$49320	$9500	$12530	$16710	$18610	Perkins	4	236D	12F-12R	61.25	7677	CHA
DT75F	$52298	$10070	$13290	$17720	$19730	Perkins	4	236D	12F-12R	61.25		CHA
R75	$42940	$8270	$10910	$14550	$16200	Perkins	4	236D	12F-12R	61.25	7013	CHA
R75F	$44537	$8570	$11320	$15090	$16810	Perkins	4	236D	12F-12R	61.25		CHA
C85	$53497	$10300	$13590	$18130	$20190	Perkins	4	248D	16F-8R	71.25	9602	No
CF85	$51709	$9960	$13140	$17520	$19510	Perkins	4	248D	16F-8R	71.25	8230	No
CFL85	$52269	$10060	$13280	$17710	$19720	Perkins	4	248D	16F-8R	71.25		No
DT85	$50981	$9810	$12950	$17270	$19240	Perkins	4	248D	12F-12R	71.25	8075	CHA
DT85F	$53944	$10390	$13710	$18280	$20360	Perkins	4	248D	12F-12R	71.25		CHA
R85	$44366	$8540	$11270	$15030	$16740	Perkins	4	248D	12F-12R	71.25	7412	CHA
R85F	$46214	$8900	$11740	$15660	$17440	Perkins	4	248D	12F-12R	71.25		CHA
C95	$57093	$10990	$14510	$19350	$21540	Perkins	4T	236D	16F-8R	84.0		No
DT95	$53301	$10260	$13550	$18060	$20110	Perkins	4T	236D	12F-12R	84.0	8186	CHA
R95	$46244	$8900	$11750	$15670	$17450	Perkins	4T	236D	12F-12R	84.0	7522	CHA
DT1000S 4WD	$46955	$11740	$15500	$20660	$23010	Perkins	6	354D	12F-4R	92.00	10251	CH
DT5860	$33220	$6400	$8440	$11260	$12530	Perkins	3	152D	12F-4R	39.0	5591	No
R5860	$26425	$5090	$6720	$8950	$9970	Perkins	3	152D	12F-4R	39.00	4971	No
DT6060	$35689	$6870	$9070	$12090	$13470	Perkins	3T	152D	12F-4R	49.5	5856	No
R6060	$29149	$5610	$7410	$9880	$11000	Perkins	3T	152D	12F-4R	49.5	5237	No
DT6860	$37684	$7260	$9580	$12770	$14220	Perkins	4	236D	12F-12R	57.0	6122	No
R6860	$31138	$6000	$7910	$10550	$11750	Perkins	4	236D	12F-12R	57.0	5546	No
DT6880	$51202	$9860	$13010	$17350	$19320	Perkins	4	236D	12F-12R	57.0	7611	CHA
R6880	$43895	$8450	$11150	$14870	$16560	Perkins	4	236D	12F-12R	57.0	6947	CHA
DT7860	$39408	$7590	$10010	$13350	$14870	Perkins	4	236D	12F-12R	61.25	6874	No
DT7860HC	$41525	$7990	$10550	$14070	$15670	Perkins	4	236D	12F-12R	61.25	6891	No
R7860	$33839	$6530	$8610	$11480	$12790	Perkins	4	236D	12F-12R	61.25	6387	No
R7860HC	$34070	$6560	$8660	$11550	$12860	Perkins	4	236D	12F-12R	61.25	6188	No
DT7880	$52646	$10140	$13380	$17840	$19870	Perkins	4	236D	12F-12R	61.25	8075	CHA
R7880	$45854	$8830	$11650	$15540	$17300	Perkins	4	236D	12F-12R	61.25	7611	CHA
DT8860	$43286	$8330	$11000	$14670	$16330	Perkins	4	248D	12F-12R	71.25	6962	No
DT8860HC	$43013	$8280	$10930	$14570	$16230	Perkins	4	248D	12F-12R	71.25	7102	No
R8860	$35855	$6900	$9110	$12150	$13530	Perkins	4	248D	12F-12R	71.25	6476	No
R8860HC	$36084	$6950	$9170	$12230	$13620	Perkins	4	248D	12F-12R	71.25	6531	No
DT8880	$54414	$10480	$13830	$18440	$20530	Perkins	4	248D	12F-12R	71.25	8451	CHA
DT8880HC	$55282	$10640	$14050	$18730	$20860	Perkins	4	248D	12F-12R	71.25	8418	CHA
R8880	$46458	$8940	$11810	$15740	$17530	Perkins	4	248D	12F-12R	71.25	7633	CHA
DT9880	$59819	$11520	$15200	$20270	$22570	Perkins	4T	236D	12F-12R	84.0	8850	CHA
DT9880HC	$59853	$11520	$15210	$20280	$22580	Perkins	4T	236D	12F-12R	84.0	8529	CHA
R9880	$53004	$10200	$13470	$17960	$20000	Perkins	4T	236D	12F-12R	84.0	8407	CHA
DT10000	$68826	$13780	$18020	$21730	$23850	Perkins	6	354D	12F-4R	88.5	9779	CHA
R10000	$58602	$11730	$15340	$18500	$20310	Perkins	6	354D	12F-4R	88.5	9381	CHA
DT13000	$73228	$14660	$19170	$23120	$25370	Perkins	6	354D	12F-4R	94.0	9912	CHA
R13000	$62232	$12460	$16290	$19650	$21560	Perkins	6	354D	12F-4R	94.0	9513	CHA
DT14500	$81135	$16240	$21240	$25620	$28110	Perkins	6T	354D	12F-4R	124.75	12035	CHA
R14500	$68637	$13740	$17970	$21670	$23780	Perkins	6T	354D	12F-4R	124.75	11062	CHA

1994

Model	Approx. Retail Price New	Used Trade-In Avg.	High	Used Retail Avg.	High	Make	No. Cyls.	Displ. Cu.-in.	No. Speeds	P.T.O. H.P.	Approx. Shipping Wt.-Lbs.	Cab
DT1000S 4WD	$46555	$11170	$14900	$18160	$20020	Perkins	6	354D	12F-4R	92.00	10251	CH

1993

Model	Approx. Retail Price New	Used Trade-In Avg.	High	Used Retail Avg.	High	Make	No. Cyls.	Displ. Cu.-in.	No. Speeds	P.T.O. H.P.	Approx. Shipping Wt.-Lbs.	Cab
DT1000S 4WD	$45950	$10110	$13790	$17000	$18840	Perkins	6	354D	12F-4R	92.00	10251	CH

1992

Model	Approx. Retail Price New	Used Trade-In Avg.	High	Used Retail Avg.	High	Make	No. Cyls.	Displ. Cu.-in.	No. Speeds	P.T.O. H.P.	Approx. Shipping Wt.-Lbs.	Cab
DT1000S 4WD	$45500	$9100	$12740	$15930	$17750	Perkins	6	354D	12F-4R	92.00	10251	CH

1991

Model	Approx. Retail Price New	Used Trade-In Avg.	High	Used Retail Avg.	High	Make	No. Cyls.	Displ. Cu.-in.	No. Speeds	P.T.O. H.P.	Approx. Shipping Wt.-Lbs.	Cab
DT1000S 4WD	$45000	$8550	$11700	$15300	$17100	Perkins	6	354D	12F-4R	92.00	10251	CH

1990

Model	Approx. Retail Price New	Used Trade-In Avg.	High	Used Retail Avg.	High	Make	No. Cyls.	Displ. Cu.-in.	No. Speeds	P.T.O. H.P.	Approx. Shipping Wt.-Lbs.	Cab
DT1000S 4WD	$44725	$8050	$10730	$14760	$16550	Perkins	6	354D	12F-4R	92.00	10251	CH

1989

Model	Approx. Retail Price New	Used Trade-In Avg.	High	Used Retail Avg.	High	Make	No. Cyls.	Displ. Cu.-in.	No. Speeds	P.T.O. H.P.	Approx. Shipping Wt.-Lbs.	Cab
DT1000S 4WD	$44425	$7550	$9770	$14220	$15990	Perkins	6	354D	12F-4R	92.00	10251	CH

1988

Model	Approx. Retail Price New	Used Trade-In Avg.	High	Used Retail Avg.	High	Make	No. Cyls.	Displ. Cu.-in.	No. Speeds	P.T.O. H.P.	Approx. Shipping Wt.-Lbs.	Cab
DT1000S 4WD	$43825	$7010	$9200	$13590	$15340	Perkins	6	354D	12F-4R	92.00	10251	CH

1987

Model	Approx. Retail Price New	Used Trade-In Avg.	High	Used Retail Avg.	High	Make	No. Cyls.	Displ. Cu.-in.	No. Speeds	P.T.O. H.P.	Approx. Shipping Wt.-Lbs.	Cab
DT1000S 4WD	$43325	$6500	$8670	$13000	$14730	Perkins	6	354D	12F-4R	92.00	10251	CH

1986

Model	Approx. Retail Price New	Used Trade-In Avg.	High	Used Retail Avg.	High	Make	No. Cyls.	Displ. Cu.-in.	No. Speeds	P.T.O. H.P.	Approx. Shipping Wt.-Lbs.	Cab
DT1000S 4WD	$42725	$5980	$8120	$12390	$14100	Perkins	6	354D	12F-4R	92.00	10251	CH
Platform R1000S	$29745	$4160	$5650	$8630	$9820	Perkins	6	354D	12F-4R	92.00	9056	No
R1000S	$36235	$5070	$6890	$10510	$11960	Perkins	6	354D	12F-4R	92.00	9520	CH
DT5830 4WD	$20205	$3230	$4850	$7070	$8280	Perkins	3	152D	12F-4R	42.00	4934	No
R5830	$15190	$2430	$3650	$5320	$6230	Perkins	3	152D	12F-4R	42.00	4299	No
DT6530 4WD	$22770	$3640	$5470	$7970	$9340	Perkins	4	236D	12F-4R	57.00	4740	No
R6530 F	$17905	$2870	$4300	$6270	$7340	Perkins	4	236D	12F-4R	57.00	4539	No
DT6830 4WD	$22510	$3600	$5400	$7880	$9230	Perkins	4	236D	12F-4R	57.00	5246	No
R6830	$17510	$2800	$4200	$6130	$7180	Perkins	4	236D	12F-4R	57.00	4630	No
R6830 Row Crop	$18060	$2890	$4330	$6320	$7410	Perkins	4	236D	12F-4R	57.00	4630	No
DT7830 4WD	$24395	$3900	$5860	$8540	$10000	Perkins	4	236D	12F-4R	63.00	5755	No
R7830	$19335	$3090	$4640	$6770	$7930	Perkins	4	236D	12F-4R	63.00	5247	No
R8530 F	$21325	$3410	$5120	$7460	$8740	Perkins	4	248D	12F-4R	68.00	4883	No

Model	Approx. Retail Price New	Used Trade-In Avg.	Used Trade-In High	Used Retail Avg.	Used Retail High	Make	No. Cyls.	Displ. Cu.-in.	No. Speeds	P.T.O. H.P.	Approx. Shipping Wt.-Lbs.	Cab
Landini (Cont.)												
1986 (Cont.)												
R8530 L	$21310	$3410	$5110	$7460	$8740	Perkins	4	248D	12F-4R	68.00	5104	No
DT8550 4WD	$34332	$5490	$8240	$12020	$14080	Perkins	4	248D	12F-4R	68.00	7902	CH
DT8830 4WD	$26385	$4220	$6330	$9240	$10820	Perkins	4	248D	12F-4R	68.00	6328	No
R8830	$21320	$3410	$5120	$7460	$8740	Perkins	4	248D	12F-4R	68.00	5799	No
DT12500 4WD	$46510	$6510	$8840	$13490	$15350	Perkins	6	354D	12F-4R	100.	11530	CH
R12500	$38940	$5450	$7400	$11290	$12850	Perkins	6	354D	12F-4R	100.	10450	CH
DT14500	$49755	$6970	$9450	$14430	$16420	Perkins	6T	354D	12F-4R	122.00	12500	CH
R14500	$42185	$5910	$8020	$12230	$13920	Perkins	6T	354D	12F-4R	122.00	11177	CH
1985												
DT1000S 4WD	$42725	$5550	$7690	$11960	$13670	Perkins	6	354D	12F-4R	92.00	10251	CH
Platform R1000S	$29745	$3870	$5350	$8330	$9520	Perkins	6	354D	12F-4R	92.00	9056	No
R1000S	$36235	$4710	$6520	$10150	$11600	Perkins	6	354D	12F-4R	92.00	9520	CH
DT5830 4WD	$20205	$3030	$4850	$7070	$8280	Perkins	3	152D	12F-4R	42.00	4934	No
R5830	$15190	$2280	$3650	$5320	$6230	Perkins	3	152D	12F-4R	42.00	4299	No
DT6530 4WD	$22770	$3420	$5470	$7970	$9340	Perkins	4	236D	12F-4R	57.00	4740	No
R6530 F	$17905	$2690	$4300	$6270	$7340	Perkins	4	236D	12F-4R	57.00	4539	No
DT6830 4WD	$22510	$3380	$5400	$7880	$9230	Perkins	4	236D	12F-4R	57.00	5246	No
R6830	$17510	$2630	$4200	$6130	$7180	Perkins	4	236D	12F-4R	57.00	4630	No
R6830 Row Crop	$18060	$2710	$4330	$6320	$7410	Perkins	4	236D	12F-4R	57.00	4630	No
DT7830 4WD	$24395	$3660	$5860	$8540	$10000	Perkins	4	236D	12F-4R	63.00	5755	No
R7830	$19335	$2900	$4640	$6770	$7930	Perkins	4	236D	12F-4R	63.00	5247	No
DT8550 4WD	$34332	$5150	$8240	$12020	$14080	Perkins	4	248D	12F-4R	68.00	7902	CH
DT8830 4WD	$26385	$3960	$6330	$9240	$10820	Perkins	4	248D	12F-4R	68.00	6328	No
R8830	$21320	$3200	$5120	$7460	$8740	Perkins	4	248D	12F-4R	68.00	5799	No
DT12500 4WD	$46510	$6050	$8370	$13020	$14880	Perkins	6	354D	12F-4R	100.	11530	CH
R12500	$38940	$5060	$7010	$10900	$12460	Perkins	6	354D	12F-4R	100.	10450	CH
DT14500	$49755	$6470	$8960	$13930	$15920	Perkins	6T	354D	12F-4R	122.00	12500	CH
R14500	$42185	$5480	$7590	$11810	$13500	Perkins	6T	354D	12F-4R	122.00	11177	CH
Long												
2005												
Farmtrac 270DTC 4WD	$12727	$8910	$9420	$10690	$11200	Daedong	3	85D	8F-8R	23.80	2600	No
Farmtrac 300DTC 4WD	$14805	$10360	$10960	$12440	$13030	Mitsubishi	4	91D	12F-12R	26.00	3050	No
Farmtrac 320DTC 4WD	$13766	$9640	$10190	$11560	$12110	Daedong	3	100D	8F-8R	28.50	2660	No
Farmtrac 360DTC 4WD	$16754	$11730	$12400	$14070	$14740	Mitsubishi	4	107D	12F-12R	33.00	3050	No
Farmtrac 390 HST	$18961	$13270	$14030	$15930	$16690	Mitsubishi	4	107D	Variable	33.00	3087	No
Farmtrac 435	$11040	$7730	$8170	$9270	$9720	Farmtrac	3	131D	8F-2R	31.00	4220	No
Farmtrac 535	$12338	$8640	$9130	$10360	$10860	Farmtrac	3	131D	8F-2R	30.00	4220	No
Farmtrac 545	$14546	$10180	$10760	$12220	$12800	Farmtrac	3	175D	8F-2R	37.00	4160	No
Farmtrac 545DTC 4WD	$18896	$13230	$13980	$15870	$16630	Farmtrac	3	175D	8F-2R	37.00	4160	No
Farmtrac 550DTC 4WD	$22403	$15680	$16580	$18820	$19720	Mitsubishi	4	203D	8F-8R	46.00	4610	No
Farmtrac 555	$16104	$11270	$11920	$13530	$14170	Farmtrac	3	192D	8F-2R	44.70	4570	No
Farmtrac 555DTC 4WD	$20520	$14360	$15190	$17240	$18060	Farmtrac	3	192D	8F-2R	44.70	4570	No
Farmtrac 665	$17987	$12590	$13310	$15110	$15830	Farmtrac	3	201D	12F-12R	52.00	5050	No
Farmtrac 665DTC 4WD	$22727	$15910	$16820	$19090	$20000	Farmtrac	3	201D	12F-12R	52.00	5050	No
Farmtrac 675	$21039	$14730	$15570	$17670	$18510	Perkins	4	258D	12F-12R	64.80	5400	No
Farmtrac 675DTC 4WD	$25455	$17820	$18840	$21380	$22400	Perkins	4	258D	12F-12R	64.80	5400	No
Longtrac 680	$17792	$12450	$13170	$14950	$15660	UTB	4	219D	8F-2R	64.00	4570	No
Longtrac 680DTC 4WD	$22273	$15590	$16480	$18710	$19600	UTB	4	219D	8F-2R	64.00	5120	No
DTC- Front Wheel Assist 4WD												
2004												
FarmTrac 270DTC 4WD	$12727	$7890	$8400	$9800	$10440	Daedong	3	85D	8F-8R	23.80	2600	No
FarmTrac 300DTC 4WD	$14805	$9180	$9770	$11400	$12140	Mitsubishi	4	91D	12F-12R	26.00	3050	No
FarmTrac 320DTC 4WD	$13766	$8540	$9090	$10600	$11290	Daedong	3	100D	8F-8R	28.50	2660	No
FarmTrac 330 HST	$16684	$10340	$11010	$12850	$13680	Daedong	3	100D	Variable	30.00	3087	No
FarmTrac 360DTC 4WD	$16757	$10390	$11060	$12900	$13740	Mitsubishi	4	107D	12F-12R	33.00	3050	No
FarmTrac 390 HST	$18961	$11760	$12510	$14600	$15550	Mitsubishi	4	107D	Variable	33.00	3087	No
FarmTrac 435	$10900	$6760	$7190	$8390	$8940	FarmTrac	3	131D	8F-2R	31.00	4220	No
FarmTrac 450	$16624	$10310	$10970	$12800	$13630	Mitsubishi	4	141D	8F-8R	36.00	4440	No
FarmTrac 450DTC 4WD	$19805	$12280	$13070	$15250	$16240	Mitsubishi	4	141D	8F-8R	36.00	4440	No
FarmTrac 535	$12208	$7570	$8060	$9400	$10010	FarmTrac	3	131D	8F-2R	30.00	4220	No
FarmTrac 545	$14416	$8940	$9520	$11100	$11820	FarmTrac	3	175D	8F-2R	37.00	4160	No
FarmTrac 545DTC 4WD	$18896	$11720	$12470	$14550	$15500	FarmTrac	3	175D	8F-2R	37.00	4160	No
FarmTrac 550	$18831	$11680	$12430	$14500	$15440	Mitsubishi	4	203D	8F-8R	46.00	4610	No
FarmTrac 550DTC 4WD	$22403	$13890	$14790	$17250	$18370	Mitsubishi	4	203D	8F-8R	46.00	4610	No
FarmTrac 555	$16104	$9980	$10630	$12400	$13210	FarmTrac	3	192D	8F-2R	44.70	4570	No
FarmTrac 555DTC 4WD	$20520	$12720	$13540	$15800	$16830	FarmTrac	3	192D	8F-2R	44.70	4570	No
FarmTrac 665	$17987	$11150	$11870	$13850	$14750	FarmTrac	3	201D	12F-12R	52.00	5050	No
FarmTrac 665DTC 4WD	$22727	$14090	$15000	$17500	$18640	FarmTrac	3	201D	12F-12R	52.00	5050	No
FarmTrac 675	$21039	$13040	$13890	$16200	$17250	Perkins	4	258D	12F-12R	64.80	5400	No
FarmTrac 675DTC 4WD	$25455	$15780	$16800	$19600	$20870	Perkins	4	258D	12F-12R	64.80	5400	No
LongTrac 480	$14304	$8870	$9440	$11010	$11730	UTB	3	172D	8F-2R	42.00	4220	No
LongTrac 480DTC 4WD	$17727	$10990	$11700	$13650	$14540	UTB	3	172D	8F-2R	42.00	4760	No
LongTrac 520	$15195	$9420	$10030	$11700	$12460	UTB	3	172D	8F-2R	46.00	4220	No
LongTrac 520DTC 4WD	$18377	$11390	$12130	$14150	$15070	UTB	3	172D	8F-2R	46.00	4220	No
LongTrac 680	$17792	$11030	$11740	$13700	$14590	UTB	4	219D	8F-2R	64.00	4570	No
LongTrac 680DTC 4WD	$22273	$13810	$14700	$17150	$18260	UTB	4	219D	8F-2R	64.00	5120	No
LongTrac 2360	$12987	$8050	$8570	$10000	$10650	UTB	3	143D	8F-2R	35.00	4220	No
DTC- Front Wheel Assist 4WD												

Long (Cont.)

Model	Approx. Retail Price New	Used Trade-In Avg.	Used Trade-In High	Used Retail Avg.	Used Retail High	Make	No. Cyls.	Displ. Cu.-in.	No. Speeds	P.T.O. H.P.	Approx. Shipping Wt.-Lbs.	Cab
2003												
FarmTrac 35	$10648	$5640	$6390	$7670	$8200		3	131D	8F-2R	31.00		No
FarmTrac 45	$13895	$7360	$8340	$10000	$10700		3	175D	8F-2R	36.90		No
FarmTrac 60	$15843	$8400	$9510	$11410	$12200		3	192D	8F-2R	44.70		No
FarmTrac 70	$17986	$9530	$10790	$12950	$13850		3	201D	12F-12R	52.00		No
FarmTrac 80	$20518	$10880	$12310	$14770	$15800	Perkins	4	258D	12F-12R	64.80		No
LandTrac 300 DTC	$15450	$8190	$9270	$11120	$11900	Mitsubishi	4	91D	12F-6R	26.00	3050	No
LandTrac 330 HST	$16684	$8840	$10010	$12010	$12850	Daedong	3	100D	Variable	30.00	3087	No
LandTrac 360 DTC	$17309	$9170	$10390	$12460	$13330	Mitsubishi	4	107D	12F-6R	33.00	3050	No
LandTrac 390 HST	$18632	$9880	$11180	$13420	$14350	Mitsubishi	4	107D	Variable	33.00	3087	No
LandTrac 450 DTC	$19228	$10190	$11540	$13840	$14810	Mitsubishi	4	141D	8F-8R	38.00	4440	No
LandTrac 550 DTC	$22020	$11670	$13210	$15850	$16960	Mitsubishi	4	203D	8F-8R	46.00	4610	No
LongTrac 320	$9999	$5300	$6000	$7200	$7700	UTB	2	110D	6F-2R	28.0	3700	No
LongTrac 480	$14304	$7580	$8580	$10300	$11010		3	172D	8F-2R	42.00	4220	No
LongTrac 480 DTC	$17726	$9400	$10640	$12760	$13650		3	172D	8F-2R	41.90	4760	No
LongTrac 520	$15083	$7990	$9050	$10860	$11610		3	172D	8F-2R	46.00	4220	No
LongTrac 520 DTC	$17986	$9530	$10790	$12950	$13850		3	172D	8F-2R	46.00	4220	No
LongTrac 680	$17791	$9430	$10680	$12810	$13700	UTB	4	219D	8F-2R	64.3	4570	No
LongTrac 680 DTC	$21492	$11390	$12900	$15470	$16550	UTB	4	219D	8F-2R	64.3	5120	No
LongTrac 2360	$12986	$6880	$7790	$9350	$10000	UTB	3	143D	8F-2R	35.00	4220	No
DTC- Front Wheel Assist 4WD												
2002												
FarmTrac 35	$10220	$4800	$5520	$6950	$7560		3	131D	8F-2R	31.00		No
FarmTrac 45	$13686	$6430	$7390	$9310	$10130		3	175D	8F-2R	36.90		No
FarmTrac 60	$15452	$7260	$8340	$10510	$11430		3	192D	8F-2R	44.70		No
FarmTrac 70	$17740	$8340	$9580	$12060	$13130		3	201D	12F-12R	52.00		No
FarmTrac 80	$20245	$9520	$10930	$13770	$14980	Perkins	4	258D	12F-12R	64.80		No
LandTrac 300 DTC	$15240	$7160	$8230	$10360	$11280	Mitsubishi	4	91D	12F-6R	26.00	3050	No
LandTrac 330 HST	$16445	$7730	$8880	$11180	$12170	Daedong	3	100D	Variable	30.00	3087	No
LandTrac 360 DTC	$17120	$8050	$9250	$11640	$12670	Mitsubishi	4	107D	12F-6R	33.00	3050	No
LandTrac 390 HST	$18335	$8620	$9900	$12470	$13570	Mitsubishi	4	107D	Variable	33.00	3087	No
LandTrac 450 DTC	$19120	$8990	$10330	$13000	$14150	Mitsubishi	4	141D	8F-8R	38.00	4440	No
LandTrac 470 DTC	$20120	$9460	$10870	$13680	$14890	Mitsubishi	4	153D	8F-8R	41.00	4540	No
LandTrac 550 DTC	$21990	$10340	$11880	$14950	$16270	Mitsubishi	4	203D	8F-8R	46.00	4610	No
LongTrac 320	$9643	$4530	$5210	$6560	$7140	UTB	2	110D	6F-2R	28.0	3700	No
LongTrac 480	$14105	$6630	$7620	$9590	$10440		3	172D	8F-2R	42.00	4220	No
LongTrac 480 DTC	$17225	$8100	$9300	$11710	$12750		3	172D	8F-2R	41.90	4760	No
LongTrac 520	$14895	$7000	$8040	$10130	$11020		3	172D	8F-2R	46.00	4220	No
LongTrac 520 DTC	$17650	$8300	$9530	$12000	$13060		3	172D	8F-2R	46.00	4220	No
LongTrac 680	$16995	$7990	$9180	$11560	$12580	UTB	4	219D	8F-2R	64.3	4570	No
LongTrac 680 DTC	$20962	$9850	$11320	$14250	$15510	UTB	4	219D	8F-2R	64.3	5120	No
LongTrac 2360	$12650	$5950	$6830	$8600	$9360	UTB	3	143D	8F-2R	35.00	4220	No
DTC- Front Wheel Assist 4WD												
2001												
LongTrac 320	$9643	$4050	$4730	$6170	$6850	UTB	2	110D	6F-2R	28.0	3700	No
LongTrac 680	$16600	$6970	$8130	$10620	$11790	UTB	4	219D	8F-2R	64.3	4570	No
LongTrac 680 DTC	$20742	$8710	$10160	$13280	$14730	UTB	4	219D	8F-2R	64.3	5120	No
LongTrac 2360	$12400	$5210	$6080	$7940	$8800	UTB	3	143D	8F-2R	35.00	4220	No
LongTrac 2360 DTC	$16999	$7140	$8330	$10880	$12070	UTB	3	143D	8F-2R	35.00	4760	No
LongTrac 2460	$13531	$5680	$6630	$8660	$9610	UTB	3	143D	8F-2R	41.90	4220	No
LongTrac 2460 DTC	$17496	$7350	$8570	$11200	$12420	UTB	3	143D	8F-2R	41.90	4760	No
LongTrac 2510	$14426	$6060	$7070	$9230	$10240	UTB	3	165D	8F-2R	49.10	4220	No
LongTrac 2510 DTC	$18244	$7660	$8940	$11680	$12950	UTB	3	165D	8F-2R	49.10	4760	No
DTC- Front Wheel Assist 4WD												
2000												
FarmTrac 60	$15465	$5880	$6960	$9280	$10520	Escorts	3	192D	8F-2R	45	4519	No
LandTrac 280 DTC	$15450	$5870	$6950	$9270	$10510	Mitsubishi	4	91D	12F-6R	26	3770	No
LandTrac 360 DTC	$17100	$6500	$7700	$10260	$11630	Mitsubishi	4	107D	12F-6R	33	3792	No
LandTrac 410 DTCD	$18892	$7180	$8500	$11340	$12850	Mitsubishi	4	141D	16F-16R	38	4751	No
LandTrac 470 DTC	$20222	$7680	$9100	$12130	$13750	Mitsubishi	4	153D	16F-16R	41	4883	No
LandTrac 530 DTC	$21425	$8140	$9640	$12860	$14570	Mitsubishi	4	203D	16F-16R	45	5137	No
LongTrac 320	$9643	$3660	$4340	$5790	$6560	UTB	2	110D	6F-2R	28.0	3700	No
LongTrac 680	$16476	$6260	$7410	$9890	$11200	UTB	4	219D	8F-2R	64.3	4570	No
LongTrac 680 DTC	$20615	$7830	$9280	$12370	$14020	UTB	4	219D	8F-2R	64.3	5120	No
LongTrac 2360	$12274	$4660	$5520	$7360	$8350	UTB	3	143D	8F-2R	35.00	4220	No
LongTrac 2360 DTC	$16872	$6410	$7590	$10120	$11470	UTB	3	143D	8F-2R	35.00	4760	No
LongTrac 2460	$13404	$5090	$6030	$8040	$9120	UTB	3	143D	8F-2R	41.90	4220	No
LongTrac 2460 DTC	$17369	$6600	$7820	$10420	$11810	UTB	3	143D	8F-2R	41.90	4760	No
LongTrac 2510	$14426	$5480	$6490	$8660	$9810	UTB	3	165D	8F-2R	49.10	4220	No
LongTrac 2510 DTC	$18244	$6930	$8210	$10950	$12410	UTB	3	165D	8F-2R	49.10	4760	No
DTC- Front Wheel Assist 4WD												
1999												
LandTrac 20 DTC	$14386	$5180	$6040	$8200	$9350	Mitsubishi	4	91D	12F-6R	25	3770	No
LandTrac 30 DTC	$17050	$6140	$7160	$9720	$11080	Mitsubishi	4	107D	12F-6R	34	3792	No
LandTrac 35 DTC	$18744	$6750	$7870	$10680	$12180	Mitsubishi	4	141D	16F-16R	36	4751	No
LandTrac 40 DTC	$20646	$7430	$8670	$11770	$13420	Mitsubishi	4	153D	16F-16R	42	4883	No
LandTrac 45 DTC	$21712	$7820	$9120	$12380	$14110	Mitsubishi	4	203D	16F-16R	46	5137	No
FarmTrac 60	$15712	$5660	$6600	$8960	$10210	Escorts	3	192D	8F-2R	44.7	4519	No
LongTrac 2310	$9320	$3360	$3910	$5310	$6060	UTB	2	110D	6F-2R	28.0	3700	No
LongTrac 2360	$12210	$4400	$5130	$6960	$7940	UTB	3	143-D	8F-2R	35.00	4220	No
LongTrac 2360 DTC	$16785	$6040	$7050	$9570	$10910	UTB	3	143D	8F-2R	35.00	4760	No

Model	Approx. Retail Price New	Estimated Value Less Repairs				Make	Engine			P.T.O. H.P.	Approx. Shipping Wt.-Lbs.	Cab
		Used Trade-In		Used Retail			No. Cyls.	Displ. Cu.-in.	No. Speeds			
		Avg.	High	Avg.	High							

1999 (Cont.)

Model	Approx. Retail Price New	Avg.	High	Avg.	High	Make	No. Cyls.	Displ. Cu.-in.	No. Speeds	P.T.O. H.P.	Approx. Shipping Wt.-Lbs.	Cab
LongTrac 2460	$13335	$4800	$5600	$7600	$8670	UTB	3	143D	8F-2R	41.90	4220	No
LongTrac 2460 DTC	$17279	$6220	$7260	$9850	$11230	UTB	3	143D	8F-2R	41.90	4760	No
LongTra 2510	$14543	$5240	$6110	$8290	$9450	UTB	3	165D	8F-2R	49.10	4220	No
LongTrac 2510 DTC	$18168	$6540	$7630	$10360	$11810	UTB	3	165D	8F-2R	49.10	4760	No
LongTrac 2610	$17025	$6130	$7150	$9700	$11070	UTB	4	219D	8F-2R	64.3	4570	No
LongTrac 2610 DTC	$20716	$7460	$8700	$11810	$13470	UTB	4	219D	8F-2R	64.3	5120	No

DTC- Front Wheel Assist 4WD

1998

Model	Approx. Retail Price New	Avg.	High	Avg.	High	Make	No. Cyls.	Displ. Cu.-in.	No. Speeds	P.T.O. H.P.	Approx. Shipping Wt.-Lbs.	Cab
Farmtrac 60	$15465	$5260	$6190	$8510	$9740		3	192D	8F-2R	44.7	4519	No
2310	$9193	$3130	$3680	$5060	$5790	UTB	2	110D	6F-2R	28.0	3700	No
2360	$11844	$4030	$4740	$6510	$7460	UTB	3	143D	8F-2R	35.00	4220	No
2360 DTC	$16281	$5540	$6510	$8960	$10260	UTB	3	143D	8F-2R	35.00	4760	No
2460	$12935	$4400	$5170	$7110	$8150	UTB	3	143D	8F-2R	41.90	4220	No
2460 DTC	$16761	$5700	$6700	$9220	$10560	UTB	3	143D	8F-2R	41.90	4760	No
2510	$14107	$4800	$5640	$7760	$8890	UTB	3	165D	8F-2R	49.10	4220	No
2510 DTC	$17623	$5990	$7050	$9690	$11100	UTB	3	165D	8F-2R	49.10	4760	No
2610	$16046	$5460	$6420	$8830	$10110	UTB	4	219D	8F-2R	64.3	4570	No
2610 DTC	$20095	$6830	$8040	$11050	$12660	UTB	4	219D	8F-2R	64.3	5120	No

DTC- Front Wheel Assist 4WD

1997

Model	Approx. Retail Price New	Avg.	High	Avg.	High	Make	No. Cyls.	Displ. Cu.-in.	No. Speeds	P.T.O. H.P.	Approx. Shipping Wt.-Lbs.	Cab
2310	$9193	$2940	$3490	$4960	$5610	UTB	2	110D	6F-2R	28.0	3700	No
2360	$11844	$3790	$4500	$6400	$7230	UTB	3	143D	8F-2R	35.00	4220	No
2360 DTC	$16281	$5210	$6190	$8790	$9930	UTB	3	143D	8F-2R	35.00	4760	No
2460	$12935	$4140	$4920	$6990	$7890	UTB	3	143D	8F-2R	41.90	4220	No
2460 DTC	$16761	$5360	$6370	$9050	$10220	UTB	3	143D	8F-2R	41.90	4760	No
2510	$14107	$4510	$5360	$7620	$8610	UTB	3	165D	8F-2R	49.10	4220	No
2510 DTC	$17623	$5640	$6700	$9520	$10750	UTB	3	165D	8F-2R	49.10	4760	No
2610	$16046	$5140	$6100	$8670	$9790	UTB	4	219D	8F-2R	64.3	4570	No
2610 DTC	$20095	$6430	$7640	$10850	$12260	UTB	4	219D	8F-2R	64.3	5120	No

DTC- Front Wheel Assist 4WD

1996

Model	Approx. Retail Price New	Avg.	High	Avg.	High	Make	No. Cyls.	Displ. Cu.-in.	No. Speeds	P.T.O. H.P.	Approx. Shipping Wt.-Lbs.	Cab
2310	$8751	$2630	$3150	$4640	$5250	UTB	2	110D	6F-2R	28.0		No
2360	$11275	$3380	$4060	$5980	$6770	UTB	3	143D	8F-2R	35.00		No
2360 DTC	$15800	$4740	$5690	$8370	$9480	UTB	3	143D	8F-2R	35.00		No
2460	$12115	$3640	$4360	$6420	$7270	UTB	3	143D	8F-2R	41.90		No
2460 DTC	$16850	$5060	$6070	$8930	$10110	UTB	3	143D	8F-2R	41.90		No
2460 DTCSD Shuttle	$17992	$5400	$6480	$9540	$10800	UTB	3	143D	8F-2R	41.90		No
2460 SD Shuttle	$13217	$3970	$4760	$7010	$7930	UTB	3	143D	8F-2R	41.90		No
2510	$13200	$3960	$4750	$7000	$7920	UTB	3	165D	8F-2R	49.10		No
2510 DTC	$17685	$5310	$6370	$9370	$10610	UTB	3	165D	8F-2R	49.10		No
2510 DTCSD Shuttle	$18810	$5640	$6770	$9970	$11290	UTB	3	165D	8F-2R	49.10		No
2510 SD Shuttle	$14302	$4290	$5150	$7580	$8580	UTB	3	165D	8F-2R	49.10		No
2610	$14995	$4500	$5400	$7950	$9000	UTB	4	219D	8F-2R	64.3		No
2610 DTC	$19585	$5880	$7050	$10380	$11750	UTB	4	219D	8F-2R	64.3		No
2610 DTCSD Shuttle	$20730	$6220	$7460	$10990	$12440	UTB	4	219D	8F-2R	64.3		No
2610 SD Shuttle	$16095	$4830	$5790	$8530	$9660	UTB	4	219D	8F-2R	64.3		No
2710	$19780	$5930	$7120	$10480	$11870	UTB	4	229D	12F-3R	70.0		No
2710 DTC	$24670	$7400	$8880	$13080	$14800	UTB	4	229D	12F-3R	70.0		No

DTC - Front Wheel Assist 4WD

1995

Model	Approx. Retail Price New	Avg.	High	Avg.	High	Make	No. Cyls.	Displ. Cu.-in.	No. Speeds	P.T.O. H.P.	Approx. Shipping Wt.-Lbs.	Cab
2260	$7829	$2190	$2660	$4070	$4620	UTB	2	95D	6F-2R	24.0		No
2360	$10957	$3070	$3730	$5700	$6470	UTB	3	143D	8F-2R	35.00		No
2360 DTC	$15050	$4210	$5120	$7830	$8880	UTB	3	143D	8F-2R	35.00		No
2460	$11763	$3290	$4000	$6120	$6940	UTB	3	143D	8F-2R	41.90		No
2460 DTC	$16050	$4490	$5460	$8350	$9470	UTB	3	143D	8F-2R	41.90		No
2460 DTCSD Shuttle	$17139	$4800	$5830	$8910	$10110	UTB	3	143D	8F-2R	41.90		No
2460 SD Shuttle	$12918	$3620	$4390	$6720	$7620	UTB	3	143D	8F-2R	41.90		No
2510	$12816	$3590	$4360	$6660	$7560	UTB	3	165D	8F-2R	49.10		No
2510 DTC	$16847	$4720	$5730	$8760	$9940	UTB	3	165D	8F-2R	49.10		No
2510 DTCSD Shuttle	$17935	$5020	$6100	$9330	$10580	UTB	3	165D	8F-2R	49.10		No
2510 SD Shuttle	$13886	$3890	$4720	$7220	$8190	UTB	3	165D	8F-2R	49.10		No
2610	$14846	$4160	$5050	$7720	$8760	UTB	4	219D	8F-2R	64.3		No
2610 DTC	$18656	$5220	$6340	$9700	$11010	UTB	4	219D	8F-2R	64.3		No
2610 DTCSD Shuttle	$19747	$5530	$6710	$10270	$11650	UTB	4	219D	8F-2R	64.3		No
2610 SD Shuttle	$15913	$4460	$5410	$8280	$9390	UTB	4	219D	8F-2R	64.3		No
2710	$19204	$5380	$6530	$9990	$11330	UTB	4	229D	12F-3R	70.0		No
2710 DTC	$23496	$6580	$7990	$12220	$13860	UTB	4	229D	12F-3R	70.0		No

DTC - Front Wheel Assist 4WD

1994

Model	Approx. Retail Price New	Avg.	High	Avg.	High	Make	No. Cyls.	Displ. Cu.-in.	No. Speeds	P.T.O. H.P.	Approx. Shipping Wt.-Lbs.	Cab
2260	$7829	$2040	$2580	$3990	$4540	UTB	2	95D	6F-2R	24.0		No
2360	$10957	$2850	$3620	$5590	$6360	UTB	3	143D	8F-2R	35.00		No
2360 DTC	$15050	$3910	$4970	$7680	$8730	UTB	3	143D	8F-2R	35.00		No
2460	$11763	$3060	$3880	$6000	$6820	UTB	3	143D	8F-2R	41.90		No
2460 DTC	$16050	$4170	$5300	$8190	$9310	UTB	3	143D	8F-2R	41.90		No
2460 DTCSD Shuttle	$17139	$4460	$5660	$8740	$9940	UTB	3	143D	8F-2R	41.90		No
2460 SD Shuttle	$12918	$3360	$4260	$6590	$7490	UTB	3	143D	8F-2R	41.90		No
2510	$12816	$3330	$4230	$6540	$7430	UTB	3	165D	8F-2R	49.10		No
2510 DTC	$16847	$4380	$5560	$8590	$9770	UTB	3	165D	8F-2R	49.10		No
2510 DTCSD Shuttle	$17935	$4660	$5920	$9150	$10400	UTB	3	165D	8F-2R	49.10		No

Model	Approx. Retail Price New	Estimated Value Less Repairs				Engine				P.T.O. H.P.	Approx. Shipping Wt.-Lbs.	Cab
		Used Trade-In		Used Retail		Make	No. Cyls.	Displ. Cu.-in.	No. Speeds			
		Avg.	High	Avg.	High							

Long (Cont.)

1994 (Cont.)

Model	Approx. Retail Price New	Avg.	High	Avg.	High	Make	No. Cyls.	Displ. Cu.-in.	No. Speeds	P.T.O. H.P.	Approx. Shipping Wt.-Lbs.	Cab
2510 SD Shuttle	$13886	$3610	$4580	$7080	$8050	UTB	3	165D	8F-2R	49.10		No
2610	$14846	$3860	$4900	$7570	$8610	UTB	4	219D	8F-2R	64.3		No
2610 DTC	$18656	$4850	$6160	$9520	$10820	UTB	4	219D	8F-2R	64.3		No
2610 DTCSD 4WD	$19747	$5130	$6520	$10070	$11450	UTB	4	219D	8F-2R	64.3		No
2610 SD Shuttle	$15913	$4140	$5250	$8120	$9230	UTB	4	219D	8F-2R	64.3		No
2710	$19204	$4990	$6340	$9790	$11140	UTB	4	229D	12F-3R	70.0		No
2710 DTC	$23496	$6110	$7750	$11980	$13630	UTB	4	229D	12F-3R	70.0		No

DTC - Front Wheel Assist 4WD

1993

Model	Approx. Retail Price New	Avg.	High	Avg.	High	Make	No. Cyls.	Displ. Cu.-in.	No. Speeds	P.T.O. H.P.	Approx. Shipping Wt.-Lbs.	Cab
2360	$10350	$2590	$3310	$5180	$5900	UTB	3	143D	8F-2R	35.00		No
2360 DTC	$13950	$3490	$4460	$6980	$7950	UTB	3	143D	8F-2R	35.00		No
2460	$10900	$2730	$3490	$5450	$6210	UTB	3	143D	8F-2R	41.90		No
2460 DTC	$14340	$3590	$4590	$7170	$8170	UTB	3	143D	8F-2R	41.90		No
2460 DTCSD Shuttle	$15350	$3840	$4910	$7680	$8750	UTB	3	143D	8F-2R	41.90		No
2460 SD Shuttle	$11920	$2980	$3810	$5960	$6790	UTB	3	143D	8F-2R	41.90		No
2510	$11900	$2980	$3810	$5950	$6780	UTB	3	165D	8F-2R	49.10		No
2510 DTC	$15078	$3770	$4830	$7540	$8590	UTB	3	165D	8F-2R	49.10		No
2510 DTCSD Shuttle	$16085	$4020	$5150	$8040	$9170	UTB	3	165D	8F-2R	49.10		No
2510 SD Shuttle	$12920	$3230	$4130	$6460	$7360	UTB	3	165D	8F-2R	49.10		No
2610	$13600	$3400	$4350	$6800	$7750	UTB	4	219D	8F-2R	64.3		No
2610 DTC	$17195	$4300	$5500	$8600	$9800	UTB	4	219D	8F-2R	64.3		No
2610 DTCSD	$18200	$4550	$5820	$9100	$10370	UTB	4	219D	8F-2R	64.3		No
2610 SD Shuttle	$14615	$3650	$4680	$7310	$8330	UTB	4	219D	8F-2R	64.3		No

DTC - Front Wheel Assist 4WD

1992

Model	Approx. Retail Price New	Avg.	High	Avg.	High	Make	No. Cyls.	Displ. Cu.-in.	No. Speeds	P.T.O. H.P.	Approx. Shipping Wt.-Lbs.	Cab
2360	$10350	$2480	$3210	$5070	$5800	UTB	3	143D	8F-2R	35.00		No
2360 DTC	$13950	$3110	$4020	$6350	$7250	UTB	3	143D	8F-2R	35.00		No
2460	$10900	$2620	$3380	$5340	$6100	UTB	3	143D	8F-2R	41.90		No
2460 DTC	$14340	$3200	$4140	$6540	$7470	UTB	3	143D	8F-2R	41.90		No
2460 DTCSD Shuttle	$15350	$3440	$4450	$7030	$8040	UTB	3	143D	8F-2R	41.90		No
2460 SD Shuttle	$11920	$2860	$3700	$5840	$6680	UTB	3	143D	8F-2R	41.90		No
2510	$11900	$2760	$3570	$5640	$6440	UTB	3	165D	8F-2R	49.10		No
2510 DTC	$15078	$3380	$4360	$6900	$7880	UTB	3	165D	8F-2R	49.10		No
2510 DTCSD Shuttle	$16085	$3620	$4680	$7390	$8450	UTB	3	165D	8F-2R	49.10		No
2510 SD Shuttle	$12920	$3100	$4010	$6330	$7240	UTB	3	165D	8F-2R	49.10		No
2610	$13600	$3260	$4220	$6660	$7620	UTB	4	219D	8F-2R	64.00		No
2610 DTC	$17195	$3890	$5020	$7940	$9070	UTB	4	219D	8F-2R	64.00		No
2610 DTCSD	$18200	$4130	$5330	$8430	$9630	UTB	4	219D	8F-2R	64.00		No
2610 SD Shuttle	$14615	$3510	$4530	$7160	$8180	UTB	4	219D	8F-2R	64.00		No

DTC - Front Wheel Assist 4WD

1991

Model	Approx. Retail Price New	Avg.	High	Avg.	High	Make	No. Cyls.	Displ. Cu.-in.	No. Speeds	P.T.O. H.P.	Approx. Shipping Wt.-Lbs.	Cab
2360	$10030	$2310	$3010	$4810	$5520	UTB	3	143D	8F-2R	35.00		No
2360 DTC	$13525	$2880	$3760	$6010	$6890	UTB	3	143D	8F-2R	35.00		No
2460	$10592	$2440	$3180	$5080	$5830	UTB	3	143D	8F-2R	41.90		No
2460 DTC	$13923	$2970	$3880	$6200	$7110	UTB	3	143D	8F-2R	41.90		No
2460 DTCSD Shuttle	$14902	$3200	$4170	$6670	$7650	UTB	3	143D	8F-2R	41.90		No
2460 SD Shuttle	$11572	$2660	$3470	$5560	$6370	UTB	3	143D	8F-2R	41.90		No
2510	$11556	$2650	$3450	$5520	$6330	UTB	3	165D	8F-2R	49.10		No
2510 DTC	$14639	$3140	$4090	$6550	$7500	UTB	3	165D	8F-2R	49.10		No
2510 DTCSD Shuttle	$15617	$3360	$4390	$7020	$8040	UTB	3	165D	8F-2R	49.10		No
2510 SD Shuttle	$12537	$2880	$3760	$6020	$6900	UTB	3	165D	8F-2R	49.10		No
2610	$13210	$3040	$3960	$6340	$7270	UTB	4	219D	8F-2R	64.00		No
2610 DTC	$16695	$3610	$4710	$7530	$8630	UTB	4	219D	8F-2R	64.00		No
2610 DTCSD	$17675	$3840	$5000	$8000	$9170	UTB	4	219D	8F-2R	64.00		No
2610 SD Shuttle	$14190	$3260	$4260	$6810	$7810	UTB	4	219D	8F-2R	64.00		No

DTC - Front Wheel Assist 4WD

1990

Model	Approx. Retail Price New	Avg.	High	Avg.	High	Make	No. Cyls.	Displ. Cu.-in.	No. Speeds	P.T.O. H.P.	Approx. Shipping Wt.-Lbs.	Cab
2360	$9530	$2100	$2760	$4480	$5150	UTB	3	143D	8F-2R	35.00		No
2360 DTC	$12850	$2640	$3480	$5640	$6480	UTB	3	143D	8F-2R	35.00		No
2460	$10060	$2210	$2920	$4730	$5430	UTB	3	143D	8F-2R	41.90		No
2460 DTC	$13225	$2910	$3840	$6220	$7140	UTB	3	143D	8F-2R	41.90		No
2460 DTCSD Shuttle	$14155	$3110	$4110	$6650	$7640	UTB	3	143D	8F-2R	41.90		No
2460 SD Shuttle	$10995	$2420	$3190	$5170	$5940	UTB	3	143D	8F-2R	41.90		No
2510	$10980	$2420	$3180	$5160	$5930	UTB	3	165D	8F-2R	49.10		No
2510 DTC	$13910	$2860	$3770	$6110	$7020	UTB	3	165D	8F-2R	49.10		No
2510 DTCSD Shuttle	$14835	$3080	$4060	$6580	$7560	UTB	3	165D	8F-2R	49.10		No
2510 SD Shuttle	$11910	$2620	$3450	$5600	$6430	UTB	3	165D	8F-2R	49.10		No
2610	$12550	$2760	$3640	$5900	$6780	UTB	4	219D	8F-2R	64.00		No
2610 DTC	$15860	$3300	$4350	$7050	$8100	UTB	4	219D	8F-2R	64.00		No
2610 DTCSD	$16790	$3520	$4640	$7520	$8640	UTB	4	219D	8F-2R	64.00		No
2610 SD Shuttle	$13480	$2970	$3910	$6340	$7280	UTB	4	219D	8F-2R	64.00		No

DTC - Front Wheel Assist 4WD

1989

Model	Approx. Retail Price New	Avg.	High	Avg.	High	Make	No. Cyls.	Displ. Cu.-in.	No. Speeds	P.T.O. H.P.	Approx. Shipping Wt.-Lbs.	Cab
310	$8514	$1790	$2380	$3920	$4510	UTB	2	110D	8F-2R	28.00	3270	No
360	$8981	$1890	$2520	$4130	$4760	UTB	3	143D	8F-2R	35.00	3750	No
460	$9608	$2020	$2690	$4420	$5090	UTB	3	143D	8F-2R	41.90	3850	No
510	$10647	$2240	$2980	$4900	$5640	UTB	3	165D	8F-2R	49.15	4230	No
610	$12333	$2590	$3450	$5670	$6540	UTB	4	219-D	8F-2R	64.00	4630	No

DTC - Front Wheel Assist 4WD

Long (Cont.)

Model	Approx. Retail Price New	Estimated Value Less Repairs Used Trade-In Avg.	Used Trade-In High	Used Retail Avg.	Used Retail High	Engine Make	No. Cyls.	Displ. Cu.-in.	No. Speeds	P.T.O. H.P.	Approx. Shipping Wt.-Lbs.	Cab
1988												
360	$8650	$1770	$2340	$3890	$4500	UTB	3	143D	6F-2R	35.00	3750	No
460	$9295	$1910	$2510	$4180	$4830	UTB	3	143D	8F-2R	35.00	4013	No
460 DTC	$12150	$2490	$3280	$5470	$6320	UTB	3	143D	8F-2R	41.90	4653	No
460 SD	$10150	$2080	$2740	$4570	$5280	UTB	3	143D	8F-8R	41.90	4247	No
510	$10130	$2080	$2740	$4560	$5270	UTB	3	165D	8F-2R	49.15	4230	No
510 DTC	$12700	$2600	$3430	$5720	$6600	UTB	3	165D	8F-2R	49.15	4350	No
610	$12320	$2530	$3330	$5540	$6410	UTB	4	219D	8F-2R	64.00	4630	No
610 DTC	$15030	$3080	$4060	$6760	$7820	UTB	4	219D	8F-2R	64.00	5892	No
DTC - Front Wheel Assist 4WD												
1987												
360	$8242	$1650	$2180	$3630	$4200	UTB	3	143D	8F-2R	35.00	3850	No
460	$8855	$1770	$2350	$3900	$4520	UTB	3	143D	8F-2R	41.93	3850	No
460 DTC	$11569	$2310	$3070	$5090	$5900	UTB	3	143D	8F-2R	41.93	5263	No
460 Manual Shuttle	$9660	$1930	$2560	$4250	$4930	UTB	3	143D	8F-2R	41.93	3850	No
510	$9648	$1930	$2560	$4250	$4920	UTB	3	165D	8F-2R	49.15		No
510 DTC	$12157	$2430	$3220	$5350	$6200	UTB	3	165D	8F-2R	49.15	5350	No
610	$11736	$2350	$3110	$5160	$5990	UTB	4	219D	8F-2R	64.00	4630	No
610 DTC	$14315	$2860	$3790	$6300	$7300	UTB	4	219D	8F-2R	64.00	5892	No
DTC - Front Wheel Assist 4WD												
1986												
260	$6200	$1180	$1610	$2670	$3100	UTB	2	95D	8F-2R	24.00	3195	No
260 C	$6000	$1140	$1560	$2580	$3000	UTB	2	95D	6F-2R	24.00	3195	No
310	$7000	$1330	$1820	$3010	$3500	UTB	2	110D	8F-2R	28.00	3750	No
310 DTC	$8300	$1580	$2160	$3570	$4150	UTB	2	110D	8F-2R	28.00	4430	No
360	$8250	$1570	$2150	$3550	$4130	UTB	3	143D	8F-2R	35.00	3750	No
460	$8860	$1680	$2300	$3810	$4430	UTB	3	143D	8F-2R	41.93	3850	No
460 DTC	$11500	$2190	$2990	$4950	$5750	UTB	3	143D	8F-2R	41.00	5263	No
510	$9648	$1830	$2510	$4150	$4820	UTB	3	165D	8F-2R	49.15	4113	No
510 DTC	$12150	$2310	$3160	$5230	$6080	UTB	3	165D	8F-2R	49.35	5263	No
610	$11730	$2230	$3050	$5040	$5870	UTB	4	220D	8F-2R	64.33	4330	No
610 DTC	$14315	$2720	$3720	$6160	$7160	UTB	4	220D	8F-2R	64.00	5150	No
DTC—Front Wheel Assist 4WD												
1985												
260	$6200	$1180	$1610	$2600	$3040	UTB	2	95D	8F-2R	24.00	3195	No
260 C	$6000	$1140	$1560	$2520	$2940	UTB	2	95D	6F-2R	24.00	3195	No
310	$7000	$1330	$1820	$2940	$3430	UTB	2	110D	8F-2R	28.00	3750	No
310 DTC	$8300	$1580	$2160	$3490	$4070	UTB	2	110D	8F-2R	28.00	4430	No
360	$8250	$1570	$2150	$3470	$4040	UTB	3	143D	8F-2R	35.00	3750	No
360 DTC	$9450	$1800	$2460	$3970	$4630	UTB	3	143D	8F-2R	35.00	4430	No
460	$8840	$1680	$2300	$3710	$4330	UTB	3	143D	8F-2R	41.93	3850	No
460 DTC	$11500	$2190	$2990	$4830	$5640	UTB	3	143D	8F-2R	41.00	5263	No
510	$9648	$1830	$2510	$4050	$4730	UTB	3	165D	8F-2R	49.15	4113	No
510 DTC	$12900	$2450	$3350	$5420	$6320	UTB	3	165D	8F-2R	49.35	5263	No
610	$11550	$2200	$3000	$4850	$5660	UTB	4	220D	8F-2R	64.33	4330	No
610 DTC	$14300	$2720	$3720	$6010	$7010	UTB	4	220D	8F-2R	64.00	5150	No
610 DTE 4WD	$14400	$2740	$3740	$6050	$7060	UTB	4	220D	8F-2R	64.00	5500	No
610 DTE WT 4WD	$15900	$3020	$4130	$6680	$7790	UTB	4	220D	8F-2R	64.00	5700	Cab
DTC—Front Wheel Assist 4WD												
1984												
260	$6150	$1170	$1600	$2580	$2950	UTB	2	95D	8F-2R	24.00	3195	No
260 C	$6000	$1140	$1560	$2520	$2880	UTB	2	95D	6F-2R	24.00	3195	No
310	$7000	$1330	$1820	$2940	$3360	UTB	2	110D	8F-2R	28.00	3750	No
310 DTC	$8250	$1570	$2150	$3470	$3960	UTB	2	110D	8F-2R	28.00	4430	No
360	$8200	$1560	$2130	$3440	$3940	UTB	3	143D	8F-2R	35.00	3750	No
360 DTC	$9400	$1790	$2440	$3950	$4510	UTB	3	143D	8F-2R	35.00	4430	No
460	$8800	$1670	$2290	$3700	$4220	UTB	3	143D	8F-2R	41.93	3850	No
460 DTC	$11500	$2190	$2990	$4830	$5520	UTB	3	143D	8F-2R	41.00	5263	No
510	$9640	$1830	$2510	$4050	$4630	UTB	3	165D	8F-2R	49.15	4113	No
510 DTC	$12800	$2430	$3330	$5380	$6140	UTB	3	165D	8F-2R	49.35	5263	No
610	$11500	$2190	$2990	$4830	$5520	UTB	4	220D	8F-2R	64.33	4330	No
610 DTC	$14300	$2720	$3720	$6010	$6860	UTB	4	220D	8F-2R	64.00	5150	No
610 DTE 4WD	$14300	$2720	$3720	$6010	$6860	UTB	4	220D	8F-2R	64.00	5500	No
610 DTE WT 4WD	$15800	$3000	$4110	$6640	$7580	UTB	4	220D	8F-2R	64.00	5700	No
DTC - Front Wheel Assist 4WD												
1983												
260 C	$6000	$1140	$1560	$2520	$2880	UTB	2	95D	6F-2R	24.00	3195	No
310 DT 4WD	$8200	$1560	$2130	$3440	$3940	UTB	2	110D	6F-2R	28.00	3820	No
360	$8100	$1540	$2110	$3400	$3890	UTB	3	143D	6F-2R	36.16	3750	No
460	$8800	$1670	$2290	$3700	$4220	UTB	3	143D	8F-2R	41.93	3850	No
460 DT 4WD	$11500	$2190	$2990	$4830	$5520	UTB	3	143D	8F-2R	41.00	4420	No
510	$9600	$1820	$2500	$4030	$4610	UTB	3	165D	8F-2R	49.15	3900	No
510 DT 4WD	$12100	$2300	$3150	$5080	$5810	UTB	3	165D	8F-2R	49.35	4470	No
610	$11400	$2170	$2960	$4790	$5470	UTB	4	220D	8F-2R	64.33	4560	No
610 DT 4WD	$14300	$2720	$3720	$6010	$6860	UTB	4	220D	8F-2R	64.00	4800	No
910	$15700	$2980	$4080	$6590	$7540	Zetor	4	278D	16F-8R	72.88	7750	No
910 DT 4WD	$19800	$3760	$5150	$8320	$9500	Zetor	4	278D	16F-8R	72.00	8740	No
1310	$21000	$3990	$5460	$8820	$10080	Zetor	6	417D	16F-8R	105.00	9000	No
1310 DT 4WD	$24900	$4730	$6470	$10460	$11950	Zetor	6	417D	16F-8R	105.00	9990	No
DT - Front Wheel Assist 4WD												

Long (Cont.)

Model	Approx. Retail Price New	Estimated Value Less Repairs Used Trade-In Avg.	High	Used Retail Avg.	High	Make	Engine No. Cyls.	Displ. Cu.-in.	No. Speeds	P.T.O. H.P.	Approx. Shipping Wt.-Lbs.	Cab
1982												
260 C	$6000	$1110	$1560	$2520	$2880	UTB	2	95D	6F-2R	24.00	3195	No
310	$7000	$1300	$1820	$2940	$3360	UTB	2	110D	6F-2R	28.00	3250	No
310 DT	$8150	$1510	$2120	$3420	$3910	UTB	2	110D	6F-2R	28.00	3820	No
360	$8050	$1490	$2090	$3380	$3860	UTB	3	143D	6F-2R	36.16	3750	No
460	$8800	$1630	$2290	$3700	$4220	UTB	3	143D	8F-2R	41.93	3850	No
460 DT	$11500	$2130	$2990	$4830	$5520	UTB	3	143D	8F-2R	41.90	4420	No
510	$9575	$1770	$2490	$4020	$4600	UTB	3	165D	8F-2R	49.15	3900	No
510 DT	$12100	$2240	$3150	$5080	$5810	UTB	3	165D	8F-2R	49.35	4470	No
610	$11350	$2100	$2950	$4770	$5450	UTB	4	220D	8F-2R	64.33	4560	No
610 DT	$14300	$2650	$3720	$6010	$6860	UTB	4	220D	8F-2R	64.00	4800	No
910	$15600	$2890	$4060	$6550	$7490	Zetor	4	278D	16F-8R	72.88	7750	No
910 DT	$19700	$3650	$5120	$8270	$9460	Zetor	4	278D	16F-8R	72.88	8740	No
1310	$21000	$3890	$5460	$8820	$10080	Zetor	6	417D	16F-8R	105.00	9000	No
1310 DT	$24900	$4610	$6470	$10460	$11950	Zetor	6	417D	16F-8R	105.00	9990	No
DT - Front Wheel Assist 4WD												
1981												
260 C	$6000	$1080	$1560	$2520	$2880	UTB	2	95D	6F-2R	24.00	3195	No
310	$7000	$1260	$1820	$2940	$3360	UTB	2	110D	6F-2R	28.00	3250	No
310 DT	$8150	$1470	$2120	$3420	$3910	UTB	2	110D	6F-2R	28.00	3820	No
360	$8040	$1450	$2090	$3380	$3860	UTB	3	143D	6F-2R	36.16	3750	No
460	$8800	$1580	$2290	$3700	$4220	UTB	3	143D	8F-2R	41.93	3850	No
460 DT	$11500	$2070	$2990	$4830	$5520	UTB	3	143D	8F-2R	41.90	4420	No
510	$9575	$1720	$2490	$4020	$4600	UTB	3	165D	8F-2R	49.15	3900	No
510 DT	$12100	$2180	$3150	$5080	$5810	UTB	3	165D	8F-2R	49.35	4470	No
610	$11300	$2030	$2940	$4750	$5420	UTB	4	220D	8F-2R	64.33	4560	No
610 DT	$14275	$2570	$3710	$6000	$6850	UTB	4	220D	8F-2R	64.00	4800	No
910	$15500	$2790	$4030	$6510	$7440	Zetor	4	278D	16F-8R	72.88	7750	No
910 DT	$19675	$3540	$5120	$8260	$9440	Zetor	4	278D	16F-8R	72.88	8740	No
1310	$20960	$3770	$5450	$8800	$10060	Zetor	6	417D	16F-8R	105.00	9000	No
1310 DT	$24825	$4470	$6460	$10430	$11920	Zetor	6	417D	16F-8R	105.00	9990	No
DT - Front Wheel Assist 4WD												
1980												
260 C	$6000	$1050	$1590	$2520	$2880	UTB	2	95D	6F-2R	24.00	3180	No
310	$7000	$1230	$1860	$2940	$3360	UTB	2	110D	6F-2R	28.00	3250	No
310 DT	$8144	$1430	$2160	$3420	$3910	UTB	2	110D	6F-2R	28.00	3820	No
360	$8026	$1410	$2130	$3370	$3850	UTB	3	143D	6F-2R	36.16	3750	No
460	$8800	$1540	$2330	$3700	$4220	UTB	3	143D	8F-2R	41.93	3850	No
460 DT	$11500	$2010	$3050	$4830	$5520	UTB	3	143D	8F-2R	41.90	4420	No
510	$9573	$1680	$2540	$4020	$4600	UTB	3	165D	8F-2R	49.15	3900	No
510 DT	$12100	$2120	$3210	$5080	$5810	UTB	3	165D	8F-2R	49.35	4470	No
610	$11269	$1970	$2990	$4730	$5410	UTB	4	220D	8F-2R	64.33	4560	No
610 DT	$14273	$2500	$3780	$6000	$6850	UTB	4	220D	8F-2R	64.00	4800	No
910	$15495	$2710	$4110	$6510	$7440	Zetor	4	278D	16F-8R	72.88	7750	No
910 DT	$19663	$3440	$5210	$8260	$9440	Zetor	4	278D	16F-8R	72.88	8740	No
1310	$20959	$3670	$5550	$8800	$10060	Zetor	6	417D	16F-8R	105.00	9000	No
1310 DT	$24811	$4340	$6580	$10420	$11910	Zetor	6	417D	16F-8R	105.00	9990	No
DT - Front Wheel Assist 4WD												
1979												
360	$7272	$1240	$1960	$3050	$3490	UTB	3	143D	6F-2R	32.00	3750	No
460	$8099	$1380	$2190	$3400	$3890	UTB	3	143D	8F-2R	41.93	3850	No
460 DT	$10597	$1800	$2860	$4450	$5090	UTB	3	143D	8F-2R	41.90	4420	No
510	$8674	$1480	$2340	$3640	$4160	UTB	3	143D	8F-2R	48.52	3900	No
510 DT	$11310	$1920	$3050	$4750	$5430	UTB	3	143D	8F-2R	48.52	4470	No
560 DT	$10047	$1710	$2710	$4220	$4820	UTB	4	191D	8F-2R	53.60	4750	No
610	$10210	$1740	$2760	$4290	$4900	UTB	4	191D	8F-2R	64.18	4560	No
610 DT	$12930	$2200	$3490	$5430	$6210	UTB	4	191D	8F-2R	64.18	4800	No
910	$12537	$2130	$3390	$5270	$6020	Zetor	4	278D	16F-8R	72.88	7750	No
910 DT	$16340	$2780	$4410	$6860	$7840	Zetor	4	278D	16F-8R	72.88	8740	No
1110	$13668	$2320	$3690	$5740	$6560	Zetor	4T	285D	16F-8R	92.00	8500	No
1110 DT	$17504	$2980	$4730	$7350	$8400	Zetor	4T	285D	16F-8R	92.00	8890	No
1310	$16867	$2870	$4550	$7080	$8100	Zetor	6	417D	16F-8R	105.00	9000	No
1310 DT	$20621	$3510	$5570	$8660	$9900	Zetor	6	417D	16F-8R	105.00	9990	No
DT - Front Wheel Assist 4WD												
1978												
360	$6056	$1030	$1670	$2540	$2910	UTB	3	143D	6F-2R	32.00	3750	No
460	$6763	$1150	$1860	$2840	$3250	UTB	3	143D	6F-2R	41.93	3850	No
460 DT	$8281	$1410	$2280	$3480	$3980	UTB	3	143D	6F-2R	41.90	4420	No
560	$8248	$1400	$2270	$3460	$3960	UTB	4	191D	8F-2R	53.61	4510	No
560 DT	$9965	$1690	$2740	$4190	$4780	UTB	4	191D	8F-2R	53.60	4750	No
910	$12055	$2050	$3320	$5060	$5790	Zetor	4	278D	16F-8R	72.88	7750	No
910 DT	$15415	$2620	$4240	$6470	$7400	Zetor	4	278D	16F-8R	72.80	8740	No
1110	$13143	$2230	$3610	$5520	$6310	Zetor	4T	285D	16F-8R	92.00	8500	No
1110 DT	$16513	$2810	$4540	$6940	$7930	Zetor	4T	285D	16F-8R	92.00	8890	No
1310	$16219	$2760	$4460	$6810	$7790	Zetor	6	417D	16F-8R	105.00	9000	No
1310 DT	$19453	$3310	$5350	$8170	$9340	Zetor	6	417D	16F-8R	105.00	9990	No
DT - Front Wheel Assist 4WD												
1977												
360	$5737	$980	$1610	$2410	$2750	UTB	3	143D	6F-2R	32.00	3750	Cab
445 DT	$7572	$1290	$2120	$3180	$3640	UTB	3	143D	6F-2R	41.90	4420	No

Model	Approx. Retail Price New	Used Trade-In Avg.	Used Trade-In High	Used Retail Avg.	Used Retail High	Make	No. Cyls.	Displ. Cu.-in.	No. Speeds	P.T.O. H.P.	Approx. Shipping Wt.-Lbs.	Cab
Long (Cont.)												
				1977 (Cont.)								
460	$6393	$1090	$1790	$2690	$3070	UTB	3	143D	6F-2R	41.93	3850	No
560	$7826	$1330	$2190	$3290	$3760	UTB	4	191D	8F-2R	53.61	4510	No
560 DT	$9490	$1610	$2660	$3990	$4560	UTB	4	191D	8F-2R	53.60	4750	No
900	$11481	$1950	$3220	$4820	$5510	Zetor	4	285D	16F-8R	72.88	7750	No
1100	$12517	$2130	$3510	$5260	$6010	Zetor	4T	285D	16F-8R	92.00	8500	No
1300	$15447	$2630	$4330	$6490	$7420	Zetor	6	417D	16F-8R	105.00	9000	No
DT - Front Wheel Assist 4WD												
				1976								
350	$5184	$880	$1450	$2180	$2490	UTB	3	143D	6F-2R	32.00	3200	No
445	$5607	$950	$1570	$2360	$2690	UTB	3	143D	6F-2R	41.93	3880	No
445 DT	$6899	$1170	$1930	$2900	$3310	UTB	3	143D	6F-2R	41.90	4420	No
560	$7136	$1210	$2000	$3000	$3430	UTB	4	191D	8F-2R	53.61	4510	No
560 DT	$8476	$1440	$2370	$3560	$4070	UTB	4	191D	8F-2R	53.60	4750	No
900	$10321	$1760	$2890	$4340	$4950	Zetor	4	285D	16F-8R	72.88	7750	No
1100	$11413	$1940	$3200	$4790	$5480	Zetor	4T	285D	16F-8R	92.00	8500	No
1300	$14997	$2550	$4200	$6300	$7200	Zetor	6	417D	16F-8R	105.00	9000	No
DT - Front Wheel Assist 4WD												
				1975								
350	$4567	$780	$1280	$1920	$2190	UTB	3	143D	6F-2R	32.00	3200	No
445	$5336	$910	$1490	$2240	$2560	UTB	3	143D	6F-2R	41.93	3880	No
445 DT	$6029	$1030	$1690	$2530	$2890	UTB	3	143D	6F-2R	41.90	4220	No
550	$6598	$1120	$1850	$2770	$3170	UTB	4	191D	8F-2R	53.61	4510	No
900	$10321	$1760	$2890	$4340	$4950	Zetor	4	285D	16F-8R	72.88	7750	No
1100	$11413	$1940	$3200	$4790	$5480	Zetor	4T	285D	16F-8R	92.00	8500	No
R9500	$12888	$2190	$3610	$5410	$6190	Perkins	6	354D	12F-4R	97.72	770	No
DT - Front Wheel Assist 4WD												
				1974								
350	$4015	$680	$1140	$1690	$1930	UTB	3	143D	6F-2R	32.00	3200	No
445	$4684	$800	$1340	$1970	$2250	UTB	3	143D	6F-2R	41.93	3880	No
445 DT	$5341	$910	$1520	$2240	$2560	UTB	3	143D	6F-2R	41.90	4420	No
550	$5816	$990	$1660	$2440	$2790	UTB	4	191D	8F-2R	53.61	4510	No
R9500	$11933	$2030	$3400	$5010	$5730	Perkins	6	354D	12F-4R	97.72	7700	No
DT - Front Wheel Assist 4WD												
				1973								
445	$4454	$760	$1290	$1870	$2140	UTB	3	143D	6F-2R	41.93	3880	No
445 DT	$5087	$870	$1480	$2140	$2440	UTB	3	143D	6F-2R	41.90	4420	No
550	$5539	$940	$1610	$2330	$2660	UTB	4	191D	8F-2R	53.61	4510	No
R9500	$9844	$1670	$2860	$4130	$4730	Perkins	6	354D	12F-4R	97.72	7700	No
DT - Front Wheel Assist 4WD												
				1972								
445	$3547	$600	$1050	$1510	$1700	UTB	3	143D	6F-2R	40.00	3880	No
Mahindra												
				2003								
C-27	$10625	$5530	$6160	$7540	$8080	Own	3	115D	8F-2R	22.0	3630	No
C-35	$11875	$6180	$6890	$8430	$9030	Own	3	115D	8F-2R	28.0	3630	No
E350-DI	$9950	$5170	$5770	$7070	$7560	Own	3	115D	8F-2R	31.0	3900	No
2310 4WD	$12300	$6400	$7130	$8730	$9350	Own	3	79D	12F-12R	20.0	3064	No
2810 4WD	$13325	$6930	$7730	$9460	$10130	Own	3	85D	12F-12R	23.0	3064	No
2810 HST 4WD	$14750	$7670	$8560	$10470	$11210	Own	3	85D	Variable	22.5	3064	No
3505-DI	$11750	$6110	$6820	$8340	$8930	Own	3	115D	8F-2R	27.0	3900	No
3510 4WD	$15755	$8190	$9140	$11190	$11970	Own	3	100D	12F-12R	28.7	3900	No
4110 4WD	$18300	$9520	$10610	$12990	$13910	Own	4	122D	12F-12R	33.6	3969	No
4500	$13750	$7150	$7980	$9760	$10450	Own	3	146D	8F-2R	35.0	4752	No
4500 4WD	$17825	$9270	$10340	$12660	$13550	Own	3	146D	8F-8R	35.0	5742	No
5500	$15300	$7960	$8870	$10860	$11630	Own	4	186D	8F-2R	44.0	4966	No
5500 4WD	$19375	$10080	$11240	$13760	$14730	Own	4	186D	8F-8R	44.0	6230	No
6000	$16650	$8660	$9660	$11820	$12650	Own	4	195D	8F-2R	50.0	4966	No
6000 4WD	$20925	$10880	$12140	$14860	$15900	Own	4	195D	8F-8R	50.0	6250	No
6500 4WD	$22200	$11540	$12880	$15760	$16870	Own	4	195D	8F-8R	57.0	6280	No
				2002								
E350-DI	$9950	$4580	$5270	$6570	$7160	Own	3	115D	8F-2R	31.0	3900	No
2810	$13325	$6130	$7060	$8800	$9590	Own	3	85D	12F-12R	23.0	3064	No
3505-DI	$11750	$5410	$6230	$7760	$8460	Own	3	115D	8F-2R	27.0	3900	No
3510	$15755	$7250	$8350	$10400	$11340	Own	3	100D	12F-12R	28.7	3900	No
4110 4WD	$18300	$8420	$9700	$12080	$13180	Own	4	122D	12F-12R	33.6	3969	No
4500	$13750	$6330	$7290	$9080	$9900	Own	3	146D	8F-2R	35.0	4752	No
6000	$16650	$7660	$8830	$10990	$11990	Own	4	195D	8F-2R	50.0	4966	No
				2001								
E350-DI	$9950	$4080	$4780	$6170	$6770	Own	3	115D	8F-2R	35	3900	No
2810	$13125	$5380	$6300	$8140	$8930	Own	3	85D	12F-12R	28	3064	No
3505-DI	$11600	$4760	$5570	$7190	$7890	Own	3	115D	8F-2R	35	3900	No
3510	$15550	$6380	$7460	$9640	$10570	Own	3	100D	12F-12R	35	3900	No
4110 4WD	$17990	$7380	$8640	$11150	$12230	Own	4	122D	12F-12R	41	3969	No
4500	$13615	$5580	$6540	$8440	$9260	Own	3	146D	8F-2R	42	4752	No

Model	Approx. Retail Price New	Estimated Value Less Repairs Used Trade-In Avg.	High	Used Retail Avg.	High	Make	Engine No. Cyls.	Displ. Cu.-in.	No. Speeds	P.T.O. H.P.	Approx. Shipping Wt.-Lbs.	Cab

Mahindra (Cont.)

2001 (Cont.)

Model	Approx. Retail Price New	Used Trade-In Avg.	High	Used Retail Avg.	High	Make	No. Cyls.	Displ. Cu.-in.	No. Speeds	P.T.O. H.P.	Approx. Shipping Wt.-Lbs.	Cab
6000	$16500	$6770	$7920	$10230	$11220	Own	4	195D	8F-2R	59	4966	No

2000

Model	Approx. Retail Price New	Used Trade-In Avg.	High	Used Retail Avg.	High	Make	No. Cyls.	Displ. Cu.-in.	No. Speeds	P.T.O. H.P.	Approx. Shipping Wt.-Lbs.	Cab
E350-DI	$9900	$3660	$4360	$5740	$6340	Own	3	115D	8F-2R	35	3900	No
2810	$12990	$4810	$5720	$7530	$8310	Own	3	85D	12F-12R	28	3064	No
3505-DI	$11225	$4150	$4940	$6510	$7180	Own	3	115D	8F-2R	35	3900	No
3510	$15125	$5600	$6660	$8770	$9680	Own	3	100D	12F-12R	35	3900	No
4110 4WD	$17550	$6490	$7720	$10180	$11230	Own	4	122D	12F-12R	41	3969	No
4500	$13350	$4940	$5870	$7740	$8540	Own	3	146D	8F-2R	42	4752	No
6000	$16100	$5960	$7080	$9340	$10300	Own	4	195D	8F-2R	59	4966	No

1999

Model	Approx. Retail Price New	Used Trade-In Avg.	High	Used Retail Avg.	High	Make	No. Cyls.	Displ. Cu.-in.	No. Speeds	P.T.O. H.P.	Approx. Shipping Wt.-Lbs.	Cab
475 DI	$9850	$3250	$4040	$5320	$5910	Own	3	115D	8F-2R	39	3894	No
4005 DI	$11950	$3940	$4900	$6450	$7170	Own	4	145D	8F-2R	40	4092	No
4505 DI	$12450	$4110	$5110	$6720	$7470	Own	4	154D	8F-2R	43	4070	No
5005 DI	$12950	$4270	$5310	$6990	$7770	Own	4	154D	8F-2R	50	4258	No

1998

Model	Approx. Retail Price New	Used Trade-In Avg.	High	Used Retail Avg.	High	Make	No. Cyls.	Displ. Cu.-in.	No. Speeds	P.T.O. H.P.	Approx. Shipping Wt.-Lbs.	Cab
475 DI	$9850	$3050	$3840	$5020	$5620	Own	3	115D	8F-2R	39	3894	No
4005 DI	$11950	$3710	$4660	$6100	$6810	Own	4	145D	8F-2R	40	4092	No
4505 DI	$12450	$3860	$4860	$6350	$7100	Own	4	154D	8F-2R	43	4070	No
5005 DI	$12950	$4020	$5050	$6610	$7380	Own	4	154D	8F-2R	50	4258	No

1997

Model	Approx. Retail Price New	Used Trade-In Avg.	High	Used Retail Avg.	High	Make	No. Cyls.	Displ. Cu.-in.	No. Speeds	P.T.O. H.P.	Approx. Shipping Wt.-Lbs.	Cab
475 DI	$9000	$2610	$3330	$4320	$4860	Own	3	115D	8F-2R	39	3894	No
485 DI	$10800	$3130	$4000	$5180	$5830	Own	4	145D	8F-2R	41	4090	No
575 DI	$11400	$3310	$4220	$5470	$6160	Own	4	154D	8F-2R	42	4085	No

Massey Ferguson

2005

Model	Approx. Retail Price New	Used Trade-In Avg.	High	Used Retail Avg.	High	Make	No. Cyls.	Displ. Cu.-in.	No. Speeds	P.T.O. H.P.	Approx. Shipping Wt.-Lbs.	Cab
GC 2300	$10170	$7320	$7730	$8850	$9260	Iseki	3	68D	Variable	18.7	1366	No
GC 2310 Loader/Backhoe	$18611	$13400	$14140	$16010	$16750	Iseki	3	68D	Variable	18.7	1366	No
MF-431	$16483	$11870	$12530	$14180	$14840	Perkins	3	202D	8F-2R	44.0	4321	No
MF-451	$19705	$14190	$14980	$16950	$17740	Perkins	3	202D	8F-2R	45.0	4738	No
MF-451	$20971	$15100	$15940	$18040	$18870	Perkins	3	202D	8F-8R	45.0	4738	No
MF-451 4WD	$24128	$17370	$18340	$20750	$21720	Perkins	3	202D	8F-2R	45.0	5238	No
MF-451 4WD	$25394	$18280	$19300	$21840	$22860	Perkins	3	202D	8F-8R	45.0	5238	No
MF-461	$23111	$16640	$17560	$19880	$20800	Perkins	3T	202D	8F-8R	55.0	5368	No
MF-461 4WD	$27721	$19960	$21070	$23840	$24950	Perkins	3T	202D	8F-8R	55.0	5468	No
MF-471	$23505	$16920	$17860	$20210	$21160	Perkins	4	268D	8F-2R	60.0	5578	No
MF-471 Cab	$31752	$22860	$24130	$27310	$28580	Perkins	4	268D	8F-2R	60.0	5578	CHA
MF-471 Low Profile	$24958	$17970	$18970	$21460	$22460	Perkins	4	268D	8F-8R	60.0	5578	No
MF-471 Low Profile 4WD	$30199	$21740	$22950	$25970	$27180	Perkins	4	268D	8F-8R	60.0	5578	No
MF-471 4WD	$29197	$21020	$22190	$25110	$26260	Perkins	4	268D	8F-2R	60.0	6305	No
MF-471 4WD Cab	$37444	$26960	$28460	$32200	$33700	Perkins	4	268D	8F-2R	60.0	6305	CHA
MF-481	$25388	$18280	$19300	$21830	$22850	Perkins	4	268D	8F-2R	70.0	5750	No
MF-481 Cab	$33635	$24220	$25560	$28930	$30270	Perkins	4	268D	8F-2R	70.0	5750	CHA
MF-481 Low Profile	$26841	$19330	$20400	$23080	$24160	Perkins	4	268D	8F-8R	70.0	5750	No
MF-481 Low Profile 4WD	$32082	$23100	$24380	$27590	$28870	Perkins	4	268D	8F-8R	70.0	5750	No
MF-481 4WD	$31080	$22380	$23620	$26730	$27970	Perkins	4	268D	8F-2R	70.0	6349	No
MF-481 4WD Cab	$39327	$28320	$29890	$33820	$35390	Perkins	4	268D	8F-2R	70.0	6349	CHA
MF-491	$27879	$20070	$21190	$23980	$25090	Perkins	4T	268D	12F-4R	77.0	6812	No
MF-491 4WD	$33647	$24230	$25570	$28940	$30280	Perkins	4T	268D	12F-4R	77.0	7275	No
MF-491 4WD Cab	$41893	$30160	$31840	$36030	$37700	Perkins	4T	268D	12F-4R	77.0	8026	CHA
MF-491 Cab	$36125	$26010	$27460	$31070	$32510	Perkins	4T	268D	12F-4R	77.0	7262	CHA
MF-491 Low Profile	$27988	$20150	$21270	$24070	$25190	Perkins	4T	268D	12F-4R	77.0	6812	No
MF-491 Low Profile 4WD	$33326	$24000	$25330	$28660	$29990	Perkins	4T	268D	12F-4R	77.0	6812	No
MF-492	$29359	$21140	$22310	$25250	$26420	Perkins	4T	268D	12F-4R	85.0	6812	No
MF-492 4WD	$35127	$25290	$26700	$30210	$31610	Perkins	4T	268D	12F-4R	85.0	7275	No
MF-492 4WD Cab	$43374	$31230	$32960	$37300	$39040	Perkins	4T	268D	12F-4R	85.0	8025	CHA
MF-492 Cab	$37606	$27080	$28580	$32340	$33850	Perkins	4T	268D	12F-4R	85.0	7262	CHA
MF-492 Low Profile	$29368	$21150	$22320	$25260	$26430	Perkins	4T	268D	12F-4R	85.0	6812	No
MF-492 Low Profile 4WD	$34807	$25060	$26450	$29930	$31330	Perkins	4T	268D	12F-4R	85.0	6812	No
MF-1523 4WD	$10980	$7910	$8350	$9430	$9880	Iseki	3	68D	6F-2R	19.0	1300	No
MF-1523H 4WD Hydro	$12410	$8940	$9430	$10670	$11170	Iseki	3	68D	Variable	18.5	1300	No
MF-1528 4WD	$13255	$9540	$10070	$11400	$11930	Iseki	3	89D	9F-3R	24.5	1715	No
MF-1528H 4WD Hydro	$14810	$10660	$11260	$12740	$13330	Iseki	3	89D	Variable	22.3	1715	No
MF-1531H Hydro	$16045	$11550	$12190	$13800	$14440	Iseki	3	91D	Variable	25.9	2956	No
MF-1533 4WD SyncShuttle	$16950	$12200	$12880	$14580	$15260	Iseki	3	91D	8F-8R	26.0	2667	No
MF-1533 4WD PowerShuttle	$18121	$13050	$13770	$15580	$16310	Iseki	3	91D	12F-12R	26.0	3064	No
MF-1533 4WD PwrShuttle Cab	$25200	$18140	$19150	$21670	$22680	Iseki	3	91D	12F-12R	26.0	3064	CHA
MF-1533H 4WD Hydro	$18901	$13610	$14370	$16260	$17010	Iseki	3	91D	Variable	24.5	2902	No
MF-1540 4WD	$19290	$13890	$14660	$16590	$17360	Iseki	3T	91D	8F-8R	31.0	2667	No
MF-1540 4WD PowerShuttle	$20460	$14730	$15550	$17600	$18410	Iseki	3T	91D	12F-12R	31.0	3014	No
MF-1540H 4WD Hydro	$21240	$15290	$16140	$18270	$19120	Iseki	3T	91D	Variable	29.5	3070	No
MF-1547 2WD SyncShuttle	$20395	$14680	$15500	$17540	$18360	Iseki	4	134D	8F-8R	38.0	4331	No
MF-1547 4WD SyncShuttle	$22865	$16460	$17380	$19660	$20580	Iseki	4	134D	8F-8R	38.0	4331	No
MF-1547 4WD PowerShuttle	$24035	$17310	$18270	$20670	$21630	Iseki	4	134D	12F-12R	38.0	4331	No
MF-1547 4WD DynaQPS Cab	$32735	$23570	$24880	$28150	$29460	Iseki	4	134D	12F-12R	38.0	4331	CHA
MF-1547H 4WD Hydro	$24812	$17870	$18860	$21340	$22330	Iseki	4	134D	Variable	36.5	4330	No
MF-1547H 4WD Hydro Cab	$32735	$23570	$24880	$28150	$29460	Iseki	4	134D	Variable	36.5	4330	CHA
MF-1552 2WD SyncShuttle	$21045	$15150	$15990	$18100	$18940	Iseki	4	180D	8F-8R	41.0	3438	No

Massey Ferguson (Cont.)

Model	Approx. Retail Price New	Used Trade-In Avg.	Used Trade-In High	Used Retail Avg.	Used Retail High	Make	No. Cyls.	Displ. Cu.-in.	No. Speeds	P.T.O. H.P.	Approx. Shipping Wt.-Lbs.	Cab
2005 (Cont.)												
MF-1552 4WD SyncShuttle	$23775	$17120	$18070	$20450	$21400	Iseki	4	180D	8F-8R	41.0	3438	No
MF-1552 4WD PowerShuttle	$24940	$17960	$18950	$21450	$22450	Iseki	4	180D	12F-12R	41.0	4291	No
MF-1552 DynaQPS w/Cab	$33970	$24460	$25820	$29210	$30570	Iseki	4	180D	12F-12R	41.0	3579	No
MF-3425F 4WD	$34614	$24920	$26310	$29770	$31150	Perkins	3T	202D	16F-8R	57.0		No
MF-3425F 4WD Cab	$42264	$30430	$32120	$36350	$38040	Perkins	3T	202D	16F-8R	57.0		CHA
MF-3425GE 4WD	$34196	$24620	$25990	$29410	$30780	Perkins	3T	202D	20F-10R	57.0		No
MF-3425GE 4WD Cab	$41846	$30130	$31800	$35990	$37660	Perkins	3T	202D	20F-10R	57.0		CHA
MF-3425S 4WD	$34146	$24590	$25950	$29370	$30730	Perkins	3T	202D	16F-8R	57.0		No
MF-3425S 4WD Cab	$41796	$30090	$31770	$35950	$37620	Perkins	3T	202D	16F-8R	57.0		CHA
MF-3425V 4WD	$33827	$24360	$25710	$29090	$30440	Perkins	3T	202D	16F-8R	57.0		No
MF-3425V 4WD Cab	$41477	$29860	$31520	$35670	$37330	Perkins	3T	202D	16F-8R	57.0		CHA
MF-3435F 4WD	$36173	$26050	$27470	$31110	$32560	Perkins	4	268D	16F-8R	72.0		No
MF-3435F 4WD Cab	$43822	$31550	$33310	$37690	$39440	Perkins	4	268D	16F-8R	72.0		CHA
MF-3435GE 4WD	$35755	$25740	$27170	$30750	$32180	Perkins	4	268D	20F-10R	72.0		No
MF-3435GE 4WD Cab	$43404	$31250	$32990	$37330	$39060	Perkins	4	268D	20F-10R	72.0		CHA
MF-3435S	$35705	$25710	$27140	$30710	$32140	Perkins	4	268D	16F-8R	72.0		No
MF-3435S Cab	$43354	$31220	$32950	$37280	$39020	Perkins	4	268D	16F-8R	72.0		CHA
MF-3435V 4WD	$35386	$25480	$26890	$30430	$31850	Perkins	4	268D	16F-8R	72.0		No
MF-3435V Cab	$43035	$30990	$32710	$37010	$38730	Perkins	4	268D	16F-8R	72.0		CHA
MF-3445F 4WD	$39030	$28100	$29660	$33570	$35130	Perkins	4T	268D	16F-8R	80.0		No
MF-3445F 4WD Cab	$44679	$32170	$33960	$38420	$40210	Perkins	4T	268D	16F-8R	80.0		CHA
MF-3445GE 4WD	$38612	$27800	$29350	$33210	$34750	Perkins	4T	268D	20F-10R	80.0		No
MF-3445GE 4WD Cab	$46261	$33310	$35160	$39780	$41640	Perkins	4T	268D	20F-10R	80.0		CHA
MF-3455F 4WD	$41887	$30160	$31830	$36020	$37700	Perkins	4T	268D	16F-8R	88.0		No
MF-3455F 4WD Cab	$49537	$35670	$37650	$42600	$44580	Perkins	4T	268D	16F-8R	88.0		CHA
MF-3455GE	$41469	$29860	$31520	$35660	$37320	Perkins	4T	268D	20F-10R	88.0		No
MF-3455GE Cab	$49119	$35370	$37330	$42240	$44210	Perkins	4T	268D	20F-10R	88.0		CHA
MF-5435	$30885	$22240	$23470	$26560	$27800	Perkins	4	268D	16F-16R	60.0	6817	No
MF-5435 4WD	$37795	$27210	$28720	$32500	$34020	Perkins	4	268D	16F-16R	60.0	6914	No
MF-5435 4WD Cab	$46515	$33490	$35350	$40000	$41860	Perkins	4	268D	16F-16R	60.0	8565	CHA
MF-5435 Cab	$39645	$28540	$30130	$34100	$35680	Perkins	4	268D	16F-16R	60.0	7890	CHA
MF-5445	$33585	$24180	$25530	$28880	$30230	Perkins	4T	268D	16F-16R	70.0	6130	No
MF-5445 4WD	$40455	$29130	$30750	$34790	$36410	Perkins	4T	268D	16F-16R	70.0	6941	No
MF-5445 4WD Cab	$49175	$35410	$37370	$42290	$44260	Perkins	4T	268D	16F-16R	70.0	8565	CHA
MF-5445 Cab	$42305	$30460	$32150	$36380	$38080	Perkins	4T	268D	16F-16R	70.0	7890	CHA
MF-5455 4WD	$43860	$31580	$33330	$37720	$39470	Perkins	4T	268D	16F-16R	80.0	6941	No
MF-5455	$36990	$26630	$28110	$31810	$33290	Perkins	4T	268D	16F-16R	80.0	6482	No
MF-5455 4WD Cab	$52580	$37860	$39960	$45220	$47320	Perkins	4T	268D	16F-16R	80.0	8535	CHA
MF-5455 Cab	$45710	$32910	$34740	$39310	$41140	Perkins	4T	268D	16F-16R	80.0	7768	CHA
MF-5460	$42515	$30610	$32310	$36560	$38260	Perkins	6	365D	16F-16R	90.0	7047	No
MF-5460 4WD	$49590	$35710	$37690	$42650	$44630	Perkins	6	365D	16F-15R	90.0	8808	No
MF-5460 4WD Cab	$58310	$41980	$44320	$50150	$52480	Perkins	6	365D	16F-16R	90.0	9941	CHA
MF-5460 Cab	$51235	$36890	$38940	$44060	$46110	Perkins	6	365D	16F-16R	90.0	8680	CHA
MF-6465 4WD Cab	$66070	$46250	$48890	$55500	$58140	Perkins	6T	365D	32F-32R	95.0	11552	CHA
MF-6465 Cab	$58439	$40910	$43250	$49090	$51430	Perkins	6T	365D	32F-32R	95.0	11052	CHA
MF-6475 4WD Cab	$74220	$51950	$54920	$62350	$65310	Perkins	6T	365D	32F-32R	105.0	11904	CHA
MF-6475 Cab	$65395	$45780	$48390	$54930	$57550	Perkins	6T	365D	32F-32R	105.0	11404	CHA
MF-6480 4WD Cab	$78870	$55210	$58360	$66250	$69410	Perkins	6T	365D	32F-32R	115.0	11559	CHA
MF-6480 Cab	$69180	$48430	$51190	$58110	$60880	Perkins	6T	365D	32F-32R	115.0	12058	CHA
MF-6485 4WD Cab	$91785	$64250	$67920	$77100	$80770	Perkins	6T	365D	32F-32R	125.0	14440	No
MF-6485 Cab	$75635	$52950	$55970	$63530	$66560	Perkins	6T	365D	32F-32R	125.0	13940	No
MF-6490 4WD Cab	$100935	$70660	$74690	$84790	$88820	SISU	6T	402D	32F-32R	140.0		CHA
MF-6490 Cab	$87355	$61150	$64640	$73380	$76870	SISU	6T	402D	32F-32R	140.0		CHA
MF-6495 4WD Cab	$108555	$75990	$80330	$91190	$95530	SISU	6T	402D	32F-32R	155.0		CHA
MF-6495 Cab	$95395	$66780	$70590	$80130	$83950	SISU	6T	402D	32F-32R	155.0	13940	CHA
MF-7465 4WD Cab	$77820	$54470	$57590	$65370	$68480	Perkins	6T	365D	21F-18R	95.0	12820	CHA
MF-7475 4WD Cab	$83635	$58550	$61890	$70250	$73600	Perkins	6T	365D	21F-18R	105.0	12820	CHA
MF-7480 4WD Cab	$88440	$61910	$65450	$74290	$77830	Perkins	6T	365D	21F-18R	115.0	12820	CHA
MF-7485 4WD Cab	$97955	$68570	$72490	$82280	$86200	SISU	6T	402D	21F-18R	125.0	15058	CHA
MF-7490 4WD Cab	$107065	$74950	$79230	$89940	$94220	SISU	6T	402D	21F-18R	140.0	15058	CHA
MF-7495 4WD Cab	$112190	$78530	$83020	$94240	$98730	SISU	6T	402D	21F-18R	155.0	15058	CHA
MF-8450 4WD	$124251	$88220	$93190	$104370	$109340	SISU	6TA	451D	21F-18R	180.0	18853	CHA
MF-8460 4WD	$135660	$96320	$101750	$113950	$119380	SISU	6TA	451D	21F-18R	195.0	18500	CHA
MF-8470 4WD	$146060	$103700	$109550	$122690	$128530	SISU	6TA	513D	21F-18R	220.0	19700	CHA
MF-8480 4WD	$154655	$109810	$115990	$129910	$136100	SISU	6TA	513D	21F-18R	240.0	19700	CHA
2004												
GC 2300	$10070	$6340	$6850	$8160	$8660	Iseki	3	68D	Variable	18.7	1366	No
GC 2310 Loader/Backhoe	$18170	$11270	$12360	$14170	$15260	Iseki	3	68D	Variable	18.7	1366	No
MF-231S	$16856	$10620	$11460	$13650	$14500	Perkins	3	152D	8F-2R	42.0	4120	No
MF-431	$16995	$10540	$11560	$13260	$14280	Perkins	3	202D	8F-2R	44.0	4321	No
MF-451	$19375	$12010	$13180	$15110	$16280	Perkins	3	202D	8F-2R	45.0	4738	No
MF-451	$20555	$12740	$13980	$16030	$17270	Perkins	3	202D	8F-8R	45.0	4738	No
MF-451 4WD	$23427	$14530	$15930	$18270	$19680	Perkins	3	202D	8F-2R	45.0	5238	No
MF-451 4WD	$24609	$15260	$16730	$19200	$20670	Perkins	3	202D	8F-8R	45.0	5238	No
MF-461	$21854	$13550	$14860	$17050	$18360	Perkins	3T	202D	8F-8R	55.0	5368	No
MF-461 4WD	$26689	$16550	$18150	$20820	$22420	Perkins	3T	202D	8F-8R	55.0	5468	No
MF-471	$21577	$13380	$14670	$16830	$18130	Perkins	4	268D	8F-2R	59.0	5578	No
MF-471 Cab	$29391	$18220	$19990	$22930	$24690	Perkins	4	268D	8F-2R	59.0	5578	CHA
MF-471 4WD	$26200	$16240	$17820	$20440	$22010	Perkins	4	268D	8F-2R	59.0	6305	No
MF-471 4WD Cab	$34724	$21530	$23610	$27090	$29170	Perkins	4	268D	8F-2R	59.0	6305	CHA
MF-481	$23276	$14430	$15830	$18160	$19550	Perkins	4	268D	8F-2R	69.0	5750	No
MF-481 Cab	$31089	$19280	$21140	$24250	$26120	Perkins	4	268D	8F-2R	69.0	5750	CHA
MF-481 4WD	$28609	$17740	$19450	$22320	$24030	Perkins	4	268D	8F-2R	69.0	6349	No

Massey Ferguson (Cont.)

2004 (Cont.)

Model	Approx. Retail Price New	Used Trade-In Avg.	Used Trade-In High	Used Retail Avg.	Used Retail High	Make	No. Cyls.	Displ. Cu.-in.	No. Speeds	P.T.O. H.P.	Approx. Shipping Wt.-Lbs.	Cab
MF-481 4WD Cab	$36421	$22580	$24770	$28410	$30590	Perkins	4	268D	8F-2R	69.0	6349	CHA
MF-491	$25992	$16120	$17680	$20270	$21830	Perkins	4T	268D	12F-4R	77.0	6812	No
MF-491 4WD	$31480	$19520	$21410	$24550	$26440	Perkins	4T	268D	12F-4R	77.0	7275	No
MF-491 4WD Cab	$38982	$24170	$26510	$30410	$32750	Perkins	4T	268D	12F-4R	77.0	8026	CHA
MF-491 Cab	$33495	$20770	$22780	$26130	$28140	Perkins	4T	268D	12F-4R	77.0	7262	CHA
MF-492	$27351	$16960	$18600	$21330	$22980	Perkins	4T	268D	12F-4R	85.0	6812	No
MF-492 4WD	$33013	$20470	$22450	$25750	$27730	Perkins	4T	268D	12F-4R	85.0	7275	No
MF-492 4WD Cab	$40516	$25120	$27550	$31600	$34030	Perkins	4T	268D	12F-4R	85.0	8025	CHA
MF-492 Cab	$34853	$21610	$23700	$27190	$29280	Perkins	4T	268D	12F-4R	85.0	7262	CHA
MF-1417 4WD	$11398	$7070	$7750	$8890	$9570	Iseki	3	61D	6F-2R	13.3	1392	No
MF-1417 4WD Hydro	$12666	$7850	$8610	$9880	$10640	Iseki	3	61D	Variable	12.9	1392	No
MF-1423 4WD	$13585	$8420	$9240	$10600	$11410	Iseki	3	68D	6F-2R	19.5	1300	No
MF-1423 4WD Hydro	$15065	$9340	$10240	$11750	$12660	Iseki	3	68D	Variable	19.0	1300	No
MF-1428v	$12767	$7920	$8680	$9960	$10720	Iseki	3	89D	9F-3R	24.1	1548	No
MF-1428v 4WD	$13757	$8530	$9360	$10730	$11560	Iseki	3	89D	9F-3R	24.1	1715	No
MF-1428v 4WD Hydro	$15216	$9430	$10350	$11870	$12780	Iseki	3	89D	Variable	22.3	1715	No
MF-1429 4WD	$18024	$11180	$12260	$14060	$15140	Iseki	3	89D	8F-8R	23.0	2667	No
MF-1431H Hydro	$17079	$10590	$11610	$13320	$14350	Iseki	3	91D	Variable	25.9	2956	No
MF-1433 4WD	$20099	$12460	$13670	$15680	$16880	Iseki	3	91D	16F-16R	27.0	3064	No
MF-1433v 4WD	$17494	$10850	$11900	$13650	$14700	Iseki	3	91D	8F-8R	27.0	2667	No
MF-1433 4WD Hydro	$21084	$13070	$14340	$16450	$17710	Iseki	3	91D	Variable	26.0	2902	No
MF-1440 4WD	$22452	$13920	$15270	$17510	$18860	Iseki	3T	91D	16F-16R	32.4	3014	No
MF-1440 4WD Hydro	$24210	$15010	$16460	$18880	$20340	Iseki	3T	91D	Variable	31.7	3070	No
MF-1440v 4WD	$19771	$12260	$13440	$15420	$16610	Iseki	3T	91D	8F-8R	32.4	2667	No
MF-1445 4WD	$26432	$16390	$17970	$20620	$22200	Iseki	4	134D	16F-16R	37.0	4331	No
MF-1445 4WD Hydro	$27941	$17320	$19000	$21790	$23470	Iseki	4	134D	Variable	36.0	4330	No
MF-1455 4WD	$27502	$17050	$18700	$21450	$23100	Iseki	4	173D	16F-16R	45.6	4291	No
MF-1455v	$20881	$12950	$14200	$16290	$17540	Iseki	4	173D	8F-8R	45.6	3438	No
MF-1455v 4WD	$23936	$14840	$16280	$18670	$20110	Iseki	4	173D	12F-12R	45.6	3579	No
MF-3425F 4WD	$31575	$19580	$21470	$24630	$26520	Perkins	3T	202D	16F-8R	57.0		No
MF-3425F 4WD Cab	$38860	$24090	$26430	$30310	$32640	Perkins	3T	202D	16F-8R	57.0		CHA
MF-3425GE 4WD	$30690	$19030	$20870	$23940	$25780	Perkins	3T	202D	20F-10R	57.0		No
MF-3425GE 4WD Cab	$37975	$23550	$25820	$29620	$31900	Perkins	3T	202D	20F-10R	57.0		CHA
MF-3425S 4WD	$31120	$19290	$21160	$24270	$26140	Perkins	3T	202D	16F-8R	57.0		No
MF-3425S 4WD Cab	$38405	$23810	$26120	$29960	$32260	Perkins	3T	202D	16F-8R	57.0		CHA
MF-3425V 4WD	$31470	$19510	$21400	$24550	$26440	Perkins	3T	202D	16F-8R	57.0		No
MF-3425V 4WD Cab	$38755	$24030	$26350	$30230	$32550	Perkins	3T	202D	16F-8R	57.0		CHA
MF-3435F 4WD	$33740	$20920	$22940	$26320	$28340	Perkins	4	268D	16F-8R	72.0		No
MF-3435F 4WD Cab	$41025	$25440	$27900	$32000	$34460	Perkins	4	268D	16F-8R	72.0		CHA
MF-3435GE 4WD	$33870	$21000	$23030	$26420	$28450	Perkins	4	268D	20F-10R	72.0		No
MF-3435GE 4WD Cab	$41155	$25520	$27990	$32100	$34570	Perkins	4	268D	20F-10R	72.0		CHA
MF-3435S	$33225	$20600	$22590	$25920	$27910	Perkins	4	268D	16F-8R	72.0		No
MF-3435S Cab	$40510	$25120	$27550	$31600	$34030	Perkins	4	268D	16F-8R	72.0		CHA
MF-3435V 4WD	$32995	$20460	$22440	$25740	$27720	Perkins	4	268D	16F-8R	72.0		No
MF-3435V Cab	$40290	$24980	$27400	$31430	$33840	Perkins	4	268D	16F-8R	72.0		CHA
MF-3445F 4WD	$37340	$23150	$25390	$29130	$31370	Perkins	4T	268D	16F-8R	80.0		No
MF-3445F 4WD Cab	$44625	$27670	$30350	$34810	$37490	Perkins	4T	268D	16F-8R	80.0		CHA
MF-3445GE 4WD	$37380	$23180	$25420	$29160	$31400	Perkins	4T	268D	20F-10R	80.0		No
MF-3445GE 4WD Cab	$44665	$27690	$30370	$34840	$37520	Perkins	4T	268D	20F-10R	80.0		CHA
MF-3455F 4WD	$39810	$24680	$27070	$31050	$33440	Perkins	4T	268D	16F-8R	88.0		No
MF-3455F 4WD Cab	$47095	$29200	$32030	$36730	$39560	Perkins	4T	268D	16F-8R	88.0		CHA
MF-3455GE	$39850	$24710	$27100	$31080	$33470	Perkins	4T	268D	20F-10R	88.0		No
MF-3455GE Cab	$47035	$29160	$31980	$36690	$39510	Perkins	4T	268D	20F-10R	88.0		CHA
MF-5435	$30025	$18620	$20420	$23420	$25220	Perkins	4	268D	16F-16R	60.0	6817	No
MF-5435 4WD	$35260	$21860	$23980	$27500	$29620	Perkins	4	268D	16F-16R	60.0	6914	No
MF-5435 4WD Cab	$43725	$27110	$29730	$34110	$36730	Perkins	4	268D	16F-16R	60.0	8565	CHA
MF-5435 Cab	$37680	$23360	$25620	$29390	$31650	Perkins	4	268D	16F-16R	60.0	7890	CHA
MF-5445	$32605	$20220	$22170	$25430	$27390	Perkins	4T	268D	16F-16R	70.0	6130	No
MF-5445 4WD	$38650	$23960	$26280	$30150	$32470	Perkins	4T	268D	16F-16R	70.0	6941	No
MF-5445 4WD Cab	$47115	$29210	$32040	$36750	$39580	Perkins	4T	268D	16F-16R	70.0	8565	CHA
MF-5445 Cab	$41670	$25840	$28340	$32500	$35000	Perkins	4T	268D	16F-16R	70.0	7890	CHA
MF-5455 4WD	$41955	$26010	$28530	$32730	$35240	Perkins	4T	268D	16F-16R	80.0	6941	No
MF-5455	$35910	$22260	$24420	$28010	$30160	Perkins	4T	268D	16F-16R	80.0	6482	No
MF-5455 4WD Cab	$50420	$31260	$34290	$39330	$42350	Perkins	4T	268D	16F-16R	80.0	8535	CHA
MF-5455 Cab	$49375	$30610	$33580	$38510	$41480	Perkins	4T	268D	16F-16R	80.0	7768	CHA
MF-5460	$41280	$25590	$28070	$32200	$34680	Perkins	6	365D	16F-16R	90.0	7047	No
MF-5460 4WD	$47500	$29450	$32300	$37050	$39900	Perkins	6	365D	16F-15R	90.0	8808	No
MF-5460 4WD Cab	$55965	$34700	$38060	$43650	$47010	Perkins	6	365D	16F-16R	90.0	9941	CHA
MF-5460 Cab	$50355	$31220	$34240	$39280	$42300	Perkins	6	365D	16F-16R	90.0	8680	CHA
MF-6465 4WD Cab	$64940	$40260	$42860	$50000	$53250	Perkins	6T	365D	32F-32R	95.0	11552	CHA
MF-6465 Cab	$56320	$34920	$37170	$43370	$46180	Perkins	6T	365D	32F-32R	95.0	11052	CHA
MF-6475 4WD Cab	$73335	$45470	$48400	$56470	$60140	Perkins	6T	365D	32F-32R	105.0	11904	CHA
MF-6475 Cab	$63850	$39590	$42140	$49170	$52360	Perkins	6T	365D	32F-32R	105.0	11404	CHA
MF-6480 4WD Cab	$76275	$47290	$50340	$58730	$62550	Perkins	6T	365D	32F-32R	115.0	11559	CHA
MF-6480 Cab	$67165	$41640	$44330	$51720	$55080	Perkins	6T	365D	32F-32R	115.0	12058	CHA
MF-6485 4WD Cab	$86565	$53670	$57130	$66660	$70980	Perkins	6T	365D	32F-32R	125.0	14440	No
MF-6485 Cab	$73810	$45760	$48720	$56830	$60520	Perkins	6T	365D	32F-32R	125.0	13940	No
MF-6490 4WD Cab	$93925	$58230	$61990	$72320	$77020	SISU	6T	402D	32F-32R	140.0		CHA
MF-6490 Cab	$84180	$52190	$55560	$64820	$69030	SISU	6T	402D	32F-32R	140.0		CHA
MF-6495 4WD Cab	$100950	$62590	$66630	$77730	$82780	SISU	6T	402D	32F-32R	155.0		CHA
MF-6495 Cab	$92210	$57170	$60860	$71000	$75610	SISU	6T	402D	32F-32R	155.0	13940	CHA
MF-7465 4WD Cab	$72496	$44950	$47850	$55820	$59450	Perkins	6T	365D	21F-18R	95.0	12820	CHA
MF-7475 4WD Cab	$77413	$48000	$51090	$59610	$63480	Perkins	6T	365D	21F-18R	105.0	12820	CHA
MF-7480 4WD Cab	$82258	$51000	$54290	$63340	$67450	Perkins	6T	365D	21F-18R	115.0	12820	CHA

Massey Ferguson (Cont.)

Model	Approx. Retail Price New	Used Trade-In Avg.	Used Trade-In High	Used Retail Avg.	Used Retail High	Make	Engine No. Cyls.	Displ. Cu.-in.	No. Speeds	P.T.O. H.P.	Approx. Shipping Wt.-Lbs.	Cab
2004 (Cont.)												
MF-7485 4WD Cab	$92980	$57650	$61370	$71600	$76240	SISU	6T	402D	21F-18R	125,0	15058	CHA
MF-7490 4WD Cab	$103963	$64460	$68620	$80050	$85250	SISU	6T	402D	21F-18R	140.0	15058	CHA
MF-7495 4WD Cab	$108938	$67540	$71900	$83880	$89330	SISU	6T	402D	21F-18R	155.0	15058	CHA
MF-8450 4WD	$116485	$68730	$75720	$89690	$95520	SISU	6TA	451D	21F-18R	180.0	18853	CHA
MF-8460 4WD	$122135	$72060	$79390	$94040	$100150	SISU	6TA	451D	21F-18R	195.0	18500	CHA
MF-8470 4WD	$135785	$80110	$88260	$104550	$111340	SISU	6TA	513D	21F-18R	220.0	19700	CHA
MF-8480 4WD	$143375	$84590	$93190	$110400	$117570	SISU	6TA	513D	21F-18R	240.0	19700	CHA
2003												
GC 2300	$9820	$5300	$6090	$7460	$7950	Iseki	3	68D	Variable	18.7	1366	No
GC 2310 Loader/Backhoe	$17990	$9900	$10970	$12950	$14210	Iseki	3	68D	Variable	18.7	1366	No
MF-231S	$14970	$8080	$9280	$11380	$12130	Perkins	3	152D	8F-2R	42.0	4120	No
MF-243	$21850	$12020	$13330	$15730	$17260	Perkins	3	152D	8F-2R	47.0	4850	No
MF-243 4WD	$26285	$14460	$16030	$18930	$20770	Perkins	3	152D	8F-2R	47.0	5045	No
MF-263	$26455	$14550	$16140	$19050	$20900	Perkins	3T	152D	8F-2R	53.0	4915	No
MF-263 4WD	$31800	$17490	$19400	$22900	$25120	Perkins	3T	152D	8F-2R	53.0	5063	No
MF-451	$18256	$10040	$11140	$13140	$14420	Perkins	3	164D	8F-2R	45.0	4738	No
MF-451 4WD	$21856	$12020	$13330	$15740	$17270	Perkins	3	164D	8F-2R	45.0	5238	No
MF-471	$19353	$10640	$11810	$13930	$15290	Perkins	4	244D	8F-2R	59.0	5578	No
MF-471 4WD	$24549	$13500	$14980	$17680	$19390	Perkins	4	244D	8F-2R	59.0	6305	No
MF-481	$20861	$11470	$12730	$15020	$16480	Perkins	4	258D	8F-2R	69.0	5750	No
MF-481 4WD	$26057	$14330	$15900	$18760	$20590	Perkins	4	258D	8F-2R	69.0	6349	No
MF-1417 4WD	$11285	$6210	$6880	$8130	$8920	Iseki	3	61D	6F-2R	13.3	1392	No
MF-1417 4WD Hydro	$12540	$6900	$7650	$9030	$9910	Iseki	3	61D	Variable	12.9	1392	No
MF-1423 4WD	$13450	$7400	$8210	$9680	$10630	Iseki	3	68D	6F-2R	19.5	1300	No
MF-1423 4WD Hydro	$14885	$8190	$9080	$10720	$11760	Iseki	3	68D	Variable	19.0	1300	No
MF-1428v	$12640	$6950	$7710	$9100	$9990	Iseki	3	89D	9F-3R	24.1	1380	No
MF-1428v 4WD	$13500	$7430	$8240	$9720	$10670	Iseki	3	89D	9F-3R	24.1	1548	No
MF-1429 4WD	$16950	$9320	$10340	$12200	$13390	Iseki	3	89D	8F-8R	23.0	2667	No
MF-1433 4WD	$18560	$10210	$11320	$13360	$14660	Iseki	3	91D	16F-16R	27.0	2667	No
MF-1433v 4WD	$16585	$9120	$10120	$11940	$13100	Iseki	3	91D	8F-8R	27.0	2667	No
MF-1433 4WD Hydro	$20175	$11100	$12310	$14530	$15940	Iseki	3	91D	Variable	25.0	2585	No
MF-1440 4WD	$20895	$11490	$12750	$15040	$16510	Iseki	3T	91D	8F-8R	32.4	2667	No
MF-1440 4WD Hydro	$23270	$12800	$14200	$16750	$18380	Iseki	3T	91D	Variable	30.3	2673	No
MF-1440v 4WD	$18790	$10340	$11460	$13530	$14840	Iseki	3T	91D	8F-8R	32.4	2667	No
MF-1445 4WD	$26160	$14390	$15960	$18840	$20670	Iseki	4	134D	16F-16R	37.0	3740	No
MF-1455 4WD	$27190	$14960	$16590	$19580	$21480	Iseki	4	134D	16F-16R	45.6	3700	No
MF-1455v	$19825	$10900	$12090	$14270	$15660	Iseki	4	134D	8F-8R	45.6	3438	No
MF-1455v 4WD	$23065	$12690	$14070	$16610	$18220	Iseki	4	134D	12F-12R	45.6	3579	No
MF-3315S 4WD	$26680	$14670	$16280	$19210	$21080	Perkins	3	152D	16F-8R	47.0		No
MF-3315S 4WD Cab	$33965	$18680	$20720	$24460	$26830	Perkins	3	152D	16F-8R	47.0		CHA
MF-3315GE 4WD	$26420	$14530	$16120	$19020	$20870	Perkins	3	152D	20F-10R	47.0		No
MF-3315GE 4WD w/Cab	$33705	$18540	$20560	$24270	$26630	Perkins	3	152D	20F-10R	47.0		CHA
MF-3315V 4WD	$26475	$14560	$16150	$19060	$20920	Perkins	3	152D	16F-8R	47.0		No
MF-3315V 4WD Cab	$33760	$18570	$20590	$24310	$26670	Perkins	3	152D	16F-8R	47.0		CHA
MF-3330S	$26080	$14340	$15910	$18780	$20600	Perkins	4	244D	16F-8R	60.0		No
MF-3330S 4WD	$30855	$16970	$18820	$22220	$24380	Perkins	4	244D	16F-8R	60.0		No
MF-3330S Cab	$33365	$18350	$20350	$24020	$26360	Perkins	4	244D	16F-8R	60.0		CHA
MF-3330S 4WD Cab	$38140	$20980	$23270	$27460	$30130	Perkins	4	244D	16F-8R	60.0		CHA
MF-3330GE	$26275	$14450	$16030	$18920	$20760	Perkins	4	244D	20F-10R	60.0		No
MF-3330GE w/Cab	$33560	$18460	$20470	$24160	$26510	Perkins	4	244D	20F-10R	60.0		CHA
MF-3330GE 4WD	$31360	$17250	$19130	$22580	$24770	Perkins	4	244D	20F-10R	60.0		No
MF-3330GE 4WD w/Cab	$38645	$21260	$23570	$27820	$30530	Perkins	4	244D	20F-10R	60.0		CHA
MF-3330V	$25075	$13790	$15300	$18050	$19810	Perkins	4	244D	16F-8R	60.0		No
MF-3330V 4WD	$30025	$16510	$18320	$21620	$23720	Perkins	4	244D	16F-8R	60.0		No
MF-3330V Cab	$32360	$17800	$19740	$23300	$25560	Perkins	4	244D	16F-8R	60.0		CHA
MF-3330V 4WD Cab	$37310	$20520	$22760	$26860	$29480	Perkins	4	244D	16F-8R	60.0		CHA
MF-3340F	$27435	$15090	$16740	$19750	$21670	Perkins	4	256D	16F-8R	70.0		No
MF-3340F 4WD	$32625	$17940	$19900	$23490	$25770	Perkins	4	256D	16F-8R	70.0		No
MF-3340F Cab	$34720	$19100	$21180	$25000	$27430	Perkins	4	256D	16F-8R	70.0		CHA
MF-3340F 4WD Cab	$39910	$21950	$24350	$28740	$31530	Perkins	4	256D	16F-8R	70.0		CHA
MF-3340GE	$27660	$15210	$16870	$19920	$21850	Perkins	4	256D	20F-10R	70.0		No
MF-3340GE w/Cab	$34995	$19250	$21350	$25200	$27650	Perkins	4	256D	20F-10R	70.0		CHA
MF-3340GE 4WD	$32745	$18010	$19970	$23580	$25870	Perkins	4	256D	20F-10R	70.0		No
MF-3340GE 4WD w/Cab	$40030	$22020	$24420	$28820	$31620	Perkins	4	256D	20F-10R	70.0		CHA
MF-3340V	$26850	$14770	$16380	$19330	$21210	Perkins	4	256D	16F-8R	70.0		No
MF-3340V 4WD	$31800	$17490	$19400	$22900	$25120	Perkins	4	256D	16F-8R	70.0		No
MF-3340V Cab	$34135	$18770	$20820	$24580	$26970	Perkins	4	256D	16F-8R	70.0		CHA
MF-3340V 4WD Cab	$39085	$21500	$23840	$28140	$30880	Perkins	4	256D	16F-8R	70.0		CHA
MF-3350F 4WD	$36020	$19810	$21970	$25930	$28460	Perkins	4T	244D	16F-8R	78.0		No
MF-3350F 4WD Cab	$43305	$23820	$26420	$31180	$34210	Perkins	4T	244D	16F-8R	78.0		CHA
MF-3350GE 4WD	$36140	$19880	$22050	$26020	$28550	Perkins	4T	244D	20F-10R	78.0		No
MF-3350GE 4WD w/Cab	$43425	$23880	$26490	$31270	$34310	Perkins	4T	244D	20F-10R	78.0		CHA
MF-3355F 4WD	$38485	$21170	$23480	$27710	$30400	Perkins	4T	244D	16F-8R	82.0		No
MF-3355F 4WD Cab	$45770	$25170	$27920	$32950	$36160	Perkins	4T	244D	16F-8R	82.0		CHA
MF-3355GE	$38525	$21190	$23500	$27740	$30440	Perkins	4T	244D	20F-10R	82.0		No
MF-3355GE w/Cab	$45818	$25200	$27950	$32990	$36200	Perkins	4T	244D	20F-10R	82.0		CHA
MF-4325	$26625	$14640	$16240	$19170	$21030	Perkins	4	244D	8F-2R	55.0	6121	No
MF-4325	$32300	$17770	$19700	$23260	$25520	Perkins	4	244D	12F-12R	55.0	6121	No
MF-4325 4WD	$33625	$18490	$20510	$24210	$26560	Perkins	4	244D	8F-2R	55.0	6725	No
MF-4325 4WD	$38275	$21050	$23350	$27560	$30240	Perkins	4	244D	12F-12R	55.0	6725	No
MF-4325 4WD w/Cab	$42488	$23370	$25920	$30590	$33570	Perkins	4	244D	12F-4R	55.0	7692	CHA
MF-4325 4WD w/Cab	$46045	$25330	$28090	$33150	$36380	Perkins	4	244D	12F-12R	55.0	7692	CHA
MF-4325 w/Cab	$36505	$20080	$22270	$26280	$28840	Perkins	4	244D	12F-4R	55.0	6946	CHA

Massey Ferguson (Cont.)

Model	Approx. Retail Price New	Used Trade-In Avg.	Used Trade-In High	Used Retail Avg.	Used Retail High	Make	Engine No. Cyls.	Displ. Cu.-in.	No. Speeds	P.T.O. H.P.	Approx. Shipping Wt.-Lbs.	Cab
2003 (Cont.)												
MF-4325 w/Cab	$40070	$22040	$24440	$28850	$31660	Perkins	4	244D	12F-12R	55.0	6946	CHA
MF-4335	$27630	$15200	$16850	$19890	$21830	Perkins	4	256D	8F-2R	65.0	6817	No
MF-4335	$33305	$18320	$20320	$23980	$26310	Perkins	4	256D	12F-12R	65.0	6817	No
MF-4335 4WD	$33605	$18480	$20500	$24200	$26550	Perkins	4	256D	8F-2R	65.0	6914	No
MF-4335 4WD	$39280	$21600	$23960	$28280	$31030	Perkins	4	256D	12F-12R	65.0	6914	No
MF-4335 4WD w/Cab	$44230	$24330	$26980	$31850	$34940	Perkins	4	256D	12F-4R	65.0	8565	CHA
MF-4335 4WD w/Cab	$47795	$26290	$29160	$34410	$37760	Perkins	4	256D	12F-12R	65.0	8565	CHA
MF-4335 w/Cab	$38160	$20990	$23280	$27480	$30150	Perkins	4	256D	12F-4R	65.0	7890	CHA
MF-4335 w/Cab	$41725	$22950	$25450	$30040	$32960	Perkins	4	256D	12F-12R	65.0	7890	CHA
MF-4345	$29460	$16200	$17970	$21210	$23270	Perkins	4T	244D	8F-2R	75.0	6130	No
MF-4345	$33790	$18590	$20610	$24330	$26690	Perkins	4T	244D	12F-12R	75.0	6130	No
MF-4345 4WD	$36325	$19980	$22160	$26150	$28700	Perkins	4T	244D	8F-2R	75.0	6941	No
MF-4345 4WD	$40665	$22370	$24810	$29280	$32130	Perkins	4T	244D	12F-12R	75.0	6941	No
MF-4345 4WD w/Cab	$46545	$25600	$28390	$33510	$36770	Perkins	4T	244D	12F-4R	75.0	8565	CHA
MF-4345 4WD w/Cab	$50110	$27560	$30570	$36080	$39590	Perkins	4T	244D	12F-12R	75.0	8565	CHA
MF-4345 w/Cab	$39680	$21820	$24210	$28570	$31350	Perkins	4T	244D	12F-4R	75.0	7890	CHA
MF-4345 w/Cab	$43245	$23790	$26380	$31140	$34160	Perkins	4T	244D	12F-12R	75.0	7890	CHA
MF-4355	$33185	$18250	$20240	$23890	$26220	Perkins	4T	244D	12F-4R	85.0	6482	No
MF-4355	$38000	$20900	$23180	$27360	$30020	Perkins	4T	244D	12F-12R	85.0	6482	No
MF-4355 4WD	$39760	$21870	$24250	$28630	$31410	Perkins	4T	244D	12F-4R	85.0	6941	No
MF-4355 4WD	$44575	$24520	$27190	$32090	$35210	Perkins	4T	244D	12F-12R	85.0	6941	No
MF-4355 4WD w/Cab	$49235	$27080	$30030	$35450	$38900	Perkins	4T	244D	12F-4R	85.0	8535	CHA
MF-4355 4WD w/Cab	$52800	$29040	$32210	$38020	$41710	Perkins	4T	244D	12F-12R	85.0	8535	CHA
MF-4355 w/Cab	$42545	$23400	$25950	$30630	$33610	Perkins	4T	244D	12F-4R	85.0	7768	CHA
MF-4355 w/Cab	$46110	$25360	$28130	$33200	$36430	Perkins	4T	244D	12F-12R	85.0	7768	CHA
MF-4360	$36480	$20060	$22250	$26270	$28820	Perkins	6	365D	12F-4R	90.0	7047	No
MF-4360	$41295	$22710	$25190	$29730	$32620	Perkins	6	365D	12F-12R	90.0	7047	No
MF-4360 4WD	$43725	$24050	$26670	$31480	$34540	Perkins	6	365D	12F-4R	90.0	8808	No
MF-4360 4WD	$48540	$26700	$29610	$34950	$38350	Perkins	6	365D	12F-12R	90.0	8808	No
MF-4360 4WD w/Cab	$53085	$29200	$32380	$38220	$41940	Perkins	6	365D	12F-4R	90.0	9941	CHA
MF-4360 4WD w/Cab	$56650	$31160	$34560	$40790	$44750	Perkins	6	365D	12F-12R	90.0	9941	CHA
MF-4360 w/Cab	$45840	$25210	$27960	$33010	$36210	Perkins	6	365D	12F-4R	90.0	8680	CHA
MF-4360 w/Cab	$49405	$27170	$30140	$35570	$39030	Perkins	6	365D	12F-12R	90.0	8680	CHA
MF-4370	$44495	$24470	$27140	$32040	$35150	Perkins	6T	365D	12F-12R	99.0	7047	No
MF-4370 4WD	$52500	$28880	$32030	$37800	$41480	Perkins	6T	365D	12F-12R	99.0	9028	No
MF-4370 4WD w/Cab	$60610	$33340	$36970	$43640	$47880	Perkins	6T	365D	12F-12R	99.0	10161	CHA
MF-4370 w/Cab	$53070	$29190	$32370	$38210	$41930	Perkins	6T	365D	12F-12R	99.0	8622	CHA
MF-6255	$57515	$30480	$34510	$41410	$44290	Perkins	4T	244D	32F-32R	85.0		CHA
MF-6255 4WD	$65075	$34490	$39050	$46850	$50110	Perkins	4T	244D	32F-32R	85.0		CHA
MF-6265	$59750	$31670	$35850	$43020	$46010	Perkins	4T	244D	32F-32R	95.0		CHA
MF-6265 4WD	$67760	$35910	$40660	$48790	$52180	Perkins	4T	244D	32F-32R	85.0		CHA
MF-6270	$53110	$28150	$31870	$38240	$40900	Perkins	6T	365D	32F-32R	100.0		No
MF-6270 4WD	$61030	$32350	$36620	$43940	$46990	Perkins	6T	365D	32F-32R	100.0		No
MF-6270 4WD w/Cab	$69960	$37080	$41980	$50370	$53870	Perkins	6T	365D	32F-32R	100.0		CHA
MF-6270 w/Cab	$62040	$32880	$37220	$44670	$47770	Perkins	6T	365D	32F-32R	100.0		CHA
MF-6280	$57340	$30390	$34400	$41290	$44150	Perkins	6T	365D	32F-32R	110.0		No
MF-6280 4WD	$64575	$34230	$38750	$46490	$49720	Perkins	6T	365D	32F-32R	110.0		No
MF-6280 4WD w/Cab	$74630	$39550	$44780	$53730	$57470	Perkins	6T	365D	32F-32R	110.0		CHA
MF-6280 w/Cab	$68130	$36110	$40880	$49050	$52460	Perkins	6T	365D	32F-32R	110.0		CHA
MF-6290	$63760	$33790	$38260	$45910	$49100	Perkins	6T	365D	32F-32R	120.0		No
MF-6290 4WD	$68705	$36410	$41220	$49470	$52900	Perkins	6T	365D	32F-32R	120.0		No
MF-6290 4WD w/Cab	$80125	$42470	$48080	$57690	$61700	Perkins	6T	365D	32F-32R	120.0		CHA
MF-6290 w/Cab	$72690	$38530	$43610	$52340	$55970	Perkins	6T	365D	32F-32R	120.0		CHA
MF-8220	$82390	$43670	$49430	$58500	$63440	Perkins	6TA	365D	32F-32R	135.0	13815	CHA
MF-8220 PS	$86840	$46030	$52100	$61660	$66870	Perkins	6TA	365D	18F-6R	135.0	13815	CHA
MF-8220 4WD	$90350	$47890	$54210	$64150	$69570	Perkins	6TA	365D	32F-32R	135.0	14415	CHA
MF-8220 4WD PS	$94800	$50240	$56880	$67310	$73000	Perkins	6TA	365D	18F-6R	135.0	14415	CHA
MF-8240	$85830	$45490	$51500	$60940	$66090	Valmet	6TA	402D	32F-32R	145.0	13865	CHA
MF-8240 PS	$90280	$47850	$54170	$64100	$69520	Valmet	6TA	402D	18F-6R	145.0	13865	CHA
MF-8240 4WD	$99175	$52560	$59510	$70410	$76370	Valmet	6TA	402D	32F-32R	145.0	14465	CHA
MF-8240 4WD PS	$103625	$54920	$62180	$73570	$79790	Valmet	6TA	402D	18F-6R	145.0	14465	CHA
MF-8245 4WD	$106880	$56650	$64130	$75890	$82300	Valmet	6TA	451D	18F-6R	160.0	18300	CHA
MF-8250 4WD	$101615	$53860	$60970	$72150	$78240	Valmet	6TA	451D	32F-32R	165.0	18853	CHA
MF-8260 4WD	$115295	$61110	$69180	$81860	$88780	Valmet	6TA	451D	18F-6R	180.0	18500	CHA
MF-8270 4WD	$124255	$65860	$74550	$88220	$95680	Valmet	6TA	513D	18F-6R	200.0	19700	CHA
MF-8280 4WD	$135420	$69700	$78900	$93370	$101260	Valmet	6TA	513D	18F-6R	225.0	19700	CHA
2002												
GC 2300	$11790	$5900	$6840	$8490	$9200	Iseki	3	68D	Variable	18.7	1366	No
MF-231S	$14140	$7070	$8200	$10180	$11030	Perkins	3	152D	8F-2R	42.0	4120	No
MF-243	$22135	$10850	$12170	$15050	$16600	Perkins	3	152D	8F-2R	47.0	4850	No
MF-243 4WD	$26685	$13080	$14680	$18150	$20010	Perkins	3	152D	8F-2R	47.0	5045	No
MF-251XE	$15890	$7790	$8740	$10810	$11920	Perkins	3	152D	8F-2R	45.0	5045	No
MF-251XE 4WD	$19450	$9530	$10700	$13230	$14590	Perkins	3	152D	8F-2R	45.0	5045	No
MF-263	$26605	$13040	$14630	$18090	$19950	Perkins	3T	152D	8F-2R	53.0	4915	No
MF-263 4WD	$31770	$15570	$17470	$21600	$23830	Perkins	3T	152D	8F-2R	53.0	5063	No
MF-271XE	$18025	$8470	$9730	$12260	$13340	Perkins	4	236D	8F-2R	59.0	5578	No
MF-271XE 4WD	$23175	$10890	$12520	$15760	$17150	Perkins	4	236D	8F-2R	59.0	6305	No
MF-281XE	$20850	$9800	$11260	$14180	$15430	Perkins	4	236D	8F-2R	69.0	5750	No
MF-281XE 4WD	$26460	$12440	$14290	$17990	$19580	Perkins	4	236D	8F-2R	69.0	6349	No
MF-451	$17115	$8390	$9410	$11640	$12840	Perkins	3	164D	8F-2R	45.0	4738	No
MF-451 4WD	$20705	$10150	$11390	$14080	$15530	Perkins	3	164D	8F-2R	45.0	5238	No
MF-471	$19235	$9430	$10580	$13080	$14430	Perkins	4	244-D	8F-2R	59.0	5578	No
MF-471 4WD	$24430	$11970	$13440	$16610	$18320	Perkins	4	244D	8F-2R	59.0	6305	No

Model	Approx. Retail Price New	Estimated Value Less Repairs				Engine			No. Speeds	P.T.O. H.P.	Approx. Shipping Wt.-Lbs.	Cab
		Used Trade-In		Used Retail		Make	No. Cyls.	Displ. Cu.-in.				
		Avg.	High	Avg.	High							
Massey Ferguson (Cont.)												
				2002 (Cont.)								
MF-481	$22085	$10240	$11500	$14210	$15680	Perkins	4	258D	8F-2R	69.0	5750	No
MF-481 4WD	$27740	$12990	$14580	$18020	$19880	Perkins	4	258D	8F-2R	69.0	6349	No
MF-1165 4WD	$26210	$12840	$14420	$17820	$19660	Isuzu	4	134D	16F-16R	37.0	4276	No
MF-1165 Hydro 4WD	$28675	$14050	$15770	$19500	$21510	Isuzu	4	134D	Variable	37.0	3258	No
MF-1205 4WD	$11020	$5400	$6060	$7490	$8270	Iseki	3	61D	6F-2R	13.5	1579	No
MF-1205 Hydro 4WD	$12289	$6020	$6760	$8360	$9220	Iseki	3	61D	Variable	13.0	1579	No
MF-1215	$11320	$5550	$6230	$7700	$8490	Iseki	3	61D	6F-2R	15.0	1457	No
MF-1215 4WD	$12610	$6180	$6940	$8580	$9460	Iseki	3	61D	6F-2R	15.0	1589	No
MF-1215 Hydro	$12270	$6010	$6750	$8340	$9200	Iseki	3	61D	Variable	14.0	1457	No
MF-1215 Hydro 4WD	$13870	$6800	$7630	$9430	$10400	Iseki	3	61D	Variable	14.0	1589	No
MF-1225	$11905	$5830	$6550	$8100	$8930	Iseki	3	68D	6F-2R	19.0	1874	No
MF-1225 4WD	$13360	$6550	$7350	$9090	$10020	Iseki	3	68D	6F-2R	19.0	1874	No
MF-1225 Hydro	$13345	$6370	$7150	$8840	$9750	Iseki	3	68D	Variable	18.4	1874	No
MF-1225 Hydro 4WD	$14850	$7280	$8170	$10100	$11140	Iseki	3	68D	Variable	18.4	1874	No
MF-1230	$14025	$6870	$7710	$9540	$10520	Iseki	3	87D	9F-3R	20.5	2227	No
MF-1230 4WD	$15930	$7810	$8760	$10830	$11950	Iseki	3	87D	9F-3R	20.5	2403	No
MF-1230 Hydro	$15875	$7780	$8730	$10800	$11910	Iseki	3	87D	Variable	19.6	2293	No
MF-1230 Hydro 4WD	$17600	$8620	$9680	$11970	$13200	Iseki	3	87D	Variable	19.6	2469	No
MF-1233	$10525	$5160	$5790	$7160	$7890	Iseki	3	89D	9F-3R	22.9	1817	No
MF-1233 4WD	$11260	$5520	$6190	$7660	$8450	Iseki	3	89D	9F-3R	22.9	1984	No
MF-1235 Hydro 4WD	$18390	$9010	$10120	$12510	$13790	Iseki	3	91D	Variable	24.3	2447	No
MF-1240	$15125	$7410	$8320	$10290	$11340	Iseki	3	87D	16F-16R	22.8	2859	No
MF-1240 4WD	$17040	$8350	$9370	$11590	$12780	Iseki	3	87D	16F-16R	22.8	2960	No
MF-1250	$16300	$7990	$8970	$11080	$12230	Iseki	3	91D	16F-16R	26.8	2933	No
MF-1250 4WD	$18680	$9150	$10270	$12700	$14010	Iseki	3	91D	16F-16R	26.8	3040	No
MF-1250 Hydro 4WD	$20905	$10240	$11500	$14220	$15680	Iseki	3	91D	Variable	26.8	3040	No
MF-1260 4WD	$21370	$10470	$11750	$14530	$16030	Iseki	3	91D	16F-16R	31.0	3128	No
MF-1260 Hydro 4WD	$23305	$11420	$12820	$15850	$17480	Iseki	3	91D	Variable	31.0	3128	No
MF-1423 4WD	$13805	$6760	$7590	$9390	$10350	Iseki	3	68D	6F-2R	19.5		No
MF-1423 4WD Hydro	$15310	$7500	$8420	$10410	$11480	Iseki	3	68D	Variable	19.0		No
MF-1428v	$11705	$5740	$6440	$7960	$8780	Iseki	3	89D	9F-3R	24.1		No
MF-1428v 4WD	$12445	$6100	$6850	$8460	$9330	Iseki	3	89D	9F-3R	24.1		No
MF-1429 4WD	$18190	$8910	$10010	$12370	$13640	Iseki	3	89D	8F-8R	23.0		No
MF-1433 4WD	$19895	$9750	$10940	$13530	$14920	Iseki	3	91D	16F-16R	27.0		No
MF-1433v 4WD	$15210	$7450	$8370	$10340	$11410	Iseki	3	91D	8F-8R	26.8		No
MF-1440 4WD	$22240	$10900	$12230	$15120	$16680	Iseki	3	91D	8F-8R	27.0		No
MF-1440v 4WD	$17095	$8380	$9400	$11630	$12820	Iseki	3	91D	8F-8R	32.4		No
MF-3315S 4WD	$29295	$13080	$14690	$18160	$20030	Perkins	3	152D	16F-8R	47.0		No
MF-3315S 4WD Cab	$37615	$16660	$18700	$23120	$25500	Perkins	3	152D	16F-8R	47.0		CHA
MF-3315GE 4WD	$29010	$12990	$14580	$18020	$19880	Perkins	3	152D	20F-10R	47.0		No
MF-3315V 4WD	$29685	$13030	$14630	$18090	$19950	Perkins	3	152D	16F-8R	47.0		No
MF-3315V 4WD Cab	$38785	$16560	$18590	$22980	$25350	Perkins	3	152D	16F-8R	47.0		CHA
MF-3330S	$28635	$12890	$14470	$17880	$19730	Perkins	4	244D	16F-8R	60.0		No
MF-3330S 4WD	$34645	$15190	$17050	$21080	$23250	Perkins	4	244D	16F-8R	60.0		No
MF-3330S Cab	$36955	$16420	$18430	$22780	$25130	Perkins	4	244D	16F-8R	60.0		CHA
MF-3330S 4WD Cab	$42970	$18620	$20900	$25840	$28500	Perkins	4	244D	16F-8R	60.0		CHA
MF-3330GE	$28885	$12890	$14470	$17880	$19730	Perkins	4	244D	20F-10R	60.0		No
MF-3330GE 4WD	$34170	$15410	$17300	$21390	$23590	Perkins	4	244D	20F-10R	60.0		No
MF-3330V	$28275	$12370	$13890	$17170	$18940	Perkins	4	244D	16F-8R	60.0		No
MF-3330V 4WD	$34155	$14750	$16560	$20470	$22580	Perkins	4	244D	16F-8R	60.0		No
MF-3330V Cab	$37205	$15930	$17880	$22100	$24380	Perkins	4	244D	16F-8R	60.0		CHA
MF-3330V 4WD Cab	$43080	$18380	$20630	$25500	$28130	Perkins	4	244D	16F-8R	60.0		CHA
MF-3340F	$30755	$13620	$15290	$18900	$20850	Perkins	4	256D	16F-8R	70.0		No
MF-3340F 4WD	$37355	$16050	$18010	$22270	$24560	Perkins	4	256D	16F-8R	70.0		No
MF-3340F Cab	$39080	$17150	$19250	$23800	$26250	Perkins	4	256D	16F-8R	70.0		CHA
MF-3340F 4WD Cab	$45680	$19600	$22000	$27200	$30000	Perkins	4	256D	16F-8R	70.0		CHA
MF-3340GE	$31015	$13620	$15290	$18900	$20850	Perkins	4	256D	20F-10R	70.0		No
MF-3340GE 4WD	$36500	$16120	$18100	$22370	$24680	Perkins	4	256D	20F-10R	70.0		No
MF-3340V	$30845	$13230	$14850	$18360	$20250	Perkins	4	256D	16F-8R	70.0		No
MF-3340V 4WD	$35945	$15680	$17600	$21760	$24000	Perkins	4	256D	16F-8R	70.0		No
MF-3340V Cab	$39825	$16950	$19030	$23530	$25950	Perkins	4	256D	16F-8R	70.0		CHA
MF-3340V 4WD Cab	$44870	$19260	$21620	$26720	$29480	Perkins	4	256D	16F-8R	70.0		CHA
MF-3350F 4WD	$41785	$17890	$20080	$24820	$27380	Perkins	4T	244D	16F-8R	78.0		No
MF-3350F 4WD Cab	$50110	$21360	$23980	$29650	$32700	Perkins	4T	244D	16F-8R	78.0		CHA
MF-3350GE 4WD	$41360	$17930	$20130	$24890	$27450	Perkins	4T	244D	20F-10R	78.0		No
MF-3355F 4WD	$45075	$19010	$21340	$26380	$29100	Perkins	4T	244D	16F-8R	82.0		No
MF-3355F 4WD Cab	$53400	$22540	$25300	$31280	$34500	Perkins	4T	244D	16F-8R	82.0		CHA
MF-3355GE	$39790	$18890	$21200	$26210	$28910	Perkins	4T	244D	20F-10R	82.0		No
MF-4325	$27185	$13320	$14950	$18490	$20390	Perkins	4	244D	8F-2R	55.0	6121	No
MF-4325	$31835	$15600	$17510	$21650	$23880	Perkins	4	244D	12F-12R	55.0	6121	No
MF-4325 4WD	$33355	$16340	$18350	$22680	$25020	Perkins	4	244D	8F-2R	55.0	6725	No
MF-4325 4WD	$38005	$18620	$20900	$25840	$28500	Perkins	4	244D	12F-12R	55.0	6725	No
MF-4325 4WD w/Cab	$42575	$20860	$23420	$28950	$31930	Perkins	4	244D	12F-4R	55.0	7692	CHA
MF-4325 4WD w/Cab	$44795	$21950	$24640	$30460	$33600	Perkins	4	244D	12F-12R	55.0	7692	CHA
MF-4325 w/Cab	$36040	$17660	$19820	$24510	$27030	Perkins	4	244D	12F-4R	55.0	6946	CHA
MF-4325 w/Cab	$38260	$18750	$21040	$26020	$28700	Perkins	4	244D	12F-12R	55.0	6946	CHA
MF-4335	$27840	$13640	$15310	$18930	$20880	Perkins	4	256D	8F-2R	65.0	6817	No
MF-4335	$32130	$15740	$17670	$21850	$24100	Perkins	4	256D	12F-12R	65.0	6817	No
MF-4335 4WD	$34010	$16670	$18710	$23130	$25510	Perkins	4	256D	8F-2R	65.0	6914	No
MF-4335 4WD	$38340	$18790	$21090	$26070	$28760	Perkins	4	256D	12F-12R	65.0	6914	No
MF-4335 4WD w/Cab	$44295	$21710	$24360	$30120	$33220	Perkins	4	256D	12F-4R	65.0	8565	CHA
MF-4335 4WD w/Cab	$46515	$22790	$25580	$31630	$34890	Perkins	4	256D	12F-12R	65.0	8565	CHA
MF-4335 w/Cab	$38155	$18700	$20990	$25950	$28620	Perkins	4	256D	12F-4R	65.0	7890	CHA
MF-4335 w/Cab	$40375	$19780	$22210	$27460	$30280	Perkins	4	256D	12F-12R	65.0	7890	CHA

Massey Ferguson (Cont.)

Model	Approx. Retail Price New	Used Trade-In Avg.	Used Trade-In High	Used Retail Avg.	Used Retail High	Make	No. Cyls.	Displ. Cu.-in.	No. Speeds	P.T.O. H.P.	Approx. Shipping Wt.-Lbs.	Cab
2002 (Cont.)												
MF-4345	$29240	$14330	$16080	$19880	$21930	Perkins	4T	244D	8F-2R	75.0	6130	No
MF-4345	$34915	$17110	$19200	$23740	$26190	Perkins	4T	244D	12F-12R	75.0	6130	No
MF-4345 4WD	$36100	$17690	$19860	$24550	$27080	Perkins	4T	244D	8F-2R	75.0	6941	No
MF-4345 4WD	$41775	$20470	$22980	$28410	$31330	Perkins	4T	244D	12F-12R	75.0	6941	No
MF-4345 4WD w/Cab	$46320	$22700	$25480	$31500	$34740	Perkins	4T	244D	12F-4R	75.0	8565	CHA
MF-4345 4WD w/Cab	$49885	$24440	$27440	$33920	$37410	Perkins	4T	244D	12F-12R	75.0	8565	CHA
MF-4345 w/Cab	$39460	$19340	$21700	$26830	$29600	Perkins	4T	244D	12F-4R	75.0	7890	CHA
MF-4345 w/Cab	$43025	$21080	$23660	$29260	$32270	Perkins	4T	244D	12F-12R	75.0	7890	CHA
MF-4355	$33085	$16210	$18200	$22500	$24810	Perkins	4T	244D	12F-4R	85.0	6482	No
MF-4355	$37900	$18570	$20850	$25770	$28430	Perkins	4T	244D	12F-12R	85.0	6482	No
MF-4355 4WD	$39725	$19470	$21850	$27010	$29790	Perkins	4T	244D	12F-4R	85.0	6941	No
MF-4355 4WD	$44540	$21830	$24500	$30290	$33410	Perkins	4T	244D	12F-12R	85.0	6941	No
MF-4355 4WD w/Cab	$49310	$24160	$27120	$33530	$36980	Perkins	4T	244D	12F-4R	85.0	8535	CHA
MF-4355 4WD w/Cab	$52875	$25910	$29080	$35960	$39660	Perkins	4T	244D	12F-12R	85.0	8535	CHA
MF-4355 w/Cab	$42225	$20690	$23220	$28710	$31670	Perkins	4T	244D	12F-4R	85.0	7768	CHA
MF-4355 w/Cab	$45790	$22440	$25190	$31140	$34340	Perkins	4T	244D	12F-12R	85.0	7768	CHA
MF-4360	$36480	$17880	$20060	$24810	$27360	Perkins	6	365D	12F-4R	90.0	7047	No
MF-4360	$41295	$20240	$22710	$28080	$30970	Perkins	6	365D	12F-12R	90.0	7047	No
MF-4360 4WD	$43725	$21430	$24050	$29730	$32790	Perkins	6	365D	12F-4R	90.0	8808	No
MF-4360 4WD	$48540	$23790	$26700	$33010	$36410	Perkins	6	365D	12F-12R	90.0	8808	No
MF-4360 4WD w/Cab	$53085	$26010	$29200	$36100	$39810	Perkins	6	365D	12F-4R	90.0	9941	CHA
MF-4360 4WD w/Cab	$56650	$27760	$31160	$38520	$42490	Perkins	6	365D	12F-12R	90.0	9941	CHA
MF-4360 w/Cab	$45840	$22460	$25210	$31170	$34380	Perkins	6	365D	12F-4R	90.0	8680	CHA
MF-4360 w/Cab	$49405	$24210	$27170	$33600	$37050	Perkins	6	365D	12F-12R	90.0	8680	CHA
MF-4370	$43850	$21490	$24120	$29820	$32890	Perkins	6T	365D	12F-12R	99.0	7047	No
MF-4370 4WD	$51095	$25040	$28100	$34750	$38320	Perkins	6T	365D	12F-12R	99.0	9028	No
MF-4370 4WD w/Cab	$60245	$29520	$33140	$40970	$45180	Perkins	6T	365D	12F-12R	99.0	10161	CHA
MF-4370 w/Cab	$52605	$25780	$28930	$35770	$39450	Perkins	6T	365D	12F-12R	99.0	8622	CHA
MF-6255	$56880	$26730	$30720	$38680	$42090	Perkins	4T	244D	32F-32R	85.0		CHA
MF-6255 4WD	$64330	$30240	$34740	$43740	$47600	Perkins	4T	244D	32F-32R	85.0		CHA
MF-6265	$59255	$27850	$32000	$40290	$43850	Perkins	4T	244D	32F-32R	95.0		CHA
MF-6265 4WD	$66965	$31470	$36160	$45540	$49550	Perkins	4T	244D	32F-32R	85.0		CHA
MF-6270	$53110	$24960	$28680	$36120	$39300	Perkins	6T	365D	32F-32R	100.0		No
MF-6270 4WD	$60310	$28350	$32570	$41010	$44630	Perkins	6T	365D	32F-32R	100.0		No
MF-6270 4WD w/Cab	$69960	$32880	$37780	$47570	$51770	Perkins	6T	365D	32F-32R	100.0		CHA
MF-6270 w/Cab	$62040	$29160	$33500	$42190	$45910	Perkins	6T	365D	32F-32R	100.0		CHA
MF-6280	$57105	$26840	$30840	$38830	$42260	Perkins	6T	365D	32F-32R	110.0		No
MF-6280 4WD	$64415	$30280	$34780	$43800	$47670	Perkins	6T	365D	32F-32R	110.0		No
MF-6280 4WD w/Cab	$72725	$34180	$39270	$49450	$53820	Perkins	6T	365D	32F-32R	110.0		CHA
MF-6280 w/Cab	$65405	$30740	$35320	$44480	$48400	Perkins	6T	365D	32F-32R	110.0		CHA
MF-6290	$63760	$29970	$34430	$43360	$47180	Perkins	6T	365D	32F-32R	120.0		No
MF-6290 4WD	$70815	$33280	$38240	$48150	$52400	Perkins	6T	365D	32F-32R	120.0		No
MF-6290 4WD w/Cab	$79745	$37480	$43060	$54230	$59010	Perkins	6T	365D	32F-32R	120.0		CHA
MF-6290 w/Cab	$72690	$34160	$39250	$49430	$53790	Perkins	6T	365D	32F-32R	120.0		CHA
MF-8220	$81010	$38080	$44560	$52660	$58330	Perkins	6TA	365D	32F-32R	135.0	13815	CHA
MF-8220 PS	$85460	$40170	$47000	$55550	$61530	Perkins	6TA	365D	18F-6R	135.0	13815	CHA
MF-8220 4WD	$92630	$43540	$50950	$60210	$66690	Perkins	6TA	365D	32F-32R	135.0	14415	CHA
MF-8220 4WD PS	$97080	$45630	$53390	$63100	$69900	Perkins	6TA	365D	18F-6R	135.0	14415	CHA
MF-8240	$86215	$40520	$47420	$56040	$62080	Valmet	6TA	402D	32F-32R	145.0	13865	CHA
MF-8240 PS	$90665	$42610	$49870	$58930	$65280	Valmet	6TA	402D	18F-6R	145.0	13865	CHA
MF-8240 4WD	$99095	$46580	$54500	$64410	$71350	Valmet	6TA	402D	32F-32R	145.0	14465	CHA
MF-8240 4WD PS	$103545	$48670	$56950	$67300	$74550	Valmet	6TA	402D	18F-6R	145.0	14465	CHA
MF-8245 4WD	$105910	$49780	$58250	$68840	$76260	Valmet	6TA	451D	18F-6R	160.0	18300	CHA
MF-8250 4WD	$100645	$47300	$55360	$65420	$72460	Valmet	6TA	451D	32F-32R	165.0	18853	CHA
MF-8260 4WD	$114315	$53730	$62870	$74310	$82310	Valmet	6TA	451D	18F-6R	180.0	18500	CHA
MF-8270 4WD	$123380	$57990	$67860	$80200	$88830	Valmet	6TA	513D	18F-6R	200.0	19700	CHA
MF-8280 4WD	$135480	$61810	$72330	$85480	$94680	Valmet	6TA	513D	18F-6R	225.0	19700	CHA
2001												
MF-231S	$14140	$6650	$7780	$9620	$10610	Perkins	3	152D	8F-2R	42.0	4120	No
MF-241	$15890	$7150	$8100	$10330	$11280	Perkins	3	152D	8F-2R	45.0	4160	No
MF-243	$22590	$10170	$11520	$14680	$16040	Perkins	3	152D	8F-2R	47.0	4850	No
MF-243 4WD	$27030	$12160	$13790	$17570	$19190	Perkins	3	152D	8F-2R	47.0	5045	No
MF-251XE	$16990	$7650	$8670	$11040	$12060	Perkins	3	152D	8F-2R	45.0	5045	No
MF-251XE 4WD	$20530	$9240	$10470	$13350	$14580	Perkins	3	152D	8F-2R	45.0	5045	No
MF-263	$25675	$11550	$13090	$16690	$18230	Perkins	3T	152D	8F-2R	53.0	4915	No
MF-263 4WD	$30740	$13830	$15680	$19980	$21830	Perkins	3T	152D	8F-2R	53.0	5063	No
MF-271	$18025	$8110	$9190	$11720	$12800	Perkins	4	236D	8F-2R	59.0	6130	No
MF-271XE	$18650	$7830	$9140	$11940	$13240	Perkins	4	236D	8F-2R	59.0	5578	No
MF-271XE 4WD	$23825	$10010	$11670	$15250	$16920	Perkins	4	236D	8F-2R	59.0	6305	No
MF-281	$20850	$9380	$10630	$13550	$14800	Perkins	4	236D	8F-2R	69.0	6350	No
MF-281 4WD	$26460	$11910	$13500	$17200	$18790	Perkins	4	236D	8F-2R	69.0	6635	No
MF-281XE	$21500	$9030	$10540	$13760	$15270	Perkins	4	236D	8F-2R	69.0	5750	No
MF-281XE 4WD	$27110	$11390	$13280	$17350	$19250	Perkins	4	236D	8F-2R	69.0	6349	No
MF-1165 4WD	$26210	$11800	$13370	$17040	$18610	Isuzu	4	134D	16F-16R	37.0	4276	No
MF-1165 Hydro 4WD	$28410	$12790	$14490	$18470	$20170	Isuzu	4	134D	Variable	37.0	3258	No
MF-1205 4WD	$11020	$4960	$5620	$7160	$7820	Iseki	3	61D	6F-2R	13.5	1579	No
MF-1205 Hydro 4WD	$12290	$5530	$6270	$7990	$8730	Iseki	3	61D	Variable	13.0	1579	No
MF-1215	$11320	$5090	$5770	$7360	$8040	Iseki	3	61D	6F-2R	15.0	1457	No
MF-1215 4WD	$12610	$5680	$6430	$8200	$8950	Iseki	3	61D	6F-2R	15.0	1589	No
MF-1215 Hydro	$12270	$5520	$6260	$7980	$8710	Iseki	3	61D	Variable	14.0	1457	No
MF-1215 Hydro 4WD	$13870	$6240	$7070	$9020	$9850	Iseki	3	61D	Variable	14.0	1589	No
MF-1225	$11905	$5360	$6070	$7740	$8450	Iseki	3	68D	6F-2R	19.0	1874	No
MF-1225 4WD	$13360	$6010	$6810	$8680	$9490	Iseki	3	68D	6F-2R	19.0	1874	No

Massey Ferguson (Cont.)

2001 (Cont.)

Model	Approx. Retail Price New	Used Trade-In Avg.	Used Trade-In High	Used Retail Avg.	Used Retail High	Make	Engine No. Cyls.	Displ. Cu.-in.	No. Speeds	P.T.O. H.P.	Approx. Shipping Wt.-Lbs.	Cab
MF-1225 Hydro	$13345	$5850	$6630	$8450	$9230	Iseki	3	68D	Variable	18.4	1874	No
MF-1225 Hydro 4WD	$14850	$6680	$7570	$9650	$10540	Iseki	3	68D	Variable	18.4	1874	No
MF-1230	$14025	$6310	$7150	$9120	$9960	Iseki	3	87D	9F-3R	20.5	2227	No
MF-1230 4WD	$15930	$7170	$8120	$10360	$11310	Iseki	3	87D	9F-3R	20.5	2403	No
MF-1230 Hydro	$15875	$7140	$8100	$10320	$11270	Iseki	3	87D	Variable	19.6	2293	No
MF-1230 Hydro 4WD	$17600	$7920	$8980	$11440	$12500	Iseki	3	87D	Variable	19.6	2469	No
MF-1233	$10525	$4740	$5370	$6840	$7470	Iseki	3	89D	9F-3R	22.9	1817	No
MF-1233 4WD	$11260	$5070	$5740	$7320	$8000	Iseki	3	89D	9F-3R	22.9	1984	No
MF-1235 Hydro 4WD	$18390	$8280	$9380	$11950	$13060	Iseki	3	91D	Variable	24.3	2447	No
MF-1240	$15125	$6810	$7710	$9830	$10740	Iseki	3	87D	16F-16R	22.8	2859	No
MF-1240 4WD	$17040	$7670	$8690	$11080	$12100	Iseki	3	87D	16F-16R	22.8	2960	No
MF-1250	$16300	$7340	$8310	$10600	$11570	Iseki	3	91D	16F-16R	26.8	2933	No
MF-1250 4WD	$18680	$8410	$9530	$12140	$13260	Iseki	3	91D	16F-16R	26.8	3040	No
MF-1250 Hydro 4WD	$20510	$9230	$10460	$13330	$14560	Iseki	3	91D	Variable	26.8	3040	No
MF-1260 4WD	$21370	$9620	$10900	$13890	$15170	Iseki	3	91D	16F-16R	31.0	3128	No
MF-1260 Hydro 4WD	$23090	$10390	$11780	$15010	$16390	Iseki	3	91D	Variable	31.0	3128	No
MF-3315S 4WD	$29295	$12010	$13610	$17340	$18940	Perkins	3	152D	16F-8R	47.0		No
MF-3315S 4WD Cab	$37615	$15280	$17320	$22080	$24120	Perkins	3	152D	16F-8R	47.0		CHA
MF-3315GE 4WD	$29010	$11890	$13470	$17170	$18760	Perkins	3	152D	20F-10R	47.0		No
MF-3315V 4WD	$29685	$11910	$13500	$17210	$18800	Perkins	3	152D	16F-8R	47.0		No
MF-3315V 4WD Cab	$38785	$15190	$17220	$21940	$23970	Perkins	3	152D	16F-8R	47.0		CHA
MF-3330S	$28635	$11740	$13300	$16950	$18520	Perkins	4	244D	16F-8R	60.0		No
MF-3330S 4WD	$34645	$13890	$15740	$20060	$21910	Perkins	4	244D	16F-8R	60.0		No
MF-3330S Cab	$36955	$15010	$17020	$21690	$23690	Perkins	4	244D	16F-8R	60.0		CHA
MF-3330S 4WD Cab	$42955	$17160	$19450	$24790	$27080	Perkins	4	244D	16F-8R	60.0		CHA
MF-3330GE	$29365	$11820	$13400	$17080	$18660	Perkins	4	244D	20F-10R	60.0		No
MF-3330GE 4WD	$34685	$14110	$15990	$20380	$22270	Perkins	4	244D	20F-10R	60.0		No
MF-3330V	$28275	$11280	$12790	$16300	$17800	Perkins	4	244D	16F-8R	60.0		No
MF-3330V 4WD	$34155	$13510	$15310	$19520	$21320	Perkins	4	244D	16F-8R	60.0		No
MF-3330V Cab	$37205	$14560	$16500	$21030	$22980	Perkins	4	244D	16F-8R	60.0		CHA
MF-3330V 4WD Cab	$43080	$16790	$19030	$24250	$26490	Perkins	4	244D	16F-8R	60.0		CHA
MF-3340F	$30755	$12350	$13990	$17830	$19480	Perkins	4	256D	16F-8R	70.0		No
MF-3340F 4WD	$37355	$14680	$16640	$21210	$23160	Perkins	4	256D	16F-8R	70.0		No
MF-3340F Cab	$39080	$15620	$17710	$22540	$24650	Perkins	4	256D	16F-8R	70.0		CHA
MF-3340F 4WD Cab	$45680	$17960	$20350	$25940	$28340	Perkins	4	256D	16F-8R	70.0		CHA
MF-3340GE	$31530	$12450	$14110	$17980	$19640	Perkins	4	256D	20F-10R	70.0		No
MF-3340GE 4WD	$37015	$14740	$16700	$21290	$23250	Perkins	4	256D	20F-10R	70.0		No
MF-3340V	$30845	$12080	$13690	$17450	$19000	Perkins	4	256D	16F-8R	70.0		No
MF-3340V 4WD	$35945	$14310	$16220	$20670	$22580	Perkins	4	256D	16F-8R	70.0		No
MF-3340V Cab	$39825	$15360	$17410	$22190	$24240	Perkins	4	256D	16F-8R	70.0		CHA
MF-3340V 4WD Cab	$44870	$17590	$19930	$25410	$27750	Perkins	4	256D	16F-8R	70.0		CHA
MF-3350F 4WD	$41785	$16210	$18370	$23410	$25570	Perkins	4T	244D	16F-8R	78.0		No
MF-3350F 4WD Cab	$50150	$19490	$22090	$28150	$30750	Perkins	4T	244D	16F-8R	78.0		CHA
MF-3350GE 4WD	$41360	$16260	$18430	$23490	$25660	Perkins	4T	244D	20F-10R	78.0		No
MF-3355F 4WD	$45075	$17320	$19630	$25020	$27320	Perkins	4T	244D	16F-8R	82.0		No
MF-3355F 4WD Cab	$53400	$20600	$23340	$29750	$32500	Perkins	4T	244D	16F-8R	82.0		CHA
MF-3355GE	$39790	$17340	$19650	$25040	$27350	Perkins	4T	244D	20F-10R	82.0		No
MF-4225	$27405	$11980	$13580	$17310	$18900	Perkins	4	248D	8F-2R	55.0	6114	No
MF-4225	$32445	$14600	$16550	$21090	$23040	Perkins	4	248D	12F-12R	55.0	6114	No
MF-4225 4WD	$34840	$15680	$17770	$22650	$24740	Perkins	4	248D	8F-2R	55.0	6665	No
MF-4225 4WD	$39875	$17940	$20340	$25920	$28310	Perkins	4	248D	12F-12R	55.0	6665	No
MF-4225 4WD w/Cab	$44680	$20110	$22790	$29040	$31720	Perkins	4	248D	12F-12R	55.0	7485	CHA
MF-4225 4WD w/Cab	$47990	$21600	$24480	$31190	$34070	Perkins	4	248D	12F-12R	55.0	7485	CHA
MF-4225 w/Cab	$38840	$17480	$19810	$25250	$27580	Perkins	4	248D	12F-4R	55.0	6934	CHA
MF-4225 w/Cab	$42155	$18970	$21500	$27400	$29930	Perkins	4	248D	12F-12R	55.0	6934	CHA
MF-4233	$29030	$13060	$14810	$18870	$20610	Perkins	4	256D	8F-2R	65.0	6914	No
MF-4233	$32960	$14830	$16810	$21420	$23400	Perkins	4	256D	12F-12R	65.0	6914	No
MF-4233 4WD	$35055	$15780	$17880	$22790	$24890	Perkins	4	256D	8F-2R	65.0	7465	No
MF-4233 4WD	$38600	$17370	$19690	$25090	$27410	Perkins	4	256D	12F-12R	65.0	7465	No
MF-4233 4WD w/Cab	$45020	$20260	$22960	$29260	$31960	Perkins	4	256D	12F-4R	65.0	8285	CHA
MF-4233 4WD w/Cab	$46940	$21120	$23940	$30510	$33330	Perkins	4	256D	12F-12R	65.0	8285	CHA
MF-4233 w/Cab	$38845	$17480	$19810	$25250	$27580	Perkins	4	256D	12F-4R	65.0	7734	CHA
MF-4233 w/Cab	$40765	$18340	$20790	$26500	$28940	Perkins	4	256D	12F-12R	65.0	7734	CHA
MF-4235	$36940	$16620	$18840	$24010	$26230	Perkins	4	248D	12F-12R	65.0	6797	No
MF-4235 4WD	$42150	$18970	$21500	$27400	$29930	Perkins	4	248D	12F-12R	65.0	7348	No
MF-4235 4WD w/Cab	$49350	$22210	$25170	$32080	$35040	Perkins	4	248D	12F-12R	65.0	8468	CHA
MF-4235 w/Cab	$44160	$19870	$22520	$28700	$31350	Perkins	4	248D	12F-12R	65.0	7417	CHA
MF-4243	$30625	$13780	$15620	$19910	$21740	Perkins	4T	244D	8F-2R	75.0	6914	No
MF-4243	$34170	$15380	$17430	$22210	$24260	Perkins	4T	244D	12F-12R	75.0	6914	No
MF-4243 4WD	$37105	$16700	$18920	$24120	$26350	Perkins	4T	244D	8F-2R	75.0	7465	No
MF-4243 4WD	$41035	$18470	$20930	$26670	$29140	Perkins	4T	244D	12F-12R	75.0	7465	No
MF-4243 4WD w/Cab	$47415	$21340	$24180	$30820	$33670	Perkins	4T	244D	12F-4R	75.0	8285	CHA
MF-4243 4WD w/Cab	$49720	$22370	$25360	$32320	$35300	Perkins	4T	244D	12F-12R	75.0	8285	CHA
MF-4243 w/Cab	$40370	$18170	$20590	$26240	$28660	Perkins	4T	244D	12F-4R	75.0	7735	CHA
MF-4243 w/Cab	$42680	$19210	$21770	$27740	$30300	Perkins	4T	244D	12F-12R	75.0	7735	CHA
MF-4245	$40765	$18340	$20790	$26500	$28940	Perkins	4T	244D	12F-12R	75.0	6915	No
MF-4245 4WD	$46645	$20990	$23790	$30320	$33120	Perkins	4T	244D	12F-12R	75.0	7465	No
MF-4245 4WD w/Cab	$54785	$24650	$27940	$35610	$38900	Perkins	4T	244D	12F-12R	75.0	8285	CHA
MF-4245 w/Cab	$48510	$21830	$24740	$31530	$34440	Perkins	4T	244D	12F-12R	75.0	7735	CHA
MF-4253	$33490	$15070	$17080	$21770	$23780	Perkins	4T	244D	8F-2R	85.0	6914	No
MF-4253	$37420	$16840	$19080	$24320	$26570	Perkins	4T	244D	12F-12R	85.0	6914	No
MF-4253 4WD	$40590	$18270	$20700	$26380	$28820	Perkins	4T	244D	8F-2R	85.0	7465	No
MF-4253 4WD	$44520	$20030	$22710	$28940	$31610	Perkins	4T	244D	12F-12R	85.0	7465	No
MF-4253 4WD w/Cab	$50845	$22880	$25930	$33050	$36100	Perkins	4T	244D	12F-4R	85.0	8285	CHA

Massey Ferguson (Cont.)

Model	Approx. Retail Price New	Used Trade-In Avg.	Used Trade-In High	Used Retail Avg.	Used Retail High	Make	No. Cyls.	Displ. Cu.-in.	No. Speeds	P.T.O. H.P.	Approx. Shipping Wt.-Lbs.	Cab
2001 (Cont.)												
MF-4253 4WD w/Cab	$52765	$23740	$26910	$34300	$37460	Perkins	4T	244D	12F-12R	85.0	8285	CHA
MF-4253 w/Cab	$43030	$19360	$21950	$27970	$30550	Perkins	4T	244D	12F-4R	85.0	7735	CHA
MF-4253 w/Cab	$44945	$20230	$22920	$29210	$31910	Perkins	4T	244D	12F-12R	85.0	7735	CHA
MF-4255	$43035	$19370	$21950	$27970	$30560	Perkins	4T	244D	12F-12R	85.0	6914	No
MF-4255 4WD	$49160	$22120	$25070	$31950	$34900	Perkins	4T	244D	12F-12R	85.0	7465	No
MF-4255 4WD w/Cab	$57720	$25970	$29440	$37520	$40980	Perkins	4T	244D	12F-12R	85.0	8285	CHA
MF-4255 w/Cab	$50345	$22660	$25680	$32720	$35750	Perkins	4T	244D	12F-12R	85.0	7734	CHA
MF-4263	$37270	$16770	$19010	$24230	$26460	Perkins	6	365D	8F-2R	90.0	7624	No
MF-4263	$40905	$18410	$20860	$26590	$29040	Perkins	6	365D	12F-12R	90.0	7624	No
MF-4263 4WD	$44565	$20050	$22730	$28970	$31640	Perkins	6	365D	8F-2R	90.0	8175	No
MF-4263 4WD	$48110	$21650	$24540	$31270	$34160	Perkins	6	365D	12F-12R	90.0	8175	No
MF-4263 4WD w/Cab	$56165	$25270	$28640	$36510	$39880	Perkins	6	365D	12F-4R	90.0	8995	CHA
MF-4263 4WD w/Cab	$58080	$26140	$29620	$37750	$41240	Perkins	6	365D	12F-12R	90.0	8995	CHA
MF-4263 w/Cab	$47930	$21570	$24440	$31160	$34030	Perkins	6	365D	12F-4R	90.0	8444	CHA
MF-4263 w/Cab	$49850	$22430	$25420	$32400	$35390	Perkins	6	365D	12F-12R	90.0	8444	CHA
MF-4270	$46310	$20840	$23620	$30100	$32880	Perkins	6T	365D	12F-12R	99.0	7712	No
MF-4270 4WD	$54070	$24330	$27580	$35150	$38390	Perkins	6T	365D	12F-12R	99.0	8263	No
MF-4270 4WD w/Cab	$63280	$28480	$32270	$41130	$44930	Perkins	6T	365D	12F-12R	99.0	9083	CHA
MF-4270 w/Cab	$53525	$24090	$27300	$34790	$38000	Perkins	6T	365D	12F-12R	99.0	8532	CHA
MF-6245 4WD	$60650	$25470	$29720	$38820	$43060	Perkins	4T	244D	32F-32R	75.0		CHA
MF-6255	$56415	$23690	$27640	$36110	$40060	Perkins	4T	244D	32F-32R	85.0		CHA
MF-6255 4WD	$64475	$27080	$31590	$41260	$45780	Perkins	4T	244D	32F-32R	85.0		CHA
MF-6265	$58510	$24570	$28670	$37450	$41540	Perkins	4T	244D	32F-32R	95.0		CHA
MF-6265 4WD	$66940	$28120	$32800	$42840	$47530	Perkins	4T	244D	32F-32R	85.0		CHA
MF-6270	$52130	$21900	$25540	$33360	$37010	Perkins	6T	365D	32F-32R	100.0		No
MF-6270	$60675	$25480	$29730	$38830	$43080	Perkins	6T	365D	32F-32R	100.0		CHA
MF-6270 4WD	$60050	$25220	$29430	$38430	$42640	Perkins	6T	365D	32F-32R	100.0		No
MF-6270 4WD	$68720	$28860	$33670	$43980	$48790	Perkins	6T	365D	32F-32R	100.0		CHA
MF-6280	$57165	$24010	$28010	$36590	$40590	Perkins	6T	365D	32F-32R	110.0		No
MF-6280	$66025	$27730	$32350	$42260	$46880	Perkins	6T	365D	32F-32R	110.0		CHA
MF-6280 4WD	$64450	$27070	$31580	$41250	$45760	Perkins	6T	365D	32F-32R	110.0		No
MF-6280 4WD	$73320	$30790	$35930	$46930	$52060	Perkins	6T	365D	32F-32R	110.0		CHA
MF-6290	$61220	$25710	$30000	$39180	$43470	Perkins	6T	365D	32F-32R	120.0		No
MF-6290	$70710	$29700	$34650	$45250	$50200	Perkins	6T	365D	32F-32R	120.0		CHA
MF-6290 4WD	$68840	$28910	$33730	$44060	$48880	Perkins	6T	365D	32F-32R	120.0		No
MF-6290 4WD	$78330	$32900	$38380	$50130	$55610	Perkins	6T	365D	32F-32R	120.0		CHA
MF-8220	$84755	$34730	$41350	$49620	$54580	Perkins	6TA	365D	32F-32R	135.0	13815	CHA
MF-8220 4WD	$96070	$39480	$47000	$56400	$62040	Perkins	6TA	365D	32F-32R	135.0	14415	CHA
MF-8240	$88195	$36500	$43450	$52140	$57350	Perkins	6TA	402D	32F-32R	145.0	13865	CHA
MF-8240 4WD	$100770	$41920	$49900	$59880	$65870	Valmet	6TA	402D	32F-32R	145.0	14465	CHA
MF-8245 4WD	$112160	$44650	$53150	$63780	$70160	Valmet	6TA	451D	18F-6R	160.0	18300	CHA
MF-8250 4WD	$107785	$43430	$51700	$62040	$68240	Valmet	6TA	451D	32F-32R	165.0	18853	CHA
MF-8260 4WD	$122725	$48640	$57900	$69480	$76430	Valmet	6TA	451D	18F-6R	180.0	18500	CHA
MF-8270 4WD	$131150	$52370	$62350	$74820	$82300	Valmet	6TA	513D	18F-6R	200.0	19700	CHA
MF-8280 4WD	$142315	$55400	$65950	$79140	$87050	Valmet	6TA	513D	18F-6R	225.0	19700	CHA
2000												
MF-231S	$14100	$6200	$7470	$9310	$10290	Perkins	3	152D	8F-2R	42.0	4120	No
MF-241	$15890	$6520	$7470	$10010	$10960	Perkins	3	152D	8F-2R	45.0	4160	No
MF-243	$22590	$9260	$10620	$14230	$15590	Perkins	3	152D	8F-2R	47.0	4850	No
MF-243 4WD	$25450	$10440	$11960	$16030	$17560	Perkins	3	152D	8F-2R	47.0	5045	No
MF-263	$25700	$10540	$12080	$16190	$17730	Perkins	3T	152D	8F-2R	53.0	4915	No
MF-263 4WD	$30740	$12600	$14450	$19370	$21210	Perkins	3T	152D	8F-2R	53.0	5063	No
MF-271	$18025	$7390	$8470	$11360	$12440	Perkins	4	236D	8F-2R	59.0	6130	No
MF-281	$20850	$8550	$9800	$13140	$14390	Perkins	4	236D	8F-2R	69.0	6350	No
MF-281 4WD	$26460	$10850	$12440	$16670	$18260	Perkins	4	236D	8F-2R	69.0	6635	No
MF-1165 4WD	$26160	$10730	$12300	$16480	$18050	Isuzu	4	134D	16F-16R	37.0	1874	No
MF-1205 4WD	$10800	$4430	$5080	$6800	$7450	Iseki	3	61D	6F-2R	13.5	1579	No
MF-1205 Hydro 4WD	$12050	$4940	$5660	$7590	$8320	Iseki	3	61D	Variable	13.0	1579	No
MF-1215	$11095	$4550	$5220	$6990	$7660	Iseki	3	61D	6F-2R	15.0	1457	No
MF-1215 4WD	$12025	$4920	$5640	$7560	$8280	Iseki	3	61D	6F-2R	15.0	1589	No
MF-1215 Hydro	$12365	$5070	$5810	$7790	$8530	Iseki	3	61D	Variable	14.0	1457	No
MF-1215 Hydro 4WD	$13595	$5570	$6390	$8570	$9380	Iseki	3	61D	Variable	14.0	1589	No
MF-1225	$11970	$4910	$5630	$7540	$8260	Iseki	3	68D	6F-2R	19.0	1874	No
MF-1225 4WD	$13410	$5500	$6300	$8450	$9250	Iseki	3	68D	6F-2R	19.0	1874	No
MF-1225 Hydro	$13385	$5330	$6110	$8190	$8970	Iseki	3	68D	Variable	18.4	1874	No
MF-1225 Hydro 4WD	$14870	$6100	$6990	$9370	$10260	Iseki	3	68D	Variable	18.4	1874	No
MF-1230	$14105	$5780	$6630	$8890	$9730	Iseki	3	87D	9F-3R	20.5	2227	No
MF-1230 4WD	$15785	$6470	$7420	$9950	$10890	Iseki	3	87D	9F-3R	20.5	2403	No
MF-1230 Hydro	$15745	$6460	$7400	$9920	$10860	Iseki	3	87D	Variable	19.6	2293	No
MF-1230 Hydro 4WD	$17425	$7140	$8190	$10980	$12020	Iseki	3	87D	Variable	19.6	2469	No
MF-1235 Hydro 4WD	$18035	$7390	$8480	$11360	$12440	Iseki	3	91D	Variable	24.3	2447	No
MF-1240	$15200	$6230	$7140	$9580	$10490	Iseki	3	87D	16F-16R	22.8	2859	No
MF-1240 4WD	$17205	$7050	$8090	$10840	$11870	Iseki	3	87D	16F-16R	22.8	2960	No
MF-1250	$16175	$6630	$7600	$10190	$11160	Iseki	3	91D	16F-16R	26.8	2933	No
MF-1250 4WD	$18690	$7660	$8780	$11780	$12900	Iseki	3	91D	16F-16R	26.8	3040	No
MF-1260 4WD	$20855	$8550	$9800	$13140	$14390	Iseki	3	91D	16F-16R	31.0	3128	No
MF-2210 4WD	$37785	$14360	$17000	$22670	$25960	Perkins	3	165D	15F-15R	49.0		No
MF-2210 4WD	$38795	$14740	$17460	$23280	$26380	Perkins	3	165D	15F-15R	49.0		CHA
MF-2220 4WD	$36220	$13760	$16300	$21730	$24630	Perkins	3T	165D	15F-15R	58.0		No
MF-2220 4WD	$41525	$15780	$18690	$24920	$28240	Perkins	3T	165D	15F-15R	58.0		CHA
MF-3210GE 4WD	$29995	$12300	$14100	$18900	$20700	Perkins	3	152D	12F-12R	49.0		No
MF-3210S	$20595	$8440	$9680	$12980	$14210	Perkins	3	152D	12F-12R	49.0		No
MF-3210S 4WD	$29735	$12190	$13980	$18730	$20520	Perkins	3	152D	12F-12R	49.0		No

Model	Approx. Retail Price New	Used Trade-In Avg.	Used Trade-In High	Used Retail Avg.	Used Retail High	Make	Engine No. Cyls.	Displ. Cu.-in.	No. Speeds	P.T.O. H.P.	Approx. Shipping Wt.-Lbs.	Cab
Massey Ferguson (Cont.)												
				2000 (Cont.)								
MF-3210S w/Cab	$31980	$13110	$15030	$20150	$22070	Perkins	3	152D	12F-12R	49.0		CHA
MF-3210S 4WD w/Cab	$37845	$15520	$17790	$23840	$26110	Perkins	3	152D	12F-12R	49.0		CHA
MF-3210V	$26170	$10730	$12300	$16490	$18060	Perkins	3	152D	12F-12R	49.0		No
MF-3210V 4WD	$31900	$13080	$14990	$20100	$22010	Perkins	3	152D	12F-12R	49.0		No
MF-3210V w/Cab	$35095	$14390	$16500	$22110	$24220	Perkins	3	152D	12F-12R	49.0		CHA
MF-3210V 4WD w/Cab	$40825	$16740	$19190	$25720	$28170	Perkins	3	152D	12F-12R	49.0		CHA
MF-3225S	$28840	$11820	$13560	$18170	$19900	Perkins	4	244D	12F-12R	61.0		No
MF-3225S 4WD	$34930	$14320	$16420	$22010	$24100	Perkins	4	244D	12F-12R	61.0		No
MF-3225S w/Cab	$37160	$15240	$17470	$23410	$25640	Perkins	4	244D	12F-12R	61.0		CHA
MF-3225S 4WD w/Cab	$43255	$17740	$20330	$27250	$29850	Perkins	4	244D	12F-12R	61.0		CHA
MF-3225GE	$28705	$11770	$13490	$18080	$19810	Perkins	4	244D	12F-12R	61.0		No
MF-3225V	$29135	$11950	$13690	$18360	$20100	Perkins	4	244D	12F-12R	61.0		No
MF-3225GE 4WD	$34850	$14290	$16380	$21960	$24050	Perkins	4	244D	12F-12R	61.0		No
MF-3225V 4WD	$35185	$14430	$16540	$22170	$24280	Perkins	4	244D	12F-12R	61.0		No
MF-3225V 4WD w/Cab	$47035	$19280	$22110	$29630	$32450	Perkins	4	244D	12F-12R	61.0		CHA
MF-3225V w/Cab	$40550	$16630	$19060	$25550	$27980	Perkins	4	244D	12F-12R	61.0		CHA
MF-3235V 4WD	$36965	$15160	$17370	$23290	$25510	Perkins	4	244D	12F-12R	71.0		No
MF-3235V 4WD w/Cab	$48820	$20020	$22950	$30760	$33690	Perkins	4	244D	12F-12R	71.0		CHA
MF-3235V w/Cab	$43120	$17680	$20270	$27170	$29750	Perkins	4	244D	12F-12R	71.0		CHA
MF-3235S	$31095	$12750	$14620	$19590	$21460	Perkins	4	244D	12F-12R	71.0		No
MF-3235V	$34390	$14100	$16160	$21670	$23730	Perkins	4	244D	12F-12R	71.0		No
MF-3235S 4WD	$37445	$15350	$17600	$23590	$25840	Perkins	4	244D	12F-12R	71.0		No
MF-3235S w/Cab	$39350	$16130	$18500	$24790	$27150	Perkins	4	244D	12F-12R	71.0		No
MF-3235S 4WD w/Cab	$45765	$18760	$21510	$28830	$31580	Perkins	4	244D	12F-12R	71.0		CHA
MF-3235GE 4WD	$37180	$15240	$17480	$23420	$25650	Perkins	4	244D	12F-12R	71.0		No
MF-3245S	$41805	$17140	$19650	$26340	$28850	Perkins	4T	244D	12F-12R	80.0		No
MF-3245S 4WD	$50125	$20550	$23560	$31580	$34590	Perkins	4T	244D	12F-12R	80.0		CHA
MF-3245FA 4WD	$42045	$17240	$19760	$26490	$29010	Perkins	4T	244D	12F-12R	80.0		No
MF-3245FA 4WD w/Cab	$50370	$20650	$23670	$31730	$34760	Perkins	4T	244D	12F-12R	80.0		CHA
MF-3255S 4WD	$44820	$18380	$21070	$28240	$30930	Perkins	4T	244D	12F-12R	84.4		No
MF-3255FA 4WD w/Cab	$53145	$21790	$24980	$33480	$36670	Perkins	4T	244D	12F-12R	84.4		CHA
MF-4225	$27140	$11130	$12760	$17100	$18730	Perkins	4	248D	8F-2R	55.0	6114	No
MF-4225	$32000	$13120	$15040	$20160	$22080	Perkins	4	248D	12F-12R	55.0	6114	No
MF-4225 4WD	$34985	$14340	$16440	$22040	$24140	Perkins	4	248D	8F-2R	55.0	6665	No
MF-4225 4WD	$40020	$16410	$18810	$25210	$27610	Perkins	4	248D	12F-12R	55.0	6665	No
MF-4225 4WD w/Cab	$43655	$17900	$20520	$27500	$30120	Perkins	4	248D	12F-4R	55.0	7485	CHA
MF-4225 4WD w/Cab	$46965	$19260	$22070	$29590	$32410	Perkins	4	248D	12F-12R	55.0	7485	CHA
MF-4225 w/Cab	$38130	$15630	$17920	$24020	$26310	Perkins	4	248D	12F-4R	55.0	6934	CHA
MF-4225 w/Cab	$41445	$16990	$19480	$26110	$28600	Perkins	4	248D	12F-12R	55.0	6934	CHA
MF-4233	$28605	$11730	$13440	$18020	$19740	Perkins	4	256D	8F-2R	65.0	6914	No
MF-4233	$32535	$13340	$15290	$20500	$22450	Perkins	4	256D	12F-12R	65.0	6914	No
MF-4233 4WD	$34675	$14220	$16300	$21850	$23930	Perkins	4	256D	8F-2R	65.0	7465	No
MF-4233 4WD	$38605	$15830	$18140	$24320	$26640	Perkins	4	256D	12F-12R	65.0	7465	No
MF-4233 4WD w/Cab	$44570	$18270	$20950	$28080	$30750	Perkins	4	256D	12F-4R	65.0	8285	CHA
MF-4233 4WD w/Cab	$48875	$19250	$22070	$29580	$32400	Perkins	4	256D	12F-12R	65.0	8285	CHA
MF-4233 w/Cab	$38420	$15750	$18060	$24210	$26510	Perkins	4	256D	12F-4R	65.0	7734	CHA
MF-4233 w/Cab	$40725	$16700	$19140	$25660	$28100	Perkins	4	256D	12F-12R	65.0	7734	CHA
MF-4235	$35960	$14740	$16900	$22660	$24810	Perkins	4	248D	12F-12R	65.0	6797	No
MF-4235 4WD	$41700	$17100	$19600	$26270	$28770	Perkins	4	248D	12F-12R	65.0	7348	No
MF-4235 4WD w/Cab	$49025	$20100	$23040	$30890	$33830	Perkins	4	248D	12F-12R	65.0	8468	CHA
MF-4235 w/Cab	$43135	$17690	$20270	$27180	$29760	Perkins	4	248D	12F-12R	65.0	7417	CHA
MF-4243	$30145	$12360	$14170	$18990	$20800	Perkins	4T	244D	8F-2R	75.0	6914	No
MF-4243	$34075	$13970	$16020	$21470	$23510	Perkins	4T	244D	12F-12R	75.0	6914	No
MF-4243 4WD	$37105	$15210	$17440	$23380	$25600	Perkins	4T	244D	8F-2R	75.0	7465	No
MF-4243 4WD	$41035	$16820	$19290	$25850	$28310	Perkins	4T	244D	12F-12R	75.0	7465	No
MF-4243 4WD w/Cab	$47415	$19440	$22290	$29870	$32720	Perkins	4T	244D	12F-4R	75.0	8285	CHA
MF-4243 4WD w/Cab	$49720	$20390	$23370	$31320	$34310	Perkins	4T	244D	12F-12R	75.0	8285	CHA
MF-4243 w/Cab	$40370	$16550	$18970	$25430	$27860	Perkins	4T	244D	12F-4R	75.0	7735	CHA
MF-4243 w/Cab	$42680	$17500	$20060	$26890	$29450	Perkins	4T	244D	12F-12R	75.0	7735	CHA
MF-4245	$40525	$16620	$19050	$25530	$27960	Perkins	4T	244D	12F-12R	75.0	6915	No
MF-4245 4WD	$46495	$19060	$21850	$29290	$32080	Perkins	4T	244D	12F-12R	75.0	7465	No
MF-4245 4WD w/Cab	$54325	$22270	$25530	$34230	$37480	Perkins	4T	244D	12F-12R	75.0	8285	CHA
MF-4245 w/Cab	$48270	$19790	$22690	$30410	$33310	Perkins	4T	244D	12F-12R	75.0	7735	CHA
MF-4253	$33010	$13530	$15520	$20800	$22780	Perkins	4T	244D	8F-2R	85.0	6914	No
MF-4253	$36940	$15150	$17360	$23270	$25490	Perkins	4T	244D	12F-12R	85.0	6914	No
MF-4253 4WD	$39885	$16350	$18750	$25130	$27520	Perkins	4T	244D	8F-2R	85.0	7465	No
MF-4253 4WD	$43815	$17960	$20590	$27600	$30230	Perkins	4T	244D	12F-12R	85.0	7465	No
MF-4253 4WD w/Cab	$50140	$20560	$23570	$31590	$34600	Perkins	4T	244D	12F-12R	85.0	8285	CHA
MF-4253 4WD w/Cab	$52445	$21500	$24650	$33040	$36190	Perkins	4T	244D	12F-12R	85.0	8285	CHA
MF-4253 w/Cab	$42810	$17550	$20120	$26970	$29540	Perkins	4T	244D	12F-12R	85.0	7735	CHA
MF-4253 w/Cab	$45110	$18500	$21200	$28420	$31130	Perkins	4T	244D	12F-12R	85.0	7735	CHA
MF-4255	$42295	$17340	$19880	$26650	$29180	Perkins	4T	244D	12F-12R	85.0	6914	No
MF-4255 4WD	$48825	$20020	$22950	$30760	$33690	Perkins	4T	244D	12F-12R	85.0	7465	No
MF-4255 4WD w/Cab	$57060	$23400	$26820	$35950	$39370	Perkins	4T	244D	12F-12R	85.0	8285	CHA
MF-4255 w/Cab	$50295	$20620	$23640	$31690	$34700	Perkins	4T	244D	12F-12R	85.0	7734	CHA
MF-4263	$36885	$15120	$17340	$23240	$25450	Perkins	6	365D	8F-2R	90.0	7624	No
MF-4263	$40905	$16770	$19230	$25770	$28220	Perkins	6	365D	12F-12R	90.0	7624	No
MF-4263 4WD	$43350	$17770	$20380	$27310	$29910	Perkins	6	365D	8F-2R	90.0	8175	No
MF-4263 4WD	$47280	$19390	$22220	$29790	$32620	Perkins	6	365D	12F-12R	90.0	8175	No
MF-4263 4WD w/Cab	$55175	$22620	$25930	$34760	$38070	Perkins	6	365D	12F-4R	90.0	8995	CHA
MF-4263 4WD w/Cab	$57475	$23570	$27010	$36210	$39660	Perkins	6	365D	12F-12R	90.0	8995	CHA
MF-4263 w/Cab	$47545	$19490	$22350	$29950	$32810	Perkins	6	365D	12F-4R	90.0	8444	CHA
MF-4263 w/Cab	$49850	$20440	$23430	$31410	$34400	Perkins	6	365D	12F-12R	90.0	8444	CHA
MF-4270	$45350	$18590	$21320	$28570	$31290	Perkins	6T	365D	12F-12R	99.0	7712	No

Massey Ferguson (Cont.)

Model	Approx. Retail Price New	Used Trade-In Avg.	Used Trade-In High	Used Retail Avg.	Used Retail High	Make	Engine No. Cyls.	Displ. Cu.-in.	No. Speeds	P.T.O. H.P.	Approx. Shipping Wt.-Lbs.	Cab
2000 (Cont.)												
MF-4270 4WD	$54765	$22450	$25740	$34500	$37790	Perkins	6T	365D	12F-12R	99.0	8263	No
MF-4270 4WD w/Cab	$63650	$26100	$29920	$40100	$43920	Perkins	6T	365D	12F-12R	99.0	9083	CHA
MF-4270 w/Cab	$53525	$21950	$25160	$33720	$36930	Perkins	6T	365D	12F-12R	99.0	8532	CHA
MF-6245 4WD	$61550	$23030	$27270	$36360	$41210	Perkins	4T	244D	32F-32R	75.0		CHA
MF-6255	$57205	$21430	$25380	$33840	$38350	Perkins	4T	244D	32F-32R	85.0		CHA
MF-6255 4WD	$61985	$23550	$27890	$37190	$42150	Perkins	4T	244D	32F-32R	85.0		CHA
MF-6265	$56395	$21430	$25380	$33840	$38350	Perkins	4T	244D	32F-32R	95.0		CHA
MF-6265 4WD	$65405	$24850	$29430	$39240	$44480	Perkins	4T	244D	32F-32R	85.0		CHA
MF-6270	$53510	$20330	$24080	$32110	$36390	Perkins	6T	365D	32F-32R	100.0		No
MF-6270	$61805	$23070	$27320	$36420	$41280	Perkins	6T	365D	32F-32R	100.0		CHA
MF-6270 4WD	$61055	$22800	$27000	$36000	$40800	Perkins	6T	365D	32F-32R	100.0		No
MF-6270 4WD	$69715	$26110	$30920	$41220	$46720	Perkins	6T	365D	32F-32R	100.0		CHA
MF-6280	$56365	$21420	$25360	$33820	$38330	Perkins	6T	365D	32F-32R	110.0		No
MF-6280	$65225	$24790	$29350	$39140	$44350	Perkins	6T	365D	32F-32R	110.0		CHA
MF-6280 4WD	$64030	$24330	$28810	$38420	$43540	Perkins	6T	365D	32F-32R	110.0		No
MF-6280 4WD	$72890	$27700	$32800	$43730	$49570	Perkins	6T	365D	32F-32R	110.0		CHA
MF-6290	$60295	$22910	$27130	$36180	$41000	Perkins	6T	365D	32F-32R	120.0		No
MF-6290	$69775	$26520	$31400	$41870	$47450	Perkins	6T	365D	32F-32R	120.0		CHA
MF-6290 4WD	$68420	$26000	$30790	$41050	$46530	Perkins	6T	365D	32F-32R	120.0		No
MF-6290 4WD	$77900	$29600	$35060	$46740	$52970	Perkins	6T	365D	32F-32R	120.0		CHA
MF-8220	$81105	$31630	$37310	$44610	$48660	Perkins	6TA	365D	32F-32R	135.0	13815	CHA
MF-8220 4WD	$90290	$35210	$41530	$49660	$54170	Perkins	6TA	365D	32F-32R	135.0	14415	CHA
MF-8240	$86905	$33890	$39980	$47800	$52140	Perkins	6TA	402D	32F-32R	145.0	13865	CHA
MF-8240 4WD	$99865	$38610	$45540	$54450	$59400	Perkins	6TA	402D	32F-32R	145.0	14465	CHA
MF-8245 4WD	$106325	$40690	$47990	$57380	$62600	Perkins	6TA	451D	18F-6R	160.0	18300	CHA
MF-8250 4WD	$103435	$39560	$46660	$55790	$60860	Perkins	6TA	451D	32F-32R	165.0	18853	CHA
MF-8260 4WD	$115815	$42900	$50600	$60500	$66000	Perkins	6TA	451D	18F-6R	180.0	18500	CHA
MF-8270 4WD	$125775	$46800	$55200	$66000	$72000	Perkins	6TA	513D	18F-6R	200.0	19700	CHA
MF-8280 4WD	$136940	$50700	$59800	$71500	$78000	Perkins	6TA	513D	18F-6R	225.0	19700	CHA
1999												
MF-231	$13045	$5350	$6650	$8480	$9390	Perkins	3	152D	8F-2R	34.0	4065	No
MF-240	$20575	$7820	$9050	$12550	$13790	Perkins	3	152D	8F-2R	41.0	4015	No
MF-240 4WD	$25325	$9310	$10780	$14950	$16420	Perkins	3	152D	8F-2R	41.0	4585	No
MF-240S	$17240	$6550	$7590	$10520	$11550	Perkins	3	152D	8F-2R	41.0	4015	No
MF-243	$21810	$8290	$9600	$13300	$14610	Perkins	3	152D	8F-2R	47.0	4015	No
MF-243 4WD	$26205	$9730	$11260	$15620	$17150	Perkins	3	152D	8F-2R	47.0	4015	No
MF-253	$23560	$8950	$10370	$14370	$15790	Perkins	3T	152D	8F-2R	48.0	4265	No
MF-253 4WD	$28845	$10640	$12320	$17080	$18760	Perkins	3T	152D	8F-2R	48.0	4735	No
MF-261	$16345	$6210	$7190	$9970	$10950	Perkins	4	236D	8F-2R	53.0	5280	No
MF-263	$26765	$10170	$11780	$16330	$17930	Perkins	3T	152D	8F-2R	53.0	5700	No
MF-263 4WD	$31485	$11400	$13200	$18300	$20100	Perkins	3T	152D	8F-2R	53.0	5700	No
MF-271	$17675	$6720	$7780	$10780	$11840	Perkins	4	236D	8F-2R	57.0		No
MF-281	$21075	$8010	$9270	$12860	$14120	Perkins	4	236D	8F-2R	66.0		No
MF-281 4WD	$26745	$9880	$11440	$15860	$17420	Perkins	4	236D	8F-2R	66.0		No
MF-283	$20595	$7830	$9060	$12560	$13800	Perkins	4	248D	8F-2R	67.0	5700	No
MF-283 4WD	$26130	$9930	$11500	$15940	$17510	Perkins	4	248D	8F-2R	67.0		No
MF-354 GE 4WD	$31825	$12090	$14000	$19410	$21320	Perkins	3	152D	12F-12R	42.0		No
MF-354S	$24955	$9480	$10980	$15220	$16720	Perkins	3	152D	12F-4R	42.0		No
MF-354S 4WD	$31125	$11830	$13700	$18990	$20850	Perkins	3	152D	12F-4R	42.0		No
MF-354V	$31785	$12080	$13990	$19390	$21300	Perkins	3	152D	12F-12R	42.0		CH
MF-354V 4WD	$37780	$14360	$16620	$23050	$25310	Perkins	3	152D	12F-12R	42.0		CH
MF-362	$26500	$10070	$11660	$16170	$17760	Perkins	4	236D	8F-2R	55.0	5335	No
MF-362 4WD	$33185	$12610	$14600	$20240	$22230	Perkins	4	236D	8F-2R	55.0	5960	No
MF-374 GE	$29450	$11190	$12960	$17970	$19730	Perkins	4	236D	12F-12R	57.0		No
MF-374 GE 4WD	$36135	$13730	$15900	$22040	$24210	Perkins	4	236D	12F-12R	57.0		No
MF-374S	$27915	$10610	$12280	$17030	$18700	Perkins	4	236D	12F-4R	57.0		No
MF-374S 4WD	$34280	$13030	$15080	$20910	$22970	Perkins	4	236D	12F-4R	57.0		No
MF-374S 4WD w/Cab	$44725	$17000	$19680	$27280	$29970	Perkins	4	236D	12F-4R	57.0		CHA
MF-374S w/Cab	$38625	$14680	$17000	$23560	$25880	Perkins	4	236D	12F-4R	57.0		CHA
MF-374V	$38110	$14480	$16770	$23250	$25530	Perkins	4	236D	12F-12R	57.0		CHA
MF-374V 4WD	$44300	$16830	$19490	$27020	$29680	Perkins	4	236D	12F-12R	57.0		CHA
MF-375	$29075	$10470	$12210	$16570	$18900	Perkins	4	236D	12F-4R	60.0	6240	No
MF-375	$32630	$11750	$13710	$18600	$21210	Perkins	4	236D	18F-6R	60.0	6240	No
MF-375 4WD	$34865	$12550	$14640	$19870	$22660	Perkins	4	236D	12F-4R	60.0	6867	No
MF-375 4WD	$37900	$13640	$15920	$21600	$24640	Perkins	4	236D	18F-6R	60.0	6867	No
MF-375 4WD w/Cab	$43035	$15490	$18080	$24530	$27970	Perkins	4	236D	12F-4R	60.0	7517	CHA
MF-375 4WD w/Cab	$45175	$16260	$18970	$25750	$29360	Perkins	4	236D	18F-6R	60.0	7517	CHA
MF-375 w/Cab	$37810	$13610	$15880	$21550	$24580	Perkins	4	236D	12F-4R	60.0	6910	CHA
MF-375 w/Cab	$39945	$14380	$16780	$22770	$25960	Perkins	4	236D	18F-6R	60.0	6910	CHA
MF-383	$27270	$10360	$12000	$16640	$18270	Perkins	4	248D	8F-2R	73.0	6311	No
MF-383 4WD	$33725	$12820	$14840	$20570	$22600	Perkins	4	248D	8F-2R	73.0	6950	No
MF-383 4WD w/Cab	$42735	$16240	$18800	$26070	$28630	Perkins	4	248D	8F-2R	73.0	7552	CHA
MF-383 w/Cab	$36280	$13790	$15960	$22130	$24310	Perkins	4	248D	8F-2R	73.0	6957	CHA
MF-390	$32145	$12220	$14140	$19640	$21540	Perkins	4	248D	12F-4R	70.0	6275	No
MF-390	$35705	$13570	$15710	$21780	$23920	Perkins	4	248D	18F-6R	70.0	6275	No
MF-390 4WD	$38400	$14590	$16900	$23420	$25730	Perkins	4	248D	12F-4R	70.0	6902	No
MF-390 4WD	$41440	$15750	$18230	$25280	$27770	Perkins	4	248D	18F-6R	70.0	6902	No
MF-390 4WD w/Cab	$47815	$18170	$21040	$29170	$32040	Perkins	4	248D	12F-4R	70.0	7552	CHA
MF-390 4WD w/Cab	$49950	$18980	$21980	$30470	$33470	Perkins	4	248D	18F-6R	70.0	7552	CHA
MF-390 w/Cab	$42095	$16000	$18520	$25680	$28200	Perkins	4	248D	12F-4R	70.0	6945	CHA
MF-390 w/Cab	$44230	$16810	$19460	$26980	$29630	Perkins	4	248D	18F-6R	70.0	6945	CHA
MF-390T	$34705	$13190	$15270	$21170	$23250	Perkins	4T	236D	12F-4R	80.0	6359	No
MF-390T	$37740	$14340	$16610	$23020	$25290	Perkins	4T	236D	18F-6R	80.0	6359	No

Massey Ferguson (Cont.)

1999 (Cont.)

Model	Approx. Retail Price New	Estimated Value Less Repairs — Used Trade-In Avg.	Used Trade-In High	Used Retail Avg.	Used Retail High	Make	Engine No. Cyls.	Displ. Cu.-in.	No. Speeds	P.T.O. H.P.	Approx. Shipping Wt.-Lbs.	Cab
MF-390T 4WD	$39845	$15140	$17530	$24310	$26700	Perkins	4T	236D	12F-4R	80.0	6952	No
MF-390T 4WD	$42880	$16290	$18870	$26160	$28730	Perkins	4T	236D	16F-4R	80.0	6952	No
MF-390T 4WD w/Cab	$49985	$18990	$21990	$30490	$33490	Perkins	4T	236D	12F-4R	80.0	7602	CHA
MF-390T 4WD w/Cab	$52105	$19800	$22930	$31780	$34910	Perkins	4T	236D	18F-6R	80.0	7602	CHA
MF-390T w/Cab	$43225	$16430	$19020	$26370	$28960	Perkins	4T	236D	12F-4R	80.0	6995	CHA
MF-390T w/Cab	$45365	$17240	$19960	$27670	$30400	Perkins	4T	236D	18F-6R	80.0	6995	CHA
MF-393	$30150	$11460	$13270	$18390	$20200	Perkins	4T	236D	8F-2R	83.0	6371	No
MF-393 4WD	$36535	$13880	$16080	$22290	$24480	Perkins	4T	236D	8F-2R	83.0	6986	No
MF-393 4WD w/Cab	$45455	$17270	$20000	$27730	$30460	Perkins	4T	236D	8F-2R	83.0	7636	CHA
MF-393 w/Cab	$38495	$14630	$16940	$23480	$25790	Perkins	4T	236D	8F-2R	83.0	7021	CHA
MF-394 GE 4WD	$38995	$14820	$17160	$23790	$26130	Perkins	4	248D	12F-12R	72.0		No
MF-394HC	$32280	$12270	$14200	$19690	$21630	Perkins	4	248D	12F-12R	72.0		No
MF-394HC 4WD	$39320	$14940	$17300	$23990	$26340	Perkins	4	248D	12F-12R	73.0		No
MF-394S	$30875	$11730	$13590	$18830	$20690	Perkins	4	248D	12F-4R	73.0		No
MF-394S 4WD	$36795	$13980	$16190	$22450	$24650	Perkins	4	248D	12F-4R	73.0		No
MF-394S 4WD w/Cab	$47160	$17920	$20750	$28770	$31600	Perkins	4	248D	12F-12R	73.0		CHA
MF-394S w/Cab	$40875	$15530	$17990	$24930	$27390	Perkins	4	248D	12F-12R	73.0		CHA
MF-396	$33320	$12660	$14660	$20330	$22320	Perkins	6	365D	8F-2R	88.0	7120	No
MF-396 4WD	$40920	$15550	$18010	$24960	$27420	Perkins	6	365D	8F-2R	88.0	7690	No
MF-396 4WD w/Cab	$51085	$19410	$22480	$31160	$34230	Perkins	6	365D	12F-4R	88.0	8430	CHA
MF-396 w/Cab	$42875	$16290	$18870	$26150	$28730	Perkins	6	365D	12F-4R	88.0	7831	CHA
MF-399	$38075	$14470	$16750	$23230	$25510	Perkins	6	365D	12F-4R	95.00	7400	No
MF-399	$41110	$15620	$18090	$25080	$27540	Perkins	6	365D	18F-6R	95.00	7400	No
MF-399 4WD	$45115	$17140	$19850	$27520	$30230	Perkins	6	365D	12F-4R	95.00	7910	No
MF-399 4WD	$48140	$18290	$21180	$29370	$32250	Perkins	6	365D	18F-6R	95.00	7910	No
MF-399 4WD w/Cab	$56045	$21300	$24660	$34190	$37550	Perkins	6	365D	18F-6R	95.00	8560	CHA
MF-399 4WD w/Cab	$58185	$22110	$25600	$35490	$38980	Perkins	6	365D	18F-6R	95.00	8560	CHA
MF-399 w/Cab	$47660	$18110	$20970	$29070	$31930	Perkins	6	365D	12F-4R	95.00	8050	CHA
MF-399 w/Cab	$49800	$18920	$21910	$30380	$33370	Perkins	6	365D	18F-6R	95.00	8050	CHA
MF-1160 4WD	$25495	$9690	$11220	$15550	$17080	Isuzu	4	136D	16F-16R	37.0	4206	No
MF-1165 4WD	$26160	$9940	$11510	$15960	$17530	Isuzu	4	134D	16F-16R	37.0	1874	No
MF-1180 4WD	$27600	$10490	$12140	$16840	$18490	Isuzu	4	169D	16F-16R	46.0	4773	No
MF-1190 4WD	$29460	$11200	$12960	$17970	$19740	Isuzu	4T	169D	16F-16R	53.0	4795	No
MF-1205 4WD	$10640	$4040	$4680	$6490	$7130	Iseki	3	61D	6F-2R	13.5	1579	No
MF-1205 Hydro 4WD	$11875	$4510	$5230	$7240	$7960	Iseki	3	61D	Variable	13.0	1579	No
MF-1215	$10935	$4160	$4810	$6670	$7330	Iseki	3	61D	6F-2R	15.0	1457	No
MF-1215 4WD	$11845	$4500	$5210	$7230	$7940	Iseki	3	61D	6F-2R	15.0	1589	No
MF-1215 Hydro	$12185	$4630	$5360	$7430	$8160	Iseki	3	61D	Variable	14.0	1457	No
MF-1215 Hydro 4WD	$13390	$5090	$5890	$8170	$8970	Iseki	3	61D	Variable	14.0	1589	No
MF-1220	$13030	$4950	$5730	$7950	$8730	Iseki	3	68D	6F-2R	17.2	1874	No
MF-1220 4WD	$14640	$5560	$6440	$8930	$9810	Iseki	3	68D	6F-2R	17.2	2050	No
MF-1220 Hydro	$14470	$5500	$6370	$8830	$9700	Iseki	3	68D	Variable	16.0	1896	No
MF-1220 Hydro 4WD	$16055	$6100	$7060	$9790	$10760	Iseki	3	68D	Variable	16.0	2072	No
MF-1225	$12435	$4730	$5470	$7590	$8330	Iseki	3	68D	6F-2R	19.0	1874	No
MF-1225 4WD	$13835	$5260	$6090	$8440	$9270	Iseki	3	68D	6F-2R	19.0	1874	No
MF-1225 Hydro	$13825	$5240	$6070	$8420	$9250	Iseki	3	68D	Variable	19.0	1874	No
MF-1225 Hydro 4WD	$15275	$5810	$6720	$9320	$10230	Iseki	3	68D	Variable	19.0	1874	No
MF-1230	$14450	$5490	$6360	$8820	$9680	Iseki	3	87D	9F-3R	21.0	2227	No
MF-1230 4WD	$16110	$6120	$7090	$9830	$10790	Iseki	3	87D	9F-3R	21.0	2403	No
MF-1230 Hydro	$16070	$6110	$7070	$9800	$10770	Iseki	3	87D	Variable	20.0	2293	No
MF-1230 Hydro 4WD	$17730	$6740	$7800	$10820	$11880	Iseki	3	87D	Variable	20.0	2469	No
MF-1235 Hydro 4WD	$18380	$6980	$8090	$11210	$12320	Iseki	3	91D	Variable	25.1		No
MF-1240	$15385	$5850	$6770	$9390	$10310	Iseki	3	87D	16F-16R	22.5	2859	No
MF-1240 4WD	$17230	$6550	$7580	$10510	$11540	Iseki	3	87D	16F-16R	22.5	2960	No
MF-1250	$16520	$6280	$7270	$10080	$11070	Iseki	3	91D	16F-16R	26.2	2933	No
MF-1250 4WD	$18820	$7150	$8280	$11480	$12610	Iseki	3	91D	16F-16R	26.2	3040	No
MF-1260 4WD	$21300	$8090	$9370	$12990	$14270	Iseki	3	91D	16F-16R	31.0	3128	No
MF-2210 4WD	$33800	$12170	$14200	$19270	$21970	Perkins	3	165D	12F-12R	49.0		No
MF-2210 4WD	$38810	$13970	$16300	$22120	$25230	Perkins	3	165D	12F-12R	49.0		CHA
MF-2220 4WD	$36235	$13050	$15220	$20650	$23550	Perkins	3T	165D	12F-12R	58.0		No
MF-2220 4WD	$41540	$14950	$17450	$23680	$27000	Perkins	3T	165D	12F-12R	58.0		CHA
MF-4225	$27585	$10480	$12140	$16830	$18480	Perkins	4	248D	8F-2R	55.		No
MF-4225	$32600	$12390	$14340	$19890	$21840	Perkins	4	248D	12F-12R	55.		No
MF-4225 4WD	$34670	$13180	$15260	$21150	$23230	Perkins	4	248D	8F-2R	55.		No
MF-4225 4WD	$39680	$15080	$17460	$24210	$26590	Perkins	4	248D	12F-12R	55.		No
MF-4225 4WD w/Cab	$43440	$16510	$19110	$26500	$29110	Perkins	4	248D	12F-4R	55.		CHA
MF-4225 4WD w/Cab	$46735	$17760	$20560	$28510	$31310	Perkins	4	248D	12F-12R	55.		CHA
MF-4225 w/Cab	$37945	$14420	$16700	$23150	$25420	Perkins	4	248D	12F-4R	55.		CHA
MF-4225 w/Cab	$41240	$15670	$18150	$25160	$27630	Perkins	4	248D	12F-12R	55.		CHA
MF-4233	$28465	$10820	$12530	$17360	$19070	Perkins	4	256D	8F-2R	65.0		No
MF-4233	$32375	$12300	$14250	$19750	$21690	Perkins	4	256D	12F-12R	65.0		No
MF-4233 4WD	$34505	$13110	$15180	$21050	$23120	Perkins	4	256D	8F-2R	65.0		No
MF-4233 4WD	$38415	$14600	$16900	$23430	$25740	Perkins	4	256D	12F-12R	65.0		No
MF-4233 4WD w/Cab	$44350	$16850	$19510	$27050	$29720	Perkins	4	256D	12F-4R	65.0		CHA
MF-4233 4WD w/Cab	$46645	$17730	$20520	$28450	$31250	Perkins	4	256D	12F-12R	65.0		CHA
MF-4233 w/Cab	$38230	$14530	$16820	$23320	$25610	Perkins	4	256D	12F-4R	65.0		CHA
MF-4233 w/Cab	$40525	$15400	$17830	$24720	$27150	Perkins	4	256D	12F-12R	65.0		CHA
MF-4235	$36420	$13840	$16030	$22220	$24400	Perkins	4	248D	12F-12R	65.		No
MF-4235 4WD	$41470	$15760	$18250	$25300	$27790	Perkins	4	248D	12F-12R	65.		No
MF-4235 4WD w/Cab	$48705	$18510	$21430	$29710	$32630	Perkins	4	248D	12F-12R	65.		CHA
MF-4235 w/Cab	$43615	$16570	$19190	$26610	$29220	Perkins	4	248D	12F-12R	65.		CHA
MF-4243	$30350	$11530	$13350	$18510	$20340	Perkins	4T	244D	8F-2R	75		No
MF-4243	$34260	$13020	$15070	$20900	$22950	Perkins	4T	244D	12F-12R	75		No
MF-4243 4WD	$37245	$14150	$16390	$22720	$24950	Perkins	4T	244D	8F-2R	75		No

Massey Ferguson (Cont.)

1999 (Cont.)

Model	Approx. Retail Price New	Estimated Value Less Repairs				Engine			No. Speeds	P.T.O. H.P.	Approx. Shipping Wt.-Lbs.	Cab
		Used Trade-In		Used Retail		Make	No. Cyls.	Displ. Cu.-in.				
		Avg.	High	Avg.	High							
MF-4243 4WD	$41155	$15640	$18110	$25110	$27570	Perkins	4T	244D	12F-12R	75		No
MF-4243 4WD w/Cab	$47500	$18050	$20900	$28980	$31830	Perkins	4T	244D	12F-4R	75		CHA
MF-4243 4WD w/Cab	$49795	$18920	$21910	$30380	$33360	Perkins	4T	244D	12F-12R	75		CHA
MF-4243 w/Cab	$40175	$15270	$17680	$24510	$26920	Perkins	4T	244D	12F-4R	75		CHA
MF-4243 w/Cab	$42470	$16140	$18690	$25910	$28460	Perkins	4T	244D	12F-12R	75		CHA
MF-4245	$39900	$15160	$17560	$24340	$26730	Perkins	4T	244D	12F-12R	75		No
MF-4245 4WD	$45325	$17220	$19940	$27650	$30370	Perkins	4T	244D	12F-12R	75		No
MF-4245 4WD w/Cab	$53430	$20300	$23510	$32590	$35800	Perkins	4T	244D	12F-12R	75		CHA
MF-4245 w/Cab	$47615	$18090	$20950	$29050	$31900	Perkins	4T	244D	12F-12R	75		CHA
MF-4253	$33200	$12620	$14610	$20250	$22240	Perkins	4T	244D	8F-2R	85		No
MF-4253	$37110	$14100	$16330	$22640	$24860	Perkins	4T	244D	12F-12R	85		No
MF-4253 4WD	$40010	$15200	$17600	$24410	$26810	Perkins	4T	244D	8F-2R	85		No
MF-4253 4WD	$43920	$16690	$19330	$26790	$29430	Perkins	4T	244D	12F-12R	85		No
MF-4253 4WD w/Cab	$50215	$19080	$22100	$30630	$33640	Perkins	4T	244D	12F-12R	85		CHA
MF-4253 4WD w/Cab	$52500	$19950	$23100	$32030	$35180	Perkins	4T	244D	12F-12R	85		CHA
MF-4253 w/Cab	$42435	$16130	$18670	$25890	$28430	Perkins	4T	244D	12F-12R	85		CHA
MF-4253 w/Cab	$44725	$17000	$19680	$27280	$29970	Perkins	4T	244D	12F-12R	85		CHA
MF-4255	$41795	$15880	$18390	$25500	$28000	Perkins	4T	244D	12F-12R	85		No
MF-4255 4WD	$47900	$18200	$21080	$29220	$32090	Perkins	4T	244D	12F-12R	85		No
MF-4255 4WD w/Cab	$56410	$21440	$24820	$34410	$37800	Perkins	4T	244D	12F-12R	85		CHA
MF-4255 w/Cab	$49075	$18650	$21590	$29940	$32880	Perkins	4T	244D	12F-12R	85		CHA
MF-4263	$37440	$14230	$16470	$22840	$25090	Perkins	6	365D	8F-2R	90		No
MF-4263	$41350	$15710	$18190	$25220	$27710	Perkins	6	365D	12F-12R	90		No
MF-4263 4WD	$43325	$16460	$19060	$26430	$29030	Perkins	6	365D	8F-2R	90		No
MF-4263 4WD	$47235	$17950	$20780	$28810	$31650	Perkins	6	365D	12F-12R	90		No
MF-4263 4WD w/Cab	$55500	$21090	$24420	$33860	$37190	Perkins	6	365D	12F-4R	90		CHA
MF-4263 4WD w/Cab	$57790	$21960	$25430	$35250	$38720	Perkins	6	365D	12F-12R	90		CHA
MF-4263 w/Cab	$47305	$17980	$20810	$28860	$31690	Perkins	6	365D	12F-4R	90		CHA
MF-4263 w/Cab	$49600	$18850	$21820	$30260	$33230	Perkins	6	365D	12F-12R	90		CHA
MF-4270	$45055	$17120	$19820	$27480	$30190	Perkins	6T	365D	12F-12R	99.		No
MF-4270 4WD	$52780	$20060	$23220	$32200	$35360	Perkins	6T	365D	12F-12R	99.		No
MF-4270 4WD w/Cab	$61935	$23540	$27250	$37780	$41500	Perkins	6T	365D	12F-12R	99.		CHA
MF-4270 w/Cab	$53255	$20240	$23430	$32490	$35680	Perkins	6T	365D	12F-12R	99.		CHA
MF-6150	$51210	$18440	$21510	$29190	$33290	Perkins	4T	244D	16F-16R	86.00		CHA
MF-6150 4WD	$58910	$21210	$24740	$33580	$38290	Perkins	4T	244D	16F-16R	86.00	10224	CHA
MF-6170	$46520	$16750	$19540	$26520	$30240	Perkins	6	365D	16F-16R	97.00	10329	No
MF-6170 4WD	$53960	$19430	$22660	$30760	$35070	Perkins	6	365D	16F-16R	97.00	10869	No
MF-6170 4WD w/Cab	$62160	$22380	$26110	$35430	$40400	Perkins	6	365D	16F-16R	97.00	10869	CHA
MF-6170 w/Cab	$54720	$19700	$22980	$31190	$35570	Perkins	6	365D	16F-16R	97.00	10329	CHA
MF-6180	$52510	$18900	$22050	$29930	$34130	Perkins	6T	365D	16F-16R	110.00		No
MF-6180 4WD	$59180	$21310	$24860	$33730	$38470	Perkins	6T	365D	16F-16R	110.00		No
MF-6180 4WD w/Cab	$67380	$24260	$28300	$38410	$43800	Perkins	6T	365D	16F-16R	110.00		CHA
MF-6180 w/Cab	$60710	$21860	$25500	$34610	$39460	Perkins	6T	365D	16F-16R	110.00		CHA
MF-6245 4WD	$62160	$22380	$26110	$35430	$40400	Perkins	4T	244D	32F-32R	75.00		CHA
MF-6255	$55605	$20020	$23350	$31700	$36140	Perkins	4T	244D	32F-32R	85.00		CHA
MF-6255 4WD	$63135	$22730	$26520	$35990	$41040	Perkins	4T	244D	32F-32R	85.00		CHA
MF-6265	$57905	$20850	$24320	$33010	$37640	Perkins	4T	244D	32F-32R	95.00		CHA
MF-6265 4WD	$66105	$23800	$27760	$37680	$42970	Perkins	4T	244D	32F-32R	85.00		CHA
MF-6270	$52225	$18800	$21940	$29770	$33950	Perkins	6T	365D	32F-32R	100.00		No
MF-6270	$60765	$21880	$25520	$34640	$39500	Perkins	6T	365D	32F-32R	100.00		CHA
MF-6270 4WD	$60145	$21650	$25260	$34280	$39090	Perkins	6T	365D	32F-32R	100.00		No
MF-6270 4WD	$68685	$24730	$28850	$39150	$44650	Perkins	6T	365D	32F-32R	100.00		CHA
MF-6280	$55405	$19950	$23270	$31580	$36010	Perkins	6T	365D	32F-32R	110.00		No
MF-6280	$64135	$23090	$26940	$36560	$41690	Perkins	6T	365D	32F-32R	110.00		CHA
MF-6280 4WD	$62580	$22530	$26280	$35670	$40680	Perkins	6T	365D	32F-32R	110.00		No
MF-6280 4WD	$71315	$25670	$29950	$40650	$46360	Perkins	6T	365D	32F-32R	110.00		CHA
MF-6290	$59400	$21380	$24950	$33860	$38610	Perkins	6T	365D	32F-32R	120.00		No
MF-6290	$75540	$27190	$31730	$43060	$49100	Perkins	6T	365D	32F-32R	120.00		CHA
MF-6290 4WD	$66905	$24090	$28100	$38140	$43490	Perkins	6T	365D	32F-32R	120.00		No
MF-6290 4WD	$76250	$27450	$32030	$43460	$49560	Perkins	6T	365D	32F-32R	120.00		CHA
MF-8120	$78140	$26570	$33600	$39850	$43760	Perkins	6T	365D	32F-32R	130.00	12621	CHA
MF-8120 4WD	$89320	$30370	$38410	$45550	$50020	Perkins	6T	365D	32F-32R	130.00	13153	CHA
MF-8140	$83430	$28370	$35880	$42550	$46720	Valmet	6T	403D	32F-32R	145.00	13936	CHA
MF-8140 4WD	$96090	$32670	$41320	$49010	$53810	Valmet	6T	403D	32F-32R	145.00	15016	CHA
MF-8150	$88570	$30110	$38090	$45170	$49600	Valmet	6T	403D	32F-32R	160.00	14273	CHA
MF-8150 4WD	$101400	$33800	$42740	$50690	$55660	Valmet	6T	403D	32F-32R	160.00	15331	CHA
MF-8160	$98080	$32980	$41710	$49470	$54320	Valmet	6T	452D	32F-32R	180.00	14273	CHA
MF-8160 4WD	$111220	$35770	$45240	$53650	$58910	Valmet	6T	452D	32F-32R	180.00	15331	CHA
MF-8220	$77810	$26460	$33460	$39680	$43570	Perkins	6TA	365D	32F-32R	135.00	12621	CHA
MF-8220 4WD	$88960	$30250	$38250	$45370	$49820	Perkins	6TA	365D	32F-32R	135.00	12621	CHA
MF-8240	$86000	$29240	$36980	$43860	$48160	Perkins	6TA	402D	32F-32R	145.00	12621	CHA
MF-8240 4WD	$98390	$33450	$42310	$50180	$55100	Perkins	6TA	402D	32F-32R	145.00	12621	CHA
MF-8245 4WD	$102900	$34340	$43430	$51510	$56560	Perkins	6TA	451D	18F-6R	160.00	12621	CHA
MF-8250 4WD	$101905	$34000	$43000	$51000	$56000	Perkins	6TA	451D	32F-32R	165.00	12621	CHA
MF-8260 4WD	$111190	$36040	$45580	$54060	$59360	Perkins	6TA	451D	18F-6R	180.00	12621	CHA
MF-8270 4WD	$119490	$38760	$49020	$58140	$63840	Perkins	6TA	513D	18F-6R	200.00	12621	CHA
MF-8280 4WD	$130490	$42500	$53750	$63750	$70000	Perkins	6TA	513D	18F-6R	225.00	12621	CHA

1998

Model	Approx. Retail Price New	Avg.	High	Avg.	High	Make	No. Cyls.	Displ. Cu.-in.	No. Speeds	P.T.O. H.P.	Approx. Shipping Wt.-Lbs.	Cab
MF-231	$12790	$4990	$6270	$8190	$9080	Perkins	3	152D	8F-2R	34.0	4065	No
MF-240	$20410	$7350	$8780	$12040	$13270	Perkins	3	152D	8F-2R	41.0	4015	No
MF-240 4WD	$24830	$8750	$10450	$14340	$15800	Perkins	3	152D	8F-2R	41.0	4585	No
MF-240S	$17240	$6210	$7410	$10170	$11210	Perkins	3	152D	8F-2R	41.0	4015	No
MF-253	$22615	$8140	$9720	$13340	$14700	Perkins	3T	152D	8F-2R	48.0	4265	No

Model	Approx. Retail Price New	Estimated Value Less Repairs Used Trade-In Avg.	High	Used Retail Avg.	High	Make	Engine No. Cyls.	Displ. Cu.-in.	No. Speeds	P.T.O. H.P.	Approx. Shipping Wt.-Lbs.	Cab
Massey Ferguson (Cont.)												
1998 (Cont.)												
MF-253 4WD	$27860	$9650	$11520	$15810	$17420	Perkins	3T	152D	8F-2R	48.0	4735	No
MF-261	$16345	$5880	$7030	$9640	$10620	Perkins	4	236D	8F-2R	53.0	5280	No
MF-263	$23565	$8480	$10130	$13900	$15320	Perkins	3T	152D	8F-2R	53.0	5700	No
MF-263 4WD	$29185	$10080	$12040	$16520	$18200	Perkins	3T	152D	8F-2R	53.0	5700	No
MF-271	$17160	$6180	$7380	$10120	$11150	Perkins	4	236D	8F-2R	57.0		No
MF-281	$21075	$7590	$9060	$12430	$13700	Perkins	4	236D	8F-2R	66.0		No
MF-281 4WD	$26745	$9360	$11180	$15340	$16900	Perkins	4	236D	8F-2R	66.0		No
MF-283	$20595	$7410	$8860	$12150	$13390	Perkins	4	248D	8F-2R	67.0	5700	No
MF-283 4WD	$26130	$9410	$11240	$15420	$16990	Perkins	4	248D	8F-2R	67.0		No
MF-354 GE 4WD	$29815	$10730	$12820	$17590	$19380	Perkins	3	152D		42.0		No
MF-354S	$23770	$8560	$10220	$14020	$15450	Perkins	3	152D	12F-4R	42.0		No
MF-354S 4WD	$29855	$10750	$12840	$17610	$19410	Perkins	3	152D	12F-4R	42.0		No
MF-354V	$32175	$11580	$13840	$18980	$20910	Perkins	3	152D		42.0		CH
MF-354V 4WD	$38645	$13910	$16620	$22800	$25120	Perkins	3	152D		42.0		CH
MF-362	$25610	$9220	$11010	$15110	$16650	Perkins	4	236D	8F-2R	55.0	5335	No
MF-362 4WD	$32490	$11700	$13970	$19170	$21120	Perkins	4	236D	8F-2R	55.0	5960	No
MF-364 GE 4WD	$31260	$11250	$13440	$18440	$20320	Perkins	3T	152D		50.0		No
MF-364S	$24600	$8860	$10580	$14510	$15990	Perkins	3T	152D		50.0		No
MF-364S 4WD	$30995	$11160	$13330	$18290	$20150	Perkins	3T	152D		50.0		No
MF-364V	$34060	$12260	$14650	$20100	$22140	Perkins	3T	152D		50.0		CH
MF-364V 4WD	$39935	$14380	$17170	$23560	$25960	Perkins	3T	152D		50.0		CH
MF-374 GE	$25790	$9280	$11090	$15220	$16760	Perkins	4	236D		57.0		No
MF-374 GE 4WD	$32375	$11660	$13920	$19100	$21040	Perkins	4	236D		57.0		No
MF-374S	$24910	$8970	$10710	$14700	$16190	Perkins	4	236D		57.0		No
MF-374S 4WD	$31215	$11240	$13420	$18420	$20290	Perkins	4	236D		57.0		No
MF-374S 4WD w/Cab	$41450	$14920	$17820	$24460	$26940	Perkins	4	236D		57.0		CHA
MF-374S w/Cab	$35105	$12640	$15100	$20710	$22820	Perkins	4	236D		57.0		CHA
MF-374V	$36225	$13040	$15580	$21370	$23550	Perkins	4	236D		57.0		CHA
MF-374V 4WD	$42320	$15240	$18200	$24970	$27510	Perkins	4	236D		57.0		CHA
MF-375	$29130	$9900	$11650	$16020	$18350	Perkins	4	236D		60.0	6240	No
MF-375 4WD	$35040	$11910	$14020	$19270	$22080	Perkins	4	236D		60.0	6867	No
MF-375 4WD w/Cab	$44590	$15160	$17840	$24530	$28090	Perkins	4	236D		60.0	7517	CHA
MF-375 w/Cab	$39680	$13490	$15870	$21820	$25000	Perkins	4	236D		60.0	6910	CHA
MF-383	$27270	$9820	$11730	$16090	$17730	Perkins	4	248D	8F-2R	73.0	6311	No
MF-383 4WD	$33725	$12140	$14500	$19900	$21920	Perkins	4	248D	8F-2R	73.0	6950	No
MF-383 4WD w/Cab	$42735	$15390	$18380	$25210	$27780	Perkins	4	248D	8F-2R	73.0	7552	CHA
MF-383 w/Cab	$36280	$13060	$15600	$21410	$23580	Perkins	4	248D	8F-2R	73.0	6957	CHA
MF-384 GE 4WD	$32915	$11850	$14150	$19420	$21400	Perkins	4	236D	12F-4R	65.0		No
MF-384HC	$28275	$10180	$12160	$16680	$18380	Perkins	4	236D	12F-12R	65.0		No
MF-384HC 4WD	$34100	$12280	$14660	$20120	$22170	Perkins	4	236D	12F-12R	65.0		No
MF-384S	$26180	$9430	$11260	$15450	$17020	Perkins	4	236D	12F-4R	65.0		No
MF-384S 4WD	$32145	$11570	$13820	$18970	$20890	Perkins	4	236D	12F-4R	65.0		No
MF-384S 4WD w/Cab	$42305	$15230	$18190	$24960	$27500	Perkins	4	236D	12F-12R	65.0		CHA
MF-384S w/Cab	$36250	$13050	$15590	$21390	$23560	Perkins	4	236D	12F-12R	65.0		CHA
MF-384V	$37270	$13420	$16030	$21990	$24230	Perkins	4	236D	12F-12R	65.0		CHA
MF-384V 4WD	$43810	$15770	$18840	$25850	$28480	Perkins	4	236D	12F-12R	65.0		CHA
MF-390	$32390	$11660	$13930	$19110	$21050	Perkins	4	248D	12F-4R	70.0	6275	No
MF-390 4WD	$38665	$13920	$16630	$22810	$25130	Perkins	4	248D	12F-4R	70.0	6902	No
MF-390 4WD w/Cab	$49370	$17770	$21230	$29130	$32090	Perkins	4	248D	12F-4R	70.0	7552	CHA
MF-390 w/Cab	$43260	$15570	$18600	$25520	$28120	Perkins	4	248D	12F-4R	70.0	6945	CHA
MF-390T	$37150	$13370	$15980	$21920	$24150	Perkins	4T	236D	12F-12R	80.0	6359	No
MF-390T 4WD	$42685	$15370	$18360	$25180	$27750	Perkins	4T	236D	12F-12R	80.0	6952	No
MF-390T 4WD w/Cab	$51535	$18550	$22160	$30410	$33500	Perkins	4T	236D	12F-12R	80.0	7602	CHA
MF-390T w/Cab	$44780	$16120	$19260	$26420	$29110	Perkins	4T	236D	12F-12R	80.0	6995	CHA
MF-393	$30150	$10850	$12970	$17790	$19600	Perkins	4T	236D	8F-2R	83.0	6371	No
MF-393 4WD	$36535	$13150	$15710	$21560	$23750	Perkins	4T	236D	8F-2R	83.0	6986	No
MF-393 4WD w/Cab	$45455	$16360	$19550	$26820	$29550	Perkins	4T	236D	8F-2R	83.0	7636	CHA
MF-393 w/Cab	$38495	$13860	$16550	$22710	$25020	Perkins	4T	236D	8F-2R	83.0	7021	CHA
MF-394 GE 4WD	$35155	$12660	$15120	$20740	$22850	Perkins	4	248D		73.0		No
MF-394HC	$29885	$10760	$12850	$17630	$19430	Perkins	4	248D	12F-12R	73.0		No
MF-394HC 4WD	$36490	$13140	$15690	$21530	$23720	Perkins	4	248D	12F-12R	73.0		No
MF-394S	$27905	$10050	$12000	$16460	$18140	Perkins	4	248D	12F-4R	73.0		No
MF-394S 4WD	$33950	$12220	$14600	$20030	$22070	Perkins	4	248D	12F-4R	73.0		No
MF-394S 4WD w/Cab	$43610	$15700	$18750	$25730	$28350	Perkins	4	248D	12F-12R	73.0		CHA
MF-394S w/Cab	$37510	$13500	$16130	$22130	$24380	Perkins	4	248D	12F-12R	73.0		CHA
MF-396	$34530	$12430	$14850	$20370	$22450	Perkins	6	365D	8F-2R	88.0	7120	No
MF-396 4WD	$41300	$14870	$17760	$24370	$26850	Perkins	6	365D	8F-2R	88.0	7690	No
MF-396 4WD w/Cab	$51445	$18520	$22120	$30350	$33440	Perkins	6	365D	12F-4R	88.0	8430	CHA
MF-396 w/Cab	$44085	$15870	$18960	$26010	$28660	Perkins	6	365D	12F-4R	88.0	7831	CHA
MF-399	$40885	$14720	$17580	$24120	$26580	Perkins	6	365D	12F-4R	95.0	7400	No
MF-399 4WD	$48150	$17330	$20710	$28410	$31300	Perkins	6	365D	12F-4R	95.0	7910	No
MF-399 4WD w/Cab	$57600	$20740	$24770	$33980	$37440	Perkins	6	365D	12F-4R	95.0	8560	CHA
MF-399 w/Cab	$49215	$17720	$21160	$29040	$31990	Perkins	6	365D	12F-4R	95.0	8050	CHA
MF-1160 4WD	$25437	$9160	$10940	$15010	$16530	Isuzu	4	136D	16F-16R	37.0	4206	No
MF-1180 4WD	$27597	$9940	$11870	$16280	$17940	Isuzu	4	169D	16F-16R	46.0	4773	No
MF-1190 4WD	$29457	$10610	$12670	$17380	$19150	Isuzu	4T	169D	16F-16R	53.0	4795	No
MF-1205 4WD	$10300	$3710	$4430	$6080	$6700	Iseki	3	61D	6F-2R	13.5	1579	No
MF-1205 Hydro 4WD	$11535	$4150	$4960	$6810	$7500	Iseki	3	61D	Variable	13.0	1579	No
MF-1215	$10595	$3810	$4560	$6250	$6890	Iseki	3	61D	6F-2R	15.0	1457	No
MF-1215 4WD	$11850	$4270	$5100	$6990	$7700	Iseki	3	61D	6F-2R	15.0	1589	No
MF-1215 Hydro	$11869	$4270	$5100	$7000	$7720	Iseki	3	61D	Variable	14.0	1457	No
MF-1215 Hydro 4WD	$13390	$4820	$5760	$7900	$8700	Iseki	3	61D	Variable	14.0	1589	No
MF-1220	$12300	$4430	$5290	$7260	$8000	Iseki	3	68D	6F-2R	17.2	1874	No
MF-1220 4WD	$13900	$5000	$5980	$8200	$9040	Iseki	3	68D	6F-2R	17.2	2050	No

Massey Ferguson (Cont.)

Model	Approx. Retail Price New	Estimated Value Less Repairs: Used Trade-In Avg.	Used Trade-In High	Used Retail Avg.	Used Retail High	Engine Make	Engine No. Cyls.	Engine Displ. Cu.-in.	No. Speeds	P.T.O. H.P.	Approx. Shipping Wt.-Lbs.	Cab
				1998 (Cont.)								
MF-1220 Hydro	$13740	$4950	$5910	**$8110**	**$8930**	Iseki	3	68D	Variable	16.0	1896	No
MF-1220 Hydro 4WD	$15325	$5520	$6590	**$9040**	**$9960**	Iseki	3	68D	Variable	16.0	2072	No
MF-1230	$13720	$4940	$5900	**$8100**	**$8920**	Iseki	3	87D	9F-3R	21.0	2227	No
MF-1230 4WD	$15380	$5540	$6610	**$9070**	**$10000**	Iseki	3	87D	9F-3R	21.0	2403	No
MF-1230 Hydro	$15340	$5520	$6600	**$9050**	**$9970**	Iseki	3	87D	Variable	20.0	2293	No
MF-1230 Hydro 4WD	$17000	$6120	$7310	**$10030**	**$11050**	Iseki	3	87D	Variable	20.0	2469	No
MF-1235 Hydro 4WD	$17770	$6400	$7640	**$10480**	**$11550**	Iseki	3	91D	Variable	25.1		No
MF-1240	$14610	$5260	$6280	**$8620**	**$9500**	Iseki	3	87D	16F-16R	22.5	2859	No
MF-1240 4WD	$16455	$5920	$7080	**$9710**	**$10700**	Iseki	3	87D	16F-16R	22.5	2960	No
MF-1250	$15745	$5670	$6770	**$9290**	**$10230**	Iseki	3	91D	16F-16R	26.2	2933	No
MF-1250 4WD	$18045	$6500	$7760	**$10650**	**$11730**	Iseki	3	91D	16F-16R	26.2	3040	No
MF-1260 4WD	$20525	$7390	$8830	**$12110**	**$13340**	Iseki	3	91D	16F-16R	31.0	3128	No
MF-4225	$27800	$10010	$11950	**$16400**	**$18070**	Perkins	4	248D		55.0		No
MF-4225 4WD	$34780	$12520	$14960	**$20520**	**$22610**	Perkins	4	248D		55.0		No
MF-4225 4WD w/Cab	$44215	$15920	$19010	**$26090**	**$28740**	Perkins	4	248D		55.0		CHA
MF-4225 w/Cab	$38800	$13970	$16680	**$22890**	**$25220**	Perkins	4	248D		55.0		CHA
MF-4235	$33650	$12110	$14470	**$19850**	**$21870**	Perkins	4	248D		65.0		No
MF-4235 4WD	$39390	$14180	$16940	**$23240**	**$25600**	Perkins	4	248D		65.0		No
MF-4235 4WD w/Cab	$46500	$16740	$20000	**$27440**	**$30230**	Perkins	4	248D		65.0		CHA
MF-4235 w/Cab	$40720	$14660	$17510	**$24030**	**$26470**	Perkins	4	248D		65.0		CHA
MF-4243	$30070	$10830	$12930	**$17740**	**$19550**	Perkins	4T	244D		75.0		No
MF-4243 4WD	$36455	$13120	$15680	**$21510**	**$23700**	Perkins	4T	244D		75.0		No
MF-4243 4WD w/Cab	$46015	$16570	$19790	**$27150**	**$29910**	Perkins	4T	244D		75.0		CHA
MF-4243 w/Cab	$39810	$14330	$17120	**$23490**	**$25880**	Perkins	4T	244D		75.0		CHA
MF-4245	$37490	$13500	$16120	**$22120**	**$24370**	Perkins	4T	244D		75.0		No
MF-4245 4WD	$43150	$15530	$18560	**$25460**	**$28050**	Perkins	4T	244D		75.0		No
MF-4245 4WD w/Cab	$51270	$18460	$22050	**$30250**	**$33330**	Perkins	4T	244D		75.0		CHA
MF-4245 w/Cab	$45670	$16440	$19640	**$26950**	**$29690**	Perkins	4T	244D		75.0		CHA
MF-4253	$33480	$12050	$14400	**$19750**	**$21760**	Perkins	4T	244D		85.0		No
MF-4253 4WD	$39525	$14230	$17000	**$23320**	**$25690**	Perkins	4T	244D		85.0		No
MF-4253 4WD w/Cab	$48660	$17520	$20920	**$28710**	**$31630**	Perkins	4T	244D		85.0		CHA
MF-4253 w/Cab	$41920	$15090	$18030	**$24730**	**$27250**	Perkins	4T	244D		85.0		CHA
MF-4255	$39345	$14160	$16920	**$23210**	**$25570**	Perkins	4T	244D		85.0		No
MF-4255 4WD	$44990	$16200	$19350	**$26540**	**$29240**	Perkins	4T	244D		85.0		No
MF-4255 4WD w/Cab	$53010	$19080	$22790	**$31280**	**$34460**	Perkins	4T	244D		85.0		CHA
MF-4255 w/Cab	$47285	$17020	$20330	**$27900**	**$30740**	Perkins	4T	244D		85.0		CHA
MF-4263	$36160	$13020	$15550	**$21330**	**$23500**	Perkins	6	365D		90.0		No
MF-4263 4WD	$43150	$15530	$18560	**$25460**	**$28050**	Perkins	6	365D		90.0		No
MF-4263 4WD w/Cab	$54465	$19610	$23420	**$32130**	**$35400**	Perkins	6	365D		90.0		CHA
MF-4263 w/Cab	$46475	$16730	$19980	**$27420**	**$30210**	Perkins	6	365D		90.0		CHA
MF-4270	$43010	$15480	$18490	**$25380**	**$27960**	Perkins	6T	365D		99.0		No
MF-4270 4WD	$50665	$18240	$21790	**$29890**	**$32930**	Perkins	6T	365D		99.0		No
MF-4270 4WD w/Cab	$59600	$21460	$25630	**$35160**	**$38740**	Perkins	6T	365D		99.0		CHA
MF-4270 w/Cab	$51545	$18560	$22160	**$30410**	**$33500**	Perkins	6T	365D		99.0		CHA
MF-6150	$50235	$17080	$20090	**$27630**	**$31650**	Perkins	4T	244D	16F-16R	86.0		CHA
MF-6150 4WD	$58135	$19770	$23250	**$31970**	**$36630**	Perkins	4T	244D	16F-16R	86.0	10224	CHA
MF-6170	$45545	$15490	$18220	**$25050**	**$28690**	Perkins	6	365D		97.0	10329	No
MF-6170 4WD	$53155	$18070	$21260	**$29240**	**$33490**	Perkins	6	365D	16F-16R	97.0	10869	No
MF-6170 4WD w/Cab	$61355	$20860	$24540	**$33750**	**$38650**	Perkins	6	365D	16F-16R	97.0	10869	CHA
MF-6170 w/Cab	$53745	$18270	$21500	**$29560**	**$33860**	Perkins	6	365D	16F-16R	97.0	10329	CHA
MF-6180	$52160	$17730	$20860	**$28690**	**$32860**	Perkins	6T	365D	16F-16R	110.00	11153	No
MF-6180 4WD	$58920	$20030	$23570	**$32410**	**$37120**	Perkins	6T	365D	16F-16R	110.00	11486	No
MF-6180 4WD w/Cab	$67120	$22820	$26850	**$36920**	**$42290**	Perkins	6T	365D	16F-16R	110.00	11486	CHA
MF-6180 w/Cab	$60360	$20520	$24140	**$33200**	**$38030**	Perkins	6T	365D	16F-16R	110.00	11153	CHA
MF-8120	$72115	$23080	$28850	**$34620**	**$37500**	Perkins	6T	365D	32F-32R	130.00	12621	CHA
MF-8120 4WD	$83225	$26300	$32880	**$39460**	**$42740**	Perkins	6T	365D	32F-32R	130.00	13153	CHA
MF-8140	$77405	$24770	$30960	**$37150**	**$40250**	Valmet	6T	403D	32F-32R	145.00	13936	CHA
MF-8140 4WD	$89995	$28420	$35520	**$42620**	**$46180**	Valmet	6T	403D	32F-32R	145.00	15016	CHA
MF-8150	$83750	$26800	$33500	**$40200**	**$43550**	Valmet	6T	403D	32F-32R	160.00	14273	CHA
MF-8150 4WD	$95640	$30080	$37600	**$45120**	**$48880**	Valmet	6T	403D	32F-32R	160.00	15331	CHA
MF-8160	$100350	$31680	$39600	**$47520**	**$51480**	Valmet	6T	452D	32F-32R	180.00	14273	CHA
MF-8160 4WD	$108615	$32960	$41200	**$49440**	**$53560**	Valmet	6T	452D	32F-32R	180.00	15331	CHA
				1997								
MF-231	$12540	$4390	$5270	**$7270**	**$8030**	Perkins	3	152D	8F-2R	34.0	4065	No
MF-240	$20010	$7000	$8400	**$11610**	**$12810**	Perkins	3	152D	8F-2R	41.0	4015	No
MF-240 4WD	$24345	$8400	$10080	**$13920**	**$15360**	Perkins	3	152D	8F-2R	41.0	4585	No
MF-240S	$16900	$5920	$7100	**$9800**	**$10820**	Perkins	3	152D	8F-2R	41.0	4015	No
MF-253	$22180	$7760	$9320	**$12860**	**$14200**	Perkins	3T	152D	8F-2R	48.0	4265	No
MF-253 4WD	$27845	$9450	$11340	**$15660**	**$17280**	Perkins	3T	152D	8F-2R	48.0	4735	No
MF-261	$16345	$5720	$6870	**$9480**	**$10460**	Perkins	4	236D	8F-2R	53.0	5280	No
MF-283	$20560	$7200	$8640	**$11930**	**$13160**	Perkins	4	248D	8F-2R	67.0	5700	No
MF-283 4WD	$26095	$9130	$10960	**$15140**	**$16700**	Perkins	4	248D	8F-2R	67.0		No
MF-354 GE 4WD	$29815	$10440	$12520	**$17290**	**$19080**	Perkins	3	152D	12F-4R	42.0		No
MF-354S	$23705	$8300	$9960	**$13750**	**$15170**	Perkins	3	152D	12F-4R	42.0		No
MF-354S 4WD	$29765	$10420	$12500	**$17260**	**$19050**	Perkins	3	152D	12F-4R	42.0		No
MF-354V	$32025	$11210	$13450	**$18580**	**$20500**	Perkins	3	152D	12F-12R	42.0		CH
MF-354V 4WD	$37630	$13170	$15810	**$21830**	**$24080**	Perkins	3	152D	12F-12R	42.0		CH
MF-362	$25540	$8940	$10730	**$14810**	**$16350**	Perkins	4	236D	8F-2R	55.0	5335	No
MF-362 4WD	$32490	$11370	$13650	**$18840**	**$20790**	Perkins	4	236D	8F-2R	55.0	5960	No
MF-364 GE 4WD	$31170	$10910	$13090	**$18080**	**$19950**	Perkins	3T	152D	12F-4R	50.0		No
MF-364S	$24505	$8580	$10290	**$14210**	**$15680**	Perkins	3T	152D	12F-4R	50.0		No
MF-364S 4WD	$30840	$10790	$12950	**$17890**	**$19740**	Perkins	3T	152D	12F-4R	50.0		No
MF-364V	$33350	$11670	$14010	**$19340**	**$21340**	Perkins	3T	152D	12F-12R	50.0		CH

Massey Ferguson (Cont.)

1997 (Cont.)

Model	Approx. Retail Price New	Used Trade-In Avg.	Used Trade-In High	Used Retail Avg.	Used Retail High	Make	Engine No. Cyls.	Displ. Cu.-in.	No. Speeds	P.T.O. H.P.	Approx. Shipping Wt.-Lbs.	Cab
MF-364V 4WD	$39260	$13740	$16490	$22770	$25130	Perkins	3T	152D	12F-12R	50.0		CH
MF-374 GE	$25700	$9000	$10790	$14910	$16450	Perkins	4	236D	12F-4R	57.0		No
MF-374 GE 4WD	$32280	$11300	$13560	$18720	$20660	Perkins	4	236D	12F-4R	57.0		No
MF-374S	$24820	$8690	$10420	$14400	$15890	Perkins	4	236D	12F-4R	57.0		No
MF-374S 4WD	$31160	$10910	$13090	$18070	$19940	Perkins	4	236D	12F-4R	57.0		No
MF-374S 4WD w/Cab	$41450	$14510	$17410	$24040	$26530	Perkins	4	236D	12F-12R	57.0		CHA
MF-374S w/Cab	$35235	$12330	$14800	$20440	$22550	Perkins	4	236D	12F-12R	57.0		CHA
MF-374V	$35510	$12430	$14910	$20600	$22730	Perkins	4	236D	12F-12R	57.0		CHA
MF-374V 4WD	$41650	$14580	$17490	$24160	$26660	Perkins	4	236D	12F-12R	57.0		CHA
MF-375	$31770	$10170	$12070	$17160	$19380	Perkins	4	236D	12F-12R	60.0	6240	No
MF-375 4WD	$36925	$11820	$14030	$19940	$22520	Perkins	4	236D	12F-12R	60.0	6867	No
MF-375 4WD Shuttle	$34645	$11090	$13170	$18710	$21130	Perkins	4	236D	8F-8R	60.0	6867	No
MF-375 4WD w/Cab	$44590	$14270	$16940	$24080	$27200	Perkins	4	236D	12F-12R	60.0	7517	CHA
MF-375 Shuttle	$28970	$9270	$11010	$15640	$17670	Perkins	4	236D	8F-8R	60.0	6240	No
MF-375 w/Cab	$39680	$12700	$15080	$21430	$24210	Perkins	4	236D	12F-12R	60.0	6910	CHA
MF-383	$27270	$9550	$11450	$15820	$17450	Perkins	4	248D	8F-2R	73.0	6311	No
MF-383 4WD	$33725	$11800	$14170	$19560	$21580	Perkins	4	248D	8F-2R	73.0	6950	No
MF-383 4WD w/Cab	$42735	$14960	$17950	$24790	$27350	Perkins	4	248D	8F-2R	73.0	7552	CHA
MF-383 w/Cab	$36280	$12700	$15240	$21040	$23220	Perkins	4	248D	8F-2R	73.0	6957	CHA
MF-384 GE 4WD	$32830	$11490	$13790	$19040	$21010	Perkins	4	236D	12F-4R	65.0		No
MF-384HC	$28275	$9900	$11880	$16400	$18100	Perkins	4	236D	12F-12R	65.0		No
MF-384HC 4WD	$33950	$11880	$14260	$19690	$21730	Perkins	4	236D	12F-12R	65.0		No
MF-384S	$25920	$9070	$10890	$15030	$16590	Perkins	4	236D	12F-4R	65.0		No
MF-384S 4WD	$32010	$11200	$13440	$18570	$20490	Perkins	4	236D	12F-4R	65.0		No
MF-384S 4WD w/Cab	$42420	$14850	$17820	$24600	$27150	Perkins	4	236D	12F-12R	65.0		CHA
MF-384S w/Cab	$36210	$12670	$15210	$21000	$23170	Perkins	4	236D	12F-12R	65.0		CHA
MF-384V	$36560	$12800	$15360	$21210	$23400	Perkins	4	236D	12F-12R	65.0		CHA
MF-384V 4WD	$43140	$15100	$18120	$25020	$27610	Perkins	4	236D	12F-12R	65.0		CHA
MF-390	$35475	$12420	$14900	$20580	$22700	Perkins	4	248D	12F-12R	70.0	6275	No
MF-390 4WD	$40850	$14300	$17160	$23690	$26140	Perkins	4	248D	12F-12R	70.0	6902	No
MF-390 4WD w/Cab	$49370	$17280	$20740	$28640	$31600	Perkins	4	248D	12F-12R	70.0	7552	CHA
MF-390 w/Cab	$43395	$15190	$18230	$25170	$27770	Perkins	4	248D	12F-12R	70.0	6945	CHA
MF-390T	$37150	$13000	$15600	$21550	$23780	Perkins	4T	236D	12F-12R	80.0	6359	No
MF-390T 4WD	$42685	$14940	$17930	$24760	$27320	Perkins	4T	236D	12F-12R	80.0	6952	No
MF-390T 4WD w/Cab	$51535	$18040	$21650	$29890	$32980	Perkins	4T	236D	12F-12R	80.0	7602	CHA
MF-390T w/Cab	$44780	$15670	$18810	$25970	$28660	Perkins	4T	236D	12F-12R	80.0	6995	CHA
MF-393	$30150	$10550	$12660	$17490	$19300	Perkins	4T	236D	8F-2R	83.0	6371	No
MF-393 4WD	$36535	$12790	$15350	$21190	$23380	Perkins	4T	236D	8F-2R	83.0	6986	No
MF-393 4WD w/Cab	$45455	$15910	$19090	$26360	$29090	Perkins	4T	236D	8F-2R	83.0	7636	CHA
MF-393 w/Cab	$38495	$13470	$16170	$22330	$24640	Perkins	4T	236D	8F-2R	83.0	7021	CHA
MF-394 GE 4WD	$35060	$12270	$14730	$20340	$22440	Perkins	4	248D	12F-12R	73.0		No
MF-394HC	$29885	$10460	$12550	$17330	$19130	Perkins	4	248D	12F-12R	73.0		No
MF-394HC 4WD	$36340	$12720	$15260	$21080	$23260	Perkins	4	248D	12F-12R	73.0		No
MF-394S	$27555	$9640	$11570	$15980	$17640	Perkins	4	248D	12F-4R	73.0		No
MF-394S 4WD	$33855	$11850	$14220	$19640	$21670	Perkins	4	248D	12F-4R	73.0		No
MF-394S 4WD w/Cab	$43722	$14700	$17640	$24360	$26880	Perkins	4	248D	12F-12R	73.0		CHA
MF-394S w/Cab	$37375	$13080	$15700	$21680	$23920	Perkins	4	248D	12F-12R	73.0		CHA
MF-396	$34280	$12000	$14400	$19880	$21940	Perkins	6	365D	8F-2R	88.0	7120	No
MF-396 4WD	$41300	$14460	$17350	$23950	$26430	Perkins	6	365D	8F-2R	88.0	7690	No
MF-396 4WD w/Cab	$51445	$17500	$21000	$29000	$32000	Perkins	6	365D	12F-4R	88.0	8430	CHA
MF-396 w/Cab	$43835	$15340	$18410	$25420	$28050	Perkins	6	365D	12F-4R	88.0	7831	CHA
MF-398	$35645	$12480	$14970	$20670	$22810	Perkins	4T	236D	12F-4R	80.00	6960	No
MF-398 4WD	$42495	$14870	$17850	$24650	$27200	Perkins	4T	236D	12F-4R	80.00	7395	No
MF-399	$38720	$12390	$14710	$20910	$23620	Perkins	6	365D	12F-4R	95.00	7400	No
MF-399 4WD	$45885	$14680	$17440	$24780	$27990	Perkins	6	365D	12F-4R	95.00	7910	No
MF-399 4WD w/Cab	$56500	$17280	$20520	$29160	$32940	Perkins	6	365D	12F-4R	95.00	8560	CHA
MF-399 Mudder	$54470	$16770	$19910	$28300	$31960	Perkins	6	365D	12F-12R	95.00		No
MF-399 Mudder w/Cab	$62155	$18880	$22420	$31860	$35990	Perkins	6	365D	12F-12R	95.00		CHA
MF-399 w/Cab	$48305	$15460	$18360	$26090	$29470	Perkins	6	365D	12F-4R	95.00	8050	CHA
MF-1160 4WD	$24100	$8440	$10120	$13980	$15420	Isuzu	4	136D	16F-16R	37.0	4206	No
MF-1180 4WD	$26245	$9190	$11020	$15220	$16800	Isuzu	4	169D	16F-16R	46.0	4773	No
MF-1190 4WD	$28050	$9820	$11780	$16270	$17950	Isuzu	4T	169D	16F-16R	53.0	4795	No
MF-1205 4WD	$10200	$3570	$4280	$5920	$6530	Iseki	3	61D	6F-2R	13.5	1579	No
MF-1205 Hydro 4WD	$11400	$3990	$4790	$6610	$7300	Iseki	3	61D	Variable	13.0	1579	No
MF-1215	$10654	$3730	$4480	$6180	$6820	Iseki	3	61D	6F-2R	15.0	1457	No
MF-1215 4WD	$11850	$4150	$4980	$6870	$7580	Iseki	3	61D	6F-2R	15.0	1589	No
MF-1215 Hydro	$11869	$4150	$4990	$6880	$7600	Iseki	3	61D	Variable	14.0	1457	No
MF-1215 Hydro 4WD	$13350	$4670	$5610	$7740	$8540	Iseki	3	61D	Variable	14.0	1589	No
MF-1220	$12175	$4260	$5110	$7060	$7790	Iseki	3	68D	6F-2R	17.2	1874	No
MF-1220 4WD	$13710	$4800	$5760	$7950	$8770	Iseki	3	68D	6F-2R	17.2	2050	No
MF-1220 Hydro	$13575	$4750	$5700	$7870	$8690	Iseki	3	68D	Variable	16.0	1896	No
MF-1220 Hydro 4WD	$15096	$5280	$6340	$8760	$9660	Iseki	3	68D	Variable	16.0	2072	No
MF-1230	$13468	$4710	$5660	$7810	$8620	Iseki	3	87D	9F-3R	21.0	2227	No
MF-1230 4WD	$15076	$5280	$6330	$8740	$9650	Iseki	3	87D	9F-3R	21.0	2403	No
MF-1230 Hydro	$15045	$5270	$6320	$8730	$9630	Iseki	3	87D	Variable	20.0	2293	No
MF-1230 Hydro 4WD	$16652	$5830	$6990	$9660	$10660	Iseki	3	87D	Variable	20.0	2469	No
MF-1235 Hydro 4WD	$17700	$6200	$7430	$10270	$11330	Iseki	3	91D	Variable	25.1		No
MF-1240	$14522	$5080	$6100	$8420	$9290	Iseki	3	87D	16F-16R	22.5	2859	No
MF-1240 4WD	$16250	$5690	$6830	$9430	$10400	Iseki	3	87D	16F-16R	22.5	2960	No
MF-1250	$15660	$5480	$6580	$9080	$10020	Iseki	3	91D	16F-16R	26.2	2933	No
MF-1250 4WD	$17810	$6230	$7480	$10330	$11400	Iseki	3	91D	16F-16R	26.2	3040	No
MF-1260 4WD	$20100	$7040	$8440	$11660	$12860	Iseki	3	91D	16F-16R	31.0	3128	No
MF-6150	$46620	$14920	$17720	$25180	$28440	Perkins	4T	244D	16F-16R	86.00		CHA
MF-6150	$49800	$15940	$18920	$26890	$30380	Perkins	4T	244D	32F-32R	86.00		CHA

Massey Ferguson (Cont.)

Model	Approx. Retail Price New	Estimated Value Less Repairs — Used Trade-In Avg.	High	Used Retail Avg.	High	Make	Engine No. Cyls.	Displ. Cu.-in.	No. Speeds	P.T.O. H.P.	Approx. Shipping Wt.-Lbs.	Cab

1997 (Cont.)

Model	New	Avg.	High	Avg.	High	Make	Cyls.	Cu.-in.	Speeds	H.P.	Wt.-Lbs.	Cab
MF-6150 4WD	$54890	$17570	$20860	$29640	$33480	Perkins	4T	244D	16F-16R	86.00	10224	CHA
MF-6150 4WD	$58070	$18580	$22070	$31360	$35420	Perkins	4T	244D	32F-32R	86.00	10224	CHA
MF-6170	$53190	$17020	$20210	$28720	$32450	Perkins	6	365D	16F-16R	97.00	10329	CHA
MF-6170	$56370	$18040	$21420	$30440	$34390	Perkins	6	365D	32F-32R	97.00	10329	CHA
MF-6170 4WD	$60420	$19330	$22960	$32630	$36860	Perkins	6	365D	16F-16R	97.00	10869	CHA
MF-6170 4WD	$63600	$20350	$24170	$34340	$38800	Perkins	6	365D	32F-32R	97.00	10869	CHA
MF-6180	$59000	$18880	$22420	$31860	$35990	Perkins	6T	365D	16F-16R	110.00	11153	CHA
MF-6180	$62180	$19900	$23630	$33580	$37930	Perkins	6T	365D	32F-32R	110.00	11153	CHA
MF-6180 4WD	$65480	$20950	$24880	$35360	$39940	Perkins	6T	365D	16F-16R	110.00	11486	CHA
MF-6180 4WD	$68660	$21970	$26090	$37080	$41880	Perkins	6T	365D	32F-32R	110.00	11486	CHA
MF-8120	$70360	$21110	$26740	$31660	$34480	Perkins	6T	365D	32F-32R	130.00	12621	CHA
MF-8120 4WD	$81140	$24000	$30400	$36000	$39200	Perkins	6T	365D	32F-32R	130.00	13153	CHA
MF-8140	$75520	$22660	$28700	$33980	$37010	Valmet	6T	403D	32F-32R	145.00	13936	CHA
MF-8140 4WD	$87800	$25500	$32300	$38250	$41650	Valmet	6T	403D	32F-32R	145.00	15016	CHA
MF-8150	$83260	$24980	$31640	$37470	$40800	Valmet	6T	403D	32F-32R	160.00	14273	CHA
MF-8150 4WD	$93550	$27600	$34960	$41400	$45080	Valmet	6T	403D	32F-32R	160.00	15331	CHA
MF-8160	$95180	$28550	$36170	$42830	$46640	Valmet	6T	452D	32F-32R	180.00	14273	CHA
MF-8160 4WD	$107950	$30600	$38760	$45900	$49980	Valmet	6T	452D	32F-32R	180.00	15331	CHA

1996

Model	New	Avg.	High	Avg.	High	Make	Cyls.	Cu.-in.	Speeds	H.P.	Wt.-Lbs.	Cab
MF-231	$12175	$4260	$5480	$7550	$8400	Perkins	3	152D	8F-2R	34.0	4065	No
MF-240	$20385	$6800	$8200	$11400	$12700	Perkins	3	152D	8F-2R	41.0	4015	No
MF-240 4WD	$23985	$8160	$9830	$13670	$15230	Perkins	3	152D	8F-2R	41.0	4585	No
MF-240S	$16900	$5750	$6930	$9630	$10730	Perkins	3	152D	8F-2R	41.0	4015	No
MF-253	$22135	$7530	$9080	$12620	$14060	Perkins	3T	152D	8F-2R	48.0	4265	No
MF-253 4WD	$27300	$7950	$9540	$14050	$15900	Perkins	3T	152D	8F-2R	48.0	4735	No
MF-261	$15870	$5400	$6510	$9050	$10080	Perkins	4	236D	8F-2R	53.0	5280	No
MF-283	$19925	$6780	$8170	$11360	$12650	Perkins	4	248D	8F-2R	67.0	5700	No
MF-283 4WD	$25300	$8330	$10050	$13970	$15560	Perkins	4	248D	8F-2R	67.0		No
MF-354 GE	$23550	$8010	$9660	$13420	$14950	Perkins	3	152D	12F-4R	42.0		No
MF-354 GE 4WD	$28795	$9420	$11360	$15790	$17590	Perkins	3	152D	12F-4R	42.0		No
MF-354S	$22655	$7700	$9290	$12910	$14390	Perkins	3	152D	12F-4R	42.0		No
MF-354S	$23270	$7910	$9540	$13260	$14780	Perkins	3	152D	12F-12R	42.0		No
MF-354S 4WD	$28735	$9770	$11780	$16380	$18250	Perkins	3	152D	12F-4R	42.0		No
MF-354S 4WD w/Cab	$35535	$12080	$14570	$20260	$22570	Perkins	3	152D	12F-12R	42.0		CH
MF-354S w/Cab	$29690	$10100	$12170	$16920	$18850	Perkins	3	152D	12F-12R	42.0		CH
MF-354V	$31305	$10640	$12840	$17840	$19880	Perkins	3	152D	12F-12R	42.0		CH
MF-354V 4WD	$36635	$12460	$15020	$20880	$23260	Perkins	3	152D	12F-12R	42.0		CH
MF-362	$25385	$8630	$10410	$14470	$16120	Perkins	4	236D	8F-2R	55.0	5335	No
MF-362 4WD	$31260	$10630	$12820	$17820	$19850	Perkins	4	236D	8F-2R	55.0	5960	No
MF-364 GE	$24545	$8350	$10060	$13990	$15590	Perkins	3T	152D	12F-4R	50.0		No
MF-364 GE 4WD	$30105	$10240	$12340	$17160	$19120	Perkins	3T	152D	12F-4R	50.0		No
MF-364S	$23450	$7970	$9620	$13370	$14890	Perkins	3T	152D	12F-4R	50.0		No
MF-364S 4WD	$29630	$10070	$12150	$16890	$18820	Perkins	3T	152D	12F-4R	50.0		No
MF-364S 4WD w/Cab	$36810	$12520	$15090	$20980	$23370	Perkins	3T	152D	12F-12R	50.0		CH
MF-364S w/Cab	$30790	$10470	$12620	$17550	$19550	Perkins	3T	152D	12F-12R	50.0		CH
MF-364V	$32545	$11070	$13340	$18550	$20670	Perkins	3T	152D	12F-12R	50.0		CH
MF-364V 4WD	$37880	$12880	$15530	$21590	$24050	Perkins	3T	152D	12F-12R	50.0		CH
MF-374 GE	$24865	$8450	$10200	$14170	$15790	Perkins	4	236D	12F-4R	57.0		No
MF-374 GE 4WD	$31180	$10600	$12780	$17770	$19800	Perkins	4	236D	12F-4R	57.0		No
MF-374S	$23755	$8080	$9740	$13540	$15080	Perkins	4	236D	12F-4R	57.0		No
MF-374S 4WD	$30420	$10340	$12470	$17340	$19320	Perkins	4	236D	12F-4R	57.0		No
MF-374S 4WD w/Cab	$40365	$13720	$16550	$23010	$25630	Perkins	4	236D	12F-12R	57.0		CHA
MF-374S w/Cab	$33815	$11500	$13860	$19280	$21470	Perkins	4	236D	12F-12R	57.0		CHA
MF-374V	$33745	$11470	$13840	$19240	$21430	Perkins	4	236D	12F-12R	57.0		CHA
MF-374V 4WD	$39090	$13290	$16030	$22280	$24820	Perkins	4	236D	12F-12R	57.0		CHA
MF-375	$28625	$8590	$10310	$15170	$17180	Perkins	4	236D	12F-4R	60.0	6240	No
MF-375 4WD	$33850	$10160	$12190	$17940	$20310	Perkins	4	236D	12F-4R	60.0	6867	No
MF-375 4WD w/Cab	$41780	$12000	$14400	$21200	$24000	Perkins	4	236D	12F-4R	60.0	7517	CHA
MF-375 w/Cab	$36710	$11010	$13220	$19460	$22030	Perkins	4	236D	12F-4R	60.0	6910	CHA
MF-383	$26475	$9000	$10860	$15090	$16810	Perkins	4	248D	8F-2R	73.0	6311	No
MF-383 4WD	$32745	$11130	$13430	$18670	$20790	Perkins	4	248D	8F-2R	73.0	6950	No
MF-383 4WD w/Cab	$41490	$13260	$15990	$22230	$24770	Perkins	4	248D	8F-2R	73.0	7552	CHA
MF-383 w/Cab	$35225	$11980	$14440	$20080	$22370	Perkins	4	248D	8F-2R	73.0	6957	CHA
MF-384 GE	$25995	$8840	$10660	$14820	$16510	Perkins	4	236D	12F-4R	65.0		No
MF-384 GE 4WD	$31710	$10780	$13000	$18080	$20140	Perkins	4	236D	12F-4R	65.0		No
MF-384HC	$26780	$9110	$10980	$15270	$17010	Perkins	4	236D	12F-12R	65.0		No
MF-384HC 4WD	$32545	$11070	$13340	$18550	$20670	Perkins	4	236D	12F-12R	65.0		No
MF-384S	$24815	$8440	$10170	$14150	$15760	Perkins	4	236D	12F-4R	65.0		No
MF-384S 4WD	$30960	$10530	$12690	$17650	$19660	Perkins	4	236D	12F-4R	65.0		No
MF-384S 4WD w/Cab	$41020	$13950	$16820	$23380	$26050	Perkins	4	236D	12F-4R	65.0		CHA
MF-384S w/Cab	$34760	$11820	$14250	$19810	$22070	Perkins	4	236D	12F-12R	65.0		CHA
MF-384V	$34755	$11820	$14250	$19810	$22070	Perkins	4	236D	12F-12R	65.0		CHA
MF-384V 4WD	$40530	$13780	$16620	$23100	$25740	Perkins	4	236D	12F-12R	65.0		CHA
MF-390	$31210	$10610	$12800	$17790	$19820	Perkins	4	248D	12F-4R	70.0	6275	No
MF-390 4WD	$37655	$12800	$15440	$21460	$23910	Perkins	4	248D	12F-4R	70.0	6902	No
MF-390 4WD w/Cab	$46420	$15300	$18450	$25650	$28580	Perkins	4	248D	12F-4R	70.0	7552	CHA
MF-390 w/Cab	$40625	$13810	$16660	$23160	$25800	Perkins	4	248D	12F-4R	70.0	6945	CHA
MF-390T	$33695	$11460	$13820	$19210	$21400	Perkins	4T	236D	12F-4R	80.0	6359	No
MF-390T 4WD	$39060	$13280	$16020	$22260	$24800	Perkins	4T	236D	12F-4R	80.0	6952	No
MF-390T 4WD w/Cab	$48530	$15640	$18860	$26220	$29210	Perkins	4T	236D	12F-4R	80.0	7602	CHA
MF-390T w/Cab	$41965	$14270	$17210	$23920	$26650	Perkins	4T	236D	12F-4R	80.0	6995	CHA
MF-393	$29270	$9950	$12000	$16680	$18590	Perkins	4T	236D	8F-2R	83.0	6986	No
MF-393 4WD	$35470	$12060	$14540	$20220	$22520	Perkins	4T	236D	8F-2R	83.0	6986	No

Massey Ferguson (Cont.)

Model	Approx. Retail Price New	Estimated Value Less Repairs Used Trade-In Avg.	Used Trade-In High	Used Retail Avg.	Used Retail High	Make	Engine No. Cyls.	Displ. Cu.-in.	No. Speeds	P.T.O. H.P.	Approx. Shipping Wt.-Lbs.	Cab
1996 (Cont.)												
MF-393 4WD w/Cab	$44130	$14280	$17220	$23940	$26670	Perkins	4T	236D	8F-2R	83.0	7636	CHA
MF-393 w/Cab	$37375	$12710	$15320	$21300	$23730	Perkins	4T	236D	8F-2R	83.0	7636	CHA
MF-394 4WD w/Cab	$42695	$13940	$16810	$23370	$26040	Perkins	4	248D	24F-12R	73.0		CHA
MF-394 GE	$27695	$9420	$11360	$15790	$17590	Perkins	4	248D	12F-4R	73.0		No
MF-394GE 4WD	$33865	$11510	$13890	$19300	$21500	Perkins	4	248D	12F-4R	73.0		No
MF-394HC	$28335	$9630	$11620	$16150	$17990	Perkins	4	248D	12F-12R	73.0		No
MF-394HC 4WD	$35405	$12040	$14520	$20180	$22480	Perkins	4	248D	12F-12R	73.0		No
MF-394S	$26395	$8970	$10820	$15050	$16760	Perkins	4	248D	12F-4R	73.0		No
MF-394S 4WD	$32745	$11130	$13430	$18670	$20790	Perkins	4	248D	12F-4R	73.0		No
MF-394S 4WD w/Cab	$42295	$14380	$17340	$24110	$26860	Perkins	4	248D	12F-12R	73.0		CHA
MF-394S w/Cab	$35885	$12200	$14710	$20450	$22790	Perkins	4	248D	12F-12R	73.0		CHA
MF-396	$32985	$11220	$13520	$18800	$20950	Perkins	6	365D	8F-2R	88.0	7120	No
MF-396 4WD	$39875	$13560	$16350	$22730	$25320	Perkins	6	365D	8F-2R	88.0	7690	No
MF-396 4WD w/Cab	$49725	$15980	$19270	$26790	$29850	Perkins	6	365D	12F-4R	88.0	8430	CHA
MF-396 w/Cab	$41935	$14260	$17190	$23900	$26630	Perkins	6	365D	12F-4R	88.0	7831	CHA
MF-398	$34940	$10480	$12580	$18520	$20960	Perkins	4T	236D	12F-4R	80.00	6960	No
MF-398 4WD	$41655	$12500	$15000	$22080	$24990	Perkins	4T	236D	12F-4R	80.00	7395	No
MF-399	$37090	$11130	$13350	$19660	$22250	Perkins	6	365D	12F-4R	95.00	7400	No
MF-399 4WD	$44655	$13400	$16080	$23670	$26790	Perkins	6	365D	12F-4R	95.00	7910	No
MF-399 4WD w/Cab	$54855	$15600	$18720	$27560	$31200	Perkins	6	365D	12F-4R	95.00	8560	CHA
MF-399 Mudder	$52885	$15300	$18360	$27030	$30600	Perkins	6	365D	12F-12R	95.00		No
MF-399 Mudder w/Cab	$60345	$17100	$20520	$30210	$34200	Perkins	6	365D	12F-12R	95.00		CHA
MF-399 w/Cab	$46395	$13350	$16020	$23590	$26700	Perkins	6	365D	12F-4R	95.00	8050	CHA
MF-1120 4WD	$9584	$3260	$3930	$5460	$6090	Isuzu	3	52D	6F-2R	14.2	1360	No
MF-1120 Hydro 4WD	$10727	$3650	$4400	$6110	$6810	Isuzu	3	52D	Variable	13.1	1448	No
MF-1160 4WD	$23886	$8120	$9790	$13620	$15170	Isuzu	4	136D	16F-16R	37.0	4206	No
MF-1180 4WD	$25981	$8830	$10650	$14810	$16500	Isuzu	4	169D	16F-16R	46.0	4773	No
MF-1190 4WD	$27787	$9450	$11390	$15840	$17650	Isuzu	4T	169D	16F-16R	53.0	4795	No
MF-1205 4WD	$10200	$3470	$4180	$5810	$6480	Iseki	3	61D	6F-2R	13.5	1579	No
MF-1205 Hydro 4WD	$11400	$3880	$4670	$6500	$7240	Iseki	3	61D	Variable	13.0	1579	No
MF-1210	$10285	$3500	$4220	$5860	$6530	Iseki	3	61D	6F-2R	15.00	1830	No
MF-1210 4WD	$11753	$4000	$4820	$6700	$7460	Iseki	3	61D	6F-2R	15.00	1984	No
MF-1210 Hydro	$11753	$4000	$4820	$6700	$7460	Iseki	3	61D	Variable	14.00	1852	No
MF-1210 Hydro 4WD	$13221	$4500	$5420	$7540	$8400	Iseki	3	61D	Variable	14.00	2006	No
MF-1215	$10654	$3620	$4370	$6070	$6770	Iseki	3	61D	6F-2R	15.0	1457	No
MF-1215 4WD	$11850	$4030	$4860	$6760	$7530	Iseki	3	61D	6F-2R	15.0	1589	No
MF-1215 Hydro	$11869	$4040	$4870	$6770	$7540	Iseki	3	61D	Variable	14.0	1457	No
MF-1215 Hydro 4WD	$13350	$4540	$5470	$7610	$8480	Iseki	3	61D	Variable	14.0	1589	No
MF-1220	$11938	$4060	$4900	$6810	$7580	Iseki	3	68D	6F-2R	17.2	1874	No
MF-1220 4WD	$13493	$4590	$5530	$7690	$8570	Iseki	3	68D	6F-2R	17.2	2050	No
MF-1220 Hydro	$13338	$4540	$5470	$7600	$8470	Iseki	3	68D	Variable	16.0	1896	No
MF-1220 Hydro 4WD	$14879	$5060	$6100	$8480	$9450	Iseki	3	68D	Variable	16.0	2072	No
MF-1230	$13318	$4530	$5460	$7590	$8460	Iseki	3	87D	9F-3R	21.0	2227	No
MF-1230 4WD	$14956	$5090	$6130	$8530	$9500	Iseki	3	87D	9F-3R	21.0	2403	No
MF-1230 Hydro	$14895	$5060	$6110	$8490	$9460	Iseki	3	87D	Variable	20.0	2293	No
MF-1230 Hydro 4WD	$16532	$5620	$6780	$9420	$10500	Iseki	3	87D	Variable	20.0	2469	No
MF-1240	$14186	$4820	$5820	$8090	$9010	Iseki	3	87D	16F-16R	22.5	2859	No
MF-1240 4WD	$15973	$5430	$6550	$9110	$10140	Iseki	3	87D	16F-16R	22.5	2960	No
MF-1250	$15285	$5200	$6270	$8710	$9710	Iseki	3	91D	16F-16R	26.2	2933	No
MF-1250 4WD	$17520	$5960	$7180	$9990	$11130	Iseki	3	91D	16F-16R	26.2	3040	No
MF-1260 4WD	$19928	$6780	$8170	$11360	$12650	Iseki	3	91D	16F-16R	31.0	3128	No
MF-3075 4WD	$54450	$14700	$19060	$24500	$27770	Perkins	4T	244D	32F-32R	86.00	10244	CHA
MF-3120T	$53560	$14460	$18750	$24100	$27320	Perkins	6T	365D	32F-32R	110.00	11153	CHA
MF-3120T 4WD	$59540	$16080	$20840	$26790	$30370	Perkins	6T	365D	32F-32R	110.00	11486	CHA
MF-3140	$55620	$15020	$19470	$25030	$28370	Perkins	6T	365D	32F-32R	115.00	11153	CHA
MF-3140 4WD	$61910	$16720	$21670	$27860	$31570	Perkins	6T	365D	32F-32R	115.00	11486	CHA
MF-3660	$64540	$17430	$22590	$29040	$32920	Perkins	6T	365D	32F-32R	140.0	12581	CHA
MF-3660 4WD	$75050	$20400	$26440	$33990	$38530	Perkins	6T	365D	32F-32R	140.00	13152	CHA
MF-3670	$72770	$19650	$25470	$32750	$37110	Perkins	6T	403D	32F-32R	154.00	12736	CHA
MF-3670 4WD	$82930	$22390	$29030	$37320	$42290	Perkins	6T	403D	32F-32R	154.00	13816	CHA
MF-3690	$84490	$22810	$29570	$38020	$43090	Perkins	6T	452D	32F-32R	170.00	13073	CHA
MF-3690 4WD	$94160	$25420	$32960	$42370	$48020	Perkins	6T	452D	32F-32R	170.00	14131	CHA
MF-6150	$48680	$14600	$17530	$25800	$29210	Perkins	4T	244D	32F-32R	86.00		CHA
MF-6150 4WD	$56610	$16980	$20380	$30000	$33970	Perkins	4T	244D	32F-32R	86.00	10224	CHA
MF-6170	$51870	$15560	$18670	$27490	$31120	Perkins	6	365D	32F-32R	97.00	10329	CHA
MF-6170 4WD	$59930	$17980	$21580	$31760	$35960	Perkins	6	365D	32F-32R	97.00	10869	CHA
MF-6180	$56920	$17080	$20490	$30170	$34150	Perkins	6T	365D	32F-32R	110.00	11153	CHA
MF-6180 4WD	$63630	$19090	$22910	$33720	$38180	Perkins	6T	365D	32F-32R	110.00	11486	CHA
MF-8120	$68050	$19050	$24500	$29260	$31980	Perkins	6T	365D	32F-32R	130.00	12621	CHA
MF-8120 4WD	$79110	$21840	$28080	$33540	$36660	Perkins	6T	365D	32F-32R	130.00	13153	CHA
MF-8140	$73360	$20540	$26410	$31550	$34480	Valmet	6T	403D	32F-32R	145.00	13936	CHA
MF-8140 4WD	$85520	$23520	$30240	$36120	$39480	Valmet	6T	403D	32F-32R	145.00	15016	CHA
MF-8150	$82710	$23160	$29780	$35550	$38870	Valmet	6T	403D	32F-32R	160.00	14273	CHA
MF-8150 4WD	$90310	$24920	$32040	$38270	$41830	Valmet	6T	403D	32F-32R	160.00	15331	CHA
MF-8160	$91640	$25660	$32990	$39410	$43070	Valmet	6T	452D	32F-32R	180.00	14273	CHA
MF-8160 4WD	$105250	$28000	$36000	$43000	$47000	Valmet	6T	452D	32F-32R	180.00	15331	CHA
1995												
MF-231	$11580	$3820	$5100	$7060	$7870	Perkins	3	152D	8F-2R	34.0	4065	No
MF-240	$17340	$5720	$6940	$9710	$10920	Perkins	3	152D	8F-2R	41.0	4015	No
MF-240 4WD	$22970	$6600	$8000	$11200	$12600	Perkins	3	152D	8F-2R	41.0	4585	No
MF-253	$20775	$6860	$8310	$11630	$13090	Perkins	3T	152D	8F-2R	48.0	4265	No
MF-253 4WD	$25975	$7890	$9560	$13380	$15060	Perkins	3T	152D	8F-2R	48.0	4735	No
MF-261	$15335	$5060	$6130	$8590	$9660	Perkins	4	236D	8F-2R	53.0	5280	No

Massey Ferguson (Cont.)

Model	Approx. Retail Price New	Used Trade-In Avg.	Used Trade-In High	Used Retail Avg.	Used Retail High	Make	No. Cyls.	Displ. Cu.-in.	No. Speeds	P.T.O. H.P.	Approx. Shipping Wt.-Lbs.	Cab
1995 (Cont.)												
MF-283	$18080	$5970	$7230	$10130	$11390	Perkins	4	248D	8F-2R	67.0	5700	No
MF-362	$23765	$7840	$9510	$13310	$14970	Perkins	4	236D	8F-2R	55.0	5335	No
MF-362 4WD	$30205	$9570	$11600	$16240	$18270	Perkins	4	236D	8F-2R	55.0	5960	No
MF-375	$26890	$7530	$9140	$13980	$15870	Perkins	4	236D	12F-4R	60.0	6240	No
MF-375 4WD	$32705	$8680	$10540	$16120	$18290	Perkins	4	236D	12F-4R	60.0	6867	No
MF-375 4WD w/Cab	$40370	$10640	$12920	$19760	$22420	Perkins	4	236D	12F-4R	60.0	7517	CHA
MF-375 w/Cab	$35280	$9580	$11630	$17780	$20180	Perkins	4	236D	12F-4R	60.0	6910	CHA
MF-383	$25120	$8290	$10050	$14070	$15830	Perkins	4	248D	8F-2R	73.0	6311	No
MF-383 4WD	$31180	$10290	$12470	$17460	$19640	Perkins	4	248D	8F-2R	73.0	6950	No
MF-383 4WD w/Cab	$39630	$12540	$15200	$21280	$23940	Perkins	4	248D	8F-2R	73.0	7552	CHA
MF-383 w/Cab	$33575	$11080	$13430	$18800	$21150	Perkins	4	248D	8F-2R	73.0	6957	CHA
MF-390	$30155	$9950	$12060	$16890	$19000	Perkins	4	248D	12F-4R	70.0	6275	No
MF-390 4WD	$36020	$11890	$14410	$20170	$22690	Perkins	4	248D	12F-4R	70.0	6902	No
MF-390 4WD w/Cab	$44465	$14190	$17200	$24080	$27090	Perkins	4	248D	12F-4R	70.0	7552	CHA
MF-390 w/Cab	$38380	$12670	$15350	$21490	$24180	Perkins	4	248D	12F-4R	70.0	6945	CHA
MF-390T	$31760	$10480	$12700	$17790	$20010	Perkins	4T	236D	12F-4R	80.0	6359	No
MF-390T 4WD	$37380	$12340	$14950	$20930	$23550	Perkins	4T	236D	12F-4R	80.0	6952	No
MF-390T 4WD w/Cab	$46505	$14850	$18000	$25200	$28350	Perkins	4T	236D	12F-4R	80.0	7602	CHA
MF-390T w/Cab	$40055	$13220	$16020	$22430	$25240	Perkins	4T	236D	12F-4R	80.0	6995	CHA
MF-393 4WD	$34270	$11310	$13710	$19190	$21590	Perkins	4T	236D	8F-2R	83.0	6986	No
MF-393 4WD w/Cab	$42640	$13700	$16600	$23240	$26150	Perkins	4T	236D	8F-2R	83.0	7636	CHA
MF-396	$31555	$10410	$12620	$17670	$19880	Perkins	6	365D	8F-2R	104.4	7120	No
MF-396 4WD	$37665	$12430	$15070	$21090	$23730	Perkins	6	365D	8F-2R	104.4	7690	No
MF-396 4WD w/Cab	$47185	$14850	$18000	$25200	$28350	Perkins	6	365D	12F-4R	104.4	8430	CHA
MF-396 w/Cab	$40520	$13370	$16210	$22690	$25530	Perkins	6	365D	12F-4R	104.4	7831	CHA
MF-398	$33760	$9450	$11480	$17560	$19920	Perkins	4T	236D	12F-4R	80.00	6960	No
MF-398 4WD	$40245	$11270	$13680	$20930	$23750	Perkins	4T	236D	12F-4R	80.00	7395	No
MF-399	$36320	$10170	$12350	$18890	$21430	Perkins	6	365D	12F-4R	95.00	7400	No
MF-399 4WD	$43140	$12080	$14670	$22430	$25450	Perkins	6	365D	12F-4R	95.00	7910	No
MF-399 4WD w/Cab	$52995	$14280	$17340	$26520	$30090	Perkins	6	365D	12F-4R	95.00	8560	CHA
MF-399 Mudder	$51095	$14310	$17370	$26570	$30150	Perkins	6	365D	12F-12R	95.00		No
MF-399 Mudder w/Cab	$58305	$15680	$19040	$29120	$33040	Perkins	6	365D	12F-12R	95.00		CHA
MF-399 w/Cab	$45265	$12670	$15390	$23540	$26710	Perkins	6	365D	12F-4R	95.00	8050	CHA
MF-1120 4WD	$9584	$3160	$3830	$5370	$6040	Isuzu	3	52D	6F-2R	14.2	1360	No
MF-1120 Hydro 4WD	$10727	$3540	$4290	$6010	$6760	Isuzu	3	52D	Variable	13.1	1448	No
MF-1160 4WD	$23886	$7880	$9550	$13380	$15050	Isuzu	4	136D	16F-16R	37.0	4206	No
MF-1180 4WD	$25981	$8570	$10390	$14550	$16350	Isuzu	4	169D	16F-16R	46.0	4773	No
MF-1190 4WD	$27787	$9170	$11120	$15560	$17510	Isuzu	4T	169D	16F-16R	53.0	4795	No
MF-1210	$10285	$3390	$4110	$5760	$6480	Iseki	3	61D	6F-2R	15.00	1830	No
MF-1210 4WD	$11753	$3880	$4700	$6580	$7400	Iseki	3	61D	6F-2R	15.00	1984	No
MF-1210 Hydro	$11753	$3880	$4700	$6580	$7400	Iseki	3	61D	Variable	14.00	1852	No
MF-1210 Hydro 4WD	$13221	$4360	$5290	$7400	$8330	Iseki	3	61D	Variable	14.00	2006	No
MF-1220	$11938	$3940	$4780	$6690	$7520	Iseki	3	68D	6F-2R	17.2	1874	No
MF-1220 4WD	$13493	$4450	$5400	$7560	$8500	Iseki	3	68D	6F-2R	17.2	2050	No
MF-1220 Hydro	$13338	$4400	$5340	$7470	$8400	Iseki	3	68D	Variable	16.0	1896	No
MF-1220 Hydro 4WD	$14879	$4910	$5950	$8330	$9370	Iseki	3	68D	Variable	16.0	2072	No
MF-1230	$13318	$4400	$5330	$7460	$8390	Iseki	3	87D	9F-3R	21.0	2227	No
MF-1230 4WD	$14956	$4940	$5980	$8380	$9420	Iseki	3	87D	9F-3R	21.0	2403	No
MF-1230 Hydro	$14895	$4920	$5960	$8340	$9380	Iseki	3	87D	Variable	20.0	2293	No
MF-1230 Hydro 4WD	$16532	$5460	$6610	$9260	$10420	Iseki	3	87D	Variable	20.0	2469	No
MF-1240	$14186	$4680	$5670	$7940	$8940	Iseki	3	87D	16F-16R	22.5	2859	No
MF-1240 4WD	$15973	$5270	$6390	$8950	$10060	Iseki	3	87D	16F-16R	22.5	2960	No
MF-1250	$15285	$5040	$6110	$8560	$9630	Iseki	3	91D	16F-16R	26.2	2933	No
MF-1250 4WD	$17520	$5780	$7010	$9810	$11040	Iseki	3	91D	16F-16R	26.2	3040	No
MF-1260 4WD	$19928	$6580	$7970	$11160	$12560	Iseki	3	91D	16F-16R	31.0	3128	No
MF-3075 4WD	$54470	$13350	$17620	$23500	$26170	Perkins	4T	244D	32F-32R	86.00	10244	CHA
MF-3120T	$53460	$13130	$17330	$23100	$25730	Perkins	6T	365D	32F-32R	110.00	11153	CHA
MF-3120T 4WD	$59540	$14500	$19140	$25520	$28420	Perkins	6T	365D	32F-32R	110.00	11486	CHA
MF-3140	$55620	$13600	$17950	$23940	$26660	Perkins	6T	365D	32F-32R	115.00	11153	CHA
MF-3140 4WD	$61910	$15130	$19970	$26620	$29650	Perkins	6T	365D	32F-32R	115.00	11486	CHA
MF-3660	$64540	$15750	$20790	$27720	$30870	Perkins	6T	365D	32F-32R	115.00	12581	CHA
MF-3660 4WD	$75540	$18500	$24420	$32560	$36260	Perkins	6T	365D	32F-32R	115.00	13152	CHA
MF-3670	$69990	$17130	$22610	$30140	$33570	Perkins	6T	403D	32F-32R	154.00	12736	CHA
MF-3670 4WD	$80150	$19000	$25080	$33440	$37240	Perkins	6T	403D	32F-32R	154.00	13816	CHA
MF-3690	$79190	$19250	$25410	$33880	$37730	Perkins	6T	452D	32F-32R	170.00	13073	CHA
MF-3690 4WD	$89470	$21250	$28050	$37400	$41650	Perkins	6T	452D	32F-32R	170.00	14131	CHA
MF-6150	$46230	$12940	$15720	$24040	$27280	Perkins	4T	244D	32F-32R	86.00		CHA
MF-6150 4WD	$53570	$15000	$18210	$27860	$31610	Perkins	4T	244D	32F-32R	86.00	10224	CHA
MF-6170	$50750	$14210	$17260	$26390	$29940	Perkins	6	365D	32F-32R	97.00	10329	CHA
MF-6170 4WD	$57800	$16180	$19650	$30060	$34100	Perkins	6	365D	32F-32R	97.00	10869	CHA
MF-6180	$55000	$15400	$18700	$28600	$32450	Perkins	6T	365D	32F-32R	110.00	11153	CHA
MF-6180 4WD	$61480	$17210	$20900	$31970	$36270	Perkins	6T	365D	32F-32R	110.00	11486	CHA
MF-8120	$65160	$16940	$22150	$26720	$29320	Perkins	6T	365D	32F-32R	130.00	12621	CHA
MF-8120 4WD	$75100	$19530	$25530	$30790	$33800	Perkins	6T	365D	32F-32R	130.00	13153	CHA
MF-8140	$69900	$18170	$23770	$28660	$31460	Valmet	6T	403D	32F-32R	145.00	13936	CHA
MF-8140 4WD	$81200	$20540	$26860	$32390	$35550	Valmet	6T	403D	32F-32R	145.00	15016	CHA
MF-8150	$74140	$19270	$25190	$30380	$33350	Valmet	6T	403D	32F-32R	160.00	14273	CHA
MF-8150 4WD	$85950	$21840	$28560	$34440	$37800	Valmet	6T	403D	32F-32R	160.00	15331	CHA
MF-8160	$81950	$21310	$27860	$33600	$36880	Valmet	6T	452D	32F-32R	180.00	14273	CHA
MF-8160 4WD	$94850	$24390	$31890	$38460	$42210	Valmet	6T	452D	32F-32R	180.00	15331	CHA
1994												
MF-231	$11080	$3550	$4760	$6650	$7420	Perkins	3	152D	8F-2R	34.0	4065	No
MF-240	$16590	$5310	$6470	$9130	$10290	Perkins	3	152D	8F-2R	41.0	4015	No

Massey Ferguson (Cont.)

Model	Approx. Retail Price New	Used Trade-In Avg.	Used Trade-In High	Used Retail Avg.	Used Retail High	Make	Engine No. Cyls.	Engine Displ. Cu.-in.	No. Speeds	P.T.O. H.P.	Approx. Shipping Wt.-Lbs.	Cab
1994 (Cont.)												
MF-240 4WD	$21980	$6080	$7410	$10450	$11780	Perkins	3	152D	8F-2R	41.0	4585	No
MF-253	$19210	$6150	$7490	$10570	$11910	Perkins	3T	152D	8F-2R	48.0	4265	No
MF-253 4WD	$25745	$7360	$8970	$12650	$14260	Perkins	3T	152D	8F-2R	48.0	4735	No
MF-261	$14675	$4700	$5720	$8070	$9100	Perkins	4	236D	8F-2R	53.0	5280	No
MF-283	$17300	$5540	$6750	$9520	$10730	Perkins	4	248D	8F-2R	67.0	5700	No
MF-283	$17300	$5540	$6750	$9520	$10730	Perkins	4	248D	8F-2R	67.0	5700	No
MF-362	$22740	$7280	$8870	$12510	$14100	Perkins	4	236D	8F-2R	55.0	5335	No
MF-362 4WD	$29240	$8640	$10530	$14850	$16740	Perkins	4	236D	8F-2R	55.0	5960	No
MF-375	$25830	$6720	$8520	$13170	$14980	Perkins	4	236D	12F-4R	60.0	6240	No
MF-375 4WD	$31300	$7540	$9570	$14790	$16820	Perkins	4	236D	12F-4R	60.0	6867	No
MF-375 4WD w/Cab	$38280	$9100	$11550	$17850	$20300	Perkins	4	236D	12F-4R	60.0	7517	CHA
MF-375 w/Cab	$33635	$8320	$10560	$16320	$18560	Perkins	4	236D	12F-4R	60.0	6910	CHA
MF-383	$24040	$7690	$9380	$13220	$14910	Perkins	4	248D	8F-2R	73.0	6311	No
MF-383 4WD	$29835	$9550	$11640	$16410	$18500	Perkins	4	248D	8F-2R	73.0	6950	No
MF-383 4WD w/Cab	$37925	$11360	$13850	$19530	$22010	Perkins	4	248D	8F-2R	73.0	7552	CHA
MF-383 w/Cab	$32130	$10280	$12530	$17670	$19920	Perkins	4	248D	8F-2R	73.0	6957	CHA
MF-390	$28835	$9230	$11250	$15860	$17880	Perkins	4	248D	12F-4R	70.0	6275	No
MF-390 4WD	$34815	$11140	$13580	$19150	$21590	Perkins	4	248D	12F-4R	70.0	6902	No
MF-390 4WD w/Cab	$42920	$13120	$15990	$22550	$25420	Perkins	4	248D	12F-4R	70.0	7552	CHA
MF-390 w/Cab	$38365	$12280	$14960	$21100	$23790	Perkins	4	248D	12F-12R	70.0	6945	CHA
MF-390T	$31025	$9930	$12100	$17060	$19240	Perkins	4T	236D	12F-4R	80.0	6359	No
MF-390T 4WD	$36115	$11560	$14090	$19860	$22390	Perkins	4T	236D	12F-4R	80.0	6952	No
MF-390T 4WD w/Cab	$44870	$13440	$16380	$23100	$26040	Perkins	4T	236D	12F-4R	80.0	7602	CHA
MF-390T w/Cab	$38675	$12380	$15080	$21270	$23980	Perkins	4T	236D	12F-4R	80.0	6995	CHA
MF-393	$27060	$8660	$10550	$14880	$16780	Perkins	4T	236D	8F-2R	83.0	6371	No
MF-393 4WD	$32795	$10490	$12790	$18040	$20330	Perkins	4T	236D	8F-2R	83.0	6986	No
MF-393 4WD w/Cab	$40805	$12480	$15210	$21450	$24180	Perkins	4T	236D	8F-2R	83.0	7636	CHA
MF-393 w/Cab	$34555	$11060	$13480	$19010	$21420	Perkins	4T	236D	8F-2R	83.0	7021	CHA
MF-396	$30945	$9900	$12070	$17020	$19190	Perkins	6	365D	8F-2R	104.4	7120	No
MF-396 4WD	$37070	$11860	$14460	$20390	$22980	Perkins	6	365D	8F-2R	104.4	7690	No
MF-396 4WD w/Cab	$46180	$14080	$17160	$24200	$27280	Perkins	6	365D	12F-4R	104.4	8430	CHA
MF-398	$31995	$8320	$10560	$16320	$18560	Perkins	4T	236D	12F-4R	80.00	6960	No
MF-398 4WD	$38515	$10010	$12710	$19640	$22340	Perkins	4T	236D	12F-4R	80.00	7395	No
MF-399	$33695	$8760	$11120	$17180	$19540	Perkins	6	365D	12F-4R	95.00	7400	No
MF-399 4WD	$41185	$10710	$13590	$21000	$23890	Perkins	6	365D	12F-4R	95.00	7910	No
MF-399 4WD w/Cab	$50620	$12740	$16170	$24990	$28420	Perkins	6	365D	12F-4R	95.00	8560	CHA
MF-399 Mudder	$48895	$12220	$15510	$23970	$27260	Perkins	6	365D	12F-12R	95.00		No
MF-399 Mudder w/Cab	$55795	$14040	$17820	$27540	$31320	Perkins	6	365D	12F-12R	95.00		CHA
MF-399 w/Cab	$42895	$11150	$14160	$21880	$24880	Perkins	6	365D	12F-4R	95.00	8050	CHA
MF-1120 4WD	$9584	$3070	$3740	$5270	$5940	Isuzu	3	52D	6F-2R	14.2	1360	No
MF-1120 Hydro 4WD	$10727	$3430	$4180	$5900	$6650	Isuzu	3	52D	Variable	13.1	1448	No
MF-1160 4WD	$22749	$7280	$8870	$12510	$14100	Isuzu	4	136D	16F-16R	37.0	4206	No
MF-1180 4WD	$24744	$7920	$9650	$13610	$15340	Isuzu	4	169D	16F-16R	46.0	4773	No
MF-1190 4WD	$26464	$8470	$10320	$14560	$16410	Isuzu	4T	169D	16F-16R	53.0	4795	No
MF-1210	$10285	$3290	$4010	$5660	$6380	Iseki	3	61D	6F-2R	15.00	1830	No
MF-1210 4WD	$11753	$3760	$4580	$6460	$7290	Iseki	3	61D	6F-2R	15.00	1984	No
MF-1210 Hydro	$11753	$3760	$4580	$6460	$7290	Iseki	3	61D	Variable	14.00	1852	No
MF-1210 Hydro 4WD	$13221	$4230	$5160	$7270	$8200	Iseki	3	61D	Variable	14.00	2006	No
MF-1220	$11647	$3730	$4540	$6410	$7220	Iseki	3	68D	6F-2R	17.2	1874	No
MF-1220 4WD	$13164	$4210	$5130	$7240	$8160	Iseki	3	68D	6F-2R	17.2	2050	No
MF-1220 Hydro	$13013	$4160	$5080	$7160	$8070	Iseki	3	68D	Variable	16.0	1896	No
MF-1220 Hydro 4WD	$14516	$4650	$5660	$7980	$9000	Iseki	3	68D	Variable	16.0	2072	No
MF-1230	$12684	$4060	$4950	$6980	$7860	Iseki	3	87D	9F-3R	21.0	2227	No
MF-1230 4WD	$14244	$4560	$5560	$7830	$8830	Iseki	3	87D	9F-3R	21.0	2403	No
MF-1230 Hydro	$14186	$4540	$5530	$7800	$8800	Iseki	3	87D	Variable	20.0	2293	No
MF-1230 Hydro 4WD	$15745	$5040	$6140	$8660	$9760	Iseki	3	87D	Variable	20.0	2469	No
MF-1240	$13150	$4210	$5130	$7230	$8150	Iseki	3	87D	16F-16R	22.5	2859	No
MF-1240 4WD	$15212	$4870	$5930	$8370	$9430	Iseki	3	87D	16F-16R	22.5	2960	No
MF-1250	$14557	$4660	$5680	$8010	$9030	Iseki	3	91D	16F-16R	26.2	2933	No
MF-1250 4WD	$16686	$5340	$6510	$9180	$10350	Iseki	3	91D	16F-16R	26.2	3040	No
MF-1260	$18979	$6070	$7400	$10440	$11770	Iseki	3	91D	16F-16R	31.0	3155	No
MF-1260 4WD	$19145	$6130	$7470	$10530	$11870	Iseki	3	91D	16F-16R	31.0	3128	No
MF-3075 4WD	$54470	$12830	$16550	$22430	$25100	Perkins	4T	244D	32F-32R	86.00	10244	CHA
MF-3120T	$53050	$12480	$16120	$21840	$24440	Perkins	6T	365D	32F-32R	110.00	11153	CHA
MF-3120T 4WD	$58830	$13680	$17670	$23940	$26790	Perkins	6T	365D	32F-32R	110.00	11486	CHA
MF-3140	$55930	$13110	$16930	$22940	$25670	Perkins	6T	365D	32F-32R	115.00	11153	CHA
MF-3140 4WD	$61910	$14400	$18600	$25200	$28200	Perkins	6T	365D	32F-32R	115.00	11486	CHA
MF-3660	$64230	$14930	$19280	$26120	$29230	Perkins	6T	365D	32F-32R	115.00	12581	CHA
MF-3660 4WD	$75570	$17650	$22800	$30890	$34560	Perkins	6T	365D	32F-32R	115.00	13152	CHA
MF-3670	$69680	$16320	$21080	$28560	$31960	Perkins	6T	403D	32F-32R	154.00	12736	CHA
MF-3670 4WD	$80150	$18000	$23250	$31500	$35250	Perkins	6T	403D	32F-32R	154.00	13816	CHA
MF-3690	$79190	$18480	$23870	$32340	$36190	Perkins	6T	452D	32F-32R	170.00	13073	CHA
MF-3690 4WD	$89470	$20160	$26040	$35280	$39480	Perkins	6T	452D	32F-32R	170.00	14131	CHA
1993												
MF-231	$10550	$3270	$4430	$6230	$6960	Perkins	3	152D	8F-2R	34.00	4065	No
MF-240	$16140	$5000	$6780	$9520	$10650	Perkins	3	152D	8F-2R	42.90	4015	No
MF-253	$17655	$5470	$6710	$9530	$10950	Perkins	3T	152D	8F-2R	45.90	4020	No
MF-283	$15825	$4910	$6010	$8550	$9810	Perkins	4	248D	8F-2R	67.00	5432	No
MF-360	$20545	$6370	$7810	$11090	$12740	Perkins	3T	152D	8F-2R	46.10	4910	No
MF-360 4WD	$28060	$8700	$10660	$15150	$17400	Perkins	3T	152D	8F-2R	49.20	5346	No
MF-362	$21735	$6740	$8260	$11740	$13480	Perkins	4	236D	8F-2R	55.00	5335	No
MF-362 4WD	$27725	$8600	$10540	$14970	$17190	Perkins	4	236D	8F-2R	55.00	5960	Cab
MF-364S 4WD	$27720	$6930	$8870	$13860	$15800	Perkins	3	152D	12F-4R	50.00	5082	No

Massey Ferguson (Cont.)

Model	Approx. Retail Price New	Used Trade-In Avg.	Used Trade-In High	Used Retail Avg.	Used Retail High	Make	Engine No. Cyls.	Displ. Cu.-in.	No. Speeds	P.T.O. H.P.	Approx. Shipping Wt.-Lbs.	Cab
1993 (Cont.)												
MF-374S	$24117	$6030	$7720	$12060	$13750	Perkins	4	236D	12F-4R	57.00	5145	No
MF-374S 4WD	$29752	$7440	$9520	$14880	$16960	Perkins	4	236D	12F-4R	57.00	5370	No
MF-375	$23780	$5950	$7610	$11890	$13560	Perkins	4	236D	12F-4R	58.10	6260	No
MF-375	$31310	$7830	$10020	$15660	$17850	Perkins	4	236D	12F-4R	58.10	6967	CHA
MF-375 4WD	$28295	$7070	$9050	$14150	$16130	Perkins	4	236D	12F-4R	58.10	6617	No
MF-375 4WD	$36305	$9080	$11620	$18150	$20690	Perkins	4	236D	12F-4R	58.10	8129	CHA
MF-383	$21780	$6750	$8280	$11760	$13500	Perkins	4	248D	8F-2R	73.00	6098	No
MF-383	$29150	$9040	$11080	$15740	$18070	Perkins	4	248D	8F-2R	73.00	7010	CHA
MF-383 4WD	$27170	$8420	$10330	$14670	$16850	Perkins	4	248D	8F-2R	73.00	7328	No
MF-383 4WD	$34540	$10710	$13130	$18650	$21420	Perkins	4	248D	8F-2R	73.00	8240	CHA
MF-384S	$25546	$6390	$8180	$12770	$14560	Perkins	4	236D	12F-4R	65.00	5192	No
MF-384S 4WD	$30640	$7660	$9810	$15320	$17470	Perkins	4	236D	12F-4R	65.00	5412	No
MF-390	$26530	$8220	$10080	$14330	$16450	Perkins	4	248D	12F-4R	67.30	6295	No
MF-390	$34435	$10680	$13090	$18600	$21350	Perkins	4	248D	12F-8R	67.30	6948	CHA
MF-390 4WD	$31710	$9830	$12050	$17120	$19660	Perkins	4	248D	12F-4R	67.30	6902	No
MF-390 4WD	$39595	$11780	$14440	$20520	$23560	Perkins	4	248D	12F-8R	67.30	7552	CHA
MF-390T	$28180	$8740	$10710	$15220	$17470	Perkins	4T	236D	8F-2R	80.00	6325	No
MF-390T	$35945	$11140	$13660	$19410	$22290	Perkins	4T	248D	12F-8R	80.00	6995	CHA
MF-390T 4WD	$33250	$10310	$12640	$17960	$20620	Perkins	4T	236D	12F-12R	80.00	6952	No
MF-390T 4WD	$41835	$12970	$15900	$22590	$25940	Perkins	4T	248D	12F-8R	80.00	7602	CHA
MF-393	$24785	$7680	$9420	$13380	$15370	Perkins	4	236D	8F-2R	83.00	6371	No
MF-393 4WD	$30175	$9350	$11470	$16300	$18710	Perkins	4	236D	8F-2R	83.00	6986	No
MF-393 4WD w/Cab	$37545	$11160	$13636	$19440	$22320	Perkins	4	236D	8F-2R	83.00	7636	CHA
MF-393 w/Cab	$32155	$9970	$12220	$17360	$19940	Perkins	4	236D	8F-2R	83.00	7021	CHA
MF-394S	$26110	$6530	$8360	$13060	$14880	Perkins	4	236D	12F-4R	73.00	5258	No
MF-394S 4WD	$31460	$7870	$10070	$15730	$17930	Perkins	4	236D	12F-4R	73.00	5478	No
MF-396	$28050	$8700	$10660	$15150	$17390	Perkins	6	365D	8F-2R	88.00	7120	No
MF-396 4WD	$33750	$9920	$12160	$17280	$19840	Perkins	6	365D	8F-2R	88.00	7690	No
MF-396 4WD w/Cab	$42300	$12490	$15310	$21760	$24990	Perkins	6	365D	12F-4R	88.00	8430	CHA
MF-396 Cab	$36100	$11190	$13720	$19490	$22380	Perkins	6	365D	12F-4R	88.00	7831	CHA
MF-398	$29655	$7410	$9490	$14830	$16900	Perkins	4	236D	12F-4R	80.30	6405	No
MF-398	$37155	$9290	$11890	$18580	$21180	Perkins	4	236D	12F-8R	80.30	7055	CHA
MF-398 4WD	$35740	$8940	$11440	$17870	$20370	Perkins	4	236D	12F-8R	80.30	6915	No
MF-398 4WD	$43110	$10780	$13800	$21560	$24570	Perkins	4	236D	12F-8R	80.30	7565	CHA
MF-399	$31265	$7820	$10010	$15630	$17820	Perkins	6	365D	12F-4R	95.00	7400	No
MF-399 4WD	$37365	$9340	$11960	$18680	$21300	Perkins	6	365D	12F-4R	95.00	8029	No
MF-399 4WD w/Cab	$45175	$10750	$13760	$21500	$24510	Perkins	6	365D	12F-4R	95.00	8941	CHA
MF-399 w/Cab	$38435	$9610	$12300	$19220	$21910	Perkins	6	365D	12F-4R	95.00	8145	CHA
MF-1010	$8445	$2620	$3550	$4980	$5570	Toyosha	3	53D	6F-2R	13.50	1580	No
MF-1010 4WD	$9625	$2980	$4040	$5680	$6350	Toyosha	3	53D	6F-2R	13.50	1800	No
MF-1010 Hydro	$9815	$3040	$4120	$5790	$6480	Toyosha	3	53D	Variable	12.00	1772	No
MF-1010 Hydro 4WD	$10840	$3360	$4550	$6400	$7150	Toyosha	3	53D	Variable	12.00	2000	No
MF-1020	$9970	$3090	$4190	$5880	$6580	Toyosha	3	69D	12F-4R	17.00	2045	No
MF-1020 4WD	$11200	$3470	$4700	$6610	$7390	Toyosha	3	69D	12F-4R	17.00	2285	No
MF-1020 Hydro	$11450	$3550	$4810	$6760	$7560	Toyosha	3	69D	Variable	14.50	2046	No
MF-1020 Hydro 4WD	$13150	$4080	$5520	$7760	$8680	Toyosha	3	69D	Variable	14.50	2296	No
MF-1030	$11850	$3670	$4980	$6990	$7820	Toyosha	3	87D	12F-4R	23.00	2701	No
MF-1030 4WD	$14280	$4430	$6000	$8430	$9430	Toyosha	3	87D	12F-4R	23.00	2832	No
MF-1125	$12150	$3770	$5100	$7170	$8020	Toyosha	3	87D	16F-16R	22.5	2524	No
MF-1125 4WD	$13800	$4280	$5800	$8140	$9110	Toyosha	3	87D	16F-16R	22.5	2634	No
MF-1140	$13185	$4090	$5010	$7120	$8180	Toyosha	3	91D	16F-16R	26.20	2590	No
MF-1140 4WD	$14932	$4630	$5670	$8060	$9260	Toyosha	3	91D	16F-16R	26.20	2700	No
MF-1145 4WD	$17086	$5300	$6490	$9230	$10590	Toyosha	3	91D	16F-16R	31.00	2812	No
MF-1160 4WD	$20888	$6480	$7940	$11280	$12950	Toyosha	4	137D	16F-16R	37.00	3848	No
MF-1180 4WD	$22550	$6990	$8570	$12180	$13980	Toyosha	4	169D	16F-16R	46.00	4773	No
MF-1190 4WD	$24050	$7460	$9140	$12990	$14910	Toyosha	4	169D	16F-16R	53.00	4795	No
MF-3070 4WD	$47200	$10860	$14160	$18880	$21710	Perkins	4T	236D	16F-12R	82.20	10192	CHA
MF-3120	$47700	$10970	$14310	$19080	$21940	Perkins	6	365D	16F-12R	100.00	10329	CHA
MF-3120 4WD	$52500	$12080	$15750	$21000	$24150	Perkins	6	365D	16F-12R	100.00	10869	CHA
MF-3140	$49250	$11040	$14400	$19200	$22080	Perkins	6T	365D	16F-12R	115.00	11153	CHA
MF-3140 4WD	$54700	$12190	$15900	$21200	$24380	Perkins	6T	365D	16F-12R	115.00	11486	CHA
MF-3660	$60400	$13890	$18120	$24160	$27780	Perkins	6T	365D	16F-12R	140.00	12581	CHA
MF-3660 4WD	$70000	$15640	$20400	$27200	$31280	Perkins	6T	365D	16F-12R	140.00	13152	CHA
MF-3680	$64000	$14490	$18900	$25200	$28980	Valmet	6T	452D	16F-12R	160.00	12786	CHA
MF-3680 4WD	$73600	$16330	$21300	$28400	$32660	Valmet	6T	452D	16F-4R	161.90	13152	CHA
MF-3690	$78240	$17710	$23100	$30800	$35420	Perkins	6T	452D	32F-32R	170.00	13073	CHA
MF-3690 4WD	$88120	$19320	$25200	$33600	$38640	Perkins	6T	452D	32F-32R	170.00	14131	CHA
1992												
MF-231	$10550	$3170	$4330	$6120	$6860	Perkins	3	152D	8F-2R	34.00	4065	No
MF-240	$16140	$4920	$5970	$8640	$9850	Perkins	3	152D	8F-2R	42.90	4015	No
MF-253	$17655	$5390	$6530	$9450	$10770	Perkins	3T	152D	8F-2R	45.90	4020	No
MF-283	$15825	$4830	$5860	$8470	$9650	Perkins	4	248D	8F-2R	67.00	5432	No
MF-360	$20545	$6270	$7600	$10990	$12530	Perkins	3T	152D	8F-2R	46.10	4910	No
MF-360 4WD	$28060	$8560	$10380	$15010	$17120	Perkins	3T	152D	8F-2R	49.20	5346	No
MF-362	$21735	$6630	$8040	$11630	$13260	Perkins	4	236D	8F-2R	55.00	5335	No
MF-362 4WD	$27725	$8460	$10260	$14830	$16910	Perkins	4	236D	8F-2R	55.00	5960	No
MF-364S 4WD	$27720	$6650	$8590	$13580	$15520	Perkins	3	152D	12F-4R	50.00	5082	No
MF-374S	$24117	$5790	$7480	$11820	$13510	Perkins	4	236D	12F-4R	57.00	5145	No
MF-374S 4WD	$29752	$7140	$9220	$14580	$16660	Perkins	4	236D	12F-4R	57.00	5370	No
MF-375	$23780	$5710	$7370	$11650	$13320	Perkins	4	236D	12F-4R	58.10	6260	No
MF-375 4WD	$28295	$6790	$8770	$13870	$15850	Perkins	4	236D	12F-4R	58.10	6617	No
MF-375 4WD w/Cab	$36305	$8710	$11260	$17790	$20330	Perkins	4	236D	12F-4R	58.10	8129	CHA
MF-375 w/Cab	$31310	$7510	$9710	$15340	$17530	Perkins	4	236D	12F-4R	58.10	6967	CHA

Massey Ferguson (Cont.)

Model	Approx. Retail Price New	Used Trade-In Avg.	Used Trade-In High	Used Retail Avg.	Used Retail High	Make	No. Cyls.	Displ. Cu.-in.	No. Speeds	P.T.O. H.P.	Approx. Shipping Wt.-Lbs.	Cab
1992 (Cont.)												
MF-383	$21780	$6640	$8060	$11650	$13290	Perkins	4	248D	8F-2R	73.00	6098	No
MF-383 4WD	$27170	$8290	$10050	$14540	$16570	Perkins	4	248D	8F-2R	73.00	7328	No
MF-383 4WD w/Cab	$34540	$10220	$12400	$17920	$20440	Perkins	4	248D	8F-2R	73.00	8240	CHA
MF-383 w/Cab	$29150	$8890	$10790	$15600	$17780	Perkins	4	248D	8F-2R	73.00	7010	CHA
MF-384S	$25546	$6130	$7920	$12520	$14310	Perkins	4	236D	12F-4R	65.00	5192	No
MF-384S 4WD	$30640	$7350	$9500	$15010	$17160	Perkins	4	236D	12F-4R	65.00	5412	No
MF-390	$26530	$8090	$9820	$14190	$16180	Perkins	4	248D	12F-4R	67.30	6295	No
MF-390 4WD	$31710	$9670	$11730	$16970	$19340	Perkins	4	248D	12F-4R	67.30	6902	No
MF-390 4WD w/Cab	$39595	$11290	$13690	$19800	$22570	Perkins	4	248D	12F-8R	67.30	7552	CHA
MF-390 w/Cab	$34435	$10500	$12740	$18420	$21010	Perkins	4	248D	12F-8R	67.30	6948	CHA
MF-390T	$28180	$8600	$10430	$15080	$17190	Perkins	4T	236D	8F-2R	80.00	6325	No
MF-390T 4WD	$33250	$10140	$12300	$17790	$20280	Perkins	4T	236D	12F-12R	80.00	6952	No
MF-390T 4WD w/Cab	$41835	$12110	$14690	$21240	$24220	Perkins	4T	248D	12F-8R	80.00	7602	CHA
MF-390T w/Cab	$35945	$10960	$13300	$19230	$21930	Perkins	4T	248D	12F-8R	80.00	6995	CHA
MF-393	$24785	$7560	$9170	$13260	$15120	Perkins	4	236D	8F-2R	83.00	6371	No
MF-393 4WD	$30175	$9200	$11170	$16140	$18410	Perkins	4	236D	8F-2R	83.00	6986	No
MF-393 4WD w/Cab	$37545	$10980	$13320	$19260	$21960	Perkins	4	236D	8F-2R	83.00	7636	CHA
MF-393 w/Cab	$32155	$9810	$11900	$17200	$19620	Perkins	4	236D	8F-2R	83.00	7021	CHA
MF-394S	$26110	$6270	$8090	$12790	$14620	Perkins	4	236D	12F-4R	73.00	5258	No
MF-394S 4WD	$31460	$7550	$9750	$15420	$17620	Perkins	4	236D	12F-4R	73.00	5478	No
MF-396	$28050	$8560	$10380	$15010	$17110	Perkins	6	365D	8F-2R	88.00	7120	No
MF-396 4WD	$33750	$10290	$12490	$18060	$20590	Perkins	6	365D	8F-2R	88.00	7690	No
MF-396 4WD w/Cab	$42300	$12570	$15240	$22040	$25130	Perkins	6	365D	12F-4R	88.00	8430	CHA
MF-396 Cab	$36100	$11010	$13360	$19310	$22020	Perkins	6	365D	12F-4R	88.00	7831	CHA
MF-398	$29655	$7120	$9190	$14530	$16610	Perkins	4	236D	12F-4R	80.30	6405	No
MF-398	$37155	$8920	$11520	$18210	$20810	Perkins	4	236D	12F-8R	80.30	7055	CHA
MF-398 4WD	$35740	$8580	$11080	$17510	$20010	Perkins	4	236D	12F-4R	80.30	6915	No
MF-398 4WD	$43110	$10080	$13020	$20580	$23520	Perkins	4	236D	12F-8R	80.30	7565	CHA
MF-399	$31265	$7500	$9690	$15320	$17510	Perkins	6	365D	12F-4R	95.00	7400	No
MF-399 4WD	$37365	$8970	$11580	$18310	$20920	Perkins	6	365D	12F-4R	95.00	8029	No
MF-399 4WD w/Cab	$45175	$10560	$13640	$21560	$24640	Perkins	6	365D	12F-4R	95.00	8941	CHA
MF-399 w/Cab	$38435	$9220	$11920	$18830	$21520	Perkins	6	365D	12F-4R	95.00	8145	CHA
MF-1010	$8199	$2460	$3360	$4760	$5330	Toyosha	3	53D	6F-2R	13.50	1580	No
MF-1010 4WD	$9343	$2800	$3830	$5420	$6070	Toyosha	3	53D	6F-2R	13.50	1800	No
MF-1010 Hydro	$9530	$2860	$3910	$5530	$6200	Toyosha	3	53D	Variable	12.00	1772	No
MF-1010 Hydro 4WD	$10523	$3160	$4310	$6100	$6840	Toyosha	3	53D	Variable	12.00	2000	No
MF-1020	$9681	$2900	$3970	$5620	$6290	Toyosha	3	69D	12F-4R	17.00	2045	No
MF-1020 4WD	$10873	$3260	$4460	$6310	$7070	Toyosha	3	69D	12F-4R	17.00	2285	No
MF-1020 Hydro	$11112	$3330	$4560	$6450	$7220	Toyosha	3	69D	Variable	14.50	2046	No
MF-1020 Hydro 4WD	$12727	$3820	$5220	$7380	$8270	Toyosha	3	69D	Variable	14.50	2296	No
MF-1030	$11508	$3450	$4720	$6680	$7480	Toyosha	3	87D	12F-4R	23.00	2701	No
MF-1030 4WD	$13866	$4160	$5690	$8040	$9010	Toyosha	3	87D	12F-4R	23.00	2832	No
MF-1125	$11800	$3540	$4840	$6840	$7670	Toyosha	3	87D	16F-16R	22.5	2524	No
MF-1125 4WD	$13400	$4020	$5490	$7770	$8710	Toyosha	3	87D	16F-16R	22.5	2634	No
MF-1140	$12801	$3900	$4740	$6850	$7810	Toyosha	3	91D	16F-16R	26.20	2590	No
MF-1140 4WD	$14497	$4420	$5360	$7760	$8840	Toyosha	3	91D	16F-16R	26.20	2700	No
MF-1145 4WD	$16588	$5060	$6140	$8880	$10120	Toyosha	3	91D	16F-16R	31.00	2812	No
MF-1160 4WD	$19500	$5950	$7220	$10430	$11900	Toyosha	4	137D	16F-16R	37.00	3848	No
MF-1180 4WD	$22550	$6880	$8340	$12060	$13760	Toyosha	4	169D	16F-16R	46.00	4773	No
MF-1190 4WD	$24050	$7340	$8900	$12870	$14670	Toyosha	4	169D	16F-16R	53.00	4795	No
MF-3070 4WD	$47200	$10380	$13690	$17940	$21240	Perkins	4T	236D	16F-12R	82.20	10192	CHA
MF-3120	$47700	$10490	$13830	$18130	$21470	Perkins	6	365D	16F-12R	100.00	10329	CHA
MF-3120 4WD	$52500	$11550	$15230	$19950	$23630	Perkins	6	365D	16F-12R	100.00	10869	CHA
MF-3140	$49250	$10400	$13700	$17960	$21260	Perkins	6T	365D	16F-12R	115.00	11153	CHA
MF-3140 4WD	$54700	$11550	$15230	$19950	$23630	Perkins	6T	365D	16F-12R	115.00	11486	CHA
MF-3660	$60400	$13290	$17520	$22950	$27180	Perkins	6T	365D	16F-12R	140.00	12581	CHA
MF-3660 4WD	$70000	$14960	$19720	$25840	$30600	Perkins	6T	365D	16F-12R	140.00	13152	CHA
MF-3680	$64000	$13640	$17980	$23560	$27900	Valmet	6T	452D	16F-12R	160.00	12786	CHA
MF-3680 4WD	$73600	$15180	$20010	$26220	$31050	Valmet	6T	452D	16F-12R	161.90	13152	CHA
MF-3690	$76540	$16840	$22200	$29090	$34440	Perkins	6T	452D	32F-32R	170.00	13073	CHA
MF-3690 4WD	$86890	$18260	$24070	$31540	$37350	Perkins	6T	452D	32F-32R	170.00	14131	CHA
1991												
MF-231	$9942	$2880	$3980	$5670	$6360	Perkins	3	152D	8F-2R	34.00	4065	No
MF-240	$16140	$4680	$5810	$8550	$9850	Perkins	3	152D	8F-2R	42.90	4015	No
MF-253	$17310	$5020	$6230	$9170	$10560	Perkins	3T	152D	8F-2R	45.90	4020	No
MF-283	$15070	$4370	$5430	$7990	$9190	Perkins	4	248D	8F-2R	67.00	5432	No
MF-360	$20545	$5960	$7400	$10890	$12530	Perkins	3T	152D	8F-2R	46.10	4910	No
MF-360 4WD	$28060	$8140	$10100	$14870	$17120	Perkins	3T	152D	8F-2R	49.20	5346	No
MF-362	$21525	$6240	$7750	$11410	$13130	Perkins	4	236D	8F-2R	55.00	5305	No
MF-362 4WD	$27515	$7980	$9910	$14580	$16780	Perkins	4	236D	8F-2R	55.00	5930	No
MF-364S 4WD	$27720	$6380	$8320	$13310	$15250	Perkins	3	152D	12F-4R	50.00	5082	No
MF-374S 4WD	$29752	$6840	$8930	$14280	$16360	Perkins	4	236D	12F-4R	57.00	5370	No
MF-375	$23740	$5460	$7120	$11400	$13060	Perkins	4	236D	12F-4R	58.10	6040	No
MF-375	$31785	$7310	$9540	$15260	$17480	Perkins	4	236D	12F-4R	58.10	6967	CHA
MF-375 4WD	$29460	$6780	$8840	$14140	$16200	Perkins	4	236D	12F-4R	58.10	7202	No
MF-375 4WD	$36600	$8420	$10980	$17570	$20130	Perkins	4	236D	12F-4R	58.10	8129	CHA
MF-383	$21350	$6190	$7690	$11320	$13020	Perkins	4	248D	8F-2R	73.00	6098	No
MF-383	$28575	$8290	$10290	$15150	$17430	Perkins	4	248D	8F-2R	73.00	7010	CHA
MF-383 4WD	$26635	$7720	$9590	$14120	$16250	Perkins	4	248D	8F-2R	73.00	7328	No
MF-383 4WD	$33860	$9820	$12190	$17950	$20660	Perkins	4	248D	8F-2R	73.00	8240	CHA
MF-383 Wide Row	$23065	$6690	$8300	$12220	$14070	Perkins	4	248D	8F-2R	73.00	7166	No
MF-384S	$25546	$5880	$7660	$12260	$14050	Perkins	4	236D	12F-4R	65.00	5192	No
MF-384S 4WD	$30640	$7050	$9190	$14710	$16850	Perkins	4	236D	12F-4R	65.00	5412	No

Massey Ferguson (Cont.)

Model	Approx. Retail Price New	Used Trade-In Avg.	Used Trade-In High	Used Retail Avg.	Used Retail High	Engine Make	No. Cyls.	Displ. Cu.-in.	No. Speeds	P.T.O. H.P.	Approx. Shipping Wt.-Lbs.	Cab
1991 (Cont.)												
MF-390	$26425	$7660	$9510	$14010	$16120	Perkins	4	248D	12F-4R	67.30	6036	No
MF-390	$34910	$10120	$12570	$18500	$21300	Perkins	4	248D	12F-8R	70.00	6948	CHA
MF-390 4WD	$32150	$9320	$11570	$17040	$19610	Perkins	4	248D	12F-4R	67.30	7266	No
MF-390 4WD	$40070	$11620	$14430	$21240	$24440	Perkins	4	248D	12F-8R	70.00	8178	CHA
MF-390T	$27660	$8020	$9960	$14660	$16870	Perkins	4T	236D	8F-2R	80.00	6051	No
MF-390T	$36420	$10560	$13110	$19300	$22220	Perkins	4T	236D	12F-8R	70.00	6965	CHA
MF-390T 4WD	$32990	$9570	$11880	$17490	$20120	Perkins	4T	236D	8F-2R	80.00	7281	No
MF-390T 4WD	$42310	$12270	$15230	$22420	$25810	Perkins	4T	248D	12F-8R	70.00	8193	CHA
MF-394S	$26110	$6010	$7830	$12530	$14360	Perkins	4	236D	12F-4R	73.00	5258	No
MF-394S 4WD	$31460	$7240	$9440	$15100	$17300	Perkins	4	236D	12F-4R	73.00	5478	No
MF-398	$30490	$7010	$9150	$14640	$16770	Perkins	4T	236D	12F-4R	80.30	7047	No
MF-398	$37990	$8740	$11400	$18240	$20900	Perkins	4T	236D	12F-8R	80.30	7958	CHA
MF-398 4WD	$36575	$8410	$10970	$17560	$20120	Perkins	4	236D	12F-4R	80.30	7648	No
MF-398 4WD	$43945	$9660	$12600	$20160	$23100	Perkins	4	236D	12F-8R	80.30	8560	CHA
MF-399	$32100	$7380	$9630	$15410	$17660	Perkins	6	365D	12F-4R	95.00	7233	No
MF-399 4WD	$38200	$8790	$11460	$18340	$21010	Perkins	6	365D	12F-4R	95.00	8029	No
MF-399 4WD w/Cab	$46010	$10120	$13200	$21120	$24200	Perkins	6	365D	12F-4R	95.00	8941	CHA
MF-399 w/Cab	$39270	$8510	$11100	$17760	$20350	Perkins	6	365D	12F-4R	95.00	8145	CHA
MF-1010	$7960	$2310	$3180	$4540	$5090	Toyosha	3	53D	6F-2R	13.50	1580	No
MF-1010 4WD	$9071	$2630	$3630	$5170	$5810	Toyosha	3	53D	6F-2R	13.50	1800	No
MF-1010 Hydro	$9252	$2680	$3700	$5270	$5920	Toyosha	3	53D	Variable	12.00	1772	No
MF-1010 Hydro 4WD	$10216	$2960	$4090	$5820	$6540	Toyosha	3	53D	Variable	12.00	2000	No
MF-1020	$9399	$2730	$3760	$5360	$6020	Toyosha	3	69D	12F-4R	17.00	2045	No
MF-1020 4WD	$10556	$3060	$4220	$6020	$6760	Toyosha	3	69D	12F-4R	17.00	2285	No
MF-1020 Hydro	$10788	$3130	$4320	$6150	$6900	Toyosha	3	69D	Variable	14.50	2046	No
MF-1020 Hydro 4WD	$12356	$3580	$4940	$7040	$7910	Toyosha	3	69D	Variable	14.50	2296	No
MF-1030	$10754	$3120	$4300	$6130	$6880	Toyosha	3	87D	12F-4R	23.00	2701	No
MF-1030 4WD	$12959	$3760	$5180	$7390	$8290	Toyosha	3	87D	12F-4R	23.00	2832	No
MF-1035	$12369	$3590	$4950	$7050	$7920	Toyosha	3	92D	12F-4R	26.00	2801	No
MF-1035 4WD	$14665	$4250	$5870	$8360	$9390	Toyosha	3	92D	12F-4R	26.00	2932	No
MF-1045 4WD	$16369	$4750	$5890	$8680	$9990	Toyosha	3	122D	9F-3R	30.00	3825	No
MF-1140	$12250	$3550	$4410	$6490	$7470	Toyosha	3	91D	16F-16R	26.20	2590	No
MF-1140 4WD	$13900	$4030	$5000	$7370	$8480	Toyosha	3	91D	16F-16R	26.20	2700	No
MF-1145 4WD	$15950	$4630	$5740	$8450	$9730	Toyosha	3	91D	16F-16R	31.00	2812	No
MF-3070	$41786	$8780	$11700	$15040	$18390	Perkins	4T	236D	16F-12R	82.20	9652	CHA
MF-3070 4WD	$45369	$9350	$12460	$16020	$19580	Perkins	4T	236D	16F-12R	82.20	10192	CHA
MF-3120	$46731	$9560	$12740	$16380	$20020	Perkins	6	365D	16F-12R	100.00	10329	CHA
MF-3120 4WD	$51448	$10400	$13860	$17820	$21780	Perkins	6	365D	16F-12R	100.00	10869	CHA
MF-3140	$48287	$9660	$12880	$16560	$20240	Perkins	6T	365D	16F-12R	115.00	11153	CHA
MF-3140 4WD	$53500	$10710	$14280	$18360	$22440	Perkins	6T	365D	16F-12R	115.00	11486	CHA
MF-3630 4WD	$58459	$12280	$16370	$21050	$25720	Perkins	6T	354D	16F-12R	119.50	12809	CHA
MF-3660	$57500	$12080	$16100	$20700	$25300	Perkins	6T	365D	16F-12R	140.00	12581	CHA
MF-3660 4WD	$67900	$13860	$18480	$23760	$29040	Perkins	6T	365D	16F-12R	140.00	13152	CHA
MF-3680	$64000	$13440	$17920	$23040	$28160	Valmet	6T	452D	16F-12R	160.00	12786	CHA
MF-3680 4WD	$73600	$14700	$19600	$25200	$30800	Valmet	6T	452D	16F-4R	161.90	13152	CHA
MF-3690	$75680	$15890	$21190	$27250	$33300	Perkins	6T	452D	32F-32R	170.00	13073	CHA
MF-3690 4WD	$85210	$17220	$22960	$29520	$36080	Perkins	6T	452D	32F-32R	170.00	14131	CHA
1990												
MF-231	$9195	$2580	$3590	$5150	$5790	Perkins	3	152D	8F-2R	34.00	4065	No
MF-240	$14638	$4170	$5120	$7760	$8930	Perkins	3	152D	8F-2R	42.90	4015	No
MF-253	$15700	$4480	$5500	$8320	$9580	Perkins	3T	152D	8F-2R	45.90	4020	No
MF-283	$15070	$4300	$5280	$7990	$9190	Perkins	4	248D	8F-2R	67.00	5432	No
MF-360	$18092	$5160	$6330	$9590	$11040	Perkins	3T	152D	8F-2R	46.10	4910	No
MF-360 4WD	$24712	$7040	$8650	$13100	$15070	Perkins	3T	152D	8F-2R	49.20	5346	No
MF-362	$19900	$5670	$6970	$10550	$12140	Perkins	4	236D	8F-2R	55.10	6175	No
MF-362 4WD	$25200	$7180	$8820	$13360	$15370	Perkins	4	236D	8F-2R	55.10	6175	No
MF-364S 4WD	$25200	$5540	$7310	$11840	$13610	Perkins	3	152D	12F-4R	50.00	5082	No
MF-374S 4WD	$27295	$6010	$7920	$12830	$14740	Perkins	4	236D	12F-4R	57.00	5370	No
MF-375	$21535	$4740	$6250	$10120	$11630	Perkins	4	236D	12F-4R	58.10	6040	No
MF-375 4WD	$27237	$5990	$7900	$12800	$14710	Perkins	4	236D	12F-4R	58.10	7202	No
MF-383	$19265	$5490	$6740	$10210	$11750	Perkins	4	248D	8F-2R	73.00	6098	No
MF-383 4WD	$24060	$6860	$8420	$12750	$14680	Perkins	4	248D	8F-2R	73.00	7328	No
MF-383 Wide Row	$20350	$5800	$7120	$10790	$12410	Perkins	4	248D	8F-2R	73.00	7166	No
MF-384S	$23875	$5250	$6920	$11220	$12890	Perkins	4	236D	12F-4R	65.00	5192	No
MF-384S 4WD	$27604	$6070	$8010	$12970	$14910	Perkins	4	236D	12F-4R	65.00	5412	No
MF-390	$23503	$6700	$8230	$12460	$14340	Perkins	4	248D	12F-4R	67.30	6036	No
MF-390 4WD	$29140	$8310	$10200	$15440	$17780	Perkins	4	248D	12F-4R	67.30	7266	No
MF-390T	$24836	$7080	$8690	$13160	$15150	Perkins	4T	236D	8F-2R	80.00	6051	No
MF-390T 4WD	$30192	$8610	$10570	$16000	$18420	Perkins	4T	236D	8F-2R	80.00	7281	No
MF-394S	$24868	$5470	$7210	$11690	$13430	Perkins	4	236D	12F-4R	73.00	5258	No
MF-394S 4WD	$28866	$6350	$8370	$13570	$15590	Perkins	4	236D	12F-4R	73.00	5478	No
MF-398	$27381	$6020	$7940	$12870	$14790	Perkins	4T	236D	12F-4R	80.30	7047	No
MF-398 4WD	$32841	$7230	$9520	$15440	$17730	Perkins	4	236D	12F-4R	80.30	7648	No
MF-399	$28866	$6350	$8370	$13570	$15590	Perkins	6	354D	12F-4R	90.50	7233	No
MF-399 4WD	$34299	$7550	$9950	$16120	$18520	Perkins	6	354D	12F-4R	90.50	8029	No
MF-399 4WD w/Cab	$40574	$8930	$11770	$19070	$21910	Perkins	6	354D	12F-4R	90.50	8941	CHA
MF-399 w/Cab	$35300	$7770	$10240	$16590	$19060	Perkins	6	354D	12F-4R	90.50	8145	CHA
MF-1010	$7728	$2160	$3010	$4330	$4870	Toyosha	3	53D	6F-2R	13.50	1580	No
MF-1010 4WD	$8807	$2470	$3440	$4930	$5550	Toyosha	3	53D	6F-2R	13.50	1800	No
MF-1010 Hydro	$8983	$2520	$3500	$5030	$5660	Toyosha	3	53D	Variable	12.00	1772	No
MF-1010 Hydro 4WD	$9918	$2780	$3870	$5550	$6250	Toyosha	3	53D	Variable	12.00	2000	No
MF-1020	$9125	$2560	$3560	$5110	$5750	Toyosha	3	69D	12F-4R	17.00	2045	No
MF-1020 4WD	$10249	$2870	$4000	$5740	$6460	Toyosha	3	69D	12F-4R	17.00	2285	No

Massey Ferguson (Cont.)

Model	Approx. Retail Price New	Used Trade-In Avg.	Used Trade-In High	Used Retail Avg.	Used Retail High	Make	No. Cyls.	Displ. Cu.-in.	No. Speeds	P.T.O. H.P.	Approx. Shipping Wt.-Lbs.	Cab
1990 (Cont.)												
MF-1020 Hydro	$10473	$2930	$4080	$5870	$6600	Toyosha	3	69D	Variable	14.50	2046	No
MF-1020 Hydro 4WD	$11996	$3360	$4680	$6720	$7560	Toyosha	3	69D	Variable	14.50	2296	No
MF-1030	$10242	$2870	$3990	$5740	$6450	Toyosha	3	87D	12F-4R	23.00	2701	No
MF-1030 4WD	$12582	$3520	$4910	$7050	$7930	Toyosha	3	87D	12F-4R	23.00	2832	No
MF-1035	$12009	$3360	$4680	$6730	$7570	Toyosha	3	92D	12F-4R	26.00	2801	No
MF-1035 4WD	$14238	$3990	$5550	$7970	$8970	Toyosha	3	92D	12F-4R	26.00	2932	No
MF-1045 4WD	$15892	$4530	$5560	$8420	$9690	Toyosha	3	122D	9F-3R	30.00	3825	No
MF-3060 4WD	$39144	$7830	$10570	$13310	$16830	Perkins	4	248D	16F-12R	69.70	9310	CHA
MF-3070	$36849	$7370	$9950	$12530	$15850	Perkins	4T	236D	16F-12R	82.20	9407	CHA
MF-3070 4WD	$42008	$8400	$11340	$14280	$18060	Perkins	4T	236D	16F-12R	82.20	10000	CHA
MF-3090	$40956	$8190	$11060	$13930	$17610	Perkins	6	354D	16F-12R	100.70	10329	CHA
MF-3090 4WD	$47449	$9200	$12420	$15640	$19780	Perkins	6	354D	16F-12R	100.70	10869	CHA
MF-3120	$42100	$8200	$11070	$13940	$17630	Perkins	6	365D	16F-12R	100.00	10329	CHA
MF-3120 4WD	$47200	$9000	$12150	$15300	$19350	Perkins	6	365D	16F-12R	100.00	10869	CHA
MF-3140	$44300	$8600	$11610	$14620	$18490	Perkins	6T	365D	16F-12R	115.00	11153	CHA
MF-3140 4WD	$50000	$9600	$12960	$16320	$20640	Perkins	6T	365D	16F-12R	115.00	11486	CHA
MF-3630	$47528	$9100	$12290	$15470	$19570	Perkins	6T	354D	16F-12R	119.50	11729	CHA
MF-3630 4WD	$56359	$10900	$14720	$18530	$23440	Perkins	6T	354D	16F-12R	119.50	12809	CHA
MF-3650	$53000	$10600	$14310	$18020	$22790	Perkins	6TI	354D	16F-12R	130.00	12037	CHA
MF-3650 4WD	$62597	$12100	$16340	$20570	$26020	Perkins	6TI	354D	16F-12R	131.30	13139	CHA
MF-3660	$55300	$10800	$14580	$18360	$23220	Perkins	6T	365D	16F-12R	140.00	12581	CHA
MF-3660 4WD	$65300	$12860	$17360	$21860	$27650	Perkins	6T	365D	16F-12R	140.00	13152	CHA
MF-3680	$59200	$11840	$15980	$20130	$25460	Valmet	6T	452D	16F-12R	160.00	12786	CHA
MF-3680 4WD	$68100	$13200	$17820	$22440	$28380	Valmet	6T	452D	16F-4R	161.90	13866	CHA
1989												
MF-154S Orchard	$18729	$3930	$5240	$8620	$9930	Perkins	3	152D	12F-4R	42.00	4520	No
MF-154S Orchard 4WD	$22384	$4700	$6270	$10300	$11860	Perkins	3	152D	12F-4R	42.00	4830	No
MF-174S Orchard	$20616	$4330	$5770	$9480	$10930	Perkins	4	236D	12F-4R	57.00	4685	No
MF-174S Orchard 4WD	$23872	$5010	$6680	$10980	$12650	Perkins	4	236D	12F-4R	57.00	4995	No
MF-194F Orchard	$21950	$4610	$6150	$10100	$11630	Perkins	4	248D	12F-4R	68.00	5104	No
MF-194F Orchard 4WD	$26597	$5590	$7450	$12240	$14100	Perkins	4	248D	12F-4R	68.00	5357	No
MF-231	$9195	$2480	$3490	$5060	$5700	Perkins	3	152D	8F-2R	34.00	4065	No
MF-240	$14638	$4100	$4980	$7760	$9000	Perkins	3	152D	8F-2R	38.00	3810	No
MF-253	$14950	$4190	$5080	$7920	$9190	Perkins	3T	152D	8F-2R	45.00	4020	No
MF-283	$14703	$4120	$5000	$7790	$9040	Perkins	4	248D	8F-2R	67.00	5432	No
MF-360	$18092	$5070	$6150	$9590	$11130	Perkins	3T	152D	8F-2R	46.10	4910	No
MF-360 4WD	$24712	$6920	$8400	$13100	$15200	Perkins	3T	152D	8F-2R	46.10	5346	No
MF-364S 4WD	$25200	$5290	$7060	$11590	$13360	Perkins	3	152D	12F-4R	50.00	5082	No
MF-374S	$22300	$4680	$6240	$10260	$11820	Perkins	4	236D	12F-4R	57.00	5145	No
MF-374S 4WD	$26500	$5570	$7420	$12190	$14050	Perkins	4	236D	12F-4R	57.00	5370	No
MF-375	$21535	$4520	$6030	$9910	$11410	Perkins	4	236D	12F-4R	58.10	6040	No
MF-375 4WD	$27237	$5720	$7630	$12530	$14440	Perkins	4	236D	12F-4R	58.10	7202	No
MF-383	$17139	$4800	$5830	$9080	$10540	Perkins	4	248D	8F-2R	73.00	6098	No
MF-383 Wide Row	$20215	$5660	$6870	$10710	$12430	Perkins	4	248D	8F-2R	73.00	7166	No
MF-384S	$23180	$4870	$6490	$10660	$12290	Perkins	4	236D	12F-4R	65.00	5192	No
MF-384S 4WD	$26800	$5630	$7500	$12330	$14200	Perkins	4	236D	12F-4R	65.00	5412	No
MF-390	$23503	$6580	$7990	$12460	$14450	Perkins	4	248D	12F-4R	67.30	6036	No
MF-390 4WD	$29140	$8160	$9910	$15440	$17920	Perkins	4	248D	12F-4R	67.30	7266	No
MF-390T	$24555	$6880	$8350	$13010	$15100	Perkins	4T	236D	8F-2R	80.00	6051	No
MF-390T 4WD	$30192	$8450	$10270	$16000	$18570	Perkins	4T	236D	8F-2R	80.00	7281	No
MF-394S 4WD	$28300	$5940	$7920	$13020	$15000	Perkins	4	236D	12F-4R	73.00	5480	No
MF-398	$27381	$5750	$7670	$12600	$14510	Perkins	4T	236D	12F-4R	80.00	7047	No
MF-398 4WD	$32841	$6900	$9200	$15110	$17410	Perkins	4	236D	12F-4R	80.00	7648	No
MF-399	$28866	$6060	$8080	$13280	$15300	Perkins	6	354D	12F-4R	90.50	7233	No
MF-399 4WD	$34299	$7200	$9600	$15780	$18180	Perkins	6	354D	12F-4R	90.50	8029	No
MF-1010	$7728	$2090	$2940	$4250	$4790	Toyosha	3	53D	6F-2R	13.50	1580	No
MF-1010 4WD	$8807	$2380	$3350	$4840	$5460	Toyosha	3	53D	6F-2R	13.50	1800	No
MF-1010 Hydro	$8983	$2430	$3410	$4940	$5570	Toyosha	3	53D	Variable	12.00	1772	No
MF-1010 Hydro 4WD	$9918	$2680	$3770	$5460	$6150	Toyosha	3	53D	Variable	12.00	2000	No
MF-1020	$9125	$2460	$3470	$5020	$5660	Toyosha	3	69D	12F-4R	17.00	2045	No
MF-1020 4WD	$10249	$2770	$3900	$5640	$6350	Toyosha	3	69D	12F-4R	17.00	2285	No
MF-1020 Hydro	$10473	$2830	$3980	$5760	$6490	Toyosha	3	69D	Variable	14.50	2046	No
MF-1020 Hydro 4WD	$11996	$3240	$4560	$6600	$7440	Toyosha	3	69D	Variable	14.50	2266	No
MF-1030	$10042	$2710	$3820	$5520	$6230	Toyosha	3	87D	12F-4R	23.00	2701	No
MF-1030 4WD	$12582	$3400	$4780	$6920	$7800	Toyosha	3	87D	12F-4R	23.00	2832	No
MF-1035	$11428	$3090	$4340	$6290	$7090	Toyosha	3	92D	12F-4R	26.00	2801	No
MF-1035 4WD	$14238	$3840	$5410	$7830	$8830	Toyosha	3	92D	12F-4R	26.00	2932	No
MF-1045	$12950	$3630	$4400	$6860	$7960	Toyosha	3	122D	9F-3R	30.00	3527	No
MF-1045 4WD	$15892	$4450	$5400	$8420	$9770	Toyosha	3	122D	9F-3R	30.00	3825	No
MF-3050	$30333	$5760	$7890	$10620	$12740	Perkins	4	236D	16F-12R	63.00	8565	CHA
MF-3050 4WD	$35532	$6750	$9240	$12440	$14920	Perkins	4	236D	16F-12R	63.00	9171	CHA
MF-3060	$32335	$6140	$8410	$11320	$13580	Perkins	4	248D	16F-12R	69.70	8565	CHA
MF-3060 4WD	$38004	$7220	$9880	$13300	$15960	Perkins	4	248D	16F-12R	69.70	9171	CHA
MF-3070	$35776	$6800	$9300	$12520	$15030	Perkins	4T	236D	16F-12R	82.20	9407	CHA
MF-3070 4WD	$40784	$7750	$10600	$14270	$17130	Perkins	4T	236D	16F-12R	82.20	10000	CHA
MF-3090	$38983	$7410	$10140	$13640	$16370	Perkins	6	354D	16F-12R	100.70	10329	CHA
MF-3090 4WD	$45164	$8580	$11740	$15810	$18970	Perkins	6	354D	16F-12R	100.70	10869	CHA
MF-3630	$47078	$8970	$12240	$16480	$19770	Perkins	6T	354D	16F-12R	119.50	11729	CHA
MF-3630 4WD	$55909	$10070	$13780	$18550	$22260	Perkins	6T	354D	16F-12R	119.50	12809	CHA
MF-3650	$51700	$9500	$13000	$17500	$21000	Perkins	6TI	354D	16F-12R	130.00	12037	CHA
MF-3650 4WD	$60797	$11020	$15080	$20300	$24360	Perkins	6TI	354D	16F-12R	131.30	13139	CHA
MF-3680 4WD	$62500	$11400	$15600	$21000	$25200	Valmet	6T	452D	16F-4R	160.00	13866	CHA

Massey Ferguson (Cont.)

Model	Approx. Retail Price New	Used Trade-In Avg.	Used Trade-In High	Used Retail Avg.	Used Retail High	Make	Engine No. Cyls.	Displ. Cu.-in.	No. Speeds	P.T.O. H.P.	Approx. Shipping Wt.-Lbs.	Cab
1988												
MF-154S Orchard	$17753	$3640	$4790	$7990	$9230	Perkins	3	152D	12F-4R	42.00	4520	No
MF-154S Orchard 4WD	$21420	$4390	$5780	$9640	$11140	Perkins	3	152D	12F-4R	42.00	4830	No
MF-174S Orchard	$19178	$3930	$5180	$8630	$9970	Perkins	4	236D	12F-4R	57.00	4685	No
MF-174S Orchard 4WD	$23519	$4820	$6350	$10580	$12230	Perkins	4	236D	12F-4R	57.00	4995	No
MF-194F Orchard	$21311	$4370	$5750	$9590	$11080	Perkins	4	248D	12F-4R	68.00	5104	No
MF-194F Orchard 4WD	$26204	$5370	$7080	$11790	$13630	Perkins	4	248D	12F-4R	68.00	5357	No
MF-240	$14638	$3950	$4830	$7830	$9080	Perkins	3	152D	8F-2R	38.00	3810	No
MF-253	$14140	$3820	$4670	$7570	$8770	Perkins	3T	152D	8F-2R	45.00	4020	No
MF-283	$13856	$3740	$4570	$7410	$8590	Perkins	4	248D	8F-2R	67.00	5432	No
MF-360	$17982	$4860	$5930	$9620	$11150	Perkins	3T	152D	8F-2R	46.10	4910	No
MF-360 4WD	$24691	$6670	$8150	$13210	$15310	Perkins	3T	152D	8F-2R	46.10	5346	No
MF-375	$21535	$4420	$5810	$9690	$11200	Perkins	4	236D	12F-4R	58.10	6040	No
MF-375 4WD	$27237	$5580	$7350	$12260	$14160	Perkins	4	236D	12F-4R	58.10	7202	No
MF-383	$17139	$4630	$5660	$9170	$10630	Perkins	4	248D	8F-2R	67.00	6098	No
MF-383 Wide Row	$19252	$5200	$6350	$10300	$11940	Perkins	4	248D	8F-2R	67.00	7166	No
MF-390	$23503	$6350	$7760	$12570	$14570	Perkins	4	248D	12F-4R	67.30	6036	No
MF-390 4WD	$29140	$7870	$9620	$15590	$18070	Perkins	4	248D	12F-4R	67.30	7266	No
MF-398	$27381	$5610	$7390	$12320	$14240	Perkins	4	236D	12F-4R	78.00	7047	No
MF-398 4WD	$32841	$6730	$8870	$14780	$17080	Perkins	4	236D	12F-4R	78.00	7648	No
MF-399	$28866	$5920	$7790	$12990	$15010	Perkins	6	354D	12F-4R	90.50	7233	No
MF-399 4WD	$34299	$7030	$9260	$15440	$17840	Perkins	6	354D	12F-4R	90.50	8029	No
MF-1010	$7501	$1950	$2780	$4130	$4650	Toyosha	3	53D	6F-2R	13.50	1580	No
MF-1010 4WD	$8549	$2220	$3160	$4700	$5300	Toyosha	3	53D	6F-2R	13.50	1800	No
MF-1010 Hydro	$8719	$2270	$3230	$4800	$5410	Toyosha	3	53D	Variable	12.00	1772	No
MF-1010 Hydro 4WD	$9627	$2500	$3560	$5300	$5970	Toyosha	3	53D	Variable	12.00	2000	No
MF-1020	$8858	$2300	$3280	$4870	$5490	Toyosha	3	69D	12F-4R	17.08	2045	No
MF-1020 4WD	$9852	$2560	$3650	$5420	$6110	Toyosha	3	69D	12F-4R	17.08	2285	No
MF-1020 Hydro	$10068	$2620	$3730	$5540	$6240	Toyosha	3	69D	Variable	14.50	2046	No
MF-1020 Hydro 4WD	$10921	$2840	$4040	$6010	$6770	Toyosha	3	69D	Variable	14.50	2266	No
MF-1030	$10042	$2610	$3720	$5520	$6230	Toyosha	3	87D	12F-4R	23.00	2701	No
MF-1030 4WD	$12215	$3180	$4520	$6720	$7570	Toyosha	3	92D	12F-4R	23.00	2832	No
MF-1035	$11428	$2970	$4230	$6290	$7090	Toyosha	3	92D	12F-4R	26.00	2801	No
MF-1035 4WD	$14096	$3670	$5220	$7750	$8740	Toyosha	3	92D	12F-4R	26.00	2932	No
MF-1045	$12950	$3500	$4270	$6930	$8030	Toyosha	3	122D	9F-3R	30.00	3527	No
MF-1045 4WD	$15423	$4160	$5090	$8250	$9560	Toyosha	3	122D	9F-3R	30.00	3825	No
MF-3050	$30333	$5460	$7580	$10620	$12440	Perkins	4	236D	16F-12R	63.00	8565	CHA
MF-3050 4WD	$35532	$6400	$8880	$12440	$14570	Perkins	4	236D	16F-12R	63.00	9171	CHA
MF-3060	$32335	$5820	$8080	$11320	$13260	Perkins	4	248D	16F-12R	69.70	8565	CHA
MF-3060 4WD	$38004	$6840	$9500	$13300	$15580	Perkins	4	248D	16F-12R	69.70	9171	CHA
MF-3070	$34734	$6250	$8680	$12160	$14240	Perkins	4T	236D	16F-12R	82.20	9407	CHA
MF-3070 4WD	$40784	$7340	$10200	$14270	$16720	Perkins	4T	236D	16F-12R	82.20	10000	CHA
MF-3090	$38983	$7020	$9750	$13640	$15980	Perkins	6	354D	16F-12R	100.70	10329	CHA
MF-3090 4WD	$45164	$7920	$11000	$15400	$18040	Perkins	6	354D	16F-12R	100.70	10829	CHA
MF-3630	$47078	$8280	$11500	$16100	$18860	Perkins	6T	354D	16F-12R	119.50	11729	CHA
MF-3630 4WD	$55909	$9540	$13250	$18550	$21730	Perkins	6T	354D	16F-12R	119.50	12809	CHA
MF-3650	$50195	$8820	$12250	$17150	$20090	Perkins	6TI	354D	16F-12R	130.00	12037	CHA
MF-3650 4WD	$59026	$10080	$14000	$19600	$22960	Perkins	6TI	354D	16F-12R	131.30	13139	CHA
MF-3680 4WD	$60000	$10440	$14500	$20300	$23780	Valmet	6T	452D	16F-4R	160.00	13866	CHA
1987												
MF-154S 4WD	$21420	$4280	$5680	$9430	$10920	Perkins	3	152D	12F-4R	42.00	4830	No
MF-154S Orchard	$16908	$3380	$4480	$7440	$8620	Perkins	3	152D	12F-4R	42.00	4520	No
MF-174S Orchard	$18529	$3710	$4910	$8150	$9450	Perkins	4	236D	12F-4R	57.00	4685	No
MF-174S Orchard 4WD	$23519	$4700	$6230	$10350	$12000	Perkins	4	236D	12F-4R	57.00	4995	No
MF-194S Orchard	$21311	$4260	$5650	$9380	$10870	Perkins	4	248D	12F-4R	68.00	5104	No
MF-194S Orchard 4WD	$26204	$5240	$6940	$11530	$13360	Perkins	4	248D	12F-4R	68.00	5357	No
MF-240	$12909	$3360	$4130	$6910	$8070	Perkins	3	152D	8F-2R	38.00	3810	No
MF-254 4WD	$20551	$4110	$5450	$9040	$10480	Perkins	3	152D	12F-4R	42.00	5369	No
MF-274 4WD	$22867	$4570	$6060	$10060	$11660	Perkins	4	236D	12F-4R	55.00	5694	No
MF-294 4WD	$26734	$5350	$7090	$11760	$13630	Perkins	4	248D	12F-4R	67.00	6758	No
MF-360	$16497	$4290	$5280	$8830	$10310	Perkins	3	152D	8F-2R	46.10	4910	No
MF-360 4WD	$21538	$5600	$6890	$11520	$13460	Perkins	3	152D	8F-2R	46.10	5346	No
MF-375	$19940	$3990	$5280	$8770	$10170	Perkins	4	236D	12F-4R	58.10	6040	No
MF-375 4WD	$24538	$4910	$6500	$10800	$12510	Perkins	4	236D	12F-4R	58.10	7202	No
MF-383	$15695	$4080	$5020	$8400	$9810	Perkins	4	248D	8F-2R	67.00	6098	No
MF-383 Wide Row Crop	$16817	$4370	$5380	$9000	$10510	Perkins	4	248D	8F-2R	67.00	7166	No
MF-390	$22173	$5770	$7100	$11860	$13860	Perkins	4	248D	12F-4R	67.30	6036	No
MF-390 4WD	$27234	$7080	$8720	$14570	$17020	Perkins	4	248D	12F-4R	67.30	7266	No
MF-398	$26844	$5370	$7110	$11810	$13690	Perkins	4	236D	12F-4R	80.30	7047	No
MF-398 4WD	$31884	$6380	$8450	$14030	$16260	Perkins	4	236D	12F-4R	80.30	7648	No
MF-399	$28300	$5660	$7500	$12450	$14430	Perkins	6	354D	12F-4R	90.50	7233	No
MF-399 4WD	$33300	$6660	$8830	$14650	$16980	Perkins	6	354D	12F-4R	90.50	8029	No
MF-1010	$7245	$1810	$2610	$3990	$4490	Toyosha	3	53D	6F-2R	13.50	1580	No
MF-1010 4WD	$7985	$2000	$2880	$4390	$4950	Toyosha	3	53D	6F-2R	13.50	1800	No
MF-1010 Hydro	$8381	$2100	$3020	$4610	$5200	Toyosha	3	53D	Variable	12.00	1772	No
MF-1010 Hydro 4WD	$9166	$2290	$3300	$5040	$5680	Toyosha	3	53D	Variable	12.00	2000	No
MF-1020	$8599	$2150	$3100	$4730	$5330	Toyosha	3	69D	12F-4R	17.08	2045	No
MF-1020 4WD	$9425	$2360	$3390	$5180	$5840	Toyosha	3	69D	12F-4R	17.08	2285	No
MF-1020 Hydro	$9774	$2440	$3520	$5380	$6060	Toyosha	3	69D	Variable	14.50	2046	No
MF-1020 Hydro 4WD	$10600	$2650	$3820	$5830	$6570	Toyosha	3	69D	Variable	14.50	2266	No
MF-1030	$10042	$2510	$3620	$5520	$6230	Toyosha	3	90D	12F-4R	23.35	2701	No
MF-1030 4WD	$11975	$2990	$4310	$6590	$7430	Toyosha	3	90D	12F-4R	23.35	2832	No
MF-1035	$11428	$2860	$4110	$6290	$7090	Toyosha	3	92D	12F-4R	26.00	2801	No
MF-1035 4WD	$13167	$3290	$4740	$7240	$8160	Toyosha	3	92D	12F-4R	26.00	2932	No

Massey Ferguson (Cont.)

Model	Approx. Retail Price New	Used Trade-In Avg.	Used Trade-In High	Used Retail Avg.	Used Retail High	Make	No. Cyls.	Displ. Cu.-in.	No. Speeds	P.T.O. H.P.	Approx. Shipping Wt.-Lbs.	Cab
1987 (Cont.)												
MF-1045	$12950	$3370	$4140	$6930	$8090	Toyosha	3	122D	9F-3R	30.00	3527	No
MF-1045 4WD	$14679	$3820	$4700	$7850	$9170	Toyosha	3	122D	9F-3R	30.00	3825	No
MF-3050	$30233	$5140	$7560	$10580	$12400	Perkins	4	236D	16F-12R	63.00	8565	CHA
MF-3050 4WD	$35432	$6020	$8860	$12400	$14530	Perkins	4	236D	16F-12R	63.00	9171	CHA
MF-3060	$32235	$5480	$8060	$11280	$13220	Perkins	4	248D	16F-12R	69.70	8565	CHA
MF-3060 4WD	$37904	$6120	$9000	$12600	$14760	Perkins	4	248D	16F-12R	69.70	9171	CHA
MF-3070	$34634	$5700	$8380	$11730	$13740	Perkins	4T	236D	16F-12R	82.20	9407	CHA
MF-3070 4WD	$40684	$6460	$9500	$13300	$15580	Perkins	4T	236D	16F-12R	82.20	10000	CHA
MF-3090	$38883	$6260	$9200	$12880	$15090	Perkins	6	354D	16F-12R	100.70	10329	CHA
MF-3090 4WD	$45064	$7310	10750	$15050	$17630	Perkins	6	354D	16F-12R	100.70	10829	CHA
MF-3525 4WD	$49047	$7820	$11500	$16100	$18860	Perkins	6T	354D	16F-12R	105.00	15174	CHA
MF-3525 RC 4WD	$50572	$8080	$11880	$16630	$19480	Perkins	6T	354D	16F-12R	105.00	13200	CHA
MF-3525 Row Crop	$42072	$6800	$10000	$14000	$16400	Perkins	6T	354D	16F-12R	105.00	11800	CHA
MF-3525 Western	$40547	$6550	$9630	$13480	$15790	Perkins	6T	354D	16F-12R	105.00	13100	CHA
MF-3545 4WD	$53818	$8640	$12700	$17780	$20830	Perkins	6TI	354D	16F-12R	125.00	13500	CHA
MF-3545 RC 4WD	$55343	$8890	$13080	$18310	$21440	Perkins	6TI	354D	16F-12R	125.00	13500	CHA
MF-3545 Row Crop	$47389	$7650	$11250	$15750	$18450	Perkins	6TI	354D	16F-12R	125.00	12100	CHA
MF-3545 Western	$45851	$7390	$10860	$15210	$17820	Perkins	6TI	354D	16F-12R	125.00	11900	CHA
RC - Row Crop												
1986												
MF-154 S	$16576	$3150	$4310	$7130	$8290	Perkins	3	152D	12F-4R	42.00	4520	No
MF-154 S 4WD	$21000	$3990	$5460	$9030	$10500	Perkins	3	152D	20F-8R	42.00	4830	No
MF-174 S	$18529	$3520	$4820	$7970	$9270	Perkins	4	236D	12F-4R	57.00	4685	No
MF-174 S 4WD	$23519	$4470	$6120	$10110	$11760	Perkins	4	236D	20F-8R	57.00	4995	No
MF-194 F	$20690	$3930	$5380	$8900	$10350	Perkins	4	248D	12F-4R	68.00	5104	No
MF-194 F 4WD	$25690	$4880	$6680	$11050	$12850	Perkins	4	248D	20F-8R	68.00	5357	No
MF-240	$11925	$2980	$3700	$6380	$7510	Perkins	3	152D	8F-2R	34.77	3560	No
MF-250	$16165	$3070	$4200	$6950	$8080	Perkins	3	152D	8F-2R	40.86	4100	No
MF-254 4WD	$20205	$3840	$5250	$8690	$10100	Perkins	3	152D	12F-4R	43.36	5160	No
MF-270	$19576	$3720	$5090	$8420	$9790	Perkins	4	236D	8F-2R	55.85	5150	No
MF-270	$20895	$3970	$5430	$8990	$10450	Perkins	4	236D	12F-4R	55.62	5160	No
MF-274 4WD	$22520	$4280	$5860	$9680	$11260	Perkins	4	236D	12F-4R	55.39	5490	No
MF-283 4WD	$14598	$2770	$3800	$6280	$7300	Perkins	4	248D	8F-2R	67.00	5700	No
MF-290	$21255	$4040	$5530	$9140	$10630	Perkins	4	248D	8F-2R	65.92	5140	No
MF-290	$23050	$4380	$5990	$9910	$11530	Perkins	4	248D	12F-4R	65.92	5405	No
MF-294 4WD	$26385	$5010	$6860	$11350	$13190	Perkins	4	248D	12F-4R	67.39	6550	No
MF-298	$25390	$4820	$6600	$10920	$12700	Perkins	4	318D	8F-2R	79.54	4126	No
MF-298	$26435	$5020	$6870	$11370	$13220	Perkins	4	318D	12F-4R	79.26	4176	No
MF-670	$27610	$5250	$7180	$11870	$13810	Perkins	4	236D	12F-4R	55.62	7500	CHA
MF-670 4WD	$32794	$6230	$8530	$14100	$16400	Perkins	4	236D	12F-4R	55.62	7550	CHA
MF-690	$30760	$5840	$8000	$13230	$15380	Perkins	4	248D	12F-4R	65.68	8000	CHA
MF-690 4WD	$36045	$6850	$9370	$15500	$18020	Perkins	4	248D	12F-4R	65.68	9400	CHA
MF-698	$32205	$6120	$8370	$13850	$16100	Perkins	4	318D	12F-4R	78.83	8285	CHA
MF-698 4WD	$38455	$7310	$10000	$16540	$19230	Perkins	4	318D	12F-4R	78.83	9115	CHA
MF-699	$33310	$6330	$8660	$14320	$16660	Perkins	6	354D	12F-4R	85.79	9104	CHA
MF-699 4WD	$38990	$7410	$10140	$16770	$19500	Perkins	6	354D	12F-4R	85.79	10075	CHA
MF-1010	$6315	$1520	$2210	$3470	$3920	Toyosha	3	53D	6F-2R	13.00	1522	No
MF-1010 4WD	$6912	$1660	$2420	$3800	$4290	Toyosha	3	53D	6F-2R	13.00	1720	No
MF-1010 Hydro	$7315	$1760	$2560	$4020	$4540	Toyosha	3	53D	Variable	12.00	1772	No
MF-1010 Hydro 4WD	$7912	$1900	$2770	$4350	$4910	Toyosha	3	53D	Variable	12.00	2000	No
MF-1020	$7511	$1800	$2630	$4130	$4660	Toyosha	3	69D	12F-4R	17.08	2045	No
MF-1020 4WD	$8150	$1960	$2850	$4480	$5050	Toyosha	3	69D	12F-4R	17.08	2285	No
MF-1030	$8262	$1980	$2890	$4540	$5120	Toyosha	3	87D	12F-4R	23.35	2210	No
MF-1030 4WD	$9795	$2350	$3430	$5390	$6070	Toyosha	3	87D	12F-4R	23.00	2640	No
MF-1040	$10129	$2430	$3550	$5570	$6280	Toyosha	3	122D	12F-4R	27.73	3300	No
MF-1040 4WD	$12051	$2890	$4220	$6630	$7470	Toyosha	3	122D	12F-4R	27.73	3600	No
MF-3505	$38000	$5760	$8640	$12600	$14760	Perkins	6	354D	16F-12R	91.50	11200	CHA
MF-3505 4WD	$46500	$7120	$10680	$15580	$18250	Perkins	6	354D	16F-12R	91.50	12600	CHA
MF-3525	$42195	$6400	$9600	$14000	$16400	Perkins	6	354D	16F-12R	108.01	12900	CHA
MF-3525 4WD	$50575	$7600	$11400	$16630	$19480	Perkins	6T	354D	16F-12R	108.01	14300	CHA
MF-3545	$47515	$7200	$10800	$15750	$18450	Perkins	6TI	354D	16F-12R	126.72	13200	CHA
MF-3545 4WD	$55466	$8480	$12720	$18550	$21730	Perkins	6TI	354D	16F-12R	126.72	14600	CHA
MF-4800 4WD	$86275	$10680	$14490	$22120	$25170	Cummins	V8	903D	18F-6R	179.08	26230	CHA
MF-4840 4WD	$97545	$12260	$16630	$25390	$28890	Cummins	V8	903D	18F-6R	210.67	26540	CHA
MF-4880 4WD	$113375	$13070	$17740	$27080	$30810	Cummins	V8T	903D	18F-6R	272.81	29365	CHA
MF-4900 4WD	$126500	$14210	$19290	$29440	$33500	Cummins	V8T	903D	18F-6R	320.55	29500	CHA
RC - Row Crop												
1985												
MF-240	$11925	$2860	$3580	$6440	$7570	Perkins	3	152D	8F-2R	34.77	3560	No
MF-250	$16165	$3070	$4200	$6790	$7920	Perkins	3	152D	8F-2R	40.86	4100	No
MF-254 4WD	$20205	$3840	$5250	$8490	$9900	Perkins	3	152D	12F-4R	43.36	5160	No
MF-270	$19100	$3630	$4970	$8020	$9360	Perkins	4	236D	8F-2R	55.85	6050	No
MF-270	$20895	$3970	$5430	$8780	$10240	Perkins	4	236D	12F-4R	55.62	6100	No
MF-274 4WD	$22520	$4280	$5860	$9460	$11040	Perkins	4	236D	12F-4R	55.39	5490	No
MF-290	$21255	$4040	$5530	$8930	$10420	Perkins	4	248D	8F-2R	65.92	6520	No
MF-290	$23050	$4380	$5990	$9680	$11300	Perkins	4	248D	12F-4R	65.92	6570	No
MF-294 4WD	$26385	$5010	$6860	$11080	$12930	Perkins	4	248D	12F-4R	67.39	6550	No
MF-298	$25390	$4820	$6600	$10660	$12440	Perkins	4	318D	8F-2R	79.54	6975	No
MF-298	$26435	$5020	$6870	$11100	$12950	Perkins	4	318D	12F-4R	79.26	7025	No
MF-670	$27610	$5250	$7180	$11600	$13530	Perkins	4	236D	12F-4R	55.62	7500	CHA
MF-670 4WD	$31025	$5900	$8070	$13030	$15200	Perkins	4	236D	12F-4R	55.62	7550	CHA
MF-690	$30760	$5840	$8000	$12920	$15070	Perkins	4	248D	12F-4R	65.68	8000	CHA

Massey Ferguson (Cont.)

Model	Approx. Retail Price New	Used Trade-In Avg.	Used Trade-In High	Used Retail Avg.	Used Retail High	Engine Make	No. Cyls.	Displ. Cu.-in.	No. Speeds	P.T.O. H.P.	Approx. Shipping Wt.-Lbs.	Cab
1985 (Cont.)												
MF-690 4WD	$36045	$6650	$9100	$14700	$17150	Perkins	4	248D	12F-4R	65.68	9400	CHA
MF-698	$32205	$6120	$8370	$13530	$15780	Perkins	4	318D	12F-4R	78.83	8285	CHA
MF-698 4WD	$38455	$6840	$9360	$15120	$17640	Perkins	4	318D	12F-4R	78.83	9115	CHA
MF-699	$33310	$6330	$8660	$13990	$16320	Perkins	6	354D	12F-4R	85.79	9104	CHA
MF-699 4WD	$38990	$7030	$9620	$15540	$18130	Perkins	6	354D	12F-4R	85.79	10075	CHA
MF-1010	$5965	$1370	$2030	$3280	$3700	Toyosha	3	53D	6F-2R	13.00	1522	No
MF-1010 4WD	$6525	$1500	$2220	$3590	$4050	Toyosha	3	53D	6F-2R	13.00	1720	No
MF-1020	$6980	$1610	$2370	$3840	$4330	Toyosha	3	69D	12F-4R	17.08	1950	No
MF-1020 4WD	$7615	$1750	$2590	$4190	$4720	Toyosha	3	69D	12F-4R	17.00	2230	No
MF-1030	$7865	$1810	$2670	$4330	$4880	Toyosha	3	87D	12F-4R	23.35	2210	No
MF-1030 4WD	$8895	$2050	$3020	$4890	$5520	Toyosha	3	87D	12F-4R	23.35	2640	No
MF-1040	$9635	$2220	$3280	$5300	$5970	Toyosha	3	122D	12F-4R	27.73	3300	No
MF-1040 4WD	$11535	$2650	$3920	$6340	$7150	Toyosha	3	122D	12F-4R	27.73	3600	No
MF-3505	$38000	$5400	$8640	$12600	$14760	Perkins	6	354D	16F-12R	91.50	11200	CHA
MF-3505 4WD	$46500	$6680	$10680	$15580	$18250	Perkins	6	354D	16F-12R	91.50	12600	CHA
MF-3525	$42195	$6000	$9600	$14000	$16400	Perkins	6	354D	16F-12R	108.01	12900	CHA
MF-3525 4WD	$50575	$7050	$11280	$16450	$19270	Perkins	6T	354D	16F-12R	108.01	14300	CHA
MF-3545	$47515	$6680	$10680	$15580	$18250	Perkins	6TI	354D	16F-12R	126.72	13200	CHA
MF-3545 4WD	$55466	$7860	$12580	$18340	$21480	Perkins	6TI	354D	16F-12R	126.72	14600	CHA
MF-4800 4WD	$86275	$9660	$13370	$20800	$23770	Cummins	V8	903D	18F-6R	179.08	26230	CHA
MF-4840 4WD	$97545	$10790	$14940	$23240	$26560	Cummins	V8	903D	18F-6R	210.67	26540	CHA
MF-4880 4WD	$113375	$11490	$15910	$24750	$28280	Cummins	V8T	903D	18F-6R	272.81	29365	CHA
MF-4900 4WD	$126500	$12610	$17460	$27160	$31040	Cummins	V8T	903D	18F-6R	320.55	29500	CHA
RC—Row Crop												
1984												
MF-205	$6210	$1590	$2380	$3970	$4470	Toyosha	2	65D	6F-2R	16.56	1849	No
MF-205-4 4WD	$6850	$1730	$2590	$4320	$4870	Toyosha	2	65D	6F-2R	16.40	2257	No
MF-210	$7765	$1930	$2890	$4820	$5430	Toyosha	2	77D	12F-3R	21.96	2210	No
MF-210-4 4WD	$8790	$2150	$3230	$5390	$6070	Toyosha	2	77D	12F-3R	21.77	2590	No
MF-220	$8665	$2130	$3190	$5320	$5990	Toyosha	2	90D	12F-3R	26.37	2390	No
MF-220-4 4WD	$10225	$2250	$3370	$5620	$6340	Toyosha	2	90D	12F-3R	26.48	2700	No
MF-240	$11520	$2770	$3610	$6550	$7690	Perkins	3	152D	8F-2R	34.77	3560	No
MF-250	$15390	$3020	$4130	$6670	$7630	Perkins	3	152D	8F-2R	40.86	4100	No
MF-254 4WD	$19615	$3730	$5100	$8240	$9420	Perkins	3	152D	12F-4R	43.36	5160	No
MF-270	$18180	$3450	$4730	$7640	$8730	Perkins	4	236D	8F-2R	55.85	6050	No
MF-270	$19880	$3780	$5170	$8350	$9540	Perkins	4	236D	12F-4R	55.62	6100	No
MF-270 RC	$18950	$3600	$4930	$7960	$9100	Perkins	4	236D	8F-2R	55.85	6200	No
MF-270 RC	$20645	$3920	$5370	$8670	$9910	Perkins	4	236D	12F-4R	55.62	6250	No
MF-274 4WD	$21440	$4070	$5570	$9010	$10290	Perkins	4	236D	12F-4R	55.39	5490	No
MF-290	$20275	$3850	$5270	$8520	$9730	Perkins	4	248D	8F-2R	65.92	6520	No
MF-290	$22465	$4270	$5840	$9440	$10780	Perkins	4	248D	12F-4R	65.92	6570	No
MF-290 RC	$20851	$3960	$5420	$8760	$10010	Perkins	4	248D	12F-4R	65.92	6670	No
MF-290 RC	$23041	$4380	$5990	$9680	$11060	Perkins	4	248D	12F-4R	65.92	6720	No
MF-294 4WD	$25370	$4820	$6600	$10660	$12180	Perkins	4	248D	12F-4R	67.39	6520	No
MF-298	$23950	$4550	$6230	$10060	$11500	Perkins	4	318D	8F-2R	79.54	6975	No
MF-298	$24955	$4740	$6490	$10480	$11980	Perkins	4	318D	12F-4R	79.26	7025	No
MF-670	$25950	$4930	$6750	$10900	$12460	Perkins	4	236D	12F-4R	55.62	7500	CH
MF-670	$27650	$5250	$7190	$11610	$13270	Perkins	4	236D	12F-4R	55.62	7550	CHA
MF-670 4WD	$31095	$5910	$8090	$13060	$14930	Perkins	4	236D	12F-4R	55.62	8900	CH
MF-670 4WD	$32795	$6230	$8530	$13770	$15740	Perkins	4	236D	12F-4R	55.62	8950	CHA
MF-690	$27805	$5280	$7230	$11680	$13350	Perkins	4	248D	12F-4R	65.68	8000	CH
MF-690	$29095	$5530	$7570	$12220	$13970	Perkins	4	248D	12F-4R	65.68	8050	CHA
MF-690 4WD	$32950	$5700	$7800	$12600	$14400	Perkins	4	248D	12F-4R	65.68	9400	CH
MF-690 4WD	$34650	$6180	$8450	$13650	$15600	Perkins	4	248D	12F-4R	65.68	9450	CHA
MF-698	$25995	$4940	$6760	$10920	$12480	Perkins	4	318D	12F-4R	78.83	8235	No
MF-698	$32205	$5890	$8060	$13020	$14880	Perkins	4	318D	12F-4R	78.83	8285	CHA
MF-698 4WD	$32245	$6130	$8380	$13540	$15480	Perkins	4	318D	12F-4R	78.83	8495	No
MF-698 4WD	$38455	$6940	$9490	$15330	$17520	Perkins	4	318D	12F-4R	78.83	9115	CHA
MF-699	$27100	$5150	$7050	$11380	$13010	Perkins	6	354D	12F-4R	85.79	8304	No
MF-699	$33310	$6330	$8660	$13990	$15990	Perkins	6	354D	12F-4R	85.79	9104	CHA
MF-699 4WD	$32777	$6230	$8520	$13770	$15730	Perkins	6	354D	12F-4R	85.79	9275	No
MF-699 4WD	$38987	$7030	$9620	$15540	$17760	Perkins	6	354D	12F-4R	85.79	10075	CHA
MF-1010	$5965	$1310	$1970	$3280	$3700	Toyosha	3	53D	6F-2R	13.00	1522	No
MF-1010 4WD	$6430	$1420	$2120	$3540	$3990	Toyosha	3	53D	6F-2R	13.00	1720	No
MF-1020	$6810	$1500	$2250	$3750	$4220	Toyosha	3	69D	12F-4R	17.08	1950	No
MF-1020-4 4WD	$7450	$1640	$2460	$4100	$4620	Toyosha	3	69D	12F-4R	17.08	2230	No
MF-1030	$7510	$1650	$2480	$4130	$4660	Toyosha	3	87D	12F-4R	23.35	2210	No
MF-1030-4 4WD	$8940	$1970	$2950	$4920	$5540	Toyosha	3	87D	12F-4R	23.00	2640	No
MF-2640	$37900	$4770	$7570	$11520	$13490	Perkins	6	354D	16F-12R	90.95	10940	CHA
MF-2640 4WD	$45460	$5860	$9290	$14140	$16560	Perkins	6	354D	16F-12R	90.95	11800	CHA
MF-3505 RC	$38000	$4790	$7590	$11550	$13530	Perkins	6	354D	16F-12R	91.50	11200	CHA
MF-3505 RC 4WD	$46500	$6020	$9550	$14530	$17020	Perkins	6	354D	16F-12R	91.50	12600	CHA
MF-3525 RC	$35872	$4480	$7110	$10820	$12670	Perkins	6T	354D	16F-12R	108.01	11800	No
MF-3525 RC	$42075	$5390	$8560	$13020	$15250	Perkins	6T	354D	16F-12R	108.01	12900	CHA
MF-3525 RC 4WD	$44375	$5730	$9090	$13830	$16200	Perkins	6T	354D	16F-12R	108.01	13200	No
MF-3525 RC 4WD	$50575	$6610	$10490	$15960	$18700	Perkins	6T	354D	16F-12R	108.01	14300	CHA
MF-3545 RC	$40720	$5190	$8230	$12530	$14680	Perkins	6TI	354D	16F-12R	126.72	12100	No
MF-3545 RC	$46920	$6080	$9640	$14670	$17180	Perkins	6TI	354D	16F-12R	126.72	13200	CHA
MF-3545 RC 4WD	$48595	$6320	$10030	$15260	$17880	Perkins	6TI	354D	16F-12R	126.72	13500	No
MF-3545 RC 4WD	$54795	$7220	$11450	$17430	$20420	Perkins	6TI	354D	16F-12R	126.72	14600	CHA
MF-3545 Western	$45595	$5890	$9340	$14210	$16650	Perkins	6TI	354D	16F-12R	126.72	12100	CHA
MF-4800 4WD	$83040	$8770	$12420	$19720	$22640	Cummins	V8	903D	18F-6R	179.08	24000	CHA
MF-4800 4WD w/PTO	$86275	$9130	$12930	$20540	$23580	Cummins	V8	903D	18F-6R	179.08	24500	CHA

Massey Ferguson (Cont.)

Model	Approx. Retail Price New	Used Trade-In Avg.	Used Trade-In High	Used Retail Avg.	Used Retail High	Make	No. Cyls.	Displ. Cu.-in.	No. Speeds	P.T.O. H.P.	Approx. Shipping Wt.-Lbs.	Cab
1984 (Cont.)												
MF-4840 4WD	$93435	$9650	$13670	$21720	$24940	Cummins	V8	903D	18F-6R	210.67	26038	CHA
MF-4840 4WD w/PTO	$96575	$9910	$14040	$22300	$25600	Cummins	V8	903D	18F-6R	210.67	26538	CHA
MF-4880 4WD	$110235	$10350	$14660	$23280	$26730	Cummins	V8T	903D	18F-6R	272.81	28865	CHA
MF-4880 4WD w/PTO	$113375	$10850	$15360	$24400	$28020	Cummins	V8T	903D	18F-6R	272.81	29365	CHA
MF-4900 4WD	$122015	$11280	$15980	$25380	$29150	Cummins	V8T	903D	18F-6R	320.55	29000	CHA
MF-4900 4WD w/PTO	$125247	$11550	$16360	$25990	$29840	Cummins	V8T	903D	18F-6R	320.55	29500	CHA
RC - Row Crop												
1983												
MF-205	$6207	$1510	$2310	$3850	$4340	Toyosha	2	65D	6F-2R	16.56	1849	No
MF-205-4 4WD	$6850	$1650	$2530	$4210	$4740	Toyosha	2	65D	6F-2R	16.40	2257	No
MF-210	$7764	$1840	$2830	$4710	$5310	Toyosha	2	77D	12F-3R	21.96	2210	No
MF-210-4 4WD	$8786	$2060	$3160	$5270	$5940	Toyosha	2	77D	12F-3R	21.77	2590	No
MF-220	$8661	$1970	$3020	$5040	$5680	Toyosha	2	90D	12F-3R	26.37	2390	No
MF-220-4	$10221	$2150	$3300	$5500	$6200	Toyosha	2	90D	12F-3R	26.48	2700	No
MF-240	$11073	$2380	$3650	$6090	$6870	Perkins	3	152D	8F-2R	34.77	3400	No
MF-250	$14983	$3300	$4500	$8240	$9590	Perkins	3	152D	8F-2R	40.86	3700	No
MF-254 4WD	$18202	$3460	$4730	$7650	$8740	Perkins	3	152D	12F-4R	43.36	5149	No
MF-270	$17635	$3350	$4590	$7410	$8470	Perkins	4	236D	8F-2R	55.85	6050	No
MF-270	$19823	$3770	$5150	$8330	$9520	Perkins	4	236D	12F-4R	55.62	6100	No
MF-270 RC	$18419	$3500	$4790	$7740	$8840	Perkins	4	236D	8F-2R	55.85	6200	No
MF-270 RC	$20067	$3810	$5220	$8430	$9630	Perkins	4	236D	12F-4R	55.62	6250	No
MF-274 4WD	$20339	$3860	$5290	$8540	$9760	Perkins	4	236D	12F-4R	55.39	5490	No
MF-290	$20273	$3850	$5270	$8520	$9730	Perkins	4	248D	8F-2R	65.92	6520	No
MF-290	$22461	$4270	$5840	$9430	$10780	Perkins	4	248D	12F-4R	65.92	6570	No
MF-294 4WD	$23555	$4480	$6120	$9890	$11310	Perkins	4	248D	12F-4R	67.39	6550	No
MF-298	$23029	$4380	$5990	$9670	$11050	Perkins	4	318D	8F-2R	79.54	6975	No
MF-298	$23992	$4560	$6240	$10080	$11520	Perkins	4	318D	12F-4R	79.26	7025	No
MF-670	$25950	$4930	$6750	$10900	$12460	Perkins	4	236D	12F-4R	55.62	7500	CH
MF-670	$27650	$5250	$7190	$11610	$13270	Perkins	4	236D	12F-4R	55.62	7550	CHA
MF-670 4WD	$31094	$5910	$8080	$13060	$14930	Perkins	4	236D	12F-4R	55.62	8900	CH
MF-670 4WD	$32794	$6230	$8530	$13770	$15740	Perkins	4	236D	12F-4R	55.62	8950	CHA
MF-690	$27804	$5280	$7230	$11680	$13350	Perkins	4	248D	12F-4R	65.68	8000	CH
MF-690	$29504	$5610	$7670	$12390	$14160	Perkins	4	248D	12F-4R	65.68	8050	CHA
MF-690 4WD	$32948	$6260	$8570	$13840	$15820	Perkins	4	248D	12F-4R	65.68	9400	CH
MF-690 4WD	$34648	$6580	$9010	$14550	$16630	Perkins	4	248D	12F-4R	65.68	9450	CHA
MF-698	$32205	$6120	$8370	$13530	$15460	Perkins	4	318D	12F-4R	78.83	8285	CHA
MF-1010	$5728	$1230	$1890	$3150	$3550	Toyosha	3	53D	6F-2R	13.00	1522	No
MF-1010 4WD	$6300	$1360	$2080	$3470	$3910	Toyosha	3	53D	6F-2R	13.00	1720	No
MF-2640	$37900	$4610	$7570	$11520	$13490	Perkins	6	354D	16F-12R	90.95	10900	CHA
MF-2640 4WD	$45460	$5660	$9290	$14140	$16560	Perkins	6	354D	16F-12R	90.95	11800	CHA
MF-2675 RC	$36696	$4300	$7060	$10750	$12590	Perkins	6	354D	8F-6R	100.84	10000	CHA
MF-2675 RC	$38203	$4510	$7410	$11270	$13200	Perkins	6	354D	24F-6R	103.29	10600	CHA
MF-2675 Western	$35368	$4100	$6740	$10260	$12010	Perkins	6	354D	8F-6R	100.84	9500	CHA
MF-2675 Western	$36997	$4310	$7080	$10780	$12630	Perkins	6	354D	24F-6R	103.00	10100	CHA
MF-2705 RC	$40158	$3760	$5470	$8890	$10260	Perkins	6T	354D	8F-6R	121.11	11200	CHA
MF-2705 RC	$41665	$3960	$5760	$9360	$10800	Perkins	6T	354D	24F-6R	122.20	11800	CHA
MF-2705 Western	$38920	$3730	$5420	$8810	$10170	Perkins	6T	354D	8F-6R	121.00	10700	CHA
MF-2705 Western	$40427	$4990	$7260	$11800	$13620	Perkins	6T	354D	24F-6R	122.00	11300	CHA
MF-2745 RC	$44933	$4180	$6080	$9880	$11400	Perkins	V8	540D	8F-6R	143.40	12798	CHA
MF-2745 RC	$46440	$4440	$6460	$10500	$12120	Perkins	V8	540D	24F-6R	143.40	13398	CHA
MF-2745 Western	$42918	$3960	$5760	$9360	$10800	Perkins	V8	540D	8F-6R	143.00	12298	CHA
MF-2745 Western	$44425	$4220	$6140	$9980	$11520	Perkins	V8	540D	24F-6R	143.00	12898	CHA
MF-2775 RC	$51596	$4580	$6660	$10820	$12480	Perkins	V8	640D	8F-6R	165.00	12800	CHA
MF-2775 RC	$53103	$4740	$6900	$11210	$12930	Perkins	V8	640D	24F-6R	165.95	13400	CHA
MF-2775 Western	$48919	$4280	$6220	$10110	$11670	Perkins	V8	640D	8F-6R	165.00	12300	CHA
MF-2775 Western	$50426	$4440	$6460	$10500	$12120	Perkins	V8	640D	24F-6R	165.00	12900	CHA
MF-2805 RC	$60482	$5280	$7680	$12480	$14400	Perkins	V8T	640D	8F-6R	194.00	13000	CHA
MF-2805 RC	$61482	$5390	$7840	$12740	$14700	Perkins	V8T	640D	24F-6R	194.62	13600	CHA
MF-2805 Western	$59292	$5190	$7550	$12270	$14160	Perkins	V8T	640D	8F-6R	194.00	12500	CHA
MF-2805 Western	$60799	$5500	$8000	$13000	$15000	Perkins	V8T	640D	24F-6R	194.00	13100	CHA
MF-4800 4WD	$79086	$7600	$11050	$17960	$20730	Cummins	V8	903D	18F-6R	179.08	24000	CHA
MF-4800 4WD w/PTO	$82164	$7830	$11390	$18500	$21350	Cummins	V8	903D	18F-6R	179.08	24500	CHA
MF-4840 4WD	$91603	$8470	$12320	$20020	$23100	Cummins	V8	903D	18F-6R	210.87	26038	CHA
MF-4840 4WD w/PTO	$94745	$8660	$12600	$20470	$23620	Cummins	V8	903D	18F-6R	210.67	26538	CHA
MF-4880 4WD	$106383	$9280	$13500	$21940	$25320	Cummins	V8T	903D	18F-6R	272.81	28865	CHA
MF-4880 4WD w/PTO	$109461	$9690	$14090	$22900	$26420	Cummins	V8T	903D	18F-6R	272.81	29365	CHA
MF-4900 4WD	$114566	$10240	$14890	$24200	$27920	Cummins	V8T	903D	18F-6R	320.55	29000	CHA
MF-4900 4WD w/PTO	$117644	$10570	$15370	$24970	$28810	Cummins	V8T	903D	18F-6R	320.55	29500	CHA
RC - Row Crop												
1982												
MF-205	$6207	$1430	$2250	$3740	$4220	Toyosha	2	65D	6F-2R	16.56	1849	No
MF-205-4 4WD	$6850	$1570	$2460	$4100	$4620	Toyosha	2	65D	6F-2R	16.40	2257	No
MF-210	$7764	$1710	$2690	$4490	$5060	Toyosha	2	77D	12F-3R	21.96	2050	No
MF-210-4 4WD	$8786	$1970	$3100	$5160	$5820	Toyosha	2	77D	12F-3R	21.77	2257	No
MF-220	$8661	$1950	$3060	$5090	$5740	Toyosha	2	90D	12F-3R	26.37	2390	No
MF-220-4 4WD	$10221	$2060	$3240	$5400	$6090	Toyosha	2	90D	12F-3R	26.48	2700	No
MF-230	$12162	$2550	$3650	$6690	$7780	Perkins	3	153D	6F-2R	34.53	3404	No
MF-245	$14973	$2770	$3890	$6290	$7190	Perkins	3	153D	6F-2R	42.00	3600	No
MF-245	$16459	$3050	$4280	$6910	$7900	Perkins	3	153D	8F-2R	42.00	3650	No
MF-245	$17146	$3170	$4460	$7200	$8230	Perkins	3	153D	12F-4R	42.90	3693	No
MF-254 4WD	$17845	$3300	$4640	$7500	$8570	Perkins	3	153D	12F-4R	43.36	4595	Cab
MF-255	$13319	$2460	$3460	$5590	$6390	Perkins	4	236D	8F-2R	52.00	5650	No

Massey Ferguson (Cont.)

Model	Approx. Retail Price New	Used Trade-In Avg.	Used Trade-In High	Used Retail Avg.	Used Retail High	Make	No. Cyls.	Displ. Cu.-in.	No. Speeds	P.T.O. H.P.	Approx. Shipping Wt.-Lbs.	Cab
1982 (Cont.)												
MF-255	$13980	$2590	$3640	**$5870**	**$6710**	Perkins	4	236D	12F-4R	52.68	5850	No
MF-255 RC	$13984	$2590	$3640	**$5870**	**$6710**	Perkins	4	236D	8F-2R	52.00	5700	No
MF-255 RC	$14697	$2720	$3820	**$6170**	**$7060**	Perkins	4	236D	12F-4R	52.00	5900	No
MF-265	$20679	$3830	$5380	**$8690**	**$9930**	Perkins	4	236D	8F-2R	60.00	6050	No
MF-265	$21642	$4000	$5630	**$9090**	**$10390**	Perkins	4	236D	12F-4R	60.73	6100	No
MF-265 RC	$21484	$3980	$5590	**$9020**	**$10310**	Perkins	4	236D	8F-2R	60.00	6200	No
MF-265 RC	$22447	$4150	$5840	**$9430**	**$10780**	Perkins	4	236D	12F-4R	60.00	6250	No
MF-274 4WD	$19557	$3620	$5090	**$8210**	**$9390**	Perkins	4	236D	12F-4R	55.39	5490	No
MF-275	$21529	$3980	$5600	**$9040**	**$10330**	Perkins	4	248D	8F-2R	67.00	6370	No
MF-275	$22455	$4150	$5840	**$9430**	**$10780**	Perkins	4	248D	12F-4R	67.43	6420	No
MF-275 RC	$22304	$4130	$5800	**$9370**	**$10710**	Perkins	4	248D	8F-2R	67.00	6520	No
MF-275 RC	$23230	$4300	$6040	**$9760**	**$11150**	Perkins	4	248D	12F-4R	67.00	6570	No
MF-285	$25333	$4690	$6590	**$10640**	**$12160**	Perkins	4	318D	8F-2R	81.00	6975	No
MF-285	$26551	$4910	$6900	**$11150**	**$12740**	Perkins	4	318D	12F-4R	81.96	7025	No
MF-285 Cab	$33552	$6210	$8720	**$14090**	**$16110**	Perkins	4	318D	12F-4R	81.96	8450	CHA
MF-294 4WD	$23093	$4270	$6000	**$9700**	**$11090**	Perkins	4	248D	12F-4R	67.39	7300	No
MF-1010	$5728	$1200	$1890	**$3150**	**$3550**	Toyosha	3	53D	6F-2R	13.00	1522	No
MF-1010 4WD	$6300	$1320	$2080	**$3470**	**$3910**	Toyosha	3	53D	6F-2R	13.00	1720	No
MF-2640	$35093	$3000	$4500	**$7500**	**$8700**	Perkins	6	354D	16F-12R	90.95	10940	CHA
MF-2640 4WD	$42093	$3700	$5550	**$9250**	**$10730**	Perkins	6	354D	16F-12R	90.95	11800	CHA
MF-2675 RC	$36696	$3160	$4740	**$7900**	**$9160**	Perkins	6	354D	8F-6R	100.84	10000	CHA
MF-2675 RC	$38203	$3320	$4980	**$8300**	**$9630**	Perkins	6	354D	24F-6R	103.29	10600	CHA
MF-2675 Western	$35368	$3040	$4560	**$7600**	**$8820**	Perkins	6	354D	8F-6R	100.84	9500	CHA
MF-2675 Western	$36997	$3200	$4800	**$8000**	**$9280**	Perkins	6	354D	24F-6R	103.00	10100	CHA
MF-2705 RC	$40158	$3520	$5280	**$8800**	**$10210**	Perkins	6T	354D	8F-6R	121.11	11200	CHA
MF-2705 RC	$41665	$3660	$5490	**$9150**	**$10610**	Perkins	6T	354D	24F-6R	122.20	11800	CHA
MF-2705 Western	$38920	$3390	$5090	**$8480**	**$9830**	Perkins	6T	354D	8F-6R	121.00	10700	CHA
MF-2705 Western	$40427	$3550	$5320	**$8870**	**$10290**	Perkins	6T	354D	24F-6R	122.00	11300	CHA
MF-2745 RC	$44933	$3990	$5990	**$9980**	**$11570**	Perkins	V8	540D	8F-6R	143.40	12798	CHA
MF-2745 RC	$46440	$4150	$6230	**$10380**	**$12040**	Perkins	V8	540D	24F-6R	143.40	13398	CHA
MF-2745 Western	$42918	$3790	$5690	**$9480**	**$10990**	Perkins	V8	540D	8F-6R	143.00	12298	CHA
MF-2745 Western	$44425	$3940	$5910	**$9850**	**$11430**	Perkins	V8	540D	24F-6R	143.00	12898	CHA
MF-2775 RC	$51596	$4160	$6240	**$10400**	**$12060**	Perkins	V8	640D	8F-6R	165.00	12800	CHA
MF-2775 RC	$53103	$4300	$6450	**$10750**	**$12470**	Perkins	V8	640D	24F-6R	165.95	13400	CHA
MF-2775 Western	$48919	$3890	$5840	**$9730**	**$11280**	Perkins	V8	640D	8F-6R	165.00	12300	CHA
MF-2775 Western	$50426	$4040	$6060	**$10100**	**$11720**	Perkins	V8	640D	24F-6R	165.00	12900	CHA
MF-2805 RC	$60482	$4800	$7200	**$12000**	**$13920**	Perkins	V8T	640D	8F-6R	194.00	13000	CHA
MF-2805 RC	$61989	$5000	$7500	**$12500**	**$14500**	Perkins	V8T	640D	24F-6R	194.62	13600	CHA
MF-2805 Western	$59292	$4730	$7100	**$11830**	**$13720**	Perkins	V8T	640D	8F-6R	194.00	12500	CHA
MF-2805 Western	$60799	$4880	$7320	**$12200**	**$14150**	Perkins	V8T	640D	24F-6R	194.00	13100	CHA
MF-4800 4WD	$79086	$6710	$10060	**$16770**	**$19460**	Cummins	V8	903D	18F-6R	179.08	24000	CHA
MF-4800 4WD w/PTO	$82164	$7020	$10530	**$17540**	**$20350**	Cummins	V8	903D	18F-6R	179.08	24500	CHA
MF-4840 4WD	$91603	$7360	$11040	**$18400**	**$21350**	Cummins	V8	903D	18F-6R	210.67	26038	CHA
MF-4840 4WD w/PTO	$94745	$7680	$11510	**$19190**	**$22260**	Cummins	V8	903D	18F-6R	210.67	26538	CHA
MF-4880 4WD	$102883	$8210	$12310	**$20520**	**$23800**	Cummins	V8T	903D	18F-6R	272.81	28865	CHA
MF-4880 4WD w/PTO	$105961	$8600	$12890	**$21490**	**$24930**	Cummins	V8T	903D	18F-6R	272.81	29365	CHA
MF-4900 4WD	$111066	$9110	$13660	**$22770**	**$26410**	Cummins	V8T	903D	18F-6R	320.55	29000	CHA
MF-4900 4WD w/PTO	$114144	$9410	$14120	**$23540**	**$27300**	Cummins	V8T	903D	18F-6R	320.55	29500	CHA

RC - Row Crop

Model	Approx. Retail Price New	Used Trade-In Avg.	Used Trade-In High	Used Retail Avg.	Used Retail High	Make	No. Cyls.	Displ. Cu.-in.	No. Speeds	P.T.O. H.P.	Approx. Shipping Wt.-Lbs.	Cab
1981												
MF-154-4	$18874	$2640	$4340	**$6610**	**$7740**	Perkins	3	153D	12F-4R	42.52	4934	No
MF-205	$6207	$1350	$2210	**$3630**	**$4100**	Toyosha	2	65D	6F-2R	16.56	1849	No
MF-205-4	$6850	$1490	$2430	**$3990**	**$4500**	Toyosha	2	65D	6F-2R	16.40	2257	No
MF-210	$7462	$1610	$2630	**$4320**	**$4870**	Toyosha	2	77D	12F-3R	21.96	2050	No
MF-210-4	$8486	$1820	$2980	**$4890**	**$5510**	Toyosha	2	77D	12F-3R	21.77	2257	No
MF-220	$8661	$1860	$3040	**$4980**	**$5620**	Toyosha	2	90D	12F-3R	26.37	2390	No
MF-220-4	$10222	$1970	$3220	**$5290**	**$5970**	Toyosha	2	90D	12F-3R	26.48	2700	No
MF-230	$12162	$2490	$4070	**$6690**	**$7540**	Perkins	3	153D	6F-2R	34.53	3404	No
MF-245	$14397	$2590	$3740	**$6050**	**$6910**	Perkins	3	153D	6F-2R	42.00	3600	No
MF-245	$15826	$2850	$4120	**$6650**	**$7600**	Perkins	3	153D	8F-2R	42.00	3650	No
MF-245	$16487	$2970	$4290	**$6930**	**$7910**	Perkins	3	153D	12F-4R	42.90	3693	No
MF-255	$13319	$2400	$3460	**$5590**	**$6390**	Perkins	4	236D	8F-2R	52.00	5650	No
MF-255	$13980	$2520	$3640	**$5870**	**$6710**	Perkins	4	236D	12F-4R	52.68	5850	No
MF-255 RC	$13984	$2520	$3640	**$5870**	**$6710**	Perkins	4	236D	8F-2R	52.00	5700	No
MF-255 RC	$14679	$2640	$3820	**$6170**	**$7050**	Perkins	4	236D	12F-4R	52.00	5900	No
MF-265	$20658	$3720	$5370	**$8680**	**$9920**	Perkins	4	236D	8F-2R	60.00	6050	No
MF-265	$21584	$3890	$5610	**$9070**	**$10360**	Perkins	4	236D	12F-4R	60.73	6100	No
MF-265 RC	$21690	$3900	$5640	**$9110**	**$10410**	Perkins	4	236D	8F-2R	60.00	6200	No
MF-265 RC	$22663	$4080	$5890	**$9520**	**$10880**	Perkins	4	236D	12F-4R	60.00	6250	No
MF-275	$22304	$4020	$5800	**$9370**	**$10710**	Perkins	4	248D	8F-2R	67.00	6370	No
MF-275	$23230	$4180	$6040	**$9760**	**$11150**	Perkins	4	248D	12F-4R	67.43	6420	No
MF-275 RC	$23419	$4220	$6090	**$9840**	**$11240**	Perkins	4	248D	8F-2R	67.00	6520	No
MF-275 RC	$24392	$4390	$6340	**$10250**	**$11710**	Perkins	4	248D	12F-4R	67.00	6570	No
MF-285	$24359	$4390	$6330	**$10230**	**$11690**	Perkins	4	318D	8F-2R	81.00	6975	No
MF-285	$25530	$4600	$6640	**$10720**	**$12250**	Perkins	4	318D	12F-4R	81.96	7025	No
MF-285 Cab	$30659	$5520	$7970	**$12880**	**$14720**	Perkins	4	318D	8F-2R	81.96	8400	CHA
MF-285 Cab	$31830	$5730	$8280	**$13370**	**$15280**	Perkins	4	318D	12F-4R	81.96	8450	CHA
MF-2675 RC	$37775	$3270	$4580	**$7850**	**$9160**	Perkins	6	354D	8F-6R	100.84	10000	CHA
MF-2675 RC	$39327	$3430	$4800	**$8230**	**$9600**	Perkins	6	354D	24F-6R	103.29	10600	CHA
MF-2675 Western	$37360	$3200	$4480	**$7680**	**$8960**	Perkins	6	354D	24F-6R	103.00	10100	CHA
MF-2705 RC	$41056	$3600	$5040	**$8640**	**$10080**	Perkins	6T	354D	8F-6R	121.11	11200	CHA
MF-2705 RC	$42556	$3750	$5250	**$9000**	**$10500**	Perkins	6T	354D	24F-6R	122.20	11800	CHA
MF-2705 Western	$42130	$3700	$5180	**$8880**	**$10360**	Perkins	6T	354-D	24F-6R	122.00	11300	CHA

Massey Ferguson (Cont.)

Model	Approx. Retail Price New	Estimated Value Less Repairs				Engine					Approx. Shipping Wt.-Lbs.	Cab
		Used Trade-In Avg.	High	Used Retail Avg.	High	Make	No. Cyls.	Displ. Cu.-in.	No. Speeds	P.T.O. H.P.		
1981 (Cont.)												
MF-2745 RC	$49432	$4400	$6160	$10560	$12320	Perkins	V8	540D	8F-6R	143.40	12798	CHA
MF-2745 RC	$51432	$4640	$6500	$11140	$12990	Perkins	V8	540D	24F-6R	143.40	13398	CHA
MF-2745 Western	$50918	$4560	$6380	$10940	$12770	Perkins	V8	540D	24F-6R	143.00	12898	CHA
MF-2775 RC	$51312	$4630	$6480	$11110	$12960	Perkins	V8	640D	8F-6R	165.00	12800	CHA
MF-2775 RC	$53103	$4720	$6610	$11330	$13220	Perkins	V8	640D	24F-6R	165.95	13400	CHA
MF-2775 Western	$52572	$4660	$6520	$11180	$13050	Perkins	V8	640D	24F-6R	165.00	12900	CHA
MF-2805 RC	$60198	$4800	$6720	$11520	$13440	Perkins	V8T	640D	8F-6R	194.00	13000	CHA
MF-2805 RC	$61989	$4900	$6860	$11760	$13720	Perkins	V8T	640D	24F-6R	194.62	13600	CHA
MF-2805 Western	$61369	$5000	$7000	$12000	$14000	Perkins	V8T	640D	24F-6R	194.00	13100	CHA
MF-4800 4WD	$79086	$6010	$8410	$14420	$16820	Cummins	V8	903D	18F-6R		24000	CHA
MF-4800 4WD w/PTO	$82164	$6220	$8700	$14920	$17410	Cummins	V8	903D	18F-6R	179.08	24500	CHA
MF-4840 4WD	$91603	$7000	$9800	$16800	$19600	Cummins	V8	903D	18F-6R		26038	CHA
MF-4840 4WD w/PTO	$94745	$7280	$10180	$17460	$20370	Cummins	V8	903D	18F-6R	210.67	26538	CHA
MF-4880 4WD	$102883	$8090	$11320	$19410	$22650	Cummins	V8T	903D	18F-6R	272.81	28865	CHA
MF-4880 4WD w/PTO	$105961	$8400	$11760	$20150	$23510	Cummins	V8T	903D	18F-6R	272.81	29365	CHA
MF-4900 4WD	$111066	$8910	$12470	$21380	$24940	Cummins	V8T	903D	18F-6R	320.55	29000	CHA
MF-4900 4WD w/PTO	$114144	$9210	$12900	$22120	$25800	Cummins	V8T	903D	18F-6R	320.55	29500	CHA
RC - Row Crop												
1980												
MF-154-4	$18687	$2620	$4110	$6540	$7760	Perkins	3	153D	12F-4R	42.52	4934	No
MF-184-4	$23817	$3330	$5240	$8340	$9880	Perkins	4	236D	12F-4R	62.45	6130	No
MF-205	$6157	$1270	$2160	$3500	$3940	Toyosha	2	65D	6F-2R	16.56	1849	No
MF-205-4	$6850	$1410	$2400	$3880	$4370	Toyosha	2	65D	6F-2R	16.40	2257	No
MF-210	$7203	$1480	$2520	$4070	$4590	Toyosha	2	77D	12F-3R	21.96	2050	No
MF-210-4	$8066	$1650	$2810	$4550	$5130	Toyosha	2	77D	12F-3R	21.77	2257	No
MF-220	$8661	$1770	$3010	$4870	$5490	Toyosha	2	90D	12F-3R	26.37	2390	No
MF-220-4	$10222	$1880	$3200	$5180	$5840	Toyosha	2	90D	12F-3R	26.48	2700	No
MF-230	$9500	$1900	$3230	$5230	$5890	Continental	4	145G	6F-2R	34.34	3200	No
MF-230	$11577	$2320	$3940	$6370	$7180	Perkins	3	153D	6F-2R	34.53	3404	No
MF-245	$13702	$2400	$3630	$5760	$6580	Perkins	3	153D	6F-2R	42.00	3600	No
MF-245	$15063	$2640	$3990	$6330	$7230	Perkins	3	153D	8F-2R	42.00	3650	No
MF-245	$15691	$2750	$4160	$6590	$7530	Perkins	3	153D	12F-4R	42.90	3693	No
MF-255	$16684	$2920	$4420	$7010	$8010	Perkins	4	236D	8F-2R	52.00	5650	No
MF-255	$17566	$3070	$4660	$7380	$8430	Perkins	4	236D	12F-4R	52.68	5850	No
MF-255 RC	$17518	$3070	$4640	$7360	$8410	Perkins	4	236D	8F-2R	52.00	5700	No
MF-255 RC	$18444	$3230	$4890	$7750	$8850	Perkins	4	236D	12F-4R	52.00	5900	No
MF-265	$18271	$3200	$4840	$7670	$8770	Perkins	4	236D	8F-2R	60.00	6050	No
MF-265	$19123	$3350	$5070	$8030	$9180	Perkins	4	236D	12F-4R	60.73	6100	No
MF-265 RC	$19185	$3360	$5080	$8060	$9210	Perkins	4	236D	8F-2R	60.00	6200	No
MF-265 RC	$20079	$3510	$5320	$8430	$9640	Perkins	4	236D	12F-4R	60.00	6250	No
MF-275	$20138	$3520	$5340	$8460	$9670	Perkins	4	248D	8F-2R	67.00	6370	No
MF-275	$21020	$3680	$5570	$8830	$10090	Perkins	4	248D	12F-4R	67.43	6420	No
MF-275 RC	$21145	$3700	$5600	$8880	$10150	Perkins	4	248D	8F-2R	67.00	6520	No
MF-275 RC	$22071	$3860	$5850	$9270	$10590	Perkins	4	248D	12F-4R	67.00	6570	No
MF-285	$22842	$4000	$6050	$9590	$10960	Perkins	4	318D	8F-2R	81.00	6975	No
MF-285	$26954	$4720	$7140	$11320	$12940	Perkins	4	318D	12F-4R	81.96	7025	CHA
MF-2675 RC	$35977	$3000	$4200	$6900	$8400	Perkins	6	354D	8F-6R	100.84	10000	CHA
MF-2675 RC	$37454	$3240	$4540	$7450	$9070	Perkins	6	354D	24F-6R	103.29	10600	CHA
MF-2675 Western	$35581	$3050	$4270	$7020	$8540	Perkins	6	354D	24F-6R	103.00	10100	CHA
MF-2705 RC	$39372	$3340	$4680	$7680	$9350	Perkins	6T	354D	8F-6R	121.11	11200	CHA
MF-2705 RC	$40849	$3480	$4870	$8000	$9740	Perkins	6T	354D	24F-6R	122.20	11800	CHA
MF-2705 Western	$38807	$3280	$4590	$7540	$9180	Perkins	6T	354D	24F-6R	122.00	11300	CHA
MF-2745 RC	$44052	$3800	$5320	$8740	$10640	Perkins	V8	540D	8F-6R	143.40	12798	CHA
MF-2745 RC	$45535	$3950	$5530	$9090	$11060	Perkins	V8	540D	24F-6R	143.40	13398	CHA
MF-2745 Western	$43258	$3620	$5070	$8330	$10140	Perkins	V8	540D	24F-6R	143.00	12898	CHA
MF-2775 RC	$50584	$3900	$5460	$8970	$10920	Perkins	V8	640D	8F-6R	165.00	12800	CHA
MF-2775 RC	$52061	$4100	$5740	$9430	$11480	Perkins	V8	640D	24F-6R	165.95	13400	CHA
MF-2775 Western	$49458	$3950	$5530	$9090	$11060	Perkins	V8	640D	24F-6R	165.00	12900	CHA
MF-2805 RC	$59296	$4530	$6340	$10420	$12680	Perkins	V8T	640D	8F-6R	194.00	13000	CHA
MF-2805 RC	$60773	$4770	$6680	$10970	$13360	Perkins	V8T	640D	24F-6R	194.62	13600	CHA
MF-2805 Western	$57734	$4400	$6160	$10120	$12320	Perkins	V8T	640D	24F-6R	194.00	13100	CHA
MF-4800 4WD w/PTO	$79004	$6400	$8960	$14720	$17920	Cummins	V8	903D	18F-6R	179.31	24500	CHA
MF-4840 4WD w/PTO	$91040	$7000	$9810	$16110	$19610	Cummins	V8	903D	18F-6R	210.67	26538	CHA
MF-4880 4WD w/PTO	$101886	$7790	$10900	$17910	$21810	Cummins	V8T	903D	18F-6R	272.81	29365	CHA
MF-4900 4WD w/PTO	$109755	$8280	$11590	$19030	$23170	Cummins	V8T	903D	18F-6R	320.55	29500	CHA
RC - Row Crop												
1979												
MF-184-4	$19637	$2610	$4100	$6520	$7730	Perkins	4	236D	12F-4R	62.45	6130	No
MF-205	$5541	$1260	$2120	$3390	$3820	Toyosha	2	65D	6F-2R	16.56	1849	No
MF-205-4	$6165	$1400	$2360	$3770	$4250	Toyosha	2	65D	6F-2R	16.40	2257	No
MF-210	$6483	$1480	$2490	$3960	$4470	Toyosha	2	77D	12F-3R	21.96	2050	No
MF-210-4	$7259	$1650	$2780	$4440	$5000	Toyosha	2	77D	12F-3R	21.77	2257	No
MF-220	$7795	$1780	$2990	$4760	$5370	Toyosha	2	90D	12F-3R	26.37	2390	No
MF-220-4	$9200	$1930	$3240	$5170	$5830	Toyosha	2	90D	12F-3R	26.48	2700	No
MF-230	$8193	$1680	$2830	$4510	$5080	Continental	4	145G	6F-2R	34.34	3200	No
MF-230	$8553	$1750	$2950	$4700	$5300	Perkins	3	153D	6F-2R	34.53	3404	No
MF-245	$9508	$1710	$2850	$5230	$6130	Continental	4	145G	6F-2R	41.00	3450	No
MF-245	$9991	$1800	$3000	$5500	$6440	Perkins	3	153D	6F-2R	42.00	3600	No
MF-245	$10266	$1850	$3080	$5650	$6620	Continental	4	145G	8F-2R	41.09	3500	No
MF-245	$10971	$1980	$3290	$6030	$7080	Perkins	3	153D	8F-2R	42.00	3650	No
MF-245	$11444	$2060	$3430	$6290	$7380	Perkins	3	153D	12F-4R	42.90	3693	Cab
MF-255	$12425	$2240	$3730	$6830	$8010	Perkins	4	236D	8F-2R	52.00	5650	No

Massey Ferguson (Cont.)

Model	Approx. Retail Price New	Used Trade-In Avg.	Used Trade-In High	Used Retail Avg.	Used Retail High	Make	Engine No. Cyls.	Engine Displ. Cu.-in.	Engine No. Speeds	P.T.O. H.P.	Approx. Shipping Wt.-Lbs.	Cab
1979 (Cont.)												
MF-255	$13038	$2350	$3910	$7170	$8410	Perkins	4	236D	12F-4R	52.68	5850	No
MF-255 RC	$13046	$2350	$3910	$7180	$8420	Perkins	4	236D	8F-2R	52.00	5700	No
MF-255 RC	$13690	$2460	$4110	$7530	$8830	Perkins	4	236D	12F-4R	52.00	5900	No
MF-265	$13555	$2440	$4070	$7460	$8740	Perkins	4	236D	8F-2R	60.00	6050	No
MF-265	$14168	$2550	$4250	$7790	$9140	Perkins	4	236D	12F-4R	60.73	6100	No
MF-265 RC	$14233	$2560	$4270	$7830	$9180	Perkins	4	236D	8F-2R	60.00	6200	No
MF-265 RC	$14876	$2680	$4460	$8180	$9600	Perkins	4	236D	12F-4R	60.00	6250	No
MF-275	$14776	$2660	$4430	$8130	$9530	Perkins	4	248D	8F-2R	67.00	6370	No
MF-275	$15389	$2770	$4620	$8460	$9930	Perkins	4	248D	12F-4R	67.43	6420	No
MF-275 RC	$15515	$2790	$4660	$8530	$10010	Perkins	4	248D	8F-2R	67.00	6520	No
MF-275 RC	$16158	$2910	$4850	$8890	$10420	Perkins	4	248D	12F-4R	67.00	6570	No
MF-285	$17365	$2950	$4690	$7290	$8340	Perkins	4	318D	8F-2R	81.00	6975	No
MF-285	$18141	$3080	$4900	$7620	$8710	Perkins	4	318D	12F-4R	81.96	7025	No
MF-2675 RC	$24708	$2470	$3460	$5440	$6920	Perkins	6	354D	8F-6R	100.84	9000	No
MF-2675 RC	$26820	$2680	$3760	$5900	$7510	Perkins	6	354D	24F-6R	103.29	9600	No
MF-2675 RC	$27762	$2780	$3890	$6110	$7770	Perkins	6	354D	8F-6R	100.84	10000	CHA
MF-2675 RC	$29524	$2950	$4130	$6500	$8270	Perkins	6	354D	24F-6R	103.29	10600	CHA
MF-2675 Western	$28048	$2810	$3930	$6170	$7850	Perkins	6	354D	24F-6R	103.00	10100	CHA
MF-2705	$28862	$2890	$4040	$6350	$8080	Perkins	6T	354D	8F-6R	121.11	10200	No
MF-2705 RC	$31670	$3170	$4430	$6970	$8870	Perkins	6T	354D	24F-6R	122.20	10800	No
MF-2705 RC	$34500	$3450	$4830	$7590	$9660	Perkins	6T	354D	24F-6R	122.20	11800	CHA
MF-2705 Western	$32775	$3280	$4590	$7210	$9180	Perkins	6T	354D	24F-6R	122.00	11300	CHA
MF-2745	$29578	$2960	$4140	$6510	$8280	Perkins	V8	540D	8F-6R	143.40	11798	No
MF-2745 RC	$32351	$3100	$4340	$6820	$8680	Perkins	V8	540D	24F-6R	143.40	12398	No
MF-2745 RC	$35367	$3330	$4660	$7330	$9320	Perkins	V8	540D	24F-6R	143.40	13398	CHA
MF-2745 Western	$33599	$3140	$4400	$6910	$8790	Perkins	V8	540D	24F-6R	143.00	12898	CHA
MF-2775	$36716	$3400	$4760	$7480	$9520	Perkins	V8	540D	8F-6R	165.00	12800	CHA
MF-2775	$40018	$3700	$5180	$8140	$10360	Perkins	V8	640D	24F-6R	165.95	13400	CHA
MF-2775 Western	$38017	$3500	$4900	$7700	$9800	Perkins	V8	640D	24F-6R	165.00	12900	CHA
MF-2805	$43076	$3600	$5040	$7920	$10080	Perkins	V8T	640D	8F-6R	194.00	13000	CHA
MF-2805	$46705	$3800	$5320	$8360	$10640	Perkins	V8T	640D	24F-6R	194.62	13600	CHA
MF-4840 4WD	$60726	$5870	$8220	$12910	$16440	Cummins	V8	903D	12F-4R	210.67	24963	CHA
MF-4840 4WD	$62620	$6060	$8480	$13330	$16970	Cummins	V8	903D	18F-6R	210.67	25638	CHA
MF-4840 4WD w/PTO	$64557	$6250	$8750	$13750	$17500	Cummins	V8	903D	18F-6R	210.67	26538	CHA
MF-4880 4WD	$73811	$7000	$9800	$15400	$19600	Cummins	V8T	903D	12F-4R	272.81	27965	CHA
MF-4880 4WD	$75692	$7200	$10080	$15840	$20160	Cummins	V8T	903D	18F-6R	272.81	28565	CHA
MF-4880 4WD w/PTO	$77642	$7400	$10360	$16280	$20720	Cummins	V8T	903D	18F-6R	272.81	29365	CHA

RC - Row Crop

Model	Approx. Retail Price New	Used Trade-In Avg.	Used Trade-In High	Used Retail Avg.	Used Retail High	Make	Engine No. Cyls.	Engine Displ. Cu.-in.	Engine No. Speeds	P.T.O. H.P.	Approx. Shipping Wt.-Lbs.	Cab
1978												
MF-205	$4935	$1420	$2020	$3560	$4100	Toyosha	2	65D	6F-2R	16.56	1849	No
MF-205-4	$5514	$1370	$2280	$3580	$4070	Toyosha	2	65D	6F-2R	16.40	2257	No
MF-210	$5820	$1430	$2390	$3750	$4260	Toyosha	2	77D	12F-3R	21.96	2050	No
MF-210-4	$6635	$1600	$2670	$4200	$4770	Toyosha	2	77D	12F-3R	21.77	2257	No
MF-220	$7348	$1750	$2920	$4590	$5220	Toyosha	2	90D	12F-3R	26.37	2390	No
MF-220-4	$8590	$1930	$3220	$5060	$5740	Toyosha	2	90D	12F-3R	26.48	2700	No
MF-230	$7189	$1510	$2520	$3950	$4490	Continental	4	145G	6F-2R	34.34	3200	No
MF-230	$7505	$1580	$2630	$4130	$4690	Perkins	3	153D	6F-2R	34.53	3404	No
MF-245	$8467	$1520	$2540	$4660	$5460	Continental	4	145G	6F-2R	41.00	3450	No
MF-245	$8787	$1580	$2640	$4830	$5670	Perkins	3	153D	6F-2R	42.00	3600	No
MF-245	$8822	$1590	$2650	$4850	$5690	Continental	4	145G	8F-2R	41.09	3500	No
MF-245	$9532	$1720	$2860	$5240	$6150	Perkins	3	153D	8F-2R	42.00	3650	No
MF-245	$9947	$1790	$2980	$5470	$6420	Perkins	3	153D	12F-4R	42.90	3693	No
MF-255	$10930	$1970	$3280	$6010	$7050	Perkins	4	236D	8F-2R	52.00	5650	No
MF-255	$11476	$2070	$3440	$6310	$7400	Perkins	4	236D	12F-4R	52.68	5850	No
MF-255 RC	$11497	$2070	$3450	$6320	$7420	Perkins	4	236D	8F-2R	52.00	5700	No
MF-255 RC	$12131	$2180	$3640	$6670	$7820	Perkins	4	236D	12F-4R	52.00	5900	No
MF-265	$12051	$2170	$3620	$6630	$7770	Perkins	4	236D	8F-2R	60.00	6050	No
MF-265	$12597	$2270	$3780	$6930	$8130	Perkins	4	236D	12F-4R	60.73	6100	No
MF-265 RC	$12618	$2270	$3790	$6940	$8140	Perkins	4	236D	8F-2R	60.00	6200	No
MF-265 RC	$13252	$2390	$3980	$7290	$8550	Perkins	4	236D	12F-4R	60.00	6250	No
MF-275	$13152	$2370	$3950	$7230	$8480	Perkins	4	248D	8F-2R	67.00	6370	No
MF-275	$13698	$2470	$4110	$7530	$8840	Perkins	4	248D	12F-4R	67.43	6420	No
MF-275 RC	$13719	$2470	$4120	$7550	$8850	Perkins	4	248D	8F-2R	67.00	6520	No
MF-275 RC	$14353	$2580	$4310	$7890	$9260	Perkins	4	248D	12F-4R	67.00	6570	No
MF-285	$15189	$2580	$4180	$6380	$7290	Perkins	4	318D	8F-2R	81.00	6975	No
MF-285	$15874	$2700	$4370	$6670	$7620	Perkins	4	318D	12F-4R	81.96	7025	No
MF-1085 RC	$15902	$2700	$4370	$6680	$7630	Perkins	4	318D	8F-2R	81.00	8800	No
MF-1085 RC	$16587	$2820	$4560	$6970	$7960	Perkins	4	318D	12F-4R	81.58	9400	No
MF-1085 RC	$19829	$3370	$5450	$8330	$9520	Perkins	4	318D	8F-2R	81.00	9800	CHA
MF-1085 RC	$20514	$3490	$5640	$8620	$9850	Perkins	4	318D	12F-4R	81.58	10400	CHA
MF-1085 Western	$19815	$3370	$5450	$8320	$9510	Perkins	4	318D	12F-4R	81.00	9900	CHA
MF-1105 RC	$18878	$3210	$5190	$7930	$9060	Perkins	6T	354D	8F-2R	100.72	9125	No
MF-1105 RC	$19632	$3340	$5400	$8250	$9420	Perkins	6T	354D	12F-4R	100.72	9725	No
MF-1105 RC	$22747	$3870	$6260	$9550	$10920	Perkins	6T	354D	8F-2R	100.72	10125	CHA
MF-1105 RC	$23501	$4000	$6460	$9870	$11280	Perkins	6T	354D	12F-4R	100.72	10725	CHA
MF-1105 Western	$22966	$3900	$6320	$9650	$11020	Perkins	6T	354D	12F-4R	100.72	10000	CHA
MF-1135 RC	$20637	$3510	$5680	$8670	$9910	Perkins	6T	354D	8F-2R	120.00	9825	No
MF-1135 RC	$21391	$3640	$5880	$8980	$10270	Perkins	6T	354D	12F-4R	120.84	10425	No
MF-1135 RC	$24506	$4170	$6740	$10290	$11760	Perkins	6T	354D	8F-2R	120.00	10825	CHA
MF-1135 RC	$25260	$4290	$6950	$10610	$12130	Perkins	6T	354D	12F-4R	120.84	11425	CHA
MF-1135 Western	$24725	$4200	$6800	$10390	$11870	Perkins	6T	354D	12F-4R	120.00	11000	CHA
MF-1155 RC	$24293	$3400	$5340	$8500	$10080	Perkins	V8	540D	8F-2R	140.00	12150	No
MF-1155 RC	$25047	$3510	$5510	$8770	$10400	Perkins	V8	540D	12F-4R	140.97	12750	No

Massey Ferguson (Cont.)

Model	Approx. Retail Price New	Used Trade-In Avg.	Used Trade-In High	Used Retail Avg.	Used Retail High	Make	No. Cyls.	Displ. Cu.-in.	No. Speeds	P.T.O. H.P.	Approx. Shipping Wt.-Lbs.	Cab
1978 (Cont.)												
MF-1155 RC	$28162	$3940	$6200	$9860	$11690	Perkins	V8	540D	8F-2R	140.00	13150	CHA
MF-1155 RC	$28916	$4050	$6360	$10120	$12000	Perkins	V8	540D	12F-4R	140.97	13750	CHA
MF-1155 Western	$27365	$3830	$6020	$9580	$11360	Perkins	V8	540D	12F-4R	140.00	13000	CHA
MF-2675 RC	$23858	$2390	$3340	$5250	$6680	Perkins	6	354D	8F-6R	100.84	9000	CHA
MF-2675 RC	$24800	$2480	$3470	$5460	$6940	Perkins	6	354D	24F-4R	103.29	9600	CHA
MF-2675 Western	$23950	$2400	$3350	$5270	$6710	Perkins	6	354D	24F-4R	103.00	10100	CHA
MF-2705 RC	$25681	$2570	$3600	$5650	$7190	Perkins	6T	354D	8F-6R	121.00	11200	CHA
MF-2705 RC	$26623	$2660	$3730	$5860	$7450	Perkins	6T	354D	24F-4R	122.20	11800	CHA
MF-2705 Western	$25773	$2580	$3610	$5670	$7220	Perkins	6T	354D	24F-4R	122.00	11300	CHA
MF-2745 RC	$28685	$2870	$4020	$6310	$8030	Perkins	V8	540D	8F-6R	143.40	12798	CHA
MF-2745 RC	$29627	$2960	$4150	$6520	$8300	Perkins	V8	540D	24F-4R	143.40	13398	CHA
MF-2745 Western	$28227	$2820	$3950	$6210	$7900	Perkins	V8	540D	24F-4R	143.00	12898	CHA
MF-2775 RC	$32582	$3000	$4200	$6600	$8400	Perkins	V8	640D	8F-6R	165.00	12800	CHA
MF-2775 RC	$33524	$3100	$4340	$6820	$8680	Perkins	V8	640D	24F-4R	165.95	13400	CHA
MF-2775 Western	$31740	$2900	$4060	$6380	$8120	Perkins	V8	640D	24F-4R	165.00	12900	CHA
MF-2805 RC	$38261	$3200	$4480	$7040	$8960	Perkins	V8T	640D	8F-6R	194.00	13000	CHA
MF-2805 RC	$39203	$3300	$4620	$7260	$9240	Perkins	V8T	640D	24F-4R	194.62	13600	CHA
MF-2805 Western	$37419	$3100	$4340	$6820	$8680	Perkins	V8T	640D	24F-4R	194.00	13100	CHA
MF-4840 4WD	$55472	$5550	$7770	$12200	$15530	Cummins	V8	903D	12F-4R	210.67	24963	CHA
MF-4840 4WD	$56972	$5700	$7980	$12530	$15950	Cummins	V8	903D	18F-6R	210.67	25638	CHA
MF-4840 4WD w/PTO	$58972	$5900	$8260	$12970	$16510	Cummins	V8	903D	18F-6R	210.67	26538	CHA
MF-4880 4WD	$67425	$6740	$9440	$14830	$18880	Cummins	V8T	903D	12F-4R	272.81	27965	CHA
MF-4880 4WD	$68925	$6890	$9650	$15160	$19300	Cummins	V8T	903D	18F-6R	272.81	28565	CHA
MF-4880 4WD w/PTO	$70925	$7090	$9930	$15600	$19860	Cummins	V8T	903D	18F-6R	272.81	29365	CHA
RC - Row Crop												
1977												
MF-230	$6398	$1480	$2450	$3790	$4350	Continental	4	145G	6F-2R	34.34	3200	No
MF-230	$6684	$1550	$2550	$3950	$4530	Perkins	3	153D	6F-2R	34.53	3404	No
MF-245	$7548	$1690	$2790	$4320	$4940	Continental	4	145G	6F-2R	41.00	3450	No
MF-245	$7836	$1730	$2850	$4420	$5060	Perkins	3	153D	6F-2R	42.00	3600	No
MF-245	$7869	$1690	$2790	$4330	$4960	Continental	4	145G	8F-2R	41.09	3500	No
MF-245	$8506	$1830	$3020	$4680	$5360	Perkins	3	153D	8F-2R	42.00	3650	No
MF-245	$8882	$1910	$3150	$4890	$5600	Perkins	3	153D	12F-4R	42.90	3690	No
MF-255	$9507	$1710	$2850	$5230	$6130	Perkins	4	236D	8F-2R	52.00	5650	No
MF-255	$9987	$1800	$3000	$5490	$6440	Perkins	4	236D	12F-4R	52.68	5850	No
MF-255 RC	$10084	$1820	$3030	$5550	$6500	Perkins	4	236D	8F-2R	52.00	5700	No
MF-255 RC	$10564	$1900	$3170	$5810	$6810	Perkins	4	236D	12F-4R	52.00	5900	No
MF-265	$10576	$1900	$3170	$5820	$6820	Perkins	4	236D	8F-2R	60.00	6050	No
MF-265	$11056	$1990	$3320	$6080	$7130	Perkins	4	236D	12F-4R	60.73	6100	No
MF-265 RC	$11151	$2010	$3350	$6130	$7190	Perkins	4	236D	8F-2R	60.00	6200	No
MF-265 RC	$11631	$2090	$3490	$6400	$7500	Perkins	4	236D	12F-4R	60.00	6250	No
MF-275	$11460	$2060	$3440	$6300	$7390	Perkins	4	248D	8F-2R	67.00	6370	No
MF-275	$11940	$2150	$3580	$6570	$7700	Perkins	4	248D	12F-4R	67.43	6420	No
MF-275 RC	$12037	$2170	$3610	$6620	$7760	Perkins	4	248D	8F-2R	67.00	6520	No
MF-275 RC	$12517	$2250	$3760	$6880	$8070	Perkins	4	248D	12F-4R	67.00	6570	No
MF-285	$13367	$2410	$4010	$7350	$8620	Perkins	4	318D	8F-2R	81.00	6975	No
MF-285	$13977	$2520	$4190	$7690	$9020	Perkins	4	318D	12F-4R	81.96	7025	No
MF-1085 RC	$13879	$2360	$3890	$5830	$6660	Perkins	4	318D	8F-2R	81.00	8800	No
MF-1085 RC	$14489	$2460	$4060	$6090	$6960	Perkins	4	318D	12F-4R	81.58	9400	No
MF-1085 RC	$17937	$3050	$5020	$7530	$8610	Perkins	4	318D	12F-4R	81.58	10400	CHA
MF-1085 Western	$17315	$2940	$4850	$7270	$8310	Perkins	4	318D	12F-4R	81.00	9900	CHA
MF-1105 RC	$16685	$2840	$4670	$7010	$8010	Perkins	6T	354D	8F-2R	100.72	9125	No
MF-1105 RC	$17360	$2950	$4860	$7290	$8330	Perkins	6T	354D	12F-4R	100.72	9725	No
MF-1105 RC	$20808	$3540	$5830	$8740	$9990	Perkins	6T	354D	12F-4R	100.72	10725	CHA
MF-1105 Western	$20327	$3460	$5690	$8540	$9760	Perkins	6T	354D	12F-4R	100.72	10000	CHA
MF-1135 RC	$18275	$3110	$5120	$7680	$8770	Perkins	6T	354D	8F-2R	120.00	9825	No
MF-1135 RC	$18950	$3220	$5310	$7960	$9100	Perkins	6T	354D	12F-4R	120.84	10425	No
MF-1135 RC	$22398	$3810	$6270	$9410	$10750	Perkins	6T	354D	12F-4R	120.84	11425	CHA
MF-1135 Western	$21917	$3730	$6140	$9210	$10520	Perkins	6T	354D	12F-4R	120.00	11000	CHA
MF-1155 RC	$21547	$3020	$4740	$7540	$9050	Perkins	V8	540D	8F-2R	140.00	12150	No
MF-1155 RC	$22222	$3110	$4890	$7780	$9330	Perkins	V8	540D	12F-4R	140.97	12750	No
MF-1155 RC	$25760	$3590	$5650	$8990	$10780	Perkins	V8	540D	12F-4R	140.97	13750	CHA
MF-1155 Western	$24282	$3400	$5340	$8500	$10200	Perkins	V8	540D	12F-4R	140.00	13000	CHA
MF-1505 4WD	$34862	$4880	$7670	$12200	$14640	Cat.	V8	636D	12F-4R	175.96	16500	CHA
MF-1505 4WD w/PTO	$36783	$5150	$8090	$12870	$15450	Cat.	V8	636D	12F-4R	175.96	17400	CHA
MF-1805 4WD	$36958	$5170	$8130	$12940	$15520	Cat.	V8	636D	12F-4R	192.65	16700	CHA
MF-1805 4WD w/PTO	$38879	$5440	$8550	$13610	$16330	Cat.	V8	636D	12F-4R	192.65	17600	CHA
MF-2800 RC	$35232	$3520	$4930	$7750	$9870	Perkins	V8T	640D	8F-6R	194.00	13545	CHA
MF-2800 RC	$36125	$3610	$5060	$7950	$10120	Perkins	V8T	640D	24F-4R	194.00	13890	CHA
MF-2800 Western	$34434	$3440	$4820	$7580	$9640	Perkins	V8T	640D	24F-4R	194.00	13243	CHA
RC - Row Crop												
1976												
MF-230	$5809	$1280	$2090	$3220	$3720	Continental	4	145G	6F-2R	34.34	3200	No
MF-230	$6081	$1340	$2190	$3380	$3890	Perkins	3	153D	6F-2R	34.53	3404	No
MF-235	$6683	$1470	$2410	$3710	$4280	Continental	4	145G	6F-2R	41.00	3119	No
MF-235	$6948	$1530	$2500	$3860	$4450	Perkins	3	153D	6F-2R	42.00	3200	No
MF-235	$7148	$1570	$2570	$3970	$4580	Continental	4	145G	8F-2R	41.13	3244	No
MF-235	$7492	$1650	$2700	$4160	$4800	Continental	4	145G	12F-4R	41.00	3369	No
MF-235	$7740	$1700	$2790	$4300	$4950	Perkins	3	153D	8F-2R	42.39	3325	No
MF-235	$8084	$1780	$2910	$4490	$5170	Perkins	3	153D	12F-4R	42.00	3450	No
MF-245	$7073	$1560	$2550	$3930	$4530	Continental	4	145G	6F-2R	41.00	3450	No
MF-245	$7343	$1620	$2640	$4080	$4700	Perkins	3	153D	6F-2R	42.00	3600	No

Massey Ferguson (Cont.)

1976 (Cont.)

Model	Approx. Retail Price New	Used Trade-In Avg.	Used Trade-In High	Used Retail Avg.	Used Retail High	Make	No. Cyls.	Displ. Cu.-in.	No. Speeds	P.T.O. H.P.	Approx. Shipping Wt.-Lbs.	Cab
MF-245	$7547	$1660	$2720	$4190	$4830	Continental	4	145G	8F-2R	41.09	3500	No
MF-245	$7898	$1740	$2840	$4380	$5060	Continental	4	145G	12F-4R	41.00	3540	No
MF-245	$8150	$1790	$2930	$4520	$5220	Perkins	3	153D	8F-2R	42.00	3650	No
MF-245	$8501	$1870	$3060	$4720	$5440	Perkins	3	153D	12F-4R	42.90	3693	No
MF-255	$8963	$1970	$3230	$4970	$5740	Perkins	4	236D	8F-2R	52.00	5650	No
MF-255	$9422	$2070	$3390	$5230	$6030	Perkins	4	236D	12F-4R	52.68	5850	No
MF-255 RC	$9514	$2090	$3430	$5280	$6090	Perkins	4	236D	8F-2R	52.00	6150	No
MF-255 RC	$9973	$2190	$3590	$5540	$6380	Perkins	4	236D	12F-4R	52.00	6350	No
MF-265	$10210	$1840	$3060	$5620	$6590	Perkins	4	236D	8F-2R	60.00	6050	No
MF-265	$10669	$1920	$3200	$5870	$6880	Perkins	4	236D	12F-4R	60.73	6100	No
MF-265 RC	$10762	$1940	$3230	$5920	$6940	Perkins	4	236D	8F-2R	60.00	6550	No
MF-265 RC	$11221	$2020	$3370	$6170	$7240	Perkins	4	236D	12F-4R	60.00	6600	No
MF-275	$10961	$1970	$3290	$6030	$7070	Perkins	4	248D	8F-2R	67.00	6370	No
MF-275	$11420	$2060	$3430	$6280	$7370	Perkins	4	248D	12F-4R	67.43	6420	No
MF-275 RC	$11513	$2070	$3450	$6330	$7430	Perkins	4	248D	8F-2R	67.00	6870	No
MF-275 RC	$11972	$2160	$3590	$6590	$7720	Perkins	4	248D	12F-4R	67.00	6920	No
MF-285	$12840	$2310	$3850	$7060	$8280	Perkins	4	318D	8F-2R	81.00	6975	No
MF-285	$13426	$2420	$4030	$7380	$8660	Perkins	4	318D	12F-4R	81.96	7025	No
MF-1085 RC	$13601	$2310	$3810	$5710	$6530	Perkins	4	318D	8F-2R	81.00	8800	No
MF-1085 RC	$14199	$2410	$3980	$5960	$6820	Perkins	4	318D	12F-4R	81.58	9400	No
MF-1085 RC	$17578	$2990	$4920	$7380	$8440	Perkins	4	318D	12F-4R	81.58	10400	CHA
MF-1085 Western	$16969	$2890	$4750	$7130	$8150	Perkins	4	318D	12F-4R	81.00	9900	CHA
MF-1105 RC	$16581	$2820	$4640	$6960	$7960	Perkins	6T	354D	8F-2R	100.72	9125	No
MF-1105 RC	$17246	$2930	$4830	$7240	$8280	Perkins	6T	354D	12F-4R	100.72	9725	No
MF-1105 RC	$20644	$3510	$5780	$8670	$9910	Perkins	6T	354D	12F-4R	100.72	10725	CHA
MF-1105 Western	$20171	$3430	$5650	$8470	$9680	Perkins	6T	354D	12F-4R	100.72	10000	CHA
MF-1135 RC	$18134	$3080	$5080	$7620	$8700	Perkins	6T	354D	8F-2R	120.00	9825	No
MF-1135 RC	$18747	$3190	$5250	$7870	$9000	Perkins	6T	354D	12F-4R	120.84	10425	No
MF-1135 RC	$22345	$3800	$6260	$9390	$10730	Perkins	6T	354D	12F-4R	120.84	11425	CHA
MF-1135 Western	$21617	$3680	$6050	$9080	$10380	Perkins	6T	354D	12F-4R	120.00	11000	CHA
MF-1155 RC	$21253	$2980	$4890	$7440	$9030	Perkins	V8	540D	8F-2R	140.00	12150	No
MF-1155 RC	$21919	$3070	$5040	$7670	$9320	Perkins	V8	540D	12F-4R	140.97	12750	No
MF-1155 RC	$25316	$3540	$5820	$8860	$10760	Perkins	V8	540D	12F-4R	140.97	13750	CHA
MF-1155 Western	$23947	$3350	$5510	$8380	$10180	Perkins	V8	540D	12F-4R	140.00	13000	CHA
MF-1505 4WD	$31414	$4400	$7230	$11000	$13350	Cat.	V8	636D	12F-4R	175.96	16500	CHA
MF-1505 4WD w/PTO	$33191	$4650	$7630	$11620	$14110	Cat.	V8	636D	12F-4R	175.96	17400	CHA
MF-1805 4WD	$33352	$4670	$7670	$11670	$14180	Cat.	V8	636D	12F-4R	192.65	16700	CHA
MF-1805 4WD w/PTO	$35129	$4920	$8080	$12300	$14930	Cat.	V8	636D	12F-4R	192.65	17600	CHA
MF-2800 RC	$33030	$3300	$4620	$7270	$9250	Perkins	V8T	640D	8F-6R	194.00	13545	CHA
MF-2800 RC	$33872	$3390	$4740	$7450	$9480	Perkins	V8T	640D	24F-4R	194.00	13890	CHA
MF-2800 Western	$32278	$3230	$4520	$7100	$9040	Perkins	V8T	640D	24F-4R	194.00	13243	CHA

RC - Row Crop

1975

Model	Approx. Retail Price New	Used Trade-In Avg.	Used Trade-In High	Used Retail Avg.	Used Retail High	Make	No. Cyls.	Displ. Cu.-in.	No. Speeds	P.T.O. H.P.	Approx. Shipping Wt.-Lbs.	Cab
MF-230	$5809	$1400	$2270	$3480	$4040	Continental	4	145G	6F-2R	34.34	3200	No
MF-230	$6081	$1460	$2370	$3630	$4210	Perkins	3	152D	6F-2R	34.53	3404	No
MF-235	$6721	$1600	$2600	$3990	$4630	Continental	4	145G	6F-2R	41.00	3119	No
MF-235	$6912	$1620	$2630	$4040	$4690	Continental	4	145G	8F-2R	41.13	3244	No
MF-235	$6960	$1630	$2650	$4070	$4720	Perkins	3	152D	6F-2R	42.00	3200	No
MF-235	$7222	$1630	$2640	$4040	$4690	Continental	4	145G	12F-4R	41.00	3369	No
MF-235	$7248	$1700	$2760	$4230	$4910	Perkins	3	152D	8F-2R	42.39	3325	No
MF-235	$7584	$1770	$2880	$4420	$5130	Perkins	3	152D	12F-4R	42.00	3450	No
MF-255	$7812	$1760	$2850	$4380	$5080	Perkins	4	212G	8F-2R	50.00	5450	No
MF-255	$8067	$1820	$2940	$4520	$5240	Perkins	4	203D	8F-2R	50.00	5650	No
MF-255	$8225	$1850	$3000	$4610	$5350	Perkins	4	212G	12F-4R	50.01	5600	No
MF-255	$8480	$1910	$3100	$4750	$5510	Perkins	4	203D	12F-4R	50.69	5850	No
MF-255 RC	$8203	$1850	$2990	$4590	$5330	Perkins	4	212G	8F-2R	50.00	5950	No
MF-255 RC	$8470	$1910	$3090	$4740	$5510	Perkins	4	203D	8F-2R	50.00	6150	No
MF-255 RC	$8636	$1940	$3150	$4840	$5610	Perkins	4	212G	12F-4R	50.00	6100	No
MF-255 RC	$8904	$2000	$3250	$4990	$5790	Perkins	4	203D	12F-4R	50.00	6350	No
MF-265	$9445	$1700	$2830	$5200	$6090	Perkins	4	236D	8F-2R	60.00	5920	No
MF-265	$9700	$1750	$2910	$5340	$6260	Perkins	4	236D	8F-2R	60.00	6050	No
MF-265	$9881	$1780	$2960	$5440	$6370	Perkins	4	236G	12F-4R	60.00	5970	No
MF-265	$10136	$1820	$3040	$5580	$6540	Perkins	4	236D	12F-4R	60.73	6100	No
MF-265 RC	$9917	$1790	$2980	$5450	$6400	Perkins	4	236G	8F-2R	60.00	6420	No
MF-265 RC	$10185	$1830	$3060	$5600	$6570	Perkins	4	236D	8F-2R	60.00	6550	No
MF-265 RC	$10375	$1870	$3110	$5710	$6690	Perkins	4	236G	12F-4R	60.00	6470	No
MF-265 RC	$10643	$1920	$3190	$5850	$6870	Perkins	4	236D	12F-4R	60.73	6600	No
MF-275	$10413	$1870	$3120	$5730	$6720	Perkins	4	248D	8F-2R	67.00	6370	No
MF-275	$10849	$1950	$3260	$5970	$7000	Perkins	4	248D	12F-4R	67.43	6420	No
MF-275 RC	$10937	$1970	$3280	$6020	$7050	Perkins	4	248D	8F-2R	67.00	6370	No
MF-275 RC	$11373	$2050	$3410	$6260	$7340	Perkins	4	248D	12F-4R	67.00	6420	No
MF-285	$12198	$2200	$3660	$6710	$7870	Perkins	4	318D	8F-2R	81.00	6975	No
MF-285	$12755	$2300	$3830	$7020	$8230	Perkins	4	318D	12F-4R	81.96	7025	No
MF-1085 RC	$13567	$2310	$3800	$5700	$6510	Perkins	4	318D	8F-2R	81.00	8800	No
MF-1085 RC	$14161	$2410	$3970	$5950	$6800	Perkins	4	318D	12F-4R	81.58	9400	No
MF-1085 RC	$16930	$2880	$4740	$7110	$8130	Perkins	4	318D	8F-2R	81.00	9800	CHA
MF-1085 RC	$17525	$2980	$4910	$7360	$8410	Perkins	4	318D	12F-4R	81.58	10400	CHA
MF-1085 Western	$16921	$2880	$4740	$7110	$8120	Perkins	4	318D	12F-4R	81.00	9900	CHA
MF-1105 RC	$16417	$2790	$4600	$6900	$7880	Perkins	6T	354D	8F-2R	100.72	9125	No
MF-1105 RC	$17076	$2900	$4780	$7170	$8200	Perkins	6T	354D	12F-4R	100.72	9725	No
MF-1105 RC	$19781	$3360	$5540	$8310	$9500	Perkins	6T	354D	8F-2R	100.72	10125	CHA
MF-1105 RC	$20440	$3480	$5720	$8590	$9810	Perkins	6T	354D	12F-4R	100.72	10725	CHA
MF-1105 Western	$19972	$3400	$5590	$8390	$9590	Perkins	6T	354D	12F-4R	100.72	10000	CHA

Massey Ferguson (Cont.)

Model	Approx. Retail Price New	Used Trade-In Avg.	Used Trade-In High	Used Retail Avg.	Used Retail High	Make	No. Cyls.	Displ. Cu.-in.	No. Speeds	P.T.O. H.P.	Approx. Shipping Wt.-Lbs.	Cab
1975 (Cont.)												
MF-1135 RC	$17954	$3050	$5030	$7540	$8620	Perkins	6T	354D	8F-2R	120.00	9825	No
MF-1135 RC	$18562	$3160	$5200	$7800	$8910	Perkins	6T	354D	12F-4R	120.84	10425	No
MF-1135 RC	$21413	$3640	$6000	$8990	$10280	Perkins	6T	354D	8F-2R	120.00	10825	CHA
MF-1135 RC	$22234	$3780	$6230	$9340	$10670	Perkins	6T	354D	12F-4R	120.84	11425	CHA
MF-1135 Western	$21509	$3660	$6020	$9030	$10320	Perkins	6T	354D	12F-4R	120.00	11000	CHA
MF-1155 RC	$21043	$2950	$4840	$7370	$9150	Perkins	V8	540D	8F-2R	140.00	12150	No
MF-1155 RC	$21702	$3040	$4990	$7600	$9440	Perkins	V8	540D	12F-4R	140.97	12750	No
MF-1155 RC	$24406	$3420	$5610	$8540	$10620	Perkins	V8	540D	8F-2R	140.00	13150	CHA
MF-1155 RC	$25065	$3510	$5770	$8770	$10900	Perkins	V8	540D	12F-4R	140.97	13750	CHA
MF-1155 Western	$23710	$3320	$5450	$8300	$10310	Perkins	V8	540D	12F-4R	140.00	13000	CHA
MF-1505 4WD	$30900	$4050	$6650	$10120	$12570	Cat.	V8	636D	12F-4R	175.96	16500	CHA
MF-1505 4WD w/PTO	$32400	$4260	$6990	$10640	$13220	Cat.	V8	636D	12F-4R	175.96	17000	CHA
MF-1805 4WD	$32880	$4320	$7100	$10810	$13430	Cat.	V8	636D	12F-4R	192.65	16700	CHA
MF-1805 4WD w/PTO	$34380	$4530	$7450	$11330	$14090	Cat.	V8	636D	12F-4R	192.65	17200	CHA
RC - Row Crop												
1974												
MF-135	$4743	$1250	$2050	$3160	$3660	Perkins	3	153G	6F-2R	37.00	3305	No
MF-135	$4961	$1300	$2130	$3280	$3800	Perkins	3	153G	6F-2R	37.00	3320	No
MF-135	$5217	$1350	$2230	$3430	$3970	Perkins	3	153D	6F-2R	37.00	3475	No
MF-135	$5301	$1620	$2230	$3900	$4450	Perkins	3	153G	12F-4R	37.55	3370	No
MF-135	$5440	$1650	$2280	$3990	$4560	Perkins	3	153G	8F-2R	37.00	3490	No
MF-135	$5775	$1740	$2400	$4210	$4800	Perkins	3	153D	12F-4R	37.82	3540	No
MF-150	$5650	$1970	$2720	$4770	$5440	Perkins	3	153G	8F-2R	37.00	3860	No
MF-150	$5955	$1790	$2470	$4320	$4930	Perkins	3	153G	12F-4R	37.00	3940	No
MF-150	$6200	$1860	$2560	$4480	$5110	Perkins	3	153D	8F-2R	37.00	4200	No
MF-150	$6505	$1940	$2670	$4670	$5330	Perkins	3	153D	12F-4R	37.88	4325	No
MF-165	$6690	$1990	$2730	$4790	$5470	Perkins	4	212G	8F-2R	51.00	4597	No
MF-165	$7040	$2080	$2860	$5020	$5720	Perkins	4	212G	12F-4R	51.91	4780	No
MF-165	$7275	$2140	$2950	$5170	$5900	Perkins	4	204D	8F-2R	52.00	4855	No
MF-165	$7390	$2170	$2990	$5240	$5980	Perkins	4	204D	12F-4R	52.42	5100	No
MF-175	$8000	$2310	$3180	$5570	$6350	Perkins	4	236G	8F-2R	61.00	5199	No
MF-175	$8350	$2430	$3340	$5860	$6680	Perkins	4	236G	12F-4R	61.89	5319	No
MF-175	$8900	$2570	$3540	$6210	$7080	Perkins	4	236D	8F-2R	63.00	5605	No
MF-175	$9250	$2610	$3600	$6300	$7190	Perkins	4	236D	12F-4R	63.34	5725	No
MF-180	$8200	$2390	$3290	$5760	$6570	Perkins	4	236G	8F-2R	62.00	6200	No
MF-180	$8550	$2480	$3410	$5980	$6830	Perkins	4	236G	12F-4R	62.83	6250	No
MF-180	$9000	$2390	$3290	$5760	$6570	Perkins	4	236D	8F-2R	63.00	6568	No
MF-180	$9350	$2480	$3410	$5980	$6830	Perkins	4	236D	12F-4R	63.68	6618	No
MF-285	$12303	$2220	$3690	$6770	$7940	Perkins	4	318D	8F-2R	81.00	6975	No
MF-285	$12867	$2320	$3860	$7080	$8300	Perkins	4	318D	12F-4R	81.96	7025	No
MF-1085 RC	$12889	$2190	$3670	$5410	$6190	Perkins	4	318D	8F-2R	81.00	8800	No
MF-1085 RC	$13453	$2290	$3830	$5650	$6460	Perkins	4	318D	12F-4R	81.58	9400	No
MF-1085 RC	$16084	$2730	$4580	$6760	$7720	Perkins	4	318D	8F-2R	81.00	9800	CHA
MF-1085 RC	$16649	$2830	$4750	$6990	$7990	Perkins	4	318D	12F-4R	81.58	10400	CHA
MF-1085 Western	$16075	$2730	$4580	$6750	$7720	Perkins	4	318D	12F-4R	81.00	9900	CHA
MF-1105 RC	$15596	$2650	$4450	$6550	$7490	Perkins	6T	354D	8F-2R	100.72	9125	No
MF-1105 RC	$16222	$2760	$4620	$6810	$7790	Perkins	6T	354D	12F-4R	100.72	9725	No
MF-1105 RC	$18792	$3200	$5360	$7890	$9020	Perkins	6T	354D	8F-2R	100.72	10125	CHA
MF-1105 RC	$19418	$3300	$5530	$8160	$9320	Perkins	6T	354D	12F-4R	100.72	10725	CHA
MF-1105 Western	$18973	$3230	$5410	$7970	$9110	Perkins	6T	354D	12F-4R	100.72	10000	CHA
MF-1135 RC	$17056	$2900	$4860	$7160	$8190	Perkins	6T	354D	8F-2R	120.00	9825	No
MF-1135 RC	$17634	$3000	$5030	$7410	$8460	Perkins	6T	354D	12F-4R	120.84	10425	No
MF-1135 RC	$20342	$3460	$5800	$8540	$9760	Perkins	6T	354D	8F-2R	120.00	10825	CHA
MF-1135 RC	$21122	$3590	$6020	$8870	$10140	Perkins	6T	354D	12F-4R	120.84	11425	CHA
MF-1135 Western	$20434	$3470	$5820	$8580	$9810	Perkins	6T	354D	12F-4R	120.00	11000	CHA
MF-1155 RC	$19991	$3400	$5700	$8400	$9600	Perkins	V8	540D	8F-2R	140.00	12150	No
MF-1155 RC	$20617	$3510	$5880	$8660	$9900	Perkins	V8	540D	12F-4R	140.97	12750	No
MF-1155 RC	$23186	$3940	$6610	$9740	$11130	Perkins	V8	540D	8F-2R	140.00	13150	CHA
MF-1155 RC	$23812	$4050	$6790	$10000	$11430	Perkins	V8	540D	12F-4R	140.97	13750	CHA
MF-1155 Western	$22525	$3830	$6420	$9460	$10810	Perkins	V8	540D	12F-4R	140.00	13000	CHA
MF-1500 4WD	$22400	$3140	$5150	$7840	$9740	Cat.	V8	573D	12F-4R		14420	C
MF-1505 4WD	$26194	$3670	$6020	$9170	$11390	Cat.	V8	636D	12F-4R	175.96	16500	C
MF-1505 4WD w/PTO	$27540	$3860	$6330	$9640	$11980	Cat.	V8	636D	12F-4R	175.96	17000	C
MF-1800 4WD	$26000	$3640	$5980	$9100	$11310	Cat.	V8	636D	12F-4R		16000	C
MF-1805 4WD	$27873	$3900	$6410	$9760	$12130	Cat.	V8	636D	12F-4R	192.65	16700	C
MF-1805 4WD w/PTO	$29223	$4090	$6720	$10230	$12710	Cat.	V8	636D	12F-4R	192.65	17200	C
RC - Row Crop												
1973												
MF-135	$5188	$1590	$2220	$3890	$4430	Perkins	3	153G	12F-4R	37.55	3370	No
MF-135	$5605	$1700	$2370	$4160	$4740	Perkins	3	153D	12F-4R	37.82	3540	No
MF-150	$5776	$1740	$2430	$4270	$4870	Perkins	3	153G	12F-4R	37.00	3940	No
MF-150	$6310	$1880	$2630	$4620	$5260	Perkins	3	153D	12F-4R	37.88	4325	No
MF-165	$6286	$1880	$2620	$4610	$5240	Perkins	4	212G	12F-4R	51.91	4780	No
MF-165	$6651	$1980	$2760	$4840	$5510	Perkins	4	204D	12F-4R	52.42	5150	No
MF-175	$7515	$2200	$3080	$5410	$6150	Perkins	4	236G	12F-4R	61.89	5319	No
MF-175	$8325	$2420	$3380	$5930	$6750	Perkins	4	236D	12F-4R	63.34	5725	No
MF-180	$7622	$2230	$3120	$5470	$6230	Perkins	4	236G	12F-4R	62.83	6250	No
MF-180	$8420	$2440	$3410	$5990	$6820	Perkins	4	236D	12F-4R	63.68	6618	No
MF-1085 RC	$11434	$2110	$3610	$5220	$5970	Perkins	4	318D	12F-4R	81.58	9400	No
MF-1085 RC w/Cab	$14152	$2580	$4390	$6360	$7270	Perkins	4	318D	12F-4R	81.58	10400	CHA
MF-1085 Western	$13664	$2490	$4250	$6160	$7040	Perkins	4	318D	12F-4R	81.00	9900	CHA
MF-1105 RC	$12978	$2380	$4050	$5870	$6710	Perkins	6T	354D	12F-4R	100.72	9725	No

Massey Ferguson (Cont.)

Model	Approx. Retail Price New	Used Trade-In Avg.	Used Trade-In High	Used Retail Avg.	Used Retail High	Make	No. Cyls.	Displ. Cu.-in.	No. Speeds	P.T.O. H.P.	Approx. Shipping Wt.-Lbs.	Cab
1973 (Cont.)												
MF-1105 RC w/Cab	$15534	$2810	$4800	$6940	$7940	Perkins	6T	354D	12F-4R	100.72	10725	CHA
MF-1105 Western	$15178	$2750	$4690	$6800	$7770	Perkins	6T	354D	12F-4R	100.72	10000	CHA
MF-1135 RC	$14107	$2400	$4090	$5930	$6770	Perkins	6T	354D	12F-4R	120.84	10425	No
MF-1135 RC w/Cab	$16898	$2870	$4900	$7100	$8110	Perkins	6T	354D	12F-4R	120.84	11425	CHA
MF-1135 Western	$16347	$2780	$4740	$6870	$7850	Perkins	6T	354D	12F-4R	120.00	11000	CHA
MF-1155 RC	$16494	$2800	$4780	$6930	$7920	Perkins	V8	540D	12F-4R	140.97	12750	No
MF-1155 RC w/Cab	$19050	$3240	$5530	$8000	$9140	Perkins	V8	540D	12F-4R	140.97	13750	CHA
MF-1155 Western	$18020	$3060	$5230	$7570	$8650	Perkins	V8	540D	12F-4R	140.00	13000	CHA
MF-1500 4WD	$19040	$3240	$5520	$8000	$9140	Cat.	V8	573D	12F-4R		14420	C
MF-1800 4WD	$22100	$3760	$6410	$9280	$10610	Cat.	V8	636D	12F-4R		16000	C
RC - Row Crop												
1972												
MF-130	$3500	$1720	$2440	$4290	$4880	Perkins	4	107D	8F-2R	26.96	2700	No
MF-135	$4187	$1910	$2700	$4740	$5390	Perkins	3	153G	6F-2R	37.00	3085	No
MF-135	$4383	$1960	$2770	$4870	$5540	Perkins	3	153G	8F-2R	37.00	3100	No
MF-135	$4678	$2040	$2880	$5070	$5760	Perkins	3	153D	6F-2R	37.00	3260	No
MF-135	$4721	$2050	$2900	$5100	$5790	Perkins	3	153G	12F-4R	37.55	3150	No
MF-135	$4802	$2070	$2930	$5150	$5850	Perkins	3	153D	8F-2R	37.00	3275	No
MF-135	$5101	$2150	$3040	$5350	$6080	Perkins	3	153D	12F-4R	37.82	3325	No
MF-150	$4509	$1990	$2810	$4950	$5630	Perkins	3	153G	6F-2R	37.00	3500	No
MF-150	$4659	$2030	$2870	$5060	$5740	Perkins	3	153G	8F-2R	37.00	3725	No
MF-150	$4910	$2100	$2970	$5220	$5930	Perkins	3	153G	12F-4R	37.00	3805	No
MF-150	$4961	$2110	$2990	$5250	$5970	Perkins	3	153D	6F-2R	37.00	4020	No
MF-150	$5112	$2150	$3040	$5350	$6080	Perkins	3	153D	8F-2R	37.00	4200	No
MF-150	$5364	$2220	$3140	$5520	$6270	Perkins	3	153D	12F-4R	37.88	4325	No
MF-165	$5118	$2150	$3040	$5360	$6090	Perkins	4	212G	6F-2R	51.00	4597	No
MF-165	$5343	$2210	$3130	$5510	$6260	Perkins	4	212G	12F-4R	51.91	4780	No
MF-165	$5566	$2270	$3210	$5650	$6430	Perkins	4	204D	6F-2R	52.00	4855	No
MF-165	$5653	$2290	$3250	$5710	$6490	Perkins	4	204D	12F-4R	52.42	5100	No
MF-175	$5936	$2370	$3350	$5900	$6700	Perkins	4	236G	6F-2R	61.00	5199	No
MF-175	$6595	$2540	$3600	$6330	$7200	Perkins	4	236G	12F-4R	61.89	5319	No
MF-175	$7393	$2620	$3710	$6530	$7430	Perkins	4	236D	6F-2R	63.00	5605	No
MF-180	$6417	$2500	$3530	$6220	$7060	Perkins	4	236G	6F-2R	62.00	6130	No
MF-180	$7768	$2650	$3750	$6600	$7500	Perkins	4	236D	6F-2R	63.00	6498	No
MF-1080 RC	$8665	$2040	$3340	$5110	$5850	Perkins	4	318D	6F-2R	81.00	7010	No
MF-1080 RC	$9027	$2390	$3390	$5960	$6770	Perkins	4	318D	12F-4R	81.33	7450	No
MF-1080 RC	$10767	$2850	$4040	$7110	$8080	Perkins	4	318D	12F-4R	81.33	8550	CHA
MF-1080 Western	$10228	$2710	$3840	$6750	$7670	Perkins	4	318D	12F-4R	81.00	8050	CHA
MF-1100 RC	$8597	$2280	$3220	$5670	$6450	Waukesha	6	320G	6F-2R	90.00	8600	No
MF-1100 RC	$9321	$2470	$3500	$6150	$6990	Perkins	6	354D	6F-2R	93.00	8500	No
MF-1100 RC	$10001	$2650	$3750	$6600	$7500	Waukesha	6	320G	12F-4R	90.29	8850	No
MF-1100 RC	$10344	$2740	$3880	$6830	$7760	Perkins	6	354D	12F-4R	93.94	8800	No
MF-1100 RC	$11299	$2990	$4240	$7460	$8470	Perkins	6	354D	12F-4R	93.94	9800	CHA
MF-1100 Western	$9139	$2420	$3430	$6030	$6850	Waukesha	6	320G	12F-4R	90.00	10610	No
MF-1100 Western	$10734	$2850	$4030	$7080	$8050	Perkins	6	354D	12F-4R	93.00	9800	CHA
MF-1130 RC	$12426	$2920	$4780	$7330	$8390	Perkins	6T	354D	12F-4R	120.51	9500	No
MF-1130 RC	$13567	$3190	$5220	$8010	$9160	Perkins	6T	354D	12F-4R	120.51	10500	CHA
MF-1130 Western	$12889	$3030	$4960	$7610	$8700	Perkins	6T	354D	12F-4R	120.00	10000	CHA
MF-1150 RC	$14133	$2620	$4310	$7770	$9120	Perkins	V8	511D	12F-4R	135.60	13425	No
MF-1150 RC	$15790	$2920	$4820	$8690	$10190	Perkins	V8	511D	12F-4R	135.60	14450	CHA
MF-1150 Western	$15002	$2780	$4580	$8250	$9680	Perkins	V8	511D	12F-4R	135.00	13950	CHA
MF-1500 4WD	$18088	$3080	$5340	$7690	$8680	Cat.	V8	573D	12F-4R		14420	C
MF-1800 4WD	$20995	$3570	$6190	$8920	$10080	Cat.	V8	636D	12F-4R		16000	C
RC - Row Crop												
1971												
MF-130	$3360	$1690	$2390	$4260	$4830	Perkins	4	107D	8F-2R	26.96	2700	No
MF-135	$4078	$1880	$2650	$4740	$5380	Perkins	3	153G	6F-2R	37.00	3085	No
MF-135	$4269	$1930	$2730	$4870	$5520	Perkins	3	153G	8F-2R	37.00	3100	No
MF-135	$4478	$1980	$2800	$5010	$5680	Perkins	3	153D	6F-2R	37.00	3260	No
MF-135	$4532	$2000	$2830	$5050	$5720	Perkins	3	153G	12F-4R	37.55	3150	No
MF-135	$4543	$2000	$2830	$5050	$5730	Perkins	3	153D	8F-2R	37.00	3275	No
MF-135	$5077	$2140	$3030	$5410	$6140	Perkins	3	153D	12F-4R	37.82	3325	No
MF-135 Special	$3449	$1710	$2420	$4320	$4900	Perkins	3	153G	6F-2R	37.00	3050	No
MF-150	$4329	$1940	$2750	$4910	$5570	Perkins	3	153G	6F-2R	37.00	3500	No
MF-150	$4506	$1990	$2820	$5030	$5710	Perkins	3	153G	8F-2R	37.00	3725	No
MF-150	$4749	$2050	$2910	$5190	$5890	Perkins	3	153G	12F-4R	37.00	3805	No
MF-150	$4763	$2060	$2910	$5200	$5900	Perkins	3	153D	6F-2R	37.00	4020	No
MF-150	$4956	$2110	$2980	$5330	$6050	Perkins	3	153D	8F-2R	37.00	4200	No
MF-150	$5411	$2230	$3150	$5640	$6390	Perkins	3	153D	12F-4R	37.88	4325	No
MF-165	$5058	$2140	$3020	$5400	$6120	Perkins	3	212G	6F-2R	51.00	4597	No
MF-165	$5528	$2260	$3200	$5710	$6480	Perkins	4	212G	8F-2R	51.00	4597	No
MF-165	$5778	$2330	$3290	$5880	$6670	Perkins	4	204D	6F-2R	52.00	4855	No
MF-165	$6020	$2390	$3380	$6040	$6860	Perkins	4	204D	8F-2R	52.00	4855	No
MF-165	$6162	$2430	$3440	$6140	$6960	Perkins	4	212G	12F-4R	51.91	4780	No
MF-165	$6392	$2490	$3520	$6290	$7140	Perkins	4	204D	12F-4R	52.42	5100	No
MF-175	$5820	$2340	$3310	$5910	$6700	Perkins	4	236G	8F-2R	61.00	5199	No
MF-175	$6466	$2510	$3550	$6340	$7190	Perkins	4	236G	12F-4R	61.89	5319	No
MF-175	$7046	$2660	$3770	$6730	$7640	Perkins	4	236D	8F-2R	63.00	5605	No
MF-175	$7348	$2740	$3880	$6930	$7860	Perkins	4	236D	12F-4R	63.34	5725	No
MF-180	$6111	$2410	$3420	$6100	$6920	Perkins	4	236G	6F-2R	62.00	6130	No
MF-180	$6789	$2590	$3670	$6560	$7440	Perkins	4	236G	12F-4R	62.83	6250	No
MF-180	$7398	$2760	$3900	$6970	$7900	Perkins	4	236D	6F-2R	63.00	6498	No

Model	Approx. Retail Price New	Estimated Value Less Repairs				Make	No. Cyls.	Displ. Cu.-in.	No. Speeds	P.T.O. H.P.	Approx. Shipping Wt.-Lbs.	Cab
		Used Trade-In		Used Retail								
		Avg.	High	Avg.	High							

Massey Ferguson (Cont.)

1971 (Cont.)

Model	Approx. Retail Price New	Avg.	High	Avg.	High	Make	No. Cyls.	Displ. Cu.-in.	No. Speeds	P.T.O. H.P.	Approx. Shipping Wt.-Lbs.	Cab
MF-180	$7715	$2840	$4020	$7180	$8140	Perkins	4	236D	12F-4R	63.68	6618	No
MF-1080 RC	$8579	$2270	$3220	$5750	$6520	Perkins	4	318D	6F-2R	81.00	7010	No
MF-1080 RC	$8938	$2370	$3350	$5990	$6790	Perkins	4	318D	12F-4R	81.33	7450	No
MF-1080 RC	$10660	$2830	$4000	$7140	$8100	Perkins	4	318D	12F-4R	81.33	8550	CHA
MF-1080 Western	$10127	$2680	$3800	$6790	$7700	Perkins	4	318D	12F-4R	81.00	8050	CHA
MF-1100 RC	$8512	$2260	$3190	$5700	$6470	Waukesha	6	320G	6F-2R	90.00	8600	No
MF-1100 RC	$9229	$2450	$3460	$6180	$7010	Perkins	6	354D	6F-2R	93.00	8500	No
MF-1100 RC	$9525	$2520	$3570	$6380	$7240	Waukesha	6	320G	12F-4R	90.29	8850	No
MF-1100 RC	$10242	$2710	$3840	$6860	$7780	Perkins	6	354D	12F-4R	93.94	8800	No
MF-1100 RC	$11187	$2970	$4200	$7500	$8500	Perkins	6	354D	12F-4R	93.94	9800	CHA
MF-1100 Western	$8086	$2140	$3030	$5420	$6150	Waukesha	6	320G	6F-2R	90.00	9750	No
MF-1100 Western	$9049	$2400	$3390	$6060	$6880	Waukesha	6	320G	12F-4R	90.00	10610	No
MF-1100 Western	$10628	$2820	$3990	$7120	$8080	Perkins	6	354D	12F-4R	93.00	9800	CHA
MF-1130 RC	$12303	$2280	$3750	$6770	$7940	Perkins	6T	354D	12F-4R	120.51	9500	No
MF-1130 RC	$13433	$2490	$4100	$7390	$8660	Perkins	6T	354D	12F-4R	120.51	10500	CHA
MF-1130 Western	$12761	$2360	$3890	$7020	$8230	Perkins	6T	354D	12F-4R	120.00	10000	CHA
MF-1150 RC	$13993	$2520	$4200	$6020	$6790	Perkins	V8	511D	12F-4R	135.60	13425	No
MF-1150 RC	$15635	$2810	$4690	$6720	$7580	Perkins	V8	511D	12F-4R	135.60	14450	CHA
MF-1150 Western	$14853	$2670	$4460	$6390	$7200	Perkins	V8	511D	12F-4R	135.00	13950	CHA
MF-1500 4WD	$16156	$2260	$3720	$5660	$7030	Cat.	V8	573D	12F-4R		14420	C
MF-1800 4WD	$19454	$2720	$4470	$6810	$8460	Cat.	V8	636D	12F-4R		16000	C

RC - Row Crop

1970

Model	Approx. Retail Price New	Avg.	High	Avg.	High	Make	No. Cyls.	Displ. Cu.-in.	No. Speeds	P.T.O. H.P.	Approx. Shipping Wt.-Lbs.	Cab
MF-130	$5000	$1860	$2660	$4760	$5390	Perkins	4	107D	8F-2R	26.96	2600	No
MF-135	$4190	$1640	$2350	$4210	$4770	Perkins	3	153D	12F-4R	37.55	3060	No
MF-135	$4446	$1710	$2450	$4390	$4970	Perkins	3	153D	6F-2R	37.00	3130	No
MF-135	$4500	$1850	$2650	$4750	$5380	Perkins	3	153G	6F-2R	37.00	2940	No
MF-135	$4848	$1820	$2600	$4660	$5280	Perkins	3	153D	12F-4R	37.82	3250	No
MF-150	$4286	$1670	$2390	$4270	$4840	Perkins	3	153G	6F-2R	37.00	3500	No
MF-150	$4667	$1770	$2530	$4530	$5130	Perkins	3	153G	12F-4R	37.00	3805	No
MF-150	$4715	$1780	$2550	$4570	$5170	Perkins	3	153D	6F-2R	37.00	4020	No
MF-150	$5098	$1880	$2700	$4830	$5470	Perkins	3	153D	12F-4R	37.88	4325	No
MF-165	$4914	$1830	$2630	$4700	$5320	Perkins	4	212G	6F-2R	51.00	4597	No
MF-165	$5131	$1890	$2710	$4850	$5490	Perkins	4	212G	12F-4R	51.91	4780	No
MF-165	$5345	$1950	$2790	$5000	$5660	Perkins	4	204D	6F-2R	52.00	4855	No
MF-165	$5428	$2000	$2860	$5120	$5800	Perkins	4	204D	12F-4R	52.42	5100	No
MF-175	$6078	$2140	$3070	$5490	$6220	Perkins	4	236G	12F-4R	61.89	5319	No
MF-175	$6608	$2280	$3270	$5850	$6630	Perkins	4	236D	12F-4R	63.34	5725	No
MF-180	$6382	$2220	$3190	$5700	$6450	Perkins	4	236G	12F-4R	61.00	6250	No
MF-180	$6938	$2370	$3400	$6080	$6880	Perkins	4	236D	12F-4R	63.68	6618	No
MF-1080 RC	$8103	$2150	$3080	$5510	$6240	Perkins	4	318D	6F-2R	81.00	7010	No
MF-1080 RC	$8491	$2250	$3230	$5770	$6540	Perkins	4	318D	12F-4R	81.23	7450	No
MF-1080 Western	$7941	$2100	$3020	$5400	$6120	Perkins	4	318D	6F-2R	81.00	8275	No
MF-1080 Western	$8321	$2210	$3160	$5660	$6410	Perkins	4	318D	12F-4R	81.00	8380	No
MF-1100 RC	$8050	$2130	$3060	$5470	$6200	Waukesha	6	320G	6F-2R	90.00	8600	No
MF-1100 RC	$8655	$2290	$3290	$5890	$6660	Waukesha	6	320G	12F-4R	90.29	8850	No
MF-1100 RC	$8767	$2320	$3330	$5960	$6750	Perkins	6	354D	6F-2R	93.00	8500	No
MF-1100 RC	$9370	$2480	$3560	$6370	$7220	Perkins	6	354D	12F-4R	93.00	8800	No
MF-1100 Western	$7889	$2090	$3000	$5370	$6080	Waukesha	6	320G	6F-2R	90.00	9750	No
MF-1100 Western	$8482	$2250	$3220	$5770	$6530	Waukesha	6	320G	12F-4R	90.00	10610	No
MF-1100 Western	$8592	$2280	$3270	$5840	$6620	Perkins	6	354D	6F-2R	93.00	10290	No
MF-1100 Western	$9183	$2430	$3490	$6240	$7070	Perkins	6	354D	12F-4R	93.94	10563	No
MF-1130 RC	$11593	$2720	$4640	$6960	$8060	Perkins	6T	354D	12F-4R	120.00	10500	No
MF-1130 Western	$11361	$2670	$4540	$6820	$7900	Perkins	6T	354D	12F-4R	120.51	10000	No

RC - Row Crop

1969

Model	Approx. Retail Price New	Avg.	High	Avg.	High	Make	No. Cyls.	Displ. Cu.-in.	No. Speeds	P.T.O. H.P.	Approx. Shipping Wt.-Lbs.	Cab
MF-130	$4500	$1720	$2540	$4490	$5070	Perkins	4	107D	8F-2R	27	2600	No
MF-135	$4400	$1710	$2510	$4440	$5020	Perkins	3	153G	6F-2R	37	2940	No
MF-135	$4400	$1740	$2560	$4520	$5110	Perkins	3	153D	6F-2R	37	3130	No
MF-150	$4245	$1840	$2710	$4800	$5430	Perkins	3	153G	8F-2R	37	3500	No
MF-150	$4670	$1720	$2540	$4490	$5070	Perkins	3	153D	8F-2R	37.8	4020	No
MF-165	$4717	$1870	$2750	$4860	$5490	Perkins	4	212G	6F-2R	52	4597	No
MF-165	$5131	$1930	$2840	$5020	$5670	Perkins	4	204D	6F-2R	52.4	4855	No
MF-175	$5834	$2000	$2950	$5210	$5890	Perkins	4	236G	12F-4R	61	5320	No
MF-175	$6343	$2280	$3350	$5930	$6700	Perkins	4	236D	12F-4R	63.34	6250	No
MF-180	$6126	$2210	$3250	$5740	$6490	Perkins	4	236G	12F-4R	61	6250	No
MF-180	$6660	$2120	$3120	$5520	$6240	Perkins	6	236D	12F-4R	63.3	6618	No
MF-1080	$7698	$2040	$3000	$5310	$6000	Perkins	4	318D	6F-2R	81.23	7010	CH
MF-1100	$8222	$2180	$3210	$5670	$6410	Waukesha	6	320G	12F-4R	90.2	8850	No
MF-1100	$8900	$2360	$3470	$6140	$6940	Perkins	6	354D	6F-2R	93.94	8800	No
MF-1130	$11013	$2920	$4300	$7600	$8590	Perkins	6T	354D	12F-4R	120.51	10000	No

1968

Model	Approx. Retail Price New	Avg.	High	Avg.	High	Make	No. Cyls.	Displ. Cu.-in.	No. Speeds	P.T.O. H.P.	Approx. Shipping Wt.-Lbs.	Cab
MF-130	$4100	$1620	$2440	$4270	$4820	Perkins	4	107D	8F-2R	27	2600	No
MF-135	$4358	$1690	$2550	$4470	$5040	Perkins	3	153D	6F-2R	37.8	3130	No
MF-135	$3900	$1560	$2360	$4130	$4660	Continental	3	145G	6F-2R	35.3	2940	No
MF-150	$4200	$1640	$2480	$4340	$4900	Continental	3	153G	8F-2R	37	3500	No
MF-150	$4622	$1760	$2650	$4640	$5230	Perkins	3	152D	8F-2R	37.8	4020	No
MF-165	$4670	$1770	$2670	$4670	$5270	Continental	4	176G	6F-2R	52	4600	No
MF-165	$5080	$1880	$2830	$4960	$5590	Perkins	4	204D	6F-2R	52.4	4855	No
MF-175	$5776	$2060	$3110	$5440	$6140	Perkins	4	206-G	8F-2R	50	5320	No
MF-175	$6280	$2190	$3310	$5800	$6540	Perkins	4	236D	8F-2R	63.34	5725	No

Model	Approx. Retail Price New	Estimated Value Less Repairs Used Trade-In Avg.	Used Trade-In High	Used Retail Avg.	Used Retail High	Engine Make	No. Cyls.	Displ. Cu.-in.	No. Speeds	P.T.O. H.P.	Approx. Shipping Wt.-Lbs.	Cab

Massey Ferguson (Cont.)

1968 (Cont.)

Model	New	TI Avg.	TI High	Ret. Avg.	Ret. High	Make	Cyls.	Displ.	Speeds	H.P.	Wt.	Cab
MF-180	$6065	$2140	$3230	$5650	$6370	Continental	4	206G	8F-2R	50	6250	No
MF-180	$6594	$2280	$3440	$6020	$6790	Perkins	4	236D	12F-4R	63.6	6620	No
MF-1100	$7400	$1700	$3110	$4510	$5290	Waukesha	6	320G	12F-4R	90.2	8850	No
MF-1100	$8012	$1840	$3370	$4890	$5730	Perkins	6	354D	6F-2R	93.94	8800	No
MF-1130	$9912	$2280	$4160	$6050	$7090	Perkins	6T	354D	12F-4R	120.51	10000	No

1967

Model	New	TI Avg.	TI High	Ret. Avg.	Ret. High	Make	Cyls.	Displ.	Speeds	H.P.	Wt.	Cab
MF-130	$4065	$1610	$2490	$4280	$4850	Perkins	4	107D	8F-2R	27	2600	No
MF-135	$3922	$1570	$2430	$4180	$4740	Perkins	3	153D	6F-2R	37.8	3130	No
MF-135	$3800	$1540	$2380	$4090	$4640	Continental	4	145G	6F-2R	35.3	3060	No
MF-150	$3780	$1530	$2370	$4080	$4630	Continental	3	145G	8F-2R	37	3500	No
MF-150	$4160	$1630	$2530	$4340	$4930	Perkins	3	153D	8F-2R	37.8	4020	No
MF-165	$4485	$1720	$2660	$4570	$5190	Continental	4	175G	6F-2R	52	4595	No
MF-165	$4915	$1830	$2840	$4880	$5530	Perkins	4	204D	6F-2R	52.4	4915	No
MF-175	$5545	$2000	$3090	$5320	$6040	Continental	4	206G	8F-2R	50	5545	No
MF-175	$6128	$2150	$3330	$5730	$6500	Perkins	4	236D	8F-2R	63.34	5725	No
MF-180	$5781	$2060	$3190	$5490	$6230	Continental	4	206G	12F-4R	62.8	6250	No
MF-180	$6481	$2250	$3480	$5980	$6790	Perkins	4	236D	12F-4R	63.6	6618	No
MF-1100	$7030	$1620	$2950	$4360	$5100	Waukesha	6	320G	12F-4R	90.2	8850	No
MF-1100	$7611	$1750	$3200	$4720	$5520	Perkins	6	354D	6F-2R	93.94	8800	No
MF-1130	$8921	$2050	$3750	$5530	$6470	Perkins	6T	354D	12F-4R	120.51	10000	No

1966

Model	New	TI Avg.	TI High	Ret. Avg.	Ret. High	Make	Cyls.	Displ.	Speeds	H.P.	Wt.	Cab
MF-130	$2955	$1580	$2500	$4230	$4820	Perkins	4	107D	8F-2R	27	2600	No
MF-135	$3280	$1660	$2640	$4460	$5090	Continental	3	145G	6F-2R	35.3	3079	No
MF-135	$3623	$1760	$2780	$4700	$5370	Perkins	3	153D	6F-2R	37.8	3314	No
MF-150	$3620	$1750	$2780	$4700	$5360	Continental	3	145G	6F-2R	35	3940	No
MF-150	$4050	$1870	$2960	$5010	$5710	Perkins	3	153D	6F-2R	37.8	4805	No
MF-165	$4290	$1930	$3060	$5180	$5910	Continental	4	176G	6F-2R	46	4780	No
MF-165	$4900	$2090	$3320	$5610	$6400	Perkins	4	204D	6F-2R	52.4	5100	No
MF-175	$5246	$1980	$3130	$5300	$6040	Continental	4	206G	12F-4R	50	5320	No
MF-175	$5950	$2110	$3340	$5650	$6440	Perkins	4	236D	12F-4R	63.34	6125	No
MF-180	$5260	$1920	$3050	$5160	$5880	Continental	4	206G	12F-4R	50	6250	No
MF-180	$5992	$2120	$3360	$5670	$6470	Perkins	4	236D	12F-4R	63.6	6755	No
MF-1100	$7230	$1660	$3040	$4520	$5310	Perkins	6	354D	6F-2R	93	8800	No
MF-1130	$8475	$1950	$3560	$5300	$6230	Perkins	6T	354D	12F-4R	120.51	9570	No

1965

Model	New	TI Avg.	TI High	Ret. Avg.	Ret. High	Make	Cyls.	Displ.	Speeds	H.P.	Wt.	Cab
MF-85	$4620	$1200	$1990	$3300	$3790	Continental	4	242G	8F-2R	61	5085	No
MF-85	$5430	$1410	$2340	$3880	$4450	Perkins	4	276D	8F-2R	62	5085	No
MF-90	$5070	$1330	$2190	$3640	$4180	Continental	4	242G	8F-2R	61	5576	No
MF-90	$6120	$1590	$2630	$4380	$5020	Perkins	4	302D	16F-4R	68.53	5737	No
MF-135	$3248	$1360	$2260	$3750	$4300	Continental	3	145G	6F-2R	35.3	2940	No
MF-135	$3587	$1450	$2400	$3990	$4580	Perkins	3	153D	6F-2R	37.8	3130	No
MF-150	$3583	$1450	$2400	$3990	$4580	Continental	3	145G	6F-2R	35	3500	No
MF-150	$4010	$1560	$2580	$4300	$4930	Perkins	3	153D	6F-2R	37.8	4020	No
MF-165	$4246	$1360	$2260	$3750	$4300	Continental	4	176G	6F-2R	46	4597	No
MF-165	$4850	$1520	$2520	$4180	$4800	Perkins	4	203D	6F-2R	52.4	4855	No
MF-175	$5195	$1610	$2660	$4430	$5080	Continental	4	206G	12F-4R	50	5320	No
MF-175	$5890	$1790	$2960	$4930	$5650	Perkins	4	236D	12F-4R	63.34	5725	No
MF-180	$5555	$1720	$2850	$4740	$5430	Continental	4	206G	12F-4R	62.8	6250	No
MF-180	$6250	$1890	$3120	$5180	$5950	Perkins	4	236D	12F-4R	63.6	6620	No
MF-1100	$6869	$1580	$2890	$4330	$5120	Perkins	6	354D	12F-4R	93.94	8800	No
MF-1130	$7628	$1750	$3200	$4810	$5680	Perkins	6T	354D	12F-4R	120.51	10000	No

1964

Model	New	TI Avg.	TI High	Ret. Avg.	Ret. High	Make	Cyls.	Displ.	Speeds	H.P.	Wt.	Cab
MF-50	$3192	$1100	$1900	$3090	$3590	Continental	4	134G	6F-2R	31	3290	No
MF-50	$3655	$1190	$2050	$3330	$3860	Perkins	3	153D	6F-2R	38.33	3660	No
MF-65	$3890	$1250	$2150	$3500	$4060	Continental	4	176G	6F-2R	41	3800	No
MF-65 Dieselmatic	$4666	$1450	$2490	$4050	$4700	Perkins	4	203D	12F-4R	50	4200	No
MF-90	$5020	$1540	$2650	$4300	$5000	Continental	4	242G	8F-2R	61	5576	No
MF-90	$6057	$1560	$2700	$4380	$5080	Perkins	4	302D	16F-4R	68.53	5737	No
MF-97	$6852	$1750	$3020	$4900	$5690	MM	6	504D	5F-1R	90	7675	No
MF-97 4WD	$8607	$2200	$3790	$6150	$7140	MM	6	504D	5F-1R	90	8600	No
MF-135	$3216	$1080	$1860	$3010	$3500	Continental	3	145G	6F-2R	35.3	2940	No
MF-135	$3555	$1160	$2000	$3260	$3780	Perkins	3	153D	6F-2R	37.8	3130	No
MF-150	$3457	$1140	$1960	$3190	$3700	Continental	3	145G	6F-2R	35	3500	No
MF-150	$3968	$1270	$2190	$3550	$4120	Perkins	3	153D	6F-2R	37.8	4020	No
MF-165	$4200	$1330	$2290	$3720	$4320	Continental	4	176G	6F-2R	46	4600	No
MF-165	$4800	$1480	$2550	$4150	$4810	Perkins	4	203D	6F-2R	52.4	4855	No
MF-175	$5150	$1570	$2710	$4400	$5110	Continental	4	206G	12F-4R	50	5320	No
MF-175	$5850	$1750	$3010	$4900	$5690	Perkins	4	236D	12F-4R	63.34	5725	No
MF-180	$5500	$1660	$2860	$4650	$5400	Continental	4	236G	12F-4R	62.8	6250	No
MF-180	$6200	$1840	$3170	$5150	$5980	Perkins	4	236D	12F-4R	63.6	6620	No

1963

Model	New	TI Avg.	TI High	Ret. Avg.	Ret. High	Make	Cyls.	Displ.	Speeds	H.P.	Wt.	Cab
MF-35	....	$870	$1550	$2400	$2870	Continental	4	134G	6F-2R	33		No
MF-35	....	$1010	$1800	$2790	$3340	Perkins	3	152D	6F-2R	37		No
MF-50	$3161	$960	$1710	$2640	$3160	Continental	4	134G	6F-2R	31	3290	No
MF-50	$3620	$1060	$1890	$2930	$3510	Perkins	3	153D	6F-2R	38.33	3660	No
MF-65	$3850	$1120	$1990	$3080	$3690	Continental	4	176G	6F-2R	41	3843	No
MF-65 Dieselmatic	$4410	$1240	$2220	$3440	$4110	Perkins	4	203D	6F-2R	50	4220	No
MF-90	$4970	$1160	$1850	$3580	$4120	Continental	4	242-G	8F-2R	61	5576	No
MF-90	$6000	$1190	$1900	$3680	$4230	Perkins	4	302D	8F-2R	68.53	5737	No

Model	Approx. Retail Price New	Estimated Value Less Repairs				Make	Engine			No. Speeds	P.T.O. H.P.	Approx. Shipping Wt.-Lbs.	Cab
		Used Trade-In		Used Retail			No. Cyls.	Displ. Cu.-in.					
		Avg.	High	Avg.	High								

Massey Ferguson (Cont.)

1963 (Cont.)

Model	Approx. Retail Price New	Avg.	High	Avg.	High	Make	No. Cyls.	Displ. Cu.-in.	No. Speeds	P.T.O. H.P.	Approx. Shipping Wt.-Lbs.	Cab
MF-97	$6800	$1330	$2110	$4080	$4690	MM	6	504D	5F-1R	90	7675	No
MF-97 4WD	$8555	$1670	$2650	$5130	$5900	MM	6	504D	5F-1R	90	8600	No

1962

Model		Avg.	High	Avg.	High	Make	No. Cyls.	Displ. Cu.-in.	No. Speeds	P.T.O. H.P.	Approx. Shipping Wt.-Lbs.	Cab
MF-35	......	$820	$1460	$2280	$2740	Continental	4	134G	6F-2R	33		No
MF-35	......	$940	$1680	$2620	$3160	Perkins	3	152D	6F-2R	37		No
MF-50	......	$960	$1710	$2670	$3220	Continental	4	134G	6F-2R	33	3290	No
MF-50	......	$1070	$1910	$2990	$3590	Perkins	3	152D	6F-2R	38.33	3490	No
MF-65	......	$1090	$1950	$3040	$3660	Continental	4	176G	6F-2R	41	3843	No
MF-65 Dieselmatic	......	$1220	$2170	$3390	$4080	Perkins	4	203D	6F-2R	50	4120	No
MF-85	......	$1100	$1760	$3420	$3960	Continental	4	242G	8F-2R	61.23	5085	No
MF-85	......	$1250	$1990	$3890	$4500	Perkins	4	276D	8F-2R	62.2	5737	No
MF-88	......	$1040	$1650	$3220	$3730	Continental	4	276G	8F-2R	63.31	6680	No
MF-88	......	$1240	$1970	$3840	$4450	Perkins	4	277D	8F-2R	64	7165	No
MF-90	......	$1070	$1710	$3330	$3850	Continental	4	242G	16F-4R	61	5576	No
MF-90	......	$1330	$2110	$4110	$4760	Perkins	4	302D	8F-2R	68.53	7245	No

1961

Model		Avg.	High	Avg.	High	Make	No. Cyls.	Displ. Cu.-in.	No. Speeds	P.T.O. H.P.	Approx. Shipping Wt.-Lbs.	Cab
MF-35	......	$770	$1380	$2180	$2620	Continental	4	134G	6F-2R	33		No
MF-35	......	$900	$1600	$2530	$3040	Perkins	3	152D	6F-2R	37		No
MF-50	......	$940	$1680	$2660	$3190	Continental	4	134G	6F-2R	33	3290	No
MF-50	......	$1050	$1870	$2960	$3550	Perkins	3	152D	6F-2R	38.33	3490	No
MF-65	......	$1070	$1910	$3020	$3630	Continental	4	176G	6F-2R	41	3843	No
MF-65	......	$1200	$2130	$3380	$4060	Perkins	4	203D	6F-2R	48	4120	No
MF-85	......	$1090	$1740	$3420	$3980	Continental	4	242G	8F-2R	61.23	5085	No
MF-85	......	$1240	$1980	$3890	$4520	Perkins	4	276D	8F-2R	62.2	5737	No
MF-88	......	$1030	$1640	$3230	$3760	Continental	4	276G	8F-2R	63.31	6680	No
MF-88	......	$1420	$2260	$4450	$5180	Perkins	4	277D	8F-2R	64	7165	No

1960

Model		Avg.	High	Avg.	High	Make	No. Cyls.	Displ. Cu.-in.	No. Speeds	P.T.O. H.P.	Approx. Shipping Wt.-Lbs.	Cab
MF-35	......	$750	$1340	$2150	$2540	Continental	4	134D	6F-2R	33		No
MF-35	......	$860	$1540	$2480	$2930	Perkins	3	152D	6F-2R	37		No
MF-50	......	$910	$1620	$2610	$3090	Continental	4	134G	6F-2R	33	3290	No
MF-50	......	$1000	$1780	$2860	$3380	Perkins	3	152D	6F-2R	38.33	3490	No
MF-65	......	$1050	$1870	$3000	$3550	Continental	4	176G	6F-2R	41	3843	No
MF-65	......	$1180	$2110	$3390	$4010	Perkins	4	203D	6F-2R	48	4120	No
MF-85	......	$1080	$1720	$3390	$4000	Continental	4	242G	8F-2R	61.23	5085	No
MF-85	......	$1240	$1970	$3870	$4570	Perkins	4	276D	8F-2R	62.2	5737	No
MF-88	......	$980	$1550	$3050	$3600	Continental	4	276G	8F-2R	63.31	6680	No
MF-88	......	$1220	$1940	$3810	$4500	Perkins	4	277D	8F-2R	64	7165	No

1959

Model		Avg.	High	Avg.	High	Make	No. Cyls.	Displ. Cu.-in.	No. Speeds	P.T.O. H.P.	Approx. Shipping Wt.-Lbs.	Cab
MF-50	......	$890	$1540	$2580	$3010	Continental	4	134G	6F-2R	33	3290	No
MF-50	......	$980	$1700	$2850	$3320	Perkins	3	152D	6F-2R	38.33	3490	No
MF-65	......	$1020	$1780	$2980	$3470	Continental	4	176G	6F-2R	41	3843	No
MF-65	......	$1140	$1980	$3320	$3860	Perkins	4	203D	6F-2R	48	4120	No
MF-85	......	$1070	$1710	$3300	$4020	Continental	4	242G	8F-2R	61.23	5085	No
MF-85	......	$1230	$1950	$3780	$4600	Perkins	4	276D	8F-2R	62.2	5737	No
MF-88	......	$970	$1540	$2970	$3610	Continental	4	276G	8F-2R	63.31	6680	No
MF-88	......	$1210	$1920	$3720	$4530	Perkins	4	277D	8F-2R	64	7165	No

1958

Model		Avg.	High	Avg.	High	Make	No. Cyls.	Displ. Cu.-in.	No. Speeds	P.T.O. H.P.	Approx. Shipping Wt.-Lbs.	Cab
MF-50	......	$860	$1500	$2510	$2930	Continental	4	134G	6F-2R	33	3290	No
MF-50	......	$960	$1660	$2780	$3240	Perkins	3	152D	6F-2R	38.33	3490	No
MF-65	......	$1000	$1740	$2920	$3390	Continental	4	176G	6F-2R	41	3843	No
MF-65	......	$1120	$1940	$3250	$3780	Perkins	4	203D	6F-1R	48	4120	No
MF-85	......	$1040	$1660	$3160	$3960	Continental	4	242G	8F-2R	61.23	5085	No
MF-85	......	$1200	$1910	$3630	$4550	Perkins	4	276D	8F-2R	62.2	5737	No

Massey Harris

1958

Model		Avg.	High	Avg.	High	Make	No. Cyls.	Displ. Cu.-in.	No. Speeds	P.T.O. H.P.	Approx. Shipping Wt.-Lbs.	Cab
MH-333	......	$810	$1420	$2370	$2760	MH	4	208G	10F-1R	37.15	4590	No
MH-333	......	$910	$1580	$2650	$3080	MH	4	208D	10F-1R	39	6005	No
MH-444	......	$970	$1690	$2830	$3300	MH	4	277G	10F-1R	52	5780	No
MH-444	......	$1060	$1840	$3080	$3590	MH	4	277D	10F-1R	48.21	6499	No
MH-555	......	$1030	$1780	$2990	$3480	MH	4	382G	4F-1R	71	7435	No
MH-555	......	$1100	$1920	$3220	$3740	MH	4	382D	4F-1R	72	7525	No

1957

Model		Avg.	High	Avg.	High	Make	No. Cyls.	Displ. Cu.-in.	No. Speeds	P.T.O. H.P.	Approx. Shipping Wt.-Lbs.	Cab
MH-11 Pony	......	$830	$1440	$2410	$2820	Continental	4	62G	3F-1R	11.1	1550	No
MH-16 Pacer	......	$850	$1470	$2470	$2890	Continental	4	91G	3F-1R	18	1950	No
MH-21 Colt	......	$890	$1540	$2580	$3030	Continental	4	124G	4F-1R	25	2550	No
MH-333	......	$790	$1380	$2310	$2700	MH	4	208G	10F-1R	37.15	4590	No
MH-333	......	$860	$1500	$2510	$2940	MH	4	208D	10F-1R	39	6005	No
MH-444	......	$960	$1660	$2780	$3260	MH	4	277G	10F-1R	52	5780	No
MH-444	......	$1040	$1810	$3040	$3560	MH	4	277D	10F-1R	48.21	6499	No
MH-555	......	$1000	$1740	$2920	$3420	MH	4	382G	4F-1R	71	7435	No
MH-555	......	$1090	$1890	$3170	$3720	MH	4	382D	4F-1R	72	7525	No

1956

Model		Avg.	High	Avg.	High	Make	No. Cyls.	Displ. Cu.-in.	No. Speeds	P.T.O. H.P.	Approx. Shipping Wt.-Lbs.	Cab
MH-11 Pony	......	$780	$1320	$2280	$2680	Continental	4	62G	3F-1R	11.1	1550	No
MH-16 Pacer	......	$820	$1390	$2380	$2810	Continental	4	91G	3F-1R	18	1950	No

Model	Approx. Retail Price New	Used Trade-In Avg.	Used Trade-In High	Used Retail Avg.	Used Retail High	Make	No. Cyls.	Displ. Cu.-in.	No. Speeds	P.T.O. H.P.	Approx. Shipping Wt.-Lbs.	Cab

Massey Harris (Cont.)

1956 (Cont.)

Model		Avg.	High	Avg.	High	Make	Cyls.	Cu.-in.	Speeds	H.P.	Wt.-Lbs.	Cab
MH-21 Colt	......	$860	$1460	$2500	$2950	Continental	4	124G	4F-1R	25	2550	No
MH-23 Mustang	......	$900	$1520	$2610	$3070	Continental	4	150G	4F-1R	24	2830	No
MH-50	......	$930	$1580	$2710	$3200	Continental	4	134G	6F-2R	31.36	3100	No
MH-333	......	$750	$1260	$2170	$2560	MH	4	208G	10F-1R	37.15	4590	No
MH-333	......	$830	$1400	$2410	$2840	MH	4	208G	10F-1R	39	6005	No
MH-444	......	$920	$1560	$2680	$3160	MH	4	277G	10F-1R	52	5780	No
MH-444	......	$1010	$1720	$2950	$3480	MH	4	277D	10F-1R	48.21	6499	No
MH-555	......	$1000	$1690	$2900	$3430	MH	4	382G	4F-1R	71	7435	No
MH-555	......	$1070	$1810	$3120	$3670	MH	4	382D	4F-1R	72	7525	No

1955

Model		Avg.	High	Avg.	High	Make	Cyls.	Cu.-in.	Speeds	H.P.	Wt.-Lbs.	Cab
MH-11 Pony	......	$750	$1280	$2190	$2620	Continental	4	62G	3F-1R	11.1	1550	No
MH-16 Pacer	......	$790	$1340	$2310	$2760	Continental	4	91G	3F-1R	18	1950	No
MH-21 Colt	......	$840	$1420	$2440	$2910	Continental	4	124G	4F-1R	25	2550	No
MH-22	......	$850	$1450	$2490	$2970	Continental	4	139G	4F-1R	17.9	2815	No
MH-23 Mustang	......	$870	$1480	$2550	$3040	Continental	4	150G	4F-1R	24	2830	No
MH-33	......	$870	$1480	$2540	$3030	MH	4	201G	5F-1R	36.23	5191	No
MH-33D	......	$890	$1510	$2590	$3090	MH	4	201D	5F-1R	46	4190	No
MH-44	......	$840	$1430	$2450	$2920	MH	4	260G	5F-1R	41.3	3855	No
MH-44D	......	$910	$1540	$2650	$3170	MH	4	260D	5F-1R	39.4	3995	No
MH-50	......	$900	$1520	$2610	$3120	Continental	4	134G	6F-2R	31.36	3100	No
MH-55	......	$870	$1480	$2550	$3040	MH	4	382G	4F-1R	55.72	6725	No
MH-55D	......	$940	$1590	$2730	$3260	MH	4	382D	4F-1R	60	7150	No
MH-555	......	$980	$1660	$2850	$3400	MH	4	382G	4F-1R	71	7435	No
MH-555	......	$1050	$1780	$3050	$3640	MH	4	382D	4F-1R	72	7525	No

1954

Model		Avg.	High	Avg.	High	Make	Cyls.	Cu.-in.	Speeds	H.P.	Wt.-Lbs.	Cab
MH-11 Pony	......	$710	$1210	$2070	$2510	Continental	4	62G	3F-1R	11.1	1550	No
MH-16 Pacer	......	$770	$1310	$2250	$2710	Continental	4	91G	3F-1R	91	1950	No
MH-21 Colt	......	$820	$1390	$2380	$2880	Continental	4	124G	4F-1R	25	2550	No
MH-22	......	$840	$1420	$2440	$2950	Continental	4	139G	4F-1R	17.95	2815	No
MH-23 Mustang	......	$860	$1460	$2500	$3020	Continental	4	150G	4F-1R	24	2830	No
MH-33	......	$850	$1440	$2480	$2990	MH	4	201G	5F-1R	36.23	5191	No
MH-33D	......	$880	$1490	$2560	$3090	MH	4	201D	5F-1R	46	4190	No
MH-44	......	$830	$1400	$2410	$2910	MH	4	260G	5F-1R	41.3	3855	No
MH-44D	......	$890	$1520	$2610	$3150	MH	4	260D	5F-1R	39.4	3995	No
MH-55	......	$840	$1430	$2460	$2970	MH	4	382G	4F-1R	55.72	6725	No
MH-55D	......	$910	$1540	$2650	$3200	MH	4	382D	4F-1R	60	7150	No

1953

Model		Avg.	High	Avg.	High	Make	Cyls.	Cu.-in.	Speeds	H.P.	Wt.-Lbs.	Cab
MH-11 Pony	......	$700	$1160	$2040	$2500	Continental	4	62G	3F-1R	11.1	1550	No
MH-21 Colt	......	$790	$1300	$2300	$2810	Continental	4	124G	4F-1R	25	2550	No
MH-22	......	$820	$1360	$2400	$2940	Continental	4	139G	4F-1R	17.95	2815	No
MH-23 Mustang	......	$840	$1390	$2450	$2990	Continental	4	150G	4F-1R	24	2830	No
MH-30	......	$810	$1350	$2370	$2900	Continental	4	134G	5F-2R	33	3475	No
MH-33	......	$830	$1370	$2410	$2950	MH	4	201G	5F-1R	36.23	5191	No
MH-33D	......	$860	$1430	$2510	$3080	MH	4	201D	5F-1R	46	4190	No
MH-44	......	$810	$1330	$2350	$2870	MH	4	260G	5F-1R	41.3	3855	No
MH-44D	......	$870	$1440	$2550	$3120	MH	4	260D	5F-1R	39.4	3995	No
MH-55	......	$830	$1370	$2410	$2950	MH	4	382G	4F-1R	55.72	6725	No
MH-55D	......	$890	$1470	$2580	$3160	MH	4	382D	4F-1R	60	7150	No

1952

Model		Avg.	High	Avg.	High	Make	Cyls.	Cu.-in.	Speeds	H.P.	Wt.-Lbs.	Cab
MH-11 Pony	......	$670	$1130	$1990	$2460	Continental	4	62G	3F-1R	11.1	1550	No
MH-21 Colt	......	$750	$1270	$2250	$2780	Continental	4	124G	4F-1R	25	2550	No
MH-22	......	$790	$1330	$2350	$2910	Continental	4	139G	4F-1R	17.95	2815	No
MH-23 Mustang	......	$800	$1360	$2390	$2960	Continental	4	150G	4F-1R	24	2830	No
MH-30	......	$770	$1290	$2280	$2820	Continental	4	134G	5F-2R	33	3475	No
MH-33	......	$790	$1330	$2340	$2900	MH	4	201G	5F-1R	36.23	5191	No
MH-33D	......	$820	$1390	$2450	$3040	MH	4	201D	5F-1R	46	4190	No
MH-44	......	$770	$1300	$2300	$2850	MH	4	260G	5F-1R	41.3	3855	No
MH-44D	......	$840	$1410	$2490	$3090	MH	4	260D	5F-1R	39.4	3995	No
MH-55	......	$790	$1340	$2360	$2920	MH	4	382G	4F-1R	55.72	6725	No
MH-55D	......	$850	$1430	$2520	$3130	MH	4	382D	4F-1R	60	7150	No

1951

Model		Avg.	High	Avg.	High	Make	Cyls.	Cu.-in.	Speeds	H.P.	Wt.-Lbs.	Cab
MH-11 Pony	......	$630	$1090	$1910	$2400	Continental	4	62G	3F-1R	11.1	1550	No
MH-22	......	$750	$1300	$2290	$2870	Continental	4	139G	4F-1R	17.95	2815	No
MH-30	......	$730	$1250	$2210	$2770	Continental	4	134G	5F-2R	33	3475	No
MH-44	......	$740	$1280	$2250	$2820	MH	4	260G	5F-1R	41.3	3855	No
MH-44D	......	$800	$1390	$2440	$3060	MH	4	260D	5F-1R	39.4	3995	No
MH-55	......	$760	$1320	$2320	$2910	MH	4	382G	4F-1R	55.72	6725	No
MH-55D	......	$810	$1410	$2480	$3110	MH	4	382D	4F-1R	60	7150	No

1950

Model		Avg.	High	Avg.	High	Make	Cyls.	Cu.-in.	Speeds	H.P.	Wt.-Lbs.	Cab
MH-11 Pony	......	$610	$1030	$1860	$2360	Continental	4	62G	3F-1R	11.1	1550	No
MH-22	......	$730	$1230	$2230	$2820	Continental	4	139G	4F-1R	17.95	2815	No
MH-30	......	$700	$1180	$2140	$2720	Continental	4	134G	5F-2R	33	3475	No
MH-44	......	$720	$1220	$2200	$2800	MH	4	260G	5F-1R	41.3	3855	No
MH-44-6	......	$820	$1380	$2510	$3180	Continental	6	226G	5F-1R	47	4120	No
MH-44D	......	$790	$1320	$2390	$3040	MH	4	260D	5F-1R	39.4	3995	No
MH-55	......	$750	$1260	$2290	$2900	MH	4	382-G	4F-1R	55.72	6725	No
MH-55D	......	$790	$1340	$2420	$3070	MH	4	382D	4F-1R	60	7150	No

Massey Harris (Cont.)

Model	Approx. Retail Price New	Used Trade-In Avg.	Used Trade-In High	Used Retail Avg.	Used Retail High	Make	No. Cyls.	Displ. Cu.-in.	No. Speeds	P.T.O. H.P.	Approx. Shipping Wt.-Lbs.	Cab
1949												
MH-11 Pony	......	$590	$1000	$1800	$2310	Continental	4	62G	3F-1R	11.1	1550	No
MH-22	......	$720	$1200	$2180	$2800	Continental	4	139G	4F-1R	17.95	2815	No
MH-30	......	$690	$1150	$2090	$2680	Continental	4	134G	5F-2R	33	3475	No
MH-44	......	$710	$1190	$2150	$2770	MH	4	260G	5F-1R	41.3	3855	No
MH-44-6	......	$810	$1360	$2470	$3170	Continental	6	226G	5F-1R	47	4120	No
MH-44D	......	$770	$1290	$2340	$3010	MH	4	260D	5F-1R	39.4	3995	No
MH-55	......	$730	$1220	$2210	$2840	MH	4	382G	4F-1R	55.72	6725	No
MH-55D	......	$780	$1300	$2360	$3030	MH	4	382D	4F-1R	60	7150	No
1948												
MH-11 Pony	......	$570	$960	$1740	$2260	Continental	4	62G	3F-1R	11.1	1550	No
MH-20	......	$650	$1100	$1980	$2580	Continental	4	124G	4F-1R	27	2560	No
MH-22	......	$700	$1180	$2140	$2780	Continental	4	139G	4F-1R	17.95	2815	No
MH-30	......	$670	$1130	$2050	$2670	Continental	4	134G	5F-2R	33	3475	No
MH-44	......	$700	$1170	$2120	$2750	MH	4	260G	5F-1R	41.3	3855	No
MH-44-6	......	$790	$1330	$2410	$3130	Continental	6	226G	5F-1R	47	4120	No
MH-44D	......	$750	$1260	$2290	$2970	MH	4	260D	5F-1R	39.4	3995	No
MH-55	......	$710	$1190	$2150	$2800	MH	4	382G	4F-1R	55.72	6725	No
MH-55D	......	$760	$1280	$2310	$3000	MH	4	382D	4F-1R	60.4	7057	No
MH-81	......	$780	$1310	$2370	$3080	Continental	4	123G	4F-1R	21.6	2560	No
1947												
MH-11 Pony	......	$560	$910	$1690	$2220	Continental	4	62G	3F-1R	11.1	1550	No
MH-20	......	$630	$1030	$1920	$2520	Continental	4	124G	4F-1R	27	2560	No
MH-30	......	$660	$1090	$2020	$2660	Continental	4	134G	5F-2R	33	3475	No
MH-44	......	$680	$1120	$2080	$2740	MH	4	260G	5F-1R	41.3	3855	No
MH-44-6	......	$780	$1270	$2360	$3100	Continental	6	226G	5F-1R	47	4120	No
MH-44D	......	$730	$1200	$2220	$2920	MH	4	260D	5F-1R	39.4	3995	No
MH-55	......	$690	$1130	$2110	$2770	MH	4	382G	4F-1R	55.72	6725	No
MH-55D	......	$740	$1210	$2260	$2970	MH	4	382D	4F-1R	60.4	7057	No
MH-81	......	$760	$1240	$2310	$3030	Continental	4	123G	4F-1R	21.6	2560	No
MH-203	......	$670	$1090	$2030	$2660	Continental	6	217G	4F-1R	47.9	8750	No
1946												
MH-20	......	$590	$990	$1850	$2460	Continental	4	124G	4F-1R	27	2560	No
MH-30	......	$640	$1080	$2000	$2660	Continental	4	134G	5F-2R	33	3475	No
MH-44	......	$650	$1090	$2030	$2700	MH	4	260G	5F-1R	41.3	3855	No
MH-44D	......	$700	$1170	$2180	$2900	MH	4	260D	5F-1R	39.4	3995	No
MH-55	......	$670	$1110	$2070	$2760	MH	4	382G	4F-1R	55.72	6725	No
MH-55D	......	$710	$1190	$2210	$2940	MH	4	382D	4F-1R	60.4	7057	No
MH-81	......	$730	$1220	$2270	$3010	Continental	4	123G	4F-1R	21.6	2560	No
MH-82	......	$740	$1240	$2310	$3070	Continental	4	123G	4F-1R	20.7	2560	No
MH-101 Jr	......	$680	$1140	$2130	$2830	Continental	4	162G	4F-1R		2958	No
MH-101 Sr	......	$700	$1180	$2190	$2910	Continental	6	226G	4F-1R	33	5725	No
MH-102 Jr	......	$720	$1210	$2250	$2980	Continental	4	162G	4F-1R		5862	No
MH-203	......	$630	$1060	$1980	$2630	Continental	6	217G	4F-1R	36.6		No
1945												
MH-81	......	$700	$1200	$2250	$3000	Continental	4	123G	4F-1R	21.6	2560	No
MH-82	......	$710	$1220	$2290	$3050	Continental	4	123G	4F-1R	20.7	2560	No
MH-101 Jr	......	$650	$1110	$2090	$2790	Continental	4	139G	4F-1R		2958	No
MH-101 Sr	......	$670	$1150	$2160	$2880	Continental	6	226G	4F-1R	33	5725	No
MH-102 Jr	......	$670	$1140	$2140	$2850	Continental	4	162G	4F-1R		5862	No
MH-102 Sr	......	$690	$1180	$2220	$2960	Continental	4	226G	4F-1R	47.9	2958	No
MH-203	......	$600	$1040	$1940	$2590	Continental	6	217G	4F-1R	36.6		No
1944												
MH-81	......	$680	$1140	$2210	$2930	Continental	4	123G	4F-1R	21.6	2560	No
MH-82	......	$690	$1160	$2240	$2970	Continental	4	123G	4F-1R	20.7	2560	No
MH-101 Jr	......	$640	$1060	$2060	$2720	Continental	4	139G	4F-1R		2958	No
MH-101 Sr	......	$660	$1100	$2130	$2820	Continental	6	226G	4F-1R	33	5725	No
MH-102 Sr	......	$700	$1170	$2270	$3000	Continental	4	226G	4F-1R	47.9	2958	No
MH-202	......	$520	$870	$1700	$2250	Continental	6	217G	4F-1R	36.6	6600	No
MH-203	......	$590	$980	$1900	$2520	Continental	6	217G	4F-1R	36.6		No
1943												
MH-81	......	$670	$1110	$2180	$2860	Continental	4	123G	4F-1R	21.6	2560	No
MH-82	......	$680	$1130	$2220	$2910	Continental	4	123G	4F-1R	20.7	2560	No
MH-101 Jr	......	$620	$1030	$2020	$2660	Continental	4	139G	4F-1R		2958	No
MH-101 Sr	......	$640	$1070	$2090	$2750	Continental	6	226G	4F-1R	33	5725	No
MH-102 Sr	......	$680	$1140	$2220	$2920	Continental	4	226G	4F-1R	47.9	2958	No
MH-202	......	$510	$850	$1660	$2180	Continental	6	217G	4F-1R	36.6	6600	No
MH-203	......	$570	$950	$1870	$2450	Continental	6	217G	4F-1R	36.6		No
1942												
MH-81	......	$640	$1070	$2110	$2750	Continental	4	123G	4F-1R	21.6	2560	No
MH-82	......	$660	$1090	$2150	$2810	Continental	4	123G	4F-1R	20.7	2560	No
MH-101 Jr	......	$600	$1010	$1980	$2580	Continental	4	139G	4F-1R		2958	No
MH-101 Sr	......	$630	$1040	$2050	$2680	Continental	6	226G	4F-1R	33	5725	No
MH-102 Sr	......	$670	$1110	$2190	$2850	Continental	4	226G	4F-1R	47.9	2958	No
MH-202	......	$500	$830	$1630	$2120	Continental	6	217G	4F-1R	36.6	6600	No
MH-203	......	$560	$930	$1830	$2390	Continental	6	217G	4F-1R	36.6		No

Massey Harris (Cont.)

Model	Approx. Retail Price New	Used Trade-In Avg.	Used Trade-In High	Used Retail Avg.	Used Retail High	Make	Engine No. Cyls.	Displ. Cu.-in.	No. Speeds	P.T.O. H.P.	Approx. Shipping Wt.-Lbs.	Cab
1941												
MH-81	......	$620	$1030	**$2040**	**$2660**	Continental	4	123G	4F-1R	21.6	2560	No
MH-82	......	$630	$1050	**$2060**	**$2690**	Continental	4	123G	4F-1R	20.7	2560	No
MH-101 Jr.	......	$590	$980	**$1930**	**$2520**	Continental	4	139G	4F-1R		2958	No
MH-101 Sr	......	$610	$1020	**$2000**	**$2610**	Continental	6	226G	4F-1R	33	5725	No
MH-102 Sr	......	$710	$1190	**$2350**	**$3060**	Continental	4	226G	4F-1R	47.9	2958	No
MH-202	......	$480	$810	**$1590**	**$2070**	Continental	6	217G	4F-1R	36.6	6600	No
MH-203	......	$540	$900	**$1780**	**$2320**	Continental	6	217G	4F-1R	36.6		No
1940												
MH-101 Jr.	......	$570	$950	**$1880**	**$2450**	Continental	4	139G	4F-1R		2958	No
MH-101 Sr	......	$600	$990	**$1960**	**$2560**	Continental	6	226G	4F-1R	33	5725	No
MH-203	......	$530	$880	**$1730**	**$2250**	Continental	6	217G	4F-1R	36.6		No
1939												
MH-101 Jr.	......	$570	$950	**$1880**	**$2450**	Continental	4	139G	4F-1R		2958	No
MH-101 Sr	......	$600	$990	**$1960**	**$2560**	Continental	6	226G	4F-1R	33	5725	No

McCormick

Model	Approx. Retail Price New	Used Trade-In Avg.	Used Trade-In High	Used Retail Avg.	Used Retail High	Make	Engine No. Cyls.	Displ. Cu.-in.	No. Speeds	P.T.O. H.P.	Cab
2005											
GX40	$18684	$13450	$14200	**$16070**	**$16820**	Yanmar	3	100D	12F-12R	31.0	No
GX40 4WD	$20305	$14620	$15430	**$17460**	**$18280**	Yanmar	3	100D	12F-12R	31.0	No
GX40 Hydro	$21232	$15290	$16140	**$18260**	**$19110**	Yanmar	3	100D	Variable	31.0	No
GX40 Hydro 4WD	$23098	$16630	$17550	**$19860**	**$20790**	Yanmar	3	100D	Variable	31.0	No
GX45	$20082	$14460	$15260	**$17270**	**$18070**	Yanmar	4	121D	12F-12R	36.0	No
GX45 4WD	$21580	$15540	$16400	**$18560**	**$19420**	Yanmar	4	121D	12F-12R	36.0	No
GX45 4WD Cab	$26818	$19310	$20380	**$23060**	**$24140**	Yanmar	4	121D	12F-12R	36.0	CH
GX45 Cab	$25320	$18230	$19240	**$21780**	**$22790**	Yanmar	4	121D	12F-12R	36.0	CH
GX45 Hydro	$22847	$16450	$17360	**$19650**	**$20560**	Yanmar	4	121D	Variable	36.0	No
GX45 Hydro 4WD	$24564	$17690	$18670	**$21130**	**$22110**	Yanmar	4	121D	Variable	36.0	No
GX45 Hydro 4WD Cab	$29802	$21460	$22650	**$25630**	**$26820**	Yanmar	4	121D	Variable	36.0	CHA
GX45 Hydro Cab	$28085	$20220	$21350	**$24150**	**$25280**	Yanmar	4	121D	Variable	36.0	CHA
GX50	$21331	$15360	$16210	**$18350**	**$19200**	Yanmar	4	133D	12F-12R	41.0	No
GX50 4WD	$22758	$16390	$17300	**$19570**	**$20480**	Yanmar	4	133D	12F-12R	41.0	No
GX50 4WD Cab	$27996	$20160	$21280	**$24080**	**$25200**	Yanmar	4	133D	12F-12R	41.0	CHA
GX50 Cab	$26569	$19130	$20190	**$22850**	**$23910**	Yanmar	4	133D	12F-12R	41.0	CHA
GX50 Hydro	$24266	$17470	$18440	**$20870**	**$21840**	Yanmar	4	133D	Variable	41.0	No
GX50 Hydro 4WD	$25914	$18660	$19700	**$22290**	**$23320**	Yanmar	4	133D	Variable	41.0	No
GX50 Hydro 4WD Cab	$31152	$22430	$23680	**$26790**	**$28040**	Yanmar	4	133D	Variable	41.0	CHA
GX50 Hydro Cab	$29504	$21240	$22420	**$25370**	**$26550**	Yanmar	4	133D	Variable	41.0	CHA
C70S	$26578	$19140	$20200	**$22860**	**$23920**	Perkins	4	268D	8F-4R	60.0	No
C70S 4WD	$30975	$22300	$23540	**$26640**	**$27880**	Perkins	4	268D	8F-4R	60.0	No
C70S Poultry House Spl.	$28256	$20340	$21480	**$24300**	**$25430**	Perkins	4	268D	8F-8R	60.0	No
C70S Poultry House Spl. Cab	$32653	$23510	$24820	**$28080**	**$29390**	Perkins	4	268D	8F-8R	60.0	CHA
CX75 XtraShift	$38288	$27570	$29100	**$32930**	**$34460**	Perkins	4	268D	24F-24R	60.0	No
CX75 XtraShift 4WD	$42220	$30400	$32090	**$36310**	**$38000**	Perkins	4	268D	24F-24R	60.0	No
CX75 XtraShift Cab	$44043	$31710	$33470	**$37880**	**$39640**	Perkins	4	268D	24F-24R	60.0	CHA
CX75 XtraShift Cab 4WD	$48230	$34730	$36660	**$41480**	**$43410**	Perkins	4	268D	24F-24R	60.0	CHA
CX75 Power Shift	$35610	$25640	$27060	**$30630**	**$32050**	Perkins	4	268D	16F-8R	60.0	No
CX75 Power Shift 4WD	$39546	$28470	$30060	**$34010**	**$35590**	Perkins	4	268D	16F-8R	60.0	No
CX75 Power Shift Cab	$41616	$29960	$31630	**$35790**	**$37450**	Perkins	4	268D	16F-8R	60.0	CHA
CX75 Power Shift Cab 4WD	$45551	$32800	$34620	**$39170**	**$41000**	Perkins	4	268D	18F-6R	60.0	CHA
C80S	$31462	$22650	$23910	**$27060**	**$28320**	Perkins	4T	268D	8F-4R	67.0	No
C80S 4WD	$35859	$25820	$27250	**$30840**	**$32270**	Perkins	4T	268D	8F-4R	67.0	No
C80S Poultry House Spl.	$32485	$23390	$24690	**$27940**	**$29240**	Perkins	4T	268D	16F-8R	67.0	No
C80S 4WD Poultry House Spl.	$36882	$26560	$28030	**$31720**	**$33190**	Perkins	4T	268D	16F-8R	67.0	No
CX85 XtraShift	$42283	$30440	$32140	**$36360**	**$38060**	Perkins	4T	268D	24F-24R	67.0	No
CX85 XtraShift 4WD	$46220	$33280	$35130	**$39750**	**$41600**	Perkins	4T	268D	24F-24R	67.0	No
CX85 XtraShift Cab	$48289	$34770	$36700	**$41530**	**$43460**	Perkins	4T	268D	24F-24R	67.0	CHA
CX85 XtraShift Cab 4WD	$52225	$37600	$39690	**$44910**	**$47000**	Perkins	4T	268D	24F-24R	67.0	CHA
CX85 Power Shift	$39606	$28520	$30100	**$34060**	**$35650**	Perkins	4T	268D	18F-6R	67.0	No
CX85 Power Shift 4WD	$43541	$31350	$33090	**$37450**	**$39190**	Perkins	4T	268D	16F-8R	67.0	No
CX85 Power Shift 4WD Cab	$49546	$35670	$37660	**$42610**	**$44590**	Perkins	4T	268D	18F-6R	67.0	CHA
CX85 Power Shift Cab	$45611	$32840	$34660	**$39230**	**$41050**	Perkins	4T	268D	16F-8R	67.0	CHA
C90S	$33635	$24220	$25560	**$28930**	**$30270**	Perkins	4T	268D	8F-4R	74.0	No
C90S 4WD	$37842	$27250	$28760	**$32540**	**$34060**	Perkins	4T	268D	8F-4R	74.0	No
CX95 XtraShift	$45167	$32520	$34330	**$38840**	**$40650**	Perkins	4T	268D	24F-24R	74.0	No
CX95 XtraShift 4WD	$49402	$35570	$37550	**$42490**	**$44460**	Perkins	4T	268D	24F-24R	74.0	No
CX95 XtraShift Cab	$51473	$37060	$39120	**$44270**	**$46330**	Perkins	4T	268D	24F-24R	74.0	CHA
CX95 XtraShift Cab 4WD	$55408	$39890	$42110	**$47650**	**$49870**	Perkins	4T	268D	24F-24R	74.0	CHA
CX95 Power Shift	$42788	$30810	$32520	**$36800**	**$38510**	Perkins	4T	268D	18F-6R	74.0	No
CX95 Power Shift 4WD	$46723	$33640	$35510	**$40180**	**$42050**	Perkins	4T	268D	18F-6R	74.0	No
CX95 Power Shift Cab	$48794	$35130	$37080	**$41960**	**$43920**	Perkins	4T	268D	16F-8R	74.0	CHA
CX95 Power Shift Cab 4WD	$52729	$37970	$40070	**$45350**	**$47460**	Perkins	4T	268D	16F-8R	74.0	CHA
C100S	$36735	$26450	$27920	**$31590**	**$33060**	Perkins	4T	268D	8F-4R	83.0	No
C100S 4WD	$40942	$29480	$31120	**$35210**	**$36850**	Perkins	4T	268D	8F-4R	83.0	No
CX105 XtraShift	$46732	$33650	$35520	**$40190**	**$42060**	Perkins	4T	268D	24F-24R	83.0	No
CX105 XtraShift 4WD	$50667	$36480	$38510	**$43570**	**$45600**	Perkins	4T	268D	24F-24R	83.0	No
CX105 XtraShift Cab	$52738	$37970	$40080	**$45360**	**$47460**	Perkins	4T	268D	24F-24R	83.0	CHA
CX105 XtraShift Cab 4WD	$56673	$40810	$43070	**$48740**	**$51010**	Perkins	4T	268D	24F-24R	83.0	CHA
CX105 Power Shift	$44564	$32090	$33870	**$38330**	**$40110**	Perkins	4T	268D	18F-6R	83.0	No
CX105 Power Shift 4WD	$48499	$34920	$36860	**$41710**	**$43650**	Perkins	4T	268D	16F-8R	83.0	No
CX105 Power Shift Cab	$50570	$36410	$38430	**$43490**	**$45510**	Perkins	4T	268D	18F-6R	83.0	CHA

McCormick (Cont.)

Model	Approx. Retail Price New	Used Trade-In Avg.	Used Trade-In High	Used Retail Avg.	Used Retail High	Make	No. Cyls.	Displ. Cu.-in.	No. Speeds	P.T.O. H.P.	Approx. Shipping Wt.-Lbs.	Cab
2005 (Cont.)												
CX105 Power Shift Cab 4WD....	$54505	$39240	$41420	$46870	$49060	Perkins	4T	268D	18F-6R	83.0		CHA
C-MAX 105................	$37553	$27040	$28540	$32300	$33800	Perkins	4T	268D	12F-12R	89.8		No
C-MAX 105 4WD	$43267	$31150	$32880	$37210	$38940	Perkins	4T	268D	12F-12R	89.8		No
C-MAX 105 4WD Cab.........	$48534	$34940	$36890	$41740	$43680	Perkins	4T	268D	12F-12R	89.8		CHA
C-MAX 105 Cab	$42820	$30830	$32540	$36830	$38540	Perkins	4T	268D	12F-12R	89.8		CHA
C-MAX 105 HC.............	$38717	$27880	$29430	$33300	$34850	Perkins	4T	268D	12F-12R	89.8		No
C-MAX 105 HC.............	$46281	$33320	$35170	$39800	$41650	Perkins	4T	268D	24F-12R	89.8		No
C-MAX 105 HC Cab	$43984	$31670	$33430	$37830	$39590	Perkins	4T	268D	12F-12R	89.8		CHA
C-MAX 105 HC Cab	$51548	$37120	$39180	$44330	$46390	Perkins	4T	268D	24F-12R	89.8		CHA
C-MAX 60.................	$27416	$19740	$20840	$23580	$24670	Perkins	3	201D	12F-12R	58.5		No
C-MAX 60 4WD	$32063	$23090	$24370	$27570	$28860	Perkins	3	201D	12F-12R	58.5		No
C-MAX 60 4WD Cab.........	$37330	$26880	$28370	$32100	$33600	Perkins	3	201D	12F-12R	58.5		CHA
C-MAX 60 Cab.............	$32683	$23530	$24840	$28110	$29420	Perkins	3	201D	12F-12R	58.5		CHA
C-MAX 75.................	$30023	$21620	$22820	$25820	$27020	Perkins	4	268D	12F-12R	62.4		No
C-MAX 75 4WD	$35062	$25250	$26650	$30150	$31560	Perkins	4	268D	12F-12R	62.4		No
C-MAX 75 4WD Cab.........	$40329	$29040	$30650	$34680	$36300	Perkins	4	268D	12F-12R	62.4		CHA
C-MAX 75 Cab.............	$35290	$25410	$26820	$30350	$31760	Perkins	4	268D	12F-12R	62.4		CHA
C-MAX 85.................	$31422	$22620	$23880	$27020	$28280	Perkins	4	268D	12F-12R	74.4		No
C-MAX 85 4WD	$37689	$27140	$28640	$32410	$33920	Perkins	4	268D	12F-12R	74.4		No
C-MAX 85 4WD Cab.........	$42956	$30930	$32650	$36940	$38660	Perkins	4	268D	12F-12R	74.4		CHA
C-MAX 85 Cab	$36689	$26420	$27880	$31550	$33020	Perkins	4	268D	12F-12R	74.4		CHA
C-MAX 85HC	$33499	$24120	$25460	$28810	$30150	Perkins	4	268D	12F-12R	74.4		No
C-MAX 85HC 4WD	$39946	$28760	$30360	$34350	$35950	Perkins	4	268D	24F-12R	74.4		No
C-MAX 85HC 4WD Cab	$45213	$32550	$34360	$38880	$40690	Perkins	4	268D	24F-12R	74.4		CHA
C-MAX 85HC Cab...........	$38766	$27910	$29460	$33340	$34890	Perkins	4	268D	12F-12R	74.4		CHA
C-MAX 95.................	$34979	$25190	$26580	$30080	$31480	Perkins	4T	268D	12F-12R	83.8		No
C-MAX 95 4WD	$40283	$29000	$30620	$34640	$36260	Perkins	4T	268D	12F-12R	83.8		No
C-MAX 95 4WD Cab.........	$45550	$32800	$34620	$39170	$41000	Perkins	4T	268D	12F-12R	83.8		CHA
C-MAX 95 Cab.............	$40246	$28980	$30590	$34610	$36220	Perkins	4T	268D	12F-12R	83.8		CHA
C-MAX 95 HC.............	$36333	$26160	$27610	$31250	$32700	Perkins	4T	268D	12F-12R	83.8		No
C-MAX 95 HC 4WD.........	$43326	$31200	$32930	$37260	$38990	Perkins	4T	268D	24F-12R	83.8		No
C-MAX 95 HC 4WD Cab......	$48593	$34990	$36930	$41790	$43730	Perkins	4T	268D	24F-12R	83.8		CHA
C-MAX 95 HC Cab	$41600	$29950	$31620	$35780	$37440	Perkins	4T	268D	12F-12R	83.8		CHA
MC95 4WD................	$51962	$37410	$39490	$44690	$46770	Perkins	4T	268D	16F-12R	74.0		No
MC95 4WD Cab............	$60287	$43410	$45820	$51850	$54260	Perkins	4T	268D	16F-12R	74.0		CHA
MC105..................	$53540	$38550	$40690	$46040	$48190	Perkins	4T	268D	16F-12R	83.0		No
MC105 4WD..............	$57322	$41270	$43570	$49300	$51590	Perkins	4T	268D	16F-12R	83.0		No
MC105 4WD Cab	$64820	$46670	$49260	$55750	$58340	Perkins	4T	268D	16F-12R	83.0		CHA
MC105 Cab	$59030	$42500	$44860	$50770	$53130	Perkins	4T	268D	16F-12R	83.0		CHA
MC115..................	$56638	$40780	$43050	$48710	$50970	Perkins	4TI	268D	16F-12R	96.0		No
MC115 4WD..............	$61342	$44170	$46620	$52750	$55210	Perkins	4TI	268D	16F-12R	96.0		No
MC115 4WD Cab	$67920	$48900	$51620	$58410	$61130	Perkins	4TI	268D	16F-12R	96.0		CHA
MC115 Cab	$63214	$45510	$48040	$54360	$56890	Perkins	4TI	268D	16F-12R	96.0		CHA
MC120 Power 6 4WD	$64669	$46560	$49150	$55620	$58200	Perkins	6T	366D	16F-12R	98.0		No
MC120 Power 6 4WD Cab	$71247	$51300	$54150	$61270	$64120	Perkins	6T	366D	16F-12R	98.0		CHA
MC135 Power 6 4WD	$70334	$50640	$53450	$60490	$63300	Perkins	6T	366D	16F-12R	113.0		No
MC135 Power 6 4WD Cab	$76912	$55380	$58450	$66140	$69220	Perkins	6T	366D	16F-12R	113.0		CHA
MTX120 4WD Cab	$74938	$52460	$55450	$62950	$65950	McCormick	6T	408D	16F-12R	100.0		CHA
MTX120 Cab	$69113	$48380	$51140	$58060	$60820	McCormick	6T	408D	16F-12R	100.0		CHA
MTX120 Hi-Clear Cab	$79518	$55660	$58840	$66800	$69980	McCormick	6T	408D	16F-12R	100.0		CHA
MTX135 4WD Cab	$80253	$56180	$59390	$67410	$70620	McCormick	6TI	408D	16F-12R	112.0		CHA
MTX135 Cab	$74898	$52430	$55430	$62910	$65910	McCormick	6TI	408D	16F-12R	112.0		CHA
MTX135 Hi-Clear Cab	$84959	$59470	$62870	$71370	$74760	McCormick	6TI	408D	16F-12R	112.0		CHA
MTX150 4WD Cab	$87581	$61310	$64810	$73570	$77070	McCormick	6TI	408D	16F-12R	130.0		CHA
MTX150 Cab	$82461	$57720	$61020	$69270	$72570	McCormick	6TI	408D	16F-12R	130.0		CHA
MTX150 Hi-Clear Cab	$91551	$64090	$67750	$76900	$80570	McCormick	6TI	408D	16F-12R	130.0		CHA
MTX165 4WD Cab	$97858	$68500	$72420	$82200	$86120	McCromick	6TI	408D	16F-12R	141.0		CHA
MTX165 Cab	$91741	$64220	$67890	$77060	$80730	McCormick	6TI	408D	16F-12R	141.0		CHA
MTX185 4WD Cab	$102900	$72030	$76150	$86440	$90550	McCormick	6TI	408D	16F-12R	160.0		CHA
MTX185 Cab	$97546	$68280	$72180	$81940	$85840	McCormick	6TI	408D	16F-12R	160.0		CHA
MTX200 4WD Cab	$108137	$75700	$80020	$90840	$95160	Cummins	6TA	359D	16F-12R	170.0		CHA
ZTX230 4WD Cab..........	$146834	$102780	$108660	$123340	$129210	Cummins	6TA	505D	18F-8R	185.0		CHA
ZTX230 PS 4WD Cab.........	$147916	$103540	$109460	$124250	$130170	Cummins	6TA	505D	36F-16R	185.0		CHA
ZTX260 4WD Cab..........	$157245	$110070	$116360	$132090	$138380	Cummins	6TA	505D	18F-8R	210.0		CHA
ZTX260 PS 4WD Cab........	$158327	$110830	$117160	$133000	$139330	Cummins	6TA	505D	36F-16R	210.0		CHA
ZTX280 4WD Cab..........	$173460	$121420	$128360	$145710	$152650	Cummins	6TA	505D	18F-8R	250.0		CHA
ZTX280 PS 4WD Cab........	$174542	$122180	$129160	$146620	$153600	Cummins	6TA	505D	36F-16R	250.0		CHA
2004												
GX40	$18828	$11670	$12800	$14690	$15820	Yanmar	3	100D	12F-12R	31.0		No
GX40 4WD	$20450	$12680	$13910	$15950	$17180	Yanmar	3	100D	12F-12R	31.0		No
GX40 4WD Cab	$24575	$15240	$16710	$19170	$20640	Yanmar	3	100D	12F-12R	31.0		CH
GX40 Cab................	$22953	$14230	$15610	$17900	$19280	Yanmar	3	100D	12F-12R	31.0		CH
GX40 Hydro	$21376	$13250	$14540	$16670	$17960	Yanmar	3	100D	Variable	31.0		No
GX40 Hydro 4WD..........	$23241	$14410	$15800	$18130	$19520	Yanmar	3	100D	Variable	31.0		No
GX40 Hydro 4WD Cab........	$27351	$16960	$18600	$21330	$22980	Yanmar	3	100D	Variable	31.0		CH
GX40 Hydro Cab	$25486	$15800	$17330	$19880	$21410	Yanmar	3	100D	Variable	31.0		CH
GX45	$20226	$12460	$13670	$15680	$16880	Yanmar	4	121D	12F-12R	36.0		No
GX45 4WD	$21724	$13380	$14670	$16830	$18130	Yanmar	4	121D	12F-12R	36.0		No
GX45 4WD Cab	$26876	$16660	$18280	$20960	$22580	Yanmar	4	121D	12F-12R	36.0		CH
GX45 Cab................	$24351	$15100	$16560	$18990	$20460	Yanmar	4	121D	12F-12R	36.0		CH
GX45 Hydro	$22991	$14250	$15630	$17930	$19310	Yanmar	4	121D	Variable	36.0		No
GX45 Hydro 4WD..........	$24709	$15320	$16800	$19270	$20760	Yanmar	4	121D	Variable	36.0		No
GX45 Hydro 4WD Cab	$29844	$18500	$20290	$23280	$25070	Yanmar	4	121D	Variable	36.0		CHA

McCormick (Cont.)

2004 (Cont.)

Model	Approx. Retail Price New	Estimated Value Less Repairs Used Trade-In Avg.	Used Trade-In High	Used Retail Avg.	Used Retail High	Engine Make	No. Cyls.	Displ. Cu.-in.	No. Speeds	P.T.O. H.P.	Approx. Shipping Wt.-Lbs.	Cab
GX45 Hydro Cab	$28127	$17440	$19130	$21940	$23630	Yanmar	4	121D	Variable	36.0		CHA
GX50	$21557	$13370	$14660	$16810	$18110	Yanmar	4	133D	12F-12R	41.0		No
GX50 4WD	$22994	$14260	$15640	$17940	$19320	Yanmar	4	133D	12F-12R	41.0		No
GX50 4WD Cab	$28146	$17450	$19140	$21950	$23640	Yanmar	4	133D	12F-12R	41.0		CHA
GX50 Cab	$26709	$16560	$18160	$20830	$22440	Yanmar	4	133D	12F-12R	41.0		CHA
GX50 Hydro	$24502	$15190	$16660	$19110	$20580	Yanmar	4	133D	Variable	41.0		No
GX50 Hydro 4WD	$26150	$16210	$17780	$20400	$21970	Yanmar	4	133D	Variable	41.0		No
GX50 Hydro 4WD Cab	$31286	$19400	$21270	$24400	$26280	Yanmar	4	133D	Variable	41.0		CHA
GX50 Hydro Cab	$29638	$18380	$20150	$23120	$24900	Yanmar	4	133D	Variable	41.0		CHA
C70	$28404	$16480	$18070	$20730	$22330	Perkins	4	268D	8F-4R	60.0		No
C70 4WD	$33010	$19210	$21060	$24160	$26020	Perkins	4	268D	8F-4R	60.0		No
C70 Poultry House Spl.	$30423	$17520	$19210	$22040	$23740	Perkins	4	268D	8F-8R	60.0		No
C70 Poultry House Spl. Cab	$35028	$20250	$22200	$25470	$27430	Perkins	4	268D	8F-8R	60.0		CHA
CX75 XtraShift	$39175	$23750	$26040	$29870	$32170	Perkins	4	268D	24F-24R	60.0		No
CX75 XtraShift 4WD	$43258	$26160	$28700	$32920	$35450	Perkins	4	268D	24F-24R	60.0		No
CX75 XtraShift Cab	$45560	$27280	$29920	$34320	$36960	Perkins	4	268D	24F-24R	60.0		CHA
CX75 XtraShift Cab 4WD	$49643	$29920	$32810	$37640	$40530	Perkins	4	268D	24F-24R	60.0		CHA
CX75 Power Shift	$36692	$22070	$24210	$27770	$29900	Perkins	4	268D	16F-8R	60.0		No
CX75 Power Shift 4WD	$36775	$24550	$26930	$30890	$33260	Perkins	4	268D	16F-8R	60.0		No
CX75 Power Shift Cab	$42782	$25790	$28290	$32450	$34940	Perkins	4	268D	16F-8R	60.0		CHA
CX75 Power Shift Cab 4WD	$46865	$28270	$31010	$35570	$38300	Perkins	4	268D	16F-8R	60.0		CHA
C80	$32833	$19510	$21390	$24540	$26430	Perkins	4T	268D	8F-4R	67.0		No
C80 4WD	$37438	$22230	$24380	$27970	$30120	Perkins	4T	268D	8F-4R	67.0		No
C80 Poultry House Spl.	$35919	$20140	$22090	$25340	$27290	Perkins	4T	268D	16F-8R	67.0		No
C80 4WD Poultry House Spl.	$40023	$22870	$25080	$28770	$30980	Perkins	4T	268D	16F-8R	67.0		No
CX85 XtraShift	$43614	$26230	$28760	$32990	$35530	Perkins	4T	268D	24F-24R	67.0		No
CX85 XtraShift 4WD	$47697	$28680	$31450	$36080	$38850	Perkins	4T	268D	24F-24R	67.0		No
CX85 XtraShift Cab	$49705	$29950	$32840	$37670	$40570	Perkins	4T	268D	24F-24R	67.0		CHA
CX85 XtraShift Cab 4WD	$53788	$32400	$35530	$40760	$43890	Perkins	4T	268D	24F-24R	67.0		CHA
CX85 Power Shift	$40836	$24550	$26930	$30890	$33260	Perkins	4T	268D	18F-6R	67.0		No
CX85 Power Shift 4WD	$44919	$27030	$29650	$34010	$36620	Perkins	4T	268D	16F-8R	67.0		No
CX85 Power Shift 4WD Cab	$51010	$30750	$33730	$38690	$41660	Perkins	4T	268D	18F-6R	67.0		CHA
CX85 Power Shift Cab	$46927	$28270	$31010	$35570	$38300	Perkins	4T	268D	16F-8R	67.0		CHA
C90	$35010	$20850	$22870	$26240	$28250	Perkins	4T	268D	8F-4R	74.0		No
C90 4WD	$39513	$23460	$25730	$29520	$31790	Perkins	4T	268D	8F-4R	74.0		No
CX95 XtraShift	$46916	$28020	$30740	$35260	$37970	Perkins	4T	268D	24F-24R	74.0		No
CX95 XtraShift 4WD	$50998	$30630	$33590	$38530	$41500	Perkins	4T	268D	24F-24R	74.0		No
CX95 XtraShift Cab	$53006	$31930	$35020	$40170	$43260	Perkins	4T	268D	24F-24R	74.0		CHA
CX95 XtraShift Cab 4WD	$57088	$34350	$37670	$43210	$46540	Perkins	4T	268D	24F-24R	74.0		CHA
CX95 Power Shift	$44138	$26540	$29100	$33380	$35950	Perkins	4T	268D	18F-6R	74.0		No
CX95 Power Shift 4WD	$48220	$28990	$31790	$36470	$39270	Perkins	4T	268D	18F-6R	74.0		No
CX95 Power Shift Cab	$50228	$30260	$33180	$38060	$40990	Perkins	4T	268D	16F-8R	74.0		CHA
CX95 Power Shift Cab 4WD	$54319	$32710	$35870	$41150	$44310	Perkins	4T	268D	16F-8R	74.0		CHA
C100	$38355	$22780	$24980	$28650	$30860	Perkins	4T	268D	8F-4R	83.0		No
C100 4WD	$42759	$25380	$27840	$31940	$34390	Perkins	4T	268D	8F-4R	83.0		No
CX105 XtraShift	$48228	$28980	$31780	$36460	$39260	Perkins	4T	268D	24F-24R	83.0		No
CX105 XtraShift 4WD	$52309	$31430	$34480	$39550	$42590	Perkins	4T	268D	24F-24R	83.0		No
CX105 XtraShift Cab	$54318	$32710	$35870	$41150	$44310	Perkins	4T	268D	24F-24R	83.0		CHA
CX105 XtraShift Cab 4WD	$58400	$35150	$38560	$44230	$47630	Perkins	4T	268D	24F-24R	83.0		CHA
CX105 Power Shift	$45978	$27650	$30330	$34790	$37460	Perkins	4T	268D	18F-6R	83.0		No
CX105 Power Shift 4WD	$50061	$30070	$32980	$37830	$40740	Perkins	4T	268D	16F-8R	83.0		No
CX105 Power Shift Cab	$52069	$31370	$34410	$39470	$42500	Perkins	4T	268D	18F-6R	83.0		CHA
CX105 Power Shift Cab 4WD	$56152	$33790	$37060	$42510	$45780	Perkins	4T	268D	18F-6R	83.0		CHA
MC95 4WD	$53360	$32240	$35360	$40560	$43680	Perkins	4T	268D	16F-12R	74.0		No
MC95 4WD Cab	$61273	$37390	$41000	$47030	$50650	Perkins	4T	268D	16F-12R	74.0		CHA
MC105	$54393	$33200	$36410	$41770	$44980	Perkins	4T	268D	16F-12R	83.0		No
MC105 4WD	$59324	$35590	$39030	$44770	$48220	Perkins	4T	268D	16F-12R	83.0		No
MC105 4WD Cab	$67493	$40240	$44130	$50620	$54520	Perkins	4T	268D	16F-12R	83.0		CHA
MC105 Cab	$62568	$36640	$40190	$46100	$49640	Perkins	4T	268D	16F-12R	83.0		CHA
MC115	$55132	$34180	$37490	$43000	$46310	Perkins	4TI	268D	16F-12R	96.0		No
MC115 4WD	$60057	$37240	$40840	$46840	$50450	Perkins	4TI	268D	16F-12R	96.0		No
MC115 4WD Cab	$68226	$42300	$46390	$53220	$57310	Perkins	4TI	268D	16F-12R	96.0		CHA
MC115 Cab	$62480	$38740	$42490	$48730	$52480	Perkins	4TI	268D	16F-12R	96.0		CHA
MC120 Power 6	$58615	$36340	$39860	$45720	$49240	Perkins	6T	366D	16F-12R	98.0		No
MC120 Power 6 4WD	$63540	$39400	$43210	$49560	$53370	Perkins	6T	366D	16F-12R	98.0		No
MC120 Power 6 4WD Cab	$71710	$44460	$48760	$55930	$60240	Perkins	6T	366D	16F-12R	98.0		CHA
MC120 Power 6 Cab	$66785	$41410	$45410	$52090	$56100	Perkins	6T	366D	16F-12R	98.0		CHA
MC135 Power 6	$65593	$40670	$44600	$51160	$55100	Perkins	6T	366D	16F-12R	113.0		No
MC135 Power 6 4WD	$70519	$43720	$47950	$55010	$59240	Perkins	6T	366D	16F-12R	113.0		No
MC135 Power 6 4WD Cab	$78688	$47740	$52360	$60060	$64680	Perkins	6T	366D	16F-12R	113.0		CHA
MC135 Power 6 Cab	$73764	$45730	$50160	$57540	$61960	Perkins	6T	366D	16F-12R	113.0		CHA
MTX120	$65417	$40560	$43180	$50370	$53640	McCormick	6T	408D	16F-12R	100.0		No
MTX120 4WD	$67606	$41920	$44620	$52060	$55440	McCormick	6T	408D	16F-12R	100.0		No
MTX120 4WD Cab	$76631	$46500	$49500	$57750	$61500	McCormick	6T	408D	16F-12R	100.0		CHA
MTX120 Cab	$71912	$43090	$45870	$53520	$56990	McCormick	6T	408D	16F-12R	100.0		CHA
MTX120 Hi-Clear	$75212	$46630	$49640	$57910	$61670	McCormick	6T	408D	16F-12R	100.0		No
MTX120 Hi-Clear Cab	$82051	$49350	$52540	$61290	$65270	McCormick	6T	408D	16F-12R	100.0		CHA
MTX135	$73158	$45360	$48280	$56330	$59990	McCormick	6TI	408D	16F-12R	112.0		No
MTX135 4WD	$75346	$46720	$49730	$58020	$61780	McCormick	6TI	408D	16F-12R	112.0		No
MTX135 4WD Cab	$84370	$49790	$53000	$61830	$65850	McCormick	6TI	408D	16F-12R	112.0		CHA
MTX135 Cab	$78764	$46440	$49430	$57670	$61420	McCormick	6TI	408D	16F-12R	112.0		CHA
MTX135 Hi-Clear	$80951	$50190	$53430	$62330	$66380	McCormick	6TI	408D	16F-12R	112.0		No
MTX135 Hi-Clear Cab	$89791	$52700	$56100	$65450	$69700	McCormick	6TI	408D	16F-12R	112.0		CHA
MTX150	$81325	$50420	$53680	$62620	$66690	McCormick	6TI	408D	16F-12R	130.0		No

McCormick (Cont.)

Model	Approx. Retail Price New	Used Trade-In Avg.	Used Trade-In High	Used Retail Avg.	Used Retail High	Make	Engine No. Cyls.	Displ. Cu.-in.	No. Speeds	P.T.O. H.P.	Approx. Shipping Wt.-Lbs.	Cab
2004 (Cont.)												
MTX150 4WD	$87031	$53960	$57440	$67010	$71370	McCormick	6TI	408D	16F-12R	130.0		No
MTX150 4WD Cab	$96054	$54560	$58080	$67760	$72160	McCormick	6TI	408D	16F-12R	130.0		CHA
MTX150 Cab	$90448	$51460	$54780	$63910	$68060	McCormick	6TI	408D	16F-12R	130.0		CHA
MTX150 Hi-Clear	$88212	$54690	$58220	$67920	$72330	McCormick	6TI	408D	16F-12R	130.0		No
MTX150 Hi-Clear Cab	$97050	$56790	$60460	$70530	$75110	McCormick	6TI	408D	16F-12R	130.0		CHA
MTX165 4WD Cab	$106831	$60700	$64610	$75380	$80280	McCormick	6TI	408D	16F-12R	141.0		CHA
MTX165 Cab	$101225	$56920	$60590	$70690	$75280	McCormick	6TI	408D	16F-12R	141.0		CHA
MTX185 4WD Cab	$112117	$63860	$67980	$79310	$84460	McCormick	6TI	408D	16F-12R	160.0		CHA
MTX185 Cab	$104503	$60510	$64420	$75150	$80030	McCormick	6TI	408D	16F-12R	160.0		CHA
MTX200 4WD Cab	$117687	$67080	$71410	$83310	$88720	Cummins	6TA	359D	16F-12R	170.0		CHA
ZTX230 4WD Cab	$145598	$87360	$93180	$110650	$117930	Cummins	6TA	505D	18F-8R	185.0		CHA
ZTX230 PS 4WD Cab	$147731	$88640	$94550	$112280	$119660	Cummins	6TA	505D	36F-16R	185.0		CHA
ZTX260 4WD Cab	$163833	$94500	$100800	$119700	$127580	Cummins	6TA	505D	18F-8R	210.0		CHA
ZTX260 PS 4WD Cab	$164966	$95040	$101380	$120380	$128300	Cummins	6TA	505D	36F-16R	210.0		CHA
ZTX280 4WD Cab	$180130	$104100	$111040	$131860	$140540	Cummins	6TA	505D	18F-8R	250.0		CHA
ZTX280 PS 4WD Cab	$181263	$104760	$111740	$132700	$141430	Cummins	6TA	505D	36F-16R	250.0		CHA
2003												
G25 Mech. Steering	$11268	$6200	$6870	$8110	$8900	Kubota	3	D		20.9		No
G25 Power Steering	$12548	$6900	$7650	$9040	$9910	Kubota	3	D		20.9		No
G30R	$13983	$7690	$8530	$10070	$11050	Perkins	3	103D	Variable	23.5		No
G30R w/Cab	$18988	$10440	$11580	$13670	$15000	Perkins	3	103D	Variable	23.5		CH
GX40	$16682	$9180	$10180	$12010	$13180	Yanmar	3	164D	12F-12R	31.0		No
GX40 4WD	$18130	$9970	$11060	$13050	$14320	Yanmar	3	164D	12F-12R	31.0		No
GX40 Hydro	$18956	$10430	$11560	$13650	$14980	Yanmar	3	164D	Variable	31.0		No
GX40 Hydro 4WD	$20621	$11340	$12580	$14850	$16290	Yanmar	3	164D	Variable	31.0		No
GX45	$17931	$9860	$10940	$12910	$14170	Yanmar	3	199D	12F-12R	36.0		No
GX45 4WD	$19268	$10600	$11750	$13870	$15220	Yanmar	3	199D	12F-12R	36.0		No
GX45 Hydro	$20398	$11220	$12440	$14690	$16110	Yanmar	3	199D	Variable	36.0		No
GX45 Hydro 4WD	$21932	$12060	$13380	$15790	$17330	Yanmar	3	199D	Variable	36.0		No
GX50	$19086	$10500	$11640	$13740	$15080	Yanmar	4	218D	12F-12R	41.0		No
GX50 4WD	$21666	$11920	$13220	$15600	$17120	Yanmar	4	218D	12F-12R	41.0		No
GX50 Hydro	$20319	$11180	$12400	$14630	$16050	Yanmar	4	218D	Variable	41.0		No
GX50 Hydro 4WD	$23137	$12730	$14110	$16660	$18280	Yanmar	4	218D	Variable	41.0		No
C70	$25502	$14030	$15560	$18360	$20150	Perkins	4	256D	8F-4R	58.0		No
C70 4WD	$29863	$16430	$18220	$21500	$23590	Perkins	4	256D	8F-4R	58.0		No
CX70	$32590	$17930	$19880	$23470	$25750	Perkins	4	256D	8F-8R	58.0		No
CX70 w/Cab	$38506	$21180	$23490	$27720	$30420	Perkins	4	256D	8F-8R	58.0		CHA
CX70 4WD	$35595	$19580	$21710	$25630	$28120	Perkins	4	256D	8F-8R	58.0		No
CX70 4WD w/Cab	$41511	$22830	$25320	$29890	$32790	Perkins	4	256D	8F-8R	58.0		C.H,A
CX75 XtraShift	$35690	$19630	$21770	$25700	$28200	Perkins	4	256D	24F-24R	60.0		No
CX75 XtraShift 4WD	$38695	$21280	$23600	$27860	$30570	Perkins	4	256D	24F-24R	60.0		No
CX75 XtraShift Cab	$41606	$22880	$25380	$29960	$32870	Perkins	4	256D	24F-24R	60.0		CHA
CX75 XtraShift Cab 4WD	$44611	$24540	$27210	$32120	$35240	Perkins	4	256D	24F-24R	60.0		CHA
C80	$29698	$16330	$18120	$21380	$23460	Perkins	4T	244D	8F-4R	67.0		No
C80 4WD	$34059	$18730	$20780	$24520	$26910	Perkins	4T	244D	8F-4R	67.0		No
CX80	$36786	$20230	$22440	$26490	$29060	Perkins	4T	244D	16F-8R	67.0		No
CX80 w/Cab	$42701	$23490	$26050	$30750	$33730	Perkins	4T	244D	16F-8R	67.0		CHA
CX80 4WD	$39791	$21890	$24270	$28650	$31440	Perkins	4T	244D	16F-8R	67.0		No
CX80 4WD W/Cab	$45707	$25140	$27880	$32910	$36110	Perkins	4T	244D	16F-8R	67.0		CHA
CX85 XtraShift	$39586	$21770	$24150	$28500	$31270	Perkins	4T	244D	24F-24R	67.0		No
CX85 XtraShift 4WD	$42591	$23430	$25980	$30670	$33650	Perkins	4T	244D	24F-24R	67.0		No
CX85 XtraShift Cab	$45501	$25030	$27760	$32760	$35950	Perkins	4T	244D	24F-24R	67.0		CHA
CX85 XtraShift Cab 4WD	$48507	$26680	$29590	$34930	$38320	Perkins	4T	244D	24F-24R	67.0		CHA
C90	$31853	$17520	$19430	$22930	$25160	Perkins	4T	244D	8F-4R	74.0		No
C90 4WD	$36023	$19810	$21970	$25940	$28460	Perkins	4T	244D	8F-4R	74.0		No
CX90	$39142	$21530	$23880	$28180	$30920	Perkins	4T	244D	16F-8R	74.0		No
CX90 w/Cab	$45058	$24780	$27490	$32440	$35600	Perkins	4T	244D	16F-8R	74.0		CHA
CX90 4WD	$42172	$23200	$25730	$30360	$33320	Perkins	4T	244D	16F-8R	74.0		No
CX90 4WD w/Cab	$48088	$26450	$29330	$34620	$37990	Perkins	4T	244D	16F-8R	74.0		CHA
CX95 XtraShift	$41942	$23070	$25590	$30200	$33130	Perkins	4T	244D	24F-24R	74.0		No
CX95 XtraShift 4WD	$44972	$24740	$27430	$32380	$35530	Perkins	4T	244D	24F-24R	74.0		No
CX95 XtraShift Cab	$48158	$26490	$29380	$34670	$38050	Perkins	4T	244D	24F-24R	74.0		CHA
CX95 XtraShift Cab 4WD	$51188	$28150	$31230	$36860	$40440	Perkins	4T	244D	24F-24R	74.0		CHA
C100	$34927	$19210	$21310	$25150	$27590	Perkins	4T	244D	8F-4R	83.0		No
C100 4WD	$39098	$21500	$23850	$28150	$30890	Perkins	4T	244D	8F-4R	83.0		No
CX100	$42216	$23220	$25750	$30400	$33350	Perkins	4T	244D	16F-8R	83.0		No
CX100 4WD	$45247	$24890	$27600	$32580	$35750	Perkins	4T	244D	16F-8R	83.0		No
CX100 4WD w/Cab	$51162	$28140	$31210	$36840	$40420	Perkins	4T	244D	16F-8R	83.0		CHA
CX100 w/Cab	$48132	$26470	$29360	$34660	$38020	Perkins	4T	244D	16F-8R	83.0		CHA
CX105 XtraShift	$45016	$24760	$27460	$32410	$35560	Perkins	4T	244D	24F-24R	83.0		No
CX105 XtraShift 4WD	$48057	$26430	$29320	$34600	$37970	Perkins	4T	244D	24F-24R	83.0		No
CX105 XtraShift Cab	$51232	$28180	$31250	$36890	$40470	Perkins	4T	244D	24F-24R	83.0		CHA
CX105 XtraShift Cab 4WD	$54262	$29840	$33100	$39070	$42870	Perkins	4T	244D	24F-24R	83.0		CHA
MC90 4WD	$46905	$25800	$28610	$33770	$37060	Perkins	4T	244D	16F-12R	74.0		No
MC90 4WD w/Cab	$55986	$30790	$34150	$40310	$44230	Perkins	4T	244D	16F-12R	74.0		CHA
MC100	$45679	$25120	$27860	$32890	$36090	Perkins	4T	244D	16F-12R	83.0		No
MC100 4WD	$50961	$28030	$31090	$36690	$40260	Perkins	4T	244D	16F-12R	83.0		No
MC100 4WD w/Cab	$60042	$33020	$36630	$43230	$47430	Perkins	4T	244D	16F-12R	83.0		CHA
MC100 w/Cab	$54760	$30120	$33400	$39430	$43260	Perkins	4T	244D	16F-12R	83.0		CHA
MC115	$50020	$27510	$30510	$36010	$39520	Perkins	4TI	244D	16F-12R	96.0		No
MC115 4WD	$55442	$30490	$33820	$39920	$43800	Perkins	4TI	244D	16F-12R	96.0		No
MC115 4WD w/Cab	$64523	$35490	$39360	$46460	$50970	Perkins	4TI	244D	16F-12R	96.0		CHA
MC115 w/Cab	$59101	$32510	$36050	$42550	$46690	Perkins	4TI	244D	16F-12R	96.0		CHA

McCormick (Cont.)

Model	Approx. Retail Price New	Used Trade-In Avg.	Used Trade-In High	Used Retail Avg.	Used Retail High	Make	No. Cyls.	Displ. Cu.-in.	No. Speeds	P.T.O. H.P.	Approx. Shipping Wt.-Lbs.	Cab
2003 (Cont.)												
MC120 Power 6	$54872	$30180	$33470	$39510	$43350	Perkins	6T	366D	16F-12R	98.0		No
MC120 Power 6 4WD	$61096	$33600	$37270	$43990	$48270	Perkins	6T	366D	16F-12R	98.0		No
MC120 Power 6 4WD Cab	$70533	$38790	$43030	$50780	$55720	Perkins	6T	366D	16F-12R	98.0		CHA
MC120 Power 6 w/Cab	$64308	$35370	$39230	$46300	$50800	Perkins	6T	366D	16F-12R	98.0		CHA
MC135 Power 6	$58871	$32380	$35910	$42390	$46510	Perkins	6T	366D	16F-12R	113.0		No
MC135 Power 6 4WD	$65095	$35800	$39710	$46870	$51430	Perkins	6T	366D	16F-12R	113.0		No
MC135 Power 6 4WD Cab	$74532	$40990	$45470	$53660	$58880	Perkins	6T	366D	16F-12R	113.0		CHA
MC135 Power 6 w/Cab	$68307	$37570	$41670	$49180	$53960	Perkins	6T	366D	16F-12R	113.0		CHA
MTX110	$54636	$30050	$33330	$39340	$43160	Perkins	6T	366D	16F-12R	100.0		No
MTX110 4WD	$60434	$33240	$36870	$43510	$47740	Perkins	6T	366D	16F-12R	100.0		No
MTX110 4WD w/Cab	$69625	$38290	$42470	$50130	$55000	Perkins	6T	366D	16F-12R	100.0		CHA
MTX110 Hi-Clear	$67973	$37390	$41460	$48940	$53700	Perkins	6T	366D	16F-12R	100.0		No
MTX110 Hi-Clear w/Cab	$77106	$42410	$47040	$55520	$60910	Perkins	6T	366D	16F-12R	100.0		CHA
MTX110 w/Cab.	$63827	$35110	$38930	$45960	$50420	Perkins	6T	366D	16F-12R	100.0		CHA
MTX125	$58536	$32200	$35710	$42150	$46240	Perkins	6T	366D	16F-12R	113.0		No
MTX125 4WD	$64334	$35380	$39240	$46320	$50820	Perkins	6T	366D	16F-12R	113.0		No
MTX125 4WD w/Cab	$73525	$40440	$44850	$52940	$58090	Perkins	6T	366D	16F-12R	113.0		CHA
MTX125 Hi-Clear	$71873	$39530	$43840	$51750	$56780	Perkins	6T	366D	16F-12R	113.0		No
MTX125 Hi-Clear w/Cab	$81006	$44550	$49410	$58320	$64000	Perkins	6T	366D	16F-12R	113.0		CHA
MTX125 w/Cab.	$67727	$37250	$41310	$48760	$53500	Perkins	6T	366D	16F-12R	113.0		CHA
MTX140	$61559	$33860	$37550	$44320	$48630	Perkins	6T	366D	16F-12R	127.0		No
MTX140 4WD	$67357	$37050	$41090	$48500	$53210	Perkins	6T	366D	16F-12R	127.0		No
MTX140 4WD w/Cab	$76548	$42100	$46690	$55120	$60470	Perkins	6T	366D	16F-12R	127.0		CHA
MTX140 Hi-Clear	$74896	$41190	$45690	$53930	$59170	Perkins	6T	366D	16F-12R	127.0		No
MTX140 Hi-Clear w/Cab	$84028	$46220	$51260	$60500	$66380	Perkins	6T	366D	16F-12R	127.0		CHA
MTX140 w/Cab.	$70750	$38910	$43160	$50940	$55890	Perkins	6T	366D	16F-12R	127.0		CHA
MTX155 4WD w/Cab	$88532	$46920	$53120	$63740	$68170	Perkins	6TI	366D	16F-12R	141.0		CHA
MTX155 w/Cab.	$82544	$43750	$49530	$59430	$63560	Perkins	6TI	366D	16F-12R	141.0		CHA
MTX175 4WD w/Cab	$94725	$50200	$56840	$68200	$72940	Perkins	6TI	366D	16F-12R	155.0		CHA
MTX175 w/Cab.	$88732	$47030	$53240	$63890	$68320	Perkins	6TI	366D	16F-12R	155.0		CHA
2002												
C70	$25135	$12320	$13820	$17090	$18850	Perkins	4	256D	8F-4R	58.0		No
C70 4WD	$29545	$14480	$16250	$20090	$22160	Perkins	4	256D	8F-4R	58.0		No
CX70	$32590	$15970	$17930	$22160	$24440	Perkins	4	256D	8F-8R	58.0		No
CX70	$38285	$18760	$21060	$26030	$28710	Perkins	4	256D	8F-8R	58.0		CHA
CX70 4WD	$35595	$17440	$19580	$24210	$26700	Perkins	4	256D	8F-8R	58.0		No
CX70 4WD	$41290	$20230	$22710	$28080	$30970	Perkins	4	256D	8F-8R	58.0		C.H,A
C80	$29335	$14370	$16130	$19950	$22000	Perkins	4T	244D	8F-4R	67.0		No
C80 4WD	$33745	$16540	$18560	$22950	$25310	Perkins	4T	244D	8F-4R	67.0		No
CX80	$36786	$18030	$20230	$25010	$27590	Perkins	4T	244D	16F-8R	67.0		No
CX80	$42485	$20820	$23370	$28890	$31860	Perkins	4T	244D	16F-8R	67.0		CHA
CX80 4WD	$39791	$19500	$21890	$27060	$29840	Perkins	4T	244D	16F-8R	67.0		No
CX80 4WD	$45490	$22290	$25020	$30930	$34120	Perkins	4T	244D	16F-8R	67.0		CHA
C90	$31683	$15530	$17430	$21540	$23760	Perkins	4T	244D	8F-4R	74.0		No
C90 4WD	$35805	$17540	$19690	$24350	$26850	Perkins	4T	244D	8F-4R	74.0		No
CX90	$39142	$19180	$21530	$26620	$29360	Perkins	4T	244D	16F-8R	74.0		No
CX90	$44840	$21970	$24660	$30490	$33630	Perkins	4T	244D	16F-8R	74.0		CHA
CX90 4WD	$42172	$20660	$23200	$28680	$31630	Perkins	4T	244D	16F-8R	74.0		No
CX90 4WD	$47870	$23460	$26330	$32550	$35900	Perkins	4T	244D	16F-8R	74.0		CHA
C100	$34755	$17030	$19120	$23630	$26070	Perkins	4T	244D	8F-4R	83.0		No
C100 4WD	$38880	$19050	$21380	$26440	$29160	Perkins	4T	244D	8F-4R	83.0		No
CX100	$42216	$20690	$23220	$28710	$31660	Perkins	4T	244D	16F-8R	83.0		No
CX100	$47915	$23480	$26350	$32580	$35940	Perkins	4T	244D	16F-8R	83.0		CHA
CX100 4WD	$45247	$22170	$24890	$30770	$33940	Perkins	4T	244D	16F-8R	83.0		No
CX100 4WD	$50945	$24960	$28020	$34640	$38210	Perkins	4T	244D	16F-8R	83.0		CHA
MC90 4WD	$46905	$22980	$25800	$31900	$35180	Perkins	4T	244D	16F-12R	74.0		No
MC90 4WD w/Cab	$55500	$27200	$30530	$37740	$41630	Perkins	4T	244D	16F-12R	74.0		CHA
MC100	$45679	$22380	$25120	$31060	$34260	Perkins	4T	244D	16F-12R	83.0		No
MC100 4WD	$50961	$24970	$28030	$34650	$38220	Perkins	4T	244D	16F-12R	83.0		No
MC100 4WD w/Cab	$60042	$29420	$33020	$40830	$45030	Perkins	4T	244D	16F-12R	83.0		CHA
MC100 w/Cab.	$54760	$26830	$30120	$37240	$41070	Perkins	4T	244D	16F-12R	83.0		CHA
MC115	$50020	$24510	$27510	$34010	$37520	Perkins	4TI	244D	16F-12R	96.0		No
MC115 4WD	$55442	$27170	$30490	$37700	$41580	Perkins	4TI	244D	16F-12R	96.0		No
MC115 4WD w/Cab	$64523	$31620	$35490	$43880	$48390	Perkins	4TI	244D	16F-12R	96.0		CHA
MC115 w/Cab.	$59100	$28960	$32510	$40190	$44330	Perkins	4TI	244D	16F-12R	96.0		CHA
MTX110	$54636	$26770	$30050	$37150	$40980	Perkins	6T	366D	16F-12R	98.0		No
MTX110 4WD	$60434	$29610	$33240	$41100	$45330	Perkins	6T	366D	16F-12R	98.0		No
MTX110 4WD w/Cab	$69625	$34120	$38290	$47350	$52220	Perkins	6T	366D	16F-12R	98.0		CHA
MTX110 w/Cab.	$63827	$31280	$35110	$43400	$47870	Perkins	6T	366D	16F-12R	98.0		CHA
MTX125	$58536	$28680	$32200	$39800	$43900	Perkins	6T	366D	16F-12R	113.0		No
MTX125 4WD	$64334	$31520	$35380	$43750	$48250	Perkins	6T	366D	16F-12R	113.0		No
MTX125 4WD w/Cab	$73525	$36030	$40440	$50000	$55140	Perkins	6T	366D	16F-12R	113.0		CHA
MTX125 w/Cab.	$67727	$33190	$37250	$46050	$50800	Perkins	6T	366D	16F-12R	113.0		CHA
MTX140	$61559	$30160	$33860	$41860	$46170	Perkins	6T	366D	16F-12R	127.0		No
MTX140 4WD	$67357	$33010	$37050	$45800	$50520	Perkins	6T	366D	16F-12R	127.0		No
MTX140 4WD w/Cab	$76548	$37510	$42100	$52050	$57410	Perkins	6T	366D	16F-12R	127.0		CHA
MTX140 w/Cab.	$70750	$34670	$38910	$48110	$53060	Perkins	6T	366D	16F-12R	127.0		CHA
MTX155 4WD w/Cab	$88532	$43380	$48690	$60200	$66400	Perkins	6TI	366D	16F-12R	141.0		CHA
MTX155 w/Cab.	$82544	$40450	$45400	$56130	$61910	Perkins	6TI	366D	16F-12R	141.0		CHA
MTX175 4WD w/Cab	$94725	$46420	$52100	$64410	$71040	Perkins	6TI	366D	16F-12R	155.0		CHA
MTX175 w/Cab.	$88732	$43480	$48800	$60340	$66550	Perkins	6TI	366D	16F-12R	155.0		CHA

Minneapolis-Moline

Model	Approx. Retail Price New	Used Trade-In Avg.	Used Trade-In High	Used Retail Avg.	Used Retail High	Make	No. Cyls.	Displ. Cu.-in.	No. Speeds	P.T.O. H.P.	Approx. Shipping Wt.-Lbs.	Cab
1974												
G955	$10406	$1770	$2970	$4370	$5000	MM	6	425LP	18F-6R	97.00	10612	No
G955	$10752	$1830	$3060	$4520	$5160	MM	6	451D	18F-6R	98.33	10812	No
G1355	$12225	$2080	$3480	$5140	$5870	MM	6	504LP	18F-6R	137.00	12600	No
G1355	$13136	$2230	$3740	$5520	$6310	MM	6	585D	18F-6R	142.62	13000	No
1973												
G350	$4981	$850	$1440	$2090	$2390	Fiat	3	158D	9F-3R	41.00	3810	No
G350 4WD	$6186	$1050	$1790	$2600	$2970	Fiat	3	158D	9F-3R	41.00	4360	No
G450	$6196	$1050	$1800	$2600	$2970	Fiat	4	211D	12F-3R	54.00	4380	No
G450 4WD	$7283	$1240	$2110	$3060	$3500	Fiat	4	211D	12F-3R	54.00	5120	No
G550	$4101	$700	$1190	$1720	$1970	Oliver	4	232G	12F-4R	53.00	6830	No
G550	$4839	$820	$1400	$2030	$2320	Oliver	4	232D	12F-4R	53.00	6940	No
G750	$7943	$1350	$2300	$3340	$3810	Oliver	6	265G	18F-6R	70.00	7380	No
G750	$8466	$1440	$2460	$3560	$4060	Oliver	6	265LP	18F-6R		7580	No
G750	$8891	$1510	$2580	$3730	$4270	Oliver	6	283D	18F-6R	70.00	7780	No
G850	$8553	$1450	$2480	$3590	$4110	Oliver	6	283G	18F-6R	86.00	8870	No
G850	$9330	$1590	$2710	$3920	$4480	Oliver	6	310D	18F-6R	86.00	9270	No
G940	$9400	$1600	$2730	$3950	$4510	Oliver	6	310G	18F-6R	92.0	8976	No
G940	$10100	$1720	$2930	$4240	$4850	Oliver	6	310D	18F-6R	98.0	9376	No
G955	$10303	$1750	$2990	$4330	$4950	MM	6	425LP	18F-6R	97.00	10612	No
G955	$10646	$1810	$3090	$4470	$5110	MM	6	451D	18F-6R	98.33	10812	No
G1355	$12104	$2060	$3510	$5080	$5810	MM	6	504LP	18F-6R	137.00	12600	No
G1355	$13019	$2210	$3780	$5470	$6250	MM	6	585D	18F-6R	142.62	13000	No
1972												
A4T-1600 4WD	$22416	$3140	$5160	$7850	$9750	MM	6	504D	10F-2R	143.27	17700	No
G350	$4932	$840	$1460	$2100	$2370	Fiat	3	158D	9F-3R	41.00	3810	No
G350 4WD	$6125	$1040	$1810	$2600	$2940	Fiat	3	158D	9F-3R	41.00	4360	No
G450	$6135	$1040	$1810	$2610	$2950	Fiat	4	211D	12F-3R	54.00	4380	No
G450 4WD	$7211	$1230	$2130	$3070	$3460	Fiat	4	211D	12F-3R	54.00	5120	No
G550	$3906	$660	$1150	$1660	$1880	Oliver	4	232G	12F-4R	53.00	6830	No
G550	$4791	$810	$1410	$2040	$2300	Oliver	4	232D	12F-4R	53.00	6940	No
G750	$7565	$1290	$2230	$3220	$3630	Oliver	6	265G	18F-6R	70.00	7380	No
G750	$8063	$1370	$2380	$3430	$3870	Oliver	6	265LP	18F-6R		7580	No
G750	$8468	$1440	$2500	$3600	$4070	Oliver	6	283D	18F-6R	70.00	7780	No
G850	$8386	$1430	$2470	$3560	$4030	Oliver	6	283G	18F-6R	86.00	8870	No
G850	$9147	$1560	$2700	$3890	$4390	Oliver	6	310D	18F-6R	86.00	9270	No
G940	$9300	$1580	$2740	$3950	$4460	Oliver	6	310G	18F-6R	92.00	8976	No
G940	$10000	$1700	$2950	$4250	$4800	Oliver	6	310D	18F-6R	98.00	9376	No
G950	$9555	$1620	$2820	$4060	$4590	MM	6	425G	15F-3R	92.00	9950	No
G950	$9812	$1670	$2900	$4170	$4710	MM	6	425LP	15F-3R		10550	No
G950	$10139	$1720	$2990	$4310	$4870	MM	6	451D	15F-3R	98.00	11150	No
G1050	$10682	$1820	$3150	$4540	$5130	MM	6	504LP	15F-3R	110.00	11450	No
G1050	$11489	$1950	$3390	$4880	$5520	MM	6	504D	15F-3R	110.00	11650	No
G1350	$11750	$2000	$3470	$4990	$5640	MM	6	504LP	10F-2R		12200	No
G1350	$12637	$2150	$3730	$5370	$6070	MM	6	585D	10F-2R	141.44	12400	No
G1355	$11985	$2040	$3540	$5090	$5750	MM	6	504LP	18F-6R	137.00	12600	No
G1355	$12890	$2190	$3800	$5480	$6190	MM	6	585D	18F-6R	142.62	13000	No
1971												
A4T-1600 4WD	$21366	$2990	$4910	$7480	$9290	MM	6	504D	10F-2R	143.27	17700	No
G350	$4883	$880	$1470	$2100	$2370	Fiat	3	158D	9F-3R	41.00	3810	No
G350 4WD	$6064	$1090	$1820	$2610	$2940	Fiat	3	158D	9F-3R	41.00	4360	No
G450	$6074	$1090	$1820	$2610	$2950	Fiat	4	211D	12F-3R	54.00	4380	No
G450 4WD	$7140	$1290	$2140	$3070	$3460	Fiat	4	211D	12F-3R	54.00	5120	No
G550	$3867	$700	$1160	$1660	$1880	Oliver	4	232G	12F-4R	53.00	3250	No
G550	$4744	$850	$1420	$2040	$2300	Oliver	4	232D	12F-4R	53.00	3275	No
G750	$7205	$1300	$2160	$3100	$3490	Oliver	6	265G	18F-6R	70.00	7380	No
G750	$7679	$1380	$2300	$3300	$3720	Oliver	6	265LP	18F-6R		7580	No
G750	$8065	$1450	$2420	$3470	$3910	Oliver	6	283D	18F-6R	70.00	7780	No
G850	$7987	$1440	$2400	$3430	$3870	Oliver	6	283G	18F-6R	86.00	8870	No
G850	$8711	$1570	$2610	$3750	$4230	Oliver	6	310D	18F-6R	86.00	9270	No
G940	$9000	$1620	$2700	$3870	$4370	Oliver	6	310G	18F-6R	92.00	8976	No
G940	$9960	$1790	$2990	$4280	$4830	Oliver	6	310D	18F-6R	98.00	9376	No
G950	$9460	$1700	$2840	$4070	$4590	MM	6	425G	15F-3R	92.00	9950	No
G950	$9722	$1750	$2920	$4180	$4720	MM	6	425LP	15F-3R		10550	No
G950	$10039	$1810	$3010	$4320	$4870	MM	6	451D	15F-3R	98.00	11150	No
G1050	$10576	$1900	$3170	$4550	$5130	MM	6	504LP	15F-3R		11450	No
G1050	$11375	$2050	$3410	$4890	$5520	MM	6	504D	15F-3R	110.00	11650	No
G1350	$11634	$2090	$3490	$5000	$5640	MM	6	504LP	10F-2R		12200	No
G1350	$12512	$2250	$3750	$5380	$6070	MM	6	585D	10F-2R	141.44	12400	No
1970												
Jet Star III	$4566	$820	$1370	$1960	$2240	MM	4	206LP	10F-2R	45.00	3630	No
Jet Star III	$4700	$850	$1410	$2020	$2300	MM	4	206G	10F-2R	44.00	3430	No
Jet Star III	$4968	$890	$1490	$2140	$2430	MM	4	206D	10F-2R		3940	No
A4T-1400 4WD	$20136	$2920	$4630	$7050	$8760	MM	6	504D	10F-2R		17300	No
U302	$4679	$840	$1400	$2010	$2290	MM	4	221G	10F-2R	55.82	5425	No
U302	$5081	$920	$1520	$2190	$2490	MM	4	221LP	10F-2R	55.69	5640	No
U302	$5409	$970	$1620	$2330	$2650	MM	4	236D	10F-2R		5840	No
M670	$5781	$1040	$1730	$2490	$2830	MM	4	336G	10F-2R	73.02	6550	No

Minneapolis-Moline (Cont.)

Model	Approx. Retail Price New	Used Trade-In Avg.	Used Trade-In High	Used Retail Avg.	Used Retail High	Make	No. Cyls.	Displ. Cu.-in.	No. Speeds	P.T.O. H.P.	Approx. Shipping Wt.-Lbs.	Cab
1970 (Cont.)												
M670	$6321	$1140	$1900	$2720	$3100	MM	4	336LP	10F-2R	74.16	6750	No
M670	$6489	$1170	$1950	$2790	$3180	MM	4	336D	10F-2R	71.01	6950	No
G950	$7613	$1370	$2280	$3270	$3730	MM	6	425G	15F-3R		9950	No
G950	$7945	$1430	$2380	$3420	$3890	MM	6	425LP	15F-3R		10550	No
G950	$8276	$1490	$2480	$3560	$4060	MM	6	451D	15F-3R	98.00	11150	No
G1000	$9973	$1800	$2990	$4290	$4890	MM	6	504LP	10F-2R	110.94	10000	No
G1000	$10725	$1930	$3220	$4610	$5260	MM	6	504D	10F-2R	111.00	10200	No
G1000 Wheatland	$9773	$1760	$2930	$4200	$4790	MM	6	504LP	10F-2R	110.76	10200	No
G1000 Wheatland	$10609	$1910	$3180	$4560	$5200	MM	6	504D	10F-2R	110.78	10400	No
G1050	$10471	$1890	$3140	$4500	$5130	MM	6	504LP	15F-3R		11450	No
G1050	$11262	$2030	$3380	$4840	$5520	MM	6	504D	15F-3R	110.00	11650	No
G1350	$11519	$2070	$3460	$4950	$5640	MM	6	504LP	10F-2R		12200	No
G1350	$12388	$2230	$3720	$5330	$6070	MM	6	585D	10F-2R	141.44	12400	No
1969												
Jet Star III	$4110	$980	$1560	$2760	$3240	MM	4	206G	10F-2R	45	3630	No
Jet Star III	$4520	$1080	$1720	$3050	$3570	MM	4	206LP	10F-2R	45	3430	No
Jet Star III	$4920	$1090	$1730	$3080	$3610	MM	4	206D	10F-2R	45	3940	No
A4T-1400 4WD	$19620	$2850	$4510	$6870	$8540	MM	6	504D	10F-2R		17300	No
U302	$4633	$1120	$1780	$3150	$3700	MM	4	221G	10F-2R	55.8	5425	No
U302	$5031	$1120	$1780	$3150	$3700	MM	4	221LP	10F-2R	55.8	5640	No
U302	$5355	$1250	$1990	$3520	$4130	MM	4	236D	10F-2R	55.6	5840	No
M670	$5725	$1130	$1800	$3190	$3740	MM	4	336G	10F-2R	73.2	6550	No
M670	$6258	$1130	$1800	$3190	$3740	MM	4	336LP	10F-2R	73.2	6750	No
M670	$6425	$1350	$2140	$3800	$4460	MM	4	336D	10F-2R	71	6950	No
G900	$7390	$1490	$2370	$4200	$4920	MM	6	425G	10F-2R	97.8	9200	No
G900	$7712	$1490	$2370	$4200	$4920	MM	6	425LP	10F-2R	97.8	9400	No
G900	$8033	$1640	$2610	$4640	$5440	MM	6	451D	10F-2R	97.7	9600	No
G950	$7538	$1680	$2670	$4740	$5550	MM	6	425G	10F-2R	98	9950	No
G950	$7866	$1700	$2700	$4790	$5620	MM	6	425LP	10F-2R	98	10550	No
G950	$8194	$1830	$2910	$5160	$6050	MM	6	451D	10F-2R	98	11150	No
G1000	$9777	$2020	$3210	$5690	$6680	MM	6	504LP	10F-2R	111	10000	No
G1000	$10515	$2370	$3770	$6680	$7840	MM	6	504D	10F-2R	110	10200	No
G1000 Wheatland	$9581	$1910	$3030	$5380	$6310	MM	6	504LP	10F-2R	110.7	10200	No
G1000 Wheatland	$10410	$1880	$2990	$5310	$6220	MM	6	504D	10F-2R	110.8	10400	No
G1050	$10266	$2080	$3310	$5880	$6890	MM	6	504LP	10F-2R	110	11050	No
G1050	$11041	$2300	$3650	$6480	$7600	MM	6	585D	10F-2R	141.4	11250	No
G1350	$11295	$2670	$4240	$7520	$8810	MM	6	585D	10F-2R	141.4	12400	No
G1350	$11295	$2670	$4240	$7520	$8810	MM	6	504LP	10F-2R		12200	No
1968												
Jet Star	$4432	$1080	$1720	$3050	$3570	MM	4	206LP	10F-2R	45	3630	No
Jet Star III	$4028	$980	$1560	$2760	$3240	MM	4	206G	10F-2R	44	3430	No
Jet Star III	$4800	$1090	$1730	$3080	$3610	MM	4	206D	10F-2R	45	3940	No
U302	$4545	$1120	$1780	$3150	$3700	MM	4	221G	10F-2R	55.8	5425	No
U302	$4932	$1120	$1780	$3150	$3700	MM	4	221LP	10F-2R	55.8	5640	No
U302	$5250	$1250	$1990	$3520	$4130	MM	4	236D	10F-2R	55.6	5840	No
M670	$5615	$1130	$1800	$3190	$3740	MM	4	336G	10F-2R	73.2	6550	No
M670	$6135	$1200	$1900	$3370	$3960	MM	4	336LP	10F-2R	73.2	6750	No
M670	$6300	$1350	$2140	$3800	$4460	MM	4	336D	10F-2R	71	6950	No
G900	$7245	$1490	$2370	$4200	$4920	MM	6	425G	10F-2R	97.8	9200	No
G900	$7560	$1490	$2370	$4200	$4920	MM	6	425LP	10F-2R	97.8	9400	No
G900	$7875	$1570	$2490	$4420	$5180	MM	6	451D	10F-2R	97.7	9600	No
G1000	$9585	$1950	$3100	$5500	$6450	MM	6	504LP	10F-2R	111	10000	No
G1000	$10310	$2170	$3460	$6130	$7190	MM	6	504D	10F-2R	110	10200	No
G1000 Wheatland	$9395	$1910	$3030	$5380	$6310	MM	6	504LP	10F-2R	110.7	10200	No
G1000 Wheatland	$10206	$1990	$3160	$5610	$6580	MM	6	504D	10F-2R	110.8	10400	No
1967												
Jet Star III	$3836	$980	$1560	$2810	$3260	MM	4	206G	10F-2R	44	3430	No
Jet Star III	$4221	$970	$1540	$2770	$3220	MM	4	206LP	10F-2R	44	3630	No
Jet Star III	$4595	$1090	$1730	$3130	$3640	MM	4	206D	10F-2R	45	3940	No
U302	$4326	$1040	$1650	$2990	$3470	MM	4	221G	10F-2R	55.8	5425	No
U302	$4697	$1070	$1710	$3080	$3580	MM	4	221LP	10F-2R	55.6	5640	No
M670	$5345	$1130	$1800	$3250	$3770	MM	4	336G	10F-2R	73.2	6550	No
M670	$5843	$1140	$1810	$3270	$3800	MM	4	336LP	10F-2R	73.2	6750	No
M670	$6000	$1270	$2020	$3650	$4240	MM	4	336D	10F-2R	71	6950	No
G900	$6900	$1430	$2270	$4110	$4770	MM	6	425G	10F-2R	97.8	9200	No
G900	$7200	$1490	$2370	$4270	$4960	MM	6	425LP	10F-2R	97.8	9400	No
G900	$7500	$1570	$2490	$4500	$5220	MM	6	451D	10F-2R	97.7	9600	No
G1000	$9130	$2020	$3210	$5800	$6730	MM	6	504LP	10F-2R	111	10000	No
G1000	$9820	$2370	$3770	$6800	$7900	MM	6	504D	10F-2R	110	10200	No
G1000 Wheatland	$8950	$1750	$2780	$5010	$5820	MM	6	504LP	10F-2R	110.7	10200	No
G1000 Wheatland	$9720	$1900	$3010	$5440	$6320	MM	6	504D	10F-2R	110.8	10400	No
1966												
Jet Star III	$3761	$980	$1560	$2860	$3310	MM	4	206G	10F-2R	44	3430	No
Jet Star III	$4138	$970	$1540	$2820	$3270	MM	4	206LP	10F-2R	44	3630	No
Jet Star III	$4503	$1090	$1730	$3190	$3690	MM	4	206D	10F-2R	45	3940	No
U302	$4241	$940	$1490	$2740	$3170	MM	4	221G	10F-2R	55.8	5425	No
U302	$4605	$980	$1550	$2850	$3300	MM	4	221LP	10F-2R	55.6	5640	No
M670	$5345	$1130	$1800	$3310	$3830	MM	4	336G	10F-2R	73.2	6550	No
M670	$5565	$1150	$1830	$3360	$3890	MM	4	336LP	10F-2R	73.2	6750	No
M670	$5700	$1170	$1860	$3420	$3960	MM	4	336D	10F-2R	71	6950	No

Minneapolis-Moline (Cont.)

Model	Approx. Retail Price New	Estimated Value Less Repairs				Engine			No. Speeds	P.T.O. H.P.	Approx. Shipping Wt.-Lbs.	Cab
		Used Trade-In Avg.	High	Used Retail Avg.	High	Make	No. Cyls.	Displ. Cu.-in.				

1966 (Cont.)

Model	Price New	T-I Avg	T-I High	Retail Avg	Retail High	Make	Cyls	Displ	Speeds	P.T.O.	Wt	Cab
G1000	$8695	$1750	$2780	$5120	$5920	MM	6	504LP	10F-2R	110.7	10000	No
G1000	$9350	$1950	$3100	$5700	$6600	MM	6	504D	10F-2R	110	10200	No

1965

Jet Star III	$3582	$780	$1250	$2330	$2690	MM	4	206G	10F-2R	44	3430	No
Jet Star III	$3941	$870	$1380	$2580	$2980	MM	4	206LP	10F-2R	44	3630	No
Jet Star III	$4290	$960	$1520	$2840	$3280	MM	4	206D	10F-2R	45	3940	No
U302	$4040	$860	$1370	$2570	$2970	MM	4	221G	10F-2R	55.8	5425	No
U302	$4386	$900	$1430	$2670	$3090	MM	4	221LP	10F-2R	55.6	5640	No
M670	$4990	$1000	$1580	$2960	$3420	MM	4	336G	10F-2R	73.2	6550	No
M670	$5300	$1070	$1710	$3190	$3690	MM	4	336LP	10F-2R	73.2	6750	No
M670	$5600	$1130	$1800	$3370	$3900	MM	4	336D	10F-2R	71	6950	No
G705	$7960	$1550	$2470	$4620	$5330	MM	6	504LP	5F-1R	101.6	7700	No
G705	$8315	$1620	$2580	$4820	$5570	MM	6	504D	5F-1R	101.4	7900	No
G706 4WD	$10615	$2070	$3290	$6160	$7110	MM	6	504LP	5F-1R	101.4	8600	No
G706 4WD	$10966	$2140	$3400	$6360	$7350	MM	6	504D	5F-1R	101.6	8800	No
G707	$8120	$1580	$2520	$4710	$5440	MM	6	504LP	5F-1R	101	7700	No
G707	$8481	$1650	$2630	$4920	$5680	MM	6	504D	5F-1R	101	7900	No
G708 4WD	$10825	$2110	$3360	$6280	$7250	MM	6	504LP	5F-1R	101	8600	No
G708 4WD	$11185	$2180	$3470	$6490	$7490	MM	6	504D	5F-1R	101	8800	No
G1000	$8524	$1730	$2750	$5150	$5950	MM	6	504LP	10F-2R	110	10000	No
G1000	$8905	$1760	$2790	$5220	$6030	MM	6	504D	10F-2R	110	10200	No

1964

Jet Star III	$3515	$730	$1150	$2200	$2530	MM	4	206G	10F-2R	44	3430	No
Jet Star III	$3865	$790	$1260	$2390	$2750	MM	4	206LP	10F-2R	44	3630	No
Jet Star III	$4205	$880	$1390	$2650	$3060	MM	4	206D	10F-2R	45	3940	No
U302	$3960	$830	$1310	$2500	$2880	MM	4	221G	10F-2R	55.8	5425	No
U302	$4300	$880	$1400	$2660	$3060	MM	4	221LP	10F-2R	55.6	5640	No
M602	$4375	$900	$1430	$2710	$3130	MM	4	336G	10F-2R	64	6550	No
M602	$4675	$940	$1490	$2830	$3260	MM	4	336LP	10F-2R	64	6750	No
M602	$4966	$1130	$1790	$3410	$3930	MM	4	336D	10F-2R	64	6950	No
M604 4WD	$6721	$1370	$2170	$4140	$4770	MM	4	336G	10F-2R	73	7020	No
M604 4WD	$7017	$1390	$2200	$4200	$4840	MM	4	336LP	10F-2R	73	7220	No
M604 4WD	$7312	$1520	$2410	$4590	$5290	MM	4	336D	10F-2R	74	7420	No
M670	$4900	$980	$1550	$2950	$3400	MM	4	336G	10F-2R	73.2	6550	No
M670	$5196	$1030	$1640	$3130	$3600	MM	4	336LP	10F-2R	73.2	6750	No
M670	$5491	$1070	$1710	$3250	$3740	MM	4	336D	10F-2R	71	6950	No
G705	$7805	$1520	$2420	$4610	$5310	MM	6	504LP	5F-1R	101.6	7700	No
G705	$8152	$1590	$2530	$4810	$5540	MM	6	504D	5F-1R	101.4	7900	No
G706 4WD	$10400	$2030	$3220	$6140	$7070	MM	6	504LP	5F-1R	101.4	8600	No
G706 4WD	$10750	$2100	$3330	$6340	$7310	MM	6	504D	5F-1R	101.6	8800	No

1963

Jet Star II	$3445	$720	$1150	$2220	$2550	MM	4	206G	10F-2R	44	3370	No
Jet Star II	$3788	$780	$1240	$2400	$2760	MM	4	206LP	10F-2R	44	3570	No
Jet Star II	$4125	$840	$1330	$2580	$2970	MM	4	206D	10F-2R	44	3770	No
M5	$4205	$880	$1400	$2700	$3110	MM	4	336G	10F-2R	61	5830	No
M5	$4490	$900	$1430	$2760	$3170	MM	4	336LP	10F-2R	61	6030	No
M5	$4775	$980	$1550	$3000	$3450	MM	4	336D	10F-2R	58	6230	No
M504 4WD	$6555	$1280	$2030	$3930	$4520	MM	4	336G	10F-2R	61	7020	No
M504 4WD	$6835	$1330	$2120	$4100	$4720	MM	4	336LP	10F-2R	61	7220	No
M504 4WD	$7120	$1390	$2210	$4270	$4910	MM	4	336D	10F-2R	58	7420	No
M602	$4290	$980	$1550	$3010	$3460	MM	4	336G	10F-2R	64	6350	No
M602	$4580	$1000	$1580	$3070	$3530	MM	4	336LP	10F-2R	64	6550	No
M602	$4870	$1130	$1790	$3470	$3990	MM	4	336D	10F-2R	64	6750	No
M604 4WD	$6590	$1370	$2170	$4210	$4840	MM	4	336G	10F-2R	73	7020	No
M604 4WD	$6880	$1390	$2200	$4270	$4910	MM	4	336LP	10F-2R	73	7220	No
M604 4WD	$7170	$1420	$2260	$4380	$5040	MM	4	336D	10F-2R	74	7420	No
G705	$7650	$1490	$2370	$4590	$5280	MM	6	504LP	5F-1R	101	7700	No
G705	$7995	$1560	$2480	$4800	$5520	MM	6	504D	5F-1R	101	7900	No
G706 4WD	$10200	$1990	$3160	$6120	$7040	MM	6	504LP	5F-1R	101	8600	No
G706 4WD	$10540	$2060	$3270	$6320	$7270	MM	6	504D	5F-1R	101	8800	No

1962

4 Star	....	$730	$1290	$2020	$2430	MM	4	206G	10F-2R	44	4000	No
4 Star	....	$780	$1390	$2170	$2610	MM	4	206D	10F-2R	44	4000	No
GVI	$5700	$1110	$1770	$3450	$3990	MM	6	426G	5F-1R	78	7620	No
GVI	$6405	$1250	$1990	$3880	$4480	MM	6	426D	5F-1R	79	7835	No
Jet Star	$3400	$660	$1050	$2060	$2380	MM	4	206G	10F-2R	44	3400	No
Jet Star	$4000	$780	$1240	$2420	$2800	MM	4	206D	10F-2R	45	3800	No
M5	$4200	$820	$1300	$2540	$2940	MM	4	336G	10F-2R	61	5928	No
M5	$4700	$920	$1460	$2840	$3290	MM	4	336D	10F-2R	58	6230	No
M504 4WD	$6500	$1270	$2020	$3930	$4550	MM	4	336G	10F-2R	61	7020	No
M504 4WD	$7100	$1390	$2200	$4300	$4970	MM	4	336D	10F-2R	58	7420	No
G704 4WD	$7440	$1450	$2310	$4500	$5210	MM	6	504LP	5F-1R	101.4	8405	No
G704 4WD	$8150	$1590	$2530	$4930	$5710	MM	6	504D	5F-1R	101.6	8655	No
G705	$7600	$1480	$2360	$4600	$5320	MM	6	504G	5F-1R	101.6	7700	No
G705	$7900	$1540	$2450	$4780	$5530	MM	6	504D	5F-1R	101.4	7900	No
G706 4WD	$10000	$1950	$3100	$6050	$7000	MM	6	504G	5F-1R	101.4	8600	No
G706 4WD	$10500	$2050	$3260	$6350	$7350	MM	6	504D	5F-1R	101.6	8750	No

Minneapolis-Moline (Cont.)

Model	Approx. Retail Price New	Used Trade-In Avg.	Used Trade-In High	Used Retail Avg.	Used Retail High	Make	No. Cyls.	Displ. Cu.-in.	No. Speeds	P.T.O. H.P.	Approx. Shipping Wt.-Lbs.	Cab
1961												
4 Star	......	$700	$1240	$1960	$2360	MM	4	206G	10F-2R	44	4000	No
4 Star	......	$740	$1310	$2080	$2500	MM	4	206D	10F-2R	44	4000	No
GVI	......	$1080	$1720	$3390	$3940	MM	6	426G	5F-1R	78	7620	No
GVI	......	$1220	$1940	$3810	$4440	MM	6	426D	5F-1R	79	7835	No
Jet Star	......	$720	$1150	$2260	$2630	MM	4	206G	10F-2R	44	4550	No
Jet Star	......	$850	$1350	$2650	$3090	MM	4	206D	10F-2R	45	4600	No
UBG	......	$780	$1240	$2440	$2840	MM	4	283G	5F-1R	45	5840	No
UDS	......	$860	$1360	$2680	$3110	MM	4	283D	5F-1R	45	5810	No
UTSD	......	$900	$1430	$2810	$3270	MM	4	283D	5F-1R	45	5810	No
ZAE	......	$760	$1210	$2380	$2770	MM	4	206G	5F-1R	33	3700	No
5 Star Universal	......	$890	$1410	$2780	$3230	MM	4	336G	10F-1R	57	6344	No
5 Star Universal	......	$1030	$1640	$3230	$3760	MM	4	336D	10F-1R	57	6642	No
M5	......	$800	$1280	$2510	$2930	MM	4	336G	10F-2R	61	6928	No
M5	......	$1070	$1700	$3350	$3890	MM	4	336D	10F-2R	58	7078	No
335U Utility	......	$890	$1410	$2780	$3230	MM	4	165G	5F-1R	31.4	3361	No
1960												
4 Star	......	$670	$1190	$1910	$2250	MM	4	206G	10F-2R	44	4000	No
4 Star	......	$710	$1260	$2030	$2400	MM	4	206D	10F-2R	44	4000	No
GVI	......	$1040	$1660	$3260	$3850	MM	6	426G	5F-1R	78	7620	No
GVI	......	$1200	$1910	$3750	$4430	MM	6	426D	5F-1R	79	7835	No
Jet Star	......	$700	$1120	$2200	$2590	MM	4	206D	10F-2R	45	4600	No
UBG	......	$740	$1180	$2320	$2740	MM	4	283G	5F-1R	45	5840	No
UDS	......	$840	$1330	$2610	$3080	MM	4	283D	5F-1R	45	5810	No
UTSD	......	$890	$1420	$2790	$3300	MM	4	283D	5F-1R	45	5810	No
ZAE	......	$740	$1180	$2320	$2740	MM	4	206G	5F-1R	33	3700	No
5 Star	......	$890	$1410	$2780	$3280	MM	4	283G	10F-2R	57	6342	No
5 Star	......	$1030	$1640	$3230	$3820	MM	4	336D	10F-2R	57	6642	No
5 Star Universal	......	$1000	$1590	$3120	$3690	MM	4	336D	10F-1R	57	6642	No
5 Star Unviersal	......	$850	$1350	$2650	$3130	MM	4	336G	10F-1R	57	6344	No
M5	......	$780	$1250	$2450	$2890	MM	4	336G	10F-2R	61	6928	No
M5	......	$850	$1350	$2650	$3130	MM	4	336D	10F-2R	58	7078	No
335U Utility	......	$640	$1010	$2000	$2350	MM	4	165G	5F-1R	31.4	3361	No
445 Utility	......	$830	$1320	$2590	$3060	MM	4	206D	5F-1R	40.8	4240	No
1959												
4 Star	......	$640	$1120	$1880	$2180	MM	4	206G	10F-2R	44	4000	No
4 Star	......	$680	$1180	$1980	$2300	MM	4	206D	10F-2R	44	4000	No
GB	......	$950	$1500	$2910	$3540	MM	4	403G	5F-1R	69	6730	No
GB	......	$1110	$1770	$3420	$4160	MM	6	425D	5F-1R	65	7600	No
GVI	......	$1000	$1600	$3090	$3760	MM	6	426G	5F-1R	78	7620	No
GVI	......	$1180	$1880	$3630	$4420	MM	6	426D	5F-1R	79	7835	No
Jet Star	......	$690	$1090	$2110	$2570	MM	4	206G	10F-2R	44	4550	No
UBG	......	$710	$1140	$2200	$2670	MM	4	283G	5F-1R	45	5840	No
UDS	......	$780	$1240	$2400	$2920	MM	4	283D	5F-1R	45	5810	No
UTSD	......	$860	$1360	$2640	$3210	MM	4	283D	5F-1R	45	5810	No
ZAE	......	$660	$1050	$2040	$2480	MM	4	206G	5F-1R	33	3700	No
5 Star	......	$880	$1400	$2700	$3290	MM	4	336D	10F-2R	57	6642	No
5 Star	......	$1020	$1630	$3150	$3830	MM	4	283G	10F-2R	57	6342	No
5 Star Universal	......	$960	$1530	$2950	$3590	MM	4	336D	10F-1R	57	6642	No
5 Star Unviersal	......	$830	$1320	$2550	$3100	MM	4	336G	10F-1R	57	6344	No
335 Universal	......	$590	$930	$1800	$2190	MM	4	165G	5F-1R	31.4	3481	No
335U Utility	......	$620	$980	$1900	$2310	MM	4	165G	5F-1R	31.4	3361	No
445 Universal	......	$680	$1080	$2100	$2550	MM	4	206G	5F-1R	40.8	4168	No
445 Universal	......	$700	$1110	$2160	$2620	MM	4	206D	5F-1R	40.8	4770	No
445 Utility	......	$750	$1190	$2310	$2810	MM	4	206D	5F-1R	40.8	4240	No
1958												
GB	......	$910	$1440	$2740	$3440	MM	6	425D	5F-1R	65	7600	No
GB	......	$1070	$1700	$3240	$4070	MM	4	403G	5F-1R	69	6730	No
UBG	......	$700	$1120	$2120	$2660	MM	4	283G	5F-1R	45	5840	No
UDS	......	$780	$1230	$2350	$2940	MM	4	283D	5F-1R	45	5810	No
UTSD	......	$840	$1340	$2540	$3190	MM	4	283D	5F-1R	45	5810	No
ZAE	......	$620	$990	$1890	$2370	MM	4	206G	5F-1R	33	3700	No
5 Star	......	$840	$1340	$2550	$3200	MM	4	336D	10F-2R	57	6642	No
5 Star	......	$980	$1560	$2960	$3720	MM	4	283G	10F-2R	57	6342	No
5 Star Universal	......	$930	$1470	$2800	$3520	MM	4	336D	10F-1R	57	6642	No
5 Star Unviersal	......	$800	$1270	$2420	$3030	MM	4	336G	10F-1R	57	6344	No
335 Universal	......	$650	$1040	$1980	$2480	MM	4	165G	5F-1R	31.4	3481	No
335U Utility	......	$600	$950	$1810	$2270	MM	4	165G	5F-1R	31.4	3361	No
445 Universal	......	$750	$1190	$2270	$2850	MM	4	206G	5F-1R	40.8	4168	No
445 Universal	......	$760	$1210	$2300	$2890	MM	4	206D	5F-1R	40.8	4770	No
445 Utility	......	$780	$1240	$2360	$2960	MM	4	206D	5F-1R	40.8	4240	No
1957												
BF	......	$690	$1090	$2050	$2650	Herc.	4	133G	4F-1R	25.1	4636	No
GB	......	$870	$1380	$2580	$3340	MM	4	403G	5F-1R	69	6730	No
GB	......	$1070	$1700	$3190	$4120	MM	6	425D	5F-1R	65	7600	No
UBD Special	......	$770	$1220	$2290	$2960	MM	4	283D	5F-1R	45	7600	No
UBG	......	$700	$1120	$2090	$2700	MM	4	283G	5F-1R	45	5840	No
UDS	......	$760	$1200	$2250	$2910	MM	4	283D	5F-1R	45	5810	No
UTS	......	$790	$1260	$2360	$3050	MM	4	283G	5F-1R	45	6220	No
UTSD	......	$830	$1310	$2460	$3180	MM	4	283D	5F-1R	45	5810	No
5 Star Universal	......	$890	$1420	$2660	$3440	MM	4	336D	10F-1R	57	6642	No

Minneapolis-Moline (Cont.)

Model	Approx. Retail Price New	Estimated Value Less Repairs				Make	Engine No. Cyls.	Displ. Cu.-in.	No. Speeds	P.T.O. H.P.	Approx. Shipping Wt.-Lbs.	Cab
		Used Trade-In Avg.	High	Used Retail Avg.	High							
1957 (Cont.)												
5 Star Univiersal	......	$780	$1230	$2310	$2990	MM	4	336G	10F-1R	57	6344	No
335 Universal	......	$610	$980	$1830	$2360	MM	4	165G	5F-1R	31.4	3481	No
335U Utility	......	$590	$930	$1740	$2250	MM	4	165G	5F-1R	31.4	3361	No
445 Universal	......	$710	$1130	$2120	$2740	MM	4	206G	5F-1R	40.8	4168	No
445 Universal	......	$750	$1190	$2230	$2890	MM	4	206D	5F-1R	40.8	4770	No
445 Utility	......	$770	$1230	$2290	$2960	MM	4	206D	5F-1R	40.8	4240	No
1956												
BF	......	$670	$1060	$1960	$2610	Hercules	4	133G	4F-1R	25.1	4636	No
BG	......	$690	$1100	$2020	$2700	Hercules	4	133G	4F-1R	25.1	2880	No
GB	......	$830	$1320	$2420	$3230	MM	4	403G	5F-1R	69	6730	No
GB	......	$990	$1580	$2900	$3870	MM	6	425D	5F-1R	65	7600	No
UBD Special	......	$750	$1190	$2190	$2920	MM	4	283D	5F-1R	45	7600	No
UBG	......	$680	$1090	$2000	$2660	MM	4	283G	5F-1R	45	5840	No
UDS	......	$740	$1170	$2150	$2870	MM	4	283D	5F-1R	45	5810	No
UTS	......	$790	$1260	$2310	$3090	MM	4	283G	5F-1R	45	6220	No
UTSD	......	$810	$1290	$2370	$3150	MM	4	283D	5F-1R	45	5810	No
ZAE	......	$610	$970	$1790	$2380	MM	4	206G	5F-1R	33	3700	No
335U Utility	......	$580	$920	$1680	$2240	MM	4	165G	5F-1R	31.4	3361	No
445 Universal	......	$670	$1070	$1970	$2620	MM	4	206G	5F-1R	40.8	4168	No
445 Universal	......	$680	$1090	$2000	$2660	MM	4	206D	5F-1R	40.8	4770	No
445 Utility	......	$750	$1190	$2200	$2930	MM	4	206D	5F-1R	40.8	4240	No
1955												
BF	......	$650	$1030	$1900	$2560	Hercules	4	133G	4F-1R	25.1	4636	No
BG	......	$680	$1080	$1990	$2690	Hercules	4	133G	4F-1R	25.1	2880	No
GB	......	$790	$1260	$2310	$3120	MM	4	403G	5F-1R	69	6730	No
GB	......	$990	$1570	$2880	$3890	MM	6	425D	5F-1R	65	7600	No
UB Special	......	$670	$1060	$1940	$2630	MM	4	283G	5F-1R	50	5840	No
UBD Special	......	$730	$1160	$2130	$2880	MM	4	283D	5F-1R	45	7600	No
UBE	......	$840	$1330	$2450	$3300	MM	4	283G	5F-1R	45	5840	No
UBE	......	$1070	$1690	$3110	$4200	MM	4	283D	5F-1R	45	7600	No
UBG	......	$660	$1050	$1940	$2620	MM	4	283G	5F-1R	45	5840	No
UBU	......	$760	$1210	$2220	$3000	MM	4	283G	5F-1R	45	5750	No
UBU	......	$900	$1430	$2620	$3540	MM	4	283D	5F-1R	45	7600	No
UDS	......	$720	$1150	$2110	$2850	MM	4	283D	5F-1R	45	5810	No
UTC	......	$750	$1190	$2200	$2970	MM	4	283G	5F-1R	45	5840	No
UTS	......	$770	$1230	$2260	$3050	MM	4	283G	5F-1R	45	6220	No
UTSD	......	$780	$1240	$2280	$3080	MM	4	283D	5F-1R	45	5810	No
UTU	......	$720	$1140	$2100	$2830	MM	4	283G	5F-1R	45	5850	No
ZAE	......	$590	$940	$1730	$2340	MM	4	206G	5F-1R	33	3700	No
ZBE	......	$620	$990	$1810	$2450	MM	4	206G	5F-1R	33	3700	No
ZBN	......	$630	$1010	$1850	$2500	MM	4	206G	5F-1R	33	3650	No
ZBU	......	$610	$960	$1770	$2390	MM	4	206G	5F-1R	33	3600	No
1954												
BF	......	$630	$1000	$1830	$2520	Hercules	4	133G	4F-1R	25.1	4636	No
BG	......	$660	$1050	$1920	$2640	Hercules	4	133G	4F-1R	25.1	2880	No
GTB	......	$840	$1330	$2430	$3350	MM	4	403G	5F-1R	60	6275	No
GTB	......	$850	$1350	$2460	$3390	MM	6	426D	5F-1R	65	7319	No
RTU	......	$590	$930	$1700	$2340	MM	4	165G	4F-1R	24	3100	No
UBE	......	$820	$1300	$2370	$3270	MM	4	283G	5F-1R	45	5840	No
UBE	......	$1030	$1630	$2970	$4100	MM	4	283D	5F-1R	45	7600	No
UBG	......	$640	$1020	$1870	$2570	MM	4	283G	5F-1R	45	5840	No
UBN	......	$700	$1110	$2030	$2800	MM	4	283G	5F-1R	45	5850	No
UBU	......	$720	$1150	$2090	$2890	MM	4	283G	5F-1R	45	5750	No
UBU	......	$880	$1390	$2540	$3500	MM	4	283D	5F-1R	45	7600	No
UDS	......	$690	$1100	$2010	$2770	MM	4	283D	5F-1R	45	5810	No
UTC	......	$710	$1130	$2060	$2850	MM	4	283G	5F-1R	45	5840	No
UTS	......	$750	$1200	$2180	$3010	MM	4	283G	5F-1R	45	6220	No
UTSD	......	$760	$1210	$2200	$3040	MM	4	283D	5F-1R	45	5810	No
UTU	......	$800	$1360	$2330	$2820	MM	4	283G	5F-1R	45	5850	No
ZAE	......	$670	$1140	$1960	$2370	MM	4	206G	5F-1R	33	3700	No
ZBE	......	$710	$1200	$2060	$2500	MM	4	206G	5F-1R	33	3700	No
ZBN	......	$730	$1230	$2110	$2550	MM	4	206G	5F-1R	33	3650	No
ZBU	......	$670	$1140	$1950	$2360	MM	4	206G	5F-1R	33	3600	No
ZM	......	$730	$1240	$2130	$2570	MM	4	206G	5F-1R	33	3650	No
1953												
BF	......	$720	$1190	$2100	$2570	Hercules	4	133G	4F-1R	25.1	4636	No
BFD	......	$620	$1030	$1810	$2210	Hercules	4	133G	4F-1R	25.1	2875	No
BFH	......	$640	$1060	$1870	$2290	Hercules	4	133G	4F-1R	25.1	2900	No
BFS	......	$610	$1010	$1780	$2170	Hercules	4	133G	4F-1R	25.1	2860	No
BFW	......	$630	$1040	$1840	$2250	Hercules	4	133G	4F-1R	25.1	2895	No
BG	......	$740	$1220	$2160	$2640	Hercules	4	133G	4F-1R	25.1	2880	No
GTB	......	$960	$1580	$2780	$3400	MM	4	403G	5F-1R	60	6275	No
GTB	......	$990	$1630	$2880	$3530	MM	6	426D	5F-1R	65	7319	No
GTC	......	$860	$1430	$2510	$3080	MM	4	403G	5F-1R	60	6275	No
RTE	......	$660	$1080	$1910	$2340	MM	4	165G	4F-1R	24	3250	No
RTS	......	$700	$1160	$2040	$2500	MM	4	165G	4F-1R	24	3250	No
RTU	......	$670	$1100	$1940	$2380	MM	4	165G	4F-1R	24	3100	No
UBE	......	$870	$1440	$2550	$3120	MM	4	283G	5F-1R	45	5840	No
UBG	......	$740	$1220	$2140	$2620	MM	4	283G	5F-1R	45	5840	No
UBN	......	$830	$1360	$2410	$2940	MM	4	283D	5F-1R	45	5850	No

Minneapolis-Moline (Cont.)

Model	Approx. Retail Price New	Used Trade-In Avg.	Used Trade-In High	Used Retail Avg.	Used Retail High	Make	Engine No. Cyls.	Engine Displ. Cu.-in.	No. Speeds	P.T.O. H.P.	Approx. Shipping Wt.-Lbs.	Cab

1953 (Cont.)

Model	Approx. Retail Price New	Used Trade-In Avg.	Used Trade-In High	Used Retail Avg.	Used Retail High	Make	No. Cyls.	Displ. Cu.-in.	No. Speeds	P.T.O. H.P.	Approx. Shipping Wt.-Lbs.	Cab
UBU	......	$840	$1390	$2450	$2990	MM	4	283G	5F-1R	45	5750	No
UDS	......	$790	$1310	$2310	$2830	MM	4	283D	5F-1R	45	5810	No
UDU	......	$970	$1610	$2840	$3470	MM	4	283D	5F-1R	45	5840	No
UTC	......	$820	$1350	$2380	$2910	MM	4	283G	5F-1R	45	5840	No
UTE	......	$930	$1530	$2700	$3310	MM	4	283G	5F-1R	45	5840	No
UTS	......	$870	$1430	$2520	$3080	MM	4	283G	5F-1R	45	6220	No
UTSD	......	$890	$1460	$2580	$3160	MM	4	283D	5F-1R	45	5810	No
UTU	......	$800	$1320	$2330	$2850	MM	4	283G	5F-1R	45	5850	No
ZAE	......	$670	$1100	$1940	$2380	MM	4	206G	5F-1R	33	3700	No
ZAN	......	$690	$1140	$2010	$2460	MM	4	206G	5F-1R	33	3650	No
ZAS	......	$760	$1250	$2200	$2700	MM	4	206G	5F-1R	33	3650	No
ZBE	......	$680	$1120	$1980	$2420	MM	4	206G	5F-1R	33	3700	No
ZBU	......	$650	$1070	$1890	$2310	MM	4	206G	5F-1R	33	3600	No
ZM	......	$710	$1170	$2060	$2520	MM	4	206G	5F-1R	33	3650	No

1952

Model	Approx. Retail Price New	Used Trade-In Avg.	Used Trade-In High	Used Retail Avg.	Used Retail High	Make	No. Cyls.	Displ. Cu.-in.	No. Speeds	P.T.O. H.P.	Approx. Shipping Wt.-Lbs.	Cab
BF	......	$680	$1150	$2030	$2520	Hercules	4	133G	4F-1R	25.1	4636	No
BG	......	$710	$1210	$2120	$2630	Hercules	4	133G	4F-1R	25.1	2880	No
GTB	......	$920	$1560	$2750	$3400	MM	6	426D	5F-1R	65	7319	No
GTB	......	$950	$1600	$2810	$3490	MM	4	403G	5F-1R	60	6275	No
GTC	......	$820	$1390	$2450	$3030	MM	4	403G	5F-1R	60	6275	No
RTE	......	$610	$1030	$1810	$2240	MM	4	165G	4F-1R	24	3250	No
RTS	......	$660	$1120	$1980	$2450	MM	4	165G	4F-1R	24	3250	No
RTU	......	$640	$1080	$1910	$2370	MM	4	165G	4F-1R	24	3100	No
UDS	......	$790	$1330	$2350	$2910	MM	4	283D	5F-1R	45	5810	No
UDU	......	$890	$1500	$2640	$3260	MM	4	283D	5F-1R	45	5840	No
UTC	......	$780	$1310	$2310	$2860	MM	4	283G	5F-1R	45	5840	No
UTE	......	$910	$1530	$2700	$3350	MM	4	283G	5F-1R	45	5840	No
UTN	......	$930	$1570	$2770	$3430	MM	4	283G	5F-1R	45	5840	No
UTS	......	$820	$1390	$2450	$3040	MM	4	283G	5F-1R	45	6220	No
UTSD	......	$840	$1430	$2510	$3110	MM	4	283D	5F-1R	45	5810	No
UTU	......	$740	$1250	$2200	$2720	MM	4	283G	5F-1R	45	5850	No
V	......	$580	$980	$1730	$2140	Hercules	4	65G	3F-1R	15	1778	No
ZAE	......	$640	$1080	$1910	$2370	MM	4	206G	5F-1R	33	3700	No
ZAN	......	$650	$1100	$1940	$2410	MM	4	206G	5F-1R	33	3650	No
ZAS	......	$720	$1210	$2140	$2650	MM	4	206G	5F-1R	33	3650	No
ZAU	......	$690	$1160	$2040	$2530	MM	4	206G	5F-1R	33	3600	No

1951

Model	Approx. Retail Price New	Used Trade-In Avg.	Used Trade-In High	Used Retail Avg.	Used Retail High	Make	No. Cyls.	Displ. Cu.-in.	No. Speeds	P.T.O. H.P.	Approx. Shipping Wt.-Lbs.	Cab
BF	......	$640	$1110	$1950	$2440	Hercules	4	133G	4F-1R	25.1	4636	No
BG	......	$660	$1150	$2020	$2540	Hercules	4	133G	4F-1R	25.1	2880	No
GTB	......	$900	$1560	$2750	$3440	MM	4	403G	5F-1R	60	6275	No
GTB	......	$860	$1480	$2610	$3280	MM	6	426D	5F-1R	65	7319	No
GTC	......	$770	$1330	$2350	$2940	MM	4	403G	5F-1R	60	6275	No
RTE	......	$570	$990	$1740	$2180	MM	4	165G	4F-1R	24	3250	No
RTN	......	$620	$1060	$1880	$2350	MM	4	165G	4F-1R	24	3100	No
RTS	......	$580	$1010	$1780	$2230	MM	4	165G	4F-1R	24	3250	No
RTU	......	$600	$1040	$1840	$2300	MM	4	165G	4F-1R	24	3100	No
UTC	......	$720	$1240	$2180	$2730	MM	4	283G	5F-1R	45	5840	No
UTE	......	$710	$1230	$2170	$2720	MM	4	283G	5F-1R	45	5840	Cab
UTN	......	$730	$1270	$2230	$2800	MM	4	283G	5F-1R	45	5840	No
UTS	......	$760	$1320	$2320	$2910	MM	4	283G	5F-1R	45	6220	No
UTU	......	$680	$1180	$2080	$2610	MM	4	283G	5F-1R	45	5850	No
V	......	$530	$920	$1610	$2020	Hercules	4	65G	3F-1R	15	1778	No
ZAE	......	$590	$1020	$1800	$2250	MM	4	206G	5F-1R	33	3700	No
ZAN	......	$620	$1060	$1880	$2350	MM	4	206G	5F-1R	33	3650	No
ZAS	......	$660	$1140	$2010	$2520	MM	4	206G	5F-1R	33	3650	No
ZAU	......	$650	$1120	$1980	$2480	MM	4	206G	5F-1R	33	3600	No

1950

Model	Approx. Retail Price New	Used Trade-In Avg.	Used Trade-In High	Used Retail Avg.	Used Retail High	Make	No. Cyls.	Displ. Cu.-in.	No. Speeds	P.T.O. H.P.	Approx. Shipping Wt.-Lbs.	Cab
BF	......	$620	$1040	$1880	$2380	Hercules	4	133G	4F-1R	25.1	4636	No
BG	......	$620	$1040	$1890	$2400	Hercules	4	133G	4F-1R	25.1	2880	No
GTB	......	$840	$1410	$2550	$3230	MM	4	403G	5F-1R	60	6275	No
GTB	......	$860	$1440	$2610	$3320	MM	6	426D	5F-1R	65	7319	No
RTE	......	$560	$940	$1710	$2170	MM	4	165G	4F-1R	24	3250	No
RTN	......	$590	$1000	$1810	$2300	MM	4	165G	4F-1R	24	3100	No
RTS	......	$550	$930	$1680	$2130	MM	4	165G	4F-1R	24	3250	No
RTU	......	$580	$980	$1780	$2250	MM	4	165G	4F-1R	24	3100	No
UTC	......	$700	$1180	$2140	$2720	MM	4	283G	5F-1R	45	5840	No
UTN	......	$720	$1200	$2180	$2760	MM	4	283G	5F-1R	45	5840	No
UTS	......	$750	$1260	$2280	$2890	MM	4	283G	5F-1R	45	6220	No
UTU	......	$670	$1130	$2040	$2590	MM	4	283G	5F-1R	45	5850	No
V	......	$510	$850	$1540	$1950	Hercules	4	65G	3F-1R	15	1778	No
ZAE	......	$570	$960	$1740	$2210	MM	4	206G	5F-1R	33	3700	No
ZAN	......	$590	$1000	$1810	$2300	MM	4	206G	5F-1R	33	3650	No
ZAS	......	$620	$1040	$1880	$2380	MM	4	206G	5F-1R	33	3650	No
ZAU	......	$640	$1070	$1940	$2470	MM	4	206G	5F-1R	33	3600	No

1949

Model	Approx. Retail Price New	Used Trade-In Avg.	Used Trade-In High	Used Retail Avg.	Used Retail High	Make	No. Cyls.	Displ. Cu.-in.	No. Speeds	P.T.O. H.P.	Approx. Shipping Wt.-Lbs.	Cab
GTB	......	$810	$1370	$2480	$3180	MM	4	403G	5F-1R	60	6275	No
GTB	......	$840	$1410	$2550	$3270	MM	6	426D	5F-1R	65	7319	No
RT	......	$640	$1070	$1940	$2490	MM	4	165G	4F-1R	24	3150	No
RTE	......	$540	$910	$1640	$2110	MM	4	165G	4F-1R	24	3250	No
RTN	......	$570	$960	$1740	$2240	MM	4	165G	4F-1R	24	3100	No

Minneapolis-Moline (Cont.)

Model	Approx. Retail Price New	Estimated Value Less Repairs — Used Trade-In Avg.	High	Used Retail Avg.	High	Make	Engine No. Cyls.	Displ. Cu.-in.	No. Speeds	P.T.O. H.P.	Approx. Shipping Wt.-Lbs.	Cab
1949 (Cont.)												
RTS	......	$520	$870	$1580	$2020	MM	4	165G	4F-1R	24	3250	No
RTU	......	$550	$930	$1690	$2170	MM	4	165G	4F-1R	24	3100	No
UTC	......	$690	$1170	$2110	$2710	MM	4	283G	5F-1R	45	5840	No
UTS	......	$730	$1220	$2210	$2840	MM	4	283G	5F-1R	45	6220	No
UTU	......	$650	$1090	$1980	$2540	MM	4	283G	5F-1R	45	5850	No
V	......	$460	$780	$1410	$1810	Hercules	4	65G	3F-1R	15	1778	No
ZAE	......	$530	$890	$1610	$2060	MM	4	206G	5F-1R	33	3700	No
ZAN	......	$570	$960	$1740	$2240	MM	4	206G	5F-1R	33	3650	No
ZAS	......	$590	$1000	$1810	$2320	MM	4	206G	5F-1R	33	3650	No
ZAU	......	$620	$1050	$1890	$2430	MM	4	206G	5F-1R	33	3600	No
1948												
GTB	......	$810	$1370	$2480	$3220	MM	4	403G	5F-1R	60	6275	No
GTB	......	$780	$1310	$2380	$3090	MM	6	426D	5F-1R	65	7319	No
RT	......	$620	$1040	$1880	$2440	MM	4	165G	4F-1R	24	3150	No
RTE	......	$510	$850	$1540	$2000	MM	4	165G	4F-1R	24	3250	No
RTN	......	$550	$930	$1680	$2180	MM	4	165G	4F-1R	24	3100	No
RTU	......	$530	$890	$1620	$2100	MM	4	165G	4F-1R	24	3100	No
U	......	$740	$1250	$2270	$2940	MM	4	283G	5F-1R	45	8575	No
UTC	......	$670	$1130	$2040	$2650	MM	4	283G	5F-1R	45	5840	No
UTS	......	$690	$1150	$2090	$2710	MM	4	283G	5F-1R	45	6220	No
UTU	......	$630	$1060	$1910	$2480	MM	4	283G	5F-1R	45	5850	No
V	......	$440	$740	$1340	$1740	Hercules	4	65G	3F-1R	15	1778	No
ZTN	......	$630	$1060	$1910	$2480	MM	4	206G	5F-1R	33	3650	No
ZTU	......	$650	$1090	$1980	$2570	MM	4	206G	5F-1R	33	3650	No
1947												
GTA	......	$980	$1490	$2900	$3840	MM	6	426	5F-1R	65	6730	No
GTB	......	$800	$1310	$2450	$3210	MM	4	403G	5F-1R	60	6275	No
GTB	......	$780	$1270	$2370	$3110	MM	6	426D	5F-1R	65	7319	No
RT	......	$590	$970	$1810	$2380	MM	4	165G	4F-1R	24	3150	No
U	......	$720	$1180	$2200	$2890	MM	4	283G	5F-1R	45	8575	No
V	......	$420	$680	$1270	$1670	Hercules	4	65G	3F-1R	15	1778	No
ZTN	......	$610	$990	$1840	$2420	MM	4	206G	5F-1R	33	3650	No
ZTS	......	$580	$950	$1780	$2330	MM	4	206G	5F-1R	33	3600	No
ZTU	......	$630	$1030	$1910	$2510	MM	4	206G	5F-1R	33	3650	No
1946												
GTA	......	$940	$1420	$2780	$3680	MM	6	426	5F-1R	65	6730	No
RT	......	$560	$940	$1740	$2310	MM	4	165G	4F-1R	24	3150	No
U	......	$670	$1130	$2090	$2780	MM	4	283G	5F-1R	45	8575	No
ZTN	......	$580	$970	$1810	$2400	MM	4	206G	5F-1R	33	3650	No
ZTS	......	$550	$920	$1710	$2270	MM	4	206G	5F-1R	33	3600	No
ZTU	......	$600	$1000	$1860	$2470	MM	4	206G	5F-1R	33	3650	No
1945												
GTA	......	$900	$1360	$2700	$3520	MM	6	426	5F-1R	65	6730	No
RT	......	$530	$900	$1690	$2260	MM	4	165G	4F-1R	24	3150	No
U	......	$630	$1080	$2030	$2700	MM	4	283G	5F-1R	45	8575	No
ZTN	......	$560	$950	$1790	$2380	MM	4	206G	5F-1R	33	3650	No
ZTS	......	$520	$880	$1650	$2210	MM	4	206G	5F-1R	33	3600	No
ZTU	......	$560	$960	$1810	$2410	MM	4	206G	5F-1R	33	3650	No
1944												
GTA	......	$880	$1330	$2680	$3430	MM	6	426	5F-1R	65	6730	No
RT	......	$500	$840	$1630	$2160	MM	4	165G	4F-1R	24	3150	No
U	......	$620	$1030	$1990	$2640	MM	4	283G	5F-1R	45	8575	No
ZTN	......	$540	$910	$1760	$2330	MM	4	206G	5F-1R	33	3650	No
ZTS	......	$500	$840	$1630	$2150	MM	4	206G	5F-1R	33	3600	No
ZTU	......	$550	$910	$1770	$2340	MM	4	206G	5F-1R	33	3650	No
1943												
GTA	......	$850	$1290	$2590	$3320	MM	6	426	5F-1R	65	6730	No
RT	......	$480	$810	$1580	$2070	MM	4	165G	4F-1R	24	3150	No
U	......	$600	$1010	$1970	$2580	MM	4	283G	5F-1R	45	8575	No
ZTN	......	$530	$880	$1730	$2270	MM	4	206G	5F-1R	33	3650	No
ZTS	......	$490	$820	$1600	$2100	MM	4	206G	5F-1R	33	3600	No
ZTU	......	$530	$880	$1710	$2250	MM	4	206G	5F-1R	33	3650	No
1942												
GTA	......	$830	$1290	$2510	$3220	MM	6	426	5F-1R	65	6730	No
RT	......	$460	$770	$1520	$1980	MM	4	165G	4F-1R	24	3150	No
U	......	$590	$980	$1930	$2520	MM	4	283G	5F-1R	45	8575	No
ZTN	......	$500	$820	$1630	$2120	MM	4	206G	5F-1R	33	3650	No
ZTS	......	$470	$790	$1560	$2030	MM	4	206G	5F-1R	33	3600	No
ZTU	......	$520	$870	$1710	$2230	MM	4	206G	5F-1R	33	3650	No
1941												
GT	......	$540	$890	$1760	$2300	MM	4	403G	3F-1R		6500	No
RT	......	$440	$740	$1450	$1890	MM	4	165G	4F-1R	24	3150	No
U	......	$580	$960	$1900	$2480	MM	4	283G	5F-1R	45	8575	No
ZTN	......	$480	$810	$1590	$2070	MM	4	206G	5F-1R	33	3650	No
ZTS	......	$460	$770	$1520	$1980	MM	4	206G	5F-1R	33	3600	No
ZTU	......	$510	$840	$1660	$2170	MM	4	206G	5F-1R	33	3650	No

Model	Approx. Retail Price New	Used Trade-In Avg.	Used Trade-In High	Used Retail Avg.	Used Retail High	Make	No. Cyls.	Displ. Cu.-in.	No. Speeds	P.T.O. H.P.	Approx. Shipping Wt.-Lbs.	Cab

Minneapolis-Moline (Cont.)

1940

Model	Approx. Retail Price New	Used Trade-In Avg.	Used Trade-In High	Used Retail Avg.	Used Retail High	Make	No. Cyls.	Displ. Cu.-in.	No. Speeds	P.T.O. H.P.	Approx. Shipping Wt.-Lbs.	Cab
GT	......	$520	$870	$1700	$2220	MM	4	403G	3F-1R		6500	No
RT	......	$420	$700	$1390	$1810	MM	4	165G	4F-1R	24	3150	No
U	......	$570	$940	$1860	$2430	MM	4	283G	5F-1R	45	8575	No
ZTN	......	$470	$780	$1550	$2020	MM	4	206G	5F-1R	33	3650	No
ZTS	......	$450	$750	$1480	$1930	MM	4	206G	5F-1R	33	3600	No
ZTU	......	$500	$820	$1630	$2120	MM	4	206G	5F-1R	33	3650	No

1939

Model	Approx. Retail Price New	Used Trade-In Avg.	Used Trade-In High	Used Retail Avg.	Used Retail High	Make	No. Cyls.	Displ. Cu.-in.	No. Speeds	P.T.O. H.P.	Approx. Shipping Wt.-Lbs.	Cab
RT	......	$420	$700	$1390	$1810	MM	4	165G	4F-1R	24	3150	No
U	......	$570	$940	$1860	$2430	MM	4	283G	5F-1R	45	8575	No
ZTN	......	$470	$780	$1550	$2020	MM	4	206G	5F-1R	33	3650	No
ZTS	......	$450	$750	$1480	$1930	MM	4	206G	5F-1R	33	3600	No
ZTU	......	$500	$820	$1630	$2120	MM	4	206G	5F-1R	33	3650	No

Mitsubishi-Satoh

1988

Model	Approx. Retail Price New	Used Trade-In Avg.	Used Trade-In High	Used Retail Avg.	Used Retail High	Make	No. Cyls.	Displ. Cu.-in.	No. Speeds	P.T.O. H.P.	Approx. Shipping Wt.-Lbs.	Cab
MT160	$7679	$1570	$2070	$3460	$3990	Mitsubishi	3	47D	6F-2R	13.60	1246	No
MT160D 4WD	$8253	$1690	$2230	$3710	$4290	Mitsubishi	3	47D	6F-2R	13.60	1356	No
MT180	$8301	$1700	$2240	$3740	$4320	Mitsubishi	3	55D	6F-2R	15.50	1268	No
MT180D 4WD	$8743	$1790	$2360	$3930	$4550	Mitsubishi	3	55D	6F-2R	15.50	1378	No
MT180H	$9250	$1900	$2500	$4160	$4810	Mitsubishi	3	55D	Variable	15.50	1268	No
MT180HD 4WD	$9873	$2020	$2670	$4440	$5130	Mitsubishi	3	55D	Variable	15.50	1378	No
MT210	$8643	$1770	$2330	$3890	$4490	Mitsubishi	3	60D	9F-3R	18.30	1720	No
MT210D 4WD	$9530	$1950	$2570	$4290	$4960	Mitsubishi	3	60D	9F-3R	18.30	1852	No
MT250	$9563	$1960	$2580	$4300	$4970	Mitsubishi	3	78D	9F-3R	22.00	1940	No
MT250D 4WD	$10436	$2140	$2820	$4700	$5430	Mitsubishi	3	78D	9F-3R	22.00	2040	No
MT300	$10617	$2180	$2870	$4780	$5520	Mitsubishi	3	91D	9F-3R	25.00	2337	No
MT300D 4WD	$12083	$2480	$3260	$5440	$6280	Mitsubishi	3	91D	9F-3R	25.00	2558	No
MT372	$6778	$1390	$1830	$3050	$3530	Mitsubishi	2	41D	6F-2R	12.20	1069	No
MT372D 4WD	$7429	$1520	$2010	$3340	$3860	Mitsubishi	2	41D	6F-2R	12.20	1177	No
MT4501	$17088	$3080	$4270	$5980	$7010	Mitsubishi	3	127D	9F-3R	37.30	3144	No
MT4501 4WD	$19849	$3570	$4960	$6950	$8140	Mitsubishi	3	127D	9F-3R	37.30	3446	No

D—Front Wheel Assist H—Hydrostatic Transmission

1987

Model	Approx. Retail Price New	Used Trade-In Avg.	Used Trade-In High	Used Retail Avg.	Used Retail High	Make	No. Cyls.	Displ. Cu.-in.	No. Speeds	P.T.O. H.P.	Approx. Shipping Wt.-Lbs.	Cab
MT160	$7679	$1540	$2040	$3380	$3920	Mitsubishi	3	47D	6F-2R	13.60	1246	No
MT160D 4WD	$8253	$1650	$2190	$3630	$4210	Mitsubishi	3	47D	6F-2R	13.60	1356	No
MT180	$8301	$1660	$2200	$3650	$4230	Mitsubishi	3	55D	6F-2R	15.50	1268	No
MT180D 4WD	$8743	$1750	$2320	$3850	$4460	Mitsubishi	3	55D	6F-2R	15.50	1378	No
MT180H	$9250	$1850	$2450	$4070	$4720	Mitsubishi	3	55D	Variable	15.50	1268	No
MT180HD 4WD	$9873	$1980	$2620	$4340	$5040	Mitsubishi	3	55D	Variable	15.50	1378	No
MT210	$8643	$1730	$2290	$3800	$4410	Mitsubishi	3	60D	9F-3R	18.30	1720	No
MT210D 4WD	$9530	$1910	$2530	$4190	$4860	Mitsubishi	3	60D	9F-3R	18.30	1852	No
MT250	$9563	$1910	$2530	$4210	$4880	Mitsubishi	3	78D	9F-3R	22.00	1940	No
MT250D 4WD	$10436	$2090	$2770	$4590	$5320	Mitsubishi	3	78D	9F-3R	22.00	2040	No
MT300	$10617	$2120	$2810	$4670	$5420	Mitsubishi	3	91D	9F-3R	25.00	2337	No
MT300D 4WD	$12083	$2420	$3200	$5320	$6160	Mitsubishi	3	91D	9F-3R	25.00	2558	No
MT372	$6778	$1360	$1800	$2980	$3460	Mitsubishi	2	41D	6F-2R	12.20	1069	No
MT372D 4WD	$7429	$1490	$1970	$3270	$3790	Mitsubishi	2	41D	6F-2R	12.20	1177	No
MT4501	$17088	$2910	$4270	$5980	$7010	Mitsubishi	3	127D	9F-3R	37.30	3144	No
MT4501 4WD	$19849	$3370	$4960	$6950	$8140	Mitsubishi	3	127D	9F-3R	37.30	3446	No

D—Front Wheel Assist H—Hydrostatic Transmission

1986

Model	Approx. Retail Price New	Used Trade-In Avg.	Used Trade-In High	Used Retail Avg.	Used Retail High	Make	No. Cyls.	Displ. Cu.-in.	No. Speeds	P.T.O. H.P.	Approx. Shipping Wt.-Lbs.	Cab
MT160	$6305	$1200	$1640	$2710	$3150	Mitsubishi	3	47D	6F-2R	13.60	1246	No
MT160D 4WD	$6835	$1300	$1780	$2940	$3420	Mitsubishi	3	47D	6F-2R	13.60	1356	No
MT180	$6725	$1280	$1750	$2890	$3360	Mitsubishi	3	55D	6F-2R	15.50	1268	No
MT180D 4WD	$7265	$1380	$1890	$3120	$3630	Mitsubishi	3	55D	6F-2R	15.50	1378	No
MT180H	$7560	$1440	$1970	$3250	$3780	Mitsubishi	3	55D	Variable	15.50	1268	No
MT180HD 4WD	$8100	$1540	$2110	$3480	$4050	Mitsubishi	3	55D	Variable	15.50	1378	No
MT210	$7270	$1380	$1890	$3130	$3640	Mitsubishi	3	60D	9F-3R	18.30	1720	No
MT210D 4WD	$7960	$1510	$2070	$3420	$3980	Mitsubishi	3	60D	9F-3R	18.30	1852	No
MT250	$8130	$1550	$2110	$3500	$4070	Mitsubishi	3	78D	9F-3R	22.00	1940	No
MT250D 4WD	$8960	$1700	$2330	$3850	$4480	Mitsubishi	3	78D	9F-3R	22.00	2040	No
MT300	$9330	$1770	$2430	$4010	$4670	Mitsubishi	3	91D	9F-3R	25.00	2337	No
MT300D 4WD	$10610	$2020	$2760	$4560	$5310	Mitsubishi	3	91D	9F-3R	25.00	2558	No
MT372	$5560	$1060	$1450	$2390	$2780	Mitsubishi	2	41D	6F-2R	12.20	1069	No
MT372D 4WD	$6075	$1150	$1580	$2610	$3040	Mitsubishi	2	41D	6F-2R	12.20	1177	No
MT4501	$16500	$2640	$3960	$5780	$6770	Mitsubishi	4	127D	9F-3R	37.30	3144	No
MT4501 4WD	$19000	$3040	$4560	$6650	$7790	Mitsubishi	4	127D	9F-3R	37.30	3446	No

D—Front Wheel Assist H—Hydrostatic Transmission

1985

Model	Approx. Retail Price New	Used Trade-In Avg.	Used Trade-In High	Used Retail Avg.	Used Retail High	Make	No. Cyls.	Displ. Cu.-in.	No. Speeds	P.T.O. H.P.	Approx. Shipping Wt.-Lbs.	Cab
MT160	$6305	$1200	$1640	$2650	$3090	Mitsubishi	3	47D	6F-2R	13.60	1246	No
MT160D 4WD	$6835	$1300	$1780	$2870	$3350	Mitsubishi	3	47D	6F-2R	13.60	1356	No
MT180	$6725	$1280	$1750	$2830	$3300	Mitsubishi	3	55D	6F-2R	15.50	1268	No
MT180D 4WD	$7265	$1380	$1890	$3050	$3560	Mitsubishi	3	55D	6F-2R	15.50	1378	No
MT180H	$7560	$1440	$1970	$3180	$3700	Mitsubishi	3	55D	Variable	15.50	1268	No
MT180HD 4WD	$8100	$1540	$2110	$3400	$3970	Mitsubishi	3	55D	Variable	15.50	1378	No
MT210	$7270	$1380	$1890	$3050	$3560	Mitsubishi	3	60D	9F-3R	18.30	1720	No
MT210D 4WD	$7960	$1510	$2070	$3340	$3900	Mitsubishi	3	60D	9F-3R	18.30	1852	No
MT250	$8130	$1550	$2110	$3420	$3980	Mitsubishi	3	78D	9F-3R	22.00	1940	No

Model	Approx. Retail Price New	Estimated Value Less Repairs Used Trade-In Avg.	Used Trade-In High	Used Retail Avg.	Used Retail High	Engine Make	No. Cyls.	Displ. Cu.-in.	No. Speeds	P.T.O. H.P.	Approx. Shipping Wt.-Lbs.	Cab
Mitsubishi-Satoh (Cont.)												
1985 (Cont.)												
MT250D 4WD	$8960	$1700	$2330	$3760	$4390	Mitsubishi	3	78D	9F-3R	22.00	2040	No
MT300	$9330	$1770	$2430	$3920	$4570	Mitsubishi	3	91D	9F-3R	25.00	2337	No
MT300D 4WD	$10610	$2020	$2760	$4460	$5200	Mitsubishi	3	91D	9F-3R	25.00	2558	No
MT372	$5560	$1060	$1450	$2340	$2720	Mitsubishi	2	41D	6F-2R	12.20	1069	No
MT372D 4WD	$6075	$1150	$1580	$2550	$2980	Mitsubishi	2	41D	6F-2R	12.20	1177	No

D—Front Wheel Assist H—Hydrostatic Transmission

1984

Model	Approx. Retail Price New	Used Trade-In Avg.	Used Trade-In High	Used Retail Avg.	Used Retail High	Make	No. Cyls.	Displ. Cu.-in.	No. Speeds	P.T.O. H.P.	Approx. Shipping Wt.-Lbs.	Cab
MT160	$6305	$1200	$1640	$2650	$3030	Mitsubishi	3	47D	6F-2R	13.60	1246	No
MT160D 4WD	$6835	$1300	$1780	$2870	$3280	Mitsubishi	3	47D	6F-2R	13.60	1356	No
MT180	$6725	$1280	$1750	$2830	$3230	Mitsubishi	3	55D	6F-2R	15.50	1268	No
MT180D 4WD	$7265	$1380	$1890	$3050	$3490	Mitsubishi	3	55D	6F-2R	15.50	1378	No
MT180H	$7560	$1440	$1970	$3180	$3630	Mitsubishi	3	55D	Variable	15.50	1268	No
MT180HD 4WD	$8100	$1540	$2110	$3400	$3890	Mitsubishi	3	55D	Variable	15.50	1378	No
MT210	$7270	$1380	$1890	$3050	$3490	Mitsubishi	3	60D	9F-3R	18.30	1720	No
MT210D 4WD	$7960	$1510	$2070	$3340	$3820	Mitsubishi	3	60D	9F-3R	18.30	1852	No
MT250	$8130	$1550	$2110	$3420	$3900	Mitsubishi	3	78D	9F-3R	22.00	1940	No
MT250D 4WD	$8960	$1700	$2330	$3760	$4300	Mitsubishi	3	78D	9F-3R	22.00	2040	No
MT300	$9330	$1770	$2430	$3920	$4480	Mitsubishi	3	91D	9F-3R	25.00	2337	No
MT300D 4WD	$10610	$2020	$2760	$4460	$5090	Mitsubishi	3	91D	9F-3R	25.00	2558	No
Beaver S370	$5280	$1000	$1370	$2220	$2530	Mitsubishi	2	41D	6F-2R	12.20	1136	No
Beaver S370D 4WD	$5720	$1090	$1490	$2400	$2750	Mitsubishi	2	41D	6F-2R	12.20	1180	No
MT372	$5560	$1060	$1450	$2340	$2670	Mitsubishi	2	41D	6F-2R	12.20	1069	No
MT372D 4WD	$6075	$1150	$1580	$2550	$2920	Mitsubishi	2	41D	6F-2R	12.20	1177	No
Beaver III S373	$5915	$1120	$1540	$2480	$2840	Mitsubishi	3	47D	6F-2R	13.60	1356	No
Beaver III S373D 4WD	$6385	$1210	$1660	$2680	$3070	Mitsubishi	3	47D	6F-2R	13.60	1433	No
Buck S470	$6325	$1200	$1650	$2660	$3040	Mitsubishi	3	52D	6F-2R	14.60	1367	No
Buck S470D 4WD	$6875	$1310	$1790	$2890	$3300	Mitsubishi	3	52D	6F-2R	14.60	1444	No
Bull S630	$7720	$1470	$2010	$3240	$3710	Mitsubishi	2	76D	9F-3R	22.00	1940	No
Bull S630D 4WD	$8795	$1670	$2290	$3690	$4220	Mitsubishi	2	76D	9F-3R	22.00	2140	No
Bison S670	$10790	$2050	$2810	$4530	$5180	Mitsubishi	4	80D	6F-2R	25.00	2315	No
Bison S670D 4WD	$12350	$2350	$3210	$5190	$5930	Mitsubishi	4	80D	6F-2R	25.00	2535	No
Stallion S750	$12330	$2340	$3210	$5180	$5920	Isuzu	3	108D	9F-3R	33.00	3417	No
Stallion S750D 4WD	$14560	$2770	$3790	$6120	$6990	Isuzu	3	108D	9F-3R	33.00	3590	No

D—Front Wheel Assist H—Hydrostatic Transmission

1983

Model	Approx. Retail Price New	Used Trade-In Avg.	Used Trade-In High	Used Retail Avg.	Used Retail High	Make	No. Cyls.	Displ. Cu.-in.	No. Speeds	P.T.O. H.P.	Approx. Shipping Wt.-Lbs.	Cab
MT180 H	$7042	$1340	$1830	$2960	$3380	Mitsubishi	3	55D	Variable	15.50	1268	No
MT180 HD 4WD	$7521	$1430	$1960	$3160	$3610	Mitsubishi	3	55D	Variable	15.50	1378	No
MT210	$6995	$1330	$1820	$2940	$3360	Mitsubishi	3	60D	9F-3R	18.30	1720	No
MT210D 4WD	$7857	$1490	$2040	$3300	$3770	Mitsubishi	3	60D	9F-3R	18.30	1852	No
MT250	$8095	$1540	$2110	$3400	$3890	Mitsubishi	3	78D	9F-3R	22.00	1940	No
MT250D 4WD	$8811	$1670	$2290	$3700	$4230	Mitsubishi	3	78D	9F-3R	22.00	2040	No
Beaver S370	$5279	$1000	$1370	$2220	$2530	Mitsubishi	2	41D	6F-2R	12.20	1136	No
Beaver S370 D 4WD	$5720	$1090	$1490	$2400	$2750	Mitsubishi	2	41D	6F-2R	12.20	1180	No
MT372	$5260	$1000	$1370	$2210	$2530	Mitsubishi	2	41D	6F-2R	12.20	1069	No
MT372 D 4WD	$5701	$1080	$1480	$2390	$2740	Mitsubishi	2	41D	6F-2R	12.20	1177	No
Beaver III S373	$5729	$1090	$1490	$2410	$2750	Mitsubishi	3	47D	6F-2R	13.60	1356	No
Beaver III S373D 4WD	$6028	$1150	$1570	$2530	$2890	Mitsubishi	3	47D	6F-2R	13.60	1433	No
Buck S470	$5969	$1130	$1550	$2510	$2870	Mitsubishi	3	52D	6F-2R	14.60	1367	No
Buck S470D 4WD	$6487	$1230	$1690	$2730	$3110	Mitsubishi	3	52D	6F-2R	14.60	1444	No
Bull S630	$7135	$1360	$1860	$3000	$3430	Mitsubishi	2	76D	9F-3R	22.00	1940	No
Bull S630D 4WD	$8037	$1530	$2090	$3380	$3860	Mitsubishi	2	76D	9F-3R	22.00	2140	No
Bison S650G	$7686	$1460	$2000	$3230	$3690	Mazda	4	60G	6F-2R	22.03	2110	No
Bison S670	$10113	$1920	$2630	$4250	$4850	Mitsubishi	4	80D	6F-2R	25.00	2315	No
Bison S670D 4WD	$11526	$2190	$3000	$4840	$5530	Mitsubishi	4	80D	6F-2R	25.00	2535	No
Stallion S750	$12329	$2340	$3210	$5180	$5920	Isuzu	3	108D	9F-3R	33.00	3417	No
Stallion S750D 4WD	$14069	$2670	$3660	$5910	$6750	Isuzu	3	108D	9F-3R	33.00	3590	No

D—Front Wheel Assist H—Hydrostatic Transmission

1982

Model	Approx. Retail Price New	Used Trade-In Avg.	Used Trade-In High	Used Retail Avg.	Used Retail High	Make	No. Cyls.	Displ. Cu.-in.	No. Speeds	P.T.O. H.P.	Approx. Shipping Wt.-Lbs.	Cab
MT180H	$7042	$1300	$1830	$2960	$3380	Mitsubishi	3	55D	Variable	15.50	1268	No
MT180HD 4WD	$7521	$1390	$1960	$3160	$3610	Mitsubishi	3	55D	Variable	15.50	1378	No
MT210	$6900	$1280	$1790	$2900	$3310	Mitsubishi	3	60D	9F-3R	18.30	1720	No
MT210D	$7857	$1450	$2040	$3300	$3770	Mitsubishi	3	60D	9F-3R	18.30	1852	No
MT250	$7854	$1450	$2040	$3300	$3770	Mitsubishi	3	78D	9F-3R	22.00	1940	No
MT250D	$8811	$1630	$2290	$3700	$4230	Mitsubishi	3	78D	9F-3R	22.00	2040	No
Beaver S370	$5279	$980	$1370	$2220	$2530	Mitsubishi	2	41D	6F-2R	12.20	1035	No
Beaver S370D 4WD	$5720	$1060	$1490	$2400	$2750	Mitsubishi	2	41D	6F-2R	12.20	1180	No
MT372	$5260	$970	$1370	$2210	$2530	Mitsubishi	2	41D	6F-2R	12.20	1069	No
MT372D 4WD	$5701	$1060	$1480	$2390	$2740	Mitsubishi	2	41D	6F-2R	12.20	1177	No
Beaver III S373	$5464	$1010	$1420	$2300	$2620	Mitsubishi	3	47D	6F-2R	13.60	1125	No
Beaver III S373D 4WD	$5872	$1090	$1530	$2470	$2820	Mitsubishi	3	47D	6F-2R	13.60	1235	No
Buck S470	$5872	$1090	$1530	$2470	$2820	Mitsubishi	3	52D	6F-2R	14.60	1155	No
Buck S470D 4WD	$6351	$1180	$1650	$2670	$3050	Mitsubishi	3	52D	6F-2R	14.60	1265	No
Bull S630	$6922	$1280	$1800	$2910	$3320	Mitsubishi	2	76D	9F-3R	22.00	1940	No
Bull S630D 4WD	$7879	$1460	$2050	$3310	$3780	Mitsubishi	2	76D	9F-3R	22.00	2140	No
Bison S650G	$7686	$1420	$2000	$3230	$3690	Mazda	4	60G	6F-2R	22.03	2110	No
Bison S670	$10113	$1870	$2630	$4250	$4850	Mitsubishi	4	80D	6F-2R	25.00	2315	No
Bison S670D 4WD	$11526	$2130	$3000	$4840	$5530	Mitsubishi	4	80D	6F-2R	25.00	2535	No
Stallion S750	$10409	$1930	$2710	$4370	$5000	Isuzu	3	108D	9F-3R	33.00	2865	No
Stallion S750D 4WD	$12795	$2370	$3330	$5370	$6140	Isuzu	3	108D	9F-3R	33.00	3440	No

D—Front Wheel Assist

Mitsubishi-Satoh (Cont.)

Model	Approx. Retail Price New	Used Trade-In Avg.	Used Trade-In High	Used Retail Avg.	Used Retail High	Make	No. Cyls.	Displ. Cu.-in.	No. Speeds	P.T.O. H.P.	Approx. Shipping Wt.-Lbs.	Cab
1981												
Beaver S370	$4636	$830	$1210	$1950	$2230	Mitsubishi	2	41D	6F-2R	12.20	1035	No
Beaver S370D 4WD	$5050	$910	$1310	$2120	$2420	Mitsubishi	2	41D	6F-2R	12.20	1180	No
Beaver III S373	$5296	$950	$1380	$2220	$2540	Mitsubishi	3	47D	6F-2R	13.60	1125	No
Beaver III S373D 4WD	$5718	$1030	$1490	$2400	$2750	Mitsubishi	3	47D	6F-2R	13.60	1235	No
Buck S470	$5664	$1020	$1470	$2380	$2720	Mitsubishi	3	52D	6F-2R	14.60	1155	No
Buck S470D 4WD	$6158	$1110	$1600	$2590	$2960	Mitsubishi	3	52D	6F-2R	14.60	1265	No
Bull S630	$6736	$1210	$1750	$2830	$3230	Mitsubishi	2	76D	9F-3R	22.00	1940	No
Bull S630D 4WD	$7716	$1390	$2010	$3240	$3700	Mitsubishi	2	76D	9F-3R	22.00	2140	No
Bison S650G	$7275	$1310	$1890	$3060	$3490	Mazda	4	60G	6F-2R	22.03	2110	No
Bison S670	$9810	$1770	$2550	$4120	$4710	Mitsubishi	4	80D	6F-2R	25.00	2315	No
Bison S670D 4WD	$11228	$2020	$2920	$4720	$5390	Mitsubishi	4	80D	6F-2R	25.00	2535	No
Stallion S750	$10106	$1820	$2630	$4250	$4850	Isuzu	3	108D	9F-3R	33.00	2865	No
Stallion S750D 4WD	$12500	$2250	$3250	$5250	$6000	Isuzu	3	108D	9F-3R	33.00	3440	No
D—Front Wheel Assist												
1980												
Beaver S370	$3940	$690	$1040	$1660	$1890	Mitsubishi	2	41D	6F-2R	12.20	1035	No
Beaver S370D	$4300	$750	$1140	$1810	$2060	Mitsubishi	2	41D	6F-2R	12.20	1180	No
Beaver III S373	$4500	$790	$1190	$1890	$2160	Mitsubishi	3	47D	6F-2R	13.60	1125	No
Beaver III S373D	$4860	$850	$1290	$2040	$2330	Mitsubishi	3	47D	6F-2R	13.60	1235	No
Buck S470	$4860	$850	$1290	$2040	$2330	Mitsubishi	3	52D	6F-2R	14.60	1155	No
Buck S470D	$5280	$920	$1400	$2220	$2530	Mitsubishi	3	52D	6F-2R	14.60	1265	No
Bull S630	$5780	$1010	$1530	$2430	$2770	Mitsubishi	2	76D	9F-3R	22.00	1940	No
Bull S630 4WD	$6620	$1160	$1750	$2780	$3180	Mitsubishi	2	76D	9F-3R	22.00	2140	No
Bison S650G	$5975	$1050	$1580	$2510	$2870	Mazda	4	60G	6F-2R	22.03	2110	No
Bison S670	$8580	$1500	$2270	$3600	$4120	Mitsubishi	4	80D	6F-2R	25.00	2315	No
Bison S670D 4WD	$9820	$1720	$2600	$4120	$4710	Mitsubishi	4	80D	6F-2R	25.00	2535	No
Stallion S750	$8840	$1550	$2340	$3710	$4240	Isuzu	3	108D	9F-3R	33.00	2865	No
Stallion S750D 4WD	$10934	$1910	$2900	$4590	$5250	Isuzu	3	108D	9F-3R	33.00	3440	No
D—Front Wheel Assist												
1979												
Beaver S370	$3880	$630	$990	$1550	$1770	Mitsubishi	2	41D	6F-2R	12.20	1035	No
Beaver S370D	$4254	$690	$1100	$1700	$1950	Mitsubishi	2	41D	6F-2R	12.20	1180	No
Buck S470	$4538	$740	$1170	$1820	$2080	Mitsubishi	3	52D	6F-2R	15.00	1155	No
Buck S470D	$5088	$830	$1320	$2050	$2350	Mitsubishi	3	52D	6F-2R	15.00	1265	No
Bull S630	$5858	$960	$1530	$2380	$2720	Mitsubishi	2	76D	9F-3R	22.00	1940	No
Bull S630D	$6712	$1110	$1760	$2740	$3130	Mitsubishi	2	76D	9F-3R	22.00	2140	No
Bison S650G	$5768	$950	$1500	$2340	$2670	Mazda	4	60G	6F-2R	22.03	2110	No
Stallion S750	$8094	$1380	$2190	$3400	$3890	Isuzu	3	108D	9F-3R	33.00	2865	No
Stallion S750D	$10932	$1700	$2700	$4200	$4800	Isuzu	3	108D	9F-3R	33.00	3440	No
D—Front Wheel Assist												
1978												
Bull	$5366	$910	$1480	$2250	$2580	Mitsubishi	2	76D	9F-3R	22.00	1940	No
Beaver S370	$3554	$600	$980	$1490	$1710	Mitsubishi	2	41D	6F-2R	12.20	1035	No
Beaver S370D	$3898	$660	$1070	$1640	$1870	Mitsubishi	2	41D	6F-2R	12.20	1180	No
Bison S650G	$5284	$900	$1450	$2220	$2540	Mazda	4	60G	6F-2R	22.03	2110	No
Stallion S750	$7414	$1260	$2040	$3110	$3560	Isuzu	3	108D	9F-3R	33.00	2865	No
D—Front Wheel Assist												
1977												
Elk	$3590	$610	$1010	$1510	$1720	Mazda	4	60G	6F-2R	17.00	1430	No
Beaver S370	$3204	$550	$900	$1350	$1540	Mitsubishi	2	41D	6F-2R	12.20	1035	No
Beaver S370D	$3518	$600	$990	$1480	$1690	Mitsubishi	2	41D	6F-2R	12.20	1180	No
Bison S650G	$4532	$770	$1270	$1900	$2180	Mazda	4	60G	6F-2R	22.03	2110	No
Stallion S750	$6600	$1120	$1850	$2770	$3170	Isuzu	3	108D	9F-3R	33.00	2865	No
D—Front Wheel Assist												
1976												
S650G	$3668	$620	$1030	$1540	$1760	Mazda	4	60G	6F-2R	22.03	2105	No
1975												
S650G	$3550	$600	$990	$1490	$1700	Mazda	4	60G	6F-2R	22.03	2105	No
1974												
S650G	$3232	$550	$920	$1360	$1550	Mazda	4	60G	6F-2R	22.03	2105	No
1973												
S650G	$2914	$500	$850	$1220	$1400	Mazda	4	60G	6F-2R	22.03	2105	No

New Holland/Ford

Model	Approx. Retail Price New	Used Trade-In Avg.	Used Trade-In High	Used Retail Avg.	Used Retail High	Make	No. Cyls.	Displ. Cu.-in.	No. Speeds	P.T.O. H.P.	Approx. Shipping Wt.-Lbs.	Cab
2005												
TZ18DA 4WD	$9911	$7140	$7530	$8620	$9020	Own	3	58D	Variable	13.7	1446	No
TZ22DA 4WD	$10700	$7700	$8130	$9310	$9740	Own	3	58D	Variable	17.0	1323	No
TZ24DA 4WD	$10360	$7460	$7870	$9010	$9430	Own	3	61D	Variable	18.0	1455	No
TZ25DA 4WD	$11088	$7980	$8430	$9650	$10090	Own	3	61D	Variable	19.0	1723	No
TC21DA 4WD	$12856	$9260	$9770	$11190	$11700	Own	3	61D	9F-3R	17.0	1450	No
TC21DA 4WD (Note 1)	$14143	$10180	$10750	$12300	$12870	Own	3	61D	9F-3R	17.0	1450	No
TC21DA 4WD Hydro	$14155	$10190	$10760	$12320	$12880	Own	3	61D	Variable	16.0	1535	No
TC21DA 4WD Hydro (Note 1)	$15442	$11120	$11740	$13440	$14050	Own	3	61D	Variable	16.0	1535	No
TC23DA 4WD	$13485	$9710	$10250	$11730	$12270	Own	3	61D	9F-3R	18.5	1301	No

New Holland/Ford (Cont.)

2005 (Cont.)

Model	Approx. Retail Price New	Used Trade-In Avg.	Used Trade-In High	Used Retail Avg.	Used Retail High	Make	Engine No. Cyls.	Displ. Cu.-in.	No. Speeds	P.T.O. H.P.	Approx. Shipping Wt.-Lbs.	Cab
TC23DA 4WD (Note 1)	$14819	$10670	$11260	$12890	$13490	Own	3	61D	9F-3R	18.5	1397	No
TC23DA Hydro 4WD	$14832	$10680	$11270	$12900	$13500	Own	3	61D	Variable	17.5	1398	No
TC23DA Hydro 4WD (Note 1)	$16166	$11640	$12290	$14060	$14710	Own	3	61D	Variable	17.5	1494	No
TC24DA 4WD	$13137	$9460	$9980	$11430	$11960	Own	3	69D	9F-3R	19.5	1405	No
TC24DA 4WD (Note 1)	$14424	$10390	$10960	$12550	$13130	Own	3	69D	9F-3R	19.5	1405	No
TC24DA 4WD Hydro	$14435	$10390	$10970	$12560	$13140	Own	3	69D	Variable	18.5	1308	No
TC24DA 4WD Hydro (Note 1)	$15722	$11320	$11950	$13680	$14310	Own	3	69D	Variable	18.5	1308	No
TC26DA 4WD	$15392	$11080	$11700	$13390	$14010	Own	3	69D	Variable	19.7	2406	No
TC26DA 4WD (Note 1)	$16726	$12040	$12710	$14550	$15220	Own	3	69D	Variable	19.7	1501	No
TC29DA 4WD	$15836	$11400	$12040	$13780	$14410	Own	3	81D	9F-3R	25.1	2074	No
TC29DA 4WD (Note 1)	$17253	$12420	$13110	$15010	$15700	Own	3	81D	9F-3R	25.1	2074	No
TC29DA 4WD SuperSteer	$17030	$12260	$12940	$14820	$15500	Own	3	81D	9F-3R	25.1	2188	No
TC29DA 4WD SuperSteer (Note 1)	$18446	$13280	$14020	$16050	$16790	Own	3	81D	9F-3R	25.1	2188	No
TC29DA 4WD Hydro	$17317	$12470	$13160	$15070	$15760	Own	3	81D	Variable	23.5	2474	No
TC29DA 4WD Hydro (Note 1)	$18734	$13490	$14240	$16300	$17050	Own	3	81D	Variable	23.5	2474	No
TC29DA 4WD Hydro SuperSteer	$18529	$13340	$14080	$16120	$16860	Own	3	81D	Variable	23.5	2474	No
TC29DA 4WD Hydro SuperSteer (Note 1)	$19946	$14360	$15160	$17350	$18150	Own	3	81D	Variable	23.5	2474	No
TC30 4WD w/Loader	$15856	$11420	$12050	$13800	$14430	Own	3	91D	9F-3R	25.5	2205	No
TC30 w/Loader	$14247	$10260	$10830	$12400	$12970	Own	3	91D	9F-3R	25.5	2115	No
TC30 4WD Hydro w/Loader	$17360	$12500	$13190	$15100	$15800	Own	3	91D	9F-3R	24.0	2210	No
TC33DA 4WD	$16509	$11890	$12550	$14360	$15020	Own	3	91D	9F-3R	28.6	2440	No
TC33DA 4WD (Note 1)	$17926	$12910	$13620	$15600	$16310	Own	3	91D	9F-3R	28.6	2440	No
TC33DA 4WD Hydro	$17991	$12950	$13670	$15650	$16370	Own	3	91D	Variable	26.9	2474	No
TC33DA 4WD Hydro (Note 1)	$19408	$13970	$14750	$16890	$17660	Own	3	91D	Variable	26.9	2474	No
TC33DA 4WD Hydro SuperSteer	$19252	$13860	$14630	$16750	$17520	Own	3	91D	Variable	26.9	2474	No
TC33DA 4WD Hydro SuperSteer (Note 1)	$20619	$14850	$15670	$17940	$18760	Own	3	91D	Variable	26.9	2474	No
TC33DA 4WD SuperSteer	$17926	$12910	$13620	$15600	$16310	Own	3	91D	9F-3R	28.6	2554	No
TC33DA 4WD SuperSteer (Note 1)	$19119	$13770	$14530	$16630	$17400	Own	3	91D	9F-3R	28.6	2554	No
TC35A	$14325	$10310	$10890	$12460	$13040	Own	3	101D	12F-12R	29.6	3009	No
TC35A (Note 1)	$16563	$11930	$12590	$14410	$15070	Own	3	101D	12F-12R	29.6	3009	No
TC35A 4WD	$17860	$12860	$13570	$15540	$16250	Own	3	101D	12F-12R	29.6	3143	No
TC35A 4WD (Note 1)	$19479	$14030	$14800	$16950	$17730	Own	3	101D	12F-12R	29.6	3143	No
TC35DA 4WD Hydro	$20349	$14650	$15470	$17700	$18520	Own	3	101D	Variable	29.1	3299	No
TC35DA 4WD Hydro (Note 1)	$22013	$15850	$16730	$19150	$20030	Own	3	101D	Variable	29.1	3299	No
TC35DA 4WD Hydro SuperSteer	$21732	$15650	$16520	$18910	$19780	Own	3	101D	Variable	29.1	3299	No
TC35DA 4WD Hydro SuperSteer (Note 1)	$23406	$16850	$17790	$20360	$21300	Own	3	101D	Variable	29.1	3299	No
TC40A	$16682	$12010	$12680	$14510	$15180	Own	4	121D	12F-12R	35.0	3060	No
TC40A (Note 1)	$18247	$13140	$13870	$15880	$16610	Own	4	121D	12F-12R	35.0	3060	No
TC40A 4WD	$20339	$14640	$15460	$17700	$18510	Own	4	121D	12F-12R	35.0	3194	No
TC40A 4WD (Note 1)	$22013	$15850	$16730	$19150	$20030	Own	4	121D	12F-12R	35.0	3194	No
TC40DA 4WD Hydro	$22081	$15900	$16780	$19210	$20090	Own	4	121D	Variable	33.2	3375	No
TC40DA 4WD Hydro (Note 1)	$23755	$17100	$18050	$20670	$21620	Own	4	121D	Variable	33.2	3375	No
TC40DA 4WD Hydro SuperSteer	$23475	$16900	$17840	$20420	$21360	Own	4	121D	Variable	33.2	3375	No
TC40DA 4WD Hydro SuperSteer (Note 1)	$25149	$18110	$19110	$21880	$22890	Own	4	121D	Variable	33.2	3375	No
TC45A	$18824	$13550	$14310	$16380	$17130	Own	4	135D	12F-12R	39.6	3262	No
TC45A (Note 1)	$20402	$14690	$15510	$17750	$18570	Own	4	135D	12F-12R	39.6	3262	No
TC45A 4WD	$21076	$15180	$16020	$18340	$19180	Own	4	135D	12F-12R	39.6	3396	No
TC45A 4WD (Note 1)	$22693	$16340	$17250	$19740	$20650	Own	4	135D	12F-12R	39.6	3396	No
TC45DA 4WD Hydro	$23572	$16970	$17920	$20510	$21450	Own	4	135D	Variable	37.8	3766	No
TC45DA 4WD Hydro (Note 1)	$25619	$18450	$19470	$22290	$23310	Own	4	135D	Variable	37.8	3766	No
TC45DA 4WD Hydro SuperSteer	$25319	$18230	$19240	$22030	$23040	Own	4	135D	Variable	37.8	3766	No
TC45DA 4WD Hydro SuperSteer (Note 1)	$26935	$19390	$20470	$23430	$24510	Own	4	135D	Variable	37.8	3766	No
TC48DA	$18271	$13160	$13890	$15900	$16630	Own	4	135D	12F-12R	40.0	1357	No
TC48DA (Note 1)	$20179	$14530	$15340	$17560	$18360	Own	4	135D	12F-12R	40.0	1357	No
TC48DA 4WD	$23226	$16720	$17650	$20210	$21140	Own	4	135D	12F-12R	40.0	1357	No
TC48DA 4WD (Note 1)	$25172	$18120	$19130	$21900	$22910	Own	4	135D	12F-12R	40.0	1357	No
TC55DA	$19572	$14090	$14880	$17030	$17810	Own	4T	135D	12F-12R	45.0		No
TC55DA (Note 1)	$21482	$15470	$16330	$18690	$19550	Own	4T	135D	12F-12R	45.0		No
TC55DA 4WD	$24554	$17680	$18660	$21360	$22340	Own	4T	135D	16F-16R	47.0		No
TC55DA 4WD (Note 1)	$26501	$19080	$20140	$23060	$24120	Own	4T	135D	16F-16R	47.0		No
TT55	$18841	$13570	$14320	$16200	$16960	Own	3	179D	8F-2R	47.0		No
TT55 4WD	$24103	$17350	$18320	$20730	$21690	Own	3	179D	8F-2R	47.0		No
TT75	$23036	$16590	$17510	$19810	$20730	Own	4	238D	8F-2R	59.0		No
TT75 4WD	$27690	$19940	$21040	$23810	$24920	Own	4	238D	8F-2R	59.0		No
TN60A Economy	$19421	$13980	$14760	$16700	$17480	Own	3	179D	8F-8R	45.0		No
TN60A Economy 4WD	$24193	$17420	$18390	$20810	$21770	Own	3	179D	8F-8R	45.0		No
TN60A Std.	$22185	$15970	$16860	$19080	$19970	Own	3	179D	12F-12R	45.0		No
TN60A Std. 4WD	$26956	$19410	$20490	$23180	$24260	Own	3	179D	12F-12R	45.0		No
TN60DA Dlx. Cab	$31051	$22360	$23600	$26700	$27950	Own	3	179D	16F-16R	52.0		CHA
TN60DA Dlx. 4WD Cab	$35716	$25720	$27140	$30720	$32140	Own	3	179D	16F-16R	52.0		CHA
TN70A Economy	$21880	$15750	$16630	$18820	$19690	Own	3T	179D	8F-8R	57.0		No
TN70A Economy 4WD	$26752	$19260	$20330	$23010	$24080	Own	3T	179D	8F-8R	57.0		No
TN70A Std.	$24717	$17800	$18790	$21260	$22250	Own	3T	179D	12F-12R	57.0		No
TN70DA 4WD	$29465	$21220	$22390	$25340	$26520	Own	4T	179D	16F-16R	57.0		No
TN70DA Dlx. Cab	$33567	$24170	$25510	$28870	$30210	Own	3T	179D	16F-16R	57.0		CHA
TN70DA Dlx. 4WD Cab	$38227	$27520	$29050	$32880	$34400	Own	3T	179D	16F-16R	57.0		CHA
TN75A Std.	$26504	$19080	$20140	$22790	$23850	Own	3T	179D	12F-12R	62.0		No
TN75A Std. 4WD	$31234	$22490	$23740	$26860	$28110	Own	3T	179D	12F-12R	62.0		No
TN75DA Dlx. 4WD Cab	$39893	$28720	$30320	$34310	$35900	Own	3T	179D	16F-16R	62.0		CHA

Model	Approx. Retail Price New	Used Trade-In Avg.	High	Used Retail Avg.	High	Make	No. Cyls.	Displ. Cu.-in.	No. Speeds	P.T.O. H.P.	Approx. Shipping Wt.-Lbs.	Cab
New Holland/Ford (Cont.)												
2005 (Cont.)												
TN75DA Dlx. Cab	$35131	$25290	$26700	$30210	$31620	Own	3T	179D	16F-16R	62.0		CHA
TN75FA Narrow 4WD Cab	$44653	$32150	$33940	$38400	$40190	Own	4	238D	16F-16R	60.0		CHA
TN75A Economy	$23196	$16700	$17630	$19950	$20880	Own	3T	179D	8F-8R	62.0		No
TN75A Economy 4WD	$28067	$20210	$21330	$24140	$25260	Own	3T	179D	8F-8R	62.0		No
TN75FA Narrow Cab	$37050	$26680	$28160	$31860	$33350	Own	4	238D	16F-16R	60.0		CHA
TN75FA Narrow	$28607	$20600	$21740	$24600	$25750	Own	4	238D	16F-16R	60.0		No
TN75FA Narrow 4WD	$36210	$26070	$27520	$31140	$32590	Own	4	238D	16F-16R	60.0		No
TN75SA 4WD SuperSteer	$33763	$24310	$25660	$29040	$30390	Own	3T	179D	16F-16R	62.0		No
TN75SA 4WD SuperSteer Cab	$41221	$29680	$31330	$35450	$37100	Own	3T	179D	16F-16R	62.0		CHA
TN75VA	$26748	$19260	$20330	$23000	$24070	Own	3T	179D	16F-16R	62.0		No
TN75VA 4WD	$34096	$24550	$25910	$29320	$30690	Own	3T	179D	16F-16R	62.0		No
TN75VA 4WD Cab	$41803	$30100	$31770	$35950	$37620	Own	3T	179D	16F-16R	62.0		CHA
TN75VA Cab	$34456	$24810	$26190	$29630	$31010	Own	3T	179D	16F-16R	62.0		CHA
TN85A Std.	$28709	$20670	$21820	$24690	$25840	Own	4	274D	12F-12R	69.0		No
TN85A Std. 4WD	$33448	$24080	$25420	$28770	$30100	Own	4	274D	12F-12R	69.0		No
TN85DA Dlx. 4WD Cab.	$42546	$30630	$32340	$36590	$38290	Own	4	274D	16F-16R	69.0		CHA
TN85DA Dlx. Cab.	$37807	$27220	$28730	$32510	$34030	Own	4	274D	16F-16R	69.0		CHA
TN85FA Narrow	$30089	$21660	$22870	$25860	$27080	Own	4T	238D	16F-16R	70.0		No
TN85FA Narrow 4WD	$40897	$29450	$31080	$35170	$36810	Own	4T	238D	32F-16R	70.0		No
TN85FA Narrow 4WD Cab	$46142	$33220	$35070	$39680	$41530	Own	4T	238D	16F-16R	70.0		CHA
TN85FA Narrow 4WD Cab	$49177	$35410	$37380	$42290	$44260	Own	4T	238D	32F-16R	70.0		CHA
TN85FA Narrow Cab	$38532	$27740	$29280	$33140	$34680	Own	4T	238D	16F-16R	70.0		CHA
TK80 Crawler	$42643	$30700	$32410	$36670	$38380	Own	4	220D	8F-8R	66.0		No
TL80A Dlx.	$33796	$24330	$25690	$29400	$30750	Own	4	273D	24F-24R	69.0		No
TL80A Dlx. 4WD	$40378	$29070	$30690	$35130	$36740	Own	4	273D	24F-24R	69.0		No
TL80A Dlx. 4WD Cab	$49450	$35600	$37580	$43020	$45000	Own	4	273D	24F-24R	69.0		CHA
TL80A Dlx. Cab	$42868	$30870	$32580	$37300	$39010	Own	4	273D	24F-24R	69.0		CHA
TL80A Std.	$28789	$20730	$21880	$25050	$26200	Own	4	273D	12F-12R	69.0		No
TL80A Std. 4WD.	$35560	$25600	$27030	$30940	$32360	Own	4	273D	12F-12R	69.0		No
TL80A Std. 4WD Cab	$44000	$31680	$33440	$38280	$40040	Own	4	273D	12F-12R	59.0		CHA
TL80A Std. Cab	$37230	$26810	$28300	$32390	$33880	Own	4	273D	12F-12R	69.0		CHA
TL90A Dlx.	$35975	$25900	$27340	$31300	$32740	Own	4T	273D	24F-24R	77.0		No
TL90A Dlx. 4WD Cab	$51630	$37170	$39240	$44920	$46980	Own	4T	273D	24F-24R	77.0		CHA
TL90A Dlx. Cab	$45044	$32430	$34230	$39190	$40990	Own	4T	273D	24F-24R	77.0		CHA
TL90A Std.	$31475	$22660	$23920	$27380	$28640	Own	4T	273D	12F-12R	77.0		No
TL90A Std. 4WD.	$37119	$26730	$28210	$32290	$33780	Own	4T	273D	12F-12R	77.0		No
TL90A Std. 4WD Cab	$45394	$32680	$34500	$39490	$41310	Own	4T	273D	12F-12R	77.0		CHA
TL90A Std. Cab	$38750	$27900	$29450	$33710	$35260	Own	4T	273D	12F-12R	77.0		CHA
TL90A Dlx. 4WD.	$42557	$30640	$32340	$37030	$38730	Own	4T	273D	24F-24R	77.0		No
TK90 Crawler	$45443	$32720	$34540	$39080	$40900	Own	4T	238D	8F-8R	76.0		No
TN95A Std. 4WD	$36977	$26620	$28100	$31800	$33280	Own	4T	274D	12F-12R	77.0		No
TN95DA Dlx. Cab 4WD.	$45912	$33060	$34890	$39480	$41320	Own	4T	274D	16F-16R	77.0		No
TN95FA	$31577	$22740	$24000	$27160	$28420	Own	4T	238D	16F-16R	80.0		No
TN95FA 4WD	$39987	$28790	$30390	$34390	$35990	Own	4T	238D	16F-16R	80.0		No
TN95FA 4WD	$42217	$30400	$32090	$36310	$38000	Own	4T	238D	32F-16R	80.0		No
TN95FA 4WD Cab	$48030	$34580	$36500	$41310	$43230	Own	4T	238D	16F-16R	80.0		CHA
TN95FA 4WD Cab	$50660	$36480	$38500	$43570	$45590	Own	4T	238D	32F-16R	80.0		CHA
TN95VA 4WD	$37862	$27260	$28780	$32560	$34080	Own	4T	238D	16F-16R	80.0		No
TN95VA 4WD, Cab	$45569	$32810	$34630	$39190	$41010	Own	4T	238D	16F-16R	80.0		CHA
TN95FA Cab.	$40021	$28820	$30420	$34420	$36020	Own	4T	238D	16F-16R	80.0		CHA
TK100 Crawler	$48262	$34750	$36680	$41510	$43440	Own	4	238D	8F-8R	65.0		No
TL100A Dlx.	$37925	$27310	$28820	$33000	$34510	Own	4T	238D	24F-24R	82.0		No
TL100A Dlx. 4WD	$44507	$32050	$33830	$38720	$40500	Own	4T	238D	24F-24R	82.0		No
TL100A Dlx. Cab	$46998	$33840	$35720	$40890	$42770	Own	4T	238D	24F-24R	82.0		CHA
TL100A Dlx.4WD Cab	$53580	$38580	$40720	$46620	$48760	Own	4T	238D	24F-24R	82.0		CHA
TL100A Std.	$33549	$24160	$25500	$29190	$30530	Own	4T	238D	12F-12R	82.0		No
TL100A Std. 4WD.	$39069	$28130	$29690	$33990	$35550	Own	4T	238D	12F-12R	82.0		No
TL100A Std. 4WD Cab	$47363	$34100	$36000	$41210	$43100	Own	4T	238D	12F-12R	82.0		CHA
TL100A Std. Cab	$40719	$29320	$30950	$35430	$37050	Own	4T	238D	12F-12R	82.0		CHA
TS100A Dlx. 4WD Cab	$61330	$44160	$46610	$52740	$55200	Own	4TI	273D	24F-24R	80.0		CHA
TS100A Dlx. 4WD Cab	$64728	$46600	$49190	$55670	$58260	Own	4TI	273D	16F-16R	80.0		CHA
TS100A Dlx. 4WD Cab SuperSteer	$66853	$48130	$50810	$57490	$60170	Own	4TI	273D	16F-16R	80.0		CHA
TS100A Dlx. Cab	$52066	$37490	$39570	$44780	$46860	Own	4TI	273D	24F-24R	80.0		CHA
TS100A Dlx. Cab	$55423	$39910	$42120	$47660	$49880	Own	4TI	273D	16F-16R	80.0		CHA
TS100A Plus 4WD Cab	$61560	$44320	$46790	$52940	$55400	Own	4T	304D	16F-16R	80.0		CHA
TS100A Plus Cab.	$52581	$37860	$39960	$45220	$47320	Own	4TI	273D	16F-16R	80.0		CHA
TB100	$29349	$21130	$22310	$25240	$26410	Own	4T	304D	8F-2R	80.0		No
TB100.	$30859	$22220	$23450	$26540	$27770	Own	4T	304D	16F-4R	80.0		No
TB100 4WD	$36675	$26410	$27870	$31540	$33010	Own	4T	304D	8F-2R	80.0		No
TB100 4WD	$38185	$27490	$29020	$32840	$34370	Own	4T	304D	16F-4R	80.0		No
TB110	$31891	$22960	$24240	$27430	$28700	Own	4T	304D	8F-2R	90.0		No
TB110.	$33401	$24050	$25390	$28730	$30060	Own	4T	304D	16F-4R	90.0		No
TB110 4WD	$39834	$28680	$30270	$34260	$35850	Own	4T	304D	8F-2R	90.0		No
TB110 4WD	$41344	$29770	$31420	$35560	$37210	Own	4T	304D	16F-4R	90.0		No
TS115A Dlx.	$46959	$32870	$34750	$39450	$41320	Own	6TI	410D	16F-16R	95.0		No
TS115A Dlx. 4WD.	$55950	$39170	$41400	$47000	$49240	Own	6TI	410D	16F-16R	95.0		No
TS115A Dlx. 4WD Cab	$64083	$44860	$47420	$53830	$56390	Own	6TI	410D	24F-24R	95.0		CHA
TS115A Dlx. 4WD Cab	$67448	$47210	$49910	$56660	$59350	Own	6TI	410D	16F-16R	95.0		CHA
TS115A Dlx. 4WD SuperSteer	$58056	$40640	$42960	$48770	$51090	Own	6TI	410D	16F-16R	95.0		No
TS115A Dlx. Cab	$55089	$38560	$40770	$46280	$48480	Own	6TI	410D	24F-24R	95.0		CHA
TS115A Dlx. Cab	$58454	$40920	$43260	$49100	$51440	Own	6TI	410D	16F-16R	95.0		CHA
TS115A Dlx. Cab, 4WD SuperSteer	$69552	$48690	$51470	$58420	$61210	Own	6TI	410D	16F-16R	95.0		CHA
TS115A Plus	$44784	$31350	$33140	$37620	$39410	Own	6TI	410D	24F-24R	95.0		No
TS115A Plus	$46704	$32690	$34560	$39230	$41100	Own	6TI	410D	16F-16R	95.0		No

New Holland/Ford (Cont.)

2005 (Cont.)

Model	Approx. Retail Price New	Used Trade-In Avg.	Used Trade-In High	Used Retail Avg.	Used Retail High	Make	No. Cyls.	Displ. Cu.-in.	No. Speeds	P.T.O. H.P.	Approx. Shipping Wt.-Lbs.	Cab
TS115A Plus 4WD	$53451	$37420	$39550	$44900	$47040	Own	6TI	410D	24F-24R	95.0		No
TS115A Plus 4WD	$55777	$39040	$41280	$46850	$49080	Own	6TI	410D	16F-16R	95.0		No
TS115A Plus 4WD Cab	$62385	$43670	$46170	$52400	$54900	Own	6TI	410D	24F-24R	95.0		CHA
TS115A Plus 4WD Cab	$64307	$45020	$47590	$54020	$56590	Own	6TI	410D	16F-16R	95.0		CHA
TS115A Plus Cab	$53717	$37600	$39750	$45120	$47270	Own	6TI	410D	24F-24R	95.0		CHA
TS115A Plus Cab	$55677	$38970	$41200	$46770	$49000	Own	6TI	410D	16F-16R	95.0		CHA
TS115A Std.	$43499	$30450	$32190	$36540	$38280	Own	6TI	410D	12F-12R	95.0		No
TS115A Std. 4WD	$52148	$36500	$38590	$43800	$45890	Own	6TI	410D	12F-12R	95.0		No
TS115A Std. 4WD Cab	$61084	$42760	$45200	$51310	$53750	Own	6TI	410D	12F-12R	95.0		CHA
TS115A Std. Cab	$52432	$36700	$38800	$44040	$46140	Own	6TI	410D	12F-12R	95.0		CHA
TB120	$34514	$24850	$26230	$29680	$31060	Own	6	456D	8F-2R	96.0		No
TB120	$36024	$25940	$27380	$30980	$32420	Own	6	456D	16F-4R	96.0		No
TB120 4WD	$42778	$30800	$32510	$36790	$38500	Own	6	456D	8F-2R	96.0		No
TB120 4WD	$44288	$31890	$33660	$38090	$39860	Own	6	456D	16F-4R	96.0		No
TB120 HC 4WD	$48249	$34740	$36670	$41490	$43420	Own	6	456D	8F-2R	96.0		No
TB120 HC 4WD	$49759	$35830	$37820	$42790	$44780	Own	6	456D	16F-4R	96.0		No
TM120 Plus	$61632	$43140	$45610	$51770	$54240	Own	6TI	456D	17F-6R	95.0		CHA
TM120 Premium 4WD	$76825	$53780	$56850	$64530	$67610	Own	6TI	456D	24F-12R	95.0		CHA
TM120 Plus 4WD	$71772	$50240	$53110	$60290	$63160	Own	6TI	456D	18F-6R	95.0		CHA
TM120 Plus 4WD SuperSteer	$73834	$51680	$54640	$62020	$64970	Own	6TI	456D	18F-6R	95.0		CHA
TM120 Premium 4WD SuperSteer	$78887	$55220	$58380	$66270	$69420	Own	6TI	456D	18F-6R	95.0		CHA
TS125A Dlx.	$55005	$38500	$40700	$46200	$48400	Own	6TI	410D	16F-16R	105.0		No
TS125A Dlx. w/Cab	$63550	$44490	$47030	$53380	$55920	Own	6TI	410D	24F-24R	105.0		CHA
TS125A Dlx. 4WD.	$64793	$45360	$47950	$54430	$57020	Own	6TI	410D	16F-16R	105.0		No
TS125A Dlx. 4WD SuperSteer	$66897	$46830	$49500	$56190	$58870	Own	6TI	410D	16F-16R	105.0		No
TS125A Dlx. Cab	$66915	$46840	$49520	$56210	$58890	Own	6TI	410D	16F-16R	105.0		CHA
TS125A Plus	$52828	$36980	$39090	$44380	$46490	Own	6TI	410D	24F-24R	105.0		No
TS125A Plus 4WD	$62292	$43600	$46100	$52330	$54820	Own	6TI	410D	24F-24R	105.0		No
TS125A Plus 4WD Cab	$71318	$49920	$52780	$59910	$62760	Own	6TI	410D	24F-24R	105.0		CHA
TS125A Plus 4WD Cab	$73494	$51450	$54390	$61740	$64680	Own	6TI	410D	16F-16R	105.0		CHA
TS125A Plus Cab.	$62177	$43520	$46010	$52230	$54720	Own	6TI	410D	24F-24R	105.0		CHA
TS125A Plus Cab.	$64353	$45050	$47620	$54060	$56630	Own	6TI	410D	16F-16R	105.0		CHA
TS125A Dlx. 4WD Cab	$73015	$51110	$54030	$61330	$64250	Own	6TI	410D	24F-24R	105.0		CHA
TS125A Dlx. 4WD Cab	$76399	$53480	$56540	$64180	$67230	Own	6TI	410D	16F-16R	105.0		CHA
TS125A Dlx. Cab, 4WD SuperSteer	$78484	$54940	$58080	$65930	$69070	Own	6TI	410D	16F-16R	105.0		CHA
TM130 Plus	$68571	$48000	$50740	$57600	$60340	Own	6TI	456D	17F-6R	105.0		CHA
TM130 Premium 4WD	$80291	$56200	$59420	$67440	$70660	Own	6TI	456D	24F-12R	105.0		CHA
TM130 Plus 4WD	$78655	$55060	$58210	$66070	$69220	Own	6TI	456D	18F-6R	105.0		CHA
TM130 Std. 4WD Cab	$64640	$45250	$47830	$54300	$56880	Own	6TI	456D	20F-16R	105.0		CHA
TM130 Plus 4WD SuperSteer	$80717	$56500	$59730	$67800	$71030	Own	6TI	456D	18F-6R	105.0		CHA
TM130 Premium 4WD SuperSteer	$82353	$57650	$60940	$69180	$72470	Own	6TI	456D	18F-6R	105.0		CHA
TS135A Dlx. 4WD Cab	$76675	$53670	$56740	$64410	$67470	Own	6TI	410D	24F-24R	115.0		CHA
TS135A Dlx. 4WD Cab	$79901	$55930	$59130	$67120	$70310	Own	6TI	410D	16F-16R	115.0		CHA
TS135A Dlx. Cab	$67070	$46950	$49630	$56340	$59020	Own	6TI	410D	24F-24R	115.0		CHA
TS135A Dlx. Cab	$70435	$49310	$52120	$59170	$61980	Own	6TI	410D	16F-16R	115.0		CHA
TS135A Dlx. Cab 4WD SuperSteer	$82005	$57400	$60680	$68880	$72160	Own	6TI	410D	16F-16R	115.0		CHA
TM140 Plus	$71752	$50230	$53100	$60270	$63140	Own	6TI	456D	17F-6R	115.0		CHA
TM140 Premium	$74312	$52020	$54990	$62420	$65400	Own	6TI	456D	18F-6R	115.0		CHA
TM140 Plus 4WD	$82563	$57790	$61100	$69350	$72660	Own	6TI	456D	18F-6R	115.0		CHA
TM140 Premium 4WD	$85123	$59590	$62990	$71500	$74910	Own	6TI	456D	18F-6R	115.0		CHA
TM140 Std. 4WD	$69431	$48600	$51380	$58320	$61100	Own	6TI	456D	20F-16R	115.0		CHA
TM140 Plus 4WD SuperSteer	$84625	$59240	$62620	$71090	$74470	Own	6TI	456D	18F-6R	115.0		CHA
TM140 Premium 4WD SuperSteer	$87185	$61030	$64520	$73240	$76720	Own	6TI	456D	18F-6R	115.0		CHA
TM155 Plus	$77414	$54190	$57290	$65030	$68120	Own	6TI	456D	17F-6R	125		CHA
TM155 Premium	$79974	$55980	$59180	$67180	$70380	Own	6TI	456D	17F-6R	125		CHA
TM155 Plus 4WD	$89899	$62930	$66530	$75520	$79110	Own	6TI	456D	18F-6R	125.0		CHA
TM155 Premium 4WD	$92461	$64720	$68420	$77670	$81370	Own	6TI	456D	18F-6R	125.0		CHA
TM155 Plus 4WD SuperSteer	$91962	$64370	$68050	$77250	$80930	Own	6TI	456D	18F-6R	125.0		CHA
TM155 Premium 4WD SuperSteer	$94522	$66170	$69950	$79400	$83180	Own	6TI	456D	18F-6R	125.0		CHA
TM175 Premium	$91874	$64310	$67990	$77170	$80850	Own	6TI	456D	17F-6R	145.0		CHA
TM175 Premium 4WD	$104845	$73390	$77590	$88070	$92260	Own	6TI	456D	18F-6R	145.0		CHA
TM175 Premium 4WD SuperSteer	$106908	$74840	$79110	$89800	$94080	Own	6TI	456D	18F-6R	145.0		CHA
TM190 Premium	$96187	$67330	$71180	$80800	$84650	Own	6TI	456D	17F-6R	160.0		CHA
TM190 Premium 4WD	$109213	$76450	$80820	$91740	$96110	Own	6TI	456D	18F-6R	160.0		CHA
TM190 Premium 4WD SuperSteer	$111274	$77890	$82340	$93470	$97920	Own	6TI	456D	18F-6R	160.0		CHA
TG210 4WD	$128736	$90120	$95270	$108140	$113290	Own	6T	505D	18F-4R	170.0		CHA
TG210 4WD SuperSteer	$129964	$90980	$96170	$109170	$114370	Own	6T	505D	18F-4R	170.0		CHA
TG230 4WD	$140941	$98660	$104300	$118390	$124030	Own	6T	505D	18F-4R	190.0		CHA
TG230 4WD SuperSteer	$142168	$99520	$105200	$119420	$125110	Own	6T	505D	18F-4R	190.0		CHA
TG255 4WD	$151780	$106250	$112320	$127500	$133570	Own	6TA	505D	18F-4R	215.0		CHA
TG255 4WD SuperSteer	$154176	$107920	$114090	$129510	$135680	Own	6TA	505D	18F-4R	215.0		CHA
TG285 4WD	$168470	$117930	$124670	$141520	$148250	Own	6TI	505D	18F-4R	240.0		CHA
TG285 4WD SuperSteer	$170867	$119610	$126440	$143530	$150360	Own	6TI	505D	18F-4R	240.0		CHA
TV145	$89328	$64320	$67890	$77720	$81290	Own	6T	456D	Variable	105.0		CHA
TV145 w/Loader	$96190	$69260	$73100	$83690	$87530	Own	6T	456D	Variable	105.0		CHA
TV145 Front 3-Pt.	$93385	$67240	$70970	$81250	$84980	Own	6T	456D	Variable	105.0		CHA
TV145 Front 3Pt, PTO	$97198	$69980	$73870	$84560	$88450	Own	6T	456D	Variable	105.0		CHA
TJ275	$141489	$100460	$106120	$118850	$124510	CDC	6TA	505D	24F-6R	275.0		CHA
TJ275 Powershift	$152407	$100820	$106480	$119280	$124960	CDC	6TA	505D	16F-2R	275.0		CHA
TJ325	$159071	$105790	$111750	$125160	$131120	CDC	6TA	543D	24F-6R	325.0		CHA
TJ325 Powershift	$170436	$113960	$120380	$134820	$141240	CDC	6TA	543D	16F-2R	325.0		CHA
TJ375	$187316	$125670	$132750	$148680	$155760	Cummins	6TA	915D	24F-6R	375.0		CHA
TJ375 Powershift	$197383	$132770	$140250	$157080	$164560	Cummins	6TA	915D	16F-2R	375.0		CHA
TJ375HD	$194966	$130850	$138230	$154810	$162180	Cummins	6TA	915D	24F-6R	375.0		CHA

New Holland/Ford (Cont.)

Model	Approx. Retail Price New	Used Trade-In Avg.	Used Trade-In High	Used Retail Avg.	Used Retail High	Make	No. Cyls.	Displ. Cu.-in.	No. Speeds	P.T.O. H.P.	Approx. Shipping Wt.-Lbs.	Cab
2005 (Cont.)												
TJ375HD Powershift	$205033	$138810	$146630	$164220	$172040	Cummins	6TA	915D	16F-2R	375.0		CHA
TJ425	$202005	$136600	$144300	$161620	$169310	Cummins	6TA	915D	24F-6R	425.0		CHA
TJ425 Powershift	$213587	$144130	$152250	$170520	$178640	Cummins	6TA	915D	16F-2R	425.0		CHA
TJ425 HD Powershift	$220447	$149100	$157500	$176400	$184800	Cummins	6TA	915D	16F-2R	425.0		CHA
TJ450 Powershift	$230785	$156200	$165000	$184800	$193600	Cummins	6TA	915D	24F-6R	450.0		CHA
TJ450 HD Powershift	$236292	$159750	$168750	$189000	$198000	Cummins	6TA	915D	16F-2R	450.0		CHA
TJ500 Powershift	$246222	$166850	$176250	$197400	$206800	Cummins	6TA	912D	16F-2R	500.0		CHA

Note 1 — Loader ready tractor

Model	Approx. Retail Price New	Used Trade-In Avg.	Used Trade-In High	Used Retail Avg.	Used Retail High	Make	No. Cyls.	Displ. Cu.-in.	No. Speeds	P.T.O. H.P.	Approx. Shipping Wt.-Lbs.	Cab
2004												
TZ18DA 4WD	$9369	$5900	$6370	$7590	$8060	Own	3	58D	Variable	13.7	1446	No
TZ24DA 4WD	$10360	$6530	$7050	$8390	$8910	Own	3	61D	Variable	18.0	1455	No
TC21DA 4WD	$12856	$8100	$8740	$10410	$11060	Own	3	61D	9F-3R	17.0	1450	No
TC21DA 4WD (Note 1)	$14143	$8910	$9620	$11460	$12160	Own	3	61D	9F-3R	17.0	1450	No
TC21DA 4WD Hydro	$14155	$8920	$9630	$11470	$12170	Own	3	61D	Variable	16.0	1535	No
TC21DA 4WD Hydro (Note 1)	$15442	$9730	$10500	$12510	$13280	Own	3	61D	Variable	16.0	1535	No
TC24DA 4WD	$13137	$8280	$8930	$10640	$11300	Own	3	69D	9F-3R	19.5	1405	No
TC24DA 4WD (Note 1)	$14424	$9090	$9810	$11680	$12410	Own	3	69D	9F-3R	19.5	1405	No
TC24DA 4WD Hydro	$14435	$9090	$9820	$11690	$12410	Own	3	69D	Variable	18.5	1308	No
TC24DA 4WD Hydro (Note 1)	$15722	$9910	$10690	$12740	$13520	Own	3	69D	Variable	18.5	1308	No
TC29DA 4WD	$15253	$9610	$10370	$12360	$13120	Own	3	81D	9F-3R	25.1	2074	No
TC29DA 4WD (Note 1)	$16619	$10470	$11300	$13460	$14290	Own	3	81D	9F-3R	25.1	2074	No
TC29DA 4WD Hydro	$16681	$10510	$11340	$13510	$14350	Own	3	81D	Variable	23.5	2474	No
TC29DA 4WD Hydro (Note 1)	$18047	$11370	$12270	$14620	$15520	Own	3	81D	Variable	23.5	2474	No
TC29DA 4WD Hydro SuperSteer	$17850	$11250	$12140	$14460	$15350	Own	3	81D	Variable	23.5	2474	No
TC29DA 4WD Hydro SuperSteer (Note 1)	$19216	$12110	$13070	$15570	$16530	Own	3	81D	Variable	23.5	2474	No
TC29DA 4WD SuperSteer	$16422	$10350	$11170	$13300	$14120	Own	3	81D	9F-3R	25.1	2188	No
TC29DA 4WD SuperSteer (Note 1)	$17778	$11200	$12090	$14400	$15290	Own	3	81D	9F-3R	25.1	2188	No
TC30	$9561	$6020	$6500	$7740	$8220	Own	3	91D	9F-3R	25.5	2115	No
TC30 4WD	$11112	$7000	$7560	$9000	$9560	Own	3	91D	9F-3R	25.5	2205	No
TC30 4WD Hydro	$12562	$7910	$8540	$10180	$10800	Own	3	91D	Variable	24.0	2210	No
TC30 Hydro	$11461	$7220	$7790	$9280	$9860	Own	3	91D	Variable	24.0	2120	No
TC33DA 4WD	$15902	$10020	$10810	$12880	$13680	Own	3	91D	9F-3R	28.6	2440	No
TC33DA 4WD (Note 1)	$17268	$10880	$11740	$13990	$14850	Own	3	91D	9F-3R	28.6	2440	No
TC33DA 4WD Hydro	$17331	$10920	$11790	$14040	$14910	Own	3	91D	Variable	26.9	2474	No
TC33DA 4WD Hydro (Note 1)	$18697	$11780	$12710	$15150	$16080	Own	3	91D	Variable	26.9	2474	No
TC33DA 4WD Hydro SuperSteer	$18499	$11650	$12580	$14980	$15910	Own	3	91D	Variable	26.9	2474	No
TC33DA 4WD Hydro SuperSteer (Note 1)	$19865	$12520	$13510	$16090	$17080	Own	3	91D	Variable	26.9	2474	No
TC33DA 4WD SuperSteer	$17071	$10760	$11610	$13830	$14680	Own	3	91D	9F-3R	28.6	2554	No
TC33DA 4WD SuperSteer (Note 1)	$18437	$11620	$12540	$14930	$15860	Own	3	91D	9F-3R	28.6	2554	No
TC35A	$14463	$9110	$9840	$11720	$12440	Own	3	101D	12F-12R	29.6	3009	No
TC35A (Note 1)	$15982	$10070	$10870	$12950	$13750	Own	3	101D	12F-12R	29.6	3009	No
TC35A 4WD	$17113	$10780	$11640	$13860	$14720	Own	3	101D	12F-12R	29.6	3143	No
TC35A 4WD (Note 1)	$18622	$11730	$12660	$15080	$16020	Own	3	101D	12F-12R	29.6	3143	No
TC35DA 4WD Hydro	$19423	$12240	$13210	$15730	$16700	Own	3	101D	Variable	29.1	3299	No
TC35DA 4WD Hydro (Note 1)	$20982	$13220	$14270	$17000	$18050	Own	3	101D	Variable	29.1	3299	No
TC35DA 4WD Hydro SuperSteer	$20721	$13050	$14090	$16780	$17820	Own	3	101D	Variable	29.1	3299	No
TC35DA 4WD Hydro SuperSteer (Note 1)	$22280	$14040	$15150	$18050	$19160	Own	3	101D	Variable	29.1	3299	No
TC40A	$16037	$10100	$10910	$12990	$13790	Own	4	121D	12F-12R	35.0	3060	No
TC40A (Note 1)	$17596	$11090	$11970	$14250	$15130	Own	4	121D	12F-12R	35.0	3060	No
TC40A 4WD	$18736	$11800	$12740	$15180	$16110	Own	4	121D	12F-12R	35.0	3194	No
TC40A 4WD (Note 1)	$20245	$12750	$13770	$16400	$17410	Own	4	121D	12F-12R	35.0	3194	No
TC40DA 4WD Hydro	$21046	$13260	$14310	$17050	$18100	Own	4	121D	Variable	33.2	3375	No
TC40DA 4WD Hydro (Note 1)	$22605	$14240	$15370	$18310	$19440	Own	4	121D	Variable	33.2	3375	No
TC40DA 4WD Hydro SuperSteer	$22345	$14080	$15200	$18100	$19220	Own	4	121D	Variable	33.2	3375	No
TC40DA 4WD Hydro SuperSteer (Note 1)	$23904	$15060	$16260	$19360	$20560	Own	4	121D	Variable	33.2	3375	No
TC45A	$18165	$11440	$12350	$14710	$15620	Own	4	135D	12F-12R	39.6	3262	No
TC45A (Note 1)	$19674	$12400	$13380	$15940	$16920	Own	4	135D	12F-12R	39.6	3262	No
TC45A 4WD	$20814	$13110	$14150	$16860	$17900	Own	4	135D	12F-12R	39.6	3396	No
TC45A 4WD (Note 1)	$22323	$14060	$15180	$18080	$19200	Own	4	135D	12F-12R	39.6	3396	No
TC45DA 4WD Hydro	$23514	$14810	$15990	$19050	$20220	Own	4	135D	Variable	37.8	3766	No
TC45DA 4WD Hydro (Note 1)	$25073	$15800	$17050	$20310	$21560	Own	4	135D	Variable	37.8	3766	No
TC45DA 4WD Hydro SuperSteer	$24812	$15630	$16870	$20100	$21340	Own	4	135D	Variable	37.8	3766	No
TC45DA 4WD Hydro SuperSteer (Note 1)	$26371	$16610	$17930	$21360	$22680	Own	4	135D	Variable	37.8	3766	No
TC48DA	$17619	$11100	$11980	$14270	$15150	Own	4	135D	12F-12R	40.0	1357	No
TC48DA 4WD	$19459	$12260	$13230	$15760	$16740	Own	4	135D	12F-12R	40.0	1357	No
TN60A Economy	$18965	$11760	$12900	$14790	$15930	Own	3	179D	8F-8R	45.0		No
TN60A Economy 4WD	$23666	$14670	$16090	$18460	$19880	Own	3	179D	16F-16R	45.0		No
TC55DA	$18874	$11890	$12830	$15290	$16230	Own	4T	135D	12F-12R	45.0		No
TC55DA (Note 1)	$20715	$13050	$14090	$16780	$17820	Own	4T	135D	12F-12R	45.0		No
TC55DA 4WD	$23213	$14620	$15790	$18800	$19960	Own	4T	135D	16F-16R	47.0		No
TC55DA 4WD (Note 1)	$25053	$15780	$17040	$20290	$21550	Own	4T	135D	16F-16R	47.0		No
TN60A Std.	$23515	$14580	$15990	$18340	$19750	Own	3	179D	16F-16R	45.0		No
TT55	$17140	$10630	$11660	$13370	$14400	Own	3	179D	8F-2R	47.0		No
TT55 4WD	$22142	$13730	$15060	$17270	$18600	Own	3	179D	8F-2R	47.0		No
TN60A Std.	$21518	$13340	$14630	$16780	$18080	Own	3	179D	12F-12R	45.0		No
TN60A Std. 4WD	$26218	$16260	$17830	$20450	$22020	Own	3	179D	12F-12R	45.0		No
TN60A Std. 4WD	$28218	$17500	$19190	$22010	$23700	Own	3	179D	16F-16R	45.0		No
TN60DA Dlx. 4WD Cab.	$34297	$21260	$23320	$26750	$28810	Own	3	179D	16F-16R	52.0		CHA

Model	Approx. Retail Price New	Estimated Value Less Repairs				Make	Engine			No. Speeds	P.T.O. H.P.	Approx. Shipping Wt.-Lbs.	Cab
		Used Trade-In		Used Retail			No. Cyls.	Displ. Cu.-in.					
		Avg.	High	Avg.	High								

New Holland/Ford (Cont.)

2004 (Cont.)

Model	Approx. Retail Price New	Used Trade-In Avg.	Used Trade-In High	Used Retail Avg.	Used Retail High	Make	No. Cyls.	Displ. Cu.-in.	No. Speeds	P.T.O. H.P.	Approx. Shipping Wt.-Lbs.	Cab
TN60DA Dlx. Cab	$29578	$18340	$20110	$23070	$24850	Own	3	179D	16F-16R	52.0		CHA
TN60SA 4WD SuperSteer	$28617	$17740	$19460	$22320	$24040	Own	3	179D	8F-8R	52.0		No
TN60SA 4WD SuperSteer Cab	$35550	$22040	$24170	$27730	$29860	Own	3	179D	8F-8R	52.0		CHA
TN60VA	$23710	$14700	$16120	$18490	$19920	Own	3T	179D	16F-16R	45.0		No
TN60VA 4WD	$29636	$18370	$20150	$23120	$24890	Own	3T	179D	16F-16R	45.0		No
TN70A 4WD Economy	$26038	$16140	$17710	$20310	$21870	Own	3T	179D	8F-8R	57.0		No
TN70A 4WD Std. Cab	$28590	$17730	$19440	$22300	$24020	Own	3T	179D	12F-12R	57.0		CHA
TN70A 4WD Std. Cab	$30589	$18970	$20800	$23860	$25700	Own	3T	179D	16F-16R	57.0		CHA
TN70A Economy	$21336	$13230	$14510	$16660	$17920	Own	3T	179D	8F-8R	57.0		No
TN70A Std.	$23889	$14810	$16250	$18630	$20070	Own	3T	179D	12F-12R	57.0		No
TN70A Std.	$25887	$16050	$17600	$20190	$21750	Own	3T	179D	16F-16R	57.0		No
TN70DA Dlx. Cab	$31943	$19810	$21720	$24920	$26830	Own	3T	179D	16F-16R	57.0		CHA
TN70SA 4WD SuperSteer	$30932	$19180	$21030	$24130	$25980	Own	4T	179D	16F-16R	57.0		No
TN70SA 4WD SuperSteer Cab	$37867	$23480	$25750	$29540	$31810	Own	4T	179D	16F-16R	57.0		CHA
TN70DA Dlx. 4WD Cab	$36660	$22730	$24930	$28600	$30790	Own	3T	179D	16F-16R	57.0		CHA
TN75A Std.	$25562	$15850	$17380	$19940	$21470	Own	3T	179D	12F-12R	62.0		No
TN75A Std.	$27154	$16840	$18470	$21180	$22810	Own	3T	179D	16F-16R	62.0		No
TN75A 4WD	$30264	$18760	$20580	$23610	$25420	Own	3T	179D	12F-12R	62.0		No
TN75A Std. 4WD	$31855	$19750	$21660	$24850	$26760	Own	3T	179D	16F-16R	62.0		No
TN75DA Dlx. 4WD Cab	$38689	$23990	$26310	$30180	$32500	Own	3T	179D	16F-16R	62.0		CHA
TN75DA Dlx. Cab	$33948	$21050	$23090	$26480	$28520	Own	3	179D	16F-16R	62.0		CHA
TN75A Economy	$22605	$14020	$15370	$17630	$18990	Own	3T	179D	8F-8R	62.0		No
TN75A Economy 4WD	$27306	$16930	$18570	$21300	$22940	Own	3T	179D	8F-8R	62.0		No
TN75FA Narrow	$26847	$16650	$18260	$20940	$22550	Own	4	238D	16F-16R	60.0		No
TN75FA Narrow 4WD	$34034	$21100	$23140	$26550	$28590	Own	4	238D	16F-16R	60.0		No
TN75FA Narrow 4WD Cab	$42016	$26050	$28570	$32770	$35290	Own	4	238D	16F-16R	60.0		CHA
TN75FA Narrow Cab	$34849	$21610	$23700	$27180	$29270	Own	4	238D	16F-16R	60.0		CHA
TN75SA 4WD SuperSteer	$32960	$20440	$22410	$25710	$27690	Own	3T	179D	16F-16R	62.0		No
TN75SA 4WD SuperSteer Cab	$39895	$24740	$27130	$31120	$33510	Own	3T	179D	16F-16R	62.0		CHA
TN75VA	$25958	$16090	$17650	$20250	$21810	Own	3T	179D	16F-16R	62.0		No
TN75VA 4WD	$32234	$19990	$21920	$25140	$27080	Own	3T	179D	16F-16R	62.0		No
TN75VA 4WD Cab	$39521	$24500	$26870	$30830	$33200	Own	3T	179D	16F-16R	62.0		CHA
TN75VA Cab	$33245	$20610	$22610	$25930	$27930	Own	3T	179D	16F-16R	62.0		CHA
TT75	$20720	$12850	$14090	$16160	$17410	Own	4	238D	8F-2R	59.0		No
TT75 4WD	$25466	$15790	$17320	$19860	$21390	Own	4	238D	8F-2R	59.0		No
TN85FA Narrow 4WD	$35413	$21960	$24080	$27620	$29750	Own	4	238D	16F-16R	70.0		No
TN85FA Narrow	$28254	$17520	$19210	$22040	$23730	Own	4T	238D	16F-16R	70.0		No
TN85FA Narrow 4WD	$38281	$23730	$26030	$29860	$32160	Own	4T	238D	32F-16R	70.0		No
TN85FA Narrow 4WD Cab	$43354	$26880	$29480	$33820	$36420	Own	4T	238D	16F-16R	70.0		CHA
TN85FA Narrow 4WD Cab	$46263	$28680	$31460	$36090	$38860	Own	4T	238D	32F-16R	70.0		CHA
TN85FA Narrow Cab	$36236	$22470	$24640	$28260	$30440	Own	4T	238D	16F-16R	70.0		CHA
TK80 Crawler	$40315	$25000	$27410	$31450	$33870	Own	4	220D	8F-8R	66.0		No
TL80A Dlx.	$33498	$21100	$22780	$27130	$28810	Own	4	273D	24F-24R	69.0		No
TL80A Dlx. 4WD	$39694	$25010	$26990	$32150	$34140	Own	4	273D	24F-24R	69.0		No
TL80A Dlx. 4WD Cab	$48443	$30520	$32940	$39240	$41660	Own	4	273D	24F-24R	69.0		CHA
TL80A Dlx. Cab	$40989	$25820	$27870	$33200	$35250	Own	4	273D	24F-24R	69.0		CHA
TL80A Std.	$26669	$16800	$18140	$21600	$22940	Own	4	273D	12F-12R	69.0		No
TL80A Std. 4WD	$32865	$20710	$22350	$26620	$28260	Own	4	273D	12F-12R	69.0		No
TL80A Std. 4WD Cab	$40767	$25680	$27720	$33020	$35060	Own	4	273D	12F-12R	59.0		CHA
TL80A Std. Cab	$34569	$21780	$23510	$28000	$29730	Own	4	273D	12F-12R	69.0		CHA
TL90A Dlx.	$35600	$22430	$24210	$28840	$30620	Own	4T	273D	24F-24R	77.0		No
TL90A Dlx. 4WD Cab	$50545	$31840	$34370	$40940	$43470	Own	4T	273D	24F-24R	77.0		CHA
TL90A Dlx. Cab	$44349	$27940	$30160	$35920	$38140	Own	4T	273D	24F-24R	77.0		CHA
TL90A Std.	$28771	$18130	$19560	$23310	$24740	Own	4T	273D	12F-12R	77.0		No
TL90A Std. 4WD	$34967	$22030	$23780	$28320	$30070	Own	4T	273D	12F-12R	77.0		No
TL90A Std. 4WD Cab	$42867	$27010	$29150	$34720	$36870	Own	4T	273D	12F-12R	77.0		CHA
TL90A Std. Cab	$36671	$23100	$24940	$29700	$31540	Own	4T	273D	12F-12R	77.0		CHA
TL90A Dlx. 4WD	$41796	$26330	$28420	$33860	$35950	Own	4T	273D	24F-24R	77.0		No
TN95FA	$29853	$18510	$20300	$23290	$25080	Own	4T	273D	16F-16R	77.0		No
TN95FA 4WD	$37426	$23200	$25450	$29190	$31440	Own	4T	238D	16F-16R	80.0		No
TN95FA 4WD	$39910	$24740	$27140	$31130	$33520	Own	4T	238D	32F-16R	80.0		No
TN95FA 4WD Cab	$45408	$28150	$30880	$35420	$38140	Own	4T	238D	16F-16R	80.0		CHA
TN95FA 4WD Cab	$47894	$29690	$32570	$37360	$40230	Own	4T	238D	32F-16R	80.0		CHA
TN95FA 4WD PTO, Hitch	$41253	$25580	$28050	$32180	$34650	Own	4T	238D	16F-16R	80.0		No
TN95FA 4WD PTO, Hitch, Cab	$49235	$30530	$33480	$38400	$41360	Own	4T	238D	16F-16R	80.0		CHA
TN95FA Cab	$37836	$23460	$25730	$29510	$31780	Own	4T	238D	16F-16R	80.0		CHA
TB100	$27777	$17220	$18890	$21670	$23330	Own	4T	304D	8F-2R	80.0		No
TB100	$29161	$18080	$19830	$22750	$24500	Own	4T	304D	16F-4R	80.0		No
TB100 4WD	$34500	$21390	$23460	$26910	$28980	Own	4T	304D	8F-2R	80.0		No
TB100 4WD	$35885	$22250	$24400	$27990	$30140	Own	4T	304D	16F-4R	80.0		No
TK100 Crawler	$45627	$28290	$31030	$35590	$38330	Own	4	238D	8F-8R	65.0		No
TL100A Dlx.	$37735	$23770	$25660	$30570	$32450	Own	4T	238D	24F-24R	82.0		No
TL100A Dlx. 4WD	$44101	$27780	$29990	$35720	$37930	Own	4T	238D	24F-24R	82.0		No
TL100A Dlx. Cab	$46484	$29290	$31610	$37650	$39980	Own	4T	238D	24F-24R	82.0		CHA
TL100A Dlx.4WD Cab	$52850	$33300	$35940	$42810	$45450	Own	4T	238D	24F-24R	82.0		CHA
TL100A Std.	$30906	$19470	$21020	$25030	$26580	Own	4T	238D	12F-12R	82.0		No
TL100A Std. 4WD	$37272	$23480	$25350	$30190	$32050	Own	4T	238D	12F-12R	82.0		No
TL100A Std. 4WD Cab	$45172	$28460	$30720	$36590	$38850	Own	4T	238D	12F-12R	82.0		CHA
TL100A Std. Cab	$38806	$24450	$26390	$31430	$33370	Own	4T	238D	12F-12R	82.0		CHA
TS100A Dlx.	$40571	$25150	$27590	$31650	$34080	Own	4TI	273D	16F-16R	80.0		No
TS100A Dlx. 4WD	$49345	$30590	$33560	$38490	$41450	Own	4T	304D	16F-16R	80.0		No
TS100A Dlx. 4WD Cab	$57297	$35520	$38960	$44690	$48130	Own	4TI	273D	24F-24R	80.0		CHA
TS100A Dlx. 4WD Cab	$59094	$36640	$40180	$46090	$49640	Own	4TI	273D	16F-16R	80.0		CHA
TS100A Dlx. 4WD Cab SuperSteer	$61103	$37880	$41550	$47660	$51330	Own	4TI	273D	16F-16R	80.0		CHA

Model	Approx. Retail Price New	Used Trade-In Avg.	Used Trade-In High	Used Retail Avg.	Used Retail High	Make	Engine No. Cyls.	Engine Displ. Cu.-in.	Engine No. Speeds	P.T.O. H.P.	Approx. Shipping Wt.-Lbs.	Cab
2004 (Cont.)												
TS100A Dlx. 4WD SuperSteer	$51354	$31840	$34920	$40060	$43140	Own	4T	304D	16F-16R	80.0		No
TS100A Dlx. Cab	$48563	$30110	$33020	$37880	$40790	Own	4TI	273D	24F-24R	80.0		CHA
TS100A Dlx. Cab	$50320	$31200	$34220	$39250	$42270	Own	4TI	273D	16F-16R	80.0		CHA
TS100A Plus	$38493	$23870	$26180	$30030	$32330	Own	4TI	273D	24F-24R	80.0		No
TS100A Plus	$40327	$25000	$27420	$31460	$33880	Own	4TI	273D	16F-16R	80.0		No
TS100A Plus 4WD	$46958	$29110	$31930	$36630	$39450	Own	4TI	273D	24F-24R	80.0		No
TS100A Plus 4WD	$48792	$30250	$33180	$38060	$40990	Own	4T	304D	16F-16R	80.0		No
TS100A Plus 4WD Cab	$56059	$34760	$38120	$43730	$47090	Own	4TI	273D	24F-24R	80.0		CHA
TS100A Plus 4WD Cab	$57893	$35890	$39370	$45160	$48630	Own	4T	304D	16F-16R	80.0		CHA
TS100A Plus Cab	$47595	$29510	$32370	$37120	$39980	Own	4TI	273D	24F-24R	80.0		CHA
TS100A Plus Cab	$49428	$30650	$33610	$38550	$41520	Own	4TI	273D	16F-16R	80.0		CHA
TS100A Std.	$37861	$23470	$25750	$29530	$31800	Own	4TI	273D	12F-12R	80.0		No
TS100A Std. 4WD	$46332	$28730	$31510	$36140	$38920	Own	4TI	273D	12F-12R	80.0		No
TS100A Std.4WD Cab	$55433	$34370	$37690	$43240	$46560	Own	4TI	273D	12F-12R	80.0		CHA
TS100A Std.Cab	$46962	$29120	$31930	$36630	$39450	Own	4TI	273D	12F-12R	80.0		CHA
TB110	$31687	$19650	$21550	$24720	$26620	Own	4T	304D	8F-2R	90.0		No
TB110	$33071	$20500	$22490	$25800	$27780	Own	4T	304D	16F-4R	90.0		No
TB110 4WD	$38687	$23990	$26310	$30180	$32500	Own	4T	304D	8F-2R	90.0		No
TB110 4WD	$40071	$24840	$27250	$31260	$33660	Own	4T	304D	16F-4R	90.0		No
TS115A Dlx.	$44802	$27780	$29570	$34500	$36740	Own	6TI	410D	16F-16R	95.0		No
TS115A Dlx. 4WD	$52764	$32710	$34820	$40630	$43270	Own	6TI	410D	16F-16R	95.0		No
TS115A Dlx. 4WD Cab	$60457	$37480	$39900	$46550	$49580	Own	6TI	410D	24F-24R	95.0		CHA
TS115A Dlx. 4WD Cab	$62254	$38600	$41090	$47940	$51050	Own	6TI	410D	16F-16R	95.0		CHA
TS115A Dlx. 4WD SuperSteer	$54774	$33960	$36150	$42180	$44920	Own	6TI	410D	16F-16R	95.0		No
TS115A Dlx. Cab	$52492	$32550	$34650	$40420	$43040	Own	6TI	410D	24F-24R	95.0		CHA
TS115A Dlx. Cab	$54289	$33660	$35830	$41800	$44520	Own	6TI	410D	16F-16R	95.0		CHA
TS115A Dlx. Cab, 4WD SuperSteer	$66437	$41190	$43850	$51160	$54480	Own	6TI	410D	16F-16R	95.0		CHA
TS115A Plus	$42724	$26490	$28200	$32900	$35030	Own	6TI	410D	24F-24R	95.0		No
TS115A Plus	$44558	$27630	$29410	$34310	$36540	Own	6TI	410D	16F-16R	95.0		No
TS115A Plus 4WD	$50992	$31620	$33660	$39260	$41810	Own	6TI	410D	24F-24R	95.0		No
TS115A Plus 4WD	$52826	$32750	$34870	$40680	$43320	Own	6TI	410D	16F-16R	95.0		No
TS115A Plus 4WD Cab	$59834	$37100	$39490	$46070	$49060	Own	6TI	410D	24F-24R	95.0		CHA
TS115A Plus 4WD Cab	$61668	$38230	$40700	$47480	$50570	Own	6TI	410D	16F-16R	95.0		CHA
TS115A Plus Cab	$51563	$31970	$34030	$39700	$42280	Own	6TI	410D	24F-24R	95.0		CHA
TS115A Plus Cab	$53397	$33110	$35240	$41120	$43790	Own	6TI	410D	16F-16R	95.0		CHA
TS115A Std.	$41500	$25730	$27390	$31960	$34030	Own	6TI	410D	12F-12R	95.0		No
TS115A Std. 4WD	$49751	$30850	$32840	$38310	$40800	Own	6TI	410D	12F-12R	95.0		No
TS115A Std. 4WD Cab	$58593	$36330	$38670	$45120	$48050	Own	6TI	410D	12F-12R	95.0		CHA
TS115A Std. Cab	$50341	$31210	$33230	$38760	$41280	Own	6TI	410D	12F-12R	95.0		CHA
TB120	$34087	$21130	$23180	$26590	$28630	Own	6	456D	8F-2R	96.0		No
TB120	$35471	$21990	$24120	$27670	$29800	Own	6	456D	16F-4R	96.0		No
TB120 4WD	$41389	$25660	$28150	$32280	$34770	Own	6	456D	8F-2R	96.0		No
TB120 4WD	$42773	$26520	$29090	$33360	$35930	Own	6	456D	16F-4R	96.0		No
TB120 HC 4WD	$45507	$28210	$30950	$35500	$38230	Own	6	456D	8F-2R	96.0		No
TM120	$58787	$36450	$38800	$45270	$48210	Own	6TI	456D	17F-6R	95.0		CHA
TM120 4WD	$66534	$41250	$43910	$51230	$54560	Own	6TI	456D	24F-12R	95.0		CHA
TM120 4WD	$68118	$42230	$44960	$52450	$55860	Own	6TI	456D	18F-6R	95.0		CHA
TM120 4WD SuperSteer	$72285	$44820	$47710	$55660	$59270	Own	6TI	456D	18F-6R	95.0		CHA
TS125A Dlx.	$52483	$32540	$34640	$40410	$43040	Own	6TI	410D	16F-16R	105.0		No
TS125A Dlx. /Cab.	$60570	$37550	$39980	$46640	$49670	Own	6TI	410D	24F-24R	105.0		CHA
TS125A Dlx. 4WD.	$61821	$38330	$40800	$47600	$50690	Own	6TI	410D	16F-16R	105.0		No
TS125A Dlx. 4WD SuperSteer	$63830	$39580	$42130	$49150	$52340	Own	6TI	410D	16F-16R	105.0		No
TS125A Dlx. Cab	$62367	$38670	$41160	$48020	$51140	Own	6TI	410D	16F-16R	105.0		CHA
TS125A Plus	$50405	$31250	$33270	$38810	$41330	Own	6TI	410D	24F-24R	105.0		No
TS125A Plus 4WD	$59434	$36850	$39230	$45760	$48740	Own	6TI	410D	24F-24R	105.0		No
TS125A Plus 4WD Cab	$68361	$42380	$45120	$52640	$56060	Own	6TI	410D	24F-24R	105.0		CHA
TS125A Plus 4WD Cab	$70439	$43670	$46490	$54240	$57760	Own	6TI	410D	16F-16R	105.0		CHA
TS125A Plus Cab.	$59641	$36980	$39360	$45920	$48910	Own	6TI	410D	24F-24R	105.0		CHA
TS125A Plus Cab.	$61719	$38270	$40740	$47520	$50610	Own	6TI	410D	16F-16R	105.0		CHA
TS125A Dlx. 4WD Cab	$69599	$43150	$45940	$53590	$57070	Own	6TI	410D	24F-24R	105.0		CHA
TS125A Dlx. 4WD Cab	$71396	$44270	$47120	$54980	$58550	Own	6TI	410D	16F-16R	105.0		CHA
TS125A Dlx. Cab, 4WD SuperSteer	$75579	$46860	$49880	$58200	$61980	Own	6TI	410D	16F-16R	105.0		CHA
TM130	$65506	$40610	$43230	$50440	$53720	Own	6TI	456D	17F-6R	105.0		CHA
TM130 4WD	$71436	$44290	$47150	$55010	$58580	Own	6TI	456D	24F-12R	105.0		CHA
TM130 4WD	$74712	$46320	$49310	$57530	$61260	Own	6TI	456D	18F-6R	105.0		CHA
TM130 4WD SuperSteer	$78820	$48870	$52020	$60690	$64630	Own	6TI	456D	18F-6R	105.0		CHA
TS135A Dlx. 4WD Cab	$72961	$45240	$48150	$56180	$59830	Own	6TI	410D	24F-24R	115.0		CHA
TS135A Dlx. 4WD Cab	$74759	$46350	$49340	$57560	$61300	Own	6TI	410D	16F-16R	115.0		CHA
TS135A Dlx. Cab	$63931	$39640	$42190	$49230	$52420	Own	6TI	410D	24F-24R	115.0		CHA
TS135A Dlx. Cab	$65728	$40750	$43380	$50610	$53900	Own	6TI	410D	16F-16R	115.0		CHA
TS135A Dlx. Cab 4WD SuperSteer	$78942	$48940	$52100	$60790	$64730	Own	6TI	410D	16F-16R	115.0		CHA
TM140	$68849	$42690	$45440	$53010	$56460	Own	6TI	456D	17F-6R	115.0		CHA
TM140 4WD	$78809	$48860	$52010	$60680	$64620	Own	6TI	456D	18F-6R	115.0		CHA
TM140 4WD SuperSteer	$83179	$51570	$54900	$64050	$68210	Own	6TI	456D	18F-6R	115.0		CHA
TM155	$76400	$47370	$50420	$58830	$62650	Own	6TI	456D	17F-6R	125		CHA
TM155 4WD	$88280	$54730	$58270	$67980	$72390	Own	6TI	456D	18F-6R	125.0		CHA
TM155 4WD SuperSteer	$90229	$55940	$59550	$69480	$73990	Own	6TI	456D	18F-6R	125.0		CHA
TM175	$87015	$53950	$57430	$67000	$71350	Own	6TI	456D	17F-6R	145.0		CHA
TM175 4WD	$100584	$62360	$66390	$77450	$82480	Own	6TI	456D	18F-6R	145.0		CHA
TM175 4WD SuperSteer	$102534	$63570	$67670	$78950	$84080	Own	6TI	456D	18F-6R	145.0		CHA
TM190	$90377	$56030	$59650	$69590	$74110	Own	6TI	456D	17F-6R	160.0		CHA
TM190 4WD	$104552	$64820	$69000	$80510	$85730	Own	6TI	456D	18F-6R	160.0		CHA
TM190 4WD SuperSteer	$106501	$66030	$70290	$82010	$87330	Own	6TI	456D	18F-6R	160.0		CHA
TG210 4WD	$125467	$75280	$80300	$95360	$101630	Own	6T	505D	18F-4R	170.0		CHA

New Holland/Ford (Cont.)

2004 (Cont.)

Model	Approx. Retail Price New	Used Trade-In Avg.	Used Trade-In High	Used Retail Avg.	Used Retail High	Make	Engine No. Cyls.	Displ. Cu.-in.	No. Speeds	P.T.O. H.P.	Approx. Shipping Wt.-Lbs.	Cab
TG210 4WD SuperSteer	$128778	$77270	$82420	$97870	$104310	Own	6T	505D	18F-4R	170.0		CHA
TG230 4WD	$135370	$81220	$86640	$102880	$109650	Own	6T	505D	18F-4R	190.0		CHA
TG230 4WD SuperSteer	$138681	$83210	$88760	$105400	$112330	Own	6T	505D	18F-4R	190.0		CHA
TG255 4WD	$150515	$90310	$96330	$114390	$121920	Own	6TA	505D	18F-4R	215.0		CHA
TG255 4WD SuperSteer	$154985	$92990	$99190	$117790	$125540	Own	6TA	505D	18F-4R	215.0		CHA
TG285 4WD	$166545	$99930	$106590	$126570	$134900	Own	6TI	505D	18F-4R	240.0		CHA
TG285 4WD SuperSteer	$170982	$102590	$109430	$129950	$138500	Own	6TI	505D	18F-4R	240.0		CHA
TV145	$88220	$55580	$59990	$71460	$75870	Own	6T	456D	Variable	105.0		CHA
TV145 Front 3-Pt.	$93311	$58790	$63450	$75580	$80250	Own	6T	456D	Variable	105.0		CHA
TV145 Front 3Pt, PTO	$95705	$60290	$65080	$77520	$82310	Own	6T	456D	Variable	105.0		CHA
TJ275	$132017	$77890	$85810	$101650	$108250	CDC	6TA	505D	24F-6R	275.0		CHA
TJ275 Powershift	$142340	$80240	$88400	$104720	$111520	CDC	6TA	505D	16F-4R	275.0		CHA
TJ325	$148893	$85550	$94250	$111650	$118920	CDC	6TA	543D	24F-6R	325.0		CHA
TJ325 Powershift	$159638	$92340	$101730	$120510	$128330	CDC	6TA	543D	16F-4R	325.0		CHA
TJ375	$169252	$98830	$108880	$128980	$137350	Cummins	6TA	915D	24F-6R	375.0		CHA
TJ375 Powershift	$178770	$104430	$115050	$136290	$145140	Cummins	6TA	915D	16F-4R	375.0		CHA
TJ375HD	$182745	$106380	$117200	$138830	$147850	Cummins	6TA	915D	24F-6R	375.0		CHA
TJ375HD Powershift	$192263	$111220	$122530	$145150	$154570	Cummins	6TA	915D	16F-4R	375.0		CHA
TJ425	$187683	$108800	$119860	$141990	$151210	Cummins	6TA	915D	24F-6R	425.0		CHA
TJ425 Powershift	$198633	$114460	$126100	$149380	$159080	Cummins	6TA	915D	16F-4R	425.0		CHA
TJ450 Powershift	$212799	$123900	$136500	$161700	$172200	Cummins	6TA	915D	16F-4R	450.0		CHA
TJ500 Powershift	$227625	$132160	$145600	$172480	$183680	Cummins	6TA	912D	16F-2R	500.0		CHA

Note 1 — Loader ready tractor

2003

Model	Approx. Retail Price New	Used Trade-In Avg.	Used Trade-In High	Used Retail Avg.	Used Retail High	Make	Engine No. Cyls.	Displ. Cu.-in.	No. Speeds	P.T.O. H.P.	Approx. Shipping Wt.-Lbs.	Cab
TZ18DA 4WD	$9369	$5060	$5810	$7120	$7590	Own	3	58D	Variable	13.7	1446	No
TZ24DA 4WD	$10100	$5450	$6260	$7680	$8180	Own	3	61D	Variable	18.0	1455	No
TC18	$8369	$4520	$5190	$6360	$6780	Shibaura	3	58D	6F-2R	15.0	1357	No
TC18 4WD	$11624	$6280	$7210	$8830	$9420	Shibaura	3	58D	6F-2R	15.0	1438	No
TC18 4WD	$12793	$6910	$7930	$9720	$10360	Shibaura	3	58D	Variable	14.0	1508	No
TC21 4WD	$14124	$7630	$8760	$10730	$11440	Shibaura	3	61D	9F-3R	17.0	1450	No
TC21D 4WD Hydro	$15423	$8330	$9560	$11720	$12490	Shibaura	3	61D	Variable	16.0	1535	No
TC24 4WD	$13118	$7080	$8130	$9970	$10630	Shibaura	3	69D	9F-3R	19.5	1405	No
TC24 4WD Hydro	$14416	$7790	$8940	$10960	$11680	Shibaura	3	69D	Variable	18.5	1308	No
TC29 4WD	$16464	$8890	$10210	$12510	$13340	Shibaura	3	81D	9F-3R	25.1	2074	No
TC29 4WD SuperSteer	$17633	$9520	$10930	$13400	$14280	Shibaura	3	81D	9F-3R	25.1	2188	No
TC29D 4WD Hydro	$17892	$9660	$11090	$13600	$14490	Shibaura	3	81D	Variable	23.5	2474	No
TC29D 4WD Hydro SuperSteer	$19061	$10290	$11820	$14490	$15440	Shibaura	3	81D	Variable	23.5	2474	No
TC30	$9561	$5160	$5930	$7270	$7740	Shibaura	3	91D	9F-3R	25.5	2115	No
TC30 4WD	$11112	$6000	$6890	$8450	$9000	Shibaura	3	91D	9F-3R	25.5	2205	No
TC30 4WD Hydro	$12562	$6780	$7790	$9550	$10180	Shibaura	3	91D	Variable	24.0	2210	No
TC30 Hydro	$11461	$6190	$7110	$8710	$9280	Shibaura	3	91D	Variable	24.0	2120	No
TC33 4WD	$17113	$9240	$10610	$13010	$13860	Shibaura	3	91D	9F-3R	28.6	2440	No
TC33 4WD SuperSteer	$18282	$9870	$11340	$13890	$14810	Shibaura	3	91D	9F-3R	28.6	2554	No
TC33D 4WD Hydro	$18542	$10010	$11500	$14090	$15020	Shibaura	3	91D	Variable	26.9	2474	No
TC33D 4WD Hydro SuperSteer	$19710	$10640	$12220	$14980	$15970	Shibaura	3	91D	Variable	26.9	2474	No
TC35	$16039	$8660	$9940	$12190	$12990	Shibaura	3	101D	12F-12R	29.6	3009	No
TC35 4WD	$18688	$10090	$11590	$14200	$15140	Shibaura	3	101D	12F-12R	29.6	3143	No
TC35D 4WD Hydro	$21028	$11360	$13040	$15980	$17030	Shibaura	3	101D	Variable	29.6	3299	No
TC35D 4WD Hydro SuperSteer	$22327	$12060	$13840	$16970	$18090	Shibaura	3	101D	Variable	29.6	3299	No
TC40	$17662	$9540	$10950	$13420	$14310	Shibaura	4	121D	12F-12R	35.0	3060	No
TC40 4WD	$20313	$10970	$12590	$15440	$16450	Shibaura	4	121D	12F-12R	35.0	3194	No
TC40D 4WD Hydro	$22652	$12230	$14040	$17220	$18350	Shibaura	4	121D	Variable	33.2	3375	No
TC40D 4WD Hydro SuperSteer	$23950	$12930	$14850	$18200	$19400	Shibaura	4	121D	Variable	33.2	3375	No
TC45	$19740	$10660	$12240	$15000	$15990	Shibaura	4	135D	12F-12R	39.6	3262	No
TC45 4WD	$22389	$12090	$13880	$17020	$18140	Shibaura	4	135D	12F-12R	39.6	3396	No
TC45D 4WD Hydro	$24859	$13420	$15410	$18890	$20140	Shibaura	4	135D	Variable	37.8	3766	No
TC45D 4WD Hydro SuperSteer	$26158	$14130	$16220	$19880	$21190	Shibaura	4	135D	Variable	37.8	3766	No
TN55 Standard	$21461	$11800	$13090	$15450	$16950	Own	3	179D	8F-8R	42.0		No
TN55 Standard	$21935	$12060	$13380	$15790	$17330	Own	3	179D	16F-16R	42.0		No
TN55 Standard 4WD	$26188	$14400	$15980	$18860	$20690	Own	3	179D	8F-8R	42.0		No
TN55 Standard 4WD	$26663	$14670	$16260	$19200	$21060	Own	3	179D	16F-16R	42.0		No
TN55D Deluxe	$29205	$16060	$17820	$21030	$23070	Own	3	179D	16F-16R	42.0		CHA
TN55D Deluxe 4WD	$33924	$18660	$20690	$24430	$26800	Own	3	179D	16F-16R	42.0		CHA
TN55S 4WD	$28263	$15550	$17240	$20350	$22330	Own	3	179D	16F-16R	42.0		No
TN55S 4WD w/Cab.	$35130	$19320	$21430	$25290	$27750	Own	3	179D	16F-16R	42.0		CHA
TT55	$16862	$9270	$10290	$12140	$13320	Own	3	165D	8F-2R	42.0		No
TT55 4WD	$21588	$11870	$13170	$15540	$17060	Own	3	165D	8F-2R	42.0		No
TN65	$22113	$12160	$13490	$15920	$17470	Own	3	179D	8F-8R	52.0		No
TN65	$22587	$12420	$13780	$16260	$17840	Own	3	179D	16F-16R	52.0		No
TN65 4WD	$26862	$14770	$16390	$19340	$21220	Own	3	179D	8F-8R	52.0		No
TN65 4WD	$27336	$15040	$16680	$19680	$21600	Own	3	179D	16F-16R	52.0		No
TN65D Deluxe	$30002	$16500	$18300	$21600	$23700	Own	3	179D	8F-8R	52.0		CHA
TN65D Deluxe 4WD	$34744	$19110	$21190	$25020	$27450	Own	3	179D	8F-8R	52.0		CHA
TN65S 4WD SuperSteer	$29141	$16030	$17780	$20980	$23020	Own	3	179D	8F-8R	52.0		No
TN65S 4WD SuperSteer	$35949	$19770	$21930	$25880	$28400	Own	3	179D	8F-8R	52.0		CHA
TN65V	$23366	$12850	$14250	$16820	$18460	Own	3T	179D	16F-16R	47.0		No
TN65V 4WD	$29299	$16110	$17870	$21100	$23150	Own	3T	179D	16F-16R	47.0		No
TN65V 4WD w/Cab.	$36203	$19910	$22080	$26070	$28600	Own	3T	179D	16F-16R	47.0		CHA
TN70F w/Cab	$33860	$18620	$20660	$24380	$26750	Own	4	238D	16F-16R	57.0		CHA
TN70F 4WD	$33386	$18360	$20370	$24040	$26380	Own	4	238D	16F-16R	57.0		No
TN70F	$26122	$14370	$15930	$18810	$20640	Own	4	238D	16F-16R	57.0		No
TN70F 4WD w/Cab.	$41124	$22620	$25090	$29610	$32490	Own	4	238D	16F-16R	57.0		CHA
TN70 4WD Standard	$28594	$15730	$17440	$20590	$22590	Own	3T	179D	8F-8R	57.0		CHA

New Holland/Ford (Cont.)

2003 (Cont.)

Model	Approx. Retail Price New	Used Trade-In Avg.	Used Trade-In High	Used Retail Avg.	Used Retail High	Make	No. Cyls.	Displ. Cu.-in.	No. Speeds	P.T.O. H.P.	Approx. Shipping Wt.-Lbs.	Cab
TN70 4WD Standard	$29068	$15990	$17730	$20930	$22960	Own	3T	179D	16F-16R	57.0		CHA
TN70 Standard	$24660	$13560	$15040	$17760	$19480	Own	3T	179D	8F-8R	57.0		No
TN70 Standard	$25134	$13820	$15330	$18100	$19860	Own	3T	179D	16F-16R	57.0		No
TN70D Deluxe	$32397	$17820	$19760	$23330	$25590	Own	3T	179D	16F-16R	57.0		CHA
TN70S 4WD	$31536	$17350	$19240	$22710	$24910	Own	4T	179D	16F-16R	57.0		No
TN70S 4WD w/Cab	$38344	$21090	$23390	$27610	$30290	Own	4T	179D	16F-16R	57.0		CHA
TN70 4WD	$29409	$16180	$17940	$21170	$23230	Own	3T	179D	8F-8R	57.0		No
TN70 4WD	$29883	$16440	$18230	$21520	$23610	Own	3T	179D	16F-16R	57.0		No
TN70D Deluxe 4WD	$37139	$20430	$22660	$26740	$29340	Own	3T	179D	16F-16R	57.0		CHA
TN75	$26273	$14450	$16030	$18920	$20760	Own	3T	179D	8F-8R	62.0		No
TN75	$26747	$14710	$16320	$19260	$21130	Own	3T	179D	16F-16R	62.0		No
TN75 4WD	$31072	$17090	$18950	$22370	$24550	Own	3T	179D	8F-8R	62.0		No
TN75 4WD	$31496	$17320	$19210	$22680	$24880	Own	3T	179D	16F-16R	62.0		No
TN75D Deluxe	$34241	$18830	$20890	$24650	$27050	Own	3T	179D	16F-16R	62.0		CHA
TN75D Deluxe 4WD	$38983	$21440	$23780	$28070	$30800	Own	3T	179D	16F-16R	62.0		CHA
TN75S 4WD SuperSteer	$34865	$19180	$21270	$25100	$27540	Own	3T	179D	16F-16R	62.0		No
TN75S 4WD SuperSteer	$41673	$22920	$25420	$30010	$32940	Own	3T	179D	16F-16R	62.0		CHA
TN75V	$25979	$14290	$15850	$18710	$20520	Own	3T	179D	16F-16R	62.0		No
TN75V 4WD	$32141	$17680	$19610	$23140	$25390	Own	3T	179D	16F-16R	62.0		No
TN75V 4WD w/Cab	$39045	$21480	$23820	$28110	$30850	Own	3T	179D	16F-16R	62.0		CHA
TN75V w/Cab	$32883	$18090	$20060	$23680	$25980	Own	3T	179D	16F-16R	62.0		CHA
TT75	$21381	$11760	$13040	$15390	$16890	Own	4	220D	8F-2R	59.0		No
TT75 4WD	$26129	$14370	$15940	$18810	$20640	Own	4	220D	8F-2R	59.0		No
TK76 Crawler	$38226	$21020	$23320	$27520	$30200	Own	4	220D	8F-8R	60.0		No
TL80 Deluxe	$31911	$17230	$19790	$24250	$25850	Own	4	238D	24F-24R	66.0		No
TL80 Deluxe 4WD	$38772	$20940	$24040	$29470	$31410	Own	4	238D	24F-24R	66.0		No
TL80 Deluxe 4WD w/Cab	$46980	$25370	$29130	$35710	$38050	Own	4	238D	24F-24R	66.0		CHA
TL80 Deluxe w/Cab	$40118	$21660	$24870	$30490	$32500	Own	4	238D	24F-24R	66.0		CHA
TL80 Standard	$25878	$13970	$16040	$19670	$20960	Own	4	238D	12F-12R	66.0		No
TL80 Standard 4WD	$32150	$17360	$19930	$24430	$26040	Own	4	238D	12F-12R	66.0		No
TL80 Standard 4WD w/Cab	$40349	$21790	$25020	$30670	$32680	Own	4	238D	12F-12R	66.0		CHA
TL80 Standard w/Cab	$34076	$18400	$21130	$25900	$27600	Own	4	238D	12F-12R	66.0		CHA
TN80F Narrow 4WD	$34994	$19250	$21350	$25200	$27650	Own	4	238D	16F-16R	67.0		No
TN80F Narrow 4WD	$37862	$20820	$23100	$27260	$29910	Own	4	238D	32F-16R	67.0		No
TN80F Narrow 4WD w/Cab	$42731	$23500	$26070	$30770	$33760	Own	4	238D	16F-16R	67.0		CHA
TN80F Narrow	$27727	$15250	$16910	$19960	$21900	Own	4	238D	16F-16R	67.0		No
TN80F Narrow	$30594	$16830	$18660	$22030	$24170	Own	4	238D	32F-16R	67.0		No
TN80F Narrow 4WD w/Cab	$45600	$25080	$27820	$32830	$36020	Own	4	238D	32F-16R	67.0		CHA
TN80F Narrow w/Cab	$35465	$19510	$21630	$25540	$28020	Own	4	238D	16F-16R	67.0		CHA
TN80F Narrow w/Cab	$38334	$21080	$23380	$27600	$30280	Own	4	238D	32F-16R	67.0		CHA
TK85 Crawler	$42327	$23280	$25820	$30480	$33440	Own	4	238D	8F-8R	65.0		NO
TK85M Crawler	$42995	$23650	$26230	$30960	$33970	Own	4	238D	8F-8R	65.0		NO
TL90 Deluxe	$34275	$18510	$21250	$26050	$27760	Own	4T	238D	24F-24R	76.0		No
TL90 Deluxe 4WD w/Cab	$49669	$26820	$30800	$37750	$40230	Own	4T	238D	24F-24R	76.0		CHA
TL90 Deluxe w/Cab	$42327	$22860	$26240	$32170	$34290	Own	4T	238D	24F-24R	76.0		CHA
TL90 Standard	$28451	$15360	$17640	$21620	$23050	Own	4T	238D	12F-12R	76.0		No
TL90 Standard 4WD	$34443	$18600	$21360	$26180	$27900	Own	4T	238D	12F-12R	76.0		No
TL90 Standard 4WD w/Cab	$42619	$23010	$26420	$32390	$34520	Own	4T	238D	12F-12R	76.0		CHA
TL90 Standard w/Cab	$36627	$19780	$22710	$27840	$29670	Own	4T	238D	12F-12R	76.0		CHA
TL90 Deluxe 4WD	$41617	$22470	$25800	$31630	$33710	Own	4T	238D	24F-24R	76.0		No
TN95F	$29776	$16380	$18160	$21440	$23520	Own	4T	238D	16F-16R	80.0		No
TN95F	$32645	$17960	$19910	$23500	$25790	Own	4T	238D	32F-16R	80.0		No
TN95F 4WD	$37366	$20550	$22790	$26900	$29520	Own	4T	238D	16F-16R	80.0		No
TN95F 4WD	$39910	$21950	$24350	$28740	$31530	Own	4T	238D	32F-16R	80.0		No
TN95F 4WD Front PTO & Hitch	$41193	$22660	$25130	$29660	$32540	Own	4T	238D	16F-16R	80.0		No
TN95F 4WD Front PTO & Hitch	$47931	$26360	$29240	$34510	$37870	Own	4T	238D	16F-16R	80.0		CHA
TN95F 4WD w/Cab	$45104	$24810	$27510	$32480	$35630	Own	4T	238D	16F-16R	80.0		CHA
TN95F 4WD w/Cab	$47650	$26210	$29070	$34310	$37640	Own	4T	238D	32F-16R	80.0		CHA
TN95F w/Cab	$37515	$20630	$22880	$27010	$29640	Own	4T	238D	16F-16R	80.0		CHA
TN95F w/Cab	$40382	$22210	$24630	$29080	$31900	Own	4T	238D	32F-16R	80.0		CHA
TS90	$35355	$19450	$21570	$25460	$27930	Own	4	304D	12F-12R	70.0		No
TS90	$36132	$19870	$22040	$26020	$28540	Own	4	304D	24F-24R	70.0		No
TS90 4WD	$44010	$24210	$26850	$31690	$34770	Own	4	304D	12F-12R	70.0		No
TS90 4WD	$45187	$24850	$27560	$32540	$35700	Own	4	304D	24F-24R	70.0		No
TS90 4WD w/Cab	$52803	$29040	$32210	$38020	$41710	Own	4	304D	12F-12R	70.0		CHA
TS90 4WD w/Cab	$53979	$29690	$32930	$38860	$42640	Own	4	304D	24F-24R	70.0		CHA
TS90 w/Cab	$44147	$24280	$26930	$31790	$34880	Own	4	304D	12F-12R	70.0		CHA
TS90 w/Cab	$45324	$24930	$27650	$32630	$35810	Own	4	304D	24F-24R	70.0		CHA
TB100	$27777	$15280	$16940	$20000	$21940	Own	4T	304D	8F-2R	80.0		No
TB100	$29161	$16040	$17790	$21000	$23040	Own	4T	304D	16F-4R	80.0		No
TB100 4WD	$34500	$18980	$21050	$24840	$27260	Own	4T	304D	8F-2R	80.0		No
TB100 4WD	$35885	$19740	$21890	$25840	$28350	Own	4T	304D	16F-4R	80.0		No
TL100 Deluxe	$36280	$19590	$22490	$27570	$29390	Own	4T	238D	24F-24R	82.0		No
TL100 Deluxe 4WD	$43762	$23630	$27130	$33260	$35450	Own	4T	238D	24F-24R	82.0		No
TL100 Deluxe 4WD w/Cab	$51812	$27980	$32120	$39380	$41970	Own	4T	238D	24F-24R	82.0		CHA
TL100 Deluxe w/Cab	$44331	$23940	$27490	$33690	$35910	Own	4T	238D	24F-24R	82.0		CHA
TL100 Standard	$30159	$16290	$18700	$22920	$24430	Own	4T	238D	12F-12R	82.0		No
TL100 Standard 4WD	$36150	$19520	$22410	$27470	$29280	Own	4T	238D	12F-12R	82.0		No
TL100 Standard 4WD w/Cab	$44328	$23940	$27480	$33690	$35910	Own	4T	238D	12F-12R	82.0		CHA
TL100 Standard w/Cab	$38336	$20700	$23770	$29140	$31050	Own	4T	238D	12F-12R	82.0		CHA
TS100	$39359	$21650	$24010	$28340	$31090	Own	4T	304D	12F-12R	80.0		No
TS100	$40535	$22290	$24730	$29190	$32020	Own	4T	304D	24F-24R	80.0		No
TS100	$41639	$22900	$25400	$29980	$32900	Own	4T	304D	16F-16R	80.0		No
TS100 4WD	$47797	$26290	$29160	$34410	$37760	Own	4T	304D	12F-12R	80.0		No

New Holland/Ford (Cont.)

2003 (Cont.)

Model	Approx. Retail Price New	Estimated Value Less Repairs Used Trade-In Avg.	Used Trade-In High	Used Retail Avg.	Used Retail High	Make	Engine No. Cyls.	Displ. Cu.-in.	No. Speeds	P.T.O. H.P.	Approx. Shipping Wt.-Lbs.	Cab
TS100 4WD	$48973	$26940	$29870	$35260	$38690	Own	4T	304D	24F-24R	80.0		No
TS100 4WD	$50075	$27540	$30550	$36050	$39560	Own	4T	304D	16F-16R	80.0		No
TS100 4WD w/Cab	$56586	$31120	$34520	$40740	$44700	Own	4T	304D	12F-12R	80.0		CHA
TS100 4WD w/Cab	$57764	$31770	$35240	$41590	$45630	Own	4T	304D	24F-24R	80.0		CHA
TS100 4WD w/Cab	$58868	$32380	$35910	$42390	$46510	Own	4T	304D	16F-16R	80.0		CHA
TS100 w/Cab	$48149	$26480	$29370	$34670	$38040	Own	4T	304D	12F-12R	80.0		CHA
TS100 w/Cab	$49326	$27130	$30090	$35520	$38970	Own	4T	304D	24F-24R	80.0		CHA
TS100 w/Cab	$50430	$27740	$30760	$36310	$39840	Own	4T	304D	16F-16R	80.0		CHA
TS100A	$36859	$20270	$22480	$26540	$29120	Own	4TI	273D	12F-12R	80.0		No
TS100A 4WD	$44962	$24730	$27430	$32370	$35520	Own	4TI	273D	12F-12R	80.0		No
TS100A 4WD Cab	$53630	$29500	$32710	$38610	$42370	Own	4TI	273D	12F-12R	80.0		CHA
TS100A Cab	$45527	$25040	$27770	$32780	$35970	Own	4TI	273D	12F-12R	80.0		CHA
TS100A Dlx.	$40205	$22110	$24530	$28950	$31760	Own	4TI	273D	16F-16R	80.0		No
TS100A Dlx. 4WD	$50576	$27820	$30850	$36420	$39960	Own	4T	304D	16F-16R	80.0		No
TS100A Dlx. 4WD Cab	$56049	$30830	$34190	$40360	$44280	Own	4TI	273D	24F-24R	80.0		CHA
TS100A Dlx. 4WD Cab	$59743	$32860	$36440	$43020	$47200	Own	4TI	273D	16F-16R	80.0		CHA
TS100A Dlx. Cab	$47628	$26200	$29050	$34290	$37630	Own	4TI	273D	24F-24R	80.0		CHA
TS100A Dlx. Cab	$49373	$27160	$30120	$35550	$39010	Own	4TI	273D	16F-16R	80.0		CHA
TS100A Plus	$38058	$20930	$23220	$27400	$30070	Own	4TI	273D	24F-24R	80.0		No
TS100A Plus	$39969	$21980	$24380	$28780	$31580	Own	4TI	273D	16F-16R	80.0		No
TS100A Plus 4WD	$46300	$25470	$28240	$33340	$36580	Own	4TI	273D	24F-24R	80.0		No
TS100A Plus 4WD	$48212	$26520	$29410	$34710	$38090	Own	4T	304D	16F-16R	80.0		No
TS100A Plus 4WD w/Cab	$54232	$29830	$33080	$39050	$42840	Own	4TI	273D	24F-24R	80.0		CHA
TS100A Plus 4WD w/Cab	$56147	$30880	$34250	$40430	$44360	Own	4T	304D	16F-16R	80.0		CHA
TS100A Plus Cab	$46726	$25700	$28500	$33640	$36910	Own	4TI	273D	24F-24R	80.0		CHA
TS100A Plus Cab	$48637	$26750	$29670	$35020	$38420	Own	4TI	273D	16F-16R	80.0		CHA
TB110	$30677	$16870	$18710	$22090	$24240	Own	4T	304D	8F-2R	90.0		No
TB110	$32060	$17630	$19560	$23080	$25330	Own	4T	304D	16F-4R	90.0		No
TB110 4WD	$37400	$20570	$22810	$26930	$29550	Own	4T	304D	8F-2R	90.0		No
TB110 4WD	$38785	$21330	$23660	$27930	$30640	Own	4T	304D	16F-4R	90.0		No
TS110	$42025	$23110	$25640	$30260	$33200	Own	4T	304D	12F-12R	90.0		No
TS110	$43698	$24030	$26660	$31460	$34520	Own	4T	304D	24F-24R	90.0		No
TS110 4WD	$49461	$27200	$30170	$35610	$39070	Own	4T	304D	12F-12R	90.0		No
TS110 4WD	$52134	$28670	$31800	$37540	$41190	Own	4T	304D	24F-24R	90.0		No
TS110 4WD	$53377	$29360	$32560	$38430	$42170	Own	4T	304D	16F-16R	90.0		No
TS110 4WD w/Cab	$59253	$32590	$36140	$42660	$46810	Own	4T	304D	12F-12R	90.0		CHA
TS110 4WD w/Cab	$60926	$33510	$37170	$43870	$48130	Own	4T	304D	24F-24R	90.0		CHA
TS110 4WD w/Cab	$62996	$34650	$38430	$45360	$49770	Own	4T	304D	16F-16R	90.0		CHA
TS110 w/Cab	$42025	$23110	$25640	$30260	$33200	Own	4T	304D	12F-12R	90.0		CHA
TS110 w/Cab	$52540	$28900	$32050	$37830	$41510	Own	4T	304D	24F-24R	90.0		CHA
TS110 w/Cab	$55529	$30540	$33870	$39980	$43870	Own	4T	304D	16F-16R	90.0		CHA
TS115A	$41403	$21940	$24840	$29810	$31680	Own	6TI	410D	12F-12R	95.0		No
TS115A 4WD	$49506	$26240	$29700	$35640	$38120	Own	6TI	410D	12F-12R	95.0		No
TS115A 4WD w/Cab	$58174	$30830	$34900	$41890	$44790	Own	6TI	410D	12F-12R	95.0		CHA
TS115A Dlx.	$44749	$23720	$26850	$32220	$34460	Own	6TI	410D	16F-16R	95.0		No
TS115A Dlx. 4WD	$55120	$29210	$33070	$39690	$42440	Own	6TI	410D	16F-16R	95.0		No
TS115A Dlx. 4WD w/Cab	$60593	$32110	$36360	$43630	$46660	Own	6TI	410D	24F-24R	95.0		CHA
TS115A Dlx. 4WD w/Cab	$64288	$34070	$38570	$46290	$49500	Own	6TI	410D	16F-16R	95.0		CHA
TS115A Dlx. w/Cab	$52172	$27650	$31300	$37560	$40170	Own	6TI	410D	24F-24R	95.0		CHA
TS115A Dlx. w/Cab	$53917	$28580	$32350	$38820	$41520	Own	6TI	410D	16F-16R	95.0		CHA
TS115A Plus	$43040	$22810	$25820	$30990	$33140	Own	6TI	410D	24F-24R	95.0		No
TS115A Plus	$44951	$23820	$26970	$32370	$34610	Own	6TI	410D	16F-16R	95.0		No
TS115A Plus 4WD	$51299	$27190	$30780	$36940	$39500	Own	6TI	410D	24F-24R	95.0		No
TS115A Plus 4WD	$53210	$28200	$31930	$38310	$40970	Own	6TI	410D	16F-16R	95.0		No
TS115A Plus 4WD w/Cab	$59391	$31480	$35640	$42760	$45730	Own	6TI	410D	24F-24R	95.0		CHA
TS115A Plus 4WD w/Cab	$61302	$32490	$36780	$44140	$47200	Own	6TI	410D	16F-16R	95.0		CHA
TS115A Plus w/Cab	$51708	$27410	$31030	$37230	$39820	Own	6TI	410D	24F-24R	95.0		CHA
TS115A Plus w/Cab	$53619	$28420	$32170	$38610	$41290	Own	6TI	410D	16F-16R	95.0		CHA
TS115A w/Cab	$50071	$26540	$30040	$36050	$38560	Own	6TI	410D	12F-12R	95.0		CHA
TB120	$33077	$18190	$20180	$23820	$26130	Own	6	456D	8F-2R	96.0		No
TB120	$34461	$18950	$21020	$24810	$27220	Own	6	456D	16F-4R	96.0		No
TB120 4WD	$40103	$22060	$24460	$28850	$31680	Own	6	456D	8F-2R	96.0		No
TB120 4WD	$41487	$22820	$25310	$29870	$32780	Own	6	456D	16F-4R	96.0		No
TB120 HC 4WD	$45124	$24820	$27530	$32490	$35650	Own	6	456D	8F-2R	96.0		No
TM120	$58787	$31160	$35270	$42330	$45270	Own	6TI	456D	17F-6R	95.0		CHA
TM120 4WD	$66534	$35260	$39920	$47900	$51230	Own	6TI	456D	24F-12R	95.0		CHA
TM120 4WD	$68118	$36100	$40870	$49050	$52450	Own	6TI	456D	18F-6R	95.0		CHA
TM120 4WD SuperSteer	$72285	$38310	$43370	$52050	$55660	Own	6TI	456D	18F-6R	95.0		CHA
TS125A Dlx.	$51897	$27510	$31140	$37370	$39960	Own	6TI	410D	16F-16R	105.0		No
TS125A Dlx. 4WD	$63000	$33390	$37800	$45360	$48510	Own	6TI	410D	16F-16R	105.0		No
TS125A Dlx. 4WD w/Cab	$59620	$31600	$35770	$42930	$45910	Own	6TI	410D	24F-24R	105.0		CHA
TS125A Dlx. w/Cab	$61365	$32520	$36820	$44180	$47250	Own	6TI	410D	16F-16R	105.0		CHA
TS125A Plus	$49750	$26370	$29850	$35820	$38310	Own	6TI	410D	24F-24R	105.0		No
TS125A Plus 4WD	$58604	$31060	$35160	$42200	$45130	Own	6TI	410D	24F-24R	105.0		No
TS125A Plus 4WD w/Cab	$67273	$35660	$40360	$48440	$51800	Own	6TI	410D	24F-24R	105.0		CHA
TS125A Plus 4WD w/Cab	$69419	$36790	$41650	$49980	$53450	Own	6TI	410D	16F-16R	105.0		CHA
TS125A Plus w/Cab	$58718	$31120	$35230	$42280	$45210	Own	6TI	410D	24F-24R	105.0		CHA
TS125A Plus w/Cab	$60685	$32160	$36410	$43690	$46730	Own	6TI	410D	16F-16R	105.0		CHA
TS125A Dlx. 4WD w/Cab	$68474	$36290	$41080	$49300	$52730	Own	6TI	410D	24F-24R	105.0		CHA
TS125A Dlx. 4WD w/Cab	$72953	$38670	$43770	$52530	$56170	Own	6TI	410D	16F-16R	105.0		CHA
TM130	$65506	$34720	$39300	$47160	$50440	Own	6TI	456D	17F-6R	105.0		CHA
TM130 4WD	$71436	$37860	$42860	$51430	$55010	Own	6TI	456D	24F-12R	105.0		CHA
TM130 4WD	$74712	$39600	$44830	$53790	$57530	Make	6TI	456D	18F-6R	105.0		CHA
TM130 4WD SuperSteer	$78820	$41780	$47290	$56750	$60690	Own	6TI	456D	18F-6R	105.0		CHA

Model	Approx. Retail Price New	Estimated Value Less Repairs Used Trade-In Avg.	High	Used Retail Avg.	High	Make	Engine No. Cyls.	Displ. Cu.-in.	No. Speeds	P.T.O. H.P.	Approx. Shipping Wt.-Lbs.	Cab

New Holland/Ford (Cont.)

2003 (Cont.)

Model	Approx. Retail Price New	Used Trade-In Avg.	High	Used Retail Avg.	High	Make	No. Cyls.	Displ. Cu.-in.	No. Speeds	P.T.O. H.P.	Wt.-Lbs.	Cab
TS135A Dlx. 4WD w/Cab	$72035	$38180	$43220	$51870	$55470	Own	6TI	410D	24F-24R	115.0		CHA
TS135A Dlx. 4WD w/Cab	$75990	$40280	$45590	$54710	$58510	Own	6TI	410D	16F-16R	115.0		CHA
TS135A Dlx. w/Cab	$63221	$33510	$37930	$45520	$48680	Own	6TI	410D	24F-24R	115.0		CHA
TS135A Dlx. w/Cab	$64786	$34340	$38870	$46650	$49890	Own	6TI	410D	16F-16R	115.0		CHA
TM140	$68849	$36490	$41310	$49570	$53010	Own	6TI	456D	17F-6R	115.0		CHA
TM140 4WD	$78809	$41770	$47290	$56740	$60680	Own	6TI	456D	18F-6R	115.0		CHA
TM140 4WD SuperSteer	$83179	$44090	$49910	$59890	$64050	Own	6TI	456D	18F-6R	115.0		CHA
TM155	$76400	$40490	$45840	$55010	$58830	Own	6TI	456D	17F-6R	125		CHA
TM155 4WD	$88280	$46790	$52970	$63560	$67980	Own	6TI	456D	18F-6R	125.0		CHA
TM155 4WD SuperSteer	$90229	$47820	$54140	$64970	$69480	Own	6TI	456D	18F-6R	125.0		CHA
TM175	$87015	$46120	$52210	$62650	$67000	Own	6TI	456D	17F-6R	145.0		CHA
TM175 4WD	$100584	$53310	$60350	$72420	$77450	Own	6TI	456D	18F-6R	145.0		CHA
TM175 4WD SuperSteer	$102534	$54340	$61520	$73820	$78950	Own	6TI	456D	18F-6R	145.0		CHA
TM190	$90377	$47900	$54230	$65070	$69590	Own	6TI	456D	17F-6R	160.0		CHA
TM190 4WD	$104552	$55410	$62730	$75280	$80510	Own	6TI	456D	18F-6R	160.0		CHA
TM190 4WD SuperSteer	$106501	$56450	$63900	$76680	$82010	Own	6TI	456D	18F-6R	160.0		CHA
TG210 4WD	$118226	$61480	$68570	$83940	$89850	Own	6T	505D	18F-4R	170.0		CHA
TG210 4WD SuperSteer	$121471	$63170	$70450	$86240	$92320	Own	6T	505D	18F-4R	170.0		CHA
2120 4WD	$22563	$12410	$13760	$16250	$17830	Shibaura	4	135D	12F-4R	34.5		No
2120 4WD	$23456	$12900	$14310	$16890	$18530	Shibaura	4	135D	12F-12R	34.5		No
TG230 4WD	$129754	$67470	$75260	$92130	$98610	Own	6T	505D	18F-4R	190.0		CHA
TG230 4WD SuperSteer	$132999	$69160	$77140	$94430	$101080	Own	6T	505D	18F-4R	190.0		CHA
TG255 4WD	$142861	$74290	$82860	$101430	$108570	Own	6TA	505D	18F-4R	215.0		CHA
TG255 4WD SuperSteer	$146107	$75980	$84740	$103740	$111040	Own	6TA	505D	18F-4R	215.0		CHA
TG285 4WD	$157081	$81680	$91110	$111530	$119380	Own	6TI	505D	18F-4R	240.0		CHA
TG285 4WD SuperSteer	$160326	$83370	$92990	$113830	$121850	Own	6TI	505D	18F-4R	240.0		CHA
3010S	$17875	$9830	$10900	$12870	$14120	Own	3	165D	8F-2R	42.0		No
3010S 4WD	$24749	$13610	$15100	$17820	$19550	Own	3	165D	8F-2R	42.0		No
3415	$19038	$10470	$11610	$13710	$15040	Shibaura	4	135D	12F-4R	38.0		No
TV145	$88220	$47640	$54700	$67050	$71460	Own	6T	456D	Variable	105.0		CHA
TV145 Front 3-Pt.	$93311	$50390	$57850	$70920	$75580	Own	6T	456D	Variable	105.0		CHA
TV145 Front 3Pt, PTO	$95705	$51680	$59340	$72740	$77520	Own	6T	456D	Variable	105.0		CHA
5610S	$25639	$14100	$15640	$18460	$20260	Own	4	268D	8F-2R	70.0		No
5610S	$27024	$14860	$16490	$19460	$21350	Own	4	268D	16F-4R	70.0		No
5610S 4WD	$33095	$18200	$20190	$23830	$26150	Own	4	268D	8F-2R	70.0		No
5610S 4WD	$34479	$18960	$21030	$24830	$27240	Own	4	268D	16F-4R	70.0		No
6610S	$28020	$15410	$17090	$20170	$22140	Own	4	304D	8F-2R	80.0		No
6610S	$29404	$16170	$17940	$21170	$23230	Own	4	304D	16F-4R	80.0		No
6610S 4WD	$36378	$20010	$22190	$26190	$28740	Own	4	304D	8F-2R	80.0		No
6610S 4WD	$37762	$20770	$23040	$27190	$29830	Own	4	304D	16F-4R	80.0		No
7010 LP	$36072	$19480	$22370	$27420	$29220	Own	4T	304D	8F-2R	90.0		No
7010 LP	$37450	$20220	$23220	$28460	$30340	Own	4T	304D	16F-4R	90.0		No
7010 LP 4WD	$45040	$24320	$27930	$34230	$36480	Own	4T	304D	8F-2R	90.0		No
7010 LP 4WD	$46417	$25070	$28780	$35280	$37600	Own	4T	304D	16F-4R	90.0		No
7610S	$30941	$16710	$19180	$23520	$25060	Own	4T	304D	8F-2R	90.0		No
7610S	$32326	$17460	$20040	$24570	$26180	Own	4T	304D	16F-4R	90.0		No
7610S 4WD	$38308	$20690	$23750	$29110	$31030	Own	4T	304D	8F-2R	90.0		No
7610S 4WD	$39694	$21440	$24610	$30170	$32150	Own	4T	304D	16F-4R	90.0		No
8010 HC	$48837	$25880	$29300	$35160	$37600	Own	6	456D	8F-2R	96.0		No
8010 HC	$50222	$26620	$30130	$36160	$38670	Own	6	456D	16F-4R	96.0		No
8010 LP	$40391	$22220	$24640	$29080	$31910	Own	6	456D	8F-2R	96.0		No
8010 LP	$41775	$22980	$25480	$30080	$33000	Own	6	456D	16F-4R	96.0		No
8010 LP 4WD	$48124	$25510	$28870	$34650	$37060	Own	6	456D	8F-2R	96.0		No
8010 LP 4WD	$49514	$26240	$29710	$35650	$38130	Own	6	456D	16F-4R	96.0		No
TJ275	$127963	$67820	$76780	$90850	$98530	CDC	6TA	505D	24F-6R	275.0		CHA
TJ275 Powershift	$138286	$72080	$81600	$96560	$104720	CDC	6TA	505D	16F-4R	275.0		CHA
TJ275 3Pt.	$139186	$72610	$82200	$97270	$105490	CDC	6TA	505D	24F-6R	275.0		CHA
TJ275 Poweshift 3Pt	$149509	$77910	$88200	$104370	$113190	CDC	6TA	505D	16F-4R	275.0		CHA
TJ275 3Pt, PTO	$147878	$76850	$87000	$102950	$111650	CDC	6TA	505D	24F-6R	275.0		CHA
TJ275 PS 3Pt, PTO	$158200	$82680	$93600	$110760	$120120	CDC	6TA	505D	16F-4R	275.0		CHA
TJ325	$148949	$76850	$87000	$102950	$111650	CDC	6TA	543D	24F-6R	325.0		CHA
TJ325 3Pt.	$160172	$82680	$93600	$110760	$120120	CDC	6TA	543D	24F-6R	325.0		CHA
TJ325 3Pt, PTO	$168864	$87190	$98700	$116800	$126670	CDC	6TA	543D	24F-6R	325.0		CHA
TJ325 Powershift	$159694	$82950	$93900	$111120	$120510	CDC	6TA	543D	16F-4R	325.0		CHA
TJ325 Powershift 3Pt	$170917	$88300	$99960	$118290	$128280	CDC	6TA	543D	16F-4R	325.0		CHA
TJ325 PS 3Pt, PTO	$179609	$93280	$105600	$124960	$135520	CDC	6TA	543D	16F-4R	325.0		CHA
TJ375	$169561	$88780	$100500	$118930	$128980	Cummins	6TA	915D	24F-6R	375.0		CHA
TJ375 PTO	$178253	$92220	$104400	$123540	$133980	Cummins	6TA	915D	24F-6R	375.0		CHA
TJ375 Powershift	$179079	$93810	$106200	$125670	$136290	Cummins	6TA	915D	16F-4R	375.0		CHA
TJ375 Powershift PTO	$187771	$97100	$109920	$130070	$141060	Cummins	6TA	915D	16F-4R	375.0		CHA
TJ375HD	$183089	$95560	$108180	$128010	$138830	Cummins	6TA	915D	24F-6R	375.0		CHA
TJ375HD Powershift	$192607	$99910	$113100	$133840	$145150	Cummins	6TA	915D	16F-4R	375.0		CHA
TJ375HD 3Pt	$195552	$101230	$114600	$135610	$147070	Cummins	6TA	915D	24F-6R	375.0		CHA
TJ375HD Powershift 3Pt	$205070	$104040	$117780	$139370	$151150	Cummins	6TA	915D	16F-4R	375.0		CHA
TJ375HD 3Pt, PTO	$204244	$103350	$117000	$138450	$150150	Cummins	6TA	915D	24F-6R	375.0		CHA
TJ375HD PS 3Pt, PTO	$213762	$110770	$125400	$148390	$160930	Cummins	6TA	915D	18F-4R	375.0		CHA
TJ425	$187331	$97730	$110640	$130920	$141990	Cummins	6TA	915D	24F-6R	425.0		CHA
TJ425 Powershift	$198281	$102850	$116400	$137740	$149380	Cummins	6TA	915D	16F-4R	425.0		CHA
TJ425 3Pt	$199794	$103620	$117300	$138810	$150540	Cummins	6TA	915D	24F-6R	425.0		CHA
TJ425 Powershift 3Pt	$210744	$109550	$124020	$146760	$159160	Cummins	6TA	915D	16F-4R	425.0		CHA
TJ425 3Pt, PTO	$208486	$108120	$122400	$144840	$157080	Cummins	6TA	915D	24F-6R	425.0		CHA
TJ425 PS 3Pt, PTO	$219436	$113950	$129000	$152650	$165550	Cummins	6TA	915D	16F-4R	425.0		CHA
TJ450 Powershift	$213262	$111300	$126000	$149100	$161700	Cummins	6TA	915D	16F-4R	450.0		CHA
TJ450 Powershift 3PT	$227389	$117400	$132900	$157270	$170560	Cummins	6TA	915D	16F-4R	450.0		CHA

New Holland/Ford (Cont.)

Model	Approx. Retail Price New	Estimated Value Less Repairs: Used Trade-In Avg.	Used Trade-In High	Used Retail Avg.	Used Retail High	Engine: Make	Engine: No. Cyls.	Engine: Displ. Cu.-in.	No. Speeds	P.T.O. H.P.	Approx. Shipping Wt.-Lbs.	Cab
2003 (Cont.)												
TJ450 PS 3PT, PTO	$238080	$120840	$136800	**$161880**	**$175560**	Cummins	6TA	915D	16F-4R	450.0		CHA
LP-Low Profile												
2002												
TC18	$8279	$4140	$4800	**$5960**	**$6460**	Shibaura	3	58D	6F-2R	15.0	1357	No
TC18 4WD	$10195	$5100	$5910	**$7340**	**$7950**	Shibaura	3	58D	6F-2R	15.0	1438	No
TC18 4WD	$11365	$5680	$6590	**$8180**	**$8870**	Shibaura	3	58D	Variable	14.0	1508	No
TC21 4WD	$12837	$6420	$7450	**$9240**	**$10010**	Shibaura	3	61D	9F-3R	17.0	1450	No
TC21D 4WD Hydro	$14136	$7070	$8200	**$10180**	**$11030**	Shibaura	3	61D	Variable	16.0	1535	No
TC24 4WD	$13118	$6560	$7610	**$9450**	**$10230**	Shibaura	3	69D	9F-3R	19.5	1405	No
TC24 4WD Hydro	$14416	$7210	$8360	**$10380**	**$11240**	Shibaura	3	69D	Variable	18.5	1308	No
TC29 4WD	$15234	$7620	$8840	**$10970**	**$11880**	Shibaura	3	81D	9F-3R	25.1	2074	No
TC29 4WD SuperSteer	$16403	$8200	$9510	**$11810**	**$12790**	Shibaura	3	81D	9F-3R	25.1	2188	No
TC29D 4WD Hydro	$16662	$8330	$9660	**$12000**	**$13000**	Shibaura	3	81D	Variable	23.5	2474	No
TC29D 4WD Hydro SuperSteer	$17831	$8920	$10340	**$12840**	**$13910**	Shibaura	3	81D	Variable	23.5	2474	No
TC30	$9814	$4910	$5690	**$7070**	**$7660**	Shibaura	3	91D	9F-3R	25.5	2115	No
TC30 4WD	$11365	$5680	$6590	**$8180**	**$8870**	Shibaura	3	91D	9F-3R	25.5	2205	No
TC30 4WD Hydro	$12815	$6410	$7430	**$9230**	**$10000**	Shibaura	3	91D	Variable	24.0	2210	No
TC30 Hydro	$11714	$5860	$6790	**$8430**	**$9140**	Shibaura	3	91D	Variable	24.0	2120	No
TC33 4WD	$16138	$8070	$9360	**$11620**	**$12590**	Shibaura	3	91D	9F-3R	28.6	2440	No
TC33 4WD SuperSteer	$17307	$8650	$10040	**$12460**	**$13500**	Shibaura	3	91D	9F-3R	28.6	2554	No
TC33D 4WD Hydro	$17567	$8780	$10190	**$12650**	**$13700**	Shibaura	3	91D	Variable	26.9	2474	No
TC33D 4WD Hydro SuperSteer	$18735	$9370	$10870	**$13490**	**$14610**	Shibaura	3	91D	Variable	26.9	2474	No
TC35	$14667	$7330	$8510	**$10560**	**$11440**	Shibaura	3	101D	12F-12R	29.6	3009	No
TC35 4WD	$17626	$8810	$10220	**$12690**	**$13750**	Shibaura	3	101D	12F-12R	29.6	3143	No
TC35D 4WD Hydro	$19216	$9610	$11150	**$13840**	**$14990**	Shibaura	3	101D	Variable	29.6	3299	No
TC35D 4WD Hydro SuperSteer	$20514	$10260	$11900	**$14770**	**$16000**	Shibaura	3	101D	Variable	29.6	3299	No
TC40	$16286	$8140	$9450	**$11730**	**$12700**	Shibaura	4	121D	12F-12R	35.0	3060	No
TC40 4WD	$19249	$9630	$11160	**$13860**	**$15010**	Shibaura	4	121D	12F-12R	35.0	3194	No
TC40D 4WD Hydro	$20839	$10420	$12090	**$15000**	**$16250**	Shibaura	4	121D	Variable	33.2	3375	No
TC40D 4WD Hydro SuperSteer	$22138	$11070	$12840	**$15940**	**$17270**	Shibaura	4	121D	Variable	33.2	3375	No
TC45	$18124	$9060	$10510	**$13050**	**$14140**	Shibaura	4	135D	12F-12R	39.6	3262	No
TC45 4WD	$21224	$10610	$12310	**$15280**	**$16560**	Shibaura	4	135D	12F-12R	39.6	3396	No
TC45D 4WD Hydro	$23047	$11520	$13370	**$16590**	**$17980**	Shibaura	4	135D	Variable	37.8	3766	No
TC45D 4WD Hydro SuperSteer	$24345	$12170	$14120	**$17530**	**$18990**	Shibaura	4	135D	Variable	37.8	3766	No
TN55 Standard	$22471	$10540	$11830	**$14620**	**$16130**	Own	3	179D	8F-8R	42.0		No
TN55 Standard	$23009	$10780	$12100	**$14960**	**$16500**	Own	3	179D	16F-16R	42.0		No
TN55 Standard 4WD	$27723	$12990	$14580	**$18020**	**$19880**	Own	3	179D	8F-8R	42.0		No
TN55 Standard 4WD	$28261	$13350	$14990	**$18530**	**$20440**	Own	3	179D	16F-16R	42.0		No
TN55D Deluxe	$32135	$14770	$16570	**$20490**	**$22600**	Own	3	179D	16F-16R	42.0		CHA
TN55D Deluxe 4WD	$37413	$16860	$18920	**$23390**	**$25800**	Own	3	179D	16F-16R	42.0		CHA
TN55S 4WD	$31110	$14750	$16560	**$20470**	**$22580**	Own	3	179D	16F-16R	42.0		No
TN55S 4WD w/Cab	$38761	$17980	$20190	**$24960**	**$27530**	Own	3	179D	16F-16R	42.0		CHA
TN65	$23992	$11220	$12600	**$15570**	**$17180**	Own	3	179D	8F-8R	52.0		No
TN65	$24530	$11520	$12930	**$15980**	**$17630**	Own	3	179D	16F-16R	52.0		No
TN65 4WD	$29270	$13480	$15130	**$18700**	**$20630**	Own	3	179D	8F-8R	52.0		No
TN65 4WD	$29853	$14110	$15840	**$19580**	**$21600**	Own	3	179D	16F-16R	52.0		No
TN65D Deluxe	$32835	$15090	$16940	**$20940**	**$23100**	Own	3	179D	8F-8R	52.0		CHA
TN65D Deluxe 4WD	$38112	$17640	$19800	**$24480**	**$27000**	Own	3	179D	8F-8R	52.0		CHA
TN65S 4WD SuperSteer	$33522	$15440	$17330	**$21420**	**$23630**	Own	3	179D	8F-8R	52.0		No
TN65S 4WD SuperSteer	$41139	$19060	$21400	**$26450**	**$29180**	Own	3	179D	8F-8R	52.0		CHA
TN65V	$23711	$11620	$13040	**$16120**	**$17780**	Own	3T	179D	16F-16R	47.0		No
TN65V 4WD	$29299	$14360	$16110	**$19920**	**$21970**	Own	3T	179D	16F-16R	47.0		No
TN65F w/Cab	$39660	$18940	$21260	**$26290**	**$29000**	Own	4	238D	32F-16R	57.0		CHA
TN65F 4WD	$36011	$17160	$19260	**$23810**	**$26260**	Own	4	238D	16F-16R	57.0		No
TN65F 4WD	$39120	$18680	$20970	**$25920**	**$28590**	Own	4	238D	32F-16R	57.0		No
TN65F 4WD w/Cab	$44265	$21200	$23800	**$29420**	**$32450**	Own	4	238D	16F-16R	57.0		CHA
TN65F 4WD w/Cab	$47372	$22720	$25510	**$31530**	**$34780**	Own	4	238D	32F-16R	57.0		CHA
TN70	$26458	$12470	$14000	**$17310**	**$19090**	Own	3T	179D	8F-8R	57.0		No
TN70	$26996	$12740	$14300	**$17680**	**$19500**	Own	3T	179D	16F-16R	57.0		No
TN70 4WD Standard	$31948	$14990	$16830	**$20800**	**$22940**	Own	3T	179D	8F-8R	57.0		CHA
TN70 4WD Standard	$32486	$15290	$17160	**$21220**	**$23400**	Own	3T	179D	16F-16R	57.0		CHA
TN70 Standard	$26670	$12540	$14080	**$17410**	**$19200**	Own	3T	179D	8F-8R	57.0		No
TN70 Standard	$27208	$12840	$14410	**$17820**	**$19650**	Own	3T	179D	16F-16R	57.0		No
TN70D Deluxe	$35515	$16660	$18700	**$23120**	**$25500**	Own	3T	179D	16F-16R	57.0		CHA
TN70S 4WD	$36201	$16170	$18150	**$22440**	**$24750**	Own	4T	179D	16F-16R	57.0		No
TN70S 4WD w/Cab	$43818	$19600	$22000	**$27200**	**$30000**	Own	4T	179D	16F-16R	57.0		CHA
TN70 4WD	$31948	$14460	$16230	**$20060**	**$22130**	Own	3T	179D	8F-8R	57.0		No
TN70D Deluxe 4WD	$42473	$19310	$21670	**$26790**	**$29550**	Own	3T	179D	16F-16R	57.0		CHA
TN75	$28475	$13430	$15070	**$18630**	**$20550**	Own	3T	179D	8F-8R	62.0		No
TN75	$29058	$13480	$15130	**$18700**	**$20630**	Own	3T	179D	16F-16R	62.0		No
TN75 4WD	$34399	$16170	$18150	**$22440**	**$24750**	Own	3T	179D	8F-8R	62.0		No
TN75 4WD	$34937	$16370	$18370	**$22710**	**$25050**	Own	3T	179D	16F-16R	62.0		No
TN75D Deluxe	$37578	$17400	$19530	**$24140**	**$26630**	Own	3T	179D	16F-16R	62.0		CHA
TN75D Deluxe 4WD	$43931	$19800	$22220	**$27470**	**$30300**	Own	3T	179D	16F-16R	62.0		CHA
TN75S 4WD SuperSteer	$38265	$17770	$19950	**$24660**	**$27200**	Own	3T	179D	16F-16R	62.0		No
TN75S 4WD SuperSteer	$45882	$20970	$23540	**$29100**	**$32100**	Own	3T	179D	16F-16R	62.0		CHA
TN75V	$25979	$12730	$14290	**$17670**	**$19480**	Own	3T	179D	16F-16R	62.0		No
TN75V 4WD	$31911	$15640	$17550	**$21700**	**$23930**	Own	3T	179D	16F-16R	62.0		No
TN75V 4WD w/Cab	$38815	$19020	$21350	**$26390**	**$29110**	Own	3T	179D	16F-16R	62.0		CHA
TK76 Crawler	$38226	$18730	$21020	**$25990**	**$28670**	Own	4	220D	8F-8R	60.0		No
TL80 Deluxe	$36131	$16450	$19080	**$23690**	**$25660**	Own	4	238D	24F-24R	66.0		No
TL80 Deluxe 4WD	$43817	$19850	$23030	**$28580**	**$30970**	Own	4	238D	24F-24R	66.0		No
TL80 Deluxe 4WD w/Cab	$52777	$23950	$27780	**$34490**	**$37360**	Own	4	238D	24F-24R	66.0		CHA

Model	Approx. Retail Price New	Used Trade-In Avg.	Used Trade-In High	Used Retail Avg.	Used Retail High	Make	No. Cyls.	Displ. Cu.-in.	No. Speeds	P.T.O. H.P.	Approx. Shipping Wt.-Lbs.	Cab

New Holland/Ford (Cont.)

2002 (Cont.)

Model	Approx. Retail Price New	Used Trade-In Avg.	Used Trade-In High	Used Retail Avg.	Used Retail High	Make	No. Cyls.	Displ. Cu.-in.	No. Speeds	P.T.O. H.P.	Cab
TL80 Deluxe w/Cab	$45091	$21000	$24360	$30240	$32760	Own	4	238D	24F-24R	66.0	CHA
TL80 Standard	$24910	$12460	$14450	$17940	$19430	Own	4	238D	12F-12R	66.0	No
TL80 Standard 4WD	$30494	$15250	$17690	$21960	$23790	Own	4	238D	12F-12R	66.0	No
TL80 Standard 4WD w/Cab	$38348	$19170	$22240	$27610	$29910	Own	4	238D	12F-12R	66.0	CHA
TL80 Standard w/Cab	$32763	$16380	$19000	$23590	$25560	Own	4	238D	12F-12R	66.0	CHA
TN80F Narrow 4WD	$34994	$17150	$19250	$23800	$26250	Own	4	238D	16F-16R	67.0	No
TN80F Narrow 4WD	$37862	$18550	$20820	$25750	$28400	Own	4	238D	32F-16R	67.0	No
TN80F Narrow 4WD w/Cab	$42731	$20940	$23500	$29060	$32050	Own	4	238D	16F-16R	67.0	CHA
TN80F Narrow	$27834	$13640	$15310	$18930	$20880	Own	4	238D	16F-16R	67.0	No
TN80F Narrow	$30700	$15040	$16890	$20880	$23030	Own	4	238D	32F-16R	67.0	No
TN80F Narrow 4WD w/Cab	$45600	$22340	$25080	$31010	$34200	Own	4	238D	32F-16R	67.0	CHA
TN80F Narrow w/Cab	$35532	$17410	$19540	$24160	$26650	Own	4	238D	16F-16R	67.0	CHA
TN80F Narrow w/Cab	$38421	$18830	$21130	$26130	$28820	Own	4	238D	32F-16R	67.0	CHA
TK85 Crawler	$42327	$20740	$23280	$28780	$31750	Crawler	4	238D	8F-8R	65.0	NO
TK85M Crawler	$42995	$21070	$23650	$29240	$32250	Own	4	238D	8F-8R	65.0	NO
TL90 Deluxe	$38486	$19240	$22320	$27710	$30020	Own	4T	238D	24F-24R	76.0	No
TL90 Deluxe 4WD w/Cab	$54962	$27480	$31880	$39570	$42870	Own	4T	238D	24F-24R	76.0	CHA
TL90 Deluxe w/Cab	$47278	$23640	$27420	$34040	$36880	Own	4T	238D	24F-24R	76.0	CHA
TL90 Standard	$27397	$13700	$15890	$19730	$21370	Own	4T	238D	12F-12R	76.0	No
TL90 Standard 4WD	$33151	$16580	$19230	$23870	$25860	Own	4T	238D	12F-12R	76.0	No
TL90 Standard 4WD w/Cab	$41002	$20500	$23780	$29520	$31980	Own	4T	238D	12F-12R	76.0	CHA
TL90 Standard w/Cab	$33151	$16580	$19230	$23870	$25860	Own	4T	238D	12F-12R	76.0	CHA
TL90 Deluxe 4WD	$46170	$23090	$26780	$33240	$36010	Own	4T	238D	24F-24R	76.0	No
TN95F	$32752	$16050	$18010	$22270	$24560	Own	4T	238D	32F-16R	80.0	No
TN95F 4WD	$37366	$18310	$20550	$25410	$28030	Own	4T	238D	16F-16R	80.0	No
TN95F 4WD	$39910	$19560	$21950	$27140	$29930	Own	4T	238D	32F-16R	80.0	No
TN95F 4WD w/Cab	$45104	$22100	$24810	$30670	$33830	Own	4T	238D	16F-16R	80.0	CHA
TN95F 4WD w/Cab	$47650	$23350	$26210	$32400	$35740	Own	4T	238D	32F-16R	80.0	CHA
TN95F Narrow	$32752	$16050	$18010	$22270	$24560	Own	4T	238D	16F-16R	80.0	No
TN95F w/Cab	$37622	$18440	$20690	$25580	$28220	Own	4T	238D	16F-16R	80.0	CHA
TN95F w/Cab	$40489	$19840	$22270	$27530	$30370	Own	4T	238D	32F-16R	80.0	CHA
TS90	$35820	$17550	$19700	$24360	$26870	Own	4	304D	12F-12R	70.0	No
TS90	$36997	$18130	$20350	$25160	$27750	Own	4	304D	24F-24R	70.0	No
TS90 4WD	$43567	$21350	$23960	$29630	$32680	Own	4	304D	12F-12R	70.0	No
TS90 4WD	$44744	$21930	$24610	$30430	$33560	Own	4	304D	24F-24R	70.0	No
TS90 4WD w/Cab	$52359	$25660	$28800	$35600	$39270	Own	4	304D	12F-12R	70.0	CHA
TS90 4WD w/Cab	$53536	$26230	$29450	$36400	$40150	Own	4	304D	24F-24R	70.0	CHA
TS90 w/Cab	$44612	$21860	$24540	$30340	$33460	Own	4	304D	12F-12R	70.0	CHA
TS90 w/Cab	$45789	$22440	$25180	$31140	$34340	Own	4	304D	24F-24R	70.0	CHA
TL100 Deluxe	$39990	$19100	$22160	$27500	$29800	Own	4T	238D	24F-24R	82.0	No
TL100 Deluxe 4WD	$47674	$22500	$26100	$32400	$35100	Own	4T	238D	24F-24R	82.0	No
TL100 Deluxe 4WD w/Cab	$56467	$26700	$30970	$38450	$41650	Own	4T	238D	24F-24R	82.0	CHA
TL100 Deluxe w/Cab	$48782	$22850	$26510	$32900	$35650	Own	4T	238D	24F-24R	82.0	CHA
TL100 Standard	$29037	$14520	$16840	$20910	$22650	Own	4T	238D	12F-12R	82.0	No
TL100 Standard 4WD	$34792	$17400	$20180	$25050	$27140	Own	4T	238D	12F-12R	82.0	No
TL100 Standard 4WD w/Cab	$42644	$21320	$24730	$30700	$33260	Own	4T	238D	12F-12R	82.0	CHA
TL100 Standard w/Cab	$36889	$18450	$21400	$26560	$28770	Own	4T	238D	12F-12R	82.0	CHA
TS100	$39092	$19160	$21500	$26580	$29320	Own	4T	304D	12F-12R	80.0	No
TS100	$40696	$19940	$22380	$27670	$30520	Own	4T	304D	24F-24R	80.0	No
TS100	$41372	$20270	$22760	$28130	$31030	Own	4T	304D	16F-16R	80.0	No
TS100 4WD	$47948	$23500	$26370	$32610	$35960	Own	4T	304D	12F-12R	80.0	No
TS100 4WD	$49124	$24070	$27020	$33400	$36840	Own	4T	304D	24F-24R	80.0	No
TS100 4WD	$50226	$24610	$27620	$34150	$37670	Own	4T	304D	16F-16R	80.0	No
TS100 4WD w/Cab	$56737	$27800	$31210	$38580	$42550	Own	4T	304D	12F-12R	80.0	CHA
TS100 4WD w/Cab	$57915	$28380	$31850	$39380	$43440	Own	4T	304D	24F-24R	80.0	CHA
TS100 4WD w/Cab	$59846	$29330	$32920	$40700	$44890	Own	4T	304D	16F-16R	80.0	CHA
TS100 w/Cab	$48043	$23540	$26420	$32670	$36030	Own	4T	304D	12F-12R	80.0	CHA
TS100 w/Cab	$49487	$24250	$27220	$33650	$37120	Own	4T	304D	24F-24R	80.0	CHA
TS100 w/Cab	$50962	$24970	$28030	$34650	$38220	Own	4T	304D	16F-16R	80.0	CHA
TS110	$42025	$20590	$23110	$28580	$31520	Own	4T	304D	12F-12R	90.0	No
TS110	$43698	$21410	$24030	$29720	$32770	Own	4T	304D	24F-24R	90.0	No
TS110 4WD	$49461	$24240	$27200	$33630	$37100	Own	4T	304D	12F-12R	90.0	No
TS110 4WD	$52134	$25550	$28670	$35450	$39100	Own	4T	304D	24F-24R	90.0	No
TS110 4WD	$53377	$26160	$29360	$36300	$40030	Own	4T	304D	16F-16R	90.0	No
TS110 w/Cab	$42025	$20590	$23110	$28580	$31520	Own	4T	304D	12F-12R	90.0	CHA
TS110 w/Cab	$52540	$25750	$28900	$35730	$39410	Own	4T	304D	24F-24R	90.0	CHA
TS110 w/Cab	$55529	$27210	$30540	$37760	$41650	Own	4T	304D	16F-16R	90.0	CHA
TS110 4WD w/Cab	$59253	$29030	$32590	$40290	$44440	Own	4T	304D	12F-12R	90.0	CHA
TS110 4WD w/Cab	$60926	$29850	$33510	$41430	$45700	Own	4T	304D	24F-24R	90.0	CHA
TS110 4WD w/Cab	$62996	$30870	$34650	$42840	$47250	Own	4T	304D	16F-16R	90.0	CHA
TM120	$58787	$27630	$31750	$39980	$43500	Own	6TI	456D	17F-6R	95.0	CHA
TM120 4WD	$66534	$31270	$35930	$45240	$49240	Own	6TI	456D	24F-12R	95.0	CHA
TM120 4WD	$68118	$32020	$36780	$46320	$50410	Own	6TI	456D	18F-6R	95.0	CHA
TM120 4WD SuperSteer	$72285	$33970	$39030	$49150	$53490	Own	6TI	456D	18F-6R	95.0	CHA
TM130	$63813	$29990	$34460	$43390	$47220	Own	6TI	456D	17F-6R	105.0	CHA
TM130 4WD	$71436	$33580	$38580	$48580	$52860	Own	6TI	456D	24F-12R	105.0	CHA
TM130 4WD	$73877	$34720	$39890	$50240	$54670	Own	6TI	456D	18F-6R	105.0	CHA
TM130 4WD SuperSteer	$78820	$37050	$42560	$53600	$58330	Own	6TI	456D	18F-6R	105.0	CHA
TM140	$68849	$32360	$37180	$46820	$50950	Own	6TI	456D	17F-6R	115.0	CHA
TM140 4WD	$78809	$37040	$42560	$53590	$58320	Own	6TI	456D	18F-6R	115.0	CHA
TM140 4WD SuperSteer	$83179	$39090	$44920	$56560	$61550	Own	6TI	456D	18F-6R	115.0	CHA
TM155	$76737	$36070	$41440	$52180	$56790	Own	6TI	456D	17F-6R	125	CHA
TM155 4WD	$88280	$41490	$47670	$60030	$65330	Own	6TI	456D	18F-6R	125.0	CHA
TM155 4WD SuperSteer	$90229	$42410	$48720	$61360	$66770	Own	6TI	456D	18F-6R	125.0	CHA

New Holland/Ford (Cont.)

2002 (Cont.)

Model	Approx. Retail Price New	Estimated Value Less Repairs				Engine			No. Speeds	P.T.O. H.P.	Approx. Shipping Wt.-Lbs.	Cab
		Used Trade-In		Used Retail		Make	No. Cyls.	Displ. Cu.-in.				
		Avg.	High	Avg.	High							
TM175	$87015	$40900	$46990	$59170	$64390	Own	6TI	456D	17F-6R	145.0		CHA
TM175 4WD	$100584	$47270	$54320	$68400	$74430	Own	6TI	456D	18F-6R	145.0		CHA
TM175 4WD SuperSteer	$102534	$48190	$55370	$69720	$75880	Own	6TI	456D	18F-6R	145.0		CHA
TM190	$90377	$42480	$48800	$61460	$66880	Own	6TI	456D	17F-6R	160.0		CHA
TM190 4WD	$104552	$49140	$56460	$71100	$77370	Own	6TI	456D	18F-6R	160.0		CHA
TM190 4WD SuperSteer	$106501	$50060	$57510	$72420	$78810	Own	6TI	456D	18F-6R	160.0		CHA
TG210 4WD	$116116	$53410	$61540	$76640	$83600	Own	6T	505D	18F-4R	170.0		CHA
TG210 4WD SuperSteer	$119298	$54880	$63230	$78740	$85900	Own	6T	505D	18F-4R	170.0		CHA
TG230 4WD	$127419	$58610	$67530	$84100	$91740	Own	6T	505D	18F-4R	190.0		CHA
TG230 4WD SuperSteer	$130600	$60080	$69220	$86200	$94030	Own	6T	505D	18F-4R	190.0		CHA
TG255 4WD	$140300	$64540	$74360	$92600	$101020	Own	6TA	505D	18F-4R	215.0		CHA
TG255 4WD SuperSteer	$143483	$66000	$76050	$94760	$103310	Own	6TA	505D	18F-4R	215.0		CHA
TG285 4WD	$154250	$70960	$81750	$101810	$111060	Own	6TI	505D	18F-4R	240.0		CHA
TG285 4WD SuperSteer	$157432	$72420	$83440	$103910	$113350	Own	6TI	505D	18F-4R	240.0		CHA
TV140	$81472	$40740	$47250	$58660	$63550	Own	6T	456D	Variable	105.0		CHA
TV140 Front 3-Pt.	$85733	$42870	$49730	$61730	$66870	Own	6T	456D	Variable	105.0		CHA
TV140 Front 3Pt, PTO	$92790	$46400	$53820	$66810	$72380	Own	6T	456D	Variable	105.0		CHA
2120	$22227	$10890	$12230	$15110	$16670	Shibaura	4	135D	12F-4R	34.5		No
3010S	$17875	$8760	$9830	$12160	$13410	Own	3	165D	8F-2R	42.0		No
3010S 4WD	$24749	$12130	$13610	$16830	$18560	Own	3	165D	8F-2R	42.0		No
3415	$19038	$9330	$10470	$12950	$14280	Shibaura	4	135D	12F-4R	38.0		No
5610S	$25639	$12560	$14100	$17440	$19230	Own	4	268D	8F-2R	70.0		No
5610S	$27024	$13240	$14860	$18380	$20270	Own	4	268D	16F-4R	70.0		No
5610S 4WD	$33095	$16220	$18200	$22510	$24820	Own	4	268D	8F-2R	70.0		No
5610S 4WD	$34479	$16900	$18960	$23450	$25860	Own	4	268D	16F-4R	70.0		No
6610S	$28020	$13730	$15410	$19050	$21020	Own	4	304D	8F-2R	80.0		No
6610S	$29404	$14410	$16170	$20000	$22050	Own	4	304D	16F-4R	80.0		No
6610S 4WD	$36378	$17830	$20010	$24740	$27280	Own	4	304D	8F-2R	80.0		No
6610S 4WD	$37762	$18500	$20770	$25680	$28320	Own	4	304D	16F-4R	80.0		No
7010 LP	$36072	$18040	$20920	$25970	$28140	Own	4T	304D	8F-2R	90.0		No
7010 LP	$37450	$18730	$21720	$26960	$29210	Own	4T	304D	16F-4R	90.0		No
7010 LP 4WD	$45040	$22520	$26120	$32430	$35130	Own	4T	304D	8F-2R	90.0		No
7010 LP 4WD	$46417	$23210	$26920	$33420	$36210	Own	4T	304D	16F-4R	90.0		No
7610S	$30941	$15470	$17950	$22280	$24130	Own	4T	304D	8F-2R	90.0		No
7610S	$32326	$16160	$18750	$23280	$25210	Own	4T	304D	16F-4R	90.0		No
7610S 4WD	$38308	$19150	$22220	$27580	$29880	Own	4T	304D	8F-2R	90.0		No
7610S 4WD	$39694	$19850	$23020	$28580	$30960	Own	4T	304D	16F-4R	90.0		No
8010 HC	$48837	$22950	$26370	$33210	$36140	Own	6	456D	8F-2R	96.0		No
8010 HC	$50222	$23600	$27120	$34150	$37160	Own	6	456D	16F-4R	96.0		No
8010 LP	$40391	$19790	$22220	$27470	$30290	Own	6	456D	8F-2R	96.0		No
8010 LP	$41775	$20470	$22980	$28410	$31330	Own	6	456D	16F-4R	96.0		No
8010 LP 4WD	$48124	$22620	$25990	$32720	$35610	Own	6	456D	8F-2R	96.0		No
8010 LP 4WD	$49514	$23270	$26740	$33670	$36640	Own	6	456D	16F-4R	96.0		No
8670A	$90017	$41410	$47710	$59410	$64810	Own	6TI	456D	16F-9R	145.0		CHA
8670A 4WD	$106503	$48990	$56450	$70290	$76680	Own	6TI	456D	16F-9R	145.0		CHA
8670A 4WD SuperSteer	$108724	$50010	$57620	$71760	$78280	Own	6TI	456D	16F-9R	145.0		CHA
8770A	$99356	$45700	$52660	$65580	$71540	Own	6TI	456D	16F-9R	160.0		CHA
8770A 4WD	$109836	$48760	$56180	$69960	$76320	Own	6TI	456D	16F-9R	160.0		CHA
8770A 4WD SuperSteer	$112058	$50600	$58300	$72600	$79200	Own	6TI	456D	16F-9R	160.0		CHA
8870A	$109914	$50560	$58250	$72540	$79140	Own	6TI	456D	16F-9R	180.0		CHA
8870A 4WD	$122213	$56120	$64660	$80520	$87840	Own	6TI	456D	16F-9R	180.0		CHA
8870A 4WD SuperSteer	$124434	$57240	$65950	$82130	$89590	Own	6TI	456D	16F-9R	180.0		CHA
8970A 4WD	$132349	$59800	$68900	$85800	$93600	Own	6TI	456D	16F-9R	210.0		CHA
8970A 4WD SuperSteer	$134570	$60720	$69960	$87120	$95040	Own	6TI	456D	16F-9R	210.0		CHA
TJ275	$125698	$59080	$69130	$81700	$90500	CDC	6TA	505D	24F-6R	275.0		CHA
TJ275 Powershift	$135718	$61570	$72050	$85150	$94320	CDC	6TA	505D	16F-4R	275.0		CHA
TJ275 3Pt	$139148	$63450	$74250	$87750	$97200	CDC	6TA	505D	24F-6R	275.0		CHA
TJ275 Poweshift 3Pt	$149168	$67680	$79200	$93600	$103680	CDC	6TA	505D	16F-4R	275.0		CHA
TJ275 3Pt, PTO	$147587	$65800	$77000	$91000	$100800	CDC	6TA	505D	24F-6R	275.0		CHA
TJ275 Powershift 3Pt, PTO	$157607	$70500	$82500	$97500	$108000	CDC	6TA	505D	16F-4R	275.0		CHA
TJ325	$145972	$66740	$78100	$92300	$102240	CDC	6TA	543D	24F-6R	325.0		CHA
TJ325 3Pt	$157891	$71440	$83600	$98800	$109440	CDC	6TA	543D	24F-6R	325.0		CHA
TJ325 3Pt, PTO	$166330	$75670	$88550	$104650	$115920	CDC	6TA	543D	24F-6R	325.0		CHA
TJ325 Powershift	$156405	$71910	$84150	$99450	$110160	CDC	6TA	543D	16F-4R	325.0		CHA
TJ325 Powershift 3Pt	$168324	$77320	$90480	$106930	$118440	CDC	6TA	543D	16F-4R	325.0		CHA
TJ325 Powershift 3Pt, PTO	$176763	$80370	$94050	$111150	$123120	CDC	6TA	543D	16F-4R	325.0		CHA
TJ375	$165820	$76140	$89100	$105300	$116640	Cummins	6TA	915D	24F-6R	375.0		CHA
TJ375 PTO	$175282	$80370	$94050	$111150	$123120	Cummins	6TA	915D	24F-6R	375.0		CHA
TJ375 Powershift	$176084	$80840	$94600	$111800	$123840	Cummins	6TA	915D	16F-4R	375.0		CHA
TJ375 Powershift PTO	$184523	$84690	$99110	$117130	$129740	Cummins	6TA	915D	16F-4R	375.0		CHA
TJ375HD	$172332	$79100	$92570	$109400	$121180	Cummins	6TA	915D	24F-6R	375.0		CHA
TJ375HD Powershift	$181574	$83900	$98180	$116030	$128520	Cummins	6TA	915D	16F-4R	375.0		CHA
TJ375HD 3Pt	$184432	$84600	$99000	$117000	$129600	Cummins	6TA	915D	24F-6R	375.0		CHA
TJ375HD Powershift 3Pt	$195290	$89440	$104670	$123700	$137020	Cummins	6TA	915D	16F-4R	375.0		CHA
TJ375HD 3Pt, PTO	$192871	$88360	$103400	$122200	$135360	Cummins	6TA	915D	24F-6R	375.0		CHA
TJ375HD Powershift 3Pt, PTO	$203729	$93530	$109450	$129350	$143280	Cummins	6TA	915D	18F-4R	375.0		CHA
TJ425	$183419	$84600	$99000	$117000	$129600	Cummins	6TA	915D	24F-6R	425.0		CHA
TJ425 Powershift	$194050	$88830	$103950	$122850	$136080	Cummins	6TA	915D	16F-4R	425.0		CHA
TJ425 3Pt	$197135	$90800	$106260	$125580	$139100	Cummins	6TA	915D	24F-6R	425.0		CHA
TJ425 Powershift 3Pt	$207766	$95270	$111490	$131760	$145940	Cummins	6TA	915D	16F-4R	425.0		CHA
TJ425 3Pt, PTO	$205574	$94710	$110830	$130980	$145080	Cummins	6TA	915D	24F-6R	425.0		CHA
TJ425 Powershift 3Pt, PTO	$216205	$99410	$116330	$137480	$152280	Cummins	6TA	915D	16F-4R	425.0		CHA
TJ450 Powershift	$209347	$96540	$112970	$133510	$147890	Cummins	6TA	915D	16F-4R	450.0		CHA
TJ450 Powershift 3PT	$223063	$102460	$119900	$141700	$156960	Cummins	6TA	915-D	16F-4R	450.0		CHA

LP-Low Profile

New Holland/Ford (Cont.)

Model	Approx. Retail Price New	Estimated Value Less Repairs Used Trade-In Avg.	High	Used Retail Avg.	High	Make	Engine No. Cyls.	Displ. Cu.-in.	No. Speeds	P.T.O. H.P.	Approx. Shipping Wt.-Lbs.	Cab
2001												
TC18	$8175	$3840	$4500	$5560	$6130	Shibaura	3	58D	6F-2R	15.0	1357	No
TC18 4WD	$9371	$4400	$5150	$6370	$7030	Shibaura	3	58D	6F-2R	15.0	1438	No
TC18 4WD	$10531	$4950	$5790	$7160	$7900	Shibaura	3	58D	Variable	14.0	1508	No
TC18 4WD Pwr Steer	$11365	$5340	$6250	$7730	$8520	Shibaura	3	58D	Variable	14.0	1508	No
TC21 4WD	$12225	$5750	$6720	$8310	$9170	Shibaura	3	61D	9F-3R	17.0	1450	No
TC21D 4WD Hydro	$13955	$6560	$7680	$9490	$10470	Shibaura	3	61D	Variable	16.0	1535	No
TC25	$11810	$5550	$6500	$8030	$8860	Shibaura	3	81D	9F-3R	21.7	2206	No
TC25 4WD	$13090	$6150	$7200	$8900	$9820	Shibaura	3	81D	9F-3R	21.7	2334	No
TC25D 4WD Hydro	$15551	$7310	$8550	$10580	$11660	Shibaura	3	81D	Variable	20.3	2474	No
TC25D 4WD Hydro SuperSteer	$16705	$7850	$9190	$11360	$12530	Shibaura	3	81D	Variable	20.3	2474	No
TC29	$13185	$6200	$7250	$8970	$9890	Shibaura	3	81D	9F-3R	25.1	2206	No
TC29 4WD	$15012	$7060	$8260	$10210	$11260	Shibaura	3	81D	9F-3R	25.1	2462	No
TC29D 4WD Hydro	$16930	$7960	$9310	$11510	$12700	Shibaura	3	81D	Variable	23.5	2474	No
TC29D 4WD Hydro SuperSteer	$18082	$8500	$9950	$12300	$13560	Shibaura	3	81D	Variable	23.5	2474	No
TC30	$10158	$4770	$5590	$6910	$7620	Shibaura	3	91D	9F-3R	25.5	2115	No
TC30 Hydro	$12058	$5670	$6630	$8200	$9040	Shibaura	3	91D	Variable	24.0	2120	No
TC30 4WD	$11708	$5500	$6440	$7960	$8780	Shibaura	3	91D	9F-3R	25.5	2205	No
TC30 4WD Hydro	$13158	$6180	$7240	$8950	$9870	Shibaura	3	91D	Variable	24.0	2210	No
TC33	$13955	$6560	$7680	$9490	$10470	Shibaura	3	91D	9F-3R	28.6	2206	No
TC33 4WD	$15236	$7160	$8380	$10360	$11430	Shibaura	3	91D	9F-3R	28.6	2334	No
TC33D 4WD Hydro	$17697	$8320	$9730	$12030	$13270	Shibaura	3	91D	Variable	26.9	2474	No
TC33D 4WD Hydro SuperSteer	$18851	$8860	$10370	$12820	$14140	Shibaura	3	91D	Variable	26.9	2474	No
TC35	$14212	$6680	$7820	$9660	$10660	Shibaura	3	101D	12F-12R	29.6	3009	No
TC35 4WD	$16942	$7960	$9320	$11520	$12710	Shibaura	3	101D	12F-12R	29.6	3143	No
TC35D 4WD Hydro	$19185	$9020	$10550	$13050	$14390	Shibaura	3	101D	Variable	29.6	3299	No
TC35D 4WD Hydro SuperSteer	$20486	$9630	$11270	$13930	$15370	Shibaura	3	101D	Variable	29.6	3299	No
TC40	$15815	$7430	$8700	$10750	$11860	Shibaura	4	121D	12F-12R	35.0	3060	No
TC40 4WD	$18545	$8720	$10200	$12610	$13910	Shibaura	4	121D	12F-12R	35.0	3194	No
TC40D 4WD Hydro	$20806	$9780	$11440	$14150	$15610	Shibaura	4	121D	Variable	33.2	3375	No
TC40D 4WD Hydro SuperSteer	$22088	$10380	$12150	$15020	$16570	Shibaura	4	121D	Variable	33.2	3375	No
TC45	$17866	$8400	$9830	$12150	$13400	Shibaura	4	135D	12F-12R	39.6	3262	No
TC45 4WD	$20596	$9680	$11330	$14010	$15450	Shibaura	4	135D	12F-12R	39.6	3396	No
TC45D 4WD Hydro	$22986	$10800	$12640	$15630	$17240	Shibaura	4	135D	Variable	37.8	3766	No
TC45D 4WD Hydro SuperSteer	$24268	$11410	$13350	$16500	$18200	Shibaura	4	135D	Variable	37.8	3766	No
TN55	$23185	$9980	$11310	$14420	$15750	Own	3	179D	8F-8R	42.0		No
TN55 4WD	$28505	$12380	$14030	$17880	$19530	Own	3	179D	8F-8R	42.0		No
TN55D	$32140	$14010	$15880	$20240	$22110	Own	3	179D	8F-8R	42.0		CHA
TN55D 4WD	$37461	$16410	$18600	$23700	$25890	Own	3	179D	8F-8R	42.0		CHA
TN55S	$31110	$13550	$15350	$19570	$21370	Own	3	179D	8F-8R	42.0		No
TN55S w/Cab	$38830	$17010	$19280	$24570	$26840	Own	3	179D	8F-8R	42.0		CHA
TN65	$24160	$10420	$11810	$15050	$16440	Own	3	179D	8F-8R	52.0		No
TN65 4WD	$29455	$12800	$14510	$18490	$20200	Own	3	179D	8F-8R	52.0		No
TN65D	$33120	$14450	$16370	$20870	$22790	Own	3	179D	8F-8R	52.0		CHA
TN65D 4WD	$38546	$16880	$19130	$24380	$26630	Own	3	179D	8F-8R	52.0		CHA
TN65S	$32625	$14220	$16120	$20540	$22440	Own	3	179D	8F-8R	52.0		No
TN65S w/Cab	$40341	$17690	$20040	$25550	$27900	Own	3	179D	8F-8R	52.0		CHA
TN65F	$28298	$12240	$13870	$17680	$19310	Own	4	238D	16F-16R	57.0		No
TN65F	$31405	$13680	$15500	$19760	$21580	Own	4	238D	32F-16R	57.0		No
TN65F w/Cab	$36555	$15980	$18110	$23080	$25210	Own	4	238D	16F-16R	57.0		CHA
TN65F w/Cab	$39660	$17330	$19640	$25030	$27340	Own	4	238D	32F-16R	57.0		CHA
TN65F 4WD	$36011	$15750	$17850	$22750	$24850	Own	4	238D	16F-16R	57.0		No
TN65F 4WD	$39120	$17150	$19430	$24770	$27050	Own	4	238D	32F-16R	57.0		No
TN65F 4WD w/Cab	$44265	$19350	$21930	$27950	$30530	Own	4	238D	16F-16R	57.0		CHA
TN65F 4WD w/Cab	$47372	$20840	$23610	$30100	$32870	Own	4	238D	32F-16R	57.0		CHA
TL70	$28990	$13110	$15350	$18970	$20930	Own	4	220D	12F-12R	56.0		No
TL70	$32820	$14950	$17490	$21620	$23850	Own	4	220D	24F-24R	56.0		No
TN70	$26900	$11520	$13060	$16640	$18180	Own	3T	179D	8F-8R	57.0		No
TN70D	$36291	$15840	$17950	$22880	$24990	Own	3T	179D	8F-8R	57.0		CHA
TN70S 4WD	$35340	$15440	$17490	$22300	$24350	Own	4T	179D	16F-16R	57.0		No
TN70S 4WD w/Cab	$43056	$18900	$21420	$27300	$29820	Own	4T	179D	16F-16R	57.0		CHA
TL70 w/Cab	$37300	$16920	$19800	$24480	$27000	Own	4	220D	12F-12R	56.0		CHA
TL70 w/Cab	$41490	$18800	$22000	$27200	$30000	Own	4	220D	24F-24R	56.0		CHA
TN70 4WD	$32300	$13950	$15810	$20150	$22010	Own	3T	179D	8F-8R	57.0		No
TN70D 4WD	$41695	$18230	$20660	$26330	$28760	Own	3T	179D	8F-8R	57.0		CHA
TL70 4WD	$37361	$17060	$19970	$24680	$27230	Own	4	220D	12F-12R	56.0		No
TL70 4WD	$40702	$18520	$21670	$26790	$29550	Own	4	220D	24F-24R	56.0		No
TN75	$28877	$12470	$14130	$18010	$19670	Own	3T	179D	8F-8R	62.0		No
TL70 4WD w/Cab	$45185	$20730	$24260	$29990	$33080	Own	4	220D	12F-12R	56.0		CHA
TL70 4WD w/Cab	$49376	$22650	$26510	$32780	$36150	Own	4	220D	24F-24R	56.0		CHA
TN75 4WD	$34145	$14900	$16880	$21520	$23500	Own	3T	179D	8F-8R	62.0		CHA
TN75D	$38505	$16880	$19130	$24380	$26630	Own	3T	179D	8F-8R	62.0		CHA
TN75D 4WD	$43931	$19310	$21880	$27890	$30460	Own	3T	179D	8F-8R	62.0		CHA
TN75F 4WD	$37737	$16470	$18670	$23790	$25990	Own	4	238D	16F-16R	67.0		No
TN75F 4WD	$40845	$17870	$20250	$25810	$28190	Own	4	238D	32F-16R	67.0		No
TN75F 4WD w/Cab	$45990	$20070	$22750	$28990	$31670	Own	4	238D	16F-16R	67.0		CHA
TN75F 4WD w/Cab	$49100	$21600	$24480	$31200	$34080	Own	4	238D	32F-16R	67.0		CHA
TN75F w/Cab	$38165	$16700	$18920	$24120	$26340	Own	4	238D	16F-16R	67.0		CHA
TN75F w/Cab	$41275	$18050	$20450	$26070	$28470	Own	4	238D	32F-16R	67.0		CHA
TN75V	$25635	$11030	$12500	$15930	$17400	Own	3T	179D	16F-16R	62.0		No
TN75V 4WD	$31911	$13730	$15560	$19830	$21660	Own	3T	179D	16F-16R	62.0		No
TN75V 4WD w/Cab	$38815	$16970	$19230	$24510	$26770	Own	3T	179D	16F-16R	62.0		CHA
TK76 Crawler	$38226	$16740	$18970	$24180	$26410	Own	4	220D	8F-8R	60.0		No
TN75S	$37580	$16380	$18560	$23660	$25840	Own	3T	179D	8F-8R	62.0		No
TN75S w/Cab	$45295	$19890	$22540	$28730	$31380	Own	3T	179D	8F-8R	62.0		CHA

Model	Approx. Retail Price New	Estimated Value Less Repairs				Engine			No. Speeds	P.T.O. H.P.	Approx. Shipping Wt.-Lbs.	Cab
		Used Trade-In		Used Retail		Make	No. Cyls.	Displ. Cu.-in.				
		Avg.	High	Avg.	High							

New Holland/Ford (Cont.)

2001 (Cont.)

Model	Approx. Retail Price New	Avg.	High	Avg.	High	Make	No. Cyls.	Displ. Cu.-in.	No. Speeds	P.T.O. H.P.		Cab
TN75F	$29910	$12960	$14690	$18720	$20450	Own	4	238D	16F-16R	67.0		No
TN75F	$33020	$14400	$16320	$20800	$22720	Own	4	238D	32F-16R	67.0		No
TL80	$32630	$15340	$17950	$22190	$24470	Own	4	238D	12F-12R	66.0		No
TL80	$35970	$16910	$19780	$24460	$26980	Own	4	238D	24F-24R	66.0		No
TL80 w/Cab	$40856	$18800	$22000	$27200	$30000	Own	4	238D	12F-12R	66.0		CHA
TL80 w/Cab	$45047	$20680	$24200	$29920	$33000	Own	4	238D	24F-24R	66.0		CHA
TL80 4WD	$40000	$18800	$22000	$27200	$30000	Own	4	238D	12F-12R	66.0		No
TL80 4WD	$43757	$20210	$23650	$29240	$32250	Own	4	238D	24F-24R	66.0		No
TL80 4WD w/Cab	$48228	$22230	$26020	$32160	$35480	Own	4	238D	12F-12R	66.0		CHA
TL80 4WD w/Cab	$52835	$24440	$28600	$35360	$39000	Own	4	238D	24F-24R	66.0		CHA
TK85 Crawler	$42327	$19050	$21590	$27510	$30050	Own	4	238D	8F-8R	65.0		NO
TK85M Crawler	$42995	$19350	$21930	$27950	$30530	Own	4	238D	8F-8R	65.0		NO
TL90	$35015	$16460	$19260	$23810	$26260	Own	4T	238D	12F-12R	76.0		No
TL90	$38355	$18030	$21100	$26080	$28770	Own	4T	238D	24F-24R	76.0		No
TN90F	$32131	$14460	$16390	$20890	$22810	Own	4T	238D	16F-16R	80.0		No
TL90 w/Cab	$43075	$20250	$23690	$29290	$32310	Own	4T	238D	12F-12R	76.0		CHA
TL90 w/Cab	$47265	$22220	$26000	$32140	$35450	Own	4T	238D	24F-24R	76.0		CHA
TN90F	$35240	$15860	$17970	$22910	$25020	Own	4T	238D	32F-16R	80.0		No
TL90 4WD	$42800	$20120	$23540	$29100	$32100	Own	4T	238D	12F-12R	76.0		No
TL90 4WD	$46140	$21690	$25380	$31380	$34610	Own	4T	238D	24F-24R	76.0		No
TN90F w/Cab	$40385	$18170	$20600	$26250	$28670	Own	4T	238D	16F-16R	80.0		CHA
TL90 4WD w/Cab	$50860	$23900	$27970	$34590	$38150	Own	4T	238D	12F-12R	76.0		CHA
TL90 4WD w/Cab	$55050	$25870	$30280	$37430	$41290	Own	4T	238D	24F-24R	76.0		CHA
TN90F w/Cab	$43492	$19570	$22180	$28270	$30880	Own	4T	238D	32F-16R	80.0		CHA
TN90F 4WD	$40306	$18140	$20560	$26200	$28620	Own	4T	238D	16F-16R	80.0		No
TN90F 4WD	$43065	$19380	$21960	$27990	$30580	Own	4T	238D	32F-16R	80.0		No
TN90F 4WD w/Cab	$48560	$21850	$24770	$31560	$34480	Own	4T	238D	16F-16R	80.0		CHA
TN90F 4WD w/Cab	$51340	$23100	$26180	$33370	$36450	Own	4T	238D	32F-16R	80.0		CHA
TS90	$37175	$16730	$18960	$24160	$26390	Own	4	304D	24F-24R	70.0		No
TS90	$44855	$20190	$22880	$29160	$31850	Own	4	304D	24F-24R	70.0		No
TS90 4WD w/Cab	$53761	$24190	$27420	$34950	$38170	Own	4	304D	24F-24R	70.0		CHA
TS90 w/Cab	$46085	$20740	$23500	$29960	$32720	Own	4	304D	24F-24R	70.0		CHA
TL100	$37950	$17840	$20870	$25810	$28460	Own	4T	238D	24F-12R	82.0		No
TL100	$39830	$18720	$21910	$27080	$29870	Own	4T	238D	24F-24R	82.0		No
TS100	$38260	$17220	$19510	$24870	$27170	Own	4T	304D	16F-4R	80.0		No
TS100	$40925	$18420	$20870	$26600	$29060	Own	4T	304D	24F-24R	80.0		No
TL100 4WD	$45250	$21270	$24890	$30770	$33940	Own	4T	238D	24F-12R	82.0		No
TL100 4WD	$47615	$22380	$26190	$32380	$35710	Own	4T	238D	24F-24R	82.0		No
TL100 w/Cab	$46858	$22020	$25770	$31860	$35140	Own	4T	238D	24F-12R	82.0		CHA
TL100 w/Cab	$48737	$22910	$26810	$33140	$36550	Own	4T	238D	24F-24R	82.0		CHA
TS100	$42042	$18920	$21440	$27330	$29850	Own	4T	304D	16F-16R	80.0		No
TL100 4WD w/Cab	$54645	$25680	$30060	$37160	$40980	Own	4T	238D	24F-12R	82.0		CHA
TL100 4WD w/Cab	$56525	$26570	$31090	$38440	$42390	Own	4T	238D	24F-24R	82.0		CHA
TS100 w/Cab	$49830	$22280	$25250	$32180	$35150	Own	4T	304D	24F-24R	80.0		CHA
TS100 w/Cab	$51788	$22950	$26010	$33150	$36210	Own	4T	304D	16F-16R	80.0		CHA
TS100 4WD	$49935	$22140	$25090	$31980	$34930	Own	4T	304D	24F-24R	80.0		No
TS100 4WD	$50485	$22500	$25500	$32500	$35500	Own	4T	304D	16F-16R	80.0		No
TS100 4WD w/Cab	$58840	$26100	$29580	$37700	$41180	Own	4T	304D	24F-24R	80.0		CHA
TS100 4WD w/Cab	$60230	$26550	$30090	$38350	$41890	Own	4T	304D	16F-16R	80.0		CHA
TS110	$42321	$18900	$21420	$27300	$29820	Own	4T	304D	16F-4R	90.0		No
TS110	$44435	$19800	$22440	$28600	$31240	Own	4T	304D	24F-24R	90.0		No
TS110 w/Cab	$53345	$23630	$26780	$34130	$37280	Own	4T	304D	24F-24R	90.0		CHA
TS110 w/Cab	$55440	$24530	$27800	$35430	$38700	Own	4T	304D	16F-16R	90.0		CHA
TS110 4WD	$50400	$22680	$25700	$32760	$35780	Own	4T	304D	16F-4R	90.0		No
TS110 4WD	$52985	$23840	$27020	$34440	$37620	Own	4T	304D	24F-24R	90.0		No
TS110 4WD	$54242	$24170	$27390	$34910	$38130	Own	4T	304D	16F-16R	90.0		No
TS110 4WD w/Cab	$61890	$27450	$31110	$39650	$43310	Own	4T	304D	24F-24R	90.0		CHA
TS110 4WD w/Cab	$63988	$28350	$32130	$40950	$44730	Own	4T	304D	16F-16R	90.0		CHA
TM115	$57435	$24120	$28140	$36760	$40780	Own	6	456D	23F-12R	92.0		CHA
TM115	$59010	$24780	$28920	$37770	$41900	Own	6	456D	17F-6R	92.0		CHA
TM115 4WD	$66725	$28030	$32700	$42700	$47380	Own	6	456D	24F-12R	92.0		CHA
TM115 4WD SuperSteer	$71782	$30150	$35170	$45940	$50970	Own	6	456D	18F-6R	92.0		CHA
TM125	$61117	$25670	$29950	$39120	$43390	Own	6T	456D	23F-12R	100.0		CHA
TM125	$62691	$26330	$30720	$40120	$44510	Own	6T	456D	17F-6R	100.0		CHA
TM125 4WD	$71206	$29910	$34890	$45570	$50560	Own	6T	456D	24F-12R	100.0		CHA
TM125 4WD SuperSteer	$75505	$31710	$37000	$48320	$53610	Own	6T	456D	18F-6R	100.0		CHA
TM135	$63700	$26750	$31210	$40770	$45230	Own	6T	456D	23F-12R	110.0		CHA
TM135	$65277	$27420	$31990	$41780	$46350	Own	6T	456D	17F-6R	110.0		CHA
TM135 4WD SuperSteer	$79270	$33290	$38840	$50730	$56280	Own	6T	456D	18F-6R	110.0		CHA
TM150	$74356	$31230	$36430	$47590	$52790	Own	6T	456D	17F-6R	120.0		CHA
TM150 4WD SuperSteer	$88795	$37290	$43510	$56830	$63040	Own	6T	456D	18F-6R	120.0		CHA
TM165	$82091	$34480	$40230	$52540	$58290	Own	6T	456D	17F-6R	135.0		CHA
TM165 4WD SuperSteer	$96105	$40360	$47090	$61510	$68240	Own	6T	456D	18F-6R	135.0		CHA
TV140	$80907	$38030	$44500	$55020	$60680	Own	6T	456D	Variable	105.0		CHA
TV140 Front 3-Pt.	$89690	$42150	$49330	$60990	$67270	Own	6T	456D	Variable	105.0		CHA
TV140 Front 3-Pt. & PTO	$93090	$43750	$51200	$63300	$69820	Own	6T	456D	Variable	105.0		CHA
2120	$21510	$9680	$10970	$13980	$15270	Shibaura	4	135D	12F-4R	34.5		No
3010S	$18580	$8100	$9180	$11700	$12780	Own	3	165D	8F-2R	42.0		No
3010S 4WD	$25630	$11250	$12750	$16250	$17750	Own	3	165D	8F-2R	42.0		No
3415	$18035	$8010	$9080	$11570	$12640	Shibaura	4	135D	12F-4R	38.0		No
3930	$24410	$11470	$13430	$16600	$18310	Own	3T	192D	8F-8R	45.0		No
3930 4WD	$29920	$14060	$16460	$20350	$22440	Own	3T	192D	8F-8R	45.0		No
4630	$26945	$12130	$13740	$17510	$19130	Own	3T	192D	16F-8R	55.0		No
4630 4WD	$32185	$14480	$16410	$20920	$22850	Own	3T	192D	16F-8R	55.0		No

New Holland/Ford (Cont.)

Model	Approx. Retail Price New	Used Trade-In Avg.	Used Trade-In High	Used Retail Avg.	Used Retail High	Make	No. Cyls.	Displ. Cu.-in.	No. Speeds	P.T.O. H.P.	Approx. Shipping Wt.-Lbs.	Cab
2001 (Cont.)												
5610S	$25976	$11690	$13250	$16880	$18440	Own	4	268D	8F-2R	70.0		No
5610S	$27380	$12320	$13960	$17800	$19440	Own	4	268D	16F-4R	70.0		No
5610S 4WD	$33530	$15090	$17100	$21800	$23810	Own	4	268D	8F-2R	70.0		No
5610S 4WD	$34935	$15720	$17820	$22710	$24800	Own	4	268D	16F-4R	70.0		No
6610S	$28387	$12770	$14480	$18450	$20160	Own	4	304D	8F-2R	80.0		No
6610S	$29791	$13410	$15190	$19360	$21150	Own	4	304D	16F-4R	80.0		No
6610S 4WD	$36821	$16570	$18780	$23930	$26140	Own	4	304D	8F-2R	80.0		No
6610S 4WD	$38225	$17200	$19500	$24850	$27140	Own	4	304D	16F-4R	80.0		No
7010 LP	$36395	$17110	$20020	$24750	$27300	Own	4T	304D	8F-2R	90.0		No
7010 LP	$37790	$17760	$20790	$25700	$28340	Own	4T	304D	16F-4R	90.0		No
7010 LP 4WD	$45510	$21390	$25030	$30950	$34130	Own	4T	304D	8F-2R	90.0		No
7010 LP 4WD	$46905	$22050	$25800	$31900	$35180	Own	4T	304D	16F-4R	90.0		No
7610S	$31315	$14570	$17050	$21080	$23250	Own	4T	304D	8F-2R	90.0		No
7610S	$32715	$15230	$17820	$22030	$24300	Own	4T	304D	16F-4R	90.0		No
7610S 4WD	$38777	$18100	$21180	$26180	$28880	Own	4T	304D	8F-2R	90.0		No
7610S 4WD	$40180	$18750	$21950	$27130	$29930	Own	4T	304D	16F-4R	90.0		No
8010 HC	$49440	$20580	$24010	$31360	$34790	Own	6	456D	8F-2R	96.0		No
8010 HC	$50845	$21000	$24500	$32000	$35500	Own	6	456D	16F-4R	96.0		No
8010 LP	$40925	$18000	$20400	$26000	$28400	Own	6	456D	8F-2R	96.0		No
8010 LP	$42326	$18900	$21420	$27300	$29820	Own	6	456D	16F-4R	96.0		No
8010 LP 4WD	$48762	$20160	$23520	$30720	$34080	Own	6	456D	8F-2R	96.0		No
8010 LP 4WD	$50165	$20960	$24450	$31940	$35430	Own	6	456D	16F-4R	96.0		No
8670	$90942	$36900	$43200	$55800	$61200	Own	6TI	456D	16F-9R	145.0		CHA
8670A 4WD	$106618	$43710	$51180	$66100	$72500	Own	6TI	456D	16F-9R	145.0		CHA
8670A 4WD SuperSteer	$108840	$44620	$52240	$67480	$74010	Own	6TI	456D	16F-9R	145.0		CHA
8770A	$97755	$40080	$46920	$60610	$66470	Own	6TI	456D	16F-9R	160.0		CHA
8770A 4WD	$109825	$43460	$50880	$65720	$72080	Own	6TI	456D	16F-9R	160.0		CHA
8770A 4WD SuperSteer	$112076	$45100	$52800	$68200	$74800	Own	6TI	456D	16F-9R	160.0		CHA
8870A	$112163	$45100	$52800	$68200	$74800	Own	6TI	456D	16F-9R	180.0		CHA
8870A 4WD	$124465	$49610	$58080	$75020	$82280	Own	6TI	456D	16F-9R	180.0		CHA
8870A 4WD SuperSteer	$126685	$50840	$59520	$76880	$84320	Own	6TI	456D	16F-9R	180.0		CHA
8970A 4WD	$134565	$53300	$62400	$80600	$88400	Own	6TI	456D	16F-9R	210.0		CHA
8970A 4WD SuperSteer	$136785	$54120	$63360	$81840	$89760	Own	6TI	456D	16F-9R	210.0		CHA
9184	$105359	$44250	$52680	$63220	$69540	Cummins	6TA	505D	12F-4R	240.0		CHA
9184 w/3-Pt.	$112526	$47260	$56260	$67520	$74270	Cummins	6TA	505D	12F-4R	240.0		CHA
9184 w/PTO	$113352	$47610	$56680	$68010	$74810	Cummins	6TA	505D	12F-4R	240.0		CHA
9384	$115492	$48510	$57750	$69300	$76230	Cummins	6TA	660D	12F-4R	270.0		CHA
9384 w/3-Pt.	$122480	$51440	$61240	$73490	$80840	Cummins	6TA	660D	12F-4R	270.0		No
9384 w/PTO	$123485	$51860	$61740	$74090	$81500	Cummins	6TA	660D	12F-4R	270.0		CHA
9384 PS	$126415	$53090	$63210	$75850	$83430	Cummins	6TA	660D	12F-2R	270.0		No
9384 PS W/3-Pt.	$133405	$56030	$66700	$80040	$88050	Cummins	6TA	660D	12F-2R	270.0		CHA
9384 PS w/PTO	$134410	$56450	$67210	$80650	$88710	Cummins	6TA	660D	12F-2R	270.0		CHA
9484	$127600	$53590	$63800	$76560	$84220	Cummins	6TA	660D	12F-4R	310.0		CHA
9484 w/3-Pt.	$134587	$56530	$67290	$80750	$88830	Cummins	6TA	660D	12F-4R	310.0		CHA
9484 w/PTO	$135595	$56950	$67800	$81360	$89490	Cummins	6TA	660D	12F-4R	310.0		CHA
9484 PS	$138625	$58220	$69310	$83180	$91490	Cummins	6TA	660D	12F-2R	310.0		CHA
9484 PS W/3-Pt.	$145615	$61160	$72810	$87370	$96110	Cummins	6TA	660D	12F-2R	310.0		CHA
9484 PS w/PTO	$146616	$61580	$73310	$87970	$96770	Cummins	6TA	660D	12F-2R	310.0		CHA
9684	$150750	$63320	$75380	$90450	$99500	Cummins	6TA	855D	12F-4R	360.0		CHA
9684 w/PTO	$158745	$66670	$79370	$95250	$104770	Cummins	6TA	855D	12F-4R	360.0		CHA
9684 PS	$161775	$67950	$80890	$97070	$106770	Cummins	6TA	855D	12F-2R	360.0		CHA
9684 PS w/PTO	$169766	$71300	$84880	$101860	$112050	Cummins	6TA	855D	12F-2R	360.0		CHA
9884	$181251	$76130	$90630	$108750	$119630	Cummins	6TA	855D	12F-4R	425.0		CHA
9884 w/PTO	$187185	$78620	$93590	$112310	$123540	Cummins	6TA	855D	12F-4R	425.0		CHA

LP-Low Profile, HC-High Clearance

Model	Approx. Retail Price New	Used Trade-In Avg.	Used Trade-In High	Used Retail Avg.	Used Retail High	Make	No. Cyls.	Displ. Cu.-in.	No. Speeds	P.T.O. H.P.	Approx. Shipping Wt.-Lbs.	Cab
2000												
TC18	$8175	$3600	$4330	$5400	$5970	Shibaura	3	58D	6F-2R	15.0		No
TC18 4WD	$9370	$4120	$4970	$6180	$6840	Shibaura	3	58D	6F-2R	15.0		No
TC18 4WD Hydro	$10530	$4630	$5580	$6950	$7690	Shibaura	3	58D	Variable	14.0		No
TC21	$12250	$5390	$6490	$8090	$8940	Shibaura	3	61D	9F-3R	17.0		No
TC21D 4WD Hydro	$13955	$6140	$7400	$9210	$10190	Shibaura	3	61D	Variable	16.0		No
TC25	$11810	$5200	$6260	$7800	$8620	Shibaura	3	81D	9F-3R	21.7		No
TC25 4WD	$13090	$5760	$6940	$8640	$9560	Shibaura	3	81D	9F-3R	21.7		No
TC25D 4WD Hydro	$15550	$6840	$8240	$10260	$11350	Shibaura	3	81D	Variable	20.3		No
TC29	$13185	$5800	$6990	$8700	$9630	Shibaura	3	81D	9F-3R	25.1		No
TC29 4WD	$15000	$6600	$7950	$9900	$10950	Shibaura	3	81D	9F-3R	25.1		No
TC29D 4WD Hydro	$16930	$7450	$8970	$11170	$12360	Shibaura	3	81D	Variable	23.5		No
TC33	$13955	$6140	$7400	$9210	$10190	Shibaura	3	91D	9F-3R	28.6		No
TC33 4WD	$15236	$6700	$8080	$10060	$11120	Shibaura	3	91D	9F-3R	28.6		No
TC33D 4WD Hydro	$17700	$7790	$9380	$11680	$12920	Shibaura	3	91D	Variable	26.9		No
1720	$14365	$6320	$7610	$9480	$10490	Shibaura	3	91D	12F-4R	23.5		No
1720 4WD	$16270	$7160	$8620	$10740	$11880	Shibaura	3	91D	12F-4R	23.5		No
1920	$15860	$6980	$8410	$10470	$11580	Shibaura	4	122D	12F-4R	28.5		No
1920 4WD	$18980	$8350	$10060	$12530	$13860	Shibaura	4	122D	12F-4R	28.5		No
2120 4WD	$22195	$9770	$11760	$14650	$16200	Shibaura	4	139D	12F-4R	34.5		No
TL70	$28990	$12760	$15370	$19130	$21160	Own	4	220D	12F-12R	56.0		No
TL70 w/Cab	$36815	$16200	$19510	$24300	$26880	Own	4	220D	12F-12R	56.0		CHA
TL70 4WD	$36875	$16230	$19540	$24340	$26920	Own	4	220D	12F-12R	56.0		No
TL70 4WD w/Cab	$44700	$19670	$23690	$29500	$32630	Own	4	220D	12F-12R	56.0		CHA
TL80	$31615	$13910	$16760	$20870	$23080	Own	4	238D	12F-12R	66.0		No
TL80 w/Cab	$40115	$17650	$21260	$26480	$29280	Own	4	238D	12F-12R	66.0		CHA
TL80 4WD	$39515	$17390	$20940	$26080	$28850	Own	4	238D	12F-12R	66.0		No
TL80 4WD w/Cab	$47740	$21010	$25300	$31510	$34850	Own	4	238D	12F-12R	66.0		CHA

2000 (Cont.)

Model	Approx. Retail Price New	Used Trade-In Avg.	Used Trade-In High	Used Retail Avg.	Used Retail High	Make	Engine No. Cyls.	Displ. Cu.-in.	No. Speeds	P.T.O. H.P.	Approx. Shipping Wt.-Lbs.	Cab
TL90	$34580	$15220	$18330	$22820	$25240	Own	4T	238D	12F-12R	76.0		No
TL90 w/Cab	$42636	$18760	$22600	$28140	$31120	Own	4T	238D	12F-12R	76.0		CHA
TL90 4WD	$42315	$18620	$22430	$27930	$30890	Own	4T	238D	12F-12R	76.0		No
TL90 4WD w/Cab	$50425	$22190	$26730	$33280	$36810	Own	4T	238D	12F-12R	76.0		CHA
TL100	$37515	$16510	$19880	$24760	$27390	Own	4T	238D	24F-12R	82.0		No
TL100 w/Cab	$46425	$20430	$24610	$30640	$33890	Own	4T	238D	24F-12R	82.0		CHA
TL100 4WD	$45250	$19910	$23980	$29870	$33030	Own	4T	238D	24F-12R	82.0		No
TL100 4WD w/Cab	$54160	$23830	$28710	$35750	$39540	Own	4T	238D	24F-12R	82.0		CHA
TN55	$23182	$9510	$10900	$14610	$16000	Own	3	179D	8F-8R	42.0		No
TN55 4WD	$28502	$11690	$13400	$17960	$19670	Own	3	179D	8F-8R	42.0		No
TN55D	$32785	$13440	$15410	$20660	$22620	Own	3	179D	8F-8R	42.0		CHA
TN55D 4WD	$38210	$15670	$17960	$24070	$26370	Own	3	179D	8F-8R	42.0		CHA
TN55S	$31857	$13060	$14970	$20070	$21980	Own	3	179D	8F-8R	42.0		No
TN55S w/Cab	$39575	$16230	$18600	$24930	$27310	Own	3	179D	8F-8R	42.0		CHA
TN65	$24160	$9910	$11360	$15220	$16670	Own	3	179D	8F-8R	52.0		No
TN65 4WD	$29211	$11980	$13730	$18400	$20160	Own	3	179D	8F-8R	52.0		No
TN65D	$35425	$14520	$16650	$22320	$24440	Own	3	179D	8F-8R	52.0		CHA
TN65D 4WD	$40855	$16750	$19200	$25740	$28190	Own	3	179D	8F-8R	52.0		CHA
TN65S	$34500	$14150	$16220	$21740	$23810	Own	3	179D	8F-8R	52.0		No
TN65S w/Cab	$42215	$17310	$19840	$26600	$29130	Own	3	179D	8F-8R	52.0		CHA
TN65F	$27735	$11370	$13040	$17470	$19140	Own	4	238D	16F-16R	57.0		No
TN65F	$30845	$12650	$14500	$19430	$21280	Own	4	238D	32F-16R	57.0		No
TN65F w/Cab	$35990	$14760	$16920	$22670	$24830	Own	4	238D	16F-16R	57.0		CHA
TN65F w/Cab	$39100	$16030	$18380	$24630	$26980	Own	4	238D	32F-16R	57.0		CHA
TN65F 4WD	$35450	$14540	$16660	$22330	$24460	Own	4	238D	16F-16R	57.0		No
TN65F 4WD	$38555	$15810	$18120	$24290	$26600	Own	4	238D	32F-16R	57.0		No
TN65F 4WD w/Cab	$43700	$17920	$20540	$27530	$30150	Own	4	238D	16F-16R	57.0		CHA
TN65F 4WD w/Cab	$46810	$19190	$22000	$29490	$32300	Own	4	238D	32F-16R	57.0		CHA
TN70	$26875	$11020	$12630	$16930	$18540	Own	3T	179D	8F-8R	57.0		No
TN70 4WD	$32300	$13240	$15180	$20350	$22290	Own	3T	179D	8F-8R	57.0		No
TN75	$28700	$11770	$13490	$18080	$19800	Own	3T	179D	8F-8R	62.0		No
TN75 4WD	$34130	$13990	$16040	$21500	$23550	Own	3T	179D	8F-8R	62.0		CHA
TN75D	$38295	$15700	$18000	$24130	$26420	Own	3T	179D	8F-8R	62.0		CHA
TN75D 4WD	$43220	$17720	$20310	$27230	$29820	Own	3T	179D	8F-8R	62.0		CHA
TN75S	$37370	$15320	$17560	$23540	$25790	Own	3T	179D	8F-8R	62.0		No
TN75S w/Cab	$45085	$18490	$21190	$28400	$31110	Own	3T	179D	8F-8R	62.0		CHA
TN75F	$29350	$12030	$13800	$18490	$20250	Own	4	238D	16F-16R	67.0		No
TN75F	$32455	$13310	$15250	$20450	$22390	Own	4	238D	32F-16R	67.0		No
TN75F w/Cab	$37600	$15420	$17670	$23690	$25940	Own	4	238D	16F-16R	67.0		CHA
TN75F w/Cab	$40710	$16690	$19130	$25650	$28090	Own	4	238D	32F-16R	67.0		CHA
TN75F 4WD	$37175	$15240	$17470	$23420	$25650	Own	4	238D	16F-16R	67.0		No
TN75F 4WD	$40281	$16520	$18930	$25380	$27790	Own	4	238D	32F-16R	67.0		No
TN75F 4WD w/Cab	$45430	$18630	$21350	$28620	$31350	Own	4	238D	16F-16R	67.0		CHA
TN75F 4WD w/Cab	$48535	$19900	$22810	$30580	$33490	Own	4	238D	32F-16R	67.0		CHA
TN90F	$31570	$12940	$14840	$19890	$21780	Own	4T	238D	16F-16R	80.0		No
TN90F	$34676	$14220	$16300	$21850	$23930	Own	4T	238D	32F-16R	80.0		No
TN90F w/Cab	$39825	$16330	$18720	$25090	$27480	Own	4T	238D	16F-16R	80.0		CHA
TN90F w/Cab	$42930	$17600	$20180	$27050	$29620	Own	4T	238D	32F-16R	80.0		CHA
TN90F 4WD	$39745	$15990	$18330	$24570	$26910	Own	4T	238D	16F-16R	80.0		No
TN90F 4WD	$42500	$17430	$19980	$26780	$29330	Own	4T	238D	32F-16R	80.0		No
TN90F 4WD w/Cab	$47997	$19680	$22560	$30240	$33120	Own	4T	238D	16F-16R	80.0		CHA
TN90F 4WD w/Cab	$50756	$20810	$23860	$31980	$35020	Own	4T	238D	32F-16R	80.0		CHA
TS90	$37012	$15180	$17400	$23320	$25540	Own	4	304D	24F-24R	70.0		No
TS90 4WD	$45170	$18450	$21150	$28350	$31050	Own	4	304D	24F-24R	70.0		No
TS90 4WD w/Cab	$54080	$22170	$25420	$34070	$37320	Own	4	304D	24F-24R	70.0		CHA
TS90 w/Cab	$45920	$18830	$21580	$28930	$31690	Own	4	304D	24F-24R	70.0		CHA
TS100	$38405	$15750	$18050	$24200	$26500	Own	4T	304D	16F-4R	80.0		No
TS100	$41070	$16400	$18800	$25200	$27600	Own	4T	304D	24F-24R	80.0		No
TS100	$41525	$17030	$19520	$26160	$28650	Own	4T	304D	16F-16R	80.0		No
TS100 w/Cab	$49975	$20490	$23490	$31480	$34480	Own	4T	304D	24F-24R	80.0		CHA
TS100 w/Cab	$51270	$21020	$24100	$32300	$35380	Own	4T	304D	16F-16R	80.0		CHA
TS100 4WD	$50070	$20530	$23530	$31540	$34550	Own	4T	304D	24F-24R	80.0		No
TS100 4WD	$49460	$20280	$23250	$31160	$34130	Own	4T	304D	16F-16R	80.0		No
TS100 4WD w/Cab	$57915	$23750	$27220	$36490	$39960	Own	4T	304D	24F-24R	80.0		CHA
TS100 4WD w/Cab	$59817	$24530	$28110	$37690	$41270	Own	4T	304D	16F-16R	80.0		CHA
TS110	$42160	$17290	$19820	$26560	$29090	Own	4T	304D	16F-4R	90.0		No
TS110	$44275	$18150	$20810	$27890	$30550	Own	4T	304D	24F-24R	90.0		No
TS110 w/Cab	$53180	$21800	$25000	$33500	$36690	Own	4T	304D	24F-24R	90.0		CHA
TS110 w/Cab	$54615	$22390	$25670	$34410	$37680	Own	4T	304D	16F-16R	90.0		CHA
TS110 4WD	$50237	$20600	$23610	$31650	$34660	Own	4T	304D	16F-4R	90.0		No
TS110 4WD	$52210	$21410	$24540	$32890	$36030	Own	4T	304D	24F-24R	90.0		No
TS110 4WD	$53570	$21960	$25180	$33750	$36960	Own	4T	304D	16F-16R	90.0		No
TS110 4WD w/Cab	$61116	$25060	$28730	$38500	$42170	Own	4T	304D	24F-24R	90.0		CHA
TS110 4WD w/Cab	$63315	$25960	$29760	$39890	$43690	Own	4T	304D	16F-16R	90.0		CHA
TM115	$56975	$21650	$25640	$34190	$38740	Own	6	456D	23F-12R	92.0		CHA
TM115	$58525	$22240	$26340	$35120	$39800	Own	6	456D	17F-6R	92.0		CHA
TM115 4WD	$66655	$25330	$30000	$39990	$45330	Own	6	456D	24F-12R	92.0		CHA
TM115 4WD	$71615	$27210	$32230	$42970	$48700	Own	6	456D	18F-6R	92.0		CHA
TM125	$60965	$23170	$27430	$36580	$41460	Own	6T	456D	23F-12R	100.0		CHA
TM125	$62680	$23820	$28210	$37610	$42620	Own	6T	456D	17F-6R	100.0		CHA
TM125 4WD	$70830	$26920	$31870	$42500	$48160	Own	6T	456D	24F-12R	100.0		CHA
TM125 4WD	$75810	$28810	$34120	$45490	$51550	Own	6T	456D	18F-6R	100.0		CHA
TM135	$64110	$24360	$28850	$38470	$43600	Own	6T	456D	23F-12R	110.0		CHA
TM135	$66845	$25400	$30080	$40110	$45460	Own	6T	456D	17F-6R	110.0		CHA

New Holland/Ford (Cont.)

2000 (Cont.)

Model	Approx. Retail Price New	Used Trade-In Avg.	Used Trade-In High	Used Retail Avg.	Used Retail High	Make	No. Cyls.	Displ. Cu.-in.	No. Speeds	P.T.O. H.P.	Approx. Shipping Wt.-Lbs.	Cab
TM135 4WD	$79970	$30390	$35990	$47980	$54380	Own	6T	456D	18F-6R	110.0		CHA
TM150	$74230	$28210	$33400	$44540	$50480	Own	6T	456D	17F-6R	120.0		CHA
TM150 4WD	$88980	$33810	$40040	$53390	$60510	Own	6T	456D	18F-6R	120.0		CHA
TM165	$81605	$31010	$36720	$48960	$55490	Own	6T	456D	17F-6R	135.0		CHA
TM165 4WD	$96350	$36610	$43360	$57810	$65520	Own	6T	456D	18F-6R	135.0		CHA
3010S	$18580	$7620	$8730	$11710	$12820	Own	3	165D	8F-2R	42.0		No
3010S 4WD	$25630	$10510	$12050	$16150	$17690	Own	3	165D	8F-2R	42.0		No
3415	$18720	$7680	$8800	$11790	$12920	Shibaura	4	135D	12F-4R	38.0		No
3430	$20350	$8340	$9570	$12820	$14040	Own	3	192D	8F-2R	40.0	4622	No
3430 4WD	$25285	$10370	$11880	$15930	$17450	Own	3	192D	8F-2R	40.0	5150	No
3830	$23455	$10320	$12430	$15480	$17120	Own	3	165D	12F-12R	45.0		No
3830 4WD	$30415	$13380	$16120	$20070	$22200	Own	3	165D	12F-12R	45.0		No
3830 4WD w/Cab	$36085	$15880	$19130	$23820	$26340	Own	3	165D	12F-12R	45.0		CH
3830 w/Cab	$28920	$12730	$15330	$19090	$21110	Own	3	165D	12F-12R	45.0		CH
3930	$24970	$10990	$13230	$16480	$18230	Own	3T	192D	8F-8R	45.0		No
3930 4WD	$30285	$13330	$16050	$19990	$22110	Own	3T	192D	8F-8R	45.0		No
4330V	$25640	$10510	$12050	$16150	$17690	Own	4	220D	12F-12R	62.0		No
4330V 4WD	$32320	$13250	$15190	$20360	$22300	Own	4	220D	12F-12R	62.0		No
4330V 4WD w/Cab	$37680	$15450	$17710	$23740	$26000	Own	4	220D	12F-12R	62.0		CHA
4330V w/Cab	$31100	$12750	$14620	$19590	$21460	Own	4	220D	12F-12R	62.0		CHA
4630	$26945	$11050	$12660	$16980	$18590	Own	3T	192D	16F-8R	55.0		No
4630 4WD	$32185	$13200	$15130	$20280	$22210	Own	3T	192D	16F-8R	55.0		No
4835	$29220	$11980	$13730	$18410	$20160	Own	4	220D	24F-12R	56.0		No
4835 4WD	$36737	$15060	$17270	$23140	$25350	Own	4	220D	24F-12R	56.0		No
4835 4WD w/Cab	$45240	$18550	$21260	$28500	$31220	Own	4	220D	24F-12R	56.0		CHA
4835 w/Cab	$37735	$15470	$17740	$23770	$26040	Own	4	220D	24F-12R	56.0		CHA
5030	$28715	$11770	$13500	$18090	$19810	Own	4	256D	8F-8R	62.0	5597	No
5030 4WD	$34095	$13980	$16030	$21480	$23530	Own	4	256D	8F-8R	62.0	6125	No
5610S	$25976	$10650	$12210	$16370	$17920	Own	4	268D	8F-2R	70.0		No
5610S 4WD	$33530	$13750	$15760	$21120	$23140	Own	4	268D	8F-2R	70.0		No
5635	$34000	$13940	$15980	$21420	$23460	Own	4	238D	24F-12R	66.0		No
5635 4WD	$41477	$17010	$19490	$26130	$28620	Own	4	238D	24F-12R	66.0		No
5635 4WD w/Cab	$50210	$20590	$23600	$31630	$34650	Own	4	238D	24F-12R	66.0		CHA
5635 w/Cab	$42745	$17530	$20090	$26930	$29490	Own	4	238D	24F-12R	66.0		CHA
6610S	$28390	$11640	$13340	$17890	$19590	Own	4	304D	8F-2R	80.0		No
6610S 4WD	$36820	$15100	$17310	$23200	$25410	Own	4	304D	8F-2R	80.0		No
6635	$35290	$14470	$16590	$22230	$24350	Own	4T	238D	24F-12R	76.0		No
6635 4WD	$43985	$18030	$20670	$27710	$30350	Own	4T	238D	24F-12R	76.0		No
6635 4WD w/Cab	$52735	$21620	$24790	$33220	$36390	Own	4T	238D	24F-12R	76.0		CHA
6635 w/Cab	$44025	$18050	$20690	$27740	$30380	Own	4T	238D	24F-12R	76.0		CHA
7010 LP	$37790	$16630	$20030	$24940	$27590	Own	4T	304D	16F-4R	90.0		No
7010 LP 4WD	$45700	$20110	$24220	$30160	$33360	Own	4T	304D	16F-4R	90.0		No
7610S	$31315	$13780	$16600	$20670	$22860	Own	4T	304D	8F-2R	90.0		No
7610S 4WD	$38775	$17060	$20550	$25590	$28310	Own	4T	304D	8F-2R	90.0		No
7635	$37065	$15200	$17420	$23350	$25580	Own	4T	238D	24F-12R	86.0		No
7635 4WD	$45575	$18690	$21420	$28710	$31450	Own	4T	238D	24F-12R	86.0		No
7635 4WD w/Cab	$54300	$20500	$23500	$31500	$34500	Own	4T	238D	24F-12R	86.0		CHA
7635 w/Cab	$45795	$18780	$21520	$28850	$31600	Own	4T	238D	24F-12R	86.0		CHA
8010 HC	$50845	$19320	$22880	$30510	$34580	Own	6	456D	8F-2R	96.0		No
8010 LP	$42326	$17350	$19890	$26670	$29210	Own	6	456D	16F-4R	96.0		No
8010 LP 4WD	$50165	$19060	$22570	$30100	$34110	Own	6	456D	16F-4R	96.0		No
8160	$45950	$17000	$20220	$26660	$29410	Own	6	456D	23F-12R	90.0		No
8160 4WD	$55000	$20350	$24200	$31900	$35200	Own	6	456D	23F-12R	90.0		No
8160 4WD w/Cab	$63090	$23340	$27760	$36590	$40380	Own	6	456D	23F-12R	90.0		CHA
8160 w/Cab	$54040	$20000	$23780	$31340	$34590	Own	6	456D	23F-12R	90.0		CHA
8260	$49830	$18440	$21930	$28900	$31890	Own	6	456D	23F-12R	100.0		No
8260 4WD	$58885	$21790	$25910	$34150	$37690	Own	6	456D	23F-12R	100.0		No
8260 4WD w/Cab	$67070	$24820	$29510	$38900	$42930	Own	6	456D	23F-12R	100.0		CHA
8260 w/Cab	$58015	$21470	$25530	$33650	$37130	Own	6	456D	23F-12R	100.0		CHA
8360	$58265	$21830	$25960	$34220	$37760	Own	6T	456D	23F-12R	115.0		No
8360 4WD	$70225	$25980	$30900	$40730	$44940	Own	6T	456D	23F-12R	115.0		No
8360 4WD w/Cab	$78475	$29040	$34530	$45520	$50220	Own	6T	456D	23F-12R	115.0		CHA
8360 w/Cab	$66435	$24580	$29230	$38530	$42520	Own	6T	456D	23F-12R	115.0		CHA
8560 4WD w/Cab	$87110	$32230	$38330	$50520	$55750	Own	6T	456D	18F-6R	130.0		CHA
8560 w/Cab	$74800	$27680	$32910	$43380	$47870	Own	6T	456D	17F-6R	130.0		CHA
8670	$88815	$32860	$39080	$51510	$56840	Own	6TI	456D	16F-9R	145.0		CHA
8670 4WD	$107660	$39830	$47370	$62440	$68900	Own	6TI	456D	16F-9R	145.0		CHA
8770	$95565	$35360	$42050	$55430	$61160	Own	6TI	456D	16F-9R	160.0		CHA
8770 4WD	$109885	$39220	$46640	$61480	$67840	Own	6TI	456D	16F-9R	160.0		CHA
8870	$108850	$38850	$46200	$60900	$67200	Own	6TI	456D	16F-9R	180.0		CHA
8870 4WD	$121365	$43660	$51920	$68440	$75520	Own	6TI	456D	16F-9R	180.0		CHA
8970 4WD	$133410	$48100	$57200	$75400	$83200	Own	6TI	456D	16F-9R	210.0		CHA

LP-Low Profile, HC-High Clearance

1999

Model	Approx. Retail Price New	Used Trade-In Avg.	Used Trade-In High	Used Retail Avg.	Used Retail High	Make	No. Cyls.	Displ. Cu.-in.	No. Speeds	P.T.O. H.P.	Approx. Shipping Wt.-Lbs.	Cab
TC18	$8780	$3600	$4480	$5710	$6320	Shibaura	3	58D	6F-2R	15.0		No
TC18 4WD	$9840	$4030	$5020	$6400	$7090	Shibaura	3	58D	6F-2R	15.0		No
TC18 4WD Hydro	$10995	$4510	$5610	$7150	$7920	Shibaura	3	58D	Variable	14.0		No
TC21	$13145	$5390	$6700	$8540	$9460	Shibaura	3	61D	9F-3R	17.0		No
TC21D 4WD Hydro	$14875	$6100	$7590	$9670	$10710	Shibaura	3	61D	Variable	16.0		No
TC25	$12415	$5090	$6330	$8070	$8940	Shibaura	3	81D	9F-3R	21.7		No
TC25 4WD	$13700	$5620	$6990	$8910	$9860	Shibaura	3	81D	9F-3R	21.7		No
TC25D 4WD Hydro	$16160	$6630	$8240	$10500	$11640	Shibaura	3	81D	Variable	20.3		No
TC29	$13185	$5410	$6720	$8570	$9490	Shibaura	3	81D	9F-3R	25.1		No

Model	Approx. Retail Price New	Used Trade-In Avg.	Used Trade-In High	Used Retail Avg.	Used Retail High	Make	No. Cyls.	Displ. Cu.-in.	No. Speeds	P.T.O. H.P.	Approx. Shipping Wt.-Lbs.	Cab

New Holland/Ford (Cont.)

1999 (Cont.)

Model	Approx. Retail Price New	Used Trade-In Avg.	Used Trade-In High	Used Retail Avg.	Used Retail High	Make	No. Cyls.	Displ. Cu.-in.	No. Speeds	P.T.O. H.P.	Approx. Shipping Wt.-Lbs.	Cab
TC29 4WD	$14470	$5930	$7380	$9410	$10420	Shibaura	3	81D	9F-3R	25.1		No
TC29D 4WD Hydro	$16930	$6940	$8630	$11010	$12190	Shibaura	3	81D	Variable	23.5		No
TC33	$13955	$5720	$7120	$9070	$10050	Shibaura	3	91D	9F-3R	28.6		No
TC33 4WD	$15236	$6250	$7770	$9900	$10970	Shibaura	3	91D	9F-3R	28.6		No
TC33D 4WD Hydro	$17700	$7260	$9030	$11510	$12740	Shibaura	3	91D	Variable	26.9		No
TN55D	$32640	$12400	$14360	$19910	$21870	Own	3	179D	8F-8R	42.0		CHA
TN55D 4WD	$37860	$14390	$16660	$23100	$25370	Own	3	179D	8F-8R	42.0		CHA
TN55S	$31630	$12020	$13920	$19290	$21190	Own	3	179D	8F-8R	42.0		No
TN55S w/Cab	$39195	$14890	$17250	$23910	$26260	Own	3	179D	8F-8R	42.0		CHA
TN65D	$35495	$13490	$15620	$21650	$23780	Own	3	179D	8F-8R	52.0		CHA
TN65D 4WD	$40815	$15510	$17960	$24900	$27350	Own	3	179D	8F-8R	52.0		CHA
TN65S	$34590	$13140	$15220	$21100	$23180	Own	3	179D	8F-8R	52.0		No
TN65S w/Cab	$42150	$16020	$18550	$25710	$28240	Own	3	179D	8F-8R	52.0		CHA
TN65F	$27590	$10480	$12140	$16830	$18490	Own	4	238D	16F-16R	57.0		No
TN65F	$30635	$11640	$13480	$18690	$20530	Own	4	238D	32F-16R	57.0		No
TN65F w/Cab	$35680	$13560	$15700	$21770	$23910	Own	4	238D	16F-16R	57.0		CHA
TN65F w/Cab	$38730	$14720	$17040	$23630	$25950	Own	4	238D	32F-16R	57.0		CHA
TN65F 4WD	$35230	$13390	$15500	$21490	$23600	Own	4	238D	16F-16R	57.0		No
TN65F 4WD	$38280	$14550	$16840	$23350	$25650	Own	4	238D	32F-16R	57.0		No
TN65F 4WD w/Cab	$43320	$16460	$19060	$26430	$29020	Own	4	238D	16F-16R	57.0		CHA
TN65F 4WD w/Cab	$46370	$17620	$20400	$28290	$31070	Own	4	238D	32F-16R	57.0		CHA
TN75D	$37965	$14430	$16710	$23160	$25440	Own	3T	179D	8F-8R	62.0		CHA
TN75D 4WD	$43290	$16450	$19050	$26410	$29000	Own	3T	179D	8F-8R	62.0		CHA
TN75S	$37060	$14080	$16310	$22610	$24830	Own	3T	179D	8F-8R	62.0		No
TN75S w/Cab	$44625	$16960	$19640	$27220	$29900	Own	3T	179D	8F-8R	62.0		CHA
TN75F	$29085	$11050	$12800	$17740	$19490	Own	4	238D	16F-16R	67.0		No
TN75F	$32135	$12210	$14140	$19600	$21530	Own	4	238D	32F-16R	67.0		No
TN75F w/Cab	$37175	$14130	$16360	$22680	$24910	Own	4	238D	16F-16R	67.0		CHA
TN75F w/Cab	$40225	$15290	$17700	$24540	$26950	Own	4	238D	32F-16R	67.0		CHA
TN75F 4WD	$36756	$13970	$16170	$22420	$24630	Own	4	238D	16F-16R	67.0		No
TN75F 4WD	$39805	$15130	$17510	$24280	$26670	Own	4	238D	32F-16R	67.0		No
TN75F 4WD w/Cab	$44850	$17040	$19730	$27360	$30050	Own	4	238D	16F-16R	67.0		CHA
TN75F 4WD w/Cab	$47900	$18200	$21080	$29220	$32090	Own	4	238D	32F-16R	67.0		CHA
TN90F	$31370	$11920	$13800	$19140	$21020	Own	4T	238D	16F-16R	80.0		No
TN90F	$34420	$13080	$15150	$21000	$23060	Own	4T	238D	32F-16R	80.0		No
TN90F w/Cab	$39460	$15000	$17360	$24070	$26440	Own	4T	238D	16F-16R	80.0		CHA
TN90F w/Cab	$42505	$16150	$18700	$25930	$28480	Own	4T	238D	32F-16R	80.0		CHA
TN90F 4WD	$39275	$14820	$17160	$23790	$26130	Own	4T	238D	16F-16R	80.0		No
TN90F 4WD	$42000	$15960	$18480	$25620	$28140	Own	4T	238D	32F-16R	80.0		No
TN90F 4WD w/Cab	$47370	$18000	$20840	$28900	$31740	Own	4T	238D	16F-16R	80.0		CHA
TN90F 4WD w/Cab	$50075	$19030	$22030	$30550	$33550	Own	4T	238D	32F-16R	80.0		CHA
TS90	$36555	$13890	$16080	$22300	$24490	Own	4	304D	24F-24R	70.0		No
TS90 w/Cab	$45285	$17210	$19930	$27620	$30340	Own	4	304D	24F-24R	70.0		CHA
TS90 4WD	$45265	$17100	$19800	$27450	$30150	Own	4	304D	24F-24R	70.0		No
TS90 4WD w/Cab	$53995	$20520	$23760	$32940	$36180	Own	4	304D	24F-24R	70.0		CHA
TS100	$37350	$14190	$16430	$22780	$25030	Own	4T	304D	16F-4R	80.0		No
TS100	$40265	$15200	$17600	$24400	$26800	Own	4T	304D	24F-24R	80.0		No
TS100	$40710	$15470	$17910	$24830	$27280	Own	4T	304D	16F-16R	80.0		No
TS100 w/Cab	$48995	$18620	$21560	$29890	$32830	Own	4T	304D	24F-24R	80.0		CHA
TS100 w/Cab	$50265	$19100	$22120	$30660	$33680	Own	4T	304D	16F-16R	80.0		CHA
TS100 4WD	$49025	$18630	$21570	$29910	$32850	Own	4T	304D	24F-24R	80.0		No
TS100 4WD	$49425	$18780	$21750	$30150	$33120	Own	4T	304D	16F-16R	80.0		No
TS100 4WD w/Cab	$57775	$21960	$25420	$35240	$38710	Own	4T	304D	24F-24R	80.0		CHA
TS100 4WD w/Cab	$58980	$22410	$25950	$35980	$39520	Own	4T	304D	16F-16R	80.0		CHA
TS110	$41330	$15710	$18190	$25210	$27690	Own	4T	304D	16F-4R	90.0		No
TS110	$43375	$16480	$19090	$26460	$29060	Own	4T	304D	24F-24R	90.0		No
TS110 w/Cab	$52110	$19800	$22930	$31790	$34910	Own	4T	304D	24F-24R	90.0		CHA
TS110 w/Cab	$53515	$20340	$23550	$32640	$35860	Own	4T	304D	16F-16R	90.0		CHA
TS110 4WD	$49255	$18720	$21670	$30050	$33000	Own	4T	304D	16F-4R	90.0		No
TS110 4WD	$51290	$19490	$22570	$31290	$34360	Own	4T	304D	24F-24R	90.0		No
TS110 4WD	$52255	$19860	$22990	$31880	$35010	Own	4T	304D	16F-16R	90.0		No
TS110 4WD w/Cab	$60025	$22810	$26410	$36620	$40220	Own	4T	304D	24F-24R	90.0		CHA
TS110 4WD w/Cab	$61810	$23490	$27200	$37700	$41410	Own	4T	304D	16F-16R	90.0		CHA
TL70	$28420	$11650	$14490	$18470	$20460	Own	4	220D	12F-12R	56.0		No
TL70 w/Cab	$36100	$14800	$18410	$23470	$25990	Own	4	220D	12F-12R	56.0		CHA
TL70 4WD	$36155	$14820	$18440	$23500	$26030	Own	4	220D	12F-12R	56.0		No
TL70 4WD w/Cab	$43825	$17970	$22350	$28490	$31550	Own	4	220D	12F-12R	56.0		CHA
TL80	$31500	$12920	$16070	$20480	$22680	Own	4	238D	12F-12R	66.0		No
TL80 w/Cab	$39620	$16240	$20210	$25750	$28530	Own	4	238D	12F-12R	66.0		CHA
TL80 4WD	$40580	$16640	$20700	$26380	$29220	Own	4	238D	12F-12R	66.0		No
TL80 4WD w/Cab	$48700	$19970	$24840	$31660	$35060	Own	4	238D	12F-12R	66.0		CHA
TL90	$33845	$13880	$17260	$22000	$24370	Own	4T	238D	12F-12R	76.0		No
TL90 w/Cab	$41745	$17120	$21290	$27130	$30060	Own	4T	238D	12F-12R	76.0		CHA
TL90 4WD	$41490	$17010	$21160	$26970	$29870	Own	4T	238D	12F-12R	76.0		No
TL90 4WD w/Cab	$49390	$20250	$25190	$32100	$35560	Own	4T	238D	12F-12R	76.0		CHA
TL100	$36725	$15060	$18730	$23870	$26440	Own	4T	238D	24F-12R	82.0		No
TL100 w/Cab	$45455	$18640	$23180	$29550	$32730	Own	4T	238D	24F-12R	82.0		CHA
TL100 4WD	$45200	$18530	$23050	$29380	$32540	Own	4T	238D	24F-12R	82.0		No
TL100 4WD w/Cab	$53100	$21770	$27080	$34520	$38230	Own	4T	238D	24F-12R	82.0		CHA
1720	$14365	$5890	$7330	$9340	$10340	Shibaura	3	91D	12F-4R	23.5		No
1720 4WD	$16350	$6700	$8340	$10630	$11770	Shibaura	3	91D	12F-4R	23.5		No
1920	$15860	$6500	$8090	$10310	$11420	Shibaura	4	122D	12F-4R	28.5		No
1920 4WD	$18980	$7780	$9680	$12340	$13670	Shibaura	4	122D	12F-4R	28.5		No
2120 4WD	$22195	$9100	$11320	$14430	$15980	Shibaura	4	139D	12F-4R	34.5		No

New Holland/Ford (Cont.)

Model	Approx. Retail Price New	Used Trade-In Avg.	Used Trade-In High	Used Retail Avg.	Used Retail High	Make	No. Cyls.	Displ. Cu.-in.	No. Speeds	P.T.O. H.P.	Approx. Shipping Wt.-Lbs.	Cab
1999 (Cont.)												
3010S	$18535	$7040	$8160	$11310	$12420	Own	3	165D	8F-2R	42.0		No
3010S 4WD	$25565	$9720	$11250	$15600	$17130	Own	3	165D	8F-2R	42.0		No
3415	$18720	$7110	$8240	$11420	$12540	Shibaura	4	135D	12F-4R	38.0		No
3430	$20467	$7780	$9010	$12490	$13710	Own	3	192D	8F-2R	40.0		No
3430 4WD	$25450	$9670	$11200	$15530	$17050	Own	3	192D	8F-2R	40.0		No
3830	$23455	$9620	$11960	$15250	$16890	Own	3	165D	12F-12R	45.0		No
3830 4WD	$30625	$12560	$15620	$19910	$22050	Own	3	165D	12F-12R	45.0		No
3830 4WD w/Cab	$36085	$14800	$18400	$23460	$25980	Own	3	165D	12F-12R	45.0		CH
3830 w/Cab	$28920	$11860	$14750	$18800	$20820	Own	3	165D	12F-12R	45.0		CH
3930	$24400	$10000	$12440	$15860	$17570	Own	3T	192D	8F-8R	45.0		No
3930 4WD	$29905	$12260	$15250	$19440	$21530	Own	3T	192D	8F-8R	45.0		No
4330V	$26000	$9880	$11440	$15860	$17420	Own	4	220D	12F-12R	62.0		No
4330V 4WD	$32685	$12420	$14380	$19940	$21900	Own	4	220D	12F-12R	62.0		No
4330V 4WD w/Cab	$37990	$14440	$16720	$23170	$25450	Own	4	220D	12F-12R	62.0		CHA
4330V w/Cab	$31460	$11960	$13840	$19190	$21080	Own	4	220D	12F-12R	62.0		CHA
4630	$26235	$9970	$11540	$16000	$17580	Own	3T	192D	16F-8R	55.0		No
4630 4WD	$31655	$12030	$13930	$19310	$21210	Own	3T	192D	16F-8R	55.0		No
4835	$28850	$10960	$12690	$17600	$19330	Own	4	220D	24F-12R	56.0		No
4835 4WD	$36500	$13870	$16060	$22270	$24460	Own	4	220D	24F-12R	56.0		No
4835 4WD w/Cab	$45240	$17190	$19910	$27600	$30310	Own	4	220D	24F-12R	56.0		CHA
4835 w/Cab	$37735	$14340	$16600	$23020	$25280	Own	4	220D	24F-12R	56.0		CHA
5030	$27996	$10640	$12320	$17080	$18760	Own	4	256D	8F-8R	62.0	5597	No
5030 4WD	$33356	$12680	$14680	$20350	$22350	Own	4	256D	8F-8R	62.0	6125	No
5610S	$25920	$9850	$11410	$15810	$17370	Own	4	268D	8F-2R	70.0		No
5635	$34000	$12920	$14960	$20740	$22780	Own	4	238D	24F-12R	66.0		No
5635 4WD	$41477	$15760	$18250	$25300	$27790	Own	4	238D	24F-12R	66.0		No
5635 4WD w/Cab	$50210	$19080	$22090	$30630	$33640	Own	4	238D	24F-12R	66.0		CHA
5635 w/Cab	$42745	$16240	$18810	$26070	$28640	Own	4	238D	24F-12R	66.0		CHA
6610S	$28331	$10770	$12470	$17280	$18980	Own	4	304D	8F-2R	80.0		No
6610S 4WD	$36697	$13950	$16150	$22390	$24590	Own	4	304D	8F-2R	80.0		No
6635	$35290	$13410	$15530	$21530	$23640	Own	4T	238D	24F-12R	76.0		No
6635 4WD	$43985	$16710	$19350	$26830	$29470	Own	4T	238D	24F-12R	76.0		No
6635 4WD w/Cab	$52735	$20040	$23200	$32170	$35330	Own	4T	238D	24F-12R	76.0		CHA
6635 w/Cab	$44025	$16730	$19370	$26860	$29500	Own	4T	238D	24F-12R	76.0		CHA
7010 LP	$37720	$15470	$19240	$24520	$27160	Own	4T	304D	16F-4R	90.0		No
7010 LP 4WD	$45625	$18710	$23270	$29660	$32850	Own	4T	304D	16F-4R	90.0		No
7610S	$31216	$12800	$15920	$20290	$22480	Own	4T	304D	8F-2R	90.0		No
7610S 4WD	$38653	$15850	$19710	$25120	$27830	Own	4T	304D	8F-2R	90.0		No
7635	$37065	$14090	$16310	$22610	$24830	Own	4T	238D	24F-12R	86.0		No
7635 4WD	$45575	$17320	$20050	$27800	$30540	Own	4T	238D	24F-12R	86.0		No
7635 4WD w/Cab	$54300	$19000	$22000	$30500	$33500	Own	4T	238D	24F-12R	86.0		CHA
7635 w/Cab	$45795	$17400	$20150	$27940	$30680	Own	4T	238D	24F-12R	86.0		CHA
8010 HC	$49440	$17800	$20770	$28180	$32140	Own	6	456D	8F-2R	96.0		No
8010 LP	$42326	$16080	$18620	$25820	$28360	Own	6	456D	16F-4R	96.0		No
8010 LP 4WD	$49997	$18000	$21000	$28500	$32500	Own	6	456D	16F-4R	96.0		No
8160	$47300	$17030	$19870	$26960	$30750	Own	6	456D	23F-12R	90.0		No
8160 4WD	$56350	$20290	$23670	$32120	$36630	Own	6	456D	23F-12R	90.0		No
8160 4WD w/Cab	$64535	$23230	$27110	$36790	$41950	Own	6	456D	23F-12R	90.0		CHA
8160 w/Cab	$55480	$19970	$23300	$31620	$36060	Own	6	456D	23F-12R	90.0		CHA
8260	$51275	$16920	$21020	$27690	$30770	Own	6	456D	23F-12R	100.0		No
8260 4WD	$60330	$19910	$24740	$32580	$36200	Own	6	456D	23F-12R	100.0		No
8260 4WD w/Cab	$68510	$22610	$28090	$37000	$41110	Own	6	456D	23F-12R	100.0		CHA
8260 w/Cab	$59445	$19620	$24370	$32100	$35670	Own	6	456D	23F-12R	100.0		CHA
8360	$59465	$19470	$24190	$31860	$35400	Own	6T	456D	23F-12R	115.0		No
8360 4WD	$71775	$23690	$29430	$38760	$43070	Own	6T	456D	23F-12R	115.0		No
8360 4WD w/Cab	$81390	$26860	$33370	$43950	$48830	Own	6T	456D	23F-12R	115.0		CHA
8360 w/Cab	$69075	$22800	$28320	$37300	$41450	Own	6T	456D	23F-12R	115.0		CHA
8560 4WD w/Cab	$88465	$29190	$36270	$47770	$53080	Own	6T	456D	18F-6R	130.0		CHA
8560 w/Cab	$76040	$25090	$31180	$41060	$45620	Own	6T	456D	17F-6R	130.0		CHA
8670	$86125	$28420	$35310	$46510	$51680	Own	6TI	456D	16F-9R	145.0		CHA
8670 4WD	$102505	$33830	$42030	$55350	$61500	Own	6TI	456D	16F-9R	145.0		CHA
8770	$94266	$31110	$38650	$50900	$56560	Own	6TI	456D	16F-9R	160.0		CHA
8770 4WD	$109380	$34980	$43460	$57240	$63600	Own	6TI	456D	16F-9R	160.0		CHA
8870	$108320	$34650	$43050	$56700	$63000	Own	6TI	456D	16F-9R	180.0		CHA
8870 4WD	$122480	$39270	$48790	$64260	$71400	Own	6TI	456D	16F-9R	180.0		CHA
8970 4WD	$132490	$42570	$52890	$69660	$77400	Own	6TI	456D	16F-9R	210.0		CHA

LP-Low Profile, HC-High Clearance

Model	Approx. Retail Price New	Used Trade-In Avg.	Used Trade-In High	Used Retail Avg.	Used Retail High	Make	No. Cyls.	Displ. Cu.-in.	No. Speeds	P.T.O. H.P.	Approx. Shipping Wt.-Lbs.	Cab
1998												
TN65F	$26740	$9630	$11500	$15780	$17380	Own	4	238D	16F-16R	57.0		No
TN65F w/Cab	$34710	$12500	$14930	$20480	$22560	Own	4	238D	16F-16R	57.0		CHA
TN65F 4WD	$34190	$12310	$14700	$20170	$22220	Own	4	238D	16F-16R	57.0		No
TN65F 4WD w/Cab	$42165	$15180	$18130	$24880	$27410	Own	4	238D	16F-16R	57.0		CHA
TN75F	$28300	$10190	$12170	$16700	$18400	Own	4	238D	16F-16R	67.0		No
TN75F w/Cab	$36270	$13060	$15600	$21400	$23580	Own	4	238D	16F-16R	67.0		CHA
TN75F 4WD	$35860	$12910	$15420	$21160	$23310	Own	4	238D	16F-16R	67.0		No
TN75F 4WD w/Cab	$43830	$15780	$18850	$25860	$28490	Own	4	238D	16F-16R	67.0		CHA
TN90F	$30445	$10960	$13090	$17960	$19790	Own	4T	238D	16F-16R	80.0		No
TN90F w/Cab	$38415	$13830	$16520	$22670	$24970	Own	4T	238D	16F-16R	80.0		CHA
TN90F 4WD	$38000	$13680	$16340	$22420	$24700	Own	4T	238D	16F-16R	80.0		No
TN90F 4WD w/Cab	$45975	$16550	$19770	$27130	$29880	Own	4T	238D	16F-16R	80.0		CHA
TS90	$33360	$12010	$14350	$19680	$21680	Own	4	304D	24F-24R	70.0		No
TS90 w/Cab	$43964	$15830	$18910	$25940	$28580	Own	4	304D	24F-24R	70.0		CHA
TS90 4WD	$42980	$15470	$18480	$25360	$27940	Own	4	304D	24F-24R	70.0		No

USED TRACTOR PRICE GUIDE, 2006 EDITION 263

1998 (Cont.)

Model	Approx. Retail Price New	Used Trade-In Avg.	Used Trade-In High	Used Retail Avg.	Used Retail High	Make	No. Cyls.	Displ. Cu.-in.	No. Speeds	P.T.O. H.P.	Approx. Shipping Wt.-Lbs.	Cab
TS90 4WD w/Cab	$51585	$18570	$22180	$30440	$33530	Own	4	304D	24F-24R	70.0		CHA
TS100	$39017	$14050	$16780	$23020	$25360	Own	4T	304D	24F-24R	80.0		No
TS100 4WD	$46686	$16810	$20080	$27550	$30350	Own	4T	304D	24F-24R	80.0		No
TS100 4WD w/Cab	$55290	$19900	$23780	$32620	$35940	Own	4T	304D	24F-24R	80.0		CHA
TS100 w/Cab	$47621	$17140	$20480	$28100	$30950	Own	4T	304D	24F-24R	80.0		CHA
TS110	$42111	$15160	$18110	$24850	$27370	Own	4T	304D	24F-24R	90.0		No
TS110 4WD	$49780	$17920	$21410	$29370	$32360	Own	4T	304D	24F-24R	90.0		No
TS110 4WD w/Cab	$58585	$21020	$25110	$34450	$37950	Own	4T	304D	24F-24R	90.0		CHA
TS110 w/Cab	$50715	$18260	$21810	$29920	$32970	Own	4T	304D	24F-24R	90.0		CHA
1215	$8978	$3500	$4400	$5750	$6370	Shibaura	3	54D	6F-2R	13.5	1338	No
1215 4WD	$10035	$3910	$4920	$6420	$7130	Shibaura	3	54D	6F-2R	13.5	1429	No
1215H 4WD Hydro	$11058	$4310	$5420	$7080	$7850	Shibaura	3	54D	Variable	13.5	1484	No
1215H Hydro	$10000	$3900	$4900	$6400	$7100	Shibaura	3	54D	Variable	13.5	1393	No
1220 4WD	$11823	$4610	$5790	$7570	$8390	Shibaura	3	58D	9F-3R	14.5	1429	No
1220H 4WD Hydro	$13736	$5360	$6730	$8790	$9750	Shibaura	3	58D	Variable	14.5	1484	No
1320	$12636	$4930	$6190	$8090	$8970	Shibaura	3	77D	9F-3R	17.0	2145	No
1320 4WD	$13995	$5460	$6860	$8960	$9940	Shibaura	3	77D	9F-3R	17.0	2271	No
1320H 4WD Hydro	$15344	$5980	$7520	$9820	$10890	Shibaura	3	77D	Variable	17.0	2297	No
1320H Hydro	$13985	$5450	$6850	$8950	$9930	Shibaura	3	77D	Variable	17.0	2172	No
1530	$13782	$5380	$6750	$8820	$9790	Shibaura	3	81D	9F-3R	21.7	2200	No
1530 4WD	$15300	$5970	$7500	$9790	$10860	Shibaura	3	81D	9F-3R	21.7	2320	No
1530H 4WD Hydro	$16820	$6560	$8240	$10770	$11940	Shibaura	3	81D	Variable	21.7	2352	No
1630 4WD	$16165	$6300	$7920	$10350	$11480	Shibaura	3	81D	9F-3R	24.0		No
1630 4WD Hydro	$17557	$6850	$8600	$11240	$12470	Shibaura	3	81D	Variable	24.0		No
1720	$13816	$5390	$6770	$8840	$9810	Shibaura	3	91D	12F-4R	23.5	2491	No
1720 4WD	$15680	$6120	$7680	$10040	$11130	Shibaura	3	91D	12F-4R	23.5	2690	No
1725	$12410	$4840	$6080	$7940	$8810	Shibaura	3	81D	9F-3R	25.1		No
1725 4WD	$13924	$5430	$6820	$8910	$9890	Shibaura	3	81D	9F-3R	25.1		No
1920	$15814	$6170	$7750	$10120	$11230	Shibaura	4	122D	12F-4R	28.5	2849	No
1920 4WD	$18390	$7170	$9010	$11770	$13060	Shibaura	4	122D	12F-4R	28.5	3069	No
1925 4WD Hydro	$17257	$6730	$8460	$11040	$12250	Shibaura	3	91D	Variable	29.3		No
2120 4WD	$21510	$8390	$10540	$13770	$15270	Shibaura	4	139D	12F-4R	34.5	3858	No
3010S	$18062	$6500	$7770	$10660	$11740	Own	3	165D	8F-2R	42.0		No
3010S 4WD	$25090	$9790	$12290	$16060	$17810	Own	3	165D	8F-2R	42.0		No
3415	$18032	$6490	$7750	$10640	$11720	Shibaura	4	135D	12F-4R	38.0	3483	No
3430	$20467	$7370	$8800	$12080	$13300	Own	3	192D	8F-2R	40.0	4622	No
3430 4WD	$25450	$9160	$10940	$15020	$16540	Own	3	192D	8F-2R	40.0	5150	No
3830	$22773	$8200	$9790	$13440	$14800	Own	3	165D	12F-12R	45.0	3804	No
3830 4WD	$29815	$10730	$12820	$17590	$19380	Own	3	165D	12F-12R	45.0	4020	No
3830 4WD w/Cab	$35197	$12670	$15140	$20770	$22880	Own	3	165D	12F-12R	45.0		CH
3830 w/Cab	$28145	$10130	$12100	$16610	$18290	Own	3	165D	12F-12R	45.0		CH
3930	$23650	$8510	$10170	$13950	$15370	Own	3	192D	8F-8R	45.0	5207	No
3930 4WD	$29067	$10460	$12500	$17150	$18890	Own	3	192D	8F-8R	45.0	5735	No
3930 4WD w/Cab	$34710	$12500	$14930	$20480	$22560	Own	3	192D	8F-8R	45.0	6235	CH
3930 w/Cab	$27810	$10010	$11960	$16410	$18080	Own	3	192D	8F-8R	45.0	5707	CH
4330V	$25255	$9090	$10860	$14900	$16420	Own	4	220D	12F-12R	62.0	3935	No
4330V 4WD	$31845	$11460	$13690	$18790	$20700	Own	4	220D	12F-12R	62.0	4122	No
4330V 4WD w/Cab	$37068	$13340	$15940	$21870	$24090	Own	4	220D	12F-12R	62.0		CHA
4330V w/Cab	$30636	$11030	$13170	$18080	$19910	Own	4	220D	12F-12R	62.0		CHA
4630	$25520	$9190	$10970	$15060	$16590	Own	3T	192D	16F-8R	55.0	5030	No
4630 4WD	$32150	$11570	$13830	$18970	$20900	Own	3T	192D	16F-8R	55.0	5822	No
4835	$28217	$10160	$12130	$16650	$18340	Own	4	220D	24F-12R	56.0		No
4835 4WD	$35610	$12820	$15310	$21010	$23150	Own	4	220D	24F-12R	56.0		No
4835 4WD w/Cab	$43984	$15830	$18910	$25950	$28590	Own	4	220D	24F-12R	56.0		CHA
4835 w/Cab	$36620	$13180	$15750	$21610	$23800	Own	4	220D	24F-12R	56.0		CHA
5030	$27996	$10080	$12040	$16520	$18200	Own	4	256D	8F-8R	62.0	5597	No
5030 4WD	$33356	$12010	$14340	$19680	$21680	Own	4	256D	8F-8R	62.0	6125	No
5610S	$25920	$10110	$12700	$16590	$18400	Own	4	268D	8F-2R	70.0	5995	No
5635	$32937	$11860	$14160	$19430	$21410	Own	4	238D	24F-12R	66.0		No
5635 4WD	$40290	$14500	$17330	$23770	$26190	Own	4	238D	24F-12R	66.0		No
5635 4WD w/Cab	$48893	$17600	$21020	$28850	$31780	Own	4	238D	24F-12R	66.0		CHA
5635 w/Cab	$41540	$14950	$17860	$24510	$27000	Own	4	238D	24F-12R	66.0		CHA
6610S	$28331	$10200	$12180	$16720	$18420	Own	4	304D	8F-2R	80.0	5995	No
6610S 4WD	$36697	$13210	$15780	$21650	$23850	Own	4	304D	8F-2R	80.0	6925	No
6635	$34185	$12310	$14700	$20170	$22220	Own	4T	238D	24F-12R	76.0		No
6635 4WD	$42615	$15340	$18320	$25140	$27700	Own	4T	238D	24F-12R	76.0		No
6635 4WD w/Cab	$51220	$18440	$22030	$30220	$33290	Own	4T	238D	24F-12R	76.0		CHA
6635 w/Cab	$42790	$15400	$18400	$25250	$27810	Own	4T	238D	24F-12R	76.0		CHA
7010 LP	$37495	$13500	$16120	$22120	$24370	Own	4T	304D	16F-4R	90.0		No
7010 LP 4WD	$45775	$15560	$18310	$25180	$28840	Own	4T	304D	16F-4R	90.0		No
7610S	$31216	$11240	$13420	$18420	$20290	Own	4T	304D	8F-2R	90.0	6375	No
7610S 4WD	$38653	$13920	$16620	$22810	$25120	Own	4T	304D	8F-2R	90.0	7305	No
7635	$35930	$12940	$15450	$21200	$23360	Own	4T	238D	24F-12R	86.0		No
7635 4WD	$44312	$15950	$19050	$26140	$28800	Own	4T	238D	24F-12R	86.0		No
7635 4WD w/Cab	$52916	$18000	$21500	$29500	$32500	Own	4T	238D	24F-12R	86.0		CHA
7635 w/Cab	$44535	$16030	$19150	$26280	$28950	Own	4T	238D	24F-12R	86.0		CHA
8010 HC	$47366	$17050	$20370	$27950	$30790	Own	6	456D	16F-4R	96.0		No
8010 LP	$39900	$14360	$17160	$23540	$25940	Own	6	456D	16F-4R	96.0		No
8010 LP 4WD	$47637	$16200	$19350	$26560	$29250	Own	6	456D	16F-4R	96.0		No
8160	$44038	$14970	$17620	$24220	$27740	Own	6	456D	23F-12R	90.0		No
8160 4WD	$53000	$18020	$21200	$29150	$33390	Own	6	456D	23F-12R	90.0		No
8160 4WD w/Cab	$61142	$20400	$24000	$33000	$37800	Own	6	456D	23F-12R	90.0		CHA
8160 w/Cab	$52150	$17730	$20860	$28680	$32860	Own	6	456D	23F-12R	90.0		CHA
8260	$48200	$14940	$18800	$24580	$27470	Own	6	456D	23F-12R	100.0		No

Model	Approx. Retail Price New	Used Trade-In Avg.	Used Trade-In High	Used Retail Avg.	Used Retail High	Make	No. Cyls.	Displ. Cu.-in.	No. Speeds	P.T.O. H.P.	Approx. Shipping Wt.-Lbs.	Cab
New Holland/Ford (Cont.)												

1998 (Cont.)

Model	Approx. Retail Price New	Used Trade-In Avg.	Used Trade-In High	Used Retail Avg.	Used Retail High	Make	No. Cyls.	Displ. Cu.-in.	No. Speeds	P.T.O. H.P.	Approx. Shipping Wt.-Lbs.	Cab
8260 4WD	$57130	$17710	$22280	$29140	$32560	Own	6	456D	23F-12R	100.0		No
8260 4WD w/Cab	$65060	$20170	$25370	$33180	$37080	Own	6	456D	23F-12R	100.0		CHA
8260 w/Cab	$56066	$17380	$21870	$28590	$31960	Own	6	456D	23F-12R	100.0		CHA
8360	$56265	$17440	$21940	$28700	$32070	Own	6T	456D	23F-12R	115.0		No
8360 4WD	$68300	$21170	$26640	$34830	$38930	Own	6T	456D	23F-12R	115.0		No
8360 w/Cab	$64190	$19900	$25030	$32740	$36590	Own	6T	456D	23F-12R	115.0		CHA
8560 4WD w/Cab	$84611	$26230	$33000	$43150	$48230	Own	6T	456D	18F-6R	130.0		CHA
8560 w/Cab	$72575	$22500	$28300	$37010	$41370	Own	6T	456D	17F-6R	130.0		CHA
8670	$84990	$26350	$33150	$43350	$48440	Own	6TI	456D	16F-9R	145.0	14632	CHA
8670 4WD	$102290	$30690	$38610	$50490	$56430	Own	6TI	456D	16F-9R	145.0	15188	CHA
8770	$93390	$28950	$36420	$47630	$53230	Own	6TI	456D	16F-9R	160.0	16925	CHA
8770 4WD	$106217	$31930	$40170	$52530	$58710	Own	6TI	456D	16F-9R	160.0	17481	CHA
8870	$103670	$31000	$39000	$51000	$57000	Own	6TI	456D	16F-9R	180.0	17101	CHA
8870 4WD	$117605	$35340	$44460	$58140	$64980	Own	6TI	456D	16F-9R	180.0	17657	CHA
8970 4WD	$127575	$38130	$47970	$62730	$70110	Own	6TI	456D	16F-9R	210.0	17889	CHA

LP-Low Profile, HC-High Clearance

1997

Model	Approx. Retail Price New	Used Trade-In Avg.	Used Trade-In High	Used Retail Avg.	Used Retail High	Make	No. Cyls.	Displ. Cu.-in.	No. Speeds	P.T.O. H.P.	Approx. Shipping Wt.-Lbs.	Cab
1215	$8978	$3320	$4220	$5660	$6290	Shibaura	3	54D	6F-2R	13.5	1338	No
1215 4WD	$10035	$3710	$4720	$6320	$7030	Shibaura	3	54D	6F-2R	13.5	1429	No
1215H 4WD Hydro	$11058	$4090	$5200	$6970	$7740	Shibaura	3	54D	Variable	13.5	1484	No
1215H Hydro	$10001	$3700	$4700	$6300	$7000	Shibaura	3	54D	Variable	13.5	1393	No
1220 4WD	$11823	$4380	$5560	$7450	$8280	Shibaura	3	58D	9F-3R	14.5	1429	No
1220H 4WD Hydro	$13736	$5080	$6460	$8650	$9620	Shibaura	3	58D	Variable	14.5	1484	No
1320	$12636	$4680	$5940	$7960	$8850	Shibaura	3	77D	9F-3R	17.0	2145	No
1320 4WD	$13995	$5180	$6580	$8820	$9800	Shibaura	3	77D	9F-3R	17.0	2271	No
1320H 4WD Hydro	$15344	$5680	$7210	$9670	$10740	Shibaura	3	77D	Variable	17.0	2297	No
1320H Hydro	$13985	$5170	$6570	$8810	$9790	Shibaura	3	77D	Variable	17.0	2172	No
1530	$13782	$5100	$6480	$8680	$9650	Shibaura	3	81D	9F-3R	21.7	2200	No
1530 4WD	$15300	$5660	$7190	$9640	$10710	Shibaura	3	81D	9F-3R	21.7	2320	No
1530H 4WD Hydro	$16820	$6220	$7910	$10600	$11770	Shibaura	3	81D	Variable	21.7	2352	No
1630 4WD	$16165	$5980	$7600	$10180	$11320	Shibaura	3	81D	9F-3R	24.0		No
1630 4WD Hydro	$17557	$6500	$8250	$11060	$12290	Shibaura	3	81D	Variable	24.0		No
1720	$13772	$5100	$6470	$8680	$9640	Shibaura	3	91D	12F-4R	23.5	2491	No
1720 4WD	$15680	$5800	$7370	$9880	$10980	Shibaura	3	91D	12F-4R	23.5	2690	No
1725	$12410	$4590	$5830	$7820	$8690	Shibaura	3	81D	9F-3R	25.1		No
1725 4WD	$13924	$5150	$6540	$8770	$9750	Shibaura	3	81D	9F-3R	25.1		No
1920	$15814	$5850	$7430	$9960	$11070	Shibaura	4	122D	12F-4R	28.5	2849	No
1920 4WD	$18390	$6800	$8640	$11590	$12870	Shibaura	4	122D	12F-4R	28.5	3069	No
1925 4WD Hydro	$17257	$6390	$8110	$10870	$12080	Shibaura	3	91D	Variable	29.3		No
2120 4WD	$21510	$7960	$10110	$13550	$15060	Shibaura	4	139D	12F-4R	34.5	3858	No
3010S	$17257	$6390	$8110	$10870	$12080	Own	3	165D	8F-2R	42.0		No
3010S 4WD	$24358	$9010	$11450	$15530	$17050	Own	3	165D	8F-2R	42.0		No
3415	$18032	$6310	$7570	$10460	$11540	Shibaura	4	135D	12F-4R	38.0	3483	No
3430	$20417	$7150	$8580	$11840	$13070	Own	3	192D	8F-2R	40.0	4622	No
3430 4WD	$25291	$8850	$10620	$14670	$16190	Own	3	192D	8F-2R	40.0	5150	No
3830	$22099	$7740	$9280	$12820	$14140	Own	3	165D	12F-12R	45.0	3804	No
3830 4WD	$28940	$10130	$12160	$16790	$18520	Own	3	165D	12F-12R	45.0	4020	No
3930	$21315	$7460	$8950	$12360	$13640	Own	3	192D	8F-2R	45.0	5157	No
3930 4WD	$26568	$9300	$11160	$15410	$17000	Own	3	192D	8F-2R	45.0	5685	No
3930 4WD w/Cab	$33684	$11790	$14150	$19540	$21560	Own	3	192D	8F-8R	45.0	6235	CH
3930 w/Cab	$26993	$9450	$11340	$15660	$17280	Own	3	192D	8F-8R	45.0	5707	CH
4030	$23471	$8220	$9860	$13610	$15020	Own	3	179D	12F-12R	51.0	5171	No
4030 4WD	$30255	$10590	$12710	$17550	$19360	Own	3	179D	12F-12R	51.0	5578	No
4030 4WD w/Cab	$35480	$12420	$14900	$20580	$22710	Own	3	179D	12F-12R	51.0	6015	CHA
4030 w/Cab	$28242	$9890	$11860	$16380	$18080	Own	3	179D	12F-12R	51.0	5611	CHA
4230	$24827	$8690	$10430	$14400	$15890	Own	4	220D	12F-12R	62.0		No
4230 4WD	$31767	$11120	$13340	$18430	$20330	Own	4	220D	12F-12R	62.0		No
4230 4WD w/Cab	$36641	$12820	$15390	$21250	$23450	Own	4	220D	12F-12R	62.0		CHA
4230 w/Cab	$29598	$10360	$12430	$17170	$18940	Own	4	220D	12F-12R	62.0		CHA
4330V	$24520	$8580	$10300	$14220	$15690	Own	4	220D	12F-12R	62.0	3935	No
4330V 4WD	$31800	$11130	$13360	$18440	$20350	Own	4	220D	12F-12R	62.0	4122	No
4330V 4WD w/Cab	$37025	$12960	$15550	$21480	$23700	Own	4	220D	12F-12R	62.0		CHA
4330V w/Cab	$29745	$10410	$12490	$17250	$19040	Own	4	220D	12F-12R	62.0		CHA
4430	$27141	$9500	$11400	$15740	$17370	Own	4	238D	12F-12R	70.0	5030	No
4430 4WD	$34076	$11930	$14310	$19760	$21810	Own	4	238D	12F-12R	70.0	5380	No
4430 4WD w/Cab	$38950	$13630	$16360	$22590	$24930	Own	4	238D	12F-12R	70.0	5820	CHA
4430 w/Cab	$34076	$11930	$14310	$19760	$21810	Own	4	238D	12F-12R	70.0	5470	CHA
4630	$24767	$8670	$10400	$14370	$15850	Own	3T	192D	16F-8R	55.0	5030	No
4630 4WD	$31199	$10920	$13100	$18100	$19970	Own	3T	192D	16F-8R	55.0	5822	No
4835	$27716	$9700	$11640	$16080	$17740	Own	4	220D	24F-12R	56.0		No
4835 4WD	$34677	$12140	$14560	$20110	$22190	Own	4	220D	24F-12R	56.0		No
4835 4WD w/Cab	$42787	$14980	$17970	$24820	$27380	Own	4	220D	24F-12R	56.0		CHA
4835 w/Cab	$33507	$11730	$14070	$19430	$21440	Own	4	220D	12F-12R	56.0		CHA
4835 w/Cab	$35575	$12450	$14940	$20630	$22770	Own	4	220D	12F-12R	56.0		CHA
5030	$25730	$9010	$10810	$14920	$16470	Own	4	256D	8F-2R	62.0	5547	No
5030 4WD	$30738	$10760	$12910	$17830	$19670	Own	4	256D	8F-2R	62.0	6075	No
5610S	$25165	$9310	$11830	$15850	$17620	Own	4	268D	8F-2R	66.0	5995	No
5635	$32150	$11250	$13500	$18650	$20580	Own	4	238D	24F-12R	66.0		No
5635 4WD	$39692	$13890	$16670	$23020	$25400	Own	4	238D	24F-12R	66.0		No
5635 4WD w/Cab	$48044	$16820	$20180	$27870	$30750	Own	4	238D	24F-12R	66.0		CHA
5635 w/Cab	$40504	$14180	$17010	$23490	$25920	Own	4	238D	24F-12R	66.0		CHA
5640S	$31810	$11130	$13360	$18450	$20360	Own	4	268D	16F-4R	66.0	7399	No
5640S 4WD	$39200	$12540	$14900	$21170	$23910	Own	4	268D	16F-4R	66.0	8391	No

New Holland/Ford (Cont.)

1997 (Cont.)

Model	Approx. Retail Price New	Used Trade-In Avg.	Used Trade-In High	Used Retail Avg.	Used Retail High	Make	Engine No. Cyls.	Engine Displ. Cu.-in.	Engine No. Speeds	P.T.O. H.P.	Approx. Shipping Wt.-Lbs.	Cab
5640SL	$34210	$11970	$14370	$19840	$21890	Own	4	268D	24F-24R	66.0	7373	No
5640SL 4WD	$41058	$13140	$15600	$22170	$25050	Own	4	268D	24F-24R	66.0	8298	No
5640SL 4WD w/Cab	$49150	$15730	$18680	$26540	$29980	Own	4	268D	24F-24R	66.0	9380	CHA
5640SL w/Cab	$42305	$13540	$16080	$22850	$25810	Own	4	268D	24F-24R	66.0	8418	CHA
6530	$30560	$10560	$12670	$17500	$19310	Own	4	238D	20F-12R	70.0	5709	No
6530 4WD	$37368	$13080	$15700	$21670	$23920	Own	4	238D	20F-12R	70.0	7310	No
6610S	$27506	$9630	$11550	$15950	$17600	Own	4	304D	8F-2R	76.0	5995	No
6610S 4WD	$35628	$12470	$14960	$20660	$22800	Own	4	304D	8F-2R	76.0	6925	No
6635	$33363	$11680	$14010	$19350	$21350	Own	4T	238D	24F-12R	76.0		No
6635 4WD	$41499	$14530	$17430	$24070	$26560	Own	4T	238D	24F-12R	76.0		No
6635 4WD w/Cab	$49851	$16800	$20160	$27840	$30720	Own	4T	238D	24F-12R	76.0		CHA
6635 w/Cab	$41715	$14600	$17520	$24200	$26700	Own	4T	238D	24F-12R	76.0		CHA
6640S	$34855	$11150	$13250	$18820	$21260	Own	4	304D	16F-4R	76.0	7399	No
6640S 4WD	$43178	$13440	$15960	$22680	$25620	Own	4	304D	16F-4R	76.0	8391	No
6640SL	$36967	$11830	$14050	$19960	$22550	Own	4	304D	24F-24R	76.0	7373	No
6640SL 4WD	$44705	$14080	$16720	$23760	$26840	Own	4	304D	24F-24R	76.0	8304	No
6640SL 4WD w/Cab	$52798	$16000	$19000	$27000	$30500	Own	4	304D	24F-24R	76.0	9358	CHA
6640SL w/Cab	$45060	$14420	$17120	$24330	$27490	Own	4	304D	24F-24R	76.0	8419	CHA
6640SLE	$37293	$11930	$14170	$20140	$22750	Own	4	304D	16F-16R	76.0	7483	No
6640SLE 4WD	$45290	$14490	$17210	$24460	$27630	Own	4	304D	16F-16R	76.0	8475	No
6640SLE 4WD w/Cab	$53620	$16320	$19380	$27540	$31110	Own	4	304D	16F-16R	76.0	9380	CHA
6640SLE w/Cab	$45623	$14600	$17340	$24640	$27830	Own	4	304D	16F-16R	76.0	8418	CHA
7010 LP	$35738	$11440	$13580	$19300	$21800	Own	4T	304D	16F-4R	86.0		No
7010 LP 4WD	$43147	$13810	$16400	$23300	$26320	Own	4T	304D	16F-4R	86.0		No
7610S	$30127	$9640	$11450	$16270	$18380	Own	4T	304D	8F-2R	86.0	6375	No
7610S 4WD	$37527	$12010	$14260	$20270	$22890	Own	4T	304D	8F-2R	86.0	7305	No
7635	$36620	$12820	$15380	$21240	$23440	Own	4T	238D	20F-12R	86.0		No
7635 4WD	$44673	$15640	$18760	$25910	$28590	Own	4T	238D	20F-12R	86.0		No
7635 4WD w/Cab	$52230	$18280	$21940	$30290	$33430	Own	4T	238D	20F-12R	86.0		CHA
7635 w/Cab	$44175	$15460	$18550	$25620	$28270	Own	4T	238D	20F-12R	86.0		CHA
7740S	$37197	$11900	$14140	$20090	$22690	Own	4T	304D	16F-4R	86.0	7432	No
7740S 4WD	$45521	$14570	$17300	$24580	$27770	Own	4T	304D	16F-4R	86.0	8446	No
7740SL	$39640	$12690	$15060	$21410	$24180	Own	4T	304D	24F-24R	86.0	7432	No
7740SL 4WD	$47375	$15160	$18000	$25580	$28900	Own	4T	304D	24F-24R	86.00	8446	No
7740SL 4WD w/Cab	$56250	$18000	$21380	$30380	$34310	Own	4T	304D	24F-24R	86.0	9413	CHA
7740SL w/Cab	$48515	$15530	$18440	$26200	$29590	Own	4T	304D	24F-24R	86.0	8400	CHA
7740SLE	$39803	$12740	$15130	$21490	$24280	Own	4T	304D	16F-16R	86.0	7516	No
7740SLE 4WD	$47695	$15260	$18120	$25760	$29090	Own	4T	304D	16F-16R	86.0	8508	No
7740SLE 4WD w/Cab	$56803	$18180	$21590	$30670	$34650	Own	4T	304D	16F-16R	86.0	9413	CHA
7740SLE w/Cab	$48912	$15650	$18590	$26410	$29840	Own	4T	304D	16F-16R	86.0	8451	CHA
7810S	$32673	$11440	$13720	$18950	$20910	Own	6	401D	8F-2R	90.0	6625	No
7810S 4WD	$39894	$13960	$16760	$23140	$25530	Own	6	401D	8F-2R	90.0	7555	No
8010 HC	$45987	$16100	$19320	$26670	$29430	Own	6	456D	16F-4R	96.0		No
8010 LP	$38173	$13360	$16030	$22140	$24430	Own	6	456D	16F-4R	96.0		No
8010 LP 4WD	$45438	$15900	$19080	$26350	$29080	Own	6	456D	16F-4R	96.0		No
8160	$42990	$13550	$16090	$22870	$25840	Own	6	456D	23F-12R	90.0		No
8160 4WD	$51458	$16470	$19550	$27790	$31390	Own	6	456D	23F-12R	90.0		No
8160 4WD w/Cab	$59158	$18930	$22480	$31950	$36090	Own	6	456D	23F-12R	90.0		CHA
8160 w/Cab	$50690	$16220	$19260	$27370	$30920	Own	6	456D	23F-12R	90.0		CHA
8260	$46795	$13570	$17310	$22460	$25270	Own	6	456D	23F-12R	100.0		No
8260 4WD	$55262	$16030	$20450	$26530	$29840	Own	6	456D	23F-12R	100.0		No
8260 4WD w/Cab	$62962	$18260	$23300	$30220	$34000	Own	6	456D	23F-12R	100.0		CHA
8260 w/Cab	$54495	$15800	$20160	$26160	$29430	Own	6	456D	23F-12R	100.0		CHA
8360	$54866	$15910	$20300	$26340	$29630	Own	6T	456D	23F-12R	115.0		No
8360 4WD	$66310	$19230	$24540	$31830	$35810	Own	6T	456D	23F-12R	115.0		No
8360 w/Cab	$62320	$18070	$23060	$29910	$33650	Own	6T	456D	23F-12R	115.0		CHA
8560 4WD w/Cab	$82146	$23200	$29600	$38400	$43200	Own	6T	456D	18F-6R	130.0		CHA
8560 w/Cab	$70461	$20430	$26070	$33820	$38050	Own	6T	456D	17F-6R	130.0		CHA
8670	$82335	$23880	$30460	$39520	$44460	Own	6T	456D	16F-9R	145.0	14632	CHA
8670 4WD	$99504	$28420	$36260	$47040	$52920	Own	6T	456D	16F-9R	145.0	15188	CHA
8770	$90055	$26120	$33320	$43230	$48630	Own	6T	456D	16F-9R	160.0	16925	CHA
8770 4WD	$104181	$29290	$37370	$48480	$54540	Own	6T	456D	16F-9R	160.0	17481	CHA
8870	$101627	$28710	$36630	$47520	$53460	Own	6TI	456D	16F-9R	180.0	17101	CHA
8870 4WD	$115820	$32190	$41070	$53280	$59940	Own	6TI	456D	16F-9R	180.0	17657	CHA
8970 4WD	$127453	$35380	$45140	$58560	$65880	Own	6TI	456D	16F-9R	210.0	17889	CHA

LP-Low Profile, HC-High Clearance

1996

Model	Approx. Retail Price New	Used Trade-In Avg.	Used Trade-In High	Used Retail Avg.	Used Retail High	Make	Engine No. Cyls.	Engine Displ. Cu.-in.	Engine No. Speeds	P.T.O. H.P.	Approx. Shipping Wt.-Lbs.	Cab
1215	$8978	$3140	$4040	$5570	$6200	Shibaura	3	54D	6F-2R	13.5	1338	No
1215 4WD	$10035	$3510	$4520	$6220	$6920	Shibaura	3	54D	6F-2R	13.5	1429	No
1215H 4WD Hydro	$11058	$3870	$4980	$6860	$7630	Shibaura	3	54D	Variable	13.5	1484	No
1215H Hydro	$10001	$3500	$4500	$6200	$6900	Shibaura	3	54D	Variable	13.5	1393	No
1220 4WD	$11817	$4140	$5320	$7330	$8150	Shibaura	3	58D	9F-3R	14.5	1429	No
1220H 4WD Hydro	$13730	$4810	$6180	$8510	$9470	Shibaura	3	58D	Variable	14.5	1484	No
1320	$12564	$4400	$5650	$7790	$8670	Shibaura	3	77D	9F-3R	17.0	2145	No
1320 4WD	$13887	$4860	$6250	$8610	$9580	Shibaura	3	77D	9F-3R	17.0	2271	No
1320H 4WD Hydro	$15236	$5330	$6860	$9450	$10510	Shibaura	3	77D	Variable	17.0	2297	No
1320H Hydro	$13913	$4870	$6260	$8630	$9600	Shibaura	3	77D	Variable	17.0	2172	No
1520	$13005	$4550	$5850	$8060	$8970	Shibaura	3	81D	9F-3R	19.5	2200	No
1520 4WD	$14430	$5050	$6490	$8950	$9960	Shibaura	3	81D	9F-3R	19.5	2320	No
1520H 4WD Hydro	$16015	$5610	$7210	$9930	$11050	Shibaura	3	81D	Variable	19.5	2352	No
1520H Hydro	$14590	$5110	$6570	$9050	$10070	Shibaura	3	81D	Variable	19.5	2233	No
1620 4WD Hydro	$16787	$5880	$7550	$10410	$11580	Shibaura	3	81D	Variable	22.0	2352	Cab
1715	$11207	$3920	$5040	$6950	$7730	Shibaura	3	81D	9F-3R	23.0	2161	No

Model	Approx. Retail Price New	Estimated Value Less Repairs — Used Trade-In Avg.	Used Trade-In High	Used Retail Avg.	Used Retail High	Engine Make	No. Cyls.	Displ. Cu.-in.	No. Speeds	P.T.O. H.P.	Approx. Shipping Wt.-Lbs.	Cab
New Holland/Ford (Cont.)												
1996 (Cont.)												
1715 4WD	$12737	$4460	$5730	**$7900**	**$8790**	Shibaura	3	81D	9F-3R	23.0	2280	No
1720	$13772	$4820	$6200	**$8540**	**$9500**	Shibaura	3	91D	12F-4R	23.5	2491	No
1720 4WD	$15680	$5490	$7060	**$9720**	**$10820**	Shibaura	3	91D	12F-4R	23.5	2690	No
1920	$15814	$5540	$7120	**$9810**	**$10910**	Shibaura	4	122D	12F-4R	28.5	2849	No
1920 4WD	$18390	$6440	$8280	**$11400**	**$12690**	Shibaura	4	122D	12F-4R	28.5	3069	No
2120 4WD	$21510	$7530	$9680	**$13340**	**$14840**	Shibaura	4	139D	12F-4R	34.5	3858	No
3010S	$17016	$5960	$7660	**$10550**	**$11740**	Own	3	165D	8F-2R	42.0		No
3010S 4WD	$24095	$8430	$10840	**$14940**	**$16630**	Own	3	165D	8F-2R	42.0		No
3415	$18032	$6130	$7390	**$10280**	**$11450**	Shibaura	4	135D	12F-4R	38.00	3483	No
3430	$19650	$6680	$8060	**$11200**	**$12480**	Own	3	192D	8F-2R	40.00	4622	No
3430 4WD	$24225	$8240	$9930	**$13810**	**$15380**	Own	3	192D	8F-2R	40.00	5150	No
3830	$21237	$7220	$8710	**$12110**	**$13490**	Own	3	165D	12F-12R	45.00	3804	No
3830 4WD	$27335	$9290	$11210	**$15580**	**$17360**	Own	3	165D	12F-12R	45.00	4020	No
3930	$20835	$7080	$8540	**$11880**	**$13230**	Own	3	192D	8F-2R	45.00	5157	No
3930 4WD	$25933	$8820	$10630	**$14780**	**$16470**	Own	3	192D	8F-2R	45.00	5685	No
3930 4WD w/Cab	$32842	$11170	$13470	**$18720**	**$20860**	Own	3	192D	8F-8R	45.00	6235	CH
3930 w/Cab	$26435	$8990	$10840	**$15070**	**$16790**	Own	3	192D	8F-8R	45.00	5707	CH
4030	$22880	$7780	$9380	**$13040**	**$14530**	Own	3	179D	12F-12R	51.00	5171	No
4030 4WD	$28560	$9710	$11710	**$16280**	**$18140**	Own	3	179D	12F-12R	51.00	5578	No
4030 4WD w/Cab	$33633	$11440	$13790	**$19170**	**$21360**	Own	3	179D	12F-12R	51.00	6015	CHA
4030 w/Cab	$27360	$9300	$11220	**$15600**	**$17370**	Own	3	179D	12F-12R	51.00	5611	CHA
4230	$24010	$8160	$9840	**$13690**	**$15250**	Own	4	220D	12F-12R	62.00	4880	No
4230 4WD	$30030	$10210	$12310	**$17120**	**$19070**	Own	4	220D	12F-12R	62.00	5230	No
4230 4WD w/Cab	$34765	$11820	$14250	**$19820**	**$22080**	Own	4	220D	12F-12R	62.00	5670	CHA
4230 w/Cab	$28643	$9740	$11740	**$16330**	**$18190**	Own	4	220D	12F-12R	62.00	5230	CHA
4430	$26223	$8920	$10750	**$14950**	**$16650**	Own	4	238D	12F-12R	70.00	5030	No
4430 4WD	$32245	$10960	$13220	**$18380**	**$20480**	Own	4	238D	12F-12R	70.00	5380	No
4430 4WD w/Cab	$36977	$12570	$15160	**$21080**	**$23480**	Own	4	238D	12F-12R	70.00	5820	CHA
4430 w/Cab	$30855	$10490	$12650	**$17590**	**$19590**	Own	4	238D	12F-12R	70.00	5470	CHA
4630	$24045	$8180	$9860	**$13710**	**$15270**	Own	3T	192D	16F-8R	55.00	5030	No
4630 4WD	$30290	$10300	$12420	**$17270**	**$19230**	Own	3T	192D	16F-8R	55.00	5822	No
4630 4WD w/Cab	$35610	$12110	$14600	**$20300**	**$22610**	Own	3T	192D	16F-8R	55.00		CH
4630 w/Cab	$29668	$10090	$12160	**$16910**	**$18840**	Own	3T	192D	8F-8R	55.00	5744	CH
4835	$26700	$9080	$10950	**$15220**	**$16960**	Own	4	220D	24F-12R	56.00		No
4835 4WD	$33667	$11450	$13800	**$19190**	**$21380**	Own	4	220D	24F-12R	56.00		No
4835 4WD w/Cab	$41540	$14120	$17030	**$23680**	**$26380**	Own	4	220D	24F-12R	56.00		CHA
4835 w/Cab	$34600	$11760	$14190	**$19720**	**$21970**	Own	4	220D	24F-12R	56.00		CHA
5030	$27473	$9340	$11260	**$15660**	**$17450**	Own	4	256D	16F-8R	62.00	5647	No
5030 4WD	$32343	$11000	$13260	**$18440**	**$20540**	Own	4	256D	16F-8R	62.00	6175	No
5030 4WD w/Cab	$36570	$12430	$14990	**$20850**	**$23220**	Own	4	256D	8F-8R	62.00	6625	CH
5030 w/Cab	$31700	$10780	$13000	**$18070**	**$20130**	Own	4	256D	8F-8R	62.00	6097	CH
5530	$26515	$9020	$10870	**$15110**	**$16840**	Own	4	220D	20F-12R	62.00	5709	No
5530 4WD	$32265	$10970	$13230	**$18390**	**$20490**	Own	4	220D	20F-12R	62.00	7310	No
5610S	$24432	$8550	$10990	**$15150**	**$16860**	Own	4	268D	8F-2R	66.00	5995	No
5635	$31215	$10610	$12800	**$17790**	**$19820**	Own	4	238D	24F-12R	66.00		No
5635 4WD	$38535	$13100	$15800	**$21970**	**$24470**	Own	4	238D	24F-12R	66.00		No
5635 4WD w/Cab	$46644	$15860	$19120	**$26590**	**$29620**	Own	4	238D	24F-12R	66.00		CHA
5635 w/Cab	$39325	$13370	$16120	**$22420**	**$24970**	Own	4	238D	24F-12R	66.00		CHA
5640S	$30883	$10500	$12660	**$17600**	**$19610**	Own	4	268D	16F-4R	66.00	7399	No
5640S 4WD	$38123	$11440	$13720	**$20210**	**$22870**	Own	4	268D	16F-4R	66.00	8391	No
5640SL	$32935	$9880	$11860	**$17460**	**$19760**	Own	4	268D	24F-24R	66.00	7373	No
5640SL 4WD	$39923	$11980	$14370	**$21160**	**$23950**	Own	4	268D	24F-24R	66.00	8298	No
5640SL 4WD w/Cab	$47783	$13500	$16200	**$23850**	**$27000**	Own	4	268D	24F-24R	66.00	9380	CHA
5640SL w/Cab	$40795	$12240	$14690	**$21620**	**$24480**	Own	4	268D	24F-24R	66.00	8418	CHA
5640SLE	$34670	$10400	$12480	**$18380**	**$20800**	Own	4	268D	16F-16R	66.00	7483	No
5640SLE 4WD	$41630	$12000	$14400	**$21200**	**$24000**	Own	4	268D	16F-16R	66.00	8475	No
5640SLE 4WD w/Cab	$49716	$14100	$16920	**$24910**	**$28200**	Own	4	268D	16F-16R	66.00	9380	CHA
5640SLE w/Cab	$42755	$12830	$15390	**$22660**	**$25650**	Own	4	268D	16F-16R	66.00	8418	CHA
6530	$29285	$9960	$12010	**$16690**	**$18600**	Own	4	238D	20F-12R	70.00	5709	No
6530 4WD	$36280	$12340	$14880	**$20680**	**$23040**	Own	4	238D	20F-12R	70.00	7310	No
6610S	$26705	$9080	$10950	**$15220**	**$16960**	Own	4	304D	8F-2R	76.00	5995	No
6610S 4WD	$34590	$11760	$14180	**$19720**	**$21970**	Own	4	304D	8F-2R	76.00	6925	No
6635	$34122	$11600	$13990	**$19450**	**$21670**	Own	4T	238D	24F-12R	76.00		No
6635 4WD	$41772	$14200	$17130	**$23810**	**$26530**	Own	4T	238D	24F-12R	76.00		No
6635 4WD w/Cab	$48445	$16470	$19860	**$27610**	**$30760**	Own	4T	238D	24F-12R	76.00		CHA
6635 w/Cab	$40795	$13870	$16730	**$23250**	**$25910**	Own	4T	238D	24F-12R	76.00		CHA
6640S	$33840	$10150	$12180	**$17940**	**$20300**	Own	4	304D	16F-4R	76.00	7399	No
6640S 4WD	$41605	$12480	$14980	**$22050**	**$24960**	Own	4	304D	16F-4R	76.00	8391	No
6640SL	$35575	$10670	$12810	**$18860**	**$21350**	Own	4	304D	24F-24R	76.00	7373	No
6640SL 4WD	$43873	$13160	$15790	**$23250**	**$26320**	Own	4	304D	24F-24R	76.00	8304	No
6640SL 4WD w/Cab	$51732	$15520	$18620	**$27420**	**$31040**	Own	4	304D	24F-24R	76.00	9358	CHA
6640SL w/Cab	$43435	$13030	$15640	**$23020**	**$26060**	Own	4	304D	24F-24R	76.00	8419	CHA
6640SLE	$36210	$10860	$13040	**$19190**	**$21730**	Own	4	304D	16F-16R	76.00	7483	No
6640SLE 4WD	$44442	$13330	$16000	**$23550**	**$26670**	Own	4	304D	16F-16R	76.00	8475	No
6640SLE 4WD w/Cab	$52530	$15760	$18910	**$27840**	**$31520**	Own	4	304D	16F-16R	76.00	9380	CHA
6640SLE w/Cab	$44297	$13290	$15950	**$23480**	**$26580**	Own	4	304D	16F-16R	76.00	8418	CHA
7010 LP	$35809	$12180	$14680	**$20410**	**$22740**	Own	4T	304D	16F-4R	86.0		No
7010 LP 4WD	$44630	$15170	$18300	**$25440**	**$28340**	Own	4T	304D	16F-4R	86.0		No
7530 4WD	$40830	$13880	$16740	**$23270**	**$25930**	Own	6	331D	20F-4R	91.00	8074	No
7610S	$29425	$8830	$10590	**$15600**	**$17660**	Own	4T	304D	8F-2R	86.00	6375	No
7610S 4WD	$36435	$10930	$13120	**$19310**	**$21860**	Own	4T	304D	8F-2R	86.00	7305	No
7635	$34330	$10300	$12360	**$18200**	**$20600**	Own	4T	238D	24F-12R	86.00		No
7635 4WD	$41980	$12590	$15110	**$22250**	**$25190**	Own	4T	238D	24F-12R	86.00		No
7635 4WD w/Cab	$50090	$15030	$18030	**$26550**	**$30050**	Own	4T	238D	24F-12R	86.00		CHA

New Holland/Ford (Cont.)

Model	Approx. Retail Price New	Used Trade-In Avg.	Used Trade-In High	Used Retail Avg.	Used Retail High	Make	No. Cyls.	Displ. Cu.-in.	No. Speeds	P.T.O. H.P.	Approx. Shipping Wt.-Lbs.	Cab
1996 (Cont.)												
7635 w/Cab	$42438	$14430	$17400	$24190	$26950	Own	4T	238D	24F-12R	86.00		CHA
7740S	$36832	$12520	$15100	$20990	$23390	Own	4T	304D	16F-4R	86.00	7432	No
7740S 4WD	$44343	$15080	$18180	$25280	$28160	Own	4T	304D	16F-4R	86.00	8446	No
7740SL	$38633	$13140	$15840	$22020	$24530	Own	4T	304D	24F-24R	86.00	7432	No
7740SL 4WD	$46145	$15300	$18450	$25650	$28580	Own	4T	304D	24F-24R	86.00	8446	No
7740SL 4WD w/Cab	$54760	$17680	$21320	$29640	$33020	Own	4T	304D	24F-24R	86.00	9413	CHA
7740SL w/Cab	$47250	$16070	$19370	$26930	$30000	Own	4T	304D	24F-24R	86.00	8400	CHA
7740SLE	$38792	$13190	$15910	$22110	$24630	Own	4T	304D	16F-16R	86.00	7516	No
7740SLE 4WD	$47065	$16000	$19300	$26830	$29890	Own	4T	304D	16F-16R	86.00	8508	No
7740SLE 4WD w/Cab	$55910	$18020	$21730	$30210	$33660	Own	4T	304D	16F-16R	86.00	9413	CHA
7740SLE w/Cab	$47635	$16200	$19530	$27150	$30250	Own	4T	304D	16F-16R	86.00	8451	CHA
7810S	$31721	$10790	$13010	$18080	$20140	Own	6	401D	8F-2R	90.00	6625	No
7810S 4WD	$38732	$13170	$15880	$22080	$24600	Own	6	401D	8F-2R	90.00	7555	No
7840S	$37797	$12850	$15500	$21540	$24000	Own	6	401D	16F-4R	90.00	8076	No
7840SL	$39393	$13390	$16150	$22450	$25020	Own	6	401D	12F-12R	90.00	8342	No
7840SL 4WD	$48330	$16430	$19820	$27550	$30690	Own	6	401D	24F-24R	90.00	9410	No
7840SL 4WD w/Cab	$58070	$19040	$22960	$31920	$35560	Own	6	401D	24F-24R	90.00	10465	CHA
7840SL w/Cab	$47925	$16300	$19650	$27320	$30430	Own	6	401D	12F-12R	90.00	9386	CHA
7840SLE	$40482	$13760	$16600	$23080	$25710	Own	6	401D	16F-16R	90.00	8379	No
7840SLE 4WD	$48078	$16350	$19710	$27400	$30530	Own	6	401D	16F-16R	90.00	9437	No
7840SLE 4WD w/Cab	$57591	$19580	$23610	$32830	$36570	Own	6	401D	16F-16R	90.00	10482	CHA
7840SLE w/Cab	$49995	$17000	$20500	$28500	$31750	Own	6	401D	16F-16R	90.00	9423	CHA
8010 HC	$45782	$15570	$18770	$26100	$29070	Own	6	456D	16F-4R	96.0		No
8010 LP	$38245	$13000	$15680	$21800	$24290	Own	6	456D	16F-4R	96.0		No
8010 LP 4WD	$46922	$15950	$19240	$26750	$29800	Own	6	456D	16F-4R	96.0		No
8160	$42353	$12710	$15250	$22450	$25410	Own	6	456D	23F-12R	90.0		No
8160 4WD	$51023	$15310	$18370	$27040	$30610	Own	6	456D	23F-12R	90.0		No
8160 4WD w/Cab	$58725	$17620	$21140	$31120	$35240	Own	6	456D	23F-12R	90.0		CHA
8160 w/Cab	$50053	$15020	$18020	$26530	$30030	Own	6	456D	23F-12R	90.0		CHA
8240SL	$41567	$14130	$17040	$23690	$26400	Own	6	456D	12F-12R	96.00	8883	No
8240SL 4WD	$49163	$16720	$20160	$28020	$31220	Own	6	456D	12F-12R	96.00	9941	No
8240SL 4WD w/Cab	$57190	$19450	$23450	$32600	$36320	Own	6	456D	12F-12R	96.00	10979	CHA
8240SL w/Cab	$49593	$16860	$20330	$28270	$31490	Own	6	456D	12F-12R	96.00	9921	CHA
8240SLE	$43245	$14700	$17730	$24650	$27460	Own	6	456D	16F-16R	96.00	8957	No
8240SLE 4WD w/Cab	$58725	$19970	$24080	$33470	$37290	Own	6	456D	16F-16R	96.00	11053	CHA
8240SLE w/Cab	$51248	$17420	$21010	$29210	$32540	Own	6	456D	16F-16R	96.00	9995	CHA
8260	$45905	$12390	$16070	$20660	$23410	Own	6	456D	23F-12R	100.0		No
8260 4WD	$54574	$14740	$19100	$24560	$27830	Own	6	456D	23F-12R	100.0		No
8260 4WD w/Cab	$62275	$16810	$21800	$28020	$31760	Own	6	456D	23F-12R	100.0		CHA
8260 w/Cab	$53540	$14460	$18740	$24090	$27310	Own	6	456D	23F-12R	100.0		CHA
8340SL	$44585	$15160	$18280	$25410	$28310	Own	6T	456D	12F-12R	112.00	8883	No
8340SL 4WD	$52205	$17750	$21400	$29760	$33150	Own	6T	456D	12F-12R	112.00	9941	No
8340SL 4WD w/Cab	$60985	$20740	$25000	$34760	$38730	Own	6T	456D	12F-12R	112.00	10979	CHA
8340SL w/Cab	$53365	$18140	$21880	$30420	$33890	Own	6T	456D	12F-12R	112.00	9921	CHA
8340SLE	$47730	$16230	$19570	$27210	$30310	Own	6T	456D	16F-16R	112.00	8957	No
8340SLE 4WD	$55245	$18780	$22650	$31490	$35080	Own	6T	456D	16F-16R	112.00	10015	No
8340SLE 4WD w/Cab	$64003	$21760	$26240	$36480	$40640	Own	6T	456D	16F-16R	112.00	11053	CHA
8340SLE w/Cab	$56488	$19210	$23160	$32200	$35870	Own	6T	456D	16F-16R	112.00	9995	CHA
8360	$52863	$14270	$18500	$23790	$26960	Own	6T	456D	23F-12R	115.0		No
8360 4WD	$64652	$17460	$22630	$29090	$32970	Own	6T	456D	23F-12R	115.0		No
8360 4WD w/Cab	$72345	$19530	$25320	$32560	$36900	Own	6T	456D	23F-12R	115.0		CHA
8360 w/Cab	$60557	$16350	$21200	$27250	$30880	Own	6T	456D	23F-12R	115.0		CHA
8560 4WD w/Cab	$81085	$21600	$28000	$36000	$40800	Own	6T	456D	18F-6R	130.0		CHA
8560 w/Cab	$69295	$18710	$24250	$31180	$35340	Own	6T	456D	17F-6R	130.0		CHA
8670	$79240	$21400	$27730	$35660	$40410	Own	6T	456D	16F-9R	145.00	14632	CHA
8670 4WD	$94385	$25380	$32900	$42300	$47940	Own	6T	456D	16F-9R	145.00	15188	CHA
8770	$85552	$23100	$29940	$38500	$43630	Own	6T	456D	16F-9R	160.00	16925	CHA
8770 4WD	$98657	$26350	$34160	$43920	$49780	Own	6T	456D	16F-9R	160.00	17481	CHA
8870	$96757	$26120	$33870	$43540	$49350	Own	6TI	456D	16F-9R	180.00	17101	CHA
8870 4WD	$109958	$29160	$37800	$48600	$55080	Own	6TI	456D	16F-9R	180.00	17657	CHA
8970 4WD	$119292	$31860	$41300	$53100	$60180	Own	6TI	456D	16F-9R	210.00	17889	CHA

LP-Low Profie, HC-High Clearance

Model	Approx. Retail Price New	Used Trade-In Avg.	Used Trade-In High	Used Retail Avg.	Used Retail High	Make	No. Cyls.	Displ. Cu.-in.	No. Speeds	P.T.O. H.P.	Approx. Shipping Wt.-Lbs.	Cab
1995												
1215	$8978	$2960	$3950	$5480	$6110	Shibaura	3	54D	6F-2R	13.50	1338	No
1215 4WD	$10035	$3310	$4420	$6120	$6820	Shibaura	3	54D	6F-2R	13.50	1429	No
1215H 4WD Hydro	$11058	$3650	$4870	$6750	$7520	Shibaura	3	54D	Variable	13.50	1484	No
1215H Hydro	$10001	$3300	$4400	$6100	$6800	Shibaura	3	54D	Variable	13.50	1393	No
1220	$10499	$3470	$4620	$6400	$7140	Shibaura	3	58D	9F-3R	14.50	1338	No
1220 4WD	$11677	$3850	$5140	$7120	$7940	Shibaura	3	58D	9F-3R	14.50	1429	No
1220H 4WD Hydro	$13590	$4490	$5980	$8290	$9240	Shibaura	3	58D	Variable	14.50	1484	No
1220H Hydro	$11614	$3830	$5110	$7090	$7900	Shibaura	3	58D	Variable	14.50	1393	No
1320	$12564	$4150	$5530	$7660	$8540	Shibaura	3	77D	9F-3R	17.00	2145	No
1320 4WD	$13887	$4580	$6110	$8470	$9440	Shibaura	3	77D	9F-3R	17.00	2271	No
1320H 4WD Hydro	$15236	$5030	$6700	$9290	$10360	Shibaura	3	77D	Variable	17.00	2297	No
1320H Hydro	$13913	$4590	$6120	$8490	$9460	Shibaura	3	77D	Variable	17.00	2172	No
1520	$12947	$4270	$5700	$7900	$8800	Shibaura	3	81D	9F-3R	19.50	2200	No
1520 4WD	$14344	$4730	$6310	$8750	$9750	Shibaura	3	81D	9F-3R	19.50	2320	No
1520H 4WD Hydro	$15929	$5260	$7010	$9720	$10830	Shibaura	3	81D	Variable	19.50	2352	No
1520H Hydro	$14533	$4800	$6400	$8870	$9880	Shibaura	3	81D	Variable	19.50	2233	No
1620 4WD Hydro	$16701	$5510	$7350	$10190	$11360	Shibaura	3	81D	Variable	22.00	2352	No
1715	$11124	$3670	$4900	$6790	$7560	Shibaura	3	81D	9F-3R	23.00	2161	No
1715 4WD	$12651	$4180	$5570	$7720	$8600	Shibaura	3	81D	9F-3R	23.00	2280	No
1720	$13450	$4440	$5920	$8210	$9150	Shibaura	3	91D	12F-4R	23.50	2491	No

Model	Approx. Retail Price New	Used Trade-In Avg.	Used Trade-In High	Used Retail Avg.	Used Retail High	Make	No. Cyls.	Displ. Cu.-in.	No. Speeds	P.T.O. H.P.	Approx. Shipping Wt.-Lbs.	Cab
New Holland/Ford (Cont.)												
1995 (Cont.)												
1720 4WD	$15341	$5060	$6750	$9360	$10430	Shibaura	3	91D	12F-4R	23.50	2690	No
1920	$15269	$5040	$6720	$9310	$10380	Shibaura	4	122D	12F-4R	28.50	2849	No
1920 4WD	$17941	$5920	$7890	$10940	$12200	Shibaura	4	122D	12F-4R	28.50	3069	No
2120 4WD	$21179	$6990	$9320	$12920	$14400	Shibaura	4	139D	12F-4R	34.50	3858	No
3415	$17612	$5810	$7050	$9860	$11100	Shibaura	4	135D	12F-4R	38.00	3483	No
3430	$19193	$6330	$7680	$10750	$12090	Own	3	192D	8F-2R	38.00	4622	No
3430 4WD	$24008	$7920	$9600	$13440	$15130	Own	3	192D	8F-2R	38.00	5150	No
3830	$19800	$6530	$7920	$11090	$12470	Own	3	165D	12F-4R	45.00	3784	No
3830 4WD	$25713	$8490	$10290	$14400	$16200	Own	3	165D	12F-4R	45.00	4000	No
3930	$20236	$6680	$8090	$11330	$12750	Own	3	201D	8F-2R	45.00	5157	No
3930 4WD	$25905	$8550	$10360	$14510	$16320	Own	3	201D	8F-8R	45.00	5735	No
3930 4WD w/Cab	$31224	$10300	$12490	$17490	$19670	Own	3	201D	8F-8R	45.00	6235	CH
3930 w/Cab	$26207	$8650	$10480	$14680	$16510	Own	3	201D	8F-8R	45.00	5707	CH
4030	$20818	$6870	$8330	$11660	$13120	Own	3	179D	12F-4R	51.00	5151	No
4030 4WD	$26731	$8820	$10690	$14970	$16840	Own	3	179D	12F-4R	51.00	5558	No
4030 4WD w/Cab	$31656	$10450	$12660	$17730	$19940	Own	3	179D	12F-4R	51.00	5995	CHA
4030 w/Cab	$25743	$8500	$10300	$14420	$16220	Own	3	179D	12F-4R	51.00	5591	CHA
4230	$21917	$7230	$8770	$12270	$13810	Own	4	220D	12F-4R	62.00	4860	No
4230 4WD	$27830	$9180	$11130	$15590	$17530	Own	4	220D	12F-4R	62.00	5200	No
4230 4WD w/Cab	$32755	$10810	$13100	$18340	$20640	Own	4	220D	12F-4R	62.00	5640	CHA
4230 w/Cab	$26842	$8860	$10740	$15030	$16910	Own	4	220D	12F-4R	62.00	5290	CHA
4430	$24065	$7940	$9630	$13480	$15160	Own	4	238D	12F-4R	70.00	5000	No
4430 4WD	$29978	$9890	$11990	$16790	$18890	Own	4	238D	12F-4R	70.00	5350	No
4430 4WD w/Cab	$34903	$11520	$13960	$19550	$21990	Own	4	238D	12F-4R	70.00	5790	CHA
4430 w/Cab	$28990	$9570	$11600	$16230	$18260	Own	4	238D	12F-4R	70.00	5440	CHA
4630	$24045	$7940	$9620	$13470	$15150	Own	3	201D	16F-8R	55.00	5030	No
4630 4WD	$29062	$9590	$11630	$16280	$18310	Own	3	201D	16F-8R	55.00	5822	No
4630 4WD w/Cab	$33289	$10990	$13320	$18640	$20970	Own	3	201D	8F-8R	55.00	6272	CH
4630 w/Cab	$28272	$9330	$11310	$15830	$17810	Own	3	201D	8F-8R	55.00	5744	CH
5030	$26076	$8610	$10430	$14600	$16430	Own	4	256D	16F-8R	62.00	5647	No
5030 4WD	$31116	$10270	$12450	$17430	$19600	Own	4	256D	16F-8R	62.00	6175	No
5030 4WD w/Cab	$36434	$12020	$14570	$20400	$22950	Own	4	256D	16F-8R	62.00	6675	CH
5030 w/Cab	$31395	$10360	$12560	$17580	$19780	Own	4	256D	16F-8R	62.00	6147	CH
5530	$25742	$8500	$10300	$14420	$16220	Own	4	220D	20F-12R	62.00	5709	No
5530 4WD	$31323	$10340	$12530	$17540	$19730	Own	4	220D	20F-12R	62.00	7310	No
5610S	$24432	$8060	$10750	$14900	$16610	Own	4	268D	8F-2R	66.00	5995	No
5640S	$28362	$7940	$9640	$14750	$16730	Own	4	268D	8F-2R	66.00	7306	No
5640S 4WD	$34905	$9770	$11870	$18150	$20590	Own	4	268D	8F-2R	66.00	8298	No
5640SL	$31222	$8740	$10620	$16240	$18420	Own	4	268D	24F-24R	66.00	7373	No
5640SL 4WD	$37766	$10570	$12840	$19640	$22280	Own	4	268D	24F-24R	66.00	8298	No
5640SL 4WD w/Cab	$46029	$12890	$15650	$23940	$27160	Own	4	268D	24F-24R	66.00	9380	CHA
5640SL w/Cab	$39486	$11060	$13430	$20530	$23300	Own	4	268D	24F-24R	66.00	8418	CHA
5640SLE	$34389	$9630	$11690	$17880	$20290	Own	4	268D	16F-16R	66.00	7483	No
5640SLE 4WD	$40933	$11460	$13920	$21290	$24150	Own	4	268D	16F-16R	66.00	8475	No
5640SLE 4WD w/Cab	$48784	$13660	$16590	$25370	$28780	Own	4	268D	16F-16R	66.00	9380	CHA
5640SLE w/Cab	$42241	$11830	$14360	$21970	$24920	Own	4	268D	16F-16R	66.00	8418	CHA
6530	$28434	$9380	$11370	$15920	$17910	Own	4	238D	20F-12R	70.00	5709	No
6530 4WD	$35223	$11620	$14090	$19730	$22190	Own	4	238D	20F-12R	70.00	7310	No
6610S	$26705	$8810	$11750	$16290	$18160	Own	4	304D	8F-2R	76.00	5995	No
6610S 4WD	$34589	$11410	$13840	$19370	$21790	Own	4	304D	8F-2R	76.00	6925	No
6640 Low Profile	$31691	$8870	$10780	$16480	$18700	Own	4	304D	16F-4R	76.00	7354	No
6640 Low Profile 4WD	$38796	$10860	$13190	$20170	$22890	Own	4	304D	16F-4R	76.00	8346	No
6640S	$31957	$8950	$10870	$16620	$18860	Own	4	304D	16F-4R	76.00	7399	No
6640S 4WD	$39062	$10940	$13280	$20310	$23050	Own	4	304D	16F-4R	76.00	8391	No
6640SL	$34316	$9610	$11670	$17840	$20250	Own	4	304D	24F-24R	76.00	7373	No
6640SL 4WD	$41421	$11600	$14080	$21540	$24440	Own	4	304D	24F-24R	76.00	8304	No
6640SL 4WD w/Cab	$49684	$13910	$16890	$25840	$29310	Own	4	304D	24F-24R	76.00	9358	CHA
6640SL w/Cab	$42579	$11920	$14480	$22140	$25120	Own	4	304D	24F-24R	76.00	8419	CHA
6640SLE	$35550	$9950	$12090	$18490	$20980	Own	4	304D	16F-16R	76.00	7483	No
6640SLE 4WD	$42655	$11940	$14500	$22180	$25170	Own	4	304D	16F-16R	76.00	8475	No
6640SLE 4WD w/Cab	$50507	$14140	$17170	$26260	$29800	Own	4	304D	16F-16R	76.00	9380	CHA
6640SLE w/Cab	$43401	$12150	$14760	$22570	$25610	Own	4	304D	16F-16R	76.00	8418	CHA
7530 4WD	$39643	$13080	$15860	$22200	$24980	Own	6	331D	20F-4R	91.00	8074	No
7610S	$29424	$9710	$11770	$16480	$18540	Own	4T	304D	8F-2R	86.00	6375	No
7610S 4WD	$36434	$10200	$12390	$18950	$21500	Own	4T	304D	8F-2R	86.00	7305	No
7740 Low Profile	$33905	$9490	$11530	$17630	$20000	Own	4T	304D	16F-4R	86.00	7419	No
7740 Low Profile 4WD	$41011	$11480	$13940	$21330	$24200	Own	4T	304D	16F-4R	86.00	8411	No
7740S	$34184	$9570	$11620	$17780	$20170	Own	4T	304D	16F-4R	86.00	7432	No
7740S 4WD	$41289	$11560	$14040	$21470	$24360	Own	4T	304D	16F-4R	86.00	8446	No
7740SL	$36293	$10160	$12340	$18870	$21410	Own	4T	304D	24F-24R	86.00	7432	No
7740SL 4WD	$43399	$12150	$14760	$22570	$25610	Own	4T	304D	24F-24R	86.00	8446	No
7740SL 4WD w/Cab	$52396	$14000	$17000	$26000	$29500	Own	4T	304D	24F-24R	86.00	9413	CHA
7740SL w/Cab	$45291	$12680	$15400	$23550	$26720	Own	4T	304D	24F-24R	86.00	8400	CHA
7740SLE	$36453	$10210	$12390	$18960	$21510	Own	4T	304D	16F-16R	86.00	7516	No
7740SLE 4WD	$43558	$12200	$14810	$22650	$25700	Own	4T	304D	16F-16R	86.00	8508	No
7740SLE 4WD w/Cab	$52143	$14280	$17340	$26520	$30090	Own	4T	304D	16F-16R	86.00	9413	CHA
7740SLE w/Cab	$45038	$12610	$15310	$23420	$26570	Own	4T	304D	16F-16R	86.00	8451	CHA
7810S	$31721	$10470	$12690	$17760	$19980	Own	6	401D	8F-2R	90.00	6625	No
7810S 4WD	$38732	$12780	$15490	$21690	$24400	Own	6	401D	8F-2R	90.00	7555	No
7840 Low Profile	$36434	$10200	$12390	$18950	$21500	Own	6	401D	16F-4R	90.00		No
7840 Low Profile 4WD	$43471	$12170	$14780	$22610	$25650	Own	6	401D	16F-4R	90.00		No
7840S	$36696	$10280	$12480	$19080	$21650	Own	6	401D	16F-4R	90.00	8076	No
7840S 4WD	$43733	$12250	$14870	$22740	$25800	Own	6	401D	16F-4R	90.00	9134	No
7840SL	$39596	$11090	$13460	$20590	$23360	Own	6	401D	24F-24R	90.00	8382	No

New Holland/Ford (Cont.)

Model	Approx. Retail Price New	Used Trade-In Avg.	Used Trade-In High	Used Retail Avg.	Used Retail High	Make	No. Cyls.	Displ. Cu.-in.	No. Speeds	P.T.O. H.P.	Approx. Shipping Wt.-Lbs.	Cab
				1995 (Cont.)								
7840SL 4WD	$46633	$13060	$15860	$24250	$27510	Own	6	401D	24F-24R	90.00	9410	No
7840SL 4WD w/Cab	$56087	$15400	$18700	$28600	$32450	Own	6	401D	24F-24R	90.00	10465	CHA
7840SL w/Cab	$49050	$13730	$16680	$25510	$28940	Own	6	401D	24F-24R	90.00	9398	CHA
7840SLE	$39162	$10970	$13320	$20360	$23110	Own	6	401D	16F-16R	90.00	8379	No
7840SLE 4WD	$46199	$12940	$15710	$24020	$27260	Own	6	401D	16F-16R	90.00	9437	No
7840SLE 4WD w/Cab	$54701	$15120	$18360	$28080	$31860	Own	6	401D	16F-16R	90.00	10482	CHA
7840SLE w/Cab	$47664	$13350	$16210	$24790	$28120	Own	6	401D	16F-16R	90.00	9423	CHA
8160	$43698	$12240	$14860	$22720	$25780	Own	6	456D	17F-6R	90.0		No
8160 4WD	$52506	$14700	$17850	$27300	$30980	Own	6	456D	17F-6R	90.0		No
8160 4WD w/Cab	$60206	$16860	$20470	$31310	$35520	Own	6	456D	17F-6R	90.0		CHA
8160 w/Cab	$51398	$14390	$17480	$26730	$30330	Own	6	456D	17F-6R	90.0		CHA
8240SL	$40214	$13270	$16090	$22520	$25340	Own	6	456D	12F-12R	96.00	8883	No
8240SL 4WD	$47251	$15590	$18900	$26460	$29770	Own	6	456D	12F-12R	96.00	9941	No
8240SL 4WD w/Cab	$55043	$18160	$22020	$30820	$34680	Own	6	456D	12F-12R	96.00	10979	CHA
8240SL w/Cab	$48007	$15840	$19200	$26880	$30240	Own	6	456D	12F-12R	96.00	9921	CHA
8240SLE	$41726	$13770	$16690	$23370	$26290	Own	6	456D	16F-16R	96.00	8957	No
8240SLE 4WD	$48763	$16090	$19510	$27310	$30720	Own	6	456D	16F-16R	96.00	10015	No
8240SLE 4WD w/Cab	$56533	$18660	$22610	$31660	$35620	Own	6	456D	16F-16R	96.00	11053	CHA
8240SLE w/Cab	$49496	$16330	$19800	$27720	$31180	Own	6	456D	16F-16R	96.00	9995	CHA
8260	$47250	$11810	$15590	$20790	$23150	Own	6	456D	17F-6R	100.0		No
8260 4WD	$56057	$14010	$18500	$24670	$27470	Own	6	456D	17F-6R	100.0		No
8260 4WD w/Cab	$63757	$15940	$21040	$28050	$31240	Own	6	456D	17F-6R	100.0		CHA
8260 w/Cab	$54950	$13740	$18130	$24180	$26930	Own	6	456D	17F-6R	100.0		CHA
8340SL	$43168	$14250	$17270	$24170	$27200	Own	6T	456D	12F-12R	112.00	8883	No
8340SL 4WD	$50205	$16570	$20080	$28120	$31630	Own	6T	456D	12F-12R	112.00	9941	No
8340SL 4WD w/Cab	$58730	$19380	$23490	$32890	$37000	Own	6T	456D	12F-12R	112.00	10979	CHA
8340SL w/Cab	$51693	$17060	$20680	$28950	$32570	Own	6T	456D	12F-12R	112.00	9921	CHA
8340SLE	$46121	$15220	$18450	$25830	$29060	Own	6T	456D	16F-16R	112.00	8957	No
8340SLE 4WD	$53158	$17540	$21260	$29770	$33490	Own	6T	456D	16F-16R	112.00	10015	No
8340SLE 4WD w/Cab	$61661	$20350	$24660	$34530	$38850	Own	6T	456D	16F-16R	112.00	11053	CHA
8340SLE w/Cab	$54624	$18030	$21850	$30590	$34410	Own	6T	456D	16F-16R	112.00	9995	CHA
8360	$54346	$13590	$17930	$23910	$26630	Own	6T	456D	17F-6R	115.0		No
8360 4WD	$66134	$16530	$21820	$29100	$32410	Own	6T	456D	17F-6R	115.0		No
8360 4WD w/Cab	$73828	$18130	$23930	$31900	$35530	Own	6T	456D	17F-6R	115.0		CHA
8360 w/Cab	$62040	$15510	$20470	$27300	$30400	Own	6T	456D	17F-6R	115.0		CHA
8560 4WD w/Cab	$81084	$20000	$26400	$35200	$39200	Own	6T	456D	18F-6R	130.0		CHA
8560 w/Cab	$69252	$17310	$22850	$30470	$33930	Own	6T	456D	17F-6R	130.0		CHA
8670	$73888	$18470	$24380	$32510	$36210	Own	6T	456D	16F-9R	145.00	14632	CHA
8670 4WD	$83888	$20500	$27060	$36080	$40180	Own	6T	456D	16F-9R	145.00	15188	CHA
8770	$76828	$19210	$25350	$33800	$37650	Own	6T	456D	16F-9R	160.00	16925	CHA
8770 4WD	$86828	$21250	$28050	$37400	$41650	Own	6T	456D	16F-9R	160.00	17481	CHA
8870	$86099	$21530	$28410	$37880	$42190	Own	6TI	456D	16F-9R	180.00	17101	CHA
8870 4WD	$96099	$24030	$31710	$42280	$47090	Own	6TI	456D	16F-9R	180.00	17657	CHA
8970	$95255	$23810	$31430	$41910	$46680	Own	6TI	456D	16F-9R	210.00	17333	CHA
8970 4WD	$105255	$26310	$34730	$46310	$51580	Own	6TI	456D	16F-9R	210.00	17889	CHA
				1994								
1120	$8806	$2820	$3790	$5280	$5900	Shibaura	3	54D	9F-3R	12.50	1338	No
1120 4WD	$9859	$3160	$4240	$5920	$6610	Shibaura	3	54D	9F-3R	12.50	1429	No
1120H 4WD Hydro	$10956	$3510	$4710	$6570	$7340	Shibaura	3	54D	Variable	12.50	1484	No
1120H Hydro	$9904	$3170	$4260	$5940	$6640	Shibaura	3	54D	Variable	12.50	1393	No
1215	$7771	$2490	$3340	$4660	$5210	Shibaura	3	54D	6F-2R	13.50	1338	No
1215 4WD	$8685	$2780	$3740	$5210	$5820	Shibaura	3	54D	6F-2R	13.50	1429	No
1215H 4WD Hydro	$9571	$3060	$4120	$5740	$6410	Shibaura	3	54D	Variable	13.50	1484	No
1215H Hydro	$8656	$2770	$3720	$5190	$5800	Shibaura	3	54D	Variable	13.50	1393	No
1220	$9374	$3000	$4030	$5620	$6280	Shibaura	3	58D	9F-3R	14.50	1338	No
1220 4WD	$10427	$3340	$4480	$6260	$6990	Shibaura	3	58D	9F-3R	14.50	1429	No
1220H 4WD Hydro	$11423	$3660	$4910	$6850	$7650	Shibaura	3	58D	Variable	14.50	1484	No
1220H Hydro	$10371	$3320	$4460	$6220	$6950	Shibaura	3	58D	Variable	14.50	1393	No
1320	$10987	$3520	$4720	$6590	$7360	Shibaura	3	77D	9F-3R	17.00	2101	No
1320 4WD	$12562	$4020	$5400	$7540	$8420	Shibaura	3	77D	9F-3R	17.00	2271	No
1320H 4WD Hydro	$13783	$4410	$5930	$8270	$9240	Shibaura	3	77D	Variable	17.00	2297	No
1320H Hydro	$12587	$4030	$5410	$7550	$8430	Shibaura	3	77D	Variable	17.00	2172	No
1520	$11478	$3670	$4940	$6890	$7690	Shibaura	3	81D	9F-3R	19.50	2156	No
1520 4WD	$13136	$4200	$5650	$7880	$8800	Shibaura	3	81D	9F-3R	19.50	2320	No
1520H 4WD Hydro	$14588	$4670	$6270	$8750	$9770	Shibaura	3	81D	Variable	19.50	2352	No
1520H Hydro	$13309	$4260	$5720	$7990	$8920	Shibaura	3	81D	Variable	19.50	2233	No
1620 4WD Hydro	$15149	$4850	$6510	$9090	$10150	Shibaura	3	81D	Variable	22.00	2352	No
1620 Hydro	$13751	$4400	$5910	$8250	$9210	Shibaura	3	81D	Variable	22.00	2233	No
1715	$9835	$3150	$4230	$5900	$6590	Shibaura	3	81D	9F-3R	23.00	2161	No
1715 4WD	$11185	$3580	$4810	$6710	$7490	Shibaura	3	81D	9F-3R	23.00	2280	No
1720	$12437	$3980	$5350	$7460	$8330	Shibaura	3	91D	12F-4R	23.50	2491	No
1720 4WD	$14186	$4540	$6100	$8510	$9510	Shibaura	3	91D	12F-4R	23.50	2690	No
1920	$14394	$4610	$6190	$8640	$9640	Shibaura	4	122D	12F-4R	28.50	2849	No
1920 4WD	$16913	$5410	$7270	$10150	$11330	Shibaura	4	122D	12F-4R	28.50	3069	No
2120	$16062	$5140	$6910	$9640	$10760	Shibaura	4	139D	12F-4R	34.50	3572	No
2120 4WD	$18614	$5960	$8000	$11170	$12470	Shibaura	4	139D	12F-4R	34.50	3858	No
3230	$17309	$5540	$6750	$9520	$10730	Own	3	192D	8F-2R	32.83	4455	No
3415	$14912	$4770	$5820	$8200	$9250	Shibaura	4	135D	12F-4R	38.00	3483	No
3430	$18158	$5810	$7080	$9990	$11260	Own	3	192D	8F-2R	38.00	4622	No
3430 4WD	$22809	$7300	$8900	$12550	$14140	Own	3	192D	8F-2R	38.00	5150	No
3430 4WD w/Cab	$27593	$8830	$10760	$15180	$17110	Own	3	192D	8F-2R	38.00	5650	CH
3430 w/Cab	$23055	$7380	$8990	$12680	$14290	Own	3	192-in.D	8F-2R	38.00	5122	CH
3830	$19800	$6340	$7720	$10890	$12280	Own	3	165D	12F-4R	45.00	3784	No

Model	Approx. Retail Price New	Used Trade-In Avg.	Used Trade-In High	Used Retail Avg.	Used Retail High	Make	No. Cyls.	Displ. Cu.-in.	No. Speeds	P.T.O. H.P.	Approx. Shipping Wt.-Lbs.	Cab
New Holland/Ford (Cont.)												
1994 (Cont.)												
3830 4WD	$25713	$8230	$10030	$14140	$15940	Own	3	165D	12F-4R	45.00	4000	No
3930	$19096	$6110	$7450	$10500	$11840	Own	3	201D	8F-2R	45.00	5157	No
3930 4WD	$23943	$7660	$9340	$13170	$14850	Own	3	201D	8F-2R	45.00	5685	No
3930 4WD w/Cab	$28314	$9060	$11040	$15570	$17560	Own	3	201D	8F-2R	45.00	6185	CH
3930 w/Cab	$23586	$7550	$9200	$12970	$14620	Own	3	201D	8F-2R	45.00	5657	CH
4030	$20818	$6660	$8120	$11450	$12910	Own	3	179D	12F-4R	51.00	5151	No
4030 4WD	$26731	$8550	$10430	$14700	$16570	Own	3	179D	12F-4R	51.00		No
4030 4WD w/Cab	$31656	$10130	$12350	$17410	$19630	Own	3	179D	12F-4R	51.00		CHA
4030 w/Cab	$25743	$8240	$10040	$14160	$15960	Own	3	179D	12F-4R	51.00	5591	CHA
4230	$21917	$7010	$8550	$12050	$13590	Own	4	220D	12F-4R	62.00	4860	No
4230 4WD	$27830	$8910	$10850	$15310	$17260	Own	4	220D	12F-4R	62.00	5200	No
4230 4WD w/Cab	$32755	$10480	$12770	$18020	$20310	Own	4	220D	12F-4R	62.00	5640	CHA
4230 w/Cab	$26842	$8590	$10470	$14760	$16640	Own	4	220D	12F-4R	62.00	5290	CHA
4430	$24065	$7700	$9390	$13240	$14920	Own	4	238D	12F-4R	70.00	5000	No
4430 4WD	$29978	$9590	$11690	$16490	$18590	Own	4	238D	12F-4R	70.00	5350	No
4430 4WD w/Cab	$34903	$11170	$13610	$19200	$21640	Own	4	238D	12F-4R	70.00	5790	CHA
4430 w/Cab	$28990	$9280	$11310	$15950	$17970	Own	4	238D	12F-4R	70.00	5440	CHA
4630	$23122	$7400	$9020	$12720	$14340	Own	3	201D	16F-8R	55.00	5030	No
4630 4WD	$27970	$8950	$10910	$15380	$17340	Own	3	201D	16F-8R	55.00	5822	No
4630 4WD w/Cab	$31993	$10240	$12480	$17600	$19840	Own	3	201D	16F-8R	55.00	6058	CH
4630 LCG	$21528	$6890	$8400	$11840	$13350	Own	3	201D	8F-2R	55.00	4958	No
4630 Low Profile	$21209	$6790	$8270	$11670	$13150	Own	3	201D	8F-2R	55.00	4784	No
4630 Low Profile 4WD	$26166	$8370	$10210	$14390	$16220	Own	3	201D	8F-2R	55.00	5312	No
4630 w/Cab	$27264	$8720	$10630	$15000	$16900	Own	3	201D	16F-8R	55.00	5530	CH
5030	$24409	$7810	$9520	$13430	$15130	Own	4	256D	16F-8R	62.00	5647	No
5030 4WD	$29278	$9370	$11420	$16100	$18150	Own	4	256D	16F-8R	62.00	6175	No
5030 4WD w/Cab	$34416	$11010	$13420	$18930	$21340	Own	4	256D	16F-8R	62.00	6675	CH
5030 Low Profile	$22497	$7200	$8770	$12370	$13950	Own	4	256D	8F-2R	62.00	5547	No
5030 Low Profile 4WD	$28191	$9020	$10990	$15510	$17480	Own	4	256D	8F-2R	62.00		No
5030 w/Cab	$29547	$9460	$11520	$16250	$18320	Own	4	256D	16F-8R	62.00	6147	CH
5530	$25526	$8170	$9960	$14040	$15830	Own	4	220D	20F-12R	62.00	5709	No
5530 4WD	$31108	$9960	$12130	$17110	$19290	Own	4	220D	20F-12R	62.00	7310	No
5610S	$24611	$7480	$10050	$14030	$15670	Own	4	268D	8F-2R	66.00	5800	No
5640S	$28788	$7490	$9500	$14680	$16700	Own	4	268D	16F-4R	66.00	7399	No
5640S 4WD	$35141	$9140	$11600	$17920	$20380	Own	4	268D	16F-4R	66.00	8391	No
5640SL	$30312	$7880	$10000	$15460	$17580	Own	4	268D	24F-24R	66.00	7373	No
5640SL 4WD	$36664	$9530	$12100	$18700	$21270	Own	4	268D	24F-24R	66.00	8298	No
5640SL 4WD w/Cab	$44687	$11620	$14750	$22790	$25920	Own	4	268D	24F-24R	66.00	9380	CHA
5640SL w/Cab	$38334	$9970	$12650	$19550	$22230	Own	4	268D	24F-24R	66.00	8418	CHA
5640SLE	$33386	$8680	$11020	$17030	$19360	Own	4	268D	16F-16R	66.00	7483	No
5640SLE 4WD	$39738	$10330	$13110	$20270	$23050	Own	4	268D	16F-16R	66.00	8475	No
5640SLE 4WD w/Cab.	$47361	$12310	$15630	$24150	$27470	Own	4	268D	16F-16R	66.00	9380	CHA
5640SLE w/Cab	$41008	$10660	$13530	$20910	$23790	Own	4	268D	16F-16R	66.00	8418	CHA
6530	$28218	$9030	$11010	$15520	$17500	Own	4	238D	20F-12R	70.00	5709	No
6530 4WD	$35008	$11200	$13650	$19250	$21710	Own	4	238D	20F-12R	70.00	7310	No
6610S	$26900	$8180	$10990	$15330	$17120	Own	4	304D	8F-2R	76.00	5800	No
6610S 4WD	$34841	$10590	$12910	$18210	$20520	Own	4	304D	8F-2R	76.00	6435	No
6640 Low Profile	$30768	$8000	$10150	$15690	$17850	Own	4	304D	16F-4R	76.00	7354	No
6640 Low Profile 4WD	$37667	$9790	$12430	$19210	$21850	Own	4	304D	16F-4R	76.00	8346	No
6640S	$31029	$8070	$10240	$15830	$18000	Own	4	304D	16F-4R	76.00	7399	No
6640S 4WD	$37928	$9860	$12520	$19340	$22000	Own	4	304D	16F-4R	76.00	8391	No
6640SL	$33318	$8660	$11000	$16990	$19320	Own	4	304D	24F-24R	76.00	7373	CHA
6640SL 4WD	$40217	$10460	$13270	$20510	$23330	Own	4	304D	24F-24R	76.00	8304	CHA
6640SL 4WD w/Cab.	$48239	$12540	$15920	$24600	$27980	Own	4	304D	24F-24R	76.00	9358	CHA
6640SL w/Cab	$41341	$10750	$13640	$21080	$23980	Own	4	304D	24F-24R	76.00	8419	CHA
6640SLE	$34466	$8960	$11370	$17580	$19990	Own	4	304D	16F-16R	76.00	7483	No
6640SLE 4WD	$41364	$10760	$13650	$21100	$23990	Own	4	304D	16F-16R	76.00	8475	No
6640SLE 4WD w/Cab.	$49038	$12750	$16180	$25010	$28440	Own	4	304D	16F-16R	76.00	9380	CHA
6640SLE w/Cab	$42139	$10960	$13910	$21490	$24440	Own	4	304D	16F-16R	76.00	8418	CHA
7530 4WD	$39643	$12690	$15460	$21800	$24580	Own	6	331D	20F-4R	91.00	8074	No
7610S	$29638	$9010	$10980	$15490	$17460	Own	4T	304D	8F-2R	86.00	5800	No
7610S 4WD	$36699	$9070	$11510	$17780	$20220	Own	4T	304D	8F-2R	86.00	6435	No
7740 Low Profile	$32918	$8560	$10860	$16790	$19090	Own	4T	304D	16F-4R	86.00	7419	No
7740 Low Profile 4WD	$39817	$10350	$13140	$20310	$23090	Own	4T	304D	16F-4R	86.00	8411	No
7740S	$33188	$8630	$10950	$16930	$19250	Own	4T	304D	16F-4R	86.00	7432	No
7740S 4WD	$40087	$10420	$13230	$20440	$23250	Own	4T	304D	16F-4R	86.00	8446	No
7740SL	$35236	$9160	$11630	$17970	$20440	Own	4T	304D	24F-24R	86.00	7432	No
7740SL 4WD	$42134	$10960	$13900	$21490	$24440	Own	4T	304D	24F-24R	86.00	8446	No
7740SL 4WD w/Cab.	$50870	$13230	$16790	$25940	$29510	Own	4T	304D	24F-24R	86.00	9413	CHA
7740SL w/Cab	$43971	$11430	$14510	$22430	$25500	Own	4T	304D	24F-24R	86.00	8451	CHA
7740SLE	$35391	$9200	$11680	$18050	$20530	Own	4T	304D	16F-16R	86.00	7516	No
7740SLE 4WD	$42289	$11000	$13960	$21570	$24530	Own	4T	304D	16F-16R	86.00	8508	No
7740SLE 4WD w/Cab.	$50625	$13160	$16710	$25820	$29360	Own	4T	304D	16F-16R	86.00	9413	CHA
7740SLE w/Cab	$43726	$11370	$14430	$22300	$25360	Own	4T	304D	16F-16R	86.00	8451	CHA
7810S	$31957	$9720	$11840	$16700	$18820	Own	6	401D	8F-2R	90.00	5800	No
7810S 4WD	$39017	$11860	$14460	$20390	$22980	Own	6	401D	8F-2R	90.00	6435	No
7840 Low Profile	$35720	$11430	$13930	$19650	$22150	Own	6	401D	16F-4R	90.00		No
7840 Low Profile 4WD	$42618	$13640	$16620	$23440	$26420	Own	6	401D	16F-4R	90.00		No
7840S	$35976	$11510	$14030	$19790	$22310	Own	6	401D	16F-4R	90.00	8076	No
7840S 4WD	$42875	$13720	$16720	$23580	$26580	Own	6	401D	16F-4R	90.00	9134	No
7840SL	$38820	$12420	$15140	$21350	$24070	Own	6	401D	24F-24R	90.00	8382	No
7840SL 4WD	$45718	$14630	$17830	$25150	$28350	Own	6	401D	24F-24R	90.00	9410	No
7840SL 4WD w/Cab.	$54988	$17600	$21450	$30240	$34090	Own	6	401D	24F-24R	90.00	10465	CHA
7840SL w/Cab	$48089	$15390	$18760	$26450	$29820	Own	6	401D	24F-24R	90.00	9398	CHA

New Holland/Ford (Cont.)

Model	Approx. Retail Price New	Used Trade-In Avg.	Used Trade-In High	Used Retail Avg.	Used Retail High	Make	Engine No. Cyls.	Displ. Cu.-in.	No. Speeds	P.T.O. H.P.	Approx. Shipping Wt.-Lbs.	Cab
1994 (Cont.)												
7840SLE	$38393	$12290	$14970	$21120	$23800	Own	6	401D	16F-16R	90.00	8379	No
7840SLE 4WD	$45292	$14490	$17660	$24910	$28080	Own	6	401D	16F-16R	90.00	9437	No
7840SLE 4WD w/Cab	$53627	$17160	$20920	$29500	$33250	Own	6	401D	16F-16R	90.00	10482	CHA
7840SLE w/Cab	$46729	$14950	$18220	$25700	$28970	Own	6	401D	16F-16R	90.00	9423	CHA
8240SL	$39425	$12620	$15380	$21680	$24440	Own	6	456D	12F-12R	96.00	8883	No
8240SL 4WD	$46324	$14820	$18070	$25480	$28720	Own	6	456D	12F-12R	96.00	9941	No
8240SL 4WD w/Cab	$53963	$17270	$21050	$29680	$33460	Own	6	456D	12F-12R	96.00	10979	CHA
8240SL w/Cab	$47064	$15060	$18360	$25890	$29180	Own	6	456D	12F-12R	96.00	9921	CHA
8240SLE	$40896	$13090	$15950	$22490	$25360	Own	6	456D	16F-16R	96.00	8957	No
8240SLE 4WD	$47795	$15290	$18640	$26290	$29630	Own	6	456D	16F-16R	96.00	10015	No
8240SLE 4WD w/Cab	$55412	$17730	$21610	$30480	$34360	Own	6	456D	16F-16R	96.00	11053	CHA
8240SLE w/Cab	$48513	$15520	$18920	$26680	$30080	Own	6	456D	16F-16R	96.00	9995	CHA
8340SL	$42322	$13540	$16510	$23280	$26240	Own	6T	456D	12F-12R	112.00	8883	No
8340SL 4WD	$49221	$15750	$19200	$27070	$30520	Own	6T	456D	12F-12R	112.00	9941	No
8340SL 4WD w/Cab	$57579	$18430	$22460	$31670	$35700	Own	6T	456D	12F-12R	112.00	10979	CHA
8340SL w/Cab	$50680	$16220	$19770	$27870	$31420	Own	6T	456D	12F-12R	112.00	9921	CHA
8340SLE	$45217	$14470	$17640	$24870	$28040	Own	6T	456D	16F-16R	112.00	8957	No
8340SLE 4WD	$52116	$16680	$20330	$28660	$32310	Own	6T	456D	16F-16R	112.00	10015	No
8340SLE 4WD w/Cab	$60451	$19340	$23580	$33250	$37480	Own	6T	456D	16F-16R	112.00	11053	CHA
8340SLE w/Cab	$53553	$17140	$20890	$29450	$33200	Own	6T	456D	16F-16R	112.00	9995	CHA
8630	$52120	$13550	$17200	$26580	$30230	Own	6T	401D	16F-4R	121.40	11442	CHA
8630 4WD	$61358	$15950	$20250	$31290	$35590	Own	6T	401D	16F-4R	121.40	12501	CHA
8630 4WD Powershift	$66967	$17410	$22100	$34150	$38840	Own	6T	401D	18F-9R	121.00		CHA
8630 Powershift	$57729	$15010	$19050	$29440	$33480	Own	6T	401D	18F-9R	121.00	12242	CHA
8670	$72358	$17370	$22430	$30390	$34010	Own	6T	456D	16F-9R	145.00		CHA
8670 4WD	$82358	$19770	$25530	$34590	$38710	Own	6T	456D	16F-9R	145.00		CHA
8770	$76828	$18440	$23820	$32270	$36110	Own	6T	456D	16F-9R	160.00		CHA
8770 4WD	$86828	$20840	$26920	$36470	$40810	Own	6T	456D	16F-9R	160.00		CHA
8870	$86037	$20650	$26670	$36140	$40440	Own	6TA	456D	16F-9R	180.00		CHA
8870 4WD	$96037	$23050	$29770	$40340	$45140	Own	6TA	456D	16F-9R	180.00		CHA
8970	$95193	$22850	$29510	$39980	$44740	Own	6TI	456D	16F-9R	210.00		CHA
8970 4WD	$105193	$25250	$32610	$44180	$49440	Own	6TI	456D	16F-9R	210.00		CHA
1993												
1120	$8549	$2650	$3590	$5040	$5640	Shibaura	3	54D	9F-3R	12.50	1338	No
1120 4WD	$9571	$2970	$4020	$5650	$6320	Shibaura	3	54D	9F-3R	12.50	1429	No
1120H 4WD Hydro	$10636	$3300	$4470	$6280	$7020	Shibaura	3	54D	Variable	12.50	1484	No
1120H Hydro	$9614	$2980	$4040	$5670	$6350	Shibaura	3	54D	Variable	12.50	1393	No
1220	$9100	$2820	$3820	$5370	$6010	Shibaura	3	58D	9F-3R	14.50	1338	No
1220 4WD	$10122	$3140	$4250	$5970	$6680	Shibaura	3	58D	9F-3R	14.50	1429	No
1220H 4WD Hydro	$11088	$3440	$4660	$6540	$7320	Shibaura	3	58D	Variable	14.50	1484	No
1220H Hydro	$10067	$3120	$4230	$5940	$6640	Shibaura	3	58D	Variable	14.50	1393	No
1320	$10665	$3310	$4480	$6290	$7040	Shibaura	3	77D	9F-3R	17.00	2101	No
1320 4WD	$12194	$3780	$5120	$7190	$8050	Shibaura	3	77D	9F-3R	17.00	2229	No
1320H 4WD Hydro	$13381	$4150	$5620	$7900	$8830	Shibaura	3	77D	Variable	17.00	2297	No
1320H Hydro	$12219	$3790	$5130	$7210	$8070	Shibaura	3	77D	Variable	17.00	2172	No
1520	$11142	$3450	$4680	$6570	$7350	Shibaura	3	81D	9F-3R	19.50	2156	No
1520 4WD	$12751	$3950	$5360	$7520	$8420	Shibaura	3	81D	9F-3R	19.50	2278	No
1520H 4WD Hydro	$14162	$4390	$5950	$8360	$9350	Shibaura	3	81D	Variable	19.50	2352	No
1520H Hydro	$12919	$4010	$5430	$7620	$8530	Shibaura	3	81D	Variable	19.50	2233	No
1620 4WD Hydro	$14705	$4560	$6180	$8680	$9710	Shibaura	3	81D	Variable	22.00	2352	No
1620 Hydro	$13349	$4140	$5610	$7880	$8810	Shibaura	3	81D	Variable	22.00	2233	No
1715	$9283	$2880	$3900	$5480	$6130	Shibaura	3	81D	9F-3R	23.0	2161	No
1715 4WD	$10558	$3270	$4430	$6230	$6970	Shibaura	3	81D	9F-3R	23.0	2280	No
1720	$12073	$3740	$5070	$7120	$7970	Shibaura	3	91D	12F-4R	23.50	2491	No
1720 4WD	$13771	$4270	$5780	$8130	$9090	Shibaura	3	91D	12F-4R	23.50	2690	No
1920	$13973	$4330	$5870	$8240	$9220	Shibaura	4	122D	12F-4R	28.50	2849	No
1920 4WD	$16419	$5090	$6900	$9690	$10840	Shibaura	4	122D	12F-4R	28.50	3069	No
2120	$15592	$4830	$6550	$9200	$10290	Shibaura	4	139D	12F-4R	34.50	3572	No
2120 4WD	$18071	$5600	$7590	$10660	$11930	Shibaura	4	139D	12F-4R	34.50	3858	No
3230	$17309	$5370	$6580	$9350	$10730	Own	3	192D	8F-2R	32.83	4455	No
3415	$14477	$4490	$5500	$7820	$8980	Shibaura	4	135D	12F-4R	38.0	3483	No
3430	$18042	$5590	$6860	$9740	$11190	Own	3	192D	8F-2R	38.00	4455	No
3430 4WD	$22580	$7000	$8580	$12190	$14000	Own	3	192D	8F-2R	38.00	4983	No
3430 4WD w/Cab	$27593	$8550	$10490	$14900	$17110	Own	3	192D	8F-2R	38.00	5483	CH
3430 w/Cab	$23055	$7150	$8760	$12450	$14290	Own	3	192D	8F-2R	38.00	4955	CH
3930 4WD w/Cab	$28314	$8780	$10760	$15290	$17560	Own	3	201D	8F-2R	45.00	5533	CH
3930 w/Cab	$23586	$7310	$8960	$12740	$14620	Own	3	201D	8F-2R	45.00	5005	CH
4630	$20608	$6390	$7830	$11130	$12780	Own	4	201D	8F-2R	55.0	5194	No
4630 4WD	$25337	$7850	$9630	$13680	$15710	Own	4	201D	8F-2R	55.0	5722	No
4630 4WD w/Cab	$30350	$9410	$11530	$16390	$18820	Own	4	201D	8F-2R	55.0	5958	CH
4630 LCG	$21528	$6670	$8180	$11630	$13350	Own	4	201D	8F-2R	55.0	4958	No
4630 Low Profile	$20612	$6390	$7830	$11130	$12780	Own	4	201D	8F-2R	55.0	4784	No
4630 Low Profile 4WD	$26166	$8110	$9940	$14130	$16220	Own	4	201D	8F-2R	55.0	5312	No
4630 w/Cab	$25621	$7940	$9740	$13840	$15890	Own	4	201D	8F-2R	55.0	5430	CH
5030	$22034	$6830	$8370	$11900	$13660	Own	4	256D	8F-2R	62.00	5214	No
5030 4WD	$26784	$8300	$10180	$14460	$16610	Own	4	256D	8F-2R	62.00	5742	No
5030 4WD w/Cab	$31797	$9860	$12080	$17170	$19710	Own	4	256D	8F-2R	62.00	6311	CHA
5030 Low Profile	$21821	$6770	$8290	$11780	$13530	Own	4	256D	8F-2R	62.00	5214	No
5030 Low Profile 4WD	$27375	$8490	$10400	$14780	$16970	Own	4	256D	8F-2R	62.00	5742	No
5030 w/Cab	$27047	$8390	$10280	$14610	$16770	Own	4	256D	8F-2R	62.00	5714	CHA
5640	$25034	$7760	$9510	$13520	$15520	Own	4	268D	8F-2R	66.00	7306	No
5640 4WD	$31814	$7950	$10180	$15910	$18130	Own	4	268D	8F-2R	66.00	8298	No
5640 4WD w/Cab	$41937	$10480	$13420	$20970	$23900	Own	4	268D	24F-24R	66.00	9380	CHA

New Holland/Ford (Cont.)

Model	Approx. Retail Price New	Used Trade-In Avg.	Used Trade-In High	Used Retail Avg.	Used Retail High	Make	No. Cyls.	Displ. Cu.-in.	No. Speeds	P.T.O. H.P.	Approx. Shipping Wt.-Lbs.	Cab
1993 (Cont.)												
5640 w/Cab	$37261	$9320	$11920	$18630	$21240	Own	4	268D	16F-16R	66.00	8418	CHA
6640	$26850	$6710	$8590	$13430	$15310	Own	4	304D	8F-2R	76.00	7274	No
6640 4WD	$34136	$8530	$10920	$17070	$19460	Own	4	304D	8F-2R	76.00	8298	No
6640 4WD w/Cab	$43850	$10960	$14430	$21930	$25000	Own	4	304D	12F-12R	76.00	9342	CHA
6640 w/Cab	$37351	$9340	$11950	$18680	$21290	Own	4	304D	12F-12R	76.00	8413	CHA
7740	$29324	$7330	$9380	$14660	$16720	Own	4T	304D	8F-2R	86.00	7339	No
7740 4WD	$35832	$8960	$11470	$17920	$20420	Own	4T	304D	8F-2R	86.00	8353	No
7740 4WD w/Cab	$47146	$11790	$15090	$23570	$26870	Own	4T	304D	24F-24R	86.00	9413	CHA
7740 w/Cab	$41526	$10380	$13290	$20760	$23670	Own	4T	304D	16F-16R	86.00	8451	CHA
7840	$34662	$10750	$13170	$18720	$21490	Own	6	401D	12F-12R	90.00	8342	No
7840 4WD	$41170	$12760	$15650	$22230	$25530	Own	6	401D	12F-12R	90.00	9400	No
7840 4WD w/Cab	$48830	$15140	$18560	$26370	$30280	Own	6	401D	12F-12R	90.00	10445	CHA
7840 w/Cab	$42322	$13120	$16080	$22850	$26240	Own	6	401D	12F-12R	90.00	9386	CHA
8240	$37962	$11770	$14430	$20500	$23540	Own	6	456D	16F-16R	96.00	8957	No
8240 4WD	$44470	$13790	$16900	$24010	$27570	Own	6	456D	16F-16R	96.00	10015	No
8240 4WD w/Cab	$51655	$16010	$19630	$27890	$32030	Own	6	456D	16F-16R	96.00	11053	CHA
8240 w/Cab	$45147	$14000	$17160	$24380	$27990	Own	6	456D	16F-16R	96.00	9995	CHA
8340	$41404	$12840	$15730	$22360	$25670	Own	6	456D	16F-16R	106.00	8957	No
8340 4WD	$47912	$14850	$18210	$25870	$29710	Own	6	456D	16F-16R	106.00	10015	No
8340 4WD w/Cab	$55775	$17290	$21200	$30120	$34580	Own	6	456D	16F-16R	106.00	11053	CHA
8340 w/Cab	$49267	$15270	$18720	$26600	$30550	Own	6	456D	16F-16R	106.00	9995	CHA
8630 4WD PS	$66967	$16740	$21430	$33480	$38170	Own	6T	401D	18F-9R	121.40	13300	CHA
8630 4WD w/Cab	$61358	$15340	$19640	$30680	$34970	Own	6T	401D	16F-4R	121.40	12500	CHA
8670	$71744	$16500	$21520	$28700	$33000	Own	6T	456D	16F-9R	145.00		CHA
8670 4WD	$81945	$18850	$24580	$32780	$37700	Own	6T	456D	16F-9R	145.00		CHA
8730 4WD PS	$71291	$17820	$22810	$35650	$40640	Own	6T	401D	16F-4R	140.68	15206	CHA
8730 4WD w/Cab	$65564	$16390	$20980	$32780	$37370	Own	6T	401D	16F-4R	140.68	14406	CHA
8770	$76256	$17540	$22880	$30500	$35080	Own	6T	456D	16F-9R	160.00		CHA
8770 4WD	$85455	$19660	$25640	$34180	$39310	Own	6T	456D	16F-9R	160.00		CHA
8830	$62749	$15690	$20080	$31380	$35770	Own	6TI	401D	16F-4R	170.30	13043	CHA
8830 4WD	$71987	$18000	$23040	$35990	$41030	Own	6TI	401D	16F-4R	170.30	14312	CHA
8830 4WD Powershift	$76550	$19140	$24500	$38280	$43630	Own	6TI	401D	18F-9R	170.00	15112	CHA
8830 Powershift	$68475	$17120	$21910	$34240	$39030	Own	6TI	401D	18F-9R	170.00	13843	CHA
8870	$85220	$19600	$25570	$34090	$39200	Own	6TA	456D	16F-9R	180.00		CHA
8870 4WD	$94377	$21710	$28310	$37750	$43410	Own	6TA	456D	16F-9R	180.00		CHA
8970	$94234	$21670	$28270	$37690	$43350	Own	6TI	456D	16F-9R	210.00		CHA
8970 4WD	$103290	$23760	$30990	$41320	$47500	Own	6TI	456D	16F-9R	210.00		CHA
1992												
1120	$8908	$2570	$3510	$4960	$5560	Shibaura	3	54D	9F-3R	12.50	1338	No
1120 4WD	$9972	$2870	$3920	$5550	$6220	Shibaura	3	54D	9F-3R	12.50	1429	No
1120H 4WD Hydro	$11082	$3190	$4360	$6170	$6910	Shibaura	3	54D	Variable	12.50	1484	No
1120H Hydro	$10018	$2880	$3940	$5580	$6250	Shibaura	3	54D	Variable	12.50	1393	No
1220	$9481	$2730	$3730	$5280	$5920	Shibaura	3	58D	9F-3R	14.50	1338	No
1220 4WD	$10545	$3040	$4150	$5870	$6580	Shibaura	3	58D	9F-3R	14.50	1429	No
1220H 4WD Hydro	$11551	$3330	$4550	$6430	$7210	Shibaura	3	58D	Variable	14.50	1484	No
1220H Hydro	$10487	$3020	$4130	$5840	$6540	Shibaura	3	58D	Variable	14.50	1393	No
1320	$11112	$3200	$4370	$6190	$6930	Shibaura	3	77D	9F-3R	17.00	2101	No
1320 4WD	$12704	$3660	$5000	$7070	$7930	Shibaura	3	77D	9F-3R	17.00	2229	No
1320H 4WD Hydro	$13940	$4010	$5490	$7760	$8700	Shibaura	3	77D	Variable	17.00	2297	No
1320H Hydro	$12729	$3670	$5010	$7090	$7940	Shibaura	3	77D	Variable	17.00	2172	No
1520	$11609	$3340	$4570	$6460	$7240	Shibaura	3	81D	9F-3R	19.50	2156	No
1520 4WD	$13285	$3830	$5230	$7400	$8290	Shibaura	3	81D	9F-3R	19.50	2278	No
1520H 4WD Hydro	$14754	$4250	$5810	$8210	$9210	Shibaura	3	81D	Variable	19.50	2352	No
1520H Hydro	$13460	$3880	$5300	$7490	$8400	Shibaura	3	81D	Variable	19.50	2233	No
1620 4WD Hydro	$15319	$4410	$6030	$8530	$9560	Shibaura	3	81D	Variable	22.00	2352	No
1620 Hydro	$13906	$4010	$5470	$7740	$8680	Shibaura	3	81D	Variable	22.00	2233	No
1720	$12578	$3620	$4950	$7000	$7850	Shibaura	3	91D	12F-4R	23.50	2491	No
1720 4WD	$14346	$4130	$5650	$7990	$8950	Shibaura	3	91D	12F-4R	23.50	2690	No
1920	$14558	$4190	$5730	$8100	$9080	Shibaura	4	122D	12F-4R	28.50	2849	No
1920 4WD	$17106	$4930	$6730	$9520	$10670	Shibaura	4	122D	12F-4R	28.50	3069	No
2120	$16228	$4680	$6390	$9040	$10140	Shibaura	4	139D	12F-4R	34.50	3572	No
2120 4WD	$18805	$5420	$7410	$10480	$11750	Shibaura	4	139D	12F-4R	34.50	3858	No
3230	$16564	$5050	$6130	$8860	$10100	Own	3	192D	8F-2R	32.83	4455	No
3230 4WD	$20771	$6340	$7690	$11110	$12670	Own	3	192D	8F-2R	32.83	4983	No
3430	$17266	$5270	$6390	$9240	$10530	Own	3	192D	8F-2R	38.00	4455	No
3430 4WD	$21608	$6590	$8000	$11560	$13180	Own	3	192D	8F-2R	38.00	4983	No
3430 4WD w/Cab	$26405	$8050	$9770	$14130	$16110	Own	3	192D	8F-2R	38.00	5483	CH
3430 w/Cab	$22063	$6730	$8160	$11800	$13460	Own	3	192D	8F-2R	38.00	4955	CH
3830	$25192	$7680	$9320	$13480	$15370	Fiat	3	165D	12F-4R	45.00	4000	No
3830 Narrow	$19467	$5940	$7200	$10420	$11880	Fiat	3	165D	12F-4R	45.00	3784	No
3930 4WD w/Cab	$27093	$8260	$10020	$14500	$16530	Own	3	201D	8F-2R	45.00	5533	CH
3930 w/Cab	$22568	$6880	$8350	$12070	$13770	Own	3	201D	8F-2R	45.00	5005	CH
4030	$21190	$6460	$7840	$11340	$12930	Fiat	3	179D	12F-4R	51.00	4710	No
4030 4WD	$27561	$8410	$10200	$14750	$16810	Fiat	3	179D	12F-4R	51.00	5060	No
4230	$23583	$7190	$8730	$12620	$14390	Fiat	3	220D	12F-4R	62.00	5430	No
4230 4WD	$29850	$9100	$11050	$15970	$18210	Fiat	3	220D	12F-4R	62.00	5958	No
4430 4WD	$32231	$9830	$11930	$17240	$19660	Fiat	4	238D	12F-4R	70.00	5350	No
5030	$22138	$6750	$8190	$11840	$13500	Own	4	256D	8F-2R	62.00	5742	No
5030 4WD	$26663	$8130	$9870	$14270	$16260	Own	4	256D	8F-2R	62.00	5811	No
5030 4WD w/Cab	$31461	$9600	$11640	$16830	$19190	Own	4	256D	8F-2R	62.00	6311	CHA
5030 w/Cab	$26936	$8220	$9970	$14410	$16430	Own	4	256D	8F-2R	62.00	5783	CHA
5530	$25476	$7770	$9430	$13630	$15540	Fiat	4	220D	12F-12R	62.00	5689	No
5530 4WD	$31926	$9740	$11810	$17080	$19480	Fiat	4	220D	12F-12R	62.00	7290	No

New Holland/Ford (Cont.)

Model	Approx. Retail Price New	Used Trade-In Avg.	Used Trade-In High	Used Retail Avg.	Used Retail High	Make	No. Cyls.	Displ. Cu.-in.	No. Speeds	P.T.O. H.P.	Approx. Shipping Wt.-Lbs.	Cab
1992 (Cont.)												
5610	$25755	$7730	$10560	$14940	$16740	Own	4	256D	16F-4R	62.54	6084	No
5610 4WD Special	$28328	$8500	$11610	$16430	$18410	Own	4	256D	8F-2R	62.00	6435	No
5610 4WD w/Cab	$38591	$11770	$14280	$20650	$23540	Own	4	256D	16F-4R	62.00	7951	CHA
5610 Special	$21299	$6390	$8730	$12350	$13840	Own	4	256D	8F-2R	62.00	5800	No
5610 w/Cab	$33167	$9950	$13600	$19240	$21560	Own	4	256D	16F-4R	62.54	7429	CHA
5640	$24828	$7570	$9190	$13280	$15150	Own	4	268D	8F-2R	66.00	7306	No
5640 4WD	$30646	$7360	$9500	$15020	$17160	Own	4	268D	8F-2R	66.00	8298	No
5640 4WD w/Cab	$39104	$9390	$12120	$19160	$21900	Own	4	268D	12F-12R	66.00	9380	CHA
5640 w/Cab	$33286	$7990	$10320	$16310	$18640	Own	4	268D	12F-12R	66.00	8418	CHA
6530	$29036	$8860	$10740	$15530	$17710	Fiat	4	238D	12F-12R	70.00	5689	No
6530 4WD	$35841	$10930	$13260	$19180	$21860	Fiat	4	238D	12F-12R	70.00	7290	No
6610	$27355	$8340	$10120	$14640	$16690	Own	4	268D	16F-4R	72.13	6084	No
6610 4WD	$33674	$10270	$12460	$18020	$20540	Own	4	268D	16F-4R	72.13	6621	No
6610 4WD Special	$32231	$9830	$11930	$17240	$19660	Own	4	268D	8F-2R	72.00	6435	No
6610 4WD w/Cab	$40822	$12450	$15100	$21840	$24900	Own	4	268D	16F-4R	72.13	7951	CHA
6610 Special	$24702	$7410	$10130	$14330	$16060	Own	4	268D	8F-2R	72.00	5800	No
6610 w/Cab	$34504	$10520	$12770	$18460	$21050	Own	4	268D	16F-4R	72.13	7414	CHA
6640	$26822	$6440	$8320	$13140	$15020	Own	4	304D	8F-2R	76.00	7306	No
6640 4WD	$33141	$7950	$10270	$16240	$18560	Own	4	304D	8F-2R	76.00	8298	No
6640 4WD w/Cab	$42162	$10120	$13070	$20660	$23610	Own	4	304D	12F-12R	76.00	9342	CHA
6640 w/Cab	$35843	$8600	$11110	$17560	$20070	Own	4	304D	12F-12R	76.00	8413	CHA
7530 4WD	$42648	$13010	$15780	$22820	$26020	Fiat	6	331D	20F-4R	91.00	8074	No
7740	$28470	$6830	$8830	$13950	$15940	Own	4T	304D	8F-2R	86.00	7339	No
7740 4WD	$34788	$8350	$10780	$17050	$19480	Own	4T	304D	8F-2R	86.00	8353	No
7740 4WD w/Cab	$44725	$10730	$13870	$21920	$25050	Own	4T	304D	12F-12R	86.00	9415	CHA
7740 w/Cab	$38407	$9220	$11910	$18820	$21510	Own	4T	304D	12F-12R	86.00	8400	CHA
7840	$33651	$10260	$12450	$18000	$20530	Own	6	401D	12F-12R	90.00	8342	No
7840 4WD	$39970	$12190	$14790	$21380	$24380	Own	6	401D	12F-12R	90.00	9400	No
7840 4WD w/Cab	$47407	$14460	$17540	$25360	$28920	Own	6	401D	12F-12R	90.00	10445	CHA
7840 w/Cab	$41088	$12530	$15200	$21980	$25060	Own	6	401D	12F-12R	90.00	9386	CHA
8240	$36855	$8850	$11430	$18060	$20640	Own	6	456D	16F-16R	96.00	8957	No
8240 4WD	$43174	$10360	$13380	$21160	$24180	Own	6	456D	16F-16R	96.00	10015	No
8240 4WD w/Cab	$49995	$12000	$15500	$24500	$28000	Own	6	456D	16F-16R	96.00	11053	CHA
8240 w/Cab	$43832	$10520	$13590	$21480	$24550	Own	6	456D	16F-16R	96.00	9995	CHA
8340	$40197	$9650	$12460	$19700	$22510	Own	6	456D	16F-16R	106.00	8957	No
8340 4WD	$46516	$11160	$14420	$22790	$26050	Own	6	456D	16F-16R	106.00	10015	No
8340 4WD w/Cab	$54150	$13000	$16790	$26530	$30320	Own	6	456D	16F-16R	106.00	11053	CHA
8340 w/Cab	$47832	$11480	$14830	$23440	$26790	Own	6	456D	16F-16R	106.00	9995	CHA
8530	$38830	$9320	$12040	$19030	$21750	Own	6	401D	16F-4R	105.74	11722	No
8530 4WD w/Cab	$54100	$12980	$16770	$26510	$30300	Own	6	401D	16F-4R	105.74	11722	CHA
8630 4WD Powershift	$66967	$16070	$20760	$32810	$37500	Own	6T	401D	18F-9R	121.40	13300	CHA
8630 4WD w/Cab	$61358	$14730	$19020	$30070	$34360	Own	6T	401D	16F-4R	121.40	12500	CHA
8730 4WD PS	$71291	$17110	$22100	$34930	$39920	Own	6T	401D	16F-4R	140.68	15206	CHA
8730 4WD w/Cab	$65564	$15740	$20330	$32130	$36720	Own	6T	401D	16F-4R	140.68	14406	CHA
8830	$62749	$15060	$19450	$30750	$35140	Own	6TI	401D	16F-4R	170.30	13043	CHA
8830 4WD	$71987	$17280	$22320	$35270	$40310	Own	6TI	401D	16F-4R	170.30	14312	CHA
8830 4WD PS	$75818	$18200	$23500	$37150	$42460	Own	6TI	401D	18F-9R	170.00	15112	CHA
8830 PS	$66805	$16030	$20710	$32730	$37410	Own	6TI	401D	18F-9R	170.00	13843	CHA
1991												
1120	$8606	$2500	$3440	$4910	$5510	Shibaura	3	54D	9F-3R	12.50	1338	No
1120 4WD	$9635	$2790	$3850	$5490	$6170	Shibaura	3	54D	9F-3R	12.50	1429	No
1120H 4WD Hydro	$10708	$3110	$4280	$6100	$6850	Shibaura	3	54D	Variable	12.50	1484	No
1120H Hydro	$9679	$2810	$3870	$5520	$6200	Shibaura	3	54D	Variable	12.50	1393	No
1220	$9160	$2660	$3660	$5220	$5860	Shibaura	3	58D	9F-3R	14.50	1338	No
1220 4WD	$10188	$2960	$4080	$5810	$6520	Shibaura	3	58D	9F-3R	14.50	1429	No
1220H 4WD Hydro	$11160	$3240	$4460	$6360	$7140	Shibaura	3	58D	Variable	14.50	1484	No
1220H Hydro	$10132	$2940	$4050	$5780	$6480	Shibaura	3	58D	Variable	14.50	1393	No
1320	$10736	$3110	$4290	$6120	$6870	Shibaura	3	77D	9F-3R	17.00	2101	No
1320 4WD	$12033	$3490	$4810	$6860	$7700	Shibaura	3	77D	9F-3R	17.00	2229	No
1320H 4WD Hydro	$13596	$3940	$5440	$7750	$8700	Shibaura	3	77D	Variable	17.00	2297	No
1320H Hydro	$12229	$3550	$4890	$6970	$7830	Shibaura	3	77D	Variable	17.00	2172	No
1520	$11217	$3250	$4490	$6390	$7180	Shibaura	3	81D	9F-3R	19.50	2156	No
1520 4WD	$12595	$3650	$5040	$7180	$8060	Shibaura	3	81D	9F-3R	19.50	2278	No
1520H 4WD Hydro	$14383	$4170	$5750	$8200	$9210	Shibaura	3	81D	Variable	19.50	2352	No
1520H Hydro	$13005	$3770	$5200	$7410	$8320	Shibaura	3	81D	Variable	19.50	2233	No
1720	$12153	$3520	$4860	$6930	$7780	Shibaura	3	91D	12F-4R	23.50	2491	No
1720 4WD	$13988	$4060	$5600	$7970	$8950	Shibaura	3	91D	12F-4R	23.50	2690	No
1920	$14065	$4080	$5630	$8020	$9000	Shibaura	4	122D	12F-4R	28.50	2849	No
1920 4WD	$16662	$4830	$6670	$9500	$10660	Shibaura	4	122D	12F-4R	28.50	3069	No
2120	$15674	$4540	$6270	$8930	$10030	Shibaura	4	139D	12F-4R	34.50	3572	No
2120 4WD	$18303	$5310	$7320	$10430	$11710	Shibaura	4	139D	12F-4R	34.50	3858	No
3230	$16564	$4800	$6630	$9440	$10600	Own	3	192D	8F-2R	32.33	5538	No
3230 4WD	$20771	$6020	$8310	$11840	$13290	Own	3	192D	8F-2R	32.33	5538	No
3430	$17266	$5010	$6910	$9840	$11050	Own	3	192D	8F-2R	38.48	5594	No
3430 4WD	$21608	$6270	$8640	$12320	$13830	Own	3	192D	8F-2R	38.48	5594	No
3430 4WD w/Cab	$26405	$7660	$10560	$15050	$16900	Own	3	192D	8F-2R	38.00	5483	CH
3430 w/Cab	$22063	$6400	$8830	$12580	$14120	Own	3	192D	8F-2R	38.00	4955	CH
3930	$17771	$5150	$7110	$10130	$11370	Own	3	201D	8F-2R	45.85	5592	No
3930 4WD	$22296	$6470	$8920	$12710	$14270	Own	3	201D	8F-2R	45.85	5592	No
3930 4WD w/Cab	$27093	$7860	$10840	$15440	$17340	Own	3	201D	8F-2R	45.00	5533	CH
3930 w/Cab	$22568	$6550	$9030	$12860	$14440	Own	3	201D	8F-2R	45.00	5005	CH
4630	$19720	$5720	$7890	$11240	$12620	Own	3	201D	8F-2R	55.41	5728	No
4630 4WD	$24245	$7030	$9700	$13820	$15520	Own	3	201D	8F-2R	55.41	5728	No

New Holland/Ford (Cont.)

Model	Approx. Retail Price New	Used Trade-In Avg.	Used Trade-In High	Used Retail Avg.	Used Retail High	Make	Engine No. Cyls.	Displ. Cu.-in.	No. Speeds	P.T.O. H.P.	Approx. Shipping Wt.-Lbs.	Cab
1991 (Cont.)												
4630 4WD w/Cab	$29042	$8420	$11620	$16550	$18590	Own	3	201D	8F-2R	55.00	5958	CH
4630 w/Cab	$24517	$7110	$9810	$13980	$15690	Own	3	201D	8F-2R	55.00	5430	CH
5610	$25755	$5920	$7730	$12360	$14170	Own	4	256D	16F-4R	62.54	6084	No
5610 4WD	$31179	$7170	$9350	$14970	$17150	Own	4	256D	16F-4R	62.00	6621	No
5610 4WD w/Cab	$38591	$8880	$11580	$18520	$21230	Own	4	256D	16F-4R	62.00	7951	CHA
5610 Special	$19581	$5680	$7050	$10380	$11940	Own	4	256D	8F-2R	62.00	5800	No
5610 w/Cab	$33167	$9620	$11940	$17580	$20230	Own	4	256D	16F-4R	62.54	7429	CHA
6610	$27355	$6290	$8210	$13130	$15050	Own	4	268D	16F-4R	72.13	6084	No
6610 4WD	$33674	$7750	$10100	$16160	$18520	Own	4	268D	16F-4R	72.13	6621	No
6610 4WD w/Cab	$40822	$9390	$12250	$19600	$22450	Own	4	268D	16F-4R	72.13	7951	CHA
6610 w/Cab	$34504	$7940	$10350	$16560	$18980	Own	4	268D	16F-4R	72.13	7414	CHA
7610	$29976	$6890	$8990	$14390	$16490	Own	4T	268D	16F-4R	86.95	6291	No
7610 4WD	$35688	$8210	$10710	$17130	$19630	Own	4T	268D	16F-4R	86.95	6902	No
7610 4WD w/Cab	$43100	$9910	$12930	$20690	$23710	Own	4T	268D	16F-4R	86.95	8232	CHA
7610 w/Cab	$37388	$8600	$11220	$17950	$20560	Own	4T	268D	16F-4R	86.95	7621	CHA
7710	$30578	$7030	$9170	$14680	$16820	Own	4T	268D	16F-4R	86.62	7074	No
7710 4WD	$37654	$8660	$11300	$18070	$20710	Own	4T	268D	16F-4R	86.62	7785	No
7710 4WD w/Cab	$44975	$10340	$13490	$21590	$24740	Own	4T	268D	16F-4R	86.62	8815	CHA
7710 w/Cab	$37899	$8720	$11370	$18190	$20840	Own	4T	268D	16F-4R	86.62	8104	CHA
7810	$31404	$7220	$9420	$15070	$17270	Own	6	401D	16F-4R	86.00	7296	No
7810 4WD	$37591	$8650	$11280	$18040	$20680	Own	6	401D	16F-4R	86.00	7907	No
8210 4WD	$48587	$10200	$13600	$17490	$21380	Own	6	401D	16F-8R	100.20	9891	CHA
8530	$38830	$8930	$11650	$18640	$21360	Own	6	401D	16F-4R	105.74	11722	No
8530 4WD w/Cab	$54100	$12440	$16230	$25970	$29760	Own	6	401D	16F-4R	105.74	11722	CHA
8630 4WD	$52705	$12120	$15810	$25300	$28990	Own	6T	401D	16F-4R	121.40	12813	No
8630 4WD w/Cab	$59023	$13580	$17710	$28330	$32460	Own	6T	401D	16F-4R	121.40	13601	CHA
8730 4WD	$56250	$12940	$16880	$27000	$30940	Own	6TI	401D	16F-4R	140.68	13649	No
8730 4WD w/Cab	$63120	$14520	$18940	$30300	$34720	Own	6TI	401D	16F-4R	140.68		CHA
8830	$59725	$13740	$17920	$28670	$32850	Own	6TI	401D	16F-4R	170.30	14343	CHA
8830 4WD	$70200	$16150	$21060	$33700	$38610	Own	6TI	401D	16F-4R	170.30	14343	CHA
1990												
1120	$8475	$2370	$3310	$4750	$5340	Shibaura	3	54D	9F-3R	12.50	1338	No
1120 4WD	$9481	$2660	$3700	$5310	$5970	Shibaura	3	54D	9F-3R	12.50	1429	No
1120H 4WD Hydro	$10530	$2950	$4110	$5900	$6630	Shibaura	3	54D	Variable	12.50	1484	No
1120H Hydro	$9525	$2670	$3720	$5330	$6000	Shibaura	3	54D	Variable	12.50	1393	No
1220	$9117	$2550	$3560	$5110	$5740	Shibaura	3	58D	9F-3R	14.50	1338	No
1220 4WD	$10123	$2830	$3950	$5670	$6380	Shibaura	3	58D	9F-3R	14.50	1429	No
1220H 4WD Hydro	$11074	$3100	$4320	$6200	$6980	Shibaura	3	58D	Variable	14.50	1484	No
1220H Hydro	$10068	$2820	$3930	$5640	$6340	Shibaura	3	58D	Variable	14.50	1393	No
1320	$10557	$2960	$4120	$5910	$6650	Shibaura	3	77D	9F-3R	17.00	2101	No
1320 4WD	$11696	$3280	$4560	$6550	$7370	Shibaura	3	77D	9F-3R	17.00	2229	No
1320H 4WD Hydro	$13226	$3700	$5160	$7410	$8330	Shibaura	3	77D	Variable	17.00	2297	No
1320H Hydro	$12077	$3380	$4710	$6770	$7620	Shibaura	3	77D	Variable	17.00	2172	No
1520	$11029	$3090	$4300	$6180	$6950	Shibaura	3	81D	9F-3R	19.50	2156	No
1520 4WD	$12247	$3430	$4780	$6860	$7720	Shibaura	3	81D	9F-3R	19.50	2278	No
1520H 4WD Hydro	$13997	$3920	$5460	$7840	$8820	Shibaura	3	81D	Variable	19.50	2352	No
1520H Hydro	$12779	$3580	$4980	$7160	$8050	Shibaura	3	81D	Variable	19.50	2233	No
1720	$11944	$3340	$4660	$6690	$7530	Shibaura	3	91D	12F-4R	23.50	2491	No
1720 4WD	$13609	$3810	$5310	$7620	$8570	Shibaura	3	91D	12F-4R	23.50		No
1920	$13816	$3870	$5390	$7740	$8700	Shibaura	4	122D	12F-4R	28.50	2849	No
1920 4WD	$16226	$4540	$6330	$9090	$10220	Shibaura	4	122D	12F-4R	28.50	3089	No
2120	$15391	$4310	$6000	$8620	$9700	Shibaura	4	139D	12F-4R	34.50	3572	No
2120 4WD	$17831	$4990	$6950	$9990	$11230	Shibaura	4	139D	12F-4R	34.50	3858	No
3230	$15920	$4460	$6210	$8920	$10030	Own	3	192D	8F-2R	32.83	4455	No
3230 4WD	$19940	$5580	$7780	$11170	$12560	Own	3	192D	8F-2R	32.83		No
3430	$16593	$4650	$6470	$9290	$10450	Own	3	192D	8F-2R	38.00	4455	No
3430 4WD	$20744	$5810	$8090	$11620	$13070	Own	3	192D	8F-2R	38.00	4983	No
3430 4WD w/Cab	$25343	$7100	$9880	$14190	$15970	Own	3	192D	8F-2R	38.00	5483	CH
3430 w/Cab	$21192	$5930	$8270	$11870	$13350	Own	3	192D	8F-2R	38.00	4955	CH
3930	$17080	$4780	$6660	$9570	$10760	Own	3	201D	8F-2R	45.00	4505	No
3930 4WD	$21393	$5990	$8340	$11980	$13480	Own	3	201D	8F-2R	45.00	5033	No
3930 4WD w/Cab	$25992	$7280	$10140	$14560	$16380	Own	3	201D	8F-2R	45.00	5533	CH
3930 w/Cab	$21679	$6070	$8460	$12140	$13660	Own	3	201D	8F-2R	45.00	5005	CH
4630	$18952	$5400	$6630	$10050	$11560	Own	3	201D	8F-2R	55.00	4930	No
4630 4WD	$23265	$6630	$8140	$12330	$14190	Own	3	201D	8F-2R	55.00	5458	No
4630 4WD w/Cab	$27864	$7940	$9750	$14770	$17000	Own	3	201D	8F-2R	55.00	5958	CH
4630 w/Cab	$23551	$6710	$8240	$12480	$14370	Own	3	201D	8F-2R	55.00	5430	CH
5610	$23800	$5240	$6900	$11190	$12850	Own	4	256D	16F-4R	62.54	6084	No
5610 4WD	$28782	$6330	$8350	$13530	$15540	Own	4	256D	16F-4R	62.00	6621	No
5610 4WD w/Cab	$35638	$7840	$10340	$16750	$19250	Own	4	256D	16F-4R	62.00	7951	CHA
5610 Special	$18573	$5290	$6500	$9840	$11330	Own	4	256D	8F-2R	62.00	5800	No
5610 w/Cab	$30656	$6740	$8890	$14410	$16550	Own	4	256D	16F-4R	62.54	7429	CHA
5900	$17434	$4970	$6100	$9240	$10640	Own	4	256D	8F-2R	62.00	5760	No
6610	$25269	$5560	$7330	$11880	$13650	Own	4	268D	16F-4R	72.13	6084	No
6610 4WD	$31115	$6850	$9020	$14620	$16800	Own	4	268D	16F-4R	72.13	6621	No
6610 4WD w/Cab	$37648	$8280	$10920	$17700	$20330	Own	4	268D	16F-4R	72.13	7951	CHA
6610 w/Cab	$31803	$7000	$9220	$14950	$17170	Own	4	268D	16F-4R	72.13	7414	CHA
7610	$27709	$6100	$8040	$13020	$14960	Own	4T	268D	16F-4R	86.95	6291	No
7610 4WD	$33554	$7380	$9730	$15770	$18120	Own	4T	268D	16F-4R	86.95	6902	No
7610 4WD w/Cab	$40220	$8580	$11310	$18330	$21060	Own	4T	268D	16F-4R	86.95	8232	CHA
7610 w/Cab	$34376	$7560	$9970	$16160	$18560	Own	4T	268D	16F-4R	86.95	7621	CHA
7710	$28281	$6220	$8200	$13290	$15270	Own	4T	268D	16F-4R	86.62	7074	No
7710 4WD	$34991	$7700	$10150	$16450	$18900	Own	4T	268D	16F-4R	86.62	7785	No

New Holland/Ford (Cont.)

Model	Approx. Retail Price New	Used Trade-In Avg.	Used Trade-In High	Used Retail Avg.	Used Retail High	Make	Engine No. Cyls.	Displ. Cu.-in.	No. Speeds	P.T.O. H.P.	Approx. Shipping Wt.-Lbs.	Cab
1990 (Cont.)												
7710 4WD w/Cab	$41740	$9180	$12110	$19620	$22540	Own	4T	268D	16F-4R	86.62	8815	CHA
7710 w/Cab	$35030	$7710	$10160	$16460	$18920	Own	4T	268D	16F-4R	86.62	8104	CHA
7810	$27812	$6120	$8070	$13070	$15020	Own	6	401D	16F-4R	86.00	7928	No
7810 4WD	$33524	$7380	$9720	$15760	$18100	Own	6	401D	16F-4R	86.00	8465	No
8210	$44900	$8980	$12120	$15270	$19310	Own	6	401D	16F-8R	100.20	9425	CHA
8530	$37255	$8200	$10800	$17510	$20120	Own	6	401D	16F-4R	105.74	11722	No
8530 4WD w/Cab	$51924	$11420	$15060	$24400	$28040	Own	6	401D	16F-4R	105.74	11722	CHA
8630 4WD	$50568	$11130	$14670	$23770	$27310	Own	6T	401D	16F-4R	121.40	12813	No
8630 4WD w/Cab	$56629	$12460	$16420	$26620	$30580	Own	6T	401D	16F-4R	121.40	13601	CHA
8730 4WD	$53973	$11870	$15650	$25370	$29150	Own	6TI	401D	16F-4R	140.68	13649	No
8730 4WD w/Cab	$60561	$13320	$17560	$28460	$32700	Own	6TI	401D	16F-4R	140.68		CHA
8830	$57303	$12610	$16620	$26930	$30940	Own	6TI	401D	16F-4R	170.30	14343	CHA
8830 4WD	$67371	$14820	$19540	$31660	$36380	Own	6TI	401D	16F-4R	170.30	14343	CHA
1989												
TW5	$36529	$6940	$9500	$12790	$15340	Own	6	401D	16F-4R	105.74	11722	No
TW5 w/Cab	$42798	$7940	$10870	$14630	$17560	Own	6	401D	16F-4R	105.74	11722	CHA
TW15	$40719	$7740	$10590	$14250	$17100	Own	6	401D	16F-4R	121.40	11754	No
TW15 w/Cab	$46988	$8570	$11720	$15780	$18940	Own	6	401D	16F-4R	121.40		CHA
TW25	$44024	$8370	$11450	$15410	$18490	Own	6T	401D	16F-4R	140.68	13649	No
TW25 w/Cab	$50293	$9120	$12480	$16800	$20160	Own	6T	401D	16F-4R	140.68		CHA
TW35	$56179	$9910	$13570	$18260	$21920	Own	6TI	401D	16F-4R	170.30	14343	CHA
1120	$8178	$2210	$3110	$4500	$5070	Shibaura	3	54D	9F-3R	12.50	1338	No
1120 4WD	$9127	$2460	$3470	$5020	$5660	Shibaura	3	54D	9F-3R	12.50	1429	No
1120H 4WD Hydro	$10132	$2740	$3850	$5570	$6280	Shibaura	3	54D	Variable	12.50		No
1120H Hydro	$9183	$2480	$3490	$5050	$5690	Shibaura	3	54D	Variable	12.50		No
1220	$8711	$2350	$3310	$4790	$5400	Shibaura	3	58D	9F-3R	14.50	1338	No
1220 4WD	$9660	$2610	$3670	$5310	$5990	Shibaura	3	58D	9F-3R	14.50	1429	No
1220H 4WD Hydro	$10664	$2880	$4050	$5870	$6610	Shibaura	3	58D	Variable	14.50		No
1220H Hydro	$9715	$2620	$3690	$5340	$6020	Shibaura	3	58D	Variable	14.50		No
1320	$10199	$2750	$3880	$5610	$6320	Shibaura	3	77D	9F-3R	17.00	2101	No
1320 4WD	$11270	$3040	$4280	$6200	$6990	Shibaura	3	77D	9F-3R	17.00	2229	No
1320H 4WD Hydro	$12409	$3350	$4720	$6830	$7690	Shibaura	3	77D	Variable	17.00		No
1320H Hydro	$11338	$3060	$4310	$6240	$7030	Shibaura	3	77D	Variable	17.00		No
1520	$10710	$2890	$4070	$5890	$6640	Shibaura	3	81D	9F-3R	19.50	2156	No
1520 4WD	$11862	$3200	$4510	$6520	$7350	Shibaura	3	81D	9F-3R	19.50	2278	No
1520H 4WD Hydro	$13146	$3550	$5000	$7230	$8150	Shibaura	3	81D	Variable	19.50		No
1520H Hydro	$11996	$3240	$4560	$6600	$7440	Shibaura	3	81D	Variable	19.50		No
1720	$11372	$3070	$4320	$6260	$7050	Shibaura	3	91D	12F-4R	23.50	2491	No
1920	$13362	$3610	$5080	$7350	$8280	Shibaura	4	122D	12F-4R	28.50	2849	No
1920 4WD	$15512	$4190	$5900	$8530	$9620	Shibaura	4	122D	12F-4R	28.50	3089	No
2120	$14898	$4020	$5660	$8190	$9240	Shibaura	4	139D	12F-4R	34.50	3572	No
2120 4WD	$17262	$4390	$6180	$8940	$10080	Shibaura	4	139D	12F-4R	34.50	3858	No
2810	$15100	$4230	$5130	$8000	$9290	Own	3	158D	8F-2R	32.83	4422	No
2910	$15400	$4310	$5240	$8160	$9470	Own	3	175D	8F-2R	36.62	4412	No
2910 w/Cab	$19267	$5400	$6550	$10210	$11850	Own	3	175D	8F-2R	36.62		CH
3910	$15788	$4420	$5370	$8370	$9710	Own	3	192D	8F-2R	42.62	4499	No
3910 w/Cab	$19655	$5500	$6680	$10420	$12090	Own	3	192D	8F-4R	42.62		CH
4610	$17713	$4960	$6020	$9390	$10890	Own	3	201D	8F-2R	52.52	4868	No
4610 w/Cab	$22093	$6190	$7510	$11710	$13590	Own	3	201D	8F-4R	52.52		CH
5610	$23350	$4900	$6540	$10740	$12380	Own	4	256D	16F-4R	62.54	6084	No
5610 w/Cab	$29699	$6240	$8320	$13660	$15740	Own	4	256D	16F-4R	62.54		CHA
5610 4WD	$28145	$5910	$7880	$12950	$14920	Own	4	256D	16F-4R	62.54	6621	No
5610 4WD w/Cab	$35133	$7380	$9840	$16160	$18620	Own	4	256D	16F-8R	62.00	6686	CHA
5900	$16120	$4510	$5480	$8540	$9910	Own	4	256D	8F-2R	62.00	5760	No
6610	$24776	$5200	$6940	$11400	$13130	Own	4	268D	16F-4R	72.13	6084	No
6610 w/Cab	$31125	$6540	$8720	$14320	$16500	Own	4	268D	16F-4R	72.13		CHA
6610 4WD	$30841	$6480	$8640	$14190	$16350	Own	4	268D	16F-4R	72.13	6636	No
6610 4WD w/Cab	$36565	$7680	$10240	$16820	$19380	Own	4	268D	16F-4R	72.13	6636	CHA
7610	$26092	$5480	$7310	$12000	$13830	Own	4T	268D	16F-4R	86.95	6251	No
7610 w/Cab	$32773	$6880	$9180	$15080	$17370	Own	4T	268D	16F-4R	86.95	6902	CHA
7710	$27464	$5770	$7690	$12630	$14560	Own	4T	268D	16F-4R	86.62	7074	No
7710 w/Cab	$34145	$7170	$9560	$15710	$18100	Own	4T	268D	16F-4R	86.62		CHA
7710 4WD	$34344	$7210	$9620	$15800	$18200	Own	4T	268D	16F-4R	86.62	7074	No
7710 4WD w/Cab	$41255	$8660	$11550	$18980	$21870	Own	4T	268D	16F-4R	86.62		CHA
8210	$42848	$8140	$11140	$15000	$18000	Own	6	401D	16F-8R	95.00	9425	CHA
1988												
TW-5	$36529	$6580	$9130	$12790	$14980	Own	6	401D	16F-4R	105.74	11722	No
TW-5 4WD	$50833	$8280	$11500	$16100	$18860	Own	6	401D	16F-4R	105.74	13569	CHA
TW-15	$40719	$7330	$10180	$14250	$16700	Own	6T	401D	16F-4R	121.40	11754	No
TW-15 4WD	$55878	$8800	$12220	$17110	$20040	Own	6T	401D	16F-4R	121.25	12813	CHA
TW-25	$44573	$8020	$11140	$15600	$18280	Own	6T	401D	16F-4R	140.68	13649	No
TW-25 4WD	$59726	$9370	$13010	$18210	$21330	Own	6T	401D	16F-4R	140.68	14918	CHA
TW-35	$56179	$9900	$13750	$19250	$22550	Own	6TI	401D	16F-4R	170.30	14343	CHA
TW-35 4WD	$66049	$10630	$14760	$20670	$24210	Own	6TI	401D	16F-4R	171.12	15612	CHA
1120	$7500	$2030	$2890	$4290	$4840	Shibaura	3	54D	9F-3R	12.50	1338	No
1120 4WD	$8495	$2210	$3140	$4670	$5270	Shibaura	2	43D	10F-2R	11.50	1396	No
1220	$7990	$2230	$3180	$4730	$5330	Shibaura	3	58D	9F-3R	14.50	1338	No
1220 4WD	$8875	$2390	$3400	$5060	$5700	Shibaura	3	54D	10F-2R	13.50	1442	No
1220 H	$9046	$2470	$3520	$5230	$5900	Shibaura	3	54D	Variable	13.50	1417	No
1220 H 4WD	$9990	$2720	$3870	$5760	$6490	Shibaura	3	54D	Variable	13.50	1530	No
1320	$9505	$2470	$3520	$5230	$5890	Shibaura	3	77D	9F-3R	17.00	2101	Cab
1320 4WD	$10544	$2740	$3900	$5800	$6540	Shibaura	3	58D	12F-4R	16.50	2261	No

New Holland/Ford (Cont.)

Model	Approx. Retail Price New	Used Trade-In Avg.	Used Trade-In High	Used Retail Avg.	Used Retail High	Make	No. Cyls.	Displ. Cu.-in.	No. Speeds	P.T.O. H.P.	Approx. Shipping Wt.-Lbs.	Cab
1988 (Cont.)												
1520	$10045	$2610	$3720	$5530	$6230	Shibaura	3	81D	9F-3R	19.50	2156	No
1520 4WD	$11020	$2870	$4080	$6060	$6830	Shibaura	3	68D	12F-4R	20.45	2440	No
1720	$10475	$2720	$3880	$5760	$6500	Shibaura	3	91D	12F-4R	23.50	2491	No
1720 4WD	$11564	$3010	$4280	$6360	$7170	Shibaura	3	85D	12F-4R	23.88	2710	No
1920	$11920	$3100	$4410	$6560	$7390	Shibaura	4	122D	12F-4R	28.50	2849	No
1920 4WD	$12997	$3380	$4810	$7150	$8060	Shibaura	3	104D	12F-4R	28.60	3245	No
2120	$13734	$3570	$5080	$7550	$8520	Shibaura	4	139D	12F-4R	34.50	3572	No
2120 4WD	$15779	$3840	$5470	$8130	$9160	Shibaura	4	139D	12F-4R	34.91	3946	No
2810	$13288	$3590	$4390	$7110	$8240	Own	3	158D	8F-2R	32.83	4420	No
2810 4WD	$16632	$4490	$5490	$8900	$10310	Own	3	158D	8F-2R	32.83	4955	No
2910	$14091	$3810	$4650	$7540	$8740	Own	3	175D	6F-4R	36.62	4413	No
2910	$17719	$4780	$5850	$9480	$10990	Own	3	175D	8F-2R	36.62	4413	CH
2910 4WD	$19053	$5140	$6290	$10190	$11810	Own	3	175D	8F-4R	36.40	5020	No
2910 4WD	$22187	$5990	$7320	$11870	$13760	Own	3	175D	8F-2R	36.62	4948	CH
3910	$15675	$4230	$5170	$8390	$9720	Own	3	192D	6F-4R	42.00	4527	No
3910	$18836	$5090	$6220	$10080	$11680	Own	3	192D	8F-2R	42.62	4497	CH
3910 4WD	$20637	$5570	$6810	$11040	$12800	Own	3	192D	8F-4R	42.67	5104	No
3910 4WD	$23504	$6350	$7760	$12580	$14570	Own	3	192D	8F-2R	42.62	5032	CH
4610	$18404	$4970	$6070	$9850	$11410	Own	3	201D	8F-4R	52.32	4914	No
4610	$21916	$5920	$7230	$11730	$13590	Own	3	201D	8F-2R	52.52	4864	CH
4610 4WD	$23251	$6280	$7670	$12440	$14420	Own	3	201D	8F-4R	52.32	5471	No
4610 4WD	$26384	$7120	$8710	$14120	$16360	Own	3	201D	8F-2R	52.52	5399	CH
5610	$22620	$4640	$6110	$10180	$11760	Own	4	256D	16F-4R	62.54	6084	No
5610 w/Cab	$29908	$6130	$8080	$13460	$15550	Own	4	256D	16F-8R	62.57	6149	CHA
5610 4WD	$27445	$5630	$7410	$12350	$14270	Own	4	256D	16F-4R	62.54	6621	No
5610 4WD w/Cab	$34733	$7120	$9380	$15630	$18060	Own	4	256D	16F-8R	62.00	6686	CHA
5900	$14986	$4050	$4950	$8020	$9290	Own	4	256D	8F-2R	62.00	5760	No
6610	$24795	$5080	$6700	$11160	$12890	Own	4	268D	16F-8R	72.30	6313	No
6610 w/Cab	$30710	$6300	$8290	$13820	$15970	Own	4	268D	16F-4R	72.13	6084	CHA
6610 4WD	$30541	$6260	$8250	$13740	$15880	Own	4	268D	16F-4R	72.13	6636	No
6610 4WD w/Cab	$35365	$7250	$9550	$15910	$18390	Own	4	268D	16F-4R	72.13	6636	CHA
7610	$25305	$5190	$6830	$11390	$13160	Own	4T	268D	16F-4R	86.95	6251	No
7610 4WD	$31992	$6560	$8640	$14400	$16640	Own	4T	268D	16F-4R	86.95	6902	No
7710	$26000	$5330	$7020	$11700	$13520	Own	4T	268D	16F-8R	86.62	8154	No
7710 w/Cab	$33761	$6920	$9120	$15190	$17560	Own	4T	268D	16F-4R	86.00	6986	CHA
7710 4WD	$34561	$7090	$9330	$15550	$17970	Own	4T	268D	16F-4R	86.00	7785	No
7710 4WD	$34561	$7090	$9330	$15550	$17970	Own	4T	268D	16F-4R	86.00	7785	No
7710 4WD w/Cab	$40109	$8220	$10830	$18050	$20860	Own	4T	268D	16F-4R	86.00	7785	CHA
8210	$42356	$7620	$10590	$14830	$17370	Own	6	401D	16F-8R	95.00	9425	CHA
SU—Low Profile												
1987												
TW-5	$35529	$6040	$8880	$12440	$14570	Own	6	401D	16F-4R	105.74	11722	No
TW-5 4WD	$49833	$8160	$12000	$16800	$19680	Own	6	401D	16F-4R	105.74	13569	CHA
TW-15	$39719	$6750	$9930	$13900	$16290	Own	6T	401D	16F-4R	121.40	11754	No
TW-15 4WD	$54878	$8650	$12720	$17810	$20860	Own	6T	401D	16F-4R	121.25	12813	CHA
TW-25	$43573	$7410	$10890	$15250	$17870	Own	6T	401D	16F-4R	140.68	13649	No
TW-25 4WD	$58726	$9010	$13260	$18560	$21740	Own	6T	401D	16F-4R	140.68	14918	CHA
TW-35	$55179	$8870	$13050	$18260	$21390	Own	6TI	401D	16F-4R	170.30	14343	CHA
TW-35 4WD	$65049	$9870	$14510	$20320	$23800	Own	6TI	401D	16F-4R	171.12	15612	CHA
1120	$6475	$1870	$2690	$4110	$4640	Shibaura	2	43D	10F-2R	11.50	1283	No
1120 4WD	$7262	$2070	$2990	$4560	$5140	Shibaura	2	43D	10F-2R	11.50	1396	No
1220	$7201	$2050	$2950	$4510	$5080	Shibaura	3	54D	12F-4R	13.50	1329	No
1220 4WD	$8155	$2300	$3310	$5060	$5700	Shibaura	3	54D	10F-2R	13.50	1442	No
1220 H	$8516	$2380	$3430	$5230	$5900	Shibaura	3	54D	Variable	13.50	1417	No
1220 H 4WD	$9470	$2620	$3770	$5760	$6490	Shibaura	3	54D	Variable	13.50	1530	No
1320	$8025	$2260	$3250	$4960	$5600	Shibaura	3	58D	12F-4R	16.50	2063	No
1320 4WD	$8993	$2500	$3600	$5500	$6200	Shibaura	3	58D	12F-4R	16.50	2261	No
1520	$8249	$2340	$3370	$5140	$5800	Shibaura	3	68D	12F-4R	20.45	2230	No
1520 4WD	$9609	$2650	$3820	$5840	$6580	Shibaura	3	68D	12F-4R	20.45	2440	No
1720	$9120	$2530	$3640	$5570	$6270	Shibaura	3	85D	12F-4R	23.88	2470	No
1720 4WD	$10984	$2820	$4060	$6210	$7000	Shibaura	3	85D	12F-4R	23.88	2710	No
1920	$10072	$2620	$3770	$5760	$6490	Shibaura	3	104D	12F-4R	28.60	2980	No
1920 4WD	$12317	$3180	$4580	$6990	$7890	Shibaura	3	104D	12F-4R	28.60	3245	No
2120	$13103	$3350	$4820	$7370	$8310	Shibaura	4	139D	12F-4R	34.91	3635	No
2120 4WD	$15109	$3780	$5440	$8310	$9370	Shibaura	4	139D	12F-4R	34.91	3946	No
2810	$13288	$3460	$4250	$7110	$8310	Own	3	158D	8F-2R	32.83	4420	No
2810 4WD	$16632	$4320	$5320	$8900	$10400	Own	3	158D	8F-2R	32.83	4955	No
2910	$14094	$3660	$4510	$7540	$8810	Own	3	175D	8F-2R	36.40	4463	No
2910 4WD	$19053	$4950	$6100	$10190	$11910	Own	3	175D	8F-4R	36.40	5020	No
2910 4WD w/Cab	$22187	$5770	$7100	$11870	$13870	Own	3	175D	8F-2R	36.62	4948	CH
2910 w/Cab	$18074	$4700	$5780	$9670	$11300	Own	3	175D	8F-4R	36.40	4463	CH
3910	$14675	$3820	$4700	$7850	$9170	Own	3	192D	6F-4R	42.00	4527	No
3910 4WD	$19637	$5110	$6280	$10510	$12270	Own	3	192D	8F-4R	42.67	5104	No
3910 4WD w/Cab	$22504	$5850	$7200	$12040	$14070	Own	3	192D	8F-2R	42.62	5032	CH
3910 w/Cab	$18524	$4820	$5930	$9910	$11580	Own	3	192D	8F-4R	42.67	4547	CH
4610	$17404	$4530	$5570	$9310	$10880	Own	3	201D	8F-4R	52.32	4914	No
4610 4WD	$22251	$5790	$7120	$11900	$13910	Own	3	201D	8F-4R	52.32	5471	No
4610 4WD w/Cab	$25384	$6600	$8120	$13580	$15870	Own	3	201D	8F-2R	52.52	5399	CH
4610 w/Cab	$20916	$5440	$6690	$11190	$13070	Own	3	201D	8F-4R	52.52	4864	CH
5610	$21620	$4320	$5730	$9510	$11030	Own	4	256D	16F-8R	62.57	6149	No
5610 4WD	$26445	$5290	$7010	$11640	$13490	Own	4	256D	16F-8R	62.00	6686	No
5610 4WD w/Cab	$33733	$6750	$8940	$14840	$17200	Own	4	256D	16F-8R	62.00	6686	CHA
5610 w/Cab	$28908	$5780	$7660	$12720	$14740	Own	4	256D	16F-8R	62.57	6149	CHA

New Holland/Ford (Cont.)

Model	Approx. Retail Price New	Used Trade-In Avg.	Used Trade-In High	Used Retail Avg.	Used Retail High	Make	No. Cyls.	Displ. Cu.-in.	No. Speeds	P.T.O. H.P.	Approx. Shipping Wt.-Lbs.	Cab
1987 (Cont.)												
5900	$14986	$3900	$4800	$8020	$9370	Own	4	256D	8F-2R	62.00	5760	No
6610	$23795	$4760	$6310	$10470	$12140	Own	4	268D	16F-4R	72.13	6084	No
6610 4WD	$29541	$5910	$7830	$13000	$15070	Own	4	268D	16F-4R	72.13	6528	No
6610 4WD w/Cab	$34365	$6870	$9110	$15120	$17530	Own	4	268D	16F-4R	72.13	6528	CHA
6610 w/Cab	$28710	$5740	$7610	$12630	$14640	Own	4	268D	16F-4R	72.13	6084	CHA
7610	$24305	$4860	$6440	$10470	$12400	Own	4T	268D	16F-4R	86.95	6251	No
7610 4WD	$29992	$6000	$7950	$13200	$15300	Own	4T	268D	16F-4R	86.95	6902	No
7710	$24500	$4900	$6490	$10780	$12500	Own	4T	268D	16F-4R	86.00	7074	No
7710 4WD	$31861	$6370	$8440	$14020	$16250	Own	4T	268D	16F-4R	86.00	7785	No
7710 4WD w/Cab	$38109	$7400	$9810	$16280	$18870	Own	4T	268D	16F-4R	86.00	7785	CHA
7710 w/Cab	$30804	$6160	$8160	$13550	$15710	Own	4T	268D	16F-4R	86.00	7074	CHA
8210	$42356	$6800	$10000	$14000	$16400	Own	6	401D	16F-8R	95.00	9425	CHA

SU - Low Profile H - Hydrostatic Transmission SMS - Synchronized Manual Shuttle Transmission

New Holland/Versatile

Model	Approx. Retail Price New	Used Trade-In Avg.	Used Trade-In High	Used Retail Avg.	Used Retail High	Make	No. Cyls.	Displ. Cu.-in.	No. Speeds	P.T.O. H.P.	Approx. Shipping Wt.-Lbs.	Cab
2000												
TV140	$84515	$34850	$39950	$53550	$58650	Own	6T	456D	Variable	105.0		CHA
9184	$106445	$40450	$47900	$63870	$72380	Cummins	6TA	505D	12F-4R	240.0*		CHA
9184 w/3-Pt	$113435	$43110	$51050	$68060	$77140	Cummins	6TA	505D	12F-4R	240.0*		CHA
9184 w/3-Pt, PTO	$121570	$46200	$54710	$72940	$82670	Cummins	6TA	505D	12F-4R	240.0*		CHA
9282	$115175	$43770	$51830	$69110	$78320	Cummins	6TA	505D	12F-4R	260.0*	17722	CHA
9282 w/3-Pt	$122026	$46370	$54910	$73220	$82980	Cummins	6TA	505D	12F-4R	260.0*	18722	CHA
9282 w/PTO, 3-Pt	$130000	$48260	$57150	$76200	$86360	Cummins	6TA	505D	12F-4R	260.0*	18722	CHA
9384	$113150	$43000	$50920	$67890	$76940	Cummins	6TA	505D	12F-4R	270.0*		CHA
9384 w/3-Pt	$120138	$45650	$54060	$72080	$81690	Cummins	6TA	505D	12F-4R	270.0*		CHA
9384 w/3-Pt, PTO	$128280	$48750	$57730	$76970	$87230	Cummins	6TA	505D	12F-4R	270.0*		CHA
9384 PS	$124175	$47190	$55880	$74510	$84440	Cummins	6TA	505D	12F-4R	270.0*		CHA
9384 PS, 3-PT	$131165	$49840	$59020	$78700	$89190	Cummins	6TA	505D	12F-4R	270.0*		CHA
9384 PS, 3-PT, PTO	$139300	$52930	$62690	$83580	$94720	Cummins	6TA	505D	12F-4R	270.0*		CHA
9482	$130825	$49020	$58050	$77400	$87720	Cummins	6TA	660D	12F-4R	310.0*	18697	CHA
9482 w/PTO, 3-Pt	$145655	$53200	$63000	$84000	$95200	Cummins	6TA	660D	12F-4R	310.0*	18697	CHA
9482 PS	$141630	$52440	$62100	$82800	$93840	Cummins	6TA	660D	12F-4R	310.0*	19697	CHA
9484	$123245	$46830	$55460	$73950	$83810	Cummins	6TA	660D	12F-4R	310.0*		CHA
9484 w/3-Pt	$130235	$49490	$58610	$78140	$88560	Cummins	6TA	660D	12F-4R	310.0*		CHA
9484 w/3-Pt, PTO	$138375	$52580	$62270	$83030	$94100	Cummins	6TA	660D	12F-4R	310.0*		CHA
9484 PS	$134270	$51020	$60420	$80560	$91300	Cummins	6TA	660D	12F-4R	310.0*		CHA
9484 PS w/3-Pt.	$141260	$53680	$63570	$84760	$96060	Cummins	6TA	660D	12F-4R	310.0*		CHA
9484 PS w/3-Pt, PTO	$149395	$56770	$67230	$89640	$101590	Cummins	6TA	660D	12F-4R	310.0*		CHA
9682	$146690	$52910	$62920	$82940	$91520	Cummins	6TA	855D	12F-4R	360.0*	19730	CHA
9682 w/PTO, 3-Pt	$159280	$55870	$66440	$87580	$96640	Cummins	6TA	855D	12F-4R	360.0*	19730	CHA
9682 PS	$154085	$54390	$64680	$85260	$94080	Cummins	6TA	855D	12F-2R	360.0*	20065	CHA
9684	$152655	$54020	$64240	$84680	$93440	Cummins	6TA	855D	12F-4R	360.0*		CHA
9684 w/3-Pt	$158555	$54760	$65120	$85840	$94720	Cummins	6TA	855D	12F-4R	360.0*		CHA
9684 w/3-Pt, PTO	$167780	$59200	$70400	$92800	$102400	Cummins	6TA	855D	12F-4R	360.0*		CHA
9684 PS	$163680	$58090	$69080	$91060	$100480	Cummins	6TA	855D	12F-2R	360.0*		CHA
9684 PS w/3-Pt.	$169580	$60310	$71720	$94540	$104320	Cummins	6TA	855D	12F-2R	360.0*		CHA
9684 PS w/3-Pt, PTO	$178800	$62900	$74800	$98600	$108800	Cummins	6TA	855D	12F-2R	360.0*		CHA
9882	$171065	$59200	$70400	$92800	$102400	Cummins	6TA	855D	12F-4R	425.0*	20230	CHA
9882 w/3-Pt	$177915	$61050	$72600	$95700	$105600	Cummins	6TA	855D	12F-4R	425.0*	20230	CHA
9884 w/3-Pt	$184330	$64750	$77000	$101500	$112000	Cummins	6TA	855D	12F-4R	425.0*		CHA
9884	$178430	$62900	$74800	$98600	$108800	Cummins	6TA	855D	12F-4R	425.0*		CHA

*Net SAE Horsepower
PS Powershift Transmission

Model	Approx. Retail Price New	Used Trade-In Avg.	Used Trade-In High	Used Retail Avg.	Used Retail High	Make	No. Cyls.	Displ. Cu.-in.	No. Speeds	P.T.O. H.P.	Approx. Shipping Wt.-Lbs.	Cab
1999												
TV140	$83785	$32300	$37400	$51850	$56950	Own	6T	456D	Variable	105.0		CHA
9282	$115175	$41460	$48370	$65650	$74860	Cummins	6TA	505D	12F-4R	260.0*	17722	CHA
9282 w/PTO	$123015	$44290	$51670	$70120	$79960	Cummins	6TA	505D	12F-4R	260.0*	18722	CHA
9282 w/PTO, 3-Pt	$130000	$45720	$53340	$72390	$82550	Cummins	6TA	505D	12F-4R	260.0*	18722	CHA
9482	$130825	$46440	$54180	$73530	$83850	Cummins	6TA	660D	12F-4R	310.0*	18697	CHA
9482 w/PTO, 3-Pt	$145655	$50400	$58800	$79800	$91000	Cummins	6TA	660D	12F-4R	310.0*	18697	CHA
9482 PS	$141630	$49680	$57960	$78660	$89700	Cummins	6TA	660D	12F-4R	310.0*	19697	CHA
9482 PS w/PTO, 3-Pt	$156460	$54000	$63000	$85500	$97500	Cummins	6TA	660D	12F-4R	310.0*	19697	CHA
9682	$144450	$46860	$58220	$76680	$85200	Cummins	6TA	855D	12F-4R	360.0*	19730	CHA
9682 w/PTO, 3-Pt	$159280	$49830	$61910	$81540	$90600	Cummins	6TA	855D	12F-4R	360.0*	19730	CHA
9682 PS	$154085	$48510	$60270	$79380	$88200	Cummins	6TA	855D	12F-2R	360.0*	20065	CHA
9682 PS w/PTO, 3-Pt	$163915	$50490	$62730	$82620	$91800	Cummins	6TA	855D	12F-2R	360.0*	20065	CHA
9882	$168040	$52140	$64780	$85320	$94800	Cummins	6TA	855D	12F-4R	425.0*	20230	CHA
9882 w/3-Pt	$169890	$52730	$65520	$86290	$95880	Cummins	6TA	855D	12F-4R	425.0*	20230	CHA

*Net SAE Horsepower
PS Powershift Transmission

Model	Approx. Retail Price New	Used Trade-In Avg.	Used Trade-In High	Used Retail Avg.	Used Retail High	Make	No. Cyls.	Displ. Cu.-in.	No. Speeds	P.T.O. H.P.	Approx. Shipping Wt.-Lbs.	Cab
1998												
TV140	$77890	$28800	$34400	$47200	$52000	Own	6T	456D	Variable	105.0		CHA
9030E Loader	$70646	$26510	$31670	$43450	$47870	Own	4T	304D	Variable	102.0		CHA
9030E Loader, PTO, 3Pt	$78285	$28620	$34190	$46910	$51680	Own	4T	304D	Variable	102.0	10330	CHA
9282	$114690	$35550	$44730	$58490	$65370	Cummins	6TA	505D	12F-4R	260.0*	17722	CHA
9282 w/PTO	$122525	$37200	$46800	$61200	$68400	Cummins	6TA	505D	12F-4R	260.0*	18722	CHA
9482	$127441	$38750	$48750	$63750	$71250	Cummins	6TA	660D	12F-4R	310.0*	18697	CHA
9482 PS	$138250	$40670	$51170	$66910	$74780	Cummins	6TA	660D	12F-4R	310.0*	19697	CHA
9682	$147752	$43310	$54480	$71250	$79630	Cummins	6TA	855D	12F-4R	360.0*	19730	CHA
9682 PS	$157390	$44950	$56550	$73950	$82650	Cummins	6TA	855D	12F-2R	360.0*	20065	CHA

New Holland/Versatile (Cont.)

Model	Approx. Retail Price New	Used Trade-In Avg.	Used Trade-In High	Used Retail Avg.	Used Retail High	Make	Engine No. Cyls.	Displ. Cu.-in.	No. Speeds	P.T.O. H.P.	Approx. Shipping Wt.-Lbs.	Cab
1998 (Cont.)												
9882	$175775	$51150	$64350	$84150	$94050	Cummins	6TA	855D	12F-4R	425.0*	20230	CHA

*Net SAE Horsepower
PS Powershift Transmission

Model	Approx. Retail Price New	Used Trade-In Avg.	Used Trade-In High	Used Retail Avg.	Used Retail High	Make	Engine No. Cyls.	Displ. Cu.-in.	No. Speeds	P.T.O. H.P.	Approx. Shipping Wt.-Lbs.	Cab
1997												
9030	$68588	$24850	$29820	$41180	$45440	Own	4T	268D	Variable	102.0	9930	CHA
9030 Utility	$63063	$24320	$29180	$40300	$44460	Own	4T	268D	Variable	102.0	9260	CHA
9030 Utility w/Loader	$70500	$26430	$31710	$43790	$48320	Own	4T	268D	Variable	102.0		CHA
9030 Utility, Loader, 3Pt.	$77150	$28050	$33660	$46490	$51300	Own	4T	268D	Variable	102.0	10330	CHA
9030 w/3 Pt & PTO	$76000	$27480	$32970	$45530	$50240	Own	4T	268D	Variable	100.0	10975	CHA
9282	$110316	$31610	$40330	$52320	$58860	Cummins	6TA	505D	12F-4R	260.0*	17722	CHA
9282 w/PTO	$117925	$32770	$41810	$54240	$61020	Cummins	6TA	505D	12F-4R	260.0*	18722	CHA
9282 w/PTO, 3 Pt.	$124713	$34420	$43920	$56980	$64100	Cummins	6TA	505D	12F-4R	260.0*	20295	CHA
9482	$124615	$34800	$44400	$57600	$64800	Cummins	6TA	660D	12F-4R	310.0*	18697	CHA
9482 PS	$135106	$37150	$47400	$61490	$69170	Cummins	6TA	660D	12F-2R	310.0*	19232	CHA
9482 PS w/PTO	$142714	$39350	$50210	$65140	$73280	Cummins	6TA	660D	12F-2R	310.0*	20232	CHA
9482 PS w/PTO, 3 Pt.	$149503	$40460	$51620	$66960	$75330	Cummins	6TA	660D	12F-2R	310.0*	21805	CHA
9482 w/PTO	$132222	$37700	$48100	$62400	$70200	Cummins	6TA	660D	12F-4R	310.0*	19697	CHA
9482 w/PTO, 3 Pt.	$139011	$38860	$49580	$64320	$72360	Cummins	6TA	660D	12F-4R	310.0*	21270	CHA
9682	$140785	$37900	$48360	$62740	$70580	Cummins	6TA	855D	12F-4R	360.0*	19730	CHA
9682 PS	$150267	$40660	$51870	$67300	$75710	Cummins	6TA	855D	12F-2R	360.0*	20065	CHA
9682 PS w/PTO	$157875	$41910	$53470	$69360	$78030	Cummins	6TA	855D	12F-2R	360.0*	21065	CHA
9682 PS w/PTO, 3 Pt.	$164665	$43670	$55720	$72290	$81320	Cummins	6TA	855D	12F-2R	360.0*	22638	CHA
9682 w/PTO	$148393	$40110	$51170	$66380	$74680	Cummins	6TA	855D	12F-4R	360.0*	20730	CHA
9682 w/PTO, 3 Pt.	$155182	$42050	$53650	$69600	$78300	Cummins	6TA	855D	12F-4R	360.0*	22303	CHA
9882	$164120	$44690	$57020	$73970	$83210	Cummins	6TA	855D	12F-4R	425.0*	20230	CHA
9882 w/3 Pt.	$170770	$46400	$59200	$76800	$86400	Cummins	6TA	855D	12F-4R	425.0*	21803	CHA

*Net SAE Horsepower
PS Powershift Transmission

Model	Approx. Retail Price New	Used Trade-In Avg.	Used Trade-In High	Used Retail Avg.	Used Retail High	Make	Engine No. Cyls.	Displ. Cu.-in.	No. Speeds	P.T.O. H.P.	Approx. Shipping Wt.-Lbs.	Cab
1996												
9030	$66590	$24000	$28940	$40240	$44830	Own	4T	268D	Variable	102.00	9190	CHA
9030 Utility	$67475	$24640	$29720	$41310	$46020	Own	4T	268D	Variable	102.00	9260	CHA
9030 Utility PTO, 3Pt.	$74903	$27170	$32760	$45540	$50740	Own	4T	268D	Variable	102.00	10330	CHA
9030 w/3 Pt. & PTO	$73789	$26420	$31860	$44290	$49340	Own	4T	268D	Variable	100.	10261	CHA
9282	$106442	$28200	$36560	$47000	$53270	Cummins	6TA	505D	12F-4R	260.00*	17722	CHA
9282 w/PTO	$113938	$30210	$39170	$50360	$57070	Cummins	6TA	505D	12F-4R	260.00*	18722	CHA
9282 w/PTO, 3 Pt.	$120627	$31860	$41300	$53100	$60180	Cummins	6TA	505D	12F-4R	260.00*	20295	CHA
9482	$122634	$32400	$42000	$54000	$61200	Cummins	6TA	660D	12F-4R	310.00*	18697	CHA
9482 PS	$132970	$34020	$44100	$56700	$64260	Cummins	6TA	660D	12F-2R	310.00*	19232	CHA
9482 PS w/PTO	$140466	$35510	$46030	$59180	$67070	Cummins	6TA	660D	12F-2R	310.00*	20232	CHA
9482 PS w/PTO, 3 Pt.	$147155	$37300	$48350	$62170	$70460	Cummins	6TA	660D	12F-2R	310.00*	21805	CHA
9482 w/PTO	$130130	$33750	$43750	$56250	$63750	Cummins	6TA	660D	12F-4R	310.00*	19697	CHA
9482 w/PTO, 3 Pt.	$136820	$35320	$45790	$58870	$66720	Cummins	6TA	660D	12F-4R	310.00*	21270	CHA
9682	$139648	$35640	$46200	$59400	$67320	Cummins	6TA	855D	12F-4R	360.00*	19730	CHA
9682 PS	$148005	$36990	$47950	$61650	$69870	Cummins	6TA	855D	12F-2R	360.00*	20065	CHA
9682 PS w/PTO	$155500	$37800	$49000	$63000	$71400	Cummins	6TA	855D	12F-2R	360.00*	21065	CHA
9682 PS w/PTO, 3 Pt.	$162190	$39180	$50790	$65300	$74000	Cummins	6TA	855D	12F-2R	360.00*	22638	CHA
9682 w/PTO	$147145	$36750	$47640	$61250	$69410	Cummins	6TA	855D	12F-4R	360.00*	20730	CHA
9682 w/PTO, 3 Pt.	$153833	$38340	$49700	$63900	$72420	Cummins	6TA	855D	12F-4R	360.00*	22303	CHA
9882	$155990	$39390	$51070	$65660	$74410	Cummins	6TA	855D	12F-4R	425.00*	20230	CHA
9882 w/3 Pt.	$162543	$41180	$53380	$68630	$77780	Cummins	6TA	855D	12F-4R	425.00*	21803	CHA

*Net SAE Horsepower
PS Powershift Transmission

Model	Approx. Retail Price New	Used Trade-In Avg.	Used Trade-In High	Used Retail Avg.	Used Retail High	Make	Engine No. Cyls.	Displ. Cu.-in.	No. Speeds	P.T.O. H.P.	Approx. Shipping Wt.-Lbs.	Cab
1995												
9030	$58361	$20790	$25200	$35280	$39690	Own	4T	268D	Variable	102.00	9190	CHA
9030 Utility	$59443	$21270	$25780	$36090	$40600	Own	4T	268D	Variable	102.00	9260	CHA
9030 Utility PTO, 3Pt.	$66796	$23690	$28720	$40200	$45230	Own	4T	268D	Variable	102.00	10330	CHA
9030 w/3Pt. & PTO	$65714	$23330	$28280	$39590	$44540	Own	4T	268D	Variable	100.	10261	CHA
9280	$85631	$23980	$29120	$44530	$50520	Cummins	6T	611D	12F-4R	250.00*	17722	CHA
9280 w/PTO	$90770	$25420	$30860	$47200	$53550	Cummins	6T	611D	12F-4R	250.00*	18722	CHA
9280 w/PTO, 3Pt.	$99140	$27760	$33710	$51550	$58490	Cummins	6T	611D	12F-4R	250.00*	20295	CHA
9480	$101747	$28490	$34590	$52910	$60030	Cummins	6TA	855D	12F-4R	300.00*	18697	CHA
9480 PS	$107612	$30130	$36590	$55960	$63490	Cummins	6TA	855D	12F-2R	300.00*	19232	CHA
9480 PS w/PTO, 3Pt.	$121121	$32760	$39780	$60840	$69030	Cummins	6TA	855D	12F-2R	300.00*	21805	CHA
9480 w/PTO, 3Pt.	$115256	$31360	$38080	$58240	$66080	Cummins	6TA	855D	12F-4R	300.00*	21270	CHA
9680	$108561	$30400	$36910	$56450	$64050	Cummins	6TA	855D	12F-4R	350.00*	19730	CHA
9680 PS	$118406	$32200	$39100	$59800	$67850	Cummins	6TA	855D	12F-2R	350.00*	20065	CHA
9680 PS w/PTO, 3Pt.	$131915	$35000	$42500	$65000	$73750	Cummins	6TA	855D	12F-2R	350.00*	22638	CHA
9680 w/PTO, 3Pt.	$122070	$33040	$40120	$61360	$69620	Cummins	6TA	855D	12F-4R	350.00*	22303	CHA
9880	$124284	$33680	$40900	$62560	$70980	Cummins	6TA	855D	12F-4R	400.00*	20230	CHA
9880 w/3Pt.	$130524	$35140	$42670	$65260	$74050	Cummins	6TA	855D	12F-4R	400.00*	21803	CHA

*Net SAE Horsepower
PS Powershift Transmission

Model	Approx. Retail Price New	Used Trade-In Avg.	Used Trade-In High	Used Retail Avg.	Used Retail High	Make	Engine No. Cyls.	Displ. Cu.-in.	No. Speeds	P.T.O. H.P.	Approx. Shipping Wt.-Lbs.	Cab
1994												
9030	$52960	$18530	$22580	$31850	$35900	Own	4T	268D	Variable	102.00	10750	CHA
9030 w/3 Pt. & PTO	$59503	$20640	$25160	$35480	$39990	Own	4T	268D	Variable	100.	12150	CHA
9280	$85131	$22110	$28090	$43420	$49380	Cummins	6T	611D	12F-4R	250.00*	17722	CHA
9280 w/PTO, 3Pt.	$96140	$25000	$31730	$49030	$55760	Cummins	6T	611D	12F-4R	250.00*	20295	CHA
9480	$98547	$25620	$32520	$50260	$57160	Cummins	6TA	855D	12F-4R	300.00*	18697	CHA
9480 PS	$102212	$26000	$33000	$51000	$58000	Cummins	6TA	855D	12F-2R	300.00*	19232	CHA
9480 PS w/PTO, 3Pt.	$111121	$28340	$35970	$55590	$63220	Cummins	6TA	855D	12F-2R	300.00*	21805	CHA

New Holland/Versatile (Cont.)

Model	Approx. Retail Price New	Used Trade-In Avg.	Used Trade-In High	Used Retail Avg.	Used Retail High	Make	No. Cyls.	Displ. Cu.-in.	No. Speeds	P.T.O. H.P.	Approx. Shipping Wt.-Lbs.	Cab
1994 (Cont.)												
9480 w/PTO, 3Pt.	$104156	$26520	$33660	$52020	$59160	Cummins	6TA	855D	12F-4R	300.00*	21270	CHA
9680	$103461	$26360	$33460	$51710	$58810	Cummins	6TA	855D	12F-4R	350.00*	19730	CHA
9680 PS	$113306	$28680	$36400	$56250	$63970	Cummins	6TA	855D	12F-2R	350.00*	20065	CHA
9680 PS w/PTO, 3Pt.	$120915	$30290	$38450	$59420	$67570	Cummins	6TA	855D	12F-2R	350.00*	22638	CHA
9680 w/PTO, 3Pt.	$111070	$28080	$35640	$55080	$62640	Cummins	6TA	855D	12F-4R	350.00*	22303	CHA
9880	$113284	$28860	$36630	$56610	$64380	Cummins	6TA	855D	12F-4R	400.00*	20230	CHA
9880 w/3Pt.	$121524	$31070	$39440	$60950	$69310	Cummins	6TA	855D	12F-4R	400.00*	21803	CHA
*Net SAE Horsepower												
PS Powershift Transmission												
1993												
9030	$52960	$17950	$22000	$31270	$35900	Own	4T	268D	Variable	102.00	10750	CHA
9030 w/3 Pt. & PTO	$59503	$20000	$24510	$34830	$39990	Own	4T	268D	Variable	100.	12150	CHA
846	$77825	$20000	$25600	$40000	$45600	Cummins	6T	611D	12F-4R	230.00*	15560	CHA
846 w/3 Pt. & PTO	$83353	$22000	$28160	$44000	$50160	Cummins	6T	611D	15F-5R	230.00*		CHA
876 Mechanical Shift	$89197	$22300	$28540	$44600	$50840	Cummins	6TI	611D	12F-4R	280.00*	15800	CHA
876 Powershift	$101362	$24750	$31680	$49500	$56430	Cummins	6TI	611D	12F-2R	280.00*		CHA
876 w/3 Pt. & PTO	$108295	$26250	$33600	$52500	$59850	Cummins	6TI	611D	12F-2R	280.00*		CHA
946 Mechanical Shift	$101706	$25430	$32550	$50850	$57970	Cummins	6TI	855D	12F-4R	325.00*	18300	CHA
946 Powershift	$114962	$27500	$35200	$55000	$62700	Cummins	6TI	855D	12F-2R	325.00*	18750	CHA
946 w/3 Pt. & PTO	$121894	$29000	$37120	$58000	$66120	Cummins	6TI	855D	12F-2R	325.00*		CHA
976 Mechanical Shift	$109739	$27440	$35120	$54870	$62550	Cummins	6TI	855D	12F-4R	360.00*	18300	CHA
976 Powershift	$123523	$29500	$37760	$59000	$67260	Cummins	6TI	855D	12F-2R	360.00*	18750	CHA
976 w/3 Pt. & PTO	$130456	$32000	$40960	$64000	$72960	Cummins	6TI	855D	12F-2R	360.00*		CHA
*Net SAE Horsepower												
1992												
9030	$55415	$17080	$20720	$29960	$34160	Own	4T	268D	Variable	102.00	10750	CHA
9030 w/3 Pt. & PTO	$62262	$18990	$23040	$33310	$37980	Own	4T	268D	Variable	100.	12150	CHA
846 w/3 Pt. & PTO	$90458	$21120	$27280	$43120	$49280	Cummins	6T	611D	15F-5R	230.00*		CHA
876 w/3 Pt. & PTO	$115400	$25920	$33480	$52920	$60480	Cummins	6TI	611D	12F-2R	280.00*		CHA
946 w/3 Pt. & PTO	$127952	$28800	$37200	$58800	$67200	Cummins	6TI	855D	12F-2R	325.00*		CHA
976 w/3 Pt. & PTO	$136504	$28600	$37700	$49400	$58500	Cummins	6TI	855D	12F-2R	360.00*		CHA
1156	$170112	$36300	$47850	$62700	$74250	Cummins	6TI	1150D	8F-4R	470*	33000	CHA
*Net SAE Horsepower												
1991												
9030	$53161	$15660	$19440	$28620	$32940	Own	4T	268D	Variable	102.00	10750	CHA
9030 w/3 Pt. & PTO	$60008	$17690	$21960	$32330	$37210	Own	4T	268D	Variable	100.	12150	CHA
846 w/3 Pt. & PTO	$87815	$20200	$26350	$42150	$48300	Cummins	6T	611D	15F-5R	230*		CHA
876 w/3 Pt. & PTO	$113137	$24150	$31500	$50400	$57750	Cummins	6TI	611D	12F-2R	280*		CHA
946 w/3 Pt. & PTO	$118804	$24150	$32200	$41400	$50600	Cummins	6TI	855D	12F-2R	325*		CHA
976 w/3 Pt. & PTO	$127197	$26250	$35000	$45000	$55000	Cummins	6TI	855D	12F-2R	360*		CHA
1156	$167107	$34440	$45920	$59040	$72160	Cummins	6TI	1150D	8F-4R	470*	33000	CHA
*Net SAE Horsepower												
1990												
9030	$49058	$14820	$18200	$27560	$31720	Own	4T	268D	Variable	100.	8500	CHA
9030 w/3 Pt. & PTO	$54328	$16530	$20300	$30740	$35380	Own	4T	268D	Variable	100.	9300	CHA
846 w/3 Pt.	$83265	$18920	$24940	$40420	$46440	Cummins	6T	611D	12F-4R	230*		CHA
876 w/3 Pt.	$98029	$21570	$28430	$46070	$52940	Cummins	6TA	611D	12F-4R	280*		CHA
946 w/3 Pt.	$109368	$21600	$29160	$36720	$46440	Cummins	6TA	855D	12F-4R	325*		CHA
976 w/3 Pt.	$117243	$23000	$31050	$39100	$49450	Cummins	6TA	855D	12F-4R	360*		CHA
1156	$166249	$32200	$43470	$54740	$69230	Cummins	6TI	1150D	8F-4R	470*	33000	CHA
*Net SAE Horsepower												
1989												
276	$45391	$13270	$16110	$25120	$29150	Cummins	4T	239D	Variable	100.45	9000	CHA
276 3 Pt. & PTO	$52029	$14570	$17690	$27580	$32000	Cummins	4T	239D	Variable	100.45	9000	CHA
846	$77183	$16210	$21610	$35500	$40910	Cummins	6T	611D	12F-4R	230*		CHA
846 PS w/PTO	$90643	$18480	$24640	$40480	$46640	Cummins	6T	611D	12F-4R	230*		CHA
876	$97942	$20140	$26850	$44110	$50830	Cummins	6TI	611D	12F-4R	280*	21000	CHA
876 PS w/PTO	$99450	$20580	$27440	$45080	$51940	Cummins	6TI	611D	12F-3R	280*	21000	CHA
946	$99775	$18960	$25940	$34920	$41910	Cummins	6TI	855D	12F-4R	325*	22000	CHA
946 PS	$112314	$20520	$28080	$37800	$45360	Cummins	6TI	855D	12F-2R	325*	22000	CHA
976	$107374	$20400	$27920	$37580	$45100	Cummins	6TA	855D	12F-4R	360*	22000	CHA
976 PS	$120414	$21850	$29900	$40250	$48300	Cummins	6TI	855D	12F-2R	360*	22000	CHA
1156	$163107	$30210	$41340	$55650	$66780	Cummins	6TI	1150D	8F-4R	470*	33000	CHA
*Net SAE Horsepower												
1988												
256 w/3 Pt. & PTO	$41900	$11310	$13830	$22420	$25980	Cummins	4T	239D	Variable	85.14	9000	CHA
276	$45100	$12180	$14880	$24130	$27960	Cummins	4T	239D	Variable	100.45	9000	CHA
846	$74600	$15290	$20140	$33570	$38790	Cummins	6T	611D	12F-4R	230*	21000	CHA
876	$95200	$19270	$25380	$42300	$48880	Cummins	6T	611D	12F-4R	280*	21000	CHA
936	$105000	$18000	$25000	$35000	$41000	Cummins	6T	855D	12F-4R	310*	22000	CHA
956	$107300	$18540	$25750	$36050	$42230	Cummins	6T	855D	12F-4R	335*	22000	CHA
976	$115300	$19260	$26750	$37450	$43870	Cummins	6TA	855D	12F-4R	360*	22000	CHA
1156	$151400	$27250	$37850	$52990	$62070	Cummins	6TA	1150D	8F-2R	470*	33000	CHA
*Net SAE Horsepower												

Oliver

Model	Approx. Retail Price New	Estimated Value Less Repairs — Used Trade-In Avg.	High	Used Retail Avg.	High	Make	Engine No. Cyls.	Displ. Cu.-in.	No. Speeds	P.T.O. H.P.	Approx. Shipping Wt.-Lbs.	Cab
1975												
550	$4392	$1400	$1940	$3400	$3880	Oliver	4	155G	6F-2R	44.00	3229	No
550	$5183	$1610	$2230	$3900	$4450	Oliver	4	155D	6F-2R	39.00	3245	No
1265	$5335	$1780	$2460	$4310	$4920	Fiat	3	158D	9F-3R	41.00	3806	No
1265 4WD	$6625	$2060	$2850	$4990	$5710	Fiat	3	158D	9F-3R	41.00	4456	No
1365	$6636	$2130	$2950	$5160	$5890	Fiat	4	211D	12F-3R	54.00	4606	No
1365 4WD	$7800	$2340	$3240	$5670	$6480	Fiat	4	211D	12F-3R	54.00	5056	No
1465	$8568	$2640	$3660	$6410	$7320	Oliver	4	278D	7F-2R	70.00	6460	No
1555	$7294	$2290	$3170	$5540	$6330	Oliver	6	232G	12F-4R	53.00	6880	No
1555	$8123	$2500	$3470	$6060	$6930	Oliver	6	232D	12F-4R	53.00	6999	No
1655	$8507	$2580	$3570	$6240	$7130	Oliver	6	265G	18F-6R	70.27	7023	No
1655	$9523	$2740	$3790	$6630	$7580	Oliver	6	283D	18F-6R	70.57	7315	No
1655 4WD	$12570	$2830	$4590	$7040	$8170	Oliver	6	265G	18F-6R	70.00	8733	No
1655 4WD	$13554	$3050	$4950	$7590	$8810	Oliver	6	283D	18F-6R	70.00	8850	No
1755	$9160	$2400	$3890	$5970	$6930	Oliver	6	283G	18F-6R	86.98	8739	No
1755	$9993	$2560	$4160	$6380	$7410	Oliver	6	310D	18F-6R	86.93	8873	No
1755 4WD	$12988	$2920	$4740	$7270	$8440	Oliver	6	283G	18F-6R	86.00	10732	No
1755 4WD	$13873	$3120	$5060	$7770	$9020	Oliver	6	310D	18F-6R	86.00	10873	No
1855	$10247	$2530	$4110	$6300	$7310	Oliver	6	310G	18F-6R	92.00	9190	No
1855	$11358	$2780	$4510	$6920	$8030	Oliver	6T	310D	18F-6R	98.60	9315	No
1855 4WD	$13414	$3040	$4930	$7560	$8780	Oliver	6	310G	18F-6R	92.00	11943	No
1855 4WD	$14514	$3270	$5300	$8130	$9430	Oliver	6T	310D	18F-6R	98.00	12236	No
2255	$16277	$2770	$4560	$6840	$7810	Cat.	V-8	573D	18F-6R	146.72	13500	No
2255	$17800	$3030	$4980	$7480	$8540	Cat.	V-8	573D	18F-6R	146.72	14600	C
2255 4WD	$19477	$3310	$5450	$8180	$9350	Cat.	V-8	573D	18F-6R	146.00	15300	No
2255 4WD	$21000	$3570	$5880	$8820	$10080	Cat.	V-8	573D	18F-6R	146.72	16400	C
1974												
550	$4306	$1410	$1940	$3400	$3870	Oliver	4	155G	6F-2R	44.00	3229	No
550	$5081	$1610	$2220	$3890	$4440	Oliver	4	155D	6F-2R	39.00	3245	No
1265	$5230	$1780	$2460	$4310	$4910	Fiat	3	158D	9F-3R	41.00	3806	No
1265 4WD	$6495	$2040	$2810	$4930	$5620	Fiat	3	158D	9F-3R	41.00	4456	No
1270	$5230	$1780	$2460	$4310	$4910	Fiat	3	158D	9F-2R	41.00	3806	No
1270 4WD	$6495	$2040	$2810	$4930	$5620	Fiat	3	158D	9F-2R	41.00	4456	No
1365	$6506	$2120	$2920	$5120	$5840	Fiat	4	211D	12F-3R	54.00	4606	No
1365 4WD	$7647	$2340	$3230	$5660	$6460	Fiat	4	211D	12F-3R	54.00	5056	No
1370	$6506	$2140	$2950	$5170	$5900	Fiat	4	211D	12F-3R	54.00	4606	No
1370 4WD	$7647	$2370	$3270	$5730	$6530	Fiat	4	211D	12F-3R	54.00	5056	No
1465	$8400	$2620	$3610	$6340	$7230	Oliver	4	278D	7F-2R	70.00	6460	No
1555	$7151	$2290	$3160	$5540	$6320	Oliver	6	232G	12F-4R	53.00	6880	No
1555	$7964	$2510	$3450	$6060	$6910	Oliver	6	232D	12F-4R	53.00	6999	No
1655	$8340	$2610	$3590	$6300	$7180	Oliver	6	265G	18F-6R	70.27	7023	No
1655	$9336	$2790	$3850	$6740	$7690	Oliver	6	283D	18F-6R	70.57	7315	No
1655 4WD	$12324	$2770	$4560	$7030	$8130	Oliver	6	265G	18F-6R	70.00	8733	No
1655 4WD	$13288	$2990	$4920	$7570	$8770	Oliver	6	283D	18F-6R	70.00	8850	No
1755	$8981	$2360	$3880	$5970	$6920	Oliver	6	283G	18F-6R	86.98	8739	No
1755	$9797	$2470	$4070	$6270	$7260	Oliver	6	310D	18F-6R	86.93	8873	No
1755 4WD	$12733	$2870	$4710	$7260	$8400	Oliver	6	283D	18F-6R	86.00	10732	No
1755 4WD	$13601	$3060	$5030	$7750	$8980	Oliver	6	310D	18F-6R	86.00	10873	No
1855	$10046	$2440	$4010	$6180	$7160	Oliver	6	310G	18F-6R	92.00	9190	No
1855	$11135	$2620	$4310	$6630	$7680	Oliver	6T	310D	18F-6R	98.60	9315	No
1855 4WD	$13151	$2960	$4870	$7500	$8680	Oliver	6	310G	18F-6R	92.00	11943	No
1855 4WD	$14229	$3200	$5270	$8110	$9390	Oliver	6T	310D	18F-6R	98.00	12236	No
1870	$10400	$2470	$4050	$6240	$7230	MM	6	425LP	18F-6R	97.00	10612	No
1870	$11000	$2520	$4140	$6380	$7390	MM	6	451D	18F-6R	98.00	10812	No
1955	$12615	$2840	$4670	$7190	$8330	Oliver	6T	310D	18F-6R	108.15	10750	No
1955 4WD	$15750	$3540	$5830	$8980	$10400	Oliver	6T	310D	18F-6R	108.00	12850	No
2255	$15958	$2990	$4980	$9130	$10710	Cat.	V-8	573D	18F-6R	146.72	13500	No
2255 4WD	$19095	$3440	$5730	$10500	$12320	Cat.	V-8	573D	18F-6R	146.00	15300	No
2270	$13000	$2340	$3900	$7150	$8390	MM	6	504LP	18F-6R	137.00	12600	No
2270	$13600	$2450	$4080	$7480	$8770	MM	6	585D	18F-6R	142.00	13000	No
1973												
550	$4101	$1350	$1890	$3320	$3780	Oliver	4	155G	6F-2R	44.00	3229	No
550	$4839	$1550	$2160	$3800	$4320	Oliver	4	155D	6F-2R	39.00	3245	No
1265	$4981	$1720	$2400	$4210	$4800	Fiat	3	158D	9F-3R	41.00	3806	No
1265 4WD	$6186	$1960	$2730	$4800	$5470	Fiat	3	158D	9F-3R	41.00	4456	No
1365	$6196	$2040	$2850	$5000	$5700	Fiat	4	211D	12F-3R	54.00	4606	No
1365 4WD	$7283	$2410	$3360	$5900	$6720	Fiat	4	211D	12F-3R	54.00	5056	No
1465	$8000	$2520	$3520	$6180	$7030	Oliver	4	278D	7F-2R	70.00	6460	No
1555	$6810	$2200	$3080	$5400	$6150	Oliver	6	232G	12F-4R	53.00	6880	No
1555	$7585	$2410	$3360	$5910	$6720	Oliver	6	232D	12F-4R	53.00	6999	No
1655	$7943	$2500	$3490	$6140	$6990	Oliver	6	265G	18F-6R	70.27	7023	No
1655	$8891	$2750	$3850	$6750	$7690	Oliver	6	283D	18F-6R	70.57	7315	No
1655 4WD	$11737	$2700	$4400	$6810	$7810	Oliver	6	265G	18F-6R	70.00	8733	No
1655 4WD	$12655	$2910	$4750	$7340	$8420	Oliver	6	283D	18F-6R	70.00	8850	No
1755	$8553	$2430	$3960	$6120	$7020	Oliver	6	283G	18F-6R	86.98	8739	No
1755	$9330	$2450	$3990	$6170	$7070	Oliver	6	310D	18F-6R	86.93	8873	No
1755 4WD	$12127	$2790	$4550	$7030	$8060	Oliver	6	283G	18F-6R	86.00	10732	No
1755 4WD	$12953	$2980	$4860	$7510	$8610	Oliver	6	310D	18F-6R	86.00	10873	No
1855	$9568	$2430	$3960	$6130	$7030	Oliver	6	310G	18F-6R	92.00	9190	No
1855	$10605	$2530	$4130	$6380	$7320	Oliver	6T	310D	18F-6R	98.60	9315	No

Model	Approx. Retail Price New	Estimated Value Less Repairs — Used Trade-In Avg.	Used Trade-In High	Used Retail Avg.	Used Retail High	Make	No. Cyls.	Displ. Cu.-in.	No. Speeds	P.T.O. H.P.	Approx. Shipping Wt.-Lbs.	Cab
Oliver (Cont.)												
				1973 (Cont.)								
1855 4WD	$12525	$2880	$4700	$7270	$8330	Oliver	6	310G	18F-6R	92.00	11943	No
1855 4WD	$13551	$3120	$5080	$7860	$9010	Oliver	6T	310D	18F-6R	98.00	12236	No
1955	$12014	$2760	$4510	$6970	$7990	Oliver	6T	310D	18F-6R	108.15	10750	No
1955 4WD	$15000	$3450	$5630	$8700	$9980	Oliver	6T	310D	18F-6R	108.00	12850	No
2255	$15198	$2960	$4800	$8800	$10320	Cat.	V-8	573D	18F-6R	146.72	13500	No
2255 4WD	$18186	$3360	$5460	$10000	$11730	Cat.	V-8	573D	18F-6R	146.00	15300	No
2655 4WD	$26421	$4490	$7660	$11100	$12680	MM	6	585D	10F-2R	143.30	17300	No
				1972								
550	$3906	$1300	$1840	$3240	$3680	Oliver	4	155G	6F-2R	44.00	3229	No
550	$4791	$1540	$2170	$3820	$4340	Oliver	4	155D	6F-2R	39.00	3245	No
1265	$4932	$1700	$2410	$4250	$4820	Oliver	3	158D	9F-3R	41.00	3806	No
1265 4WD	$6125	$1940	$2740	$4820	$5480	Oliver	3	158D	9F-3R	41.00	4456	No
1365	$6135	$2010	$2850	$5020	$5700	Oliver	4	211D	12F-3R	54.00	4606	No
1365 4WD	$7211	$2180	$3080	$5420	$6160	Oliver	4	211D	12F-3R	54.00	5056	No
1555	$6486	$2110	$2990	$5260	$5980	Oliver	6	232G	12F-4R	53.00	6880	No
1555	$7224	$2310	$3270	$5760	$6540	Oliver	6	232G	12F-4R	53.00	6999	No
1655	$7565	$2400	$3400	$5980	$6800	Oliver	6	265G	18F-6R	70.27	7023	No
1655	$8468	$2640	$3740	$6580	$7480	Oliver	6	283D	18F-6R	70.57	7315	No
1655 4WD	$11507	$2700	$4430	$6790	$7770	Oliver	6	265G	18F-6R	70.00	8733	No
1655 4WD	$12407	$2920	$4780	$7320	$8380	Oliver	6	283D	18F-6R	70.00	8850	No
1755	$8386	$2320	$3810	$5830	$6670	Oliver	6	283G	18F-6R	86.98	8739	No
1755	$9147	$2390	$3910	$5990	$6850	Oliver	6	310D	18F-6R	86.93	8873	No
1755 4WD	$11889	$2790	$4580	$7020	$8030	Oliver	6	283G	18F-6R	86.00	10732	No
1755 4WD	$12699	$2980	$4890	$7490	$8570	Oliver	6	310D	18F-6R	86.00	10873	No
1855	$9380	$2460	$4040	$6180	$7070	Oliver	6	310G	18F-6R	92.00	9190	No
1855	$10397	$2540	$4160	$6370	$7290	Oliver	6T	310D	18F-6R	98.60	9315	No
1855 4WD	$12279	$2890	$4730	$7250	$8290	Oliver	6	310G	18F-6R	92.00	11943	No
1855 4WD	$13285	$3120	$5120	$7840	$8970	Oliver	6T	310D	18F-6R	98.00	12236	No
1955	$11778	$2770	$4540	$6950	$7950	Oliver	6T	310D	18F-6R	108.16	10750	No
1955 4WD	$14706	$3460	$5660	$8680	$9930	Oliver	6T	310D	18F-6R	108.00	12850	No
2155	$13670	$2530	$4170	$7520	$8820	MM	6	585D	10F-3R	141.44	12600	No
2255	$14900	$2760	$4550	$8200	$9610	Cat.	V-8	573D	18F-6R	146.72	13500	No
2255 4WD	$17830	$3300	$5440	$9810	$11500	Cat.	V-8	573D	18F-6R	146.00	15300	No
2655 4WD	$22962	$3900	$6770	$9760	$11020	MM	6	585D	10F-2R	143.30	17300	No
				1971								
550	$3867	$1150	$1620	$2900	$3290	Oliver	4	155G	6F-2R	44.00	3229	No
550	$4744	$1300	$1840	$3280	$3720	Oliver	4	155D	6F-2R	39.00	3245	No
1255	$4650	$1500	$2120	$3790	$4290	Fiat	3	143D	9F-3R	38.00	3906	No
1255 4WD	$5775	$1740	$2470	$4410	$5000	Fiat	3	143D	9F-3R	38.00	4456	No
1265	$4883	$1560	$2210	$3940	$4470	Fiat	3	158D	9F-3R	41.00	3806	No
1265 4WD	$6064	$1820	$2580	$4600	$5220	Fiat	3	158D	9F-3R	41.00	4456	No
1355	$5785	$1800	$2540	$4550	$5160	Oliver	4	190D	12F-3R	51.00	4566	No
1355 4WD	$6800	$2010	$2850	$5090	$5780	Oliver	4	190D	12F-3R	51.00	5116	No
1365	$6074	$1880	$2650	$4740	$5380	Fiat	4	211D	12F-3R	54.00	4606	No
1365 4WD	$7140	$2100	$2980	$5320	$6030	Fiat	4	211D	12F-3R	54.00	5056	No
1555	$6422	$1970	$2780	$4970	$5640	Oliver	6	232G	12F-4R	53.00	6880	No
1555	$7152	$2160	$3060	$5460	$6200	Oliver	6	232D	12F-4R	53.00	6999	No
1655	$7205	$2180	$3080	$5500	$6240	Oliver	6	265G	18F-6R	70.27	7023	No
1655	$8065	$2400	$3400	$6070	$6890	Oliver	6	283D	18F-6R	70.57	7315	No
1655 4WD	$10959	$2580	$4270	$6630	$7510	Oliver	6	265G	18F-6R	70.00	8733	No
1655 4WD	$11816	$2780	$4610	$7150	$8090	Oliver	6	283D	18F-6R	70.00	8850	No
1755	$7987	$2110	$3510	$5440	$6160	Oliver	6	283G	18F-6R	86.98	8739	No
1755	$8711	$2280	$3790	$5880	$6650	Oliver	6	310D	18F-6R	86.93	8873	No
1755 4WD	$11323	$2660	$4420	$6850	$7760	Oliver	6	283G	18F-6R	86.00	10732	No
1755 4WD	$12094	$2840	$4720	$7320	$8280	Oliver	6	310D	18F-6R	86.00	10873	No
1855	$9287	$2300	$3820	$5920	$6710	Oliver	6	310G	18F-6R	92.00	9190	No
1855	$10294	$2420	$4020	$6230	$7050	Oliver	6	310D	18F-6R	98.60	9315	No
1855 4WD	$12157	$2860	$4740	$7360	$8330	Oliver	6	310G	18F-6R	92.00	11943	No
1855 4WD	$13153	$3090	$5130	$7960	$9010	Oliver	6T	310D	18F-6R	98.00	12236	No
1955	$11661	$2740	$4550	$7060	$7990	Oliver	6T	310D	18F-6R	108.16	10750	No
1955 4WD	$14560	$3420	$5680	$8810	$9970	Oliver	6T	310D	18F-6R	108.00	12850	No
2655 4WD	$22000	$3960	$6600	$9460	$10670	MM	6	585D	10F-2R	143.30	17300	No
				1970								
550	$3683	$1120	$1610	$2870	$3250	Oliver	4	155G	4F-4R	44.00	3229	No
550	$4518	$1280	$1830	$3280	$3710	Oliver	4	155D	4F-4R	39.00	3245	No
1255	$4285	$1400	$2010	$3590	$4070	Fiat	3	143D	9F-3R	38.00	3750	No
1255 4WD	$5458	$1660	$2380	$4260	$4820	Fiat	3	143D	9F-3R	38.00	4456	No
1355	$5467	$1720	$2470	$4420	$5000	Oliver	4	190D	12F-3R	51.00	4566	No
1355 4WD	$6426	$1920	$2750	$4910	$5560	Oliver	4	190D	12F-3R	51.00	5116	No
1555	$6116	$1890	$2700	$4840	$5480	Oliver	6	232G	12F-4R	53.00	6880	No
1555	$6811	$2070	$2970	$5310	$6010	Oliver	6	232G	12F-4R	53.00	6999	No
1655	$7134	$2160	$3090	$5530	$6260	Oliver	6	265G	18F-6R	70.27	7023	No
1655	$7985	$2380	$3410	$6110	$6920	Oliver	6	283D	18F-6R	70.57	7315	No
1655 4WD	$10850	$2600	$4420	$6630	$7680	Oliver	6	265G	18F-6R	70.00	8733	No
1655 4WD	$11699	$2750	$4680	$7020	$8130	Oliver	6	283D	18F-6R	70.00	8850	No
1755	$7908	$2360	$3390	$6060	$6860	Oliver	6	283G	18F-6R	86.98	8739	No
1755	$8625	$2550	$3660	$6550	$7410	Oliver	6	310D	18F-6R	86.93	8873	No
1755 4WD	$11211	$2640	$4480	$6730	$7790	Oliver	6	283G	18F-6R	86.00	10732	No
1755 4WD	$11974	$2810	$4790	$7180	$8320	Oliver	6	310D	18F-6R	86.00	10873	No
1855	$9195	$2300	$3920	$5880	$6810	Oliver	6	310G	18F-6R	92.00	9190	No
1855	$10192	$2440	$4160	$6240	$7220	Oliver	6T	310D	18F-6R	98.60	9315	No

Oliver (Cont.)

Model	Approx. Retail Price New	Used Trade-In Avg.	Used Trade-In High	Used Retail Avg.	Used Retail High	Make	Engine No. Cyls.	Displ. Cu.-in.	No. Speeds	P.T.O. H.P.	Approx. Shipping Wt.-Lbs.	Cab
1970 (Cont.)												
1855 4WD	$12037	$2830	$4820	$7220	$8370	Oliver	6	310G	18F-6R	92.00	11943	No
1855 4WD	$13023	$3060	$5210	$7810	$9050	Oliver	6T	310D	18F-6R	98.00	12236	No
1950	$11081	$2140	$3440	$6210	$7280	GM	4	212D	12F-4R	105.79	11500	No
1950 4WD	$13936	$2650	$4250	$7670	$8990	GM	4	212D	12F-4R	105.78	12800	No
1955	$11546	$2230	$3580	$6460	$7580	Oliver	6T	310D	18F-6R	108.16	10750	No
1955 4WD	$14416	$2740	$4400	$7930	$9300	Oliver	6T	310D	18F-6R	108.00	12850	No
1969												
550	$3508	$1110	$1640	$2900	$3280	Oliver	4	155G	6F-2R	41.39	3229	No
550	$4303	$1260	$1850	$3280	$3710	Oliver	4	155D	6F-2R	39.2	3245	No
1250	$3350	$1150	$1700	$3000	$3390	Oliver	4	116G	6F-2R	35	3548	No
1250	$3650	$1230	$1810	$3210	$3630	Oliver	4	138D	6F-2R	35	3666	No
1250 4WD	$4480	$1450	$2140	$3780	$4270	Oliver	4	116G	6F-2R	35	4060	No
1250 4WD	$4780	$1530	$2250	$3990	$4510	Oliver	4	138D	6F-2R	35	4176	No
1255	$4185	$1370	$2020	$3580	$4040	Oliver	3	143D	9F-3R	38.5	3906	No
1255 4WD	$5200	$1590	$2340	$4140	$4680	Oliver	3	143D	9F-3R	38.5	4456	No
1355	$5210	$1670	$2460	$4340	$4910	Oliver	4	190D	12F-3R	51	4566	No
1355 4WD	$6120	$1830	$2700	$4780	$5400	Oliver	4	190D	12F-3R	51	5116	No
1450	$5880	$1820	$2680	$4750	$5370	Oliver	4	268D	7F-2R	55	5520	No
1450 4WD	$7450	$2190	$3220	$5690	$6440	Oliver	4	268D	14F-4R	55	6120	No
1550	$6226	$1920	$2820	$4990	$5640	Oliver	6	232G	6F-2R	53.3	6822	No
1550	$6945	$2110	$3100	$5480	$6200	Oliver	6	232D	6F-2R	53.5	6940	No
1555	$5682	$1770	$2610	$4610	$5210	Oliver	6	232G	12F-4R	53	6770	No
1555	$6745	$2050	$3020	$5340	$6040	Oliver	6	232D	12F-4R	53	6999	No
1655	$6795	$2070	$3050	$5400	$6100	Oliver	6	265G	6F-2R	70.2	7023	No
1655	$7605	$2280	$3360	$5940	$6720	Oliver	6	283D	6F-2R	70.5	7315	No
1655 4WD	$10333	$2020	$3200	$5680	$6670	Oliver	6	265G	18F-3R	70.2	8733	No
1655 4WD	$11145	$2170	$3460	$6130	$7190	Oliver	6	283D	18F-3R	70.5	8850	No
1750	$7430	$1940	$3460	$5060	$5940	Oliver	6	283G	12F-4R	80.3	8530	No
1750	$8140	$2100	$3750	$5480	$6440	Oliver	6	310D	12F-4R	80	8660	No
1750 4WD	$10700	$2090	$3320	$5890	$6900	Oliver	6	283D	12F-4R	80.3	10550	No
1750 4WD	$11455	$2230	$3550	$6300	$7390	Oliver	6	310D	12F-4R	80	10660	No
1850	$8270	$2130	$3800	$5560	$6540	Oliver	6	310G	12F-4R	92.43	8880	No
1850	$9210	$2300	$4100	$6010	$7060	Perkins	6	352D	12F-4R	92.9	9000	No
1850 4WD	$10950	$2140	$3400	$6020	$7060	Oliver	6	310D	12F-4R	92.43	10843	No
1850 4WD	$11880	$2320	$3680	$6530	$7660	Perkins	6	352D	12F-4R	92.90	11012	No
1855	$9105	$2320	$4140	$6060	$7120	Oliver	6	310G	6F-2R	92.00	9190	No
1855	$10090	$2440	$4340	$6350	$7470	Oliver	6T	310D	6F-2R	98.00	9315	No
1855 4WD	$11918	$2320	$3700	$6560	$7690	Oliver	6	310G	18F-6R	92.00	11943	No
1855 4WD	$12894	$2510	$4000	$7090	$8320	Oliver	6T	310D	18F-6R	98.00	12236	No
1950	$10970	$2240	$3560	$6310	$7400	GM	4T	212D	5F-5R	105.79	11500	No
1950 4WD	$13800	$2690	$4280	$7590	$8900	GM	4T	212D	5F-5R	105.79	12800	No
1950T	$11432	$2230	$3540	$6290	$7370	Oliver	6T	310D	6F-2R	105.79	10860	No
1950T 4WD	$14275	$2780	$4430	$7850	$9210	Oliver	6T	310D	6F-2R	105.79	13200	No
1955	$11100	$2170	$3440	$6110	$7160	Oliver	6T	310D	18F-6R	108.16	10750	No
1955 4WD	$14100	$2750	$4370	$7760	$9100	Oliver	6T	310D	18F-6R	108.1	12850	No
2050	$12950	$2530	$4020	$7120	$8350	Oliver	6	478D	18F-6R	118.8	12900	No
2050 4WD	$14400	$2810	$4460	$7920	$9290	Oliver	6	478D	18F-6R	118.8	15000	No
2150	$13660	$2660	$4240	$7510	$8810	Oliver	6T	478D	18F-6R	131.48	12815	No
2150 4WD	$15120	$2950	$4690	$8320	$9750	Oliver	6T	478D	18F-6R	131.48	15100	No
1968												
550	$3341	$1090	$1640	$2870	$3240	Oliver	4	155G	6F-2R	41.39	3229	No
550	$4260	$1230	$1860	$3250	$3670	Oliver	4	155D	6F-2R	35.36	3245	No
1250	$3190	$1110	$1680	$2930	$3310	Oliver	4	116G	6F-2R	35	3510	No
1250	$3476	$1190	$1790	$3130	$3540	Oliver	4	138D	6F-2R	35	3666	No
1250 4WD	$4266	$1340	$2030	$3550	$4000	Oliver	4	116G	6F-2R	35	4060	No
1250 4WD	$4552	$1470	$2220	$3890	$4390	Oliver	4	138D	6F-2R	35	4176	No
1450	$5557	$1740	$2620	$4590	$5180	Oliver	4	268D	7F-2R	55	5520	No
1450 4WD	$7040	$2130	$3220	$5630	$6350	Oliver	4	268D	14F-4R	55	6120	No
1550	$5767	$1790	$2710	$4740	$5350	Oliver	6	232G	6F-2R	53.3	6822	No
1550	$6432	$1970	$2970	$5200	$5870	Oliver	6	232D	6F-2R	53.5	6940	No
1650	$6995	$2110	$3190	$5580	$6290	Oliver	6	265G	12F-2R	66.7	7022	No
1650	$7725	$2310	$3490	$6110	$6890	Oliver	6	283D	12F-2R	66.2	7143	No
1650 4WD	$9155	$2220	$4060	$5890	$6900	Oliver	6	265G	12F-2R	66.7	8418	No
1650 4WD	$9875	$2360	$4320	$6270	$7350	Oliver	6	283D	12F-2R	66.2	8538	No
1750	$7150	$1880	$3420	$4970	$5830	Oliver	6	283G	12F-4R	80.3	8530	No
1750	$7900	$2050	$3740	$5430	$6360	Oliver	6	310D	12F-4R	80	8660	No
1750 4WD	$10200	$2390	$4370	$6340	$7440	Oliver	6	283G	12F-4R	80.3	10550	No
1750 4WD	$11000	$2530	$4620	$6710	$7870	Oliver	6	310D	12F-4R	80	10660	No
1850	$8000	$2070	$3780	$5490	$6440	Oliver	6	310G	12F-4R	92.43	8880	No
1850	$8900	$2280	$4160	$6040	$7080	Perkins	6	352D	12F-4R	92.9	9000	No
1850 4WD	$10600	$2440	$4450	$6470	$7580	Oliver	6	310G	12F-4R	92.43	10843	No
1850 4WD	$11600	$2670	$4870	$7080	$8290	Perkins	6	352D	12F-4R	92.90	11012	No
1950	$10448	$2040	$3240	$5750	$6740	GM	4T	212D	5F-5R	105.79	11500	No
1950 4WD	$13140	$2560	$4070	$7230	$8480	GM	4T	212D	5F-5R	105.79	12800	No
1950T	$10900	$2130	$3380	$6000	$7030	Oliver	6T	212D	6F-2R	105.20	10860	No
1950T 4WD	$13600	$2650	$4220	$7480	$8770	Oliver	6T	310D	6F-2R	105.79	13200	No
1955	$10115	$1990	$3170	$5620	$6590	Oliver	6T	310D	18F-6R	108.16	10750	No
1955 4WD	$14000	$2730	$4340	$7700	$9030	Oliver	6T	310D	18F-6R	108.1	12850	No
2050	$12820	$2500	$3970	$7050	$8270	Oliver	6	478D	6F-2R	118.8	12900	No
2050 4WD	$14256	$2780	$4420	$7840	$9200	Oliver	6	478D	18F-6R	118.8	15000	No
2150	$13523	$2640	$4190	$7440	$8720	Oliver	6T	478D	18F-6R	131.48	12815	No
2150 4WD	$14969	$2920	$4640	$8230	$9660	Oliver	6T	478D	18F-6R	131.48	15100	No

Oliver (Cont.)

Model	Approx. Retail Price New	Used Trade-In Avg.	Used Trade-In High	Used Retail Avg.	Used Retail High	Make	No. Cyls.	Displ. Cu.-in.	No. Speeds	P.T.O. H.P.	Approx. Shipping Wt.-Lbs.	Cab
1967
550	$3182	$1070	$1660	$2860	$3240	Oliver	4	155G	6F-2R	41.39	3229	No
550	$4057	$1220	$1890	$3240	$3680	Oliver	4	155D	6F-2R	35.36	3245	No
770	$4120	$1510	$2340	$4030	$4570	Oliver	6	216G	6F-2R	47.59	4686	No
770	$5060	$1630	$2530	$4340	$4930	Oliver	6	216D	6F-2R	52	4864	No
1250	$3038	$1070	$1660	$2850	$3230	Oliver	4	116G	6F-2R	35	3510	No
1250	$3310	$1140	$1770	$3040	$3450	Oliver	4	138D	6F-2R	35	3666	No
1250 4WD	$4063	$1340	$2080	$3570	$4050	Oliver	4	116G	6F-2R	35	4060	No
1250 4WD	$4335	$1410	$2190	$3760	$4270	Oliver	4	138D	6F-2R	35	4176	No
1450	$5292	$1670	$2580	$4440	$5030	Oliver	4	268D	14F-4R	55	5520	No
1450 4WD	$6705	$2040	$3160	$5430	$6160	Oliver	4	268D	14F-4R	55	6118	No
1550	$5492	$1720	$2660	$4580	$5190	Oliver	6	232G	12F-4R	53.3	6822	No
1550	$6126	$1890	$2920	$5020	$5700	Oliver	6	232D	12F-4R	53.5	6941	No
1650	$5781	$1800	$2780	$4780	$5430	Oliver	6	265G	12F-4R	66.7	7022	No
1650	$6517	$1990	$3080	$5300	$6010	Oliver	6	283D	12F-4R	66.2	7145	No
1650 4WD	$8990	$2300	$4200	$6190	$7240	Oliver	6	265G	12F-4R	66.7	8418	No
1650 4WD	$9725	$2350	$4300	$6340	$7410	Oliver	6	283D	12F-4R	66.2	8538	No
1750	$6359	$1690	$3090	$4560	$5340	Oliver	6	283G	12F-4R	80.3	8530	No
1750	$7037	$1850	$3380	$4980	$5830	Oliver	6	310D	12F-4R	80	8660	No
1850	$6926	$1820	$3330	$4910	$5750	Oliver	6	310G	12F-4R	92.43	8888	No
1850	$7775	$2020	$3690	$5440	$6360	Perkins	6	352D	12F-4R	92.9	9000	No
1850 4WD	$9700	$1990	$3160	$5710	$6630	Oliver	6	310G	12F-4R	92.43	9699	No
1850 4WD	$10545	$2100	$3330	$6020	$6980	Perkins	6	352D	12F-4R	92.9	11012	No
1950	$10345	$2020	$3210	$5790	$6720	GM	4T	212D	12F-4R	105.79	11500	No
1950 4WD	$13010	$2540	$4030	$7290	$8460	GM	4T	212D	12F-4R	105.79	12800	No
1950T	$10797	$2110	$3350	$6050	$7020	Oliver	6T	212D	18F-6R	105.2	11100	No
1950T 4WD	$13475	$2630	$4180	$7550	$8760	Oliver	6T	310D	18F-6R	105.79	13200	No
1966
550	$3150	$1060	$1680	$2840	$3240	Oliver	4	155G	6F-2R	41.39	3229	No
550	$4017	$1210	$1910	$3230	$3690	Oliver	4	155D	6F-2R	35.36	3245	No
770	$4078	$1480	$2340	$3960	$4520	Oliver	6	216G	6F-2R	45	4686	No
770	$5009	$1590	$2520	$4270	$4870	Oliver	6	216D	6F-2R	50	4864	No
1250	$3000	$1060	$1680	$2840	$3240	Oliver	4	116G	6F-2R	35	3548	No
1250	$3277	$1130	$1800	$3040	$3460	Oliver	4	138D	6F-2R	35	3666	No
1250 4WD	$4023	$1330	$2110	$3570	$4070	Oliver	4	116G	6F-2R	35	4060	No
1250 4WD	$4295	$1400	$2220	$3760	$4290	Oliver	4	138D	6F-2R	35	4176	No
1550	$5230	$1650	$2620	$4420	$5050	Oliver	6	232G	12F-4R	53.3	6822	No
1550	$5835	$1810	$2870	$4850	$5540	Oliver	6	232D	12F-4R	53.5	6941	No
1650	$5506	$1720	$2730	$4620	$5270	Oliver	6	265G	12F-4R	66.7	7022	No
1650	$6207	$1910	$3030	$5120	$5840	Oliver	6	283D	12F-4R	66.2	7143	No
1650 4WD	$8563	$2200	$4020	$5980	$7030	Oliver	6	265G	12F-4R	66.7	8420	No
1650 4WD	$9262	$2310	$4230	$6290	$7400	Oliver	6	283D	12F-4R	66.2	8538	No
1750	$6056	$1620	$2960	$4410	$5190	Oliver	6	283G	12F-4R	80.3	8530	No
1750	$6705	$1770	$3240	$4820	$5660	Oliver	6	310D	12F-4R	80	8660	No
1850	$6596	$1750	$3190	$4750	$5580	Oliver	6	310G	12F-4R	92.43	8888	No
1850	$7405	$1930	$3530	$5250	$6180	Perkins	6	352D	12F-4R	92.9	9000	No
1850 4WD	$9237	$1960	$3110	$5720	$6620	Oliver	6	310G	12F-4R	92.43	10843	No
1850 4WD	$10045	$2060	$3270	$6010	$6960	Perkins	6	352D	12F-4R	92.9	11012	No
1950	$9852	$2120	$3360	$6190	$7160	GM	4T	212D	12F-4R	105.79	10500	No
1950 4WD	$12390	$2420	$3840	$7060	$8180	GM	4T	212D	12F-4R	105.79	12800	No
1965
550	$3000	$1030	$1700	$2830	$3240	Oliver	4	155G	6F-2R	41.39	3229	No
550	$3844	$1170	$1940	$3220	$3690	Oliver	4	155D	6F-2R	39.2	3245	No
770	$3903	$1410	$2320	$3860	$4430	Oliver	6	216G	6F-2R	51.6	4686	No
770	$4795	$1520	$2520	$4190	$4800	Oliver	6	216D	6F-2R	52	4864	No
1250	$2878	$1010	$1670	$2770	$3180	Oliver	4	116G	6F-2R	35	3548	No
1250	$3135	$1080	$1780	$2960	$3390	Oliver	4	138D	6F-2R	35	3666	No
1250 4WD	$3850	$1260	$2090	$3470	$3980	Oliver	4	116G	6F-2R	35	4060	No
1250 4WD	$4107	$1330	$2200	$3650	$4190	Oliver	4	138D	6F-2R	35	4176	No
1550	$4980	$1560	$2570	$4280	$4900	Oliver	6	232G	12F-4R	53.3	6822	No
1550	$5555	$1700	$2820	$4690	$5380	Oliver	6	232D	12F-4R	53.5	5556	No
1650	$5245	$1620	$2690	$4470	$5120	Oliver	6	265G	12F-4R	66.7	7022	No
1650	$5911	$1800	$2970	$4940	$5670	Oliver	6	283D	12F-4R	66.2	7143	No
1650 4WD	$8155	$2110	$3850	$5770	$6820	Oliver	6	265G	12F-4R	66.7	8418	No
1650 4WD	$8821	$2260	$4130	$6190	$7320	Oliver	6	283D	12F-4R	66.2	8538	No
1750	$5777	$1560	$2850	$4270	$5050	Oliver	6	283G	12F-4R	80.3	8530	No
1750	$6383	$1700	$3100	$4650	$5500	Oliver	6	310D	12F-4R	80	8660	No
1850	$6282	$1680	$3060	$4590	$5430	Oliver	6	310G	12F-4R	92.43	8883	No
1850	$7050	$1850	$3380	$5070	$6000	Perkins	6	352D	12F-4R	92.9	9000	No
1850 4WD	$8797	$1910	$3040	$5680	$6560	Oliver	6	310G	12F-4R	92.43	9265	No
1850 4WD	$9565	$2060	$3280	$6130	$7080	Perkins	6	352D	12F-4R	92.9	10485	No
1950	$9755	$2100	$3330	$6240	$7210	GM	4T	212D	12F-4R	105.79	10500	No
1950 4WD	$12268	$2390	$3800	$7120	$8220	GM	4T	212D	12F-4R	105.79	12340	No
1964
550	$2970	$1000	$1720	$2790	$3240	Oliver	4	155G	6F-2R	41.39	3229	No
550	$3806	$1140	$1960	$3180	$3690	Oliver	4	155D	6F-2R	39.2	3245	No
660	$3265	$1090	$1880	$3050	$3540	Oliver	4	155G	6F-2R	40	3362	No
660	$3760	$1220	$2100	$3410	$3960	Oliver	6	155D	6F-2R	39	3378	No
770	$3864	$1350	$2330	$3790	$4400	Oliver	6	216G	6F-2R	51.6	4686	No
770	$4746	$1450	$2510	$4080	$4730	Oliver	6	216D.	6F-2R	50.7	4864	No
1600	$4675	$1430	$2460	$4000	$4650	Oliver	6	248G	12F-4R	57	6240	No
1600	$5267	$1580	$2730	$4430	$5150	Oliver	6	265D	12F-4R	57.95	6360	No

Oliver (Cont.)

Model	Approx. Retail Price New	Used Trade-In Avg.	Used Trade-In High	Used Retail Avg.	Used Retail High	Make	No. Cyls.	Displ. Cu.-in.	No. Speeds	P.T.O. H.P.	Approx. Shipping Wt.-Lbs.	Cab
1964 (Cont.)												
1600 4WD	$7267	$1670	$3050	$4580	$5450	Oliver	6	248G	12F-4R	57	8020	No
1600 4WD	$7861	$1790	$3280	$4910	$5850	Oliver	6	265D	12F-4R	57.95	8140	No
1650	$5192	$1580	$2720	$4430	$5140	Oliver	6	265G	12F-4R	66.7	6727	No
1650	$5852	$1750	$3020	$4900	$5690	Oliver	6	283D	12F-4R	66.2	7063	No
1650 4WD	$8075	$2110	$3850	$5780	$6880	Oliver	6	265D	12F-4R	66.7	8451	No
1650 4WD	$8735	$2270	$4150	$6220	$7410	Oliver	6	283D	12F-4R	66.2	8538	No
1750	$5720	$1550	$2820	$4230	$5040	Oliver	6	283G	12F-4R	80.3	8530	No
1750	$6320	$1680	$3070	$4610	$5490	Oliver	6	310D	12F-4R	80	8660	No
1850	$6220	$1660	$3030	$4550	$5420	Oliver	6	310G	12F-4R	92.43	8888	No
1850	$6980	$1840	$3350	$5030	$5990	Perkins	6	352D	12F-4R	92.9	9000	No
1850 4WD	$8710	$1890	$3010	$5730	$6600	Oliver	6	310G	12F-4R	92.43	10843	No
1850 4WD	$9470	$2040	$3250	$6180	$7120	Perkins	6	352D	12F-4R	92.9	11012	No
1950	$9657	$2080	$3300	$6290	$7250	GM	4T	212D	12F-4R	105.79	11500	No
1950 4WD	$12147	$2370	$3770	$7170	$8260	GM	4T	212D	12F-4R	105.79	12340	No
1963												
550	$2700	$980	$1740	$2760	$3240	Oliver	4	155G	6F-2R	41.39	3229	No
550	$3460	$1120	$1980	$3150	$3700	Oliver	4	155D	6F-2R	39.2	3245	No
660	$3008	$1040	$1830	$2900	$3410	Oliver	4	155G	6F-2R	40	3362	No
660	$3455	$1150	$2030	$3220	$3780	Oliver	6	155D	6F-2R	39	3378	No
770	$3788	$1350	$2380	$3780	$4440	Oliver	6	216G	6F-2R	51.6	4686	No
770	$4653	$1440	$2540	$4040	$4750	Oliver	6	216D	6F-2R	50.7	4864	No
880	$4900	$1510	$2660	$4220	$4960	Oliver	6	265G	6F-2R	64.2	5069	No
880	$5475	$1650	$2910	$4630	$5440	Oliver	6	265D	6F-2R	62	5274	No
1600	$4675	$1430	$2520	$4000	$4700	Oliver	6	231G	12F-4R	57	6240	No
1600	$5267	$1580	$2790	$4430	$5210	Oliver	6	265D	12F-4R	57.95	6360	No
1600 4WD	$7250	$1670	$2970	$4600	$5510	Oliver	6	231G	12F-4R	57	8020	No
1600 4WD	$7861	$1810	$3220	$4990	$5970	Oliver	6	265D	12F-4R	57.95	8140	No
1800	$5330	$1460	$2600	$4020	$4810	Oliver	6	265G	12F-4R	80.16	8208	No
1800	$5953	$1600	$2850	$4420	$5280	Oliver	6	283D	12F-4R	77	8493	No
1800 4WD	$7488	$1950	$3480	$5390	$6450	Oliver	6	265G	12F-4R	80.8	9728	No
1800 4WD	$8172	$2110	$3760	$5820	$6970	Oliver	6	283D	12F-4R	77	9848	No
1900	$8678	$2230	$3970	$6150	$7360	GM	4	212D	12F-4R	98.	11500	No
1900 4WD	$11230	$2240	$3560	$6890	$7930	GM	4	212D	12F-4R	100.	12340	No
1962												
440	$2420	$870	$1570	$2450	$2910	Oliver	4	140G	4F-1R	28	2497	No
550	$2675	$970	$1750	$2720	$3230	Oliver	4	155G	6F-2R	41.39	3229	No
550	$3430	$1110	$2000	$3110	$3700	Oliver	4	155D	6F-2R	39.2	3245	No
660	$3000	$1020	$1840	$2860	$3400	Oliver	4	155G	6F-2R	40	3362	No
660	$3420	$1130	$2030	$3160	$3760	Oliver	6	155D	6F-2R	39	3378	No
770	$3750	$1330	$2390	$3720	$4420	Oliver	6	216G	6F-2R	51.6	4686	No
770	$4620	$1430	$2580	$4000	$4760	Oliver	6	216D	6F-2R	50	4864	No
880	$4870	$1500	$2700	$4200	$4990	Oliver	6	265G	12F-2R	64.2	5069	No
880	$5450	$1650	$2970	$4610	$5480	Oliver	6	265D	12F-2R	62	5274	No
1600	$4650	$1440	$2600	$4040	$4800	Oliver	6	231G	6F-2R	57	6240	No
1600	$5250	$1580	$2850	$4430	$5270	Oliver	6	265D	6F-2R	57.95	6360	No
1600 4WD	$7250	$1670	$2970	$4640	$5580	Oliver	6	231G	6F-2R	57	8020	No
1600 4WD	$7850	$1810	$3220	$5020	$6050	Oliver	6	265D	6F-2R	57.95	8140	No
1800	$5310	$1450	$2590	$4040	$4860	Oliver	6	265G	6F-2R	80.1	8208	No
1800	$5940	$1600	$2850	$4440	$5340	Oliver	6	283D	6F-2R	77	8493	No
1800 4WD	$7450	$1940	$3470	$5410	$6510	Oliver	6	265G	18F-6R	80.	9728	No
1800 4WD	$8150	$2110	$3750	$5860	$7050	Oliver	6	283D	6F-2R	77	9848	No
1900	$8650	$2220	$3960	$6180	$7430	GM	4	212D	12F-4R	98	11500	No
1900 4WD	$11200	$2180	$3470	$6780	$7840	GM	4	212D	6F-2R	100	12340	No
1961												
440	....	$860	$1580	$2410	$2890	Oliver	4	140G	4F-1R	28	2497	No
550	....	$950	$1760	$2670	$3210	Oliver	4	155D	6F-2R	39.36	3245	No
550	....	$1100	$2020	$3080	$3700	Oliver	4	155G	6F-2R	41.39	3229	No
660	....	$1010	$1850	$2820	$3390	Oliver	6	155G	6F-2R	41	4147	No
660	....	$1140	$2100	$3190	$3840	Oliver	4	155G	6F-2R	40	4047	No
770	....	$1310	$2420	$3680	$4430	Oliver	6	216D	6F-2R	52	5425	No
770	....	$1410	$2610	$3970	$4770	Oliver	6	216G	6F-2R	47.59	5286	No
880	....	$1330	$2450	$3730	$4490	Oliver	6	265D	12F-2R	62	5631	No
880	....	$1470	$2710	$4130	$4960	Oliver	6	265D	12F-2R	57.43	5492	No
950	....	$1400	$2570	$3920	$4710	Oliver	6	302G	6F-2R	59.75	7303	No
950	....	$1610	$2980	$4530	$5440	Oliver	6	302D	6F-2R	70	10415	No
990	....	$2390	$4410	$6710	$8070	GM	3T	213D	6F-2R	84.10	10980	No
995	....	$2390	$4410	$6710	$8070	GM	3T	213D	6F-2R	85.37	11245	No
1800 4WD	....	$1680	$2990	$4750	$5690	Oliver	6	265G	18F-6R	86.98	9680	No
1800 4WD	....	$1850	$3300	$5230	$6280	Oliver	6	283D	6F-2R	77	9810	No
1800 Tricycle	....	$1290	$2300	$3650	$4380	Oliver	6	265G	6F-2R	73.92	8410	No
1800 Tricycle	....	$1470	$2610	$4140	$4970	Oliver	6	283D	6F-2R	77	8670	No
1800 Wheatland	....	$1350	$2400	$3800	$4560	Oliver	6	265G	6F-2R	73.92	10280	No
1800 Wheatland	....	$1520	$2710	$4300	$5160	Oliver	6	283D	6F-2R	77	10420	No
1900 2WD	....	$1970	$3510	$5560	$6670	GM	4	212D	12F-4R	89.35	11925	No
1900 Wheatland	....	$2030	$3620	$5740	$6880	GM	4	212D	10F-2R	89.35	10990	No
1960												
440	....	$830	$1580	$2360	$2860	Oliver	4	140G	4F-1R	28	2497	No
550	....	$920	$1760	$2620	$3180	Oliver	4	155G	6F-2R	41.39	3229	No
550	....	$1060	$2040	$3040	$3680	Oliver	4	155·D	6F-2R	39.36	3245	Cab
660	....	$970	$1870	$2780	$3360	Oliver	4	155G	6F-2R	40	4047	No

Oliver (Cont.)

Model	Approx. Retail Price New	Used Trade-In Avg.	Used Trade-In High	Used Retail Avg.	Used Retail High	Engine Make	No. Cyls.	Displ. Cu.-in.	No. Speeds	P.T.O. H.P.	Approx. Shipping Wt.-Lbs.	Cab
1960 (Cont.)												
660	......	$1100	$2110	$3150	$3810	Oliver	6	155D	6F-2R	41	4147	No
770	......	$1270	$2440	$3640	$4400	Oliver	6	216G	6F-2R	47.59	5286	No
770	......	$1370	$2630	$3920	$4750	Oliver	6	216D	6F-2R	52	5425	No
880	......	$1290	$2480	$3690	$4460	Oliver	6	265G	12F-2R	57.43	5492	No
880	......	$1430	$2750	$4090	$4950	Oliver	6	265D	12F-2R	62	5631	No
950	......	$1320	$2530	$3770	$4560	Oliver	6	302G	6F-2R	59.75	7303	No
950	......	$1560	$2990	$4450	$5380	Oliver	6	302D	6F-2R	70	10415	No
990	......	$2310	$4430	$6590	$7980	GM	3T	213D	6F-2R	84.10	10980	No
995	......	$2310	$4430	$6590	$7980	GM	3T	213D	6F-2R	85.37	11245	No
1800 4WD	......	$1660	$2950	$4750	$5620	Oliver	6	265G	18F-6R	86.98	9680	No
1800 4WD	......	$1830	$3260	$5250	$6200	Oliver	6	283D	6F-2R	77	9810	No
1800 Tricycle	......	$1240	$2220	$3570	$4220	Oliver	6	265G	6F-2R	73.92	8410	No
1800 Tricycle	......	$1440	$2570	$4140	$4890	Oliver	6	283D	6F-2R	77	8670	No
1800 Wheatland	......	$1320	$2360	$3800	$4490	Oliver	6	265G	6F-2R	73.92	10280	No
1800 Wheatland	......	$1470	$2630	$4230	$5000	Oliver	6	283D	6F-2R	77	10420	No
1900 2WD	......	$1940	$3450	$5560	$6570	GM	4	212D	12F-4R	89.35	11925	No
1959												
Super 44	......	$800	$1600	$2330	$2830	Continental		302G	4F-1R	28	2386	No
550	......	$880	$1770	$2580	$3140	Oliver	4	155G	6F-2R	41.39	3229	No
550	......	$1020	$2040	$2980	$3630	Oliver	4	155D	6F-2R	39.36	3245	No
660	......	$940	$1870	$2730	$3320	Oliver	4	155G	6F-2R	40	4047	No
660	......	$1060	$2130	$3100	$3780	Oliver	6	155D	6F-2R	41	4147	No
770	......	$1240	$2490	$3630	$4420	Oliver	6	216G	6F-2R	47.59	5286	No
770	......	$1330	$2650	$3870	$4710	Oliver	6	216D	6F-2R	52	5425	No
880	......	$1250	$2500	$3650	$4440	Oliver	6	265G	12F-2R	57.43	5492	No
880	......	$1390	$2780	$4050	$4930	Oliver	6	265D	12F-2R	62	5631	No
950	......	$1240	$2490	$3630	$4420	Oliver	6	302G	6F-2R	59.75	7303	No
950	......	$1480	$2950	$4300	$5240	Oliver	6	302D	6F-2R	70	10415	No
990	......	$2210	$4410	$6440	$7830	GM	3T	213D	6F-2R	84.10	10980	No
995	......	$2210	$4410	$6440	$7830	GM	3T	213D	6F-2R	85.37	11245	No
1958												
Super 44	......	$760	$1550	$2220	$2710	Continental		302G	4F-1R	28	2386	No
Super 55	......	$710	$1450	$2070	$2540	Oliver	4	144G	6F-2R	32.65	3369	No
Super 55	......	$750	$1540	$2200	$2690	Oliver	4	144D	6F-2R	34	3469	No
Super 66	......	$790	$1610	$2300	$2820	Oliver	6	144G	6F-2R	32.83	3943	No
Super 66	......	$830	$1700	$2430	$2980	Oliver	6	144D	6F-2R	35	4043	No
Super 77	......	$870	$1770	$2520	$3090	Oliver	6	216G	6F-2R	41.48	4915	No
Super 77	......	$1020	$2080	$2970	$3630	Oliver	6	216D	6F-2R	46	5009	No
Super 88	......	$970	$1980	$2820	$3460	Oliver	6	265G	6F-2R	53.4	4700	No
Super 88	......	$1130	$2320	$3310	$4050	Oliver	6	265D	6F-2R	56	5390	No
Super 99	......	$1150	$2340	$3340	$4090	Oliver	6	302G	6F-2R	62.2	7337	No
Super 99	......	$1350	$2750	$3940	$4820	Oliver	6	302D	6F-2R	62.4	9615	No
Super 99 GM	......	$1180	$2400	$3430	$4200	GM	3	213D	6F-2R	78.7	10155	No
550	......	$860	$1760	$2520	$3080	Oliver	4	155G	6F-2R	41.39	3229	No
550	......	$980	$2000	$2860	$3500	Oliver	4	155D	6F-2R	39.36	3245	No
770	......	$1220	$2480	$3550	$4340	Oliver	6	216G	6F-2R	47.59	5286	No
770	......	$1310	$2670	$3820	$4680	Oliver	6	216D	6F-2R	52	5425	No
880	......	$1240	$2520	$3600	$4410	Oliver	6	265G	12F-2R	57.43	5492	No
880	......	$1370	$2800	$4000	$4900	Oliver	6	265D	12F-2R	62	5631	No
950	......	$1230	$2500	$3580	$4380	Oliver	6	302G	6F-2R	59.75	7303	No
950	......	$1450	$2960	$4230	$5180	Oliver	6	302D	6F-2R	70	10415	No
990	......	$2180	$4440	$6360	$7780	GM	3T	213D	6F-2R	84.10	10980	No
995	......	$2180	$4440	$6360	$7780	GM	3T	213D	6F-2R	85.37	11245	No
1957												
Super 44	......	$750	$1520	$2180	$2680	Continental		302G	4F-1R	28	2386	No
Super 55	......	$830	$1690	$2410	$2970	Oliver	4	144D	6F-2R	34	3469	No
Super 55	......	$860	$1750	$2500	$3080	Oliver	4	144G	6F-2R	32.65	3369	No
Super 66	......	$910	$1850	$2650	$3260	Oliver	6	144D	6F-2R	35	4043	No
Super 66	......	$960	$1950	$2790	$3430	Oliver	6	144G	6F-2R	32.83	3943	No
Super 77	......	$890	$1820	$2600	$3190	Oliver	6	216G	6F-2R	41.48	4915	No
Super 77	......	$990	$2030	$2900	$3560	Oliver	6	216D	6F-2R	46	5009	No
Super 88	......	$930	$1900	$2720	$3340	Oliver	6	265G	6F-2R	53.4	4700	No
Super 88	......	$1100	$2250	$3220	$3960	Oliver	6	265D	6F-2R	56	5390	No
Super 99	......	$1090	$2230	$3180	$3920	Oliver	6	302G	6F-2R	62.2	7337	No
Super 99	......	$1230	$2500	$3580	$4400	Oliver	6	302D	6F-2R	62.4	9615	No
Super 99 GM	......	$1150	$2350	$3360	$4140	GM	3	213D	6F-2R	78.7	10155	No
1956												
Super 55	......	$660	$1380	$1970	$2450	Oliver	4	144D	6F-2R	34	3469	No
Super 55	......	$460	$960	$1370	$1700	Oliver	4	144G	6F-2R	32.65	3369	No
Super 66	......	$540	$1130	$1610	$2000	Oliver	6	144G	6F-2R	32.83	3943	No
Super 66	......	$680	$1430	$2040	$2540	Oliver	6	144D	6F-2R	35	4043	No
Super 77	......	$770	$1600	$2290	$2850	Oliver	6	216G	6F-2R	41.48	4915	No
Super 77	......	$900	$1880	$2680	$3340	Oliver	6	216D	6F-2R	46	5009	No
Super 88	......	$850	$1780	$2550	$3170	Oliver	6	265G	6F-2R	53.4	4700	No
Super 88	New	$1010	$2100	$3000	$3740	Oliver	6	265D	6F-2R	56	5390	No
Super 99	New	$1010	$2100	$3000	$3740	Oliver	6	302G	6F-2R	62.2	7337	No
Super 99	New	$1190	$2480	$3540	$4410	Oliver	6	302D	6F-2R	62.4	9615	No
Super 99 GM	......	$1100	$2300	$3290	$4090	GM	3	213D	6F-2R	78.7	10155	No

Oliver (Cont.)

Model	Approx. Retail Price New	Used Trade-In Avg.	Used Trade-In High	Used Retail Avg.	Used Retail High	Make	No. Cyls.	Displ. Cu.-in.	No. Speeds	P.T.O. H.P.	Approx. Shipping Wt.-Lbs.	Cab
1955												
Super 55	......	$470	$1000	$1430	$1800	Oliver	4	144G	6F-2R	32.65	3369	No
Super 55	......	$600	$1280	$1820	$2300	Oliver	4	144D	6F-2R	34	3469	No
Super 66	......	$480	$1030	$1470	$1850	Oliver	6	144G	6F-2R	32.83	3943	No
Super 66	......	$620	$1330	$1900	$2390	Oliver	6	144D	6F-2R	35	4043	No
Super 77	......	$710	$1500	$2150	$2700	Oliver	6	216G	6F-2R	41.48	4915	No
Super 77	......	$850	$1800	$2570	$3240	Oliver	6	216D	6F-2R	46	5009	No
Super 88	......	$820	$1750	$2500	$3150	Oliver	6	265D	6F-2R	53.4	4700	No
Super 88	......	$960	$2050	$2930	$3690	Oliver	6	265D	6F-2R	56	5390	No
Super 99	......	$940	$2000	$2860	$3600	Oliver	6	302G	6F-2R	62.2	7337	No
Super 99	......	$1120	$2380	$3400	$4280	Oliver	6	302D	6F-2R	62.4	7347	No
Super 99 GM	......	$1060	$2250	$3220	$4050	GM	3	213D	6F-2R	78.7	10155	No
1954												
Super 55	......	$470	$1000	$1440	$1820	Oliver	4	144G	6F-2R	32.65	3369	No
Super 55	......	$590	$1250	$1800	$2280	Oliver	4	144D	6F-2R	34	3469	No
66	......	$570	$1220	$1750	$2210	Oliver	4	129G	6F-2R	23.92	3193	No
66	......	$770	$1640	$2370	$2990	Oliver	4	129D	6F-2R	25.0	3293	No
Super 66	......	$460	$980	$1400	$1780	Oliver	6	144G	6F-2R	32.83	3943	No
Super 66	......	$580	$1230	$1760	$2230	Oliver	6	144D	6F-2R	35	4043	No
77	......	$740	$1570	$2260	$2860	Oliver	6	193G	6F-2R	32.5	7081	No
77	......	$770	$1640	$2370	$2990	Oliver	6	194D	6F-2R	32.6	7246	No
Super 77	......	$660	$1400	$2020	$2550	Oliver	6	216G	6F-2R	41.5	4915	No
Super 77	......	$820	$1750	$2520	$3190	Oliver	6	216D	6F-2R	46.0	5009	No
88 Standard	......	$700	$1480	$2140	$2700	Oliver	6	231G	6F-2R	41.07	5285	No
Super 88	......	$750	$1600	$2300	$2910	Oliver	6	265G	6F-2R	53.4	4700	No
Super 88	......	$940	$2000	$2880	$3640	Oliver	6	265D	6F-2R	56	5390	No
99 Standard	......	$930	$1970	$2840	$3590	Oliver	4	443G	4F-1R	54.52	7281	No
Super 99	......	$910	$1930	$2770	$3500	Oliver	6	302G	6F-2R	62.2	7337	No
Super 99	......	$1080	$2300	$3310	$4190	Oliver	6	302D	6F-2R	62.4	9615	No
Super 99 GM	......	$1040	$2220	$3200	$4040	GM	3	213D	6F-2R	78.7	10155	No
1953												
66	......	$550	$1170	$1700	$2120	Oliver	4	129G	6F-2R	23.9	3193	No
66	......	$700	$1490	$2180	$2710	Oliver	4	129D	6F-2R	25.0	3293	No
77	......	$500	$1070	$1570	$1950	Oliver	6	193G	6F-2R	32.5	7081	No
77	......	$750	$1590	$2320	$2890	Oliver	6	194D	6F-2R	32.6	7246	No
88 Standard	......	$680	$1450	$2120	$2640	Oliver	6	230G	6F-2R	41.0	5285	No
88 Standard	......	$690	$1460	$2130	$2660	Oliver	6	231D	6F-2R	43.0	5451	No
99 Standard	......	$910	$1930	$2810	$3500	Oliver	4	443G	4F-1R	54.52	7281	No
1952												
66 Standard	......	$470	$1020	$1480	$1860	Oliver	4	129G	6F-2R	23.92	3193	No
66 Standard	......	$690	$1500	$2190	$2750	Oliver	4	129D	6F-2R	25.0	3293	No
77 RC	......	$590	$1270	$1860	$2330	Oliver	6	194G	6F-2R	32.5	6976	No
77 RC	......	$760	$1640	$2400	$3010	Oliver	6	194D	6F-2R	32.6	7246	No
88 Standard	......	$640	$1400	$2040	$2560	Oliver	6	230G	6F-2R	41.0	5285	No
88 RC	......	$640	$1380	$2020	$2530	Oliver	6	230G	6F-2R	41.0	5147	No
88 Standard	......	$640	$1400	$2040	$2560	Oliver	6	231D	6F-2R	43.0	5451	No
99 Standard	......	$840	$1830	$2670	$3340	Oliver	4	443G	4F-1R	54.52	7281	No
1951												
66 RC	......	$450	$1000	$1460	$1840	Oliver	4	129G	6F-2R	23.92	3193	No
66 Standard	......	$510	$1130	$1640	$2070	Oliver	4	129G	6F-2R	23.92	3193	No
66 Standard	......	$650	$1450	$2120	$2670	Oliver	4	129D	6F-2R	25.0	3293	No
77 RC	......	$550	$1220	$1790	$2250	Oliver	6	194G	6F-2R	32.5	6976	No
77 Standard	......	$720	$1590	$2330	$2930	Oliver	6	194D	6F-2R	32.6	7246	No
88 Standard	......	$610	$1350	$1970	$2480	Oliver	6	230G	6F-2R	41.0	5285	No
88 RC	......	$600	$1330	$1940	$2440	Oliver	6	230G	6F-2R	41.0	5147	No
88 Standard	......	$610	$1350	$1970	$2480	Oliver	6	231D	6F-2R	43.0	5451	No
99 Standard	......	$750	$1680	$2450	$3080	Oliver	4	443G	4F-1R	54.5	6797	No
1950												
66 RC	......	$430	$950	$1390	$1760	Oliver	4	129G	6F-2R	23.9	3193	No
66 Standard	......	$470	$1050	$1530	$1940	Oliver	4	129G	6F-2R	23.9	3193	No
66 Standard	......	$630	$1400	$2040	$2590	Oliver	4	129D	6F-2R	25.0	3293	No
77 RC	......	$540	$1200	$1750	$2220	Oliver	6	194G	6F-2R	32.5	6976	No
77 Standard	......	$680	$1500	$2190	$2780	Oliver	6	194D	6F-2R	32.6	7246	No
88 Standard	......	$590	$1300	$1900	$2410	Oliver	6	230G	6F-2R	41.0	5285	No
88 RC	......	$570	$1280	$1860	$2360	Oliver	6	230G	6F-2R	41.0	5147	No
88 Standard	......	$590	$1300	$1900	$2410	Oliver	6	231D	6F-2R	43.0	5451	No
99 Standard	......	$740	$1650	$2410	$3050	Oliver	4	443G	4F-1R	54.5	6797	No
1949												
66 RC	......	$410	$900	$1330	$1670	Oliver	4	129G	6F-2R	23.92	3193	No
66 Standard	......	$450	$1000	$1480	$1860	Oliver	4	129G	6F-2R	23.92	3193	No
66 Standard	......	$610	$1350	$2000	$2510	Oliver	4	129D	6F-2R	25.0	3293	No
77 RC	......	$520	$1150	$1700	$2140	Oliver	6	194G	6F-2R	32.5	6976	No
77 Standard	......	$650	$1450	$2150	$2700	Oliver	6	194D	6F-2R	32.6	7246	No
88 Standard	......	$560	$1250	$1850	$2330	Oliver	6	230G	6F-2R	41.0	5285	No
88 RC	......	$550	$1230	$1810	$2280	Oliver	6	230G	6F-2R	41.0	5147	No
88 Standard	......	$560	$1250	$1850	$2330	Oliver	6	230D	6F-2R	43.0	5451	No
90 Standard	......	$730	$1630	$2410	$3020	Oliver	4	443G	4F-1R	49.0	6797	No

Oliver (Cont.)

Model	Approx. Retail Price New	Used Trade-In Avg.	Used Trade-In High	Used Retail Avg.	Used Retail High	Make	Engine No. Cyls.	Displ. Cu.-in.	No. Speeds	P.T.O. H.P.	Approx. Shipping Wt.-Lbs.	Cab
1948												
60 RC	......	$560	$1250	$1850	$2340	Oliver	4	120G	4F-1R	18.35	2450	No
60 Standard	......	$610	$1350	$2000	$2530	Oliver	4	120G	4F-1R	18.35	2650	No
70 RC	......	$610	$1350	$2000	$2530	Oliver	6	201G	6F-2R	30.0	4370	No
70 Standard	......	$630	$1400	$2070	$2620	Oliver	6	201G	6F-2R	30.0	6538	No
77 RC	......	$500	$1100	$1630	$2060	Oliver	6	194G	6F-2R	33.0	6976	No
77 Standard	......	$630	$1400	$2070	$2620	Oliver	6	194D	6F-2R	32.6	7246	No
80 RC	......	$690	$1530	$2260	$2850	Oliver	4	298G	4F-1R	38.0	4930	No
80 Standard	......	$680	$1500	$2220	$2810	Oliver	4	298G	4F-1R	38.0	5130	No
88 RC	......	$530	$1180	$1740	$2200	Oliver	6	230G	6F-2R	41.0	5147	No
88 Standard	......	$540	$1200	$1780	$2240	Oliver	6	230G	6F-2R	41.0	5285	No
88 Standard	......	$540	$1200	$1780	$2240	Oliver	6	230D	6F-2R	43.0	5451	No
90 Standard	......	$720	$1600	$2370	$2990	Oliver	4	443G	4F-1R	49.0	6797	No
1947												
60 RC	......	$540	$1200	$1780	$2260	Oliver	4	120G	4F-1R	18.35	2450	No
60 Standard	......	$590	$1300	$1920	$2440	Oliver	4	120G	4F-1R	18.35	2650	No
70 RC	......	$600	$1340	$1980	$2510	Oliver	6	201G	6F-2R	30.0	4370	No
70 Standard	......	$610	$1350	$2000	$2540	Oliver	6	201G	6F-2R	30.0	6538	No
80 RC	......	$680	$1500	$2220	$2820	Oliver	4	298G	4F-1R	38.0	4930	No
80 Standard	......	$650	$1450	$2150	$2730	Oliver	4	298G	4F-1R	38.0	5130	No
88 RC	......	$510	$1130	$1670	$2120	Oliver	6	230G	6F-2R	41.0	5147	No
88 Standard	......	$520	$1150	$1700	$2160	Oliver	6	230D	6F-2R	43.0	5451	No
88 Standard	......	$540	$1200	$1780	$2260	Oliver	6	230G	6F-2R	41.0	5285	No
90 Standard	......	$710	$1580	$2330	$2960	Oliver	4	443G	4F-1R	49.0	6797	No
1946												
60 RC	......	$510	$1150	$1700	$2170	Oliver	4	120G	4F-1R	18.35	2450	No
60 Standard	......	$550	$1250	$1850	$2360	Oliver	4	120G	4F-1R	18.35	2650	No
70 RC	......	$580	$1320	$1960	$2500	Oliver	6	201G	6F-2R	30.0	4370	No
70 Standard	......	$570	$1300	$1920	$2460	Oliver	6	201G	6F-2R	30.0	6538	No
80 RC	......	$640	$1450	$2150	$2740	Oliver	4	298G	4F-1R	38.0	4930	No
80 Standard	......	$630	$1440	$2130	$2720	Oliver	4	298G	4F-1R	38.0	5130	No
90 Standard	......	$680	$1550	$2290	$2930	Oliver	4	443G	4F-1R	49.0	6797	No
1945												
60 RC	......	$470	$1100	$1630	$2090	Oliver	4	120G	4F-1R	18.35	2450	No
60 Standard	......	$520	$1200	$1780	$2280	Oliver	4	120G	4F-1R	18.35	2650	No
70 RC	......	$550	$1270	$1880	$2420	Oliver	6	201G	6F-2R	30.0	4370	No
70 Standard	......	$540	$1250	$1850	$2380	Oliver	6	201G	6F-2R	30.0	6538	No
80 RC	......	$600	$1400	$2070	$2660	Oliver	4	298G	4F-1R	38.0	4930	No
80 Standard	......	$600	$1390	$2050	$2640	Oliver	4	298G	4F-1R	38.0	5130	No
90 Standard	......	$650	$1500	$2220	$2850	Oliver	4	443G	4F-1R	49.0	6797	No
1944												
60 RC	......	$450	$1050	$1550	$2010	Oliver	4	120G	4F-1R	18.35	2450	No
60 Standard	......	$500	$1150	$1700	$2200	Oliver	4	120G	4F-1R	18.35	2650	No
70 RC	......	$530	$1220	$1810	$2340	Oliver	6	201G	6F-2R	30.0	4370	No
70 Standard	......	$520	$1200	$1780	$2290	Oliver	6	201G	6F-2R	30.0	6538	No
80 RC	......	$580	$1350	$2000	$2580	Oliver	4	298G	4F-1R	38.0	4930	No
80 Standard	......	$560	$1300	$1920	$2480	Oliver	4	298G	4F-1R	38.0	5130	No
90 Standard	......	$580	$1350	$2000	$2580	Oliver	4	443G	4F-1R	49.0	6797	No
1943												
60 RC	......	$430	$1000	$1480	$1920	Oliver	4	120G	4F-1R	18.35	2450	No
60 Standard	......	$470	$1100	$1630	$2110	Oliver	4	120G	4F-1R	18.35	2650	No
70 RC	......	$500	$1170	$1740	$2250	Oliver	6	201G	6F-2R	30.0	4370	No
70 Standard	......	$500	$1150	$1700	$2210	Oliver	6	201G	6F-2R	30.0	6538	No
80 RC	......	$560	$1300	$1920	$2500	Oliver	4	298G	4F-1R	38.0	4930	No
80 Standard	......	$540	$1250	$1850	$2400	Oliver	4	298G	4F-1R	38.0	5130	No
90 Standard	......	$560	$1300	$1920	$2500	Oliver	4	443G	4F-1R	49.0	6797	No
1942												
60 RC	......	$430	$1000	$1470	$1910	Oliver	4	120G	4F-1R	18.35	2450	No
60 Standard	......	$450	$1050	$1550	$2020	Oliver	4	120G	4F-1R	18.35	2650	No
70 RC	......	$480	$1120	$1660	$2160	Oliver	6	201G	6F-2R	30.0	4370	No
70 Standard	......	$470	$1100	$1630	$2110	Oliver	6	201G	6F-2R	30.0	6538	No
80 RC	......	$540	$1250	$1850	$2400	Oliver	4	298D	4F-1R	38.0	4930	No
80 Standard	......	$520	$1200	$1780	$2300	Oliver	4	298G	4F-1R	38.0	5130	No
90 Standard	......	$540	$1250	$1850	$2400	Oliver	4	443G	4F-1R	49.0	6797	No
1941												
60 RC	......	$410	$950	$1410	$1820	Oliver	4	120G	4F-1R	18.35	2450	No
70 RC	......	$460	$1070	$1590	$2060	Oliver	6	201G	6F-2R	30.0	4370	No
70 Standard	......	$450	$1050	$1550	$2020	Oliver	6	201G	6F-2R	30.0	6538	No
80 RC	......	$510	$1180	$1740	$2260	Oliver	4	298G	4F-1R	38.0	4930	No
80 Standard	......	$500	$1150	$1700	$2210	Oliver	4	298G	4F-1R	38.0	5130	No
90 Standard	......	$520	$1200	$1780	$2300	Oliver	4	443G	4F-1R	49.0	6797	No
1940												
60 RC	......	$410	$950	$1410	$1820	Oliver	4	120G	4F-1R	18.35	2450	No
70 RC	......	$420	$980	$1450	$1880	Oliver	6	201G	6F-2R	30.0	4370	No
70 Standard	......	$450	$1060	$1560	$2030	Oliver	6	201G	6F-2R	30.0	6538	No
80 RC	......	$460	$1080	$1600	$2070	Oliver	4	298G	4F-1R	38.0	4930	No
80 Standard	......	$450	$1050	$1550	$2020	Oliver	4	298G	4F-1R	38.0	5130	No

Oliver (Cont.)

Model	Approx. Retail Price New	Used Trade-In Avg.	Used Trade-In High	Used Retail Avg.	Used Retail High	Make	Engine No. Cyls.	Displ. Cu.-in.	No. Speeds	P.T.O. H.P.	Approx. Shipping Wt.-Lbs.	Cab
1940 (Cont.)												
90 Standard	......	$480	$1130	$1670	$2160	Oliver	4	443G	4F-1R	49.0	6797	No
1939												
70 RC	......	$450	$1050	$1550	$2020	Oliver	6	201G	6F-2R	30.0	4370	No
70 Standard	......	$460	$1080	$1590	$2060	Oliver	6	201G	6F-2R	30.0	6538	No
80 RC	......	$470	$1100	$1630	$2110	Oliver	4	298G	4F-1R	38.0	4930	No
80 Standard	......	$470	$1090	$1610	$2090	Oliver	4	298G	4F-1R	38.0	5130	No
90 Standard	......	$470	$1100	$1630	$2110	Oliver	4	443G	4F-1R	49.0	6797	No

Same

Model	Approx. Retail Price New	Used Trade-In Avg.	Used Trade-In High	Used Retail Avg.	Used Retail High	Make	Engine No. Cyls.	Displ. Cu.-in.	No. Speeds	P.T.O. H.P.	Approx. Shipping Wt.-Lbs.	Cab
1997												
Frutteto 60II	$30140	$8740	$11150	$14470	$16280	SAME	3	183D	12F-12R	52.00		No
Frutteto 60II 4WD	$33840	$9810	$12520	$16240	$18270	SAME	3	183D	12F-12R	52.00	5050	No
Frutteto 60II 4WD	$39860	$11560	$14750	$19130	$21520	SAME	3	183D	12F-12R	52.00	5050	CHA
Frutteto 60II w/Cab	$36170	$10490	$13380	$17360	$19530	SAME	3	183D	12F-12R	52.00	5050	CHA
Vigneron 62	$33385	$9680	$12350	$16030	$18030	SAME	3	183D	12F-12R	52.00	4300	No
Explorer 70C	$36720	$10650	$13590	$17630	$19830	SAME	4	244D	8F-8R	71.00*	7716	No
Frutteto 75II	$31785	$9220	$11760	$15260	$17160	SAME	4	244D	12F-12R	65.00		No
Frutteto 75II 4WD	$35485	$10290	$13130	$17030	$19160	SAME	4	244D	12F-12R	65.0		No
Frutteto 75II 4WD	$41510	$12040	$15360	$19930	$22420	SAME	4	244D	12F-12R	65.0		CHA
Frutteto 75II w/Cab	$37810	$10970	$13990	$18150	$20420	SAME	4	244D	12F-12R	65.00	5450	CHA
Vigneron 75	$35030	$10160	$12960	$16810	$18920	SAME	4	244D	12F-12R	65.00	4520	No
Explorer 80C	$38855	$11270	$14380	$18650	$20980	SAME	4	244D	8F-8R	80.00*	9259	No
Frutteto 85II	$37825	$10970	$14000	$18160	$20430	SAME	4T	244D	12F-12R	78.00		No
Frutteto 85II	$39615	$11490	$14660	$19020	$21390	SAME	4T	244D	30F-30R	78.00		No
Frutteto 85II w/Cab	$44190	$12820	$16350	$21210	$23860	SAME	4T	244D	12F-12R	78.00		CHA
Frutteto 85II w/Cab	$45615	$13230	$16880	$21900	$24630	SAME	4T	244D	30F-30R	78.00		CHA
Explorer 90 Low Profile	$34910	$10120	$12920	$16760	$18850	SAME	4T	244D	12F-12R	81.00		No
Explorer 90 Low Profile	$34955	$10140	$12930	$16780	$18880	SAME	4T	244D	24F-12R	81.00		No
Explorer 90C	$41260	$11970	$15270	$19810	$22280	SAME	4T	244D	8F-8R	88.00*	10590	No
Row Crop 90	$37480	$10870	$13870	$17990	$20240	SAME	4T	244D	20F-20R	81.00		No
Row Crop 90 4WD	$43620	$12650	$16140	$20940	$23560	SAME	4T	244D	20F-20R	81.00	7831	No
*Engine Horsepower												
1996												
Frutteto 60II	$27360	$7970	$10330	$13280	$15050	SAME	3	183D	12F-12R	52.00		No
Frutteto 60II	$27860	$8020	$10400	$13370	$15150	SAME	3	183D	16F-16R	52.00		No
Frutteto 60II 4WD	$31185	$8420	$10920	$14030	$15900	SAME	3	183D	12F-12R	52.00	5050	CHA
Frutteto 60II 4WD	$31435	$8490	$11000	$14150	$16030	SAME	3	183D	16F-16R	52.00	5050	CHA
Frutteto 60II 4WD	$37000	$9990	$12950	$16650	$18870	SAME	3	183D	12F-12R	52.00	5050	CHA
Frutteto 60II 4WD	$37250	$10060	$13040	$16760	$19000	SAME	3	183D	16F-16R	52.00	5050	CHA
Frutteto 60II w/Cab	$33185	$9480	$12290	$15800	$17900	SAME	3	183D	12F-12R	52.00	5050	CHA
Frutteto 60II w/Cab	$33685	$9530	$12360	$15890	$18000	SAME	3	183D	16F-16R	52.00	5050	CHA
Vigneron 62	$30850	$8330	$10800	$13880	$15730	SAME	3	183D	12F-12R	52.00	4300	No
Vigneron 62	$31110	$8400	$10890	$14000	$15870	SAME	3	183D	16F-16R	52.00	4300	No
Explorer 70C	$35490	$9580	$12420	$15970	$18100	SAME	4	244D	8F-8R	71.00*	7716	No
Frutteto 75II	$28950	$8370	$10850	$13950	$15810	SAME	4	244D	12F-12R	65.00		No
Frutteto 75II	$29450	$8450	$10960	$14090	$15960	SAME	4	244D	16F-16R	65.00		No
Frutteto 75II w/Cab	$34775	$9880	$12810	$16470	$18670	SAME	4	244D	12F-12R	65.00	5450	CHA
Frutteto 75II w/Cab	$35275	$9960	$12910	$16600	$18810	SAME	4	244D	16F-16R	65.00	5450	CHA
Vigneron 75	$32435	$8760	$11350	$14600	$16540	SAME	4	244D	12F-12R	65.00	4520	No
Vigneron 75	$32700	$8830	$11450	$14720	$16680	SAME	4	244D	16F-16R	65.00	4520	No
Explorer 80C	$37550	$10140	$13140	$16900	$19150	SAME	4	244D	8F-8R	80.00*	9259	No
Frutteto 85II	$35325	$9540	$12360	$15900	$18020	SAME	4T	244D	12F-12R	78.00		No
Frutteto 85II	$35575	$9610	$12450	$16010	$18140	SAME	4T	244D	16F-16R	78.00		No
Frutteto 85II w/Cab	$41185	$11120	$14420	$18530	$21000	SAME	4T	244D	12F-12R	78.00		CHA
Frutteto 85II w/Cab	$41435	$11190	$14500	$18650	$21130	SAME	4T	244D	16F-16R	78.00		CHA
Explorer 90 Low Profile	$33625	$9080	$11770	$15130	$17150	SAME	4T	244D	16F-16R	81.00		No
Explorer 90 Low Profile	$33670	$9090	$11790	$15150	$17170	SAME	4T	244D	24F-12R	81.00		No
Explorer 90C	$39875	$10770	$13960	$17940	$20340	SAME	4T	244D	8F-8R	88.00*	10590	No
Row Crop 90	$33440	$9030	$11700	$15050	$17050	SAME	4T	244D	20F-20R	81.00		No
Row Crop 90 4WD	$38480	$10390	$13470	$17320	$19630	SAME	4T	244D	20F-20R	81.00	7831	No
*Engine Horsepower												
1995												
Frutteto 60II	$29533	$7380	$9750	$13000	$14470	SAME	3	183D	12F-12R	52.00		No
Frutteto 60II	$29792	$7450	$9830	$13110	$14600	SAME	3	183D	16F-16R	52.00		No
Frutteto 60II w/Cab	$35121	$8780	$11590	$15450	$17210	SAME	3	183D	12F-12R	52.00	5050	CHA
Frutteto 60II w/Cab	$35360	$8840	$11670	$15560	$17330	SAME	3	183D	16F-16R	52.00	5050	CHA
Vigneron 62	$29233	$7310	$9650	$12860	$14320	SAME	3	183D	12F-12R	52.00	4300	No
Vigneron 62	$29485	$7370	$9730	$12970	$14450	SAME	3	183D	16F-16R	52.00	4300	No
Explorer 70C	$33677	$8420	$11110	$14820	$16500	SAME	4	244D	8F-8R	71.00*	7716	No
Frutteto 75II	$31077	$7770	$10260	$13670	$15230	SAME	4	244D	12F-12R	65.00		No
Frutteto 75II	$31316	$7830	$10330	$13780	$15350	SAME	4	244D	16F-16R	65.00		No
Frutteto 75II w/Cab	$36646	$9160	$12090	$16120	$17960	SAME	4	244D	12F-12R	65.00	5450	CHA
Frutteto 75II w/Cab	$36886	$9220	$12170	$16230	$18070	SAME	4	244D	16F-16R	65.00	5450	CHA
Vigneron 75	$30753	$7690	$10150	$13530	$15070	SAME	4	244D	12F-12R	65.00	4520	No
Vigneron 75	$31007	$7750	$10230	$13640	$15190	SAME	4	244D	16F-16R	65.00	4520	No
Explorer 80C	$35644	$8910	$11760	$15680	$17470	SAME	4	244D	8F-8R	80.00*	9259	No
Frutteto 85II	$33515	$8380	$11060	$14750	$16420	SAME	4T	244D	12F-12R	78.00		No
Frutteto 85II	$33754	$8440	$11140	$14850	$16540	SAME	4T	244D	16F-16R	78.00		No
Frutteto 85II w/Cab	$39126	$9780	$12910	$17220	$19170	SAME	4T	244D	12F-12R	78.00		CHA

Same (Cont.)

Model	Approx. Retail Price New	Used Trade-In Avg.	High	Used Retail Avg.	High	Make	No. Cyls.	Displ. Cu.-in.	No. Speeds	P.T.O. H.P.	Approx. Shipping Wt.-Lbs.	Cab
1995 (Cont.)												
Frutteto 85II w/Cab	$39365	$9840	$12990	$17320	$19290	SAME	4T	244D	16F-16R	78.00		CHA
Explorer 90 Low Profile	$31888	$7970	$10520	$14030	$15630	SAME	4T	244D	16F-16R	81.00		No
Explorer 90 Low Profile	$31933	$7980	$10540	$14050	$15650	SAME	4T	244D	12F-12R	81.00		No
Explorer 90C	$37871	$9470	$12500	$16660	$18560	SAME	4T	244D	8F-8R	88.00*	10590	No
Row Crop 90	$31715	$7930	$10470	$13960	$15540	SAME	4T	244D	20F-20R	81.00		No
Row Crop 90 4WD	$36534	$9130	$12060	$16080	$17900	SAME	4T	244D	20F-20R	81.00	7831	No
*Engine Horsepower												
1994												
Frutteto 60II	$28416	$6820	$8810	$11940	$13360	SAME	3	183D	12F-12R	52.00		No
Frutteto 60II	$28646	$6880	$8880	$12030	$13460	SAME	3	183D	16F-16R	52.00		No
Frutteto 60II w/Cab	$33770	$8110	$10470	$14180	$15870	SAME	3	183D	12F-12R	52.00	5050	CHA
Frutteto 60II w/Cab	$34000	$8160	$10540	$14280	$15980	SAME	3	183D	16F-16R	52.00	5050	CHA
Vigneron 62	$28109	$6750	$8710	$11810	$13210	SAME	3	183D	12F-12R	52.00	4300	No
Vigneron 62	$28351	$6800	$8790	$11910	$13330	SAME	3	183D	16F-16R	52.00	4300	No
Explorer 70C	$32382	$7770	$10040	$13600	$15220	SAME	4	244D	8F-8R	71.00*	7716	No
Frutteto 75II	$29882	$7170	$9260	$12550	$14050	SAME	4	244D	12F-12R	65.00		No
Frutteto 75II	$30112	$7230	$9340	$12650	$14150	SAME	4	244D	16F-16R	65.00		No
Frutteto 75II w/Cab	$35237	$8460	$10920	$14800	$16560	SAME	4	244D	12F-12R	65.00	5450	CHA
Frutteto 75II w/Cab	$35467	$8510	$11000	$14900	$16670	SAME	4	244D	16F-16R	65.00	5450	CHA
Vigneron 75	$29570	$7100	$9170	$12420	$13900	SAME	4	244D	12F-12R	65.00	4520	No
Vigneron 75	$29814	$7160	$9240	$12520	$14010	SAME	4	244D	16F-16R	65.00	4520	No
Explorer 80C	$34273	$8230	$10630	$14400	$16110	SAME	4	244D	8F-8R	80.00*	9259	No
Frutteto 85II	$32226	$7730	$9990	$13540	$15150	SAME	4T	244D	12F-12R	78.00		No
Frutteto 85II	$32456	$7790	$10060	$13630	$15250	SAME	4T	244D	16F-16R	78.00		No
Frutteto 85II w/Cab	$37621	$9030	$11660	$15800	$17680	SAME	4T	244D	12F-12R	78.00		CHA
Frutteto 85II w/Cab	$37851	$9080	$11730	$15790	$17790	SAME	4T	244D	16F-16R	78.00		CHA
Explorer 90 Low Profile	$30540	$7330	$9470	$12830	$14350	SAME	4T	244D	12F-12R	81.00		No
Explorer 90 Low Profile	$30705	$7370	$9520	$12900	$14430	SAME	4T	244D	24F-12R	81.00		No
Explorer 90C	$36414	$8740	$11290	$15290	$17120	SAME	4T	244D	8F-8R	88.00*	10590	No
Row Crop 90	$30495	$7320	$9450	$12810	$14330	SAME	4T	244D	20F-20R	81.00		No
Row Crop 90 4WD	$35129	$8430	$10890	$14750	$16510	SAME	4T	244D	20F-20R	81.00	7831	No
*Engine Horsepower												
1989												
Turbo 4WD	$38072	$7230	$9900	$13330	$15990	SAME	4T	244D	12F-12R	86.00	7275	CHA
Solar 50 4WD	$21585	$4100	$5610	$7560	$9070	SAME	3	166D	12F-3R	46.00	5027	No
Orchard 60 4WD	$26676	$5070	$6940	$9340	$11200	SAME	3	183D	12F-12R	54.00	4629	CHA
Solar 60 4WD	$23565	$4480	$6130	$8250	$9900	SAME	3	190D	12F-3R	54.00	5203	No
Vineyard 62 4WD	$25932	$4930	$6740	$9080	$10890	SAME	3	183D	12F-12R	57.00	4629	No
Explorer 70 4WD	$29353	$5580	$7630	$10270	$12330	SAME	4	244D	12F-12R	64.00	6437	CH
Orchard 75 4WD	$27845	$5290	$7240	$9750	$11700	SAME	4	244D	12F-12R	69.00	5070	CHA
Vineyard 75 4WD	$27090	$5150	$7040	$9480	$11380	SAME	4	183D	12F-12R	69.00	5070	No
Explorer 80 4WD	$31885	$6060	$8290	$11160	$13390	SAME	4	244D	12F-12R	74.00	7275	CHA
Mudder 85 4WD	$29007	$5510	$7540	$10150	$12180	SAME	4	254D	12F-12R	79.00	7519	No
100 4WD	$43233	$8210	$11240	$15130	$18160	SAME	5	317D	12F-3R	92.00	9833	CHA
110 4WD	$45251	$8600	$11770	$15840	$19010	SAME	6	345D	12F-3R	102.00	10758	CHA
130 4WD	$50093	$9520	$13020	$17530	$21040	SAME	6	381D	24F-12R	119.00	11398	CHA
150 4WD Turbo	$53851	$10230	$14000	$18850	$22620	SAME	6T	381D	24F-12R	138.00	12566	CHA
170 4WD Turbo	$64110	$12180	$16670	$22440	$26930	SAME	6TI	381D	24F-12R	155.00	13624	CHA
1988												
Solar 50	$19500	$3510	$4880	$6830	$8000	SAME	3	166D	12F-3R		4409	No
Solar 50 4WD	$19500	$3510	$4880	$6830	$8000	SAME	3	166D	12F-3R		5026	No
Solar 60 4WD	$23500	$4230	$5880	$8230	$9640	SAME	3	190D	12F-3R		5202	No
Vigneron 60 4WD	$25000	$4500	$6250	$8750	$10250	SAME	3	190D	8F-4R		4519	No
Explorer 70 4WD	$29000	$5220	$7250	$10150	$11890	SAME	4	244D	12F-12R		6701	CH
Explorer 80 4WD	$31000	$5580	$7750	$10850	$12710	SAME	4	244D	12F-12R		7385	CH
Row Crop 85 4WD	$29000	$5220	$7250	$10150	$11890	SAME	4	253D	12F-4R		7519	No
Explorer 90 4WD	$38000	$6840	$9500	$13300	$15580	SAME	4	244D	12F-12R		7385	CH
100 4WD	$43000	$7740	$10750	$15050	$17630	SAME	5	317D	12F-3R		9832	CHA
110 4WD	$45000	$8100	$11250	$15750	$18450	SAME	6	345D	12F-3R		10758	CHA
130 4WD	$50000	$9000	$12500	$17500	$20500	SAME	6	381D	24F-12R		11397	CHA
150 4WD	$53000	$9540	$13250	$18550	$21730	SAME	6	380D	24F-12R		12566	CHA
1987												
Minitaurus 60	$16829	$2860	$4210	$5890	$6900	SAME	3	190D	14F-7R	59.00	4820	No
Minitaurus 60 4WD	$23397	$3980	$5850	$8190	$9590	SAME	3	190D	14F-7R	59.00	5240	No
Solar 60	$17400	$2960	$4350	$6090	$7130	SAME	3	190D	12F-3R	59.00	4585	No
Solar 60 4WD	$23995	$4080	$6000	$8400	$9840	SAME	3	190D	12F-3R	59.00	5202	No
85 Special 4WD	$24810	$4220	$6200	$8680	$10170	SAME	4	253D	12F-12R	79.00	6680	No
Mercury 85 Special	$21021	$3570	$5260	$7360	$8620	SAME	4	253D	12F-12R	79.00	6019	No
100	$30341	$5160	$7590	$10620	$12440	SAME	5	317D	12F-3R	92.00	8355	No
100 4WD	$37781	$6420	$9450	$13220	$15490	SAME	5	317D	12F-3R	92.00	9501	No
110 4WD	$45000	$7650	$11250	$15750	$18450	SAME	6	345D	12F-3R		10317	No
130 4WD w/Cab	$50000	$8500	$12500	$17500	$20500	SAME	6	380D	24F-12R		11397	CHA
150 4WD w/Cab	$53000	$9010	$13250	$18550	$21730	SAME	6T	380D	24F-12R		12566	CHA
1986												
Mercury Export	$25053	$4010	$6010	$8770	$10270	SAME	4	254D	12F-12R	79.00	6877	No
Mercury Export	$25888	$4140	$6210	$9060	$10610	SAME	4	254D	16F-16R	79.00	7275	No
Mercury Special	$21021	$3360	$5050	$7360	$8620	SAME	4	254D	12F-12R	79.00	5684	No
Mercury Special	$24746	$3960	$5940	$8660	$10150	SAME	4	254D	16F-16R	79.00	6185	No
Mercury Export 4WD	$27888	$4460	$6690	$9760	$11430	SAME	4	254D	12F-12R	79.00	7015	No

Same (Cont.)

Model	Approx. Retail Price New	Used Trade-In Avg.	Used Trade-In High	Used Retail Avg.	Used Retail High	Make	No. Cyls.	Displ. Cu.-in.	No. Speeds	P.T.O. H.P.	Approx. Shipping Wt.-Lbs.	Cab
1986 (Cont.)												
Mercury Export4WD	$28723	$4600	$6890	$10050	$11780	SAME	4	254D	16F-16R	79.00	7516	No
Mercury Special 4WD	$24810	$3970	$5950	$8680	$10170	SAME	4	254D	12F-12R	79.00	6345	No
Mercury Special 4WD	$28535	$4570	$6850	$9990	$11700	SAME	4	254D	16F-16R	79.00	6845	No
Delfino 35 4WD	$11945	$1910	$2870	$4180	$4900	SAME	2	110D	6F-2R	32.00	3046	No
Falcon 50 4WD	$19621	$3140	$4710	$6870	$8050	SAME	3	165D	8F-4R	45.00	4585	No
Minitaurus 60	$16829	$2690	$4040	$5890	$6900	SAME	3	190D	14F-7R	59.00	4654	No
Minitaurus 60 4WD	$23397	$3740	$5620	$8190	$9590	SAME	3	190D	14F-7R	59.00	4984	No
Vigneron 60 4WD	$22595	$3620	$5420	$7910	$9260	SAME	3	190D	8F-4R	56.00	5000	No
Orchard 70	$19196	$3070	$4610	$6720	$7870	SAME	4	221D	8F-4R	68.00	5730	No
Orchard 70 4WD	$22723	$3640	$5450	$7950	$9320	SAME	4	221D	8F-4R	68.00	6330	No
Mercury 75	$24388	$3900	$5850	$8540	$10000	SAME	4	254D	12F-12R	68.00	6256	No
Mercury 75	$25223	$4040	$6050	$8830	$10340	SAME	4	254D	16F-16R	68.00	6300	No
Mercury 75 4WD	$26804	$4290	$6430	$9380	$10990	SAME	4	254D	12F-12R	68.00	6895	No
Mercury 75 4WD	$27639	$4420	$6630	$9670	$11330	SAME	4	254D	16F-16R	68.00	6940	No
Row Crop 85	$23838	$3810	$5720	$8340	$9770	SAME	4	254D	12F-12R	80.00	7160	No
Row Crop 85 4WD	$27005	$4320	$6480	$9450	$11070	SAME	4	254D	12F-12R	80.00	7500	No
Leapord 90 4WD	$34469	$5520	$8270	$12060	$14130	SAME	4	254D	12F-3R	82.00	6680	No
Leapord 90 4WD	$35094	$5620	$8420	$12280	$14390	SAME	4	254D	24F-6R	82.00	6700	No
Leapord 90 4WD	$35304	$5650	$8470	$12360	$14480	SAME	4	254D	20F-5R	82.00	6700	No
Jaguar 100	$30341	$4860	$7280	$10620	$12440	SAME	5	317D	12F-3R	92.00	8000	No
Jaguar 100	$30966	$4960	$7430	$10840	$12700	SAME	5	317D	24F-6R	92.00	8000	No
Jaguar 100	$31176	$4990	$7480	$10910	$12780	SAME	5	317D	20F-5R	92.00	8000	No
Jaguar 100 4WD	$37781	$6050	$9070	$13220	$15490	SAME	5	317D	12F-3R	92.00	8610	No
Jaguar 100 4WD	$38406	$6150	$9220	$13440	$15750	SAME	5	317D	24F-6R	92.00	8610	No
Jaguar 100 4WD	$38616	$6180	$9270	$13520	$15830	SAME	5	317D	20F-5R	92.00	8610	No
Tiger 105	$38999	$6240	$9360	$13650	$15990	SAME	6	331D	12F-3R	100.	7910	No
Tiger 105	$39624	$6340	$9510	$13870	$16250	SAME	6	331D	24F-6R	100.	8000	No
Tiger 105	$39834	$6370	$9560	$13940	$16330	SAME	6	331D	20F-5R	100.	8100	No
Tiger 105 4WD	$44791	$7170	$10750	$15680	$18360	SAME	6	331D	12F-3R	100.	8770	No
Tiger 105 4WD	$45416	$7270	$10900	$15900	$18620	SAME	6	331D	24F-6R	100.	8860	No
Tiger 105 4WD	$45626	$7300	$10950	$15970	$18710	SAME	6	331D	20F-5R	100.	8960	No
Buffalo 130 4WD	$41616	$6660	$9990	$14570	$17060	SAME	6T	380D	12F-4R	128.00	10500	No
Buffalo 130 4WD	$42451	$6790	$10190	$14860	$17410	SAME	6T	380D	24F-8R	128.00	10760	No
Hercules 160 4WD	$61197	$9790	$14690	$21420	$25090	SAME	6T	380D	12F-4R	150.00	13558	No
Hercules 160 4WD	$62032	$9930	$14890	$21710	$25430	SAME	6T	380D	24F-8R	150.00	13700	No
1985												
Mercury Export	$25053	$3760	$6010	$8770	$10270	SAME	4	254D	12F-12R	79.00	6877	No
Mercury Export	$25888	$3880	$6210	$9060	$10610	SAME	4	254D	16F-16R	79.00	7275	No
Mercury Special	$21021	$3150	$5050	$7360	$8620	SAME	4	254D	12F-12R	79.00	5684	No
Mercury Special	$24746	$3710	$5940	$8660	$10150	SAME	4	254D	16F-16R	79.00	6185	No
Mercury Export 4WD	$27888	$4180	$6690	$9760	$11430	SAME	4	254D	12F-12R	79.00	7015	No
Mercury Export 4WD	$28723	$4310	$6890	$10050	$11780	SAME	4	254D	16F-16R	79.00	7516	No
Mercury Special 4WD	$24810	$3720	$5950	$8680	$10170	SAME	4	254D	12F-12R	79.00	6345	No
Mercury Special 4WD	$28535	$4280	$6850	$9990	$11700	SAME	4	254D	16F-16R	79.00	6845	No
Delfino 35 4WD	$11945	$1790	$2870	$4180	$4900	SAME	2	110D	6F-2R	32.00	3046	No
Falcon 50 4WD	$19621	$2940	$4710	$6870	$8050	SAME	3	165D	8F-4R	45.00	4585	No
Minitaurus 60	$16829	$2520	$4040	$5890	$6900	SAME	3	190D	14F-7R	59.00	4654	No
Minitaurus 60 4WD	$23397	$3510	$5620	$8190	$9590	SAME	3	190D	14F-7R	59.00	4984	No
Vigneron 60 4WD	$22595	$3390	$5420	$7910	$9260	SAME	3	190D	8F-4R	56.00	5000	No
Orchard 70	$19196	$2880	$4610	$6720	$7870	SAME	4	221D	8F-4R	68.00	5730	No
Orchard 70 4WD	$22723	$3410	$5450	$7950	$9320	SAME	4	221D	8F-4R	68.00	6330	No
Mercury 75	$24388	$3660	$5850	$8540	$10000	SAME	4	254D	12F-12R	68.00	6256	No
Mercury 75	$25223	$3780	$6050	$8830	$10340	SAME	4	254D	16F-16R	68.00	6300	No
Mercury 75 4WD	$26804	$4020	$6430	$9380	$10990	SAME	4	254D	12F-12R	68.00	6895	No
Mercury 75 4WD	$27639	$4150	$6630	$9670	$11330	SAME	4	254D	16F-16R	68.00	6940	No
Row Crop 85	$23838	$3580	$5720	$8340	$9770	SAME	4	254D	12F-12R	80.00	7160	No
Row Crop 85 4WD	$27005	$4050	$6480	$9450	$11070	SAME	4	254D	12F-12R	80.00	7500	No
Leapord 90 4WD	$34469	$5170	$8270	$12060	$14130	SAME	4	254D	12F-3R	82.00	6680	No
Leapord 90 4WD	$35094	$5260	$8420	$12280	$14390	SAME	4	254D	24F-6R	82.00	6700	No
Leapord 90 4WD	$35304	$5300	$8470	$12360	$14480	SAME	4	254D	20F-5R	82.00	6700	No
Jaguar 100	$30341	$4550	$7280	$10620	$12440	SAME	5	317D	12F-3R	92.00	8000	No
Jaguar 100	$30966	$4650	$7430	$10840	$12700	SAME	5	317D	24F-6R	92.00	8000	No
Jaguar 100	$31176	$4680	$7480	$10910	$12780	SAME	5	317D	20F-5R	92.00	8000	No
Jaguar 100 4WD	$37781	$5670	$9070	$13220	$15490	SAME	5	317D	12F-3R	92.00	8610	No
Jaguar 100 4WD	$38406	$5760	$9220	$13440	$15750	SAME	5	317D	24F-6R	92.00	8610	No
Jaguar 100 4WD	$38616	$5790	$9270	$13520	$15830	SAME	5	317D	20F-5R	92.00	8610	No
Tiger 105	$38999	$5850	$9360	$13650	$15990	SAME	6	331D	12F-3R	100.	7910	No
Tiger 105	$39624	$5940	$9510	$13870	$16250	SAME	6	331D	24F-6R	100.	8000	No
Tiger 105	$39834	$5980	$9560	$13940	$16330	SAME	6	331D	20F-5R	100.	8100	No
Tiger 105 4WD	$44791	$6720	$10750	$15680	$18360	SAME	6	331D	12F-3R	100.	8770	No
Tiger 105 4WD	$45416	$6810	$10900	$15900	$18620	SAME	6	331D	24F-6R	100.	8860	No
Tiger 105 4WD	$45626	$6840	$10950	$15970	$18710	SAME	6	331D	20F-5R	100.	8960	No
Buffalo 130 4WD	$41616	$6240	$9990	$14570	$17060	SAME	6T	380D	12F-4R	128.00	10500	No
Buffalo 130 4WD	$42451	$6370	$10190	$14860	$17410	SAME	6T	380D	24F-8R	128.00	10760	No
Hercules 160 4WD	$61197	$9180	$14690	$21420	$25090	SAME	6T	380D	12F-4R	150.00	13558	No
Hercules 160 4WD	$62032	$9310	$14890	$21710	$25430	SAME	6T	380D	24F-8R	150.00	13700	No
1984												
Delfino 35 4WD	$10000	$1450	$2300	$3500	$4100	SAME	2	110D	6F-2R	32.00	3046	No
Falcon 50 4WD	$19621	$2850	$4510	$6870	$8050	SAME	3	165D	8F-4R	45.00	4585	No
Minitaurus 60	$16829	$2440	$3870	$5890	$6900	SAME	3	190D	14F-7R	59.00	4654	No
Minitaurus 60 4WD	$23397	$3390	$5380	$8190	$9590	SAME	3	190D	14F-7R	59.00	4984	No
Vigneron 60 4WD	$22595	$3280	$5200	$7910	$9260	SAME	3	190D	8F-4R	56.00	5000	No

Model	Approx. Retail Price New	Used Trade-In Avg.	Used Trade-In High	Used Retail Avg.	Used Retail High	Make	No. Cyls.	Displ. Cu.-in.	No. Speeds	P.T.O. H.P.	Approx. Shipping Wt.-Lbs.	Cab
Same (Cont.)												
				1984 (Cont.)								
Corsaro 70 Orchard	$17620	$2560	$4050	$6170	$7220	SAME	4	221D	8F-4R	68.00	5730	No
Corsaro 70 Orchard 4WD	$22723	$3300	$5230	$7950	$9320	SAME	4	221D	8F-4R	68.00	6330	No
Leopard 85 4WD	$32692	$4740	$7520	$11440	$13400	SAME	4	254D	24F-6R	79.00	7700	No
Mercury 85 Export	$24750	$3590	$5690	$8660	$10150	SAME	4	254D	12F-12R	79.00	6877	No
Mercury 85 Export	$28475	$4130	$6550	$9970	$11680	SAME	4	254D	16F-16R	79.00	7275	No
Mercury 85 Export 4WD	$29500	$4280	$6790	$10330	$12100	SAME	4	254D	12F-12R	79.00	7015	No
Mercury 85 Export 4WD	$33225	$4820	$7640	$11630	$13620	SAME	4	254D	16F-16R	79.00	7516	No
Mercury 85 Special	$21021	$3050	$4840	$7360	$8620	SAME	4	254D	12F-12R	79.00	5684	No
Mercury 85 Special	$24746	$3590	$5690	$8660	$10150	SAME	4	254D	16F-16R	79.00	6185	No
Mercury 85 Special 4WD	$24810	$3600	$5710	$8680	$10170	SAME	4	254D	12F-12R	79.00	6345	No
Mercury 85 Special 4WD	$28535	$4140	$6560	$9990	$11700	SAME	4	254D	16F-16R	79.00	6845	No
Row Crop 85	$23838	$3460	$5480	$8340	$9770	SAME	4	254D	12F-12R	80.00	7160	CH
Row Crop 85 4WD	$27005	$3920	$6210	$9450	$11070	SAME	4	254D	12F-12R	80.00	7500	CH
Leopard 90 4WD	$35372	$5130	$8140	$12380	$14500	SAME	4	254D	24F-6R	79.00	8000	No
Jaguar 95	$23838	$3460	$5480	$8340	$9770	SAME	5	317D	24F-6R	88.00	6850	No
Jaguar 95	$30681	$4450	$7060	$10740	$12580	SAME	5	317D	24F-6R	88.00	7750	CH
Jaguar 95 4WD	$27005	$3920	$6210	$9450	$11070	SAME	5	317D	24F-6R	88.00	7460	No
Jaguar 95 4WD	$38972	$5650	$8960	$13640	$15980	SAME	5	317D	24F-6R	88.00	8360	CH
Panther 95	$30160	$4370	$6940	$10560	$12370	SAME	5	317D	24F-6R	88.00	7310	No
Panther 95 4WD	$33590	$4870	$7730	$11760	$13770	SAME	5	317D	24F-6R	88.00	7890	No
Jaguar 100	$32215	$4670	$7410	$11280	$13210	SAME	5	317D	24F-6R	88.00	8000	CH
Jaguar 100 4WD	$40920	$5930	$9410	$14320	$16780	SAME	5	317D	24F-6R	88.00	8610	CH
Tiger Six 105	$36501	$5290	$8400	$12780	$14970	SAME	6	331D	24F-6R	102.00	8510	CH
Tiger Six 105 4WD	$41363	$6000	$9510	$14480	$16960	SAME	6	331D	24F-6R	102.00	9460	CH
Buffalo 130 4WD	$42032	$6100	$9670	$14710	$17230	SAME	6T	380D	24F-8R	116.00	10760	CH
Hercules 160 4WD	$60910	$8830	$14010	$21320	$24970	SAME	6T	380D	24F-8R	150.00	13730	CHA
				1983								
Delfino 35 4WD	$9630	$1350	$2220	$3370	$3950	SAME	2	110D	6F-2R	32.00	3046	No
Falcon 50 4WD	$18712	$2620	$4300	$6550	$7670	SAME	3	165D	8F-4R	50.00	4140	No
Minitaurus 60	$16829	$2360	$3870	$5890	$6900	SAME	3	190D	14F-7R	59.00	4654	No
Minitaurus 60 4WD	$22592	$3160	$5200	$7910	$9260	SAME	3	190D	14F-7R	59.00	4984	No
Vigneron 60 4WD	$22592	$3160	$5200	$7910	$9260	SAME	3	190D	14F-7R	60.00	5000	No
Corsaro 70	$17620	$2470	$4050	$6170	$7220	SAME	4	221D	14F-7R	64.00	5730	No
Corsaro 70 4WD	$22723	$3180	$5230	$7950	$9320	SAME	4	221D	14F-7R	64.00	6330	No
Saturno 80 4WD	$23955	$3350	$5510	$8380	$9820	SAME	4	254D	14F-7R	75.00	6460	No
Leopard 85 Export 4WD	$31439	$4400	$7230	$11000	$12890	SAME	4	254D	24F-6R	79.00	7700	No
Mercury 85 Export	$24746	$3460	$5690	$8660	$10150	SAME	4	254D	16F-16R	79.00	6877	No
Mercury 85 Export 4WD	$29500	$4130	$6790	$10330	$12100	SAME	4	254D	16F-16R	79.00	7516	No
Mercury 85 Spec. 4WD	$24809	$3470	$5710	$8680	$10170	SAME	4	254D	12F-12R	79.00	6345	No
Mercury 85 Special	$21021	$2940	$4840	$7360	$8620	SAME	4	254D	12F-12R	79.00	5684	No
Jaguar 95	$30681	$4300	$7060	$10740	$12580	SAME	5	317D	24F-6R		7750	CH
Jaguar 95 4WD	$38972	$5460	$8960	$13640	$15980	SAME	5	317D	24F-6R		8360	CH
Panther 95	$28723	$4020	$6610	$10050	$11780	SAME	5	317D	24F-6R		7310	No
Panther 95 4WD	$31990	$4480	$7360	$11200	$13120	SAME	5	317D	24F-6R		7890	No
Tiger Six 105	$36501	$5110	$8400	$12780	$14970	SAME	6	331D	24F-6R	102.00	8510	CH
Tiger Six 105 4WD	$41363	$5790	$9510	$14480	$16960	SAME	6	331D	24F-6R	102.00	9460	CH
Buffalo 130	$40849	$5720	$9400	$14300	$16750	SAME	6	380D	24F-8R	116.00	10760	CH
Buffalo 130 4WD	$45062	$6310	$10360	$15770	$18480	SAME	6	380D	24F-8R	116.00	11660	CH
Hercules 160 4WD	$58906	$8250	$13550	$20620	$24150	SAME	6T	380D	12F-4R		13730	CHA
				1982								
Delfino 35 4WD	$9441	$1320	$2170	$3300	$3870	SAME	2	110D	6F-2R	32.00	3046	No
Falcon 50 4WD	$18345	$2570	$4220	$6420	$7520	SAME	3	165D	8F-4R	50.00	4140	No
Minitaurus 60	$16499	$2310	$3800	$5780	$6770	SAME	3	190D	14F-7R	59.00	4654	No
Minitaurus 60 4WD	$21492	$3010	$4940	$7520	$8810	SAME	3	190D	14F-7R	59.00	4982	No
Vigneron 60 4WD	$22149	$3100	$5090	$7750	$9080	SAME	3	190D	14F-7R	60.00	5000	No
Corsaro 70	$17270	$2420	$3970	$6050	$7080	SAME	4	221D	14F-7R	64.00	5730	No
Corsaro 70 4WD	$22277	$3120	$5120	$7800	$9130	SAME	4	221D	14F-7R	64.00	6330	No
Saturno 80 4WD	$23485	$3290	$5400	$8220	$9630	SAME	4	254D	14F-7R	75.00	6460	No
Leopard 85 Export 4WD	$30823	$4320	$7090	$10790	$12640	SAME	4	254D	24F-6R	79.00	7700	No
Mercury 85 Export	$24261	$3400	$5580	$8490	$9950	SAME	4	254D	16F-16R	79.00	6877	No
Mercury 85 Export 4WD	$28922	$4050	$6650	$10120	$11860	SAME	4	254D	16F-16R	79.00	7516	No
Mercury 85 Special	$20609	$2890	$4740	$7210	$8450	SAME	4	254D	12F-12R	79.00	5684	No
Mercury 85 Special 4WD	$24323	$3410	$5590	$8510	$9970	SAME	4	254D	12F-12R	79.00	6345	No
Jaguar 95	$30079	$4210	$6920	$10530	$12330	SAME	5	317D	24F-6R		7750	CH
Jaguar 95 4WD	$38208	$5350	$8790	$13370	$15670	SAME	5	317D	24F-6R		8360	CH
Panther 95	$28160	$3940	$6480	$9860	$11550	SAME	5	317D	24F-6R		7310	No
Panther 95 4WD	$31363	$4390	$7210	$10980	$12860	SAME	5	317D	24F-6R		7890	No
Tiger Six 105	$35785	$5010	$8230	$12530	$14670	SAME	6	331D	24F-6R	102.00	8510	CH
Tiger Six 105 4WD	$40552	$5680	$9330	$14190	$16630	SAME	6	331D	24F-6R	102.00	9460	CH
Buffalo 130	$40048	$5610	$9210	$14020	$16420	SAME	6	380D	24F-8R	116.00	10760	CH
Buffalo 130 4WD	$44178	$6190	$10160	$15460	$18110	SAME	6	380D	24F-8R	116.00	11660	CH
Hercules 160 4WD	$57751	$8090	$13280	$20210	$23680	SAME	6T	380D	12F-4R		13730	CHA
Steiger												
				1990								
Panther 9170	$118650	$20340	$27120	$37290	$41810	Cummins	6TA	855D	12F-2R		28500	CHA
Lion 9180	$127500	$21960	$29280	$40260	$45140	Cummins	6TA	855D	12F-2R		28200	CHA

Model	Approx. Retail Price New	Estimated Value Less Repairs Used Trade-In Avg.	High	Used Retail Avg.	High	Make	Engine No. Cyls.	Displ. Cu.-in.	No. Speeds	P.T.O. H.P.	Approx. Shipping Wt.-Lbs.	Cab
Steiger (Cont.)												
			1989									
Panther 9170	$118650	$19210	$24860	**$36160**	**$40680**	Cummins	6TA	855D	12F-2R		28500	CHA
Lion 9180	$127500	$20740	$26840	**$39040**	**$43920**	Cummins	6TA	855D	12F-2R		28200	CHA
			1986									
Bearcat IV CM-225	$77000	$10500	$14250	**$21750**	**$24750**	Cat.	6T	638D	20F-4R		24711	CHA
Bearcat IV KM-225	$77000	$10780	$14630	**$22330**	**$25410**	Cummins	6T	611D	20F-4R		24411	CHA
Cougar IV CM-280	$91100	$12460	$16910	**$25810**	**$29370**	Cat.	6T	893D	20F-4R		25931	CHA
Cougar IV CS-280	$104360	$14000	$19000	**$29000**	**$33000**	Cat.	6T	893D	10F-2R		26252	CHA
Cougar IV KM-280	$91100	$12600	$17100	**$26100**	**$29700**	Cummins	6T	855D	20F-4R		25581	CHA
Cougar IV KS-280	$104360	$14280	$19380	**$29580**	**$33660**	Cummins	6T	855D	10F-2R		25902	CHA
Panther IV CM-325	$115500	$15120	$20520	**$31320**	**$35640**	Cat.	6T	893D	20F-4R		26903	CHA
Panther IV CS-325	$120640	$16100	$21850	**$33350**	**$37950**	Cat.	6T	893D	10F-2R		26900	CHA
Panther IV KM-325	$115500	$15400	$20900	**$31900**	**$36300**	Cummins	6T	855D	20F-4R		26653	CHA
Panther IV KM-325	$126420	$16800	$22800	**$34800**	**$39600**	Cummins	6T	855D	10F-2R		26900	CHA
Panther IV SM-325	$115500	$14140	$19190	**$29290**	**$33330**	Komatsu	6TI	674D	20F-4R		26216	CHA
Panther IV CM-360	$112500	$14700	$19950	**$30450**	**$34650**	Cat.	6T	893D	20F-4R		26993	CHA
Panther IV CS-360	$126420	$16940	$22990	**$35090**	**$39930**	Cat.	6T	893D	10F-2R		26900	CHA
Panther IV KM360	$112500	$14910	$20240	**$30890**	**$35150**	Cummins	6T	855D	20F-4R		26653	CHA
Panther IV KS 360	$126420	$17080	$23180	**$35380**	**$40260**	Cummins	6T	855D	10F-2R		26900	CHA
Tiger IV KP-525	$186900	$23370	$31710	**$48400**	**$55080**	Cummins	6TA	1150D	24F-4R		40720	CHA
Panther CP 1325	$124750	$16520	$22420	**$34220**	**$38940**	Cat.	6T	893D	12F-2R	299.79	28330	CHA
Panther KP 1325	$124750	$16660	$22610	**$34510**	**$39270**	Cummins	6TA	855D	12F-2R	301.21	28330	CHA
Panther CP 1360	$136000	$18060	$24510	**$37410**	**$42570**	Cat.	6TA	893D	12F-2R	334.33	31732	CHA
Panther KP 1360	$136000	$18200	$24700	**$37700**	**$42900**	Cummins	6TA	855D	12F-2R	326.12	31732	CHA
Panther CP-1400	$144900	$19180	$26030	**$39730**	**$45210**	Cat.	6TA	893D	12F-2R		35802	CHA
Panther KP-1400	$144900	$19380	$26300	**$40140**	**$45670**	Cummins	6TA	855D	12F-2R		35802	CHA
			1985									
Bearcat IV CM-225	$77000	$9880	$13680	**$21280**	**$24320**	Cat.	6T	638D	20F-4R		24711	CHA
Bearcat IV KM-225	$77000	$10010	$13860	**$21560**	**$24640**	Cummins	6T	611D	20F-4R		24411	CHA
Cougar IV CM-250	$83700	$10880	$15070	**$23440**	**$26780**	Cat.	6TA	638D	20F-4R		25011	CHA
Cougar IV CM-280	$91100	$11700	$16200	**$25200**	**$28800**	Cat.	6T	893D	20F-4R		25931	CHA
Cougar IV CS-280	$104360	$13000	$18000	**$28000**	**$32000**	Cat.	6T	893D	10F-2R		26252	CHA
Cougar IV KM-280	$91100	$11840	$16400	**$25520**	**$29150**	Cummins	6T	855D	20F-4R		25581	CHA
Cougar IV KS-280	$104360	$13130	$18180	**$28280**	**$32320**	Cummins	6T	855D	10F-2R		25902	CHA
Panther IV CM-325	$115500	$14300	$19800	**$30800**	**$35200**	Cat.	6T	893D	20F-4R		26903	CHA
Panther IV CS-325	$120640	$14950	$20700	**$32200**	**$36800**	Cat.	6T	893D	10F-2R		26900	CHA
Panther IV KM-325	$115500	$14430	$19980	**$31080**	**$35520**	Cummins	6T	855D	20F-4R		26653	CHA
Panther IV KM-325	$126420	$15600	$21600	**$33600**	**$38400**	Cummins	6T	855D	10F-2R		26900	CHA
Panther IV SM-325	$115500	$14560	$20160	**$31360**	**$35840**	Komatsu	6TI	674D	20F-4R		26216	CHA
Panther IV CM-360	$112500	$14040	$19440	**$30240**	**$34560**	Cat.	6T	893D	20F-4R		26993	CHA
Panther IV CS-360	$126420	$15860	$21960	**$34160**	**$39040**	Cat.	6T	893D	10F-2R		26900	CHA
Panther IV KM360	$112500	$13990	$19370	**$30130**	**$34430**	Cummins	6T	855D	20F-4R		26653	CHA
Panther IV KS 360	$126420	$15860	$21960	**$34160**	**$39040**	Cummins	6T	855D	10F-2R		26900	CHA
Tiger IV KP-525	$186900	$21580	$29880	**$46480**	**$53120**	Cummins	6TA	1150D	24F-4R		40720	CHA
Panther CP 1325	$124750	$15470	$21420	**$33320**	**$38080**	Cat.	6T	893D	12F-2R	299.79	28330	CHA
Panther KP 1325	$124750	$15600	$21600	**$33600**	**$38400**	Cummins	6TA	855D	12F-2R	301.21	28330	CHA
Panther CP 1360	$136000	$16510	$22860	**$35560**	**$40640**	Cat.	6TA	893D	12F-2R	334.33	31732	CHA
Panther KP 1360	$136000	$16900	$23400	**$36400**	**$41600**	Cummins	6TA	855D	12F-2R	326.12	31732	CHA
Panther CP-1400	$144900	$17810	$24660	**$38360**	**$43840**	Cat.	6TA	893D	12F-2R		35802	CHA
Panther KP-1400	$144900	$18070	$25020	**$38920**	**$44480**	Cummins	6TA	855D	12F-2R		35802	CHA
			1984									
Bearcat IV CM-225	$76981	$9120	$12920	**$20520**	**$23560**	Cat.	6T	638D	20F-4R		24711	CHA
Bearcat IV KM-225	$76981	$9240	$13090	**$20790**	**$23860**	Cummins	6T	611D	20F-4R		24411	CHA
Cougar IV CM-250	$83679	$10040	$14230	**$22590**	**$25940**	Cat.	6TA	638D	20F-4R		25011	CHA
Cougar IV CM-280	$91094	$10800	$15300	**$24300**	**$27900**	Cat.	6T	893D	20F-4R		25931	CHA
Cougar IV CS-280	$104357	$12000	$17000	**$27000**	**$31000**	Cat.	6T	893D	10F-2R		26252	CHA
Cougar IV KM-280	$91094	$10930	$15490	**$24600**	**$28240**	Cummins	6T	855D	20F-4R		25581	CHA
Cougar IV KS-280	$104357	$12120	$17170	**$27270**	**$31310**	Cummins	6T	855D	10F-2R		25902	CHA
Panther IV CS-325	$120640	$13680	$19380	**$30780**	**$35340**	Cat.	6T	893D	10F-2R	272.55	26900	CHA
Panther IV KS-325	$120640	$13800	$19550	**$31050**	**$35650**	Cummins	6T	855D	10F-2R		26900	CHA
Panther IV CM-360	$112420	$12960	$18360	**$29160**	**$33480**	Cat.	6T	893D	20F-4R		26993	CHA
Panther IV CS-360	$126420	$14640	$20740	**$32940**	**$37820**	Cat.	6T	893D	10F-2R		26900	CHA
Panther IV KM-360	$112420	$13080	$18530	**$29430**	**$33790**	Cummins	6T	855D	20F-4R		26653	CHA
Panther IV KS-360	$126420	$14520	$20570	**$32670**	**$37510**	Cummins	6T	855D	10F-2R		26900	CHA
Tiger IV KP-525	$186896	$19920	$28220	**$44820**	**$51460**	Cummins	6TA	1150D	24F-4R		40720	CHA
Panther CP 1325	$124742	$14280	$20230	**$32130**	**$36890**	Cat.	6T	893D	12F-2R	299.79	28330	CHA
Panther KP 1325	$124742	$14400	$20400	**$32400**	**$37200**	Cummins	6TA	855D	12F-2R	301.21	28330	CHA
Panther CP 1360	$135957	$15360	$21760	**$34560**	**$39680**	Cat.	6TA	893D	12F-2R	334.33	31732	CHA
Panther KP 1360	$135957	$15480	$21930	**$34830**	**$39990**	Cummins	6TA	855D	12F-2R	326.12	31732	CHA
Panther CP 1400	$144892	$16440	$23290	**$36990**	**$42470**	Cat.	6TA	893D	12F-2R		35802	CHA
Panther KP 1400	$144892	$16680	$23630	**$37530**	**$43090**	Cummins	6TA	855D	12F-2R		35802	CHA
			1983									
Bearcat III ST-225	$77407	$8520	$12390	**$20130**	**$23220**	Cat.	6T	638D	20F-4R		24711	CHA
Cougar ST-250	$83679	$9210	$13390	**$21760**	**$25100**	Cat.	6TA	638D	20F-4R		25011	CHA
Cougar III PTA-280	$106078	$11000	$16000	**$26000**	**$30000**	Cat.	6T	893D	10F-2R		25905	CHA
Cougar III PTA-280	$106078	$11220	$16320	**$26520**	**$30600**	Cummins	6T	855D	10F-2R		25905	CHA
Cougar III ST-280	$92078	$10010	$14560	**$23660**	**$27300**	Cat.	6T	893D	20F-4R		25580	CHA
Cougar III ST-280	$92078	$10130	$14730	**$23940**	**$27620**	Cummins	6T	855D	20F-4R		25580	CHA
Panther III ST-310	$103012	$11110	$16160	**$26260**	**$30300**	Cummins	6TA	855D	20F-4R		26658	CHA
Panther III ST-325	$106640	$11330	$16480	**$26780**	**$30900**	Cat.	6T	893D	20F-4R		26905	CHA
Tiger III ST-450	$182004	$17820	$25920	**$42120**	**$48600**	Cat.	V8TA	1099D	6F-1R		40245	CHA

Steiger (Cont.)

Model	Approx. Retail Price New	Used Trade-In Avg.	Used Trade-In High	Used Retail Avg.	Used Retail High	Make	Engine No. Cyls.	Displ. Cu.-in.	No. Speeds	P.T.O. H.P.	Approx. Shipping Wt.-Lbs.	Cab
1983 (Cont.)												
Tiger III ST-470	$186896	$18320	$26640	$43290	$49950	Cummins	6TA	1150D	6F-1R		40720	CHA
Panther CP 1325	$124742	$12980	$18880	$30680	$35400	Cat.	6T	893D	12F-2R	299.79	28330	CHA
Panther KP 1325	$124742	$13090	$19040	$30940	$35700	Cummins	6TA	855D	12F-2R	301.21	28330	CHA
Panther CP 1360	$135957	$14080	$20480	$33280	$38400	Cat.	6TA	893D	12F-2R	334.33	31732	CHA
Panther CP 1400	$144892	$14740	$21440	$34840	$40200	Cat.	6TA	893D	12F-2R		35802	CHA
Panther KP 1400	$144892	$14960	$21760	$35360	$40800	Cummins	6TA	855D	12F-2R		35802	CHA
1982												
Cougar ST-250	$78950	$7900	$11840	$19740	$22900	Cat.	6TA	638D	20F-4R		25010	CHA
Cougar III PTA-280	$99600	$9850	$14780	$24630	$28570	Cat.	6T	893D	10F-2R		25905	CHA
Cougar III PTA-280	$99600	$9960	$14940	$24900	$28880	Cummins	6T	855D	10F-2R		25905	CHA
Cougar III ST-280	$86451	$8550	$12830	$21380	$24800	Cat.	6T	893D	20F-4R		25580	CHA
Cougar III ST-280	$86451	$8650	$12970	$21610	$25070	Cummins	6T	855D	20F-4R		25580	CHA
Panther III PTA-310	$108900	$10300	$15450	$25750	$29870	Cummins	6TA	855D	10F-2R		26965	CHA
Panther III ST-310	$95800	$9580	$14370	$23950	$27780	Cummins	6TA	855D	20F-4R		26660	CHA
Panther III PTA-325	$112300	$10600	$15900	$26500	$30740	Cat.	6T	893D	10F-2R		27225	CHA
Panther III ST-325	$99800	$9980	$14970	$24950	$28940	Cat.	6T	893D	20F-4R		26905	CHA
Tiger III ST-450	$171500	15150	22730	$37880	$43940	Cat.	V8TA	1099D	6F-1R		40245	CHA
Tiger III ST-470	$176200	15600	23400	$39000	$45240	Cummins	6TA	1150D	6F-1R		40720	CHA
1981												
Bearcat III PT-225	$70500	$7050	$9870	$16920	$19740	Cat.	6T	638D	20F-4R		26700	CHA
Bearcat III ST-225	$64750	$6480	$9070	$15540	$18130	Cat.	6T	638D	20F-4R		25265	CHA
Cougar III ST-251	$74400	$7440	$10420	$17860	$20830	Cummins	6T	855D	10F-4R		26700	CHA
Cougar III PTA-270	$86600	$8660	$12120	$20780	$24250	Cat.	6TA	638D	10F-2R		25500	CHA
Cougar III ST-270	$77600	$7760	$10860	$18620	$21730	Cat.	6TA	638D	20F-4R		25970	CHA
Panther III PTA-310	$99700	$9500	$13300	$22800	$26600	Cummins	6TA	855D	10F-2R		25615	CHA
Panther III ST-310	$88700	$8870	$12420	$21290	$24840	Cummins	6TA	855D	20F-4R		26850	CHA
Panther III PTA-325	$100500	$9700	$13580	$23280	$27160	Cat.	6TA	893D	10F-2R		29605	CHA
Panther III ST-325	$91500	$9150	$12810	$21960	$25620	Cat.	6T	893D	20F-4R		26950	CHA
Tiger III ST-450	$157900	$14700	$20580	$35280	$41160	Cummins	6TA	1150D	6F-1R		43060	CHA
1980												
Bearcat III PT-225	$67150	$6720	$9400	$15450	$18800	Cat.	6T	638D	20F-4R		26700	CHA
Cougar III ST-251	$68700	$6870	$9620	$15800	$19240	Cummins	6T	855D	10F-2R		26700	CHA
Cougar III PT-270	$75800	$7580	$10610	$17430	$21220	Cat.	6TA	638D	20F-4R		26830	CHA
Cougar III ST-270	$69300	$6930	$9700	$15940	$19400	Cat.	6TA	638D	20F-4R		25970	CHA
Panther III PTA-297	$89150	$8920	$12480	$20510	$24960	Cummins	V8T	903D	8F-2R		27350	CHA
Panther III PTA-310	$87750	$8780	$12290	$20180	$24570	Cummins	6TA	855D	10F-2R		25615	CHA
Panther III ST-310	$80900	$8090	$11330	$18610	$22650	Cummins	6TA	855D	20F-4R		26850	CHA
Panther III PTA-325	$91200	$9000	$12600	$20700	$25200	Cat.	6TA	893D	10F-2R		29605	CHA
Panther III ST-325	$83500	$8350	$11690	$19210	$23380	Cat.	6T	893D	20F-4R		26950	CHA
Panther III PT-350	$87400	$8740	$12240	$20100	$24470	Cummins	V8T	903D	20F-4R		27330	CHA
Tiger III ST-450	$145700	$13500	$18900	$31050	$37800	Cummins	6TA	1150D	6F-1R		43060	CHA
1979												
Wildcat III RC-210	$48600	$4860	$6800	$10690	$13610	Cat.	V8	636D	10F-2R		22000	CHA
Bearcat III PT-225	$60200	$6020	$8430	$13240	$16860	Cat.	6T	638D	20F-4R		26700	CHA
Cougar III ST-251	$62470	$6250	$8750	$13740	$17490	Cummins	6T	855D	10F-2R		26700	CHA
Cougar III PT-270	$69200	$6920	$9690	$15220	$19380	Cat.	6TA	638D	20F-4R		26830	CHA
Cougar III ST-270	$63330	$6330	$8870	$13930	$17730	Cat.	6TA	638D	20F-4R		25970	CHA
Panther III PTA-297	$83700	$8370	$11720	$18410	$23440	Cummins	V8T	903D	8F-2R		27350	CHA
Panther III ST-310	$71540	$7150	$10020	$15740	$20030	Cummins	6TA	855D	20F-4R		26850	CHA
Panther III ST-325	$73820	$7380	$10340	$16240	$20670	Cat.	6TA	893D	20F-4R		26950	CHA
Panther III PT-350	$79570	$7960	$11140	$17510	$22280	Cummins	V8T	903D	20F-4R		27330	CHA
Panther III ST-350	$74430	$7440	$10420	$16380	$20840	Cummins	V8T	903D	20F-4R		26670	CHA
Tiger III ST-450	$129670	$12970	$18150	$28530	$36310	Cummins	6TA	1150D	6F-1R		43060	CHA
1978												
Wildcat RC-210	$42400	$4240	$5940	$9330	$11870	Cat.	V8	636D	10F-2R		19070	CHA
Wildcat ST-210	$42400	$4240	$5940	$9330	$11870	Cat.	V8	636D	10F-2R		19070	CHA
Bearcat ST-220	$51700	$5170	$7240	$11370	$14480	Cummins	6T	855D	20F-4R		24540	CHA
Bearcat PT-225	$52600	$5260	$7360	$11570	$14730	Cat.	6T	638D	20F-4R		25225	CHA
Cougar ST-250	$53800	$5380	$7530	$11840	$15060	Cat.	6T	638D	20F-4R		24540	CHA
Cougar ST-251	$55900	$5590	$7830	$12300	$15650	Cummins	6T	855D	10F-2R		24540	CHA
Cougar PT-270	$59200	$5920	$8290	$13020	$16580	Cat.	6TA	638D	20F-4R		25225	CHA
Cougar ST-270	$56700	$5670	$7940	$12470	$15880	Cat.	6TA	638D	20F-4R		24540	CHA
Panther ST-310	$65200	$6520	$9130	$14340	$18260	Cummins	6T	855D	20F-4R		24540	CHA
Panther ST-320	$66200	$6620	$9270	$14560	$18540	Cummins	V8T	903D	20F-4R		24540	CHA
Panther ST-325	$69400	$6940	$9720	$15270	$19430	Cat.	6TA	893D	20F-4R		24540	CHA
Panther PT-350	$73300	$7330	$10260	$16130	$20520	Cummins	V8T	903D	20F-4R		25225	CHA
Tiger ST-450	$112000	$11200	$15680	$24640	$31360	Cummins	6TA	1150D	20F-4R		41975	CHA
1977												
Wildcat RC-210	$41700	$4170	$5840	$9170	$11680	Cat.	V8	636D	10F-2R		18000	CHA
Wildcat ST-210	$41700	$4170	$5840	$9170	$11680	Cat.	V8	636D	10F-2R		18000	CHA
Bearcat ST-220	$48400	$4840	$6780	$10650	$13550	Cummins	6T	855D	10F-2R		26000	CHA
Cougar ST-250	$53000	$5300	$7420	$11660	$14840	Cat.	6T	638D	10F-2R		26000	CHA
Cougar ST-251	$54800	$5480	$7670	$12060	$15340	Cummins	6T	855D	10F-2R		26000	CHA
Cougar ST-270	$55200	$5520	$7730	$12140	$15460	Cat.	6T	638D	10F-2R		26000	CHA
Panther 310	$61600	$6160	$8620	$13550	$17250	Cummins	6T	855D	10F-2R		26000	CHA
Panther 320	$63800	$6380	$8930	$14040	$17860	Cummins	V8T	903D	10F-2R		26000	CHA
Panther 325	$67200	$6720	$9410	$14780	$18820	Cat.	6TA	893D	10F-2R		26000	CHA

Model	Approx. Retail Price New	Estimated Value Less Repairs				Make	Engine No. Cyls.	Displ. Cu.-in.	No. Speeds	P.T.O. H.P.	Approx. Shipping Wt.-Lbs.	Cab
		Used Trade-In		Used Retail								
		Avg.	High	Avg.	High							

Steiger (Cont.)

1976

Model	Price New	Avg.	High	Avg.	High	Make	Cyls.	Displ.	Speeds	H.P.	Wt.	Cab
Bearcat II	$38900	$3890	$5450	$8560	$10890	Cat.	V8	636D	10F-2R		18000	CHA
Cougar II	$49400	$4940	$6920	$10870	$13830	Cat.	6T	638D	10F-2R		26690	CHA
Panther II	$54000	$5400	$7560	$11880	$15120	Cummins	6T	855D	10F-2R		26000	CHA
Tiger II	$56300	$5630	$7880	$12390	$15760	Cummins	V8T	903D	10F-2R		27600	CHA

1975

Bearcat	$34200	$3420	$4790	$7520	$9580	Cat.	V8	636D	10F-2R		18000	CHA
Cougar II	$46300	$4630	$6480	$10190	$12960	Cat.	6T	638D	10F-2R		26690	CHA
Panther	$52000	$5200	$7280	$11440	$14560	Cummins	6T	855D	10F-2R		24000	CHA
Super Wildcat	$33100	$3310	$4630	$7280	$9270	Cat.	V8	573D	10F-2R		18000	CHA
Tiger II	$54000	$5400	$7560	$11880	$15120	Cummins	V8T	903D	10F-2R		27600	CHA

1974

Bearcat	$28500	$3640	$5980	$9100	$11310	Cat.	V8	636D	10F-2R		18000	CHA
Cougar	$37600	$4900	$8050	$12250	$15230	Cat.	6T	525D	10F-2R		22000	CHA
Super Wildcat	$27200	$3500	$5750	$8750	$10880	Cat.	V8	573D	10F-2R		18000	CHA
Tiger	$41700	$5600	$9200	$14000	$17400	Cummins	V8T	903D	10F-2R		24000	CHA

1973

Bearcat	$25575	$3360	$5520	$8400	$10440	Cat.	V8	636D	10F-2R		17500	CHA
Cougar	$33525	$4200	$6900	$10500	$13050	Cat.	6T	525D	10F-2R		22000	CHA
Super Wildcat	$22975	$2800	$4600	$7000	$8700	Cat.	V8	573D	10F-2R		17000	CHA
Tiger	$39500	$4900	$8050	$12250	$15230	Cummins	V8T	903D	10F-2R		24000	CHA

1972

Bearcat	$24100	$3370	$5540	$8440	$10480	Cat.	V8	636D	10F-2R		17500	CHA
Cougar	$31800	$4450	$7310	$11130	$13830	Cat.	6T	525D	10F-2R		22000	CHA
Super Wildcat	$21300	$2980	$4900	$7460	$9270	Cat.	V8	573D	10F-2R		17000	CHA
Tiger	$37625	$5270	$8650	$13170	$16370	Cummins	V8	903D	10F-2R		24350	CHA
Wildcat	$21005	$2940	$4830	$7350	$9140	Cat.	V8	522D	10F-2R		17000	CHA

1971

Bearcat	$22945	$3210	$5280	$8030	$9980	Cat.	V8	636D	10F-2R		15700	CHA
Super Wildcat	$20400	$2860	$4690	$7140	$8870	Cat.	V8	573D	10F-2R		15400	CHA
Tiger	$33000	$4620	$7590	$11550	$14360	Cummins	V8	903D	10F-2R		24350	CHA
Wildcat	$19000	$2660	$4370	$6650	$8270	Cat.	V8	522D	10F-2R		15400	CHA

Tafe

2001

25 DI	$9500	$3900	$4560	$5890	$6460	Simpson	2	102D	8F-2R	23	3274	No
4010DE	$11900	$4880	$5710	$7380	$8090	Simpson	3	152D	8F-2R	32	4090	No
5000DE	$13500	$5540	$6480	$8370	$9180	Simpson	3	164D	8F-2R	45	4090	No

2000

25 DI	$9375	$3470	$4130	$5440	$6000	Simpson	2	102D	8F-2R	23	3450	No
35 DI	$10800	$4000	$4750	$6260	$6910	Simpson	3	144D	8F-2R	30	3700	No
35 DI PS	$11750	$4350	$5170	$6820	$7520	Simpson	3	144D	8F-2R	30	3700	No
45 DI	$12900	$4770	$5680	$7480	$8260	Simpson	3	152D	8F-2R	41	3900	No
45 DI w/Aux. Hyd.	$14900	$5510	$6560	$8640	$9540	Simpson	3	152D	8F-2R	41	3900	No
45 DI 4WD w/Aux. Hyd.	$16900	$6250	$7440	$9800	$10820	Simpson	3	152D	8F-2R	41	4700	No

1999

25 DI	$9375	$3090	$3840	$5060	$5630	Simpson	2	102D	8F-2R	23	3450	No
35 DI	$11750	$3880	$4820	$6350	$7050	Simpson	3	144D	8F-2R	30	3700	No
45 DI	$12900	$4260	$5290	$6970	$7740	Simpson	3	152D	8F-2R	41	3900	No
45 DI 4WD	$17900	$5580	$6930	$9130	$10140	Simpson	3	152D	8F-2R	41	4700	No

1998

25 DI	$8900	$2760	$3470	$4540	$5070	Simpson	2	102D	8F-2R	23	3450	No
35 DI	$11100	$3440	$4330	$5660	$6330	Simpson	3	144D	8F-2R	30	3700	No
45 DI	$12200	$3780	$4760	$6220	$6950	Simpson	3	152D	8F-2R	41	3900	No
45 DI 4WD	$18600	$5240	$6590	$8620	$9630	Simpson	3	152D	8F-2R	41	4700	No

1997

25 DI	$8900	$2580	$3290	$4270	$4810	Simpson	2	102D	8F-2R	23	3450	No
35 DI	$11100	$3220	$4110	$5330	$5990	Simpson	3	144D	8F-2R	30	3700	No
45 DI	$12200	$3540	$4510	$5860	$6590	Simpson	3	152D	8F-2R	41	3900	No
45 DI 4WD	$18600	$4900	$6250	$8110	$9130	Simpson	3	152D	8F-2R	41	4700	No

1996

25 DI	$8600	$2320	$3010	$3870	$4390	Simpson	2	102D	8F-2R	23	3450	No
35 DI	$10800	$2920	$3780	$4860	$5510	Simpson	3	144D	8F-2R	30	3700	No
45 DI	$11900	$3210	$4170	$5360	$6070	Simpson	3	152D	8F-2R	41	3900	No
45 DI 4WD	$18600	$4560	$5920	$7610	$8620	Simpson	3	152D	8F-2R	41	4700	No

1995

25 DI	$8600	$2150	$2840	$3780	$4210	Simpson	2	102D	8F-2R	23	3274	No
35 DI	$10800	$2700	$3560	$4750	$5290	Simpson	3	144-D	8F-2R	30	3561	No
45 DI	$11900	$2980	$3930	$5240	$5830	Simpson	3	152D	8F-2R	41	3748	No

Model	Approx. Retail Price New	Used Trade-In Avg.	Used Trade-In High	Estimated Value Less Repairs — Used Retail Avg.	Used Retail High	Make	Engine No. Cyls.	Displ. Cu.-in.	No. Speeds	P.T.O. H.P.	Approx. Shipping Wt.-Lbs.	Cab
VALTRA												
2005												
BL77	$22545	$15780	$16680	$18940	$19840	Sisu	3T	201D	12F-12R	74		N
BL77 4WD	$25293	$18210	$19220	$21750	$22760	Sisu	3T	201D	12F-12R	74		N
BL88	$26399	$19010	$20060	$22700	$23760	Sisu	4T	268D	12F-12R	98		N
BL88 4WD	$29147	$20990	$22150	$25070	$26230	Sisu	4T	268D	12F-12R	98		N
B700	$31970	$23020	$24300	$27490	$28770	Sisu	3T	201D	12F-12R	74		N
B700 4WD	$35542	$25590	$27010	$30570	$31990	Sisu	3T	201D	12F-12R	74		N
B800	$35544	$25590	$27010	$30570	$31990	Sisu	4T	268D	12F-12R	88		N
B800 4WD	$39114	$28160	$29730	$33640	$35200	Sisu	4T	268D	12F-12R	88		N
B900 4WD	$42363	$30500	$32200	$36430	$38130	Sisu	4T	268D	12F-12R	98		N
A75N	$38587	$27780	$29330	$33190	$34730	Sisu	3T	201D	12F-12R	74		CHA
A75N 4WD	$41463	$29850	$31510	$35660	$37320	Sisu	3T	201D	12F-12R	74		CHA
A85N	$42076	$30300	$31980	$36190	$37870	Sisu	4T	268D	12F-12R	88		CHA
A85N 4WD	$44952	$32370	$34160	$38660	$40460	Sisu	4T	268D	12F-12R	88		CHA
A95N	$43087	$31020	$32750	$37060	$38780	Sisu	4T	268D	12F-12R	98		CHA
A95N 4WD	$45963	$33090	$34930	$39530	$41370	Sisu	4T	268D	12F-12R	98		CHA
6200	$52481	$37790	$39890	$45130	$47230	Sisu	4T	268D	12F-12R	94		CHA
6200 4WD	$52820	$38030	$40140	$45430	$47540	Sisu	4T	268D	12F-12R	94		CHA
6200	$55788	$40170	$42400	$47980	$50210	Sisu	4T	268D	36F-36R	94		CHA
6200 4WD	$56127	$40410	$42660	$48270	$50510	Sisu	4T	268D	36F-36R	94		CHA
6300	$54328	$39120	$41290	$46720	$48900	Sisu	4T	268D	12F-12R	101		CHA
6300 4WD	$54667	$39360	$41550	$47010	$49200	Sisu	4T	268D	12F-12R	101		CHA
6300	$57635	$41500	$43800	$49570	$51870	Sisu	4T	268D	36F-36R	101		CHA
6300 4WD	$57974	$41740	$44060	$49860	$52180	Sisu	4T	268D	36F-36R	101		CHA
6400	$56719	$40840	$43110	$48780	$51050	Sisu	4T	268D	12F-12R	105		CHA
6400 4WD	$57058	$41080	$43360	$49070	$51350	Sisu	4T	268D	12F-12R	105		CHA
6400	$60026	$43220	$45620	$51620	$54020	Sisu	4T	268D	36F-36R	105		CHA
6400 4WD	$60365	$43460	$45880	$51910	$54330	Sisu	4T	268D	36F-36R	105		CHA
6250HT	$58757	$42310	$44660	$50530	$52880	Sisu	4T	268D	36F-36R	94		CHA
6250HT 4WD	$59096	$42550	$44910	$50820	$53190	Sisu	4T	268D	36F-36R	94		CHA
6350HT	$59684	$42970	$45360	$51330	$53720	Sisu	4T	268D	36F-36R	101		CHA
6350HT 4WD	$60023	$43220	$45620	$51620	$54020	Sisu	4T	268D	36F-36R	101		CHA
6550HT	$62011	$44650	$47130	$53330	$55810	Sisu	4T	268D	36F-36R	105		CHA
6550HT 4WD	$62350	$44890	$47390	$53620	$56120	Sisu	4T	268D	36F-36R	105		CHA
6850HT 4WD	$69102	$49750	$52520	$59430	$62190	Sisu	4T	268D	36F-36R	125		CHA
C90	$64639	$46540	$49130	$55590	$58180	Sisu	4T	268D	24F-24R	95		CHA
C100	$67526	$48620	$51320	$58070	$60770	Sisu	4T	268D	24F-24R	101		CHA
C110	$68784	$49520	$52280	$59150	$61910	Sisu	4TI	268D	24F-24R	114		CHA
C120E	$74576	$53700	$56680	$64140	$67120	Sisu	4TI	268D	36F-36R	120		CHA
C120	$70347	$50650	$53460	$60500	$63310	Sisu	4TI	268D	36F-36R	120		CHA
C130	$72786	$52410	$55320	$62600	$65510	Sisu	4TI	268D	36F-36R	135		CHA
C150	$77397	$55730	$58820	$66560	$69660	Sisu	4TI	268D	36F-36R	150		CHA
M120 4WD	$75266	$54190	$57200	$64730	$67740	Sisu	4TI	268D	36F-36R	120		CHA
M120E 4WD	$76043	$54750	$57790	$65400	$68440	Sisu	4TI	268D	36F-36R	120		CHA
M130 4WD	$76043	$54750	$57790	$65400	$68440	Sisu	4TI	268D	36F-36R	135		CHA
M150 4WD	$85309	$61420	$64840	$73370	$76780	Sisu	4TI	268D	36F-36R	150		CHA
XM130 4WD	$104409	$75170	$79350	$89790	$93970	Sisu	4TI	268D	36F-36R	135		CHA
XM150 4WD	$108323	$77990	$82330	$93160	$97490	Sisu	4TI	268D	36F-36R	150		CHA
T120	$79328	$57120	$60290	$68220	$71400	Sisu	6T	402D	36F-36R	125		CHA
T130	$84995	$61200	$64600	$73100	$76500	Sisu	6T	402D	36F-36R	135		CHA
T140E	$90450	$65120	$68740	$77790	$81410	Sisu	6TI	402D	36F-36R	145		CHA
T150	$92745	$66780	$70490	$79760	$83470	Sisu	6TI	402D	36F-36R	155		CHA
T160	$95595	$68830	$72650	$82210	$86040	Sisu	6TI	402D	36F-36R	165		CHA
T170	$101961	$73410	$77490	$87690	$91770	Sisu	6TI	402D	36F-36R	175		CHA
T180	$106125	$76410	$80660	$91270	$95510	Sisu	6TI	402D	36F-36R	180		CHA
T190	$109836	$79080	$83480	$94460	$98850	Sisu	6TI	402D	36F-36R	210		CHA
T120C	$72277	$52040	$54930	$62160	$65050	Sisu	6T	402D	12F-12R	125		CHA
T130C	$74488	$53630	$56610	$64060	$67040	Sisu	6T	402D	12F-12R	135		CHA
T140C	$82423	$59350	$62640	$70880	$74180	Sisu	6TI	402D	12F-12R	145		CHA
T160C	$85639	$61660	$65090	$73650	$77080	Sisu	6TI	402D	12F-12R	165		CHA
T160C	$86777	$62480	$65950	$74630	$78100	Sisu	6TI	402D	36F-36R	165		CHA
T170C	$91135	$65620	$69260	$78380	$82020	Sisu	6TI	402D	12F-12R	175		CHA
T170C	$95109	$68480	$72280	$81790	$85600	Sisu	6TI	402D	36F-36R	175		CHA
Versatile												
1987												
256 w/3 Pt. & PTO	$41900	$10890	$13410	$22420	$26190	Cummins	4T	239D	Variable	85.14	9000	CHA
276	$45100	$9020	$11950	$19840	$23000	Cummins	4T	239D	Variable	100.45	9000	CHA
876	$95200	$15810	$23250	$32550	$38130	Cummins	6T	611D	12F-4R		21000	CHA
936	$105000	$17000	$25000	$35000	$41000	Cummins	6T	855D	12F-4R		22000	CHA
956	$107300	$17510	$25750	$36050	$42230	Cummins	6T	855D	12F-4R		22000	CHA
976	$115300	$18700	$27500	$38500	$45100	Cummins	6TA	855D	12F-4R		22000	CHA
1156	$151400	$23190	$34100	$47740	$55920	Cummins	6TA	1150D	8F-2R		33000	CHA

See NEW HOLLAND/VERSATILE for later models.

Model	Approx. Retail Price New	Used Trade-In Avg.	Used Trade-In High	Estimated Value Less Repairs — Used Retail Avg.	Used Retail High	Make	Engine No. Cyls.	Displ. Cu.-in.	No. Speeds	P.T.O. H.P.	Approx. Shipping Wt.-Lbs.	Cab
1986												
256 w/3 Pt. & PTO	$38888	$9720	$12060	$20810	$24500	Cummins	4T	239D	Variable	85.08	8850	CHA
276	$42000	$10500	$13020	$22470	$26460	Cummins	4TA	239D	Variable	100.22	8900	CHA
756	$51775	$9840	$13460	$22260	$25890	Cummins	6T	505D	15F-5R	168.00		CHA
756 PS	$55347	$10520	$14390	$23800	$27670	Cummins	6T	505D	12F-4R	168.00		CHA

Model	Approx. Retail Price New	Used Trade-In Avg.	Used Trade-In High	Used Retail Avg.	Used Retail High	Make	No. Cyls.	Displ. Cu.-in.	No. Speeds	P.T.O. H.P.	Approx. Shipping Wt.-Lbs.	Cab

Versatile (Cont.)

1986 (Cont.)

Model	Approx. Retail Price New	Used Trade-In Avg.	Used Trade-In High	Used Retail Avg.	Used Retail High	Make	No. Cyls.	Displ. Cu.-in.	No. Speeds	P.T.O. H.P.	Approx. Shipping Wt.-Lbs.	Cab
836	$78130	$11840	$17760	$25900	$30340	Cummins	6T	611D	12F-4R	180.00	21000	CHA
836	$85700	$12430	$18650	$27200	$31860	Cummins	6T	611D	15F-3R	197.18	21000	CHA
836PS	$91400	$13280	$19920	$29050	$34030	Cummins	6T	611D	12F-3R	185.62	21000	CHA
856	$94190	$13760	$20640	$30100	$35260	Cummins	6TA	611D	12F-4R	200.00	21000	CHA
856PS	$103940	$14400	$21600	$31500	$36900	Cummins	6TA	611D	12F-3R	209.28	21000	CHA
876	$100830	$15200	$22800	$33250	$38950	Cummins	6TA	611D	12F-4R		21000	CHA
876PS	$110280	$15680	$23520	$34300	$40180	Cummins	6TA	611D	12F-3R		21000	CHA
936	$109300	$16000	$24000	$35000	$41000	Cummins	6TA	855D	12F-4R		22000	CHA
936PS	$122650	$16800	$25200	$36750	$43050	Cummins	6TA	855D	12F-2R		22000	CHA
956	$114750	$16640	$24960	$36400	$42640	Cummins	6TA	855D	12F-4R		22000	CHA
956PS	$126850	$17600	$26400	$38500	$45100	Cummins	6TA	855D	12F-2R		22000	CHA
976	$119700	$17440	$26160	$38150	$44690	Cummins	6TA	855D	12F-4R		22000	CHA
976PS	$132790	$17920	$26880	$39200	$45920	Cummins	6TA	855D	12F-2R		22000	CHA
1150	$163455	$21280	$31920	$46550	$54530	Cummins	6TA	1150D	8F-2R		33000	CHA
1150 PS	$191450	$22400	$33600	$49000	$57400	Cummins	6TA	1150D	12F-2R		33000	CHA

PS - Power Shift.

1985

Model	Approx. Retail Price New	Used Trade-In Avg.	Used Trade-In High	Used Retail Avg.	Used Retail High	Make	No. Cyls.	Displ. Cu.-in.	No. Speeds	P.T.O. H.P.	Approx. Shipping Wt.-Lbs.	Cab
256	$38000	$9120	$11400	$20520	$24130	Cummins	4T	239D	Variable	85.08	8850	CHA
276	$42000	$10080	$12600	$22680	$26670	Cummins	4TA	239D	Variable	100.22	8900	CHA
836	$78130	$11400	$18240	$26600	$31160	Cummins	6T	611D	12F-4R	180.00	21000	CHA
836	$85700	$11810	$18890	$27550	$32270	Cummins	6T	611D	15F-3R	197.18	21000	CHA
836PS	$91400	$12450	$19920	$29050	$34030	Cummins	6T	611D	12F-3R	185.62	21000	CHA
856	$94190	$12900	$20640	$30100	$35260	Cummins	6TA	611D	12F-4R	200.00	21000	CHA
856PS	$103940	$13500	$21600	$31500	$36900	Cummins	6TA	611D	12F-3R	209.28	21000	CHA
876	$100830	$13320	$21310	$31080	$36410	Cummins	6TA	611D	12F-4R		21000	CHA
876PS	$110280	$13950	$22320	$32550	$38130	Cummins	6TA	611D	12F-3R		21000	CHA
936	$109300	$14850	$23760	$34650	$40590	Cummins	6TA	855D	12F-4R		22000	CHA
936PS	$122650	$16800	$26880	$39200	$45920	Cummins	6TA	855D	12F-2R		22000	CHA
956	$114750	$15750	$25200	$36750	$43050	Cummins	6TA	855D	12F-4R		22000	CHA
956PS	$126850	$16800	$26880	$39200	$45920	Cummins	6TA	855D	12F-2R		22000	CHA
976	$119700	$16500	$26400	$38500	$45100	Cummins	6TA	855D	12F-4R		22000	CHA
976PS	$132790	$16950	$27120	$39550	$46330	Cummins	6TA	855D	12F-2R		22000	CHA
1150	$163455	$19500	$31200	$45500	$53300	Cummins	6TA	1150D	8F-2R		33000	CHA
1150 PS	$191450	$20700	$33120	$48300	$56580	Cummins	6TA	1150D	12F-2R		33000	CHA

PS - Power Shift.

1984

Model	Approx. Retail Price New	Used Trade-In Avg.	Used Trade-In High	Used Retail Avg.	Used Retail High	Make	No. Cyls.	Displ. Cu.-in.	No. Speeds	P.T.O. H.P.	Approx. Shipping Wt.-Lbs.	Cab
256	$38000	$8740	$11400	$20710	$24320	Cummins	4T	239D	Variable	85.08	8850	CHA
555	$77255	$6740	$9550	$15170	$17420	Cummins	V8T	555D	15F-5R	182.25	16800	CHA
555 w/3 Pt. Hitch	$81960	$7070	$10010	$15900	$18260	Cummins	V8T	555D	15F-5R	182.25	17300	CHA
835	$93692	$12140	$19250	$29300	$34320	Cummins	6T	855D	12F-4R		18100	CHA
835 w/3 Pt. & PTO	$109950	$12540	$19900	$30280	$35470	Cummins	6T	855D	12F-4R	198.23	20200	CHA
835 w/3 Pt. Hitch	$101282	$12790	$20290	$30870	$36160	Cummins	6T	855D	12F-4R		18900	CHA
875	$106243	$13120	$20820	$31680	$37110	Cummins	6T	855D	12F-4R		18380	CHA
875 w/3 Pt. & PTO	$122498	$13410	$21280	$32380	$37930	Cummins	6T	855D	12F-4R	247.16	20380	CHA
875 w/3 Pt. Hitch	$113833	$13170	$20880	$31780	$37230	Cummins	6T	855D	12F-4R		19180	CHA
895	$115530	$13780	$21850	$33250	$38950	Cummins	6TA	855D	12F-4R		19000	CHA
895 w/3 Pt. Hitch	$123120	$14210	$22540	$34300	$40180	Cummins	6TA	855D	12F-4R		19800	CHA
925	$117000	$12620	$20010	$30450	$35670	Cummins	6TA	855D	12F-2R		20160	CHA
945	$122500	$14500	$23000	$35000	$41000	Cummins	6TA	855D	12F-4R		20060	CHA
945 w/3 Pt. Hitch	$130090	$14940	$23690	$36050	$42230	Cummins	6TA	855D	12F-4R		20860	CHA
955	$143045	$16390	$25990	$39550	$46330	Cummins	6TA	855D	12F-4R		21000	CHA
955 w/3 Pt. Hitch	$150635	$16680	$26450	$40250	$47150	Cummins	6TA	855D	12F-4R		21800	CHA
975	$130735	$15950	$25300	$38500	$45100	Cummins	6TA	855D	12F-4R		22000	CHA
975 w/3 Pt. Hitch	$138325	$16530	$26220	$39900	$46740	Cummins	6TA	855D	12F-4R		22800	CHA
1150	$163455	$18560	$29440	$44800	$52480	Cummins	6TA	1150D	8F-2R		33000	CHA
1150 PS	$191450	$19290	$30590	$46550	$54530	Cummins	6TA	1150D	12F-2R		33000	CHA

PS - Power Shift.

1983

Model	Approx. Retail Price New	Used Trade-In Avg.	Used Trade-In High	Used Retail Avg.	Used Retail High	Make	No. Cyls.	Displ. Cu.-in.	No. Speeds	P.T.O. H.P.	Approx. Shipping Wt.-Lbs.	Cab
160	$38895	$8560	$11670	$21390	$24890	Waukesha	4	220D	Variable	70.00	8050	CHA
555	$77251	$5780	$8400	$13650	$15750	Cummins	V8T	555D	15F-5R	182.25	16800	CHA
555 w/3 Pt. Hitch	$81960	$6260	$9100	$14790	$17070	Cummins	V8T	555D	15F-5R	182.25	17300	CHA
835	$93692	$10920	$17940	$27300	$31980	Cummins	6T	855D	12F-4R		18100	CHA
835 w/3 Pt. & PTO	$109947	$11340	$18630	$28350	$33210	Cummins	6T	855D	12F-4R	198.23	20200	CHA
835 w/3 Pt. Hitch	$101282	$11480	$18860	$28700	$33620	Cummins	6T	855D	12F-4R		18900	CHA
875	$106243	$11760	$19320	$29400	$34440	Cummins	6T	855D	12F-4R		18380	CHA
875 w/3 Pt. & PTO	$122498	$12180	$20010	$30450	$35670	Cummins	6TA	855D	12F-4R	247.16	20380	CHA
875 w/3 Pt. Hitch	$113833	$11900	$19550	$29750	$34850	Cummins	6T	855D	12F-4R		19180	CHA
895	$115528	$12600	$20700	$31500	$36900	Cummins	6TA	855D	12F-4R		19000	CHA
895 w/3 Pt. Hitch	$123118	$13020	$21390	$32550	$38130	Cummins	6TA	855D	12F-4R		19800	CHA
925	$117000	$12180	$20010	$30450	$35670	Cummins	6TA	855D	12F-2R		20160	CHA
945	$122498	$12880	$21160	$32200	$37720	Cummins	6TA	855D	12F-4R		20060	CHA
945 w/3 Pt. Hitch	$130088	$13720	$22540	$34300	$40180	Cummins	6TA	855D	12F-4R		20860	CHA
955	$143041	$14420	$23690	$36050	$42230	Cummins	6TA	855D	12F-4R		21000	CHA
955 w/3 Pt. Hitch	$150631	$16100	$26450	$40250	$47150	Cummins	6TA	855D	12F-4R		21800	CHA
975	$130735	$15400	$25300	$38500	$45100	Cummins	6TA	855D	12F-4R		22000	CHA
975 w/3 Pt. Hitch	$138325	$16100	$26450	$40250	$47150	Cummins	6TA	855D	12F-4R		22800	CHA
1150	$163452	$17780	$29210	$44450	$52070	Cummins	6TA	1150D	8F-2R		33000	CHA
1150 PS	$191449	$18480	$30360	$46200	$54120	Cummins	6TA	1150D	12F-2R		33000	CHA

PS - Power Shift

Versatile (Cont.)

Model	Approx. Retail Price New	Estimated Value Less Repairs — Used Trade-In Avg.	High	Used Retail Avg.	High	Engine Make	No. Cyls.	Displ. Cu.-in.	No. Speeds	P.T.O. H.P.	Approx. Shipping Wt.-Lbs.	Cab
1982												
160	$38000	$7980	$11400	$20900	$24320	Waukesha	4	220D	Variable	70.00	8050	CHA
555	$72170	$5200	$7800	$13000	$15080	Cummins	V8T	555D	15F-5R	182.25	16800	CHA
835	$78904	$11050	$18150	$27620	$32350	Cummins	6T	855D	12F-4R	198.23	18100	CHA
855	$87533	$11480	$18860	$28700	$33620	Cummins	6T	855D	12F-4R	212.00	18380	CHA
875	$89626	$11760	$19320	$29400	$34440	Cummins	6T	855D	12F-4R	247.16	18380	CHA
895	$94202	$12040	$19780	$30100	$35260	Cummins	6TA	855D	12F-4R		18250	CHA
935	$98998	$12320	$20240	$30800	$36080	Cummins	V8T	903D	12F-4R	282.00	18045	CHA
950	$99860	$12460	$20470	$31150	$36490	Cummins	V8T	903D	12F-4R	300.00	18045	CHA
1981												
555	$64877	$4400	$6160	$10560	$12320	Cummins	V8T	555D	15F-5R	182.25	16800	CHA
835	$70931	$9930	$16310	$24830	$29080	Cummins	6T	855D	12F-4R	198.23	18100	CHA
855	$78688	$11020	$18100	$27540	$32260	Cummins	6T	855D	12F-4R	212.00	18380	CHA
875	$80569	$11280	$18530	$28200	$33030	Cummins	6T	855D	12F-4R	247.16	18380	CHA
895	$84683	$11860	$19480	$29640	$34720	Cummins	6TA	855D	12F-4R		18250	CHA
935	$88995	$12040	$19780	$30100	$35260	Cummins	V8T	903D	12F-4R	282.00	18045	CHA
950	$89769	$12180	$20010	$30450	$35670	Cummins	V8T	903D	12F-4R	300.00	18045	CHA
1980												
555	$58571	$3850	$5390	$8860	$10780	Cummins	V8T	555D	15F-5R	182.25	16800	CHA
835	$64230	$8990	$14130	$22480	$26660	Cummins	6T	855D	12F-4R	198.00	18100	CHA
855	$71205	$9970	$15670	$24920	$29550	Cummins	6T	855D	12F-4R	212.00	18100	CHA
875	$72979	$10220	$16060	$25540	$30290	Cummins	6T	855D	12F-4R	247.16	18380	CHA
895	$76713	$10740	$16880	$26850	$31840	Cummins	6TA	855D	12F-4R		18250	CHA
935	$80628	$11290	$17740	$28220	$33460	Cummins	V8T	903D	12F-4R	282.00	18045	CHA
950	$81331	$11390	$17890	$28470	$33750	Cummins	V8T	903D	12F-4R	300.00	18045	CHA
1979												
500	$45468	$7730	$12280	$19100	$21830	Cummins	V8	504D	15F-5R	160.00	15000	CHA
555	$50123	$8520	$13530	$21050	$24060	Cummins	V8T	504D	15F-5R	182.20	16980	CHA
835	$54888	$9330	$14820	$23050	$26350	Cummins	6T	855D	12F-4R	198.00	19750	CHA
855	$59902	$10180	$16170	$25160	$28750	Cummins	6T	855D	12F-4R	212.00	19830	CHA
875	$61341	$10430	$16560	$25760	$29440	Cummins	6T	855D	12F-4R	248.07	20850	CHA
935	$66642	$11330	$17990	$27990	$31990	Cummins	V8T	903D	12F-4R	282.00	19775	CHA
950	$67224	$11430	$18150	$28230	$32270	Cummins	V8T	903D	12F-4R	300.00	20610	CHA
1978												
500	$34738	$6630	$10730	$16380	$18720	Cummins	V8	504D	15F-5R	160.00	15000	CHA
835	$44980	$7650	$12380	$18900	$21600	Cummins	6T	855D	12F-4R	195.00	19750	CHA
855	$47221	$8370	$13540	$20670	$23630	Cummins	6T	855D	12F-4R	212.00	19830	CHA
875	$48354	$8560	$13850	$21150	$24170	Cummins	6T	855D	12F-4R	233.00	20850	CHA
935	$53791	$9480	$15340	$23430	$26780	Cummins	V8T	903D	12F-4R	280.00	20850	CHA
950 II	$54261	$9900	$16020	$24470	$27970	Cummins	V8T	903D	12F-4R	295.00	21000	CHA
1977												
700 II	$37774	$6420	$10580	$15870	$18130	Cummins	V8	555D	12F-4R		18650	CHA
750 II	$43321	$7370	$12130	$18200	$20790	Cummins	6	855D	12F-4R		19750	CHA
800 II	$44756	$7610	$12530	$18800	$21480	Cummins	6	855D	12F-4R		19830	CHA
825 II	$46040	$7830	$12890	$19340	$22100	Cummins	6T	855D	12F-4R		19870	CHA
850 II	$48811	$8300	$13670	$20500	$23430	Cummins	6T	855D	12F-4R		20850	CHA
900 II	$50259	$8540	$14070	$21110	$24120	Cummins	V8	903D	12F-4R		20250	CHA
950 II	$54030	$9190	$15130	$22690	$25930	Cummins	V8T	903D	12F-4R		21000	CHA
1976												
700 II	$36700	$6240	$10280	$15410	$17620	Cummins	V8	555D	12F-4R		18650	CHA
750 II	$42090	$7160	$11790	$17680	$20200	Cummins	6	855D	12F-4R		19750	CHA
800 II	$43482	$7390	$12180	$18260	$20870	Cummins	6	855D	12F-4R		19830	CHA
850 II	$47422	$8060	$13280	$19920	$22760	Cummins	6T	855D	12F-4R		20850	CHA
900 II	$48829	$8300	$13670	$20510	$23440	Cummins	V8	903D	12F-4R		20250	CHA
1975												
700	$32162	$5470	$9010	$13510	$15440	Cummins	V8	555D	12F-4R		18100	CHA
800	$38018	$6460	$10650	$15970	$18250	Cummins	6	855D	12F-4R		18980	CHA
850	$41359	$7030	$11580	$17370	$19850	Cummins	6T	855D	12F-4R		19140	CHA
900	$42946	$7300	$12030	$18040	$20610	Cummins	V8	903D	12F-4R		18590	CHA
1974												
700	$28975	$4930	$8260	$12170	$13910	Cummins	V8	555D	12F-4R		18100	CHA
800	$34250	$5820	$9760	$14390	$16440	Cummins	6	855D	12F-4R		18980	CHA
850	$37260	$6330	$10620	$15650	$17890	Cummins	6T	855D	12F-4R		19140	CHA
900	$38690	$6580	$11030	$16250	$18570	Cummins	V8	903D	12F-4R		18590	CHA
1973												
300	$16804	$2860	$4870	$7060	$8070	Cummins	V6	378D	Variable		12700	No
700	$21216	$3610	$6150	$8910	$10180	Cummins	V8	555D	12F-4R		18100	No
800	$23970	$4080	$6950	$10070	$11510	Cummins	6	855D	12F-4R		18980	No
850	$26418	$4490	$7660	$11100	$12680	Cummins	6T	855D	12F-4R		19140	No
900	$28152	$4790	$8160	$11820	$13510	Cummins	V8	903D	12F-4R		18590	No
1972												
700	$19800	$3370	$5840	$8420	$9500	Cummins	V8	555D	12F-4R		17200	No
900	$25900	$4400	$7640	$11010	$12430	Cummins	V8	903D	12F-4R		18500	No

Model	Approx. Retail Price New	Estimated Value Less Repairs Used Trade-In Avg.	High	Used Retail Avg.	High	Make	Engine No. Cyls.	Displ. Cu.-in.	No. Speeds	P.T.O. H.P.	Approx. Shipping Wt.-Lbs.	Cab

Versatile (Cont.)

1971

Model	Approx. Retail Price New	Used Trade-In Avg.	High	Used Retail Avg.	High	Make	No. Cyls.	Displ. Cu.-in.	No. Speeds	P.T.O. H.P.	Approx. Shipping Wt.-Lbs.	Cab
118	$13720	$2540	$4190	$7550	$8850	Cummins	V6	352D	9F-3R		12650	No
145	$16980	$3140	$5180	$9340	$10950	Cummins	V8	470D	9F-3R		14560	No

White

2001

Model	Approx. Retail Price New	Used Trade-In Avg.	High	Used Retail Avg.	High	Make	No. Cyls.	Displ. Cu.-in.	No. Speeds	P.T.O. H.P.	Approx. Shipping Wt.-Lbs.	Cab
6045	$22015	$8820	$10290	$13440	$14910	SLH	3	183D	12F-12R	45.0		No
6045 4WD	$28395	$11050	$12890	$16830	$18670	SLH	3	183D	12F-12R	45.0		No
6065	$28660	$11620	$13550	$17700	$19640	SLH	4	244D	12F-12R	62.77	5379	No
6065 4WD	$34980	$13440	$15680	$20480	$22720	SLH	4	244D	12F-12R	62.77	6096	No
6065 4WD w/Cab	$45700	$17640	$20580	$26880	$29820	SLH	4	244D	12F-12R	62.77	6768	CHA
6065 w/Cab	$39385	$15670	$18280	$23870	$26480	SLH	4	244D	12F-12R	62.77	6305	CHA
6410	$32595	$13360	$15650	$20210	$22170	Cummins	4T	239D	12F-4R	70.0		No
6410	$37510	$15380	$18010	$23260	$25510	Cummins	4T	239D	24F-24R	70.0		No
6410 4WD	$39215	$16080	$18820	$24310	$26670	Cummins	4T	239D	12F-4R	70.0		No
6410 4WD	$44130	$18090	$21180	$27360	$30010	Cummins	4T	239D	24F-24R	70.0		No
6410 4WD w/cab	$47710	$19560	$22900	$29580	$32440	Cummins	4T	239D	12F-4R	70.0		CHA
6410 4WD w/cab	$52625	$21580	$25260	$32630	$35790	Cummins	4T	239D	24F-24R	70.0		CHA
6410 w/cab	$41090	$16850	$19720	$25480	$27940	Cummins	4T	239D	12F-4R	70.0		CHA
6410 w/cab	$46005	$18860	$22080	$28520	$31280	Cummins	4T	239D	24F-24R	70.0		CHA
6510	$35180	$14420	$16890	$21810	$23920	Cummins	4T	239D	12F-4R	85.0		No
6510	$40095	$16440	$19250	$24860	$27270	Cummins	4T	239D	24F-24R	85.0		No
6510 4WD	$43185	$17710	$20730	$26780	$29370	Cummins	4T	239D	12F-4R	85.0		No
6510 4WD	$48100	$19720	$23090	$29820	$32710	Cummins	4T	239D	24F-24R	85.0		No
6510 4WD w/cab	$52090	$21360	$25000	$32300	$35420	Cummins	4T	239D	12F-4R	85.0		CHA
6510 4WD w/cab	$57000	$23370	$27360	$35340	$38760	Cummins	4T	239D	24F-24R	85.0		CHA
6510 w/cab	$44485	$18240	$21350	$27580	$30250	Cummins	4T	239D	12F-4R	85.0		CHA
6510 w/cab	$49400	$20250	$23710	$30630	$33590	Cummins	4T	239D	24F-24R	85.0		CHA
6710	$46970	$19260	$22550	$29120	$31940	Cummins	6T	359D	32F-32R	95.0		No
6710 4WD	$55875	$22910	$26820	$34640	$38000	Cummins	6T	359D	32F-32R	95.0		No
6710 4WD w/cab	$64545	$26460	$30980	$40020	$43890	Cummins	6T	359D	32F-32R	95.0		CHA
6710 w/cab	$56140	$23020	$26950	$34810	$38180	Cummins	6T	359D	32F-32R	95.0		CHA
6810	$54330	$22280	$26080	$33690	$36940	Cummins	6T	359D	32F-32R	110.0		No
6810 4WD	$62995	$25830	$30240	$39060	$42840	Cummins	6T	359D	32F-32R	110.0		No
6810 4WD w/cab	$72165	$29590	$34640	$44740	$49070	Cummins	6T	359D	32F-32R	110.0		CHA
6810 w/cab	$63500	$26040	$30480	$39370	$43180	Cummins	6T	359D	32F-32R	110.0		CHA
Fieldmaster 8310	$75000	$31500	$37500	$45000	$49500	Cummins	6T	359D	32F-32R	125.0		CHA
Fieldmaster 8310 PS	$80215	$33690	$40110	$48130	$52940	Cummins	6T	359D	18F-6R	125.0		CHA
Fieldmaster 8310 4WD	$86540	$36350	$43270	$51920	$57120	Cummins	6T	359D	32F-32R	125.0		CHA
Fieldmaster 8310 4WD PS	$93605	$39310	$46800	$56160	$61780	Cummins	6T	359D	18F-6R	125.0		CHA
Fieldmaster 8410	$83995	$35280	$42000	$50400	$55440	Cummins	6TA	359D	32F-32R	145.0		CHA
Fieldmaster 8410 PS	$90500	$38010	$45250	$54300	$59730	Cummins	6TA	359D	18F-6R	145.0		CHA
Fieldmaster 8410 4WD	$96565	$40560	$48280	$57940	$63730	Cummins	6TA	359D	32F-32R	145.0		CHA
Fieldmaster 8410 4WD PS	$103810	$43600	$51910	$62290	$68520	Cummins	6TA	359D	18F-6R	145.0		CHA
Fieldmaster 8510 PS	$108285	$45480	$54140	$64970	$71470	Cummins	6T	505D	18F-6R	160.0		CHA
Fieldmaster 8610 PS	$116600	$48970	$58300	$69960	$76960	Cummins	6TA	505D	18F-6R	180.0		CHA
Fieldmaster 8710 PS	$125895	$52880	$62950	$75540	$83090	Cummins	6TA	505D	18F-6R	200.0		CHA
Fieldmaster 8810 PS	$143115	$60110	$71560	$85870	$94460	Cummins	6TA	505D	18F-6R	225.0		CHA

2000

Model	Approx. Retail Price New	Used Trade-In Avg.	High	Used Retail Avg.	High	Make	No. Cyls.	Displ. Cu.-in.	No. Speeds	P.T.O. H.P.	Approx. Shipping Wt.-Lbs.	Cab
6045	$22015	$7980	$9450	$12600	$14280	SLH	3	183D	12F-12R	45.0		No
6045 4WD	$28395	$9990	$11840	$15780	$17880	SLH	3	183D	12F-12R	45.0		No
6065	$28660	$10510	$12450	$16600	$18810	SLH	4	244D	12F-12R	62.77	5379	No
6065 4WD	$34980	$12160	$14400	$19200	$21760	SLH	4	244D	12F-12R	62.77	6096	No
6065 4WD w/Cab	$45700	$15960	$18900	$25200	$28560	SLH	4	244D	12F-12R	62.77	6768	CHA
6065 w/Cab	$39385	$14170	$16790	$22380	$25360	SLH	4	244D	12F-12R	62.77	6305	CHA
Workhorse 6175	$95930	$35490	$42210	$55640	$61400	Cummins	6T	504D	18F-9R	175.47	16300	CHA
Workhorse 6175 4WD	$103485	$37480	$44570	$58750	$64830	Cummins	6T	504D	18F-9R	175.47	17850	CHA
Workhorse 6195 4WD	$121000	$41880	$49810	$65660	$72450	Cummins	6TA	504D	18F-9R	200.46	17950	CHA
Workhorse 6215 4WD	$130465	$44770	$53240	$70180	$77440	Cummins	6TA	504D	18F-9R	215.0	17200	CHA
6410	$33320	$12030	$14300	$18850	$20800	Cummins	4T	239D	12F-4R	70.0		No
6410 4WD	$40875	$14500	$17250	$22740	$25090	Cummins	4T	239D	12F-4R	70.0		No
6410 4WD w/cab	$49370	$17650	$20990	$27670	$30530	Cummins	4T	239D	12F-4R	70.0		CHA
6410 w/cab	$42080	$15210	$18080	$23840	$26300	Cummins	4T	239D	12F-4R	70.0		CHA
6510	$36230	$13020	$15490	$20420	$22530	Cummins	4T	239D	12F-4R	85.0		No
6510 4WD	$44935	$15980	$19010	$25060	$27650	Cummins	4T	239D	12F-4R	85.0		No
6510 4WD w/cab	$53840	$19280	$22920	$30220	$33340	Cummins	4T	239D	12F-4R	85.0		CHA
6510 w/cab	$45535	$16460	$19570	$25800	$28470	Cummins	4T	239D	12F-4R	85.0		CHA
6710	$46550	$17220	$20480	$27000	$29790	Cummins	6T	359D	32F-32R	95.0		No
6710 4WD	$54955	$20330	$24180	$31870	$35170	Cummins	6T	359D	32F-32R	95.0		No
6710 4WD w/cab	$64125	$23730	$28220	$37190	$41040	Cummins	6T	359D	32F-32R	95.0		CHA
6710 w/cab	$55720	$20620	$24520	$32320	$35660	Cummins	6T	359D	32F-32R	95.0		CHA
6810	$55145	$20110	$23910	$31520	$34780	Cummins	6T	359D	32F-32R	110.0		No
6810 4WD	$63860	$23310	$27720	$36540	$40320	Cummins	6T	359D	32F-32R	110.0		No
6810 4WD w/cab	$73030	$26710	$31770	$41880	$46210	Cummins	6T	359D	32F-32R	110.0		CHA
6810 w/cab	$64315	$23500	$27940	$36830	$40640	Cummins	6T	359D	32F-32R	110.0		CHA
Fieldmaster 8310	$75000	$29250	$34500	$41250	$45000	Cummins	6T	359D	32F-32R	125.0		CHA
Fieldmaster 8310 PS	$80210	$31280	$36900	$44120	$48130	Cummins	6T	359D	18F-6R	125.0		CHA
Fieldmaster 8310 4WD	$86540	$33750	$39810	$47600	$51920	Cummins	6T	359D	32F-32R	125.0		CHA
Fieldmaster 8310 4WD PS	$91750	$35780	$42210	$50460	$55050	Cummins	6T	359D	18F-6R	125.0		CHA
Fieldmaster 8410	$79515	$31010	$36580	$43730	$47710	Cummins	6TA	359D	32F-32R	145.0		CHA
Fieldmaster 8410 PS	$86020	$33550	$39570	$47310	$51610	Cummins	6TA	359D	18F-6R	145.0		CHA
Fieldmaster 8410 4WD	$90620	$35340	$41690	$49840	$54370	Cummins	6TA	359D	32F-32R	145.0		CHA

White (Cont.)

Model	Approx. Retail Price New	Used Trade-In Avg.	Used Trade-In High	Used Retail Avg.	Used Retail High	Make	Engine No. Cyls.	Displ. Cu.-in.	No. Speeds	P.T.O. H.P.	Approx. Shipping Wt.-Lbs.	Cab
2000 (Cont.)												
Fieldmaster 8410 4WD PS	$97125	$37880	$44680	$53420	$58280	Cummins	6TA	359D	18F-6R	145.0		CHA
Fieldmaster 8510 PS	$104955	$40930	$48280	$57730	$62970	Cummins	6T	505D	18F-6R	160.0		CHA
Fieldmaster 8610 PS	$113500	$44270	$52210	$62430	$68100	Cummins	6TA	505D	18F-6R	180.0		CHA
Fieldmaster 8710 PS	$123025	$47980	$56590	$67660	$73820	Cummins	6TA	505D	18F-6R	200.0		CHA
Fieldmaster 8810 PS	$137180	$53500	$63100	$75450	$82310	Cummins	6TA	505D	18F-6R	225.0		CHA
1999												
6045	$22015	$7560	$8820	$11970	$13650	SLH	3	183D	12F-12R	45.0		No
6045 4WD	$28395	$9470	$11050	$14990	$17100	SLH	3	183D	12F-12R	45.0		No
6065	$28660	$9960	$11620	$15770	$17980	SLH	4	244D	12F-12R	62.77	5379	No
6065 4WD	$34980	$11520	$13440	$18240	$20800	SLH	4	244D	12F-12R	62.77	6096	No
6065 4WD w/Cab	$45700	$15120	$17640	$23940	$27300	SLH	4	244D	12F-12R	62.77	6768	CHA
6065 w/Cab	$39385	$13430	$15670	$21260	$24250	SLH	4	244D	12F-12R	62.77	6305	CHA
6085	$33965	$11880	$13860	$18810	$21450	SLH	4T	244D	16F-16R	80.15	6173	No
6085 4WD	$41250	$14040	$16380	$22230	$25350	SLH	4T	244D	16F-16R	80.15	6779	No
6085 4WD w/Cab	$49320	$16920	$19740	$26790	$30550	SLH	4T	244D	16F-16R	80.15	7385	CHA
6085 w/Cab	$42030	$14760	$17220	$23370	$26650	SLH	4T	244D	16F-16R	80.15	6724	CHA
6090 HC	$40900	$14040	$16380	$22230	$25350	SLH	4T	244D	19F-19R	80.15		No
6090 HC 4WD	$47270	$16560	$19320	$26220	$29900	SLH	4T	244D	19F-19R	80.15	7831	No
6105	$54910	$17490	$21730	$28620	$31800	SLH	6	366D	24F-12R	106.34	10013	CHA
6105 4WD	$61440	$19800	$24600	$32400	$36000	SLH	6	366D	24F-12R	106.34	10759	CHA
Workhorse 6124	$71440	$23580	$29290	$38580	$42860	Cummins	6T	359D	32F-32R	124.94	14200	CHA
Workhorse 6124 4WD	$81825	$27000	$33550	$44190	$49100	Cummins	6T	359D	32F-32R	124.94	15300	CHA
Workhorse 6125	$76845	$25360	$31510	$41500	$46110	Cummins	6T	359D	18F-9R	124.94	14950	CHA
Workhorse 6125 4WD	$88390	$29170	$36240	$47730	$53030	Cummins	6T	359D	18F-9R	124.94	16150	CHA
Workhorse 6144	$75750	$25000	$31060	$40910	$45450	Cummins	6TA	359D	32F-32R	142.56	14200	CHA
Workhorse 6144 4WD	$85865	$28340	$35210	$46370	$51520	Cummins	6TA	359D	32F-32R	142.56	15300	CHA
Workhorse 6145	$82120	$27100	$33670	$44350	$49270	Cummins	6TA	359D	18F-9R	142.56	14950	CHA
Workhorse 6145 4WD	$92540	$30540	$37940	$49970	$55520	Cummins	6TA	359D	18F-9R	142.56	16150	CHA
Workhorse 6175	$92060	$30380	$37750	$49710	$55240	Cummins	6T	504D	18F-9R	175.47	16300	CHA
Workhorse 6175 4WD	$103305	$33430	$41530	$54700	$60780	Cummins	6T	504D	18F-9R	175.47	17850	CHA
Workhorse 6195 4WD	$115270	$37360	$46410	$61130	$67920	Cummins	6TA	504D	18F-9R	200.46	17950	CHA
Workhorse 6215 4WD	$123045	$39930	$49610	$65340	$72600	Cummins	6TA	504D	18F-9R	215.0	17200	CHA
6410	$34250	$10730	$13330	$17550	$19500	Cummins	4T	239D	12F-4R	70.0		No
6410 4WD	$40780	$12940	$16070	$21170	$23520	Cummins	4T	239D	12F-4R	70.0		No
6410 4WD w/cab	$48625	$15740	$19560	$25760	$28620	Cummins	4T	239D	12F-4R	70.0		CHA
6410 w/cab	$42095	$13560	$16850	$22190	$24660	Cummins	4T	239D	12F-4R	70.0		CHA
6510	$36775	$11620	$14430	$19010	$21120	Cummins	4T	239D	12F-4R	85.0		No
6510 4WD	$44710	$14260	$17710	$23330	$25920	Cummins	4T	239D	12F-4R	85.0		No
6510 4WD w/cab	$52965	$17190	$21360	$28130	$31260	Cummins	4T	239D	12F-4R	85.0		CHA
6510 w/cab	$45030	$14690	$18250	$24030	$26700	Cummins	4T	239D	12F-4R	85.0		CHA
6710	$44935	$14830	$18420	$24270	$26960	Cummins	6T	359D	32F-32R	95.0		No
6710 4WD	$52535	$17340	$21540	$28370	$31520	Cummins	6T	359D	32F-32R	95.0		No
6710 4WD w/cab	$65190	$21120	$26240	$34560	$38400	Cummins	6T	359D	32F-32R	95.0		CHA
6710 w/cab	$57300	$18150	$22550	$29700	$33000	Cummins	6T	359D	32F-32R	95.0		CHA
6810	$51900	$17130	$21280	$28030	$31140	Cummins	6T	359D	32F-32R	110.0		No
6810 4WD	$63910	$20760	$25790	$33970	$37740	Cummins	6T	359D	32F-32R	110.0		No
6810 4WD w/cab	$76565	$23830	$29600	$38990	$43320	Cummins	6T	359D	32F-32R	110.0		CHA
6810 w/cab	$63735	$21030	$26130	$34420	$38240	Cummins	6T	359D	32F-32R	110.0		CHA
Fieldmaster 8310	$75000	$25500	$32250	$38250	$42000	Cummins	6T	359D	32F-32R	125.0		CHA
Fieldmaster 8310 PS	$80210	$27270	$34490	$40910	$44920	Cummins	6T	359D	18F-6R	125.0		CHA
Fieldmaster 8310 4WD	$86540	$29420	$37210	$44140	$48460	Cummins	6T	359D	32F-32R	125.0		CHA
Fieldmaster 8310 4WD PS	$91750	$31200	$39450	$46790	$51380	Cummins	6T	359D	18F-6R	125.0		CHA
Fieldmaster 8410	$79515	$27040	$34190	$40550	$44530	Cummins	6TA	359D	32F-32R	145.0		CHA
Fieldmaster 8410 PS	$86020	$29250	$36990	$43870	$48170	Cummins	6TA	359D	18F-6R	145.0		CHA
Fieldmaster 8410 4WD	$90620	$30810	$38970	$46220	$50750	Cummins	6TA	359D	32F-32R	145.0		CHA
Fieldmaster 8410 4WD PS	$97125	$33020	$41760	$49530	$54390	Cummins	6TA	359D	18F-6R	145.0		CHA
Fieldmaster 8510 PS	$104955	$35690	$45130	$53530	$58780	Cummins	6T	505D	18F-6R	160.0		CHA
Fieldmaster 8610 PS	$113500	$38590	$48810	$57890	$63560	Cummins	6TA	505D	18F-6R	180.0		CHA
Fieldmaster 8710 PS	$123025	$41830	$52900	$62740	$68890	Cummins	6TA	505D	18F-6R	200.0		CHA
Fieldmaster 8810 PS	$137180	$46640	$58990	$69960	$76820	Cummins	6TA	505D	18F-6R	225.0		CHA
1998												
6045	$21375	$7140	$8400	$11550	$13230	SLH	3	183D		45.0		No
6045 4WD	$27570	$8840	$10400	$14300	$16380	SLH	3	183D		45.0		No
6065	$27825	$9180	$10800	$14850	$17010	SLH	4	244D	12F-12R	62.77	5379	No
6065 4WD	$33960	$10540	$12400	$17050	$19530	SLH	4	244D	12F-12R	62.77	6096	No
6065 4WD w/Cab	$44750	$14280	$16800	$23100	$26460	SLH	4	244D	12F-12R	62.77	6768	CHA
6065 w/Cab	$38240	$12580	$14800	$20350	$23310	SLH	4	244D	12F-12R	62.77	6305	CHA
6085	$33965	$10880	$12800	$17600	$20160	SLH	4T	244D	16F-16R	80.15	6173	No
6085 4WD	$41250	$13600	$16000	$22000	$25200	SLH	4T	244D	16F-16R	80.15	6779	No
6085 4WD w/Cab	$49320	$15980	$18800	$25850	$29610	SLH	4T	244D	16F-16R	80.15	7385	CHA
6085 w/Cab	$42030	$14290	$16810	$23120	$26480	SLH	4T	244D	16F-16R	80.15	6724	CHA
6090 HC	$38715	$13160	$15490	$21290	$24390	SLH	4T	244D	19F-19R	80.15		No
6090 HC 4WD	$45900	$15610	$18360	$25250	$28920	SLH	4T	244D	19F-19R	80.15	7831	No
6105	$52785	$16360	$20590	$26920	$30090	SLH	6	366D	24F-12R	106.34	10013	CHA
6105 4WD	$59315	$18390	$23130	$30250	$33810	SLH	6	366D	24F-12R	106.34	10759	CHA
Workhorse 6124	$71436	$22150	$27860	$36430	$40720	Cummins	6T	359D	32F-32R	124.94	14200	CHA
Workhorse 6124 4WD	$81825	$25370	$31910	$41730	$46640	Cummins	6T	359D	32F-32R	124.94	15300	CHA
Workhorse 6125	$76841	$23820	$29970	$39190	$43800	Cummins	6T	359D	18F-9R	124.94	14950	CHA
Workhorse 6125 4WD	$88445	$27420	$34490	$45110	$50410	Cummins	6T	359D	18F-9R	124.94	16150	CHA
Workhorse 6144	$75754	$23480	$29540	$38630	$43180	Cummins	6TA	359D	32F-32R	142.56	14200	CHA
Workhorse 6144 4WD	$85862	$26620	$33490	$43790	$48940	Cummins	6TA	359D	32F-32R	142.56	15300	CHA
Workhorse 6145	$82116	$25460	$32030	$41880	$46810	Cummins	6TA	359D	18F-9R	142.56	14950	CHA

Model	Approx. Retail Price New	Estimated Value Less Repairs Used Trade-In Avg.	Used Trade-In High	Used Retail Avg.	Used Retail High	Make	Engine No. Cyls.	Displ. Cu.-in.	No. Speeds	P.T.O. H.P.	Approx. Shipping Wt.-Lbs.	Cab
White (Cont.)												
1998 (Cont.)												
Workhorse 6145 4WD	$93917	$28800	$36230	$47380	$52950	Cummins	6TA	359D	18F-9R	142.56	16150	CHA
Workhorse 6175	$93194	$28270	$35570	$46510	$51980	Cummins	6T	504D	18F-9R	175.47	16300	CHA
Workhorse 6175 4WD	$104682	$31190	$39230	$51310	$57340	Cummins	6T	504D	18F-9R	175.47	17850	CHA
Workhorse 6195 4WD	$114795	$34100	$42900	$56100	$62700	Cummins	6TA	504D	18F-9R	200.46	17950	CHA
Workhorse 6215 4WD	$123042	$35650	$44850	$58650	$65550	Cummins	6TA	504D	18F-9R	215.0	17200	CHA
6410	$32275	$10010	$12590	$16460	$18400	Cummins	4T	239D	12F-4R	70.0		No
6410 4WD	$38555	$11950	$15040	$19660	$21980	Cummins	4T	239D	12F-4R	70.0		No
6410 4WD w/cab	$46060	$13640	$17160	$22440	$25080	Cummins	4T	239D	12F-4R	70.0		CHA
6410 w/cab	$39780	$12330	$15510	$20290	$22680	Cummins	4T	239D	12F-4R	70.0		CHA
6510	$35165	$10900	$13710	$17930	$20040	Cummins	4T	239D	12F-4R	85.0		No
6510 4WD	$42850	$13280	$16710	$21850	$24430	Cummins	4T	239D	12F-4R	85.0		No
6510 4WD w/cab	$50750	$14880	$18720	$24480	$27360	Cummins	4T	239D	12F-4R	85.0		CHA
6510 w/cab	$43065	$13350	$16800	$21960	$24550	Cummins	4T	239D	12F-4R	85.0		CHA
6710	$43000	$13330	$16770	$21930	$24510	Cummins	6T	359D	32F-32R	95.0		No
6710 4WD	$50237	$15570	$19590	$25620	$28640	Cummins	6T	359D	32F-32R	95.0		No
6710 4WD w/cab	$62385	$18600	$23400	$30600	$34200	Cummins	6T	359D	32F-32R	95.0		CHA
6710 w/cab	$54832	$17000	$21380	$27960	$31250	Cummins	6T	359D	32F-32R	95.0		CHA
6810	$51375	$15930	$20040	$26200	$29280	Cummins	6T	359D	32F-32R	110.0		No
6810 4WD	$60575	$18780	$23620	$30890	$34530	Cummins	6T	359D	32F-32R	110.0		No
6810 4WD w/cab	$73068	$21700	$27300	$35700	$39900	Cummins	6T	359D	32F-32R	110.0		CHA
6810 w/cab	$63210	$19600	$24650	$32240	$36030	Cummins	6T	359D	32F-32R	110.0		CHA
Fieldmaster 8310	$73130	$23400	$29250	$35100	$38030	Cummins	6T	359D	32F-32R	125.0		CHA
Fieldmaster 8310 4WD	$84310	$25600	$32000	$38400	$41600	Cummins	6T	359D	32F-32R	125.0		CHA
Fieldmaster 8410	$78680	$25180	$31470	$37770	$40910	Cummins	6TA	359D	32F-32R	145.0		CHA
Fieldmaster 8410 4WD	$90950	$27200	$34000	$40800	$44200	Cummins	6TA	359D	32F-32R	145.0		CHA
Fieldmaster 8510 PS	$102555	$32820	$41020	$49230	$53330	Cummins	6TA	505D	18F-6R	160.0		CHA
Fieldmaster 8610 PS	$111700	$35740	$44680	$53620	$58080	Cummins	6TA	505D	18F-6R	180.0		CHA
Fieldmaster 8710 PS	$121115	$38760	$48450	$58140	$62980	Cummins	6TA	505D	18F-6R	200.0		CHA
Fieldmaster 8810 PS	$134650	$43090	$53860	$64630	$70020	Cummins	6TA	505D	18F-6R	225.0		CHA
1997												
6045	$20750	$6640	$7890	$11210	$12660	SLH	3	183D		45.0		No
6045 4WD	$26765	$8160	$9690	$13770	$15560	SLH	3	183D		45.0		No
6065	$27215	$8710	$10340	$14700	$16600	SLH	4	244D	16F-16R	62.77	5379	No
6065 4WD	$33165	$9950	$11820	$16790	$18970	SLH	4	244D	16F-16R	62.77	6096	No
6065 4WD w/Cab	$43290	$12800	$15200	$21600	$24400	SLH	4	244D	16F-16R	62.77	6768	CHA
6065 w/Cab	$37325	$11520	$13680	$19440	$21960	SLH	4	244D	16F-16R	62.77		CHA
6085	$33965	$10560	$12540	$17820	$20130	SLH	4T	244D	16F-16R	80.15	6173	No
6085 4WD	$41250	$12800	$15200	$21600	$24400	SLH	4T	244D	16F-16R	80.15	6779	No
6085 4WD w/Cab	$49320	$15040	$17860	$25380	$28670	SLH	4T	244D	16F-16R	80.15	7385	CHA
6085 w/Cab	$42030	$13450	$15970	$22700	$25640	SLH	4T	244D	16F-16R	80.15	6724	CHA
6090	$36710	$11750	$13950	$19820	$22390	SLH	4T	244D	19F-19R	80.15		No
6090 4WD	$41915	$12800	$15200	$21600	$24400	SLH	4T	244D	19F-19R	80.15	7831	No
6105	$52785	$16000	$19000	$27000	$30500	SLH	6	366D	24F-12R	106.34	10013	CHA
6105 4WD	$59315	$18240	$21660	$30780	$34770	SLH	6	366D	24F-12R	106.34	10759	CHA
Workhorse 6124	$69836	$20250	$25840	$33520	$37710	Cummins	6T	359D	32F-32R	124.94	14200	CHA
Workhorse 6124 4WD	$80222	$23260	$29680	$38510	$43320	Cummins	6T	359D	32F-32R	124.94	15300	CHA
Workhorse 6125	$76281	$22120	$28220	$36620	$41190	Cummins	6T	359D	18F-9R	124.94	14950	CHA
Workhorse 6125 4WD	$88167	$25570	$32620	$42320	$47610	Cummins	6T	359D	18F-9R	124.94	16150	CHA
Workhorse 6144	$74146	$21500	$27430	$35590	$40040	Cummins	6TA	359D	32F-32R	142.56	14200	CHA
Workhorse 6144 4WD	$84262	$24440	$31180	$40450	$45500	Cummins	6TA	359D	32F-32R	142.56	15300	CHA
Workhorse 6145	$81654	$23680	$30210	$39190	$44090	Cummins	6TA	359D	18F-9R	142.56	14950	CHA
Workhorse 6145 4WD	$93435	$27100	$34570	$44850	$50460	Cummins	6TA	359D	18F-9R	142.56	16150	CHA
Workhorse 6175	$91594	$26560	$33890	$43970	$49460	Cummins	6T	504D	18F-9R	175.47	16300	CHA
Workhorse 6175 4WD	$104200	$29000	$37000	$48000	$54000	Cummins	6T	504D	18F-9R	175.47	17850	CHA
Workhorse 6195 4WD	$113898	$31320	$39960	$51840	$58320	Cummins	6TA	504D	18F-9R	200.46	17950	CHA
Workhorse 6215 4WD	$121673	$33350	$42550	$55200	$62100	Cummins	6TA	504D	18F-9R	215.0	17200	CHA
1996												
6045	$19510	$5850	$7020	$10340	$11710	SLH	3	183D		45.0		No
6045 4WD	$25320	$7410	$8890	$13090	$14820	SLH	3	183D		45.0		No
6065	$25705	$7710	$9250	$13620	$15420	SLH	4	244D	16F-16R	62.77	5379	No
6065 4WD	$31455	$9120	$10940	$16110	$18240	SLH	4	244D	16F-16R	62.77	6096	No
6065 4WD w/Cab	$41825	$12000	$14400	$21200	$24000	SLH	4	244D	16F-16R	62.77	6768	CHA
6065 w/Cab	$36065	$10820	$12980	$19110	$21640	SLH	4	244D	16F-16R	62.77		CHA
6085	$32815	$9850	$11810	$17390	$19690	SLH	4T	244D	16F-16R	80.15	6173	No
6085 4WD	$39855	$11100	$13320	$19610	$22200	SLH	4T	244D	16F-16R	80.15	6779	No
6085 4WD w/Cab	$47650	$13500	$16200	$23860	$27000	SLH	4T	244D	16F-16R	80.15	7385	CHA
6085 w/Cab	$40610	$12180	$14620	$21520	$24370	SLH	4T	244D	16F-16R	80.15	6724	CHA
6090 HC	$36290	$10890	$13060	$19230	$21770	SLH	4T	244D	20F-20R	80.15		No
6090 HC 4WD	$42097	$12630	$15160	$22310	$25260	SLH	4T	244D	20F-20R	80.15	7831	No
6105	$51000	$13770	$17850	$22950	$26010	SLH	6	366D	24F-12R	106.34	10013	CHA
6105 4WD	$57310	$15470	$20060	$25790	$29230	SLH	6	366D	24F-12R	106.34	10759	CHA
6105 Auto 4WD	$61565	$16620	$21550	$27700	$31400	SLH	6	366D	36F-36R	106.34		CHA
Workhorse 6124	$69355	$18730	$24270	$31210	$35370	Cummins	6T	359D	32F-32R	124.94	14200	CHA
Workhorse 6124 4WD	$79440	$21450	$27800	$35750	$40510	Cummins	6T	359D	32F-32R	124.94	15300	CHA
Workhorse 6125	$74605	$20140	$26110	$33500	$38050	Cummins	6T	359D	18F-9R	124.94	14950	CHA
Workhorse 6125 4WD	$87155	$23530	$30500	$39220	$44450	Cummins	6T	359D	18F-9R	124.94	16150	CHA
Workhorse 6144	$73540	$19860	$25740	$33090	$37510	Cummins	6TA	359D	32F-32R	142.56	14200	CHA
Workhorse 6144 4WD	$83365	$22510	$29180	$37510	$42520	Cummins	6TA	359D	32F-32R	142.56	15300	CHA
Workhorse 6145	$79725	$21530	$27900	$35880	$40660	Cummins	6TA	359D	18F-9R	142.56	14950	CHA
Workhorse 6145 4WD	$91185	$24300	$31500	$40500	$45900	Cummins	6TA	359D	18F-9R	142.56	16150	CHA
Workhorse 6175	$89375	$23760	$30800	$39600	$44880	Cummins	6T	504D	18F-9R	175.47	16300	CHA
Workhorse 6175 4WD	$101635	$26730	$34650	$44550	$50490	Cummins	6T	504D	18F-9R	175.47	17850	CHA

White (Cont.)

Model	Approx. Retail Price New	Used Trade-In Avg.	Used Trade-In High	Used Retail Avg.	Used Retail High	Make	No. Cyls.	Displ. Cu.-in.	No. Speeds	P.T.O. H.P.	Approx. Shipping Wt.-Lbs.	Cab
1996 (Cont.)												
Workhorse 6195 4WD	$111450	$28350	$36750	$47250	$53550	Cummins	6TA	504D	18F-9R	200.46	17950	CHA
Workhorse 6215 4WD	$119460	$29970	$38850	$49950	$56610	Cummins	6TA	504D	18F-9R	215.0	17200	CHA
1995												
6065	$24600	$6890	$8360	$12790	$14510	SLH	4	244D	16F-16R	62.77	5379	No
6065 4WD	$30099	$8430	$10230	$15650	$17760	SLH	4	244D	16F-16R	62.77	6096	No
6065 4WD w/Cab	$40023	$10640	$12920	$19760	$22420	SLH	4	244D	16F-16R	62.77	6768	CHA
6085	$31202	$8740	$10610	$16230	$18410	SLH	4T	244D	12F-12R	80.15	6173	No
6085 4WD	$38138	$10360	$12580	$19240	$21830	SLH	4T	244D	16F-16R	80.15	6779	No
6085 4WD w/Cab	$45599	$12040	$14620	$22360	$25370	SLH	4T	244D	16F-16R	80.15	7385	CHA
6085 w/Cab	$38863	$10640	$12920	$19760	$22420	SLH	4T	244D	16F-16R	80.15	6724	CHA
6090 HC	$34441	$9640	$11710	$17910	$20320	SLH	4T	244D	20F-20R	80.15	7831	No
6090 HC 4WD	$39997	$11200	$13600	$20800	$23600	SLH	4T	244D	20F-20R	80.15	7831	No
6105	$50415	$12600	$16640	$22180	$24700	SLH	6	366D	36F-36R	106.34	10013	CHA
6105 4WD	$57946	$14490	$19120	$25500	$28390	SLH	6	366D	36F-36R	106.34	10759	CHA
Workhorse 6124	$66096	$16520	$21810	$29080	$32390	Cummins	6T	359D	32F-32R	124.0	14200	CHA
Workhorse 6124 4WD	$75920	$18980	$25050	$33410	$37200	Cummins	6T	359D	32F-32R	124.0	15300	CHA
Workhorse 6125	$70576	$17640	$23290	$31050	$34580	Cummins	6T	359D	18F-9R	124.0	14950	CHA
Workhorse 6125 4WD	$82706	$20250	$26730	$35640	$39690	Cummins	6T	359D	18F-9R	124.0	16150	CHA
Workhorse 6144	$70176	$17540	$23160	$30880	$34390	Cummins	6TA	359D	32F-32R	142.0	14200	CHA
Workhorse 6144 4WD	$79750	$19940	$26320	$35090	$39080	Cummins	6TA	359D	32F-32R	142.0	15300	CHA
Workhorse 6145	$75526	$18880	$24920	$33230	$37010	Cummins	6TA	359D	18F-9R	142.0	14950	CHA
Workhorse 6145 4WD	$86596	$21650	$28580	$38100	$42430	Cummins	6TA	359D	18F-9R	142.0	16150	CHA
Workhorse 6175	$84775	$21190	$27980	$37300	$41540	Cummins	6T	504D	18F-9R	175.0	16300	CHA
Workhorse 6175 4WD	$96266	$23750	$31350	$41800	$46550	Cummins	6T	504D	18F-9R	175.0	17850	CHA
Workhorse 6195 4WD	$105706	$24750	$32670	$43560	$48510	Cummins	6TA	504D	18F-9R	200.0	17950	CHA
Workhorse 6215 4WD	$112964	$26750	$35310	$47080	$52430	Cummins	6TA	504D	18F-9R	215.0	17200	CHA
1994												
Workhorse 125	$55953	$14550	$18460	$28540	$32450	Cummins	6T	359D	18F-6R	121.9	12250	CHA
Workhorse 125 4WD	$65000	$16900	$21450	$33150	$37700	Cummins	6T	359D	18F-6R	121.9	13500	CHA
Workhorse 145	$59635	$15510	$19680	$30410	$34590	Cummins	6TA	359D	18F-6R	140.3	12250	CHA
Workhorse 145 4WD	$71233	$18200	$23100	$35700	$40600	Cummins	6TA	359D	18F-6R	140.3	13800	CHA
Workhorse 170	$66728	$17350	$22020	$34030	$38700	Cummins	6T	504D	18F-6R	165.9	13300	CHA
Workhorse 170 4WD	$77100	$19760	$25080	$38760	$44080	Cummins	6T	504D	18F-6R	165.9	15400	CHA
Workhorse 195 4WD	$86835	$21580	$27390	$42330	$48140	Cummins	6TA	504D	18F-6R	192.4	15545	CHA
6065	$23768	$6180	$7840	$12120	$13790	SLH	4	244D	16F-16R	62.77	5379	No
6065 4WD	$29081	$7280	$9240	$14280	$16240	SLH	4	244D	16F-16R	62.77	6096	No
6065 4WD w/Cab	$38670	$9620	$12210	$18870	$21460	SLH	4	244D	16F-16R	62.77	6768	CHA
6085	$30147	$7840	$9950	$15380	$17490	SLH	4T	244D	12F-12R	80.15	6173	No
6085 4WD	$36848	$9100	$11550	$17850	$20300	SLH	4T	244D	16F-16R	80.15	6779	No
6085 4WD w/Cab	$44057	$10920	$13860	$21420	$24360	SLH	4T	244D	16F-16R	80.15	7385	CHA
6085 w/Cab	$37549	$9760	$12390	$19150	$21780	SLH	4T	244D	16F-16R	80.15	6724	CHA
6090 HC	$38644	$8960	$11370	$17570	$19980	SLH	4T	244D	20F-20R	80.15	7831	No
6105	$48710	$11690	$15100	$20460	$22890	SLH	6	366D	36F-36R	106.34	10013	CHA
6105 4WD	$55986	$13440	$17360	$23510	$26310	SLH	6	366D	36F-36R	106.34	10759	CHA
Workhorse 6124	$63521	$15250	$19690	$26680	$29860	Cummins	6T	359D	32F-32R	124.0	14200	CHA
Workhorse 6124 4WD	$74169	$17800	$22990	$31150	$34860	Cummins	6T	359D	32F-32R	124.0	15300	CHA
Workhorse 6125	$67828	$16280	$21030	$28490	$31880	Cummins	6T	359D	18F-9R	124.0	14950	CHA
Workhorse 6125 4WD	$80050	$19210	$24820	$33620	$37620	Cummins	6T	359D	18F-9R	124.0	16150	CHA
Workhorse 6144	$67440	$16190	$20910	$28330	$31700	Cummins	6TA	359D	32F-32R	142.0	14200	CHA
Workhorse 6144 4WD	$80133	$19230	$24840	$33660	$37660	Cummins	6TA	359D	32F-32R	142.0	15300	CHA
Workhorse 6145	$71938	$17270	$22300	$30210	$33810	Cummins	6TA	359D	18F-9R	142.0	14950	CHA
Workhorse 6145 4WD	$83412	$19680	$25420	$34440	$38540	Cummins	6TA	359D	18F-9R	142.0	16150	CHA
Workhorse 6175	$82610	$19300	$24920	$33770	$37790	Cummins	6T	504D	18F-9R	175.0	16300	CHA
Workhorse 6175 4WD	$93957	$21840	$28210	$38220	$42770	Cummins	6T	504D	18F-9R	175.0	17850	CHA
Workhorse 6195 4WD	$103164	$23280	$30070	$40740	$45590	Cummins	6TA	504D	18F-9R	200.0	17950	CHA
Workhorse 6215 4WD	$112813	$25200	$32550	$44100	$49350	Cummins	6TA	504D	18F-9R	215.0	17250	CHA
1993												
60	$21200	$5300	$6780	$10600	$12080	Cummins	4	239D	6F-2R	61.0	6940	No
60 4WD	$26950	$6740	$8620	$13480	$15360	Cummins	4	239D	6F-2R	61.0	7440	No
60 4WD w/Cab	$33925	$8480	$10860	$16960	$19340	Cummins	4	239D	6F-2R	61.0		CHA
60 PS 4WD	$28990	$7250	$9280	$14500	$16520	Cummins	4	239D	18F-6R	61.0	8855	No
60 PS 4WD w/Cab	$35965	$8990	$11510	$17980	$20500	Cummins	4	239D	18F-6R	61.0		CHA
60 PS w/Cab.	$23240	$5810	$7440	$11620	$13250	Cummins	4	239D	18F-6R	61.0	8855	No
60 PS w/Cab.	$30215	$7550	$9670	$15110	$17220	Cummins	4	239D	18F-6R	61.0		CHA
60 w/Cab	$28175	$7040	$9020	$14090	$16060	Cummins	4	239D	6F-2R	61.0		CHA
80	$24920	$6230	$7970	$12460	$14200	Cummins	4	239D	6F-2R	81.48	7150	No
80 4WD	$30980	$7750	$9910	$15490	$17660	Cummins	4	239D	6F-2R	81.48	7650	No
80 4WD w/Cab	$37955	$9490	$12150	$18980	$21630	Cummins	4	239D	6F-2R	81.48		CHA
80 PS	$26960	$6740	$8630	$13480	$15370	Cummins	4	239D	18F-6R	81.48		No
80 PS 4WD	$33020	$8260	$10570	$16510	$18820	Cummins	4	239D	18F-6R	81.48	11340	No
80 PS w/Cab.	$33935	$8480	$10860	$16970	$19340	Cummins	4	239D	18F-3R	81.48		CHA
80 w/Cab	$31895	$7970	$10210	$15950	$18180	Cummins	4	239D	6F-2R	81.48		CHA
100	$40800	$10200	$13060	$20400	$23260	Cummins	6	359D	18F-6R			CHA
100 4WD	$47945	$11990	$15340	$23970	$27330	Cummins	6	359D	18F-6R			CHA
Workhorse 125	$53145	$13290	$17010	$26570	$30290	Cummins	6T	359D	18F-6R		12250	CHA
Workhorse 125 4WD	$62025	$15510	$19850	$31010	$35350	Cummins	6T	359D	18F-6R			CHA
Workhorse 145	$56780	$14200	$18170	$28390	$32370	Cummins	6TA	359D	18F-6R			CHA
Workhorse 145 4WD	$68260	$16750	$21440	$33500	$38190	Cummins	6TA	359D	18F-6R			CHA
Workhorse 170	$63720	$15930	$20390	$31860	$36320	Cummins	6T	505D	18F-6R			CHA
Workhorse 170 4WD	$73815	$18000	$23040	$36000	$41040	Cummins	6T	505D	18F-6R			CHA
Workhorse 195 4WD	$83280	$20080	$25700	$40150	$45770	Cummins	6TA	505D	18F-6R			CHA

White (Cont.)

Model	Approx. Retail Price New	Used Trade-In Avg.	High	Used Retail Avg.	High	Make	No. Cyls.	Displ. Cu.-in.	No. Speeds	P.T.O. H.P.	Approx. Shipping Wt.-Lbs.	Cab
1993 (Cont.)												
6065	$23768	$5940	$7610	$11880	$13550	SLH	4	244D	16F-16R	62.77	5379	No
6065 4WD	$29081	$7000	$8960	$14000	$15960	SLH	4	244D	16F-16R	62.77	6096	No
6065 4WD w/Cab	$38670	$9000	$11520	$18000	$20520	SLH	4	244D	16F-16R	62.77	6768	CHA
6065 w/Cab	$33163	$8290	$10610	$16580	$18900	SLH	4	244D	12F-12R	62.77	6305	CHA
6085	$30147	$7540	$9650	$15070	$17180	SLH	4T	244D	12F-12R	80.15	6173	No
6085 4WD	$36655	$8900	$11390	$17800	$20290	SLH	4T	244D	12F-12R	80.15	6779	No
6085 4WD	$36848	$9210	$11790	$18420	$21000	SLH	4T	244D	16F-16R	80.15	6779	No
6085 4WD w/Cab	$43862	$10500	$13440	$21000	$23940	SLH	4T	244D	12F-12R	80.15	7385	CHA
6085 4WD w/Cab	$44057	$10750	$13760	$21500	$24510	SLH	4T	244D	16F-16R	80.15	7385	CHA
6085 w/Cab	$37355	$9130	$11680	$18250	$20810	SLH	4T	244D	12F-12R	80.15	6724	CHA
6085 w/Cab	$37549	$9390	$12020	$18780	$21400	SLH	4T	244D	16F-16R	80.15	6724	CHA
6105	$48710	$11200	$14610	$19480	$22410	SLH	6	366D	36F-36R	106.34	10013	CHA
6105 4WD	$55986	$12880	$16800	$22390	$25750	SLH	6	366D	36F-36R	106.34	10759	CHA
Workhorse 6125	$67828	$15600	$20350	$27130	$31200	Cummins	6T	359D	18F-9R	124.0	14950	CHA
Workhorse 6125 4WD	$80050	$17940	$23400	$31200	$35880	Cummins	6T	359D	18F-9R	124.0	16150	CHA
Workhorse 6145	$71938	$16220	$21150	$28200	$32430	Cummins	6TA	359D	18F-9R	142.0	14950	CHA
Workhorse 6145 4WD	$83412	$18630	$24300	$32400	$37260	Cummins	6TA	359D	18F-9R	142.0	16150	CHA
Workhorse 6175	$82610	$18400	$24000	$32000	$36800	Cummins	6T	504D	18F-9R	175.0	16300	CHA
Workhorse 6175 4WD	$93957	$20700	$27000	$36000	$41400	Cummins	6T	504D	18F-9R	175.0	17850	CHA
Workhorse 6195 4WD	$103164	$22540	$29400	$39200	$45080	Cummins	6TA	504D	18F-9R	200.0	17950	CHA
1992												
60	$20990	$5040	$6510	$10290	$11750	Cummins	4	239D	6F-2R		6940	No
60 4WD	$26680	$6400	$8270	$13070	$14940	Cummins	4	239D	6F-2R		7440	No
60 4WD w/Cab	$33585	$8060	$10410	$16460	$18810	Cummins	4	239D	6F-2R	61.07		CHA
60 PS	$23010	$5520	$7130	$11280	$12890	Cummins	4	239D	18F-6R	61.07	8855	No
60 PS 4WD	$28700	$6890	$8900	$14060	$16070	Cummins	4	239D	18F-6R	61.07	8855	No
60 PS 4WD w/Cab	$35605	$8550	$11040	$17450	$19940	Cummins	4	239D	18F-6R	61.07		CHA
60 PS w/Cab	$29915	$7180	$9270	$14660	$16750	Cummins	4	239D	18F-6R	61.07		CHA
60 w/Cab	$27895	$6700	$8650	$13670	$15620	Cummins	4	239D	6F-2R	61.07		CHA
80	$24672	$5920	$7650	$12090	$13820	Cummins	4	239D	6F-2R		7150	No
80 4WD	$30672	$7360	$9510	$15030	$17180	Cummins	4	239D	6F-2R	81.48	7650	No
80 4WD w/Cab	$37577	$9020	$11650	$18410	$21040	Cummins	4	239D	6F-2R	81.48		CHA
80 PS	$26692	$6410	$8280	$13080	$14950	Cummins	4	239D	18F-6R	81.48		No
80 PS 4WD	$32692	$7850	$10140	$16020	$18310	Cummins	4	239D	18F-6R	81.48	11340	No
80 PS w/Cab	$33597	$8060	$10420	$16460	$18810	Cummins	4	239D	18F-3R	81.48		CHA
80 w/Cab	$31577	$7580	$9790	$15470	$17680	Cummins	4	239D	6F-2R	81.48		CHA
100	$40399	$9700	$12520	$19800	$22620	Cummins	6	359D	18F-6R			CHA
100 4WD	$47469	$11390	$14720	$23260	$26580	Cummins	6	359D	18F-6R			CHA
Workhorse 125	$51110	$12270	$15840	$25040	$28620	Cummins	6T	359D	18F-6R		12250	CHA
Workhorse 125 4WD	$59640	$14310	$18490	$29220	$33400	Cummins	6T	359D	18F-6R			CHA
Workhorse 145	$54595	$13100	$16920	$26750	$30570	Cummins	6TA	359D	18F-6R			CHA
Workhorse 145 4WD	$65635	$15750	$20350	$32160	$36760	Cummins	6TA	359D	18F-6R			CHA
Workhorse 170	$61270	$14710	$18990	$30020	$34310	Cummins	6T	505D	18F-6R			CHA
Workhorse 170 4WD	$70975	$17030	$22000	$34780	$39750	Cummins	6T	505D	18F-6R			CHA
Workhorse 195	$68395	$16420	$21200	$33510	$38300	Cummins	6TA	505D	18F-6R			CHA
Workhorse 195 4WD	$80075	$18240	$23560	$37240	$42560	Cummins	6TA	505D	18F-6R			CHA
1991												
60	$20990	$4830	$6300	$10080	$11550	Cummins	4	239D	6F-2R		6940	No
60 4WD	$26680	$6140	$8000	$12810	$14670	Cummins	4	239D	6F-2R		7440	No
60 4WD w/Cab	$33585	$7730	$10080	$16120	$18470	Cummins	4	239D	6F-2R	61.07		CHA
60 PS	$23010	$5290	$6900	$11050	$12660	Cummins	4	239D	18F-6R	61.07	8855	No
60 PS 4WD	$28700	$6600	$8610	$13780	$15790	Cummins	4	239D	18F-6R	61.07	8855	No
60 PS 4WD w/Cab	$35605	$8190	$10680	$17090	$19580	Cummins	4	239D	18F-6R	61.07		CHA
60 PS w/Cab	$29915	$6880	$8980	$14360	$16450	Cummins	4	239D	18F-6R	61.07		CHA
60 w/Cab	$27895	$6420	$8370	$13390	$15340	Cummins	4	239D	6F-2R	61.07		CHA
80	$24672	$5680	$7400	$11840	$13570	Cummins	4	239D	6F-2R		7150	No
80 4WD	$30672	$7060	$9200	$14720	$16870	Cummins	4	239D	6F-2R	81.48	7650	No
80 4WD w/Cab	$37577	$8640	$11270	$18040	$20670	Cummins	4	239D	6F-2R	81.48		CHA
80 PS	$26692	$6140	$8010	$12810	$14680	Cummins	4	239D	18F-6R	81.48		No
80 PS 4WD	$32692	$7520	$9810	$15690	$17980	Cummins	4	239D	18F-6R	81.48	11340	No
80 PS w/Cab	$33597	$7730	$10080	$16130	$18480	Cummins	4	239D	18F-3R	81.48		CHA
80 w/Cab	$31577	$7260	$9470	$15160	$17370	Cummins	4	239D	6F-2R	81.48		CHA
100	$39999	$9200	$12000	$19200	$22000	Cummins	6	359D	18F-6R			CHA
100 4WD	$46999	$10810	$14100	$22560	$25850	Cummins	6	359D	18F-6R			CHA
120	$44999	$10350	$13500	$21600	$24750	Cummins	6	359D	18F-6R	119.13		CHA
120 4WD	$52999	$12190	$15900	$25440	$29150	Cummins	6T	359D	18F-6R			CHA
Workhorse 125	$49145	$11300	$14740	$23590	$27030	Cummins	6T	359D	18F-6R		12250	CHA
Workhorse 125 4WD	$57345	$13190	$17200	$27530	$31540	Cummins	6T	359D	18F-6R			CHA
140	$48999	$11270	$14700	$23520	$26950	Cummins	6T	359D	18F-6R	138.53		CHA
140 4WD	$57999	$12790	$16680	$26690	$30580	Cummins	6T	359D	18F-6R			CHA
Workhorse 145	$52495	$12070	$15750	$25200	$28870	Cummins	6TA	359D	18F-6R			CHA
Workhorse 145 4WD	$63110	$14030	$18300	$29280	$33550	Cummins	6TA	359D	18F-6R			CHA
160	$54999	$12650	$16500	$26400	$30250	Cummins	6T	505D	18F-6R	162.47		CHA
160 4WD	$63999	$14490	$18900	$30240	$34650	Cummins	6T	505D	18F-6R	162.47		CHA
Workhorse 170	$58915	$13550	$17680	$28280	$32400	Cummins	6T	505D	18F-6R			CHA
Workhorse 170 4WD	$68245	$15300	$19950	$31920	$36580	Cummins	6T	505D	18F-6R			CHA
185	$60999	$14030	$18300	$29280	$33550	Cummins	6TA	505D	18F-6R	187.55		CHA
185 4WD	$69999	$15640	$20400	$32640	$37400	Cummins	6TA	505D	18F-6R	187.55		CHA
Workhorse 195	$65765	$14720	$19200	$30720	$35200	Cummins	6TA	505D	18F-6R			CHA
Workhorse 195 4WD	$76995	$16560	$21600	$34560	$39600	Cummins	6TA	505D	18F-6R			CHA

Model	Approx. Retail Price New	Used Trade-In Avg.	Used Trade-In High	Used Retail Avg.	Used Retail High	Make	No. Cyls.	Displ. Cu.-in.	No. Speeds	P.T.O. H.P.	Approx. Shipping Wt.-Lbs.	Cab
1990												
60	$18741	$4120	$5440	$8810	$10120	Cummins	4	239D	6F-2R		6940	No
60 4WD	$24431	$5380	$7090	$11480	$13190	Cummins	4	239D	6F-2R		7440	No
60 PS	$20741	$4560	$6020	$9750	$11200	Cummins	4	239D	18F-6R			No
60 PS 4WD	$26431	$5820	$7670	$12420	$14270	Cummins	4	239D	18F-6R			No
80	$22029	$4850	$6390	$10350	$11900	Cummins	4	239D	6F-2R		7150	No
80 4WD	$28029	$6170	$8130	$13170	$15140	Cummins	4	239D	6F-2R		7650	No
80 PS	$24029	$5290	$6970	$11290	$12980	Cummins	4	239D	18F-6R			No
80 PS 4WD	$30029	$6610	$8710	$14110	$16220	Cummins	4	239D	18F-6R			No
100	$39999	$8800	$11600	$18800	$21600	Cummins	6	359D	18F-6R			CHA
100 4WD	$46999	$10340	$13630	$22090	$25380	Cummins	6	359D	18F-6R			CHA
120	$44999	$9900	$13050	$21150	$24300	Cummins	6	359D	18F-6R	119.13		CHA
120 4WD	$52999	$11660	$15370	$24910	$28620	Cummins	6T	359D	18F-6R			CHA
Workhorse 125	$49145	$10810	$14250	$23100	$26540	Cummins	6T	359D	18F-6R			CHA
Workhorse 125 4WD	$57345	$12100	$15950	$25850	$29700	Cummins	6T	359D	18F-6R			CHA
140	$48999	$10780	$14210	$23030	$26460	Cummins	6T	359D	18F-6R	138.53		CHA
140 4WD	$57999	$12540	$16530	$26790	$30780	Cummins	6T	359D	18F-6R			CHA
160	$54999	$12100	$15950	$25850	$29700	Cummins	6T	505D	18F-6R	162.47		CHA
160 4WD	$63999	$13750	$18130	$29380	$33750	Cummins	6T	505D	18F-6R	162.47		CHA
Workhorse 170	$58915	$12960	$17090	$27690	$31810	Cummins	6T	505D	18F-6R			CHA
Workhorse 170 4WD	$68245	$14520	$19140	$31020	$35640	Cummins	6T	505D	18F-6R			CHA
Workhorse 195	$65765	$14170	$18680	$30270	$34780	Cummins	6TA	505D	18F-6R			CHA
Workhorse 195 4WD	$76995	$16060	$21170	$34310	$39420	Cummins	6TA	505D	18F-6R			CHA
1989												
16 Hydro 4WD	$9298	$1950	$2600	$4280	$4930	Mitsubishi	3	52D	Variable			No
Field Boss 16	$7298	$1530	$2040	$3360	$3870	Mitsubishi	3	52D	6F-2R			No
Field Boss 16 4WD	$8198	$1720	$2300	$3770	$4350	Mitsubishi	3	52D	6F-2R			No
Field Boss 16 Hydro	$8098	$1700	$2270	$3730	$4290	Mitsubishi	3	52D	Variable			No
Field Boss 21	$9068	$1900	$2540	$4170	$4810	Iseki	3	71D	12F-4R			No
Field Boss 21 4WD	$10157	$2130	$2840	$4670	$5380	Iseki	3	71D	12F-4R			No
Field Boss 31	$11448	$2400	$3210	$5270	$6070	Iseki	3	91D	12F-4R			No
Field Boss 31 4WD	$12997	$2730	$3640	$5980	$6890	Iseki	3	91D	12F-4R			No
Field Boss 37	$13052	$2740	$3660	$6000	$6920	Isuzu	4	111D	10F-6R			No
Field Boss 37 4WD	$15241	$3200	$4270	$7010	$8080	Isuzu	4	111D	10F-6R			No
Field Boss 43	$15698	$3300	$4400	$7220	$8320	Isuzu	4	145D	12F-4R			No
Field Boss 43 4WD	$19298	$4050	$5400	$8880	$10230	Isuzu	4	145D	12F-4R			No
2-55	$18290	$3840	$5120	$8410	$9690	Isuzu	4	199D	16F-4R	53.32		No
2-55 4WD	$23006	$4830	$6440	$10580	$12190	Isuzu	4	199D	16F-4R	53.32		No
2-75 4WD	$31054	$6520	$8700	$14290	$16460	Isuzu	6	329D	16F-4R	75.39		No
100	$37796	$7940	$10580	$17390	$20030	Cummins	6	359D	18F-6R	94.36		CHA
100 4WD	$44938	$9440	$12580	$20670	$23820	Cummins	6	359D	18F-6R			CHA
120	$42780	$8980	$11980	$19680	$22670	Cummins	6T	359D	18F-6R	119.13		CHA
120 4WD	$50642	$10640	$14180	$23300	$26840	Cummins	6T	359D	18F-6R			CHA
140	$46895	$9850	$13130	$21570	$24850	Cummins	6T	359D	18F-6R	138.53		CHA
140 4WD	$56012	$11760	$15680	$25770	$29690	Cummins	6T	359D	18F-6R			CHA
160	$52831	$11100	$14790	$24300	$28000	Cummins	6T	505D	18F-6R	162.47		CHA
160 4WD	$61702	$12960	$17280	$28380	$32700	Cummins	6T	505D	18F-6R	162.47		CHA
185	$58439	$12270	$16360	$26880	$30970	Cummins	6T	505D	18F-6R	187.55		CHA
185 4WD	$67045	$13650	$18200	$29900	$34450	Cummins	6T	505D	18F-6R	187.55		CHA
1988												
16 Hydro 4WD	$9298	$1910	$2510	$4180	$4840	Mitsubishi	3	52D	Variable			No
Field Boss 16	$7298	$1500	$1970	$3280	$3800	Mitsubishi	3	52D	6F-2R			No
Field Boss 16 4WD	$8198	$1680	$2210	$3690	$4260	Mitsubishi	3	52D	6F-2R			No
Field Boss 16 Hydro	$8098	$1660	$2190	$3640	$4210	Mitsubishi	3	52D	Variable			No
Field Boss 21	$8398	$1720	$2270	$3780	$4370	Iseki	3	71D	12F-4R			No
Field Boss 21 4WD	$9398	$1930	$2540	$4230	$4890	Iseki	3	71D	12F-4R			No
Field Boss 31	$10598	$2170	$2860	$4770	$5510	Iseki	3	91D	12F-4R			No
Field Boss 31 4WD	$11998	$2460	$3240	$5400	$6240	Iseki	3	91D	12F-4R			No
Field Boss 37	$11998	$2460	$3240	$5400	$6240	Isuzu	4	111D	10F-6R			No
Field Boss 37 4WD	$13998	$2870	$3780	$6300	$7280	Isuzu	4	111D	10F-6R			No
Field Boss 43	$15698	$3220	$4240	$7060	$8160	Isuzu	4	145D	12F-4R			No
Field Boss 43 4WD	$19298	$3960	$5210	$8680	$10040	Isuzu	4	145D	12F-4R			No
2-55	$18290	$3750	$4940	$8230	$9510	Isuzu	4	199D	16F-4R	53.32		No
2-55 4WD	$23006	$4720	$6210	$10350	$11960	Isuzu	4	199D	16F-4R	53.32		No
2-65	$20861	$4280	$5630	$9390	$10850	Isuzu	4	253D	16F-4R	62.50		No
2-65 4WD	$25334	$5190	$6840	$11400	$13170	Isuzu	4	253D	16F-4R	62.50		No
2-65HC 4WD Mudder	$26964	$5530	$7280	$12130	$14020	Isuzu	4	253D	16F-4R			No
2-75	$24805	$5090	$6700	$11160	$12900	Isuzu	6	329D	16F-4R	75.39		No
2-75 4WD	$31054	$6370	$8390	$13970	$16150	Isuzu	6	329D	16F-4R	75.39		No
100	$35541	$6400	$8890	$12440	$14570	Cummins	6	359D	18F-6R	94.36		CHA
100 4WD	$42026	$7570	$10510	$14710	$17230	Cummins	6	359D	18F-6R			CHA
120	$39865	$7180	$9970	$13950	$16350	Cummins	6T	359D	18F-6R	119.13		CHA
120 4WD	$46961	$8450	$11740	$16440	$19250	Cummins	6T	359D	18F-6R			CHA
140	$43606	$7850	$10900	$15260	$17880	Cummins	6T	359D	18F-6R	138.53		CHA
140 4WD	$51874	$9340	$12970	$18160	$21270	Cummins	6T	359D	18F-6R			CHA
160	$49898	$8980	$12480	$17460	$20460	Cummins	6T	505D	18F-6R	162.47		CHA
160 4WD	$58014	$10440	$14500	$20310	$23790	Cummins	6T	505D	18F-6R	162.47		CHA
185	$55463	$9980	$13870	$19410	$22740	Cummins	6T	505D	18F-6R	187.55		CHA
185 4WD	$63410	$11410	$15850	$22190	$26000	Cummins	6T	505D	18F-6R	187.55		CHA
4-225 4WD	$75560	$11200	$14700	$21700	$24500	Cat.	V8T	636D	18F-6R	195.65		CHA
4-270 4WD	$88403	$12480	$16380	$24180	$27300	Cat.	V8TA	636D	16F-4R	239.25		CHA

Model	Approx. Retail Price New	Used Trade-In Avg.	Used Trade-In High	Used Retail Avg.	Used Retail High	Make	No. Cyls.	Displ. Cu.-in.	No. Speeds	P.T.O. H.P.	Approx. Shipping Wt.-Lbs.	Cab
White (Cont.)												
1987												
Field Boss 16	$6300	$1260	$1670	$2770	$3210	Mitsubishi	3	52D	6F-2R			No
Field Boss 16 4WD	$6950	$1390	$1840	$3060	$3550	Mitsubishi	3	52D	6F-2R			No
Field Boss 21	$7250	$1450	$1920	$3190	$3700	Isuzu	3	71D	12F-4R			No
Field Boss 21 4WD	$8100	$1620	$2150	$3560	$4130	Isuzu	3	71D	12F-4R			No
Field Boss 31	$8950	$1790	$2370	$3940	$4570	Isuzu	3	91D	12F-4R			No
2-32	$9776	$1960	$2590	$4300	$4990	Isuzu	4	91D	18F-6R	30.00	2915	No
Field Boss 31 4WD	$10150	$2030	$2690	$4470	$5180	Isuzu	3	91D	12F-4R			No
2-32 4WD	$11486	$2300	$3040	$5050	$5860	Isuzu	4	91D	18F-6R	30.00	3135	No
Field Boss 37	$10950	$2190	$2900	$4820	$5590	Isuzu	4	111D	18F-6R			No
Field Boss 37 4WD	$12730	$2550	$3370	$5600	$6490	Isuzu	4	111D	18F-6R			No
Field Boss 43	$14700	$2940	$3900	$6470	$7500	Isuzu	4	145D	12F-4R			No
Field Boss 43 4WD	$17900	$3580	$4740	$7880	$9130	Isuzu	4	145D	12F-4R			No
2-55	$18530	$3710	$4910	$8150	$9450	Isuzu	4	199D	16F-4R	53.32	5257	No
2-55 4WD	$23285	$4660	$6170	$10250	$11880	Isuzu	4	199D	16F-4R	53.32	5807	No
2-65	$21135	$4230	$5600	$9300	$10780	Isuzu	4	253D	16F-4R	62.50	5499	No
2-65 4WD	$25640	$5130	$6800	$11280	$13080	Isuzu	4	253D	16F-4R	62.50	5998	No
2-75	$25130	$5030	$6660	$11060	$12820	Isuzu	6	329D	16F-4R	75.39	6293	No
2-75 4WD	$31430	$6290	$8330	$13830	$16030	Isuzu	6	329D	16F-4R	75.39	6778	No
2-88	$35900	$6100	$8980	$12570	$14720	Perkins	6	354D	18F-6R	86.78	11685	CHA
2-88 4WD	$45000	$7650	$11250	$15750	$18450	Perkins	6	354D	18F-6R	86.78	12835	CHA
2-110	$42975	$7310	$10740	$15040	$17620	Perkins	6T	354D	18F-6R	110.52	11685	CHA
2-110 4WD	$52000	$8670	$12750	$17850	$20910	Perkins	6T	354D	18F-6R	110.52	12900	CHA
2-135 Series 3	$51450	$8500	$12500	$17500	$20500	White	6T	478D	18F-6R	137.64	13550	CHA
2-135 Series 3 4WD	$61280	$10200	$15000	$21000	$24600	White	6T	478D	18F-6R	137.64	14900	CHA
2-155 Series 3	$57025	$9520	$14000	$19600	$22960	White	6T	478D	18F-6R	157.43	11250	CHA
2-155 Series 3 4WD	$66710	$11050	$16250	$22750	$26650	White	6T	478D	18F-6R	157.43	15950	CHA
185 4WD	$74600	$12680	$18650	$26110	$30590	Cummins	6TA	505D	18F-6R	187.55		CHA
4-225 4WD	$78500	$10200	$13600	$20400	$23120	Cat.	V8T	636D	18F-6R	195.65	24140	CHA
4-270 4WD	$91800	$12150	$16200	$24300	$27540	Cat.	V8TA	636D	16F-4R	239.25	30650	CHA
1986												
2-32	$9776	$1860	$2540	$4200	$4890	Isuzu	4	91D	18F-6R	28.00	2915	No
2-32 4WD	$11490	$2180	$2990	$4940	$5750	Isuzu	4	91D	18F-6R	28.00	3135	No
2-55	$17485	$3320	$4550	$7520	$8740	Isuzu	4	199D	16F-4R	53.32	5072	No
2-55 4WD	$21965	$4170	$5710	$9450	$10980	Isuzu	4	199D	16F-4R	53.32	5557	No
2-65	$19945	$3790	$5190	$8580	$9970	Isuzu	4	235D	16F-4R	62.50	5314	No
2-65 4WD	$24190	$4600	$6290	$10400	$12100	Isuzu	4	235D	16F-4R	62.50	5799	No
2-75	$23710	$3790	$5690	$8300	$9720	Isuzu	6	329D	16F-4R	75.39	6108	No
2-75 4WD	$29655	$4750	$7120	$10380	$12160	Isuzu	6	329D	16F-4R	75.39	6593	No
2-88	$35900	$5740	$8620	$12570	$14720	Perkins	6	354D	18F-6R	86.78	11350	CHA
2-88 4WD	$45000	$7200	$10800	$15750	$18450	Perkins	6	354D	18F-6R	86.78	12835	CHA
2-110	$42975	$6720	$10080	$14700	$17220	Perkins	6T	354D	18F-6R	110.52	11685	CHA
2-110 4WD	$52000	$8160	$12240	$17850	$20910	Perkins	6T	354D	18F-6R	110.52	12900	CHA
2-135 Series 3	$51450	$8230	$12350	$18010	$21100	White	6T	478D	18F-6R	137.64	13550	CHA
2-135 Series 3 4WD	$61280	$9810	$14710	$21450	$25130	White	6T	478D	18F-6R	137.64	14900	CHA
2-155 Series 3	$57025	$9120	$13690	$19960	$23380	White	6T	478D	18F-6R	157.43	14300	CHA
2-155 Series 3 4WD	$66710	$10670	$16010	$23350	$27350	White	6T	478D	18F-6R	157.43	15950	CHA
2-180 Series 3	$64200	$10270	$15410	$22470	$26320	Cat.	V8	636D	18F-6R	181.89	16100	CHA
2-180 Series 3 4WD	$73550	$11770	$17650	$25740	$30160	Cat.	V8	636D	18F-6R	181.89	17500	CHA
4-225 4WD	$78500	$9380	$12730	$19430	$22110	Cat.	V8T	636D	18F-6R	195.65	23000	CHA
4-270 4WD	$91800	$10920	$14820	$22620	$25740	Cat.	6T	638D	16F-4R	239.25	26000	CHA
1985												
2-32	$9280	$1760	$2410	$3900	$4550	Isuzu	4	91D	18F-6R	30.00	2915	No
2-32 4WD	$11490	$2180	$2990	$4830	$5630	Isuzu	4	91D	18F-6R	30.00	3135	No
2-55	$17485	$3320	$4550	$7340	$8570	Isuzu	4	199D	16F-4R	53.32	5072	No
2-55 4WD	$21965	$4170	$5710	$9230	$10760	Isuzu	4	199D	16F-4R	53.32	5875	No
2-65	$19945	$3790	$5190	$8380	$9770	Isuzu	4	235D	16F-4R	62.50	5314	No
2-65 4WD	$24190	$4600	$6290	$10160	$11850	Isuzu	4	235D	16F-4R	62.50	5814	No
2-75	$23710	$4510	$6170	$9960	$11620	Isuzu	6	329D	16F-4R	75.39	6293	No
2-75 4WD	$29655	$5630	$7710	$12460	$14530	Isuzu	6	329D	16F-4R	75.39	6778	No
2-88	$36620	$5390	$8620	$12570	$14720	Perkins	6	354D	18F-6R	86.78	11685	CHA
2-88 4WD	$45900	$6890	$11020	$16070	$18820	Perkins	6	354D	18F-6R	86.78	12835	CHA
2-110	$42975	$6300	$10080	$14700	$17220	Perkins	6T	354D	18F-6R	110.52	11685	CHA
2-110 4WD	$52000	$7500	$12000	$17500	$20500	Perkins	6T	354D	18F-6R	110.52	12900	CHA
2-135 Series 3	$51450	$7720	$12350	$18010	$21100	White	6T	478D	18F-6R	137.64	13960	CHA
2-135 Series 3 4WD	$61280	$9190	$14710	$21450	$25130	White	6T	478D	18F-6R	137.64	14900	CHA
2-155 Series 3	$57025	$8550	$13690	$19960	$23380	White	6T	478D	18F-6R	157.43	15000	CHA
2-155 Series 3 4WD	$66710	$10010	$16010	$23350	$27350	White	6T	478D	18F-6R	157.43	15950	CHA
2-180 Series 3	$64200	$9630	$15410	$22470	$26320	Cat.	V8	636D	18F-6R	181.89	16100	CHA
2-180 Series 3 4WD	$73550	$11030	$17650	$25740	$30160	Cat.	V8	636D	18F-6R	181.89	17500	CHA
4-225 4WD	$78500	$8710	$12060	$18760	$21440	Cat.	V8T	636D	18F-6R	195.65	23000	CHA
4-270 4WD	$87495	$9880	$13680	$21280	$24320	Cat.	6T	638D	16F-4R	239.25	26000	CHA
1984												
2-30	$9280	$1760	$2410	$3900	$4450	Isuzu	3	91D	8F-2R	28.33	2624	No
2-30 4WD	$11025	$2100	$2870	$4630	$5290	Isuzu	3	91D	8F-2R	28.00	3400	No
2-35	$9750	$1850	$2540	$4100	$4680	Isuzu	3	108D	8F-2R	32.84	2756	No
2-55	$16935	$3220	$4400	$7110	$8130	Isuzu	4	199D	16F-4R	53.32	5072	No
2-55 4WD	$21635	$4110	$5630	$9090	$10390	Isuzu	4	199D	16F-4R	53.32	5875	No
2-65	$19395	$3690	$5040	$8150	$9310	Isuzu	4	235D	16F-4R	62.50	5314	No
2-65 4WD	$24110	$4580	$6270	$10130	$11570	Isuzu	4	235D	16F-4R	62.50	5814	No
2-75	$23160	$4400	$6020	$9730	$11120	Isuzu	6	329D	16F-4R	75.39	6293	No
2-75 4WD	$29105	$5530	$7570	$12220	$13970	Isuzu	6	329D	16F-4R	75.39	6778	No

Model	Approx. Retail Price New	Used Trade-In Avg.	Used Trade-In High	Used Retail Avg.	Used Retail High	Make	No. Cyls.	Displ. Cu.-in.	No. Speeds	P.T.O. H.P.	Approx. Shipping Wt.-Lbs.	Cab
1984 (Cont.)												
2-88	$36620	$5310	$8420	$12820	$15010	Perkins	6	354D	18F-6R	86.78	11685	CHA
2-88 4WD	$45900	$6660	$10560	$16070	$18820	Perkins	6	354D	18F-6R	86.78	12835	CHA
2-110	$41925	$5950	$9430	$14350	$16810	Perkins	6T	354D	18F-6R	110.52	11685	CHA
2-110 4WD	$50430	$7110	$11270	$17150	$20090	Perkins	6T	354D	18F-6R	110.52	12900	CHA
2-135 Series 3	$49365	$7160	$11350	$17280	$20240	White	6T	478D	18F-6R	137.64	13960	CHA
2-135 Series 3 4WD	$58865	$8540	$13540	$20600	$24140	White	6T	478D	18F-6R	137.00	14900	CHA
2-155 Series 3	$54600	$7920	$12560	$19110	$22390	White	6T	478D	18F-6R	157.43	15000	CHA
2-155 Series 3 4WD	$63915	$9270	$14700	$22370	$26210	White	6T	478D	18F-6R	157.00	15950	CHA
2-180 Series 3	$61740	$8950	$14200	$21610	$25310	Cat.	V8	636D	18F-6R	181.89	16100	CHA
2-180 Series 3 4WD	$70720	$10250	$16270	$24750	$29000	Cat.	V8	636D	18F-6R	181.00	17500	CHA
4-175 4WD	$60130	$6600	$9350	$14850	$17050	Cat.	V8	636D	18F-6R	151.72	16600	CHA
4-225 4WD	$78500	$8160	$11560	$18360	$21080	Cat.	V8T	636D	18F-6R	195.65	23000	CHA
4-270 4WD	$85200	$8880	$12580	$19980	$22940	Cat.	6T	638D	16F-4R	239.25	26000	CHA
4-270 4WD w/3 Pt.	$91465	$9480	$13430	$21330	$24490	Cat.	6T	638D	16F-4R	239.25	26800	CHA
1983												
2-30	$9277	$1760	$2410	$3900	$4450	Isuzu	3	91D	8F-2R	28.33	2624	No
2-30 4WD	$11024	$2100	$2870	$4630	$5290	Isuzu	3	91D	8F-2R	28.00	3400	No
2-35	$9746	$1850	$2530	$4090	$4680	Isuzu	3	108D	8F-2R	32.84	2756	No
2-45	$14656	$2790	$3810	$6160	$7040	Isuzu	4	169D	20F-4R	43.00	5015	No
2-45 4WD	$19772	$3760	$5140	$8300	$9490	Isuzu	4	169D	20F-4R	43.73	5795	No
2-55	$16708	$3180	$4340	$7020	$8020	Isuzu	4	199D	16F-4R	53.32	5072	No
2-55 4WD	$21634	$4110	$5630	$9090	$10380	Isuzu	4	199D	16F-4R	53.32	5875	No
2-62	$17787	$3380	$4630	$7470	$8540	Isuzu	4	219D	20F-4R	61.00	5269	No
2-62 4WD	$23122	$4390	$6010	$9710	$11100	Isuzu	4	219D	20F-4R	61.46	6065	No
2-65	$18943	$3600	$4930	$7960	$9090	Isuzu	4	235D	16F-4R	62.50	5314	No
2-65 4WD	$24110	$4580	$6270	$10130	$11570	Isuzu	4	235D	16F-4R	62.50	5814	No
2-70	$24283	$4610	$6310	$10200	$11660	White	6	283D	18F-6R	70.00	7315	No
2-70 4WD	$30090	$5720	$7820	$12640	$14440	White	6	283D	18F-6R	70.00	8850	No
2-75	$22357	$4250	$5810	$9390	$10730	Isuzu	6	329D	16F-4R	75.39	6107	No
2-75 4WD	$27947	$5310	$7270	$11740	$13420	Isuzu	6	329D	16F-4R	75.39	7642	No
2-85	$31474	$5980	$8180	$13220	$15110	Perkins	6	354D	18F-6R	85.54	11350	CHA
2-85 4WD	$39595	$7520	$10300	$16630	$19010	Perkins	6	354D	18F-6R	85.00	12500	CHA
2-88	$36618	$5130	$8420	$12820	$15010	Perkins	6	354D	18F-6R	86.78	11685	CHA
2-88 4WD	$45900	$6430	$10560	$16070	$18820	Perkins	6	354D	18F-6R	86.78	12835	CHA
2-110	$41718	$5600	$9200	$14000	$16400	Perkins	6T	354D	18F-6R	110.52	11685	CHA
2-110 4WD	$50184	$6720	$11040	$16800	$19680	Perkins	6T	354D	18F-6R	110.52	12900	CHA
2-135 Series 3	$47465	$6650	$10920	$16610	$19460	White	6T	478D	18F-6R	137.64	13960	CHA
2-135 Series 3 4WD	$56600	$7920	$13020	$19810	$23210	White	6T	478D	18F-6R	137.00	14900	CHA
2-155 Series 3	$52500	$7350	$12080	$18380	$21530	White	6T	478D	18F-6R	157.43	15000	CHA
2-155 Series 3 4WD	$61460	$8600	$14140	$21510	$25200	White	6T	478D	18F-6R	157.00	15950	CHA
2-180 Series 3	$59365	$8310	$13650	$20780	$24340	Cat.	V8	636D	18F-6R	181.89	16100	CHA
2-180 Series 3 4WD	$68000	$9520	$15640	$23800	$27880	Cat.	V8	636D	18F-6R	181.00	17500	CHA
4-175 4WD	$60126	$6610	$9620	$15630	$18040	Cat.	V8	636D	18F-6R	151.72	16600	CHA
4-225 4WD	$76010	$8360	$12160	$19760	$22800	Cat.	V8T	636D	18F-6R	195.65	23000	CHA
4-270 4WD	$84960	$8800	$12800	$20800	$24000	Cat.	6T	638D	16F-4R	239.25	26000	CHA
4-270 4WD w/3 Pt.	$89410	$9240	$13440	$21840	$25200	Cat.	6T	638D	16F-4R	239.25	26800	CHA
1982												
2-110 4WD	$49200	$6020	$9890	$15050	$17630	Perkins	6T	354D	18F-6R	110.52	12900	CHA
2-30	$9095	$1680	$2370	$3820	$4370	Isuzu	3	91D	8F-2R	28.33	2624	No
2-30 4WD	$10808	$2000	$2810	$4540	$5190	Isuzu	3	91D	8F-2R	28.00	3400	No
2-35	$9555	$1770	$2480	$4010	$4590	Isuzu	3	108D	8F-2R	32.84	2756	No
2-45	$14369	$2660	$3740	$6040	$6900	Isuzu	4	169D	20F-4R	43.00	5015	No
2-45 4WD	$19398	$3590	$5040	$8150	$9310	Isuzu	4	169D	20F-4R	43.73	5795	No
2-55	$16380	$3030	$4260	$6880	$7860	Isuzu	4	199D	16F-4R	53.32	5072	No
2-55 4WD	$21210	$3920	$5520	$8910	$10180	Isuzu	4	199D	16F-4R	53.32	5875	No
2-62	$17438	$3230	$4530	$7320	$8370	Isuzu	4	219D	20F-4R	61.00	5269	No
2-62 4WD	$22669	$4190	$5890	$9520	$10880	Isuzu	4	219D	20F-4R	61.46	6065	No
2-65	$18752	$3440	$4830	$7800	$8920	Isuzu	4	235D	16F-4R	62.50	5314	No
2-65 4WD	$23637	$4370	$6150	$9930	$11350	Isuzu	4	235D	16F-4R	62.50	5814	No
2-70	$23807	$4400	$6190	$10000	$11430	White	6	283D	18F-6R	70.00	7315	No
2-70 4WD	$29500	$5460	$7670	$12390	$14160	White	6	283D	18F-6R	70.00	8850	No
2-75	$21919	$4060	$5700	$9210	$10520	Isuzu	6	329D	16F-4R	75.39	6107	No
2-75 4WD	$27399	$5070	$7120	$11510	$13150	Isuzu	6	329D	16F-4R	75.39	7642	No
2-85	$30857	$5710	$8020	$12960	$14810	Perkins	6	354D	18F-6R	85.54	11350	CHA
2-85 4WD	$38819	$7180	$10090	$16300	$18630	Perkins	6	354D	18F-6R	85.00	12500	CHA
2-88	$35900	$5030	$8260	$12570	$14720	Perkins	6	354D	18F-6R	86.78	11685	CHA
2-88 4WD	$45000	$6300	$10350	$15750	$18450	Perkins	6	354D	18F-6R	86.78	12835	CHA
2-105	$36360	$4480	$7360	$11200	$13120	Perkins	6T	354D	18F-6R	105.61	11635	CHA
2-105 4WD	$44322	$5600	$9200	$14000	$16400	Perkins	6T	354D	18F-6R	105.00	12850	CHA
2-110	$40900	$4760	$7820	$11900	$13940	Perkins	6T	354D	18F-6R	110.52	11685	CHA
2-135	$41739	$5840	$9600	$14610	$17110	White	6T	478D	18F-6R	137.64	13960	CHA
2-135 4WD	$50313	$7040	$11570	$17610	$20630	White	6T	478D	18F-6R	137.00	14900	CHA
2-135 Series 3	$47465	$6650	$10920	$16610	$19460	White	6T	478D	18F-6R	137.64	14000	CHA
2-135 Series 3 4WD	$56600	$7920	$13020	$19810	$23210	White	6T	478D	18F-6R	137.00	14950	CHA
2-155	$48820	$6840	$11230	$17090	$20020	White	6T	478D	18F-6R	157.43	14250	CHA
2-155 4WD	$57394	$8040	$13200	$20090	$23530	White	6T	478D	18F-6R	157.00	15200	CHA
2-155 Series 3	$52500	$7350	$12080	$18380	$21530	White	6T	478D	18F-6R	157.43	15000	CHA
2-155 Series 3 4WD	$61460	$8600	$14140	$21510	$25200	White	6T	478D	18F-6R	157.00	15950	CHA
2-180	$55030	$7700	$12660	$19260	$22560	Cat.	V8	636D	18F-6R	181.89	16000	CHA
2-180 4WD	$63383	$8870	$14580	$22180	$25990	Cat.	V8	636D	18F-6R	181.00	17500	CHA
2-180 Series 3	$59365	$8310	$13650	20780	$24340	Cat.	V8	636D	18F-6R	181.89	16100	CHA
2-180 Series 3 4WD	$68000	$9520	$15640	$23800	$27880	Cat.	V8	636D	18F-6R	181.00	17500	CHA

Model	Approx. Retail Price New	Used Trade-In Avg.	Used Trade-In High	Used Retail Avg.	Used Retail High	Make	Engine No. Cyls.	Displ. Cu.-in.	No. Speeds	P.T.O. H.P.	Approx. Shipping Wt.-Lbs.	Cab
White (Cont.)												
1982 (Cont.)												
4-175 4WD	$53589	$5360	$8040	$13400	$15540	Cat.	V8	636D	18F-6R	151.69	16600	CHA
4-210 4WD	$70040	$6800	$10200	$17000	$19720	Cat.	V8	636D	18F-6R	182.44	22320	CHA
4-225 4WD	$75479	$7100	$10650	$17750	$20590	Cat.	V8T	636D	18F-6R	195.65	23000	CHA
4-270 4WD	$80000	$7300	$10950	$18250	$21170	Cat.	6T	638D	16F-4R	239.25	26000	CHA
1981												
2-30	$8000	$1440	$2080	$3360	$3840	Isuzu	3	91D	8F-2R	28.33	2624	No
2-30 4WD	$8850	$1590	$2300	$3720	$4250	Isuzu	3	91D	8F-2R	28.00	3400	No
2-35	$9000	$1620	$2340	$3780	$4320	Isuzu	3	108D	8F-2R	32.84	2756	No
2-45	$10946	$1970	$2850	$4600	$5250	Isuzu	4	169D	20F-4R	43.00	5015	No
2-45 4WD	$15975	$2880	$4150	$6710	$7670	Isuzu	4	169D	20F-4R	43.73	5795	No
2-50	$14880	$2680	$3870	$6250	$7140	Fiat	3	158D	8F-2R	47.00	3800	No
2-50	$15430	$2780	$4010	$6480	$7410	Fiat	3	158D	12F-3R	47.02	4004	No
2-50 4WD	$19906	$3580	$5180	$8360	$9560	Fiat	3	158D	8F-2R	47.00	4440	No
2-50 4WD	$20456	$3680	$5320	$8590	$9820	Fiat	3	158D	12F-3R	47.00	4604	No
2-60	$17843	$3210	$4640	$7490	$8570	Fiat	4	211D	8F-2R	63.00	4360	No
2-60	$18310	$3300	$4760	$7690	$8790	Fiat	4	211D	12F-3R	63.22	4456	No
2-60 4WD	$22726	$4090	$5910	$9550	$10910	Fiat	4	211D	8F-2R	63.00	4694	No
2-60 4WD	$23192	$4180	$6030	$9740	$11130	Fiat	4	211D	12F-3R	63.00	4900	No
2-62	$16919	$3050	$4400	$7110	$8120	Isuzu	4	219D	20F-4R	61.00	5269	No
2-62 4WD	$21950	$3950	$5710	$9220	$10540	Isuzu	4	219D	20F-4R	61.63	6065	No
2-70	$20500	$3690	$5330	$8610	$9840	White	6	283D	18F-6R	70.00	7315	No
2-70 4WD	$25000	$4500	$6500	$10500	$12000	White	6	283D	18F-6R	70.00	8850	No
2-85	$25468	$4580	$6620	$10700	$12230	Perkins	6	354D	18F-6R	85.54	11350	CHA
2-85 4WD	$37290	$6710	$9700	$15660	$17900	Perkins	6	354D	18F-6R	85.00	12500	CHA
2-105	$30391	$3640	$5980	$9100	$10660	Perkins	6T	354D	18F-6R	105.61	11635	CHA
2-105 4WD	$37562	$4340	$7130	$10850	$12710	Perkins	6T	354D	18F-6R	105.00	12850	CHA
2-135	$35930	$4900	$8050	$12250	$14350	White	6T	478D	18F-6R	137.64	13960	CHA
2-135 4WD	$42601	$5820	$9570	$14560	$17060	White	6T	478D	18F-6R	137.00	14900	CHA
2-155	$42290	$5880	$9660	$14700	$17220	White	6T	478D	18F-6R	157.43	13500	CHA
2-155 4WD	$49567	$6860	$11270	$17150	$20090	White	6T	478D	18F-6R	157.00	15200	CHA
2-180	$52656	$7370	$12110	$18430	$21590	Cat.	V8	636D	18F-6R	181.89	16000	CHA
2-180 4WD	$59932	$8250	$13550	$20620	$24150	Cat.	V8	636D	18F-6R	181.00	17500	CHA
4-175 4WD	$50910	$5090	$7130	$12220	$14260	Cat.	V8	636D	18F-6R	151.69	16600	CHA
4-210 4WD	$66500	$6000	$8400	$14400	$16800	Cat.	V8	636D	18F-6R	182.44	22320	CHA
1980												
2-30	$7600	$1330	$2010	$3190	$3650	Isuzu	3	91D	8F-2R	28.33	2624	No
2-30 4WD	$8408	$1470	$2230	$3530	$4040	Isuzu	3	91D	8F-2R	28.00	3400	No
2-35	$8550	$1500	$2270	$3590	$4100	Isuzu	3	108D	8F-2R	32.84	2756	No
2-45	$9500	$1660	$2520	$3990	$4560	Isuzu	4	169D	20F-4R	43.00	5015	No
2-45 4WD	$10800	$1890	$2860	$4540	$5180	Isuzu	4	169D	20F-4R	43.73	5795	No
2-50	$12400	$2170	$3290	$5210	$5950	Fiat	3	158D	8F-2R	47.00	3800	No
2-50	$12858	$2250	$3410	$5400	$6170	Fiat	3	158D	12F-3R	47.02	4004	No
2-50 4WD	$16589	$2900	$4400	$6970	$7960	Fiat	3	158D	8F-2R	47.00	4440	No
2-50 4WD	$17047	$2980	$4520	$7160	$8180	Fiat	3	158D	12F-3R	47.00	4604	No
2-60	$14869	$2600	$3940	$6250	$7140	Fiat	4	211D	8F-2R	63.00	4360	No
2-60	$15258	$2670	$4040	$6410	$7320	Fiat	4	211D	12F-3R	63.22	4456	No
2-60 4WD	$18938	$3310	$5020	$7950	$9090	Fiat	4	211D	8F-2R	63.00	4694	No
2-60 4WD	$19327	$3380	$5120	$8120	$9280	Fiat	4	211D	12F-3R	63.00	4900	No
2-62	$13900	$2430	$3680	$5840	$6670	Isuzu	4	219D	20F-4R	61.00	5269	No
2-62 4WD	$18000	$3150	$4770	$7560	$8640	Isuzu	4	219D	20F-4R	61.46	6065	No
2-70	$15797	$2760	$4190	$6640	$7580	Waukesha	6	265G	18F-6R	70.00	7023	No
2-70	$17573	$3080	$4660	$7380	$8440	Waukesha	6	283D	18F-6R	70.00	7315	No
2-70 4WD	$22720	$3980	$6020	$9540	$10910	Waukesha	6	265G	18F-6R	70.00	8733	No
2-70 4WD	$24079	$4210	$6380	$10110	$11560	Waukesha	6	283D	18F-6R	70.00	8850	No
2-85	$24557	$4300	$6510	$10310	$11790	Perkins	6	354D	18F-6R	85.54	11350	CHA
2-85 4WD	$31075	$5440	$8240	$13050	$14920	Perkins	6	354D	18F-6R	85.00	12500	CHA
2-105	$26345	$3220	$5060	$8050	$9550	Perkins	6T	354D	6F-2R	105.00	11320	CHA
2-105	$27628	$3440	$5410	$8610	$10210	Perkins	6T	354D	18F-6R	105.61	11635	CHA
2-105 4WD	$32862	$4030	$6340	$10080	$11950	Perkins	6T	354D	6F-2R	105.00	12535	CHA
2-105 4WD	$34147	$4200	$6600	$10500	$12450	Perkins	6T	354D	18F-6R	105.00	12850	CHA
2-135	$30680	$4300	$6750	$10740	$12730	White	6T	478D	6F-2R	137.00	13645	CHA
2-135	$32664	$4570	$7190	$11430	$13560	White	6T	478D	18F-6R	137.64	13960	CHA
2-135 4WD	$36744	$5140	$8080	$12860	$15250	White	6T	478D	6F-2R	137.00	14885	CHA
2-135 4WD	$38728	$5420	$8520	$13560	$16070	White	6T	478D	18F-6R	137.00	14900	CHA
2-155	$33258	$4660	$7320	$11640	$13800	White	6T	478D	6F-2R	157.00	13185	CHA
2-155	$35242	$4930	$7750	$12340	$14630	White	6T	478D	18F-6R	157.43	13500	CHA
2-155 4WD	$39321	$5510	$8650	$13760	$16320	White	6T	478D	6F-2R	157.00	14885	CHA
2-155 4WD	$41306	$5780	$9090	$14460	$17140	White	6T	478D	18F-6R	157.00	15200	CHA
2-180	$41895	$5870	$9220	$14660	$17390	Cat.	V8	636D	6F-2R	181.00	15685	CHA
2-180	$43880	$6140	$9650	$15360	$18210	Cat.	V8	636D	18F-6R	181.89	16000	CHA
2-180 4WD	$45675	$6400	$10050	$15990	$18960	Cat.	V8	636D	6F-2R	181.00	17185	CHA
2-180 4WD	$49943	$6990	$10990	$17480	$20730	Cat.	V8	636D	18F-6R	181.00	17500	CHA
4-175 4WD	$48365	$4700	$6580	$10810	$13160	Cat.	V8	636D	18F-6R	151.69	16600	CHA
4-210 4WD	$63175	$5800	$8120	$13340	$16240	Cat.	V8	636D	18F-6R	182.44	22320	CHA
1979												
2-30	$6400	$1090	$1730	$2690	$3070	Isuzu	3	91D	8F-2R	28.33	2624	No
2-30 4WD	$7500	$1280	$2030	$3150	$3600	Isuzu	3	91D	8F-2R	28.00	3400	No
2-35	$7700	$1310	$2080	$3230	$3700	Isuzu	3	108D	8F-2R	32.84	2756	No
2-50	$11273	$1920	$3040	$4740	$5410	Fiat	3	158D	8F-2R	47.00	3800	No
2-50	$11689	$1990	$3160	$4910	$5610	Fiat	3	158D	12F-3R	47.02	4004	No
2-50 4WD	$15081	$2560	$4070	$6330	$7240	Fiat	3	158D	8F-2R	47.00	4440	No

White (Cont.)

Model	Approx. Retail Price New	Used Trade-In Avg.	Used Trade-In High	Used Retail Avg.	Used Retail High	Make	No. Cyls.	Displ. Cu.-in.	No. Speeds	P.T.O. H.P.	Approx. Shipping Wt.-Lbs.	Cab
1979 (Cont.)												
2-50 4WD	$15497	$2630	$4180	$6510	$7440	Fiat	3	158D	12F-3R	47.00	4604	No
2-60	$13517	$2300	$3650	$5680	$6490	Fiat	4	211D	8F-2R	63.00	4360	No
2-60	$13871	$2360	$3750	$5830	$6660	Fiat	4	211D	12F-3R	63.22	4456	No
2-60 4WD	$17216	$2930	$4650	$7230	$8260	Fiat	4	211D	8F-2R	63.00	4694	No
2-60 4WD	$17570	$2990	$4740	$7380	$8430	Fiat	4	211D	12F-3R	63.00	4900	No
2-70	$15045	$2560	$4060	$6320	$7220	Waukesha	6	265G	18F-6R	70.00	7023	No
2-70	$16736	$2850	$4520	$7030	$8030	Waukesha	6	283D	18F-6R	70.00	7315	No
2-70 4WD	$21638	$3680	$5840	$9090	$10390	Waukesha	6	265G	18F-6R	70.00	8733	No
2-70 4WD	$22932	$3900	$6190	$9630	$11010	Waukesha	6	283D	18F-6R	70.00	8850	No
2-85	$23388	$3980	$6320	$9820	$11230	Perkins	6	354D	18F-6R	85.54	11350	CHA
2-85 4WD	$29595	$5030	$7990	$12430	$14210	Perkins	6	354D	18F-6R	85.00	12500	CHA
2-105	$26312	$3220	$5060	$8050	$9550	Perkins	6T	354D	18F-6R	105.61	11635	CHA
2-105 4WD	$32521	$3920	$6160	$9800	$11620	Perkins	6T	354D	18F-6R	105.00	12850	CHA
2-135	$31109	$4200	$6600	$10500	$12450	White	6T	478D	18F-6R	137.64	13960	CHA
2-135 4WD	$36884	$5040	$7920	$12600	$14940	White	6T	478D	18F-6R	137.00	14900	CHA
2-155	$33564	$4700	$7380	$11750	$13930	White	6T	478D	18F-6R	157.43	13500	CHA
2-155 4WD	$39339	$5510	$8660	$13770	$16330	White	6T	478D	18F-6R	157.00	15200	CHA
2-180	$41790	$5850	$9190	$14630	$17340	Cat.	V8	636D	18F-6R	181.89	16000	CHA
2-180 4WD	$47565	$6660	$10460	$16650	$19740	Cat.	V8	636D	18F-6R	181.00	17500	CHA
4-175 4WD	$45947	$4600	$6430	$10110	$12870	Cat.	V8	636D	18F-6R	151.69	16600	CHA
4-210 4WD	$60016	$5600	$7840	$12320	$15680	Cat.	V8	636D	18F-6R	182.44	22320	CHA
1978												
2-50	$10736	$1830	$2950	$4510	$5150	Fiat	3	158D	8F-2R	47.00	3800	No
2-50	$11132	$1890	$3060	$4680	$5340	Fiat	3	158D	12F-3R	47.02	4004	No
2-50 4WD	$14363	$2440	$3950	$6030	$6890	Fiat	3	158D	8F-2R	47.00	4440	No
2-50 4WD	$14759	$2510	$4060	$6200	$7080	Fiat	3	158D	12F-3R	47.00	4604	No
2-60	$12873	$2190	$3540	$5410	$6180	Fiat	4	211D	8F-2R	63.00	4360	No
2-60	$13210	$2250	$3630	$5550	$6340	Fiat	4	211D	12F-3R	63.22	4566	No
2-60 4WD	$16396	$2790	$4510	$6890	$7870	Fiat	4	211D	8F-2R	63.00	4694	No
2-60 4WD	$16733	$2850	$4600	$7030	$8030	Fiat	4	211D	12F-3R	63.00	4900	No
2-70	$14329	$2440	$3940	$6020	$6880	Waukesha	6	265G	18F-6R	70.00	7023	No
2-70	$15939	$2710	$4380	$6690	$7650	Waukesha	6	283D	18F-6R	70.00	7315	No
2-70 4WD	$20608	$3500	$5670	$8660	$9890	Waukesha	6	265G	18F-6R	70.00	8733	No
2-70 4WD	$21840	$3710	$6010	$9170	$10480	Waukesha	6	283D	18F-6R	70.00	8850	No
2-85	$22274	$3790	$6130	$9360	$10690	Perkins	6	354D	18F-6R	85.54	11350	CHA
2-85 4WD	$28186	$4790	$7750	$11840	$13530	Perkins	6	354D	18F-6R	85.00	12500	CHA
2-105	$25059	$3080	$4840	$7700	$9130	Perkins	6T	354D	18F-6R	105.61	11635	CHA
2-105 4WD	$30972	$3780	$5940	$9450	$11210	Perkins	6T	354D	18F-6R	105.00	12850	CHA
2-135	$29628	$4150	$6520	$10370	$12300	White	6T	478D	18F-6R	137.64	13960	CHA
2-135 4WD	$35128	$4920	$7730	$12300	$14580	White	6T	478D	18F-6R	137.00	14900	CHA
2-155	$31966	$4480	$7030	$11190	$13270	White	6T	478D	18F-6R	157.43	13500	CHA
2-155 4WD	$37466	$5250	$8240	$13110	$15550	White	6T	478D	18F-6R	157.00	15200	CHA
2-180	$39800	$5570	$8760	$13930	$16520	Cat.	V8	636D	18F-6R	181.89	16000	CHA
2-180 4WD	$45300	$6340	$9970	$15860	$18800	Cat.	V8	636D	18F-6R	181.00	17500	CHA
4-150 4WD	$38711	$3500	$4900	$7700	$9800	Cat.	V8	636D	18F-6R	151.87	14500	CHA
4-180 4WD	$46330	$4000	$5600	$8800	$11200	Cat.	V8	636D	12F-4R	181.07	17900	CHA
4-210 4WD	$58816	$5300	$7420	$11660	$14840	Cat.	V8	636D	18F-6R	182.44	22320	CHA
1977												
2-50	$10225	$1740	$2860	$4300	$4910	Fiat	3	158D	8F-2R	47.00	3800	No
2-50	$10602	$1800	$2970	$4450	$5090	Fiat	3	158D	12F-3R	47.02	4004	No
2-50 4WD	$13679	$2330	$3830	$5750	$6570	Fiat	3	158D	8F-2R	47.00	4440	No
2-50 4WD	$14056	$2390	$3940	$5900	$6750	Fiat	3	158D	12F-3R	47.00	4604	No
2-60	$12260	$2080	$3430	$5150	$5890	Fiat	4	211D	8F-2R	63.00	4360	No
2-60	$12581	$2140	$3520	$5280	$6040	Fiat	4	211D	12F-3R	63.22	4566	No
2-60 4WD	$15615	$2660	$4370	$6560	$7500	Fiat	4	211D	8F-2R	63.00	4694	No
2-60 4WD	$15936	$2710	$4460	$6690	$7650	Fiat	4	211D	12F-3R	63.00	4900	No
2-70	$13647	$2320	$3820	$5730	$6550	Waukesha	6	265G	18F-6R	70.00	7023	No
2-70	$15180	$2580	$4250	$6380	$7290	Waukesha	6	283D	18F-6R	70.00	7315	No
2-70 4WD	$19627	$3340	$5500	$8240	$9420	Waukesha	6	265G	18F-6R	70.00	8733	No
2-70 4WD	$20800	$3540	$5820	$8740	$9980	Waukesha	6	283D	18F-6R	70.00	8850	No
2-85	$21213	$3610	$5940	$8910	$10180	Perkins	6	354D	18F-6R	85.54	11350	CHA
2-85 4WD	$26844	$4560	$7520	$11270	$12890	Perkins	6	354D	18F-6R	85.00	12500	CHA
2-105	$23866	$2940	$4620	$7350	$8820	Perkins	6T	354D	18F-6R	105.00	11635	CHA
2-105 4WD	$29497	$3640	$5720	$9100	$10920	Perkins	6T	354D	18F-6R	105.00	12850	CHA
2-135	$28217	$3810	$5980	$9520	$11420	White	6T	478D	18F-6R	137.64	13960	CHA
2-155	$30444	$4260	$6700	$10660	$12790	White	6T	478D	18F-6R	157.43	13500	CHA
2-180	$33300	$4660	$7330	$11660	$13990	Cat.	V8	636D	18F-6R	181.89	16000	CHA
4-150 4WD	$36868	$3300	$4620	$7260	$9240	Cat.	V8	636D	18F-6R	151.87	14500	CHA
4-180 4WD	$44124	$3900	$5460	$8580	$10920	Cat.	V8	636D	12F-4R	181.07	17900	CHA
1976												
2-50	$9580	$1630	$2680	$4020	$4600	Fiat	3	158D	8F-2R	47.00	3800	No
2-50	$9957	$1690	$2790	$4180	$4780	Fiat	3	158D	12F-3R	47.02	4004	No
2-50 4WD	$13380	$2280	$3750	$5620	$6420	Fiat	3	158D	8F-2R	47.00	4440	No
2-50 4WD	$13757	$2340	$3850	$5780	$6600	Fiat	3	158D	12F-3R	47.00	4604	No
2-60	$11375	$1930	$3190	$4780	$5460	Fiat	4	211D	8F-2R	63.00	4360	No
2-60	$11725	$1990	$3280	$4930	$5630	Fiat	4	211D	12F-3R	63.22	4566	No
2-60 4WD	$14730	$2500	$4120	$6190	$7070	Fiat	4	211D	8F-2R	63.00	4694	No
2-60 4WD	$15080	$2560	$4220	$6330	$7240	Fiat	4	211D	12F-3R	63.00	4900	No
2-70	$12965	$2200	$3630	$5450	$6220	Waukesha	6	265G	18F-6R		7023	No
2-70	$14421	$2450	$4040	$6060	$6920	Waukesha	6	283-D	18F-6R	70.71	7315	No
2-70 4WD	$18646	$3170	$5220	$7830	$8950	Waukesha	6	265G	18F-6R		8733	No

White (Cont.)

1976 (Cont.)

Model	Approx. Retail Price New	Used Trade-In Avg.	Used Trade-In High	Used Retail Avg.	Used Retail High	Make	No. Cyls.	Displ. Cu.-in.	No. Speeds	P.T.O. H.P.	Approx. Shipping Wt.-Lbs.	Cab
2-70 4WD	$19760	$3360	$5530	$8300	$9490	Waukesha	6	283D	18F-6R		8850	No
2-85	$20152	$3430	$5640	$8460	$9670	Perkins	6	354D	18F-6R	85.54	11350	CHA
2-85 4WD	$25502	$4340	$7140	$10710	$12240	Perkins	6	354D	18F-6R	85.00	12500	CHA
2-105	$22673	$2940	$4830	$7350	$8930	Perkins	6T	354D	18F-6R	105.61	11635	CHA
2-105 4WD	$28022	$3640	$5980	$9100	$11050	Perkins	6T	354D	18F-6R	105.00	12850	CHA
2-135	$26806	$3750	$6170	$9380	$11390	White	6T	478D	18F-6R	137.64	13960	CHA
2-135 4WD	$30810	$4310	$7090	$10780	$13090	White	6T	478D	18F-6R	137.00	14900	CHA
2-150	$28412	$3980	$6540	$9940	$12080	White	6	585D	18F-6R	147.49	15500	CHA
2-155	$28922	$4050	$6650	$10120	$12290	White	6T	478D	18F-6R	157.43	13500	CHA
4-150 4WD	$34340	$3300	$4620	$7260	$9240	Cat.	V8	636D	18F-6R	151.87	14500	CH
4-180 4WD	$40970	$3800	$5320	$8360	$10640	Cat.	V8	636D	12F-4R	181.07	17900	CH

1975

Model	Approx. Retail Price New	Used Trade-In Avg.	Used Trade-In High	Used Retail Avg.	Used Retail High	Make	No. Cyls.	Displ. Cu.-in.	No. Speeds	P.T.O. H.P.	Approx. Shipping Wt.-Lbs.	Cab
2-85	$18136	$3080	$5080	$7620	$8710	Perkins	6	354D	18F-6R	85.54	11350	CHA
2-85 4WD	$22952	$3900	$6430	$9640	$11020	Perkins	6	354D	18F-6R	85.00	12850	CHA
2-105	$20424	$2860	$4700	$7150	$8880	Perkins	6T	354D	18F-6R	105.61	11635	CHA
2-105 4WD	$25220	$3530	$5800	$8830	$10970	Perkins	6T	354D	18F-6R	105.00	13135	CHA
2-150	$25571	$4350	$7160	$10740	$12270	White	6	585D	18F-6R	147.49	15500	CHA
4-150 4WD	$29950	$2800	$3920	$6160	$7840	Cat.	V8	636D	18F-6R	151.87	14500	CH
4-180 4WD	$36990	$3300	$4620	$7260	$9240	Cat.	V8	636D	12F-4R	181.07	17900	CH

Yanmar

1989

Model	Approx. Retail Price New	Used Trade-In Avg.	Used Trade-In High	Used Retail Avg.	Used Retail High	Make	No. Cyls.	Displ. Cu.-in.	No. Speeds	P.T.O. H.P.	Approx. Shipping Wt.-Lbs.	Cab
YM 122	$4295	$900	$1200	$1980	$2280	Yanmar	1	33D	6F-3R	12*	829	No
YM 140-2	$6450	$1360	$1810	$2970	$3420	Yanmar	2	39D	6F-3R	14*	1406	No
YM 140-4 4WD	$6950	$1460	$1950	$3200	$3680	Yanmar	2	39D	6F-3R	14*	1406	No
YM 146	$5250	$1100	$1470	$2420	$2780	Yanmar	2	39D	6F-3R	14*	844	No
YM 147-2 PS	$6895	$1450	$1930	$3170	$3650	Yanmar	2	39D	6F-2R	14*	1421	No
YM 147-4 PS 4WD	$7450	$1570	$2090	$3430	$3950	Yanmar	2	39D	6F-2R	14*	1522	No
YM 169	$8300	$1740	$2320	$3820	$4400	Yanmar	3	54D	6F-2R		1190	No
YM 169 D 4WD	$9100	$1910	$2550	$4190	$4820	Yanmar	3	54D	6F-2R		1279	No
YM 180-2	$7450	$1570	$2090	$3430	$3950	Yanmar	3	54D	8F-2R	18*	1673	No
YM 180-4 4WD	$8150	$1710	$2280	$3750	$4320	Yanmar	3	54D	8F-2R	18*	1793	No
YM 187	$7695	$1620	$2160	$3540	$4080	Yanmar	3	54D	9F-3R	18*	1523	No
YM 220-2	$8250	$1730	$2310	$3800	$4370	Yanmar	3	69D	8F-2R	22*	2019	No
YM 220-4 4WD	$9195	$1930	$2580	$4230	$4870	Yanmar	3	69D	8F-2R	22*	2178	No
YM 226-2 PS	$8995	$1890	$2520	$4140	$4770	Yanmar	3	69D	9F-3R	19.42	2022	No
YM 226-4 PS 4WD	$9945	$2090	$2790	$4580	$5270	Yanmar	3	69D	9F-3R	19.42	2178	No
YM 276-2 PS	$10295	$2000	$2660	$4370	$5040	Yanmar	3	86D	12F-4R	23.00	2361	No
YM 276-4 PS 4WD	$11495	$2200	$2940	$4830	$5560	Yanmar	3	86D	12F-4R	23.00	2393	No
YM 336-2 PS	$12350	$2310	$3080	$5060	$5830	Yanmar	3	91D	12F-4R	26.98	3039	No
YM 336-4 PS 4WD	$13895	$2600	$3470	$5700	$6570	Yanmar	3	91D	12F-4R	26.98	3267	No

* Bare engine HP, PS - Power Shift

1988

Model	Approx. Retail Price New	Used Trade-In Avg.	Used Trade-In High	Used Retail Avg.	Used Retail High	Make	No. Cyls.	Displ. Cu.-in.	No. Speeds	P.T.O. H.P.	Approx. Shipping Wt.-Lbs.	Cab
YM 122	$4260	$870	$1150	$1920	$2220	Yanmar	1	33D	6F-3R	12*	829	No
YM 140-2	$5879	$1210	$1590	$2650	$3060	Yanmar	2	39D	6F-3R	14*	1406	No
YM 140-4 4WD	$6339	$1300	$1710	$2850	$3300	Yanmar	2	39D	6F-3R	14*	1406	No
YM 146	$4990	$1020	$1350	$2250	$2600	Yanmar	2	39D	6F-3R	14*	844	No
YM 147-2 PS	$6282	$1290	$1700	$2830	$3270	Yanmar	2	39D	6F-2R	14*	1421	No
YM 147-4 PS 4WD	$6786	$1390	$1830	$3050	$3530	Yanmar	2	39D	6F-2R	14*	1522	No
YM 165-2	$5810	$1190	$1570	$2620	$3020	Yanmar	2	40D	6F-2R	16*	1011	No
YM 165D 4WD	$6310	$1290	$1700	$2840	$3280	Yanmar	2	40D	6F-2R	16*	1216	No
YM 169	$7100	$1460	$1920	$3200	$3690	Yanmar	3	54D	6F-2R		1190	No
YM 169 D 4WD	$7900	$1620	$2130	$3560	$4110	Yanmar	3	54D	6F-2R		1279	No
YM 180-2	$6545	$1340	$1770	$2950	$3400	Yanmar	3	54D	8F-2R	18*	1673	No
YM 180-4 4WD	$7205	$1480	$1950	$3240	$3750	Yanmar	3	54D	8F-2R	18*	1793	No
YM 186-2 PS	$6750	$1380	$1820	$3040	$3510	Yanmar	3	54D	9F-3R	18*	1412	No
YM 186-4 PS 4WD	$7350	$1510	$1990	$3310	$3820	Yanmar	3	54D	9F-3R	18*	1538	No
YM 187	$7600	$1560	$2050	$3420	$3950	Yanmar	3	54D	9F-3R	18*	1523	No
YM 220-2	$7170	$1470	$1940	$3230	$3730	Yanmar	3	69D	8F-2R	22*	2019	No
YM 220-4 4WD	$7970	$1630	$2150	$3590	$4140	Yanmar	3	69D	8F-2R	22*	2178	No
YM 226-2 PS	$7851	$1610	$2120	$3530	$4080	Yanmar	3	69D	9F-3R	19.42	2022	No
YM 226-4 PS 4WD	$8651	$1770	$2340	$3890	$4500	Yanmar	3	69D	9F-3R	19.42	2178	No
YM 276-2 PS	$9062	$1910	$2510	$4190	$4840	Yanmar	3	86D	12F-4R	23.00	2361	No
YM 276-4 PS 4WD	$10210	$2110	$2780	$4640	$5360	Yanmar	3	86D	12F-4R	23.00	2393	No
YM 336-2 PS	$10765	$2210	$2910	$4840	$5600	Yanmar	3	91D	12F-4R	26.98	3039	No
YM 336-4 PS 4WD	$12165	$2490	$3290	$5470	$6330	Yanmar	3	91D	12F-4R	26.98	3267	No

* Bare engine HP, PS - Power Shift

1987

Model	Approx. Retail Price New	Used Trade-In Avg.	Used Trade-In High	Used Retail Avg.	Used Retail High	Make	No. Cyls.	Displ. Cu.-in.	No. Speeds	P.T.O. H.P.	Approx. Shipping Wt.-Lbs.	Cab
YM 122	$4260	$850	$1130	$1870	$2170	Yanmar	1	33D	6F-3R	12*	829	No
YM 140-2	$5879	$1180	$1560	$2590	$3000	Yanmar	2	39D	6F-3R	14*	1406	No
YM 140-4 4WD	$6339	$1270	$1680	$2790	$3230	Yanmar	2	39D	6F-3R	14*	1406	No
YM 146	$4990	$1000	$1320	$2200	$2550	Yanmar	2	39D	6F-3R	14*	844	No
YM 147-2 PS	$6282	$1260	$1670	$2760	$3200	Yanmar	2	39D	6F-2R	14*	1421	No
YM 147-4 PS 4WD	$6786	$1360	$1800	$2990	$3460	Yanmar	2	39D	6F-2R	14*	1522	No
YM 165-2	$5810	$1160	$1540	$2560	$2960	Yanmar	2	40D	6F-2R	16*	1011	No
YM 165D 4WD	$6310	$1260	$1670	$2780	$3220	Yanmar	2	40D	6F-2R	16*	1216	No
YM 169	$7100	$1420	$1880	$3120	$3620	Yanmar	3	54D	6F-2R		1190	No
YM 169 D 4WD	$7900	$1580	$2090	$3480	$4030	Yanmar	3	54D	6F-2R		1279	No
YM 180-2	$6545	$1310	$1730	$2880	$3340	Yanmar	3	54D	8F-2R	18*	1673	No

Yanmar (Cont.)

Model	Approx. Retail Price New	Used Trade-In Avg.	Used Trade-In High	Used Retail Avg.	Used Retail High	Make	Engine No. Cyls.	Displ. Cu.-in.	No. Speeds	P.T.O. H.P.	Approx. Shipping Wt.-Lbs.	Cab
1987 (Cont.)												
YM 180-4 4WD	$7205	$1440	$1910	$3170	$3680	Yanmar	3	54D	8F-2R	18*	1793	No
YM 186-2 PS	$6750	$1350	$1790	$2970	$3440	Yanmar	3	54D	9F-3R	18*	1412	No
YM 186-4 PS 4WD	$7350	$1470	$1950	$3230	$3750	Yanmar	3	54D	9F-3R	18*	1538	No
YM 187	$7600	$1520	$2010	$3340	$3880	Yanmar	3	54D	9F-3R	18*	1523	No
YM 220-2	$7170	$1430	$1900	$3160	$3660	Yanmar	3	69D	8F-2R	22*	2019	No
YM 220-4 4WD	$7970	$1590	$2110	$3510	$4070	Yanmar	3	69D	8F-2R	22*	2178	No
YM 226-2 PS	$7851	$1570	$2080	$3450	$4000	Yanmar	3	69D	9F-3R	19.42	2022	No
YM 226-4 PS 4WD	$8651	$1730	$2290	$3810	$4410	Yanmar	3	69D	9F-3R	19.42	2178	No
YM 276-2 PS	$9062	$1830	$2430	$4030	$4670	Yanmar	3	86D	12F-4R	23.00	2361	No
YM 276-4 PS 4WD	$10210	$2030	$2690	$4470	$5180	Yanmar	3	86D	12F-4R	23.00	2393	No
YM 336-2 PS	$10765	$2020	$2680	$4440	$5150	Yanmar	3	91D	12F-4R	26.98	3039	No
YM 336-4 PS 4WD	$12165	$2340	$3100	$5150	$5970	Yanmar	3	91D	12F-4R	26.98	3267	No

* Bare engine HP, PS - Power Shift

Model	Approx. Retail Price New	Used Trade-In Avg.	Used Trade-In High	Used Retail Avg.	Used Retail High	Make	Engine No. Cyls.	Displ. Cu.-in.	No. Speeds	P.T.O. H.P.	Approx. Shipping Wt.-Lbs.	Cab
1986												
YM 122	$4260	$810	$1110	$1830	$2130	Yanmar	1	33D	6F-3R	12*	829	No
YM 140-2	$5879	$1120	$1530	$2530	$2940	Yanmar	2	39D	6F-3R	14*	1406	No
YM 140-4 4WD	$6339	$1200	$1650	$2730	$3170	Yanmar	2	39D	6F-3R	14*	1406	No
YM 146	$4990	$950	$1300	$2150	$2500	Yanmar	2	39D	6F-3R	14*	844	No
YM 147-2 PS	$6282	$1190	$1630	$2700	$3140	Yanmar	2	39D	6F-2R	14*	1421	No
YM 147-4 PS 4WD	$6786	$1290	$1760	$2920	$3390	Yanmar	2	39D	6F-2R	14*	1522	No
YM 165-2	$5810	$1100	$1510	$2500	$2910	Yanmar	2	40D	6F-2R	16*	1011	No
YM 165D 4WD	$6310	$1200	$1640	$2710	$3160	Yanmar	2	40D	6F-2R	16*	1216	No
YM 169	$7100	$1350	$1850	$3050	$3550	Yanmar	3	54D	6F-2R		1190	No
YM 169 D 4WD	$7900	$1500	$2050	$3400	$3950	Yanmar	3	54D	6F-2R		1279	No
YM 180-2	$6545	$1240	$1700	$2810	$3270	Yanmar	3	54D	8F-2R	18*	1673	No
YM 180-4 4WD	$7205	$1370	$1870	$3100	$3600	Yanmar	3	54D	8F-2R	18*	1793	No
YM 186-2 PS	$6750	$1280	$1760	$2900	$3380	Yanmar	3	54D	9F-3R	18*	1412	No
YM 186-4 PS 4WD	$7350	$1400	$1910	$3160	$3680	Yanmar	3	54D	9F-3R	18*	1538	No
YM 187	$7600	$1440	$1980	$3270	$3800	Yanmar	3	54D	9F-3R	18*	1523	No
YM 220-2	$7170	$1360	$1860	$3080	$3590	Yanmar	3	69D	8F-2R	22*	2019	No
YM 220-4 4WD	$7970	$1510	$2070	$3430	$3990	Yanmar	3	69D	8F-2R	22*	2178	No
YM 226-2 PS	$7851	$1490	$2040	$3380	$3930	Yanmar	3	69D	9F-3R	19.42	2022	No
YM 226-4 PS 4WD	$8651	$1640	$2250	$3720	$4330	Yanmar	3	69D	9F-3R	19.42	2178	No
YM 276-2 PS	$9062	$1720	$2360	$3900	$4530	Yanmar	3	86D	12F-4R	23.00	2361	No
YM 276-4 PS 4WD	$10210	$1900	$2600	$4300	$5000	Yanmar	3	86D	12F-4R	23.00	2393	No
YM 336-2 PS	$10765	$1870	$2560	$4240	$4930	Yanmar	3	91D	12F-4R	26.98	3039	No
YM 336-4 PS 4WD	$12165	$2200	$3020	$4990	$5800	Yanmar	3	91D	12F-4R	26.98	3267	No

* Bare engine HP, PS - Power Shift

Model	Approx. Retail Price New	Used Trade-In Avg.	Used Trade-In High	Used Retail Avg.	Used Retail High	Make	Engine No. Cyls.	Displ. Cu.-in.	No. Speeds	P.T.O. H.P.	Approx. Shipping Wt.-Lbs.	Cab
1985												
YM 122	$4260	$810	$1110	$1790	$2090	Yanmar	1	33D	6F-3R	12*	829	No
YM 140-2	$5879	$1120	$1530	$2470	$2880	Yanmar	2	39D	6F-3R	14*	1406	No
YM 140-4 4WD	$6339	$1200	$1650	$2660	$3110	Yanmar	2	39D	6F-3R	14*	1406	No
YM 146	$4990	$950	$1300	$2100	$2450	Yanmar	2	39D	6F-3R	14*	844	No
YM 147-2 PS	$6282	$1190	$1630	$2640	$3080	Yanmar	2	39D	6F-2R	14*	1421	No
YM 147-4 PS 4WD	$6786	$1290	$1760	$2850	$3330	Yanmar	2	39D	6F-2R	14*	1522	No
YM 165-2	$5810	$1100	$1510	$2440	$2850	Yanmar	2	40D	6F-2R	16*	1011	No
YM 165D 4WD	$6310	$1200	$1640	$2650	$3090	Yanmar	2	40D	6F-2R	16*	1216	No
YM 180-2	$6545	$1240	$1700	$2750	$3210	Yanmar	3	54D	8F-2R	18*	1673	No
YM 180-4 4WD	$7205	$1370	$1870	$3030	$3530	Yanmar	3	54D	8F-2R	18*	1793	No
YM 186-2 PS	$6750	$1280	$1760	$2840	$3310	Yanmar	3	54D	9F-3R	18*	1412	No
YM 186-4 PS 4WD	$7350	$1400	$1910	$3090	$3600	Yanmar	3	54D	9F-3R	18*	1538	No
YM 220-2	$7170	$1360	$1860	$3010	$3510	Yanmar	3	69D	8F-2R	22*	2019	No
YM 220-4 4WD	$7970	$1510	$2070	$3350	$3910	Yanmar	3	69D	8F-2R	22*	2178	No
YM 226-2 PS	$7851	$1490	$2040	$3300	$3850	Yanmar	3	69D	9F-3R	19.42	2022	No
YM 226-4 PS 4WD	$8651	$1640	$2250	$3630	$4240	Yanmar	3	69D	9F-3R	19.42	2178	No
YM 276-2 PS	$9062	$1680	$2300	$3720	$4340	Yanmar	3	86D	12F-4R	23.00	2361	No
YM 276-4 PS 4WD	$10210	$1860	$2550	$4120	$4800	Yanmar	3	86D	12F-4R	23.00	2393	No
YM 336-2 PS	$10765	$1830	$2510	$4050	$4730	Yanmar	3	91D	12F-4R	26.98	3039	No
YM 336-4 PS 4WD	$12165	$2130	$2910	$4700	$5490	Yanmar	3	91D	12F-4R	26.98	3267	No

* Bare engine HP, PS - Power Shift

Model	Approx. Retail Price New	Used Trade-In Avg.	Used Trade-In High	Used Retail Avg.	Used Retail High	Make	Engine No. Cyls.	Displ. Cu.-in.	No. Speeds	P.T.O. H.P.	Approx. Shipping Wt.-Lbs.	Cab
1984												
YM 122	$4260	$810	$1110	$1790	$2050	Yanmar	1	33D	6F-3R	12*	829	No
YM 140-2	$5879	$1120	$1530	$2470	$2820	Yanmar	2	39D	6F-3R	14*	1406	No
YM 140-4 4WD	$6339	$1200	$1650	$2660	$3040	Yanmar	2	39D	6F-3R	14*	1406	No
YM 146	$4990	$950	$1300	$2100	$2400	Yanmar	2	39D	6F-3R	14*	844	No
YM 147-2 PS	$6282	$1190	$1630	$2640	$3020	Yanmar	2	39D	6F-2R	14*	1421	No
YM 147-4 PS 4WD	$6786	$1290	$1760	$2850	$3260	Yanmar	2	39D	6F-2R	14*	1522	No
YM 165-2	$5810	$1100	$1510	$2440	$2790	Yanmar	2	40D	6F-2R	16*	1011	No
YM 165D 4WD	$6310	$1200	$1640	$2650	$3030	Yanmar	2	40D	6F-2R	16*	1216	No
YM 180-2	$6545	$1240	$1700	$2750	$3140	Yanmar	3	54D	8F-2R	18*	1673	No
YM 180-4 4WD	$7205	$1370	$1870	$3030	$3460	Yanmar	3	54D	8F-2R	18*	1793	No
YM 186-2 PS	$6750	$1280	$1760	$2840	$3240	Yanmar	3	54D	9F-3R	18*	1412	No
YM 186-4 PS 4WD	$7350	$1400	$1910	$3090	$3530	Yanmar	3	54D	9F-3R	18*	1538	No
YM 220-2	$7170	$1360	$1860	$3010	$3440	Yanmar	3	69D	8F-2R	22*	2019	No
YM 220-4 4WD	$7970	$1510	$2070	$3350	$3830	Yanmar	3	69D	8F-2R	22*	2178	No
YM 226-2 PS	$7851	$1490	$2040	$3300	$3770	Yanmar	3	69D	9F-3R	19.42	2022	No
YM 226-4 PS 4WD	$8651	$1640	$2250	$3630	$4150	Yanmar	3	69D	9F-3R	19.42	2178	No
YM 276-2 PS	$9062	$1610	$2200	$3550	$4060	Yanmar	3	86D	12F-4R	23.00	2361	No
YM 276-4 PS 4WD	$10210	$1820	$2500	$4030	$4610	Yanmar	3	86D	12F-4R	23.00	2393	No
YM 336-2 PS	$10765	$1790	$2440	$3950	$4510	Yanmar	3	91D	12F-4R	26.98	3039	No
YM 336-4 PS 4WD	$12165	$2090	$2860	$4620	$5280	Yanmar	3	91D	12F-4R	26.98	3267	No

* Bare engine HP

Yanmar (Cont.)

Model	Approx. Retail Price New	Estimated Value Less Repairs				Engine				P.T.O. H.P.	Approx. Shipping Wt.-Lbs.	Cab
		Used Trade-In		Used Retail		Make	No. Cyls.	Displ. Cu.-in.	No. Speeds			
		Avg.	High	Avg.	High							
1983												
YM 165	$5605	$1070	$1460	$2350	$2690	Yanmar	2	40D	6F-2R		1011	No
YM 165D 4WD	$7135	$1360	$1860	$3000	$3430	Yanmar	2	40D	6F-2R		1216	No
YM 180	$5995	$1140	$1560	$2520	$2880	Yanmar	3	54D	8F-2R		1523	No
YM 180 D 4WD	$6595	$1250	$1720	$2770	$3170	Yanmar	3	54D	8F-2R		1650	No
YM 186 D 4WD PS	$7135	$1360	$1860	$3000	$3430	Yanmar	3	54D	9F-3R		1435	No
YM 186 PS	$6523	$1240	$1700	$2740	$3130	Yanmar	3	54D	9F-3R		1345	No
YM 220	$6426	$1220	$1670	$2700	$3080	Yanmar	3	69D	8F-2R		1874	No
YM 220 D 4WD	$7273	$1380	$1890	$3060	$3490	Yanmar	3	69D	8F-2R		2026	No
YM 226 D 4WD PS	$7946	$1510	$2070	$3340	$3810	Yanmar	3	69D	9F-3R	19.42	1962	No
YM 226 PS	$7339	$1390	$1910	$3080	$3520	Yanmar	3	69D	9F-3R	19.42	1874	No
YM 276 D 4WD PS	$9425	$1790	$2450	$3960	$4520	Yanmar	3	86D	12F-4R	23.00	2282	No
YM 276 PS	$8303	$1580	$2160	$3490	$3990	Yanmar	3	86D	12F-4R	23.00	2205	No
YM 336 D 4WD PS	$11419	$2090	$2860	$4620	$5280	Yanmar	3	91D	12F-4R	26.98	3091	No
YM 336 PS	$9991	$1810	$2470	$3990	$4560	Yanmar	3	91D	12F-4R	26.98	2854	No
1982												
YM 165	$5495	$1020	$1430	$2310	$2640	Yanmar	2	40D	6F-2R		1011	No
YM 165 D	$6995	$1290	$1820	$2940	$3360	Yanmar	2	40D	6F-2R		1216	No
YM 186	$6395	$1180	$1660	$2690	$3070	Yanmar	3	54D	9F-3R		1345	No
YM 186 D	$6995	$1290	$1820	$2940	$3360	Yanmar	3	54D	9F-3R		1435	No
YM 220	$6300	$1170	$1640	$2650	$3020	Yanmar	3	69D	8F-2R		1874	No
YM 220 D	$7130	$1320	$1850	$3000	$3420	Yanmar	3	69D	8F-2R		2026	No
YM 226	$7195	$1330	$1870	$3020	$3450	Yanmar	3	69D	9F-3R	19.42	1874	No
YM 226 D	$7790	$1440	$2030	$3270	$3740	Yanmar	3	69D	9F-3R	19.42	1962	No
YM 276	$8140	$1510	$2120	$3420	$3910	Yanmar	3	86D	12F-4R	23.00	2205	No
YM 276 D	$9240	$1710	$2400	$3880	$4440	Yanmar	3	86D	12F-4R	23.00	2282	No
YM 336	$9795	$1670	$2350	$3800	$4340	Yanmar	3	91D	12F-4R	26.98	2854	No
YM 336 D	$11195	$1960	$2760	$4450	$5090	Yanmar	3	91D	12F-4R	26.98	3091	No
1981												
YM 135	$4250	$770	$1110	$1790	$2040	Yanmar	2	38D	6F-2R		995	No
YM 135 D	$4650	$840	$1210	$1950	$2230	Yanmar	2	38D	6F-2R		1090	No
YM 155	$4750	$860	$1240	$2000	$2280	Yanmar	2	40D	6F-2R		1060	No
YM 155 D	$5200	$940	$1350	$2180	$2500	Yanmar	2	40D	6F-2R		1145	No
YM 165	$4900	$880	$1270	$2060	$2350	Yanmar	2	40D	6F-2R		1011	No
YM 165 D	$5400	$970	$1400	$2270	$2590	Yanmar	2	40D	6F-2R		1216	No
YM 186	$6000	$1080	$1560	$2520	$2880	Yanmar	3	54D	9F-3R		1345	No
YM 186 D	$6400	$1150	$1660	$2690	$3070	Yanmar	3	54D	9F-3R		1435	No
YM 226	$6990	$1260	$1820	$2940	$3360	Yanmar	3	69D	9F-3R	19.42	1874	No
YM 226 D	$7790	$1400	$2030	$3270	$3740	Yanmar	3	69D	9F-3R	19.42	1962	No
YM 240	$6200	$1120	$1610	$2600	$2980	Yanmar	2	70D	8F-2R	19.76	1700	No
YM 240 D	$7100	$1280	$1850	$2980	$3410	Yanmar	2	70D	8F-2R	19.76	1950	No
YM 276	$7900	$1420	$2050	$3320	$3790	Yanmar	3	86D	12F-4R	23.00	2205	No
YM 276 D	$8990	$1620	$2340	$3780	$4320	Yanmar	3	86D	12F-4R	23.00	2282	No
YM 330	$7570	$1360	$1970	$3180	$3630	Yanmar	3	91D	8F-2R		2550	No
YM 330 D	$8900	$1600	$2310	$3740	$4270	Yanmar	3	91D	8F-2R		2890	No
YM 336	$9300	$1620	$2340	$3780	$4320	Yanmar	3	91D	12F-4R	26.98	2854	No
YM 336 D	$10500	$1890	$2730	$4410	$5040	Yanmar	3	91D	12F-4R	26.98	3091	No
1980												
YM 135	$3760	$660	$1000	$1580	$1810	Yanmar	2	38D	6F-2R		995	No
YM 135 D	$4151	$730	$1100	$1740	$1990	Yanmar	2	38D	6F-2R		1090	No
YM 155	$4166	$730	$1100	$1750	$2000	Yanmar	2	40D	6F-2R		1060	No
YM 155 D	$4498	$790	$1190	$1890	$2160	Yanmar	2	40D	6F-2R		1145	No
YM 186	$5184	$910	$1370	$2180	$2490	Yanmar	3	54D	9F-3R		1411	No
YM 186 D	$5770	$1010	$1530	$2420	$2770	Yanmar	3	54D	9F-3R		1539	No
YM 195	$4982	$870	$1320	$2090	$2390	Yanmar	2	61D	6F-2R		1655	No
YM 195 D	$5617	$980	$1490	$2360	$2700	Yanmar	2	61D	6F-2R		1830	No
YM 240	$5321	$930	$1410	$2240	$2550	Yanmar	2	70D	8F-2R	19.76	1700	No
YM 240 D	$6111	$1070	$1620	$2570	$2930	Yanmar	2	70D	8F-2R	19.76	1950	No
YM 330	$8210	$1310	$1990	$3150	$3610	Yanmar	3	91D	8F-2R		2550	No
YM 330 D	$9425	$1540	$2340	$3710	$4240	Yanmar	3	91D	8F-2R		2890	No
YM 336	$8476	$1480	$2250	$3560	$4070	Yanmar	3	91D	12F-4R	26.98	2854	No
YM 336 D	$9788	$1710	$2590	$4110	$4700	Yanmar	3	91D	12F-4R	26.98	3091	No
1979												
YM 135	$3669	$620	$990	$1540	$1760	Yanmar	2	38D	6F-2R		995	No
YM 135 D	$4052	$690	$1090	$1700	$1950	Yanmar	2	38D	6F-2R		1090	No
YM 155	$4065	$690	$1100	$1710	$1950	Yanmar	2	40D	6F-2R		1060	No
YM 155 D	$4389	$750	$1190	$1840	$2110	Yanmar	2	40D	6F-2R		1145	No
YM 195	$4868	$830	$1310	$2050	$2340	Yanmar	2	61D	6F-2R		1655	No
YM 195 D	$5487	$930	$1480	$2310	$2630	Yanmar	2	61D	6F-2R		1805	No
YM 240	$5201	$880	$1400	$2180	$2500	Yanmar	2	70D	8F-2R	19.76	1700	No
YM 240 D	$5972	$1020	$1610	$2510	$2870	Yanmar	2	70D	8F-2R	19.76	1950	No
YM 330	$7680	$1270	$2020	$3140	$3590	Yanmar	3	91D	8F-2R		2550	No
YM 330 D	$8865	$1490	$2370	$3680	$4210	Yanmar	3	91D	8F-2R		2890	No
1978												
YM 135	$3589	$610	$990	$1510	$1720	Yanmar	2	38D	6F-2R		995	No
YM 135 D	$3938	$670	$1080	$1650	$1890	Yanmar	2	38D	6F-2R		1090	No
YM 155	$3875	$660	$1070	$1630	$1860	Yanmar	2	40D	6F-2R		1060	No
YM 155 D	$4273	$730	$1180	$1800	$2050	Yanmar	2	40D	6F-2R		1145	No
YM 195	$4569	$780	$1260	$1920	$2190	Yanmar	2	61D	6F-2R		1655	No
YM 240	$5007	$850	$1380	$2100	$2400	Yanmar	2	70D	8F-2R	19.76	1700	No

Yanmar (Cont.)

Model	Approx. Retail Price New	Estimated Value Less Repairs				Engine					Approx. Shipping Wt.-Lbs.	Cab
		Used Trade-In Avg.	High	Used Retail Avg.	High	Make	No. Cyls.	Displ. Cu.-in.	No. Speeds	P.T.O. H.P.		
1978 (Cont.)												
YM 240 D	$5733	$980	$1580	$2410	$2750	Yanmar	2	70D	8F-2R	19.76	1950	No
YM 330	$7753	$1250	$2020	$3090	$3530	Yanmar	3	91D	8F-2R		2550	No
YM 330 D	$9025	$1470	$2370	$3620	$4140	Yanmar	3	91D	8F-2R		2890	No
1977												
YM 135	$3514	$600	$980	$1480	$1690	Yanmar	2	38D	6F-2R		995	No
YM 135 D	$3863	$660	$1080	$1620	$1850	Yanmar	2	38D	6F-2R		1090	No
YM 155	$3725	$630	$1040	$1570	$1790	Yanmar	2	40D	6F-2R		1060	No
YM 155 D	$4123	$700	$1150	$1730	$1980	Yanmar	2	40D	6F-2R		1145	No
YM 240	$4837	$820	$1350	$2030	$2320	Yanmar	2	70D	8F-2R	19.76	1700	No

Zetor

Model	Approx. Retail Price New	Estimated Value Less Repairs				Engine					Approx. Shipping Wt.-Lbs.	Cab
		Used Trade-In Avg.	High	Used Retail Avg.	High	Make	No. Cyls.	Displ. Cu.-in.	No. Speeds	P.T.O. H.P.		
2004												
C29 w/Ag Tires	$13995	$8400	$8960	$10640	$11340	Kukje	3	95D	12F-12R	25.0		No
C35 w/Ag Tires	$14630	$8780	$9360	$11120	$11850	Kukje	3	110D	12F-12R	31.0		No
C38L w/Ag Tires	$15610	$9370	$9990	$11860	$12640	Kukje	3	110D	12F-12R	31.0		No
C42L w/Ag Tires	$16610	$9970	$10630	$12620	$13450	Kukje	3T	110D	12F-12R	40.0		No
C47L w/Ag Tires	$17740	$10640	$11350	$13480	$14370	Kukje	3	134D	12F-12R	45.0		No
3321.0SR	$16370	$9820	$10480	$12440	$13260	Zetor	3	164D	10F-2R	43.0	5370	No
3321.1SR	$23150	$13890	$14820	$17590	$18750	Zetor	3	164D	10F-2R	43.0	6030	CH
3341.0SR 4WD	$20060	$12040	$12840	$15250	$16250	Zetor	3	164D	10F-10R	43.0	6170	No
3341.1SR 4WD	$25500	$15300	$16320	$19380	$20660	Zetor	3	164D	10F-10R	43.0	6170	CH
4321.0	$18380	$11030	$11760	$13970	$14890	Zetor	4	239D	10F-2R	56.0	5810	No
4321.0SR	$18910	$11350	$12100	$14370	$15320	Zetor	4	239D	10F-2R	56.0	5810	No
4321.0SRS	$18260	$10960	$11690	$13880	$14790	Zetor	4	239D	10F-2R	56.0	5810	No
4321.1SR	$24880	$14930	$15920	$18910	$20150	Zetor	4	239D	10F-2R	56.0	5810	CH
4321.0S	$17730	$10640	$11350	$13480	$14360	Zetor	4	239D	10F-10R	56.0	6470	No
4341.0SR 4WD	$22100	$13260	$14140	$16800	$17900	Zetor	4	239D	10F-2R	56.0	6620	No
4341.0SRS 4WD	$21450	$12870	$13730	$16300	$17380	Zetor	4	239D	10F-10R	56.0	6620	CH
4341.1SR 4WD	$27840	$16700	$17820	$21160	$22550	Zetor	4	239D	10F-10R	56.0	6620	CH
6321.0SR	$21010	$12610	$13450	$15970	$17020	Zetor	4	239D	10F-2R	62.0	5990	No
6321.1SR	$27385	$16430	$17530	$20810	$22180	Zetor	4	239D	10F-2R	62.0	6830	CH
6341.0SR 4WD	$23950	$14370	$15330	$18200	$19400	Zetor	4	239D	10F-2R	62.0	7800	No
6341.1SR 4WD	$31110	$18670	$19910	$23640	$25200	Zetor	4	239D	10F-2R	62.0	7800	CH
7321.0SR	$23210	$13930	$14850	$17640	$18800	Zetor	4T	239D	10F-2R	73.0	6950	No
7321.1SR	$29420	$17650	$18830	$22360	$23830	Zetor	4T	239D	10F-10R	73.0	6950	CH
7341.0SR 4WD	$26470	$15880	$16940	$20120	$21440	Zetor	4T	239D	10F-2R	73.0	7960	No
7341.1SR 4WD	$34220	$20530	$21900	$26010	$27720	Zetor	4T	239D	10F-10R	73.0	7960	Yes
9741.1 4WD	$43400	$25610	$28210	$33420	$35590	Zetor	4T	254D	24F-18R	81.0	9420	CH
10741.1 4WD	$47700	$28140	$31010	$36730	$39110	Zetor	4TI	254D	24F-18R	91.0	9920	CH
2003												
3320.0	$16100	$8370	$9340	$11430	$12240	Zetor	3	164D	10F-2R	43.0	5370	No
3320.2	$18700	$9720	$10850	$13280	$14210	Zetor	3	164D	10F-2R	43.0	6030	CH
3321.0	$22250	$11570	$12910	$15800	$16910	Zetor	3	164D	10F-2R	43.0	5370	No
3321.2	$25200	$13100	$14620	$17890	$19150	Zetor	3	164D	10F-2R	43.0	6030	CH
3340.0 4WD	$19500	$10140	$11310	$13850	$14820	Zetor	3	164D	10F-2R	43.0	6170	No
3340.2 4WD	$22700	$11800	$13170	$16120	$17250	Zetor	3	164D	10F-10R	43.0	6170	CH
3341.1 4WD	$20750	$10800	$12050	$14750	$15790	Zetor	3	164D	10F-10R	43.0	6170	No
3341.1 4WD	$23570	$12260	$13670	$16740	$17910	Zetor	3	164D	10F-10R	43.0	6170	CH
4320.1	$19400	$10090	$11250	$13770	$14740	Zetor	4	239D	10F-2R	56.0	5810	No
4321.1	$21960	$11420	$12740	$15590	$16690	Zetor	4	239D	10F-2R	56.0	5810	No
4321.1	$24830	$12910	$14400	$17630	$18870	Zetor	4	239D	10F-10R	56.0	6470	CH
4340.0 4WD	$20100	$10450	$11660	$14270	$15280	Zetor	4	239D	10F-2R	56.0	6620	No
4340.0 4WD	$23970	$12460	$13900	$17020	$18220	Zetor	4	239D	10F-2R	56.0	6620	CH
4341.0 4WD	$22100	$11490	$12820	$15690	$16800	Zetor	4	239D	10F-2R	56.0	6620	No
4341.0 4WD	$25470	$13240	$14770	$18080	$19360	Zetor	4	239D	10F-10R	56.0	6620	CH
6320.0	$21700	$11280	$12590	$15410	$16490	Zetor	4	239D	10F-2R	62.0	5990	No
6320.0	$22570	$11740	$13090	$16030	$17150	Zetor	4	239D	10F-10R	62.0	6650	No
6320.0	$24030	$12500	$13940	$17060	$18260	Zetor	4	239D	10F-10R	62.0	5990	CH
6321.0	$23160	$12040	$13430	$16440	$17600	Zetor	4	239D	10F-2R	62.0	5990	No
6321.1	$26500	$13780	$15370	$18820	$20140	Zetor	4	239D	10F-2R	62.0	6830	CH
6340.0 4WD	$27260	$14180	$15810	$19360	$20720	Zetor	4	239D	10F-2R	62.0	7040	No
6341.0 4WD	$29100	$15130	$16880	$20660	$22120	Zetor	4	239D	10F-2R	62.0	7800	No
6341.1 4WD	$33675	$17510	$19530	$23910	$25590	Zetor	4	239D	10F-2R	62.0	7800	CH
7320.0	$24130	$12550	$14000	$17130	$18340	Zetor	4T	239D	10F-2R	73.0		No
7320.0	$25500	$13260	$14790	$18110	$19380	Zetor	4T	239D	10F-10R	73.0		CH
7321.0	$26215	$13630	$15210	$18610	$19920	Zetor	4T	239D	10F-2R	73.0	6950	No
7321.0SR	$27585	$14340	$16000	$19590	$20970	Zetor	4T	239D	10F-10R	73.0	6950	No
7321.1	$30035	$15620	$17420	$21330	$22830	Zetor	4T	239D	10F-2R	73.0	6950	CH
7321.1SR	$30905	$16070	$17930	$21940	$23490	Zetor	4T	239D	10F-10R	73.0	6950	CH
7340.0 4WD	$29680	$15430	$17210	$21070	$22560	Zetor	4T	239D	10F-2R	73.0		No
7340.0SR 4WD	$30550	$15890	$17720	$21690	$23220	Zetor	4T	239D	10F-10R	73.0		No
7341.0 4WD	$32635	$16970	$18930	$23170	$24800	Zetor	4T	239D	10F-2R	73.0	7960	No
7341.0SR 4WD	$33505	$17420	$19430	$23790	$25460	Zetor	4T	239D	10F-2R	73.0	7960	No
7341.1 4WD	$35835	$18630	$20780	$25440	$27240	Zetor	4T	239D	10F-2R	73.0	7960	CH
7341.1SR 4WD	$36705	$19090	$21290	$26060	$27900	Zetor	4T	239D	10F-10R	73.0	7960	CH
8641.1 4WD	$39520	$20420	$23110	$27350	$29660	Zetor	4T	254D	24F-18R	74.0	8740	CH
9741.1 4WD	$43460	$23030	$26080	$30860	$33460	Zetor	4T	254D	24F-18R	81.0	9420	CH
10741.1 4WD	$47700	$25280	$28620	$33870	$36730	Zetor	4TI	254D	24F-18R	91.0	9920	CH
11741.1 4WD	$48260	$25580	$28960	$34270	$37160	Zetor	4TI	254D	24F-18R	100.0	9920	CH

Zetor (Cont.)

Model	Approx. Retail Price New	Used Trade-In Avg.	Used Trade-In High	Used Retail Avg.	Used Retail High	Make	Engine No. Cyls	Displ. Cu.-in.	No. Speeds	P.T.O. H.P.	Approx. Shipping Wt.-Lbs.	Cab
2002												
3320.0	$16100	$7410	$8530	$10630	$11590	Zetor	3	164D	10F-2R	43.0	5370	No
3320.2	$18700	$8600	$9910	$12340	$13460	Zetor	3	164D	10F-2R	43.0	6030	CH
3340.0 4WD	$19900	$9150	$10550	$13130	$14330	Zetor	3	164D	10F-2R	43.0	6170	No
3340.0SR 4WD	$20770	$9550	$11010	$13710	$14950	Zetor	3	164D	10F-10R	43.0	6170	No
3340.2 4WD	$22700	$10440	$12030	$14980	$16340	Zetor	3	164D	10F-2R	43.0	6830	CH
3340.2SR 4WD	$23570	$10840	$12490	$15560	$16970	Zetor	3	164D	10F-10R	43.0	6830	CH
4320.0	$19400	$8920	$10280	$12800	$13970	Zetor	4	239D	10F-2R	56.0	5810	No
4320.0SR	$20270	$9320	$10740	$13380	$14590	Zetor	4	239D	10F-10R	56.0	6470	No
4321.1	$23960	$11020	$12700	$15810	$17250	Zetor	4	239D	10F-2R	56.0	6620	CH
4321.1SR	$24830	$11420	$13160	$16390	$17880	Zetor	4	239D	10F-10R	56.0		CH
4340.0 4WD	$23100	$10630	$12240	$15250	$16630	Zetor	4	239D	10F-2R	56.0	6810	No
4340.0SR	$23970	$11030	$12700	$15820	$17260	Zetor	4	239D	10F-10R	56.0	7470	No
4341.0 4WD	$24600	$11320	$13040	$16240	$17710	Zetor	4	239D	10F-2R	56.0	6620	No
4341.0SR 4WD	$25470	$11720	$13500	$16810	$18340	Zetor	4	239D	10F-10R	56.0	6620	No
4341.1 4WD	$28200	$12970	$14950	$18610	$20300	Zetor	4	239D	10F-2R	56.0	7570	CH
4341.1SR 4WD	$29070	$13370	$15410	$19190	$20930	Zetor	4	239D	10F-10R	56.0	6620	CH
6320.0	$21700	$9980	$11500	$14320	$15620	Zetor	4	239D	10F-2R	62.0	5990	No
6320.0SR	$22570	$10380	$11960	$14900	$16250	Zetor	4	239D	10F-10R	62.0	6650	No
6321.0	$23160	$10650	$12280	$15290	$16680	Zetor	4	239D	10F-2R	62.0	5990	No
6321.0SR	$24030	$11050	$12740	$15860	$17300	Zetor	4	239D	10F-10R	62.0	5990	No
6321.1	$26500	$12190	$14050	$17490	$19080	Zetor	4	239D	10F-2R	62.0	6830	CH
6321.1SR	$27370	$12590	$14510	$18060	$19710	Zetor	4	239D	10F-10R	62.0	5990	CH
6340.0 4WD	$27260	$12540	$14450	$17990	$19630	Zetor	4	239D	10F-2R	62.0	7040	No
6340.0SR	$28130	$12940	$14910	$18570	$20250	Zetor	4	239D	10F-10R	62.0	7710	No
6341.0 4WD	$29100	$13390	$15420	$19210	$20950	Zetor	4	239D	10F-2R	62.0	7800	No
6341.0SR 4WD	$29970	$13790	$15880	$19780	$21580	Zetor	4	239D	10F-10R	62.0	7800	No
6341.1 4WD	$33675	$15490	$17850	$22230	$24250	Zetor	4	239D	10F-2R	62.0	7800	CH
6341.1SR 4WD	$34545	$15890	$18310	$22800	$24870	Zetor	4	239D	10F-10R	62.0	7800	CH
7320.0	$24130	$11100	$12790	$15930	$17370	Zetor	4T	239D	10F-2R	73.0		No
7320.0SR	$25000	$11500	$13250	$16500	$18000	Zetor	4T	239D	10F-10R	73.0		No
7321.0	$26715	$12290	$14160	$17630	$19240	Zetor	4T	239D	10F-2R	73.0	6950	No
7321.0SR	$27585	$12690	$14620	$18210	$19860	Zetor	4T	239D	10F-10R	73.0	6950	No
7321.1	$30035	$13820	$15920	$19820	$21630	Zetor	4T	239D	10F-2R	73.0	6950	CH
7321.1SR	$30905	$14220	$16380	$20400	$22250	Zetor	4T	239D	10F-10R	73.0	6950	CH
7340.0 4WD	$29680	$13650	$15730	$19590	$21370	Zetor	4T	239D	10F-2R	73.0		No
7340.0SR 4WD	$30550	$14050	$16190	$20160	$22000	Zetor	4T	239D	10F-10R	73.0		No
7341.0 4WD	$32635	$15010	$17300	$21540	$23500	Zetor	4T	239D	10F-2R	73.0	7960	No
7341.0SR 4WD	$33505	$15410	$17760	$22110	$24120	Zetor	4T	239D	10F-10R	73.0	7960	No
7341.1 4WD	$35835	$16480	$18990	$23650	$25800	Zetor	4T	239D	10F-2R	73.0	7960	CH
7341.1SR 4WD	$36705	$16880	$19450	$24230	$26430	Zetor	4T	239D	10F-10R	73.0	7960	CH
8641.1 4WD	$39520	$18100	$21190	$25040	$27730	Zetor	4T	254D	24F-18R	74.0	8740	CH
9641.1 4WD	$42650	$20050	$23460	$27720	$30710	Zetor	4T	254D	24F-18R	83.0	9420	CH
10641.1	$49360	$23200	$27150	$32080	$35540	Zetor	4TI	254D	24F-18R	94.0	9920	CH
2001												
3320.0	$16100	$6600	$7730	$9980	$10950	Zetor	3	164D	10F-2R	43.0	5370	No
3320.2	$18700	$7670	$8980	$11590	$12720	Zetor	3	164D	10F-2R	43.0	6030	CH
3340.0 4WD	$19900	$8160	$9550	$12340	$13530	Zetor	3	164D	10F-2R	43.0	6170	No
3340.0SR 4WD	$20770	$8520	$9970	$12880	$14120	Zetor	3	164D	10F-10R	43.0	6170	No
3340.2 4WD	$22700	$9310	$10900	$14070	$15440	Zetor	3	164D	10F-2R	43.0	6830	CH
3340.2SR 4WD	$23570	$9660	$11310	$14610	$16030	Zetor	3	164D	10F-10R	43.0	6830	CH
4320.0	$19400	$7950	$9310	$12030	$13190	Zetor	4	239D	10F-2R	56.0	5810	No
4320.0SR	$20270	$8310	$9730	$12570	$13780	Zetor	4	239D	10F-10R	56.0	6470	No
4321.1	$23960	$9820	$11500	$14860	$16290	Zetor	4	239D	10F-2R	56.0	6620	CH
4321.1SR	$24830	$10180	$11920	$15400	$16880	Zetor	4	239D	10F-10R	56.0		CH
4340.0 4WD	$23100	$9470	$11090	$14320	$15710	Zetor	4	239D	10F-2R	56.0	6810	No
4340.0SR	$23970	$9830	$11510	$14860	$16300	Zetor	4	239D	10F-10R	56.0	7470	No
4341.0 4WD	$24600	$10090	$11810	$15250	$16730	Zetor	4	239D	10F-2R	56.0	6620	No
4341.0SR 4WD	$25470	$10440	$12230	$15790	$17320	Zetor	4	239D	10F-10R	56.0	6620	No
4341.1 4WD	$28200	$11560	$13540	$17480	$19180	Zetor	4	239D	10F-2R	56.0	7570	CH
4341.1SR 4WD	$29070	$11920	$13950	$18020	$19770	Zetor	4	239D	10F-10R	56.0	6620	CH
6320.0	$21700	$8900	$10420	$13450	$14760	Zetor	4	239D	10F-2R	62.0	5990	No
6320.0SR	$22570	$9250	$10830	$13990	$15350	Zetor	4	239D	10F-2R	62.0	6650	No
6321.0	$23160	$9500	$11120	$14360	$15750	Zetor	4	239D	10F-2R	62.0	5990	No
6321.0SR	$24030	$9850	$11530	$14900	$16340	Zetor	4	239D	10F-10R	62.0	5990	No
6321.1	$26500	$10870	$12720	$16430	$18020	Zetor	4	239D	10F-2R	62.0	6830	CH
6321.1SR	$27370	$11220	$13140	$16970	$18610	Zetor	4	239D	10F-10R	62.0	5990	CH
6340.0 4WD	$27260	$11180	$13090	$16900	$18540	Zetor	4	239D	10F-2R	62.0	7040	No
6340.0SR	$28130	$11530	$13500	$17440	$19130	Zetor	4	239D	10F-10R	62.0	7710	No
6341.0 4WD	$29100	$11930	$13970	$18040	$19790	Zetor	4	239D	10F-2R	62.0	7800	No
6341.0SR 4WD	$29970	$12290	$14390	$18580	$20380	Zetor	4	239D	10F-10R	62.0	7800	No
6341.1 4WD	$33675	$13810	$16160	$20880	$22900	Zetor	4	239D	10F-2R	62.0	7800	CH
6341.1SR 4WD	$34545	$14160	$16580	$21420	$23490	Zetor	4	239D	10F-10R	62.0	7800	CH
7320.0	$24130	$9890	$11580	$14960	$16410	Zetor	4T	239D	10F-2R	73.0		No
7320.0SR	$25000	$10250	$12000	$15500	$17000	Zetor	4T	239D	10F-10R	73.0		No
7321.0	$26715	$10950	$12820	$16560	$18170	Zetor	4T	239D	10F-2R	73.0	6950	No
7321.0SR	$27585	$11310	$13240	$17100	$18760	Zetor	4T	239D	10F-10R	73.0	6950	No
7321.1	$30035	$12310	$14420	$18620	$20420	Zetor	4T	239D	10F-2R	73.0	6950	CH
7321.1SR	$30905	$12670	$14830	$19160	$21020	Zetor	4T	239D	10F-10R	73.0	6950	CH
7340.0 4WD	$29680	$12170	$14250	$18400	$20180	Zetor	4T	239D	10F-2R	73.0		No
7340.0SR 4WD	$30550	$12530	$14660	$18940	$20770	Zetor	4T	239D	10F-10R	73.0		No
7341.0 4WD	$32635	$13380	$15670	$20230	$22190	Zetor	4T	239D	10F-2R	73.0	7960	No
7341.0SR 4WD	$33505	$13740	$16080	$20770	$22780	Zetor	4T	239D	10F-10R	73.0	7960	No
7341.1 4WD	$35835	$14690	$17200	$22220	$24370	Zetor	4T	239D	10F-2R	73.0	7960	CH

Zetor (Cont.)

Model	Approx. Retail Price New	Used Trade-In Avg.	Used Trade-In High	Used Retail Avg.	Used Retail High	Make	Engine No. Cyls.	Displ. Cu.-in.	No. Speeds	P.T.O. H.P.	Approx. Shipping Wt.-Lbs.	Cab
2001 (Cont.)												
7341.1SR 4WD	$36705	$15050	$17620	$22760	$24960	Zetor	4T	239D	10F-10R	73.0	7960	CH
8641.1 4WD	$39520	$16180	$19260	$23110	$25420	Zetor	4T	254D	24F-18R	74.0	8740	CH
9641.1 4WD	$42650	$17910	$21330	$25590	$28150	Zetor	4T	254D	24F-18R	83.0	9420	CH
10641.1	$49360	$20730	$24680	$29620	$32580	Zetor	4TI	254D	24F-18R	94.0	9920	CH
2000												
3320.0	$16100	$5960	$7080	$9340	$10300	Zetor	3	164D	10F-2R	43.0	5370	No
3320.2	$18700	$6920	$8230	$10850	$11970	Zetor	3	164D	10F-2R	43.0	6030	No
3340.0 4WD	$19900	$7360	$8760	$11540	$12740	Zetor	3	164D	10F-2R	43.0	6170	No
3340.0SR 4WD	$20770	$7690	$9140	$12050	$13290	Zetor	3	164D	10F-10R	43.0	6170	No
3340.2 4WD	$22700	$8400	$9990	$13170	$14530	Zetor	3	164D	10F-2R	43.0	6830	CH
3340.2SR 4WD	$23570	$8720	$10370	$13670	$15090	Zetor	3	164D	10F-10R	43.0	6830	CH
3341.1SR 4WD	$25870	$9570	$11380	$15010	$16560	Zetor	3	164D	10F-10R	43.0	6830	CH
4320.0	$19400	$7180	$8540	$11250	$12420	Zetor	4	239D	10F-2R	56.0	5810	No
4320.0SR	$20270	$7500	$8920	$11760	$12970	Zetor	4	239D	10F-10R	56.0	6470	No
4321.1	$23960	$8870	$10540	$13900	$15330	Zetor	4	239D	10F-2R	56.0	6620	CH
4321.1SR	$24830	$9190	$10930	$14400	$15890	Zetor	4	239D	10F-10R	56.0		CH
4340.0 4WD	$23100	$8550	$10160	$13400	$14780	Zetor	4	239D	10F-2R	56.0	6810	No
4340.0SR	$23970	$8870	$10550	$13900	$15340	Zetor	4	239D	10F-10R	56.0	7470	No
4341.0 4WD	$24600	$9100	$10820	$14270	$15740	Zetor	4	239D	10F-2R	56.0	6620	No
4341.0SR 4WD	$25470	$9420	$11210	$14770	$16300	Zetor	4	239D	10F-10R	56.0	6620	No
4341.1 4WD	$28200	$10430	$12410	$16360	$18050	Zetor	4	239D	10F-2R	56.0	7570	CH
4341.1SR 4WD	$29070	$10760	$12790	$16860	$18610	Zetor	4	239D	10F-10R	56.0	6620	CH
6320.0	$21700	$8030	$9550	$12590	$13890	Zetor	4	239D	10F-2R	62.0	5990	No
6320.0SR	$22570	$8350	$9930	$13090	$14450	Zetor	4	239D	10F-10R	62.0	6650	No
6321.0	$23160	$8570	$10190	$13430	$14820	Zetor	4	239D	10F-2R	62.0	5990	No
6321.0SR	$24030	$8890	$10570	$13940	$15380	Zetor	4	239D	10F-10R	62.0	5990	No
6321.1	$26500	$9810	$11660	$15370	$16960	Zetor	4	239D	10F-2R	62.0	6830	CH
6321.1SR	$27370	$10130	$12040	$15880	$17520	Zetor	4	239D	10F-10R	62.0	5990	CH
6340.0 4WD	$27260	$10090	$11990	$15810	$17450	Zetor	4	239D	10F-2R	62.0	7040	No
6340.0SR	$28130	$10410	$12380	$16320	$18000	Zetor	4	239D	10F-10R	62.0	7710	No
6341.0 4WD	$29100	$10770	$12800	$16880	$18620	Zetor	4	239D	10F-10R	62.0	7800	No
6341.0SR 4WD	$29970	$11090	$13190	$17380	$19180	Zetor	4	239D	10F-10R	62.0	7800	No
6341.1 4WD	$33675	$12460	$14820	$19530	$21550	Zetor	4	239D	10F-2R	62.0	7800	CH
6341.1SR 4WD	$34545	$12780	$15200	$20040	$22110	Zetor	4	239D	10F-10R	62.0	7800	CH
7320.0	$24130	$8930	$10620	$14000	$15440	Zetor	4T	239D	10F-2R	73.0		No
7320.0SR	$25000	$9250	$11000	$14500	$16000	Zetor	4T	239D	10F-10R	73.0		No
7321.0	$26715	$9890	$11760	$15500	$17100	Zetor	4T	239D	10F-2R	73.0	6950	No
7321.0SR	$27585	$10210	$12140	$16000	$17650	Zetor	4T	239D	10F-10R	73.0	6950	No
7321.1	$30035	$11110	$13220	$17420	$19220	Zetor	4T	239D	10F-2R	73.0	6950	CH
7321.1SR	$30905	$11440	$13600	$17930	$19780	Zetor	4T	239D	10F-10R	73.0	6950	CH
7340.0 4WD	$29680	$10980	$13060	$17210	$19000	Zetor	4T	239D	10F-10R	73.0		No
7340.0SR 4WD	$30550	$11300	$13440	$17720	$19550	Zetor	4T	239D	10F-10R	73.0		No
7341.0 4WD	$32635	$12080	$14360	$18930	$20890	Zetor	4T	239D	10F-2R	73.0	7960	No
7341.0SR 4WD	$33505	$12400	$14740	$19430	$21440	Zetor	4T	239D	10F-10R	73.0	7960	No
7341.1 4WD	$35835	$13260	$15770	$20780	$22930	Zetor	4T	239D	10F-2R	73.0	7960	CH
7341.1SR 4WD	$36705	$13580	$16150	$21290	$23490	Zetor	4T	239D	10F-10R	73.0	7960	CH
8641.1 4WD	$39520	$15020	$17720	$21190	$23110	Zetor	4T	254D	24F-18R	74.0	8740	CH
9640.1 4WD	$39500	$15410	$18170	$21730	$23700	Zetor	4T	254D	18F-6R	83.0	9420	CH
9641.1 4WD	$42650	$16630	$19620	$23460	$25590	Zetor	4T	254D	24F-18R	83.0	9420	CH
10540.1	$45700	$17820	$21020	$25140	$27420	Zetor	4TI	254D	18F-6R	94.0	9920	CH
10641.1	$49360	$19250	$22710	$27150	$29620	Zetor	4TI	254D	24F-18R	94.0	9920	CH
1999												
3320.0	$15320	$5060	$6280	$8270	$9190	Zetor	3	165D	10F-2R	43.0	5370	No
3320.2	$17820	$5880	$7310	$9620	$10690	Zetor	3	165D	10F-2R	43.0	6030	CH
3340.0 4WD	$18960	$6260	$7770	$10240	$11380	Zetor	3	165D	10F-2R	43.0	6170	No
3340.2 4WD	$21620	$7140	$8860	$11680	$12970	Zetor	3	165D	10F-2R	43.0	6830	CH
4320.0	$18480	$6100	$7580	$9980	$11090	Zetor	4	239D	10F-2R	56.0	5810	No
4320.2	$21380	$7060	$8770	$11550	$12830	Zetor	4	239D	10F-2R	56.0	6470	CH
4321.1	$22860	$7540	$9370	$12340	$13720	Zetor	4	239D	10F-2R	56.0	6620	CH
4340.0 4WD	$21990	$7260	$9020	$11880	$13190	Zetor	4	239D	10F-2R	56.0	6810	No
4340.2 4WD	$25100	$8280	$10290	$13550	$15060	Zetor	4	239D	10F-2R	56.0	7470	CH
4341.1 4WD	$26860	$8860	$11010	$14500	$16120	Zetor	4	239D	10F-2R	56.0	7570	CH
6320.0	$20630	$6810	$8460	$11140	$12380	Zetor	4	239D	10F-2R	66.0	5990	No
6320.2	$23510	$7760	$9640	$12700	$14110	Zetor	4	239D	10F-2R	66.0	6650	CH
6321.1	$25160	$8300	$10320	$13590	$15100	Zetor	4	239D	10F-2R	62.0	6830	CH
6340.0 4WD	$25995	$8580	$10660	$14040	$15600	Zetor	4	239D	10F-2R	66.0	7040	No
6340.2 4WD	$29095	$9600	$11930	$15710	$17460	Zetor	4	239D	10F-2R	66.0	7710	CH
6341.1 4WD	$31130	$10270	$12760	$16810	$18680	Zetor	4	239D	10F-2R	66.0	7800	CH
7320.0	$22990	$7590	$9430	$12420	$13790	Zetor	4T	239D	10F-2R	75.		No
7320.2	$25845	$8530	$10600	$13960	$15510	Zetor	4T	239D	10F-2R	75.		CH
7321.1	$28200	$8910	$11070	$14580	$16200	Zetor	4T	239D	10F-2R	75.	6950	CH
7340.0 4WD	$28275	$9080	$11280	$14850	$16500	Zetor	4T	239D	10F-2R	75.		No
7340.2 4WD	$31170	$9900	$12300	$16200	$18000	Zetor	4T	239D	10F-2R	75.		CH
7341.1 4WD	$33980	$10860	$13490	$17770	$19740	Zetor	4T	239D	10F-2R	75.	7960	CH
8620.0	$29400	$9520	$12040	$14280	$15680	Zetor	4T	254D	18F-6R	82.0	7890	No
8620.1	$31990	$10540	$13330	$15810	$17360	Zetor	4T	254D	18F-6R	82.0	8550	CH
8640.0 4WD	$34000	$11200	$14190	$16830	$18480	Zetor	4T	254D	18F-6R	82.0	8740	No
8640.1 4WD	$36600	$12240	$15480	$18360	$20160	Zetor	4T	254D	18F-6R	82.0	9400	CH
9620.1	$34740	$11560	$14620	$17340	$19040	Zetor	4T	254D	18F-6R	86.0	8570	CH
9640.1 4WD	$39420	$13060	$16510	$19580	$21500	Zetor	4T	254-iD	18F-6R	86.0	9420	CH
10540.1	$45650	$14450	$18280	$21680	$23800	Zetor	4TI	254D	18F-6R	92.	9920	CH

Zetor (Cont.)

Model	Approx. Retail Price New	Used Trade-In Avg.	Used Trade-In High	Used Retail Avg.	Used Retail High	Make	Engine No. Cyls.	Displ. Cu.-in.	No. Speeds	P.T.O. H.P.	Approx. Shipping Wt.-Lbs.	Cab
1998												
3320.0	$15320	$4750	$5980	$7810	$8730	Zetor	3	165D	10F-2R	43.0	5370	No
3320.2	$17820	$5520	$6950	$9090	$10160	Zetor	3	165D	10F-2R	43.0	6030	CH
3340.0 4WD	$18960	$5880	$7390	$9670	$10810	Zetor	3	165D	10F-2R	43.0	6170	No
3340.2 4WD	$21620	$6700	$8430	$11030	$12320	Zetor	3	165D	10F-2R	43.0	6830	CH
4320.0	$18480	$5730	$7210	$9430	$10530	Zetor	4	211D	10F-2R	54.0	5810	No
4320.2	$21380	$6630	$8340	$10900	$12190	Zetor	4	211D	10F-2R	54.0	6470	CH
4340.0 4WD	$21990	$6820	$8580	$11220	$12530	Zetor	4	211D	10F-2R	54.0	6810	No
4340.2 4WD	$25100	$7780	$9790	$12800	$14310	Zetor	4	211D	10F-2R	54.0	7470	CH
5320.0	$19340	$6000	$7540	$9860	$11020	Zetor	4	220D	10F-2R	58.0		No
5320.2	$22300	$6910	$8700	$11370	$12710	Zetor	4	220D	10F-2R	58.0		CH
5340.0 4WD	$23900	$7410	$9320	$12190	$13620	Zetor	4	220D	10F-2R	58.0		No
5340.2 4WD	$26980	$8360	$10520	$13760	$15380	Zetor	4	220D	10F-2R	58.0		CH
6320.0	$20630	$6400	$8050	$10520	$11760	Zetor	4	239D	10F-2R	66.0	5990	No
6320.2	$23510	$7290	$9170	$11990	$13400	Zetor	4	239D	10F-2R	66.0	6650	CH
6340.0 4WD	$25995	$8060	$10140	$13260	$14820	Zetor	4	239D	10F-2R	66.0	7040	No
6340.2 4WD	$29095	$9020	$11350	$14840	$16580	Zetor	4	239D	10F-2R	66.0	7710	CH
7320.0	$22990	$7130	$8970	$11730	$13100	Zetor	4T	239D	10F-2R	75.		No
7320.2	$25845	$8010	$10080	$13180	$14730	Zetor	4T	239D	10F-2R	75.		CH
7340.0 4WD	$28275	$8430	$10610	$13870	$15500	Zetor	4T	239D	10F-2R	75.		No
7340.2 4WD	$31170	$9300	$11700	$15300	$17100	Zetor	4T	239D	10F-2R	75.		CH
9620.1	$34740	$10560	$13200	$15840	$17160	Zetor	4T	254D	18F-6R	86.0	8570	CH
9640.1 4WD	$39420	$11970	$14960	$17950	$19450	Zetor	4T	254D	18F-6R	86.0	9420	CH
10540.1	$45650	$13280	$16600	$19920	$21580	Zetor	4TI	254D	18F-6R	92.	9920	CH
1997												
2522.0 Zebra	$9000	$2610	$3330	$4320	$4860	Zetor	2	95D	10F-2R	25	3500	No
3320.0	$14960	$4340	$5540	$7180	$8080	Zetor	3	165D	10F-2R	42.5	5370	No
3320.2	$17400	$5050	$6440	$8350	$9400	Zetor	3	165D	10F-2R	42.5	6030	CH
3340.0 4WD	$18516	$5370	$6850	$8890	$10000	Zetor	3	165D	10F-2R	42.5	6170	No
3340.2 4WD	$21108	$6120	$7810	$10130	$11400	Zetor	3	165D	10F-2R	42.5	6830	CH
3522.0 Zebra	$11845	$3440	$4380	$5690	$6400	Zetor	3	165D	10F-2R	35	3800	No
4320.0	$17913	$5200	$6630	$8600	$9670	Zetor	4	211D	10F-2R	53.1	5810	No
4320.2	$20877	$6050	$7720	$10020	$11270	Zetor	4	211D	10F-2R	53.1	6470	CH
4340.0 4WD	$21472	$6230	$7950	$10310	$11600	Zetor	4	211D	10F-2R	53.1	6810	No
4340.2 4WD	$24632	$7140	$9110	$11820	$13300	Zetor	4	211D	10F-2R	53.1	7470	CH
4522.0 Zebra	$14035	$4070	$5190	$6740	$7580	Zetor	3	153D	8F-2R	45	4600	No
5213.0	$15445	$4480	$5720	$7410	$8340	Zetor	3	165D	10F-2R	42.5	4320	No
5213.2	$18420	$5340	$6820	$8840	$9950	Zetor	3	165D	10F-2R	42.5	4770	CH
5243.0 4WD	$18080	$5240	$6690	$8680	$9760	Zetor	3	165D	10F-2R	42.5	4700	No
5243.2 4WD	$21220	$6150	$7850	$10190	$11460	Zetor	3	165D	10F-2R	42.5	5150	CH
6320.0	$19995	$5800	$7400	$9600	$10800	Zetor	4	239D	10F-2R	65.7	5990	No
6320.2	$22623	$6560	$8370	$10860	$12220	Zetor	4	239D	10F-2R	65.7	6650	CH
6340.0 4WD	$25128	$6960	$8880	$11520	$12960	Zetor	4	239D	10F-2R	65.7	7040	No
6340.2 4WD	$27917	$7540	$9620	$12480	$14040	Zetor	4	239D	10F-2R	65.7	7710	CH
7320.0	$22435	$6090	$7770	$10080	$11340	Zetor	4T	239D	10F-2R	7		No
7320.0	$25115	$6670	$8510	$11040	$12420	Zetor	4T	239D	10F-2R	75		CH
7320.2	$27065	$7250	$9250	$12000	$13500	Zetor	4T	239D	10F-2R	75		CHA
7340.0	$27608	$7540	$9620	$12480	$14040	Zetor	4T	239D	10F-2R	75		No
7340.2	$30409	$8120	$10360	$13440	$15120	Zetor	4T	239D	10F-2R	75		CH
7340.2	$32360	$8700	$11100	$14400	$16200	Zetor	4T	239D	10F-2R	75		CHA
9620.1	$33922	$9600	$12160	$14400	$15680	Zetor	4T	254D	18F-6R	75.8	8570	CH
9640.1 4WD	$38481	$10650	$13490	$15980	$17400	Zetor	4T	254D	18F-6R	75.8	9420	CH
10540.1	$44581	$12000	$15200	$18000	$19600	Zetor	4T	254D	18F-6R	92	9920	CH
10540.1	$46530	$12600	$15960	$18900	$20580	Zetor	4T	254D	18F-6R	92	9920	CHA
1996												
2522.0 Zebra	$9000	$2430	$3150	$4050	$4590	Zetor	2	95D	10F-2R	25	3500	No
3320.0	$14960	$4040	$5240	$6730	$7630	Zetor	3	165D	10F-2R	42.5	5370	No
3320.2 w/Cab	$17400	$4700	$6090	$7830	$8870	Zetor	3	165D	10F-2R	42.5	6030	CH
3340.0 4WD	$18516	$5000	$6480	$8330	$9440	Zetor	3	165D	10F-2R	42.5	6170	No
3340.2 4WD w/Cab.	$21108	$5700	$7390	$9500	$10770	Zetor	3	165D	10F-2R	42.5	6830	CH
3522.0 Zebra	$11845	$3200	$4150	$5330	$6040	Zetor	3	143D	10F-2R	35	3800	No
4320.0	$17913	$4840	$6270	$8060	$9140	Zetor	4	211D	10F-2R	53.1	5810	No
4320.2 w/Cab	$20877	$5640	$7310	$9400	$10650	Zetor	4	211D	10F-2R	53.1	6470	CH
4340.0 4WD	$21472	$5800	$7520	$9660	$10950	Zetor	4	211D	10F-2R	53.1	6810	No
4340.2 4WD w/Cab.	$24632	$6650	$8620	$11080	$12560	Zetor	4	211D	10F-2R	53.1	7470	CH
4522.0 Zebra	$14035	$3790	$4910	$6320	$7160	Zetor	3	153D	8F-2R	45	4600	No
5213.0	$15445	$4170	$5410	$6950	$7880	Zetor	3	165D	10F-2R	42.5	4320	No
5213.2 w/Cab	$18420	$4970	$6450	$8290	$9390	Zetor	3	165D	10F-2R	42.5	4770	CH
5243.0 4WD	$18080	$4880	$6330	$8140	$9220	Zetor	3	165D	10F-2R	42.5	4700	No
5243.2 4WD w/Cab.	$21220	$5730	$7430	$9550	$10820	Zetor	3	165D	10F-2R	42.5	5150	CH
6320.0	$19995	$5400	$7000	$9000	$10200	Zetor	4	239D	10F-2R	65.7	5990	No
6320.2 w/Cab	$22623	$6110	$7920	$10180	$11540	Zetor	4	239D	10F-2R	65.7	6650	CH
6340.0 4WD	$25128	$6790	$8800	$11310	$12820	Zetor	4	239D	10F-2R	65.7	7040	No
6340.2 4WD	$27917	$7540	$9770	$12560	$14240	Zetor	4	239D	10F-2R	65.7	7710	CH
7320.0	$22435	$6060	$7850	$10100	$11440	Zetor	4T	239D	10F-2R	75		No
7320.2 w/Cab	$25115	$6780	$8790	$11300	$12810	Zetor	4T	239D	10F-2R	75		CH
7320.2 w/Cab.	$27065	$7310	$9470	$12180	$13800	Zetor	4T	239D	10F-2R	75		CHA
7340.0	$27608	$7450	$9660	$12420	$14080	Zetor	4T	239D	10F-2R	75		No
7340.2 w/Cab	$30409	$7830	$10150	$13050	$14790	Zetor	4T	239D	10F-2R	75		CH
7340.2 w/Cab	$32360	$8370	$10850	$13950	$15810	Zetor	4T	239D	10F-2R	75		CHA
9620.1 w/Cab.	$33922	$9100	$11700	$13980	$15280	Zetor	4T	254D	18F-6R	75.8	8570	CH
9640.1 4WD w/Cab.	$38481	$10220	$13140	$15700	$17160	Zetor	4T	254D	18F-6R	75.8	9420	CH
10540.1 w/Cab.	$44581	$11340	$14580	$17420	$19040	Zetor	4T	254D	18F-6R	92	9920	CH

Zetor (Cont.)

Model	Approx. Retail Price New	Used Trade-In Avg.	Used Trade-In High	Used Retail Avg.	Used Retail High	Make	Engine No. Cyls.	Displ. Cu.-in.	No. Speeds	P.T.O. H.P.	Approx. Shipping Wt.-Lbs.	Cab
1996 (Cont.)												
10540.1 w/Cab	$46530	$11900	$15300	$18280	$19980	Zetor	4T	254D	18F-6R	92	9920	CHA
1995												
2040 Zebra	$8500	$2810	$3400	$4760	$5360	Zetor	2	70D	6F-3R	20		No
2520 Zebra	$8570	$2830	$3430	$4800	$5400	Zetor	2	95D	10F-2R	25		No
3320.0	$14235	$3560	$4700	$6260	$6980	Zetor	3	165D	10F-2R	42.5		No
3320.2 w/Cab	$16555	$4140	$5460	$7280	$8110	Zetor	3	165D	10F-2R	42.5		CH
3340.0 4WD	$17620	$4410	$5820	$7750	$8630	Zetor	3	165D	10F-2R	42.5		No
3340.2 4WD	$20085	$5020	$6630	$8840	$9840	Zetor	3	165D	10F-2R	42.5		CH
3520 Zebra	$9500	$2380	$3140	$4180	$4660	Zetor	3	143D	10F-2R	35		No
4320.0	$16880	$4220	$5570	$7430	$8270	Zetor	4	211D	10F-2R	53.1		No
4320.2 w/Cab	$19585	$4900	$6460	$8620	$9600	Zetor	4	211D	10F-2R	53.1		CH
4340.0 4WD	$20235	$5060	$6680	$8900	$9920	Zetor	4	211D	10F-2R	53.1		No
4340.2 4WD w/Cab	$23105	$5780	$7630	$10170	$11320	Zetor	4	211D	10F-2R	53.1		CH
5213.0	$15445	$3860	$5100	$6800	$7570	Zetor	3	165D	10F-2R	42.5		No
5213.2 w/Cab	$18420	$4610	$6080	$8110	$9030	Zetor	3	165D	10F-2R	42.5		CH
5243.0 4WD	$18080	$4520	$5970	$7960	$8860	Zetor	3	165D	10F-2R	42.5		No
5243.2 4WD w/Cab	$21220	$5310	$7000	$9340	$10400	Zetor	3	165D	10F-2R	42.5		CH
6320.0	$18807	$4700	$6210	$8280	$9220	Zetor	4	239D	10F-2R	65.7		No
6320.2 w/Cab	$21221	$5310	$7000	$9340	$10400	Zetor	4	239D	10F-2R	65.7		CH
6340.0 4WD	$23682	$5920	$7820	$10420	$11600	Zetor	4	239D	10F-2R	65.7		No
6340.2 4WD w/Cab	$26187	$6550	$8640	$11520	$12830	Zetor	4	239D	10F-2R	65.7		CH
8211.0	$22025	$5510	$7270	$9690	$10790	Zetor	4	278D	16F-8R	70.8		No
8211.1 w/Cab	$25495	$6370	$8410	$11220	$12490	Zetor	4	278D	16F-8R	70.8		CH
8245.0 4WD	$27280	$6820	$9000	$12000	$13370	Zetor	4	278D	16F-8R	70.8		No
8245.1 4WD w/Cab	$32725	$7380	$9740	$12980	$14460	Zetor	4	278D	16F-8R	70.8		CH
8520.1 w/Cab	$29345	$6750	$8910	$11880	$13230	Zetor	4	254D	18F-6R	85.7		CH
8540.1 4WD w/Cab	$33770	$7500	$9900	$13200	$14700	Zetor	4	254D	18F-6R	85.7		CH
9520.1 w/Cab	$31820	$7280	$9520	$11480	$12600	Zetor	4T	254D	18F-6R	75.8		CH
9540.1 4WD w/Cab	$36095	$8580	$11220	$13530	$14850	Zetor	4T	254D	18F-6R	75.8		CH
10211.0	$26395	$6240	$8160	$9840	$10800	Zetor	4T	278D	16F-8R	87.4		No
10211.1 w/Cab	$30180	$7120	$9320	$11230	$12330	Zetor	4T	278D	16F-8R	87.4		CH
10245.0 4WD	$31990	$7410	$9690	$11690	$12830	Zetor	4T	278D	16F-8R	87.4		No
10245.1 4WD w/Cab	$37395	$8630	$11290	$13610	$14940	Zetor	4T	278D	16F-8R	87.4		CH
12211.0	$28880	$6630	$8670	$10460	$11480	Zetor	6	417D	16F-8R	102.5		No
12211.1 w/Cab	$33315	$7540	$9860	$11890	$13050	Zetor	6	417D	16F-8R	102.5		CH
12245.0 4WD	$34755	$7960	$10400	$12550	$13770	Zetor	6	417D	16F-8R	102.5		No
12245.1 4WD w/Cab	$40805	$8970	$11730	$14150	$15530	Zetor	6	417D	16F-8R	102.5		CH
1994												
2520 Zebra	$8370	$2680	$3260	$4600	$5190	Zetor	2	95D	10F-2R	25		No
3320.0	$14115	$3390	$4380	$5930	$6630	Zetor	3	165D	10F-2R	42.5		No
3320.2 w/Cab	$16255	$3900	$5040	$6830	$7640	Zetor	3	165D	10F-2R	42.5		CH
3340.0 4WD	$16820	$4040	$5210	$7060	$7910	Zetor	3	165D	10F-2R	42.5		No
3340.2 4WD	$19485	$4680	$6040	$8180	$9160	Zetor	3	165D	10F-2R	42.5		CH
3520 Zebra	$9500	$2280	$2950	$3990	$4470	Zetor	3	143D	10F-2R	35		No
4320.0	$16280	$3910	$5050	$6840	$7650	Zetor	4	211D	10F-2R	53.1		No
4320.2 w/Cab	$18785	$4510	$5820	$7890	$8830	Zetor	4	211D	10F-2R	53.1		CH
4340.0 4WD	$19435	$4660	$6030	$8160	$9130	Zetor	4	211D	10F-2R	53.1		No
4340.2 4WD w/Cab	$22525	$5280	$6820	$9240	$10340	Zetor	4	211D	10F-2R	53.1		CH
5213.0	$15100	$3620	$4680	$6340	$7100	Zetor	3	165D	10F-2R	42.5		No
5213.2 w/Cab	$17720	$4250	$5490	$7440	$8330	Zetor	3	165D	10F-2R	42.5		CH
5243.0 4WD	$17380	$4170	$5390	$7300	$8170	Zetor	3	165D	10F-2R	42.5		No
5243.2 4WD w/Cab	$21000	$4920	$6360	$8610	$9640	Zetor	3	165D	10F-2R	42.5		CH
6320.0	$18207	$4370	$5640	$7650	$8560	Zetor	4	239D	10F-2R	65.7		No
6320.2 w/Cab	$20421	$4900	$6330	$8580	$9600	Zetor	4	239D	10F-2R	65.7		CH
6340.0 4WD	$22882	$5490	$7090	$9610	$10760	Zetor	4	239D	10F-2R	65.7		No
6340.2 4WD w/Cab	$25587	$6140	$7930	$10750	$12030	Zetor	4	239D	10F-2R	65.7		CH
8520.1 w/Cab	$28645	$6480	$8370	$11340	$12690	Zetor	4	254D	18F-6R	85.7		CH
8540.1 4WD w/Cab	$33270	$7200	$9300	$12600	$14100	Zetor	4	254D	18F-6R	85.7		CH
9520.1 w/Cab	$30920	$6720	$8960	$10920	$12040	Zetor	4T	254D	18F-6R	75.8		CH
9540.1 4WD w/Cab	$35395	$7680	$10240	$12480	$13760	Zetor	4T	254D	18F-6R	75.8		CH
1992												
5211.0	$11325	$2490	$3280	$4300	$5100	Zetor	3	165D	10F-2R	42.51	5550	No
5211.0 w/Cab	$13185	$2900	$3820	$5010	$5930	Zetor	3	165D	10F-2R	42.51		CH
5245.0	$13500	$2970	$3920	$5130	$6080	Zetor	3	165D	10F-2R	42.51	6500	No
5245.0 w/Cab	$15400	$3390	$4470	$5850	$6930	Zetor	3	165D	10F-2R	42.51		CH
6211.0	$13350	$2940	$3870	$5070	$6010	Zetor	4	211D	10F-2R	53.09	5850	No
6211.0 w/Cab	$15450	$3170	$4180	$5470	$6480	Zetor	4	211D	10F-2R	53.09		CH
6245.0	$15810	$3480	$4590	$6010	$7120	Zetor	4	211D	10F-2R	53.09	6950	No
6245.0 w/Cab	$17885	$3630	$4790	$6270	$7430	Zetor	4	211D	10F-2R	53.09		CH
7711.0	$15730	$3300	$4350	$5700	$6750	Zetor	4	239D	10F-2R	65.74	6250	No
7711.0 w/Cab	$17745	$3740	$4930	$6460	$7650	Zetor	4	239D	10F-2R	65.74		CH
7745.0	$19425	$4180	$5510	$7220	$8550	Zetor	4	239D	10F-2R	65.74	7250	No
7745.0 w/Cab	$21485	$4400	$5800	$7600	$9000	Zetor	4	239D	10F-2R	65.74		CH
8211.0	$19920	$3960	$5220	$6840	$8100	Zetor	4	278D	16F-8R	70.8	10200	No
8211.0 w/Cab	$23060	$4620	$6090	$7980	$9450	Zetor	4	278D	16F-8R	70.8		CH
8245.0	$24675	$4950	$6530	$8550	$10130	Zetor	4	278D	16F-8R	70.8	11250	No
8245.0 w/Cab	$29600	$5940	$7830	$10260	$12150	Zetor	4	278D	16F-8R	70.8		CH
10211.0	$23875	$4300	$6020	$7530	$8390	Zetor	4	278D	16F-8R	87.4	10200	No
10211.0 w/Cab	$27300	$4900	$6860	$8580	$9560	Zetor	4	278D	16F-8R	87.4		CH
10245.0	$28935	$5180	$7250	$9070	$10100	Zetor	4	278D	16F-8R	87.4	11250	No
10245.0 w/Cab	$33825	$5700	$7980	$9980	$11120	Zetor	4	278D	16F-8R	87.4		CH

Model	Approx. Retail Price New	Used Trade-In Avg.	Used Trade-In High	Used Retail Avg.	Used Retail High	Make	Engine No. Cyls.	Displ. Cu.-in.	No. Speeds	P.T.O. H.P.	Approx. Shipping Wt.-Lbs.	Cab

Zetor (Cont.)

1992 (Cont.)

Model	Approx. Retail Price New	Used Trade-In Avg.	Used Trade-In High	Used Retail Avg.	Used Retail High	Make	Engine No. Cyls.	Displ. Cu.-in.	No. Speeds	P.T.O. H.P.	Approx. Shipping Wt.-Lbs.	Cab
12211.0	$26125	$4820	$6750	$8440	$9400	Zetor	6	417D	16F-8R	102.5	11400	No
12211.0 w/Cab	$30135	$5200	$7280	$9100	$10140	Zetor	6	417D	16F-8R	102.5		CH
12245.0	$31935	$5600	$7840	$9800	$10920	Zetor	6	417D	16F-8R	102.5	12100	No
12245.0 w/Cab	$36910	$6180	$8650	$10820	$12050	Zetor	6	417D	16F-8R	102.5		CH
16245 w/Cab	$42630	$7300	$10220	$12780	$14240	Zetor	6	417D	12F-6R	135.8	13970	CH

1991

Model	Approx. Retail Price New	Used Trade-In Avg.	Used Trade-In High	Used Retail Avg.	Used Retail High	Make	Engine No. Cyls.	Displ. Cu.-in.	No. Speeds	P.T.O. H.P.	Approx. Shipping Wt.-Lbs.	Cab
5211.0	$11325	$2380	$3170	$4080	$4980	Zetor	3	165D	10F-2R	42.51	5550	No
5211.0 w/Cab	$13185	$2770	$3690	$4750	$5800	Zetor	3	165D	10F-2R	42.51		CH
5245.0	$13500	$2840	$3780	$4860	$5940	Zetor	3	165D	10F-2R	42.51	6500	No
5245.0 w/Cab	$15400	$3230	$4310	$5540	$6780	Zetor	3	165D	10F-2R	42.51		CH
6211.0	$13350	$2800	$3740	$4810	$5870	Zetor	4	211D	10F-2R	53.09	5850	No
6211.0 w/Cab	$15450	$3020	$4030	$5180	$6340	Zetor	4	211D	10F-2R	53.09		CH
6245.0	$15810	$3320	$4430	$5690	$6960	Zetor	4	211D	10F-2R	53.09	6950	No
6245.0 w/Cab	$17885	$3470	$4620	$5940	$7260	Zetor	4	211D	10F-2R	53.09		CH
7711.0	$15730	$3150	$4200	$5400	$6600	Zetor	4	239D	10F-2R	65.74	6250	No
7711.0 w/Cab	$17745	$3570	$4760	$6120	$7480	Zetor	4	239D	10F-2R	65.74		CH
7745.0	$19425	$3990	$5320	$6840	$8360	Zetor	4	239D	10F-2R	65.74	7250	No
7745.0 w/Cab	$21485	$4200	$5600	$7200	$8800	Zetor	4	239D	10F-2R	65.74		CH
8211.0	$19920	$3780	$5040	$6480	$7920	Zetor	4	278D	16F-8R	70.8	10200	No
8211.0 w/Cab	$23060	$4410	$5880	$7560	$9240	Zetor	4	278D	16F-8R	70.8		CH
8245.0	$24675	$4730	$6300	$8100	$9900	Zetor	4	278D	16F-8R	70.8	11250	No
8245.0 w/Cab	$29600	$5330	$7110	$9140	$11180	Zetor	4	278D	16F-8R	70.8		CH
10211.0	$23875	$4090	$5590	$7310	$8170	Zetor	4	278D	16F-8R	87.4	10200	No
10211.0 w/Cab	$27300	$4660	$6370	$8330	$9310	Zetor	4	278D	16F-8R	87.4		CH
10245.0	$28935	$4920	$6730	$8810	$9840	Zetor	4	278D	16F-8R	87.4	11250	No
10245.0 w/Cab	$33825	$5420	$7410	$9690	$10830	Zetor	4	278D	16F-8R	87.4		CH
12211.0	$26125	$4580	$6270	$8190	$9160	Zetor	6	417D	16F-8R	102.5	11400	No
12211.0 w/Cab	$30135	$4940	$6760	$8840	$9880	Zetor	6	417D	16F-8R	102.5		CH
12245.0	$31935	$5320	$7280	$9520	$10640	Zetor	6	417D	16F-8R	102.5	12100	No
12245.0 w/Cab	$36910	$5870	$8030	$10510	$11740	Zetor	6	417D	16F-8R	102.5		CH
16245 w/Cab	$42630	$6750	$9230	$12070	$13490	Zetor	6	417D	12F-6R	135.8	13970	CH

1990

Model	Approx. Retail Price New	Used Trade-In Avg.	Used Trade-In High	Used Retail Avg.	Used Retail High	Make	Engine No. Cyls.	Displ. Cu.-in.	No. Speeds	P.T.O. H.P.	Approx. Shipping Wt.-Lbs.	Cab
5211.0	$10575	$2120	$2860	$3600	$4550	Zetor	3	165D	10F-2R	42.51	5550	No
5211.0 w/Cab	$12300	$2460	$3320	$4180	$5290	Zetor	3	165D	10F-2R	42.51		CH
5211.0L Low Profile	$9835	$1970	$2660	$3340	$4230	Zetor	3	165D	10F-2R	42.51	5100	No
5245.0 4WD	$12595	$2520	$3400	$4280	$5420	Zetor	3	165D	10F-2R	42.51	6500	No
5245.0 4WD w/Cab	$14320	$2860	$3870	$4870	$6160	Zetor	3	165D	10F-2R	42.51		CH
6211.0	$12465	$2490	$3370	$4240	$5360	Zetor	4	211D	10F-2R	53.09	5850	No
6211.0 w/Cab	$14425	$2890	$3900	$4910	$6200	Zetor	4	211D	10F-2R	53.09		CH
6245.0 4WD	$14765	$2950	$3990	$5020	$6350	Zetor	4	211D	10F-2R	53.09	6950	No
6245.0 4WD w/Cab	$16725	$3350	$4520	$5690	$7190	Zetor	4	211D	10F-2R	53.09		CH
7711.0	$14685	$2940	$3970	$4990	$6320	Zetor	4	239D	10F-2R	65.74	6250	No
7711.0 w/Cab	$16465	$3290	$4450	$5600	$7080	Zetor	4	239D	10F-2R	65.74		CH
7745.0 4WD	$18135	$3630	$4900	$6170	$7800	Zetor	4	239D	10F-2R	65.74	7250	No
7745.0 4WD w/Cab	$19915	$3980	$5380	$6770	$8560	Zetor	4	239D	10F-2R	65.74		CH
8111.0	$15800	$3160	$4270	$5370	$6790	Zetor	4	278D	16F-8R	70.8	8350	No
8111.0 w/Cab	$19450	$3500	$4670	$6420	$7200	Zetor	4	278D	16F-8R	70.8		CH
8145 4WD	$19800	$3560	$4750	$6530	$7330	Zetor	4	278D	16F-8R	70.6	9600	No
8145 4WD w/Cab	$24960	$4000	$5330	$7330	$8210	Zetor	4	278D	16F-8R	70.6	9600	CH
10111.0	$19120	$3150	$4200	$5780	$6480	Zetor	4	278D	16F-8R	87.1	8650	No
10111.0 w/Cab	$23150	$3600	$4800	$6600	$7400	Zetor	4	278D	16F-8R	87.1		CH
10145.0 4WD	$23400	$3850	$5140	$7060	$7920	Zetor	4	278D	16F-8R	88.	9600	No
10145.0 4WD w/Cab	$28550	$4230	$5640	$7760	$8700	Zetor	4	278D	16F-8R	88.		CH
12111.0	$21020	$3600	$4800	$6600	$7400	Zetor	6	417D	16F-8R	101.	9700	No
12111.0 w/Cab	$25430	$4030	$5380	$7390	$8290	Zetor	6	417D	16F-8R	101.		CH
12145.0 4WD	$25490	$4140	$5520	$7590	$8510	Zetor	6	417D	16F-8R	102.3	10350	No
12145.0 4WD w/Cab	$31090	$4860	$6480	$8910	$9990	Zetor	6	417D	16F-8R	102.3		CH
16145.1 w/Cab	$35935	$5400	$7200	$9900	$11100	Zetor	6	417D	12F-6R	135.9	11300	CH

1989

Model	Approx. Retail Price New	Used Trade-In Avg.	Used Trade-In High	Used Retail Avg.	Used Retail High	Make	Engine No. Cyls.	Displ. Cu.-in.	No. Speeds	P.T.O. H.P.	Approx. Shipping Wt.-Lbs.	Cab
5211	$9665	$1840	$2510	$3380	$4060	Zetor	3	165D	10F-2R	42.51	5370	No
5211 w/Cab	$11265	$2140	$2930	$3940	$4730	Zetor	3	165D	10F-2R	42.51	6030	CH
5245 4WD	$11530	$2190	$3000	$4040	$4840	Zetor	3	165D	10F-2R	42.51	6175	No
5245 4WD w/Cab	$13130	$2500	$3410	$4600	$5520	Zetor	3	165D	10F-2R	42.51	6835	CH
6211	$11575	$2200	$3010	$4050	$4860	Zetor	4	211D	10F-2R	53.09	5810	No
6211 w/Cab	$13375	$2540	$3480	$4680	$5620	Zetor	4	211D	10F-2R	53.09	6470	CH
6245 4WD	$13700	$2600	$3560	$4800	$5750	Zetor	4	211D	10F-2R	53.09	6810	No
6245 4WD w/Cab	$15500	$2770	$3800	$5110	$6130	Zetor	4	211D	10F-2R	53.09	7470	CH
7711	$14050	$2550	$3480	$4690	$5630	Zetor	4	239D	10F-2R	65.74	6020	No
7711 T w/Cab	$18520	$3100	$4240	$5710	$6850	Zetor	4T	239D	10F-2R	75.	6700	CH
7711 w/Cab	$15850	$2850	$3900	$5250	$6300	Zetor	4	239D	10F-2R	65.74	6680	CH
7745 4WD	$17350	$3140	$4290	$5780	$6930	Zetor	4	239D	10F-2R	65.74	7230	No
7745 4WD w/Cab	$19190	$3420	$4680	$6300	$7560	Zetor	4	239D	10F-2R	65.74	7890	CH
7745 T w/Cab	$21860	$3710	$5070	$6830	$8190	Zetor	4T	239D	10F-2R	75.	7910	CH
8111	$15800	$2850	$3900	$5250	$6300	Zetor	4	278D	16F-8R	70.	8140	No
8111 w/Cab	$17800	$3170	$4340	$5850	$7010	Zetor	4	278D	16F-8R	70.	8840	CH
8145 4WD	$19800	$3420	$4680	$6300	$7560	Zetor	4	278D	16F-8R	70.	8910	No
8145 4WD w/Cab	$22800	$3800	$5200	$7000	$8400	Zetor	4	278D	16F-8R	70.	9610	CH
10111	$19120	$2910	$3760	$5470	$6160	Zetor	4T	278D	16F-8R	87.	8230	No
10111 w/Cab	$21120	$3400	$4400	$6400	$7200	Zetor	4T	278D	16F-8R	87.	8930	CH
10145 4WD	$23400	$3640	$4710	$6850	$7700	Zetor	4T	278D	16F-8R	87.	9400	No
10145 4WD w/Cab	$26400	$3980	$5150	$7490	$8420	Zetor	4T	278D	16F-8R	87.	9700	CH

Zetor (Cont.)

Model	Approx. Retail Price New	Estimated Value Less Repairs — Used Trade-In Avg.	Used Trade-In High	Used Retail Avg.	Used Retail High	Make	Engine No. Cyls.	Displ. Cu.-in.	No. Speeds	P.T.O. H.P.	Approx. Shipping Wt.-Lbs.	Cab
1989 (Cont.)												
12111	$21020	$3320	$4290	$6240	$7020	Zetor	6	417D	16F-8R	101.	9330	No
12111 w/Cab	$23020	$3600	$4660	$6780	$7630	Zetor	6	417D	16F-8R	101.	10030	CH
12145 4WD	$25490	$3910	$5060	$7360	$8280	Zetor	6	417D	16F-8R	101.	10060	No
12145 4WD w/Cab	$28490	$4340	$5610	$8160	$9180	Zetor	6	417D	16F-8R	101.	10760	CH
16145 4WD w/Cab	$32900	$4900	$6340	$9220	$10370	Zetor	6T	417D	12F-6R	136.	11310	CH
1988												
5211	$9495	$1710	$2370	$3320	$3890	Zetor	3	165D	10F-2R	43.	5550	No
5211 w/Cab	$11265	$2030	$2820	$3940	$4620	Zetor	3	165D	10F-2R	43.	5550	CH
5245 4WD	$11360	$2050	$2840	$3980	$4660	Zetor	3	165D	10F-2R	43.	6280	No
5245 4WD w/Cab	$13130	$2360	$3280	$4600	$5380	Zetor	3	165D	10F-2R	43.	6280	CH
6211	$11295	$2030	$2820	$3950	$4630	Zetor	4	211D	10F-2R	53.09	5850	No
6211 w/Cab	$13375	$2410	$3340	$4680	$5480	Zetor	4	211D	10F-2R	53.09	5850	CH
6245 4WD	$13500	$2430	$3380	$4730	$5540	Zetor	4	211D	10F-2R	53.09	6950	No
6245 4WD w/Cab	$15500	$2790	$3880	$5430	$6360	Zetor	4	211D	10F-2R	53.09	6950	CH
7211	$13220	$2380	$3310	$4630	$5420	Zetor	4	220D	10F-2R	58.	6200	No
7211 w/Cab	$14960	$2690	$3740	$5240	$6130	Zetor	4	220D	10F-2R	58.	6200	CH
7245 4WD	$15620	$2810	$3910	$5470	$6400	Zetor	4	220D	10F-2R	58.	7250	No
7245 4WD w/Cab	$17890	$3220	$4470	$6260	$7340	Zetor	4	220D	10F-2R	58.	7250	CH
8111	$15800	$2840	$3950	$5530	$6480	Zetor	4	278D	16F-8R	72.	8350	No
8111 w/Cab	$17800	$2850	$3740	$5520	$6230	Zetor	4	278D	16F-8R	72.	8350	CH
8145 4WD	$19800	$3010	$3950	$5830	$6580	Zetor	4	278D	16F-8R	72.	9600	No
8145 4WD w/Cab	$21800	$3280	$4310	$6360	$7180	Zetor	4	278D	16F-8R	72.	9600	No
10111	$19120	$2720	$3570	$5270	$5950	Zetor	4T	278D	16F-8R	88.	8650	No
10111 w/Cab	$21120	$3040	$3990	$5890	$6650	Zetor	4T	278D	16F-8R	88.	8650	CH
10145 4WD	$23400	$3420	$4490	$6630	$7490	Zetor	4T	278D	16F-8R	88.	10400	No
10145 4WD w/Cab	$25900	$3760	$4940	$7290	$8230	Zetor	4T	278D	16F-8R	88.	10400	CH
12111	$21020	$3150	$4140	$6110	$6900	Zetor	6	417D	16F-8R	108.	9700	No
12111 w/Cab	$23020	$3360	$4410	$6510	$7350	Zetor	6	417D	16F-8R	108.	9700	CH
12145 4WD	$25490	$3680	$4830	$7130	$8050	Zetor	6	417D	16F-8R	108.	10400	No
12145 4WD w/Cab	$27690	$4000	$5250	$7750	$8750	Zetor	6	417D	16F-8R	108.	10400	CH
16145 4WD w/Cab	$31900	$4480	$5880	$8680	$9800	Zetor	6T	417D	12F-6R	140.	11300	CH
1987												
5211	$9265	$1580	$2320	$3240	$3800	Zetor	3	165D	10F-2R	43.	5550	No
5211 w/Cab	$11265	$1920	$2820	$3940	$4620	Zetor	3	165D	10F-2R	43.	5550	CH
5245 4WD	$11130	$1890	$2780	$3900	$4560	Zetor	3	165D	10F-2R	43.	6280	No
5245 4WD w/Cab	$13130	$2230	$3280	$4600	$5380	Zetor	3	165D	10F-2R	43.	6280	CH
6211	$11175	$1900	$2790	$3910	$4580	Zetor	4	211D	10F-2R	53.09	5850	No
6211 w/Cab	$13375	$2270	$3340	$4680	$5480	Zetor	4	211D	10F-2R	53.09	5850	CH
6245 4WD	$13305	$2260	$3330	$4660	$5460	Zetor	4	211D	10F-2R	53.09	6950	No
6245 4WD w/Cab	$15505	$2640	$3880	$5430	$6360	Zetor	4	211D	10F-2R	53.09	6950	CH
7211	$12330	$2090	$3080	$4310	$5050	Zetor	4	220D	10F-2R	58.	6200	No
7211 w/Cab	$14580	$2480	$3650	$5100	$5980	Zetor	4	220D	10F-2R	58.	6200	CH
7245 4WD	$14720	$2500	$3680	$5150	$6040	Zetor	4	220D	10F-2R	58.	7250	No
7245 4WD w/Cab	$16990	$2890	$4250	$5950	$6970	Zetor	4	220D	10F-2R	58.	7250	CH
8111	$15800	$2370	$3160	$4740	$5370	Zetor	4	278D	16F-8R	72.	8350	No
8111 w/Cab	$17800	$2670	$3560	$5340	$6050	Zetor	4	278D	16F-8R	72.	8350	CH
8145 4WD	$19800	$2820	$3760	$5640	$6390	Zetor	4	278D	16F-8R	72.	9600	No
8145 4WD w/Cab	$21800	$3080	$4100	$6150	$6970	Zetor	4	278D	16F-8R	72.	9600	CH
10111	$19120	$2550	$3400	$5100	$5780	Zetor	4T	278D	16F-8R	88.	8650	No
10111 w/Cab	$21120	$2870	$3820	$5730	$6490	Zetor	4T	278D	16F-8R	88.	8650	CH
10145 4WD	$23400	$3210	$4280	$6420	$7280	Zetor	4T	278D	16F-8R	88.	10400	No
10145 4WD w/Cab	$25400	$3510	$4680	$7020	$7960	Zetor	4T	278D	16F-8R	88.	10400	CH
12111	$21020	$2850	$3800	$5700	$6460	Zetor	6	417D	16F-8R	108.	9700	No
12111 w/Cab	$23020	$3180	$4240	$6360	$7210	Zetor	6	417D	16F-8R	108.	9700	CH
12145 4WD	$25490	$3510	$4680	$7020	$7960	Zetor	6	417D	16F-8R	108.	10400	No
12145 4WD w/Cab	$27490	$3750	$5000	$7500	$8500	Zetor	6	417D	16F-8R	108.	10400	CH
16145 4WD w/Cab	$31900	$4200	$5600	$8400	$9520	Zetor	6T	417D	12F-6R	140.	11300	CH
1986												
5211	$9265	$1480	$2220	$3240	$3800	Zetor	3	165D	10F-2R	42.51	6000	No
5211 w/Cab	$11265	$1800	$2700	$3940	$4620	Zetor	3	165D	10F-2R	42.51	6000	CH
5245	$11130	$1780	$2670	$3900	$4560	Zetor	3	165D	10F-2R	42.51	6000	No
5245 w/Cab	$13130	$2100	$3150	$4600	$5380	Zetor	3	165D	10F-2R	42.51	6000	CH
6211	$11175	$1790	$2680	$3910	$4580	Zetor	4	211D	10F-2R	53.09	6350	No
6211 w/Cab	$13375	$2140	$3210	$4680	$5480	Zetor	4	211D	10F-2R	53.09	6350	CH
6245 4WD	$13305	$2130	$3190	$4660	$5460	Zetor	4	211D	10F-2R	53.09	7400	No
6245 4WD w/Cab	$15505	$2480	$3720	$5430	$6360	Zetor	4	211D	10F-2R	53.09	7400	CH
7211	$12320	$1970	$2960	$4310	$5050	Zetor	4	220D	10F-2R	58.28	6400	No
7211 w/Cab	$14580	$2240	$3360	$4900	$5740	Zetor	4	220D	10F-2R	58.28	6400	CH
7245 4WD	$14720	$2360	$3530	$5150	$6040	Zetor	4	220D	10F-2R	58.28	7400	No
7245 4WD w/Cab	$16990	$2450	$3670	$5360	$6270	Zetor	4	220D	10F-2R	58.28	7400	CH
8111	$15800	$2070	$2810	$4290	$4880	Zetor	4	278D	16F-8R	70.8	8700	No
8111 w/Cab	$17800	$2350	$3190	$4870	$5540	Zetor	4	278D	16F-8R	70.8	8700	CH
8145 4WD	$19800	$2630	$3570	$5450	$6200	Zetor	4	278D	16F-8R	70.8	9400	No
8145 4WD w/Cab	$21800	$2800	$3800	$5800	$6600	Zetor	4	278D	16F-8R	70.8	9400	CH
10111	$19120	$2530	$3440	$5250	$5970	Zetor	4	278D	16F-8R	100.	8770	No
10111 w/Cab	$21120	$2670	$3630	$5540	$6300	Zetor	4	278D	16F-8R	100.	8770	CH
10145 4WD	$23400	$2860	$3880	$5920	$6730	Zetor	4	278D	16F-8R	100.	9500	No
10145 4WD w/Cab	$25400	$3220	$4370	$6670	$7590	Zetor	4	278D	16F-8R	100.	9500	CH
12111	$21020	$2690	$3650	$5570	$6340	Zetor	6	417D	16F-8R	108.	9900	No
12111 w/Cab	$23020	$2970	$4030	$6150	$7000	Zetor	6	417D	16F-8R	108.	9900	CH
12145 4WD	$25490	$3280	$4450	$6790	$7720	Zetor	6	417D	16F-8R	108.	9900	No

Model	Approx. Retail Price New	Used Trade-In Avg.	Used Trade-In High	Used Retail Avg.	Used Retail High	Make	No. Cyls.	Displ. Cu.-in.	No. Speeds	P.T.O. H.P.	Approx. Shipping Wt.-Lbs.	Cab
Zetor (Cont.)												
			1986 (Cont.)									
12145 4WD w/Cab	$27490	$3500	$4750	**$7250**	**$8250**	Zetor	6	417D	16F-8R	108.	9900	CH
16145 4WD	$29900	$3820	$5190	**$7920**	**$9010**	Zetor	6	417D	12F-6R	140.	11200	No
16145 4WD w/Cab	$31900	$4100	$5570	**$8500**	**$9670**	Zetor	6	417D	12F-6R	140.	11200	CH

ADVANCE-RUMELY OIL PULL

Model B (25-45)
1910 1
1911 2101
1912 2270

Model E (30-60)
1910 101
1911 237
1912 747
1913 1679
1915 1819
1916 2019
1917 2997
1918 8725
1919 11500
1920 12252
1921 12352
1922 12404
1923 12454

Model F (18-35)
1911 5001
1912 5681
1913 6739
1914 7500
1916 7857
1917 8085
1918 8903

Model G (20-40)
1918 10425
1919 . . . . G741
1919 10751
1920 . . . . G949
1921 . . . . G1728
1922 . . . . G2242
1923 . . . . G2690
1924 . . . . G3559

Model H (16-30)
1917 8627
1918 9178
1919 10711
1919 . . . . H3751
1920 . . . . H4393
1921 . . . . H7240
1922 . . . . H7396
1923 . . . . H8646
1924 . . . . H9046

Model K (12-20)
1918 12000
1919 12101
1920 13657
1921 17640
1922 18649
1923 19269
1924 20511

Model L (15-25)
1924 1
1925 11
1926 1607
1927 4214

Model M (20-35)
1924 1
1925 2
1926 1014
1927 3085

Model R (25-45)
1924 1
1925 2
1926 139
1927 648

Model S (30-60)
1924 1
1925 5
1926 35
1927 235
1928 435

Model W (20-30)
1928 1
1929 2129
1930 3734

Model X (25-40)
1928 1
1929 1546
1930 2260

Model Y (30-50)
1929 1

Model Z (40-60)
1929 1

AGCO

Model DT160, DT180
2002 . . . . L01001
2003 . . . . M01001

Model DT200, DT225
2002 . . . . L01001
2003 . . . . M01001

Model LT70, LT85
2002 . . . . L01001
2003 . . . . M01001

Model RT130, RT145
2002 . . . . L01001
2003 . . . . M01001

Model RT95, RT115
2002 . . . . L01001
2003 . . . . M01001

Model ST25
2001 . . . . JK01001
2002 . . . . JL01001
2003 . . . . JM01001

Model ST30
2001 . . . . JK01001
2002 . . . . JL01001
2003 . . . . JM01001

Model ST35
2001 . . . . JK01001
2002 . . . . JL01001
2003 . . . . JM01001

Model ST40
2001 . . . . JK01001
2002 . . . . JL01001
2003 . . . . JM01001

Model ST45
2001 . . . . JK01001
2002 . . . . JL01001
2003 . . . . JM01001

Model ST55
2003 . . . . JM01001

ALLIS-CHALMERS

Model 15-25
1921 20001
1922 20335
1923 20498
1924 20906
1925 20996
1926 21371
1927 21682

Model 170
Front of torque housing on left side.
1968 2721
1969 5374
1970 6369
1971 6988
1972 7797
1973 8821

Model 175
Front of torque housing on left side.
1970 1001
1971 1477
1972 1624
1973 1740
1974 2153
1975 3255
1976 3754
1977 4809
1978 5670
1979 6321
1980 6999

Model 18-30 & 20-35
1919 5006
1920 5161
1921 6015
1923 6161
1924 6397
1925 6755
1926 7369
1927 8070
1928 9870
1929 16762

Model 180
Front of torque housing on left side.
1968 2682
1969 6094
1970 9235
1971 10561
1972 11729
1973 12447

Model 185
Front of torque housing on left side.
1970 1001
1971 1952
1972 2935
1973 3763
1974 4961
1975 6542
1976 8292
1977 10003
1978 11631
1979 13160
1980 14672
1981 15648

Model 190 & 190XT
Front of torque housing on left side.
1964 1001
1965 2485
1966 8219
1967 13273
1968 19262
1969 23234
1970 25901
1971 29136
1972 31118
1973 33101

Model 200
Front of torque housing on left side.
1972 1001
1973 3344
1974 6294
1975 9250

Model 210
Front of torque housing on left side.
1970 1001
1971 1107
1972 2082
1973 2469

Model 220
Front of torque housing on left side.
1970 1938
1971 2451
1972 2626
1973 2860

Model 4W220
Top surface of left side frame.
1982 1001
1983 1081
1984 1145

Model 4W305
Top surface of left side frame.
1982 1001
1983 1112
1984 1176
1985 1338

Model 5015
Plate above gearshift lever.
1982 1001
1983 1727
1984 3277
1985 4236

Model 5020
Plate on console under steering wheel.
1978 2220
1979 3091
1980 4115
1981 5790
1982 7034
1983 8388
1984 8734
1985 9217

Model 5030
Plate on console under steering wheel.
1979 2005
1980 2255
1981 2976
1982 3520
1983 4066
1984 4214
1985 4359

Model 5040
Plate on console under steering wheel.
1976 408455
1977 410364
1978 462148
1979 473000
1980 474000

Model 5045
Plate on console under steering wheel.
1981 988500

Model 5050
Plate on console under steering wheel.
1977 573461
1978 579632
1979 584000
1980 591000
1981 596014
1982 597730
1983 599191

Model 6060
Right side of engine adapter housing.
1980 1001
1981 1297
1982 2463
1983 3894
1984 4572

Model 6070
Right side of engine adapter housing.
1985 1609

Model 6080
Right side of engine adapter housing.
1980 1001
1981 1152
1982 3002
1983 4567
1984 5780
1985 6853

Model 6140
Plate on left side of clutch housing.
1982 1001
1983 1726
1984 1851
1985 2711

Model 7000
Right side of differential housing.
1975 1001
1976 1641
1977 5037
1978 6373
1979 8963

Model 7010
Above PTO guard.
1980 1925
1981 2806

Model 7020
Above PTO guard.
1978 1317
1979 2732
1980 3842
1981 4710

Model 7030
Above PTO guard.
1973 1001
1974 2596

Model 7040
Above PTO guard.
1975 1303
1976 4089
1977 6839

Model 7045
Above PTO guard.
1978 1234
1979 2152
1980 3399
1981 4225

Model 7050
Above PTO guard.
1973 1001
1974 1688

Model 7060
Above PTO guard.
1974 1001
1975 1299
1976 2741
1977 4580
1978 6001
1979 6789
1980 7693
1981 8442

Model 7080
Above PTO guard.
1975 1007
1976 1572
1977 2051
1978 3001
1979 3268
1980 3648
1981 3954

Model 7580
Left rear side of front frame.
1976 1001
1977 1287
1978 1605
1979 2218
1980 2486
1981 2717

Model 8010
Above PTO guard.
1982 1020
1983 1712
1984 2266
1985 2609

ALLIS-CHALMERS (Cont.)

Model 8030
Above PTO guard.
1982 1001
1983 2093
1984 2701
1985 3146

Model 8050
Above PTO guard.
1982 1016
1983 1924
1984 2596
1985 3187

Model 8070
Above PTO guard.
1982 1001
1983 1430
1984 2090
1985 2903

Model 8550
Left side of front frame.
1978 1083
1979 1342
1980 1553
1981 1723

Model A
Top of transmission case.
1936 25701
1937 25726
1938 26305
1939 26614
1940 26782
1941 26896
1942 26915

Model B
Top of transmission rear of shift lever.
1938 101
1939 11800
1940 33394
1941 49721
1942 56782
1943 64501
1944 65502
1945 70210
1946 72301
1947 73370
1948 80056
1949 92295
1950 102393
1951 114258
1952 118674
1953 122310
1954 124202
1955 124711

1956 126497
1957 127186

Model C
Top of transmission rear of shift lever.
1940 1
1941 112
1942 12389
1943 18782
1944 23908
1945 30695
1946 36378
1947 39168
1948 51515
1949 68281

Model CA
Top of transmission rear of shift lever.
1950 14
1951 305
1952 10395
1953 22181
1954 31424
1955 32907
1956 37203
1957 38618

Model D-10
Front of torque housing on left side.
1959 1001
1960 1950
1961 2801
1962 4511
1963 6801
1964 7675
1965 8204
1966 9486
1967 9795

Model D-12
Front of torque housing on left side.
1959 1001
1960 1950
1961 2801
1962 3638
1963 5501
1964 6012
1965 9192
1966 9508
1967 9830

Model D-14
Front of torque housing on left side.
1957 1001

1958 9400
1959 14900
1960 21800

Model D-15
Front of torque housing on left side.
1960 1001
1961 1900
1962 6470
1963 13001
1964 16928
1965 19681
1966 21375
1967 23734

Model D-17
Front of torque housing on left side.
1957 1001
1958 4300
1959 16500
1960 28200
1961 33100
1962 38070
1963 65001
1964 70611
1965 77090
1966 80533
1967 86061

Model D-19
Front of torque housing on left side.
1961 1001
1962 1250
1963 12001

Model D-21
Front of torque housing on left side.
1963 1001
1964 1417
1965 2079
1966 2408
1967 2863
1968 3777
1969 4498

Model G
Top of transmission rear of shift lever.
1948 6
1949 10961
1950 23180
1951 24006
1952 25269
1953 26497
1954 28036

1955 29036

Model RC
Top of transmission case.
1939 4
1940 4392
1941 5417

Model U
Rear of differential housing.
1929 1
1930 1751
1931 3676
1932 5525
1933 7405
1934 8896
1935 10596
1936 12086
1937 13576
1938 14855
1939 15587
1940 16078
1941 16722
1942 17137
1943 17470
1944 17801
1945 18022
1946 18325
1947 20774
1948 21022
1949 22128
1950 23029
1951 22548

Model UC
Rear of differential housing.
1930 1
1931 336
1932 826
1933 1268
1934 1750
1935 2230
1936 2712
1937 3194
1938 3757
1939 4547
1940 4770
1941 4972

Model WC
Rear differential housing, just above operator platform.
1934 10158
1935 22815
1936 35475
1937 48133
1938 60790
1939 75216

1940 91534
1941 103517
1942 114534
1943 123171
1944 127642
1945 134624
1946 148091
1947 152845
1948 170174

Model WD
Top of left differential brake housing.
1948 7
1949 9280
1950 35471
1951 72356
1952 105216
1953 131273

Model WD-45
Top of left differential brake housing.
1953 146607
1954 160386
1955 190933
1956 217992
1957 230295

Model WF
Rear differential housing, just above operator platform.
1938 389
1939 1336
1940 1892
1941 2300
1942 2704
1943 . . . . None
1944 3004
1945 3195
1946 3510
1947 3748
1948 4111
1949 5500
1950 7318
1951 8316

B.F. AVERY

A
Right side of gear case.
1945 . . . . 4A786
1946 . . . . 7A305
1947 . . . . 9A867
1948 . . . . 13A247
1949 . . . . 17A456
1950 . . . . 19A366

BF
Right side of gear case.
1950 . . . . R500
1951 . . . . R1839
1952 . . . . R4460

BFH
Right side of gear case.
1953 58000001

BFS
Right side of gear case.
1953 57600001

BFW
Right side of gear case.
1953 . . . . R6538

BG
Right side of gear case.
1953 57900001
1954 57900601
1955 57900769
1956 57900938

V
Right side of gear case.

1946 . . . . 1V5
1947 . . . . 1V144
1948 . . . . 2V577
1949 . . . . 4V490
1950 . . . . 5V501
1951 . . . . 6V207
1952 . . . . 6V422

BIG BUD

All Models
1987 87000
1988 88000

1989 89000
1990 90000

Model 450
1991 91501

Model 500
1991 91601

Model 700
1991 91701

CASE

Model 10-18
1918 13285
1919 22223
1920 32841
1921 42256
1922 43943

Model 10-20
1915 2842
1916 3691
1917 7492
1918 13285

Model 1030
Plate fastened to instrument panel.
1966 8279001
1967 8306501
1968 8332101
1969 8356251

Model 1031 & 1032
Plate fastened to instrument panel.
1966 8279001
1967 8306501
1968 8322101
1969 8356251

Model 1090 & 1170
Plate fastened to instrument panel.
1970 8650001
1971 8674001

Model 1190
Plate fastened to clutch housing.
1980 11030101
1981 11031792
1982 11033166
1983 11035592

Model 1194
Plate fastened to clutch housing.
1983 11038050

Model 12-20
1921 42256
1922 43943
1923 45281
1924 48227
1925 48402
1926 55919
1927 62409

Model 12-25
1914 2496
1915 2842
1916 3691
1917 7492
1918 13285

Model 1200TK
Plate fastened to clutch housing.
1966 9802101
1967 9806101
1968 9808000
1969 9808276

Model 1270 & 1370
Plate fastened to instrument panel.

Year	Serial
1972	8693001
1973	8712001
1974	8736601
1975	8770001
1976	8797501
1977	8809950
1978	8830001

Model 1290
Plate fastened to clutch housing.

Year	Serial
1980	11050101
1981	11050444
1982	11053999
1983	11055483

Model 1294
Plate fastened to clutch housing.

Year	Serial
1983	11058050

Model 1390
Plate fastened to clutch housing.

Year	Serial
1980	11120101
1981	11122928
1982	11126132
1983	11130040

Model 1394
Plate fastened to clutch housing.

Year	Serial
1983	11131000

Model 1470TK
Plate fastened to instrument panel.

Year	Serial
1969	9810000
1970	9811301
1971	8674001
1972	8691801

Model 1490
Plate fastened to clutch housing.

Year	Serial
1980	11180101
1981	11182782
1982	11185693
1983	11188540

Model 1494
Plate fastened to clutch housing.

Year	Serial
1983	11192050

Model 15-27

Year	Serial
1919	22223
1920	42435
1921	42835
1922	42852
1923	43435
1924	48413

Model 1570
Plate fastened to instrument panel.

Year	Serial
1976	8797501
1977	8809950
1978	8830001

Model 1594
Plate fastened to clutch housing.

Year	Serial
1983	11219050

Model 1690
Plate fastened to clutch housing.

Year	Serial
1980	11120101
1981	11121841
1982	11213684
1983	11214373

Model 18-32

Year	Serial
1925	51678
1926	55919
1927	62409

Model 1896

Year	Serial
1984	9931800

Model 20-40

Year	Serial
1912	100
1913	691
1914	2496
1915	2842
1916	3691
1917	7492
1918	13285
1919	22223

Model 200B & 210B
Plate fastened to instrument panel.

Year	Serial
1958	6095001
1959	6120001

Model 2090, 2290, 2390 & 2590
Plate fastened to instrument panel.

Year	Serial
1978	8835443
1979	8840001
1980	9901001
1981	9910025
1982	9918830
1983	9924700

Model 22-40

Year	Serial
1919	22223
1920	32841
1921	42256
1922	43943
1923	45281
1924	48413
1925	51678

Model 2470
Left side of instrument panel.

Year	Serial
1971	8674001
1972	8693001
1973	8712001
1974	8762001
1975	8767001
1976	8792901
1977	8825069
1978	8827601

Model 2670 & 2870
Left side of instrument panel.

Year	Serial
1974	8762001
1975	8767001
1976	8792901
1977	8825069
1978	8827601

Model 30-60

Year	Serial
1912	100
1913	691
1914	2496
1915	2842
1916	3691

Model 300 & 320
Plate fastened to instrument panel.

Year	Serial
1956	6050301
1957	6075001

Model 300B, 310B & 320B
Plate fastened to instrument panel.

Year	Serial
1958	6095001
1959	6120001

Model 40-72

Year	Serial
1921	42256
1922	43943
1923	45281

Model 40-80

Year	Serial
1915	2842

Model 400
Plate fastened to instrument panel.

Year	Serial
1955	8060001
1956	8080001
1957	8100001

Model 400B, 500B & 600B
Plate fastened to instrument panel.

Year	Serial
1958	6095001
1959	6120001

Model 420B
Plate fastened to instrument panel.

Year	Serial
1958	6095001
1959	6120001
1960	3012275

Model 430 & 530
Plate fastened to instrument panel.

Year	Serial
1960	6144001
1961	6162601
1962	8190001
1963	8208001
1964	8229001
1965	8253501
1966	8279001
1967	8306501
1968	8332101
1969	8356251

Model 440, 540, 740, 840 & 940
Plate fastened to instrument panel.

Year	Serial
1960	8160001
1961	8168801
1962	8190001
1963	8208001
1964	8229001
1965	8253501
1966	8279001
1967	8306501
1968	8332101
1969	8356251

Model 4490, 4690, 4890
Plate fastened to instrument panel.

Year	Serial
1979	8854307
1980	8855925
1981	8859025
1982	8861530
1983	8863700

Model 470, 570 & 770
Plate fastened to instrument panel.

Year	Serial
1970	8650001
1971	8674001
1972	8693001
1973	8712001

Model 500
Plate fastened to instrument panel.

Year	Serial
1953	5622406
1954	8035001
1955	8060001
1956	8080001
1957	8100001

Model 600
Plate fastened to instrument panel.

Year	Serial
1957	8100001

Model 630
Plate fastened to instrument panel.

Year	Serial
1960	6144001
1961	6162601
1962	8190001
1963	8208001

Model 700, 800 & 900
Plate fastened to instrument panel.

Year	Serial
1957	8100001
1958	8120001
1959	8140001

Model 730, 830 & 930
Plate fastened to instrument panel.

Year	Serial
1960	8160001
1961	8168801
1962	8190001
1963	8208001
1964	8229001
1965	8253501
1966	8279001
1967	8306501
1968	8332101
1969	8356251

Model 870
Plate fastened to instrument panel.

Year	Serial
1970	8650001
1971	8670001
1972	8693001
1973	8712001
1974	8736601
1975	8770001

Model 9-18

Year	Serial
1912	100
1913	891
1914	2496
1915	2842
1916	3691
1917	7492
1918	13285

Model 970 & 1070
Plate fastened to instrument panel.

Year	Serial
1970	8650001
1971	8674001
1972	8693001
1973	8712001
1974	8736601
1975	8770001
1976	8797501
1977	8809950
1978	8830001

Model A, AE, AI

Year	Serial
1928	69004
1929	69803

Model C, D, LA, R, S, V
Tractor serial number located on instrument panel name plate.

Year	Serial
1929	300201
1930	300301
1931	300401
1932	300501
1933	300601
1934	300701
1935	300801
1936	300901
1937	301001
1938	4200001
1939	4300001
1940	4400001
1941	4500001
1942	4600001
1943	4700001
1944	4800001
1945	4900001
1946	5000001
1947	5100001
1948	5200001
1949	5300001
1950	5400001
1951	5500001
1952	5600001
1953	5700001
1954	5800001
1955	5900001
1956	6000001

Model C50, C60, C70
Right side of steering column.

Year	Serial
1998	JJE1000056
1999	JJE1008492
2000	JJE1013490
2001	JJE1017672
2002	JJE1019985

Model K
Plate fastened to instrument panel.

Year	Serial
1928	69004
1929	69803

Model L & LI
Plate fastened to instrument panel.

Year	Serial
1929	303201
1930	303301
1931	303401
1932	303501
1933	303601
1934	303701
1935	303801
1936	303901
1937	304001
1938	4200001
1939	4300001
1940	4400001

Model S
Plate fastened to instrument panel.

Year	Serial
1953	5700001
1954	8035001

Model T & TE

Year	Serial
1928	69004
1929	69803

Model VA
Plate fastened to instrument panel.

Year	Serial
1953	5750001
1954	6011001
1955	6038001

CASE-INTERNATIONAL

Model 1194
Plate fastened to clutch housing.

Year	Serial
1984	11038494
1985	11480001

Model 1294
Plate fastened to clutch housing.

Year	Serial
1984	11058714
1985	11490001

Model 1394
Plate fastened to clutch housing.

Year	Serial
1984	11136920
1985	11500001
1986	11504636
1987	11506453

Model 1494
Plate fastened to clutch housing.

Year	Serial
1984	11192813
1985	11515001

Year	Serial
1988	11508682
1989	11510950
1990	11513200

Year	Serial
1986	11519378
1987	11520410
1988	11521062
1989	11521443
1990	11521823

Model 1594
Plate fastened to clutch housing.

Year	Serial
1984	11219214
1985	11525120
1986	11526518
1987	11527297
1988	11528442
1989	11529076
1990	11529706

Model 1896
Inside cab, above rear window.
1985 9938112
1986 9941619
1987 9946868
1988 9948517
1989 17895512
1990 17896472

Model 2094
Inside cab, above rear window.
1984 9931800

Model 2096
Inside cab, above door.
1985 9938100
1986 9941586
1987 9945448
1988 9948517
1990 17898686

Model 2294
Plate inside cab or on right side of front frame.
1984 9931808
1985 9938113
1986 9941577
1987 9945448
1988 9949350

Model 234
Right front frame.
1985 09405
1986 10454

Model 235
Right front frame.
1986 17626500
1987 17627429
1988 . . . . . . CCJ0001501
1989 . . . . . . CCJ0002370
1990 . . . . . . CCJ0031120
1991 . . . . . . CCJ0059570
1992 . . . . . . CCJ0087720

Model 2394
Plate inside cab or on right side of front frame.
1984 9931802
1985 9939020
1986 9941573
1987 9945454
1988 9948517

Model 244
Right front frame.
1985 09805
1986 11180

Model 245
Right front frame.
1986 17636500
1987 17637275
1988 . . . . . . CCJ0009001
1989 . . . . . . CCJ0009993
1990 . . . . . . CCJ0010844
1991 . . . . . . CCJ0011694
1992 . . . . . . CCJ0012495

Model 254
Right front frame.
1985 09450
1986 11465

Model 255
Right front frame.
1986 17646500
1987 17647065
1988 . . . . . . CCJ0018001
1989 . . . . . . CCJ0018787
1990 . . . . . . CCJ0019378
1991 . . . . . . CCJ0019968
1992 . . . . . . CCJ0020558

Model 2594
Plate inside cab or on right side of front frame.
1984 9931803
1985 9938951
1986 9941789
1987 9945455
1988 9948517

Model 265
Right front frame.
1987 17666500
1988 . . . . . . CCJ0025001
1989 . . . . . . CCJ0025194
1990 . . . . . . CCJ0059281
1991 . . . . . . CCJ0089368
1992 . . . . . . CCJ0119455

Model 275
Right front frame.
1986 17656500
1987 17656510
1988 . . . . . . CCJ0028001
1989 . . . . . . CCJ0028615
1990 . . . . . . CCJ0029301
1991 . . . . . . CCJ0029992
1992 . . . . . . CCJ0030672

Model 284
Right front frame.
1985 4031
1986 4371
1987 4716

Model 3220, 3230
1994 0900062
1995 0904337
1996 0915556
1997 0923921

Model 3294
Plate inside cab or on right side of front frame.
1984 9932190
1985 9938125

Model 3394
Plate inside cab or on right side of front frame.
1985 9938100
1986 9941574
1987 9945459
1988 9948518

Model 3594
Plate inside cab or on right side of front frame.
1985 9938100
1986 9941578
1987 9945452
1988 9948518

Model 385
Right front frame.
1985 15000
1986 18000
1987 . . . . . . E0018806
1988 . . . . . . E0019454
1989 . . . . . . E0020881
1990 . . . . . . E0022231
1991 . . . . . . E0023570

Model 395
Right front bolster
1991 . . . . . . JJE0001500
1992 . . . . . . JJE0018291
1993 . . . . . . JJE0025736

Model 421, 4230, 4240
1994 0900062
1995 0904337
1996 0915558
1997 0923921

Model 4494
Plate inside cab.
1984 8865000
1985 8866200
1986 8866971
1987 8867559
1987 8867560
1988 8868521

Model 4694
Plate inside cab.
1984 8865001
1985 8866204
1985 8866200
1986 8866973
1986 8866971
1987 8867559
1988 8868521

Model 485
Right front bolster.

Model 4894
Plate inside cab.
1984 8865013
1985 8866200
1985 8866205
1986 8866972
1986 8866971
1987 8867559
1988 8868521

Model 495
Right front bolster
1991 . . . . . . JJE0001500
1992 . . . . . . JJE0018291
1993 . . . . . . JJE0025736
1994 . . . . . . JJE0033230

Model 4994
Plate inside cab.
1984 8865008
1985 8866200
1986 8866971
1987 8867745
1987 8867559
1988 8868521

Model 5120, 5130 & 5140
Plate inside cab.
1989 . . . . . . JJF1000001
1990 . . . . . . JJF1000650
1991 . . . . . . JJF1006114
1992 . . . . . . JJF1015072

Model 5220, 5230, 5240 & 5250
1992 . . . . . . JJF1015072
1993 . . . . . . JJF1023187
1994 . . . . . . JJF1029431
1995 . . . . . . JJF1036193
1996 . . . . . . JJF1047028
1997 . . . . . . JJF1059169

Model 585
Right front bolster.
1985 15000
1986 18000
1987 . . . . . . E0019201
1988 . . . . . . E0022268
1989 . . . . . . E0024954
1990 . . . . . . E0027087

Model 685
Right front bolster.
19856 15000
1986 18000
1987 . . . . . . E0019558
1988 . . . . . . E0023107
1989 . . . . . . E0026391
1990 . . . . . . E0029371

Model 695
Right front bolster
1991 . . . . . . JJE0001500
1992 . . . . . . JJE0018291
1993 . . . . . . JJE0025736
1994 . . . . . . JJE0033230

Model 7110, 7120, 7130, 7140 & 7150
Plate inside cab.
1988 . . . . . . JJA0001501
1989 . . . . . . JJA0009957
1990 . . . . . . JJA0020439
1991 . . . . . . JJA0030160
1992 . . . . . . JJA0039300
1993 . . . . . . JJA0046350

Model 7210, 7220, 7230, 7240 & 7250
1994 . . . . . . JJA0050001
1995 . . . . . . JJA0056459
1996 . . . . . . JJA0064978

Model 885
Right front bolster.
1985 15000
1986 18000
1987 . . . . . . E0019138

Model 265 (1985/1986 entries)
1985 15000
1986 18000
1987 . . . . . . E0019057
1988 . . . . . . E0021250
1989 . . . . . . E0023490
1990 . . . . . . E0024938
1991 . . . . . . E0026386

1988 . . . . . . E0022668
1989 . . . . . . E0027254
1990 . . . . . . E0030427

Model 8910, 8920, 8930, 8940 & 8950
1997 . . . . . . JJA0072001
1998 . . . . . . JJA0083000

Model 895
Right front bolster
1991 . . . . . . JJE0001500
1992 . . . . . . JJE0018291
1993 . . . . . . JJE0025736
1994 . . . . . . JJE0033230

Model 9110, 9130, 9150, 9170, 9180 & 9190
1986 17900150
1987 17900550
1988 . . . . . . JCB0001501
1989 . . . . . . JCB0002500
1990 . . . . . . JCB0004600

Model 9210, 9230, 9240, 9250, 9260 & 9270
1990 . . . . . . JCB0004600
1991 . . . . . . JCB0026501
1992 . . . . . . JCB0028400
1993 . . . . . . JCB0030500
1994 . . . . . . JEE0031773
1995 . . . . . . JEE0032808

Model 995
Right front bolster
1991 . . . . . . JJE0001500
1992 . . . . . . JJE0018291
1993 . . . . . . JJE0025736
1994 . . . . . . JJE0033230

Model C50, C60, C70
Right side of steering columun.
1998 . . . . . . JJE1000056
1999 . . . . . . JJE1008492
2000 . . . . . . JJE1013490
2001 . . . . . . JJE1017672
2002 . . . . . . JJE1019985

Model C80, C90, C100
Right side of steering columun.
1998 . . . . . . JJE1000056
1999 . . . . . . JJE1008492
2000 . . . . . . JJE1013490
2001 . . . . . . JJE1017672
2002 . . . . . JJE10199985

Model D25
2003 . . . . HBA000172

Model D29
2003 . . . . HBA000172

Model D33
2003 . . . . HBA000172

Model D35
2003 . . . . HBA000632

Model D40
2003 . . . . HBA000632

Model D45
2003 . . . . HBA000632

Model JX100U
2003 1261403

Model JX55
2003 . . . . HFJ000001

Model JX65
2003 . . . . HFJ000001

Model JX75
2003 . . . . HFJ000001

Model JX80U
2003 1261403

Model JX85
2003 . . . . HFJ000001

Model JX90U
2003 1261403

Model JX95
2003 . . . . HFJ000001

Model MX100
1998 . . . . . . JJA0083000
1999 . . . . . . JJA0097438
2000 . . . . . . JJA0103445

Model MX100C
Left side cab corner post.
1998 . . . . . . JJE1050021
1999 . . . . . . JJE1052034
2000 . . . . . . JJE1053772
2001 . . . . . . JJE1055506
2002 . . . . . . JJE1056230

Model MX110
1998 . . . . . . JJA0083000
1999 . . . . . . JJA0097438
2000 . . . . . . JJA0103445

Model MX120
Left side cab corner post.
1998 . . . . . . JJA0083000
1999 . . . . . . JJA0097438
2000 . . . . . . JJA0103445

Model MX135
Left side cab corner post.
1998 . . . . . . JJA0083000
1999 . . . . . . JJA0097438
2000 . . . . . . JJA0103445

Model MX150
Left side cab corner post.
1998 . . . . . . JJA0083000
1999 . . . . . . JJA0097438
2000 . . . . . . JJA0103445

Model MX170
1998 . . . . . . JJA0083000
1999 . . . . . . JJA0097438
2000 . . . . . . JJA0103445

Model MX180
1999 . . . . . . JJA0097438
2000 . . . . . . JJA0105000
2001 . . . . . . JJA0108800
2002 . . . . . . JJA0115300

Model MX200
1999 . . . . . . JJA0097438
2000 . . . . . . JJA0105000
2001 . . . . . . JJA0108800
2002 . . . . . . JJA0115300

Model MX210
2003 . . . . . . JAZ0125000

Model MX220
1999 . . . . . . JJA0097438
2000 . . . . . . JJA0105000
2001 . . . . . . JJA0108800
2002 . . . . . . JJA0115300

Model MX230
2003 . . . . . . JAZ0125000

Model MX240
1999 . . . . . . JJA0097438
2000 . . . . . . JJA0105000
2001 . . . . . . JJA0108800
2002 . . . . . . JJA0115300

Model MX255
2003 . . . . . . JAZ0125000

Model MX270
1999 . . . . . . JJA0097438
2000 . . . . . . JJA0105000
2001 . . . . . . JJA0108800
2002 . . . . . . JJA0115300

Model MX285
2003 . . . . . . JAZ0125000

Model MX80C
Left side of cab corner post.
1998 . . . . . . JJE1050021
1999 . . . . . . JJE1052034
2000 . . . . . . JJE1053772
2001 . . . . . . JJE1055506
2002 . . . . . . JJE1056230

Model MX90C
Left side cab corner post.
1998 . . . . . . JJE1050021
1999 . . . . . . JJE1052034
2000 . . . . . . JJE1053772
2001 . . . . . . JJE1055506
2002 . . . . . . JJE1056230

CASE-INTERNATIONAL (Cont.)

Model MXM120
2003 . . . . . . ACM191688

Model MXM130
2003 . . . . . . ACM191688

Model MXM140
2003 . . . . . . ACM191688

Model MXM155
2003 . . . . . . ACM191688

Model MXM175
2003 . . . . . . ACM191688

Model MXM190
2003 . . . . . . ACM191688

Model STX275
2001 . . . . . . JEE0097501
2002 . . . . . . JEE0099501
2003 . . . . . . JJE0102001

Model STX325
2001 . . . . . . JJE0097501

2002 . . . . . . JJE0099501
2003 . . . . . . JJE0102001

Model STX375
2001 . . . . . . JJE0097501
2002 . . . . . . JJE0099501
2003 . . . . . . JJE0102001

Model STX375Q
2003 . . . . . . JEE0102001

Model STX425
2002 . . . . . . JEE0099501
2003 . . . . . . JEE0102001

Model STX425Q
2003 . . . . . . JEE0102001

Model STX450
2002 . . . . . . JJE0099501
2003 . . . . . . JJE0102001

Model STX450Q
2003 . . . . . . JEE0102001

COCKSHUTT

Model 20
Left side of main frame.
1952 101
1953 1657
1954 2568
1955 10001
1956 20001
1957 30001
1958 40001

Model 30
Left side of main frame.
1946 101
1947 442
1948 6705
1949 17371
1950 26161
1951 28505

1952 32389
1953 35580
1954 35974
1955 40001
1956 50001
1957 60001

Model 35
Left side of main frame.
1956 1001
1957 10001

Model 40
Left side of main frame.
1950 194
1951 4101
1952 6901
1953 10501
1954 11401

1955 20001
1956 30001
1957 40001
1958 50001

Model 40D4 and Golden Eagle
Left side of main frame.
1954 27001
1955 30001
1956 40028
1957 50001

Model 50
Left side of main frame.
1953 101
1954 1801
1955 10001
1956 20001

1957 30001

Model 540
Right side of main frame.
1958 . . . . AM1001
1959 . . . . AN5001
1960 . . . . None
1961 . . . . AP1001
1962 . . . . AR1001

Model 550
Right side of main frame.
1958 . . . . BM1001
1959 . . . . BM5001
1960 . . . . BO1001
1961 . . . . BP1001

Model 560
Right side of main frame.

1958 . . . . CM1001
1959 . . . . CN5001
1960 . . . . CO7001
1961 . . . . CP1001

Model 570
Right side of main frame.
1958 . . . . DM1001
1959 . . . . DN5001
1960 . . . . DO7001

Model 570 Super
Right side of main frame.
1961 . . . . DP1001
1962 . . . . DR1001

Model Golden Arrow
Left side of main frame.
1956 16001

DAVID BROWN/CASE

Model 1200
Plate on side of clutch housing.
1967 700001
1968 704433
1969 707958
1970 712203
1971 716091

Model 1210
Plate on side of clutch housing.
1971 720001
1972 720053
1973 722305
1974 724659
1975 728080
1976 11150001
1977 11154968
1978 11159654
1979 11163305
1980 11166342

Model 1212
Plate on side of clutch housing.
1971 1000001
1972 1000240

1973 1001182
1974 1002487
1975 1005238

Model 1410
Plate on side of clutch housing.
1976 11200001
1977 11201692
1978 11203836
1979 11205159
1980 11206160

Model 1412
Plate on side of clutch housing.
1975 1050004

Model 770
Right side of front frame.
1965 580001
1966 582513
1967 588673
1968 588579
1969 590646
1970 592237

Model 780
Right side of front frame.

1967 600001
1968 600879
1969 602853
1970 606109
1971 609665

Model 880
Right side of front frame.
1961 350001
1962 351038
1963 354478
1964 358954
1965 522384
1966 531022
1967 539410
1968 546000
1969 551553
1970 557013
1971 560766
1972 620336
1973 624731
1974 630611
1975 634830

Model 885
Right side of front frame.
1971 620001
1972 620336

1973 624731
1974 630611
1975 634830
1976 11000001
1977 11005148
1978 11011088
1979 11015095
1980 11019389

Model 990
Right side of front frame.
1961 440001
1962 441323
1963 450376
1964 460538
1965 472273
1966 483768
1967 496283
1968 504690
1969 808150
1970 818301
1971 850001
1972 850600
1973 854403
1974 859367
1975 863900
1976 11070001
1977 11080236

1978 11089141
1979 11096828
1980 11104577

Model 995
Right side of front frame.
1971 920001
1972 921383
1973 925158
1974 928575
1975 931772
1976 11070001
1977 11080236
1978 11089141
1979 11096828
1980 11104577

Model 996
Right side of front frame.
1972 980001
1973 981776
1974 984145
1975 986272
1976 11070001

DEUTZ-ALLIS

Model 5215
1987 1001

Model 5220
1985 1001
1986 1001
1987 1919
1988 2170
1989 2341

Model 5230
1986 1001
1987 1657
1988 1885
1989 2000

Model 6035
1986 7866-1338

Model 6150
1989 4600286

Model 6240
Left side of clutch housing.
1985 7722-0001
1986 7722-0489
1987 7722-1247

1988 7722-1746
1989 7722-3129
1990 7722-3400

Model 6240 4WD
Left side of clutch housing.
1986 7726-0201
1987 7726-0573
1988 7726-0711
1989 7726-3122

Model 6240A
Left side of clutch housing.
1985 7726-0001
1986 7726-0201
1987 7726-0573
1988 7726-0711
1989 7726-3122

Model 6250
Left side of clutch housing.
1985 7730-0001
1986 7730-0801
1987 7730-1694
1988 7730-1972
1989 7730-3067

1990 7722-3400

Model 6250 4WD
Left side of clutch housing.
1986 7734-0439
1987 7734-0874
1988 7734-1028
1989 7734-3104
1990 7734-3217

Model 6250A
Left side of clutch housing.
1985 7734-0001
1986 7734-0439
1987 7734-0874
1988 7734-1028
1989 7734-3104
1990 7734-3217

Model 6250VA
Left side of clutch housing.
1988 7773-0308
1989 7773-0334

Model 6260
Left side of clutch housing.

1985 7738-0001
1986 7738-0694
1987 7738-1342
1988 7738-1499
1989 7738-3141

Model 6260 4WD
1987 7742-1159
1988 7742-1315
1989 7742-3140

Model 6260 4WD Cab
Left side of clutch housing.
1986 7744-1192
1987 7744-2206
1988 7744-3102
1989 7744-3353
1990 7744-3672

Model 6260 4WD ROPS
Left side of clutch housing.
1986 7742-0542

Model 6260 Cab
Left side of clutch housing.
1986 7740-0584

1987 7740-1226
1988 7740-3048
1989 7740-3160

Model 6260 ROPS
Left side of clutch housing.
1986 7738-0694
1987 7738-1342
1988 7738-1499

Model 6260A
Left side of clutch housing.
1985 7742-0001
1986 7742-0542
1987 7742-1159
1988 7742-1315
1989 7742-3140

Model 6260C
Left side of clutch housing.
1985 7740-0001
1986 7740-0584
1987 7740-1226
1988 7740-3048
1989 7740-3106

DEUTZ-ALLIS (Cont.)

Model 6260CA
Left side of clutch housing.
1985 7744-0001
1986 7744-1192
1987 7744-2206
1988 7744-3102
1989 7744-3353
1990 7744-3672

Model 6260F
Left side of clutch housing.
1988 7774-0300
1989 7774-0378
1990 7774-0378

Model 6260FA
Left side of clutch housing.
1988 7775-0306
1989 7775-0403
1990 7775-0489
1991 7775-0489

Model 6260L
Left side of clutch housing.
1988 7774-0302
1989 . . . . None
1990 7780-0024

Model 6260LA
Left side of clutch housing.
1988 7775-0309
1989 7781-0082
1990 7787-0099

Model 6265
Left side of clutch housing.
1985 7746-0001
1986 7746-0566
1987 7746-1128
1988 7746-1317
1989 7746-3109

Model 6265 4WD Cab
Left side of clutch housing.
1986 7752-0784
1987 7752-1352

Model 6265 4WD ROPS
Left side of clutch housing.
1986 7750-0463
1987 7750-1116

Model 6265 Cab
Left side of clutch housing.
1986 7748-0599
1987 7748-1042

Model 6265 ROPS
Left side of clutch housing.
1986 7746-0566
1987 7746-1128

Model 6265A
Left side of clutch housing.
1985 7750-0001
1986 7750-0463
1987 7750-1116
1988 7750-1437
1989 7750-3189

Model 6265C
Left side of clutch housing.
1985 7748-0001
1986 7748-0599
1987 7748-1042
1988 7748-3025
1989 7748-3097

Model 6265CA
Left side of clutch housing.
1985 7760-0001
1986 7752-0784
1987 7752-1352
1988 7752-1648
1989 7752-3067

Model 6275
Left side of clutch housing.
1985 7754-0001
1986 7754-0329
1987 7754-0635
1988 7754-3001
1989 7754-3133

Model 6275 4WD Cab
Left side of clutch housing.
1986 7760-1138
1987 7760-2063

Model 6275 4WD ROPS
Left side of clutch housing.
1986 7758-0229
1987 7758-0527

Model 6275 Cab
Left side of clutch housing.
1986 7756-0575
1987 7756-1004

Model 6275 ROPS
Left side of clutch housing.
1986 7754-0329
1987 7754-0635

Model 6275A
Left side of clutch housing.
1985 7758-0001
1986 7758-0229
1987 7758-0527
1988 7758-3011
1989 7758-3155

Model 6275C
Left side of clutch housing.
1985 7756-0001
1986 7756-0575
1987 7756-1004
1988 7756-3000
1989 7756-3184

Model 6275CA
Left side of clutch housing.
1985 7760-0001
1986 7760-1138
1987 7760-2063
1988 7760-2620
1989 7760-3743

Model 6275F
Left side of clutch housing.
1988 7778-0301

Model 6275FA
Left side of clutch housing.
1988 7779-0301
1989 7779-0387
1990 7779-0475

Model 6275L
Left side of clutch housing.
1988 7778-0300
1989 7782-0005
1990 7782-0008

Model 6275LA
Left side of clutch housing.
1988 7779-0300
1989 7783-0086
1990 7783-0149

Model 6365A
1990 7767-0102

Model 6365CA
1990 7768-2057

Model 6375C
1990 7634-0124

Model 6375CA
1990 7635-1606

Model 7085
1985 7434-0408
1986 7434-3030
1987 7434-3242
1988 7434-3459
1989 7434-6199
1990 7434-6464

Model 7085 4WD Cab
1986 7435-3031

Model 7085 4WD ROPS
1986 7435-3065
1987 7435-3815

Model 7085 Cab
1986 7434-3006
1987 7434-3225

Model 7085 ROPS
1986 7434-3030
1987 7434-3242

Model 7085A
1985 7435-1438
1986 7435-3065
1987 7435-3815
1988 7435-4784
1989 7435-6577
1990 7435-7417

Model 7085C
1986 7434-3006
1987 7434-3225

Model 7085CA
1986 7434-3031
1987 7435-3815

Model 7110
1985 7438-0203
1986 . . . . None
1987 7438-3134
1988 7438-3259
1989 7438-6028
1990 7438-6096

Model 7110 4WD
1987 7439-3500

Model 7110A
1985 7439-1274
1986 . . . . None
1987 7439-3500
1988 7439-4324
1989 7439-6544
1990 7439-7402

Model 7120
1985 7440-0086
1986 . . . . None
1987 7440-3094
1988 7440-3216
1989 7440-6018
1990 7440-6047

Model 7120 4WD
1987 7741-3228

Model 7120A
1985 7441-0646
1986 . . . . None
1987 7441-3228
1988 7441-3893
1989 7441-6317
1990 7441-6758

Model 7145
1987 7642-3005
1988 7642-6000

Model 7145 4WD
1987 7643-3090

Model 7145A
1985 7643-0049
1986 . . . . None
1987 7643-3090
1988 7643-3382

Model 9130
1991 9130-1001

Model 9150
1989 . . . . 9150F-1005
1990 . . . . 9150F-1365

Model 9150A
1989 . . . . 9150T-1070
1990 . . . . 9150T-1289

Model 9170
1989 . . . . 9170F-1020
1990 . . . . 9170F-1243

Model 9170A
1989 . . . . 9170T-1005
1990 . . . . 9170T-1283

Model 9190A
1989 . . . . 9190F-1004
1990 . . . . 9190F-1308

DEUTZ-FAHR

Model 3.50 CA
1985 . . . . 7740/0001

Model D3607
1985 7866-0001

Model D4507
Plate on right side of hood.
1980 . . . . 7548/1862
1981 . . . . 7548/2317
1982 . . . . 7548/3047
1983 . . . . 7548/3779
1984 . . . . 7548/5422
1985 . . . . 7548/7055

Model D4507A
1981 . . . . 7868/1797
1982 . . . . 7868/1856
1983 . . . . 7868/1995
1984 . . . . 7868/2141

Model D5207
Plate on right side of hood.
1981 . . . . 7557/8675
1982 . . . . 7557/9668
1983 . . . . 7558/0255
1984 . . . . 7558/0258

Model D5207A
1981 . . . . 7554/3448
1982 . . . . 7554/3606
1983 . . . . 7554/3805
1984 . . . . 7554/4153

Model D6207
Plate on right side of hood.
1980 . . . . 7761/1710

Model D6207A
1980 . . . . 7562/5268
1981 . . . . 7562/5661
1982 . . . . 7562/6376

Model D6507
Plate on right side of hood.
1983 . . . . 7716/0005
1984 . . . . 7716/0635

Model D6507A
1983 . . . . 7717/0003
1984 . . . . 7717/0429

Model D6507C
1983 . . . . 7741/0334
1984 . . . . 7741/0875

Model D6507CA
1983 . . . . 7743/0534
1984 . . . . 7743/0840

Model D6807
Plate on right side of hood.
1980 . . . . 7569/8469
1981 . . . . 7570/0529
1982 . . . . 7770/1798

Model D6807A
1980 . . . . 7566/3880
1981 . . . . 7566/4189
1982 . . . . 7566/4577

Model D7007
Plate on right side of hood.
1981 . . . . 7761/2522
1982 . . . . 7761/4015

Model D7007A
1983 . . . . 7719/0179
1984 . . . . 7719/0250

Model D7007C
1983 . . . . 7749/0039
1984 . . . . 7749/0155

Model D7007CA
1983 . . . . 7751/0035
1984 . . . . 7751/0100

Model D7807
1982 . . . . 7594/0859
1983 . . . . 7594/1038
1984 . . . . 7594/1378

Model D7807A
1982 . . . . 7596/0867
1983 . . . . 7596/0962
1984 . . . . 7596/1074

Model D7807C
1983 . . . . 7757/0795
1984 . . . . 7757/1280

Model DX110
Right side of front axle support.
1979 . . . . 7620/0186
1980 . . . . 7620/0867

Model DX110A
1979 . . . . 7621/0002

1982 . . . . 7718/0003
1983 . . . . 7718/0091
1984 . . . . 7718/1539

1980 . . . . 7621/1933

Model DX120
Right side of front axle support.
1980 . . . . 7626/0001
1981 . . . . 7626/0076
1982 . . . . 7826/0004
1983 . . . . 7826/0292

Model DX120A
1980 . . . . 7627/0001
1981 . . . . 7627/0222
1982 . . . . 7827/0037
1983 . . . . 7827/0742

Model DX130
Right side of front axle support.
1980 . . . . 7632/0001
1981 . . . . 7632/0070
1982 . . . . 7832/0008
1983 . . . . 7832/0130

Model DX130A
1980 . . . . 7633/0001
1981 . . . . 7633/0123
1982 . . . . 7833/0029
1983 . . . . 7833/0367

Model DX140
Right side of front axle support.
1979 . . . . 7622/0009
1980 . . . . 7622/0168

Model DX140A
1979 . . . . 7623/0245
1980 . . . . 7623/0885

Model DX160
Right side of front axle support.
1979 . . . . 7624/0002
1980 . . . . 7624/0352
1981 . . . . 7624/0569
1982 . . . . 7824/0011
1983 . . . . 7824/0145

Model DX160A
1979 . . . . 7625/0006
1980 . . . . 7625/0514
1981 . . . . 7625/1215
1982 . . . . 7825/0004
1983 . . . . 7825/0429
1984 . . . . 7443/0089

Model DX3.10
1985 . . . . 7722/0001

Model DX3.10A
1985 . . . . 7726/0001

Model DX3.30
1985 . . . . 7730/0001

Model DX3.30A
1985 . . . . 7734/0001

Model DX3.50
1985 . . . . 7738/0001

Model DX3.50A
1985 . . . . 7742/0001

DEUTZ-FAHR (Cont.)

Model DX3.50C
1985 . . . . 7740/0001

Model DX3.70
1985 . . . . 7746/0001

Model DX3.70A
1985 . . . . 7750/0001

Model DX3.70C
1985 . . . . 7748/0001

Model DX3.70CA
1985 . . . . 7752/0001

Model DX3.90
1985 . . . . 7754/0001

Model DX3.90A
1985 . . . . 7758/0001

Model DX3.90C
1985 . . . . 7756/0001

Model DX3.90CA
1985 . . . . 7760/0001

Model DX4.70
Plate riveted to hood on right side and cut into housing under hood on right side.
1983 . . . . 7434/0001
1984 . . . . 7434/0126
1985 . . . . 7434/0408
1986 . . . . 7434/0640

Model DX4.70A
1984 . . . . 7435/0311
1985 . . . . 7435/1438

1986 . . . . 7435/2625

Model DX6.30
Plate riveted to hood on right side and cut into housing under hood on right side.
1984 . . . . 7438/0026
1985 . . . . 7438/0203

Model DX6.30A
1984 . . . . 7439/0245
1985 . . . . 7439/1274

Model DX6.50
Plate riveted to hood on right side and cut into housing under hood on right side.

1984 . . . . 7440/0001
1985 . . . . 7440/0086

Model DX6.50A
1984 . . . . 7441/0100
1985 . . . . 7441/0646

Model DX7.10
Plate riveted to hood on right side and cut into housing under hood on right side.
1984 . . . . 7642/0001

Model DX7.10A
1984 . . . . 7643/0001
1985 . . . . 7643/0049
1986 . . . . 7643/0718

Model DX8.30A
1985 . . . . 7479/001

Model DX90
Right side of front axle support.
1979 . . . . 7618/0433
1980 . . . . 7618/1371
1981 . . . . 7618/2028
1982 . . . . 7818/0004
1983 . . . . 7818/0843

Model DX90A
1979 . . . . 7619/0426
1980 . . . . 7619/1635
1981 . . . . 7619/2566
1982 . . . . 7819/0058
1983 . . . . 7819/0304

FERGUSON

Model F40
1956 400001
1957 405671

Model TE20
Plate on instrument panel.
1948 20800

1949 77770
1950 116551
1951 167923

Model TO20
Plate on instrument panel.
1948 1

1949 1801
1950 14660
1951 39163

Model TO30
Plate on instrument panel.
1951 60001

1952 . . . . TO72680
1953 . . . . TO108645
1954 . . . . TO125958

Model TO35
Plate on instrument panel.
1954 . . . . TO140001

1955 . . . . . TO140006
1956 . . . . . TO167157
1957 . . . . . TO171741

FORD

All 1965 and later Series 2000 (3 Cyl.) through TW35
1965 . . . . . C100001
1966 . . . . . C124200
1967 . . . . . C161300
1968 . . . . . C190200
1969 . . . . . C226000
1970 . . . . . C257600
1971 . . . . . C292100
1972 . . . . . C327200
1973 . . . . . C367300
1974 . . . . . C405200
1975 . . . . . C450700
1976 . . . . . C490300
1977 . . . . . C527300
1978 . . . . . C560500
1979 . . . . . C595800
1980 . . . . . C635700
1981 . . . . . C660700
1982 . . . . . C682000
1983 . . . . . C694500
1984 . . . . . C707400
1985 . . . . . C732600
1986 . . . . . C750422
1987 . . . . . C763228
1988 . . . . . C777683

Fordson Dexta
Left side of hand-clutch housing.
1958 00144
1959 22588
1960 46216
1961 . . . . . 09A-312001M

Fordson Major
Left side of flywheel housing or right side of engine block.
1953 1247381
1954 1276857
1955 1322525
1956 1371418
1957 1412409
1958 1458381

Fordson Power Major
Left side of flywheel housing or right side of engine block.
1958 1481091
1959 1494448
1960 1538056
1961 1583906

Fordson Super Dexta
1961 . . . . . 08A-300001M
1962 . . . 09B-070000A
1963 . . . . . 09C-731454A
1964 . . . . . 09D-900000A

Fordson Super Major
1961 1583906
1962 . . . . 08B-740000-A
1963 . . . . 08C-781370-A

Model 1000
Left side of clutch housing.
1973 . . . . U100001
1974 . . . . U100821
1975 . . . . U102021
1976 . . . . U102771
1977 . . . . U105013
1978 . . . . U108449

Model 1100
Left side rail above front axle.
1979 . . . . U125001
1980 . . . . U127591
1981 . . . . U129066
1982 . . . . U130665
1983 . . . . U131359

Model 1110
Left side of transmission housing.
1983 . . . . UB00001
1984 . . . . UB00785
1985 . . . . UB01622
1986 . . . . UB02107

Model 1200
Left side rail above front axle.
1980 . . . . U200001
1981 . . . . U201258
1982 . . . . U202107
1983 . . . . U202737

Model 1210
Left side of transmission housing.
1983 . . . . UC00001
1984 . . . . UC01851
1985 . . . . UC03937
1986 . . . . UC07232

Model 1300
Left side of transmission housing.
1979 . . . . U300001
1980 . . . . U302697
1981 . . . . U303446
1982 . . . . None
1983 . . . . U304962

Model 1310
Left side of transmission housing.
1983 . . . . UE00001
1984 . . . . UE01019
1985 . . . . UE02438
1986 . . . . UE04444

Model 1500
Left side of transmission housing.
1979 . . . . U500001
1980 . . . . U503026
1981 . . . . U504437
1982 . . . . U505813
1983 . . . . U506674

Model 1510
Left side of transmission housing.
1983 . . . . UH00001
1984 . . . . UH01280
1985 . . . . UH02828
1986 . . . . UH04797

Model 1600
Left side of clutch housing.
1976 . . . . U103361
1977 . . . . U105013
1978 . . . . U108449
1979 . . . . U113129

Model 1700
Left side of transmission housing.
1979 . . . . U700001
1980 . . . . U704803
1981 . . . . U709687
1982 . . . . U712953
1983 . . . . U715471

Model 1710
Left side of transmission housing.
1983 . . . . UL00001
1984 . . . . UL03489
1985 . . . . UL07985
1986 . . . . UL13798

Model 1710 Offset
1985 . . . . N00001
1986 . . . . N00201

Model 1900
Left side of transmission housing.
1979 . . . . U900001
1980 . . . . U903187
1981 . . . . U905826
1982 . . . . U908557
1983 . . . . U911488

Model 1910
Left side of transmission housing.
1983 . . . . UP0001
1984 . . . . UP01089
1985 . . . . UP04638
1986 . . . . UP08193

Model 2110
Left side of transmission housing.
1983 . . . . UV00010
1984 . . . . UV00734
1985 . . . . UV02153
1986 . . . . UV03580
1987 . . . . UV04673

Model 2810, 2910, 3910, 4610, 5610, 6610, 7610, 7710 & 8210
Right front cover of transmission and on I.D. plate affixed to inside of engine compartment.
1982 . . . . C681910
1983 . . . . C695880
1984 . . . . C713459
1985 . . . . C737800
1986 . . . . C754100
1986 . . . . BA80100
1987 . . . . C768000
1987 . . . . BB06622

Model 2N
Left side of engine block.
1942 99047
1943 105375
1944 126538
1945 169982
1946 198731
1947 258504

Model 8N
Left side of engine block.
1947 1
1948 37908
1949 141370
1950 245637
1951 343593
1952 442035

Model 9N
Left side of engine block.
1939 1
1940 10234
1941 45976
1942 88888
1943 105412

Model FW20
1977 100001
1978 100070
1979 100117
1980 100135
1981 100145

Model FW30
1977 200001
1978 200106
1979 200191
1980 200264

1981 200303

Model FW40
1977 300001
1978 300077
1979 300121

Model FW60
1977 400001
1978 400087
1979 400143
1980 400202
1981 400223

Model NAA
Left side of transmission or right side of engine.
1952 1
1953 2380
1954 77475

Model TW-5, TW-15, TW-25, TW-35
Identification plate located above right front corner of radiator, accessible by removing right front grille panel.
1984 . . . . C713459
1985 . . . . C737800
1986 . . . . A916000
1986 . . . . A915854
1987 . . . . A917560

Series 2000 (4-Cyl.); 4000 (4-Cyl.) & 6000
Upper right corner of transmission or inside of right hood panel.
1962 1001
1963 11948
1964 38931

Series 600, 700, 800 & 900
Top left front corner of transmission case.
1954 1
1955 10615
1956 77271
1957 116368

Series 601, 701, 801 & 901
Top left corner of transmission case.
1957 1001
1958 11977
1959 58312
1960 105943
1961 131427
1962 155531

FORD NEW HOLLAND

Model 1120
Left side of transmission housing.
1987 .... UB21002
1988 .... UB21281
1989 .... UB21919
1990 .... UB22142
1991 .... UB22329
1992 .... UB22439
1993 .... UB22527

Model 1215
1993 .... UA20001
1994 .... UA20463
1995 .... UA21150
1996 .... UA21632
1997 .... UA21874
1998 .... UA22187

Model 1220
Left side of transmission housing.
1987 .... UC21006
1988 .... UC21707
1989 .... UC23199
1990 .... UC24279
1991 .... UC25359
1992 .... UC26052
1993 .... UC26585
1994 .... UC27015
1995 .... UC27524
1996 .... UC27839
1997 .... UC28097
1998 .... UC28612
1999 .... UC28907

Model 1320
Left side of transmission housing.
1987 .... UE21001
1988 .... UE22001
1989 .... UE23391
1990 .... UE24517
1991 .... UE25495
1992 .... UE26189
1993 .... UE26960
1994 .... UE27441
1995 .... UE28084
1996 .... UE28490
1997 .... UE28925
1998 .... UE29318

Model 1520
Left side of transmission housing.
1987 .... UH21001
1988 .... UH22102
1989 .... UH23801
1990 .... UH25507
1991 .... UH26935
1992 .... UH28254
1993 .... UH29228
1994 .... UH30030
1995 .... UH31125
1996 .... UH31815

Model 1530
Left side of transmission housing.

Model 1620
1992 .... UJ20136
1993 .... UJ20911
1994 .... UJ21591
1995 .... UJ22718
1996 .... UJ23587

Model 1630
Left side of transmission housing.
1998 .... G003352
1999 .... G009615

Model 1710 Offset
1988 .... UN00474

Model 1715
1993 .... UK20307
1994 .... UK22180
1995 .... UK25017

Model 1720
Left side of transmission housing.
1987 .... UL21001
1988 .... UL22701
1989 .... UL26556
1990 .... UL28601
1991 .... UL30784
1992 .... UL32230
1993 .... UL33920
1994 .... UL35013
1995 .... UL36435
1996 .... UL37607
1997 .... UL38466
1998 .... UL40069
1999 .... UL41414

Model 1725
Left side of transmission housing.
1998 .... G003377
1999 .... G007570

Model 1920
Left side of transmission housing.
1987 .... UP21001
1988 .... UP21710
1989 .... UP24896
1990 .... UP27229
1991 .... UP29354
1992 .... UP30817
1993 .... UP32448
1994 .... UP34038
1995 .... UP35988
1996 .... UP37672
1997 .... UP39076
1998 .... UP41105
1999 .... UP43277

Model 2120
Left side of transmission housing.
1988 .... UV21003
1989 .... UV22274
1990 .... UV23599

1998 .... G003354
1999 .... G009617

1991 .... UV24295
1992 .... UV25141
1993 .... UV25891
1994 .... UV26738
1995 .... UV27935
1996 .... UV28911
1997 .... UV29898
1998 .... UV30679
1999 .... UV31770

Model 2810, 2910, 3910
Right front cover of transmission and on I.D. plate affixed to inside of engine compartment.
1988 .... C777683
1988 .... BB31777
1989 .... BB84620
1990 .... BC26239
1991 .... BC68791

Model 3230
1990 .... BC26239
1991 .... BC68791
1992 .... BD07628
1993 .... BD32445
1994 .... BD60322

Model 3415
1993 .... UX20001
1994 .... UX20799
1995 .... UX21715
1996 .... UX22323

Model 3430
1990 .... BC26239
1991 .... BC68791
1992 .... BD03778
1993 .... BD36144
1994 .... BD66161
1995 .... BD77434
1996 .... 018613B

Model 3930
1990 .... BC26239
1991 .... BC68791
1992 .... BD05932
1993 .... BD36207
1994 .... BD63909
1995 .... BD93327
1996 .... 011128B

Model 4030N
Right front cover of transmission and on I.D. plate affixed to inside of engine compartment.
1993 .... F005600
1994 .... F022000
1995 .... F046874
1996 .... F066554

Model 4230N
Right front cover of transmission and on I.D. plate affixed to inside of engine compartment.
1992 .... F622650
1993 .... F656580
1994 .... F021000

1995 .... F042000
1996 .... F072739

Model 4430N
Right front cover of transmission and on I.D. plate affixed to inside of engine compartment.
1992 .... F622950
1993 .... F659700
1994 .... F021000
1995 .... F042000
1996 .... F070920

Model 4610, 5610, 6610
Right front cover of transmission and on I.D. plate affixed to inside of engine compartment.
1988 .... BB31777
1989 .... BB80620
1990 .... BC26239

Model 4630
Right front cover of transmission and on I.D. plate affixed to inside of engine compartment.
1990 .... BC26239
1991 .... BC68791
1992 .... BD05270
1993 .... BD36800
1994 .... BD64162
1995 .... BD93484
1996 .... 015251B

Model 5030
1992 .... 2A01-2M31
1993 .... 3A01-3M31
1994 .... 4A01-4M31
1995 .... 5A01-5M31

Model 5640
Behind weight carrier or on right hand lift up hood.
1992 .... BD02865
1993 .... BD35935
1994 .... BD65544
1995 .... BD98440
1996 .... 018936B

Model 6640
Behind weight carrier or on right hand lift up hood.
1993 .... BD35935
1994 .... BD65544
1995 .... BD98440
1996 .... 014792B

Model 7610, 7710, 7810, 8210
Right front cover of transmission and on I.D. plate affixed to inside of engine compartment.
1988 .... BB31777
1989 .... BB80260
1990 .... BC26239
1991 .... BC68791

Model 7740, 7840
Behind weight carrier or on right hand lift up hood.
1993 .... BD35935
1994 .... BD65544
1995 .... BD98440
1996 .... 019149B

Model 8240, 8340
Behind weight carrier or on right hand lift up hood.
1993 .... BD35935
1994 .... BD65544
1995 .... BD98440
1996 .... 018936B

Model 8530, 8630, 8730, 8830
1990 .... A925439
1991 .... A928924
1992 .... A930626
1993 .... A931957

Model 9030
Lower L/H corner of cab (cab forward configuration).
1992 .... D487501
1993 .... D932000
1994 .... D200000
1995 .... D201023
1996 .... D201894

Model 9280
Lower L/H rear cab cross member.
1995 .... D101694

Model 9480
Lower L/H rear cab cross member.
1995 .... D101696

Model 9680
Lower L/H rear cab cross member.
1995 .... D101800

Model 9880
Lower L/H rear cab cross member.
1995 .... D101879

Model TW5, TW15, TW25, TW35
Plate mounted on right front corner of front frame.
1988 .... A919400
1988 .... A919438
1989 .... A922535
1990 .... A925099

INTERNATIONAL HARVESTER

Farmall Regular
1924 501
1925 701
1926 1539
1927 5969
1928 15471
1929 40370
1930 75691
1931 117784
1932 131872

Model 10-20 Gear Drive (KC) Regular Tread
1923 501
1924 7641
1925 18869
1926 37728
1927 62824
1928 89470
1929 119823
1930 159111
1931 191486

1932 201213
1933 204239
1934 206179
1935 207275
1936 210235
1937 212425
1938 214886

Model 10-20 Gear Drive (NC & NT) Narrow Tread
1926 501
1927 649
1928 832
1929 1155
1930 1543
1931 1750
1932 1833
1933 1912
1934 1952

Model 184
1977 43802
1978 46163
1979 48030
1980 49873

Model 234
Right side of front fender rail and right side of transmission housing.
1982 8010
1983 8110
1984 8383
1985 8646

Model 244
Right side of front axle bracket and right side of transmission housing.
1982 8002
1983 8460
1984 9089

1985 9716

Model 254
Right side of front axle bracket and right side of transmission housing.
1982 8000
1983 8386
1984 8811
1985 9236

Model 3088
Right side of rear frame in front of axle.
1981 501
1982 507
1983 937
1984 1421
1985 1853

Model 3288
1981 501

1982 1063
1983 1286
1984 1464
1985 1651

Model 3388
Right side of rear frame in front of axle.
1978 8801
1979 8816
1980 10037
1981 10714

Model 3488
Right side of rear frame in front of axle.
1981 501
1982 715
1983 723
1984 829

Model 3588
Right side of rear frame in front of axle.

1978	8801
1979	8844
1980	11797
1981	13561

Model 3688
Right side of rear frame in front of axle.

1981	501
1982	1743
1983	2482
1984	2695
1985	3068

Model 482, 582, 682, 782 & 982
1980-1981 665001-700000

Model 5088
Right side of transmission housing or right side of control center or ROPS.

1981	501
1982	3551
1983	6015
1984	7307
1985	8623

Model 5288
Right side of transmission housing or right side of control center or ROPS.

1981	501
1982	2292
1983	4086
1984	5054
1985	6334

Model 5488
Right side of transmission housing or right side of control center or ROPS.

1981	501
1982	523
1983	2416
1984	3112
1985	4390

Model 6388
Right side of frame or right side of control center or ROPS.

1981	8801
1982	8962
1983	9060
1984	9241
1985	9361

Model 6588
Right side of frame or right side of control center or ROPS.

1981	8801
1982	8966
1983	9164
1984	9361
1985	9526

Model 6788
Right side of frame or right side of control center or ROPS.

1981	8801
1982	8810
1983	8840
1984	8871
1985	8946

Model A, AV, & B
Left side of seat support.

1939	501
1940	6744
1941	41500
1942	80739
1943	None
1944	96390
1945	113218
1946	146700
1947	182964

Model C
Left side of seat support.

1948	501
1949	22624
1950	47010
1951	71880

Model Cub
Right side of steering gear housing.

1947	501
1948	11348
1949	57831
1950	99536
1951	121454
1952	144455
1953	162284
1954	179412
1955	186441
1956	193658
1957	198231
1958	204389
1959	211441
1960	214974
1961	217382
1962	220038
1963	221383
1964	223453
1965	225110
1966	227209
1967	229225
1968	231005
1969	232981
1970	234868
1971	236827
1972	238560
1973	240581
1974	242786
1975	245651
1976	248618
1977	250832
1978	252109
1979	253156

Model Cub 154 Lo-Boy
Right side of steering gear housing.

1968	3273
1969	3505
1970	15502
1971	20332
1972	23343
1973	27538
1974	31766

Model Cub 185 Lo-Boy
Right side of steering gear housing.

1974	37001
1975	37316
1976	42241

Model Cub Lo-Boy
Right side of steering gear housing.

1955	501
1956	2555
1957	3929
1958	5582
1959	10567
1960	12371
1961	13904
1962	15506
1963	16440
1964	17928
1965	19406
1966	21176
1967	23115
1968	24481

Model F-100
Left side of clutch housing.

1954	501
1955	1720
1956	12895

Model F-1026
Left side of hydrostatic drive housing.

1970	7501
1971	9707

Model F-1066
Left side of clutch housing.

1971	7101
1972	12677
1973	24205
1974	34949
1975	46855
1976	56672

Model F-12

1932	501
1933	526
1934	4881
1935	17411
1936	48660
1937	81837
1938	117518

Model F-1206
Right side of clutch housing.

1965	7501
1966	8626
1967	12731

Model F-1256
Right side of clutch housing.

1967	7501
1968	8849
1969	13140

Model F-130 & I-130
Left side of clutch housing.

1956	501
1957	1120
1958	8363

Model F-14

1938	124000
1939	139607

Model F-140 & I-140
Left side of clutch housing.

1958	501
1959	2011
1960	8082
1961	11168
1962	16637
1963	21181
1964	25387
1965	28408
1966	31285
1967	34818
1968	37352
1969	39906
1970	42300
1971	44424
1972	46605
1973	48507
1974	50720
1975	54723
1976	57773
1977	60839
1978	63111
1979	64544

Model F-1456
Right side of clutch housing.

1969	10001
1970	10405
1971	14149

Model F-1466
Left side of clutch housing.

1971	7101
1972	10408
1973	15533
1974	19746
1975	25404
1976	29516

Model F-1468
Left side of clutch housing.

1971	7201
1972	7239
1973	9109
1974	9670

Model F-1566
Left side of clutch housing.

1974	7101
1975	7837
1976	12589

Model F-1568
Left side of clutch housing.

1974	7201
1975	7821
1976	7975

Model F-20

1932	501
1933	1251
1934	3001
1935	6382
1936	32716
1937	68749
1938	105597
1939	130865
1940	135700

Model F-200
Right side of clutch housing.

1954	501
1955	1032
1956	10904

Model F-230
Right side of clutch housing.

1956	501
1957	815
1958	6827

Model F-240
Right side of clutch housing.

1958	501
1959	1777
1960	3415
1961	3989

Model F-30

1931	501
1932	1184
1933	4305
1934	5526
1935	7032
1936	10407
1937	18684
1938	27186
1939	29007

Model F-300
Right side of clutch housing.

1954	501
1955	1779
1956	23224

Model F-350
Right side of clutch housing.

1956	501
1957	1004
1958	14175

Model F-400
Left side of clutch housing.

1954	501
1955	2588
1956	29065

Model F-404
Right side of clutch housing.

1961	501
1962	826
1963	1936
1964	2259
1965	2568
1966	2790
1967	2980

Model F-450
Left side of clutch housing.

1956	501
1957	1734
1958	21871

Model F-460
Right side of clutch housing.

1958	501
1959	4765
1960	16902
1961	22622
1962	28029
1963	31552

Model F-504
Right side of clutch housing.

1961	501
1962	810
1963	7000
1964	7732
1965	10696
1966	13596
1967	15113
1968	16115

Model F-544
Right side of clutch housing.

1968	10250
1969	12541
1970	13585
1971	14507
1972	15262
1973	15738

Model F-560
Right side of clutch housing.

1958	501
1959	7341
1960	26914
1961	36125
1962	47798
1963	60278

Model F-656
Right side of clutch housing.

1965	8501
1966	15505
1967	24372
1968	32007
1969	38861
1970	42518
1971	45497
1972	47951

Model F-666 & I-666
Right side of clutch housing.

1972	7500
1973	8200
1974	11585
1975	13131
1976	15739

Model F-706
Right side of clutch housing.

1963	501
1964	7073
1965	21162
1966	30288
1967	38521

Model F-756
Right side of clutch housing.

1967	7501
1968	9940
1969	14125
1970	17832
1971	18374

Model F-766
Left side of clutch housing.

1971	7101
1972	7416
1973	9611
1974	12378
1975	14630
1976	16840

Model F-806
Right side of clutch housing.

1963	501
1964	4709
1965	15946
1966	24038
1967	34943

Model F-826
Right side of hydrostatic drive housing.

1969	7501
1970	8153
1971	16352

Model F-856
Right side of clutch housing.
1967 7501
1968 9854
1969 19554
1970 28693
1971 32420

Model F-966
Left side of clutch housing.
1971 7101
1972 11815
1973 17794
1974 22526
1975 28119
1976 31772

Model H & HV
Left side of clutch housing.
1939 501
1940 10653
1941 52387
1942 93237
1943 122091
1944 150251
1945 186123
1946 214820
1947 241143
1948 268991
1949 300876
1950 327975
1951 351923
1952 375861
1953 390500

Model Hydro 100
Left side of hydrostatic drive housing.
1973 7501
1974 7727
1975 10915
1976 12434

Model Hydro 186
Right side of rear frame in front of axle.
1976 8601
1977 8813
1978 9806
1979 10626
1980 11465
1981 12279

Model Hydro 70
Right side of hydrostatic drive housing.
1973 7501
1974 7570
1975 8681
1976 10094

Model Hydro 84
Right rear corner of front bolster.
1978 501
1979 787
1980 1481
1981 5564
1982 6014
1983 8069

Model Hydro 86
Right side of hydrostatic drive housing.
1976 7501
1977 7608
1978 8171
1979 8661
1980 9114

Model I-100
Left side of clutch housing.
1954 501
1955 504
1956 575

Model I-1026
Left side of hydrostatic drive housing.
1970 7501
1971 7550

Model I-1086
Right side of rear frame in front of axle.
1976 8601
1977 14725
1978 25672
1979 34731
1980 42186
1981 51671

Model I-1206
Right side of clutch housing.
1965 7501
1966 7772
1967 8492

Model I-1256
Right side of clutch housing.
1967 7501
1968 7703
1969 8444

Model I-1456
Right side of clutch housing.
1969 1001
1970 10025
1971 10249

Model I-1486
Right side of rear frame in front of axle.
1976 8601
1977 9798
1978 14851
1979 18774
1980 23162
1981 27426

Model I-1586
Right side of rear frame in front of axle.
1976 8601
1977 10652
1978 14506
1979 16347
1980 18451
1981 21501

Model I-240
Right side of clutch housing.
1958 501
1959 4835
1960 8628
1961 10079
1962 10727

Model I-254
Right side of front axle bracket and right side of transmission housing.
1982 8001
1983 8386
1984 8811
1985 9236

Model I-274
Right side of transmission housing.
1981 8306
1982 8948
1983 9556

Model I-284
Right side of transmission housing.
1976 8005
1977 8125
1978 10705
1979 12425
1980 13207
1981 13419

Model I-284 Diesel 2WD
Right side of transmission housing.
1980 670
1981 2146
1982 2999
1983 3343
1984 3689

Model I-284 Diesel 4WD
Right side of transmission housing.
1980 1211
1981 2267
1982 3035
1983 3803
1984 4511

Model I-300 U
Right side of clutch housing.
1955 501
1956 20219

Model I-330 U
Right side of clutch housing.
1957 501
1958 1488

Model I-340
Right side of clutch housing.
1958 501
1959 2467
1960 5741
1961 8736
1962 11141
1963 12032

Model I-350
Right side of clutch housing.
1956 501
1957 1963
1958 15049

Model I-364
Right side of clutch housing.
1976 4283
1977 5763

Model I-384
Right side of clutch housing.
1978 501
1979 1581
1980 3818

Model I-404
Right side of clutch housing.
1961 501
1962 1045
1963 4205
1964 6452
1965 8292
1966 9548
1967 10534
1968 11032

Model I-4100
Left side of clutch housing.
1966 8001
1967 8723
1968 8986

Model I-4156
Left side of clutch housing.
1969 9219
1970 9365

Model I-4166
Left side of clutch housing.
1972 10001
1973 10769
1974 11255
1975 11684
1976 12200

Model I-4186
Left side of front frame.
1976 18610
1977 18697
1978 19301

Model I-424
Right side of clutch housing.
1964 501
1965 1402
1966 7841
1967 13627

Model I-4366
Left side on top step.
1973 7501
1974 7780
1975 8616
1976 10227

Model I-4386
Left side on top step.
1976 501
1977 707
1978 1430
1979 2033
1980 2206
1981 2798

Model I-444
Right side of clutch housing.
1967 501
1968 1190
1969 5270
1970 9010
1971 12357

Model I-454
Left side of clutch housing.
1970 501
1971 508
1972 4908
1973 8064

Model I-4568
1975 8001
1976 8368

Model I-4586
Left side on top step.
1976 501
1977 815
1978 1340
1979 1945
1980 2501
1981 2853

Model I-460
Right side of clutch housing.
1958 501
1959 2711
1960 6883
1961 9420
1962 11619
1963 11898

Model I-4786
Left side on top step.
1978 501
1979 689
1980 2501
1981 2556

Model I-504
Right side of clutch housing.
1962 501
1963 3376
1964 6797
1965 10996
1966 14695
1967 17992
1968 20392

Model I-544
Right side of clutch housing.
1968 10250
1969 12699
1970 14589
1971 16018
1972 16838
1973 17341

Model I-560
Right side of clutch housing.
1958 501
1959 1210
1960 3103
1961 4032
1962 4944
1963 5598

Model I-574
Left side of transmission housing.

Model I-584
Right side of front axle support.
1978 501
1979 2130
1980 3871
1981 5766
1982 8001
1983 8416

Model I-6 & ID-6
Left side of clutch housing.
1940 501
1941 1225
1942 3718
1943 5057
1944 6371
1945 9518
1946 14198
1947 17317
1948 24021
1949 28868
1950 35472
1951 38518
1952 44318
1953 45274

Model I-600
Plate on fuel tank support.
1956 501

Model I-606
Right side of clutch housing.
1962 501
1963 1702
1964 3214
1965 5041
1966 6960
1967 7922

Model I-650
Plate on fuel tank support.
1956 501
1957 688
1958 11659

Model I-656
Right side of clutch housing.
1966 7501
1967 7842
1968 9929
1969 11802
1970 13353
1971 14194
1972 14952
1973 15746

Model I-660
Right side of clutch housing.
1959 501
1960 3398
1961 4259
1962 5883
1963 6995

Model I-664
Right side of clutch housing.
1972 2501
1973 3512

Model I-674
Left side of transmission housing.
1973 100001
1974 101862
1975 103172
1976 105946
1977 107555

INTERNATIONAL HARVESTER (Cont.)

Model I-684
Right side of front axle support.
1978 501
1979 1687
1980 3533
1981 6037
1982 8001
1983 8512

Model I-686
Right side of clutch housing.
1976 7500
1977 7729
1978 9899
1979 11417
1980 12923

Model I-706 & 2706
Right side of clutch housing.
1963 501
1964 1251
1965 3478
1966 4789
1967 5316

Model I-756
Right side of clutch housing.
1967 7501
1968 7672
1969 8164
1970 8424
1971 8427

Model I-784
Right side of front axle support.
1978 501
1979 1442
1980 2752
1981 5906
1982 8001
1983 8219

Model I-786
Right side of rear frame.
1980 8601
1981 8936

Model I-806
Right side of clutch housing.
1963 501
1964 1403
1965 3758
1966 5917
1967 7409

Model I-826
Right side of hydrostatic drive housing.

1969 7501
1970 7518
1971 7719

Model I-856
Right side of clutch housing.
1967 7501
1968 7904
1969 9016
1970 9544
1971 9653

Model I-884
Right side of front axle support.
1979 501
1980 710
1981 5575
1982 6738
1983 8238

Model I-886
Right side of rear frame.
1976 8601
1977 10010
1978 12455
1979 14414
1980 15985
1981 17406

Model I-9, ID-9
Fuel tank support.
1940 501
1941 578
1942 2993
1943 3651
1944 5394
1945 11459
1946 17289
1947 22714
1948 29207
1949 36159
1950 45551
1951 51739
1952 59407
1953 64014

Model I-986
Right side of rear frame in front of axle.
1976 8601
1977 11145
1978 15624
1979 19288
1980 22696
1981 25220

Model I-W400
Left side of clutch housing.
1955 510
1956 2187

Model I-W450
Left side of clutch housing.
1956 501
1957 568
1958 1661

Model M, MV, MD & MDV
Left side of clutch housing.
1939 501
1940 7240
1941 25371
1942 50988
1943 60011
1944 67424
1945 88085
1946 105564
1947 122823
1948 151708
1949 180414
1950 213579
1951 247518
1952 290923

Model O-4, OS-4
Left side of clutch housing.
1940 501
1941 943
1942 4056
1943 5693
1944 7593
1945 11171
1946 13934
1947 16022
1948 18880
1949 21912
1950 24470
1951 28167
1952 31214
1953 33067

Model O-6, OS-6, ODS-6
Left side of clutch housing.
1940 501
1941 1225
1942 3718
1943 5057
1944 6313
1945 9396
1946 14153
1947 17792
1948 22981
1949 28704
1950 33698
1951 38518
1952 44318
1953 45274

Model Super A
Left side of seat support.
1947 250001
1948 250082
1949 268196
1950 281269

1951 300126
1952 324470
1953 336880
1954 353348

Model Super C
Left side of seat support.
1951 100001
1952 131157
1953 159130
1954 187788

Model Super H
Left side of seat support.
1953 501
1954 22202

Model Super M, MD, MDV, MTA & MV
Left side of clutch housing.
1952 .... F501
1952 .... L500001
1953 .... F12516
1953 .... L501906
1954 .... F51977

Model Super W-6, W6-TA & WD-6
Left side of clutch housing.
1952 501
1953 2908
1954 8997

Model Super WD-9 & WDR-9
Fuel tank support.
1953 501
1954 1935
1955 5238
1956 6866

Model SW-4
Left side of clutch housing.
1953 501
1954 2668

Model W-12
1934 503
1935 1356
1936 2031
1937 2768
1938 3799

Model W-14
Fuel tank support.
1938 4134
1939 4610

Model W-4
Left side of clutch housing.
1940 501
1941 943
1942 4056
1943 5693
1944 7593

1945 11171
1946 13934
1947 16022
1948 18880
1949 21912
1950 24470
1951 28167
1952 31214
1953 33067

Model W-40 & WD-40
Left side of clutch housing.
1935 501
1936 1441
1937 5120
1938 7665
1939 9756
1940 10323

Model W-9, WD-9, WDR-9 & WR-9
Fuel tank support.
1940 501
1941 578
1942 2993
1943 3651
1944 5394
1945 11459
1946 17289
1947 22714
1948 29207
1949 36159
1950 45551
1951 51739
1952 59407
1953 64014

Model W30
Left side of clutch housing.
1932 501
1933 522
1934 548
1935 3182
1936 9723
1937 15095
1938 23834
1939 29922
1940 32482

Model WR-9-S
Fuel tank support.
1953 501
1954 550
1955 722
1956 744

JOHN DEERE

Model 1010
Plate on right side of engine block.
1960 10001
1961 13692
1962 23630
1963 32188
1964 43900
1965 53722

Model 1020
Right side of transmission case.
1965 14501
1966 14682
1967 42715
1968 65184
1969 82409
1970 102039
1971 117500
1972 134700
1973 157109

Model 1050
Rear of transmission case below PTO.
1980 1000
1981 5280

1982 6572
1983 9001
1984 11006
1985 14001
1986 17001
1987 19501
1988 21479

Model 1070
1989 001001
1990 002265
1991 100001
1992 115001
1993 120001
1994 130001
1995 140001
1996 150001
1997 160001
1998 170001

Model 1250
Rear of transmission case below PTO.
1982 1000
1983 1258
1984 3001
1985 4001
1986 5001

1987 5501
1988 5785
1989 6501

Model 1450
Rear of transmission case below PTO.
1984 1020
1985 2201
1986 3001
1987 3501
1988 3530
1989 3558

Model 1520
Right side of transmission case.
1968 76112
1969 82405
1970 102061
1971 117500
1972 134700
1973 157109

Model 1530
1974 .... 176601T
1974 .... 108811L
1975 .... 145500L

Model 1650
Rear of transmission case below PTO.
1984 1021
1985 2401
1986 3001
1987 3501
1988 3579

Model 2010
Plate on right side of engine block.
1960 10001
1961 10991
1962 21807
1963 31250
1964 44036
1965 58186

Model 2020
Right side of transmission case.
1965 14502
1966 14680
1967 42721
1968 65176
1969 82404
1970 102032
1971 117500

Model 2030
Right side of transmission case.
1972 .... 134700T
1973 .... 157109T
1974 .... 187301T
1974 .... 140000L
1975 .... 213350T
1975 .... 145500L

Model 2040
Right side of frame.
1976 179963
1977 221555
1978 266057
1979 304165
1980 350000
1981 392026
1982 419145

Model 2150
Right side of frame.
1983 433467
1984 505001
1985 532000
1986 562001
1987 587950
1988 592001

JOHN DEERE (Cont.)

Model 2155
Right side of frame.
1987	600000
1988	624800
1989	654344
1990	686146
1991	717916
1992	746510

Model 2240
Right side of frame.
1976	179298
1977	221716
1978	266267
1979	305307
1980	350000
1981	392292
1982	418608

Model 2255 Orchard
Right side of frame.
1983	468228
1984	505001
1985	532000
1986	562001
1987	587950
1988	592001

Model 2350
Right side of frame.
1983	433474
1984	505001
1985	532000
1986	562001
1987	587950
1988	592001

Model 2355
Right side of frame.
1987	600000
1988	624800
1989	654344
1990	685855
1991	717916
1992	746510
1993	775104
1994	803700

Model 2355N
Right side of frame.
1987	601693
1988	524800
1989	654344
1990	685855
1991	717916
1992	746510
1993	775104
1994	803700

Model 2440
Right side of frame.
1976	235210
1977	258106
1978	280789
1979	305501
1980	341000
1981	362173
1982	376746

Model 2510
Differential housing on rear of tractor.
1966	1000
1967	8958
1968	14291

Model 2520
Differential housing on rear of tractor.
1969	17000
1970	19416
1971	22000
1972	22911
1973	23865

Model 2550
Right side of frame.
1983	433480
1984	505001
1985	532000
1986	562001
1987	587950
1988	592001

Model 2555
Right side of frame.
1987	600000
1988	624800
1989	654344
1990	685748
1991	717916
1992	746510
1993	775104
1994	803700

Model 2630
Below right-hand side of grille screen.
1974	188601
1975	213360

Model 2640
Right side of frame.
1976	235313
1977	258106
1978	280789
1979	305505
1980	341000
1981	362175
1982	376744

Model 2750
Right side of frame.
1983	433494
1984	505001
1985	532000
1986	562001
1987	587950
1988	592001

Model 2755
Right side of frame.
1987	600000
1988	624800
1989	654344
1990	685854
1991	717916
1992	746510
1993	775104
1994	803700

Model 2840
Right side of frame.
1977	214909
1978	264711
1979	304654

Model 2855N
1987	601693
1988	624800
1989	654344
1990	685908
1991	717916
1992	746510

Model 2940
Right side of frame.
1980	350000
1981	390496
1982	418953

Model 2950
Right side of frame.
1983	433508
1984	505001
1985	532000
1986	562001
1987	587950
1988	592001

Model 2955
Right side of frame.
1987	600000
1988	624800
1989	654344
1990	685843
1991	717916
1992	746510

Model 3010
Differential housing on rear of tractor.
1961	1000
1962	19801
1963	32400

Model 3020
Differential housing on rear of tractor.
1964	50000
1965	68000
1966	84000
1967	97286
1968	112933
1969	123000
1970	129897
1971	150000
1972	154197

Model 3055
1991	717916
1992	736426
1993	746510

Model 3150
1985	532000
1986	562001
1987	587950

Model 3155
1987	618645
1988	624591
1989	654344
1990	685845
1991	717916
1992	746510

Model 320
Left side center frame near clutch bell housing.
1956	320001
1957	321220
1958	325127

Model 3255
1991	717916
1992	736426
1993	755536

Model 330
Left side center frame near clutch bell housing.
1958	330001
1959	330171
1960	330935

Model 40 Hi Crop
Left side center frame near clutch bell housing.
1954	60001
1955	60060

Model 40 Special
Left side center frame near clutch bell housing.
1955	60001

Model 40 Standard
Left side center frame near clutch bell housing.
1953	60001
1954	67359
1955	69474

Model 40 Tricycle
Left side center frame near clutch bell housing.
1953	60001
1954	72167
1955	75131

Model 40 Two Row Utility
Left side center frame near clutch bell housing.
1955	60001

Model 40 Utility
Left side center frame near clutch bell housing.
1953	60001
1954	60202
1955	63140

Model 4000
Differential housing on rear of tractor.
1969	211422
1970	222143
1971	250000
1972	260791

Model 4010
Differential housing on rear of tractor.
1961	1000
1962	20201
1963	38200

Model 4020
Differential housing on rear of tractor.
1964	65000
1965	91000
1966	119000
1967	145660
1968	173982
1969	201000
1970	222160
1971	250000
1972	260791

Model 4030
Differential housing on rear of tractor.
1973	1000
1974	6700
1975	10153
1976	13022
1977	15417

Model 4040
Differential housing on rear of tractor.
1978	1000
1979	14820
1979	3199
1980	6033
1980	29539
1981	42665
1981	8707
1982	11727
1982	56346

Model 4050
Differential housing on rear of tractor.
1983	1000
1984	3501
1985	5001
1986	6501
1987	007001
1988	007501
1989	009501

Model 4055
Differential housing on rear of tractor.
1989	1001
1990	2501
1991	5001
1992	10001

Model 4100
1998	110000
1999	210000
2000	310000
2001	410000

Model 4110
2002	110000
2003	210000
2004	310000

Model 4115
2003	210000
2004	310000

Model 420
Left side center frame near clutch bell housing.
1956	80001
1957	107813
1958	127782

Model 4200
1998	120000
1999	220000
2000	320000
2001	420000

Model 4210
2002	120000
2003	220000
2004	320000

Model 4230
1973	1000
1974	13000
1975	22074
1976	28957
1977	35588

Model 4240
Differential housing on rear of tractor.
1978	1000
1979	7434
1980	14394
1981	20186
1982	25670

Model 4250
Differential housing on rear of tractor.
1983	1000
1984	6001
1985	9001
1986	11001
1987	012501
1988	013501
1989	020001

Model 4255
Differential housing on rear of tractor.
1989	1001
1990	3001
1991	5501
1992	10001

Model 430
Left side center frame near clutch bell housing.
1958	140001
1959	142671
1960	158632

Model 4300
1998	130000
1999	230000
2000	330000
2001	430000

Model 4310
2003	230000
2004	330000

Model 4320
Differential housing on rear of tractor.
1971	6000
1972	17031

Model 435
Left side center frame near clutch bell housing.
1959	435001
1960	437655

Model 4400
1998	140000
1999	240000
2000	340000
2001	440000

Model 4410
2003	240000
2004	340000

Model 4430
Differential housing on rear of tractor.
1973	1000
1974	17500
1975	33050
1976	47222
1977	62960

Model 4440
Differential housing on rear of tractor.
1978	1000
1979	14820
1980	29539
1981	42665
1982	56346

Model 4450
Differential housing on rear of tractor.
1983	1000
1984	11001
1985	18001
1986	22001
1987	024001
1988	026001
1989	031001

Model 4455
Differential housing on rear of tractor.
1989 1001
1990 5001
1991 10001
1992 20001

Model 4500
1998 150000
1999 250000
2000 350000
2001 450000

Model 4510
2003 254000
2004 355000

Model 4520
Differential housing on rear of tractor.
1969 1000
1970 7038

Model 4555
Differential housing on rear of tractor.
1989 1001
1990 3001
1991 6001
1992 9001

Model 4560
1992 1001
1993 3221
1994 4501

Model 4600
1998 160000
1999 260000
2000 360000
2001 460000

Model 4610
2003 260000
2004 360000

Model 4620
Differential housing on rear of tractor.
1971 10000
1972 13692

Model 4630
Differential housing on rear of tractor.
1973 1000
1974 7022
1975 11717
1976 18392
1977 25794

Model 4640
Differential housing on rear of tractor.
1978 1000
1979 7422
1980 13860
1981 19459
1982 25729

Model 4650
Differential housing on rear of tractor.
1983 1000
1984 7001
1985 10001
1986 12501
1987 014001
1988 015501
1989 017501

Model 4700
2000 370000
2001 470000

Model 4710
2003 270000
2004 370000

Model 4755
Differential housing on rear of tractor.
1989 1001
1990 3001
1991 6501

Model 4760
1992 1001
1993 4535
1994 7901

Model 4840
Differential housing on rear of tractor.
1978 1000
1979 4233
1980 7539
1981 11042
1982 14933

Model 4850
Differential housing on rear of tractor.
1983 1000
1984 5001
1985 8001
1986 10001
1987 011001
1988 012001
1989 014501

Model 4955
Differential housing on rear of tractor.
1989 1001
1990 3501
1991 7001
1992 10001
1992 10501

Model 4960
1992 1001

Model 50
Right side of tractor on main case in distributor or magneto area.
1952 5000001
1953 5001254
1954 5016041
1955 5021977
1956 5030600

Model 5010
1963 1000
1964 4500
1965 8000

Model 5020
1966 12000
1967 15650
1968 20399
1969 24038
1970 26624
1971 30000
1972 30608

Model 5105
2000 110000
2001 210000
2002 310000
2003 410000
2004 510000

Model 520
Adjacent to crankcase dipstick outlet.
1956 5200000
1957 5202982
1958 5209029

Model 5200
1992 110000
1993 220000
1994 221268
1995 420141
1996 520001
1997 620000

Model 5205
2000 120000
2001 220000
2002 320000
2003 420000
2004 520000

Model 5210
1998 120000
1999 220001
2000 320000
2001 420000

Model 5220
2002 220000
2003 320000
2004 420000

Model 530
Adjacent to crankcase dipstick outlet.
1958 5300000
1959 5301671
1960 5307749

Model 5300
Plate on right side of engine block.
1992 120000
1993 230000
1994 231671
1995 430180
1996 530001
1997 630000

Model 5310
1998 130000
1999 230001
2000 330000
2001 430000

Model 5320
2002 230000
2003 330000
2004 430000

Model 5400
1992 130001
1993 240000
1994 . . . . N.A.
1995 440274
1996 540001
1997 640000

Model 5410
1998 140000
1999 240001
2000 340000
2001 440000

Model 5420
2002 240000
2003 340000
2004 440000

Model 5510
1998 150000
1999 250000
2000 350000
2001 450000

Model 5520
2002 250000
2003 350000
2004 450000

Model 60
Right side of tractor on main case in distributor or magneto area.
1952 6000001
1953 6027694
1954 6027995
1955 6042500
1956 6057650

Model 6030
Differential housing on rear of tractor.
1972 33000
1973 33550
1974 34586
1975 35400
1976 36014
1977 36577

Model 620
Adjacent to crankcase dipstick outlet.
1956 6200000
1957 6203778
1958 6215049

Model 6200
1993 100000
1994 117686
1995 135565
1996 153587
1997 177240

Model 630
1958 6300000
1959 6302749
1960 6314381

Model 6300, 6400
Plate on right side of engine block.
1993 100000
1994 117697
1995 135565
1996 153567
1997 177240

Model 650
Rear of transmission case below PTO.
1981 1000
1982 3539
1983 6250
1984 10543
1985 15001
1986 19001
1987 22501
1988 24298

Model 6500
Plate on right side of engine block.
1996 153587
1997 177240

Model 655
Plate located below rear PTO shaft.
1986 . . . . M0360001
1987 . . . . M0420001
1988 . . . . M0475001
1989 . . . . M0615001

Model 670
1989 1001
1990 2889
1991 100001
1992 110001
1993 120001
1994 130001
1995 140001
1996 150001
1997 160001

Model 70
Right side of tractor on main case in distributor or magneto area.
1953 7000001
1954 7005692
1955 7017501
1956 7034950

Model 7020
Differential housing on rear of tractor.
1971 1000
1972 2006
1973 2700
1974 3156
1975 3579

Model 720
Adjacent to crankcase dipstick outlet.
1956 7200000
1957 7203420
1958 7217368

Model 7200
Plate on right side of engine block.
1994 1001
1995 2595
1996 4001

Model 7210
1997 1001
1998 10001

Model 730
Adjacent to crankcase dipstick outlet.
1958 7300000
1959 7303761
1960 7322075

Model 7400
Plate on right side of engine block.
1994 1001
1995 2995
1996 6001

Model 7410
1997 1001
1998 10001

Model 750
Rear of transmission case below PTO.
1981 1000
1982 3448
1983 5613
1984 8457
1985 13001
1986 18501
1987 22601
1988 26450

Model 7520
Differential housing on rear of tractor.
1972 1000
1973 1600
1974 3054
1975 4945

Model 755
Plate located below rear PTO shaft.
1986 . . . . M0360001
1987 . . . . M0420001
1988 . . . . M0475001
1989 . . . . M0600001
1990 . . . . M010001
1991 . . . . M0100001
1992 . . . . LV100700
1993 . . . . LV130000
1994 . . . . LV165001
1995 . . . . LVA165180
1996 . . . . LVE190000
1997 . . . . LVE200001

Model 7600
Plate on right side of engine block.
1993 1457
1994 4601
1995 6195
1996 15001

Model 7610
1997 1001
1998 10001

Model 770
1989 1001
1990 4111
1991 100001
1992 115001
1993 120001
1994 130001
1995 140001
1996 150001
1997 160001
1998 170001

Model 7700
Plate on right side of engine block.
1993 1502
1994 4601
1995 7701
1996 10001

Model 7710
1997 1001
1998 10001

Model 7800
Plate on right side of engine block.
1993 2329
1994 5701
1995 10495
1996 15001

Model 7810
Plate on right side of engine block.
1997 1001
1998 10001

Model 80
Right side of tractor on main case in distributor or magneto area.
1955 8000001
1956 8000775

Model 8010
1961 1000

Model 8020
1964 1000

Model 8100
Right side of transmission case.
1995 1001
1996 3001
1997 10001
1998 20001

Model 820 (Three-Cyl.)
Below right-hand side grille screen.
1968 10000
1969 23100
1970 36000
1971 54000
1972 71850
1973 90200
1974 109507
1975 145500

Model 820 (Two-Cyl.)
Adjacent to crankcase dipstick outlet.
1956 8200000
1957 8200565
1958 8203850

Model 8200
Plate on right side of engine block.
1995 1001
1996 4001
1997 10001
1998 20001

Model 830 (Two-Cyl.)
Adjacent to crankcase dipstick outlet.
1958 8300000
1959 8300727
1960 8305301

Model 8300
Plate on right side of engine block.
1995 1001
1996 5001
1997 10001
1998 20001

Model 840 (Two-Cyl.)
1958 8400000
1959 8400033
1960 8400619

Model 8400
Plate on right side of engine block.
1995 1001
1996 6001
1997 10001
1998 20001

Model 8430
Differential housing on rear of tractor.
1975 1000
1976 1690
1977 3962
1978 5323

Model 8440
Differential housing on rear of tractor.
1979 1000
1980 2266
1981 3758
1982 5235

Model 8450
Differential housing on rear of tractor.
1982 1000

1983 2000
1984 3501
1985 5001
1986 5501
1987 006001
1988 006501

Model 850
Rear of transmission case below PTO.
1978 1024
1979 3859
1980 7389
1981 11338
1982 12481
1983 14183
1984 16006
1985 18001
1986 22001
1987 25501
1988 28337

Model 855
Plate located below rear PTO shaft.
1986 .... M0360001
1987 .... M0420001
1988 .... M0475001
1989 .... M0615001
1990 .... M010001
1991 .... M0100001
1992 .... LV100700
1993 .... LV130000
1994 .... LV165001
1995 .... LVB170123
1996 .... LVE190001
1997 .... LVE200001
1998 .... LVE300001

Model 8560
1989 1001
1990 1501
1991 2001
1992 2331
1993 3325

Model 8570
Plate on right side of engine block.
1993 1001
1994 1551
1995 2591
1996 3001

Model 8630
Differential housing on rear of tractor.
1975 1000
1976 2382
1977 5222
1978 7626

Model 8640
Differential housing on rear of tractor.
1979 1500
1980 3198
1981 5704
1982 7960

Model 8650
Differential housing on rear of tractor.
1982 1500
1983 3000
1984 5001
1985 7001
1986 8001
1987 008501
1988 009001

Model 870
1989 1001
1990 1625
1991 100001
1992 110001
1993 120001
1994 130001
1995 140001
1996 150001
1997 160001
1998 170001

Model 8760
1989 1001

1990 2001
1991 3501
1992 4322
1993 5756

Model 8770
Plate on right side of engine block.
1993 1001
1994 1771
1995 2791
1996 4001

Model 8850
Differential housing on rear of tractor.
1982 2000
1983 4000
1984 5101
1985 6001
1986 6501
1987 007001
1988 007501

Model 8870
Plate on right side of engine block.
1993 1001
1994 1881
1995 2891
1996 5001

Model 8960
1989 1001
1990 1501
1991 2501
1992 2937

Model 8970
Plate on right side of engine block.
1993 1001
1994 1991
1995 2991
1996 6001

Model 9100, 9200
1997 1001
1998 10001

Model 9300, 9400
1997 1001
1998 10001

Model 950
Rear of transmission case below PTO.
1978 1024
1979 5229
1980 10453
1981 14893
1982 16204
1983 18204
1984 20007
1985 23001
1986 26001
1987 28501
1988 30082

Model 955
Plate located below rear PTO shaft.
1990 .... M010001
1991 .... M0100001
1992 .... LV100700
1993 .... LV130000
1994 .... LV165001
1995 .... LVC175130
1996 .... LVE190001
1997 .... LVE200001
1998 .... LVE300001

Model 970
1989 001001
1990 001338
1991 100001
1992 110001
1993 120001
1994 130001
1995 140001
1996 150001
1997 160001
1998 170001

Model A Styled
Right side of tractor on main case in distributor or magneto area.
1939 477000
1940 488852
1941 500849
1942 514127
1943 523133
1944 528778
1945 548352
1946 558817
1947 578516
1948 594433
1949 620843
1950 646530
1951 667390
1952 689880

Model A Unstyled
Right side of tractor on main case in distributor or magneto area.
1934 410000
1935 412866
1936 424025
1937 442151
1938 466787

Model AO Styled
Right side of tractor on main case in distributor or magneto area.
1937 .... AO-1000
1938 .... AO-1539
1939 .... AO-1725
1940 .... AO-1801

Model AO, AR Unstyled
Right side of tractor on main case in distributor or magneto area.
1936 250000
1937 253521
1938 255416
1939 257004
1940 258045
1941 260000
1942 261558
1943 262243
1944 263223
1945 264738
1946 265870
1947 267082
1948 268877
1949 270646

Model AR Styled
Right side of tractor on main case in distributor or magneto area.
1949 272000
1950 272985
1951 276078
1952 279772
1953 282551

Model B Styled
Right side of tractor on main case in distributor or magneto area.
1939 60000
1940 81600
1941 98711
1942 126345
1943 143420
1944 152862
1945 173179
1946 183673
1947 199744
1948 215055
1949 237346
1950 258205
1951 276557
1952 299175

Model B Unstyled
Right side of tractor on main case in distributor or magneto area.
1935 1000
1936 12012
1937 27389
1938 46175

Model BR, BO
Right side of tractor on main case in distributor or magneto area.
1936 325000
1937 326655
1938 328111
1939 329000
1940 330633
1941 332039
1942 332427
1943 332780
1944 333156
1945 334219
1946 335641
1947 336746

Model D Styled
Rear of transmission housing.
1939 143800
1940 146566
1941 149500
1942 152840
1943 155005
1944 155426
1945 159888
1946 162598
1947 167250
1948 174879
1949 183516
1950 188420
1951 189701
1952 191180
1953 191439

Model D Unstyled
Rear of transmission housing.
1924 30401
1925 31280
1926 35309
1927 43410
1928 54554
1929 71561
1930 95367
1931 109944
1932 115477
1935 119100
1936 125430
1937 130700
1938 138413

Model G Styled
Right side of tractor on main case in distributor or magneto area.
1943 13000
1944 13748
1945 13905
1946 16694
1947 20527
1948 28127
1949 34587
1950 40761
1951 47194
1952 56510
1953 63489

Model G Unstyled
Right side of tractor on main case in distributor or magneto area.
1938 1000
1939 7734
1940 9321
1941 10489
1942 12059
1943 12941

Model GP (Standard)
Right side of tractor on main case in distributor or magneto area.
1928 200211
1929 202566
1930 216139
1931 224321
1932 228666
1933 229051
1934 229216
1935 230515

JOHN DEERE (Cont.)

Model GP (Wide)
Right side of tractor on main frame in distributor or magneto area.
1929 400000
1930 400936
1931 402040
1932 404810
1933 405110

Model GPO
Right side of tractor on main frame in distributor or magneto area.
1931 15000
1932 15226
1933 15387
1934 15412
1935 15589

Model H
Right side of tractor on main case in flywheel area.
1939 1000

1940 10780
1941 23654
1942 40995
1943 44755
1944 47796
1945 48392
1946 55956
1947 60107

Model L Styled
Rear of differential housing.
1938 625000
1939 626265
1940 630160
1941 634841
1942 640000
1943 640738
1944 641038
1945 641538
1946 641958

Model L Unstyled
Rear of differential housing.
1937 621000

1938 621079

Model LA
Rear of differential housing.
1941 1001
1942 5361
1943 6029
1944 6159
1945 9732
1946 11529

Model M
Instrument panel under ignition switch.
1947 10001
1948 13734
1949 25604
1950 35659
1951 43525
1952 50580

Model MT
1949 10001
1950 18544
1951 26203

1952 35845

Model R
Right side of tractor on main case in distributor or magneto area.
1949 1000
1950 3451
1951 5505
1952 10725
1953 15720
1954 19485

Waterloo Boy L & LA
1914 1000

Waterloo Boy N
1917 10000
1918 10221
1919 13461
1920 18924
1921 27026
1922 27812
1923 28119
1924 29520

Waterloo Boy R
1915 1026
1916 1401
1917 3556
1918 6982
1919 9056

KIOTI

Model LB1714
Forward of the clutch pedal on the transmission housing.
1988 400001
1989 500001
1990 600001
1991 700001
1992 800001
1993 900001

Model LB1914
Forward of the clutch pedal on the transmission housing.
1990 600001
1991 700001

1992 800001
1993 900001

Model LB2202
Forward of the clutch pedal on the transmission housing.
1987 300001
1988 400001
1989 500001
1990 600001
1991 700001
1992 800001
1993 900001

Model LB2204
Forward of the clutch pedal on the transmission housing.
1986 200001
1987 300001
1988 400001
1989 500001
1990 600001
1991 700001
1992 800001
1993 900001

Model LB2214
Forward of the clutch pedal on the transmission housing.

1990 600001
1991 700001
1992 800001
1993 900001

Model LB2614
Forward of the clutch pedal on the transmission housing.
1990 600001
1991 700001
1992 800001
1993 900001

KUBOTA

Model B4200DT
1987 10003
1988 10619
1989 30014
1990 44409
1991 58806
1992 73203

Model B5100DT
Left side of clutch housing.
1976 10001
1977 11031
1978 14661
1979 16477
1980 17255
1981 18360
1982 50001
1983 50880
1984 51639
1985 52249
1986 52554

Model B5100E
Left side of clutch housing.
1977 10001
1978 10196
1979 12014
1980 12788
1981 13524
1982 14568
1983 15959
1984 16847
1985 17321
1986 17795

Model B5200DT
1983 10003
1984 11800
1985 30003
1986 48216
1987 66409
1988 74602
1989 82795
1990 90488
1991 97681
1992 104372

Model B6100D
Left side of clutch housing.
1976 10001
1977 13181
1978 18781
1979 25699
1980 30108
1981 32873
1982 50001
1983 51152
1984 51844
1985 52075

Model B6100E
Left side of clutch housing.
1976 10001
1977 10051
1978 10801
1979 12987
1980 15287
1981 16911
1982 17923
1983 18815
1984 18823

Model B6100HSD
1980 10001
1981 30001
1982 50001
1983 51127
1984 52253
1985 52853
1986 53456

Model B6100HSE
1981 10001
1982 10886
1983 11140
1984 11396
1985 11650
1986 11904

Model B6100HST
Left side of clutch housing.
1980-1981 10002
1982 50001
1983 51127

1984 52253
1985 52853
1986 53456

Model B6100HST-E
Left side of clutch housing.
1981 10002
1982 10886
1983 11140
1984 11396
1985 11650
1986 11904

Model B6200DGP
1983 50001
1984 50972
1985 51943
1986 52916
1987 53886
1988 54856

Model B6200E
1983 10001
1984 11022
1985 20183
1986 29344
1987 38505
1988 49666

Model B6200EGP
1983 10001
1984 11022
1985 20183
1986 29344
1987 38505
1988 49666

Model B6200HSD
1983 50001
1984 50972
1985 51943
1986 52916
1987 53886
1988 54856

Model B7100D
Left side of clutch housing.
1976 10001
1977 13931
1978 36646
1979 54221
1980 64448
1981 70678
1982 74217
1983 76009
1984 77309
1985 78435

Model B7100DT
1976 10001
1977 13931
1978 36646
1979 54221
1980 64448
1981 70678
1982 74217
1983 76009
1984 77309
1985 78435

Model B7100HST-D
Left side of clutch housing.
1980 10001
1981 10890
1982 50001
1983 51993
1984 53662
1985 54897
1986 56132

Model B7100HST-E
Left side of clutch housing.
1980 10001
1981 11035
1982 11501
1983 12008
1984 12669
1985 12958
1986 13246

Model B7200DT
1983 50001
1984 51740
1985 61210

Model B7200EGP
1983 10001
1984 10908

Model B7200HSD
1984 50001
1985 50867

Model B7200HSE
1984 10001
1985 10619

Model B8200DT
1981 10001
1982 50001
1983 51644
1984 53823
1985 56002
1986 58081
1987 60056

Model B8200E
1981 10001
1982 10483
1983 11070
1984 12025
1985 20329
1986 28631
1987 36432

Model L185
Left side of clutch housing.
1976 10001
1977 10606
1978 12446
1979 12506
1980 12842
1981 13177
1982 13511

Model L185-2
Left side of clutch housing.
1977 5001
1978 51640
1979 53700
1980 55139
1981 56061
1982 56491
1983 56691

Model L185DT-2
Left side of clutch housing.
1977 50001
1978 50651
1979 51656
1980 53004
1981 55139
1982 70001
1983 70062
1984 70102
1985 70142

Model L185F
1976 10001
1977 10606
1978 12446
1979 12506
1980 12842
1981 13177
1982 13511

Model L245
Left side of clutch housing.
1976 10001
1977 10436
1978 13666
1979 13769
1980 13872
1981 13972
1982 14072

Model L245-2
Left side of clutch housing.
1977 50001
1978 51001
1979 51440
1980 52878
1981 54028
1982 54932
1983 55728

Model L245DT
Left side of clutch housing.
1976 10001
1977 10666
1978 12081
1979 12330
1980 12579
1981 12828
1982 13053
1983 71195
1984 71854
1985 72602

Model L245DT-2
Left side of clutch housing.
1977 50001
1978 51736
1979 56509
1980 59597
1981 62167
1982 70001
1983 71195

Model L285
Left side of clutch housing.
1975 10001
1976 10151
1977 12701
1978 20301
1979 27901
1980 35401
1981 42001
1982 48101

Model L285DT
Left side of clutch housing.
1977 10001
1978 10013
1979 11758
1980 13503
1981 15243
1982 16943

Model L285HF
Left side of clutch housing.
1977 10001
1978 10013
1979 11758
1980 13503
1981 15243
1982 16943

Model L295DT
Left side of clutch housing.
1977 10001
1978 10431
1979 12531
1980 14631
1981 15681
1982 16731

Model L295F
Left side of clutch housing.
1977 10001
1978 10321
1979 10641
1980 10961
1981 11116
1982 11271

Model L305DT
Left side of clutch housing.
1980 10001
1981 10565
1982 50001
1983 50602
1984 50645
1985 50735
1986 50825

Model L305F
Left side of clutch housing.
1980 10001
1981 10327
1982 10521
1983 10715
1984 10940
1985 11176
1986 11412

Model L345DT
Left side of clutch housing.
1979 10001
1980 11121
1981 11914
1982 50001
1983 50602
1984 50645
1985 50735
1986 50841

Model L345F
Left side of clutch housing.
1978 10001
1979 10418
1980 10958
1981 11365
1982 12354
1983 50001
1984 50436

1985 50491
1986 50566

Model M4000
Left side of clutch housing.
1976 10061
1977 10361
1978 11071
1979 10124
1980 10164
1981 11204
1982 11244
1983 11284

Model M4030DT
1985 50001

Model M4030F
1985 10001

Model M4050DT
1981 50002
1981 50002
1982 50004
1982 50004
1983 50297
1983 50297
1984 50500
1984 50500
1985 50648
1985 50648
1986 50798
1987 50948
1988 51088

Model M4050F
Left side of clutch housing.
1981 10001
1982 10004
1983 10547
1984 10792
1985 11192
1986 11592
1987 11992
1988 12392

Model M4500DC
1980 10001
1981 10253
1982 10264
1983 10276
1984 10282
1985 10384
1986 10486

Model M4500DT
1978 10001
1979 10316
1980 11025
1981 11588
1982 12604
1983 12483
1984 50803

Model M4500F
1978 10001
1979 10011
1980 10147
1981 10596
1982 10699
1983 10802
1984 10902
1985 11002
1986 11102

Model M4950DT
Left side of frame.

1980 10001
1981 10006
1982 50001
1983 50053
1984 51001
1985 51289
1986 51577
1987 51867
1988 52157
1989 52447
1990 52723
1991 53013
1992 53293

Model M4950F
Left side of frame.
1980 10001
1981 10041
1982 10095
1983 10136
1984 11001
1985 11167
1986 11333
1987 11501
1988 11671
1989 11841
1990 12011
1991 12181
1992 12351

Model M5030DT
1985 50001

Model M5030F
1985 50001

Model M5500DT
Left side of clutch housing.
1979 10001
1980 10452
1981 10596
1982 10733
1983 10804
1984 50108
1985 50176
1986 50241

Model M5500F
Left side of clutch housing.
1980 10001
1981 10164
1982 10222
1983 50002
1984 50192
1985 50176
1986 53136

Model M5950DT
Left side of frame.
1980 10001
1981 10006
1982 50001
1983 50002
1984 51001
1985 51239
1986 51239
1987 51477
1988 51711
1989 51951

Model M5950F
Left side of frame.
1980 10001
1981 10005
1982 10045
1983 10085

1984 11001
1985 11092

Model M6030DT
1985 50001

Model M6030F
1985 10001

Model M6950DT
Left side of frame.
1983 10001
1984 10004
1985 50001
1986 50002
1987 50639
1988 50693

Model M6950F
Left side of frame.
1983 10001
1984 10004
1985 10012
1986 10039
1987 10159

Model M7030DT
1985 50001

Model M7030F
1985 10001

Model M7500C
Left side of clutch housing.
1979 10001
1980 10026
1981 10294
1982 10577

Model M7500DT
Left side of clutch housing.
1978 10001
1979 10401
1980 10436
1981 10761
1982 11490
1983 11744
1984 50056
1985 60011
1986 69966

Model M7950DT
Left side of frame.
1983 10001
1984 10009
1985 50001
1986 50103
1987 51847

Model M7950F
Left side of frame.
1983 10001
1984 10004
1985 10011
1986 10080
1987 10130
1988 10196

Model M8030DT
1985 50001

Model M8030F
1985 10001

Model M8950DT
1985 50001
1986 50007
1987 50425

LANDINI

Model DT5830
1985 22201001
1986 22202733
1987 22203556

Model DT6530F
1985 23201001
1986 23201344
1987 . . . . 232A01754

Model DT6830
1985 22101001
1986 22103628
1987 22104826

Model DT7830
1985 22001001
1986 22001221
1987 22001596

Model DT8550
1985 22500001
1986 22500960
1987 22501218

Model DT8830
1985 22300001
1986 22801652
1987 22302505

Model R5830
1985 12201001
1986 12201921
1987 12202407

Model R6530F
1985 13200001
1986 13200653
1987 . . . . 132A00912

Model R6830
1985 12101001
1986 12101780
1987 12102301

Model R7830
1985 12000001
1986 12000709
1987 12000911

Model R8530F
1985 14100001
1986 14100021
1987 . . . . 141B00055

Model R8550
1985 12500001
1986 12500300
1987 12500343

Model R8830
1985 12300001
1986 12300531
1987 12300858

MASSEY FERGUSON

Model MF1010-2
Steering cover below dash.
1982............ 00101
1983............ 00613
1984............ 10901
1985............ 11727
1986............ 12471
1987............ 13902
1988............ 14433
1989............ None
1990............ 14549
1991............ 14826
1992............ 14937

Model MF1010-4
Steering cover below dash.
1982............ 40101
1983............ 40607
1984............ 40809
1985............ 41491
1986............ 42317
1987............ 43683
1988............ 44498
1989............ 44696
1990............ 44886
1991............ 45166
1992............ 45362

Model MF1010H-2
Steering cover below dash.
1987............ 13953
1988............ 14455
1989............ 14549
1990............ 14600
1991............ 14836
1992............ 15158

Model MF1010H-4
Steering cover below dash.
1987............ 43640
1988............ 44370
1989............ 44696
1990............ 44907
1991............ 45175
1992............ 45545

Model MF1020-2
Steering cover below dash.
1983............ 00101
1984............ 00411
1985............ 00809
1986............ 01548
1987............ 02394
1988............ 02707
1989............ 02768
1990............ 02913
1991............ 03153
1992............ 03262

Model MF1020-4
Steering cover below dash.
1983............ 40101
1984............ 40395
1985............ 40549
1986............ 41002
1987............ 41787
1988............ 42273
1989............ 42532
1990............ 42963
1991............ 43276
1992............ 43647

Model MF1020H-2
Steering cover below dash.
1987............ 02319
1988............ 02707
1989............ 02768
1990............ 02933
1991............ 03146
1992............ 03381

Model MF1020H-4
Steering cover below dash.
1987............ 41709
1988............ 42343
1989............ 42641
1990............ 43016
1991............ 43264
1992............ 43694

Model MF1030-2
Left side of clutch housing.
1984............ 00101
1985............ 00820
1986............ 01501
1987............ 02542
1988............ 03139
1989............ 03285
1990............ 03308
1991............ 03686
1992............ 03917

Model MF1030-4
Left side of clutch housing.
1984............ 40101
1985............ 40600
1986............ 41245
1987............ 42167
1988............ 42594
1989............ 42953
1990............ 43251
1991............ 43492
1992............ 44024

Model MF1035-2
Left side of clutch housing.
1986............ 00100
1987............ 00315
1988............ None
1989............ 00540
1990............ 00585
1991............ 00729
1992............ 00872

Model MF1035-4
Left side of clutch housing.
1986............ 40100
1987............ 40377
1988............ 40691
1989............ 40936
1990............ 41058
1991............ 41223
1992............ 41388

Model MF1040-2
Left side of clutch housing.
1984............ 00101
1985............ 00155
1986............ 00552

Model MF1040-4
Left side of clutch housing.
1984............ 40101
1985............ 40351
1986............ 40562
1987............ 40773

Model MF1045-2
Left side of clutch housing.
1986............ 00100
1987............ 00234
1988............ None
1989............ None
1990............ 00334
1991............ 00367
1992............ 00399

Model MF1045-4
Left side of clutch housing.
1986............ 40100
1987............ 40275
1988............ 40566
1989............ 40757
1990............ 41144
1991............ 41531
1992............ 41916

Model MF1080
1967.......... 9B10001
1968.......... 9B14693
1969.......... 9B18673
1970.......... 9B23486
1971.......... 9B28238
1972.......... 9B31959

Model MF1085
Left side ahead of instrument panel.
1972.......... 9B36563
1973.......... 9B36841
1974.......... 9B42685
1975.......... 9B50494
1976.......... 9B58735
1977.......... 9B66276
1978.......... 9B74241
1979.......... 9B76058

Model MF1100
Right side forward of transmission.
1965........ 650000174
1966........ 650001997
1967........ 650005482
1967 late....... 9B10001
1968.......... 9B14693
1969.......... 9B18673
1970.......... 9B23486
1971.......... 9B28238
1972.......... 9B31959

Model MF1105
Left side ahead of instrument panel.
1972.......... 9B36563
1973.......... 9B36851
1974.......... 9B42685
1975.......... 9B50494
1976.......... 9B58735
1977.......... 9B66276
1978.......... 9B74241
1979.......... 9B76058

Model MF1130
Right side forward of transmission.
1965........ 651500022
1966........ 651500082
1967........ 651501613
1967 late....... 9B10001
1968.......... 9B14693
1969.......... 9B18673
1970.......... 9B23486
1971.......... 9B28238
1972.......... 9B31959

Model MF1135
Left side ahead of instrument panel.
1972.......... 9B36563
1973.......... 9B36841
1974.......... 9B42685
1975.......... 9B50494
1976.......... 9B58735
1977.......... 9B66276
1978.......... 9B74241
1979.......... 9B76058

Model MF1150
Right side forward of transmission.
1967.......... 9B10001
1968.......... 9B14693
1969.......... 9B18673
1970.......... 9B23486
1971.......... 9B28238
1972.......... 9B31959

Model MF1155
Left side ahead of instrument panel.
1972.......... 9B36563
1973.......... 9B36851
1974.......... 9B42685
1975.......... 9B50494
1976.......... 9B58735
1977.......... 9B66276
1978.......... 9B74241
1979.......... 9B76058

Model MF1160
1992........... A70101
1993........... B70101
1994........... C00101
1995........... D00101
1996........... E00101
1997........... F01001
1998........... G01001
1999........... H01001

Model MF1165
1999........... H01001
2000........... J01001
2001........... K01001
2002........... L01001

Model MF1180
1992........... A80101
1993........... B80101
1994........... C00101
1995........... D00101
1996........... E00101
1997........... F01001
1998........... G01001
1999........... H01001

Model MF1190
1992........... A90101
1993........... B90101
1994........... C00101
1995........... D00101
1996........... E00101
1997........... F01001
1998........... G01001
1999........... H01001

Model MF1205
1997........... F01001
1998........... G01001
1999........... H01001
2000........... J01001
2001........... K01001
2002........... L01001
2003........... M01001

Model MF1215
1996........... E01001
1997........... F01001
1998........... G01001
1999........... H01001
2000........... J01001
2001........... K01001
2002........... L01001
2003........... M01001

Model MF1220
1995........... D01001
1996........... E01001
1997........... F01001
1998........... G01001
1999........... H01001

Model MF1225
1999........... H01001
2000........... J01001
2001........... K01001
2002........... L01001

Model MF1230, MF1240
1994........... C01001
1995........... D01001
1996........... E01001
1997........... F01001
1998........... G01001
1999........... H01001
2000........... J01001
2001........... K01001
2002........... L01001
2003........... M01001

Model MF1235
1997........... F01001
1998........... G01001
1999........... H01001
2000........... J01001
2001........... K01001
2002........... L01001
2003........... M01001

Model MF1250, MF1260
1994........... C01001
1995........... D01001
1996........... E01001
1997........... F01001
1998........... G01001
1999........... H01001
2000........... J01001
2001........... K01001
2002........... L01001
2003........... M01001

Model MF135
Steering column below instrument panel.
1964........ 641000003
1965........ 641004422
1966........ 641016741
1967........ 641024446
1967 late........ 9A1000
1968.......... 9A39836
1969.......... 9A63148
1970.......... 9A87325
1971......... 9A107597
1972......... 9A128141
1973......... 9A152025
1974......... 9A179544
1975......... 9A207681

Model MF150
Steering column below instrument panel.
1964........ 642000003
1965........ 642000859
1966........ 642003946
1967........ 642005474
1967 late........ 9A1000
1968.......... 9A39836
1969.......... 9A63158
1970.......... 9A87325
1971......... 9A107597
1972......... 9A128141
1973......... 9A152025
1974......... 9A179544
1975......... 9A207681

Model MF1500
Left of instrument panel.
1971........... 9C1000
1972........... 9C1912
1973........... 9C2462
1974........... 9C3025

Model MF1505
Left of instrument panel.
1974........... 9C3601
1975........... 9C4227
1976........... 9C6086
1977........... 9C7858

Model MF154-2S
Lower right side of instrument console.
1986......... 13300288
1987........ 133A00489
1988........ 133C00645
1989........ 133C00791

Model MF154-4
Front of instrument console and left rear of center housing casting.
1980.......... 2226706
1981.......... 2227212
1982.......... 2229282
1983.......... 2229927
1984.......... 2210485

Model MF154-4S
Front of instrument console and left rear of center housing casting.
1986......... 23300755
1987........ 233A01012
1988........ 233C01304
1989........ 233C01511

Model MF165
Steering column below instrument panel.
1964........ 643000003
1965........ 643000481
1966........ 643007763
1967........ 643014673
1967 late........ 9A1000
1968.......... 9A39836
1969.......... 9A63158
1970.......... 9A87325
1971......... 9A107597
1972......... 9A128141
1973......... 9A152025
1974......... 9A179544
1975......... 9A207681

Model MF174-2S
Front of instrument console and left rear of center housing casting.
1986......... 13200653
1987........ 132A00912
1988........ 132C01178
1989........ 132C01413

Model MF174-4S
Front of instrument console and left rear of center housing casting.
1986......... 23201344
1987........ 232A01754
1988........ 232C02271
1989........ 232C02679

Model MF175
Steering column below instrument panel.
1964 644000001
1965 644001494
1966 644003041
1967 . . . . 9A1000
1968 . . . . 9A39836
1969 . . . . 9A63158
1970 . . . . 9A87325
1971 . . . . 9A107597
1972 . . . . 9A128141
1973 . . . . 9A152025
1974 . . . . 9A179544
1975 . . . . 9A207681

Model MF180
Steering column below instrument panel.
1965 645000007
1966 645002423
1967 645004713
1967 late. 9A1000
1968 . . . . 9A39836
1969 . . . . 9A63158
1970 . . . . 9A87325
1971 . . . . 9A107597
1972 . . . . 9A128141
1973 . . . . 9A152025
1974 . . . . 9A179544
1975 . . . . 9A207681

Model MF1800
Top of cab plenum chamber.
1971 . . . . 9C1000
1972 . . . . 9C1912
1973 . . . . 9C2462
1974 . . . . 9C3025

Model MF1805
Left of instrument panel.
1974 . . . . 9C3601
1975 . . . . 9C4227
1976 . . . . 9C6086
1977 . . . . 9C7858
1978 . . . . 9C8810

Model MF184-4
Front of instrument console and left rear of center housing casting.
1976 22000001
1977 22000930
1978 22001860
1979 22002789
1980 22003890
1981 22046000

Model MF194-2F
Lower right side of instrument console.
1986 14000014
1987 . . . . 140D00024
1988 . . . . 140D00037
1989 . . . . 140D00062

Model MF194-4F
Lower right side of instrument console.
1986 24000129
1987 . . . . 240D00382
1988 . . . . 240D00925
1989 . . . . 240D01456

Model MF205
Steering column below instrument panel.
1978 00101
1979 00315
1980 00683
1981 01512
1982 01966
1983 02159
1984 02337

Model MF205-4
Steering column below instrument panel.
1979 00101
1980 00677
1981 00916
1982 01390
1983 01440
1984 01516

Model MF210
Steering column below instrument panel.
1978 00101
1979 00961
1980 01711
1981 02700
1982 03892
1983 04231
1984 04902

Model MF210-4
Steering column below instrument panel.
1979 00101
1980 00711
1981 00764
1982 01595
1983 01915
1984 02209

Model MF220
Steering column below instrument panel.
1978 00101
1979 00300
1980 00552
1981 00750
1982 01339
1983 01458
1984 01708

Model MF220-4
Steering column below instrument panel.
1979 00101
1980 00520
1981 00868
1982 01673
1983 01981
1984 02163

Model MF2210, MF2220
1999 . . . . H01001
2000 . . . . J01001

Model MF230
Steering column below instrument panel.
1974 . . . . 9A202190
1975 . . . . 9A207681
1976 . . . . 9A232539
1977 . . . . 9A254045
1978 . . . . 9A276935
1979 . . . . 9A296946
1980 . . . . 9A326169
1981 . . . . 9A339343
1982 . . . . 9A350584
1983 . . . . 9A354679

Model MF231
Lower right side of instrument console.
1989 . . . . P17001
1990 . . . . Q01001
1990 . . . . R01001
1991 . . . . S01001
1992 . . . . A01001
1993 . . . . B01001
1994 . . . . C01002
1995 . . . . D01001
1996 . . . . E01001
1997 . . . . F01001
1998 . . . . G01001
1999 . . . . H01001
2000 . . . . J01001
2001 . . . . K01001
2002 . . . . L01001
2003 . . . . M01001

Model MF235
Lower left side of instrument console.
1972 . . . . 9A128141
1973 . . . . 9A152025
1974 . . . . 9A179544
1975 . . . . 9A207681
1976 . . . . 9A232539

Model MF240
Lower right side of instrument console.
1983 524172
1984 552016
1985 557882
1986 562369
1987 . . . . V01001
1988 . . . . N01001
1989 . . . . P01001
1990 . . . . R01001
1991 . . . . S01001
1992 . . . . A01001
1993 . . . . B01001
1994 . . . . C01001
1995 . . . . D01001
1996 . . . . E01001
1997 . . . . F01001
1998 . . . . G01001
1999 . . . . H01001

Model MF243
1999 . . . . H01001
2000 . . . . J01001
2001 . . . . K01001
2002 . . . . L01001
2003 . . . . M01001

Model MF245
Steering column below instrument panel.
1974 . . . . 9A202190
1975 . . . . 9A207681
1976 . . . . 9A232539
1977 . . . . 9A254045
1978 . . . . 9A276935
1979 . . . . 9A296946
1980 . . . . 9A326169
1981 . . . . 9A339343
1982 . . . . 9A350584
1983 . . . . 9A354679

Model MF250
Lower right side of instrument console.
1983 621838
1984 624021
1985 627250
1986 629926
1987 632601

Model MF253
Lower right side of instrument console.
1988 . . . . N01001
1989 . . . . P01001
1990 . . . . R01001
1991 . . . . S01001
1992 . . . . A01001
1993 . . . . B01001
1994 . . . . C01001
1995 . . . . D01001
1996 . . . . E01001
1997 . . . . F01001
1998 . . . . G01001
1999 . . . . H01001

Model MF254-4
1982 2229282
1983 2229927
1984 22210485
1985 22201750
1986 22202733
1987 22203556
1988 22204689

Model MF255, MF265
Steering column below instrument panel.
1974 . . . . 9A202190
1975 . . . . 9A207681
1976 . . . . 9A232539
1977 . . . . 9A254045
1978 . . . . 9A276935
1979 . . . . 9A296946
1980 . . . . 9A326169
1981 . . . . 9A339343
1982 . . . . 9A350584
1983 . . . . 9A354679

Model MF261
Steering column below instrument panel.
1992 . . . . A22001
1993 . . . . B01001
1994 . . . . C01001
1995 . . . . D01001
1996 . . . . E01001
1997 . . . . F01001
1998 . . . . G01001
1999 . . . . H01001

Model MF263
1998 . . . . G01001
1999 . . . . H01001
2000 . . . . J01001
2001 . . . . K01001
2002 . . . . L01001
2003 . . . . M01001

Model MF2640
Right side ahead of instrument panel.
1982 . . . . S276213
1983 . . . . B160217
1983 . . . . K181026

Model MF2675, MF2705, MF2745, MF2775, MF2805
Left side of instrument console.
1976 . . . . 9R000001
1977 . . . . 9R000048
1978 . . . . 9R000602
1979 . . . . 9R002782
1980 . . . . 9R007282
1981 . . . . 9R010307
1982 . . . . 9R013230
1983 . . . . 9R013525

Model MF270
Lower right side of instrument console.
1983 286152
1984 287179
1985 288016
1986 288425
1987 288835

Model MF271
1998 . . . . G01001
1999 . . . . H01001
2000 . . . . J01001
2001 . . . . K01001
2002 . . . . L01001

Model MF274-4
1982 22111297
1983 22112162
1984 22112828
1985 . . . . 221N02384
1986 22103628
1987 22104826
1988 22106115

Model MF275
Steering column below instrument panel.
1974 . . . . 9A202190
1975 . . . . 9A207681
1976 . . . . 9A232539
1977 . . . . 9A254015
1978 . . . . 9A276935
1979 . . . . 9A296946
1980 . . . . 9A326169
1981 . . . . 9A339343
1982 . . . . 9A350584
1983 . . . . 9A354679

Model MF281
1998 . . . . G01001
1999 . . . . H01001
2000 . . . . J01001
2001 . . . . K01001
2002 . . . . L01001

Model MF283
1988 00102
1989 01202
1990 . . . . R01001
1991 02052
1992 . . . . A01001
1993 . . . . B01001
1994 . . . . C01001
1995 . . . . D01001
1996 . . . . E01001
1997 . . . . F01001
1998 . . . . G01001
1999 . . . . H01001

Model MF285
Steering column below instrument panel.
1974 . . . . 9A202190
1975 . . . . 9A207681

Model MF290
Lower right side of instrument console.
1983 286453
1984 289947
1985 393422
1986 723909
1987 454396
1988 454983

Model MF294-4
Lower right side of instrument console.
1982 2235938
1983 2236290
1984 2236511
1985 . . . . 223D00915
1986 22301652
1987 22302505
1988 23303121

Model MF298
Lower right side of instrument console.
1983 702586
1984 703062
1985 703760
1986 704095

Model MF3050
On implement control panel right side of operator.
1986 . . . . U031001
1987 . . . . V001001
1988 . . . . N001001
1989 . . . . P001001
1990 . . . . R001001
1991 . . . . S001001
1992 . . . . A001001

Model MF3060, MF3070, MF3090
On implement control panel right side of operator.
1986 . . . . U031001
1987 . . . . V001001
1988 . . . . N001001
1989 . . . . P001001
1990 . . . . R001001
1991 . . . . S001001
1992 . . . . A001001

Model MF3120, MF3140
On implement control panel right side of operator.
1990 . . . . R001001
1991 . . . . S001001
1992 . . . . A001001

Model MF35
1960 203202
1961 211072
1962 223896
1963 237276

Model MF3505
Right side ahead of instrument panel.
1983 . . . . K241203
1984 . . . . T101201
1985 . . . . L101201
1986 . . . . U031201
1987 . . . . V001201

Model MF3525
Right side ahead of instrument panel.
1983 . . . . K241213
1984 . . . . T101201
1985 . . . . L101201
1986 . . . . U031201
1987 . . . . V001201
1988 . . . . N001001

MASSEY FERGUSON (Cont.)

Model MF354
1996........... E01001
1997........... F01001
1998........... G01001
1999........... H01001

Model MF3545
Right side ahead of instrument panel.
1983.......... K242206
1984.......... T101201
1985.......... L101201
1986.......... U031201
1987.......... V001201
1988.......... N001001

Model MF360
Lower right side of steering cover.
1986........... U01001
1987........... V01001
1988........... N01001
1989........... P01001
1990........... R01001
1991........... S01001
1992........... A01001
1993........... B01001

Model MF362
Lower right side of steering cover.
1990........... R01001
1991........... S01001
1992........... A01001
1993........... B01001
1994........... C01001
1995........... D01001
1996........... E01001
1997........... F01001
1998........... G01001
1999........... H01001

Model MF3630, MF3650
On implement control panel right side of operator.
1987.......... V001001
1988.......... N001001
1989.......... P001001
1990.......... R001001
1991.......... S001001
1992.......... A001001

Model MF364S, MF384S
Right side of instrument console.
1989........... P01001
1990........... R01001
1991........... S01001
1992........... A01001
1993........... B01001
1994........... C01001
1995........... D01001
1996........... E01001
1997........... F01001
1998........... G01001

Model MF3660
On implement control panel right side of operator.
1990.......... R001001
1991.......... S001001
1992.......... A001001

Model MF3680
On implement control panel right side of operator.
1988.......... N293001
1989.......... P001001
1990.......... R001001
1991.......... S001001
1992.......... A001001

Model MF374S, MF394S
Right side on instrument console.
1989........... P01001
1990........... R01001
1991........... S01001
1992........... A01001
1993........... B01001
1994........... C01001
1995........... D01001
1996........... E01001
1997........... F01001
1998........... G01001
1999........... H01001

Model MF375
Lower right side of steering cover.
1987........... V01001
1988........... N01001
1989........... P01001
1990........... R01001
1991........... S01001
1992........... A01001
1993........... B01001
1994........... C01001
1995........... D01001
1996........... E01001
1997........... F01001
1998........... G01001
1999........... H01001

Model MF383
Lower right side of steering cover.
1987........... V01001
1988........... N01001
1989........... P01001
1990........... R01001
1991........... S01001
1992........... A01001
1993........... B01001
1994........... C01001
1995........... D01001
1996........... E01001
1997........... F01001
1998........... G01001

Model MF390
Lower right side of steering cover.
1987........... V01001
1988........... N01001
1989........... P01001
1990........... R01001
1991........... S01001
1992........... A01001
1993........... B01001
1994........... C01001
1995........... D01001
1996........... E01001
1997........... F01001
1998........... G01001
1999........... H01001

Model MF390T
Lower right side of steering cover.
1989........... P01001
1990........... R01001
1991........... S01001
1992........... A01001
1993........... B01001
1994........... C01001
1995........... D01001
1996........... E01001
1997........... F01001
1998........... G01001
1999........... H01001

Model MF393
1992........... A01001
1993........... B01001
1994........... C01001
1995........... D01001
1996........... E01001
1997........... F01001
1998........... G01001
1999........... H01001

Model MF396
Lower right side of steering cover.
1992........... A01001
1993........... B01001
1994........... C01001
1995........... D01001
1996........... E01001
1997........... F01001
1998........... G01001
1999........... H01001

Model MF398
Lower right side of steering cover.
1987........... V01001
1988........... N01001
1989........... P01001
1990........... R01001
1991........... S01001
1992........... A01001
1993........... B01001
1994........... C01001
1995........... D01001
1996........... E01001
1997........... F01001

Model MF399
Lower right side of steering cover.
1987........... V01001
1988........... N01001
1989........... P01001
1990........... R01001
1991........... S01001
1992........... A01001
1993........... B01001
1994........... C01001
1995........... D01001
1996........... E01001
1997........... F01001
1998........... G01001
1999........... H01001

Model MF4225, MF4235
1998........... G01001
1999........... H01001
2000........... J01001
2001........... K01001

Model MF4233
1999........... H01001
2000........... J01001

Model MF4243
1998........... G01001
1999........... H01001
2000........... J01001

Model MF4245, MF4255
1998........... G01001
1999........... H01001
2000........... J01001
2001........... K01001

Model MF4253, MF4263
1998........... G01001
1999........... H01001
2000........... J01001
2001........... K01001

Model MF4270
1998........... G01001
1999........... H01001
2000........... J01001
2001........... K01001

Model MF4800, MF4840, MF4880 & MF4900
Right rear of cab.
1978......... 9D001001
1979......... 9D001008
1980......... 9D002102
1981......... 9F002752
1982......... 9D003515
1983......... 9D003897
1984......... 9D004196
1985......... 9D004446
1986......... 9D004826
1987......... 9D005476
1988......... 9D006241

Model MF50
Plate on instrument panel.
1957........... 510764
1958........... 515708
1959........... 522693
1960........... 528163
1961........... 528419
1962........... 530416
1963........... 533851
1964........... 536063

Model MF6150, MF6170, MF6180
1995........... D01001
1996........... E01001
1997........... F01001
1998........... G01001
1999........... H01001

Model MF6245
1999........... H01001
2000........... J01001
2001........... K01001

Model MF6255, MF6265
1999........... H01001
2000........... J01001
2001........... K01001
2002........... L01001
2003........... M01001

Model MF6270, MF6280, MF6290
1999........... H01001
2000........... J01001
2001........... K01001
2002........... L01001
2003........... M01001

Model MF65
Right side of instrument panel.
1958........... 650001
1959........... 661164
1960........... 671379
1961........... 680210
1962........... 685370
1963........... 693040
1964........... 701057

Model MF670
Left of clutch pedal on plate on side of instrument panel shroud.
1983.......... K183027
1983.......... B207021
1984.......... T101001
1985.......... L101001
1986.......... U031001

Model MF690
Left of clutch pedal on plate on side of instrument panel shroud.
1983.......... B197022
1983.......... K181026
1984.......... T101001
1985.......... L101001
1986.......... U031001
1987.......... V034001

Model MF698
Left of clutch pedal on plate on side of instrument panel shroud.
1983.......... B201031
1983.......... K186009
1984.......... T101001
1985.......... L101001
1986.......... U031001

Model MF699
Left of clutch pedal on plate on side of instrument panel shroud.
1984.......... T101001
1985.......... L101001
1986.......... U031001
1987.......... V034001

Model MF8120, MF8140
1995........... D01001
1996........... E01001
1997........... F01001
1998........... G01001
1999........... H01001

Model MF8220, MF8240, MF8245
1999........... H01001
2000........... J01001
2001........... K01001
2002........... L01001
2003........... M01001

Model MF8250, MF8260, MF8270, MF8280
1999........... H01001
2000........... J01001
2001........... K01001
2002........... L01001
2003........... M01001

Model MF85
Right side of battery box.
1958........... 800001
1959........... 800048
1960........... 804355
1961........... 807750
1962........... 808564
1963............. 1001
1964............. 1353
1965............. 1775
1966............. 1995

Model MF88
Right side of battery box.
1959........... 880001
1960........... 881453
1961........... 882229
1962........... 882496

Model MF90
Right side of battery box.
1962........... 810000
1963........... 813170
1964........... 816113
1965........... 819342
1966............. 0001
1967............. 0305
1968............. 0501
1969............. 0840
1970............. 1101
1971............. 1632

Model MF90WR
1962........... 885000
1963........... 835870
1964........... 886829
1965........... 888238

Model MF97
1962......... 25200001
1963......... 25200506
1964......... 25202005
1965......... 25203504

MASSEY HARRIS

Model 101 Jr.
Rear left side of frame forward of transmission case.
1939........... 375001
1940........... 377928
1941........... 379500
1942........... 379815
1943........... 379855
1944........... 380641
1945........... 382569
1946........... 384288

Model 101 Sr. Row Crop
Rear left side of frame forward of transmisssion case.
1938........... 255001
1939........... 256085
1940........... 257281
1941........... 258769
1942........... 259762
1943........... 260430
1944........... 260796
1945........... 263020
1945........... 270001
1946........... 270145

MASSEY HARRIS (Cont.)

Model 101 Sr. Standard
Rear left side of frame forward of transmission case.
1938 355001
1939 355603
1940 356792
1941 358188
1942 358869
1943 358975
1944 359458
1945 360927
1946 362520

Model 102 Jr. Row Crop
Rear left side of frame forward of transmission case.
1939 387001
1940 387031
1941 387127
1942 387419
1943 387601
1944 387844
1945 388240
1946 388995

Model 102 Jr. Standard
Rear left side of frame forward of transmission case.
1939 385001
1940 385204
1941 385450
1942 386099
1943 386662
1944 390001
1945 390994
1946 391913

Model 102 Sr.
Rear left side of frame forward of transmission case.
1941 365001
1942 365202
1943 366062
1944 366183
1945 367535

Model 20 Row Crop
1946 1001
1947 1580
1948 3584

Model 20 Standard
1947 1001
1948 2230

Model 201
Rear left side of frame forward of transmission case.
1940 91201
1941 91704

Model 202
Left side of main frame.
1941 95001
1942 95224
1943 95444
1944 95654

Model 203
Left side of main frame.
1940 95001
1941 95002
1942 95182
1943 95202
1944 95223
1945 95259
1946 95295
1947 95338

Model 20K Row Crop
1947 1001
1948 1354

Model 20K Standard
1947 1001
1948 2230

Model 21 Colt
Rear left side of frame forward of transmission case.
1952 1001
1953 1417
1954 2629
1955 4256
1956 5886
1957 7511

Model 22 Row Crop
Rear left side of frame forward of transmission case.
1948 1001
1949 2096
1950 4580
1951 7624
1952 10145
1953 20046
1954 20585
1955 28705

Model 22 Standard
Rear left side of frame forward of transmission case.
1948 1001
1949 1542
1950 3208
1951 4533
1952 5717
1953 20046
1954 20585
1955 24375

Model 22K Row Crop
1948 1001
1949 1154
1950 1488
1951 1570
1952 1748
1953 20001
1954 20585
1955 28705

Model 22K Standard
Rear left side of frame forward of transmission case.
1948 1001
1949 1317
1950 1488
1951 1570
1952 1748
1953 20001
1954 20585
1955 28705

Model 23 Mustang
Rear left side of frame forward of transmission case.
1952 1001
1953 1666
1954 4346
1955 4553
1956 4773

Model 30 Row Crop
Rear left side of frame forward of transmission case.
1946 1001
1947 1002
1948 3386
1949 6825
1950 9345
1951 13816
1952 17934
1952 30001
1953 30596

Model 30 Standard
Rear left side of frame forward of transmission case.
1946 1001
1947 1002
1948 2120
1949 3194
1950 5368
1951 7491
1952 8696
1952 30001
1953 30596

Model 30K Row Crop
Rear left side of frame forward of transmission case.
1947 1001
1948 1225
1949 2010
1950 2393
1951 2719
1952 30001
1953 30596

Model 30K Standard
Rear left side of frame forward of transmission case.
1947 1001
1948 1894
1949 3251
1950 3531
1951 3861
1952 30001
1953 30596

Model 33
Rear left side of frame forward of transmission case.
1952 1001
1953 2055
1954 6617
1955 9782

Model 333
Rear left side of frame forward of transmission case.
1956 20001
1957 22649
1958 22950

Model 44 Row Crop
Rear left side of frame forward of transmission case.
1947 1002
1948 2048
1949 5312
1950 13828
1951 21815
1952 31275
1953 43700
1954 51364
1955 58067

Model 44 Special
Rear left side of frame forward of transmission case.
1946 1001
1947 1141
1948 1871
1949 4528
1950 9581
1951 13726
1952 40001
1952 17059
1953 50001
1954 51364
1955 58067

Model 44 Standard
Rear left side of frame forward of transmission case.
1946 1001
1947 1141
1948 1871
1949 4528
1950 9581
1951 13726
1952 17059
1953 43700
1954 51364
1955 58067

Model 44-6 Row Crop
Rear left side of frame forward of transmission case.
1947 1002
1948 2983
1949 4755
1950 5255
1951 5509

Model 44-6 Standard
Rear left side of frame forward of transmission case.
1947 1001
1948 2001
1949 2601
1950 2730

Model 444
Rear left side of frame forward of transmission case.
1956 70001
1957 73989
1958 22950

Model 44D Row Crop
Rear left side of frame forward of transmission case.
1949 1001
1950 1004
1951 2483
1952 4704
1953 43700
1954 51364
1955 58067

Model 44D Standard
Rear left side of frame forward of transmission case.
1948 1001
1949 1023
1950 2180
1951 3989
1952 5639
1953 43700
1954 51364
1955 58067

Model 44K Row Crop
Rear left side of frame forward of transmission case.
1947 1001
1948 1079
1949 1856
1950 2599
1951 3329
1952 4001
1953 43700
1954 51364
1955 58067

Model 44K Standard
Rear left side of frame forward of transmission case.
1947 1001
1948 1441
1949 3598
1950 4827
1951 6019
1952 6787
1953 43700
1954 51364
1955 58067

Model 55
Rear left side of frame forward of transmission case.
1946 1001
1947 1116
1948 2132
1949 3581
1950 5468
1951 6399
1952 10001
1953 13017
1954 15299
1955 17059

Model 555
Rear left side of frame forward of transmission case.
1955 20001
1956 20133
1957 21133
1958 22950

Model 55D
Rear left side of frame forward of transmission case.
1949 1001
1950 1022
1951 2058
1952 2822
1953 13017
1954 15299
1955 17059

Model 55K
Rear left side of frame forward of transmission case.
1946 1001
1947 1013
1948 1554
1949 3033
1950 4078
1951 4808
1952 5503
1953 13017
1954 15299
1955 17059

Model 81 Row Crop
Rear left side of frame forward of transmission case.
1941 400001
1942 403168
1943 403211
1944 403354
1945 403364
1946 403464
1947 403564
1948 404664

Model 81 Standard
Rear left side of frame forward of transmission case.
1941 425001
1942 425678
1943 425717
1944 425757
1945 425780
1946 426803

Model 82 Row Crop
Rear left side of frame forward of transmission case.
1941 420001
1942 420055
1943 420128
1944 420201
1945 420274
1946 420307

Model 82 Standard
Rear left side of frame forward of transmission case.
1941 435001
1942 435279
1943 435452
1944 435455
1945 435458
1946 435738

Model MH11 Pony
Right side of front frame.
1947 . . . . PGA1001
1948 . . . . PGA1382
1949 . . . . PGA5501
1950 . . . . PGA10817
1951 . . . . PGA13591
1952 . . . . PGA17994
1953 20571
1954 23149
1955 25727
1956 28305
1957 30883

Model MH16 Pacer
1954 50001
1955 51613
1956 53212
1957 54724

Model MH50
1955 500001
1956 500473

Model 1050 LP
Side of transmission case.
1969 43000001
1970 43000041
1971 43000061
1972 43000106

Model 335 Universal
Side of transmission case.
1957 11600001
1958 11600302
1959 11600307

Model 335 Utility
Side of transmission case.
1956 10400001
1957 10400102
1958 10402088
1959 10402337
1960 10402440
1961 10402490

Model 445 Diesel Utility
Side of transmission case.
1959 15400001
1960 15400018

Model 445 Universal
Side of transmission case.
1956 10100001
1957 10102855
1958 10104126
1959 10104805

Model 445 Utility
Side of transmission case.
1956 10200001
1957 10201446
1958 10202102
1959 10202243

Model 5 Star Diesel Standard
Side of transmission case.
1958 14500001
1959 14500166
1960 14500189

Model 5 Star Diesel Universal
Side of transmission case.
1957 14400001
1958 14400204
1959 14400786
1960 14401296

Model 5 Star Standard
Side of transmission case.
1958 11200001
1959 11200212
1960 11800022

Model 5 Star Universal
Side of transmission case.
1957 11000001
1958 11001058
1959 11002068
1960 11700060
1961 18900041

Model A4T-1600 Diesel
1970 45600001
1971 45600188
1972 45600701

Model A4T-1600 LP
1970 45700001
1971 45700127
1972 45700198

Model BF
Right frame rail.
1950 .... R500
1951 .... R1839
1952 .... R4460
1953 57900001
1954 57900601
1955 57900769
1956 57900938
1957 57901106

Model BFD
1953 57700001
Last Number ... 57700358

Model BFH
1953 58000001

Last Number ... 58000150

Model BFS
1953 57600001
Last Number ... 57600047

Model BFW
1953 6538
Last Number R7571

Model BG
Right frame rail.
1950 500
1951 1839
1952 4460
1953 6538
1953 57900001
1954 57900601
1955 57900769
1956 57900938

Model G1000 Diesel Row Crop
Side of transmission case.
1965 30600001
1966 30600501
1967 30601126
1968 30601286

Model G1000 Row Crop
Side of transmission case.
1965 30500001
1966 30500451
1967 30500927
1968 30501042

Model G1000 Vista
1967 34500011

Model G1000 Vista D
Side of transmission case.
1968 34600016
1969 34600736
1970 34601186

Model G1000 Vista LP
Side of transmission case.
1967 34500011
1968 34500291
1969 34500391
1970 34500791

Model G1000 Wheatland
Side of transmission case.
1966 32600001
1967 32600516
1968 32600651
1969 .... None
1970 32600653

Model G1000 Wheatland D
Side of transmission case.
1966 32700001
1967 32700734
1968 32701451
1969 .... None
1970 32701775

Model G1050 Diesel
Side of transmission case.
1969 43100001
1970 43100286
1971 43100416

Model G1050LP
Side of transmission case.
1969 43000001
1970 43000041
1971 43000061
1972 43000106

Model G1350 Diesel
Side of transmission case.
1970 43300001
1971 43300043
1972 43300254

Model G1350 LP
Side of transmission case.
1971 43200045
1972 43200098

Model G1350 Row Crop LP
Side of transmission case.

1969 43200001
1970 43200023

Model G1355
Side of transmission case.
1972 236442
1973 237875
1974 245258

Model G704
Side of transmission case.
1962 23400001

Model G704 Diesel
Side of transmission case.
1962 23500001

Model G705
Side of transmission case.
1962 23800001
1963 23800079
1964 23800591
1965 23801093

Model G705 Diesel
Side of transmission case.
1962 23900001
1963 23900051
1964 23900899
1965 23901869

Model G706
Side of transmission case.
1962 24000001
1963 24000073
1964 24000306
1965 24000351

Model G706 Diesel
Side of transmission case.
1962 24100001
1963 24100107
1964 24100550
1965 24100796

Model G707
Side of transmission case.
1965 31200001

Model G707 Diesel
Side of transmission case.
1965 31300001

Model G708
Side of transmission case.
1965 31400001

Model G708 Diesel
Side of transmission case.
1965 31500001

Model G900
Side of transmission case.
1967 33000001
1968 33000111
1969 33000548

Model G900 Diesel
Side of transmission case.
1967 33100001
1968 33100317
1969 33101377

Model G900 LP
Side of transmission case.
1969 36300001

Model G950 Diesel
Side of transmission case.
1969 43600001
1970 43600211
1971 43600416
1972 43600830

Model G950 LP
Side of transmission case.
1969 43500001
1970 43500061
1971 43500086

Model G955
Side of transmission case.
1973 239825
1974 244559

Model GB
Side of transmission case.
1955 08900001

1956 08901501
1957 08902602
1958 08903402
1959 08904252

Model GBD
Side of transmission case.
1955 09000001
1956 09000851
1957 09001526
1958 09002146
1959 09002656

Model GT
Side of transmission.
1938 160001
1939 160077
1940 160580
1941 160879

Model GTA
Side of transmission case.
1942 162001
1943 162301
1944 162303
1945 162660
1946 162870
1947 163220

Model GTB
Side of transmission case.
1947 164001
1948 0164800001
1949 0164900001
1950 016500001
1951 01601864
1952 01603397
1953 01604890
1954 01605973

Model GTBD
Side of transmission case.
1953 06800001
1954 06800002

Model GTC
Side of transmission case.
1951 04700001
1952 04700019
1953 04700677

Model GVI
Side of transmission case.
1959 16000002
1960 16000877
1961 16001676
1962 16002033

Model GVI Diesel
Side of transmission case.
1959 16200001
1960 16200806
1961 16201891
1962 16202961

Model Jet Star
Side of transmission case.
1959 16500001
1960 16500285
1961 16500835
1962 16501702

Model Jet Star 2
Side of transmission case.
1963 25800001

Model Jet Star 2 Diesel
Side of transmission case.
1963 25700001

Model Jet Star 3
Side of transmission case.
1964 28300001
1965 28301001
1966 28300002
1967 28302895
1968 28304156
1969 28304801
1970 28305086

Model Jet Star 3 Diesel
Side of transmission case.
1964 28400001
1965 28400051
1966 28400201
1967 28400386

1968 28400464
1969 28400527
1970 28400602

Model Jet Star Diesel
Side of transmission case.
1960 17500011
1961 17500061
1962 17500136

Model M5
Side of transmission case.
1960 17100001
1961 17101536
1962 17103496
1963 17104708

Model M5 Diesel
Side of transmission case.
1960 17200001
1961 17201041
1962 17202000
1963 17202507

Model M504
Side of transmission case.
1962 24300001

Model M504 Diesel
Side of transmission case.
1962 24200001
1963 24200021

Model M602
Side of transmission case.
1963 26600001
1964 26601276

Model M602 Diesel
Side of transmission case.
1963 26700001
1964 26700743

Model M604
Side of transmission case.
1963 26800001
1964 26800051

Model M604 Diesel
Side of transmission case.
1963 26900001
1964 26900051

Model M670
Side of transmission case.
1964 29900001
1965 29900007
1966 29901892
1967 29903580
1968 29904455
1969 29904595
1970 29905005

Model M670 Diesel
Side of transmission case.
1964 30000001
1965 30000005
1966 30000820
1967 30001635
1968 30002310
1969 30002570
1970 30002861

Model RT
Side of transmission case.
1939 400001
1940 402201
1941 405576
1942 407951
1943 408826
1944 409358
1945 410748
1946 413755
1947 416545
1948 0014800001
1948 0044800001
1948 0034800001
1949 0024900001
1949 0034900001
1949 0044900001
1949 0014900001

Model RTE
Side of transmission case.
1948 044800001
1949 044900001
1950 0045000001
1951 00400205
1952 00400282
1953 00400283
Last Number . . . 00400287

Model RTN
Side of transmission case.
1948 0034800001
1949 0034900001
1950 0035000001
1951 00300094
Last Number . . . 00300173

Model RTS
Side of transmission case.
1949 0024900001
1950 0025000001
1951 00200301
1952 00200402
1953 00200552
Last Number . . . 00200701

Model RTU
Side of transmission case.
1948 0014800001
1949 0014900001
1950 0015000001
1951 00102156
1952 00103973
1953 . . . . N/A
1954 00104824
Last Number . . . 00104831

Model U & UT
Side of transmission case.
1938 310026
1939 310626
1940 312451
1941 314893
1942 316501
1943 317702
1944 318163
1945 321102
1946 325231
1947 329752
1948 337418
Last Number 339682

Model U302
Side of transmission case.
1964 27600001
1965 27601001
1966 27601301
1967 27602301

1968 27602360
1969 27602760
1970 27602860

Model U302 Diesel
Side of transmission case.
1967 27700001
1968 27700101
1969 27700151
1970 27700165

Model UB Special
Side of transmission case.
1955 09700001
Last Number . . . 09701475

Model UBD Special
Side of transmission case.
1955 09800001
1956 09800301
1957 09800465
Last Number . . . 09800521

Model UBE
Side of transmission case.
1953 05900001
1954 05900897
1955 05901069
Last Number . . . 05901421

Model UBED
Side of transmission case.
1954 07000001
1955 07000232
Last Number . . . 07000362

Model UBG
Side of transmission case.
1953 05900001

Model UBN
Side of transmission case.
1953 06000001
1954 06000203
1955 06000208
Last Number . . . 06000241

Model UBND
Side of transmission case.
1953 06000001
1954 06000203

Model UBU
Side of transmission case.
1953 05800001
1954 05802913
1955 05804003
Last Number . . . 05805077

Model UBUD
Side of transmission case.

1954 07800001
1955 07800747
Last Number . . . 07801041

Model UDS & UTSD
Side of transmission case.
1952 05000001
1953 05000010
1954 05000019
1955 05000955
1956 05002105

Model UDU
Side of transmission case.
1952 04900001
1953 04900002
Last Number . . . 04900030

Model UTC
Side of transmission case.
1948 0154800001
1949 0154900001
1950 0155000001
1951 01500101
1952 01500181
1953 01500201
1954 10500266
1954 08800001
1955 08800061
Last Number . . . 08800110

Model UTE
Side of transmission case.
1951 04300001
1952 04300112
1953 04300262
Last Number . . . 04300265

Model UTN
Side of transmission case.
1950 0385000001
1951 03800102
1952 03800205
Last Number . . . 03800354

Model UTS
Side of transmission case.
1948 0124800001
1949 0124900001
1950 0125000001
1951 01203851
1952 01207139
1953 01210571
1954 01213220
1955 01213326
1956 01214126
1957 01215101

Model UTSD-M
Side of transmission case.

1955 05001155
1956 10600001
1957 10800246
1958 10800391

Model UTU
Side of transmission case.
1948 0114800001
1949 0114900001
1950 0115000001
1951 01105384
1952 01110118
1953 01113449
1954 01113450
1955 01113454

Model V
Side of transmission case.
1947 . . . . 1V144
1948 . . . . 2V577
1949 . . . . 4V490
1950 . . . . 5V501
1951 . . . . 6V207
1952 . . . . 6V422
Last Number 7V271

Model ZAE
Side of transmission case.
1949 0094900001
1950 0095000001
1951 00900374
1952 00900577
1953 00900998
1954 06300001
1955 06300076
1956 06300307
Last Number . . . 00901122

Model ZAN
Side of transmission case.
1949 0084900001
1950 0085000001
1951 00800239
1952 00800443
1953 00800619
Last Number . . . 00800620

Model ZAS
Side of transmission case.
1949 0074900001
1950 0075000001
1951 00700481
1952 00701286
1953 00701911
Last Number . . . 00702610

Model ZAU
Side of transmission case.
1949 0064900001
1950 0065000001

1951 00605436
1952 00609940
Last Number . . . 00614658

Model ZBE
Side of transmission case.
1953 06300001
1954 06300076
1955 06300307
Last Number . . . 06300501

Model ZBN
Side of transmission case.
1954 06400001
1955 06400073
Last Number . . . 06400106

Model ZBU
Side of transmission case.
1953 06200001
1954 06200958
1955 06202480
Last Number . . . 06203059

Model ZM
Side of transmission case.
1953 07600001
1954 07600018

Model ZTN & ZTU
Side of transmission case.
1936 560001
1937 560038
1938 562975
1939 565407
1940 567155
1941 568755
1942 570822
1943 571422
1944 572968
1945 575713
1946 576814
1947 578014
1948 581815
Last Number 585817

Model ZTS
Side of transmission case.
1937 610001
1938 610036
1939 610389
1940 610685
1941 611088
1942 611343
1943 611447
1944 611966
1945 612486
1946 612886
1947 613086
Last Number 613490

OLIVER

Model 1250
1965 705376
1966 712833
1967 728661
1968 739527
1969 742526

Model 1250-A
1969 305985
1970 312957
1971 317338

Model 1255
1969 309381
1970 312957
1971 317000

Model 1265
1970 302402
1971 302458
1972 304497
1973 307221
1974 341369
1975 317900

Model 1350
1966 28302844
1967 28303141
1968 28304546

Model 1355
1969 503287
1970 512698

1971 524000

Model 1365
1971 706251
1972 706277
1973 714614
1974 725451
1975 729125

Model 1370
1973 714614
1974 725451
1975 729125

Model 1450
1967 132382
1968 147482
1969 155479

Model 1465
1973 827183
1974 827287
1975 827580

Model 1470
1973 827183
1974 827287
1975 827580

Model 1550
Rear side of instrument panel support.
1965 157841

1966 168919
1967 184488
1968 196301
1969 213243

Model 1555
Rear side of instrument panel support.
1969 218128
1970 221295
1971 236883
1971 223072
1972 232089
1974 244937
1975 256165

Model 1600
Rear side of instrument panel support.
1962 124420
1963 127044
1964 140723

Model 1650
Rear side of instrument panel support.
1964 149836
1965 153855
1966 167668
1967 183923
1968 201091
1969 212733

Model 1655
Rear side of instrument panel support.
1969 218025
1970 222600
1971 222761
1972 231772
1973 236586
1974 244735
1975 257700

Model 1750
Rear side of instrument panel support.
1964 140893
1965 149835
1966 181062
1967 185301
1968 200217
1969 214936

Model 1755
Rear side of instrument panel support.
1970 221603
1971 226445
1972 231415
1973 238136
1974 245667
1975 257515

Model 18-27
1930 100001
1931 102649
1932 103319
1933 103618
1934 104039
1935 104851
1936 1073112
1937 108574

Model 18-28 99
1930 800001
1931 800460
1932 800964
1933 800985
1934 801051
1935 801241
1936 801990
1937 802938

Model 1800A
Rear side of instrument panel support.
1960 90525
1961 111025
1962 118344

Model 1800B
Rear side of instrument panel support.
1962 124397
1963 129286

Model 1800C
Rear side of instrument panel support.
1964 140893

Model 1850
Rear side of instrument panel support.
1964 150421
1965 153421
1966 168127
1967 183382
1968 200360
1969 212673

Model 1855
Rear side of instrument panel support.
1969 220640
1970 221099
1971 223507
1972 231366
1973 236585
1974 247436
1975 255727

Model 1900A
Rear side of instrument panel support.
1960 90532
1961 111028
1962 118356

Model 1900B
Rear side of instrument panel support.
1962 124396
1963 128422

Model 1900C
Rear side of instrument panel support.
1963 138440
1964 141168

Model 1950
Rear side of instrument panel support.
1964 150492
1965 153016
1966 168190
1967 189009
1968 200541
1969 213355
1970 223073
1971 225820
1972 233007
1973 237150
1974 244625

Model 1950T
Rear side of instrument panel support.
1967 188974
1968 201931
1969 213376

Model 1955
Rear side of instrument panel support.
1967 188974
1968 200084
1969 211194
1970 222304
1971 226458
1972 232958
1973 239032
1974 247871

Model 2050
Rear side of instrument panel support.

Model 2150
Rear side of instrument panel support.
1968 204480
1969 212554

Model 2255
Rear side of instrument panel support.
1972 235598
1973 237210
1974 244825
1975 258472
1976 266683

Model 28-44
1930 500001
1931 503600
1932 506185
1933 506212
1934 506255
1935 506401
1936 507176
1937 508016

Model 440
Left side of input shaft seal.
1960 87725
1962 121833
1963 122543

Model 550
Left side of center frame.
1953 51831
1954 51924
1955 51951
1956 52035
1957 56268
1958 60501
1959 72632
1960 84416
1961 111868
1962 117541
1963 127365
1964 140620
1965 162265
1966 171923
1967 186165
1968 206095
1969 213340
1970 222833
1971 226965
1972 232918
1973 238237
1974 248375
1975 259255

Model 60 RC
Left front of engine.
1940 600001
1941 600071
1942 606304
1943 607395
1944 608526
1945 612047
1946 615628
1947 616707
1948 620257

Model 60 Standard
Left front of engine.
1942 410001
1943 410501
1944 410511
1945 410617
1946 410911
1947 411311
1948 411961

Model 66
Front right side of rear main frame and transmission.
1953 3503990
1954 4500309

Model 66 RC
Front right side of rear main frame and transmission.
1949 420001
1950 423101
1951 426649
1952 429771

Model 66 Standard
Front right side of rear main frame and transmission.
1949 470004
1950 471051
1951 472792
1952 474233
1953 3510050
1954 4500309

Model 660
Rear panel assembly.
1959 73132
1960 84554
1961 111213
1962 117873
1963 127356
1964 141160

Model 70 RC
Left front of engine.
1939 223255
1940 231116
1941 236356
1942 241391
1943 243640
1944 244711
1945 250180
1946 252780
1947 258140
1948 262840

Model 70 Standard
Left front of engine.
1937 300634
1938 302084
1939 303465
1940 305362
1941 306594
1942 307580
1943 308188
1944 308484
1945 310418
1946 311116
1947 312699
1948 314221

Model 77
Rear hood support panel below instrument panel.
1953 3500001
1954 4501667

Model 77 RC
Front right side of rear main frame and transmission.
1948 320001
1949 320241
1950 327901
1951 337243
1952 347904

Model 77 Standard
Front right side of rear main frame and transmission.
1948 320001
1949 269697

Model 770
1950 271267
1951 272466
1952 273376

Model 770
Rear panel assembly.
1958 60504
1959 71001
1960 84554
1961 111472
1962 117600
1963 127319
1964 141901
1965 153255
1966 171515
1967 183649

Model 80 RC
Right rear of engine.
1937 109152
1938 109162
1939 109783
1940 110221
1941 110615
1942 110945
1943 111319
1944 111391
1945 111929
1946 112879
1947 114144
1948 114944

Model 80 Standard
Right rear of engine.
1937 803929
1938 803991
1939 805377
1940 806880
1941 808125
1942 809051
1943 809991
1944 810470
1945 811991
1946 813067
1947 814565
1948 815216

Model 88
Rear hood support panel below instrument panel.
1953 3500977
1954 4500076

Model 88 RC
Front right side of rear main frame and transmission.
1947 120001
1948 120353
1949 123301
1950 128653
1951 132863
1952 138184

Model 88 Standard
Front right side of rear main frame and transmission.
1947 820001
1948 820136
1949 821086
1950 824241
1951 825811
1952 826917

Model 880
Rear panel assembly.
1958 60505
1959 71640
1960 84555
1961 111262
1962 117640
1963 128911

Model 90 & 99
Right rear of engine.
1937 508918
1938 508935
1939 509617
1940 510008
1941 510564
1942 510977
1943 511296
1944 511474
1945 512044
1946 512821
1947 513106
1948 513856
1949 514856
1950 516276
1951 516891
1952 517951
1953 518300
1954 519245

Model 950, 990 & 995
Left side of clutch dust cover.
1958 53001
1959 71245
1960 84487
1961 110064

Model Super 44
1957 1002
1958 1551
1959 7121

Model Super 55
1954 6001
1955 11887
1956 35001
1957 43916
1958 56501

Model Super 66
Rear hood support panel below instrument panel.
1954 7085
1955 14099
1956 39371
1957 45846
1958 57858

Model Super 77
Rear hood support panel below instrument panel.
1954 8303
1955 10001
1956 38500
1957 44167
1958 56917

Model Super 88
Rear hood support panel below instrument panel.
1954 6503
1955 10075
1956 36774
1957 43901
1958 56580

Model Super 99
Right side on clutch compartment below fuel tank or right of engine block.
1954 519245
1955 519516
1956 520354
1957 521300
1958 521496

STEIGER

Bearcat III PT-225
1977 141-00001
1978 141-00157
1979 141-00336
1980 141-00537
1981 141-00651
1982 141-01501
1983 141-02501

Bearcat III ST-225
1980 109-00001
1981 109-00170
1982 109-01501
1983 109-02501

Bearcat IV CM-225
1983 109-03001
1984 109-03201
1985 109-05001

Bearcat IV KM-225
1983 112-03001
1984 112-03201
1985 112-05001

Cougar III PTA-280 (Cat)
1981 155-00001
1982 155-01501
1983 155-02501

Cougar III PTA-280 (Cummins)
1981 154-00001
1982 154-01501
1983 154-02501

Cougar III ST-250
1976 104-00001
1977 104-00266
1978 104-00381

1979 104-00501
1980 104-00751
1981 104-01001
1982 104-01501
1983 104-02501

Cougar III ST-280 (Cat)
1981 111-00001
1982 111-01501
1983 111-02501

STEIGER (Cont.)

Cougar III ST-280 (Cummins)
1981 110-00001
1982 110-01501
1983 110-02501

Cougar IV CM-250
1983 104-03001
1984 104-03201
1985 104-05001

Cougar IV CM-280
1983 111-03201
1984 111-03201
1985 111-05001

Cougar IV CS-280
1983 155-02501
1984 155-03001
1985 155-05001

Cougar IV KM-280
1983 110-03001
1984 110-03201
1985 110-05001

Cougar IV KS-280
1983 154-02501
1984 154-03001
1985 154-05001

Model CR-1225
1985 .... C01-05001
1986 .... C05-05001
1987 .... C09-05001

Model CR-1280
1985 .... C03-05001
1986 .... C07-05001
1987 .... C11-05001

Model KR-1225
1985 .... C02-05001
1986 .... C06-05001
1987 .... C10-05001

Model KR-1280
1985 .... C04-05001
1986 .... C08-05001
1987 .... C12-05001

Panther CP-1325
1982 .... P03-00001
1983 .... P03-02501
1984 .... P03-03001
1985 .... P03-05001
1986 .... P03-07001
1987 .... P03-09001

Panther CP-1360
1982 .... P07-00001
1983 .... P07-02501
1984 .... P07-03001
1985 .... P07-05001
1986 .... P07-07001
1987 .... P07-09001

Panther CP-1400
1982 .... P09-00001
1983 .... P09-02501
1984 .... P09-03001
1985 .... P09-05001
1986 .... P09-07001
1987 .... P09-09001

Panther III PTA-310
1980 152-00001
1981 152-00070
1982 152-01501
1983 152-02501

Panther III PTA-325
1979 150-00001
1980 150-00036
1981 150-00273
1982 150-01501
1983 150-02501

Panther III ST-310
1976 107-00001
1977 107-00314
1978 107-00463
1979 107-00612
1980 107-00887
1981 107-01079
1982 107-01501
1983 107-02501

Panther III ST-325
1976 123-00001
1977 123-00123
1978 123-00370
1979 123-00627
1980 123-00887
1981 123-01124
1982 123-01501
1983 123-02501

Panther IV CM-325
1983 123-03001
1984 123-03201
1985 123-05001

Panther IV CM-360
1983 115-03001
1984 115-03201
1985 115-05001

Panther IV CS-325
1984 150-03001

1985 150-05001

Panther IV CS-360
1984 156-03001
1985 156-05001

Panther IV KM-325
1983 117-03001
1984 117-03201
1985 117-05001

Panther IV KM-360
1983 116-03001
1984 116-03201
1985 116-05001

Panther IV KS-325
1983 152-02501
1984 152-03001
1985 152-05001

Panther IV KS-360
1984 157-03001
1985 157-05001

Panther IV SM-325
1983 119-03201
1984 119-04001
1985 119-05001

Panther KP-1325
1982 .... P04-00001
1983 .... P03-02501
1984 .... P04-03001
1985 .... P04-05001
1986 .... P04-07001
1987 .... P04-09001

Panther KP-1360
1982 .... P08-00001

1983 .... P08-02501
1984 .... P08-03001
1985 .... P08-05001
1986 .... P08-07001
1987 .... P08-09001

Panther KP-1400
1982 .... P10-00001
1983 .... P10-02501
1984 .... P10-03001
1985 .... P10-05001
1986 .... P10-07001
1987 .... P10-09001

Tiger III ST-450
1979 129-00001
1980 129-00007
1981 129-00010
1982 129-01501
1983 129-02501

Tiger III ST-470
1977 130-00001
1978 130-00047
1979 130-00097
1980 130-00174
1981 130-00209
1982 130-01501
1983 130-02501

Tiger IV KP-525
1983 131-03001
1984 131-03201
1985 131-05001

VERSATILE

Model 1150
On cab door post.
1981 81201001
1982 82201101
1983 83204101
1984 84204351
1985 85237075

Model 1156
On cab door post.
1986 86270100
1987 87300708
1988 88331116
1989 .... 89D430159
1990 .... 90D450001
1991 .... 91D475128
1992 .... 92D500001

Model 150
Steering column console.
1977 000028
1978 000425
1980 000750
1981 001150

Model 160
Steering column console.
1982 001601
1983 002407

Model 256
On steering console.
1984 205101
1985 253500

Model 276
On steering console.
1985 27685253500
1986 27686273100
1988 332100
1989 432100
1990 453100
1991 470100

Model 500
Left rear of front frame below the cab.
1977 50077130001
1978 50078130301
1979 50079130701

Model 555
Left rear of front frame below the cab.
1979 55579140001
1980 55580131001
1981 55581131650
1982 55582132401
1983 55583133475
1984 55584034501

Model 700
Left rear of front frame below the cab.
1972 070077
1973 070601
1974 5010401
1975 3010401
1976 70076011501
1977 70077013001

Model 750
Left rear of front frame below the cab.
1976 75076090001
1977 75077090501

Model 756
1986 75686260187

Model 800
left rear of front frame below the cab.
1973 080071
1974 800500501
1975 8003030401
1976 80076031601
1977 80077032601

Model 825
Left rear of front frame below the cab.
1977 82577150001

Model 835
Left rear of front frame below the cab.
1978 83578033000
1979 83579033601
1980 83580034201
1981 83581035001

1982 83582035601
1983 83583000001
1984 83584037575

Model 836
On cab door post.
1985 83685215025
1986 83686270376

Model 846
On cab door post.
1988 ..... 84588D330335
1989 ..... 84589D430159
1990 ..... 84590D450298
1991 ..... 84591D475001
1992 ..... 84592D485001
1993 ..... 84593D500001

Model 850
left rear of front frame below the cab.
1973 85073005101
1974 85074050001
1975 85075050501
1976 85076051101
1976 85077051901

Model 855
Left rear of front frame below the cab.
1978 85578150501
1979 85579150751
1980 85580151151
1981 85581151401
1982 85582151601
1983 85583151801

Model 856
On cab door post.
1985 83685219030
1986 85686270100

Model 876
On cab door post.
1985 87685223035
1986 87686270331
1988 87688330100
1989 .... 87689D430197
1990 .... 87690D450167
1991 ..... 87691D475041

1992 .... 87692D485001
1993 .... 87693D500001

Model 895
Left rear of front frame below the cab.
1980 89580090001
1981 89581090351
1982 89582091201
1983 89583092101
1984 89584093275

Model 900
Left rear of front frame below the cab.
1972 90072090100
1973 90073090301
1974 90074500800
1975 90075070301
1976 90076070801
1977 90077071401

Model 9030
1990 332147
1991 470100
1992 608053

Model 925
Left rear of front frame below the cab.
1983 92583073051

Model 935
Left rear of front frame below the cab.
1978 93578071700
1979 93579071901
1980 93580072101
1981 93581072451
1982 93582072701

Model 936
On cab door post.
1985 93685227040
1986 93686270100
1988 93688330170

Model 945
Left rear of front frame below the cab.
1983 94583111451

1984 94584111725

Model 946
Left rear of front frame below the cab.
1989 .... 94689D430100
1990 .... 94690D450110
1991 .... 94690D475066
1992 .... 94691D485001
1993 .... 94692D500001

Model 950
Left rear of front frame below the cab.
1977 95077110301
1978 95078110575
1979 95079110801
1980 95080110851
1981 95081111051
1982 95082111201

Model 955
Left rear of front frame below the cab.
1983 95583191025
1984 95584191145

Model 956
On cab door post.
1985 95685250500
1986 95686270100
1987 95686310155
1988 95686314210

Model 975
Left rear of front frame below the cab.
1983 97583184501
1984 97584184625

Model 976
On cab door post.
1985 97685234050
1986 97686270101
1988 97688330100
1989 .... 97689D430100
1990 .... 97690D450100
1991 .... 97691D475198
1992 .... 97692D485001
1993 .... 97693D500001

Model 100
1987 Dec....... 401236
1988.......... 401361
1989.......... 402661

Model 120
1987 Oct....... 401121
1988.......... 401304
1989.......... 402521

Model 125 Workhorse
1990.......... 404066
1991.......... 404601
1993.......... 500001

Model 140
1987 Nov....... 401151
1988.......... 401326
1989.......... 402736

Model 145 Workhorse
1991.......... 404826
1992.......... 501001

Model 160
1987 Sept...... 401096
1988.......... 401569
1989.......... 403540
1990.......... 404825
1991.......... 501001

Model 170 Workhorse
1989.......... 404001
1990.......... 404766
1991.......... 404826
1992.......... 510001

Model 185
1987.......... 400881
1988.......... 401579
1989.......... 402761

Model 195 Workhorse
1989.......... 404166
1990.......... 404496
1991.......... 404826
1992.......... 511001

Model 2-105
Left rear side of main frame.
1975.......... 255538
1976.......... 265928
1977.......... 273760
1978.......... 282102
1979.......... 287197
1980.......... 294109
1981.......... 296878
1982.......... 300779
1983.......... 304280

Model 2-110
Left side of main frame above step.
1982.......... 300783
1983.......... 301998
1984.......... 302334
1985.......... 303552
1986.......... 400231
1987.......... 400763
1988.......... 405242
1989.......... 410251

Model 2-135
Left side of instrument panel support and on left side of frame above step.
1976.......... 272663
1977.......... 273629
1978.......... 282825
1979.......... 288201
1980.......... 294330
1981.......... 296611
1982.......... 300380
1983.......... 302159
1984.......... 302715

Model 2-135 Series 3
Left side of instrument panel support and on left side of frame above step.
1982.......... 301116
1983.......... 302159
1984.......... 302715
1986.......... 400167
1987.......... 400831

1988.......... 418875

Model 2-150
Left rear side of main frame.
1975.......... 257899
1976.......... 266783

Model 2-155
Left side of instrument panel support and on left side of frame above step.
1976.......... 272595
1977.......... 276055
1978.......... 282280
1979.......... 287812
1980.......... 296160
1981.......... 297134
1982.......... 300259

Model 2-155 Series 3
Left side of instrument panel support and on left side of frame above step.
1982.......... 300928
1984.......... 302791
1986.......... 400718
1987.......... 407889
1988.......... 415671

Model 2-180
Left side of instrument panel support and on left side of frame above step.
1977.......... 281993
1978.......... 282088
1979.......... 289447
1980.......... 294655
1981.......... 296571
1982.......... 300159
1983.......... 303389

Model 2-180 Series 3
Left side of instrument panel support and on left side of frame above step.
1982.......... 301922
1983.......... 301966
1984.......... 302951
1985.......... 351451
1986.......... 400082
1987.......... 403850
1988.......... 407618

Model 2-30
Left front of frame.
1979.......... 100337
1980.......... 100712
1981.......... 100925
1982.......... 101275
1983.......... 101412
1984.......... 101428

Model 2-30 4WD
Left front of frame.
1979.......... 001417
1980.......... 001941
1981.......... 003812
1982.......... 004701
1983.......... 006331
1984.......... 006471

Model 2-32
Left front of frame.
1984.......... 6100071
1985.......... 00007
1986.......... 100245
1987.......... 100419
1988.......... 100665

Model 2-32 4WD
Left front of frame.
1984.......... 61000175
1985.......... 00210
1986.......... 00245
1987.......... 00280
1988.......... 00326

Model 2-35
Left front of frame.
1979.......... 004001
1980.......... 004465
1981.......... 004697
1982.......... 005062
1983.......... 005570

1984.......... 005396
1985.......... 006226
1986.......... 006651
1987.......... 007076

Model 2-45
On left side of frame.
1980..... T5000E00001
1981..... T5000E00548
1982..... T6000E00887
1983..... T6000E01270

Model 2-45 4WD
On left side of frame.
1980.... T5000EF000001
1981.... T5000EF00405
1982.... T5000EF00631
1983.... T5000EF00861

Model 2-50
Instrument panel.
1976.......... 516625
1977.......... 518782
1978.......... 521635
1979.......... 525268
1980.......... 525726
1981.......... 526121

Model 2-55
Plate on left side of frame and stamped on front frame at left corner of radiator grille.
1982... T6000EN00097M
1983.......... 00329
1984.......... 00377
1985.......... 00569
1986.......... 00587
1987.......... 00596
1988.......... 00606

Model 2-55 4WD
Plate on left side of frame and stamped on front frame at left corner of radiator grille.
1982... T6000ENF00173
1983.......... 00411
1984.......... 00464
1985.......... 00678
1986.......... 00706
1987.......... 00733
1988.......... 01321

Model 2-60
Instrument panel.
1976.......... 780725
1977.......... 790273
1978.......... 946285
1979.......... 959280
1980.......... 986532
1981.......... 1001039

Model 2-62
On left side of frame.
1980.... T6500E000001
1981.... T6500E01143
1982.... T6500E02057
1983.... T6500E02399

Model 2-62 4WD
On left side of frame.
1980.... T6500EF000001
1981.... T6500EF00974
1982.... T6500EF01362
1983.... T6500EF01848

Model 2-65 2WD
Plate on left side of frame and stamped on front frame at left corner of radiator grille.
1982... T7000EN00099M
1983.......... 00288
1984.......... 00341
1985.......... 00547
1986.......... 00672
1987.......... 01021
1988.......... 01296

Model 2-65 4WD
Plate on left side of frame and stamped on front frame at left corner of radiator grille.

1982.. T7000ENF001131
1983.......... 00308
1984.......... 00595
1985.......... 00897
1986.......... 00950
1987.......... 01040
1988.......... 001056

Model 2-70
Rear panel support.
1976.......... 266173
1977.......... 274543
1978.......... 283917
1979.......... 287528
1980.......... 293819
1981.......... 296246
1982.......... 299887
1983.......... 300464

Model 2-75 2WD
Plate on left side of frame and stamped on front frame at left corner of radiator grille.
1982.... T9000EN00177
1983.......... 00242
1984.......... 00295
1985.......... 00508
1986.......... 00555
1987.......... 00711
1988.......... 00894
1989.......... 01076

Model 2-75 4WD
Plate on left side of frame and stamped on front frame at left corner of radiator grille.
1982... T9000ENF00247
1983.......... 00305
1984.......... 00501
1985.......... 00728
1986.......... 00782
1987.......... 00892
1988.......... 00980

Model 2-85
Left rear side of main frame.
1975.......... 263341
1976.......... 268142
1977.......... 274287
1978.......... 282339
1979.......... 287469
1980.......... 294063
1981.......... 297751
1982.......... 300092
1983.......... 302199

Model 2-88
1982.......... 301457
1984.......... 302464
1985.......... 400001
1986.......... 400433
1987.......... 400734
1988.......... 400866
1989.......... 401299

Model 4-150
Left side of center frame.
1974.......... 246001
1975.......... 246871
1976.......... 262244
1977.......... 275051
1978.......... 275570

Model 4-175
1979.......... 292187
1980.......... 295808
1981.......... 297293
1982.......... 299886
1983.......... 302150
1984.......... 304196

Model 4-180
Left side of center frame.
1975.......... 256587
1976.......... 262524
1977.......... 268112
1978.......... 275502

Model 4-180 III
1982.......... 301922
1983.......... 301966
1984.......... 302951

1985.......... 351451
1986.......... 400082
1987.......... 403850
1988.......... 407618

Model 4-210
Left side of center frame.
1978.......... 275572
1979.......... 275944
1980.......... 295391
1981.......... 296471
1982.......... 300694
1983.......... 300780

Model 4-225
Left side of center frame.
1983.......... 302234
1984.......... 302620
1985.......... 351450
1986.......... 400347
1987.......... 400901
1988.......... 444355
1989.......... 493250
1990.......... 536701

Model 4-270
Left side of center frame.
1983.......... 302274
1984.......... 302655
1985.......... 303086
1986.......... 400639
1987.......... 401411
1988.......... 401411
1989.......... 404226
1990.......... 407041

Model 60
Left front of frame.
1989.......... 402965
1990.......... 404422
1991.......... 405028
1992.......... 405654

Model 80
1989.......... 402596
1990.......... 404266
1991.......... 405048
1992.......... 405674

Model FB16 2WD
Left front of frame.
1986.......... 002314
1987.......... 002393

Model FB16 4WD
Left front of frame.
1986.......... 014422
1987.......... 014660
1988.......... 016528

Model FB185
Left side of instrument panel support and on left side of frame above step.
1986.......... 400659
1987.......... 400881
1988.......... 401579
1989.......... 402761

Model FB21 2WD
Left front of frame.
1986.......... 00595
1987.......... 00677
1988.......... 00967

Model FB21 4WD
Left front of frame.
1986.......... 02879
1987.......... 03079
1988.......... 04003

Model FB31 2WD
Left front of frame.
1986.......... 00126
1987.......... 00174
1988.......... 00276

Model FB31 4WD
Left front of frame.
1986.......... 00028
1987.......... 00149
1988.......... 00568

WHITE (Cont.)

Model FB37 2WD *Left front of frame.*	**Model FB37 4WD** *Left front of frame.*	**Model FB43 2WD** *Left front of frame.*	**Model FB43 4WD** *Left front of frame.*
1986 00083	1986 00679	1986 00060	1986 00322
1987 00121	1987 00713	1987 00068	1987 00329
1988 00221	1988 01025		

Manufacturers' Addresses

AGCO
AGCO Corp
4205 River Green Pkwy
Duluth GA 30136
770-813-9200
www.masseyferguson.com

CASE-INTERNATIONAL
Case Corporation
700 State St
Racine WI 53404
262-636-6011
www.case-ih.com

CENTURY
American Jawa LTD
7301 Allentown Blvd
Harrisburg PA 17112
888-357-5105 FAX 717-540-5863
www.amjawa.com

CHALLENGER
AGCO Corp
4205 River Green Parkway
Duluth GA 30096
770-813-9200
www.agcocorp.com

FENDT
AGCO Corp
4205 River Green Parkway
Duluth GA 30096
770-813-9200

JOHN DEERE
Deere & Company
1 John Deere Place
Moline IL 61265
309-765-8000 FAX 309-765-9980
www.deere.com

KIOTI
Kioti Tractor
6300 Kioti Dr.
Wendell NC 27591
877-465-4684 FAX 919-374-5005
www.kiotitractor.com

KUBOTA
Kubota Tractor Corp
3401 Del Amo Blvd
Torrance CA 90509
310-370-3370 FAX 310-370-2370
www.kubota.com

LONG
Long Agribusiness, LLC
111 Fairview St
Tarboro NC 27886
252-823-4151 FAX 252-823-4576

MASSEY FERGUSON
AGCO Corp
4205 River Green Pkwy
Duluth GA 30136
770-813-9200

MCCORMICK
McCormick USA, Inc.
P.O. Box 81
Pella IA 50219
866-327-6733 FAX 641-621-7932
www.mccormick-intl.com

NEW HOLLAND/FORD
New Holland North America
500 Diller Ave #306
New Holland PA 17557-0903
717-355-1261
www.newholland.com

VALTRA
AGCO Corp
4205 River Green Pkwy
Duluth GA 30136
770-813-9200
www.valtra.com

ZETOR
American Jawa Ltd
7301 Allentown Blvd
Harrisburg PA 17112
717-540-5618 FAX 717-540-5863
www.amjawa.com

NOTES

2005 farm tractor service manuals

Primedia I&T Shop Service Manuals have been the authoritative source for tractor repair and maintenance information for professionals and hobbyist, since 1948. We are dedicated to supporting all of the major tractor manufacturers with detailed manuals that provide easy-to-use instructions, and troubleshooting solutions.

ALLIS-CHALMERS

Models B, C, CA, G, RC, WC, WD, WD45, WD45 Diesel, WF
©1991
UPC 024185804192 .... $26.95
Book No. AC-11

Models 5020, 5030
Timeless Collection Edition
©1981/UPC 024185805168 .... $29.95
Book No. AC-32

Models 6060, 6070, 6080
©1988/UPC 024185842446 .... $26.95
Book No. AC-35

Models 8010, 8030, 8050, 8070
Timeless Collection Edition
©1988/UPC 024185842521 .... $26.95
Book No. AC-36

Models D-10, D-10 Series III, D-12, D-12 Series III • Models D-14, D-15, D-15 Series II, D-17, D-17 Series III, D-17 Series IV • Model 160 • Models 170, 175
©1989/UPC 024185835820 .... $29.95
Book No. AC-201

Models D-21, D-21 Series II, Two-Ten, Two-Twenty • Models D-19, D-19 Diesel • Models 7010, 7020, 7030, 7040, 7045, 7050, 7060, 7080 • Models 180, 185, 190, 190XT, 200, 7000
©1990/UPC 024185836476 .... $29.95
Book No. AC-202

B.F. AVERY

Models A, R, V
©1990/UPC 024185837794 .... $29.95
Book No. MM-201

CASE

Series C, D, L, LA, R, S, V, VA • Series 200B, 300, 300B, 350, 400B, 500B, 600B • Series 400, 700B, 800B
©1990/UPC 024185837367 .... $29.95
Book No. C-201

Series 500, 600, 900B • Series 730, 830, 930, 1030 • Series 430, 440, 470, 530, 540, 570, 630, 640
©1990/UPC 024185837442 .... $29.95
Book No. C-202

CASE & DAVID BROWN

Series 770, 870, 970, 1070, 1090, 1170, 1175 • Models 885, 995, 1210, 1212, 1410, 1412 • Models 770, 780, 880 (After Serial No. 52100), 990 (After Serial No. 467870), 1200, 3800, 4600 • Models 1270, 1370, 1570
©1990/UPC 024185836551 .... $29.95
Book No. C-203

CASE/INTERNATIONAL

Models 1190, 1290, 1390, 1490, 1690, 1194, 1294, 1394, 1494, 1594
©1988
UPC 024185842873 .... $26.95
Book No. C-36

Models 2090, 2094, 2290, 2294, 2390, 2394, 2590, 2594
©1989/UPC 024185860426 .... $26.95
Book No. C-37

Models 1896, 2096
©1990/UPC 024185838418 .... $26.95
Book No. C-38

Models 385, 485, 585, 685, 885
©1990/UPC 024185841630 .... $26.95
Book No. C-39

Magnum Models 7110, 7120, 7130, 7140
©1992/UPC 024185847083 .... $26.95
Book No. C-40

Maxxum Models 5120, 5130, 5140
©1993/UPC 024185851516 .... $26.95
Book No. C-41

Models 235, 245, 255, 265, 275
©1994/UPC 024185857044 .... $26.95
Book No. C-42

COCKSHUTT

Models 20, 30, 40, 50; CO-OP E2, E3, E4, E5; Ganble's Farm Crest 30
Timeless Collection Edition
©1954/UPC 024185856152 .... $29.95
Book No. CSH-2

Models 35, 40D4
Timeless Collection Edition
©1958/UPC 024185856238 .... $29.95
Book No. CSH-3

Models 540, 550, 560, 570
Timeless Collection Edition
©1959/UPC 024185856313 .... $29.95
Book No. CSH-4

JOHN DEERE

Model R Diesel
Timeless Collection Edition
©1961/UPC 024185806646 .... $29.95
Book No. JD-3

Series A (Serial No. 499000 and up), B (Serial No. 96000 and up), G (Serial No. 13000 and up), H, Models D (Serial No. 143800 and up.), M, MT
©1990/UPC 024185806721 .... $26.95
Book No. JD-4

JOHN DEERE

Model 70 Diesel
Timeless Collection Edition
©1956
UPC 024185806806 ..... $29.95
Book No. JD-8

Models 50, 60, 70 (Non-Diesel)
©1990/UPC 024185806998
$26.95
Book No. JD-10

Series 520, 530, 620, 630, 720, 730
©1991/UPC 024185807292 .... $26.95
Book No. JD-16

Series 1010, 2010
©1962/UPC 024185807537 .... $26.95
Book No. JD-21

Series 1020, 1520, 1530, 2020, 2030
©1975/UPC 024185807964 .... $26.95
Book No. JD-37

Series 850, 950, 1050
©1982/UPC 024185843092 .... $26.95
Book No. JD-47

Series 4030, 4230, 4430, 4630
©1983/UPC 024185808503 .... $26.95
Book No. JD-50

Models 1250, 1450, 1650
Timeless Collection Edition
©1986/UPC 024185832485 .... $29.95
Book No. JD-55

Models 2840, 2940, 2950
©1991/UPC 024185842361 .... $26.95
Book No. JD-56

Models 4050, 4250, 4450, 4650, 4850
Timeless Collection Edition
©1991/UPC 024185841715 .... $29.95
Book No. JD-57

Models 2150, 2155, 2255, 2350, 2355, 2355N, 2550, 2555
©1992/UPC 024185847168 .... $26.95
Book No. JD-58

Models 2750, 2755, 2855, 2955
©1992/UPC 024185850113 .... $26.95
Book No. JD-59

Models 4055, 4255, 4455, 4555, 4755, 4955
©1992/UPC 024185850465 .... $26.95
Book No. JD-60

Models 655, 755, 756, 855, 856, 955
©1994/UPC 024185856740 .... $26.95
Book No. JD-61

Models 670, 770, 870, 970, 1070
©1995/UPC 024185858362 .... $26.95
Book No. JD-62

Models 720 Diesel, 730 Diesel • Series 40, 320, 330, 420, 430, 440 • Models 80, 820, 830 (2-Cylinder Diesel Models) • Series 820, 830 (3-Cylinder Models) • Models 435D, 440ID (Diesel Models)
©1989/UPC 024185835905 .... $29.95
Book No. JD-201

JOHN DEERE

Model 2040 • Models 2510, 2520 • Models 2240, 2440, 2630, 2640 • Models 4040, 4240, 4440, 4640, 4840
©1990/UPC 024185836636 .... $29.95
Book No. JD-202

Model 6030 • Models 3020 (Serial No. 123000 And Up), 4000, 4020 (Serial No. 201000 And Up), 4320, 4520, 4620 • Models 3010, 3020 (Before Serial No. 123000), 4010, 4020 (Before Serial No. 201000), 5010, 5020
©1989/UPC 024185836049 .... $29.95
Book No. JD-203

DEUTZ-ALLIS

Models 6240, 6250, 6260, 6265, 6275
©1990/UPC 024185841982 .... $26.95
Book No. D-1

FERGUSON

Models TE20, TO20, TO30
©1990
UPC 024185811800 .... $26.95
Book No. FE-2

FORD NEW HOLLAND

Series 2N, 8N, 9N
©2000/UPC 024185875376 .... $26.95
Book No. FO-4

Model NAA (Includes Jubilee)
©1992
UPC 024185809159 .... $26.95
Book No. FO-19

Series 501, 600, 601, 700, 701, 800, 801, 900, 901, 1801, 2000 (4-Cyl.), 4000 (4-Cyl.)
©1964
UPC 024185809234 .... $26.95
Book No. FO-20

Series 2000 (3-Cyl.), 3000 (3-Cyl.), 4000 (3-Cyl.) Covers Models Prior to 1975
©1974/UPC 024185809586 .... $26.95
Book No. FO-31

Models 2310, 2600, 2610, 3600, 3610, 4100, (After 1974), 4110, 4600, 4610 (Prior To 1984), 4600SU, 4610SU (Prior to 1984)
©1986/UPC 024185823063 .... $26.95
Book No. FO-41

Models 5000, 5600, 5610, 6600, 6610, 6700, 6710, 7000, 7600, 7610, 7700, 7710
©1985/UPC 024185842286 .... $26.95
Book No. FO-42

Models 2810, 2910, 3910
©1989/UPC 024185862123 .... $26.95
Book No. FO-43

Models 1100, 1110, 1200, 1210, 1300, 1310, 1500, 1510, 1700, 1710, 1900, 1910, 2110
©1989/UPC 024185843337 .... $26.95
Book No. FO-44

Models TW-5, TW-15, TW-25, TW-35
©1990/UPC 024185838258 .... $26.95
Book No. FO-45

FORD NEW HOLLAND
Models 1120, 1220, 1320, 1520, 1720, 1920, 2120
©1991/UPC 024185842019 .... $26.95
Book No. FO-46

Models 3230, 3430, 3930, 4630, 4830
©1993/UPC 024185851783 .... $26.95
Book No. FO-47

Models 5640, 6640, 7740, 7840, 8240, 8340
©1996/UPC 024185859093 .... $26.95
Book No. FO-48

FORD/FORDSON
Models Fordson Dexta, Fordson Super Dexta, 2000 Super Dexta, New Performance Super Dexta • Models Fordson Major Diesel (FMD), Fordson Power Major (FPM), Fordson Super Major (FSM), New Performance Fordson Major (New FSM), 5000 Super Major • Series 6000, Commander 6000 • Series 1000, 1600 • Series 8000, 8600, 8700, 9000, 9600, 9700, TW-10, TW-20, TW-30
©1990/UPC 024185836711 .... $29.95
Book No. FO-201

INTERNATIONAL HARVESTER (FARMALL)
Models F12, F14, F20, F30, W12, W30, W40
Timeless Collection Edition
©1953
UPC 024185855422 .... $29.95
Book No. IH-2

Super/Non-Super Series A, B, C, MTA, H, M, MD, Cub (Prior to 1957), MTAD, 4, 6, D6, W6TA, W6TAD, 9, D9
88 pgs/Trim Size 8.125 x 10.875
©1991/UPC 024185810162 .... $26.95
Book No. IH-8

Models 300, 300 Utility, 350, 350 Utility, 350D, 350D Utility, 400, 400D, W400, W400D, 450, 450D, W450, W450D
80 pgs/Trim Size 8.125 x 10.875
©1991/UPC 024185810247 .... $26.95
Book No. IH-10

Models 600, 650
Timeless Collection Edition
©1958/UPC 024185810322 .... $29.95
Book No. IH-11

Models 460, 560, 606, 660, 2606
©1964/UPC 024185810674 .... $26.95
Book No. IH-25

Models 706, 756, 806, 856, 1206, 1256, 1456, 2706, 2756, 2806, 2856, 21206, 21256, 21456
©1971/UPC 024185810759 .... $26.95
Book No. IH-32

Models Int'l Cub 154 Lo-Boy, Int'l Cub 184 Lo-Boy, Int'l Cub 185 Lo-Boy, Farmall Cub, Int'l Cub, Int'l Cub Lo-Boy
©1983/UPC 024185811480 .... $26.95
Book No. IH-50

Models 3088, 3288, 3488 Hydro, 3688
Timeless Collection Edition
©1986/UPC 024185860938 .... $29.95
Book No. IH-54

INTERNATIONAL HARVESTER (FARMALL)
Models 234, 234 Hydro, 244, 254
Timeless Collection Edition
©1986/UPC 024185843764 .... $29.95
Book No. IH-55

Models 5088, 5288, 5488
©1986/UPC 024185841203 .... $26.95
Book No. IH-56

Models 100, 130, 140, 200, 230, 240, 404, 2404 • Models 330, 340, 504, 2504 • Models B-275, B-414, 354, 364, 384, 424, 444, 2424, 2444 • Models 274, 284
©2001/UPC 024185878988 .... $29.95
Book No. IH-201

Models 544, 656, 666, 686, Hydro 70, Hydro 86 • Models Hydro 100, Hydro 186, 1466, 1468, 1486, 1566, 1568, 1586 • Models 684, 784, 884, Hydro 84
©1989/UPC 024185836124 .... $29.95
Book No. IH-202

Models 766, 826, 966, 1026, 1066 • Models 454, 464, 484, 574, 584, 674 • Models 786, 886, 986, 1086
©1990/UPC 024185837015 .... $29.95
Book No. IH-203

KUBOTA
Models L175, L210, L225, L225DT, L260 • Models B5100D, B5100E, B6100D, B6100E, B6100HST-D, B6100HST-E, B7100D, B7100HST-D, B7100HST-E • Models L185, L235, L245, L275, L285, L295, L305, L345, L355
©1997/UPC 024185864684 .... $29.95
Book No. K-201

MASSEY-FERGUSON
Models MF303, MFH303, MH333, MF404, MHF404, MF406, MH444, MF1001
Timeless Collection Edition
©1960
UPC 024185811992 ..... $29.95
Book No. MF-10

Models TO35, TO35 Diesel, F40, MH50, MHF202, MF35, MF35 Diesel, MF50, MF202, MF204
©1990/UPC 024185812456 .... $26.50
Book No. MF-14

Models MF25, MF130
Timeless Collection Edition
©1966/UPC 024185812883 .... $29.95
Book No. MF-25

Models MF135, MF150, MF165
©1969/UPC 024185812968 .... $26.95
Book No. MF-27

Models MF285
©1977/UPC 024185813699 .... $26.95
Book No. MF-36

Models MF670, MF690, MF698
©1986/UPC 024185843849 .... $26.95
Book No. MF-41

Models MF230, MF235, MF240, MF245, MF250
©1988/UPC 024185841128 .... $26.95
Book No. MF-42

Models MF255, MF265, MF270, MF275, MF290
©1989/UPC 024185852759 .... $26.95
Book No. MF-43

MASSEY-FERGUSON
Models MF3505, MF3525, MF3545
©1990/UPC 024185839149 .... $26.95
Book No. MF-44

Models MF362, MF365, MF375, MF383, MF390, MF390T, MF398
©1993/UPC 024185852087 .... $26.95
Book No. MF-45

Models MF340, MF350, MF355, MF360, MF399
©1994/UPC 024185853992 .... $26.95
Book No. MF-46

Models MF1010, MF1020
©1994/UPC 024185856825 .... $26.95
Book No. MF-47

Model MF65 • Models MF85, MF88, MF Super 90, MF Super 90WR • Models MF1100, MF1130 • Model MF1150 • Models MF1105, MF1135, MF1155 • Models MF1080, MF1085
©1990/UPC 024185837602 .... $29.95
Book No. MF-201

Models MF175, MF180 • Models MF205, MF210, MF220 • Models MF2675, MF2705 • Models MF2745, MF2775, MF2805
©1989/UPC 024185836209 .... $29.95
Book No. MF-202

MASSEY-HARRIS
Models 20, 22, 30, 44 (4 cyl. Diesel & Non-Diesel), 44 (6 cyl. Non-Diesel), 55, 55 Diesel, 81, 82, 101, 101 Super, 102 Jr., 102 Sr., 201, 202, 203, Pony
Timeless Collection Edition
©1961/UPC 024185855347 .... $29.95
Book No. MH-2

Models 21 (Colt), 23 (Mustang), 33, 44 Special, 55 (10,001 & up), 555
Timeless Collection Edition
©1955/UPC 024185855507 .... $29.95
Book No. MH-5A

Model 16 Pacer
Timeless Collection Edition
©1955/UPC 024185855699 .... $29.95
Book No. MH-6A

MINNEAPOLIS-MOLINE
Also Includes Some Massey-Ferguson Models GTA, GTB • Series RT, UT, ZA, ZT • Models BF, BG, V, Avery Models A, R, V • Series GB, UB, ZB • Models 335, 445, Jet Star, Jet Star Two, Jet Star Three, 4 Star, 4 Star Super, U-302 • Models UB Special, UTS Special, 5 Star, M5, M504, M602, M604, M670, M670 Super • Models G-VI, G-705, G-706, G-707, G-708, G-900, G-950, G-1000, G-1000 Vista, G-1050, G-1350, Massey-Ferguson Models MF-95 (After Serial No. 17300000), MF97
©1990/UPC 024185837794 .... $29.95
Book No. MM-201

MITSUBISHI
Models MT160, MT160D, MT180, MT180D, MT180H, MT180HD, MT210, MT210D, MT250, MT250D, MT300, MT300D
©1987/UPC 024185844228 .... $26.95
Book No. M-1

OLIVER & COCKSHUTT
Models 99 (6-Cyl.) 4-Speed, Super 99 (6-Cyl.) 6-Speed, Super 99 GM (3-Cyl.) 6-Speed, Super and Non-Super Models 66, 77, 88, 660, 770, 880 • Series 99 GMTC, 950, 990, 995 • Series Super 55, 550
©1989/UPC 024185836391 ....$29.95
Book No. O-201

Also Includes Some Minneapolis-Moline Models Series 1750, 1800, 1850, 1900, 1950, 1950-T • Series 1550, 1555, 1600, 1650, 1655 • Series 1755, 1855, 1955 • Oliver Model 2255 • Minneapolis-Moline Models G-550, G-750, G-850, G-940, G-955, G-1355
©1990/UPC 024185837282 ....$29.95
Book No. O-202

OLIVER
Models 60HC, 60KD, 66HC, 66 Diesel, 66KD, 70HC, 70KD, 77HC, 77 Diesel, 77KD, 77LP, 80HC, 80KD, 88HC, 88 Diesel, 88KD, 88LP, 90, 99
Timeless Collection Edition
©1953
UPC 024185856078 ....$29.95
Book No. O-1

Models Super 44, 440
Timeless Collection Edition
©1961/UPC 024185856580 ....$29.95
Book No. O-12

OLIVER
Series 2050, 2150
Timeless Collection Edition
©1970/UPC 024185815044 ....$29.95
Book No. O-22

STANDARD UNITS
Specifications and repair information for standard or proprietary tractor units.
Timeless Collection Edition
©1957/UPC 024185855262 ....$29.95
Book No. SU

WHITE
Models 2-70, 2-85, 2-105, 2-150 • Models 2-135, 2-155 • Models 2-30, 2-35 • Models 2-45, 2-62 Models 2-55, 2-65, 2-75
©1991
UPC 024185844808 ....$29.95
Book No. W-201

YANMAR
Models YM135, YM135D, YM155, YM155D, YM195, YM195D, YM240, YM240D, YM330, YM330D
©1985/UPC 024185844303 ....$26.95
Book No. YM-1

I&T SHOP SERVICE VOLUME SET
Created with the shop in mind and as a complete reference set for libraries, this set includes all of Primedia I&T Shop Service manuals and collections currently in print (excluding Timeless Collection Series). Two counter racks or four binders are included with each purchase (please specify).
Book No. MSSOTMR (Rack)
Book No. MSSOTMB (Binder) $579.95

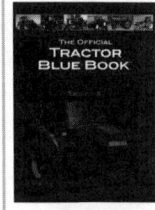

The Official Tractor Blue Book
More than 60 years of coverage with more than 40 different manufacturers. Whether you're buying, selling or trading, the Tractor Blue Book can help determine retail prices, estimated trade-in values, engine size, transmission speeds, shipping weight and more.
1 edition per year.
©2005/UPC 024185792116 ....$17.95
Book No. TRA-05

Designed for both do-it-yourselfers and professional mechanics. Clymer ATV Manuals offer step-by-step repair information to help readers save money on maintenance and repair bills. Each manual features instructions for service, maintenance and repair of the ATV model covered, along with hundreds of illustrations and photographs.

HONDA
TRX350 Rancher, 2000-2003
Includes Color Wiring Diagrams
©2003
UPC - 024185785095 ......$29.95
Book No. M200

TRX400 Foreman, 1995-2003
TRX400FW
©2004/UPC - 024185792628 ....$29.95
Book No. M459-3

KAWASAKI
Bayou KLF300 2WD & 4WD, 1986-2004 KLF300
©2004/UPC - 024185792543 ....$29.95
Book No. M466-4

POLARIS
Sportsman 400, 2001-2003
Sportsman 500, 1996-2003
Xplorer 500, 1997 Sportsman 400, 500, RSE, DUSE, H.O.; Xplorer; Worker
Includes Color Wiring Diagrams
©2004/UPC - 024185789321 ....$29.95
Book No. M365-2

YAMAHA
Moto-4 & Big Bear, 1987-2004
YFM350 2WD (1987-1999), YFM350 4WD (1987-1999), YFM400 2WD (2000-2004), YFM400 4WD (2000-2004)
©2004
UPC - 024185793007 ......$29.95
Book No. M490-3

PRIMEDIA
Information Data Products

9800 Metcalf Avenue • Overland Park, KS 66212
Phone 1-800-262-1954 • Fax 1-800-633-6219 • primediabooks.com

ITCAT05

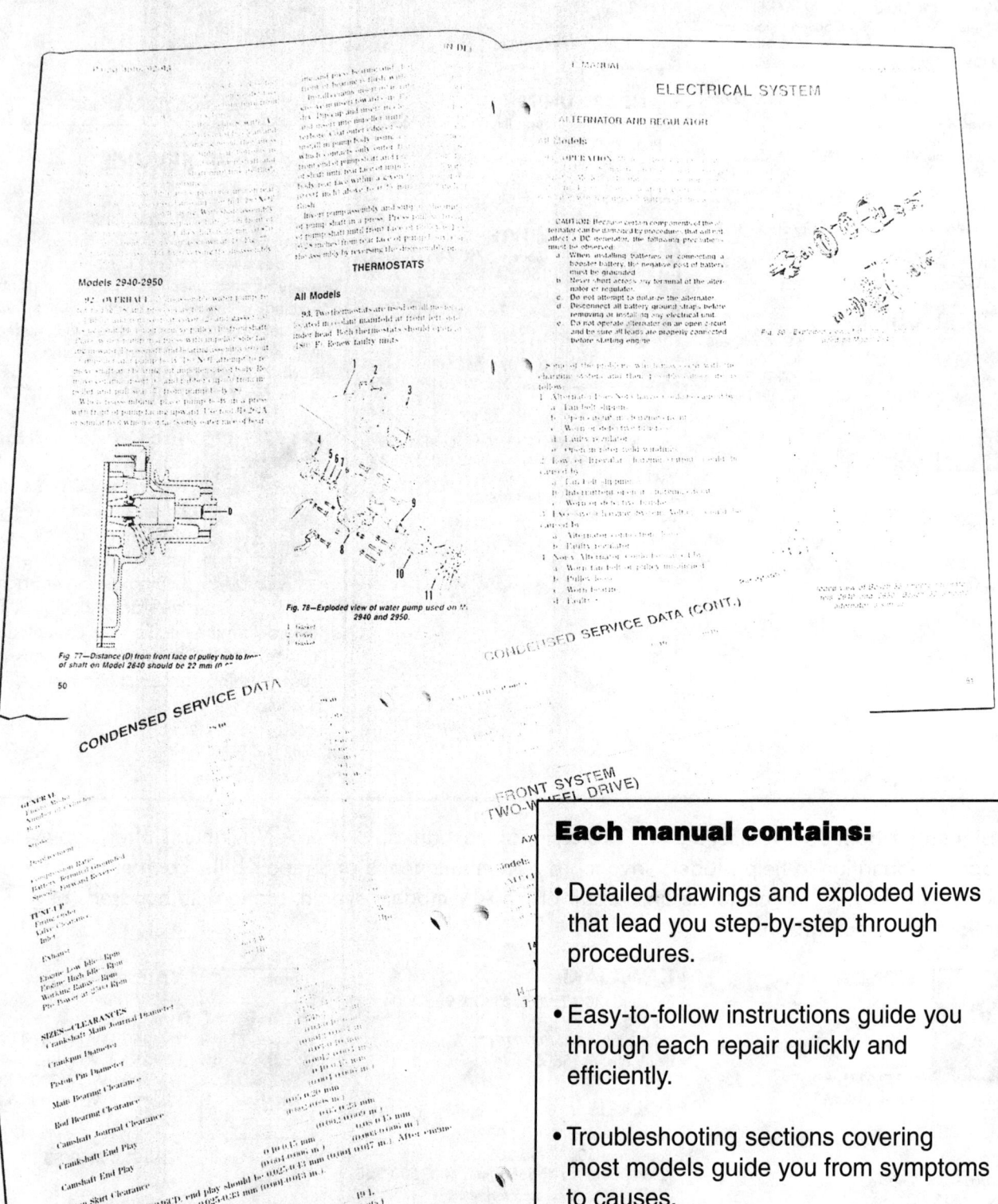

Each manual contains:

- Detailed drawings and exploded views that lead you step-by-step through procedures.

- Easy-to-follow instructions guide you through each repair quickly and efficiently.

- Troubleshooting sections covering most models guide you from symptoms to causes.

- Condensed service data that gives you a quick reference to all models in the front of each manual.

PRIMEDIA
Business Directories & Books   P.O. Box 12901 • Overland Park, KS 66282-2901 • 1-913-967-1719 • 1-800-262-1954 • primediabooks.c